HANDBUCH DER LEBENSMITTELCHEMIE

HERAUSGEGEBEN VON

L. ACKER · K.-G. BERGNER · W. DIEMAIR · W. HEIMANN
F. KIERMEIER · J. SCHORMÜLLER · S. W. SOUCI

GESAMTREDAKTION

J. SCHORMÜLLER

BAND IV

FETTE UND LIPOIDE (LIPIDS)

SPRINGER-VERLAG
BERLIN · HEIDELBERG · NEW YORK
1969

FETTE UND LIPOIDE (LIPIDS)

BEARBEITET VON

K.-G. BERGNER · K.F. GANDER · K. HUMMEL · H. PARDUN
H. v. PEZOLD · H. WISSEBACH

SCHRIFTLEITUNG

W. HEIMANN

MIT 338 ABBILDUNGEN

SPRINGER-VERLAG
BERLIN · HEIDELBERG · NEW YORK
1969

ISBN-13: 978-3-642-46190-3 e-ISBN-13: 978-3-642-46189-7
DOI: 10.1007/978-3-642-46189-7

Softcover reprint of the hardcover 1st edition 1969
Library of Congress Catalog Card Number 65-18301

Inhaltsverzeichnis

Wirtschaftliche Bedeutung der Speisefette.
Von Dr. K.F. GANDER, Hamburg 1

I. Bedeutung der Speisefette für die Ernährung der Welt 1

II. Die Fette im Welthandel 5

III. Die Fettversorgung Westeuropas 6

IV. Die Fettversorgung Deutschlands 7
1. Bundesrepublik 7
2. DDR 8

Pflanzen- und Tierfette (ausgenommen Milchfette). Vorkommen, Gewinnung, Zusammensetzung, Eigenschaften, Verwendung.
Von Dr. H. WISSEBACH, Emmerich (Rhein). Mit 11 Textabbildungen 9

Vorkommen, Gewinnung, Zusammensetzung, Eigenschaften und Verwendung einzelner Pflanzenfette und Pflanzenöle 9

A. Fruchtfleischfette 11
1. Palmöl 11
a) Vorkommen 11
b) Gewinnung und Zusammensetzung des Palmöles 12
c) Raffination und Verwendung von Palmöl 14
2. Olivenöl 15
a) Vorkommen 15
b) Gewinnung des Olivenöles 17
c) Olivenölsorten 17
d) Überwachung des Verkehrs mit Olivenöl 18
α) Verdorbenheit 18
β) Unterscheidung von Olivensorten 19
γ) Nachweis von Fremdölen in Olivenöl. Allgemeine Prüfungen 19
δ) Nachweis einzelner Fremdöle in Olivenöl 21
3. Avocado-Öl 22

B. Samenfette 23
I. Laurin- und myristinsäurereiche Fette 24
1. Cocosfett 24
a) Vorkommen 25
b) Gewinnung und Eigenschaften von Cocosfett 26
c) Verwendung von Cocosfett 27
d) Überwachung des Verkehrs mit Cocosfett 28
α) Verdorbenheit, β) Bezeichnung, γ) Verfälschung 28
2. Palmkernfett 28
a) Gewinnung und Eigenschaften 28
b) Verwendung von Palmkernfett 29
c) Überwachung des Verkehrs 29
3. Babassufett 30
4. Weitere Samenfette von Palmen 31
5. Lorbeerfett 32
6. Muskatbutter, Ucuhubafett und Dikafett 32
7. Ulmensamenöl 33
II. Palmitin- und stearinsäurereiche Samenfette 33
1. Kakaobutter 34

a) Allgemeine Eigenschaften und chemische Zusammensetzung der Kakaobutter . . . 35
b) Schmelzverhalten und Polymorphie der Kakaobutter . . . 37
c) Kennzahlen der Kakaobutter . . . 38
d) Überwachung des Verkehrs mit Kakaobutter . . . 39
2. Kakaoschalenfett, Kakaokeimwürzelchenfett und Kakaoabfallfett . . . 39
3. Sheabutter (Karitéfett) . . . 41
4. Illipébutter, Mowrahbutter, Katiaufett, Fulwatalg . . . 42
5. Borneotalg, Malabartalg, Allanblackiafett, Djavebutter . . . 43

III. Palmitinsäurereiche Samenöle . . . 44
1. Baumwollsaatöl (Cottonöl) . . . 46
a) Vorkommen . . . 46
b) Gewinnung und Eigenschaften . . . 47
c) Verwendung des Baumwollsaatöles . . . 49
d) Farbreaktionen zum Nachweis von Baumwollsaatöl . . . 50
2. Kapoköl, Okra- und Kenafsamenöl . . . 51
3. Baobabbaumöl, Paranußöl, Pistacienöl, Catappaöl . . . 53
4. Kürbiskernöl . . . 53
5. Maisöl . . . 54
a) Gewinnung und Verwendung . . . 54
b) Zusammensetzung und Eigenschaften von Maisöl . . . 54
6. Getreideöl . . . 55
7. Kaffeebohnenöl . . . 58
8. Erdmandelöl . . . 59
9. Papayaöl . . . 59

IV. Palmitinsäurearme, öl- und linolsäurereichere Samenöle . . . 59
1. Haselnußöl . . . 63
2. Bucheckernöl, Eichelöl . . . 63
3. Olivenkernöl . . . 63
4. Teesamenöle . . . 64
5. Mandelöl, Aprikosenöl, Pfirsichkernöl . . . 65
a) Gewinnung, Eigenschaften und Verwendung . . . 65
b) Farbreaktionen . . . 65
6. Weitere Obstsamenöle . . . 66
7. Sesamöl . . . 67
a) Vorkommen, Gewinnung und Verwendung . . . 67
b) Zusammensetzung und Eigenschaften . . . 67
c) Farbreaktionen zum Nachweis von Sesamöl . . . 68
8. Sonnenblumenöl . . . 68
a) Vorkommen . . . 68
b) Gewinnung und Verwendung . . . 69
c) Zusammensetzung und Eigenschaften von Sonnenblumenöl . . . 69
9. Nigeröl, Safloröl, Valerianellaöl . . . 70
10. Leinöl . . . 71
a) Vorkommen und Gewinnung . . . 71
b) Verwendung . . . 72
c) Zusammensetzung und Eigenschaften von Leinöl . . . 72
11. Perillaöl, Lallemantiaöl, Chiassatöl . . . 73
12. Hanföl . . . 74
13. Mohnöl . . . 74
14. Walnußöl . . . 75
15. Hickorynußöl (Pekannußöl) . . . 75
16. Kautschukbaumsamenöl . . . 76
17. Fichtensamen- und andere Coniferenöle . . . 76
18. Traubenkernöl . . . 77
19. Beerensamenöle . . . 77

V. Leguminosenfette . . . 78
1. Erdnußöl . . . 78
a) Vorkommen, Gewinnung und Verwendung . . . 78
b) Zusammensetzung und Eigenschaften von Erdnußöl . . . 81
c) Verfahren zum Nachweis von Erdnußöl . . . 82
d) Nachweis fremder Öle in Erdnußöl . . . 83
2. Sojabohnenöl . . . 84
a) Vorkommen . . . 84
b) Gewinnung und Verwendung von Sojaöl . . . 85
c) Zusammensetzung und Eigenschaften von Sojaöl . . . 85
d) Verfahren zum Nachweis von Sojabohnenöl . . . 86
3. Weitere Leguminosenöle . . . 87
VI. Cruciferenfette . . . 87
1. Rüböl (Rapsöl, Rübsenöl) . . . 89
a) Vorkommen . . . 89
b) Gewinnung und Verwendung . . . 89
c) Zusammensetzung und Eigenschaften von Rüböl . . . 89
d) Nachweis von Rüböl . . . 90
e) Überwachung des Verkehrs mit Rüböl . . . 91
2. Weitere Cruciferenöle . . . 91
VII. Samenfette der Umbelliferen . . . 92
VIII. Für die Ernährung ungeeignete Samenfette . . . 93
1. Chinesisches Holzöl und ähnliche Öle . . . 93
a) Gewinnung und Verwendung . . . 93
b) Zusammensetzung und Eigenschaften von Holzöl . . . 93
c) Nachweis von Holzöl . . . 94
2. Oiticicaöl, Bolekoöl (Isanoöl), Parinariumöle . . . 95
3. Ricinusöl . . . 96
a) Zusammensetzung und Eigenschaften von Ricinusöl . . . 96
b) Nachweis von Ricinusöl . . . 97
4. Crotonöl . . . 97
5. Chaulmugraöl, Hydnocarpusöl, Gorliöl . . . 97

C. Mikrobenfette . . . 98
I. Fette heterotropher Mikroorganismen . . . 98
1. Hefefette . . . 98
a) Zusammensetzung und Eigenschaften von Hefefetten . . . 99
2. Pilzfette . . . 100
II. Fette autotropher Mikroorganismen (Algenfette) . . . 101

Vorkommen, Gewinnung, Zusammensetzung, Eigenschaften und Verwendung einzelner Tierfette . . . 102

D. Körperfette von Landtieren . . . 103
I. Speisetalge . . . 104
1. Rindertalg . . . 104
a) Gewinnung der verschiedenen Talgarten . . . 104
b) Zusammensetzung und Eigenschaften von Rindertalg . . . 106
2. Hammeltalg (Hammelfett, Schaffett, Schöpsentalg) . . . 107
a) Zusammensetzung und Eigenschaften . . . 107
3. Sonstige talgartige Fette . . . 108
4. Überwachung des Verkehrs mit Talg . . . 108
a) Verfälschungen . . . 108
b) Untersuchungsverfahren . . . 108
II. Schweinefett, Schweineschmalz . . . 109
1. Schweineschmalzarten . . . 110

a) Gewinnung . . . 110
b) Zusammensetzung und Eigenschaften von Schweinefett . . . 111
2. Untersuchung und Überwachung des Verkehrs mit Schweineschmalz . . 113
a) Untersuchungsverfahren . . . 113
α) Nachweis von Wasser in Schmalz . . . 113
β) Nachweis von Neutralisations- und Frischhaltungsmitteln . . . 114
γ) Nachweis fremder Fette in Schweineschmalz . . . 115
δ) Allgemeiner Nachweis von Pflanzenfetten . . . 115
ε) Nachweis von Rinder- und Hammeltalg . . . 117
ζ) Nachweis von Pferdefett in Schweinefett . . . 118
η) Nachweis gehärteter Öle in Schmalz . . . 118
ϑ) Nachweis von unverseifbaren und nicht fettartigen Bestandteilen . . 118
ι) Nachweis von nachraffiniertem minderwertigem Schweinefett . . . 118

III. Pferdefett . . . 119

IV. Hundefett . . . 120

V. Fette von Vögeln und Kleintieren . . . 120
1. Hühnerfett . . . 120
2. Gänsefett (Gänseschmalz) . . . 121

VI. Wildtierfette . . . 122

E. Seetierfette . . . 122

I. Fette der Walarten, Robben und Delphine . . . 124
1. Fette der Bartenwale . . . 124
a) Blauwal . . . 126
b) Finnwal . . . 127
c) Buckelwal . . . 127
d) Seiwal . . . 127
2. Fette der Spermwale oder Zahnwale . . . 128
3. Robbenfette . . . 130
4. Delphinfette . . . 131

II. Fischfette . . . 132
1. Körperöle von Knochenfischen (Teleostomi), Heringsöl, Sardinenöl, Pilchardöl, Menhadenöl . . . 132
a) Gewinnung der Fischöle . . . 132
b) Zusammensetzung und Eigenschaften der Körperöle von Fischen . . . 133
c) Verwendung der Körperöle von Fischen . . . 134
2. Leberöle von Knochenfischen . . . 134
a) Gewinnung . . . 134
b) Zusammensetzung und Eigenschaften der Leberöle von Knochenfischen 135
c) Vitamingehalt der Fischleberöle . . . 136
d) Verwendung der Leberöle von Knochenfischen . . . 136
3. Leberöle von Knorpelfischen . . . 136

III. Sonstige Seetierfette . . . 139

IV. Nachweis der Seetierfette und ihre Überwachung im Verkehr . . . 139
1. Nachweisverfahren . . . 139
a) Prüfung auf ungehärtete Seetieröle . . . 140
b) Farbreaktionen auf Seetieröle und die daraus gehärteten Fette . . . 140
c) Erkennung gehärteter Seetieröle über die Fettsäuren . . . 142
2. Überwachung des Verkehrs mit Seetierölen für Speisezwecke . . . 142
a) Walfette . . . 142
b) Britische Standardspezifizierung für Walöl . . . 142
c) Prüfung von Leberölen und Fischölen . . . 144
α) Nachweisverfahren von Vitamin A . . . 144
β) Fischezustand von Fischölen . . . 145
γ) Nachweis von Vermischungen . . . 145

Bibliographie . . . 145
Zeitschriftenliteratur . . . 147

Technologie der Speisefette und Fettprodukte.
Von Dr. K.F. GANDER, Hamburg. Mit 39 Textabbildungen 181

Systematik der Speisefette 181

Pflanzenfette 182

A. Vorkommen 182

B. Gewinnung 185

I. Fettrohstoffe 185
1. Erntebedingungen und Erträge 185
2. Transport und Handel von Fettrohstoffen 187
3. Lagerung der Fettrohstoffe 187

II. Fettgewinnung durch Auspressen der Saat 191
1. Vorbehandlung 191
2. Pressung 194

III. Fettgewinnung durch Extraktion mit Lösungsmitteln 197
1. Vorbehandlung 197
2. Extraktionsmittel 198
3. Extraktionsverfahren 199

IV. Raffination der Fette 203
1. Entschleimung der Öle 205
2. Entsäuerung 206
a) Neutralisation mit alkalischen Lösungen 207
b) Veresterung 209
c) Herauslösen der Fettsäuren (Lösungsmittelextraktion) 210
d) Destillative Entsäuerung 210
e) Weitere Verfahren 212
3. Entfärbung der Fette 212
4. Dämpfung (Desodorierung) 214

Tierfette 218

A. Vorkommen und Gewinnung von Tierfetten 218

I. Fettgewinnung von Landtieren 218
1. Ursprung und Vorbehandlung der Rohstoffe 219
2. Ausschmelzen des Fettes 219
3. Fettgewinnung aus Milch 221

II. Fettgewinnung von Seetieren 221
1. Walöl 221
2. Fischöl 222
3. Fischleberöl 224

Herstellung von Speisefetten 225

A. Speiseöle 225

I. Herstellung 225

II. Eigenschaften 226

B. Gehärtete Fette 227

I. Chemische Grundlagen der Fetthärtung 227
1. Veränderungen im Fettmolekül 229
2. Katalyse 230

II. Härtungsverfahren 231

III. Einzelne Hartfette und ihre Eigenschaften 232

1. Gehärtete Pflanzenfette 234
2. Gehärtete Tierfette 235

C. Umgeesterte Fette 235
I. Chemische Grundlagen 236
II. Umesterungsverfahren 237
III. Eigenschaften umgeesterter Fette 238

D. Fraktionierte Fette 240
I. Chemische Grundlagen 240
II. Fraktionierverfahren 241
III. Eigenschaften von Fettfraktionen 242

E. Fettzubereitungen 243
I. Margarine 243
1. Geschichte und Bedeutung 244
2. Rohstoffe und Fettkomposition 245
3. Zutaten 249
4. Herstellungsweise 252
a) Diskontinuierliche Verfahren 253
b) Halbkontinuierliche Verfahren 255
c) Kontinuierliche Verfahren 256
5. Schmelzmargarine 258
6. Eigenschaften von Margarine 259
7. Spezialmargarinesorten, Eigenschaften und Verwendung 261
II. Back-, Brat- und Siedefette 261
1. Rohstoffe sowie Begriffsbestimmung von Speisefetten 262
2. Herstellung von Speisefetten 263
3. Eigenschaften und Verwendung 265
III. Trennfette und Trenn-Emulsionen 265
IV. Mayonnaise 266
1. Rohstoffe und Zutaten 266
2. Herstellungsverfahren 267
V. Salat-Tunken (Salad Dressings) 269

F. Fettemulgatoren für Nahrungsmittel 269
I. Natürliche Emulgatoren 270
1. Phosphatide 270
a) Pflanzliche Phosphatide 270
b) Eigelb 273
2. Sterine 274
3. Langkettige Fettalkohole 274
II. Synthetische Emulgatoren 275
1. Nichtionogene Emulgatoren 275
a) Partialester des Glycerins: Mono- und Diglyceride 275
b) Lactoglyceride (Ester der Milchsäure) 277
c) Polyglycerinester 278
d) Partialfettsäureester des Sorbitans 279
e) Polyoxyäthylen-sorbitan-fettsäureester (TWEENS) 279
f) Fettsäureester von Kohlenhydraten: Zucker-Fettsäureester 280
g) Emulgatoren auf Basis des Äthylenoxids und Propylenoxids 281
h) Geblasene Öle 282
2. Anionaktive Emulgatoren 282

a) Alkali- und Ammoniumseifen höherer Fettsäuren 282
b) Ester der Genußsäuren 283
c) Modifizierte Phosphatide 283
d) Verschiedene Anionaktive Emulgatoren 284
Zeitschriftenliteratur 284
Bibliographie 286
Patente 287

Verderben und Vorratshaltung von Fetten und Fettprodukten.
Von Dr. Heinrich v. Pezold, Pinneberg bei Hamburg. Mit 16 Textabbildungen . . 289

A. Theoretische Grundlagen des Fettverderbs 289
I. Biochemische und mikrobiologische Verderbensvorgänge 290
1. Hydrolytische Vorgänge 291
2. Desmolytische Vorgänge 291
a) Methylketonbildung 291
b) Enzymatisch-oxydative Vorgänge 292
II. Chemische Verderbensvorgänge 297
1. Hydrolytische Spaltung 297
2. Autoxydative Vorgänge 297
a) Mechanismus der Autoxydation 297
b) Sekundärprodukte der Autoxydation 308
c) Prooxydantien 310
d) Antioxydantien 313

B. Praktische Aspekte des Fettverderbs 322
I. Verderb von Speisefetten 322
1. Veränderungen bei der Lagerung 322
a) Autoxydation 323
b) Reversion 324
c) Fischigkeit 325
2. Oxydative Veränderungen von Speisefetten beim Gebrauch 326
II. Verderb von Molkereiprodukten 333
III. Verderb von Fleischprodukten 333
IV. Verderb von Fischprodukten 336
V. Spezielle Verderbensvorgänge 337
1. Verderben durch Fremdgerüche 338
2. Verderben durch Einfluß des Viehfutters 338
3. Verderben durch Schädlinge 338

C. Vorratshaltung der Fette und Fettprodukte 338
I. Maßnahmen gegen das biochemische Verderben 338
1. Physikalische Verfahren 338
a) Hitzebehandlung 338
b) Kälteanwendung 338
c) Trocknung 339
2. Chemische Möglichkeiten 339
II. Maßnahmen gegen das chemische Verderben 341
1. Vermeidung hydrolytischer Vorgänge 341
2. Verhinderung des autoxydativen Verderbens 341
a) Ausschluß des Lichtes 341
b) Ausschluß von Sauerstoff 341
c) Anwendung von Kälte 342
d) Ausschluß von Prooxydantien 342
e) Anwendung von Antioxydantien 342
Bibliographie 344
Zeitschriftenliteratur 345

Mikroskopische Untersuchung der öllieferndenFrüchte und Samen.
Von Prof. Dr. Dr. K. HUMMEL, Tübingen. Mit 105 Textabbildungen 356

A. Untersuchungsverfahren 356
I. Behandlung des Materials 356
II. Die Beurteilung des Materials 357

B. Die charakteristischen Gewebe der Ölfrüchte und Ölsamen 357
I. Ölfrüchte und Ölsamen mit charakteristischen Zellgeweben von Fruchtwand und Samenschale 358
1. Astrosklereiden im Fruchtfleisch (Olive) 358
2. Eine Schicht von Palisadensklereiden vorhanden 359
Raps und Rübsen, S. 359; Hederich, S. 362; Ackersenf, S. 362; Pfennigkraut, Ackertäschelkraut, S. 362; Gartenkresse, S. 362; Feldkresse, S. 362; Hirtentäschel, S. 364; Sojabohne, S. 364; Baumwollsamen, S. 365; Kaboksamen, S. 367; Hanf, S. 368; Samen von Euphorbiaceen, S. 369; Kandelnuß, S. 370; Paranuß, S. 371; Indische Paranüsse, S. 372.
3. Früchte und Samen, deren Wandung Steinzellen enthält 373
Perilla, S. 373; Samen von Sapotaceen, S. 373; Sheanuß, S. 373; Illipé-Samen, S. 375; Illipé, Mahua und Mowrah, S. 375; Kürbissamen, S. 375; Mandeln, S. 376; Mandelersatz, S. 378; Pfirsichkerne, S. 378; Aprikosenkerne, S. 378; Pflaumenkerne, S. 378.
4. Charakteristische Faserschichten vorhanden 381
Mohn, S. 381; Lein, S. 382; Kompositenfrüchte, S. 383; Sonnenblume, S. 384; Saflor, S. 384; Ölmadie, S. 387; Nigersaat, S. 388.
5. Samen, die andere charakteristische Zellschichten der Samenschale aufweisen 388
Erdnuß, S. 388; Sesam, S. 389; Pistazie, S. 391.
III. Fruchtwand und Samenschale fehlen oder sind wenig charakteristisch, daher Unterscheidung auf Grund der Speichergewebe von Endosperm oder Embryo 392
1. Hauptsächlich derbwandiges Endosperm vorhanden 392
Cocospalme, S. 392; Ölpalme, S. 395; Babussúpalme, S. 395.
2. Reichlich, meist fast ausschließlich, zartwandiges Keimlingsgewebe vorhanden. 395
Haselnüsse, S. 395; Walnüsse, S. 397; Pinienkerne, S. 398; Zirbelnüsse, S. 399; Anacardiensamen, S. 399; Kakaosamen, S. 400.

Schlüssel zur Bestimmung von Ölsamen, hauptsächlich auf Grund der Aleuron- und Stärkekörner (nach GRIEBEL) 400
Bibliographie 401
Zeitschriftenliteratur 401

Analyse der Fette und Fettbegleitstoffe.
Von Dr. H. PARDUN. Mit 167 Abbildungen 402
Einführung 402

A. Allgemeiner Teil 404
I. Bestimmung des Trockenverlustes und des Fettgehaltes von Fettrohstoffen und fetthaltigen Lebensmitteln 404
1. Probenahme und Vorbereitung der Proben 404
a) Begriffe 404
b) Standardvorschriften zur Probenahme auf dem Öl- und Fettgebiet . . 405
c) Vorbereitung zur Analyse 405
2. Bestimmung von Wasser und Flüchtigem (Trockenverlust) 406
a) Trockenschrank-Methode. 406
α) Bestimmung der flüchtigen Bestandteile von Ölsaaten nach IUPAC-Methode I. B. 1. 407
β) Bestimmung von Wasser und flüchtigen Bestandteilen in Schroten und Ölkuchen nach DGF-Methode B — II 3 (52) 407
γ) Bestimmung des Flüchtigen in Lebensmitteln (UNILEVER-Methode) 407

b) Infrarot-Methode . . . 408
c) Maßanalytische Methode nach K. FISCHER . . . 409

3. Bestimmung des Fettgehaltes pflanzlicher Rohstoffe . . . 410
a) Ölsaaten, Ölkuchen und Schrote . . . 410
α) Gravimetrische Methode für Ölsaaten . . . 411
β) Gravimetrische Methode für Ölkuchen und Ölschrote . . . 414
γ) Refraktometrische Methode . . . 414
δ) Dielektrometrische Methode . . . 415
ε) Densimetrische Methode . . . 416
ζ) Mit Hilfe der kernmagnetischen Resonanz . . . 416
η) Mikromethoden . . . 416
b) Ölfrüchte . . . 417

4. Bestimmung des Fettgehaltes von tierischen Geweben . . . 417
a) Extraktion mit Äther, analog AOAC Methode 23.005 (1965) . . . 417
b) Extraktion mit Alkohol und Chloroform bzw. Chloroform und Methanol 418
α) Extraktion mit Alkohol und Chloroform nach G. ROSENFELD (1900) . 418
β) Extraktion mit Chloroform-Methanol nach E. WINTER (1963) . . . 418
γ) Extraktion und Aufschluß mit Säuren . . . 418
c) Sonstige Methoden . . . 418

5. Bestimmung des Fettgehaltes von Lebensmitteln . . . 419
a) Fettbestimmung mit unbestimmten Mengen frischer Lösungsmittel . . . 419
b) Fettbestimmung durch Extraktion mit einem bestimmten Lösungsmittelvolumen . . . 420
α) Trichloräthylen-Extraktion nach J. GROSSFELD (1922) . . . 421
β) Benzin-Extraktion nach J. GROSSFELD (1941) . . . 421
c) Fettbestimmung nach Aufschluß mit Säuren oder Alkalien . . . 422
α) Varianten der Großfeldschen Fettbestimmungsmethoden . . . 423
β) Weibull-Stoldt-Methode . . . 423
d) Spezielle Arbeitsvorschriften . . . 425

II. Darstellung größerer Fettmengen für die Untersuchung . . . 425

1. Gewinnung des Fettes . . . 425
a) Zerkleinerung . . . 426
b) Vortrocknung . . . 426
c) Entölungsverfahren . . . 427
α) Preßmethode . . . 427
β) Extraktionsmethode . . . 427
d) Spezialverfahren . . . 428

2. Aufbewahrung der Fette für die Analyse . . . 429

III. Qualitative Prüfungen und Nachweise . . . 429

1. Physiologische und physikalische Prüfungen . . . 430
a) Äußere Beschaffenheit . . . 430
b) Geschmacks- und Geruchsprüfung . . . 430
α) Der Triangeltest . . . 431
β) Der Reihentest . . . 431
γ) Der Verdünnungstest . . . 431
c) Löslichkeit . . . 432
d) Verhalten beim Erhitzen . . . 433

2. Chemische Prüfungen und Nachweise . . . 433
a) Verseifungsprobe . . . 433
b) Prüfung auf Mineralsäuren und freie Fettsäuren . . . 433
α) Prüfung auf Mineralsäuren . . . 433
β) Prüfung auf freie Fettsäuren . . . 434
c) Prüfung auf Seifen . . . 434
d) Nachweis von Lösungsmitteln . . . 434
α) Benzinkohlenwasserstoffe . . . 434
β) Chlorierte Kohlenwasserstoffe . . . 435
e) Nachweis von Metallen . . . 435
α) Nachweis von Eisen . . . 436
β) Nachweis von Kupfer . . . 436
γ) Nachweis von Nickel . . . 436
δ) Empfindlichkeit des Nachweises . . . 436

f) Prüfung auf Fettsäuren mit besonderen strukturellen Eigenschaften . . 436
α) Ungesättigte Fettsäuren 436
β) Polyenfettsäuren 436
γ) Konjuenfettsäuren 437
δ) Oxydierte Fettsäuren 437
ε) Polymerisierte Fettsäuren 438
g) Nachweis individueller Fette 438
α) Sesamöl 438
β) Baumwollsamenöl 439
γ) Teesamenöl 439
δ) Erdnußöl 440
ε) Sulfur-Olivenöl 441
ζ) Seetieröle 441
h) Nachweis nicht genußfähiger Fette 442
α) Rizinusöl 442
β) Holzöl 442
γ) Chaulmugraöl 443
δ) Harzöle 443

IV. Physikalische Untersuchungsmethoden 443
1. Genauigkeit und Reproduzierbarkeit von Untersuchungsmethoden . . . 443
2. Dichte und Volumgewicht 446
a) Begriffe 446
b) Bestimmung der Dichte und des Volumgewichtes von Ölen und Fetten 447
α) Bestimmung von Dichte und Volumgewicht mit dem Pyknometer . 448
β) Bestimmung der Dichte mit Spindeln 450
γ) Bestimmung der Dichte fester Fette 451
c) Auswertung 451
3. Schmelzen und Erstarren 451
a) Schmelzpunkt 452
α) Steigschmelzpunkt 452
β) Fließschmelzpunkt und Klarschmelzpunkt 453
γ) Reproduzierbarkeit der Schmelzpunktbestimmung 454
b) Erweichungspunkt 454
c) Fließ- und Tropfpunkt 456
d) Trübungspunkt 457
e) Erstarrungspunkt, Erstarrungskurven 459
α) Bestimmung des Erstarrungspunktes von Fettsäuren 460
β) Erstarrungskurven 462
γ) Beziehungen zwischen Schmelzkennzahlen und Schmelzcharakteristik 463
f) Kältebeständigkeit 464
g) Viertemperaturentest 465
4. Kritische Lösungs- und Entmischungstemperatur 466
a) Crismer-Zahl 467
b) Anilinpunkt 468
c) Mikromethode nach R. Fischer (1965) 469
5. Bestimmung der festen und flüssigen Glyceride 469
a) Aus der Schmelzwärme 469
b) Aus der Dilatation 472
α) Bestimmung der Dilatation 473
β) Näherungsverfahren zur Bestimmung der festen und flüssigen Glyceride; der „Solid Content Index" 475
c) Durch Differential-Thermoanalyse 476
d) Sonstige Methoden 478
6. Rauch-, Flamm- und Brennpunkt 479
a) Rauchpunkt 480
b) Flammpunkt 481
c) Brennpunkt 481
7. Viskosität 482
a) Geräte zur Messung der Viskosität 483
b) Bestimmung der Viskosität mit dem Kapillarviskosimeter nach L. Ubbelohde 484
c) Bestimmung der Viskosität mit dem Kugelfall-Viskosimeter nach F. Höppler 485

d) Viskosimetrische Messungen an Fettsäuren, Fettsäurealkylestern und Ölen . . . 486

8. Konsistenz und Plastizität . . . 487
a) Messung der Konsistenz mit dem HAAKE-Konsistometer . . . 489
b) Messung der Konsistenz mit dem Penetrometer . . . 490
c) Spezielle Vorschriften zur Bestimmung der Penetration von Butter, Margarine, Backfetten (Shortenings); Berechnung der Fließgrenze . . . 491
d) Auswertung von Penetrationsmessungen . . . 492

9. Oberflächen- und Grenzflächenspannung . . . 493
a) Steighöhenmethode . . . 493
b) Tropfengewichtsmethode . . . 494
c) Blasendruckmethode . . . 494
d) Ringabreißmethode . . . 494

10. Molekulargewicht . . . 496

11. Farbmessungen . . . 499
a) Farbvergleich mit der Dichromatfarbskala . . . 499
b) Farbvergleich mit der Jodfarbskala . . . 500
c) Gardner-Farbzahl . . . 502
d) F.A.C.-Farbzahl . . . 503
e) Vergleich der Farbskalen . . . 504
f) Lovibond-Tintometer-Methode . . . 504
g) Spektralphotometrische Methode . . . 506
α) Beziehungen zwischen der Farbe von Ölen und der Extinktion bei einer Wellenlänge . . . 508
β) Beziehungen zwischen der Farbe von Ölen und der Extinktion bei mehreren Wellenlängen . . . 509
γ) Beurteilung der Farbe auf Grund der ganzen Extinktionskurve . . . 510
δ) Anmerkungen zur photometrischen Farbmessung . . . 511
h) Trichromatische Methode zur Messung der Farbe von flüssigen und festen Fetten sowie von Fettprodukten . . . 512
α) Farbmessung von Ölen und Fetten . . . 514
β) Farbmessung fester Fette und Fettprodukte . . . 514
γ) Reproduzierbarkeit und Genauigkeit der Methode; Anwendungsbeispiele . . . 515

12. Spektralphotometrische Analysen . . . 517
a) Ultraviolett-Spektralphotometrie . . . 518
α) Bestimmung von Konjuen-Fettsäuren . . . 518
β) Bestimmung von Isolen-Fettsäuren . . . 520
b) Infrarot-Spektralphotometrie . . . 525
α) Bestimmung von trans-Isolen-Fettsäuren . . . 526
β) Bestimmung von cis-Isolen-Fettsäuren . . . 529

13. Fluoreszenz . . . 531
a) Visuelle Untersuchung von Fetten im filtrierten ultravioletten Licht . . . 532
b) Messung der Fluoreszenzintensität . . . 533

14. Röntgenbeugung . . . 533
a) Fettsäuren . . . 535
b) Individuelle Triglyceride . . . 535
c) Fette . . . 536

15. Massenspektrometrie . . . 536

16. Refraktometrie . . . 537
a) Bestimmung des Brechungsindexes . . . 538
b) Schmelzrefraktometrie . . . 540
c) Mikromethode nach L. KOFLER . . . 541

17. Optische Rotation . . . 542

18. Kernmagnetische Resonanz . . . 543

19. Elektrochemische Analysenverfahren . . . 545
a) Konduktometrie . . . 545
b) Potentiometrie . . . 545
c) Polarographie . . . 546
d) Ampèrometrie und Dead-Stop-Methode . . . 547

e) Hochfrequenz-Titration 548
f) Coulometrie 549

20. Dielektrizitätskonstante 549

V. Chemische Kennzahlen 551

1. Bedeutung des Kennzahlensystems für die Fettanalytik 551

2. Kurzbezeichnungen 552

3. Acidimetrische Kennzahlen 552
a) Säurezahl 552
α) Alkalimetrische Methode 553
β) Jodometrische Methode 553
γ) Potentiometrische Methode 554
δ) Titration dunkler Öle und Fettsäuren 555
ε) Mikromethoden 556
ζ) Reproduzierbarkeit der Methode; Auswertung 557
b) Verseifungszahl 557
α) Alkalimetrische Bestimmung 558
β) Potentiometrische Bestimmung 558
γ) Verseifungszahl dunkler Fette und Fettprodukte 559
δ) Mikromethoden 559
ε) Reproduzierbarkeit der Methode, Fehlerquellen, Auswertung der Säure- und Verseifungszahl 559
c) Esterzahl; Spaltgrad 561
d) Anhydridzahl 562
α) Verfahren für Mischungen von Anhydriden und Fettsäuren 562
β) Anhydridbestimmung in Gegenwart von Neutralöl mit Morpholin . 563

4. Oxidimetrische Kennzahlen 563
a) Hydroxylzahl 563
α) Makromethode 563
β) Mikromethode 564
b) Acetylzahl 565
α) Makromethode 565
β) Mikromethode 566
γ) Genauigkeit; Umrechnung von Acetylzahlen auf Hydroxylzahlen . . 566
c) Lactonzahl 566
d) Carbonylzahl 567
α) Verfahren von W. Leithe für hellgefärbte Proben 567
β) Verfahren nach H.P. Kaufmann und Mitarb. (1938) 568
γ) Mikromethode 568
δ) Genauigkeit der Methoden; Anwendung 568

5. Enometrische Kennzahlen 569
a) Jodzahl 569
α) Jodzahlbestimmung von Fetten mit nicht konjugierten Doppelbindungen 570
β) Jodzahlbestimmung von Fetten mit konjugierten Doppelbindungen . 577
γ) Schnellmethoden 579
δ) Mikromethoden 580
b) Hydrierjodzahl 580
c) Rhodanzahl 584
d) Dien- und Pandienzahl 587
e) Polybromidzahl 590

6. Kennzahlen zur Bestimmung flüchtiger, wasserlöslicher und wasserunlöslicher Fettsäuren 592
a) Reichert-Meißl-Zahl 594
b) Polenske-Zahl 595
c) Kirschner-Zahl 595
d) Buttersäurezahl 596

7. Beispiele für die Identifizierung von Fetten; Formeln für die Errechnung der Zusammensetzung von Fettgemischen mit Hilfe der Kennzahlen . . . 600
a) Identifizierung mit Hilfe von VZ und JZ 601
b) Identifizierung mit Hilfe von VZ, JZ und einer dritten Kennzahl . . . 601

c) Identifizierung durch Ermittlung der Fettsäurezusammensetzung . . . 601
d) Errechnung der Zusammensetzung von Fettgemischen aus den Kennzahlen . . . 602

VI. Spezielle Methoden zur Fettanalyse . . . 603

1. Zerlegung von Fettsäuregemischen und Bestimmung der individuellen Bestandteile . . . 603
a) Herstellung und Reinheitskontrolle der Vergleichssubstanzen . . . 604
α) Darstellung geradzahliger gesättigter Fettsäuren . . . 604
β) Darstellung geradzahliger ungesättigter Fettsäuren . . . 605
b) Fraktionierte Kristallisation . . . 609
α) Apparative Ausrüstung . . . 610
β) Arbeitsregeln und Beispiele . . . 610
γ) Verbindung der Tieftemperatur-Kristallisation mit anderen Methoden zur Bestimmung der Zusammensetzung komplizierter Fettsäuregemische . . . 612
c) Trennung über die Harnstoff-Einschlußverbindungen . . . 612
α) Gesetzmäßigkeiten der Reaktion von Fettsäuren mit Harnstoff . . . 613
β) Anwendung der Harnstoffaddukte zur Reindarstellung und Trennung von Fettsäuren . . . 614
d) Fraktionierte Destillation . . . 615
α) Trennung von Fettsäuregemischen durch Kolonnendestillation . . . 616
β) Füllstoff-Destillation . . . 620
γ) Molekulardestillation . . . 621
δ) Mikro-Destillationsmethoden . . . 622
e) Multiplikative Verteilung . . . 623
α) Prinzip der CRAIG-Verteilung . . . 625
β) Fettsäuretrennung mit Hilfe der CRAIG-Verteilung . . . 625
f) Säulenchromatographie . . . 627
α) Elutionsanalyse . . . 628
β) Frontal- und Verdrängungsanalyse . . . 629
γ) Verteilungschromatographie . . . 631
δ) Trennung von gesättigten und ungesättigten Fettsäuren durch Verteilungschromatographie; Unterscheidung zwischen cis- und trans-Formen . . . 639
g) Papierchromatographie . . . 640
α) Trennung und Bestimmung der niedermolekularen Fettsäuren . . . 641
β) Trennung und Nachweis der mittel- und hochmolekularen Fettsäuren 644
γ) Quantitative Bestimmung der höheren Fettsäuren . . . 649
h) Dünnschichtchromatographie . . . 651
α) Trennung der Lipide in Klassen . . . 651
β) Trennung von Fettsäuregemischen . . . 652
γ) Trennung und Bestimmung der Methylester . . . 655
i) Gaschromatographie . . . 657
α) Hinweise zur Arbeits- und Auswertungstechnik . . . 658
Begriffe, S. 492; Wahl der Säulenart und des Detektorsystems, S. 494; Die stationäre Phase, S. 494; Säulentemperatur und Temperaturprogrammierung, S. 496; Auswertung der Chromatogramme, S. 497.
β) Trennung und Bestimmung der niederen Fettsäuren . . . 662
γ) Trennung und Bestimmung der höheren Fettsäuren . . . 666
Darstellung der Methylester durch Veresterung, S. 506; Darstellung der Methylester durch Umesterung, S. 509; Beurteilung der Methylierungsmethoden; Veresterung bei Gegenwart niedermolekularer Fettsäuren, S. 510; Beispiele für die Trennung von Methylestern, S. 512; Trennung der freien höhermolekularen und niedermolekularen Fettsäuren, S. 517.
δ) Kombination der Gaschromatographie mit anderen Verfahren . . . 673
j) Potentiometrische Titration . . . 674

2. Trennung von Triglyceridgemischen; Identifizierung der Komponenten . . 676
a) Glyceridstruktur von Ölen und Fetten . . . 676
b) Methoden zur Bestimmung der Glyceridklassen . . . 678
α) Bestimmung der dreifach gesättigten Glyceride . . . 678
β) Bestimmung der übrigen Glyceridklassen . . . 681
γ) Bemerkungen zur Positionsbestimmung mit Lipasepräparaten . . . 685

c) Trennung und Bestimmung individueller Glyceride 686
α) Säulenchromatographie 687
β) Papierchromatographie 688
γ) Dünnschichtchromatographie 690
δ) Gaschromatographie 692

3. Mikrochemische Arbeitstechnik 694
a) Zerkleinern 694
b) Wägen 694
c) Extrahieren 695
d) Maßanalytische Operationen 697

VII. Bestimmung der Hauptbestandteile 698

1. Glycerin und Glycerinester 698
a) Nachweis des Glycerins 699
b) Bestimmung des Glycerins 699
α) Berechnung des gebundenen Glycerins aus Verseifungszahl und Esterzahl 699
β) Bestimmung durch Abtrennung und Wägung 699
γ) Bestimmung durch Abtrenunng und Veresterung mit Essigsäureanhydrid (Acetinmethode) 700
δ) Bestimmung durch Abtrennung und Oxydation mit Kaliumdichromat 700
ε) Bestimmung durch Abtrennung und Oxydation mit Perjodsäure . . . 700
ζ) Sonstige Methoden 703
c) Bestimmung von Monoglyceriden 703
α) Bestimmung von 1-Monoglyceriden durch Oxydation mit Perjodsäure 703
β) Bestimmung der 2-Monoglyceride 707
d) Bestimmung der Mono-, Di- und Triglyceride nebeneinander 708
α) Durch Säulenchromatographie 708
β) Mit Hilfe der Papier-, Dünnschicht- und Gaschromatographie 710

2. Unverseifbares 711
a) Bestimmung des Unverseifbaren durch Extraktion mit Petroläther (IUPAC-Methode II. D. 5.2) 713
b) Bestimmung des Unverseifbaren durch Extraktion mit Äthyläther (IUPAC-Methode II. D. 5.3) 713
c) Reproduzierbarkeit und Genauigkeit der Methoden; Mikromethode . . . 714
d) Gewinnung größerer Mengen Unverseifbares für differenzierte Untersuchungen 716

3. Gesamtfettsäuren 717
a) Berechnung aus Verseifungs- und Säurezahl 717
b) Bestimmung durch Abtrennung und Wägung 718
c) Genauigkeit der Bestimmungsmethoden 719

4. Wasserunlösliche Fettsäuren 720
a) Verfahren von O. Hehner, modifiziert nach Dalican 720
b) Verfahren nach J. West-Knights (1886) 720
c) Gewinnung größerer Mengen unlöslicher Fettsäuren zur Titerbestimmung 720
d) Auswertung und Reproduzierbarkeit 720

5. Wasserlösliche flüchtige Fettsäuren 721
a) Bestimmung der Buttersäure nach AOAC-Methode Nr. 26034 (1965) (siehe auch C. Anglin und J. H. Mahon, 1956) 721
b) Bestimmung von Essig-, Propion- und Buttersäure nebeneinander . . . 723
c) Weitere Methoden 724

6. Feste und flüssige Fettsäuren; Isoölsäuregehalt 724
a) Bestimmung der festen und flüssigen Fettsäuren nach E. Twitschell (1921) 725
b) Halbmikromethode nach J. Grossfeld und J. Peter (1934) 727

7. Sauerstoffsubstituierte höhermolekulare Fettsäuren 729
a) Bestimmung der oxydierten Fettsäuren 729
α) Auf Grund der Unlöslichkeit in Petroläther 729
β) Chromatographische Methode 730
b) Hydroxyfettsäuren 733
α) Bestimmung mit Hilfe von Kennzahlen 733
β) Chromatographische Bestimmung 734

c) Ketofettsäuren 735
d) Epoxyfettsäuren 736

8. Freie Fettsäuren 736
a) Bestimmung durch Titration mit Alkali 736
α) Methode der DGF C— V 5 (57) 737
β) Methode der AOCS: Ca 5a — 40 bzw. B.S.: 684: 1958 737
b) Bestimmung durch Abtrennung und Wägung 737
α) Neutralisationsmethode 737
β) Chromatographische Methoden 738
c) Mikromethoden 739

9. Abtrennung und Bestimmung gesättigter Fettsäuren 739
a) Bestimmung des Gehaltes an gesättigten Fettsäuren aus den Kennzahlen 740
b) Bestimmung der gesättigten Fettsäuren durch Kristallisation 740
c) Bestimmung der gesättigten Fettsäuren durch Oxydation mit Kaliumpermanganat 741
d) Bestimmung der gesättigten Fettsäuren durch Oxydation und chromatographische Abtrennung der Oxydationsprodukte 743
α) Verfahren nach J. FITELSON (1950) 743
β) Verfahren nach R. G. W. SPICKETT und Mitarb. (1957) 743
e) Reproduzierbarkeit und Genauigkeit der Methoden 744
f) Mikromethoden 744

10. Nachweis, Abtrennung und Bestimmung ungesättigter Fettsäuren 745
a) Nachweis und Bestimmung ungesättigter Fettsäuren ohne vorherige Abtrennung 745
b) Trennung der ungesättigten Fettsäuren von den gesättigten und untereinander 745
α) Ohne vorherige Absättigung der Doppelbindung 745
β) Nach vorheriger Absättigung der Doppelbindung 746
c) Bestimmung der Lage der Doppelbindungen 747
α) Permanganat-Oxydation 748
β) Ozonspaltung 749
γ) Sonstige Methoden 751
d) Bestimmung der cis- und trans-Konfiguration 751
α) Spektrophotometrische Bestimmung des cis- und trans-Gehaltes . . 753
β) Unterscheidung zwischen Monoen- und Dien-cis-trans-Fettsäuren . . 753
γ) Chromatographische Methoden 755
e) Nachweis und Bestimmung einzelner ungesättigter Fettsäuren 756
α) Enzymatische Bestimmung von cis-Polyenfettsäuren 756
β) Erucasäure 759

VIII. Nachweis und Bestimmung von Nebenbestandteilen und Verunreinigungen . . 761

1. Gase 762
a) Gelöste Gase 762
b) Nicht gelöste Gase 763

2. Wasser und Flüchtiges 764
a) Flüchtige Bestandteile einschließlich Wasser 765
α) Trockenschrank-Methode 765
β) Trocknungsmethode mit dem Planwägeglas 766
γ) Schnellmethode 766
δ) Genauigkeit der Methoden zur Bestimmung des Flüchtigen 767
b) Wasser allein 767
α) Die Destillationsmethode 767
β) Die volumetrische Methode 768
γ) Die maßanalytische Methode 768
δ) Genauigkeit der Wasserbestimmungs-Methoden 769
c) Lösungsmittel 770
α) Bestimmung von Lösungsmitteln nach der Differenzmethode 770
β) Bestimmung von Hexankohlenwasserstoffen 770
γ) Bestimmung von Trichloräthylen 770

3. Unlösliche Verunreinigungen 775

4. Bestandteile des natürlichen Unverseifbaren 776
a) Sterine 776

α) Qualitativer Sterinnachweis . . . 778
β) Abtrennung der Sterine als Digitonide; Unterscheidung zwischen Cholesterin und Phytosterin . . . 778
γ) Bestimmung der freien und gebundenen Sterine . . . 781
δ) Nachweis geringer Mengen Phytosterine neben großen Mengen Cholesterin (Pflanzenfett in tierischen Retten) . . . 781
ε) Nachweis geringer Mengen Cholesterin neben großen Mengen Phytosterin (tierische Fette in pflanzlichen) . . . 782
ζ) Mikromethoden zur Cholesterinbestimmung . . . 784
η) Zerlegung von Steringemischen in ihre Bestandteile . . . 787
b) Fettalkohole und Kohlenwasserstoffe . . . 792
α) Nachweis und Bestimmung von Fettalkoholen . . . 793
β) Bestimmung der Kohlenwasserstoffe, insbesondere des Squalens . . . 793
γ) Bestimmung polycyclischer aromatischer Kohlenwasserstoffe . . . 796
c) Carotin und Vitamin A . . . 797
α) Bestimmung des Carotingehaltes von Margarine . . . 798
β) Nachweis von Palmölcarotinoiden . . . 799
γ) Sonstige Methoden zur Carotinbestimmung in Fetten . . . 800
δ) Bestimmung von Vitamin A . . . 800
d) Vitamin D . . . 806
e) Vitamin E . . . 808
α) Gehaltsbestimmung von α-Tocopherolacetat nach der Vorschrift des 3. Nachtrags zum DAB VI (1959) . . . 810
β) Säulenchromatographische Bestimmung des Gesamttocopherolgehalts . . . 810
γ) Dünnschichtchromatographische Trennung und Bestimmung der Tocopherole . . . 812
δ) Gaschromatographische und polarographische Methoden . . . 815
f) Sesamin, Sesamolin und Sesamol . . . 815

5. Öllösliche Pigmente außer Carotin . . . 817
a) Chlorophyll . . . 818
b) Gossypol . . . 820

6. Natürliche und synthetische Farbstoffe . . . 823
a) Nachweis von Annatto in Speisefetten . . . 823
b) Nachweis von Annatto und Carotin in Margarine . . . 824
c) Nachweis und Identifizierung von Teerfarbstoffen . . . 825
α) Trennung von Annatto- und Teerfarbstoffen . . . 825
β) Trennung und Identifizierung von Teerfarbstoffen mittels Papierchromatographie . . . 826
γ) Dünnschichtchromatographische Trennung und Bestimmung der Teerfarbstoffe . . . 826

7. Polymere Fettsäuren . . . 827
a) Gewinnung der Gesamtfettsäuren . . . 828
b) Anreicherung dimerer Säuren in Methanol . . . 828
c) Anreicherung dimerer Säuren nach dem Harnstoff-Verfahren . . . 828
d) Papierchromatographischer Nachweis dimerer Säuren . . . 829
e) Quantitative Bestimmung der dimeren Säuren . . . 829
f) Dünnschichtchromatographische Bestimmungsmethode . . . 830

8. Cyclische Fettsäuren . . . 831
a) Nachweis und Bestimmung natürlich vorkommender cyclischer Fettsäuren . . . 831
b) Nachweis und Bestimmung der aus geradkettigen Fettsäuren gebildeten cyclischen Säuren . . . 833

9. Harzsäuren . . . 833

10. Nachweis der Umesterung . . . 834
a) Nachweis des Methanols mittels Chromotropsäure . . . 835
b) Papierchromatographische Methode . . . 836

11. Phosphatide aus dem Phosphorgehalt . . . 836
a) Makroverfahren nach E. Becker und L. Krull bzw. DGF-Methode C — VI 4 (61) . . . 837
b) Meso- und Mikroverfahren . . . 838
c) Genauigkeit der Makromethode; Auswertung . . . 839

12. Seifen 839
a) Verfahren nach J.P. WOLFF (1948) bzw. B.S. 684: 1958 840
b) Verfahren nach DURST und STILLMAN in der Ausführungsform von E.H. HARVEY und Mitarb. (1939) 841

13. Mineralsäuren 841

14. Mineralöl 842
a) Halbquantitative Bestimmung von Mineralöl in Walöl (UNILEVER-Methode) 842
b) Methode von E.R. BOLTON und K.A. WILLIAMS (1938) 842
c) Chromatographische Methoden zur Abtrennung und Bestimmung . . . 843

15. Schwefel 844
a) Kolorimetrische Methode zur Bestimmung des reduzierbaren Schwefels 844
b) Gravimetrische Methode zur Bestimmung des nicht flüchtigen Schwefels 845
c) Titrimetrische Methode zur Bestimmung des gebundenen Schwefels 845

16. Asche 846
a) Verfahren nach AOCS Cc 11—55 846
b) Methode der IUPAC II. C. 3 847
c) Reproduzierbarkeit der AOCS-Methode 847

17. Schwermetalle 847
a) Veraschung der Fette 848
b) Bestimmung von Eisen, Kupfer und Nickel 849
α) Eisen als α, α'-Dipyridylkomplex 849
β) Kupfer als Diäthyldithiocarbamat-Komplex 849
γ) Nickel als Dimethylglyoxim-Komplex 850
δ) Genauigkeit der Metallbestimmungsmethoden 851

18. Nachweis von pflanzlichen Fetten in tierischen und von tierischen in pflanzlichen 851
a) Nachweis tierischer Fette auf Grund der Fettsäurezusammensetzung . . 851
b) Unterscheidung pflanzlicher und tierischer Fette aus dem Glyceridaufbau 852
c) Unterscheidung pflanzlicher und tierischer Fette auf Grund der Begleitstoffe 853

IX. Nachweis und Bestimmung des Fettverderbens 853

1. Übersicht über die Arten des Fettverderbens 853
a) Chemische Ursachen des Fettverderbens 854
α) Hydrolyse der Glyceride 854
β) Verderben der Fette durch Autoxydation 854
γ) Fischigkeit emulgierter Fette 858
b) Biologische Ursachen des Verderbens 858
α) Enzymatische Fetthydrolyse 858
β) Lipoxydase- und hämatinkatalysierte Fettoxydation 859
γ) Ketonranzigkeit 859
c) Folgerungen für die Analyse des Fettverderbens 860

2. Statische Nachweis- und Bestimmungsmethoden 861
a) Unspezifische Nachweise 861
α) Organoleptische Prüfung 861
β) Physikalische Methoden: Brechungsindex und Dielektrizitätskonstante, S. 879; UV-Spektrum, S. 879; IR-Spektrum, S. 883; Polarographische Methode, S. 885 862
γ) Chemische Methoden: Reaktion mit Diphenylcarbazid, S. 887; Verseifungsfarbzahl, S. 889; Abnahme des Tocopherolgehaltes, S. 893a 867
b) Reaktionen auf funktionelle Gruppen 871
α) Bestimmung der normalen Kennzahlen 872
β) Nachweis und Bestimmung von Peroxiden: Nach WHEELER, S. 901; Nach IUPAC, S. 903; Nach SULLY, S. 905 872
γ) Nachweis und Bestimmung von Carbonylverbindungen: Mit Hydroxylamin und 2,4-Dinitrophenylhydrazin, S. 908; Benzidin-Zahl, S. 915; Aldehyde, S. 919; Methylketone, S. 930; Kreis-Reaktion, S. 926; Thiobarbitursäure-Reaktion, S. 926; Hexylresorcintest, S. 940a 878
δ) Bestimmung von Epoxidgruppen 895

c) Abtrennung und Identifizierung charakteristischer Autoxydationsprodukte . . . 897
α) Abtrennung und Identifizierung flüchtiger Carbonylverbindungen . . 897
β) Bestimmung nicht flüchtiger Endprodukte der Autoxydation . . . 900
3. Dynamische Nachweismethoden . . . 903
a) Trockenschrank- oder Schaal-Test . . . 903
b) Sauerstoff-Absorptionsmethode: Oxydation bei normalem Druck, S. 958; Oxydation bei erhöhtem Druck, S. 962 . . . 904
c) Swift-Stability-Test . . . 909
d) Filterpapiertest . . . 913
e) Licht-Test . . . 917

X. Ausgewählte Analysenmethoden für Wachse und Phosphatide . . . 918
1. Wachse . . . 918
a) Begriffe; Klassifizierung . . . 918
b) Analytisch wichtige Eigenschaften einiger Wachse . . . 919
c) Physikalische Untersuchungsmethoden . . . 919
α) Dichte . . . 922
β) Fließ- und Tropfpunkt . . . 922
γ) Erstarrungspunkt und Erstarrungshaltepunkt . . . 922
δ) Farbmessung . . . 923
ε) Brechungsindex . . . 924
ζ) Konsistenz . . . 924
d) Chemische Kennzahlen . . . 924
α) Säurezahl und Verseifungszahl (DGF: M — IV 2 (57) . . . 924
β) Hydroxylzahl . . . 925
γ) Carbonyl- und Lactonzahl . . . 925
δ) Jodzahl . . . 926
e) Bestimmung der Hauptbestandteile . . . 926
α) Zerlegung in Unverseifbares und Wachssäuren . . . 926
β) Auftrennung des Unverseifbaren . . . 926
γ) Zerlegung der Wachssäuren . . . 927
f) Neuere Methoden zur Auftrennung der Wachse . . . 927
g) Untersuchungsmethoden für spezielle Wachse . . . 928
α) Bienenwachs . . . 928
β) Wollfett . . . 929
γ) Walrat . . . 930
δ) Pflanzenwachse . . . 930
ε) Mineralische Wachse . . . 931
2. Phosphatide . . . 932
a) Einteilung und Zusammensetzung . . . 932
b) Isolierung der Phosphatide aus Lebensmitteln . . . 934
α) Extraktion . . . 934
β) Reinigung des Extraktes . . . 934
c) Zerlegung der Phosphatidgemische . . . 936
α) Mit Lösungsmitteln . . . 936
β) Trennung mit Hilfe von Metallkomplexen . . . 936
γ) Chromatographische Methoden . . . 937
d) Identifizierung einzelner Phosphatide . . . 945
α) Bestimmungen am intakten Phosphatid . . . 945
β) Bestimmungen nach Hydrolyse der Phosphatide . . . 947
γ) Mikromethoden zur Trennung der Spaltprodukte . . . 951
e) Anwendung der Phosphatidanalyse auf die Untersuchung von Lebensmitteln . . . 952

B. Spezieller Teil . . . 953

I. Untersuchung und Identifizierung von Pflanzenfetten und -ölen . . . 953
1. Allgemeine Untersuchungsmethoden . . . 953
a) Bestimmung der Qualität . . . 953
b) Bestimmung des Raffinationsgrades . . . 954
c) Feststellung der Identität . . . 955
2. Spezialmethoden zur Untersuchung von festen Pflanzenfetten . . . 956
a) Laurin- und myristinsäurereiche Fette . . . 956
b) Palmitin- und stearinsäurereiche Fette . . . 957

3. Spezialmethoden zur Untersuchung von flüssigen Pflanzenfetten 959
a) Fruchtfleischfette 960
b) Samenfette 962

II. Untersuchung und Identifizierung von tierischen Fetten 965
1. Methoden zur Untersuchung von Landtierfetten 965
a) Rindertalg 965
b) Schweineschmalz 966
2. Methoden zur Untersuchung und zum Nachweis von Seetierölen 973

III. Kunstspeisefette; Back-, Brat- und Fritierfette 974
1. Untersuchung gehärteter Fette und gehärtete Fette enthaltender Mischfette 975
2. Untersuchung von Fetten mit speziellen Zusätzen, insbesondere Emulgatoren 979
3. Fritierfette 980

IV. Umgeesterte und fraktionierte Fette 982

V. Polymerisierte Öle 985

VI. Esteröle, synthetische und modifizierte Fette 987
1. Esteröle 987
2. Synthetische Fette 988
3. Aceto- und Butyrofette 990

VII. Margarine 992
1. Physikalische Untersuchungsmethoden 993
2. Chemische Untersuchungsmethoden 995
a) Bestimmung der Hauptbestandteile 995
b) Bestimmung der Nebenbestandteile 996
3. Untersuchung der Fettphase 1002
a) Physikalische Kennzahlen 1002
b) Chemische Kennzahlen 1003
c) Bestimmung der Fettsäurezusammensetzung 1003
d) Nachweis von Verfälschungen 1004
4. Biologische Untersuchung 1005

VIII. Mayonnaise und Salatsoßen 1006
1. Physikalische Untersuchungsmethoden 1006
2. Chemische Untersuchungsmethoden 1008
3. Zusammensetzung von Handelspräparaten 1011

C. Tabellarische Übersicht über die Kennzahlen und die Zusammensetzung der wichtigsten pflanzlichen und tierischen Fette 1012

I. Feste Samenfette 1013

II. Flüssige und halbflüssige Fruchtfleischfette 1014

III. Flüssige Samenfette 1015

IV. Fette von Landtieren 1019

V. Fette von Seetieren 1020

Bibliographie 1021
Zeitschriftenliteratur 1028

Hinweise für die lebensmittelrechtliche Untersuchung.
Von Prof. Dr. K.G. Bergner, Stuttgart 1088

Sachregister 1093

Verzeichnis der Mitarbeiter

Prof. Dr. Karl-Gustav Bergner,
Institut für Lebensmittelchemie der Universität,
7 Stuttgart 1, Keplerstraße 17

Dr. Karl-Friedrich Gander,
i. H. Margarine-Union GmbH,
2 Hamburg 36, Dammtorwall 15

Prof. Dr. Dr. Karl Hummel,
Fürstin-Eugenie-Institut für Arzneipflanzenforschung,
745 Schloß Lindich bei Hechingen

Dr. Hermann Pardun,
in Fa. Margarine-Union GmbH,
419 Kleve/Rhld.

Dr. Heinrich v. Pezold,
in Fa. Margarine-Union GmbH,
2 Hamburg 36, Dammtorwall 15

Dr. Heinrich Wissebach,
76 Offenburg, Scheffelstraße 23

Wirtschaftliche Bedeutung der Speisefette

Von

Dr. KARL FRIEDRICH GANDER, Hamburg

I. Bedeutung der Speisefette für die Ernährung der Welt

Fett ist ein notwendiges Grundnahrungsmittel, das in der Ernährung zwei Aufgaben zu erfüllen hat (K. LANG 1967):

1. Eine unspezifische Aufgabe hat Fett als Energielieferant — Energieinhalt 9,1—9,3 kcal je Gramm Fett — und als Lieferant von C-Atomen für Biosynthesen im menschlichen Organismus.

2. Fett fungiert in der Ernährung als Träger spezifischer fettlöslicher Wirkstoffe: der essentiellen Fettsäuren und der fettlöslichen Vitamine.

Tabelle 1. *Weltproduktion an Ölen und Fetten nach Ländern* (Ölwert bzw. Reinfett in 1000 t)

	vor dem 2. Weltkrieg	1965
USA	3543	8755
Argentinien und Brasilien	995	1710
Übriges Amerika	562	1945
Gesamt Amerika	5100	12410
Westeuropa (16 Länder)	3337	4380
Übriges Europa	1231	1875
Gesamt Europa	4568	6255
Westafrika	1132	2005
Übriges Afrika	370	1205
Gesamt Afrika	1502	3210
UdSSR	2000	4505
Indien und Pakistan	2274	3185
Ceylon und Burma	216	335
Indonesien und Malaya	931	845
Philippinen	452	890
China	3341	2940
Australien und Ozeanien	575	900
Übriges Asien	628	1160
Gesamt Asien und Ozeanien	10417	14760
Welt insgesamt	21587	36635

Das mit der Nahrung aufgenommene Fett mit seinem hohen Sättigungswert wird im Darm partiell oder vollständig lipatisch gespalten und als Gemisch von Fettsäuren, Glycerin, Mono-, Di- und Triglyceride (Neutralfett) resorbiert. Der weitere Abbau — die Oxydation der Fettsäuren — zur Energiegewinnung wie auch ein Aufbau von Fettsäuren aus Grundbausteinen kann in allen Körperzellen, vornehmlich in der Leber, im Muskelgewebe und in der Fettsubstanz, erfolgen.

Fett hat über seinen unmittelbaren calorischen Effekt hinaus noch eine weitere energetische Wirkung. Es ermöglicht eine ökonomischere Verwertung der aus der Nahrung im Stoffwechsel gewonnenen Energie (K. LANG 1967).

Speisefette haben somit besondere ernährungsphysiologische Wichtigkeit und besitzen zunehmend große wirtschaftliche Bedeutung. Ihre Rohstoffe werden unter verschiedenartigen Voraussetzungen überall auf der Welt gewonnen. Für ihre Gewinnung wie auch für ihre Weiterverarbeitung hat sich im Laufe der Zeit eine spezielle Technologie entwickelt, auf die in diesem Abschnitt besonders eingegangen wird.

Speisefette sind ein überaus wichtiger Bestandteil der menschlichen Ernährung, denn sie haben von allen Lebensmitteln den weitaus größten Energiewert. Das am Caloriengehalt gemessene geringe Gewicht ermöglicht eine ballastarme Ernährung, wie sie den physiologischen Bedürfnissen des modernen Menschen, der nur noch vergleichsweise wenig körperliche Arbeit zu leisten hat, entspricht.

Vom gesamten Lebensmittelverbrauch der Weltbevölkerung, der jährlich mehr als 1 Mrd t beträgt, entfielen 1965 32 Mio t auf Speisefette einschließlich Butter. Während der mengenmäßige Fettanteil an der Ernährung damit nur etwa 3 % beträgt, liegt dieser Anteil, in Calorien berechnet, bei etwa 9 %. In den einzelnen Ländern und Kontinenten ist der Anteil des Fettes am gesamten Lebensmittelverbrauch sehr unterschiedlich, je nach Klima und Grad der wirtschaftlichen Entwicklung. Am höchsten liegt er in den hochentwickelten Industrieländern

Tabelle 2. *Weltproduktion an Ölen und Fetten nach Sorten*
(Ölwert bzw. Reinfett in 1000 t)

	vor dem 2. Weltkrieg	1965
Pflanzliche Öle und Fette für den Ernährungssektor		
Sojabohnen	1263	4860
Erdnuß	1755	3165
Baumwollsaat	1453	2570
Cocos	1633	2225
Sonnenblumen	435	2375
Raps	1273	1465
Palm	644	1115
Oliven	950	1000
Sesam	563	610
Palmkern	355	480
Mais	70	235
Babassu	27	50
insgesamt	10421	20150
Tierische Fette und Öle		
Butter (einschl. Gheefett)	4160	5000
Schmalz	2913	4330
Talg	1679	4155
Fischöl	323	765
Wal (einschl. Spermöl)	507	335
insgesamt	9582	14585
Pflanzliche Öle für den technischen Sektor		
Lein	1040	1075
Rizinus	178	250
Tung	121	95
Oiticica	9	—
sonstige Pflanzenöle	236	480
insgesamt	1584	1900
Weltproduktion insgesamt	21587	36635

Westeuropas und Nordamerikas. Der Fettverbrauch erreicht dort 20—25 % des gesamten Calorienverbrauchs, so z. B. in der Deutschen Bundesrepublik rd. 25 %. Hierbei ist jedoch nur der sog. *sichtbare Fettverbrauch* erfaßt. Der *Verbrauch von unsichtbaren Fetten*, wie sie in anderen Lebensmitteln, insbesondere in Fleisch, Fisch, Eiern, Käse und Trinkmilch enthalten sind, macht im Weltdurchschnitt einen weiteren mengenmäßigen Anteil von 2 % und einen calorischen Fettanteil

Tabelle 3. *Die Margarineproduktion in verschiedenen Ländern* (in 1000 t-Produktgewicht)

	Vorkriegsdurchschnitt	1963	1965
Belgien/Luxemburg	64	120	130
Deutschland (BR)	376[1]	549	576
Frankreich	35	129	144
Italien	—[2]	35	45
Niederlande[3]	72	245	250
EWG-Gesamt	547	1078	1145
Dänemark	81	87	88
Großbritannien	211	343	320
Norwegen[3]	55	90	89
Österreich	10	35	40
Portugal	0	11	15
Schweden	61	113	119
Schweiz	4	13	—
Finnland[4]	14	18	20
EFTA-Gesamt	436	710	—
Griechenland	1	12	—
Irland	5	10	—
Spanien	—	10	—
Westeuropa-Gesamt	—	1804	—
Jugoslawien	—	18	12
DDR	39	195	203
Polen	10	130	138
Tschechoslowakei	—	51	117
UdSSR	93	566	670
Ungarn	—	7	8
Kanada	—[5]	78	76
USA	175	814	864
Indien[6]	—	384	416
Indonesien	—	4	—
Israel	—	16	17
Japan	4	51	54
Pakistan[6]	—	79	102
Australien	17	49	54
Neuseeland	—	7	—
Süd-Afrika	—	7	—
Übrige Länder	—	—	—
Welt-Gesamt	1400	4460	—

[1] 1938 war die Margarineproduktion in Deutschland kontingentiert. Normalerweise würde sie etwa 500000 t betragen haben. — [2] Margarineerzeugung war bis 1954 verboten. — [3] Einschließlich Butterbeimischungen. — [4] Assoziiertes Mitglied der EFTA. — [5] Margarineerzeugung war bis 1948 verboten. — [6] Vanaspati (100%iges Speisefett).

von etwa 6 % aus. In den hochentwickelten Industrieländern beträgt der calorische Fettanteil insgesamt 35—45 %, in der Bundesrepublik Deutschland z. B. rd. 40 %.

Beim Weltfettverbrauch entfallen auf tierische Fette 40 %, auf Fette pflanzlicher Herkunft dagegen etwa 60 %. Die einzelnen Länder und Kontinente weichen von diesem Aufteilungsverhältnis des Weltdurchschnitts ab, wobei der Pflanzenfettanteil in den sog. Entwicklungsländern höher und in den Industrieländern niedriger als 60 % liegt; in der Deutschen Bundesrepublik beträgt er beispielsweise derzeit knapp 50 %.

Synthetische Speisefette, wie sie im letzten Weltkrieg versuchsweise in Deutschland durch Veresterung der aus der Paraffinoxydation stammenden Fettsäuren gewonnen wurden, werden heute nicht mehr hergestellt. (H. P. Kaufmann und J. G. Thieme 1956; F. Wittka 1958).

Die Menge der technisch verwendeten Fette ist im Laufe der Zeit immer mehr zurückgegangen, weil synthetische Rohstoffe insbesondere bei der Herstellung von Seifen, Waschmitteln, Farben und Lacken ständig wachsende Bedeutung erlangt haben. Der Fettverbrauch für technische Zwecke beträgt heute nur noch etwa 13 % des gesamten Fettverbrauchs der Welt, Abweichungen bestehen auch hier in den einzelnen Ländern und Kontinenten.

Während die pflanzliche Speisefett- und Margarineproduktion um die Jahrhundertwende zunächst nur für die Industrieländer Westeuropas und für die USA Bedeutung hatte, haben sich diese Industriezweige in den letzten Jahrzehnten auch in Osteuropa, der UdSSR sowie regional in Asien, Afrika und Südamerika entwickelt. Dies hängt zusammen mit dem Anstieg der Bevölkerung, der Industrialisierung und dem steigenden Pro-Kopf-Verbrauch an Fetten in diesen Gebieten. So entfielen beispielsweise 1938 von der Margarineerzeugung der Welt (1,4 Mio t) noch 82 % auf Westeuropa und Nordamerika, 1963 (4,5 Mio t) dagegen nur noch

Tabelle 4. *Pro-Kopf-Verbrauch von Margarine in verschiedenen Ländern* (in kg-Produktgewicht)

	Vorkriegsdurchschnitt[1]	1956	1963
Belgien/Luxemburg	6,7	10,1	12,7
Bundesrepublik Deutschland	6,1[2]	12,7	9,5
Frankreich	0,8	2,1	2,6
Italien	0,2	0,5	0,7
Niederlande	7,1	19,9	19,8
Dänemark	21,5	20,1	18,3
Großbritannien	4,5	7,7	6,1
Norwegen	18.7	25,0	22,5
Österreich	1,5	3,7	—
Schweden	9,3	15,1	15,4
Schweiz	0.9	1,7	2,3
Finnland	3,6	7,1	3,9
Irland	1,1	2,2	3,6
Kanada	—	3,5	4,2
USA	1,3	3,7	4,4
Australien	2,2	3,4	4,3
Neuseeland	2,0	2,6	2,3

[1] meistens 1938.

[2] 1938 war die Margarineproduktion in Deutschland kontingentiert. Normalerweise würde der Margarineverbrauch pro Kopf etwa 8 kg betragen haben.

61 %. Noch immer haben jedoch die Länder der OECD (Westeuropa und Nordamerika) mit 16 % der Weltbevölkerung einen ca. 40 %igen Anteil am Weltverbrauch der sichtbaren Fette bzw. 50 % am Gesamtfettverbrauch.

Eines der wichtigsten Fettnahrungsmittel ist im Laufe der letzten Jahrzehnte die Margarine geworden, die heute weitgehend nicht mehr als ein Ersatzprodukt für Butter, sondern als ein calorisch hochwertiges, vitaminhaltiges Fettprodukt eigener Art betrachtet wird (vgl. S. 243 ff.). Der steigende Margarineverbrauch, auch in solchen Ländern, die nach jahrhundertealter Tradition ihren Fettbedarf überwiegend aus tierischen Fetten deckten, wird an nachfolgenden Tabellen deutlich.

II. Die Fette im Welthandel

Da der Fettverbrauch je Kopf in den dichtbesiedelten Industrieländern, wo die Erzeugungsmöglichkeiten für Fette begrenzt sind, am höchsten ist, spielen Speisefette im Welthandel eine große Rolle. Während von der gesamten Lebensmittelproduktion der Welt nur rd. 10 % in den internationalen Handel gelangen, sind es bei Speisefetten einschließlich Butter 26 %. Von den Weltfettexporten entfallen 71 % auf Pflanzenöle, 5 % auf Butter, 16 % auf Schlachtfette (Talg und Schmalz) und 8 % auf Walöl und Fischöl.

Weltbevölkerung sowie Welterzeugung und Weltausfuhr an Fetten verteilen sich auf die einzelnen Kontinente wie folgt:

Tabelle 5.

Kontinente	Anteil an der Weltbevölkerung in %		Anteil an der Fetterzeugung der Welt in %		Anteil an den Fettexporten der Welt in %	
	1934/38	*1965*	*1934/38*	*1965*	*1934/38*	*1965*
Europa	18	13	21	17	12	11
Amerika	12	14	23	34	14	45
Afrika	5	9	7	9	19	18
Asien, Australien, Ozeanien	57	57	40	28	46	23
UdSSR	8	7	9	12	0	0
Arktis, Antarktis (Walöl)	0	0	0	0	9	3
Welt	100	100	100	100	100	100
	(2,2 Mrd.)	(3,3 Mrd.)	(21,6 Mio t)	(36,6 Mio t)	(5,8 Mio t)	(9,7 Mio t)

Der stark gesunkenen relativen Fetterzeugungs- und Fettexportkraft Asiens, Australiens und Ozeaniens steht eine erhebliche Steigerung in Amerika, besonders in den USA, gegenüber. Amerika ist heute das größte Fettüberschußgebiet, wobei allein 34 % der Fettexporte der Welt auf die USA (1934/38 = 2 %) entfallen.

Tabelle 6. *Gesamtweltexport von Ölsaaten, Ölen und Fetten nach Sorten und Erzeugungsgebieten* (Ölwert bzw. Reinfett in 1000 t)

	Durchschnitt *1934–1938*	*1965*
Nach Sorten		
Sojabohnen	432	1711
Kopra und Cocosöl	1057	1304
Erdnüsse	826	1005
Palmöl	447	541
Leinsaat	572	471
Palmkerne	320	369
Baumwollsaat	189	365
Sonstige Pflanzenöle	523	1131
Talg usw.	162	1221
Fischöle (einschl. Lebertran)	121	440
Walöl (einschl. Spermöl)	507	337
Butter (Reinfett)	500	493
Schmalz	173	283
insgesamt	5829	9671

Fortsetzung Tabelle 6.

	Durchschnitt *1934–1938*	*1965*
Nach Erzeugungsgebieten		
USA	100	3243
Argentinien und Uruguay	577	411
Übriges Amerika	133	695
Portug. Afrika	62	97
Kongo	97	115
(ehem.) Franz. West- und Äquatorialafrika	298	414
Übriges Afrika	667	1138
Indien und Ceylon	589	150
Malaya	132	164
Indonesien	529	245
Philippinen	348	797
Australien und Ozeanien	363	541
China und Mandschurei	742	191
Übrige Länder (einschl. Europa)	685	1033
Arktis und Antarktis (Walöl)	507	337
	5829	9671

Afrika steht, gemessen am Bevölkerungsanteil, an zweiter Stelle, gefolgt von Asien, Australien und Ozeanien, deren Bevölkerungsanteil allerdings doppelt so hoch ist wie der Produktions- und Exportanteil. Daraus kann man aber nicht ohne weiteres auf eine entsprechend schlechte Fettversorgung in den zuletztgenannten Ländern schließen, da ein Teil des Fettverbrauchs, wie z. B. der Haushaltsverbrauch selbsterzeugter Sojabohnen, Erdnüsse, Sonnenblumenkerne, Kopra und anderer Ölfrüchte und -saaten, statistisch nicht erfaßbar ist.

III. Die Fettversorgung Westeuropas

Westeuropa ist das größte Fettimportgebiet der Welt. Hier ist der Speisefettverbrauch je Kopf mit 22 kg (davon etwa 5 kg Butter) mehr als doppelt so hoch wie im Weltdurchschnitt mit über 9 kg (alles in Reinfett ausgedrückt). 16 west-

Tabelle 7. *Die Versorgung Westeuropas mit Ölen und Fetten im Jahre 1965* (Ölwert bzw. Reinfett in 1000 t)

	Eigenerzeugung (ohne Walöl)	Einfuhr-Überschuß	verfügbar
Großbritannien	221	1536	1757
Irland	78	3	75
Niederlande	204	334	538
Frankreich	692	592	1284
Belgien	179	176	355
Schweiz	47	103	150
Dänemark	271	74	197
Norwegen	205	72	133
Finnland	97	1	96
Schweden	167	57	224
Deutsche Bundesrepublik	844	1058	1902
Österreich	86	82	168
Italien	624	464	1088
Griechenland	181	12	193
Spanien	287	307	594
Portugal	95	99	194
insgesamt	4278	4670	8948
Aus Vorräten	—	—	266
Verbrauch	—	—	9214

europäische Länder (ohne Türkei) verbrauchten 1965 9,2 Mio t Reinfett (davon 1,5 Mio t Butter). Von diesem Fettbedarf kann Westeuropa nur ungefähr die Hälfte selbst erzeugen, während die andere Hälfte in Form von Ölsaaten, Ölfrüchten, Pflanzenöl, Schlachtfetten und Butter importiert werden muß. Das Übergewicht in der Fetteinfuhr haben dabei pflanzliche Fette mit einem Anteil von etwa 70 %. Die eigene Erzeugung Westeuropas an tierischen Fetten beruht dabei z. T. auf der ständigen Einfuhr überseeischer Kraftfuttermittel, so daß Westeuropas eigentliche Eigenerzeugung an Fetten unter 40 % liegt. Westeuropa, wo nur knapp 10 % der Weltbevölkerung leben, nimmt jährlich 60 % der Weltfettexporte auf und ist selbst mit nur 6 % an den Weltfettexporten beteiligt. Es importiert also jährlich netto über die Hälfte der Weltfettexporte.

IV. Die Fettversorgung Deutschlands

1. Bundesrepublik

Der gesamte Nahrungsfettverbrauch je Kopf und Tag belief sich im Wirtschaftsjahr 1964/65 in der Deutschen Bundesrepublik und Westberlin auf 130,7 g. Davon waren 70,4 g oder knapp 54 % sichtbarer Fettverbrauch und 60,3 g oder reichlich 46 % unsichtbarer Fettverbrauch. Der sichtbare Fettverbrauch pro Jahr betrug 1965 28 kg je Kopf, in Produktgewicht gerechnet, d. h. einschließlich des Wassergehalts und der Zusätze in Fettprodukten (netto 26 kg Reinfett). Das ergibt für die Deutsche Bundesrepublik und Westberlin einen Verbrauch von insgesamt 1,68 Mio t Fett. Hiervon entfielen 34,1 % auf Margarine, 29,6 % auf Butter, 18,9 % auf Schmalz und Speck, 10,2 % auf Speiseöl, 6,9 % auf Pflanzenfette und 0,3 % auf Rindertalg.

Tabelle 8. *Der Speisefettverbrauch Deutschlands von 1850—1965* in kg je Kopf (Produktgewicht)

Jahr	Butter	Margarine	Talg	Schmalz u. Speck	Plattenfett Speiseöl	Gesamt
1850	5,0	0	4,0	2,0	1,5	12,5
1880	6,0	0,2	2,0	3,5	2,5	14,2
1910	7,0	3,0	0,5	5,0	3,0	18,5
1938	8,8	6,1	1,0	7,2	2,5	25,6
1947	4,2	0,5	0,0	1,0	—	5,7
1950	6,19	7,98	0,31	5,13	2,75	22,36
1956	7,02	12,74	0,11	5,72	3,73	29,32
1961	8,67	10,26	0,12	5,39	4,32	28,76
1963	9,04	9,55	0,09	5,31	4,36	28,35
1965	8,41	9,68	0,10	5,35	4,85	28,39

Nahezu die Hälfte des westdeutschen Fettbedarfs wird durch pflanzliche Öle und Fette gedeckt, die zu etwa 90 % aus dem Ausland importiert werden. Der gesamte Fettbedarf Westdeutschlands wird einschließlich des auf Fett umgerechneten Einfuhrbedarfs an Kraftfuttermitteln zu rd. 40 % aus dem Inland und zu etwa 60 % aus dem Ausland gedeckt, wobei die eingeführten Pflanzenöle relativ preiswert sind.

Im Jahre 1965 wurden in den westdeutschen Ölmühlen fast 2,0 Mio t in- und ausländische Ölfrüchte und -saaten verarbeitet und daraus ungefähr 565000 t Öle bzw. 1,4 Mio t Ölschrote gewonnen (die neben dem Pflanzenöl bei der Verarbeitung von Ölsaaten und -früchten gewonnenen Ölschrote und -kuchen sind wertvolle Kraftfuttermittel für Rinder, Schweine und Geflügel). Außerdem wurden über 482000 t pflanzliche Rohöle und rd. 98000 t Seetieröle importiert. Von den insgesamt für Ernährung und technische Verwendung zur Verfügung stehenden

Pflanzenölen und Seetierölen wurden 170000 t als Speiseöl und 116000 t als Pflanzenfette verbraucht; 455000 t wurden in Margarine verarbeitet. — Ein Teil der gewonnenen Öle und Ölschrote wird exportiert.

2. DDR

Über die Nahrungsfettversorgung von Ostdeutschland liegen kaum Angaben vor. Dem Statistischen Jahrbuch der DDR für 1965 zufolge hat sich der Fettverbrauch der rd. 17 Mio Einwohner wie folgt entwickelt:

Tabelle 9. *Pro-Kopf-Verbrauch von Nahrungsfetten in der DDR 1957—1964* (in kg)

Erzeugnis	1957	1961	1962	1963	1964
Butter-Produkt-Gewicht	10,7	13,4	12,0	12,3	12,6
Margarine-Produkt-Gewicht	10,0	10,3	12,1	11,4	11,5
Nahrungsfette					
Fettwert	25,8	27,6	27,7	27,8	28,2
davon Butter	8,2	10,3	9,2	9,5	9,7
tierische Fette bearbeitet	7,7	6,5	5,7	6,3	6,6
pflanzliche Öle und Fette	9,9	10,8	12,8	13,5	11,9

Pflanzen- und Tierfette (ausgenommen Milchfette) Vorkommen, Gewinnung, Zusammensetzung, Eigenschaften, Verwendung

Von

Dr. H. **WISSEBACH**, Emmerich/Rhein

Mit 11 Textabbildungen

Die heute in der menschlichen Ernährung verwendeten Fette entstammen ausschließlich dem Pflanzen- und Tierreich.

Der *Standort* der Pflanzen, aus deren Fruchtfleisch oder Samen für die Ernährung wichtige Speisefette gewonnen werden und die *Lebensgebiete* der zur Produktion von Fetten geeigneten Land- und Seetiere haben einen entscheidenden Einfluß auf ihre Zusammensetzung, ihre Verarbeitung und Verwendung. Hiermit hängen auch die bedeutsamen wirtschaftlichen Probleme der Produktion, des Handels und des Verbrauchs zusammen. Vgl. S. 1, 2, 5 und 184.

In dem vorliegenden Beitrag sind die einzelnen Fette unter den beiden großen Gruppen der Pflanzen- und Tierfette nach ihrem Vorkommen, ihrer Zusammensetzung und ihren Eigenschaften aufgeführt. Während im Kapitel ,,Technologie der Fette und Fettprodukte" (S. 185ff.) die Fettgewinnung unter industriellen Aspekten behandelt wird, sind hier nur einige spezielle Herstellungsverfahren beschrieben. Dieser Abschnitt berührt auch die Verwendung der einzelnen Fette. Weiterhin sind unter dem Gesichtspunkt der ,,Überwachung des Verkehrs" die verschiedenen Nachweis-Reaktionen, Reinheits- und Unterscheidungs-Prüfungen für die wichtigsten Fette aufgenommen.

Vorkommen, Gewinnung, Zusammensetzung, Eigenschaften und Verwendung einzelner Pflanzenfette und Pflanzenöle

Wie eine allgemeingültige systematische Einteilung der gesamten Fette und Lipoide auf Schwierigkeiten stößt (vgl. S. 181 und dieses Handbuch Bd. I, S. 309), werden auch für die pflanzlichen Fette verschiedene Einteilungsprinzipien herangezogen.

Die Unterscheidung in bei gewöhnlicher Temperatur feste *Pflanzenfette* und flüssige *Pflanzenöle* ist recht unscharf. In tropischen Gegenden bleibt z. B. Cocosöl flüssig, während es in Ländern der gemäßigten Zonen als festes Cocosfett bekannt ist.

Pflanzenfette kann man in Abhängigkeit von der Art des Rohstoffes in *Fruchtfleischfette* und *Samenfette* unterteilen. Nach dieser Unterteilung werden die Pflanzenfette hier beschrieben. Die Gruppe der Fruchtfleischfette umfaßt nur wenige Arten. Sehr viel größer ist die Zahl der Samenfette, für die T.P. HILDITCH (1936) eine Einteilung empfohlen hat, die in der folgenden Tabelle angegeben ist.

Tabelle 1. *Einteilung pflanzlicher Speisefette nach* HILDITCH

Hauptfettsäuren (Fettsäureanteile über 10 %)	Konsistenz und Sättigungsgrad	Pflanzenfamilien	Beispiele
Palmitin-, Öl-, Linolsäure	Nichttrocknende oder halbtrocknende Öle	Malvaceae, Bombaceae Gramineae u. a.	Baumwollöl, Kapoköl, Maisöl
Palmitin-, Öl-, Stearin-(Linol-) Säure	Feste Fette oder nicht trocknende Öle	Guttiferae Sapotaceae u. a.	Kakaobutter, Sheabutter, Borneotalg
Öl-, Linol-, Palmitin-, Arachin-, Lignocerinsäure	Nicht-, halb- oder ganztrocknende Öle, feste Fette oder nichttrocknende Öle	Leguminosae Sapindaceae	Erdnußöl, Sojaöl, Rambutantalg, Kusumöl
Wenig Öl- und Palmitin-, viel Laurin- oder Myristinsäure	Feste Fette	Palmae Myristicaceae Lauraceae Andere Familien	Cocosfett, Palmkernfett, Muskatbutter, Lorbeerkernöl, Dikanußfett
Öl-, Linol- und Linolensäure (wenig Palmitinsäure)	Trocknende Öle, Trocknende, halbtrocknende oder nichttrocknende Öle	Coniferae Viele Baumfamilien Viele Kräuterfamilien	Walnußöl, Hanföl, Leinöl, Sesamöl, Sonnenblumenöl, Mandelöl
Öl-, Linol-, Petroselinsäure (wenig Palmitinsäure)	Nicht- oder halbtrocknende Öle	Umbelliferae	Petersiliensamenöl
Öl-, Linol-, Erucasäure (wenig Palmitinsäure)	Nicht- oder halbtrocknende Öle	Cruciferae	Rapsöl, Senföl

Für Speisezwecke nicht geeignet sind die in Tab. 2 zusammengestellten Samenfette und -öle, die analytisches Interesse besitzen und deshalb in einem besonderen Kapitel behandelt werden (vgl. S. 93). Auch das Fruchtfleischfett Stillingiatalg, dem häufig das stark trocknende Kernöl beigemischt ist, wird nicht als Speisefett herangezogen (E.W. ECKEY 1954).

Tabelle 2. *Pflanzliche Fette, nicht zu Speisezwecken geeignet*

Hauptfettsäuren	Konsistenz und Sättigungsgrad	Pflanzenfamilien	Beispiele
Chaulmugra-, Hydnocarpussäure (wenig Öl- und Palmitinsäure)	Feste Fette, nicht oder halbtrocknende Öle	Flacourtiaceae	Chaulmugraöl
Elaeostearinsäure (wenig Öl- und Palmitinsäure)	Trocknende Öle	Euphorbiaceae (Aleuritis fordii)	Chinesisches Holzöl
Ricinolsäure (wenig Ölsäure)	Nichttrocknende Öle	Euphorbiaceae (Ricinus communis) u. a.	Ricinusöl

Verteilung der gesättigten und ungesättigten Fettsäuren in Pflanzenfettglyceriden

Im Jahre 1927 durchgeführte Untersuchungen von T.P. HILDITCH u. C.H. LEA zeigten, daß gesättigte und ungesättigte Fettsäuren in den Glyceriden von Pflanzenfetten überwiegend „gleichmäßig" angeordnet sind. *Samenfette*, deren Glyceride bis 66% gesättigte Fettsäuren enthalten, nehmen die ungesättigten Fettsäuren im Glyceridverband so auf, daß eine „gleichmäßige Verteilung" stattfindet. Sie bestehen vorwiegend aus di-gesättigten-mono-ungesättigten Glyceriden. Trigesättigte Glyceride treten in größeren Mengen auf, wenn der Anteil der gesättigten Fettsäuren über 70% beträgt. Es gibt einige Ausnahmen von diesem Bauprinzip bei den Pflanzenfetten.

H. P. Kaufmann u. H. Wessels (1964) konnten nach einer quantitativen Trennung der Triglyceride durch Kombination der Adsorptions- und der Umkehrphasen-Chromatographie den Nachweis führen, daß die Triglycerid-Struktur des Sonnenblumenöls sehr nahe der „statistischen" Verteilung der Fettsäuren auf die 1,3-Stellung der Glyceride entspricht. In Baumwollsaat-, Erdnuß- und Sesamöl ist Trilinolin vorhanden, obwohl dieses Glycerid nach dem Prinzip der „gleichmäßigen" Verteilung erst bei einem Linolsäuregehalt von über 66,7% auftreten sollte.

Fruchtfleischfette verhalten sich etwas abweichend. Sie enthalten bereits trigesättigte Glyceride, wenn die Menge der gesättigten Fettsäuren noch vergleichsweise gering ist. Die mehrsäurigen „palmito-ungesättigten Glyceride" jedoch sind nach dem Grundsatz der „gleichmäßigen Verteilung" aufgebaut.

A. Fruchtfleischfette

Palmöl und Olivenöl sind die beiden wichtigsten Fruchtfleischöle. Ihre wirtschaftliche Bedeutung hat in den vergangenen Jahrzehnten noch erheblich zugenommen.

1. Palmöl

Aus dem Fruchtfleisch der Ölpalme (*Elaeis guineensis*) wird das Palmfett bereitet. Seine *Kerne* liefern das wertvolle Samenfett *Palmkernöl*, das sich vom Palmöl in der Zusammensetzung erheblich unterscheidet (vgl. S. 28).

a) Vorkommen

Die feuchtwarmen Gegenden Westafrikas von Kap Blanco bis Benguela, die beiden Kongostaaten, Liberia, die Elfenbeinküste, Ghana, Guinea, Togo und Kamerun sind die Heimat der *Ölpalme*. Große Plantagen befinden sich im Kongoraum, in Indonesien und Malaysia. Am Amazonas in Brasilien, in zentral- und südamerikanischen Ländern gedeihen ähnliche Palmarten (*E. melanococca* u. a.), die örtliche Bedeutung für Nahrungsfette haben. Pflanzungen auf Sumatra und in Malaysia liefern die besten Qualitäten Palmfett. Die Ölpalme *E. tenera*, die durch Kreuzung der Arten *E. dura* und *E. pisifera* gezüchtet wurde, zeichnet sich durch den hohen Ölgehalt von 35—40% im Fruchtfleisch aus.

Die *Ölpalme* erreicht eine Höhe von 15—30 m und bringt Früchte vom 4. bis zum 50. Jahr mit einem Maximalertrag nach 12 Jahren. Die Ernte der Fruchtbündel erstreckt sich über das ganze Jahr, wobei in Abhängigkeit von den klimatischen Bedingungen Schwankungen auftreten können.

Die ersten Berichte über die Ölpalme und ihr Fett stammen von portugiesischen Seefahrern aus dem Jahr 1434. Im 19. Jahrhundert begannen Europäer und Einwohner des Kongo mit dem Plantagenbau und der Anlage von Transportwegen.

In allen Anbaugebieten der Ölpalme wird das orangerote Fett teilweise zur Ernährung der einheimischen Bevölkerung verwertet. Die jährliche Weltproduktion Palmfett überschreitet 1 Mio t. Ein erheblicher Betrag davon wird aus wilden Beständen des „afrikanischen Ölpalmgürtels" zwischen dem Sudan und der Elfenbeinküste gewonnen. Mit rationellen Ernte- und Ölproduktionsverfahren könnte nach J. G. THIEME (1954) der Ölertrag noch beträchtlich gesteigert werden, wie im Kongo, in Nigeria und Indonesien praktisch nachgewiesen wurde. Mehr als die 20fache Menge des jetzt gewonnenen Palmfettes in Afrika geht infolge Verrottung der Früchte verloren. Hier sind künftige Quellen für die Speisefettversorgung europäischer und tropischer Länder zu erschließen. Indonesien liefert derzeit den Hauptanteil an Palmfett für den Export, danach folgen Nigeria, die Kongostaaten und Malaysia.

Abb. 1. Ölpalme. a Fruchtstand $^1/_5$ nat. Gr.; b Frucht $^2/_5$ nat. Gr.; c Längsschnitt durch die Frucht $^2/_5$ nat. Gr., 1 Faserschicht, 2 Schale, 3 Kern. (Aus: ESDORN, 1961)

b) Gewinnung und Zusammensetzung des Palmöles

Die Fruchtbündel der Ölpalme, deren Gewicht 10—25 kg beträgt, enthalten 800—4000 Einzelfrüchte. Früher überließ man die reifen Früchte während eines Monats einer freiwilligen Gärung. Danach wurden sie in Eisenkesseln gekocht, in Holzmörsern zerdrückt und so das Fleisch von den Kernen getrennt. Nach erneutem Aufkochen des Fruchtfleisches sammelte sich dessen Öl an der Oberfläche und ließ sich abschöpfen. Durch die Fermentationsvorgänge betrug der Gehalt an freier Fettsäure auf über 10 % bis 50 %.

Die Hydrolyse des rohen Palmöles wird, wie A. DESASSIS (1957) feststellte, durch eine sehr aktive Lipase, nach M. LONCIN (1953), und M. LONCIN u. B. JACOBSBERG (1963) autokatalytisch durch Spuren Wasser ausgelöst. Vgl. auch S. 188.

In modernen Plantagenbetrieben werden die Fruchtbündel in dampfbeheizten Zylindern erhitzt. Die Wärmebehandlung lockert das Fruchtfleisch von den Kernen und inaktiviert die Enzyme. Mit Schälmaschinen werden die Kerne vom Fruchtfleisch entfernt, aus welchem mit Hilfe von Zentrifugen und Pressen sich das *Roh-Palmöl* gewinnen läßt; vgl. auch S. 187.

Plantagen-Palmöl enthält weniger als 5 % freie Fettsäuren, die besten Qualitäten sogar unter 3 %.

Kongo- und Lagos-Palmöl sind bekannte Handelssorten. Die Weltproduktion in den Jahren 1954—1961 betrug (in 1000 t):

Tabelle 3. *Weltproduktion Palmöl* (in 1000 t)

Jahr	1954	1955	1956	1957	1958	1959	1960	1961
Menge	1006	995	1002	1025	1025	1085	1105	1100

Tabelle 4. *Zusammensetzung der Glyceride von Palmölen* (in %)

	Plantagenöl				Einheimisches Öl	
	Kamerun		Kongo		Liberia	
Tri-gesättigte Glyceride	8,5	—	6,5	5,5	3,5	—
Tripalmitin	—	5	—	5,5	—	2
Dipalmitostearin	—	3,5	—	1	—	1,5
Di-gesättigte Glyceride	54	—	43	—	31,5	—
(Lin-) Oleodipalmitin	—	43	—	29,5	—	16,5
(Lin-) Oleopalmitostearin	11	—	—	13,5	—	15
Mono-gesättigte Glyceride	31	—	44,5	—	51	—
Tri-ungesättigte Glyceride	6,5	—	6	—	14	—

In dieser Übersicht sind Glyceride mit Linolsäure und Hexadecensäure nicht getrennt aufgeführt. Die Oleodipalmitine bestehen zu etwa gleichen Teilen aus 1- und 2-Oleodipalmitin; bei den mono-gesättigten Glyceriden überwiegen die 1-Palmitoglyceride.

Die Glyceridzusammensetzung von Palmölen bestimmten A. BANKS u. Mitarb. (1935) und T.P. HILDITCH u. L. MADDISON (1940a).

Tabelle 5. *Zusammensetzung der Fettsäuren von Palmölen* (in %)

Herkunft des Palmöls	Myristinsäure	Palmitinsäure	Stearinsäure	Hexadecensäure	Ölsäure	Linolsäure
Cape Palmas Liberia	1,6	32,3	5,5	—	52,4	8,2
Kamerun	1,1	45,1	4,1	0,8	38,6	10,3
Kongo	1,3	41,4	4,7	—	42,9	9,7
Grand Bassa Liberia	0,6	37,6	3,7	1,4	50,3	6,4
Kongo	2,4	41,6	6,3	1,8	38,0	9,9
Malaya	1,4	40,1	5,5	—	42,7	10,3
Sumatra	0,6	43,8	2,9	—	43,1	9,5

A. PURR (1959c) hat nachgewiesen, daß Spuren (0,1—0,3%) Capron-, Capryl-Caprinsäure und Laurinsäure in Palmölglyceriden enthalten sind.

Die Fettsäurezusammensetzung verschiedener Palmöle ermittelten T.P. HILDITCH u. E.E. JONES (1930, 1931), A. STEGER u. J. VAN LOON (1935b), T.P. HILDITCH u. L. MADDISON (1940) und T.P. HILDITCH u. Mitarb. (1947a).

Mit Hilfe der Kennzahlen ist Palmöl relativ leicht zu identifizieren: Die Analysenergebnisse können durch papier- oder gaschromatographische Bestimmung der Zusammensetzung der Fettsäuren bestätigt werden (vgl. S. 649, 666).

Tabelle 6.
Eigenschaften und Kennzahlen von Palmöl

ρ (40°)	0,897—0,900
$n_D^{40°}$	1,453—1,456
Smp	30°—37°
Erstarrungspunkt der Fettsäuren	40°—47°
VZ	196—202
JZ	44—58
R-M-Z	0,5—1,9
% Unverseifbares	0,3—0,8

Rohes Palmöl hat veilchenähnlichen Duft und eine orangegelbe bis braunrote Farbe. Die Färbung wird durch Carotinoide hervorgerufen. (A. HEIDUSCHKA u. A. ENDLER 1932; K. KOBAYASHI u. Mitarb. 1931, 1932). Etwa 0,05—0,20% α- und β-Carotin sind analytisch nachzuweisen. Über den Carotinoid-Nachweis in Palmöl vgl. S. 799. Die Carotinoide bestehen nach P. BLAIZOT (1949) aus Xanthophyllen, Lycopin, α-Carotin und etwas β- und γ-Cryptoxanthin. Nach H. P. KAUFMANN u. W. WOLF (1941) lassen sich Carotinextrakte aus rohem Palmöl durch Molekulardestillation gewinnen. Es gelingt auch, α-Carotin-Konzentrate durch Adsorption aus Palmöl-Miscella darzustellen (H. P. KAUFMANN D.R.P. 722108; Lever Brothers & Unilever N.V. D.B.P. 858293).

c) Raffination und Verwendung von Palmöl

Seiner rötlichen Färbung wegen wird Palmöl gebleicht, wobei die Carotine zerstört werden. Chemische Bleichung mit Oxydationsmitteln oder auch die Aufhellung durch eingeblasene Luft bei 110—115° ist nur für technische Produkte üblich.

Helle Speisefette lassen sich durch Hitzebleichung unter Vakuum bei 220° oder durch Behandeln mit aktiven Bleicherden bei 140—160° (O. ECKART 1936) herstellen.

Rötliche Palmöle sind leichter aufzuhellen als gelborange gefärbte Sorten. Eine Vorreinigung durch Filtrieren, besser Entsäuerung und Behandlung mit Bleicherde, ist zur Entfernung organischer Fremdsubstanzen und Spuren von Eisen- und Kupferverbindungen notwendig (M. LONCIN 1959), um einen möglichst hellen Farbton nach der Hitzebleichung zu erreichen. Während der Hitzebehandlung des Roh-Palmöls unter Vakuum bei 220° geht der Gehalt an freien Fettsäuren durch Rückveresterung mit Mono- und Diglyceriden auf fast die Hälfte zurück. Etwa entstandene thermische Polymere lassen sich nach der Aufhellung durch Erhitzen noch in Spuren bis 0,01 % nachweisen (H. E. ROST 1962).

Durch Nachraffination und Desodorierung unter hohem Vakuum (2—3 Torr) bei 180—190° resultiert ein Speise-Palmöl von gelblichweißer Farbe, neutralem Geschmack und guter Haltbarkeit.

Als Färbemittel und Carotinquelle wird gelegentlich der Margarine ein durch vorsichtige Raffination bereitetes gelbrotes bis rotes Palmöl zugesetzt.

Über die Gewinnung, Eigenschaften, Raffinationsverfahren und Haltbarkeit von Palmöl berichteten M. LONCIN u. B. JACOBSBERG (1963). Vgl. auch „Raffination der Fette" S. 210, 214.

Durch Hydrieren bei Temperaturen unter 100° bleibt die rötliche Färbung des Palmöls länger erhalten als bei der gebräuchlichen Härtungstemperatur von 160—180°. Gehärtetes Palmöl ist reinweiß. Vgl. auch S. 234.

Gebleichtes oder schwach gehärtetes Palmöl wird in der Margarineindustrie und als Backfett verwendet. Es eignet sich auch als Fischkonservenöl (F. GUICHARD u. C. AUBERT 1931). Durch *Entstearinisieren* kann Palmöl in eine feste und eine flüssige Fraktion getrennt werden. Der flüssige Anteil findet in westeuropäischen Ländern Verwendung als Speiseöl, für die höherschmelzenden, festen Palmölglyceride bietet sich eine Verwertung als „natürliches" Hartfett in Margarine. Man hat auch kakaobutterähnliche Fraktionen aus Palmöl durch Kristallisation aus Aceton bereitet (DAS 1030668, 1956). Zur analytischen Unterscheidung von Kakaobutter hat A. PURR (1959a) Untersuchungsverfahren entwickelt, die auf der fraktionierten Kristallisation und papierchromatographischen Bestimmung der Fettsäurezusammensetzung beruhen. Über die Fraktionierung von Palmöl vgl. auch S. 242.

Technische Qualitäten von Palmöl dienen in der Weißblechindustrie als Hilfsmittel beim Verzinnen des Bleches und finden auch Verwendung zur Seifenherstellung.

Andere Palmölarten. Das Öl der *Nolipalme* Columbiens, *Elaeis melanococca*, auch *brasilianisches Palmöl* oder *Cayauéöl* genannt, hat VZ 197—199, JZ 78—88, Smp 22—32, EP 21—30°, (40°) 0,905, $n_D^{40°}$ 1,4583—1,4504 und 0,7% Unv.

Von Palmen der zentralamerikanischen Gattung *Astrocaryum* stammt das *Tucumöl* mit VZ 202 und JZ 40. Es dient im Ursprungsland als Speiseöl (E. LUCKSCH 1910; C. GRIMME u. R. KAISER 1922).

E.R. BOLTON u. D.G. HEWER (1916) fanden für das Fruchtfleischöl von *Acrocomia sclerocarpa:* EP 29,4°, VZ 189,8, $n_D^{40°}$ 1,4528, JZ 77,2. Das Öl enthielt 55,8% freie Fettsäuren.

Ein *giftiges Öl* ist nach F. FREISE (1932) im Fruchtfleisch einer Cocosnußart enthalten, deren Kernöl dem Cocosfett gleicht. Das nach frischem Heu riechende Öl hat VZ 198, JZ 55 und EP 16,5°. Die Stammpflanze ist mit *Toxophoenix aculatissima* schott, ayry, verwandt.

2. Olivenöl

Olivenöl wird aus dem Fruchtfleisch der Oliven, den Früchten des Ölbaums, gewonnen.

a) Vorkommen

Der Olivenbaum (*Olea oleaster, O. europaea sativa*), eine alte Kulturpflanze der Mittelmeerländer, wurde bereits in vorgeschichtlicher Zeit in Ägypten angebaut; er ist im Alten Testament mehrfach erwähnt. Auf Kreta fanden sich bei Ausgrabungen Olivenölbehälter und -pressen aus der Zeit um 2500 v. Chr. In Griechenland war der Ölbaum der Athene geweiht. Durch PLINIUS ist überliefert (23 n. Chr.), daß die Römer über eine gut entwickelte Technik der Olivenölgewinnung verfügten.

Als Heimat des Olivenölbaums wird Kleinasien, das Gebiet der Türkei, angenommen (T. YAZICIOGLU 1951). Von Griechenland aus verbreitete sich seine Kultur über Italien nach Spanien, Portugal und Nordafrika. Die besten Wachstumsbedingungen, warmes, mäßig feuchtes Klima, fand die Olive im Mittelmeerraum, in Südfrankreich, Tunis, Algerien, Israel, Syrien und dem Libanon. Einige Abarten (*O. americana* u. a.) kommen in Kalifornien, Mexiko, Jamaica, Uruguay, Argentinien, Südafrika, Indien und Australien vor. Der immergrüne, 10—20 m hohe Baum kann ein Alter von 700 Jahren erreichen. In einigen Gegenden sind noch Wildformen vorhanden.

Die Olivenernte ist von klimatischen Bedingungen und dem Wechsel zwischen ertragreichen und ertragsarmen Jahren abhängig. Sie kann eine Ölausbeute von 800000—1600000 t jährlich einbringen. Exportiertes Olivenöl stammt zu 90% aus den Mittelmeerstaaten. Spanien allein besitzt über 300 Mill. Ölbäume und steht an der Spitze aller Olivenanbauländer.

Die Weltproduktion in den Jahren 1952—1961 betrug (in 1000 t):

Tabelle 7. *Weltproduktion Olivenöl* (in 1000 t)

Jahr . . .	1952	1953	1954	1955	1956	1957	1958	1959	1960	1961
Menge . . .	1624	860	1275	1088	769	1150	1240	1180	1265	1420

Ein ausgewachsener Olivenbaum wird 15—20 m hoch und bringt durchschnittlich 60—65 kg Früchte, abhängig von Temperatur und Feuchtigkeit. Der Ölertrag nimmt zu mit größerer Wärme und Trockenheit. 100 kg Oliven liefern 14—16 l Öl.

Das Fruchtgewicht von 3—4 g im Mittel kann zwischen 2 und 12 g schwanken. Die Färbung der Früchte wechselt mit der Sorte und ist zunächst grün. Mit zunehmender Reife treten braune, rötliche und grauschwarze Farbtöne auf.

Abb. 2a—c. a Zweig mit Früchten; b Längsschnitt durch die Frucht; c Querschnitt, $^2/_3$ nat. Gr. (Aus: ESDORN, 1961)

Die *Olive* ist eine der Kirsche ähnliche Steinfrucht, bestehend aus Fruchtfleisch und Stein, der 14—16% des Gewichtes ausmacht. Der Kernanteil des Steins beträgt 10—12%. Die Olivenkerne enthalten bis 12% Öl von fast der gleichen Zusammensetzung wie das Fruchtfleischöl.

Neben der *Verwendung* frischer oder konservierter Oliven als Speisezugabe wird der größte Teil der Olivenernte in den Erzeugungsländern auf Öl verarbeitet und dort verbraucht.

Der *Ölgehalt der Olive* schwankt zwischen 10—50% bei einem Gehalt an Wasser bis 60%. Auch der Reifezustand ist von Bedeutung. Unreife Früchte liefern Öl mit scharfem oder bitterem Geschmack, überreife aber ein etwas ranziges Öl. Daher wird die Olive am besten kurz vor der Reife geerntet in der Zeit von Oktober bis März/April. Im November und Dezember ist in Italien die beste Erntezeit. Früchte für die feinsten Öle oder Tafeloliven werden mit der Hand gepflückt (brucatura, raccolta a mano) oder auf unter dem Baum ausgebreitete Tücher geschüttelt (scotitura), auch abgeklopft (abbachiatura) oder vom Boden aufgelesen (raccolta a terra). Die abgeklopften oder abgeschüttelten Oliven werden in den Ölmühlen zunächst von Blättern und Erde gereinigt. Nach dem Auslesen von unreifen und überreifen Früchten folgt eine Waschung in Waschapparaten. In kleinen Ölmühlen lagern die Oliven einige Tage, weil die Betriebe nur eine geringe Verarbeitungskapazität haben. Eine kurze Lagerung erhöht die Ölausbeute. In Großbetrieben ist die Trocknung der Früchte auf Horden oder in Trockenapparaten gebräuchlich.

b) Gewinnung des Olivenöles

Die Qualität des Olivenöles hängt ab vom Reifezustand der Früchte, der Art der Ernte — Pflücken, Abstreifen mit Rechen, Aufnehmen der abgefallenen Oliven — der Art und Dauer der Aufbewahrung der Früchte und ihrer Verarbeitung.

Südfranzösische Öle, die unter dem Namen *Provencer Öl, Aixer Öl, Nizza Öl* in den Handel kommen, sind sehr geschätzt.

Die *Technik der Ölgewinnung* ist in den einzelnen Ländern verschieden. Sie stimmt darin überein, daß man für die besten Sorten Öl nur schwachen Druck in der Presse anwendet, für die zweite Qualität stärker preßt unter Warmwasserzugabe. Preßrückstände werden ebenfalls entölt.

Vor dem Pressen werden die gewaschenen Oliven auf Kollergängen, Walzen-, Hammer- oder Scheibenmühlen gemahlen, ohne die Kerne zu zerkleinern. Durch einen besonderen Arbeitsgang werden die Kerne in einem Apparat mit rotierenden Bürsten entfernt. Die *Paste* wird dann in runde Taschen oder auf Scheiben aus Pflanzenfasern gebracht, wobei aus der zerkleinerten Masse das sog. Jungfernöl (huile vierge, h. superfine) ohne Pressung freiwillig abläuft. Hieran schließt sich die erste kalte Pressung (vgl. auch S. 194). Der zurückbleibende Ölkuchen wird nach dem Zerkleinern erneut und wiederholt bei höherer Temperatur und erhöhtem Druck gepreßt. Die Rückstände enthalten noch 8—11% Öl, das in Extraktionsanlagen mit technischem Hexan als Lösungsmittel bis auf einen Restölgehalt von 2% gewonnen wird (vgl. S. 199). Schwefelkohlenstoff dient nur noch selten zur Extraktion der Trester. Das auf diesem Weg gewonnene, oft dunkelfarbige Sulfuröl, Baumöl, Sanzaöl, Orujoöl) hat einen hohen Gehalt an freien Fettsäuren und dient meist nur technischen Zwecken und zur Seifenherstellung. Noch mehr zersetzt sind die Höllen- und Tournantöle aus Rückständen (Bagasse). Sie eignen sich zur Fabrikation von Appreturen für die Textilindustrie oder als Schmiermittel.

In modernen Anlagen sind einige Maschinenelemente kombiniert und bilden mit der hydraulischen Presse ein Aggregat zur kontinuierlichen Verarbeitung der Olivenpaste. Es wird versucht, in einem Arbeitsgang das gesamte Olivenöl in bester Qualität mit reinem Aroma zu erhalten, wie C. von Erhardt (1964) berichtete.

c) Olivenölsorten

Die Ausbeute an *Jungfernöl*, welches freiwillig oder unter schwachem Preßdruck ausfließt, beträgt etwa 12%. Man unterscheidet noch zwischen „*Primissima*" -und „*Prima*-Ölen". Als zweite Pressung fällt ein Öl mit geringerem Aroma an (Olio mangiabile). Aus frischen Preßrückständen kann noch ein Nachmühlenöl separiert werden, das als geringwertiges Speiseöl verwertbar ist.

Innerhalb der Glyceride folgt die Anordnung der Fettsäuren weitgehend dem Prinzip der „gleichmäßigen" Verteilung, wie T.P. Hilditch u. L. Maddison (1941) feststellten.

Über die Zusammensetzung der Fettsäuren von Olivenöl aus verschiedenen Anbaugebieten berichteten: G.S. JAMIESON (1927), T.P. HILDITCH u. H.M. THOMPSON (1937) und T.P. HILDITCH u. L. MADDISON (1941). Untersuchungen von D. SCHARF (1958, 1961) ergaben, daß Olivenölfettsäuren auch eine kleine Menge Linolensäure (0,04%) sowie rd. 0,001% ungeradzahlige Fettsäuren enthalten. In Sesamöl wurden etwa 0,005%, in Rüböl 0,08% Fettsäuren mit ungeradzahliger Kohlenstoffkette nachgewiesen.

Tabelle 8. *Zusammensetzung der Glyceride von Olivenöl*

Gesättigte Triglyceride	0 — 0,5%
Monogesättigte Dioleine	45 —57 %
Monogesättigtes Oleo-linolein	bis 4 %
Linoleo-diolein	25 —34 %
Triolein	4,5—29 %

Tabelle 9. *Zusammensetzung der Fettsäuren von Olivenölen* (in %)

Olivenöl, Herkunft	Myristinsäure	Palmitinsäure	Stearinsäure	Arachinsäure	Ölsäure	Linolsäure	Linolensäure
Spanien	0,2	9,5	1,4	0,2	81,6	7,0	0—0,6
Italien	Spur	9,4	2,0	0,2	84,5	4,0	—
Palästina	0,5	10,0	3,3	0,1	77,5	8,6	—
Tunis	0,1	14,7	2,4	0,3	70,3	12,2	—
Kalifornien	Spur	7,0	2,3	0,1	85,8	4,7	—
Grenzwerte	0,1—0,2	7—15,5	1,5—3,5	0,1—0,3	64—86	4—15	—

Olivenöl hat meist eine grünlichgelbe Farbe, manche Sorten sind stroh- bis goldgelb. Es besitzt einen eigentümlichen, schwach süßlichen Geschmack, der für die besten Qualitäten charakteristisch ist und sich nach längerem Lagern etwas ändert.

Im Vergleich mit anderen Speiseölen ist Olivenöl dickflüssiger. Seine Viscosität in Englergraden bei 20°; 50°; 100° beträgt 10,3; 3,78; 1,80. Bei 4—5° beginnt es steif zu werden, und hat bei +2° butterartige Konsistenz.

Tabelle 10. *Eigenschaften und Kennzahlen von Olivenöl*

ρ (40°)	0,899—0,905
$n_D^{40°}$	1,461—1,462
Smp	—9°—0°
Erstarrungspunkt der Fettsäuren	17—26°
SZ	max. 8
VZ	188—196
JZ	80—88
RhZ	71—75
R-M-Z	0,2—1
% Unverseifbares	0,5—1,5

Aus dem *Unverseifbaren* des Olivenöls wurden einige Verbindungen isoliert, die wahrscheinlich Träger des Geruchs und Geschmacks sind (H. MARCELET 1936a). Die gesättigten Kohlenwasserstoffe mit 24 und 26 C-Atomen waren kristallin und geruchlos. Ungesättigte Kohlenwasserstoffe mit 13, 16, 19, 23, 28 und 36 C-Atomen wurden nachgewiesen. Sie besaßen einen unangenehmen Geruch und widerlichen Geschmack.

Als charakteristischen Bestandteil des Olivenöls haben T. THORBJARNARSON u. J.C. DRUMMOND (1935) *Squalen* $C_{30}H_{50}$ nachgewiesen. J. GROSSFELD u. H. TIMM (1939) fanden in frischen Olivenölen durch Jodzahlbestimmung der kohlenwasserstoffhaltigen Fraktion im Unverseifbaren 0,41—0,54%, in älteren Olivenölen 0,07 bzw. 0,02—0,1% Squalen.

Vitamin A oder Carotine sind nach R.G. TURNER (1934) in kleinen Mengen in Olivenöl vorhanden. Analytisch nachgewiesen wurden 0,2% Phytosterin und bis 150 mg/kg Tocopherole (W. LANGE 1950).

d) Überwachung des Verkehrs mit Olivenöl

α) Verdorbenheit

Dunkel aufbewahrt, hält sich Olivenöl lange, wird aber bei Lichteinwirkung bald ranzig. Nach F. KESTNER (1927) eignet sich die für saure Öle abgeänderte Diphenylcarbazidreaktion von STAMM (vgl. S. 867) zur Beurteilung des Frischezustandes. Eine niedrige Säurezahl, der Geschmacksbefund und die negative Reaktion auf Epihydrinaldehyd (vgl. S. 888) sind weitere Qualitätsmerkmale.

β) Unterscheidung von Olivenölsorten

Vgl. auch Kapitel „Analytik“ S. 864 u. 960

Im UV zeigen natürliche Öle nach FREHSE (1925) orangerote Fluorescenz, die durch Zusatz von 5—15% raffinierter Öle in grün übergeht. Reine, gepreßte Olivenöle verhalten sich im ultravioletten Licht anders als die blau fluorescierenden, raffinierten (gepreßten und extrahierten) Öle. (G. LUNDE u. Mitarb. 1933). So lassen sich 10% raffinierte *Sulfuröle* und 30% raffinierte *Preßöle* im Jungfernöl eindeutig nachweisen (G. LUNDE u. F. STIEBEL 1933) und raffinierte Sulfuröle neben raffinierten Preßölen erkennen. T. T. COCKING u. S. K. CREWS (1934) fanden auch Öle mit tiefpurpurner oder schokoladebrauner Luminescenz. Jungfernöl leuchtete nach Behandlung mit Aktivkohle nur noch schwach, Erdnuß-, Sesam- oder Teesamenöl aber blau (M. GISONDI, o. J.).

Die Absorption im UV eignet sich zur Qualitätsbestimmung von Olivenölen:

Die Messung kann mit Hilfe des Stufenphotometers und zusätzlichen Filtern erfolgen. Moderne Geräte gestatten eine schnelle Aufnahme der Absorptionskurve im UV.

5% Zusatz an rektifizierten, d. h. wiederveresterten und nachraffinierten Olivenölen lassen sich erkennen. (F. ALBONOCO u. M. VITAGLIANO 1959).

Eine Reinheitsprüfung von Olivenöl ist nach H. P. KAUFMANN u. M. APPARICIO (1959) durch die papierchromatographische Trennung der Glyceride möglich. Bis herab zu 5% Fremdfett sind nachweisbar. Auch durch Aufnahme von IR-Spektren lassen sich Fremdölzusätze im Olivenöl nach E. BOTTINI u. C. SAPETTI (1958) erkennen. G. B. MARTINENGHI (1960) empfiehlt einen Temperaturtest zur Kontrolle der Reinheit von Olivenöl.

E. E. SYNODINUS u. Z. E. KONSTAS (1957) prüften das Verhalten von Olivenkernöl, raffinierten Olivenölen und Samenölen in Mischung mit natürlichem Olivenöl gegenüber Salpetersäure (d = 1,4).

10 ml entfärbtes Öl (30 g Öl + 2 g Bleicherde Tonsil) versetzt man mit 10 ml Salpetersäure und schüttelt 30 sec. Reines Olivenöl bleibt schwach zitronenfarbig, raffiniertes Olivenöl und Samenöl färben sich gelbbraun bis dunkelbraun. 5% fremdes Öl sollen zu erkennen sein.

Nach der Raffination mit Alkalien und der Behandlung mit Bleicherde nimmt der *Gehalt an Antioxydantien* ab. B. B. CUNNINGHAM u. L. G. SAYWELL (1936) haben die Induktionszeit gemessen, während der verdünnte Methylenblaulösung in Öl unter der Einwirkung des Lichtes verfärbt wird. Für kalifornische, italienische und französische Jungfernöle wurden Entfärbungszeiten von 4—29 min beobachtet. Sie verringerten sich durchschnittlich auf $^1/_3$ nach der Entsäuerung, Bleichung und Desodorierung.

Über einfache Methoden zur Bestimmung des Raffinationsgrades von Olivenöl vgl. auch S. 441, 533.

Raffinierte Öle der zweiten Pressung sind nach G. MAROGNA (1931) durch ihre höhere Dichte, die Lichtbrechung $n_D^{40°}$ = 1,4618—1,4625, niedrigere Verseifungs- und Jodzahlen und einen erhöhten Gehalt an Unverseifbarem charakterisiert.

Die Bestimmung des Kapillaritätsindex kann zur Erkennung von Jungfernolivenöl neben raffiniertem Olivenöl und anderen Pflanzenölen herangezogen werden (H. MARCELET 1934).

Die Reaktion von BELLIER (vgl. S. 23) gestattet die Unterscheidung minderwertiger Sulfuröle von gepreßten Olivenölen (F. WITTKA 1932). Zur Beseitigung der auch bei Preßölen manchmal schwach positiv ausfallenden Reaktion nach BELLIER hat I. G. MEGALOOIKONOMON (1929) eine Behandlung mit 3% Bleicherde unter Erhitzen auf 80° und Zusatz von Tierkohle empfohlen.

Auf Schwefelverbindungen prüft man nach R. MARCILLE (1930) mit Lamellen aus Feinsilber. Nach 1—2 Tagen Erwärmen auf 115—120° verfärbt sich die Oberfläche bräunlich bis schwarz. Die Nachweisgrenze liegt bei 5% Sulfuröl in Olivenöl.

Die AOCS-Methode zum Nachweis von Schwefel in Sulfur-Olivenöl ist S. 441 beschrieben.

γ) Nachweis von Fremdölen in Olivenöl. Allgemeine Prüfungen

Vgl. auch Kap. „Analytik“ S. 438

Die Verfälschung von Olivenöl mit billigeren Ölen wird gelegentlich auch heute noch versucht. Hauptsächlich kommen Erdnußöl, Sesamöl, Sojabohnenöl, seltener Mohnöl oder Leinöl in Frage. Grobe Fälschungen mit Mineralöl wurden 1959 in Marokko und Tunis festgestellt; sie führten zu Massenvergiftungen. Auch mit Grünspan gefärbtes Olivenöl mit der Bezeichnung Malagaöl wurde im Handel angetroffen.

Eine Überschreitung der Grenzwerte der allgemeinen Kennzahlen kann den Verdacht auf Fremdöl begründen. Höhere Jodzahlen bis 94,7 kommen ausnahmsweise vor. Solche Öle stammen nach E. SASSERATH (1910) wahrscheinlich von dem Arganbaum (*Arganum sideroxylon*) und sind nicht als Olivenöle zu bezeichnen.

Als *Vorprüfung* empfiehlt sich die BELLIER-Reaktion (vgl. S. 23), die bei Preßöl meistens (vgl. S. 19) negativ ausfällt. Auch die *Salpetersäurereaktion* nach HAUCHECORNE (vgl. S. 51) ist brauchbar (1 ml Öl + 1 ml Salpetersäure, Dichte 1,4, werden 1 min geschüttelt und 15 min lang beobachtet). Olivenöl bleibt fast unverändert.

Die *Elaidinreaktion* wird nicht mehr angewendet, weil auch ähnliche Öle (Erdnußöl, Baumwollsamenöl, Sesamöl) diese Reaktion geben.

Aus der Jodzahl des Unverseifbaren kann nach E. R. BOLTON u. K. A. WILLIAMS (1930) der Reinheitsnachweis für Olivenöl erbracht werden. Nach der Jodzahl des Unverseifbaren, die nach v. HÜBL (vgl. S. 571) oder ROSENMUND-KUHNHENN (vgl. S. 575) zu bestimmen ist, lassen sich Speisefette und Speiseöle in 4 Gruppen einteilen.

Tabelle 11. *Jodzahl des Unverseifbaren von Pflanzen- und Tierfetten*

Gruppe	Jodzahl des Unverseifbaren	Fette
I	64—70	Alle tierischen Fette, Cocos-, Palmkern-, Babassufett
II	90—96	Fischöle mit weniger als 2% Unverseifbarem, Kakaobutter
III	117—124	Sesam-, Sonnenblumen-, Teesamen- und Tungöl; entsäuertes und mit Bleicherde behandeltes Baumwollsaat- und Sojaöl
IV	197—206	Olivenöl

Leider genügt diese Methode allein nicht zur Reinheitsprüfung, da manche Olivenölsorten niedrigere Jodzahlwerte des Unverseifbaren aufweisen (G. LOEW 1931; B. RICCA u. R. LAMONICA 1932).

J. GROSSFELD u. H. TIMM (1939) führten die Ursache der höheren Jodzahl des Unverseifbaren von Olivenöl auf den Gehalt an *Squalen* (vgl. S. 794) zurück und gaben ein Analysenverfahren zur Isolierung des Rohsqualens bekannt:

Man verwendet einen aliquoten Teil der Benzinlösung des Unverseifbaren aus 5 g Speiseöl und bestimmt vom Abdampfrückstand die Jodzahl nach MARGOSCHES. In frischem Olivenöl wurden 0,41—0,54% Squalen gefunden, ältere Öle enthielten nur 0,07% und Erdnußöl, Sesamöl sowie Lebertran 0,05—0,10% Squalen.

H. HADORN u. R. JUNGKUNZ (1949) berichteten über eine annähernd quantitative Bestimmung von Olivenöl in anderen Ölen auf Grund seines Squalengehaltes (vgl. S. 794).

Man isoliert aus 20 g Olivenöl (bei anderen Ölen aus 40—100 g) das Unverseifbare durch Verseifen mit alkoholischer Kalilauge und Extrahieren mit Petroläther. Diese Behandlung wird wiederholt, um alle Glyceride aus dem Unverseifbaren abzutrennen. Die weitere Reinigung des Unverseifbaren zur Gewinnung der Kohlenwasserstoffe erfolgt chromatographisch mit aktiviertem Aluminiumoxid.

In ein Glasrohr von 13 mm lichter Weite und 440 mm Länge füllt man 10 g aktiviertes Aluminiumoxid (nach BROCKMANN) und befeuchtet mit Benzol. Das in 5—10 ml Benzol gelöste Unverseifbare wird aufgegossen und mit 50—60 ml Benzol nachgewaschen. Vom Eluat wird nach dem Abdampfen des Lösungsmittels die Jodzahl nach HANUS (Jodmonobromidlösung) bestimmt. 1 ml 0,1 n Jodlösung entspricht 3,42 mg Squalen.

Nimmt man den Durchschnittwert der Squalenzahl von frischem Olivenöl mit 275 mg/100 g von Pflanzenölen mit 20 und von tierischen Fetten mit 10 an, so errechnet sich der %-Gehalt

$$\text{Olivenöl in Ölen} = \frac{\text{Squalenzahl} - 20}{275 - 20} \cdot 100 = \frac{\text{Squalenzahl} - 20}{2{,}55}$$

und

$$\text{in Fetten} = \frac{\text{Squalenzahl} - 10}{275 - 10} \cdot 100 = \frac{\text{Squalenzahl} - 10}{2{,}65}$$

Die Squalenmengen in Olivenölen schwanken erheblich um den Mittelwert 275 mg/100 g. Daher ist die Genauigkeit dieser Analysenmethode begrenzt.

J. FITELSON (1943a, b) bestimmte den Squalengehalt verschiedener Speiseöle und -fette in mg/100 g. Er fand in

Olivenöl	136—708	Cocosfett	2
Reisöl	332	Kakaobutter	0
Erdnußöl	13—49	Rindertalg	10
Rüböl	28	Schweineschmalz	3 mg/100 g

δ) Nachweis einzelner Fremdöle in Olivenöl

Vgl. auch Kapitel „Analytik“ S. 961

Erdnußöl ist durch die üblichen Kennzahlen auch in größeren Mengen kaum festzustellen. Eine Nachweismöglichkeit bietet der höhere Gehalt an Arachin- und Lignocerinsäure (5,1—7,3 % in den Fettsäuren des Erdnußöles gegenüber Olivenöl, das nur wenig (0,1—0,3 %) Arachinsäure enthält. Die Schwerlöslichkeit der höheren gesättigten Fettsäuren nach FRANZ-ADLER-LUERS-BENZ (1912; 1932) oder ihrer Kaliumsalze dient zum Nachweis.

Durch die papierchromatographische oder gaschromatographische Analyse der Fettsäuren bzw. ihrer Methylester sind die beiden Verbindungen qualitativ und quantitativ bestimmbar.

Größere Mengen *Sojaöl* sind an der höheren Jodzahl und Refraktion zu erkennen. Auch die Bellier-Reaktion gibt wichtige Hinweise. Nach dem Verblassen der Violettfärbung stellt sich eine beständige dunkle Rotfärbung ein (A. KREIS u. O. WOLF 1927), die auch bei einigen Seetierölen beobachtet wird. 10 % Sojaöl in Olivenöl sind so noch zu erkennen (I. G. MEGALOIKONOMON 1929).

Die für *Sojaöl* charakteristische *Linolensäure* kann nach vorausgehender fraktionierter Kristallisation der Fettsäuren aus Aceton bei 0° und —25° angereichert oder nach einer Trennung von den gesättigten und einfach ungesättigten Fettsäuren über die Harnstoff-Addukte nach K. TÄUFEL u. Mitarb. (1959) durch papier- oder gaschromatographische Analyse nachgewiesen werden.

Rüböl und Rapsöl. Die Verseifungszahl wird erst durch einen größeren Zusatz von Rüb- oder Rapsöl zu Olivenöl merklich erniedrigt (R. MILLER u. C. W. BALLARD 1932). Die Bestimmung der kritischen Lösungstemperatur in Eisessig wurde hierfür empfohlen.

Zuverlässiger führt man den Rübölnachweis durch die Bestimmung des Gehaltes an *Erucasäure* über die Bleiseifen durch (D. HOLDE u. J. MARCUSSON 1910; M. TORTELLI u. V. FORTINI 1911; H. KREIS u. E. ROTH 1913; J. G. GROSSFELD 1937). Nach H. P. KAUFMANN u. H. FIEDLER (1938) lassen sich noch 1—2 % Erucasäure eindeutig feststellen. Papierchromatographisch ist nach H. P. KAUFMANN u. Mitarb. (1956a) 1 % Rüböl noch sicher erkennbar. Die Beschreibung verschiedener Nachweismethoden auf Rüböl erfolgt S. 759.

Die Farbreaktion nach BELLIER liefert mit Rüböl indigoblaue, blau- oder grünblauviolette Färbungen.

Mit *Sesamöl* versetztes Olivenöl gibt die Baudouin-Furfurolreaktion (vgl. S. 68, 438) und die *Soltsien*-Zinn-II-chloridreaktion (vgl. S. 68). Da auch manche reinen Olivenöle diese Färbungen abgeschwächt liefern, empfiehlt MILLIAU die Ausführung der Prüfung an den nicht mit Wasser gewaschenen, bei 105° getrockneten Fettsäuren, während TORTELLI und RUGGERI hierfür die flüssigen Fettsäuren wählen. Die Baudouin-Probe zeigt nur dann Sesamöl in Olivenöl an (E. J. BETTER u. J. SZIMKIN 1934), wenn die Rotfärbung der Säureschicht längere Zeit bestehen bleibt und nach Zusatz von einigen Tropfen destillierten Wassers sofort nach dem Auftreten der Rötung nicht verschwindet. Jungfernöl des Typs Canossa kann Sesamöl zunächst vortäuschen, nach dem Verdünnen mit Wasser aber tritt meistens eine Grünfärbung auf. An süditalienischen und portugiesischen Olivenölen wurden ähnliche Farbreaktionen von G. VANNI (1932) und C. C. BUZI u. L. SOMMAINI (1932) beobachtet, die nach Zusatz von 2 ml Wasser oder Ammoniak verschwanden, sobald geschüttelt wurde (P. DELTOUR 1934).

Baumwollsamenöl oder Cottonöl wird mit der Halphen-Probe (vgl. S. 50, 439) nachgewiesen. Da durch eine geeignete Behandlung die diese Reaktion verursachende Verbindung entfernt wird, kann sich Cottonöl dem Nachweis entziehen. Die Halphen-Reaktion fällt auch mit anderen Ölen aus den Familien der Malvaceen, Tiliaceen und Bombaceen positiv aus.

Papier- und gaschromatographisch sind Baumwollölzusätze (Cottonöl) durch den höheren Gehalt an Linolsäure und besonders an Palmitinsäure zu erkennen.

Teesaatöl, mit dessen Anwesenheit in Olivenöl nur selten zu rechnen ist, kann durch die Farbreaktion mit verdünnter *Mischsäure* nachgewiesen werden. Mit dem *Fitelson-Test* (vgl. S. 439) sind noch 10 % Teesaatöl in Olivenöl festzustellen.

Ungesättigtere Öle wie *Mohnöl, Hanföl* und *Leinöl* erhöhen die Lichtbrechung und Jodzahl von Olivenöl sehr deutlich. Sie lassen sich durch die *Hexabromidprobe* (vgl. S. 590) erkennen, die bei Hanföl und Leinöl positiv ausfällt.

Fischöle sind schon in kleinen Mengen an den veränderten Kennzahlen und bei der Prüfung nach TORTELLI und JAFFÉ (vgl. S. 140, 442) zu identifizieren. Geruchlos gemachte Fischöle oder *partiell hydrierte*, entstearinisierte *Seetieröle* lassen sich durch die gaschromatographische Analyse der Fettsäuremethylester oder spektroskopisch durch die Bestimmung der Absorptionskurve im IR erkennen (F.L. JACKSON u. I.E. CALLEN 1951; H.P. KAUFMANN u. Mitarb. 1959). Seetieröle enthalten nach SHORLAND u. Mitarb. (1956) verzweigtkettige und ungeradzahlige Fettsäuren, die im Diagramm der gaschromatographischen Trennung deutlich hervortreten, während die *trans*-Säuren und *Isoölsäuren* durch IR-spektroskopische Messungen sicher zu erfassen sind. J.H. RECOURT u. R.K. BEERTHUIS (1963) haben über die mit Hilfe der Gaschromatographie analysierten Sterine noch bis zu 2% tierische Fette in Olivenöl und anderen Pflanzenfetten nachgewiesen.

Durch gaschromatographische Analyse kann ein Zusatz von 10% und mehr Cottonöl nach E. SYNODINUS u. Mitarb. (1963) nachgewiesen werden.

Durch *Rückverestern von Fettsäuren* in stärker gespaltenem Olivenöl (Sanza, Orujo) mit Glycerin oder durch Verestern von Destillatfettsäuren ähnlicher Zusammensetzung erhält man Glyceride, die reinem Olivenöl zugefügt sein können. Zum Nachweis dieser Verfälschungen hat A. MASSAROTTI (1958) folgende Methoden empfohlen:

Bestimmung der Hydroxylzahl, die nicht höher als 10 sein darf und des Gehaltes an 1-Monoglyceriden, der unter 1% betragen soll. Prüfung auf oxydierte Fettsäuren (unter 0,1%). Ermittlung noch vorhandener Spuren der zum Verestern mit Glycerin verwendeten Katalysatoren (Sn, Zn, Al).

Mineralöl ist nach der auf S. 842 beschriebenen Methode nachweisbar. Zur Prüfung auf *Kupfer* oder andere Metallspuren in grüngefärbten Ölen empfiehlt es sich, eine abgewogene Menge Öl entweder in einem Quarztiegel vorsichtig zu verbrennen und den Glührückstand zu untersuchen, oder eine ätherische Lösung des Öles mit wenig verdünnter Salpetersäure auszuschütteln. Der Auszug wird in einer Platinschale eingedampft, verascht und der Glührückstand weiter untersucht.

Eine künstliche Grünfärbung mit Handelschlorophyll, das aus Kupfer- oder Zinkkomplexen des Phäophytins besteht, kann durch Beobachtung der Fluorescenzspektren und ihrer Veränderung nach Zusatz von Nitrobenzol bestätigt werden (E. TÜRK 1937).

M. STAUB u. R. WIDMER (1959) fanden, daß *esterölhaltige* Olivenöle beträchtlich mehr, bis über 50%, gesättigte Fettsäuren enthalten als natürliche Öle. Auch isomerisierte Ölsäuren sind vorhanden. Sie können IR-spektrophotometrisch bestimmt werden. Von P.G. GAROGLIO u. G. BODDI GIANNARDI (1961) ist die gaschromatographische Bestimmung der Fettsäurezusammensetzung empfohlen worden.

3. Avocado-Öl

In Südeuropa, der Türkei und subtropischen Gebieten Mittel- und Südamerikas wächst ein immergrüner, bis 15 m hoher Baum aus der Familie der Lauraceae (*Persea gratissima gaertneri, P. americana*), der die wohlschmeckenden Avocado- oder Alligatorbirnen liefert. Größere Kulturen befinden sich in Kalifornien und Florida, den westindischen Inseln, auf Hawaii und in Australien.

Tabelle 12. *Zusammensetzung der Fettsäuren von Avocadoöl*

Myristinsäure	0,3—2,2%	Hexadecensäure	0,2—1,0%
Palmitinsäure	17,5—26,1%	Ölsäure	46,6—64,8%
Stearinsäure	0,4—1,3%	Linolsäure	6,3—17,5%

Die olivenfarbigen Früchte sind 10—15 cm lang und bis 1,5 kg schwer. Im zuckerhaltigen Fruchtfleisch befinden sich erhebliche Mengen Öl; der Ölgehalt des Kernes dagegen beträgt nur 1—2%. Auf Trockensubstanz berechnet enthält das Fruchtfleisch 40—80% Öl (G.S. JAMIESON u. Mitarb. 1928; T. YAZICIOGLU 1951). Floridafrüchte haben 40% Öl, türkische Avocadobirnen bis 73% Öl in der Trokkensubstanz.

Das Öl kann aus der getrockneten Pulpe durch Pressung oder durch Mazeration der ungetrockneten Pulpe mit Wasser und anschließender Zentrifugation gewonnen werden (C. DU CHALIOT 1946).

In den gesättigten Fettsäuren überwiegt Palmitinsäure. Neben kleinen Mengen Stearinsäure sind Caprin-, Laurin- und Myristinsäure nachgewiesen. Manche Sorten Avocadoöl enthalten bis 8% Hexadecensäure (Lit: E.W. ECKEY: Vegetable Fats and Oils, S. 417, 1954).

Industriell hat man Avocadoöl bisher nur in Kalifornien in kleinen Mengen hergestellt. Es wird zu Salatölen und Mayonnaisen verarbeitet und ist auch Bestandteil verschiedener Cosmetica zur Hautpflege.

Tabelle 13. *Eigenschaften und Kennzahlen von Avocadoöl*

ρ 40°	0,904—0,910
$n_D^{40°}$	1,461—1,465
EP	7—9° (15°)
VZ	190—198
JZ	71—95
R-M-Z	bis 1,7
POZ	0,2
% Unverseifbares	0,8—1,6

Die Früchte werden überwiegend als Nahrungsmittel verwertet: zu Salaten, Suppen, zu Diätspeisen oder Pürée mit Zusatz von Zitronensaft und Kochsalz, bei —20°C tiefgefroren.

B. Samenfette

Pflanzensamen bilden die reichhaltigste und ergiebigste Quelle zur Gewinnung von Speisefetten und Speiseölen.

Die *Samenfette* sind im Fettgewebe der Pflanzensamen enthalten. Treten Fruchtfleisch- und Samenfette in einer Pflanze gleichzeitig auf, so unterscheiden sie sich in ihrer Zusammensetzung oft wesentlich. Die Fette aus Palmen und Lauraceen sind Beispiele hierfür.

Die Pflanzenfette können nach ihrer äußeren Beschaffenheit und der in ihnen enthaltenen charakteristischen Fettsäuren eingeteilt werden in:

1. Feste und halbfeste *Samenfette*
   a) Laurin- und myristinsäurereiche Fette;
   b) Palmitin- und stearinsäurereiche Fette.

2. *Pflanzensamenöle*
   a) Palmitinsäurereiche Öle, wie Baumwollsaatöl, Kapoköl und Maisöl;
   b) Palmitinsäurearme, öl- und linolsäurereiche Öle, wie Mandelöl, Sesamöl, Sonnenblumenöl, Walnußöl, Hanföl, Leinöl;
   c) Leguminosenöle, wie Erdnuß- und Sojabohnenöl;
   d) Cruciferenöle, wie Rüböl und Senföl;
   e) Umbelliferenöle;
   f) Für Speisezwecke von Natur aus ungeeignete Pflanzenöle mit besonderen physiologischen Wirkungen.

Zur *Unterscheidung der Samenöle* von den Fruchtfleischölen dient die Reaktion von BELLIER (1899):

5 ml klares Öl werden mit 5 ml farbloser Salpetersäure von der Dichte 1,4 und 5 ml einer bei 8—10° gesättigten Lösung von Resorcin in Benzol in einem mit Glasstopfen verschließbaren Schüttelzylinder 5 sec kräftig durchgeschüttelt. Bei Gegenwart eines Samenöles tritt sofort oder spätestens innerhalb 5 sec eine Färbung auf, die beim Absetzen in die Benzolschicht übergeht.

Die meisten Samenöle färben sich rot- bis blauviolett, die Säureschicht wird gelb (A. OLIG u. E. BRUST 1909). Sesamöl liefert eine blauschwarze oder violette Färbung, und die Säureschicht wird grün.

I. Laurin- und myristinsäurereiche Fette

Cocosfett, Palmkernfett und *Babassufett* werden in großen Mengen zur Bereitung von Speisefetten und Margarine verbraucht. Sie stammen aus den laurinsäurereichen Samenfetten von *Palmenarten.*

Mehr Myristinsäure und weniger Laurinsäure enthalten *Muskatnußbutter* und die Fette der Otoba- und Dikanuß. In Tab. 14 ist die Zusammensetzung der Fettsäuren einiger dieser Fette angegeben.

Über die Zusammensetzung der Fettsäuren von *Cocosfett* berichteten: E.F. Armstrong u. Mitarb. (1925a); E.R. Taylor u. H.T. Clarke (1927); G. Collin u. T.P. Hilditch (1928); R. Child u. G. Collin (1931); S. Lepkowsky u. Mitarb. (1936); H. Nobori (1940); H. Nobori u. M. Kawabata (1940); von *Palmkernfett:* E.F. Armstrong u. Mitarb. (1925b); G. Collin u. T.P. Hilditch (1928); K.A. Williams (1950); von *Babassufett*: A. Heiduschka u. R. Agsten (1930); F.L. Jackson u. H.E. Longenecker (1944); von *Cohunefett:* G.T. Bray u. F.L. Elliot (1916); T.P. Hilditch u. N.L. Vidyarthi (1928); von *Ouricury-Palmkernöl:* R.S. McKinney u. G.S. Jamieson (1938b); M. Silva (1940); von *Murumurufett:* M. Saraiva (1929); von *Tucumkernfett:* E.R. Bolton u. D.G. Hewer (1917); G. Collin (1933); A. Lacerda (1945).

Tabelle 14. *Prozentuale Zusammensetzung der Gesamtfettsäuren einiger laurin- und myristinsäurereicher Fette*

Herkunft	Capron-säure	Capryl-säure	Caprin-säure	Laurin-säure	Myrist.-säure	Palmit.-säure	Stearin-säure	Arach.-säure	Öl-säure	Linol-säure
Cocosnuß, *Cocos nucifera*										
Mittel aus 4 Proben .	—	8,5	6,2	47,2	18,0	8,3	2,5	—	6,3	1,7
aus den Philippinen .	0,5	9,0	6,8	46,4	18,0	9,0	1,0	—	7,6	1,6
aus Südchina	—	8,9	8,2	52,1	13,3	7,6	2,1	Spur	5,5	2,3
aus den Südseeinseln	0,3	9,2	9,7	44,3	15,9	9,6	3,2	Spur	6,3	1,5
Palmkerne, *Elaeis guineensis* (Mittel von 2 Proben)	—	2,8	5,0	49,4	14,5	8,1	1,9	—	17,2	0,8
Babassukerne										
Orbignia martiana . .	0,2	4,8	6,6	44,1	15,4	8,5	2,7	0,2	16,1	1,4
Attalea funifera . . .	—	6,5	2,7	45,8	19,9	6,9	—	—	18,1	—
Cohunekerne										
Attalea cohune . . .	Spur.	7,5	6,5	46,5	16,0	9,5	3,0	—	10,0	1,0
Ouricury-Palmkernöl von *Syagrus coronata*	1,8	9,8	8,2	45,8	9,0	7,7	2,3	—	13,1	2,2
Murumurukerne										
Astrocaryum murumuru	—	1,1	1,6	42,5	36,9	4,6	2,1	—	10,8	0,4
Tucumkerne, *A. tucuma*	—	1,3	4,4	48,9	21,6	6,4	1,7	—	13,2	2,5

In Cocos- und Palmkernfett wurden auch Spuren Hexadecensäure gefunden

1. Cocosfett

Cocosfett (Cocosöl, Cocosnußöl, Cocosbutter) ist das aus dem Kernfleisch der Frucht der Cocospalme (*Cocos nucifera* oder *C. butyracea*) gewonnene Fett. Die Frucht (Cocosnuß) besteht nach dem Entfernen des lederartigen Exokarps aus:

30—40 % Faserschicht (Mesokarp),
11—20 % Steinschale (Endokarp),
18—28 % Kern- oder Fruchtfleisch (Endosperm), das mit einer dünnen Samenschale (Testa) verwachsen ist,
bis 45 % Cocosmilch.

Das Fruchtfleisch enthält frisch 35 % Fett und 48 % Wasser, getrocknet (= Kopra) 63—70 % Fett. Der Rest entfällt auf Eiweiß, Kohlenhydrate, Cellulose und Mineralstoffe.

a) Vorkommen

Die Familie der *Cocospalmen* gedeiht dort, wo zwischen den Wendekreisen der Tropensonne feuchte Küstenwinde wehen, auch bis zu 150 km landeinwärts. Sie braucht zu ihrem Wachstum äquatoriales Klima, Seewind und Salz. Die Heimat der Cocospalmen sind die Inseln der Südsee, Ceylon und Sumatra, die Küsten Indiens, Afrikas und Mittelamerikas. Seit drei bis vier Jahrtausenden ist die Cocospalme

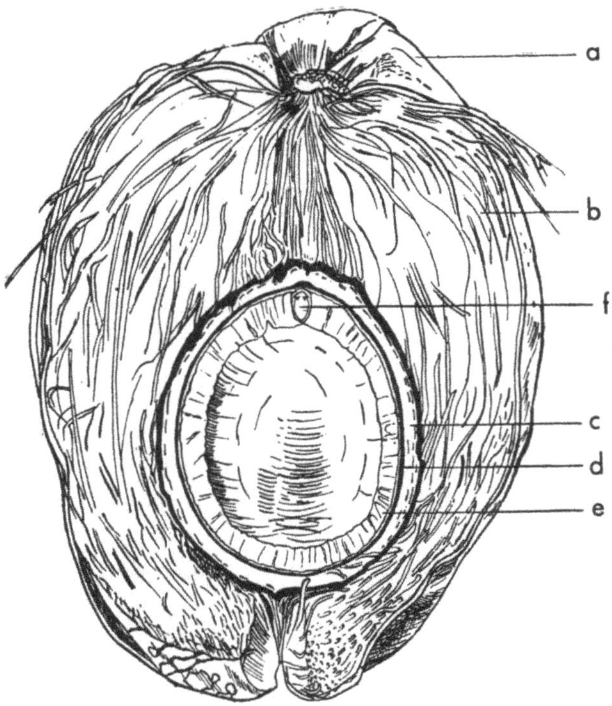

Abb. 3. Cocosnuß. Frucht, $^3/_8$ nat. Gr. — a) äußere Fruchthülle, (Exokarp) — b) Faserteil der Fruchthülle (Mesokarp) — c) Steinschicht der Fruchthülle (Endokarp) — d) dünne Samenschale — e) fleischiges Endosperm („Kopra“ des Handels) — f) Embryo — (Aus: ESDORN 1961)

für die Bewohner tropischer Länder eine unentbehrliche Nutzpflanze. Die ersten Plantagen wurden um 1740 von Portugiesen und Holländern auf Ceylon angelegt. Heute gibt es große Pflanzungen auf den Philippinen, in Indonesien, an der indischen Malabarküste, in Borneo und Malaysia, Neuguinea, Samoa, auf den Tonga-Inseln, den Neuen Hebriden, den Küstenstreifen von Tansania mit Sansibar, Moçambique und Angola.

Die Ernte der Früchte findet regelmäßig während des ganzen Jahres statt. Der Stamm der Cocospalme erreicht eine Höhe bis 30 m und einen Durchmesser von $^1/_2$ m. In Plantagen läßt man sie nicht älter als 30 Jahre werden. Jeder Baum liefert jährlich 25—50 und mehr Nüsse. In den Anbaugebieten, besonders Ceylon und Indien, sind frische Cocosnüsse wertvolle Nahrungsmittel. Zum Versand wird das Fruchtfleisch getrocknet und als *Kopra* nach Europa oder Übersee verfrachtet.

Exportländer für Kopra sind die Philippinen, Java, Sumatra und die Inseln in Britisch- und Französisch-Ozeanien, Moçambique und Sansibar. Die jährlich gewonnene Gesamtmenge Cocosfett hat in den letzten Jahren mehrfach die 2-Mio-t-Grenze überschritten. Längere Trockenheit gefährdet mitunter den Ertrag.

Für die Weltproduktion wurden in den letzten Jahren folgende Zahlen festgestellt (in 1000 t):

Tabelle 15. *Weltproduktion Cocosfett* (in 1000 t)

Jahr . . .	1952	1953	1954	1955	1956	1957	1958	1959	1960	1961
Menge . . .	1782	1738	1923	1986	2133	2165	1790	1795	2110	2135

b) Gewinnung und Eigenschaften von Cocosfett

Ein großer Teil des Cocosfettes wird durch Pressen gewonnen; die im Schrot verbleibenden Ölmengen erhält man durch Benzinextraktion. Cocos-Preßkuchen und -Schrot sind als Futter für Milchvieh wertvoll.

In den Ursprungsländern wird Kopra an der Sonne, mit Heißluft von Feuerungen oder Dampfheizung getrocknet; vgl. auch S. 187. Dabei können Bestandteile der Trocken-Heißluft aufgenommen werden, die aber während der Raffination entfernt werden. Natürliche Geruchsträger des Roh-Cocosöles sind kleine Mengen *Methylketone*, $CH_3 \cdot CO \cdot (CH_2)_n \cdot CH_3$ (n = 6, 8, 10), vorwiegend Methyl-nonylketon.

Das durch Pressen oder Extrahieren erhaltene Roh-Cocosfett ist erst nach der Raffination und Desodorierung als Speisefett verwertbar. Die Entsäuerung des Fettes bereitet keine besonderen Schwierigkeiten. Freie Cocosfettsäuren im Rohöl bilden mit verdünnter Natronlauge leichtlösliche Natronseifen, die wenig Neutralöl aufnehmen (S. 208).

Nach der Behandlung mit Bleicherde und wenig Aktivkohle (S. 213) folgt die Desodorierung mit Heißdampf bei 180° unter 3—5 Torr. Das fertige Produkt ist geruch- und geschmacklos. Es wird noch flüssig in Weißblechschalen von 250 oder 500 g Inhalt gefüllt und auf einem Transportband in einen Kühlraum zum Erstarren gebracht. Die erhaltenen Tafeln werden durch Aufschlagen von den Formen getrennt und in Pergamentpapier verpackt. Der früher übliche Zusatz von gehärtetem Cocosfett findet heute nicht mehr statt. Das fertige Produkt ist unter dem Namen „*Pflanzenbutter*" oder „*Palmin*" und anderen Phantasienamen bekannt. In modernen Anlagen wird der Arbeitsgang der Palminherstellung aus flüssigem Speisecocosfett vollautomatisch gesteuert.

Tabelle 16. *Zusammensetzung der Glyceride von Cocosfett*

Trigesättigte Glyceride	84%
Digesättigte Glyceride	12%
Monogesättigte Glyceride	4%

Tabelle 17.
Eigenschaften und Kennzahlen von Cocosöl

ρ (40°)	0,907—0,913
$n_D^{40°}$	1,448—1,450
Smp	20—28°, meist 22—25°
EP	18—25°
VZ	250—262
JZ	7—10
RhZ	6—7
R-M-Z	6—8
Po-Z	12—18
% Unverseifb.	0,15—0,60

Es ist heute nicht mehr gebräuchlich noch gestattet, die nach der Raffination bereits sehr helle, fast reinweiße Farbe des Fettes durch Zusatz eines blauen Farbstoffs scheinbar weiter zu verbessern.

Die *Glyceride des Cocosfettes* bestehen nach A. BÖMER u. J. BAUMANN (1920) zu 50—60% aus Caprylo-lauromyristin (Smp 15°) und bis 20% Myristo-dilaurin (Smp 33,8°) neben kleinen Mengen eines Lauro-dimyristins (Smp 38,1°) und Palmito-dimyristins sowie Stearo-dipalmitins. In den gesättigten Glyceriden sind die Fettsäuren in dem gleichen Verhältnis verteilt, wie sie in den Gesamtfettsäuren vorkommen. Diese Anordnung des Glyceridaufbaues ist auf solche Fette beschränkt, in denen nur geringe Mengen ungesättigte Fettsäuren vorkommen.

Durch fraktionierte Kristallisation konnte kein Trilaurin nachgewiesen werden. Eine quantitative Trennung war bisher wegen der großen Zahl der verschiedenen Glyceride nicht möglich. In einer Untersuchung von A.P. DALE u. M.L. MEARA (1955) wurden mindestens 21 Typen identifiziert.

Die *Zusammensetzung der Fettsäuren* von Cocosfett aus verschiedenen Ursprungsländern ist in Tab. 14 angegeben.

1 Teil Cocosfett löst sich in 2 Teilen 90 %igem Alkohol bei 60°.

Weitere analytische Kennzahlen von Cocosfett sind: Caprylsäurezahl 17—22, A-Zahl 16—17, B-Zahl 1,8—1,9, Buttersäurezahl 0,9, Laurinsäurezahl 111—140. J. GROSSFELD u. F. BATTEY (1931) haben gezeigt, daß die Buttersäurezahl (vgl. S. 596) von 0,9 bei Cocosfett durch den Capronsäuregehalt bedingt ist, der 0,6 % beträgt.

Die *Testa*fette der Cocospalme und anderer Palmenarten haben eine abweichende Zusammensetzung, sie enthalten mehr Ölsäure. Ihre JZ liegt zwischen 20—60, die VZ sinkt auf 220—240. W.D. RICHARDSON (1911) sowie J. ALLAN u. C.W. MOORE (1925) fanden beim Vergleich von *Testafett* und *Endospermfett* aus einigen Palmenarten die in Tab. 18 angegebenen Kennzahlen.

Tabelle 18. *Verhältnis Testa: Endosperm*

Palmenart	Verhältnis Testa: Endosperm	Fettgehalt der Testa %	Fettgehalt des Endosperms %	Fett aus Testa VZ		Endosperm VZ	
				VZ	JZ	VZ	JZ
Cocosnuß		22,2–58,6	57,2–75,0	221–241	21,5–59,7	255,5–262,5	5,7–9,3
Palmkerne . . .	1:5,67	30	56	234	29,6	244	12,5
Palmkerne . . .	1:4,88	33	56	230	28,0	245	12,3
Babassukerne . .	1:5,25	49	65,6	233	22,8	258	10,2
Ouricourykerne .	1:4	56	70	241	30,4	262	10,5
Brasilnüsse . . .	1:7,33	41,5	67	194	104,8	193	114,3

Testafette sind oft stärker gespalten als die Endospermfette. Aus diesem Grund haben die Raffinationsfettsäuren eine andere Zusammensetzung als die Gesamtfettsäuren, z. B. von Cocosöl.

c) Verwendung von Cocosfett

Cocosfett wird im Haushalt zum Braten, Backen und Kochen viel gebraucht. Wegen seines reinen, neutralen Geschmacks ist es ein wichtiger Bestandteil der sog. *Pflanzenmargarine.* Es schmilzt im Mund aufgrund seiner erheblichen Schmelzwärme mit deutlich wahrnehmbarem Kühleffekt. Das Schmelzverhalten des Cocosfettes — der Übergang aus dem festen in den flüssigen Zustand geschieht in einem Temperaturintervall von wenigen Celsius-Graden — macht es zu einem wertvollen Fett für Waffelfüllungen, Konfitüren und Süßwaren.

Der Schmelzpunkt von Cocosfett liegt zwischen 20 und 28°, meist unter 26°C. Höherschmelzendes Fett kann nach dem Schmelzen durch fraktionierte Kristallisation und Abpressen bereitet werden. Der etwa 45 % betragende feste Anteil hat 29—30° Smp, die restliche flüssige Fraktion enthält die Mehrzahl der Glyceride mit niedrigmolekularen Fettsäuren. Auch *Cocosstearin* wird als Fettbestandteil in Süßwaren verwendet, darf aber nicht zur Streckung oder Verfälschung von Kakaobutter für Schokolade dienen.

Aus dunkleren Sorten Cocosfett wird Seife hergestellt. Die durch Fraktionierung der Fettsäuren darstellbaren Vorlauffettsäuren, sowie Laurinsäure sind wichtige Rohstoffe für die chemische Industrie.

Vollständig hydriertes reines Cocosfett hat einen Smp von 32°C. Wenige Prozent Fremdfett, wie Palmöl oder Erdnußöl, erhöhen den Smp des völlig hydrierten Fettes auf 40° und mehr.

d) Überwachung des Verkehrs mit Cocosfett

α) Verdorbenheit

Gegen oxydatives Verderben ist Cocosfett wegen seiner geringen Ungesättigtheit recht widerstandsfähig. Dagegen ist es leichter als andere Fette der „Parfüm- oder Ketonranzigkeit" zugänglich und nimmt dann einen blumigen Geruch und kratzenden Geschmack an. Mikroorganismen, insbesondere Schimmelpilze, lösen diese Art des Fettverderbs in Gegenwart von Wasser und stickstoffhaltigen Stoffen aus. Der entstehende blumige Geruch ähnelt dem von Roquefort-Käse. Er wird durch Methylketone, hauptsächlich Methylnonylketon hervorgerufen, die durch Schimmelpilze aus niederen Fettsäuren bis einschließlich Laurinsäure entstehen (vgl. S. 291).

β) Bezeichnung

Ungefärbte, harte, nicht streichfähige Erzeugnisse mit und ohne Zusatz von anderen Pflanzenfetten müssen als Cocosfett oder Cocosbutter bezeichnet werden. Phantasienamen genügen nicht zur Kennzeichnung der Herkunft; nur der Name Palmin kann als ausreichend betrachtet werden.

Alle *streichfähig gemachten Cocosfette*, d.h. Gemische von Cocosfett und anderen Fetten, werden gesetzlich in *ungefärbtem* Zustand als *Kunstspeisefette*, im *gefärbten* Zustande als *Margarine* angesehen und unterliegen den gleichen gesetzlichen Bestimmungen.

γ) Verfälschungen

Verfälschungen von Cocosfett sind selten und lassen sich analytisch durch die Änderung der physikalischen Eigenschaften und der Kennzahlen leicht nachweisen. C. I. BLOK (1927) hat eine Farbreaktion zum Nachweis von Erdnußöl und Kapoköl angegeben. Man löst 1 ml Cocosfett in 2 ml Petroläther und fügt 2 Tropfen konzentrierte Schwefelsäure zu. Reines Cocosfett bleibt hierbei fast farblos, bei Gegenwart von mehr als 15% fremden Ölen tritt Braunfärbung auf.

Aus großen Partien Cocosfett und anderen Pflanzenölen (Leinöl, Sesamöl, Sonnenblumenöl u.a.) in Lagertanks scheidet sich am Boden etwas *Wachsester* ab, der einen natürlichen Bestandteil des rohen Cocosöles bildet. Qualitativ ist dieses Cocos-Wachs durch die Erhöhung des Schmelzpunktes von Cocosfett zu erkennen. Nach mehrmaligem Umlösen aus Benzin oder Essigsäureäthylester schmilzt der Wachsester bei 75—78°.

2. Palmkernfett

Palmkernfett (Palmkernöl) ist das aus den Frucht*kernen* der Ölpalme (*Elaeis guineensis oder E. melanococca*) durch Pressen und Extrahieren mit Benzin gewonnene Fett. Es ist vom Fruchtfleisch (Palmöl) derselben Pflanze sehr verschieden (vgl. S. 11). Palm*kerne* werden in ihren Ursprungsländern nicht auf Fett verarbeitet. Sie sind im Gegensatz zum leichtverderblichen Fruchtfleisch längere Zeit haltbar und werden nach Europa und den USA geliefert. Hauptexportländer sind der Kongostaat, Nigeria, Liberia, Angola, Moçambique und Malaysia.

a) Gewinnung und Eigenschaften

Die Frucht ist eine dreikantige, sehr harte Nuß, die zwei Samen enthält. Das Verhältnis zwischen Fruchtfleisch, Steinschale und Kern in der Palmfrucht ist unterschiedlich; bei der gewöhnlichen Palme etwa 38:48:14, bei der Lisombe-Palme 70:20:10. Die von der Schale befreiten Kerne machen 9—25% der Palmfrucht aus und enthalten getrocknet 40—52% Fett. Die 1—2 cm großen Samen sind sehr hart und werden zunächst getrocknet, damit die Kerne sich leichter von der Schale trennen lassen. In Plantagenbetrieben geschieht die Zerkleinerung maschinell, in Eingeborenenanlagen erfolgt sie durch Handarbeit.

Afrikanische Staaten stehen als Palmkern-Exportländer an erster Stelle. Anteilmäßig ist die Menge des exportierten Palmkernöles größer als die des Palmöles, das auch in den Ursprungsländern als Speiseöl verbraucht wird. Palmkerne werden überwiegend in Europa und den USA auf Öl verarbeitet. Sie werden zerkleinert und in Seiherpressen heiß gepreßt; der Preßrückstand wird mit Benzin extrahiert. Palmkernschrot ist ein wertvolles Viehfutter.

Tabelle 19. *Weltproduktion von Palmkernöl* (in 1000 t)

Jahr	1952	1953	1954	1955	1956	1957	1958	1959	1960	1961
Menge	393	409	422	418	427	405	435	435	440	445

Palmkernöl ist ein weißes bis gelbliches Fett mit ähnlichen Eigenschaften wie Cocosöl. Von diesem unterscheidet es sich durch einen etwas geringeren Gehalt an Capryl- und Caprinsäure und einen höheren Ölsäuregehalt. Capronsäure ist nur in Spuren anwesend. Die prozentuale Zusammensetzung der Fettsäuren ist in Tab. 14 angegeben.

Tabelle 20. *Zusammensetzung der Glyceride von Palmkernöl*

Trigesättigte Glyceride	63%
Digesättigte Glyceride	26%
Monogesättigte Glyceride	11%

Die trigesättigten Glyceride enthalten viele verschiedene Komponenten, deren quantitative Trennung noch nicht gelungen ist. Trilaurin fehlt, Myristodilaurine sind in beträchtlichen Mengen vorhanden (G. Collin u. T. P. Hilditch 1928). A. Bömer u. K. Schneider (1924) haben Caprylomyristoolein (Smp 13,9°), ein Myristodilaurin (Smp 33,4°), Laurodimyristin (Smp 40,0°), Palmitodimyristin (Smp 45,2°) und Myristodipalmitin (Smp 51,4°) aus den Glyceriden des Palmkernöles isoliert.

Sonstige analytische Kennzahlen: A-Zahl 16—17, B-Zahl 1,8—1,9, Buttersäurezahl 0,5, Caprylsäurezahl 8—12, Laurinsäurezahl 115—135. Rohes Palmkernöl enthält in Abhängigkeit vom Alter der Kerne bis 8% freie Fettsäuren.

Tabelle 21. *Eigenschaften und Kennzahlen von Palmkernöl*

ρ (40°)	0,902—0,913
$n_D^{40°}$	1,449—1,452
Smp	23—30°
EP	20—24°
VZ	242—254
JZ	14—20
RhZ	13—18
R-M-Z	5—7
Po-Z	9—11
% Unverseifbares	0,2—0,8

b) Verwendung von Palmkernfett

Nach der Raffination kann Palmkernöl wie Cocosöl als Speisefett und für Margarine verwendet werden. Durch Abpressen des teilweise erstarrten Fettes gewinnt man Palmkernstearin (Smp 30—32°, JZ 8—9) in etwa 50% Ausbeute und Palmkernolein. Völlig hydriertes Palmkernöl hat Smp 39°. Wegen seines Kühleffekts beim Schmelzen im Mund wird Palmkernöl für Süßwaren sowie zur Bereitung von Karamellen viel verwendet.

Technisches Palmkernöl mit höherem Gehalt an freier Fettsäure und die Destillatfettsäuren hieraus dienen zur Seifenherstellung.

c) Überwachung des Verkehrs

Palmkernfett unterliegt wie Cocosfett dem Verderb durch Mikroorganismen und entwickelt dann die unerwünschte Parfümranzigkeit (vgl. S. 859).

In Mischung mit Cocos- und Babassufett sind die Anteile der einzelnen Palmsamenfette schwierig nachzuweisen. Zur *Unterscheidung von Cocosöl* ist die Verschiedenheit der Kennzahlen geeignet. J. van Kregten (1915) hat gezeigt, daß eine Unterscheidung auch der gehärteten Fette mit Hilfe der Reichert-Meißl- und Polenske-Zahl möglich ist. So konnten 20% Cocosfett in Palmkernfett oder 40—50% Palmkernfett in Cocosfett nachgewiesen werden.

Ein anderes Analysenverfahren zur Bestimmung von *Cocos- und Palmkernöl* hat J. GROSSFELD (1928, 1932) vorgeschlagen. Es gestattet, die ungefähre Menge beider Fettarten zu bestimmen:

Die *Laurinsäurezahl* erhält man aus der Verseifungszahl V, Buttersäurezahl B und Restzahl R sowie der Konstante $V_k = 197$ nach der Formel:

$$L = 3{,}3\,(V - 0{,}8\,B - 0{,}6\,R - 197).$$

Daraus: Cocosfett + Palmkernfett = 0,79 (L — 0,6 B).

Bei Abwesenheit von Butterfett wird B vernachlässigbar klein und damit:

$$L = 3{,}3\,(V - 0{,}6\,R - 197)$$

$$\text{Cocosfett} + \text{Palmkernfett} = 0{,}79\,L = 2{,}6\,(V - 0{,}6\,R - 197).$$

Berechnet man außerdem den Gehalt an Cocosfett auf Grund der Gesamtzahl der niederen Fettsäuren G

$$\text{Cocosfett} = 2{,}6\,G,$$

so wird das Ergebnis bei reinem Cocosfett nahezu mit der Summe (Cocos- + Palmkernfett) übereinstimmen, bei Anwesenheit von Palmkernfett aber niedriger sein. Die Gesamtzahl der niederen Fettsäuren beträgt bei Palmkernöl 17 gegenüber 38 bei Cocosöl.

Weitere Möglichkeiten zum Nachweis von Palmkern- in Cocosfett und umgekehrt wurden von A. BÖMER u. K. SCHNEIDER (1924) vorgeschlagen. Sie beruhen auf der Isolierung von Caprylomyristoolein (VZ 243) aus Palmkernfett und Caprylolauromyristin (VZ 275,7) aus Cocosfett.

Die *gaschromatographische oder papierchromatographische Analyse* bietet eine wertvolle Ergänzung für die allgemeinen Kennzahlen einer Fettmischung mit Palmsamenfetten, deren Laurinsäuregehalt zwischen 45—50% beträgt.

3. Babassufett

Babassufett ist dem Palmkernfett sehr ähnlich. Es stammt aus den Samen der *Babassupalme*, einer in Süd- und Mittelamerika wachsenden Palmenart (*Attalea funifera*, syn. *Orbignia speciosa*, *O. oleifera* oder *O. martiana*). In Brasilien schätzt man den Bestand an wildwachsenden Babassupalmen nach G. E. ADAMES (1943) auf 5—25 Milliarden.

Eine 6—10 m hohe ausgewachsene Palme liefert zweimal im Jahr 2—4 Fruchtbündel mit je 200—600 Früchten. Die Jahresernte eines Baumes im Gewicht von einer Tonne ergibt 125 kg Kerne, die eine steinharte Schale haben. Die Nuß besteht aus einer 2—3 mm dicken Faserschicht und einer mehlartigen Schicht mit nur geringem Fettgehalt. Der Samenkernanteil nach der Entfernung der Schale beträgt etwa 9% des Gewichts der Babassunuß und enthält 67—69% Fett.

Rund 70% des Babassufettes kommen aus dem Staat Maranhao in Brasilien. Die Weltproduktion erreichte in den Jahren 1960—1962 etwa 25000 t. Sie kann noch beträchtlich zunehmen, wenn einige technische Fragen und Transportprobleme gelöst sind.

Gewinnung und Eigenschaften

Für das Öffnen der harten Nüsse zur Freilegung der Samenkerne wurde viele Maschinentypen entwickelt, die einen hohen Kraftbedarf haben und nur in Ölmühlen, nicht aber am Standort der wildwachsenden Babassupalmen einsatzfähig sind. Ein großer Teil der Babassunüsse wird noch heute mühsam durch Handarbeit geöffnet.

Das Fett wird durch Pressen und Extrahieren gewonnen und wie Cocos- und Palmkernöl gereinigt und desodoriert. F. L. JACKSON u. H. E. LONGENECKER (1944) fanden in den *Glyceriden des Babassufettes* 62,8% trigesättigte, 30% digesättigte und 7% monogesättigte Glyceride.

Tabelle 22. *Eigenschaften und Kennzahlen von Babassufett*

ρ (40°)	0,906—0,909
$n_D^{40°}$	1,449—1,451
Smp	22—26°
EP	21—23°
VZ	242—253
JZ	10—18
RhZ	8—15
R-M-Z	5—7
Po-Z	10—12
% Unverseifbares	0,2—0,8

A. BÖMER u. H. HÜTTIG (1938) isolierten durch Hochvakuumdestillation Myristodilaurin (Smp 34,9°), Laurodimyristin (Smp 36,1°), Palmitodimyristin (Smp 45,7°) und etwas Stearodipalmitin (Smp 55,9°).

Die Fettsäurezusammensetzung von Babassufett erinnert an die des Palmkernöles und Cocosöles (vgl. Tab. 14), dem auch die physikalischen Eigenschaften und die Kennzahlen sehr ähnlich sind (Tab. 22).

Die Caprylsäurezahl hat Werte um 17, die Laurinsäurezahl erreicht etwa 105. Babassuöl wird als Speiseöl in den tropischen Ländern verwertet, in Europa und den USA gewinnt es steigende Bedeutung für die Margarineherstellung.

4. Weitere Samenfette von Palmen

Die hier aufgezählten Fettarten aus den Kernen mittel- und südamerikanischer Palmen haben in den Ursprungsländern einige wirtschaftliche Bedeutung, werden aber nur in kleinen Mengen exportiert. Tabelle 23, nach einer Zusammenstellung von T.P. HILDITCH, bietet eine Übersicht über die Verseifungszahl und Jodzahl der Samenfette einiger Palmenarten.

Tabelle 23. *Verseifungs- und Jodzahlen einiger Palmenarten*

Art des Fettes bzw. der Palmenart	VZ	JZ
Cokeritkerne von Maximiliana regia	240—253	7—16
Curu-Palmkerne von Attalea spectabilis	259,5	8,9
Licurykerne oder Ouricouri von Attalea maripa	259,5	9,7
Aouara, Tucumkerne, Astrocaryum aculeatum, vulgare	240—249	10—14
Corozo- (Mamarron-) Palmkerne von Scheelea insignis, regia	251	10
Piririmakerne von Cocos syagrus	252	12—13
Awarrakerne von Astrocaryum jauari	242	13—15
Paramacakerne von A. paramaca	257	14
Paramacakerne von A. segregatum	238	17
Karnaubakerne von Copernicia cerifera	221	23
Paraguay-Palmkerne von Acrocomia totai	240—247	24—28
Bonneti-Palmkerne von Butea bonneti	260	24
Coyol, Muriti-Palmkerne von Acrocomia (Mauritia) vinifera	246	25
Cayaul, Noli-Palmkerne von Elaeis melanococca	234	27—28

Über brasilianische Ölsaaten berichteten E.R. BOLTON u. D.G. HEWER (1916), über Ölsaaten von amerikanischen Palmen G.T. BRAY u. F.L. ELLIOT (1916). Weitere Angaben enthält die Zusammenstellung „Report of United States Vegetable Oil Mission to Brazil (1942)“ und „Report of the FAO Oilseed Mission for Venezuela (1949)“.

Die Früchte der *Cohune-Palme* (*Attalea cohune*), die in Britisch-Honduras große Wälder bildet, ähneln den Babassupalmfrüchten. Das hieraus erhaltene Öl ist dem Cocosöl gleichwertig.

Aus den Kernen von *Astrocaryum tucuma* stammt das *Tucumfett*. Die Palme ist auf den Westindischen Inseln, in Guayana, Venezuela und Brasilien beheimatet.

Auch das *Ouricouri-Palmkernöl* kommt von Palmenarten dieses Gebietes, aus den Kernen der brasilianischen Palme *Syagrus* (bzw. Cocos) *coronata*. Die Palmenart *Astrocaryum murumuru* liefert das *Murumurufett*, das auch in kleinen Mengen zum Export kommt.

Tabelle 24 gibt eine Übersicht über die Eigenschaften und Kennzahlen von Samenfetten aus Mittel- und Südamerika.

Alle diese Fette werden wie Cocos-, Palmkern- und Babassufett verwertet.

Außer den erwähnten Palmenarten, deren Früchte zur Speisefettgewinnung herangezogen werden, sind noch folgende Palmsamenfette bekannt geworden:

Makayaöl oder *Mocayabutter* von *Acrocomia sclerocarpa* in Paraguay. Über die botanische Bezeichnung der Stammpflanze besteht etwas Unsicherheit (A.W. KNAPP 1914; G.T. BRAY u. F.L. ELLIOT 1916; B.E. DAHLGREN 1936; L.H. BAILEY 1941).

Tangkallakfett kommt aus den Samen von *Lepidadenia wightiana*. *Parapalmöl* oder *Pinolöl* wird aus den Kernen von *Euterpe oleacea* erhalten.

Tabelle 24. *Eigenschaften und Kennzahlen von Fetten tropischer Palmenarten aus Amerika*

Art des Fettes	Cohunefett	Murumurufett	Ouricouri-Palmkernöl	Tucum-Kernöl
ρ (40°)	0,906	0,906	0,911	0,906
$n_D^{40°}$	1,441	1,445	1,440	1,443
Smp	18—24°	32—34°	18—21°	30—36°
VZ	251—257	237—242	257	240—250
JZ	10—14	11—12	15	10—14
R-M-Z	7	3	6	4
Po-Z	14	—	18	6
% Unverseifbares	0,4	0,3	0,3	0,3

5. Lorbeerfett

Der 6—10 m hohe Lorbeerbaum (*Laurus nobilis*) gedeiht in den Mittelmeerländern und Kleinasien. Seine Früchte enthalten getrocknet 24—30% Fett. Die Kerne machen etwa 70% des Gesamtgewichts der Frucht aus. Kernfett und Fruchtfleischfett sind in der Zusammensetzung sehr ähnlich.

Aus *Lorbeerfett* wurden etwa 30% Trilaurin isoliert. Dieser Befund (A. BÖMER u. K. EBACH 1928) bietet ein seltenes Beispiel der minimalen Verteilung einer Fettsäure im Verband der Glyceride. Die Menge der vollgesättigten Glyceride ist mit 34,2% ungewöhnlich groß (G. COLLIN 1931).

In Tabelle 25 sind die Eigenschaften und Kennzahlen sowie die Fettsäurezusammensetzung von Lorbeerfett angegeben.

Weitere Lauraceenfette sind das *Kusufett* von *Cinnamomum camphora*, des in Japan und Formosa wachsenden Kampferbaumes (S.V. PUNTAMBEKER 1938; D.F. SOKOLOV 1940) und das *Mahubafett* von Acrodiclidium mahuba. S. KOMORI u. S. UENO (1938) isolierten aus dem Fett von *Lindera obtusifolia* eine 4-Dodecensäure neben 4-Decen- und 4-Tetradecensäure (Y. TOYAMA 1937a).

Das Kernfett von *Litsea zeylanica* (*Neolitsea involucrata*) enthält nach S.V. PUNTAMBEKAR (1938) und B.G. GUNDE u. T.P. HILDITCH (1938) 66% Trilaurin. Von den Glyceriden dieses Fettes sind 87% trigesättigt. Die Fettsäuren bestehen aus 3% Caprin-, 86% Laurin-, 4% Myristinsäure und 4% Öl- sowie 3% Linolsäure. Die Fettsäuren des Fruchtfleischfettes enthalten über 40% Ölsäure und 10% Linolsäure.

Noch höhere Mengen Trilaurin, über 90%, wurden in den Kernfetten von *Litsea sebifera* und *L. citrata* (S.V. PUNTAMBEKAR 1938) gefunden.

Cinnamomum japonicum liefert nach T. KARIYONE u. H. IWAO (1938) ein dem Palmkernstearin ähnliches Fett mit Smp. 32—34°, EP 30,9°, VZ 273,2 und JZ 3,3.

6. Muskatbutter, Ucuhubafett und Dikafett

Samenfette aus Myristicaarten enthalten große Mengen Myristinsäure. G. COLLIN u. T.P. HILDITCH (1930) sowie K.A. WILLIAMS (1950) berichteten über die Zusammensetzung der Fettsäuren von mehreren Arten (*Virola guatamalensis, V. malabarica, V. surinamensis*).

Muskatbutter wird durch Pressen der gemahlenen und gekochten oder gedämpften Samenkerne von Myristica officinalis bereitet. Das gelblichrote Fett hat den eigentümlichen Muskatduft. In Abhängigkeit von der Art der Herstellung und dem Ursprungsland (Molukken-Inseln, Südamerika, Westindische Inseln) schwanken die Kennzahlen und Eigenschaften von Muskatbutter in erheblichen Grenzen.

Myristica argentea liefert das *Papuamuskatfett*, M. otoba das *Otobafett*, aus Virola sebifera und V. venezuelensis stammt das *Virolafett*.

Ucuhubafett wird aus Virola surinamensis, *Mangalorebutter* aus M. canaria gewonnen.

Dikafett ist in den Fruchtkernen von *Irvingia gabonensis* und *I. barteri* (Westafrika) enthalten. Die fettreichen Kerne (54—70% Fett) sind genießbar und liefern ein hellfarbiges, festes Fett. Die Zusammensetzung der Triglyceride wurde von G. COLLIN u. T.P. HILDITCH (1930) und M.L. MEARA u. C.B. PATEL (1950) untersucht.

Das *Kernfett* von *Actinodaphne lookeri* mit Schmelzbereich 44—46°C besteht aus mehr als 70% Trilaurin. Es enthält nach J.G. KANE (1964a) über 90% Laurinsäure.

Tab. 25 gibt eine Übersicht über die Zusammensetzung der Fettsäuren, die Eigenschaften und Kennzahlen von Lorbeerfett, Muskatbutter, Ucuhubafett und Dikafett.

Tabelle 25. *Zusammensetzung der Fettsäuren, Eigenschaften und Kennzahlen von Lorbeerfett, Muskatbutter, Ucuhubafett und Dikafett*

	Lorbeerfett Laurus nobilis	Muskatbutter Myristica officinalis	Ucuhubafett Virola surinamensis	Dikafett Irvingia barteri u. I. gabonensis
Caprylsäure	—	—	—	0—3,1
Caprinsäure	—	—	0—0,5	2
Laurinsäure	43,1	0,15	5—21	39—58
Myristinsäure	—	39—76	66—73	33—70
Palmitinsäure	6,2	10—32	0,3—11	2
Stearinsäure	—	—	—	1
Ölsäure	9—32	8—44	5,5—11	1,8—11
Linolsäure	18—40	0—1,3	0—3	—
ρ (40°)	0,922	0,915—0,920	0,914	—
$n_D^{40°}$	1,462	1,466—1,470	1,454	—
Smp	33—34°	43—51°	39—47°	41—42°
VZ	217—223	177—200	215—228	240—252
JZ	66—77	31—59	10—18	2—10
R-M-Z	1,5—32	±1	1,5	—
PoZ	2,8	—	3,9—4,6	—
% Unverseifbares	0,7—5,0	6,2—8,5	0,1—3,9	0,4—1,1

Über *Lorbeerfett* berichteten: A. Bömer u. K. Ebach (1928); G. Wallrabe (1929); G. Collin (1931); T. Yazicioglu (1950c); *Muskatbutter;* E. B. Power u. H. A. Salway (1908); W. F. Baughman u. Mitarb. (1921); G. Collin u. T. P. Hilditch (1928b, 1930a); K. Kakafu u. C. Hata (1936); *Ucuhubafett;* E. R. Bolton u. D. G. Hewer (1917); J. Wolf (1922); A. Steger u. J. van Loon (1935a); K. A. Williams (1950); *Dikafett:* J. Pieraerts (1922); G. Collin u. T. P. Hilditch (1930b); W. Bushell u. T. P. Hilditch (1939); M. L. Meara u. C. B. Patel (1950).

7. Ulmensamenöl

Ulmensamenöl aus den Samen von *Ulmus campestris, U. effusa, U. americana, U. sabra, U. pedunculata,* nimmt wegen der Zusammensetzung seiner Fettsäuren eine Sonderstellung ein. Mehr als die Hälfte davon besteht aus Caprinsäure. Nach R. G. Zehnpfennig u. H. A. Schuette (1941) setzen sie sich zusammen aus: 5,3% Capryl-, 61,3% Caprin-, 5,9% Laurin-, 4,6% Myristin-, 2,9% Palmitinsäure und 2,9% Öl-, 9,0% Linol- sowie Spuren Linolensäure.

Ulmensamenöl hat folgende physikalische Eigenschaften und Kennzahlen nach H. A. Schuette u. C. M. Lunde (1936): ρ (40°) 0,913—0,919, $n_D^{40°}$ 1,448—1,450, Smp 4,5—6,0°; VZ 273—280, JZ 16—32, R-M-Z 2—6, Po-Z 33—42 und % Unv. 1,0—1,4.

Auch *Malukangbutter,* das Samenfett von *Polygala butyracea* hat eine ungewöhnliche Zusammensetzung der Fettsäuren in seinen Glyceriden. H. Sprinkmeyer u. A. Diedrichs (1912) fanden eine Reichert-Meißl-Zahl von 45,55. In einer anonymen Mitteilung (1914) wurden Verseifungszahlen um 250 und Jodzahlen zwischen 49 und 53 festgestellt.

II. Palmitin- und stearinsäurereiche Samenfette

Für diese Gruppe von festen Fetten ist der höhere Gehalt an Stearinsäure neben Palmitinsäure kennzeichnend. Der Stearinsäuregehalt kann bis über 50% betragen. Samenfette dieser Zusammensetzung stellen Ausnahmen dar. Nach T. P. Hilditch ist Stearinsäure im Pflanzenbereich nicht häufiger als Arachinsäure und seltener anzutreffen als Laurin- oder Erucasäure.

Kakaobutter hat als Nahrungsfett einen besonderen Wert. Zu den Speisefetten zählen auch Sheabutter, Illipéfett und Borneotalg, die alle dieser Gruppe angehören.

Tab. 26 gibt eine Übersicht über die Verteilung der Fettsäuren in einigen palmitin- und stearinsäurereichen Fetten.

Tabelle 26. *Fettsäurezusammensetzung von palmitin- und stearinsäurereichen Pflanzenfetten* (in Gew.-%)

Bezeichnung und Herkunft	Myristin-säure	Palmitin-säure	Stearin-säure	Arachin-säure	Öl-säure	Linol-säure	Linolen-säure
Sterculiaceae:							
Kakaobutter von . . Theobroma cacao	0,2	27	35	0,8	34	3	0,2
Kernfett von . . . . Sterculia foetida	—	10,7	40,3	2,1	43,6	3,3	—
Sapotaceae:							
Sheabutter von . . . Butyrospermum parkii	—	5,7	41,0	—	49,0	4,3	—
Fulwabutter von . . Madhuca butyracea	—	56,6	3,6	—	36,0	3,8	—
Djavebutter . . . . Mimosa djave	—	4,4	35,7	1,1	58,3	0,5	—
Katiaufett . . . . . Madhuca mottleyana	—	10,2	18,5	—	68,8	2,5	—
Mowrahbutter . . . Madhuca (Bassia) latifolia	—	23,7	19,3	—	43,3	13,7	—
Illipébutter . . . . Madhuca (Bassia) longifolia	—	28	14	—	50	8	—
Siaktalg . . . . Palaquium oblongifolium	0,2	5,9	54,0	—	39,0	—	—
Dipterocarpaceae:							
Borneotalg von . . . Shorea aptera	1,5	21,5	39,0	—	38,0	—	—
Sh. robusta . . .	—	4,5	44,2	6,3	42,2	2,8	—
Sh. stenoptera . .	—	18,0	43,3	1,1	37,4	0,2	—
Malabartalg von . . Vateria indica	—	9,7	40,7	4,6	42,2	2,3	0,5
Guttiferae:							
Allanblackia-Fett von							
A. stuhlmannii	—	3,1	52,6	—	44,1	0,2	—
A. floribunda . . .	—	2,9	57,1	0,2	39,4	43,9	—
A. parviflora	1,5	2,3	52,0	0,3	43,9	—	—
Kanyabutter von . . Pentadesma butyracea	—	5,4	46,1	—	48,5	—	—
Gamalfett von . . . Garcinia morella	0,3	7,2	42,5	0,3	43,6	0,1	—
Meliaceae:							
Margosafett. . . . . Azadirachta indica	2—2,5	13—15	14—19	1,5—2,5	49—62	7,5—16	—

1. Kakaobutter[1]

Die Zusammensetzung der Fettsäuren von *Kakaobutter* untersuchten: C.H. LEA (1929), J. GROSSFELD (1930b), T.P. HILDITCH u. W.J. STAINSBY (1936), K.H. BAUER u. L. SEBER (1938a, b, c), M.L. MEARA (1949), H.F.K. DITTMAR u. J.H. DUARTE (1959), A.A. HOUGHTON u. N.A. LUND (1959), G.V. JONES u. E.G. HAMMOND (1961), H.P. KAUFMANN, H. WESSELS u. B. DAS (1962), H. WOIDICH, H. GNAUER, O. RIEDL u. E. GALINOVSKY (1964); *Kernfett von Sterculia foetida:* T.P. HILDITCH u. W.J. STAINSBY (1936), Anonym (1935), T.P. HILDITCH u. Mitarb. (1941), A. STEGER u. J. VAN LOON (1943a), T.P. HILDITCH u. Mitarb. (1944); *Sheabutter:* J. BOUGAULT u. G. SCHUSTER (1931), T.P. HILDITCH u. S.A. SALETORE (1931), L.J. HOPKINS u.

[1] Bearbeitet von Dr. A. FINCKE, Köln.

F. G. Young (1931), T. G. Green u. T. P. Hilditch (1938); *Fulwabutter:* W. J. Bushell u. T. P. Hilditch (1938), P. N. Agarwal u. Mitarb. (1963); *Djavebutter;* H. Heller (1932), G. S. Jamieson (1943c), A. R. S. Kartha u. K. N. Menon (1944), K. A. Williams (1950); *Katiaufett:* J. Zimmermann (1938), T. P. Hilditch u. M. B. Ichaporia (1938); *Mowrahbutter* und *Illipébutter:* H. Sprinkmeyer u. A. Diedrichs (1914), A. H. Gill u. C. C. Shah (1925), G. Schuster (1932a, b), D. R. Dhingra u. Mitarb. (1933), A. R. S. Kartha u. Mitarb. (1945); *Siaktalg:* T. P. Hilditch u. W. J. Stainsby (1934), K. Kafuku u. C. Hata (1935), K. A. Williams (1950); *Borneotalg:* T. P. Hilditch u. J. Priestman (1930), T. P. Hilditch u. H. M. Thompson (1937), W. J. Bushell u. T. P. Hilditch (1938); *Malabartalg:* T. P. Hilditch u. Mitarb. (1931), C. Venkatarao u. M. Narasingarao (1943), M. N. Baliga u. M. L. Meara (1949); *Allanblackiafett:* J. Pieraerts u. L. Adriaens (1929), T. P. Hilditch u. S. A. Saletore (1931), M. L. Meara u. A. H. Zaky (1940); *Kanyabutter:* T. P. Hilditch u. S. A. Saletore (1931), L. Adriaens (1934), S. Kandiah (1936), E. D. Frahm (1941); *Gamalfett:* D. R. Dhingra u. Mitarb. (1933); *Margosafett:* A. C. Roy u. S. Dutt (1929), N. G. Chatterji (1938), T. P. Hilditch u. H. S. Murti (1939), R. Child (1941), C. J. D. Rao u. T. R. Seshadri (1942).

Kakaobutter ist das in den Samenkernen (Kotyledonen) der Kakaobohnen (*Theobroma cacao* L.) enthaltene Fett. Zur technischen Gewinnung der Kakaobutter werden fermentierte und geröstete Kakaobohnen geschält, die gereinigten Kakaokerne zu Kakaomasse vermahlen und die Kakaomasse abgepreßt. Der Fettgehalt der Kakaokerne beträgt meist 54—58% (berechnet auf Trockenmasse). Als wesentlicher Bestandteil der Schokoladen und anderer Kakaoerzeugnisse gehört Kakaobutter zu den wertvollsten Speisefetten.

Nach § 2 (1) der Verordnung über Kakao und Kakaoerzeugnisse vom 15. VII. 1933 wird Kakaobutter wie folgt definiert: „Kakaobutter ist das aus Kakaokernen, Kakaobruch, auch unter Mitverwendung von höchstens 2 Hundertteilen Kakaogrus, oder aus Kakaomasse oder aufgeschlossener Kakaomasse durch Abpressen, mit oder ohne Filtration, ohne chemische Behandlung gewonnene Fett mit einem die Zahl 8 im Höchstfalle nicht übersteigenden Säuregrad".

In einigen Ländern ist es zulässig, auch Fette, die aus ungeschälten Kakaobohnen oder anderen schalenreichen Rohstoffen durch Pressen oder Extraktion hergestellt und raffiniert wurden, als „Kakaobutter" zu bezeichnen.

Bezüglich des Anbaus des Kakaobaumes, der Ernte der Kakaofrüchte, der Aufbereitung der Kakaobohnen, der Gewinnung der Kakaobutter, der Nomenklatur der Kakaofette und des Nachweises von Verfälschungen s. H. Lange u. A. Fincke in Bd. VI dieses Handbuches, sowie A. Fincke, H. Lange u. J. Kleinert (1965).

a) Allgemeine Eigenschaften und chemische Zusammensetzung der Kakaobutter

In erstarrtem Zustand ist Kakaobutter blaßgelb, geschmolzen kräftig gelb gefärbt. Die Farbstoffe dürften carotinartiger Natur sein. Eine dunklere Färbung kann durch eine zu starke Röstung der Kakaokerne vor der Kakaobuttergewinnung oder durch einen hohen Schalengehalt der Rohstoffe verursacht werden. Mäßiges Rösten und das Aufschließen (Alkalisieren) der Kakaokerne oder der Kakaomasse verändern das Kakaokernfett sehr wenig. Das Rösten und Alkalisieren der Rohstoffe beeinflussen vor allem den Übergang von Purinen aus den fettfreien Kakaobestandteilen in das Kakaokernfett, führen im übrigen aber nur zu geringfügigen geschmacklichen Veränderungen.

Kakaobutter hat einen angenehm aromatischen, milden Geschmack. Die chemische Zusammensetzung des Aromakomplexes ist noch nicht aufgeklärt. Die von A. H. M. van Elzakker u. H. J. van Zutphen (1961) identifizierten leichtflüchtigen Stoffe bilden nur einen Teil der Aromastoffe. Ein Teil der Aromastoffe ist schwerflüchtig. Durch Behandlung mit Wasserdampf im Vakuum kann Kakaobutter völlig geruch- und geschmackfrei gemacht werden.

Unter Ausschluß von Licht kann Kakaobutter auch bei Raumtemperatur jahrelang gelagert werden, ohne chemisch nachweisbar verändert oder geschmacklich beeinträchtigt zu werden. Bei Zutritt von Luft und Licht wird Kakaobutter schnell farblos und nimmt einen talgigen Geschmack an.

Bei 20° C ist Kakaobutter fest und spröde; beim Zerreiben bildet sie keine schmierende Masse, sondern ein nur wenig zusammenbackendes Pulver. Nur Kakaobutter mit extrem hoher Jodzahl (> 40—42) kann zum Schmieren neigen.

Die Hauptbestandteile der Kakaobutter sind in Tab. 27 aufgeführt.

Tabelle 27. *Hauptbestandteile der Kakaobutter*
(Zit. nach A. FINCKE, H. LANGE u. J. KLEINERT 1965)

Triglyceride	97—99 %
Freie Fettsäuren (berechnet als Ölsäure)	0,5—2,0 %
Unverseifbare Stoffe	
nach Petroläther-Methode	0,2—0,3 %
nach Äther-Methode	0,3—0,5 %
Wasser	0,01—0,03 %
Asche	0,006—0,02 %
Purine (überwiegend Coffein)	0,005—0,04 %
Phosphatide	0,001—0,1 %

Die Kakaobutterglyceride bestehen zu etwa 80% aus monoungesättigten Glyceriden, in denen die 2-Stellung fast ausschließlich von ungesättigten Fettsäuren besetzt ist (vgl. Tab. 28). Das ungewöhnliche Schmelzverhalten der Kakaobutter (Schmelzpunkt nahe der Körpertemperatur sowie ein besonders enges Erweichungs- und Schmelzintervall) hängt mit dieser Glyceridstruktur eng zusammen.

Die Glyceride der Kakaobutter enthalten neben Stearin-, Palmitin-, Öl- und Linolsäure noch eine ganze Anzahl weiterer Fettsäuren, die jedoch nur in geringen Mengen vorkommen. Als gesichert kann heute das regelmäßige Vorkommen kleiner

Tabelle 28. *Glyceridzusammensetzung der Kakaobutter in %*
Nach Untersuchungen von M.H. COLEMAN (1961) und G.V. JONES u. E.G. HAMMOND (1961)

Glyceridtyp	Fettsäuren	M. H. COLEMAN (1961)		G. V. JONES u. E. G HAMMOND (1961)
I. Gesättigte Glyceride	PPP	0,3		
	PPS	0,9		
	SPS	0,6		
	PSP	0,2	2,7	0,9
	PSS	0,4		
	SSS	0,3		
II. Einfach ungesättigte Glyceride	PPU	0,1		
	SPU	0,2	0,5	
	PSU	0,1		
	SSU	0,1		83,9
	PUP	14,1		
	PUS	39,3	80,8	
	SUS	27,4		
III. Zweifach ungesättigte Glyceride	UPU			
	USU			15,2
	PUU	6,4	15,3	
	SUU	8,9		
IV. Dreifach ungesättigte Glyceride	UUU	0,7		

Zeichenerklärung: P = Palmitinsäure; S = Stearinsäure; U = ungesättigte Fettsäure. Aus der Reihenfolge der Abkürzungen ist die Stellung der Fettsäuren in der Glyceridmolekel zu ersehen.

Mengen von Laurinsäure, Myristinsäure, Heptadecansäure, Arachinsäure, Behensäure, Palmitoleinsäure und Linolensäure angesehen werden. Gelegentlich scheinen auch Spuren von Tridecansäure, Pentadecansäure, Pentadecensäure und Eicosensäure nachweisbar zu sein. Trans-Fettsäuren konnten in Kakaobutter dagegen nicht gefunden werden. Eine weitere Verfeinerung der Untersuchungstechnik wird zweifellos noch zum Nachweis weiterer Fettsäuren führen.

Über die ungefähre Zusammensetzung der Kakaobutterfettsäuren unterrichtet Tab. 29. Vgl. H.F.K. DITTMAR u. J.H. DUARTE (1959); A.A. HOUGHTON u. N.A. LUND (1959); G.V. JONES u. E.G. HAMMOND (1961); H.P. KAUFMANN, H. WESSELS u. B. DAS (1962); H. WOIDICH, H. GNAUER, O. RIEDL u. E. GALINOVSKY (1964).

Tabelle 29. *Ungefähre Zusammensetzung der Kakaobutterfettsäuren* (Nach A. FINCKE, H. LANGE u. J. KLEINERT 1965)

Trivialname	Chemische Bezeichnung	Menge in %
I. *Gesättigte Fettsäuren*		
Laurinsäure	Dodecansäure (C_{12})	< 0,1
	Tridecansäure (C_{13})	Spur
Myristinsäure	Tetradecansäure (C_{14})	< 0,2
	Pentadecansäure (C_{15})	gelegentl. Spur
Palmitinsäure	Hexadecansäure (C_{16})	23—30
	Heptadecansäure (C_{17})	0,2
Stearinsäure	Octadecansäure (C_{18})	32—37
Arachinsäure	Eicosansäure (C_{20})	< 1
Behensäure	Docosansäure (C_{22})	< 0,2
II. *Ungesättigte Fettsäuren*		
Palmitoleinsäure	cis-9-Hexadecensäure ($C_{16:1}$)	< 1
Ölsäure	cis-9-Octadecensäure ($C_{18:1}$)	30—37
Linolsäure	cis-9,12-Octadecadiensäure ($C_{18:2}$)	2—4
Linolensäure (?)	cis-Octadecatriensäure ($C_{18:3}$)	< 0,3
	cis-Eicosensäure ($C_{20:1}$)	Spur

Der in Tab. 29 angegebene Linolsäuregehalt gilt nicht in jedem Falle für Kakaobutter aus bestimmten brasilianischen Kakaosorten. Nach Untersuchungen von H.F.K. DITTMAR u. J.H. DUARTE (1959) können die Kernfette brasilianischer Kakaosorten bis zu 7% Linolsäure enthalten.

Angaben über die Zusammensetzung der unverseifbaren Bestandteile der Kakaobutter finden sich insbesondere bei K.H. BAUER u. L. SEBER (1939), J. GROSSFELD (1938), J.W.C. COPIUS PEEREBOOM (1963) u. H. CHAVERON (1966). Danach enthält das Unverseifbare von Kakaobutter β-Sitosterin, γ-Sitosterin (oder Campesterin), Stigmasterin, geringe Mengen Kohlenwasserstoffe sowie einige noch nicht identifizierte Stoffe. Außerdem sind geringe Mengen Vitamin A, D und E nachweisbar. Der Gesamtsteringehalt der Kakaobutter, ermittelt nach der Digitoninmethode, liegt gewöhnlich bei 0,2%, nach J. WURZIGER (1962) sicher unter 0,27%.

b) Schmelzverhalten und Polymorphie der Kakaobutter

Das Schmelzverhalten der Kakaobutter ist in hohem Maße von den Bedingungen abhängig, unter denen die Kakaobutter erstarrt ist. Dieses Verhalten folgt aus der Fähigkeit der Kakaobutter, mehrere polymorphe Kristallformen zu bilden. Die polymorphen Kristallformen der Kakaobutter bilden eine monotrope Reihe: bis auf eine sind alle Kristallformen unstabil und wandeln sich mehr oder weniger schnell in die stabile Form um.

Nach R. L. WILLE u. E. S. LUTTON (1966) gibt es sechs verschiedene Kristallzustände der Kakaobutter, die sich röntgenographisch sowie durch ihre Schmelzpunkte und Schmelzwärmen unterscheiden (vgl. Tab. 30). Bei mindestens vier der sechs Kristallzustände handelt es sich um polymorphe Modifikationen.

Tabelle 30. *Polymorphe Erstarrungszustände der Kakaobutter* (Nach L. R. WILLE u. E. S. LUTTON 1966)

Bezeichnung des Zustandes	Schmelzpunkt in °C	Schmelzwärme in cal/g bei 11° C (Kalorimeter-Verfahren)	Bezeichnung des Zustandes nach S. V. VAECK (1961)
I	17,3	—	γ
II	23,3	20,6	a
III	25,5	26,9	—
IV	27,5	28,1	β'
V	33,8	32,7	β
VI	36,3	35,4	—

Die Schmelzpunktangaben in Tab. 30 werden nicht für alle Kakaobuttersorten genau stimmen, da das Schmelzverhalten auch etwas von der Fettsäurezusammensetzung abhängt.

Bei den Zuständen I und III handelt es sich möglicherweise um Mischphasen. Die stabile Modifikation ist Zustand VI. Die unter technischen Bedingungen durchgeführte Erstarrung der Kakaobutter führt stets zu dem Zustand V, der verhältnismäßig stabil ist; bei 21° C dauert die Umwandlung in den Zustand VI mehr als 18 Wochen; bei 26° C immer noch 3 Wochen.

Eine ausführliche Behandlung der Kakaobutterpolymorphie mit zahlreichen Literaturhinweisen findet sich bei A. FINCKE, H. LANGE u. J. KLEINERT (1965).

c) Kennzahlen der Kakaobutter

In Tab. 31 sind wichtige Kennzahlen der Kakaobutter zusammengestellt. Bezüglich der Ermittlung der Kennzahlen wird auf den Abschnitt „Analytische

Tabelle 31. *Wichtige Kennzahlen der Kakaobutter*

Säuregrad	1,6—6,0 (ausnahmsweise bis 8)
Säurezahl	0,9—3,4 (ausnahmsweise bis 4,5)
Verseifungszahl	192—197
Jodzahl	32—42 (ausnahmsweise bis 45)
Rhodanzahl	30—39
Reichert-Meissl-Zahl	0,1—0,5
Polenske-Zahl	0,1—0,5
Kirschner-Zahl	0,1—0,4
A-Zahl	0,06—0,12
B-Zahl	0,3—0,6
Unverseifbares (Petroläther-Verfahren)	0,2—0,4 %
Peroxidzahl (Milliaquivalente O_2/kg)	< 2
Fließschmelzpunkt des Fettes nach OICC-Verfahren	32—33,5° C
Klarschmelzpunkt des Fettes nach OICC-Verfahren	33—35° C
Erstarrungspunkt des Fettes (nach SHUKOFF)	28—29° C
Brechungsindex n_D (40° C)	1,4565—1,4580
Viscosität (40° C)	41—45 cP; 46—49 cSt
Dielektrizitätskonstante (1 m Hz, 40° C)	2,97—3,00
Extinktion $E^{1\%}_{1cm}$ 270 nm (in Hexan)	0,1—0,3; ausnahmsweise auch etwas höher
Extinktion des purinfreien Fettes $E^{1\%}_{1cm}$ 270 nm (in Hexan)	< 0,14
Anilinpunkt	41,6—44,4° C
Fließschmelzpunkt der Fettsäuren	49,0—51,0° C
Klarschmelzpunkt der Fettsäuren	51,5—53,5° C

Chemie der Fette und Fettbegleitstoffe" in diesem Band des Handbuches sowie auf den Abschnitt „Kakao und Schokolade" in Band VI dieses Handbuches verwiesen.

d) Überwachung des Verkehrs mit Kakaobutter

Wegen ihres hohen Preises besteht ein Anreiz, Kakaobutter zu verfälschen. Als Fälschungsmittel kommen heute hauptsächlich Kakaobutterabfallfette, bestimmte Pflanzentalge sowie durch Fraktionierung oder Umesterung aus anderen Fetten gewonnene Kakaobutterersatzfette in Frage. Cocos- und Palmkernfette sowie gehärtete pflanzliche oder tierische Fette spielen als Fälschungsmittel nur noch eine untergeordnete Rolle, da sie leicht nachgewiesen werden können.

Eine umfassende Reinheitsprüfung von Kakaobutter sollte sich auf folgende Merkmale erstrecken:

α) Nachweis und Bestimmung „kakaobutterfremder" Fettsäuren (z. B. trans-Fettsäuren) oder solcher Fettsäuren, die in reiner Kakaobutter nur in Spuren vorkommen (z. B. Laurinsäure).

β) Prüfung der Mengenverhältnisse der Fettsäuren (z. B. Verhältnis Palmitin-/Stearinsäure).

γ) Untersuchung der Glyceridzusammensetzung.

δ) Untersuchung und Bestimmung der Fettbegleitstoffe (z. B. Unverseifbares, Sterine, Behensäuretryptamid).

ε) Nachweis von Verderbensbegleitstoffen und raffinationsbedingten Veränderungen.

Vgl. hierzu H. LANGE u. A. FINCKE „Kakao und Schokolade" in Bd. VI dieses Handbuches.

2. Kakaoschalenfett, Kakaokeimwürzelchenfett und Kakaoabfallfett

Die Kakaoschalen haben einen Fettgehalt von 1—2%. Kakaoschalenfett wird als solches technisch nicht gewonnen. Die zur Gewinnung von Extraktionsfett und Theobromin dienenden Kakaoschalen (Kakaoabfall) enthalten stets merkliche Mengen Kakaokernbruchstücke mit einem Fettgehalt von rd. 55%. Das Kakaoschalenfett ist daher stets ein Bestandteil der mit Expellern oder durch Extraktion gewonnenen Kakaoabfallfette.

Das **Fett der Kakaoschalen** ist dunkelgelb bis bräunlich; bei 20° C hat es eine salbenartige Konsistenz. Vom Kakaokernfett unterscheidet es sich vor allem durch einen hohen Gehalt an freien Fettsäuren, an unverseifbaren Stoffen, an Linolsäure

Tabelle 32. *Wichtige Kennzahlen des Kakaoschalenfettes*

Brechungsindex n_D (40° C)	1,462—1,467
Säurezahl	13,7—47,1
Säuregrad	24,4—84,0
Jodzahl	50,3—59,8
Rhodanzahl	38,9—47,3
Hydroxylzahl	21,1—40,7
Unverseifbares	7,4—13,8%
Ölsäure (bezogen auf Fettsäuren)	32—41%
Linolsäure (bezogen auf Fettsäuren)	8—15%
Oxysäuren (bezogen auf Fettsäuren)	0,1—1,2%

und Oxysäuren. Sein Geschmack ist kratzend und seifig. Vermutlich handelt es sich bei einem Teil des Schalenfettes um das Fett von Mikroorganismen, die bei der Fermentation des Kakaos tätig sind. Außerdem enthalten Kakaoschalenfette neben merklichen Mengen an Vitamin D als charakteristischen Inhaltsstoff das Behensäuretryptamid (H. SACHER 1966). In Tab. 32 sind nach den Angaben von K.H. BAUER u. L. SEBER (1938) wichtige Kennzahlen des Kakaoschalenfettes zusammengestellt.

Das **Fett der Kakaokeimwürzelchen** ist orangegelb bis bräunlich gefärbt; es hat einen unangenehmen Geschmack. Bei 20° C ist es flüssig. Vom Kakaokernfett unterscheidet es sich vor allem durch einen erhöhten Gehalt an Unverseifbarem, Palmitin-, Linol- und Oxysäuren, sowie durch einen geringeren Stearinsäuregehalt. Auch das Fett der Kakaokeimwürzelchen wird als solches technisch nicht gewonnen, kann jedoch Bestandteil von Kakaoabfallfetten sein.

In Tab. 33 sind nach Angaben von J. KLEINERT (1962) und K.H. BAUER u. L. SEBER (1938) einige Kennzahlen des Fettes der Kakaokeimwürzelchen zusammengestellt.

Tabelle 33. *Kennzahlen des Fettes von Kakaokeimwürzelchen*

	Nach J. KLEINERT (1962)	Nach K. H. BAUER u. L. SEBER (1938)
Brechungsindex n_D (40° C)	1,464—1,467	1,467—1,470
Jodzahl	70—73	67,5—85,1
Rhodanzahl		46,8—54,5
Verseifungszahl	163—184	165—176
Hydroxylzahl		25,2—33,3
Säurezahl	22—39	20—30
Säuregrad	40—70	36—54
Unverseifbares		7,9—15,6%
Myristinsäure	0,5%	
Palmitinsäure	33—36%	
Stearinsäure	14—17%	
Arachinsäure	0—1%	
Palmitoleinsäure	0,7%	
Ölsäure	18—20%	10—45%
Linolsäure	27—33%	15—42%
Oxysäuren		0,9—2,5%

Kakaobohnenfette werden aus ganzen ungeschälten Kakaobohnen hergestellt. Diese werden zunächst in Expellerpressen vorentfettet und die Preßrückstände mit Lösungsmitteln extrahiert. Häufig werden Preßfett und Extraktionsfett vereinigt und raffiniert. Die zur Herstellung dieser Fette verwendeten Kakaobohnen sind meist verdorben und zur Herstellung von Schokoladen und Kakaopulver nicht geeignet. Nach der Kakao-VO dürfen Kakaobohnenfette nicht als „Kakaobutter" bezeichnet und zur Herstellung von Kakaoerzeugnissen verwendet werden. In anderen Ländern gelten auch Kakaobohnenfette als „Kakaobutter". Mittels der üblichen Kennzahlen lassen sich Kakaobohnenfette oft nur schwer von Kakaokernfetten („Kakaobutter") unterscheiden (vgl. H. LANGE u. A. FINCKE in Bd. VI dieses Handbuches).

Kakaoabfallfette werden aus schalenreichen Kakaoabfällen mittels Expellerpressen und/oder Extraktion mit Lösungsmitteln hergestellt. Sie können nur durch eine kräftige Raffination (Entsäuerung, Behandlung mit Bleicherden, Dämpfen im Vakuum) in einen genießbaren Zustand gebracht werden. Ihre ursprünglich bräunlichgelbe oder graugelbe Farbe wird durch die Raffination stark aufgehellt. Je nach dem Gehalt der Rohstoffe an Schalen und Keimwürzelchen weichen die Kennzahlen der Kakaoabfallfette mehr oder weniger stark von den Kennzahlen der Kakaobutter ab; der Gehalt an Unverseifbarem ist regelmäßig erhöht. Die Raffination senkt die Säurezahl auf Werte unter 1 und verursacht die Bildung konjugierter Triene (vgl. H. LANGE u. A. FINCKE in Bd. VI dieses Handbuches).

3. Sheabutter (Karitéfett)

Sheabutter stammt aus den Samen eines in Westafrika und im Sudan wachsenden Baumes (*Butyrospermum parkii*) mit pflaumengroßen Nüssen. Der Kern ist von einer spröden Schale umschlossen und enthält lufttrocken 45—55% Fett. Sheanüsse oder Sheabutter werden nur in geringen Mengen exportiert. Das Fett ist auch unter dem Handelsnahmen Galambutter, Karitéfett oder Kade bekannt.

Tabelle 34. *Zusammensetzung der Glyceride von Sheabutter*

Palmitostearine	4%
Oleopalmitostearin	Spur
*Oleo*distearin	35%
Palmito*diolein*	10%
Stearo*diolein*	45%
Triolein	ca. 6%

Tabelle 35. *Eigenschaften und Kennzahlen von Sheabutter*

ρ (40°)	0,901—0,902
$n_D^{40°}$	1,463—1,466
$[\alpha]_D$	+3 bis +3,2
Smp	23—42°
VZ	178—190
JZ	53—65
RhZ	um 48
R-M-Z	1,1—3,8
Po-Z	um 0,6
% Unverseifbares	2—11

Das rohe, grünlichbraune Fett hat einen eigentümlichen Geruch, der beim Schmelzen deutlich hervortritt. Es hat butterähnliche Konsistenz und ist etwas zähe durch den Gehalt an kautschukähnlichen Kohlenwasserstoffen im Unverseifbaren.

Bei der Entsäuerung mit Akalien treten erhebliche Verluste durch Emulgierung ein. Desodoriertes Sheafett kann als Speisefett verwendet werden. Sheafett-Stearin wurde als Kakaobutterersatz vorgeschlagen. Das fast weiße raffinierte Fett ist besonders gut haltbar.

T.P. Hilditch u. S.A. Saletore (1931) bestimmten die Zusammensetzung der Glyceride.

Unter *Oleo-* und *-olein* sind auch die linolsäurehaltigen Glyceride zusammengefaßt.

Die *Zusammensetzung der Fettsäuren* von Sheabutter ist in der Tab. 26 angegeben. In einer Probe von T.G. Green u. T.P. Hilditch (1938) wurde 1,4% Zimtsäure gefunden.

Tabelle 36. *Kennzahlen des Unverseifbaren von Sheafett*

Kennzahl	Rohes Sheafett	Mit Äther ausgezogenes Sheafett	Gereinigtes Sheafett
Alkoholunlöslicher Teil	2,19	0,95	2,55%
Phytosteringehalt	0,12	0,12	0,09%
dessen Smp	Beginn des Sinterns 148°		152—153°
Smp des Acetats	Beginn des Sinterns 165°		169°
Alkohollöslicher, sterinfreier Anteil	4,09	4,80	3,87%
$[\alpha]_D$	+38,5°	+39,5°	+38,7°
JZ	—	—	66,6

Schwankungen in den Kennzahlen sind durch den verschiedenen Gehalt an Unverseifbarem bedingt. Über das Unverseifbare von Sheabutter liegen zahlreiche Untersuchungen vor. Während die Fettsäuren ohne Unverseifbares keine Polarisation aufweisen, wurde gefunden, daß der alkohollösliche, sterinfreie Teil des Unverseifbaren eine erhebliche spezifische Drehung zeigt. K. Kobayashi (1922) und S.J. Hopkins u. F.G. Young (1931) fanden größere Mengen eines ungesättigten Kohlenwasserstoffes, Illipen, $C_{32}H_{56}$, Smp 64°, der nach K.H. Bauer u. G. Umbach (1932) ein Kautschukkohlenwasserstoff ist. Der Name Kariten wurde von K.H. Bauer hierfür vorgeschlagen. Die Molekulargewichtsbestimmung nach Rast in Campher ergab für das bei 63° schmelzende Kariten eine Formel $(C_3H_8)_n$ mit Werten von 20—21 für n. J. Heilbron u. Mitarb. (1934) bestätigen diesen Befund.

Die Acetylierung des Unverseifbaren ergab β-Amyrinacetat vom Smp 235—236°, woraus β-*Amyrin*, Smp 193—194° erhalten wurde. In der Mutterlauge fand sich ein Acetat ($C_{33}H_{52}O_2$ oder $C_{31}H_{50}O_2$), das aus Alkohol in Nadeln vom Smp 141°, $[\alpha]_D$ + 22,4° kristallisierte. Die Benzoylierung des Unverseifbaren lieferte geringe Mengen β-Amyrinbenzoat und Lupeolbenzoat, daraus wurde Lupeol $C_{30}H_{50}O$, Smp 210—211°, $[\alpha]_D$ + 26,4° erhalten. Weitere Bestandteile des Unverseifbaren von Sheafett (Basseol) wurden von C. PAQUOT (1952) isoliert.

P. BERG u. J. ANGERHAUSEN (1914) haben für das Unverseifbare einige Kennzahlen ermittelt.

4. Illipébutter, Mowrahbutter, Katiaufett, Fulwatalg

Illipébutter, auch *Illipétalg* genannt, stammt von *Madhuca longifolia* (*Bassia* oder *Illipe longifolia* bzw. *I. malabarica*), einem in Indien heimischen 20 m hohen Baum. Die Kerne, die etwa 75 % des Samens betragen, enthalten 50—60 % eines hellgelben, etwas bitter schmeckenden, kakaoähnlich riechenden Fettes. Durch Raffination erhält man ein gelblichweißes Fett von neutralem Geruch und nußartigem Geschmack.

Mowrahbutter wird aus den Samen von Madhuca latifolia gewonnen, eines Baumes in Südindien und Ceylon. Seine Kerne (etwa 70 % des Samens) enthalten rd. 45 % Fett. Das durch Pressen erhaltene Rohfett riecht säuerlich und schmeckt bitter. Durch Raffination und Desodorierung liefert Mowrahbutter ein gelblichweißes, schmalzähnliches Fett mit angenehmem Geschmack, das keine Bellier-Reaktion mehr zeigt, während das Rohfett eine blauviolette Färbung ergibt.

Mowrahfett und Borneotalg werden im Handel oft irrtümlich mit Illipébutter bezeichnet.

Tabelle 37. *Zusammensetzung der Glyceride von Illipébutter*

Palmitodistearin	2 %
Oleopalmitostearin	28 %
Palmitodiolein	40 %
Stearodiolein	30 %

Katiaufett oder Kachianöl ist das Fett aus den Samen von *Madhuca mottleyana*, eines in Borneo und Malakka wachsenden Baumes. Im Ursprungsland wird es zu Speisezwecken verwendet. Es hat eine rotbraune Farbe und enthält meist 8—12 % freie Fettsäuren.

Fulwatalg entstammt den Früchten von Madhuca butyracea, des indischen Butterbaumes, der im nördlichen Indien bis in Höhen von 5000 m gedeiht. Das Fett hat Schmalzkonsistenz und besitzt einen angenehm aromatischen Geschmack.

In der Tab. 38 sind die wichtigsten Eigenschaften und Kennzahlen der verschiedenen Pflanzentalge zusammengestellt.

Tabelle 38. *Eigenschaften und Kennzahlen verschiedener Pflanzentalge*

	Illipébutter	Mowrahbutter	Katiaufett	Fulwatalg
ρ (40°)	0,901—0,902	0,904—0,909	um 0,901	0,909—0,910
$n_D^{40°}$	1,459—1,462	1,458—1,461	1,461—1,462	1,455—1,458
Smp	25—29°	23—31°	—	38—43°
Erstarrungspunkt	17—22°	18—25°	—	um 27°
EP der Fettsäuren	36—42°	38—53°	36—37°	48—52°
$[\alpha]_D$	—	+1,12°	—	—
VZ	186—200	187—195	189—192	188—200
JZ	50—64	58—63	53—67	40—51
R-M-Z	0,5—4	0,7—4	0,7	0,5—5,3
Po-Z	0,4—1	0,4—0,9	—	—
% Unverseifbares	1,4—2,3	bis 2,1	0,4—0,5	2,0—2,8 (5,3)

Als Beispiel für den Glyceridaufbau von Pflanzentalgen kann die von T. P. HILDITCH u. M. B. ICHAPORIA (1938) ermittelte Zusammensetzung der Glyceride von Illipébutter erwähnt werden.

Die prozentuale Zusammensetzung der Fettsäuren von Illipébutter, Mowrahbutter, Katiaufett und Fulwatalg ist in Tab. 26 angegeben.

Unverseifbares aus Mowrahbutter hat *Jodzahlwerte* von 58—66, von Fulwatalg um 77. Für das *Unverseifbare von gereinigtem Mowrahfett* ermittelten P. BERG u. J. ANGERHAUSEN (1914) folgende Eigenschaften:

Tabelle 39. *Kennzahlen des Unverseifbaren von Mowrahfett*

	Alkoholunlöslicher Anteil I	Alkoholunlöslicher Anteil II	Alkohollöslicher Anteil I sterinfrei	Alkohollöslicher Anteil II
Menge in %	0,35	0,27	1,30	1,73
$[\alpha]_D$	+1,05	+1,12	+33,0	+35,0
Phytosteringehalt in %	0,05	0,04	—	—
Smp des Phytosterins		153° (Acetat Smp 173—175°)		

5. Borneotalg, Malabartalg, Allanblackiafett, Djavebutter

Borneotalg, in Indonesien und Holland als *Tenkawangfett* bezeichnet, wird von verschiedenen Pflanzen der Familie *Dipterocarpaceae* gewonnen (Stammpflanzen sind *Shorea seminis de vr.*, *compressa burck*, *Sh. martiniana scheff.*, *Sh. pinanga scheff.*). Der dem Borneotalg ähnliche *Engkabangtalg* wird von *Sh. gysbertiana* gewonnen. *Teglamfett* ist mit *Borneotalg* nahe verwandt und zeichnet sich durch einen süßen, butterähnlichen Geschmack aus. Es dient den Eingeborenen auf Borneo als Speisefett. Shorea-Arten sind die auf den Sunda-Inseln und den Philippinen sowie Malakka wachsenden Bäume der Stammpflanze *Sh. stenoptera.*

Roher Borneotalg hat eine gelbgrüne Farbe und wird in England daher "green butter" genannt. Er ist der Kakaobutter in allen Eigenschaften sehr ähnlich. Die Jodzahl liegt etwa 5 Einheiten niedriger, und der Schmelzpunkt ist um 2—3° höher. Die Zusammensetzung der Glyceride des Borneotalgs stimmt mit der von Kakaobutter weitgehend überein; monooleodigesättigte Glyceride überwiegen darin.

Tabelle 40. *Zusammensetzung der Glyceride von Borneotalg, Malabartalg, Allanblackiafett und Djavebutter* (in Mol %)

	Borneotalg	Malabartalg	Allanblackiafett	Djavebutter
Trigesättigte Glyceride	5	—	1—2	1
Palmitoleostearin	31	17	—	3—7
Oleodipalmitin	8	7	—	—
Oleodistearin	40	46	66—81	27—31
Palmitodiolein	3	13	—	9—14
Stearodiolein	13	17	17—33	41—46
Triungesättigte Glyceride	—	—	—	10—12

Die Fettsäurezusammensetzung ist in Tab. 26 vermerkt. Tab. 41 gibt eine Übersicht über die wichtigsten Eigenschaften und Kennzahlen der in Tab. 40 genannten Fette.

Malabartalg wird aus den Samen eines in Ostindien an der Malabarküste anzutreffenden Baumes, *Vateria indica*, durch Pressen hergestellt. Er findet in Indien Verwendung als Speisefett.

Allanblackiafett ist in den Samen von *Allanblackia oleiferae* (*A. stuhlmannii*, *A. floribunda*, *A. parviflora*) enthalten. Die in den tropischen Afrikaländern wachsenden Pflanzen haben Früchte in Kürbisform mit je 30—50 Samen von Kastaniengröße. Die Fettsäuren von Allanblackiafett bestehen zu 95% aus Öl- und Stearinsäure. Aus den Glyceriden sind die beiden Hauptbestandteile, überwiegend β-Oleodistearin und Stearodiolein, durch Kristallisation aus Lösungsmitteln leicht rein darzustellen, wie bereits von R. HEISE (1899) und R. HENRIQUES u. H. KÜNNE (1899) und später von M. L. MEARA u. A. H. ZAKY (1940) gefunden wurde.

Tabelle 41. *Eigenschaften und Kennzahlen von Borneotalg, Malabartalg, Allanblackiafett und Djavebutter*

	Borneotalg	Malabartalg	Allanblackiafett	Djavebutter
ρ (40°)	0,890—0,896	0,894—0,900	(17,5°) 0,8754	0,898—0,899
$n_D^{40°}$	1,456—1,457	1,456—1,459	—	1,460—1,461
Smp	28—37°	36,5—42°	40—46°	32—45°
EP	22—30°	30—34°	—	28—39°
EP der Fettsäuren	48—54°	52—55°	—	49—51°
VZ	190—200	187—192	188—189	180—190
JZ	29—38	36—43	35—39	56—65
Po-Z	0,4—0,6	—	—	—
% Unverseifbares	0,4—2	0,6—2,5	0,5—2	5,5—7,4

Djavefett oder Djavebutter, auch als Adjabfett bezeichnet, wird aus den Samenkernen von *Mimusops djave* gewonnen, die im Kern etwa 60% Fett enthalten. A. SPRINKMEYER u. A. DIEDRICHS (1912) stellten fest, daß Djavebutter leicht zu raffinieren ist und ein schmalzartiges, gelblichweißes Speisefett liefert. Sie ermittelten folgende Kennzahlen:

Tabelle 42. *Eigenschaften und Kennzahlen von Djavefett*

Angaben	Smp °C	Erstarrungspunkt nach POLENSKE °C	n_D^{40}	VZ	JZ	SZ	% Unv.	Smp der Fettsäuren °C
Rohfett, warm gepreßt	42,5	39,3	1,461	182,9	59,0	72,4	7,4	49,0
Rohfett mit Äther extrahiert	49,8	45,0	1,458	187,7	58,0	130	—	—
Neutralfett	26,3	20,2	1,465	179,8	57,6	0,3	5,55	50,8

Aus den Samen von *Garcinia indica* wurde ein festes Fett mit dem Schmelzbereich 39—43°C erhalten. Die Glyceridzusammensetzung untersuchten T.P. HILDITCH u. H.S. MURTI (1940). Stearin- und Ölsäure überwiegen darin, daneben ist Palmitin- und Linolsäure in kleinen Mengen anwesend. J.G. KANE (1964b) empfahl das umgeesterte Fett als Kakaobutterersatz.

Margosaöl (*Neem oil*) aus den Samenkernen des in Indien und auf Ceylon wachsenden Margosabaums (*Azadirachta indica*) hat einen bitteren Geschmack und erinnert im Geruch an Knoblauch. Es wurde früher in Indien als Heilmittel für Hautkrankheiten und zur Seifenherstellung verwendet.

III. Palmitinsäurereiche Samenöle

Viele Öle dieser Gruppe sind durch einen hohen, meist über 10% liegenden *Palmitinsäuregehalt* gekennzeichnet. Unter ihnen ist das Baumwollsaatöl von besonderer Bedeutung als Speiseöl. Weiter gehören hierher das Kapoköl, das Öl der Pistacie und der Paranuß. Es sind Vertreter der *Malvaceen*, *Bombaceen*, *Anacardiaceen* und *Lecythidaceen*. T.P. HILDITCH rechnet auch das Öl der Jutesamen aus der Familie der Tiliaceen zu dieser Gruppe.

Die halbtrocknenden Getreideöle aus den Samen der Gramineen enthalten an gesättigten Fettsäuren überwiegend Palmitinsäure, so das in Amerika viel verwendete Maisöl. Andere Getreidearten wie Weizen, Roggen, Reis, Gerste und Hafer enthalten nur sehr wenig Öl. Da aber der Verzehr an Brot, Back- und Teigwaren sehr groß ist, hat die Untersuchung des Getreidefettes bei einigen Verfahren erhebliche Bedeutung.

Von den vorgenannten Ölen unterscheiden sich die Getreideöle nach ihrer botanischen Herkunft. Sie sind (außer beim Hafer) in der Hauptsache nicht im Endosperm, sondern im Keim der Samen enthalten und heißen *Getreidekeimöle*. Ein kleiner Teil des Öles befindet sich jedoch auch hier im Endosperm; es enthält mehr gesättigte Anteile als das Öl des Keims.

Tabelle 43. *Zusammensetzung der Fettsäuren palmitinsäurereicher Samenöle* (in %)

Nähere Angaben, Pflanzenart	Myristinsäure	Palmitinsäure	Stearinsäure	Arachinsäure	Lignocerinsäure	Hexadecensäure	Ölsäure	Linolsäure	Linolensäure
Malvaceae:									
Baumwollöl, Gossypium arboreum	3,3	19,9	1,3	0,6	—	—	29,6	45,3	—
G. barbadense	0,3	20,2	2,0	0,6	—	—	35,2	41,7	—
G. herbaceum	2,0	19,6	2,7	0,7	—	—	24,6	50,4	—
G. hirsutum	0,5	21,9	1,9	0,1	—	—	30,7	44,9	—
Indisches Baumwollöl	1,4	23,4	1,1	1,3	—	2,1	22,9	47,8	—
Gombosaatöl, Hibiscus esculentus	0—3,8	23—33	0,5—7,5	Spur	—	—	26—42	26—42	—
Kenafsamenöl, Hibiscus cannabinus	—	14	6	—	—	—	45,3	23,4	—
Bombaceae:									
Kapoksaatöl, Eriodendron anfractuosum	0,5	16,1	2,3	0,8	—	—	50,6*	29,7	—
Baobaböl, Adansonia grandidieri	7,6	32,5	—	—	—	—	36,5	8,7	—
Bombax malabaricum	1,2	23,6	—	2,6	—	—	64,9	7,5	—
Anacardiaceae:									
Pistaciennußöl, Pistacia vera	0,6	8,2	1,6	—	—	—	69,6	20,0	—
Acajousamenöl, Anacardium occidentale	—	4,1—17,3	1,5—11,2	0—0,7	—	—	68,2—80,4	0—21,7	—
Combretaceae:									
Catappaöl, Terminalia catappa	0,7—1	29—39	4—4,1	0—0,8	—	—	37—41	19—23	—
Lecythidaceae:									
Paranußöl, Bertholletia excelsa	1,9	14,3	2,7	—	—	—	58,3	22,8	—
B. nobilis	0,6	15,4	6,2	—	—	—	48,0	29,8	—
Gramineae:									
Maisöl, Zea mays, Keim	0,2	9,9	2,9	0,2	0,2	0,5	30,1	56,2	—
desgl. Stärke	0,7	26,3	2,8	1,5	1,5	0,8	20,7	47,2	—
Sorghumöl, Sorghum vulgare	0,2	8,3	5,8	—	—	0,1	36,2	49,4	—
Weizenöl, Triticum vulgare, Keim	—	12,8	1,0	0,3	0,3	—	30,0	44,1	10,8
Roggenöl, Secale cereale, Saat	—	21,4	21,4	—	—	—	17,7	60,9	—
desgl. Keim	2,5	8,8	0,2	—	—	—	34,8	48,2	5,5
Reisöl, Oryza sativa, Mehl	0,3	13,2	1,9	0,6	0,5	—	44,1	39,4	—
desgl. Kleie	0,1	18,0	2,8	0,5	1,0	—	48,2	29,4	—
Gerstenöl, Hordeum vulgare, Samen	—	9,2	3,2	—	—	—	32,9	54,2	0,5
desgl. Keim	—	10,3	6,4	—	—	—	20,5	61,8	1,0
Haferöl, Avena sativa, Keim	—	10,4	—	—	—	—	58,5	31,1	—
Hirseöl, Panicum miliaceum, Saat	—	15,8	15,8	—	—	—	25,8	50,6	7,8
Rubiaceae:									
Kaffeeöl, Coffea arabica, Bohnen ungeröstet	3,1	28,2	12,7	2,9	—	—	17,3	35,8	—

* einschließlich 15% 9,10-Cyclopropenstearinsäure

Die Öle der Gossypiumarten zeigen eine ziemlich konstante Zusammensetzung. Kapok- und Paranußöl enthalten weniger Palmitin- und Linolsäure, dafür etwas mehr Ölsäure. Bei dem Öl der Pistaciennüsse und Acajousamen tritt diese Verschiebung noch mehr hervor.

Von weiteren Ölen kann man außer den Cerealienölen das *Öl der Kaffeebohne*, der Papaya, des Kürbis, der Erdmandel und andere zu dieser Gruppe rechnen.

In ihrer mittleren Zusammensetzung weichen alle diese Öle, mit Ausnahme des wachshaltigen Kaffeeöls, wenig von einander ab. Die Menge der Fettsäuren schwankt zwischen 94,0—95,2 %, der Glycerinrest C_3H_2- zwischen 4,3 und 4,4 %, woraus 10,4—10,7 % Glycerin zu erhalten sind.

Tab. 43 bietet einen Überblick über die Zusammensetzung der Fettsäuren palmitinsäurereicher Samenöle.

Die Zusammensetzung der Fettsäuren von *Baumwollsaatöl* wurde untersucht von: G.S. JAMIESON u. W.F. BAUGHMAN (1920a, b, 1927), E.F. ARMSTRONG u. J. ALLAN (1924, T.P. HILDITCH u. E.C. JONES (1932), T.P. HILDITCH u. A.J. RHEAD (1932), T.P. HILDITCH u. H. JASPERSON (1938), T.P. HILDITCH u. L. MADDISON (1940b), J.H. MITCHELL u. Mitarb. (1943), G.S. FISHER u. Mitarb. (1947), M.F. STANSBURY u. C.L. HOFFPAUIR (1952); *Gombosaatöl:* G.S. JAMIESON u. W.F. BAUGHMAN (1920c), J.R. CLOPTON u. Mitarb. (1948), S.A. HUSSAIN u. F.G. DOLLEAR (1950), A. CROSSLEY u. T.P. HILDITCH (1951); *Kenafsamenöl:* M. LEWY (1947); *Kapoköl:* A.O. CRUZ u. A.P. WEST (1931), E.P. GRIFFING u. C.L. ALSBERG (1931), K. KAKAFU u. C. HATA (1933), G.S. JAMIESON u. R.S. MCKINNEY (1936b), V.C. MEHLENBACHER (1936), H. NOBORI (1941a), C.V. RAO u. Mitarb. (1943); *Baobaböl:* V. THOMAS u. F. BOIRY (1913), J.S. JAMIESON (1943a); *Pistaciennußöl:* D.R. DHINGRA u. T.P. HILDITCH (1931), H. GRUBER (1938), H. NOBORI (1941a), T. YAZICIOGLU (1950a); *Acajousamenöl:* C.K. PATEL u. Mitarb. (1923), A.P. WEST u. C.C. CRUZ (1923); *Catappaöl:* C. GRIMME (1910), A.O. CRUZ u. A.P. WEST (1932a), C.F. ASENJO u. J.A. GOYCO (1943); *Paranußöl:* H.A. SCHUETTE u. Mitarb. (1930), H.A. SCHUETTE u. W.W.F. ENZ (1931); *Maisöl:* W.F. BAUGHMAN u. C.S. JAMIESON (1921), H.E. LONGENECKER (1939), F.J. BAUR u. J.B. BROWN (1945), F.A. KUMMEROW (1946), A.P. DOERSCHUK u. B.F. DAUBERT (1948), A.R. BALDWIN u. M.S. SNIEGOWSKI (1951); *Sorghumöl:* F.A. KUMMEROW (1946); *Weizenöl:* W.F. BAUGHMAN u. G.S. JAMIESON (1932), G. TALLARICO (1941), S.B. RADLOVE (1945); *Roggenöl:* J.W. CROXFORD (1930), R.W. STOUT u. H.A. SCHUETTE (1932), O. KELLER u. O. RICHTER (1943); *Reisöl:* G.S. JAMIESON (1926), A.O. CRUZ u. Mitarb. (1932c, 1932d), K.S. MURTI u. F.G. DOLLEAR (1948), J.C. LUGAY u. B.O. JULIANO (1964); *Gerstenöl:* K. TÄUFEL u. M. RUSCH (1929); *Haferöl:* E. PAUL (1921), K. AMBERGER u. E. WHEELER-HILL (1928), L.A. MUNRO u. D.S. BINNINGTON (1928), E. TAKAHASHI u. Mitarb. (1935); *Hirseöl:* W.E. SMITH u. E.K. WALLER (1933), A. STEGER u. J. VAN LOON (1934b); *Kaffeeöl:* H.A. SCHUETTE u. Mitarb. (1934), R.O. BENGIS (1936), K.H. BAUER u. R. NEU (1938, 1943), H.P. KAUFMANN u. R.S. HAMSAGAR (1962).

1. Baumwollsaatöl (Cottonöl)

Die Baumwollpflanze gehört wie der Lein zu den ältesten Kulturpflanzen. Vor 2600 Jahren besaß Indien eine Baumwoll-Manufaktur. Um 335 v. Chr. soll das Heer Alexanders d. Gr. aus einfachen Baumwollsaatmühlen Öl als Proviant erhalten haben. Nach der Entdeckung Amerikas fand man, daß den Azteken und Inkas die Baumwolle bekannt war. Die systematische Gewinnung von *Cottonöl* aus Baumwollsamen begann erst vor etwa 100 Jahren. Die technischen Hilfsmittel und Verfahren zur Produktion von pflanzlichen Speisefetten wurden aus den im 19. und 20. Jahrhundert laufend verbesserten Apparaten zur Cottonölfabrikation entwickelt.

a) Vorkommen

Baumwollsaatöl wird aus den Samen verschiedener Arten der Baumwollstaude durch Pressen und Extrahieren gewonnen. Die wichtigsten Anbauländer außer den USA sind Indien, die UdSSR, Brasilien, China und Ägypten (C. E. LUND 1948). Folgende Baumwollarten werden in diesen Ländern angebaut:

In den USA werden bevorzugt *G. barbadense* und *G. hirsutum*, während *G. herbaceum* in den asiatischen Ländern heimisch ist. *G. hirsutum* wird in den Südstaaten der USA (Louisiana, Mississippi, Alabama), in Brasilien und Indien angebaut. *G. barbadense* liefert die beste Baumwolle, sie wird im Niltal und den Staaten Arizona und Kalifornien der USA kultiviert. Kleinasien, China, Japan und südostasiatische Länder produzieren die starke asiatische Baumwolle aus *G. herbaceum, G. indicum, G. neglectum* und *G. arboreum.*

In allen Anbaugebieten fallen große Mengen Baumwollsamen für die Cottonölgewinnung an. Die Welterzeugung an Cottonsaat belief sich 1956/57 auf 17,5 Mio t. Die USA, Indien und Pakistan sind die wichtigsten Länder für die Baumwollkultur und ihre Erzeugnisse, dann folgen China, die UdSSR und südamerikanische

Tabelle 44. *Einige Gossypiumarten*

Gossypiumart	Handelsbezeichnung	Anbauländer
G. arboreum	—	Abessinien, Nilländer, Indien
G. barbadense . . .	Sea Island Baumwolle	Nilländer, USA
G. herbaceum . . .	indische Baumwolle	Ostindien, Türkei, Ägypten, USA
G. hirsutum	Upland Baumwolle	Westindische Inseln, USA, China, UdSSR
G. peruvianum . . .	Nierenbaumwolle	Südamerika

Staaten. Deutsche Ölmühlen importierten früher Baumwollsaat aus Moçambique, dem Sudan, Pakistan und der Türkei. Baumwollsamen werden heute kaum noch in europäischen Ölmühlenbetrieben verarbeitet, sondern bereits in den Ursprungsländern zur Cottonöl- und -Schrotgewinnung verwertet. Baumwollsamenöl nimmt in der Gesamtproduktion von Pflanzenfetten den dritten Platz hinter Sojaöl und Erdnußöl ein.

Die Weltproduktion an Baumwollsaatöl war (in 1000 t):

Tabelle 45. *Weltproduktion Baumwollsaatöl* (in 1000 t)

Jahr . . .	1952	1953	1954	1955	1956	1957	1958	1959	1960	1961
Menge . . .	1671	1736	1871	1854	1994	1875	1825	2210	2275	2295

Auf die USA entfallen 35—45 % der Weltproduktion an Cottonöl.

b) Gewinnung und Eigenschaften

Ägyptische Baumwollsaat enthält 22—24 % Öl, die amerikanischen Arten durchschnittlich 19,5 %. Über die Bildung der Fette in reifendem Baumwollsamen vgl. S. 183. Zur Ölgewinnung wird der Samen geschält oder ungeschält gepreßt. Mehr und mehr setzt sich die Extraktion mit Lösungsmitteln (technischem Hexan) gegenüber den Preßverfahren durch. Vorher findet eine Entfaserung auf „Lintern“ (Anordnung von kreisförmigen Sägeblättern auf einer rotierenden Welle) und eine Entschälung mit rotierenden Stahlmessern, den „Hullermaschinen“ statt.

Das durch Pressen oder Extrahieren erhaltene Rohöl ist rötlichbraun und hat einen charakteristischen, nicht unangenehmen Geruch. Rohes Cottonöl enthält Protein und Phosphatide; unter den weiteren Begleitstoffen ist das Gossypol zu nennen. Durch Behandlung mit Wasser flocken diese Begleitstoffe aus, wonach eine merkliche Farbaufhellung eintritt. Die durch einen harzartigen Stoff bedingte rotbraune Farbe stammt nach M. K. Thorton (1934) aus Samenbestandteilen, nicht aus der Schale. Beim Stehen an der Luft und durch Erwärmen vertieft sich die Färbung.

Nach der Raffination mit Alkali und Behandeln mit Bleicherden erhält man ein hellgelbes bis bernsteinfarbenes Öl. Bei Temperaturen zwischen 0 und +8° scheidet sich aus Cottonöl „Stearin“ ab. Man entfernt die festen Glyceride durch Kühlen und Filtrieren (Winterisieren), um ein mehr kältebeständiges Speiseöl zu gewinnen. In Abhängigkeit vom Stearingehalt schwankt die Zusammensetzung von Baumwollsaatöl, sie wechselt auch etwas je nach dem Ursprungsland der Öle (H.J. MORRISON u. L.W. BOSART 1926).

T.P. HILDITCH u. L. MADDISON (1940b) fanden, daß die Glyceride von Cottonöl nach dem Prinzip der gleichmäßigen Verteilung der Fettsäuren aufgebaut sind. Neuere Untersuchungen führten zu anderen Ergebnissen.

Abb. 4. Baumwollstaude. Zweig von Gossypium hirsutum L. mit Fruchtkapseln; mittlere Frucht durchschnitten, Samen in den Haaren eingebettet, $^{2}/_{5}$ nat. Größe. (Aus: ESDORN 1961)

C.B. BARRET u. Mitarb. (1963) trennten die Glyceride des Cottonöles durch Dünnschichtchromatographie auf mit Silbernitrat imprägnierter Kieselsäure nach H.P. KAUFMANN u. Mitarb. (1962) sowie H.J. DUTTON u. Mitarb. (1961). Da Glyceride mit 6 Doppelbindungen, also Trilinolein, in Mengen bis zu 6,5% nachgewiesen wurden, muß die Verteilung der Fettsäuren als „zufällige" Anordnung im Glyceridverband betrachtet werden. A.G. WERESCHTSCHAGIN u. Mitarb. (1963) bestätigten diesen Befund durch chromatographische Trennung der Glyceride des Baumwollsamenöles und ermittelten 16,9% Trilinolein.

Die Zusammensetzung der Fettsäuren ist in Tab. 43 vermerkt. Etwa 0,1 % Myristoleinsäure und 2,0 % Palmitoleinsäure wurden in indischem Baumwollsaatöl nachgewiesen.

Tabelle 46.
Zusammensetzung der Glyceride von Baumwollsamenöl

Tripalmitin	0,1 %
Oleo-digesättigte Glyceride	5,9 %
Linoleo-digesättigte Glyceride	7,3 %
Oleolinoleo-monogesättigte Glyceride . . .	40,6 %
Dilinoleo-monogesättigte Glyceride	17,8 %
Oleo-dilinolein	28,3 %

Nach neuen Untersuchungen enthalten einige Öle aus den Pflanzenfamilien der *Malvaceae, Tiliaceae* und *Bombacaceae* kleine Mengen Stercul- und Malvaliasäure, worüber J. J. MACFARLAND u. Mitarb. (1957) berichteten. Sie haben folgende Struktur:

$$CH_3\,(CH_2)_7\,C = C\,(CH_2)_7\,COOH \quad \text{Sterculsäure}$$
$$\diagdown\;\diagup$$
$$CH_2$$

$$CH_3\,(CH_2)_7\,C = C\,(CH_2)_6\,COOH \quad \text{Malvaliasäure}$$
$$\diagdown\;\diagup$$
$$CH_2$$

J. A. HARRIS u. Mitarb. (1964) fanden im Mittel 0,64 % Cyclopropensäuren, ber. als Malvalsäure in rohem Baumwollsamenöl; in desodoriertem Öl waren 0,04—0,42 % dieser Bestandteile nachweisbar.

Baumwollstearin: Schmelzpunkt 20—40°, Erstarrungspunkt 16—32°. JZ 88—104, VZ ist dieselbe wie bei Cottonöl: 190—198.

Rohes Baumwollsaatöl enthält bis 2 % Protein, Phosphatide und Pigmente (Gossypol und ähnliche Verbindungen). Baumwollsamen enthalten 0,4—2,1 % *Gossypol*, *Rohöle* 0,02—0,47 %, im *raffinierten Öl* verbleiben nur noch bis 0,01 %. Über den chemischen Aufbau dieses öllöslichen Pigmentes, dem in höheren Konzentrationen toxische Eigenschaften zugeschrieben werden, vgl. S. 820 und Bd. I, S. 351. Die Bestimmungsmethoden für Gossypol sind S. 821 zusammengestellt.

Tabelle 47. *Eigenschaften und Kennzahlen von Baumwollsaatöl*

ρ (40°)	0,905 —0,908
(15°)	0,912 —0,922
(100°)	0,864 —0,870
$n_D^{40°}$	1,464 —1,468
(15°)	1,4737—1,4757
(25°)	1,4708—1,4719
EP	—6 bis +4°
EP der Fettsäuren . .	28—40°
VZ	190—198
JZ	100—112
RhZ	62—70
R-M-Z	0,5—1,0
Po-Z	0,3—0,5
% Unverseifbares . .	0,5—1,5

Die *Sterine* enthalten nach E. S. WALLIS u. P. N. CHAKRAVORTY (1937) als Hauptbestandteil β-Sitosterin, während α- und γ-Sitosterin und Stigmasterin fehlen. Ein gesättigtes Sterin, Stigmastanol, war in kleinen Mengen (1 % der Sterine) anwesend. Ferner wurden von A. WINDAUS u. F. BOCK (1937) 5 % Ergosterin (auf Gesamtsterine ber.) nachgewiesen. Cottonöl ist ein geeignetes Rohmaterial zur Gewinnung von β-Sitosterin. Größere Mengen lassen sich aus dem Destillationsrückstand von Spaltfettsäuren aus der Raffination isolieren (C. F. Böhringer u. Söhne: DBP 1077824).

G. S. FISHER (1945) und M. H. STERN u. Mitarb. (1947) fanden in Cottonöl 0,1 % α- und γ-Tokopherole mit etwas δ-Tokopherol.

c) Verwendung des Baumwollsaatöles

Die Raffination des rohen Cottonöles mit Natronlauge liefert ein gelbliches bis braungelbes Öl, während aus dem Soapstock nach dem Ansäuern mit verdünnter Schwefelsäure eine braunschwarze Raffinationsfettsäure anfällt. Der Neutralölverlust beim Entsäuerungsvorgang ist ziemlich hoch. Zur Qualitätsbeurteilung wird die Neutralölausbeute nach der „Wesson-Methode" bestimmt (D. WESSON 1926; G. S. JAMIESON u. W. F. BAUGHMAN 1943; A. E. BAILEY 1948). Über einfache Methoden zur Bestimmung des Raffinationsgrades vgl. S. 511 u. 516.

Cottonöl läßt sich leicht zu schmalzähnlichen Weichfetten hydrieren, die zur Margarinebereitung sehr geeignet sind. Solche Weichfette werden in den USA in großen Mengen als *Backfette* verwendet. Entstearinisiertes Öl ist ein sehr haltbares Speise- und Salatöl; über die Kennzahlen des „winterisierten" Cottonöles vgl. S. 955 u. 963.

d) Farbreaktionen zum Nachweis von Baumwollsaatöl

Baumwollsamenöl läßt sich durch einige Farbreaktionen nachweisen, von denen die Halphen-Reaktion als die zuverlässigste anzusehen ist. Nach S. IWANOW (1927) ist die Halphen-Reaktion eine *allgemeine Reaktion für Öle der Familien Malvaceae, Tiliaceae und Bombaceae.* Sie tritt *nicht* bei allen Samenölen dieser Pflanzenfamilien auf, fällt aber mit Kapok- und Baobaböl bedeutend stärker aus als bei Cottonöl. Vgl. auch S. 439.

Halphen-Reaktion

Nach der DGF-Einheitsmethode C-II 14 (1953) wird die Prüfung auf Cottonöl wie folgt durchgeführt:

Als Reagens dient eine 1%ige Lösung von Schwefel in Schwefelkohlenstoff, die mit dem gleichen Volumen Amylalkohol versetzt ist. 10 ml des flüssigen Fettes werden in einem Kolben mit dem gleichen Volumen des Reagens vermischt und in heißem Wasser von 70—80° 5 min unter Rückfluß erhitzt. Danach erwärmt man 1—2 Std in einem Öl- oder Glycerinbad auf 110—115°. Eine während dieser Zeit auftretende Rotfärbung zeigt die Gegenwart von Baumwollsamenöl an. Mit größeren Mengen Baumwollsamenöl tritt die Färbung schon zu Beginn des Erhitzens auf. Auch mäßig gehärtetes Cottonöl ist durch die Halphen-Reaktion zu erkennen, bei stärker gehärtetem Cottonöl (über 45° Smp) fällt die Reaktion nur noch schwach positiv aus oder unterbleibt völlig.

Mit der Halphen-Reaktion lassen sich noch 1% Cotton- und Kapoköl in Mischungen von Pflanzenölen nachweisen.

F.S. SHENSTONE u. J.R. VICKERY (1956) isolierten aus dem Öl einer Malvacea eine Fettsäure, die eine starke Halphen-Reaktion gab und den Namen *Malvaliasäure* bzw. *Halphensäure* (vgl. Formel S. 831) erhielt. J.J. MACFARLAND u. Mitarb. (1957) fanden die gleiche Fettsäure in den Samenölen von Malva verticillata und M. parviflora. Aus dem Infrarotspektrum ergab sich, daß sie einen Cyclopropenring enthält.

Im Samenöl aus Gossypium hirsutum fanden L.J. MORRIS u. R.T. HOLMAN (1961) 1,3% Epoxifettsäuren.

Auch die *Sterculsäure* (vgl. Formel S. 51, 831) weist einen Cyclopropenring auf und gibt den *Halphentest* so deutlich, daß sie oder Fettsäuren ähnlicher Struktur als Träger der Farbreaktion von Samenölen der Pflanzenfamilien Malvaceae, Tiliaceae und Bombacaceae angesehen werden können.

Von K. FISHER u. H. PEYAU (1905) wurde der *Einfluß der Apparatur auf den Ausfall der Reaktion* überprüft. Mit dem Entweichen des Schwefelkohlenstoffes verzögert sich der Eintritt der Reaktion, die erst bei 100—105° eintritt. Schwefelkohlenstoff ist daher notwendiger Bestandteil der Reaktion.

A. STEINMANN (1901), H. WAGNER u. J. CLEMENT (1908) empfahlen, die *Reaktion unter Druck* auszuführen: Dazu werden die geschlossenen Gefäße oder ein zugeschmolzenes Rohr mit dem Reagens und dem zu prüfenden Öl 15—30 min im siedenden Wasserbad erwärmt. Die roten Farbtöne haben beim Erhitzen der Proben unter Druck einen Stich ins Bläuliche, nach dem Erhitzen ohne Druck sind sie etwas gelblich gefärbt.

Auch verschiedene Vorschläge zur Abänderung der Reagenzien sind gemacht worden.

P. SOLTSIEN (1901) fand, daß die Reaktion auch ohne Amylalkohol nach längerem Erhitzen eintritt; sie gelingt auch mit Äthylalkohol an Stelle von Amylalkohol, jedoch nicht ohne Schwefelkohlenstoff; Schwefel allein genügt nicht. Von L. ROSENTHALER (1910) wurde eine Reihe organischer Verbindungen auf ihre Reaktionsfähigkeit bei der Halphen-Reaktion geprüft, die ebenfalls positive Wirkung zeigten. Stets war die Anwesenheit von Schwefel und Schwefelkohlenstoff erforderlich.

E. GASTALDI (1912) empfahl folgende Ausführungsform: 5 ml des zu prüfenden Öles werden mit 1 Tropfen Pyridin und 4 ml Schwefelkohlenstoff, der 1% Schwefel gelöst enthält, bis 30 min im Wasserbad erwärmt.

A.J. DEUTSCHMANN jun. u. I.S. KLAUS (1961) haben folgende Nachweismethode für *Sterculsäure* ω, [1 n-Octyl-cyclopropen (1)] -caprylsäure und *Malvaliasäure* vorgeschlagen:

1 ml Öl wird mit 5 ml schwefelgesättigtem CS_2 und 5 ml Pyridin 1 Std auf 48° erwärmt, danach 45 min auf 108° erhitzt und nach dem Abkühlen mit Pyridin auf 10 ml verdünnt. Nach 2 Std erfolgt die Messung der Licht-Absorption bei 505 mμ.

Über die *Empfindlichkeit und Zuverlässigkeit der Halphen-Reaktion* liegen folgende Beobachtungen vor:

Außer dem Einfluß, den die Art der Ausführung der Reaktion auf deren Stärke ausübt, zeigen nach K. FISCHER u. J. PEYAU (1905) sowie H. WAGNER u. J. CLEMENT (1908) die verschiedenen Handelsöle bei der gleichen Art der Prüfung unterschiedlich starke Färbungen. Nach R.D. OILAR (1900) sollen in farblosem Schweineschmalz noch 0,06% Cottonöl nachweisbar sein, nach J. WAUTERS (1899) und P. SOLTSIEN (1899) liegt die Empfindlichkeitsgrenze bei 0,25%, nach P.N. RAIKOW u. TSCHERWENIWANOW (1899) bei 0,5%, während K. FISCHER u. H. PEYAU (1905) und H. WAGNER u. J. CLEMENT (1908) die Nachweisgrenze bei 1% fanden.

Eine *colorimetrische Bestimmung* ist im allgemeinen nicht durchführbar. Die Stärke der Halphen-Reaktion ist abhängig vom Alter der Cottonöle, wie u.a. von H. SPRINKMEYER (1908) beobachtet wurde. Der die Färbung hervorrufende Bestandteil kann durch Behandeln von Baumwollsaatöl mit schwefliger Säure oder rauchender Salzsäure, sowie durch Erhitzen auf höhere Temperatur mehr oder weniger zerstört werden. Unter dem Einfluß von Licht und Sauerstoff läßt nach Th. STATHOPOULOS (1930) die Reaktion allmählich nach und verschwindet, wenn Cottonöl durch Blasen mit Luft bei höherer Temperatur (D. HARRIS 1932) eingedickt wird. Die Einwirkung von Chemikalien und das Erhitzen auf höhere Temperatur verändern das Öl erheblich. Zu Speisezwecken sind solche Produkte nicht mehr verwendbar.

Becchi-Reaktion

Diese vor dem Bekanntwerden der Halphen-Reaktion verwendete Nachweismethode von Baumwollsamenöl wird wie folgt ausgeführt:

10 ml Öl werden mit 1 ml Silbernitratlösung (1 g Silbernitrat in 200 ml 98%igem Alkohol, 40 ml Äther und 0,1 g Salpetersäure) gemischt. Hierauf fügt man 10 ml Rüböllösung (15 ml Rüböl in 100 ml Amylalkohol) hinzu. Nach kräftigem Schütteln erhitzt man eine Hälfte der Mischung 15 min im siedenden Wasserbad, die andere Hälfte bleibt bei Zimmertemperatur stehen.

Bei Gegenwart von Baumwollsaatöl wird die erhitzte Probe *braun*. Rübölmischung und Silbernitratlösung müssen zur Kontrolle als Blindversuch vor jeder Probe überprüft werden. Die Reduktion des Silbernitrates ist auf aldehydartige Bestandteile des Cottonöles zurückzuführen.

E. MILLIAU (1888) empfiehlt für die Silbernitratprobe die Verwendung der Fettsäuren statt der Öle. 5 ml Fettsäuren werden in 15 ml 90%igem Alkohol gelöst und mit 2 ml 3%iger wäßriger Silbernitratlösung 1—3 min zum Kochen erhitzt. Bei Gegenwart von Cottonöl tritt Dunkelfärbung ein, und die durch metallisches Silber verfärbten Fettsäuren sammeln sich an der Oberfläche der Flüssigkeit an. Die Empfindlichkeitsgrenze dieser abgeänderten Becchi-Reaktion liegt bei 5% Baumwollsamenöl. Weitere Varianten der Reaktion nach BECCHI wurden von TORTELLI und RUGGERI vorgeschlagen; sie sind in den Handbüchern von UBBELOHDE (1908), LEWKOWITSCH (1905) und BENEDIKT-ULZER (1908) angegeben.

Hauchecorne-Reaktion

Die auch mit erhitzten Ölen noch positiv ausfallende Probe ist als Vorprüfung verwertbar. Sie hat folgende Ausführungsform:

Einige ml Öl werden mit dem gleichen Volumen Salpetersäure (D = 1,4) 1 min geschüttelt und bis 24 Std stehen gelassen. Eine rote bis kaffeebraune Färbung zeigt Baumwollsaatöl an.

2. Kapoköl, Okra- und Kenafsamenöl

Kapoköl ist dem Baumwollsamenöl sehr ähnlich. Es stammt aus den Samen eines bis 20 m hohen Baumes aus der Familie der Bombaceae, der in Indonesien, Indien, den Philippinen und Südamerika wächst. In den Fruchtkapseln befinden sich die Samen in weiche, feine Härchen eingebettet, aus denen der Kapok des Handels bereitet wird. Nach H. SPRINKMEYER u. A. DIEDRICHS (1913) unterscheidet man zwei Arten von Kapok, die vom *Gemeinen Wollbaum* (*Eriodendron anfractuosum D. C.;* Ceiba pentandra) und vom *Malabarischen Wollbaum* (*Bombax malabaricum D. C.*) gewonnen werden.

Die Gewinnung des Kapoköles verläuft einfacher als die von Baumwollsamenöl, weil die den Samen umgebenden Fasern durch Walzen, Siebe und Exhaustoren leicht zu entfernen sind. Die Isolierung der Samen aus der Fasermasse der Früchte ist jedoch schwierig und nur durch Handarbeit möglich. Sie enthalten etwa 25% Öl.

Das durch Pressen und Extrahieren erhaltene rötlichbraune Kapoköl kann wie Cottonöl raffiniert und als Speiseöl, oder nach der Hydrierung als Speisefett verwendet werden.

Die Zusammensetzung der Fettsäuren von Kapoköl sowie Okra- und Kenafsamenöl ist in Tab. 43 angegeben. Nach G. DIJKSTRA u. H. DUIN (1955) sind im Kapoköl etwa 15% einer Cyclopropensäure,

$$CH_3{-}(CH_2)_7{-}\underset{CH_2}{\underbrace{C{=}C}}{-}(CH_2)_7{-}COOH$$

enthalten. Die Tab. 48 enthält eine Zusammenstellung der Eigenschaften und Kennzahlen dieser Öle.

Tabelle 48.
Eigenschaften und Kennzahlen von Kapoköl, Okraöl und Kenafsamenöl

	Kapoköl	Okrasamenöl	Kenafsamenöl
ρ (40°) . . .	0,904—0,917	0,906—0,909	0,901—0,910
$n_D^{40°}$	1,464—1,468	1,462—1,467	1,465—1,466
VZ	189—197	192—199	189—195
JZ	86—110	90—100	93—105
RhZ	62—76	± 60	—
R-M-Z . . .	unter 0,5	0,3—0,6	0,5
Po-Z	unter 0,5	0,3—0,8	—
% Unverseifbares	0,5—1,8	0,7—1,4	0,4—3,4

Kapoköl enthält wenig oder kein Gossypol.

Farbreaktionen. Die Bellier-Reaktion fällt mit Kapoköl negativ aus. Nach Versuchen von H.P. TREVITHICK u. W.H. DICKHARDT (1931) wird die Halphen-Reaktion von Kapoköl erst mit der zehnfachen Menge Cottonöl erreicht. Bei der Probe von BECCHI in der Ausführung von MILLIAU sind 1% Kapoköl deutlich, 0,1% noch eben erkennbar, während 5% Cottonölfettsäuren nach 30 min noch nicht reagieren.

Von E. MILLIAU (1905) wurde noch eine Farbreaktion zur Unterscheidung des Kapoköles von Baumwollsaatöl bekanntgegeben:

Eine Chloroformlösung des Öles (1:1) wird mit dem gleichen Volumen 2%iger absolutalkoholischer Silbernitratlösung geschüttelt. Kapoköl liefert eine kaffeebraune, Baumwollsaatöl eine gelbe Färbung.

Auch der Besson-Test kann nach V.C. MEHLENBACHER (1936) zum Nachweis von Kapoköl in Cottonöl dienen.

Okraöl wird aus den Samen von *Okra* (Gombo, Gumbo) gewonnen, einer der Baumwollpflanze nahe verwandten Gattung (*Hibiscus esculentis*), die in den Südstaaten der USA, der Türkei und anderen Mittelmeerländern zu finden ist. Die Zusammensetzung der Glyceride von Okrasamenöl ähnelt der von Cottonöl (23% digesättigte-monoungesättigte Glyceride, 40% monogesättigte Oleolinoleine, 10% monogesättigte Dilinoleine und 25% triungesättigte Glyceride, hauptsächlich Oleodilinolein).

Kenafsamenöl stammt aus den Samen einer in Indien heimischen Pflanze (*Hibiscus cannabinus*), die in der UdSSR, Südafrika, dem Kongo und in Mittelamerika kultiviert wird, um eine juteähnliche Faser daraus zu gewinnen. Hierfür muß die blühende Pflanze geerntet werden, so daß der Samenanfall nur klein bleibt.

Das Öl der Kenafsamen ist reicher an Ölsäure als Cottonöl und enthält weniger Linolsäure (M. LEWY 1947).

Die Kerne von *Pachira aquatica aubl.*, einer in Guayana wachsenden Bombaceae, enthalten nach A. DE BRUIN u. Mitarb. (1963) 40—50% eines hellgelben, halbfesten Fettes, das in der Konsistenz und den Kennzahlen an Palmöl erinnert. Folgende Fettsäuren wurden nachgewiesen:

56% Palmitinsäure, 3% Stearinsäure, 1% Arachinsäure, 7,5% Ölsäure, 5% Linolsäure, 1% Linolensäure und 26,5% Cyclopropensäuren nicht näher bekannter Konstitution.

3. Baobabbaumöl, Paranußöl, Pistacienöl, Catappaöl

Baobabsamenöl kommt aus den Samen des Baobabbaums (Adansonia grandidieri) und des Affenbrotbaumes (A. digitata). Es wird von den Eingeborenen in Afrika als Nahrungsfett verwertet.

Auch *Paranußöl* wird nur im Ursprungsland als Speiseöl verwendet. Man erhält es in Brasilien aus den Nüssen von *Bertholletthia excelsa.*

Pistacienöl wird aus den Samen von *Pistacia vera*, eines in den Mittelmeerländern wachsenden Baumes gewonnen, der in trockenen, heißen Gegenden wächst, wo auch Olivenbäume gedeihen. Die Pistacien-(Pistachio-)Nüsse, die kleinen Oliven in Gestalt und Größe gleichen, werden als solche verzehrt und nur in geringem Umfang auf eine goldgelbes Speiseöl verarbeitet.

Catappaöl wird auch als Talisayöl oder indisches Mandelöl bezeichnet. Die Kerne der Stammpflanze, *Terminalia catappa*, enthalten 52 % eines sehr angenehm nach Mandeln schmeckenden Öles.

Die Zusammensetzung der Fettsäuren von Baobabsamen-, Paranuß-, Pistacien- und Catappaöl ist in Tab. 43 angegeben. Über die Eigenschaften und Kennzahlen der Öle bringt die Tab. 49 Einzelheiten.

Tabelle 49. *Eigenschaften und Kennzahlen von Baobabsamenöl, Paranußöl, Pistacienöl und Catappaöl*

Name	Baobaöl Adansonia grandidieri	Baobaböl Adansonia digitata	Paranußöl	Pistacienöl	Catappaöl
ρ (40°)	± 0,902	± 0,901	0,901—0,904	0,902—0,904	0,898—0,904
$n_D^{40°}$ . .	± 1,458	± 1,460	1,460—1,470	1,461—1,464	1,456—1,460
Smp .	24—25°	—	—	± 5°	3,5°
VZ . .	190—196	190—192	193—202	191—195	185—194
JZ . .	55—66	76—78	98—106	84—94	71—77
% Unv.	—	—	bis 1	0,4—1,0	0,5—1,9

4. Kürbiskernöl

Kürbiskernöl ist das aus den Samen verschiedener Kürbisarten (*Cucurbita pepo L., C. maxima, C. digitata, C. foetidissima, C. palmata*) gewonnene Öl. Die Samen werden nach dem Rösten entschält, aber nicht enthülst. Das grünlich gefärbte, kaltgepreßte Öl ist als Speiseöl verwendbar, heißgepreßtes Öl aus gerösteter Saat ist bräunlich und muß raffiniert und desodoriert werden. Das kaltgepreßte Kürbiskernöl hat einen angenehm nußartigen Geschmack.

In der Steiermark, Ungarn und Südrußland wird Öl aus Kürbissamen in größeren Mengen gewonnen, in den USA ist der Anbau von Kürbisarten in trockenen Gebieten in der Entwicklung begriffen. Ähnliche Öle wie Kürbiskernöl werden vom Schwammkürbis (*Luffa aegyptica*) in Ostindien, von Melonen (*Cucumis melo*) in vielen tropischen Ländern und von Gurken (*C. sativa*) gewonnen.

Die *Zusammensetzung der Fettsäuren* wechselt etwas, wildwachsende Arten enthalten nach W.C. AULT u. Mitarb. (1947), D.S. BOLLEY u. Mitarb. (1950) bis 10 % triungesättigte conjugierte Fettsäuren. Nach L.J. RIEBSOMER u. G.A. NESTY (1934), H.P. KAUFMANN u. H. FIEDLER (1939), A. LENDLE (1938) und O. HERBERT (1942) enthält das Öl aus Curcubita pepo und C. maxima 7—13 % Palmitinsäure, 6—7 % Stearinsäure, Spuren Arachinsäure, 24—41 % Ölsäure und 46—57 % Linolsäure.

Tabelle 50. *Eigenschaften und Kennzahlen von Kürbiskernöl (Cucurbita maxima; C. pepo)*

ρ (40°)	0,903—0,909
$n_D^{40°}$	1,466—1,469
EP	etwa—15°
VZ	185—198
JZ	117—130
% Unverseifbares	0,6—1,5

H. WOIDICH u. Mitarb. (1962) bestimmten papier- und gaschromatographisch die Zusammensetzung der Fettsäuren des Kürbiskernöles und anderer Pflanzenöle (Rüböl, Soja- und Erdnußöl), um einen Verschnitt mit diesen Fremdölen festzustellen.

Zum Nachweis von Verfälschungen des Kürbiskernöles empfehlen G. GORBACH u. CH. WEBER (1963) die Test Tube-Chromatographie. Kleine Mengen Rüböl (1 %) und Vermischungen mit Soja-, Sonnenblumen- oder Leinöl lassen sich durch Extraktion der Fettsäuren aus mehreren Test Tube-Chromatogrammen und punktförmige Konzentration am Startpunkt sicher nachweisen. Vgl. auch S. 759.

5. Maisöl

Maisöl ist das aus den bei der Stärkefabrikation entfernten Samenkeimen des Maises (*Zea mays L.*) gewonnene und gereinigte Öl.

Die stärkereiche Pflanze ist weit verbreitet, sie wird in der UdSSR, Rumänien, Indien, Südafrika, Argentinien, Kanada und den USA angebaut. Die sechs Staaten der mittleren Landesteile der USA — Minnesota, Iowa, Missouri, Illinois, Indiana und Ohio — bilden den „Maisgürtel" (cornbelt), aus dem die Hauptmenge Maisöl kommt. Der „Maisgürtel" bietet die besten Wachstumsbedingungen für die Mais- und die Sojapflanze. Die Weltproduktion erhöhte sich von 1951—1960 von 105000 auf 160000 t.

a) Gewinnung und Verwendung

Die *Maiskeime*, die im reinen Zustande 33—36% Öl, technisch gewonnen aber nur 15—20 % Fett enthalten, werden in Großbetrieben mit Fettlösungsmitteln extrahiert (B. STARR 1949). Wo die Ölgewinnung durch Pressen noch gebräuchlich ist, werden die Keime auf Glattwalzen zerkleinert. Durch 20—25 % Wasserzusatz zum Maiskorn wird die Trennung des Keimes vom Endosperm erleichtert. Die Maiskeime lassen sich durch Passieren von Sieben und Aspiratoren aussondern und reinigen. Die getrockneten Keime werden dann in Schraubenpressen entölt. Manche Ölmühlen schließen an die Pressung noch eine Extraktion mit technischem Hexan an und erhalten so eine höhere Ölausbeute.

Maisöl enthält selten mehr als 3% freie Fettsäuren. Durch Raffination entsteht ein hellgelbes, geschmackloses Speiseöl; vgl. auch S. 225 u. 955. Wegen seiner Kältebeständigkeit ist es als Salat- und Mayonnaisenöl verwertbar, eignet sich aber auch auf Grund seines hohen Linolsäuregehaltes zur Margarinefabrikation. Als gehärtetes Fett mit Schmelzpunkt 30—35° wird Maisöl in Margarinefetten mitverwertet.

b) Zusammensetzung und Eigenschaften von Maisöl

Nach A.B. DOERSCHUK u. B.F. DAUBERT (1948) bestehen die Glyceride, die durch fraktionierte Kristallisation in Acetonlösung getrennt wurden, aus 2,2% digesättigten-monoungesättigten, 40,3% monogesättigten-diungesättigten und 57,5% triungesättigten Anteilen. Damit entspricht Maisöl teilweise dem Schema der „gleichmäßigen" Verteilung seiner Fettsäuren im Glyceridverband, jedoch bleibt eine Abweichung von diesem Prinzip erkennbar.

C. R. SCHOLFIELD u. Mitarb. (1961) fanden, daß sich die Maisölglyceride im wesentlichen aus ungleichmäßig verteilten Fettsäuren aufbauen. Über die Zusammensetzung der Fettsäuren vgl. Tab. 43 und S. 672 und vgl. tabellarische Übersicht Maiskeimöl.

Etwa die Hälfte des Unverseifbaren besteht aus *Sterinen* (α-, β-, γ-Sitosterin und Dihydrositosterin), γ-Tokopherol ist zu rund 0,1% in Maisöl enthalten und wirkt als Antioxydans, so daß Maisöl trotz seines hohen Linolsäuregehaltes lange haltbar bleibt. Durch Spuren eines um 80° schmelzenden Wachses ist Maisöl mitunter leicht getrübt. Die Wachsester enthalten nach G. S. JAMIESON (1943b) Ceryl- und Myricylalkohol, verestert mit gesättigten Fettsäuren (Isobehensäure und Lignocerinsäure).

Tabelle 51.
Eigenschaften und Kennzahlen von Maisöl

ρ (40°)	0,905—0,911
$n_D^{40°}$	1,465—1,466
Smp	—18 bis —10°
EP der Fettsäuren	14—20°
VZ	187—196
JZ	109—133
RhZ	71—77
% Unverseifbares	1,3—2,0

Dem Mais nahe verwandt ist die Abart *Sorghum* (*Sorghum vulgare*), die in den Mittelstaaten der USA angebaut wird. Die Körner sind außen mit einer dünnen Wachsschicht überzogen. Sie kann durch kurze Behandlung mit warmem Lösungsmittel entfernt werden. Das Keimöl aus *Sorghum vulgare* hat fast dieselben Eigenschaften und Kennzahlen wie Maisöl. In Texas (USA) ist eine Großanlage zur Gewinnung von Öl aus Sorghum-Korn in Betrieb, wie J. V. HIGHTOWER (1949) mitteilte.

6. Getreideöle

Aus den Getreidearten wird, mit Ausnahme von Reis, kein Speiseöl in größeren Mengen gewonnen. Trotzdem sind diese Öle als Bestandteile unserer wichtigsten Lebensmittel, besonders der Backwaren, von Bedeutung, weil sie deren Beschaffenheit und die Zusammensetzung von Fettzutaten beeinflussen und verändern können.

Weizenöl und einige andere Getreideöle enthalten kleine Mengen Linolensäure in ihren Glyceriden, wie aus Tab. 43 zu entnehmen ist. Die wichtigsten Eigenschaften und Kennzahlen sind in Tab. 52 zusammengestellt.

Tabelle 52. *Eigenschaften und Kennzahlen einiger Getreideöle*

Stammpflanze Öl	Triticum aestivum Weizenöl	Oryza sativa Reisöl	Secale cereale Roggenöl	Avena sativa Haferöl	Panicum miliaceum Hirseöl	Hordeum vulgare Gerstenöl
ρ (40°)	0,915—0,917	0,902—0,910	0,910—0,925	±0,909	±0,910	—
$n_D^{40°}$	1,468—1,478	1,466—1,469	1,466—1,472	1,464—1,468	±1,470	—
Smp	±0	—5 bis —10°	—	—	—	—
VZ	180—189	183—194	173—196	185—199	192	181—185
JZ	115—126	92—109	82—140	100—114	129	105—115
% Unv.	3,5—6	3—5	7,6—11,2	1,3—2,6	3,3	5—6

Weizenöl ist überwiegend im Keimling, ein kleiner Teil aber auch in den Aleuronzellen enthalten. Das ganze Korn enthält 1—1,8, Weizenkleie 5—6, der Keim 7,5—12, das Endosperm 0,8—1,6% Öl.

Die Kennzahlen des Weizen-Mehlöles sind von den in der Tabelle 52 angegebenen Werten des Keimöles etwas verschieden: $n_D^{40°}$ 1,479, VZ 166—183, JZ 96—113, % Unverseifbares 2,5.

B. SULLIVAN u. M. HOWE (1938) erhielten aus Weizenmehl mit Alkoholäther 1,81, mit Petroläther 1,38% Fett mit folgenden Kennzahlen: ρ (26°) 0,9542, $n_D^{20°}$ = 1,4824, SZ 21,6, VZ 177,8, Acetylzahl 47,7 R-M-Z 7,9, Po-Z 1,1, Hehnerzahl 87,0, % Unverseifbares 5,48, davon die Hälfte mit Digitonin fällbar. Gesättigte Fettsäuren nach TWITCHELL: 15,60%, davon 85% Palmitinsäure, Gesamtfettsäuren: JZ 125,0, RhZ 84,4.

Nach B. SULLIVAN u. C.H. BAILEY (1936) enthält Weizenkeimöl neben Palmitin- und Stearinsäure auch kleine Mengen Lignocerinsäure. Über die Zusammensetzung und Kennzahlen von Weizenkeimöl berichteten: G.S. JAMIESON u. W.F. BAUGHMAN (1932), E. CASERIO (1937), H. THALER u. W. GROSEFF (1943), E. ISELIN (1945), F.D. GUNSTONE u. T.P. HILDITCH (1946), E.J.G. DE FORTUNATO (1948).

G. BALBONI (1936) stellte aus Weizenkeimen durch Ausziehen mit Alkohol im Dunkeln während 15—30 Tagen, Aufnehmen des Auszugs mit Äther und Ausfällen der Phosphatide durch Aceton 8,15—8,35%, ferner auch durch Ausziehen des verbliebenen Keimrückstandes mit Äther *Weizenkeimöle* dar mit folgenden Kennzahlen:

Tabelle 53. *Eigenschaften und Kennzahlen von Weizenkeimöl*

Kennzahl	Öl aus dem alkoholischen Auszug	Öl aus den Rückständen mit Äther
Aussehen	halbfestes, gelbbraunes Öl Smp 32°	gelbbraunes Öl, etwas klarer
VZ	190—191	186—187
JZ	101—105	114—115
% Unverseifbares	2,8—5,4	4,8—5,2
% feste Fettsäuren	40	30
deren Zusammensetzung	fast ausschließlich Stearinsäure	Stearinsäure, etwas Palmitinsäure

Die mit Aceton ausgefällten Phosphatide bestanden zu 64,6% aus Kephalin und zu 12,7% aus Lecithin.

F. MUNTONI u. Mitarb. (1964) stellten die Fettsäurezusammensetzung von Fett aus hartem und weichem Weizenmehl fest und fanden im Fettextrakt aus hartem Weizenmehl: 19—23% Palmitin-, 1,0—1,7% Stearin-, 16—20% Öl-, 54—58% Linol- und 2,8—4,7 Linolensäure. Das Fett aus weichem Mehl enthielt: 18—20% Palmitin-, 0,5—1,0% Stearin-, 12—15% Öl-, 61—65% Linol- und 3—5% Linolensäure.

Das *Unverseifbare* des Weizenkeimöles besteht zu fast zwei Drittel aus Sterinen. B. SULLIVAN u. C.H. BAILEY (1936) fanden 70% Steringemisch und als Rest wahrscheinlich Polyenkohlenwasserstoffe und Alkohole. J. GROSSFELD erhielt an Gesamtunverseifbarem 5,19%, davon 0,33% Kohlenwasserstoffe.

P. KARRER u. Mitarb. (1938) erhielten aus Weizenkeimöl neben α- und β-Tritisterinen einen aliphatischen ungesättigten Alkohol Triticol (Allophanat: Smp 74°, Formel $C_{22}H_{42}O_3N_2$ oder $C_{21}H_{10}O_3N_2$). Weitere Untersuchungen über die Sterine des Weizenkeimöles wurden durchgeführt von M.T. ELLIS (1918), R.J. ANDERSON u. M.G. MOORE (1923), R.J. ANDERSON u. Mitarb. (1926, 1927), A. ICHIBA (1935) und A.R. TODD u. Mitarb. (1937).

Weizenkeimöl enthält mehr Vitamin E als andere natürliche Fette. Mittel: 270 mg in 100 g Öl, (W. LANGE 1950). Der Tokopherolgehalt bewegt sich zwischen 200—300 mg in 100 g Öl, daneben kommen Vitamine der B-Gruppe darin vor. P. KARRER u. H. SALOMON (1937) berichteten über die Isolierung der Tokopherole aus den unverseifbaren Anteilen des Weizenkeimöles und ihre Beziehung zum Vitamin E. Für Reformmargarine wird Weizenkeimöl zur Vitaminierung verwendet. Über die Tokopherol-Bestimmung in Weizenkeimöl vgl. S. 809.

Beim Aufbewahren an der Luft in dünner Schicht, z.B. im Mehl, unterliegen Weizenkeimöl und andere Getreideöle einer schnellen Oxydation, die in einer Zunahme der flüchtigen Fettsäuren zum Ausdruck kommt. So fanden S.C.L. GERRITZEN u. M. KAUFFMAN (1932) einen Anstieg der R-M-Z von 0,6 auf 16, der Kirschnerzahl von 0,2 auf 12. In Backwaren aus älterem Mehl kann so unter Umständen bei der Fettuntersuchung ein scheinbarer Butterfettgehalt festgestellt werden. In solchen Fällen ist es empfehlenswert, die Zusammensetzung der Fettsäuren durch papier- oder gaschromatographische Analysenverfahren zu bestimmen.

Reisöl. *Reis*, ein Hauptnahrungsmittel der Bevölkerung Asiens, enthält in der Kleie (Schale und Keim) 8—16% Öl. Entschälter Reis hat noch ungefähr 3% Ölgehalt. Reisöl (unraffiniert) wird durch eine sehr aktive Lipase schnell gespalten (P.B.V. REDDI u. Mitarb. 1947 und J.R. LOEB u. Mitarb. 1949). Nur frisch extrahiertes Öl kann durch Raffination zu einem hellgelben Speiseöl von sehr guter Haltbarkeit veredelt werden. Durch die Hydrierung auf Smp 30—35° lassen sich auch Backfette daraus bereiten. Reisöl enthält natürliche Antioxydantien und ist daher widerstandsfähig gegen geschmackliche Änderungen. Im Unverseifbaren wurden erhebliche Mengen *Squalen* von A. KATO (1949) gefunden. Nach J. FITELSON (1943b, 1945) ist der Squalengehalt von Reisöl fast so hoch wie der von Olivenöl (Mittelwert Olivenöl 383 mg/100 g Öl; Reisöl 332 mg/100 g Öl).

A. O. CRUZ u. Mitarb. (1932c, d) sowie R. KIMM (1938) fanden in Reiskeimölfettsäuren 25% gesättigte Fettsäuren, darunter etwa 17% Palmitinsäure. Die 75% ungesättigten Fettsäuren bestanden fast völlig aus Öl- und Linolsäure. Kleine Mengen Arachin-, Behen-, Lignocerin- und Cerotinsäure wurden nachgewiesen.

R. KIMM (1938) stellte fest, daß eine Probe Reiskeimöl 5,28% *Unverseifbares* enthielt, das durch Behandlung mit Aceton und Alkohol in einen weißen, amorphen Körper und einen braunen Sirup getrennt wurde. Im *amorphen Körper* fand sich etwas Ergosterin, Melissylalkohol, Dihydrositosterin, Stigmasterin, γ-Sitosterin (Smp 148°, $[\alpha]_D^{21} = -42{,}3°$) und ein neues Sterin $C_{27}H_{46}O$, *Satisterin* genannt (Smp 156°, $[\alpha]_D^{23} = -14{,}485$, Smp des Acetates 111°). Das α-Sitosterin des Reiskeimöles ist wahrscheinlich noch ein Gemisch. Der *flüssige Anteil* des Unverseifbaren enthielt β-Tritisterin, β-Amyrin, α- und β-Tokopherol und Spuren eines Kohlenwasserstoffes $C_{15}H_{16}$ (Smp des Pikrats 123—124°). Das *Reiskeimwachs* besteht nach R. KIMM hauptsächlich aus Cerotinsäuremelissylester, Smp 82°.

Weitere Untersuchungen über Reisöl wurden durchgeführt von C. ANTONIANI (1932), P. B. V. REDDI u. Mitarb. (1948), R. O. FEUGE u. P. B. V. REDDI (1949), J. R. LOEB u. Mitarb. (1949) und C. E. SWIFT u. Mitarb. (1950).

Roggenöl. Roggenkorn enthält etwa 2% Fett. Aus Untersuchungen von J. W. CROXFORD (1930), W. HUMNICKI (1931), A. W. STOUT u. H. A. SCHUETTE (1932) sowie O. KELLER u. O. RICHTER (1943) ist zu entnehmen, daß die Kennzahlen von Roggenöl erheblich schwanken. Es ist dunkelgrün bis gelbbraun und wird bei 15° halbfest. Der Lecithingehalt bewegt sich zwischen 1,3—4%. Die Menge der festen Fettsäuren beträgt 16,3—27,0%, der Ölsäure 10,4—27,0% und der Linolsäure 50,9—69,2%.

Das *Unverseifbare* im Roggenöl kann 7,6—11,2% des Öles erreichen. Nach S. W. GLOYER u. H. A. SCHUETTE (1939) kommen α-, β- und γ-Sitosterol darin vor.

Haferöl. Hafer enthält nach der Schälung 6—6½% Öl. Ähnlich wie Reisöl kann Haferöl mit niedrigem Fettsäuregehalt nur durch Extraktion frisch geernteter Körner gewonnen werden. Die Zusammensetzung der Fettsäuren ist nicht sehr verschieden von der des Baumwollsamenöles (vgl. auch E. TAKAHASHI u. Mitarb. 1935).

Hirseöl. Hirsekörner verschiedener Hirsearten (*Panicum miliaceum, P. italicum, P. colonnum, P. germanicum*) enthalten etwa 3—3,5% Öl in der Kleie und im Keim.

T. INABA u. K. KITAGAWA (1934) erhielten Körnerhirsenöl aus Keimen und Kleie mit folgenden Eigenschaften:

Tabelle 54. *Kennzahlen von Körnerhirsenöl*

Öl aus	Beschaffenheit	$n_D^{40°}$	VZ	JZ	% Unv.
Keimen .	flüssig, charakteristischer Geruch	1,456	185,9	115,4	2,82
Kleie . .	halbfest	1,453	185,8	110,8	8,04

Gerstenöl. *Gerste* enthält etwa 2% Fett mit 4—6% Unverseifbarem, das bei der Keimung bis auf 26% (K. TÄUFEL u. M. RUSCH 1929), in Malzkeimen nach M. WALLERSTEIN (1896) bis zu 33% des Fettes zunimmt.

Gerstenkleieöl aus japanischer Gerste, das durch Ätherextraktion mit 3,63% Ausbeute erhalten wurde, hatte nach O. OKUBO u. T. TSUCHIYA (1963) folgende Kennzahlen: D_4^{40} 0,8953, $n_D^{40°}$ 1,4599, SZ 92,9, VZ 187,7, JZ 113,1, % Unv. 3,67. Das grünbraune Öl war bei 16°C flüssig.

7. Kaffeebohnenöl

In *rohen Kaffeebohnen* sind etwa 15 % Öl enthalten, das bei der Bereitung des Kaffeegetränkes in den Kaffeesatz geht. Verschiedentlich ist vorgeschlagen worden, das Öl aus dem Kaffeesatz zu gewinnen. Eine größere Anlage zur Extraktion von Kaffeerückstand war 1939 vorübergehend in Berlin in Betrieb. Das erhaltene Kaffeeöl mit einem Wachsgehalt von 2—3 % wurde für die Seifenherstellung verwertet. Nach einem Bericht der Inter-American Development Commission (1947) wurde in Brasilien von 1935—1941 Kaffeeöl aus Gründen der Preispolitik produziert. Die größte Jahresmenge belief sich auf etwa 900 t.

Da die Kaffeebohne etwas Wachs enthält, mischt sich dieses dem Kaffeeöl je nach der Gewinnungsart bei, so daß die Menge des Unverseifbaren bis auf 28 % ansteigen kann. So erhielten K.H. BAUER u. R. NEU (1938) durch Ausziehen von Kaffeebohnen mit Petroläther ein Öl mit 2,75—2,88, mit Äther mit 6,55—9,64 % Unverseifbarem. Daher schwanken die Kennzahlen des Kaffeeöles erheblich in Abhängigkeit vom Wachsgehalt.

Tab. 55 bietet eine Übersicht über die Zusammensetzung der Fettsäuren des Kaffeeöles nach Untersuchungen von H.A. SCHUETTE u. Mitarb. (1934), A. HEIDUSCHKA u. R. KÜHN (1934) und H. WAGNER (1939).

Tabelle 55. *Zusammensetzung der Fettsäuren von Kaffeeöl*

Untersuchung von:	H. A. SCHUETTE u. Mitarb.	A. HEIDUSCHKA, R. KÜHN	H. WAGNER
Caprinsäure	—	0,3	—
Myristinsäure	2,2	—	—
Palmitinsäure	20,2	23,6	größere Menge
Stearinsäure	2,1	—	Spur
Carnaubasäure	—	14,3	—
Ölsäure	12,4	20,2	26,8
Linolsäure	25,7	37,6	23,6
% Unv. im Kaffeeöl	12,63	1,96	—

Die von H. WAGNER untersuchte Probe war petrolätherlösliches Fett aus nach dem Kaffee Hag-Verfahren gewonnenen Wachsabfall.

Durch den *Röstvorgang und Lagern* des gerösteten Kaffees ändern sich die Kennzahlen seines Fettes nur unwesentlich, wie folgende Befunde von BENGIS und ANDERSON (1934) zeigen:

Tabelle 56. *Kennzahlen von Fett aus geröstetem Kaffee*

Kaffeefett aus	$[\alpha]_D$	VZ	JZ	Reichert-Wollny-Zahl	% Unv.
grünen Bohnen	—17,01°	179,3	97,8	0,56	9,0
frisch gerösteten Bohnen	—	172,1	96,1	0,86	10,2
gerösteten Bohnen nach 16 Monaten	—17,82°	171,9	95,7	1,97	9,7

Tabelle 57. *Eigenschaften und Kennzahlen von Kaffeeöl*

ρ (15°)	0,950—0,952	VZ	149—195
$n_D^{40°}$	1,462—1,472	JZ	76—101
Smp	8—9°	R-M-Z	0,3—1,7
EP	3—11°	% Unverseifbares	2—28
EP der Fettsäuren	34—36°		

Im Unverseifbaren des Kaffeeöles wurde von K.H. SLOTTA u. K. NEISSER (1938) *γ-Sitosterin* (Smp 134—135°) nachgewiesen, seine Menge betrug 0,01% des Kaffees. Ein weiterer Bestandteil, den R.O. BENGIS u. R.J. ANDERSON (1932) fanden, ist das kristallisierbare, leichtveränderliche *Kahweol* (Smp 143—143,5°). *Cafestol* ist nach SLOTTA u. NEISSER mit 0,3—0,4 %

des Kaffees ein Hauptbestandteil des Unverseifbaren neben vier weiteren kristallisierbaren Stoffen. Cafestol ist linksdrehend in Chloroform mit $[\alpha]_D$ = —137,9. Seine Konstitution wurde von A. WETTSTEIN u. Mitarb. (1945), R.D. HAWORTH u. R. JOHNSTON (1957) sowie R.A. FINNEGAN u. C. DJERASSI (1960) aufgeklärt.

Kahweol ist wie *Cafestol* ein Diterpenoid und enthält zusätzliche Doppelbindungen. Es liegt in Form von Fettsäureestern vor und wurde von H.P. KAUFMANN u. R.S. HAMSAGAR (1962) auch durch Synthese gewonnen.

8. Erdmandelöl

Das *Erdmandelgras* (*Cyperus esculentus* L.), auch *Cypergras* genannt, ist eine der wenigen Pflanzen, die Fette in unterirdischen Organen speichern. Das Cypergras, das aus Nordafrika stammt und in den Mittelmeerländern und den Südstaaten der USA angebaut wird, trägt an den Ausläufern haselnußgroße Knollen, die getrocknet 20—36 % Öl neben Stärke, Zucker und Protein enthalten. Die Knöllchen werden ,,chufa" genannt und roh oder gebacken verzehrt.

Das Öl ist goldgelb bis braun und hat einen angenehmen, nußähnlichen Geschmack. Es enthält 17—18,5 % gesättigte Fettsäuren, überwiegend Palmitinsäure, 66—76 % Ölsäure, 6—15 % Linolsäure und ist dem Olivenöl sehr ähnlich.

Eigenschaften und Kennzahlen von Erdmandelöl sind in Tab. 58 zusammengestellt. Sie wurden durch Untersuchungen von W.F. BAUGHMAN, G.S. JAMIESON (1923), F. JOSEPHS (1938), G. SESSOUS u. F. ROGALLER (1938), G. BARBERA (1941), N.V. LE FEUVRE (1946) und CL. FRANZKE (1957) ermittelt.

9. Papayaöl

Aus getrockneten Samen der Papayafrucht des Melonenbaumes (*Carica papaya*) mit Petroläther ausgezogenes Öl hat eine bräunliche Farbe und einen kresseähnlichen Geruch und Geschmack. Die in tropischen Ländern Mittelamerikas, in Florida und auf Hawaii wachsende Graspflanze ist sehr schnellwüchsig und ähnelt den Palmen. Sie trägt melonenartige Früchte, deren ölhaltige Samen als Nebenprodukt bei der Papayasaft-Konservenherstellung anfallen und verarbeitet werden könnten. Getrocknete Samen enthalten etwa 25 % Öl (E.W. ECKEY 1954).

Tabelle 58.
Eigenschaften und Kennzahlen von Erdmandelöl und Papayaöl

	Erdmandelöl	Papayaöl
ρ (40°)	± 0,906	(20°) 0,907
$n_D^{40°}$	1,459—1,460	± 1,459
EP	unter 3°	—
VZ	190—193	185—191
JZ	80—96	65—73
RhZ	± 75	—
R-M-Z	—	± 1,0
% Unverseifbares	0,6—0,9	0,8—1,35

Die Fettsäuren der Glyceride von Papayaöl enthalten nach H.W. von LOESECKE u. A.J. NOLTE (1937) und C.F. ASENJO u. J.A. GOYCO (1943) nur kleine Mengen Linolsäure. Sie bestehen aus 11,9 % Palmitinsäure, 5,5 % Stearinsäure, 0,3 % Arachinsäure, 80 % Ölsäure und 2,3 % Linolsäure.

IV. Palmitinsäurearme, öl- und linolsäurereichere Samenöle

In diese Klasse gehört eine große Anzahl von trocknenden, halbtrocknenden und nichttrocknenden Speiseölen aus verschiedenen Pflanzenfamilien, die in wärmeren und auch in kälteren Gegenden gedeihen. In ihrer *allgemeinen mittleren Zusammensetzung* sind die Öle kaum differenziert, wie die Tab. 59 zeigt.

Tabelle 59

Art des Öles	Fettsäuren %	Unverseifbares %	Glycerinausbeute %
Mandelöl	95,2	0,4	10,6
Sesamöl	94,9	0,8	10,5
Sonnenblumenöl	94,7	1,0	10,4
Mohnöl	95,0	0,6	10,6
Hanföl	94,9	0,8	10,5
Leinöl	94,7	1,0	10,4
Perillaöl	95,3	0,3	10,5

Dagegen zeigt die Zusammensetzung der Fettsäuren beträchtliche Unterschiede.

Die folgende Tab. 60 enthält die Fettsäurezusammensetzung dieser Öle, nach Pflanzenfamilien geordnet. Die Öle enthalten als Hauptfettsäuren Öl- und Linolsäure, sowie kleine Mengen gesättigte Fettsäuren, vorwiegend Palmitinsäure. Auch Stearinsäure ist vorhanden neben etwas Myristin-, Arachin- und Lignocerinsäure. In den Samenölen aus den Familien Juglandaceae, Coniferae, Moraceae und Linaceae sind auch erhebliche Anteile Linolensäure am Aufbau der Glyceride beteiligt.

Über die Zusammensetzung der Fettsäuren von *Haselnußöl* berichteten: H.A. Schuette u. C.Y. Chang (1933), S.H. Bertram (1936), R.C. Stillmann u. J.T.R. Andrews (1937), S.C. Fang u. D.E. Bullis (1949); *Olivenkernöl:* O. Klein (1898); *Teesamenöl:* H.N. Griffiths u. Mitarb. (1934), R. Child (1935), H.P. Kaufmann u. J. Baltes (1938), V.P. Goguadze u. Mitarb. (1950), S.R. u. M.M. Chakrabarty (1954); *Mandelöl:* A. Heiduschka u. C. Wiesemann (1930), B.G. Gunde u. T.P. Hilditch (1940); *Aprikosenkernöl:* A. Heiduschka u. C. Wiesemann (1930), G.S. Jamieson u. R.S. McKinney (1933), M. Ninomiya u. M. Maeda (1940), T. Tutiya (1941), D.R. Dhingra u. U.K. Schukla (1947); *Kirschkernöl:* G.S. Jamieson u. L.I. Gertler (1930b), H. Nobori (1941b); *Quittensamenöl:* A. Steger u. J. van Loon (1934a), J. Pritzker u. R. Jungkunz (1938); *Bucheckernöl:* A. Heiduschka u. P. Roser (1922), S.V. Puntambekar u. S. Krishna (1934), E. Delvaux (1936), J. Pritzker u. R. Jungkunz (1943); *Eichelöl:* F. Wittka (1937); *Sesamöl:* T.P. Hilditch u. Mitarb. (1938), T.P. Hilditch u. J.P. Riley (1945), F.G.T. Menezes u. Mitarb. (1950), M.M. Chakrabarty u. T.P. Hilditch (1951), M.K. Singh (1963); *Sonnenblumenöl:* W.F. Geddes (1936), R. Viollier u. E. Iselin (1942a), R.T. Milner u. Mitarb. (1945), C. Barker u. Mitarb. (1950); *Safloröl:* G.S. Jamieson u. S.I. Gertler (1929a), H.P. Kaufmann u. H. Fiedler (1937b), W.G. Bickford u. Mitarb. (1943), R.T. Milner u. Mitarb. (1945), G. Winter (1950), P. Soltoft u. F.G. Dollear (1951), W.T. Berlin (1964); *Nigeröl:* N.L. Vidyarthi u. M.V. Mallya (1940), H.C. Dunn u. T.P. Hilditch (1950); *Mohnöl:* A. Eibner u. B. Wibelitz (1924), S.N. Iyer u. Mitarb. (1925), G.S. Jamieson u. W.G. Rose (1943); *Walnußöl:* J. Lewkowitsch (1921), G.S. Jamieson u. R.S. McKinney (1929, 1936a), S. Ueno u. Y. Nishikawa (1937); *Hickoryöl:* G.O. Peterson u. E.H.S. Bailey (1913), G.S. Jamieson u. S.J. Gertler (1929b), J.L. Riebsomer u. Mitarb. (1940); *Valerianellaöl:* A. Steger u. J. van Loon (1937); *Leinöl:* A.C. Dillmann u. T.H. Hopper (1943), J.H. Mitchell Jr. u. Mitarb. (1943), E.P. Painter u. L.L. Nesbitt (1943), E.P. Painter (1944), F.D. Gunstone u. T.P. Hilditch (1946), Spectroscopy Committee Report (1948), T.P. Hilditch (1949); *Perillaöl:* H.P. Kaufmann (1930); *Chiasaatöl:* W.F. Baughman u. G.S. Jamieson (1929), F. Palma u. Mitarb. (1947); *Hanföl:* P. Schestakow u. P. Kuptschinsky (1922), H.P. Kaufmann u. J. Juschkewitsch (1930), H.N. Griffiths u. T.P. Hilditch (1934), S. Ueno u. T. Tokunaga (1942); *Traubenkernöl:* F. Rabak (1921), E. André u. H. Canal (1928), G.S. Jamieson u. S.J. Gertler (1930a), C. Otin u. M. Dima (1934), G.S. Jamieson u. R.S. McKinney (1935a), H.P. Kaufmann u. H. Fiedler (1937a), H.P. Kaufmann (1938a), H. Fiedler (1942), O.H.B. Gomez (1942), R. Viollier u. E. Iselin (1942b), C. Marx u. W.V. Cruess (1943), T. Yazicioglu (1950b); *Kautschuksamenöl:* G.S. Jamieson u. W.F. Baughman (1930), H. Heller (1932), F.D. Gunstone u. T.P. Hilditch (1946), N. Nobori u. M. Takehara (1946); *Fichtensamenöl:* S.L. Ivanow u. S.B. Resnikowa (1933), K.A. Williams (1950); *Kiefernsamenöl:* O. von Friedrichs (1920), A. Eibner u. F. Reitter (1926); *Piniensamenöl:* H. Matthes u. W. Rossié (1918), W. Peyer (1929), H.P. Kaufmann u. F.Y. Liu (1940), J. Budzynska (1964); *Nußpiniensamenöl:* M. Adams u. A. Holmes (1913), A. Gill (1933), C.W. Botkin u. L.B. Shires (1948).

Tabelle 60. *Zusammensetzung der Fettsäuren palmitinsäurearmer, öl- und linolsäurereicher Samenöle*

Herkunft und Pflanzenart	Myristin-säure	Palmitin-säure	Stearin-säure	Arachin-säure	Behen- u. Lignocerinsäure	Hexadecen-säure	Öl-säure	Linol-säure	Linolen-säure
Betulaceae									
Haselnuß (Corylus avellana)	0,2	3—10	1—1,5	—	—	—	85—88	3—9	—
Oleaceae									
Olivenkerne (Olea europaea sativa)	—	6	4	—	—	—	83	7	—
Theaceae									
Teesamen (Thea sinensis)	—	4,9	1,2	0,8	—	—	86,7	6,9	—
(Thea sasanqua)	⟶	11,4	⟵	⟵	—	Spur	74,3	14,3	—
Rosaceae									
Mandel (Prunus amygdalus)	1,2	3,1—4,5	2—4	—	—	—	77	17—20	—
Aprikosenkerne (Prunus armeniaca)	⟶	2—7,8	⟵	⟵	Spur	Spur	60—79	18—32	—
Kirschkerne (Prunus cerasus)	0,2	4,3	2,9	0,8	—	—	49,4	42,4	—
Quittensamen (Cydonia vulgaris)	⟶	9,1	⟵	—	—	—	45	41,7	4,1
Fagaceae									
Bucheckern (Fagus silvatica)	⟶	10—12	⟵	—	—	—	48—57	33—38	0,5—2
Eicheln (Quercus spec.)	⟶	12—17	⟵	—	—	—	48—55	29—40	—
Pedaliaceae									
Sesamsaat (Sesamum indicum)	0,1	8,2—9,4	3,6—5,7	0,8—1,2	—	—	35—46	40—48	—
Compositae									
Sonnenblumensaat (Helianthus annuus)	—	3,6—6,4	1,3—2,9	0,6—4,0	1,2	—	20—40	51—68	—
Saflorsaat (Carthamus tinctorius)	Spur	4	1,5	0,4	1,2	Spur	14—24	67—79	0—5
Nigersaat (Guizotia oleifera)	1,7—3,3	5,0—8,4	2,0—4,9	0,5—1,0	Spur	—	31—39	52—54	—
Papaveraceae									
Mohnsaat (Papaver somniferum)	—	4,8	2,9	—	—	—	30,1	62,2	—
Argemone mexicana	0,3	11,8	2,0	—	0,1	0,9	22,6	62,3	—
Juglandaceae									
Walnuß (Juglans regia)	0,4	3,5—5,0	1,0—2,5	Spur	—	—	18—36	50—73	3—8,5

Fortsetzung Tabelle 60.

Herkunft und Pflanzenart	Myristinsäure	Palmitinsäure	Stearinsäure	Arachinsäure	Ölsäure	Linolsäure	Linolensäure
Hickorynuß (Hicoria pecan)	Spur	3,5—6,5	2,0—5,5	0,1—0,4	79—88	16	0,9—1,7
Valerianaceae							
Valerianellöl (Valerianella olitoria)	⟶	12,4	⟵	⟵	19,4	56,8	11,4
Linaceae							
Leinsaat (Linum usistatissimum)							
Argentinien	⟶	9	⟵	⟵	16	31	44
Argentinien	0,2	5,4	3,5	0,6	16	24	47
Indien	⟶	8,9	⟵	⟵	19	23	49
USA	⟶	8,5	⟵	⟵	22,8	22,4	46,8
England	—	7	8	1	13	17	54
Labiatae							
Perillasaat (Perilla ocimoides)	⟶	6,5—7,5	⟵	⟵	4—10,5	32—42	44—49
Lallemantiasaat (Lallemantia iberica)	⟶	8—13	⟵	⟵	1—8	22—36	46—57
Chiasaat (Salvia hispanica)	⟶	5—10,5	⟵	⟵	0,5—10	9,5–48,5	39,5—66
Moraceae							
Hanfsaat (Cannabis sativa)	⟶	4,5—10	⟵	⟵	6—20	46—70	14—28
Vitaceae							
Traubenkerne (Vitis vinifera)	—	4—11	2,5—5	Spur	12—33	45—72	0—2
Euphorbiaceae							
Kautschukbaumsamen (Hevea brasiliensis)	—	8,5–10,5	10—12,5	1—1,5	17—20	35,5–38,5	21—23,5
Coniferae							
Fichtensamen (Pinus cembra)	⟶	8,4	⟵	0,3—1,3	32—36	31—34	17—28
Kiefernsamen (Pinus sylvestris)	—	2,9	0,1	—	35,1	54,5	7,4
Piniensamen (Pinus pinea)	—	5,4	0,6	—	48	46	—
Nußpinie (Pinus monophylla)	5,4	2,9	0,4	—	61,7	29,6	—
Rottannensamen (Pinus excelsa)	⟶	8	⟵	⟵	13	57	22

1. Haselnußöl

Der Haselnußstrauch (*Corylus avellana* L.) ist in Europa, China, der Türkei und den USA weit verbreitet. Haselnüsse werden überwiegend bald nach der Ernte zur Herstellung von Süßspeisen und Haselnußschokolade verwertet. Nur ein kleiner Teil der Nüsse dient zur Herstellung des Haselnußöles. Die trockenen Kerne enthalten 60—68 % eines angenehm schmeckenden Öles. Trotz seines hohen Gehaltes an Ölsäure ist es nicht sehr haltbar. Haselnußöl eignet sich als Salatöl, und es läßt sich leicht zu Speisefetten hydrieren.

Tabelle 61. *Eigenschaften und Kennzahlen einiger ölsäurereicher Samenöle*

	Haselnußöl	Bucheckernöl	Eichelöl	Olivenkernöl
ρ (40°)	0,899—0,904	0,906—0,907	±0,900	0,910—0,915
$n_D^{40°}$	1,462—1,463	1,463—1,464	1,454—1,465	1,457—1,463
EP	—18 bis —20°	—17°	—10°	—
EP der Fettsäure	15—20°	23—24°	—	—
VZ	187—196	188—196	188—195	179—196
JZ	84—90	111—120	80—107	69—86
% Unv.	0,3—0,5	0,3—1,4	0,4—2,3	1,7—4,8

Haselnußöl eignet sich nach S. H. Bertram (1936) wegen seines hohen Ölsäuregehalts gut zur Reindarstellung von Ölsäure. Die Trennung nach Twitchell über die Bleiseifen zum Nachweis von Isoölsäuren ist nicht anwendbar, weil ein erheblicher Teil der Ölsäure des Haselnußöles in den Bleiniederschlag geht.

Die Bellier-Reaktion fällt schwach blaßviolett aus, die Salpetersäurereaktion ergibt eine orangebräunliche Färbung. Im Unverseifbaren wurden von S. C. Fang u. D. E. Bullis (1949) Sitosterin und von W. Lange (1950) 0,05 % Tokopherol nachgewiesen. Tab. 60 enthält Angaben über die Zusammensetzung der Fettsäuren des Haselnußöles.

2. Bucheckernöl, Eichelöl

Bucheckernöl ist das aus den Samen der *Rotbuche* (*Fagus silvatica* L.) gewonnene Öl. Die ausgesuchten gesunden Kerne enthalten bis 46 % Öl. Da die Menge der jährlich reifenden Bucheckern stark schwankt, wird nur wenig Öl aus den Kernen hergestellt. Frisch gesammelte Kerne werden kalt oder warm gepreßt. Der Preßkuchen ist wegen seines Gehaltes an Oxalsäure, wie Th. Sabalitschka (1943) erkannte, nicht gefahrlos als Kraftfutter verwertbar. Das hellgelbe Öl hat einen milden Geschmack und ist ziemlich haltbar.

Die Bellier-Reaktion gibt eine violette Färbung und wird nach 1—2 min braun.

Eichelöl kann aus den reifen Kernen der Früchte verschiedener *Eichen* (*Quercus rubra*, *Qu. robur*, *Qu. palustris*) erhalten werden. Der Ölgehalt ist niedrig und nur eine in Spanien heimische Sumpfeiche (Qu. palustris) enthält bis 13 % Öl von rötlichgelber Farbe. Eichelöl läßt sich zu einem Speiseöl raffinieren und kann auch zu Speisefetten hydriert werden (W. D. Hutchins 1937; F. Wittka 1937; R. H. McCormack 1947).

In Tab. 60 ist die Zusammensetzung der Fettsäuren von Bucheckern- und Eichelöl angegeben.

3. Olivenkernöl

Das Öl wird durch Pressen oder Extrahieren gereinigter Olivenkerne hergestellt. Es gleicht dem Olivenöl in seinen Eigenschaften und Kennzahlen (vgl. Tab. 10) weitgehend, wie von J. D. Kandilis u. N. S. Karnis (1933) festgestellt wurde. Nur im Geschmack sind geringfügige Unterschiede erkennbar. Oft werden Kerne und Fruchtfleisch der Oliven gemeinsam auf Öl verarbeitet.

4. Teesamenöle

In den Teeplantagen Chinas und Ceylons werden vom Teestrauch (*Thea sinensis*) nur Blätter und Knospen für Tee geerntet. Durch den kurz gehaltenen Schnitt ergeben sich keine Samen für eine Ölgewinnung.

Teesamenöle werden aus Camellia-Arten gewonnen. Das wichtigste Teesaatöl, das auch in den handelsüblichen Teesamenölen vorherrscht, ist das *Sasanquaöl* aus den Samen von *Camellia sasanqua*. Diese Teepflanze wird in China, Japan und Nordostindien zur Ölerzeugung kultiviert. In China werden jährlich 25000 bis 28000 t Teesaatöl erzeugt. Die Kerne der Samen von Camellia sasanqua enthalten fast 60% Öl, das durch Trocknen, Mahlen, Dämpfen und Pressen gewonnen wird. Die Preßkuchen sind wegen ihres Saponingehaltes nicht als Viehfutter geeignet. Während das rohe Öl technisch verwendet wird, dient es raffiniert als Speiseöl.

Auch das in Japan aus *Camellia japonica* (*Thea japonica*, bei uns als Zierpflanze Kamelie bekannt) hergestellte japanische Teesamenöl, auch *Tsubaki-Öl* genannt, wird dort als Speiseöl verwertet. Der Same des Tsubakibaumes ist nach TSUJIMOTO (1908) halbkugelig und hat eine glänzende braune Schale. Der hellgelbe Kern enthält lufttrocken etwa 65% Öl, wogegen der Samen etwa 38% Öl beinhaltet (H. P. KAUFMANN u. J. BALTES 1938). Es erstarrt wie die anderen Teesamenöle erst unter 0° C und eignet sich daher als feines Schmieröl und für kosmetische Zubereitungen.

Die Eigenschaften und Kennzahlen der Teesamenöle sind in Tab. 62 zusammengestellt. Über die Fettsäuren-Zusammensetzung vgl. Tab. 60.

Tabelle 62. *Eigenschaften und Kennzahlen einiger Sorten Teesamenöl*

	Teesaatöl des Handels	Tsubakiöl	Sasanquaöl
ρ (40°)	0,899—0,904	0,899—0,903	0,899—0,903
$n_D^{40°}$	1,466—1,470	±1,462	±1,462
EP	—5 bis —15°	—15 bis —21°	—5 bis —10°
EP der Fettsäuren	13—18°	—	15—23°
VZ	188—195	189—187	193—196
JZ	86—91	78—81	83—89
RhZ	—	76—77	—
% Unv.	bis 1,5	±0,2	—

Das *Sasanquaöl* gleicht dem Tsubakiöl in manchen Eigenschaften, enthält aber mehr feste und ungesättigtere Fettsäuren.

Tsubakiöl ist nach H.P. KAUFMANN u. J. BALTES (1938) das ölsäurereichste Pflanzenöl. T.P. HILDITCH u. H.M. THOMPSON (1937) haben etwa 1% Hexadecensäure darin nachgewiesen.

Teesamenöl ähnelt in seiner Zusammensetzung dem Olivenöl. Seine Glyceride enthalten nach T.P. HILDITCH u. E.C. JONES (1934) sowie mit H.M. THOMPSON (1937) und mit H. JASPERSON (1938) etwa 50% Triolein, 20% Linoleodioleine und Palmitodioleine, neben kleineren Mengen monogesättigten Dioleinen und Dipalmitoolein.

Da Teesamenöl häufig zur Verfälschung von Olivenöl verwendet werden soll, wurde ein Farbtest zu seinem Nachweis entwickelt (Official Methods of Analysis 1950; J. FITELSON 1936, 1937; Olive Oil Committee 1939).

Der Fitelson-Test ist eine Abwandlung der Reaktion von LIEBERMANN-BURCHARD (vgl. S. 443). Seine Ausführung ist S. 439 und in den DGF-Einheitsmethoden (C-II 15, 53) beschrieben. Mit Hilfe dieser Probe sind 10% und mehr Teesamenöl in Olivenöl erkennbar.

Neue Erfahrungen mit dem Fitelson-Test wurden von P.G. GAROGLIO u. C. STELLA (1961) mitgeteilt; vgl. auch S. 440. S. ANSELMI (1959) hat eine genaue Arbeitsmethodik für den Nachweis vorgeschlagen.

5. Mandelöl, Aprikosenöl, Pfirsichkernöl

a) Gewinnung, Eigenschaften und Verwendung

Der Mandelbaum (*Prunus communis, P. amygdalus stokes*) wächst in südeuropäischen Ländern, Marokko und Iran sowie in Kalifornien. Mandelöl wird aus süßen oder bitteren Mandeln, die nach H. FINCKE (1926) im Mittel 64 % Öl im trocknen, schalenfreien Kern enthalten, durch Auspressen gewonnen. Süße Mandeln werden fast ausschließlich zur Bereitung von Nahrungsmitteln verwertet, als Mandelbutter, Mandelpaste, für Süßwaren oder Makronen.

Das Öl aus Bittermandeln wird durch Pressen unter 30° C hergestellt, damit das für die Aufarbeitung der Preßrückstände wichtige Emulsin erhalten bleibt. Das fette Öl beider Mandelsorten ist von gleicher Beschaffenheit. Mandelöl wird für pharmazeutische Zubereitungen und zahlreiche Cosmetica zur Hautpflege verwendet. Bei der Lebensmitteluntersuchung bildet es als Bestandteil einiger Mandelzubereitungen, wie Marzipan oder Makronen, die Grundlage der Reinheitsprüfung. Mandelöl ist ein hellgelbes bis tiefgelbes Öl von eigenartigem, angenehmem Geruch und Geschmack. Es wird als Rohöl nur durch Filtration geklärt, jedoch nicht raffiniert.

Die Glyceride des Mandelöls setzen sich zusammen aus 11—13 % (Mol.-%) monoungesättigten, 42—47 % diungesättigten und 42—45 % triungesättigten Verbindungen. In Tab. 60 ist die mittlere Fettsäurezusammensetzung angegeben.

Aprikosenkernöl ist dem Mandelöl sehr ähnlich und wird daher als Ersatz- oder Verfälschungsmittel in den Verkehr gebracht. Aus den Aprikosenkernen kann durch Auslaugen mit Wasser zur Entbitterung ein Mandelersatz (Persipan) bereitet werden. Aprikosenbäume (*Prunus armeniaca*) werden in vielen Ländern der Welt mit geeigneten Wachstumsbedingungen angebaut. Aus den Preßrückständen wird ein flüchtiges Öl mit denselben Eigenschaften und Verwendungszwecken wie das flüchtige Öl aus Bittermandeln gewonnen.

Pfirsichkernöl aus *Prunus persica* soll in Europa in kleinen Mengen aus Mischungen mit ähnlichen Kernen (Aprikosen, Pflaumen) erhalten werden. Es stimmt in seinen Kennzahlen weitgehend mit Mandelöl überein. Aprikosenkernöl wird oft im Handel irrtümlich als Pfirsichkernöl bezeichnet.

Eigenschaften und Kennzahlen von Mandelöl, Aprikosen- und Pfirsichkernöl sind in der Tab. 63 zusammengestellt.

Tabelle 63. *Eigenschaften und Kennzahlen von Mandelöl, Aprikosenkernöl und Pfirsichkernöl*

Öl	Mandelöl	Aprikosenkernöl	Pfirsichkernöl
ρ (40°)	0,902—0,904	0,901—0,904	0,901—0,905
$n_D^{40°}$	1,462—1,465	1,462—1,465	1,462—1,465
EP	—10 bis —21°	—4 bis —22°	—10 bis —21°
EP der Fettsäuren	9—12°	0—6°	—
VZ	188—197	188—198	189—194
JZ	93—105	97—109	95—110
% Unverseifbares	0,4—1,0	0,4—1,4	±0,7

Untersuchungen der Kennzahlen und Eigenschaften von *Mandelöl* wurden durchgeführt von A. HEIDUSCHKA u. C. WIESEMANN (1930) und W. A. BUSH u. E. A. LASHER (1941); von *Aprikosenkernöl:* TUTIYA (1941), D. R. DHINGRA u. U. K. SHUKLA (1947); J. HADÁČEK u. FINK (1935) stellten fest, daß das Unverseifbare überwiegend aus einem Phytosterin Smp 134—135° besteht (Smp des Acetates 120°). Über die Kennzahlen von *Pfirsichkernöl* berichteten W. A. BUSH u. B. J. CAGAN (1947) und G. LOEW (1948).

b) Farbreaktionen

Mandelöl und Aprikosenkernöl unterscheiden sich durch einige Farbreaktionen. Die Reaktion nach BELLIER (vgl. S. 23) mit Mandelöl bleibt negativ, mit Aprikosenkernöl fällt sie stark violett aus. Die Reaktion von HAUCHECORNE (1864) — Schütteln des Öles mit Salpetersäure der Dichte 1,4 — liefert mit Mandelöl keine, mit Aprikosenkernöl eine orangerote Färbung.

Reaktion nach Bieber (1878)

5 ml Öl werden mit 1 ml eines frisch bereiteten Gemisches aus gleichen Gewichtsteilen Schwefelsäure, rauchender Salpetersäure und Wasser durchgeschüttelt. Mandelöl bleibt unverändert, Aprikosenkernöl wird pfirsichblütenrot.

Reaktion nach Kreis (1902)

Gleiche Volumina Öl, frisch bereitete 0,1 %ige ätherische Phloroglucinlösung und Salpetersäure der Dichte 1,4 werden durch Schütteln gemischt. Mit Aprikosenkernöl tritt eine kirschrote Färbung ein.

Die Reaktion nach KREIS soll die empfindlichste sein; sie gestattet, noch 5% Aprikosenkernöl zu erkennen, während die Reaktion nach BIEBER erst mit mindestens 15% Aprikosenkernöl positiv ausfällt.

Reaktion von Hauchecorne

Sie erlaubt in der Ausführungsform von H. MOHLER u. H. BENZ (1933) ebenfalls noch 5% Aprikosenkernöl nachzuweisen:

In ein 15 mm weites Reagensglas gibt man 4 Tropfen Öl zu 4 Tropfen Chloroform, schüttelt durch und läßt in Zeitabständen von etwa 10 sec 2 Tropfen rauchende Salpetersäure an der Glaswand entlang zufließen unter jeweiligem Umschütteln.

Aprikosenkernöl färbt sich sofort tief blutrot und wird nach einiger Zeit braunrot. Mit 5% fällt die Probe noch leuchtendrot aus. Mandelöl färbt sich hellrotbraun. Die Farbe wird nach 15 min beurteilt (J. LETHOVAARA 1937).

N. EVERS (1937) hat ein Verfahren zum Nachweis von Erdnußöl empfohlen, wonach noch 5% in Mandelöl nachzuweisen sind:

1 ml Öl wird mit 5 ml einer 1,5 n-alkoholischen Kalilauge 5 min auf dem siedenden Wasserbad verseift, ohne daß Alkohol verloren geht. Hierauf werden 50 ml 70%iger Alkohol und 0,8 ml Salzsäure (1,16) zugefügt. Die Lösung wird zur Beseitigung eines etwa entstandenen Niederschlages erwärmt und mit Wasser unter Rühren mit einem Thermometer so abgekühlt, daß die Temperatur um 1° in der Minute fällt.

Aus der Trübungstemperatur kann der Gehalt an Erdnußöl berechnet werden (vgl. S. 82).

6. Weitere Obstsamenöle

Tabelle 64. *Eigenschaften und Kennzahlen von Obstsamenölen*

Samenöl aus	Ölgehalt der trockenen Kerne, %	ρ (40°)	$n_D^{40°}$	Verseifungszahl	Jodzahl	% Unverseifbares
Äpfeln	20—32	0,890—0,910	1,466—1,468	186—197	119—123	0,8—1,8
Apfelsinen	54—57	0,910—0,915	1,462—1,464	192—197	98—104	0,4—1,0
Birnen	33—36	±0,905	1,465—1,468	189—197	121—127	0,5—1,1
Zitronen	50—54	0,910—0,912	1,466—1,467	188—198	103—110	0,4—0,8
Feigen	23—30	±0,911	±1,472	190—198	147—169	—
Kirschen	25—35	0,914—0,918	1,466—1,471	190—198	110—118	0,4—0,7
Pampelmusen	28—35	±0,911	±1,462	190—197	±103	±0,5
Passionsfrucht	18—22	±0,915	±1,468	190—194	±140	—
Pflaumen	30—50	0,906—0,910	1,463—1,464	188—195	100—110	0,4—0,9
Quitten	14—15	0,912—0,915	1,466—1,467	186—194	113—122	0,3—1,6

Alle diese Öle haben wirtschaftlich wenig Bedeutung. Aus 2 t Äpfeln ist knapp 1 kg Samen zu erhalten, die etwa 200 g Öl ergeben. Apfelsamenöl wurde untersucht von J. PRITZKER u. R. JUNGKUNZ (1935), die auch über Birnensamenöl und Quittensamenöl (1938b) berichteten, sowie von H.M. SELL u. R.E. CREMERS (1941) und von G. BERTRAND (1942).

G.S. JAMIESON u. S.J. GERTLER (1930a) fanden im Öl von Pampelmusensamen 20,1% Palmitinsäure, 7,6% Stearinsäure, 0,1% Lignocerinsäure, 20,5% Ölsäure und 51,0% Linolsäure. H.C. DUNN u. Mitarb. (1948) stellten die Anwesenheit von 6% Linolensäure spektroskopisch fest. Hiernach gehört dieses Öl wie wahrscheinlich auch Öl aus Zitronen- und Apfelsinenkernen zur vorangehenden Klasse der palmitinsäurereichen Öle.

In amerikanischem Kirschkernöl fanden G.S. JAMIESON u. S.J. GERTLER (1930b) 7,7% gesättigte Fettsäuren (Palmitin-, Stearinsäure neben wenig Myristin- und Arachinsäure) und 49,7% Ölsäure sowie 42,6% Linolsäure.

Feigensamen enthalten nach A. PAIZI (1934) 23,5% Öl. Kalifornisches Feigensamenöl enthält nach Analysen von G.S. JAMIESON u. R.S. McKINNEY (1935b) 9% gesättigte Fettsäuren, 20% Ölsäure und etwa je 35% Linol- und Linolensäure.

7. Sesamöl

Sesamöl wird aus den *schwarzen und weißen Samen* von *Sesamum indicum* und *S. orientale* (mit 50—55% Fettgehalt) gewonnen.

a) Vorkommen, Gewinnung und Verwendung

Die Stammpflanzen des Sesamöls kommen aus Indien und Java. Sie zählen zu den ältesten Kulturpflanzen. Hauptanbaugebiete sind China und die Mandschurei, die etwa 50% der Welterzeugung Sesamöl liefern. Indien produziert 25% des Öls, der Rest entfällt auf Birma, die Türkei, Ägypten, den Sudan, Nigeria und Mexiko. Sesamöl wird in den Ursprungsländern als Speisefett verwendet. Die Ernte der Samen läßt sich noch nicht mit Maschinen durchführen, da die dosenartigen Kapseln der unserem roten Fingerhut ähnlichen Sesampflanze unterschiedlich reifen und aufspringen. Es wird versucht, gleichmäßig reifende Arten zu züchten. Die jährliche Weltproduktion an Sesamöl bewegte sich in den beiden letzten Jahrzehnten zwischen 430000 und 580000 t. Die früher übliche Kennzeichnung von Margarine mit diesem durch die Baudouin-Reaktion leicht nachweisbaren Öl zur Unterscheidung von Butter ist nicht mehr vorgeschrieben.

Die Farbe der Samen ist weißgelb bis braun oder schwarz. Ihr Ölgehalt bewegt sich zwischen 44—54%. Das hellgelbe Sesamöl wird durch Pressen mit nachfolgender Extraktion aus den Samen erhalten. Der verbleibende Preßkuchen ist als Viehfutter geeignet.

Kaltgeschlagenes Sesamöl kann nach einer Filtration ohne weitere Behandlung als Salat- oder Backöl gebraucht werden. Warmgepreßtes und extrahiertes Öl liefert durch Nachraffination und Desodorieren ein sehr haltbares helles Speiseöl. Es läßt sich zu Weich- und Hartfetten hydrieren, die zur Margarineherstellung und als Bestandteile von Backfettmischungen Verwendung finden (V. ANDRAOS u. Mitarb. 1950; F.G.T. MENEZES u. Mitarb. 1950).

b) Zusammensetzung und Eigenschaften

Nach M.M. CHAKRABARTY u. T.P. HILDITCH (1951) sind die gesättigten Fettsäuren von Sesamöl als monogesättigte Dilinoleine, bzw. Oleolinoleine am Glyceridaufbau beteiligt. Etwa zwei Drittel des Öles bestehen aus gemischten Dioleo-linoleinen, bzw. Oleo-dilinoleinen. Der Rest entfällt auf monoungesättigte Triglyceride.

Die Zusammensetzung der Fettsäuren (vgl. Tab. 60) schwankt etwas in Abhängigkeit vom Standort der Pflanze und den Wachstumsbedingungen.

Im Unverseifbaren enthält Sesamöl außer Phytosterin einige typische, in anderen Ölen nicht vorkommende Verbindungen: *Sesamin*, *Sesamolin* und *Sesamol* (Formeln vgl. Bd. I, S. 351). Diese Verbindungen ergeben bestimmte Farb-Reaktionen, die zum Nachweis von Sesamöl herangezogen werden können, vgl. unten und S. 438. Die Bestimmungsmethoden für diese Verbindungen sind S. 816 beschrieben. Sesamöl ist aufgrund dieser leicht erfaßbaren Inhaltsstoffe in vielen Ländern als Zusatz zur Erkennung von Margarine vorgeschrieben. Auf die Anwesenheit von Sesamol und einiger anderer Verbindungen wird die ungewöhnlich gute Haltbarkeit des Sesamöles zurückgeführt.

Tabelle 65
Eigenschaften und Kennzahlen von Sesamöl

ρ (40°)	0,910—0,913
$n_D^{40°}$	1,465—1,468
EP	—3 bis —6°
EP der Fettsäuren	20—24°
VZ	187—193
JZ	103—112
RhZ	75—78
% Unverseifbares	0,9—2,3

Das Öl zeigt eine schwache Rechtsdrehung, $[\alpha]_D = + 0{,}8$—$1{,}6$, die wahrscheinlich durch das Sesamin hervorgerufen wird.

c) Farbreaktionen zum Nachweis von Sesamöl

Sesamol-Reaktion mit Furfurol und Salzsäure nach Baudouin in der Verbesserung von V. Villavecchia u. G. Fabris (1893)

Als Reagens dient eine farblose Lösung von 2 g Furfurol in 100 ml Alkohol.

Für die praktische Durchführung der Sesamol-Reaktion mit Furfurol wurden zahlreiche Ausführungsformen empfohlen. Ausführliche Beiträge und kritische Beurteilungen teilten F. Utz (1900) sowie H. Sprinkmeyer u. H. Wagner (1905) mit. Weitere Einzelheiten zu diesem Test finden sich in den „Official and Tentative Methods" (1946) und einem Bericht von P. Budowski u. Mitarb. (1950). Vgl. auch Beschreibungen im Analytischen Teil S. 438. Die DGF-Einheitsmethode C-II 13 (53) empfiehlt folgende Arbeitsweise für die Reaktion nach Baudouin auf Sesamöl:

10 g Öl werden mit je 10 ml Petroläther und Salzsäure (D = 1,19) in einem Schüttelzylinder gemischt. Man gibt 0,2 ml einer 2%igen alkoholischen Furfurollösung zu, schüttelt 15 sec kräftig durch und läßt stehen, bis die Emulsion sich trennt.

Eine rötliche Färbung der Säureschicht tritt ein, sobald 0,5% und mehr Sesamöl anwesend sind. Fehlt Sesamöl in der zu untersuchenden Probe, so zeigt sich eine gelbe bis braungelbe Färbung. Einige Olivenölsorten können eine positive Reaktion geben (vgl. S. 21).

Reaktion nach Soltsien (1897)

Zu 2—3 Volumenteilen des zu untersuchenden Öles oder geschmolzenen Fettes wird 1 Volumen mit Salzsäure versetzter Zinn(II)-chloridlösung (Bettendorf-Reagens) gegeben und kräftig geschüttelt bis zur Emulsionsbildung. Man stellt das Reagensglas dann in ein heißes Wasserbad. Die sich danach schnell absetzende Zinn(II)-chloridlösung hat bei Gegenwart von Sesamöl eine hellhimbeerrote bis dunkelweinrote Färbung. Bei sehr geringem Gehalt an Sesamöl kann nach wiederholtem Schütteln die Färbung schwächer werden.

Künstliche Farbstoffe, die mit Salzsäure eine Rotfärbung aufweisen, stören die Reaktion nach Soltsien nicht.

Für den Sesamöl-Nachweis in *Olivenöl* hat A. G. Dimitrios (1930) folgende Methode vorgeschlagen: Eine Mischung von 20 ml Olivenöl und 10 ml Petroläther wird im Scheidetrichter mit 30 ml Salzsäure (D = 1,152) 5 min geschüttelt. Nach der Trennung der Schichten wird die Säure abgelassen und die Lösung mit weiteren 30 ml Salzsäure wie zuvor behandelt. Danach führt man die Soltsien-Reaktion mit einem Teil der Petrolätherlösung durch.

Reine griechische Olivenöle zeigen so keine Reaktion, während sie bei der Ausführung der Reaktion in der üblichen Weise einen positiven Befund liefern können. Bei der Extraktion mit Salzsäure kann allerdings etwas Sesamol bzw. Sesamin verloren gehen.

Zur Herstellung von Bettendorfs-Reagens rührt man 5 Teile krist. Zinn(II)-chlorid mit 1 Teil Salzsäure (D = 1,19) zu einem Brei an und leitet trockenes Salzsäuregas bis zur Sättigung ein. Die erhaltene Lösung wird nach dem Absetzen durch einen Glasfiltertiegel filtriert. Man bewahrt sie in völlig gefüllten Glasstopfenflaschen auf.

Reaktion nach H. Kreis (1903)

In einem Reagensglas schüttelt man 5 ml Öl, 5 ml konz., 75%ige Schwefelsäure und 0,3 ml 2—3%iges Wasserstoffsuperoxid. Nach kurzer Zeit tritt bei Anwesenheit von mindestens 5% Sesamöl eine olivgrüne Färbung ein. Sie wird beim Verdünnen mit Wasser hellgelb mit grüner Fluorescenz. Olivenöl, Baumwollsamenöl, Erdnußöl, Mohnöl, Mandelöl, Pfirsichöl, Leinöl und Ricinusöl liefern mit dem Reagens keine besonderen Färbungen.

Verfälschungsmittel von Sesamöl

Andere Samenöle können nach den bei diesen angegebenen Farbreaktionen oder durch ihre Kennzahlen nachgewiesen werden. Erdnußöl wird nach G. Benz (1932) am besten nach der Methode Franz-Adler-Lüers (S. 82) (1912) festgestellt. Auch die Bestimmung der quantitativen Zusammensetzung der Fettsäuren durch papier- oder gaschromatographische Analysenverfahren kann wertvolle Hinweise liefern.

8. Sonnenblumenöl

Sonnenblumenöl ist das aus den geschälten Samen der *Sonnenblume* (*Helianthus annuus* L.) gewonnene Öl.

a) Vorkommen

Die Heimat der seit 1570 in Europa als Zierpflanze bekannten *Sonnenblume* ist die Westküste Amerikas, wo in Mexiko und Peru noch Wildformen vorkommen. Ihre Entwicklung zur Ölpflanze vollzog sich im Kaukasus und in der Ukraine. Der russische Bauer Bokarew soll

1830 zum erstenmal den hohen Fettgehalt der Sonnenblumenkerne festgestellt und damit die schnelle Ausbreitung von Anpflanzungen um sein Heimatdorf Alexowka veranlaßt haben.

Die Hauptanbaugebiete befinden sich in der UdSSR, danach folgen Ungarn, Rumänien, Bulgarien und die Provinzen der Türkei am Schwarzen Meer. Auch in China, Indien, Tansania, der Südafrikanischen Union, Argentinien, Kanada und Australien werden Sonnenblumen kultiviert. Zur Erleichterung der Ernte der Blütenstände mit den Samen sucht man gleichmäßig wachsende und reifende Sorten zu züchten, die mit Maschinen eingebracht werden können (vgl. S. 185)

Die UdSSR steht an der Spitze der Produktion von Sonnenblumenöl. Ausfuhren nach Europa liefern Tansania, Südafrika, Argentinien, Kenia und die Türkei. Ungarn, Rumänien und Bulgarien exportieren in europäische Nachbarländer. Die Weltproduktion an Sonnenblumenöl erreichte 1956 und 1957 jeweils rd. 1,5 Mio t, 1958—1961 etwa 1,2 Mio t jährlich.

b) Gewinnung und Verwendung

Zur Ölgewinnung werden die Samen, die rd. 55% Kerne mit 42—63% Öl enthalten, durch Sieben gereinigt und enthülst, danach gepreßt oder extrahiert. Kaltgepreßtes Sonnenblumenöl ist ein wertvolles Speiseöl.

Kaltgepreßtes Öl wird durch Filtrieren geklärt und als „naturreines Speiseöl" empfohlen. Eine Desodorierung unter schonenden Bedingungen (Temperatur nicht über 150°C) ist unentbehrlich, um den leicht bitteren Geschmack zu mildern.

Warmgepreßtes und extrahiertes Sonnenblumenöl wird nach der Raffination als Salat- und Backöl gebraucht. Kleine Mengen Wachs (Cerotylcerotat) aus den Schalen rufen im Öl bei niedriger Temperatur eine leichte Trübung hervor. Sie lassen sich durch eine Kaltfiltration entfernen. Es ist leicht zu hydrieren und findet dann zusammen mit dem Öl als Weich- oder Hartfett Verwendung zur Herstellung von Pflanzenmargarine. Sonnenblumenöl wird wegen seines hohen Gehaltes an Linolsäure in den Glyceriden (60% und mehr) zur Herstellung von ernährungsphysiologisch hochwertigen Speisefetten verwertet; vgl. S. 225 und 865.

c) Zusammensetzung und Eigenschaften von Sonnenblumenöl

Die Glyceride des Sonnenblumenöles setzen sich hauptsächlich aus gemischten Triglyceriden zusammen, von denen jedes ein oder zwei Linolsäurereste enthält. Etwa 0—2% (Mol.-%) sind monoungesättigte, 35—45% diungesättigte und 56 bis 63% triungesättigte Glyceride, die Triolein und Oleodilinolein enthalten.

Nach B. K. Singh u. A. Kumar (1947) und C. Barker u. T. P. Hilditch (1950a) können erhebliche Mengen Trilinolein darin vorkommen. Mit zunehmender Reife der Samen ist im Öl nach K. H. Bauer (1934) eine Abnahme der gesättigten Fettsäuren (von 15,1 auf 6,8) und der Linolsäure (von 74,7 auf 65,0%) bei gleichzeitiger Zunahme der Ölsäure (von 9,9 auf 28,0%) festzustellen.

Durch dünnschichtchromatographische Analyse im Umkehrphasen-System nach einer Vorfraktionierung auf Silbernitrat-Platten gelang H. P. Kaufmann und H. Wessels (1964) eine Trennung der Triglyceride des Sonnenblumenöles in 16 Komponenten. Die experimentellen Ergebnisse zeigten, daß die Glyceride nicht nach dem Prinzip einer weitesten Verteilung der Fettsäuren aufgebaut sind, sondern der Theorie der statistischen Verteilung der Fettsäuren auf die 1,3-Stellung der Glyceride entsprechen.

Tabelle 66. *Eigenschaften und Kennzahlen von Sonnenblumenöl*

ρ (40°)	0,906—0,910
$n_D^{40°}$	1,466—1,468
EP	—16 bis —18°
EP der Fettsäuren	17—20°
VZ	188—194
JZ	125—140
RhZ	78—83
% Unverseifbares	0,4—1,2

Nach einer von C. Barker u. Mitarb. (1950) durchgeführten Analyse eines Sonnenblumenöles mit Jodzahl 139 bestanden die Fettsäuren der Glyceride aus 6,4% Palmitinsäure, 1,3% Stearinsäure, 4,0% Arachinsäure, 0,8% Behensäure, 21,3% Ölsäure und 66,2% Linolsäure; vgl. auch Tab. 60.

L. J. MORRIS u. R. T. HOLMAN (1961) fanden in verschiedenen Varietäten von *Helianthus annuus* (Improved Dakota, Giant Grey Stripe, Double Dwarf Sungold) IR-spektrophotometrisch 0,4—1,9 % Epoxifettsäuren, ber. als Epoxiölsäure.

Sonnenblumenöl hat eine hellgelbe bis gelbliche Farbe. Der Raffinationsgrad kann nach einfachen Methoden bestimmt werden (vgl. S. 954). Seine Fettsäuren eignen sich zur Herstellung nicht vergilbender Alkydharze. Die Preßkuchen enthalten 40—50 % Protein und sind als Viehfutter gut geeignet.

9. Nigeröl, Safloröl, Valerianellaöl

Nigeröl stammt aus den Samen des *Ginglikrautes* (Nigerpflanze, Ramtille), (*Anthemis mysorensis, Guizotia oleifera, G. abyssinica*), das in Abessinien, Togo und Indien in großen Mengen wächst. Die Früchte und das durch Auskochen erhaltene Öl dienen im Ursprungsland als Speise und Speiseöl. Kleine Mengen Nigeröl werden in Europa durch kalte oder warme Pressung gewonnen. Das helle Öl hat einen nußartigen, aromatischen Geschmack.

Die Zusammensetzung der Glyceride (Tab. 67) wurde von N. L. VIDYARTHI u. M. V. MALLYA (1940) sowie von C. BARKER u. Mitarb. (1950) bestimmt. Tab. 68 enthält eine Übersicht über die Eigenschaften und Kennzahlen von Nigeröl, Safloröl und Valerianellaöl; in Tab. 60 ist die Fettsäurenzusammensetzung dieser Öle zu finden.

C. R. SCHOLFIELD u. H. J. DUTTON (1958) wiesen durch Anwendung der Methode der Gegenstromverteilung in Safloröl 46,5 % Trilinolein nach. Demnach sind die Glyceride fast vollständig aus ungleichmäßig verteilten Fettsäuren zusammengesetzt. Der Anteil Trilinolein berechnet sich bei völlig gleichmäßiger Verteilung der Linolsäure zu 31,2 %, bei ungleichmäßiger Verteilung aber zu 44,9 %.

Tabelle 67. *Zusammensetzung der Glyceride von Nigeröl und Safloröl in Mol.-%*

	Nigeröl	Safloröl
Linoleodiolein	30	15
Oleodilinolein	40	64
Trilinolein	2	3
Myristooleolinolein	3	4
Myristodilinolein	2	—
Palmitooleolinolein	11	—
Palmitodilinolein	6	11
Stearooleolinolein	4	3
Stearodilinolein	2	—

Safloröl wird aus den Früchten von Carthamus tinctorius (falscher Safran, wilder Safran, Bürstenkraut) gewonnen. Saflor gehört zu den alten Kulturpflanzen. In Nordafrika, Indien und besonders in den USA hat sein Anbau einige wirtschaftliche Bedeutung. Die anspruchslose Pflanze gedeiht auch in trockenen Gebieten, die für andere Nutzpflanzen ungeeignet sind. Das Öl wird hauptsächlich für technische Zwecke verwertet, weniger als Speiseöl. Die damit bereiteten Lacke gilben wenig nach, weil Safloröl überwiegend linolsäurehaltige Glyceride und nur kleine Mengen Linolensäure darin enthält.

Nach H. P. KAUFMANN u. H. FIEDLER (1937) ähnelt Safloröl dem Sonnenblumenöl. Es ist goldgelb, von eigentümlichem Geruch und etwas anhaltendem, scharfem Geschmack. H. PACKER u. L. M. CHRISTENSEN (1950) und P. SOLTOFT u. F. G. DOLLEAR (1951) haben Safloröl versuchsweise zu Backfetten hydriert, die jedoch nur kurzfristig haltbar sind.

Valerianellaöl, aus den Kernen von Valerianella olitoria gewonnen, ist ein fast farbloses Öl, das dem Mohnöl gleicht. Nach A. STEGER u. J. van LOON (1937) eignet es sich außer für die Farben- und Firnisindustrie auch als Speisefett. Seine Kennzahlen und Eigenschaften sind in Tab. 68, die Zusammensetzung der Fettsäuren in Tab. 60 enthalten.

Die Samenfette der Gattung Dracaeneae aus der Familie der *Agavaceae* enthalten nach I.M. MORICE (1962) 75—89 % Linolsäure in ihren Glyceriden.

Tabelle 68. *Eigenschaften und Kennzahlen von Nigeröl, Safloröl und Valerianellaöl*

	Nigeröl	Safloröl	Valerianellaöl
ρ (40°)	0,910—0,914	0,912—0,916	—
$n_D^{40°}$	1,467—1,469	1,467—1,469	±1,469
EP	—6 bis —25°	—13 bis —25°	—
EP der Fettsäuren	—	15—18°	—
VZ	188—193	188—194	192,6
JZ	126—134	130—150	145,2
RhZ	—	82—87	84,2
% Unverseifbares	05—1,2	0,3—1,3	1,2

10. Leinöl

Die *Leinpflanze* (*Linum usitatissimum* L.) ist die älteste Kulturpflanze; ihre Geschichte läßt sich nach H.P. KAUFMANN u. J.G. THIEME (1954) bis in die Zeit um 12000 v.Chr zurückverfolgen. In Schweizer Pfahlbauten fanden sich Leinkapseln mit Samen und Gewebe aus der jüngeren Steinzeit.

a) Vorkommen und Gewinnung

Der Lein gedeiht in den gemäßigten Zonen der Welt, liefert aber auch in subtropischen Gebieten gute Erträge. In europäischen Ländern, den baltischen Staaten der UdSSR, in Nordafrika, Indien und Japan, Kanada, den USA, Mexiko, Uruguay und Argentinien wird Lein teils zur Fasergewinnung, teils als Ölsaat angebaut. Aus Berichten von R.E. MONTONNA u. L.H. REYERSON (1952) ist zu entnehmen, daß die Gewinnung von Leinöl und Leinfaser als Hauptprodukte der gleichen Ernte durch Züchtung neuer Arten erstrebt wird. Der Einfluß der Sorte, der Wachstumsbedingungen in Abhängigkeit vom Standort, den Niederschlagsmengen und den Düngemitteln sind wiederholt Gegenstand von Untersuchungen gewesen.

Die Leinölproduktion der Welt für den technischen Sektor erreichte in der letzten Zeit folgende Mengen (in 1000 t):

Tabelle 69. *Weltproduktion an Leinöl*

Jahr	1951	1952	1953	1954	1955	1956	1957	1958	1959	1960
Leinöl	1105	931	975	1066	930	868	1048	930	1055	1010

Bei der Fasergewinnung wird der Lein vor der Vollreife gerupft und liefert dann als Samen den *Schlaglein*. Zur Ölgewinnung eignet sich am besten der vollreife Samen, der *Saatlein*. Von den Leinarten liefert der *Spring- oder Klanglein* (*L. usitatissimum humile*) die höchste Ölausbeute (bis 43 %, berechnet auf trokkene Saat). In Europa wird Leinöl nur noch in kleinen Mengen durch Kalt- und

Warmpressen aus importierten Saaten hergestellt. Die Verarbeitung von Leinsaat auf Öl erfolgt heute bereits in den Ursprungsländern durch Vorpressen und Extraktion mit technischem Hexan.

b) Verwendung von Leinöl

Nur eine geringe Menge der Leinsaat, die etwa 38—44 % Öl enthält, wird durch kalte Pressung auf *Speiseleinöl* in kleinen Ölmühlen verarbeitet. In den östlichen Ländern Europas wird es als Speiseöl gebraucht. Frisches Leinöl ist von dunkelgoldgelber Farbe und gilt nach J. TER HORST (1922) als leichtverdaulich.

Leinöl ist das Ausgangsmaterial für zahlreiche technische Produkte wie Anstrichfarben und Lacke, Linoleum, Druckfarben und Ölkleidung. Das rohe, warmgepreßte oder extrahierte Leinöl wird nach verschiedenen Verfahren von Verunreinigungen und Phosphatiden befreit. Die Behandlung von Roh-Leinöl mit Schwefelsäure zur Vorreinigung ist heute nicht mehr üblich.

Die Menge des für Anstrichfarben verbrauchten Leinöles ist in den letzten Jahrzehnten ziemlich konstant geblieben, trotz des Vordringens synthetischer Lacke mit besseren Filmeigenschaften. Eine beachtliche Neuentwicklung stellt die Produktion von Leinöl dar, dessen Doppelbedingungen von Linolsäure und Linolensäure auf katalytischem Wege (J.D. v. MIKUSCH 1951) aus der isolierten in die konjugierte Anordnung gebracht sind. Standöle aus „konjugiertem" Leinöl sind gegenüber gewöhnlichem Leinöl in viel kürzerer Erhitzungszeit zu erhalten und zeichnen sich durch sehr verbesserte Filmeigenschaften aus.

Leinöl kann zu Hartfetten hydriert werden, mit Schmelzpunkt von 30 bis über 60°. Wegen ihres alsbald eintretenden Geschmacksumschlags (flavour reversion) hat man sie nur selten als Speisefette verwertet (J.G. ARMSTRONG u. W.D. MCFARLANE 1944; H.W. LEMON u. Mitarb. 1944, 1945). Natronseifen aus gehärtetem Leinöl weisen eine schwach rötliche Färbung auf, die für das Hartfett charakteristisch ist. Dieses Verhalten kann analytisch zum Nachweis von Leinölhartfett dienen.

c) Zusammensetzung und Eigenschaften von Leinöl

Der *Glyceridaufbau* des Leinöles folgt nur teilweise dem Prinzip der gleichmäßigen Verteilung der daran beteiligten Fettsäuren. In einem argentinischen Leinöl mit Jodzahl 176 stellten T.P. HILDITCH u. P.N. WILLIAMS (1964) folgende Triglycerid-Komposition (in Mol.-%) fest: Palmitostearolinoleine 5 %, diungesättigte Glyceride 43 %, triungesättigte Glyceride 52 %. Durch fraktionierte Kristallisation aus Lösungsmitteln wurden die diungesättigten Glyceride weiter zerlegt in 18 % monogesättigte-Oleolinoleine, 15 % monogesättigte-Linoleolinoleine und 10 % monogesättigte-Dilinolenine; die triungesättigten Anteile bestanden aus 5 % Oleo-linoleolinoleninen, 22 % Oleo-dilinoleninen, 24 % Linoleo-linoleninen und 1 % Trilinolenin. Mit Hilfe der Methode der Gegenstromverteilung isolierten H.J. DUTTON u. J.A. CANNON (1956) aus Leinöl 18 % Trilinolenin, womit erwiesen war, daß dieses Öl ungleichmäßig verteilte Fettsäuren in wesentlichen Mengen in den Glyceriden enthält.

Der größte Teil der Glyceride des Leinöles enthält im Mittel 7 Doppelbindungen pro Molekül. Hierauf sind die hervorragenden Trockeneigenschaften des Öles zurückzuführen.

Tabelle 70
Eigenschaften und Kennzahlen von Leinöl

ρ (40°)	0,914—0,922
$n_D^{40°}$	1,472—1,475
EP	—18 bis —27°
EP der Fettsäuren	12—21°
VZ	188—196
JZ	170—204
RhZ	96—122
Hexabromidzahl	36—45
% Unverseifbares	0,7—1,5

Die Zusammensetzung der Fettsäuren des Leinöles ist nach S. IWANOW (1932) vom Standort der Pflanze und den klimatischen Einflüssen abhängig. S. IWANOW fand bei Leinöl aus Archangelsk (64° 30' n. Breite) Jodzahlen von 195—204, in Taschkent 41° 46' n. Br.) dagegen nur 154—158. In Tab. 60 ist die Zusammensetzung der Fettsäuren von Leinölen verschiedener Provenienz angegeben.

Feldversuche von K. SCHMALFUSS (1937) ergaben, daß ein trockener und warmer Standort die Jodzahl stark herabdrückt. Bei der Düngung bewirkten Kalium- und Chlorionen, die den Wassergehalt der Pflanzen begünstigen, eine höhere Jodzahl, während Calcium- und Sulfationen umgekehrt wirkten. In kühlen und feuchten, ungedüngten Lagen wurden die höchsten Jodzahlen gefunden. ST. BAZAREWSKI u. W. ZARNOWSKI (1932) beobachteten um so höhere Jodzahlen, je länger die Reifungsperiode dauerte. Dabei scheinen auch Arteigentümlichkeiten der Pflanzen wesentlich zu sein. Die Jodzahlen bewegten sich zwischen 178—191.

E. P. PAINTER (1944) analysierte 148 Muster nach derselben Methode und stellte fest, daß die Menge der gesättigten Fettsäuren sich zwischen 6,8—16,5%, der Ölsäure von 11,9—42,5%, der Linolsäure von 16,9—26,8% und der Linolensäure von 20,5—65,2% bewegte.

In der Sterinfraktion des Leinöles fanden P. CAPELLA u. Mitarb. (1964) neben β-Sitosterin und Stigmasterin auch Campesterin (Fp 158,5—160°, $[\alpha_D]$ —42,5).

Nach L. ZELENY u. D. A. COLEMAN (1936) besteht bei frischen Leinölen folgende Beziehung zwischen WIJS-Jodzahl und Lichtbrechung:

$$\text{Jodzahl} = 8584{,}97 \cdot n_D^{25°} - 12513{,}83$$

Bei 96 Proben war der Fehler der Jodzahlberechnung im Mittel $\pm 0{,}6$ Einheiten, höchstens 1,8.

F. H. LEHRBERG u. W. F. GEDDES (1937) fanden für den Brechungsindex bei 25° und die Jodzahl den Korrelationsfaktor $r = +0{,}98$ sowie die Regressionsgleichung:

$$\text{Jodzahl} = 266{,}18 - 1{,}798 \cdot n_D^{25°}$$

Die Gleichungen gelten nicht für anoxydiertes und polymerisiertes Leinöl. H. A. BOEKENOOGEN (1937) u. H. P. KAUFMANN u. S. FUNKE (1938) fanden für die Viscosität von Leinölen mit Jodzahlwerten 171—185 bei 20°C Werte von 46,5—50,9 cp. Ein Muster mit 47,6 cp, 20°, hatte bei 30°C 32,7; bei 40°C 23,6; bei 50°C 17,9 cp.

Verfälschungen von Leinöl

Verfälschungen des verhältnismäßig billigen Leinöles kommen selten vor. Mineralöl ist relativ leicht nachzuweisen. Rüböl und Fischöle lassen sich durch papier- oder gaschromatographische Analyse schon in Mengen von wenigen Prozent erkennen.

J. P. WOLFF (1961) untersuchte die Reproduzierbarkeit der Bestimmung von Linol- und Linolensäure in Ölen durch UV-Spektrophotometrie und Gaschromatographie. Mengen von $< 0{,}2\%$ Linolsäure sind nach beiden Methoden erfaßbar. CL. FRANZKE (1964) konnte Fischöl in Leinöl UV-spektroskopisch in Mengen ab 3% nachweisen.

11. Perillaöl, Lallemantiaöl, Chiasaatöl

Perillaöl ist das Samenöl von Perilla ocymoides, einer in Japan, China und Nordindien wachsenden Labiate. Das Öl wurde in den USA und Europa im Verschnitt mit Leinöl, Sojaöl oder Safloröl zu Anstrichzwecken verwendet (J. VAN LOON 1936). Das leinölähnlich riechende und schmeckende Perillaöl soll in Asien auch als Speiseöl gebraucht werden. Perillasamen enthalten durchschnittlich 38% Öl.

Lallemantiaöl ist wie Leinöl fast ausschließlich zur technischen Verwendung geeignet. Es stammt aus den Samen von Lallemantia iberica, einer etwa 80 cm hohen Pflanze aus Kleinasien, die in der UdSSR in der Nähe des Schwarzen und Kaspischen Meeres wächst.

Die Zusammensetzung der Fettsäuren und die Kennzahlen von Lallemantiaöl wurden von H. P. KAUFFMANN (1944) bestimmt.

Chiasaatöl, aus den Samen von Salvia hispanica, wird in Mexiko in kleinen Mengen hergestellt. Tab. 71 enthält einige Angaben über die Eigenschaften und Kennzahlen. Die Fettsäurezusammensetzung ist in Tab. 60 angegeben.

Tabelle 71. *Eigenschaften und Kennzahlen von Perillaöl, Lallemantiaöl und Chiasaatöl*

	Perillaöl	Lallemantiaöl	Chiasaatöl
ρ (40°)	0,914—0,921	0,917—0,924	0,926
$n_D^{40°}$	1,472—1,475	1,476—1,477	1,478
EP	—18 bis —27°	—	—15°
EP der Fettsäuren	12—21°	—	—
VZ	188—196	188—195	192—195
JZ	170—204	190—209	195—207
RhZ	96—122	120—125	—
Hexabromidzahl	36—45	—	—
% Unverseifbares	0,6—1,3	±0,5	0,7—1,2

12. Hanföl

Aus den Samen der *Hanfpflanze* (*Cannabis sativa* L.) stammt das *Hanföl*. Sie kommt wild und kultiviert vor in der UdSSR, und sie wird in Indien, China, Japan und Chile, sowie in einigen südeuropäischen Ländern angebaut. Man gewinnt aus ihr neben dem Öl die Hanffaser und aus dem indischen Hanf (*C. indica* L.) ein harzartiges Berauschungsmittel, den Haschisch. Nach H. P. KAUFMANN u. S. JUSCHKEWITSCH (1930) ist die narkotische Substanz des Hanföles das in Spuren vorhandene Cannabinol.

Tabelle 72
Eigenschaften und Kennzahlen von Hanföl

ρ (40°)	0,913—0,915
$n_D^{40°}$	1,470—1,473
EP	—15 bis —27°
EP der Fettsäuren	15—17°
VZ	190—194
JZ	149—167
Hexabromidzahl	±21
% Unverseifbares	0,5—1,0

In den Jahren 1934—1938 war die Welternte an Hanfsaat etwa 400000 t, wovon etwa $^3/_4$ aus Rußland kamen. Gegenwärtig ist die Ernte an Hanfsamen geringer, weil das vorwiegend für technische Zwecke geeignete Hanföl durch schneller trocknende Öle wie Leinöl ersetzt wurde. Als Faserpflanze ist Hanf heute von geringerem Wert gegenüber dem stärkeren und leichten Manila-Hanf.

Hanfsamen selbst kann als Nahrungsmittel verwendet werden. Zur Ölgewinnung wird der etwa 30—35 % Öl enthaltende Samen zerkleinert und durch Kalt- oder Warmpressen weiterverarbeitet. Hanföl hat eine hell- bis dunkelgrüne Farbe, seine Eigenschaften und Kennzahlen sind in Tab. 72 zusammengestellt.

Der Gehalt an Linolsäure beträgt etwa 50 % (vgl. Tab. 60).

13. Mohnöl

Mohnöl wird aus den Samen des Mohnes (*Papaver somniferum* L.) mit 40—51 % Ölgehalt gewonnen. Er wird vorwiegend in China, Indien, Iran und der UdSSR angebaut. Eine in Mexiko heimische Pflanze aus der Familie Papaveraceae, Argemone mexicana, liefert ein Öl, das nur als Brennöl brauchbar ist, da es purgative Eigenschaften hat.

Der Mohnsamen muß durch Bürstmaschinen vor dem Pressen gereinigt werden, weil er sonst leicht schimmelt und ein ranziges Öl liefert. Kaltgepreßtes Öl aus einwandfreier Saat ist farblos bis hellgelb und als Speiseöl sofort verwendbar; warmgepreßtes Öl eignet sich hierfür erst nach einer Raffination. Es wird in kleinen Mengen für hochwertige Ölfarben verwendet.

Mohnsamen werden für Gebäck und Kuchen zum Bestreuen benutzt. Etwas Mohnöl kann aus den Samen in die Backware übergehen.

Der Samen des Klatschmohnes (*Papaver rhoeas*) enthält 35—40 % Öl. Er unterscheidet sich vom Mohnöl aus P. somniferum nach W. AWE (1937) durch seine höhere Jodzahl, die zu 176 gefunden wurde.

Die Zusammensetzung der Glyceride von Mohnöl wurde von A. G. WERESCHTSCHAGIN (1962) nach der Methode der Phasenumkehrchromatographie ermittelt. In der untersuchten Probe wurden u. a. 7,8 % Palmitooleolinolein, 6,3 % Dioleolinolein, 16,8 % Oleodilinolein und 43,3 % Trilinolein (in Mol.-%) nachgewiesen. Es zeigte sich, daß die Verteilung der Fettsäuren in den Glyceriden nicht mit der statistischen bzw. der gleichmäßigen Anordnung übereinstimmt.

Über die Zusammensetzung der Fettsäuren vgl. Tab. 60.

Tabelle 73
Eigenschaften und Kennzahlen von Mohnöl

ρ (40°)	0,908—0,911
$n_D^{40°}$	1,467—1,470
EP	—15 bis —20°
EP der Fettsäuren	15—19°
VZ	189—194
JZ	131—143
RhZ	76—79
% Unverseifbares	0,4—1,2

14. Walnußöl

Walnüsse sind die sehr geschätzten Früchte des Walnußbaumes (*Juglans regia* L.; *J. nigra*). Walnußöl wird in den USA hergestellt, die Menge beträgt etwa 300—600 t jährlich. Die Nüsse, die lufttrocken im Kern etwa 58 % Öl enthalten, müssen vor dem Pressen etwa 2—3 Monate lagern.

Das kaltgepreßte, fast farblose Öl hat einen angenehmen Geruch und einen nußartigen Geschmack. Da Walnußöl zu den trocknenden Ölen gehört, ist es nur begrenzt haltbar und wird schnell ranzig. Die Fettsäuren der Glyceride enthalten bis 15 % Linolensäure.

Das amerikanische Walnußöl von Juglans nigra hat eine ähnliche Zusammensetzung (vgl. Tab. 60). Es eignet sich wie Mohnöl zur Herstellung von Ölfarben.

Tabelle 74. *Eigenschaften und Kennzahlen von Walnußöl*

ρ (40°)	0,909—0,911
$n_D^{40°}$	1,469—1,471
EP	—15 bis —20°
EP der Fettsäuren	13—16°
VZ	188—194
JZ	143—162
RhZ	84—92
% Unverseifbares	0,4—0,5

15. Hickorynußöl (Pekannußöl)

Die Nüsse von *Hickoria pecan* (*Carya alba*, *C. amara*, *C. olivaeformis*, aus der Familie *Juglandaceae*) enthalten 60—70 % eines milden, angenehm schmeckenden Öles. Die Bezeichnung Pekannuß gilt eigentlich nur für die Samen von C. olivaeformis, wird aber auch für die übrigen Arten gebraucht. In den südlichen Staaten der USA sind Pekannüsse als Speise sehr beliebt. Die jährliche Produktion an Roh-Pecanöl erreicht etwa 350 t, woraus ein raffiniertes helles Neutralöl zu erhalten ist, das als Speiseöl und für kosmetische Produkte Verwendung findet.

Die Zusammensetzung der Fettsäuren von Hickorynußöl ist in Tab. 60 aufgeführt.

Tabelle 75. *Eigenschaften und Kennzahlen von Hickorynußöl*

ρ (40°)	±0,905
$n_D^{40°}$	±1,464
VZ	189—198
JZ	97—107
% Unverseifbares	0,35—0,7

Aus der Varietät *Carya cordiformis*, die im Staate Indiana der USA gedeiht, wurde von RIEBSOMER u. Mitarb. (1940) ein nur Ölsäure als ungesättigte Säure enthaltendes Öl mit Jodzahl 77,5 extrahiert. Die Fettsäuren bestanden aus 6,6 % Palmitinsäure, 5,5 % Stearinsäure und 87,9 % Ölsäure.

16. Kautschukbaumsamenöl

Die Samen von *Hevea brasiliensis* (*Euphorbiaceae*) enthalten etwa 40%, im Kern um 50% Öl, das nach der Gewinnung aus frischen Kernen einen nußähnlichen Geschmack hat. Die Haltbarkeit der Samen ist wegen des Gehaltes an fettspaltenden Enzymen begrenzt. Das Öl ist rotbraun und wegen der hohen Säurezahl nicht leicht zu raffinieren. Es hat auf Grund seiner Zusammensetzung (vgl. Tab. 60) trocknende Eigenschaften und könnte in der Lackindustrie verwertet werden. Das Sammeln der Kautschukbaumsamen ist nach H. ASHPLANT (1949) sehr schwierig, und daher ist auch nicht mit der Produktion größerer Mengen Heveasamenöl zu rechnen.

Tabelle 76. *Eigenschaften und Kennzahlen von Kautschukbaumsamenöl*

ρ (40°)	0,908—0,914
$n_D^{40°}$	1,466—1,469
EP	2°
EP der Fettsäuren	15—33°
VZ	189—195
JZ	132—141
RhZ	±89
% Unverseifbares	0,5—1,8

Das Öl enthält bis 23% Linolensäure (vgl. Tab. 60) und zeigt Hexabromidzahlen um 16.

17. Fichtensamen- und andere Coniferenöle

Fichtensamenöl wird durch kalte Pressung aus den Samen der Fichte oder Rottanne (*Picea excelsa*) gewonnen. Die Samen enthalten etwa 33% Öl. Im Herbst gesammelte Fichtenzapfen werden in Speichern und dann in geheizten Lagerräumen so lange getrocknet, bis die Samen herausfallen. In Sibirien wird das *Öl der Zirbelkiefer* (*Pinus cembra*) aus den Samen gewonnen und für Speisezwecke verwendet.

Alle diese Öle erinnern im Geruch und Geschmack an Fichtennadeln. Wegen ihres Linol- und Linolensäuregehaltes sind sie auch für die Lackindustrie brauchbar.

Über die Verwertung von Coniferenölen ist wiederholt berichtet worden, von GRIMME (1911), K. PAJARI (1943), C.W. BOTKIN u. L.B. SHIRES (1948) und K.A. WILLIAMS (1950). Die Glyceridzusammensetzung von Pinus gerardiana ist von B. SINGH u. R. TIWARI (1943) untersucht worden; als Hauptbestandteile wurden etwa 50% Dioleolinolein und 30% Oleodilinolein gefunden. In Tab. 60 ist der Fettsäuregehalt einiger Coniferenöle zusammengestellt.

Während des ersten Weltkrieges wurden die Ölsamen einheimischer Fichten und Kiefern untersucht von J. PRESCHER (1917), TH. PAUL (1916) und O. VON FRIEDRICHS (1919).

Tabelle 77. *Eigenschaften und Kennzahlen von Samenölen einiger Coniferen*

Baum	Genus	Species	ρ (40°)	$n_D^{40°}$	VZ	JZ
Fichte	Picea	excelsa	0,917 —0,920	±1,472	191—193	150—170
Zirbelkiefer	Pinus	cembra	±0,920	1,474	192	150—160
Pinie	Pinus	pinea	0,910	—	193—197	118—121
Kiefer	Pinus	sylvestris	±0,920	1,471	191	159
—	Pinus	gerardiana	0,913 —0,916	1,464—1,467	192	120
—	Taxacea	Torreya nucifera	0,904 —0,906	1,470	188	132—142
—	Taxacea	Cephalotaxis drupacea	±0,907	1,468	189	130

Auch das japanische *Kayaöl* aus den Samen der Conifere *Torreya nucifera* (Taxaceae) ist nach M. TJUSIMOTO (1908) und S. UENO u. Y. OTA (1937) ein Speiseöl von süßlichem Geschmack, wenn es kalt gepreßt wird. Heißgepreßte Handelsöle aus den etwas über 50 % Öl enthaltenden Samen aber schmecken unangenehm harzig.

Aus dem gleichen Grund ist das aus den Samen von *Cephalotaxis drupacea sieb.* u. *zucc.* zu erhaltende *Inucayaöl* ungenießbar.

18. Traubenkernöl

In Zeiten von Ölmangel hatten die schon lange bekannte Gewinnung von Traubenkernöl (*Vitis vinifera*) einige wirtschaftliche Bedeutung. Frankreich produzierte vor 1940 etwa 9000 t Öl aus Traubenkernen. Der mittlere Ölgehalt der Kerne beträgt nur 10 %, in amerikanischen Varietäten sind bis 15 % Öl enthalten.

H. P. Kaufmann (1938a) fand in 10 Proben von deutschen Traubenkernen der Ernte 1937 8,9—10,3 % Öl; von A. Paleni (1941) wurden Öle aus italienischen Traubenkernen untersucht. K. Täufel u. Mitarb. (1931) erhielten aus lufttrockenen Kernen der Malagarebe 10,1 %, aus der Rieslingrebe 9,8 % durch Extraktion mit Äther.

Aus frischen Traubenkernen gewonnenes Öl kann als Speiseöl dienen, es erinnert äußerlich an Olivenöl, gleicht aber in seiner Zusammensetzung (Tab. 60) mehr dem Sojaöl.

C. Antoniani u. F. Zanelli (1932) stellten fest, daß die Sterine des Traubenkernöles hauptsächlich aus Sitosterin, kleinen Mengen eines rechtsdrehenden Sterins und etwas Dihydrositosterin bestehen.

Tabelle 78. *Eigenschaften und Kennzahlen von Traubenkernöl*

ρ (40°)	0,902—0,920
$n_D^{40°}$	1,461—1,471
EP	—10 bis —21°
EP der Fettsäuren	18—21°
VZ	178—196
JZ	124—143
RhZ	70—78
% Unverseifbares	0,3—1,6

Extrahiertes Fett aus Trestern mit Schalen enthält mehr Unverseifbares nach K. S. Markley u. Mitarb. (1938). Höhermolekulare Kohlenwasserstoffe und Alkohole wurden darin nachgewiesen.

19. Beerensamenöle

Tab. 79 enthält eine Zusammenstellung der Eigenschaften und Kennzahlen, sowie Angaben über den Ölgehalt der trockenen Samen.

Tabelle 79. *Ölgehalt der Samen und Kennzahlen von Beerenölen*

Art der Samen	Ölgehalt in %	ρ 40°	$n_D^{40°}$	VZ	JZ	% Unverseifb.
Brombeeren	—	0,907	—	190	148	0,8
Erdbeeren	19—21	0,916—0,921	1,473	194	180	—
Hagebutten	8—10	0,910	1,472	187—192	155—187	1,9—2,6
Himbeeren	22—25	0,913	1,471	192—193	154—175	1,9
Holunder	25—27	0,920	1,477	191	162	0,6
Johannisbeeren	23	0,905—0,911	1,466—1,469	187—195	160—176	1,8—2,3
Maulbeeren	33	0,905—0,907	1,468	190—192	140—144	—
Stachelbeeren	18	0,904	—	188	171	1,4
Tabak	30—39	0,904—0,907	1,468—1,471	189—198	136—147	3,0
Tomaten	18—27	0,901—0,906	1,466—1,468	183—196	107—125	2,6
Weinraute	37	—	—	194	189	0,9
Wilder Wein	18—20	—	—	191	137	2,8

A. Steger u. J. van Loon (1943b) stellten in den Glyceriden von Hagebuttenöl folgende Fettsäuren fest: Gesättigte Fettsäuren 5,4 %, Ölsäure 8,4 %, Linolsäure 54,2 %, Linolensäure 32,0 %.

Tabaksamenöl ist in Bulgarien und Griechenland zeitweise als Speiseöl benutzt worden. Es enthält in den Glyceriden 73—77 % Linolsäure, die daraus relativ leicht rein isoliert werden kann.

Über *Bananenöl* berichtete: A. R. Moss (1937); *Erdbeersamenöl:* J. Pritzker u. R. Jungkunz (1938a); *Feigensamenöl:* G. S. Jamieson u. R. S. McKinney (1935b); *Himbeerkernöl:* J. Pritzker u. R. Jungkunz (1930), H. Marcelet (1937); *Holundersamenöl:* H. A. Schuette u. J. W. Brooks (1936), R. H. Cook u. F. J. Goodrich (1937), H. A. Koblic (1949); *Tabaksamenöl:* E. L. Roberts u. H. A. Schuette (1934), L. F. Salisbury (1937), R. W. Riemenschneider u. Mitarb. (1945), S. R. Alpar u. S. Esin (1949), R. V. Crawford u. T. P. Hilditch (1950a); *Tomatensamenöl:* G. S. Jamieson u. H. S. Bailey (1919), T. Hata (1938); *Weinrauten-Samenöl:* K. Täufel u. H. Thaler (1934).

V. Leguminosenfette

Die Leguminosenöle sind durch einen Gehalt an Arachinsäure und Lignocerinsäure neben Öl- und Linolsäure gekennzeichnet. Bei Sojaöl beträgt ihre Menge nur unter 1 %, bei Erdnußöl steigt sie auf 5—7 %. Der Lignocerinsäuregehalt des Öles vom Korallenbaum (*Adenanthera pavonina*) erreicht 25 %, so daß diese Säure hieraus präparativ leicht zu erhalten ist.

Erdnußöl und Sojaöl sind von besonderer wirtschaftlicher Bedeutung als Speiseöle. Sojabohnenöl steht heute in der Weltproduktion von pflanzlichen Ölen für den Ernährungssektor an erster Stelle.

Über die Zusammensetzung der Fettsäuren der genannten Öle gibt die folgende Tab. 80 Auskunft.

Über die Zusammensetzung der Fettsäuren von *Erdnußöl* liegen Untersuchungen vor von: G. S. Jamieson u. Mitarb. (1921), E. F. Armstrong u. J. Allan (1924), T. P. Hilditch u. N. L. Vidyarthi (1927), A. O. Cruz u. A. P. West (1931), H. N. Griffiths u. Mitarb. (1934), T. P. Hilditch u. E. C. Jones (1934), H. E. Longenecker (1937), T. P. Hilditch u. Mitarb. (1944), T. P. Hilditch u. J. P. Riley (1945); über die Zusammensetzung der Fettsäuren von *Sojaöl* berichteten: W. F. Baughman u. G. S. Jamieson (1922), A. O. Cruz u. A. P. West (1932), H. N. Griffiths u. Mitarb. (1934), T. P. Hilditch u. A. Jasperson (1939), T. P. Hilditch u. Mitarb. (1947b); *Korallenbaumsamenöl:* S. M. Mudbidri u. Mitarb. (1928).

1. Erdnußöl

Erdnußöl (Arachisöl, engl. groundnut-, peanut oil) ist das aus den Samen der Erdnuß (*Arachis hypogaea* L.) nach Entfernung der Samenhaut und der Keime gewonnene Öl. Es zählt zu den drei wichtigsten Speiseölen neben Soja- und Baumwollsamenöl.

a) Vorkommen, Gewinnung und Verwendung

Brasilien ist wahrscheinlich die Heimat der Erdnuß. Die älteste Kunde davon gaben Gräber in Ancon bei Lima. Sie kam im 16. Jahrhundert nach Europa und Asien.

Heute werden Erdnußpflanzen in leichten, sandigen Böden von Senegal, Nigeria, Indien und China, auch in Italien, Südfrankreich und Spanien angebaut. Seit einigen Jahrzehnten besitzen die USA in Virginia, Tennessee, Carolina, Georgia, Florida, Louisiana, Texas und Neu-Mexiko umfangreiche Erdnußkulturen. Asien ist führend in der Erdnußerzeugung mit über 60 % der Gesamtproduktion, etwa 25 % entfallen auf Afrika. Ein Drittel der Ernte wird in den Ursprungsländern verbraucht.

Tabelle 81. *Weltproduktion Erdnußöl* (in 1000 t)

Jahr	1950	1951	1952	1953	1954	1955	1956	1957	1958	1959	1960
Erdnüsse . .	10000	9900	9600	10700	11600	12200	13200	13500	—	—	—
Erdnußöl . .	—	1629	1692	1654	2015	2003	2235	2318	2670	2965	2700

Tabelle 80. *Zusammensetzung der Fettsäuren von Leguminosenfetten* (in %)

Art der Ölpflanze	Myristin-säure	Palmitin-säure	Stearin-säure	Arachin-säure	Behen-säure	Lignocerin-säure	Hexadecen-säure	Öl-säure	Linol-säure	Linolen-säure
Erdnuß (Arachis hypogaea)										
Virginia	—	6,3	4,9	⟶	5,9	⟵	—	61,1	21,8	—
Spanien	—	8,3	6,3	⟶	7,1	⟵	—	53,4	24.9	—
Senegal	—	7,3	2,6	⟶	5,2	⟵	—	65,7	19,2	—
Westafrika	—	8,2	3,4	⟶	6,1	⟵	—	60,4	21,9	—
Philippinen	—	8,6	3,6	⟶	5,9	⟵	—	54,5	27,4	—
Indien	0,5	8,0	4,4	⟶	6,6	⟵	1,7	52,5	26,3	—
Argentinien	0,4	11,4	2,8	⟶	7,3	⟵	2,4	42,3	33,4	—
Sojabohne (Soja hispida)										
Mandschurei	—	6,8	4,4	0,7	—	0,1	—	34	52	2
Philippinen	—	9	3,9	0,6	—	—	—	30,5	54	2
Asien	0,3	9,8	2,4	0,9	—	—	0,5	28,9	50,7	6,5
Sojaöl	0,6	7,0	5,5	0,3	—	—	—	26,1	54,7	5,8
Sojaöl, raffiniert	0,4	10,6	2,4	⟶	2,4	⟵	1,0	23,5	51,2	8,5
Korallenbaumsamen (Adenanthera pavonina)	0,4	9,0	1,1	—	—	25,5	—	49,4	14,7	—

Tab. 81 gibt einen Überblick über die Entwicklung der Welternte an Erdnüssen und der Erzeugung von Erdnußöl seit 1950 (in 1000 t).

Den Namen „Erdnuß" verdankt die Pflanze der Eigenart, daß die Frucht unter der Erde reift. Ein leichter, sandiger Boden ist für die in 4—5 Monaten reifende Erdnußpflanze gut geeignet. Die ganze Frucht besteht aus 21—29 %

Abb. 5. Erdnußpflanze mit Früchten; 1/2 nat. Gr. (Aus: ESDORN 1961)

Hülsen und 69—72 % keimfreiem Kern mit 45—50 % Ölgehalt. Erdnüsse kommen meistens ohne Hülse zum Versand (vgl. S. 187); Speisenüsse werden mit den Hülsen exportiert. Mit Riffelwalzen lassen sich bei der Verarbeitung die holzigen Samenhülsen entfernen, gleichzeitig werden auch die braun-roten Samenhäutchen gelockert und durch Ventilatoren abgesaugt.

Die Kerne werden nach dem Mahlen in Schneckenpressen warmgepreßt und danach durch Extraktion mit technischem Hexan entölt. Rohes Erdnußöl enthält nur wenig freie Fettsäuren, meist unter 1,5 %. Raffiniertes Öl hat eine schwach gelbe Farbe und ist nach dem Desodorieren ein sehr haltbares, feines Speiseöl, das sich auch besonders gut zur Margarinefabrikation eignet.

Gehärtetes Erdnußöl wird zum Braten und Backen verwendet und ist in vielen Margarinefetten ein wichtiger Bestandteil (vgl. auch S. 249). In Indien wird gehärtetes Erdnußöl als gheeähnliches Fett unter dem Namen „Vanaspati" viel gebraucht (vgl. S. 234).

Geröstete und mit Öl versetzte, gemahlene Erdnüsse werden in westeuropäischen Ländern und den USA als „Erdnußbutter" in den Handel gebracht.

Erdnußschrot ist ein wertvolles Futtermittel, es enthält 45—50 % Protein.

b) Zusammensetzung und Eigenschaften von Erdnußöl

Die *Zusammensetzung der Glyceride* von Erdnußöl konnte noch nicht genau bestimmt werden, weil eine größere Zahl Fettsäuren an ihrem Aufbau beteiligt ist. Untersuchungen von R. V. Crawford u. T. P. Hilditch (1950b) ergaben, daß Erdnußöl einen geringen Gehalt an vollgesättigten Glyceriden aufweist und daß die Menge an Triolein sich einem Minimum nähert. Frühere Untersuchungen von T. P. Hilditch u. Mitarb. (1938) sowie von B. G. Gunde u. T. P. Hilditch (1940) hatten zu dem Ergebnis geführt, daß die Glyceridzusammensetzung annähernd mit dem Prinzip der gleichmäßigen Verteilung übereinstimmt. Ein gewisser Unterschied besteht in der Glyceridstruktur von Erdnußölen mit hoher und niedriger Jodzahl (vgl. Tab. 82).

Tabelle 82. *Zusammensetzung der Glyceride von Erdnußöl*

Glyceride in Mol.-% mit	Öl aus Westafrika Jodzahl 86,5	Öl aus Tanganyika Jodzahl 95,5	Öl aus Tanganyika Jodzahl 99,2
3 Ungesättigten Fettsäuren	46	36	41
2 Linolsäure	6	19	19
1 Linolsäure	50	69	73
ohne Linolsäure	44	12	8
3 Ölsäure	6	0	0
2 Ölsäure	65	25	30
1 Ölsäure	29	68	62
ohne Ölsäure	0	7	8

Die *Zusammensetzung der Fettsäuren* von Erdnußöl ist in Tab. 80 angegeben. E. Jantzen u. C. Tiedcke (1930) haben Behensäure neben Arachin- und Lignocerinsäure nachgewiesen. H. E. Longenecker (1937) und T. P. Hilditch u. J. P. Riley (1945) fanden auch kleine Mengen Hexadecensäure und C. Y. Hopkins (1951) stellte bis zu 1,3 % Eicosensäure in den Fettsäuren des Erdnußöles fest.

Unreife Erdnüsse enthalten nach N. Dubljanskaja (1931) mehr gesättigte Fettsäuren und weniger Ölsäure. S. H. Bertram (1928) fand folgende Beziehung zwischen Jodzahl (J) und dem Gehalt an gesättigten Fettsäuren:

$$\text{Gesättigte Fettsäuren} = 37{,}25 - 0{,}20\ \text{J}\ \%$$

Das *Verhältnis zwischen den gesättigten Fettsäuren und dem Gehalt an Arachinsäure und Lignocerinsäure* scheint nach Versuchen von A. Heiduschka u. S. Felser (1922) ziemlich konstant zu sein, wie Tab. 83 zeigt.

Tabelle 83. *Verhältnis zwischen den gesättigten Fettsäuren und dem Gehalt an Arachin- und Lignocerinsäure* (in %)

Art des Öles	Palmitinsäure	Stearinsäure	Arachinsäure	Lignocerinsäure
Spanisches Erdnußöl	38,0	28,7	18,7	14,6
Virginia Erdnußöl	36,6	28,5	19,4	15,5
Erdnußöl	31,8	35,2	18,1	14,3
Mittel	*35,5*	*30,8*	*18,7*	*14,8*

J. GROSSFELD (1929a) verwendete diese Verhältniszahlen zur *angenäherten Bestimmung der Lignocerinsäure* L in der schwerstlöslichen Fraktion der Bleisalze der Fettsäuren von Erdnußöl. Aus dem Kaliumperchloratwert (K = % $KClO_4$ aus den fettsauren Kaliumsalzen) wurden folgende Gleichungen aufgestellt:

$$L = 16{,}63\ (39{,}54 - K)\quad \text{I}$$

$$L = 6{,}81\ (42{,}98 - K)\quad \text{II}$$

Liegt der Wert K unter 37,16 (Stearinsäure + Arachinsäure — Lignocerinsäure), so gilt Gleichung I, liegt er über 37,16 (Arachinsäure + Lignocerinsäure), so ist die Gleichung II zu nehmen. Aus dem so gefundenen Lignocerinsäuregehalt wird dann der zugehörige Arachinsäuregehalt mit dem Faktor 1,26 berechnet.

Das Verfahren ist auch für Mischungen von Erdnußöl oder gehärtetem Erdnußöl mit Fetten anwendbar, wenn diese als höchstmolekulare Fettsäure Stearinsäure enthalten.

Tabelle 84. *Eigenschaften und Kennzahlen von Erdnußöl*

ρ (40°)	0,906—0,912
$n_D^{40°}$	1,461—1,465
EP	0—3°
EP der Fettsäuren	22—30°
VZ	188—195
JZ	84—104
RhZ	77—85
% Unverseifbares	0,5—1,0

Der Arachinsäure-, Behensäure- und Lignocerinsäuregehalt der gesättigten Fettsäuren von Erdnußöl kann auch durch gaschromatographische Analysenmethoden exakt ermittelt werden.

Argentinisches Erdnußöl hat höhere Jodzahlwerte, 100—105, die niedrigsten Jodzahlen, um 84, weist Rufisque-Erdnußöl auf. Über die Kennzahlen des Erdnußöles in Abhängigkeit von der geographischen Lage der Anbaugebiete und von Saatauswahlzüchtungen berichtete F. G. SIETZ (1961). Einschränkende Bemerkungen hierzu S. 963.

Im Unverseifbaren des Erdnußöles fand H. MARCELET (1936b) zwei ungesättigte Kohlenwasserstoffe, Hypogaeen und Arachiden mit folgenden Kennzahlen:

Tabelle 85. *Ungesättigte Kohlenwasserstoffe im Unverseifbaren des Erdnußöles*

Hypogaeen $C_{15}H_{30}$				Arachiden $C_{19}H_{38}$			
Siedepunkt 3 mm	ρ (15°)	$n_D^{15°}$	Jodzahl (Hanus)	Siedepunkt 3 mm	ρ (15°)	$n_D^{15°}$	Jodzahl (Hanus)
120—15°	0,820	1,4656	121	180—185°	0,855	1,4761	78

Beide Kohlenwasserstoffe haben einen sehr unangenehmen Geruch und sind wahrscheinlich von Einfluß auf den Geruch und Geschmack des Erdnußöles. Aus 1 kg Öl konnten 18 mg davon isoliert werden.

Der Steringehalt im Unverseifbaren beträgt 0,19—0,25% (ber. auf Öl). W. LANGE (1950) fand 0,022—0,059% Tokopherole, davon etwa die Hälfte α- neben γ- und β-Tokopherol. Die Menge Squalen wurde mit 0,027% festgestellt.

Über die Bestimmung des Raffinationsgrades von Erdnußöl vgl. S. 955

c) Verfahren zum Nachweis von Erdnußöl

Spezifische Farbreaktionen für Erdnußöl sind nicht bekannt. Alle Verfahren zum Nachweis des Erdnußöles beruhen auf dem von A. RÉNARD (1873) vorgeschlagenen Weg zur Erkennung von Lignocerinsäure und Arachinsäure, die durch ihre Schwerlöslichkeit und ihren höheren Schmelzpunkt, sowie die geringere Löslichkeit ihrer Kalium- und Bleisalze gekennzeichnet sind. — Es ist zu beachten, daß Arachinsäure und Behensäure auch beim Hydrieren von Seetierölen und Rüböl entstehen, worauf W. NORMANN u. E. HUGEL (1913) aufmerksam machten.

Schwerlöslichkeit der Fettsäuren in verdünntem Alkohol

J. BELLIER hatte bereits aus der Trübungstemperatur auf den Prozentgehalt an Erdnußöl in einer Ölmischung geschlossen. Das Nachweisverfahren wurde von F. FRANZ u. L. ADLER (1912), H. LUERS (1912), G. BENZ (1932), N. EVERS (1937) und J. GROSSFELD (o. J.) verbessert.

Ausführung der Prüfung. 1 ml des zu prüfenden Öles (oder 0,92 g) wird in einem 100 ml-Erlenmeyerkolben mit 5 ml einer 8%igen alkoholischen Kalilauge (10 ml Kalilauge der Dichte 1,5 mit 90%igem Alkohol auf 100 ml aufgefüllt) 5 min am Rückflußkühler verseift. Man kühlt ab, gibt 1,5 ml einer verd. Essigsäure (1+2), genau 3 Tropfen konz. Essigsäure und 50 ml 70%igen Alkohol hinzu und schüttelt gut durch. Falls eine Trübung auftritt, erwärmt man, bis sie in Lösung gegangen ist, stellt ein Thermometer hinein und läßt nach öfterem Umschütteln bei Raumtemperatur (20°) langsam erkalten. Man beobachtet, bei welcher Temperatur Trübung eintritt. Aus dieser Trübungstemperatur berechnet sich der ungefähre Erdnußölgehalt wie folgt:

Trübungstemperatur (°) . . .	40	38	36	34	32	30	28	26	24	22	20	18	16
Gehalt an Erdnußöl (%) . .	100	80	65	50	41	33	27	20	18	14	10	8	5

Der Versuch kann mehrfach wiederholt werden.

Reine Olivenöle zeigen nach ADLER Trübungstemperaturen zwischen 11,8—14,3°. Bei Sesamöl empfiehlt G. BENZ nicht unter 18° zu kühlen, sowie die Kristalle der Fettsäuren optisch und durch Schmelzpunktbestimmung zu prüfen. Sesamöl und Cottonöl können in größerer Menge die Trübungstemperatur etwas erhöhen. Rüböl stört bei der Probe nicht. Bei Mandelöl kann bis auf 4° gekühlt werden.

Ist die Lösung bei 60° durch Mineralöl oder kristalline Ausscheidungen getrübt, so kann mit etwas Kieselgur und anschließendes Filtrieren geklärt werden.

Zum Nachweis von Erdnußöl über die Bellierzahlen vgl. vor allem S. 440.

Schwerlöslichkeit der Kaliumsalze

Nach BLAREZ (1887) wird 1 ml Öl in einem Reagensglas mit 15 ml alkoholischer Kalilauge (5 g KOH in 100 ml Alkohol von 90 Vol.-%) am Rückflußkühler 15 min lang im Sieden erhalten. Hierauf stellt man das verschlossene Reagensrohr 24 Std in Wasser von 12—15°. Bei Gegenwart von mindestens 10% Erdnußöl bildet sich ein Niederschlag von arachinsaurem und lignocerinsaurem Kalium, während Olivenöl keine Ausscheidung gibt. Sesamöl und Baumwollsamenöl können geringe Mengen Erdnußöl vortäuschen. Es empfiehlt sich, gleichzeitig Versuche mit Olivenöl und Mischungen, die 10% Erdnußöl enthalten durchzuführen.

Von G. AURISICCHIO (1931) wurde zur Beschleunigung des Verfahrens vorgeschlagen, die Kaliumsalze durch Zentrifugieren abzutrennen und die Fettsäuren daraus durch den Schmelzpunkt zu identifizieren.

Von P. BOHRISCH (1910) wurde der Nachweis von schwerlöslichen Kaliumsalzen nach BLAREZ weiter verfeinert, so daß noch 5% Erdnußöl in 10 ml Öl nachzuweisen waren.

D. HOLDE (1897) schlug folgende Arbeitsweise vor: 0,6—0,7 ml Öl werden in einem Reagensrohr mit aufgesetztem Kühler mit 5 ml alkoholischer Kalilauge (3,3 g Kaliumhydroxid in 100 ml 90%igem Alkohol) 2 min gekocht. Bei Gegenwart von viel Erdnußöl wird die Seifenlösung bei 19—20° gallertig fest. Zusätze von 10—15% Erdnußöl in Olivenöl und Mohnöl rufen nach 15 min Stehen bei 19—20° einen flockigen Niederschlag hervor, in Ricinusöl bei 0°. Die Probe nach HOLDE fällt auch mit Sesamöl, Cottonöl und Rüböl positiv aus. Bleibt die Seifenlösung klar, so ist die weitere Prüfung auf Erdnußöl entbehrlich. Es empfiehlt sich jedoch, von den festen Ausscheidungen den Schmelzpunkt der darin enthaltenen Fettsäuren zu bestimmen und sofern genügende Substanzmengen vorhanden sind, auch die Säurezahl.

Die Abscheidung und Bestimmung der Arachinsäure und Lignocerinsäure kann nach O. HEHNER u. C. H. MITCHELL (1896) oder nach A. RENARD (1873) erfolgen.

Tabelle 86. *Schmelzpunkt und Säurezahl höherer gesättigter Fettsäuren*

Kennzahl	Palmitinsäure	Stearinsäure	Arachinsäure	Behensäure	Lignocerinsäure	Cerotinsäure
Schmelzpunkt . .	62,85°	69,6°	75,35°	79,95°	84,15°	87,7°
Säurezahl	218,80	197,23	179,52	164,73	152,20	141,44

Ein weiteres Verfahren zur Abscheidung der Kaliumsalze der Arachinsäure und Lignocerinsäure wurde von DE NEGRI u. FABRIS (1894) beschrieben. P. BOHRISCH (1910) veröffentlichte eine kritische Besprechung der älteren Verfahren.

d) Nachweis fremder Öle in Erdnußöl

Als Verfälschungsmittel für Erdnußöl kommen Sesamöl, Cottonöl, Rüböl und Sojaöl in Betracht. Ihr Nachweis erfolgt auf Grund der Kennzahlen oder nach den bei diesen Ölen beschriebenen Farbreaktionen.

Da bereits Spuren Sesamöl eine positive Baudouin-Reaktion hervorrufen, ist die Soltsien-Zinn(II)-chlorid-Reaktion oder die Farbreaktion von H. KREIS eher geeignet, die nur mit

Mengen über 5% Sesamöl positiv ausfällt. Am sichersten ist der Nachweis des *Sesamins* durch mikroskopische Untersuchung und der von A. BÖMER (1899) angegebenen Farbreaktionen mit Essigsäureanhydrid und konzentrierter Schwefelsäure (vgl. S. 68), die mit Spuren Sesamöl nicht eintritt.

S.H. BERTRAM (1937a) empfiehlt zum Nachweis von *Sojabohnenöl* die Probe auf Carotin (vgl. S. 797), das in Erdnußöl nicht vorkommt. Von J.F. CARRIERE (1927) wurde ein Nachweisverfahren von Sojaöl in Leinöl beschrieben, das auch zur Erkennung von 5—10% und mehr Sojaöl in Erdnußöl sich bewährt. Kleine Mengen Linolensäure in Sojaöl können durch spektrophotometrische Messungen im UV nach Alkaliisomerisation oder durch gaschromatographische Analysenmethoden eindeutig festgestellt werden.

H.P. HARKE u. P. VOGEL (1963) isolieren die Sterine aus dem Unverseifbaren oder direkt aus Fetten und Ölen durch präparative Dünnschicht-Chromatographie. Die danach folgende papierchromatographische Trennung von Cholesterin und Sitosterin erlaubt die Erkennung von 5% *Schweineschmalz* oder *Rindertalg* in Erdnußöl und anderen Pflanzenölen mit Ausnahme von Rüböl. Das im Rüböl vorkommende Brassicasterin bildet mit Cholesterin ein kritisches Paar.

2. Sojabohnenöl

Als erste Ölpflanzen, von denen Aufzeichnungen vorliegen, sind in der Zeit des Kaisers Sheng-Nung in China im Jahre 2838 v.Chr. die Sojabohne (*Soja hispida* L.) und der Hanf erwähnt. Noch älter ist die Verwendung der Sojabohne als Nahrungsmittel in China und Japan. In Europa wurde sie um 1740 bekannt, in Amerika fand sie 100 Jahre später Beachtung. Wildformen (*Glycine ussuriensis*) existieren in der Mandschurei.

Sojaöl ist in einem Zeitraum von 50 Jahren zu einem der wertvollsten und wichtigsten Speiseöle geworden. Es steht auch mengenmäßig an der Spitze der Weltproduktion pflanzlicher Öle für Nahrungszwecke.

Tabelle 87. *Weltproduktion Sojaöl* (in 1000 t)

Jahr	1951	1952	1953	1954	1955	1956	1957	1958	1959	1960
Sojabohnen	17300	18400	17800	19800	20800	24000	—	—	—	—
Sojaöl	2069	2042	2209	2180	2416	2758	3085	3340	3830	4020

a) Vorkommen

Die *Sojabohne* gedeiht auf Lehm- und Sandböden, die genügend Stickstoffbakterien enthalten. Sie wächst liegend als 20—30 cm hoher Strauch, kann aber als Staude eine Wuchshöhe bis 2 m erreichen. Größere Anpflanzungen entstanden in den USA seit 1910, die 1936 beträchtlich erweitert wurden. Über 70 verschiedene Sorten sind bekannt, die jeweils in einem 80 km breiten Streifen des „Maisgürtels“ (vgl. S. 54, 184) Höchsternten liefern. Manche Sojapflanzen reifen bis zu 400 Schoten mit 1—4 Bohnen aus. Durch Züchtung entwickelten Forschungsinstitute der USA viele neue ölreiche Sorten. Im „Maisgürtel“ werden 85% der USA-Ernte an Sojabohnen eingebracht und in nahegelegenen Fabriken auf Öl und Schrot verarbeitet.

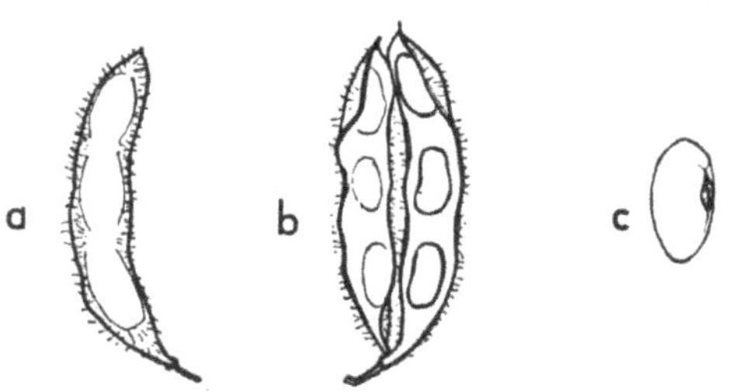

Abb. 6a—c. Sojabohne. a) geschlossene — b) geöffnete Hülse mit Samen, 1/2 nat. Gr. — c) einzelner Same, nat. Gr. (Aus: ESDORN 1961)

Neben den Vereinigten Staaten sind China mit der Mandschurei, danach Japan, Korea, Indonesien, Nigeria, Kanada, die UdSSR und südosteuropäische Länder

Anbaugebiete der Sojabohne. Die früher nach ihrer Größe führenden Pflanzungen der Mandschurei wurden 1942 von den USA übertroffen. Heute entfallen 40—45% der Welterzeugung an Sojaöl auf Nordamerika.

In Abhängigkeit von den klimatischen Bedingungen entstehen Sojabohnen mit hohem Öl- oder Proteingehalt. Späte Aussaat und kühles Klima erniedrigen den Ölgehalt, während der Proteingehalt zunimmt. So erhielt N.J. VILJOEN (1938) in Südafrika je nach den Wachstumsbedingungen Ölgehalte zwischen 12,3—21,3% und Proteingehalte von 32,6—51,5%. Das Problem, in Deutschland Sojabohnen anzubauen, konnte nach H. HELLER (1934) nicht gelöst werden.

b) Gewinnung und Verwendung von Sojaöl

Ein großer Teil der Sojabohnen- und Sojaölimporte in westeuropäische Länder kommt aus den USA. Der Gehalt an Feuchtigkeit soll für Bohnen bester Qualität unter 12% liegen; der Ölgehalt, berechnet auf Trockensubstanz, schwankt zwischen 18—22%. Zum Handel von Sojabohnen vgl. S. 187.

Sojaöl wird aus den zu Plättchen gewalzten Bohnen durch Extraktion mit Benzin erhalten. Die Verarbeitung von Sojabohnen mit Pressen verschiedener Systeme hat abgenommen. Rohes Sojaöl hat eine bräunlichgelbe Farbe und enthält 1,5—3,7% acetonunlösliche Bestandteile, aus denen das handelsübliche „Lecithin" gewonnen wird (E. FREYER 1950; E. FREYER u. V. SHELBURNE 1951); vgl. S. 205.

Es läßt sich nach einer Vorreinigung zur Entfernung der Restmengen Phosphatide gut entsäuern und mit Fullererde aufhellen, wobei die gelben und rötlichen Pigmente adsorbiert werden. Nach dem Desodorieren verbleibt ein helles bis schwachgelbes Speiseöl von mildem Geschmack. Seine Haltbarkeit ist begrenzt; nach einigen Wochen tritt infolge beginnender Oxydation ein etwas „saatiger" Beigeschmack auf, der die Geschmacksumkehr (flavour reversion) ankündigt.

H.J. DUTTON u. Mitarb. (1951) stellten fest, daß dieser Fremdgeschmack aus Oxydationsprodukten der Linolensäure des Sojaöles entsteht. G. HOFFMANN (1961) identifizierte folgende Bestandteile: 3-cis-Hexenal und je zwei isomere 2,4-Hepta- und 2,4-Decadienale.

S.S. CHANG u. Mitarb. (1964) erbrachten durch gaschromatographische Untersuchungen den Nachweis, daß die den Geschmacksumschlag von Sojabohnenöl verursachenden Substanzen aus über 100 Verbindungen bestehen. Viele Komponenten konnten mit Hilfe der Infrarot- und Massenspektrophotometrie charakterisiert werden.

P. MÖLLER (1958) untersuchte das Verhalten von Fettoxydationsprodukten während der Erzeugung von Speisefetten und empfahl als Meßwert die von U. HOLM u. Mitarb. (1957) hierfür entwickelte Aldehydzahl, die mit Hilfe von Benzidinacetat bestimmt wird.

Durch Hydrieren kann die Haltbarkeit des Sojaöls verbessert werden. Zur Vermeidung des Reversions-Geschmacks muß aber die Hydrierung spezifisch gelenkt werden (vgl. S. 234). Weich- und Hartfette aus Sojaöl sind als Bestandteil von Back- und Bratfetten und für die Margarineherstellung sehr geschätzt. In den USA dient Sojaöl in größeren Mengen zum Verschneiden von Olivenöl und unvermischt als Salat- oder Bratöl.

Kleinere Mengen Sojaöl werden für technische Zwecke, z. B. für die Produktion von Alkydharzen, Anstrichfarben und Linoleum eingesetzt.

Die Sojabohne selbst hat als eiweißreiches Nahrungsmittel in China und Japan eine besondere Bedeutung. Sojaschrot ist ein wertvolles Futtermittel. Aus Soja-Protein werden zahlreiche technische Produkte gewonnen, wie Klebemittel für Sperrholz und Kunstfasern.

c) Zusammensetzung und Eigenschaften von Sojaöl

T.P. HILDITCH u. E.C. JONES (1934) stellten fest, daß die gesättigten Fettsäuren als Monopalmito- bzw. monostearo-diungesättigte Glyceride vorliegen und daß praktisch keine

Triglyceride von Öl- oder Linolsäure anwesend sind. Qualitativ hatten B. SUZUKI u. Y. YOKOYAMA (1927) sowie K. HASHI (1927) in Sojaöl Oleodilinolein, Dioleolinolein, Oleo- und Linoleolinolenin über die Bromadditionsprodukte nachgewiesen. Untersuchungen von Sojaöl durch C.R. SCHOLFIELD u. M.A. HICKS (1957) mit Hilfe des Systems der Gegenstromverteilung erbrachten den Nachweis, daß die Fettsäuren im Glyceridverband weitgehend ungleichmäßig verteilt sind. Sie liegen zu 0—5% in monoungesättigter, zu 30—35% in diungesättigter und zu 40—60% in triungesättigter Form vor.

Die *Zusammensetzung der Fettsäuren* ist in Tab. 80 angegeben. In älteren Untersuchungen vor 1926 ist der Gehalt an Linolensäure zu niedrig festgestellt. Sojaöl enthält 6—9% Linolensäure in den Glyceriden. Spuren Tetradecen- und Hexadecensäure wurden von T.P. HILDITCH u. Mitarb. (1947b) gefunden. Die Zusammensetzung der Fettsäuren von Sojaphosphatiden ist von T.P. HILDITCH u. W.H. PEDELTY (1937) ermittelt worden.

Tabelle 88. *Eigenschaften und Kennzahlen von Sojaöl*

ρ (40°)	0,906—0,912
$n_D^{40°}$	1,465—1,469
EP	—8 bis —18°
EP der Fettsäuren	14—25°
VZ	188—195
JZ	117—141 (meist 129—136)
RhZ	77—85
Hexabromidzahl	3—8 (nach EIBNER)
% Unverseifbares	0,5—1,5

Über die Streuung der Kennzahlen vgl. S. 964.

Sojaöl ist verhältnismäßig reich an Tokopherol (Mittelwert 150 mg/100 g Öl), überwiegend γ- und δ-, weniger α-Isomere. Die Sterine enthalten Stigmasterin als Hauptbestandteil und Sitosterine sowie ihre Glucoside (H.R. KRAYBILL u. Mitarb. 1940; M.H. THORNTON u. Mitarb. 1940). In den Pigmenten sind Carotinoide und dem Chlorophyll verwandte Verbindungen von W.G. BICKFORD u. Mitarb. (1940) nachgewiesen worden. C.D. EVANS u. Mitarb. (1964) untersuchten die Kohlenwasserstoff-Fraktion des Unverseifbaren und fanden darin 50% Squalen neben Paraffinen mit 15—35 C-Atomen.

Die Höhe der Hexabromidzahl ist von der Art der Fällung der Bromide abhängig. Nach J.F. CARRIÈRE (1927) bestimmt, beträgt diese Zahl 0,3—1,1; zusammen mit der Jodzahl ist eine zuverlässige Bestimmung von Sojaöl in Leinöl möglich.

Die Qualität von Sojaöl läßt sich über den Chlorophyll-Gehalt bestimmen (vgl. S. 820).

Zur Erkennung des Raffinationsgrades von Sojaöl vgl. S. 954.

d) Verfahren zum Nachweis von Sojabohnenöl

Jodzahl und Refraktion von Sojaöl liegen bedeutend höher als bei vielen anderen Speiseölen. Die Bestimmung der Zusammensetzung der Fettsäuren auf spektrophotometrischem Wege nach einer Alkaliisomerisierung oder durch papier-, bzw. gaschromatographische Verfahren liefert weitere Angaben zur Erkennung von Sojaöl.

Charakteristisch ist das Verhalten bei der Bellier-Reaktion (vgl. S. 23), auch in Mischung bis herab zu 20% in Olivenöl. Nach dem Verblassen der zuerst eintretenden Violettfärbung stellt sich eine beständige dunkle Rotfärbung ein, ähnlich wie bei einigen Seetierölen, nach Beobachtungen von H. KREIS u. O. WOLF (1927).

Bei der Prüfung nach BLAREZ (vgl. S. 83) auf schwerlösliche Kaliumsalze entstehen Ausscheidungen, die etwa 10% Erdnußöl entsprechen. Als höchste Schmelzpunkte der Fettsäuren fanden H. KREIS u. O. WOLF 68—70°, die der Stearinsäure, nicht aber der Arachinsäure entsprechen.

Auch einige Farbreaktionen des Sojabohnenöls wurden empfohlen, die jedoch vorsichtig auszuwerten sind. H. JESSER u. E. THOMAE (1936) haben folgende Arbeitsweisen angegeben:

1. 1 ml des Öles wird mit 1,5 ml 30%iger Antimon(III)-chloridlösung in Chloroform oder Benzol versetzt.
2. 1,5 ml des Öles werden mit 1 ml Arsen(III)-chlorid versetzt.
3. 0,1 ml des Öles wird mit 2 ml einer Mischung Essigsäureanhydrid und Chloroform (1:1) versetzt; dann werden 0,05 ml konz. Schwefelsäure zugefügt.

Nach dem Umschütteln treten sofort oder später Färbungen auf, die nach und nach in andere Farben übergehen. Mit Sojaöl wurden folgende Färbungen beobachtet.

Tabelle 89. *Farbreaktion nach* H. Jesser *und* E. Thomae

Öl	Antimontrichlorid in Benzol	Antimontrichlorid in Chloroform	Arsentrichlorid	Essigsäure-anhydrid
Sojaöl, roh . . .	tiefbraun/ schwarzbraun	tiefbraun/ schwarzbraun	rosa/grün/ schwarz	blau/schmutzig tiefgrünblau
Sojaöl, raffiniert .	desgl.	desgl.	rotbraun/ schwarz	tiefbraun/schmutzig tiefbraun

Die Farben treten in der angegebenen Reihenfolge auf. Auch andere Öle, wie Mohnöl, Sesamöl, Erdnußöl, Olivenöl, Sonnenblumenöl und Rüböl zeigen nach Jesser und Thomae Farbtönungen und Übergänge in andere Nuancen. Ihre Deutung ist nicht immer einfach, sobald es sich um Mischungen handelt, und die Farbreaktionen von Sojabohnenöl können nur mit Vorsicht ausgewertet werden.

K.W. Biefer u. H. Hadorn (1956) entwickelten eine papierchromatographische Nachweismethode für Sojaöl, die auf der Anwesenheit von δ-Tokopherol in diesem Öl beruht, das in anderen Ölen nicht oder nur in geringen Mengen vorkommt. So können noch 10% Sojaöl nachgewiesen werden.

3. Weitere Leguminosenöle

Einige Eigenschaften und Kennzahlen von Leguminosenölen sind in Tab. 90 zusammengestellt.

Tabelle 90. *Eigenschaften und Kennzahlen einiger Leguminosenöle*

Samenöl der	Lateinischer Name	Ölgehalt %	ρ (40°)	$n_D^{40°}$	VZ	JZ
Bohne . . .	Phaseolus vulg. albus	1,3	0,900	1,481	189	136
Erbse. . . .	Pisum sativum	1,0	0,902	1,475	184,5	106
Linse . . .	Lens esculenta	0,8	0,912	1,477	182,5	100
Lupine . . .	Lupinus luteus	4,2	0,910	1,468	185	117
Luzerne. . .	Medicago sativa	9,5	0,902	1,474	185	168

H.A. Schuette u. Mitarb. (1938) sowie T.P. Hilditch u. Mitarb. (1944), C.J.D. Rao u. S.S. Subramanian (1947) und A.H. Jackson u. F.A. Kummerow (1949) stellten in *Luzernesamen* (*Alfalfasamen*) 6 bis fast 10% Öl mit folgenden Kennzahlen fest: ρ (40°) 0,916, $n_D^{40°}$ 1,472, % Unv. 3,1—3,7.

Frühreife und ölreiche Sorten der Öllupine (*Lupinus albus*) können bis 14% Öl in den Samen enthalten. Das Lupinenöl ist nach K. Nehring u. R. Schiemann (1951) nur für technische Zwecke verwendbar. Die Fettsäurezusammensetzung von Süßlupinenöl wurde von K. Täufel u. A. Franzke (1950) ermittelt.

VI. Cruciferenfette

Die Samenöle der Cruciferen sind durch ihren hohen Gehalt (meist 40—50%) an *Erucasäure* gekennzeichnet. Daneben enthalten sie Ölsäure, Linolsäure und kleine Mengen Linolensäure. *Rüböl* ist das bekannteste der Cruciferenöle und stammt aus einer der ältesten europäischen Ölpflanzen. Tab. 91 enthält Angaben über die Zusammensetzung der Fettsäuren aus dieser Pflanzengattung.

Die Zusammensetzung der Fettsäuren von *Hederichöl* wurde festgestellt von B.K. Singh u. A. Kumar (1948); von *Leindotteröl:* J. Holmberg u. G. Sellmann (1952), J.D. von Mikusch (1952); *Raukenöl:* J.J. Sudborough u. Mitarb. (1926), M.N. Baliga u. T.P. Hilditch (1948); *Rüböl:* J.J. Sudborough u. Mitarb. (1926), T.P. Hilditch u. Mitarb. (1927), H.D. Foreman u. J.B. Brown (1944), C.Y. Hopkins (1946), T.P. Hilditch u. Mitarb. (1947), M.N. Baliga u. T.P. Hilditch (1948, 1949), C.Y. Hopkins u. Mitarb. (1949), S.L. Kapur u. B.F. Daubert (1949), W. Roth (1963); *Ravisonöl:* M.N. Baliga u. T.P. Hilditch (1948); *Schwarzes und Weißes Senföl:* T.P. Hilditch u. Mitarb. (1927), S. Dutt (1939), A.J. Johanson u. C.W. Whitehead (1941—43), E. André u. M. Kogane-Charles (1946).

Tabelle 91. *Fettsäurezusammensetzung einiger Cruciferenöle* (in %)

Stammpflanze des Samenöles	Myristinsäure	Palmitinsäure	Stearinsäure	Arachinsäure	Behensäure	Lignocerinsäure	Hexadecensäure	Ölsäure	Eicosensäure	Erucasäure	Linolsäure	Docosadiensäure	Linolensäure
Hederich (Raphanus sativus)	—	1,3	1,4	3,0	3,4	—	—	60,4	—	22,1	4,5	—	3,7
Leindotter (Camelina sativa)	Spur	5,2	1,8	1,2	0,6	—	2,4	23,9	13,8	3,2	14,5	—	33,4
Ölrauke (Eruca sativa)	—	4,7	1,1	1,7	1,1	0,7	1,6	24,0	11,6	37,4	9,1	0,5	6,5
Raps (Brassica campestris)													
Argentinien	Spur	2,6	1,0	0,6	2,1	0,5	0,6	16,0	6,0	47,3	12,5	0,9	9,9
Kanada	—	2,5	1,0	0,8	1,4	—	0,2	22,5	10,7	32,4	17,8	0,6	10,1
Deutschland	0–1,0	2,0–2,8	1,0–3,5	0,6–1,8	0,6–2,1	0,5–0,8	Spur	12,3–24,0	3,5–6,0	45,0–52,5	12,0–15,8	0,9–1,5	6,5–9,9
Ostindien	0,2	2,2	0,4	0,5	1,5	0,8	0,1	15,2	—	53,8	16,0	2,3	7,0
Polen	Spur	2,8	1,2	0,9	0,6	0,7	2,9	14,2	3,5	52,5	12,0	1,1	7,6
Ravison Raps	—	4,3	2,1	1,8	0,5	0,6	0,6	15,5	4,1	38,7	20,9	1,0	9,9
Schwarzer Senf (Brassica nigra)	0,8	0,7	—	0,5	2,3	1,8	—	20,7	8,1	40,6	18,0	—	6,5
Weißer Senf (Brassica alba)	0,4	1,5	0,4	0,5	2,0	1,0	—	22,0	7,0	44,2	14,2	—	6,8

1. Rüböl (Rapsöl, Rübsenöl)

Rüböl ist das aus den Samen verschiedener Varietäten von *Brassica napus* und *B. campestris* mit 40—50% Ölgehalt gewonnene Öl.

a) Vorkommen

Raps und *Rübsen* sind Ölpflanzen, die in der gemäßigten Zone Europas, Ostasiens und Nordamerikas gute Erträge bringen. Von Belgien ausgehend verbreitete sich der Anbau in die Nachbarländer. Vor 1900 waren große Flächen in Deutschland mit Raps bestellt. Während der beiden Weltkriege wurde die Rübölproduktion wieder gesteigert. Heute ist China das größte Erzeugerland für Rüböl, dann folgen Indien, Pakistan und Japan. In Frankreich, Belgien, den Niederlanden und Schweden hat sich die Rapsernte von 1938—1952 stark erhöht. Auch in Polen, der UdSSR und in den Donauländern ist Rüböl ein wichtiges Nahrungsfett geworden. Rapssaat wird nur wenig exportiert. Aus Rumänien und Indien kommen Einfuhren von Rüböl, größere Lieferungen erfolgen aus Schweden. In Kanada und Schweden wurden erucasäurearme Sorten mit höherem Linolsäuregehalt gezüchtet. Seit 1951 war die jährliche Weltproduktion rückläufig und fiel von 1,6 auf 1,1 Mio t im Jahr 1960 (vgl. Tab. 92). Die Ernte der Bundesrepublik Deutschland an Raps und Rübsen betrug z. B. 1960/61 74000 t.

Tabelle 92. *Weltproduktion Rüböl* (in 1000 t)

Jahr . . .	1951	1952	1953	1954	1955	1956	1957	1958	1959	1960
Rüböl . . .	1607	1557	1522	1485	1707	1612	1120	1120	1170	1135

b) Gewinnung und Verwendung

Rapssaat (Ernte vgl. S. 186) wird in den Ölmühlen durch Walzen gequetscht und über Schneckenpressen gepreßt. Kaltgepreßtes, hellgelbes Rüböl könnte sofort als Speiseöl verwendet werden. Sein Gebrauch ist aber zurückgegangen gegenüber nachraffiniertem und desodoriertem Rüböl. Die Tanklagerung von Rüböl erfordert eine vorherige Entschleimung und Trocknung (vgl. S. 191).

Hierfür wird das durch Warmpressen erhaltene Öl mit dem kaltgepreßten Rüböl gemischt.

Durch Extraktion gewinnt man den Rest des Öles, das überwiegend für technische Zwecke eingesetzt wird. Die Raffination mit 1—2% konz. Schwefelsäure ist nicht mehr gebräuchlich.

In hydriertem Rüböl tritt leicht eine Geschmacksreversion ein; eine besondere Lenkung der Hydrierung ist deshalb erforderlich (vgl. S. 234).

Gehärtetes Rüböl hat sich als Backfett und Bestandteil von Margarinekompositionen bewährt. Zur Seifenherstellung ist Rüböl und gehärtetes Rüböl ungeeignet, aber beträchtliche Mengen werden zur Herstellung von Faktis eingesetzt. Rapsschrot wird als Kraftfutter nur in Mischung mit anderen Preßkuchen verfüttert. Durch schnelles Erhitzen der Saat auf über 70°C wird das Enzymsystem zerstört. Die Senföl-Glykoside können nicht gespalten werden.

c) Zusammensetzung und Eigenschaften von Rüböl

T.P. Hilditch u. Mitarb. (1947) untersuchten die Zusammensetzung der Glyceride des Rüböles und ermittelten 54% Mono*oleo*dierucine, 28% Di*oleo*monoerucine und 18% monogesättigte Oleo-erucine; („*Oleo*" bezeichnet auch die anwesenden Linoleo- und Linoleno-Verbindungen; die Erucine umfassen auch die kleinen Mengen Docosadiensäuren der Glyceride). C. Amberger hatte schon um 1910 festgestellt, daß Oleodierucin ein wesentlicher Bestandteil des Rüböles ist. Die Glyceride sind überwiegend nach dem Grundsatz der „statistischen" Verteilung der Fettsäuren aufgebaut; H.P. Kaufmann u. H. Wessels (1964) konnten in Rüböl über 50 Triglyceride nachweisen (vgl. S. 691).

H. GRYNBERG u. M. BELDOWICZ (1961) fanden in polnischem Rüböl 38—44% Erucasäure und 11—13% Linolensäure. Die Erukasäure befindet sich vorwiegend in der 1,3-Stellung der Triglyceride, wie H. GRYNBERG u. H. SZCZEPANSKA (1964) durch enzymatische Hydrolyse mit Hilfe von Pankreaslipase ermittelten.

Kanadisches Rüböl enthält nur etwa 30% Erucasäure und mehr Ölsäure als europäische und asiatische Rübölsorten. H. R. SALLANS (1964) berichtete über die Faktoren, welche die Zusammensetzung von kanadischem Rüböl beeinflussen, wie Temperatur, Feuchtigkeit und speziell Züchtung und Auslese. Der Gehalt an Erucasäure konnte von 40% auf 0 reduziert werden. L.-A. APPELQVIST (1964) züchtete neue Varietäten durch Kreuzen von erucasäurefreien und normalen Rapsarten mit höherem Linol- und geringerem Linolensäuregehalt.

Tabelle 93. *Eigenschaften und Kennzahlen von Rüböl aus verschiedenen Anbaugebieten*

	England	Polen	China	Japan
ρ (40°)	0,897	0,898	0,899	0,897—0,902
$n_D^{40°}$	1,466	1,465	1,464	1,464—1,466
EP	0 bis —2°	+1 bis —3°	0 bis —3°	—
EP der Fettsäuren	15—19°	—	16—21°	—
VZ	176	179—182	174	174—176
JZ	103	90—95	100,5	100—106
% Unverseifbares	0,5—1,5	1,3	±1,0	±0,8

Rohes Rüböl enthält Phosphatide (Kephalin, Lecithin u. a.), deren Fettsäuren nach T.P. HILDITCH u. W.H. PEDELTY (1937) denen der Glyceride gleichen, aber in verschiedenen Mengen darin vorkommen. Etwa die Hälfte des Unverseifbaren besteht aus Sterinen, darunter Brassicasterin und Campesterin, wie E. FERNHOLZ u. H.B. MAC PHILLAMY (1941) fanden.

Der Tokopherolgehalt erreicht nach M. KOFLER (1943) etwa 55 mg in 100 g Öl. Auch kleine Mengen Squalen sind in Rüböl anwesend.

Heißgepreßtes Rüböl enthält Spuren *Schwefelverbindungen*, die aber bei der Raffination in den Seifenfluß übergehen. Sie stammen wahrscheinlich aus dem Glucosid Sinalbin im Schrot. Sinalbin wird durch Myrosin zu Glucose, p-Hydroxybenzylisothiocyanat (p-Hydroxybenzylsenföl) und Sinapinsulfat hydrolysiert. Sinapin ist der Bitterstoff der Rapssamen, chemisch der Sinapin-Cholinester.

d) Nachweis von Rüböl

Für Rüböl und andere Cruciferenöle ist der hohe Erucasäuregehalt charakteristisch. Erucasäure, $C_{22}H_{42}O_2$, schmilzt bei 34,7°, hat Mol.-Gew. 338,56 und SZ 165,72. Auf dem Nachweis von Erucasäure beruhen folgende Verfahren zur Identifizierung von Rüböl (vgl. auch S. 759).

Identifizierung der Erucasäure nach D. Holde und J. Marcusson (1910)

Die Methode gründet sich auf die Abscheidung der Erucasäure und ihre Kennzeichnung durch Smp, Mol.-Gew. und JZ. Die Arbeitsweise ist auf S. 760 beschrieben. 20% Rüböl lassen sich in Leinöl nachweisen.

Nachweis über Bleisalze

Es gibt ein früheres Verfahren von H. KREIS u. E. ROTH (1913).

Eine neuere Methode nach J. GROSSFELD u. A. SIMMER (1930) ist S. 760 beschrieben.

Auch die Erucasäurezahl nach J. GROSSFELD (1935) kann zum Nachweis von mehr als 10% Cruciferenöl dienen. Sie erfordert zur Durchführung der Bestimmung nur 0,5 g Öl.

Oxydations-Verfahren nach H. P. Kaufmann und H. Fiedler

Durch Oxydation von Erucasäure zu Dioxybehensäure nach H.P. KAUFMANN u. H. FIEDLER (1938) lassen sich noch 1—2% Rüböl in anderen Ölen nachweisen. Die Arbeitsweise ist auf S. 760 beschrieben.

Chromatographische und Fraktionierungs-Verfahren

Papierchromatographisch (H.P. KAUFMANN u. Mitarb. 1957) und durch gaschromatographische Analyse lassen sich 1% und mehr Rüböl eindeutig erkennen. Die papierchromatographische Methode nach HADORN u. BIEFER (1956) ist S. 761 beschrieben.

Auch mittels *Harnstofffraktionierung* läßt sich Rapsöl nachweisen nach V.R. BHALERAO u. J.H. MAHON (1958). Beschreibung vgl. V.C. MEHLENBACHER (1960).

e) Überwachung des Verkehrs mit Rüböl

Wegen seines niedrigen Handelswertes dürfte Rüböl nur selten verfälscht werden. Leinöl ist durch den höheren Gehalt an Linolensäure in seinen Glyceriden zu erkennen, wodurch JZ, Refraktion und Hexabromidzahl erheblich zunehmen. Seetieröle lassen sich durch ihren Geruch und die Farbreaktion nach TORTELLI-JAFFÉ (vgl. S. 140) feststellen. Eine Halbmikroschnellmethode nach S. NEOGI (1935) zur Identifizierung von Leinöl und Seetierölen mit Hilfe ihrer Bromadditionsprodukte ist für Mengen über 10 % dieser Öle in Rüböl als Nachweisverfahren anwendbar. Weitere Nachweisreaktionen von Seetierölen in Rüböl vgl. S. 442 und 973. Harzöl ist an der starken Rechtsdrehung zu erkennen (vgl. S. 443). Paraffinölzusatz führt zu einer Abnahme der Verseifungszahl und erhöht die Menge des Unverseifbaren.

Eine Unterscheidung von rohem und technisch raffiniertem Rüböl ist mit Hilfe eines von A. ROSA (1930) gefundenen Testes möglich:

Man löst 1 Teil Öl in 4 Teilen Trichloräthylen. Bei rohem Öl zeigen sich nach mehrstündigem Stehen an der Oberfläche Trübungen, raffinierte Öle bleiben klar. Auch durch Kochen mit dest. Wasser lassen sich beide Arten Rüböl deutlich unterscheiden. Aus rohem Rüböl scheidet sich eine trübe, flockige Wasserschicht ab, raffiniertes Rüböl aber trennt sich glatt vom Wasser.

2. Weitere Cruciferenöle

Senföl, Raukenöl, Leindotteröl und *Hederichöl* haben ähnliche Eigenschaften und Kennzahlen wie Rüböl. Im Verschnitt mit Rüböl lassen sie sich nur schwer nachweisen.

Senföl wird aus den etwa 30—35% fettes Öl enthaltenden Samen des *Schwarzen Senf* (*Brassica nigra* oder *Sinapis n.*) und des *Weißen Senf* (*B. alba* oder *S. a.*) mit gleichen Ölgehalt gewonnen. Schwarzsenföl ist dunkelgelb und hat einen milden Geschmack, das Weißsenföl ist gelb und schmeckt brennend scharf. Beide enthalten etwa 1% Sinigrin, aus welchem nach Umlagerung und hydrolytisch-fermentativer Spaltung (Myrosin) das Allylsenföl, der Träger des Geschmacks, hervorgeht.

Zur Unterscheidung von Senf- und Rüböl eignet sich nach H. HELLER (1960) der *Vier-Temperaturentest* (Trübungs-, Fest-, Flüssigkeits- und Klarpunkt).

Raukenöl (Jambaöl) wird aus den Samen der *Ölrauke* (*Eruca sativa*) gewonnen. In der UdSSR und Indien wird die Pflanze zur Ölbereitung angebaut, in den Mittelmeerländern verwendet man sie als Gemüse und Salat sowie als Viehfutter. Raukensamen enthalten 26—33 % Öl. Der brennende Geruch und der eigentümliche Geschmack des Raukenöles verschwinden nach der Raffination und Desodorierung.

Tabelle 94. *Eigenschaften und Kennzahlen von Cruciferenölen*

Öl	ρ (40°)	$n_D^{40°}$	VZ	JZ	% Unverseifb.
Weißsenföl	0,903—0,910	1,463—1,466	170—178	94—104	0,7—1,5
Schwarzsenföl . .	0,903—0,911	1,464—1,467	174—180	101—112	0,7—1,5
Raukenöl	0,904—0,910	1,464—1,467	170—176	89—108	0,7—1,5
Leindotteröl . . .	0,912—0,915	1,468—1,470	184—190	127—154	0,4—1,0
Hederichöl	0,906—0,908	1,463—1,464	178—182	93—112	0,9—1,0
Kressenöl	—	1,475	181,2	181	1,5

Die Erstarrungspunkte dieser Öle liegen zwischen —8 bis —18°. Schwarzsenföl hat Hexabromidzahlen von 1,3 —1,5, Raukenöl weist ähnliche Werte auf. In Kressenölen aus Berteroa incana kommt viel Linolensäure im Glyceridverband vor.

Leindotteröl (Deutsches Sesamöl, Rüllöl, Saatdotteröl, Rapsdotteröl, Dotteröl) ist in den Samen des *Leindotters* (*Camelina sativa*) enthalten. Die wenig Pflege erfordernde Pflanze wird in Belgien, Holland, der UdSSR und den USA angebaut. Ihre Samen weisen 30—35 % Ölgehalt auf. Das Öl wird in Mischung mit Leinöl als Anstrichöl verwendet, dient aber auch kaltgepreßt als Speiseöl.

Hederichöl wird aus den Samen (Ölgehalt 30—50 % trocken) des *Hederichs* (Ackerrettich, Wilder Raps) (*Raphanus raphanistrum*) durch Pressen und Extrahieren erhalten. Es eignet sich eher für technische Zwecke und wird kaum als Speiseöl gebraucht.

Kressesamenöl aus *Berteroa incana* wird in Indien und im Iran als Speiseöl verwendet. Weitere Cruciferenöle wurden von J. J. A. WIJS (1903), CL. GRIMME (1912), S. IWANOW u. Mitarb. (1930) und W. WASSILJEW (1940) beschrieben.

VII. Samenfette der Umbelliferen

Aus Umbelliferen wird technisch kein Öl gewonnen. Da aber Umbelliferensamen vielen Lebensmitteln als Gewürze zugesetzt werden, ist die Kenntnis ihrer Ölzusammensetzung von Bedeutung.

Die Samenöle der Umbelliferen sind durch den Gehalt an einer isomeren Ölsäure, der Petroselinsäure (vgl. S. 750) gekennzeichnet. Sie wurde auch im Samenöl der Araliaceen (Efeu) und von Simarubaceen (Bitterholzgewächs) gefunden.

Tabelle 95. *Zusammensetzung der Fettsäuren von Umbelliferen* (in %)

Samenöl von	Palmitinsäure	Petroselinsäure	Ölsäure	Linolsäure
Bärenklau (Heracleum sphondylium)	4	19	52	25
Efeu (Hedera helix)	5	62	20	13
Fenchel (Foeniculum officinale)	4	60	22	14
Gartenkerbel (Anthriscus cerefolium)	5	41	0,5	53,5
Koriander (Coriandrum sativum)	8	53	32	7
Kümmel (Carum carvi)	3	26	40	31
Möhre (Daucus carota)	4	58	14	24
Pastinak (Pastinaca sativa)	1	46	32	21
Petersilie (Petroselinum sativum)	3	76	15	6
Petersilie (Petroselinum sativum)	4	70	12	14
Petersilie (Petroselinum sativum)	4,6	69,1	12,3	14,0
Sellerie (Apium graveolens)	3	51	26	20
Waldangelika (Angelica silvestris)	4	19	44	33

Über die Zusammensetzung des Samenöles von *Bärenklau* und *Waldangelika* berichteten T.P. HILDITCH u. E.E. JONES (1928); von *Efeu:* A. STEGER u. J. VAN LOON (1928); *Fenchel, Gartenkerbel, Koriander, Kümmel, Möhren, Pastinake und Sellerie:* B.C. CHRISTIAN u. T.P. HILDITCH (1929); *Petersilie:* T.P. HILDITCH u. E.E. JONES (1927), A. STEGER u. J. VAN LOON (1928).

Tabelle 96. *Eigenschaften und Kennzahlen von Umbelliferenfetten* (nach CL. GRIMME 1903)

Samenöl von	ρ (15°)	EP °C	$n_D^{40°}$	VZ	JZ Wijs)	% Unv.
Anethum graveolens	0,9282	—2	1,4775	176,0	119,6	1,14
Anthriscus cerefolium	0,9265	—9	1,465	183,1	110,2	1,45
Apium graveolens	0,9236	—12	1,476	178,1	94,8	0,79
Carum carvi	0,9268	—7	1,469	178,3	128,5	2,74
Coriandrum sativum	0,9267	—2	1,469	176,8	108,8	1,14
Cuminum cyminum	0,9256	—8	1,470	179,3	91,8	2,06
Daucus carota	0,9296	—6	1,470	179,4	105,1	1,53
Foeniculum officinale	0,9304	—2	1,4775	181,2	99,0	3,68
Petroselinum sativum	0,9243	—14	1,476	176,5	109,5	2,18
Pimpinella anisum	0,9232	—3	1,472	178,4	108,6	0,96
Ptychotis ajowan	0,9281	—4	1,468	182,0	99,6	2,26

EP = Erstarrungspunkt

VIII. Für die Ernährung ungeeignete Samenfette

Einige Pflanzenfette üben auf den menschlichen Organismus *besondere physiologische Wirkungen* aus und sind daher als Speisefette nicht verwendbar. Hierzu zählen u. a. das *Chinesische Holzöl*, *Ricinusöl* und *Chaulmugraöl*. Diese Öle werden in großen Mengen für technische und arzneiliche Zwecke gewonnen. Sie können auch in fetthaltige Lebensmittel gelangen und Schädigungen hervorrufen. Die wirksamen Bestandteile sind arteigene Fettsäuren dieser Öle, sie lassen sich durch Raffinationsverfahren aus den Ölen nicht entfernen.

1. Chinesisches Holzöl und ähnliche Öle

Holzöl, auch Tungöl oder Elaeococcaöl genannt, wird aus den Samen von *Aleuritis fordii* (Chinesisches Holzöl) oder *A. cordata, syn. vernica* und *verrucosa* (Japanisches Holzöl) gewonnen. *A. montana* liefert ein Öl fast gleicher Zusammensetzung.

Dem Chinesischen Holzöl verwandte Öle werden aus den Nüssen von *Aleuritis trisperma* (Kekunaöl oder Banucalag) und *A. moluccana*, bzw. *A. triloba* (Kandelnußöl oder Lumbangöl) erhalten.

Die Früchte des Holzölbaumes enthalten je 3—5 Samen, deren Kerne nach Entfernung der harten Schale 48—50 % Holzöl liefern. Vor 1939 exportierte China etwa 100000 t Holzöl, vorwiegend in die USA. Das Öl wurde in etwa 30000 Kleinbetrieben gewonnen.

Mit Erfolg wurde versucht, Holzölbaumkulturen in Ländern der wärmeren Zonen anzulegen. In den USA bot Florida hierfür die besten Voraussetzungen, ebenso sind Anbaugebiete in Algier, Tansania mit Sansibar, der Dominikanischen Republik, Jamaica, Brasilien, Ceylon, Australien und Neuseeland vorhanden. Kleine Mengen Holzöl werden in Jugoslawien und der UdSSR produziert.

Die Weltproduktion an Holzöl betrug 1957 etwa 120000 t.

a) Gewinnung und Verwendung

In China werden die Holznüsse geröstet, wodurch die Schalen aufspringen, dann zu Mehl vermahlen und in einer Keilpresse gepreßt. Das Öl wird mit Wasser aufgekocht und als „weißes Tungöl" abgepreßt. In den USA wird Holzöl mit Schraubenpressen gewonnen, nachdem die Früchte Schälvorrichtungen und Separatoren passiert haben. Man beläßt einen Teil der Schalen bei den Kernen. Das rohe Holzöl wird durch Filtration geklärt, aber nicht raffiniert, weil der Gehalt an freier Fettsäure stets niedrig ist und mit Alkalilaugen schwer trennbare Emulsionen entstehen. Die Extraktion der Kerne von Holznüssen mit Benzin führt zu teilweise isomerisiertem Holzöl mit β-Elaeostearin und wird daher technisch nicht durchgeführt.

Holzöl ist ein wertvolles Rohmaterial für die Lackindustrie. Es wird als Holzölstandöl oder in Form von Alkydharzen verwendet. In China bereitet man aus dunklem Holzöl, das beim Pressen von heißem Mehl anfällt, die Chinesische Tusche. Holzölfilme sind sehr widerstandsfähig und wasserbeständig. Sie zeigen die ihnen eigentümliche Eisblumenbildung an der Oberfläche beim Trockenvorgang.

Holzöl ruft Brechreiz hervor und führt äußerlich zu schwer heilenden Hautentzündungen.

b) Zusammensetzung und Eigenschaften von Holzöl

R.S. Morrell u. W.R. Davis (1936) isomerisierten Holzöl zu „β-Elaeostearin" und bestätigten dadurch, daß Tri-α-elaeostearin Hauptbestandteil des Holzöles ist.

Über die Zusammensetzung der Holzölfettsäuren liegen zahlreiche Untersuchungen vor (R. S. MCKINNEY u. G. S. JAMIESON 1935, 1938a; H. P. KAUFMANN u. J. BALTES 1936; T. P. HILDITCH u. J. P. RILEY 1946; R. T. O'CONNOR u. Mitarb. 1947). Die Ergebnisse stimmen darin überein, daß über 75% α-Elaeostearinsäure neben 3,5—8% gesättigten Fettsäuren, 4—16% Ölsäure und 9—11% Linolsäure in den Gesamtfettsäuren vorkommen. Linolensäure wurde nicht gefunden.

Tabelle 97. *Eigenschaften und Kennzahlen von Chinesischem Holzöl*

ρ (40°)	0,922—0,927
$n_D^{40°}$	1,510—1,514
Viscosität °E_{20} . . .	32—43
Viscosität °E_{50} . . .	11,3
EP	—17 bis —21°
EP der Fettsäuren .	31—37°
VZ	189—195
JZ (Wijs)	160—175 (250)
Dien-Zahl	64—70
RhZ	81—87
% Unverseifbares . .	0,4—1,0

Die Jodzahlwerte von Holzöl sind abhängig von der Art und Menge sowie der Einwirkungsdauer der jeweils verwendeten Jodlösungen (Wijs, Hanuš). J. D. v. MIKUSCH u. C. FRAZIER (1941) wandten eine modifizierte Hanuš-Methode an und erhielten Werte um 225, L. KLEE u. G. H. BENHAM (1950) fanden nach einer anderen Methode reproduzierbare Werte um 250.

Für Holzöl sind folgende Eigenschaften charakteristisch: Der Geruch erinnert an Rauchfleisch. Refraktion und Dispersion sind höher als bei allen anderen Ölen. Viscosität und Dichte werden nur noch von Ricinusöl übertroffen.

Spuren von Jod oder Schwefelverbindungen führen zu einer sterischen Umlagerung des α-Elaeostearins in das β-Isomere (Smp 65°). Durch Lichteinwirkung wird Holzöl fest, selbst unter Luftabschluß.

Beim Erhitzen auf 282° geliert Holzöl innerhalb 12 min (ASTM). Das Festwerden zu einer gelatinösen Masse tritt auch bei schnellem Erhitzen auf 250—260° ein, wodurch die Jodzahl zurückgeht und die Verseifungszahl um rd. 10 Einheiten ansteigt.

c) Nachweis von Holzöl

Die physikalischen Eigenschaften und die Kennzahlen des Holzöles sind von denen der Speiseöle sehr verschieden und gestatten seinen Nachweis, vor allem über den hohen Elaeostearinsäuregehalt, auch in kleinen Mengen.

Durch spektrophotometrische Messung der Absorption im UV kann α-Elaeostearinsäure zuverlässiger erkannt werden als durch die Bestimmung der Dienzahl (R. T. O'CONNOR 1945, 1947).

Z. LEPPERT u. Z. MAJEWSKA (1934) weisen 10% und mehr Holzöl oder Holzöl- und Oiticica-Standöl durch das Verhalten von Schwefelsäure auf einer Ölprobe nach. Ein Tropfen Öl wird auf dem Uhrglas mit einem Tropfen Schwefelsäure (7 Teile konz. Säure, D = 1,84 + 1 Teil Wasser) versetzt. In Gegenwart von Holzöl bleibt der Säuretropfen auf der Oberfläche des Öles und wird dunkel. Nach kurzer Zeit nimmt er die Form eines kantigen Polyeders an, bei holzölfreien Proben behält der Tropfen seine runde Gestalt oder verläuft in Schlieren. Über den Nachweis mit Schwefelsäure vgl. auch S. 443.

H. P. KAUFMANN u. P. KIRSCH (1942) empfehlen Tetranitromethan, das mit Konjuenölen in Chloroform eine charakteristische Färbung liefert, zum qualitativen Nachweis von Holzöl, weisen aber ausdrücklich auf die dabei einzuhaltenden Vorsichtsmaßnahmen hin.

Geringe Anteile fremder Öle in Holzöl erhöhen die Gelatinierungszeit bei 282° nach dem Browne-Test oder dem ähnlich auszuführenden Worstall-Test (H. A. GARDNER u. G. G. SWARD (1947). Über das Verhalten des Holzöls beim Erhitzen vgl. auch S. 443.

Die analytischen Kennzahlen von Holzöl sind nach E. D. G. FRAHM (1938) durch mathematische Beziehungen miteinander verknüpft.

Das leinölähnliche *Kandelnußöl* enthält nach E. D. G. FRAHM u. D. R. KOOLHAAS (1938) nur bis 2% Elaeostearinsäure, 50% Linolsäure und etwa 30% Linolensäure. *Kekunaöl* hat neben 50% Elaeostearinsäure 17—18% gesättigte Fettsäuren, etwa 12% Ölsäure und 20% Linolsäure in seinen Glyceriden (R. CHILD 1941; F. D. GUNSTONE u. T. P. HILDITCH 1946).

Tulucunafett von *Carapa procera* u. *C. guanensis* hat einen bitteren Geschmack und findet Verwendung zur Insektenbekämpfung und als Brennöl. *Pongamöl* (Korungöl, Kagoöl) aus *Pongamia glabra* (Ostindien) wird äußerlich zu Heilzwekken, sowie für technische Produkte verwendet.

2. Oiticicaöl, Bolekoöl (Isanoöl), Parinariumöle

Oiticicaöl stammt aus den Kernen der Nüsse des Oiticicabaumes (*Licania rigida*) in Brasilien. Der immergrüne Baum erreicht bis 20 m Höhe und bringt jährlich 150—900 kg Früchte hervor. In den Kernen sind 55—63 % Öl enthalten, das durch Pressen gewonnen wird. Frisches Oiticicaöl ist gelblich gefärbt und hat eine schmalzartige Konsistenz.

Für den Export bestimmte Partien Oiticicaöl werden 30 min auf 210—220° erhitzt, sie bleiben danach flüssig. W. B. Brown u. E. H. Farmer (1935) stellten die Struktur der Licansäure, des Hauptbestandteiles des Oiticicaöles, als 4-Keto-9,11,13-octadecatriensäure fest. Das Öl liefert ähnlich gute Lackfilme wie Holzöl.

Boleko- oder Isanoöl (Ongokeaöl) ist das aus den Nüssen eines im Kongogebiet wachsenden Baumes (*Ongokea gore*, Engler) gewonnene Öl. Es enthält nach A. Seher (1954) und E. de Vries (1957) Isan- und Isanolsäure, hochungesättigte Fettsäuren mit konjugiert angeordneten Acetylenbindungen (vgl. auch H. A. Bookenoogen 1937; A. Castille 1939 und A. Steger u. J. van Loon 1937a, 1940). E. de Vries (1957) fand im Bolekoöl (Isanoöl) folgende Fettsäurezusammensetzung: Feste und flüssige gesättigte Fettsäuren 3,0 %, Linolensäure 1,6 %, hochungesättigte Fettsäuren 4,0 %, Isansäure 51,4 %, 2 isomere Isanolsäuren 40,0 %. R. C. Badami u. F. D. Gunstone (1963) analysierten Isanoöl und ermittelten: 6 % gesättigte Fettsäuren, 14 % Ölsäure, 5 % Linolsäure, 51 % C_{18}-Fettsäuren mit Acetylenbindungen (5 Isomere), 22 % C_{18}-Hydroxyfettsäuren mit Acetylenbindungen (4 Isomere) und 2 % 9,10-Dihydroxystearinsäure.

Tabelle 98. *Zusammensetzung von Oiticicaöl und Parinariumölen*

Zusammensetzung der Fettsäuren von	Oiticicaöl	Öl aus Parinarium laurinum	Öl aus Parinarium macrophyllum	Öl aus Parinarium sherbroense
Palmitinsäure . . . } Stearinsäure . . . . }	10—11	4	12 2	13
Ölsäure	4—12	6	40	9 (Ölsäure + Linolsäure)
Linolsäure	0—4	2	15	
Octadecadiensäure .	—	1	—	—
Elaeostearinsäure . .	—	31	31	34
Parinarsäure	—	56	—	—
Licansäure	70—82	—	—	44

Isanoöl hat eine Hydrierjodzahl von 316, die üblichen Jodzahlbestimmungen nach Wijs oder Hanus liefern schwankende, zu niedrige Werte. Beim Erhitzen auf über 200° tritt Polymerisation ein, gelegentlich so heftig, daß sie explosiv verläuft. Die Erhitzung wird daher in Mischung mit weniger reaktionsfähigen Ölen durchgeführt.

Tabelle 99. *Eigenschaften und Kennzahlen von Oiticicaöl, Bolekoöl und Parinariumölen*

	Oiticicaöl	Bolekoöl	Öl aus Parinarium laurinum	Öl aus Parinarium macrophyllum	Öl aus Parinarium sherbroense
ρ (40°)	0,932—0,953	0,960—0,963	±0,943	±0,916	0,937—0,953
$n_D^{40°}$ . .	1,504—1,508	1,500—1,502	1,552	1,483—1,485	1,502—1,513
SZ . .	1—25	1—20	—	—	1—20
VZ . .	185—194	187—194	187	184—190	188—192
JZ . .	140—180	140—230	214	110—140	140—160
% Unv.	0,3—1,0	1,1—3,3	1,15	0,4—1,0	0,3—1,0

Die in Tab. 99 angegebenen Jodzahlwerte sind unsicher und von den Versuchsbedingungen abhängig.

Isanoöl hat technische Bedeutung als schnell- und harttrocknendes Öl und wird nach H. Moser (1962) zur Herstellung von Sandformen in Gießereibetrieben mitverwendet.

Parinariumöle werden aus den Fruchtkernen verschiedener tropischer Bäume der Familie der *Rosaceae* erhalten. Ihre wirtschaftliche Bedeutung ist gering. *Parinarium laurinum*, ein in Japan und auf den Südseeinseln wachsender Baum liefert ein Samenöl, das die höherungesättigte Parinarsäure in seinen Glyceriden enthält. M. TSUJIMOTO u. H. KOYANAGI (1933) und H. P. KAUFMANN u. Mitarb. (1938) wiesen nach, daß Parinarsäure 4 Doppelbindungen in konjugierter Anordnung enthält.

Néouöl, auch „Akarittom" genannt, von *Parinarium macrophyllum*, enthält nach A. STEGER u. J. VAN LOON (1934c) etwa 30% Elaeostearinsäure. Im *Po-Yoaköl* von *P. sherbroense* fanden STEGER u. VAN LOON (1938) Elaeostearinsäure neben Licansäure.

Die Zusammensetzung der Fettsäuren von Oiticicaöl und Parinariumölen ist in Tab. 98 beschrieben. Tab. 99 gibt eine Übersicht über die Eigenschaften und Kennzahlen der genannten Öle und von Bolekoöl.

3. Ricinusöl

Ricinusöl oder Castoröl ist ein technisch und pharmazeutisch wertvolles Öl. Die Samen der 1—2 m hohen Ricinuspflanze (*Ricinus communis*) enthalten 45—55% Öl. Die Ricinuspflanze gehört zur Familie der Euphorbiaceae. Sie wächst in tropischen und subtropischen Ländern als einjährige Staude oder erreicht in mehrjährigem Wuchs als Baum eine Höhe von 10 m in Abhängigkeit von der Sorte und dem Klima. Ricinuskulturen befinden sich in Brasilien, Mexiko, China, Thailand, Tansania, Kenia und Moçambique sowie in den USA. Kleine Pflanzungen Ricinusstauden sind in Italien und den Balkanländern vorhanden. Die Weltproduktion an Ricinusöl erreichte 1955: 218000, 1956: 227000 und 1957: 243000 t.

Tabelle 100. *Eigenschaften und Kennzahlen von Ricinusöl*

ρ (40°)	0,942—0,952
$n_D^{40°}$	1,466—1,473
EP	—12 bis —18°
Viscosität 20°	935—1033 cp
Kritische Lösungstemperatur in Alkohol	unter 0°
$[\alpha]_D$	+ 7,5 bis +9,7°
SZ	bis 4
VZ	177—187
JZ	82—90
RhZ	±82
Hydroxylzahl	161—169
Acetylzahl	144—150
% Unverseifbares	0,2—0,3

Durch Kaltpressen gewinnt man ein sehr helles, viscoses Öl; die dann folgende Warmpressung und Extraktion liefert ein etwas gelblichbraun gefärbtes Ricinusöl. Öl erster Pressung wird als Purgiermittel verwendet. Durch Dehydratisierung in Gegenwart von Katalysatoren (J. SCHEIBER 1928) kann aus Ricinusöl ein trocknendes Öl bereitet werden. Beim Erhitzen auf 300° entstehen Undecylensäure und Heptylaldehyd, die als Rohstoffe zur Herstellung von Kunstfasern (Rilsan) bzw. Duftstoffen dienen. Mit geschmolzenem Alkali erhitzt, zerfällt Ricinusöl in Methyl-n-hexylcarbinol mit etwas Methylhexylketon und Sebacinsäure (C. H. McKEEVER 1949). Die Hydrierung von Ricinusöl unter schonenden Bedingungen liefert ein bei 84—86° schmelzendes Hartfett mit wachsähnlichen Eigenschaften. Luftgeblasenes Ricinusöl wird als Weichmacher für Lacke und Kunststoffe verwendet. Schließlich wird das Öl noch zur Seifenherstellung und für kosmetische Präparate gebraucht.

a) Zusammensetzung und Eigenschaften von Ricinusöl

Die Fettsäuren des Ricinusöles bestehen nach H. P. KAUFMANN u. H. BORNHARDT (1939) aus 87,0% Ricinolsäure, 7,4% Ölsäure, 3,1% Linolsäure, 2,4% gesättigten Fettsäuren und 0,6% Dihydroxystearinsäure. In anderen Proben Ricinusöl aus verschiedenen Ländern wurden 91,4—94,5% Ricinolsäure festgestellt neben 4,5—5,0% Linolsäure und Spuren Ölsäure sowie etwa 1% gesättigten Fettsäuren (A. CROSSLEY u. T. P. HILDITCH 1951). Demnach ist Triricinolein der Hauptbestandteil der Glyceride des Ricinusöles.

K. T. Achaya u. Mitarb. (1964) trennten die Glyceride des Ricinusöles durch Gegenstromverteilung mit 90 %igem Alkohol und Hexan als Lösungsmittel. Eine Probe enthielt 68,2 % Triricinoleine, 28 % Diricinoleine, 2,9 % Monoricinoleine und 0,9 % Glyceride ohne Ricinolsäure. Aus der gaschromatographischen Analyse der Fettsäuremethylester ergab sich folgende Zusammensetzung der Fettsäuren: Palmitinsäure 1,0; Stearinsäure 1,0; Arachinsäure 0,2; Palmitoleinsäure 0,2, Ölsäure 3,2, Linolsäure 3,6, Linolensäure 0,2, Ricinolsäure 89,2 und Dihydroxystearinsäure 1,4 %.

b) Nachweis von Ricinusöl

Reines Ricinusöl ist durch seine typischen Kennzahlen (Acetylzahl oder Hydroxylzahl), die Viscosität und das spezifische Gewicht zu identifizieren. Qualitativ kann es durch die bei der Kalischmelze entstehenden, charakteristisch riechenden Spaltprodukte erkannt werden. Aus den Kaliseifen ist Sebacinsäure durch Ansäuern, Filtrieren und Umkristallisieren aus Wasser zu erhalten (DGF-Einheitsmethoden C-II 17, 53); Beschreibung dieses Nachweises S. 442. Das Öl löst sich in absolutem Alkohol und 90 %igem Alkohol (2 Vol.) bei 15°, dagegen nur sehr wenig in Petroläther. In warmem Hexan oder Heptan ist es löslich; daher ist auch die technische Gewinnung aus Ricinussaat durch Extraktion möglich.

4. Crotonöl

Crotonöl stammt von einer Euphorbiacee (*Croton tiglium*), dem Purgierbaum. Das gelbliche aus den reifen Samen gewonnene Öl hat einen brennenden Geschmack und kann als drastisch wirkendes Purgiermittel verwendet werden, wobei wegen der Giftigkeit besondere Vorsichtsmaßnahmen zu beachten sind.

Es enthält ein alkoholisches Harz, dem die physiologische Wirkung zugeschrieben wird. Spuren niederer gesättigter Fettsäuren und Tiglinsäure wurden darin nachgewiesen. Die Fettsäuren der Glyceride des Crotonöles setzen sich nach B. Flaschenträger u. R. Wolffersdorff (1934) aus Myristinsäure, Ölsäure und Linolsäure zusammen.

5. Chaulmugraöl, Hydnocarpusöl, Gorliöl

Die Samenfette verschiedener Arten der Familie *Flacourtiaceae* haben als Heilmittel gegen Lepra eine besondere Bedeutung. Wegen ihrer Giftigkeit sind sie als Speiseöle nicht verwendbar. Chaulmugra-, Hydnocarpus- und Marattiöl waren 1910 die Ursache einer Massenvergiftung geworden, da man — ohne ihre toxische Wirkung zu kennen — diese Öle als Rohstoff für Margarine verarbeitete. Die Öle sind durch hohen Gehalt an den stark rechtsdrehenden cyclischen Säuren — Chaulmugrasäure, Hydnocarpussäure und Gorlisäure — gekennzeichnet.

Chaulmugraöl kommt aus den Samen von *Taractogenos kurzii*, eines in Burma heimischen Baumes. Das scharf schmeckende, gelblichbraune Öl hat einen eigenartigen Geruch.

Hydnocarpusöl wird in Indien und China als Therapeuticum gegen Hautkrankheiten verwendet und scheint in seiner Wirkung dem Chaulmugraöl überlegen zu sein. Stammpflanzen sind *Hydnocarpus wightiana* aus Indien, *H. anthelminthica* in *Thailand* und andere Varietäten auf den ostindischen Inseln.

Ein in Brasilien wachsender Baum, *Carpotroche brasiliensis*, enthält in seinen Samen ein hellgelbes Öl (*Oleo de Sapucainha*) mit fast 90 % cyclischen Fettsäuren. Öle aus anderen Arten derselben Gattung haben eine ähnliche Zusammensetzung.

Gorliöl ist ein in Afrika gebräuchliches Heilmittel gegen Lepra. Die Stammpflanze, *Oncoba echinata*, ist ein in Guinea, Nigeria und in Mittelamerika angepflanzter 6—7 m hoher Baum. Das weiße Fett enthält etwa 75 % Chaulmugrasäure in seinen Glyceriden.

Die Lepraöle sind wiederholt Gegenstand umfassender Untersuchungen gewesen.

Über *Chaulmugraöl* berichteten: B.B. DIKSHIT (1932), H.I. COLE u. H. CARDOSO (1937, 1938), H. SCHLOSSBERGER (1938), W.C. TOBIE (1949) und A. SEN GUPTA u. Mitarb. (1963). Nach A. BÖMER u. H. ENGEL (1929) enthält das Öl 79% Chaulmugro-dihydnocarpin und 13% Hydnocarpo-dichaulmugrin neben sehr wenig Stearodipalmitin oder Tripalmitin. Die Kultur der indischen Chaulmugra in Brasilien wurde von H.C. DE SOUZA ARAUJO (1937) behandelt. *Hydnocarpusöl* war u. a. von J.A. ROCK (1922), G.A. PERKINS u. Mitarb. (1923, 1927), C.D.V. GEORGI u. G.L. TEIK (1929) und D.H. PEACOCK u. G.K. AIYAR (1930) untersucht worden. Von *Gorliöl* haben E. ANDRÉ u. D. JONATTO (1928), M.T. FRANCOIS (1929) und E.J. VAN ITALLIE (1929) die physikalischen Eigenschaften und Kennzahlen mitgeteilt.

Tabelle 101. *Zusammensetzung der Fettsäuren einiger Lepraöle*

Öl und Stammpflanze	Chaulmugraöl (Taractogenos kurzii)	Hydnocarpusöl (Hydnocarpus whigtiana)	Gorliöl (Oncoba echinata)
Palmitinsäure	4,0	1,8	7,8
Ölsäure	14,6	6,5	2,2
Niedere Homologe von Hydnocarpussäure	0,4	3,4	—
Hydnocarpussäure	34,9	48,7	—
Chaulmugrasäure	22,5	27,0	74,9
Gorlisäure	22,6	12,2	14,7

Kleine Mengen Fettsäuren (0,4—1,0%) wurden bei der Trennung in die Komponenten nicht erfaßt.

Tabelle 102. *Eigenschaften und Kennzahlen einiger Lepraöle*

Öl	Chaulmugraöl	Hydnocarpusöl	Gorliöl
ρ (40°)	0,939—0,946	0,948	±0,936
$n_D^{40°}$	1,471—1,473	1,472—1,473	±1,472
$[\alpha]_D^{25°}$	+49,8	+55	+51,7
Smp	22—26° (33—39°)	22—24°	42—44°
VZ	198—208	200—208	190—194
JZ	98—105	93—101	94—100
% Unverseifbares	±0,30	±0,25	1—1,6

Analytisch sind Chaulmugraöl, Hydnocarpusöl und Gorliöl an ihrer hohen Refraktion bei relativ niedrigen Jodzahlwerten und der starken optischen Rechtsdrehung zu erkennen (vgl. auch S. 542). Eine Farbreaktion zum Nachweis von Chaulmugraöl ist S. 443 beschrieben.

C. Mikrobenfette

I. Fette heterotropher Mikroorganismen

1. Hefefette

Die Fettbildung in Hefezellen ist nach W. HALDEN u. Mitarb. (1933) keine Degenerationserscheinung, sondern beruht auf einer Stoffwechsel-Umstellung, die bei der Unterdrückung der Gärung und Sprossung durch Forcierung des Atmungsstoffwechsels eintritt. C. NAEGELI u. O. LOEW (1878) wiesen zuerst nach, daß Hefe Zucker in Fett umwandeln kann und zeigten, daß die Fettausbeute bei geringem Stickstoffgehalt des Nährmediums vergrößert wird. P. LINDNER (1899) entdeckte bei Versuchen im Berliner Institut für Gärungsgewerbe eine fettreiche Hefe, *Torula pulcherrima,* die unter günstigen Wachstumsbedingungen bis 60% Fettgehalt erreichte.

Spätere Versuche mit *Endomyces vernalis* von P. LINDNER (1922) ergaben, daß dieser hefeähnliche Organismus auch mit Melasse, Holzzucker oder Sulfitablauge ausreichende Wachstumsvoraussetzungen findet und einen Fettertrag bis 42% liefert. Endomyces vernalis soll 2—3 Tage bei 15—20° in einem stickstoffreichen, aber zuckerarmen Medium wachsen. Darauf wird der Nährboden entfernt und durch eine zuckerreiche, möglichst stickstoffreiche Nährlösung ersetzt. Nachdem die Fettbildung ihr Höchstmaß erreicht hat, wird die aufgebrauchte Lösung abgelassen und der fetthaltige Oberflächenbelag mit Wasser gewaschen. Auf Zucker berechnet beträgt die Fettausbeute im Durchschnitt 30—35%.

Wegen der hohen Kosten des Verfahrens und der Notwendigkeit, das Wachstum von störenden Fremdorganismen sorgfältig auszuschließen, konnte keine technische Fettgewinnung hiernach durchgeführt werden (vgl. auch E. BERGANDER 1959).

K. TÄUFEL u. Mitarb. (1936) erhielten aus Cerolin, das aus Brauereihefe mit Alkohol bereitet wurde, ein dunkelbraunes, salbenartiges Hefefett. Es ließ sich mit Bleicherden nicht aufhellen. In neuerer Zeit wurden Hefearten entdeckt, die in belüfteten Behältern gedeihen und keine kostspielige Kultur auf großen Oberflächen erfordern (Anonym 1951). Zu diesen Hefearten gehören *Rhodotorula gracilis, Torulopsis lipofera, Candida reukauffii und Torula utilis.* P. LINDNER hatte *Torula utilis* als Fettbildner erkannt, C.J. SOETERS (1941) berichtete über weitere Untersuchungen, die später von E. SCHMIDT (1943, 1947, 1950) fortgeführt und auch halbtechnisch erprobt wurden. L. ENEBO u. Mitarb. (1946) und J. HOLMBERG (1948) beschrieben die Fettgewinnung mit *Rhodotorula gracilis.* A. KLEINZELLER (1948) untersuchte das Fett aus *Torulopsis lipofera*, und *Candida reukauffii* wurde von A. RIPPEL-BALDES (1948) als fettliefernde Hefe erprobt.

Nach F.B. MACKENZIE u. Mitarb. (1949) wurden einige Betriebe zur Erzeugung fetthaltiger, eiweißreicher Nahrungs- oder Futtermittel in den USA errichtet.

Tabelle 103. *Zusammensetzung der Fettsäuren einiger Hefefette*

Hefeart	Saccharomyces cerevisiae	Torula utilis	Rhodotorula gracilis
Wasserdampfflüchtige Fettsäuren	7,3	—	—
Myristinsäure	—	0,3	1,1
Palmitinsäure	13,5	7,9	29,8
Stearinsäure	8,3	3,8	8,8
Gesättigte Fettsäuren C_{18}	—	0,2	1,4
Flüssige gesättigte Fettsäuren	—	4,6	—
Hexadecensäure	66,9 (Hexadecensäure + Ölsäure)	7,6	1,8
Ölsäure		21,5	40,1
Octadecadiensäure	4,1	49,7	11,2
Octadecatriensäure	—	4,4	4,8
Ungesättigte C_{20}-C_{22}-Säuren	—	—	1,0

Tabelle 104. *Kennzahlen einiger Hefefette*

Hefefett aus	Saccharomyces cerevisiae	Torula utilis	Rhodotorula gracilis
% Fettsäuren	66,4	77,3	—
SZ	108,4	102,4	—
VZ	156,6	180,7	190
JZ	130,4	120,5	79
R-M-Z	7,4	6,1	—
Po-Z	3,4	0,5	—
% Unverseifbares	19,6	12,3	3,1

Zusammensetzung und Eigenschaften von Hefefetten

Fette aus Hefen, die einen niedrigen Fettertrag bringen, enthalten mehr Unverseifbares als Fette aus fettreichen Hefen. Alle Hefefette weisen hohe Säurezahlen auf (28—110). Das Fett ist mit Lösungsmitteln (Petroläther, Äther) nur schwierig aus dem Rohprodukt zu extrahieren. Tab. 103 gibt einen Überblick über die Zusammensetzung der Fettsäuren einiger Hefefette; in Tab. 104 sind ihre Kennzahlen zusammengestellt.

Im Unverseifbaren des Hefefettes aus *Saccharomyces cerevisiae* wurden 3,3 % Sterine (Ergosterin, Kryptosterin) und 16,3% Squalen gefunden. Eigenschaften der Hefesterine vgl. S. 777.

In der Fettsäurezusammensetzung erinnert das Fett aus Rhodotorula an Palmöl, es enthält fast 30 % Palmitinsäure, die auch in Baumwollsamenöl als Hauptbestandteil der gesättigten Fettsäuren vorkommt.

2. Pilzfette

Durch Züchtung von *Oospora lactis* (*Oidium lactis*) kann Pilzfett nach H. Fink u. Mitarb. (1937) in großem Maßstab erzeugt werden. Die Ausbeute an Fett je m_2 Oberflächenzüchtung erreicht besonders hohe Werte. Als Nährlösung ist Molke geeignet, Harnstoff und Ammonsulfat liefern den Stickstoff. Auch Hydrolysate aus Stroh und Haferspreu wurden verwendet, eine wirtschaftliche Fettgewinnung gelang jedoch nicht.

Eigenschaften und Kennzahlen der Mycelfette hängen stark von den Kulturbedingungen ab. Die Temperatur hat einen erheblichen Einfluß auf den Grad der Ungesättigtheit von Fett aus *Aspergillus niger*, wie L. K. Pearson u. K. B. Raper (1927) beobachteten. Die mittlere Jodzahl der Fettsäuren war 149 bei 18°, 129 bei 25° und 95 bei 35°C. Auch die Fettausbeute ist weitgehend abhängig von der Fähigkeit einzelner Species von Aspergillus und Penicillium, Fett zu produzieren, wie aus Versuchsreihen von L. M. Pruess u. Mitarb. (1934) hervorging. Als besonders leistungsfähig erwies sich *P. javanicum*, womit 41,5 % Fett i. Tr. erreicht werden konnten. Weitere Mycelpilze wie *Zygorynchus*-, *Dematium*-, *Cladosporium*- und *Eurotiopsis*arten wurden untersucht, worüber K. Bernhauer (1943) berichtete. Fusarien- und Mucor-Stämme lieferten nach H. Damm (1943) und K. Bernhauer u. J. Rauch (1948) gute Ergebnisse. Eine wirtschaftliche Grundlage zur Produktion von Pilzfetten besteht jedoch nicht. Die technischen Schwierigkeiten sind sehr bedeutend. Neue Raffinationsmethoden müßten entwickelt werden, um genießbare Speisefette zu erhalten.

Tabelle 105. *Zusammensetzung der Fettsäuren, Eigenschaften und Kennzahlen von Pilzfetten*

Fettsäuren von Mycelfett aus:	Aspergillus niger	Citromyces	Oidium lactis	Penicillium javanicum
Palmitinsäure	12,9	6,8	42,8 (Palmitinsäure + Stearinsäure)	23,3
Stearinsäure	1,6	11,8		9,4
Tetradecensäure	3,2	—	—	0,9
Ölsäure	39	40,7	41,2	34,6
Linolsäure	43,3	40,7	11,8	31,7
Linolensäure	—	—	0,12	—
			+3,7 % Oxysäuren	
SZ	71,2	72,7	11,2	10,6
VZ	169	170	191,7	191
JZ	95,1	125,8	61	84
R-M-Z	1,0	0,8	—	0,3
Po-Z	0,7	0,8	—	—
% Unverseifbares	12,0	9,9	1,0	2,0

Die Zusammensetzung der Fettsäuren sowie die Eigenschaften und Kennzahlen von Fett aus *Oidium lactis* wurden von H. P. Kaufmann und O. Schmidt (1938) ermittelt. K. Täufel u. Mitarb. (1937) untersuchten das Schimmelpilzfett von *Citromyces spec.*; E. Ruppol (1937) bestimmte die Kennzahlen des Fettes aus *Aspergillus citromyces.* Über die Zusammensetzung eines Fettes aus *A. niger* berichteten K. Bernhauer u. G. Posselt (1937). In Tab. 105 sind die Zusammensetzung der Fettsäuren einiger Mycelfette, ihre Eigenschaften und Kennzahlen angegeben.

Die Sterine im Unverseifbaren scheinen im wesentlichen aus Ergosterin zu bestehen.

Neue Untersuchungen von Pilzfetten aus Aspergillus nidulans, *Penicillium soppii zal.* und *P. spinulosum* ergaben ähnliche Kennzahlen und Fettsäurekomponenten, wie J. Singh u. Mitarb. (1955, 1956a, b, 1957, 1959) feststellten.

II. Fette autotropher Mikroorganismen (Algenfette)

Algen bilden eine große Gruppe einfacher Pflanzen, die beim Vorhandensein von anorganischen Nährsalzen aus Wasser und Kohlensäure photosynthetisch Lipoide erzeugen können.

Diatomeen wurden von W. Schwarz (1937) und W. Gummert (1950) auf Fettertrag gezüchtet, zuletzt in zwei Stufen, einer Wachstums- und einer Fettbildungsperiode.

Viele Versuche wurden mit *Chlorella pyrenoidosa* von H.W. Milner (1948, 1951) durchgeführt. Diese Grünalge liefert unter optimalen Kulturbedingungen nach W. Gummert (l. c.) pro m² mehr Lipoide als Landpflanzen.

Die Lipoide lassen sich am besten durch eine kombinierte Extraktion mit Methanol und Petroläther aus den Pflanzen isolieren, worauf der Extrakt noch mit Äther behandelt wird.

Die Fettsäurezusammensetzung der Triglyceride des Fettes von *Chlorella p.* wurde von R.F. Paschke u. D.H. Wheeler (1954) bestimmt. Sie enthielten etwa 20% gesättigte Fettsäuren; die ungesättigten Anteile mit 16 und 18 C-Atomen hatten 2 und 3 Doppelbindungen, und die C_{20}-Fettsäuren wiesen Komponenten mit mindestens 4 Doppelbindungen auf. H. Schlenk u. Mitarb. (1960) konnten folgende Mengen ungeradzahliger Fettsäuren aus dem Fett von *Chlorella p.* isolieren: 0,18% n-Pentadecansäure, 1,2% n-Heptadecansäure und 0,15% n-Nonadecansäure. Der Gehalt an Unverseifbarem schwankte zwischen 3,3 und 12%.

Tabelle 106. *Eigenschaften und Kennzahlen verschiedener Algenfette*

Algenart	Trockensubstanz					Fettsäuren	
	% Petrolätherauszug	% Fett	% Fettsäuren	% Unv.	JZ	% gesättigt	% ungesättigt
Pelvetia libera . . .	8,0	6,2	72,5	7,6	107	78,7	11,5
P. aniculata	4,9	3,6	69,9	10,8	124	—	—
Fucus vesiculosus . .	2,6	1,9	71,6	16,9	108	—	—
Laminaria digitata .	0,3	0,16	49,9	25,9	110	72,2	17,1
Nitella opaca	—	—	—	—	—	73	27
Cladophora sauteri .	—	—	—	—	—	76	24
Chlorella pyrenoidosa	23,4	6,8	28,0	12,0	163,1	83	17
Chlorella pyrenoidosa	33,2	17,2	49,5	7,7	143,8	85	15
Chlorella pyrenoidosa	63,0	54,7	83,0	3,3	143,6	88,2	11,8
Chlorella pyrenoidosa	75,5	68,6	86,8	3,3	125,3	85,1	14,9

In Tab. 106 sind die Eigenschaften und Kennzahlen verschiedener Braunalgenfette nach Untersuchungen von B. Russelwells (1932) zusammengestellt. E. Klenk u. Mitarb. (1963) isolierten und charakterisierten die in Braun- und Rotalgen vorkommenden C_{16}- und C_{18}-Fettsäuren und die C_{20}- und C_{22}-Polyensäuren.

Die Angaben über Grünalgen wurden von J.A. Lovern (1936, 1953), über Chlorella-Grünalgen von H.W. Milner (1948) mitgeteilt.

Fett aus Braunalgen enthält hochungesättigte Fettsäuren, wie E. TAKAHASHI u. Mitarb. (1939) und M. TSUJIMOTO (1925) aus der Bildung von ätherunlöslichen Polybromiden beim Bromieren der Fettsäuren folgerten. Rotalgen (*Rhodymenia palmata*) enthalten fünffach ungesättigte Fettsäuren mit 20 C-Atomen.

Vorkommen, Gewinnung, Zusammensetzung, Eigenschaften und Verwendung einzelner Tierfette

Wie die Pflanzenfette können die Tierfette nach Art und Verteilung der Fettsäuren in verschiedene große Klassen unterteilt werden. Die Milchfette der Wiederkäuer und einiger Einhufer sind in dieser Einteilung nicht enthalten und werden in einem besonderen Abschnitt (vgl. dieses Handbuch Bd. III) behandelt.

Für die Körperfette der Landtiere ist ein beträchtlicher Gehalt an Palmitin-, Stearin- und Ölsäure kennzeichnend, während die der Seetiere Glyceride mit stark ungesättigten, höhermolekularen Fettsäuren enthalten. Haileberöle weisen einen hohen Gehalt an unverseifbaren Bestandteilen auf, ebenso die Öle der Zahnwale, deren Depotfett teilweise aus Fettsäureestern von Fettalkoholen besteht. Die Delphinöle bilden eine weitere Gruppe mit höheren Mengen Unverseifbarem, und sie zeichnen sich durch das Vorkommen niederer Fettsäuren in ihren Glyceriden aus.

Die folgende Übersicht nach T.P. HILDITCH bietet einen Überblick über die Verteilung der Fettsäuren in Tierfetten auf Grund des Gehaltes an charakteristischen Fettsäuren und Begleitstoffen:

Tabelle 107. *Verteilung der Fettsäuren in Tierfetten*

Hauptfettsäuren	Vorkommen der Fette	Beispiele	Äußere Beschaffenheit
Palmitin-, Öl-, Linolsäure	Körperfette von Vögeln und Nagetieren	Hühner, Gänse, Kaninchen, Ratten	Feste Fette oder nicht bzw. halbtrocknende Öle
Palmitin-, Stearin-, Öl-(Linol-)säure	Körperfette vom Schwein, Schaf, Rind	Schmalz, Rindertalg, Hammeltalg	Feste Fette
Palmitin-, Öl-, Linolsäure mit Hexadecen-, Gadoleinsäure, mit:			
I. hochungesättigten C_{20}-, C_{22}-, C_{24}-Säuren	Seetieröle, Fischöle (Teleostomi)	Wal, Seehund, Dorsch, Hering	Stark ungesättigte Öle
II. Selacholeinsäure	Haifischöle (Elasmobranchii)	Hai, Hundshai	Ungesättigte Öle
III. Laurin-, Myristin-, Tetradecensäure	Physeteridenöle	Pottwal	Nichttrocknende Öle
IV. hochungesättigte C_{20}-, C_{22}- und Isovaleriansäure	Delphinidentrane	Meerschwein, Delphin	Stark ungesättigte Öle

In ihrer Glyceridstruktur unterscheiden sich die Fette und Öle von Landtieren und Seetierölen.

Die Reservefette der Landtiere zeigen eine einfache Glyceridstruktur; in ihnen sind nur Palmitin-, Stearin-, Öl- und Linolsäure neben kleinen Mengen Myristin- und Hexadecensäure vertreten. Die Seetieröle bestehen wahrscheinlich überwiegend aus dreisäurigen Glyceriden und enthalten kaum einsäurige Glyceride.

Der Anteil an gesättigten Glyceriden in den Reservefetten, z. B. im Talg, ist viel größer als der gleichmäßigen Verteilung in vergleichbaren Samenfetten entsprechen würde. Im wesentlichen ist dies durch einen höheren Gehalt an Stearinsäure und einen geringeren Ölsäuregehalt bedingt. Nach A. BANKS u. T. P. HILDITCH (1931, 1932), T. P. HILDITCH u. STAINSBY (1935) sowie mit L. MADDISON (1941 a) lassen sich die Depotfette von Rind und Schwein mit Fetten vergleichen, die durch fortschreitende Hydrierung eines Gemisches von „gleichmäßig verteilten", vorwiegend aus Palmitin-, Öl- und Linolsäure bestehenden Glyceriden entstanden sind.

Die Depotfette sind nach H. DILLER (1956) von äußeren Faktoren wie Ernährung, Art und Lage des tierischen Organs in ihrer Zusammensetzung abhängig.

Eine weitere Besonderheit der tierischen Fette ergibt sich aus der Feststellung, daß der Palmitinsäuregehalt der Gesamtsäuren fast regelmäßig zwischen 23—30 % liegt, während die vollständig gesättigten Glyceride 55—60 Mol.-% Palmitinsäure enthalten.

Die Fette von Kaninchen, Ratten und einigen Vögeln scheinen einem anderen Typ anzugehören. Bei einem Gesamtgehalt von 23—25 % Palmitinsäure und relativ wenig Stearinsäure bestehen die gesättigten Glyceride bis zu 5 % aus Tripalmitin.

Vor allem durch die Untersuchungen von B. F. SHORLAND u. Mitarb. (seit 1950) ist der Nachweis von *ungeradzahligen* und *verzweigtkettigen Fettsäuren* in zahlreichen Fetten von Land- und Seetieren erbracht worden, die in Pflanzenölen bis jetzt nicht gefunden wurden oder nur in Spuren vorhanden sind.

Der Myristinsäuregehalt der Landtierfette hat ebenfalls analytische Bedeutung. Tierische Fette unterscheiden sich hierin von Kakaofett, das nur Spuren Myristinsäure enthält. J. PELTZER (1934) hat tierische Fette in Kakaobutter auf Grund ihres Gehaltes an dieser Säure nachgewiesen.

D. Körperfette von Landtieren

Die Körperfette des Rindes, Schweines und Hammels werden in großen Mengen als Speisefette benutzt. Von den Körperfetten der Vögel und Kleintiere ist nur das Gänseschmalz gelegentlich im Handel anzutreffen.

Die Zusammensetzung der Fette und der Fettsäuren wechselt je nach den Körperteilen, aus denen sie gewonnen sind. A. HEIDUSCHKA u. W. BÖHME (1939) fanden für Rinder- und Schweinefett folgende Mengen feste Fettsäuren nach der Bleisalzmethode und darin an Stearinsäure:

Tabelle 108. *Gehalt an festen Fettsäuren und Stearinsäure in Rinder- und Schweinefett* (in %)

	Gemisch fester Fettsäuren	Stearinsäure	Palmitinsäure
Rinderfett von			
Brust	41,0	7,5	33,5
Rücken	40,0	11,0	29,0
Niere	54,0	27,0	27,0
Schweinefett von			
Brust	32,5	12,0	20,5
Bauch	38,0	13,5	24,5
Niere	53,0	30,0	23,0

In Tab. 109 sind daher vorwiegend Grenzwerte für die einzelnen Fettsäuren in den Glyceriden der Landtierfette angegeben.

Tabelle 109. *Fettsäurezusammensetzung von Landtierfetten* (Grenzwerte in %)

Fettart	Laurinsäure	Myristinsäure	Palmitinsäure	Stearinsäure	Arachinsäure	Tetra- u. Hexadecensäure	Ölsäure	Linolsäure	Linolensäure	Höhermolekulare ungesättigte Fettsäuren
Rindertalg	0—0,5	3—6	25—35	16—28	0—1	1—4	26—50	1—2,5	0—0,5	0—0,5
Hammeltalg	—	1—4	22—30	15—30	—	—	36—55	3—5	—	0—0,5
Ziegentalg	3,5	2,1	35,5	28,1	2,4	—	38,4	—	—	—
Schweineschmalz	—	0—1	24—32	8—15	—	±3	47—50	6—13	±1	±2,5
Büffelfett (Indien)	0—0,3	2,5—4,5	31—41	24—33	0,4—1,2	1,5—2,5	26—31	0,9—1,5	—	0,1—1,0
Pferdefett	0—0,6	3—6	20—30	5—7	Spur	3—10	38—55	11—25	2,5—8,3	1—2
Rentierfett	—	6,7	35,0	20,5	0,7	—	37,1	37,1	—	—

Ungeradzahlige, verzweigtkettige und trans-Fettsäuren in Landtierfetten

F. B. SHORLAND u. Mitarb. — vgl. den Übersichtsbericht von L. HARTMAN (1957), sowie F. B. SHORLAND (1963) — haben in Rindertalg 3,5% verzweigtkettige und ungeradzahlige Fettsäuren gefunden, in Hammeltalg 4,0% und in Pferdefett etwa 2,0%. Auch Schweineschmalz enthält solche Komponenten in Spuren. Von R. P. GEYER u. Mitarb. (1947) wurden 0,07—0,13% Vaccensäure in Schweineschmalz nachgewiesen. Rinderfett enthält nach S. H. BERTRAM (1928) etwa 1% Vaccensäure, und D. SWERN u. Mitarb. (1952) fanden darin durch IR-spektroskopische Messung 5—10% Elaidinsäure. H. P. KAUFMANN u. Mitarb. (1959) bestimmten auf einem ähnlichen Wege 3—8% trans-Säuren in Rindertalg. Eine umfassende Übersicht über die im Pflanzen- und Tierreich bisher gefundenen trans-Fettsäuren und ihre ernährungsphysiologische Beurteilung wurde von H. P. KAUFMANN u. G. MANKEL (1964) mitgeteilt. Spuren Linolensäure und Arachidonsäure wurden von L. R. DUGAN u. Mitarb. (1952) in Rinderfett festgestellt. Zu diesem Kapitel vgl. auch S. 751.

Über die Zusammensetzung der Fettsäuren von *Rindertalg* berichteten: A. BANKS u. T. P. HILDITCH (1931), T. P. HILDITCH u. H. E. LONGENECKER (1937), T. P. HILDITCH u. S. PAUL (1938), H. B. KNIGHT u. Mitarb. (1946), R. W. RIEMENSCHNEIDER u. Mitarb. (1946), L. R. DUGAN u. Mitarb. (1952); J. P. WOLFF u. F. AUDIAN (1964); von *Hammeltalg:* E. F. ARMSTRONG u. J. ALLEN (1924a, 1924b), G. COLLIN u. Mitarb. (1929); von *Ziegentalg:* J. PRITZKER u. R. JUNGKUNZ (1932a, 1932c), D. R. DHINGRA u. D. N. SHARMA (1938); von *Schweineschmalz:* N. R. ELLIS u. Mitarb. (1926, 1930), A. BANKS u. T. P. HILDITCH (1931), R. W. RIEMENSCHNEIDER u. Mitarb. (1946); von *Büffelfett:* K. T. ACHAYA u. B. N. BANNERJEE (1946), D. R. DHINGRA u. Mitarb. (1953); von *Pferdefett:* J. PRITZKER u. R. JUNGKUNZ (1932d), J. HOLMBERG u. U. ROSENQUIST (1949), E. G. BROOKER u. F. B. SHORLAND (1950), S. S. GUPKA u. T. P. HILDITCH (1951), U. BERGQUIST u. J. HOLMBERG (1953), CL. FRANZKE (1953); von *Rentierfett:* W. F. BAUGHMAN u. Mitarb. (1929); J. PRITZKER u. R. JUNGKUNZ (1932).

Methoden zur Untersuchung von Landtierfetten vgl. S. 965.

I. Speisetalge

1. Rindertalg

a) Gewinnung der verschiedenen Talgarten

Der aus frischen, fettreichen, ausgewählt guten Teilen geschlachteter Rinder bei nicht zu hoher Temperatur ausgeschmolzene und gereinigte *Feintalg* wird als Premier Jus bezeichnet und stellt die beste

Speisefettqualität dar. Für gewöhnlichen Speisetalg werden weniger ausgesuchte Teile des Fettgewebes verwendet. Zur Talggewinnung werden das Gekrösefett, Herzfett, Netzfett, Nierenfett, Eingeweidefett (Magen-, Darm-, Lungenfett) und Sackfett herangezogen. Über die Vorbehandlung der Rohstoffe und das Ausschmelzen des Rinderfettes vgl. S. 219.

R. GUILLAUMIN (1964) fand bis 11 % transungesättigte Fettsäuren in Depot- oder Organfetten von Wiederkäuern, bei Tieren ohne Pansen dagegen sehr wenig oder keine dieser Verbindungen.

Die gesamte Weltproduktion überschritt in den letzten Jahren 3000000 t. Tab. 110 zeigt die Entwicklung seit 1954.

Tabelle 110. *Weltproduktion von Rindertalg* (in 1000 t)

Jahr	1954	1955	1956	1957	1958	1959	1960	1961
Menge	2600	2872	3095	3230	3200	3485	3615	3635

Wichtige Exportländer für Einfuhren nach Europa sind die USA mit über 80% Anteil, danach Australien und Neuseeland, Kanada, Argentinien und Uruguay.

Nur ein relativ kleiner Teil des jährlich anfallenden Rindertalges — etwa 200000 t — dient als Speisefett (vgl. auch S. 2, 218). Den Rest übernimmt die Seifenindustrie und die chemische Industrie zur Herstellung von Chemikalien auf Fettbasis.

Rindertalg ist im festen Zustand weiß, grauweiß oder gelblich bis gelb bei Weidemast durch das aufgenommene Carotin. L. ZECHMEISTER u. P. TUZSON (1934) fanden darin 0,01 % Carotin. Rindstalg hat einen schwachen, eigenartigen Geruch und Geschmack sowie feste Konsistenz. Das Fett schmilzt zwischen 40 und 45°, es enthält nur wenig Wasser (unter 0,5 %). Das Sackfett ist das weichste, Eingeweidefett das härteste Fett. USA packing-house tallow (Schlachthaustalg) ist weniger hart als argentinischer Talg.

Feintalg wird durch Naßschmelze auf Wasser bei höchstens 60° aus frischen Teilen Fettgewebe geschmolzen und mit warmem Salzwasser geklärt.

Aus dem Feintalg wird *Oleomargarin* hergestellt, das früher für die Margarinebereitung ein sehr wichtiges Rohmaterial war. Heute dient es hauptsächlich als Backfett. Der Feintalg wird bei niedriger Temperatur geschmolzen, in Kästen aus verzinntem Eisenblech oder Aluminium gefüllt und bleibt dann 1—2 Tage in einem 26—27° warmen Lagerraum. Während dieser Zeit kristallisieren die höherschmelzenden Glyceride aus, und der leicht schmelzbare Teil des Talges bleibt flüssig. Die halbflüssige Masse wird in Etagenpressen zwischen Leinentüchern ausgepreßt, wobei ein flüssiger Anteil als *Oleomargarin*, der Preßrückstand als *Preßtalg* anfällt.

Man erhält aus dem Talg etwa 50—60 % Oleomargarin mit Smp 25—32° und 40—50 % Preßtalg (Stearin) von Smp 45—55°.

Oleomargarin kann ebenso aus Hammeltalg oder Mischungen von Hammel- und Rindertalg bereitet werden. Es ist ein weißgelbes, etwas körniges, geruchloses Fett von mildem Geschmack, das leicht auf der Zunge schmilzt. Seine Zusammensetzung hängt von der Preßtemperatur ab, bei niedriger Temperatur wird ein sehr weiches Oleomargarin erhalten.

Preßtalg schmilzt meist über 50°. Er eignet sich zur Herstellung von Kunstspeisefetten, die zu Backzwecken gebraucht werden.

Kalbsfett ist weicher als Rindsfett. Der Schmelzpunkt liegt meist unter 42°.

Knochenfett wird aus dem Markfett der Röhrenknochen, das 48—98 % des Knochenmarks ausmacht, durch Schmelzen über Wasser gewonnen. Es ist als Speisefett verwendbar.

Aus frischen, geschroteten oder gemahlenen Knochen kann durch Auskochen oder Erhitzen im Druckgefäß bis 130° ein leicht gelbliches Speiseknochenfett von gutem Geruch und Geschmack erhalten werden. Es enthält Spuren Kalkseifen und Leim und 1,0—1,5% Wasser. Aus älteren Knochen sind Fette durch Auskochen oder Extrahieren mit Benzin gewinnbar, die zur Seifenherstellung geeignet sind.

Knochenöl kann ähnlich wie Oleomargarin aus Feintalg durch einen Kristallisations- und Preßprozeß aus fein geklärtem und von Wasser und Schmutz befreitem Knochenfett bereitet werden. Knochenöl dient zum Einfetten hochwertiger Maschinen.

Klauenöl wird durch Pressen des Klauenfettes von Wiederkäuern und Huftieren technisch hergestellt. Wegen seiner guten Haltbarkeit und Schmierfähigkeit ist es ein wertvolles Schmieröl für Uhren und Meßinstrumente. T. P. HILDITCH u. R. K. SHRIVASTAVA (1948) führen diese Eigenschaften auf die Anwesenheit von Hexadecenoleodiolein im Klauenöl zurück.

b) Zusammensetzung und Eigenschaften von Rindertalg

Über die Zusammensetzung der Glyceride des Rindertalgs liegen zahlreiche Untersuchungen vor. A. BANKS u. T. P. HILDITCH (1931) fanden 13,6—25,6% vollgesättigte Glyceride, im Oleomargarin waren noch 8,1—9,5% davon enthalten. A. BÖMER (1907) isolierte aus Rindertalg 1,5% Tristearin, aus Preßtalg 4—5%. W. HANSEN (1902), H. KREIS und H. HAFNER (1904) und A. BÖMER (1909) stellten fest, daß Rindertalg und Hammeltalg qualitativ gleiche Glyceride aufweisen.

Wegen des hohen Gehaltes an gesättigten Glyceriden stimmen Rinderfett und andere tierische Fette nicht mit dem Prinzip der „gleichmäßigen" Verteilung der Fettsäuren überein. A. BANKS u. T. P. HILDITCH (1932) nehmen daher an, daß die Talgglyceride durch biochemische Hydriervorgänge nachträglich verändert sind. Die ungesättigten Fettsäuren, Öl- und Linolsäure, gehorchen dem Grundsatz der „gleichmäßigen" Streuung im Glyceridverband. Neuere Arbeiten von F. B. SHORLAND (1963) scheinen die Richtigkeit dieser Hypothese zu bestätigen.

Tabelle 111
Zusammensetzung der Glyceride von Rindertalg

Trigesättigte Glyceride	14—26
Digesättigte-monoungesättigte Glyceride	22—34
Monogesättigte-diungesättigte Glyceride	40—64%
Triungesättigte Glyceride	keine

T. P. HILDITCH u. S. PAUL (1938) fanden im Depotfett einer Färse: 3% Tripalmitin, 8% Dipalmitostearin, 6% Palmitodistearin, 15% Oleodipalmitin, 32% Oleopalmitostearin, 2% Oleodistearin, 23% Palmitodiolein und 11% Stearodiolein. O. T. QUIMBY u. Mitarb. (1953) beobachteten, daß Schmalz hauptsächlich β-Palmitoglyceride, Talg aber im wesentlichen α-Palmitoglyceride enthält.

Tabelle 112. *Eigenschaften und Kennzahlen von Rindertalg und Produkten aus Rindstalg*

	Rindertalg	Preßtalg	Oleomargarin	Knochenfett	Knochenöl
ρ (15°)	0,936—0,952	0,937—0,952	0,923—0,929	0,933—0,950	0,917—0,919
ρ (100°)	0,859—0,861	0,858—0,862	0,859—0,862	±0,860	±0,860
n_D	(60°) 1,451—1,454	(60°) ±1,449	(40°) 1,456—1,459	(60°) 1,451—1,452	(40°) 1,461—1,463
Smp	40—50°	50—56°	28—35°	44—45°	—
EP	30—38°	35—50°	17—27°	32—35°	0 bis —12°
EP der Fettsäuren	38—47°	42—52°	41—43°	38—39°	6,5—8,5°
Polenske-Diff.-Zahl	12,8—14,6°	12,5—12,7°	11,2—15,5°	—	—
VZ	193—200	190—198	193—198	190—200	188—198
JZ	32—47	14—25	40—53	49—53	67—80
RhZ	38—44	—	—	—	—
% Unverseifbares	0,3—0,8	0,3—0,8	0,1—0,5	0,5—0,6	0,1—0,6

Indischer Talg weist die niedrigsten JZ-Werte (26—31) auf.

2. Hammeltalg (Hammelfett, Schaffett, Schöpsentalg)

Aus den fettreichen Teilen von Schafen wird das Hammelfett ausgeschmolzen, wofür man das Gekrösefett, Netzfett, Herzfett und Mittelfellfett verwendet. Hammeltalg ähnelt dem Rindertalg, ist aber heller gefärbt, fast weiß, etwas härter und brüchig. Im frischen Zustand ist er fast geruchfrei.

Eine bei der Vorbereitung der Fettgewebe mögliche Verunreinigung mit etwas Darminhalt kann eine grünliche Verfärbung durch Chlorophyll hervorrufen. Sie läßt sich durch Behandeln mit aktiver Fullererde, wie F.E. CHAPMAN (1931) und G.A. LAWRENZE (1931) feststellten, wieder entfernen. A.M. WRIGHT u. T. THOMPSON (1928) beobachteten an neuseeländischem Hammelfett, daß der Erstarrungspunkt der Fettsäuren (Titer) in den südlicheren und kälteren Teilen des Landes niedriger wird und der Grad der Ungesättigtheit zunimmt. Viele andere pflanzliche und tierische Fette und Öle verhalten sich ähnlich.

Hammeltalg wird vorwiegend für technische Produkte und zur Seifenherstellung eingesetzt, nur ein geringer Teil des Fettes dient zu Speisezwecken.

Hammel-Feintalg, *Hammel-Preßtalg* und *Hammel-Oleomargarin* sind den Rindertalg-Sorten ähnlich und werden wie diese gewonnen.

Tabelle 113. *Glyceride von Hammeltalg*

Dipalmitostearin	3—4
Palmitodistearin	2—10
Oleodipalmitin	5—13
Oleopalmitostearin	28—41
Oleodistearin	1—2
Palmitodiolein	25—46
Stearodiolein	7—13%

a) Zusammensetzung und Eigenschaften

A. BÖMER (1907, 1909) isolierte aus Hammelfett als schwerlösliche Glyceride 3% Tristearin und je 4—5% α-Palmitodistearin (Smp 57,5°) und Stearodipalmitin (Smp 63,3°). G. COLLIN u. Mitarb. (1929) u. T.P. HILDITCH u. Y.A.H. ZAKY (1941) bestimmten folgende Glyceridarten in Hammeltalg (Tab. 113).

Die „Oleo"-Glyceride enthalten auch die kleinen Mengen Linolsäure des Hammeltalges.

R.P. GEYER u. Mitarb. (1947) fanden bis 0,2% Vaccensäure in den Fettsäuren von Hammelfett, R.P. HANSEN u. Mitarb. (1956, 1957) stellten 1,2% n-Heptadecansäure und 16-Methylheptadecansäure darin fest.

Tabelle 114
Eigenschaften und Kennzahlen von Hammeltalg und Ziegentalg

	Hammeltalg	Ziegentalg
ρ (60°)	0,886—0,888	0,885—0,889
$n_D^{40°}$	1,455—1,458	1,450—1,455
Smp	44—55°	48,4°
EP	32—45°	34,5°
EP der Fettsäuren	39—52°	±44°
Polenske-Differenzzahl	13—17	—
VZ	192—198	199
JZ	31—47	33—34
RhZ	30—34	—
% Unverseifbares	0,1—0,6	0,2

Fettschwanzschaf-Fett

In Kleinasien und dem Iran wird das Schwanzfett des Fettschwanzschafes (*Ovis platyura aegyptica*) zum Fetten von Speisen und als Ersatzmittel für Butter gebraucht. Der bis an die Spitze von Fett umgebene Schwanz dieser Schafe enthält bis 20 kg Fett, das sich vom gewöhnlichen Schaffett nach J. GROSSFELD durch seine weichere Konsistenz unterscheidet.

Eine aus dem Iran stammende Probe des Fettes hatte folgende Kennzahlen: Smp 41,7°, VZ 198,8, JZ 53,0, RhZ 47,7, Gesamtzahl 2,0, Buttersäurezahl 0,4 und Restzahl 1,6. Die Fettsäuren enthielten 47,1% Ölsäure, 5,8% Linolsäure, 2,5% Isoölsäuren (Bleiseifenmethode) und 0,1% Unverseifbares.

Im Fettgewebe des *Somali-Schafes* fanden W.W.C. READ u. Z. AWDEH (1963) 22, im Schwanzfett sogar 35 Fettsäurekomponenten mit 8—20 Kohlenstoffatomen. Sie bestanden zu rd. 80% aus Myristin-, Palmitin-, Heptadecan-, 14-Methylhexadecan-, Stearin-, Öl- und Linolsäure. Etwa 5% isomere Ölsäuren waren anwesend.

3. Sonstige talgartige Fette

Ziegentalg hat eine graugelbe Farbe und erinnert im Geschmack an Hammeltalg. Er enthält in seinen Fettsäuren 3,5% Laurinsäure und etwas Myristinsäure, sowie 2,4% Arachinsäure. D.R. DHINGRA u. D.N. SHARMA (1938) fanden die Glyceride zusammengesetzt aus 29% völlig gesättigten, 31% monoungesättigten-digesättigten und 40% diungesättigten-monogesättigten Komponenten. Die gesättigten Glyceride enthielten 2,4% Myristinsäure, 46,1% Palmitinsäure, 48,0% Stearinsäure und 3,5% Arachinsäure. Weitere Eigenschaften und Kennzahlen in Tab. 114.

Rehtalg unterscheidet sich nach J. PRITZKER u. R. JUNGKUNZ (1932b) kaum von anderen Talgen; 2,8—4,6% Isoölsäuren wurden darin ermittelt.

Das *Rentierfett* ähnelt nach W.F. BAUGHMAN u. Mitarb. (1929) dem Rindertalg.

Känguruh-Depotfett vom großen grauen Känguruh (Macropus major) scheint nach T.P. HILDITCH u. Mitarb. (1942) trotz seines hohen Gehaltes an Palmitinsäure (27,1%) und Stearinsäure (13,5%) nur sehr wenig trigesättigte Glyceride aufzuweisen.

4. Überwachung des Verkehrs mit Talg

a) Verfälschungen

Verfälschungen von Rinder- und Hammeltalg wurden versucht mit: Cocosfett, Palmkernfett, Baumwollstearin, Paraffin und Wollfett. Solche Zusätze sind heute ebenso wie unzulässige Beigaben von Wasser oder Fettsäuren oder Seife kaum noch zu erwarten.

Prüfungen auf eine Vermischung mit gehärteten Seetier- oder Pflanzenölen, Knochenfett und verdorbenen Talgen, die nachraffiniert wurden, verdienen besondere Aufmerksamkeit. Die Verarbeitung der Fette von kranken oder gefallenen Tieren fällt ebenfalls hierunter. Solche als White Grease bezeichneten Fette sind nicht für Speisezwecke zulässig.

Über den Einfluß der Farbe sowie über den Einfluß der Umesterung vgl. S. 239.

b) Untersuchungsverfahren

Die Untersuchungsverfahren für Talge sind im allgemeinen dieselben wie für Butterfett und Schweineschmalz (vgl. S. 113). Die etwas unsichere Reaktion von WELMANS (1891) versagt bei Talg. Die Bellier-Reaktion zum Nachweis von Pflanzenfetten fällt häufig mit reinen Talgsorten positiv aus. Eine Fütterung mit Baumwollsaatschrot kann in den Körperfetten eine positive Halphen-Reaktion hervorrufen, ohne daß Cottonstearin dem Talg zugesetzt wurde. Hinweise über Zusätze pflanzlicher Fette kann man über die Bestimmung des Anilinpunktes erhalten (vgl. S. 468).

Wollfett kann durch seinen hohen Gehalt an Unverseifbarem nachgewiesen werden. Das Unverseifbare enthält Cholesterin und Isocholesterin und unterscheidet sich von *Paraffin* durch seine geringere Löslichkeit in Petroläther. Wollfett enthält nach S.H. BERTRAM (1949) verzweigtkettige und Hydroxysäuren als charakteristische Bestandteile.

Zum Nachweis geringer Mengen *Wasser* ist das Destillationsverfahren (DGF-Einheitsmethoden C-III 13, 53) — vgl. S. 765 — oder die Methode nach K. FISCHER (C-III 13a, 57) — vgl. S. 409, 768 — geeignet.

Für die zolltechnische Unterscheidung des Talges, der schmalzartigen Fette und des Stearins (Stearinsäure) dient die Feststellung des Erstarrungspunktes nach FINKENER (vgl. S. 462). Liegt der Erstarrungspunkt unter 30°, so sind die Fette als schmalzartige Fette, liegt er zwischen 30 und 45°, so sind sie als Talge und über 45° als Kerzenstoffe zu behandeln. In Grenzfällen ist die Jodzahl zu bestimmen, sie soll bei Talg zwischen 30 und 42 liegen.

Zur Unterscheidung von Preßtalg mit Erstarrungspunkt über 50° von Stearin ist der Fettsäuregehalt zu bestimmen. Wird in einer Durchschnittsprobe ein Gehalt von mehr als 30% und in Preßtalgproben mehr als 5% freier Fettsäure ermittelt, so liegt Kerzenstoff vor.

Die wichtigsten Kennzahlen von Rinds-, Hammel- und Preßtalg sowie Oleomargarin sind in den Tab. 113 und 115 zusammengestellt.

In diesen Fetten sind keine niederen Fettsäuren enthalten, die Buttersäurezahl und Gesamtzahl sind 0. Nur durch Zersetzungsvorgänge können allmählich niedere Fettsäuren entstehen.

Der Gehalt an Isoölsäuren, die nach der Bleisalz-Methode (vgl. S. 725) abgeschieden werden, übersteigt nach den bisherigen Beobachtungen selten den Wert 6. Durch spektralphotometrische Messungen im IR können bis 10% ermittelt werden (H.P. KAUFMANN u. Mitarb. 1959). Gehärtete Fette sind an den wesentlich höheren Werten zu erkennen. S.C.L. GERRITZEN u. L. KAUFFMAN (1927) erhielten nach dem Twitchell-Verfahren als Jodzahl der festen Fettsäuren bei 70 Proben Hammeltalg Werte unter 6,1, bei 30 Proben zwischen 6,1 und 12,4, bei Rindsfett nicht über 6.

Eine auffallend hohe Jodzahl kann durch Zusatz von Pferdefett bedingt sein, dessen Nachweis auf Grund der Bestimmung des Gehaltes an Linolensäure durch Alkaliisomerisierung und spektrophotometrische Messung im UV nach CL. FRANZKE (1954) möglich ist. Pferdefett kann auch über die Hexabromide nach E. ROSSMANN (1936), vgl. S. 119, nachgewiesen werden.

Rinder- und Hammeltalg lassen sich mit Hilfe der chemischen Analyse in der Regel nicht unterscheiden. Zur Feststellung von nachraffiniertem Talg ist die von H.P. KAUFMANN u. Mitarb. (1956) vorgeschlagene UV-spektroskopische Bestimmung der Absorptionsmaxima bei 232 und 268 mμ geeignet. J.B. ROOS (1956) konnte durch die Bestimmung des Cholesteringehaltes von reinem Talg und White Grease die beiden Fettarten differenzieren.

Kalbsfett kann durch eine Mischung von Rinderfett und Schweineschmalz nachgemacht werden. Einen Nachweis solcher Fälschungen haben A. MIERMEISTER u. R. KANITZ in einer Privatmitteilung bekanntgegeben. 10 ml einer filtrierten Probe werden $^1/_2$ Std bei 80° gehalten und danach in einem Brutschrank von 37° beobachtet. Reines Kalbsfett bleibt 2 Std klar, während bei Gegenwart von Talg schon $^1/_2$ Std eine Trübung durch Ausscheidung fester Glyceride eintritt.

Die beim Erstarren von Fettsäuren aus Rinderfett entstehenden Kristallbilder hat M. OKRASINSKI (1934) beschrieben.

II. Schweinefett, Schweineschmalz

Schweineschmalz — auch kurz als Schmalz bezeichnet — *ist das aus dem Bauchwandfett* (Liesen, Flomen, Lunte, Schmer, Wammenfett) *ausgeschmolzene Fett.* Das Fett aus *Rückenspeck* und dem *Fettgewebe* von anderen Körperteilen zählt hierzu, aber Rückenfett wird meistens als Speck verzehrt. Über die Vorbehandlung der Rohstoffe vgl. S. 110.

Schweineschmalz (Lard) ist nach der Butter das meistgebrauchte tierische Speisefett (vgl. auch S. 2). Mit 1120000 t, etwa 25% der jährlichen Weltproduktion von 4,5 Mio t, übertreffen die USA andere Länder erheblich. Sie stehen auch mit 300000 t an der Spitze der Exportländer. In Europa sind Frankreich, Dänemark, die Niederlande, Italien, Polen und Ungarn im wesentlichen Selbstversorger mit Schweinefett.

Tabelle 115. *Schweinefettverbrauch in Deutschland* (in 1000 t)

Jahr	Fettanfall aus		Gesamtverbrauch	Jahr	Fettanfall aus		Gesamtverbrauch
	Eigenerzeugung	Import			Eigenerzeugung	Import	
1904	361,4	111,6	473,0	1950	146,9	100,0	246,9
1908	389,0	128,9	517,9	1954	201,5	49,8	251,3
1912	413,3	127,1	540,4	1955	231,6	59,8	291,4
1924	284,8	183,9	468,7	1956	233,7	58,8	292,5
1928	431,8	107,4	539,2	1957	250,1	38,1	288,2
1932	402,1	148,8	550,9				
1936	503,0	45,8	548,8				

Große Mengen Schweineschmalz und Rindertalg kommen in allen Ländern der Erde in Form von Schlachtfleisch und den daraus bereiteten Nahrungsmitteln zum Verzehr.

Dei Verbrauch an Schweinefett in Deutschland ist groß, obwohl der Verbrauch (1965) an Margarine (34,1%) und Butter (19,6%) höher liegt als der von Schmalz und Speck (18,9%), vgl. S. 7. Die folgende Tabelle des früheren Statistischen Reichsamtes und Zahlen aus den Angaben des Statistischen Jahrbuches über Ernährung, Landwirtschaft und Forsten der Bundesrepublik (1958) zeigen die Entwicklung des Schweinefettverbrauches in Deutschland (nach 1945 nur in der Bundesrepublik Deutschland).

Tab. 116 gibt eine Übersicht über die Weltproduktion an Schmalz in den Jahren 1951—1960 (in 1000 t).

Tabelle 116. *Weltproduktion Schweinefett* (in 1000 t)

Jahr . . .	1951	1952	1953	1954	1955	1956	1957	1958	1959	1960
Schweinefett	3066	3243	3092	3165	3669	3814	3635	4230	4555	4395

1. Schweineschmalzarten

a) Gewinnung

Nach der *Bereitungsweise, Güte* und *Herkunft* unterscheidet man: Rohschmalz, Dampfschmalz, Neutralschmalz, raffiniertes Schweineschmalz, deutsches oder amerikanisches Schweineschmalz.

Bratenschmalz ist ein durch Erhitzen von Schmalz unter Zusatz von Gewürzen, Zwiebeln oder Äpfeln gewonnenes Erzeugnis.

Schmalzöl (Specköl) ist das aus Schweineschmalz bei niedriger Temperatur (10—15°) durch Pressen erhaltene Öl. Der Preßrückstand heißt Schmalzstearin (Solarstearin). Das Schmalzöl dient zu Speisezwecken oder als Schmieröl.

Raffiniertes Schmalz (refined lard) ist eine Mischung aus Schmalzstearin und Dampfschmalz von größerer Steifigkeit.

Darmfett ist von geringerer Güte und wird aus den Fettmassen an den Därmen des Schweines ausgeschmolzen.

Wurstschmalz, ein überwiegend aus Schweinefett bestehendes Mischfett, wird beim Sieden der Würste abgeschöpft. Es hat eine graue Färbung und ist wenig haltbar.

In den USA wird die Schmalzgewinnung in großen Schlächtereien und Fleischwarenfabriken (packing houses) ausgeführt. Man unterscheidet folgende Sorten:

Neutral-Lard (Neutralschmalz) ist die feinste Sorte aus dem Netz- und Gekrösefett des Schweines (leaf lard). Das Fettgewebe wird sofort nach dem Schlachten des Tieres gewaschen und in Eiswasser gelegt. Dann wird es mit Maschinen kleingeschnitten und wie die Talgsorte „Premier Jus" bei 40—50° ausgeschmolzen. Das im Gewebe verbliebene Fett wird geringeren Sorten Schmalz zugesetzt. Zur Geruchsverbesserung wird Neutrallard 28 Std in kaltem Wasser und ebenso lang in fast 0° kalter Salzlake gehalten. Das Schmalz darf auch mit Wasser unter Zusatz von etwas Soda gewaschen werden. Neutrallard enthält nur 0,25 % freie Fettsäure und kann zur Margarineherstellung benutzt werden.

Leaf-Lard (Liesenschmalz) wird durch Ausschmelzen ganzer Liesen mit Dampf unter Druck hergestellt. Der erste ausschmelzende Teil läßt sich als Neutrallard verwerten, der letzte, geringerwertige Anteil kommt zu anderen Sorten.

Choice Lard (kettle rendered), ausgewähltes Schmalz wird wie Leaf-Lard hergestellt aus den nicht für Neutral-Lard verwendeten Liesen und dem von der Schwarte befreiten Rückenspeck.

Prime Steam-Lard (bestes Dampfschmalz) enthält das Fett aus allen Fetteilen des Schweines, häufig mit Ausnahme der Liesen und des Rückenspecks.

Butchers-Lard (Schlächterschmalz) wird über freiem Feuer ausgeschmolzen und nicht aus den USA ausgeführt.

Offgrade-Lard aus gesalzenem Speck ist eine minderwertige Sorte.

Schweineschmalz wird in Deutschland als Brat- und Backfett im Haushalt verwendet. Früher kam es auch als Margarinefett zum Einsatz, doch störte der Eigengeschmack und die geringe Haltbarkeit. In den USA wird eine erhebliche Menge Schmalz als Backfett (shortening) verwertet. Die Plastizität und das Schmelzverhalten lassen sich durch Umestern und Zusatz von einigen Prozent auf Jodzahl unter 10 hydriertem Schmalz verbessern.

Die Schmalzsorten für Speisezwecke stammen von gesunden, einwandfreien Schlachtschweinen. Aus Abfällen der Fleischwarenfabriken und von gefallenen Tieren werden noch technisch verwertbare Qualitäten gewonnen. Sie sind unter der Bezeichnung „White Grease", „Yellow Grease", „Brown Grease" im Handel und nicht als Speisefette zugelassen.

Nach P. A. MEERBURG (1925) wurde „White Grease" aus Schweinerüsseln erhalten und in Holland nachraffiniert unter staatlicher Aufsicht. In den USA fügt man White Grease Denaturierungsstoffe zu, damit es nur zur Seifenherstellung verwendbar bleibt. Yellow und Brown Grease stammt aus verendeten Tieren und enthält bis 50 % freie Fettsäure sowie 1—2 % Unverseifbares. Beide Sorten dienen zur Herstellung von Destillatfettsäuren für technische Produkte.

b) Zusammensetzung und Eigenschaften von Schweinefett

Schweineschmalz kann durch die Fütterung in der Zusammensetzung seiner Fettsäuren erheblich beeinflußt werden. Amerikanisches Schmalz hat infolge der Verwendung von Mais als Mastfutter einen höheren Gehalt an Ölsäure und Linolsäure. Die Jodzahl liegt um etwa 10 Einheiten höher als bei europäischem Schmalz. Fischmehlfütterung hat sehr nachteilige Wirkungen auf den Geschmack, worauf von H. DILLER (1956) hingewiesen wurde. Nach G. A. GARTON u. W. R. H. DUNCAN (1954) wird Lebertran unverändert vom Depotfett des Schweines aufgenommen. Walöl ist nach G. A. GARTON u. Mitarb. (1952) im Depotfett wieder nachweisbar. Weitere Ergebnisse über den Einfluß der Fütterung auf die Zusammensetzung von Schmalz finden sich S. 966.

In Tab. 117 sind die Glyceride von Schweinefett nach Ihrer Zusammensetzung angegeben, die von der Fütterung etwas abhängig ist. Die ölsäurehaltigen Glyceride umfassen auch die im Schweineschmalz vorhandene Linolsäure und die kleinen Mengen Linolensäure, die darin anzutreffen sind.

Tabelle 117. *Zusammensetzung der Glyceride von Schweineschmalz*

Tripalmitin	0—1	Oleodipalmitin	5—9
Dipalmitostearin	2—4	Palmitodiolein	40—53
Palmitodistearin	2—5	Stearodiolein	5—7
Oleopalmitostearin	27—34	Triungesättigte Glyceride	3—10

A. BANKS u. T. P. HILDITCH (1932) erhielten aus dem Netzfett des Schweines 11,2—17,4, aus der inneren Schicht des Rückenfettes 6,6 und der äußeren Schicht 2,1 % vollgesättigte Glyceride. Nach A. BÖMER (1913) bestehen die schwerstlöslichen Glyceride des Schweinefettes aus β-Palmitodistearin (Smp 68,5°) und β-Stearodipalmitin (Smp 58,2°), von denen 3 bzw. 2 % isoliert wurden. A. CHAPMAN u. Mitarb. (1957) erkannten, daß Schmalz β-Palmitooleostearin enthält, Kakaobutter jedoch β-Oleopalmitostearin. Nach O. T. QUIMBY u. Mitarb. (1953) ist die Verteilung der Fettsäuren im Glyceridverband von Rindertalg und Schmalz nicht zufällig. Talg enthält im wesentlichen α-Palmitoglyceride, Schmalz jedoch β-Palmitoglyceride. Im Schmalz wurden kleine Mengen Arachidonsäure (0,45—0,90 %) durch spektrophotometrische Messung der UV-Absorption nach der Alkali-Isomerisierung, Vaccensäure (0,07—0,12 %) sowie verzweigtkettige und ungeradzahlige Fettsäuren gefunden. Die ungeradzahligen und verzweigten Fettsäuren können durch die gaschromatographische Analyse der Methylester als Bestandteile zwischen den Hauptkomponenten im Fraktogramm identifiziert werden, wie E.P. MAGRE u. F.D. TOLLENAAR (1962) mitteilten. In frischem, handelsüblichem Schmalz haben S.F. HERB u. Mitarb. (1963) sowie P. MAGIDMAN u. Mitarb. (1963) 29 Fettsäuren mit 10—22 C-Atomen identifiziert, darunter C_{15}-, C_{17}- und C_{19}-Fettsäuren als gesättigte und C_{17}- und C_{19}-Fettsäuren als mono-ungesättigte Verbindungen. Neben tri-ungesättigten C_{18}-, C_{20}- und C_{22}-Fettsäuren waren auch tetra- und penta-ungesättigte C_{20}- und C_{22}-Fettsäuren im Fraktogramm erkennbar.

Der Anteil an Hexadecensäure ist mit etwa 3% verhältnismäßig hoch.

Tabelle 118. *Eigenschaften und Kennzahlen von Schweineschmalz und den daraus erhaltenen Fettsorten*

	Schweineschmalz	Schmalzstearin	Schmalzöl	Knochenfett
ρ (40°)	0,896—0,906	0,894—0,898	0,8997—0,901	0,897—0,904
$n_D^{40°}$	1,457—1,461	±1,458	1,453—1,461	±1,461
Smp	26—40°	—	5—15°	—
EP	22—32°	—	0—12°	—
EP der Fettsäuren	30—38°	—	—	—
Polenske-Diff.-Zahl	18—22°	—	—	—
VZ	193—200	194—196	190—196	±196
JZ	46—66	44—54	67—82	±64
RhZ	40—52	—	—	—
% Unverseifbares	0,14—0,35	0,15—0,25	—	—

Im festen Zustand ist Schweinefett von weißer Farbe, weich und gut streichbar. Es besitzt einen schwachen Eigengeruch. Nach dem Erstarren unter Rühren hat es eine salbenartige Struktur, sein Gefüge ist mehr körnig, wenn es ohne mechanische Bearbeitung fest wird. Schmalz hat in wasserfreiem Zustand und in Abwesenheit von Gewebeteilen eine gute Haltbarkeit. Zusätze von Cerealienmehl, insbesondere Hafermehl, wirken nach S. MUSHER (1935) antioxydativ auf Schmalz. In den USA sind für Neutral-Lard Butylhydroxyanisol, Nordihydroguayaretsäure und Propylgallat als Antioxydantien gestattet, während in den meisten europäischen Ländern diese Zusätze derzeit nicht genehmigt sind.

C.H. LEA (1937) fand im Fettgewebe und Muskel des Schweines ein stark prooxydativ wirkendes Enzymsystem, eine *Lipoxydase*. Das Enzym kann durch 30 min Erhitzen auf 60° inaktiviert werden. Diese Temperatur wird bei fast allen Verarbeitungsmethoden von Fettgeweben zur Herstellung von Schweineschmalz erreicht und überschritten.

Schweinefett enthält in den Speckschichten von innen nach außen zunehmende Mengen ungesättigter Fettsäuren. N.R. ELLIS u. Mitarb. (1926, 1930) sowie R.H. BHATTACHARYA u. T.P. HILDITCH (1931) bestätigten diese Tendenz durch Fütterung mit Sojaöl, bzw. Erdnußöl, und J.E. BORMAN (1933) beobachtete dieselbe Abstufung nach der Mast mit Rüböl. Fischmehlnahrung führt ebenso wie das Füttern mit ölhaltigen Samen (Mais) zu sehr weichem Schweineschmalz. Man hat versucht, amerikanisches Schweinefett durch Zugabe von etwas gehärtetem Lard dem europäischen Schmalz anzugleichen.

H.K. DEAN u. T.P. HILDITCH (1933) zerlegten das Rückenfett eines Schweines in 5 Schichten und bestimmten darin die Zusammensetzung der Fettsäuren. Ihre Untersuchungen bestätigten frühere Beobachtungen, nach denen die äußeren Fettschichten mehr Ölsäure aufweisen als Fette im Innern des Körpers. Das Alter des Schweines hat charakteristische Änderungen der Fettsäurezusammensetzung zur Folge. Im Depotfett treten bis 15% Linolsäure sowie höherungesättigte Säuren mit 20 und 22 C-Atomen auf. DEAN und HILDITCH erwähnen in diesem Zusammenhang, daß die Meinung, wonach warmblütige Tiere und Pflanzen in tropischen Gebieten mehr feste, gesättigte Fettsäuren bilden als kaltblütige Tiere oder Pflanzen in den gemäßigten und kalten Zonen, nur teilweise begründet ist.

T.P. HILDITCH u. W.H. PEDELTY (1939a) bestimmten die in geringen Mengen vorhandenen mehrfach ungesättigten Fettsäuren im Schweineschmalz.

2. Untersuchung und Überwachung des Verkehrs mit Schweineschmalz

Über die Bestimmung der *Frische* als Qualitätsmerkmal vgl. S. 967.

Die *Untersuchung von Schweineschmalz* soll sich auf die Anwesenheit von folgenden Fremdstoffen und den Nachweis von raffiniertem Schmalz aus minderwertigem Schweinefett erstrecken:

1. Wassergehalt;
2. Neutralisations- und Frischhaltungsmittel;
3. Fremde tierische und pflanzliche Fette, sowie hydrierte Fette;
4. Unverseifbare Stoffe und fremde, nicht fettartige Bestandteile;
5. Nachraffiniertes, minderwertiges Schweinefett.

Die Probenahme findet unter entsprechender Anwendung der bei Butter angeführten Gesichtspunkte statt.

Gesundheitsschädliche Keime werden durch das Ausschmelzen des Fettes vernichtet, wenn es in offenen Kesseln verflüssigt oder vor dem Abfüllen erhitzt worden ist.

Für die *lebensmittelrechtliche Beurteilung tierischer Fette* bestehen folgende rechtliche Grundlagen anstelle der älteren Bestimmungen (Preuß. Min.-Erlaß vom 24. Juni 1903):

2. *Gesetz über den Verkehr mit Vieh und Fleisch (Vieh- und Fleischgesetz)* vom 25. April 1951 (BGBl. I S. 272)

(Auch Schlachtfette unterliegen diesem überwiegend marktregelnden Gesetz.)

3. *Fleischbeschaugesetz* vom 29. Oktober 1940 i. d. Fassung vom 28. Juni 1965 (BGBl. I S. 547)

(Auch aus warmblütigen Tieren gewonne Fette unterliegen, sofern sie sich zum Genuß für Menschen eignen, diesem Gesetz. Ausgelassenes Fett ist „zubereitetes Fleisch" im Sinne von § 12c — vgl. *Behandlungsverfahren-Verordnung* i. d. Fassung vom 10. März 1966 BGBl. I S. 161))

Aufgrund des Fleischbeschaugesetzes wurden erlassen:

3a. *Verordnung über unzulässige Zusätze und Behandlungsverfahren bei Fleisch* vom 12. April 1961 i. d. Fassung vom 21. April 1965 (BGBl. I S. 343)

(Regelung der Raffination tierischer Fette, Verbot der Färbung auch mit nichtfremden Stoffen.)

3b. *Verordnung über die Untersuchung des in das Zollinland eingehenden Fleisches (Auslandsfleischbeschau-Verordnung — AFV)* vom 8. März 1961 i. d. Fassung vom 21. Juli 1965 (BGBl. I S. 642)

a) Untersuchungsverfahren

α) Nachweis von Wasser in Schmalz

Reines Schmalz enthält nur Spuren Wasser;

a) Nach der amtlichen Anweisung der Anlage 2 zu dem Preuß. Min.-Erlaß vom 24. Juni 1903 zum „*Fleischbeschaugesetz*" soll *Wasser* nach folgendem Verfahren von Polenske in Schmalz nachgewiesen werden:

In ein dickwandiges Reagensglas von 9 cm Länge und 18 ml Inhalt gibt man etwa 10 g des gut gemischten Schmalzes und verschließt durch einen Gummistopfen mit Thermometer, dessen Quecksilberbehälter sich in der Mitte der Fettschicht befindet. Man erwärmt allmählich auf 70°. Ist die Probe klar, so enthält sie weniger als 0,3% Wasser. Bei trübem Aussehen oder beim Auftreten von Wassertröpfchen wird auf 95° weiter erhitzt, und man hält unter Schütteln 2 min bei dieser Temperatur. Meist ist dann Klärung eingetreten. Danach läßt man unter Schütteln an der Luft abkühlen und stellt die Temperatur des Wiederauftretens einer sichtbaren Trübung im Schmalz fest. Der Prozeß kann zwei- bis dreimal wiederholt werden.

Bei 95° noch trüb aussehendes Schweineschmalz enthält mehr als 0,45% Wasser oder andere Fremdstoffe (Gewebeteile, Fullererde) und ist als verfälscht zu betrachten.

E. Polenske fand folgenden Zusammenhang zwischen dem Wassergehalt und der Trübungstemperatur:

Trübungstemperatur: . . .	40,5°	53,0°	64,5°	75,2°	85,0°	90,8°	95,5°
% Wassergehalt:	0,15	0,20	0,25	0,30	0,35	0,40	0,45

Für *Talg* ist das Polenske-Verfahren *nicht* anwendbar.

F. GRAF (1935) beobachtete, daß 1 g Schweineschmalz in 5 ml Benzol, bei 20° gelöst, mit mehr als 0,5% Wasser eine trübe Lösung ergibt.

b) Die *gewichtsanalytische Bestimmung* des Wassergehaltes kann nach folgender Vorschrift erfolgen, die im Preuß. Min.-Erlaß vom 8. November 1914 beschrieben ist:

5 g Schmalz werden in einer mit gepulvertem, geglühtem Bimsstein beschickten Nickel- oder Platinschale verteilt und gewogen. Man erwärmt im Trockenschrank auf 105° und bestimmt nach einer halben Stunde das Gewicht, ebenso nach je 10 weiteren Minuten, bis keine Gewichtsabnahme mehr eintritt. Zu lange Trockenzeiten führen durch Oxydation wieder eine Gewichtszunahme herbei.

c) Zur Wasserbestimmung sind ferner geeignet:

die *Destillationsmethode* (DGF-Einheitsmethoden, C-III, 13/53), vgl. S. 765,

die *Methode* nach K. FISCHER (DGF-Einheitsmethoden, C-II 13a/57), vgl. S. 768.

β) Nachweis von Neutralisations- und Frischhaltungsmitteln

Vorprüfung. Prüfung auf Alkali- und Erdalkalihydroxide und -carbonate. Ein mit Glasstopfen verschließbares Reagensglas aus Jenaer Geräteglas (neue Gläser sind vor dem Gebrauch mit Wasser auszukochen) wird mit 2 ml dest. Wasser, 1 Tropfen einer 0,1%igen wäßr. Lösung von p-Nitrophenol und 10 ml des zu prüfenden, geschmolzenen Fettes beschickt und kräftig geschüttelt. Darauf stellt man das Reagensglas bis zur Trennung der Schichten in siedendes Wasser. Bei Anwesenheit von Neutralisationsmitteln ist die wäßr. Schicht gelb gefärbt.

Hauptprüfung. Nachweis von Alkali- und Erdalkalihydroxiden und -carbonaten. 50 g geschmolzenes Fett werden mit der gleichen Menge dest. Wassers in einem mit Kühler versehenen Kolben (500 ml) aus Jenaer Glas gemischt. In die Mischung wird 30 min lang unter Zwischenschalten einer Sicherheitsflasche aus dest. Wasser erzeugter Wasserdampf durch ein Rohr eingeleitet (Jenaer Glas). Die Apparateteile werden möglichst durch Normschliff- oder Kugelschliffstücke verbunden; Verbindungsschläuche, die sonst verwendet werden, sind mittels Durchleitens von Wasserdampf zu reinigen. Nach dem Erkalten wird der wäßr. Auszug durch ein aschefreies Filter filtriert.

Das verbleibende Fett und Filter werden nach Zusatz von 5 ml 25%iger Salzsäure und 25 ml dest. Wasser behandelt. Das erhaltene wäßr. Filtrat versetzt man in einem Scheidetrichter mit etwa 3 g Kaliumchlorid und schüttelt einige Minuten mit 10 ml Petroläther aus. Die abgetrennte wäßr. Phase filtriert man durch ein feuchtes, aschefreies Filter. Anfangs etwas trüb fließendes Filtrat wird so lange zurückgegossen, bis es klar durchläuft.

Das Filtrat wird auf 5 ml eingedampft und nach dem Erkalten mit verdünnter Salzsäure angesäuert. Bei Gegenwart von Alkaliseife scheidet sich Fettsäure aus, die mit Äther auszuziehen und als solche zu kennzeichnen ist. Damit ist das Fett als mit *Alkalihydroxiden* oder *-carbonaten* behandelt anzusehen.

Entsteht beim Ansäuern eine in Äther schwerlösliche, gelblichweiße Abscheidung, so ist diese auf Schwefel zu prüfen.

Das klare Filtrat wird in einer Platinschale auf etwa 50 ml eingedampft und dann in einem Jenaer Becherglas durch Erhitzen mit überschüssigem Ammoniak und 10 ml Ammoniumcarbonatlösung auf Erdalkalien geprüft. Tritt eine deutliche Fällung von Calciumcarbonat ein, so ist das Fett als mit *Calciumhydroxid* oder *-carbonat* behandelt anzusehen.

Erfolgt nur eine leichte Trübung, dann ist die filtrierte Flüssigkeit auf etwa 25 ml in einer Platinschale einzudampfen, gegebenenfalls zu filtrieren und durch Zusatz von 10 ml Ammoniak und 1 ml Natriumphosphatlösung auf Magnesium zu prüfen. Bildet sich innerhalb 12 Std eine deutlich kristalline Ausscheidung von Magnesiumammoniumphosphat, so ist das Fett als mit *Magnesiumhydroxid* oder *-carbonat* behandelt anzusehen.

Glasgeräte und Reagentien sind im Blindversuch auf Reinheit zu prüfen.

Qualitativ können Seifen auch durch Lösen einer Probe des Fettes in Benzol-Alkohol (9:1) und den Nachweis von Metalloxiden in der filtrierten Lösung nachgewiesen werden. Ein nach dem Veraschen verbleibender Rückstand zeigt Seifen an.

H.P. KAUFMANN (1958) beurteilt den Nachweis von Alkali- und Erdalkalihydroxiden und -carbonaten nach den oben beschriebenen Verfahren als wenig empfindlich und verweist auf die *flammenphotometrischen* sowie *emissionsspektrographischen Arbeitsweisen.*

H. KONRAD (1961) führte Untersuchungen zur flammenphotometrischen Alkalibestimmung in Schmalz durch.

Der Nachweis und die Bestimmung von *Frischhaltungsmitteln* in Schweineschmalz, die bei diesem praktisch wasserfreien Fett kaum in Betracht kommen, erfolgt nach Prüfverfahren in Anlehnung an die amtlichen Methoden des ehemaligen Reichsgesundheitsamtes. Sie sind in den Einheitlichen Untersuchungsmethoden für die Fett- und Wachsindustrie (1930) beschrieben und umfassen Prüfungen auf Borsäure und Borate, Formaldehyd und Ameisensäure, Fluorwasserstoff und Fluoride, schweflige Säure, Sulfite und Thiosulfate, Salicylsäure, Benzoesäure und Nitrite.

Vorschläge zur Beurteilung von Schweineschmalz und seiner Lagerfähigkeit wurden von K. TÄUFEL u. K. BARTHEL (1956) mitgeteilt.

γ) Nachweis fremder Fette in Schweineschmalz

Zu diesen Untersuchungen darf nur ein bei *50—60° vollkommen klares Fett verwendet werden.* Trübe Proben sind bei dieser Temperatur durch ein Filter zu filtrieren, das Verunreinigungen zurückhält. Spuren Wasser können aus dem Filtrat durch Evakuieren entfernt werden.

Für die Untersuchung eines Schweineschmalzes auf fremde Fette ist *folgender Untersuchungsgang* zu empfehlen:

Vorproben: *Refraktometerzahl. Brechungsindex, Gesamtzahl der niederen Fettsäuren. Wulstprobe*

Man bestimmt von dem zu untersuchenden Schweineschmalz die *Refraktometerzahl* oder den *Brechungsindex* (S. 538) und die *Gesamtzahl der niederen Fettsäuren* nach GROSSFELD (S. 593), sowie die Verseifungszahl (S. 558) und die Jodzahl (S. 572). Man führt ferner die Halphen-Reaktion auf Baumwollsamenöl (S. 439), die Baudouin- oder Soltsien-Reaktion auf Sesamöl (S. 68) und die Bellier-Reaktion auf Pflanzenöle (S. 23) sowie die Prüfung auf gehärtete Seetieröle nach TORTELLI und JAFFÉ (S. 140) aus.

Die Refraktometerzahl liegt bei reinen Schweinefetten zwischen 47—52 (40°); der Brechungsindex 40° hat die Grenzwerte 1,457—1,461. Jodzahl und Refraktion können durch die Art der Fütterung beeinflußt werden. Die Jodzahlen liegen zwischen 46—66 und der Schmelzpunkt kann zwischen 36—42° gefunden werden.

a) Der Verdacht auf die Beimischung von Pflanzenfetten ist begründet, sobald die Refraktometerzahl anormal oder verhältnismäßig hoch ist und eine der Farbreaktionen positiv ausfällt. Niedrige Refraktometerzahlen und hohe Gesamtzahlen deuten auf die Anwesenheit von Fetten der Cocos- und Palmkernölgruppe. Die zugefügten Pflanzenfette können auch in gehärteter Form vorliegen und durch den Nachweis der Isoölsäuren festgestellt werden.

b) Ist das Schmalz sehr hart, und die Refraktometerzahl und Jodzahl liegen unter den Grenzwerten, wobei die Gesamtzahl 0 beträgt, so führt man die Methode von BÖMER und LIMPRICH (vgl. S. 117) zum Nachweis von Talg aus.

c) Als Vorprobe zur Prüfung von Schweineschmalz auf Fremdfette ist die *Wulstprobe* sehr geeignet. Schon frühzeitig wurden die Unterschiede der Oberfläche von erstarrtem Schweineschmalz und Mischungen mit Rinds- oder Hammeltalg in größeren Kübeln beobachtet. A. LANGFURTH (1888) hat dieses Verhalten zum Nachweis von Verfälschungen des Schweinefettes zu verwerten versucht. Kunstspeisefette aus „Rindsstearin“ mit Ölen erstarren zu einer grobkristallinen Masse mit mehr oder weniger glatter Oberfläche. Reines Schweinefett hat eine feinkristalline Struktur mit einer gefalteten Oberfläche.

P. SOLTSIEN (1894, 1896, 1908) hat vorgeschlagen, mindestens 50 g oder mehr Fett wie folgt erstarren zu lassen:

Das Fett wird bei gelinder Wärme geschmolzen und in halbkugeligen Gefäßen schnell zum Erstarren gebracht. Nicht zu weiche Schweinefette zeigen teils radiale Wulstbildung mit Kontraktion zu einer Vertiefung in der Mitte oder einen gefalteten wulstigen Ring an der Gefäßwandung. Talge weisen glatte bis glänzende Oberflächen auf. Man kann nach SOLTSIEN Schweinefett in Talg an der Wulstbildung erkennen.

δ) Allgemeiner Nachweis von Pflanzenfetten

Man prüft auf Pflanzenfette mittels der Phytosterin- und Phytosterinacetatprobe (vgl. S. 781). Sehr geringe Mengen Pflanzenfett können papierchromatographisch nach J.W. COPIUS-PEEREBOOM u. J.B. ROOS (1960) ermittelt werden.

Ein Zusatz von Pflanzenfetten ist erwiesen, wenn die Phytosterinacetatprobe positiv ausfällt, d. h. wenn der korrigierte Smp der letzten Kristallisation 117° oder mehr beträgt. Die Probe ist in Gegenwart von Cocosfett wegen seines geringen Phytosteringehaltes nicht ganz sicher. Cocosfett kann aber nach anderen Methoden (papier- bzw. gaschromatographische Verfahren) in Mengen ab 1% erkannt werden.

Als *Farbreaktion auf Pflanzenfette* ist die von Bellier (vgl. S. 23) zu empfehlen. Sie kann gelegentlich durch Beimischung von Oleomargarin und Talg schwach positiv (rötlich) ausfallen.

Eine von Welmans (1891, 1900) vorgeschlagenen Farbreaktion auf Pflanzenöle mit einem Molybdänreagens steht der von Bellier an Zuverlässigkeit nach. Sie ist für Talg und Oleomargarin nicht verwendbar.

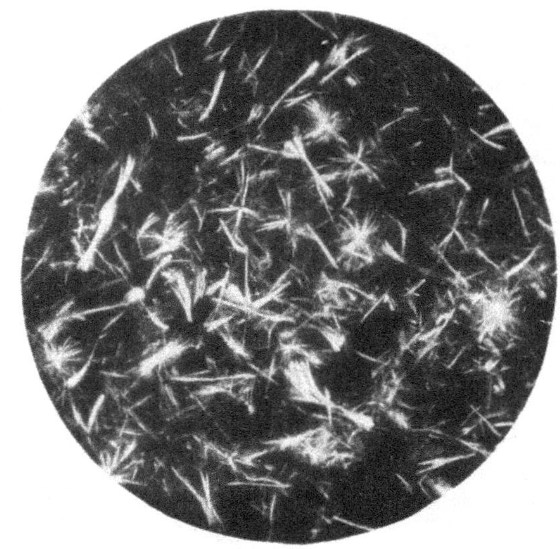

Abb. 7. Palmitodistearin aus Rindertalg

Nachweis von Cocos- und Palmkernfett und ähnlicher Fette

Die Gesamtzahl der niederen Fettsäuren, die bei frischem Schweinefett 0 beträgt, zeigt in Gegenwart dieser Fette einen deutlichen Anstieg. Er ist bei Palmkernfett geringer als bei Cocosfett. Als Ergänzung wird die Bestimmung der Verseifungszahl durchgeführt, die bei reinem Schmalz im Mittel den Wert 197 hat. Hieraus ist die Laurinsäurezahl und damit der Gehalt an Cocosfett und Palmkernfett zu berechnen.

Der Gehalt an niederen Fettsäuren in einem Schmalz, worin Cocos- oder Palmkernfett vorliegen können, ist sehr zuverlässig durch papier- oder gaschromatographische Methoden zu bestimmen. Mengen von 1% lassen sich noch einwandfrei im Fraktogramm der gaschromatographischen Trennung der Fettsäuremethylester erkennen. Schweineschmalz enthält wie Rindertalg und viele Seetieröle kleine Anteile ungeradzahliger und verzweigtkettiger Fettsäuren in seinen Glyceriden; sie sind nach E. P. Magre u. F. D. Tollenaar (1962) zwischen den Kurven des Fraktogrammes der Fettsäuremethylester mit 14 und 16, bzw. 16 und 18 C-Atomen zu beobachten. S. Herb u. Mitarb. (1963) wiesen gesättigte und ungesättigte Fettsäuren mit 19 C-Atomen nach.

Abb. 8. Palmitodistearin aus Schweinefett

Stark ranziges Schweinefett hat eine höhere Gesamtzahl und Verseifungszahl und kann nach den auf S. 867 beschriebenen Verdorbenheitsreaktion erkannt werden. Butterfett ist durch die Buttersäurezahl zu bestimmen, doch sind Vermischungen mit Butterfett sehr selten.

Nachweis von Baumwollsamenöl, Sesamöl und Erdnußöl

Cottonöl und -stearin enthaltendes Schweinefett gibt die Halphen-Reaktion (vgl. S. 50) und Sesamöl enthaltendes Fett die Baudouin- und Soltsien-Reaktion (vgl. S. 68). Erdnußöl kann durch den Arachin- und Lignocerinsäuregehalt der aus der Fettprobe erhaltenen Fettsäuren festgestellt werden.

ε) Nachweis von Rinder- und Hammeltalg

Der Nachweis von Talg in Schmalz ist Gegenstand vieler Untersuchungen gewesen. K. Täufel u. K. Barthel (1956) stellten Vorschläge zusammen für die einheitliche Untersuchung von Schweineschmalz. H.P. Kaufmann u. J.G. Thieme (1955) haben die Schmelzrefraktometrie zur Untersuchung von Talg und Schmalz empfohlen.

Kristallisationsverfahren

Als Vorprobe zur Erkennung von Talg in Schmalz hat sich ein *Kristallisationsverfahren* bewährt, das auf der Verschiedenheit der schwerstlöslichen Glyceride in beiden Fetten beruht. Die ersten Versuche zur Isolierung dieser Glyceride stammen von M.C. Husson (1878). Sie wurden nachgeprüft und variiert von H. Kreis u. A. Hafner (1904), O. Metzger u. Mitarb. (1912). Die von A. Goske (1895) empfohlene Ausführungsform wurde nach dem Schweizer Lebensmittelbuch (1937) wie folgt abgeändert:

2 g geschmolzenes Fett werden im 50 ml-Erlenmeyerkolben in 20 ml Äther gelöst und mindestens 22 Std bei tiefer Temperatur stehen gelassen. Wenn sich Kristalle abgeschieden haben, wird der Äther abgegossen und der Rückstand bei etwa 30facher Vergrößerung untersucht.

Rinder- und Hammelfett liefern Glyceride, die in zu Büscheln angeordneten, spitzen, meist gebogenen Nadeln kristallisieren. Die aus Schweinefett entstandenen Kristalle haben Tafelform mit schiefen Enden (vgl. Abb. 7 und 8), erscheinen aber auch gelegentlich in Nadelform. Daher ist in zweifelhaften Fällen zu empfehlen, die Kristallisation mit 0,5 g und 1 g Fett in 20 ml Äther zu wiederholen. Bei Anwesenheit von Rinderfett wird man noch mit 0,5 g eine Kristallisation erhalten, mit reinem Schweinefett jedoch in der Regel nicht mehr.

Differenzzahlverfahren nach E. Polenske (1907a, b, 1908, 1909)

Das Verfahren beruht auf der Beobachtung der unterschiedlichen Temperaturdifferenz zwischen den Schmelzpunkten und den Erstarrungspunkten (richtiger Trübungspunkten) von Talg und Schmalz. Die Differenz beträgt, nach vorgeschriebener Weise bestimmt, beim Schweinefett 19—21°, bei Talg nur 12,8—15°. Mit der Methode lassen sich etwa 20% Talg in Schweinefett nachweisen.

A. Bömer u. R. Limprich (1913) haben das Polenske-Verfahren theoretisch begründet: β-Palmitodistearin des Schweinefettes hat die Differenzzahl 18,4 und α-Palmitodistearin der Talge weist eine Differenzzahl von 11,8 auf.

Die Ausführung des Verfahrens ist im Analytischen Teil dieses Bandes S. 970 beschrieben.

Verfahren von A. Bömer und R. Limprich (1913b)

Das Verfahren beruht auf der Tatsache, daß die gesättigten Triglyceride von Rinds- und Hammeltalg aus Tristearin, α-Palmitodistearin und Dipalmitostearin, von Schweinefett aber aus β-Palmitodistearin und einem Dipalmitostearin bestehen.

A. Bömer hatte ursprünglich angenommen, daß im Rinder- und Hammeltalg β-Palmitodistearin, im Schweineschmalz aber die α-Verbindung vorkommt. Durch die Untersuchungen von C. Amberger u. A. Wiesehahn (1923) wurde sichergestellt, daß das höherschmelzende Glycerid von Schmalz die β-Verbindung ist, während das α-Palmitodistearin im Talg enthalten ist. An der Grundlage des Verfahrens änderte sich dadurch nichts.

Die Glyceride und die aus ihnen erhaltenen Fettsäuren haben nach A. Bömer (1907) folgende Schmelzpunkte:

Tabelle 119

Bezeichnung der Glyceride	Schmelzpunkt der Glyceride (korr.) Sg °C	Schmelzpunkt der Fettsäuren daraus (korr.) (Sf) °C	Schmelzpunkt-differenz (d = Sg—Sf)
Glyceride des *Schweinefettes*			
β-Palmitodistearin. . . .	68,5	63,3	5,2
Stearodipalmitin	58,2	55,2	3,0
Glyceride der *Talge*			
Tristearin	73,0	70,5	2,5
α-Palmitodistearin. . . .	63,3	63,2	0,1
Stearodipalmitin	57,5	55,7	1,8

Die Differenz zwischen den Schmelzpunkten des α- und β-Palmitodistearins und der aus beiden dargestellten Fettsäuregemische ist beträchtlich. Sie beträgt bei Palmitodistearin aus Schweinefett 5,2°, bei den Talgen nur 0,1°. Hierauf beruht die Methode zum Nachweis von Rinds- und Hammeltalg in Schweinefett, die noch 5—10% Talg zu erkennen gestattet. Die Arbeitsweise ist in die DGF-Einheitsmethoden aufgenommen (C-VI 7, 53) und in diesem Band S. 119 beschrieben.

ζ) Nachweis von Pferdefett in Schweinefett

Pferdefett kann in Schweinefett über die Bestimmung der Hexabromide nachgewiesen werden. Beschreibung der Methode S. 119. Auch mit einer UV-spektrophotometrischen Untersuchung kann der Nachweis geführt werden (vgl. S. 522).

η) Nachweis gehärteter Öle in Schmalz

Gehärtete Öle sind an ihrem Gehalt an festen ungesättigten Säuren zu erkennen. Sie werden durch die Prüfung auf Isoölsäuren (vgl. S. 725) nachgewiesen. Die Isoölsäuren weisen überwiegend trans-Konfiguration auf und können daher annähernd quantitativ nach H. P. KAUFMANN u. Mitarb. (1959, 1961) durch spektrophotometrische Messung der Absorption der Fettsäuremethylester im Infrarot bestimmt werden.

Hydrierte Seetieröle werden mittels der Reaktion nach TORTELLI und JAFFÉ nachgewiesen (vgl. S. 140).

Nach der Fütterung mit isoölsäurehaltigen Glyceriden (Margarine), die aber praktisch nur selten vorkommt, kann nach A. D. BARBOUR (1933) Isoölsäure im Depotfett abgelagert werden.

Hydriertes Schweinefett ist kein Naturfett mehr, sondern stofflich verändert und wie gehärtete Öle zu beurteilen.

ϑ) Nachweis von unverseifbaren und nicht fettartigen Bestandteilen

Zum Nachweis kleiner und größerer Mengen Paraffin eignet sich das auf S. 842 beschriebene Verfahren.

Bei der Prüfung auf Paraffinöl können auch Fettalkohole und Squalen aus Seetierölen auftreten. Ihre Erkennung erfolgt durch die Prüfung auf Seetierfette nach TORTELLI und JAFFÉ (vgl. S. 140) und bei gehärteten Ölen durch den Nachweis der Isoölsäuren. Squalen ist als stark ungesättigte Verbindung durch die hohe Jodzahl 370,8 gekennzeichnet.

ι) Nachweis von nachraffiniertem minderwertigem Schweinefett

Nach H. P. KAUFMANN u. Mitarb. (1956b, c, 1957) läßt sich Schweineschmalz, das mit aktiver Bleicherde behandelt wurde, an dem veränderten UV-Absorptionsspektrum erkennen. Eine Bleicherdebehandlung ruft eine deutliche Trien-Struktur bei 268 mμ hervor, die nach den DGF-Einheitsmethoden (C-IV 8 [61]) qualitativ nachgewiesen und annähernd quantitativ bestimmt werden kann (vgl. S. 968 u. 969).

Auch durch die Bestimmung des Anilinpunktes ist es möglich, in vielen Fällen die Bleicherdebehandlung von verdorbenem oder ranzigem Schmalz zu erkennen. F. T. VAN VOORST (1950) stellte eine Beziehung auf zwischen dem Anilinpunkt und der Jodzahl. J. WURZIGER (1957) führte den Nachweis von raffiniertem White Grease und raffiniertem Schmalz mit Hilfe der Neutralrotfluorescenz und der Beziehung zwischen Anilinpunkt und Jodzahl sowie der Cholesterinbestimmung durch. Mit E. LINDEMANN bestimmte J. WURZIGER (1958) den Oxyfettsäuregehalt und die Verseifungsfarbzahl von alkaliraffiniertem, verdorbenem Schweineschmalz.

J. B. ROOS (1956) zeigte, daß White Grease bis 1% Cholesterin enthält gegenüber nur 0,1% in reinem Schweinefett.

III. Pferdefett

Das Körperfett des Pferdes ist weicher als Schweineschmalz und bereits bei 20° größtenteils geschmolzen. Sein Geruch erinnert an Gänsefett, im Geschmack gleicht es dem Rüböl. Die Farbe wechselt von goldgelb bis braun, je nach der Körperstelle, von der das Pferdefett stammt.

Über die *Zusammensetzung der Glyceride und der Fettsäuren* berichteten J. HOLMBERG u. U. ROSENQUIST (1949) sowie F. B. SHORLAND u. Mitarb. (1950). Von W. B. BROOKER u. F. B. SHORLAND (1954) wurden auch ungeradzahlige Fettsäuren im Pferdefett nachgewiesen. Der Einfluß der Fütterung auf die Zusammensetzung der Fettsäuren ist erheblich, und die oft unterschiedlichen Angaben über den Linolensäuregehalt des Pferdefettes sind hierauf zurückzuführen.

Im Kammfett wurden nur 0,13—0,19% Unverseifbares gefunden. Nach L. ZECHMEISTER u. P. TUZSON (1934) sind Spuren von β- neben etwas α-Carotin nachweisbar.

Tabelle 120. *Eigenschaften und Kennzahlen von Pferdefett*

ρ (40°)	0,898—0,910
n_D^{40}	1,460—1,465
Smp	29—43°
EP	22—37°
EP der Fettsäuren	25—38°
VZ	195—204
JZ	71—87
% Unverseifbares	0,3—0,5

Nachweis von Pferdefett in Schweineschmalz und Talg

Pferdefett enthält 2,5—8,3% Linolensäure. B. PASCHKE (1938) bestimmte mittels der nach E. ROSSMANN (1936) gefällten Hexabromide der Fettsäuren den Gehalt an Pferdefett in anderen tierischen Fetten nach folgender Arbeitsweise:

10 g Fett werden mit 100 ml alkoholischer 0,5 n-Kalilauge auf dem Wasserbad unter Rückfluß $^1/_2$ Std verseift. Man dest. etwa 80 ml Alkohol ab, verdünnt mit 250 ml Wasser und zerlegt die Seife im Scheidetrichter mit 15 ml 5 n-Schwefelsäure unter Zusatz von 250 ml gesättigter Kochsalzlösung und 50 ml Äther. Die ätherische Lösung wird abgetrennt, dreimal mit je 15 ml Kochsalzlösung gewaschen und durch ein Faltenfilter filtriert.

Zur Bromierung werden 5 ml Lösung in einen 50 ml-Erlenmeyerkolben pipettiert und zugleich mit einem Kolben mit 5 ml Äther auf mindestens —15° gekühlt. Aus einer Bürette gibt man zu den gekühlten 5 ml Äther 0,45 ml Brom. Nach weiterem Kühlen setzt man die Bromlösung innerhalb 1—2 min in 5—6 Anteilen der ätherischen Fettsäurelösung zu, wobei die Temperatur unter 0° bleiben muß. Man läßt noch 10 min bei —15°, darauf 15—18 Std bei 5—10° stehen.

Man filtriert durch ein gewogenes Allihnröhrchen und wäscht den Niederschlag zweimal mit je 3 ml —10° kaltem Äther, wobei der Niederschlag bis zum Schluß mit Äther bedeckt bleiben soll. Dann wird bei 100° getrocknet und nach dem Erkalten bei Zimmertemperatur zur Entfernung von Restmengen Fettsäuren mit 5 ml Äther gewaschen. Das bei 100° getrocknete Hexabromid ist schwerer in Äther löslich als das frisch gefällte. — Nach weiterem einstündigem Trocknen bei 100° und 30 min Abkühlen wird gewogen.

Tabelle 121. *Hexabromidmengen aus einigen Tierfetten*

Art des Fettes oder der Fettmischung	Gefundenes Hexabromid mg/g
Pferdefett	41,2
Schweinefett	2,8
Rinderfett	3,0
Hammelfett	3,3
Schweinefett und 30% Pferdefett	8,2
Rinderfett und 30% Pferdefett	10,8
Hammelfett und 30% Pferdefett	11,0
Schweinefett und 40% Pferdefett	10,2
Rinderfett und 40% Pferdefett	15,1
Hammelfett und 40% Pferdefett	16,5

Das Verfahren ist nur annähernd quantitativ. Bei den in Frage kommenden geringen Mengen Hexabromid ist es belanglos, ob dieselben auf 0,9 oder 1,0 g bezogen werden. Man erhält aus 1 g Pferdefett Hexabromidmengen um 40 mg, aus anderen tierischen Fetten weniger als 5 mg.

30 % Pferdefett lassen sich nach B. PASCHKE mit Sicherheit nachweisen, wie die Tab. 122 zeigt.

CL. FRANZKE (1954) fand, daß nach einer Alkaliisomerisierung und spektrophotometrischen UV-Absorptionsmessung der Triene eine noch genauere Bestimmung von Pferdefett möglich ist. Nach R.A. DALLEY (1950) sollen sich noch 5—10 % in anderen Fetten nachweisen lassen.

Der relativ hohe Gehalt von 3—10 % Hexadecensäure kann nach papier- und gaschromatographischen Verfahren annähernd quantitativ festgestellt werden. Schweinefett und Talge enthalten nach den bisher bekannten Untersuchungen nur bis 3 bzw. 4 % dieser Verbindungen. Mit dem gleichzeitig bestimmten Linolensäuregehalt bieten diese neuen Analysenmethoden gute Nachweisverfahren für Pferdefett in tierischen Fetten.

Tabelle 122. *Eigenschaften und Kennzahlen von Hundefett*

ρ (40°)	0,897—0,904
$n_D^{40°}$	1,459—1,460
Smp	37—40°
EP	20—25°
EP der Fettsäuren	34—36°
VZ	193—197
JZ	58—83

IV. Hundefett

Hundefett soll in der chinesischen Küche und in der Volksmedizin eine gewisse Bedeutung haben. Vom Schweinefett, dem es in der Zusammensetzung der Fettsäuren und seinen Kennzahlen gleicht, kann es nach J. PRITZKER u. R. JUNGKUNZ (1931) durch die Schmelzpunktdifferenz der schwerstlöslichen Glyceride nach BÖMER unterschieden werden.

V. Fette von Vögeln und Kleintieren

Über die Zusammensetzung der Fettsäuren von Körperfetten einiger Vögel und Kleintiere gibt die Tab. 123 Auskunft.

Tabelle 123. *Zusammensetzung der Fettsäuren von Körperfetten einiger Vögel und Kleintiere*

Fettart:	Huhn	Gans	Truthahn	Eieröl des Huhnes		Kaninchen	Ratte
Caprinsäure	—	—	—	—		—	0,4
Laurinsäure	—	—	—	—		—	0,5
Myristinsäure	0,1—1,2	—	—	2,1	0,7	4,5	6,8
Palmitinsäure	24 —26,7	21,0	25—33	29,3	25,2	23,0	20,3
Stearinsäure	4,1—7,0	10,6	—	9,3	7,5	4,0	4,2
Arachinsäure	—	—	—	0,1	—	—	1,0
Tetradecensäure	—	—	—	—	—	—	1,5
Hexadecensäure	6,6—7,0	—	—	12,3	3,3	—	5,8
Ölsäure	38,4—43,0	49,1	38—49	34,6	52,4	56,5	52,9
Linolsäure	18,4—22,8	19,3	23—29	10,1	8,6	3,0	6,0
Linolensäure	—	—	—	—	—	9,0	—
C_{20} und höhere ungesättigte Fettsäuren	0,3—1,3	—	—	—	2,3	—	0,6

Die Fettsäurezusammensetzung von *Hühnerfett* und *Gänsefett* wurde von J. GROSSFELD (1931) und T.P. HILDITCH u. Mitarb. (1934) untersucht; über Hühnereieröl berichteten F. TROST u. P. DOVO (1937) sowie R.W. RIEMENSCHNEIDER u. Mitarb. (1938); über *Kaninchenfett:* J.H. FUTTER u. F.B. SHORLAND (1957); über *Rattenfett:* A. BANKS u. Mitarb. (1933) und H.E. LONGENECKER u. T.P. HILDITCH (1938).

1. Hühnerfett

Das *Körperfett* des Huhnes und anderer Vögel ist vom *Fett des Eidotters* zu unterscheiden. Die Bezeichnung Hühnerfett ist für das Körperfett maßgeblich, während das Dotterfett *Eieröl* genannt wird.

Hühnerfett ist ein bei 20° halbweiches Fett von angenehmen Geruch und Geschmack. Es hat eine gelbliche, bisweilen aber auch weiße Farbe. Der Farbstoff des Hühnerfettes ist mit dem des Eidotters verwandt und kann nach J. GROSSFELD

(1931) durch salpetrige Säure, durch Licht, besonders UV-Licht, leicht gebleicht werden. L. ZECHMEISTER u. P. TUZSON (1934) isolierten aus 2 kg Fett 4 mg analysenreines Xanthophyll (Lutein). Im Gegensatz zu Pferd und Rind enthalten die Lipide des Huhnes sauerstoffhaltige Polyene. Im Hühnerfett fanden J. PRITZKER u. R. JUNGKUNZ (1932e) nur 0,11—0,24 % Isoölsäuren.

Eieröl bildet ein goldgelb bis dunkelgelb gefärbtes Öl von mildem Geschmack. Beim Stehen an der Luft findet wie beim Hühnerfett eine Aufhellung statt. Es enthält wechselnde Mengen Phosphatide, deren Fettsäurebestandteile sich durch einen höheren Gehalt an ungesättigten Fettsäuren mit 22 C-Atomen (bis 13 %) von den Glyceridfettsäuren unterscheiden. Man gewinnt Eieröl aus dem Eidotter von Hühnereiern, der frisch über 30 %, getrocknet etwa 60 % Fett enthält, durch Auspressen oder Extraktion mit Benzin. Es wird zu technischen Zwecken verwendet. Im Unverseifbaren, dessen Menge bis 5 % erreicht, ist viel Cholesterin enthalten.

Tabelle 124
Eigenschaften und Kennzahlen von Hühnerfett und Eieröl

	Hühnerfett	Eieröl
ρ (40°)	0,896—0,901	0,897—0,902
$n_D^{40°}$	1,459—1,462	1,459—1,469
Smp	23—40°	22—25°
EP	21—27°	8—10°
EP der Fettsäuren	32—34°	±34°
VZ	193—198	184—195
JZ	58—77	64—82
RhZ	62—63	—

Hühnerfett und Eieröl werden nach Beobachtungen von E.M. CRUIKSHANK (1934) durch das Futterfett stark beeinflußt. Die Jodzahlen nehmen zu, wenn ungesättigte Fettsäuren im Futterfett reichlich vorhanden sind.

Nachweis von Fremdfetten. Auf Schweinefett kann auf Grund der Differenzzahl nach BÖMER in Hühnerfett nicht geprüft werden. CL. FRANZKE (1955) zeigte, daß durch die gravimetrische Bestimmung der in Petroläther unlöslichen Polybromstearinsäuren und auf spektralphotometrischem Weg durch Messung der Extinktion der alkali-isomerisierten Fettsäuren 20 % und mehr Rinderfett oder Schweinefett nachzuweisen sind.

2. Gänsefett (Gänseschmalz)

Gänseschmalz ist das aus dem Eingeweide- und Brustfett der Gänse gewonnene Fett. Es hat körnige Struktur und ist weiß oder blaßgelb gefärbt. Wegen seines niedrigen Schmelzpunktes erhält es zur Verwendung als Streichfett vielfach einen Zusatz von Schweinefett. Der Zusatz muß im Handelsfett deklariert werden.

Tabelle 125. *Eigenschaften und Kennzahlen von Gänsefett*

ρ (40°)	0,902—0,906
$n_D^{40°}$	1,459—1,462
Smp	25—37°
EP	16—22°
EP der Fettsäuren	31—32°
Polenske-Differenz-Zahl	14—17°
VZ	191—198
JZ	59—81

Auch aromatisiertes Gänsefett befindet sich im Handel, das schwach gesalzen und über zerschnittenen Äpfeln, Zwiebeln, Thymian- und Majoranblättern geröstet wird. Ein Verschnitt mit Entenfett ist schwer nachzuweisen, da beide Fette sich in den Kennzahlen und der Zusammensetzung der Fettsäuren kaum unterscheiden.

Die *Zusammensetzung der Glyceride* von Gänsefett wurde von C. AMBERGER u. K. BROMIG (1921) und A. BÖMER u. H. MERTEN (1922) untersucht. Als schwerstlösliches Glycerid wurde Palmitodistearin (Smp 63,5°) festgestellt (A. BÖMER). Die Konstitution der übrigen Glyceride ist noch nicht sicher bekannt. Die Zusammensetzung der Fettsäuren des Gänsefettes ist vom Futter abhängig. Nach der Fütterung mit Kopra tritt eine Speicherung von Laurinsäure im Depotfett ein.

Gänseeieröl wurde von J.S. HEPBURN u. A.B. KATZ (1927) analysiert.

Nachweis von Fremdfetten. J. WURZIGER (1959) hat Schweineschmalz in Gänsefett auf Grund des höheren Arachidonsäuregehaltes in Schweinefett (0,48% gegenüber 0,15%) nachgewiesen. Die Bestimmung wird durch Alkali-Isomerisierung und UV-Absorptionsmessung durchgeführt. E. POLENSKE versuchte, Zusätze von 20% Schweinefett und mehr mit Hilfe der Differenzzahl festzustellen.

VI. Wildtierfette

T.P. HILDITCH u. Mitarb. (1942) untersuchten die Zusammensetzung der Fettsäuren der *Körperfette des Löwen*, der *Katze* und des *Pavians;* L.F. HOYT (1934) berichtete über das Fett des amerikanischen *Schwarzbären;* das Fett des indischen *Tigers* wurde von S.P. PATHAK u. N.N. GODBOLE (1945), die Fette von *Silberfuchs, Rotfuchs, Nutria* und *Nerz* von R. NESENI (1935) untersucht. Im *Bisamochsenfett* wiesen M.J. CHISHOLM u. C.Y. HOPKINS (1957) verzweigtkettige Fettsäuren nach. Eigenschaften und Kennzahlen des *Nilpferdfettes* und *Dachsfettes* wurden von C. BARKER u. T.P. HILDITCH (1950b) und S.S. GUPTA u. Mitarb. (1952) bestimmt.

Igelfett und *Iltisfett* war Gegenstand einer Untersuchung von A. PAWLETTA (1932). Im *Nerzfett* wiesen A. PRÉVOT u. P. CABEZA (1962) ungeradzahlige Fettsäuren nach. F.D. GUNSTONE u. W.C. RUSSEL (1957) berichteten über das Fett der *weißen Maus*. *Dachsfett* wurde von S.S. GUPTA u. Mitarb. (1950) untersucht. Auch das Körperfett eines neuseeländischen Wiesels sowie die Lipoide eines Hermelins und eines Frettchens wurden analysiert (L. HARTMAN u. A.R. JOHNSON 1964).

E. Seetierfette

Seetieröle sind aus Meerestieren, besonders *Walen*, *Robben* und *Fischen* gewonnene Öle. Minderwertige Qualitäten für technische Zwecke werden als Trane bezeichnet.

Völlig frisch gewonnene Seetieröle könnten als Speiseöle dienen, sofern ein leichter Fischgeschmack nicht als störend empfunden wird. Für die Einwohner der arktischen Gebiete ist Robbentran ein wichtiges Nahrungsmittel. Allgemein verwendbar als Speisefett werden Walöl und Fischöl erst nach einer *Hydrierung* auf Fette mit Schmelzpunkten über 32°. Dadurch wird der eigentümliche *Trangeruch* und *Trangeschmack* dauernd beseitigt. Die Haltbarkeit solcher gehärteter Fette ist wesentlich besser als die der Ausgangsöle.

Man unterscheidet nach der Art der Gewinnung aus dem gesamten Fischkörper oder aus der Leber Körperöle und Leberöle. Das Körperöl des Pottwales und viele Haifischleberöle enthalten große Mengen unverseifbarer Bestandteile. Sie sind für die menschliche Ernährung nicht verwendbar.

Einteilung und Zusammensetzung der Seetierfette

Die Einteilung der Meerestiere in Säugetiere (*Mammalia*) und Fische (*Pisces*) kann auch zur Differenzierung der verschiedenen Seetierölarten nach ihrer Zusammensetzung dienen. Meeressäugetiere umfassen die beiden Hauptarten Bartenwale (*Mystacoceti*) und Zahnwale (*Odontoceti*), letztere mit den besonderen Arten der Pottwale und Delphine.

Tabelle 126. *Zusammensetzung der Fettsäuren von Walfetten und Fischfetten* (in %)

Körperöle	Gesättigte Fettsäuren					Ungesättigte Fettsäuren							
	C_{12}	C_{14}	C_{16}	C_{18}	C_{20}	C_{12}	C_{14}	C_{16}	C_{18}	C_{20}	C_{22}	C_{24}	C_{26}
Antarktische Wale .	Spur	6–9	15–18	2–2,5	0–0,5	Spur	2,5–4 (2,0)	13–15 (2,1)	35–38 (2,6)	11–12 (7,1)	6–7 (9,4)	Spur	–
Arktische Wale . .	–	4	10,5	3,5	–	–	–	18 (2,5)	33 (3)	20 (7)	11 (8)	–	–
Pottwale	1,4–2,5	6–7	9,5–12	1,5–2,5	–	0,2–0,8	1,5–4	12–23	26–33,5	19,5–26,5	4,5–5,5	–	–
Robben	–	4,7	10,1	2,1	–	–	3,2	19,8	30,3	19,2	10,6	–	–
Hering	0–0,1	6–7,5	12–16	0–3	–0,3	–	1–1,5 (2,0)	5–12 (2,7)	20–32 (4,2)	22–30 (7,1)	9–23 (10,5)	0,1 (3,8)	–
Japanische Sardine	–	5,8	9,7	2,3	–	–	–	13,0 (2,0)	10–14 (6,0)	26 (5,0)	19 (5,0)	–	–
Pilchard-Sardine . .	–	5,1	14,6	3,2	–	–	Spur	12 (2,0)	18 (3,3)	18 (4,1)	14 (8,5)	15 (10,9)	–
Menhaden	Spur	6–8	15–16	0,5–5	0,5–1,5	–	0,1–6 (2,0)	15–23 (3,0)	24–31 (4,0)	8–19 (10)	3–12 (10)	4 ?	1–2,5 ?
Sprotten	–	6	18,7	0,9	–	–	0,1	16,2 (2)	29,0 (3)	18,2 (5,5)	10,9 (7)	–	–
Flußbarsch	–	3,5	12,5	2,8	–	–	1,1	19,3	40,6 (3)	13,8 (7,4)	7,2 (9)	–	–
Felchen	–	2,9	14,3	1,9	–	–	1,5	19,8	40,0 (3)	13,5 (7,4)	6,1 (9)	–	–
Hecht	–	4,7	13,2	0,5	–	–	0,8	20,8	38,4 (3)	15,3 (7,5)	6,3 (7,5)	–	–
Forelle	–	3,1	19,0	4,5	–	–	0,4	11,5 (2,6)	38,3 (3,9)	15,0 (7,8)	8,2 (10,1)	–	–

Anmerkung: Die Zahlen in Klammern geben die zur Absättigung eines Fettsäuremoleküls erforderliche Anzahl Wasserstoffatome an.

Die Fischöle unterscheiden sich von den Walölen durch ihren höheren Gehalt an langkettigen (C_{20}, C_{22} und C_{24}), hochungesättigten Fettsäuren. Die wichtigsten Unterklassen der Fische sind die Knochenfische (*Teleostomi*) und die Knorpelfische (*Elasmobranchii*).

In den Körperölen der Süßwasserfische sind weniger C_{20}- und besonders C_{22}-Säuren enthalten, dafür kommen darin mehr Öl- und Linolsäure vor.

Die Beziehungen zwischen der Zusammensetzung des Nahrungsfettes und derjenigen der Seetieröle wurden von J. A. LOVERN (1953) eingehend untersucht. Die wichtigsten Ergebnisse waren:

Die Art des Seetieröles ist weitgehend abhängig von der aufgenommenen Nahrung, die ähnliches Fett enthält.

Die Unterschiede in der Fettsäurezusammensetzung von Süß- und Salzwasserfischen sind auf die Art des Nahrungsfettes zurückzuführen.

Gelegentlicher Aufbau von Fischdepotfett aus Kohlenhydraten ergibt Glyceride, die im Aufbau typisch und für Fische spezifisch sind.

Der Temperatureinfluß auf die Ungesättigtheit ist gering und kann die charakteristische Zusammensetzung von Fischölen nicht erklären.

Einige Meerestiere bilden Fette besonderer Zusammensetzung, deren Entstehung wahrscheinlich auf genetische Ursachen zurückzuführen ist.

Auf mehrere Depots verteilte Fette mancher Meerestiere sind unterschiedlich zusammengesetzt.

Die Zusammensetzung der Fettsäuren von *antarktischen Walölen* bestimmten: E. F. ARMSTRONG u. J. ALLAN (1924a), I. TVERAAEN (1935), H. P. KAUFMANN (1938b), A. SCHWIEGER (1938); von *arktischen Walölen:* E. F. ARMSTRONG u. J. ALLAN (1924a); von *Pottwalen:* M. SAIKI u. T. MORI (1953), H. P. KAUFMANN u. Z. E. SHOEB (1961); *Robbenölen:* G. WINTER u. W. NUNN (1950, 1953), G. WINTER (1951), M. SAIKI (1953); *Hering-*, *Sardinen-* und *Menhadenölen:* E. F. ARMSTRONG u. J. ALLAN (1924b), H. N. BROCKLESBY u. K. F. HARDING (1938), J. A. LOVERN (1938), W. H. BALDWIN u. W. B. LANHAM JR. (1941), H. N. BROCKLESBY (1941), O. B. BJARNASON u. M. L. MEARA (1944), F. A. SMITH u. J. B. BROWN (1945, 1946), T. P. HILDITCH u. S. P. PATHAK (1948), T. TSUCHIYA u. A. KATO (1950b), W. LUDORFF (1953), H. P. KAUFMANN u. T. MIYAKAWA (1958); *Sprottenöl:* J. A. LOVERN (1932); *Thunfischöl:* W. T. ROUBAL (1963); *Flußbarsch-*, *Felchen-*, *Hecht-* und *Forellenöl:* K. D. GUHA u. Mitarb. (1930), J. A. LOVERN (1932), H. P. KAUFMANN u. T. MIYAKAWA (1958).

I. Fette der Walarten, Robben und Delphine

1. Fette der Bartenwale

Die Öle der Bartenwale oder Walöle überhaupt sind wichtige Ausgangsprodukte für die Herstellung von Speisefetten durch Hydrierung. Die Technik ihrer Gewinnung hat einen hohen Stand erreicht, und die Öle werden in unzersetztem Zustand zur Weiterverarbeitung an Land gebracht. Das in Walleber in relativ geringer Menge (2—3%) vorliegende Öl kann zur Gewinnung von Vitamin A-Konzentraten herangezogen werden (vgl. S. 800).

Im südlichen Eismeer liegen die Fanggebiete für Wale. Blau-, Finn- und Bukkelwale bilden den Hauptanteil des antarktischen Walfangs. Der Seiwal ist nur noch unregelmäßig anzutreffen, und der früher häufige Glattwal ist ziemlich ausgerottet. Nach N. PETERS (1938) sind das Weddel- und Roßmeer sowie die Gewässer im Bouvet- und Kerguelengebiet die ergiebigsten Fangplätze für Wale.

Der Südpazifik zwischen 60—170° westl. Länge wird als wenig ergiebige Gegend von den Walfangmutterschiffen selten aufgesucht. Um ein Aussterben der großen Meeressäugetiere zu vermeiden, haben die am Fang beteiligten Nationen die Abschußquoten durch Vereinbarungen geregelt. So wurden z. B. 1957 während der

Fangsaison 16000 Blauwal-Einheiten freigegeben, die etwa 300000 t Walöl entsprechen. Walöl wird von Fangschiffen aus Japan, der UdSSR und Norwegen eingebracht. Es gibt nur wenige Landstationen zur Fettgewinnung aus Walspeck. Die Aufarbeitung der Wale erfolgt an Bord der Walfangmutterschiffe, wodurch hochwertiges Fett für die Hydrierung zu Speisefetten erhalten wird (vgl. S. 221).

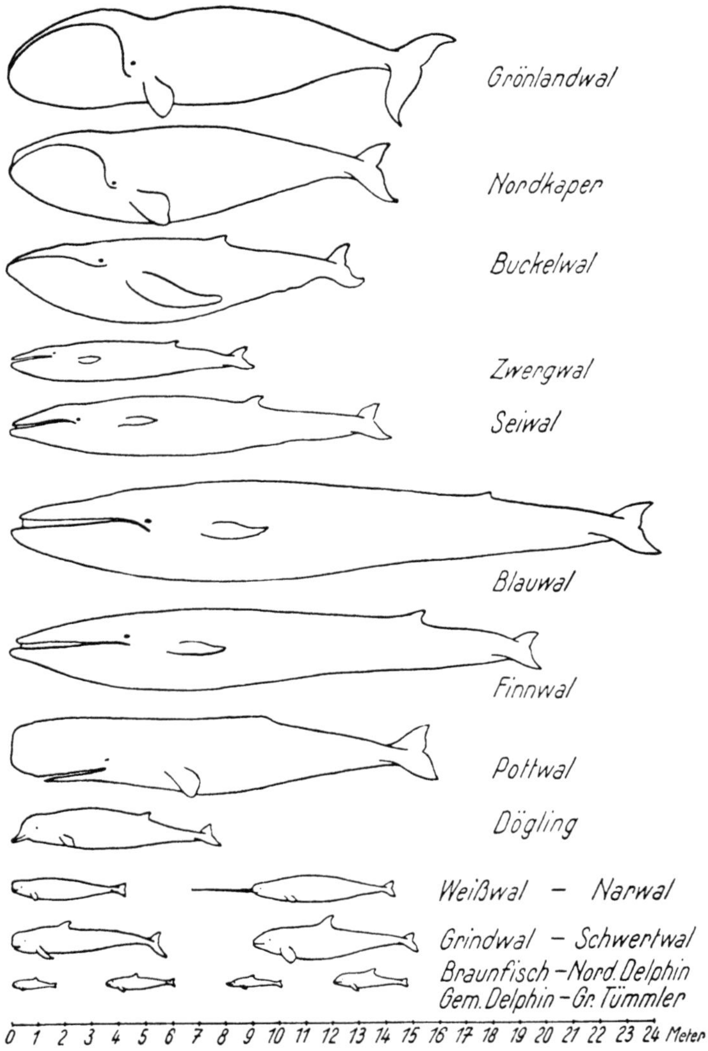

Abb. 9. Gestalt und Größenmaße von Walarten (nach LUDORFF)

Tabelle 127. *Weltproduktion an Walfett und Spermöl* (in 1000 t)

Jahr . . .	1952	1953	1954	1955	1956	1957	1958	1959	1960	1961
Menge . . .	494	430	485	470	496	500	520	495	495	530

Im Jahr 1962 standen noch 350000 t Walöl für den Weltmarkt zur Verfügung; danach ist das Fangergebnis stark zurückgegangen.

Verwendung. Für Speisezwecke werden hydrierte Walöle mit Smp 34—36° verwendet und zur Herstellung von Shortenings und Fettglasuren eingesetzt. Zur Margarinebereitung eignen sich gehärtete Walfette mit Smp 34° und 40—42° Smp.

a) Blauwal

Balaenoptera musculus L.; Engl.: Blue Whale; Norw.: Blaahval.

Der in der Antarktis lebende Blauwal ist das größte Säugetier und Meerestier. Er erreicht bei einer Länge bis zu 30 m ein Gewicht von 130 t. Seine mittlere Länge ist 24 m. Je nach der Länge erreicht das Gewicht eines Tieres:

Länge (m)	18	20	22	24	26	28
Gewicht (t)	35	48	65	85	105	130

Ein 100 t schwerer Blauwal hat das Gewicht von 25 Elefanten oder 150 Ochsen. Nähere Angaben über Wale finden sich in Abhandlungen von P.H. KAUFMANN (1938b), R. KELLOGG (1940) und K. BRANDT (1949).

In Tab. 128 sind einige Zahlen über das Gewicht der einzelnen Körperteile nach N. PETERS (1938) zusammengestellt. Gestalt und Größe von Walarten sind in Abb. 9 wiedergegeben.

Tabelle 128. *Gewicht der Körperteile des Blauwals*

Körperteil	Gewicht t	Gewicht %	Ölanteil in t
Speck	25,7	21,0	13,6
Fleisch	56,4	46,3	6,9
Knochen	22,3	18,3	7,2
Zunge	3,2	2,6	—
Lungen	1,2	1,1	—
Herz	0,6	0,5	—
Niere	0,5	0,4	—
Magen	0,4	0,3	—
Leber	0,9	0,8	0,025
Übrige Eingeweide	1,6	1,3	—
Barten	1,2	0,9	—
Blut, ungefähr	8,0	6,6	—
Gesamt	122,0	100,0	27,7

Der Blauwal lebt in der Nähe des Eises, wo seine Hauptnahrung, das Walkrebschen (*Euphasia superba* d.), am reichlichsten anzutreffen ist (vgl. Abb. 10). Es lebt von den im südlichen Eismeer reichlich vorkommenden Kieselalgen.

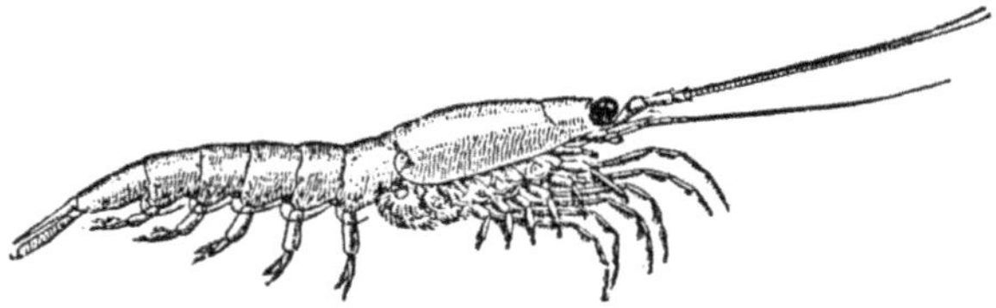

Abb. 10. Walkrebschen (*Euphasia superba* d.). Natürliche Größe (nach DIEHL)

Charakteristisch ist für den Blauwal neben der nur 25—35 cm hohen Rückenflosse die blaugraue Farbe der Rücken- und Bauchseiten des Körpers. In kalter Luft hebt sich der Atemhauch, der ,,Blas", auch auf größere Entfernungen sichtbar ab. Die Tiere kommen in Abständen von 5—10 min an die Oberfläche, um zu blasen, d.h. zu atmen.

Tabelle 129. *Eigenschaften und Kennzahlen von Blauwalöl* (nach S. Schmidt-Nielsen u. A. Flood 1933 und H. Leue 1938)

Nähere Angaben	ρ (50°)	$n_D^{50°}$	VZ	JZ	RhZ
Gesamtöl. .	—	—	195,1	114,9	75,8
Specköl . .	0,9004	1,4633	196,6—199,0	113,5—137,4	69,6—86,8
Knochenöl .	0,9003	1,4623	197,5—197,9	109,9—119,3	92,2
Fleischöl .	0,8988	1,4615	195,9—196,5	114,0—116,6	78,2
Zungenöl .	0,9016	1,4613	197,5—200,6	126,7—133,4	89,1

Der Geruch von Blauwalöl ist mild tranig. Bei der Anlandung in europäischen Häfen liegen die Säurezahlen meistens unter 1. Das Rückenspecköl und Zungenöl ist etwas stärker ungesättigt als das Knochen- und Fleischöl.

b) Finnwal

Balaenoptera physalus L.; Engl.: Fin Whale; Norw.: Finhval.

Der Fang des Blauwales ist zurückgegangen. Der am *häufigsten gefangene Finnwal* der Antarktis wird 21—25 m lang und unterscheidet sich vom Blauwal durch die größere, 50—70 cm hohe sichelförmige Rückenflosse. Wie beim Blauwal sind die Weibchen im Mittel etwa 1 m länger als die Männchen.

Die Eigenschaften und Kennzahlen von Finnwalöl wurden u. a. von S. Schmidt-Nielsen u. A. Flood (1933), sowie von Y. Toyama u. K. Uozaki (1937a) und H. Leue (1938) bestimmt.

Tabelle 130. *Finnwalöl*

Nähere Angaben	ρ (50°)	$n_D^{50°}$	VZ	JZ	RhZ
Rückenspecköl	0,8969	1,4627	188,5—193,8	115,1—121,9	79,1
Knochenöl . .	0,9001	1,4630	194,2—194,4	125,3—126,2	52,3
Rippenöl . . .	0,8992	1,4644	188,0	135,6	—
Fleischöl . .	—	—	191,7	137,0	62,8
Magenöl . . .	—	—	192,0	156,9	75,0
Zungenöl . . .	0,9029	1,4639	196,0	133,0	—

c) Buckelwal

Megaptera boops bonn. Engl.: Humpback. Norw.: Knölhval.

Der etwa 12—16 m große Buckelwal ist ein Furchenwal mit sehr langen Brust- und Schwanzflossen. Am Kopf trägt der Buckelwal zahlreiche halbkugelförmige Knollen, die 1—3 Sinneshaare tragen. Er ist häufig mit tonnenförmigen Seepocken und Hautschmarotzern besetzt. Seine Speckschicht ist dicker als bei Blau- und Finnwalen und erreicht in der Nähe der Rippenflosse 12—16 cm Stärke. Der Buckelwal wird 40—50 t schwer und liefert durchschnittlich 6—7 t Öl. Sein Bestand hat stark abgenommen.

Die Eigenschaften und Kennzahlen sind mit denen der anderen Bartenwalöle in Tab. 132 zusammengestellt. Sie wurden von H. Leue (1938), Y. Toyama u. K. Uozaki (1938) und S. Ueno u. M. Iwai (1938) festgestellt.

d) Seiwal

Balaenoptera borealis less. Der Seiwal gehört zu den kleineren Walen. Er liefert die besten Barten und ein genießbares Fleisch. Der Zwergwal zählt ebenfalls zur Gruppe der Furchenwale.

Die im nördlichen Eismeer lebenden *Glattwale* kommen nur noch vereinzelt vor, so daß sich ein regelmäßiger Fang nicht mehr lohnt. Im 17. und 18. Jahrhundert wurde der bis 15 m große *Grönlandwal* gefangen. Bereits im 10. Jahrhundert brachten Wikinger den etwas kleineren *Nordkaper* aus dem nordatlantischen Wasser des Golfstromes an Land. In den Küstengebieten des Stillen Ozeans wird der *Grauwal* (*Richianectes glaucus cope*) gefangen.

Zusammensetzung der Walfette

Die *Glyceride* der Walöle sind in ihrem Aufbau nur teilweise qualitativ durch die Arbeiten von B. SUZUKI (seit 1927), T.P. HILDITCH u. J.T. TERLESKI (1937) und mit L. MADDISON (1942) bekannt. Quantitative Bestimmungen lassen sich wegen ihrer Zusammensetzung aus zahlreichen Fettsäuren nur schwierig durchführen. Die fraktionierte Kristallisation eines antarktischen Walöles ermöglichte eine annähernde Bestimmung der allgemeinen Komposition seiner Glyceride.

Tabelle 131. *Glyceridgruppen in antarktischem Walfett* (nach T.P. HILDITCH u. L. MADDISON)

Mol.-%	Anwesende Fettsäurearten
66	1 ungesättigte C_{18}, 1 gesättigte, 1 ungesättigte C_{14}, C_{16}, C_{20} oder C_{22}
12	1 ungesättigte C_{18}, 2 ungesättigte C_{14}, C_{16}, C_{20} oder C_{22}.
8	1 ungesättigte C_{18}, 1 Myristinsäure, 1 Palmitinsäure.
6	2 ungesättigte C_{18}, 1 gesättigte.
4	3 ungesättigte C_{14}, C_{16}, C_{20} oder C_{22}.

Die *Zusammensetzung der Fettsäuren* von Walölen ist aus Tab. 126 zu ersehen. Die Übersicht zeigt, daß antarktische Öle etwa 20% Fettsäuren mit 20—24 C-Atomen enthalten, während das höherungesättigte arktische Walöl rd. 30% dieser Fettsäuren aufweist. Hierdurch ist eine analytische Unterscheidung der Walöle und Fischöle möglich; die letzteren haben 40—50% höhermolekulare, ungesättigte Fettsäuren in ihren Glyceriden. Es ist empfehlenswert, die Trennung der Fettsäuren nach ihrer Kettenlänge papier- oder gaschromatographisch mit den völlig hydrierten Ölen durchzuführen.

Walöle (und Fischöle) enthalten nach F.B. SHORLAND (1954) kleine Mengen verzweigtkettige und ungeradzahlige Fettsäuren.

Für viele Seetieröle und Öle von Süßwasserfischen ist ein relativ hoher Gehalt an Hexadecensäure charakteristisch. Fast 30% der Gesamtfettsäuren bestehen aus Fettsäuren der C_{16}-Gruppe, wobei etwa je die Hälfte auf Palmitin- und Hexadecensäure entfällt. Neben 9,10-Tetradecensäure ist auch 5,6-Tetradecensäure aus Walölfettsäuren isoliert worden.

J. LUND (1938) und I. TVERAAEN (1935) fanden im Specköl, Knochenöl und Fleischöl vom Blauwal und Finnwal zwischen 26—30% gesättigte Fettsäuren. In Wal- und Fischölen wurden folgende einfach-ungesättigten Fettsäuren nachgewiesen: Tetradecensäuren, Hexadecensäure, Ölsäure, Gadoleinsäure, Cetoleinsäure und im Seiwalöl Selacholeinsäure.

Die wichtigsten mehrfach-ungesättigten Fettsäuren in Seetierölen (Anzahl der Doppelbindungen in Klammern) sind: Hiragonsäure (3), Jecorinsäure (3), Arachidonsäure (4), Clupanodonsäure (5) und Nisinsäure (6).

Die Tab. 132 bringt als Ergänzung der Tabellen 129 und 130 eine Zusammenstellung der *Eigenschaften und Kennzahlen* der Gesamtöle von *Blauwal, Finnwal, Buckelwal* und *Seiwal.*

Tabelle 132. *Eigenschaften und Kennzahlen von Fetten der Furchenwale*

	Blauwal	Finnwal	Buckelwal	Seiwal
ρ (40°)	0,898—0,915	0,897—0,906	0,898—0,906	0,898—0,906
$n_D^{40°}$	1,463—1,471	1,461—1,470	1,463—1,467	1,465—1,468
EP der Fettsäuren	25—30°	24—31°	26—30°	24—29°
VZ	188—198	188—197	185—195	183—194
JZ	112—128	110—135	120—150	120—160
% ätherunlösliche Bromide . . .	18—40	18—43,5	18—41	22—50,5
% Unverseifbares	0,7—2	0,8—1,5	0,8—1,5	0,6—2,7

2. Fette der Spermwale oder Zahnwale

Das Körperfett der *Zahnwale* (*Physeteridae*), unter denen der Pottwal oder Spermwal und der Dögling oder Entenwal von Bedeutung für die Trangewinnung sind, enthält große Mengen Unverseifbares, das aus Fettalkoholen besteht. Der Cetylalkohol überwiegt mengenmäßig unter den gesättigten Alkoholen, daneben kommen gesättigte Fettalkohole mit 14 und 18 C-Atomen und einfach-ungesättigte C_{16}-, C_{18}- und C_{20}-Alkohole darin vor. Y. TOYAMA u. G. AKIYAMA (1936) erhielten auch höher-ungesättigte Alkohole, $C_{20}H_{34}O$ (Catadonylalkohol) und $C_{22}H_{36}O$ (Clupanodylalkohol). Die Fettalkohole der Zahnwal-Körperfette sind mit Fettsäuren verestert, deren Zusammensetzung von denen der Walöle erheblich abweicht. Tab. 133 bietet eine Übersicht über die allgemeine Zusammensetzung von Körperfetten des Pottwals und Döglings.

Tabelle 133

Bestandteil	Pottwal-Kopföl	Körperöl	Döglingsöl
% Gesamtfettsäuren . .	55—60	58—68	57—65
% Unverseifbares . . .	40—45	29—40	35—43
% Glycerin	1,2—2,5	2,0—3,5	1,7—2,6

Das *Leberöl* des Spermwales ist ausschließlich aus Glyceriden zusammengesetzt, wie M. Tsujimoto u. K. Kimura (1928) beobachteten, und es unterscheidet sich nicht von den Leberölen anderer Meerestiere wie des Dorsches.

Der *Pottwal* (*Pyseter macrocephalus* L.; Engl.: *Sperm Whale*; Norw.: Kaskelot, Sperm) ist in den tropischen und subtropischen Meeren der Welt anzutreffen. Im südlichen Eismeer sind fast ausschließlich die bis 20 m, meist 15—18 m großen Männchen beobachtet worden, während die kleineren 11—12,5 m Länge aufweisenden Weibchen in den wärmeren Zonen bleiben. Die Hauptnahrung des Pottwales sind Tintenfische, die er bis in 1000 m Tiefe verfolgt. Seine Speckschicht ist 15—20 cm stark; er liefert im Durchschnitt 10 t Öl aus dem schwer zu verarbeitenden festen Speck. Der Unterkiefer trägt 20—27 kräftige, kegelförmige Zähne und wird um etwa 1,5 m von dem zahnlosen Oberkiefer überragt.

Die *Fettsäuren* der Körperfette der Physeteriden enthalten im ungesättigten Teil überwiegend Verbindungen mit einer Doppelbindung. In den Kopfölen wurden auch von T. P. Hilditch u. J. A. Lovern (1928) Caprin- und Laurinsäure und von Y. Toyama u. T. Tsuchiya (1936) eine Decensäure nachgewiesen.

Tabelle 134. *Zusammensetzung der Fettsäuren von Spermwalöl*

Nähere Angaben	Caprinsäure	Laurinsäure	Myristinsäure	Palmitinsäure	Stearinsäure
Kopföl	3,5	16	14	8	2
Specköl	—	1	5	6,5	—

Nähere Angaben	Ungesättigte Säuren der Gruppe C_{10}	C_{12}	C_{14}	C_{16}	C_{18}	C_{20}	C_{22}
Kopföl	Spur	4 (2)	14 (2)	15 (2)	17 (2)	6,5 (2)	
Specköl	—	—	4 (2)	26,5 (2)	37 (2)	19 (2)	1 (4)

Anmerkung: Die in Klammern stehenden Zahlen geben die zur Absättigung eines Fettsäuremoleküls erforderliche Anzahl Wasserstoffatome an.

Tabelle 135. *Eigenschaften und Kennzahlen von Physeteridenölen*

	Pottwal-Kopföl	Pottwal-Specköl	Döglingsöl
ρ (40°)	0,858—0,867	0,862—0,869	0,860—0,869
$n_D^{40°}$	1,453—1,457	1,456—1,458	±1,457
VZ	120—150	125—163	120—140
JZ	71—93	82—123	79—89
% Unverseifbares . .	40—45	30—40	35—45
% ätherunlösliche Bromide	1,4	5,6	0—5,3

Kleinere Mengen ungeradzahliger und verzweigtkettiger Fettsäuren sind im Diagramm der gaschromatographischen Analyse der Methylester von Gesamtfettsäuren aus Spermöl erkennbar.

Etwa 74% des Spermöles bestehen aus Wachsestern, und die restlichen 26% sind Glyceride. T. P. Hilditch u. J. A. Lovern (1928, 1929) analysierten die Fettalkohole eines antarktischen Spermöles und fanden im Kopföl: 8% Tetradecyl-, 44% Cetyl- und 6% Stearylalkohol; 4% Hexadecenyl-, 28% Oleyl- und 10% Eicosenylalkohol. Im Specköl waren: 25% Cetyl- und 1% Stearylalkohol; 66% Oleylalkohol und 8% Eicosenylalkohol.

Über den Nachweis von Walrat vgl. S. 930.

Verwendung von Spermöl

Das in den Höhlungen des Kopfes befindliche *Walratöl* (Cetaceum, Spermaceti) ist wasserhell und wird bei Zimmertemperatur fest. Es bildet weiße, glänzende, im Bruche großblättrig-kristallinische, fettig anzufühlende Stücke. Walrat dient nicht als Speisefett, sondern findet in der pharmazeutisch-kosmetischen Industrie Verwendung als Salben- und Cremezusatz. Im Darm älterer Pottwale findet sich gelegentlich eine talgartige feste Masse, das *Ambra*. Es wird als Fixateur für hochwertige Parfümöle verwendet.

Aus Spermöl können nach M. Tsujimoto u. H. Koyanagi (1937) durch Verseifen und Vakuumdestillation die Fettalkohole gewonnen werden. Dieser Vorgang wird technisch durchgeführt. Die aus den nach der Zerlegung mit Schwefelsäure und Destillation erhaltenen Fettsäuren sind frei von Trangeruch und eignen sich zur Seifenherstellung.

Durch die Hydrierung wird Spermöl in technisch interessante Produkte wachsartiger Natur umgewandelt.

Nach Fütterungsversuchen von Y. Sahashi (1933) und T. Kaneda u. Mitarb. (1957/1958) ruft Spermöl Seborrhöe hervor, jedoch nicht die reinen gesättigten Wachsbestandteile des Öles. Ungesättigte Fettalkohole wirken toxisch, erzeugen aber keine Seborrhöe. R. Schoenheimer u. G. Hilgetag (1934) berichteten über das Auftreten und den Sekretionsmechanismus von Cetylalkohol im tierischen Organismus.

Der *Entenwal* oder Dögling (*Hyperoodon rostratus* Müller) wird bis 8 m lang. Er lebt in den nördlichen Meeren und wird zur Gewinnung von Walrat gejagt. Ein ausgewachsener Dögling liefert etwa 100 kg Öl. Döglingsöl trennt man durch Kühlen und Filtration vom Walrat und erhält dann ein sehr haltbares Öl.

Zu den Zahnwalen gehört noch der *Schwertwal*, der bisweilen kleine Bartenwale angreift. Seine Benennung rührt von der hohen Rückenflosse her.

3. Robbenfette

Robbenöle werden nur in geringen Mengen für die Hydrierung zu Speisefetten verwendet. Sie sind ein wichtiges Nahrungsfett der arktischen Bevölkerung. Man gewinnt sie aus den Körperölen des Seehundes (*Phoca vitulina*), des Seelöwen (*Otavia byromia blaim*) und des Seelefanten (*Macrorhinus leoninus*). Ebenso dient das Walroß (*Odobenus rosmarus*) zur Gewinnung von Robbenöl. Die Zusammensetzung und Eigenschaften der Robbenöle sind denen der Walöle sehr ähnlich.

Tabelle 136. *Eigenschaften und Kennzahlen von Robbenölen*

	Seehund	Seelöwe	Seelefant	Crabeater-Robbe
ρ (40°)	0,909—0,915	±0,910	0,904—0,908	—
$n_D^{40°}$	1,465—1,470	±1,470	±1,467	—
EP der Fettsäuren .	22—28°	—	—	—
VZ	188—196	190	189—191	190,4
JZ	122—163	156	124—131	165,3
% Unverseifbares .	0,6—1,5	—	0,8—1,5	1—1,5

4. Delphinfette

Delphine (*Delphinidae*) sind See-Säugetiere und leben in zahlreichen Arten in allen Meeren. Ihr dunkles, grobfaseriges Fleisch ist genießbar. Das Körperöl vom Braunfisch (*Phocaena communis less.*) und vom Meerschwein (*Delphinus phocaena* L.) hat heute nur eine geringe wirtschaftliche Bedeutung.

Die Öle der Delphiniden sind durch einen Gehalt an niederen Fettsäuren, besonders der in anderen Fetten nicht aufgefundenen Isovaleriansäure ausgezeichnet.

Wegen ihres Gehaltes an Unverseifbarem, der zwischen 2 und 20 % schwankt, sind Delphinöle für Speisefette unverwendbar.

Die Zusammensetzung der Fettsäuren des Meerschweines (*D. phocaena* L.) wurde von J. A. LOVERN (1934) untersucht (vgl. Tab. 137).

Tabelle 137. *Fettsäuren des Meerschweinöles*

Fett	Isovaleriansäure %	Laurinsäure %	Myristinsäure %	Palmitinsäure %	Stearinsäure %
Körperöl	13,6	3,5	12,1	4,7	—
Kopföl	20,8	4,1	15,8	7,5	0,2
Kinnbackenöl . .	25,3	4,6	28,3	4,1	—

Fett	Ungesättigte Säuren der Gruppe C_{12}	C_{14}	C_{16}	C_{18}	C_{20}	C_{22}
Körperöl	Spur	4,7 (2)	27,2 (2)	16,7 (2,8)	10,5 (4,8)	7,0 (4,9)
Kopföl	—	4,6 (2)	20,8 (2)	15,2 (2,6)	9,4 (4,5)	1,6 (4,7)
Kinnbackenöl . .	Spur	3,2 (2)	20,3 (2)	9,3 (2,6)	4,9 (4,9)	—

Anmerkung: Die eingeklammerten Zahlen geben die zur Absättigung der Fettsäuremoleküle erforderliche mittlere Anzahl Wasserstoffatome an.

H. MARCELET (1927) fand im Körperöl des Delphins 14, im Kopf 8, in der Nase 19 und im Kinnbacken 26 % Isovaleriansäure.

Tabelle 138. *Eigenschaften und Kennzahlen von Delphinölen*

Öl von	ρ (40°)	$n_D^{40°}$	VZ	JZ	R-M-Z	% Unv.
Braunfisch						
Phocaena communis	0,915	1,462	224,8	111,2	42,1	—
Meerschwein						
Delph. phocaena						
Körper.	0,908—0,919	1,457	216—222	119—132	11—12	—
Kinnbacken . . .	0,908	—	253—273	21—50	48—66	—
Delphin						
Körper.	0,909—0,911	1,462—1,466	197—288	83—127	5,6	—
Kopf	0,915	1,487	212	133	39,1	1,8
Nase.	0,913	1,472	259	56	111,3	6,1
Kinnbacke	0,903	1,462	267—290	17—33	66—145	16,3

Das *Leberöl der Delphine* enthält keine niederen Fettsäuren und ähnelt in seiner Zusammensetzung mehr dem Dorschöl. T. TSUCHIYA u. A. KATO (1950a) untersuchten die Kohlenwasserstoffe des Delphinleberöles und fanden darin ein Alkan mit Smp 80—80,5° sowie ungesättigte Verbindungen mit mehr als 40 C-Atomen.

Der Gehalt der Delphinöle an flüchtigen, wasserlöslichen Fettsäuren kann analytisch in Fettmischungen von Bedeutung werden, weil dadurch Buttersäure bzw. Butterfett vorgetäuscht wird. Durch ihren Geruch und das höhere Molekulargewicht unterscheidet sich aber Isovaleriansäure deutlich von Buttersäure.

II. Fischfette

1. Körperöle von Knochenfischen (Teleostomi) Heringsöl, Sardinenöl, Pilchardöl, Menhadenöl

Wie die Walöle enthalten auch Fischöle höherungesättigte Fettsäuren. Sie unterscheiden sich dadurch von den Fetten der Landtiere und den Fruchtfleisch- und Samenölen. Die Kohlenstoffkette ihrer Fettsäuren umfaßt die Glieder von 12—24 C-Atomen. Ungesättigte Fettsäuren beginnen bereits bei den C_{14}-Säuren; der Grad der Ungesättigtheit erreicht einen Höchstwert mit 6 Doppelbindungen in den höhermolekularen Fettsäuren mit 22 und 24 Kohlenstoffatomen. Vgl. Tab. 127.

a) Gewinnung der Fischöle

Die früher gebräuchliche Gewinnung von Fischölen aus durch Zersetzung veränderten Produkten kommt heute nicht mehr vor. Die Verarbeitung frischer Fische sofort nach dem Anlanden der Fänge ermöglicht es, für Nahrungsfette gut geeignete Öle zu gewinnen (vgl. S. 222). Die weitere Entwicklung geht dahin, Fabrikschiffe zu bauen, die bereits auf hoher See den Fang aufarbeiten, hochwertiges Fischöl an Bord herstellen sowie Fischfleisch in Kühlanlagen aufbewahren.

Fischöle werden durch Auskochen von zerkleinerten Fischen und nachfolgendes Pressen und Zentrifugieren oder durch Extrahieren des getrockneten Fischmehles mit Benzin gewonnen. Etwa 40 % des Heringsfanges werden zu Öl und Fischmehl verarbeitet. Den steigenden Bedarf an Seefischen für Speisezwecke ersetzt die Hochseefischerei nach dem Wegfall der küstennahen Fanggebiete. Die Heringsfischerei hat Saisoncharakter. Kabeljau und Dorsch aber können ständig eingebracht werden.

Neben *Heringen* werden *Sardinen* und *Anchovisarten* in großen Mengen zur Fischölgewinnung in Großbetrieben der Hafenstädte verarbeitet.

Neue Fanggebiete für Speisefische und die Gewinnung von Fischfetten wurden durch den Bau von Motor-Trawlern mit Aufbereitungsanlagen an Bord erschlossen. Nach dem Übergang von der Küsten- zur Hochseefischerei mußten tieferstehende Netze für den Heringfang erprobt werden. Sowjetrussische Fangschiffe waren mit der neuen Technik besonders erfolgreich (A. v. BRANDT 1961). Mit Fischortungsgeräten und Echoloten können Heringschwärme in Tiefen bis 180 m beobachtet werden. Dorsche und Rotbarsche suchen im Nordatlantik einige 100 m Meerestiefe auf und werden mit pelagischen Schleppnetzen an Bord geholt. Die Fischölgewinnung mit Aufbereitungsanlagen in Trawlern liefert die besten Qualitäten, in Betrieben an Land fällt etwas geringerwertiges Öl an.

Im Jahr 1962 hatte die Fischölproduktion bereits 585000 t erreicht. Es ist bemerkenswert, daß ein großer Teil davon Peru-Fischfett war. G. MESECK (1961) berichtete über die Entwicklung von Peru zum bedeutendsten Fischereiland in Südamerika. Das Küstenmeer der Nachbarländer Chile und Ecuador hat ähnlich günstige Voraussetzungen für die Steigerung der Produktion von Fischeiweiß und -fett. Der kalte Humboldt-Strom aus der Antarktis entlang der Pazifikküste Südamerikas bietet der Sardinenart *Anchovis ringens* die besten Lebensbedingungen. Beim Anchovisfang können Schwierigkeiten auftreten, sobald warmes Küstenwasser in den Polarstrom eindringt. Die Fische suchen dann tieferes Wasser auf und die Fangtechnik muß sich umstellen.

Die Exporte an Fischöl einschließlich Lebertran verteilten sich 1961 auf folgende Länder: Norwegen 14%, Island 10,5%, Kanada und Neufundland 1,5%, Südafrikanische Republik 15,5%, Japan 0,5%, USA 18%, Peru 34%, übrige Länder 6%. Aus Norwegen und Island kam überwiegend Heringsöl. Die USA und

Kanada lieferten Menhaden- (*Brevoortia tyrannus*) und Pilchardöl (*Sardinops cerulea*), die Südafrikanische Republik gewann Fischöl aus mehreren Species (*Sebastichtys capensis, Polyprion americanus, Thyrsites atun, Merluccius cap., Genypterus cap.* und *Zeus cap.*). Japan produzierte Sardinenöl aus verschiedenen Arten (*Clupanodon melanostica* u. a.), das als Hartfett sich für technische Zwecke eignet.

Die Weltmeere bergen nach P. F. MEYER-WAARDEN (1966) noch unerschlossene Reserven für die künftige Ernährung der zunehmenden Bevölkerung der Erde.

Tabelle 139. *Weltproduktion an Fischfett* (in 1000 t)

Jahr . . .	1952	1953	1954	1955	1956	1957	1958	1959	1960	1961
Menge . . .	262	287	333	395	390	370	325	395	435	445

b) Zusammensetzung und Eigenschaften der Körperöle von Fischen

Über die Fettsäurezusammensetzung von Hering-, Pilchard-Sardinen-, Menhaden- und japanischem Sardinenöl vgl. Tab. 126.

Der Ölgehalt von Frischheringen schwankt zwischen 8,2 und 20,7 %, japanische Sardinen enthalten 10—18, Menhaden- und Pilchard-Fische 10—16 % Fett. Herings- und Sardinenöl zeichnen sich durch einen bedeutenden Gehalt an höhermolekularen, ungesättigten Fettsäuren aus. Er erreicht bei einzelnen Fischarten 45—50 %. Der Sättigungsgrad kann nach A. J. LOVERN (1938) beträchtlich schwanken. Im Depotfett des Herings bilden sich gesättigte Fettsäuren der Reihen C_{20} und C_{22} aus den mit der Nahrung aufgenommenen ungesättigten Fettsäuren derselben Kohlenstoffketten. Die Umwandlung findet besonders im Monat Juni zur Zeit der Geschlechtsreife des Herings statt. Das Fett unreifer Heringe enthält mehr ungesättigte Fettsäuren, die bei hungernden Fischen im Depotfett zuerst angegriffen werden.

J. HADÁCEK (1937, 1938) teilte einige Kennzahlen von *Karpfen-* und *Schleienöl* mit:

Tabelle 140

Öl von	EP	VZ	JZ	NZ der Fettsäuren
Karpfen . . .	—6°	198,0	114,7	200,1
Schleien . . .	—8°	193,4	113,6	200,3

Die flüssigen Fettsäuren des Karpfenöles hatten ein mittleres Molekulargewicht von 299,8, des Schleienöles von 292,6. Beide Öle enthielten neben kleinen Mengen Myristin-, Palmitin- und Stearinsäure noch Öl- und Linolsäure sowie Säuren mit 4 und 5 Doppelbindungen.

Tabelle 141. *Eigenschaften und Kennzahlen einiger Fette von Knochenfischen* (Bezeichnung des Öles und zoologischer Name des Fisches)

	Heringsöl, Clupea harengus	Japanisches Sardinenöl, Clupanodon melanostica	Pilchardöl, Sardinops caerulea	Menhadenöl, Breevortia tyrannus	Perufischöl, Anchovis ringens
ρ (40°) . .	0,901—0,913	0,908—0,921	0,914—0,919	0,914—0,918	0,912—0,922
$n_D^{40°}$ . . .	1,470—1,475	1,473—1,475	1,473—1,476	1,473—1,474	1,474—1,478
EP der Fettsäuren	28,5—31,5°	30—33°	28—32°	31—34°	28—31°
VZ . . .	183—192	187—190	188—194	188—194	189—194
JZ	105—160	165—185	180—190	150—180	185—206
% Unverseifb.	0,8—1,3	1,0—1,6	0,8—1,5	0,8—1,5	0,8—1,5

Die Zusammensetzung der Fettsäuren aus den Ölen von Meeres- und Süßwasserfischen sowie Muscheln und Austern wurde gaschromatographisch von E. H. GRUGER JR. u. Mitarb. (1964) bestimmt. In Abhängigkeit vom Ernährungszustand und den Lebensbedingungen — Salz- oder Frischwasser — sowie dem Ernährungszustand schwankt der Betrag an höher-ungesättigten Fettsäuren mit 20—24 C-Atomen innerhalb gewisser Grenzwerte. In allen Fettsäuremischungen der Fischöle wurden auch kleine Mengen verzweigtkettige und ungradzahlige Komponenten gefunden. Zu ähnlichen Ergebnissen kamen E. KLENK und D. EBERHAGEN

(1962). Sie untersuchten Walöl und 11 Fischöle (Dorsch, Schellfisch, Weißfisch, Leng, Seeteufel, Scharbe, Steinbutt, peruanische Sardine, Hering und Bonito). Die Polyenfettsäuren mit 20 und 22 C-Atomen gehören, wie aus der reduktiven Ozonidspaltung hervorging, vorwiegend dem Linolensäuretyp an. Über die Trennung der Fettsäuren des Menhaden-Fischöles berichteten H. SCHLENK u. J. L. GELLERMANN (1961).

In Sardinenölen hat B. E. BAILEY (1938) Carotin, Xantophyll und Fucoxanthin nachgewiesen.

c) Verwendung der Körperöle von Fischen

In den fettreichen Fischen und in Fischkonserven werden der menschlichen Ernährung erhebliche Mengen Fischöle zugeführt. Sardinenkonserven enthalten zusätzlich Olivenöl als Konservenöl. Die durch leichte Polymerisation und Desodorieren geruchlos gemachten Fischöle sind für Nahrungsmittel nicht zugelassen (vgl. H. FRAHM u. Mitarb., 1953).

Polymere Fettsäuren in Fischölen können nach E. HUGEL (1951) durch die Unlöslichkeit von Glyceriden mit diesen Verbindungen in n-Propanol nachgewiesen werden (vgl. DGF-Einheitsmethoden C-IV 3, 53). Von H. E. ROST (1962) wurde eine empfindliche Nachweismethode angegeben, die auch Dimere in Mengen von 0,01 % sicher nachzuweisen gestattet.

Bei Sardinenkonserven sind die Kennzahlen des Sardinenöles von Bedeutung für die Feststellung der Art und Menge eines Pflanzenölzusatzes. R. MARCILLE (1933) stellte für reine Sardinenöle folgende Zahlen fest:

$n_D^{40°}$ 1,4745—1,4765 und JZ 175—185. G. LUNDE u. E. MATHIESEN (1933) fanden in 23 *Brislingen* einen Fettgehalt zwischen 5,5—19,3 % mit folgenden Kennzahlen: JZ 136,2—154,6 (frisch), 133,5—153,8 (geräuchert); $n_D^{40°}$ 1,467—1,471. Setzt man für Olivenöl $n_D^{40°}$ mit 1,4615 und für Brislingsöl 1,4695 als Mittelwert ein, so kann die Olivenölmenge nach der Mischungsregel berechnet werden.

Aus frisch aufgearbeiteten Fischen erhaltene helle Fischkörperöle lassen sich zu Speisefetten hydrieren. Die hierzu verwendeten Öle sollen eine niedrige Säurezahl (unter 2) und möglichst keine petrolätherunlöslichen Fettsäuren aufweisen. Der Fisch- oder Trangeruch tritt nicht wieder auf, sobald die Hydrierung auf etwa 32/33° Smp fortgeschritten ist.

Aus dunklen Fischölen können technisch verwertbare Weich- und Hartfette hergestellt werden, die nach der Spaltung und Destillation hellfarbige Destillatfettsäuren liefern.

2. Leberöle von Knochenfischen

Manche Fischarten speichern in ihrer Leber neben anderen Stoffen so bedeutende Mengen Öl, daß seine Gewinnung daraus lohnt. Die Leberöle sind oft reich an den fettlöslichen Vitaminen A und D, die daraus durch Molekulardestillation angereichert werden können. Aus den Leberölen wurden zeitweise Vitaminpräparate hergestellt, um Speisefette und Margarine mit diesen wichtigen Stoffen ernährungsphysiologisch zu verbessern.

a) Gewinnung

Die Leberöle werden aus den Lebern von *Dorsch* oder *Kabeljau* (*Gadus morrhua*, *G. callarias*) und *Schellfisch* (*G. aeglefinus*) hergestellt. Die Lebern werden kurz nach dem Fang der Fische durch Dampfbehandlung entfettet oder in der Kälte zerkleinert, mit Wasser ausgekocht und das Öl durch Zentrifugieren abgetrennt (vgl. S. 224). Dorschleberöl zeichnet sich durch einen milden Fischgeruch und seine sehr helle Farbe aus. Die Zusammensetzung seiner Fettsäuren und der qualitative Aufbau der Glyceride wurde von H. P. KAUFMANN u. T. H. KHOE (1964) ermittelt. Besonders gute Weich- und Hartfette lassen sich aus Dorsch-Leberöl herstellen. Dieses wertvolle Fischfett aus dem Nordatlantik ist dem Walöl gleichwertig.

b) Zusammensetzung und Eigenschaften der Leberöle von Knochenfischen

Etwa 35 bis maximal 45 % der Fettsäuren von Fischleberölen aus Knochenfischen, die im nördlichen Teil des Atlantischen Ozeans und der Nordsee leben, setzen sich aus Gliedern der Reihe mit 20 und 22 C-Atomen zusammen, wie J. A. LOVERN (1937) in einer statistischen Übersicht feststellte. Einige Leberöle aus Fischen der Gewässer um Neuseeland zeigen nach F. B. SHORLAND u. T. P. HILDITCH (1938) mehr Ähnlichkeit mit den entsprechenden Ölen von Süßwasserfischen, die mehr ungesättigte Fettsäuren der C_{18}-Säuren auf Kosten der C_{22}- oder C_{20}-Gruppen aufweisen. Ähnliche Komponenten fanden W. S. RAPSON u. Mitarb. (1943) in den Leberölen südatlantischer Fische, die dem neuseeländischen Typ gleichen. In Tab. 142 sind einige Fischleberöle in ihrer Fettsäurezusammensetzung beschrieben.

Tabelle 142. *Fettsäurezusammensetzung einiger Fischleberöle*

Fettsäuren	Dorsch (Gadus morrhua) Neufundland	Thunfisch (Thynnus th.) Nordsee	Heilbutt (Hippoglossus vulgarus) Nordsee	Schellfisch (G. aeglefinus) Nordsee	Jacopever (engl.) (Sebastichthys capensis) Südatlantik	Groper (engl.) (Polyprion oxygeneios) Neuseeland
Myristins.	6,0	—	3,9	4,3	1,9	1,2
Palmitins.	8,5	17,9	15,1	14,1	11,6	19,3
Stearinsäure und höher	0,5	8,9	0,5	0,3	4,3	3,3
Ungesättigte Fettsäuren						
C_{14} . .	Spur	—	—	0,5	0,6	0,1
C_{16} . .	20 (2)	3,4 (2,5)	18,7 (2,0)	12,4 (2,0)	13,5 (2)	17,3 (2)
C_{18} . .	29 (3)	23,5 (2,8)	34,4 (2,0)	30,5 (2,6)	46,3 (2,3)	45,2 (2,3)
C_{20} . .	26 (6)	28,2 (5,5)	13,8 (5,5)	29,3 (6,0)	12,7 (6,3)	9,1 (6,3)
C_{22} . .	10 (7)	18,1 (7,4)	13,6 (7,6)	8,6 (7,3)	7,5 (8,7)	3,8 (6,3)
C_{24} . .	—	—	—	—	2,4 (?)	—

Anmerkung: Die eingeklammerten Zahlen bezeichnen die zur Absättigung der Fettsäuremoleküle erforderliche mittlere Anzahl Wasserstoffatome.

Die Tab. 143 enthält Angaben über die Eigenschaften und Kennzahlen von Fischleberölen.

Tabelle 143. *Eigenschaften und Kennzahlen von Fischleberölen*

Leberöl von	Dorsch	Schellfisch	Seifisch
ρ (40°)	0,903—0,909	0,910—0,915	0,906—0,908
$n_D^{40°}$	1,470—1,473	1,473—1,475	$\pm$1,471
VZ	190—197	189—193	189—193
JZ	150—175	171 188	162—178
% Unverseifbares . . .	0,5—1,5	—	—
% ätherunlösliche Bromide der Fettsäuren	35—47	—	51—64

Nach C. HARRIS (1938) beträgt das *Unverseifbare* des Dorschleberöles zwischen 1,0—1,1 %. Größere Mengen von Unverseifbarem deuten auf Zusätze von anderen Fischleberölen, z. B. Haifischleberöl oder von Spermöl hin. R. H. COMMON (1937) berichtete über solche Verfälschungen, auch mit Mineralöl.

Von nicht fettartigen Stoffen sind nach Analysen von S. SCHMIDT-NIELSEN u. J. STENE (1931) in Medizinallebertran an Stickstoff bis 1, an Phosphor 0,1 bzw. an Lipoiden 1—2 mg in 100 g Öl enthalten. Höhere Werte finden sich in durch Zersetzung und Fäulnis von Dorschlebern gewonnenem Tran.

A. D. HOLMES u. R. E. REMINGTON (1935) stellten in 1 g amerikanischem Lebertran 3,6—14,9, im Mittel 8,4 $\pm$ 0,5 γ Jod fest. 10 ml reichen für den Jodbedarf des erwachsenen Menschen.

Die Kennzahlen von *Sardinenleberölen* ermittelte Y. TOYAMA u. UOZAKI (1937b), von *Heilbuttleberölen* N. EVERS u. Mitarb. (1936) und R.T.M. HAINES u. J.C. DRUMMOND (1934, 1936).

c) Vitamingehalt der Fischleberöle

Der wertvollste und wichtigste Bestandteil der Leberöle ist ihr Vitamingehalt. In den Fischleberölen liegen die Vitamine A und D zur Gewinnung und Verwendung in ausreichenden Mengen vor, nicht dagegen in den Lebern von Warmblütlern, wie S. SCHMIDT-NIELSEN u. Mitarb. (1934) aus der Untersuchung von Walleberölen folgerten.

Vitamin A und D können heute synthetisch hergestellt werden in derselben therapeutischen Wirksamkeit wie die Naturprodukte. Die Margarineindustrie bevorzugt Carotin-Präparate aus Palmöl als Provitamine A und verwendet auch das genau dosierbare synthetische Produkt anstelle von Vitaminkonzentraten aus Leberölen. Vitamin A, für das J.S. HEILBRON u. Mitarb. (1931) zwei verschiedene Substanzen annehmen, ruft nach J.R. EDISBURY u. Mitarb. (1933) den Hauptteil der UV-Absorption des Leberöles hervor.

Besondere Beachtung verdient der wichtige Befund von M. YOSHIDA (1937), wonach hohe Dosen Lebertran toxische Wirkung haben können, wogegen Hefegaben eine Schutzwirkung entfalten.

Die *Vitamin A-Werte von Leberölen* bewegen sich nach K.H. COWARD (1932) zwischen 1500—31000, die *D-Werte* zwischen 40—290 Einheiten. Die Blauwerte der Carr-Price-Probe stehen mit dem Vitamin A-Gehalt in Zusammenhang, werden aber nach A. EMMERIE (1931) durch einen hemmend wirkenden Stoff beeinflußt. Methoden zur Vitamin A-Bestimmung im Unverseifbaren von Fischleberölen wurden u. a. von D. VERHAGEN u. R.W. PARENT (1949), O.R. BRAEKKAN (1949) und W. WODSAK (1955) mitgeteilt. G.E. EWE (1932) berichtete über den Vitamin A-Gehalt von *Lofotenlebertran*, K. KAWAI (1932, 1933) über *japanischen Dorschlebertran* von *Gadus macrocephalus* und *Theragra chalcogramma*.

A.D. EMMET u. Mitarb. (1932) fanden viel höhere Gehalte an Vitamin A in *Heilbuttleberöl* als in Dorschleberöl und wiesen 37500—62500 Einheiten darin nach. P. KARRER u. Mitarb. (1931) erkannten an einem Vitaminkonzentrat aus Heilbuttleberöl die nahe Verwandtschaft des Vitamin A mit Carotin. J.A. LOVERN u. Mitarb. (1933) sowie R.T. HAINES u. J.C. DRUMMOND (1934) beobachteten, daß der Vitamin A-Gehalt von Heilbuttleberöl beträchtlich schwankt. Die besten Öle kommen nach LOVERN u. J.G. SHARP (1933) aus älteren Tieren, die im Frühjahr und Sommer in nördlichen Gewässern eingebracht werden. CH.E. BILLS u. Mitarb. (1935) stellten in diesem Leberöl etwa 1200 Einheiten Vitamin D je Gramm fest.

Weitere an Vitamin A reiche Leberöle mit 40000—100000 Einheiten sind nach S. SCHMIDT-NIELSEN u. Mitarb. (1933, 1934) und CH. BILLS u. Mitarb. (1934) die von verschiedenen Thunfischarten (*Thunnus thynnus* u. a.); F.A. DENZ u. F.B. SHORLAND (1934) fanden ähnlich hohe Werte im *neuseeländischen Fischöl* von *Polyprion oxygeneios*. *Lachsleberöl* und *Lachsrogenöl* wurden von F.CH. LEE u. CH.D. TOLLE (1934), *Pilchardöl* von H.S. GUTHERIDGE (1933) auf den Vitamin A-Gehalt untersucht.

d) Verwendung der Leberöle von Knochenfischen

Der Trangeschmack von Medizinallebertran wird durch Zusatz von entrahmter Milch oder Eidotter und Zucker sowie Aromastoffen maskiert. Die Zutaten werden mit dem Leberöl emulgiert. Auch Gelatinekapseln mit Lebertran sind gebräuchlich. Die Veterinärmedizin verwendet Fischleberöle zur Aufzucht von Geflügel und Schweinen.

Dorschtran, der in großen Mengen hergestellt wird, ist ein wertvolles Öl zur Gewinnung von besonders hellen Weich- und Hartfetten durch Hydrierung. Der Vitamin A-Gehalt geht nach der Hydrierung stark zurück, falls nicht durch eine niedrige Härtungstemperatur (unter 100°) seine teilweise Erhaltung gewährleistet wird.

3. Leberöle von Knorpelfischen

Zu den Knorpelfischen (*Elasmobranchii*) gehören die *Haie* (*Squalidae*), die nach W. SCHNAKENBECK (1938) etwa 170 Arten umfassen und die *Rochen* (*Rajidae*). Den Namen verdanken diese Meerestiere ihrem mehr oder weniger knorpeligen Skelett. Die Haut der Haifische ist im Gegensatz zu den Knochenfischen dicht mit kleinen Hautzähnchen, den Plakoidschuppen besetzt, die aus einer Basalplatte mit den daraufsitzenden Zähnen bestehen.

Einige Arten Haifischfleisch wie das vom *Heringshai* (*Isurus cornubicus*) und vom *Dornhai* (*Squalus acanthius*) liefern ein genießbares Fleisch. Die Gewinnung von Haifischleberöl aus der ölreichen Leber dagegen ist wegen des hohen Gehaltes an unverseifbaren Bestandteilen nur für technische Produkte lohnend.

Der Ölgehalt der Lebern ist von der Jahreszeit, der Ernährung und dem Alter abhängig, erreicht aber nach den norwegischen Forschern SCHMIDT-NIELSEN, FLOOD u. STENE (1933) recht hohe Werte, beim Fuchshai 19, Eishai 33, Hundshai 36, Fleckhai 52, Dornhai 62, Heringshai 73, Riesenhai 79 und Schwarzen Dornhai 89%.

Tabelle 144. *Gehalte von Haifischleberölen an Unverseifbarem und Squalen*

Leberöl von	Unv. %	Squalen %
Rothai, Centrophorus sp.	85,5—90,2	80—85
Pristiurus pilosus	85,5	etwa 80
Centrophorus granulosus	83—84	vorhanden
Deania eglantina	72,9	58,3
Centrophorus acus	62,9	über 40
Scymnus licha	57—62	vorhanden
Centrophorus atromarginatus	58,3	—
Schwarzhai (Kuro-zamé)	57,2	43
Centroscyllium ritteri	39,6—56,1	13,5
Chlamydoselachus anguineus	37,5—51,7	etwa 7
Lepidorhinus kimbei	51,3	etwa 30,3
Riesenhai, Cetorhinus maximus	41,9—55,5	20—26
Dalatias licha	48,5	30
Centroscymnus owstonii	46,3	24,3
Zameus squamulosus	43,6—43,7	19,5—27,6
Cirrhigalus barbifer	28,8	wenig
Etmopterus frontimaculatus	24,1	unter 10
Etmopterus lucifer	23,2	wenig
Eishai	13,2—21,8	0
Squalus wakiyae	12—17	0
Hexanchus corinus	12,6—15,2	0
Heptranchias deani	9,8—12,7	0
Galeocerdo tigrinus	11,5	0
Prionace glaucus	8,3	0
Triakis scyllium	6,1	0
Carcharhinus japonicum	5,9	0
Katzenhai	3,9	0

Die Leberöle der Knorpelfische sind sehr unterschiedlich zusammengesetzt. Rochen- und Fuchshaileberöle stimmen weitgehend mit Dorschleberölen überein. Viele Leberöle der Squaliden aber sind gekennzeichnet durch wechselnd hohe, bis 90% erreichende Mengen an Unverseifbarem und durch einen Gehalt an *Selacholeinsäure*. Eine andere Gruppe von Haileberfetten enthält große Mengen (bis 52%) gesättigte Fettsäuren. M. TSUJIMOTO u. KIMURA (1932) fanden in der Mejiro-zamé-Art 51,9%, S. P. PATHAK u. P. N. SUWAL (1955) in Leberöl aus *Galeocerdo tigrinus* 43% gesättigte Fettsäuren. Die ungesättigten Fettsäuren beider Leberöle enthielten viel Hexadecen- und Ölsäure.

Aus den Untersuchungen von M. TSUJIMOTO (1935) ist zu entnehmen, daß in Haifischleberölen Squalen in erheblichen Mengen auftritt, sobald die Menge des Unverseifbaren über 20% ansteigt. Außer Squalen ($C_{30}H_{50}$, Mol.-Gew. 410,7; JZ 370,8) kommen in Haileberölen noch andere Kohlenwasserstoffe vor. Nachgewiesen wurden: Pristan, $C_{18}H_{38}$, ein Isooctadecan und Zamen, $C_{18}H_{36}$. Bei Haileberölen mit über 70% Unverseifbarem handelt es sich nach TSUJIMOTO nicht mehr um Fette, sondern um Kohlenwasserstoffe, die kleinere Mengen fette Öle

Tabelle 145. *Zusammensetzung der Fettsäuren von Haifischleberölen*

Leberöl von	Gesättigte Fettsäuren %				Ungesättigte Fettsäuren %					
	Myristinsäure	Palmitinsäure	Stearinsäure	Arachinsäure	C_{14}	C_{16}	C_{18}	C_{20}	C_{22}	C_{24}
Scymnus licha . .	1	14,5	3,5	1	0,5 (2)	4 (2,0)	29 (2,0)	10,5 (2,0)	26 (2,1)	10 (2,0)
Centrophorus . .	1	13	2,5	—	Spur	3,5 (2,0)	35,5 (2,1)	16,5 (2,2)	16 (2,3)	12 (2,0)
Squalus acanthias Dornhai	6	10,5	3	—	—	9 (2,0)	24,5 (2,3)	29 (3,3)	12 (4,0)	6 (2,0)
Katzenhai	1,7	15,7	3,3	—	—	4,8 (2,2)	25,3 (3,0)	24,4 (6,4)	24,8 (9,2)	—
Rochen	4,0	14,0	—	—	Spur	10,5 (2,0)	20,5 (3,3)	32,5 (7,3)	18,5 (9,5)	—

Anmerkung: Die eingeklammerten Zahlen bezeichnen die zur Absättigung der Fettsäuremoleküle erforderliche mittlere Anzahl Wasserstoffatome.

Tabelle 147. *Eigenschaften und Kennzahlen von Haifischleberölen*

Leberöl von	ρ (40°)	$n_D^{40°}$	VZ	JZ	Gehalt an Unv. %	Gehalt an Squalen %	Ätherunlösliche Polybromide der Fettsäuren %
Rothai, centrophorus spec.	0,847—0,860	1,472—1,485	23—84	204—345	85,5—90,2	80—85	16,6
Riesenhai, Cetorhinus maximus	0,867—0,901	1,469—1,476	86—146	161—249	41,9—55,5	20—26	3,1
Krähenhai, Etmopterus frontimaculatus pietschmann	0,881	1,467	146	116	24,1	10	20,3
Eishai, Somniosus microcephalus bloch .	0,892—0,902	1,466	146—164	107—132	13,2—21,8	0	13,6
Hundshai, Dornhai Squalus acanthias, Sägefisch	0,887—0,93	1,468	156—188	110—146	8,4—12,3	—	19,3—24,9
Pristiophorus japonicus guenther . . .	0,912	1,473	182,2	170,5	4,1	0	51,5
Heringshai, Lamna cornubica	0,911—0,913	1,474—1,475	177—188	152—181	1,6—3,6	0	56,8—64,0
Blauhai, Isuropsis glauca müller . . .	0,901	1,466	180	109	1,7	0	25,7
Fuchshai, Alopias vulpes gmelin . . .	0,909	1,471	184	139	2,0	0	—
Tigerhai, Halelurus torozame tanaka .	0,914	1,477	183	198	0,9	0	—

gelöst enthalten. Die Alkohole im Unverseifbaren bestehen neben Cholesterin aus Chimyl-, Batyl- und Selachylalkohol. Diese Alkohole wurden von M. TSUJIMOTO u. Y. TOYAMA (1922) entdeckt und als Glycerinäther erkannt.

Tab. 145 gibt eine Übersicht über die Zusammensetzung der Fettsäuren von Haifischleberölen nach Mitteilungen von T. P. HILDITCH u. A. HOULBROOKE (1928) und K. D. GUHA u. Mitarb. (1930).

Die Eigenschaften und Kennzahlen vgl. Tab. 147 von Haifischleberöl sind abhängig vom Gehalt an Unverseifbarem und seiner Zusammensetzung. M. TSUJIMOTO (1932) unterscheidet die Leberöle nach ihrer Dichte und teilt sie in zwei Klassen ein. Tab. 146 läßt erkennen, daß die Kennzahlen mit der Dichte und dem Gehalt an Unverseifbarem variieren.

Tabelle 146
Dichte und Gehalt an Unverseifbarem in Haileberöl

Kennzahl	Haileberöl von	
	niedriger Dichte	hoher Dichte
ρ (40°) .	0,845—0,880	0,883—0,918
$n_D^{40°}$ . .	1,464—1,485	1,460—1,477
VZ . .	23,0—130,1	131,7—194,4
JZ . . .	122,2—344,6	75,2—205,6
% Unverseifb.	35,8—90,2	0,7—28,8

Im Unverseifbaren des *Leberöles* vom *Riesenhai* fanden N. A. SÖRENSEN u. J. MEHLUN (1948): Cholesterin 0,4, Pristan 14, Squalen 84, Cetylalkohol 0,6, Stearylalkohol 0,4 und Oleylalkohol 0,3%.

M. MORICE u. F. B. SHORLAND (1956) wiesen folgende verzweigtkettige Fettsäuren in Haileberöl nach: 12- und 13-Methyltetradecansäure, 14- und 15-Methylhexadecansäure.

Y. OMOTE (1950) isolierte Cholesterin aus Haileberöl durch Molekulardestillation. M. YAMADA u. Mitarb. (1953) bestimmten die Eigenschaften und Kennzahlen von *Tintenfischleberölen* (ρ (40°) 0,909—0,915, $n_D^{40°}$ 1,472—1,476, VZ 179—188, JZ 179—206,5, % Unv. 2,45—6,94, ätherunlösliche Polybromide der Fettsäuren 64,7—79,3%). Y. OBATA u. K. MATANO (1953) fanden darin niedere Fettsäuren bis einschließlich Pelargonsäure und Amine sowie Piperidin.

III. Sonstige Seetierfette

Über das Öl vom *Edelkrebs, amerikanischem Flußkrebs, Wollhandkrabbe, Nordsee-* und *Ostseegarnele* berichtete H. MIELLER (1934), über Makrelenöle M. YAMADA u. Mitarb. (1953), über westafrikanisches *Schildkrötenöl* W. LEE (1935) und über das Öl der grünen Schildkröte M. TSUJIMOTO (1937). T. P. HILDITCH u. W. H. PEDELTY (1939b) untersuchten das Fett einer auf den Seychellen lebenden Krabbe. *Makrelenöl* hat folgende Kennzahlen und Eigenschaften (vgl. Tab. 149).

Tabelle 148. *Eigenschaften und Kennzahlen von Makrelenöl*

ρ (40°)	0,900—0,907
$n_D^{40°}$	1,468—1,471
VZ	187—196,5
JZ	140—166
% Unverseifbares . . .	0,41—3,02
% ätherunlösliche Polybromide der Fettsäuren	39,8—58,1

IV. Nachweis der Seetierfette und ihre Überwachung im Verkehr

1. Nachweisverfahren

Träger des Trangeruches in Ölen aus Seetieren sind höhermolekulare, *hochungesättigte Fettsäuren* in den Glyceriden. Der Trangeruch und -geschmack ist noch in einer Verdünnung des Walöles mit Erdnußöl im Verhältnis $1:10^4$ deutlich erkennbar. Analytisch lassen sich die hochungesättigten Fettsäuren durch ihre Bromadditionsprodukte als Polybromide von der Hexabromstearinsäure aus linolensäurehaltigen Ölen unterscheiden. Gegenüber Landtierfetten enthalten Seetieröle größere Mengen unverseifbarer Bestandteile.

Zur Analytik der Seetieröle vgl. auch S. 441.

a) Prüfung auf ungehärtete Seetieröle

Polybromidreaktionen

Das Verfahren nach AOAC Nr. 26062 ist speziell für Seetieröle ausgearbeitet und wird auf S. 442 beschrieben.

Es eignet sich auch die DGF-Einheitsmethode C-II 11(53), beschrieben in diesem Band S. 591.

Bestimmung der Jodzahl

Für Seetieröle hat sich nach A. VOSSGARD und E. BJÖRSVIK (1939) das Verfahren von WIJS (S. 572) bewährt. Eine Abänderung des Lösungsmittelverhältnisses wird empfohlen. Die nach WIJS bereitete Reaktionsmischung aus 25 ml Eisessig (72 %) und 10 ml Tetrachlorkohlenstoff (28 %) sollte auf 45 Vol.-% Eisessig und 55 Vol.-% Tetrachlorkohlenstoff eingestellt werden. Dadurch wird erreicht, daß ein Überschuß des Reagens auf das Ergebnis nur einen minimalen Einfluß hat. Man kann ferner das zu prüfende Fett direkt in der Reaktionsmischung lösen und die Einwirkungsdauer auf 30 min herabsetzen.

Arbeitsvorschrift: Der Halogenüberschuß kann zwischen 65 und 400 % der zu erwartenden Jodzahl des Fettes betragen. Man setzt zu einer Einwaage, die einem Halogenüberschuß zwischen 65—400 % entspricht, 25 ml einer 0,2 n-Jod(I)-chloridlösung in einer Mischung von 45 Vol.-% Eisessig und 55 Vol.-% Tetrachlorkohlenstoff zu. Nach 30 min Einwirkung bei +20° gibt man 10 ml einer 10 %igen Kaliumjodidlösung zu und titriert den Überschuß Halogen mit 0,1 n-Natriumthiosulfatlösung zurück.

Für Seetieröle mit hohen Jodzahlwerten (190—200) wird die HANUŠ-Methode zur Jodzahlbestimmung bevorzugt, da sie weniger als andere Verfahren infolge von Nebenreaktionen zu hohe Jodzahlen vortäuscht.

b) Farbreaktionen auf Seetieröle und die daraus gehärteten Fette

Prüfung nach M. Tortelli und E. Jaffé (1915)

In einem graduierten Schüttelzylinder von 15 mm ⌀ und 15 ml Inhalt mischt man 1 ml des trockenen Fettes, 6 ml Chloroform und 1 ml Eisessig zu einer homogenen Lösung und fügt 40 Tropfen 10 %ige Bromlösung in Chloroform hinzu. Liegt Seetieröl vor, so färbt sich die Lösung innerhalb einer Minute vorübergehend rosarot und danach grünlich bis intensiv grün. Die etwa 1 Std anhaltende Färbung schwankt in Abhängigkeit von der Art des Seetieröles von gelblich- bis bläulich-grün. Zum schnellen Nachweis sind verschiedene Farbreaktionen vorgeschlagen worden, die aber teilweise nur eine beschränkte Beurteilungsmöglichkeit bieten.

Durch die Hydrierung wird die Reaktion noch verstärkt. Zur *Prüfung gehärteter Öle* löst man 5 ml der geschmolzenen Probe in einem Schüttelzylinder von 30 mm ⌀ und 25 ml Inhalt in 10 ml Chloroform, gibt 2,5 ml 10 %ige Bromlösung in Chloroform hinzu und schüttelt kurz. Nach vorübergehender Gelbrosafärbung, die manchmal nur flüchtig auftritt, zeigt sich eine hellgrüne bis dunkelgrüne, vielfach auch blaue bis dunkelblaue Färbung, die lange anhält. Pflanzenöle und Hartfette daraus sowie Fette von Landtieren werden gelblich bis bräunlich, bisweilen schwach grünlich. Der Farbton ist aber deutlich verschieden von der smaragdgrünen bis stahlblauen Färbung, die mit gehärteten Seetierölen eintritt. Noch 5 % gehärtete Wal- oder Fischöle lassen sich in anderen Fetten erkennen.

Dunkle Trane sollen möglichst durch Entsäuern und Behandeln mit Bleicherde aufgehellt werden, damit der grüne Farbton nach der Tortelli-Jaffé-Probe nicht durch andere Tönungen maskiert wird.

E. WAIT (1937) prüfte Pflanzenöle und Landtierfette nach TORTELLI und JAFFÉ mit negativem Ergebnis. Frisches Walöl lieferte eine violette oder blaue Färbung, länger gelagertes Walöl ergab eine grünliche Tönung.

Haiöl ergab eine rote, *Delphinöl*, *Robbenöl* und *Dorschleberöl* eine grüne bis graugrüne Farbtönung. Ältere, oxydierte Trane gaben keine positive Reaktion nach TORTELLI-JAFFÉ. Mit Ameisensäure statt Essigsäure ließ sich die Empfindlichkeit der Probe steigern. R. WAIT schüttelte starke Ameisensäure mit Choroform aus und verwendete diesen Auszug als Lösungsmittel.

Der Träger der Farbreaktion soll nach E.P. HÄUSSLER u. E. BRAUCHLI (1929) *Ergosterin* bzw. ein Umwandlungsprodukt daraus sein. Ergosterin aber ergibt in Erdnußöl oder Paraffinöl keine positive Reaktion.

Verschärfung der Prüfung nach Tortelli und Jaffé

M.N. GHOSE u. H.K. PAL (1935) haben folgende Abänderung empfohlen:

3 g der Probe werden in 6 ml einer Mischung aus Chloroform und Eisessig (1:1) in einem Reagensglas gelöst. Aus einer Bürette gibt man tropfenweise soviel Brom, bis eine schwache Rosafärbung (nach 2—3 Tropfen) wahrzunehmen ist. Innerhalb 10 min erscheint eine charakteristische rotviolette Farbe. Bei anderen Ölen und Talg geht die Farbe sofort von grün nach braun über, ohne vorherige Rosafärbung.

Nach einer ähnlichen Ausführungsform werden 2,5 ml Fett in 6 ml Chloroform-Eisessig gelöst und mit 1 ml 10%iger Brom-Chloroformlösung versetzt. Gehärtete Seetierfette oder Fischfett färben sich rosa und danach tiefpurpur, welche Färbung lange Zeit bleibt. Gehärtete Pflanzenfette bleiben unverändert oder werden grünlichgelb. So sind noch 5% Seetierfett nachweisbar.

Prüfung nach E. J. Better und J. Szimkin (1934)

Eine andere Variante der Tortelli-Jaffé-Reaktion wurde von E.J. BETTER und J. SZIMKIN (1934) vorgeschlagen:

3 ml Öl (bei dunklen Ölen 0,7 ml) werden in 3 ml Eisessig und 4 oder mehr ml Chloroform gelöst. Nach Zusatz von 20 Tropfen 10%iger Brom-Chloroformlösung werden 10 Tropfen Hanus-Lösung zugefügt und durchgeschüttelt. Nach kurzer Zeit entsteht eine tiefgrüne Färbung, andernfalls gibt man noch 20 Tropfen Brom-Chloroformlösung nach. 5—10% Seetieröl sind noch zu erkennen.

Prüfungen nach S. H. Bertram (1937)

S.H. BERTRAM (1937b) verschärfte die Reaktion durch Zugabe von Furfurol. Die Reaktion tritt dann aber auch mit tranfreiem Rindsfett und mit Butter auf und ist daher praktisch von geringem Wert.

Auch die Reaktion nach G. PANOPOULOS (1932) ist nur für butterfreie Fette anwendbar:

10 Tropfen Fett, in 2 ml Chloroform gelöst, werden mit 10 Tropfen Carr-Price-Reagens (30% Antimon[III]-chlorid in Chloroform) versetzt. Nach 6stündigem Stehen des verschlossenen Reagensglas tritt bei Anwesenheit gehärteter Fischöle eine rotviolette Färbung auf.

Die Reaktion nach TORTELLI und JAFFÉ tritt, wie S.H. BERTRAM fand, auch bei Weglassen des Eisessigs ein. Sie wurde stärker bei Ersatz des Chloroforms durch Methylenchlorid oder Perchloräthylen.

Von S.H. BERTRAM (1937) wurde eine *für alle tierischen Fette,* mit Ausnahme von Schweinefett, *kennzeichnende Farbreaktion* nach folgender Ausführungsform empfohlen:

1 ml Fett wird in einem Reagensglas mit etwa 3 g Trichloressigsäure gemischt und 5 min auf 60° erhitzt. Danach werden 10 ml Chloroform zugefügt. Eine violette Farbe zeigt die Anwesenheit tierischer Fette mit Ausnahme von Schweinefett an.

Seetieröle geben eine stark violette Farbe, auch nach der Hydrierung.

Weniger stark ist die Reaktion bei Rinderfett, Premier Jus, Oleomargarin, Hammeltalg, Pferdefett und Spermöl (Pottwalöl). Sie erreicht noch fast dieselbe Farbtiefe wie Mischungen aus Pflanzenöl mit 10% gehärteten Seetierölen. Frische Fette, die peroxidfrei sind, liefern eine intensive und beständige violette Farbtönung.

Dunkle und verunreinigte oder künstlich gefärbte Fette sollten vorher gereinigt werden:

Etwa 25 g Fett werden in 50 ml Petroläther (Sdp 40—60°) gelöst und mit 1 g Aktivkohle sowie 4 g aktiver Bleicherde einige Minuten unter Rückfluß gekocht. Danach wird filtriert und vom Filtrat der Petroläther abdestilliert.

Gehärtete Seetieröle können annähernd quantitativ aus der Stärke der Violettfärbung festgestellt werden.

In Anwesenheit von Sesamöl tritt bei der Probe nach Bertram oft eine Grünfärbung ein.

Der Träger der Reaktion ist nicht bekannt. Ergosterin liefert eine Grünfärbung mit starker Fluorescenz, reines Cholesterin und Phytosterine rufen keine Färbung hervor. Als Nachweismethode für tierische Fette in Pflanzenfetten ist die Bertram-Reaktion nur mit Vorsicht anzuwenden. Manche frischen Samenöle, wie Sojaöl, rufen eine Verfärbung hervor, die einen positiven Befund vortäuschen kann.

c) Erkennung gehärteter Seetieröle über die Fettsäuren

Charakteristische Fettsäuren aus gehärteten Seetierölen sind Fettsäuren mit 12, 14, 20 und 22 C-Atomen, ferner für alle Hartfette bis etwa 50° Schmelzpunkt die Isoölsäuren und schließlich die in Seetierölen vorkommenden ungeradzahligen und verzweigtkettigen Fettsäuren.

Über die Untersuchung gehärteter Fette vgl. S. 233, 235. Kennzahlen gehärteter Seetierfette S. 975.

2. Überwachung des Verkehrs mit Seetierölen für Speisezwecke

Um für Speisezwecke vor oder nach der Hydrierung verwendbar zu sein, müssen Seetieröle folgenden Grundbedingungen genügen:

Die Öle müssen ihrer Natur nach unschädlich und verdaulich sein. Daher dürfen nur Öle aus genießbaren Seetieren zu Speisezwecken verwendet werden. Öle mit höherem Gehalt als 1,5 % Unverseifbarem sind nach der Hydrierung als Speisefette ungeeignet.

Die Öle dürfen *vor* ihrer Veredlung durch Raffination oder Hydrierung *keine Anzeichen von Verdorbenheit* aufweisen.

a) Walfette

Durch die Gewinnung von hochwertigen Walölen in modernen Walfangmutterschiffen kann die ältere Qualitätseinteilung nach J. Lund (1914) als überholt betrachtet werden.

b) Britische Standardspezifizierung für Walöl

Diese Spezifizierung sieht 3 Grade von Walöl vor, die sich durch ihre Säurezahl und Farbe unterscheiden:

Beschreibung:

Britisches Standardwalöl ist ein Produkt, das aus verschiedenen Teilen des Wales (mit Ausnahme von Walratöl vom Pottwal) erhalten wird. Es soll frei sein von anderen Ölen und Fetten und von Verunreinigungen mit Mineralöl.

Feuchtigkeit:

Das Walöl soll nicht mehr als 0,40 % flüchtige Stoffe enthalten, bestimmt nach der auf S. 143 beschriebenen Methode.

Schmutz (nichtfette Verunreinigungen):

Das Walöl soll nicht mehr als 0,10 % Schmutz enthalten.

Farbe:

Wenn das blanke, filtrierte Öl in einer „1-Zoll-Zelle“ mit den Farbgläsern des Lovibond-Tintometers bei einer Temperatur von 25—30° C verglichen wird, darf die rote Komponente der Vergleichsgläser nicht die folgenden Werte überschreiten:

Für Öl Grad 1:	2 Einheiten
Für Öl Grad 2:	6 Einheiten
Für Öl Grad 3:	12 Einheiten

Anmerkung: Die Temperatur 30° darf für die Farbmessung nicht überschritten werden. Das für den Farbenvergleich benutzte Walöl darf nicht für weitere Untersuchungen verwendet werden.

Verseifungszahl:

Die Verseifungszahl soll 185—205 betragen.

Säuregrad:

Walöl darf keine Mineralsäuren oder organische Säuren enthalten. Sein Säuregrad soll die folgenden Grenzwerte nicht überschreiten:

Für Öl Grad 1:	2	
Für Öl Grad 2:	6	Prozent freie Fettsäure,
Für Öl Grad 3:	15	berechnet als Ölsäure.

Unverseifbares:

Das Öl soll nicht mehr als 2,0% Unverseifbares enthalten.

Vorgeschriebene Methoden für die Prüfung

Probenahme und Größe der Probe: Die Musternahme gehört zu den schwierigsten Aufgaben der Qualitätskontrolle von Fetten und Ölen.

Musterproben von mindestens 400 ml sollen dreifach von den ursprünglichen Behältern oder von der Ladung genommen und in reinen, trockenen, luftdichten, dunklen nicht adsorbierenden Behältern aus Glas oder Metall verpackt werden. Auf dem Begleitzettel des Behälters sollen alle Einzelheiten sowie das Datum der Probenahme verzeichnet sein.

Bestimmung der Feuchtigkeit: Die zur Bestimmung verwendete Apparatur besteht aus einem Trockenrohr nach Abb. 11, in dem das zu trocknende Öl über locker geschichteter, langfaseriger Asbestwolle sich verteilt. Das Rohr wird mit einem Luftbad bei der Temperatur 50° C gehalten. Die Trocknung erfolgt mit einem Strom trockenen, sauerstofffreien Wasserstoffs oder Stickstoffs. Das Gas wird durch Calciumchlorid und mit Schwefelsäure getränkten Bimsstein vor dem Passieren des Trockenrohrs geleitet.

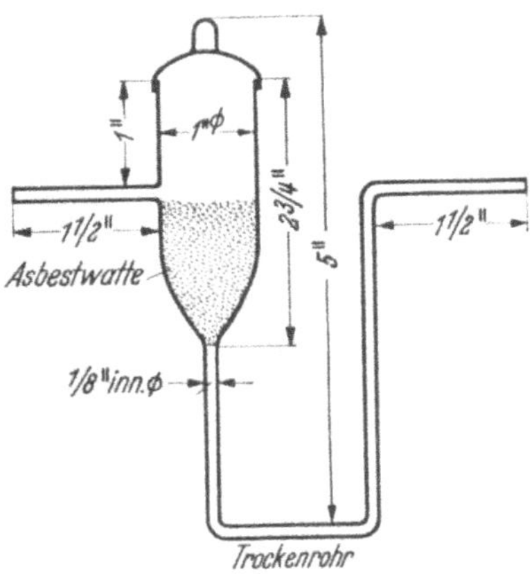

Abb. 11. Trockenrohr zur Wasserbestimmung in Walöl

Nachdem das Rohr mit Asbest beschickt ist, wird es bei 50° C unter dem neutralen Gasstrom zur Gewichtskonstanz getrocknet. Dann wird das Gas durch einen trockenen Luftstrom ersetzt. Die Verbindungsröhren sind vor der Wägung durch Gummistöpsel verschlossen. Hierauf wägt man 3—5 g Öl ein und trocknet unter Durchleiten von neutralem Gas bei 50° C bis zur Gewichtskonstanz. Die Trocknung ist meistens nach einer Stunde beendet. Vor der Wägung wird das Gas mit einem trockenen Luftstrom vertrieben. Aus dem Gewichtsverlust und dem Gewicht des verwendeten Öles berechnet man den Prozentgehalt der Feuchtigkeit.

Bestimmung des Schmutzes (nichtfettende Verunreinigungen): Eine Menge von 20—50 g Walöl wird unterhalb 60° C durch ein getrocknetes, gewogenes Filtrierpapier filtriert. In einem

Extraktionsapparat extrahiert man das Filterpapier mit Petrolbenzin (Siedegrenzen 40—60° C) und trocknet es bei 98—100° C zur Gewichtskonstanz. Aus der Gewichtszunahme des Papieres und der Einwaage berechnet man den Prozentgehalt an Schmutz.

Bestimmung der Verseifungszahl: Die Verseifungszahl wird nach den DGF-Einheitsmethoden C-V3 (53) bestimmt.

Bestimmung der Säurezahl: Die Säurezahl wird in Übereinstimmung mit den DGF-Einheitsmethoden C-V2 (57) ermittelt.

Bestimmung des Unverseifbaren: Das Unverseifbare wird nach den DGF-Einheitsmethoden C-III 1a (53) mit Äthyläther bestimmt. Die Bestimmung des Unverseifbaren nach dem Verfahren mit Petroläther liefert bei Seetierölen ungenaue, zu niedrige Werte.

Die Anforderungen an zu Speisezwecken bestimmte Walöle (und Fischöle) gehen über die früher geforderten Qualitätsbestimmungen weit hinaus. In modernen Walfangmutterschiffen läßt sich Walöl in hervorragender Beschaffenheit produzieren. A. SCHWIEGER (1938) berichtete, daß Specköle mit einem Säuregehalt unter 0,2 % erhalten werden. Der Stand der Walölnormung wurde von H. P. KAUFMANN (1937) dargestellt.

Aus ernährungsphysiologischen Gründen wurden Versuche einer weiteren Verbesserung des Frischegrades von Walöl durch Zusatz von *Aureomycin* beim Harpunieren von Walen nicht weiter verfolgt.

Eine Vermischung mit Spermwalöl und anderen Seetierölen mit höherem Gehalt an Fettalkoholen und Kohlenwasserstoffen ist als Verfälschung anzusehen, die sich aber ebenso wie die Verfälschung mit Mineralöl durch die Bestimmung des Unverseifbaren exakt nachweisen läßt. Die Verunreinigung von Walöl mit Heizöl auf dem Transport in Tankdampfern ist nach E. R. BOLTON u. K. A. WILLIAMS (1938) möglich. Durch die Untersuchung des Unverseifbaren mit Essigsäureanhydrid (vgl. S. 842) oder durch die Anwendung der Chromatographie lassen sich noch 0,003 % Heizöl eindeutig feststellen.

Chromatographisch lassen sich auch Vermischungen von Walöl mit Fischölen erkennen. Antarktisches Walöl hat Jodzahlwerte von 115—120. Höhere Jodzahlwerte geben Anlaß zu einer Prüfung auf beigemischtes Fischöl.

Pflanzenöle kommen als Verfälschungsmittel für Walöle kaum in Frage. Sie lassen sich durch die *Phytosterinacetatprobe* sicher nachweisen.

c) Prüfung von Leberölen und Fischölen

Der wichtigste Wertbestandteil des *Lebertrans* ist sein Vitamin A. Eine Prüfung auf den Gehalt an Vitamin A ist zugleich eine Reinheitskontrolle für Leberöle.

α) Nachweisverfahren von Vitamin A

Eine bei der technischen Raffination von Fischölen oft zu beobachtende tiefblaue Farbreaktion durch aktive Bleicherde wurde von F. ZIPPEL (1937) als Nachweismethode für Vitamin A vorgeschlagen:

Zu einer Lösung von 5 g Lebertran in 20—30 g Benzin oder Benzol setzt man eine gewogene Menge Bleicherde, schüttelt kräftig durch und prüft die Flüssigkeit mit einem weiteren Zusatz von Bleicherde auf ihre Blaufärbung. Der Bleicherdezusatz wird fortgesetzt, bis nur noch eine geringe Rosafärbung auftritt. Verbrauchen z. B. 5 g Standardlebertran mit 600 Einheiten 1 g Bleicherde, 5 g eines untersuchten Lebertranes nur 0,7 g Bleicherde, so berechnen sich hieraus 420 Einheiten nach der Gleichung $600:1 = x:0{,}7$.

In einer Lebertranemulsion kann der Gehalt an Leberöl nach SCHEUNEMANN (1932) oder L. ROSENTHALER (1932) bestimmt werden.

Die Abhängigkeit des Vitamin A-Gehaltes von der Art der Gewinnung des Öles wurde von W. WODSAK (1955) untersucht.

β) Frischezustand von Fischölen

Der *Frischezustand von Fischölen* kann analytisch nach verschiedenen Methoden festgestellt werden.

Die *Verseifungsfarbzahl* frisch gewonnener Fischöle hat fast dieselbe Helligkeit wie das Öl selbst. Mit zunehmender *Peroxidzahl* wird die Verseifungsfarbzahl wesentlich größer. S. NONAKA (1956) fand als Zersetzungsprodukte durch oxydativen Zerfall von höherungesättigten Fettsäuren in Fischölen Halbaldehyde und identifizierte diese Verbindungen nach der papierchromatographischen Trennung ihrer 2,4-Dinitrophenylhydrazone. A.S. HENICK u. Mitarb. (1954) empfahlen diese Arbeitsweise als Bewertungsverfahren für Seetieröle.

Ein *colorimetrischer Nachweis* der in Fischölen nach längerer Lagerung auftretenden Aldehyde durch Messung der Farbtönung mit fuchsinschwefeliger Säure wurde von W. MANGOLD (1941) erprobt. K.P. PETROW hatte 1932 die mit Wasserdampf flüchtigen Aldehyde aus älteren Fischölen in ähnlicher Weise bestimmt.

U. HOLM, K. EKBOM u. G. WODE (1957) bestimmen die Aldehydzahl mit Benzidinacetat in Isooctanlösung und messen die Absorption bei 350 mμ.

Polymerisierte Glyceride in Seetierölen haben nach K. TÄUFEL (1952) als Nahrungsöle toxische Eigenschaften und sind daher abzulehnen. H. FRAHM u. Mitarb. (1953) stellten fest, daß polymerisiertes Fischöl gesundheitsschädlich ist. H.E. ROST (1962) entwickelte eine Arbeitsweise zum Nachweis kleiner Mengen di- und polymerer Fettsäuren in Ölen.

γ) Nachweis von Vermischungen

Fischöle werden kaum mit Pflanzenölen gemischt; Fälschungen von hochwertigem Leberöl mit pflanzlichen Ölen dagegen sind nicht ausgeschlossen. Der Nachweis sehr geringer Mengen Pflanzenfett in Seetierölen kann nach J.W. COPIUS PEEREBOOM u. J.B. ROOS (1960) papierchromatographisch durchgeführt werden.

Bibliographie

ANDERSEN, A.J.C.: Refining of Oils and Fats for Edible Purposes, 2. Aufl. Hrsg. von P.N. WILLIAMS. Oxford: Pergamon Press 1962.

— A Survey of Vegetable Oils and Oilseeds, Commonwealth Economic Committee, H.M.S.O., May 1959.

BAILEY, A.E.: Cottonseed and Cottonseed Products. New York: Interscience Publ. 1948.

— Industrial Oil and Fat Products, 2. Aufl. New York: Interscience Publ. 1951 und 3. Aufl., ebenda 1964.

— Melting and Solidification of Fats. New York: Interscience Publ. 1950.

BALLY, W.: Tropische und subtropische Weltwirtschaftspflanzen. Teil II: Ölpflanzen. Stuttgart: Ferdinand Enke 1962.

BERGANDER, E.: Biochemie und Technologie der Hefe. Dresden und Leipzig: Theodor Steinkopff 1959.

BOEKENOOGEN, H.A.: De Scheikunde der Olien en Vetten. Utrecht: N.V.A. Ooosthoek's Uitgevers Mij. 1948 [niederländisch].

BRANDT, K.: Whale Oil, Fats and Oil Studies Nr. 7. Stanford University, California, Food Research Instituts 1949.

COCKS, L.V., and C. VAN REDE: Laboratory Handbook for Oil and Fat Analysts. London and New York: Academic Press 1966.

Deutsche Einheitsmethoden der Deutschen Gesellschaft für Fettwissenschaft. Stuttgart: Wissenschaftliche Verlagsgesellschaft 1950—1957.

DEUEL, H.J.: The Lipids, Bd. I: Their Chemistry. New York: Intersience Publ. 1954.

DEVINE, J., and P.N. WILLIAMS: The chemistry and Technology of Edible Oils and Fats. Oxford: Pergamon Press 1961.

DUTTON, H.J.: Progress in the Chemistry of Fats and other Lipids, Vol. 2. London: Pergamon Press 1954.

ECKEY, E.W.: Vegetable Fats and Oils. New York: Reinhold Publ. Corp. 1954.

ESDORN, I.: Die Nutzpflanzen der Tropen und Subtropen der Weltwirtschaft. Stuttgart: Fischer 1961.

FAURE, J.C.A.: Die Weltversorgung mit Ölen und Fetten. Vorträge auf den Kongressen der Internationalen Ölmühlenverbandes, 1959—1962.

FINCKE, H.: Handbuch der Kakaoerzeugnisse, 2. Aufl. Hrsg. von A. FINCKE unter Mitarbeit von H. LANGE u. J. KLEINERT. Berlin-Heidelberg-New York: Springer 1965.
GROSSFELD, J.: Handbuch der Lebensmittelchemie, Bd. IV, 1. Aufl. Berlin: Springer 1939.
GULINSKY, E.: Pflanzliche und tierische Fette und Öle. Hannover: Vincentz 1963.
GUNSTONE, F.D.: An Introduction to the Chemistry of Fats and Fatty Acids. London: Chapmann and Hall 1958.
HACKBARTH, J.: Die Ölpflanzen Mitteleuropas. Stuttgart: Wissenschaftliche Verlagsgesellschaft 1944.
HANOKAN, J.D.: Lipid Chemistry. New York: J. Wiley and Sons Inc. Publ. 1960.
HARRIS, L.J.: Vitamins in Theory and Practice, 4. edit. London Cambridge: Univ. Press 1955.
HELLER, H.: Ubbelohde's Handbuch der Chemie und Technologie der Öle und Fette, 4 Bände, 2. Aufl. Leipzig: S. Hirzel 1929.
HILDITCH, T.P., and P.N. WILLIAMS: The Chemical Constitution of Natural Fats. 4. Aufl. London: Chapman & Hall 1964.
JAMIESON, G.S.: Vegetable Fats and Oils. New York: Reinhold Publ. Corp. 1942.
KAUFMANN, H.P.: Analyse der Fette und Fettprodukte. Berlin-Göttingen-Heidelberg: Springer 1958.
—, u. J.G. THIEME: Neuzeitliche Technologie der Fette und Fettprodukte; 1. Lieferung. Münster i.W.: Aschendorffsche Verlagsbuchhandlung 1956; 2. Lfg. 1959; 3. Lfg. H.P. KAUFMANN, B. GROTHUES u. R. GÜLDENPFENNIG 1961.
—, u. A. TOBSCHIRBEL: Oxydative Veränderung von Fetten. Köln und Opladen: Westdeutscher Verlag 1962.
KIRSCHENBAUER, H.G.: Fats and Oils, an Outline of their Chemistry and Technology. New York: Reinhold Publ. Corp. 1960.
LANG, K.: Die ernährungsphysiologischen Eigenschaften der Fette. Darmstadt: Steinkopff 1958.
LÜDE, R.: Gewinnung von Fetten und fetten Ölen, 3. Aufl. Dresden: Steinkopff 1954.
— Die Raffination von Fetten und fetten Ölen, 2. Aufl. Dresden: Steinkopf 1962.
LUDORF, W.: Grundlagen und Fortschritte der Lebensmitteluntersuchung, Bd. VI, Fische und Fischerzeugnisse. Berlin und Hamburg: Parey 1960.
MALKIN, T.: The Polymorphism of Glycerides. Progress in the Chemistry of Fats and other Lipids, Bd. II, S. 1—50. London und New York: Pergamon Press 1954.
MARKLEY, K.S.: Soybeans and Soybean Products, Bd. II. New York: Interscience Publ. 1952.
— Fatty acids, their chemistry, properties, production and uses. 2. Aufl. New York: Interscience Publ. 1964.
MARTINENGHI, G.B.: Tecnologia Chimica Industriale Degli Oli Grassi E Derivati. 3. Aufl. Mailand: Verlag U. Hoepli 1963 [italienisch].
MEHLENBACHER, V.C.: The Analysis of Fats and Oils. Champaign; Illinois: Garrard Press 1960.
— Official and Tentative Methods of the American Oil Chemists Society. Chicago 1951.
PAQUOT, C.: Les Methodes analytiques des Lipides simples. Paris: Centre national de la Recherche Scientifique 1962.
RUDISCHER, S.: Fachbuch der Margarineindustrie. Leipzig: Fachbuchhandlung 1959.
SCHÖNFELD, H.: Chemie und Technologie der Fette und Fettprodukte, Bd. I, II, IV, 2. Aufl. Wien: Springer 1936.
SCHULTZ, H.W.: Symposium on Foods: Lipids and their Oxydation. Westport, Connecticut. The Avi Publishing Co. Inc. 1962.
SERGEJEW, A.G.: Raffination von Cottonöl, [russisch] Moskau Gosudarst. Nauk-Tekh. Izdatel. Ministertua. 1959.
SHORELAND, F.B.: Formation of Animal Fats. Progress in the Chemistry of Fats and other Lipids, Bd. III, S. 275—325. London: Pergamon Press 1955.
ULLMANN: Encyclopädie der technischen Chemie. Bd. 7: Fette und Fettsäuren, 3. Aufl. S. 454 bis 552; Bd. 16: S. 14—43; Bd. 17: S. 695—738. München-Berlin: Urban und Schwarzenberg 1956.
VANDER WAL, R.J.: The Triglyceride Composition of Natural Fats. Progress in the Chemistry of Fats and other Lipids, Bd. III, S. 328—350. London und New York: Pergamon Press 1955.
WACHS, W.: Öle u. Fette. I. Teil, Analyse der Nahrungsfette. In: Grundlagen und Fortschritte der Lebensmitteluntersuchnug. Hrsg. von J. SCHORMÜLLER u. H. MELCHIOR. Berlin: A.W. Hayn's Erben 1961; II. Teil: Gewinnung und Verarbeitung von Nahrungsfetten, Berlin und Hamburg: Parey 1964.
WILLIAMS, K.A.: Oils, Fats and Fatty Foods. 3. Aufl. London: J. and A. Churchill Ltd. 1950.
WITTKA, F.: Die modernen Methoden zur Umformung der Fette. Leipzig: J. Ambrosius Barth 1958.
WOLFF, G., and J.P. WOLFF: Methodes of Analysis and Industrial Control of Fats. Paris: Dunod 1953.

Zeitschriftenliteratur

ACHAYA, K.T., and B.N. BANERJEE: The component fatty acids and glycerides of Indian buffalo depot fat. Biochem. J. **40**, 664 (1946).
— B.M. CRAIG and C.G. YOUNGS: The component fatty acids and glycerides of castor oil. J. amer. Oil Chem. Soc. **41**, 783—784 (1964).
ADAMES, G.E.: Babassu palms in Brazilia. Agriculture in the Americas **3**, 193 (1943).
ADAMS, M., and A. HOLMES: Piniennußöl. Industr. Engin. Chem. **5**, 285—287 (1913); zit. nach Chem. Zbl. **1913 I**, 1929.
ADAMS, R., R.C. MORRIS, T.A GEISMANN, D.J. BUTTERBAUGH and E.C. KIRKPATRICK: Structure of gossypol. XI. An interpretation of its reactions. J. amer. chem. Soc. **60**, 2193—2204 (1938).
ADRIAENS, L.: Chemical study of some oil-bearing plants of the Belgian Congo. Mat. Grasses **26**, 10321—10323, 10343—10344 (1934); **27**, 10370—10371 (1935); zit. nach Chem. Abstr. **29**, 7681 (1935).
AGARWAL, P.N., S.C. PANDEY, T.R. SCHARMA and O. PRAKASH: The component fatty acids of the seed fat of Bassia (Madhuca) butyracea. H.B. Techn. Inst. Kanpur **18**, 810 (1963); zit. nach J. amer. Oil Chem. Soc. **40**, Nr. 9, 38 (1963).
ALBONICO, F., u. M. VITAGLIANO: Die Bestimmung von Polyensäuren in Olivenöl und die Möglichkeit des Nachweises von rektifizierten Ölen in Jungfernöl. Olearia **13**, 5 (1959) [italienisch]; zit. nach Fette u. Seifen **61**, 607 (1959).
ALBERS, D.: Die Eigenschaften von Kakaobutter in Beziehung auf den Nachweis von Fremdfetten in Kakaobutter. Chem. Weeklb. **25**, 235—239 (1928).
ALLAN, J., and C.W. MOORE: Eine Untersuchung von Cocosnußölen zusammen mit einer Bemerkung über die Öle anderer Palmenarten. J. Soc. chem. Industr. (Lond.) **44** T, 61—63 (1925); zit. nach Chem. Zbl. **1925 II**, 105.
ALPAR, S.R., et S. ESIN: Turkish tobacco seed oil. R. Faculté sci. Univ. Istanbul **14** A, 65—71 (1949); zit. nach Chem. Abstr. **44**, 5618 (1950).
AMBERGER, C., u. K. BROMIG: Die Glyceride des Gänsefettes. Z. Untersuch. Nahrungs- u. Genußmittel **42**, 193—218 (1921).
—, u. A. WIESEHAHN: Die Glyceride des Schweinefettes. Z. Untersuch. Nahrungs- u. Genußmittel **46**, 291—299 (1923).
AMBERGER, K., u. J. BAUCH: Die Glyceride des Kakaofettes. Z. Untersuch. Nahrungs- u. Genußmittel **48**, 371—390 (1924).
—, and E.W. HILL: Composition of oil of oats. Analyst **53**, 227 (1928).
ANDERSON, R.J. and M.G. MOORE: Über Phytosterine. Phytosterine des Getreideöls, Baumwollsamenöls und Leinöls. N.Y. St. agric. Exper. Stat. **95** (1923); zit. nach Chem. Zbl. **1924 II**, 2666.
— R.L. SHRINER and G.O. BURR: Die Phytosterine des Weizenkeimöls. J. amer. chem. Soc. **48**, 2987 (1926); zit. nach Chem. Zbl. **1927 I**, 617.
— F.P. NABENHAUER and R.L. SHRINER: Die Verteilung des Dihydrositosterins in Pflanzenfetten. Proc. Soc. exp. Biol. (N.Y.) **24**, 63—64 (1926); zit. nach Chem. Zbl. **1927 II**, 838.
Anonym: Fat from Sterculia foetida. Bull. Imp. Inst. **33**, 281—284; zit. nach Chem. Abstr. **30**, 63 (1935).
— Yeast and moulds. Penicillin in submerged culture. Chem. Engin. News **58**, Nr. 4, 174—177 (1951).
ANDRAOS, V., C.E. SWIFT and F.G. DOLLEAR: Sesame Oil. I. Properties of a solvent extracted sesame oil. J. amer. Oil Chem. Soc. **27**, 31—34 (1950).
ANDRÉ, E.: Karité (Shea) butter. Chemical composition of the latex and fat. Oléagineux **2**, 546—551 (1947); zit. nach Chem. Abstr. **42**, 3591 (1948).
—, et H. CANAL: Grape seed oils. Bull. Mat. gr. **5—6**, 131—144 (1928); zit. nach Analyst **53**, 544 (1928).
—, et D. JOUATTO: Beitrag zur Kenntnis der Chaulmoograöle. Bull. Soc. chim. France 4, **43**, 347—360 (1928).
— — Untersuchungen über das Gorliöl. Bull. Soc. Pharmac. (Bordeaux) **35**, 81 (1928); zit. nach Chem. Zbl. **1928 I**, 2413.
—, et M. KOGANE-CHARLES: Study of the seed of oil-bearing crucifers. Ann. Agron. **16**, 423—433 (1946); zit. nach Chem. Abstr. **41**, 4321 (1947).
ANSELMI, S.: Übersichtsbericht über die Analysenmethoden für Olivenöl mit besonderer Berücksichtigung einiger Farbreaktionen. Olii miner. **36**, 210 (1959) [italienisch]; zit. nach Fette u. Seifen **63**, 661 (1961).
ANTONIANI, C.: Untersuchungen in der Phytosteringruppe. Atti R. Accad. Lincei (Roma) Rend. (1932) VI, **16**, 510 [italienisch]; zit. nach Chem. Zbl. **1933 I**, 2957.
—, u. F. ZANELLI: Untersuchungen in der Phytosteringruppe. Über das Sterin des Traubenkernöls. Atti R. Accad. Lincei (Roma) Rend. **16**, 284—286 (1932); zit. nach Chem. Zbl. **1932 II**, 716.

AOAC: Official Methods of Analysis of the Association of Official Agricultural Chemists **1955**, 26, 47 p. 477.
— Official and Tentative Methods of the American Oil Chemists Society, AOCS Official Method C b 5—40.
APPELQVIST, L.-A.: Einflüsse von Varietät und Milieu auf die Fettsäurezusammensetzung von Raps- und Senfsamen. Zit. nach: Inhaltsangabe der Vorträge, World Fat Congress, Hamburg (1964) S. 3.
ARMSTRONG, E.F., and J. ALLAN: Die Fette, ein vernachlässigtes Kapitel in der Chemie. J. Soc. chem. Industr. (Lond.) **43**, T. 216 (1924a); **43**, 207 (1924b); zit. nach Chem. Zbl. **1924 II**, 1527.
— — and C.W. MOORE: Die Fettsäuren einiger natürlicher Fette. I. Die Öle der Cocosnuß. J. Soc. chem. Industr. (Lond.) **44**, T. 63—68 (1925a); zit. nach Chem. Zbl. **1925 II**, 106. II. Palmkernöl. Daselbst **44**, T. 143—144 (1925b); zit. nach Chem. Zbl. **1925 II**, 435.
ARMSTRONG, J.G., and W.D. MCFARLANE: Flavour reversion in linseed shortening. Oil and Soap **21**, 322—327 (1944).
ASENJO, C.F., and J.A. GOYCO: Puerto Rican fatty oils. 5. The characteristics and composition of expressed papaya (Carica papaya) seed oil. Oil and Soap **20**, 217—218 (1943).
ASHMORE, S.A.: New apparatus for determining the temperature of crystallisation of cocoabutter. Analyst **59**, 515—517 (1934).
ASHPLANT, H.: Oil from rubber seed. A discussion of the practical problems. India Rubber J. **117**, 347—352 (1949).
AUFRECHT, L.: Zur Unterscheidung von gepreßter und extrahierter Kakaobutter. Chemiker-Ztg. **53**, 318 (1929).
AULT, W.C., M.L. SWAIN and L.C. CURTIS: Oil from perennial gourds. J. amer. Oil Chem. Soc. **24**, 289—290 (1947).
AURISICCHIO, G.: Ein neues Verfahren zur Bestimmung von Erdnußöl in Olivenöl. Olii miner. **11**, 27—28 [italienisch]; zit. nach Z. Untersuch. Lebensmittel **73**, 94 (1937).
AWE, W.: Über das Öl des Klatschmohnsamens. Naturwiss. (1937) 366; zit. nach Z. Untersuch. Lebensmittel **75**, 390 (1938).
BADAMI, R.C., and F.D. GUNSTONE: The component acids of Isano (Boleko) oil. J. Sci. Food Agric. **14**, 863—866 (1963).
BAILEY, A.E.: Cottonseed and Cottonseed Products, S. 365—369. New York: Interscience Publ. Inc. 1948.
— Melting and Solidification of Fats, S. 302, 308, 310, 316—317. New York: Interscience Publ. Inc. 1950.
BAILEY, B.E.: Fischöle. VII. Die Farbstoffe des Sardinenöls. J. Fish. Res. Board Canada **4**, 55—58 (1938); zit. nach Chem. Zbl. **1938 II**, 2669.
BAILEY, L.H.: Acrocomia species. Gentes Herbarum **4**, 421—476 (1941).
BALBONI, G.: Weizenkeimöl. Ann. Chim. appl. **26**, 49—53 (1936) [italienisch]; zit. nach Chem. Zbl. **1936 I**, 4832.
BALDWIN, A.R., and M.S. SNIEGOWSKI: Fatty acid composition of lipids from corn and grain sorghum kernels. J. amer. Oil Chem. Soc. **28**, 24—28 (1951).
BALDWIN, W.H., and W.H. LANHAM jr.: Die Chemie des Menhadenöles. Fettsäurebestandteile. Ind. Engin. Chem. Analyt. Ed. **13**, 615 (1941); zit. nach Chem. Zbl. **1943 I**, 463.
BALIGA, M.N., and T.P. HILDITCH: The component acids of rape seed oil. J. Soc. chem. Industr. (Lond.) **67**, 258—262 (1948).
— — The constitution of some minor unsaturated fatty acids of rape seed oil. J. chem. Soc. 1949, Suppl. 91—95.
—, and M.L. MEARA: The component fatty acids and glycerides of Dhupa fat. J. Soc. chem. Industr. (Lond.) **68**, 52—54 (1949).
BANKS, A., and T.P. HILDITCH: Glyceride structure of beef tallows. Biochem. J. **25**, 1168—1182 (1931).
— — The body fats of the pig. II. Some aspects of the formation of animal depot fats suggested by the composition of their glycerides and fatty acids. Biochem. J. **26**, 298—308 (1932).
— — and E.C. JONES: Component fatty acids of rat body fats. Biochem. J. **27**, 1375—1382 (1933).
—, H.K. DEAN and T.P. HILDITCH: The composition of commercial palmoils. IV. Progressive hydrogenation as an aid in the study of glyceride structure. J. Soc. chem. Industr. (Lond.) **54**, 77—82 T (1935).
BARBERA, G.: Cyperus esculentus: a new plant producing oil, sugar and starch. Ann. chim. appl. **31**, 330—337 (1941); zit. nach Chem. Abstr. **36**, 1061 (1942).
BARBOUR, A.D.: Die Speicherung und Ausnutzung von hydrierter Isoölsäure im tierischen Organismus. J. biol. Chem. **101**, 63—72 (1933); zit. nach Z. Untersuch. Lebensmittel **76**, 267 (1938).

BARKER, C., and T.P. HILDITCH: The component glycerides of drying oils. J. Oil and Col. Chem. Ass. **33**, 6—23, 24—48, 49—58 (1950a).
— — Component acids of a hippopotamus fat. J. Soc. chem. Industr. (Lond.) 1950, 3141 to 3144 (1950b); zit. nach Chem. Abstr. **44**, 8131 (1950).
—, A. CROSSLEY and T.P. HILDITCH: African drying oils. IV. Sunflower seed oil. J. Soc. chem. Industr. (Lond.) **69**, 16—20 (1950).
BARRET, C.B., M.S.J. DALLAS and F.B. PADLEY: The quantitative analysis of triglyceride mixtures by thin layer chromatography on silica impregnated with silver nitrate. J. amer. Oil Chem. Soc. **40**, 580—584 (1963).
BAUDOUIN, E.: Die Gegenwart von Sesamöl in anderen Ölen. Z. chem. Großgew. **1878**, **771**.
BAUER, K.H.: Über die Änderung in der Zusammensetzung des Sonnenblumenöls während der Reifung der Samen. Fette u. Seifen **41**, 1—2 (1934).
—, u. R. NEU: Zur Kenntnis des Kaffee-Öles. Fette u. Seifen **45**, 229—232 (1938); **49**, 419—428 (1942); **50**, 345—347 (1943).
—, u. L. SEBER: Vergleichende Untersuchungen über die Zusammensetzung der Fette von Keimen, Samenschalen und Kotyledonen der Samen von Theobroma cacao Linné. Fette u. Seifen **45**, 293—299 (1938); Ber. dtsch. chem. Ges. **71**, 2223 (1938).
— — Zur Kenntnis des sog. Abfallextraktions-Kakaofettes. Fette u. Seifen **45**, 342—346 (1938).
— — Über die unverseifbaren Bestandteile des Keimöles und des Schalenfettes der Samen von Theobroma cacao Linné. Fette u. Seifen **46**, 13—18 (1939).
—, u. G. UMBACH: Über den Kohlenwasserstoff des unverseifbaren Anteils der Sheabutter. Ber. dtsch. chem. Ges. **65**, 859 (1932).
BAUGHMAN, W.F., and G.S. JAMIESON: Chemical composition of corn oil. J. amer. chem. Soc. **43**, 2696—2702 (1921).
— — The constituents of "chufa" oil, a fatty oil from the Aubers of Cyperus esculentus. J. agric. Res. **26**, 77—82 (1923).
— — Wheat germ oil. Oil and Soap **9**, 136—138 (1932).
— — Chemical composition of soy bean oil. J. amer. chem. Soc. **44**, 2947—2952 (1922).
— — Chia seed oil. Oil Fat Industr. **6**, Nr. 9, 15—17 (1929).
— — and D.H. BRAUNS: An analysis of otoba butter. J. amer. chem. Soc. **43**, 199—204 (1921).
— — and R.S. MCKINNEY: Amerikanisches Renntierfett. Oil Fat Industr. **6**, (8), 11 (1929); zit. nach Chem. Zbl. **1929 II**, 1869.
BAUR, F.J. jr., and J.B. BROWN: Fatty acids of corn oil. J. amer. chem. Soc. **67**, 1899—1900 (1945).
BAZAREWSKI, ST., u. W. ZARNOWSKI: Jodzahl von polnischem Leinöl. Rocznicki Nauk Rolniczyck I Lesnick **27**, 315 (1932) [polnisch]; zit. nach Chem. Zbl. **1932 II**, 3030.
BELLIER, J.: Über die Farbreaktionen des Sesamöles und über drei neue charakteristische Reaktionen. Ann. Chim. analyt. **4**, 217—220 (1899).
— Nachweis fremder Öle in Nußöl. Ann. Chim. analyt. **10**, 52—57 (1905).
BENEDIKT-ULZER: Analyse der Fette und Wachsarten, 5. Aufl., S. 732. Berlin: Julius Springer 1908.
VAN BENEDEN, G.: Analytical study of acids of edible fats. J. Pharm. Belg. **16**, 1 (1934); zit. nach Chem. Abstr. **28**, 6867 (1934).
BENGIS, R.O.: Oxidation of the fat fraction of roasted coffee. Ind. Engin. Chem. **28**, 290—298 (1936).
—, and R.J. ANDERSON: Die Chemie der Kaffeebohne. I. Über die unverseifbare Substanz des Kaffeebohnenöles. J. biol. Chem. **97**, 99 (1932); zit. nach Chem. Zbl. **1932 II**, 2834.
— — II. Darstellung und Eigenschaften des Kahweols. J. biol. Chem. **105**, 139 (1934); zit. nach Chem. Zbl. **1934 II**, 454.
BENZ, G.: Beitrag zur Untersuchung der Speiseöle, insbesondere zum Nachweis und zur Bestimmung von Erdnußöl in Sesamöl. Z. Untersuch. Lebensmittel **64**, 486—491 (1932).
BERG, P., u. J. ANGERHAUSEN: Das Unverseifbare des Mowrahfettes und seine Bedeutung für den Nachweis von Mowrahfett in tierischen und pflanzlichen Speisefetten. Z. Untersuch. Nahrungs- u. Genußmittel **27**, 723—726 (1914).
— — Das Unverseifbare des Sheafettes und seine Beziehung zu dem Unverseifbaren des Mowrahfettes. Z. Untersuch. Nahrungs- u. Genußmittel **28**, 73—79 (1914).
BERGQUIST, U., u. J. HOLMBERG: Die Fettsäuren im Pferdefett in Abhängigkeit von den Futterbedingungen. Svensk Kem. Tidsk. **65**, 139 (1953); zit. nach Fette u. Seifen **59**, 478 (1957).
BERLIN, W.T.: Anbau und Verwertung von Saflor in den Vereinigten Staaten. Zit. nach: Inhaltsangabe der Vorträge, World Fat Congress, Hamburg (1964), S. 6.
BERNHAUER, K.: In: Mikrobiologische Fettsynthese, Bd. 9, Ergebnisse der Enzymforschung. Hrsg. von R. WEIDENHAGEN. Leipzig 1943.
—, u. G. POSSELT: Über Schimmelpilzlipoide. II. Mitt. Die Zusammensetzung eines Aspergillus niger-Fettes. Biochem. Z. **294**, 215—220 (1937).

BERNHAUER, K., u. J. RAUCH: Beiträge zur mikro-biologischen Eiweiß- und Fettsynthese. I. Mitt. Die grundlegenden Bedingungen für die Eiweiß- und Fettproduktion durch Mycel-Pilze in der Submers-Kultur. Biochem. Z. **319**, 77—93 (1948).

— — III. Mitt. Zur Methodik der submersen Mycel-Kultur. Züchtung in der Rühr-Kultur und deren Anwendung zur Erzeugung von Fett-Mycel. Biochem. Z. **319**, 102—119 (1948).

BERTRAM, S. H.: Herstellung und Untersuchung von Ölsäure. Diss. Delft 1928 [niederländisch]. Z. Untersuch. Lebensmittel **55**, 179 (1928).

— Haselnußöl. Öle, Fette, Seifen **14**, 2—4 (1936); zit. nach Chem. Zbl. **1937 I**, 1589.

— Carotin in Fetten und Ölen. Öle, Fette, Seifen **8**, 1—2 (1937a).

— Der Nachweis tierischer Fette und Öle, insbesondere gehärteter Trane in Fettgemischen. Öle, Fette, Seifen **15**, 13—14 (1937b); Fette u. Seifen **44**, 115 (1937).

— Constitution of woolwax. J. amer. Oil. Chem. Soc. **26**, 454—456 (1949).

BERTRAND, G.: Apple-seed oil. C.R. Acad. Agr. France **1942**, 544—549; zit. nach Chem. Abstr. **38**, 6119 (1944).

BETTER, E. J., u. J. SZIMKIN: Über Farbenreaktionen des Olivenöls. Fette u. Seifen **41**, 72—73 (1934).

— — Beitrag zum Nachweis von Fischölen. Fette u. Seifen **41**, 225 (1934); Z. Untersuch. Lebensmittel **74**, 241 (1937).

BHALERAO, V. R., and J. H. MAHON: J. Ass. off. agric. Chem. **41**, 745 (1958).

BICKFORD, W. G., S. ANDERSON u. K. S. MARKLEY: Die Stabilität pflanzlicher Öle. I. Die spektrale Durchlässigkeit von Sojabohnenölen. Oil Soap **17**, 138—143 (1940); zit. nach Fette u. Seifen **48**, 152 (1941).

—, G. E. MANN and K. S. MARKLEY: Possibilities of peanut, pecan and safflower seed oils as supplements for olive oil. Oil and Soap **20**, 85—89 (1943).

BIEBER, J. D.: Prüfung des Mandelöles. Z. analyt. Chem. **74**, 264—266 (1878).

BIEFER, K. W., u. H. HADORN: Nachweis von Sojabohnenöl auf Grund seines Gehaltes an δ-Tocopherol. Mitt. Lebensmitteluntersuch. Hyg. **47**, 445—455 (1956).

BILLS, CH. E., O. N. MASSENGALE u. M. IMBODEN: Nachweis des Vorhandenseins zweier Formen von Vitamin D in Fischlebertranen. Science (New York) **80**, 596 (1934); zit. nach Chem. Zbl. **1935 I**, 1263.

BJÖRKLUND, G. A.: Nachweis der Verfälschung der Cacaobutter mit Rindstalg und mit Wachs. Z. analyt. Chem. **3**, 233—234 (1864).

BJARNASON, O. B., and M. L. MEARA: The mixed unsaturated glycerides of liquid fats. V. Low temperature cristallisation of Icelandic herring oil. J. Soc. chem. Industr. (Lond.) **63**, 61—63 (1944).

BLAREZ, CH.: Nachweis von Arachisöl im Olivenöl. Rep. Pharm. **9**, (3), 446 (1887); zit. nach Chem. Zbl. **1898 I**, 477; Pharm. Zentralh. **39**, 32 (1898); Schweizer Lebensmittelbuch, 3. Aufl., S. 49.

BLOK, C. J.: Untersuchung auf Verfälschung von Cocosöl. Pharm. Tijdschr. Ned. Indie **4**, 242—245 (1927); zit. nach Chem. Zbl. **1927 II**, 2129.

BÖESEKEN, J., u. W. D. COHEN: Das Sesamin. Biochem. Z. **201**, 454—463 (1928); zit. nach Chem. Zbl. **1929 I**, 1572.

BOEKENOOGEN, H. A.: Das fette Öl der Samen von Ongueka gore engler. Fette u. Seifen **44**, 344 (1937).

— The viscosity of the vegetable oils and fats. Chem. Weekblad **34**, 759—761 (1937); zit. nach Chem. Abstr. **32**, 4365.

BÖMER, A.: Über den Nachweis von Sesamöl. Z. Untersuch. Nahrungs- u. Genußmittel **2**, 705—709 (1899).

— Beiträge zur Kenntnis der Glyceride der Fette und Öle. I. Über den Gehalt des Rinds- und Hammeltalges an Tristearin. Z. Untersuch. Nahrungs- u. Genußmittel **14**, 90—117 (1907); **17**, 353 (1909); **25**, 321 (1913).

—, u. L. LIMPRICH: Beiträge zur Kenntnis der Glyceride der Fette und Öle. VI. Die Polenskesche Differenzzahl und ihre theoretischen Grundlagen. Z. Untersuch. Nahrungs- u. Genußmittel **25**, 367—386 (1913a).

— — VII. Ein neues Verfahren zum Nachweis von Talg in Schweinefett. Z. Untersuch. Nahrungs- u. Genußmittel **26**, 559—618 (1913b).

—, u. J. BAUMANN: Beiträge zur Kenntnis der Glyceride der Fette und Öle. IX. Die Glyceride des Cocosfettes. Z. Untersuch. Nahrungs- u. Genußmittel **40**, 97—151 (1920).

—, u. H. MERTEN: Beiträge zur Kenntnis der Glyceride der Fette und Öle. X. Die Glyceride des Gänsefettes. Z. Untersuch. Nahrungs- u. Genußmittel **43**, 101—137 (1922).

—, u. K. SCHNEIDER: Beiträge zur Kenntnis der Glyceride der Fette und Öle. XI. Die Glyceride des Palmkernfettes. Z. Untersuch. Nahrungs- u. Genußmittel **47**, 61—89 (1924).

—, u. K. EBACH: Beiträge zur Kenntnis der Glyceride der Fette und Öle. XII. Glyceride der Laurin- und Myristinsäure. Palmkernfett, Lorbeeröl, Muskatbutter. Z. Untersuch. Nahrungs- u. Genußmittel **55**, 501—528 (1928).

Bömer, A., u. H. Engel: Beiträge zur Kenntnis der Glyceride der Fette und Öle. XIII. Über die Glyceride des Chaulmugraöles. Z. Untersuch. Lebensmittel **57**, 113—147 (1929).

—, u. H. Hüttig: Beiträge zur Kenntnis der Glyceride der Fette und Öle. XV. Glyceride des Babassufettes. Z. Untersuch. Lebensmittel **75**, 1—33 (1938).

—, u. B. Hagemann: Über das Schmelzpunktdifferenz-Verfahren zum Nachweis von Talg in Schweinefett. Fette u. Seifen **45**, 473—477 (1938).

Bohrisch, P.: Der Nachweis von Erdnußöl im Olivenöl. Pharm. Zentralh. **51**, 361—364, 393—397, 423—427, 450—454 (1910).

—, u. F. Kürschner: Zur Untersuchung von Kakaobutter. Pharm. Zentralh. **55**, 190—203 (1914).

Bolley, D.S., R.H. McCormack and L.C. Curtis: Utilization of the seeds of the wild perennial gourds. J. amer. Oil Chem. Soc. **27**, 571 (1950).

Bolton, E.R., and D.G. Hewer: Brazilian oilseeds. Analyst **42**, 35—45 (1916); zit. nach Chem. Zbl. **1917 I**, 1107.

—, and K.A. Williams: The grouping of fatty oils, with special reference to olive oil. Analyst **55**, 5 (1930).

— — Die Verunreinigung von Walöl mit Heizöl. Analyst **63**, 84—93 (1938); zit. nach Chem. Zbl. **1938 I**, 4734.

Bonchristiano, F.R.: Study of the nuts of acajou (Anacardium occidentale). Rev. Alimentar. **4**, Nr. 33, 10; Nr. 34, 9—10 (1940) [italienisch]; zit. nach Chem. Abstr. **35**, 339 (1941).

Borman, J.E.: Einfluß der Verfütterung von Rüböl auf die Zusammensetzung von Schweineschmalz. Rocznicki Nauk Rol. I Lésnich **30**, 117—126 (1933) [polnisch]; zit. nach Chem. Zbl. **1934 I**, 1932.

Botkin, C.W., and L.B. Shires: The composition and value of Pinon nuts. Bull. **344**, State College, N.M., Agric. Exp. Stat., New Mexiko College of A. and M. (1948).

Bottini, E., u. C. Sapetti: Spektrometrische Methoden zur Feststellung der Verfälschung von Olivenöl. Ann. Speriment. agrar. (Roma) **12**, 1007—1044 (1958) [italienisch]; zit. nach J. amer. Oil Chem. Soc. **36**, 311 (1959).

Bougault, I., and G. Schuster: Composition of "karité butter." C.R. Acad. Sci. (Paris) **193**, 362—364 (1931); zit. nach Chem. Abstr. **27**, 5781 (1933).

Braekkan, O.R.: Determination of vitamin A in whale-liver oils; activated glycerol-chlorohydrin. Analyt. Chem. **21**, 1530—1531 (1949).

Brandt, A. v.: Die Fischerei erschließt neue Fanggebiete durch Änderung der Fangtechnik. Fette u. Seifen **63**, 561—563 (1961).

Brandt, K.: Whale oil. Fats and Oil Studies Nr. **7**. Food Res. Inst., Stanford University California, June 1949.

Bray, G.T., and F.L. Elliot: Some new oil seeds derived from American palms. Analyst **41**, 298—302 (1916); zit. nach Chem. Zbl. **1917 I**, 112.

Brocklesby, H.N.: The chemistry and technology of marine animal oils. J. Fisher. Res. Board Canada, Ottawa 1941.

—, and K.F. Harding: Fischöle. VIII. Die ungefähre Zusammensetzung der Fettsäuren von Sardinenöl (Sardinops caerulea). J. Fisher. Res. Board Canada **4**, 59—62 (1938); zit. nach Chem. Zbl. **1938 II**, 2669.

Brooker, W.B., and F.B. Shorland: Studies on the composition of horse oil. I. Composition of horse oil in relation to the depot fats of other pasture-fed animals. Biochem. J. **46**, 80—85 (1950).

Brown, W.B., u. E.H. Farmer: Ungesättigte Säuren aus natürlichen Ölen. I. Hochungesättigte Säuren aus Oiticicaöl (Licania rigida). Biochem. J. **29**, 631 (1935); zit. nach Chem. Zbl. **1935 I**, 3491.

de Bruin, A., J.E. Heestermann and M.R. Mills: A preliminary examination of the fat from Pachyra aquatica. J. Sci. Food Agric. **14**, 758—760 (1963).

Budowski, P., R.T. O'Connor and E.T. Field: Sesame oil. IV. Determination of free and bound sesamol. VI. Determination of sesamin. J. amer. Oil Chem. Soc. **27**, 307—310 (1950); **28**, 51 (1951).

Budzynska, J.: Note sur la composition en acides gras de l'huile des noix de Pinus Pinea. Rev. Fr. Corps gras **11**, 143—145 (1964).

Bush, W.A., and E.A. Lasher: Jodine number of expressed almond oil. Industr. Engin. Chem. **33**, 1275 (1941).

—, and B.J. Cagan: Expressed peach kernel oil. Industr. Engin. Chem. **39**, 1452 (1947).

Bushell, W.J., and T.P. Hilditch: Die Fettsäuren und Glyceride der festen Samenfette. IV. Das Samenfett von Madhuca (früher Bassia) butyracea (Phuwarafett). J. Soc. chem. Industr. (Lond.) **57**, 48—49 (1938); zit. nach Chem. Zbl. **1938 II**, 621.

— — Fatty acids and glycerides of solid seed fats. VII. Dika fat. J. Soc. chem. Industr. (Lond.) **58**, 24—26 (1939).

BUZI, C.C., u. L. SOMMAINI: Über die Reaktion von Villavecchia und Fabris zum Nachweis von Sesamöl. Olii miner. **12**, 77 (1932) [italienisch]; zit. nach Chem. Zbl. **1932 II**, 3498.
CAPELLA, P., E. FEDELI, M. CIRIMELE, A. LANZANI u. G. JACINI: Zusammensetzung der Sterin-Fraktion des Unverseifbaren aus Leinöl. Fette u. Seifen **66**, 997—999 (1964).
CARRIÈRE, J.F.: Über nach Nachweis von Leinöl in Sojaöl. Chem. Umschau Fette, Öle **34**, 113—120 (1927).
CASERIO, E.: Über die angebliche Giftwirkung des Weizenkeimes und seines Ätherextraktes für die Ratte. Z. Vitaminforsch. **5**, 263—267 (1937); zit. nach Z. Untersuch. Lebensmittel **77**, 83 (1939).
CASTIGLIONE, A.: Zur Unterscheidung von Kakaopreßbutter und mit Lösungsmitteln ausgezogenem Kakaofett. Ann. Falsif. **28**, 24—27; zit. nach Z. Untersuch. Lebensmittel **75**, 389 (1938).
CASTILLE, A.: Zur Kenntnis des fetten Öles der Samen von Ongokea Kleineana pierre. Liebigs Ann. Chem. **543**, 104—110 (1939).
CHAKRABARTY, M.M., and T.P. HILDITCH: The fatty acids and glycerides of an Indian sesame oil. J. Sci. Food Agric. **2**, 255—259 (1951); zit. nach Chem. Abstr. **45**, 8786 (1951).
—, u. S.R.: Die Zusammensetzung und die Verwendung indischer Teesamenöle. Indian Soap J. **20**, 16 (1954); zit. nach Fette u. Seifen **58**, 698 (1956).
CHALIOT, C., DU: Boll. Soc. ital. Biol. sper. **21**, 21 (1946).
CHANG, S.S., B.D. MOOKHERJEE and T.H. SMOUSE: The isolation and characterization of flavour compounds in reverted soybean oil. Zit. nach Inhaltsangabe der Vorträge, World Fat Congress, Hamburg (1964), S. 70.
CHAPMAN, A., A. CROSSLEY and A.C. DAVIES: The structure of the major component glyceride of cacaobutter, and of the oleodisaturated glyceride of lard. J. Chem. Soc. (Lond.) **1957**, 1502—1509.
CHAPMAN, F.E.: The decolorization of green tallow. Chem. Engin. Min. Rev. **23**, 355—356 (1931).
CHATTERJÉ, N.G.: Margosa- oder Neemöl. Indian East. Chem. **19**, 28—29 (1938); zit. nach Chem. Zbl. **1938 II**, 4332.
CHAVERON, H.: Détermination de la composition stérolique du beurre de cacao, Chocolaterie, Confiserie de France, Nr. 218, 13—27 (1966).
CHEFTEL, R.J., J. MORETTI u. J. POLONOWSKI: Die Zusammensetzung der ungesättigten Fettsäuren im Öl von Clupea pilchardus. Bull. Soc. Chim. biol. (Paris) **37**, 709 (1955); zit. nach Fette u. Seifen **59**, 56 (1957).
CHILD, R.: Ceylon tea-seed oil. Trop. Agr. (Ceylon) **84**, 71—73 (1935); zit. nach Chem. Abstr. **29**, 4960 (1935).
— Ceylon candlenut oil (Aleurites molluccana). Oil and Soap **18**, 224—226 (1941).
—, u. G. COLLIN: Schoenfeld-Hefter, Chemie und Technologie der Fette und Fettprodukte, Bd. I, S. 85 (1931). Wien: Springer 1936.
CHISHOLM, M.J., u. C.Y. HOPKINS: Die normalen C_{17}-Fettsäuren des Bisamochsen-Fettes. Canad. J. Chem. **35**, 1434 (1957); zit. nach Fette u. Seifen **60**, 870 (1958).
CHRISTIAN, B.C., and T.P. HILDITCH: Seed fats of the Umbelliferae. II. The seeds fat of some cultivated species. Biochem. J. **23**, 317—328 (1929).
CLOPTON, J.R., A. ROBERTS and H.A. JESKEY: Okraseed. J. amer. Oil Chem. Soc. **25**, 401—404 (1948).
COCKING, T.T., u. S.K. CREWS: Die Fluorescenzprobe für Olivenöl. Quat. J. Pharm. **7**, 531 to 534 (1934); Z. Untersuch. Lebensmittel **74**, 522 (1937); zit. nach Chem. Zbl. **1935 I**, 3615.
COHEN, W.D.: Sesamin. Rec. Trav. chim. Pays-Bas **57**, 653—658 (1938).
COLE, H.J., and H.T. CARDOSO: Hydnocarpic and chaulmoogric acids and ethyl esters. J. amer. chem. Soc. **59**, 963—965 (1937).
— — Analysis of chaulmoogra oils. I. Carpotroche oil. II. Oncoba echinate. J. amer. chem. Soc. **60**, 614—617 (1938).
— — Analysis of chaulmoogra oils. III. Hydnocarpus wightiana oil. J. amer. chem. Soc. **61**, 2349—2353 (1939).
COLEMAN, M.H.: Further studies on the pancreatic hydrolysis of some natural fats. J. amer. Oil Chem. Soc. **38**, 685—688 (1961).
COLLIN, G.: Some pecularities in the glyceride structure of laurel fats. Biochem. J. **25**, 95—100 (1931); **27**, 1366 (1933); zit. nach Chem. Zbl. **1934 II**, 2769.
—, and T.P. HILDITCH: Component glycerides of coconut and palmkernel fats. J. Soc. chem. Industr. (Lond.) **47**, 261—291 (1928).
— — Regularities in the glyceride structure of vegetable seed fats. Biochem. J. **23**, 1272—1289 (1929).
— — Fatty acids of nutmeg (mace) butter and of expressed oil of laurel J. Soc. chem. Industr. Lond.) **49** T, 141—143 (1930a).
— — Dika fat (Irvingia butter). J. Soc. chem. Industr. (Lond.) **49** T, 138—139 (1930b).

COLLIN, G., T.P. HILDITCH and C.H. LEA: The component glycerides of mutton tallow. J. Soc. chem. Industr. (Lond.) **48** T, 46—50 (1929).
COLOMBIER u. CHAIZE: Untersuchungen über die Verfälschung von Kakaobutter. Ann. Falsif. **21**, 91—97 (1928); zit. nach Z. Untersuch. Lebensmittel **67**, 463 (1934).
COMMON, R.H.: Characteristics of some reputed cod-liver oils. Analyst **62**, 784—788 (1937).
O'CONNOR, R.T., D.C. HEINZELMANN, R.S. MCKINNEY and F.C. PACK: The spectrophotometric determination of the alpha and beta isomers of eleostearic acid in tung oil. Industr. Engin. Chem., Anal. Ed. **17**, 467—470 (1945); zit. nach J. amer. Oil Chem. Soc. **24**, 212 to 216 (1947).
COOK, R.H., and F.J. GOODRICH: Investigation of the fruit of Sambucus caliparpa. J. amer. pharm. Ass. **26**, 1252—1255 (1937); zit. nach Chem. Abstr. **32**, 2379 (1938).
COPIUS PEEREBOOM, J.W., u. J.B. ROOS: Die Chromatographie von Sterinen und ihre Anwendung für den Nachweis tierischer und pflanzlicher Fette nebeneinander. Fette u. Seifen **62**, 91—100 (1960).
— Chromatographic sterol analysis as applied to the investigation of milk fat and other oils and fats. Wageningen: Centrum voor Landbouwpublikaties en Landbouwdocumentatie 1963.
COWARD, K.H.: Über den relativen Gehalt verschiedener Muster von Lebertran an Vitamin A und D. Pharm. J. u. Pharmaceutist **129**, 4 (1932); zit. nach Z. Untersuch. Lebensmittel **73**, 290 (1937).
CRAWFORD, R.F., and T.P. HILDITCH: The component fatty acids of tobaccoseed oils. J. Sci. Food Agric. **1**, 230 (1950a); zit. nach Chem. Abstr. **45**, 1790 (1951).
— — The component fatty acids and glycerides of groundnut oils. J. Sci. Food Agric. **1**, 372—379 (1950b).
CROSSLEY, A., and T.P. HILDITCH: The fatty acids and glycerides of okra seed oil and castor oil. J. Sci. Food Agric. **2**, 251—255 (1951); zit. nach Chem. Abstr. **45**, 8785.
CROXFORD, J.W.: Investigation of rye oil. Analyst **55**, 735—738 (1930).
CRUIKSHANK, E.M.: Fettstoffwechsel beim Huhn. Zusammensetzung des Eifettes und Depotfettes beim Huhn unter Einwirkung einer Zufuhr von großen Mengen verschiedener Fette. Biochem. J. **28**, 965—977 (1934); zit. nach Chem. Zbl. **1934 II**, 1948.
CRUZ, A.O., u. A.P. WEST: Zusammensetzung von philippinischem Erdnußöl. Philipp. J. Sci. **46**, 199—206 (1931); zit. nach Chem . Zbl. **1931 II**, 3562.
— — Zusammensetzung des philippinischen Catappaöles aus den Samen von Catappa l. (Talisay oil). Philipp. J. Sci. **48**, 13—19 (1932a); zit. nach Chem. Zbl. **1932 II**, 794.
— — Zusammensetzung von philippinischen Sojabohnen und des Sojaöles. Philipp. J. Sci. **48**, 77—86 (1932b); zit. nach Chem. Zbl. **1932 II**, 794.
— — u. V.B. ARAGON: Zusammensetzung der Hambas-Varietät des philippinischen Reisöles. Philipp. J. Sci. **48**, 5—12 (1932c); zit. nach Chem. Zbl. **1932 II**, 794.
— — u. N.B. MENDIOLA: Zusammensetzung des philippinischen Reisöles. Philipp. J. Sci. **47**, 487—494 (1932d); zit. nach Chem. Zbl. **1932 II**, 794.
CUNNINGHAM, B.B., and L.G. SAYWELL: Methylen-blue induction period and virginity of olive oil. Food Res. **1**, 457—464 (1936); zit. nach Z. Untersuch. Lebensmittel **74**, 237 (1937).
DAHLGREN, B.E.: Index of American Palms. Field Museum of Natural History, Botanical Series **14** (1936).
DALE, A.P., and M.L. MEARA: Component fatty acids and glycerides of coconut oils. J. Sci. Food Agric. **6**, 162—166 (1955).
DALLEY, R.: The estimation of horse-fat in admixture with other fats. Analyst **75**, 336—338 (1950).
DAMM, H.: Eine neue biochemische Fettsynthese. Chemiker-Ztg. **67**, 47—49 (1943).
DEAN, H.K., and T.P. HILDITCH: The body fats of the pig. III. The influence of body temperature on the composition of depot fats. Biochem. J. **27**, 1950—1956 (1933); zit. nach Z. Untersuch. Lebensmittel **74**, 236 (1937).
DELTOUR, P.: Reactions for the detection of sesame oil in olive oil. J. Pharm. Belg. **16**, 893 (1934); zit. nach Chem. Abstr. **29**, 2305 (1935).
DELVAUX, E.: Die Zusammensetzung des Pflaumenkern- und Bucheckernöles. Fette u. Seifen **43**, 183—184 (1936).
DENZ, F.A., and F.B. SHORLAND: The composition and vitamin A value of some New Zealand fish-liver oils. N.Z. J. Sci. Techn. **15**, 327—331 (1934); zit. nach Chem. Zbl. **1934 II**, 682.
DESASSIS, A.: L'acidification de l'huile de palme. Oléagineux **12**, 525—534 (1957).
DEUTSCHMANN jr., A.J., and I.S. KLAUS: Spectrophotometrical determination of sterculic acid. Analyt. Chem. **32**, 1809—1810 (1960); zit. nach Chem. Zbl. **1961**, 12308.
DHINGRA, D.R., and T.P. HILDITCH: Fatty acids of some Indian seed oils: seed fats of Mesua ferrea, Calophyllum inophyllum and Pistacia vera. J. Soc. chem. Industr. (Lond.) **50**, 9—12 (1931).

DHINGRA, D. R., G. L. SETH and P. C. SPEERS: Seed fats of Bassia latifolia and Garcinia morella. J. Soc. chem. Industr. (Lond.) **52**, 116—118 (1933).
—, and D. N. SHARMA: The component fatty acids and glycerides of the body fat of he-goats. J. Soc. chem. Industr. (Lond.) **57**, 369—370 (1938).
—, and U. K. SHUKLA: Chemical study of seed kernels of Prunus armenica (bitter apricots). I. Component fatty acids of its fixed oil. Proc. Ann. Convention Oil Techn. Ass. India **3**, 2—6 (1947); zit. nach Chem. Abstr. **45**, 8273 (1951).
—, S. N. KAPOOR, G. CHANDRA and R. C. SHARMA: Component fatty acids of the body fat from male and female buffaloes. J. Indian chem. Soc. Ind. and News Ed. **16**, 172—174 (1953).
DIJKSTRA, G., and H. J. DUIN: The structure of sterculic acid and of other analogous acids. Nature (Lond.) **176**, 71 (1955).
DIKSHIT, B. B.: Pharmakologie der Salze von Fettsäuren des Chaulmugraöls. I. Alepol. Indian J. med. Res. **19**, 775—786 (1932); zit. nach Chem. Zbl. **1932 I**, 2349.
DILLER, H.: Stark abweichende Kennzahlen bei Schweinefett durch Fütterungseinfluß. Fette u. Seifen **58**, 263—266 (1956).
DILLMANN, A. C., and T. H. HOPPER: Effect of Climate on the Yield and Oil Content of Flaxseed and on the Iodine Number of Linseed Oil; Techn. Bull. Nr. 844, Washington, U.S. Dept. of Agriculture, April 1943.
DIMITRIOS, A. G.: Die Anwendung der Soltsienschen Reaktion auf reine Olivenöle. Praktika **5**, 179—184 (1930) [griechisch]; zit. nach Z. Untersuch. Lebensmittel **73**, 287 (1937).
DITTMAR, H. F. K., u. J. H. DUARTE: Beitrag zur Kenntnis des Fettes von Bahia-Kakao. Gordian **58**, Nr. 1395, 16—18; Nr. 1397, 12—15 (1959).
DOERSCHUK, A. P., and B. F. DAUBERT: Low Temperature solvent fractionation of corn oil and calculation of its glyceride strukture. J. amer. Oil Chem. Soc. **25**, 425—433 (1938).
DUBLJANSKAJA, N.: Qualität und Zusammensetzung von Erdnußöl verschiedenen Reifegrades. Öl- u. Fett-Industr. **11** (76), 55—57 (1931) [russisch]; zit. nach Chem. Zbl. **1932 I**, 3240.
DUGAN, L. R., J. E. MARONEY and M. PETHERAM: Study of carass fats of beef animals. I. Composition of beef brisket fat. J. amer. Oil Chem. Soc. **29**, 298 (1952).
DUNN, H. C., T. P. HILDITCH and J. P. RILEY: Composition of seed fats of West Indian citrus fruits. J. Soc. chem. Industr. (Lond.) **67**, 199—203 (1948).
— — African drying oils. II. Component acids of some linoleic-rich oils. Niger-seed oil. J. Soc. chem. Industr. (Lond.) **69**, 13—15 (1950).
DUTT, S.: Mustard oil. Indian Soap J. **5**, 279—285 (1939).
DUTTON, H. J., C. R. LANCASTER, C. D. EVANS and J. C. COWAN: Flavour problem of soybean oil. VIII. Linoleic acid. J. amer. Oil Chem. Soc. **28**, 115—118 (1951).
—, and J. A. CANNON: Glyceride structure of vegetable oils by countercurrent distribution. I. Linseed oil. J. amer. Oil Chem. Soc. **33**, 46—48 (1956).
—, C. R. SCHOLFIELD and E. P. JONES: Separation of geometric isomers and isologues of fatty acid esters by countercurrent distribution. Chem. Ind. (Lond.) **39**, 1874 (1961).
ECKART, O.: Deutsche oder ausländische Bleicherden. Chemiker-Ztg. **60**, 275—276 (1936).
EDISBURY, J. R., R. A. MORTON and J. A. LOVERN: Absorption spectra in relation to the configuration of fish oils. Biochem. J. **27**, 1451—1460; zit. nach Chem. Zbl. **1934 II**, 2770.
EIBNER, A., u. F. REITTER: Zur Normung der trocknenden fetten Öle nach Verwendungseigenschaften. Gruppe der linolensäurehaltigen, maltechnisch mohnölartigen Öle. Über Abietineen-Samenöle und die isomeren Linolensäuren. Chem. Umschau Fette, Öle **33**, 114—129 (1926).
—, u. B. WIBELITZ: Zur Kenntnis der mahltechnischen Unterschiede zwischen lein- und mohnölartigen fetten Ölen. Erste quantitative Analyse eines Mohnöles. Chem. Umschau Fette, Öle **31**, 109—120 (1924).
Einheitliche Untersuchungsmethoden für die Fett- und Wachsindustrie, S. 104ff. Stuttgart: Wiss. Verlagsgesellschaft 1930.
ELLIS, M. T.: Contribution to our knowledge of plant sterols. I. The sterol content of wheat (Triticum sativum). Biochem. J. **12**, 160—172 (1918); zit. nach Chem. Zbl. **1918 II**, 960.
ELLIS, N. R., and H. S. ISBELL: The influence of the character of the ration upon the composition of the body fat of hogs. The effect of food fat upon body, as shown by the separation of the individual fatty acids of the body fat. J. biol. Chem. **69**, 239—248 (1926).
—, and I. H. ZELLNER: The influence of a ration low in fat upon the composition of the body fat of hogs. J. biol. Chem. **89**, 185—197 (1930).
ELZAKKERM, A. H. M. VAN, u. H. J. VAN ZUTPHEN: Untersuchung des Kakao-Aromas mit Hilfe der Gaschromatographie. Z. Lebensmittel-Untersuch. u. -Forsch. **115**, 222—226 (1961).
EMMERIE, A.: Ein Inhibitor der Antimontrichloridreaktion auf Vitamin A in Dorschlebertran. Nature (Lond.) **131, 364** (1931); zit. nach Chem. Zbl. **1933 I**, 2968.
EMMET, A. D., O. D. BIRD, C. NIELSEN u. H. J. CANNON: Eine Untersuchung über Heilbuttleberöl. I. Vitamingehalt, physikalische Konstanten und Verträglichkeit. Industr. Engin. Chem. **24**, 1073—1077 (1932); zit. nach Chem. Zbl. **1932** II, 2759.

ENEBO, L., L. G. ANDERSON and H. LUNDIN: Microbiological fat synthesis by means of Rhodotorula yeast. Arch. Biochem. **11**, 383—395 (1946).
ERHARDT, C., von: Über eine neue vorbildliche Speiseöl-Industrie im Lande des Don Quichotte. Seifen, Öle, Fette, Wachse **90**, 1—3, 73—76, 129—132 (1964).
EVANS, C. D., J. Oswald and J. C. COWAN: Soybean unsaponifiables. Hydrocarbons from deodorizer condensates. J. amer. Oil Chem. Soc. **41**, 406—411 (1964).
EVERS, N., A. G. JONES and W. SMITH: Characteristics of halibutliver oils of the 1935 season. Analyst **61**, 7 (1936); zit. nach Chem. Zbl. **1936 I**, 3936.
— The detection of arachis oil in olive and almond oils. Analyst **62**, 96; zit. nach Z. Untersuch. Lebensmittel **74**, 523 (1937).
EWE, G. E.: Medizinischer Lebertran. J. amer. pharm. Ass. **22**, 95 (1932); zit. nach Chem. Zbl. **1934 I**, 1522.
— Medizinischer Lebertran. Bemerkungen über Farbe und Viskosität. Haltbarkeit des Vitamin A-Gehaltes unter den Bedingungen der handelsmäßigen Verteilung. J. amer. pharm. Ass. **22**, 1080—1086 (1933); zit. nach Chem. Zbl. **1934 I**, 1522.
FANG, S. C., and D. E. BULLIS: Investigation of Barcelona and Du Chilly filbert nuts and oils. J. amer. Oil Chem. Soc. **26**, 512 (1949).
FARMER, E. H., and E. SUNDERLAND: Unsaturated acids of natural oils. II. The highly unsaturated acid of the kernels of Parinarium laurinum. J. chem. Soc. (Lond.) **1935**, 759.
FERNHOLZ, E., and H. B. MACPHILLAMY: Sterols in rapeseed oil. J. amer. chem. Soc. **63**, 1155—1156 (1941).
— and P. B. V. REDDI: Rice bran oil. Utilization as an edible oil. J. amer. Oil Chem. Soc. **26**, 349—353 (1949).
LE FEUVRE, N. V.: Bromatological study of chufas (Caperus esculentes) cultivated in Chile. Anales quim. y farm. **1946** (Santiago Chile) Nr. **47**, 1—6; zit. nach Chem. Abstr. **41**, 2820 (1947).
FIEDLER, H.: Das Traubenkernöl und die Weintraubentrester-Verwertung. Chemie **55**, 137 (1942).
FIELD, W. F.: The use of ultraviolet light for the detection of solvent-extracted cocoa butter. Analyst **55**, 744 (1930).
FILSINGER, F.: Prüfung des Cacaoöles, Modifizierte Form der Björklund-Probe. Pharmaz. Zentralh. **19**, 452 (1878); zit. nach Z. analyt. Chem. **19**, 247 (1880).
FINCKE, H.: Untersuchungen über Marzipan, Marzipanersatzstoffe und Mandeln. Z. Untersuch. Lebensmittel **52**, 421—441 (1926).
— Über Erdnuß-Hartfett und seine Eignung als Kakaobutter-Ersatz. Kakao-Ztg. **17**, Nr. 3 u. 4 (1928).
— Die Kakaobutter und ihre Verfälschungen, S. 52. Stuttgart: Wiss. Verlags-Gesellschaft 1929.
— Zur Gehaltsmenge und Beschaffenheit des Fettes von Kakaosamenschalen. Fette u. Seifen **45**, 345—346 (1938).
—, R. BRÜCHNER u. E. ELBEN: Die Untersuchung von Kakaokernfett, Kakaopreßbutter, Kakaofett und Schokoladenfett. Fette u. Seifen **60**, 104—108 (1958).
FINNEGAN, R. A., and C. DJERRASSI: Further studies on the structure and absolute configuration of cafestol. J. amer. chem. Soc. **82**, 4342—4344 (1960).
FINK, H., G. HAESELER u. M. SCHMIDT: Zur Frage der Fettgewinnung mit Hilfe von Organismen. Über das Fettbildungsvermögen verschiedener Stämme von Oidium lactis (Dospora l.). Wschr. Brauerei **89**, 93—103 (1937); zit. nach Z. Untersuch. Lebensmittel **75**, 470 (1938).
FISCHER, K., u. K. ALPERS: Über den Nachweis einiger tierischen Fette in Gemischen mit anderen tierischen Fetten nach dem Verfahren von Polenske. Z. Untersuch. Nahrungs- u. Genußmittel **17**, 181—190 (1909).
—, u. H. PEYAU: Beiträge zur Kenntnis des Baumwollsamenöls und der Halphenschen Reaktion. Z. Untersuch. Nahrungs- u. Genußmittel **9**, 81—90 (1905).
FISHER, G. S.: Determination of δ-Tocopherol in vegetable oils. Industr. Eng. Chem., Anal. Ed. **17**, 224—227 (1945).
—, R. T. O'CONNOR and F. G. DOLLEAR: Fatty acid composition of hydrogenated vegetable oils. J. amer. Oil Chem. Soc. **24**, 382—387).
FITELSON, J.: A colorimetric method for the detection of tea seed oil in olive oil. J. Ass. off. Agric. Chem. **19**, 493—497 (1936); **20**, 418 (1937).
— Detection of olive oil in edible oil mixtures. J. Ass. off. Agric. Chem. **26**, 499—506 (1943a); **28**, 282 (1945).
— The occurrence of squalene in natural fats. J. Ass. off. Agric. Chem. **26**, 506—511 (1943b).
FLASCHENTRÄGER, B., and R. V. WOLFFERSDORF: The poisons in croton oil acids. Helv. chim. Acta **17**, 1444—1452 (1934); zit. nach Chem. Abstr. **29**, 2173 (1935).
FOREMAN, H. D., and J. B. BROWN: Solubilities of the fatty acids in organic solvents at low temperatures. Oil and Soap **21**, 183—187 (1944).

FORSYTH, W. G. C.: Polyphenolsubstanzen aus Cacao. Biochem. J. **51**, 511, 516 (1952); **60**, 108 (1955); zit. nach Fette u. Seifen **57**, 987 (1955).
DE FORTUNATO, E. J. G.: Chemical composition of Argentine wheat-germ oil. Industria y quimica (Buenos Aires) **10**, 127—129 (1948); zit. nach Chem. Abstr. **43**, 7241 (1949).
FRAHM, E. D. G., u. D. R. Koolhaas: Beziehungen zwischen den Kennzahlen von Holzöl. Recueil Trav. chim. Pays-Bas **57**, 79—89 (1938).
FRAHM, E. D.: The fat of Pentadesma butyracea sab. Ing. Ned.-Indie **8**, Nr. 8, VII, 87—88 (1941); zit. nach Chem. Abstr. **36**, 671 (1942).
FRAHM, H., A. LEMBKE u. G. VON RAPPARD: Über die Verwendbarkeit polymerisierter Öle für die menschliche Ernährung. Kieler Milchwirtsch. Forsch. Ber. **5**, 443—451 (1953); zit. nach Chem. Zbl. **1955**, 8426.
FRANÇOIS, M. T.: The examination of cultivated gorli seeds. Bull. sci. pharm. **36**, 339 (1929); zit. nach Chem. Abstr. **23**, 4297 (1929).
FRANZ, F., u. L. ADLER: Zum Nachweis von Erdnußöl in Olivenöl. Z. Untersuch. Nahrungs- u. Genußmittel **23**, 676—679 (1912).
FRANZKE, CL.: Über den Linol- und Linolensäuregehalt des Pferdefettes als analytisches Charakteristikum gegenüber Rinder- und Schweinefett. Fette u. Seifen **55**, 837—839 (1953).
— Über den Nachweis von Pferdefett in Rinder- bzw. Schweinefett. Z. Lebensmittel-Untersuch. u. -Forschung **99**, 27—33 (1954).
— Über den Nachweis von tierischen Fremdfetten im Hühnerfett. Z. Lebensmitteluntersuch. u. -Forsch. **102**, 81 (1955).
— Zum spektralanalytischen Nachweis von Fischöl in Leinöl. Fette u. Seifen **66**, 3—6 (1964).
— Zur Kenntnis des Erdmandelöles. Fette u. Seifen **59**, 328—329 (1957).
FREHSE: Anwendung des Wood-Lichtes zur Prüfung von Olivenölen. Ann. Falsif. **18**, 204 (1925); Chem. Zbl. **1925 II**, 992. Vergl. auch BAUD u. COURTOIS: Nachweis von raffinierten Ölen in natürlichen Olivenölen. Ann. Falsif. **20**, 574 (1927); zit. nach Z. Untersuch. Lebensmittel **64**, 325 (1932).
FREISE, F. W.: Gewinnung von hochwertigem Öl aus kleinfruchtigen Cocosnüssen. Seifensieder-Ztg. **59**, 216 (1932); zit. nach Chem. Zbl. **1932 II**, 1387.
FREYER, E.: In: K. S. MARKLEY: Soybeans and Soybean Products, Bd. I, Kap. XI. New York: Intersc. Publ. Inc. 1950.
—, and V. B. SHELBURNE: Centrifugal acetone foots test applied to crude soybean oil. I. Rapid estimation of phosphatide content. J. amer. Oil Chem. Soc. **28**, 393—395 (1951).
FRIEDRICHS, VON: Conifer oils. I. Oil from pine seeds. II. Oil from spruce seeds. Svensk Farm. Tidskr. Nr. **23**, 445—451; 461—463 (1919); Chem. Zbl. **1920 I**, 293; J. Soc. chem. Industr. (Lond.) **1920**, 304 A; zit. nach Chem. Abstr. **17**, 205, 206.
FUTTER, J. H., u. F. B. SHORLAND: Untersuchung über die Zusammensetzung der Lipide des Kaninchens. Biochem. J. **65**, 689 (1957); zit. nach Fette u. Seifen **59**, 1115 (1957).
GARDNER, H. A., and G. G. SWARD: In: Physical and Chemical Examination of Paints, Varnishes, Lacquers and Colors, 10. Aufl., Bethesda, Maryland: Henry A. Gardner Lab., Inc. July 1947.
GAROGLIO, P. G., u. G. BODDI GIANNARDI: Methodik und Apparatur zur gaschromatographischen Analyse des Olivenöles. Theoretischer und experimenteller Beitrag. Olearia **15**, 189, 197 (1961) [italienisch]; zit. nach Fette u. Seifen **64**, 760 (1962).
—, u. C. STELLA: Abänderung der Fitelson-Reaktion. Grenzen ihrer Anwendung für den Nachweis von Teeöl in Olivenöl. Art der die Reaktion gebenden Substanzen. Rev. Fr. Corps Gras **8**, 434—450 (1961); zit. nach Fette u. Seifen **64**, 867 (1962).
GARTON, G. A., and W. R. H. DUNCAN: Diatary fat and body fat. The composition of the back of pigs fed on a diet rich in cod-liver oil and lard. Biochem. J. **57**, 120—125 (1954).
—, T. P. HILDITCH and M. L. MEARA: Composition of the depot fats of a pig fed on a diet rich in whale oil. Biochem. J. **50**, 517—524 (1952).
GASTALDI, E.: Beitrag zur Kenntnis der Halphenschen Reaktion auf Baumwollsamenöl. Giorn. Farm. Chim. **61**, 289, 297 (1912) [italienisch]; Chem. Zbl. **1912 II**, 758.
GEDDES, W. F.: Studies on oleaginous oils. Can. Domin. Grain Res. Lab. 10th ann. Rep. **1936**, 75—82; zit. nach Chem. Abstr. **31**, 7175.
GEORGI, C. V. D., and G. L. TAIK.: Oil from aleuritis montana; oil from hydnocarpus anthelmintica. Malay. agric. J. **16**, 296—298; **17**, 171—174 (1929).
GERONA, F. S.: Die Vitamine des Olivenöles. Bull. Mat. grasses **18**, 281—286 (1934); zit. nach Chem. Zbl. **1935 I**, 920.
GERRITZEN, S. C. L., u. M. KAUFFMAN: Der Nachweis von gehärtetem Fett in Rindsfett mittels der Jodzahlen der nach dem Verfahren von Twitchell abgeschiedenen festen Fettsäuren. Chem. Weekbl. **24**, 554—556 (1927).
— — Die Bildung flüchtiger Fettsäuren bei der Aufbewahrung von Roggen- bzw. Weizenfett an der Luft. Chem. Weekbl. **29**. 742—745 (1932).

Geyer, R.P., H. Naht, V.H. Barki, C.A. Elvehjem and E.B. Hart: Vaccenic acid content of various fats and oils. J. biol. Chem. **169**, 227—228 (1947).

Ghimicescu, Gh., and G. Kotsis: Björklunds reaction (for detecting foreign fats in cocoabutter). Ann. Jassy (Rum.) Sect. I, **24**, 91—92, 93—96 (1938); zit. nach Chem. Abstr. **32**, 8071 (1938). Analysis and adulteration of chocolate; zit. nach Chem. Abstr. **32**, 8615 (1938).

Ghose, M.N., and H.K. Pal: Colour reactions for the identification of hydrogenated fish oils. Analyst **60**, 240—241 (1935).

Gill, A.H., and C.C. Schah: Composition of mowrah seed oil. Oil Fat Industr. **2**, 46—47 (1925).

— Pine nut oil. Oil and Soap **10**, 7—8 (1933).

Gisondi, M.: Über das Verhalten der Öle im Wood-Licht. R. Staz. Chimico Agr. sperim., Roma, Publicazione 276, Ser. II, Bd. XIII [italienisch].

Gloyer, S.W., and H.A. Schuette: Sterols of rye-germ oil. J. amer. Chem. Soc. **61**, 1901—1903 (1939).

Goguadze, V.P., E.P. Khechinashvili and M.I. Tarenko: Analysis of tea oil. J. analyt. chim. **1950**, 308—314; zit. nach Chem. Abstr. **44**, 11, 125 (1950) [russisch].

Gomez, O.H.B.: Determinations made on grape seeds and the oil extracted therefrom. Anales asoc. quim. argentina **30**, 47 (1942); zit. nach Chem. Abstr. **36**, 5664 (1942).

Gorbach, G., u. Ch. Weber: Die Test-Chromatographie zum Nachweis von Verfälschungen des Kürbiskernöles. Fette u. Seifen **65**, 989—995 (1963).

Goske, A.: Über die Analyse von Dampfschmalz. Chemiker-Ztg. **16**, 1560, 1597 (1892).

Graf, F.: Über die Bestimmung des Wassergehaltes von Schweinefett. Sci. pharm. **6**, 42 (1935); zit. nach Z. Untersuch. Lebensmittel **76**, 88 (1938).

Green, T.G., u. T.P. Hilditch: Die Fettsäuren und Glyceride der festen Samenfette. V. Sheabutter. J. Soc. chem. Industr. (Lond.) **57**, 49—53; zit. nach Chem. Zbl. **1938 II**, 621.

Griffing, E.P., and C.L. Alsberg: Composition of kapok seed. Industr. Engin. Chem. **23**, 908—909 (1931).

Griffiths, H.N., T.P. Hilditch and E.C. Jones: Oleic-elaidic acid transformation as an aid in the analysis of mixtures of oleic, linoleic and linolenic acids. J. Soc. chem. Industr. (Lond.) **53** T, 13, 75—81 T (1934).

Grimme, Cl.: Über einige seltene Ölfrüchte. IX. Sterculia appendiculata. Chem. Rev. **17**, 180 (1910).

— Über fette Coniferenöle. Chemiker-Ztg. **35**, Nr. 11, 925 (1911).

— Über fette Cruciferenöle. Pharmaz. Zentralh. **53**, 733 (1912); Z. Untersuch. Nahrungs- u. Genußmittel **25**, 176 (1913).

Grimme, C., u. R. Kaiser: Über brasilianische Ölfrüchte. Z. d. deutsch. Öl- u. Fettindustr. **1922**, 614—617.

Grossfeld, J.: Der Laurinsäuregehalt von Cocos- und Palmkernfett als Mittel zum Nachweis dieser Fette in Speisefettmischungen. Z. Untersuch. Lebensmittel **55**, 529—553 (1928).

— Halbmikro-Kennzahlen für Butterfett und Cocosfett. Z. Untersuch. Lebensmittel **64**, 433—460 (1932).

— Ein neues Verfahren zur Molekulargewichtsbestimmung höherer gesättigter Fettsäuren und seine Anwendung zur Lignocerinsäurebestimmung in Erdnußhartfettgemischen. Z. Untersuch. Lebensmittel **58**, 209—261 (1929a).

— Zum Nachweis von Cocosfett in Kakaozubereitungen. Kakao-Ztg. **18**, 664—667 (1929b); **19**, 273 (1930a).

— Bestimmung des Palmitinsäuregehaltes bei Kakaofett. Z. Untersuch. Lebensmittel **60**, 70—78 (1930b); zit. nach Kakao-Ztg. **27**, 619, 638 (1938); **28**, 19 (1939).

— Über die Fettsäuren des Hühnerfettes und anderer Speisefette. Z. Untersuch. Lebensmittel **62**, 553—566 (1931).

— Versuche zur Erkennung von Cruciferenölen in Speiseölen. Chemiker-Ztg. **59**, (1935); Pharmaz. Ztg. (Frankfurt) **81**, 397 (1936); Z. Untersuch. Lebensmittel **73**, 409—426 (1937).

— Vereinfachte Bestimmung des Unverseifbaren und seiner Bestandteile in Speisefetten. Z. Untersuch. Lebensmittel **76**, 513—530 (1938).

—, u. F. Battey: Prüfung von Cocosfett auf seinen natürlichen Capronsäuregehalt. Z. Untersuch. Lebensmittel **62**, 122—124 (1931).

—, u. H. Timm: Eine neue Kennzahl für Olivenöl. Z. Untersuch. Lebensmittel **77**, 249—253 (1939).

Gruber, H.: Zur Kenntnis des fetten Öles der Samen von Pistacia vera. Wiss. Mitt. Österr. Heilmittelstelle **14** (1938); zit. nach Chem. Zbl. **1938 II**, 214.

Gruger, E.H. Jr., R.W. Nelson and M.E. Stansby: Fatty acid composition of oils from 21 species of marine fish, freshwater fish and shellfish. J. amer. Oil Chem. Soc. **41**, 662—667 (1964).

Grynberg, H., et M. Beldowicz: Composition des acides gras d'huiles de colza d'origine polonaise. Oléagineux **16**, 669—674 (1961).

GRYNBERG, H., et H. SZCZEPANSKA: Etude de la structure glycéridique des huiles contenant de l'acide érucique. Zit. nach Inhaltsangabe der Vorträge, World Fat Congress, Hamburg (1964), S. 72—73.
GUHA, K. D., T. P. HILDITCH and J. A. Lovern: Composition of the mixed fatty acids present in the glycerides of cod-liver and certain other fish-liver oils. Biochem. J. **24**, 266—290 (1930).
GUILLAUMIN, R.: Les acides gras insaturés trans dans les graisses animales. Fette u. Seifen **66**, 907—909 (1964).
GUMMERT, F.: Fettgewinnung aus der Massenzucht von Grünalgen. Fette u. Seifen **52**, 453 bis 454 (1950).
GUNDE, B. G., and T. P. HILDITCH: Seed and fruit-coat fats of Neolitsia involucrata. J. chem. Soc. **1938**, 1610—1614.
— — Mixed unsaturated glycerides of liquid seed fats. I. Nondrying oils. J. Soc. chem. Industr. (Lond.) **59**, 47—53 (1940).
GUNSTONE, F. D., and T. P. HILDITCH: The use of low temperature cristallization in the determination of component acids of liquid fats. II. Fats which contain linolenic as well as linoleic and oleic acids. J. Soc. chem. Industr. (Lond.) **65**, 8—13 (1946).
—, and W. C. RUSSEL: Die Zusammensetzung der Fettsäuren im Mäuse-, Stachelschwein- und Kaninchenfett. J. Sci. Food Agric. **8**, 283—287 (1957); zit. nach Fette u. Seifen **60**, 516 (1958).
GUPTA, S. S., T. P. HILDITCH and M. L. MEARA: Component acids and glycerides of a badger fat. J. Soc. chem. Industr. (Lond.) **60**, 3145—3151 (1950).
— — Component acids and glycerides of a horse menseteric fat. Biochem. J. **48**, 137—146 (1951).
GUTHERIDGE, H. S.: Vitamin A- und D-Untersuchungen an wachsenden Hühnchen. Ein Vergleich von Dorschleberöl und Pilchardöl als Quellen für den Wachstumsfaktor Vitamin A. Sci. Agric. **13**, 374—381 (1933); zit. nach Chem. Zbl. **1933 I**, 3592.
HADÁCEK, J.: Öle der Süßwasserfische, Karpfen und Schleie. Casopi's Cesk. Slow. Lékárnictva **17**, 268—274 (1937); **18**, 21—29 (1938) [tschechisch]; zit. nach Chem. Zbl. **1938 I**, 2092; 1938, II, 979.
—, u. F. FINK: Beitrag zur Chemie der Phytosterine. Cas. lék. cesk. **15**, 206—212 (1935) [tschechisch]; Z. Untersuch. Lebensmittel **75**, 199 (1938).
HADORN, H., u. R. JUNGKUNZ: Detection and approximative determination of olive oil based on its squalene content. Mitt. Lebensmitteluntersuch. Hyg. **40**, 61—95 (1949); zit. nach Chem. Abstr. **43**, 5973 (1949).
HAINES, R. M. T., u. J. C. DRUMMOND: Einteilung der Heilbuttleberöle. J. Soc. chem. Ind. (Lond.) **53** T, 81—82 (1934); zit. nach Z. Untersuch. Lebensmittel **75**, 391 (1938).
— — Characteristics of halibut-liver oils. Analyst **61**, 2—7 (1936); Chem. Zbl. **1936 I**, 3936.
HALDEN, W., F. BILGER u. R. KUNZE: Zur Kenntnis des Fett- und Lipoidstoffwechsels der Hefe. Naturwiss. **21**, 660—661 (1933); zit. nach Chem. Zbl. **1934 I**, 559.
HANSEN, R. P., F. B. SHORLAND and N. J. COOKE: Occurrence of 14-methylpentadecanoic acid (isopalmitic acid) in hydrogenated mutton fat. Biochem. J. **64**, 214 (1956); **65**, 18—20 (1957).
HANSEN, W.: Über das Vorkommen gemischter Fettsäureglyceride im tierischen Fette. Arch. Hyg. **42**, 1—6 (1902).
HARKE, H. P., u. P. VOGEL: Beitrag zum Nachweis von tierischen Fetten in Pflanzenfetten. Fette u. Seifen **65**, 806—809 (1963).
HARRIS, C. C.: CONSTANTS of genuine cod-liver oil. I. Unsaponifiable content. Chem. Ind. (Lond.) **57**, 508 (1938).
HARRIS, D.: Empfindlicher Nachweis von Baumwollsamenöl. Chemist-Analyst **21**, Nr. 2, 15 (1932); zit. nach Z. Untersuch. Lebensmittel **73**, 288 (1937).
HARRIS, J. A., F. C. MAGNE and E. L. SKAU: Methods for the determination of cyclopropenic fatty acids. Analysis of refined and crude cottonseed oils. J. amer. Oil Chem. Soc. **41**, 309—311 (1964).
HARTMAN, L.: Some recently discovered constituents of animal fats. J. amer. Oil Chem. Soc. **34**, 129 (1957).
—, u. A. R. JOHNSON: Fettsäurezusammensetzung von Hermelin-, Wiesel- und wilden Frettchenfetten. J. Sci. Food Agric. **15**, 127—129 (1964); zit. nach Chem. Zbl. **45**, 296 (1964).
HASHI, K.: Soybean oil. I. The component acids. J. Soc. chem. Industr. Japan **30**, 849—855 (1927).
HATA, T.: Formosan plant seed oils. XV. Pineapple, tomato, passiflora and sugarapple seed oils. J. chem. Soc. Japan **59**, 1099—1103 (1938); zit. nach Chem. Abstr. **33**, 1977.
HAUCHECORNE, J.: Über die Prüfung der fetten Öle. Z. analyt. Chem. **3**, 512—514 (1864).
HÄUSSLER, E. P., u. E. BRAUCHLI: Eine spezifische Farbenreaktion auf Ergosterin und seine Umwandlungsprodukte. Helv. chim. Acta **12**, 187—193 (1929); zit. nach Z. Untersuch. Lebensmittel **66**, 383 (1933).

HAWORTH, R.D., and R. JOHNSTON: Cafestol. J. chem. Soc. **1957**, 1492—1496.

HEHNER, D., and C.A. MITCHELL: On the determination of stearic acid in fats. Analyst **21**, 316 (1896); J. amer. Chem. Soc. **19**, 32—51 (1897); Z. analyt. Chem. **39**, 176 (1900).

HEIDUSCHKA, A., u. S. FELSER: Die chemische Zusammensetzung des Erdnußöles Z. Untersuch. Nahrungs- u. Genußmittel **43**, 381—382 (1922).

—, u. P. ROSER: Über die Zusammensetzung des Buchenkernöles (Oleum fagi silvaticae). J. prakt. Chem. **104**, 137—160 (1922).

—, u. C. WIESEMANN: Über die Zusammensetzung des Mandelöles. Vergleich zwischen dem Mandelöl und dem Aprikosenkernöl. J. prakt. Chem. **124**, 240—260 (1930); zit. nach Chem. Zbl. **1930 I, 3841.**

—, u. R. AGSTEN: Beiträge zur Kenntnis des Babassufettes. J. prakt. Chem. II, **126**, 53—64 (1930).

—, u. A. ENDLER: Composition of palmoil. Pharm. Zentralh. **73**, 481—483 (1932); zit. nach Chem. Abstr. **26**, 5222 (1932).

—, u. R. KÜHN: Zur Kenntnis des Kaffeeöles. J. prakt. Chem. **139**, 269—276 (1934); zit. nach Chem. Zbl. **1934 I**, 2512.

—, u. W. BÖHME: Beitrag zur quantitativen Bestimmung von Stearinsäure in Fetten. Z. Untersuch. Lebensmittel **77**, 33—38 (1939).

HEILBRON, J.S., A.E. GILLAM u. R.A. Morton: Über die Spezifität der Prüfungsmethoden für Vitamin A. Eine neue Vorstellung über die Chromogensubstanzen von frischem und gealtertem Lebertran. Biochem. J. **25**, 1352—1366 (1931); zit. nach Chem. Zbl. **1931 II**, 3113.

HEILBRON, J.M., G.L. MOFFET u. F.S. SPRING: Das Unverseifbare von Sheanußfett. J. Soc. chem. Industr. (Lond.) **1934**, 1583—1586; zit. nach Chem. Zbl. **1935 I**, 171.

HEILBRON, J., E.R. JONES and P.A. ROBINS: Nonsaponifiable matter of sheanut fat. IV. A. new tetracyclic diethenoid alcohol, butyrospermol. J. chem. Soc. **1949**, 444—449.

HEIMANN, W., u. H. VON PEZOLD: Über die prooxygene Wirkung von Antioxygenen. Fette u. Seifen **59**, 330—338 (1957).

HEISE, R.: Fett des ostafrikanischen Fettbaumes Stearodendron stuhlmannii engl. Tropenpflanzer **1**, 10 (1897); **3**, 203 (1899).

HELLER, H.: Ubbelohde's Handbuch der Chemie und Technologie der Öle und Fette, 2. Aufl. S. 90—102, 494—496. Leipzig: S. Hirzel 1932.

— Sojabohnen-Anbau in Deutschland. Fette u. Seifen **41**, 86—89 (1934).

— Die Vier-Temperaturenprobe zur Identifizierung von Speiseölen. Seifen, Öle, Fette, Wachse **86**, 365—367 (1960).

HENICK, A.S., M.F. BENCA and J.H. MITCHELL jr.: Estimating carbonyl compounds in rancid fats and foods. J. amer. Oil Chem. Soc. **31**, 88—91 (1954).

HENRIQUES, R., u. H. Künne: Über Mkanifett und Oleodistearin. Ber. dtsch. chem. Ges. **32**, 387 (1899).

HEPBURN, J.S., and A.B. Katz: Contribution to the chemistry of the edible domestic birds. J, Franklin Inst. **203**, 835—841 (1927).

HERB, S.F., P. MAGIDMAN, R.A. BARFORD and R.W. RIEMENSCHNEIDER: Fatty acids of lard. Identification by gas-liquid chromatography, Part A and B. J. amer. Oil Chem. Soc. **40**, 83—88 (1963).

HERBERT, O.: Untersuchungen über das fette Öl von Cucurbita pepo. Fette u. Seifen **49**, 557—561 (1942).

HETTICH, A.: Über die Fremdfettbestimmung in Kakao-Erzeugnissen. V. Der Nachweis von Fetten der Erdnußfettgruppe in Milchschokolade. Fette u. Seifen **59**, 624—630 (1957).

HIGHTOWER, J.V.: The new corn products plant; it makes wet milling history. Chem. Engin. News **56**, Nr. 6, 92—96, 144—147 (1949).

HILDITCH, T.P., and C.H. LEA: Constitution of glycerides in natural fats. Preliminary outline of two new methods. J. Soc. chem. Industr. (Lond.) **1927**, 3106—3117.

—, u. N.L. VIDYARTHI: Einige schlecht definierte Säuren der Ölsäurereihe. „Hypogäasäure" aus dem Erdnußöl. J. Soc. chem. Industr. (Lond.) **46**, 172—174 (1927); zit. nach Chem. Zbl. **1927 II**, 238.

—, T. RILEIGH and N.L. VIDYARTHI: The fatty acids of seed oils of Brassica species. The composition of rape, ravison and mustard seed oils. J. Soc. chem. Industr. (Lond.) **46**, 457—462 (1927).

—, and A. HOULBROOKE: Composition of the fatty acids present as glycerides in elasmobranch oils. Analyst **53**, 246—257 (1928).

—, and N.L. VIDYARTHI: Fatty acids of cohune-nut fat. J. Soc. chem. Industr. (Lond.) **47**, 35—37 (1928).

—, and E.E. JONES: Seed fats of the umbelliferae. I. Heracleum sphondylium and Angelica sylvestris. Biochem. J. **22**, 326—330 (1928).

HILDITCH, T. P., and J. A. LOVERN: Head and blubber oils of the sperm whale. I. Quantitative determination of the mixed fatty acids present. J. Soc. chem. Industr. (Lond.) **47**, 105—111 (1928).
— — II. Investigation of some of the component wax esters. III. Quantitative determination of the higher fatty alcohols present. J. Soc. chem. Industr. (Lond.) **48**, 359—365 (1929).
—, and J. PRIESTMAN: Component glycerides of Borneo (illipé) tallow. J. Soc. chem. Industr. (Lond.) **49**, 197—200 (1930).
—, and E. E. JONES: Composition of commercial palmoils. I. Fatty acids and component glycerides of some palmoils of low free acidity. J. Soc. chem. Industr. (Lond.) **49**, 363—368 (1930).
— — II. The fatty acids of some palmoils of high free acidity. J. Soc. chem. Industr. (Lond.) **50**, 171—176 (1931).
—, E. E. JONES and S. A. SALETORE: Fatty acids and glycerides of solid seed fats. I. Compostion of the seed fats of Allanblackia stuhlmannii. Pentadesma butyracea, Butyrospermum parkii (Shea) and Vateria indica (Dhupa). J. Soc. chem. Industr. (Lond.) **50**, 468—472 (1931).
—, and E. C. JONES: Component glycerides of partially hydrogenated fats. I. Alterations in glyceride structure produced during progressive hydrogenation of olive and cottonseed oils. J. chem. Soc. (Lond.) **1932**, 805—820.
—, and A. J. RHEAD: Hydrogenation of fats. II. Course of hydrogenation of cottonseed oil by the Bolton-Lush continuous hydrogenation process. J. Soc. chem. Industr. (Lond.) **51**, 198—202 (1932).
—, and E. C. JONES: Regularities in the glyceride structure of some technically important vegetable oils. J. Soc. chem. Industr. (Lond.) **53**, 13—21 (1934).
— — and A. J. RHEAD: The body fats of the hen. The component glycerides of hen body fats. Biochem. J. **28**, 786—795 (1934); **29**, 599—605 (1935).
—, and W. J. STAINSBY: Fatty acids and glycerides of solid seed fats. II. Composition of some Malayan vegetable fats. J. Soc. chem. Industr. (Lond.) **53**, 197—203 (1934).
— — The body fats of the pig. IV. Progressive hydrogenation as an aid in the study of glyceride structure. Biochem. J. **29**, 90—99 (1935).
— Einteilung der Fette nach den Säuren-Hauptkomponenten. In: Chemie und Technologie der Fette und Fettprodukte, Bd. I, S. 10. Hrsg. von H. SCHÖNFELD. Wien: Springer 1936.
—, and J. T. TERLESKI: Component glycerides of partly hydrogenated marine animal oils. II. Antarctic whale oil. J. Soc. chem. Industr. (Lond.) **56**, 315—322 (1937).
—, u. H. M. THOMPSON: Einige weitere Beobachtungen über die Zusammensetzung der Glyceride von Oliven- und Teesamenöl. J. Soc. chem. Industr. (Lond.) **56**, 434—438 (1937); zit. nach Chem. Zbl. **1938 II**, 3030.
—, u. H. E. LONGENECKER: Weitere Untersuchungen über die Zusammensetzung der Fettsäuren von Rinder-Depotfett mit besonderer Berücksichtigung einiger Nebenbestandteile. Biochem. J. **31**, 1805—1819 (1937); zit. nach Chem. Zbl. **1938 II**, 979.
—, u. W. H. PEDELTY: Die Fettsäurekomponenten der Phosphatide von Sojabohne und Rapssamen. Biochem. J. **31**, 1964—1972 (1937); zit. nach Chem. Zbl. **1938 I**, 4551.
—, and M. B. ICHAPORIA: The fatty acids and glycerides of solid seed fats. III. Seed fat of Madhuca (Bassia) latifolia (Mowrah fat). J. Soc. chem. Industr. (Lond.) **57**, 44—48 (1938).
— — and H. JASPERSON: Progressive hydrogenation of groundnut and sesame oils. J. Soc. chem. Industr. (Lond.) **57**, 363—368 (1938).
— — Über das Vorhandensein von Spuren der Hexadecensäure (Palmitölsäure) in pflanzlichen Fetten. J. Soc. chem. Industr. (Lond.) **57**, 84—87 (1938); zit. nach Chem. Zbl. **1938 II**, 3030.
—, and S. PAUL: The component glycerides of an ox depot fat. Biochem. J. **32**, 1775—1784 (1938).
—, and H. JASPERSON: Occurrence and structure of hexadecenoic (palmitoleic) acid in soybean oil. J. Soc. chem. Industr. (Lond.) **58**, 187—189 (1939).
—, and H. S. MURTI: Fatty acids and glycerides of neem (margosa) oil. J. Soc. chem. Industr. (Lond.) **58**, 310—312 (1939).
—, and W. H. PEDELTY: Approximate determination of some of the unsaturated minor compounds of pig and other fats. Analyst **64**, 640—647 (1939a).
— — The fat of land crabs (Seychelles Islands). J. Soc. chem. Industr. (Lond.) **58**, 351—353 (1939b).
— — Fats and glycerides of solid seed fats. X. Seed fats of Garcinia morella and G. indica. Biochem. J. **34**, 1301 (1940).
—, and H. S. MURTI: Fatty acids and glycerides of fats of the Garcinia family. J. Soc. chem. Industr. (Lond.) **60**, 16—18 (1941).
— — The component fat acids of some vegetable seed phosphatides. Biochem. J. **36**, 815—821 (1942).

HILDITCH, T.P., and L. MADDISON: Composition of commercial palmoils. V. Partial separation of palmoils by cristallization as an aid to the determination of the component glycerides. J. Soc. chem. Industr. (Lond.) **59**, 67—71 (1940).
— — Mixed unsaturated glycerides of liquid seed fats. II. Low temperature cristallization of cottonseed oil. J. Soc. chem. Industr. (Lond.) **59**, 162—168 (1940b).
— — The component acids and glycerides of some Indian ox depot fats. J. Soc. chem. Industr. (Lond.) **60**, 16—18 (1941a).
— — The component acids and glycerides of Turkish and Italian olive oil. J. Soc. chem. Industr. (Lond.) **60**, 258—262 (1941b).
— — The mixed unsaturated glycerides of liquid fats. IV. Low temperature cristallization of whale oil. J. Soc. chem. Industr. (Lond.) **61**, 169—173 (1942).
—, and Y.A.H. ZAKY: Sheep body fats. II. Component glycerides of perinephric and external tissue fats from the same animal. Biochem. J. **35**, 940—951 (1941).
—, M.L. MEARA and Y.A.H. ZAKY: The component acids of Sterculia foetida seed fat (sterculia oil). A correction of work previously reported. J. Soc. chem. Industr. (Lond.) **60**, 198—203 (1941).
—, I.C. SIME and L. MADDISON: The component acids of some wild animal and bird fats. Biochem. J. **36**, 98—107 (1942).
— —, Y.A.H. ZAKY and M.L. MEARA: The component acids of various vegetable oils. Niger seed oil, kernel fat of Telfairia pedata. J. Soc. chem. Industr. (Lond.) **63**, 112—114 (1944); zit. nach Chem. Abstr. **38**, 5421.
—, and J.P. RILEY: The use of low temperature cristallization in the determination of component acids of liquid fats. I. Fats in which oleic and linoleic acids are major components. J. Soc. chem. Industr. (Lond.) **64**, 204—207 (1945).
— — III. Fats which contain elaeostearic as well as linoleic and oleic acids. J. Soc. chem. In-Industr. (Lond.) **65**, 74—81 (1946).
—, P.A. LAURENT and M.L. MEARA: The mixed unsaturated glycerides of liquid fats. VI. Low temperature cristallization of rape oil. J. Soc. chem. Industr. (Lond.) **66**, 19—22 (1947).
—, M.L. MEARA and O.A. ROELS: The composition of palm oils. VI. Component acids and glycerides of a Belgian Congo palm oil. J. Soc. chem. Industr. (Lond.) **66**, 284—288 (1947a).
— — and J. HOLMBERG: The component glycerides of soya bean oil and of soya bean oil fractions. J. amer. Oil Chem. Soc. **24**, 321—325 (1947b).
—, and S.P. PATHAK: Marine animal oils. The component acids and glycerides of a gray (Atlantic) seal. J. Soc. chem. Industr. (Lond.) **66**, 421—425 (1947).
— — Component acids of herring visceral fat. Biochem. J. **42**, 316—320 (1948).
—, and R.K. SHRISTAVA: The component acids and glycerides of neat's foot oil. J. Soc. chem. Industr. (Lond.) **67**, 139—142 (1948).
— Current work at the University of Liverpool on potential sources of drying oils. J. Oil and Colour chem. Ass. **32**, 5—23 (1949); zit. nach Chem. Abstr. **43**, 4025.
—, and P.N. WILLIAMS: The chemical constitution of natural fats. 4. Aufl., S. 463. London: Chapman & Hall 1964.
HOFGAARD, K.: Dilatometrische Fettuntersuchung. Kopenhagen: J. Jörgensen u. Co. 1938 [dänisch].
HOFFMANN, G.: 3-cis-Hexenal, the "green" reversion flavor of soybean oil. J. amer. Oil Chem. Soc. **38**, 1—3, 31—32 (1961).
HOLDE, D.: Untersuchung der Schmiermittel, Berlin 1897.
—, u. J. MARCUSSON: Nachweis von Cruciferenölen in Ölgemischen. Z. angew. Chem. **23**, 1260 (1910); Z. Untersuch. Nahrungs- u. Genußmittel **21**, 435—436 (1911).
HOLM, U., K. EKBOM and G. WODE: Determination of the extent of oxidation of fats. J. amer. Oil Chem. Soc. **34**, 606—609 (1957); Fette u. Seifen **60**, 517 (1958).
HOLMBERG, J.: Die Säuren des Fettes von Rhodotorula gracilis. Svensk. kem. Tidskr. **60**, 14—20 (1948); zit. nach Fette u. Seifen **52**, 744 (1950).
—, and U. ROSENQUIST: Bone fat and kidney fat from horse. Svensk. kem. Tidskr. **61**, 89—97 (1949); zit. nach Chem. Abstr. **43**, 6839.
—, and G. SELLMANN: The component acids and glycerides of Camelina sativa seed oil and its relation to other cruciferous oils. Svensk kem. Tidskr. **64**, 270—279 (1952) [schwedisch]; zit. nach Chem. Abstr. **47**, 2514 (1953).
HOLMES, A.D., u. R.E. REMINGTON: Der Jodgehalt von amerikanischem Lebertran. Amer. J. Dis. Child. **49**, 94—100 (1935); zit. nach Chem. Zbl. **1935 I**, 2913.
HOPKINS, C.Y.: Fat acids of hare's ear mustard seed oil. Canad. J. Res. **24**, 211—220 (1946).
—, M.J. CHISHOLM and J. HARRIS: 11-Eicosenoic acid. Canad. J. Res. **27**, 35—41 (1949); zit. nach Chem. Abstr. **43**, 4220.
— Paper, presented at XII Int. Congr. Chem. New York, Sept. 1951.
HOPKINS, S.J., and F.G. YOUNG: Chemical composition of shea fat. J. Soc. chem. Industr. (Lond.) **50**, 389—391 (1931).

Horn, D.W., and M.A. Wilson: Transition points of mixtures of cow butter and cacao butter. Amer. J. Pharm. **106**, 59—61 (1934); Chem. Zbl. **1934 II**, 357.
Houghton, A.A., and N.A. Lund: The application of gas chromatography to fat analysis. Rev. Int. Choc. **14**, 470—476 (1959).
Hoyt, L.F.: Bear grease. Oil and Soap **11**, 85—86 (1934).
Hugel, E.: Entwicklung der Tran-Polymerisation. Fette u. Seifen **53**, 264—266 (1951).
Humnicki, W.: Über die chemische Zusammensetzung einiger Fette. Roczniki Chemji **11**, 678 (1931) [polnisch]; zit. nach Chem. Zbl. **1931 II**, 3283.
Hussain, S.A., and F.G. Dollear: Characteristics of solvent-extracted and hydraulic-pressed okraseed oil. J. amer. Oil Chem. Soc. **27**, 295—300 (1950).
Husson, M.C.: Die Husson'sche Butterprobe. J. Pharm. Chim. **26**, (4), 100 (1878).
Hutchins, W.D.: Acorn oil. Oil and Soap **14**, 148 (1937).
Ichiba, A.: Über das Phytosterin des Weizenkeimöls. Scient. Papers Inst. phys. chem. Res. **28**, 112—123 (1935); Z. Untersuch. Lebensmittel **76**, 61 (1938).
Ijer, S.N., J.J. Sudborough and P.R. Ayar: Argemone oil. J. Indian Inst. Sci. **8**, 29—38 (1925).
Inaba, T., u. K. Kitagawa: Körnerhirseöl (Kaoliangöl). J. Soc. Chem. Industr. Japan **37 B**, 434 (1937) [japanisch]; zit. nach Chem. Zbl. **1935 I**, 3068.
Iselin, E.: Quantitative analyses of wheat-germ oil, poppyseed oil and a contribution of the use of the thiocyanogen method for fat analyses. Mitt. Lebensmitteluntersuch. Hyg. **36**, 377 (1945); zit. nach Chem. Abstr. **40**, 3623 (1946).
Issoglio, G.: Neue Prüfungen von Kakaobutter. Ind. chimica **4**, 195—196, 278 (1929) [italienisch]; zit. nach Chem. Zbl. **1929 II**, 3256.
van Itallie, E.J.: The thiocyanate number of strophantus oil and of oils of the chaulmoogra group. Pharm. Weekblad **66**, 677—683 (1929).
Iwanow, S.: Die Halphensche Reaktion auf Baumwollsamenöl als allgemeine Reaktion für Öle der Familien Malvaceae, Tiliaceae und Bombacaceae. Ber. dtsch. chem. Ges. **45**, 588—591 (1927); zit. nach Chem. Zbl. **1928 I**, 2140.
—, A.R. Salchinkin u. A.S. Worobjew: Die Pflanzenöle der UdSSR. Die Öle der Kruziferen im Zusammenhang mit den klimatischen Bedingungen ihrer Heimat. Chem. Umschau Öle, Fette **37**, 349—354 (1930).
— Über die klimatische Beeinflussung der Qualität des Öles von Linum usitatissimum beim Reifen. Allg. Öl- u. Fett-Ztg. **29**, 149—150 (1932); Z. Untersuch. Lebensmittel **73**, 483 (1937).
Iwanow, S.L., and S.B. Resnikowa: Cedar-nut oil of Western Siberia. Schriften zentr. biochem. Forsch. Inst., Nahr- u. Genußmittel-Ind. **3**, 239—245 (1933) [russisch]; zit. nach Chem. Abstr. **28**, 2557 (1934).
Jacini, G., P. Capella, P. Gallavresi, E. Tadini u. E. Fedeli: Beitrag zur Untersuchung über die Verfälschungen von Schmalz. Sostanze grasse **40**, 584—587 (1963); [italienisch]; zit. nach Chem. Zbl. **1964**, 2583.
Jackson, A.H., and F.A. Kummerow: Lipids of dehydrated alfalfa leaf meal. J. amer. Oil Chem. Soc. **26**, 26—28 (1949).
Jackson, F.L., and H. Longenecker: Fatty acids and glycerides in babassu oil. Oil and Soap **21**, 73—77 (1944).
—, and I.E. Callen: Evaluation of the Twitchell isooleic method. Comparison with the infrared trans-isoleic method. J. amer. Oil Chem. Soc. **28**, 61—65 (1951).
Jamieson, G.S., and H.S. Bailey: American tomato seed oil. Industr. Engin. Chem. **11**, 850—852 (1919).
—, and W.F. Baughman: Chemical composition of cottonseed oil from the Upland type of seed. J. amer. chem. Soc. **42**, 1197—1203 (1920a).
— — The influence of geographic source of seed on cotton seed oil. Cotton oil press **4**, Nr. 3, 85—87 (1920b).
— — Okra seed oil. J. amer. chem. Soc. **42**, 166—170 (1920c).
— — and D.H. Brauns: Chemical composition of peanutoil. J. amer. chem. Soc. **43**, 1372 to 1381 (1921).
— — The chemical composition of California olive oil. J. Oil Fat Industr. **2**, 40—44 (1925).
— The chemical composition of rice oil. Oil Fat Industr. **3**, 256—261 (1926).
— The chemical composition of Spanish olive oil. Oil Fat Industr. **4**, 63, 426—427 (1927).
—, W.F. Baughman and R.M. Hann: Avocado oil. The composition and constants of a little-known pericarp oil. Oil Fat Industr. **5**, 202—206 (1928).
—, and S.J. Gertler: American safflower seed oil. Oil Fat Industr. **6**, Nr. 4, 11—13 (1929a).
— — Pecan oil. Oil Fat Industr. **6**, Nr. 10, 23—24 (1929b).
— — Oil of the seeds of grape fruit. Oil Fat Industr. **7**, 181—183 (1930a).
— — American cherry kernel oil. Oil Fat Industr. **7**, 371—372 (387) (1930b).
—, and W.F. Baughman: Rubber seed oil. Oil Fat Industr. **7**, 419, **437** (1930).

JAMIESON, G.S., and W.F. BAUGHMAN: Wheat germ oil. Oil and Soap **9**, 136—138 (1932).
—, and R.S. MCKINNEY: California apricot oil. Oil and Soap **10**, 147—149 (1933).
— — California raisin (grape) seed oil. Oil and Soap **12**, 241 (1935a).
— — Caprified fig seed oil. Oil and Soap **12**, 88 (1935b).
— — Composition of the oil of the American black walnut. Oil and Soap **13**, 202 (1936a).
— — Expressed kapok seed oil. Oil and Soap **13**, 233—234 (1936b).
—, and W.G. ROSE: Mexican prickley poppy seed oil. Oil and Soap **20**, 33—35 (1943).
— Vegetable Fats and Oils. New York: Reinhold Publ. Corp. (1943a) S. 42—44, 454—456; (1943b) S. 180, 181; (1943c) S. 61.
JANTZEN, E., u. C. TIEDCKE: Über das Zerlegen der Säuren aus Erdnußöl unter Verwendung neuer Prinzipien bei der fraktionierten Destillation. J. prakt. Chem. **127**, 277—291 (1930).
JENSEN, H.R.: Che chemistry, flavoring and manufacture of chocolate confectionary and cocoa. S. 172. Philadelphia: P. Blaciston's Son and Co. 1931.
JESSER, H., u. E. THOMAE: Beitrag zur Untersuchung von Speiseölen. Z. angew. Chem. **49**, 846—847 (1936).
JOHANSON, A.J., and C.W. WHITEHEAD: Characteristics of the seed oil from Lepidium draba (Cruciferae family). Proc. Utah Acad. Sci. **19/20**, 51—53 (1941—1943); zit. nach Chem. Abstr. **38**, 5423 (1944).
JONES, G.V., and E.G. HAMMOND: Analysis of the glyceride structure of cocoa butter by thermal gradient crystallization. J. amer. Oil Chem. Soc. **38**, 69—73 (1961).
JOSEPHS, F.: Beiträge zur Frage der Erschließung neuer deutscher Ölquellen. V. Erdmandelöl. Fette u. Seifen **45**, 292—293 (1938).
JURGENS, J.F., and C.L. HOFFPAUIR: Lipid content of rice bran. J. amer. Oil Chem. Soc. **28**, 23—24 (1951).
KAFUKU, K., and C. HATA: Formosan plant seed oil. VII. Oil in Mukuna capitata and Melia azed. VIII. Oil and the lipase-like enzyme in Bombax malabaricum. J. chem. Soc. Japan **54**, 169—177 (1933); zit. nach Chem. Abstr. **27**, 3098 (1933).
— — XII. Sapotaceae oil. J. chem. Soc. Japan **56**, 1081—1083 (1935); zit. nach Chem. Abstr. **30**, 314 (1936).
— — XIII. Oil of Apocynaceae. J. chem. Soc. Japan **57**, 723—726 (1936); zit. nach Chem. Abstr. **30**, 7370 (1936).
KANDIAH, S.: Analyses of Pentadesma butyracea (tallow or butter tree) seed. Trop. Agr. (Ceylon) **87**, 83—84 (1936); zit. nach Chem. Abstr. **30**, 8666 (1936).
KANDILIS, J.D., u. N.S. KARNIS: Über die Konstanten der griechischen Olivenkernöle. Praktika **4**, 273—279 (1933); zit. nach Chem. Zbl. **1933 I, 153.**
KANE, J.G.: Some minor fatty oils of India. Zit. nach Inhaltsangabe der Vorträge, World Fat Congress, Hamburg (1964a, b), S. 6.
KANEDA, T., H. SAKAI u. S. ISHII: Studien über den Nährwert von Lipoiden. XII. Die Entstehung einer Seborrhoe bei Ratten durch große Gaben von Fettsäureestern höherer Alkohole. Schutzmaßnahmen gegen die Seborrhoe. Nippon Suisangaku Kaishi **23**, 324 (1957/1958); J. amer. Oil Chem. Soc. **36**, 269 (1959); zit. nach Fette u. Seifen **62**, 1170 (1960).
KAPUR, S.L., and B.F. DAUBERT: Component fatty acids of some cruciferae oils. J. amer. Oil Chem. Soc. **26**, 472—475 (1949).
KARIYONE, T., and H. IWAO: Fats of the seed of Cinnamomum japonicum as a substitute for cacaobutter. J. pharm. Soc. Japan **58**, 238—240 (1938); zit. nach Chem. Abstr. **32**, 4365 (1938).
KARRER, P., R. MORF u. K. SCHÖPP: Zur Kenntnis des Vitamins A aus Fischtranen. Helv. chim. Acta **14**, 1036—1040 (1931); Z. Untersuch. Lebensmittel **73**, 290 (1937).
—, u. H. SALOMON: Bestandteile von Pflanzenkeimlingen. I. Über neue Verbindungen aus den unverseifbaren Anteilen des Weizenkeimlingsöls. Helv. chim. Acta **20**, 424—436 (1937).
— — Tocopherole aus Weizenkeimlingsöl. Helv. chim. Acta **21**, 514—519 (1938); Z. Untersuch. Lebensmittel **75**, 266 (1938); Chem. Zbl. **1938 II**, 329.
— — u. H. FRITSCHE: II. Neo-Tocopherol, ein Bestandteil des Weizenkeimlingsöls sowie anderer Bestandteile des Öls. Helv. chim. Acta **20**, 1422—1426 (1937); Z. Untersuch. Lebensmittel **76**, 268 (1938).
KARTHA, A.R.S., and K.N. MENON: The oil of Mimusops elangi. Proc. Indian Acad. Sci. **19 A**, Nr. 1, 1—4 (1944); zit. nach Chem. Abstr. **39**, 207 (1945).
—, T.A. VENKATASUBRAMANIAN and K.N. MENON: The glyceride composition of fats and oils. I. Mowrah oil. Proc. Indian Acad. Sci. **21 A**, 228—231 (1945); zit. nach Chem. Abstr. **40**, 2321 (1946).
— — — II. The fatty acids and glycerides of Terminalia beleria. Proc. Indian Acad. Sci. **23 A**, 283, 379 (1946); zit. nach Chem. Abstr. **40**, 5580, 6849 (1946).
KATO, A.: Squalene in rice oil. J. Nippon Oil Techn. Soc. (2), **4**, 34—39 (1949); zit. nach Chem. Abstr. **44**, 1269 (1950).
KAUFMANN, H.P.: Beiträge zur Kenntnis der Kakaobutter. Z. angew. Chemie **42**, 402, 1154 (1929); Chem. Umschau Öle, Fette **37**, 17, 305 (1930).

KAUFMANN, H. P.: VIII. Anwendung der Interferometrie auf dem Fettgebiet. Chem. Umschau Öle, Fette **38**, 241, 265—267 (1931).
—, u. J. JUSCHKEWITSCH: Quantitative Analyse des Hanföles. Z. angew. Chem. **43**, 90—91 (1930).
— Rhodanometrische Untersuchung von Perillaölen. Allg. Öl- u. Fett-Ztg. **27**, 39—40 (1930); zit. nach Chem. Zbl. **1930 I**, **3735**.
—, u. J. BALTES: Diensynthesen auf dem Fettgebiet. Die Zusammensetzung des chinesischen Holzöls. Ber. dtsch. chem. Ges. **69**, 2676—2679 (1936).
— Gemeinschaftsarbeit der DGF. 5. Mitt. Walölnormung. Fette u. Seifen **44**, 196—201 (1937).
— Deutsche Traubenkernöle der Ernte 1937. Fette u. Seifen **45**, 288 (1938a).
— Deutscher Walfang. Fette u. Seifen (1938b); Sonderheft Januar. Walprodukte in der Pharmazie, mit besonderer Berücksichtigung der Walfette. Fette u. Seifen **45**, 94—104 (1938c).
—, u. H. FIEDLER: Beiträge zur Frage der Erschließung neuer deutscher Ölquellen. I. Traubenkernöl. Fette u. Seifen **44**, 286—289 (1937a).
— — II. Safloröl. Fette u. Seifen **44**, 420—423 (1937b).
— — Untersuchungen über das Kürbiskernöl. Fette u. Seifen **46**, 125—127 (1939).
—, u. J. BALTES: Die Zusammensetzung des Tsubaki-Öles. Fette u. Seifen **45**, 152 (1938).
—, u. S. FUNKE: Zur Viskometrie der Fette. Fette u. Seifen **45**, 255—262 (1938).
—, J. BALTES u. S. FUNKE: Beitrag zur Konstitutionsermittlung der Parinarsäure. Fette u. Seifen **45**, 302—304 (1938).
—, u. O. SCHMIDT: Über die Zusammensetzung des Fettes von Oidium lactis (Oospora l.). Vorratspfl. u. Lebensmittelforsch. **1**, 166—169 (1938); zit. nach Fette u. Seifen **45**, 269 (1938).
—, u. H. FIEDLER: Über die selektive Oxydation ungesättigter Verbindungen. I. Der Nachweis von Erukasäure in Fettsäuregemischen. Fette u. Seifen **45**, 465—473 (1938).
—, u. H. BORNHARDT: Die quantitative Analyse des Rizinusöls. Fette u. Seifen **46**, 444—446 (1939).
—, u. F. Y. LIU: Notiz über die Analyse eines Piniensamenöls. Fette u. Seifen **47**, 409 (1940).
—, u. W. WOLF: Über die Anwendung der Molekulardestillation auf dem Fettgebiet. II. Die Destillation von Glyceriden. Fette u. Seifen **48**, 51—53 (1941).
—, u. P. KIRSCH: Konjugiert-ungesättigte Verbindungen in der Fettchemie. I. Der Nachweis konjugiert-ungesättigter Fettsäuren mit Hilfe der Tetranitromethan-Reaktion. Ber. dtsch. chem. Ges. **75**, 1201 (1942); Fette u. Seifen **50**, 314—316 (1943).
— Über Lallemantia iberica als Ölfrucht. Fette u. Seifen **51**, 2 (1944).
—, u. J. G. THIEME: Kurzer Abriß der geschichtlichen Entwicklung (der Chemie und Technologie der Fette und Fettprodukte). Fette u. Seifen **56**, 426—429 (1954).
— — Zur Refraktometrie der Fette. II. Das Prinzip der Mehrphasen-Refraktometrie. Fette u. Seifen **56**, 990—996 (1954).
— — Zur Refraktometrie der Fette. VI. Nachweis von Fremdfetten in Schweineschmalz. Fette u. Seifen **57**, 247—253; 726—734 (1955).
— — u. U. WÖHLERT: Zur Refraktometrie der Fette. III. Mehrphasen-Refraktometrie der polymorphen Kakaobutter-Glyceride. Fette u. Seifen **57**, 21—24 (1955).
— — — Zur Refraktometrie der Fette. IV. Nachweis von Fremdfetten in Kakaobutter. Fette u. Seifen **57**, 114—119 (1955).
—, TH. LÜSSLING u. A. KARABATUR: Über den Nachweis von Rüböl in Olivenöl und die quantitative Papier-Chromatographie des Rüböls. Fette u. Seifen **58**, 985—991 (1956).
—, J. G. THIEME u. F. VOLBERT: Der Nachweis der Raffination von Schweineschmalz. II. Das UV-Absorptionsspektrum. Fette u. Seifen **58**, 995—996 (1956); III. **58**, 1046—1057 (1956).
— — — IV. Qualitätsbeurteilung von Schmalz auf spektroskopischer Grundlage. Fette u. Seifen **59**, 1037—1048 (1957).
— Analyse der Fette und Fettprodukte, S. 1170. Berlin-Göttingen-Heidelberg: Springer 1958.
—, u. E. MOHR: Die Papier-Chromatographie auf dem Fettgebiet. XXIV. Weitere Untersuchungen über die Papier-Chromatographie der Fettsäuren. Fette u. Seifen **60**, 165—177 (1958).
—, u. T. MIYAKAWA: Über Seetierfette. I. Der Fettgehalt von Seetieren und die Kennzahlen der Fette. Fette u. Seifen **60**, 469—482 (1958).
—, F. VOLBERT u. G. MANKEL: Anwendung der Infrarot-Spektrographie auf dem Fettgebiet. I. Das Schrifttum. Fette u. Seifen **61**, 547—559 (1959).
— — — II. Quantitative Bestimmung trans-ungesättigter Fettsäuren in Gemischen mit cis-isomeren und gesättigten Verbindungen. Fette u. Seifen **61**, 643—651 (1959).
— — — V. Untersuchung von Milchfetten auf trans-ungesättigte Fettsäuren. Fette u. Seifen **63**, 261—263 (1961).
—, u. M. APARICIO: Die Papier-Chromatographie auf dem Fettgebiet. XXXV. Über den Nachweis von Fremdfetten in Olivenöl mit Hilfe der pc-Analyse. Fette u. Seifen **61**, 768—770 (1959).

KAUFMANN, H. P., u. Z. E. SHOEB: Die Papier-Chromatographie auf dem Fettgebiet. XLVI. Mitt. Die Zusammensetzung des Pottwalwachses. Isolierung und Charakterisierung von Palmitoleinsäure. Fette u. Seifen **63**, 609—614 (1961).
—, Z. MAKUS u. T. H. KHOE: Die Dünnschicht-Chromatographie auf dem Fettgebiet. VI. Die Hydrierung und Bromierung auf der Platte. Fette u. Seifen **64**, 1—5 (1962).
—, u. R. S. HAMSAGAR: Zur Kenntnis der Lipoide der Kaffeebohne I. Über Fettsäureester des Cafestols. Fette u. Seifen **64**, 206—213 (1962).
—, H. WESSELS u. B. DAS: Über die Reinheitsprüfung von Kakaobutter. Fette u. Seifen **64**, 723—729 (1962).
— — Die Dünnschicht-Chromatographie auf dem Fettgebiet. XIV. Die Trennung der Triglyceride durch Kombination der Adsorptions- und der Umkehrphasen-Chromatographie. Fette u. Seifen **66**, 81—86 (1964).
—, u. G. MANKEL: Über das Vorkommen von trans-Fettsäuren. Fette u. Seifen **66**, 6—13 (1964).
—, u. T. H. KHOE: Beitrag zur Analyse der Fettsäuren und Triglyceride des Dorschleberöles. Fette u. Seifen **66**, 590—597 (1964).
KAWAI, K.: Pharmakognostische Studien über japanischen Dorschlebertrans. J. pharm. Soc. Japan **52**, 95—138 (1932); **53**, 183—202 (1933) [japanisch]; zit. nach Chem. Zbl. **1934 I**, 630, 1579.
KELLER, O., u. O. RICHTER: Untersuchungen von Roggenkeimöl. Fette u. Seifen **50**, 347—349 (1943).
KELLOG, R.: Whales, Giants of the Sea. National Geogr. Magazine, LXXVII, S. 35—90 (1940).
KESTNER, F.: Über die Beurteilung des Frischzustandes des Olivenöles. Diss. Dorpat 1927.
KIMM, R.: Über die chemischen Bestandteile des Reiskeimes. Scient. Papers Inst. phys. chem. Res. **34**, 637 (1938); zit. nach Chem. Zbl. **1938 II**, 3256.
KLEE, L., and G. H. BENHAM: Determination of the true iodine numbers of oils containing conjugated double-bond systems. J. amer. Oil Chem. Soc. **27**, 130—133 (1950).
KLEIN, O.: Ein Beitrag zur Kenntnis des Olivenkernöls. Z. angew. Chem. **12**, 847—850 (1898).
KLEINERT, J.: Die chemische Zusammensetzung von Kakaokeimwürzelchen. Gordian **62**, 933—937 (1962).
KLEINZELLER, A.: Synthesis of lipides. Advances in Enzymol. **8**, 299—341 (1948); zit. nach Chem. Abstr. **42**, 8843 (1948).
KLENK, E., u. D. EBERHAGEN: Über die ungesättigten C_{16}-Fettsäuren des Meeresplanktons und das Vorkommen der Δ 6, 9, 12, 15-Hexadecatetraensäure. Hoppe Seylers Z. physiol. Chem. **328**, 180—188 (1962); zit. nach Chem. Zbl. **1963**, 10140.
—, W. KNIPPARTH, D. EBERHAGEN u. H. P. KOOF: Über die ungesättigten Fettsäuren der Fettstoffe von Süßwasser- und Meeresalgen. Hoppe-Seylers Z. physiol. Chem. **334**, 44 (1963); zit. nach Fette u. Seifen **66**, 837 (1964).
KNAPP, A. W.: Bemerkung über Gru-Gruöl. J. Soc. chem. Ind. **33**, 9 (1914); zit. nach Chem. Zbl. **1914 I**, 803.
—, J. E. MOSS and W. MELLEY: Cacaobutter substitutes and their detection. Analyst **52**, 452—456 (1927).
KNIGHT, H. B., E. F. JORDAN jr. and D. SWERN: Identification of the linoleic and linolenic acids from beef tallow. J. biol. Chem. **164**, 477—482 (1946).
KOBAYASHI, S.: A highly unsaturated hydrocarbon and some higher alcohols in a commercial illipé fat. J. chem. Ind. Japan **1922**, 25, 188—196; zit. nach Chem. Abstr. **17**, 3106 (1923).
KOBAYASHI, K., K. YAMAMOTO and J. ABE: Über Carotin im Palmöl. J. Soc. chem. Industr. (Japan), Suppl. **34**, **434** B—436 B (1931); **35**, 35 B—41 B (1932); zit. nach Chem. Zbl. **1932 I**, 3452.
KOBLIC, J.: The composition and properties of the oil from the seeds of red current (Ribes rubrum). Chem. Obzor **24**, 118—121, 129—132 (1949) [polnisch]; zit. nach Chem. Abstr. **44**, 5120 (1950).
KOFLER, M.: Fluorometrische Bestimmung von Tocopherol. Helv. chim. Acta **25**, 1469—1474 (1942); **26**, 2166—2176 (1943).
KOMORI, S., and S. UENO: Constitution of C_{24} H_{38} O_2 in tunny oil. J. chem. Soc. Japan **12**, 850—852 (1937); Bull. Chem. Soc. Japan **12**, 433 (1937); zit. nach Chem. Abstr. **32**, 817 (1938).
KONRAD, H.: Flammenphotometrische Untersuchungen zur Alkalibestimmung in Schmalz. Nahrung **5**, 175—185 (1961); zit. nach Chem. Zbl. **1962**, 691.
KRAYBILL, H. R., M. H. THORNTON and K. E. ELDRIDGE: Sterols from crude soybean oil. Industr. Engin. Chem. **32**, 1138—1139 (1940).
KREGTEN, J. R. N. VAN: Über Cocosöl und Palmkernöl. Chem. Weekbl. **12**, 788—794 (1915); Z. Untersuch. Nahrungs- u. Genußmittel **39**, 59 (1920).
KREIS, H.: Über neue Farbreaktionen fetter Öle. Chemiker-Ztg. **26**, 897 u. 1014 (1902); **27**, 1030 (1903).

Kreis, H., u. A. Hafner: Über natürlich vorkommende und synthetisch dargestellte gemischte Fettsäureglyceride. Z. Untersuch. Nahrungs- u. Genußmittel 7, 641—669 (1904).
—, u. E. Roth: Verfahren zum Nachweis von Rüböl. Z. Untersuch. Nahrungs- u. Genußmittel **26**, 38—42 (1913).
—, u. D. Wolf: Zum Nachweis des Sojabohnenöls. Mitt. Lebensmitteluntersuch. Hyg. **18**, 245—248 (1927).
Kummerow, F. A.: Composition of sorghum grain oil Andropogon sorghum var. vulgaris. J. amer. Oil Chem. Soc. **23**, 167—170 (1946).
Laband, L.: Beiträge zum Nachweis einiger tierischer Fette in Gemischen mit anderen tierischen Fetten nach dem Polenske'schen Differenzverfahren. Z. Untersuch. Nahrungs- u. Genußmittel **18**, 289—299 (1909).
Lacerda, A.: The chemical composition of oils from the fruits of Brazilian palm (Astrocaryum tucumoides). Rec. soc. Brasil quim. **14**, 113—118 (1945); zit. nach Chem. Abstr. **41**, 2592 (1947).
Landmann, W., R. P. Feuge and N. V. Lovegren: Melting and dilatometric behaviour of 2-oleo-palmitostearin and 2-oleodistearin. J. amer. Oil Chem. Soc. **37**, 638—643 (1960).
Lange, W.: Cholesterol, phytosterol, and tocopherol content of food products and animal tissues. J. amer. Oil Chem. Soc. **27**, 414—422 (1950).
Langfurth, A.: Über das Kunstschmalz und dessen Untersuchungsmethoden. Chemiker-Ztg. **12**. 1660 (1888): zit. nach Chem. Zbl. **1889 I**, 116.
Lawrenze, G. A.: Bleichen von Talg mit einer neuseeländischen Fullererde. N. Z. J. Sci. Techn. **13**, 18—21 (1931); zit. nach Chem. Zbl. **1932 I**, 3240.
Lea, C. H.: Component glycerides of cacaobutter. J. Soc. chem. Industr. (Lond.) **48 T**, 41—46 (1929).
— Influence of the tissue oxidases on rancidity, oxidation of the fat of bacon. J. Soc. chem. Industr. (Lond.) **56 T**, 376—380 (1937).
Lee, F. Ch., and Ch. D. Tolle: Salmon-liver and salmon-egg oils. Vitamin content and physical and chemical properties. Industr. Chem. **26**, 446—449 (1934); zit. nach Chem. Abstr. **28**, 3449 (1934).
Lee, W.: The physical and chemical characteristics of turtle oil. Analyst **60**, 650—653 (1935).
Lehrberg, F. H., and W. F. Geddes: Flax studies. A refractometric method for the estimation of the iodine value of raw linseed oil. Canad. J. Res. **15 C**, 349—361 (1937).
Lehtovaara, J.: Dissertation, Tartu, 1937.
Lemon, H. W., A. Lips and W. H. White: Flavour reversion in hydrogenated linseed oil. II. Effect of variation in processing procedures. Canad. J. Res. **22**, 191 (1944); **23**, 295—303 (1945); zit. nach Chem. Abstr. **40**, 1950 (1946).
Lendle, A.: Über die Inhaltsstoffe der Kürbissamen. Arch. Pharm. **276**, 45—53 (1938).
Leppert, Z., u. Z. Majewska: Nachweis von Holzöl. Przemysl. chem. **18**, 471—473 (1934); zit. nach Chem. Zbl. **1935 I**, 2280.
Lepkovsky, S., G. V. Feskov and H. M. Evans: Die Verwendung der Fraktionierkolonne zur Trennung von Fettsäuren. J. amer. chem. Soc. **58**, 978—981 (1936); zit. nach Chem. Zbl. **1936 II**, 1333.
Leue, H.: Erfahrungen und wissenschaftliche Ergebnisse der ersten deutschen Walfang-Expedition 1936/1937. Fette u. Seifen **45**, 52—58 (1938).
Lewkowitsch, J.: Notizen über Kakaobutter. J. Soc. chem. Industr. (Lond.) **18**, 556—559 (1899); zit. nach Chem. Zbl. **1899 II**, 349.
— Chemische Technologie und Analyse der Öle, Fette und Wachse, Bd. 2, S. 107. Braunschweig: Fr. Vieweg u. Sohn, 1905.
— Chemical Technology and Analysis of Oils, Fats and Waxes, 6. Aufl., Bd. 2, S. 104. London: Macmillan and Co. 1921.
Lewy, M.: Kenaf seed oil. J. amer. Oil Chem. Soc. **24**, 3—5 (1947).
Lindner, P.: Biologische Entstehung und Gewinnung von Fett (1899). Z. angew. Chem. **35**, 110—114 (1922).
Loeb, J. R., N. J. Morris and F. G. Dollear: Rice bran oil. IV. Storage of the bran as it affects hydrolysis of the oil. J. amer. Oil Chem. Soc. **26**, 738—743 (1949).
Loesecke, H. W. von, and A. Nolte: Characteristics and composition of papaya seed oil. J. amer. chem. Soc. **59**, 2565—2567 (1937).
Loew, G.: Beitrag zum Unverseifbaren des Olivenöles. Olii miner. **11**, Nr. 3, 9—10 (1931) [italienisch]; zit. nach Chem. Zbl. **1931 II**, 929.
— Some data on oils from unusual oleaginous seeds. Ind. y quimica (Buenos Aires) **10**, 5—6 (1948).
Loncin, M., C. Vanneck et B. Jacqmain: Betrachtungen über Veränderungen des Palmöls. Bull. agric. Congo Belge **42**, 57 (1951): zit. nach Fette u. Seifen **55**, 409 (1953).
—, D. Jacqmain, J. Labarrère u. J. Lefèbvre: Autoxydation emulgierter Fette. Fette u. Seifen **61**, 1055—1058 (1959).

LONCIN, M., and B. JACOBSBERG: Studies on Congo palm oil. J. amer. Oil Chem. Soc. **40**, Nr. 6, 18—19, 40, 45 (1963); zit. nach Chem. Zbl. **35**, 286 (1964).
LONGENECKER, H. E.: An efficient fractionation equipment for the qualitative and quantitative examination of natural fats. J. Soc. chem. Industr. (Lond.) **56**, T. 199—202 T (1937); Z. Untersuch. Lebensmittel **75**, 357 (1938).
— Deposition and utilization of fat acids. II. The nonpreferential utilization and slow replacement of depot fat consisting mainly of oleic and linoleic acids, and a fat analysis of corn oil. J. biol. Chem. **129**, 13—22 (1939).
—, and T. P. HILDITCH: The fat composition of milk-fed rats. Biochem. J. **42**, 784—791 (1938).
LOON, J. VAN: Perillaöl. Verfkroniek **9**, 64—66 (1936) [niederländisch].
— Safflooröl. Verfkroniek **10**, 80—82 (1937) [niederländisch].
LOVERN, J. A.: Der Ursprung der Eigenart der Fette bei Fischen. Biochem. J. **26**, 1978 (1932); **27**, 1461, 1470 (1933); **28**, 394 (1934); **31**, 755 (1937); **32**, 66 (1938). Zit. nach Fette u. Seifen **55**, 425—430 (1953), (S. 427).
— The Composition of the Depot Fats of Aquatic Animals, Special Rep. 51, York House, Kingsway, London 1942.
LUCKSCH, E.: Über Palmöl. Seifensieder-Ztg. **37**, 1251—1253, 1280—1281 (1910).
LUDORFF, W.: Heringsöl, seine Gewinnung, Zusammensetzung und Verwertung. Fette u. Seifen **55**, 454—457 (1953).
LUERS, H.: Zum Nachweise von Erdnußöl in Olivenöl nach Franz-Adler. Z. Untersuch. Nahrungs- u. Genußmittel **24**, 683 (1912).
LUGAY, J. C., and B. O. JULIANO: Fatty acid composition of rice lipids by gas liquid chromatography. J. amer. Oil Chem. Soc. **41**, 273—275 (1964).
LUND, C. E.: Cottonseed and Cottonseed Products, Kap. New York: Interscience Publ. Inc. 1948. II, S. 51—98. Hrsg. von A. E. Bailey.
LUND, J.: Über Waltran und seine Konstanten. Seifensieder-Ztg. **41**, 414—417 (1914).
— Über die Menge der gesättigten Fettsäuren in Walölen. Fette u. Seifen **45**, 290—292 (1938).
LUNDE, G., u. E. MATHIESEN: Bestimmung des Fischfettes in Ölsardinen. Z. Untersuch. Lebensmittel **66**, 435—444 (1933).
—, H. KRINGSTAD u. H. W. WEEDON: Über die Absorptionsfähigkeit von Olivenölen im Ultraviolett. Angew. Chem. **46**, 796 (1933). Vgl. auch G. LUNDE, E. MATHIESEN u. E. MIKKELSEN, Tidskr. Hermetik **19**, 375 (1934); zit. nach Chem. Zbl. **1934 II**, 2309.
—, u. F. STIEBEL: Quantitative Fluorescenzmessungen an Olivenölen. Arhandl. Norske Nidensk. Akad. Oslo **1933**, Nr. 3; S. 56 [norwegisch]; zit. nach Chem. Zbl. **1935 I**, 3615.
LUTTON, E. S.: On the configuration of cocoa butter. J. amer. Oil Chem. Soc. **34**, 521 (1957).
MACFARLAND, J. J., F. S. SHENSTONE and J. R. VICKERY: Malvalic acid and its structure. Nature (Lond.) **179**, 830—831 (1957).
MACKENZIE, F. B., M. W. NOBLE and H. J. PEPPLER: Torula yeast manufacture on the Pacific coast. Chem. Dig. **8**, (1949) 10—13, 15 (1949).
MAGIDMAN, P., S. F. HERB, F. E. LUDDY and R. W. RIEMENSCHNEIDER: Fatty acids of lard. B. Quantitative estimation by silicic acid and gas-liquid chromatography. J. amer. Oil Chem. Soc. **40**, 86—88 (1963).
MAGRE, E. P. et F. D. TOLLENAAR: Application de la chromatographie en phase gazeuse à l'analyse des matières grasses. Rev. Fr. Corps Gras **12**, 719 (1962).
MANGOLD, W.: Nachweis des Freialdehyds in verdorbenen Fetten. Vorratspflege u. Lebensmittelforsch. **4**, 297—303 (1941); **5**, 292 (1942).
MARCELET, H.: Die Lokalisation der Entnahmestelle eines Fettes beim Studium der Seetieröle (Delphin-Kopföl); zit. nach Chem. Zbl. **1928 I**, 129. Chim. et Industr. **17**, 463 (1927).
— Capillaritätsindex einiger Pflanzenöle. C. R. Acad. Sci. (Paris) **198**, 2073—2074 (1934); zit. nach Chem. Zbl. **1935 I**, 3360.
— Vorkommen von Kohlenwasserstoffen in den bei der Desodorierung im Laufe der Olivenölraffination mitgerissenen Produkten. C. R. hebd. Séances Acad. Sci. **202**, 867—869 (1936a); zit. nach Chem. Zbl. **1936 II**, 1459.
— Studien über die Stoffe, welche in den Pflanzenölen den charakteristischen Geschmack und Geruch hervorrufen. Vorkommen von gesättigten und ungesättigten Kohlenwasserstoffen. J. Pharm. Chim. 8, **24** (128), 213—225 (1936b); zit. nach Chem. Zbl. **1937 I**, 228.
— Raspberry oil. J. pharm. chim. **25**, 361—366 (1937); zit. nach Chem. Abstr. **32**, 6487 (1938).
MARCILLE, R.: Die Prüfung der Öle mit dem Silberstück oder der „Münzprobe". Neue Arbeitsweise. Reaktion verschiedener Öle, insbesondere der Sulfuröle. Spontane Sulfurierung von Olivenölen. Ann. Falsif. Fraudes **23**, 527—530 (1930); zit. nach Chem. Zbl. **1931 I**, 1539.
— Bestimmung der Bromderivatzahl der Öle. Analyse der Öle aus Fischkonserven. Ann. Falsif. Fraudes **26**, 393—398, 398—403 (1933); zit. nach Chem. Zbl. **1933 II**, 3065.
MARKLEY, K. S., C. E. SANDO and S. B. HENDRICKS: Composition of the oil from the pomace of grapes. J. Biol. Chem. **123**, 641—654 (1938).

MAROGNA, G.: Über die Untersuchung raffinierter Öle. Über Öle der zweiten Bearbeitung (Sanzaöle). Staz. Chim. Agrar. sperim. (Roma). Publ. 1931, **277**, 20 Seiten [italienisch]; zit. nach Chem. Zbl. **1932 I**, 1591.

MARTINENGHI, G.B.: Analytische Methode zum Nachweis von raffinierten Sansa-Ölen, von umgeesterten Ölen und anderen Fremdölen im Olivenöl. Olearia **14**, 5 (1960) [italienisch]; zit. nach Fette u. Seifen **62**, 347 (1960).

MARX, C., and W.V. CRUESS; Oil from wine grape seeds. Proc. Inst. Food Techn. **1943**, 196—201; zit. nach Chem. Abstr. **38**, 6582 (1944).

MASSAROTTI, A.: Über die durch katalytische Veresterung von Olivenölfettsäuren gewonnenen Öle (Esteröle) und deren Nachweis in Olivenölen. Mitt. Lebensmitteluntersuch. Hyg. **49**, 15—29 (1958).

MATTHES, H., u. W. ROSSIÉ: Walnutoil. Pineseeds and pineseed oil. Arch. Pharm. (Weinheim) **256**, 289—302, 302—308 (1918); zit. nach Chem. Abstr. **13**, 1400, 1401 (1919).

McCORMACK, R.H.: The solvent extraction of oil from acorns. J. amer. Oil Chem. Soc. **24**, 299—303 (1947).

McKINNEY, R.S., and G.S. JAMIESON: A study of the composition of American tung oil. Oil and Soap **12**, 92—93 (1935), **15**, 30—32 (1938a).

— — Ouricury palmkernel oil. Oil and Soap **15**, 172—174 (1938b).

MEARA, M.L.: Configuration of naturally occurring mixed glycerides. V. The configuration of the major component glycerides of cacao butter. J. chem. Soc. **1949**, 2154—2157.

—, and A.H. ZAKY: Fatty acids and glycerides of the seed fats of Allanblackia floribunda and A. parviflora. J. Soc. chem. Industr. (Lond.) **59**, 25—26 (1940).

—, and C.B. PATEL: Component acids and glycerides of dika fat. J. Sci. Food Agric. **1**, 48—51 (1950); zit. nach Chem. Abstr. **44**, 5617 (1950).

MEERBURG, P.A.: Verarbeitung des sog. White Grease. Chem. Weekbl. **22**, 582 (1925); Z. Untersuch. Lebensmittel **55**, 381 (1928).

MEGALOOIKONOMON, J.G.: Beobachtungen bei der Reaktion nach Bellier. Praktika **4**, 117—119 (1929) [griechisch]; zit. nach Z. Untersuch. Lebensmittel **73**, 93 (1937).

MEHLENBACHER, V.C.: Color tests for kapok oil. Oil and Soap **13**, 136—138 (1936).

MENEZES, F.G.T., P. BUDOWSKI and F.G. DOLLEAR: Sesame Oil. II. Some chemical and physical properties of the oils from different varieties of sesame seed. J. amer. Oil Chem. Soc. **27**, 184—186 (1950).

MESECK, G.: Die Fischereiwirtschaft Südamerikas unter besonderer Berücksichtigung von Peru. Fette u. Seifen **63**, 559—561 (1961).

METZGER, O., H. JESSER u. K. HEPP: Über den Nachweis von Rinds- bzw. Hammeltalg in Schweinefett. Pharm. Zentralh. **53**, 99—113, 127—132 (1912).

MEYER-WAARDEN, P.F.: Ernährung aus dem Meer. Ausblick auf das Jahr 2000. Fette u. Seifen **68**, 1057—1061 (1966).

MIELLER, H.: Über die Eigenschaften der Fette wirbelloser Tiere. Fette u. Seifen **41**, 221—224 (1934); Chem. Zbl. **1935 I**, 1573.

MIKUSCH, J.D. VON, and C. FRAZIER: Woburn iodine absorption method. Industr. Engin. Chem. Anal. Ed. **13**, 782—789 (1941).

— Die Zusammensetzung von Leindotteröl. Farbe u. Lack **58**, 402—406 (1952).

MILLER, R., and C.W. BALLARD: Rüböl als Verfälschung von Olivenöl. J. amer. pharm. Ass. **21**, 349—350 (1932); zit. nach Chem. Zbl. **1932 II**, 3321.

MILLIAU, E.: Neue Reaktion der Verseifungsprodukte des Baumwollsamenöles, geeignet zur Entdeckung desselben in Olivenöl. C.R. Acad. Sci. (Paris) **106**, 550 (1888); zit. nach Chem. Zbl. **1888 I**, 693; **1888 II**, 1251 u. 1297.

— Nachweis von Baumwollsaatöl in Olivenöl. Ann. Chim. anal. **10**, 9—10 (1905).

MILNER, H.W.: Possibilities in photosynthetic methods for the production of oils and proteins. J. biol. Chem. **176**, 813—817 (1948); J. amer. Oil Chem. Soc. **28**, 361 (1951).

MILNER, R.T., J.E. HUBBARD and M.B. WIELE: Sunflower and Safflower seeds and oils. Oil and Soap **22**, 304—307 (1945).

MITCHELL, jr., J.H., H.R. KRAYBILL and F.P. ZSCHEILE: Quantitative spectral analysis of fats. Industr. Engin. Chem. Anal. Ed. **15**, 1—3 (1943).

MÖLLER, P.: Das Verhalten von Fettoxydationsprodukten während der Erzeugung von Speisefetten. Fette u. Seifen **60**, 465—468 (1958).

MOHLER, H., u. H. BENZ: Die Farbenreaktionen des Mandelöls und des Aprikosenöls. Z. analyt. Chem. **94**, 184—188 (1933); Z. Untersuch. Lebensmittel **73**, 287 (1937).

MOHR, W.: Über das Vorkommen von Polyhydroxyphenolen in Schokoladenmassen und ihr Verhalten beim Conchieren. Fette u. Seifen **64**, 739—744 (1962).

MONTONNA, R.E., and L.H. REYERSON: Encyclopedia of Chemical Technology, Bd. 8, S. 930. New York: Interscience Publ. Inc. 1952.

MORELL, R.S., and W.R. DAVIS: The composition of oiticica oil and its constituent mixed glycerides. J. Oil and Col. Chem. Ass. **19**, 264—272, 359—362 (1936).

MORICE, I. M., and F. B. SHORLAND: Isolierung der iso- und (+)-anteiso-Fettsäuren der C_{15}- und C_{17}-Reihe aus dem Leberöl des Haifisches (Galeorhinus australis macleay. Biochem. J. **64**, 461 (1956); zit. nach Fette u. Seifen **59**, 121 (1957).
— Samenfette der New Zealand Agavaceae. J. Sci. Food Agric. **13**, 666—669 (1962); zit. nach Chem. Zbl. **6**, **7**, 269 (1964).
MORRIS, L. J., and R. T. HOLMAN: Naturally occurring epoxy acids. II. Detection and measurement of long chain epoxy acids by near infrared spectrophotometry. J. Lipid Res. **2**, 77—82 (1961).
MORRISON, H.J., and L.W. BOSART: Influence of geographical source of seed on cotton oil. Oil Fat Industr. **3**, 130—134 (1926).
MOSS, A. R.: An analysis of banana oil. Analyst **62**, 32 (1937).
MUDBIDRI, S. M., P. R. AYYAR and H. E. WATSON: Oil from the seeds of Adenanthera pavonina. A source of lignoceric acid. J. Indian Inst. Sci. **11** A, 173—180 (1928); zit. nach Chem. Abstr. **23**, 2055 (1929).
MUNRO, L. A., and D. S. BINNINGTON: Extractor for the preparation of oat and other cereal oils. Industr. Engin. Chem. **20**, 425—427 (1928).
MUNTONI, F., E. TISCORNIA and G. DE GIULI: Gaschromatography and the chemistry of cereals. Riv. Ital. Sostanze Grasse **41**, 154—156 (1964) [italienisch]; zit. nach J. amer. Oil Chem. Soc. **41**, 40 (1964).
MURTI, K. S., and F. G. DOLLEAR: Rice bran oil. Composition of oil obtained by solvent extraction. J. amer. Oil Chem. Soc. **25**, 211—213 (1948).
MUSCHTER, F. J., u. R. SMIT: Der Einfluß gesättigter Fettsäuren auf den Wert der Bömer'schen Zahl (Sg + 2d) bei Schweinefett. Chem. Weekbl. **23**, 284—285 (1926).
MUSHER, S.: Cerealien und Samen zur Verhinderung der Ranzigkeit von Schweineschmalz. Food Industr. **7**, 167—168 (1935); zit. nach Chem. Zbl. **1935 II**, 455.
NÄGELI, C., u. O. LOEW: Über die chemische Zusammensetzung der Hefe. Liebigs Ann. Chem. **193**, 322 (1878).
NEGRI, G. DE, u. G. FABRIS: Die Öle (Olivenöl, Samenöle). Nachweis von Erdnußöl. Z. analyt. Chem. **33**, 547—572, 552 (1894).
NEHRING, K., u. R. SCHIEMANN: Beiträge zur Kenntnis der Süßlupine. II. Mitt. Der Aufbau des Fettes der Süßlupine. Fette u. Seifen **53**, 10—15 (1951).
NEOGI, S.: A rapid micro-bromide test for the detection of linseed in mustard seed oil. Analyst **60**, 91—92 (1935); Z. Untersuch. Lebensmittel **74**, 350 (1937).
NESINI, R.: Beitrag zur Physiologie von Pelztieren. II. Zur Kenntnis der Fette einiger Pelztiere. Dtsch. tierärztl. Wschr. **43**, 241—243 (1935).
NINOMIYA, M., and M. MAEDA: The investigation of the Mongolian apricot kernel. Rept. Inst. Sci. Res. Manchoukuo **4**, 61—67 (1940); zit. nach Chem. Abstr. **34**, 7128 (1940).
NOBORI, H.: The fat acids in coconutoil. J. Soc. chem. Industr. Japan **43** B, 199—200 (1940).
— Studies on the properties and composition of almond and pistachio oil. J. Soc. chem. Industr. Japan **44**, 227—229 (1941a); **45**, 533—534 (1942).
— Japanese cherry seed oil. Sumatra palm oil **44**, 1011—1013. (1941b); zit. nach Chem. Abstr. **43**, 5208 (1949).
—, and M. KAWABATA: Properties of coconut oil from the Islands of the South Seas. Constituents of coconut oil. J. Soc. chem. Industr. Japan **43** B, 382—384 (1940); zit. nach Chem. Abstr. **35**, 3840 (1941).
—, and M. TAKEHARA: Vegetable oils produced in the tropics. VII. Oil of rubber seeds. J. Soc. chem. Industr. Japan **49**, 159—160 (1946); zit. nach Chem. Abstr. **42**, 6139 (1948).
NONAKA, S.: Studien über eine Art Verfärbung bei Fischölen. XI. Bull. Japan Soc. Sci. Fisher **21**, 1248, 1250 (1956); zit. nach Fette u. Seifen **59**, 189 (1957).
NORMANN, W., u. E. HUGEL: Zur Analyse gehärteter Öle. Chemiker-Ztg. **37**, 815 (1913).
OBATA, Y., and K. MATANO: Studien über den Geruch von Tintenfisch-Leberöl. I. Die Identifizierung der flüchtigen Säuren und Basen. J. Oil Chem. Soc. Japan **2**, 112 (1953); zit. nach Fette u. Seifen **55**, 644 (1953).
Official and Tentative Methods: Amer. Oil Chem. Soc., 2. Aufl. Offic. Methods C b 2—40, Method Ba 7—50, Chicago 1946.
Official Methods of Analysis: J. Ass. off. agric. Chem., 7. Aufl., S. 445. Washington 1950.
OILAR, R. D.: Untersuchung über den Wert der Halphen'schen Farbenreaktionen zum Nachweis von Baumwollsamenöl. Amer. chem. J. **24**, 355—373 (1900); zit. nach Z. Untersuch. Nahrungs- u. Genußmittel **4**, 753 (1901).
OKRASINSKI, M.: Untersuchungen über die beim Erstarren von Fettsäuren gebildeten Kristallbilder. Wiadomośki farmac **61**, 697—698 (1934) [polnisch]; Chem. Zbl. **1935 I**, 1952.
OKUBO, O., u. T. TSUCHIYA: Gerstenkleieöl. Rep. Gov. chem. ind. Res. Inst. **58**, 332—338 (1963) [japanisch]; zit. nach Chem. Zbl. 1964.
OLIG, A., u. E. BRUST: Zur Kenntnis der Bellier'schen Reaktion und einiger Pflanzenöle (mit H. STUMPF). Z. Untersuch. Nahrungs- u. Genußmittel **17**, 561—584 (1909).

Olive Oil Committee: Report. Oil and Soap **16**, 181—184 (1939).
OMOTE, Y.: Studium an Vitamin A, B und verwandten Substanzen mittels Molekulardestillation. V. Isolierung von Cholesterin aus Haifischleberöl. J. chem. Soc. Japan **53**, 137 (1950); Fette u. Seifen **52**, 569 (1950).
OTIN, C., u. M. BIMA: Einige Daten über die Zusammensetzung des Traubenkernöls. Allg. Öl- u. Fett-Ztg. **31**, 107—115 (1934).
PACKER, H., and L.M. CHRISTENSON: Drying properties of safflower-oil films. Amer. Paint J. **34**, Nr. 42, 60, 62, 64 (1950).
PAINTER, E.P.: Some relationships between fatty acid composition and the iodine number of linseed oil. Oil and Soap **21**, 343—346 (1944).
—, and L.L. NESBITT: Fat acid composition of linseed oil from different varieties of flax seed. Oil and Soap **20**, 208—211 (1943).
PAIZI, A.: Bestimmung der physikalischen und chemischen Konstanten des Feigensamenöles. Praktika **9**, 164—166 (1934) [griechisch]; zit. nach Chem. Zbl. **1935 I**, 1314.
PAJARI, K.: Untersuchungen über das Kiefernrindenöl. Fette u. Seifen **50**, 465—471 (1943).
PALENI, A.: Die industrielle Verwendung der Traubenkerne und des daraus gewonnenen Öles in Italien. Fette u. Seifen **48**, 283—286 (1941).
PALMA, F., M. BONDE and W.R. LLOYD: Fixed oils of Mexiko. I. Oil of Chia salvia hispanica. J. amer. Oil Chem. Soc. **24**, 27—28 (1947).
PANOPOULOS, G.: Über eine spezifische Reaktion gehärteter Fischöle. Praktika **7**, 325—326 (1932) [griechisch]; zit. nach Z. Untersuch. Lebensmittel **75**, 392 (1938).
PAQUOT, C.: Untersuchungen über das Unverseifbare der Karitébutter. Oléagineux **7**, 195—199 (1952); zit. nach Chem. Zbl. **1953**, 2692.
PASCHKE, B.: Nachweis von Fremdfetten in Kakaobutter. Z. Untersuch. Lebensmittel **60**, 327—331 (1930); **64**, 561—564 (1932); **67**, 79—84 (1934); **68**, 311—313 (1934).
— Nachweis von Pferdefett in Mischungen mit Schweine-, Rinder- und Hammelfett. Z. Untersuch. Lebensmittel **76**, 476—478 (1938).
PASCHKE, R.F., and D.H. WHEELER: The unsaturated fatty acids of the Alga chlorella. J. amer. Oil Chem. Soc. **31**, 81—85 (1954).
PATEL, C.K., J.J. SUDBOROUGH and H.E. WATSON: Cashew kernel oil. J. Indian Inst. Sci. **6**, 111—129 (1923).
PATHAK, S.P., and N.N. GODBOLE: Tiger fat. Constitution of the fatty acids of the fat. Indian Soap J. **11**, 68—70 (1945).
—, and P.N. SUWAL: Composition of liver fats of mature and embryo sharks (Galeocerdo tigrinus). J. amer. Oil Chem. Soc. **32**, 229 (1955).
PAUL, E.: A note on the oil of oats. Analyst **46**, 238—239 (1921).
PAUL, T.H.: Untersuchungen über das aus Fichtensamen gewonnene Öl, mit besonderer Berücksichtigung seiner Verwendung als Speiseöl im Kriege. Naturwiss. Z. Forst- u. Landwirtschaft **1916**; zit. nach Z. Untersuch. Nahrungs- u. Genußmittel **33**, 424 (1917).
PAWLETTA, A.: Beitrag zur Kenntnis der Wildtierfette. Igelfette. Pharm. Zentralh. **73**, 417 bis 420 (1932).
PEACOCK, D.H., and G.K. AIYAR: Burmese species of plants yielding chaulmoogra oils. Burma Forest Bull. **21**, 11—13 (1930); zit. nach Chem. Abstr. **26**, 252 (1932).
PEARSON, L.K., and K.B. RAPER: Influence of the temperature on the nature of the fat formed by living organisms. Biochem. J. **21**, 875—879 (1927).
PELTZER, I.: Privatmitteilung vom 23. Juni 1934 an J. GROSSFELD.
PERKINS, G.A., and A.O. CRUZ: Comparative analytical study of various oils in the chaulmoogra group. Philippine J. Sci. **23**, 543—569 (1923).
— — and M.O. REYES: Chaulmoogra group oils; with special reference to refining and the isolation of hydnocarpic acid. Industr. Engin. Chem. **19**, 939—942 (1927).
PETERS, N.: Die biologischen Grundlagen des antarktischen Walfanges. Fette u. Seifen **45**, 19—28 (1938).
PETERSON, G.O., u. E.H.S. BAILEY: Hickorynüsse und Hickorynußöl. J. Industr. Engin. Chem. **5**, 739 (1913); zit. nach Chem. Zbl. **1913 II**, 1506.
PETROW, K.P.: Colorimetrische Methode zur Bestimmung von Aldehyden in Fisch- und Seetierölen. Öl- u. Fett-Industr. **12**, 49—52 (1932) [russisch]; zit. nach Chem. Zbl. **1933 II**, 1942.
PEYER, W.: Über Pinienkerne, Pistazien und deren Öle. Apoth.-Ztg. **44**, 699—700 (1929).
PICHARD, M.: Le beurre de cacao. Bull. off. intern. Chocolat. **7**, 333—351 (1937); Z. Untersuch. Lebensmittel **76**, 88 (1938).
PIERARTS, J.: Dikabutter from Belgian Congo. Mat. Grasses **14**, 5990—5992, 6020—6021 (1921).
— Oil producing nuts (Irvingia). Bull. agric. Congo Belge **13**, 68—82 (1922); zit. nach Chem. Abstr. **17**, 1898 (1923).
PIERARTS, J., and L. ADRIAENS: Oleiferous Allanblackia. Preparation of pure stearic acid. Mat. Grasses **21**, 8510—8514, 8539—8541 (1929); zit. nach Chem. Abstr. **24**, 253 (1930).

PIETSCHMANN, E.: Papierchromatographische Ermittlung geringer Fremdfettmengen der Cocosfett-Gruppe in Schokolade und deren Zubereitungen. Fette u. Seifen **61**, 682—686 (1959).
POKORNY, I.: Verwendung von hydrierten Fetten zur Gewinnung von Austauschstoffen für Kakaobutter. Öl- u. Fett-Industr. **24**, 17 (1958) [russisch]; zit. nach Fette u. Seifen **62**, 227 (1960).
POLENSKE, E.: Über den Nachweis einiger tierischer Fette in Gemischen mit anderen tierischen Fetten. Arb. Gesundh.-Amte **26**, 444 (1907a); **29**, 272 (1908); Z. Untersuch. Nahrungs- u. Genußmittel **14**, 758—763 (1907b); Nachtrag **17**, 281—282 (1909).
POWER, F.B., u. A.H. SALWAY: Chemische Untersuchung und physiologische Wirkung der Muskatnuß. J. chem. Soc. **93**, 1653 (1908); zit. nach Chem. Zbl. **1909 I**, 1102.
PRESCHER, J.: Über das Fichtensamenöl. Pharm. Zentralh. **58**, 533—534 (1917); Z. Untersuch. Nahrungs- u. Genußmittel **36**, 209 (1918).
PRÉVOT, A., u. P. CABEZA: Angaben über die Zusammenstellung einiger wenig üblicher Fettstoffe mit Hilfe der Gaschromatographie. Rev. Fr. Corps gras **9**, 149 (1962); zit. nach Fette u. Seifen **64**, 866 (1962).
PRITZKER, J., u. R. JUNGKUNZ: Über schwedische Traubenkern- und Himbeerkernöle. Mitt. Lebensmitteluntersuch. Hyg. **21**, 53—77 (1930).
— — Über schweizerisches Erdbeersamenöl. Mitt. Lebensmitteluntersuch. Hyg. **28**, 12—15 (1938a).
— — Über Äpfel- und Birnensamenöl. Z. Untersuch. Lebensmittel **70**, 255—258 (1936).
— — Über Quittensamenöl. Z. Untersuch. Lebensmittel **76**, 40—41 (1938b).
— — Über eine seltene Fälschung von Olivenöl. Z. Untersuch. Lebensmittel **77**, 254—256 (1939).
— — Über Bucheckern und Bucheckernöl. Mitt. Lebensmitteluntersuch. Hyg. **34**, 107—114 (1943).
— — Über Hundefett. Pharmac. Acta Helv. **6**, 55—61 (1931).
— — Über Ziegentalg schweizerischer Provenienz. Pharmac. Acta Helv. **7**, 48—53 (1932a).
— — Über Rehtalg. Pharmac. Acta Helv. **7**, 172 (1932b).
— — Zur Kenntnis des Ziegenfettes. Z. Untersuch. Lebensmittel **63**, 612—619 (1932c).
— — Beitrag zur Kenntnis des Pferdefettes. Z. Untersuch. Lebensmittel **63**, 30—37 (1932d).
— — Zur Kenntnis des Hühnerfettes. Mitt. Lebensmitteluntersuch. Hyg. **23**, 139—148 (1932e).
PRUESS, L.M., E.C. EICHINGER u. W.H. PETERSON: Die Chemie der Schimmelpilzgewebe. Zusammensetzung einiger Schimmelpilze unter besonderer Berücksichtigung des Lipoidgehaltes. Zentr. Bakt. Parasiten K. II, **89**, 370—377 (1934); zit. nach Chem. Zbl. **1934 I**, 3073.
PUNTAMBEKAR, S.V., and S. KRISHNA: Indian acorn oils (Quercus incana rox b., Q. dilata lindl. and Q. ilex). J. Indian chem. Soc. **11**, Nr. 10, 721—726 (1934); zit. nach Chem. Abstr. **29**, 2007 (1935).
— Litsea- and Actinodaphne Spezies. Ind. & News Ed., J. Indian Chem. Soc. **1**, Nr. 1—2, 19—24 (1938); zit. nach Chem. Abstr. **32**, 7605 (1938).
PURR, A.: Über die Fremdfettbestimmung in Kakao-Erzeugnissen. I. Chemische und physikalische Analysenverfahren zur Fremdfettbestimmung in Kakaopreßbutter, milchfreier Schokolade und milchfreier Überzugsschokolade. Fette u. Seifen **56**, 823—832 (1954).
— II. Optische Analysenverfahren zur Fremdfettbestimmung in Kakaopreßbutter, milchfreier Schokolade und milchfreier Überzugsschokolade. 1. Teil. Fette u. Seifen **57**, 120—125 (1955); 2. Teil **57**, 173—178.
— III. Vereinfachung der Fremdfettbestimmung in Kakao-Erzeugnissen durch Tieftemperatur-Kristallisation der Fettglyceride aus organischen Lösungsmitteln z. B. Aceton. Fette u. Seifen **58**, 898—902 (1956).
— IV. Nachweis der Fette der Cocosfett-Gruppe in Milchschokoladen. Fette u. Seifen **59**, 615—624 (1957).
— IX. Nachweis geringer Zusätze eines Kakaobutter-Ersatzfettes. Fette u. Seifen **61**, 119—126 (1959a).
— XI. Nachweis handelsüblicher Fremdfette in Kakaobutter und Schokolade. Fette u. Seifen **61**, 675—682 (1959b).
— Über das Vorkommen von C_6—C_{12}-Fettsäuren in Palmöl und Schweineschmalz. Fette u. Seifen **61**, 1050—1054 (1959c).
QUIMBY, O.T., R.L. WILLE and E.S. LUTTON: On the glyceride composition of animal fats. J. amer. Oil Chem. Soc. **30**, 186—190 (1953).
RABAK, F.: Grape-seed oil. Industr. Engin. Chem. **13**, 919—921 (1921).
RADLOVE, S.B.: Note on the composition of wheat germ oil. Oil and Soap **22**, 183 (1945).
RAIKOW, P.N., u. J. TSCHERWENIANOW: Untersuchungen über die Farbenreaktionen von Becchi und Halphen zur Identifizierung des Baumwollsamenöles. Chemiker-Ztg. **23**, 1025 bis 1028 (1899).

RAO, C.J.D., and T.R. SESHADRI: Fatty acids of neem oil. Proc. Indian Acad. Sci. **15** A, 161—167 (1942); zit. nach Chem. Abstr. **36**, 6029 (1942).
RAO, C.V., M.V. RAO and A. VENKATESWARLU: Oil from the seeds of Bombax malabaricum. J. Indian chem. Soc. **20**, 403—406 (1943); zit. nach Chem. Abstr. **38**, 6582 (1944).
RAO, C.J.D., and S.S. SUBRAMANIAN: Chemical examination of the seeds of Derris scandens, Current Sci. (India) **16**, 346—347 (1947); zit. nach Chem. Abstr. **42**, 2649 (1948).
RAPSON, W.S., H.M. SCHWARTZ and N.J. VAN RENSBURG: South African fish products. Quantitative extraction of laboratory samples of oils from fish tissues. J. Soc. chem. Industr. (Lond.) **62**, 221—223 (1943).
— — — The stonebass (Polyprion americanus). J. Soc. chem. Industr. (Lond.) **63**, 18—21 (1943).
— — — The snoek (Thyrsites atun). J. Soc. chem. Industr. (Lond.) **63**, 21—23 (1943).
— — — The stockfish or hake (Merluccius capensis). J. Soc. chem. Industr. (Lond.) **63**, 313—316 (1943).
— — — The kingklip or cape ling (Genypterus capensis smith). J. Soc. chem. Industr. (Lond.) **63**, 340—342 (1943).
— — — Kabeljou. J. Soc. chem. Industr. (Lond.) **64**, 7—11 (1944).
— — — The red gurnard. J. Soc. chem. Industr. (Lond.) **64**, 44—47 (1944).
— — — The jacopever and the sancord. J. Soc. chem. Industr. (Lond.) **64**, 47—50 (1944).
— — — Miscellanous South African fishes. J. Soc. chem. Industr. (Lond.) **64**, 61—65 (1944).
— — — Composition of fats from the different organs of marine teleostid fishes. J. Soc. chem. Industr. (Lond.) **64**, 114—118 (1944).
— — — Liver-oils of some elasmobranch fishes. J. Soc. chem. Industr. (Lond.) **64**, 172—177 (1944).
— — — South African seal fishery. J. Soc. chem. Industr. **64**, 326—331 (1945).
READ, W.W.C., and Z. AWDEH: The fatty acid composition of depot fats of the Somali sheep. J. Sci. Food Agric. **14**, 770—772 (1963).
RECOURT, J.H., u. R.K. BEERTHUIS: Der Nachweis von tierischen Fetten in pflanzlichen Ölen und Fetten mit Hilfe der Gaschromatographie. Fette u. Seifen **65**, 619—623 (1963).
REDDI, P.V.B., K.S. MURTI and R.O. FEUGE: Rice bran oil. Oil obtained by solvent extraction. J. amer. Oil Chem. Soc. **25**, 206—211 (1948).
REINDERS, W., CH. L. DOPPLER u. E.L. OBERG: Über das Schmelzen und Erstarren von Kakaobutter. Rec. Trav. chim. Pays-Bas **51**, 917—937 (1932) [niederländisch]; Z. Untersuch. Lebensmittel **76**, 88 (1938).
RÉNARD, A.: Zur Prüfung des Olivenöls auf eine Verfälschung mit Erdnußöl. Z. analyt. Chem. **12**, 231—232 (1873).
Report of US Vegetable Oil Mission to Brazil, Inter-American Develop. Com. 1942, Washington, D.C. Reprint 1947.
Report of the FAO Oilseed Mission for Venezuela, Washington, 1949, Internat. Doc. Service, New York: Columbia University Press.
RICCA, B., u. R. LAMONICA: Über die Bestimmung der Jodzahl des Unverseifbaren von Olivenöl. Olii miner. **12**, 73—74 (1932) [italienisch]; zit. nach Z. Untersuch. Lebensmittel **73**, 573 (1937).
RICHARDSON, W.D.: Cocosnußöl von hoher Jodzahl. J. Industr. Engin. Chem. **3**, 574; zit. nach Chem. Zbl. **1911 II**, 893.
RIEBSOMER, L.J., and G.A. NESTY: Examination of the fatty oil from pumpkin seed. The constitution of linoleic acid. J. amer. chem. Soc. **56**, 1784—1785 (1934).
—, R. LARSON and L. BISHMAN: Composition of the fatty oil from Carya cordiformia nuts. J. amer. Soc. **62**, 3065—3066 (1940).
RIEMENSCHNEIDER, R.W., N.R. ELLIS and H.W. TITUS: The fat acids in the lecithin and glyceride fractions of egg yolk. J biol. Chem. **126**, 255—263 (1938).
—, R.M. SPECK and E.G. BEINHART: Analysis and acid composition of tobacco seed oils. Oil and Soap **22**, 120—122 (1945).
—, F.E. LUDDY, M.L. SWAIN and W.C. AULT: Fractionation of lard and tallow by systematic cristallization. Oil and Soap **23**, 276—282 (1946).
RIPPEL-BALDES, A., P. PIETSCHMANN-MEYER u. W. KÖHLER: Energie-Bilanz in einigen Prozessen anärobischer Respiration. Arch. Mikrobiol. **14**, 113 (1948).
ROBERTS, W.L., and H.A. SCHUETTE: Characteristics and composition of Wisconsin-grown tobacco-seed oil. J. amer. chem. Soc. **56**, 207—209 (1934).
ROCK, J.A.: The chaulmoogra tree and some related species, Bull. 1057, Washington, US Dept. of Agriculture 1922.
ROOS, J.B.: Die Qualitätsbeurteilung von Schweineschmalz im Hinblick auf den Nachweis von raffiniertem „White Grease“. Fette u. Seifen **58**, 118—121 (1956).
— Die statistische Auswertung der Bömer-Zahl von Schweineschmalz. Fette u. Seifen **64**, 6—12 (1962).

ROSA, A.: Eine einfache Unterscheidung von rohem und raffiniertem Rüböl. Seifenfachblatt **2**, 285—286; Z. Untersuch. Lebensmittel **74**, 350 (1937).

ROSENTHALER, L.: Bemerkungen zur Halphenschen Reaktion. Z. Untersuch. Nahrungs- u. Genußmittel **20**, 453—454 (1910).

— Die Bestimmung des Trangehaltes in Lebertranemulsion. Pharm. Ztg. (Frankfurt) **77**, 93, 227 (1932); zit. nach Chem. Zbl. **1932 I**, 3474.

ROSSMANN, E.: Schnelle Hexabromidbestimmung. Fette u. Seifen **43**, 224—228 (1936).

ROST, H. E.: Methode zur Bestimmung dimerer Säuren in Ölen und Fetten. Fette u. Seifen **64**, 427—433 (1962).

ROTH, W. H.: Über die Isomerie der ungesättigten Fettsäuren des Rüböls. Dissertation, Hamburg 1963.

ROY, A. C., and S. DUTT: Composition of neem oil. So-called margosic acid. J. Soc. chem. Industr. (Lond.) **48**, 333—335 (1929).

ROUBAL, T. W.: Tuna fatty acids. I. Initial studies on the composition of the light and dark meats of Bluefin Tuna (Tunnus thynnus). Structural isomers of the monoenoic fatty acids. II. Investigations of the composition of raw and processed tuna. J. amer. Oil Chem. Soc. **40**, 213—218 (1963).

ROUZAUT, R.: Analysis of national grape seed oil. Rev. facultad. quim. ind. agr. (Argentina) **3**, 192—196 (1934); zit. nach Chem. Abstr. **30**, 315 (1936).

RUPPOL, E.: Etude de la composition chimique de la matière grasse de l'Aspergillus citromyces. J. Pharm. Belg. **19**, 63 (1937); Z. Untersuch. Lebensmittel **74**, 208 (1937).

RUSSEL-WELLS, B.: Fette der braunen Meeresalgen. Nature (Lond.) **129**, 654—655 (1932); zit. nach Chem. Zbl. **1932 II**, 722.

SABALITSCHKA, TH.: Zur Giftwirkung der Bucheckern. Dtsch. Lebensmittel-Rdsch. **1943**, 55—56; zit. nach Chem. Zbl. **1343 II**, 1153.

SACHER, H.: Behensäuretryptamid, ein Inhaltsstoff der Kakaoschale. Z. Lebensmittel-Untersuch. u. -Forsch. **128**, 264—267 (1965).

SACHSSE, M., u. G. SACHSSE: Anisotrope flüssige Modifikationen der Kakaobutter. Fette u. Seifen **59**, 644—646 (1957).

SAHASHI, Y.: Nährwert von Spermöl und Finnwalöl. Bull. agric. chem. Soc. Japan **9**, 60—69 (1933); zit. nach Chem. Zbl. **1934 I**, 1130.

SAIKI, M.: Studien über das Walöl. VII. Die Zusammensetzung der Fettsäuren des Öls vom Pazifischen Schnabelwal. Teil 1. Über das Kopf- und Kieferknochenöl. Teil 2. Über den Tran. Teil 3. Über das Eingeweideöl. Bull. Japan. Soc. Sci. Fisheries **18**, 497 (1953); **19**, 809, 1028 (1953/54); zit. nach Fette u. Seifen **56**, 1034 (1954).

—, u. T. MORI: Studien über das Walöl. I. Die Eigenschaften der in verschiedenen Teilen des Walkörpers vorhandenen Öle. Teil 1. Über den Sei-Wal und den Finnwal. Teil 2. Über den Spermwal. Teil 3. Über den Foetus des Spermwals. Teil 4. Über den pazifischen Schnabelwal (Berardius bairdii). V. Die Zusammensetzung der Fettsäuren des Spermwalöles. Teil 1. Über das Öl der Kopfhöhle. Teil 2. Über das Öl der Knochen und des Dickdarms. J. agr. chem. Soc. Japan **27**, 188, 190 (1953); Bull. Japan. Soc. Sci. Fisheries **19**, 611, 614, 619 (1953); zit. nach Fette u. Seifen **56**, 746 (1954).

SALISBURY, L. F.: The lipids of Connecticut shade-grown tobacco seed. J. biol. Chem. **117**, 21—25 (1937).

SALLANS, H. R.: Factors affecting the composition of Canadian oil seeds. J. amer. Oil Chem. Soc. **41**, 215—218 (1964).

SARAIVA, M.: Fat of the seed of the murumuru. Mem. Inst. chim., Rio de Janeiro **2**, 5—19 (1929); zit. nach Chem. Abstr. **29**, 3663.

SASSERATH, E. A.: Marokkanisches „Olivenöl". Z. Untersuch. Nahrungs- u. Genußmittel **20**, 749—750 (1910).

SAVARO, J.: Die Vitamine in Olivenöl. Bull. Sci. pharm. **41**, 272—280 (1934); Z. Untersuch. Lebensmittel **73**, 573 (1937).

SCHARF, D.: Olivenöl. Das Vorkommen von n-Heptadecansäure und 16-Methylheptadecansäure in Rüböl. Diplom-Arbeit 1958; Dissertation, Hamburg 1961.

SCHESTAKOW, P., u. P. KUPTSCHINSKY: Gehärtete Fette. Z. dtsch. Öl- u. Fett-Industr. **42**, 741—746, 757—759, 774—776 (1922).

SCHEUNEMANN: Trangehalt in Lebertranemulsion. Pharmaz. Ztg. (Frankfurt) **77**, 66 (1932); zit. nach Chem. Zbl. **1932 I**, 3474.

SCHLENK, H., H. K. MANGOLD, J. L. GELLERMAN, W. E. LINK, R. A. MORRISSETTE, R. T. HOLMAN and H. HAYES: Comparative analytical studies of fatty acids of the alga Chlorella pyrenoidosa. J. amer. Oil Chem. Soc. **39**, 547—552 (1960).

—, and J. L. GELLERMANN: Column chromatography of fatty acids (Menhaden oil). J. amer. Oil Chem. Soc. **38**, 555—562 (1961).

SCHLOSSBERGER, H.: Chaulmugraöl. Geschichte, Herkunft, Zusammensetzung, Pharmakologie, Chemotherapie. Berlin 1938.

Schmalfuss, K.: Umwelt und Ernährung der Leinpflanze in ihrer Beziehung zum Sättigungsgrad des Leinöls. Fette u. Seifen **44,** 31—33 (1937).
Schmandt, W.: Über die Untersuchung von Kakaobutter. Z. angew. Chem. **42,** 1039—1040 (1929).
Schmidt, E.: Eiweiß- und Fettgewinnung über Hefe aus Sulfitablauge. Chemie **56,** 93 (1943); Angew. Chem. **59 A,** 1 (1947); Fette u. Seifen **52,** 52 (1950).
Schmidt-Nielsen, S., u. J. Stene: Der Gehalt des Dorschlebertrans an Stickstoff- und Phosphorverbindungen. Kong. Norsk. Vidensk. Selsk. Forhandl. **4,** 47—50 (1931) [norwegisch]; zit. nach Chem. Zbl. **1932 I,** 3126.
—, u. A. Flood: Die Öle und Trane einiger Bartenwale. Die Analysenkonstanten der Fette einiger mariner Tiere. Kong. Norsk Vidensk. Selsk. Forhandl. **6,** 115—118 (1933) [norweg.]; zit. nach Chem. Zbl. **1934 I,** 1130.
—, u. S.: Über den hohen Vitamin D-Gehalt des Thunfischleberöles. Kong. Norsk Vidensk. Selsk. Forhandl. **6,** 218—221 (1933) [norwegisch]; zit. nach Chem. Zbl. **1934 I,** 3940.
—, A. Flood u. J. Stene: Größe der Lebern einiger Knochenfische, ihr Fett- und Vitamin A-Gehalt. Kong. Norsk Vidensk. Selsk. Forhandl. **6,** 146—149 (1933) [norwegisch]; Chem. Zbl. **1934 II,** 1865; daselbst **7,** 70—73, 81—84 (1934); Chem. Zbl. **1935 I,** 2619, 2620.
Schnackenbeck, W.: Haifischfang und Haifischverwertung, mit besonderer Berücksichtigung der Leberöle. Fette u. Seifen **45,** 450—456 (1938).
Schoenheimer, R., and G. Hilgetag: The occurrence and secretion mechanism of cetyl alcohol in the animal organism. J. biol. Chem. **105,** 73—77 (1934); zit. nach Chem. Zbl. **1934 II,** 797.
Scholfield, C.R., and M.A. Hicks: Glyceride structure of vegetable oils by countercurrent distribution. Soybean oil. J. amer. Oil Chem. Soc. **34,** 77—80 (1957).
—, and H.J. Dutton: Glyceride structure of vegetable oils by countercurrent distribution. Safflower oil. J. amer. Oil Chem. Soc. **35,** 493—495 (1958).
—, J. Nowakowska and H.J. Dutton: Glyceride structure of vegetable oils by countercurrent distribution. Corn oil. J. amer. Oil Chem. Soc. **38,** 175—177 (1961).
—, R.W. Thomas and M. Duthey: Brazil-nut oil. J. amer. chem. Soc. **52,** 4114—4117 (1930).
—, and W.W.F. Enz: Expressed Brazil-nut oil. J. amer. Chem. Soc. **53,** 2756—2758 (1931).
—, and C.Y. Chang: Haselnußöl. J. amer. chem. Soc. **55,** 3333—3335 (1933); zit. nach Chem. Zbl. **1934 I,** 1129.
—, M.A. Cowley and C.Y. Chang: Characteristics and composition of coffee-bean oil. J. amer. chem. Soc. **56,** 2085—2086 (1934).
—, and C. Lunde: Elm seed oil. Oil and Soap **73,** 12—13 (1936).
—, and J.W. Brooks: Elderberry seed oil (Sambucus canadensis). Preliminary communication. Oil and Soap **13,** 314—316 (1936).
—, H.A. Vogel and C.H. Wartinbee: Alfalfa seed oil. Oil and Soap **15,** 35—36 (1938).
— — and J.A. Bain: Saturated fatty acids of elderberry seed oil. Oil and Soap **20,** 46 (1943).
Schuster, G.: Zusammensetzung der Illipébutter. J. Pharm. Chim. (Paris) **16,** 421 (1932a); zit. nach Chem. Zbl. **1933 I,** 1702.
— Sur l'oxydation de quelques corps gras par le Permanganate de Potassium. Paris (1932b). Librairie générale de droit et de jurisprudence.
Schwartz, W.: Fettsynthese durch Pilze und Bakterien. Angew. Chem. **50,** 294—296 (1937).
Schwieger, A.: Zur Chemie des Walöls und seiner Normung. Fette u. Seifen **45,** 64—73 (1938).
Seher, A.: Die Konstitution der Isan- und Isanolsäure. Liebigs Ann. Chem. **589,** 222—238 (1954).
Sell, H.M., and R.E. Kremers: A sterol from apple seeds and cherry seeds. J. amer. pharm. Ass. (Sci. Ed.) **30,** 134 (1941).
Sen Gupta, A., S.C. Mutha and A.P. Waghrey: The component fatty acids of chaulmoogra oil (Taractogenos kurzii). J. Sci. Food Agric. **14,** 457—463 (1963).
Sessous, G., u. F. Rogaller: Untersuchungen über die Erdmandel (Cyperus esculentus). Forschungsdienst Sonderheft **8,** 300—302 (1938); zit. nach Chem. Zbl. **1938 II,** 4331.
Shenstone, F.S., and J.R. Vickery: A biologically active fatty acid in Malvaceae. Nature (Lond.) **177,** 94 (1956).
Shorland, F.B.: Vorkommen von Fettsäuren mit einer ungeraden Kohlenstoffatomzahl in natürlichen Fetten. Nature (Lond.) **174,** 603 (1954); Biochem. J. **64,** 461 (1956); zit. nach Fette u. Seifen **59,** 1117 (1957).
— The fatty acids of the depot and milk fats of ruminants. Fette u. Seifen **65,** 302—306 (1963).
—, and T.P. Hilditch: The component fat acids of some New Zealand fish oils. Biochem. J. **32,** 792 (1938).
—, L.W. Bruce and A.S. Jessop: Studies on the composition of horse oil. The component fatty acids of lipids from fatty tissues, muscle and liver. Biochem. J. **52,** 400 (1952).
Sietz, F.G.: Die Kennzahlen des Erdnußöles. Fette u. Seifen **63,** 1063—1064 (1961).

SILVA, M.: Licuri (Cocos coronata, mart.) wax and oil. Rev. chim. ind. (Rio de Janeiro) **9**, 82—85 (1940); zit. nach Chem. Abstr. **35**, 2352 (1941).
SINGH, B., and R. TIWARI: Chemical examination of Pinus gerardiana. The component fatty acids and the propable glyceride structure of the fatty oil from the seeds. Proc. nat. Acad. Sci. India **13**, 120—132 (1943); zit. nach Chem. Abstr. **42**, 1071 (1948).
—, and A. KUMAR: Chemical examination of Helianthus annuus. The component fatty acids and the propable glyceride structure of the seed oil. Proc. Indian Acad. Sci. **26**, 205—213 (1947); zit. nach Chem. Abstr. **42**, 6138 (1948).
— — Chemical examination of seeds of Raphanus sativus. Component fatty acids and the propable glyceride structure of the oil. Proc. Indian Acad. Sci. **27** A, 156—164 (1948); zit. nach Chem. Abstr. **42**, 5244 (1948).
SINGH, J., T.K. WALKER u. M.L. MEARA (S. SHAH, S.E. PHILIPP u. I.R. SHIMI): Die Säurezusammensetzung des Fettes von Aspergillus nidulans. Biochem. J. **61**, 85 (1955).
— — — Penicillium lilanicum. Biochem. J. **62**, 222 (1956a).
— — — Aspergillus nidulans. Biochem. J. **62**, 286 (1956b).
— — — Penicillium soppii. J. Sci. Food Agric. **8**, 697—701 (1957).
— — — Penicillium spinulosum. Biochem. J. **72**, 184 (1959).
SINGH, M.K.: Über die Fettsäuren des Sesamöls (Sesamum indicum). Dissertation. Hamburg 1963.
SLOTTA, K.H., u. K. NEISSER: Zur Chemie des Kaffees. III. Mitt. Die Gewinnung von Cafesterol und anderen Verbindungen aus dem Unverseifbaren. Ber. dtsch. chem. Ges. **71**, 1991—1994 (1938).
SMITH, F.A., and J. BROWN: The fatty acids of menhaden oil. I. Examination of the C_{12}, C_{14}, C_{16} and C_{18} fractions by low temperature cristallization procedures. Oil and Soap **22**, 277—283 (1945).
— — II. The separation of the methyl esters of menhaden oil into saturated, monoethylenic, and polyethylenic fractions by low temperature cristallization. Oil and Soap **22**, 321—325 (1945).
— — Distillation of the hydrogenated methyl esters and evaluation of the carbon series. Oil and Soap **23**, 9—14 (1946).
SMITH, W.E., and E.K. WALLER: The characteristics of millet oil. Analyst **58**, 319—324 (1933).
SÖRENSEN, N.A., u. J. MEHLUM: Pristan. Das Unverseifbare des Leberöles vom Riesenhai. Acta. chem. Scand. **2**, 140 (1948); zit. nach Fette u. Seifen **54**, 412 (1952).
SOETERS, C.J.: Die Gewinnung von Fett aus Mikroorganismen und die Schwierigkeit der praktischen Anwendung. Olien, Vetten en Oliezaden **26**, 63—68 (1941).
SOLTOFF, P., and F.G. DOLLEAR: Evaluation of safflower seed oil in edible fat products. J. amer. Oil Chem. Soc. **28**, 335 (1951).
SOLTSIEN, P.: Zur Prüfung der Margarine auf den vorgeschriebenen Gehalt an Sesamöl. Z. öffentl. Chem. **3**, 494—495 (1897); zit. nach Chem. Zbl. **1897 II**, 1038.
— Zum Nachweis von Talg und Schmalz nebeneinander. Pharmaz. Ztg. (Frankfurt) **34**, 350 (1894); **41**, Nr. 33 (1896); Chem. Umsch. Fette, Öle **15**, 103—106 (1908).
SOKOLOW, D.F.: Solid fats of subtropical plants. Subtropische Sowjetländer 1940, Nr. 11—12, 49 [russisch]; zit. nach Chem. Abstr. **37**, 6915 (1943).
SOUZA ARAUJO DE: Notiz über eine Kultur der indischen Chaulmoogra in Brasilien. Mem. Inst. Oswaldo Cruz **32**, 29 (1937) [portugiesisch]; zit. nach Chem. Zbl. **1938 I**, 1491.
Spectroscopy Committee Report: J. amer. Oil Chem. Soc. **25**, 14 (1948).
SPRINKMEYER, H., u. H. WAGNER: Sesamöl. Z. Untersuch. Nahrungs- u. Genußmittel **10**, 347—353 (1905).
— Zur Halphen'schen Reaktion auf Baumwollsamenöl. Z. Untersuch. Nahrungs- u. Genußmittel **15**, 19—20 (1908).
—, u. A. DIEDRICHS: Beiträge zur Kenntnis einiger Pflanzenfette (Mowrahbutter, Sheabutter, Adjabfett, Borneotalg, Tulucunafett, Dikafett, Makulangbutter). Z. Untersuch. Nahrungs- u. Genußmittel **23**, 581—596 (1912); **27**, 131—141 (1914).
— — Beiträge zur Kenntnis des Kapoksamens und des daraus gewonnenen Öls. Z. Untersuch. Nahrungs- u. Genußmittel **26**, 86—101 (1913).
STANSBURY, M.F., and C.L. HOFFPAUIR: Relation between fatty acid composition and iodine value of cottonseed oil. J. amer. Oil Chem. Soc. **29**, 53—55 (1952).
STARR, B.: Making the most from corn. Chem. Engin. News **56**, Nr. 8, 92—95, 140—143 (1949).
STATHOPOULOS, TH.: Einfluß des Alterns von Baumwollsamenöl auf die Halphen-Reaktion Praktika **6**, 173—177 (1930) [griechisch]; Chem. Zbl. **1932 I**, 1591.
STAUB, M., u. R. WIDMER: Untersuchungen an synthetischem Olivenöl. Z. Mitt. Die Isomerisierung der Ölsäure beim Verestern. Mitt. Lebensmitteluntersuch. Hyg. **50**, 77—82 (1959).
STEGER, A., u. J. VAN LOON: The composition of ivy seed oil. Rec. Trav. chim. Pays-Bas **47**, 471—476 (1928).

STEGER, A., u. J. VAN LOON: Das fette Öl der Samen von Cydonia vulgaris. Rec. Trav. chim. Pays-Bas **53**, 24—27 (1934a).
— — Das fette Öl der Hirse (Panicum miliaceum). Rec. Trav. chim. Pays-Bas **53**, 41—44 (1934b).
— — Néouöl. Rec. Trav. chim. Pays-Bas **53**, 197—199 (1934c); zit. nach Chem. Zbl. **1934 II**, 158
— — Ucuhuba fat. Rec. Trav. chim. Pays-Bas, **54**, 149—157 (1935a); zit. nach Chem. Abstr. **29**, 3539.
— — Properties and composition of Sumatra palm oil. Rec. Trav. chim. Pays-Bas **54**, 284—288 (1935b); zit. nach Chem. Abstr. **29**, 3541.
— — Das fette Öl der Samen von Ongueka gore engler. Fette u. Seifen **44**, 243—246 (1937a).
— — Das fette Öl der Samen von Vallerianella olitorea poll. J. Soc. chem. Industr. (Lond.) **56**, 298—302 (1937b).
— — Po-Yoaköl. Rec. Trav. chim. Pays-Bas **57**, 620—628 (1938).
— — Die Isansäure. Rec. Trav. chim. Pays-Bas **59**, 1156—1164 (1940).
— — Das fette Öl der Samen von Sterculia foetida. Fette u. Seifen **50**, 305—309 (1943a).
— — Hagebuttenöl. Fette u. Seifen **50**, 505 (1943b).
STEINMANN, A.: Über die Ausführung der Halphen'schen Reaktion. Schweiz. Wschr. Chem. u. Pharm. **39**, 560—562 (1901); Z. Untersuch. Nahrungs- u. Genußmittel **5**, 1138 (1902).
STERN, M.H., C.D. ROBESON, L. WEISLER and J.G. BAXTER: δ-Tocopherol. Isolation from soybean oil and properties. J. amer. chem. Soc. **69**, 869—874 (1947).
STILLMAN, R.C., and J.T.R. ANDREWS: Some notes on the Twitchell separation. Oil and Soap **14**, 257—260 (1937).
STOUT, A.W., and H.A. SCHUETTE: Roggenkeimöl. J. amer. chem. Soc. **54**, 3298—3302 (1932); zit. nach Z. Untersuch. Lebensmittel **73**, 289 (1937).
STRAUB, J., u. R.N.M.A. MALOTAUX: Calorimetrische Analyse organischer Systeme. Rec. Trav. chim. Pays-Bas **52**, 275—288 (1933).
SUDBOROUGH, J.J., H.E. WATSON and R.A. AYYAR: Vegetable oils containing glycerides of erucic acid. I. Introduction. II. Rape oil. III. Indian mustard oil. IV. Jawba oil. V. Oil from Tropaeolum majus. J. Indian Inst. Sci. **9** A, 25, 26—42, 43—51, 52—64, 65—66 (1926).
SULLIVAN, B., and C.H. BAILEY: Lipids of the wheat embryo. I. The fatty acids. II. The unsaponifiable fraction. J. amer. chem. Soc. **58**, 383—390, 390—393 (1936).
—, and M. HOWE: Lipids of wheat flour. The petroleum ether extract. Cereal chem. **15**, 716—720 (1938).
SUNDBERG, TH.: Die annähernde Bestimmung von Butter und Cocosfett in Fettmischungen. Svensk Kem. Tidskr. **40**, 9—21 (1928) [schwedisch]; zit. nach Chem. Zbl. **1928 I**, 1726.
SUZUKI, B., and Y. YOKOYAMA: Separation of glycerides. I. Linseed oil. II. Soybean oil. Proc. Imp. Acad. Tokyo **3**, 526—528, 529—530 (1927).
—, and Y. MASUDA: Über die Trennung von Glyceriden. III. Fischtran. V. Dorschleberöl. Proc. Imp. Acad. Tokyo **3**, 531—532 (1927); **4**, 165—168 (1928); zit. nach Chem. Zbl. **1928 I**, 605; **1928 II**, 1401.
— Über die Trennung von Glyceriden. Sandaalöl. Tintenfischöl, Rotsalmöl, Haifischleberöl, Walöl. Zusammenfassende Diskussion. Proc. Imp. Acad. Tokyo **5**, 265—268 (1929); **7**, 9—11, 230—231 (1931); zit. nach Chem. Zbl. **1929 II**, 2841; **1931 I**, 2778; **1931 II**, 2345.
SWERN, D., H.B. KNIGHT and C.R. EDDY: Trans octadecenoic acid content of beaf fat. Isolation of elaidic acid from oleo oil. J. amer. Oil Chem. Soc. **29**, 44—46 (1952).
SWIFT, C.E., S.P. FORE and F.G. DOLLEAR: Rice bran oil. Stability and processing characteristics of some rice bran oils. J. amer. Oil Chem. Soc. **27**, 14—16 (1950).
SYNODINUS, E.E., u. Z.E. KONSTAS: Reaktion für den Nachweis gereinigter Öle (Samenöl, Kernöl und raffiniertes Olivenöl) in natürlichem Olivenöl. Praktika Ak. Ath. **32**, 493—503 (1957) [griechisch]; Chem. Zbl. **1962**, 8106.
SYNODINUS, E., G.A. KOTAKIS et E. KOKKOTI-KOTAKIS: Etude par chromatographie en phase gazeuse des constituants glycéridiques des huiles d'olive et huiles de coton greques. Rev. Fr. Corps Gras **10**, 285 (1963).
TÄUFEL, K., u. M. RUSCH: Zur Kenntnis des Fettes der Gerste und ihrer Mälzungsprodukte. Z. Untersuch. Lebensmittel **57**, 422—431 (1929).
—, F. FISCHLER u. A. JORDAN: Zur Kenntnis des Traubenkernöls. Allg. Öl- u. Fett-Ztg. **28**, 119—126 (1931).
—, u. H. THALER: Über das Samenfett der Weinraute (Ruta graveolens). Fette u. Seifen **41**, 198 (1934).
— — und H. SCHREYEGG: Zur Kenntnis der Fette der Schimmelpilze (Citromyces spec.). Z. Untersuch. Lebensmittel **72**, 394—404 (1936); Fette u. Seifen **43**, 26 (1936); **44**, 34—38 (1937).
—, u. CL. FRANZKE: Zur Kenntnis des Lupinenöles. Fette u. Seifen **52**, 201—202 (1950).
— Polymerisierte Seetieröle als Nahrungsöle. Fette u. Seifen **54**, 689 (1952).

TÄUFEL, K., u. K. BARTHEL: Vorschläge für die einheitliche Untersuchung und Beurteilung von Schweineschmalz mit besonderer Berücksichtigung seiner Lagerfähigkeit. Ernährungs-Forsch. **1**, 638—650 (1956); zit. nach Chem. Zbl. **1958, 4656.**
—, G. MÜLLER u. CL. FRANZKE: Zur Kenntnis des Fettes der Schimmelpilze (Citromyces spec.). Nahrung **2**, 255; Fette u. Seifen **61**, 405 (1959).
TAKAHASHI, E., T. TASO and Y. SAEGI: Food chemistry of oats. Fats and oils produced in Hokkaido. J. agric. chem. Soc. Japan **11**, 199—205 (1935); zit. nach Chem. Abstr. **29**, 5293 (1935).
—, K. SIRAHAMA and N. TOGASAWA: The fat of marine algae. Nonvolatile fat acids of Alaria crassifolia kjelm. J. chem. Soc. Japan **60**, 56—60 (1939).
TALLARICO, G.: The extraction of oil from wheat bran. Riscerca Sci. **12**, 696—704 (1941) [italienisch]; zit. nach Chem. Abstr. **35, 8333** (1941).
TAYLOR, E.R., and H.T. CLARKE: Lower fatty acids of coconut oil. J. amer. chem. Soc. **49**, 2829—2831 (1927).
TER HORST, J.: Raffiniertes Leinöl als Nahrungsmittel. Olien, Vet. en Oliezaden **6**, **341** (1922) [niederländisch].
THALER, H., u. W. GROSEFF: Zur Kenntnis der Getreidekeimöle. I. Die Zusammensetzung des Roggenkeimöles. II. Die Zusammensetzung von extrahierten Roggenkeimölen. Fette u. Seifen **49**, 508—511 (1942); **50**, 432—434 (1943). III. Die Zusammensetzung des Weizenkeimöles **50**, 472—475 (1943).
THIEME, J.G.: Ölpalmforschung in Afrika. Fette u. Seifen **56**, 328—329 (1954).
THOMAS, V., u. F. BOIRY: Über das Öl von Adansonia grandidieri. Bull. Soc. chim. France **13**, (4) 827 (1913); zit. nach Chem. Zbl. **1913 II**, 1593.
THORBJARNARSON, T., u. J.-C. DRUMMOND: Vorkommen eines ungesättigten Kohlenwasserstoffes in Olivenöl. Analyst **60**, 23—29 (1935); zit. nach Chem. Zbl. **1935 II**, 300.
THORNTON, M.H., H.R. KRAYBILL and J.H. MITCHELL: Sterol glycosides from expressed soybean oil. J. amer. chem. Soc. **62**, 2006—2008 (1940).
THORNTON, jr., M.K.: Einige Untersuchungen über Baumwollsaatöl. Oil and Soap **11**, 209 (1934; Chem. Zbl. **1935 I**, 3614.
TOBIE, W.C.: Encyclopedia of Chemical Technology, Bd. 3, S. 651—652. New York: Interscience Publ., Inc. 1949.
TODD, A.R., F. BERGEL, H. WALDMANN and T.S. WORK: Constituents of vitamin E concentrates from rice- and wheat-germ oils. Biochem. J. **31**, 2247—2256 (1937).
TORTELLI, M., u. V. FORTINI: Identifizierung und Nachweis von Rüböl in Gemischen mit Olivenöl und anderen Speiseölen. Ann. Falsif. **4**, 139—245 (1911); zit. nach Z. Untersuch. Nahrungs- u. Genußmittel **22**, 665—667 (1911).
—, u. E. JAFFÉ: Eine spezifische Farbreaktion für Trane von Seetieren und ihrer Hydrierungsprodukte. Chemiker-Ztg. **39**, 14—15 (1915).
TOYAMA, Y.: Über die unverseifbaren Bestandteile (höheren Alkohole) der Haifisch- und Rochenleberöle. [Chem. Umschau Fette, Öle] **29**, 237, 245 (1922).
— Über den Oleinalkohol [Chem. Umschau Fette, Öle] **31**, 13—17, 61—67, 153—155 (1924).
—, u. T. TSUCHIYA: Decensäure, C_{10} $H_{18}O_2$, im Spermkopföl. Bull. chem. Soc. Japan **11**, 26—29 (1936); zit. nach Z. Untersuch. Lebensmittel **76**, 569 (1938).
—, u. G. AKIYAMA: Die stark ungesättigten Alkohole im Spermspecköl. Bull. chem. Soc. Japan **11**, 29—34 (1936); Z. Untersuch. Lebensmittel **76**, 569 (1938).
— Unsaturated acids of Tohacu oil (Lindera obtusiloba). J. Soc. chem. Industr. Japan **40**, 285—289 B (1937a); zit. nach Chem. Abstr. **31**, 8969 (1937).
— Sardinenleberöl. J. Soc. chem. Industr. Japan **40**, 402—403 B (1937b); zit. nach Chem. Zbl. **1938 I**, 4124.
—, u. K. UOZAKI: Specköle von Seiwal, Finnwal und Buckelwal. J. Soc. chem. Industr. Japan (Suppl.) **40**, 398—402 B (1937) [japanisch]; zit. nach Chem. Zbl. **1938 II**, 214.
TREVITHICK, H.P., u. W.H. DICKHARDT: Kapoköl und die Reaktion nach Halphen. Oil Fat Ind. **8**, 305—317 (1931); zit. nach Chem. Zbl. **1931 II**, 2397.
TROST, F., u. B. DOVO: Über die Fettsäuren des Eieröles. Ann. Chim. appl. **27**, 233—242 (1937) [italienisch]; zit. nach Z. Untersuch. Lebensmittel **75**, 493 (1938).
TSUCHIYA, T., u. A. KATO: Über die Kohlenwasserstoffe im Fett der Delphin-Leber J. chem. Soc. Japan, Industr. Chem. Sect. **53**, 305 (1950a); zit. nach Fette u. Seifen **53**, 102 (1951).
— — Highly unsaturated fatty acids of herring oil. Rep. Govt. chem. Ind. Res. Inst. Tokio **45**, 191—194 (1950b); zit. nach Chem. Abstr. **46**, 2317 (1952).
TSUJIMOTO, M.: Über einige japanische Pflanzenöle. J. Coll. Eng. Tokio **4**, 75—88 (1908); zit. nach Z. Untersuch. Nahrungs- u. Genußmittel **17**, 142 (1909).
—, u. Y. TOYAMA: Über die unverseifbaren Bestandteile (höheren Alkohole) der Haifisch- und Rochenleberöle. Chem. Umschau Fette, Öle **29**, 27—29, 35—37, 43—45 (1922).
— Hochungesättigte Fettsäuren aus Braunalgenfett. Chem. Umschau Fette, Öle **32**, 125—126 (1925).

TSUJIMOTO, M., u. K. KIMURA: Über die Fettsubstanz aus der Leber des Pottwals. Chem. Umschau Fette, Öle **35**, 317—318 (1928).
— — Über ein Haifischleberöl mit niedriger Jodzahl. Fette u. Seifen **39**, 50—52 (1932).
—, u. H. KOYANAGI: New unsaturated acid in the kernel oil of "akarittom" (Parinarium laurinum). J. Soc. chem. Industr. Japan **36**, 110—113 (1933).
— — Destillation von Pottwalkopföl unter vermindertem Druck. J. Soc. chem. Industr. Japan (Suppl.) **40**, 191—193, 272—274, 315—317 (1937) [japanisch]; zit. nach Chem. Zbl. **1938 I**, 1694, 2093.
— A new hydrocarbon in basking-shark-liver oil. Bull. chem. Soc. Japan **10**, 144—148, 149—153 (1935); zit. nach Z. Untersuch. Lebensmittel **74**, 424 (1937).
— Über einige Seetieröle. Öl der grünen Schildkröte. J. Soc. chem. Industr. Japan (Suppl.) **40**, 184—186 B (1937) [japanisch]; zit. nach Chem. Zbl. **1937 II**, 3833.
TÜRK, E.: Untersuchungen über das natürliche Chlorophyll und das Chlorophyll des Handels in Speiseölen. An. Asoc. Quim. Argent. **25**, 132—143 (1937); zit. nach Chem. Zbl. **1938 II**, 3032.
TURNER, R. G.: Die Stabilität von Carotin in Olivenöl. J. biol. Chem. **105**, 443—454 (1934); Chem. Zbl. **1935 I**, 742.
TUTIYA, T.: Mongolian apricot kernel oil. J. Soc. chem. Industr. Japan **62**, 286—287 (1941).
TVERAAEN, I., and A. KLEM: Contributions to the study of whale oils. Hvalradets Skr. Nr. II. Oslo: J. Dybwad 1935 [norwegisch].
UBBELOHDE, L.: Chemie, Analyse, Gewinnung der Öle, Fette und Wachse, Bd. I, S. 282. Leipzig: S. Hirzel 1908.
UENO, S., and Y. OTA: Butters, margarines and other edible oils and fats. J. Soc. chem. Industr. Japan **40**, B 291—292 (1937); zit. nach Z. Untersuch. Lebensmittel **76**, 89 (1938).
—, and Y. NISHIKAWA: Japanese nut oil. J. Soc. chem. Industr. Japan **40 B**, 313 (1937); Chem. Abstr. **32**, 378 (1938).
—, and M. IWAI: Characteristics of some antarctic whale oils obtained from various parts. J. Soc. chem. Industr. Japan **41** B, 297—298 (1938).
—, and T. TOKUNAGA: Characteristics and composition of hempseed oil. Composition of mixed fatty acids. J. Soc. chem. Industr. Japan **45**, 201—203 (1942); zit. nach Chem. Abstr. **43**, 5208 (1949).
UTZ, F.: Baudouin'sche Reaktion auf Sesamöl. Pharmaz. Ztg. (Frankfurt) **45**, 490 (1900).
VAECK, S. V.: Thermal study of cacaobutter. Int. Fachschr. Schokolade-Industr. **6**, 100 (1951); zit. nach Chem. Abstr. **46**, 5341 (1952).
— Kakaobutter und Fettreif. Rev. Int. Choc. **16**, 442—459 (1961).
VANNI, G.: Die Sesamöl-Reaktion und die Unverfälschtheit von Olivenöl. Olii miner. **12**, 60—61 (1932); zit. nach Chem. Zbl. **1932 II**, 2124.
VENKATARAO, C., and M. NARASINGARAO: Chemical examination of the seeds of Vateria indica. I. Component fatty acids of the fat. II. Component glycerides of the fat. J. Indian chem. Soc. **20**, 239—243, 298—300 (1943); zit. nach Chem. Abstr. **38**, 2229, 2230 (1944).
VERHAGEN, D., and R. W. PARENT: Determination of vitamin A in the unsaponifiable fraction of fish liver oils. Anal. Chem. **21**, 1584 (1949).
VIDYARTHI, N. L., and M. V. MALLYA: Component glycerides of vegetable fatty oils. Niger seed oil. J. Indian chem. Soc. **17**, 87—95 (1940); zit. nach Chem. Abstr. **34**, 5304 (1940).
VILJOUN, N. J.: Eine Untersuchung über die Zusammensetzung der Sojabohne in Südafrika. Union South Africa, Dept. Agr. Forestry, Bull. Nr. 169 (1937), 61 Seiten; zit. nach Chem. Zbl. **1938 II**, 1693.
VILLAVECCHIA, V., u. G. FABRIS: Über die Anwendung des Furfurols als Reagenz zur Erkennung des Sesamöls in Ölmischungen. Z. angew. Chem. **1893**, 505.
VIOLLIER, R., u. E. ISELIN: Über Sonnenblumenöl. Mitt. Lebensmitteluntersuch. Hyg. **33**, H. 5/6 (1942a).
— — Ein neues Speiseöl. Schweizerisches Traubenkernöl 1941. Mitt. Lebensmitteluntersuch. Hyg. **33**, 295—297 (1942b); Chem. Abstr. **38**, 4146 (1944).
VITOUX, M., and M. C. F. MUTTELET: Boemers method for the detection of tallow in lard. Ann. Falsif. Fraudes **13**, 593—601 (1920). **14**, 86 (1921); zit. nach Chem. Abstr. **15**, 3342 (1921).
VOORST, F. T. VAN: Über eine Beziehung zwischen der Entmischungstemperatur mit Anilin und der Jodzahl von Fetten. Chem. Weekbl. **47**, 333—335 (1951) [niederländisch].
VOSSGARD, A., u. E. BJÖRSVIK: Die Wijssche Methode zur Bestimmung der Jodzahl. Z. analyt. Chem. **115**, 195—204 (1939).
VRIES, E. DE: Das Bolekoöl. Oléagineux **12**, 427 (1957); zit. nach Fette u. Seifen **60**, 520 (1958).
WACHS, W., u. P. PETSCHA: Nachweis von Palmsamenfetten in Kakaobutter mit Hilfe der Verteilungschromatographie. Fette u. Seifen **60**, 655—658 (1958).
WAGNER, H., u. J. CLEMENT: Zur Kenntnis des Baumwollsamens und des daraus gewonnenen Öles. Z. Untersuch. Nahrungs- u. Genußmittel **16**, 145—160 (1908).

WAGNER, H.: Über die Zusammensetzung des nach dem Kaffee-HAG-Verfahren aus den Kaffeebohnen ausgezogenen wachsartigen Teiles. Z. Untersuch. Lebensmittel **77**, 225—247 (1939).
WAIT, R.: Nachweis der Trane. Pharm. Zentralh. **78**, 469—470 (1937).
WALLIS, E.S., and P.N. CHAKRAVORTY: Nature of the sterols in cottonseed oil. J. org. Chem. **2**, 335—340 (1937).
WALLRABE, G.: Über Lorbeerfett, insbesondere seine optische Aktivität. Arch. Pharmaz. **267**, 405—412 (1929).
WALLERSTEIN, M.: Die Veränderungen des Fettes während der Keimung und deren Bedeutung für die chemisch-physiologischen Vorgänge der Keimung. Forschungsber. Lebensmittel **3**, 372—388 (1896); zit. nach Chem. Zbl. **1897 I**, 63.
WASSILJEW, W.: Oil from the seeds of Crambe hispanica. Z. Öl-Fett-Industr. **16**, Nr. 2, 32—33 (1940) [russisch]; zit. nach Chem. Abstr. **34**, 7129 (1940).
WAUTERS, J.: Nachweis von Kotton- und Sesamöl, in Ölen, Butter, Schweineschmalz. Bull. Assoc. Belge Chim. **13**, 404—416 (1899); zit. nach Z. Untersuch. Nahrungs- u. Genußmittel **3**, 439 (1900).
WELMANS, P.: Nochmals die Welmans'sche Phosphormolybdänsäure-Reaktion. Pharmaz. Ztg. (Frankfurt) **36**, 798 (1891); **37**, 7 (1892); Z. Öff. Chemiker **6**, 127—134 (1900).
WERESCHTSCHAGIN, A.G.: Zusammensetzung der Triglyceride von Mohnöl. Biochemie, UdSSR **27**, 866—874 (1962) [russisch]; zit. nach Chem. Zbl. **46**, 268 (1964).
—, Ss.W. SKWORZOWA u. N.I. ISSCHAKOW: Zusammensetzung der Triglyceride des Baumwollsaatöls. Biochemie UdSSR. **28**, 868—878 (1963 [russisch]; zit. nach Chem. Zbl. **29**, 280 (1964).
WESSON, D.: Crude oil analysis. Oil Fat Industr. **3**, 295—305 (1926).
WEST, A.P., and C.C. CRUZ: Composition of cashew-nut oil. Philipp. J. Sci. **23**, 337—344 (1923).
WETTSTEIN, A., M. SPILLMANN and K. Miescher: The structure of cafestol. Helv. chim. Acta **28**, 1004—1013 (1945); zit. nach Chem. Abstr. **40**, 1529 (1946).
WIJS, J.J.A.: Über einige unbekannte und weniger bekannte Öle. Z. Untersuch. Nahrungs- u. Genußmittel **6**, 492—496 (1903).
WILLE, R.L., and E.S. LUTTON: Polymorphism of cocoa butter. J. amer. Oil Chem. Soc. **43**, 491—496 (1966).
WILLIAMS, K.A.: Oils, fats and fatty foods, 3. Aufl., S. 386—388 u. 406. London: J. and A. Churchill Ltd. 1950.
WINDAUS, A., and F. BOCK: Vegetable provitamin D. Hoppe-Seylers Z. physiol. Chem. **245**, 168—170, **250**, 258—261 (1937); zit. nach Chem. Abstr. **32**, 2174 (1938).
WINTER, G.: Safflower oil. J. amer. Oil Chem. Soc. **27**, 82—84 (1950).
— Fettforschung in Australien. Fette u. Seifen **53**, 516—522 (1951).
—, u. W. NUNN: Die Zusammensetzung des Öles aus dem Speck der Crabeater-Robbe. J. Sci. Food Agric. **1**, 18 (1950); **4**, 439, 442 (1953); zit. nach Fette u. Seifen **56**, 189 (1954).
WITTKA, F.: Die Sanza-Olivenöle und ihr Nachweis in gepreßten Olivenölen. Allg. Öl- u. Fett-Ztg. **29**, 207—211 (1932); Chem. Zbl. **1932 II**, 1094.
— Eichel-Öl. Fette u. Seifen **44**, 464—465 (1937); Chem. Zbl. **1938 II**, 1335.
WODSAK, W.: Der Vitamin A-Gehalt von Dorschlebertran in Abhängigkeit von seiner Gewinnung. Fette u. Seifen **57**, 491—494 (1955).
WOIDICH, H., H. GNAUER u. O. RIEDL: Über den Nachweis von Fremdfett in Kakaoerzeugnissen. Z. Lebensmitteluntersuch. u. -Forsch. **112**, 184—190 (1960).
— — — u. E. GALINOVSKY: Über die Zusammensetzung der Kakaobutter. Z. Lebensmittel-Untersuch. u. -Forsch. **125**, 91—96 (1964).
—, E. GALINOVSKY u. H. GNAUER: Über Untersuchungen an Kürbiskernöl. Dtsch. Lebensmittel-Rdsch. **58**, 220—224 (1962).
WOLFF, J.P.: Etude des differentes méthodes de dosage des acides linoléique et linolénique dans les huiles. Rev. Fr. Corps. Gras **8**, 68—84 (1961); Chem. Zbl. **1961**, 14, 137.
— Contrôle de la pureté des saindoux. Rev. Fr. Corps. Gras **8**, 677 (1961); **10**, 187—195 (1963).
—, et F. AUDIAU: Contrôle de l'origine des suifs par chromatographie en phase gazeuse. Rev. Fr. Corps gras **11**, 77—89 (1964).
WRIGHT, A.M., and I. THOMPSON: The titre of New Zealand mutton tallow. J. Soc. chem. Industr. (Lond.) **47**, 13—14 (1928).
WURZIGER, J.: Zum Nachweis von raffiniertem Schmalz und raffiniertem white grease. Fette u. Seifen **59**, 90—93 (1957).
— Ein Beitrag zur Ermittlung von Schweineschmalz in Gänseschmalz. Fette u. Seifen **61**, 1046—1050 (1959).
— Über Untersuchungen zur Prüfung von Kakaobutter auf Fettzusätze aus minderwertigen und schalenhaltigen Kakaorohstoffen. Süßwaren **6**, 1294—1302 (1962).
—, u. E. LINDEMANN: Beitrag zum Nachweis der Alkali-Raffination von verdorbenem Schweineschmalz. Fette u. Seifen **60**, 99—103 (1958).

YAMADA, M., H. TAKAI, M. Mizuta and Y. TOYAMA: Tintenfisch- und Makrelenöle. J. Oil Chem. Soc. Japan **2**, 149 (1953); zit. nach Fette u. Seifen **55**, 644 (1953).
— Die Zusammensetzung der Fettsäuren des Tintenfischöles. Bull. Fac. Fisher., Hokkaido Univ. **5**, 86 (1954); zit. nach Fette u. Seifen **57**, 537 (1955).
YAZICIOGLU, T.: Über die Zusammensetzung der Früchte der türkischen Pistazienarten und die Eigenschaften ihrer Samenöle. Fette u. Seifen **52**, 6—9 (1950a).
— Untersuchungen an türkischen Traubenkernen und deren Ölen. Fette u. Seifen **52**, 325—326 (1950b).
— Über das türkische Lorbeerfett. Fette u. Seifen **52**, 593—595 (1950c).
— Zusammensetzung und Beschaffenheit der Avocatbirnen aus Adana (Türkei) und die Eigenschaften und Kennzahlen des daraus gewonnenen Öles. Fette u. Seifen **53**, 9—10 (1951a).
— Türkische Pflanzenöle. Fette u. Seifen **53**, 189—190 (1951b).
YOSHIDA, M.: Toxic effect of high doses of liver oil and the activity of yeast in prevention of the toxicity. J. and Bull. agric. chem. Soc. Japan **13**, 120—147 (1937); zit. nach Chem. Abstr. **37**, 3532; Z. Untersuch. Lebensmittel **74**, 242 (1937).
ZECHMEISTER, L., u. P. TUZSON: Isolierung des Lipochroms aus Hühner- und Pferdefett. Einige Beobachtungen an menschlichem Fett. Hoppe-Seylers Z. physiol. Chem. **225**, 189—195 (1934); Z. Untersuch. Lebensmittel **73**, 572 (1937).
ZEHNPFENNIG, R. G., and H. A. SCHUETTE: Elmseed oil. Studies on fatty acid separation. Oil and Soap **18**, 189—190 (1941).
ZELENY, L., and D. A. COLEMAN: Refractometric determination of iodine number in flaxseed oils. Oil and Soap **13**, 253—256 (1936).
ZELLNER, J.: Fatty oils of Sambucus racemosa. Monatsh. **39**, 87—94 (1918); zit. nach Chem. Abstr. **13**, 80 (1919).
ZIMMERMANN, J.: Ketiau oil from the seeds of Ganua (Bassia) mottleyana (Sapotaceae). Chem. Weekbl. **30**, 657—658 (1933); zit. nach Chem. Abstr. **28**, 355 (1934).
ZIPPEL, F.: Zur Wertbestimmung des Lebertrans. Pharmaz. Ztg. (Frankfurt) **82**, 112—113 (1937); Z. Untersuch. Lebensmittel **73**, 484 (1937).

Patente

Boehringer und Söhne, Ingelheim a. Rh. (Erfinder H. BUDKA, G. STOECK u. W. VOGEL): D.B.P. 1077824 (ausg. 1960).
KAUFMANN, H. P.: D.R.P. 722108 (ausg. 1951).
— D.R.P. 896845 (ausg. 1953).
Lever Brothers, UNILEVER N. V. u. J. BOLDINGH: D.B.P. 858293 (ausg. 1952).
MCKEEVER, C. H.: U.S.P. 2471230 (ausg. 24 V. 1949).
MIKUSCH, J. D. VON: (Thörl's Vereinigte Harburger Ölfabriken, Hamburg-Harburg) D.B.P. 883893 (ausg. 1951).
SCHEIBER, J.: D.R.P. 513540 (ausg. 1928); E.P. 306452; U.S.P. 1942778.
Unilever N. V., Rotterdam (Erfinder H. PARDUN, C. J. SOETERS, A. CROSSLEY, S. PAUL, R. L. BEST): Belg. Pat. 545355 (ausg. 1955).
— Rotterdam (Erfinder A. CROSSLEY, H. PARDUN, C. J. SOETERS): DAS 1030668 (ausg. 1956).

Technologie der Speisefette und Fettprodukte

Von

Dr. **Karl Friedrich Gander**, Hamburg

Mit 39 Textabbildungen

Systematik der Speisefette

Eine systematische Einteilung der Fette macht Schwierigkeiten. Manches spricht für eine Gliederung nach wirtschaftlichen und rein praktischen Erwägungen. Ernährungsphysiologische Unterschiede sind in ihrer Bewertung noch umstritten. Der gewohnten Einteilung nach Ursprung und Fettsäurezusammensetzung, die mangels einer besseren auch hier beibehalten wird, sind allerdings die wirtschaftlich bedeutsamen hydrierten, umgeesterten und fraktionierten Fette nicht ohne Zwang einzuordnen. Nach ihrem Ursprung unterscheidet man:

pflanzliche Fette, die im allgemeinen in ihrem Unverseifbaren eine bestimmte Gruppe von Sterinen, die *Phytosterine*, enthalten, sowie

tierische Fette, welche als Begleitstoffe Zoosterine, insbesondere *Cholesterin*, haben (vgl. Bd. I, S. 336).

Sowohl die Gruppe der tierischen als auch die der pflanzlichen Fette kann zunächst danach unterteilt werden, inwieweit diese Fette bei Temperaturen um 20° C flüssig oder fest sind. Man muß sich aber vor Augen halten, daß die in unseren Breiten festen Fette an sich nur einen sehr geringen Anteil wirklich festen kristallisierten Fettes (oft nur 20%) enthalten; ihre Festigkeit ist bedingt durch ihre Kristallstruktur, von zufälligen Erstarrungsbedingungen abhängig. Die darüber hinausgehende althergebrachte Einteilung der *flüssigen pflanzlichen Fette* nach dem Grad der Ungesättigtheit ihrer Fettsäuren findet in neuerer Zeit aus biologischen und physiologischen Gründen wieder eine gewisse Rechtfertigung:

1. Trocknende Öle mit relativ hohem Gehalt an Linol- und Linolensäure und Jodzahlen von etwa 150—190. Sie sind einerseits ziemlich oxydationsempfindlich, andererseits enthalten sie jedoch relativ große Mengen natürlicher Antioxydantien (vgl. Bd. I, S. 350, 1030). Man gewinnt sie vor allem aus den Ölfrüchten der gemäßigten Zonen (Beispiele: Leinöl und Tungöl).

2. Schwach- oder halbtrocknende Öle mit niedrigem Gehalt an Linolensäure und Jodzahlen von 100—150 sind relativ gut haltbare und physiologisch wertvolle Rohstoffe für die Margarine- und Speisefett-Industrie (Beispiele: Sonnenblumenöl, Baumwollsaatöl).

3. Nicht trocknende Öle mit hohem Gehalt an Ölsäure und Jodzahlen von 75—100 zeichnen sich durch ihre besondere Oxydationsstabilität aus (Beispiele: Olivenöl, Erdnußöl).

4. Feste pflanzliche Fette mit niedriger Jodzahl sind sehr lange lagerfähig (Beispiele: Cocosfett und Palmkernfett).

Analog hierzu werden die tierischen Fette wie folgt eingeteilt:

1. Flüssige Fette, insbesondere von Seetieren, die nahezu ausschließlich in hydrierter Form verwertet werden (Beispiele: Walöl und Fischöl).

2. Feste Fette, einschließlich Butterfett, mit hohem Gehalt an Stearin- und Palmitinsäure, jedoch relativ wenig mehrfach ungesättigten Fettsäuren (Beispiele: Schmalz und Talg).

Die in der Weiterverarbeitung praktisch bedeutsamen und im Handel befindlichen Fette bestehen nun nicht nur aus Rohstoffen, die ausschließlich der einen oder anderen der obigen Gruppen einzuordnen wären, sondern es sind meistens Mischungen verschiedener Fette und Öle, gegebenenfalls unter Mitverwendung von umgeesterten und hydrierten Fetten. Für Spezialzwecke, vor allem der Bäckerei, kommen neuerdings sogar Fettfraktionen, z. B. von Palmöl, auf den Markt.

Hydrierte und umgeesterte Fette wurden früher häufig in abwertendem Sinn als „künstlich" bezeichnet. Bei der Herstellung von Speisefetten verschiedenster Art und von Margarine sind sie heute praktisch unentbehrlich: mit ihrer Hilfe kann man spezielle funktionelle Eigenschaften bei diesen Speisefetten erzielen, z. B. Erhöhung des Mürbeffektes bei Backwaren, bessere Hitzebeständigkeit usw.; darüber hinaus ermöglichen sie, relativ hohe Mengen an flüssigem Öl, das reich an mehrfach ungesättigten Fettsäuren ist, im Fettgemisch zu verarbeiten, wodurch auch ernährungsphysiologisch hoch bewertete Produkte erzielt werden.

Pflanzenfette

A. Vorkommen

Die auch heute noch wichtigen Ölsaaten Raps, Mohn und Lein sind schon von alters her als Nahrungsmittel bekannt. Lein und Baumwolle sind nach Funden bei Ausgrabungen schon 12000 bis 3000 v. Chr. anscheinend zur Fasergewinnung angepflanzt worden. Da zu diesem Zeitpunkt bereits eine Webtechnik bestanden haben muß, ist anzunehmen, daß auch die vergleichsweise einfache Technik der Ölgewinnung bekannt gewesen ist.

Als erste Ölpflanze wurde schon im Jahre 2838 v. Chr. in den Büchern des Kaisers Sheng-Nung die Sojabohne erwähnt. Man war in der Lage, nach Zerkleinern und Erhitzen der Saat das Öl mit Hilfe von Keilpressen zu gewinnen. Nach babylonischen Aufzeichnungen aus dem Jahre 2800 v. Chr. war die Verarbeitung von Öl durch Kochen mit Asche — offenbar die Anfänge der Seifenherstellung — bekannt (H.P. KAUFMANN 1956). In Indien, Ägypten und Südamerika fanden sich Hinweise, daß schon in früher Zeit fettreiche Pflanzensamen verwertet wurden. (Im biblischen Bericht bringt eine Taube Noah die Kunde vom Sinken der Flut durch das Blatt des Ölbaumes.)

(E.W. ECKEY 1954; A.J.C. ANDERSON 1962; K. LANG 1957; F. LYNEN 1965; W. RUHLAND 1957).

Etwa 80% aller höheren Pflanzen haben Früchte oder Samen, in denen Fett in größeren Mengen vorkommt; aber auch andere Organe der Pflanzen sind fetthaltig. Von den Samenfetten weiß man, daß sie der keimenden Pflanze als Reservestoff dienen; ob sie darüber hinaus noch andere Funktionen zu erfüllen haben, ist noch nicht geklärt.

Die Frage der physiologischen Fettbildung in niederen und höheren Pflanzen ist während der letzten Jahre von mehreren Arbeitskreisen intensiv angegangen worden (K. BLOCH 1963; A.T. JAMES 1962, 1963, 1965, 1967; P.K. STUMPF 1959, 1963; F. LYNEN 1961, 1963). Dabei konnten unter Heranziehung ^{14}C-markierter Verbindungen die wesentlichen Stufen der Bildung gesättigter und ungesättigter, geradzahliger unverzweigter Fettsäuren erkannt werden. Sie stellen sich dar in einer Kette von Kondensations- und Redox-Reaktionen, bei denen Acetyl-CoA, Malonyl-CoA sowie eine Reihe spezifischer Enzyme und Co-Faktoren mitwirken. Die Biosynthese der Fette aus den gebildeten Fettsäuren erfolgt in stufenweiser Veresterung mit α-Glycerophosphat unter Mithilfe von CoA und ATP, wobei als Zwischenstufe die entsprechenden Phosphatidsäuren entstehen.

Man nimmt an, daß die Früchte und Samen zunächst in der Phase des Wachstums ihre endgültige Größe ohne wesentliche Fetteinlagerung erreichen; dann erst wird verhältnismäßig schnell Fett eingelagert, bis der maximale Fettgehalt erreicht wird (vgl. Tab. 1). Kurz vor der Vollreife ist in vielen Fällen bereits ein Fettabbau festgestellt worden (W. RUHLAND 1957).

Der Prozentanteil des Fettes in der Frucht oder im Samen ist bei den Pflanzenfamilien sehr unterschiedlich (vgl. Tab. 2); unter den Pflanzen, die im tropischen und subtropischen Gebiet heimisch sind, gibt es viele mit besonders fettreichen Samen und Früchten. Es hat dabei den Anschein, als ob eine höhere Stellung im

Tabelle 1. *Fette und Kohlenhydrate in reifenden Baumwollsamen* (nach GRINDLEY 1950)

Alter der Samen (Tage)	Kohlenhydrate	Gesamt-Fett	Zusammensetzung der Fettsäuren		
			Gesättigte Fette	Ölsäure	Linolsäure
21	75,7	2,2	—	—	—
31	75,7	2,4	23,9	29,3	46,8
41	61,5	10,3	22,9	26,4	50,7
51	35,3	21,7	20,5	27,7	51,8
60	30,3	25,3	22,4	25,5	51,1

Tabelle 2. *Fettgehalt von Ölsaaten und Ölfrüchten*

	Fettgehalt der Saat bzw. Frucht in %		Fettgehalt der Saat bzw. Frucht in %
Babassu, Kern	65—70	Mohn	41—50
Baumwollsaat	18—25	Oliven, Fleisch	40—60
Baumwollsaat, entschält	30—40	Oliven, Kern	12—15
Bucheckern	25—29	Ölpalme, Fleisch	65—72
Bucheckern, entschält	bis 43	Ölpalme, Kern	45—55
Cocosfrucht	40—45	Paranuß, Kern	bis 67
Cocosfrucht, Kern (Kopra)	60—70	Raps (Rübsen)	30—45
Erdnuß, enthülst	40—50	Rizinussaat	45—60
Hanfsaat	30—35	Saflor	25—35
Haselnuß, Kern	bis 62	Senfsamen	15—35
Kakaosamen, entschält	50—60	Sesamsaat	47—56
Leinsaat, europäische	28—30	Sojabohnen	17—20
Leinsaat, ostindische	35—40	Sonnenblumenkerne	22—36
Leinsaat, argentinische	34—37	Traubenkerne, frische Trester	3— 8
Leindottersaat (Camelina)	31—34	Traubenkerne, getrocknet	16—18
Mais, Keim	30—40	Walnuß, Kern	48—65
Mandel	38—50		

phytogenetischen System mit der Tendenz gekoppelt ist, stärker ungesättigte Fettsäuren zu bilden. — Es gibt jedoch Abweichungen von den in der Tabelle genannten Mittelwerten der Fettmenge bei den verschiedenen Rassen und Varietäten einer Pflanzenart. Es wurden z. B. unterschiedliche Soja-Sorten gezüchtet, deren Bohnen von 5 % bis zu 26 % Fett enthielten.

Die verschiedenen enzymgesteuerten Stoffwechselvorgänge führen je nach Alter der Pflanze, Umwelteinflüssen usw. zu Abweichungen in der chemischen Zusammensetzung der jeweiligen Fettart. Besonders auffällig ist der Einfluß des Klimas: Die Pflanzenfette aus tropischen und subtropischen Gebieten, wie z. B. Cocosfett, enthalten mehr gesättigte Fettsäuren als die der gemäßigten Zonen. Dies scheint pflanzenphysiologisch verständlich, weil die stärker ungesättigten Fettsäuren Glyceride mit relativ niedrigem Schmelzpunkt bilden, wodurch das Fett der Samen bzw. Früchte bei den kühleren Temperaturen der gemäßigten Zonen leichter zu mobilisieren ist. Zwischen 58—65 Grad nördlicher Breite gezogener Lein hatte beispielsweise Jodzahlen des Fettes zwischen 180 und 200, wogegen in 40 Grad nördlicher Breite nur Jodzahlen von 150—160 ermittelt wurden. Bei einem anderen Vergleich war in Meereshöhe die Jodzahl des Leinöls rd. 157, gegenüber 179 auf 1670 m Höhe. Die Verteilung der Fettsäuren innerhalb der Glyceride einer Fettart ist dabei nicht die statistisch zu erwartende; es kommen z. B. relativ wenig Glyceride mit drei gesättigten Fettsäureresten an einem Glyceridmolekül vor, die einen vergleichsweise hohen Schmelzpunkt haben (T. P. Hilditch 1964).

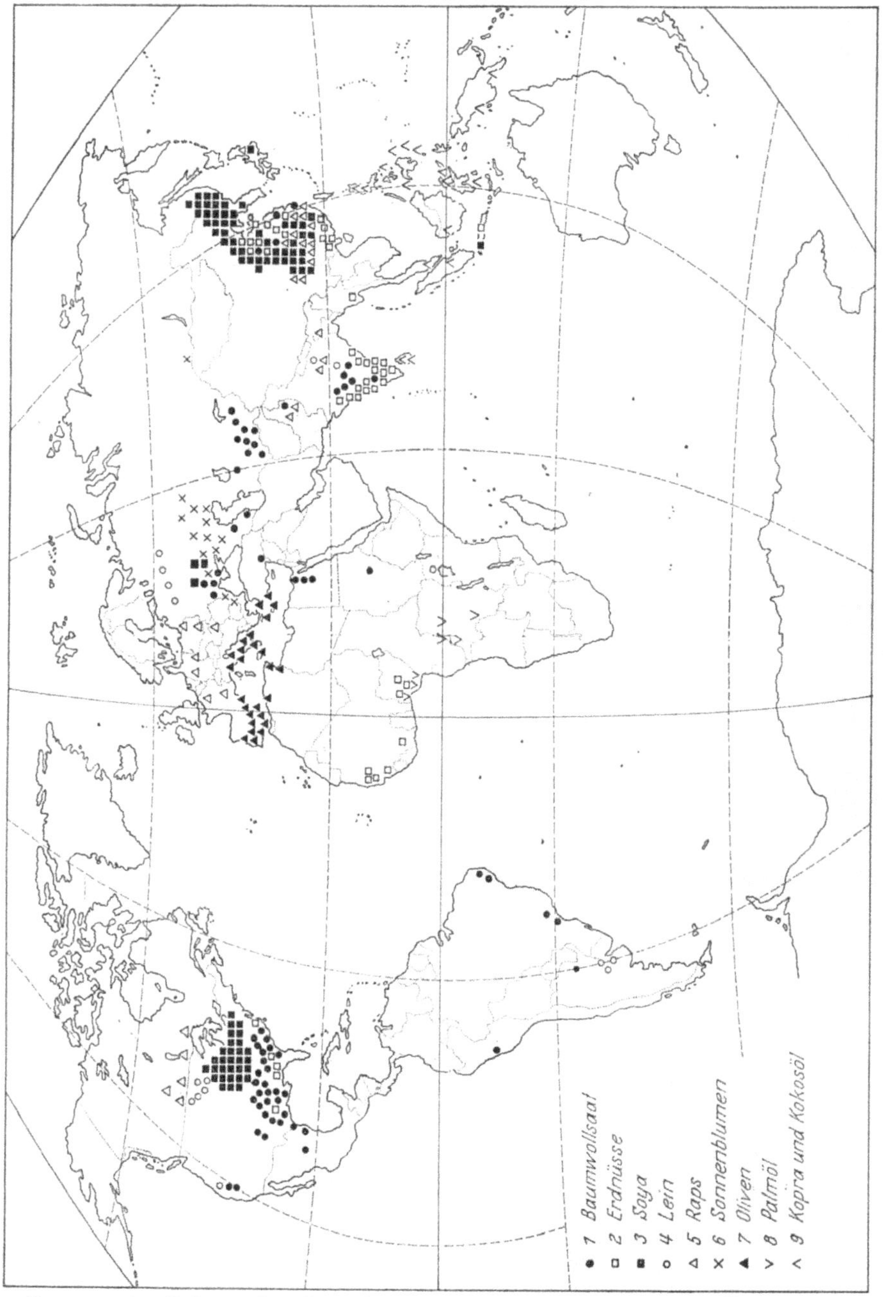

Abb. 1. Herkunft pflanzlicher Öle und Fette (Übersichtsskizze)

In neuester Zeit werden fast überall auf der Erde (vgl. Abb. 1, Übersichtsskizze) Pflanzen mit dem Ziel der Fettgewinnung kultiviert. Die Ölfrüchte und -samen haben dabei einen sehr großen Anteil am Export vor allem in den sog. Entwicklungsländern.

B. Gewinnung

Unter der Gewinnung des Fettes im weiteren Sinne sollen in diesem Kapitel alle Maßnahmen von der Ernte der fetthaltigen Samen und Früchte bis zur Raffination der Pflanzenöle behandelt werden; die raffinierten Öle und Fette dienen dann als Ausgangsstoffe für verschiedene Fettprodukte des Handels, deren Herstellung in späteren Abschnitten beschrieben ist.

I. Fettrohstoffe

Es ist wichtig, den Weg der Fettrohstoffe gesondert zu betrachten, weil die Höhe der Erträge und die mehr oder weniger rationellen Erntemethoden von größter Bedeutung für Entwicklungen auf dem Weltfettmarkt und damit für die Ernährung der Bevölkerung sind. Darüber hinaus haben aber bereits die Bedingungen bei der Ernte und beim Transport der fetthaltigen Samen und Früchte zu den Ölmühlen erheblichen Einfluß auf die Qualität des Fettes und der später daraus hergestellten Produkte. Dabei geht es nicht nur um die Qualität der Rohstoffe, gemessen an den hier besonders differenzierten Usancen des Welthandels, sondern vor allem um chemische Veränderungen der Fettsubstanz, die oft nur mit großem analytischem Aufwand zu erfassen sind, aber Geschmack und Haltbarkeit der Fette und Fettprodukte bis zum Verzehr beeinflussen.

1. Erntebedingungen und Erträge

Von Bäumen und Büschen müssen die Ölfrüchte und -samen vielfach in manueller Arbeit geerntet werden, dabei kommt es wesentlich darauf an, den richtigen Zeitpunkt auszuwählen, denn mit der Reife beginnt bereits der enzymatische Abbau des Fettes (vgl. Abschnitt Lagerung der Fettrohstoffe, S. 187).

Bei wild wachsenden *Palmen* beschränken sich die Eingeborenen oft darauf, die herabfallenden Früchte aufzulesen; bei Plantagenpalmen werden die älteren Bäume mit Leitern erklettert und die Früchte bzw. Fruchtbüschel mit Beilhieben abgetrennt. Dieser sehr lohnintensiven Arbeit wird man in Zukunft mehr und mehr durch Züchtung niedrigerer Palmen begegnen.

Weitgehend mechanisiert ist die Ernte bei den 1jährigen Pflanzen. Eine Ausnahme bilden lediglich die *Baumwoll*-Pflanzen, bei denen mit Rücksicht auf die Baumwolle noch von Hand oder aber nach Entfernung der Blätter neuerdings mit speziell entwickelten Maschinen gepflückt wird. Chemische Entblätterungsmittel werden vor der maschinellen Ernte in steigendem Umfang angewendet (K.S. Markley 1950). Die chemische Entblätterung spielt vereinzelt auch bei der Ernte von *Sojabohnen* eine Rolle, die in reifem Zustand, wenn fast alle Blätter abgeworfen sind, von Mähdreschern abgeerntet werden. Zur mechanisierten Ernte vollreifer *Sonnenblumen* wird, sofern es sich um Zwergsorten handelt, ebenfalls bereits eine Art von Mähdreschern eingesetzt, sonst bleibt es beim Abschneiden der Blüten von Hand. Die Blütenscheiben werden getrocknet und dann gerieben bzw. geschüttelt, um die Kerne zu gewinnen. Bei der Ernte von *Raps* und *Rübsen* muß sehr sorgfältig vorgegangen werden, um ein vorzeitiges Aufplatzen der reifen Schoten zu vermeiden. Die Pflanzen werden gemäht und auf den Feldern getrocknet; ähnlich geht man bei der Ernte von Mohn vor. *Erdnüsse* werden von Hand oder mit Spezialmaschinen gerodet, auf den Feldern getrocknet und meist maschinell von den Wurzeln abgelöst (H.P. Kaufmann 1956).

Die Hektarerträge für alle diese Pflanzenfette sind naturgemäß sehr unterschiedlich, je nach Kultivierung der Böden, Klima usw. Einen Begriff von der Größenordnung mögen folgende Zahlen vermitteln:

Hektarertrag in t Fett pro Jahr

Öl- und Cocospalmen	1—2
Erdnüsse	0,3—0,5

Abgesehen von der weiteren Rationalisierung der Erntemethoden, liegt zweifellos die Hauptaufgabe in der Zukunft darin, die *Züchtung* geeigneter Sorten weiterzutreiben. Dabei geht es nicht nur um die Erzielung höherer Ernteerträge oder um die Züchtung von Pflanzen, deren Früchte leichter abzutrennen sind, vielmehr ist man bemüht, qualitativ besonders wertvolle Sorten zu entwickeln. Sojabohnen und Raps sollten im Fett z. B. möglichst wenig Linolensäure enthalten, um die Oxydationsstabilität solcher Öle an sich wie auch in Fettprodukten zu verbessern. Es gelang auch bereits, Raps mit Fett, welches keine Erucasäure mehr enthält, zu züchten.

Über die Erntezeiten verschiedener Ölsaaten und -früchte bietet die folgende Zusammenstellung einen Überblick:

Erntezeiten von Ölsaaten und -früchten

Oliven	
Spanien, Griechenland	Okt.-März
Italien, Portugal	Okt.-Dez.
Türkei	Sept.-Okt.
Frankreich	Okt.-Jan.
Nordafrika	Sept.-Jan.
Argentinien	Mai
Baumwollsaat	
USA, Nordbrasilien	Aug.-Dez.
Mexiko	Juni-Febr.
Südbrasilien	Mai-Juli
Argentinien	Febr.-Juni
Ägypten	Aug.-Okt.
Sudan	Dez.-Mai
Moçambique	Juni-Aug.
Indien	Sept.-Juli
Pakistan	Sept.-Jan.
China	Sept.-Okt.
UdSSR	Sept.-März
Sonnenblumen	
Kanada	Oktober
Argentinien	März-Juni
Chile	März
Uruguay	März-Mai
Tansania	Mai-Juni
Südafrika	April-Juni
Jugoslawien	Aug.-Okt.

Cocosnüsse, Palmfrüchte	
Ziemlich gleichmäßig während des ganzen Jahres, besonders in Plantagen.	
Sesam	
Indien	Mai-Dez.
Ostpakistan	Aug.-Jan.
Westpakistan	Okt.-Nov.
Birma	Juli-Okt.; Jan.-Febr.
China	Juli-Nov.
Nigeria	Juni-Sept.
Tansania	März-Aug.
Uganda	Dez.-Jan.
Sudan	Okt.-Febr.
Ägypten	Oktober
Mexiko	Juni-Juli; Sept.-Jan.
Griechenland, Türkei	Aug.-Sept.
Sojabohnen	
USA	Sept.-Nov.
Kanada, China, UdSSR	Sept.-Okt.
Japan	Aug.-Nov.
Südbrasilien	April-Mai
Indonesien	abhängig v. d. Trockenzeit
Jugoslawien	Aug.-Okt.

Erdnüsse

USA	Aug.-Nov.	Uganda	Juli-Aug.
Argentinien	März-Mai	Sudan	Nov.-Jan.
Südbrasilien	April-Juni	Südafrika	Febr.-April
Ghana, Guinea	Nov.-Dez.	Indien	Sept.-Jan.
Nigeria	Okt.-Jan.	Indonesien	abhängig v. d. Trockenzeit
Gambia	Dezember	China	Sept.-Nov.
Tansania	Mai-Juli	Birma	Okt.-Dez.

Rapssaat

Frankreich, Niederlande			
Deutschland	Juni-Sept.	Indien	Jan.-April
Finnland, Schweden	Juli-Sept.	China	Mai-Juli

2. Transport und Handel von Fettrohstoffen

Die Transportbedingungen und die Handelsbräuche richten sich nach den Eigenarten der jeweiligen Fettrohstoffe. Die Qualitätsbewertung erfolgte noch vor kurzem vorwiegend nach der „*look and sniff*"-Methode, d. h. versiegelte Muster wurden vom Käufer allein nach der Sinnenprüfung akzeptiert oder nicht. Vor allem unter dem Einfluß amerikanischer Organisationen geht man immer mehr zur objektiveren Bewertung mittels im Laboratorium ermittelter Kennzahlen über, wobei diese Daten jedoch meistens nur charakteristisch für den Frischezustand der Ware bzw. ein Ausdruck für die bei der Ernte und Aufbereitung aufgewendete Sorgfalt sind; sie sagen hingegen noch nichts darüber aus, ob z. B. das Fett bereits die Anfangsstadien der Autoxydation durchlaufen hat.

Das Fleisch der *Cocosnuß* muß möglichst schnell von 50 % auf 4—6 % Wassergehalt getrocknet werden (das ergibt *Kopra* mit ca. 65 % Fett), damit ein Verderben durch Mikroorganismen, vor allem durch Schimmelpilze, verhindert wird. „*Hot air dried*", „*smoke dried*" und „*sun dried*" Kopra kann in der Qualität sehr unterschiedlich sein; wichtig ist, daß vollreife Nüsse verwendet wurden. Die Kopra wird heute zumeist nach dem „*London Kopra Kontrakt*" gehandelt.

Das Fruchtfleisch der *Ölpalme* kann als solches nicht gehandelt werden. Im Ursprungsland werden die Früchte in modernen Anlagen zumeist mit Dampf erhitzt, um die fettspaltenden Enzyme zu vernichten, dann wird mechanisch ein Mus hergestellt, von dem das *Palmöl* mittels Zentrifugen abgetrennt wird. Gutes rohes Palmöl hat etwa 3, geringere Qualität oft mehr als 10 % freie Fettsäuren (*ffa*). Im Zentrifugenrückstand sind die *Palmkerne*, deren Schalen vor der Verschiffung mechanisch gebrochen und abgetrennt werden. Die Palmkerne werden nach den Kontrakten der „*Seed, Oilcake and General Produce Association*" gehandelt, die von 49 % Standard-Fettgehalt ausgehen.

Erdnüsse werden zur Ersparnis von Frachtraum geschält verschifft. Werden beim Schälen von Hand oder mit einfachen Mühlen viele Nüsse beschädigt, so ist mit einer wesentlich schlechteren Ölqualität zu rechnen. Ein Teil der unterschiedlichen Handelskontrakte legt deshalb nur 3 % *ffa* zugrunde bei 1 %iger gegenseitiger Vergütung vom Kontraktpreis für Mehr- oder Mindergehalt.

Sojabohnen werden heute zumeist nach den „*Official Grain Standards of the US*" gehandelt, diese sehen z. B. bei „grade 2" 14 % Wassergehalt, 3 % beschädigte und 2 % mißfarbene Bohnen bei 2 % Fremdbeimengungen sowie bis zu 20 % „splits" als Basis vor.

Baumwollsaatöl wird meistens als „*prime crude*" Öl oder als „*prime bleachable summer yellow*" vorraffiniertes Öl mit nicht mehr als 0,25 % *ffa* auf dem Weltmarkt angeboten. Der Raffinationsverlust des Rohöls wird nach vereinbarten Laboratoriumsmethoden ermittelt.

Saaten werden überwiegend lose verschifft, was bei Verwendung von Tankschiffen (keine Lüftung) manchmal zu Qualitätsmängeln führen kann. Beim Be- und Entladen verwendet man zunehmend *pneumatische* Förderung. Auch rohe Pflanzenöle werden vorwiegend von Spezialtankschiffen „in bulk", das heißt in Großpartien, und nicht mehr in Fässern transportiert.

3. Lagerung der Fettrohstoffe

Die fetthaltigen *Samen* und *Früchte* werden z. T. nur in kurzen Perioden geerntet; es ist also insbesondere bei den Samen — ganz abgesehen von der Vorratshaltung — zum ganzjährigen Betrieb einer Ölfabrik eine den jeweiligen Ölsaaten angepaßte Lagerung erforderlich.

In lebenden wie auch in toten Zellen, in unbeschädigter wie in beschädigter Saat können während der Lagerung verschiedenartige Reaktionen eintreten, die sich auf die Qualität fast immer negativ auswirken:

Ein zu *hoher Wassergehalt* beschleunigt die Atmung der Saat, er fördert die hydrolytische Fettspaltung durch Enzyme, führt unter Umständen sogar zur Keimung und erschwert meistens die Zerkleinerung. Eine besondere Gefahr droht der feuchten Saat durch den praktisch kaum vermeidbaren Befall mit Mikroorganismen. Schimmelpilze rufen eine verstärkte Fettspaltung (Lipolyse) oder eine Parfümranzigkeit hervor. Durch den Befall mit Schimmelpilzen wird auch die Atmung der Saat verstärkt, so daß es sogar zur Selbstentzündung kommen kann.

Ein zu *geringer Wassergehalt* dagegen führt bei der Verarbeitung manchmal zu Ölverlusten.

Ein reichliches Angebot von *Sauerstoff* fördert ebenfalls die Atmung, wogegen die Autoxydation der Fette in der Saat und auch in rohen Pflanzenölen normalerweise recht langsam verläuft, weil sie durch natürliche Antioxydantien, wie z. B. Tokopherole, gehemmt wird.

Tierische Schädlinge — Käfer, Motten und Milben — bewirken, daß die Fettspaltung um ein vielfaches schneller verläuft als in unbeschädigter Saat.

Solche oft vermeidbaren Veränderungen der Saat können die Qualität der aus ihr hergestellten Speisefette erheblich mindern. Dies wird in der Ölmühle meist noch nicht augenscheinlich, aber später ist z. B. manche hierdurch bewirkte Dunkelfärbung der Rohöle im Zuge der Raffination kaum noch zu beseitigen. — Es kann auch eine *Isomerisierung* von mehrfach ungesättigten Fettsäuren im Saatfett einsetzen, die viel später durch eine außergewöhnliche Oxydationsbereitschaft der Fette oder durch Entwicklung von unangenehmen Geruchs- und Geschmacksstoffen bei gehärteten und ungehärteten Ölen offensichtlich wird. — Fette, die wegen vorausgegangener Fettspaltung viele freie Fettsäuren enthalten, neigen später bei der Raffination zur Emulsionsbildung, die zu entsprechend höheren Raffinationsverlusten führt.

Um allen diesen Vorgängen entgegenzuwirken, wird die Ölsaat nötigenfalls vor der Lagerung getrocknet und so eingelagert, daß sich auch bei langer Vorratshaltung ein *Wassergehalt* einstellt, der mit *höchstens 75% relativer Luftfeuchtigkeit* im Gleichgewicht steht, ein Wert, der für die verschiedenen Saaten und auch bei verschiedenen Temperaturen sehr unterschiedlich ist (vgl. Abb. 2). Im allgemeinen liegt der günstigste *Trocknungsgrad* zwischen *5 und 12%*.

Bei sehr vielen Lebensmitteln und landwirtschaftlichen Produkten, wie z. B. hier bei den Ölsaaten, besteht eine enge Beziehung zwischen der rel. Luftfeuchtigkeit und dem Wassergehalt des Lagergutes: Bei einer bestimmten Temperatur gehört zu jedem rel. Feuchtigkeitsgrad der umgebenden Luft ein ganz bestimmter Wassergehalt der Saat, der damit im Gleichgewicht steht (hygroskopisches Gleichgewicht).

Enthält eine Saat mehr oder weniger Wasser als diesem hygroskopischen Gleichgewicht entspricht, so wird sie Wasser an die Luft abgeben (also austrocknen) oder Wasser aus der Luft anziehen, bis der *Gleichgewichtswert* erreicht ist (vorausgesetzt, daß im letzteren Falle die Luft mit einem bestimmten Feuchtigkeitsgrad im Überschuß vorhanden ist).

Da die Entwicklung von Mikroorganismen (Schimmelpilze, Bakterien) an eine bestimmte *rel. Luftfeuchtigkeit* gebunden ist, die für *Schimmelpilze* beispielsweise bei etwa 73—75% liegt, ist zur Beurteilung der *Lagerfähigkeit* einer Ölsaat (und vieler anderer Lebensmittel) nicht nur die Kenntnis ihres absoluten Wassergehaltes, sondern auch ihres *hygroskopischen Gleichgewichtswertes* nötig.

Trägt man die *rel. Luftfeuchtigkeit* als Ordinate und den *Wassergehalt* der Saat als Abszisse im Diagramm ein, so läßt sich das hygroskopische Gleichgewicht bei einer bestimmten Temperatur für jede Saat als eine *Adsorptions-Isotherme* (oft auch als Sorptionsisotherme bezeichnet) darstellen, die einen S-förmigen Verlauf hat.

Die nachfolgende Abb. 2 enthält die Gleichgewichtskurven für verschiedene Ölsaaten bei etwa 25° C (nach H.P. KAUFMANN 1956).

Die Geschwindigkeit der Wasseraufnahme und -abgabe ist bei den einzelnen Saaten verschieden; so reagieren z. B. die Leinsamen sehr schnell, Sojabohnen dagegen langsam auf Änderungen der rel. Luftfeuchtigkeit.

Das hygroskopische Gleichgewicht ist temperaturabhängig, doch ist in praxi bei Ölsaaten der Einfluß der Temperatur bis zu etwa 50° C sehr gering. Bei niedriger Temperatur ist bei gleicher rel. Luftfeuchtigkeit der Wassergehalt höher.

Der „kritische Wassergehalt", also der höchste Wassergehalt, den eine Saat haben darf, um gefahrlos gelagert werden zu können, ist meist noch etwas niedriger als der aufgrund des hygroskopischen Gleichgewichts von etwa 75% rel. Luftfeuchtigkeit berechnete, da man in der Praxis mit beschädigten Samen, Verunreinigung usw., rechnen muß. Nachfolgende Tabelle gibt für einige Ölsaaten die in der Praxis bewährten *kritischen* Wassergehalte wieder (nach H.P. Kaufmann 1956).

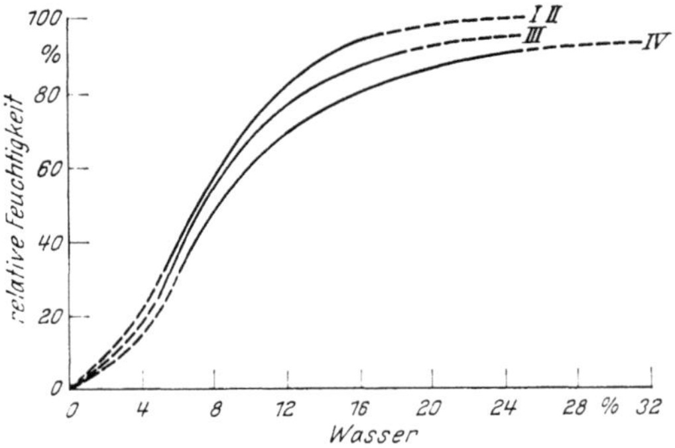

Abb. 2. Hygroskopisches Gleichgewicht für einige Ölsaaten
I = Sonnenblumensaat; II = Leinsaat; III = Baumwollsaat; IV = Sojabohnen

Tabelle 3. *Kritischer Wassergehalt gelagerter Ölsaaten*

Kopra	6,0%
Leinsaat	10,5%
Palmkerne	8,0%
Raps	12,0%
Sojabohnen	13,0%
Sonnenblumensamen	
ungeschält	9,5%
geschält	7,0%

Die völlige Ausschaltung des Sauerstoffs der Luft wäre im Prinzip vorteilhaft, eine Umwälzung und damit Belüftung der Saat ist jedoch notwendig, wenn größere Gefahren, wie z. B. Schimmelbefall, im Zusammenhang mit zu hoher Feuchtigkeit in Teilen des Lagersilos drohen. Laufende Messungen der Luftfeuchtigkeit und der Temperaturen im Lagerraum dienen der Kontrolle; Geruch und Aussehen der Ölsaat und die Analyse, vor allem die *ffa*-Bestimmung, vermitteln ein recht genaues Bild über ihren jeweiligen Haltbarkeits- und Qualitäts-Zustand. Schädlinge werden nötigenfalls durch Gifte wie Blausäure, Phosphorwasserstoff oder Spezialpräparate, wie z. B. Tritox, Gesarol u. a., getötet (R. Lüde 1948).

Aus dem Vorhergehenden folgt, daß die Saat vor allem vor Luft- und Bodenfeuchtigkeit geschützt werden muß. Säcke mit Saat werden in flachen Lagerhallen gestapelt; eine Vielfalt von mechanischen Bandförderern, Rutschen, Staplern usw. ersetzen die menschliche Arbeitskraft dabei weitgehend. Dem Transport und der Lagerung von Säcken wird neuerdings die Bewegung und Lagerung in losem Zustand vorgezogen, weil letztere bei Massengütern rationeller (höhere Energie, aber geringer Arbeitsaufwand) und sicherer zu handhaben ist. Die Lagerung von loser Ware auf Böden ist auch nur ein Zwischenschritt auf dem Wege zum Bau moderner Silos gewesen, denn eine gleichmäßige Verteilung und Durchlüftung ist auf Lagerböden schwierig. Der moderne Silo (vgl. Abb. 3) wird meistens in Form mehrerer Zellen im Gleitverfahren aus Beton errichtet. Die Saat lagert in den einzelnen, häufig runden Zellen von mehreren Metern Durchmesser unter besonders günstigen Bedingungen: Die Brandgefahr ist minimal; die Lagerung kann, falls erwünscht, sogar unter Luftabschluß erfolgen; Nagetiere und andere Schädlinge finden keinen Zugang; die glatten Wände sind gut zu reinigen. Zur Belüftung kann mit geeigneten Vorrichtungen Druckluft zugeführt werden, oder die Saat wird mit pneumatischen oder mechanischen Fördereinrichtungen von der einen in eine andere Zelle umgewälzt. — Beim Silobau handelt es sich um eine große Investition, allein die Kosten des Fundaments sind häufig so hoch, daß Stahlzellen dem Betonbau vorgezogen werden.

Normalerweise wird die Saat mit Saughebern den Schiffen entnommen, in Zyklon-Abscheidern vom Staub befreit und dann z. B. mit Kettenförderern, die nur wenig Abrieb bei der Saat hervorrufen, auf die Siloanlage verteilt. Nötigenfalls

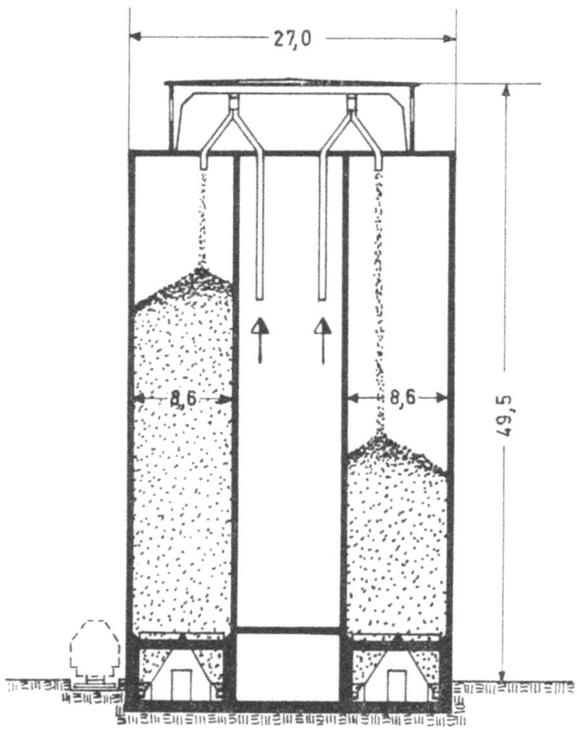

Abb. 3. Silo-Anlage für Saaten *(MIAG, Braunschweig)*

wird z. B. in Rieseltrocknern mit Luft, die in geeigneten Wärmeaustauschern zuvor erhitzt wurde, getrocknet; Drehsiebe und Magnete entfernen unerwünschte Begleitstoffe (R. LÜDE 1948).

Flüssige Rohöle und Raffinate werden vorwiegend in zylindrischen Tanks innerhalb von Gebäuden oder aber in Tankanlagen im Freien gelagert. Solche Tanks mit oft mehreren tausend Tonnen Fassungsvermögen bestehen meistens aus Eisen, weil Edelstahl oder Aluminium um ein Vielfaches teurer sind. Die Wandfläche und auch die Schweißnähte überziehen sich bald mit einem Fettfilm, der die bekannte katalytische Wirkung des Eisens auf die Oxydation des Fettes verhindert. Heizschlangen im Innern der Behälter ermöglichen es, das Fett in pumpfähigem Zustand zu erhalten; entsprechende Heizdampfregelanlagen sorgen dafür, daß keine Überhitzung an der Oberfläche der Rohrschlangen eintritt. Das Rohrleitungsnetz ist so angelegt, daß möglichst wenig Vermischungen von verschiedenen Fetten beim Umpumpen vorkommen können, was jedoch oft nicht völlig auszuschließen ist. — Sofern der Kontakt mit blankem Schwermetall und eine unnötige Erhitzung vermieden werden, sind rohe Pflanzenfette und -öle wochen- und teilweise monatelang lagerfähig, ohne daß spürbare Qualitätseinbußen eintreten. Eine Ausnahme machen *Rüb-* und *Sojaöl,* bei denen sich im allgemeinen eine wäßrige Schicht am Boden der Tanks absetzt, von der aus Mikroorganismen eine zunehmende Spaltung des Fettes verursachen. Durch eine besonders intensive Entschleimung und nachfolgende Trocknung solcher Öle kann man diese allerdings lagerfähig machen. Die natürlichen Antioxydantien schützen das Fett weitgehend vor einer Autoxydation (vgl. Bd. I, S. 350). Die Lagerung unter Ausschluß von Sauerstoff wird sich im allgemeinen nur lohnen, wenn zuvor der im Fett gelöste Sauerstoff entfernt werden kann, was jedoch technisch sehr aufwendig ist; dazu muß das Fett z. B. in unter Vakuum stehende Tanks versprüht oder aber mit Stickstoff „gestrippt", das heißt durchblasen, werden.

II. Fettgewinnung durch Auspressen der Saat

Nach PLINIUS (23 n. Chr.) zerquetschten die Römer Oliven in einer Art Kollergang und preßten den in Binsensäcke gefüllten Brei zwischen Steinen aus. Keil- und Schraubenpressen waren ebenfalls schon bekannt. Bis ins 16. Jahrhundert wurde in Europa die Ölgewinnung im landwirtschaftlichen Nebenbetrieb vorgenommen; erst allmählich setzte sich die Lohnmüllerei (Ölschlägerei) durch. Die Saat wurde in Schlag- und Stampfwerken zerkleinert und später mit Keil- oder Stampfpressen entölt.

Die modernen Ölmühlen mit ihrem großen Durchsatz von Ölsaaten ermöglichen eine *kontinuierliche* Arbeitsweise. Die Vorteile liegen dabei im geringeren Arbeitsaufwand, in der oft gleichmäßigeren und schonenderen Verarbeitung und im geringeren Platzbedarf, weil z. B. viele Zwischenbehälter entfallen. Jedoch ist bei kontinuierlichen Anlagen der Investitionsaufwand sehr groß, zumal oft komplizierte Regelvorrichtungen erforderlich sind. Regelanlagen können um so eher entfallen, je länger die Anlage nur einen bestimmten Rohstoff unter konstanten Bedingungen verarbeiten kann. Außerdem ist zu berücksichtigen, daß kontinuierliche Anlagen oft einen außergewöhnlich hohen Aufwand für Wartung und Instandhaltung erforderlich machen.

Die alten Preßverfahren sind im Laufe der Jahrtausende weiterentwickelt worden; sie konkurieren heute mit den Extraktionsverfahren, zumindest bei fettreicher Saat sind sie noch immer vorteilhaft. Eine zu extrahierende Saat sollte nicht mehr als 15—30 % Fett enthalten. Bei höherem Fettgehalt wird eine Saat zunächst gepreßt, danach das restliche Fett mit speziellen Lösungsmitteln extrahiert. Es gelingt beim Pressen nur, den Fettgehalt auf bestenfalls etwa 3 % herabzudrücken, wogegen die Extraktion eine Entölung der Saat bis zu etwa 0,5 % ermöglicht.

1. Vorbehandlung

Das Fett ist in den Früchten und Saaten im wesentlichen in den parenchymatischen Zellen des Gewebes enthalten. Die Verarbeitung richtet sich deshalb weitgehend danach, in welchem Ausmaß diese Parenchym-Zellen mit verholztem Stützgewebe (Sklerenchym) umgeben sind. Bei Palmfrüchten und Oliven gelingt es z. B. schon allein durch Erhitzen, die Membran der fetthaltigen Zellen zu sprengen und das Fett abzutrennen. Dagegen bedürfen alle anderen wichtigen pflanzlichen Rohstoffe einer Vorzerkleinerung und einer thermischen Vorbehandlung, um dann schließlich mittels Pressen und Extraktion das Fett in guter Ausbeute freizugeben.

Die *Vorzerkleinerung* hat eine erste grobe Zerstörung der Samenhäute und der Gewebestruktur zum Ziel; außerdem wird dadurch die für den Ölaustritt zur Verfügung stehende Oberfläche der Saatteilchen vergrößert und der Abflußweg des Öls aus dem Innern an die Oberfläche verkürzt. Ölhaltige Teilchen in Form dünner Plättchen werden speziell dann angestrebt, wenn das Gut später extrahiert werden soll; somit wird die spezifische Oberfläche besonders groß, die Diffusionswege müssen so kurz wie möglich sein.

Den aufzuwendenden Kräften und der angestrebten Feinheit des Mahlgutes entsprechend, verwendet man zur Vorzerkleinerung die in der Weichmüllerei, wie z. B. bei der Getreideverarbeitung, üblichen Maschinen (Walzenstühle). Die mechanische Zerkleinerung erfordert einen hohen Aufwand an elektrischer Energie, wobei die rein physikalische Zerkleinerungsarbeit, welche sich nach der Größe der erzeugten Oberfläche richtet, nur wenige Prozent der gesamten technischen Arbeit ausmacht; denn gerade bei relativ weichem Gut, wie bei Ölsaaten, wird viel Arbeit zwangsläufig auf die plastische und elastische Deformierung sowie außerdem auf die Erwärmung und die Erschütterung der Umgebung verwendet. Der Gesamtaufwand für die Vorzerkleinerung und Mahlung in den Ölmühlen liegt in der Größenordnung von 20—30 kW/t.

Zur *kontinuierlichen* Zerkleinerung werden heute anstelle der früher üblichen Mühlen (Stiftscheiben-, Schlagkreuz- und Hammermühlen) vielfach *Walzenbrecher, Riffelwalzen-* und *Glattwalzenstühle* eingesetzt (vgl. Abb. 4). Bei den letzteren sind mehrere Walzenpaare in den sog. Walzenstühlen übereinander angeordnet; das Gut muß dabei mehrfach solche Walzenstühle passieren und erhält so

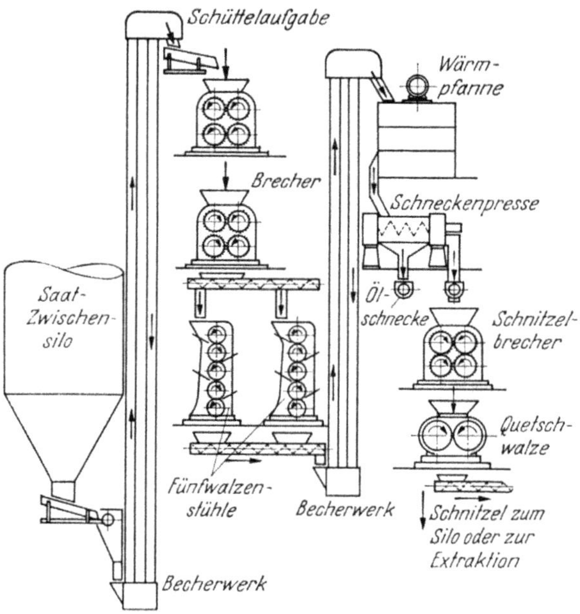

Abb. 4. Schema einer Ölmühle

die angestrebte gleichmäßige Mahlfeinheit. Die Oberfläche der in den Ölmühlen eingesetzten Walzen ist zur groben Zerkleinerung des Mahlgutes z. B. mit Zacken besetzt, danach durchläuft das Gut grobe und feine Riffelwalzenstühle und schließlich Glattwalzen, welche die Feinmahlung vornehmen. Mit der Anzahl der hintereinandergeschalteten Walzenpaare, ihrer oft unterschiedlichen Größe und dem verschieden einstellbarem Abstand sowie der dadurch bedingten unterschiedlichen Umdrehungsgeschwindigkeit der Antriebs- und mitlaufenden Schleppwalzen lassen sich Durchsatz und Mahlfeinheit in weiten Grenzen variieren. Von diesen Möglichkeiten wird Gebrauch gemacht, wenn im gleichen Betrieb verschiedenartige Saaten verarbeitet werden sollen; überdies sind schon einzelne Saatpartien oft derart unterschiedlich in ihrer Struktur, daß sie vor der Pressung auch andersartig zerkleinert werden müssen. Die Saat soll ganz allgemein so gleichmäßig wie möglich zerkleinert sein, wobei die Größe der Teilchen nicht nur von der jeweiligen Saat abhängt, sondern auch den jeweiligen örtlichen maschinellen Entölungsanlagen (Vorpresserei, Fertigpresserei und Extraktion) angepaßt werden muß.

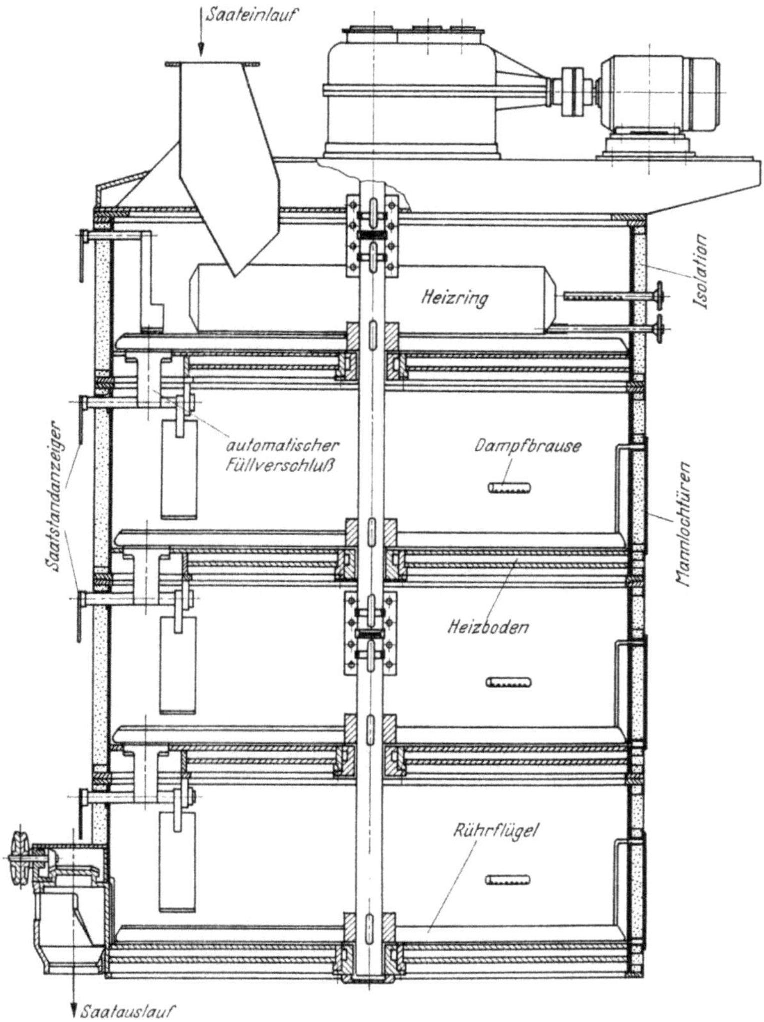

Abb. 5. 4fache Wärmpfanne für die Konditionierung von Ölsaaten
(Fried. Krupp Harburger Eisen- und Bronzewerke AG)

Diese Zerkleinerung mittels Walzenstühlen ist hinsichtlich der Investitionskosten und des Energiebedarfs sehr aufwendig; einfacher und billiger arbeiten Mühlen, deren Mahlgut jedoch eine vergleichsweise viel ungleichmäßigere Körnung aufweist, ein Umstand, der leicht zu Schwierigkeiten beim Pressen und bei der Extraktion führen kann.

Vor der Pressung der zerkleinerten Saat wird diese, um mit geringem Energiebedarf eine große Fettausbeute zu erzielen, einer „*Konditionierung*" unterworfen, d.h. sie wird in geeigneten Apparaten vorgewärmt, aufgefeuchtet und evtl. gekocht. Durch diese Erwärmung, die, wenn gleichzeitig direkt Heißwasser oder Wasserdampf zugeführt wird, mit einer Quellung verbunden ist, wird das verholzte Gewebe weicher. Außerdem kann sich der Zellinhalt so stark ausdehnen, daß die Zellmembranen schließlich platzen. Das freiwerdende Öl bleibt jedoch im wesentlichen noch am fein zerkleinerten Zellmaterial haften. Temperatur und Feuchtigkeit werden bei der Konditionierung möglichst so gesteuert, daß Pektin und Eiweißstoffe coagulieren. Dadurch ist das Öl später besser zu filtrieren und zu raffinieren; eine Temperatur von 70—80° C inaktiviert außerdem die lipatischen Enzyme sowie Schimmelsporen, welche die Haltbarkeit des Preßkuchens gefährden würden. Die möglichst vollständige Coagulation des Eiweißes ist auch wichtig, um ein Verschmieren der Pressen oder die Schaumbildung in den Extraktionsanlagen zu vermeiden. Die Temperatur beim Konditionieren ist allerdings nach oben hin begrenzt, weil bei allzu weitgehender Denaturierung der Proteine der Nährwert des Preßkuchens (Viehfütterung) sinken kann und auch die Gefahr besteht, daß unangenehme Farb- und Geschmacksstoffe in das Öl übergehen. Eine besondere Bedeutung kommt der Erhitzung der Baumwollsaat zu, weil dabei das giftige *Gossypol* verändert oder an denaturiertes Eiweiß angelagert und damit inaktiviert wird (vgl. BAILEY 1948, S. 320; H.P. KAUFMANN 1965, S. 577).

Zur Vorwärmung werden entweder rohrartige, horizontale Apparate verwendet oder vertikale *Wärmpfannen* eingesetzt (vgl. Abb. 5). Letztere ähneln im Prinzip den Etagentrocknern oder Röstöfen, d. h. das Gut durchläuft von oben nach unten mehrere übereinanderliegende Böden, auf denen es von Rührern bewegt und einer Durchlaßöffnung zum nächst niederen Boden zugeführt wird. Die Böden werden mit Dampf beheizt, außerdem sind meistens Vorrichtungen zum direkten Einblasen von Wasserdampf angebracht. — Durch Steuerung der Mahlfeinheit und der Konditionierung lassen sich die Voraussetzungen schaffen, durch die nach der Pressung ein leicht zu filtrierendes und zu raffinierendes Öl in guter Ausbeute anfällt; außerdem wird ein hochwertiger Preßschnitzel (Viehfutter) gewonnen.

2. Pressung

Durch den Preßvorgang wird die flüssige Fettphase von der festen Phase, dem *Preßkuchen*, getrennt. In den sog. Scheidepressen wirkt der Feststoff zugleich als Filtermaterial für das ablaufende Öl. Arbeitstechnisch ist es zur Erhöhung der Ölausbeute wichtig, den Preßdruck nur ganz allmählich zu steigern; anfangs sind die Capillaren im Preßgut noch groß genug, um ein relativ leichtes und schnelles Abfließen des Öls zu ermöglichen; erst später wird es erforderlich, den Preßdruck zu steigern, um auch das adsorptiv noch mehr oder weniger fest gebundene Öl zu gewinnen. Auch der Energiebedarf ist bei langsamer Steigerung des Drucks wesentlich geringer. Zur Verringerung der Viscosität des austretenden Öls wird im allgemeinen *warm* gepreßt, wobei Temperaturen um 100° C üblich sind. Das Pressen von nicht vorgewärmtem Gut zur Erzielung „kalt geschlagener“ Öle hat zwar bei der Olivenölgewinnung eine große Bedeutung, bei der Pressung von Öl-Saaten kommt es jedoch durch die notwendige Anwendung hoher Preßdrücke auch ohne Vorwärmung zu höheren Preßtemperaturen, da nur ein geringer Teil des Preßdrucks in Bewegungsenergie des Öls, ein größerer Teil in Wärme umgewandelt wird. Bei hydraulischen Pressen wird mit Drucken von mehreren hundert *atü*, in Schneckenpressen sogar mit noch höheren Drucken gearbeitet.

Offene Pressen (z. B. Packpressen, Etagenpressen) werden in wesentlichem Umfang heute nur noch bei der *Oliven-Verarbeitung* verwendet (vgl. Beitrag WISSEBACH). Bei der Olivenölgewinnung muß ähnlich wie bei Palmfrüchten ein

Fruchtfleisch, welches außer Fett auch viel Fruchtwasser enthält, verarbeitet werden. Oliven werden zunächst in Spezialwaschmaschinen gereinigt und dann im Kollergang oder neuerdings mit Hammermühlen oder Walzenstühlen zerkleinert, wobei zu beachten ist, daß die in der breiigen Masse fein verteilten Öltröpfchen zu

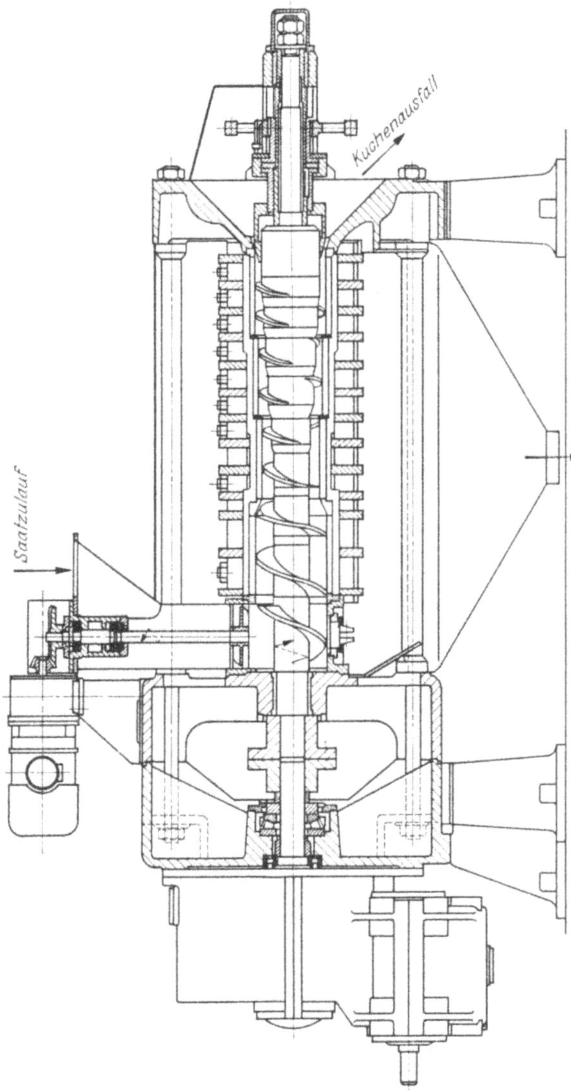

Abb. 6. Kontinuierliche Schneckenpresse, zum Vorpressen eingesetzt
(Fried. Krupp Harburger Eisen- und Bronzewerke AG)

größeren Tropfen coalescieren. Die Olivenpaste wird bei etwa 20° C in Säcke eingeschlagen und zwischen Platten, durch deren Zentrum ein perforierter Dorn geht, meistens von unten hydraulisch gepreßt. Das Öl sammelt sich unten in einer Schale. Im Preßkuchen bleibt wegen der für die offenen Pressen typischen Druckverteilung ein nach außen zunehmender Restölgehalt zurück. Als Speiseöl ist normalerweise nur das Öl erster Pressung zu gebrauchen; der Preßkuchen wird anschließend vielfach mit heißem Wasser übergossen, aufgescheitert und dann nochmals gepreßt.

Bei den *geschlossenen Pressen* ist das Preßgut von einem zylinderförmigen, perforierten Mantel, dem *Seiher*, umgeben. Ein hydraulisch bewegter Kolben drückt von unten oder oben auf das Preßgut und letztlich gegen ein Widerlager. Der Preßdruck nimmt mit zunehmender Entfernung vom Kolben ab. Ein rationellerer Betrieb wird dadurch erreicht, daß die Seiher bei einem Teil der Pressen nicht fest eingebaut sind, sondern außerhalb der Presse mit geeigneten Apparaturen gefüllt und später wieder entleert werden. Trotz mancher Versuche, das Arbeiten mit den Seiher-Pressen zu automatisieren, kann dieser Pressentyp nicht mehr mit kontinuierlichen Schneckenpressen wirtschaftlich konkurrieren. — *Kasten-*, *Trog-*, *Topf- und Ringpressen*, bei denen das Füllgut in dünner Schicht in Trögen, Kästen oder Töpfen liegt und das Fett durch Siebböden und Kanäle abgeleitet wird, finden heute noch Anwendung zur Gewinnung von z. B. *Kakaobutter* oder *Sheabutter*, die als normalerweise feste Fette auf schonende Weise bei gleichmäßiger Erwärmung in relativ kleinen Mengen gewonnen werden.

Moderne *Schneckenpressen* werden kontinuierlich mit der Ölsaat beschickt, was einen gleichmäßigen Ablauf des gesamten Verfahrens von einer kontinuierlichen Zerkleinerung über die Konditionierung bis zur Pressung ermöglicht. Der großen Ersparnis an menschlicher Arbeit stehen höhere Energie- und Wartungskosten gegenüber. Die Entölung ist in den Schnecken sehr gut und gleichmäßig, weil die dem Preßdruck ausgesetzte Schicht relativ dünn ist und ständig umgebrochen wird. Es gibt eine Vielzahl von Typen (z. B. *Anderson*, *Krupp*), bei denen aber immer eine schneckenförmige Welle sich in einem Seiher, der aus Stahlstäben besteht, dreht. Das System ist einem Fleischwolf mit einem für den Ölaustritt durchbrochenen Gehäuse (Seiher) ähnlich (vgl. Abb. 6).

Der Preßraum wird entweder durch die stufenweise Vergrößerung des Schnekkenwellendurchmessers oder durch die teleskopartige Verjüngung des Seihers verengt, dadurch wird die wegen des Ölverlustes auftretende Volumenverminderung

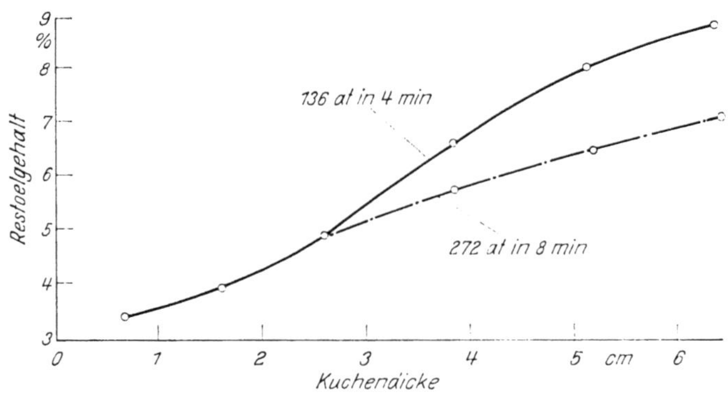

Abb. 7. Abhängigkeit des Rest-Ölgehaltes im Preßkuchen von der Kuchendicke bei zwei verschiedenen Drucken (nach G. H. HICKOX)

des Preßkuchens kompensiert. Aus dem gleichen Grund wird die Ganghöhe der Schnecke in Preßrichtung allmählich reduziert (vgl. Abb. 7). Die Höhe des Gesamtdruckes (max. 3000 atü) wird über die Kuchenaustrittsöffnung gesteuert. — Meistens wird zunächst in einem Durchgang bei relativ hohem Durchsatz von z. B. 15 bis maximal etwa 100 t pro Tag und Presse auf einen Restölgehalt von 15—20 % vorgepreßt, danach wird das Preßgut in Mahlstühlen erneut zerkleinert, dann nochmals in besonders robusten Maschinen fertiggepreßt (Restölgehalt 3—5 %) oder aber extrahiert.

III. Fettgewinnung durch Extraktion mit Lösungsmitteln

Die Entwicklung der Extraktion geht zurück auf den Franzosen DEISS, der im Jahre 1856 ein Patent über die Extraktion von Wolle, Knochen und Ölsaaten mit Schwefelkohlenstoff einreichte. Das Verfahren wurde 1870 in Amerika zur Verarbeitung von Abfällen, Knochen, Grieben und Rückständen von der Olivenverarbeitung eingesetzt. Dabei wurde Benzin als Lösungsmittel verwendet. Die Impulse zur Einführung und Verbesserung der Extraktion gingen im wesentlichen von Europa aus. 1920 kamen die ersten brauchbaren kontinuierlich arbeitenden Anlagen der Harburger Ölwerke (Brinckmann und Mergell) sowie der Hansa-Mühle AG auf den Markt.

Die technische Entwicklung und ein verändertes Saataufkommen haben dazu geführt, daß heute mittels *Extraktion* ein ähnlich großer Teil der Pflanzenfette gewonnen wird wie durch Pressung. Die Extraktion ermöglichst es, den Restfettgehalt viel weiter zu verringern, als es mit Pressung möglich wäre; so ist der enorme Anstieg des Anbaus der relativ fettarmen Sojabohnen, insbesondere in Nordamerika, nur in Verbindung mit der Vervollkommnung der Extraktionsverfahren verständlich. Die Extraktion mit Lösungsmitteln ist überdies sehr für eine kontinuierliche, rationellere Arbeitsweise geeignet. Extrahiert wird bei relativ niedrigen Temperaturen in geschlossenen Anlagen, so daß Extraktionsöle auch qualitativ vollauf befriedigen. Außerdem ermöglicht die Extraktion die gleichzeitige Gewinnung eines als Futtermittel hochwertigen Extraktionsschrotes; das Öl wird gegebenenfalls zum Nebenprodukt. Es gibt auch verschiedene Vorschläge und Verfahren, die mit der Extraktion durch die Wahl spezieller Lösungsmittel eine mehr oder weniger vollkommene Raffination der Pflanzenöle verbinden (R. LÜDE 1957, S. 87).

Liegt der Fettgehalt unter 20%, so ist die Extraktion vorteilhafter als das Pressen. Fettreichere Saat wird, wenn sie nicht völlig ausgepreßt wird, bis zu einem Fettgehalt von etwa 20% vorgepreßt und dann extrahiert.

Bei der Entwicklung von Extraktionsverfahren mußten wegen der Feuergefährlichkeit der meisten Extraktionsmittel technische Sicherheitsrücksichten mit wirtschaftlichen Überlegungen, z. B. einer möglichst vollständigen Lösungsmittelrückgewinnung, in Übereinstimmung gebracht werden.

Wie bei der Pressung ist die *Vorzerkleinerung* der Saat auch bei der Extraktion von hervorragender Bedeutung für die Öl-Ausbeute und den störungsfreien Ablauf des Verfahrens.

1. Vorbehandlung

Extrahiert werden vor allem Saaten mit einem nativen Fettgehalt von etwa 20%, wie z. B. *Sojabohnen,* in weit kleinerem Ausmaß aber auch Preßlinge fettreicher Saaten, die nach dem Vorpressen noch 15—25% Fett enthalten. Sowohl Saaten als auch Preßlinge müssen in Walzenstühlen *vor* der Extraktion weitgehend zerkleinert werden (vgl. auch unter Abschnitt II. 1. Vorbehandlung zur Pressung). Im speziellen Fall kommt es nicht nur darauf an, Zellwände aufzureißen und eine möglichst große Oberfläche zu schaffen, sondern man strebt danach, das gebrochene Saatgut in Form möglichst dünner, nicht zu kleiner Blättchen auszuwalzen. Die Blättchenform führt zu einer lockeren Schichtung des Gutes in den Extrakteuren und zu gleichmäßig kurzen Diffusionswegen, wie sie für die Durchdringung des Gutes und das Abfließen des Lösungsmittels besonders vorteilhaft sind. Die Blättchen müssen eine gewisse Mindestfeuchtigkeit und Elastizität besitzen, damit sie auf dem Weg in die Extrakteure nicht zerkrümeln und dadurch eine allzu feste und dichte Packung ergeben; ein zu hoher Feuchtigkeitsgehalt des Extraktionsgutes erschwert wiederum die Durchdringung durch das Lösungsmittel.

Die Vorbehandlung, z.B. von Sojabohnen, erstreckt sich deshalb auf die Reinigung und Trocknung der Saat bei 40—60° C, wobei der Wassergehalt der Bohnen (ca. 11—13%) z.B. mittels Heißluft auf einen optimalen Wert von etwa 10% reduziert wird. Diese Trocknung bewirkt außerdem, daß bereits viele Zellwände platzen. Anschließend folgt die Grob- und Feinzerkleinerung, wobei zunächst Riffelwalzenstühle und dann Glattwalzen-(Quetschwalzen-)Stühle eingesetzt werden, um die oben erwähnten, ca. 0,2 mm dünnen Blättchen zu erzielen. Im kontinuierlichen Durchlauf müssen die Sojabohnen oder die Preßlinge aus der Vorpressung mehrere solcher Walzenstühle passieren, bevor sie schließlich von Redlern oder anderen Fördereinrichtungen möglichst schonend den Extraktionsanlagen zugeführt werden.

2. Extraktionsmittel

Das Lösungsmittel soll möglichst nur das Fett, nicht dagegen unerwünschte Schleimstoffe und Farbstoffe aus der Ölsaat lösen. Es muß später auf einfache Weise vollständig aus dem Öl und dem extrahierten Schrot zu entfernen sein. Die Lösung des Fettes im Lösungsmittel wird *Miscella* genannt. Feuer- und Explosionssicherheit des Extraktionsmittels sind aus technischen Gründen wünschenswert, andernfalls erfordern die Extraktionsanlagen einen entsprechend höheren Aufwand für Sicherheitsvorrichtungen. Aus wirtschaftlichen Gründen ist die Industrie an einem niedrigen Preis und einer nahezu verlustfreien Wiedergewinnung des Lösungsmittels interessiert.

Heute werden überwiegend *aliphatische Kohlenwasserstoffe*, insbesondere n-Hexan, verwendet; man gewinnt sie entweder aus Naturgas oder im Gange der Mineralölaufbereitung. Ihr Nachteil liegt im wesentlichen in der Explosions- und Feuergefährlichkeit. Die Siedegrenzen sollen möglichst eng sein und zwischen 63—70° C liegen; allzu niedrig siedende Benzinfraktionen führen im allgemeinen zu erheblichen Verlusten, höher siedende Bestandteile sind nur bei entsprechend größerem Aufwand an Energie und nur bei Temperaturen aus dem Öl zu entfernen, unter welchen bereits erhebliche Verfärbungen im Öl eintreten.

Industriell fraktioniertes Hexan, welches zumeist noch geringe Mengen von Cyclohexan, Methylpentan und Benzol enthält, hat sich deshalb bisher als optimal erwiesen. Hexan ist bei Temperaturen unter 100° C und im Vakuum relativ leicht aus dem Öl zu entfernen und kann mit trockenem Dampf leicht aus dem Schrot ausgetrieben werden; die Löslichkeit des Hexans im Wasser der Kondensatoren ist mit etwa 0,1% relativ gering. Als weitere Vorteile der Verwendung von Leichtbenzinen obengenannter Art als Fett-Extraktionsmittel müssen noch angeführt werden: Neutralität gegenüber der herausgelösten Fettsubstanz, ein vergleichsweise sehr geringes Lösungsvermögen für unerwünschte Cellulose-, Stärke- und eiweißartige Ölsaatbestandteile, ein starkes Netzungsvermögen für das (nicht zu feuchte) Gut und keinerlei Angriff auf eiserne Apparate und Armaturen.

Der Feuer- und Explosionsgefahr wird dadurch begegnet, daß alle elektrischen Anlagen in Spezialausführung verlegt und darüber hinaus verschiedene andere bauliche Sicherungen getroffen werden. — Für spezielle Zwecke, wie z. B. zur Gewinnung von wärmeempfindlichen Produkten mit pharmazeutischer Bedeutung, werden *Pentan* oder unter Druck verflüssigtes *Propan* als Lösungsmittel eingesetzt. Der Vorteil, daß diese Lösungsmittel bei besonders niedrigen Temperaturen unter größter Schonung des Fettes abdestillieren, muß mit weit größerem technischen Aufwand für die Anlage und oft erheblichen Lösungsmittelverlusten erkauft werden. — Das *Ricinusöl*, welches sich erst bei relativ hohen Temperaturen mit Aliphaten mischt, wird vorzugsweise mit höher siedendem Heptan extrahiert, andernfalls kommt auch Alkohol als Lösungsmittel in Betracht.

Alkohole, wie z. B. Methanol, Äthanol sowie iso- und n-Propanol, eigenen sich insbesondere zur Extraktion von relativ wasserhaltigem Gut (wie z. B. von Fischen). Aus Ölsaaten werden mit Alkoholen übermäßig viele Phosphatide und andere Begleitstoffe, die später die Raffination der Speiseöle erschweren, gelöst. Vorteilhaft ist jedoch, daß Alkohol als Lösungsmittel z. B. auch das giftige *Gossypol* aus Baumwollsaat zu entfernen vermag. — Die erneute flüssig-flüssig-Extraktion der alkoholischen Miscella mit Hexan bietet viele interessante Möglichkeiten für die Extraktion in Verbindung mit einer zumindest teilweisen Raffination des Fettes. In ähnlicher Weise wie die Alkohole ist auch Furfurol als Lösungsmittel eingesetzt worden (R. LÜDE 1957, S. 87).

Bei *ungesättigten aliphatischen wie auch bei aromatischen Kohlenwasserstoffen* besteht im Gegensatz zu den gesättigten aliphatischen Kohlenwasserstoffen die Gefahr, daß unerwünschte Reaktionen zwischen dem Öl bzw. Schrot und solchen Lösungsmitteln vorkommen; es ist darüber hinaus in solchen Lösungsmitteln mit Polymeren, die kaum aus Öl bzw. Schrot entfernt werden können, zu rechnen.

Tabelle 4. *Allgemeine Kennzahlen flüchtiger Fettlösungsmittel* (nach R. LÜDE 1948)

Name und Formel	Sdp. °C	Spez. Gew.	Spez. Wärme in cal.	Verd.-Wärme in cal.	Flammpunkt °C	Löslichkeit in 100 cm^3 H_2O	Explosionsgrenze in Vol.-% untere	obere
Hexan (C_6H_{14})	68	0,6630	0,4	79	— (40—25)	0,007	1,1	8,0
Heptan (C_7H_{16})	98	0,7006	0,4	74	— (22—8)	0,007	0,95	6,0
Schwefelkohlenstoff (CS_2)	46,5	1,2920	0,25	90	— (40—25)	0,2	0,8	52,6
Äthyläther $C_2H_5OC_2H_5$	35	0,7300	0,53	90	— 40	7,5	1,2	51,0
Aceton CH_3COCH_3	56	0,8140	0,53	125	— 17	leicht mischbar	2,55	15,3
Äthanol C_2H_5OH	78	0,7890	0,60	125	+ 11	leicht mischbar	3,3	19,0
Trichloräthylen C_2HCl_3	87	1,4700	0,23	57	—	0,01	—	—
Tetrachlorkohlenstoff (CCl_4)	77	1,5940	0,21	46	—	0,08	—	—

Chlorierte Kohlenwasserstoffe, insbesondere Trichloräthylen, zeichnen sich durch ihre Feuersicherheit aus, dem steht jedoch ein zumeist wesentlich höherer Preis entgegen. Schwefelkohlenstoff ist früher vor allem zur Extraktion von Oliven-Preßkuchen verwendet worden, solche Schwefelöle sind jedoch genußuntauglich.

3. Extraktionsverfahren

Es werden *absatzweise* und *kontinuierlich* arbeitende Anlagen verwendet, die sich im Aufbau der Apparaturen wesentlich unterscheiden (D. SWERN 1964). Bei kleinen absatzweise arbeitenden Anlagen wird das Fett allmählich durch wiederholte Extraktion aus dem Gut herausgelöst, wogegen bei größeren Anlagen das kontinuierliche Extrahieren möglichst nach dem *Gegenstromprinzip* geschieht. Beim letzteren wird das frisch in die Apparatur eingebrachte fettreichste Extraktionsgut mit einer Miscella extrahiert, die bereits vorher Fett aufgenommen hatte, wogegen das schon weitgehend fettfreie Gut mit frischem Lösungsmittel in Kontakt gebracht wird, so daß zwischen dem Fettgehalt des Gutes und dem der Miscella ein möglichst gleichbleibendes Konzentrationsgefälle als treibende Kraft für den Stoffübergang aufrechterhalten wird. Die im Innern und an der Oberfläche der zerkleinerten Saat für den Ablauf der Extraktion entscheidenden Diffusionsvorgänge werden durch Temperaturerhöhung nur wenig beschleunigt. Mit dem zumeist verwendeten Hexan wird z. B. unterhalb des Siedepunktes bei nur 50—60° C extrahiert.

Ursprünglich extrahierte man das Gut mehrmals mit frischen Lösungsmitteln in aufrecht stehenden Töpfen (vgl. Abb. 8 u. 9). Die *diskontinuierlichen Verfahren* werden jetzt nur noch für wenige Spezialzwecke angewandt, z. B. zur Gewinnung von Ricinusöl. In den USA haben sich hierzu liegende, rotierende Trommeln bewährt, die mit einem Siebgewebe in zwei unterschiedlich große Räume geteilt sind. Nach der Extraktion, beim Separieren, ist im größeren, dann oben stehenden Raum das zu extrahierende Gut enthalten, die Miscella fließt in den dann unteren, kleineren Raum der Trommel und kann von dort abgelassen werden. Aufrecht stehende Töpfe werden in älteren Anlagen noch zur kontinuierlichen Extraktion in sog. *Extraktionsbatterien* eingesetzt. Es gibt solche Batterien mit bis zu 12 Töpfen und nahezu kontinuierlicher Arbeitsweise unter weitgehender Verwirklichung des *Gegenstromprinzips*. Nachteilig ist dabei der relativ geringe Fettgehalt der gewonnenen Miscella, was einen entsprechend großen technischen Aufwand beim Abdestillieren des Lösungsmittels erfordert (H. P. KAUFMANN 1956).

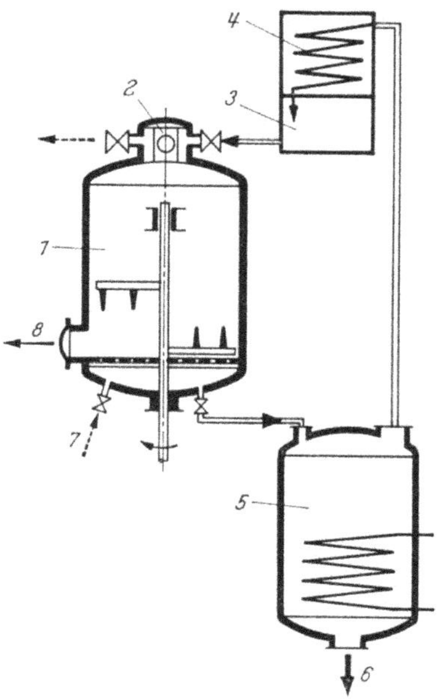

Abb. 8. Diskontinuierlich arbeitende Feststoffextraktionsanlage mit stehendem Extraktor. 1 Extraktor mit Zinkenrührwerk und Siebboden, 2 Extraktionsgut-Füllstutzen, 3 Lösemittelsammler, 4 Lösemittelkühler, 5 Destillierblase, 6 Extraktstoff, 7 Dampfeintritt zum Austreiben der eingeschlossenen Lösemittelreste, 8 Rückstand-Entladeöffnung (Hersteller: *Harburger Eisen- und Bronzewerke AG, Hamburg-Harburg*)

Diese *Gegenstrom-Extraktion in Batterien* (vgl. Abb. 10) wie auch in *vollkontinuierlich arbeitenden Anlagen* folgt im Prinzip den gleichen Gesetzmäßigkeiten wie z. B. eine *Rektifikation* in Destillierkolonnen. Der Austausch in jeder Stufe und damit der Nutzeffekt der Gesamtanlage ist mit Einschränkung vorauszuberechnen. Unterschiedliche Eigenschaften des Rohstoffs, je nach Herkunft und Vorbehandlung, bedingen jedoch oft erhebliche Schwankungen in der Leistung dieser zumeist sehr kostspieligen Anlagen. Der *Fettgehalt* in der Miscella liegt bei 20—30%.

Die *Extraktion von Ölsaaten* in solchen *Diffusionsbatterien* erfordert, daß die gesamte Anlage explosionssicher ausgeführt ist. Die einzelnen Topf-Extrakteure mit je 5—6 m³ Inhalt werden von oben mit den Saatplättchen gefüllt, die sich auf einem im unteren Teil des Topfes eingebauten Siebboden anhäufen. Sobald ein Topf beschickt ist, wird von oben Lösungsmittel bzw. Miscella eingelassen, bis der Apparat ganz gefüllt ist; dann wird, dem Zulauf entsprechend, unter dem Siebboden Miscella abgelassen. Normalerweise sind 5 Töpfe hintereinander geschaltet; der am längsten und zuletzt mit frischem Lösungsmittel beschickte Topf wird als nächster abgesetzt und dafür ein frisch mit Saat gefüllter an die Miscella-Leitung so angeschlossen, daß er zunächst von der Miscella mit dem höchsten Fettgehalt durchströmt wird. Die Kontaktzeit zwischen Füllgut und Extraktionsmittel ist normalerweise nicht über 1—2 Stunden. Weitere 5—7 Töpfe, die nicht angeschlossen sind, werden zur gleichen Zeit entleert bzw. neu gefüllt. Bei der Füllung kann kurzzeitig ein von innen in die Töpfe eingeführtes Rührwerk eingeschaltet werden; dies geschieht mit aller Vorsicht, um eine Erschwerung der Extraktion durch ein Zerbröckeln der Blättchen und ein Verschmieren der Siebböden zu vermeiden. Vor dem Entleeren wird das noch im Schrot enthaltene Lösungsmittel mit offenem überhitztem Dampf von 180—230° C durch eine oben angeschlossene

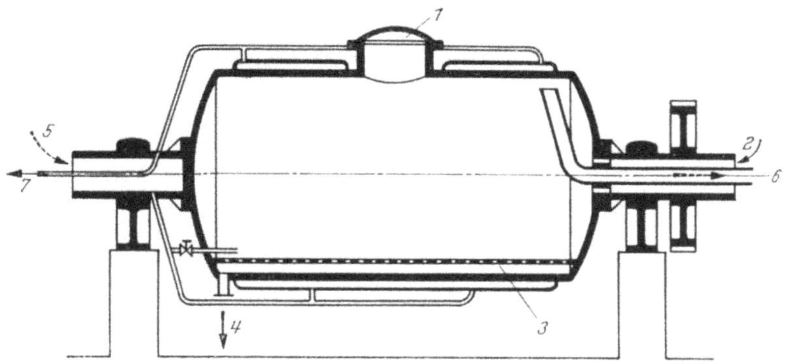

Abb. 9. Rotierender Feststoffextraktor mit Heizmantel und Zahnradantrieb. 1 Füllstutzen für das Extraktionsgut, 2 Lösemitteleintritt, 3 Siebboden, 4 Extrakt, 5 Dampfeintritt für das Heizen und Lösemittelaustreiben, 6 Austritt der Lösemitteldämpfe, 7 Kondenswasseraustritt (nach VAUCK-MÜLLER 1966)

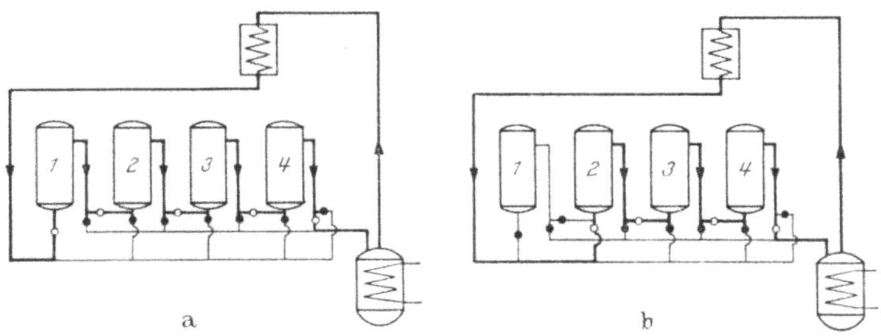

Abb. 10a u. b. Batterieschaltung einer Mehrkörper-Feststoffextraktionsanlage mit vier stehenden Extraktoren. a) Extraktionsmitteleintritt in den ersten Extraktor; b) Extraktionsmitteleintritt in den zweiten Extraktor bei abgeschaltetem ersten Extraktor (Erläuterungen im Text)

Brüdenleitung praktisch vollständig abgetrieben. — Das Entleeren der Töpfe erfordert einen erheblichen Aufwand an menschlicher Arbeit; dies ist einer der Gründe, der die Topfbatterien allmählich nicht mehr zeitgemäß sein läßt. Es werden bis zu 600 kg Dampf und ca. 10 kWh Strom pro t Saat bei Topfanlagen als Energieaufwand benötigt.

Um den Extraktions-Prozeß möglichst rationell auszugestalten, sind bis heute viele *kontinuierlich arbeitende Anlagen* vorgeschlagen worden. An dieser Stelle können nur die beiden wichtigsten Grundtypen, der *Korb-* und der *Band-Extrakteur*, kurz beschrieben worden.

Bei dem früher viel verwendeten *Bollmann-Extrakteur*, der mit speziell konstruierten Körben ausgestattet war, befand sich die Saat in den Körben eines senkrechten Becherwerks. Die schon fetthaltige Miscella wird den abwärtslaufenden, mit frischen Saatplättchen gefüllten Körben im Gleichstrom zugeführt; frisches Lösungsmittel durchläuft die dann aufwärts geführten Körbe im Gegenstrom und wird danach zur Extraktion frischer Saat im Gleichstrom verwendet. Das aus den Körben entleerte, extrahierte Gut wird ausgeschleust und in einer gesonderten Anlage mit direktem Dampf vom Lösungsmittel befreit.

In den neuerdings bevorzugten *Band-Extrakteuren*, wie z. B. von DE SMET, wird das mehrere Dezimeter hoch aufgeschüttete Saatgut auf einem langen Siebband horizontal in geschlossenem Gehäuse transportiert und mit Lösungsmittel bzw. Miscella berieselt. Die über einen bestimmten Bandabschnitt und durch das Gut gelaufene Miscella wird unterhalb des Bandes in einem Trichterbehälter aufgefangen, von einer Pumpe gefördert und im Gegenstrom mit dem Saatgut auf einem davor gelegenen Abschnitt des Bandes in Kontakt gebracht. Die relativ konzentrierte Miscella, welche noch zuletzt das frische Gut extrahiert hat, gelangt zur Verdampferanlage; das am andern Ende des Bandes abfallende, nahezu fettfreie Schrot wird ausgeschleust und dann in mit Schnecken ausgerüsteten und mit Dampf beheizten Zylindern vom Benzin befreit. Zur Bedienung einer solchen Anlage, die mehrere hundert Tonnen Saat pro Tag verarbeiten kann, wird unter Umständen nur eine Person benötigt. Ähnlich arbeitet der *Rahmenband-Extrakteur* von LURGI (vgl. Abb. 11).

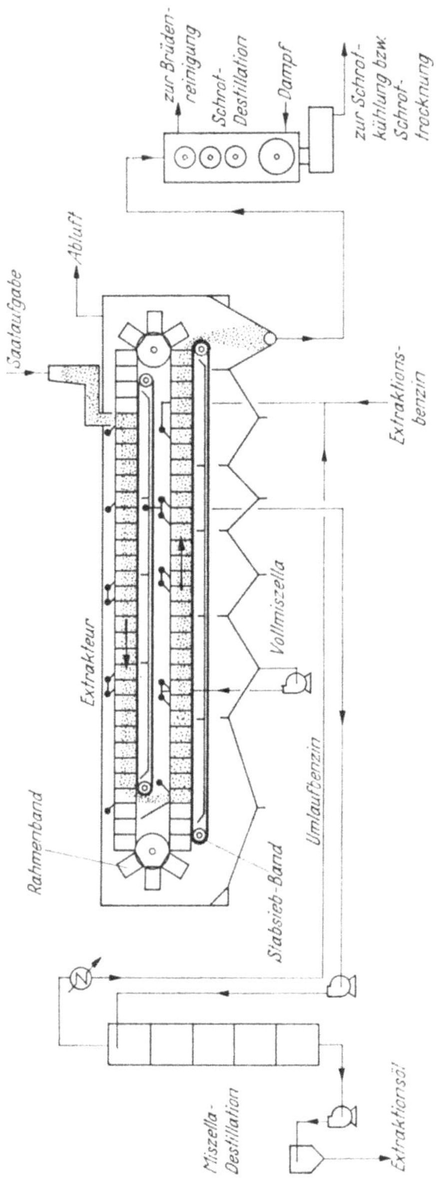

Abb. 11. Kontinuierliche Lösungsmittel-Extraktion von Ölsaaten nach LURGI

Unter den zahlreichen weiteren Konstruktionen gewinnt der *Rotocel*-Apparat vor allem in den USA zunehmend an Bedeutung, denn er bietet auf engem Raum eine große Kapazität; das Gut befindet sich in den Segmenten eines horizontalen Rotors und wird in relativ kurzer Zeit extrahiert (W. DEPMER 1951).

Allgemein zeichnen sich alle *vollkontinuierlichen* Anlagen dadurch aus, daß bei äußerst geringem Arbeitsaufwand (aber meist hoher Investition) auf kleiner Fläche sehr hohe Leistungen erzielt werden, wobei die Extraktionstemperatur relativ niedrig sein kann und sich viele Möglichkeiten bieten, um das Verfahren der Eigenart einer speziellen Saat anzupassen.

Das *Extraktionsschrot*, welches z. B. 0,3—0,5 % Restölgehalt und nach Ausdämpfung nur etwa 0,1 % Lösungsmittel enthält, wird, wenn erforderlich, noch im warmen, weichen Zustand zerkleinert. Neuerdings werden zunehmend sog. Desolventizer oder Toaster eingesetzt, um zunächst in diesen mit Wärme und Wasserdampf die Hauptmenge des Benzins abzutreiben, als Nebeneffekt ergibt sich bei der Toastung ein Aufschluß des Proteins. Das Schrot wird meistens in speziellen Apparaten durchlüftet und gekühlt, um den Hexangehalt noch weiter zu reduzieren und damit der Gefahr einer Anreicherung von Benzindämpfen in Schrotsilos oder Lagerhallen vorzubeugen. Es wird auch angestrebt, von der Absackung des Schrots loszukommen und dieses zunehmend in „bulk" zu lagern und schließlich in dieser Form zu den Futtermittelfabriken zu transportieren.

Zur *Rückgewinnung des Lösungsmittels aus der Miscella* (H. P. KAUFMANN 1965) wird letztere unter erheblichem technischen Aufwand durch *Mehrfachverdampfer* geschleust. Diese sind so konstruiert, daß bei möglichst gutem Wärmeübergang und bei relativ niedriger Temperatur im Vakuum die Lösungsmittel abdestilliert und Veränderungen im Fett vermieden werden. Die Miscella muß allerdings zuvor filtriert und in Zwischenbehältern außerdem mit Sole gewaschen werden. Zur *Voreindampfung* auf bis zu 96 % Ölgehalt werden z. B. *Umlaufverdampfer*, zur *Endeindampfung* Stripperkolonnen oder neuerdings *Dünnschichtverdampfer* verwendet; bei letzteren läuft das Öl in dünnem Film im Vakuumapparat an Metallflächen hinab, während ihm Wasserdampf entgegenströmt und die Lösungsmittelreste abführt. — Die an verschiedenen Stellen der Gesamtapparatur anfallenden, hexanhaltigen Brüden werden in Kondensatoren mit Kaltwasser oder Kühlsole niedergeschlagen, das Lösungsmittel in Benzinabscheidern (z. B. Prinzip Florentiner Flasche) wieder angetrennt. Die Abluft wird durch Anlagen geleitet, in denen die noch mitgeführten Lösungsmittelreste von Spezialölen absorbiert oder an Kieselgel und/oder Aktivkohle adsorbiert werden. Unter diesen Voraussetzungen gehen zwar noch minimale Mengen Lösungsmittel z. B. im Wasser und mit der Luft verloren, jedoch sind diese insgesamt geringer als der Verlust durch kleine Undichtigkeiten der Anlage. Der Gesamtverlust liegt in der Größenordnung von 0,2—0,3 %, berechnet auf das verarbeitete Saatgewicht.

IV. Raffination der Fette

Zu Beginn des Jahrhunderts wurden die zur Ernährung bestimmten Fette wohl *geklärt*, d. h. durch Absetzenlassen oder Filtration von Trübstoffen befreit, aber *nicht* im heutigen Sinne des Wortes *raffiniert*. Die Anwendung von Alkalien zur *Entsäuerung* sowie von Fullererde zur *Bleichung* nahm ihren Anfang in Amerika (A. W. WINTER 1880 und ALBRIGHT 1886). Die *Desodorierung* mit Dampf wurde von ECKSTEIN 1891 vorgeschlagen und von WESSON um 1900 durch die Behandlung unter Vakuum ergänzt und verbessert. Heute werden nahezu alle pflanzlichen Speisefette einer solchen Raffination unterworfen.

Die auf dem Wege der Pressung, der Lösungsmittel-Extraktion, des Ausschmelzens und durch andere Verfahren gewonnenen „Rohfette" enthalten neben neutralen Triglyceriden und Fettsäuren in unterschiedlichen Mengen auch zahlreiche andere Stoffe, die teilweise im Fett suspendiert, teilweise gelöst sind. Unter den suspendierten Teilchen befinden sich beispielsweise Saatteilchen, Schmutz und Erde, Mineralstoffe, Baumwollfasern u. dgl. In kolloid gelöster oder in suspendierter Form finden wir in Öl Vertreter aus der Gruppe der Phosphatide, der Kohlenhydrate, eiweißartige Verbindungen und Schleimstoffe. Die Art und Menge der auf enzymatischem Weg gebildeten Fettsäuren ist unterschiedlich und hängt von dem Alter des Öls, von den Lagerungsbedingungen usw. ab. Auch kleine Mengen von Mono- und Diglyceriden, Metallspuren, sowie arteigene Geruchs- und Geschmacksstoffe finden wir in gelöster Form im Öl, häufig auch Vertreter aus der Gruppe der Lipochrome (z. B. Carotinoide, Chlorophyll), Fettalkohole, unterschiedliche Mengen an fettlöslichen Vitaminen (A, D, E), Kohlenwasserstoffe, wie z. B. Squalen, sowie Wachse.

In Abhängigkeit von der Saatqualität und den Lagerungsbedingungen der Rohöle kommen auch Oxydationsprodukte der Fettsäuren vor. Sogar toxisch wirkende Stoffe sind anzutreffen, wie das *Gossypol* im Baumwollsaatöl, und schwefelhaltige Verbindungen in Cruciferen-Ölen.

Es stehen also einer ganzen Reihe von ernährungsphysiologisch wichtigen und erwünschten Fettbegleitstoffen eine große Anzahl unerwünschter Komponenten gegenüber, die teilweise die Haltbarkeit des Öles stark herabmindern und vor allem die Herstellung von hochwertigen Fettprodukten und Speisefetten, wie z. B. von Margarine oder Backfetten, beeinträchtigen. Über die Gehalte an den verschiedenen Fettbegleitstoffen vgl. dieses Handbuch, Bd. I, S. 336.

Es ist deshalb in den meisten Fällen eine Raffination der Rohöle, also die Entfernung störender Begleitstoffe, unerläßlich; stets ist man heute bestrebt, die ernährungsphysiologisch wertvollen Begleitstoffe durch Anwendung schonender Raffinationsverfahren weitgehend zu erhalten (H. P. KAUFMANN 1956).

Die Speisefett- und Margarineindustrie erhält auf diese Weise erwünschte, geschmacklich neutrale Ausgangsstoffe, die geeignet sind, hochwertige Endprodukte mit eigenem Charakter herzustellen.

Aus nachfolgender Tabelle geht beispielhaft hervor, daß bei sorgfältiger Raffinationsführung der Verlust an ernährungsphysiologisch wichtigen Inhaltsstoffen vergleichsweise gering ist, so daß raffinierte Speisefette noch beträchtliche Tokopherolmengen enthalten:

Tabelle 5. *Tokopherolgehalte verschiedener Pflanzenfette*
(Angaben in mg Gesamttokopherol/100 g Fett; nach J. BALTES 1956)

Fettart	Roh	Entsäuert	Gebleicht	Desodoriert	Winterisiert
Cocosöl	3—5	—	—	3	—
Maisöl	119	—	—	95	—
Baumwollsaatöl	110	105	95	95	120
Erdnußöl	52	—	—	45, 48	—
Sojaöl	152, 212	—	—	110, 175	—
Palmöl	50, 52	—	—	35, 40	—

Zusammengefaßt ist somit das Ziel der Raffination von Speisefetten:

Entfernung aller gesundheitsschädlichen Inhaltsstoffe. Beseitigung aller Stoffe, die den Genußwert, die Haltbarkeit, das äußere Aussehen und die technische Weiterverarbeitung (Hydrierung, Emulgierung, Umesterung u. a.) nachteilig beeinflussen.

Möglichst vollständige Erhaltung der ernährungsphysiologisch erwünschten Fettbestandteile und Fettbegleitstoffe.

Die verschiedenen Stufen der Raffination bestehen im allgemeinen nach Entfernung der fettunlöslichen Bestandteile durch Filtration, Zentrifugieren usw. in den nachstehend genannten technischen Schritten, die je nach der Beschaffenheit des Ausgangsöles noch durch Spezialmethoden ergänzt werden können (vgl. H. P. KAUFMANN 1956):

1. Entschleimung mit und ohne gleichzeitige Lecithingewinnung.
2. Entsäuerung durch Behandlung mit Alkalien, durch Destillation oder andere Verfahren.
3. Entfärbung durch Verwendung von Adsorptionsmitteln auf chemischem Weg oder durch thermische Behandlung (Carotin).
4. Desodorierung durch Vakuumdampfbehandlung.

Während der Begriff „*Raffination*" alle oben angegebenen Stufen der Verfahren umfaßt, versteht man im angloamerikanischen Sprachgebrauch unter „*Refining*" nur die Verfahren der *Entschleimung* und *Entsäuerung*.

1. Entschleimung der Öle

Die im Verlauf der Pressung oder Extraktion gewonnenen Rohöle enthalten eine Reihe von Begleitstoffen, die schon bei der Lagerung von rohen Ölen die hydrolytische und oxydative Fettspaltung begünstigen, zu Verfärbungen führen können und deshalb möglichst frühzeitig aus den Fetten entfernt werden müssen. Zu diesen Stoffen gehören insbesondere die Phosphatide (z. B. Lecithine), eiweiß- und kohlenhydratartige Verbindungen, Pflanzenschleime und andere komplexe Verbindungen kolloider Natur. Diese Fettbegleitstoffe können weitgehend im Gange einer Entschleimung entfernt werden.

Die *Entschleimung* der Rohöle kann nach verschiedenen Methoden und Verfahren vorgenommen werden und richtet sich speziell nach der Art des Öls und dem Gehalt an Schleimstoffen. Bei Fetten, die Schleimstoffe nur in geringen Mengen enthalten, wird noch heute vielfach auf eine Entschleimung verzichtet und der „Schleim" mit den bei der alkalischen Entsäuerung sich bildenden Seifen entfernt.

Die verschiedenen Methoden der Entschleimung, ob durch Hydratation, durch Erhitzen oder durch Einsatz von anorganischen oder organischen Säuren, ob durch Anwendung von Alkali oder anderer Chemikalien, beruhen hauptsächlich auf einer Flockung oder Coagulierung der gelösten oder suspendierten Schleimstoffe mit nachfolgender Abtrennung aus dem Öl (vgl. Abb. 12).

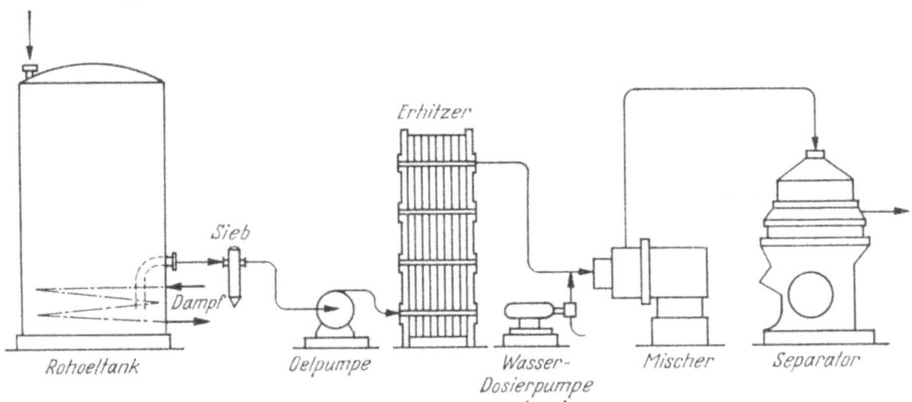

Abb. 12. Kontinuierliche Entschleimungsanlage *(Westfalia Separator AG., Oelde)*

Eine besondere, praktische und weitreichende technische Bedeutung besteht in der Fällung der Schleimstoffe durch *Hydratation*, wobei die Schleimstoffe quellen und sich aufgrund ihres erhöhten spezifischen Gewichts aus der Ölmasse abtrennen lassen. Vorab in allen Betrieben, in denen eine Gewinnung von *Phosphatiden* erstrebt wird, arbeitet man ausschließlich nach dem Hydratationsverfahren, da bei den meisten sonstigen Verfahren (außer bei der Fraktionierung mit Lösungsmitteln) eine Zersetzung der Phosphatide stattfindet.

Das *Hydratations*verfahren wird vor allem bei der Raffination von Sojaöl angewendet, das 1,1—3,2 % Phosphatide enthält, die auf diese Weise aus dem Öl abgetrennt werden können. Aber auch aus Rapsöl (0,1 % Phosphatide) und aus Erdnußöl (0,3 % Phosphatide) lassen sich durch die Hydratation die Phosphatide isolieren, jedoch in kleiner Menge und geringerer Qualität.

Zur Hydration läßt man 3—5 % Wasser (bezogen auf die Ölmenge) in Quellbehältern bei Temperaturen unter 100°C auf die im Öl gelösten Phosphatide einwirken. Nach einer bestimmten Kontaktzeit, die entsprechend der Feinverteilung des Wassers im Öl von wenigen Minuten bis zu einer halben Stunde dauern kann, werden die Phosphatide („Roh-Lecithin“) durch Zentrifugieren abgetrennt. Über die weitere Aufarbeitung des Roh-Lecithins, vgl. S. 272.

Beim Entlecithinieren des rohen Sojaöles, wie es meistens gleich in der Ölmühle durchgeführt wird, bleiben im allgemeinen noch mehr als 0,5 % Phosphatide zusammen mit anderen Begleitstoffen im Öl zurück.

Diese Restmengen können durch *weitere Entschleimungs-Methoden*, die üblicherweise auch bei den phosphatidarmen Ölen zur Anwendung kommen, entfernt werden. Es liegen zahlreiche, z. T. patentierte, Verfahren vor (H. P. KAUFMANN 1965). Dem Öl können z. B. Citronensäure, Phosphorsäure oder andere Elektrolyte (z. B. Alkaliphosphate) zugesetzt werden. Es wird dann entweder ähnlich wie bei der Hydratation mit Zusatz von erheblichen Wassermengen bei Temperaturen nahe 100 °C gearbeitet; die gequollenen Begleitstoffe werden dann in Spitzkesseln und mit Zentrifugen abgetrennt. Oder es wird in nahezu wasserfreiem Öl und unter Vakuum bei Temperaturen von 30 °C an aufwärts gearbeitet, hierbei tritt Coagulation ein; diese Stoffe werden abfiltriert und adsorptiv, z. B. an Bleicherde, gebunden. In der Praxis begnügt man sich meistens mit der üblichen Quellung, evtl. unter Zusatz von Salz- oder Citronen- bzw. Phosphorsäure und deren Salzen.

Prinzipiell kann die Entschleimung auch mit der nachfolgenden Entsäuerung der Öle durch Alkalilauge verbunden werden. Viele Raffineure ziehen es jedoch vor, von Fall zu Fall, je nach Qualität und Raffinationseigenschaften der betreffenden Öle, die Entschleimung vorher in einem separaten Schritt vorzunehmen; andernfalls ist bei größeren Schleimgehalten der Rohöle, die gleichzeitig mit der Entsäuerung erfolgende Entschleimung meist mit erhöhter Emulsionsbildung und vermehrtem Verlust an Neutralöl verbunden.

Schwefelsäure wird allgemein nur noch dort verwendet, wo es sich um die Reinigung von Ölen für technische Zwecke handelt und eine weitere Raffination sich dann meistens erübrigt.

2. Entsäuerung

Während der Lagerung von Saat und rohem Öl besteht stets die Gefahr einer Fettspaltung: durch enzymatische, mikrobielle, chemisch-hydrolytische und autoxydative Spaltung von Triglyceriden werden freie Fettsäuren gebildet, die je nach Menge und Zusammensetzung dem Öl mehr oder weniger unerwünschte Eigenschaften verleihen können. Längerkettige und überwiegend gesättigte freie Fettsäuren verursachen meist keinerlei geschmackliche Beeinträchtigung des Fettes („Jungfernöl“, die beste Qualität des Olivenöls, enthält normalerweise 1—2 % freie Fettsäuren). Kürzerkettige Fettsäuren besitzen jedoch einen seifigen oder spezifisch ranzigen Geruch und Geschmack und stören insbesondere auch die Weiterverarbeitung der Fette z. B. zu Margarine. Auf sehr verschiedene Weise können diese freien Fettsäuren aus dem Öl entfernt bzw. das Fett entsäuert werden (vgl. R. LÜDE 1957; H. P. KAUFMANN 1965).

Die zur chargenweisen (diskontinuierlichen) und kontinuierlichen Entsäuerung in der Praxis vorgeschlagenen und technisch durchgeführten Verfahren werden zumeist nach folgenden Arbeitsprinzipien durchgeführt:

a) Neutralisationsverfahren mit alkalischen Mitteln (Ätzalkalien, Alkalicarbonaten, Kalk usw.) unter Verwendung von Öl oder Miscella.

b) Entsäuerung durch Veresterung.

c) Entsäuerung durch Lösungsmittel-Extraktion (Lösungsmittel-Fraktionierung; Flüssig-flüssig-Extraktion).

d) Destillative Entsäuerung.

Gleichzeitig mit der Entsäuerung sollen auch Spuren anderer unangenehmer Begleitstoffe wie z. B. bereits oxydierte Fettbestandteile und Reste von Schleimstoffen entfernt werden, um dadurch die Qualität des Endproduktes zu verbessern. Ein gut entsäuertes Fett enthält nur noch geringste Mengen an Fettsäuren, unter 0,05 % *ffa*. Die bei der Alkalineutralisation als Nebenprodukt anfallende Seife (Soapstock) wird in gesonderten Anlagen mit Schwefelsäure gespalten; die dabei gewonnene Fettsäure wird nach Destillation bzw. Fraktionierung vor allem zur Feinseifenherstellung verwendet.

a) Neutralisation mit alkalischen Lösungen

Die Entsäuerung mit schwachen Alkalilösungen ist die verbreitetste Methode zur Neutralisation. Sie kann *chargenweise* oder auch *kontinuierlich* vorgenommen werden; entscheidend für die Wahl des Verfahrens ist dabei die Qualität des Endproduktes und die Ausbeute. Im Hinblick auf die Qualität der Raffinate muß der Raffineur berücksichtigen, daß solche Öle, die nicht sorgfältig vorbehandelt sind und deshalb bis zu 1 % Begleitstoffe enthalten, mit stärkerer Lauge entsäuert werden müssen. Je höher die Laugenkonzentration ist, umso eher werden solche Stoffe in die entstehende Seife (soapstock) aufgenommen. Schwache Laugen (1—3 %ig) greifen kaum das Neutralöl an, es entstehen jedoch oft große Verluste durch das Mitreißen von Neutralöl in die Seife. Zum Teil kann dieses Öl aus der (physikalisch gesehen) sehr kompliziert aufgebauten Seife zurückgewonnen werden,

Tabelle 6. *Berechnung des Gehalts freier Fettsäuren in verschiedenen Fetten* (nach R. LÜDE 1962)

Fett	Mittl. Mol.-Gew. der Gesamtfettsäuren	Fett	Mittl. Mol.-Gew. der Gesamtfettsäuren
Baumwollsaatöl	282	Palmkernöl	217
Butterfett	262	Perillaöl	287
Dorschleberöl	291	Ricinusöl	295
Erdnußöl	281	Rindertalg	278
Heringsöl	306	Rüböl	314
Holzöl	284	Safloröl	295
Cocosöl	203	Schweineschmalz	278
Leinöl	274	Sesamöl	283
Mandelöl	279	Sojaöl	291
Mohnöl	279	Sonnenblumenöl	283
Olivenöl	283	Walöl	281
Palmöl	269		

$$\text{Säurezahl (SZ)} = \frac{a \cdot 56{,}11}{E} \qquad \begin{aligned} a &= \text{ml 1 n-Lauge} \\ E &= \text{Einwaage in g} \end{aligned}$$

$$\%\ \text{freie Fettsäure}\ (\mathit{ffa}) = \frac{100 \cdot \text{SZ} \cdot \text{mittl. Mol.-Gew.}}{56110}$$

wenn das Fett mit reichlich Wasser nachgewaschen und der „soapstock" entsprechend verdünnt wird. Stärkere Laugen (3—20 %ig) geben eine konzentrierte, zähflüssige Seife, die wenig Neutralöl aufnimmt; je nach Verlauf der Säuerung kann solche Seife aber freie Fettsäure oder freies Alkali enthalten. Es wird jedoch bei Anwendung von stärkeren Laugen mehr Neutralöl verseift.

Als weitere Faktoren, mit denen das Verfahren der Neutralisation zu beeinflussen ist, stehen dem Raffineur die Temperaturführung und die Turbulenz und Feinheit der Vermischung der Laugen- und der Fettphase zur Verfügung. Bei schwachen Laugen wird gewöhnlich bei nahe 100 °C gearbeitet, stärkere Laugen werden meistens nur bei 40—80 °C angewendet. Bei diskontinuierlichen Verfahren ist es vorteilhaft, ein großes Volumen schwacher Lauge auf das ruhende Öl zu sprühen oder nur schwach zu rühren, wogegen stärkere Laugen in kleiner Menge bei stärkerer Rührung im Öl verteilt werden müssen, um die Gesamtheit der freien Fettsäuren schnell zu neutralisieren. Anstelle von Natronlauge wird oft — insbesondere bei kontinuierlichen Verfahren — auch *Sodalösung* eingesetzt; letztere greift zwar Neutralfett nicht an, verstärkt aber wegen der Kohlensäureentwicklung die Gefahr des Schäumens während der Entsäuerung.

Öle mit relativ hohen Mengen an freien Fettsäuren müssen meistens schon deshalb mit konzentrierten Laugen behandelt werden, weil sonst die Flüssigkeitsmengen allzu groß werden. Der Gehalt an *ffa* wird bei jeder Charge analytisch kontrolliert, danach wird die Menge und die Konzentration der Lauge festgelegt. Bei Cocosfett nimmt man, berechnet auf die vorhandene Menge *ffa*, einen sehr geringen Laugenüberschuß von etwa 5—10 %. Öle, die neben freien Fettsäuren noch sehr viele Begleitstoffe enthalten, wie z. B. im Extremfall schwarzes Baumwollsaatöl, müssen jedoch mit bis zu 200 % Laugenüberschuß behandelt werden, um diese Begleitstoffe zu entfernen.

Die Ausbeute bzw. der Verlust werden auf unterschiedliche Weise berechnet; als Raffinationsfaktor werden z. B. entweder die Gesamtverluste bei der Neutralisation oder nur die Fettsäuremenge in der Seife, dividiert durch die Menge der ursprünglich im Öl vorhandenen Fettsäuren, welche analytisch bestimmt wurde, bezeichnet. Dieser Faktor liegt in der Praxis zwischen 1 und 2, er ist in besonders günstigen Fällen, wie z. B. bei der Entsäuerung von Cocos- und Palmkernfett, nicht höher als 1,3.

Nach der Entsäuerung wird das Fett mit Wasser oder sehr stark verdünnter Lauge gewaschen, um alle Seifen- und Laugenreste zu entfernen. Solche schwachen Laugen-Waschlösungen reichen in günstigen Fällen allein aus, um Hartfette zu neutralisieren.

Zur *diskontinuierlichen Entsäuerung* dienen offene oder geschlossene, unten konisch zulaufende Behälter mit bis zu 75 t Inhalt, die mit Mantel- und Schlangenbeheizung ausgestattet sind und darüber hinaus Vorrichtungen enthalten, um offenen Dampf einzublasen. Die unterschiedlichen Konstruktionen der Rührwerke zielen darauf ab, die Lauge möglichst ohne Emulsionsbildung im Öl zu verteilen. Die Lauge und das später verwendete Waschwasser werden mit Duschen auf das Fett gebraust. Im konischen Teil der Behälter setzt sich die Seife ab; sie muß sehr vorsichtig abgelassen werden, damit kein Neutralöl mitgerissen wird. Geschlossene Apparate können, sofern sie zu evakuieren sind, auch zum Entfärben der Fette dienen.

Die verschiedenen *halb- und vollkontinuierlichen Verfahren* bieten die Möglichkeit — dank kürzerer Verweilzeiten — auf kleinem Raum gegebenenfalls in mehreren Schritten die Entsäuerung so durchzuführen, daß bei geringen Verlusten nicht nur die Fettsäuren, sondern auch die unerwünschten Begleitstoffe entfernt werden. Am bekanntesten sind derartige Anlagen von *Sharples*, *De Laval* und *Westfalia* (vgl. Abb. 13). — Bei den *halbkontinuierlichen* Anlagen wird das Öl noch in großen Quell- bzw. Neutralisationsbehältern vorbehandelt; nur die Abtrennung der wäßrigen Phase bzw. der Seife erfolgt mittels Zentrifugen. Bei *vollkontinuierlich* arbeitenden Anlagen hat man meistens kleine, kontinuierlich durchflossene Mischkammern eingeschaltet, um das Öl z. B. zunächst zur Entschleimung mit Citronensäure und dann in einem weiteren Schritt mit der Lauge in Kontakt zu bringen, wobei die Seife mittels Zentrifuge abgetrennt wird. Aus den nachgeschalteten Waschzentrifugen fließt das Öl praktisch frei von Fettsäure und Seife ab. *Sharples* verwendet typische, schnell laufende, offene Zentrifugen mit hoher Trennwirkung; in der *De Laval Short-Mix-Anlage* erfolgen Mischung und Trennung in völlig geschlossenen Apparaten bei einer Verweilzeit von nur wenigen Sekunden. Einen völlig anderen Weg geht man bei der Neutralisation im *Pellerin-Verfahren;*

das (spezifisch leichtere) Öl tritt fein verteilt von unten in einen mit Lauge gefüllten Behälter ein, steigt in der Lauge auf und wird oben kontinuierlich abgezogen. Die Lauge muß, wenn sie nahezu in Seifenlösung umgewandelt ist, erneuert

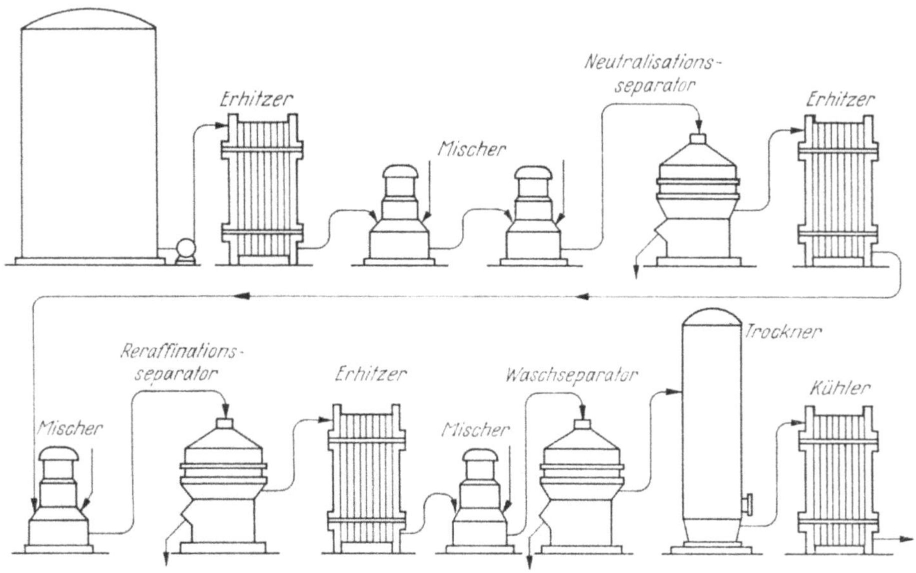

Abb. 13. Apparateschema einer kontinuierlichen Entsäuerung (*De Laval*)

werden. Diese Art der Entsäuerung stellt, in Verbindung mit einer Vorbehandlung des Öles, z. B. mit Phosphorsäure, und mit nachgeschalteter Entfärbung, ein sehr elegantes, vollkontinuierliches Raffinationsverfahren dar.

Beim kontinuierlichen *Clayton-Soda-Ash-Verfahren* wird das auf 60°C vorgewärmte Rohöl mit Sodalösung (15%) behandelt. Das gebildete Kohlendioxid wird im Vakuum abgezogen, wobei gleichzeitig eine Trocknung der entstandenen Seife erfolgt. Die dadurch fest anfallenden Seifen werden in weiterer Soda-Lösung aufgenommen und anschließend über Zentrifugen abgetrennt.

Das Verfahren, das z. T. in modifizierter Form in den USA noch zur Raffination von Baumwollsaat- und Sojaöl Anwendung findet, arbeitet mit vergleichsweise geringen Neutralölverlusten, erfordert aber eine Nachraffination mit Natronlauge (BAILEY 1945).

Ein Vergleich der chargenweisen Verfahren mit den kontinuierlichen wird von Fall zu Fall hinsichtlich der Wirtschaftlichkeit zu unterschiedlichen Ergebnissen führen; allgemein ist heute festzustellen, daß sich mit kontinuierlicher Arbeitsweise ähnlich gute und oft sogar bessere Ausbeuten als im Chargenbetrieb erzielen lassen.

b) Veresterung

Öle mit freien Fettsäuren lassen sich auch durch Veresterung mit Glycerin bei entsprechenden Arbeitsbedingungen entsäuern. Dieser Weg der Entsäuerung hatte bei der Rückveresterung von Olivenöl und einigen anderen Spezialfetten (bis zum Verbot im EWG-Bereich) praktische Bedeutung. Der Fettsäuregehalt mußte allerdings schon etwa 10% oder noch höher sein, damit sich dieses Verfahren wirtschaftlich lohnte. In den so behandelten Fetten bleiben jedoch immer noch 1—2% *ffa* zurück (Gleichgewichtsreaktion).

Die *Rückveresterung* verläuft sehr langsam, wenn nicht z. B. Zinn oder Zinkstaub als Katalysatoren zugefügt werden; man kommt dann mit Temperaturen von 160 auf 200°C ansteigend aus. Es muß mit guten Vakuum-Anlagen bei nur geringem Restdruck gearbeitet werden, um das bei der Reaktion freiwerdende Wasser möglichst schnell als Dampf aus dem Gleichgewicht herauszunehmen und den Reaktionsablauf der Hauptreaktion zu beschleunigen; andernfalls gewinnen verschiedene Nebenreaktionen an Bedeutung. Das Hinzufügen eines Überschusses von Glycerin führt z. B. leicht zur Bildung von Diglyceriden (R. LÜDE 1957, 1962).

Eine Rückveresterung tritt auch bei der sog. Hitzebleichung von rotem Palmöl ein.

Anstelle von Glycerin können auch andere Alkohole (z. B. Äthanol) zur Neutralisation von freien Fettsäuren mittels Veresterung eingesetzt werden. Solche Fette sind derzeit als Nahrungsfette praktisch nicht von Bedeutung, wurden jedoch im ersten Weltkrieg als sog. „Esteröle" aus Fettsäuren und Äthanol in großem Umfang hergestellt. Desgleichen wurden in Deutschland während des zweiten Weltkrieges aus Destillatfettsäuren und natürlichem wie auch synthetischem Glycerin großtechnisch reine Speisefette gewonnen.

c) Herauslösen der Fettsäuren (Lösungsmittelextraktion)

Die Neutralisation von Ölen durch Herauslösen der Fettsäuren, die in Europa offenbar bisher nur für den Spezialfall der Olivenöl-Entsäuerung interessant war, wird ebenfalls nur bei Ölen mit hohem *ffa*-Gehalt angewendet (*ffa* = freie Fettsäure).

Äthanol als Lösungsmittel ermöglicht zwar keine scharfe Trennung von Neutralöl und Fettsäure, weil einerseits die Fettsäuren im Alkohol als Lösungsvermittler für das Fett und andererseits die Fettsäuren im Fett entsprechend für den Alkohol wirken; dennoch gelingt es, z. B. Olivenöl mit 22% *ffa* durch flüssig-flüssig-Extraktion bis auf nur 3% *ffa* zu entsäuern.

Furfurol als Extraktionsmittel wird bei einer Temperatur angewendet, bei der es *nur* die stärker ungesättigten Glyceride und die Fettsäuren löst. Man läßt z. B. in einer mit Raschig-Ringen gefüllten Austausch-Säule Furfurol nach unten fließen, wogegen die Glyceride entgegenströmen und die Kolonne oben verlassen. Nach anderen Patenten soll zur flüssig-flüssig-Extraktion mit polaren Lösungsmitteln (wie Alkohol oder Furfurol) das Öl besser vorher in nicht polaren Lösungsmitteln, wie z. B. Hexan, aufgenommen werden (R. LÜDE 1957, 1962).

Eine Fraktionierung des Öls, durch Herauslösen von Fettsäuren erfolgt beim *Solexol-Verfahren*. Das Lösungsvermögen des hier verwendeten *Propans* nimmt für Fett ab, wenn es unter Druck erwärmt wird. In eine entsprechend konstruierte Kolonne läßt man das leichte Propan von unten eintreten und dem Öl entgegenströmen. Bestandteile des Unverseifbaren, Fettsäuren, Oxydationsprodukte des Fettes und auch die stärker ungesättigten Glyceride werden dabei kaum gelöst, gesättigtes Neutralfett geht in die *Propan-Phase*. Das Verfahren hat sich praktisch, z. B. zur Fraktionierung von Fischölen, bewährt und dabei auch zur Gewinnung von Vitamin-A-Konzentraten aus Fischleberölen Anwendung gefunden.

d) Destillative Entsäuerung

Die Möglichkeit, Fettsäuren nach dem Prinzip der Wasserdampfdestillation bei Temperaturen über 200°C und im Vakuum von dem Neutralöl abzutrennen, wurde frühzeitig erkannt. (Anstelle von Wasserdampf können theoretisch auch andere Trägergase für das Verfahren verwendet werden.) Der Verwirklichung standen jedoch zunächst technische Schwierigkeiten im Wege. Es werden hochgespannter Heizdampf, Druckwasser oder neuerdings alternativ auch „dowtherm"-Heizung (Diphenyl und Diphenyloxid als Heizmedium; Sdp 257°C) benötigt; die Apparatur muß aus korrosionsfestem Edelstahl bestehen, und außerdem ist eine Vakuum-Anlage erforderlich, die es erlaubt, mit Drucken von möglichst nicht mehr als 3—5 mm Hg zu arbeiten. Die Investitionen sind auch bei relativ kleinen, kontinuierlich arbeitenden Anlagen entsprechend hoch. Außerdem erweist es sich meistens als notwendig, die Öle vorher besonders sorgfältig zu entschleimen, weil sonst später dunkle Zersetzungsprodukte entstehen. Bei diesen Verfahren ist eine Vorbehandlung, z. B. mit Phosphorsäure, oder auch eine vorangehende Entfärbung der Öle vorgesehen. Die destillative Entsäuerung ermöglicht es, auf rationelle Weise nur bis auf einen *ffa*-Gehalt von etwa 0,5 % zu neutralisieren, weil schließlich die Hydrolyse von Neutralöl und die Abführung der Fettsäuren sich einem Gleichgewicht nähern; die so behandelten Öle müssen deshalb meistens nachträglich nochmals mit Alkali-Lösungen entsäuert werden.

Dennoch hat sich dieses Verfahren in speziellen Fällen als sehr zweckmäßig erwiesen. Saure Palmöle werden nach entsprechender Vorbehandlung in solchen kontinuierlich arbeitenden Anlagen in wenigen Minuten nahezu neutralisiert; bei Temperaturen von zumeist 210—230° C erfolgt außerdem eine gewisse Rückveresterung und Hitzebleichung. Die Qualität der abdestillierten Fettsäuren ist

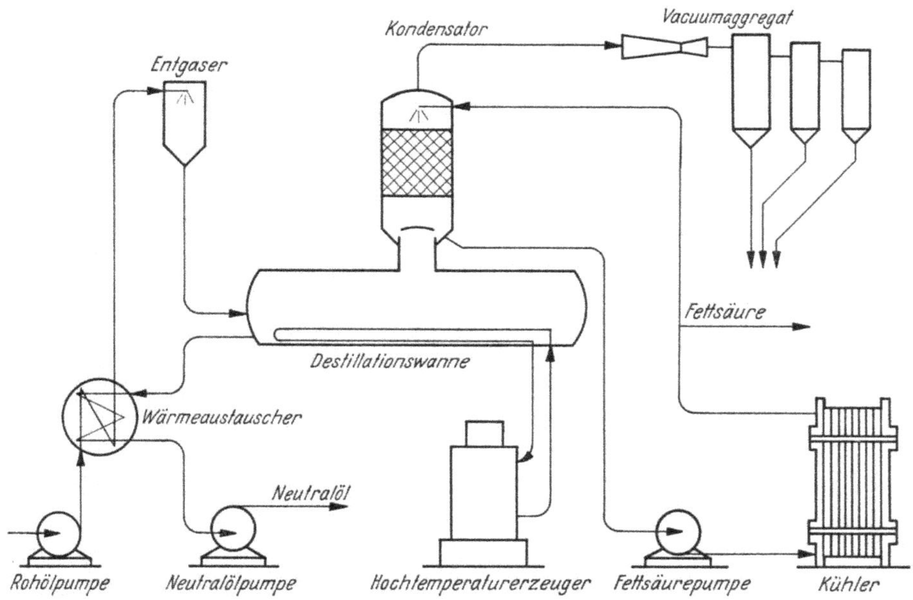

Abb. 14. Anlage zur destillativen Entsäuerung von Ölen *(Pintsch-Bamag)*

besser als die der z. B. bei der Seifenspaltung anfallenden, auch das Neutralöl ist nicht nur nahezu entsäuert, sondern bereits zum Teil gedämpft. Es hat deshalb auch nicht an Versuchen gefehlt, die destillative Entsäuerung und Dämpfung zu kombinieren, was bei geeigneter Vorbehandlung in manchen Fällen möglich ist. Kritisch sind allein die für die destillative Entsäuerung notwendigen hohen Temperaturen, bei denen ungesättigte Fettsäuren und Glyceride unter den für eine Dämpfung oft erforderlichen relativ langen Verweilzeiten polymerisieren könnten (vgl. Abb. 14).

Eines der ältesten und bekanntesten Verfahren wurde von WECKER vorgeschlagen; dabei wird sehr feuchter Wasserdampf in das heiße Öl eingeblasen, die dann folgende eruptive Ausdehnung des Dampfes soll eine besonders schnelle Abführung der Fettsäuren ermöglichen. Später sind in Europa vor allem Anlagen von *Lurgi*, *Feld & Hahn*, *Bamag* sowie *Craig* und *Unilever* zur destillativen Entsäuerung empfohlen worden.

Zur technologischen Vervollkommnung und Rationalisierung dieser Verfahren bieten sich dabei vielfältige Möglichkeiten, wie z. B. die Vorwärmung von Ölen in Gegenstromaustauschern mit heißem Öl bzw. Fettsäuren sowie in der besonderen technischen Gestaltung der Destillationsblase und der Vakuum-Anlage.

e) Weitere Verfahren

Die Entdeckung, daß *Harnstoff* mit geradkettigen gesättigten und ungesättigten Fettsäuren *Einschlußverbindungen* bildet, war Anlaß zu dem Vorschlag, Olivenöl mit hohem *ffa*-Gehalt in Harnstofflösungen zu neutralisieren. Dabei wird die Harnstofflösung in einen Kreisprozeß geführt.

Auch der Einsatz von *Ionenaustauschern*, z. B. stark basischer Anionenaustauschharzen mit quartären Ammoniumhydroxydgruppen, ist mit Erfolg versucht worden. Dabei konnten neben den freien Fettsäuren zugleich auch die färbenden Bestandteile aus den Rohölen entfernt werden.

Der Einsatz dieser beiden letztgenannten Verfahren ist noch auf den Laboratoriumsmaßstab beschränkt.

3. Entfärbung der Fette

Öle und Fette enthalten von Natur aus Farbstoffe, insbesondere Carotinoide und Chlorophylle (vgl. Bd. I, S. 342), aber auch andere, deren Konstitution noch nicht genügend geklärt ist. Hinzu kommen oft Farbstoffe, die erst bei Lagerung und Gewinnung des Roh-Öls entstanden sind, wie z. B. Reaktionsprodukte von Kohlenhydraten mit Proteinen oder aber Oxydations- und Abbauprodukte des Fettes und der Phosphatide, die wiederum miteinander reagieren können.

Für viele Bereiche der Weiterverarbeitung, vor allem für die Speisefettindustrie, ist es wünschenswert, diese Farbstoffe größtenteils zu entfernen. Heute können bei den praktisch angewendeten Entfärbungsverfahren gleichzeitig Reste von Schleimstoffen, Seifen sowie Oxydationsprodukte des Fettes dem Öl soweit entzogen werden, daß sich die Öle nach einer solchen Entfärbung wesentlich besser und schneller dämpfen lassen.

Zur Entfärbung der Fette, welche für den Ernährungsbereich bestimmt sind, dienen heute ausschließlich *Adsorptionsmittel;* die *chemische Bleichung* hat ihre Bedeutung verloren. Das Entfärbungsverfahren beruht darauf, daß Adsorptionsmittel bevorzugt die verhältnismäßig großen und konstitutionell ganz anders als die Fettglyceride aufgebauten Farbstoffmoleküle binden. Ein großer Teil dieser Farbstoffe wird allerdings auch schon vorher bei der Entschleimung und Entsäuerung aus dem Öl entfernt.

Die Bindung von Farbstoffen an Adsorptionsmittel wie Bleicherde oder Aktivkohle folgt der *Freundlich'schen Gleichung*, d. h. die Menge der gebundenen „Farbstoff-Moleküle" nimmt in charakteristischer Weise mit sinkender Konzentration dieser Stoffe im Öl ab. Diese Erkenntnisse regen dazu an, Adsorptionsmittel und Öle im Gegenstrom zu führen. Bei einem Zusatz von durchschnittlich nur etwa 1 % Entfärbungsmittel zum Öl hat es sich allerdings praktisch als rationeller erwiesen, den Zusatz ins Öl einzuführen und nach einer gewissen Kontaktzeit herauszufiltrieren. Eine Weiter- und Wiederverwendung von Entfärbungsmitteln, evtl. nach entsprechender Aufbereitung, lohnt sich nicht.

Die Anwendung von festen, aus Bleicherde oder Aktivkohle bestehenden Filterbetten hat sich zur Entfärbung von Fetten nicht bewährt.

Bei der Wahl des Verfahrens und der Adsorptionsmittel müssen vor allem folgende Faktoren berücksichtigt werden: die Filtrationsgeschwindigkeit der Öle, die z. B. bei der Verarbeitung von Ölresten aus der Tanklagerung oft außerordentlich gering ist, weiterhin die Ölaufnahme des Adsorptionsmittels, welche, bezogen auf die Einwaage, bei Bleicherden bis zu 50 % und bei Aktivkohle sogar weit mehr betragen kann.

Die zunächst als „*Fuller*"-*Erde* in England bekannt gewordene *Bleicherde* findet man als Naturerde in vielen Ländern Europas (vgl. Abb. 15). Sie kann manchmal unmittelbar oder aber nach einer Aktivierung zur Entfärbung verwendet werden. Zur Aktivierung wird die Erde z. B. mit Salzsäure behandelt,

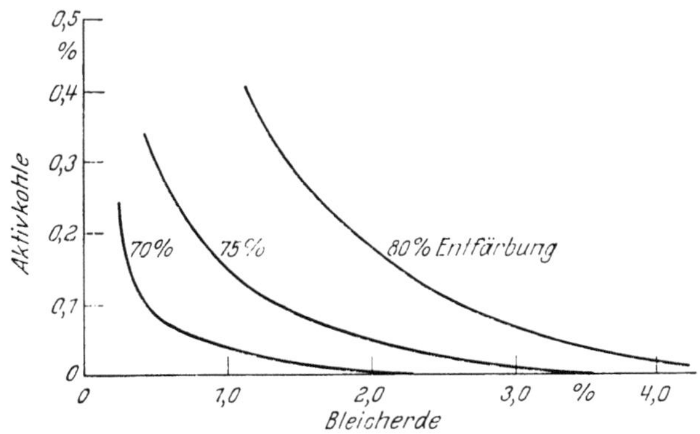

Abb. 15. Isokoloren für die Entfärbung von Cocosöl (nach R. LÜDE 1962)

danach wieder säurefrei gewaschen, getrocknet und fein gemahlen. Als besonders geeignet erwiesen sich *Montmorillonit* enthaltende Aluminium-Silicate, die röntgenographisch oder aber durch ihr eindimensionales Quellen im Wasser zu charakterisieren sind; in der Praxis beschränkt man sich allerdings darauf, die Eignung einer Bleicherde mit einem im Laboratorium unter Standardbedingungen durchgeführten Entfärbungsversuch zu prüfen. Bei der Aktivierung solcher Erden wird ein Teil des Eisen- und Aluminiumoxids herausgelöst, Calcium- sowie Magnesium-Ionen werden z. T. gegen H-Ionen der Säure ausgetauscht. Die Erden verhalten sich den Fettglyceriden gegenüber offenbar indifferent; von der Aktivierung zurückgebliebene Säurespuren können allerdings zu einer geringen Fettspaltung während der Entfärbung führen. Bleicherde katalysiert auch die Fettoxydation, weshalb das Entfärben heute allgemein bei Temperaturen nahe 100° C im Vakuum durchgeführt wird. Erfahrungsgemäß sind Bleicherdesorten besonders wirksam, wenn sie 5—10 % Wasser enthalten (R. LÜDE 1962; D. SWERN 1964; H. P. KAUFMANN 1966).

Aktivkohle wird wegen ihrer begrenzten spezifischen Affinität nur für bestimmte Öle und wegen ihres vergleichsweise höheren Preises nur in geringem Umfang verwendet. Die Erfahrungen der Praxis und entsprechende Kontrollversuche sind auch hier notwendig, um die Menge und Art des Bleicherdetyps und eine evtl. vorteilhafte Kombination mit Aktivkohle zu ermitteln. Häufig werden zur Entfärbung von Cocos- und Palmkernfett z. B. 0,9% Bleicherde und 0,1% Aktivkohle in Kombination verwendet (R. LÜDE 1962).

Die Entfärbung und Filtration der Öle wird heute meistens noch im *Chargenbetrieb* vorgenommen. Das Öl wird in geschlossenen Behältern, in denen es oft zuvor entsäuert und danach gewaschen worden war, zunächst im Vakuum getrocknet. Bei einer Temperatur von z. B. 80—90° C werden dann durch eine in das Öl hineinreichende Leitung die vorgesehene Menge Erde und evtl. auch Aktivkohle eingezogen. Durch ein Rührwerk werden die Adsorptionsmittel möglichst schnell und fein im Öl verteilt. Nach einem Zeitraum von wenigen Minuten bis zu einer halben Stunde wird das Öl mit den suspendierten Adsorptionsmitteln noch vielfach in die seit langem bewährten *Kammer*- und *Rahmenpressen* gepumpt und dort unter Verwendung von Filtertüchern aus Papier und Baumwollgewebe (neuerdings vorwiegend Perlontücher) filtriert. Ein Nachteil dieser Pressen liegt allerdings in der mühsamen Entleerung des Filterkuchens und im ungehinderten Zutritt der Luft. Zunehmend werden deshalb geschlossene Filterapparate-Typen (wie z. B. *Funda*, *Niagara*, *Scheibler* und *Sparkler*) verwendet, bei denen auch die Austragung der Erde technisch besser gelöst ist. Oft dienen auch feine Drahtgewebe als Filterelemente, auf denen sich dann der als Filter wirkende Kuchen zunehmend aufbaut, bis der Apparat gefüllt ist. — Der Filterkuchen, der meistens etwa 30 % Öl enthält, wird oft in einem Nebenbetrieb z. B. mit Heißwasser oder aber Hexan teilweise extrahiert. Die Qualität des wiedergewonnenen Öls richtet sich nach dessen Oxydationsempfindlichkeit und hängt im übrigen wesentlich davon ab, wie schnell die Erde weiterverarbeitet wird.

Eine kontinuierliche Entfärbung wurde insbesondere in solchen Werken angestrebt und auf verschiedene Weise gelöst, wo alle anderen Raffinationsstufen bereits kontinuierlich erfolgten. Das vorher entsäuerte und entschleimte Öl wird hierzu meistens durch Versprühen im entgegenströmenden Dampf entgast und gegebenenfalls getrocknet. Danach wird in geeigneter Weise — z. B. in Pastenform — kontinuierlich oder aber in kleinen Zwischenbehältern das Entfärbungsmittel zudosiert. In einem weiteren, oft in mehrere Räume unterteilten Apparat erfolgt danach im Vakuum die Entfärbung.

Die oxidative *chemische Bleichung* mit Sauerstoff, Ozon, Wasserstoffperoxid u. a. hat heute für Speisefette ihre Bedeutung verloren. Mit Wasserstoff wird unter den üblichen Bedingungen der Fetthydrierung oft eine Aufhellung der Öle durch Reduktion der „Farbstoffe“ erzielt.

Eine gewisse Bedeutung kommt der *Hitzebleichung* von Palmöl zu. Die Carotinoide werden bei Temperaturen von über 200 °C ziemlich rasch abgebaut; dieses Verfahren darf nicht unnötig ausgedehnt werden, um eine Polymerisation des Öles zu vermeiden.

4. Dämpfung (Desodorierung)

Die meisten Öle und Fette haben als Rohfette einen mehr oder weniger charakteristischen Eigengeruch und -geschmack. Auch während der Lagerung und Verarbeitung von Saat und rohem Öl bilden sich manchmal bestimmte unerwünschte Zersetzungsprodukte. In einem Speiseöl, vor allem Speisefett und Margarine, sind diese Geruchs- und Geschmacksstoffe unerwünscht; die Öle werden deshalb gedämpft. Bei diesem Vorgang werden im Durchschnitt etwa 0,2 % Fettbegleitstoffe und mitgerissenes Neutralöl abgetrennt. Es handelt sich dabei zu einem erheblichen Teil um geschmacklich neutrale, gesättigte Kohlenwasserstoffe aus dem Unverseifbaren der Fette sowie um Aldehyde und Ketone, von denen einige, wenn sie nur in Spuren von z. B. wenigen Teilen pro Mio anwesend sind, den Geschmack deutlich nachteilig beeinflussen. Solche Geruchs- und Geschmacksstoffe bilden sich zu einem Teil aus entsprechenden Vorstufen während der Hydrierung und zwingen dazu, auch Hartfette zu dämpfen.

Der Dampfdruck der reinen Geschmacksstoffe liegt im allgemeinen über dem der freien Fettsäuren, ihr Partialdruck ist jedoch, der geringen Konzentration im Öl entsprechend, niedrig. Hierin liegt die große Schwierigkeit, durch Dämpfung schnell und wirtschaftlich geschmacklich neutrale Fette zu gewinnen; eine weitere ergibt sich daraus, daß während der Dämpfung, z. T. vermutlich durch Hydrolyse, allmählich weitere Geschmacksstoffe aus entsprechenden Vorstufen gebildet werden. Der letztere Vorgang verlängert zwar einerseits die Dämpfzeit, bietet jedoch andererseits die Gewähr für eine gute geschmackliche Stabilität während der Lagerung und Weiterverarbeitung solcher Raffinate.

Es ist hier nicht möglich, die interessante theoretische Behandlung des Dämpfverfahrens darzulegen (P. N. WILLIAMS 1962; D. SWERN 1964); jedenfalls müssen viele Faktoren optimal in Einklang gebracht werden: Es handelt sich ähnlich wie bei der destillativen Entsäuerung im Prinzip um eine Wasserdampfdestillation. Der Dampf ist das technisch geeignetste „Trägergas". Gemäß DALTONS Gesetz ist der Gesamtdruck aller Komponenten in dem Gasraum eines Dämpfers gleich der Summe der Partialdrucke; die flüchtigen Fettbegleitstoffe destillieren daher in entsprechenden molaren Proportionen in der Dampfphase ab (vgl. Abb. 16). Nach

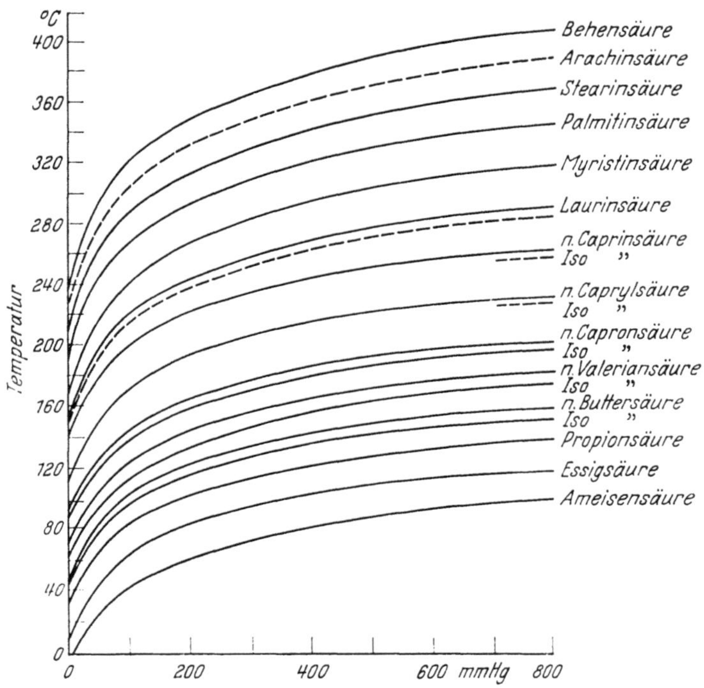

Abb. 16. Siedepunkte von gesättigten, einwertigen Fettsäuren (nach R. LÜDE 1962)

CLAUSIUS-CLAPEYRON ist der Logarithmus des Dampfdrucks der absoluten Temperatur proportional, folglich steigt die Flüchtigkeit sehr stark mit der Temperatur. Dämpfdampf tritt fein verteilt mit einer möglichst optimalen Geschwindigkeit in den Dämpfapparat ein, die Dampfblasen nehmen dann verhältnismäßig schnell die flüchtigen Komponenten auf. Die Dampfblasen werden, dem nachlassenden statischen Druck entsprechend, beim Aufsteigen im Öl zunehmend größer, steigen schneller und bilden an der Oberfläche eine Aufwall- bzw. Schaumschicht. Der *Dampfbedarf* läßt sich theoretisch mit Hilfe von *Raoult's Gesetz* einigermaßen berechnen. Er ist nicht nur um so höher, je niedriger der Dampfdruck der flüchtigen Komponenten ist, sondern wächst auch mit steigendem Druck in der Anlage. Das bedeutet jedoch, daß die Größe des Dampfvolumens von wesentlicher Bedeutung ist. In der Praxis ist die benötigte Dampfmenge je nach Druck in der Anlage zwischen 5 und 15%, bezogen auf das Gewicht der Fettmenge.

Gedämpft wird meistens bei 180—210° C und einem Druck von 5—15 mm Hg. Die Geschwindigkeit der Dampfzufuhr ist begrenzt: es dürfen im Dampfstrom keine Fett-Teilchen mitgerissen werden, man beugt einem solchen Verlust auch durch einen entsprechend großen Kopfraum und Prallbleche im Dämpfer vor. Im

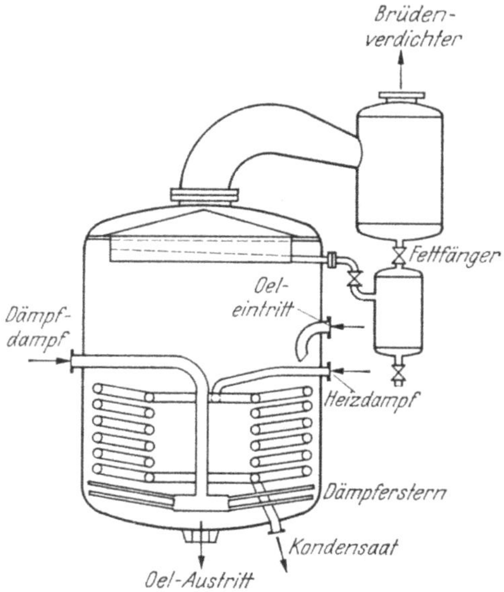

Abb. 17. Diskontinuierlicher Dämpfer (J. VAN OPBERGEN, Neuß)

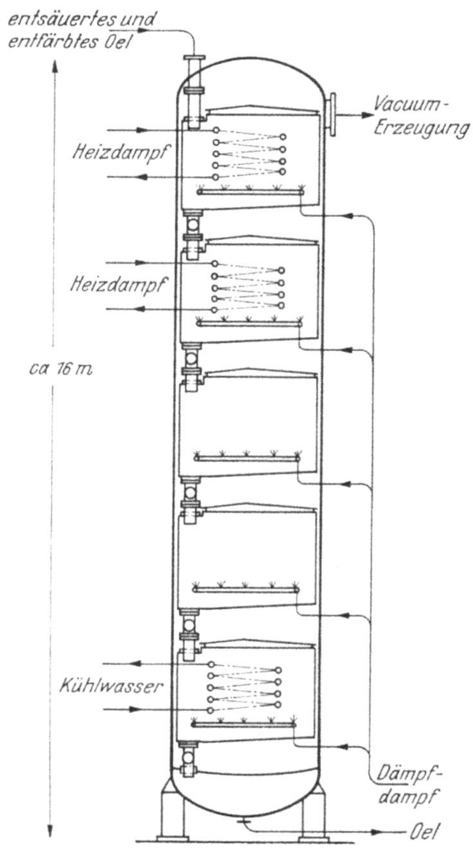

Chargenbetrieb hat die Erfahrung im übrigen gelehrt, daß eine *Dämpfzeit* von etwa 2 Std für Hartfette und 3—4 Std für sonstige Fette kaum zu unterschreiten ist, weil eben die letzten Reste flüchtiger Substanzen sehr schwer zu entfernen sind und sich andere aus entsprechenden Vorprodukten erst allmählich bilden. Der genaue Zeitpunkt für die Beendigung der Dämpfung muß am besten immer noch von einem erfahrenen Raffineur durch Geschmacksprüfung festgelegt werden.

Alle Dämpfanlagen müssen mit Einrichtungen zum Aufheizen des Fettes, zum Einblasen von Wasserdampf sowie mit Fettfallen zum Abfangen von Überreißverlusten, einem Kondensator und der entsprechenden Anlage zur Vakuumerzeugung (heute meistens Dampfstrahlsauger mit vorgeschalteter Dampfstrahlpumpe) ausgerüstet sein. Der eigentliche Dämpfer wird, sofern Temperaturen von 190° C nicht überschritten werden, aus Eisen, sonst aber meistens aus Edelstahl hergestellt.

Diskontinuierlich arbeitende, vertikal gebaute Dämpfer sind heute etwa doppelt so hoch wie breit. Sie werden nur zu etwa einem Drittel gefüllt, um genügend Aufwallhöhe und Kopfraum zu haben. Im unteren Teil liegen die Heizschlangen und im Boden der Dampfstern, durch welchen Dämpfdampf eingeblasen wird. Der in modernen Dämpfern relativ große Durchmesser bringt den Vorzug mit sich, daß ein vergleichsweise großes Dampfvolumen ohne Gefahr des Überreißens bei guter Durchmischung des Fettes und bei entsprechend großer Schaumschicht durchgesetzt werden kann, wobei im Endeffekt die Dämpfzeit auf wenige Stunden reduziert wird (vgl. Abb. 17).

Abb. 18. Halbkontinuierlicher Dämpfer, Typ VOTATOR *(Girdler)*

Die Versuche, gerade dieses Verfahren kontinuierlich durchzuführen, sind besonders zahlreich. Eine Schwierigkeit liegt jedoch darin, daß für eine gute Dämpfung die effektive Verweilzeit eines jeden Teilchens in dem Dampf etwa gleich sein muß, d.h. es soll, um einer Polymerisation vorzubeugen, kein Öl allzu lange in der Anlage verweilen. Außerdem ist eine bestimmte Verweilzeit bei der Dämpfung vermutlich deshalb kaum zu unterschreiten, weil — wie zuvor erwähnt — gewisse Reaktionen offenbar erst allmählich unter Einfluß von Temperatur und Wasserdampf in Gang kommen und ablaufen. Dies erklärt wohl auch den Erfolg einer *halbkontinuierlichen* Anlage, des *Girdler-Dämpfers* (vgl. Abb. 18). In diesem Typ sind fünf große Nickelschalen in einem Eisenbehälter angeordnet. Das Fett wird z. B. alle halbe Stunde in die oberste Schale eingelassen, wo es entgast und mit Heizschlangen auf 160° C erwärmt wird. Nach einer halben Stunde wird es in die darunterliegende zweite Schale abgelassen, wo bis auf 230° C aufgeheizt und mit der Dämpfung begonnen wird. Schale 3 und 4 dienen in der Hauptsache zur eigentlichen Dämpfung, Schale 5 bereits wieder zur Kühlung des Fettes. Auf diese Weise können mehrere Tonnen Fett pro Stunde bei einem Druck von nur ca. 6 mm Hg gedämpft werden. Man benötigt etwa 5 % Dämpfdampf und 17—18 % Treibdampf für den Booster der Vakuum-Anlage, berechnet auf den Fettdurchsatz.

Als *vollkontinuierlich* arbeitende Dämpfer werden meistens Türme mit mehreren Böden verwendet. Das Öl strömt von oben nach unten, ihm entgegen der Wasserdampf. Im unteren Teil der Anlagen, wo die Konzentration der flüchtigen

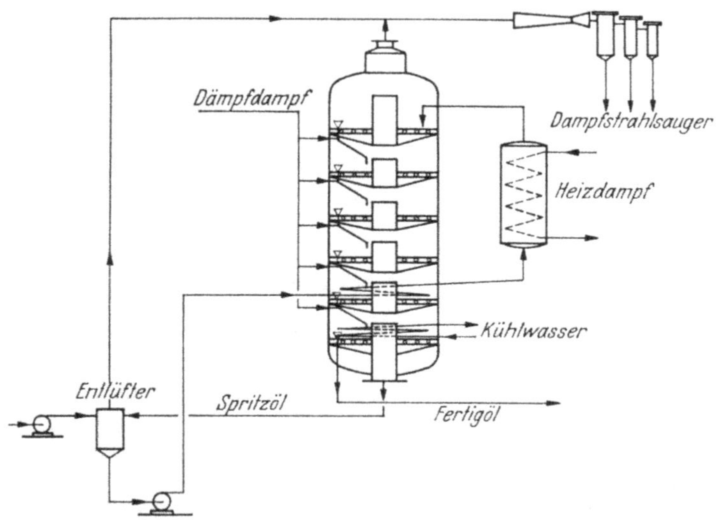

Abb. 19. Kontinuierlicher Dämpfer *(Pintsch Bamag AG*, Butzbach)

Bestandteile im Öl zurückgegangen und deren Entfernung noch schwieriger geworden ist, steigt jedoch der Druck gegenüber dem Kopfraum, ggf. sinkt die Temperatur. Diesen Verhältnissen trägt man z. B. durch eine zusätzliche Vakuumeinrichtung im unteren Teil der Kolonnen Rechnung; der Treibdampf dieser Vakuumeinrichtung dient später als Dämpfdampf im oberen Kolonnenteil. Auch in dem kontinuierlich arbeitenden *Bamag-Dämpfer* (vgl. Abb. 19), der mit Siebböden für den Durchtritt des Dampfes ausgestattet ist, soll im unteren Teil eine besonders intensive Nachdämpfung erfolgen.

Einen interessanten Weg der Dämpfung ist man beim *De Smet-Verfahren* gegangen; bei diesem Typ läuft das Öl zunächst in dünner Schicht an vertikalen

Blechen in einem Turm hinab, ihm entgegen strömt überhitzter Wasserdampf. Danach gelangt das Öl in einen Kessel, in dem es mehrere Segmente durchläuft und dabei mit Frischdampf fertiggedämpft wird. In der Apparatur herrscht nur ein Druck von 2—3 mm Hg.

Nach Verlassen der kontinuierlich bzw. diskontinuierlich arbeitenden Dämpfer wird das Öl, so schnell wie möglich, auf Temperaturen herabgekühlt, die möglichst nur einige Grade über dem Klarschmelzpunkt liegen. Hierfür haben sich *Röhrenbündel-* und neuerdings auch *Platten-* oder *Spiralkühler* bewährt. Das Raffinat, welches als Pflanzenfett meistens genügend natürliche Antioxydantien, insbesondere Tokopherole, enthält, kann dann in Eisen-, Aluminium- oder Edelstahlbehältern gelagert werden. Die Behälterwand überzieht sich bald mit einem dünnen schützenden Fettfilm, der eine prooxydative Wirkung des Metalls verhindert.

Tierfette

A. Vorkommen und Gewinnung von Tierfetten

Fett ist im Tierkörper Bestandteil des Blutes und der Zellen und hat dort vielfältige Aufgaben zu erfüllen. Für die Nahrungsfett-Technologie ist das sog. *Depotfett* wichtig. Dieses Depotfett ist eine Energiereserve und dient zugleich zur Wärmeisolation des Tieres.

Die Zusammensetzung des Depotfettes richtet sich sowohl nach der Zusammensetzung des Futters als auch nach seiner physiologischen Aufgabe, so daß im Endeffekt das Fett im Tierkörper sehr unterschiedliche Fettsäureanteile enthält. So ist z. B. das Depotfett in den mehr der Kälte ausgesetzten Körperpartien bei Schweinen reicher an ungesättigten Fettsäuren. Eine Besonderheit ist das Milchfett der Säugetiere, welches in den Milchdrüsen gebildet wird; es wird hinsichtlich seiner Gewinnung und Weiterverarbeitung in Bd. III dieses Handbuchs behandelt.

Die wirtschaftliche Bedeutung der tierischen Fette ist in die entsprechende Darstellung bei Pflanzenfetten mit einbezogen worden. Zweifelsohne wird heute in den meisten Ländern Westeuropas der überwiegende Teil des Schlachtfettes noch beim Erzeuger in kleinen Mengen gewonnen; an dieser Stelle soll jedoch nur die industrielle Verwertung beschrieben werden, die zunehmend an Bedeutung gewinnt und vor allem in den USA seit langem vorgenommen wird (D. Swern 1964). Tierische Fette sind durch relativ einfache Erwärmung ohne weitgehende Vorzerkleinerung des Gewebes zu gewinnen, weil die Zellmembran nicht wie bei den Saaten durch Stützgewebe (Sklerenchym) geschützt ist. Infolge der Erwärmung dehnt sich das Fett in der Zelle aus und sprengt die Membran; seine weitere Abtrennung bereitet technisch keine Schwierigkeiten.

I. Fettgewinnung von Landtieren

Das industriell vorgenommene *Ausschmelzen* von Schmalz und Talg steht hier im Mittelpunkt; die Milchfettgewinnung und -verarbeitung werden ausführlich in Bd. III behandelt.

Die von alters her geübte Fettgewinnung durch Ausschmelzen ist gerade im letzten Jahrzehnt technologisch sehr viel weiter entwickelt worden, wobei allerdings immer wieder wirtschaftliche und qualitative Gesichtspunkte in Übereinstimmung gebracht werden müssen.

1. Ursprung und Vorbehandlung der Rohstoffe

Schweineschmalz wird vor allem aus dem Bauchfett, aber auch aus den Innereien der Schweine (Mickerfett) gewonnen; das Rückenfett wird vorwiegend zu Speck und in der Wurst verarbeitet. Die Schweine werden in Großbetrieben am laufenden Band getötet, nach dem Ausbluten und der ersten Inspektion durch den Fleischbeschauer werden die Haare mit kochendem Wasser aufgeweicht und entfernt. Danach wird der Körper zerlegt und das Fleisch in Kühlhäuser gebracht; die abgetrennten Fettgewebe werden möglichst umgehend weiterverarbeitet. Durch die Tätigkeit von Bakterien und die beginnende Eiweißzersetzung bilden sich nämlich schon nach sehr kurzer Zeit unangenehme Geruchs- und Geschmacksstoffe, die später nicht mehr aus dem Fett zu entfernen sind. Außerdem setzt sofort die enzymatische Zersetzung des Fettes durch Lipasen ein, so daß der Gehalt an freien Fettsäuren (*ffa*) geradezu als Kriterium für die Frische des Fettes dienen kann. Fett, welches nicht innerhalb weniger Stunden verwertet oder in Kühlräumen aufbewahrt wurde, kann oft nur noch für technische Zwecke weiterverarbeitet werden.

Rindertalg wird aus dem Netzfett, welches die Bauchhöhle auskleidet, sowie aus dem Gekrösefett (von Nieren, Herz usw.) gewonnen. Es fallen etwa 15—30 kg Talg von einem Stück Rindvieh an. Die Rinder werden mit einem Bolzenapparat betäubt, gestochen und zum Ausbluten aufgehängt. Nach dem Enthäuten werden die Eingeweide entfernt. Die sorgfältig abgetrennten Fettgewebe müssen dann auf schnellstem Wege in die Schmelze gebracht werden, um der schon bei der Schmalzgewinnung (siehe oben) erwähnten Wertminderung zu begegnen. Das Fett des lebenden Rindes enthält praktisch keine Geschmacks- und Geruchsstoffe sowie keine freien Fettsäuren; der nach der Tötung ständig zunehmende *ffa*-Gehalt wächst etwa linear mit der Lagerzeit. Eine Kühlung der Rohstoffe ist sehr vorteilhaft; bei einer späteren Temperaturerhöhung setzt die Tätigkeit der Bakterien jedoch sofort wieder und dann in noch verstärktem Ausmaß ein.

Eine Zerkleinerung dieser Fettrohstoffe vor dem Ausschmelzen erübrigt sich im allgemeinen. Auch das längere Wässern vor der Verarbeitung ist nur noch bei wenigen Verfahren vorgesehen; zweifellos gehen dabei anhängende Blutreste und Geruchsstoffe in das kalte Wasser über, diese Wässerung gewinnt im allgemeinen aber erst dann an Bedeutung, wenn auch Fettgewebe, das schon einige Stunden alt ist, verarbeitet werden muß.

2. Ausschmelzen des Fettes

Die Verfahren zum Ausschmelzen von *Schmalz* und *Talg* haben mit der allgemeinen Entwicklung im Maschinen- und Apparatebau Schritt gehalten. Insbesondere müssen diese Anlagen sowohl an die Art des Rohstoffs als auch an Schwankungen im Durchsatz anpassungsfähig sein.

Ursprünglich wurde das Fett im *Trocken-Schmelzverfahren* in offenen oder geschlossenen Rührkesseln, die mit offenem Feuer oder mit Dampf beheizt wurden, geschmolzen. Dabei wird Fettgewebe an einzelnen Stellen so weit überhitzt, daß sich oft unangenehme Geschmacks- und dunkle Farbstoffe, vor allem aus Reaktionen des Eiweißes, bilden. Dieses Verfahren kommt deshalb in Zukunft nur noch für Abfallfette, die technischer Verwendung zugeführt werden, in Betracht. Moderne, chargenweise arbeitende Schmelzkessel sind, um diesen Nachteil zu vermeiden, mit Druckwasser beheizt.

Die Weiterentwicklung führte dann über *Naß-Schmelzverfahren* (vgl. unten) zu den modernen, *kontinuierlich* arbeitenden Schmelzanlagen, wie sie z. B. von

De Laval (Centriflow) und *Sharples* gebaut werden. Das Fett wird zunächst von einem Wolf grob zerkleinert und mit direktem Wasserdampf in einem relativ kleinen Schmelzkessel auf möglichst niedrige Temperaturen (50—70° C) erhitzt; dabei darf nicht zuviel kollagenes Gewebe anwesend sein, weil, verbunden mit der Leimbildung, stabile Emulsionen entstehen können. In einem Desintegrator werden noch zusammenhängende Gewebeteile von Metallbürsten zerrissen. Es kann dann Dampf, z. B. in die Rohrleitungen, eingeblasen werden, um das Fett kurzfristig bis nahe 100° C zu erhitzen und zu sterilisieren. Schließlich erfolgen in geeigneten Apparaturen die Abtrennung der Grieben und eine weitere Klärung des Fettes durch Zentrifugieren. Die Grieben werden zumeist als Futter verwendet.

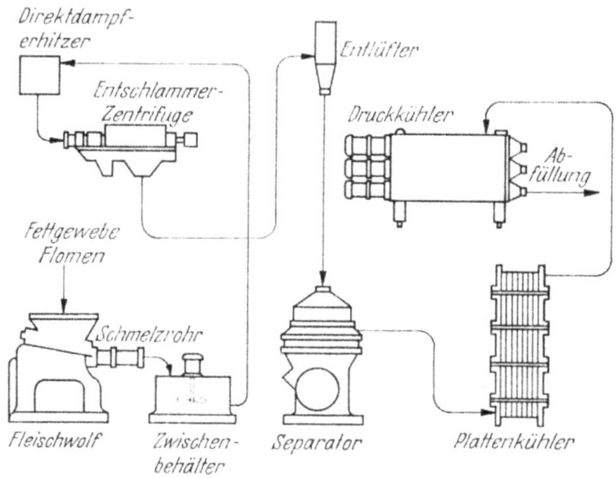

Abb. 20. Apparateschema einer *De Laval Centriflow*-Schmelz- und Fettkühlanlage

Das Fett wird in geschlossenen Tanks zunächst warm gehalten, dann z. B. mit Druckkühlern (vgl. Kapitel Margarineherstellung) gekühlt und schließlich in geeigneten Maschinen in plastischem Zustand abgepackt. Die Verweilzeit in der gesamten Apparatur beträgt nur wenige Minuten (vgl. Abb. 20).

Als ein weiteres Beispiel für ein kontinuierliches Naß-Schmelzverfahren sei hier die *Hinko*-Anlage erwähnt, bei der das zuvor gewässerte Fettgewebe, nachdem es im Wolf zerrissen wurde, dem eigentlichen Schmelzapparat zugeführt wird. In einem mehrere Meter langen Rohr bewegt eine Schnecke das Fettgewebe und sehr viel warmes Wasser allmählich der am Ende dieses Rohres liegenden Vorrichtung zur Abtrennung der Grieben zu. Im Prinzip ist beim *Naß-Schmelzverfahren* mit besonders niedrigen Temperaturen, die nur wenige Grade über den Schmelztemperaturen des Fettes liegen, auszukommen; ganz allgemein wird heute jedoch versucht, in allen Schmelzanlagen so zu arbeiten, daß die Bildung von unerwünschten Geschmacksstoffen praktisch vollständig vermieden wird. Ein Nachteil dieses Naßverfahrens liegt darin, daß die anfallenden feuchten Grieben getrocknet („geröstet") werden müssen.

An dieser Stelle sei erwähnt, daß die Gewinnung von *Oleo* aus Talg, (vgl. S. 219) wie es zeitweilig von der Margarine-Industrie verlangt wurde, heute noch mit Pressen vorgenommen wird (vgl. Kapitel Pflanzenfett-Gewinnung).

Das durch Ausschmelzen gewonnene *Schmalz* und der *Talg* werden in dieser Form dem Konsum zugeführt, eine Raffination wird, unter anderem um die Verwertung minderwertiger Rohstoffe auszuschließen, in der Bundesrepublik Deutschland nur in Ausnahmefällen gestattet.

3. Fettgewinnung aus Milch

Die speziellen Verfahren sind in Bd. III behandelt. Ganz allgemein läuft auch hier die technologische Entwicklung auf *kontinuierliche* Anlagen hin; sie sind leichter zu bedienen und zu reinigen und liefern oft eine bessere Ausbeute. Dies gilt nicht nur für das Abtrennen des Rahms mittels Zentrifugieren, sondern auch für die Butterherstellung. Nachdem Süßrahmbutter schon seit langer Zeit, z. B. nach dem *Fritz*- oder *Alfa*-Verfahren, kontinuierlich herzustellen war, gewinnt nun auch die kontinuierliche Sauerrahmbutterherstellung, die längere Zeit Schwierigkeiten bereitete, zunehmend an Bedeutung.

II. Fettgewinnung von Seetieren

Baskische Fischer erlegten Wale schon im 12. Jahrhundert im Golf von Biskaya. Vor Grönland begann der *Walfang* der Holländer, Engländer und Norweger im 16. Jahrhundert. Der deutsche Walfang, ausgehend von den Städten Hamburg, Bremen und Emden, hat seinen Ursprung um 1620. Das *Walöl* gewann seine Bedeutung als Rohstoff für die Fettindustrie erst durch die Erfindung der Harpunen-Kanone (1850) und durch die Entwicklung der Fetthärtung (1901).

Das Fett des Wals und der Fische ist vom ernährungsphysiologischen Standpunkt gesehen hochwertig; eine besondere Bedeutung kommt den *Fischleberölen* als Vitaminträger zu. Alle diese Fette sind zudem reich an hochungesättigten Fettsäuren, jedoch praktisch frei von natürlichen Antioxydantien, autoxydieren demzufolge außerordentlich leicht. Hinzu kommt, daß sofort nach der Tötung der Tiere die Proteolyse einsetzt, was zu Reaktionen zwischen den Eiweißspaltprodukten und dem Fett führen kann. Es bilden sich dann sehr unangenehme Geruchs- und Geschmacksstoffe sowie dunkle Farbstoffe, die schwer aus dem Öl zu entfernen sind. Demzufolge muß die Isolierung des Fettes möglichst sofort nach dem Fang erfolgen. Für die Verarbeitung zu Back- und Speisefett sowie z. T. auch für die Verwendung als Margarinerohstoff werden die *Seetieröle* hydriert, um die hochungesättigten, leicht oxydierbaren Fettsäuren in ein- und zweifach ungesättigte sowie in gesättigte Fettsäuren umzuwandeln. Nach der Raffination gewinnt man dann insbesondere aus *Walöl* ein gut haltbares, praktisch geruchloses Speisefett. Der Anteil dieser Fette an der Ernährung geht jedoch, vor allem in Europa, wegen des reicheren Angebots pflanzlicher Fette und einer oft falschen Einschätzung der Qualität gehärteter Seetieröle durch den Verbraucher laufend zurück, so daß ein Teil bereits heute für technische Zwecke verwendet wird. Die Fangergebnisse nehmen entsprechend der geringer werdenden Nachfrage und wegen der Reduzierung des Walbestandes ab.

1. Walöl

Die vorwiegend in arktischen Gewässern lebenden Wale haben eine bis zu 20 cm dicke Fettschicht, die sie als Warmblütler gegen die Kälte des Wassers schützt und zugleich als Energiereserve dient. Wirtschaftliche Bedeutung haben unter den *Bartenwalen* vor allem der bis zu 30 m lange und oft über 100 t schwere *Blauwal*, der *Finnwal* und der *Grönlandwal* sowie unter den *Zahnwalen* der *Pottwal*. Die Jagddauer und die Jagdquoten sind seit 1930 mehr oder weniger international reglementiert worden.

Zur Jagd dienen kleine Fangboote (200—500 BRT), auf denen sich eine Harpunenkanone befindet. Aus 40—50 m Entfernung wird meistens die Harpune abgefeuert; der mit Sprengladung und Klauen versehene Harpunenkopf dringt in das Fleisch des Wals, der in einem bestimmten zeitlichen Rhythmus zur Atmung an die Oberfläche kommen muß. Der mit der Harpune zunächst flüchtende Wal bleibt über das Harpunenseil mit dem Fangboot verbunden; er wird schließlich getötet, nach Einstoßen einer Lanze mit Druckluft aufgeblasen und schwimmend zum Mutter- und Fabrikschiff geschleppt. Es werden auch elektrische Harpunen verwendet, mit denen der Wal auf schmerzlosere Weise zu töten ist. Auf dem Arbeitsdeck des Mutterschiffes werden die Wale zerlegt und dann kontinuierlich weiterverarbeitet (vgl. Abb. 21).

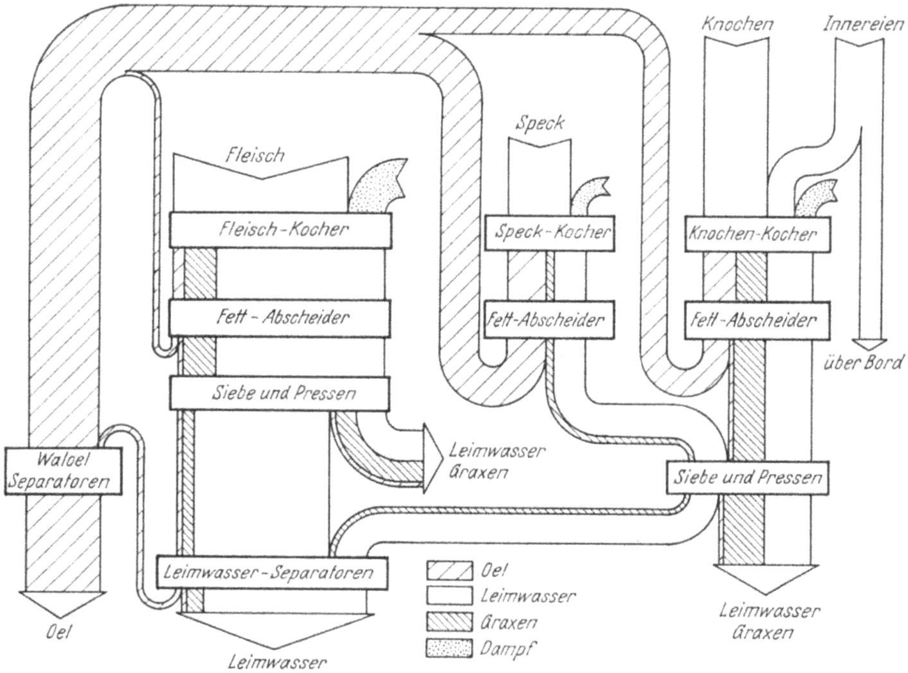

Abb. 21. Fließschema der Walölgewinnung (*Schlotterhose & Co.*, Bremerhaven)

Das zerkleinerte Fettgewebe (ca. 65% Fett) wird zunächst in vertikalen Kammern mit offenem Dampf vorgewärmt und gelangt aus diesen in den horizontalen Kocher (z. B. *Hartmann*-Apparat). In einer Trommel rotiert ein etwas kleinerer, perforierter Zylinder, den das Fettgewebe passiert. Es zerfällt dabei, während es mit offenem Dampf meistens unter Druck erhitzt wird. Das Fett läuft durch die Löcher des Zylinders in den Bodenraum der feststehenden Trommel und kann von dort in die Absetztanks gelangen. Die Anlage arbeitet mit automatisch gesteuerten Ventilen. In ähnlicher Weise wie der Speck werden auch die Knochen des Wals (ca. 50% Fett) aufgearbeitet. — Auf einem Fabrikschiff werden pro Tag mehrere hundert Tonnen (von einem einzigen Blauwal oft mehr als 20 t) Walöl gewonnen. Solches Walöl hat helle Farbe und oft nur 0,1% freie Fettsäuren. Die ausgeschmolzenen Rückstände (Graxen) werden gepreßt. Das Fleisch des Wals wird tiefgekühlt oder sofort zu Walmehl verarbeitet (R. LÜDE 1948; H. P. KAUFMANN 1956; D. SWERN 1964).

2. Fischöl

Industriell werden in der Hauptsache *Heringe* und verwandte Arten, wie z. B. *Menhaden*, *Sprotten* und *Sardinen*, verarbeitet. Diese Fische ziehen in oft dichten Schwärmen und sind besonders häufig dort zu finden, wo kalte und warme Meeresströmungen zusammentreffen. Flugzeuge und elektronische Hilfsmittel (Echolot) werden zum Aufspüren von Heringsschwärmen eingesetzt. Neben der Küstenfischerei an der deutschen Nordseeküste, an der norwegischen Küste und neuerdings in peruanischen Gewässern spielt auch die Hochseefischerei, z. B. vor Neufundland, eine bedeutende Rolle. Aus den Nordseefängen werden vor allem zwei- bis dreijährige Heringe zu *Fischmehl* und *Fischöl* verarbeitet. Schwierig ist es, dieses Öl so weit wie möglich vor Oxydation zu schützen, sei es durch Kühllagerung oder geeignete Antioxydantien; denn der Anteil hochungesättigter Fettsäuren (mit bis zu 6 Doppelbindungen) ist im Fischöl noch höher als im Walöl. Eine gute Qualität läßt sich deshalb nur durch möglichst schnelle Anlandung der Fische an der Küste oder aber bei der Hochseefischerei durch Einsatz von Fabrikschiffen erzielen. — Der Fettgehalt der Heringe ist je nach Jahreszeit unterschiedlich und beträgt in der Laichzeit manchmal nur wenige Prozent. In der sommerlichen Fangzeit haben jedoch Nordseeheringe 15—25 % Fettgehalt bei einem Wasseranteil von über 50 %.

Der Industriefisch wird zur Gewinnung von *Öl* und *Fischmehl* entweder unzerkleinert oder aber, von Messerwalzen bzw. sog. Fischmühlen zerschnitten, den Kochern zugeführt. Das Verfahren ist im Prinzip das gleiche wie das Naß-Schmelzverfahren der Talggewinnung. In den horizontalen Kochern wird das Fischfleisch keimfrei gemacht; eine beheizbare Transportschnecke und der Heizmantel führen die nötige Wärme zu, bei schwer aufschließbarem Material wird direkter Dampf eingeblasen. Gleichzeitig wird das Muskelgewebe des Fisches durch Coagulation

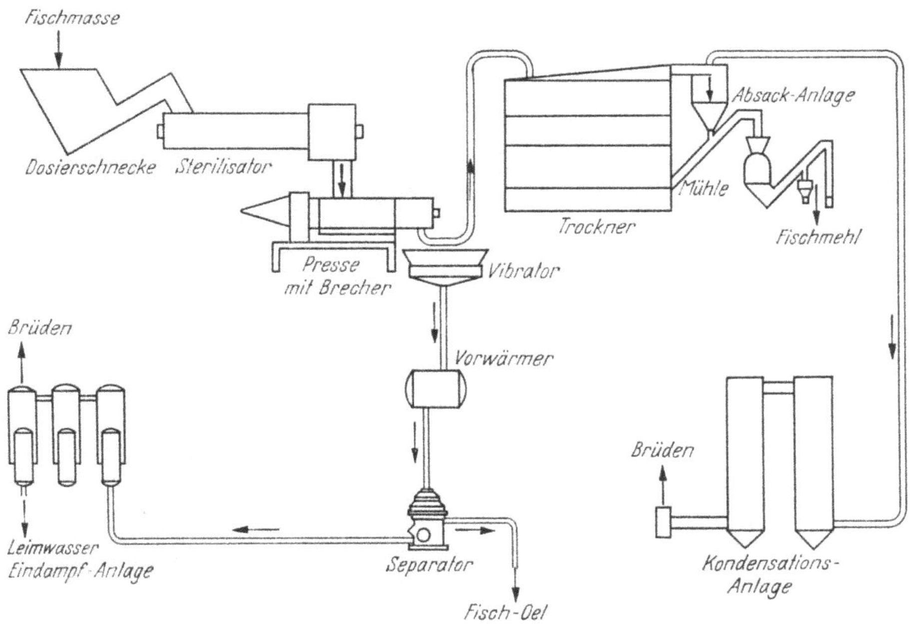

Abb. 22. Apparateschema einer Fischmehl-Anlage (*Schlotterhose & Co.*, Bremerhaven)

der Eiweißkörper und durch Umwandlung der Kollagensubstanz in wasserlöslichen Leim in einen breiartigen Zustand gebracht. Dieser Brei wird in *Schneckenpressen* in einen Rückstand und das fetthaltige Leimwasser, welches durch die Löcher im Seiher abfließt, getrennt. Der Preßrückstand wird in speziellen Apparaturen mit indirekter Beheizung und Warmluft getrocknet und kann dann in Schlagkreuzmühlen zu Fischmehl vermahlen werden. Das fetthaltige Leimwasser wird nötigenfalls mit Vibrationssieben und Schlammzentrifugen vorgeklärt und anschließend durch Zentrifugieren in das *Fischöl* und ein Leimwasser, welches noch reich an wertvollem Eiweiß und B-Vitaminen ist, getrennt. Dieses Leimwasser kann nutzbringend zur Erzielung sog. Fisch-Vollmehle dem Preßrückstand vor dem Trocknen und Mahlen zugesetzt werden. Mit dem so gewonnenen wertvollen Fischöl ist das bei manchen Verfahren aus Fischmehl extrahierte Öl nicht zu vergleichen. Letzteres kommt für die menschliche Ernährung nicht mehr in Betracht. — Moderne Fischmehlanlagen, wie sie z. B. die Firma *Schlotterhose* & *Co.* baut, verarbeiten mehr als 400 t Fisch pro Tag. Das bei der Fischmehlerzeugung gleichzeitig gewonnene Fischöl enthält nur 2—3% freie Fettsäuren (R. LÜDE 1948; H. P. KAUFMANN 1956) (vgl. Abb. 22).

3. Fischleberöl

Aus der Leber bestimmter Fische, vor allem vom *Schellfisch, Dorsch* und verwandten Arten, wird auf möglichst schonende Weise bis zu 60% Öl gewonnen, das sehr reich an Vitaminen A und D ist. Um dem oxydativen und enzymatischen Verderb entgegenzuwirken, werden die Lebern der an Bord geschlachteten Fische sofort maschinell zerkleinert und in geschlossenen Trankochern bei 70—90° C verarbeitet. In modernen *Druck-Aufschlußapparaten* (vgl. Abb. 23) wird die Leber nur für wenige Sekunden mit Dampf von z. B. 2 atü in Kontakt gebracht; dabei

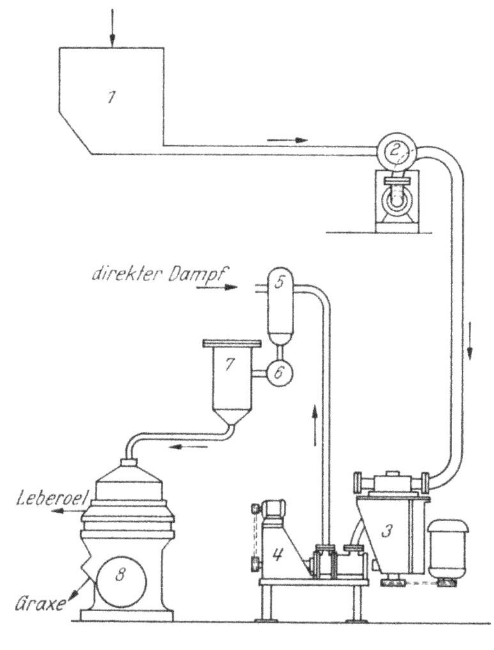

Abb. 23. Dorsch-Leberölgewinnungsanlage (*Schlotterhose & Co.*, Braunschweig)

erwärmt sie sich auf etwa 60° C. Beim Austritt aus der Druckapparatur zerplatzen die Zellen, so daß schließlich das *Leberöl* durch Zentrifugieren abzutrennen ist. Dieses Leberöl, dessen Vitamingehalt in weiten Grenzen schwanken kann, wird durch Entstearinisieren von hochschmelzenden Glyceriden und Fettbegleitstoffen befreit. — Erfolgreich ist in Südafrika das *Solexol*-Verfahren angewendet worden, bei dem unter Druck verflüssigtes *Propan* zur Extraktion des Fettes dient. Diese Methode wird einerseits zur Herstellung von Vitaminkonzentraten und andererseits zur Fraktionierung des Leberöls in ungesättigte und vorwiegend gesättigte Fettfraktionen eingesetzt.

Der Ölgehalt der Walleber, die bis zu 1000 kg wiegen kann, ist mit nur 2—3% relativ gering; das Öl enthält jedoch Vitamin A bis zu 100000 iE/g. Zur möglichst vollständigen Gewinnung dieses Vitamins werden dem Leberbrei bestes Öl sowie etwas Lauge in liegenden Extraktionsbehältern bei etwa 50°C zugesetzt; anschließend wird in Schlammzentrifugen das Öl abgetrennt (R. LÜDE 1948; H.P. KAUFMANN 1956).

Herstellung von Speisefetten

In dem folgenden Abschnitt über die Herstellung von *Speisefetten* werden sowohl die Fette behandelt, welche unmittelbar dem Konsum zugeführt werden, als auch jene, welche wiederum als *Zwischenprodukte* anzusehen sind. Zwischenprodukte wie *gehärtete, umgeesterte* oder *fraktionierte* Fette werden teilweise auch direkt an Großverbraucher, z. B. an Keksfabriken, geliefert; aus diesem Grunde werden sie an dieser Stelle und nicht in den vorausgehenden Kapiteln besprochen.

A. Speiseöle

Das klassische europäische Speiseöl, das *Olivenöl*, hat zwar den höchsten Geltungswert; im nördlichen Europa wird sein typischer Geschmack jedoch keineswegs überall geschätzt. Auch vom ernährungsphysiologischen Standpunkt aus betrachtet, verdienen vielfach manche anderen Pflanzenöle nach dem heutigen Stand des Wissens den Vorzug, weil sie vergleichsweise größere Mengen an Linolsäure enthalten. Andererseits ist das Olivenöl sehr reich an *Ölsäure* und deshalb vergleichsweise weniger oxydations- und hitzeempfindlich. — Im nördlichen Teil Europas und in Nordamerika werden vorwiegend *Erdnußöl, Baumwollsaatöl, Sonnenblumenöl, Maiskeimöl, Sojaöl* und *Rüböl* als Speiseöle verwendet, wobei diese Reihenfolge etwa die Abstufung hinsichtlich der geschmacklichen Stabilität dieser Öle wiedergibt. Im allgemeinen wird von Speiseöl eine mehrmonatige Haltbarkeit bei normalen Lagertemperaturen erwartet; weitere Qualitätsanforderungen sind regional und dem Hauptverwendungszweck entsprechend unterschiedlich. Im allgemeinen werden geschmacklich neutrale Speiseöle verlangt, es sind aber auch Speiseöle beliebt, die noch einen leichten typischen Saatgeschmack haben. Die Ansprüche des Konsumenten an die Farbe des Öls reichen von wasserhell bis goldgelb. In der Viscosität soll ein Speiseöl nicht zu „wäßrig", sondern vielmehr etwas zähflüssig sein. Dies hängt unter anderem mit dem Verbrauch von Speiseöl als Zusatz zu Salaten zusammen, welcher in der Bundesrepublik Deutschland den Hauptverwendungsbereich bildet. Die im Handel befindlichen „*Tafelöle*" sind meistens relativ preiswertes Rüb- oder Sojaöl; Erdnuß-, Sonnenblumen- und Maiskeimöl werden demgegenüber oft als Markenartikel vertrieben und als solche deklariert. Selbstverständlich stellt man auch Mischungen verschiedener Ölsorten her; da jedoch zunehmend möglichst geschmacksneutrale Produkte verlangt werden, verliert der Umsatz dieser Ölmischungen laufend an Bedeutung. Die sog. „kaltgeschlagenen" oder „naturbelassenen" Öle sollen nach derzeitigem Brauch aus nicht vorgewärmter Saat gepreßt und später nur noch filtriert oder nötigenfalls mit Heißwasser behandelt sein. Es resultiert dann ein oft noch deutlicher Saatgeschmack, der durch umstrittene ernährungsphysiologische Vorteile aufgewogen werden soll.

I. Herstellung

Voraussetzung für die Gewinnung hochwertiger Speiseöle sind gesunde, ausgereifte Ölsaaten. Das in üblicher Weise durch *Pressung* bzw. *Extraktion* erhaltene

Öl braucht dann nur noch schonend raffiniert zu werden, wobei die üblichen Raffinationsmethoden angewendet werden (vgl. Abschnitt „Pflanzenfette“). Auf den Spezialfall der Olivenölgewinnung wurde bei der Besprechung der Ölgewinnung durch Pressen eingegangen (vgl. S. 194).

Die *Rückveresterung* von Olivenöl mit hohem Gehalt an freien Fettsäuren, wie es z. B. aus überreifen Früchten anfällt, ist von der internationalen Vereinigung der Olivenölhersteller untersagt worden. Ein offizielles Verbot ist für den EWG-Bereich geplant.

Eine Sonderbehandlung ist erforderlich, um manche Speiseöle auch bei Kühlschranktemperaturen klar zu halten. Dies wird z. B. durch das sog. „*Entwachsen*“ von Sonnenblumenöl oder das „*Winterisieren*“ bzw. Entstearinisieren von *Baumwollsaatöl* erreicht. Bei der Entfernung von Pflanzenwachsen aus *Sonnenblumenöl* werden gleichzeitig auch hochschmelzende Glyceride sowie Schleimstoffe entfernt, die bei der Trenntemperatur ausflocken. Das entsäuerte und entfärbte Öl wird bei diesem Verfahren zunächst auf Temperaturen zwischen +5 und +15° C gekühlt, je nachdem, welche Ansprüche an das klare Aussehen des Öls bei Kühlschranktemperaturen gestellt werden sollen. Geringe Mengen Bleicherde werden oft als Kristallisationskeime und zur Erleichterung der späteren Filtration zugefügt. Das *Raffinat* wird nach der ersten Filtration manchmal in weiteren Filtern nochmals „*poliert*“. Sollen Raffinate ausgesprochen kältebeständig gemacht werden, so kühlt man bis auf Temperaturen nahe 0° C. Nach einigen Tagen wird dann unter manchmal erheblichen Schwierigkeiten filtriert. Nochmaliges Polieren erübrigt sich dann allerdings. Öle aus beschädigter Saat müssen unter Umständen wochenlang gelagert werden, wenn man alle bei der entsprechenden Temperatur allmählich ausflockenden Schleimstoffe abtrennen will. *Erdnußöl* kann kaum winterfest gemacht werden, weil es meistens schon bei +10 bis 15° C zu gelieren beginnt.

Zum *Entstearinisieren* bzw. Entwachsen eignen sich mit Tuch oder Papier bespannte *Rahmen*- oder *Kammerfilterpressen*. Das *Polieren* der Öle kann man auch mit *Scheibler*- oder *Anschwemmfiltern* vornehmen. Die Filtrationsgeschwindigkeit ist dabei außerordentlich unterschiedlich, je nachdem, welche Stoffe aus dem Öl entfernt werden. Wichtig ist es, die bei der langsamen Kühlung des Öls entstandenen großen Fettkristalle vor und während der Filtration nicht mechanisch oder thermisch zu zerstören.

Das fertige Öl wird von automatischen, schnell laufenden Maschinen meistens in Dosen (aber auch in Flaschen) abgefüllt, und zwar durch eine kleine Öffnung, die später verlötet wird. *Blech* als Packmaterial ist bruchsicher, lichtdicht und normalerweise bei entsprechender Lagerung der Dosen geschmacklich neutral; nachteilig ist der relativ hohe Preis. *Glas* ist mehr oder weniger lichtdurchlässig und stoßempfindlich. *Kunststoff*-Flaschen aus geblasenem oder geklebtem Material werden sicherlich in Zukunft zunehmend verwendet werden.

II. Eigenschaften

Das Speiseöl ist normalerweise allein durch seine spezifischen *Kennzahlen* je nach der Ölsorte hinreichend charakterisiert. Die *Peroxidzahl*, die *Aldehydzahl* oder auch das Ausmaß der Konjuenisierung von Doppelbindungen bei den mehrfach ungesättigten Fettsäuren sind geeignet, um Schlüsse auf das Alter, die Qualität und die weitere Oxydationsbereitschaft des Öles zu ziehen. Eine gute Ware sollte vom Herstellungstag an ohne deutliche geschmackliche Verschlechterung einige Monate, im Kühlschrank aufbewahrt mindestens 1 Jahr lagerfähig sein. Das Öl selbst und die mit ihm zubereiteten Speisen sollen mit Licht, Luft und erhöhten Temperaturen und den die Oxydation beschleunigenden Schwermetallen möglichst wenig in Berührung kommen. Der z. B. auf einem Salat befindliche Speiseölfilm kann im Kontakt mit Licht und Luft oft schon in wenigen Minuten einen unangenehmen Oxydationsgeschmack annehmen. Speiseöl eignet sich im übrigen nicht nur zur Zubereitung von Salaten, sondern auch für Mayonnaise. Es ist jedoch ein schlechtes Backfett. Man kann das Öl auch zum Braten verwenden, möglichst jedoch nicht zum häufigen Frittieren, weil bei den ungesättigten Fettsäuren eine gewisse Polymerisationsbereitschaft besteht; zu diesem Zweck und zum Backen verdienen *hydrierte* Fette im allgemeinen den Vorzug.

B. Gehärtete Fette

Im Jahre 1901 gelang es dem deutschen Chemiker WILHELM NORMANN, aus chemisch reiner Ölsäure durch *Hydrierung* quantitativ Stearinsäure herzustellen. Die Erfindung, für die NORMANN 1902 ein deutsches und ein englisches Patent erhielt, baut auf die grundsätzlichen Arbeiten von SABATIER und SENDERENS über die Hydrierung von ungesättigten Aliphaten in der Dampfphase an Nickel-Kontakten auf. 1906 wurde die erste Versuchsanlage zur Hydrierung von Baumwollsaatöl in England errichtet. 1909 verarbeiteten erstmalig deutsche Margarinefabriken durch Hydrierung gehärtetes Baumwollsaatöl. 1916 gelang in England die Härtung von Walöl.

Die Bedeutung der *Fetthärtung* ergibt sich aus der Struktur des Rohwarenangebotes. Die meisten pflanzlichen Fette, mit Ausnahme von Cocos-, Palmkern-, Babassu-, Shea-Fett und Kakaobutter sowie einigen anderen wirtschaftlich nicht bedeutenden Fetten, sind flüssig. Tierische Fette fallen ebenfalls zu einem bedeutenden Teil, wie z. B. das Wal- und Fisch-Öl, flüssig an. In den Industriestaaten der nördlichen Halbkugel ist man jedoch in erster Linie an plastischen Fetten als Brotaufstrich und zur Herstellung mürben Gebäcks interessiert. Die aufgrund dieses Bedarfs entstandene Speisefett- und Margarineindustrie hätte allein mit den von der Natur angebotenen konsistenten Fetten nicht den heutigen Umsatz und die derzeitige Qualität erzielen können, wenn nicht die Erfindung der Fetthärtung weitere Rohstoffquellen erschlossen hätte. Die große wirtschaftliche Bedeutung der Hydrierung sowohl für die Rohstoff- als auch für die Industrieländer geht aber auch daraus hervor, daß die sonst geschmacklich kaum haltbaren *Wal-* und *Fischöle* nur durch *partielle Hydrierung* in großem Umfang für die Ernährung nutzbar gemacht werden konnten.

Die oft unsachlichen Angriffe gegen den ernährungs-physiologischen Wert *gehärteter Fette* erscheinen nach dem Urteil maßgebender Wissenschaftler keineswegs begründet (vgl. K. LANG 1967). Die durch Härtung hergestellten konsistenten Fette liegen im Schmelzpunkt zwischen 30—40 °C und können, da sie in Speisefetten und Margarine gemeinsam mit ungehärteten Ölen verarbeitet werden, wodurch sich Misch-Schmelzpunkte genügend unterhalb der Körpertemperatur einstellen, vollständig resorbiert werden. Mit der heutigen Härtungstechnik ist es möglich, *selektiv*, vor allem die ungesättigten Fettsäuren mit drei und mehr Doppelbindungen im Glycerid-Molekül, zu hydrieren.

Ein Vergleich zeigt, daß raffinierte Hartfette *Nickel*-Gehalte von der Größenordnung 1 γ pro kg aufweisen, die weit unter denen vieler anderer Nahrungsmittel liegen (J. BALTES 1958).

Der wichtige *Tokopherol*-Gehalt nimmt bei der Härtung nur wenig ab. Von den durch *Isomerisierung* als Nebenprodukte möglichen Fettsäuren (Konjuen- und Trans-Fettsäuren) sind viele inzwischen in kleinen Mengen auch in pflanzlichen und tierischen Fetten, wie z. B. Butterfett, nachgewiesen worden (K. LANG 1967).

I. Chemische Grundlagen der Fetthärtung

Bei der *Hydrierung* der Öle erfolgt eine Anlagerung von Wasserstoff an die Doppelbindungen der ungesättigten Fettsäuren in Gegenwart von reaktionsbeschleunigenden Katalysatoren. Es handelt sich dabei um eine chemische Reaktion im Dreiphasensystem Wasserstoff—Öl—Katalysator (heterogene Katalyse), deren Geschwindigkeit im wesentlichen von Stofftransportvorgängen sowie von Adsorption und Chemisorption bzw. der entsprechenden Aktivierung der Reaktions-

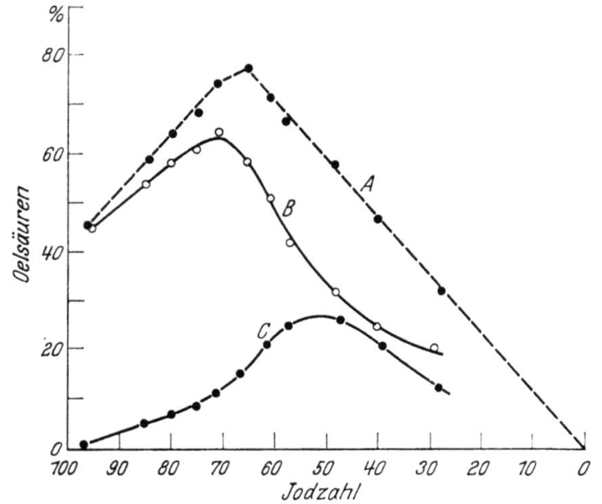

Abb. 24. Bildung verschiedener einfach ungesättigter Fettsäuren während der selektiven Härtung von Erdnußöl

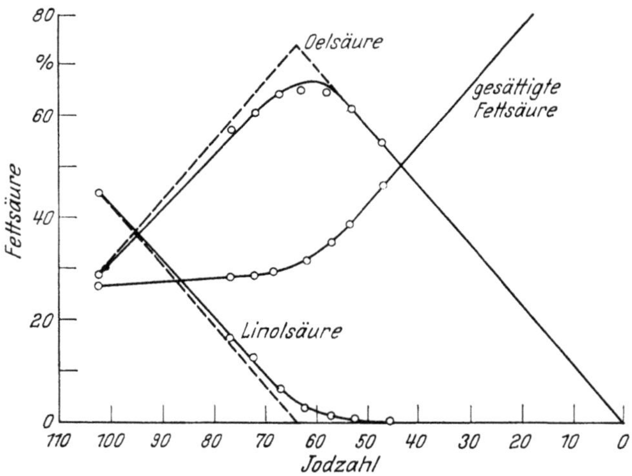

Abb. 25. Selektive Hydrierung von Baumwollsaatöl bei einer 38mal größeren Reaktionsgeschwindigkeit von Linolsäure im Vergleich mit Ölsäure (nach A. E. BAILEY 1951)

partner — Wasserstoff und Öl — an der Katalysator-Oberfläche abhängt (H. WISSEBACH 1966; H.P. KAUFMANN 1958).

Zur Fetthydrierung muß genügend *Wasserstoff* im Öl gelöst sein, das heißt, Wasserstoff muß aus der Gasphase in die flüssige Phase transportiert werden, was sich durch Druckerhöhung erzielen läßt. Ferner müssen in großer Menge Reaktionspartner an der Katalysator-Oberfläche adsorbiert werden; das läßt sich durch Erhöhung der Diffusionsgeschwindigkeit (intensives Rühren) und möglichst große Oberflächenausdehnung des Katalysators erreichen. Zur Aktivierung muß der Katalysator durch Auswahl und Herstellung über ausreichend aktive Zentren verfügen.

1. Veränderungen im Fettmolekül

Bei dem technologischen Vorgang der *Hydrierung* kann neben der eigentlichen Hydrierung in meist nur geringem Umfang eine *Isomerisierung* der ungesättigten Fettsäuren in deren *Stereoisomeren* sowie eine Verlagerung von Doppelbindungen (Strukturisomere) im Fettsäuremolekül erfolgen (vgl. Bd. I, S. 325).

Folgende Reaktionen können beispielsweise bei der partiellen und vollständigen Absättigung von Doppelbindungen bei den häufigsten ungesättigten Fettsäuren eintreten:

Ölsäure —— ↗ Stearinsäure / ↘ Isoölsäure

Linolsäure —— ↗ Ölsäure —— ↗ Stearinsäure / ↘ Isoölsäure; ↘ Isolinolsäure

Linolensäure —— ↗ Linolsäure —— ↗ Ölsäure —— ↗ Stearinsäure / ↘ Isoölsäure; ↘ Isolinolsäure; ↘ Isolinolensäure

Tritt eine Verarmung an gelöstem Wasserstoff in der Ölphase ein, sei es durch zu niedrigem Wasserstoffdruck oder durch zu hohe Temperatur und damit steigendem Wasserstoffverbrauch an der Katalysator-Oberfläche, so drosselt die Diffusionsgeschwindigkeit des Wasserstoffes durch die Ölphase die Gesamtgeschwindigkeit der Hydrierungsreaktion; Isomerisierungen laufen dann bevorzugt ab. Das heißt, es bilden sich in den Triglyceriden (Fetten) aus den ursprünglichen *cis*-Fettsäuren Stereoisomere mit Doppelbindungen in *cis-trans* und *trans-trans*-Stellung. Durch Wanderung der Doppelbindungen kann die Zahl der möglichen Isomeren noch vergrößert werden. Vgl. nachfolgendes Schema der Hydrierung von Linolsäure nach H.P. KAUFMANN (1958):

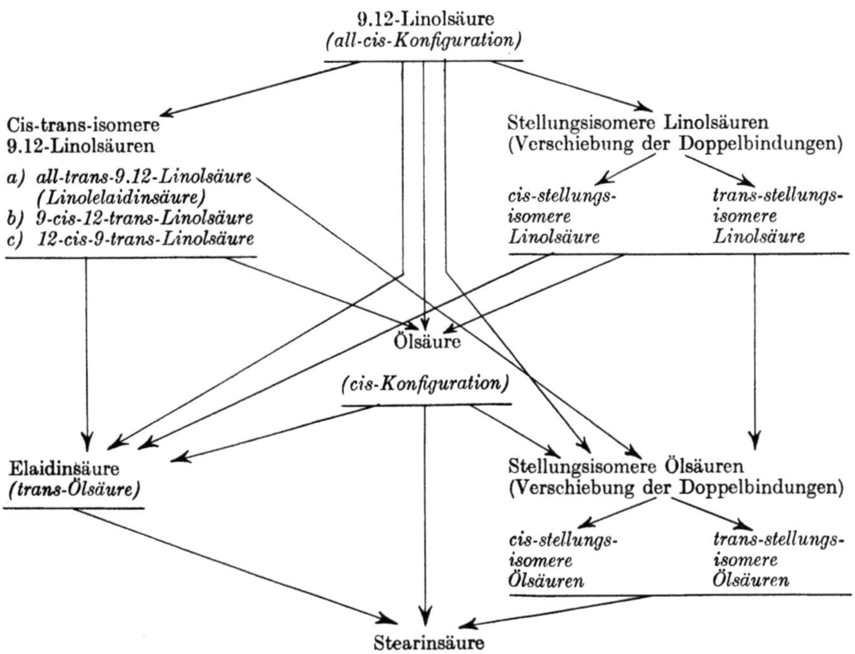

2. Katalyse

Die Vielzahl der Reaktionsmöglichkeiten bei der Fetthärtung (Hydrierung) gilt es durch geeignete Wahl der Reaktionsbedingungen, z. B. Temperatur, Druck, einzuschränken. Außerdem sind Katalysatoren einzusetzen, in deren Gegenwart nur die höher ungesättigten Fettsäuren bei Erhaltung der Ölsäure sowie eines Teiles Linolsäure hydriert werden. Eine solche Selektivität erzielt man mit weniger aktiven Katalysatoren oder auch mit Kontakten, die durch gezielte Vergiftung teil-inaktiviert worden sind. An Nickel-Katalysatoren sind dabei Selektivitäten von

K Linolsäure/K Ölsäure = 4—50

beobachtet worden. Neuere Arbeiten über die Härtung von *Sojaölen* an *Kupfer-Chrom-Mischkatalysatoren* berichten von Selektivitäten

K Linolensäure/K Linolsäure = 6—13,

wodurch wesentliche Teile der *Linolsäure* erhalten bleiben. Über die selektive Hydrierung von Erdnußöl und Baumwollsaatöl geben die graphischen Darstellungen Aufschluß (Abb. 24, 25 und 26).

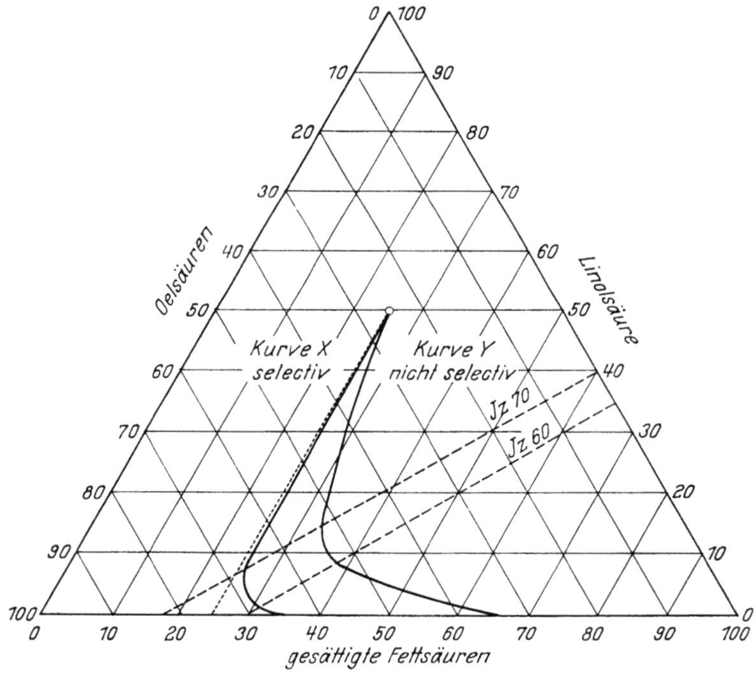

Abb. 26. Typischer Verlauf der selektiven und nicht selektiven Hydrierung von Baumwollsaatöl (nach A. E. BAILEY 1951)

Im wesentlichen haben folgende Faktoren Einfluß auf die Selektivität:

a) Art des Katalysators

b) Aktivität des Katalysators (gezielte Vergiftung erhöht die Selektivität)

c) Temperatur (mit steigender Temperatur Erhöhung der Selektivität, jedoch auch steigende Tendenz zur Isomerisierung)

d) Rührintensität (Erhöhung des Wasserstoffangebotes an der Katalysator-Oberfläche durch Rühren reduziert die Selektivität)

e) Wasserstoffdruck (Erhöhung des Wasserstoffdruckes reduziert die Selektivität im gleichen Sinne wie d).

II. Härtungsverfahren

Vorbedingung für die *Hydrierung*, die zu einem geschmacklich haltbaren Produkt führen soll, sind ein sorgfältig *vorentsäuertes* und *gebleichtes* Rohöl sowie ein möglichst *reiner Wasserstoff*. Abhängig von der Zielsetzung ist hinsichtlich Selektivität und Isomerisierung die Auswahl des Katalysators sowie die der entsprechenden Reaktionsbedingungen in bezug auf Druck, Temperatur, Rührintensität und Reaktionsführung (H. WISSEBACH 1966; A. E. BAILEY 1951).

Für die Herstellung des *Wasserstoffes* wird Wasser bzw. Wasserdampf eingesetzt, wobei im wesentlichen *vier* Verfahren im Gebrauch sind, bei deren Auswahl wirtschaftliche Gesichtspunkte eine maßgebliche Rolle spielen:

Auf dem Wege der *Elektrolyse* läßt sich ein sehr reiner Wasserstoff bei einem Energiebedarf von 4,5—5,2 kWh/m³ H_2 gewinnen. Bei den unter einem Druck von 30 atü arbeitenden *Lonza-Zellen* liegt der spez. Energie-Verbrauch bei 4,3 kWh/m³ H_2. Dieses Verfahren wird meistens bei niedrigen Strompreisen und relativ kleinen Härtungskapazitäten angewendet.

Im *Eisen-Kontakt-Verfahren* wird Wasserdampf bei 800°C in Generatoren nach *Bosch* oder *Bamag* nach folgenden Beziehungen zerlegt:

$$\begin{array}{l} 3\,Fe + 3\,H_2O \rightarrow 3\,FeO + 3\,H_2 \\ 3\,FeO + H_2O \rightarrow Fe_3O_4 + H_2 \\ \hline 3\,Fe + 4\,H_2O \rightarrow Fe_3O_4 + 4\,H_2 \end{array}$$

Das oxydierte Eisen wird anschließend mit Wassergas oder Generatorgas reduziert.

Die *Wassergas-Konvertierung* hatte ebenfalls große Bedeutung; neuerdings wird jedoch zunehmend das *Kohlenwasserstoff-Reforming-Verfahren* der *Girdler Corp.* angewendet. Es wird dabei *Erdgas* oder *Propan* mit Wasserdampf an Nickel-Kontakten bei 800—900°C in Wasserstoff und Kohlenmonoxid zerlegt.

Bei den drei letzten Verfahren ist jedoch eine anschließend sorgfältige Gasreinigung zur Entfernung der Katalysatorgifte Schwefelwasserstoff und Kohlenmonoxid notwendig. Der Schwefelwasserstoff wird mit Luxmasse, Kalk oder Aktivkohle entfernt; der CO-Anteil wird unter Ausnutzung des *Boudouard-Gleichgewichts* bei etwa 400°C in Gegenwart von Wasserdampf konvertiert.

$$CO + H_2O \rightleftarrows H_2 + CO_2 + 9{,}8\ \text{kcal}$$

Das entstandene CO_2 wird durch *Druckwäsche* oder mit Hilfe von Monoaethanolamin-Lösung beseitigt.

Als *Hydrierungskatalysatoren* eignen sich die Metalle der 8. Nebengruppe, insbesondere *Ni, Pt, Pd.* Die Edelmetalle Platin und Palladium eignen sich aufgrund ihrer großen Aktivität besonders für Laborverfahren und solche Hydrierungen, die bei niedrigen Temperaturen ausgeführt werden sollen, doch beeinträchtigen schon geringe Katalysatorverluste die Wirtschaftlichkeit, so daß das *Nickel* bisher unangefochten an erster Stelle in der industriellen Anwendung steht. Nickelkatalysatoren werden heute in jeder gewünschten Form und Aktivität von der Industrie angeboten. Bei ihrer Herstellung muß das Nickel in geeigneter Weise auf oberflächen-aktivem Trägermaterial niedergeschlagen werden. Als Trägermaterial haben sich hochschmelzende saure oder amphotere Oxide (Kieselsäure bzw. Aluminiumoxid) mit einer Oberflächenausdehnung von mehreren 100 m²/g besonders bewährt. Das *Nickel* wird als *Carbonat, Hydroxid* oder *Sulfat* vom Trägermaterial aufgenommen und zum Oxid geröstet. Anschließend wird das Oxid im Wasserstoffstrom bei 300—400°C zum metallischen Nickel reduziert.

Eine weitere Möglichkeit der Katalysator-Herstellung bieten die Zersetzung von *Nickelformiat* bei 240°C (*Higgins-Verfahren*) und schließlich auch die Ni-Al-Legierungen, die durch Herauslösen des Aluminiums mit 20%iger Natronlauge zu hochaktiven *Raney-Katalysatoren* führen, denen als Filter-Hilfsmittel *Kieselgur* zugesetzt wird. Ferner gibt es eine Reihe von Patenten über Misch-Katalysatoren (Kupfer, Chrom, Kobalt), die sich durch besondere Selektivität auszeichnen.

Die *diskontinuierliche* Härtung wird in *Einzelansätzen* von 5—25 t durchgeführt. Dabei wird über Gasverteiler am Boden geschlossener Druckbehälter (vgl. Abb. 27) Wasserstoff von unten durch das vorraffinierte Öl geleitet und aus dem Gasraum über ein Reinigungssystem mit Hilfe einer Pumpe rezirkuliert. Dadurch und eventuell durch zusätzliches Rühren wird der Katalysator im Öl gut suspendiert und der Stofftransport unterstützt. Solche mit umlaufendem Wasserstoff arbeitenden Apparate stehen unter einem Druck von 0,3—3 atü. — Das *dead-end-Verfahren* arbeitet ohne Wasserstoffzirkulation. Bei einem Druck von 10—30 atü wird der verbrauchte Wasserstoff durch Zugabe von Frischgas ergänzt. Die Temperaturen liegen, abhängig von dem gewünschten Endprodukt, im Bereich von 100—180° C. — Die *chargenweise Hydrierung* (vgl. Abb. 27) führt allgemein zu sehr gleichmäßigen Produkten und läßt sich im Hinblick auf die Reaktionsführung und die zu erwartenden Hartfette gut kontrollieren. Sie gilt bisher als der technisch sicherste Weg.

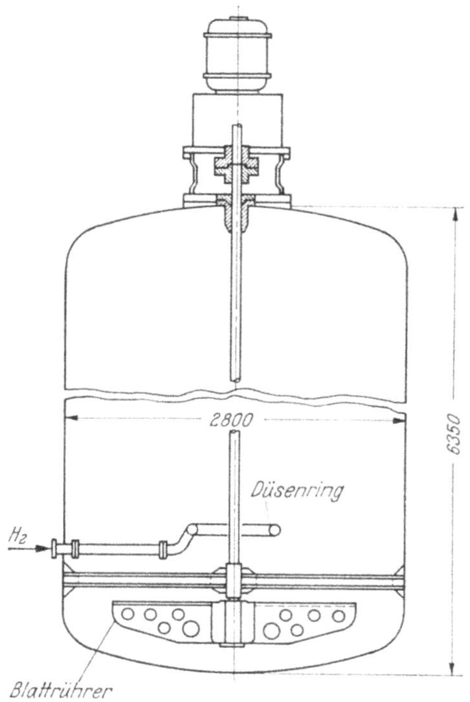

Abb. 27. Härtungsapparat für Speisefette

Die *kontinuierliche* Hydrierung, die sich nur für Betriebe eignet, bei denen längere Zeit *eine* Rohölsorte verarbeitet wird, hat bisher nur begrenzte Anwendung gefunden. Mehrere Reaktionskammern bzw. Autoklaven werden hintereinander geschaltet (*Pintsch-Bamag AG, Sergejew, Buss AG*). *Bolten* und *Lush* lassen in eine mit Nickelwolle gefüllte Kolonne von unten Öl und Wasserstoff eintreten und leiten oben das Hartfett ab. Die *Girdler Corp.* entwikkelte die kontinuierliche Fetthärtung mit drei hintereinander geschalteten Votatoren, bei denen zwei als Wärmeaustauscher und der mittlere als Reaktor dienen. H. P. KAUFMANN (1965) schlägt die *kontinuierliche Miscella-Hydrierung* an Raney-Nickel unterhalb 100° C vor; solche Hartfette haben einen besonders niedrigen Gehalt an *trans*-Fettsäuren.

III. Einzelne Hartfette und ihre Eigenschaften

Für die Lenkung der Hydrierung bis zu einem bestimmten Grad der Absättigung der vorhandenen Doppelbindungen sind vor allem folgende Gesichtspunkte wichtig:

a) Es soll mit der *Hydrierung* ein Fett hergestellt werden, welches nach milder Raffination mit anschließender Dämpfung geschmacklich einwandfrei und möglichst haltbar ist. Die Erfahrung hat gelehrt, daß die meisten Öle hierzu bis auf Schmelzpunkte von mindestens 30° C hydriert werden müssen. Mit Schmelzpunkten von über 40° C erhält man durchweg geschmacklich stabile Produkte; man verwendet solche schwer schmelzenden Fette für Sonderzwecke, wie z. B. für Zieh-(Blätterteig-)Margarine.

b) Mit der *Hydrierung* werden die Fette oft gewissermaßen für einen bestimmten Verwendungszweck „maßgeschneidert". Dies gilt sowohl für Hartfette, die z. B. in der Backindustrie verwendet werden, als auch für solche, die als Bestandteil einer Margarinekomposition dienen. Je nachdem, wie die Hydrierung gelenkt wird, sind z. B. Fette herzustellen, die im Mund sehr leicht und sogar mit einem gewissen *Kühleffekt* schmelzen, oder aber andere, die sich dadurch auszeichnen, daß sie in einem relativ großen Temperaturbereich plastisch sind. Ein Fett, welches über einen Temperaturbereich von 10°C bequem streichbar oder aber in Gebäck zu verarbeiten ist, darf in dieser Hinsicht bereits als außergewöhnlich gut gelten.

Zur Charakterisierung der *Hartfette* sind, abgesehen von allgemeinen Beschreibungen der Farbe und der Konsistenz, weitere Daten geeignet: Am besten wird die *Schmelzausdehnung* (Dilatation) des jeweiligen Fettes bei verschiedenen Temperaturen ermittelt (D. SWERN 1964, S. 107; S. RUDISCHER 1959, S. 404). Die Schmelzausdehnung ermöglicht auch den Anteil festen Fettes bei der betreffenden Temperatur angenähert zu berechnen. Zweckmäßigerweise werden die Daten in Form einer *Dilatations-* bzw *Festanteilskurve* graphisch dargestellt. Solche Kurven geben dann vor allem den ersten Hinweis über die spätere Verwendbarkeit eines solchen Fettes. Festanteilskurven sind nicht nur mittels Dilatations-Messung, sondern auch mit speziellen *Refraktionsmessungen* sowie durch Messung der *magnetischen Kernresonanz* zu gewinnen. Für unter ähnlichen Verfahrensbedingungen hydrierte Fette eines bestimmten Öls genügt zur Kennzeichnung oft auch schon die Jodzahl (Verringerung der Jodzahl infolge der Hydrierung). Noch einfacher sind entsprechende Angaben der *Refraktion* zu erhalten. Die beliebteste Kennzahl ist trotz des an sich geringen Aussagewertes der *Schmelzpunkt* geblieben. Ein Fett kann z. B. bei 35°C schmelzen und bei 25°C sehr fest, ein anderes mit gleichem Schmelzpunkt (35°C) kann jedoch bei 25°C ausgesprochen weich-plastisch sein, weil es bei dieser Temperatur einen geringeren

Tabelle 7. *Beziehungen zwischen Schmelzpunkt und dem aus der Jodzahlabnahme berechneten theoretischen Wasserstoffverbrauch einiger Öle in H_2m^3/t* (nach S. RUDISCHER 1959)

Öl ( ) = Ausgangs-JZ	Wasserstoffverbrauch (H_2m^3/t) Steigschmelzpunkte (°C)													
	26	28	30	32	34	36	38	40	42	45	50	55	60	63—64
Cocosöl[1] (9)	1,9	3,5	4,7	5,5	6,6	7,8	—	—	—	—	—	—	—	—
Palmkernöl[1] (18)	—	7,4	9,6	11,2	12,4	13,4	15,8	—	—	—	—	—	—	—
Erdnußöl[1] (93)	—	18,5	19,5	21,5	23,8	26,3	29,0	31,7	34,0	38,1	46,5	59,0	76,0	81,6
Rapsöl[1] (102,5)	—	22,4	24,3	25,6	27,5	29,0	30,8	32,5	35,5	40,5	51,0	65,5	83,0	90,0
Baumwollsaatöl[1] (113)	—	29,0	31,7	34,3	37,6	39,0	40,7	43,6	47,0	53,0	65,2	78,5	92,3	99,1
Sonnenblumenöl[1] (128)	—	44,1	46,0	47,1	50,3	52,7	55,9	58,0	60,7	65,0	73,0	84,0	105,5	112,3
Sojaöl[1] (136)	—	47,3	52,0	53,7	54,8	55,4	56,3	58,3	61,0	66,0	75,5	90,5	107,5	119,3
Leinöl[2] (180)	—	61,2	65,5	70,0	75,5	83,2	88,9	93,7	98,0	113,0	120,0	130,0	139,5	158,0
Waltran[2] (120)	—	41,4	45,8	50,1	54,5	59,0	64,2	67,7	73,0	105,2	—	—	—	—
Heringstran[2] (135)	—	53,2	57,6	61,9	66,3	70,8	76,0	79,5	85,8	107,0	125,0	—	—	—

[1] Untersuchungen von RUDISCHER; Werte erhalten bei Cocos- und Palmkernöl mit 0,5%, bei den übrigen Ölen mit 0,2% Ni-Cu-Frisch-Katalysator.

[2] Nach SCHÖNFELD.

Festanteil hat. Das erstere, selektiv gehärtete Fett hat eine relativ steile Dilatationskurve; das andere wurde hingegen nicht selektiv gehärtet mit dem Resultat eines entsprechend flacheren Kurvenverlaufs. Der sog. *Steigschmelzpunkt* gibt jene Temperatur an, bei der gerade noch etwa 3—5% des Fettes fest sind; gelegentlich wird aber auch der *Klarschmelzpunkt* ermittelt.

Für Spezialzwecke kann man sich schließlich der *Differential-Thermo-Analyse* bedienen, um festzustellen, wieviel Prozent eines Fettes bei bestimmten Temperaturen schmelzen.

1. Gehärtete Pflanzenfette

Die Hydrierung der Pflanzenöle ist leichter und besser durchzuführen und zu lenken als die der tierischen Fette, weil im allgemeinen in Pflanzenölen vergleichsweise wenig Stoffe enthalten sind, die als Katalysator-Gifte wirken (H. WISSEBACH 1966).

Erdnußöl, das oxydationsstabilste Öl, ist besonders gut auf relativ niedrige Schmelzpunkte von nur ca. 30° C zu hydrieren. Die bei selektiver Hydrierung dann relativ steile Festanteilskurve hat zur Folge ein besonders angenehmes, leichtes Schmelzen des Fettes im Mund, insbesondere bei Verwendung in Margarine. Das hydrierte Fett ist zumeist noch lagerbeständiger als das Öl. Es ist hervorragend geeignet zum *Frittieren*, weil bei dieser thermischen Beanspruchung weit weniger Neigung zur Oxydation und Polymerisation besteht als bei den meisten anderen Fetten. Ein in Ausnahmefällen auftretender Stearin-(Kerzen-) geschmack ist wahrscheinlich auf die Verarbeitung beschädigter Saat zurückzuführen.

Baumwollsaatöl ergibt ebenfalls ein außergewöhnlich geschmacksstabiles Hartfett, sofern man auf einen Steigschmelzpunkt von über 30° C hydriert; es ist dann der sonst typische Baumwollsaatgeschmack verschwunden und im allgemeinen nicht die Entstehung eines Hartfettgeschmacks zu befürchten. Das Fett ist überall dort gut zu verwenden, wo die vergleichsweise immer noch etwas dunklere Farbe nicht stört. Insbesondere bei nicht selektiver Härtung gewinnt man Fette mit relativ flacher Festanteilskurve; dies erklärt die bevorzugte Verwendung von hydriertem Baumwollsaatöl, vor allem in *Backfetten* mit großem Plastizitätsbereich und in *Shortenings*.

Hydriertes *Sonnenblumenöl* ist ähnlich gut zu verwenden wie hydriertes Baumwollsaatöl; doch wird gerade dieses Öl überwiegend *nicht* hydriert, sondern als solches bzw. in Kombination mit anderen Fetten in Gemischen für Margarine usw. verwendet.

Palmöl erhält nach der Hydrierung, durch die Glyceridzusammensetzung bedingt, zwangsläufig einen relativ hohen Schmelzpunkt von ca. 40° C. Durch die Hydrierung werden Carotinoid-Farbstoffe zerstört, so daß ein helles Fett von guter geschmacklicher Stabilität resultiert.

Die Hydrierung von *Sojaöl* vermindert zwar dessen Oxydationsbereitschaft, zur gleichen Zeit aber bilden sich sehr geringe Mengen von Geruchs- und Geschmacksstoffen, Komponenten des sog. Hartfett- oder Margarinegeschmacks; sie sind gerade bei diesem Fett relativ schwierig vollständig zu entfernen, zumal es darum geht, auch die Vorstufen dieser Verbindungen bei der Dämpfung abzutreiben bzw. zu zerstören, damit nicht während der Lagerung eine geschmackliche Rückläufigkeit (Reversion) eintritt. Dieses reichlich verfügbare, billige Öl, welches wegen seines Linolensäuregehalts jedoch besonders *oxydationsempfindlich* ist, wird während der Hydrierung, wie man annimmt, durch Bildung von Spalt- bzw. Oxydationsprodukten von Isomeren dieser Linolensäure wiederum geschmacklich anfällig. Man hydriert im allgemeinen selektiv auf einen Schmelzpunkt von etwa 36° C; erst bei stärkerer Hydrierung auf Schmelzpunkte über 40° C besteht nicht mehr das Risiko der Rückläufigkeit des Geschmacks.

Bei *Rüböl* gelten die gleichen Einschränkungen hinsichtlich der Qualität des hydrierten Fettes wie bei Sojaöl. Erst die Hydrierung auf relativ hohe Schmelzpunkte von über 40° C führt im allgemeinen zu befriedigender geschmacklicher Stabilität.

Es ist verständlich, daß noch stärker ungesättigte Öle, wie z. B. *Leinöl*, unbedingt auf hohe Schmelzpunkte hydriert werden müssen.

Die Hydrierung von ursprünglich konsistenten Fetten, wie z. B. *Cocos-* und *Palmkernfett*, hat nur für Spezialzwecke, insbesondere im Bäckerei-Sektor, in Ausnahmefällen Bedeutung.

Die *Lenkung der Hydrierung* führt zu recht unterschiedlichen Produkten; zahllose weitere Möglichkeiten ergeben sich, wenn man berücksichtigt, daß es durchaus qualitativ vorteilhaft und ökonomisch sein kann, zuvor umgeesterte Fette und Fettgemische oder aber Fettfraktionen nachträglich zu hydrieren. Die zunehmende Spezialisierung der Verwendung in der Backwarenindustrie, in Großküchen usw. sichert solchen „maßgeschneiderten" (tailor made) Fetten zunehmende Verwendung. Weitere Fortschritte sind durch das Bestreben zu erwarten, mit der Hydrierung Fettprodukte mit relativ niedrigem Anteil von *trans*-Säuren, jedoch noch hohem Gehalt von mehrfach ungesättigten, *essentiellen* Fettsäuren herzustellen.

2. Gehärtete Tierfette

Die Hydrierung wird bei *Fetten von Landtieren* weit weniger angewendet als bei Pflanzenölen, weil die ersteren bereits von Natur aus mehr oder weniger konsistent, streichfähig und zu Backzwecken geeignet sind. Im Ausland wird jedoch insbesondere *Schmalz* in erheblichem Umfang hydriert, um es geschmacklich zu stabilisieren und seine Eigenschaften als *Backfett* noch weiter zu verbessern.

Die *Seetieröle* sind hingegen durch die Hydrierung überhaupt erst in großem Umfang nutzbar gemacht worden. Ihr hoher Anteil an hochungesättigten Fettsäuren (bis 6 Doppelbindungen) macht sie sonst derart oxydationsempfindlich, daß besonders leicht geschmackliche und in Extremfällen sogar physiologische Unverträglichkeiten eintreten können. *Hydrierte Walöle* werden, ebenso wie auch hydrierte Fischöle, durch die Härtung gut haltbar und verlieren ihren unangenehmen Eigengeschmack. Bei *Walöl* genügt z. B. eine selektive Hydrierung auf einen Schmelzpunkt von ca. 35° C; dieses Fett ist für *Backzwecke* und auch für *Margarine* gut geeignet, wovon allerdings kaum noch Gebrauch gemacht wird. *Fischöl* wird, um einen neutralen Geschmack zu erzielen, auf etwas höhere Schmelzpunkte, möglichst auf über 40° C, hydriert.

Auch hinsichtlich der Hydrierung von Seetierölen scheint es heute durchaus denkbar, daß weitere Forschung und die zunehmende Verarbeitung von Fischen auf hoher See in Fabrikschiffen zu Fortschritten in der Verarbeitung und Verwertung dieser hochwertigen Öle führen.

C. Umgeesterte Fette

Die *Umesterung* der Fette ist bereits einige Jahrzehnte bekannt, sie hat jedoch erst nach dem 2. Weltkrieg in großem Umfang praktische Bedeutung gefunden, nachdem pulverförmige Alkoholate oder metallisches Natrium und Kalium sowie geeignete Legierungen als Umesterungs-Katalysatoren zur Verfügung standen. *Das Verfahren bietet unzählige Möglichkeiten, aus den bekannten Ölen und Fetten andere, in ihrem Glyceridaufbau völlig neuartige Fette herzustellen, wobei die Fettsäuren selbst nicht angegriffen und verändert werden.* Das Resultat der Umesterung eines bekannten Glyceridgemisches ist zwar mit großem Rechenaufwand vorauszuberechnen, meistens werden jedoch in der Praxis Erfahrungsdaten planmäßig ausgewertet. Mit der *Umesterung* steht ein weiteres Verfahren zur Verfügung, um für bestimmte Zwecke „maßgeschneiderte" (tailor made) Fette herzustellen (J. Baltes 1961). In vielen Fällen hat man sich außerdem der Umesterung bedient, um *ohne Hydrierung* genügend temperaturstabile Margarinekompositionen zu erzielen.

I. Chemische Grundlagen

Bei der *Umesterung* reagieren die Estergruppen unter Acylaustausch, und zwar sowohl *inter-* als auch *intra*molekular. Erhitzt man ein Fett auf 200—300° C, so erfolgt zwangsläufig, wenn auch sehr langsam, eine Umesterung. Die Reaktion läßt sich jedoch durch stark alkalische Katalysatoren beschleunigen, wobei *Alkalimetalle*, *Alkalialkoholate* und *Alkali-Legierungen* die praktisch weitaus wichtigsten sind. Die Reaktion läuft mit solchen Katalysatoren in wenigen Minuten sogar bei Zimmertemperatur ab. Der Mechanismus der Alkali-Katalyse ist noch nicht völlig geklärt (J. BALTES 1961).

Schon die Umesterung *eines* Fettes (ohne Zusatz eines weiteren) verändert dasselbe mehr oder weniger stark. Die Ursache hierfür liegt darin, daß als Folge der Umesterung die vorhandenen Fettsäuren nach statistischer Erwartung neu auf das Glycerin verteilt werden (*random distribution*). Natürliche Fette haben eine „*even distribution*" (HILDITCH) oder aber nur eine „*restricted random distribution*" der Fettsäuren in bezug auf das Glycerin. Dies bedeutet, daß die Fettsäuren im Falle der „even distribution" gleichermaßen über alle Glycerin-Moleküle verteilt sind. Wenn z. B. von einer Fettsäure mehr als 33% vorhanden sind, so kommt sie in jedem Glyceridmolekül vor. Der Anteil gesättigt-ungesättigter Glyceride wird auf diese Weise größer, der von tri-gesättigten bzw. tri-ungesättigten kleiner als bei statistischer (random) Verteilung sein. Neuere Forschungen haben jedoch ergeben, daß viele natürliche Fette nahezu eine „*random*"-Verteilung haben. Nach der Theorie der „*restricted random distribution*" werden in einem natürlichen Fett nur so viele tri-gesättigte Glyceride vorkommen, wie unter physiologischen Bedingungen im übrigen flüssigen Fett löslich sind (H. J. DEUEL 1951; T. P. HILDITCH 1964). Die statistische Neuverteilung der Fettsäuren auf das Glycerin infolge der Umesterung hat sekundär noch andere praktisch bedeutsame Folgen, weil sich bei der Umesterung solcher Fette mehr oder weniger Glyceride mit andersartigen Kristallisationseigenschaften bilden. So führt z. B. deshalb die Umesterung von *Schmalz* zu einem Produkt mit dichterer Kristallstruktur und wesentlich besserer Konsistenz. Die Umesterung von Fettgemischen bietet für die praktische Verwendbarkeit besondere Vorteile, weil z. B. aus hochschmelzenden Fetten je nach Mischungsverhältnis mit niedrigschmelzenden, stärker ungesättigten Fetten oder solchen mit höherer Verseifungszahl neuartige Fette *mittleren Schmelzbereichs* zu erhalten sind, wie z. B. Weichfette für die Margarine- und Backfettherstellung sowie Kakaobutterersatz. Der *Umesterungsvorgang* ist übrigens, obwohl er im Regelfall der „random"-Umesterung zu dem Gleichgewicht der statistischen Verteilung führt, unter bestimmten Voraussetzungen auch zu *lenken*, wenn nämlich die Temperatur während der Umesterung so weit gesenkt wird, daß gesättigte Glyceride und andere hochschmelzende Glyceride sukzessiv kristallisieren und auf diese Weise das Reaktionsgleichgewicht laufend verschoben wird („directed interesterification" nach ECKEY). Nach diesem Prinzip läßt sich aus einem Fett bzw. Fettgemisch einmal ein vorwiegend höherschmelzendes sowie aus dem zurückbleibenden flüssigen Anteil ein niedrigschmelzendes, neuartiges Fett herstellen. Je nach Temperaturführung erheben sich dabei vielfältige Variationsmöglichkeiten.

An dieser Stelle sei auch die sog. *Acidolyse* erwähnt. Es werden hierzu einem Fett zur Umesterung Fettsäuren zugesetzt, wobei andere verdrängt und später abdestilliert oder aber durch Veresterung mit Glycerin neutralisiert werden. In der Praxis kann es dabei vorteilhaft sein, solche hinzugeführten Fettsäuren in Form ihrer Alkohol-Ester einzusetzen. Ein Beispiel hierfür ist die Herstellung von *Acetofetten*, die 1—3 Essigsäuremoleküle an Glycerin gebunden enthalten; *Acetofette* eignen sich wegen ihrer speziellen Kristallisationseigenschaften vor allem für Überzugsmassen, wovon jedoch bisher noch kaum Gebrauch gemacht wird.

II. Umesterungsverfahren

Die Umesterung bewirkt, wie zuvor ausgeführt wurde, keine chemische Veränderung der Fettsäuren, sondern bewirkt eine Verschiebung der Fettsäuren und eine Änderung in der Zusammensetzung der Glyceride eines Fettes. Dies ist immer dann interessant, wenn ein Fett oder Fettgemisch auf diese Weise in einem bestimmten, für die Anwendung wichtigen Temperaturbereich andere Festanteile und damit andere, bessere Konsistenz-, Schmelz- und Backeigenschaften erhält, als es durch Mischen von Fetten möglich wäre. Es wird also die Festanteils- bzw. die Dilatationskurve so verändert, daß z. B. „maßgeschneiderte" Fette oder aber aus gleichen oder ähnlichen Rohstoffen Fette mit besseren Qualitätseigenschaften resultieren. Je nach Wahl der Komponenten kann z. B. der *Schmelzpunkt* eines Fettgemisches *nach* der Umesterung *höher* oder *tiefer* liegen als der des ursprünglichen Gemisches.

Während für die Zusammenstellung der umzuesternden Fettmischungen theoretisches Wissen und Erfahrung nötig sind, richtet sich die *Durchführung der Umesterung* vor allem nach praktischen und technischen Gesichtspunkten. Das Fett muß vor der Umesterung möglichst frei von (auch nur gelöstem) Wasser sein; der Fettsäuregehalt muß ebenfalls außerordentlich niedrig sein, denn Wasser und Fettsäure vernichten in stöchiometrischem Verhältnis Teile des zugesetzten Alkali-Katalysators. — Metallisches Alkali wird entweder fein verteilt und unter entsprechenden Sicherheitsmaßnahmen als solches oder aber in geeigneter Form suspendiert dem Fett zugesetzt; vorzugsweise werden jedoch pulverförmige Alkali-Alkoholate, die allerdings unter gewissen Bedingungen zur Selbstentzündung neigen, als Katalysatoren verwendet. So werden dann z. B. in das auf 0,01—0,05%

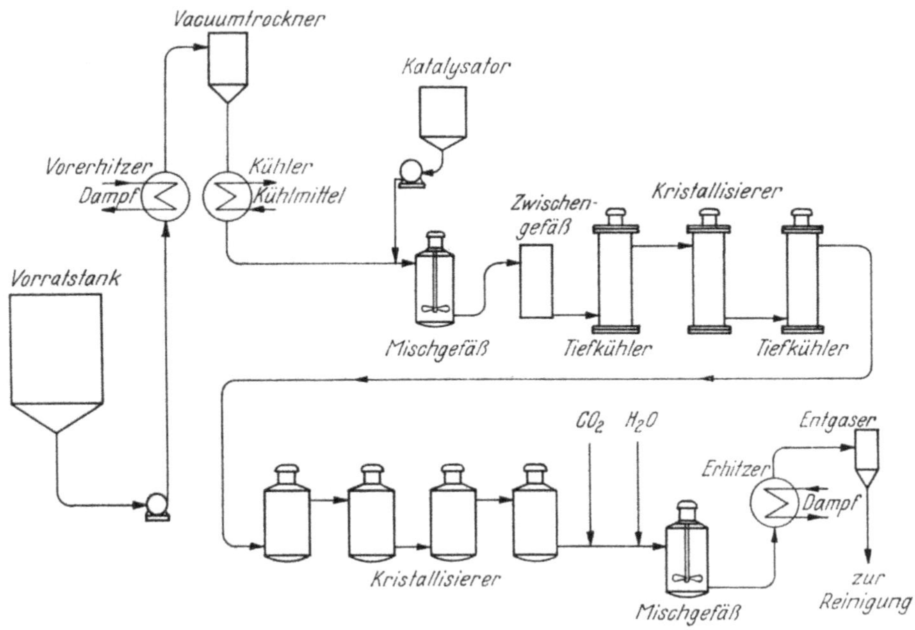

Abb. 28. Schema einer kontinuierlichen Umesterungsanlage (nach J. BALTES 1961)

Wassergehalt getrocknete Fett, welches nicht mehr als 0,1% freier Fettsäuren enthalten sollte, 0,1—0,3% Natrium-Methylat oder -Äthylat eingezogen und sofort im Fett fein verteilt. Nach der Umesterung, die bei Temperaturen um 100° C in etwa einer halben Stunde vollständig verläuft, wird der Katalysator durch Zugabe von Wasser oder schwacher Säure zerstört. Es fällt eine gewisse Menge Seife durch Spaltung von Neutralöl an; die in diesem Fall außerdem gebildeten Methyl- bzw. Äthylester werden im Zuge der anschließenden Dämpfung des Fettes entfernt.

In Europa wird die Umesterung meistens *diskontinuierlich* durchgeführt, hauptsächlich in geschlossenen Entsäuerungs- und Bleichapparaten, wie sie ohnehin in Speisefett-Raffinerien vorhanden sind. Das Fett kann in diesen Apparaten zunächst entsäuert und gegebenenfalls entfärbt werden, bei etwa 100° C wird dann im *Vakuum* das Wasser entzogen und schließlich der Katalysator zugesetzt. Während der Umesterung hält man zweckmäßig das Vakuum aufrecht oder setzt *Inertgas* zu, um eine Oxydation des Fettes und das Eindringen von feuchter Luft zu verhindern.

In Amerika sind Verfahren der *kontinuierlichen* Umesterung patentiert, wobei Katalysator und Fett in geeigneten Durchlaufapparaten miteinander in Kontakt gebracht werden. Dort ist auch die Praxis, mit metallischen Alkalien als Katalysatoren zu arbeiten, bereits sehr weit entwickelt (vgl. Abb. 28).

Die *gelenkte Umesterung* (directed interesterification) erfordert nur insofern besondere Maßnahmen, als das Fett *vor* der Umesterung z. B. mit Votator-Anlagen gekühlt werden muß; anschließend ist genügend Verweilzeit notwendig, um die höherschmelzenden Glyceride, dem gewünschten Gleichgewicht entsprechend, kristallisieren zu lassen. Es hängt von dem angestrebten Ziel ab, ob schließlich *vor* der Umesterung die kristallisierten Glyceride vom übrigen Fett abgetrennt werden oder nicht.

Der Erfolg der Umesterung ist relativ schwierig zu kontrollieren, da eine differenzierte Glycerid-Analyse zu aufwendig ist. Die Ermittlung von *Dilatationsdaten* oder eine *Differential-Thermo-Analyse* geben ein gutes Bild des Umesterungsverlaufes; in Einzelfällen kann eine *Schmelzpunktsbestimmung* zur Kontrolle ausreichen. In der Praxis handelt es sich bei der Umesterung meistens um eine „*all-or-none-reaction*", d. h. entweder wird die Umesterung erfolgreich abgeschlossen, oder aber der Katalysator wird, z. B. durch anwesende Wasserreste, vollständig inaktiviert.

III. Eigenschaften umgeesterter Fette

Aus den obigen Darlegungen geht hervor, daß die Zahl der theoretisch zu erzielenden umgeesterten Fette außerordentlich groß ist. Es kann hier deshalb nur

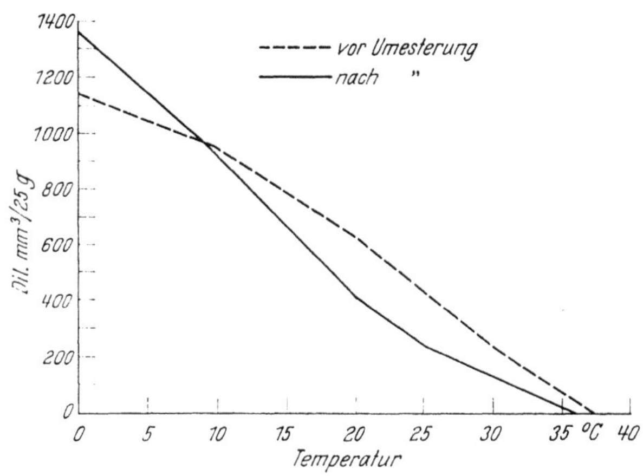

Abb. 29. Umesterung von Palmöl/Palmkernöl 2:1 (nach J. BALTES 1961)

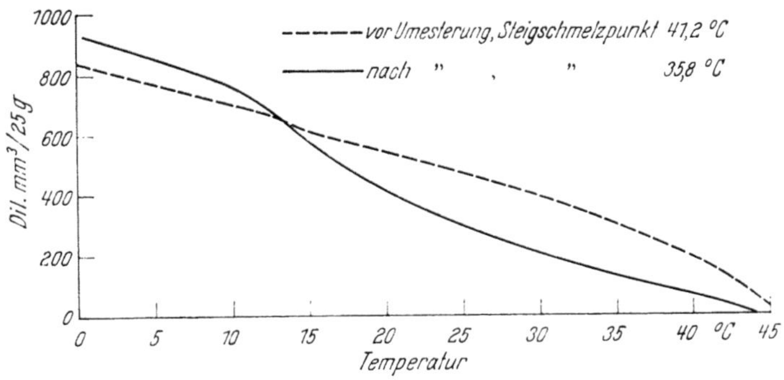

Abb. 30. Umesterung von Rindertalg/Sojaöl (nach J. BALTES 1961)

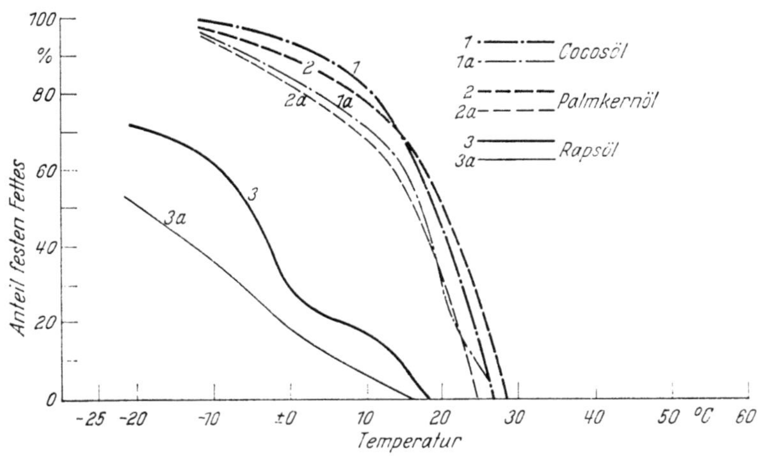

Abb. 31. Festanteilskurven von pflanzlichen Fetten
Kurven 1—3 nicht umgeesterte Muster, Kurven 1a—3a umgeesterte Muster

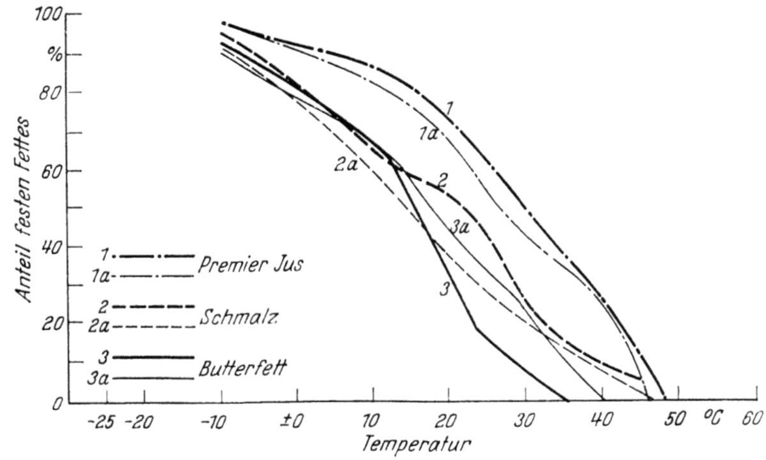

Abb. 32. Festanteilskurven von tierischen Fetten
Kurven 1—3 nicht umgeesterte Muster, Kurven 1a—3a umgeesterte Muster

anhand von Beispielen mit *Dilatationskurven* in Einzelfällen das Resultat von Umesterungen erläutert werden (vgl. Abb. 29 u. 30).

Einen speziellen Hinweis verdient die in Amerika in großem Stil vorgenommene Umesterung von *Schmalz*, weil hierbei eine Veränderung im Kristallisationsverhalten des Schmalzes eintritt, die im Endeffekt zu einer besseren Konsistenz und vorteilhaften Backeigenschaften führt. — Auch bei anderen Fetten könnte die Tendenz bestehen, z. B. als Folge der Umesterung vorwiegend β'- anstelle von β-Kristallen zu bilden.

Ein weiterer Anreiz zur Erforschung der Vorgänge bei der Fettumesterung kann in der bisher nur wenig untersuchten Frage liegen, inwieweit die Umesterung einen *Raffinationseffekt* mit sich bringt in dem Sinne, daß Fette z. B. von ihrem Eigengeschmack mehr, als es sonst möglich wäre, befreit werden. Hinweise hierfür sind vorhanden.

Zur Erläuterung des Haupteffekts der Umesterung, den Verschiebungen in der Festanteils- bzw. Dilatationskurve, sind einige Beispiele graphisch dargestellt (vgl. Abb. 31 u. 32). Man muß dabei beachten, daß eine kleine Änderung im Festanteil von 2—3% die Konsistenz des entsprechenden Produkts bei der betreffenden Temperatur bereits wesentlich beeinflussen kann; denn bei den Verbrauchstemperaturen enthalten plastische Fette zumeist ohnehin nur 10—30% festen Fettes (J. BALTES 1961). Umgeesterte Fette haben — im Rahmen einer adäquaten Diät — denselben *Nährwert* und *Wachstumswert* wie Naturfette (K. LANG 1967).

D. Fraktionierte Fette

Fette können wegen der hohen Siedepunkte der Glyceride praktisch *nicht* auf destillativem Wege fraktioniert werden (Molekulardestillation ist zu kostspielig), sondern sie müssen durch *fraktionierte Kristallisation* bzw. mit Hilfe der *flüssig-flüssig-Extraktion* zerlegt werden. Auch eine *chromatographische Trennung* von Glyceriden hat technologisch *keine* Bedeutung. — Die Fraktionierung kann kommerziell von großem Interesse sein, wenn auf diese Weise Spezialfette zu erhalten sind oder aber z. B. aus billigem, hochschmelzendem Talg auf diese Weise eine für hochwertige, leichtschmelzende Fettprodukte geeignete Fraktion zu gewinnen ist. Das letztere Verfahren ist in Form des Pressens von Talg mit gleichzeitiger Zerlegung in *Talg-Stearin* und *Olein* innerhalb eines bestimmten Temperatur-Intervalls schon zu Beginn der Margarineherstellung gegen Ende des vorigen Jahrhunderts angewendet worden. In besonders günstigen Fällen können alle gewonnenen Fraktionen für sich wertvoller sein als das Ausgangsfett.

I. Chemische Grundlagen

Bei der sog. „*trockenen*" Fraktionierung von Fetten wurden früher und z. T. noch heute die *niedrigschmelzenden Glyceride* durch *Pressen* (vgl. Kapitel Oleingewinnung) aus dem Kristallgerüst der höherschmelzenden herausgedrückt, wobei jedoch ein gewisser Anteil der ersteren im Kristallnetzwerk zurückbleibt. Neuerdings bedient man sich des folgenden alternativen Verfahrens: das zu fraktionierende, geschmolzene Fett wird langsam abgekühlt, bis ein gewisses Maß der Übersättigung in bezug auf die gelösten hochschmelzenden Glyceride erreicht ist. Es bilden sich dann plötzlich Kristallkeime, die, abhängig von der Übersättigung, der Temperatur und der Durchmischung, zu wachsen beginnen. Diese Kristalle sollen möglichst groß werden, um z. B. die Abtrennung durch Filtration zu erleichtern. Voraussetzungen hierfür sind ein möglichst kleines Wärmegefälle zwischen Kühlfläche und Kristallsuspension sowie ein vorsichtiges Rühren.

Eine *langsame* Abkühlung ist nicht nur wichtig, um eine zunächst relativ kleine Zahl von Kristallkeimen zu erhalten, die später zu vergleichsweise weit größeren Kristallen heranwachsen, als es bei schneller Kühlung möglich wäre; sie ist auch wichtig, um die hochschmelzenden Glyceride möglichst selektiv zu kristallisieren und die Bildung von Mischkristallen, in welchen sowohl höher- als niedrigschmelzende Glyceride in einem Kristall vereinigt sind, zu vermeiden. Voraussetzung für eine genügend scharfe und reproduzierbare Trennung von zwei oder mehr Fraktionen ist allerdings immer, daß gut ausgeprägte Unterschiede in den Schmelzpunkten einzelner Glyceridgruppen des Fettes gegeben sind. Die Trennung läßt sich verschärfen, sobald Lösungsmittel, wie z. B. *Aceton*, gegebenenfalls sogar mit einem gewissen Wasserzusatz, zur Lösung des Fettes vor der Abkühlung und Fraktionierung benutzt werden. In solchen Fettlösungen ist die Viscosität erniedrigt, die Übersättigung tritt schneller ein, so daß die Fraktionierung (bei allerdings größerem technologischen Aufwand) exakter durchzuführen ist.

Auf die *flüssig-flüssig-Extraktion* von Ölen mit Furfurol oder flüssigem Propan mit dem Ziel einer Gewinnung von stark ungesättigten Fraktionen ist bereits im Abschnitt über die Raffination von Ölen (vgl. Kapitel Pflanzenfette, B, III, 2.) hingewiesen worden.

II. Fraktionierverfahren

Eine eigene Verfahrenstechnik gibt es für die „trockene“ Fraktionierung nicht. Es werden vielmehr gebräuchliche Anlagen, wie sie z. B. schon in Ölmühlen und Raffinerien vorhanden sind, benutzt.

Für die Pressung kommen die in einem Abschnitt über die Ölgewinnung beschriebenen Apparate in Betracht (vgl. Kapitel Pflanzenfette, S. 194). Das zu fraktionierende Fett wird z. B. in Tücher eingeschlagen und dann gepreßt; das auslaufende flüssige Fett sammelt sich in einer Rinne. Das Verfahren ist teuer (lohnintensiv) und wird deshalb kaum noch angewandt. Die früher weit verbreitete Talgfraktionierung hat heute sehr an Bedeutung verloren.

Demgegenüber kommt die „*trockene*“ Fraktionierung durch *selektive Kristallisation* immer mehr in Vordergrund. Es werden hierzu große, mit entsprechenden Temperiermöglichkeiten versehene Behälter eingesetzt, um das Fett sehr langsam abzukühlen. Ein *langsam* laufendes Rührwerk sorgt für eine Verbesserung des Wärmeübergangs sowie für ein gleichmäßiges und beschleunigtes Wachsen der Kristalle. Erst nach Stunden oder gar Tage dauernden Kristallisationsprozessen werden schließlich die höherschmelzenden, kristallisierten Glyceride, z. B. in Filterpressen, abgetrennt.

Diese *Trennung* der relativ großen Kristalle kann durch eine *selektive Benetzung* beispielsweise mit Natriumlaurylsulfat erleichtert werden (*Lanza-Prozeß*). Die Kristallsuspension wird hierzu mit einer wäßrigen Lösung in Kontakt gebracht, welche ein solches Netzmittel (sowie Magnesiumsulfat) enthält; die benetzten Fettkristalle gehen dann in die *wäßrige* Phase über und können, z. B. mittels Zentrifugen, relativ leicht abgetrennt werden. Erhitzt man später die wäßrige Lösung, so ist das hochschmelzende, nun aber flüssige Fett oben abzuziehen, und die Lanza-Lösung kann in den Prozeß zurückgeführt werden.

Für die Anwendung der *Fraktionierung in Lösungsmitteln*, wie z. B. in Aceton, sind ebenso wie für die flüssig-flüssig-Extraktion kompliziertere Anlagen notwendig. Die fraktionierte Kristallisation erfolgt zwar im Prinzip auch wieder in temperierten, geschlossenen Rührwerksbehältern und das Abtrennen der Kristalle mit Filtern oder Zentrifugen, es sind jedoch zusätzlich Einrichtungen zur Abtrennung und Rückgewinnung des Lösungsmittels erforderlich, was das Verfahren wesentlich verteuert. Diese scharfe Fraktionierung lohnt sich deshalb wohl nur zur Erzielung von ausgesprochenen Spezialprodukten (z. B. Kakaobutter-Ersatz).

III. Eigenschaften von Fettfraktionen

Die Fettfraktionierung kann aus sehr verschiedenen Gründen interessieren:

a) Die gewonnenen Fettfraktionen werden alle, ihren speziellen Eigenschaften entsprechend, vorteilhafter als andere Fette eingesetzt.

b) In vielen Fällen ist eine bestimmte Fettfraktion allein so wertvoll, daß es wirtschaftlich ist, die anderen Fraktionen auch unter dem Preis des Ausgangsfettes zu verkaufen.

c) Manchmal dient die Fraktionierung nur dazu, einen kleinen Prozentanteil eines Fettes abzutrennen, der im Hinblick auf die beabsichtigte Verwendung dessen Wert wesentlich verringert (z. B. „Winterisieren" von Speiseöl).

Zur Zeit verdient die *Fraktionierung von Palmöl* (vgl. Abb. 33) das größte Interesse, weil dieses Öl einmal aus großen Glyceridgruppen mit sehr unterschiedlichen Schmelzpunkten besteht und deshalb für diese Zerlegung besonders geeignet

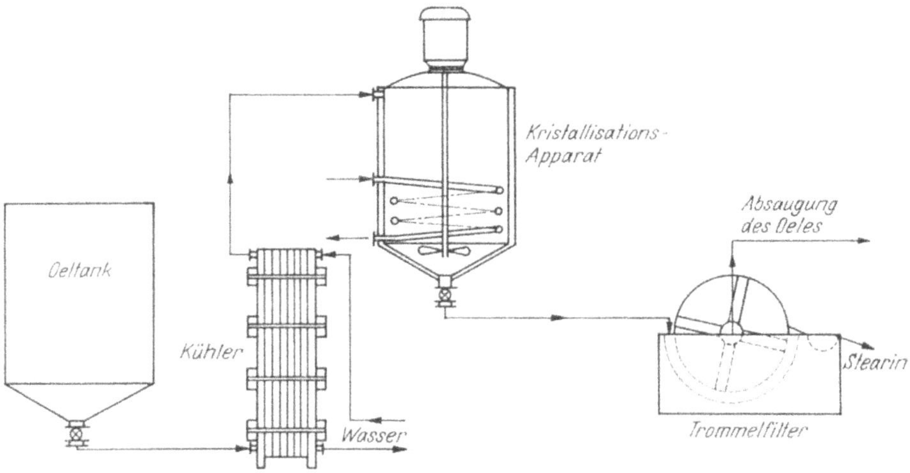

Abb. 33. Apparateschema einer Fraktionierung von Palmöl

ist; zum andern bieten sich für diese Fraktionen günstige Verwendungsmöglichkeiten. Bereits die grobe Zerlegung in eine *relativ hochschmelzende Fraktion* und den leicht *flüssigen Rest* bietet den Vorteil, daß die erstere zur Stabilisierung einer Margarine, die keine gehärteten Fette enthält, dienen kann oder aber in Spezial-Bäckermargarinen verwendet wird, wo es auf einen gewissen Anteil hochschmelzenden Fettes ankommt, um z. B. die Struktur von Blätterteig zu erhalten. Der von dieser (hochschmelzenden) Fraktion, die je nach Fraktionierungsbedingungen z. B. ein Viertel des Fettes ausmachen kann, befreite Rest ist unter Umständen als Bestandteil von Margarinekompositionen vorteilhaft zu verwenden. Bei entsprechend schärferer Trennung unter Verwendung von Lösungsmitteln gelingt es, aus Palmöl die Fraktion der *digesättigten- einfach ungesättigten Glyceride* zu isolieren, die etwa 50% ausmacht und ein offenbar gutes Ersatzprodukt für Kakaobutter ist, da letztere vorwiegend aus solchen Glyceriden besteht.

Tabelle 8. *Fraktionierungen von Palmöl bei verschiedenen Temperaturen* (nach E. KELLENS 1958)

Temperatur °C	Anzahl der Tage	Kristalle %	Schmelzpunkt der Kristalle (WILEY)
40	2	keine Trennung	—
40	4	4,7	53,9°
40	6	6,1	54°
36	2	3,3	58°
36	6	10,5	54,7°
34	2	5,5	52,5°
32	2	6,7	52,7°
30	2	13,7	50°

Schema und Resultate der fraktionierten Kristallisation von Talg

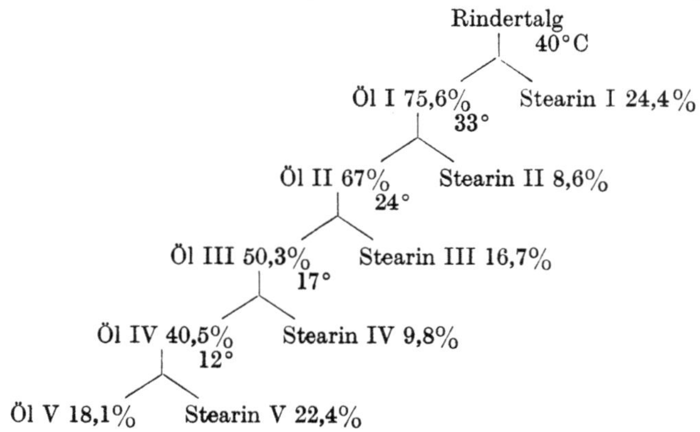

Die *Winterisierung* bzw. *Entwachsung*, das heißt also das Entfernen hochschmelzender Anteile aus Speiseölen, ist bereits in Abschnitt A, I. „Herstellung der Speiseöle" erwähnt worden.

E. Fettzubereitungen

Unter diesem Begriff sollen im folgenden überwiegend aus Fett bestehende Produkte der *Fett-Weiterverarbeitung* verstanden werden. Das Wichtigste ist vor allem für Mitteleuropa, Nord- und Osteuropa bei weitem die *Margarine.*

I. Margarine

(Schrifttum: A. J. C. ANDERSON 1954; W. H. BÖHM 1960; S. RUDISCHER 1959; M. K. SCHWITZER 1956.)

Nach dem *Margarinegesetz vom 15. Juni 1897* (RGBl., S. 475) handelt es sich bei *Margarine* um eine butterähnliche Zubereitung, deren Fett nicht oder nur zu einem geringen Teil der Milch entstammt.

Neuerdings ist von der IFMA, der internationalen Vereinigung der Margarinehersteller, folgende Definition für Margarine gewählt worden: „*Margarine* ist ein Nahrungsmittel in Form einer knetbaren Emulsion, hauptsächlich vom Typ W/Ö, die vor allem aus Fetten bzw. Ölen, die nicht oder nur teilweise aus Milch gewonnen sind, hergestellt wird, und die einen ziffernmäßig festgelegten Mindestfettgehalt besitzt."

Margarine ist qualitativ (auch im Lichte der neuesten physiologischen Erkenntnisse) im Laufe fast eines Jahrhunderts aus der Rolle eines Ersatzproduktes für Butter herausgewachsen und ein selbständiges Fett-Lebensmittel mit eigenen Qualitätsmerkmalen geworden. Leider mangelt es bis heute noch an einer Standardisierung verschiedener Güteklassen.

1. Geschichte und Bedeutung

Im vorigen Jahrhundert machte sich mit der beginnenden Industrialisierung und der Zunahme der Bevölkerung eine Verknappung vor allem von Butter als dem schon immer teuersten Fettprodukt bemerkbar. Der Apotheker und ambitionierte Erfinder MÈGE MOURIÉS begann deshalb bereits 1867 damit, die Bildung des Milchfettes bei Kühen zu studieren. Er kam damals zu dem Schluß, daß der Ursprung des Milchfettes zumindest bei Futtermangel im Depotfett der Kühe sei. Dieses Depotfett sollte in Milchdrüsen auf unbekannte Weise in Milchfett umgewandelt werden. Als Napoleon III. im Jahre 1869 einen Preis für die Herstellung einer *Kunstbutter* zur Versorgung der Armee ausschreiben ließ, konnte MÈGE MOURIÉS folgendes Verfahren vorschlagen, für das er am 17. Juli 1869 die entsprechende Patentschrift einreichte: Die bei 32°C abgepreßten, flüssigen Anteile von Rinderfett sollten mit Labferment, Euterextrakten und Milch zusammengerührt und bei Körpertemperatur einige Zeit sich selbst überlassen werden. Zwar trat die beabsichtigte biologische Umwandlung des Fettes nicht ein, wohl aber erhielt man aus der Emulsion von Milch und Fett nach Abschrecken in kaltem Wasser und Kneten ein geschmeidiges Produkt, den erstrebten Ersatz für Butter. MÈGE-MOURIÉS nannte die Kunstbutter *Oleomargarin*, nachdem sein Lehrer CHEVREUIL die viel früher (1811) aus Schweinefett nach Verseifung gewonnenen Fettseifen wegen ihres Perlmutterglanzes als Seifen der „acides Margarique" (von „margaros", griechisch: die Perlmuschel) bezeichnet hatte. 1878 machte MÈGE-MOURIÉS selbst den Vorschlag, den Labzusatz fortzulassen. Das Prinzip des Verfahrens blieb seitdem die Emulgierung von Milch und Fett, das Abschrecken dieser Emulsion und ein späteres Kneten der plastischen Masse.

Schon 1875 bestanden Margarinefabriken in Frankreich, Deutschland, Holland, Dänemark und Österreich-Ungarn. In Deutschland gab es 1885 bereits 45 Margarinebetriebe. Die Anzahl ist heute nahezu die gleiche, die produzierte Menge hat sich jedoch von etwa 15 t im Jahre 1887 auf heute 800000—900000 t in Gesamtdeutschland erhöht. Die wirtschaftliche Rolle der Margarine ist bereits im einleitenden Abschnitt „Wirtschaftliche Bedeutung der Speisefette" erläutert worden (vgl. insbesondere Tab. 3). Über ihre ernährungsphysiologische Bedeutung ist nach dem heutigen Stand des Wissens folgendes bekannt: Der *kalorische Wert* der Margarine entspricht dem einer 80%igen Fettemulsion und ist z. B. praktisch gleichwertig mit dem von Butter. Auch im *Nährwert* ergab sich aufgrund langfristiger, umfangreicher Untersuchungen an Menschen und Tieren *kein* Unterschied zwischen Butter und Margarine (K. LANG 1967).

Der weitaus größte Teil der Margarine in Deutschland und im übrigen Europa wird *vitaminiert*. Es werden durchschnittlich 20000 iE/kg an *Vitamin A* (in Form des Vitamins und des Provitamins Carotin) zugesetzt (Tagesbedarf ca. 5000 iE). Außerdem fügt man meistens 1000—3000 iE/kg des antirachitischen *Vitamins D* in Form des Vitamins D_2, D_3 zu (Tagesbedarf 200—300 iE). Diese Vitaminmengen ließen sich natürlich jederzeit leicht erhöhen, sie sind den in Butter im Durchschnitt vorkommenden Mengen angepaßt und sollen nicht zu einer Überdosierung führen. Besondere Beachtung verdient unter Berücksichtigung neuerer physiologischer Untersuchungen der relativ hohe *Vitamin E*-Gehalt in Margarine, denn sie enthält im Durchschnitt 200—400 mg/kg (Tagesbedarf ca. 10 mg). Die in der Regel in Margarine enthaltenen pflanzlichen Öle sind nämlich reich an α- und β-*Tokopherol*, die auch bei der üblichen Raffination zu mehr als 80% dem Öl erhalten bleiben (vgl. Tab. 5, S. 204). Dieses *Vitamin E*, welches früher als Antisterilitätsvitamin bekannt war, stabilisiert die in der Margarine reichlich enthaltenen *essentiellen*, mehrfach ungesättigten *Fettsäuren*. Es handelt sich hierbei vor allem um *Linolsäure*, die in Margarine durchschnittlich zu 8—30% und damit um ein Vielfaches mehr als in Butter (2%) enthalten ist.

Die Tatsache, daß die in sehr hohen Hektarerträgen anfallenden, vorwiegend tropischen pflanzlichen Öle und Fette preisgünstig sind, machen Margarine zu einem vergleichsweise billigen,wertvollen Grundnahrungsmittel. Hieraus wiederum erklärt sich auch die in jüngster Zeit sehr rasche Ausdehnung des Margarinekonsums, auch in solchen Ländern, die nach jahrhundertealten Lebensgewohnheiten bisher vorwiegend Öle und Schlachtfette in ihrer Nahrung verwendet hatten, wie z. B. Nordamerika, die Türkei, Italien, Spanien, Portugal und nicht zuletzt Rußland. In wärmeren Ländern ist Margarine nicht nur als ein streichfähiges Fett geschätzt, sie zeichnet sich auch durch eine relativ gute Haltbarkeit im Vergleich mit Butter aus. Darüber hinaus ist es technisch leicht möglich, die Margarine durch Änderungen in der Zusammenstellung und Verpackung jeweils an äußere Bedingungen (Temperaturänderungen, Klimate u. a.) oder an neuartige Lebensgewohnheiten anzupassen.

2. Rohstoffe und Fettkomposition

Für die Margarineherstellung spielen die ursprünglich verwendeten vorwiegend tierischen Rohstoffe heute kaum noch eine Rolle. Hierfür sind mehrere Gründe maßgebend: *Talg* ist wegen seines hohen Schmelzpunktes kaum in hochwertiger Haushaltsmargarine zu verarbeiten; auch *Oleo* und *Schmalz* verleihen der Margarine spezielle Geschmacks- und Konsistenzeigenschaften, die oft nicht erwünscht sind; vgl. Tab. 8. Durch die zuvor erwähnten Methoden der Modifizierung von Fetten mittels Härtung, Umesterung und Fraktionierung wären diese Schwierigkeiten, falls gesetzlich erlaubt oder vorgeschrieben, jedoch leicht zu beheben.

Die heute für die Margarineherstellung in Betracht kommenden, meist pflanzlichen Fettrohstoffe sind in dem Abschnitt „Herstellung von Speisefetten" bereits im einzelnen beschrieben worden (vgl. Kapitel Speiseöle, konsistente Fette, gehärtete Fette, umgeesterte Fette, fraktionierte Fette). Unter diesen sind nun nach Art und Menge zahllose Möglichkeiten gegeben, die Fettkomponenten in solcher Weise miteinander zu kombinieren, daß sich hieraus spezielle Eigenschaften (z. B. Schmelzverhalten, Streichbarkeit) für die betreffende Margarine ergeben.

In Tab. 9 sind für die wichtigsten zur Margarineherstellung verwendeten Fette die Schmelzpunkte und die Jodzahl sowie der Gehalt an gesättigten und ungesättigten Fettsäuren zusammengestellt; für mehrere Fette sind auch die Festanteile bei verschiedenen Temperaturen angegeben.

Zunächst besteht bei der Zusammenstellung von Fettkompositionen für den Fachmann das Problem der Margarine-*Plastizität*. Eine Haushaltsmargarine wird z. B. in den Wintermonaten bei 20°C etwa 10—12% festes, kristallisiertes Fett enthalten, wogegen sie im Sommer etwa 20% haben muß, um auch bei Temperaturen von etwa 25°C nicht allzu weich zu werden und auszuölen. Soll Margarine auch bei Entnahme aus einem Kühlschrank streichfähig sein, so wird sie in dem betreffenden Temperaturbereich höchstens 30% festen Fettes enthalten dürfen. Für die Konsistenz des Endproduktes sind allerdings, abgesehen vom Festanteil, auch die *Herstellungsbedingungen* von hervorragender Bedeutung (vgl. S. 252). Bei Temperaturen über 30°C wird man erfahrungsgemäß den *Anteil festen Fettes* vergleichsweise gering halten, um ein schnelles und vollständiges Schmelzen der Margarine im Mund zu erreichen. Eine temperaturabhängige Festanteilskurve der Margarine ist jedoch kaum vorauszuberechnen, denn selbst bei Kenntnis der festen Anteile der Mischungskomponenten besteht keine Additivität der Festbestandteile im Endprodukt Margarine, weil durch gegenseitige Löslichkeit der verschiedenartigen Glyceridgruppen der Einzelfettkomponenten oft wesentliche Verschiebungen im *Festanteil der Mischung* eintreten. Es sind also vornehmlich praktische Erfahrungswerte oder die Kenntnis der Zusammensetzung bewährter Margarinekompositionen (neben den zur Orientierung im Laboratorium ermittelten Festanteilskurven von neuen Fettmischungen), die den Fachmann beim Aufbau neuer, geeigneter Margarinekompositionen leiten.

Weitere Gesichtspunkte bei der Margarineherstellung: genügende Geschmacksstabilität der in der Margarinekomposition verwendeten Öle und Fette; Klarschmelzpunkt des Fettes unter Körpertemperatur, genügend hoher Anteil mehrfach ungesättigter, essentieller Fettsäuren im Fettgemisch. Bei Berücksichtigung aller obiger Anforderungen an das Endprodukt müssen allerdings oft Kompromißlösungen gefunden werden, da z. B. die genannten mehrfach ungesättigten Fettsäuren relativ oxydationsempfindlich sind; geschmacklich genügend stabile Hartfette besitzen oft einen relativ hohen Schmelzpunkt und können deshalb nur in vergleichsweise kleinen Mengen verwendet werden, damit die Margarine im Mund angenehm zergeht.

Tabelle 9. *Die für die Margarineherstellung wichtigsten Fette: a) Schmelzpunkt und Jodzahl, b) Gehalt an gesättigten (C) und an einfach (C') und mehrfach (C''—C''') ungesättigten Fettsäuren, c) % Festanteile bei verschiedenen Temperaturen* (nach W.H. BÖHM 1960)

	schmilzt bei °C	JZ	Gehalt an gesättigten und ungesättigten Fettsäuren (in %) C-Zahl									% feste Phase bei °C				
				< 12	12	14	16	18	20	22	24	10	20	25	30	35
Cocosfett	24—27	8—12	C	15	48	17	9	2				55	34,5	6		
			C'					6								
			C''					2,6								
Palmkernfett	27—30	12—20	C	8	49,5	14,5	8	2				53,5	38	18		
			C'					17								
			C''					1								
Babassufett[1]	22—26	15	C	11,6	44,6	16,0	7,2	4,1								
			C'					14								
			C''					2,6								
Palmöl.	27—43	44—60	C			3,5	40	4,5				42,5	21	11	6,5	3
			C'					45								
			C''					7								
Shea-Butter	38—40	um 60	C				6	40								
			C'					49								
			C''					5								
Olivenöl	trübt bei —6	79—92	C			<1	10	2	<1							
			C'					81								
			C''					6								
Sesamöl	trübt unter 0	102—114	C				9	4	<1							
			C'					45								
			C''					41								

[1] Werte für Babassufett nach H.P. KAUFMANN u. J.G. THIEME (1954).

Tabelle 9 (Fortsetzung)

	schmilzt bei °C	JZ	Gehalt an gesättigten und ungesättigten Fettsäuren (in %) C-Zahl									% feste Phase bei °C				
				< 12	12	14	16	18	20	22	24	10	20	25	30	35
Erdnußöl	trübt bei 8—12	83—98	C			0,5	8	4	2,5	3	1					
			C'					56								
			C''					25								
hydriert	30—32	71	C				8	5,0	2,5	3	1		41		11	
			C'					77,5								
			C''					2,9								
	41—43	51	C				8	26	2,5	3	1		62			
			C'					59,5								
Maiskeimöl		110—130	C''	etwas mehr, sonst wie Sesamöl												
Baumwollsaatöl . .		100—112	C			<1	22	1,5	0.5							
			C'					30								
			C''					45								
hydriert	34—35	63—65	C			<1	22	9,5					49		21	
			C'					63,5								
			C''					3,5								
Sonnenblumenöl . .		117—137	C				5	4	<1							
			C'					33								
			C''					57								
Sojabohnenöl . . .		120—135	C			0,5	8,5	3,5	<1							
			C'					27								
			C''					55								
			C'''					5								

Tabelle 9 (Fortsetzung)

	schmilzt bei °C	JZ	Gehalt an gesättigten und ungesättigten Fettsäuren (in %) C-Zahl									% feste Phase bei °C				
				< 12	12	14	16	18	20	22	24	10	20	25	30	35
Rüb- und Senföl, ähnl. Zusammensetzung, oft gemischt		95—110	C			Spur	2	0,5	0,5	1,5	1					
			C'				0,5	15	5	50						
			C''					16		1						
			C'''					7								
hydriert	35—36	64	C				2	7,5	1,5	12	1		52			
			C'					28	4	41						
			C''					3								
	43	43	C				2	16	2,5	25	1		63			
			C'					22	3	28,5						
Milchfett/Rind . . .	28—41	26—46	C	8,5	4,5	10	26	9	1			39	16	10	5	0,5
			C'					36				40	21	9,5	5,5	1,5
			C''					5								
Premier Jus, Oleostock, Rinderfeintalg . . .	41—51	32—46	C			6	28	25					55	46	35,5	28,5
			C'					39								
			C''					1,5								
			C'''					0,5								
Oleomargarin . . .	28—34	44—45	Abhängig von der Kristallisationstemperatur und dem Preßdruck									51	28	18	13	8,5
Oleostearin/Preßtalg	48—54	18—28														
Schweineschmalz . .	36—51	46—68	C			1,7	25	15,3					32,5	26,5	14,5	7,5
			C'					47,7								
			C''					10,3								
Walöl, hydriert . . .	33—34	um 63	C			7,1	14,2	8,4	0,4	0,4			44		16	
			C'			0,8	12,6	33	12,6	10,5						
	43—44	um 46	C			7,3	16,5	17,3	3,6	1,5			60		48	
			C'			0,2	8,6	25,6	10,3	9,1						

Cocos- und *Palmkernfett,* die im Mund mit einem gewissen *Kühleffekt* sehr plötzlich schmelzen und auch wegen ihres neutralen Geschmacks als Margarinekomponenten sehr beliebt sind, bewirken jedoch andererseits, daß eine Margarine, die vorwiegend aus diesen Fetten besteht, schon bei 15° C fest und spröde wird.

Tabelle 10. *Beispiele für Fettmischungen zur Herstellung von Haushaltsmargarinen*

Eingesetzte Fette	Mischung (Fettmengen in %)			
	I	II	III	IV
Erdnuß-, Sonnenblumen-, Baumwollsaat-, Soja-Öl (flüssig)	30	40	20	30
Palmöl (halbflüssig)	10	—	10	10
Cocosfett, Palmkernfett (konsistent)	30	—	70	20
Leicht gehärtete Pflanzenöle (Erdnuß-, Sonnenblumen-, Baumwollsaat-, Soja-, Rüb-Öl); Schmelzpunkt 30—36° C	20	60	—	25
Stärker gehärtete Pflanzenfette (von obengenannten Ölen); Schmelzpunkt 40—44° C	10	—	—	—
Stärker gehärtete tierische Fette (Walöl, Fischöl); Schmelzpunkt 40—44° C	—	—	—	15

Obwohl die eingangs genannten *Festanteilskurven* von Margarinekompositionen sich z. B. schon durch Kombination von nur 2—3 Fettkomponenten erhalten lassen, hat es sich in der Praxis ergeben, daß man die Kompositionen von *Haushaltsmargarine* vorteilhaft aus vier, fünf und mehr Fettrohstoffen zusammenstellt, vgl. Tab. 10. Abgesehen von den größeren Variations- und Anpassungsmöglichkeiten für die Margarinefabrikation besteht hierin der Vorteil, daß der etwaige Eigengeschmack einer Fettkomponente nur schwer hervortreten kann. Auch die spezifischen Kristallisationseigenschaften *einzelner* Fettkomponenten treten zurück; besondere Anforderungen müssen bei der Zusammenstellung von Spezialmargarinesorten berücksichtigt werden (vgl. S. 261).

Ein wichtiger ernährungsphysiologischer Faktor ist nach heutiger Anschauung ein hoher Anteil an Linolsäure. Zu dieser Charakterisierung verwendet man in Amerika den Quotienten aus den *mehrfach ungesättigten* Fettsäuren und den insgesamt im Fett enthaltenen *gesättigten* Fettsäuren. Man schreibt den ersteren eine positive, den letzteren eine negative Wirkung zu; der Quotient soll demnach möglichst groß sein.

3. Zutaten

Für die Zusammenstellung von Margarinekompositionen wie auch für die Dosierung der Margarinezutaten ist eine fachmännische Erfahrung zur optimalen Lösung notwendig unter Berücksichtigung physiologischer, bakteriologischer und kommerzieller Gesichtspunkte.

Der Margarinehersteller ist nach dem deutschen Lebensmittelgesetz verpflichtet, nur solche Ingredienzien zu verwenden, die den gesetzlichen Vorschriften entsprechen (Reinheitserklärungen der Lieferanten bzw. Kontrollanalysen notwendig).

Die Margarinezutaten werden *vor* der Verarbeitung teils in der Fett-, teils in der wäßrigen Phase gelöst. Einige von ihnen müssen mit dem Ziel größter bakteriologischer Sicherheit und Haltbarkeit vor der Verarbeitung pasteurisiert werden.

Aus Qualitäts- (nicht aus Ersparnisgründen) wird zur Margarineherstellung nicht nur Milch, sondern auch *Wasser* verwendet; dies geschieht manchmal aus bakteriologischen Gründen, oft im Hinblick auf den Margarine-Geschmack oder aber mit Rücksicht auf den beim Braten in einer Pfanne entstehenden, oft zu starken Bodensatz. Das verwendete Wasser wird vom Margarine-Hersteller aus *bakteriologischen* und *hygienischen* Gründen strengsten Anforderungen und Kontrollen unterworfen. Darüber hinaus haben die Erfahrungen der Milchindustrie gelehrt, daß Spuren von *Schwermetallen* in der wäßrigen Phase, wie z. B. mehr als 1 mg/kg *Eisen* oder nur 0,1 mg/kg *Kupfer*, die Fett-Oxydation in Fettemulsionen stark beschleunigen.

Schon in den Anfängen der Margarine-Industrie hat man *Milch* gesäuert, um damit Aromastoffe, wie sie in Sauerrahmbutter vorkommen, zu erhalten. Außerdem kann die Säuerung der Milch die bakteriologische Sicherheit der Margarine erhöhen, indem einmal die Senkung des pH-Wertes in der wäßrigen Phase und zum anderen die gebildeten Milchsäurebakterien das Aufkommen anderer Bakterien (Eiweiß- und Fettzersetzer) außerordentlich erschweren. — Zunächst wird ein von Spezialfirmen erhältliches Gemisch reinrassiger Milchsäurebakterienstämme, wie z. B. von *Streptococcus lactis*, *Str. cremoris* und *Betakokken* (Aromabildner), im Margarinebetrieb unter größten bakteriologischen Vorsichtsmaßnahmen systematisch vermehrt. Dies geschieht, ebenso wie die spätere Säuerung der *Magermilch*, unter folgenden Bedingungen: Die in der Molkerei bereits einmal pasteurisierte Magermilch wird zuvor tunlichst nochmals pasteurisiert, dann werden 1—2% der Muttersäurekultur zugesetzt. In *Rahmreifern* säuert man bei 20—23° C etwa 10—12 Std, bis sich ein pH-Wert von 4,5—4,8 (das entspricht 36—40 Soxhlet-Henkel-Säuregraden) eingestellt hat. Unter diesen Bedingungen resultiert eine *Sauermilch*, die praktisch frei ist von anderen Bakterien und ein frisches, angenehmes Aroma hat. *Acetylmethylcarbinol* und das aus diesem (nach Oxydation an der Luft) entstehende *Diacetyl* sind die bekanntesten dieser Aromastoffe. Nach dem Säuern wird die Milch bis zu ihrer Verwendung auf unter + 5° C gekühlt. — Alle Apparate und Rohrleitungen erfordern eine tägliche intensive und sorgfältige Reinigung. In der Milch enthaltene *Antibiotica* können die Säuerung verhindern.

Außer der gesäuerten Milch als Aromaträger werden neuerdings oft auch andere, z. T. synthetisch hergestellte *Aromastoffe* der Margarine zugesetzt, die jedoch mit den in natürlichen Lebensmitteln vorkommenden völlig identisch sein müssen. Neben *Diacetyl* und *Buttersäure*, der Ursache ranziger Butter, sind auch verschiedene Ester, Ketone sowie Lactone der C_8- bis C_{14}-Hydroxyfettsäuren als Zusatz geeignet.

Alle diese Aromastoffe werden nur in einer Größenordnung von wenigen Milligramm bis zu einigen Gramm pro Tonne Margarine zugegeben.

Konservierungsmittel werden der Margarine in der Deutschen Bundesrepublik und einigen anderen Ländern kaum noch zugesetzt, obwohl bei dem in Deutschland üblichen, außerordentlich niedrigen Salzgehalt von etwa 0,2% eine konservierende Wirkung des letzteren *nicht* gegeben ist. Zugelassen ist ein Zusatz von 0,12% *Sorbinsäure*, die sich als physiologisch völlig unbedenkliche Substanz wie eine natürliche Fettsäure im Stoffwechsel verhält und vom Körper abgebaut wird; ein Zusatz muß nach dem Lebensmittelgesetz deklariert werden. *Sorbinsäure* ist zur Konservierung von Margarine besonders geeignet, weil ihr *Verteilungskoeffizient* Fett/Wasser relativ günstig ist (3 im Vergleich zu 9 bei Benzoesäure) und die *Dissoziationskonstante* ($1{,}73 \cdot 10^{-5}$) es ermöglicht, daß sie auch bei relativ hohen pH-Werten bei Margarine um 5 noch gut konservierend wirkt, denn nur die *undissoziierte* Säure ist effektiv, d. h. antimikrobiell wirksam (bei pH 5 ist der Anteil an undissoziierter Sorbinsäure vergleichsweise recht hoch und beträgt 37%).

Salz (Kochsalz) ist speziell in Deutschland aus geschmacklichen Gründen in letzter Zeit in Butter und Margarine nur sehr wenig enthalten. Dies erhöht einerseits die *bakteriologische* Gefährdung, andererseits wirkt Salz wegen der meist darin enthaltenen Schwermetallspuren stark *prooxydativ*. Es empfiehlt sich deshalb, das verwendete Salz einer strengen analytischen Kontrolle zu unterwerfen, wobei überhaupt nur Speisesalz erster Qualität in Betracht kommt.

Es ist im allgemeinen üblich, der Margarine durch Zusatz von *Carotin* oder Carotinoiden ein gelbliches Aussehen zu geben, weil ein farbloses (weißes) Produkt weniger anziehend wirkt. In der Praxis ist damit gleichzeitig eine teilweise *Vitaminierung* verbunden, denn es wird vorwiegend mit Zusätzen von β-Carotin (Provitamin A) gearbeitet, wobei sich oft z. B. eine Vitamin A-Potenz von 3—5 iE/g Margarine ergibt. Man fügt der Margarine entweder *synthetisches β-Carotin* oder aber carotinreiches, nur schwach raffiniertes *Palmöl* zu (letzteres bis zu 0,5% des Fett-Ansatzes). Das synthetische β-Carotin wird in Form eines öligen Hochkonzentrats gehandelt, weil die hundertprozentig reinen Carotinkristalle schwer fettlöslich sind. Auch ein Zusatz von Annatto-Farbstoff *Bixin* ist zulässig, hat jedoch wegen der damit verbundenen Pflicht zur Deklarierung heute kaum noch Bedeutung.

Die *Vitamine* A und D sind als Ingredientien von Margarine besonders wertvoll, weil sie, im Fett gelöst, vom Körper gut resorbiert werden. Die Margarine-Industrie verwendet in der Regel Standardmengen von etwa 20 iE/g an Vitamin A und 1—3 iE/g an Vitamin D (zum Vergleich: Butter 3—60 iE/g Vitamin A und 0,1—2 iE/g Vitamin D). Diese Dosierung wird am besten den bisherigen Erkenntnissen der Physiologie gerecht. Die in ihrer Bedeutung häufig hervorgehobenen *essentiellen* Fettsäuren machen sogar 8—30% der Gesamtfettsäuren aus (Butter nur 1—3%), da die Fettkomposition der Margarine meistens 15—40% Pflanzenöl enthält. Die vom Körper täglich benötigten 6—8 g dieser Fettsäuren sind deshalb speziell mit Margarine sehr gut zu decken. Das fettlösliche *Vitamin E* (Tokopherole) ist im allgemeinen in der Margarine reichlich enthalten. Diese Tokopherole (je nach Ölsorte einige Zehntel mg/g Fettmischung) sind, wie man heute weiß, für die optimale Verwertung der essentiellen Fettsäuren im Körper notwendig. Darüber hinaus wirken sie in der Margarine antioxydativ. Es bedarf deshalb in einer unter Verwendung von pflanzlichem Öl hergestellten Margarine nicht unbedingt des Zusatzes von *Antioxydantien*; die Tokopherole in der Ölkomponente reichen aus, sofern nicht der weitaus überwiegende Teil der Fettmischung aus tierischem Fett besteht. Besonders wichtig ist es, unvermeidbare Mengen prooxydativer Metallspuren durch Milcheiweiß, Citronensäure und andere Metallkomplexbildner möglichst zu maskieren durch Bindung in Schwermetall-Chelaten. Im Öl vorhandenes und der Margarine primär aus anderen Gründen zugesetztes *Lecithin* soll als Synergist die Wirkung von Antioxydantien, wie z. B. von Tokopherol, verstärken. — *Synthetische Antioxydantien*, wie z. B. Gallate, BHA und andere, sind in der Bundesrepublik Deutschland bisher nicht zugelassen.

Die *Emulgatoren*, welche früher mit Recht als die wichtigsten Margarinezutaten angesehen wurden, spielen nach Einführung des *Votator-Schnellkühlerprozesses* in der Regel nur noch eine untergeordnete Rolle. Als Emulgatoren im eigentlichen Sinne werden vor allem die *Monoglyceride*, welche als verdauliches Fett anzusehen sind, verwendet; sie setzen die Grenzflächenspannung zwischen Öl und Fett herab und erleichtern dadurch die Feinverteilung der Milch/Wasserphase im Fett. Verwendet werden 0,1—0,3% auf die Fettkomposition berechnet. — *Milcheiweiß*, *Phosphatide*, *Eigelb*, *Veresterungsprodukte von Monoglyceriden* sowie das früher viel verwendete *Emulsionsöl* erhöhen lediglich die Stabilität einer bereits hergestellten Emulsion, was für die Verwendung von Margarine zum Backen und Braten von großer Wichtigkeit ist. Auf diese Weise wird nämlich einmal das Spritzen beim Braten in der Pfanne verhindert, zum andern führt die langanhaltende Bindung des Wassers in der Emulsion zu einer Verbesserung der Struktur von Backwaren. Außerdem bewirken diese Stoffe, indem sie zum Teil miteinander reagieren, eine Bräunung des Bodensatzes in der Pfanne oder auch des entsprechenden Gebäcks.

Die Verwendung solcher *Emulgatoren* und *Stabilisatoren* erfolgt allgemein nach empirischen Grundsätzen; es ist z. B. bekannt, daß einzelne dieser Zusätze, manchmal nur innerhalb gewisser Konzentrationsgrenzen, antagonistisch wirken können, was sich theoretisch jedoch nicht voraussagen läßt. Die Dosierung gerade dieser Zutaten muß deshalb erfahrungsgemäß und in Abstimmung auf alle anderen Ingredienzen für die jeweilige Margarineart festgelegt werden.

Hühnereigelb wird aus bakteriologischen Gründen in der Regel flüssig und möglichst pasteurisiert zugesetzt. Es trägt zum Geschmack nur unwesentlich bei, ist jedoch bei Zusätzen von 0,1—0,5% in *Milchmargarine* ein gutes *Antispritzmittel*. Diese Margarine bedeckt sich beim Auslassen mit einem relativ stabilen Schaum. Die Verwendung von Hühnereigelb erfordert strenge hygienische und bakteriologische Vorsichtsmaßnahmen.

Handelslecithin und *gereinigtes Lecithin* sind unter bestimmten Voraussetzungen genauso wirksam wie Hühnereigelb, dabei billiger und einfacher zu verarbeiten. Die Dosierung beträgt auch in diesem Fall einige Kilogramm pro Tonne Fett-Ansatz.

Der Zusatz verschiedener anderer synthetischer Emulgatoren, wie z. B. von *Diacetylweinsäureestern der Monoglyceride*, ist derzeit durch Ausnahmegenehmigung erlaubt.

Emulsionsöle sind, physiologisch nicht unbedenklich, nicht mehr im Gebrauch.

Zur chemischen Unterscheidung von Butter und Margarine ist in der Deutschen Bundesrepublik ein Zusatz von 0,2% *Stärke* zur Margarine vorgeschrieben. Darüber hinaus werden hin und wieder *Kohlenhydrate*, vor allem in Form von Glucose oder Capillärsirup, der Margarine zugesetzt. Solche Zusätze verbessern unter Umständen den Bratfond, wie er sich beim Auslassen von Margarine in der Pfanne bildet.

4. Herstellungsweise

Bei der Herstellung von Margarine handelt es sich um relativ einfache technische Verfahren unter Verwendung von Apparaten und Maschinen aus rostfreiem Material, wie sie von Molkereimaschinen-Fabriken hergestellt werden. Die ständig steigenden hygienischen und bakteriologischen Anforderungen haben die technologische Entwicklung neuer Verfahren stark vorangetrieben mit dem Resultat, daß die mikrobiologisch durchaus anfällige Margarine derzeit außergewöhnlich keimarm produziert werden kann.

Die Einführung *kontinuierlicher* Herstellungsweisen führte nicht nur zu einer *technologischen Rationalisierung*, sondern auch zu einem bedeutenden hygienischen Fortschritt: Fett- und Milchphase verlassen schon nach wenigen Sekunden die geschlossenen Apparaturen in Form von Margarine, das Produkt wird unmittelbar anschließend schnellstens verpackt; ein Kontakt mit Menschenhand ist völlig und der mit Raumluft nahezu ausgeschlossen.

Der *Kältebedarf* bei der Kühlung von Margarine ist 25000—30000 kcal/t; die mechanische Bearbeitung der hochviscosen Masse erfordert einen Energieaufwand von ca. 30 kWh.

Drei Vorgänge sind für die Herstellung von Margarine wesentlich: die *Feinverteilung* (Emulgierung) von ca. 20% wäßriger Phase innerhalb der Fettphase; das *Kühlen* bzw. Abschrecken der Emulsion und schließlich die *mechanische Bearbeitung*, z. B. in Form des Knetens. Hierbei kommt es darauf an, die Emulgierung und die Fettkristallisation sowie die Stärke der Vernetzung dieser Fettkristalle im

Kristallgerüst der Margarine derart zu lenken, daß möglichst mehr als 90% der Wassertröpfchen einen Durchmesser von weniger als 5 μ Durchmesser aufweisen, weil unterhalb dieser Grenze zumindest die nicht-fettspaltenden Bakterien, Hefen und Schimmelpilze in den Wassertröpfchen nicht mehr lebensfähig sind. Eine gröbere Wasserverteilung (wie z. B. in Bauernbutter) gibt zwar einen frischeren Geschmack, doch muß hier die bakteriologische Sicherheit und Haltbarkeit des Produkts den Vorrang haben.

Die *Fettkristallisation* setzt bei den relativ großen Glyceridmolekülen eine relativ starke Unterkühlung von ca. 10°C, bezogen auf den Schmelzpunkt der Glyceride, voraus. Fettbegleitstoffe und Zutaten, wie z. B. Lecithin, können eine noch stärkere Unterkühlung erforderlich machen. Die Glyceride kristallisieren beim schnellen Abschrecken im allgemeinen in der *metastabilen* β'-Modifikation, außerdem bilden sich zu einem erheblichen Teil Mischkristalle, auch „*solid solutions*" genannt, bei denen relativ hoch- und niedrigschmelzende Glyceridmoleküle in einem Kristall vereinigt sind. Das Wachsen der einmal gebildeten Kristallkeime hängt wiederum von der Temperatur, dem Grad der Unterkühlung und der Intensität einer evtl. Durchmischung ab (Verkürzung der Diffusionswege). Die *Kristallgröße* wird primär von der Art der Abschreckung bestimmt; plötzliche Kühlung bewirkt die Bildung zahlreicher winziger Kristallkeime, eine langsamere Abkühlung ermöglicht das Wachsen von vergleichsweise wesentlich weniger, jedoch relativ großen Kristallen. Setzt man voraus, daß eine Fettkomposition gewählt wurde, bei der unter Verbrauchstemperaturen 15—20% des Fettes kristallisiert sind, so spielt für die *Plastizität* außerdem die Art der Vernetzung dieser Kristalle untereinander eine wesentliche Rolle. Würde man z. B. eine genügend unterkühlte Margarine-Emulsion ohne weitere mechanische Bearbeitung erstarren lassen, so würden die übrige flüssige Ölphase sowie die wäßrige Phase in einem äußerst festen, starren Kristallgefüge gebunden werden. Die Margarine muß deshalb hinreichend *plastifiziert* werden, wobei ein Teil der *inter*kristallinen Bindungen zerstört wird. Letztere sind jedoch größtenteils reversibel, so daß diese Bearbeitung möglichst nach gewissen Ruhezeiten wiederholt werden muß, bis die gewünschte Plastizität endgültig erreicht ist.

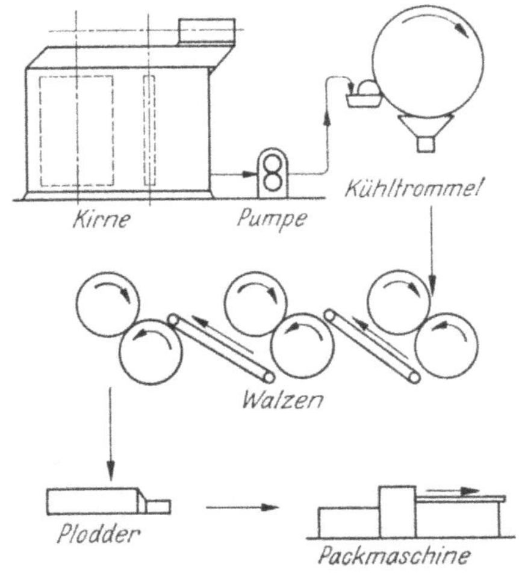

Abb. 34. Margarineherstellung mit Kirne, Trommel und Walzenanlage

a) Diskontinuierliche Verfahren

Bis vor kurzem war das diskontinuierliche *Kirn-Trommel-Verfahren* weit verbreitet, die drei wichtigsten Verfahrensschritte *Emulgieren*, *Kristallisieren* und *Bearbeiten* erschienen noch unabhängig voneinander (vgl. Abb. 34). Die Apparate und Methoden stellten eine zeitgemäße Weiterentwicklung jenes im Prinzip bereits von Mège-Mouriès angewendeten Verfahrens dar. Heute wird Haushaltsmargarine nur noch selten nach diesem Verfahren hergestellt, indem zunächst alle fettlöslichen Zutaten, wie z. B. Lecithin, Vitamine, Carotin, Monoglycerid-Emulgator sowie gegebenenfalls Aromastoffe, chargenweise in *einem Fett-Ansatz* bei einer Temperatur, die sicherheitshalber etwas über dem Klarschmelzpunkt der Fette liegt, gelöst werden. Keinesfalls darf in solchen mit einem Kühl-Heizmantel versehenen Temperaturgefäßen bereits eine Kristallisation von Glyceriden einsetzen, weil solche Fettkristalle eine außergewöhnliche Größe von z. B. mehr als 20 μ erreichen würden und diese Kristalle im Endprodukt durch einen mehligen, sandigen Geschmackseindruck hervortreten könnten.

Die *wäßrige Phase* wird in Waagen oder nach Passieren von Durchlaufzählern in entsprechenden Behältern zusammengestellt. Wasser, gesäuerte oder auch süße Magermilch, Stärke und gegebenenfalls Eigelblösung sollen, nachdem letztere tunlichst zuvor pasteurisiert wurden, aus bakteriologischen Gründen und im Hinblick auf das angestrebte Verfahren bei möglichst niedrigen Temperaturen miteinander vermischt werden (eine nachträgliche Pasteurisierung der nicht emulgierten gesamten wäßrigen Phase ist nur möglich, wenn ohne gesäuerte Milch gearbeitet wird, weil sonst eine Coagulation von Casein kaum zu verhindern ist). Außerdem werden diesem Ansatz gegebenenfalls wasserlösliche Aromastoffe sowie Genußsäuren zugesetzt.

Beide Phasen werden anschließend in der *Kirne* vereinigt, wobei die Erfahrung von Jahrzehnten eine bestimmte zweckmäßige Reihenfolge in der Zusammenführung der Komponenten gelehrt hat. Die damit verbundene Lenkung des Emulgier- und Kristallisationsprozesses hat wesentlichen Einfluß auf die Qualität des Endproduktes. — Die Kirne selbst ist ein Behälter mit bis zu 4 t Fassungsvermögen, in dem zwei zumeist stufenweise regulierbare Rührwerke laufen. Letztere bestehen aus gelochten Flachstäben, die den ganzen Raum der Kirne erfassen und auch an Wand und Boden des Behälters, der mit einem Temperiermantel umgeben ist, entlangschaben. Je nachdem, auf welche Weise und in welchen Mengen man zunächst die nahezu eiskalte wäßrige Phase und die Fettphase vereint, kann ein Teil des Fettes frühzeitig kristallisieren, was gegebenenfalls durch Mantelkühlung noch zu unterstützen ist. Die Kristallisation setzt dabei an der Grenze der Wassertröpfchen ein. Wenn dann z. B. in einem Drittel des Gesamtansatzes etwa 10% des Fettes kristallisieren, so führt dies zu einer starken Erhöhung der Viscosität, und letztere unterstützt wiederum entscheidend die Emulgierung. Gleichzeitig werden in der zähflüssigen Emulsion bis zu 30 Vol.-% Luft aufgenommen, was wiederum die Viscosität wesentlich erhöht. Die zahllosen Phasengrenzflächen lassen die Kristalle nur bis zu einer Größe von maximal etwa 10 μ wachsen, wodurch sichergestellt wird, daß nicht ein „sandiges" Endprodukt entsteht. Diesem ersten dickflüssigen Kirnansatz wird schließlich sukzessiv der Rest der Fett- und gegebenenfalls auch noch der Wasserphase zugesetzt, die nun relativ leicht in der Voremulsion aufgenommen werden. Gegen Ende des ca. 20 min dauernden Kirnprozesses stellt man die Temperatur in der Emulsion so ein, daß sie wenige Grade oberhalb des Steigschmelzpunktes des Fettes liegt, wobei etwa 3% der Glyceride kristallisiert sind. — Die an sich noch recht grobe Voremulsion, die ausschließlich vom Typ „*Wasser in Öl*" sein soll, wird dann dem Auftragbecken der Kühltrommel zugeleitet.

Die *Kühltrommel* wird meistens mit flüssigem Ammoniak von —10 bis —20° C gekühlt. Sie hat mehrere Meter Durchmesser und rotiert so langsam, daß ein etwa 0,3 mm dünner Emulsionsfilm, der von einer Walze auf die Trommel aufgetragen wird, nur wenige Sekunden auf ihr verbleibt, bevor er nach nicht ganz einem Umlauf von einem Messer abgehoben wird. Die Kirnflocken fallen in Transportkästen; ihre Temperatur ist zunächst unter 0° C, sie steigt jedoch wegen der freiwerdenden Kristallisationswärme in wenigen Minuten um mehr als 10° an.

In den Transportkästen finden die zunächst ultramikroskopisch kleinen Kristalle innerhalb der Flocken Zeit, um bis auf 1—5 μ Größe zu wachsen. Das sich dabei bildende Kristallnetzwerk wird in den Walzenstühlen oder Mischmaschinen später teilweise zerstört, um letztlich die gewünschte Plastizität und „Länge" im

Endprodukt zu erreichen. Die Flocken laufen hierzu z. B. aus einem mit Schnecken versehenen Beschickertrog durch mehrere hintereinander liegende *Walzenpaare*, deren Walzen nur wenige Millimeter Abstand haben. Die Flocken werden dabei einmal zu einer kompakten Masse vereinigt, zum anderen unterliegen sie starken Scherkräften, zumal wenn die beiden Walzen eines Paares mit unterschiedlichen Geschwindigkeiten rotieren. Die starken Scherkräfte und die extrem hohe Viscosität der Masse sorgen erst hier für die Feinemulgierung der wäßrigen Phase. Der Luftgehalt sinkt durch das Kneten von ursprünglich etwa 30% in den Flocken bis auf ca. 10% in der plastifizierten Masse. In speziellen Fällen erfolgt nach angemessener *Ruhezeit*, in der sich das Kristallnetzwerk teilweise regeneriert, erneut eine mechanische Bearbeitung durch Walzen, im Mischer oder aber schließlich in den mit Förderschnecken versehenen Zufuhrtrögen der Packmaschinen. Die *Mischer* sind geschlossene, kippbare Behälter mit bis zu mehreren hundert Kilogramm Fassungsvermögen, in denen kräftig angetriebene, Z-förmige Knetarme rotieren; ein Vakuumanschluß ermöglicht es, die in der Margarine fein verteilte Luft praktisch vollständig zu entziehen. Die fertige, packfähige Margarine soll sich hinsichtlich ihres Kristallisationszustandes möglichst in einem Gleichgewicht befinden, d. h. sie soll z. B. später möglichst wenig nachhärten und kaum noch einen Temperaturanstieg durch freiwerdende Kristallisationswärme zeigen.

b) Halbkontinuierliche Verfahren

Primär aus Rationalisierungsgründen sind Mitte der zwanziger Jahre verschiedene halbkontinuierliche Verfahren entwickelt worden. Dabei wurde jedoch offenkundig, daß es schwierig ist, die Gesamtverweilzeit bei der Margarineherstellung bis zur letzten Bearbeitung, z. B. in einer Packmaschine, wesentlich zu verkürzen, weil das Kristallwachstum relativ viel Zeit, zumeist sogar mehrere Stunden, erfordert. Stellt sich dieses *Kristallisationsgleichgewicht* unter entsprechender Vernetzung der Kristalle erst im verpackten Endprodukt ein, so ergibt sich eine mehr oder weniger feste, spröde und im Mund oft schwer schmelzende Ware.

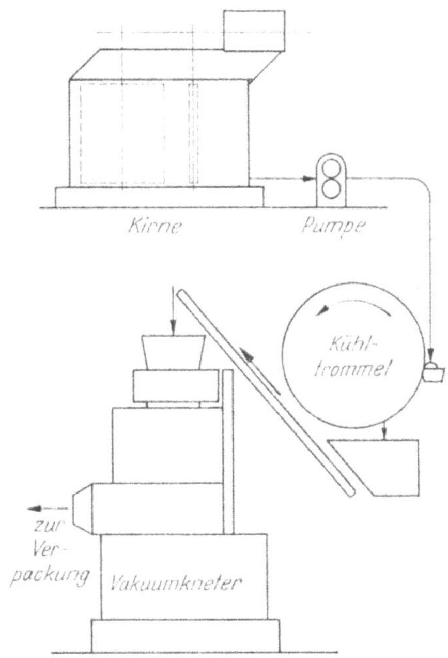

Abb. 35. Halbkontinuierliche Margarineherstellung mit Vakuumkneter

Mit unterschiedlichem Erfolg wurden *Durchlauf-Emulgierapparate*, wie z. B. Kolloidmühlen, Homogenisiermaschinen, der Turrax und ähnliche Apparate anstelle der Kirnen eingesetzt. *Fett-* und *Milchphase* werden dabei zuvor in einem Rührgefäß, jedoch ohne Vorkristallisation eines Teils des Fettes, bei Temperaturen um 35°C grob miteinander vermischt. Nach der kontinuierlichen Emulgierung kann die wenig viscose, luftfreie Emulsion auf relativ kleinen Kühltrommeln in einer allerdings nur 0,1 mm dünnen Schicht abgeschreckt werden. Die Kirnflocken ruhen nun einige Minuten in einem Speisetrog, aus dem sie kontinuierlichen Knetern zugeführt werden. Diese Kneter arbeiten ähnlich wie ein Fleischwolf. Der

Komplektor von Gerstenberg, der *Universalkneter* von Silkeborg und der *Vakuumkneter* von Schröder unterscheiden sich im wesentlichen nur in der Art der Vakuumschleusen (z. B. Zellenrad), welche die Margarineflocken durchlaufen, bevor sie in den Schnecken- und Messerteil der Anlage gelangen (vgl. Abb. 35). Durch Variieren des Antriebs sowie der Zahl der eingebauten Messer und Lochscheiben ist die Intensität der Bearbeitung in weiten Grenzen zu beeinflussen. Im allgemeinen sind die so gekneteten Margarinestränge zunächst derart weich, daß sie erst nach einer gewissen *Ruhezeit* in üblicher Weise verpackt werden können. Die Margarine kann in diesen Apparaten praktisch keine Luft aufnehmen; die Fein-Emulgierung ergibt sich in diesen kontinuierlichen Knetern ähnlich wie beim Walzen. Diese Verfahren behalten heute noch erhebliche Bedeutung für die Herstellung von *Back-* und *Ziehmargarinen* mit besonders hohem Anteil festen Fettes.

c) Kontinuierliche Verfahren

Der Übergang zu den vollkontinuierlichen Verfahren, der praktisch Mitte der dreißiger Jahre mit Einführung des *Votator-Kratzkühlers* von *Girdler* in den USA in die Wege geleitet wurde, war zwar ein weiterer Schritt der Rationalisierung, sein Haupterfolg liegt jedoch darin, daß Margarine nun in einem Zuge unter praktisch völligem Luftausschluß und damit auch größter hygienischer und bakteriologischer Sicherheit hergestellt werden kann (A. HEESCH 1963).

Der *Votator* ist einschließlich einiger Varianten inzwischen zur einzig wichtigen modernen Margarinemaschine, zumindest soweit es die Herstellung von Haushaltsmargarine betrifft, geworden. Einmal wird in diesen Maschinen bei einem *k-Wert* von 600—1000 eine relativ gute Wärmeübertragung, auch bei hoher Viscosität der Emulsion erzielt, zum anderen wickeln sich alle *drei* Phasen der Margarineherstellung, nämlich *Emulgieren*, *Kühlen* und *mechanische Bearbeitung*, in diesen Apparaten mit nur geringer zeitlicher Verschiebung nebeneinander ab.

Zunächst werden Fett- und wäßrige Phase entweder in einem Rührbehälter vorgemischt, oder aber mit einer Hochdruck-Dosierpumpe im richtigen Mengenverhältnis direkt in die sogenannte *A-Unit* der Kratzkühler gedrückt. Nötigenfalls kann die grobe Voremulsion vor Eintritt in die A-Unit in einem Plattenapparat (wie z. B. von *Ahlborn* oder *Astra*) oder einem Spezial-Röhrenerhitzer (*Stork*) kontinuierlich pasteurisiert werden.

Die hintereinander geschalteten, jeweils etwa 1 m langen Kühlzylinder der *Kratzkühler-A-Unit* sind außen mit einem Kühlmantel für flüssiges Ammoniak umgeben. Innen rotiert eine kompakte Welle, die nur einen ringförmigen Spalt von z. B. 10 mm Breite für den Durchfluß der Emulsion läßt. An der Welle sind Schabemesser derart beweglich befestigt, daß sie vom Widerstand der Emulsion und der Zentrifugalkraft an die Kühlfläche gedrückt werden, von wo sie die sich bildenden Kristallkeime sofort in das Innere des Emulsionsstroms tragen bzw. einen sich bildenden kalten Fettfilm sofort abschaben. Die Welle rotiert mit z. B. 500 U/min, die Kühltemperatur des Ammoniaks ist je nach Bedarf auf 0 bis —20° C einzuregulieren. Anlagen mit 2—4 Kühlzylindern und einer Kühlfläche von 1—2 m^2 ermöglichen einen Durchsatz von 2—3 t Margarine pro Stunde. Die mittlere Verweilzeit beträgt dabei nur 3—5 sec.

Durch die hohe Turbulenz setzt sofort bei Eintritt in den ersten Kühlzylinder die Emulgierung ein. Bruchteile von Sekunden später sind die ersten Kristallkeime gebildet, die Viscosität der Emulsion steigt zunehmend, was wiederum die Emulgierung fördert. Nach Durchlauf von $^1/_3$ bis $^1/_2$ der Kühlfläche in nur 2—3 sec hat die Emulsion oft ihre tiefste Temperatur erreicht, danach wird zunehmend Kristallisationswärme frei, die nicht mehr schnell genug abgeführt werden kann. In dem letzten Teil der A-Unit wird die hochviscose Masse, die bei

Stillstand der Rotoren sofort hart erstarren würde, unter weiterer Emulgierung und Kristallisation gleichzeitig von den umlaufenden Messern intensiv durchwirbelt.

Die unter Pumpendruck von bis zu 30 atü in wenigen Sekunden durch die *A-Unit* fließende Kristallsuspension gelangt anschließend durch eine Rohrleitung in die sog. *B-Unit*, ein Ruherohr von 100—200 mm Durchmesser, in dem sie sehr bald aufsteift. Nach einer mittleren Verweilzeit von 1—3 min tritt die fertige, packfähige Margarine aus diesem oft mehrere Meter langen Ruherohr in die Formkammer der Packmaschinen aus. In die B-Unit eingebaute Siebplatten und die Verjüngung des Rohres zum Austritt hin können durch Scherwirkung zu einer nochmaligen mehr oder weniger starken Bearbeitung der Margarine in diesem letzten Stadium der Herstellung führen.

Wegen der Kürze der Verweilzeit der sich unter völlig gleichen Bedingungen bildenden gleichmäßig kleinen Kristalle und der oft allzu feinen Emulgierung besteht die Gefahr, daß solche Kratzkühler-Margarine je nach Fettkomposition mehr oder weniger nachhärtet, spröde wird, im Mund relativ schwer schmilzt und

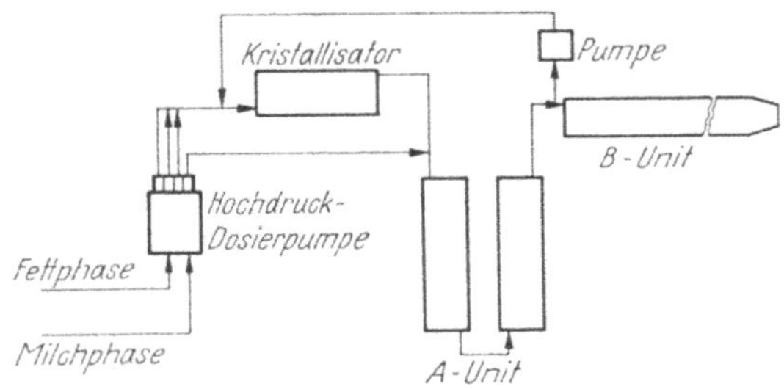

Abb. 36. Votator-Anlage mit Vorkristallisation und Rezirkulation (*Unilever*-Patent)

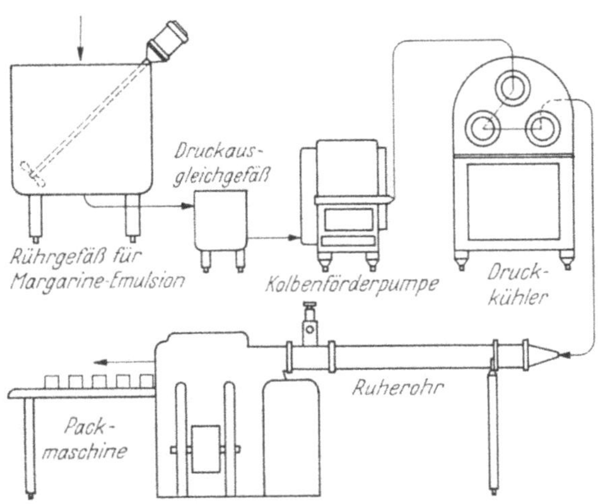

Abb. 37. Kombinator-Anlage zur kontinuierlichen Herstellung von Margarine (*System Schröder & Co.*, Lübeck)

eine salbige Konsistenz hat. Verschiedene patentierte *Sonderverfahren* (insbesondere von *Unilever*) zielen deshalb darauf ab, ähnlich wie früher beim Kirnprozeß einen Teil des Fettes *vorzukristallisieren* (vgl. Abb. 36). Hierzu wird entweder Kristallsuspension aus dem Strom, der von der A- zur B-Unit führt, abgezweigt und in einen vor die A-Unit geschalteten, geschlossenen Rührapparat zurückgeführt, oder ein gleichbleibender Teilstrom wird bereits von der Kolbendosierpumpe zunächst durch einen evtl. zusätzlichen Kühlzylinder und dann durch ein geschlossenes Rührgefäß geleitet, bevor diese dann vorkristallisierte Emulsion mit dem Hauptstrom des noch nicht gekühlten Fettes vor Eintritt in die weiteren A-Unit-Kühlzylinder vereinigt wird.

Im Endeffekt wird durch diese Lenkung der Fettkristallisation eine ungleichmäßigere Kristallstruktur und damit eine im Mund besonders angenehm schnell schmelzende Margarine erzielt.

Solche modernen Margarineherstellungsanlagen bieten allgemein zusätzlich den Vorteil, daß sie im geschlossenen System (in-place-cleaning) auf einfache Weise zu reinigen sind, was in der Regel nach jeder nennenswerten Unterbrechung der Produktion zu geschehen hat.

Maschinen des *Votator*-Typs haben inzwischen für vielfältige Zwecke Verwendung gefunden, nachdem sie sich zunächst für die *Eiscremeherstellung* bewährt hatten. Varianten sind zum Beispiel der Schröder-*Kombinator* (vgl. Abb. 37), der Gerstenberg-*Perfektor* sowie der Astra-*Druckkühler*. Bei dem letzteren sind die Abstreifmesser fest mit spiralförmigem Verlauf auf den Rotoren der Kühlzylinder befestigt; hierdurch wird eine gewisse Förderwirkung erzielt, wodurch diese Maschinen nahezu drucklos arbeiten.

Die zuvor beschriebene, kontinuierliche Herstellungsweise der Margarine mit Kratzkühlern verschiedener Typen und anschließender B-Unit (Ruherohr) wird ergänzt durch direkt gekuppelte, schnell laufende *Verpackungsmaschinen*. Letztere sind über ein Verbindungsteil mit der B-Unit derart verbunden, daß die in der B-Unit aufgesteifte Emulsion unmittelbar in die Form- und Dosierkammer der Packmaschinen eintritt. Aus dieser Formkammer wird die Margarine bei Maschinentypen zur Würfelverpackung, wie sie z. B. von Benz & Hilgers und S.I.G. (Schweizerische Industriegesellschaft) hergestellt werden, in die in einem Zellenrad bereits eingelegten Einwickler gestoßen. Die Folie wird von Faltern sofort an die Margarine gedrückt, und die fertig verpackten Würfel laufen dann auf Bändern den Kartonpackern (casepacker) zu. — Bei Würfelverpackung werden mit modernen Maschinen bis zu 180 Packungen pro Minute erzielt; bei der Füllung von Bechern ist die Leistung etwa 120 pro Minute. Im übrigen setzt die Herstellung von *Becher*margarine keine Änderung des Herstellungsverfahrens voraus.

5. Schmelzmargarine

Schmelzmargarine ist ein Produkt, welches speziell im süddeutschen Raum, (ähnlich wie Butterschmalz) zum Kochen, Braten und Backen verwendet wird. Schmelzmargarine wird deshalb auch mit einem bewußt starken, an ranzige Butter erinnernden Geschmack und mit körniger Struktur hergestellt. Der spezifische Geschmack wird durch Zusatz von Aromastoffen, wie Diacetyl und Buttersäure erreicht; die körnige Struktur bedingt ein sehr langsames Kristallisieren des Fettes, wobei sich entsprechend große Kristalle bilden. Die Fettmischung wird so gewählt, daß sie mit einer etwas höherschmelzenden Haushalts- bzw. einer Backmargarine vergleichbar ist. Sie muß außerdem möglichst kristallisationsfreudig sein. Die weiche, körnige Struktur erleichtert die Handhabung in der Küche und das Verrühren in Teigen.

Zur Herstellung werden in den Fettansatz zunächst gesäuerte Milch und Aromastoffe eingeführt; anschließend trennt man die wäßrige Phase bei Temperaturen über 40 °C nach vielstündigem Stehen, z. B. in Spitzkesseln, weitgehend wieder ab. Im vereinfachten Verfahren beschränkt man sich auf eine Aromatisierung des Fettes, was, vom bakteriologischen Standpunkt betrachtet, den Vorteil hat, daß weder Wasser noch Eiweiß im Endprodukt enthalten sind. — Erhebliche Zeit und viel Arbeitsaufwand erfordert schließlich das Kristallisieren des Fettes; hierzu wird die geeignete Fettmischung in großen, abgedeckten, zumeist hölzernen Wannen (Kufen genannt) über mehrere Tage hinweg in möglichst temperierten Räumen bei gelegentlichem Umrühren sich selbst überlassen. Schließlich wird das Fett in geeignete Abfüllmaschinen geschöpft oder gepumpt und z. B. in Becher abgepackt.

Ein vergleichbares Produkt ist das in Indien aus aromatisierten Fettmischungen hergestellte „*Vanaspati*", welches in Geschmack und Konsistenz dem dort gewohnten Büffel-Butterschmalz, *Ghee* genannt, entsprechen soll.

6. Eigenschaften von Margarine

In Mitteleuropa haben sich folgende Qualitätsvorstellungen gebildet: Im *Aussehen* wird im allgemeinen ein rein gelblicher, evtl. etwas rotstichiger Farbton bevorzugt, wie er durch β-Carotin erzielt wird. Lediglich bei *Reform-Margarine* unterläßt man diesen an sich sehr nützlichen Zusatz mit Rücksicht auf die besonderen Wünsche des betreffenden Verbraucherkreises. Das im Fett der Margarine emulgierte Wasser führt je nach Menge und Feinverteilung zu einer mehr oder weniger starken Aufhellung. Eine außerordentliche Feinverteilung sowohl der Wasser-Phase als auch die Anwesenheit extrem feiner Fettkristalle und ein relativ hoher Ölgehalt in der Komposition sind in der Regel die Voraussetzung für einen guten Glanz des Produkts.

Die *Konsistenz* von Haushaltsmargarine soll über einen möglichst weiten Temperaturbereich „lang", plastisch sein, womit gleichzeitig eine gute Streichfähigkeit gewährleistet ist. In der Praxis hat jedes Grad Temperaturveränderung deutlich spürbaren Einfluß auf die Festigkeit. Ein vorübergehendes Temperieren der Margarine bei der *Lagerung* auf über 20°C erhöht zwar in der Regel die Plastizität, verschlechtert jedoch gleichzeitig das Schmelzverhalten einer so behandelten Margarine im Mund, weil die durch plötzliches Kühlen bei der Herstellung gebildeten Mischkristalle oberhalb 20°C irreversibel zerfallen und einer selektiven Kristallisation der relativ hochschmelzenden Glyceride Platz machen. Solche Margarine wird im Mund als „schwer" und „dick" empfunden. Möglicherweise ist dabei in der Fettkomposition ein Übergang der zunächst gebildeten Fett-Kristalle mit der β'-Modifikation in die stabilere, höherschmelzende β-Modifikation verbunden. Bei der *Lagerung* von Margarine sollten deshalb zur Erhaltung der Plastizität sowie aus bakteriologischen Gründen und zur Erhaltung ihres frischen Geschmacks *Temperaturen von 18—20°C nicht überschritten werden.* — Dem erstrebten angenehm schnellen Schmelzen im Mund kann bei der Herstellung dadurch Rechnung getragen werden, daß ein erheblicher Teil des Fettes in Form relativ großer Kristalle in der Kirne bzw. in einem Zusatzaggregat zum Kratzkühler vorkristallisiert wird. Die *Konsistenz* der Margarine im weitesten Sinne hängt somit ab: von der Art der *Fettkomposition* (vgl. unter 2. Rohstoffe und Fettkomposition), wesentlich aber auch von der *Herstellungsweise* und teilweise von den *Lagerungsbedingungen.*

Der *Geschmack,* sicherlich das wichtigste Qualitätsmerkmal für Margarine, wird ebenfalls von mehreren Faktoren beeinflußt; Rohwaren und Zutaten sollen, mit Ausnahme der gesäuerten Milch, möglichst neutral im Geschmack sein. Das setzt vor allem voraus, daß nur Öle und Fette aus gesunder Saat nach sorgfältiger, schonender Raffination verwendet werden. Gereifte Milch und die zugesetzten Aromastoffe (vgl. unter 3. Zutaten) sollen einen möglichst abgerundeten Geschmack und Geruch ergeben. Derzeit wird eine Aromatisierung in Richtung des butterähnlichen oder auch nußartigen Geschmacks bevorzugt. Für die Entfaltung des Aromas beim Verzehr spielt wiederum die Konsistenz, speziell das Schmelzverhalten, eine entscheidende Rolle. Nur bei im Mund schnell zergehenden Fett-Emulsionen wird man den Eindruck eines frischen, deutlich hervortretenden Geschmacks erhalten, wobei manchmal auf Zunge und Gaumen (durch Entzug von Schmelzwärme) ein gewisser Kühleffekt spürbar wird, wie z. B. bei Verwendung von cocosfettreichen Kompositionen.

Bei der Verwendung der Margarine zum *Braten* kommt es — wie auch beim Kochen und Dünsten — meist auf die gleichen Qualitäts- und insbesondere Geschmacksmerkmale an wie beim direkten Verzehr. In der Pfanne soll Margarine schmelzen, ohne zu spritzen: die geschmolzene Margarine muß als Emulsion noch so stabil sein, daß bei den während des Bratprozesses auf etwas über 100°C steigenden Temperaturen das fein verteilte Wasser allmählich in Dampf übergeht und in Schwaden abzieht. Sofern hingegen diese Wassertröpfchen coalescieren und auf den heißen Boden der Pfanne sinken, kommt es nach Siedeverzug zu eruptiver Verdampfung, das heißt, die Margarine *spritzt*. Nach dem Auslassen soll sich am Boden der Pfanne ein feiner, mittelbrauner Bodensatz aus Eiweiß und Stärkeprodukten befinden. Von manchen Verbrauchern ist eine Schaumschicht auf der Fettoberfläche nach dem Ausbraten erwünscht; ein angenehmer Duft wird in jedem Fall positiv bewertet.

Beim *Backen* kann Haushaltsmargarine nicht alle Anforderungen eines Spezialfetts erfüllen, wohl aber ergibt sie in der Regel ein gutes Mürbe- und Hefegebäck, wie sie auch für Rührkuchen und Fettcremes im Hausgebrauch geeignet ist. Voraussetzung ist ein genügend plastisches Produkt, welches sich leicht im Teig verrühren läßt und während des Backprozesses nicht zu früh schmilzt, sondern kleine Bereiche des Teigs filmartig isoliert, was letztlich den *Mürbungseffekt* ausmacht. Das fein verteilte Wasser entwickelt in einem späteren Stadium des Backens einen stark zunehmenden Dampfdruck und trägt damit zu einer feineren Porung des Gebäcks bei.

Reform- und Diätmargarine unterscheiden sich nicht wesentlich von anderer Qualitätsmargarine, wenn man davon absieht, daß sie zumeist kein Carotin und oft kein Salz enthalten. Der Anteil essentieller Fettsäuren ist nämlich bei allen Margarine-Sorten mit 8—30% (und in Einzelfällen noch darüber) sehr hoch. Fettkompositionen ohne gehärtete Fette sind physiologisch nicht höher zu bewerten als andere; Margarine, die mit gehärteten Fetten hergestellt wird, ermöglicht es sogar, besonders viel Öl, welches reich an essentiellen Fettsäuren ist, zu verarbeiten und den Anteil gesättigter Fettsäuren in engen Grenzen zu halten. Zusätze von Keimölen erhöhen den an sich schon hohen Vitamin E-Gehalt der Margarine nicht mehr wesentlich. Im übrigen ist der weitaus größte Teil der Margarine, weil sie fast stets aus pflanzlichen Fetten hergestellt wird, frei von Cholesterin.

Seit langer Zeit haben sich zur *Verpackung von Margarine* vor allem Folien bewährt; letztere bestehen meistens aus einer Schicht fettdichten Pergaments, welches Kontakt mit der Margarine hat, sowie einer weiteren Schicht auf das Pergament kaschierter Aluminiumfolie, welche, von Poren abgesehen, wasser-, licht- und gasdicht ist. Bei den sog. *Triplex-Folien* ist außerdem eine glänzende PVC-Schicht außen aufkaschiert. Becher werden aus Kunststoff (PVC) oder aus Pappe mit Wachsauftrag bzw. Kunststofflackierung (z. B. Diofan) hergestellt. Der Deckel solcher Becher ist in der Regel aus zuvor bedruckter PVC-Folie gezogen. Auch diese Verpackung sichert bei geeigneter Stärke der Folie und des Wachs- oder Lackauftrags eine praktisch wasserdampfdichte, geschmacklich neutrale Verpackung; sie ist jedoch wesentlich teurer als Folien und, vom technologischen sowie vom bakteriologisch-hygienischen Standpunkt betrachtet, kein Fortschritt.

7. Spezialmargarinesorten, Eigenschaften und Verwendung

Die Möglichkeit, Margarine-Fettkompositionen in einem weiten Bereich zusammenstellen zu können, ermöglicht es, Produkte für Spezialzwecke, insbesondere für das Backgewerbe, herzustellen. Wichtig ist dabei nicht nur der spezielle Typ des Fettes, auch die Zutaten von Margarine können das Backergebnis positiv beeinflussen. Das in der Margarine fein verteilte Wasser hat Einfluß auf die Lockerung des Gebäcks. Zugesetzte Genußsäuren treten in eine Wechselwirkung mit den Kleberproteinen; Milcheiweiß sowie Lecithin sorgen für eine spezielle Bräunung des Gebäcks. In zunehmendem Umfang wird Bäckereimargarine darüber hinaus aromatisiert; es ist hierbei zu beachten, daß diese Aromastoffe auch noch nach dem Backen vorhanden sind. Ein ähnliches Problem tritt auf beim Zusatz von Antioxydantien, die den Backprozeß möglichst unzerstört überdauern sollen, um das Fett auch im fertigen Gebäck noch zu schützen (carry-through-effect).

Die backtechnisch interessanteste Spezialmargarine ist die insbesondere für die Blätterteigherstellung geeignete *Ziehmargarine*, die für diesen Zweck möglichst fest, zäh und „lang" sein soll; beim Kneten in der Hand soll sie kaum Öl entlassen, sondern „trocken" bleiben. Dies wird dadurch erreicht, indem vor allem relativ hochgehärtete tierische und pflanzliche Fette oder auch Talg in der Fettmischung verwendet werden. Darüber hinaus muß diese Ware, die wegen ihres hohen Anteils an kristallisierten, festen Fetten — ca. 40% bei 20°C und 20—30% bei 30°C — sehr zur Bildung eines starren Kristallgefüges neigt, bei der Herstellung besonders sorgfältig und wiederholt plastifiziert werden. Kratzkühler wurden hier bisher nur mit wenig Erfolg eingesetzt, während das diskontinuierliche *Kirn-Trommel-Verfahren* sowie die halbkontinuierlichen *Vakuumkneter* für diesen Zweck ihren Platz behaupteten. — Die ständig verbesserte technische Ausrüstung der Backbetriebe ermöglicht es, immer weichere Ziehmargarine zu verarbeiten.

Backmargarine ist mengenmäßig die wichtigste Spezialsorte. Die Vorgänge beim Backen von Hefe- und Mürbeteigen (letztere mit 10—30% Fettgehalt) erfordern von der Backmargarine einerseits ziemlich feste Konsistenz, andererseits aber auch noch die Möglichkeit sich gut im Teig verrühren zu lassen. Auch in diesem Fall kommt es, abgesehen von der Fettkomposition, für welche sich tierische Fette besonders gut bewährt haben, auf eine genügende mechanische Bearbeitung der Margarine bei der Herstellung an. — Soweit Backmargarine auch zum Backen von Rührkuchen, wie z. B. Sandtorten, dienen soll, ist es erwünscht, besonders *weichplastische* Sorten zur Hand zu haben. Ganz allgemein ist bei Zieh- und Backmargarine einmal aus Gründen der besseren Verarbeitbarkeit, aber auch wegen des erwünschten allmählichen Absinkens der Viscosität des Fettes beim Backvorgang ein möglichst großer Plastizitätsbereich (flache Dilatationskurve des Fettes) erwünscht; dies wird zum Beispiel dadurch erreicht, daß Komponenten mit extremen Schmelzpunkten, wie z. B. relativ hochschmelzendes Fett und Öl, miteinander komponiert werden.

Für Rührkuchen, Fettcremes und Schlagcremes wird vorzugsweise *Crememargarine* verwendet. Bei deren Verwendung in entsprechenden Rührmaschinen kommt es zunächst darauf an, daß schnell Luft von der Rührmasse aufgenommen wird und die Struktur der gebildeten Creme dann bei einem weiteren Rührprozeß nicht zusammenbricht. Diese Eigenschaften werden begünstigt, wenn Crememargarine selbst bereits 10 Vol.-% Luft in fein verteilter Form enthält. Außerdem sollte eine solche Margarine dem damit hergestellten Lebensmittel (z. B. einer Creme) ein angenehm leichtes Schmelzverhalten mit einem deutlichen Kühleffekt im Mund verleihen. Alle diese erwünschten Eigenschaften machen es erforderlich, in Cremeмargarine einen möglichst hohen Anteil Cocosfett in Verbindung mit hydriertem Fett zu verarbeiten. Die Kompositionen ähneln im übrigen vielfach denen einer guten Haushaltsmargarine, auch die Herstellung kann in gleicher Weise erfolgen. Die Fette müssen von völlig neutralem Geschmack und möglichst heller Farbe sein; eine gute Oxydationsstabilität des Fettes ist gerade bei den mit Luft aufgeschlagenen Cremes anzustreben.

Bäckermargarine wird seit langem in Form von 2—2$^1/_2$ kg-Stangen gehandelt, die mit Spezialpackmaschinen hergestellt, geformt und verpackt werden. Als Packmaterial wird im allgemeinen fettdichtes Pergament verwendet. Ihrem großen Plastizitätsbereich entsprechend, sind Back- und Ziehmargarine hinsichtlich der Lagertemperaturen nicht sonderlich empfindlich, eine zeitweilige Temperierung auf über 20°C verbessert sogar häufig die Konsistenz.

II. Back-, Brat- und Siedefette

Solche Fette werden vor allem in Nordamerika, zunehmend aber auch in Europa und speziell in Deutschland produziert, weil sie den emulgierten Fetten, wie Butter und Margarine, gegenüber einige praktische Vorteile bieten. Zum Backen werden hundertprozentige Fette allerdings wohl vor allem aus Gewohnheit verwendet; denn Schmalz und andere Schlachtfette waren früher die beliebtesten Backfette (heute wird Margarine, insbesondere Spezialmargarine, in vielen Fällen bevorzugt). Beim Braten haben sich reine Fette im Haushalt und in der Großküche oft deshalb durchgesetzt, weil sie beim Auslassen in der Pfanne nicht spritzen. *Siedefette* zum Schwimmend-Ausbacken haben vielfach das Schmalz verdrängt, weil die speziellen Ansprüche besonders hitzestabile Fette erfordern; andernfalls besteht bei höheren Temperaturen z. B. beim Braten die Gefahr einer teilweisen Polymerisierung oder Fettspaltung, vor allem bei der leider noch vielfach üblichen häufigen Wiederverwendung von Brat- und Siedefetten.

1. Rohstoffe sowie Begriffsbestimmung von Speisefetten

Speisefette im engeren Sinn werden, sofern sie geruch- und geschmacklos sind, meistens unter der Bezeichnung *Pflanzenfett* oder auch unter Angabe der speziellen Fettart angeboten. Im Falle einer Färbung oder Aromatisierung müssen sie, wenn sie mit Schmalz oder Butter zu verwechseln wären, in der Bundesrepublik Deutschland als Margarine bzw. Schmelzmargarine oder aber als „Kunstspeisefett" bezeichnet werden.

Die Speisefette, die nur 0,2% gelöstes Wasser enthalten dürfen, werden aus den gleichen Rohstoffen wie Margarine hergestellt. Auf den Zusatz von Carotin oder geschmacklich wirksamen Zutaten verzichtet die Industrie in der Bundesrepublik Deutschland im allgemeinen im Hinblick auf den Zwang zur Deklaration als Kunstspeisefett oder Margarine. Auch andere Zutaten spielen auf dem europäischen Kontinent kaum eine Rolle, wogegen in englisch sprechenden Ländern verbreitet Fette mit hohem Monoglyceridgehalt zur Herstellung des relativ süßen Gebäcks verwendet werden (high ratio shortenings).

Außerhalb des europäischen Kontinents, insbesondere in den USA, werden pflanzliche, aber auch tierische Fette vor allem als *Shortening* gehandelt (D. SWERN 1964). Mit dieser Bezeichnung wird ausgedrückt, daß sie ursprünglich vor allem zur Mürbung von Gebäck oder „pies" dienen sollten, inzwischen werden sie jedoch allgemein in der Küche verwendet. Diese heutzutage in Votatoranlagen hergestellten Speisefette haben in den USA eine typische „kurze" Kristallstruktur, wogegen bei uns meistens ein geschmeidiges, plastisches Fett mit einer dem Schmalz ähnlichen Konsistenz bevorzugt wird. Die Entwicklung in den USA verlief so, daß

1911 zunächst unter der Bezeichnung „*Crisco*" von Procter & Gamble ein gehärtetes Pflanzenfett-Shortening eingeführt wurde, was später zum Vorbild für alle weiteren, teilweise auch aus tierischem Fett hergestellten Shortenings geworden ist. Sofern Schmalz als Rohstoff dient, wird es häufig umgeestert. Zur Erhöhung der Geschmeidigkeit werden manchmal 20—50 Vol.-% Luft in das Fett eingebracht, woraus dann eine mehr oder weniger flockige Konsistenz resultiert.

Grundsätzlich kommen für *Speisefette* alle Öle, Fette und Hartfette in Betracht; es obliegt dem Können des Herstellers, aus den verfügbaren Rohstoffen die optimale Komposition zusammenzustellen. Dabei sollte man jedoch beachten, daß ein solches Speisefett nicht zu große Mengen von mehrfach ungesättigten Fettsäuren enthalten sollte, weil dadurch einmal bei langen Lagerzeiten die geschmackliche Haltbarkeit und zum anderen auch die Hitzestabilität leiden. Außerdem ist ein weiter Plastizitätsbereich erwünscht, damit das Fett möglichst unabhängig von der jeweiligen Raumtemperatur angenehm geschmeidig bleibt und sich leicht (z. B. in Kuchenteig) verarbeiten läßt. Grundsätzlich sind dafür Fette geeignet, die ausschließlich aus einer beispielsweise nicht selektiv gehärteten Fett-Komponente oder aber aus Kompositionen mit höhergehärtetem Fett und flüssigem Öl bestehen. Die bei Raumtemperatur kristallisierten, festen Fettanteile sollen im allgemeinen 20—30% betragen. Beimischungen von Schmalz und Talg sind im Ausland häufig. Cocos- oder Palmkernfett können, sofern das Fett zum Frittieren dienen soll, kaum in Kompositionen verarbeitet werden, weil ein solches Fett stark zum Schäumen neigt; wohl aber ist ein reines Cocosfett ein beliebtes Speisefett geworden; es ist besonders gut lagerfähig und wärmestabil.

2. Herstellung von Speisefetten

Ähnlich wie bei der Margarineherstellung kommt es hier darauf an, das ausgewählte Fett bzw. die Fettkomposition möglichst schnell abzukühlen mit dem Ziel, eine dichte Kristallstruktur zu erreichen. In Einzelfällen — wenn die gewählte Fettkomposition ein zu festes Fett ergibt, ist es vorteilhaft, Speisefett zusätzlich zu kneten. Von den Kleinhandelspackungen wird in der Deutschen Bundesrepublik ein großer Teil in Form von Plattenfett vertrieben.

Ein typisches *Plattenfett* ist z. B. das *Palmin*, das nicht notwendigerweise Cocosfett sein muß; letzteres ist jedoch besonders geeignet, weil es relativ leicht kristallisiert bzw. wenig zur Unterkühlung neigt.

Zur Herstellung wird das raffinierte, helle und neutral schmeckende Fett zunächst in einem Rührgefäß (dies kann eine der früher in den Margarinefabriken üblichen Kirnen oder aber auch ein Schnellkühler sein) unter Rühren so weit abgekühlt, daß ca. 5% des Fettes kristallisieren. Hierdurch steigt die Viscosität im Fett so weit an, daß es nach Passieren eines Zwischenbehälters gerade noch mit Dosierpumpen in kleine Edelstahlformen zu füllen ist und sich in diesen Formen mit einer glatten Oberfläche ausbreitet. Anschließend werden die gefüllten Formen in einen großen Kühltunnel oder Kühlschrank eingefahren. Ein solcher horizontaler Kühltunnel ist ca. 25 m lang, die Formen durchlaufen ihn auf einem endlosen Stahlband (vgl. Abb. 38). Vertikale Kühlschränke nehmen Formenpakete auf, die sich in dem Schrank ähnlich wie in einem Paternoster bewegen. Bis zum vollständigen Erstarren des Fettes ist bei einer Kühlluft-Temperatur von —15 bis —20°C eine Kühlzeit von ca. 20 min erforderlich. Die gekühlten Formen werden umgestülpt, die leere Form läuft zur Füllstation zurück, die Fettplatte wird den Einwickelmaschinen zugeführt.

Andere Speisefette in Kleinhandelspackung werden, z. B. in Ziegelform oder aber auch in Tüten und Bechern abgepackt. Ähnlich wie bei der Margarineherstellung wird das Fett entweder noch nach dem klassischen Kirn-Trommel-Verfahren gekühlt und dann zusammengeknetet oder aber neuerdings möglichst unmittelbar nach der Kühlung in einem Kratzkühler (Votator) verpackt.

Nach dem klassischen Verfahren wird das Fett bzw. die Fettmischung mit einer Temperatur, die etwas über dem Steigschmelzpunkt liegt, aus den Raffinatbehältern über eine Waage den Kirnen zugeleitet. In den Kirnen wird es zur Erhöhung der Viscosität leicht gekühlt, wobei unter Umständen schon ein kleiner

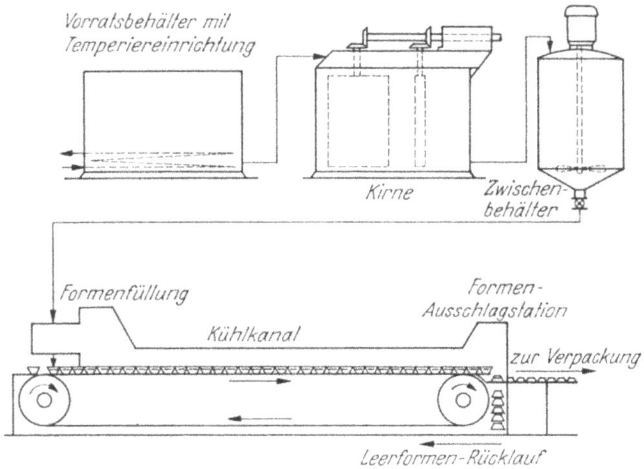

Abb. 38. Herstellung von Plattenfetten

Teil des Fettes kristallisiert. Danach wird es auf die laufende Kühltrommel, die eine Temperatur von —15 bis —20° C hat, aufgetragen und als flockiges festes Fett von der Trommel abgeschabt. Diese Flocken werden zunächst in Transportkästen aufgefangen und gegebenenfalls nach einer Ruhezeit (Nachkristallisation des Fettes) in einer Walzenanlage zu einer kompakten Masse geknetet.

Auch in den *Kratzkühler*-Anlagen wird Speisefett, im Prinzip genauso wie Margarine, hergestellt; allerdings macht sich hier bemerkbar, daß ein reines (hundertprozentiges) Fett schwer kristallisiert, weil die Wassertropfen, welche an ihren Grenzflächen die Kristallbildung fördern, hier fehlen. Außerdem verzichtet man meistens auf das *Ruherohr* zum Aufsteifen des Fettes (vgl. Margarine-B-Unit); man verwendet ein in den USA als *Shortening-B-Unit* eingeführtes, geschlossenes Rührgefäß, in dem zwar die Kristalle weiter wachsen, das Fett jedoch nicht aufsteift, sondern nach Austritt aus der Anlage sofort flüssig verpackt wird. Eine weitere technische Variante kann auch darin bestehen, daß man ein solches „Kratzkühler-Fett" zunächst in Transportkästen aufsteifen läßt und dann erst zu entsprechenden Packmaschinen leitet.

Speisefette werden möglichst in trockenen, kühlen Räumen gelagert; eine vorübergehende Temperierung auf über 20° C kann, ähnlich wie bei Backmargarine (vgl. S. 261), zu einer verbesserten Plastizität führen. Bakteriologische Schwierigkeiten sind nur zu erwarten, wenn das Verpackungsmaterial feucht wird.

Neuerdings werden, vor allem in Großbritannien und den USA, auch *flüssige und halbflüssige Shortenings* vertrieben. Beim sog. „*liquid shortening*" handelt es sich meistens um ein Haushaltsprodukt, welches in flüssigem Öl ca. 5% festes kristallisiertes Fett enthält; letzteres kann aus hochschmelzenden Glyceriden oder Monoglyceriden bestehen. Die „*pumpable shortenings*" sind Speisefette, wie sie vor allem von Großabnehmern der Backwarenindustrie aus Rationalisierungsgründen vielfach verarbeitet werden, denn dieses Fett ist „in bulk" (Tankwagen) zu beziehen, für begrenzte Zeit pumpfähig und dann leicht weiterzuverarbeiten. Die Fettzusammensetzung richtet sich nach dem Verwendungszweck; der Anteil festen Fettes liegt, wie für Backfette üblich, bei 20—30% bei 20° C. Nach der Kühlung läßt man das Fett jedoch nicht erstarren, sondern rührt die Kristallsuspension z.B. mehrere Stunden derart, daß dieses Fett über weitere Stunden *halbflüssig* bleibt. In diesem halbflüssigen Zustand wird es zu den Abnehmern transportiert und dort gleich wieder in den mit Rührwerken ausgestatteten Fettvorratsbehältern der Backwarenfabriken aufgenommen.

3. Eigenschaften und Verwendung

Die von einem *Speisefett* zu erwartenden Eigenschaften hängen eng mit seiner Verwendung in der Küche zusammen. Die Fette sind besonders zum Braten geeignet, entwickeln dabei keinen Duft, spritzen nicht und werden relativ schnell heiß. Ihr Rauchpunkt liegt dabei je nach Fettmischung zwischen 170 und 200° C, wobei 180° C die küchentechnisch optimale Temperatur ist und zweckmäßigerweise eingehalten werden sollte. Diese Temperatur ist auch völlig ausreichend zum Frittieren von Spritzgebäck, Pommes frites usw. — Die relativ große Wärmebeständigkeit ist gerade dann bedeutsam, wenn ein Speisefett vorwiegend zum Frittieren verwendet werden soll. Die Fettmischung soll wenig Neigung zur Polymerisation haben; letztere macht sich während des Frittierens unter Umständen durch eine stark zunehmende Dunkelfärbung des Fettes bemerkbar. *Ein Frittierfett sollte, auch wenn es sich z. B. um erstklassiges Erdnußweichfett handelt, nach mehrmaligem Gebrauch verworfen werden;* ein Nachfüllen des Fettbades mit frischem Fett, wie es häufig vorgenommen wird, ist ernährungsphysiologisch gesehen nicht unbedenklich. Ein Frittierfett soll schnell heiß werden, möglichst wenig von dem zu frittierenden Gut aufnehmen und muß nach Möglichkeit einen so niedrigen Schmelzpunkt haben, daß beim Verzehr kein Fettfilm am Gaumen zurückbleibt. — Hinsichtlich der Backeigenschaften gelten für Speisefette ähnliche Anforderungen wie für Backmargarine (vgl. unter Abschnitt Margarine I. Punkt 7). Allgemein gesehen, liegt der Vorzug des Speisefetts somit in seiner vielfältigen Verwendbarkeit sowie in der relativ guten Haltbarkeit, die bei normalen Lagertemperaturen ohne spürbaren Qualitätsverlust einige Monate beträgt.

III. Trennfette und Trenn-Emulsionen

Beim Backen auf Blechen ist es oft notwendig, diese Bleche vorher so zu präparieren, daß die Backware später nicht anhaftet, sondern leicht abzuheben ist. Hierzu bedient man sich sog. *Trennfette* oder *Trenn-Emulsionen.*

Prinzipiell sind alle Fette und Fett-Emulsionen mehr oder weniger zum Bestreichen von Backblechen geeignet, es ist jedoch möglich, von Spezialpräparaten ganz besonders geringe Mengen aufzutragen. Ein weiterer Schritt zur Rationalisierung ist durch das Auftragen mit Spritzpistolen erreicht worden. Der Fettauftrag beträgt z. B. beim angeschobenen Brot (z. B. bei Kommißbrot) 3—5 g pro kg Gebäck.

Anstelle von Öl oder Fett werden heute zunehmend *Fett-Emulsionen* verwendet, wie sie sich in Krisenzeiten zur Fetteinsparung bereits bewährt hatten; sie haben oft bessere Streichfähigkeit als reine Öle. Unter den Trenn-Emulsionen gibt es milchähnliche, dicksahnige bis pastenartige Produkte, ihre Farbe ist weiß bis schwach gelblich. Beim Backen von Broten kommt man zum Einfetten mit Emulsionen des Typs „Öl in Wasser" mit 20—35% Fettgehalt in den meisten Fällen aus; für angeschobene Brote und Dauerbackwaren verwendet man hingegen fettreichere

„Wasser-in-Öl"-Emulsionen mit etwas festerer Konsistenz. Abgesehen von dem Fett, enthalten letztere oft Emulgatoren; lange Zeit fanden z. B. hitze-polymerisierte Öle hier einen Anwendungsbereich.

Anstelle der eigentlichen Trennfette und Trenn-Emulsionen wurden auch Bienenwachs, Walrat und Spermöl verwendet, welche allerdings nur auf vorgewärmte Bleche aufgetragen werden können. Außerdem kamen auch andere *Nichtfett*-Präparate in den Handel, wie z. B. Holzstreumehle, Streumehle aus Mehlabfällen (Haferschalenmehl) und neuerdings dort, wo es lebensmittelrechtlich zulässig ist, *Silicone*.

IV. Mayonnaise

Seit zwei Jahrhunderten ist *Mayonnaise* als eine Spezialität für Feinschmecker bekannt gewesen, bevor sie heute zu einem Lebensmittel des täglichen Bedarfs wurde. — Der Koch des Marschalls Richelieu rührte vorsichtig sukzessive Öl und Essig in vorgelegtes Eigelb (dies geschah vor Port Mahon — daher Mayonnaise), bis allmählich die erstrebte Struktur erreicht war. Das Grundrezept ist auch für die Großproduktion mit modernen Maschinen im geschlossenen System bis heute das gleiche geblieben: aus Eigelb, Öl, Essig, Salz und Gewürzen wird eine sehr viscose, hochprozentige Emulsion vom Typ „Öl in Wasser" hergestellt (F. TÄUBERICH 1963).

Der Pro-Kopf-Verbrauch beträgt in der Bundesrepublik Deutschland zur Zeit 600—700 g pro Jahr.

1. Rohstoffe und Zutaten

Gesetzliche Basis ist in der Bundesrepublik Deutschland ein Rundschreiben (des Reichsministers des Innern) vom 24. III. 1941, demzufolge z. B. der Fettgehalt für Mayonnaise nicht unter 50% liegen darf. Im Jahre 1961 hat der Bund für Lebensmittelrecht und Lebensmittelkunde e. V. anhand eines Gutachtens Leitsätze für Mayonnaise aufgestellt, die 1965 entsprechend der Fortentwicklung der Technik und des Wandels der Verkehrsanschauung überarbeitet wurden. Derzeit wird an einem Standard für das „Deutsche Lebensmittelbuch" gearbeitet.

Es werden z. Z. unterschieden:

a) *Mayonnaise*

b) *Salatmayonnaise*, in Zubereitungen auch Mayonnaisecreme oder Mayonnaisesoße genannt

c) *Remoulade*

d) *Salatcreme*

Mayonnaise (Mindestfettgehalt 80%) besteht aus Hühnereigelb (mindestens 7,5% vom Fettgehalt) und Speiseöl pflanzlicher Herkunft; außerdem kann Mayonnaise Salz, Zucker, Gewürze, Essig u. a. Genußsäuren, wie z. B. Zitronensaft sowie Eiklar enthalten. Als Emulgator darf *nur* Eigelb verwendet werden, Dickungsmittel sind *nicht* zulässig.

Salatmayonnaise (Mindestfettgehalt 50%) besteht ebenfalls aus Hühnereigelb und Speiseöl pflanzlicher Herkunft, daneben können Hühner-, Milch- und Pflanzeneiweiße verwendet werden. Außerdem kann Salatmayonnaise Salz, Zucker, Gewürze, Essig, Genußsäuren und als Dickungsmittel Weizenmehl, Speisestärken, Gelatine, Obstpektine, Pektinsäure, Alginsäure sowie deren Natrium- und Calciumverbindungen, Carrageen-Schleim, Agar-Agar, Traganth, Gummi arabicum, Johannisbrotkernmehl und Guarmehl enthalten. Werden Alginate als Dickungsmittel benutzt, so können diese folgende Zusätze enthalten: Natrium-, Kalium-, Calcium- und Magnesiumverbindungen der Kohlensäure; Natrium-, Kalium- und Calciumverbindungen der Salzsäure; neutrale Natrium- und Calciumverbindungen der Schwefelsäure.

Remouladen sind Mayonnaisen oder Salatmayonnaisen mit einem Gehalt an Kräutern und/oder an zerkleinerten würzenden Pflanzenteilen.

Salatcreme (Mindestfettgehalt 50%) besteht neben Speiseöl pflanzlicher Herkunft wahlweise aus Hühner-, Milch- und Pflanzeneiweiß, Hühnereigelb oder aus Vermengungen dieser Stoffe. Außerdem dürfen Kochsalz, Zucker, Gewürze, Essig, Genußsäuren und Dickungsmittel — wie unter Salatmayonnaise beschrieben — zugesetzt werden.

Als Konservierungsmittel darf Mayonnaise maximal 0,25% *Sorbinsäure* oder *Benzoesäure* oder aber 0,12% p-Hydroxybenzoesäureäthylester enthalten. Eine solche Konservierung muß auf der Packung deklariert werden. Farbstoffe sind *nicht* zugelassen, sie gelten als Verfälschung.

Als pflanzliche Fettbasis wird zumeist Sojaöl verwendet. Hühnereigelb steht in Pulver- oder aber in flüssiger Form, konserviert oder gesalzen, zur Verfügung. In neuester Zeit wird allerdings zunehmend Frisch-Ei-Mayonnaise angeboten. Bei dieser Qualität dürfen ausschließlich Eiinhaltsstoffe verwendet werden, die unmittelbar vor der Verarbeitung zu Mayonnaise durch Aufschlagen frischer Hühnereier gewonnen wurden. Die verwendeten Frischeier dürfen weder gekühlt noch konserviert sein.

Bei der Verwendung von Mayonnaise muß man zwei völlig verschiedene Bereiche unterscheiden: Einmal hat Mayonnaise die Bedeutung einer Zutat für Speisen, wie z. B. Kartoffelsalat, Fleischsalat usw., zum anderen wird Mayonnaise zum Garnieren und damit zum Verfeinern von Speisen verwendet. Je nach dem Verwendungszweck soll sie unterschiedliche Eigenschaften haben. Zur Bereitung von Salaten verwendete Mayonnaise (*Salat-Mayonnaise*) muß rührfähig und relativ dünn sein, bei der zum Garnieren benötigten Mayonnaise ist hingegen eine schnittfeste Konsistenz erwünscht. Diese sehr feste Mayonnaise erzielt man mit einem Fettgehalt von meistens 83% sowie durch erhöhten Eigehalt. Der letztere ist in den jüngsten Leitlinien vorgeschrieben und beträgt mindestens 7,5% vom Fettgehalt.

2. Herstellungsverfahren

Es kommt im Prinzip darauf an, eine hochkonzentrierte „Öl-in-Wasser"-Emulsion herzustellen, die alle gewünschten Zutaten enthält. Eigelb ist nicht nur der vorgeschriebene, sondern auch der besonders geeignete Emulgator. Die wirksamen Komponenten sind dabei das Eilecithin sowie Lecitho-Proteine unbekannter Struktur. Die Schwierigkeit während der Herstellung liegt darin, ein Umschlagen der Emulsion in den Typ „Wasser in Öl" zu vermeiden, obwohl insbesondere bei Mayonnaise mit mehr als 80% Fettgehalt in der Emulsion bereits die „dichteste Kugelpackung" für die Öltröpfchen erreicht wird und die Tröpfchen bereits teilweise in Polyeder-Form übergehen. Aus dieser extrem dichten Packung der inneren Phase resultiert die hohe Viscosität der Mayonnaise. — Der pH-Wert der Mayonnaise liegt wegen des Zusatzes von Essig oder anderen Genußsäuren in der Regel unter 4, was das bakteriologische Risiko erheblich einschränkt.

Zur *Herstellung* bedient man sich in den vielen Kleinbetrieben im allgemeinen der *Anschlagmaschine*. In deren Kessel wird Eigelb vorgelegt, dann sukzessive das Öl zugesetzt, wobei gleichzeitig gerührt wird. Gegen Ende des Emulgierungsprozesses werden Genußsäuren, Salz und andere Zutaten hinzugefügt.

Dieses Herstellungsprinzip wurde in den industriellen Maßstab übertragen, indem man größere Rührbehälter, wie z. B. die in der Margarineherstellung üblichen Kirnen, zur Voremulgierung verwendet und danach mit Homogenisatoren, Kolloidmühlen und ähnlichen Maschinen die Feinemulgierung durchführt. Hierbei wird die Emulsion bei extrem hoher Scherbeanspruchung meistens durch nur wenige Zehntel Millimeter breite Spalten hindurchgedrückt. Der Emulgiervorgang läuft in der Regel bei Raumtemperatur ab.

Neuerdings werden auch *kontinuierlich* arbeitende Maschinen (Schröder & Co., Lübeck) eingesetzt, in denen die Mayonnaise nach folgendem Prinzip hergestellt wird: Einmal werden Öl und Eigelb, zum anderen eine wäßrige Lösung der Gewürze mit Zucker, Salz und Genußsäuren in Rührbehältern angesetzt. Die Fett- und die wäßrige Phase werden alsdann von einer Dosierpumpe dem aus entsprechenden Margarinemaschinen entwickelten (vgl. Kratzkühler) sog. *Emulgierzylinder* zugeführt. Er enthält einen Rotor mit geeigneten Rühr- und Schlagorganen. Anschließend durchfließt die Emulsion eine kontinuierlich arbeitende Emulgiermaschine, den sog. *Kolloid-Rotor*, mit dem die Feinemulgierung erzielt wird (vgl. Abb. 39). Zur Herstellung von Mayonnaise zweiter Qualitätsstufe

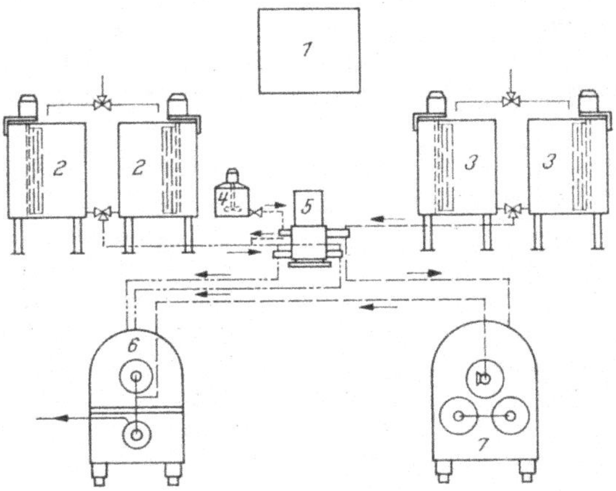

Abb. 39. Kombinator zur kontinuierlichen Herstellung von Mayonnaise und Salattunke (*System Schröder & Co.*). 1 elektrischer Schaltschrank, 2 Rührgefäße für Öl und Eigelb, 3 Rührgefäße für Stärke und Wasser, 4 Rührgefäß für Gewürze, 5 Dosiermaschine mit 4 Dosierpumpen, 6 Mayonnaise-Kombinator, 7 Stärke-Kombinator

(Salatcreme, Salatmayonnaise) wird zunächst Trockenstärke mit kaltem Wasser in Rührbehältern innig vermischt, dann von einer Dosierpumpe in einen Erhitzungszylinder eines Kombinators, der wie ein Kratzkühler Rotoren mit Schabemessern enthält, gedrückt, wo eine schnelle und gleichmäßige Verkleisterung der Stärke erzielt wird. In einem weiteren Zylinder dieser Anlage ist die Verweilzeit mit 6—7 min ausreichend, um das Stärkekorn weiter quellen zu lassen und Mikroorganismen zu vernichten; im letzten Zylinder wird schließlich der Stärkebrei wieder auf 20—25° C herabgekühlt. Der so aufgeschlossene Stärkebrei wird dann mit dem voremulgierten übrigen Teil der Mayonnaise vereint und durchfließt mit dieser zur Feinemulgierung den Kolloid-Rotor. Diese *kontinuierlich* in völlig geschlossenem System arbeitenden Anlagen bieten vor allem aus bakteriologischen und hygienischen Gründen besondere Vorteile.

Nach den jüngsten Fortschritten in der Technologie der Mayonnaiseherstellung ist es auch möglich geworden, selbst unkonservierte Mayonnaise mit mehrmonatiger Lagerfähigkeit herzustellen. Zur Lagerung sind Temperaturen zwischen + 5 und + 20° C zu empfehlen, weil einerseits unter 5° C die Gefahr einer Emulsionszerstörung durch Kälteeinwirkung besteht und andererseits bei Temperaturen über 20° C die Autoxydation des zumeist verwendeten Sojaöls entsprechend schneller verläuft.

Zu der guten Lagerfähigkeit der Mayonnaise haben aber auch die inzwischen verbesserten Verpackungsformen beigetragen. Heute wird Mayonnaise in *Plastikbeuteln*, *Aluminiumtuben* und *Gläsern* angeboten; die Bedeutung der lose im Handel befindlichen Mayonnaise geht hingegen laufend zurück. Zum Verpacken dienen automatische Maschinen, wie sie zum Füllen von Tuben oder Beuteln in der Lebensmittel- oder auch in der kosmetischen Industrie verbreitet anzutreffen sind.

V. Salat-Tunken (Salad Dressings)

Salat-Tunken spielen bisher in der Bundesrepublik Deutschland nur eine untergeordnete Rolle. Nach den Leitsätzen des Bundes für Lebensmittelrecht und Lebensmittelkunde e.V. sollen derartige Produkte nicht weniger als 25% Pflanzenöl enthalten. Die Rohstoffe und die Zutaten sind im wesentlichen die gleichen wie bei Mayonnaise, und zur Herstellung können dieselben Anlagen, wie im Abschnitt Mayonnaise beschrieben, verwendet werden.

F. Fettemulgatoren für Nahrungsmittel[1]

Unter dem Begriff Emulgatoren faßt man grenzflächenaktive Substanzen zusammen, die zur Herstellung und Stabilisierung von Öl-in-Wasser- bzw. Wasser-in-Öl-Emulsionen geeignet sind. Ihre Wirkung besteht einmal darin, durch Erniedrigung der Grenzflächenspannung zwischen der Öl- und Wasserphase eine Feinverteilung der einen Phase in der anderen zu erleichtern, zum anderen aber die einmal gebildeten feinen Tröpfchen vor Zusammenfließen oder Koaleszenz zu schützen. Dies kann im allgemeinen durch Ausbildung von elektrischen Ladungen oder von Grenzflächenfilmen an der Tröpfchenoberfläche geschehen (A. J. C. ANDERSEN u. P.N. WILLIAMS 1965; P. BECHER 1965; BAILEY 1964; J.T. DAVIES u. E.K. RIDEAL 1961; KIRK-OTHMER 1965; S.W. SOUCI u. E. MERGENTHALER 1958; A.M. SCHWARTZ u. J.W. PERRY 1949).

Zu den ältesten Emulgatoren auf Fettbasis gehören neben dem *Eigelb* vor allem die unter dem Begriff „*Lecithine*" zusammengefaßten Phosphatidgemische, sowie auch natürlich vorkommende *Fettalkohole* und *Sterine*. Zu diesen natürlichen Emulgatoren sind zahlreiche neuartige auf synthetischem Wege dazugewonnen worden, so daß heute selbst für das begrenzte Gebiet der Lebensmitteltechnologie eine große Anzahl von Emulgatoren zur Verfügung steht. Neben ihrer Eignung für ein bestimmtes Einsatzgebiet, sind in jedem Einzelfall die physiologische Unbedenklichkeit und die lebensmittelrechtliche Beurteilung festzustellen (K.G. LUDWIG 1965).

Je nach ihrem chemischen Aufbau unterscheidet man zwischen Emulgatoren für den *O/W*- oder den *W/O-Typ*. Die Verwendbarkeit für den einen oder anderen Typ wird bestimmt durch die Art und Anzahl *hydrophiler* (= wasserfreundlicher) oder *lipophiler* (= fettfreundlicher) Molekülgruppen im Emulgatormolekül. Dieses *Hydrophil-Lipophil-Verhältnis*, nach W.C. GRIFFIN (1949) auch *HLB-Wert*[2] genannt, läßt sich experimentell und rechnerisch ermitteln und ist um so höher, je wasserlöslicher ein Emulgator ist (K. BERGWEIN 1967; KIRK-OTHMER 1965). Da im allgemeinen die kontinuierliche Phase (Dispersionsmittel) das bessere Lösungsvermögen für den Emulgator hat, kann der HLB-Wert einen Hinweis auf die relative Tendenz eines Emulgators zur Bildung von W/O- oder O/W-Emulsionen geben. Er sagt jedoch *nichts* über die *Emulsionsstabilität* oder über die *Grenzflächenaktivität* aus.

In Tab. 12 sind einige typische Emulgatoren und ihre HLB-Werte aufgeführt.

---

[1] Bearbeitet von TH. WIESKE, Hamburg.

[2] Abkürzung von Hydrophil-Lipophil-Balance.

Tabelle 11. *HLB-Werte einiger Fettemulgatoren*

Emulgator		HLB-Wert
Cetylalkohol		1
Ölsäure		1
Sorbitan-trioleat	(Span 85)	1,8
Sorbitan-tristearat	(Span 65)	2,1
Lactyliertes Mono-diglycerid	(Atmul 200)	2,6
Propylenglykol-monostearat		3,4
Glycerin-monostearat		3,8
Sorbitan-monooleat	(Span 80)	4,3
Propylenglykol-monolaurat		4,5
Sorbitan-monopalmitat	(Span 40)	6,7
Sorbitan-monolaurat	(Span 20)	8,6
Saccharose-dipalmitat		8,3
Polyoxyäthylen(2)laurylläther	(Brij 30)	9,7
Polyoxyäthylen-sorbitan-monostearat	(Tween 61)	9,6
Polyoxyäthylen-sorbitan-monooleat	(Tween 81)	10,0
Polyoxyäthylen-sorbitan-tristearat	(Tween 65)	10,5
Polyoxyäthylen-monostearat	(Myrj 45)	11,1
Polyoxyäthylen-monooleat	(P.E.G. 400 monooleat)	11,4
Polyoxyäthylen-monostearat	(P.E.G. 400 monostearat)	11,6
Saccharose-monopalmitat		11,8
Polyoxyäthylen-monolaurat	(Atlas G-2127)	12,8
Polyoxyäthylen-sorbitan-monolaurat	(Tween 21)	13,3
Polyoxyäthylen-sorbitan-monostearat	(Tween 60)	14,9
Polyoxyäthylen-sorbitan-monooleat	(Tween 80)	15,0
Polyoxyäthylen-monostearat	(Myrj 51)	16
Polyoxyäthylen-sorbitan-monolaurat	(Tween 20)	16,7
Natriumoleat		18
Polyoxyäthylen-polyoxypropylen	(Pluronic F 68)	29
Natrium-laurylsulfat		ca. 40

Eine Einteilung der Emulgatoren kann nach verschiedenen Gesichtspunkten vorgenommen werden (vgl. dieses Handbuch Bd. I, S. 1196 und Bd. II/2, S. 1074 ff. und B. WURZSCHMITT 1950).

Hier sollen die wichtigsten Fettemulgatoren unter folgender Einteilung besprochen werden:

I. *Natürliche* Emulgatoren: Pflanzliche Phosphatide, Eigelb, Sterine, Fettalkohole.

II. *Synthetische* Emulgatoren:

1. *Nichtionogene* Emulgatoren: Partialester des Glycerins (Mono- und Diglyceride), Lactoglyceride, Polyglycerinester, Partialester des Sorbitans, Polyoxyäthylen-sorbitan-Ester, Zuckerester, Polyoxyäthylen- und Polyoxypropylen-Monoester, Geblasene Öle.

2. *Anionaktive* Emulgatoren: Alkali- und Ammoniumseifen höherer Fettsäuren, Ester der Genußsäuren, modifizierte Phosphatide u. a.

Kationaktive Emulgatoren kommen als Fettemulgatoren auf dem Lebensmittelgebiet praktisch nicht in Betracht.

I. Natürliche Emulgatoren

Zu dieser Gruppe gehören vor allem natürlich vorkommende pflanzliche Phosphatide und Eigelb, pflanzliche und tierische Sterine sowie Fettalkohole. (Vgl. auch Handbuch Bd. I, S. 333 ff. und S. 1197.)

1. Phosphatide

a) Pflanzliche Phosphatide

Als Emulgatoren für Nahrungsmittel werden vielfach Pflanzenphosphatide verwendet.

Alle pflanzlichen Zellen enthalten Phosphatide, denen u. a. für den Wasserhaushalt und den Zellstoffwechsel eine wichtige Rolle zukommt. Im Verlauf der Ölgewinnung gelangen die Phosphatide zusammen mit verschiedenen anderen Begleitstoffen (Proteinen, Pflanzengummi und Kohlenhydraten) in das Fett (Rohöl). In Tab. 12 ist der Phosphatidgehalt einiger Pflanzenöle angegeben.

Tabelle 12
Phosphatidgehalt einiger Pflanzenöle
(nach BAILEY 1964; K.S. MARKLEY 1950)

Unraffinierte Öle	
Sojaöl	1,1—3,2%
Baumwollsaatöl	0,7—0,9%
Erdnußöl	0,3—0,4%
Rüböl (Rapsöl)	0,1 %
Raffinierte Öle	ca. 0,005%

Die *Gewinnung* von Pflanzenphosphatiden erfolgt fast ausschließlich aus extrahierten Ölen nach dem *Hydratationsverfahren* im Gange der Ölraffination (vgl. S. 205). Besondere praktische Bedeutung hat die Abtrennung der Phosphatide aus Sojaöl. Rapsöl und Erdnußöl liefern vergleichsweise nur geringe Mengen an Phosphatiden, dazu von minderer Qualität.

Beim *Hydratationsverfahren*, das bei den Entschleimungsmethoden der Öle (S. 205) beschrieben ist, wird die Quellbarkeit der Phosphatide in heißem Wasser zur Abtrennung aus den Ölen ausgenutzt. Dem nach der Hydratation durch Zentrifugieren abgetrennten „Rohlecithin“ wird durch mehrstündiges Eindampfen in Vakuumapparaten oder in Vakuum-Dünnschichtverdampfern bei 40—60° C das Wasser entzogen. Das zunächst hellgelbe Produkt dunkelt dabei erheblich nach; man erhält eine braune, sirupöse Masse.

Der allgemein als „Sojalecithin“ bezeichnete Emulgator besteht neueren Analysen zufolge aus mehr als 20 chemischen Verbindungsklassen, von denen die Hauptkomponenten (Formeln, dieses Handbuch Bd. I, S. 334 u. 1173) in etwa folgenden Konzentrationen vorliegen (BAILEY 1964; K.S. MARKLEY 1950; H. WAGNER u. P. WOLFF 1964).

Neutralöl	30—35%
Fettsäuren	2— 5%
Phosphatidylcholin (Lecithin)	15—20%
Phosphatidyläthanolamin (Kephalin)	11—15%
Phosphatidylinosit	10%
Phosphatidsäuren, Cardiolipin	5%
Zucker, Salze, wasserlösl. Komp.	10%

Daneben kommen noch kleinere Mengen an Lysoverbindungen (Monoacylglycerophosphatiden), zuckerhaltigen Lipiden (Sterylglucoside, Phytoglycolipide), Farb- und Geschmacksstoffen vor. Die Emulgatoreigenschaften des „*Handelslecithins*“ sind also nicht nur vom Lecithin (Phosphatidylcholin) bestimmt, sondern setzen sich aus denen der Einzelkomponenten, von z. T. gegensätzlichen Wirkungen zusammen (H.J. DUIN, P. WESTDORP, TH. WIESKE u. W. REISSMANN 1965; H. WITTCOFF 1951).

In Pflanzenphosphatiden kommen vorwiegend Fettsäuren mit 16 und 18 Kohlenstoffatomen vor. Die Fettsäurezusammensetzung der Phosphatide ist dabei nahezu unabhängig von der Fettsäurezusammensetzung der extrahierten Triglyceride. So enthalten z. B. Rüböl-Phosphatide keine Erucasäure, während das Rüböl davon ca. 50% enthält (S.V. RAO et al. 1967).

Die Qualität des Sojalecithins hängt primär von der Qualität der Bohnen ab; aus alten und zerbrochenen Bohnen erhält man nur ein dunkles Produkt mit bitterem Geschmack und unangenehmem Geruch. Die früher oft vorgenommene Bleichung des Lecithins mit Wasserstoffperoxid entfällt heute bei Verwendung in Lebensmitteln, weil nach dem deutschen Lebensmittelgesetz nur Lecithin mit einer Peroxidzahl von < 10 verarbeitet werden darf. Das Lecithin ist einerseits ein schwaches *Antioxydans*, andererseits selbst oxydationsempfindlich. Eine bakterielle Zersetzung kann unter anderem zur Entstehung von Fischgeruch wegen der Abspaltung von Trimethylamin aus dem Cholinteil führen.

Es sind verschiedene Methoden zur *Reinigung von Rohlecithin* beschrieben worden. Meistens werden die Phosphatide zur Entfernung von fettlöslichen Begleitstoffen, wie Glyceriden, Fettsäuren, Sterinen, Farb- und Geschmacksstoffen mit kaltem Aceton im Überschuß behandelt. Während die acetonunslöslichen Phosphatide zurückbleiben, werden das Fett und andere Begleitstoffe (Lipoide) im Aceton gelöst (vgl. auch Beitrag PARDUN). Neuerdings sind zur rationelleren Durchführung dieses Verfahrens auch die Verteilung der Komponenten in Hexan oder Benzin einerseits und wasserhaltigem Aceton andererseits vorgeschlagen worden. Die vollständig fettfreien, pulverartigen Phosphatide sind äußerst oxydationsempfindlich, lassen sich aber schon durch 2—3% Ölzusatz erheblich stabilisieren (K.S. MARKLEY 1950).

Phosphatide lassen sich auch durch *partielle Hydrierung* (P.F. DAVIS 1959) stabilisieren. Die Hydrierung bereitet jedoch Schwierigkeiten und kann nur in Lösungsmitteln und unter Verwendung von aktiven Katalysatoren, wie z. B. Pd auf Kohle durchgeführt werden. Diese hydrierten Phosphatide sind auch für *i.v.*-Emulsionen geeignet (ARMOUR u. Co. 1959).

Durch *Fraktionierung mit Alkoholen* lassen sich Phosphatidgemische in Fraktionen mit bestimmten Eigenschaften auftrennen. Hierzu verrührt man die Phosphatide vorwiegend mit Methanol (M. MATTIKOW 1953), Äthanol (H.J. DUIN, P. WESTDORP, TH. WIESKE u. W. REISSMANN 1965) oder Isopropanol (T. WIK, C.R. SCHOLFIELD u. J.C. COWAN 1952) bei Temperaturen zwischen 0° C und 80° C, trennt die Phasen durch Zentrifugieren und destilliert das Lösungsmittel bei Temperaturen unterhalb 60° C unter Vakuum ab. Je nach Art der Durchführung des Extraktionsverfahrens erhält man Ausbeuten an alkoholischen Fraktionen zwischen 15% und 50%. Alle löslichen Fraktionen mit verstärkten hydrophilen Eigenschaften (*O/W-Emulgatoren*) sind an *Lecithin* (Phosphatidyl-Cholin) angereichert und an Inositphosphatiden verarmt, während sich Kephalin (Phosphatidyläthanolamin) je nach Bedingungen über beide Phasen verteilt. Sehr lecithinreiche und kephalinarme Fraktionen lassen sich durch einmalige oder Gegenstrom-Extraktion mit wasserhaltigen Alkoholen, z. B. mit 90%igem Äthanol, bei Temperaturen um oder unterhalb 20° C herstellen (H.J. DUIN, P. WESTDORP, TH. WIESKE u. W. REISSMANN 1965). Diese Fraktionen eignen sich gut als Antispritzmittel für milchhaltige Margarine.

Besonders gereinigte alkoholische Sojaphosphatidfraktionen, die auch für die Herstellung von Fettemulsionen zur *intravenösen* Ernährung geeignet sind, kann man durch Behandlung mit basischen Adsorbentien wie $CaCO_3$ oder Al_2O_3 und Elution mit Alkohol gewinnen (*A. Nattermann u. Cie.* 1957 u. 1967; *The Upjohn Co.* 1957).

Fraktionierte oder unfraktionierte Phosphatide werden durch Behandlung mit 1—3% H_2O_2 (30%ig), das vor dem Trocknen des Phosphatidschlamms zugemischt wird, in der Farbe stark aufgehellt (H. WITTCOFF 1951; H. BOLLMANN 1929). Überschüssiges H_2O_2 läßt sich durch Erhitzen oder gutes Trocknen entfernen. Veränderungen an Phosphatiden sind dabei bislang nicht beobachtet worden. Auch die wasserlöslichen Begleitstoffe, wie Zucker, werden unter normalen Bleichungsbedingungen nicht oxydiert (R. HELL 1966).

Die Anwendungsgebiete für Phosphatide und Phosphatidfraktionen auf dem Nahrungsmittelgebiet sind sehr vielseitig und lassen sich hier nur auszugsweise angeben; vgl. Tab. 13.

Tabelle 13. *Einige Anwendungsgebiete für Phosphatide* (nach H. WITTCOFF 1951; *Central Soya Co.*)

Produkt	Effekt
Shortenings	Verbesserung der Brat- und Backeigenschaften
Fertigmehle	bessere Wasserregulierung
Instant Kakao	Erhöhung der Benetzbarkeit
Margarine	Antispritzmittel
i.v.-Emulsionen	Emulgator
Schokolade	Erniedrigung der Viscosität
Pharmazeutika	Emulgator/Diät
Eiskrem	Emulgator

b) Eigelb

Das Eigelb (vgl. dieses Handbuch Bd. III) enthält neben Proteinen als Emulgatorkomponenten vorwiegend *Phosphatide* und *Cholesterin*. Ein Teil der Phosphatide ist dabei an Protein gebunden: „Lipoproteide". Die durchschnittliche Zusammensetzung des Frisch-Eigelbs ist (KIRK-OTHMER 1965; J. STAUFF 1955):

Neutralfett	22,5%
Protein	16 %
Lecithin	7 %
Kephalin	1,5%
Sphingomyelin, Lysoverbindungen[1], Inositphosphatide	1,5%
Cholesterin	1,5%
Salze	2 %
Wasser	48 %

Die *technische Gewinnung* von Eigelb ist relativ einfach (KIRK-OTHMER 1965). Aus hand- oder aus maschinell-aufgeschlagenen Hühnereiern läuft der Inhalt an Eiweiß und Eigelb auf eine schräg gestellte Rinne aus Edelstahl, die in der Mitte kleine spaltartige Öffnungen enthält. Beim Herunterrollen des intakten Eigelbs läuft das Eiweiß durch die Öffnungen in Vorratsbehälter. Am Ende der Ebene werden die vom Weißei praktisch vollständig befreiten Eigelbkugeln einzeln aufgefangen, kontrolliert und gesammelt. Zur Konservierung (J. SCHORMÜLLER 1966) wird dem flüssigen Eigelb bis zu 12% Kochsalz zugesetzt. Eine Inaktivierung von α-Amylase sowie eine Abtötung von Bakterien (bes. vom Salmonellentyp) wird durch kurzzeitiges (2—4 min) Erhitzen auf 60—70° C über Wärmeaustauscher erreicht (J. SCHORMÜLLER 1966). Auch Äthylenoxidbegasung wird zur Salmonellenabtötung vorgenommen (S.W. SOUCI 1960).

Das Eigelb muß bei niedrigen Temperaturen, möglichst unter CO_2-Begasung gelagert werden. Vor dem Einfrieren wird dem Ei zur Vermeidung von Klumpenbildung NaCl oder Zucker (5—10%) zugemischt.

Bei der Herstellung von *Trockeneigelb* durch Versprühen im Vakuum bei 70—100° C wird eine vorherige Entzuckerung auf bakteriellem oder enzymatischem Wege zur Erhöhung der Haltbarkeit durchgeführt (KIRK-OTHMER 1965; J.M. GORMAN u. V.H. HANNAH 1961). Das Trockeneigelb hat etwa folgende Zusammensetzung:

Eiweiß	31%
Wasser	3%
Fett (einschl. Phosphatide)	61%
Kohlenhydrate	1%

Eigelb findet vorwiegend Anwendung bei der Herstellung von Mayonnaise (Zusatz an Flüssigeigelb: 8%), Eierlikör (ca. 25%), Teigwaren (Eiernudeln) und Margarine (bis 1% Zusatz).

[1] Lysoverbindungen sind α-Acylglycerophosphatide, die z. B. durch enzymatische Hydrolyse mit Phospholipase A aus Glycerophosphatiden (z. B. Lecithin) unter Abspaltung der β-ständigen, meist ungesättigten Fettsäure, entstehen können (G.B. ANSELL u. J.N. HAWTHORNE 1964).

Die gute Verwendbarkeit des Eigelbs für O/W-Emulsionen ist vorwiegend auf den hohen Lecithin- und Proteingehalt zurückzuführen. Beide liegen größtenteils als Lecitho-Protein-Komplex vor (R.J. EVANS u. S.L. BANDEMER 1961). Die isolierten Eigelbphosphatide sind cholesterinfrei und als wasserdispergierbare O/W-Emulgatoren besonders wirksam. Ihre Zusammensetzung ist in Tab. 14 angeführt.

Gereinigte Eigelbphosphatide finden bei der Herstellung von *i.v.*-Emulsionen Anwendung.

Tabelle 14
Zusammensetzung von Eigelbphosphatiden
(nach D.N. RHODES u. C.H. LEA 1957)

Phosphatidylcholin	73,0%
Lysophosphatidylcholin	5,8%
Phosphatidyläthanolamin	15,0%
Lysophosphatidyläthanolamin	2,1%
Inosit-Phosphatide	0,6%
Sphingomyelin	2,5%
Plasmalogen	1,0%

2. Sterine

Während isolierte Sterine in der Lebensmittelindustrie als Emulgatoren keine praktische Anwendung finden, sollen sie hier als *oberflächenaktive Fettbegleitstoffe* kurz behandelt werden.

Sterine (vgl. Handbuch Bd. I, S. 336) kommen in allen pflanzlichen und tierischen Ölen in kleinen Mengen frei oder mit Fettsäuren verestert vor. Die freien Sterine sind als typische W/O-Emulgatoren mit hohem Wasserbindungsvermögen, aber nur mäßiger Grenzflächenaktivität bekannt. So erniedrigen selbst 5%ige Lösungen von Cholesterin und Cholestanol die Grenzflächenspannung von Öl gegen Wasser nur um ca. 3 dyn · cm^{-1} (F. NEUWALD u. K.E. FETTIG 1964).

Während tierische Fette fast ausschließlich Cholesterin enthalten, kommen in Pflanzenölen stets Gemische von Sterinen vor, von denen β-Sitosterin, Stigmasterin und Brassicasterin (in Rüböl) am weitesten verbreitet sind. Cholesterin ist, wie z. B. im Palmöl, Erdnuß- und Leinöl, nur in Spuren anwesend (A. KARLESKIND, F. AUDIAN u. J.P. WOLFF 1966). Der durchschnittliche Gehalt an Gesamtsterinen und freien Sterinen ist für einige Öle und Fette in Tab. 15 zusammengestellt.

Tabelle 15. *Steringehalt einiger Öle*
(nach BAILEY 1964; E. FEDELI, A. LANZANI, P. CAPELLA u. G. JACINI 1966; L.N. NORCIA u. B.E. ROSENTHAL 1966; N. KING 1955)

Öl	Gesamt	Frei	Öl	Gesamt	Frei
Maisöl	1,1%	0,42%	Erdnußöl	0,5%	—
Sojaöl	0,4%	0,3%	Rüböl	0,6%	—
Baumwollsaatöl	0,4%	0,3%	Sonnenblumenöl	0,3%	—
Safloröl	0,6%	0,4%	Milchfett	0,3%	—
Weizenkeimöl (kaltgepreßt, raff.)	5,5%	1,4%			

In nennenswerten Mengen findet heute praktisch nur das Cholesterin Anwendung, das aus Gallensteinen, Lanolin, Gehirn oder Rückenmark vorwiegend für pharmazeutische Zwecke isoliert wird. Auch das durch Hydrierung des Cholesterins erhaltene Cholestanol wird wegen seiner hohen Oxydationsstabilität verwendet. Phytosterine fallen bei der Raffination pflanzlicher Öle und Fette angereichert im Seifenstock, im Dämpfkondensat bei der Desodorisierung sowie an Bleicherden adsorbiert an und können durch fraktionierte Kristallisation, z. B. aus Aceton, gewonnen werden.

In (randomisiert) umgeesterten Fetten liegen die Sterine fast ausschließlich in Form der grenzflächeninaktiven Fettsäureester vor.

3. Langkettige Fettalkohole

(Vgl. auch dieses Handbuch Bd. I, S. 348, 351 u. 1198)

Fettalkohole oder Gemische von Fettalkoholen, Wachsen und Kohlenwasserstoffen, wie sie in natürlichen Wachsen vorkommen, werden als W/O-Emulgatoren in Trennemulsionen für Backformen oder für Zwiebackkrem eingesetzt.

Fettalkohole mit 12—34 Kohlenstoffatomen in der Kette kommen frei und verestert besonders in Bienenwachs und Spermöl vor. Der Gehalt an freien Alkoholen beträgt bei Bienenwachs aber nur ca. 1% (TH. WAGNER-FINDLEY u. J.B. BROWN 1953). Eine Gewinnung der mit langkettigen (bis zu C_{36}) Fettsäuren veresterten Alkohole wird nach alkalischer Verseifung durch Lösungsmittelextraktionen mit Alkohol, Aceton o. a. und fraktionierter Kristallisation vorgenommen.

II. Synthetische Emulgatoren

1. Nichtionogene Emulgatoren

a) Partialester des Glycerins: Mono- und Diglyceride

Diese schon lange bekannten, physiologisch unbedenklichen typischen W/O-Emulgatoren (vgl. HLB-Tab. 11, S. 270), die in natürlichen Ölen und Fetten in kleinen Mengen, meist unter 0,1%, enthalten sein können, werden in großem Maße synthetisch hergestellt und in einer Vielzahl von Lebensmitteln verwendet (vgl. Handbuch Bd. I, S. 1198).

Zu ihrer *technischen Gewinnung* werden fast ausschließlich 2 Reaktionswege benutzt (BAILEY 1964):

1. die Glycerolyse von Triglyceriden,
2. die direkte Veresterung von Glycerin mit Fettsäuren.

Die *Glycerolyse* ist der am meisten verbreitete Herstellungsprozeß und führt je nach Fettsäurezusammensetzung des Ausgangsfettes zu einem Partialestergemisch der verschiedenen Fettsäuren. Für die Gewinnung reiner einsäuriger Fettsäurepartialester, wie z. B. Mono-olein oder Mono-erucin, ist man dagegen auf *direkte* Veresterungsmethoden angewiesen (vgl. S. 276).

Die Glycerolyse ist eine vorwiegend alkalisch katalysierte Umesterungsreaktion, bei der eine statistische Verteilung der vorhandenen Acylgruppen auf die Glycerin-Hydroxylgruppen erfolgt. Die Gleichgewichtszusammensetzung eines solchen Gemisches läßt sich deshalb nach bekannten Formeln berechnen (BAILEY 1964). Die Lage des Gleichgewichtes, in dem die vier Komponenten Triglycerid/Diglycerid/Monoglycerid/Glycerin nebeneinander vorliegen, ist durch Erhöhung des Glycerinzusatzes weitgehend zugunsten des Monoglycerids verschoben. Einer Reindarstellung von Monoglyceriden steht jedoch die begrenzte Löslichkeit des Glycerins im Reaktionsgemisch im Wege, die bei Umesterungstemperaturen von 250° C etwa 40%, bei 200° C 22,5% und bei 175° C nur etwa 15% beträgt. Mit 40% Glycerin in homogener Lösung werden Monoglyceridgehalte von etwa 60% und Diglyceridgehalte von etwa 30% erreicht. Die Anwendung noch höherer Temperaturen führt zu Nebenreaktionen wie Polyglycerin- und Acroleinbildung. Ungesättigte Öle lösen zwar etwas mehr Glycerin, sind aber andererseits leichter thermischen Veränderungen unterworfen (L. HARTMAN 1963). Es ist bemerkenswert, daß die anfängliche Löslichkeit von Glycerin in Ölen selbst bei 200° C nur ca. 2% beträgt, aber mit steigendem Monoglyceridgehalt bis zum Gleichgewichtszustand ansteigt.

Eine raschere Gleichgewichtseinstellung wird bei der Glycerolyse durch Zusatz von Katalysatoren wie Na, NaOH, $NaOCH_3$, $NaOC_2H_5$, Sn, SnO, Zn, ZnO, $Ca(OH)_2$, Na_2CO_3 in Mengen von 0,1% erreicht. Besonders eignen sich die Alkali-Katalysatoren, da sie am Schluß der Reaktion leicht durch Zugabe von Wasser, CO_2 oder Säure inaktiviert werden können (*Th. Hedley and Co.* 1958).

Als Ausgangsfette werden oft Palmöl, Cocosfett, sowie hydrierte Öle und Fette (Soja-, Baumwollsaatöl, Talg oder Schmalz) eingesetzt. Für besondere Zwecke (Herstellung flüssiger Monoglyceride) verwendet man auch unhydrierte Pflanzenöle.

Die Monoglyceridherstellung im *technischen Maßstab* wird in Vakuum-Rührkesseln aus Stahl oder Edelstahl durchgeführt. Man beschickt den Kessel chargenweise mit dem Fett, setzt 30—40% Glycerin und 0,1% festes Natriumhydroxid zu und heizt die Mischung unter Anwendung von Unterdruck zur Entfernung von Luft und Feuchtigkeit auf. Die Heizung erfolgt indirekt durch überhitzten Dampf oder elektrisch. Die Reaktionsmischung wird bei der gewünschten Temperatur (ca. 220—240° C) bis zur Einstellung des Gleichgewichtes noch etwa 2—3 Std gerührt und dann rasch abgekühlt. Vor und während der Abkühlung kann der Katalysator z. B. durch Citronensäure oder Phosphorsäurelösung oder auch durch Wasserzugabe inaktiviert werden.

Das *Mono-Diglyceridgemisch* kann zur Entfernung des freien Glycerins (ca. 4—10%) mit konzentrierten heißen Lösungen von Kochsalz oder Natriumsulfat gewaschen werden (J.A. MONICK 1963). Auch durch Dünnschicht-Vakuumdestillation bei 170° C und 6 mm Hg läßt sich der Glyceringehalt auf ca. 0,3% senken. Das glycerinhaltige oder ausgewaschene und getrocknete Gemisch wird dann in gewünschter Weise verarbeitet und abgepackt. Gebräuchlich sind besonders in Flockenform abgefüllte Mono-Diglyceride, die über Kühltrommeln gewonnen werden. Sie zeichnen sich durch schnelle Auflösung in Ölen aus.

Bei der *direkten Veresterung* freier Fettsäuren verwendet man etwa 30—40% Glycerin, aber vorwiegend saure Katalysatoren wie HCl, $SnCl_2$, $ZnCl_2$ oder auch SnO, ZnO in Zusatzmengen zwischen 0,05 und 0,2%. Auch katalytische Mengen NaOH bewirken eine starke Beschleunigung der Gleichgewichtseinstellung (R.B.R. CHOUDHURY 1962).

Da die direkte Veresterungsmethode meist zur Reindarstellung ungesättigter Mono-Diglyceridgemische (z. B. Ölsäure, Linolsäure, Erucasäure) dient, muß von Beginn an unter Inertgas (N_2) gearbeitet werden. Die Reaktionszeiten betragen bei ca. 170—190° C und einem Druck von etwa 100 mm Hg ca. 15—20 Std (R. SCHNEIDER 1961).

Zusammensetzung und Eigenschaften: Die nach beiden Verfahren gewonnenen technischen Monoglyceride enthalten etwa 40—50% Gesamt-Monoglyceride, ca. 30—45% Diglyceride und 1—10% Triglyceride. Je nach der Aufarbeitung können noch Glycerin sowie Spuren der zur Neutralisation des Katalysators verwendeten Säuren vorkommen. Von den erhaltenen Monoglyceriden liegen ca. 90% als 1-Monoglyceride und ca. 10% als 2-Monoglyceride im Gleichgewicht vor, die beide nahezu gleiche Grenzflächeneigenschaften zeigen (L. HARTMAN 1964).

Tabelle 16. *Schmelzpunkte stabiler Modifikationen von Glyceriden* (nach H.P. KAUFMANN 1958)

Fettsäure	Triglycerid	1,3-Diglycerid	1-Monoglycerid	Smp. Differenz Monoglycerid/ Triglycerid
C_{10}	31,5° C	44,5° C	53 ° C	21,5° C
C_{12}	46,5° C	56,8° C	63 ° C	16,5° C
C_{14}	57,0° C	66 ° C	70,5° C	13,5° C
C_{16}	65,5° C	72,5° C	77 ° C	11,5° C
C_{18}	72,5° C	78 ° C	81,5° C	9,0° C
C_{18}:1	5,5° C	25 ° C	35 ° C	19,5° C
C_{18}:2	—13 ° C	—2,6° C	12,3° C	25,3° C
C_{22}:1	30 ° C	46,5° C	50 ° C	20 ° C

Diglyceride, die im Gleichgewichtszustand aus 42% 1,2- und 58% 1,3-Diglyceriden bestehen (A. CROSSLEY, I.P. FREEMAN, B.J.F. HUDSON u. J.H. PIERCE 1959), sind kaum grenzflächenaktiv und gelten somit oft als unerwünschtes Verdünnungsmittel für die aktiven Monoglyceride.

Zur Darstellung hochprozentiger *Monoglyceridkonzentrate* unterwirft man die Monoglyceridgemische einer schonenden Kurzwegdestillation, wobei genügend schnelle Umwälzung des Oberflächenfilms durch geeignete Zentrifugalverdampfer erzielt wird. Die Temperaturbelastung des Emulgators ist dabei äußerst gering und beträgt bei 100—130° C nur wenige Sekunden. Der erreichbare Reinheitsgrad beträgt etwa 90—95% (N.H. KUHRT 1953).

Monoglyceride weisen gegenüber Triglyceriden mit jeweils gleichen Fettsäuren etwa 10—25° C höher liegende Schmelzpunkte auf und eignen sich dadurch neben ihrer Grenzflächenaktivität auch zur Erhöhung der Härte von Fetten (vgl. Tab. 16).

Reine Monoglyceride bilden oberhalb ihres Schmelzpunktes mit Wasser optisch klare Gele, die etwa 15—25% Wasser enthalten (G.Y. BROKAW u. W.C. LYMAN 1958). Mit Hilfe dieser Gele lassen sich wasserlösliche Komponenten in Ölen lösen.

Monoglyceride erniedrigen die Grenzflächenspannung zwischen Öl (z. B. bei einem reinen Baumwollsaatöl) und Wasser (N.H. KUHRT, E.A. WELCH u. F.J. KOWARIK 1950; A.T. GROS u. R.O. FEUGE 1951) von ca. 30 dyn · cm^{-1} bei einem 0,5%igen Zusatz auf etwa 20 dyn · cm^{-1}, bei ca. 1%igem Zusatz auf etwa 13 dyn · cm^{-1}, bei 2% auf 8—10 dyn · cm^{-1}, bei 4% auf 3—4 dyn · cm^{-1}. Die Erniedrigung ist bei technischen Monoglyceriden dabei fast ausschließlich dem Monoglyceridgehalt zuzuschreiben. Die vergleichsweise niedrigen Grenzflächenspannungszahlenwerte bei den angegebenen relativ hohen Monoglycerid-Gehalten haben für die Praxis weniger Bedeutung, weil die größtenteils verwendeten, gesättigten Monoglyceride (mit Palmitin-, Stearinsäure) in Ölen bei Temperaturen um 20° C nur zu etwa 0,08% löslich sind. Bei 30° C lösen sich etwa 0,18%, bei 40° C 0,4% und bei 50° C 1,0% gesättigtes Monoglycerid (N.N. HELLMAN, H.F. ZOBEL u. F.R. SENTI 1955).

Monoglyceride werden (vgl. dieses Handbuch Bd. I, S. 1198) bei der Herstellung von Lebensmitteln vielfach zur Bindung des Wassers eingesetzt. So kann ein Fett, das 10% reines gesättigtes Monoglycerids enthält, bis zu 180% seines Gewichtes an Wasser aufnehmen. Ungesättigte Monoglyceride, z. B. auf Baumwollsaatölbasis, vermögen bereits bei 1%igem Zusatz bis zu 650% Wasser zu binden (A.T. GROS u. R.O. FEUGE 1951). Verwendung finden Monoglyceride als Emulgatoren für Margarine, Eiskrem, Shortenings und Backfette (s. auch Handbuch, Bd. I, S. 1198).

b) Lactoglyceride (Ester der Milchsäure)

In neuerer Zeit finden besonders auf dem amerikanischen Markt milchsäuremodifizierte Fettemulgatoren zunehmend Verwendung auf dem Lebensmittelgebiet.

Die Herstellung von sog. *Lacto-Glyceriden* (nach FDA[1]: Glyceryllactyl-Stearat in Mischung mit Mono- und Diglyceriden) ist auf dem direkten Veresterungsweg möglich (R.O. FEUGE 1962; L.L. LITTLE 1949; C.J. HOUSER 1961; S.S. CHANG, F.L. DEVORE u. M.A. FRIEDMAN 1960). Hierbei wird ein Gemisch etwa äquimolarer Mengen einer Fettsäure (z. B. Stearinsäure), Milchsäure (85%ig) und Glycerin unter vermindertem Druck (etwa 100 mm Hg) und Durchleiten eines inerten Gases (CO_2, N_2) oder H_2O-Dampf auf 100° C erhitzt und getrocknet. Dann wird ohne Zugabe von Katalysatoren auf etwa 150—185° C erhitzt und das Reaktionswasser bei etwa 50 mm Hg mit dem Inertgas entfernt. Milchsäure wird unter Rückfluß stets wieder dem Reaktionsgemisch zugeführt. Nach etwa 6 Std wird abgekühlt und das Gemisch zur Entfernung bitter schmeckender wasserlöslicher Milchsäureglyceride (Mono-, Di- und Trilactin) (S.B. RADLOVE, H.T. IVESON u. P.L. JULIAN 1960), die keine Emulgierwirkung besitzen, mit heißem Wasser oder Salzlösung gewaschen. Bleichung mit Aktiverden und Desodorisierung können sich anschließen (L.L. LITTLE 1949; R.O. FEUGE 1962).

Noch einfacher ist die *direkte* Veresterung eines separat durch Glycerolyse (vgl. unter Kap. II, 1a) erhaltenen Mono-Diglyceridgemisches mit Milchsäure.

Die *Lactoglyceride* enthalten Gemische verschiedener Milchsäureester, bei denen als Hauptkomponente Moleküle des Typs I vorkommen (J.C. WOOTTON u. E.S.

[1] FDA = Food and Drug Administration der USA.

LUTTON 1959). Daneben können Ester zwischen Fettsäuren und Milchsäureglyceriden des Typs II (vgl. Formel), sowie entsprechende Derivate der Diglyceride anwesend sein.

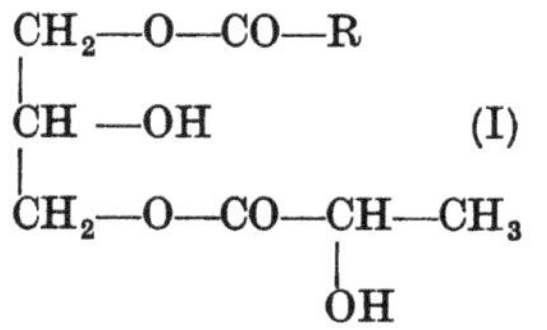
(I)

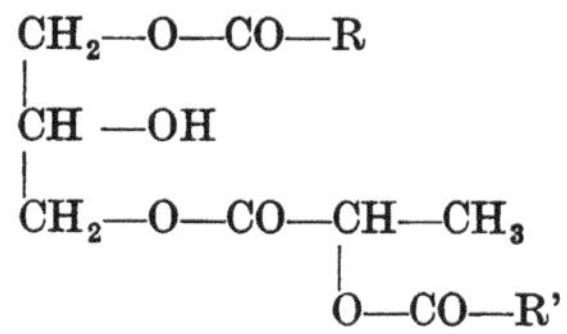
(II)

Nach der FDA[1] (R.O. FEUGE 1962) soll ein lactyliertes Mono-Diglyceridgemisch eine Säurezahl kleiner als 14 haben und nicht mehr als 16% gebundene Milchsäure enthalten. Der Gehalt an gebundener und freier Milchsäure in einem Shortening soll 1,75% nicht überschreiten.

Neben der Anwendung auf dem Backsektor in Verbindung mit „High-ratio Shortenings" (Zusatz 2—8%) sollen sich Lactoglyceride wie 2-Lactyl-1,3-dipalmitin (L.A. GOLDBLATT, D.A. YEADON u. M. BROWN 1955), die gegenüber Hydrolyse ziemlich beständig sind, auch für die Herstellung von Emulsionen für die parenterale Ernährung sowie zur Erhöhung des Aufschlagvolumens bei Eiskrem eignen.

c) Polyglycerinester

Polyglycerinester (Strukturformel vgl. dieses Handbuch Bd. I, S. 1200) werden durch Kondensation von Glycerin und partielle Veresterung der entstandenen Kondensationsprodukte (sog. Polyglycerine = kondensierte Glycerinäther) mit Fettsäuren und anderen Säuren hergestellt.

Die hierfür benötigten Polyglyceringemische werden durch mehrstündiges Erhitzen von Glycerin in Gegenwart von 0,1—1% NaOH oder 0,3% Na-Acetat auf Temperaturen von ca. 250° C erhalten (C.S. MINER u. N.N. DATTON 1953). Das entstehende Reaktionswasser wird bei leichtem Unterdruck (ca. 350 mm Hg) entfernt. Je nach Erhitzungszeit und Temperatur besteht das Reaktionsprodukt aus verschieden weit kondensierten, linearen und auch cyclischen Polyglycerinen mit 2 bis etwa 12 ätherartig verknüpften Glycerineinheiten neben noch unverändertem Glycerin.

Obwohl sich Polyglyceringemische durch Destillation unter Vakuum fraktionieren lassen, bestehen auch die Fraktionen noch aus Gemischen, die nach dem mittleren Polymerisationsgrad (berechnet z. B. aus Hydroxylzahl und Viscosität) charakterisiert werden können.

Die Herstellung der Polyglycerinester aus Polyglycerin und Fettsäuren verläuft analog zur Monoglyceridherstellung (vgl. S. 275). Die resultierenden Partialestergemische sind aber naturgemäß komplexer aufgebaut und enthalten neben Mono- und Di- auch noch höhere Fettsäurepartialester. Während der Gehalt an Monoestern bei Glycerin noch etwa 50% beträgt, fällt er bei technischen Diglycerinestern auf etwa 20—25% und bei höheren Polyglycerinestern auf etwa 10% (V.K. BABAYAN, H. KAUNITZ u. C.A. SLANETZ 1964). Durch besonders gelenkte Reaktionsdurchführung und Aufarbeitung (Desodorisieren 30 min bei 130° C) werden Emulgatoren von zufriedenstellender Farbe und geschmacklicher Reinheit erhalten.

Die Löslichkeit der Polyglycerinester kann in weiteren Grenzen variiert werden als die der einfachen Monoglyceride. Mono-Fettsäureester höherer Polyglycerine sind wasserlöslich bis wasserdispergierbar, während mit steigendem Veresterungsgrad und fallendem Polymerisationsgrad des Glycerins die Löslichkeit in Ölen zunimmt.

[1] FDA = Food and Drug Administration der USA.

Polyglycerinester mit modifizierten Fettsäuren sind ebenfalls bekannt. Als Fettsäuren werden dabei z. B. Estolide der Ricinolsäure (W. J. F. VAN DER GRACHT 1957) oder auch dimerisierte Fettsäuren (GRINDSTEDVAERKET 1955), die durch thermische Polymerisation gewonnen werden, verwendet.

d) Partialfettsäureester des Sorbitans

Eine weitere Klasse nichtionogener Emulgatoren sind die bekannten Sorbitanfettsäureester.

Sorbit spaltet leicht in 1,4- oder 1,5-Stellung 1 Molekül Wasser ab (Anhydrid-Bildung) (K. R. BROWN 1943) und bildet dabei innere Äther (Tetrahydropyran- und Tetrahydrofuran-Derivate), die man *Sorbitane* bzw. bei nochmaliger H_2O-Abspaltung *Sorbide* nennt.

Diese Stoffe geben nach Veresterung mit höheren Fettsäuren unterschiedlicher Kettenlänge und unterschiedlichen Sättigungsgrades die unter dem Namen SPAN (*Atlas Powder Co.*) bekannten Verbindungen, die in vielen Staaten in der Lebensmittelindustrie als Emulgatoren Verwendung finden (vgl. dieses Handbuch Bd. I, S. 1202).

Im Handel befindliche SPAN-Produkte sind z. B.:

SPAN 20	=	Monolaurinsäureester	=	Sorbitanmonolaurat
SPAN 40	=	Monopalmitinsäureester	=	Sorbitanmonopalmitat
SPAN 60	=	Monostearinsäureester	=	Sorbitanmonostearat
SPAN 65	=	Tristearinsäureester	=	Sorbitantristearat
SPAN 80	=	Mono-ölsäureester	=	Sorbitanmono-oleat
SPAN 85	=	Tri-ölsäureester	=	Sorbitantrioleat

Zur Herstellung der Mono-Fettsäureester geht man entweder von vorher durch intramolekulare Wasserabspaltung gebildetem Sorbitan oder direkt von Sorbit aus. Die Veresterung wird in Rührgefäßen aus Aluminium oder Edelstahl vorgenommen, indem etwa äquimolare Mengen an Sorbit und der gewünschten Fettsäuren zusammengegeben werden. Die Mischung wird unter Inertgas (N_2) und evtl. unter Zugabe von etwa 0,05% NaOH als Katalysator einige Stunden lang auf Temperaturen um 200—250° C erhitzt. Der mehr oder weniger stark gefärbte Reaktionsansatz wird mit Aktivkohle gebleicht und filtriert. Reste von nichtveresterten Sorbitanhydriden lassen sich mit konzentrierter Natriumsulfatlösung und/oder Wasser auswaschen.

Diese Reaktionsgemische bestehen zu etwa 70% aus dem Sorbitan-Monofettsäureester sowie kleineren Mengen an Sorbitan-Difettsäureester und Sorbit-Monofettsäureester. Freie Fettsäuren sowie flüchtige Geschmacksstoffe lassen sich durch Behandlung mit überhitztem Wasserdampf (150° C) unter Vakuum (10 mm Hg) herausdämpfen (W. C. GRIFFIN 1945).

Die SPANs sind öllösliche W/O-Emulgatoren und zeigen HLB-Werte zwischen 2 und 8 (vgl. Tab. 11, S. 270) (*Atlas Powder Co.*). Sie werden mit den hydrophileren TWEEN-Emulgatoren (vgl. folgenden Abschnitt) in vielfältiger Weise kombiniert.

e) Polyoxyäthylen-sorbitan-fettsäureester (TWEENs)

Die in Wasser nur schwer dispergierbaren SPAN-Emulgatoren lassen sich durch Umsetzung mit Äthylenoxid in wasserlösliche O/W-Emulgatoren sog. TWEENs (Formeln vgl. Handbuch Bd. I, S. 1203) überführen, wobei Äthylenoxid an die freien Hydroxylgruppen addiert wird. TWEEN-Emulgatoren (*Atlas Powder Co.*) enthalten im Mittel zwischen 10 und 30 Mole Äthylenoxid pro Mol Ester, wodurch eine Erhöhung der HLB-Werte gegenüber den Sorbitan-Fettsäureestern um 5—10 Einheiten erzielt wird.

Zur Herstellung der Polyoxyäthylenderivate (W.C. GRIFFIN 1945), bei der die üblichen Vorsichtsmaßnahmen für die Handhabung von Äthylenoxid (Entzündbarkeit bei Sauerstoffkontakt, Polymerisation, Toxizität) beachtet werden müssen, wird der Sorbitan-Fettsäureester (SPAN) aufgeschmolzen (50—70° C) und in einen Rührautoklaven gefüllt. Nach Aufheizen auf 100—110° C wird ein Katalysator, meist etwa 0,2% Natriummethylat, zugegeben und mit dem Einleiten von flüssigem Äthylenoxid (ÄO) unter Druck begonnen. Die Reaktionswärme der stark exothermen Reaktion von Äthylenoxid (20 kcal/Mol ÄO) wird durch Gegenkühlung (Wärmeaustausch) abgeführt und das Einleiten von ÄO dem Verbrauch angeglichen. Nach Reaktion von etwa 20 Molen ÄO pro Mol eingesetztem Ester bei 105—110° C wird die Zufuhr von ÄO gestoppt. Nach Absinken des Überdrucks auf Atmosphärendruck wird das Reaktionsgemisch in einem Vakuumkessel bei etwa 150° C und 100 mm Hg kurz gedämpft und anschließend mit Aktivkohle behandelt und filtriert.

Die so erhaltenen wasserlöslichen Emulgatoren bestehen zwar aus Gemischen verschieden hoch oxäthylierter Moleküle, sind aber insgesamt als nahe 100%ig grenzflächenaktive Verbindungen aufzufassen (*Atlas Powder Co.*). Zusammen mit den Sorbitan-Fettsäureestern (SPANs) decken diese oxäthylierten Sorbitan-Fettsäureester (TWEENs) den HLB-Bereich von 2—18 ab (vgl. Tab. 11) und bieten sich durch vielfältige Kombinationsmöglichkeiten auch als Lösungsvermittler und Stabilisatoren für weite Anwendungsbereiche in der Lebensmittelindustrie an (P. BECHER 1965; S.W. SOUCI 1958).

f) Fettsäureester von Kohlenhydraten: Zucker-Fettsäureester

(Formeln vgl. Handbuch Bd. I, S. 1201)

Eine besonders interessante und physiologisch allgemein als harmlos angesehene Klasse von *nichtionogenen* Fettemulgatoren stellen die Fettsäureester von Sacchariden, vornehmlich der Saccharose und Glucose dar. Die Schwierigkeit ihrer Herstellung lag bis vor einigen Jahren in der Auffindung geeigneter Reaktionsmedien und Aufarbeitungsmethoden. Geeignete Lösungsmittel sowohl für Fette als auch für Zucker, wie Dimethylsulfoxid (DMSO) und Dimethylformamid (DMF), sind erst in jüngster Zeit in reiner Form technisch verfügbar geworden. Heute wird vornehmlich DMF als Lösungsmittel für die Zuckeresterherstellung verwendet.

Die bevorzugte Darstellungsmethode ist die der *katalytischen Umesterung* zwischen Fettsäureestern und Zucker. Dabei bestehen zwei Varianten. Werden Fettsäure-Methylester eingesetzt, so läßt sich freiwerdendes Methanol destillativ entfernen und man erhält ein reines Zuckerestergemisch. Setzt man Triglyceride ein, so besteht im allgemeinen das Reaktionsprodukt aus Partialestergemischen des Glycerins und des Zuckers. Diese letztgenannten Gemische sind auch unter dem Begriff „*Zuckerglyceride*" bekannt.

Die *Herstellung* beider Emulgatortypen ist prinzipiell gleich. Der Zucker, meist Saccharose (Sucrose), wird in etwa der vierfachen Menge DMF gelöst. Dann werden der Umesterungskatalysator, etwa 0,25% $NaOCH_3$ oder 0,4% K_2CO_3, und der Fettsäureester zugegeben und das Reaktionsgemisch erhitzt. Bei Methylestern wird unter Vakuum mehrere Stunden auf 90—95° C erhitzt, wobei das Lösungsmittelgemisch fraktioniert destilliert und das von Methanol befreite DMF wieder in den Ansatz zurückgeleitet wird (W.F. HUBER u. N.B. TUCKER 1957; TH. Y CIA S.L. 1962; V. MOLINA DI GANDENZINO 1964; L. OSIPOW, F.D. SNELL u. A. FINCHLER 1957). Bei Triglyceriden sind bisweilen höhere Temperaturen (ca. 140° C) für wenige Stunden erforderlich.

Für die direkte Herstellung von Mono-Fettsäureestern ist ein Überschuß an Zucker von etwa 3 Mol pro Mol Fettsäure, für die Di-Fettsäureesterherstellung ein Überschuß an Zucker von etwa 0,5 Mol pro Mol Fettsäure einzusetzen (L. OSIPOW, F.D. SNELL, W.C. YORK u. A. FINCHLER 1956; H.B. HASS, F.D. SNELL, W.C. YORK u. L.I. OSIPOW 1959). Die Anwesenheit von 0,05—0,15% Wasser im Reaktionsansatzgemisch unterdrückt die Bildung von höheren Estern zugunsten des Mono-Fettsäureesters.

Für die Verwendung von Zuckerestern in Lebensmitteln muß das Lösungsmittel vollständig entfernt werden. Hierzu wird der größte Teil des DMF über Dünnschichtverdampfer abdestilliert und das Estergemisch durch Auswaschen mit heißem Wasser oder NaCl-Lösung vom restlichen Lösungsmittel befreit. Eine weitere Reinigung ist dann durch Umkristallisation aus Butanol, Äthylacetat oder Methyl-äthylketon möglich (L. NOBILE u. T. LANOCE 1966; L.I. OSIPOW u. F.D. SNELL 1961).

Eine Modifizierung der SCHOTTEN-BAUMANN-Reaktion führt ohne Anwendung von Lösungsmitteln zu Zuckerestern. Hiernach wird Saccharose in wäßrigem alkalischem Medium vom pH-Wert 9—11 gelöst bzw. suspendiert und unter starkem Rühren langsam mit einem Fettsäurechlorid bei Temperaturen unterhalb 45° C versetzt (V.K. BABAYAN u. A.K. ATIKIAN 1960).

Zucker-Fettsäureester sind geruchlose, süßlich schmeckende, feste bis wachsartige Verbindungen mit Schmelzpunkten oberhalb ca. 50° C und mit HLB-Werten zwischen etwa 8 (Di-Ester) und 11 (Mono-Ester). Reine Mono-Fettsäureester sind in Wasser löslich bis dispergierbar und eignen sich für die Herstellung von W/O- und O/W-Emulsionen, während Di-Fettsäureester ausschließlich W/O-Emulgatoren und in Ölen und Fetten löslich sind.

Höhere Fettsäureester von Di- (F.J. BAUR u. E.S. LUTTON 1964) und Polysacchariden, wie Dextrin oder Stärke (*Commonwealth Eng. Co.*) finden als Kristallisations-Inhibitoren für Salatöle Verwendung. Für den gleichen Zweck, z. B. zum Winterisieren von Sojaöl, eignen sich auch partiell acetylierte Zucker-Monofettsäureester (*Procter and Gamble* 1964; C.F. SPIESS 1964).

Ein Zusatz der Zuckerester in getrockneten Lebensmitteln (auch in Instantprodukten) erhöht deren Wasseraufnahmegeschwindigkeit, z. B. von Kakao, Trockenmilch oder Kaffee-Extrakt. In Brot dienen sie als Alterungsverzögerer. Weiter werden sie in Zahnkrems sowie zum Waschen von Früchten und Gemüse benutzt (vgl. auch dieses Handbuch Bd. I, S. 1201 sowie H. MANNECK 1962).

g) Emulgatoren auf Basis des Äthylenoxids und Propylenoxids

(Formeln vgl. Handbuch Bd. I, S. 1202)

Polyoxyäthylen- oder *Polyäthylenglycolester* sind prinzipiell auf zwei Arten herstellbar: Bei der einen Methode läßt man auf Fettsäuren Äthylenoxid einwirken, wobei zunächst der Monoglycolester entsteht, der dann mit weiterem Äthylenoxid zu den gewünschten Polyoxyäthylenestern reagiert. Je nach eingesetzter Äthylenoxidmenge lassen sich so Mono-Fettsäureester des monomeren Äthylenglycols oder verschieden weit polymerisierte Äthylenglycole darstellen. Analog verlaufen die Reaktionen mit Propylenoxid (*Atlas Chem. Ind.* 1967). Als Katalysatoren werden KOH oder Alkalialkoholate eingesetzt, die Reaktionen laufen bei erhöhter Temperatur (ca. 100° C) ab (vgl. auch Abs. I, 1e).

Die zweite Variante der Herstellung geht von Propylenglycol oder vorher gebildeten Polyäthylen- oder Polypropylenglycolen aus, die dann meist mit Triglyceriden unter Anwendung der üblichen Umesterungsbedingungen (Katalysatoren: ca. 0,5% $NaOCH_3$, NaOH, $SnCl_2$; erhöhte Temperatur: 75—200° C) zu Fettsäureestergemischen führen (E. MAHLER u. M. GATTEFOSSE 1966; B.M. MINSHEW 1966; E.I. VALKO 1954).

Die Ester stellen meist öllösliche Emulgatoren dar, deren Hauptanwendung auf dem Gebiet der Backfette und Shortenings liegt. Die als Monoester deklarierten Produkte, z. B. Polyäthylenglycol-monopalmitat, enthalten ca. 45% Monoester, ca. 41% Diester und ca. 15% freies Polyäthylenglycol (W.S. SINGLETON, J.L. WHITE, L.L. DITRAPANI u. M.L. BROWN 1962).

In die Gruppe der *Poly-Alkylenoxide* gehört eine durch Block-Copolymerisation entstandene Verbindungsklasse der *Polyoxyäthylen-Polyoxypropylenäther* (PLURONIC's, *Wyandotte Chem. Corp.*, USA). Diese linearen, fettsäurefreien Polymeren entstehen durch Reaktion von Äthylenoxid mit den Hydroxylgruppen an beiden Enden eines vorgebildeten Polyoxypropylens. Die Verbindungen haben die allgemeine Formel (L.G. LUNSTEDT 1954; *Wyandotte Chem. Corp.* I.R. SCHMOLKA u. A.J. RAYMOND 1965; J.M.G. COWIE u. A.F. SIRIANNI 1966):

$$HO \cdot (C_2H_4O)_a\ (C_3H_6O)_b\ (C_2H_4O)_c \cdot H$$

Durch Variation des Propylenoxid- und Äthylenoxidgehaltes bei der Herstellung sind PLURONIC's mit HLB-Werten zwischen etwa 1 und 30 erhältlich.

Von diesen wasserlöslichen bis öllöslichen, flüssigen bis festen Emulgatoren wird z. B. das PLURONIC F 68 (Mol.-Gew. 8000, *Wyandotte Chem. Corp.*) als synergistisch wirksamer Emulgator bei der Herstellung von Emulsionen für intravenöse Applikationen zusammen mit Phosphatiden verwendet und bewirkt eine bessere Feinverteilung der Öltröpfchen (Durchmesser kleiner als 1 μ).

h) Geblasene Öle

(Vgl. auch Handbuch Bd. I, S. 1200)

Die seit mehreren Jahrzehnten bekannten geblasenen Öle, z. B. Palsgaard-Emulsionsöl oder Homodan MO (A.J.C. ANDERSEN u. P.N. WILLIAMS 1965; E.V. SCHOU 1922) sind öllösliche W/O-Emulgatoren, die auch für Nahrungszwecke eingesetzt wurden. Sie eigneten sich hervorragend zum Stabilisieren von Margarineemulsionen beim Ausbraten sowie als wasserbindende Emulgatoren für Trennemulsionen.

Die ursprüngliche Herstellung bestand darin, daß man Sojaöl unter Durchleiten von Luft auf Temperaturen von 220—250° C erhitzte und bei dieser Temperatur hielt, bis das dunkelbraun gefärbte Öl nahezu gelierte. Dann konnte es zur späteren besseren Verarbeitung mit etwa 10—100% eines frischen Sojaöles verdünnt werden. Bei diesen hohen Temperaturen finden Oxydationen, Polymerisationen und Spaltungen an den ungesättigten Fettsäuren des Sojaöls statt. Die Emulgatoren stellen eine Mischung aus bislang in ihren Strukturen nicht eindeutig aufgeklärten autoxydiert-polymerisierten Glyceriden dar.

Die in neuerer Zeit schonender (150—190° C) und unter genauer kontrollierten Bedingungen hergestellten oxypolymerisierten Öle sind weniger stark polymerisiert und lassen sich anschließend oder gleichzeitig mit zugesetzten Mono-Di-Glyceriden verdünnen oder zu Partialestern oxypolymerisierter Fettsäuren umestern (A. HERLOW 1963),

Ein unter dem Begriff „*Oxystearine*" bekanntes oxy-polymerisiertes und anschließend hydriertes Glyceridgemisch wird als Kristallisationsverzögerer für Salatöle verwendet.

2. Anionaktive Emulgatoren

Bei dieser Verbindungsklasse handelt es sich vorzugsweise um Teilester zwischen den wasserlöslichen organischen Carbonsäuren (Genußsäuren) und Mono-Di-Glyceriden. Aber auch Schwefelsäure- und Phosphorsäureester sowie chemisch modifizierte Phosphatide finden Anwendung (A.J.C. ANDERSEN u. P.N. WILLIAMS 1965).

a) Alkali- und Ammoniumseifen höherer Fettsäuren

Eine der ältesten Gruppen stellen die Alkali- und Ammoniumsalze höherer Fettsäuren dar. Sie sind wasserlösliche O/W-Emulgatoren von hoher Grenzflächenaktivität (P. BECHER 1965; BAILEY 1964; J.T. DAVIES u. E.K. RIDEAL 1961; A.M. SCHWARTZ u. J.W. PERRY 1949). Ihre Anwendung in Nahrungsmitteln ist jedoch begrenzt. In Mischungen mit Mono-Di-Glyceriden für z. B. Zwiebackkrems oder Eiskrem lassen sie sich durch andere O/W-Emulgatoren (z. B. TWEEN 20 oder Lecithin) gut ersetzen. Zudem sind fettsaure Alkalisalze sehr empfindlich gegen Calcium-Ionen (= hartes Wasser) und werden spontan in die wasserunlöslichen und grenzflächeninaktiven Ca-Seifen umgewandelt. Al-Stearat ist als Kristallisationsverzögerer für Salatöl bekannt.

b) Ester der Genußsäuren

(Vgl. auch dieses Handbuch Bd. I, S. 1199)

Als sehr gut wirkender Zusatz zu Shortenings für Backzwecke haben sich *Weinsäureester* von Mono-Di-Glyceriden erwiesen. Besonders die *Halbester* der *Diacetylweinsäure* oder ihre Natriumsalzform gewinnen in neuerer Zeit an Interesse (R. O. Feuge 1962; M. H. Joffe 1952). Ihre Herstellung ist recht einfach (R. O. Feuge 1962; F. J. Cahn u. B. R. Harris 1941; M. M. Gladstone 1960). Man erhitzt 2 Mol eines destillierten Monoglycerids mit 1 Mol Diacetylweinsäureanhydrid ohne Katalysator für 5—10 min auf 100—160° C und kühlt das Gemisch ab. Das Reaktionsprodukt kann mit Soda oder Natronlauge teilweise oder vollständig neutralisiert werden.

Diacetylweinsäureanhydrid ist gleichfalls auf einfache Weise erhältlich (R. O. Feuge 1962; C. F. Fuchs 1950). Hierzu erhitzt man eine Mischung aus trockener Weinsäure und einem molaren Überschuß an Essigsäureanhydrid auf 115—120° C. Unter Anwendung eines leichten Unterdrucks wird die freiwerdende Essigsäure destillativ entfernt und das Reaktionsgemisch abgekühlt. Das dabei erstarrende Anhydrid kann unter Atmosphärendruck bei 230—250° C ohne Zersetzung destilliert werden.

Auf ähnliche Weise sind die *Ester* der *Citronen-* und *Acetyl-citronensäure* sowie der *Äpfelsäure* herstellbar (Gouda-Apollo 1959).

Die sauren Ester der Diacetylweinsäure neigen in Gegenwart von Feuchtigkeit besonders in der Hitze (Temp. oberhalb ca. 100° C) zur Hydrolyse.

Essigsäureester von Mono- und Diglyceriden, auch *Acetoglyceride* (vgl. Handbuch Bd. I, S. 1199) genannt, besitzen *keine* freien hydrophilen Gruppen, sind aber doch leicht grenzflächenaktiv. Ihre besondere Kristallisationseigenschaft, ihre einfache Herstellungsart und physiologische Verträglichkeit haben weite Anwendungsgebiete eröffnet. Acetofette sind u. a. als Hydrophobierungsmittel, als Zusätze zu Kuvertüren, als Bestandteile plastischer, streichfähiger Margarinefettkompositionen (USA), als Überzugsmassen (Filme) für Wurstwaren, Fleisch, Käse, Früchte, sowie zur Verminderung von Feuchtigkeits- und Aroma-Verlusten geeignet.

Stearylmonoglyceridcitrat (J. J. Geminder 1964) wird neuerdings als Co-Emulgator auf dem Backgebiet empfohlen. Es wird hergestellt durch Reaktion zwischen Stearylalkohol und Citronensäure und Monoglycerid und stellt ein wachsartiges Produkt mit Säurezahlen zwischen 40—52 und einem Citronensäuregehalt von 15—18% dar. Es besitzt hohe Grenzflächenaktivität.

c) Modifizierte Phosphatide

Unter dieser Bezeichnung werden alle durch chemische Reaktionen veränderten Phosphatide zusammengefaßt, die nicht als natürlich vorkommende Verbindungen bekannt sind. Alle diese Modifizierungen erhöhen die Hydrophilität und damit die Eignung der Phosphatide für O/W-Emulsionen.

Eine *Hydroxylierung* (H. Wittcoff 1948 u. 1951) der ungesättigten Fettsäuren mit Wasserstoffperoxid, Peressigsäure oder Permilchsäure erhöht die Dispergierbarkeit des Phosphatids in Wasser sowie die Haltbarkeit erheblich (E. F. Glabe 1954; P. J. Julian, H. T. Iveson u. M. L. McClelland 1953). Die Jodzahlen dieser Phosphatide sind stark herabgesetzt.

Die Reaktion von *Alkylenoxid* mit Phosphatiden (M. de Groote u. B. Keiser 1943) führt ebenfalls zu einem Reaktionsgemisch mit erhöhter Wasserdispergierbarkeit und Haltbarkeit. Die Herstellung erfolgt z. B. durch mehrstündiges Einleiten von Äthylenoxid bei ca. 30° C in die wäßrige Phosphatiddispersion. Anschließend werden Äthylenoxid und Wasser bei 80° C und 20 mm Hg entfernt.

Freie Aminogruppen, wie sie z. B. im Phosphatidyl-äthanolamin (Kephalin) vorhanden sind, lassen sich leicht mit *Säureanhydriden*, besonders mit Essigsäureanhydrid zu den entsprechenden Amiden umwandeln. Diese partiell acetylierten Phosphatide zeichnen sich durch erhöhte Wasserdispergierbarkeit aus und sind als O/W-Emulgatoren geeignet (P.F. DAVIS 1967).

d) Verschiedene Anionaktive Emulgatoren

Phosphatierte Mono- und Diglyceride, die in der Salzform als wasserdispergierbare O/W-Emulgatoren verwendet werden können, sind durch Erhitzen von Mono-Di-Glyceriden mit P_2O_5 oder $POCl_3$ darstellbar. Sie bestehen aus einem Gemisch verschiedener Phosphorsäureester, die in ihren Eigenschaften den natürlich vorkommenden Phosphatidsäuren ähnlich sind. Die freien, nicht neutralisierten phosphatierten Mono-Di-Glyceride, die noch freie Hydroxylgruppen enthalten, setzen die Viscosität von Kuvertüre herab und wirken auch als Trennmittel für Backformen (S. THOMPSON 1963).

Das auch als Detergens bekannte wasserlösliche *Laurylsulfat* und das *2-Äthylhexyl-sulfosuccinat* (Aerosol OT) werden vereinzelt auf dem Nahrungsmittelgebiet eingesetzt. Laurylsulfat erhöht die Benetzbarkeit von Kakao- und Milchpulver, während bereits sehr geringe Zusätze von *Aerosol OT* die Backeigenschaften von Brot verbessern und bei der Kartoffelchipsherstellung verwendet werden.

Zeitschriftenliteratur

BALTES, J.: Technologie und Analytik der Umesterung von Fetten, 2. Mitteilung über Umesterungsreaktionen. Nahrung **5**, 521—534 (1961).

BABAYAN, V.K., H. KAUNITZ and C.A. SLANETZ: Nutritional studies of polyglycerol esters. J. amer. Oil Chem. Soc. **41**, 434 (1964).

BERGWEIN, K.: Emulsionstechnologie und „HLB"-Wert. Fette, Seifen, Anstrichmittel **69**, 353 (1967).

BROKAW, G.Y., and W.C. LYMAN: The behavior of distilled monoglycerides in the presence of water. J. amer. Oil Chem. Soc. **35**, 49 (1958).

CHOUDHURY, R.B.R.: The preparation and purification of monoglycerides. II. Direct esterification of fatty acids with glycerol. J. amer. Oil Chem. Soc. **39**, 345 (1962).

COWIE, J.M.G., and A.F. SIRIANNI: The solution properties of some polyoxyethylene-polyoxypropylene surfactants in nonaqueous solvents. J. amer. Oil Chem. Soc. **43**, 572 (1966).

CROSSLEY, A., I.P. FREEMAN, B.J.F. HUDSON and J.H. PIERCE: Acyl migration in diglycerides. J. chem. Soc. **1959**, 760.

DEPMER, W.: Überblick über die kontinuierlichen Extraktionsanlagen. Fette, Seifen, Anstrichmittel **53**, 699—703 (1951).

EVANS, R.J., and S.L. BANDEMER: Lipide distribution in egg-yolk lipo-protein complexes. Poultry Sci. **40**, 597 (1961).

FEDELI, E., A. LANZANI, P. CAPELLA and G. JACINI: Triterpene alcohols and sterols of vegetable oils. J. amer. Oil Chem. Soc. **43**, 254 (1966).

FEUGE, R.O.: Derivatives of fats for use as foods. J. amer. Oil Chem. Soc. **39**, 521 (1962).

GEMINDER, J.J.: Stearyl monoglyceridyl citrate as an emulsifier enhancer. J. amer. Oil Chem. Soc. **41**, 92 (1964).

GOLDBLATT, L.A., D.A. YEADON and M. BROWN: The preparation and properties of β-Lactyl-a, γ-dipalmitin. J. amer. chem. Soc. **77**, 2477 (1955).

GRIFFIN, W.C.: Classification of surface agents by HLB. J. Soc. Cosmetica Chemists **1**, 311 (1949).

GRINDLEY, D.N.: Changes in composition of cottonseed during developement and ripening. Sci. Food Agric. **1**, 147 (1950).

GROS, A.T., and R.O. FEUGE: Modification of vegetable oils. X. Effect of monoglycerides on the interfacial tension of oil-water systems. J. amer. Oil Chem. Soc. **28**, 1 (1951).

HARTMAN, L.: Miscibility of glycerol with fatty acids and glycerides. J. amer. Oil Chem. Soc. **40**, 142 (1963).

— Surface activity of symmetrical and unsymmetrical mono- and diglycerides. J. amer. Oil Chem. Soc. **41**, 519 (1964).

HEESCH, A.: Neuzeitliche Margarine-Herstellung. Fette u. Seifen **65**, 2, 125—137; **65**, 3, 205—214 (1963).
HELL, R.: Untersuchungen über den Einfluß von Wasserstoffperoxid auf die freien Zucker des Sojaphosphatids bei der Bleichung. Fette, Seifen, Anstrichmittel (im Druck).
HELLMAN, N.N., H.F. ZOBEL and F.R. SENTI: Solubility of monoglycerides in oil and its relation to the production of global edible spread. J. amer. Oil Chem. Soc. **32**, 489 (1955).
JAMES, A.T.: The biosynthesis of unsaturated fatty acids in isolated plant leaves. Biochim. biophys. Acta **57**, 167 (1962).
— Interrelationships in fatty acid biosynthesis in plants. Übersichtsreferat FEBS' Meeting, Oslo 1962.
— The biosynthesis of long-chain saturated and unsaturated fatty acids in isolated plant leaves. Biochim. biophys. Acta **70**, 9 (1963).
—, R.V. HARRIS et al.: Investigations of the biosynthesis and degradation of unsaturated fatty acids in higher plants and photosynthetic bacteria. Fette, Seifen, Anstrichmittel **67**, 393—396 (1965).
KARLESKIND, A., F. AUDIAN et J.P. WOLFF: L'Analyse des stérols. Rev. Franc. Corps Gras **13**, 165 (1966).
KAUFMANN, H.P., u. K.D. MUKHERJEE: Neuzeitliche Technologie der Fette und Fettprodukte CXII und CXIV. Fette, Seifen, Anstrichmittel **68**, 503, 896—907 (1966).
KELLENS, E.: L'huile de palme en margarinerie fractionnement et hydrogénation. Oléagineaux **10**, 751—755 (1958).
KORITALA, S., and H.J. DUTTON: Selective Hydrogenation of soybean oil. J. amer. Oil Chem. Soc. **43**, 556—558 (1966).
KUHRT, N.H., E.A. WELCH and F.J. KOWARIK: Molecularly distilled monoglycerides. I. Preparation and properties. J. amer. Oil Chem. Soc. **27**, 310 (1950).
LUDWIG, K.G.: Emulgatoren in Nahrungsmitteln. Fette, Seifen, Anstrichmittel **67**, 1018 (1965).
LYNEN, F.: Der Weg von der aktivierten Essigsäure zu den Terpenen und Fettsäuren. Angew. Chem. **77**, 929—980 (1965).
— Biosynthesis of saturated fatty acids. Fed. Proc. **20**, 941—951 (1961).
—, J. KNAPPE et al.: Die biochemische Funktion des Biotin. Angew. Chem. **71**, 481 (1959).
MANNECK, H.: Zucker-Fettsäureester, deren Herstellung, Eigenschaften und Verwendung. Seifen, Öle, Fette, Wachse **88**, 133 (1962).
MONICK, J.A.: Continuous deglycerination of monoglycerides. J. amer. Oil Chem. Soc. **40**, 606 (1963).
NEUWALD, F., u. K.E. FETTIG: Cholestanol als W/O-Emulgator in hydrophilen Salben. Fette, Seifen, Anstrichmittel **66**, 378 (1964).
NORCIA, L.N., and B.E. ROSENTHAL: Sterol content of some plant oils. Further observations on fast reacting sterols. J. amer. Oil Chem. Soc. **43**, 168 (1966).
OSIPOW, L., F.D. SNELL, W.C. YORK and A. FINCHLER: Fatty acid esters of sucrose. Methods of preparation. Industr. Engin. Chem. **48**, 1459 (1956).
— — and A. FINCHLER: Sugar esters. J. amer. Oil Chem. Soc. **34**, 185 (1957).
— — Comparison of fatty acid esters of sucrose and of polyoxyethylene in built detergent compositions. J. amer. Oil Chem. Soc. **38**, 184 (1961).
PARDUN, H.: Isolierung und Reinigung von Soyalecithin. Fette, Seifen, Anstrichmittel **64**, 536—541 (1962).
RAO, S.V., M.M. PAULOSE and B. VIJAYALAKSHMI: Fatty acids present in oilseed phospholipids. Lipids **2**, 88 (1967).
RHODES, D.N., and C.H. LEA: Phospholipids. IV. On the composition of hen's egg phospholipids. Biochem. J. **65**, 526 (1957).
SCHMOLKA, I.R., and A.J. RAYMOND: Micelle Formation of Polyoxyethylene-Polyoxypropylene Surfactants. J. amer. Oil Chem. Soc. **42**, 1088 (1965).
SCHNEIDER, R.: Glycerin-Mono- und -Di-Fettsäureester. Seifen, Öle, Fette, Wachse **87**, 659 (1961).
SINGLETON, W.S., J.L. WHITE, L.L. DITRAPANI and M.L. BROWN: An emulsifier system for experimental intravenous fat emulsions. J. amer. Oil Chem. Soc. **39**, 260 (1962).
STUMPF, P.K., and C. BRADBEER: Fat metabolism in higher plants. Ann. Rev. Plant Physiol. **10**, 197—222 (1959).
—, and A.T. JAMES: The biosynthesis of long-chain fatty acids by lettuce chloroplast preparations. Biochim. biophys. Acta **70**, 20 (1963).
TÄUBRICH, F.: Die kontinuierliche Herstellung von reiner und gestreckter Mayonnaise. Fette u. Seifen **65**, 6, 475—478 (1963).
WAGNER, H., u. P. WOLFF: Isolierung und Analytik pflanzlicher Phosphatide und Sphingolipide. Fette, Seifen, Anstrichmittel **66**, 425 (1964).

WAGNER FINDLEY, TH., and J.B. BROWN: The compositions of some unhydrolyzed naturally occuring waxes, calculated using functional group analysis and fractionation by molecular distillation. J. amer. Oil Chem. Soc. **30**, 291 (1953).
WIK, T., C.R. SCHOLFIELD and J.C. COWAN: Fractionation of soybean phosphatides with isopropyl alcohol. J. amer. Oil Chem. Soc. **29**, 345 (1952).
WISSEBACH, H.: Probleme der Fetthärtung. Tenside **3**, 285—295 (1966).
WOOTTON, J.C., and E.S. LUTTON: Preparation and properties of various fatty compounds containing lactic acid. J. amer. chem. Soc. **81**, 1762 (1959).

Bibliographie

ANDERSEN, A.J.C.: Margarine. London: Pergamon Press 1954.
— Refining of oils and fats for edible purposes. 2. überarbeitete Auflage. Hrsg. von P.N. WILLIAMS. Oxford-London-New York-Paris: Pergamon Press 1962.
—, and P.N. WILLIAMS: Margarine, 2. Aufl. Oxford-London: Pergamon Press 1965.
ANSELL, G.B., and J.N. HAWTHORNE: Phospholipids. B.B.A. Library Vol. 3. Amsterdam-London-New York: Elsevier Publ. Co. 1964.
Atlas Powder Co., Ind. Chem. Dept., Wilmington, Del.: Atlas surface active agents.
BAILEY, A.E.: Cottonseed and Cottonseed products, S. 320ff. New York: Interscience Publishers 1948.
— Industrial oil and fat products. 2. Aufl. New York: Interscience Publishers 1951.
Bailey's Industrial Oil and Fat Products, 3. Aufl. New York-London-Sydney: Interscience Publishers 1964.
BALTES, J.: Vortrag, gehalten beim 2. Symposium über „Chemische Fremdstoffe in Nahrungsmitteln“, Amsterdam 1956.
— Die industrielle Herstellung von Speisefetten unter besonderer Berücksichtigung ihrer ernährungsphysiologischen Eigenschaften. In: Die ernährungsphysiologischen Eigenschaften der Fette, S. 27. Hrsg. von K. LANG. Darmstadt: D. Steinkopff 1958.
BECHER, P.: Emulsions. New York-London: Reinhold Publ. Co. 1965.
BLOCH, K.: Lipid metabolism. New York and London: Wiley and Sons 1960.
— In: The control of lipid metabolism. Hrsg. von J.K. GRANT. London and New York: Academic Press 1963.
BÖHM, W.H.: Margarine. In: Ullmanns Encyklopädie der technischen Chemie, 3. Aufl., 12. Bd. München-Berlin: Urban & Schwarzenberg 1960.
Central Soya Co., Inc., Chicago, Ill./USA: Lecithin. Surface active phosphatides.
Commonwealth Economic Committee: Dairy Produce. A review of production, trade, consumption and price. London: Her Majesty's Stationary Office 1966.
— Vegetable oils and oil seeds. A review of production, trade, utilization and price. London: Her Majesty's Stationary Office 1966.
CRUMP, G.B.: The technology of margarine manufacture. In: Progress in the chemistry of fats and other lipids, Bd. 5. Hrsg. von R.T. HOLMANN, W.O. LUNDBERG u. T. MALKIN. London-New York-Paris-Los Angeles: 1958.
DAVIES, J.T., and E.K. RIDEAL: Interfacial phenomena. New York-London: Academic Press 1961.
DEUEL, H.J.: The lipids. Bd. 1, S. 216—234. New York: Interscience Publishers 1951.
ECKEY, E.W.: Vegetable fats and oils. New York: Reinhold Publ. Corp. 1954.
Food and Agricultural Organisation of the United Nations (FAO): Yearbook of Food and Agricultural Statistics. Teil I und II. Rom 1966.
HILDITCH, T.P., and P.N. WILLIAMS: The chemical constitution of natural fats. 4. Aufl, S. 172. London: Chapman and Hall 1964.
JAMES, A.T.: In: The control of lipid metabolism. Hrsg. von J.K. GRANT. London and New York: Academic Press 1963.
KAUFMANN, H.P.: Analyse der Fette und Fettprodukte. Berlin-Göttingen-Heidelberg: Springer 1958.
—, u. E. SCHMÜLLING: Beiträge zur Chemie und Technologie der Fetthärtung II. Forschungsberichte des Landes Nordrhein-Westfalen, Nr. 1108. Köln-Opladen: Westdeutscher Verlag 1962.
—, u. H. SCHNURBUSCH: Die Umesterung von Fetten und Ölen. Forschungsberichte des Landes Nordrhein-Westfalen, Nr. 1207. Köln-Opladen: Westdeutscher Verlag 1963.
—, u. J.G. THIEME: Neuzeitliche Technologie der Fette und Fettprodukte, 1. Lieferung: Die Rohstoffe, ihre Gewinnung, ihr Transport und ihre Lagerung. Münster/Westf.: Aschendorffsche Verlagsbuchhandlung 1956.
— — Neuzeitliche Technologie der Fette und Fettprodukte, 2. Lieferung: Die Reinigung und Zerkleinerung von Rohstoffen. Münster/Westf.: Aschendorffsche Verlagsbuchhandlung 1959.

KAUFMANN, H. P., u. F. WEGHORST: Beiträge zur Chemie und Technologie der Fetthärtung. I. Forschungsberichte des Wirtschafts- und Verkehrsministeriums Nordrhein-Westfalen, Nr. 525. Köln-Opladen: Westdeutscher Verlag 1958.
—, B. GROTHUES u. R. GÜLDENPFENNIG: Neuzeitliche Technologie der Fette und Fettprodukte, 3. Lieferung: Die Gewinnung der Öle und Fette aus den Rohstoffen: Grundlagen und Pressung. Münster/Westf.: Aschendorffsche Verlagsbuchhandlung 1961.
—, R. GÜLDENPFENNIG u. K.D. MUKHERJEE: Neuzeitliche Technologie der Fette und Fettprodukte, 4. Lieferung: Die Gewinnung der Öle und Fette durch Lösungsmittelextraktion sowie Ausschmelzen und ihre Raffination. Münster/Westf.: Aschendorffsche Verlagsbuchhandlung 1965.
KING, N.: The milk fat globule membrane. Commonwealth Agric. Bur., Farnham Royal 1955.
KIRK-OTHMER: Encyclopedia of chemical technology, 2. Aufl., Bd. 8 (1965).
LANG, K.: Biochemie der Ernährung. Darmstadt: D. Steinkopff 1957.
— Biochemie der Ernährung, 2. Aufl. Darmstadt: D. Steinkopff 1967.
LÜDE, R.: Die Gewinnung von Fetten und fetten Ölen. Technische Fortschrittsberichte, Bd. 47. Dresden-Leipzig: Theodor Steinkopff 1948.
— Die Gewinnung von Fetten und fetten Ölen. Technische Fortschrittsberichte, Bd. 47. Dresden-Leipzig: Theodor Steinkopff 1954.
— Die Raffination von Fetten und fetten Ölen. Technische Fortschrittsberichte, Bd. 58, 2. Aufl. Dresden-Leipzig: Theodor Steinkopff 1962.
LYNEN, F.: The cellular control of fatty acid synthesis at the enzymatic level. In: The control of lipid metabolism. Hrsg. von J.K. GRANT. London and New York: Academic Press 1963.
MARKLEY, K.S.: Soybeans and soybean products. New York: Interscience Publishers 1950.
MINER, C.S., and N.N. DATTON: Glycerol. New York: Reinhold Publ. Corp. 1953.
RUDISCHER, S.: Fachbuch der Margarine-Industrie. Leipzig: Fachbuchverlag 1959.
RUHLAND, W.: Stoffwechselphysiologie der Fette und fettähnlicher Stoffe. In: Handbuch der Pflanzenphysiologie, Bd. VII. Berlin-Göttingen-Heidelberg: Springer 1957.
SCHORMÜLLER, J.: Die Erhaltung der Lebensmittel. Stuttgart: Ferdinand Enke 1966.
SCHWARTZ, A.M., and J.W. PERRY: Surface active agents. New York-London: Interscience Publishers 1949.
SCHWITZER, M.K.: Margarine and other food fats. London: Leonard Hill (Books) 1956.
SOUCI, S.W., u. E. MERGENTHALER: Fremdstoffe in Lebensmitteln. München: J.F. Bergmann 1958.
— Lebensmittel, Konservierung durch chemische Mittel. In: Ullmanns Encyklopädie der technischen Chemie, 3. Aufl., Bd. 11, S. 440. München-Berlin: Urban & Schwarzenberg 1960.
Statistisches Amt der Europäischen Gemeinschaften: Agrarstatistik. Heft 5, Brüssel 1964; Heft 2, Brüssel 1965.
STAUFF, J.: Emulsionen. In: Ullmanns Encyklopädie der technischen Chemie, 3. Aufl., Bd. 6, S. 500. München-Berlin: Urban & Schwarzenberg 1955.
STUMPF, P.K.: In: The control of lipid metabolism. Hrsg. von J.K. GRANT. London and New York: Academic Press 1963.
SWERN, D.: Bailey's industrial oil and fat products. 3. Aufl. New York-London-Sydney: Interscience Publishers 1964.
VAUCK, W.R.A., u. H.A. MÜLLER: Grundlagen chemischer Verfahrenstechnik. 2. Aufl. Dresden-Leipzig: Theodor Steinkopff 1966.
WITTCOFF, H.: The Phosphatides. New York: Reinhold Publ. Co. 1951.
Wyandotte Chemicals Corp.: Das Pluronic Gitternetz. 4. Aufl., durch C.H. Erbslöh, Düsseldorf.
WITTKA, F.: Die modernen Methoden zur Umformung der Fette. Leipzig: Johann Ambrosius Barth 1958.
WURZSCHMITT, B.: Systematik und qualitative Untersuchung kapillaraktiver Substanzen. Berlin-Göttingen-Heidelberg: Springer 1950.

Patente

Armour and Co.: Brit.P. 825936 (1959).
Atlas Chem. Ind., Inc.: Niederl.P. 6606346 (1967).
BABAYAN, V.K., and A.K. ATIKIAN (*Drew and Co., Inc.*): U.S.P. 2948717 (1960).
BAUR, F.J., and E.S. LUTTON (*Procter and Gamble*): U.S.P. 3158489/490 (1964).
BOLLMANN, H.: D.B.P. 511851 (1929).
BROWN, K.R. (*Atlas Powder Co.*): U.S.P. 2322820/821 (1943).
CAHN, F.J., and B.R. HARRIS (*Emulsol Corp.*): U.S.P. 2236516 (1941).
CHANG, S.S., F.L. DEVORE and M.A. FRIEDMAN (*Swift and Co.*): U.S.P. 2966410 (1960).
TH. Y CIA S.L.: Span.P. 272366 (1962).
Commonwealth Eng. Co., USA: U.S.P. 2749276 (1956).
DAVIS, P.F. (*Central Soya Co.*): U.S.P. 3026341 (1959).
— (*Central Soya Co., Inc.*): U.S.P. 3301881 (1967).

DUIN, H.J., P. WESTDORP, TH. WIESKE u. W. REISSMANN: Franz.P. 1403578 (1965).
FUCHS, C.F. (*Emulsol Corp.*): U.S.P. 2520139 (1950).
GLABE, E.F. (*Food Technol., Inc.*): U.S.P. 2666705 (1954).
GLADSTONE, M.M. (*Wittco Chem. Co., Inc.*): U.S.P. 2938027 (1960).
GORMAN, J.M., and V.H. HANNAH: U.S.P. 3222194 (1961).
Gouda-Apollo, Koninklijke Stearine Kaarsenfabrieken N.V.: Brit.P. 881714 (1959).
GRACHT, W.J.F., VAN DER (*Lever Bros.*): U.S.P. 2785978 (1957).
GRIFFIN, W.C. (*Atlas Powder Co.*): U.S.P. 2380166 (1945).
Grindstedværket, Aarhus N.: Brit.P. 731934 (1955).
GROOTE, M., DE, and. B. KEISER: U.S.P. 2310679 (1943).
HASS, H.B., F.D. SNELL, W.C. YORK and L.I. OSIPOW (*Sugar Research Found. Inc.*): U.S.P. 2893990 (1959).
Th. Hedley and Co., Ltd.: Brit.P. 802129 (1958).
HERLOW, A.: D.B.P. 1155768 (1963).
HOUSER, C.J. (*National Dairy Products Corp.*): U.S.P. 2968562 (1961).
HUBER, W.F., and N.B. TUCKER (*Procter and Gamble*): U.S.P. 2812324 (1957).
JOFFE, M.H.: Brit.P. 684620 (1952).
JULIAN, P.J., H.T. IVESON and M.L. MCCLELLAND (*Glidden Co.*): U.S.P. 2629662 (1953).
KUHRT, N.H. (*Eastman Kodak Co.*): U.S.P. 2634279 (1953); Brit.P. 682626 (1952).
LITTLE, L.L. (*Drew and Co., Inc.*): U.S.P. 2480332 (1949).
LUNSTED, L.G. (*Wyandotte Chem. Corp.*): U.S.P. 2674619 (1954).
MAHLER, E., and M. GATTEFOSSE: U.S.P. 3288824 (1966).
MATTIKOW, M.: U.S.P. 2640780 (1953).
MINSHEW, B.M. (*The Rath Packing Co.*): Can.P. 745633 (1966).
V. MOLINA DI GANDENZINO: Franz.P. 1365067 (1964) (*Ledoga Sp. A*).
Nattermann, A., u. *Cie.:* D.B.P. 1053299 (1967), D.B.P. 1047597 (1957).
NOBILE, L., u. T. LANOCE: D.B.P. 1205510 (1966).
Procter and Gamble: Brit.P. 962814 (1964).
RADLOVE, S.B., H.T. IVESON and P.L. JULIAN (*Glidden Co.*): U.S.P. 2957932 (1960).
SCHOU, E.V.: Brit.P. 178885 (1922); Brit.P. 187298/299 (1922).
SPIESS, C.F.: Brit.P. 958064 (1964).
THOMPSON, S. (*Lever Bros.*): U.S.P. 3108015 (1963).
The Upjohn Co.: USA, DAS 1177772 (1957).
VALKO, E.I. (*Drew and Co., Inc.*): U.S.P. 2666706 (1954).
WITTCOFF, H.: U.S.P. 2445948 (1948).
(Weitere Literatur vgl. Handbuch Bd. I, S. 1205—1206)

Verderben und Vorratshaltung von Fetten und Fettprodukten

Von

Dr. **HEINRICH V. PEZOLD**, Pinneberg bei Hamburg

Mit 16 Textabbildungen

A. Theoretische Grundlagen des Fettverderbs

Tierische und pflanzliche Fette erleiden unter dem Einfluß von exogenen und endogenen Faktoren Veränderungen verschiedensten Charakters. Am stärksten wirken sich diese Einflüsse auf Fette und Öle mit einem höheren Gehalt an ungesättigten Fettsäuren aus.

Während die Veränderungen der *reinen* Fette und Öle lediglich durch Luft, Licht, Wärme und Wasser praktisch ohne die Mitwirkung von Mikroorganismen vor sich gehen, ja deren Entwicklung sogar verhindern können, finden in *Fettzubereitungen*, welche wie Butter und Margarine außer Lipiden noch Eiweißstoffe und Kohlenhydrate neben größeren Mengen Wasser enthalten, Mikroorganismen einen günstigen Nährboden und verursachen durch ihre starke Vermehrung die Bildung unangenehm riechender und schmeckender Stoffe.

Weiterhin finden in fettreichen Geweben des Tier- und Pflanzenreiches sowohl Spaltungen von Fetten in Fettsäuren und Glycerin als auch oxydative Prozesse durch Enzyme statt, wie z. B. durch *Lipasen* bzw. *Lipoxydasen*.

Da das Verderben von Fetten, insbesondere durch Autoxydation, erhebliche volkswirtschaftliche Verluste nach sich zieht, ist die moderne Technologie zur Herstellung von Speisefetten bestrebt, ihre Produkte unter Bedingungen herzustellen, die alle Einflüsse, die den Keim zu einer späteren oxydativen Verderbnis legen könnten, nach Möglichkeit ausschließen. Darüber hinaus wird versucht, die Fette durch Zusetzen von (möglichst natürlichen) Schutzstoffen, sog. *Antioxydantien*, zu stabilisieren (vgl. Beitrag K. F. GANDER in diesem Band).

Weitaus die größte Bedeutung besitzt die Oxydation durch Einwirkung des atmosphärischen Sauerstoffs, die sog. „*Autoxydation*“. Nach den heutigen Vorstellungen reagiert der molekulare Sauerstoff mit dem Substrat nach einem Radikalmechanismus, wobei primär Fett-Hydroperoxide, sekundär deren Folgeprodukte gebildet werden. Solche Reaktionen verlaufen bereits unter relativ milden Bedingungen, z. B. bei Zimmertemperatur, ab (vgl. S. 297).

Der Begriff „*Fettverderben*“ umfaßt summarisch jene Vielheit von Umsetzungen, die gegenüber dem „frischen“ Produkt zu sinnlich wahrnehmbaren, als abwertend empfundenen Veränderungen führen. Traditionsgemäß werden auch heute noch hierfür vielfach die Sammelbegriffe „Ranzigkeit“ oder „Ranzidität“ verwendet. In diese Vorgänge sind außer dem Fett, d. h. der Glyceridsubstanz, auch oft noch Fettbegleitstoffe miteinbezogen. Auch die sog. *Reversion* stellt eine Variante des Fettverderbens dar (vgl. S. 324).

Im weiteren Sinne gehört zum „Fettverderben" auch die durch Aufnahme artfremder Geruchs- und Geschmacksstoffe (Fisch-, Obst-, Zwiebelgeruch und -geschmack usw.) erfolgende negative sinnesphysiologische Veränderung.

Beschränkt man sich auf die in erster Linie die Fettsäuren der Lipide erfassenden Prozesse, dann ergibt sich folgende schematische Gliederung (K. TÄUFEL 1958).

Hauptwege des Fettverderbens

Fettverderben

↙ ↘

A. Biologische bzw. enzymatische Prozesse		B. Rein chemische Prozesse	
↙	↘	↙	↘
a) Hydrolytische Vorgänge	b) Desmolytische Vorgänge	a) Hydrolytische Vorgänge	b) Autoxydative Vorgänge; Bildung vonHydroperoxiden
Erhöhte Säurezahl; Sauerkeit, Seifigkeit	*α*) Bildung von Methylketonen; Ketonigkeit, Parfümranzigkeit	Erhöhte Säurezahl; Sauerkeit, Seifigkeit	*α*) Desmolytische Reaktionen; Ranzigkeit; Bildung von Aldehyden; niederen Fettsäuren; Epoxyglyceride; Ketoglyceride usw.; Talgigkeit usw.
	β) Lipoxydatische Veränderungen; Abbau bzw. Polymerisierung; Ranzigkeit, Talgigkeit, Firnigkeit usw.		*β*) Autoxy-Polymerisierung; Ranzigkeit, Talgigkeit, Firnigkeit, usw.

I. Biochemische und mikrobiologische Vorgänge

Veränderungen der Fette durch Mikroorganismen sind an einen Nährboden gebunden, auf dem diese Lebewesen gedeihen können, der also Wasser, Stickstoffverbindungen, Kohlenhydrate und andere Nährstoffe enthält. Da diese Bedingungen außer in fettärmeren Lebensmitteln und Rohstoffen (Milch, Käse, Ölsaaten, tierisches Fettgewebe) besonders in Butter, dann aber auch in der Margarine vorliegen, sind diese beiden Fettzubereitungen ebenso wie Mayonnaisen, fetthaltige Waffelfüllungen usw. durch ein Verderben durch Kleinlebewesen bedroht.

Bei der Veränderung von Speisefetten durch Mikroorganismen spielen nach Versuchen von W. B. HUGO (1962) auch Temperatur und pH-Wert eine wesentliche Rolle.

Nach Untersuchungen von L. B. JENSEN u. D. P. GRETTIE (1937) ist das Wachstum von Mikroorganismen noch bei sehr niedrigen Wassergehalten möglich. So fanden sie in einem normalen Schweinefett mit 0,3% Wasser lipophile Bacillen, lipasebildende chromogene Mikrokokken und *Aspergillus niger*. Erst bei einem praktisch kaum vorkommenden Wassergehalt unter 0,01% blieb jede Entwicklung aus.

Wie alle biologischen Stoffumwandlungen an das Vorhandensein von Enzymen geknüpft und von der Wirkung von Enzymen getragen sind, so liegen auch der biologischen Fettumwandlung spezielle Enzyme zugrunde. Da die Zahl der Mikroorganismen, die den Fettabbau bedingen, außerordentlich groß ist, Art und Wirkung der von ihnen erzeugten Enzyme aber sehr verschieden sind (G. HOBBS 1961), so ist leicht einzusehen, daß der *biologische Fettabbau* ein sehr verwickelter Vorgang sein muß.

1. Hydrolytische Vorgänge

Die Fähigkeit, Fette und Öle zu verseifen, besitzen zahlreiche *Pilze* wie *Penicillium, Aspergillus, Cladosporium, Candida lipolytica,* sowie einige Hefen, wie z. B. bestimmte Arten von *Torula,* weiterhin zahlreiche *Bakterienarten* wie *Bact. pyocyaneum, Bact. fluorescens liquefaciens, B. prodigiosum* und *Sarcina lutea,* sowie unter den *Bacillen* in schwächerem Maße die Subtilisgruppe. Wie jede Lipolyse ist diese Fettspaltung durch Zunahme der Säurezahl des Fettes gekennzeichnet. Im Gegensatz zu einer rein enzymatischen Spaltung wird hier das freiwerdende Glycerin rasch von den Mikroorganismen metabolisiert, so daß man es in den Kulturen meist nicht mehr nachweisen kann.

Nach Einwirkung lipolytisch wirksamer Mikroorganismen auf Schweineschmalz konnte C. Cantoni (1967) 33 verschiedene freie Fettsäuren nachweisen.

Neben dieser Lipolyse läuft eine Oxydation der Fette durch gewisse Mikroben, vor allem durch Schimmelpilze; hierbei findet man Oxysäuren, Aldehyde, Ketone, wasserlösliche Säuren, Abnahme der Jodzahl, also Erscheinungen, wie sie auch bei der rein chemischen Fettoxydation gefunden werden.

Fette werden aber nicht nur durch Pilz-Hydrolasen, sondern auch durch Lipasen der Zellen höherer Pflanzen und Tiere hydrolytisch gespalten. Insbesondere enthalten viele Pflanzen*samen* neben den Fetten diese Enzyme; selbst die Milch enthält Lipasen, die durch Hydrolyse des Fettes darin einen ranzigen Geschmack hervorrufen (vgl. Bd. III dieses Handbuchs).

Nach Untersuchungen von J. A. Alford (1961) üben Mikroorganismen noch eine beträchtliche Lipaseaktivität bis —18° C, teilweise sogar bis —29° C aus.

Bei Mischinfektionen ist auch stets mit oxydativ wirkenden Mikroorganismen z. B. Schimmelpilze zu rechnen, die ebenfalls zur Ausbildung des abweichenden Geschmackes beitragen.

Erfolgt bei solchen biologisch-enzymatischen Vorgängen ausschließlich eine *Hydrolyse,* d. h. die Freilegung von Fettsäuren aus dem Glyceridverband, so sind damit — sofern sich die Spaltung in gewissen Grenzen hält — wesentlich beeinträchtigende Veränderungen vor allem in organoleptischer Hinsicht nicht verbunden: die höhermolekularen Fettsäuren (C_{16} bis C_{20}) äußern sich praktisch weder geruchlich noch geschmacklich in beeinträchtigender Weise. Unterliegen dagegen Fette, die daneben niedere Fettsäuren enthalten (C_4 bis C_{10}), wie Butter, Margarine, Palmkern- oder Cocosfett der Hydrolyse, dann tritt schon bei leicht erhöhter Säurezahl eine sinnesphysiologisch auffallende Ungenießbarkeit (Seifigsein) ein, infolge Bildung von freier Butter-, Capron-, Capryl-, Caprinsäure (K. Täufel 1958).

2. Desmolytische Vorgänge

Die Vorgänge desmolytischen Charakters (unter Sprengung von C-C-Bindungen in der Fettsäurekette) können von zweifacher Natur sein: es handelt sich einmal um die Bildung von *Methylketonen* und zum anderen um den lipoxydatisch eingeleiteten, primär zu Fetthydroperoxiden führenden Abbau polyungesättigter Fettsäuren.

a) Methylketonbildung

Besonders hierzu befähigt sind gewisse Schimmelpilze, insbesondere ihre Sporen, die nach Untersuchungen von H. Thaler (1950) u. K. Täufel (1958) die gerad- und ungeradzahligen Fettsäuren bis hinauf zu C_{14} angreifen. Der Prozeß ordnet sich in die ersten Schritte des normalen, enzymatisch gesteuerten „Fettsäure-Cyclus“ zwanglos ein, weicht aber in der Endstufe davon ab. Charakteristisch ist, daß das entstandene β-Ketoacyl-Coenzym A gemäß der Bruttogleichung:

$$R \cdot CH_2 \cdot CH_2 \cdot CH_2 \cdot CO \cdot SCoA \rightarrow R \cdot CH_2 \cdot CO \cdot CH_2 \cdot COSCoA$$

$$\xrightarrow{H_2O} R \cdot CH_2 \cdot CO \cdot CH_3 + CO_2 + CoASH$$

CoASH = Coenzym A

— entgegen dem normalen β-Abbau der Fettsäuren mit seiner Abspaltung eines 2-Kohlenstoff-Systems — aus noch nicht deutbaren Umständen unter Decarboxylierung zu den entsprechenden Methylketonen umgesetzt wird (Tab. 1); letztere zeichnen sich durch einen spezifischen, im Fett als fremdartig empfundenen Geruch und Geschmack aus, sind aber wertbestimmend für Edelpilzkäse.

Tabelle 1. *Bildung von Methylketonen durch Schimmelpilze aus Fettsäuren*

Vorgelegte Fettsäure	Gebildetes Methylketon
Buttersäure	Aceton
Valeriansäure	Methyläthylketon
Capronsäure	Methylpropylketon
Heptansäure	Methylbutylketon
↓	↓
Myristinsäure	Methylundecylketon

b) Enzymatisch-oxydative Vorgänge

Von der großen Zahl von Fettoxydationskatalysatoren, die in biologischen Systemen eine Rolle spielen, stehen die (nichtenzymatischen) *Hämatin*verbindungen einerseits (A.L. TAPPEL 1961a, 1962) und die *Lipoxydase* als spezielles Enzym andererseits (R.T. HOLMAN u. S. BERGSTRÖM 1951, A.L. TAPPEL 1961b) hinsichtlich ihrer katalytischen Aktivität an der Spitze.

Die *Hämatinkatalyse* ist nicht selten mit der *Lipoxydasekatalyse* verwechselt worden, obwohl Methoden für die Unterscheidung der beiden Reaktionsabläufe existieren (A.L. TAPPEL 1953a).

Auch werden noch vielfach irrtümlich die in biologischen Systemen ablaufenden, zur Bildung von *Fettperoxiden* führenden Reaktionen als Autoxydationen angesehen; obwohl die Produkte der hämatinkatalysierten Oxydation und diejenigen der „normalen“ Autoxydation (vgl. Schema S. 295) einander sehr ähnlich sind, laufen beide Reaktionen mit großer Wahrscheinlichkeit nach unterschiedlichen Reaktions-Mechanismen ab (A.L. TAPPEL 1962).

Die Ursache dafür, daß die Lagerung von Fisch, Geflügel und Fleisch auch in gefrorenem Zustand nicht unbegrenzt durchgeführt werden kann, liegt u. a. an der *hämatinkatalysierten* Oxydation des Fettanteils dieser Lebensmittel (B.M. WATTS 1954). Ebenso ist diese Reaktion ein wichtiger Faktor bei der Verderbnis von sog. „pre-cooked“ Fleischprodukten (M.T. YOUNATHAN u. B.M. WATTS 1959) sowie gefriergetrocknetem Fleisch (S.J. BISHOV, A.S. HENICK u. R.B. KOCH 1960).

Tabelle 2. *Oxydationsgeschwindigkeit von Schmalz in situ und isoliert*

Probe	O_2-Aufnahme in µl/Std	Anstieg der POZ in Milliäquivalent O_2/kg
Fettgewebe des Schweins	640	7,1
Schmalz, ausgelassen	0	0,6

Bei unter Vitamin-E-Mangel leidenden Tieren ist die hämatinkatalysierte Fettperoxydation offenbar recht verbreitet (A.L. TAPPEL 1962).

Tab. 2 zeigt einen Vergleich zwischen der hämatinkatalysierten Fett-Peroxydation im Gewebe mit der Autokatalyse (Autoxydation) (A.L. TAPPEL, W.D. BROWN, H. ZALKIN u. V.P. MAIER 1961).

Wie man aus der Geschwindigkeit der Sauerstoffabsorption und dem Anstieg der Peroxidzahl ersieht, verläuft die Oxydation des Fettgewebes wesentlich rascher als diejenige des ausgelassenen Schmalzes.

Ebenso wie *Hämatin* sind auch *Hämoglobin, Methämoglobin, Hämin* und die *Cytochrome* befähigt, die Oxydation von Lipiden zu katalysieren.

Wie aus Abb. 1 ersichtlich, zeigen Hämoglobin, Myoglobin, Cytochrom c und Hämin gegenüber kolloidal verteiltem Linolat eine sehr ähnliche katalytische Aktivität. Die Oxydationsgeschwindigkeit entspricht hier etwa der Quadratwurzel der Katalysatorkonzentration (A. L. TAPPEL 1953b, 1955).

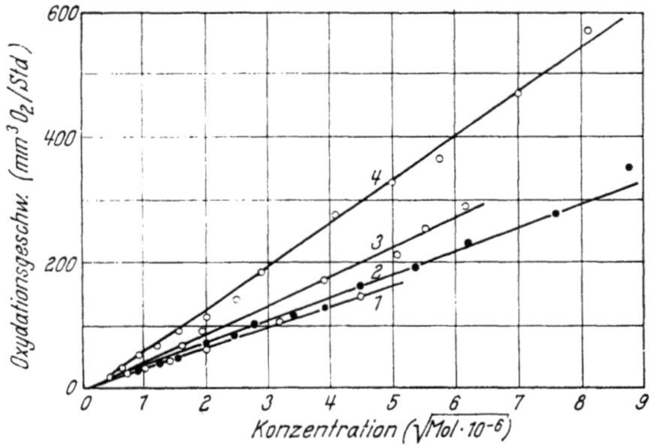

Abb. 1. Beziehung zwischen Linolatoxydation und Katalysatorkonzentration
1 Hämoglobin; 2 Hämin; 3 Myoglobin; 4 Cytochrom c

Die durch Hämatin und ähnliche Verbindungen katalysierte Oxydation von Lipiden wird durch phenolische Antioxydantien stark gehemmt (A. L. TAPPEL 1962). Abb. 2 gibt die durch Hämoglobin katalysierte Peroxydation von in Wasser emulgiertem Methyllinolat wieder.

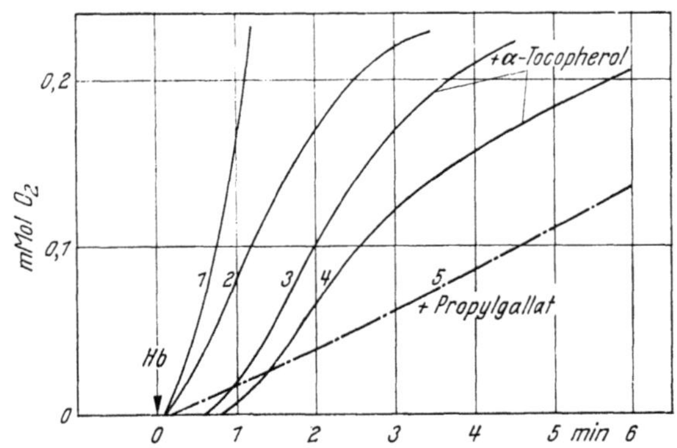

Abb. 2. Polarographische Messung hämoglobinkatalysierter Oxydationen
1. 10%ige wäßrige Linolatemulsion + $2 \cdot 10^{-6}$ Mol Hämoglobin; 2. 10%ige wäßrige Linolatemulsion + $3 \cdot 10^{-6}$ Mol Hämoglobin; 3. System 2 + 0,5% α-Tokopherol; 4. System 2 + 0,1% α-Tokopherol; 5. System 2 + 0,005% Propylgallat

Der Sauerstoffverbrauch beträgt bei dieser Reaktion $2 \cdot 10^{-5}$ Mol pro sec. Mit Ausnahme der Reaktionsgeschwindigkeit von rund 10^{-3} Mol pro sec, ist diese Geschwindigkeit wohl eine der höchsten, die bei der Oxydation von Fettsubstanzen beobachtet worden ist.

Von A. L. TAPPEL u. Mitarb. (1961) wurden kinetische Studien an einer Anzahl von ungesättigten Lipiden durchgeführt. Die nachstehende Tab. 3 bringt einen Vergleich zwischen *hämoglobinkatalysierter* Oxydation und *Autoxydation* für hochungesättigte Fettsäuren, Ester und Triglyceride.

Tabelle 3. *Vergleich zwischen Hämoglobinkatalyse und Autoxydation*

Substrat	Jodzahl	*Hämoglobinkatalyse* Induktions-Periode in Std	*Hämoglobinkatalyse* Geschwindigkeit in ml O_2/Std/g	*Autoxydation* Induktions-Periode in Std	*Autoxydation* Geschwindigkeit in ml O_2/Std/g	Verhältnis der Reaktionsgeschwindigkeit Hämoglobin-Katalyse: Autoxydation
Linolsäure	181	2,3	2,8	7,5	0,45	6,2
Linolensäure	273	0,0	9,0	2,5	6,1	1,5
Arachidonsäure	315	0,1	4,0	2,5	2,7	1,7
Methyllinolat	173	0,3	0,96	10,0	0,08	12,0
Methyllinolenat	260	0,4	1,3	2,2	0,68	1,9
Hochungesättigte Methylester aus Sardinenöl	352	0,3	10,6	0,5	9,6	1,1
Sardinenöl	191	1,2	2,6	2,0	2,9	0,87
Menhadenöl	167	1,8	0,88	23,0	0,3	2,9
Dorschlebertran . . .	164	7,4	1,6	11,3	0,4	4,0

Dieser Vergleich zeigt, daß nur die hochungesättigten Substrate bei hämoglobinkatalysierter Oxydation und Autoxydation ähnliche Reaktionsgeschwindigkeiten haben. In allen Fällen jedoch ist die Induktionsperiode bei der erstgenannten Reaktion kürzer.

Die durch *Hämatin* katalysierte *Linolatoxydation* hat eine relativ niedrige Aktivierungsenergie von 3—5 kcal pro Mol. In Tab. 4 sind *Aktivierungsenergie* und Reaktionskinetik für *Hämatin*katalyse, *Lipoxydase*katalyse und *Auto*katalyse nach A.L. TAPPEL (1962) wiedergegeben.

Tabelle 4. *Aktivierungsenergie und Kinetik der Linolatoxydation*

Substrat	Katalysator	Aktivierungsenergie in kcal/Mol	Reaktionskinetik
Linolat, pH 7	Hämatin	3	$dO_2/dt = K \cdot$ (Hämatin) $\cdot$ 0,5
Linolat, pH 9	Hämoglobin	5	
Linolat, pH 9	Sojalipoxydase	4	$dO_2/dt = K_1 \cdot$ (Lipoxydase)
Linolat, pH 7	Autokatalyse	15	$dO_2/dt = K_2 \cdot$ (Linolatperoxid)
Äthyllinolat	Autokatalyse	17	$dO_2/dt = K_3 \cdot$ (Äthyllinolatperoxid)

Was den Angriffspunkt der katalytischen Wirkung des *Hämatins* anlangt, so ist man heute der Auffassung, daß diese im wesentlichen wohl in der Aufspaltung der H—O—O—Bindung der Hydroperoxide besteht. Da man unter den Sekundärprodukten der Linolat-Hydroperoxidspaltung erhebliche Mengen an *Oxiran-* und *Hydroxyl*gruppen findet, liegt die Annahme nahe, daß durch intramolekularen Angriff eines Alkoxyradikals auf die benachbarte Doppelbindung, gefolgt von der Vereinigung des gebildeten Alkylradikals mit dem Hydroxylradikal, eine Hydroxy-oxiranverbindung entsteht. Im späteren Stadium erfolgen dann Bildung von Carbonylverbindungen, Spaltung der Kohlenstoffkette, Verschwinden konjugierter Doppelbindungen, Entstehung von Polymeren usw.

Nachstehendes Schema (A.L. TAPPEL 1962) gibt den wahrscheinlichsten Mechanismus für die hämatinkatalysierte Oxydation von Lipiden (R) wieder.

Nach diesem Schema erleidet das Eisen in der Hämatinverbindung *keine* Valenzänderung während der Reaktion. Das Fettperoxid und das Hämatin bilden vielmehr (über eine koordinative Bindung) eine aktivierte Verbindung über deren Natur heute noch wenig bekannt ist.

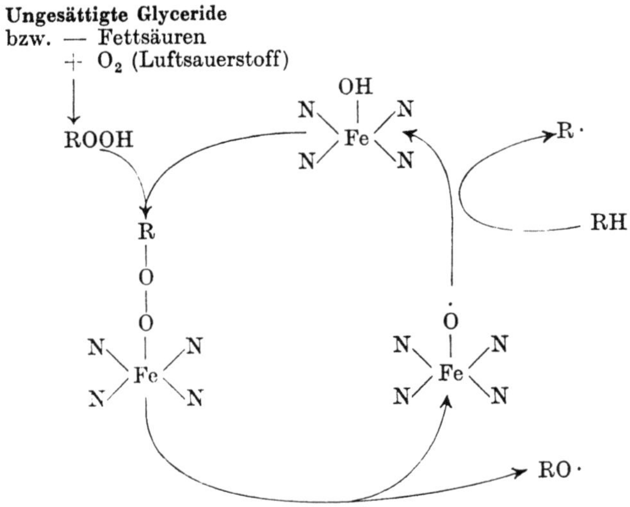

Das experimentelle Material deutet jedoch darauf hin, daß eine *homolytische* Spaltung der Peroxidbindung stattfindet, wobei allerdings unter Wertigkeitswechsel des Eisens auch verschiedene Arten *ionischer* Reaktionsabläufe anzunehmen sind, wie z. B.

$$\text{ROOH} + \text{Häm-Fe}^{++} \rightarrow \text{Hämatin-Fe}^{+++} + \text{RO}\cdot + \text{OH}^-$$
$$\text{bzw. Hämatin-Fe}^{+++} + \text{RO}^- + \cdot\text{OH}$$

$$\text{Hämatin-Fe}^{+++} + \text{OH}^- \rightarrow \text{Häm-Fe}^{++} + \cdot\text{OH}$$
$$\text{Hämatin-Fe}^{+++} + \text{RO}^- \rightarrow \text{Häm-Fe}^{++} + \text{RO}\cdot$$

Die häminkatalysierte Fettoxydation wird durch phenolische Antioxydantien (vgl. Abschnitt A II 2d) stark gehemmt, und zwar offenbar dadurch, daß die Bildung der primären Fetthydroperoxide (ROOH), die, wie vorhin dargelegt, für das Ingangkommen der Hämatinkatalyse erforderlich sind, stark unterdrückt wird.

Nach A.L. Tappel (1962) ist diese Reaktion wahrscheinlich von größter Bedeutung beim Schutz biologischer Systeme durch Vitamin E, ebenso wie für den Schutz von Fleischprodukten gegenüber dem Ranzigwerden.

In jüngster Zeit studierten H.P. Kaufmann u. I. Kaufmann (1964, 1966a, 1966b) die Wirkung von Eisenporphyrinverbindungen auf die Autoxydation von Polyenen. Als Substrat diente Linolsäure in phosphatgepufferter wäßriger Emulsion in Gegenwart von Hämoglobin und Hämin sowie von Hämin unter Zusatz von Histidin, wobei die Autoxydation in Abhängigkeit von der Konzentration der Reaktionspartner untersucht wurde. Es zeigte sich, daß nur unterhalb einer „kritischen" Katalysatorkonzentration eine Autoxydation stattfindet. Oberhalb derselben treten Induktionsperioden auf, deren Dauer mit wachsender Konzentration des Katalysators ansteigt. Bei hohen Konzentrationen desselben und bei vorheriger partieller Oxydation des Substrats stellten H. P. Kaufmann u. I. Kaufmann (1964) eine Inversion zu antioxydativen Effekten fest. Dieses Phänomen ist — zumindest formal betrachtet — ein Gegenstück zur Wirkungsinversion von Antioxydantien, die in Abschnitt A II 2d eingehend behandelt wird.

Die *Lipoxydase* (vgl. dazu auch Bd. I, S. 900 u. R.T. Holman 1960) ist ein Enzym, welches die direkte Oxydation von Fetten mit cis, cis-1,4-Pentadien-Konfiguration zu Hydroperoxiden katalysiert.

Im Gegensatz zu der umfangreichen Literatur über pflanzliche Lipoxydasen steht die Spärlichkeit der an tierischem Material gemachten Beobachtungen. Die Existenz tierischer Lipoxydasen ist auch heute noch ungewiß. Ebenso ist das Vorkommen von Lipoxydasen in Mikroorganismen noch *nicht* eindeutig erwiesen.

Mit Sicherheit nachgewiesen ist das Enzym in den Samen zahlreicher Leguminosen, ferner in Solanaceen, Labiaten und Gramineen, z. B. Weizen. In kleinerer Menge scheint es auch in anderen Pflanzenfamilien vorzukommen, doch ist es keineswegs allgemein in Samen vorhanden.

Unter den Leguminosen ist am enzymreichsten die Sojabohne, aber auch Bohne, Pferdebohne, Erbse, Lupine, Wicke, Esparsette, Klee, Luzerne und Akazie sind lipoxydasehaltig.

Die Lipoxydase stellt einen eigenen Enzymtyp dar, der in gewisser Beziehung zwischen den (schwermetallhaltigen) Oxydasen und den (metallfreien) Aerodehydrasen steht (W. FRANKE 1940, 1950), sich aber von beiden durch die Anlagerung von Sauerstoff als Peroxidgruppe an das Substrat unterscheidet.

Neuerdings wurden aus wässrigen Extrakten von Sojabohnen und Weizen mittels Polyacrylamid-Gel-Elektrophorese verschiedene Isoenzyme der Lipoxydase gefunden, die sich durch unterschiedliche Aktivität gegenüber verschiedenen Substraten auszeichnen (P. L. GUSS u Mitarb. 1968).

Die spezifische Aktivität der reinen Lipoxydase ist hoch. So setzt nach W. FRANKE u. A. SCHILLINGER (1944) 1 Enzymmolekül bei 20°C pro sec 330 Linolsäuremoleküle um, was einer ,,Atmungsgröße" Q_{O_2} von etwa 260000 entsprechen würde. Allerdings ist bei einem Vergleich mit anderen Enzymen der Kettencharakter der Reaktion zu berücksichtigen.

Lipoxydase ist, wie bereits oben erwähnt, ein hochspezifischer Biokatalysator für die Oxydation von ungesättigten Fettsäuren, die ein *cis, cis-1,4-Pentadien-System* enthalten: Somit oxydiert die Lipoxydase *Linolsäure, Linolensäure* und *Arachidonsäure*, sowie deren Ester und Triglyceride, *nicht* aber *Ölsäure* und ihre Derivate, Systeme mit konjugierten Doppelbindungen oder mehrfach ungesättigte *trans*-konfigurierte Fettsäuren (M. G. DILLARD, A. S. HENICK u. R. B. KOCH 1961).

Unter gewissen Bedingungen ist die Lipoxydase imstande, trotz Gegenwart mehrfach ungesättigter Fettsäuren, phenolische Antioxidantien zu oxydieren, ohne das anwesende Substrat anzugreifen. Eine Erklärung für dieses eigenartige Verhalten der Lipoxydase gaben TAPPEL u. Mitarb. (1952). Das Enzym benötigt kein Co-Enzym, enthält keine der bisher bekannten prosthetischen Gruppen und kein (aktives) Metall. Das aktive Zentrum des Enzyms ist noch nicht aufgeklärt (R. T. HOLMAN 1960).

Das Hauptreaktionsprodukt der Lipoxydasekatalyse ist nach O. S. PRIVETT u. Mitarb. (1955) ein optisch aktives, *cis, trans-konjugiertes* monomeres Hydroperoxid.

Die bisher bekannten *Inhibitoren* von praktischer Bedeutung für die durch Lipoxydase katalysierte Oxydation von Fetten sind polyphenolische Antioxydantien, wobei die Wirkung der Nordihydroguaiaretsäure nach A. M. SIDDIQI u. A. L. TAPPEL (1957) am stärksten ist.

Der Lipoxydasekatalyse liegt nach A. L. TAPPEL (1962) der folgende Mechanismus zugrunde:

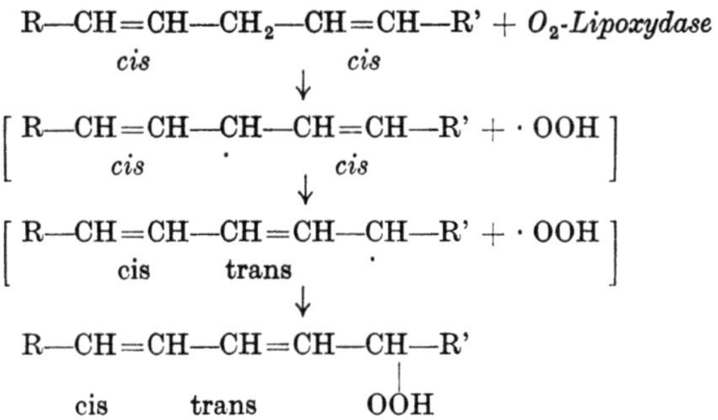

Die intermediär gebildeten Radikale sind äußerst kurzlebig, da ihr Nachweis auch mit Hilfe von Elektronenspinresonanzmessungen bisher nicht gelungen ist.

Gegenüber den *autoxydativen* Vorgängen im relativ homogenen System der isolierten Fette liegen bei den fetthaltigen Pflanzensamen aufgrund des Vorhandenseins von Feuchtigkeit, von sonstigen Zell-Inhaltsstoffen sowie insbesondere von Enzymen, grundsätzlich andere Milieubedingungen vor. Am speziellen Beispiel der *Peroxydase* untersuchten K. TÄUFEL u. A. ROTHE (1965) den Einfluß dieses Enzyms auf die Geschwindigkeit des Abbaus von Fettperoxiden und seine Beteiligung an den Vorgängen des Fettschutzes. Es konnte hierbei gezeigt werden, daß Peroxydase in das Geschehen der Lipidoxydation bei Pflanzensamen eingeschaltet ist.

II. Chemische Verderbensvorgänge

Die chemischen Verderbensvorgänge können sowohl durch Hydrolyse als auch durch Autoxydation hervorgerufen werden.

1. Hydrolytische Spaltung

Hierfür gilt sinngemäß das unter I/1 für die enzymatische Hydrolyse Ausgeführte, lediglich mit dem Unterschied, daß die rein chemische Spaltung bei der Lagerung von Fetten und Fettprodukten nur sehr langsam voranschreitet und, wenn überhaupt, nur im Falle von Cocosfett und Palmkernfett eine praktische Bedeutung hat.

2. Autoxydative Vorgänge

a) Mechanismus der Autoxydation

Freiwillige Oxydationen organischer Verbindungen mit Luftsauerstoff wurden schon vor und vor allem seit der Jahrhundertwende in umfangreiche experimentelle Untersuchungen einbezogen (M. TRAUBE 1893; C. ENGLER u. J. WEISSBERGER 1904). Diese unter milden Bedingungen ablaufenden Reaktionen mit Sauerstoff wurden bereits damals mit dem Begriff „Autoxydation" belegt. Dabei nahm man an, daß als erste Stufen dieser „Selbstoxydation" organische Peroxide auftreten, obwohl vielfach nur deren Umwandlungsprodukte isoliert werden konnten.

Ganz allgemein (A. RIECHE u. Mitarb. 1963) können 3 Grundtypen von Reaktionen des Sauerstoffs mit organischen Verbindungen unterschieden werden, die auch für den Verlauf von Oxydationen auf dem Lipidgebiet und damit auch für die *Autoxydation*, der *spontanen* Reaktion der jeweiligen Verbindung mit molekularem Sauerstoff, von Bedeutung sind:

Dehydrierungen: Hierbei wird Wasserstoff aus dem organischen Molekül entfernt; Sauerstoff tritt *nicht* in das Molekül ein. Wirkt molekularer Sauerstoff als Dehydrierungsmittel, so muß H_2O_2 gebildet werden, das als solches erhalten bleibt oder in Sekundärreaktionen verbraucht wird.

Peroxidbildung: Das O_2-Molekül tritt hierbei als Peroxidgruppe ein.

Oxydationen: Sauerstoff tritt hierbei in das organische Molekül ein, aber *nicht* als Peroxidgruppe, (vgl. Epoxidbildung S. 310).

Reaktionen, bei denen O_2 in das Molekül unter *Peroxid*bildung eintritt, sollen nach A. RIECHE (1963) als *Peroxygenierungen* bezeichnet werden. Unter einer *Oxygenierung* dagegen soll ebenfalls eine Oxydation mit Luftsauerstoff verstanden werden, wobei jedoch die organische Verbindung den Sauerstoff in *nichtperoxidischer* Bindung aufnimmt. Dies kann z. B. schon geschehen durch Übernahme von Sauerstoff aus einer peroxidischen Vorstufe, z. B. aus einem R—O—O·-Radikal oder durch Zerfall eines Peroxids. (In den Begriff *Oxygenierung* sind katalytische Oxydationen über Metalloxyde wie am V_2O_5-Kontakt u. a. *nicht* einbezogen.)

Die Grenze zwischen Peroxygenierung und Oxygenierung soll dort verlaufen, wo mit chemischen Mitteln noch Peroxide nachgewiesen werden können. Mit dieser von A. RIECHE (1963) vorgeschlagenen Unterteilung und Bezeichnung von Reaktionen des Luftsauerstoffs mit organischen Verbindungen nach Reaktionsmechanismen und nach Reaktionsprodukten ist auch auf dem Fettgebiet ein klares Verständnis geschaffen für den differenzierten wie auch summarischen Verlauf von Autoxydationsvorgängen. Der Ausdruck *Peroxygenierung* erscheint auch sachlich zutreffender als der im angelsächsischen Schrifttum verwendete Begriff „Peroxydation“.

Trotz dieser neuen und auf die Reaktionsverläufe zwischen organischen Verbindungen und Luftsauerstoff präzisierten Nomenklatur (A. RIECHE u. Mitarb. 1963) soll in diesem Beitrag der noch übliche Begriff „Autoxydation“ beibehalten werden.

Das Gebiet der organischen Peroxide, mit den Namen A. v. BAEYER, V. VILLIGER, C. ENGLER, C. HARRIES, R. WILLSTÄTTER, H. WIELAND, A. RIECHE, H. HOCK, E.H. FARMER, R. CRIEGEE, H.P. KAUFMANN, K. TÄUFEL, W. KERN, G.O. SCHENK u. a. verbunden, wurde oft von ganz verschiedenen Problemstellungen her bearbeitet und gefördert.

Peroxidverbindungen, die bei der Reaktion mit Sauerstoff auftreten, sind instabile HOO·- und ROO·-Radikale, weiterhin stabile Alkylhydroperoxide (ROOH), Dialkylperoxide (ROOR) und Wasserstoffperoxid (A. RIECHE u. Mitarb. 1963).

Aus energetischen Gründen ist das Auftreten peroxidischer Verbindungen verständlich: Die Energie zur Spaltung des O_2-Moleküls beträgt 118 Kcal pro Mol. Dieser Energiebetrag ist zu hoch, um in einem einzigen Reaktionsschritt bei der Autoxydation aufgebracht zu werden. Daher müssen zunächst Zwischenstufen auftreten, bei denen die O—O-Bindung noch vorhanden ist: es werden also organische Peroxide oder Wasserstoffperoxid gebildet (A. RIECHE 1931; A. RIECHE u. Mitarb. 1963).

Auch im Organismus kann der Sauerstoff Peroxygenierungen, Oxygenierungen und Dehydrierungen unter H_2O_2-Bildung bewirken. Lipoide, Fettsäuren, Steroide z. B. können der Peroxygenierung bzw. der Oxygenierung anheimfallen, wenn dies nicht durch Inhibitoren (Antioxydantien), z. B. Tokopherol, verhindert wird. Tokopherolmangel, eine Avitaminose, bewirkt die „gelbe Fettkrankheit“, yellow fat disease (R. ABDERHALDEN 1958).

Bei Peroxygenierungen im Organismus werden die Bindungen des Sauerstoffmoleküls nicht in einem Schritt gelöst. Einer Umsetzung mit Sauerstoff werden in diesem Falle Reduktionsreaktionen nachgeschaltet, bei denen primär entstehende Peroxyverbindungen, wie z. B. das Wasserstoffperoxid, vernichtet werden (vgl. Abschnitt „Enzymatisch-oxydative Vorgänge“ S. 292 dieses Beitrags).

Schon im Jahre 1937 stellte A. RIECHE für die damals als „Autoxydationen“ bezeichneten Reaktionen das RH-Schema auf, wonach Peroxygenierungen überwiegend über Hydroperoxide verlaufen:

$$RH + O_2 \rightarrow ROOH.$$

Es wurde auch damals schon dargelegt, daß der Start durch Radikale erfolgen muß und eine Kettenreaktion vorliegt (A. RIECHE 1937, 1938); inzwischen wurden aufgrund eines umfangreichen Versuchsmaterials aus den verschiedensten chemischen Verbindungsklassen (wie gesättigte Kohlenwasserstoffe, Olefine, Äther, Aldehyde, Alkohole, Ketone, Acetale, Fettsäuren bzw. gesättigte und ungesättigte Glyceride, Naturstoffe aus der Terpen- und Steroidreihe) und durch den Einsatz neuer Methoden erwiesen, daß in allen vorgenannten und in weiteren Verbindungsklassen die geforderten Hydroperoxide als Primärprodukte der Autoxydation (Peroxygenierung) auftreten (A. RIECHE 1937; A. RIECHE u. Mitarb. 1963). Die Beobachtung, daß aus einem Olefin mehrere isomere Hydroperoxyde entstehen, veranlaßte E.H. FARMER, unter Berücksichtigung der Allylmesomerie der aus Olefinen gebildeten Radikale, das RH-Schema nach A. RIECHE zu erweitern. Die Hydroperoxidbildung aus einer aktivierten CH_2-Gruppe mit O_2 wurde 1942 von E.H. FARMER als „α-Methylen-Mechanismus“ bezeichnet (E.H. FARMER u. D.A. SUTTON 1943; C.E. SWIFT u. Mitarb. 1946; J. ROSS u. Mitarb. 1949; J.E. COLEMAN u. Mitarb. 1952; A. RIECHE u. Mitarb. 1958). Es kann jedoch bekanntlich auch eine Paraffinkette reagieren, ohne daß eine CH_2-Gruppe besonders aktiviert ist, allerdings erst bei höheren Temperaturen (vgl. hierzu H. THALER u. Mitarb. 1968 a, b, c).

Über die Reaktion des Butadiens als eines Systems *konjugierter* Doppelbindungen mit O_2, wobei unter 1,4-Addition polymere Peroxide entstehen, berichten C.T. HANDY u. Mitarb. 1958.

Über die *Autoxydation* (Peroxygenierung) ungesättigter Fette und Öle liegt ein sehr umfangreiches Material vor, wobei — um Klarheit über den Angriff des Sauerstoffs und die Folgereaktionen zu gewinnen — umfassende Untersuchungen an Modellsubstanzen vorgenommen wurden (A. RIECHE u. Mitarb. 1958, 1962, 1964, 1966; A. RIECHE 1958). Weitere Literatur: N.A. KHAN 1954 a, b; K. TÄUFEL 1958; K. TÄUFEL u. Mitarb. 1960; W.O. LUNDBERG, Bd. I u. II, 1961/1962; H.P. KAUFMANN 1958; G. SCOTT 1965; N.M. EMANUEL und Y. u. N. LYASKOVSKAYA 1967; K.S. MARKLEY 1961; A.E. BAILEY 1951; H.W. SCHULTZ 1962.

Der Vorgang der Autoxydation ist ein außerordentlich komplexer Vorgang, bei dem fast alle bekannten Reaktionen der Peroxid-Chemie eine Rolle spielen (A. RIECHE 1958). Schon die Angriffsmöglichkeiten des Sauerstoffs auf das Substrat selbst sind sehr vielfältig, die noch erhöht werden durch äußere Einflüsse, wie Licht, unterschiedliche Temperaturen, Metallspuren. Fast unübersehbar jedoch ist die Zahl der durch die Peroxidbildung bzw. -zersetzung ausgelösten Folgereaktionen (A. RIECHE 1937, 1958, 1962, 1963); die auftretenden Umsetzungsprodukte — teilweise nur Übergangsstadien — sind nicht leicht zu fassen, so daß die Autoxydation langkettiger ungesättigter Fettsäuren und ihrer Derivate eines der schwierigsten, am meisten bearbeiteten und dennoch wesentlich ungeklärten Gebiete der organischen Chemie und Technik ist (W. TREIBS 1950).

Das Sauerstoffmolekül mit 2 ungepaarten Elektronen ist ein Diradikal $\cdot O{-}O\cdot$, dessen Existenz durch paramagnetische Messungen nachgewiesen werden kann. Es ist jedoch nicht reaktionsfähig genug, um die Mehrzahl der organischen Moleküle unter normalen Bedingungen angreifen zu können, verbindet sich aber außerordentlich leicht mit freien Radikalen. Die primär entstehenden Hydroperoxy-Radikale aus der Addition von Sauerstoff an organische Radikale sind wesentlich reaktionsfähiger als Sauerstoff selbst.

Außer mit Radikalen kann auch der Luftsauerstoff mit gewissen reaktiven organischen Verbindungen reagieren, wobei als Primärprodukte Hydroperoxide und deren Folgeprodukte, z. B. Carbonylverbindungen, Epoxide (K. TÄUFEL u. U. FREIMUTH 1949; K. TÄUFEL u. Mitarb. 1963a, b; K.H. NEY 1965), sowie Polymerisate gebildet werden, z. B.

$RH + O_2 \rightarrow ROOH$

$ROOH \quad \rightarrow$ Folgeprodukte, vgl. unten

(R—H bedeutet in diesem Falle eine ungesättigte Fettsäure).

Es handelt sich dabei um Radikal-Kettenreaktionen mit folgenden Teilschritten:

I $R{-}H \xrightarrow{\text{Aktivierung}} R\cdot + H\cdot$ (Kettenstart)

II $R\cdot + \cdot O{-}O\cdot \longrightarrow R{-}O{-}O\cdot$ (Kettenfortpflanzung)

III $R{-}O{-}O\cdot + H{-}R \rightarrow R{-}O{-}O{-}H + R\cdot \rightarrow$ Weiterreaktion nach II.

Der Zerfall des gebildeten Fett-Hydroperoxids kann je nach den Bedingungen zu ganz verschiedenen Produkten führen: $ROOH \xrightarrow{\text{Zerfall}} ROO\cdot;\ RO\cdot;\ R\cdot;\ \cdot OOH\cdot;\ H\cdot$, die ihrerseits wieder befähigt sind, die Autoxydation erneut zu aktivieren (Autokatalyse) vgl. W. KERN 1955; A. RIECHE u. Mitarb. 1963.

Der Kettenabbruch erfolgt beispielsweise durch Reaktion der Kettenträger z. B. ROO· und R· miteinander oder auch durch sog. Oxydationsinhibitoren (Antioxydantien) zu inaktiven Produkten.

Die *Autoxydation* wird durch Radikalbildner, *Hydroperoxide, Peroxide, Belichtung, Wärme* und insbesondere durch *Schwermetallionen* der Übergangsreihe beschleunigt. Da Peroxide und Hydroperoxide durch meist anwesende Schwermetallionen im Lauf der Reaktion gebildet, jedoch auch wieder in Radikale gespalten werden, verläuft in den allermeisten Fällen die sog. Autoxydation von ungesättigten Fettsäuren oder ungesättigten Glyceriden *autokatalytisch.* Der Grund dafür ist, um es noch einmal zu unterstreichen, daß bei der Primärreaktion gebildete Fett-Hydroperoxide und -Peroxide durch den Einfluß von wertigkeitsändernden Metallionen zerfallen, dadurch neue Radikale entstehen, die wiederum neue Reaktionsketten am Substrat oder mit O_2 in Gang setzen (W. KERN 1950; W. KERN u. H. WILLERSINN 1955; K. TÄUFEL u. Mitarb. 1956; K. TÄUFEL u. Mitarb. 1959; CL. FRANZKE u. Mitarb. 1967).

Am folgenden Schema soll die katalytische Wirkung von Schwermetallionen, die auf der Bildung von Radikalen aus den Hydroperoxiden beruht, noch einmal formelmäßig wiedergegeben werden:

$$ROOH + Me^{2+} \rightarrow ROO\cdot + H^{\oplus} + Me^{+}$$
$$ROOH + Me^{+} \rightarrow RO\cdot + OH^{\ominus} + Me^{2+}$$
$$\overline{2\,ROOH\,[+ Me^{2+}/Me^{+}] \rightarrow ROO\cdot + RO\cdot + H_2O}$$

Wie man sieht, ist der erste Schritt der Reaktion eine Reduktion des Hydroperoxids durch das reaktionsfähige Metallion (z. B. Fe^{2+}-Ion oder Cu^{+}-Ion). Der ganze Vorgang ist ein *Redox-Prozeß.*

Das *Peroxy*-Radikal ist wenig reaktiv und deshalb recht *selektiv* in seinen Weiterreaktionen. Es greift bevorzugt CH-Bindungen hoher Reaktivität, d. h. solche in Nachbarstellung zum aromatischen Kern, in Allylstellung (ungesättigte Fettsäuren), an tertiär gebundenen C-Atomen, sowie CH-Bindungen in Nachbarstellung zum Sauerstoff wie in Aldehyden und Äthern an.

Diese Autoxydationen, wie sie beim autoxydativen Verderben von Nahrungsfetten ablaufen, sind auch die Primärstufe bei der Verfilmung und Verfestigung (Verharzung) gewisser stark ungesättigter Öle in Gegenwart von Schwermetallsalzen (Siccative). Auch hier setzt, wie beim autoxydativen Verderben der Nahrungsfette, der Primärangriff des Sauerstoffs zunächst an den reaktionsfähigen, in *Allylstellung* der ungesättigten Fettsäuren befindlichen CH_2-Gruppen ein (α-Methylenmechanismus, vgl. S. 299).

Bei Temperaturen über 100°C werden (meist in Gegenwart von Peroxiden und Schwermetallsalzen) auch sekundäre CH-Bindungen angegriffen. Darauf beruht die technisch wichtige Oxydation von Paraffinen (etwa C_{20} bis C_{25}) zum Zweck der Fettsäuregewinnung. Im Verlauf dieser sog. *Paraffinoxydation* werden die intermediär gebildeten Hydroperoxide unter Spaltung des Moleküls zu Carbonsäuren verschiedener Kettenlänge abgebaut.

Von großer praktischer Bedeutung für den Autoxydationsverlauf von Nahrungsfetten ist die weitergehende Autoxydation von *Fettaldehyden*, die ihrerseits schon sekundär Zerfallsprodukte von vorher entstandenen Fettperoxiden darstellen. In Radikalreaktionen unter Mitwirkung von Schwermetallspuren gehen sie unter primärer Ablösung des Aldehydwasserstoffatoms und der Anlagerung von Sauerstoff an das gebildete Acylradikal (in Analogie zur Autoxydation des Benzaldehyds) zu entsprechenden Säuren über.

Diese Reaktionsfolge, bei dem autoxydativen Verderben von Nahrungsfetten durchaus unerwünscht, weil dabei durchdringende Geruchs- und Geschmacksstoffe entstehen, wird in einer technischen Reaktion zur Darstellung von Essigsäure über Acetaldehyd angewendet.

Die über Radikalketten verlaufenden Autoxydationen der ungesättigten Nahrungsfette werden durch Antioxydantien (Oxydations-Inhibitoren) gehemmt (vgl. S. 313).

Über den Primärakt der Fettautoxydation, nämlich der Ablösung des ersten H-Atoms aus der Fettsäure, ist bisher noch wenig bekannt. Experimentell erwiesen ist, daß bei Anwesenheit einer Doppelbindung in einer Kohlenwasserstoffkette die Reaktionsfähigkeit des Wasserstoffs an benachbarten Kohlenstoffatomen erhöht ist. So reagiert z. B. Cyclohexen mit Sauerstoff unter Bildung von Cyclohexenyl-3-hydroperoxid. Bei dieser Reaktion wird die Doppelbindung nicht angegriffen; die umfangreichen, langjährigen Untersuchungen auf dem Fettgebiet zeigen, daß auch die Abtrennung eines Wasserstoffatoms der Fettsäurekette aus einer *aktivierten* CH_2-Gruppe erfolgt. Dies geschieht umso leichter, je stärker die betreffende CH_2-Gruppe angeregt, aktiviert ist. Demzufolge ist die Festigkeit einer CH-Bindung von der Zahl der in der Nachbarschaft anwesenden Doppelbindungen abhängig.

Die größte Ablösungsenergie wird benötigt bei der Ablösung eines H-Atoms aus einer Methylengruppe, wenn *keine* Doppelbindungen in einem Molekül vorhanden sind. Die Ablösungsarbeit beträgt hier etwa 100 kcal/mol. Mit steigender Anzahl der Doppelbindungen in einer Fettsäurekette nimmt, wie aus den Verbrennungswärmen gefunden wurde, die Ablösungsenergie immer mehr ab.

Wie sich die Ablösungsenergie für ein H-Atom aus einer CH_2-Gruppe beim Vorhandensein von 1, 2 und 3 *isoliert* angeordneten Doppelbindungen erniedrigt, sei nachfolgend wiedergegeben, gleichzeitig ist die Anzahl der entstehenden mesomeren Formen vermerkt (vgl. auch H.P. KAUFMANN 1958).

Wenn *keine* Doppelbindung vorhanden, beträgt die Ablösungsenergie: 99 kcal

$$R{-}(CH_2)_n{-}R' \xrightarrow[-\,H\,\cdot]{99\,\text{kcal}} R{-}\underset{\cdot}{C}H{-}(CH_2)_{n-1}{-}R'\,\cdot$$

Wenn *eine* Doppelbindung vorhanden ist: 80 kcal; 2 mesomere Formen:

$$R{-}CH_2{-}CH{=}CH{-}R' \xrightarrow[-\,H\,\cdot]{80\,\text{kcal}} \begin{matrix} R{-}\dot{C}H{-}CH{=}CH{-}R' \\ \updownarrow \\ R{-}CH{=}CH{-}\dot{C}H{-}R'\,\cdot \end{matrix}$$

Wenn *zwei* (isolierte) Doppelbindungen vorhanden sind: 69 kcal; 5 mesomere Formen:

$$R\text{-}CH_2\text{-}CH{=}CH\text{-}CH_2\text{-}CH{=}CH\text{-}CH_2\text{-}R' \xrightarrow[-\,H\,\cdot]{69\,\text{kcal}} \begin{matrix} R\text{-}CH_2\text{-}CH{=}CH\text{-}\dot{C}H\text{-}CH{=}CH\text{-}CH_2\text{-}R' \\ \updownarrow \\ R\text{-}CH_2\text{-}\dot{C}H\text{-}CH{=}CH\text{-}CH{=}CH\text{-}CH_2\text{-}R' \end{matrix}$$

und 3 weitere mesomere Radikale.

Bei *drei* (isolierten) Doppelbindungen (Linolensäure): etwa 40 kcal; 11 mesomere Formen:

$$R{-}CH_2{-}CH{=}CH{-}CH_2{-}CH{=}CH{-}CH_2{-}CH{=}CH{-}CH_2{-}R'$$

Diese Verminderung der Ablösungsarbeit resultiert aus dem Gewinn an Resonanzenergie, die bei der Mesomerieeinstellung im Augenblick der Ablösung des H-Atoms frei wird. Je größer also die Anzahl der mesomeren Formen ist, desto größer ist die Resonanzenergie und desto kleiner die Ablösungsarbeit. Umso schneller wird aber auch der betreffende Stoff der *Autoxydation* unterliegen. Das ist auch der Grund, warum beispielsweise *Linolsäure* schneller als *Ölsäure* und letztere wiederum schneller als die *gesättigten Säuren* oxydiert werden. Ob die aufgrund ihrer chemischen Konstitution (Allylstellung) gekennzeichneten H-Atome einer Methylengruppe zur Ausbildung des ersten Kohlenstoff-Radikals, an dem die Autoxydation der Fette ansetzt, durch Unterstützung eines Metallions (z. B. Fe^{+2}, Cu^{+}) oder durch ein schon anwesendes ROO-Radikal tatsächlich erfolgt und erfolgen kann, muß weiteren thermodynamischen und reaktionskinetischen Untersuchungen vorbehalten bleiben.

Zur Kinetik und zum Mechanismus der autokatalytischen Autoxydationsvorgänge vgl. W. O. LUNDBERG 1961/1962, K. S. MARKLEY 1961.

Bei der *Autoxydation* der *Nahrungsfette* bilden bei normalen Temperaturen die *ungesättigten Fettsäuren* den Hauptangriffspunkt für den Sauerstoff. Es unterliegen aber auch die *gesättigten* Fettsäuren, jedoch erst bei vergleichsweise höheren Temperaturen, einer Autoxydation (H. THALER u. W. SAUMWEBER 1961, 1961b, 1963).

Nach neueren Untersuchungen von THALER u. KLEINAU (1968a, b, c) über den Reaktionsablauf bei der Oxydation *gesättigter* Fettsäuren und ihrer Methylester unter relativ milden Bedingungen und ohne Verwendung von Katalysatoren ergab sich ein in hohem Maße reproduzierbarer Verlauf der Sauerstoffaufnahme und der Peroxidbildung. Das Maximum der Sauerstoffaufnahme wurde immer erst dann beobachtet, wenn das Maximum der Peroxidbildung bereits überschritten worden war. Die Versuche zeigten weiter, daß die Methylester bei relativ niedrigen Temperaturen (130°C) gegenüber dem Angriff des Sauerstoffes widerstandsfähiger sind als die freien Fettsäuren. Unter den bei den Oxydationsversuchen gebildeten Spaltprodukten konnten keine ungesättigten Verbindungen festgestellt werden. Bei der Oxydation der freien Fettsäuren und der Methylester fand man praktisch die gleichen Abbauprodukte. Als primäre Spaltprodukte wurden Alkan-II-one und Alkanale identifiziert, die eine gegenüber der eingesetzten Fettsäure um 1 C-Atom verringerte Kettenlänge aufwiesen. Unter den Abbauprodukten konnten Methylketone in wesentlich größerer Menge isoliert werden als Aldehyde. Aus der Zusammensetzung und dem zeitlichen Auftreten der Abbauprodukte kann man auf eine bevorzugt ablaufende *β-Oxydation* schließen. Das ebenfalls sehr frühzeitige Auftreten von Alkanalen mit einer gegenüber der Ausgangssubstanz um 1 C-Atom verkürzten Kettenlänge deutet auf eine *α-Oxydation* hin, die in ihrem Ausmaß jedoch deutlich hinter der *β*-Oxydation zurückbleibt. Die Bildung von Dicarbonsäuren läßt sich auf eine ebenfalls als Nebenreaktion ablaufende *ω-Oxydation* zurückführen.

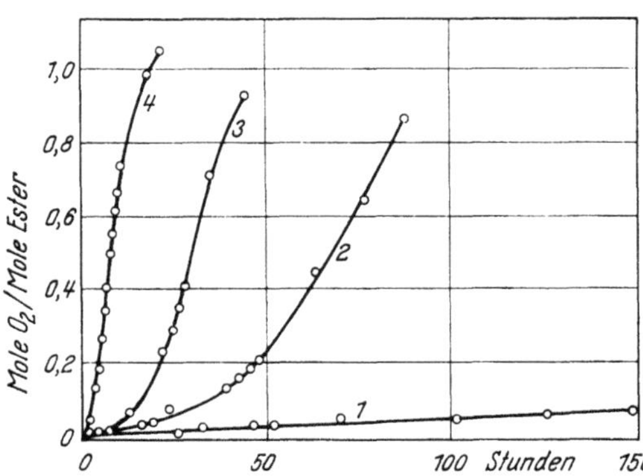

Abb. 3. Autoxydation von Fettsäureestern verschiedenen Sättigungsgrades bei 37° C. 1 Äthyloleat; 2 Äthyllinolat; 3 Äthyllinolenat; 4 Methylarachidonat

Die Autoxydation einfach ungesättigter (sehr reiner) Fettsäuren verläuft, obwohl autokatalytisch, bei normalen Temperaturen relativ langsam. So nehmen nach R. T. HOLMAN u. E. ELMER (1947) Ölsäure bzw. Äthyloleat bei 37°C und Abwesenheit von Katalysatoren in 100 Std nur 0,08 bzw. 0,04 Mol Sauerstoff pro Mol Substrat auf (vgl. Abb. 3).

Nachfolgend die *schematische Darstellung der Ölsäureautoxydation:*

Vgl. allgemeines Schema S. 300

$$\text{I RH} \longrightarrow \text{R}\cdot + \text{H}\cdot$$

$$\text{II R}\cdot \xrightarrow{+\,O_2} \text{ROO}\cdot$$

$$\text{III ROO}\cdot \xrightarrow{+\,\text{RH}} \text{ROOH} + \text{R}\cdot \text{ (weiter nach II)}$$

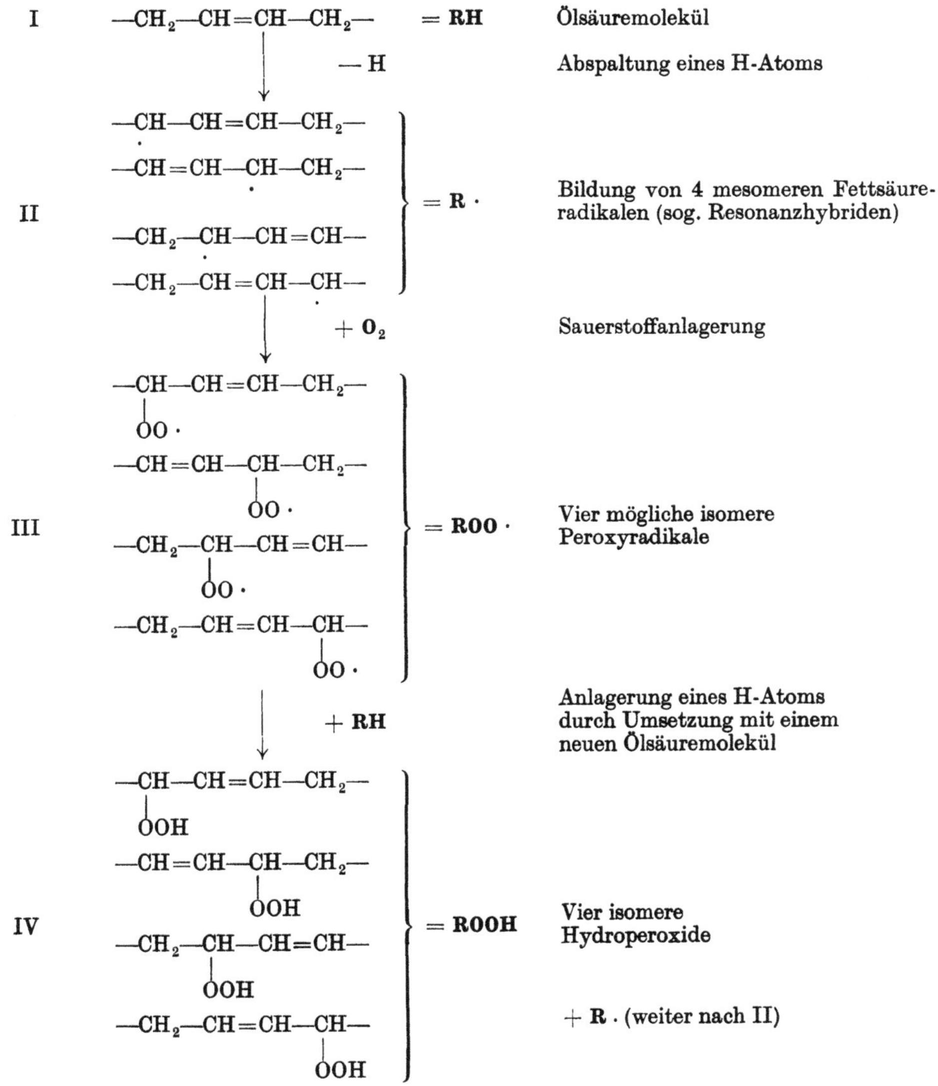

Der typische Reaktionsverlauf ist gekennzeichnet durch eine je nach Substrat und äußeren Reaktionsbedingungen — Temperatur, Licht, Schwermetallspuren, Inhibitoren — gekennzeichnete, länger oder kürzer dauernde Anlaufperiode (Induktionsperiode). In dieser Zeit ist auch die Sauerstoffaufnahme, vgl. Abb. 4, sehr gering; danach nimmt sie in meist kurzer Zeit erheblich zu, was deutlich den autokatalytischen Reaktionsverlauf erkennen läßt.

Die Bildung der angegebenen *Hydroperoxide* wurde experimentell sichergestellt. Es gelang mit Hilfe der modernen Arbeitsmethoden der Molekulardestillation, der Chromatographie, der Tieftemperaturkristallisation, der Gegenstromverteilung und mit Hilfe der Harnstoffaddukte die Einzelvertreter von unverändertem Ausgangsmaterial und weiteren Sekundärreaktionsprodukten abzutrennen. Diese exakte Abtrennung der Hydroperoxide erlaubte auch die Isolierung und Bestimmung von gleichzeitig gebildeten Strukturisomeren, z. B. von konjugierten und trans-Verbindungen mittels optischer Methoden (vgl. Beitrag Analytik in diesem Band). Durch Anwendung der genannten Methoden gelingt es heute von reinstem Untersuchungsmaterial auszugehen und die zahlreichen Widersprüche der Untersuchungsergebnisse früherer Jahrzehnte über Autoxydationsverläufe auf dem Fettgebiet zu klären.

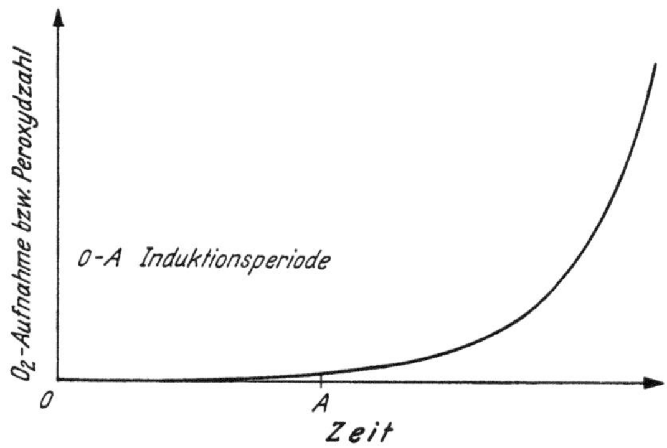

Abb. 4. Schematischer Verlauf der Autoxydation von ungesättigten Fettsäuren bzw. deren Estern

Die aus energetischen Gründen vertretene Ansicht, daß die Autoxydation der *Ölsäure nicht*, wie oben dargestellt, mit einem *a-Methylenmechanismus*, sondern unter Anlagerung von Sauerstoff *direkt* an der Doppelbindung einsetzt, vertreten fast gleichzeitig F.D. GUNSTONE u. T.P. HILDITCH (1946), E.H. FARMER (1946), J.L. BOLLAND u. G. GEE (1946), nach denen die Anlagerung des Sauerstoffs im klassischen Sinne an der Doppelbindung erfolgt (L. BATEMAN 1954, K.S. MARKLEY 1961). Dieser Einleitungsschritt sollte dann *energetisch* imstande sein, den Weiterverlauf der Autoxydation nach dem *a*-Methylen-Mechanismus in Gang zu setzen:

$$-CH_2-CH{=}CH- \xrightarrow{O_2} -CH_2-\dot{C}H-CH(OO\cdot)- \xrightarrow{-CH_2-CH=CH-} -CH_2-\dot{C}H-CH(OOH)-$$

Ölsäureteil

$$\downarrow$$

$$-\dot{C}H-CH{=}CH-$$

a-Methylenmechanismus weiter wie II oben

Die Autoxydationsgeschwindigkeit 1,4– ungesättigter Systeme ist infolge der von zwei Doppelbindungen flankierten aktiven Methylengruppe 20—40mal so hoch wie diejenige einfach ungesättigter Systeme (H.P. KAUFMANN 1958).

Im Anfangsstadium der Autoxydation mehrfach ungesättigter Systeme nimmt die Dienkonjugation (gemessen an der Zunahme der UV-Absorption bei 234 mμ) annähernd parallel mit der Sauerstoffaufnahme und Peroxidbildung zu. Dies wird aus Abb. 5 deutlich, in der die Spektren frischen und autoxydierten Äthyllinolats wiedergegeben sind (J.L. BOLLAND u. H.P. KOCH 1945). Vgl. auch Beitrag Analytik in diesem Band.

Die in autoxydierenden Fetten auftretenden spektralen Veränderungen sind von verschiedenen Arbeitsgruppen studiert worden wie z. B. von R.T. HOLMAN u. Mitarb. (1945a, 1945b, 1945c, 1945d), S. BERGSTRÖM (1945), L.J. FILER u. Mitarb. (1945), W.O. LUNDBERG u. Mitarb. (1946) sowie J.R. CHIPAULT u. W.O. LUNDBERG (1947). Diese Veränderungen, die die Autoxydation begleiten, sind qualitativ sehr ähnlich bei allen Fettsäuren, die zwei oder mehr durch Methylengruppen voneinander getrennte Doppelbindungen (Isolenverbindungen) enthalten.

Oxydiertes Linolat hat seine Hauptabsorptionsbande im Bereich von 230—236 mμ, hervorgerufen durch Dienkonjugation, und ein schwaches Maximum in der Region von 260—280 mμ, das wahrscheinlich auf bei Sekundärreaktionen gebildete Ketodiene zurückzuführen ist. Das Hauptmaximum ist das gleiche für Linolat, Linolenat und Arachidonat, wobei jedoch die

Dienabsorption pro Mol aufgenommenen Sauerstoffs umso geringer ist je höher der Grad der Ungesättigtheit ist. Umgekehrt nimmt die durch Sekundärprodukte verursachte Absorption umso mehr zu, je höher ungesättigt das Substrat ist.

Die Lichtabsorption im Bereich der längeren Wellen wird beträchtlich gesteigert in alkalischer Lösung (R. T. HOLMAN u. Mitarb. 1945a), wobei diese Farbvertiefung in zwei Phasen erfolgt, nämlich einer rasch eintretenden reversiblen und einer langsam ablaufenden irreversiblen Zunahme der Absorption, was auf eine Enolisierung und eine Kondensationsreaktion hindeutet (J. R. CHIPAULT u. W. O. LUNDBERG 1947). Dieser Vorgang könnte auch durch die Bildung von ROO^- Anionen im alkalischen Milieu eintreten. Beim Übergang ROOH → ROO′ erfolgt nämlich im UV eine Verschiebung zu längeren Wellen. (Näheres darüber in der Monographie von A. RIECHE 1931.) Diese Farbintensivierung, bei der es sich um die Endabsorption von im Ultravioletten absorbierenden Chromophoren handelt, tritt besonders ausgeprägt auf bei der Verseifung ranziger Fette. Frische Fette und reine Fettsäuren zeigen diese Farbvertiefung bei der Alkalibehandlung ebensowenig wie reine konjugierte Polyene, was die Abhängigkeit dieses Phänomens von der Gegenwart von Oxydationsprodukten anzeigt. Vgl. dazu auch J. WURZIGER u. Mitarb. (1958, 1959, 1960).

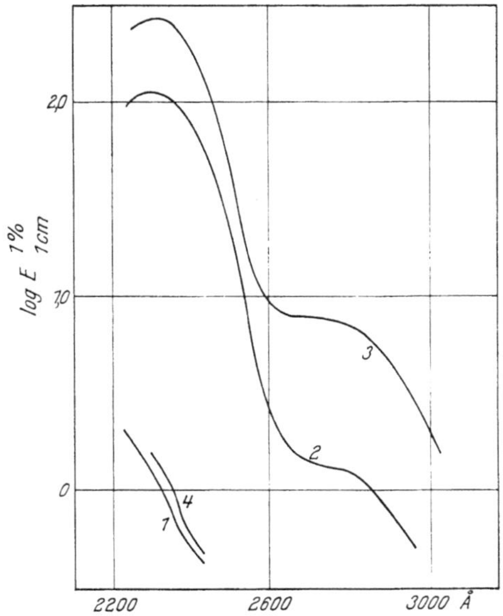

Abb. 5. Einfluß der Autoxydation auf das Ultraviolettspektrum von Linolsäureäthylester
1. Reiner Linolsäureäthylester; 2. Probe 1 nach Aufnahme von 1,6 % Sauerstoff; 3. Probe 1 nach Aufnahme von 4,5 % Sauerstoff; 4. Probe 3 nach Abtrennung der oxydierten Fraktion

Die Aufstellung einer allgemein akzeptierten Theorie für den Mechanismus der Autoxydation mehrfach ungesättigter Fettsäuren geht auf E. H. FARMER und seine Schule zurück (1943, 1945, 1946, 1947, 1948, 1949). Dieser Mechanismus ist auf S. 306 schematisch dargestellt (Farmer-Mechanismus; α-Methylenmechanismus vgl. S. 299).

Für die Untermauerung dieser Theorie sind spektralanalytische Untersuchungen von großem Wert gewesen. Aus der Lichtabsorption und dem Sauerstoffgehalt von Linolsäurederivaten während des Anfangsstadiums der Autoxydation konnte der molare Extinktionskoeffizient für Linolat-Hydroperoxid berechnet werden, und zwar beträgt er mit 22700 (J. L. BOLLAND u. H. P. KOCH 1945) rund 70% des molaren Extinktionskoeffizienten der konjugierten Linolsäure. Dies ist eine starke Stütze für die Hypothese, daß nämlich der Sauerstoff die aus Linolat gebildeten freien Radikale entsprechend den Gesetzen der statistischen Verteilung attackiert, so daß die resultierenden Hydroperoxide zu zwei Dritteln die Struktur konjugierter Diene besitzen müssen.

S. BERGSTRÖM (1945), der die Autoxydationsprodukte von *Linolat* hydrierte, das Gemisch anschließend chromatographisch auftrennte und dabei sowohl *9-* als auch *13-Hydroxystearate* identifizierte, konnte auf diesem Weg *nicht* die Bildung von *11-Isomeren* nachweisen, wie sie entstanden wären, wenn die Angriffspunkte des Sauerstoffs über die mesomeren Grenzformen des Radikals, den Gesetzen des Zufalls folgend, verteilt gewesen wären. Allerdings muß berücksichtigt werden, daß unter den Bedingungen der Hydrierung eine Umlagerung des isoliert-ungesättigten Isomeren zu konjugierten Isomeren erfolgen kann, so daß die Bildung des 11-Hydroperoxids bei der Autoxydation des Linolats nicht mit Sicherheit ausgeschlossen werden kann.

Auch N. A. KHAN, W. O. LUNDBERG u. R. T. HOLMAN (1954) gelangten zur Auffassung, daß sich bei der Linolatoxydation stark überwiegend, wenn nicht ausschließlich *konjugierte* Hydroperoxide bilden. Die genannten Autoren oxydierten *Methyllinolat* jeweils unter verschiedenen Bedingungen und Einflüssen: im Dunkeln bei —10° C, im sichtbaren oder ultravioletten Licht, in Gegenwart von Kupfer, in Gegenwart von Chlorophyll als Katalysator, reicherten dann die gebildeten Peroxide durch Gegenstromextraktion an und reduzierten das Konzentrat schließlich mittels Zinn(II)-Chlorid. Anschließend wurde das *Gemisch der Hydroxylinolate* mit Hilfe der Verdrängungschromatographie getrennt. *Nichtkonjugierte Verbindungen* konnten lediglich dann isoliert werden, wenn die Autoxydation durch Chlorophyll oder

Schematische Darstellung der Linolsäureoxydation

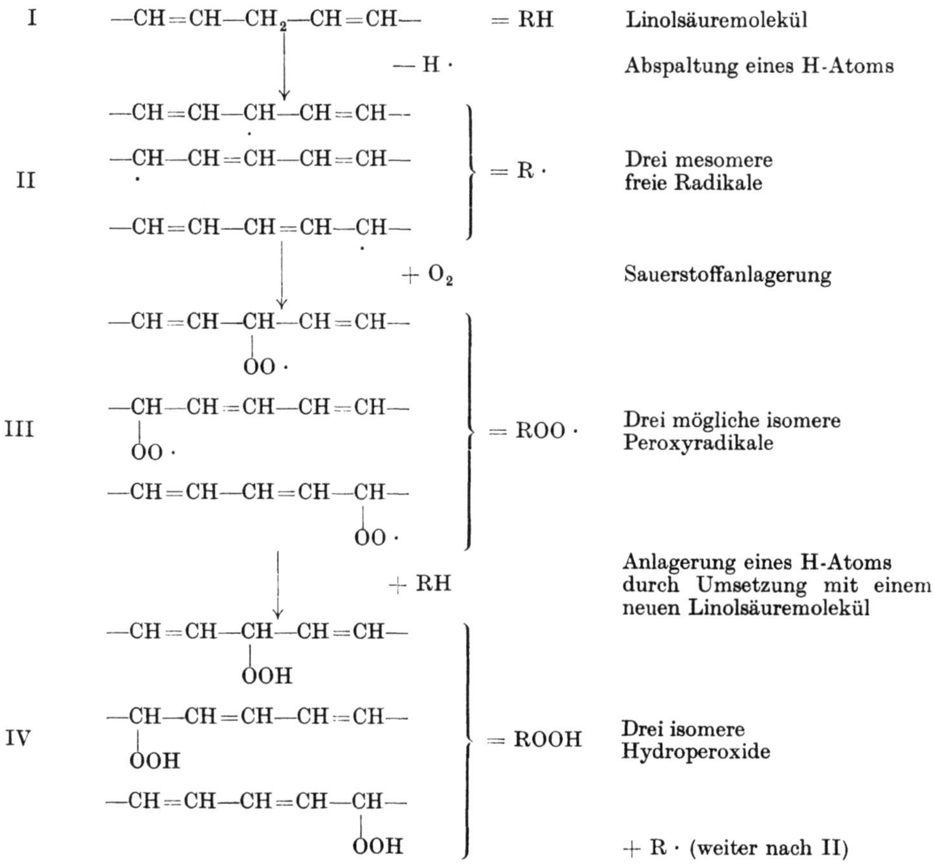

durch Bestrahlung mit ultraviolettem Licht katalysiert worden war. In allen anderen Fällen handelte es sich bei den Reaktionsprodukten fast ausschließlich um *konjugierte* Verbindungen.

Das Vorherrschen konjugierter Hydroperoxide in autoxydiertem Linolat konnte auch durch die Arbeiten von J.A. CANNON u. Mitarb. (1952) sowie O.S. PRIVETT u. Mitarb. (1953), die das Hydroperoxid-Gemisch mit Hilfe der Gegenstromverteilung auftrennten, bestätigt werden. Die *Infrarotspektren* zeigten, daß die in sehr hoher Reinheit isolierten Hydroperoxide sowohl die *cis, trans-* als auch die *trans, trans*-Konfiguration aufwiesen, wobei die letztgenannte Form bei höheren Temperaturen und stärkeren Autoxydationsgraden dominierte. Unabhängig voneinander ermittelten beide Arbeitsgruppen für die Linolat-Hydroperoxide einen Konjugationsgrad von 90%.

Eine weitere Stütze für die obengenannten Befunde lieferten H.H. SEPHTON u. D.A. SUTTON (1956), die aus *autoxydiertem Linolat* mittels Gegenstromverteilung und Chromatographie mit umgekehrten Phasen die entstandenen Hydroperoxide isolierten und dann nach Reduktion mit Natriumborhydrid durch Verteilungschromatographie und Harnstoff-Fraktionierung weitestgehend auftrennen konnten in *cis, trans-* und *trans, trans-Hydroxylinolat*. Nach Hydrierung des Gemisches der isomeren Hydroxylinolate und anschließender Adsorptionschromatographie über Aluminiumoxid erhielten die Autoren schließlich annähernd gleiche Mengen an *9-* und *13-Hydroxystearat*.

Mengenmäßig dominieren die Produkte IVa und IVf, in geringerer Menge finden sich IVc und IVd, wogegen der Nachweis von IVb und IVe bisher noch nicht mit Sicherheit gelungen ist. Diese an Methyllinolenat erhaltenen experimentellen Befunde erhalten nach E.N. FRANKEL (1962) eine heuristisch interessante theoretische Deutung; vgl. auch W.H. KLÖPFER u. Mitarb. (1965); H. ESTERBAUER u. E. SCHAUENSTEIN (1966); H. ESTERBAUER (1968); E. SCHAUENSTEIN u. H. ESTERBAUER (1968).

Für den Mechanismus der *Autoxydation der Linolensäure* kann ein Schema aufgestellt werden, das demjenigen der Linolsäureoxydation analog ist:

Schematische Darstellung der Linolensäureoxydation

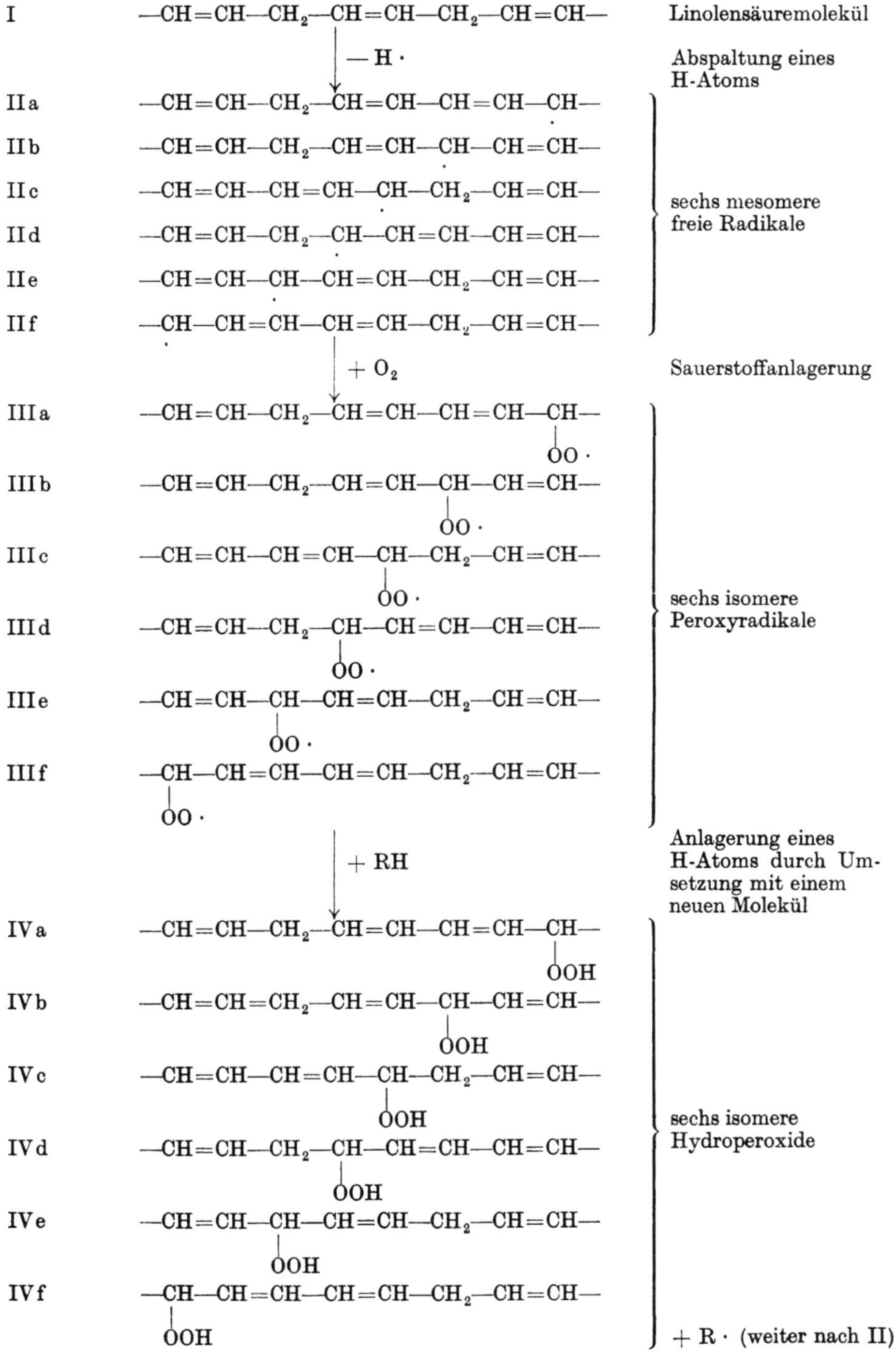

Auf einem anderen Wege, nämlich durch Dehydratation der Hydroxylinolate, gelangten A. BANKS u. Mitarb. (1957, 1959) zu analogen Ergebnissen. Die erhaltenen *konjugierten Triene* wurden mit Hilfe der Permanganatoxydation als ein *Gemisch* aus *8, 10, 12-* und *9, 11, 13-Octadecatrienoat* identifiziert, was beweist, daß es sich bei den ursprünglichen Hydroperoxiden um *9-Hydroperoxy- 10, 12- octadecadienoat* und *13-Hydroxy- 9, 11- octadecadienoat* gehandelt hat.

Unabhängig von diesen chemisch-experimentellen Beweisen zeigte J.L. BOLLAND (1946) aufgrund thermodynamischer Überlegungen, daß die Bildung *konjugierter Hydroperoxide* in wesentlich höherem Maße als es den Gesetzen der Statistik entspricht, anzunehmen ist.

Nach J.L. BOLLAND u. W.J.C. ORR (1945) betragen die Resonanzenergien für die Radikalsysteme R—CH=CH—ĊH—CH=CH—R und R—CH=CH—ĊH—R 30,5 bzw. 18,7 kcal pro Gramm-Mol. Daraus erhellt, daß die Bildung von Radikalen mit *isolierten* Doppelbindungen wesentlich mehr an Aktivierungsenergie erfordert als die Entstehung von Radikalen des *konjugierten* Typs. Die Bildung der Hydroperoxide IVb und IVc (S. 307) ist also auf Kosten des Hydroperoxids IVa begünstigt, da der Gewinn an Resonanzenergie nach J.L. BOLLAND (1946) etwa 7 kcal pro mol beträgt. Aus den Arbeiten von J.L. BOLLAND (1946) geht ferner hervor, daß aufgrund thermodynamischer Überlegungen die Wahrscheinlichkeit für eine weitere oxydative Attackierung der bereits gebildeten Linolat-Hydroperoxide unter Bildung von *Diperoxiden*, zumindest im Anfangsstadium der Autoxydation, äußerst gering ist.

Ein mesomeres Radikal kann bekanntlich auf graphischem Wege nicht ausreichend beschrieben werden; die drei Strukturen IIa, IIb und IIc stellen die zwei extremen Grenzformen und eine mittlere Struktur dar, die nur während einer sehr begrenzten Zeitspanne existieren.

Die „wahre" Struktur des Radikals würde dargestellt werden durch die statistische Verteilung der Elektronendichte über die fünf betroffenen Kohlenstoffatome. Hierbei liegen die Resonanzverhältnisse so, daß die höheren Elektronendichten während eines relativ großen Zeitanteils an den Enden des Systems auftreten. Wird ein solches Radikal durch Sauerstoff oder ein anderes Radikal angegriffen, so ist die Wahrscheinlichkeit, daß eine evtl. Anlagerung an den Enden des Systems erfolgt, größer als es aufgrund der Gesetze des Zufalls anzunehmen wäre; die gebildeten Hydroperoxide sind daher zu mehr als zwei Dritteln, jedoch weniger als 100% *konjugiert.*

b) Sekundärprodukte der Autoxydation

Die *Primärprodukte* der *Fett-Autoxydation* sind aus ungesättigten Fettsäuren entstandene *Hydroperoxide.* Diese Hydroperoxide sind nach A.S. HENICK, M.F. BENCA u. J.H. MITCHELL (1954) ausnahmslos ohne Geruch und ohne Geschmack. Bei höheren Temperaturen und höherem Oxydationsgrad kann gemäß A.E. JOHNSTON u. Mitarb. (1961) *sekundär* eine direkte 1,2- oder 1,4-Addition von Sauerstoff an die Doppelbindungen erfolgen, was zur Bildung von verschiedenen nichtflüchtigen monomeren und dimeren sauerstoffhaltigen Verbindungen führen kann. Diese *sekundären* Oxydationsprodukte sind nach C.D. EVANS u. Mitarb. (1960) im allgemeinen zwar geruchlos, aber nicht geschmacklos.

Die nächste Stufe kann dann theoretisch in einer *monomolekularen* und *homolytisch* verlaufenden Spaltung, wie sie von L. BATEMAN (1954) postuliert wurde, bestehen. G. HOFFMANN (1962) stellte für diese Reaktion ein Zerfalls-Schema auf.

Einen großen Einfluß auf die Spaltung von Peroxiden und die Kinetik des Zerfalls haben andere Stoffe, z. B. Lösungsmittel und Peroxide selbst. Man spricht hier von einem Lösungsmittel- bzw. Peroxid-induzierten Peroxidzerfall. Der Zerfall wird am stärksten durch solche Stoffe beschleunigt, die eine (auch für die Peroxygenierung wirksame) besonders aktive CH-Bindung haben (A. RIECHE u. Mitarb. noch nicht veröffentlicht; sowie A. RIECHE u. Mitarb. 1965).

Die meisten der bei einer solchen durch Hitze, weitere Oxydation, Licht, Metalle, Säuren, Basen, Peroxide ausgelösten Spaltung entstehenden kurzkettigen, *flüchtigen* monomeren Produkte (in der Regel Carbonylverbindungen) zeichnen sich durch einen *ausgeprägten Geruch* und *Geschmack* aus. Die *nichtflüchtigen* Spaltungsprodukte können sowohl monomer sein, wie z. B. Aldehydcarbonsäuren, als auch dimer oder polymer. Diese Verbindungen sind in der Regel *geruch-* und *geschmacklos.* Eine zusammenfassende Übersicht über die Bildung von Carbonylverbindungen bei der Autoxydation olefinischer Fette geben K. TÄUFEL u. R. ZIMMERMANN (1959, 1960, 1962; F. LINOW, M. ROLOFF u. K. TÄUFEL 1960, 1964, 1965).

Nach C.H. LEA u. P.A.T. SWOBODA (1958a), A.M. GADDIS, R. ELLIS u. G.T. CURRIE (1960), sowie D.A. LILLARD u. E.A. DAY (1961) ist nur ein recht geringer Anteil der Spaltungsprodukte flüchtig: Aus oxydierten Ölen ließen sich 3—4% mit Wasserdampf destillieren; bei der Hochvakuumdestillation gingen nur 1—3% der Carbonylverbindungen über. Der Hauptanteil der flüchtigen Fraktion autoxydierter Öle und Fette besteht aus Aldehyden. Daneben finden sich auch niedere Fettsäuren, Alkohole, Dicarbonyle und in seltenen Fällen Ketone. Für den typischen Geschmack autoxydativ verdorbener Fette sind jedoch praktisch nur die Aldehyde verantwortlich, was seinen Grund darin hat, daß viele Vertreter dieser Klasse noch in Verdünnungen von $1:10^9$—$1:10^{10}$ wahrnehmbar sind, wie C.H. LEA u. P.A.T. SWOBODA (1958b), S. PATTON, I.J. BARNES u. L.E. EVANS (1959), sowie H. v. PEZOLD (1959) zeigten. Über die Autoxydation von Linolsäuremethylester in Wasser und die Isolierung der dabei entstandenen Reaktionsprodukte vgl. W.H. KLÖPFER u. Mitarb. (1965); H. ESTERBAUER u. Mitarb. (1966, 1968); E. SCHAUENSTEIN u. Mitarb. (1968); K. TÄUFEL u. Mitarb. (1960, 1962, 1963a, b); S. YUKI (1967); E.G. PERKIN (1967).

Eine Übersicht über die Monohydroperoxide und Monoaldehyde, die bei der Autoxydation der wichtigsten ungesättigten Fettsäuren gebildet werden, gibt die nach H.T. BADINGS (1960) zusammengestellte Tab. 5, wobei nur die aktivste Methylengruppe (als O_2-Angriffspunkt) berücksichtigt ist.

Tabelle 5. *Hydroperoxide und Aldehyde mit nur 1 Sauerstoff-Funktion, die bei der Autoxydation ungesättigter Fettsäuren gebildet werden können*

Fettsäure	Betroffene Methylengruppe	Isomere Hydroperoxide	Aldehyde
Ölsäure	11	11-Hydroperoxy-9-en	Octanal
		9-Hydroperoxy-10-en	2-Decenal
	8	8-Hydroperoxy-9-en	2-Undecenal
		10-Hydroperoxy-8-en	Nonanal
Linolsäure	11	13-Hydroperoxy-9,11-dien	Hexanal
		11-Hydroperoxy-9,12-dien	2-Octenal
		9-Hydroperoxy-10,12-dien	2,4-Decadienal
Linolensäure	14	16-Hydroperoxy-9, 12, 14-trien	Propanal
		14-Hydroperoxy-9, 12, 15-trien	2-Pentenal
		12-Hydroperoxy-9, 13, 15-trien	2,4-Heptadienal
	11	13-Hydroperoxy-9, 11, 15-trien	3-Hexenal
		11-Hydroperoxy-9, 12, 15-trien	2,5-Octadienal
		9-Hydroperoxy-10, 12, 15-trien	2, 4, 7-Decatrienal
Arachidonsäure	13	15-Hydroperoxy-5, 8, 11, 13-tetraen	Hexanal
		13-Hydroperoxy-5, 8, 11, 14-tetraen	2-Octenal
		11-Hydroperoxy-5, 8, 12, 14-tetraen	2,4-Decadienal
	10	12-Hydroperoxy-5, 8, 10, 14-tetraen	3-Nonenal
		10-Hydroperoxy-5, 8, 11, 14-tetraen	2,5-Undecadienal
		8-Hydroperoxy-5, 9, 11, 14-tetraen	2, 4, 7-Tridecatrienal
	7	9-Hydroperoxy-5, 7, 11, 14-tetraen	3,6-Dodecadienal
		7-Hydroperoxy-5, 8, 11, 14-tetraen	2, 5, 8-Tetradecatrienal
		5-Hydroperoxy-6, 8, 11, 14-tetraen	2, 4, 7, 10-Hexadecatetraenal

Obige Zusammenstellung macht deutlich, mit welchem komplexen Gemisch von Aldehyden in autoxydierten Fetten zu rechnen ist, wobei die weniger reaktiven Methylengruppen noch nicht einmal berücksichtigt worden sind.

Bei der *Zersetzung von Hydroperoxiden* zu freien Alkoxy- und Hydroxy-Radikalen:

$$R{-}\underset{\underset{\displaystyle OOH}{|}}{CH}{-}R \rightarrow R{-}\underset{\underset{\displaystyle O\cdot}{|}}{CH} + \cdot OH$$

können neben *Aldehyden* gemäß

$$R{-}\underset{\underset{\displaystyle O\cdot}{|}}{CH}{-}R \rightarrow R\cdot + RCHO,$$

auch andere Verbindungen mit Sauerstoff-Funktionen entstehen. Die Abspaltung eines Wasserstoffatoms aus einem anderen Molekül kann beispielsweise einen *Alkohol* und ein neues freies Radikal ergeben:

$$R{-}\underset{\underset{\displaystyle O\cdot}{|}}{CH}{-}R + R'H \rightarrow R{-}\underset{\underset{\displaystyle OH}{|}}{CH}{-}R + R'\cdot$$

Eine solche Bildung von Alkoholen ist von H.B. KNIGHT, J.E. COLEMAN u. D. SWERN (1951), A.J. FEUELL u. J.H. SKELLON (1954), sowie G. KING (1956) experimentell festgestellt worden.

Durch Wechselwirkung zweier freier Radikale können unter Abbruch der Reaktionskette Ketone entstehen:

$$R{-}\underset{\underset{\displaystyle O\cdot}{|}}{CH}{-}R + R'\cdot \rightarrow R{-}\underset{\underset{\displaystyle O}{\|}}{C}{-}R + R'H \qquad \text{oder}$$

$$R{-}\underset{\underset{\displaystyle O\cdot}{|}}{CH}{-}R + R'O\cdot \rightarrow R{-}\underset{\underset{\displaystyle O}{\|}}{C}{-}R + R'OH$$

Die Bildung ungesättigter *Ketone* konnte von G.W. ELLIS (1950) u. G. KING (1956) demonstriert werden, während K. TÄUFEL u. U. FREIMUTH (1949), H.B. KNIGHT, J.E. COLEMAN u. D. SWERN (1951) und K.H. NEY 1965 die Bildung von *Epoxiden* infolge der Reaktion von Hydroperoxiden bzw. deren Radikalen mit Doppelbindungen nachgewiesen haben:

$$R{-}\underset{\underset{\displaystyle OOH}{|}}{CH}{-}R + R'{-}CH{=}CH{-}R' \rightarrow R'{-}\underbrace{CH{-}CHR'}_{O} + R{-}\underset{\underset{\displaystyle OH}{|}}{CH}{-}R$$

$$R{-}\underset{\underset{\displaystyle OO\cdot}{|}}{CH}{-}R + R'{-}CH{=}CH{-}R' \rightarrow R'{-}\underbrace{CH{-}CH}_{O}{-}R' + R{-}\underset{\underset{\displaystyle O\cdot}{|}}{CH}{-}R$$

In Gegenwart organischer Säuren können die Hydroperoxide zu partiellen Estern gesättigter dreiwertiger Alkohole umgewandelt werden. Unter dem Einfluß von Mineralsäuren entsteht nicht der Ester, sondern das freie Triol (M. KEENEY 1962).

c) Prooxydantien

Faktoren, die die Vorgänge der Autoxydation am Anfang und in ihrem Weiterverlauf beschleunigen, nennt man *Prooxydantien*. Zu ihnen gehören:

Fetthydroperoxide und *Fettperoxide* als vielfach wenig stabile, temperaturempfindliche Verbindungen, bzw. die daraus entstehenden Radikale verschiedenster Art (vgl. S. 300).

Schwermetallspuren, insbesondere Kupfer, Eisen, Kobalt, Mangan und deren anorganische und organische Salze.

Oxydationsenzyme, z. B. Lipoxydase, S. 296).

Katalysatoren des biologischen Materials, wie Hämin-Verbindungen (vgl. S. 293).

Lipochrome, z. B. „photoaktive" Pflanzenfarbstoffe, wie Chorophyll, Carotinoide.

Lichteinflüsse.

Temperatureinflüsse.

Aus dem autokatalytisch verlaufenden Vorgang der Autoxydation ungesättigter Fettsäuren geht hervor, daß *Fetthydroperoxide* und *Fettperoxide*, insbesondere die bei ihrer Zersetzung entstehenden freien Radikale, als starke *Prooxydantien* fungieren. Ebenso wirken eine Vielzahl anderer Peroxide und Radikalbildner als starke Oxydationsbeschleuniger (W. KERN u. H. WILLERSINN 1955a).

Die bereits in den Anfängen der Erforschung des Fettverderbens in der Praxis gemachte Beobachtung, daß *frische* Fette durch Zugabe geringer Mengen verdorbener Fette sehr rasch *oxydationsranzig* werden, findet hierin ihre Erklärung.

Als weitere wichtige Gruppe von Prooxydantien seien die *Metalle*, insbesondere die Schwermetallsalze organischer Säuren genannt, die in der Industrie der trocknenden Öle bereits seit langem als sog. „Trockner" verwendet werden (Vgl. hierzu auch W. KERN u. H. WILLERSINN 1955b).

Einen besonders starken prooxydativen Effekt entfalten gewisse Vertreter der Übergangsreihe wie *Kupfer, Eisen, Kobalt* und *Mangan*. So wird z. B. die Induktionsperiode von Schmalz durch nur $0{,}5.10^{-6}\%$ Cu bzw. $6.10^{-6}\%$ Fe auf die Hälfte reduziert, während Kobaltoleat in einer Konzentration von 0,1% die Inkubationszeit des Trans auf etwa $^1/_{30}$ herabsetzt.

Vom Standpunkt des Fettverderbens in der Praxis betrachtet, kommt es weniger auf die absolute Menge einzelner Metalle als vor allem darauf an, in welchem Maße diese Metalle unter Salzbildung — also als Ionen — in das Öl überzugehen in der Lage sind. So sind z. B. Öle mit einem hohen Gehalt an *freien* Fettsäuren wegen der möglichen Metallsalzbildung in dieser Hinsicht viel anfälliger als die in der Speisefettindustrie verarbeiteten Neutralöle.

Den Gehalt an den Schwermetallen Kupfer und Eisen als äußerst aktive Autoxydationskatalysatoren zeigt nachfolgende Tabelle:

Tabelle 6. *Schwermetall-Gehalte einiger Fette* nach J. BALTES (1958), (*in mg/kg*)

Fettart	Cu	Fe
Sojaöl roh	0,1—0,5	1—5,6
Sojaöl raff.	0,004—0,01	0,005—1
Maiskeimöl roh	0,5	12,7
Maiskeimöl raff.	0,01—0,015	0,1—1
Baumwollsaatöl raff.	0,002—0,1	0,1—0,5
Erdnußöl raff.	0,01—0,05	0,5—1
Rüböl raff.	0,05—0,1	0,5—1
Sonnenblumenöl roh	0,01—0,05	1—5
Sonnenblumenöl raff.	0,004—0,01	0,1—0,5

Tab. 6 zeigt, daß die rohen (nichtraffinierten) Öle nicht unwesentliche Schwermetallgehalte aufweisen, die jedoch nur z. T. natürlichen Herkommens sind. Ein Teil wird bei der Gewinnung durch Berührung mit den Apparateteilen eingeschleppt. In rohen Sojaölen, die bei ihrer Gewinnung nicht mit Metallteilen in Berührung gekommen waren, zeigte sich ein durchschnittlicher Gehalt an Eisen von 0,8 mg/kg, der durchschnittliche Kupfergehalt lag bei 0,4 mg/kg (EVANS u. Mitarb. 1952; J. BALTES 1958). Weiterhin kann aus der Tab. 6 entnommen werden, daß bei ordnungsgemäß geleiteter Raffination die angegebenen Schwermetalle fast vollständig entfernt werden.

Die metallischen Oxydationskatalysatoren wirken in erster Linie durch Zersetzung von Fetthydroperoxiden und Fettperoxiden unter Bildung *freier Radikale;* Reaktionsmechanismus und Reaktionsprodukte der metallkatalysierten Autoxydation sollen sich von denen der nicht katalysierten Autoxydation unterscheiden (A. ROBERTSON u. W.A. WATERS 1946; A.H. JACKSON u. F.A. KUMMEROW 1949; K. TÄUFEL u. K. ROMMINGER 1956).

Viele organische Peroxide sind zur Aufnahme von Elektronen aus Metallionen befähigt (N. URI 1952, 1956, 1958), ebenso können sie aber auch je nach dem bestehenden Redoxpotential Elektronen an Kationen abgeben, wie auf folgendem von R.T. HOLMAN (1954) gegebenen Schema zu ersehen ist:

$$Cu^{+} + ROOH \rightarrow Cu^{++} + RO^{-} + \cdot OH$$
$$Cu^{++} + ROO^{-} \rightarrow Cu^{+} + ROO\cdot$$

Ein ähnliches Schema wird von C.E.H. BAWN (1953) angegeben:

$$Me^{++} + ROOH \rightarrow Me^{+++} + RO\cdot + OH^{-}$$
$$Me^{+++} + OH^{-} \rightarrow Me^{++} + \cdot OH$$

Ein der photochemisch und peroxydisch katalysierten Oxydation nach J.L. BOLLAND u. G. GEE (1946) analoger Ablauf der *Metallkatalyse* zieht nachstehende Reaktionen in Betracht:

$$Me^{+++} + ROOH \rightarrow Me^{++} + ROO\cdot + H^{+}$$
$$ROO\cdot + RH \rightarrow ROOH + R\cdot$$
$$R\cdot + O_2 \rightarrow ROO\cdot \text{ usw.}$$

Die vorstehend dargestellten und weitere z. T. recht stark divergierende Theorien über die Metallkatalyse, die hier nicht diskutiert werden sollen, haben jedoch alle das Gemeinsame, daß leicht wertigkeitswechselnde Metalle durch Elektronenabgabe und -aufnahme (Redox-Reaktion) ein stetiges Aufrechterhalten einer gewissen Konzentration an aktiven Radikalen bewirken. Der Gesamtablauf einer *Fettperoxid-Spaltung* durch geeignete Metallionen (Cu^{++}, Fe^{+++}) wie sie in der Praxis der Fettverarbeitung vorliegen, zeigt folgende Formulierung:

$$\begin{array}{l} ROOH + Me^{++} \rightarrow ROO\cdot + H^{\oplus} + Me^{+} \\ ROOH + Me^{+} \rightarrow RO\cdot + OH^{\ominus} + Me^{++} \\ \hline 2\,ROOH \longrightarrow ROO\cdot + RO\cdot + H_2O \end{array}$$

Die hierbei entstehenden Radikale sind relativ starke Oxydationsmittel und vermögen unter Selbststabilisierung labilisierte (aktivierte) H-Atome aus z. B. allylständigen C—H-Bindungen — wie sie in ungesättigten Fettsäuren vorhanden sind — abzulösen: $ROO\cdot + RH \rightarrow ROOH + R\cdot$ (neuer Kettenstart durch $R\cdot$)
oder $RO\cdot + RH \rightarrow ROH + R\cdot$ (neuer Kettenstart durch $R\cdot$)

Dadurch kommen immer neue Reaktionsketten in Gang, die zur *Autokatalyse* beitragen.

Licht (vor allem im UV-Bereich), dessen prooxydative Wirkung bereits seit langem bekannt ist, katalysiert ebenfalls die Zersetzung von Dialkyl-Peroxiden wie auch von Alkylhydroperoxiden unter Bildung von Radikalen und *beschleunigt* dadurch von dieser Seite aus die Autoxydation.

Im Gegensatz dazu konnte festgestellt werden, daß sich der Mechanismus der *Photooxydation* (photokatalysierten Autoxydation) in Gegenwart von *Chlorophyll* erheblich von dem der normalen Autoxydation unterscheidet. Diese Art der Oxydation wird durch Antioxydantien nur unerheblich gehemmt und scheint keine Kettenreaktion zu sein (W.O. LUNDBERG 1954).

Nach K. TÄUFEL u. Mitarb. (1959) wirkt *Chlorophyll* nur bei Tageslicht prooxydativ, wogegen es sich in der Dunkelheit dem Substrat gegenüber indifferent verhält und in Gegenwart phenolischer Antioxydantien sogar deren Hemmeffekt synergistisch unterstützt.

Carotin wirkt im Dunklen als Antioxydans im Licht jedoch als *Prooxydans.* Wahrscheinlich fungieren diese Pflanzenfarbstoffe bei der Photooxydation als energieübertragende Sensibilisatoren und fördern dadurch die Radikalbildung

(A. CHEVALLIER u. Mitarb. 1948). Die antioxydative Wirkung im Dunkeln kann als (dem Fett gegenüber bevorzugte) Autoxydation oder durch die Möglichkeit des Abfangens von entstehenden Fettsäurehydroperoxid- oder ähnlichen Radikalen an die Carotinoid-Doppelbindungen aufgefaßt werden.

Cytochrome, *Hämoglobin*, *Methämoglobin*, *Hämatin* und *Hämin* sind — wie bereits erwähnt, vgl. S. 293 — ebenfalls befähigt, die Fettautoxydation zu beschleunigen; ihre prooxydative Wirkung wird von phenolischen Antioxydantien gehemmt.

Als weiteres Beispiel wirksamer biologischer Prooxydantien seien die vorstehend ebenfalls eingehend besprochenen *Lipoxydasen* genannt, die in höheren Pflanzen, vornehmlich in Leguminosen, vorkommen (vgl. S. 296). Es wurde schon erwähnt (vgl. S. 296), daß Lipoxydase konstitutionsspezifisch in hohem Maße die Oxydation mehrfach ungesättigter (Isolen-)Fettsäuren beschleunigt: Gegenüber gesättigten Fettsäuren, einfach ungesättigten Fettsäuren, sowie konjugiert mehrfach ungesättigten Fettsäuren, ist das Enzym hingegen praktisch unwirksam.

Diese enzymatisch katalysierte Autoxydation kann durch gewisse phenolische und/oder chinoide Inhibitoren gehemmt werden.

d) Antioxydantien

Wie bei Lebensmitteln im allgemeinen, so erfordern Fette und Fettprodukte wegen der Besonderheit ihres autoxydativen Verderbens über allgemeine Maßnahmen hinaus noch besondere Vorkehrungen.

Die Maßnahmen zur Qualitätserhaltung bei *Fetten* und *Fettprodukten*, wie sie auch bei anderen Lebensmitteln Anwendung finden, nämlich:

hygienische Gewinnung,
Trocknungsmaßnahmen (Wasserentfernung),
Fernhaltung von Mikroorganismen,
Ausschluß des Lichtes bei der Lagerung von Rohstoffen und Fertigprodukten,
Vermeidung von Schwermetallspuren bei der technologischen Verarbeitung und
einwandfreie Verpackung

reichen jedoch nicht aus, um die Fette von der Gewinnung über die Verarbeitung bis zur Vorratshaltung vor der *Autoxydation* (dem Schwerpunkt des Fettverderbens) ausreichend zu schützen. Hierzu benötigt man als spezifische Schutzstoffe die *Fett-Antioxydantien* oder *Inhibitoren.*

In vielen Fetten und Ölen sind solche Antioxydantien von Natur aus vorhanden. Sie haben in den Pflanzen offensichtlich (biochemisch) die Aufgabe, das Öl der Samen und Früchte während des normalen Lebensablaufs der Mutterpflanze vor dem Verderben zu schützen oder sonst irgendwie in die Stoffwechselregulation der Fette einzugreifen. In manchen pflanzlichen Fetten ist aber die Menge der von Natur aus anwesenden Oxydationsschutzstoffe (Inhibitoren) nicht ausreichend für den späteren Schutz der technologisch verarbeiteten und gelagerten Fette und Fettprodukte. Auch können solche natürlichen Schutzstoffe bei unsachgemäßer Raffination der Fette und Öle mehr oder weniger zerstört werden (vgl. S. 342). Die heutige Vorratshaltung der Lebensmittel ganz allgemein wie auch die der Fette und Fettprodukte beansprucht immer längere Zeiträume. Aus diesem Grunde ist die Frage des Fettschutzes vor Autoxydation und damit die Frage des Einsatzes von Antioxydantien vom physiologischen und vorratstechnischen Standpunkt aus gleich dringlich.

Der Gehalt der pflanzlichen Öle an natürlichen Schutzstoffen übersteigt den der tierischen Fette um ein Vielfaches. Pflanzenfette sind daher meist wesentlich oxydationsstabiler als tierische Fette mit gleichem Grad der Ungesättigtheit.

Charakteristisch für die natürlich vorkommenden Autoxydations-Inhibitoren ist ihre Wirksamkeit in überaus geringen Konzentrationen. Bei den Pflanzenfetten beträgt ihr natürlicher Gehalt selten mehr als einige hundertstel Prozent.

Die natürlichen Antioxydantien haben überwiegend phenolischen Charakter und wurden früher *Inhibitole* bezeichnet.

Die wichtigsten Vertreter der natürlichen Inhibitoren pflanzlichen Ursprungs sind die *Tokopherole* (Vitamine E) (vgl. S. 315). Andere Vertreter aus der Gruppe der natürlichen Antioxydantien werden später aufgeführt. Neben den eigentlichen Fett-Antioxydantien gibt es natürliche Stoffe, die imstande sind, den stabilisierenden Effekt der Fettantioxydantien zu unterstützen, ohne selbst antioxydativ zu wirken. Man nennt diese große Stoffgruppe „Synergisten", deren verschiedenartige Wirkung im einzelnen später aufgezeigt wird.

Der Wirkungsmechanismus der Fett-Antioxydantien, der heute weitgehend geklärt ist, läßt erkennen, daß die *Antioxydantien* befähigt sind, durch Übernahme der Aktivierungsenergie von (angeregten) Fettsäure-Peroxidradikalen diese zu entaktivieren und auf diese Weise die Übertragung der Autoxydation auf weitere Substratmoleküle zu unterbinden: Das phenolische Antioxydans bricht die Radikalkettenreaktion schon frühzeitig auf der Stufe des Fetthydroperoxidradikals (ROO·) ab. Hieraus geht hervor, daß Antioxydantien Radikalfänger sind, aber *nicht* die Aufnahme von Sauerstoff verhindern.

Aufgrund der Arbeiten von J.L. BOLLAND u. P. TEN HAVE (1947), ergibt sich formal hierfür folgender Mechanismus:

Primäres Eingreifen:	$ROO\cdot + AH_2 \rightarrow ROOH + AH\cdot$	(1)
Disproportionierung:	$2\,AH\cdot \rightarrow AH_2 + A$	(2a)
Sekundäres Eingreifen:	$ROO\cdot + AH\cdot \rightarrow ROOH + A$	(2b)

Solche Substanzen, die gemäß obigem Schema (AH_2) direkt in die Radikal-Kettenreaktion der Fettautoxydation eingreifen, werden als *primäre* oder eigentliche Antioxydantien bezeichnet.

Demgegenüber sind *sekundäre* Antioxydantien oder *Synergisten* Substanzen, die die primären Antioxydantien in ihrer Wirkung zwar unterstützen, aber selbst nicht in die autoxydative Kettenreaktion eingreifen. Zu dieser Klasse zählen auch die sog. „Metallfänger". Auf diese sekundären Antioxydantien kommen wir später eingehend zu sprechen; zunächst wollen wir uns jedoch mit den primären Antioxydantien befassen.

Vom praktischen Standpunkt, nämlich der Verlängerung der Lagerfähigkeit von Speisefetten, ist die Abgabe eines Wasserstoffatoms (des phenolischen Antioxydans) an das Hydroperoxidradikal der ungesättigten Fettsäurekette die wichtigste Funktion eines Antioxydans (B.N. STUCKEY 1962). Ein instruktives Schema (vgl. Bd. II/2, S. 953) zeigt die Art und Weise wie eine solche Wasserstoffabgabe erfolgen kann und welches Schicksal das verbrauchte phenolische Antioxydans nach derzeitiger Anschauung nimmt (vgl. dazu J. BALTES 1954).

Analog der phenolischen Hydroxylgruppe vermag — was hier nur von theoretischer Bedeutung ist — auch die Aminogruppe antioxydativ zu fungieren, wobei naturgemäß die Aminophenole besonders aktiv, jedoch physiologisch nicht unbedenklich sind und daher lebensmittelrechtlich nicht verwendet werden dürfen. Die größte praktische Bedeutung für die Lebensmittelindustrie besitzen indes die phenolischen Antioxydantien.

Die als natürliche Schutzstoffe der meisten vegetabilischen Öle wichtigsten Vertreter dieser Gruppe sind die *Tokopherole*. Die antioxydative Wirksamkeit der Tokopherole wurde zuerst von H.S. OLCOTT u. O.H. EMERSON (1937) beobachtet, die darüber hinaus feststellen konnten, daß sie das wirksame Prinzip der von H.S. OLCOTT u. H.A. MATTIL (1936) aus einer Reihe von pflanzlichen Ölen isolierten natürlichen Schutzstoffe, der sog. „Inhibitole" darstellen.

Tabelle 7. *Durchschnittlicher Tokopherolgehalt verschiedener raffinierter Öle und Fette in mg/100 g (in Anlehnung an* W. LANGE (1950), H.P. KAUFMANN (1958) u. D. SWERN (1964)).

Baumwollsaatöl	90	Palmöl	45
Butterfett, Sommer	4	Reiskleieöl	90
Butterfett, Winter	2	Ricinusöl	50
Cocosfett	5	Rindertalg	1
Dorschlebertran	25	Rüböl	55
Erdnußöl	45	Safloröl	80
Hammeltalg	0,5	Schweineschmalz	2
Kakaobutter	8	Sesamöl	20
Leinöl	110	Sojaöl	150
Maisöl	100	Sonnenblumenöl	70
Mohnöl	45	Weizenkeimöl	270
Olivenöl	15		

Über den Gehalt an Gesamttokopherol sowie über den verschiedenen Gehalt einer Reihe von Ölen und fetthaltigen Naturprodukten an Einzeltokopherolen (α-, β-, γ-, δ-Tokopherol) vgl. dieses Handbuch Bd. I, S. 1033 und W. WACHS 1964. Über das Verhalten bzw. die Minderung des Tokopherolgehaltes in pflanzlichen Fetten im Gang der Raffination vgl. diesen Band, S. 204.

Tokopherole können nur im pflanzlichen, nicht im tierischen Organismus gebildet werden. Im menschlichen und tierischen Körper finden sie sich durch Aufnahme von pflanzlichen Nahrungs- bzw. Futtermitteln. Aus Tab. 6 geht hervor, daß in den Pflanzenölen im allgemeinen hohe Tokopherolgehalte und in den tierischen Fetten, wie Butter, Schweineschmalz, sowie Rinder- und Hammeltalg, nur vergleichsweise geringe Tokopherolgehalte vorliegen.

Während die Vitamin-E-Aktivität im Organismus in der Reihe α-, β-, γ-, δ-Tokopherol abnimmt, nimmt die antioxydative Wirksamkeit von α- nach δ-Tokopherol hin zu. Der unterschiedlichen antioxydativen Wirksamkeit der verschiedenen Tokopherole wird indes u. a von E.L. HOVE u. Z. HOVE (1944) bis zu einem gewissen Grade widersprochen. Nach diesen beiden Autoren treten Unterschiede hinsichtlich der Wirkungsstärke zwar in der Hitze, nicht aber bei Raumtemperatur auf.

Über das Schicksal der Tokopherole im tierischen Organismus berichtet in zusammenfassender Darstellung H. SCHMANDKE (1964).

Bei milder Oxydation bildet sich aus γ- und δ-Tokopherol das Chroman-5,6-chinon, ein o-Chinon. Die weitere Oxydation erfolgt dann wahrscheinlich unter Sprengung des heterocyclischen Ringes. Beim α- und β-Tokopherol entsteht unter milden Bedingungen wegen der 5-ständigen Methylgruppe kein o-Chinon, sondern das Tokopheryl-chinon, ein p-Chinon. Bei Anwendung starker Oxydationsmittel, wie z. B. rauchender Salpetersäure, läßt sich indes auch α-Tokopherol in das Chroman-5,6-chinon überführen (E.C. SWIFT, G.E. MANN u. G.S. FISHER 1944). Vgl. hierzu auch Tokopherol-Symposion, Mainz (1967).

Nachstehend sind die wichtigsten Tokopherole und einige ihrer Oxydationsprodukte dargestellt:

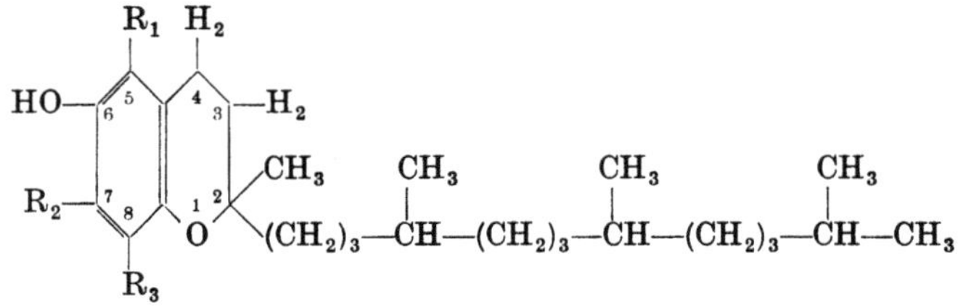

	R_1	R_2	R_3
α-Tokopherol	$—CH_3$	$—CH_3$	$—CH_3$
β-Tokopherol	$—CH_3$	—H	$—CH_3$
γ-Tokopherol	—H	$—CH_3$	$—CH_3$
δ-Tokopherol	—H	—H	$—CH_3$
Tokol	—H	—H	—H

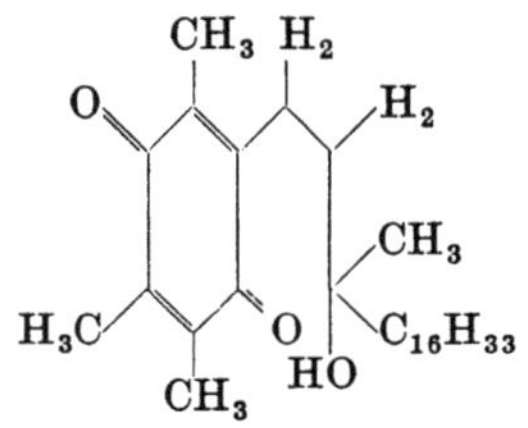

α-Tokopherylchinon

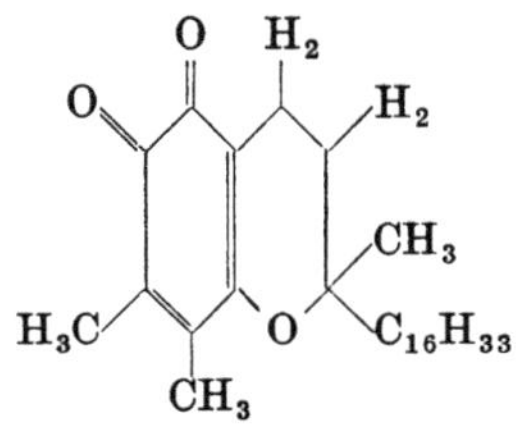

Chroman-5.6-chinon

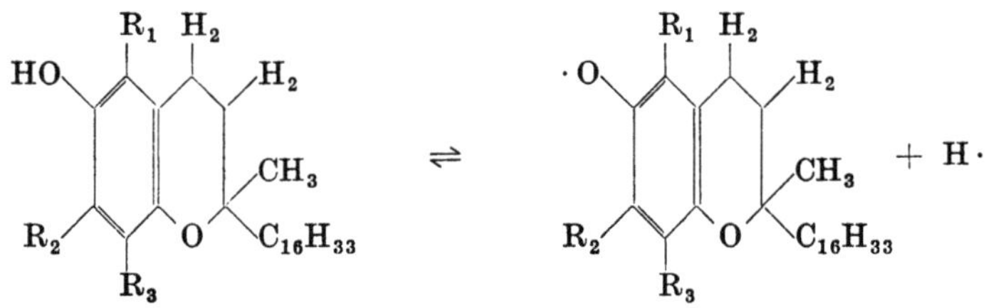

Semichinonradikalbildung nach MICHAELIS

Die Wirksamkeit der bekannten natürlichen Fettantioxydantien ist, wie bereits aus dem Vorangegangenen hervorgeht, bedingt durch die Anwesenheit von mindestens einer freien phenolischen Hydroxylgruppe. Bei Verbindungen mit mehreren Hydroxylgruppen sind in der Regel die p-Isomeren etwas wirksamer als die o-Isomeren, während die m-Isomeren nicht oder nur sehr schwach antioxydativ bisweilen sogar schwach prooxydativ sind, wie es von K. TÄUFEL u. H. ROTHE (1951) bei einfachen Polyphenolen sowie von W. HEIMANN u. F. REIFF (1953) bei Flavonolen gezeigt wurde.

Die Unterschiede zwischen o- und p-Stellung einerseits und m-Stellung andererseits deuten auf eine Beziehung zwischen antioxydativer Wirksamkeit und der Möglichkeit zur Ausbildung chinoider Strukturen hin. Dieser Zusammenhang zwischen reversibler Oxydierbarkeit und Reduzierbarkeit und antioxydativer Aktivität wird durch Redoxpotentialmessungen, die L. MICHAELIS u. S. H. WOLLMANN (1950), W. WACHS (1949, 1950) u. J. BALTES (1954), K. TÄUFEL u. R. MAUNE (1964) an einer Reihe von Verbindungen durchführten, im wesentlichen bestätigt.

Gemäß dem auf Seite 314 gebrachten Mechanismus kann mit dem Auftreten freier Antioxydansradikale bei der antioxydativen Reaktion gerechnet werden. Tatsächlich konnten freie Semichinonradikale bei Tokopherol und Hydrochinon erstmals von L. MICHAELIS u. S.H. WOLLMANN (1949, 1950) durch Ultraviolettbestrahlung bei sehr tiefen Temperaturen erhalten werden (vgl. S. 316).

Diese Existenz freier Radikale konnte nachher auch für eine Reihe anderer phenolischer Antioxydantien von E. MÜLLER u. Mitarb. (1954) u. J. BALTES (1954) bestätigt werden. Diese auch bei Zimmertemperatur z. T. überraschend stabilen Radikale besitzen nach J. BALTES (1954) eine kräftige antioxydative Wirkung, was die Reaktionsgleichung 2b auf S. 314 bestätigt.

Nach K. TÄUFEL u. Mitarb. (1960) wirkt Chinon als „Retarder", Hydrochinon als „Inhibitor", während Chinhydron mit dem stärksten antioxydativen Effekt beide Eigenschaften in sich vereinigt. Chinon, Hydrochinon und Chinhydron entfalten ihre antioxydativen Eigenschaften über intermediär gebildete Semichinonradikale, die ihrerseits mit den Radikalen der Autoxydationskette unter Kettenabbruch reagieren. Der sich abspielende reduktive Schritt (Semichinon → Hydrochinon) ist mit Substituierung verknüpft. Dehydrierung zum disubstituierten Chinon führt zur Erschöpfung der antioxydativen Wirkung des Systems Chinon/Hydrochinon.

Neben den Tokopherolen gehören in die Gruppe der natürlich vorkommenden primären Antioxydantien noch das *Sesamol* des Sesamöls, das (allerdings toxische) *Gossypol* des Baumwollsaatöls, die *Nordihydroguajaretsäure* (NDGA) des Kreosotbusches, Guajakharz, ferner *Quercetin* (W. HEIMANN u. Mitarb. 1953), *Dihydrokaffeesäure* aus Kaffeebohnen und *Norconidendrin* aus Koniferenwurzeln. Letzteres findet sich deshalb reichlich in Nadelholz-Sulfitablaugen (J. SCHORMÜLLER 1961).

Die Formeln einiger der genannten natürlichen Antioxydantien sind nachstehend wiedergegeben:

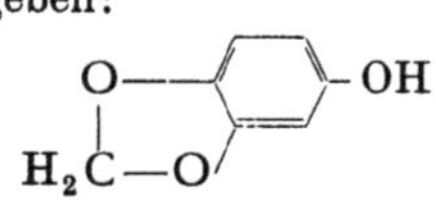

Sesamol

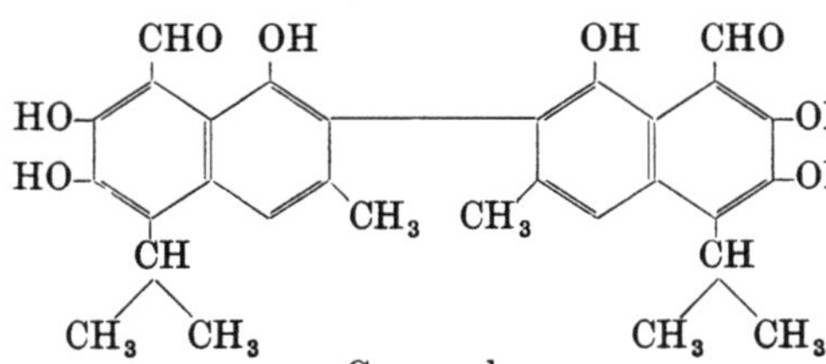

Gossypol

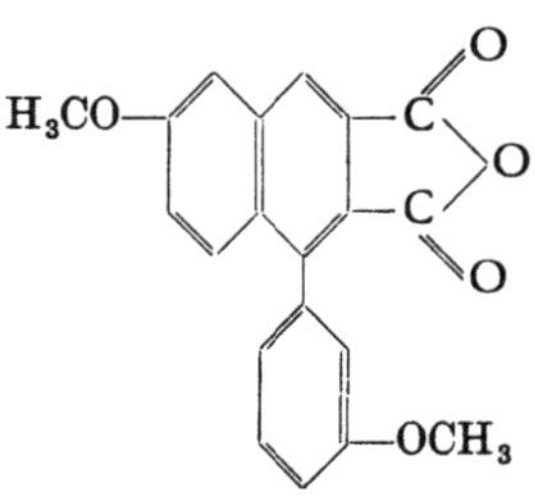

Conidendrin

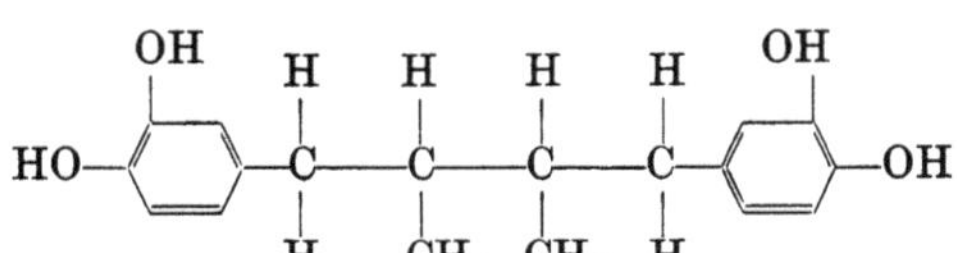

Nordihydroguajaretsäure = = Dimethyl-bis-(3,4-dihydroxyphenyl)-butan

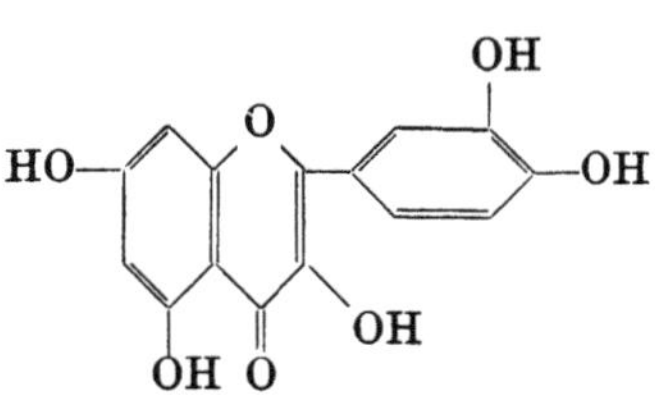

Quercetin

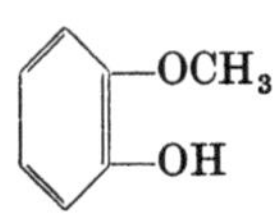

Guajakol

Eine gewisse antioxydative Wirkung zeigen auch Hafermehl, Lipidextrakte aus Hafer und Zwiebelsaft, ebenso wie gewisse Gewürze, wie Salbei, Rosmarin und Vanille (W. HEIMANN u. Mitarb. 1953) und in geringerem Maße Majoran und Bohnenkraut.

Man kennt auch Antioxydantien, die sich aus Naturstoffen durch Erhitzen bilden. So zeigen die sich bei der Maillard-Reaktion bildenden Melanoidine gute antioxydative Wirkung. (CL. FRANZKE u. H. IWAINSKY 1954, 1956). Man kann sie technisch durch Erhitzen von Glutaminsäure mit Glucose in wäßriger Lösung auf 110°C gewinnen (J. HERRMANN 1963).

Viele der in natürlichem Material vorkommenden Antioxydantien sind schwer zu isolieren, stehen in nur begrenzten Mengen zur Verfügung, sind für technische Zwecke zu kostspielig und oft von nur spezifischer oder geringer Wirksamkeit (J. SCHORMÜLLER 1961). Aus diesen Gründen wurde eine Reihe synthetischer Antioxydantien entwickelt, die z. T. beträchtliche Wirksamkeit aufweisen und auf verschiedenen Gebieten zum Einsatz gelangten (Fette, Öle, Backwaren, Gummi, Erdölprodukte usw.).

Von den synthetischen Antioxydantien seien hier neben dem von H.R. KRAYBILL u. Mitarb. (1948) vorgeschlagenen *Butylhydroxyanisol* (BHA), bei welchem es sich um ein Gemisch aus 2-Butyl-4-hydroxyanisol und 3-Butyl-4-hydroxyanisol handelt, dem nach L.R. DUGAN u. Mitarb. (1954) noch wirksameren *Butylhydroxytoluol* (BHT) lediglich noch die *Ester der Gallussäure* (Äthyl-, Propyl-, Octyl- oder Dodecylgallat) genannt (C. GOLUMBIC u. H.A. MATTILL 1942; S.G. MORRIS u. R.W. RIEMENSCHNEIDER 1946).

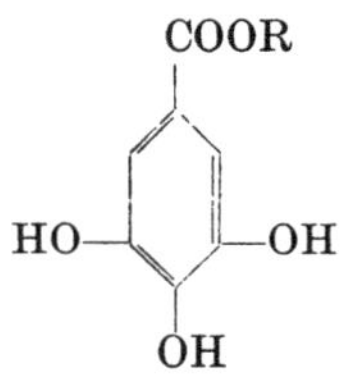

Gallussäureester

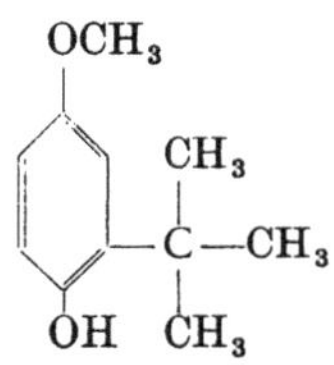

3-Butylhydroxyanisol (BHA)

Bereits in den Anfängen der Erforschung der Autoxydationsvorgänge von Speisefetten wurde die recht merkwürdige Beobachtung gemacht, daß gewisse, vornehmlich phenolische Antioxydantien, die bei tierischen Fetten eine starke antioxydative Wirkung zeigten, sich bei pflanzlichen Fetten als unwirksam erwiesen bzw. in manchen Fällen sogar *prooxydativ* wirkten. Dies wurde von H.S. OLCOTT u. H.A. MATTILL (1936) sogar bei Zugabe von natürlichen Tokopherolkonzentraten zur gleichen Ölart, aus der die Schutzstoffkonzentrate gewonnen worden waren, festgestellt. Umgekehrt zeigten die jetzt als Synergisten bezeichneten sauren Antioxydantien wohl bei pflanzlichen, nicht aber bei tierischen Fetten eine Schutzwirkung.

Aufgrund der Beobachtung von E.C. SWIFT u. Mitarb. (1942), daß Tokopherol in geringen Konzentrationen relativ wirksamer als in hohen Konzentrationen ist und der Feststellungen von A.E. BAILEY u. Mitarb. (1943), daß Tokopherol in annähernd der Konzentration, in der es auch in pflanzlichen Ölen als natürlicher Schutzstoff vorliegt, die größte Wirksamkeit aufweist, konnte C. GOLUMBIC (1943, 1946) eine logische Deutung der Tatsache geben, daß *primäre Antioxydantien* nur bei tierischen, nicht aber bei pflanzlichen Fetten, die sog. *Synergisten* hingegen nur bei pflanzlichen, nicht aber bei tierischen Fetten wirken. Eigene Untersuchungen, die von anderen Fragestellungen ausgingen, konnten diese Befunde bestätigen, klärten aber zugleich den Reaktionsmechanismus dieses Phänomens auf (W. HEIMANN u. H. v. PEZOLD 1955, 1957, 1958):

1. Die meisten pflanzlichen Öle enthalten von Natur aus antioxydative Schutzstoffe in annähernd optimaler Konzentration; eine weitere Zugabe von primären Antioxydantien zeigt daher keinen nennenswerten Effekt.

2. Bei tierischen Fetten hingegen, die, abgesehen von Seetierölen, von Natur aus nur äußerst geringe Mengen an Antioxydantien enthalten, macht sich ein Zusatz primärer Antioxydantien sehr stark bemerkbar und zwar bis zum Erreichen der optimalen Dosis.

3. Bei pflanzlichen Fetten wiederum zeigen die Synergisten eine starke Wirkung, die auf einer Verstärkung des Effektes der natürlichen primären Antioxydantien beruht.

4. Die Synergisten können die Autoxydation tierischer Fette nicht hemmen, da letztere keine primären Antioxydantien enthalten, deren Wirkung durch die Synergisten, die ja selbst nicht primär zu wirken in der Lage sind, unterstützt werden könnte.

Versuche mit pflanzlichen Ölen, die durch Chromatographie über Aluminiumoxid von ihren natürlichen Schutzstoffen befreit worden waren, zeigten, daß bei gleichem Gesamtgehalt an Antioxydantien (natürlichen + zugesetzten) ein grundsätzlicher Unterschied zwischen tierischen und pflanzlichen Fetten *nicht* bestand (H. v. PEZOLD 1955). Das scheinbar andersartige Verhalten der pflanzlichen Fette beruht offensichtlich darauf, daß die optimale Antioxydanskonzentration wegen ihres im Vergleich zu den tierischen Fetten sehr hohen Gehaltes an natürlichen Oxydationsschutzstoffen (vg. S. 315) bereits bei recht geringen Antioxydans-Zusätzen überschritten wird.

Die Abb. 6 bis 9 zeigen den Einfluß unterschiedlicher Tokopherolkonzentrationen auf den Verlauf der Autoxydation von Sojaöl und Erdnußöl als typischen Pflanzenölen einerseits sowie von Rindertalg und Schweineschmalz als typischen tierischen Fetten andererseits.

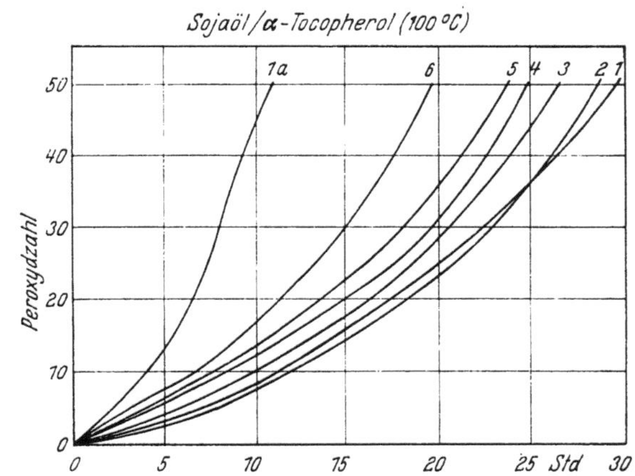

Abb. 6. Autoxydation des Systems Sojaöl/α-Tokopherol (100° C; unterschiedl. Tokopherolkonzentrationen)

Probe	% Tokopherol (Zusatz)	% Tokopherol (Gesamt)
1a	0,000	0,000
1	0,000	0,145
2	0,001	0,146
3	0,005	0,150
4	0,020	0,165
5	0,100	0,245
6	0,500	0,645

Es ist auffällig, daß Antioxydanskonzentrationen, die der optimalen Dosis zwar nahekommen, sie jedoch noch nicht überschreiten, d. h. die *Induktionsperiode* (vgl. S. 303 und Abb. 4) noch verlängern, zu Beginn der Autoxydation bereits eine erhöhte Peroxidbildung zeigen, die jedoch auf einem noch unter der Ranziditätsgrenze liegenden Niveau stehen bleibt.

In diesem Zusammenhang konnten O.S. PRIVETT u. F.W. QUACKENBUSH (1954c) zeigen, daß *Tokopherol* Fettsäureperoxide im Vakuum katalytisch zersetzt und daß die bei dieser Reaktion entstehenden radikalischen Spaltungsprodukte ihrerseits nun wieder als Initiatoren neuer Radikalketten fungieren können:

$$\mathrm{ROOH} \xrightarrow{\mathrm{AH_2}} \mathrm{RO\cdot} + \mathrm{\cdot OH}$$

Der Bruttoverlauf der Autoxydation in Gegenwart von Antioxydantien muß nach W. Heimann u. H. v. Pezold (1955, 1957, 1958) als Resultante von mindestens 3 miteinander konkurrierenden Reaktionen angesehen werden: nämlich der *normalen* Autoxydation, der durch das Antioxydans *inhibierten* Oxydation und der durch das Antioxydans *katalysierten* Oxydation, wobei primär aus dieser Tatsache noch nicht hervorgeht, warum das Tokopherol bei niedrigen Konzentrationen als Radikal*fänger*, bei hohen jedoch vorwiegend als Radikal*bildner* auftritt. Erst aufgrund einer vergleichenden Untersuchung der Reaktionsgeschwindigkeiten der 3 Konkurrenzreaktionen fanden W. Heimann u. H. v. Pezold (1955, 1957, 1958) folgende Reihenfolge für die Temperaturkoeffizienten bzw. Aktivierungsenergien der drei Reaktionen: $AE_a < AE_o < AE_p$ · (o = normale Autoxydation; a = antioxydative Reaktion des Antioxydans; p = prooxydative Reaktion des Antioxydans).

Die prooxydative Reaktion verläuft bei niederen Temperaturen erheblich langsamer als die antioxydative Reaktion und erhält erst im höheren Temperaturbereich wegen ihres der höheren Aktivierungsenergie entsprechenden höheren Temperaturkoeffizienten Einfluß auf die Bruttoreaktion.

Der Einfluß der Konzentration auf das Wechselspiel der beiden antagonistischen Reaktionen des Antioxydans läßt sich in folgender Weise deuten: Die Geschwindigkeit der antioxydativen Reaktion läßt sich durch Erhöhung der Antioxydanskonzentration nur solange steigern, wie für die Antioxydansmoleküle die entsprechenden Reaktionspartner

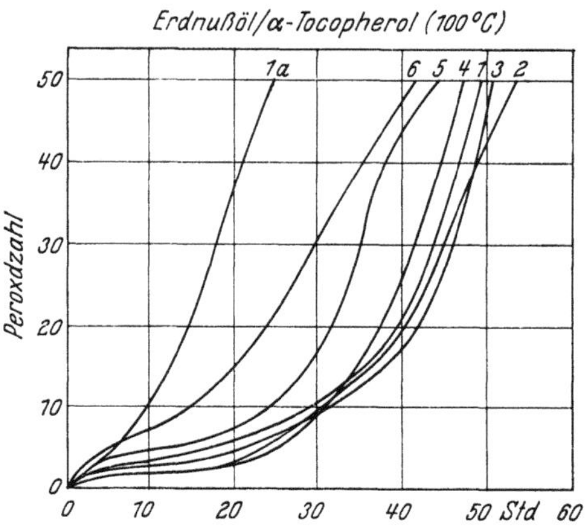

Abb. 7. Autoxydation des Systems Erdnußöl/α-Tokopherol (100° C; unterschiedl. Tokopherolkonzentrationen)

Probe	% Tokopherol (Zusatz)	% Tokopherol (Gesamt)
1a	0,000	0,000
1	0,000	0,040
2	0,001	0,041
3	0,005	0,045
4	0,020	0,060
5	0,100	0,140
6	0,500	0,540

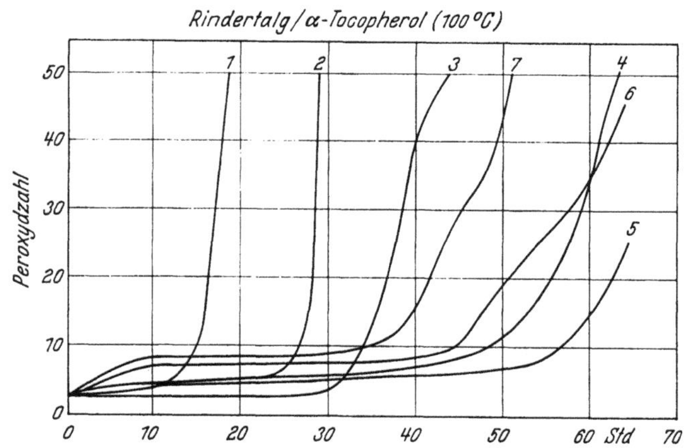

Abb. 8. Autoxydation des Systems Rindertalg/α-Tokopherol (100° C; unterschiedl. Tokopherolkonzentrationen)

Probe	% Tokopherol
1	0,000
2	0,001
3	0,005
4	0,020
5	0,050
6	0,100
7	0,500

(durch Einfluß von Licht, Wärme, Prooxygenen etc. gebildete Peroxyradikale) in ausreichender Menge zur Verfügung stehen. Wird diese optimale Antioxydanskonzentration überschritten, so steht der Überschuß für die prooxydative Reaktion zur Verfügung, bei der es sich wahrscheinlich um eine katalytische-reduktive Spaltung stabiler Peroxide unter Bildung oxydationsfördernder Radikale handelt. Diese an sich langsamere prooxydative Reaktion gewinnt bei steigender Zahl der an ihr teilhabenden Antioxydansmoleküle zunehmend an Bedeutung und dominiert bei hohem Antioxydansüberschuß sogar, wodurch der Nettoeffekt des Antioxydans schließlich ein prooxydativer wird.

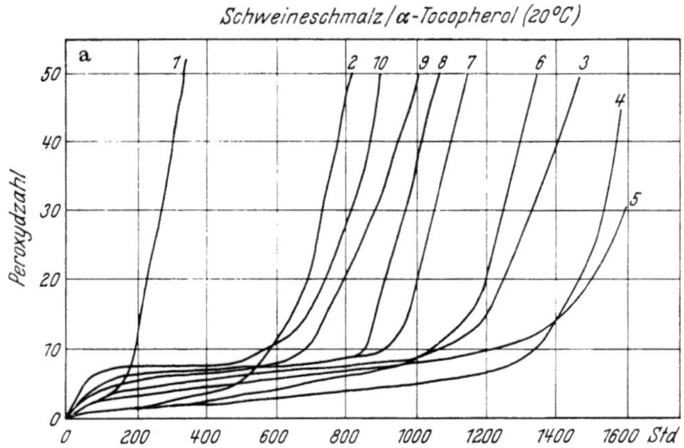

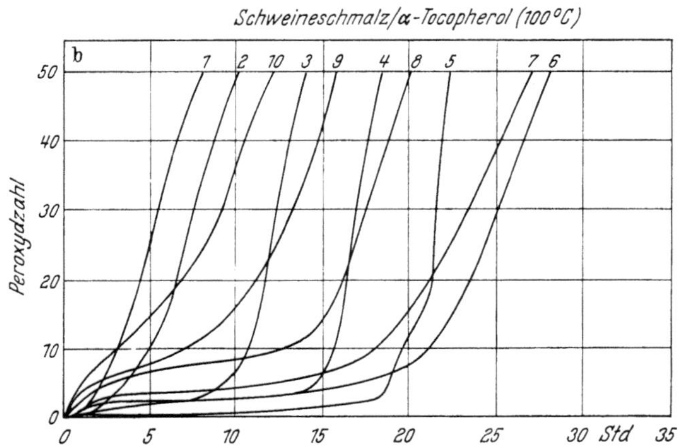

Abb. 9a u. b. Autoxydation des Systems Schweineschmalz/α-Tokopherol (20 und 100°C; unterschiedl. Tokopherolkonzentrationen)

a)	1. ohne Tokopherol	b)	6. 0,050% Tokopherol
	2. 0,001% Tokopherol		7. 0,100% Tokopherol
	3. 0,005% Tokopherol		8. 0,200% Tokopherol
	4. 0,010% Tokopherol		9. 0,500% Tokopherol
	5. 0,020% Tokopherol		10. 1,000% Tokopherol

Wie auf S. 314 bereits erwähnt, werden als *sekundäre* Antioxydantien oder *Synergisten* Substanzen bezeichnet, die den Effekt primärer Antioxydantien verstärken. Hier unterscheidet man wiederum zwei Gruppen, und zwar „eigentliche Synergisten“ und sog. „Metallfänger“, indes ohne daß diese beiden Gruppen in allen Fällen streng zu trennen sind.

Gute Synergisten sind im allgemeinen di- oder mehrbasige organische oder anorganische Säuren wie beispielsweise *Ascorbinsäure*, *Phosphorsäure*, *Citronensäure* sowie *Malein*- und *Fumarsäure* (W. HEIMANN 1948).

Bezüglich der *Wirkungsweise der Synergisten* hat die Auffassung von C. GOLUMBIC (1946) und von W. HEIMANN (1955) Anerkennung gefunden, nach der diese Verbindungen als *Wasserstoffdonatoren* wirken, auf deren Kosten das primäre Antioxydans laufend regeneriert wird.

Dieser Theorie ist von O. S. PRIVETT u. F. W. QUACKENBUSH (1954a, 1954b, 1954c, 1954d) allerdings widersprochen worden, da sie mit einer Anzahl experimenteller Befunde nicht in Einklang zu bringen ist. Nach PRIVETT u. QUACKENBUSH besteht die Wirkung der Synergisten vielmehr in einem Unterdrücken der von den beiden Autoren postulierten Zersetzung bereits stabilisierter Peroxide durch das Antioxydans.

Zu einer ähnlichen Auffassung gelangten auch W. HEIMANN u. Mitarb. (1955); H. v. PEZOLD (1955) sowie W. HEIMANN u. H. v. PEZOLD (1960a, b) aufgrund von Modellversuchen.

Die „*Metallfänger*“, wie z. B. die bereits als Synergist genannte *Citronensäure*, wirken durch Komplexbildung mit Schwermetallen, vgl. K. TÄUFEL u. F. LINOW (1963), CL. FRANZKE u. Mitarb. (1967). In diese Gruppe ist wohl auch das Lecithin zu rechnen, das bereits seit Jahrzehnten als Oxydationsverzögerer für Fette empfohlen wird. Es soll jedoch nicht unerwähnt bleiben, daß Lecithin von höchstem Reinheitsgrad nach W. O. LUNDBERG (1947) u. TH. WIESKE (1961) völlig unwirksam ist und die antioxydative Wirksamkeit von Handelslecithin auf dessen Kephalingehalt zurückgeführt werden muß. Dieses Phosphatid besitzt nämlich nach H. S. OLCOTT u. H. A. MATTILL (1936) sowie E. C. SWIFT u. Mitarb. (1942) antioxydative (bzw. nach heutiger Auffassung synergistische) Eigenschaften.

Auch verschiedenen Aminosäuren und Eiweißstoffen wird eine antioxydative Wirkung zugesprochen, die nach K. F. GANDER (1955) u. W. HEIMANN (1955) im wesentlichen auf einer Entaktivierung der prooxydativen Schwermetalle beruht. Über den Mechanismus dieser Eiweißwirkung herrscht heute noch keine völlige Klarheit, überdies können manche Eiweißstoffe unter gewissen Bedingungen auch einen prooxydativen Effekt zeigen (E. BECKER, K. F. GANDER u. W. HEIMANN 1957).

Demgegenüber konnte R. MARCUSE (1960, 1961a, 1961b, 1962) bei Heringsöl als Substrat für eine Reihe von Aminosäuren einen antioxydativen Effekt nachweisen.

Der Vollständigkeit halber sind noch die schwefelhaltigen Antioxydantien bzw. Synergisten anzuführen, wie z. B. die Thiodipropionsäuren sowie das Tetraäthylthiuramdisulfid (TATD), das auch unter dem Namen Antabus als Alkoholentwöhnungsmittel bekannt ist.

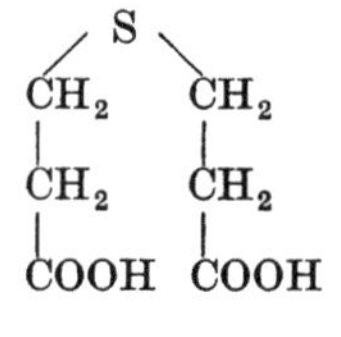

Thiodipropionsäure

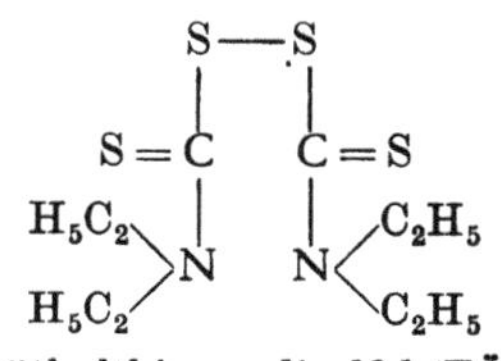

Tetraäthylthiuramdisulfid (TÄTD)

Eine übersichtliche Zusammenstellung aller wichtigen natürlichen und synthetischen Antioxydantien und Synergisten für das Fettgebiet gibt A. SEHER in Bd. II/2 dieses Handbuches S. 959ff.

Die praktischen Aspekte der Verwendung werden in Abschnitt CII/2e eingehend besprochen, auch sei auf die Arbeiten von H. RAEITHEL (1952), F. D. TOLLENAAR (1949, 1953), K. TÄUFEL (1958), K. TÄUFEL u. R. MAUNE (1964) u. R. FROELICH (1963) verwiesen.

B. Praktische Aspekte des Fettverderbs

I. Verderb von Speisefetten

Hier ist zu unterscheiden zwischen denjenigen Veränderungen, die bei längerer Lagerung auftreten und solchen, die Fette beim Gebrauch, also beispielsweise beim Erhitzen in der Bratpfanne oder in der Friteuse, erleiden können.

1. Veränderungen bei der Lagerung

Im allgemeinen haben wir es hier mit Folgeerscheinungen der eigentlichen Autoxydation zu tun. Für hochungesättigte Öle, wie z. B. Sojaöl, ist daneben auch ein Spezialfall der Autoxydation die sog. „Reversion“ von Wichtigkeit. Auch bei der sog. „Fischigkeit“, die bei Kühlhausbutter und rübölhaltiger Margarine auftreten kann, spielen autoxydative Prozesse offenbar eine Rolle. Obwohl diese Art des Fettverderbs heutzutage kaum noch eine Rolle spielt, sei sie der Vollständigkeit halber später noch kurz behandelt.

a) Autoxydation

Wie aus dem Vorangegangenen hervorgeht, hängt die Geschwindigkeit der Autoxydation von Fetten in erster Linie von deren Gehalt an ungesättigten, und zwar vornehmlich mehrfach ungesättigten Fettsäuren ab.

Nach A.J. Stirton, J. Turer u. R.W. Riemenschneider (1945) entspricht die Sauerstoffaufnahme von Stearinsäure-, Ölsäure-, Linolsäure und Linolensäuremethylester bei 100°C annähernd dem Verhältnis 1:11:114:179. Bei Speisefetten wurde von E. Becker, H. Pardun u. H. v. Pezold (1953), ebenfalls bei 100°C, eine Proportionalität zwischen der Autoxydationsgeschwindigkeit und der Summe (% Ölsäure + 2 · % Linolsäure + 4 · % Linolensäure) gefunden.

Daß dieses Verhältnis von 1:2:4 nicht der an reinsten Methylestern festgestellten Relation entspricht, kann man dadurch erklären, daß nach T.P. Hilditch (1950) bereits geringste Spuren mehrfach ungesättigter Fettsäuren genügen, um die Oxydation der Ölsäure katalytisch zu beschleunigen.

Nach Ablauf der Induktionsperiode (vgl. Abb. 4) verlaufen in Abhängigkeit von der Natur des Substrats und äußeren Einflüssen auch Polymerisationsreaktionen, die bekanntlich durch die bei der Zersetzung von Peroxiden auftretenden Radikale katalysiert werden. Über Polymerisationsprodukte mannigfacher Art berichten H. P. Kaufmann u. Mitarb. 1943, 1952, sowie H.E. Rost 1962, 1963.

Polymerisationen zeigen sich vornehmlich bei den hochungesättigten trocknenden Ölen und bei längerem starken Erhitzen von nichttrocknenden Ölen. Bei sehr lange fortdauernder Oxydation können allerdings auch bei relativ schwach ungesättigten Fetten bereits bei Raumtemperaturen nicht unerhebliche Mengen an Polymerisationsprodukten auftreten (N.W. Gillam 1948; H. v. Pezold 1955).

Zwischen polymeren Sekundärprodukten der Autoxydation und der Entstehung von Bitterstoffen in Cerealienfetten in Gegenwart peroxydatischer Enzymsysteme wurden durch Arbeiten von K. Täufel u. H. Rothe (1943, 1951), M. Rothe (1953, 1954) und W. Heimann (1953) aufschlußreiche Zusammenhänge aufgezeigt.

Aus den vorangegangenen Ausführungen wird klar, daß sich bei dem Komplex der autoxydativen Prozesse drei Stadien mehr oder weniger deutlich unterscheiden lassen, nämlich die Inkubationszeit, die „aktive“ Autoxydation und die Sekundärreaktionen; vgl. nachstehendes Schema.

Während die Bildung der primären Hydroperoxide gemäß der in den vorangegangenen Abschnitten dargelegten Reaktionsmechanismen bei olefinischen Fetten nach einem zwar komplizierten, aber doch mehr oder weniger einheitlichen Schema erfolgt, verlaufen die Folgereaktionen je nach den herrschenden endogenen und exogenen Einflüssen meist sehr unterschiedlich.

Übersicht über die Stadien der Autoxydation von Fetten

1. Inkubationszeit bzw. Induktionsperiode

(Bildung relativ stabiler Primärperoxide; sehr geringer Anstieg der Sauerstoffaufnahme und Peroxidzahl; meist keine nennenswerte Bildung von organoleptisch feststellbaren Verderbensstoffen)

2. „Aktive“ Autoxydation

(Bildung relativ labiler Peroxide; starker Anstieg der Sauerstoffaufnahme und Peroxidzahl; merkliche Bildung von Verderbensstoffen)

3. Sekundärreaktionen

(meist Zunahme der Sauerstoffaufnahme bei gleichzeitigem Abnehmen bzw. Alternieren der Peroxidzahl; völlige Genußuntauglichkeit)

↙ ↘

a) Molekülabbau
(Bildung von Aldehyden, Ketonen, Säuren etc.)

b) Molekülaufbau
(Bildung von Autoxypolymerisaten und -kondensaten)

Wesentliche Einblicke in diese verwickelten Zusammenhänge vermitteln die Arbeiten von N. A. KHAN (1954a, b). Vgl. hierzu Schema n. K. TÄUFEL, S. 290.

b) Reversion

Bei der Einwirkung von atmosphärischem Sauerstoff auf ungesättigte Fettsäuren entstehen, wie vorstehend bereits ausführlich dargelegt, als primäre Oxydationsprodukte Hydroperoxide, die im weiteren Verlauf der Autoxydation durch Spaltungsreaktionen zur Bildung von Aldehyden, Ketonen, Säuren, Oxyverbindungen etc. führen.

Für die Genußuntauglichkeit oxydierter Fette sind neben freien Säuren und eventuellen anderen Spaltprodukten in erster Linie die eben genannten Carbonylverbindungen verantwortlich zu machen.

Höher ungesättigte Öle, und zwar vornehmlich solche, die Fettsäuren mit 3 und mehr Doppelbindungen enthalten (z. B. Sojaöl, Rüböl, Leinöl, Seetieröle) zeigen vielfach schon innerhalb der Induktionsperiode, also noch bei relativ niedrigen Peroxidzahlen, einen organoleptisch feststellbaren Geschmacksumschlag („Reversion", „Rückläufigkeit", „Umschlag").

Besonders unangenehm für die Praxis ist die Geschmacks*reversion* des Sojaöls, das ja von den oben aufgeführten Ölen die größte Bedeutung als Speiseöl hat. Bei ihm wird die beginnende Reversion durch Auftreten eines schwach „saatigen" bzw. „grünen" Geschmacks erkennbar. Im weiteren Verlauf der Reversion wird dieser Geschmack stärker, wobei in späteren Stadien noch Firnis- und „fischiger" Geschmack hinzukommen.

In Anbetracht der Bedeutung, die dieses Problem für die Speisefettindustrie hat, ist es nicht verwunderlich, daß eine Vielzahl von Forschern, vornehmlich in den Vereinigten Staaten von Amerika, sich um dessen Aufklärung bemüht hat. Zunächst bewiesen H.J. DUTTON, C.D. EVANS u. J.C. COWAN (1953), daß das Auftreten des typischen Reversionsgeschmacks an das Vorhandensein von Linolensäure gebunden ist, während es später H. VON PEZOLD (1959) gelang, die aus revertiertem Sojaöl isolierten flüchtigen, petrolätherlöslichen Produkte mittels Verteilungschromatographie und Gegenstromverteilung zu fraktionieren und eine Reihe der in diesen Fraktionen enthaltenen Substanzen als typische Komponenten des Sojaöl „off-flavours" zu identifizieren. Viele der in den Fraktionen enthaltenen Carbonylverbindungen, die überwiegend zu den homologen Reihen der gesättigten α, β- und α, β, γ, δ-ungesättigten aliphatischen Aldehyde gehören, konnten durch Überführung in ihre 2,4 Dinitrophenylhydrazone und anschließende Chromatographie nach P.J.G. KRAMER u. H. VAN DUIN (1954) getrennt und bestimmt werden.

Von den durch H. VON PEZOLD (1959) isolierten mehrfach ungesättigten Aldehyden erwiesen sich 2,4-Heptadienal und/oder 2,4-Octadienal als Hauptkomponenten des „saatigen" Geschmacks, die eine entscheidende Rolle bei der Reversion des Sojaöls spielen. Später konnte G. HOFFMANN (1961b) die beiden Paare der isomeren 2,4-Alkadienale, also cis- und trans- 2,4-Heptadienal und cis- und trans- 2,4-Octadienal aus autoxydiertem Sojaöl isolieren und zeigen, daß die beiden trans-Isomeren praktisch nichts zum Reversionsgeschmack des Sojaöls beitragen.

In einer weiteren von G. HOFFMANN (1961a) durchgeführten Untersuchung ergab sich, daß der typische „grüne", an frisch geschnittene grüne Bohnen erinnernde Geschmack revertierten Sojaöls von cis-3-Hexenal herrührt, wobei trans-3-Hexenal und auch n-Hexanal, wenn überhaupt, dann nur eine untergeordnete Rolle spielen.

Nach G. HOFFMANN (1961a) dürfte die Bildung von cis-3-Hexenal etwa nach folgendem Schema ablaufen:

$$CH_3{-}CH_2{-}\overset{c\,15}{CH{=}CH}{-}CH_2{-}\overset{c\,12}{CH{=}CH}{-}CH_2{-}\overset{c\,9}{CH{=}CH}{-}(CH_2)_7{-}COOH \quad (I)$$

$$\downarrow$$

$$CH_3{-}CH_2{-}\overset{c}{CH{=}CH}{-}CH_2{-}\dot{C}H{-}\overset{t}{CH{=}CH}{-}\overset{c}{CH{=}CH}{-}(CH_2)_7{-}COOH \quad (II)$$

$$\downarrow$$

$$CH_3{-}CH_2{-}\overset{c}{CH{=}CH}{-}CH_2{-}\underset{\displaystyle OOH}{\underset{|}{CH}}{-}\overset{t}{CH{=}CH}{-}\overset{c}{CH{=}CH}{-}(CH_2)_7{-}COOH \quad (III)$$

$$CH_3{-}CH_2{-}\overset{c}{CH{=}CH}{-}CH_2{-}CHO \text{ und andere Produkte} \quad (IV)$$

Im Anfangsstadium der Oxydation wird am C 11-Atom des Linolensäuremoleküls (I) ein Wasserstoffatom abgespalten, was über eine Allylumlagerung zu Radikalen des Typs (II) führt, die als primäres Oxydationsprodukt das Hydroperoxid (III) ergeben. Das Hydroperoxid hat nun eine Reihe von Möglichkeiten zur Spaltung; eine von ihnen führt zur Bildung von cis-3-Hexenal (IV).

Wenngleich cis-3-Hexenal und wahrscheinlich auch cis-2,4-Heptadienal und/oder cis-2,4-Octadienal eine sehr bedeutsame Rolle bei der Reversion spielen, so sind diese Aldehyde aber sicherlich nicht die einzigen Komponenten des Reversionsgeschmacks. In neuerer Zeit konnte festgestellt werden, daß auch 2-Pentyl-furan (*nicht* aber 2-äthyl-furan) für den Reversionsgeschmack in Sojaöl mit verantwortlich zu machen ist (S.S. CHANG u. Mitarb. 1967; TH. H. SMOUSE u. S.S. CHANG 1967).

c) Fischigkeit

Ein Phänomen, das bei Butter, Margarine, Mayonnaise und anderen emulgierten Fetten auftreten kann, ist die sog. „Fischigkeit". Dieser Geschmacksfehler wird besonders häufig bei Kühlhausbutter und rübölhaltiger Margarine beobachtet (F. D. TOLLENAAR 1953; H. PARDUN 1956), wogegen er bei rübölfreier Margarine niemals festgestellt worden ist.

Begünstigend für das Auftreten der Fischigkeit sind hoher Salzgehalt, niedriger pH-Wert und Anwesenheit von Phosphatiden, die bekanntlich stets in der Butter und meistens auch in der Margarine enthalten sind.

Ursprünglich glaubte man, daß der fischige Geschmack auf die Abspaltung von Trimethylamin aus Phosphatiden zurückzuführen sei. Später gelang es W. L. DAVIES u. E. GILL (1936) sowie W. MOHR u. E. ARBES (1951) zu zeigen bzw. zumindest sehr wahrscheinlich zu machen, daß nicht das Trimethylamin, sondern durch Oxydation daraus entstandenes Trimethylaminoxid der Träger des fischigen Geschmacks ist. Die Tatsache, daß C.J. MARTIN u. Mitarb. (1948) auch in revertiertem Sojaöl eine „fischige" Geschmackskomponente fanden, muß dieser Auffassung nicht unbedingt widersprechen, da auch alkaliraffinierte Sojaöle noch geringe Spuren Phosphatide enthalten können (H. PARDUN 1956). Das Auftreten von Fischigkeit wird durch die Gegenwart von Metallen sehr begünstigt. Nach W. RITTER u. M. CHRISTEN (1934, 1936) genügen hierfür schon geringste Spuren. So rufen bereits 0,2 mg Kupfer und 1,5 mg Eisen pro kg Butter Fischigkeit hervor.

Der Geschmacksfehler ,,Fischigkeit" hat in den letzten 10—15 Jahren stark an Bedeutung verloren, da die Konsumenten gegenwärtig salzarme Butter und Margarine bevorzugen.

2. Oxydative Veränderungen von Speisefetten beim Gebrauch

Auf die Tatsache, daß bei der Lagerung von Speisefetten, vorzugsweise aber bei langem Erhitzen in Gegenwart von Sauerstoff, polymere Substanzen entstehen können, wurde bereits hingewiesen. Der Terminus ,,polymer" wird hier der allgemeinen Gepflogenheit entsprechend benutzt, obwohl es richtiger wäre, von Dimeren oder höchstens Oligomeren zu sprechen.

Die *thermische* Polymerisation von Fetten und Ölen spielt sich hauptsächlich an den Doppelbindungen ab und verläuft als Dien-Reaktion im Sinne einer Diels-Alder-Synthese. Hierbei muß wenigstens ein Teil der ungesättigten Fettsäuren konjugiert sein. Diese Bedingung ist z. B. bei Tungöl und Oiticicaöl erfüllt wegen deren Gehalt an Eläostearinsäure bzw. Licansäure. Bei Speiseölen ist diese Voraussetzung erst nach thermischer, oxydativer oder aber katalytischer Isomerisierung gegeben (vgl. A. RIECHE 1958).

Wie das folgende Beispiel einer Reaktion zwischen 9,11- und 9,12-Linolsäure zeigt, führt deren Polymerisation (genauer gesagt Copolymerisation) bzw. Dimerisierung zu verschiedenen Isomeren, je nach dem, welche Doppelbindungen beansprucht werden (vgl. hierzu Abb. 10).

a) $CH_3—(CH_2)_4—CH=CH—CH_2—CH=CH—(CH_2)_7—COOH$
9,12-Octadecadiensäure

↓

b) $CH_3—(CH_2)_4—CH_2—CH=CH—CH=CH—(CH_2)_7—COOH$
9,11-Octadecadiensäure

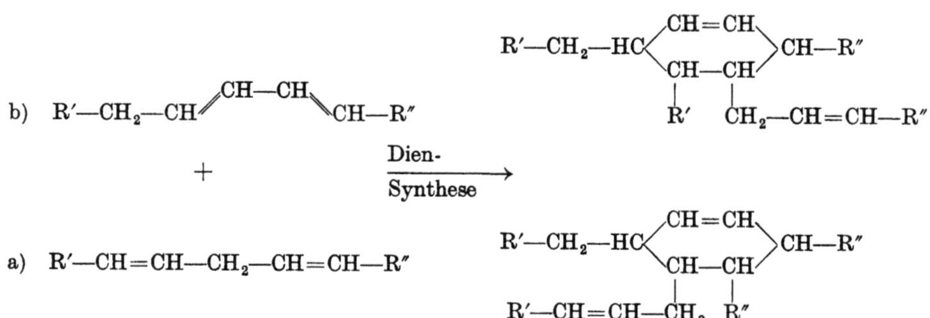

R′: $CH_3—(CH_2)_4—$
R″: $—(CH_2)_7—COOH$

Abb. 10. Isomerisierung und Dimerisierung von Linolsäure

Noch vielfältiger wird die Anzahl der Reaktionsprodukte bei der Polymerisation eines Gemisches ungesättigter Fettsäuren (z. B. Linolen-, Linol- und Ölsäure), wie es von Natur aus in den Ölen und Fetten vorliegt, vgl. E. G. PERKIN (1967).

Überraschend ist auch bei der Ölsäure eine Dimerisierung beobachtet worden (R. F. PASCHKE u. D. H. WHEELER 1949). Diese verläuft aus erklärlichen Gründen allerdings nicht als Dien-Synthese, sondern möglicherweise nach dem Prinzip einer indirekten substituierenden Addition, wie Abb. 11 zeigt.

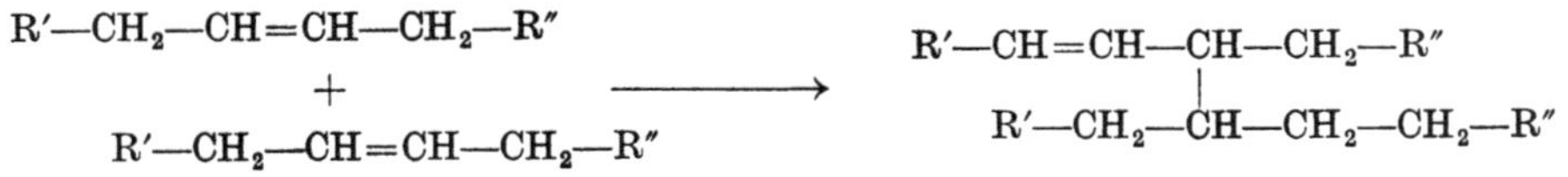

(indirekte substituierende Addition)

R': CH_3—$(CH_2)_6$—
R'': —$(CH_2)_6$—COOH

Abb. 11. Dimerisierung von Ölsäure

Unabhängig von ihrer Entstehungsweise kann man die Vielzahl der verschiedenen Reaktionsprodukte der Fettsäure-Polymerisation hinsichtlich ihrer Molekülgröße bzw. ihres Polymerisationsgrades in wenige Gruppen einordnen (H. E. Rost 1962):

Monomere	Fettsäuren	Molekulargewicht ca. 280
Dimere	Fettsäuren	Molekulargewicht ca. 560
Trimere	Fettsäuren	Molekulargewicht ca. 840

Betrachtet man nun die Polymerisation der Fettsäuren im Glyceridverband, so ergeben sich folgende zwei Möglichkeiten. Entweder reagieren 2 Fettsäuren *eines* Glyceridmoleküls miteinander, oder aber die Reaktion findet zwischen 2 Fettsäuren statt, die 2 Glyceridmolekülen angehören. Im ersten Fall spricht man von „*intra*molekularer" Polymerisation, im zweiten Fall von „*inter*molekularer". Nur im letzteren Fall (vgl. Abb. 12) erfolgt eine Molekülvergrößerung, bei der intramolekularen Polymerisation hingegen nicht, so daß diese allgemein übliche Bezeichnung streng genommen nicht korrekt ist.

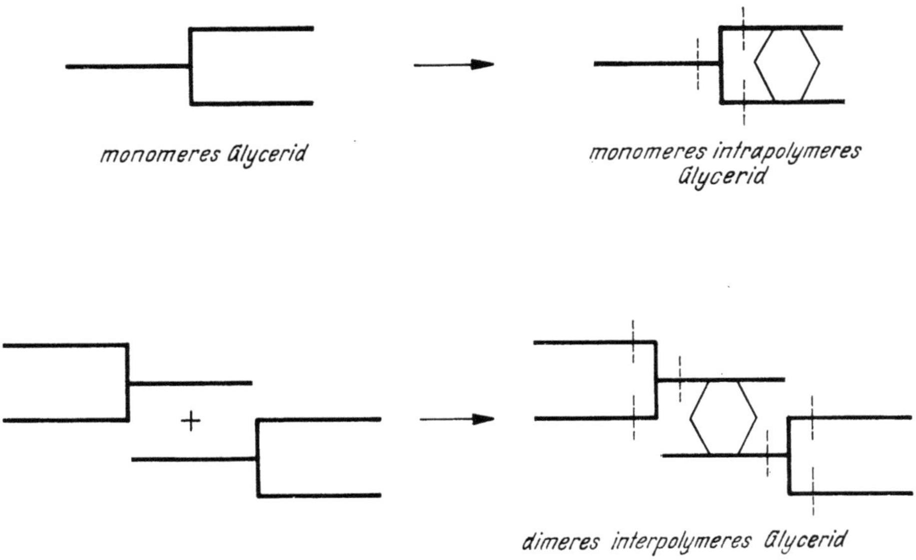

Abb. 12. Intramolekulare und Intermolekulare Polymerisation

Welche der beiden Reaktionen im allgemeinen überwiegt, ist noch nicht mit Sicherheit geklärt. C. Barker, R. V. Crawford u. T. P. Hilditch (1951) nehmen ebenso wie L. WISEBLATT, A.F. WELLS u. R.H. COMMON (1953) an, daß im Anfangsstadium der Polymerisation intramolekulare Reaktionen auftreten, und daß sich später — möglicherweise infolge von Umesterung — intermolekulare Polymere bilden. Allerdings waren direkte Anzeichen für eine Verschiebung von Intra- zu Interdimerisation nach R.F. PASCHKE u. D.H. WHEELER (1954) nicht feststellbar. Bei der Polymerisation von Leinöl gelang es R.P.A. SIMS (1954) die intermolekulare Reaktion durch starke Verdünnung mit Mineralöl auszuschalten (vgl. hierzu F.A. KUMMEROW 1962).

Tritt neben einer Hitzeeinwirkung auch noch der Luftsauerstoff als beeinflussender Faktor auf den Plan, so werden die Verhältnisse insofern noch komplizierter als sich auch sog. „Oxypolymere" bilden können. Als Vorstufe der Polymerisation in Gegenwart von Sauerstoff bzw. Luft tritt immer eine Autoxydation auf, bei der zunächst Hydroperoxide und später Ringperoxide, Carbonylverbindungen usw. entstehen. Die ungesättigten unter den primären und sekundären Autoxydationsprodukten zeigen nun je nach den herrschenden Bedingungen eine mehr oder weniger große Neigung zur Polymerisation. Die Molekülverknüpfung erfolgt hierbei im wesentlichen über —O—O— bzw. —O—Brücken. Da jedoch bei der Autoxydation, wie vorstehend bereits dargelegt, immer in gewissem Maße auch eine Konjugation von Doppelbindungen stattfindet, entstehen daneben aber auch „reine" —C—C—Polymere vom Diels-Alder-Typ, deren Bildung überdies durch Peroxide katalytisch beschleunigt wird. Weiter enthalten autoxydierte Fette, wie schon erwähnt, stets Carbonylverbindungen, die ebenfalls am Polymerisationsgeschehen teilhaben können. Da nun bei dieser Vielzahl von polymerisierbaren Komponenten Polymerisate sehr unterschiedlichen Typs resultieren, die darüber hinaus polare Gruppen (im wesentlichen wohl —OOH, = O und —OH) tragen können, bedarf es wohl kaum einer Erklärung dafür, daß ein derart komplexes Gemisch äußerst schwierig, wenn nicht gar unmöglich zu entwirren ist.

Die Veränderungen, die an Ölen und Fetten beim Gebrauch unter thermischen und oxydativen Einflüssen, insbesondere beim Braten von Kartoffeln, Fleisch, Fisch oder Gebäck ("deep"-fat-frying) auftreten, sind in der Vergangenheit häufig untersucht worden. Diese Untersuchungen beschränken sich in der Regel jedoch auf die Bestimmung einiger Kennzahlen an jeweils nur wenigen Ölen und Fetten. Erst E. BECKER u. H.E. ROST (1964) führten auf breiter Basis eine Untersuchung mit einer größeren Anzahl pflanzlicher und tierischer Öle und Fette und einiger Back- und Bratfette des Handels durch. Die Veränderungen verschiedener chemischer und physikalischer Charakteristika sowie der üblichen Kennzahlen sind in Tab. 8 zusammengestellt.

Allgemein kann man nach E. BECKER u. H.E. ROST (1964) feststellen, daß sich alle Öle und Fette trotz ihres hinsichtlich Sättigungsgrad und Fettsäurezusammensetzung sehr unterschiedlichen Charakters ähnlich verhielten. Innerhalb von 10 Std Bratdauer nahmen die Jodzahlen in der Größenordnung von etwa 10% des Ausgangswertes ab. Die Säurezahlen erreichten in dieser Zeit mit wenigen Ausnahmen Werte zwischen 1 und 2. Die Hydroxylzahlen stiegen auf 15—20, beim Leinöl allerdings auf fast 30. Weitere Hinweise für wesentliche Veränderungen an den Ölen und Fetten während des Bratens ergeben sich aus den physikalischen Kennziffern, wenn auch hier das Bild nicht ganz so einheitlich ist wie bei chemischen Kennzahlen, wie man z. B. aus den Brechungsindices ersieht. Auch die Erhöhung der Viscositäten, die zunächst allmählich, nach längerer Bratdauer aber stärker anstiegen, zeigt gewisse Streuungen, wie Abb. 13 zeigt. Ihre relative Zunahme, bezogen auf den Anfangswert, ist von dem mehr oder weniger ungesättigten Charakter des Substrats abhängig.

Tabelle 8. *Veränderungen der Kennzahlen von Ölen und Fetten während des Bratens von Kartoffeln*

Öl bzw. Fett	Bratdauer bei 180° C (in Std)	JZ	SZ	OHZ	EOZ	n_D^{10}	Viscosität (cP/50° C)	Smoke point (° C)	„Oxysäuren" (unlösl. in Petroläther) (%)	Jod-farbe	Versei-fungsfarbe nach STEINFELS
Bratfett X	0	8,9	0,1	3,5	0	1,4490	18,6	175	0,3	1,0	1
	6	8,7	1,2	—	—	1,4498	21,8	—	0,5	—	12
	10	7,9	1,0	15,5	2,0	1,4508	26,0	145	1,1	7,0	80
Butterfett	0	37,5	0,6	1,5	0	1,4543	23,4	165	0	20,0	16
	6	34,5	—	—	—	1,4550	26,7	—	0,4	—	80
	10	32,4	1,6	12,5	2,8	1,4559	32,0	160	1,1	9,0	240
Schweineschmalz	0	56,6	1,2	5,0	0	1,4598	26,4	155	0,2	10,0	8
	6	53,8	—	—	—	1,4600	30,0	—	0,5	—	200
	10	50,1	2,3	14,0	3,1	1,4610	37,8	145	1,6	50,0	500
Erdnußöl, gehärtet	0	70,4	0,2	2,0	—	1,4593	32,0	195	0,1	2,0	1
	6	68,2	0,7	—	—	1,4601	39,4	—	0,2	—	—
	10	65,6	1,6	19,0	3,3	1,4610	49,2	165	0,7	3,4	120
Fischöl, gehärtet	0	72,1	0,1	2,0	—	1,4610	33,4	200	0,1	3,0	4
	6	69,5	—	—	—	1,4615	39,0	—	0,9	—	60
	10	64,7	1,6	14,5	3,8	1,4624	51,2	160	1,9	8,0	160
Bratfett Y	0	83,0	0,2	5,5	0	1,4607	30,2	200	0,5	2,2	—
	6	76,4	1,7	—	—	1,4619	—	—	1,2	—	—
	10	73,6	1,5	20,0	5,0	1,4639	50,0	165	3,3	14,0	—
Erdnußöl	0	93,0	0,4	4,5	0	1,4622	24,8	185	0,3	2,2	2
	6	83,6	0,6	—	—	1,4638	34,0	—	1,2	—	—
	10	82,4	1,0	18,0	3,7	1,4647	45,8	175	3,1	10,0	240
Rüböl	0	99,8	0,5	2,0	0	1,4650	28,0	200	—	4,0	—
	6	95,6	1,2	9,0	2,5	1,4660	—	—	—	—	—
	10	85,3	3,2	19,5	4,9	1,4666	60,4	185	5,5	12,0	—
Sojaöl	0	128,2	0,6	1,0	—	1,4663	21,4	200	0,1	3,0	7
	6	122,6	—	—	—	1,4674	27,4	—	0,9	—	—
	10	115,9	1,7	16,0	3,4	1,4685	37,4	175	3,2	18,0	200
Sonnenblumenöl	0	131,5	0,4	4,0	—	1,4667	20,8	200	0,3	3,8	8
	6	125,9	0,4	—	—	1,4680	29,2	—	0,8	—	120
	10	121,0	0,6	18,0	2,9	1,4694	40,0	180	3,0	12,0	280
Leinöl	0	180,0	0,5	4,5	0,1	1,4730	18,4	180	0,1	4,8	80
	6	171,0	—	—	—	1,4742	23,8	—	1,8	—	500
	10	158,0	1,5	28,5	6,0	1,4764	49,2	170	9,3	36,0	3000

Von besonderem Interesse bezüglich der an Ölen und Fetten beim Gebrauch unter thermischen und oxydativen Einflüssen auftretenden Veränderungen ist der Gehalt an petrolätherunlöslichen Fettsäuren, den sog. „Oxysäuren". Nach einer

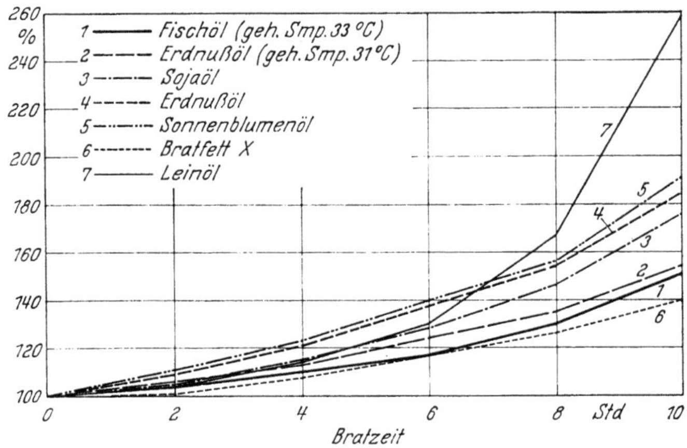

Abb. 13. Erhöhung der Viscosität von Fetten in Abhängigkeit von der Bratdauer

Bratdauer von 10 Std war der Gehalt an diesen Oxysäuren umso höher je stärker ungesättigt das verwendete Öl bzw. Fett war, wie aus Abb. 14 hervorgeht.

Einer besonderen Erwähnung bedarf noch der Peroxidgehalt von Bratfetten. Bei den üblichen zum Braten angewendeten Temperaturen sind Peroxide unbeständig (E.N. FRANKEL u. Mitarb. 1957) und spielen nur eine — wie vorstehend

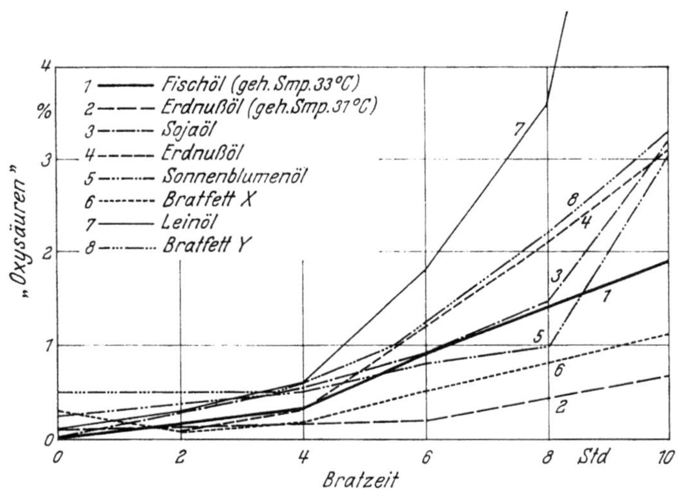

Abb. 14. Abhängigkeit der Menge der beim Braten gebildeten „Oxysäuren" von der Bratdauer

bereits ausgeführt, freilich sehr wesentliche — Rolle als Zwischenglieder bei der Bildung anderer Oxydationsprodukte. Wenn in Bratfetten trotzdem gewisse Mengen an Peroxiden gefunden werden, dann sind diese im wesentlichen während des Abkühlens der Fette nach dem Bratprozeß entstanden. Hierbei ist es sehr bedeutsam, ob die Abkühlung rasch oder aber langsam erfolgte, wie man aus den Zahlenwerten in Tab. 9 erkennen kann.

Tabelle 9. *Peroxidzahlen von Rüböl nach verschieden langer Bratdauer* nach E. Becker u. H.E. Rost (1964)

	Bratdauer bei 180° C in Std										
	0	1	2	3	4	5	6	7	8	9	10
Öl rasch abgekühlt	**3,4**	**2,4**	**2,9**	**3,4**	**3,2**	**3,5**	**2,4**	**3,2**	**3,3**	**3,3**	**3,3**
Öl langsam abgekühlt	3,4	5,5	7,1	6,4	6,3	6,5	6,9	6,8	7,2	6,2	7,0

Von P. Vogel (1964) durchgeführte eingehende Untersuchungen über die Veränderungen, die das Unverseifbare beim Braten erleidet, ergaben, daß bei diesem Prozeß zunächst die natürlichen Antioxydantien zerstört werden, dann andere ungesättigte Fettbegleitstoffe oxydiert und zuletzt die Sterine angegriffen werden.

Ein wichtiges Qualitätsmerkmal für die Beurteilung von Fritürefetten ist die in der industriellen Praxis unerwünschte Schaumbildung. Während manche Fette hier ziemlich unempfindlich zu sein scheinen, neigen andere sehr leicht zum Schäumen. Besonders häufig tritt dieses lästige Schäumen nach S.W. Arenson u. E.G. Heyl (1943,1944) bei solchen Fetten auf, deren Fettsäuren sehr unterschiedliche Molekulargewichte aufweisen.

Nach H.J. Duin (1963) sowie E. Becker u. H.E. Rost (1964) bilden die beim Braten entstehenden Oxydations- und Polymerisationsprodukte eine wesentliche Ursache für das lästige Schäumen.

Auch J.B. Martin (1953) führte das Schäumen auf die Entstehung von oxydierten und polymerisierten Produkten beim „deep-fat-frying" zurück und empfahl die Verwendung von Methylsiliconen zur Stabilisierung von Fritürefetten gegen oxydativen Verderb. Diese Silicone wirken aber wohl kaum als Antioxydantien

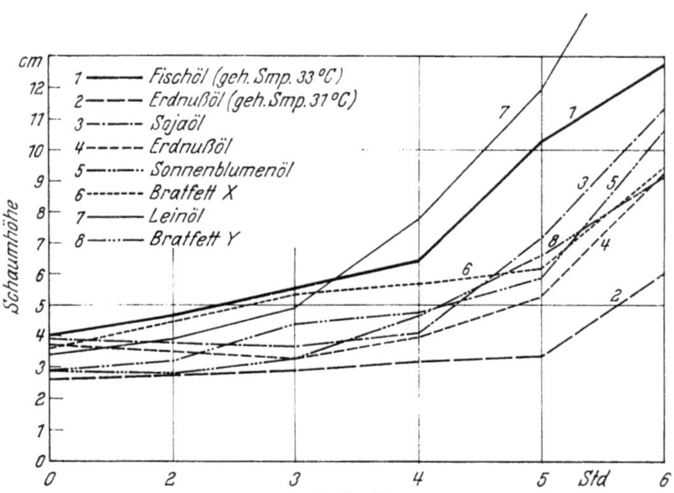

Abb. 15. Abhängigkeit der Schaummaxima verschiedener Öle und Fette von der Bratdauer

oder Stabilisatoren, sondern weit eher wegen ihrer grenzflächenaktiven Eigenschaften. E. Becker u. H.E. Rost (1964) erreichten nämlich durch Siliconzusatz zwar eine erhebliche Verminderung der Schaumbildung, jedoch keine wesentliche Verbesserung der Oxydationsanfälligkeit von Fritürefetten.

Um einen Maßstab für das Schäumen von Brat- und Backfetten zu gewinnen, entwickelten E. Becker u. H.E. Rost (1964) einen Schaumtest. Die mit diesem Test ermittelten Schaummaxima verschiedener Öle und Fette sind in Abb. 15

dargestellt. Hierbei ist eine weitgehende Übereinstimmung der einzelnen Kurvenzüge mit denen der Viscositätserhöhung (Abb. 13) und denen der „Oxysäuren“-Zunahme (Abb. 14) bemerkenswert. Offensichtlich bestehen zwischen diesen Veränderungen enge Zusammenhänge.

Wie aus dem Vorangegangenen hervorgeht, werden die Veränderungen der Fritürefette beim Gebrauch in hohem Maße durch die Einwirkung des Luftsauerstoffs verursacht. Obwohl das aus dem Bratgut austretende Wasser eine Dampfschicht über dem Fett bildet, ist diese als Schutz unzureichend, solange nicht noch andere vorsorgliche Maßnahmen getroffen worden sind, wie z. B. zweckmäßige Konstruktion der Friteuse. In den USA ist darüber hinaus die Verwendung eines inerten Schutzgases weit verbreitet. Wieweit sich die Veränderungen eines Fritürefettes vermindern lassen, wenn man unter einer Schutzgasatmosphäre arbeitet, zeigen die in Tab. 10 zusammengestellten Resultate einiger von E. BECKER u. H.E. ROST (1964) durchgeführten Laboratoriumsversuche.

Über die Wertminderung von Bratölen beim Erhitzen in Gegenwart von dispergiertem Wasser berichtet S. YUKI (1967).

Tabelle 10. *Veränderungen von Sojaöl während des Bratens von Kartoffeln an der Luft bzw. unter einer Schutzgas-Atmosphäre* (CO_2)

Bratdauer bei 180° C Std	JZ	OHZ	EOZ	n_D^{40}	Viskosität cP bei 50° C	„Oxysäuren“	Schaumtest max. cm
0	112,0	3,0	—	1,4649	23,0	0,1	3,0
an der Luft gebraten							
6	105,7	—	—	1,4661	30,6	—	4,3
10	97,3	20,5	4,3	1,4679	50,9	4,7	12,3
unter CO_2 gebraten							
6	107,7	—	—	1,4659	27,8	—	3,6
10	102,4	15,0	2,5	1,4669	36,6	1,8	6,2

Eine wichtige Rolle hinsichtlich des Sauerstoffeinflusses spielt natürlich auch das Verhältnis Fettoberfläche: Fettmenge, zumal im allgemeinen große, flache Pfannen Verwendung finden.

Zum Vergleich mit einem „normalen“ Bratversuch, bei dem nach 10 Std etwa 400 g Öl als Rest verblieben, führten E. BECKER u. H.E. ROST (1964) in demselben Brattopf einen anderen Versuch unter sonst gleichen Bedingungen so durch, daß zum Schluß noch etwa 800 g Öl verfügbar waren. Dadurch war also eine unterschiedliche oxydative Belastung während des Bratens gegeben, die sich aus den Veränderungen der in Tab. 11 gebrachten Kennzahlen ablesen läßt.

Tabelle 11. *Kennzahlen von Sojaöl nach verschieden starker thermisch-oxydativer Belastung*

Bratdauer bei 180° C Std	Ölmenge (g)	JZ	OHZ	EOZ	n_D^{40}	Viskosität cP bei 50° C	„Oxysäuren“	Schaumtest max. cm
0	1200	112,0	3,0	—	1,4649	23,0	0,1	3,0
10	800	102,7	11,0	2,6	1,4670	36,9	2,1	6,3
10	400	97,3	20,5	4,3	1,4679	50,9	4,7	12,3

Nach J. WURZIGER (1963a, 1963b) und J. WURZIGER u. M. JUNKER (1963) soll die beim Behandeln erhitzter Fette mit alkoholischer Kalilauge auftretende

Braunfärbung, die sog. Alkalifärbung oder auch Verseifungsfarbzahl (J. PALLAUF 1949, 1950), eine relativ sichere Aussage über den Oxydationszustand dieser Fette erlauben.

Aus diesen Beispielen geht deutlich hervor, wie groß der Einfluß des Sauerstoffs ist, der auf ein Bratfett einwirkt. Damit erklären sich zugleich die Schwierigkeiten beim Vergleich von Literaturangaben über Veränderungen von Fritürefetten, wenn keine oder nur ungenügende Angaben über die Einwirkung von Luft während des Bratens und über die verwendete Apparatur gemacht werden.

II. Verderb von Molkereiprodukten

Die Fettoxydation in Milch und Milchprodukten ist ein wichtiges und intensiv studiertes Problem. Naturgemäß sind es gerade diejenigen Molkereiprodukte, die sich durch einen milden, zarten Geschmack auszeichnen, wie Trinkmilch, Süßrahm, Butter, die relativ leicht der Autoxydation zum Opfer fallen.

Auch in Milchprodukten läuft die Fettoxydation nach dem klassischen Hydroperoxidmechanismus (A II 2a) ab, wobei aber wegen der gleichzeitigen Anwesenheit von Eiweiß und Wasser die Reaktionsabläufe noch verwickelter sind als bei den reinen Fetten und Ölen. Nach S. PATTON (1962) erfolgt im Falle der flüssigen Molkereiprodukte wie Milch, Sahne oder Süßrahmbuttermilch der Angriff des Luftsauerstoffs nicht an den Triglyceriden, sondern überwiegend, wenn nicht gar ausschließlich, an den Phospholipiden; auch spielt hier im wässerigen Milieu die Metallkatalyse erklärlicherweise eine sehr große Rolle. Bei den entstehenden Oxydationsprodukten handelt es sich überwiegend um flüchtige Carbonylverbindungen (D.A. FORSS u. Mitarb. 1955), von denen einige noch in einer Verdünnung von $1:10^9$ organoleptisch erkennbar sind (S. PATTON u. Mitarb. 1959; D.A. LILLARD u. E.A. DAY 1961). Diese Träger des Oxydationsgeschmacks treten nach C.H. LEA u. P.A.T. SWOBODA (1958b) in wässerigen Systemen noch stärker in Erscheinung als in einer reinen Fettphase, wodurch der Verderb für die obengenannten Produkte besonders kritisch wird.

Sehr gute Übersichten über den autoxydativen Verderb von Molkereiprodukten geben H.T. BADINGS (1960); E.A. DAY (1960); N.V. KRUKOVSKY (1961); S. PATTON (1962) sowie ein umfangreicher Beitrag in Band III dieses Handbuchs.

III. Verderb von Fleischprodukten

(vgl. auch dieses Handbuch Bd. III)

Daß die Autoxydation des Fettgewebes beim Ranzigwerden von Fleischprodukten eine große Rolle spielt, ist lange bekannt und einleuchtend, hingegen hat man die Bedeutung der Autoxydation der Lipide des Muskelfleisches erst in den letzten Jahren erkannt (B. M. WATTS 1962).

Die Muskellipide befinden sich, anders als die Triglyceride des Fettgewebes, nicht in Form größerer oder kleinerer Tröpfchen in der Zelle, sie sind vielmehr integrierende Bestandteile der diversen Zellstrukturen, wie Zellwand (T. KONO u. S.P. COLOWICK 1961), Muskelfasern (J. N. OLLEY u. Mitarb. 1961), sowie Mitochondrien und Mikrosomen (M.G. MACFARLANE u. Mitarb. 1960). Diese intracellularen Fettsubstanzen, die zumindest teilweise mit Proteinen assoziert sind, enthalten den größten Teil der Gewebephospholipide.

Die Fettstoffe des mageren Muskelgewebes sind, was zunächst sonderbar erscheint, viel oxydationsanfälliger als die Fettstoffe der Depots. Dies liegt aber einmal daran, daß Hämatinverbindungen, wie in Abschnitt A I2b bereits dargelegt, die Lipidoxydation stark katalysieren, zum anderen ist der Gehalt der Muskellipide an mehrfach ungesättigten Fettsäuren in der Regel viel höher als derjenige des Depotfetts. Dies mag die nachstehende Tab. 12 illustrieren, in der der Gehalt der Rinderherzmitochondrien an Polyensäuren wiedergegeben ist.

Tabelle 12. *Gehalt der Rinderherzmitochondrien an Polyenen**

Polyensäuren	in % der Gesamtfettsäuren
Diene	24,6
Triene	7,3
Tetraene	10,3
Pentaene	5,2
Hexaene	0,7
insgesamt	48,1

* nach R.T. HOLMAN u. C. WIDMER (1959).

Man kann die Zusammensetzung der Lipide der Mitochondrien für die Zusammensetzung der Gesamtmuskelphospholipide als einigermaßen repräsentativ ansehen.

Obwohl die Komposition dieser Fettstoffe in gewissem Maße durch die Diät beeinflußt werden kann, bleibt ihr hochungesättigter Charakter auch bei Verabfolgung ausschließlich gesättigter Fettsäuren oder sogar völlig fettfreier Diät erhalten, wie G.J. MARCO u. Mitarb. (1961) zeigen konnten.

Besonders rasch ranzig werden die Muskelfettsubstanzen bei gekochtem Fleisch. B.M. WATTS (1962) zeigte, daß frisches mageres Fleisch, welches zwecks Denaturierung des Eiweißes erhitzt worden ist, sehr rasch der Fettautoxydation zum Opfer fällt. Abb. 16 zeigt den rapiden Anstieg der Thiobarbitursäurezahl (TBA-Zahl) von Schweinefleisch- und Roastbeef-Scheiben, die zunächst auf 70°C erhitzt und dann 10 Tage im Kühlschrank aufbewahrt worden waren. Einen ähnlichen Anstieg der TBA-Zahl (Maximalwerte 10—30) fand B.M. WATTS (1962) in gekochtem magerem Fleisch anderer Tiere, und zwar unabhängig von der Art oder der Menge des Depotfetts dieser Tiere.

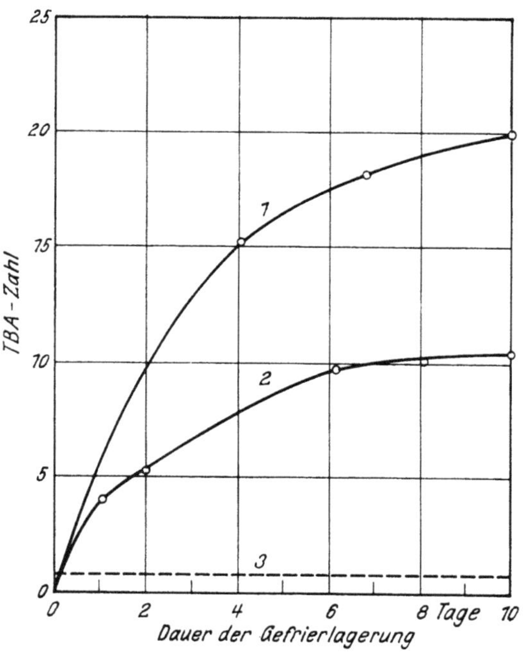

Abb. 16. Anstieg der Thiobarbitursäurezahl bei der Gefrierlagerung von zuvor auf 70°C erhitztem Fleisch
1 Roastbeef; 2 Schweinefleisch; 3 Schwelle der organoleptischen Wahrnehmbarkeit

Trotz mancher Nachteile hat sich der *Thiobarbitursäuretest* (vgl. Beitrag Analytik) bei der Verfolgung der Fettautoxydation in Fleischprodukten bewährt. Er gibt wertvolle Informationen über den Oxydationsgrad des Substrats, die in guter Korrelation zu den organoleptischen Befunden stehen (B.G. TARLADGIS u. Mitarb. 1960, 1962).

Der Schwellenwert des TBA-Tests, also der Wert, bei dessen Überschreitung sich ein ranziger Geruch bemerkbar macht, liegt annähernd bei 1. Rohes Fleisch erreichte diese Grenze unter sonst gleichen Bedingungen im allgemeinen nicht. Diese Fettoxydation wird durch Häm-Farbstoffe katalysiert (M.T. YOUNATHAN u. B.M. WATTS 1959). Im Muskelfleisch von Invertebraten, beispielsweise bei Krebsen, die bekanntlich keine Häm-Pigmente enthalten, tritt diese Autoxydation ebensowenig auf wie in Pökelfleisch, dessen Hämkomponenten gegenüber Frischfleisch verändert sind.

Die starke Beschleunigung der hämkatalysierten Oxydation durch Hitzedenaturierung des Eiweißes läßt sich nach A. BANKS (1961), der nachwies, daß undenaturiertes Cytochrom c in der Regel antioxydativ wirkt, evtl. dadurch erklären, daß eine veränderte oder „denaturierte" Form der Hämverbindung den gegenteiligen Effekt hat und die Fettoxydation beschleunigt.

Ein weiterer Beschleuniger der Fettoxydation in Fleischprodukten ist das Salz. J. CHANG u. B.M. WATTS (1950) zeigten, daß dieser Effekt sehr stark abhängig ist vom Feuchtigkeitsgehalt des Substrats, und zwar sind niedrige Wassergehalte, also hohe Salzkonzentrationen, besonders schädlich.

Während sich die hämkatalysierte Fettoxydation bei ungesalzenem gekochtem Fleisch naturgemäß im wesentlichen auf die Muskellipide beschränkt, katalysiert Salz die Autoxydation des Depotfetts.

Nach B.M. WATTS (1961) ist es typisch für gekochtes und anschließend eingefrorenes Fleisch, daß bei Abwesenheit von Pökelsalz durch das Kochen die hämkatalysierte Oxydation ausgelöst wird; sie kommt jedoch im Freezer praktisch wieder zum Stillstand und geht erst nach dem Auftauen — allerdings rapide — weiter.

Bei Anwesenheit von Pökelsalz wird die Hämkatalyse zwar ausgeschaltet, aber dafür die salzkatalysierte Autoxydation eingeleitet, die selbst im Freezer nicht zum Erliegen kommt.

In den Vereinigten Staaten von Amerika hat man mit gutem Erfolg Polyphosphate als Schutzmittel gegen die Fettoxydation in Fleischprodukten angewendet, sei es für die Behandlung des rohen Fleisches unmittelbar vor dem Kochen (M. TIMS u. B.M. WATTS 1958), sei es in Form einer Tauch- bzw. Schutzlösung (P. Y. CHANG, M.T. YOUNATHAN u. B.M. WATTS 1961). Während man früher mit Polyphosphatkonzentrationen von rd. 0,5% arbeitete, ist man heute so weit, mit 0,05%igen, ja sogar 0,01%igen Tripolyphosphat-Lösungen bei Scheiben gekochten Fleisches ausreichenden Schutz zu erzielen (B. M. WATTS 1962).

Hingegen ist durch die Verwendung echter Antioxydantien in der Regel kein zufriedenstellender Autoxydationsschutz zu erreichen. Allerdings berichtet B. LAKSESVELA (1960) über eine deutliche Haltbarkeitsverbesserung, die durch Zusatz geringster Tokopherolmengen zu gekochten Hühnchen erzielt werden konnte.

Wie M.W. ZIPSER u. B.M. WATTS (1961b) zeigten, können übrigens auch im Fleisch selbst Antioxydantien gebildet werden, und zwar durch längeres Erhitzen auf Temperaturen über 100°C. Ein solches „überkochtes" Fleisch autoxydiert nicht, sondern vermag sogar anderes Fleisch vor Autoxydation zu schützen.

Die genannten Autoren betteten Roastbeefscheiben in Aufschlämmungen aus zerriebenem „überkochtem" Rindfleisch in wechselnden Mengen Wasser und lagerten sie acht Tage im Kühlschrank. Wie aus Tab. 13 hervorgeht, war die Probe mit 50%iger Aufschlämmung nach Ablauf dieser Zeit noch genießbar, die Kontrolle hingegen ungenießbar.

Tabelle 13. *Schutz von Roastbeef durch „überkochtes" Rindfleisch**

Substrat	TBA-Zahl	Organolept. Befund
Roastbeef + Wasser	11,0	ungenießbar
Roastbeef + 2%ige Aufschlämmung . .	9,7	—
Roastbeef + 20%ige Aufschlämmung .	5,5	—
Roastbeef + 50%ige Aufschlämmung .	1,0	noch genießbar

* nach M.W. ZIPSER u. B.M. WATTS (1961b)

Nach B.M. WATTS (1962) sprechen übrigens auch gewisse Anzeichen dafür, daß bei der Sterilisierung von Fleisch mit ionisierenden Strahlen antioxydativ wirksame Substanzen entstehen.

IV. Verderb von Fischprodukten

(Lit.: vgl. dieses Handbuch Bd. III)

Im Vergleich zu anderen Lebensmitteln fallen Fischprodukte besonders rasch oxydativen Prozessen zum Opfer, auch sind die hier ablaufenden Reaktionen wegen der Komplexität des Substrats besonders verwickelt. Dies ist nicht weiter verwunderlich, wenn man bedenkt, daß das Fischfett besonders viele hoch ungesättigte Fettsäuren enthält, wie Tab. 14 zeigt.

Tabelle 14. *Ungesättigte Fettsäuren des Menhadenöls* im Vergleich zu Sojaöl*

Anzahl der Doppelbindungen	Prozentuale Zusammensetzung** *Menhadenöl* C_{16}	*Menhadenöl* C_{18}	*Menhadenöl* C_{20}	*Menhadenöl* C_{22}	*Sojaöl* C_{18}
1	9,8 (2)	14,5 (1)	—	—	15
2	2,0 (2)	2,7 (2)	1,2 (2)	—	55
3	1,3 (2)	1,3 (2)	2,0 (2)	—	7
4	2,0 (2)	3,2 (1)	0,6 (2)	—	—
5	—	—	12,5 (1)	2,0 (1)	—
6	—	—	—	8,9 (1)	—

* nach W. STOFFEL u. E.H. AHRENS (1960)
** die Ziffern in Klammern geben die Anzahl an Isomeren an.

Wie man sieht, enthält das Menhadenöl mindestens 23 verschiedene ungesättigte Fettsäuren, das Sojaöl hingegen nur 3.

Ebenso wie bei anderen fetthaltigen Materialien wird die Autoxydation von Fischprodukten durch Licht, Schwermetalle, Hämverbindungen und verschiedene Salze katalysiert. Es ist daher nicht verwunderlich, daß gerade solche Fischprodukte, die fettreich sind und/oder deren Lipidanteil einen besonders hohen Grad der Ungesättigtheit aufweist und/oder die besonders reich an Blutfarbstoffen sind, auch besonders leicht dem Angriff des Sauerstoffs zum Opfer fallen.

Im Falle des Frischfisches fällt die Fettautoxydation praktisch nicht ins Gewicht; hier besitzt das mikrobiologische Verderben überragende Bedeutung.

Im Falle von Kochfisch sind die Verhältnisse nach B.M. WATTS (1961) und M.W. ZIPSER u. B.M. WATTS (1961) ähnlich wie bei gekochtem Fleisch (M.J. TIMS u. B.M. WATTS 1958). Auch hier fiel gekochter Fisch der Autoxydation rascher zum Opfer als der gleiche Fisch in rohem Zustand. Dieser bei Kühlschranktemperatur erhaltene Befund steht allerdings im Widerspruch zu einer Arbeit von H.L.A. TARR (1947), der feststellte, daß gekochter Lachs bei —20°C stabiler war als ungekochter. Dieser Gegensatz mag seinen Grund vielleicht in qualitativen und quantitativen Unterschieden der Hämproteine haben (H.S. OLCOTT 1962).

Gelagerter Tiefgefrierfisch ist oxydativen Veränderungen zweierlei Typs ausgesetzt, einmal dem „normalen" Ranzigwerden, zum anderen dem Auftreten von gelben bis braunen Verfärbungen der Oberfläche. Das letzte, sehr komplexe Phänomen tritt vorzugsweise bei fettem Fisch auf. Die Reaktionen, die möglicherweise zu diesen Verfärbungen führen, sind von J. NONAKA (1957) recht genau studiert worden. Es spielen hier offenbar zwei getrennte Faktoren eine Rolle, nämlich einmal autoxydiertes Fischöl und zum anderen flüchtige basische Stickstoffverbindungen. Als Träger des verdorbenen Geschmacks wurden vom genannten Forscher im oxydierten Fischöl Carbonylverbindungen, insbesondere Semialdehyde ermittelt. Aus ranzigem Lachsöl isolierten T.C. Yu, E.A. Day u. R.O. Sinnhuber (1961) etwa 30 flüchtige Carbonylverbindungen, von denen 21 charakterisiert und 15 identifiziert werden konnten.

H.S. Olcott (1962) vermutet als Ursache der Verfärbung eine Maillard- oder Aldehyd-Amin-Reaktion zwischen Faktor 1 und Faktor 2. Er stellte nämlich fest, daß Fischöle, die von allen Nichtglyceridbegleitstoffen befreit worden sind, auch bei Erreichen eines sehr hohen Ranziditätsgrades noch beinahe wasserhell bleiben, wogegen diese Öle unter sonst gleichen Bedingungen, jedoch in Gegenwart geringer Mengen stickstoffhaltiger Verbindungen gelagert, gelb bis dunkelbraun aussehen. Dieser Hypothese steht allerdings die Feststellung von A.W. Venolia u. A.L. Tappel (1958) entgegen, daß Sulfit die Geschwindigkeit der Bräunung von Fischöl-Eialbumin-Emulsionen nicht zu verringern vermag.

Schaltet man den Zutritt des Luftsauerstoffs zur Oberfläche aus, beispielsweise durch Überziehen des Fisches mit einer Eisschicht, so werden sowohl Ranzigkeit als auch Fleckenbildung weitestgehend eingedämmt (H.L.A. Tarr 1948).

Eine große Zahl von Untersuchungen liegt vor über die Wirksamkeit der verschiedenartigen Oxydationsinhibitoren, von denen die Ascorbinsäure wohl die größte Beachtung gefunden hat (H.L.A. Tarr 1947, J.C. Bauernfeind 1953). Wenngleich W.J. Dyer u. Mitarb. (1956) durch Zusatz von Ascorbinsäure nur einen Schutz gegenüber Verfärbung, nicht aber gegenüber dem Auftreten eines ranzigen Geschmacks erzielen konnten, so fanden andererseits K. Andersson u. C.E. Danielson (1961), daß Heringsfilets nach Eintauchen in eine 0,5%ige wässerige Ascorbinsäurelösung, die ein Dickungsmittel enthielt, bei —20°C gelagert elf Monate genießbar waren, wogegen die unbehandelten Filets nur zwei Monate haltbar waren. Vgl. hierzu auch R. Marcuse (1952) sowie R. Marcuse u. G. Borgström (1953). Die Beobachtung von K.B. Norton, D.K. Tressler u. L.D. Farkas (1952), daß Mononatriumglutamat in Fisch und anderen Lebensmitteln eine antioxydative Wirksamkeit entfaltet, konnte von H.L. Hanson, M.J. Brushway u. H. Lineweaver (1960) nicht bestätigt werden. Diese Diskrepanz ist möglicherweise auf Unterschiede in der Beurteilungsmethode zurückzuführen. R.R. Perepletchik u. E.I. Novikova (1960), die Sprotten nach Eintauchen in 0,1—0,2%ige Lösungen von Mononatriumglutamat, Glutaminsäure beziehungsweise Ascorbinsäure + Citronensäure bei —15°C und —25°C gelagert hatten, fanden nämlich, daß die mit Natriumglutamat behandelten Proben weitaus am besten abschnitten, was die organoleptische Beurteilung anlangt, wogegen die chemischen Tests keine signifikanten Unterschiede erkennen ließen.

Mit der Untersuchung der Lagerungsstabilität von gefriergetrocknetem Fisch haben sich A.L. Tappel, R. Martin u. E. Plocher (1957) befaßt. Sie zeigten, daß die Autoxydation des Fischfetts derjenige Faktor ist, der die Lagerfähigkeit gefriergetrockneter Produkte limitiert. Das ist auch erklärlich, denn die brüchigporöse Struktur gefriergetrockneter Produkte begünstigt den Kontakt zwischen Fett und Luftsauerstoff. Für das Erzielen einer akzeptablen Haltbarkeit ist es deshalb unbedingt notwendig, derartige Produkte unter einem inerten Schutzgas zu verpacken.

V. Spezielle Verderbensvorgänge

In diesem Abschnitt seien noch einige Arten des Verderbens kurz gestreift, die mit chemischen, biochemischen und mikrobiologischen Vorgängen direkt nicht korrelieren.

1. Verderben durch Fremdgerüche

Fette und Öle sind meist gute Lösungsmittel für flüchtige Geruchstoffe und können durch deren Aufnahme ungenießbar werden. Sie dürfen daher nicht mit geruchstoffabgebenden Produkten zusammen gelagert werden, falls sie nicht mindestens durch aromadichte Verpackungen geschützt sind. Produkte wie Seife, Benzin, Petroleum, Fische, Zwiebeln, Gewürzkräuter usw. dürfen nie mit Fetten zusammen lagern. Auch in undichten Kühlschränken kann das austretende Gas sehr leicht von Fetten aufgenommen werden und so zu Geschmacksfehlern führen.

2. Verderben durch Einfluß des Viehfutters

Eine andere Beurteilung erfahren Fettveränderungen, wie sie durch Glyceride bzw. Fettsäuren des Futters hervorgerufen werden. So sind z. B. für den Fischgeschmack in Hühnerfleisch und Schweinefleisch höher ungesättigte Fettsäuren und deren Abbauprodukte, wie sie aus Fischmehl stammen, verantwortlich.

Auch Butter kann infolge ungeeigneten Futters als ranzig empfunden werden (J. Schormüller 1961).

3. Verderben durch Schädlinge

Von Nagetieren wie Ratten und Mäusen werden Speisefette genauso vernichtet wie kohlenhydrat- und eiweißreiche Lebensmittel. Durch Insekten sind Fette bei sachgemäßer Aufbewahrung praktisch nicht gefährdet.

C. Vorratshaltung der Fette und Fettprodukte

I. Maßnahmen gegen das biologische Verderben

1. Physikalische Verfahren

a) Hitzebehandlung

Die Hitzebehandlung sei hier nur in Verbindung mit der Trocknung (vgl. unten) erwähnt, da sie als solche zur Haltbarmachung von Speisefetten praktisch keine Rolle spielt. Etwas anderes ist es bei der Konservierung, Sterilisierung bzw. Pasteurisierung fetthaltiger Lebensmittel, wie z. B. Milch, Fleischwaren, Fischprodukte usw., wo ausschließlich die Erhitzung den erstrebten Zweck, nämlich die Abtötung von Mikroorganismen, erreicht. Da es sich hierbei aber um Substrate handelt, bei denen die Verderbnisreaktionen primär am Eiweißanteil des Lebensmittels einsetzen, sei an dieser Stelle auf die entsprechenden Kapitel in Bd. III dieses Handbuchs verwiesen.

b) Kälteanwendung

(Lit.: vgl. R. Plank, Handbuch der Kältetechnik, Bd. X, 1960).

Die Anwendung der Kälte ist eines der ältesten Vorratspflegeverfahren, da sie schon den alten Naturvölkern bekannt war.

Man unterscheidet heute zwischen „Kühllagerung", „Gefrierlagerung" und „Tiefgefrierlagerung". Die Temperatur der ersteren liegt im allgemeinen oberhalb des Gefrierpunktes der lebenden Zelle etwa zwischen -1 und $+5°$ C. Als Gefrierlagerung bezeichnet man die Lagerung bei darunterliegenden Temperaturen, und zwar in der Regel zwischen -12 bis $-20°$ C. Da hierbei bis auf geringe Ausnahmen

(z. B. trockene Samen) die Zellen abgetötet und dadurch auch die natürlichen Schutzmaßnahmen des lebenden Organismus ausgeschaltet werden, wirkt die Gefrierlagerung konservierend.

Das Temperaturgebiet zwischen dem Gefrierpunkt und —12°C wird in der Regel wegen der möglichen bzw. oft stärker hervortretenden chemischen, enzymatischen, mikrobiologischen sowie Gefrier- und Konsistenzveränderungen gemieden (vgl. J. Herrmann 1963).

Bei Temperaturen, die zwischen —20 und —30°C und tiefer liegen, spricht man von Tiefgefrierlagerung.

Wie für alle anderen Lebensmittel gilt auch für Fette, daß Gewebsfermente und Mikrobenenzyme, wie z. B. Lipasen und Lipoxydasen, auch bei tieferen Temperaturen (—30°C und darunter) zwar stark gehemmt werden, doch, wenn auch sehr vermindert, aktiv bleiben und insbesondere im aufgetauten Material ihre Wirksamkeit wieder entfalten (F. Kiermeier 1948, 1952).

Die Unterscheidung zwischen Kühl- und Gefrierlagerung wird natürlich unscharf bei Lebensmitteln ohne Zellgewebe, wie es die Speisefette sind. So kann man für Streichfette, wie z. B. Butter, Margarine oder Schmalz, alle Lagertemperaturen unterhalb des Gefrierpunktes je nach der gewünschten Lagerdauer wählen; z. B. erfordert im allgemeinen eine Lagerdauer der Butter von 1, 2, 3, 5 bzw. über 9 Monaten Temperaturen von —1, —5, —7, —9 bzw. < —15°C (J. Herrmann 1963). Durch Anwendung dieser niedrigen Temperaturen läßt sich bei Margarine wegen deren geringeren Anfälligkeit eine noch erheblich längere Lagerfähigkeit (bis zu mehreren Jahren) erzielen. Dies hat aber praktisch nur Bedeutung im Hinblick auf die Einlagerung von Katastrophenverpflegung. Unter normalen Verhältnissen kann, da man hier von keiner „Schwemme“ abhängig ist, die Menge der produzierten Margarine dem Bedarf der Bevölkerung angepaßt werden, so daß die Notwendigkeit einer Einlagerung bei diesem Streichfett entfällt.

c) Trocknung

Diese Methode der Haltbarmachung hat nur für bestimmte Fette und Fettprodukte eine praktische Bedeutung. Angeführt sei hier der Wasserentzug durch Ausschmelzen bzw. Aussieden fetthaltiger Materialien, wie er beispielsweise bei der Gewinnung von Schweineschmalz, Butterschmalz oder Schmelzmargarine vorgenommen wird. Die beiden letztgenannten Speisefette haben indes nur regionale Bedeutung.

Gegen Ende des 2. Weltkriegs in Deutschland durchgeführte Versuche zur Herstellung einer „Trockenbutter“ haben zwar zu einem geschmacklich guten, aber nur beschränkt haltbaren Produkt geführt, doch ist neuerdings ein Verfahren bekannt geworden, bei dem Butter durch Zerstäubung mit verschiedenen Zusätzen getrocknet wird. Das Pulver ist tropenfest, schmilzt auch bei höheren Temperaturen nicht und ist gleich Trockenmilch lagerfähig (J. Schormüller 1966).

In Schweden ist es in jüngster Zeit nach T. Storgårds (1967) gelungen, durch Trocknung aus Fettemulsionen „Trockenfette“ zu gewinnen, die nahezu unbegrenzt haltbar sein sollen.

2. Chemische Verfahren

Von den für die Haltbarmachung von Lebensmitteln verwendeten chemischen Verfahren wie Salzen und Pökeln, Räuchern, Einlegen in konservierende Flüssigkeiten, Zuckern, Einsäuern und Zusetzen von Konservierungsmitteln spielt für reine Fette keines, für fetthaltige Zubereitungen nur das letztgenannte eine Rolle.

Auch Gewürze und andere am Würzgeschmack unserer Speisen beteiligte Stoffe sowie bestimmte Lebensmittel können antibakterielle, oft auch antioxydative Wirkungen entfalten. Die hier wirksamen Stoffe grenzt man gegen die Antibiotica als *Phytoncide* ab. Sie finden sich außer in Gewürzen (Pfeffer, Gewürznelken, Paprika, Senf, Schnittlauch) auch in zahlreichen anderen Pflanzen. Die überwiegende Zahl derartiger antibakterieller Stoffe ist bisher kaum erforscht; für die native Haltbarkeit vieler Lebensmittel sind sie zweifellos von Bedeutung und verdienen das Interesse des Lebensmittelchemikers wie des Technologen.

Eingehender untersucht sind z. B. das Tomatidin der Tomate, Humulon und Lupulon als antibakterielle Substanzen des Hopfens sowie Phytoncide von der Art des Allicins und Alliins aus Knoblauch, Zwiebeln und Meerrettich, Raphanin aus Rettich, das Flavonolpigment Rhamnetin, Allyl-, Benzyl- und Methylthiopentylsenföle aus Kresse und Meerrettich, Benzoesäure, p-Hydroxybenzoesäure, Vanillin-, Kaffee-, Ferula- und Chlorogensäure als fungistatisch wirksame Stoffe aus Roggenkeimen bzw. Mohrrüben, Maltol in Brotkruste, Malz und Milch, Benzoxazolinon in Getreide. Keimhemmende Stoffe finden sich u. a. auch in Zuckerrüben, Baumwollsamen und Honig, in Penicilliumstämmen, die an der Käsereifung beteiligt sind und schließlich rechnet hierher das den Antibioticis zuzuordnende, aus Stämmen von *Streptococcus lactis* gewinnbare Nisin, ein Polypeptidkomplex, dessen Anwendung u. a. in der Käserei zur Unterdrückung der Buttersäuregärung und als Konservierungsmittel erörtert wird. Für mögliche Verwendung dieses Antibioticums zur Lebensmittelkonservierung spricht seine relativ große Hitzelabilität und die leichte Aufspaltbarkeit durch Enzyme.

Von den in der Bundesrepublik Deutschland durch die Konservierungsstoffverordnung vom 19. XII. 1959 zugelassenen Stoffen (vgl. hierzu A. PETRITSCHEK-SCHILLINGER 1967) besitzen die folgenden für Fettprodukte, insbesondere für fetthaltige Zubereitungen wie Mayonnaise, Fleisch- und Fischsalat, Gewürz- und Salatsaucen u. a. eine Bedeutung:

Sorbinsäure und ihre Natrium-, Kalium- und Calciumsalze, Benzoesäure und ihre Natrium-, Kalium- und Calciumsalze sowie p-Hydroxybenzoesäureäthyl- und -propylester und deren Natriumverbindungen.

Die in Vogelbeeren vorkommende Sorbinsäure (CH_3—CH=CH—CH=CH—COOH), ist insbesondere in Margarine (E. BECKER u. I. ROEDER 1957) sehr wirkungsvoll. Sie ist übrigens in der Bundesrepublik Deutschland der einzige für Margarine zugelassene Konservierungsstoff, findet hierfür aber kaum noch Verwendung, da beim weitaus überwiegenden Anteil der in der Bundesrepublik Deutschland hergestellten Margarine heute auf den Zusatz von Konservierungsstoffen verzichtet wird.

p-Hydroxybenzoesäure und ihre Ester sind in Pflanzen weit verbreitet; die Säure wurde auch in reifendem Käse gefunden. Die Ester („PHB-Ester“) sind der Benzoesäure oft geschmacklich überlegen, da hier die Konservierungsschwelle unter der Geschmacksschwelle liegt, zeigen einen vom pH-Wert unabhängigen Konservierungseffekt (vgl. W. DIEMAIR 1965) und sind deshalb auch bei neutraler Reaktion verwendbar; sie reagieren wenig mit dem zu konservierenden Material und sind z. B. zur Unterdrückung des Schimmelpilzwachstums wesentlich wirksamer als Benzoesäure. Sie haben die Benzoesäure heute weitgehend verdrängt (vgl. auch J. SCHORMÜLLER 1961, 1966).

Recht interessante Konservierungsstoffe für Fettprodukte sind auch die in Deutschland noch nicht zugelassenen Pyrokohlensäureester.

II. Maßnahmen gegen das chemische Verderben

1. Vermeidung hydrolytischer Vorgänge

Die rein chemisch ausgelösten hydrolytischen Vorgänge treten neben der mikrobiologischen und der enzymatischen Hydrolyse, wie bereits im theoretischen Teil dargelegt, stark in den Hintergrund.

Es gilt hier sinngemäß das in dem Abschnitt über Maßnahmen gegen das biologische Verderben Ausgeführte.

2. Verhinderung der autoxydativen Vorgänge

a) Ausschluß des Lichtes

Da Licht, insbesondere Strahlen des Ultraviolett- und Gelborangebereichs (600—650 mμ), sowie andere energiereiche Strahlung, z. B. ^{60}Co-γ-Strahlung (K. Täufel u. R. Zimmermann 1962), die Induktionsperiode der Peroxidbildung außerordentlich verkürzt und die durch Lichteinwirkung induzierten Kettenreaktionen auch im Dunkeln weiter ablaufen, erzielt man schon einen recht wirksamen Schutz durch weitgehenden Ausschluß des direkten Sonnenlichtes.

Färbung transparenter Verpackungsmaterialien zur Ausfilterung besonders aktiver Bereiche des Spektrums, Verwendung undurchsichtiger Folien, imprägnierter Pergamente oder Ultraviolettstrahlen absorbierender Kunststoffolien sind wirksame Mittel gegen eine unerwünschte Einwirkung des Lichtes (J. Schormüller 1961).

b) Ausschluß von Sauerstoff

Es ist erwiesen, daß sich ein weitgehender Ausschluß des Luftsauerstoffs, wie man ihn z. B. durch Lagerung in Gefäßen möglichst geringen Durchmessers, d. h. geringer Oberfläche im Vergleich zum Volumen, erzielen kann, im Hinblick auf die Lagerungsstabilität von Ölen sehr günstig auswirkt. Auch die Lagerung unter inerter Gasatmosphäre (Stickstoff, Kohlendioxid u. a.) oder unter Vakuum bewirkt eine Verlängerung der Haltbarkeit.

E. Winter (1965), der die Haltbarkeit von Ölen und Fetten bei langfristiger Lagerung in Verkaufspackungen untersuchte, konnte diesen günstigen Effekt inerter Gase demonstrieren.

Was den Schutz von Ölen und Fetten durch Begasen z. B. mit Stickstoff anbetrifft, sollte man sich jedoch dessen bewußt sein, daß durch Ersatz des im Öl physikalisch gelösten Luftsauerstoffs durch Stickstoff, der Sauerstoffgehalt eines solchen Öles (infolge des nicht absoluten Reinheitsgrades von Handelsstickstoff) immer noch um mindestens eine Zehnerpotenz höher liegen würde als die für das Auslösen einer Geschmacksreversion erforderliche Sauerstoffmenge (H. v. Pezold 1959). Handelsstickstoff enthält in der Regel immer noch etwa 1—3% Sauerstoff, was bedeutet, daß — da 1 kg Öl bei 20°C ca. 90 mg Stickstoff löst — im Öl immerhin noch 1—3 mg Sauerstoff pro kg enthalten sind. Entsprechendes gilt sinngemäß auch für Kohlendioxid.

Es soll damit aber nicht gesagt werden, daß ein Begasen mit inerten Gasen zwecklos ist, nur sollte man im Falle linolensäurehaltiger Öle, wie z. B. Sojaöl, die Erwartungen nicht zu hoch stecken.

Bei festen Fetten kann man durch eine geeignete Verpackung und dichte Stapelung den Luftsauerstoff bis zu einem gewissen Grade fernhalten.

c) Anwendung von Kälte

Im Rahmen der Maßnahmen gegen das biologische Verderben ist die Kälteanwendung bereits auf S. 338 besprochen worden. Im Gegensatz zu den Verhältnissen bei der mikrobiologisch und enzymatisch bedingten Verderbnis liegen die Sachverhalte bei der autoxydativ ausgelösten relativ einfach. Da es sich hierbei um eine wenigstens im Anfangsstadium überschaubare chemische Reaktion handelt, deren Geschwindigkeit sich bekanntlich bei einer Temperatursteigerung von 10° C in der Regel etwa verdoppelt, sollte die Haltbarkeit bei einer Temperaturerniedrigung um 10° C ungefähr doppelt so groß sein, was in der Praxis auch in etwa zutrifft:

Der Temperaturkoeffizient der „normalen" Autoxydation beträgt aufgrund von Modellversuchen, die H. v. PEZOLD (1955, 1957) durchführte, rund 1,7, woraus man die Faustregel ableiten kann, daß die Haltbarkeit von Ölen und Fetten im Haushaltskühlschrank doppelt bis dreimal so groß, im Tiefkühlfach jedoch fünf- bis achtmal so groß ist wie bei normaler Zimmertemperatur. Das heißt, daß ein Qualitätsspeiseöl mit hohem Gehalt an essentiellen Fettsäuren, wie z. B. Sonnenblumenöl (55—65% Linolsäure), das bei Zimmertemperatur 10—15 Wochen haltbar ist, im Haushaltskühlschrank 6—9 Monate, im Tiefkühlfach sogar 1—2 Jahre aufbewahrt werden kann. Die Haltbarkeit eines relativ gesättigten Fettes, wie z. B. Cocosfett, das bei Raumtemperatur in der Regel 3—5 Monate lagerfähig ist, läßt sich im Kühlschrank auf 1 Jahr, im Tiefkühlfach sogar auf 2—3 Jahre verlängern. Derartig lange Lagerzeiten haben aber selbst im Hinblick auf eine Katastrophenverpflegung wohl nur theoretisches Interesse.

Obige Ausführungen gelten im wesentlichen für reine Öle und Fette. Die Lagerfähigkeit von Fettemulsionen, wie Butter, Margarine und Mayonnaise, ist aus mikrobiologischen Gründen (vgl. Abschnitt C I) erfahrungsgemäß geringer als diejenige reiner Fette.

d) Ausschluß von Prooxydantien

Eine sehr wichtige Maßnahme zur Verlängerung der Haltbarkeit von Ölen und Fetten ist die Entfernung substrateigener Prooxydantien, wie es beispielsweise Pyrrolfarbstoffe (Chlorophyll, Hämoglobin, Myoglobin), Enzyme (Lipasen, Lipoxydasen) oder Peroxide in anoxydierten Fetten sind. Dies geschieht durch die sog. Raffination, die im Beitrag Technologie S. 203 dieses Bandes eingehend besprochen wird. Hier sei nur gesagt, daß die Beseitigung der prooxydativen Bestandteile des Rohöls praktisch vollständig ist, wogegen die Tokopherole, auf deren Bedeutung als natürliche Antioxydantien bereits im theoretischen Teil hingewiesen worden ist, bei sachgemäßer Durchführung der Raffination zu 80—85% erhalten bleiben (J. BALTES 1958). Bei kontinuierlicher Raffination betragen die Tokopherolverluste nach D. SWERN (1964) sogar weniger als 10%.

Sehr wichtig für eine gute Haltbarkeit der Öle und Fette ist auch der Schutz vor Verunreinigung durch Metallspuren (Cu, Fe, Zn, Mn), die durch technologische Prozesse eingeschleppt werden können und — wie in Abschnitt A II 2c dargelegt — stark prooxydativ wirken. Vgl. dazu Beitrag Technologie dieses Bandes.

e) Anwendung von Antioxydantien

Wie bereits aus dem theoretischen Teil (A II 2g) hervorgeht, besitzen die primären Antioxydantien, insbesondere die phenolischen, ihren Hauptanwendungsbereich bei den tierischen Fetten, die von Natur aus arm an Antioxydantien sind, wie z. B. Schweineschmalz. Bei den pflanzlichen Ölen, die — wie aus Tab. 7

S. 315 hervorgeht — vergleichsweise reich an natürlichen Antioxydantien sind, zeigt daher eine weitere Zugabe meist keinen erhöhten antioxydativen Effekt. Hier kann wiederum der Zusatz von sekundären Antioxydantien bzw. Synergisten vgl. S. 321 von Nutzen sein (vgl. hierzu auch S.W. SOUCI u. E. MERGENTHALER 1965).

Bei fetthaltigen Zubereitungen, wie z. B. Mayonnaise, Salatsaucen u. a., haben sich *Kombinationen* aus primären und sekundären Antioxydantien, z. B. Tokopherol oder BHA oder Gallate + Ascorbinsäure, Citronensäure, Weinsäure oder deren Fettsäureester bewährt. Allgemein gültige Vorschriften für den Gebrauch lassen sich jedoch meist nicht geben, man ist vielmehr vor dem Einsatz auf orientierende, empirisch statistische Versuche angewiesen.

Tabelle 15. *Anlage zum Vorschlag einer Richtlinie des Rats der EWG für Antioxydantien, die in Lebensmitteln verwendet werden dürfen*[1]

EWG-Nr.	Bezeichnung
	I. Antioxydantien
E 220	Schwefeldioxyd
E 221	Natriumsulfit
E 222	Natriumhydrogensulfit (Natriumbisulfit)
E 223	Natriumdisulfit (Natriumpyrosulfit oder Natriummetabisulfit)
E 224	Kaliumdisulfit (Kaliumpyrosulfit oder Kaliummetabisulfit)
E 225	Calciumdisulfit (Calciumpyrosulfit oder Calciummetabisulfit)
E 300	L-Ascorbinsäure
E 301	Natrium-l-ascorbinat (Natriumsalz der l-Ascorbinsäure)
E 302	Calcium-l-ascorbinat (Calciumsalz der l-Ascorbinsäure)
E 303	Essigester der l-Ascorbinsäure (l-Ascorbylacetat)
E 304	Palmitatester der l-Ascorbinsäure (l-Ascorbylnalmitat)
E 306	Stark tokopherolhaltige Extrakte natürlichen Ursprungs
E 307	DL-alpha-Tokopherol
E 308	DL-gamma-Tokopherol
E 309	DL-delta-Tokopherol
E 311	Octylgallat
E 312	Dodecylgallat
E 320	Buthylhydroxyanisol (BHA)
E 322	Lecithine
	II. Stoffe, die hauptsächlich anderen Zwecken dienen, daneben aber auch antioxydierend wirken können
E 270	Milchsäure
E 325	Natriumlactat (Natriumsalze der Milchsäure)
E 326	Kaliumlactat (Kaliumsalz der Milchsäure)
E 327	Calciumlactat (Calciumsalz der Milchsäure)
E 330	Citronensäure
E 331	Natriumzitrate (Natriumsalze der Citronensäure)
E 332	Kaliumzitrate (Kaliumsalze der Citronensäure)
E 333	Calciumzitrate (Calciumsalze der Citronensäure)
E 334	Weinsäure
E 335	Natriumtartrate (Natriumsalze der Weinsäure)
E 336	Kaliumtartrate (Kaliumsalze der Weinsäure)
E 337	Natrium-Kaliumtartrat
E 338	Orthophosphorsäure
E 339	Natriumorthophosphate (Natriumsalze der Orthophosphorsäure)
E 340	Kaliumorthophosphate (Kaliumsalze der Orthophosphorsäure)
E 341	Calciumorthophosphate (Calciumsalze der Orthophosphorsäure)
E 345	Sorbitol
E 346	Glycerin

[1] aus Drucksache IV/2528 des Deutschen Bundestages

Für den praktischen Gebrauch müssen Antioxydantien folgende Bedingungen erfüllen (H. RAEITHEL 1955):

1. sie dürfen nicht toxisch sein;
2. sie sollen bereits in geringer Konzentration (0,01—0,05 %) hochwirksam sein;
3. sie dürfen Geruch, Geschmack und Farbe des Lebensmittels nicht beeinflussen;
4. sie müssen soweit fettlöslich sein, daß ihre homogene Verteilung in der Fettphase gewährleistet ist
5. sollen sie bei Verarbeitungsprozessen, z. B. beim Backen, beständig sein („Carry-through-Effekt").

In der Bundesrepublik Deutschland existiert keine Verordnung, welche sich speziell mit der Zulassung von Antioxydantien befaßt. Es finden demzufolge nur das Lebensmittelgesetz und die Allgemeine Fremdstoffverordnung Anwendung.

Im Bereich der Europäischen Wirtschaftsgemeinschaft werden, wenn die einschlägigen Rechtsvorschriften der Mitgliedsstaaten entsprechend der Richtlinie des Rats der EWG geändert worden sind, voraussichtlich die in Tab. 15 aufgeführten Stoffe verwendet werden.

Toxikologische Daten für eine große Anzahl von Antioxydantien und Konservierungsstoffen sind in einem Bericht des „Joint FAO/WHO Expert Committee on Food Additives" (1962) niedergelegt.

Bibliographie

BAILEY, A.E.: Industrial Oil and Fat Products. 2. Aufl. New York: Interscience Publishers 1951.

BALTES, J.: Die industrielle Herstellung von Speisefetten unter besonderer Berücksichtigung ihrer ernährungsphysiologischen Eigenschaften. In: Die ernährungsphysiologischen Eigenschaften der Fette. Hrsg. von K. LANG, S. 27—58. Darmstadt: Dietrich Steinkopff 1958.

DIEMAIR, W., u. W. POSTEL: Chemische Zusatzstoffe. A. Konservierungsstoffe. In: Handbuch der Lebensmittelchemie, Bd. I, S. 1069—1133. Berlin-Heidelberg-New York: Springer 1965.

EMANUEL, N.M., and Y.N. LYASKOVSKAYA: The Inhibition of Fat Oxidation Processes. Oxford-London-Edinburgh-New York-Toronto-Sydney-Paris-Braunschweig: Pergamon Press 1967.

ENGLER, C., u. J. WEISSBERGER: Kritische Studien über die Vorgänge der Autoxydation. Braunschweig: F. Vieweg und Sohn 1904.

FRANKEL, E.N.: Hydroperoxides. In: Lipids and their Oxidation. S. 51—78. Westport, Conn.: AVI Publishing Co. 1962.

GANDER, K.F.: Über die antioxygene Wirkung von Milch und Rinderblutserum in Fettemulsionen. Dissertation, Karlsruhe 1955.

HERRMANN, J.: Lehrbuch der Vorratspflege. Berlin: Deutscher Landwirtschaftsverlag 1963.

HOFFMANN, G.: Vegetable Oils. In: Lipids and their Oxidation, S. 215—229. Westport, Conn.: AVI Publishing Co. 1962.

HOLMAN, R.T.: Autoxidation of Fats and Related Substances. In: Progress in the Chemistry of Fats and Lipids, S. 51—98. London 1954.

— Enzymes and Polyunsaturated Fatty Acids. In: Food Enzymes. Hrsg. von H.W. SCHULTZ. Westport, Conn.: AVI Publishing Co. 1960.

KAUFMANN, H.P.: Analyse der Fette und Fettprodukte, Bd. I. Berlin-Göttingen-Heidelberg: Springer 1958.

KAUNITZ, H.: Biological Effects of Autoxidized Lipids. In: Lipids and their Oxidation, S. 269—293. Westport, Conn.: AVI Publishing Co. 1962.

KEENEY, M.: Secondary Degradation Products. In: Lipids and their Oxidation, S. 79—89. Westport, Conn.: AVI Publishing Co. 1962.

KUMMEROW, F.A.: Toxicity of Heated Fats. In: Lipids and their Oxidation, S. 294—320. Westport, Conn.: AVI Publishing Co. 1962.

LUNDBERG, W.O.: Hormel Inst. Publ. Nr. 20. Minnesota 1947.

— Autoxidation and Antioxidants. Bd. I und II. New York: Interscience Publishers 1961/1962.

MARKLEY, K.S.: Fatty Acids. Their Chemistry, Properties, Production, and Uses. Part 2. New York-London: Interscience Publishers 1961.

Olcott, H. S.: Marine Products. In: Lipids and their Oxidation, S. 173—189. Westport, Conn.: AVI Publishing Co. 1962.
Organikum. Berlin: VEB Deutscher Verlag der Wissenschaften 1964.
Patton, S.: Dairy Products. In: Lipids and their Oxidation, S. 190—201. Westport, Conn.: AVI Publishing Co. 1962.
Pezold, H. v.: Beitrag zur Klärung des Problems der Wirkungsinversion bei Antioxygenen. Dissertation, Karlsruhe 1955.
Plank, R.: Handbuch der Kältetechnik, Bd. 10. Berlin-Göttingen-Heidelberg: Springer 1950.
Rieche, A.: Alkylperoxyde und Ozonide. Dresden und Leipzig: Theodor Steinkopff 1931 (Monographie).
Schormüller, J.: Lehrbuch der Lebensmittelchemie. Berlin-Göttingen-Heidelberg: Springer 1961.
— Die Erhaltung der Lebensmittel. Stuttgart: Ferdinand Enke 1966.
Schultz, H. W.: Lipids and their Oxidation. Westport, Conn.: AVI Publishing Co. **1962**.
Scott, G.: Atmospheric Oxidation and Antioxidants. Amsterdam-London-New York: Elseviers 1965.
Seher, A.: Fremde Stoffe — Antioxydantien. In: Handbuch der Lebensmittelchemie, Bd. II/2, S. 952—976. Berlin-Heidelberg-New York: Springer 1967.
Souci, S. W.: Konservierung durch chemische Mittel. In: Ullmanns Enzyklopädie der technischen Chemie. Hrsg. von W. Foerst. 3. Aufl., Bd. XI, S. 440—462. München-Berlin: Urban & Schwarzenberg 1960.
— Chemische Zusatzstoffe. Definition, Einteilung, Zulassung und Anwendung. Handbuch der Lebensmittelchemie, Bd. I, S. 1060—1068 (1965).
—, u. E. Mergenthaler: Weitere chemische Zusatzstoffe. Handbuch der Lebensmittelchemie, Bd. I., S. 1159—1222.
Stuckey, B. N.: Antioxidants. In: Lipids and their Oxidation, S. 139—150. Westport, Conn.: AVI Publishing Co. 1962.
Swern, D.: Bailey's Industrial Oil and Fat Products. 3. Aufl. New York-London-Sydney: Interscience Publishers 1964.
Täufel, K.: Verhütung des Fettverderbs. In: Die ernährungsphysiologischen Eigenschaften der Fette. Hrsg. von K. Lang, S. 128—156. Darmstadt: Theodor Steinkopff 1958.
Tappel, A. L.: Biocatalysts: Lipoxidase and Hematin Compounds. In: Autoxidation and Antioxidants. Hrsg. von W. O. Lundberg. New York: Interscience Publishers 1961a.
— Lipoxidase. In: The Enzymes, Bd. 7. Hrsg. von P. D. Boyer, H. Lardy u. K. Myrback. New York: Academic Press 1961b.
— Hematin compounds and Lipoxidase as biocatalysts. In: Lipids and their Oxidation. Hrsg. von H. W. Schultz, E. A. Day u. R. O. Sinnhuber, S. 122—138. Westport, Conn.: AVI Publishing Co. 1962.
Tokopherol: Symposion Mainz. Wiss. Veröff. DGE, Hrsg. von K. Lang. Darmstadt: Dietrich Steinkopff 1967.
Uri, N.: The Mechanism of the Oxidation of Linoleic Acid with particular Reference to Metal Catalysis. In: Essential Fatty Acids. S. 30—35. London: Butterworths Scientific Publications 1958.
Wachs, W.: Öle und Fette. II. Teil: Gewinnung und Verarbeitung von Nahrungsfetten. Berlin-Hamburg: Parey 1964.
Watts, B. M.: The role of lipid oxidation in lean tissues in flavor deterioration of meat and fish. Proc. Flavor Chem. Symp., S. 83—96. Camden, N. J.: Campbell Soup Co. 1961.
— Meat Products. In: Lipids and their Oxidation, S. 202—214. Westport, Conn.: AVI Publishing Co. 1962.
World Health Organization: Evaluation of the Toxicity of a Number of Antimicrobials and Antioxidants. Sixth Report of the Joint FAO/WHO Expert Committee on Food Additives, Genf 1962.

Zeitschriftenliteratur

Abderhalden, R.: Naturwiss. Rdsch. **5**, 175 (1958).
Alford, J. A., u. D. A. Pierce: Lipolytic Activity of Microorganisms at Low and Intermediate Temperatures. III. Activity of Microbial Lipases at Temperatures Below 0° C. J. Food Sci. **26**, 518—524 (1961).
Andersson, K., an C. E. Danielson: Storage changes in frozen fish. A comparison of objective and subjective tests. Food Technol. **15**, 55—57 (1961).
Arenson, S. W., and E. G. Heyl: A comparative study of the influence of various liquid and solid vegetable shortenings upon doughnut physical characteristics. Oil and Soap **20**, 149—151 (1943).

ARENSON, S.W., and E.G. HEYL: A quantitative study of fat losses occuring during doughnut frying. Oil and Soap **21**, 60—62 (1944).
BADINGS, H.T.: Principles of autoxidation processes in lipids with special regard to the development of autoxidation off-flavors. Neth. Milk and Dairy J. **14**, 215—242 (1960).
BAILEY, A.E., G.D. OLIVER, W.S. SINGLETON and G.S. FISHER: Antioxygenic properties of molecularly distilled fractions of peanut oil. Oil and Soap **20**, 251—255 (1943).
BALTES, J.: Polarographische Untersuchungen auf dem Fettgebiet. III. Polarographie von Antioxydantien. Fette, Seifen, Anstrichmittel **56**, 484—490 (1954).
BANKS, A., S. FAZAKERLEY, J.N. KEAY and J.G.M. SMITH: Preparation of crystalline trans-trans methyl linoleate hydroperoxide. Nature (Lond.) **184**, 816 (1959).
—, J.N. KEAY and J.G.M. SMITH: Structure of conjugated methyl linoleate hydroperoxide. Nature (Lond.) **179**, 1078 (1957).
BARKER, C., R.V. CRANFORD and T.P. HILDITCH: Some chemical changes associated with the thermal polymerisation of drying oils. J. Oil Colour Chemists' Ass. **34**, 215—233 (1951).
BATEMAN, L.: Olefin oxidation. Quart. Rev. Chem. Soc. **8**, 147—167 (1954).
—, and G. GEE: A kinetic investigation of the photochemical oxidation of certain non-conjugated olefins. The determination of absolute rate constants in olefinic oxidation. Proc. roy. Soc. A **195**, 376—402 (1948).
BAUERNFEIND, J.C.: Use of ascorbic acid in processing foods. Advanc. Food Res. **4**, 359—431 (1953).
BAWN, C.E.H.: Free radical reactions in solution initiated by heavy metal ions. Discussions Faraday Soc. **14**, 181—190 (1953).
BECKER, E., K.F. GANDER u. W. HEIMANN: Die Maskierung prooxygener Schwermetall-Ionen in eiweißhaltigen Emulsionen. Fette, Seifen, Anstrichmittel **59**, 599—607 (1957).
—, H. PARDUN u. H. v. PEZOLD: Prüfung der Haltbarkeit von Ölen und Fetten mit Hilfe des Swift-Stability-Tests. Fette u. Seifen **55**, 880—886 (1953).
—, u. I. ROEDER: Sorbinsäure als Konservierungsmittel für Margarine. Fette, Seifen, Anstrichmittel **59**, 321—328 (1957).
—, u. H.E. ROST: Untersuchungen an Fritürefetten. Fette, Seifen, Anstrichmittel **66**, 123—132 (1964).
BERGSTRÖM, S.: The autoxidation of the methyl ester of linoleic acid. Arkiv för Kemi, Mineralogi och Geologi **21** A, 1—18 (1945).
BISHOV, S.J., A.S. HENICK and R.B. KOCH: Oxidation of fat in model systems related to dehydrated foods. Food Res. **25**, 174—182 (1960).
BITO, T., u. K. AOSHINA: Die Wirkung von Hydroxycarbonsäuren auf die Metallblockade-Aktion und Fettoxydation. J. Japan Oil Chemists' Soc. **16**, 423—425 (1967).
BOLLAND, J.L., and G. GEE: Kinetic studies in the chemistry of rubber and related materials. I. The thermal oxidation of ethyl linoleate. Proc. roy Soc. A **186**, 218—236 (1946).
— Kinetics of olefin oxidation. Quart. Rev. Chem. Soc. **3**, 1—21 (1949).
—, and G. GEE: Kinetics studies in the chemistry of rubber and related materials. Trans. Faraday Soc. **42**, 236—252 (1946).
—, and P. TEN HAVE: Kinetic studies in the chemistry of rubber and related materials. IV. The inhibitory effect of hydroquinone on the thermal oxidation of ethyl linoleate. Trans. Faraday Soc. **43**, 201—210 (1947).
—, and H.P. KOCH: The course of autoxidation reactions in polyisoprenes and allied compounds. IX. The primary thermal oxidation product of ethyl linoleate. J. chem. Soc. **1945**, 445—447.
—, and W.J.C. ORR: Thermal breakdown of rubber. Trans. Inst. Rubber Ind. **21**, 133—138 (1945).
BURR, G.O., and R.H. BARNES: Non-caloric function of dietary fats. Physiol. Rev. **23**, 256—278 (1943).
CANNON, J.A., K.T. ZILCH, S.C. BURKET and H.J. DUTTON: Analysis of fat acid oxidation products by counter current distribution methods. IV. Methyl linoleate. J. amer. Oil Chem. Soc. **29**, 447—452 (1952).
CANTONI, C., M.R. MOLNAR, P. RENON and G. GIOLITTI: Lipolytic Micrococci in Pork Fat. J. appl. Bact. **30**, 190—196 (1967).
CHANG, I., and B.M. WATTS: Some effects of salt and moisture on rancidity in fats. Food Res. **15**, 313—321 (1950).
CHANG, P.Y., M.T. YOUNATHAN and B.M. WATTS: Lipid oxidation in pre-cooked beef preserved by refrigeration, freezing and irridation. Food Technol. **15**, 168—171 (1961).
CHANG, S.S., R.G. KRISHNAMURTHY and B.R. REDDY: The Relationship between Alkyl Furans and the Reversion Flavor of Soybean Oil. Amer. Oil Chem. Soc. **44**, 159 (1967).
—, T.H. SMOUSE, R.G. KRISHNAMURTHY, B.D. MOOKERJEE and B.R. REDDY: Chem. and Industr. 1926—1927 (1966).

CHEVALLIER, A.C., A.C. BURG u. S. MANUEL: Die antagonistische Wirkung von Vitamin D_2 und Tocopherol auf den Verlauf der Oxydation der Fette *in vitro*. C.R. Soc. Biol. (Paris) **142**, 870—875 (1948).
CHIPAULT, J.R., and W.O. LUNDBERG: Oxidation of methyllinoleate at different temperatures. J. amer. chem. Soc. **69**, 833—836 (1947).
COLEMAN, J.E., H.B. KNIGHT and D. SWERN: J. amer. chem. Soc. **74**, 4886 (1952).
CRIEGEE, R.: Über ein kristallisiertes Dekalinperoxyd. Ber. dtsch. chem. Ges. **77**, 22—24 (1944).
CZOK, G.: Wirkung chemisch veränderter Fette auf die Leberfunktion. Ernährungsumschau **12**, 164 (1965).
DAVIES, W.L., and G. GILL: Investigations on fishy flavour. J. Soc. Chem. Ind. **55** (T), 141—146 (1939).
DAY, E.A.: Autoxidation of milk lipids. J. Dairy Sci. **43**, 1360—1365 (1960).
DEUEL jr., J.J., R. ALFIN-SLATER, C.S. WEIL and H.F. SMYTH jr.: Sorbic acid as a fungistatic agent for foods. I. Harmlessness of sorbic acid as a dietary component. Food. Res. **19**, 1—12 (1954).
DILLARD, M.G., A.S. HENICK and R.B. KOCH: Differences in reactivity of legume lipoxidase. J. biol. Chem. **236**, 37—40 (1961).
DUGAN, L.R. jr., L. MARX, C.E. WEIR and H.R. KRAYBILL: Amer. Meat Inst. Found. Bull. No. 18 (1954).
DUIN, H.J.: Unveröffentlichte Untersuchungen (1963).
DUTTON, H.J., C.D. EVANS and J.C. COWAN: Status of research on the flavor problem of soybean oil at the Northern Regional Research Laboratory. Trans. Amer. Ass. Cereal Chemists **11**, 116—135 (1953).
DYER, W.J., L.M. MORTON, D.I. FRASER and E.G. BLIGH: Storage of frozen rosefish fillets. J. Fisheries Res. Board Can. **13**, 569—579 (1956).
ELLIS, G.W.: Autoxidation of the fatty acids. 3. The oily products from elaidic and oleic acids. The formation of mono acyl derivatives of dihydroxystearic acid and of α-, β-unsatured keto acids. Biochem. J. **46**, 129—141 (1950).
ESTERBAUER, H.: Über die Autoxydation von Linolsäure-methylester in Wasser. 3. Mitt. Chromatographische Auftrennung der wasserlöslichen Reaktionsprodukte. Fette, Seifen, Anstrichmittel **70**, 1—4 (1968).
—, u. E. SCHAUENSTEIN: Über die Autoxydation von Linolsäure-methylester in Wasser. 2. Mitt. Isolierung und Identifizierung von 4-Hydroperoxy-nonen-2, 3-al-1 und 8-Hydroperoxy-caprylsäure-methylester. Fette, Seifen, Anstrichmittel **68**, 7—14 (1966).
EVANS, C.D., E.N. FRANKEL, P.M. COONEY and H.A. MOSER: Effect of autoxidation prior to deodorization on oxidative and flavor stability of soybean oil. J. Amer. Oil Chem. Soc. **37**, 452—456 (1960).
FARMER, E.H.: α-methylenic reactivity in olefinic and polyolefinic systems. Trans. Faraday Soc. **38**, 340—348 (1942).
— Peroxidation in relation to olefinic structure. Trans. Faraday Soc. **42**, 228—236 (1946).
—, G.F. BLOOMFIELD, A. SUNDRALINGAM and D.A. SUTTON: The course and mechanism of autoxidation reactions in olefinic and polyolefinic substances, including rubber. Trans. Faraday Soc. **38**, 348—356 (1942).
—, H.P. KOCH and D.A. SUTTON: The course of autoxidation reactions in polyisoprenes and allied compounds. VII. Rearrangement of double bounds during autoxidation. J. chem. Soc. **1943**, 541—547.
—, and D.A. SUTTON: The course of autoxidation reactions in polyisoprenes and allied compounds. IV. The isolation and constitution of photochemically-formed methyl oleate peroxide. J. chem. Soc. **1943**, 119—122.
— — The course of autoxidation reactions in polyisoprenes and allied compounds. XI. Double bound movement during the autoxidation of a monoolefin. J. chem. Soc. **1946**, 10—13.
FEUELL, A.J., and J.H. SKELLON: The oxidation of monoethenoid fatty acids and esters. Catalytic oxidation of n-propyloleate. J. chem. Soc. **1954**, 3414—3418.
FILER, L.J., jr., K.F. MATTIL and H.E. LONGENECKER: Changes occurring in fat autoxidation. Oil and Soap **22**, 196—201 (1945).
FORSS, D.A., E.G. PONT and W. STARK: The volatile compounds associated with oxidized flavor in skim milk. J. Dairy Res. **22**, 91—102 (1955).
FRANKE, W.: Neuere Erkenntnisse über den Mechanismus der Atmung und Gärung (Desmolyse). Angew. Chem. **53**, 580—593 (1940).
— Lipoxydasen. Fette und Seifen **52**, 11—19 (1950).
—, u. A. SCHILLINGER: Zum Stoffwechsel der säurefesten Bakterien orientierende aerobe Reihen-Versuche. Biochem. Z. **316**, 313—334 (1944).
FRANKEL, E.N., C.D. EVANS and J.C. COWAN: Determination of Tocopherol in oxidized fats. J. amer. Oil Chem. Soc. **34**, 544—546 (1957).

FRANZKE, CL., u. H. IWAINSKY: Zur autoxydativen Wirksamkeit der Melanoidine. 1. Mitt. Dtsch. Lebensmittel-Rdsch. **50**, 251—254 (1954).
—, F. KRETSCHMANN u. J. STROBACH: Über den Einfluß von Mono- und Diglyceriden auf die durch Schwermetallionen katalysierte Autoxydation von Ölsäure und Ölsäuremethylester. Nahrung **11**, 523—528 (1967).
FROELICH, R.: Öl- und Fettautoxydation im Spiegel der Literatur. Pharmazie **18**, 20—28 (1963).
GADDIS, A.M., R. ELLIS and G.T. CURRIE: Carbonyls in oxidizing fat. III. The distribution of volatile and non-volatile carbonyls. Food Res. **25**, 495—506 (1960).
GILLAM, N.W.: Esterification reactions in the oxidation of unsatured fatty oils. Austral. Chem. Inst. J. Proc. **15**, 150—159 (1948).
GOLUMBIC, C.: The autoxidative Behavior of vegetable and animal fats. Oil and Soap **20**, 105—107 (1943).
— Kinetics of antioxygenesis. Oil and Soap **23**, 184—186 (1946).
—, and H.A. MATTIL: The antioxidant properties of gallic acid and allied compounds. Oil and Soap **19**, 144—145 (1942).
GUNSTONE, F.D., and T.P. HILDITCH: The autoxydation of methyloleate in presence of small proportions of methyl linoleate. J. chem. Soc. **1946**, 1022—1025.
GUSS, P.L., T. RICHARDSON and M.A. STAHMANN: Oxidation of various Lipid Substrates with unfractionated Soybean and Wheat Lipoxidase. J. amer. Oil Chem. Soc. **45**, 272—276 (1968).
HANDY, C.T., u. H.S. ROTHROCK: J. amer. chem. Soc. **80**, 5306 (1958).
HANSON, H.L., M.J. BRUSHWAY and H. LINEWEAVER: Monosodium glutamate studies. II. Evaluation of a possible flavor stabilizing effect of glutamate in frozen foods and of the stability of glutamate to commercial canning process. Food Technol. **14**, 328—332 (1960).
HEIMANN, W.: Die Wirkung der Fumar- und Maleinsäure als Fett-Antioxygene und ihre Abhängigkeit von der Temperatur. Z. Untersuch. Lebensmittel **88**, 586—593 (1948).
— Über biologische antioxygene Systeme. Fette u. Seifen **55**, 780—781 (1953).
—, A. HEIMANN, M. GREMMINGER u. H. HOLLAND: Quercetin als Antioxydans. Fette, Seifen, Anstrichmittel **55**, 394—398 (1953).
—, M. MATZ, B. GRÜNEWALD u. H. HOLLAND: Über die synergistische Wirkung von α-Alanin bei der Hemmung der Fettautoxydation durch phenolische Antioxydantien. Z. Untersuch. Lebensmittel **102**, 1—6 (1955).
—, u. H. v. PEZOLD: Über die prooxygene Wirkung von Antioxygenen. Fette, Seifen, Anstrichmittel **59**, 330—338 (1957).
— — Über die Wirkungsinversion bei Fett-Antioxygenen. I. Mitt. Vergleich zwischen dem Verhalten tierischer und pflanzlicher Fette gegenüber Antioxygenen. Z. Lebensmittel-Untersuch. u. -Forsch. **108**, 317—322 (1958).
— — Über die Wirkungsinversion bei Fett-Antioxygenen. II. Mitt. Untersuchungen über die Wirkungsinversion des α-Tocopherols. Z. Lebensmittel-Untersuch. u. -Forsch. **111**, 1—6 (1960).
— — Über die Wirkungsinversion bei Fett-Antioxygenen. III. Mitt. Einfluß der Temperatur auf Induktionsperiode, Schutzfaktor und Wirkungsinversion bei der Autoxydation von Fetten. Z. Lebensmittel-Untersuch. u. -Forsch. **112**, 463—470 (1960).
—, u. F. REIFF: Zusammenhänge zwischen chemischer Konstitution und antioxygener Wirkung bei Flavonolen. Fette, Seifen, Anstrichmittel **55**, 451—454 (1953).
HENICK, A.S., M.F. BENCA and J.H. MITCHELL jr.: Estimating carbonyl compounds in rancid fats and foods. J. amer. Oil Chem. Soc. **31**, 88—91 (1954).
HILDITCH, T.P.: Autoxidation of oleic (or other mono-ethenoid long chain) esters. Nature (Lond.) **166**, 558—559 (1950).
HOBBS, G.: The Lecithinase and Lipase Activities of Members of the Genus Pseudomonas. J. appl. Bact. **24**, 117—120 (1961).
HOFFMANN, G.: 3-cis-Hexenal, the "green" reversion flavor of soybean oil. J. amer. Oil Chem. Soc. **38**, 1—3 (1961a).
— Isolation of two pairs of isomeric 2,4-alkadienals from soy-bean oil-reversion flavor concentrate. J. amer. Oil Chem. Soc. **38**, 31—32 (1961b).
HOLMAN, R.T., and S. BERGSTRÖM: Lipoxidase or unsaturated fat oxidase. In: The Enzymes, Bd. 2, S. 559—580. Hrsg von P.D. BOYER, H. LARDY u. K. MYRBACK. New York: Academic Press 1951.
— and G.O. BURR: Spectrophotometric studies of the oxidation of fats. IV. Ultraviolet absorption spectra of lipoxidase oxidized fats. Arch. Biochem. **7**, 47—54 (1945d).
—, and E. ELMER: The rates of oxidation of unsaturated acids and esters. J. amer. Oil Chem. Soc. **24**, 127—129 (1947).
—, W.O. LUNDBERG, W.M. LAUER and G.O. BURR: Spectrophotometric studies of the oxidation of fats. J. amer. chem. Soc. **67**, 1285—1292, 1386—1390, 1390—1394 (1945a, b, c).

HOLMAN, R. T., and C. WIDMER: Polyunsaturated fatty acids in beef heart mitochondria and derived enzymatically active lipoprotein fractions. J. biol. Chem. **234**, 2269—2271 (1959).
HOVE, E. L., and Z. HOVE: Effect of temperature on the relative antioxidant activity of α-, β- and γ-tocopherols and of gossypol. J. biol. Chem. **156**, 623—632 (1944).
HUGO, W. B., and E. G. BEVERIDGE: A Quantitative and Qualitative Study of the Lipolytic Activity of Single Strains of Seven Bacterial Species. J. appl. Bact. **25**, 72—82 (1962).
IWAINSKY, H.: Zur antioxydativen Wirksamkeit der Melanoidine. 2. Mitt. Dtsch. Lebensmittel-Rdsch. **50**, 300—303 (1954).
—, u. CL. FRANSKE: Zur antioxydativen Wirksamkeit der Melanoidine. 3. Mitt. Dtsch. Lebensmittel-Rdsch. **52**, 129—133 (1956).
IWATA, N., M. MORITA u. SH. OTA: Ranziger Geruch und Geschmack bei Nahrungsölen. 2. Mitt. Beziehung zwischen Ranzigkeit und Fettsäurezusammensetzung. J. Japan Oil Chemists' Soc. **16**, 313—319 (1967).
JACKSON, A. H., and F. A. KUMMEROW: Factors which affect the stability of highly unsaturated fatty acids. II. The autoxidation of linoleic and alkali conjugated acid in the presence of metallic naphthenades. J. amer. Oil. Chem. Soc. **26**, 460—465 (1949).
JENSEN, L. B., and D. P. GRETTIE: Effect of microorganisms and fats. Food Res. **2**, 97—120 (1937).
JOHNSTON, A. E., K. T. ZILCH, E. SELKE and H. J. DUTTON: Analysis of fat oxidation products by countercurrent distribution methods. V. Low temperature decomposition of methyl linoleate hydroperoxide. J. amer. Oil Chem. Soc. **38**, 367—371 (1961).
KAUFMANN, H. P.: Pro- und Antioxydantien auf dem Fettgebiet. I. Problemstellungen. Fette, Seifen, Anstrichmittel **63**, 331—334 (1961).
— Pro- und Antioxydantien auf dem Fettgebiet. XV. Die Wirkung von Heilmitteln auf Polyenfettsäuren, 2. Mitt. Schlafmittel, Fette, Seifen, Anstrichmittel **67**, 667—671 (1965).
—, u. ABD EL WAHAB EL BAYA: Pro- und Antioxydantien auf dem Fettgebiet. XXI. Phenolische Verbindungen pflanzlichen Ursprungs. Fette, Seifen, Anstrichmittel **69**, 236—240 (1967).
—, u. M. BERNARD: Pro- und Antioxydantien auf dem Fettgebiet. X: Schwermetall-Komplex-Verbindungen als Prooxydantien, 2. Mitt. Eisen-Phthalocyanin und dessen Derivate. Fette, Seifen, Anstrichmittel **66**, 613—615 (1964).
—, u. L. FLEITER: Pro- und Antioxydantien auf dem Fettgebiet. IX. Schwermetall-Komplex-Verbindungen als Prooxydantien, 1. Mitt. Eisen-Komplexsalze der Mono- und Polyisiondolenine. Fette, Seifen, Anstrichmittel **66**, 477—484 (1964a).
— — Pro- und Antioxydantien auf dem Fettgebiet. XII. Schwermetall-Komplex-Verbindungen als Prooxydantien, 3. Mitt. Eisen-Komplexsalz eines hydroxylierten Porphyrazius. Fette, Seifen, Anstrichmittel **66**, 819—824 (1964b).
—, u. H. GARLOFF: Pro- und Antioxydantien auf dem Fettgebiet. II. Über natürlich vorkommende Antioxydantien, 1. Mitt. Fette, Seifen, Anstrichmittel **63**, 334—344 (1961a).
— — Pro- und Antioxydantien auf dem Fettgebiet. III. Über natürlich vorkommende Antioxydantien, 2. Mitt. Fette, Seifen, Anstrichmittel **63**, 509—519 (1961b).
— — Pro- und Antioxydantien auf dem Fettgebiet. IV. Über natürlich vorkommende Antioxydantien, 3. Mitt. Fette, Seifen, Anstrichmittel **63**, 697—702 (1961c).
— — Pro- und Antioxydantien auf dem Fettgebiet. XIII. Die Wirkung von Heilmitteln auf Polyenfettsäuren, 1. Mitt. Antipyretica. Fette, Seifen, Anstrichmittel **67**, 473—477 (1965).
— — u. K. G. YEKUNDI: Pro- und Antioxydantien auf dem Fettgebiet. V. Über natürlich vorkommende Antioxydantien, 4. Mitt. Fette, Seifen, Anstrichmittel **64**, 309—319 (1962a).
— — — Pro- und Antioxydantien auf dem Fettgebiet. VI. Über natürlich vorkommende Antioxydantien, 5. Mitt. Fette, Seifen, Anstrichmittel **64**, 688—695 (1962b).
—, u. J. KAUFMANN: Pro- und Antioxydantien auf dem Fettgebiet. XI. Die Wirkung von Eisenporphyrin-Verbindungen auf die Autoxydation von Polyenen. Fette, Seifen, Anstrichmittel **66**, 743—749 (1964).
— — Pro- und Antioxydantien auf dem Fettgebiet. XVI. Die Wirkung von Eisenporphyrin-Verbindungen auf die Autoxydation von Polyenen II. Fette, Seifen, Anstrichmittel **68**, 15—23 (1966a).
— — Pro- und Antioxydantien auf dem Fettgebiet. XVIII. Die Wirkung von Eisenporphyrin-Verbindungen auf die Autoxydation von Polyenen III. Fette, Seifen, Anstrichmittel **68**, 177—182 (1966b).
—, u. K. STRÜBER: Molekülvergrößerungen auf dem Fettgebiet. VI. Katalytische Beeinflussung der Öltrocknung, 2. Teil. Fette u. Seifen **54**, 134—136 (1952).
—, u. W. WOLF: Maleinsäure und Fumarsäure als Antioxydantien. Fette u. Seifen **50**, 218—220 (1943).
KERN, W., u. H. WILLERSINN: Über die Autoxydation ungesättigter Verbindungen. III. Mitt. Die Katalyse der Autoxydation des Linolsäuremethylesters durch Metallverbindungen und durch kombinierte Katalysatorsysteme. Makromol. Chem. **15**, 36—59 (1955b).

KERN, W., u. H. WILLERSINN: Über die Autoxydation ungesättigter Verbindungen. II. Mitt. Die Katalyse der Autoxydation des Linolsäuremethylesters durch radikalliefernde Initiatoren. Makromol. Chem. **15**, 15—35 (1955a).
KHAN, N. A.: Canad. J. Chem. **32**, 1149 (1954a).
— J. Chem. Physics **22**, 1090 (1954b).
—, W. O. LUNDBERG and R. T. HOLMAN: Displacement analysis of lipids. IX. Products of the oxidation of methyl linoleate. J. amer. chem. Soc. **76**, 1779—1784 (1954).
KIECKEBUSCH, W., K. JAHR, G. CZOK, W. GRIEM, K.-H. BÄSSLER, C.-H. HAMMAR u. K. LANG: Physiologische Eigenschaften geblasener Öle. Fette, Seifen, Anstrichmittel **64**, 1154—1167 (1962).
KIERMEIER, F.: Der Einfluß des Gefrierens auf die Aktivität von Enzymen. Biochem. Z. **318**, 275—296 (1948).
— Über die Enzymaktivität in gefrorenen Pflanzengeweben. Naturwiss. **39**, 323—325 (1952).
KING, G.: A quantitative study of the autoxidation products of oleic acid. J. chem. Soc. **1956**, 587—593.
KLÖPFFER, W., H. ESTERBAUER u. E. SCHAUENSTEIN: Über die Autoxydation von Linolsäure-methylester in Wasser. 1. Mitt. Isolierung und Identifizierung von n-Amylhydroperoxyd und 2-Octenal. Fette, Seifen, Anstrichmittel **67**, 198 (1965).
KNIGHT, H. B., J. E. COLEMAN and D. SWERN: Reactions of fatty materials with oxygen. IX. Analytical study of the autoxidation of methyl oleate. J. amer. Oil Chem. Soc. **28**, 498—501 (1951).
KONO, T., and S. P. COLOWICK: Isolation of skeletal muscle cell membrane and some of its properties. Arch. Biochem. Biophys. **93**, 520—533 (1961).
KRAMER, P. J. G., u. H. VAN DUIN: Trennung und Identifizierung normaler aliphatischer Aldehyde und Methylketone. Recueil Trav. chim. Pays-Bas **73**, 60 (1954).
KRAYBILL, H. R., L. R. DUGAN, B. W. BEADLE and F. C. VIBRANS: Butylated hydroxyanisole as an antioxidant for animal fats. J. amer. Oil Chem. Soc. **26**, 449—453 (1949).
KRUKOVSKY, N. V.: The biochemical properties of milk and the lipid deterioration in milk and milk products as influenced by natural varietal factors. J. agric. Food Chem. **9**, 439—447 (1961).
LAKSESVELA, B.: Supplementation of chick diets with vitamin E to improve meat quality. J. Sci. Food Agric. **11**, 128—133 (1960).
LANG, K.: Biologische Wirkungen autoxydierter epoxydierter und bestrahlter Fette. Med. u. Ernährung **4**, 133—135 (1963).
—, J. HENSCHEL, W. KIECKEBUSCH u. W. GRIEM: Untersuchung über die Verträglichkeit von thermisch behandelten Palmölen an Ratten. Z. Ernährungswiss. **7**, 109—127 (1966).
LANGE, W.: Cholesterol, Phytosterol und Tocopherol content of food products and animal tissues. J. amer. Oil Chem. Soc. **27**, 414—422 (1950).
LEA, C. H., and P. A. T. SWOBODA: A new procedure for the determination of volatile carbonylic substances in autoxidizing edible fat. Chem. and Industr. **1958 I**, 974—975.
— — The flavor of aliphatic aldehydes. Chem. and Industr. **1958 II**, 1289—1290.
LILLARD, D. A., and E. A. DAY: Autoxidation of milk lipids. II. The relationship of sensory to chemical methods for measuring the oxidized flavor of milk fats. J. Dairy Sci. **44**, 623—632 (1961).
LINOW, F., M. ROLOFF u. K. TÄUFEL: Zur Analytik der Carbonylverbindungen und Hydroperoxide bei der Autoxydation elefinischer Fette. Fette, Seifen, Anstrichmittel **66**, 1052 bis 1055 (1964); **68**, 866—869 (1960); Nahrung **9**, 919 (1965).
LUNDBERG, W. O.: Autoxidation. J. amer. Oil Chem. Soc. **31**, 523—528 (1954).
—, R. T. HOLMAN and G. O. BURR: Spectroscopic changes in fats during rancidification. Oil and Soap **23**, 10—14 (1946).
MACFARLANE, M. G., G. M. GRAY and L. W. WHEELDON: Fatty acids of phospholipids from mitochondria and microsomes of rat liver. Biochem. J. **74**, 43 P — 44 P (1960).
MAIER, V. P., and A. L. TAPPEL: Rate studies of unsaturated fatty acid oxidation catalyzed by hematin compounds. J. amer. Oil Chem. Soc. **36**, 8—12 (1959a).
— — Products of unsaturated fatty acid oxidation catalyzed by hematin compounds. J. amer. Oil Chem. Soc. **36**, 12—15 (1959b).
MARCO, G. J., L. J. MACHLIN, E. EMERY and R. S. GORDON: Dietary effects of fats upon fatty acid composition of the mitochondria. Arch. Biochem. Biophys. **94**, 115—120 (1961).
MARCUSE, R.: Fettverderb-Forschung und Antioxydantien in USA. Fette u. Seifen **54**, 530—539 (1952).
— Antioxidative effect of amino acids. Nature (Lond.) **186**, 886—887 (1960).
— Zur Wirkung von Aminosäuren bei der Fett-Oxydation. I. Untersuchungen mit Heringsöl. Fette, Seifen, Anstrichmittel **63**, 547—549 (1961a).
— Zur Wirkung von Qminosäuren bei der Fett-Oxydation. II. Untersuchungen mit Linoleat. Fette, Seifen, Anstrichmittel **63**, 940—944 (1961b).

MARCUSE, R.: The effect of some amino acids on the oxidation of linoleic acid and its methyl ester. J. amer. Oil Chem. Soc. **39**, 97—103 (1962).
—, u. G. BORGSTRÖM: Probleme des Fettverderbs. Fette u. Seifen **55**, 545—548 (1953).
MARTIN, C.J., A.J. SCHEPARTZ and B.F. DAUBERT: Flavor reversion in soybean oil. IV. Isolation of reversion compounds in soybean oil. J. amer. Oil Chem. Soc. **25**, 113—117 (1948).
MARTIN, J.B.: Stabilization of oils and fats. U.S.P. 2,634,213 (1953).
MICHAELIS, L., and S.H. WOLLMANN: Semiquinon radical of tocopherol. Science (New York) **109**, 313—314 (1949).
— — Free radicals derived from tocopherol and related substances. Biochim. biophys. Acta **4**, 156—159 (1950).
MOHR, W., u. A. ARBES: Ist Trimethylamin die Ursache des Fischigwerdens einer Butter? Fette u. Seifen **53**, 129—131 (1951).
MORRIS, S.G., and R.W. RIEMENSCHNEIDER: Higher fatty alcohol esters of gallic acid. J. amer. chem. Soc. **68**, 500—501 (1946).
MÜLLER, E., u. K. LEY: Über ein stabiles Sauerstoffradikal, das 2,4,6-Tri-tert-butyl-phenoxyl-(1). I. Mitteilung. Chem. Ber. **87**, 922—934 (1954).
—, u. W. KIEDAISCH: Über ein stabiles Sauerstoffradikal, das 2,4,6-Tri-tert-butyl-phenoxyl-(1). II. Mitteilung. Chem. Ber. **87**, 1605—1616 (1954).
NEY, K.H.: Veränderungen an Fettsäuremethylestern unter oxydativen und thermischen Einflüssen. Fette, Seifen, Anstrichmittel **67**, 190—104 (1965).
NONAKA, J.: Studies on the chemical essentials to the discoloration of fish oil. J. Tokyo Univ. Fisheries **43**, 127—165 (1957).
NORTON, K.B., D.K. TRESSLER and L.D. FARKAS: Use of monosodium glutamate in frozen foods. Food Technol. **6**, 405—411 (1952).
OLCOTT, H.S., and O.H. EMERSON: Antioxidative properties of tocopherols. J. amer. chem. Soc. **59**, 1008—1009 (1937).
—, and H.A. MATTILL: Antioxidants and autoxidation of fats. J. amer. chem. Soc. **58**, 1627 to 1630 (1936).
OLLEY, J.N., et al.: Unveröffentlichte Untersuchung der Torry Research Station, Aberdeen (1961).
PALLAUF, F.: Kolorimetrische Messung des Oxydationsgrades von Fetten und Ölen. Seifen, Öle, Fette, Wachse **75**, 51—52 (1949).
— Zur Farbmessung von Fetten, Ölen und Harzen mit dem Hellige-Kolorimeter. Fette, Seifen, Anstrichmittel **52**, 370—372 (1950).
PARDUN, H.: Unveröffentlichte Beobachtung (1956).
PASCHKE, R.F., and D.H. WHEELER: Thermal polymerization of unsaturated fatty esters, normal methyl linoleate. J. amer. Oil Chem. Soc. **26**, 278—283 (1949).
— — Inter- and intramolecular polymerization in heat-bodied linseed oil. J. amer. Oil Chem. Soc. **31**, 208—211 (1954).
PATTON, S., I.J. BARUES and L.E. EVANS: n-Deca-2,4-dienal, its origin from linoleate and flavor significance in fats. J. amer. Oil Chem. Soc. **36**, 280—283 (1959).
PEREPLETCHIK, R.R., and E.J. NOVIKOVA: Storage of frozen fish glazed by the addition of antioxidants. In: Technology of Food Processing, S. 135—141. Hrsg. von T.J. MAKAROVA (engl. Übersetzung). Washington: U.S. Dept of Commerce 1960.
PERKIN, E.G.: Bildung nichtflüchtiger Zersetzungsprodukte in erhitzten Fetten und Ölen. Food Technol. **21**, 125—130 (1967).
PETRITSCHEK-SCHILLINGER, A.: Zulässige Fremdstoffe und Zusatzstoffe für Lebensmittel in der Bundesrepublik Deutschland. Z. Untersuch. Lebensmittel **135**, 1—36 (1967).
PEZOLD, H. v.: Beitrag zum Problem der Geschmacksreversion des Sojaöls. Fette, Seifen, Anstrichmittel **61**, 1018—1024 (1959).
PHILLIPS, J.A., u. G.S. VAIL: Wirkung von Hitze auf Fettsäuren. J. Amer. Oil Chemists' Soc. **50**, 116—121 (1967).
PRIVETT, O.S., W.O. LUNDBERG, N.A. KHAN, W.E. TOLBERG and D.H. WHEELER: Structure of hydroperoxides obtained from autoxidized methyl linoleate. J. amer. Oil Chem. Soc. **30**, 61—66 (1953).
—, C. NICKELL, W.O. LUNDBERG and P.D. BOYER: Products of the lipoxidase catalyzed oxidation of sodium linoleate. J. amer. Oil Chem. Soc. **32**, 505—511 (1955).
—, and F.W. QUACKENBUSH: Studies on the antioxygenic properties of wheat germ phosphatides. J. amer. Oil Chem. Soc. **31**, 169—171 (1954a).
— — Reactions of phosphoric acid in the autoxidation of fats. J. amer. Oil Chem. Soc. **31**, 225—227 (1954b).
— — Effect of antioxidants on the thermal decomposition of fat peroxide in vacuo. J. amer. Oil Chem. Soc. **31**, 281—283 (1954c).
— — The relation of synergist to antioxidant in fats. J. amer. Oil Chem. Soc. **31**, 321—323 (1954d).

QUACKENBUSH, F.W.: Toxicity of rancid fats. Oil and Soap **22**, 366—368 (1945).
RAEITHEL, H.: Über die Verwendung von Antioxydantien. Z. Lebensmittel-Untersuch. u. -Forsch. **95**, 246—262 (1952).
— Fettverderb und Antioxydantien. Fette, Seifen, Anstrichmittel **57**, 799—806 (1955).
RIECHE, A.: Alkylperoxyde und Ozonide. Angew. Chem. **45**, 441 (1932).
— Zur Frage der Oxydation von Aldehyden mit Luftsauerstoff. Angew. Chem. **51**, 707 (1938).
— Bedeutung der organischen Peroxyde für die Fettchemie. Fette, Seifen, Anstrichmittel **60**, 637—645 (1958).
—, M. SCHULZ, H.E. SEYFARTH u. G. GOTTSCHALK: Autoxydations-Versuche an Modellsubstanzen zur Frage der Fett-Autoxydation. Fette, Seifen, Anstrichmittel **64**, 198—205 (1962).
—, E. SCHMITZ u. M. SCHULZ: Peroxygenierung organischer Verbindungen. Z. Chem. **3**, 443—452 (1963).
—, u. M. SCHULZ: Papierchromatographie organischer Peroxyde. Angew. Chem. **70**, 694 (1958).
— — u. I. GÖDICKE: Beeinflussung der Peroxygenierung und des Hydroperoxidzerfalls der Äther. Z. Chem. **5**, 176 (1965).
—, u. H.E. SEYFARTH: Modelle für die Peroxygenierung nativer ungesättigter Öle und Fette. II. Darstellung und Peroxygenierung von Hepta-3,6-diensäuremethylester. J. pract. Chem. **26**, 206 (1964).
— — Modelle für die Peroxygenierung nativer ungesättigter Öle und Fette. III. Peroxygenierung ungesättigter Alkohole; a, β-ungesättigte Alkohole. J. pract. Chem. **31**, 7 (1966).
RITTER, W.: Untersuchungen über das Fischigwerden der Butter. I. Der gegenwärtige Stand der Kenntnisse. Schweiz. Milchztg. **1934**, Nr. 101/105.
—, u. M. CHRISTEN: Fischigkeit in Butter und ihre Kontrolle. Schweiz. Milchztg. **1936**, Nr. 5, Nr. 7, Nr. 12/13, S. 529—530, 538, 541—542, 543—544.
ROBERTSON, A., and W.A. WATERS: Some features of the autoxidation of tetralin. Trans. Faraday Soc. **42**, 201—210 (1946).
ROSS, H., A.I. GEBHARD and J.F. GERECHT: The autoxidation of methyl oleate. J. amer. chem Soc. **71**, 282—286 (1949).
ROST, H.E.: Methode zur Bestimmung dimerer Säuren in Ölen und Fetten. Fette, Seifen, Anstrichmittel **64**, 427—433 (1962).
— Bestimmung geringer Mengen polymerer Anteile in Ölen und Fetten. Fette, Seifen, Anstrichmittel **65**, 463—466 (1963).
ROTHE, M.: Über das Bitterwerden von Cerealien. I. Lipoide als Reaktionspartner. Fette u. Seifen **55**, 877—880 (1953).
— Über das Bitterwerden von Cerealien. II. Zusammenhang zwischen Fett-Autoxydation und Bitterstoff-Bildung. Fette u. Seifen **56**, 667—670 (1954).
SCHAUENSTEIN, E., u. H. ESTERBAUER: Über die Autoxydation von Linolsäure-methylester in Wasser. 4. Mitt. Isolierung und Identifizierung des 4-Hydroxy-octenals und des Hydroxycaprylsäure-methylesters. Fette, Seifen, Anstrichmittel **70**, 4—8 (1968).
SCHELHORN, M. v.: Untersuchungen über Konservierungsmittel. X. Orientierende Versuche über Sorbinsäure als Konservierungsmittel. Dtsch. Lebensmittel-Rdsch. **50**, 267—269 (1954).
SCHMANDKE, H.: Das Schicksal der Tocopherole im tierischen Organismus. Nahrung **8**, 340—350 (1964).
SCHÖLLNER, R., u. R. HERZSCHUH: Zur Autoxydation ungesättigter Fettsäure-Ester in Gegenwart von Methanol und Protonen. I. Die Autoxydation einfach ungesättigter Fettsäure-methylester. Fette, Seifen, Anstrichmittel **68**, 469—475 (1966).
SEPHTON, H.H., and D.A. SUTTON: The chemistry of polymerized oils. V. The autoxidation of methyl linoleate. J. amer. Oil Chem. Soc. **33**, 263—272 (1956).
SIDDIQI, A.M., and A.L. TAPPEL: Comparison of some lipoxidases and their mechanism of action. J. amer. Oil Chem. Soc. **34**, 529—533 (1957).
SIMS, R.P.A.: Dilution polymerization of linseed oil. J. amer. Oil Chem. Soc. **31**, 327—331 (1954).
SMOUSE, TH. H., and S.S. CHANG: A Systematic Characterization of the Reversion Flavor of Soybean Oil. Amer. Oil Chem. Soc. **44**, 509—514 (1967).
STEINBACH, K.J., CL. FRANZKE: Über den Einfluß von Antioxydantien und Sorbinsäure auf die Autoxydation von Fetten. Nahrung **6**, 713—716 (1962).
STIRTON, A.J., J. TURER and R.W. RIEMENSCHNEIDER: Oxygen absorption of methylesters of fat acids, and the effect of antioxidants. Oil and Soap **22**, 81—83 (1945).
STOFFEL, W., and E.H. AHRENS jr.: The unsatured fatty acids in menhaden body oil: The C_{18}, C_{20} and C_{22} series. J. Lipid Res. **1**, 139—146 (1960).

STORGÅRDS, T.: Fett in Pulverform. Zit. nach: Blick durch die Wirtschaft **10**, Nr. 142, 6 (1967).
SWERN, D., H.B. KNIGHT, J.T. SCALAN and W.C. AULT: Catalytic air oxidation of methyl oleate and characterization of the polymers formed. J. amer. chem. Soc. **67**, 1132—1135 (1945).
SWIFT, C.E., FG. DOLLEAR u. R.T. O'CONNOR: Oil and Soap **23**, 355 (1946).
—, G.E. MANN and G.S. FISHER: Gamma-Tocopherol as a precursor of a red quinoid substance developed in cottonseed oil during oxidation. Oil and Soap **21**, 317—320 (1944).
—, W.G. ROSE and G.S. JAMIESON: Factors affecting the stability of cottonseed oil. A study of the antioxygenic activity of alpha-Tocopherol. Oil and Soap **19**, 176—180 (1942).
TÄUFEL, K.: Fettverderben und biologischer Fettumsatz. Fettchem. Umsch. **42**, 164—167 (1935).
—, W. BAUMEIER u. CL. FRANZKE: Zur Autoxydation der 10,11-Undecensäure. Nahrung **4**, 236—249 (1960).
—, CL. FRANZKE u. G. HEDER: Zur Wirkungsweise des Chlorophylls bei der Autoxydation olefinischer Fette. Fette, Seifen, Anstrichmittel **61**, 1225—1232 (1959).
—, u. U. FREIMUTH: Über den Chemismus der Bildung von Epihydrinaldehyd bei der Autoxydation olefinischer Fette. Z. Lebensmittel-Untersuch. u. Forsch. **89**, 511 (1949).
—, CL. FRANZKE u. J. VOGEL: Untersuchungen über den Einfluß der Sorbinsäure auf die Autoxydation von Fetten. Nahrung **3**, 134—152 (1959).
— — u. E. LESKE: Studien über thermische Einflüsse auf die Oxydationsanfälligkeit olefinischer Fette. Nahrung **3**, 270—291 (1959).
—, G. HEDER u. CL. FRANZKE: Zum Sekundärumsatz autoxydierter Fettsäureester. Fette, Seifen, Anstrichmittel **65**, 6—11 (1963a).
— — Zur Carbonylbildung bei autoxydierten Fettsäureestern. Fette, Seifen, Anstrichmittel **65**, 85—91 (1963b).
—, F. KRETZSCHMANN u. CL. FRANZKE: Zur antioxydativen Wirkungsweise des Systems Benzochinon/Hydrochinon. Fette, Seifen, Anstrichmittel **62**, 1061—1067 (1960).
—, u. F. LINOW: Die Wirkung von Bleicherden bei der Autoxydation olefinischer Fette. 2. Mitt. Verhalten der kombiniert mit Bleicherden und Metallinaktivatoren behandelten metallhaltigen olefinischen Fette. Nahrung **7**, 399—405 (1963); Ernährungsforsch. **8**, 345—354 (1963).
— — Die Sauerstoffaufnahme durch Methyllinoleat in Gegenwart von Citronensäure und ihren Estern. Fette, Seifen, Anstrichmittel **65**, 795—799 (1963).
—, u. R. MAUNE: Alkylierte Dihydronaphthaline als Fett-Antioxydantien. Fette, Seifen, Anstrichmittel **60**, 260—265 (1964).
—, u. K. ROMMINGER: Papierchromatographischer Nachweis und Wirkung von Spurenmetallen in Nahrungsfetten. Fette, Seifen, Anstrichmittel **58**, 104—112 (1956).
—, u. H. ROTHE: Zur Chemie des Verderbens der Fette. XIX. Bitterwerden des Hafers und seine fettantioxygene Wirkung. Fette u. Seifen **50**, 434—437 (1943).
— — Aromatische Hydroxyl-, Amino- und Chinon-Verbindungen als Fettantioxygene. Fette u. Seifen **53**, 381—385 (1951).
—, u. M. ROTHE: Peroxydase im autoxydativen Geschehen pflanzlicher Samen. Fette, Seifen, Anstrichmittel **67**, 907—910 (1965).
—, u. R. ZIMMERMANN: Über die Bildung von Carbonylverbindungen bei der Autoxydation olefinischer Fette. Ernährungsforsch. **4**, 325—336 (1959).
— — Organoleptische Eigenschaften einiger in verdorbenen Nahrungsfetten auftretender Carbonylverbindungen. Nahrung **4**, 1010—1014 (1960).
— — Über den Chemismus der Farbreaktion von 2-Thiobarbitursäure mit Carbonylverbindungen. Fette, Seifen, Anstrichmittel **63**, 226—234 (1961).
— — Zur Bildung von Carbonylverbindungen aus gesättigten Fettsäuren unter der Wirkung von UV- sowie von ^{60}Cobalt-γ-Strahlung. J. prakt. Chem. 4. Reihe, **15**, 127—138 (1962).
TAPPEL, A.L.: Linoleate oxidation catalysts occurring in animal tissues. Food Res. **18**, 104 to 108 (1953a).
— The mechanism of the oxidation of unsaturated fatty acids catalyzed by hematin compounds. Arch. Biochem. Biophys. **44**, 378—395 (1953b).
— Unsaturated lipid oxidation catalyzed by hematin compounds. J. biol. Chem. **217**, 721—733 (1955).
—, P.D. BOYER and W.O. LUNDBERG: The Reaction Mechanism of Soybean Lipoxidase. J. biol. Chem. **199**, 267—281 (1952).
—, R. MARTIN and E. PLOCHER: Freeze-dried meat. V. Preparation, properties, and storage stability of pre-cooked freeze-dried meats, poltry, and sea-foods. Food Technol. **11**, 599—603 (1957).
—, W.D. BROWN, H. ZALKIN and V.P. MAIER: Unsaturated lipid peroxidation catalyzed by hematin compounds and its inhibition by vitamin E. J. amer. Oil Chem. Soc. **38**, 5—9 (1961).

Tarladgis, B.G., A. Pearson and L.R. Dugan jr.: The chemistry of the 2-thiobarbituric acid test for the determination of oxidative rancidity in foods. I. Some important side reactions. J. amer. Oil Chem. Soc. **39**, 34—39 (1962).
—, B.M. Watts, M.T. Younathan and L.R. Dugan: A distillation method for the quantitative determination of malonaldehyde in rancid foods. J. amer. Oil Chem. Soc. **37**, 44—48 (1960).
Tarr, H.L.A.: Control of rancidity in fish flesh. I. Chemical antioxidants. J. Fisheries Res. Board Can. **7**, 137—154 (1947).
— Control of rancidity in fish flesh. II. Physical and chemical methods. J. Fisheries Res. Board Can. **7**, 237—247 (1948).
Thaler, H.: Zur Chemie der Keton-Ranzigkeit. Fette u. Seifen **52**, 77 (1950).
—, u. H.-J. Kleinau: Zur Oxydation gesättigter Fettsäuren. IV. Über den Sauerstoffverbrauch und die Bildung von Peroxyden bei der Oxydation von Laurin- und Stearinsäure sowie ihrer Methylester. Fette u. Seifen **70**, im Druck (1968a).
— — Zur Oxydation gesättigter Fettsäuren. V. Über den Angriff des Sauerstoffes und die Bildung von Peroxyden bei der Oxydation von Laurin- und Stearinsäure sowie ihrer Methylester. Fette u. Seifen **70**, im Druck (1968b).
— — Zur Oxydation gesättigter Fettsäuren. VI. Über die Isolierung und Identifizierung von Spaltprodukten, die bei der Oxydation von Laurin-, Myristin- und Stearinsäure sowie der Methylester dieser Säuren entstehen. Fette u. Seifen **70**, im Druck (1968c).
—, u. W. Saumweber: Über die Autoxydation gesättigter Fettsäuren. I. Mitt. Der Verlauf der Autoxydation. Fette, Seifen, Anstrichmittel **63**, 945—949 (1961a).
— — Über die Autoxydation gesättigter Fettsäuren. II. Mitt. Reaktionsprodukte der Autoxydation. Fette, Seifen, Anstrichmittel **63**, 1045—1049 (1961b).
— — Über die Autoxydation gesättigter Fettsäuren. III. Mitt. Eine Beobachtung über den Verlauf der Kohlendioxyd-Entwicklung. Nahrung **7**, 106 (1963).
Tims, M., and B.M. Watts: The protection of cooked meats with phosphates. Food Technol. **12**, 240—243 (1958).
Tollenaar, F.D.: Das Verderben von Speiseölen und Fetten. Chem. Weekbl. **45**, 833—842 (1949), [in holländisch].
— Die Bekämpfung des Fischigwerdens von Butter insbesondere mit Hilfe von Antioxydantien. Fette u. Seifen **55**, 3—7 (1953).
— Neuere Entwicklungen auf dem Gebiet der Verwendung von Antioxydantien in Nahrungsmitteln. Dtsch. Lebensmittel-Rdsch. **52**, 307—313 (1956).
Traube, M.: Über die bei der freiwilligen Oxydation des Zinks entstehenden Wasserstoffhyperoxydmengen und über Verbrennung durch Sauerstoff überhaupt. Bericht **26**, 1471 (1893).
Treibs, W.: Zur Autoxydation langkettiger ungesättigter Fettsäuren. Angew. Chem. **62**, 450 (1950).
Uri, N.: Inorganic free radicals in solution. Chem. Reus. **50**, 375—454 (1952).
— Metal ion catalysis and polarity of environment in the aerobic oxidation of unsaturated fatty acids. Nature (Lond.) **177**, 1177—1178 (1956).
Venolia, A.W., and A.L. Tappel: Brown-colored oxypolymers of unsatured fats. J. amer. Oil Chem. Soc. **35**, 135—138 (1958).
Vogel, P.: Unveröffentlichte Untersuchungen (1964).
Wachs, W.: Elektrometrische Redoxmessungen an natürlichen Fett-Antioxydantien. Biochem. Z. **319**, 561—570 (1949).
— Kennzeichnung anti- und prooxygener Fettbegleitstoffe durch redoxelektrometrische Messungen. Fette, Seifen, Anstrichmittel **52**, 466—470 (1950).
Watts, B.M.: Oxidative rancidity and discoloration in meats. Advanc. Food Res. **5**, 1—52 (1954).
Wieske, Th.: Unveröffentlichte Untersuchung (1961).
Winter, E.: Haltbarkeit von Ölen und Fetten bei langfristiger Lagerung in Verkaufspackungen. Fette, Seifen, Anstrichmittel **67**, 124—130 (1965).
Wiseblatt, L., A.F. Wells and R.H. Common: Chemical aspects of thermal damage to the nutritive values of vegetable oils. I. Formation of intrapolymeric glycerides during heat polymerization of linseed and soyabean oils. J. Sci. Food Agric. **4**, 227—233 (1953).
Wurziger, J.: Zur Untersuchung und lebensmittelrechtlichen Beurteilung erhitzter Fette. Mitt.-Bl. GDCh, Fachgr. Lebensmittelchem u. gerichtl. Chem. **17**, 142—153 (1963a).
— Zur Untersuchung und lebensmittelrechtlichen Beurteilung von Fritürefetten. Ernährungswirtsch. **10**, 981—986 (1963b).
—, u. M. Junker: Ein Beitrag zur Untersuchung thermisch oxydierter Fette. Dtsch. Lebensmittel-Rdsch. **59**, 133—138 (1963).
—, u. E. Lindemann: Beitrag zum Nachweis der Alkali-Raffination von verdorbenem Schweineschmalz. Fette, Seifen, Anstrichmittel **60**, 99—103 (1958).

WURZIGER, J., u. E. LINDEMANN: Ein Beitrag zur Untersuchung und Beurteilung erhitzter Fette. Fette, Seifen, Anstrichmittel **61**, 257—264 (1959).

—, u. H. OSTERTAG: Chemische Veränderungen tierischer und pflanzlicher Fette bei der Hitzebehandlung und Betrachtungen zur Beurteilung der physiologischen Eigenschaften. Fette, Seifen, Anstrichmittel **62**, 895—903 (1960).

YOUNATHAN, M.T., and B.M. WATTS: Relationship of meat pigments to lipid oxidation. Food Res. **24**, 728—734 (1959).

YU, T.C., E.A. DAY and R.O. SINNHUBER: Autoxidation of fish oils. I. Identification of volatile monocarbonyl compounds from autoxidized salmon oil. J. Food Sci. **26**, 192—197 (1961).

YUKI, S.: Untersuchungen über die Wertminderung von Bratölen beim Erhitzen in Gegenwart von dispergiertem Wasser. 2. Mitt. Chemische und physikalische Änderungen von Sojaöl, erhitzt in Gegenwart bzw. in Abwesenheit von Wasser. J. Japan Oil Chemists' Soc. **16**, 411—412 (1967).

ZIPSER, M.W., and B.M. WATTS: Oxidative rancidity in cooked mullet. Food Technol. **15**, 318—321 (1961a).

— — Lipid oxidation in heat sterilized beef. Food Technol. **15**, 445—447 (1961b).

Mikroskopische Untersuchung der ölliefernden Früchte und Samen

Von

Prof. Dr. Dr. K. **Hummel**, Tübingen

Mit 105 Textabbildungen

Ölreiche Früchte und Samen dienen in erster Linie der Gewinnung von Fetten durch Pressung oder Extraktion oder auch durch Kombination beider Verfahren; im letzteren Fall wird zuerst der größte Teil des Öles durch Auspressen gewonnen und der Rest extrahiert. Manche ölreiche Früchte und Samen werden auch roh oder in Zubereitungen verzehrt, einige dienen als Arzneimittel.

Werden die Ölfrüchte und Ölsamen zur Ölgewinnung verwendet, so bilden die Rückstände, *Preßkuchen oder Extraktionsschrot*, wegen ihres Eiweißgehaltes wertvolle Futtermittel. Gelegentlich dienen Preßkuchen auch zur Streckung und Verfälschung von teuren Stoffen z. B. Gewürzen.

A. Untersuchungsverfahren

I. Behandlung des Materials

Die mikroskopische Untersuchung erfolgt an *Schnitten*, die man von größeren Bruchstücken anfertigt oder an dem *Pulver*, zu dem sich die Preßkuchen verreiben lassen. Im groben Pulver sind die charakteristischen Gewebsfragmente noch groß genug, um eine sichere Bestimmung zu gestatten.

Müssen aus grobem Extraktionsschrot Schnitte hergestellt werden, so geschieht das am schnellsten und einfachsten durch Handschnitte mittels einer neuen Rasierklinge.

Werden Schnitte von Ölfrüchten und Ölsamen gemacht, denen das Fett noch nicht entzogen wurde, oder werden Preßkuchen untersucht, aus denen nicht nachträglich der Rest des im Preßkuchen verbleibenden Öles extrahiert wurde, so ist es zweckmäßig (aber oft nicht unbedingt nötig), das Fett durch Äther zu entfernen.

In jedem Fall, handle es sich um ganze Schnitte oder um Pulver, um entfettetes oder fetthaltiges Material, wird es auf dem Objektträger mit einigen Tropfen *Chloralhydratlösung* (8 Teile Chloralhydrat, 5 Teile Wasser) versetzt und über einer kleinen Flamme kurz erhitzt, bis die Chloralhydratlösung unter dem Deckglas zum Kochen kommt. Die Menge der Chloralhydratlösung soll so groß sein, daß sie den Raum unter dem Deckglas ausfüllt, überschüssige Lösung wird mit Filterpapier abgesaugt, fehlende durch weitere Zugabe von Chloralhydratlösung ergänzt. Die Pulverpartikel sollen einigermaßen gleichmäßig unter dem Deckglas verteilt sein, so daß sie sich nicht überlagern. Vielmehr soll noch etwas freier Raum zwischen den einzelnen Partikeln bleiben, damit sie genügend erhellt sind und leicht gründlich betrachtet werden können. Gewöhnlich nimmt der Ungeübte zuviel Substanz; die charakteristischen Bestandteile sind aber meist schon in einer kleinen Substanzmenge hinreichend enthalten; wenn ausnahmsweise ein Präparat noch keine sichere Beurteilung erlaubt, so fertigt man leichter ein zweites an, als daß man von einem übervollen Präparat ausgeht.

Durch das kurze Aufkochen mit Chloralhydratlösung werden Zellinhaltsstoffe, wie das Plasma zerstört, so daß die Zellwände und eventuell vorhandene bezeichnende Oxalatkristalle deutlicher hervortreten.

Oft ist es notwendig, das Material auch in Jodjodkalilösung zu betrachten, um die Größe der Aleuronkörner und das Vorhandensein von Stärke festzustellen, die nur selten in ölreichen Samen gespeichert wird (in größerer Menge in Erdnuß, Anakardiensamen und Zirbelnuß, manchmal auch in Haselnüssen). Mit Jodjodkalilösung (1,0 g Jod, 2 g Kaliumjodid, 200 g Wasser) färben sich Aleuronkörner gelbbraun, Stärkekörner blauschwarz.

II. Die Beurteilung des Materials

Ein sicheres Urteil über die Zugehörigkeit zerkleinerter Pflanzenteile zu einem Organ einer bestimmten Art, auf Grund einer anatomisch-mikroskopischen Untersuchung baut meist auf einer Reihe von Feststellungen und Schlüssen auf. Sie gleicht darin der chemischen Untersuchung, welche gewöhnlich einen Stoff identifiziert, indem sie systematisch andere Möglichkeiten ausschließt. Ebenso wie gewöhnlich nicht die Anwendung eines einzelnen Reagens ohne weiteres einen sicheren Befund erlaubt, so wird man nicht durch einen bloßen optischen Vergleich des Untersuchungsmaterials mit anatomischen Abbildungen zu einem sicher begründeten Resultat gelangen. Vielmehr stellt man bei der mikroskopischen Untersuchung von Material aus Ölfrüchten oder Ölsamen zunächst fest, ob es charakteristische Schalenbestandteile enthält und welcher Art (Faserschicht, Steinzellschicht usw.) diese sind.

Die Übersicht Schema S. 358 stellt die Früchte und Samen zusammen, welche den gleichen Typ von Schalengewebe aufweisen, ferner diejenigen Samen, denen charakteristische Schalenbestandteile fehlen. Diese bestehen entweder ganz überwiegend aus Endosperm oder hauptsächlich (oder doch großenteils) aus zartwandigem Keimlingsgewebe.

Zu ihrer Bestimmung kann außer den speziellen Beschreibungen — wie bei den Gruppen mit bestimmten Schalengeweben — auch der Bestimmungsschlüssel auf Grund der Aleuron- und Stärkekörner S. 400 verwendet werden.

B. Die charakteristischen Gewebe der Ölfrüchte und Ölsamen

Früchte und Samen stellen — im Gegensatz zu den in einer Richtung gestreckten Achsen und Wurzeln und den flächenhaften Blättern — meist mehr oder weniger kugelige Gebilde dar, welche durch Schalen abgeschlossen werden. Diese Schalen — *Fruchtwand und Samenschale* — bestehen fast immer aus mehreren Zellschichten. Sehr oft sind die einzelnen Schichten ganz verschieden, indem alle Zellen einer Schicht dieselbe Differenzierung erfahren, die Zellen der angrenzenden Schicht aber eine ganz andere, wiederum bezeichnende Gestalt erhalten. Oft ist eine bestimmte typische Gestaltung einer oder mehrerer Schichten für eine Familie charakteristisch (vgl. Raps, Cruciferen; Sojabohnen, Leguminosen). Besonders häufig werden Epidermen charakteristisch ausgebildet, vor allem die Epidermis der Samenschale (bei Samen, welche nicht mit der Fruchtwand verwachsen sind) und die innere Epidermis der Fruchtwand, das Abschlußgewebe der Fruchtwand nach innen.

In einer Anzahl von Ölsamen ist die Samenschale nicht sehr bezeichnend oder fehlt, weil sie bei der Handelsware entfernt wird. Für diese Produkte sind die Massen farblosen Speichergewebes charakteristisch. Dieses besteht bei den Samen der Palmen fast ausschließlich aus *meist derbwandigem Endosperm* mit charakteristischer Wandstruktur, bei den anderen Ölsamen meist weit überwiegend aus *zartwandigem Keimlingsgewebe.*

Schema. Mikroskopische Bestimmung von Ölfrüchten und Ölsamen

Mit charakteristischen Zellgeweben von Fruchtwand und Samenschale					Fast nur aus Speichergewebe bestehend	
Ausgeprägtes Sklerenchym von verschiedener Form				Anders gestaltete bezeichnende Zellschichten	Derbwandiges Endosperm wiegt vor	Fast nur zartwandiges Keimlingsgewebe
Einzelne Astrosklereiden	Palisadensklereiden	Steinzell-Schichten	Schichten liegender Fasern			
Olive	Raps Rübsen u. a. Cruciferen Sojabohne Baumwolle Kapok Hanf Euphorbiaceen: Ricinus Kandelnuß Paranuß Sapucayanuß Indische Paranuß	Perilla Schinuß Mowrah Kürbis Mandeln Bucheckern	Mohn Lein Sonnenblumen- u. a. Kompositenfrüchte	Sesam Erdnüsse Pistazien s. a. Mohn und Lein	Kopra Palmkerne Babassukerne	Walnüsse Haselnüsse Pinienkerne Zirbelnüsse Anacardiensamen Pistazienkerne Kakaosamen

I. Ölfrüchte und Ölsamen mit charakteristischen Zellgeweben von Fruchtwand und Samenschale

1. Astrosklereiden im Fruchtfleisch (Olive)

Als *Astrosklereiden* bezeichnet man große unregelmäßig gezackte oder sternförmige, dickwandige Zellen, welche einzeln in parenchymatisches Gewebe eingestreut sind.

Solche Astrosklereiden treten in verschiedenen Pflanzenfamilien und in verschiedenen Organen auf. In Ölfrüchten und Ölsamen kommen sie ausschließlich in der Olive vor.

Olive. Die Olive ist die Steinfrucht des Ölbaumes, *Olea europaea* L., Fam. *Oleaceae*, der im Mittelmeergebiet heimisch ist und dort und in anderen subtropischen Erdgebieten angepflanzt wird.

Die Oliven werden zur Ölgewinnung zerrieben und abgepreßt. Die Trester bestehen zum größeren Teil aus dem Fruchtfleisch, zum kleineren Teil aus Bruchstücken der Kerne und enthalten noch etwa 10 % Öl. Sie finden als Futtermittel Verwendung, nachdem die Bruchstücke der Steinkerne entfernt wurden. Heute wird vielfach durch Lösungsmittel das restliche Öl aus den Trestern extrahiert, die dann noch als Brennmaterial dienen.

Direkt genossen werden die Oliven, unreif oder kurz vor der Reife geerntet und in Salzwasser konserviert, nachdem der scharfe Geschmack der frischen Früchte durch Neutralisation der Gerbsäuren beseitigt wurde. Die unreif geernteten Oliven sind grün, sie werden hauptsächlich in Spanien, Griechenland und Kalifornien hergestellt, reife schwarze Oliven werden in der Türkei und in Algerien erzeugt.

Die Epidermiszellen der Olive haben gerade, derbe Wände. Die ölreichen *Parenchym*zellen des Fruchtfleisches sind dünnwandig, rundlich oder gestreckt von verschiedener Gestalt, sie bilden ein *lockeres Gewebe* mit zahlreichen kleinen Intercellularen. Zwischen die Parenchymzellen sind dickwandige *Astrosklereiden* einzeln oder in kleinen Gruppen von 2—3 Zellen eingestreut. Die Astrosklereiden haben gewöhnlich mehr oder weniger zackige, unregelmäßige Formen (Abb. 1).

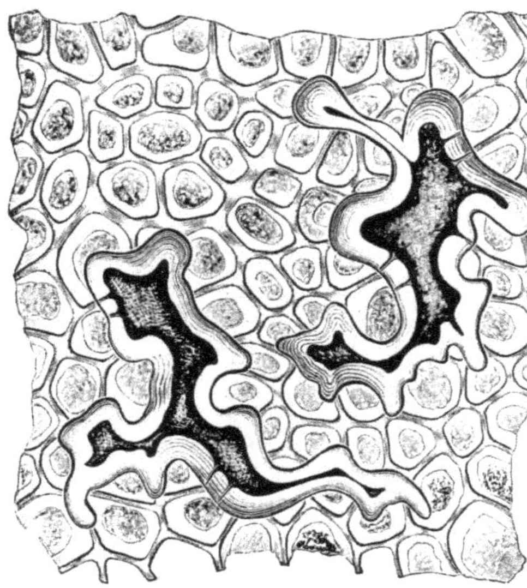

Abb. 1. Olive, Fruchtoberhaut von innen, mit zwei Idioblasten des Fruchtfleisches (J. MOELLER)

2. Eine Schicht von Palisadensklereiden vorhanden

Als Palisadensklereiden bezeichnet man *aufrechte, meist schmale Zellen mit stark* und charakteristisch *verdickten Wänden* (vgl. Abb. 4). Sie stehen senkrecht zur Oberfläche des Samens und können dessen Epidermis, oder eine tiefer liegende Schicht der Samenschale bilden.

Von oben gesehen, erscheint die Palisadensklereidenschicht als ein *lückenlos geschlossener Verband meist kleiner, gleichartiger, dickwandiger Zellen* (vgl. Abb. 5). Da die Wanddicke sich mit der Höhe der Palisadensklereide in vielen Fällen ändert, das Lumen z. B. flaschenförmig sein kann, erscheint in der Aufsicht das Lumen je nach der Tiefeneinstellung des Mikroskops verschieden weit.

Die *Aufsicht* der Palisadensklereidenschicht trifft man gewöhnlich auch bei der Untersuchung der Pulverpartikel eines Preßkuchens an.

Raps und Rübsen. Raps und Rübsen sind einjährige Kräuter aus der Familie der *Cruciferae* (Kreuzblütler).

Rübsen, *Brassica rapa* L., ist im Mittelmeergebiet beheimatet, der Raps, *Brassica napus* L., ist wahrscheinlich im Mittelmeergebiet aus einer Kreuzung von Rübsen und Kohl (*Brassica rapa* × *Br. oleracea*) entstanden und nur in Kultur

Abb. 2. Raps (*Brassica napus* L.). Vergr. 1:9 (Phot. C. GRIEBEL)

Abb. 3. Rübsen (*Brassica rapa* L.). Vergr. 1:9 (Phot. C. GRIEBEL)

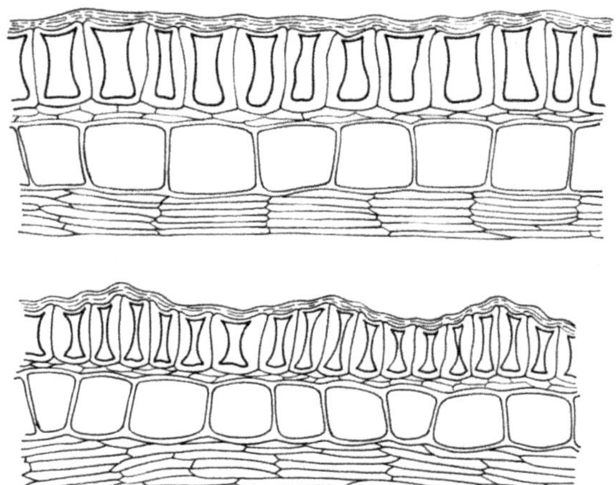

Abb. 4. Palisadensklereidenschicht von Raps (oben) und Rübsen (unten) quer. Die verschiedene Größe der Palisadensklereiden des Rübsen bedingt die feingrubige Oberfläche seiner Samen. Vergr. 325 ×, *Orig.* K. STAESCHE

bekannt. Beide Arten werden in der gemäßigten Zone von Europa, Asien und Amerika angebaut. Der indische Raps (*Brassica napus* L. *var dichotoma* PRAIN) ist vom Typus nicht zu unterscheiden und mit ihm zu vereinigen.

*Raps*samen sind kugelig, *glatt* (bei Lupenvergrößerung fein punktiert), dunkelbraun, 1,5—2,5 mm groß (Abb. 2), die Samen des *Rübsen* sind ca. 1,5 mm groß, *schwach grubig* (Abb. 3). In beiden Arten sind Epidermis und anschließende subepidermale Zellschichten flach und zusammengedrückt. Auf sie folgt die *auffallende gelbbraune Palisadensklereidenschicht* (Abb. 4).

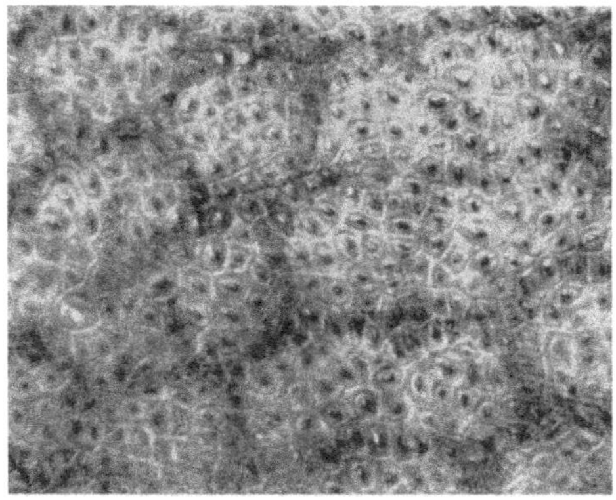

Abb. 5. Rübsen (*Brassica Rapa* L.), Samenschale in der Flächenansicht. Vergr. 1:200 (Phot. C. GRIEBEL)

Beim *Raps* sind die Palisadensklereiden annähernd *gleich hoch*, sie sind breiter und weitlumiger als beim Rübsen. Beim *Rübsen* sind die Palisadensklereiden *verschieden hoch*, und zwar in der Weise, daß im Mittelpunkt je einer Gruppe von Palisadensklereiden diese niedrig sind, und daß, von dort zu den Randzellen der Gruppe, die Zellhöhe zunimmt. Von diesen Randzellen sinkt die Höhe der Palisadensklereiden wieder zu den angrenzenden Vertiefungen. So wird die ganze Oberfläche des Samens feingrubig, da die äußeren Zellschichten sich den Gruben der Palisadensklereiden anschließen. Im Mikroskop erscheint die Oberfläche des Samens über der Palisaden-

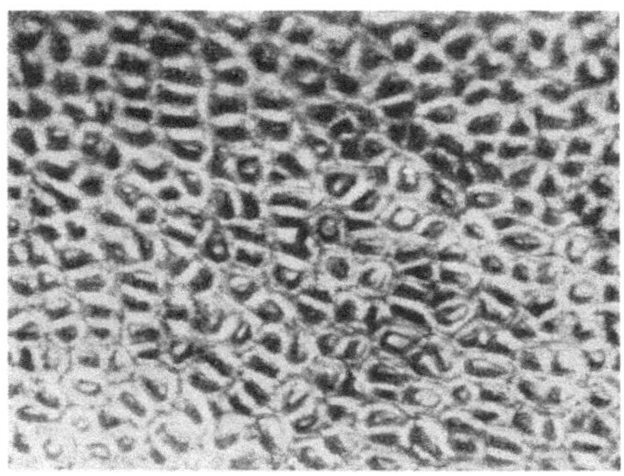

Abb. 6. Schale des Raps in der Flächenansicht. Vergr. 1:200 (Phot. C. GRIEBEL)

Abb. 7. Sarson (*Brassica napus* L. *var. glauca*). Vergr. 1:9 (Phot. C. GRIEBEL)

sklereidenschicht *zart gefeldert* (Abb. 5). Die Konturen der Felder werden von den höchsten Palisadensklereiden gebildet. Beim Raps fehlt diese Felderung (Abb. 6).

Unter der Palisadensklereidenschicht bilden beim Raps mit braunem Farbstoff gefüllte, beim Rübsen mehrere farblose Zellschichten, den Abschluß der Samenschale. Darunter folgt ein schmales Endosperm, dessen äußerste Zellschicht aus großen gerad- und derbwandigen Zellen besteht, die mit Aleuronkörnern gefüllt sind.

Das Öl ist vor allem in dem großen Keimling gespeichert.

Dem Raps nächstverwandt ist der *indische Sarson* oder Indian colza (*Brassica napus* L. *var. glauca* (ROXB.) O. E. SCHULTZ = *Brassica campestris var. sarson* PRAIN). Die Samen sind 2 mm groß, gelb, etwas eckig (Abb. 7). Die Palisadensklereiden sind hell, gleich hoch, die Aleuronschicht ist zuweilen verdoppelt. Die Saat kann mit braunen Rapssamen vermischt sein.

Samen anderer *Cruciferae*, die in Rapsfeldern als Unkraut und in den Samen als *Verunreinigung* vorkommen, selten (Leindotter) auch als Ölsaat gebaut werden:

Hederich, *Raphanus raphanistrum* L., ist ein häufiges Ackerunkraut mit weißen violettgeaderten Blüten und kurzen Gliederschoten mit dicken holzigen Wänden. In jedem Glied der nach der Reife leicht in ihre einzelnen Glieder zerbrechenden Schoten ist ein kugeliger Same von 2—3 mm ∅ (Abb. 8).

Auch hier ist die *Oberfläche feingrubig* und zeigt im Mikroskop ein Netzwerk über der gelbbraunen Palisadensklereidenschicht, das von den in weiten Kreisen angeordneten höheren Palisadensklereiden gebildet wird.

Die Sklereiden des Hederichsamens sind so breit, daß die niedrigen Sklereiden nicht palisadenförmig, sondern isodiametrisch sind.

Der gelbblühende, oft fälschlich Hederich genannte **Ackersenf,** *Sinapis arvensis* L., hat kleine, kugelige, schwarze Samen (Durchmesser 1—1,5 mm). Die *Oberfläche* erscheint *fast ganz glatt*, obwohl auch hier die Höhe der Palisadensklereiden von der Mitte kleiner Gruppen nach allen Seiten ansteigt wie bei Hederich und Rübsen. Doch ist beim Ackersenf der Höhenunterschied der Palisadensklereiden gering, so daß die grubigen Vertiefungen flach sind. Sodann befindet sich beim Ackersenf über den Palisadensklereiden eine Schicht großer Epidermiszellen, welche den Höhenunterschied der Palisadensklereiden vollständig ausgleicht. Zwischen der Epidermis und der Palisadensklereidenschicht sind dünnwandige, große Zellen angelegt, die den Gruben entsprechen, da ihre Wände über den höchsten Palisadensklereiden verlaufen. Diese Zellen sind im reifen Samen vollständig zusammengefallen, so daß die Epidermis den Palisadensklereiden aufzuliegen scheint. Besonders charakteristisch für den Ackersenf ist der schwärzliche Farbstoff im Lumen der Palisadensklereiden und in den unter den Palisadensklereiden liegenden Zellschichten. Der Farbstoff löst sich rot in Chloralhydrat.

Das **Pfennigkraut, Ackertäschelkraut,** *Thlaspi arvense* L. (Abb. 9), hat rundliche flache Schötchen und ovale, ca. 1,5 mm lange, *feingerippte* Samen. Die Rippen werden von *höheren Palisadensklereiden* gebildet, die hier in *Reihen* angeordnet sind (Abb. 10).

Die Samen der **Gartenkresse,** *Lepidium sativum* L., sind länglich, abgeflacht, ca. 2—3 mm lang. Sie weisen eine Längsfurche auf (Abb. 11). Die Sklereiden sind gelb, weitlumig, isodiametrisch, also nicht palisadenförmig ausgebildet. Dagegen sind hier die Epidermiszellen vertikal gestreckt, etwa doppelt so hoch wie breit (Abb. 12).

Die Samen der **Feldkresse,** *Lepidium campestre* Br., sind dunkler, eiförmig, ca. 2 mm lang, die Sklereidenschicht ist hier palisadenförmig und englumig, die Epidermis besteht auch aus großen Schleimzellen, die aber eine von der Basis der

Abb. 8

Abb. 11

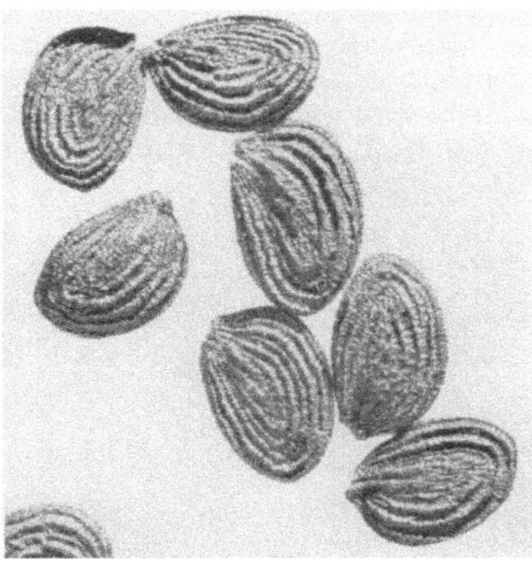

Abb. 9

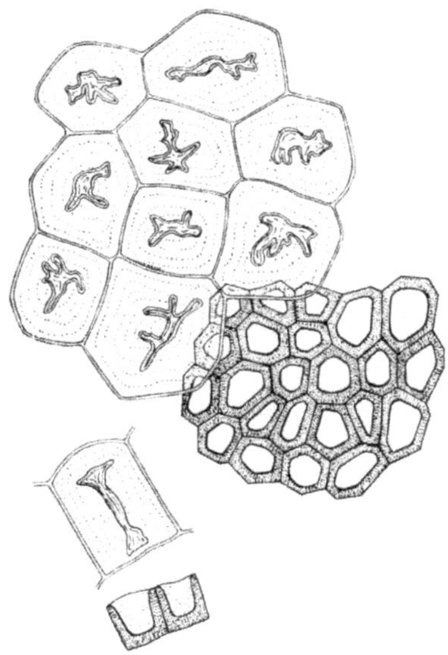

Abb. 12

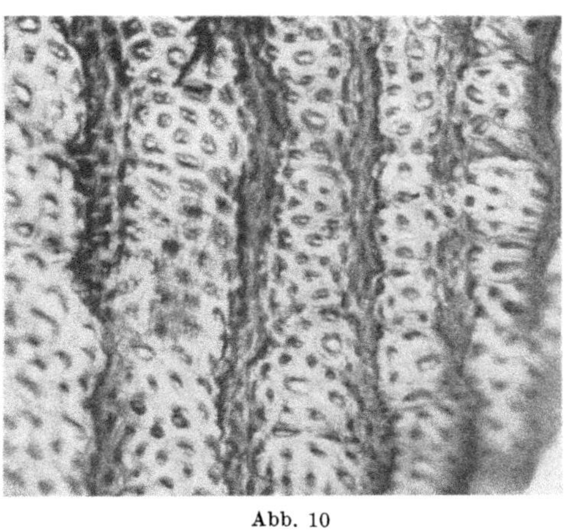

Abb. 10

Abb. 8. Hederichsamen (*Raphanus raphanistrum* L.). Vergr. 1:9 (Phot. C. GRIEBEL)

Abb. 9. Samen des Pfennigkrautes (*Thlaspi arvense* L.). Vergr. 1:10 (Phot. C. GRIEBEL)

Abb. 10. *Thlaspi arvense* L., Samenschale in der Flächenansicht. Vergr. 1:110 (Phot. C. GRIEBEL)

Abb. 11. Samen der Gartenkresse (*Lepidium sativum* L.). Vergr. 1:5 (Phot. C. GRIEBEL)

Abb. 12. Kressesamen. Epidermis: a in der Fläche, c im Querschnitt; Sklereiden: b Flächenansicht, d im Querschnitt. Vergr. 1:200 (G. GASSNER)

Epidermiszelle bis etwa zur halben Höhe der Zelle aufsteigende zentrale Säule, ähnlich wie die Epidermiszellen des Leindotters (vgl. Abb. 14) aufweisen.

Der **Leindotter,** *Camelina sativa* L., hat eiförmige, ca. 1,5 mm lange, gelbbraune, längliche Samen (Abb. 13), an denen das Würzelchen als Längsrippe hervortritt. Die Epidermis hat die charakteristische, hier stark quellungsfähige zentrale Schleimsäule wie die Epidermis der Feldkresse, die Sklereiden sind aber beim Leindotter niedrig und weitlumig (Abb. 14).

Abb. 13. Leindottersamen (*Camelina sativa* L.). Vergr. 1:5 (Phot. C. GRIEBEL)

Das **Hirtentäschel,** *Capsella bursa pastoris* L., hat spitz-dreieckige Schötchen und sehr kleine Samen, die in Form, Farbe und Bau den Samen des Leindotters gleichen, aber nur etwa halb so groß sind.

Die **Sojabohne,** *Glycine max* (L.) MERR. = *Soja hispida* MÖNCH, *Glycine hispida* (MOENCH) MAXIM., stammt von ostasiatischen Wildarten der Gattung *Glycine* (z. B. *Glycine ussuriensis* Reg. et Maack), Papilionaceae, ab und ist in China mindestens seit dem 3. Jahrtausend v. Chr. kultiviert. Seit dem Ende des 19. Jahrhunderts wird sie in besonders großem Umfang auch in den südöstlichen Staaten der USA angebaut. Große Unterschiede der einzelnen Sorten bestehen u. a. hinsichtlich Farbe und Größe der Samen, der zur Blütenbildung erforderlichen Tageslänge und der zur Samenreife notwendigen Vegetationszeit.

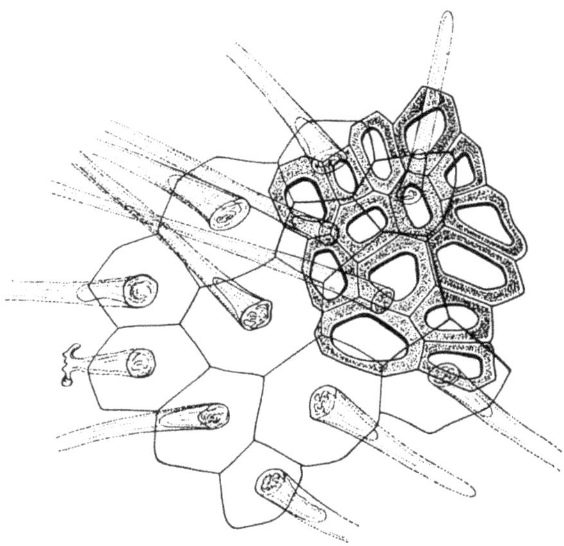

Abb. 14. Samenschale des Leindotters in der Fläche. 1 Epidermis, a die schlauchförmige Quellung des Schleimes. b die kegelförmige Innenmembran der Zellen zeigend, 2 Sklereidenschicht. Vergr. 1:200 (nach C. BÖHMER). Samenschale des Leindotters in der Flächenansicht (Glycerinpräparat). Vergr. 1:110 (Phot. C. GRIEBEL)

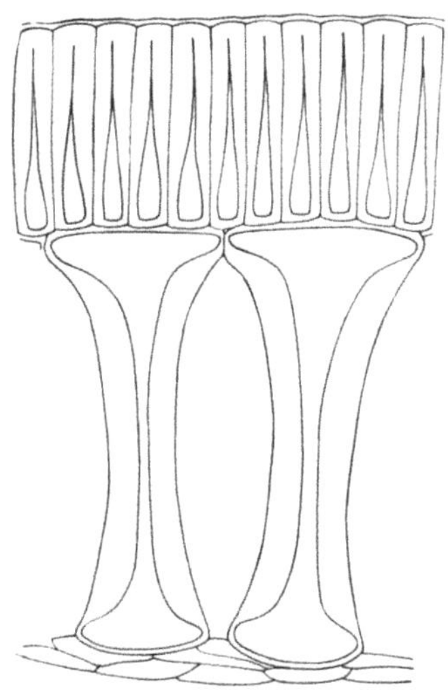

Abb. 15. Sojabohne. Palisadensklereidenschicht und Säulenzellschicht, *quer*. Vergr. 325 ×, *Orig.* K. STAESCHE

Die Samen werden in Ostasien in Form von Saucen und anderen Zubereitungen als wertvolles Volksnahrungsmittel genossen. In Amerika und Europa werden Fett und Lecithin extrahiert und der eiweißreiche Schrot als Kraftfutter verwertet. Geschälte Samen werden zur Herstellung von Sojamehl und diätetischen Backwaren verwendet.

Die Samenschale der Sojabohne weist die für viele Leguminosensamen charakteristische Ausbildung der beiden äußersten Zellschichten auf: *Die Epidermis besteht aus Palisadensklereiden*, deren Lumen bei den Sorten mit dunkler Samenschale den Farbstoff enthält. *Der Epidermis folgt eine Schicht von Zellen*, die *in der Mitte stark eingeschnürt* sind. Sie gleichen also Säulen mit Kapitäl und Fuß. Kapitäl und Fuß, die oberen und die unteren Enden der benachbarten Zellen, grenzen aneinander; wo die Zellen eingeschnürt sind, entstehen zwischen den Zellen Intercellularräume (Abb. 15).

In der Aufsicht sieht man die Palisadensklereiden je nach der Tiefeneinstellung des Mikroskops weitlumig (Zellbasis) oder englumig und getüpfelt (Mitte und oberes Ende der Palisadensklereiden) (Abb. 16).

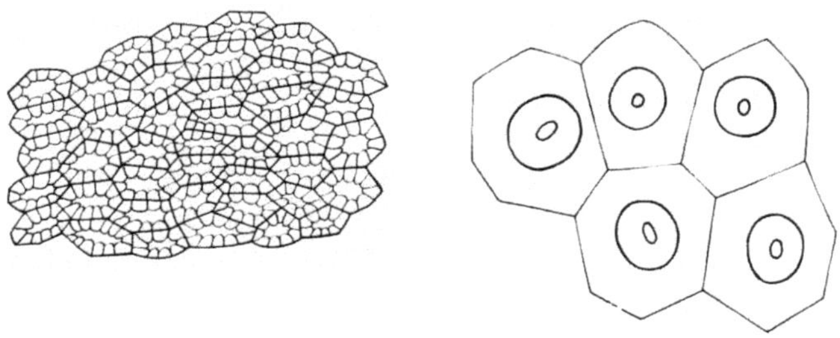

Abb. 16. Sojabohne. Palisadensklereidenschicht (links) und Säulenzellschicht (rechts), *Aufsicht*. Vergr. 325 ×, Orig. K. STAESCHE

Von der *Säulenzellschicht* sieht man *von oben* die dickwandigen eingeschnürten Wände als *dicke Ringe in kleinen Abständen*, die den Einschnürungen der Zellen entsprechen (Abb. 16).

Auf diese beiden charakteristischen Schichten der Samenschale folgt eine schmale Zone von Nucellarrest und Endosperm, deren Zellen bis auf die Aleuronschicht zusammengefallen sind. Die Hauptmasse des Samens bilden die für Leguminosen bezeichnenden großen Keimblätter, die bei manchen Sorten neben Fett und Eiweiß geringe Mengen kleinkörniger Stärke speichern, bei anderen Sorten ganz oder fast ganz stärkefrei sind.

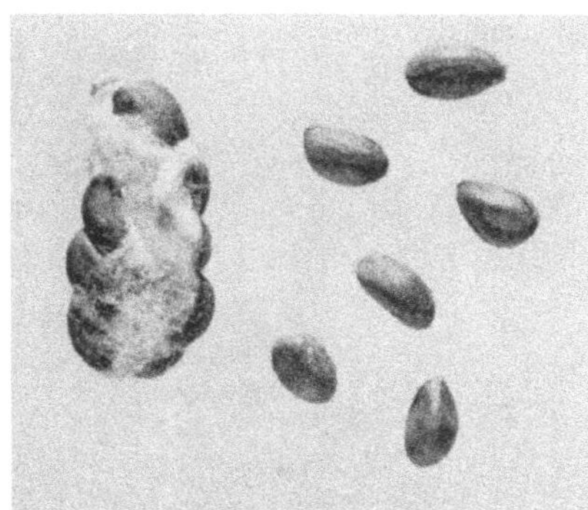

Abb. 17. Baumwollsamen, links noch durch Wollhaare zusammengehalten, natürliche Größe (Phot. C. GRIEBEL)

Baumwollsamen. Die Samen verschiedener *Gossypium*arten (*Malvaceae*), insbesondere von *Gossypium arboreum* L. (aus Indien), *G. herbaceum* L. (aus Zentralasien), *G. vitifolium* L. (mit *var. barbadense* u. a. Formen) und *G. hirsutum* L. (Tropisches Amerika) liefern in den langen, einzelligen, derbwandigen Samenhaaren die Baumwolle. Aus den Samen (Abb. 17) wird nach der Entfernung der Samenhaare Öl gewonnen, und die Preßrückstände bilden ein wertvolles Futtermittel.

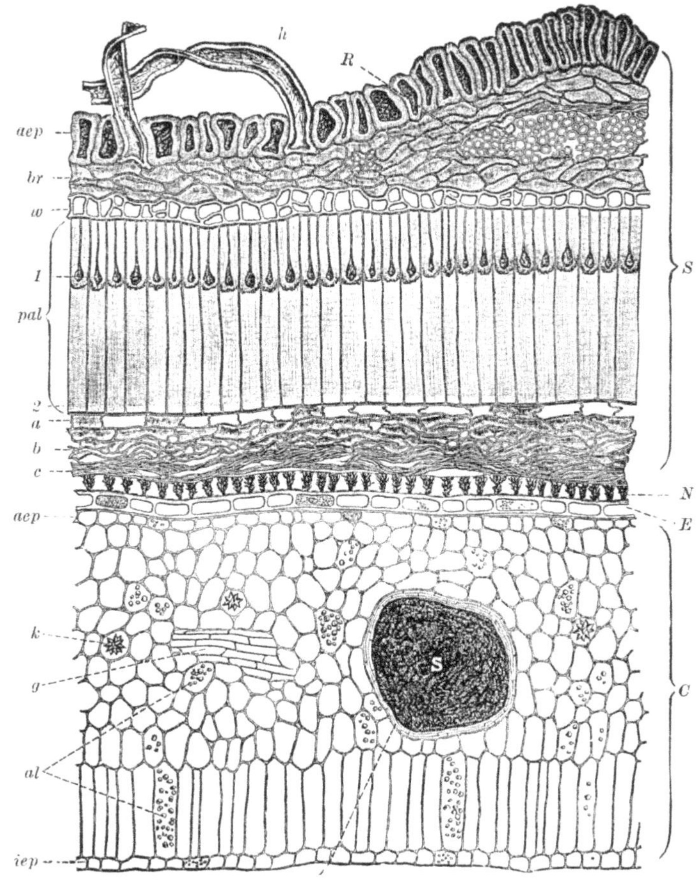

Abb. 18. Querschnitt des Baumwollsamens (A.S. WINTON). S Samenschale, N Perisperm, E Endosperm, C Keimblatt. Die Erklärung der anderen Buchstaben vgl. im Text

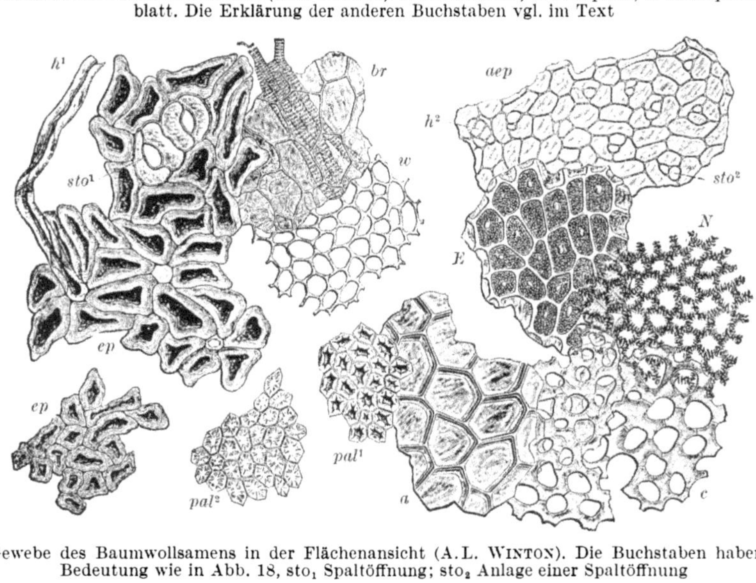

Abb. 19. Gewebe des Baumwollsamens in der Flächenansicht (A.L. WINTON). Die Buchstaben haben dieselbe Bedeutung wie in Abb. 18, sto_1 Spaltöffnung; sto_2 Anlage einer Spaltöffnung

Am auffallendsten sind die *hohen Palisadenzellen* (ca. 150 μ), welche im oberen Drittel gelbliche, darunter goldbraune, fast bis zum Schwinden des Lumens verdickte Wände besitzen. So ist die Palisadenschicht in zwei überliegende Zonen verschiedener Farbe aufgeteilt, die den Eindruck zweier übereinanderstehender Zellschichten erwecken (pal in Abb. 18 und 19, Querschnitt und Aufsicht).

Ferner sind die dickwandigen Epidermiszellen charakteristisch (aep in Abb. 18 und 19), die mit braunem Inhalt gefüllt sind. Zwischen ihnen entspringen die *einzelligen Haare.* Die langen gedrehten Haare, welche zu Baumwolle verarbeitet werden, fehlen, kurze Grundhaare können noch reichlich vorhanden sein.

Zwischen Epidermis und Palisadenschicht befindet sich Parenchym (br), das bis auf die den Palisaden aufliegende farblose Schicht braun gefärbt ist. Eine braune Zone aus teilweise kollabierten Zellen bildet auch den Abschluß der Samenschale (a—c). Perisperm mit zackigen Randleisten (N) und Endosperm (E) stellen ein dünnes Häutchen dar, welches den zarten Keimling (C) umschließt.

In den Keimblättern liegen *große Exkretbehälter,* die mit schwärzlichem Inhalt gefüllt sind. In Chloralhydrat löst sich dieser tintenartig violett, in konzentrierter Schwefelsäure rot.

Kapoksamen. Der Kapok- oder Baumwollbaum, *Ceiba pentandra* (STICKM.) GAERTN. = *Eriodendron anfractuosum* DC, aus der den *Malvaceae* nahestehenden Familie der *Bombacaceae,* ist in Indien und Indonesien heimisch und wird dort und im tropischen Afrika und Amerika auch kultiviert (Samen Abb. 20).

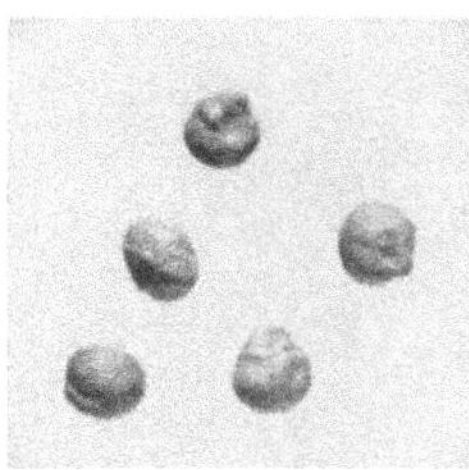

Abb. 20. Kapoksamen, natürliche Größe (Phot. C. GRIEBEL)

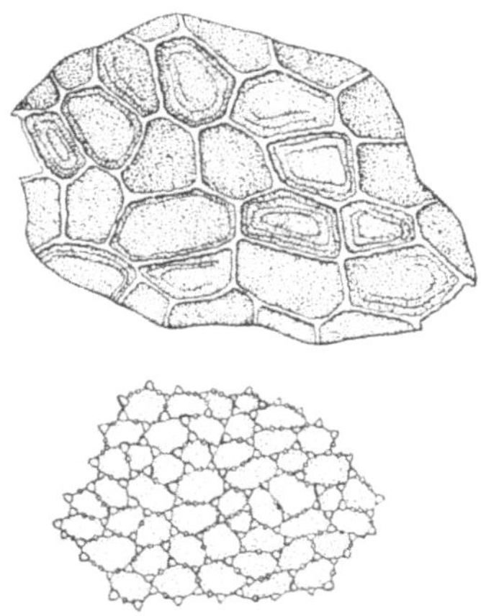

Abb. 21. Außenschichten (oben) und innere Hypodermschicht (unten) des Kapoksamens in der Flächenansicht Vergr. 1:200. (Aus G. GASSNER: Mikroskopische Untersuchung pflanzlicher Nahrungs- und Genußmittel)

Die Haare werden hier von der *Innenseite* der *Fruchtwand* gebildet, sie finden als Polster, Füll- und Isoliermaterial, auch zur Herstellung von Papier Verwendung.

Der *Unterschied* zwischen *Kapok- und Baumwollsamen* besteht vor allem darin, daß dem *Kapoksamen Haare fehlen,* die *Epidermiszellen klein* sind und mäßig verdickte Wände besitzen, und daß den Keimblättern des Kapok die großen dunklen *Exkretbehälter* des Baumwollkeimlings *fehlen.*

Die Palisadensklereidenschicht ist ähnlich in der Mitte der Samenschale gelegen, ähnlich hoch und ähnlich gebaut wie im Baumwollsamen, und wie dort liegen über und unter der Palisadensklereidenschicht je mehrere Lagen parenchymatischer Zellen, die größtenteils einen braunen Inhalt, im Kapoksamen auch vereinzelt Calciumoxalatdrusen aufweisen. Die den Palisadensklereiden unmittelbar aufliegende Zellschicht ist bei Baumwolle und Kapok wenig gefärbt, beim Kapok besteht sie aus flacheren Zellen, deren Ecken verdickt sind (Abb. 21).

Hanf. Die „Hanfsamen" sind die Früchte von *Cannabis sativa* L., *Cannabinaceae*, einem hochwüchsigen, einjährigen, diöcischen Kraut, das in Zentralasien heimisch ist und heute in allen Erdteilen zur Öl- und Fasergewinnung angebaut wird (Abb. 22). Die Frucht ist manchmal noch vom Deckblatt umhüllt (Abb. 23), das einzellige Deckhaare und mehrzellreihige Drüsenhaare trägt (Abb. 24). Die Samenschale besteht hier nur aus einem dünnen Häutchen aus wenigen Zellschichten, wie regelmäßig in einsamigen Früchten, deren Same mit der Fruchtwand verwachsen ist.

Die *Palisadensklereidenschicht* bildet beim Hanf das an die Samenschale nach außen anschließende *Endokarp* der Fruchtwand, das den größten Teil der Fruchtwand einnimmt. Es besteht aus ca. 100 μ hohen Zellen, deren *Radial-* und *Außen-*

Abb. 22. Hanffrüchte. Vergr. 1:5 (Phot. C. GRIEBEL)

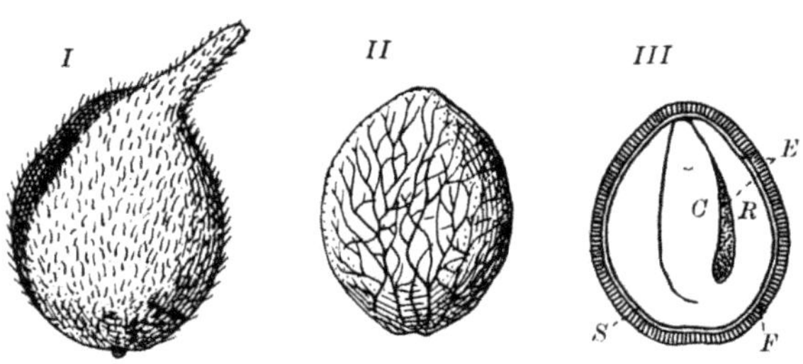

Abb. 23. Hanf (nach A. L. WINTON). I Frucht und Hülle, II nackte Frucht, III Frucht im Längsschnitt, S Samenschale, E Nährgewebe, C Keimblätter, R Würzelchen, F Frucht- und Samenschale

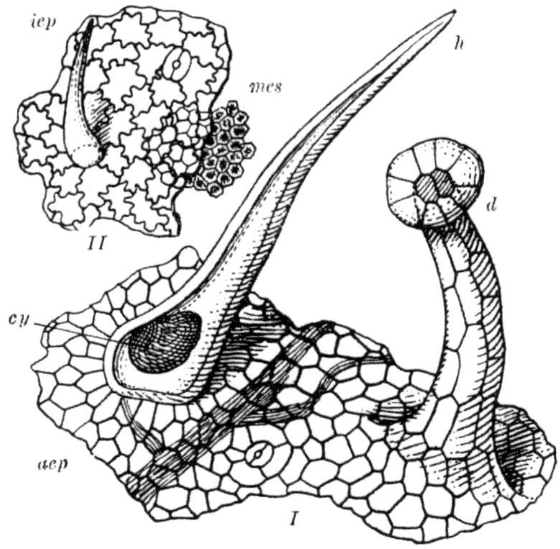

Abb. 24. Hüllblattgewebe des Hanfes (nach A. L. WINTON). I Oberseite mit der Epidermis aep, einer Drüsenzotte d und einem Cystolithenhaar h. II Unterseite mit der Epidermis iep und dem Chlorophyllgewebe mes

Wände stark und wulstig verdickt und getüpfelt sind. Gegen die Innenseite erweitert sich das Lumen der Zelle trichterförmig, die Innenwände sind ziemlich dünn und ebenfalls getüpfelt. In der *Aufsicht* sieht man den *welligen Umriß* der Palisadensklereiden, je nach der Tiefeneinstellung des Mikroskops sind die Wände stärker (Außenseite) oder schwächer (Innenseite) verdickt. Auf die Palisadenschicht folgt nach außen ein Parenchym, in dem breite Leitbündelstränge verlaufen.

Die *Epidermiszellen* erscheinen in der Aufsicht ebenfalls *wellig* und *dickwandig.*

Perisperm und Endosperm bilden ein dünnes Häutchen, dessen innerer Abschluß eine Aleuronschicht ist. Die Zellen des großen Keimlings enthalten bis 8 μ große Aleuronkörner.

Im Preßkuchen sind besonders die Sklereiden mit den sehr stark welligen Wänden (Aufsicht!) und die Epidermiszellen mit weniger welligen und weniger verdickten Wänden charakteristisch.

Samen von Euphorbiaceen. *Ricinus*, castor bean, *Ricinus communis* L., ist nur als Kulturpflanze oder verwildert bekannt. Ihre Heimat ist das tropische Asien oder Afrika, heute wird sie hauptsächlich in Indien und China, im tropischen Afrika, in den Südstaaten der Union und in Brasilien, in Südeuropa und Südrußland zur Ölgewinnung angebaut. Die dreifächerigen Kapseln, die sich an den weiblichen Blütenständen entwickeln, enthalten in jedem Fach einen 1—2 cm langen, ovalen, schwach abgeflachten Samen, der am verjüngten Ende ein weißliches Anhängsel, die Caruncula, trägt. Größe und Zeichnung der meist weißlich-braunscheckigen Samen ist bei den zahlreichen Sorten verschieden (Abb. 25).

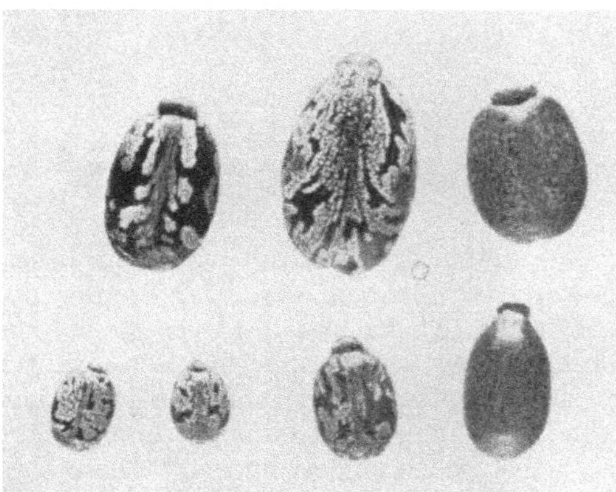

Abb. 25. Samen verschiedener Kulturformen von Ricinus communis, natürliche Größe (Phot. C. GRIEBEL)

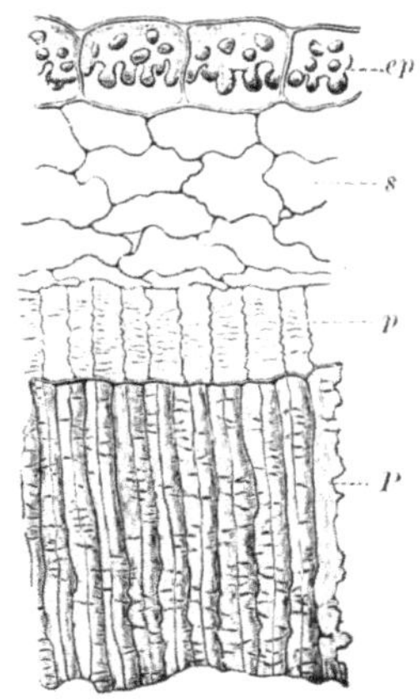

Abb. 26. Schale des Ricinussamens im Querschnitt (J. MOELLER). ep Oberhaut, s Schwammparenchym, p zarte Palisaden, P braune, dicke Palisaden

Die Ölkuchen enthalten das *sehr giftige Albumin Ricin*, das beim Auspressen nicht in das Öl übergeht. Die Preßkuchen können daher erst nach besonderer Behandlung (starke Erhitzung) als Futtermittel verwendet werden. Der Nachweis von Ricinus in Futtermitteln ist deshalb von besonderer Bedeutung.

Die Epidermis der Samenschale besteht aus polyedrischen Zellen, deren verdickte obere Wandung auf der Innenseite zahlreiche kleine Höcker und Wülste aufweist (Abb. 26 ep, Abb. 27). Begrenzte Bereiche der Epidermis enthalten einen wasserlöslichen, gewöhnlich braunen Farbstoff, dadurch kommt die charakteristische Scheckung der Samen zustande. Auf die Epidermis folgen einige Schichten Parenchym und eine Schicht aufrechter großer Zellen mit (von oben gesehen) welligen Radialwänden, die Massen von Calciumcarbonat enthalten (Abb. 26 p). Chloralhydratlösung entwickelt daraus Gasbläschen.

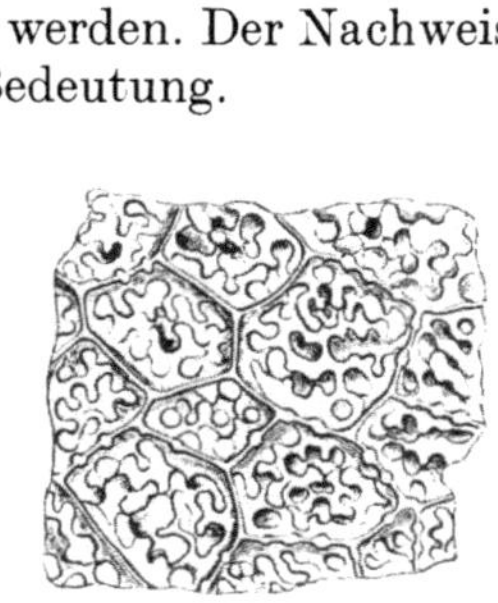

Abb. 27. Oberhaut des Ricinussamens in der Flächenansicht (J. MOELLER)

Daran schließt sich die am meisten charakteristische Schicht der Samenschale: *die sehr hohen, schmalen, bräunlichen, in der Mitte meist gekrümmten Palisadensklereiden* (ca. 200—300 μ hoch (Abb. 26 P, Abb. 28). Darauf folgt als Abschluß der Samenschale kollabiertes, von Gefäßbündeln durchzogenes Parenchym.

Das Innere des Samens wird hauptsächlich von dem eiweiß- und fettreichen Endosperm gebildet, das bis ca. 20 μ große Aleuronkörner (mit Globoiden und einem Kristalloid) enthält (Abb. 29).

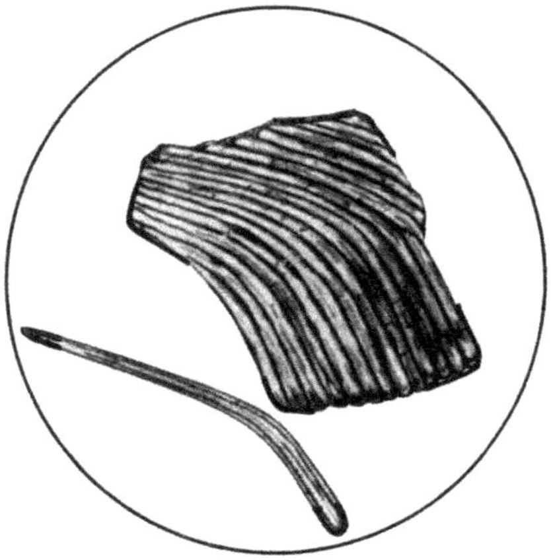

Abb. 28. Ricinus. Palisaden der Samenschale (F. BARNSTEIN)

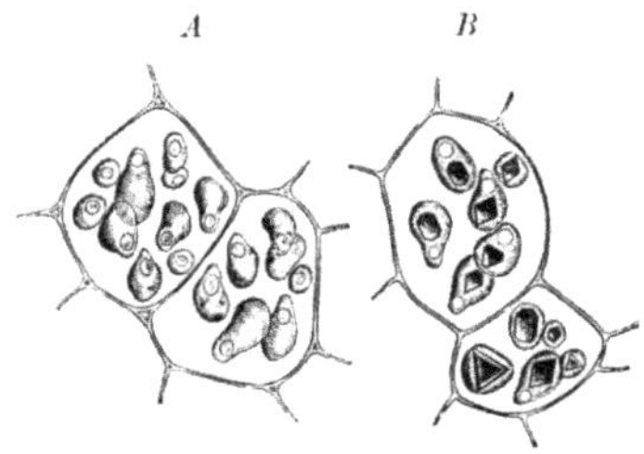

Abb. 29. Aleuronkörner von Ricinus. A in Öl, B in Jodtinktur (J. MOELLER)

Ähnlich den Ricinussamen, aber tief dunkel gefärbt mit winzigen hellen Flecken, sind die Samen der Euphorbiacee *Jatropha curcas* L., der Purgiernuß, die im tropischen und subtropischen Amerika, Afrika und Asien besonders zur Seifenherstellung angepflanzt wird. Die Epidermis mit stark getüpfelten Wänden ist hier palisadenförmig, sie besteht in der Hauptsache aus schmalen Palisadensklereiden mit dunkelbraunem Inhalt, zwischen die zahlreiche kleine und größere Gruppen von niedrigeren und breiteren hellen Zellen eingestreut sind. Diese Zellgruppen bewirken die feine Sprenkelung der Oberfläche des Samens. Die innere hohe Palisadensklereidenschicht ist ähnlich der des Ricinussamens.

Die **Kandelnuß,** candle nut, ist der Same von *Aleurites moluccana* (L.) WILLD. (= *Aleurites triloba* FORST.), einer baumförmigen, wahrscheinlich in Indonesien heimischen Euphorbiacee, die in den Tropen und Subtropen der sehr ölreichen Samen wegen kultiviert wird.

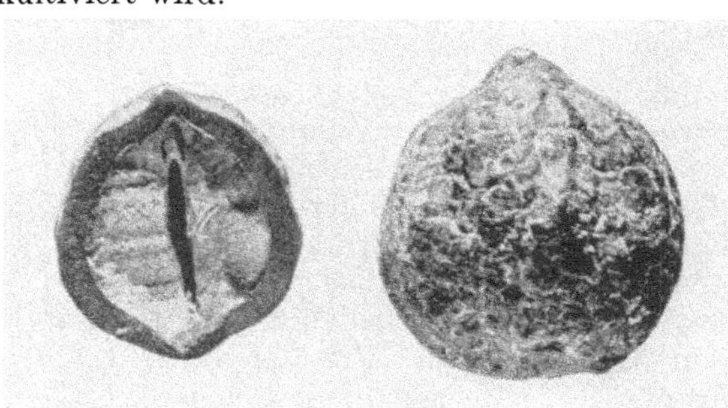

Abb. 30. Kandelnuß, links durchschnitten, natürliche Größe (Phot. C. GRIEBEL)

Die Samen sind 2—3 cm groß, fast kugelig (Abb. 30). Die Samenschale (Abb. 31) ist grobrunzelig und sehr dick (2—5 mm). Sie wird größtenteils von der Schicht der *außerordentlich langen*, braunen *Palisadensklereiden* gebildet. Über der Palisadenschicht befindet sich, ähnlich wie in der Schale des Ricinussamens, eine

Lage dünnwandiger aufrechter Zellen, die Massen von Calciumcarbonat enthalten. Unter den Palisadensklereiden folgen Schichten von Zellen, die Calciumoxalatdrusen oder einzelne große Kristalle enthalten. Die Zellwände tragen zahlreiche zarte Verdickungsleisten.

Das Endosperm ist auffallend reich an Intercellularen, die Zellen sind fein getüpfelt und enthalten bis 30 μ große Aleuronkörner. In Ostasien werden weitere Arten der Gattung *Aleurites* (*Aleurites cordata* THUNB. K. BR., Südjapan; A. *montana* (LOUR.) WILS., Südostchina u. *A. fordii* HEMSL., der Tungbaum aus Zentralchina) zur Gewinnung von „Holzölen" genutzt und im tropischen und subtropischen Südostasien, neuerdings auch in anderen Erdteilen, besonders in den Südoststaaten der USA angepflanzt. Auf eine weitere, noch wenig bekannte Euphorbiacee der neuen Welt, deren hoher Ertrag an ölreichen Samen wirtschaftliche Bedeutung für die Volksernährung in tropischen Ländern verspricht, *Caryodendron orinocense* KARST., wild in den Anden von Venezuela, macht C. SEELKOPF, Z. Lebensmittel-Untersuch. u. -Forsch. *112*, 499—504 (1960) aufmerksam.

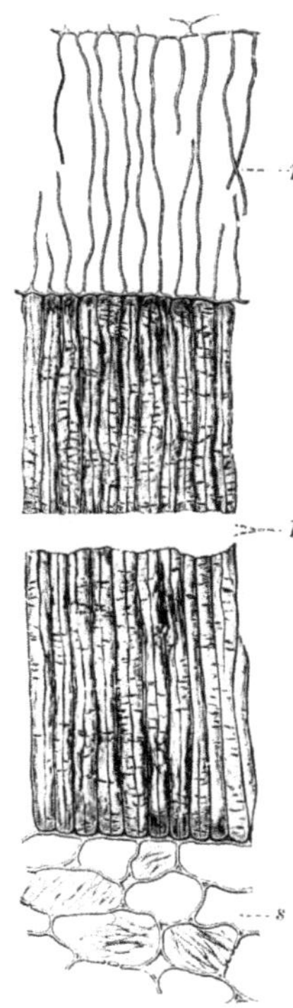

Abb. 31. Schale der Kerzen- oder Kandelnuß im Querschnitt (J. MOELLER). p zarte Palisaden, deren kreidiger Inhalt durch Salzsäure entfernt wurde, P braune, dicke Palisaden, s Schwammparenchym

Paranuß. Paranüsse oder Brasilnüsse sind die Samen von *Bertolletia excelsa* H.B.K., Fam. *Lecithydaceae*, die im tropischen Südamerika heimisch ist.

In der kugeligen, holzigen Frucht liegen die ca. 4 cm langen, graubraunen, runzeligen, abgeflacht dreikantigen Samen (Abb. 32) im Kreis dicht beisammen. Die Samenschale ist sehr hart, ca. 2 mm stark. Der äußere hellere Teil derselben, wird von *ca. 1 mm hohen, farblosen*, schmalen *Palisadensklereiden* mit sehr dicken Wänden gebildet, die *braune innere Zone* von *vielschichtigem Parenchym*. Die innersten hellbraunen Schichten dieses Parenchyms haften dem schmalen zweischichtigen Endosperm fest an, das den großen ungegliederten Keimling umschließt. Die käuflichen Samenkerne, welche aus der harten Samenschale herausgebrochen wurden, sind daher großenteils noch von einem bräunlichen Häutchen überzogen, das aus den innersten Schichten der Samenschale besteht.

Der Keimling wird von zartwandigen, ziemlich kleinen, rundlichen, innen manchmal etwas gestreckten Zellen gebildet, die Fett und Eiweiß, aber *keine Stärke* enthalten. An entfetteten Schnitten beobachtet man in Jodtinktur oder nach längerer Einwirkung von Glycerin fast in jedem der *bis 30 μ großen Aleuronkörner* ein großes Kristalloid, daneben rundliche oder unregelmäßig höckerige Globoide (Abb. 33). In einer schmalen Randzone, die durch eine Schicht sehr kleinzelligen Gewebes abgegrenzt ist, enthalten die Aleuronkörner meist nur Globoide.

Die zerkleinerten Kerne der Paranuß werden zuweilen in der Zuckerbäckerei benutzt, ebenso die Kerne der verwandten *Sapucajanuß* (vgl. Abb. 34), die von südamerikanischen *Lecythis*-Arten abstammt. Die zartwandigen Zellen des Keimlings der Sapucajanuß enthalten neben kleinen und mittelgroßen auch sehr große Aleuronkörner (bis 35 μ) und *spärlich kleinkörnige Stärke*. Die größeren Aleuronkörner enthalten reichlich Kristalloide, doch werden diese durch wässerige und alkoholische Lösungen sehr schnell zerstört. Um sie sichtbar zu machen, muß man die entfetteten Schnitte zunächst 24 Std durch 2 %ige alkoholische Quecksilberchloridlösung fixieren und nach dem Auswaschen mit Alkohol Jodtinktur hinzufügen. Die Kristalloide sind erheblich kleiner, aber viel zahlreicher als bei der Paranuß.

Abb. 32. Paranuß, rechts Samenkern, natürliche Größe (Phot. C. GRIEBEL)

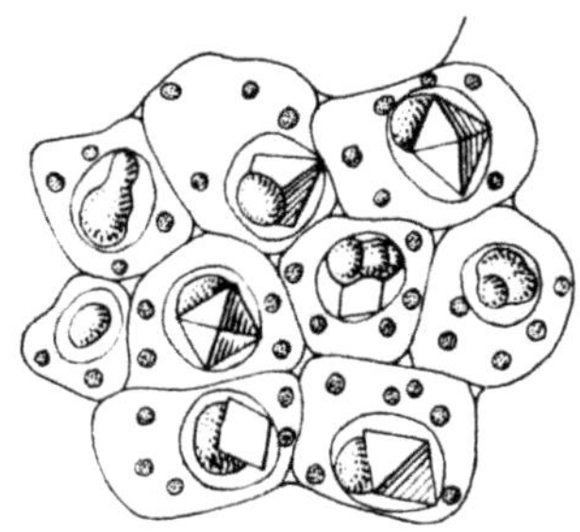

Abb. 33. Embryonalgewebe der Paranuß (entfettet). Vergr. 1:240 (C. GRIEBEL)

Indische Paranüsse, Taschennüsse, sind die Steinfrüchte von *Caryocar nuciferum* L. Fam. *Caryocaraceae*, deren Form an eine Handtasche erinnert (Abb. 35). Die Samenkerne verschiedener *Caryocar*-Arten werden als Butternüsse, Pekeanüsse oder Suwarinüsse bezeichnet.

Abb. 34. Sapucajanuß. a Nüsse, b Kern, natürliche Größe (Phot. C. GRIEBEL)

Nährgewebe fehlt, das Gewebe des Keimlings ist dadurch gekennzeichnet, daß der größte Teil der Zellen einen Fettklumpen von radialstrahliger Struktur enthält, der fast das ganze Lumen der Zelle ausfüllt. Er ist besonders schön in Glycerin zu sehen (Abb. 36).

a b

Abb. 35. Butternuß (*Caryocar nuciferum* L.). a Stein, b Same, natürliche Größe (Phot. ILSE GRIEBEL)

3. Früchte und Samen, deren Wandung Steinzellen enthält

Perilla. *Perilla frutescens* (L.) BRITT. = *Perilla ocimoides* L. und *Perilla frutescens var. crispa* DECNE EX BAILEY = *P. nankinensis* DECNE, Fam. *Labiatae*, werden in Ostasien angebaut. Die Früchte sind ca. 1,5 mm bzw. bis ca. 3 mm (*var. crispa*) große, rundliche, graubraune Nüßchen, die ein dunkleres Adernetz aufweisen (Abb. 37). Die Preßrückstände gleichen in Aussehen und Geruch den Leinkuchen.

Auf die Epidermis und die Parenchymschicht der Fruchtwand, in der die Leitbündel verlaufen, folgt eine Schicht *gelblich-grüner, reich getüpfelter Steinzellen* (Abb. 38), darauf eine Schicht mäßig verdickter, ebenfalls stark getüpfelter, kurzer Fasern, die den inneren Abschluß der Fruchtwand bildet.

Die äußerste Schicht der Samenschale besteht aus dünnwandigen farblosen Zellen und auffallenden *größeren* (40—100 μ großen) *netzförmig verdickten*, ebenfalls farblosen *Zellen*, die einzeln oder zu zweit nebeneinander eingestreut sind (Abb. 39).

Diese Zellen und die gelblich-grünen Sklereidenschichten der Fruchtwand charakterisieren die Preßkuchen.

Samen von Sapotaceen. Zahlreiche, vor allem altweltliche Arten Afrikas (*Dumoria* u. a. Gattungen) und Südasiens (Arten der Gattungen Palaquium, Mimusops), liefern Fette.

Sheanuß, Schinuß, der Same von *Butyrospermum parkii* (G. DON) KOTSCHY, im tropischen Afrika verbreitet. In den Handel gelangt der von der Schale größtenteils befreite *braune* Keimling, der zwei große verwachsene Keimblätter besitzt. Ihrer Außenseite liegen Reste der Samenschale mit Leitbündeln auf (Abb. 40).

Die Samenschale hat eine kleinzellige, geradwandige Epidermis, auf die mehrere intercellularenreiche Schichten verschieden gestalteter, meist etwas gestreckter, oft gezackter *Steinzellen* mit braunem Inhalt folgen. Darunter ist zartwandiges Gewebe, in dem die Leitbündel verlaufen (Abb. 41). Das Gewebe der Keimblätter setzt sich aus polyedrischen Zellen mit porösen Wänden zusammen, die Fett und Eiweiß speichern. Besonders in der Randzone finden sich in kurzen

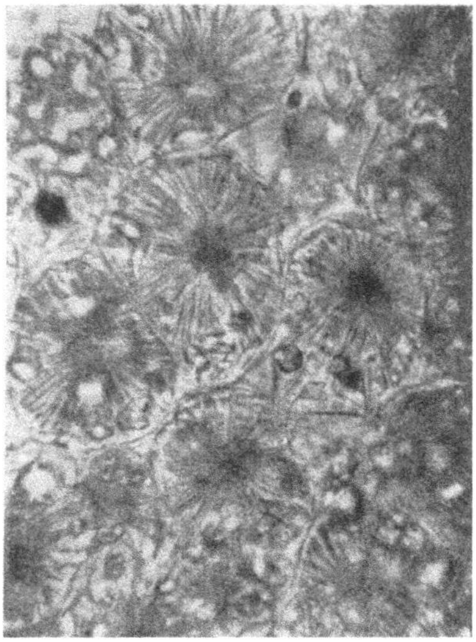

Abb. 36. Butternuß. Gewebe des Keimlings (Glycerinpräparat). Vergr. 1:350 (Phot. C. GRIEBEL)

Abb. 37. Früchte von *Perilla frutescens* (L.) *Britt.* 5fach, vergrößert (Phot. C. GRIEBEL)

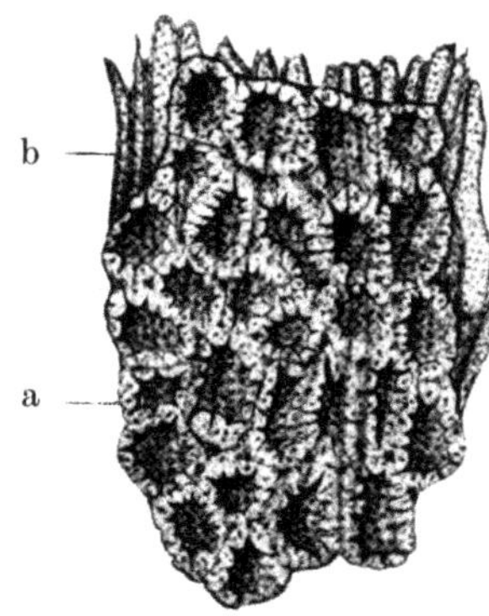

Abb. 38. *Perilla frutescens* (L.) *Britt.* Hartschicht (a) mit der unter ihr liegenden sklerenchymatischen inneren Epidermis der Perikarps (b). Vergr. 1:310 (G. BREDEMANN)

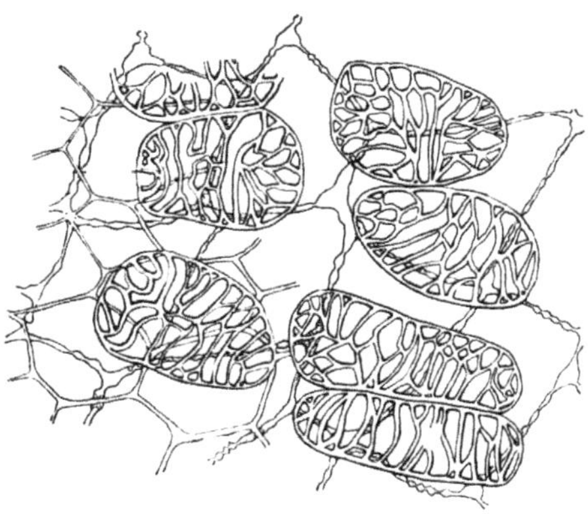

Abb. 39. Epidermis der Samenschale von Perilla in der Flächenansicht. Vergr. 1:300 (G. BREDEMANN)

Abb. 40. Keimlinge der Sheanuß, natürliche Größe (Phot. C. GRIEBEL)

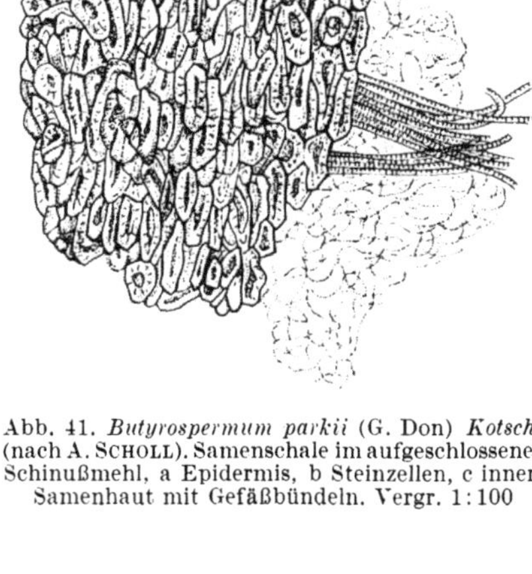

Abb. 41. *Butyrospermum parkii* (G. Don) *Kotschy* (nach A. SCHOLL). Samenschale im aufgeschlossenen Schinußmehl, a Epidermis, b Steinzellen, c innere Samenhaut mit Gefäßbündeln. Vergr. 1:100

Reihen übereinanderstehende kugelige bis elliptische Exkretzellen, die etwas größer als die Nachbarzellen sind, und andere ebenfalls in Reihen angeordnete Zellen, die große Gerbstoffkörper enthalten.

Illipé-Samen im engeren Sinn stammen von *Madhuca longifolia* (L.) MACBR. (= *Bassia longifolia* L.), in Ceylon und Südindien verbreitet, Mahua- oder Mowrah-Samen von der ähnlichen *Madhuca indica* GMELIN (= *Bassia latifolia* ROXB.), die in Zentral- und Nordindien vorkommt. Im Handel, auch im indischen, werden die Bezeichnungen **Illipé, Mahua und Mowrah** meist unterschiedslos für die Samen beider Arten verwendet (KAUFMANN u. THIEME, Fette u. Seifen, *56*, 1001—1002, 1954), seltenere indische Ölsamen vgl. I. K. KANE 1964.

Die Samen der *Madhuca* (*Illipé*)-Arten gleichen ganz denen von *Butyrospermum* (Abb. 42). Die Keimlinge sind meist in die beiden rotbraunen Keimblätter zerfallen (Abb. 43). Die Wände der Steinzellen der Samenschale sind viel schwächer verdickt (Abb. 44). Die Zellen der Keimblätter sind durchschnittlich etwas kleiner, die Poren sind größer, aber weniger zahlreich und meist in Gruppen angeordnet. Die Exkretzellen sind weniger zahlreich und in der Größe wenig von den übrigen Zellen verschieden (Abb. 45).

Abb. 42. Illipé-Samen von *Madhuca indica* Gmelin (= Bassia latifolia Roxb.), natürliche Größe (Phot. C. GRIEBEL)

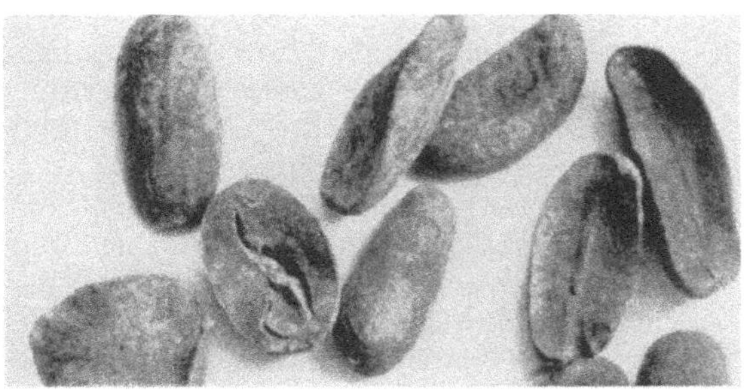

Abb. 43. Kotyledonen der Samen von Madhuca indica, natürliche Größe (nach HONCAMP)

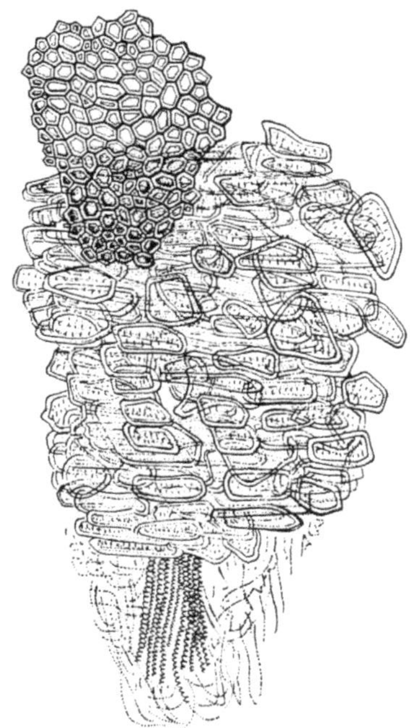

Abb. 44. Illipé-Samen (nach A. SCHOLL). Samenschale im aufgeschlossenen Mehl in der Flächenansicht, a Epidermis, b Steinzellen, c innere Samenhaut. Vergr. 1:100

Die Mehle von Sheanuß und Mowrahsamen sind, außer durch die Steinzellen der Samenschale, durch die *braune Farbe* des Mehles, die gerbstoffführenden Zellen des Keimlings, deren Inhalt sich mit Eisenchlorid blau, mit Vanillinsalzsäure rot färbt, und durch die porösen Zellwände des Keimlings charakterisiert.

Kürbissamen. Die Kürbisse sind die Früchte von *Cucurbita pepo* L. und anderen Kürbisarten, welche in Süd- und Mittelamerika und im südlichen Nordamerika beheimatet sind. Sie wurden schon im 6. Jahrtausend v. Chr. in Mexiko kultiviert. Die hartschaligen Beerenfrüchte enthalten viele flache, ovale, wulstig gerandete, gelbliche Samen, die bis 30 % Ölausbeute ergeben (Abb. 46).

Die dicke Samenschale wird besonders von einer etwa in ihrer Mitte liegenden *Schicht großer welliger Steinzellen* und von *zahlreichen Lagen* auffallend reich und *groß getüpfelter, parenchymatischer Zellen* gebildet, die zu beiden Seiten der Stein-

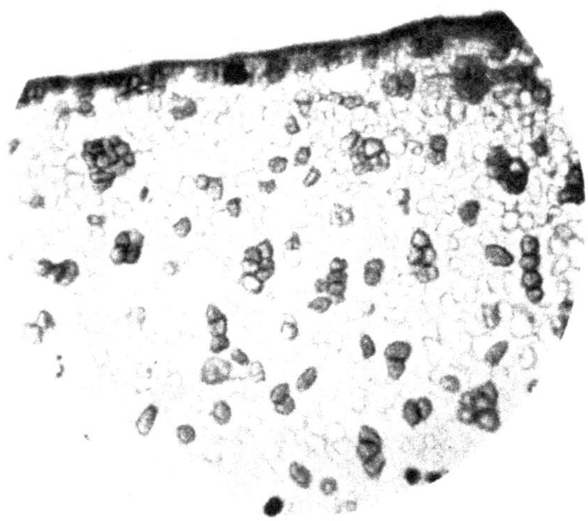

Abb. 45. Illipé-Samen. Querschnitt durch den äußeren Teil eines Keimblattes. Vergr. 1:50 (nach HONCAMP)

zellschicht liegen (Abb. 47). Die nach der Außenseite des Samens hin liegenden Schichten bestehen aus kleinen Zellen, zwischen denen sich nur kleine Intercellularen befinden. Das an die Innenseite der Steinzellschicht anschließende großgetüpfelte Parenchym wird nach innen zu immer großzelliger und umschließt große Intercellularen.

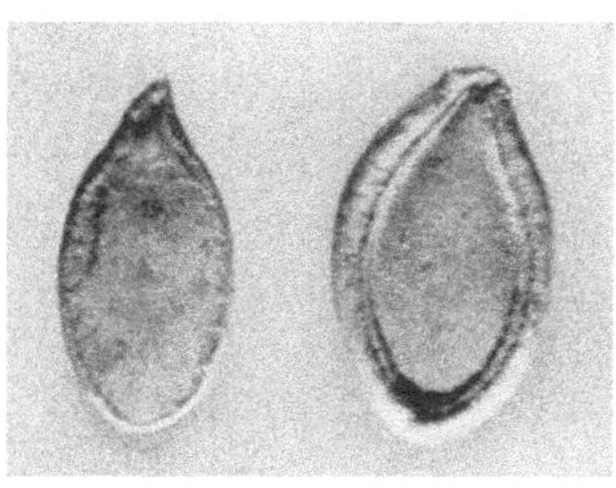

Abb. 46. Kürbissamen, natürliche Größe (Phot. C. GRIEBEL)

Vom Nährgewebe sind nur zusammengedrückte Lagen und eine kleinzellige Aleuronschicht erhalten, der große Keimling enthält Fett und Eiweiß. *Stärke fehlt gewöhnlich.*

Charakteristisch für die Preßkuchen sind die *großen welligen Steinzellen*, die sich mit Jodjodkalilösung intensiv gelb färben, und vor allem die zahlreichen *auffallend getüpfelte Parenchymzellen*, die mehr oder weniger große Intercellularen umschließen.

Mandeln sind die Samen von *Prunus amygdalus* BATSCH (= *Amygdalus communis* L.) Fam. *Rosaceae*. Der Mandelbaum ist wohl in West- und Zentralasien heimisch und schon in der frühen Antike in Ostasien, Vorderasien und Griechenland kultiviert worden. Heute werden Mandeln besonders in den Mittelmeerländern, sowie in Persien und Kalifornien gezogen.

Die bitteren Mandeln von der Varietät *var. amara* (DC.) FOCKE enthalten das bittere Glykosid Amygdalin, das in den süßen Mandeln von *var. sativa* (LUDW.) FOCKE nur in Spuren vorkommt. Die Samen der süßen Varietät enthalten mehr fettes Öl.

Das Mandelöl wird medizinisch verwendet, die gepulverten Preßrückstände dienen als Mandelkleie zu kosmetischen Zwecken.

In der Konditorei werden geschälte Mandeln mit Zucker zu Marzipan verarbeitet. Über mikroskopische Untersuchung von Marzipan, Persipan, Nugat vgl. HANSSEN und OTTO (1962).

Die Samen sind spitz eiförmig, seitlich stark zusammengedrückt, die Samenschale ist braun und schülferig (Abb. 48).

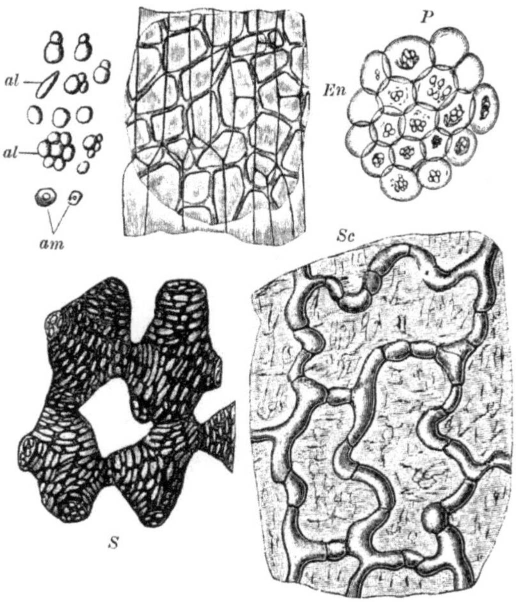

Abb. 48. Samen der Mandel, natürliche Größe (Phot. C. GRIEBEL)

Abb. 47. Kürbiskernkuchen (T. F. HANAUSEK). al Aleuronkörner, am Stärke, Ein Gewebestück aus dem Endosperm, P Parenchym, S netzförmig verdicktes Schwammparenchym der Samenschale, Sc Sklereiden der Samenschale

Die Epidermis der Samenschale enthält Gruppen großer, polygonalabgerundeter Steinzellen mit mäßig verdickten, stark getüpfelten Wänden. In dem darunter liegenden kleinzelligen Gewebe verlaufen zahlreiche zarte Gefäße.

Nucellarrest und Endosperm bilden ein farbloses Häutchen. Der Keimling besteht aus dünnwandigen Zellen mit fettem Öl und großen Aleuronkörnern. In

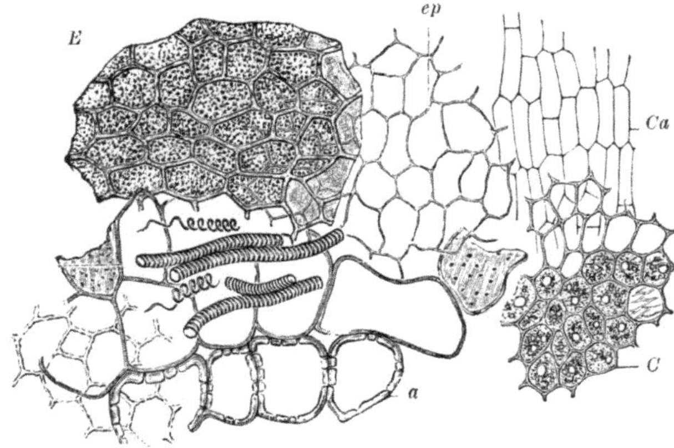

Abb. 49. Gewebe der Mandel in der Flächenansicht (J. MOELLER). a Tonnenzellen, ep innere Oberhaut der Schale, E Aleuronschicht, C Kotyledonarparenchym, Ca Oberhaut der Kotyledonen

diesen befinden sich *sehr kleine Oxalatdrusen*, die beim Aufkochen des Präparats mit Chloralhydratlösung frei werden. *Stärke fehlt.*

Mandelkleie aus den gemahlenen Ölkuchen ist vor allem an den charakteristischen Steinzellen (Abb. 49 a, 52 I) zu erkennen; da Marzipan aus entschälten Mandeln hergestellt wird, bilden hier nur die kleinen Oxalatdrusen in den Keimlingszellen ein Erkennungsmerkmal. Allerdings kommen diese auch in den Samen anderer *Prunus*arten (Pfirsich, Aprikose usw.) vor.

Abb. 50. Pfirsichkerne, natürliche Größe (Phot. C. GRIEBEL)

Mandelersatz. Die Kerne der verwandten *Prunus*arten: *Prunus armeniaca* L. Aprikose, *Prunus persica* BATSCH, Pfirsich, *Prunus domestica* L. Pflaume, Zwetschge gleichen den Mandeln in Bau und Inhalt. Sie enthalten auch Amygdalin, wie die bitteren Mandeln, jedoch weniger. Sie sind kleiner als die Mandeln und von verschiedener Form (Abb. 50 u. 51).

Pfirsichkerne sind viel flacher als Mandeln, nur etwa 2 mm dick, scharfrandig, breit-eiförmig bis herzförmig (Abb. 50).

Die *Steinzellen* in der Epidermis der Samenschale sind nach außen verschmälert, die *Außenwand* ist hier *stark verdickt, aber nicht getüpfelt* (Abb. 52 II).

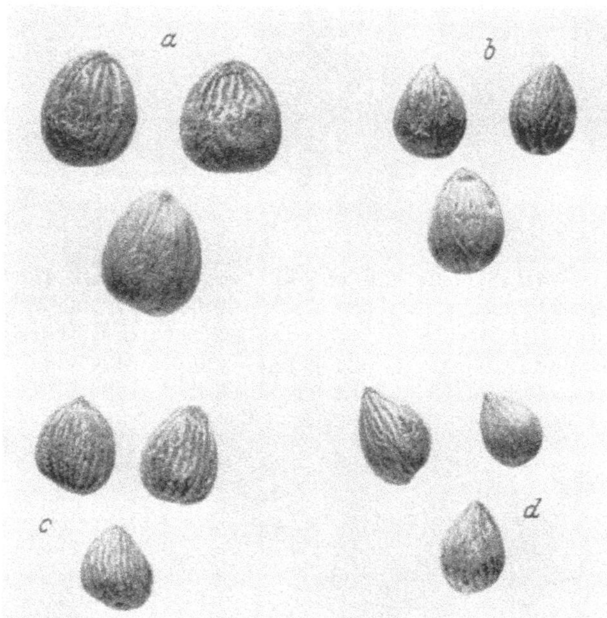

Abb. 51. a Kalifornische, b Levatiner, c chinesische, d indische Aprikosenkerne, natürliche Größe (Phot. C. GRIEBEL)

Aprikosenkerne (zur Bereitung von Persipan verwendet) sind oft herzförmig, mehr oder weniger abgeflacht, ziemlich glatt (Abb. 51). Die *Steinzellen* der Samenschale sind auch *an der stark verdickten Außenseite getüpfelt* (Abb. 52 III).

Pflaumenkerne sind eiförmig, dickbauchig und an den Kanten gerundet. Die Steinzellen der Samenschale sind kleiner als die des Pfirsichs, die Außenwände sind ähnlich jenen — und noch stärker — verdickt, aber *meist getüpfelt* (Abb. 52 IV).

Fehlt die Samenschale mit den Steinzellen, wie in marzipanähnlichen Zubereitungen, so ist eine Unterscheidung der Samen verschiedener Prunusarten auf mikroskopischem Wege nicht möglich.

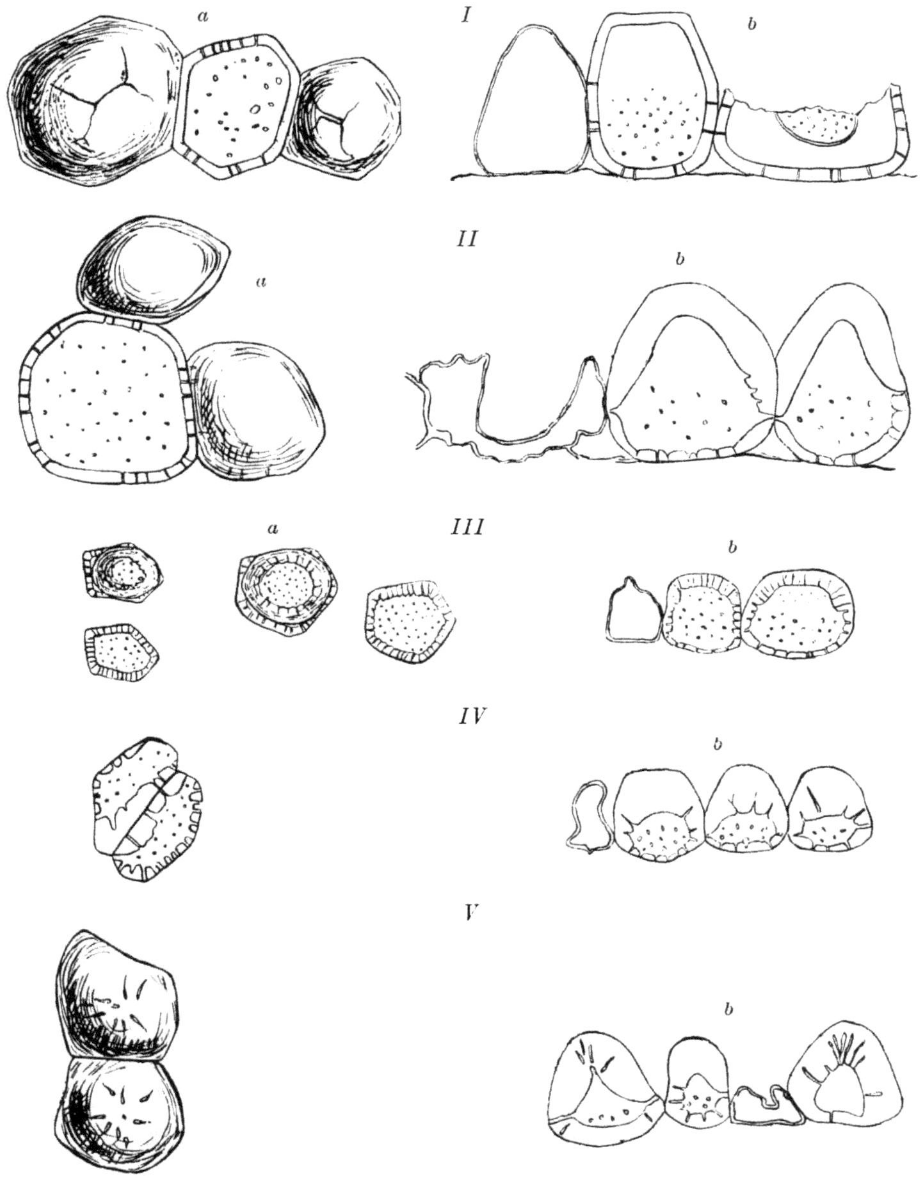

Abb. 52. Testaepidermiszellen der Mandel und mandelähnlicher Samen (E. HANNIG). I Mandel, II Pfirsich, III Aprikose, IV Reineclaude, V Zwetschge, a Flächenansicht bei hoher (schattiert) und bei tiefer Einstellung, b Querschnitt. Vergr. 1:300

Als Mandelersatz kommen außer den Samen anderer *Prunus*arten Samen von *Anacardium occidentale* L. (Kernel, Cashewkerne, S. 399) Erdnuß- (S. 388), Walnuß- (S. 397) und Haselnuß-Kerne (S. 395), Pineolen (S. 398) und Zirbelnüsse (S. 399) in Betracht.

Tabelle. *Übersicht über die Unterschiede der Steinzellen in der Samenschale der Mandeln und anderer Prunusarten*

Samen	Steinzellen im Querschnitt der Samenschale	Steinzellen in der Flächenansicht (Aufsicht) der Samenschale	Verhalten im polarisierten Licht
Mandeln	groß, rundlich-polygonal, gleichmäßig dünnwandig, untere Hälfte stark getüpfelt, oberer Teil unge-tüpfelt, oft verletzt	groß, rundlich-polygonal, dünnwandig mit stark getüpfelter Grundplatte, oberer Teil oft verletzt	nicht oder kaum aufleuchtend
Pfirsich-samen	groß, oval bis kegelförmig, im unteren Teil dünn-wandiger als im oberen, Tüpfelungen nur im unteren Teil und spärlich	mittelgroß, polygonal, Tüpfelung mäßig stark	nicht aufleuchtend
Aprikosen-samen	klein, fast kugelig, allseitig gleichmäßig stark verdickt und getüpfelt	klein, polygonal, stark getüpfelt	stark aufleuchtend
Pflaumen-samen	mittelgroß, kegelförmig, dickwandig, der äußere Teil kappenförmig verstärkt, Tüpfelung mäßig, aber allseitig	mittelgroß, polygonal, derbwandig, gleichmäßig getüpfelt, Tüpfel nach außen oft trichterförmig verbreitert	sehr stark aufleuchtend

Bucheckern. Die Früchte der Buche, *Fagus silvatica* L. sind *dreikantige, braune, feinbehaarte Nüßchen* (Abb. 53), die je zu zweien in einem verholzenden Fruchtbecher, der Kupula, sitzen.

Abb. 53. Bucheckern, natürliche Größe (Phot. C. GRIEBEL)

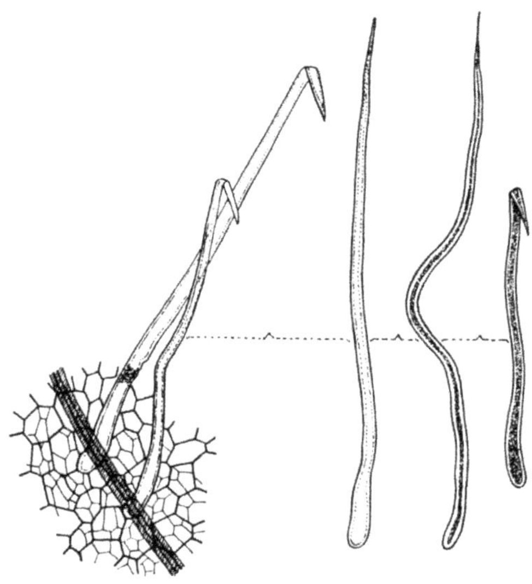

Abb. 54. *Fagus silvatica* L. Haare der inneren Oberhaut der Fruchtwand (Nach PFISTER)

Die Epidermis der Samenschale besteht aus polygonalen, mäßig verdickten Zellen, zwischen denen besonders am Scheitel *einzellige, meist dickwandige Haare mit gelbbraunem Inhalt* sitzen.

Auf die Epidermis folgen 5—10 Lagen *kleiner Steinzellen mit braunem Inhalt* und vereinzelten kleinen Kristallen. Auf die Steinzellschicht folgt braunes Parenchym aus derbwandigen, gestreckten Zellen. Zwischen ihnen verlaufen die

Gefäße. Ihnen liegen Gruppen von Fasern an, die von Kristallzellen begleitet werden. Die innere Epidermis der Fruchtwand trägt auch einzellige Haare, die lang, dünnwandig und oft gedreht sind, meist auch braunen Inhalt haben (Abb. 54).

Die braune Samenschale, der manchmal Haare der inneren Epidermis der Fruchtwand anhaften, besteht aus einer großzelligen Epidermis (bis $50\,\mu$ ⌀) und mehreren Schichten von Parenchymzellen, die äußeren sind dünnwandig und weitlumig, die inneren schmal und zusammengedrückt. Das Endosperm bildet eine einfache Aleuronschicht, die mit der Samenschale verwachsen ist.

Die Zellen des großen Keimlings enthalten Aleuronkörner mit Calciumoxalatdrusen, zuweilen auch kleinkörnige Stärke.

4. Charakteristische Faserschichten vorhanden

Mohn, *Papaver somniferum* L., kommt wild nicht vor, er stammt wahrscheinlich von dem mediterranen Borstenmohn, *Papaver setigerum* DC., ab. Der Mohn wird in 2 Varietäten, als blauer und weißer Mohn, vor allem in Mittel- und Südeuropa und in Vorderasien bis Indien gebaut. Außer in der Farbe der Samenschale unterscheiden sich die beiden Formen dadurch, daß die Kapseln des schwarzen Mohns sich bei der Reife öffnen (Schüttmohn), die des weißen Mohns geschlossen bleiben (Schließmohn, Ergebnis einer Auslese).

Abb. 55. Mohnsamen (A. L. WINTON). I Lupenbild, II Keimling

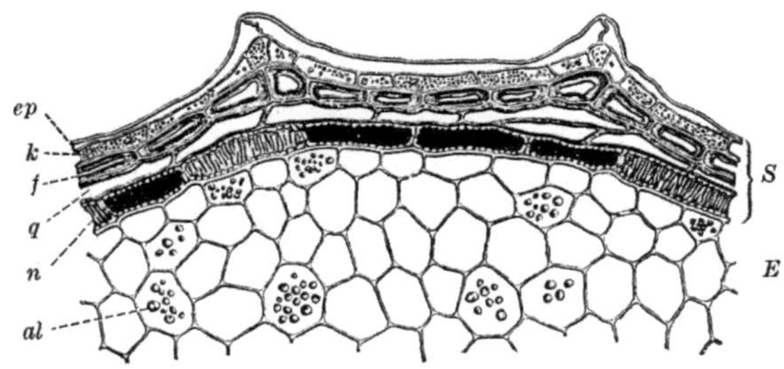

Abb. 56. Querschnitt des Mohnsamens (A. L. WINTON). S Samenschale mit der Oberhaut ep, der Krystallschicht k, der Faserschicht f, den Querzellen q und den Netzzellen n. E Nährgewebe mit Aleuron al

Die Samen sind ca. 1 mm groß, nierenförmig, die Oberfläche ist feingrubig (Abb. 55). Die mit der Lupe auf der Oberfläche des Samens deutlich sichtbaren Gruben entsprechen je einer großen Epidermiszelle. Diese großen Epidermiszellen sind dünnwandig, sie wären nicht mit der Lupe sichtbar, wenn nicht die Fasern einer darunterliegenden Sklerenchymschicht gerade unter den Wänden der großen Epidermiszellen höher wären. So werden an diesen Stellen die Epidermis und die unter der Epidermis liegende Schicht kleiner kristallsandführender Zellen emporgehoben (Abb. 56), ähnlich wie bei den Cruciferensamen durch Palisadensklereiden verschiedener Höhe (Abb. 4). Wie dort entsteht dadurch eine feingrubige Oberfläche, welche im Mikroskop als Maschennetz erscheint, das beim Mohn über dickwandigen *Fasern liegt* (Abb. 57).

Unter diesen Fasern folgt eine Zwischenschicht dünnwandiger Zellen und schließlich als *Abschluß der Samenschale* eine Schicht von Zellen, deren Wände ein zartes Netzwerk aufweisen. Diese *Netzzellen* enthalten beim „blauen Mohn" einen dunkelbraunen Farbstoff (Abb. 56n, Abb. 57n).

Endosperm und Keimling bestehen aus dünnwandigen Zellen, die Aleuronkörner, aber keine Stärke enthalten.

Im gepulverten Ölkuchen sind das *Maschenwerk über Fasern*, die über den Fasern liegenden *kleinen, mit vielen Kriställchen gefüllten Zellen* und die *Netzzellen* charakteristisch (Abb. 57).

Die giftigen, Hyoscyamin und Atropin enthaltenden Samen des Bilsenkrautes, die in Mohnsaat östlicher Herkunft vorkommen können, sind den Mohnsamen in Größe, Form und Struktur der Oberfläche ähnlich (Abb. 58). Die Oberfläche des Bilsenkrautsamens weist feine grubige Vertiefungen auf, die hier dem Umriß der großen Epidermiszellen mit welligen, dickwandigen Radialwänden entsprechen (Abb. 59). Die dünnen *Außenwände* der Epidermiszellen sind eingesunken, daher die feingrubige Oberfläche des Samens.

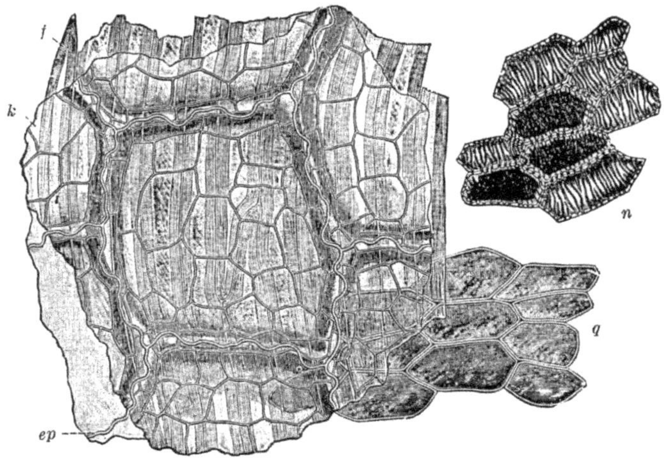

Abb. 57. Schalengewebe des Mohnsamens in der Flächenansicht (A. L. WINTON). ep Oberhaut, k Krystallschicht, f Faserschicht, q Querzellen, n Netzzellen

Lein. *Linum usitatissimum* L. Wie der Mohn, so ist auch der Lein nur als Kulturpflanze bekannt. Er stammt wahrscheinlich von einer mediterranen Wildart, dem mit dem Kulturlein reziprok kreuzbaren, schmalblättrigen Lein, *Linum angustifolium* L., ab, der in Vorderasien und im Mittelmeergebiet vorkommt. Die Kulturpflanze wird als kurzstengelige, großsamige Form (Öllein) und als langstengelige, kleinsamige Form (Faserlein) in allen Erdteilen angebaut.

Die Kapseln enthalten eiförmig abgeflachte, ca. 4 mm lange, glänzend tiefbraune Samen (Abb. 60).

Die *Epidermis* besteht aus breiten und hohen, geradwandigen Zellen, deren Wände bis zum fast völligen Schwinden des Lumens durch *Schleimschichten* verdickt sind. Darunter folgt eine Schicht rundlicher, derbwandiger Zellen (Rundzellen, Parenchymzellen), darauf eine Schicht dickwandiger, stark getüpfelter Fasern. Unter der *Faserschicht* folgt eine dünnwandige Zwischenschicht und dann, als Abschluß der Samenschale, die am meisten charakteristische Zellschicht der Samenschale, eine *Pigmentzellschicht*. Die geraden Wände der Pigmentzellen sind mäßig verdickt und deutlich getüpfelt, sie umschließen je einen goldbraunen Farbstoffkörper, der die Form des Zellumens hat (Abb. 61).

Die Gewebe des Endosperms und des großen Keimlings (Abb. 60) sind dünnwandig, sie enthalten keine Stärke.

Im *Leinkuchenpulver* fallen vor allem Stücke der *Pigmentzellschicht* und der *Faserschicht*, oft in Verbindung mit der *Parenchym* (Ringzellen)-*schicht*, auf. Reichlich ist dazu dünnwandiges Endosperm- und Keimlingsgewebe zu sehen. Man erkennt auch die großzellige Schleimepidermis und einzelne Farbstofftäfelchen. die aus *Pigmentzellen* ausgefallen sind (Abb. 62).

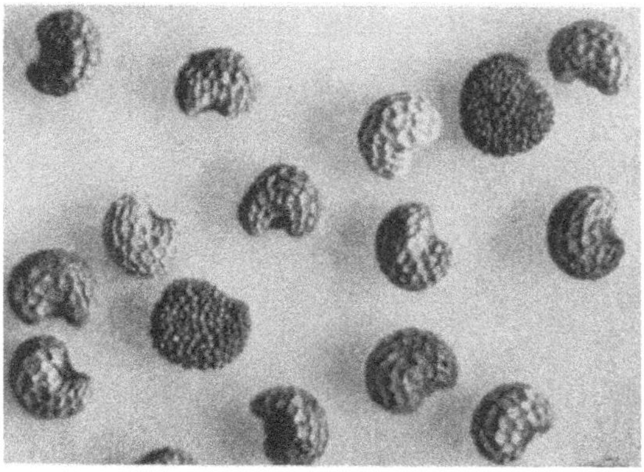

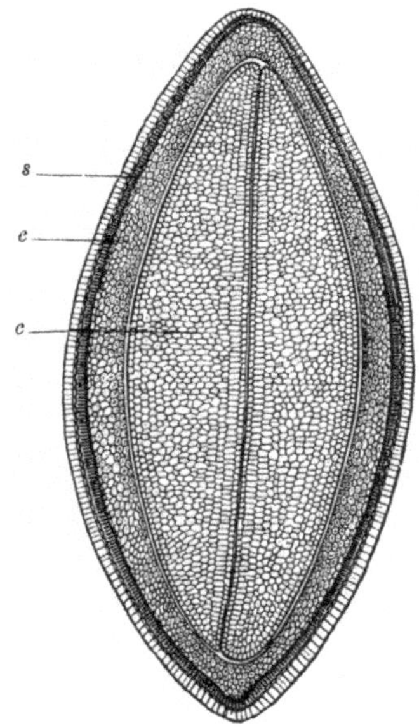

Abb. 60

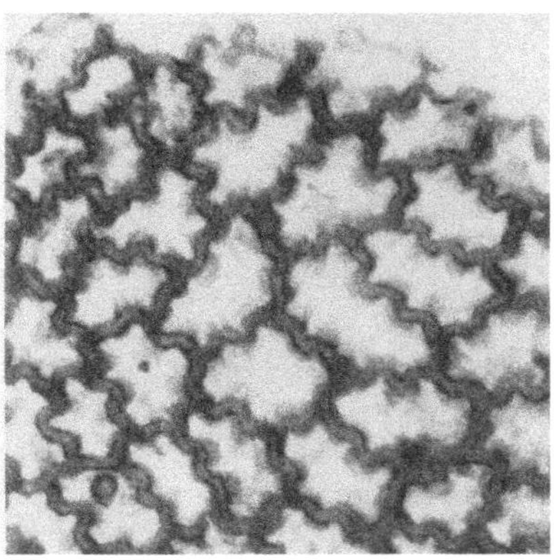

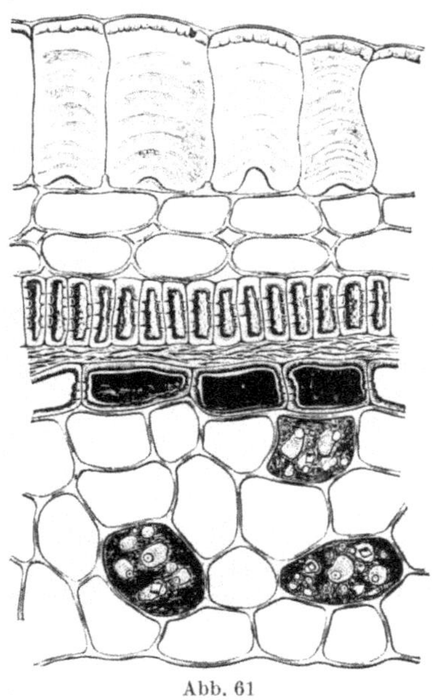

Abb. 61

Abb. 58. Mohn mit Bilsenkrautsamen. Vergr. 1:12 (Phot. C. GRIEBEL)

Abb. 59. Oberhaut des Bilsenkrautsamens in der Flächenansicht. Vergr. 1:140 (Phot. C. GRIEBEL)

Abb. 60. Leinsamen im Querschnitt: c Keimblätter, e Endosperm, s Samenschale. Vergr. 1:15 (J. MOELLER)

Abb. 61. Leinsamenschale im Querschnitt (J. MOELLER)

Kompositenfrüchte. Die Früchte der ölliefernden Korbblütler (Sonnenblume, Saflor, Ölmadie, Nigersaat) sind einsamige Schließfrüchte, deren Fruchtwand mit der Samenschale verwachsen ist. Für die Kompositenfrüchte sind erstens die *Faserschichten* charakteristisch, welche in mehreren, manchmal vielen Lagen übereinander vorkommen, zweitens *schwarze, kohlenstoffreiche Massen*, welche *zwischen* die Zellagen, anschließend an die Faserschicht, ausgeschieden werden (Phytomelan). Das unregelmäßige Phytomelangerüst wird isoliert, wenn man Schnitte der Fruchtwand in Wiesners Chromschwefelsäuregemisch[1] einen Tag liegen läßt. Die pflanzlichen Gewebe werden dann vollständig zerstört, während das unregelmäßig netzartig ausgebreitete Phytomelan unversehrt erhalten bleibt (Abb. 63). Das spärliche Nährgewebe und der Keimling sind stärkefrei.

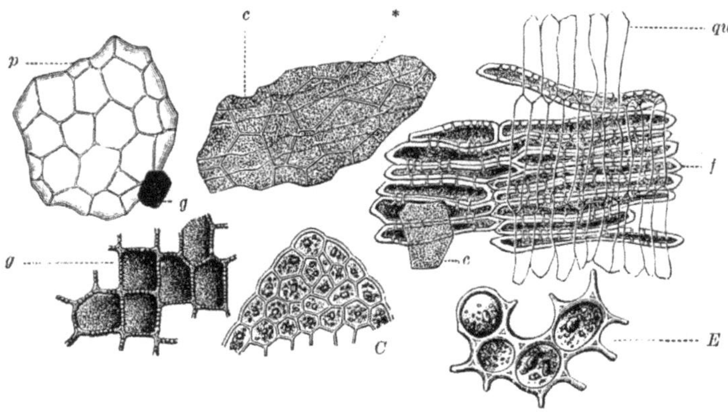

Abb. 62. Gewebe des Leinsamens in der Flächenansicht (J. MOELLER). p Oberhaut, c Cuticula mit Rissen*, E Parenchym, f Faserschicht, qu Querzellen, g Pigmentschicht, C Keimblatt

Sonnenblume, *Helianthus annuus* L. Die aus Nordamerika stammende Sonnenblume (Wildform wahrscheinlich *Helianthus lenticularis* DOUGLAS) wird in Südost- und Südeuropa, Ägypten, Kleinasien, Indien und Amerika angebaut. In Ungarn ist sie z. Z. die wichtigste Ölpflanze, deren Ölgehalt durch Züchtung wesentlich gesteigert wurde. Es gibt schwarzgrau-, gestreift- und weißfrüchtige Varietäten, die sich durch das Auftreten, die Menge und die Verteilung des Phytomelans unterscheiden (Abb. 64).

Zwischen *gestreckten*, getüpfelten Zellen der Oberhaut liegen zu zweit kurze Zellen, welche Zwillingshaare tragen, die aus zwei, fast bis zur Spitze verwachsenen, bis 0,5 mm langen Zellen bestehen (Abb. 65). Sie gehören einem Haartypus aus zwei und mehr nebeneinander liegenden Zellen an, der in verschiedener Form häufig bei Kompositen vorkommt.

Unter der Epidermis liegt eine Hypodermis aus rechteckigen, schmalen Zellen in mehreren, regelmäßig hintereinander angeordneten Lagen (Abb. 66).

Die nächste Zellschicht bilden *große Faserbündel* (Abb. 66 u. 67), die bis zu 10 Lagen mit einem Durchmesser bis zu 0,6 mm bilden können. Sie sind durch markstrahlähnliche Reihen dünnwandiger Zellen getrennt. Zwischen Hypoderm und Faserschicht wird das Phytomelan (vgl. oben) ausgeschieden.

Innerhalb der Faserschicht liegt dünnwandiges, intercellularenreiches Parenchym, das eine papierartige Schicht bildet.

Die Samenschale stellt mit dem aus 1—2 Zellagen bestehenden Endosperm eine zarte Membran dar (Abb. 68). Die Kotyledonen (Abb. 69) enthalten 3—12 μ große Aleuronkörner.

Saflor, Färberdistel, *Carthamus tinctorius* L. Die Färberdistel stammt wahrscheinlich aus Vorderasien und wird besonders dort und in Südeuropa, neuerdings bevorzugt in USA, angebaut. Die Früchte (Curdee), gleichen in der Form denen der Sonnenblume, sind aber kleiner (ca. 7—8 mm) (Abb. 70).

[1] Konzentrierte wässerige Kaliumdichromatlösung wird mit Schwefelsäure versetzt und soviel Wasser hinzugesetzt, daß die sich ausscheidende Chromsäure in Lösung bleibt.

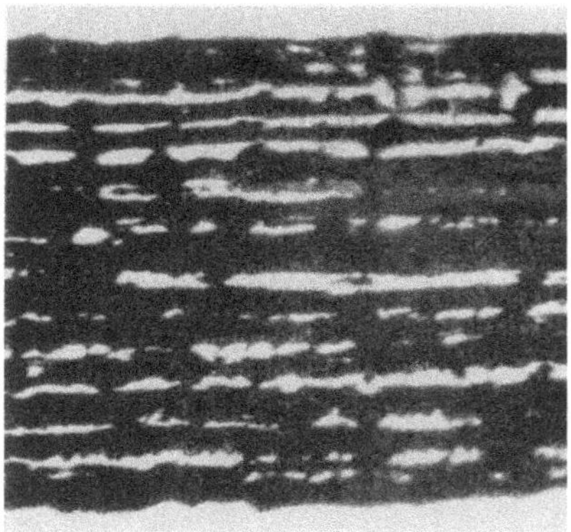

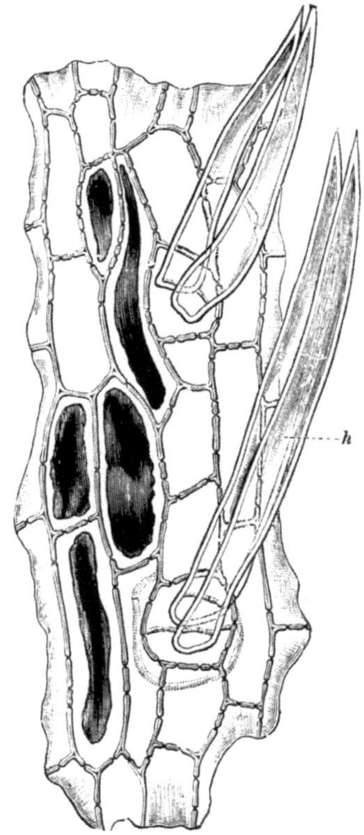

Abb. 65

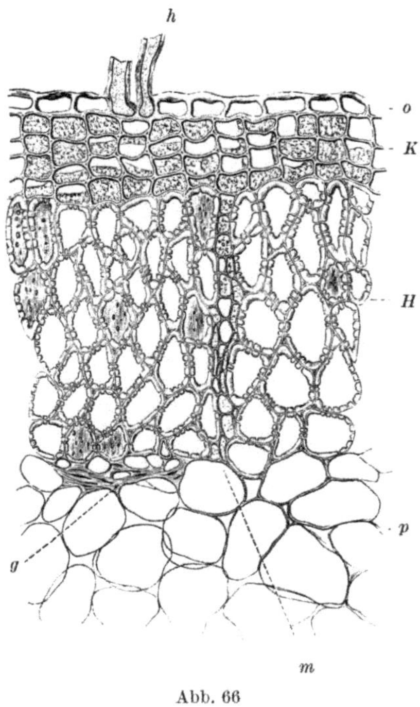

Abb. 66

Abb. 63. Phytomelanschicht aus der Fruchtschale der Sonnenblume isoliert. Vergr. 1:220 (Phot. C. GRIEBEL)

Abb. 64. Sonnenblumenfrüchte in natürlicher Größe (Phot. C. GRIEBEL)

Abb. 65. Fruchtoberhaut der Sonnenblume (dunkelfrüchtige Form) mit den Haaren h, die Zellen z. T. mit dunkel gefärbtem Inhalt (J. MOELLER)

Abb. 66. Fruchtschale der Sonnenblume (hellfrüchtige Varietät) im Querschnitt (J. MOELLER). o Oberhaut mit den Haaren h, K Hypoderm, H Faserschicht mit dem Zwischenparenchym m, p Parenchym mit dem Leitbündel g

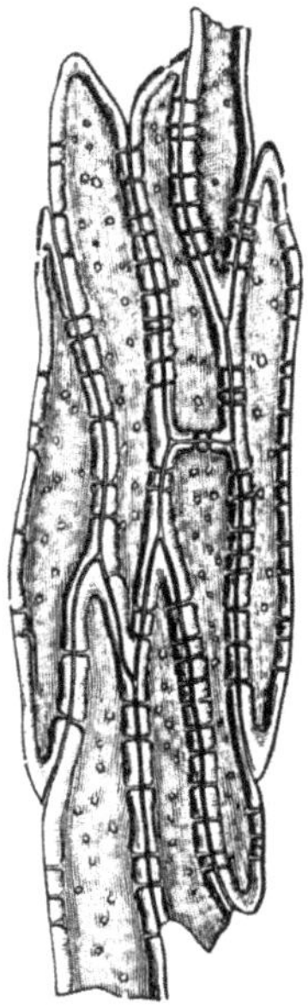

Abb. 67

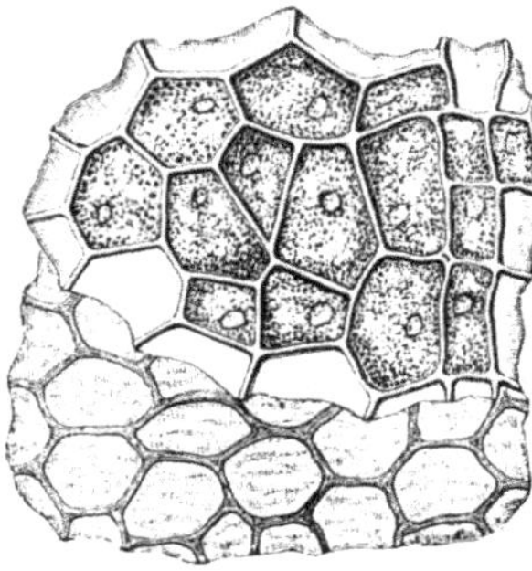

Abb. 68

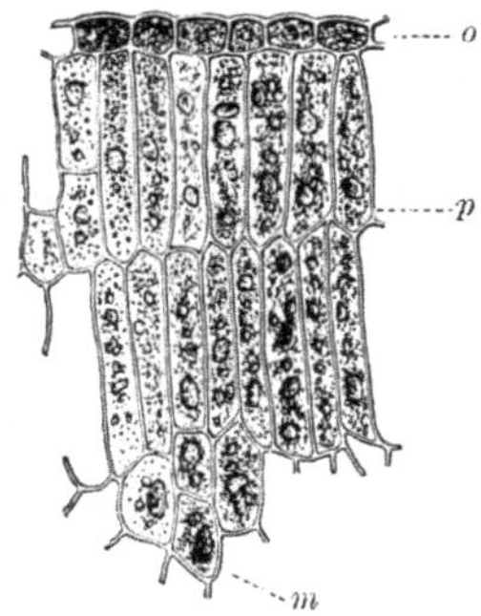

Abb. 69

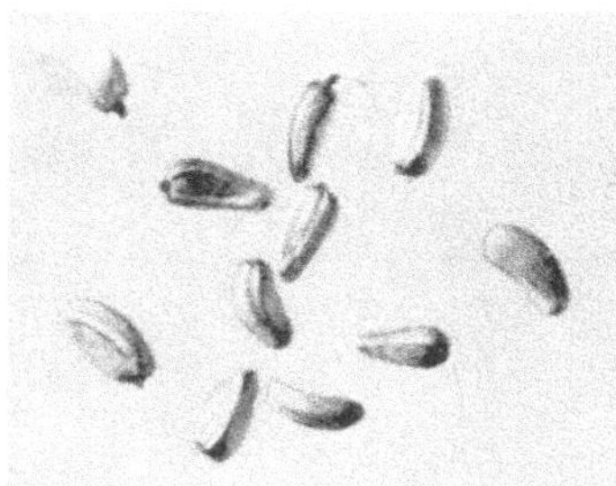

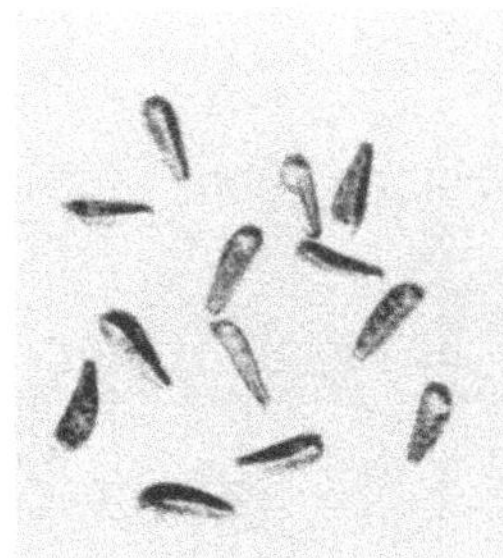

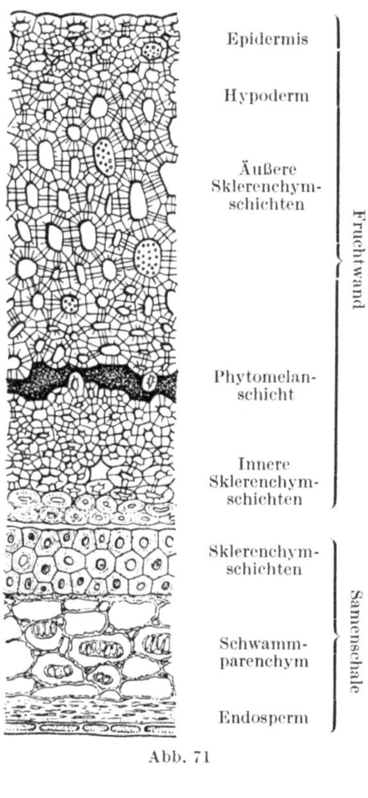

Abb. 71

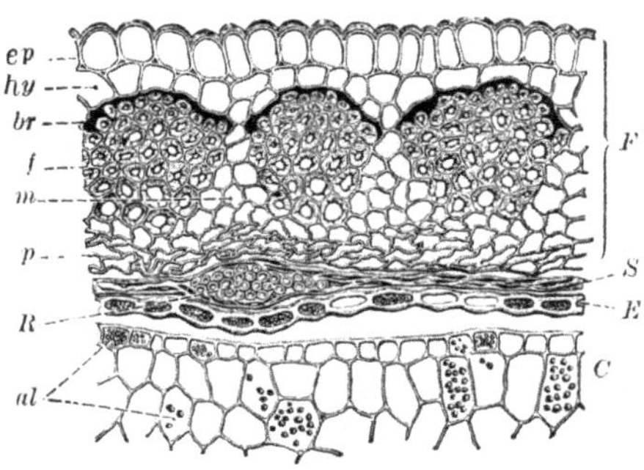

Abb. 73

Abb. 67. Fasern aus der Sonnenblumenschale (Abb. 63, H) (J. MOELLER)

Abb. 68. Samenhaut (unten) und Nährgewebe (oben) der Sonnenblume (J. MOELLER)

Abb. 69. Keimblattgewebe der Sonnenblume (J. MOELLER). o Epidermis, p Palisaden, m Mittelschicht

Abb. 70. Saflorfrüchte, natürliche Größe (Phot. C. GRIEBEL)

Abb. 71. Querschnitt durch Fruchtwand und Samenschale der Saflorfrucht. Vergr. 1:200. (Aus G. GASSNER: Mikroskopische Untersuchung pflanzlicher Nahrungs- und Genußmittel)

Abb. 72. Früchte der Ölmadie, natürliche Größe (Phot. C. GRIEBEL)

Abb. 73. Querschnitt der Madiafrucht (A. L. WINTON). F Fruchtschale, S Samenschale, E Nährgewebe, C Keimblatt, R Leitbündel. Die Bedeutung der übrigen Buchstaben wie Abb. 76

Die Epidermis trägt *keine Haare*. Sie ist wie die *ganze Fruchtwand sklerotisiert* (Abb. 71). Die Phytomelanschicht liegt hier zwischen zahlreichen Lagen reich getüpfelter Fasern. Auch die Epidermiszellen sind allseitig getüpfelt. Die äußeren Schichten der Samenschale sind ebenfalls sklerotisiert, die inneren bilden ein intercellularenreiches Parenchym, dessen Zellen große, gruppenweise angeordnete Tüpfel aufweisen.

Ölmadie, *Madia sativa* MOLINA. Die Ölmadie kommt in Chile und im westlichen Nordamerika vor und wird in Amerika und Südeuropa angebaut. Die Früchte sind 4—8 mm lang, ca. 2 mm dick, gerippt, unten spitz, meist hellgrau, zuweilen fast schwarz (Abb. 72).

Die Epidermiszellen sind gestreckt und getüpfelt. Die Phytomelanschicht befindet sich hier unter einer meist einschichtigen Hypodermis. Auf sie folgen die Bündel der *Fasern* (Länge bis 1 mm), die durch Parenchymgruppen getrennt sind, welche sich nach innen keilförmig verbreitern (Abb. 73).

Die Samenschale besteht aus einer Parenchymschicht und *unregelmäßig geformten, fein porösen Zellen* (Abb. 74 sc). Mit ihr ist das Endosperm verwachsen, das aus einer einfachen Aleuronschicht besteht. Die Aleuronkörner des Keimlings sind 2—6 μ groß.

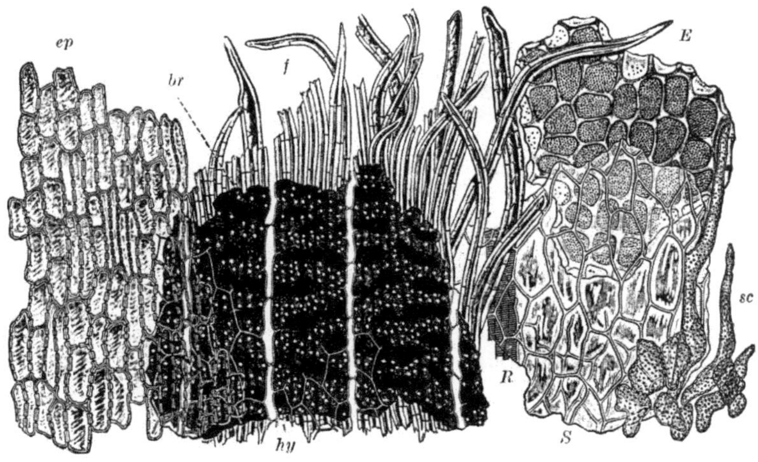

Abb. 74. Gewebe der Madiafrucht in der Flächenansicht (A.L. WINTON). sc getüpfelte Zellen der Samenschale. Die übrigen Buchstaben haben dieselbe Bedeutung wie in Abb. 76

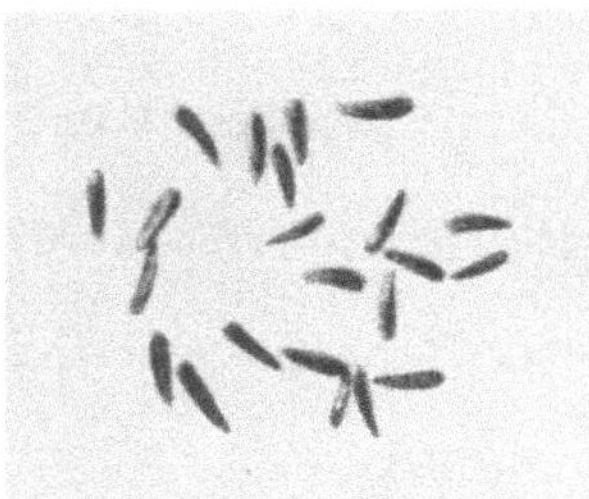

Abb. 75. Nigersaat, natürliche Größe (Phot. C. GRIEBEL)

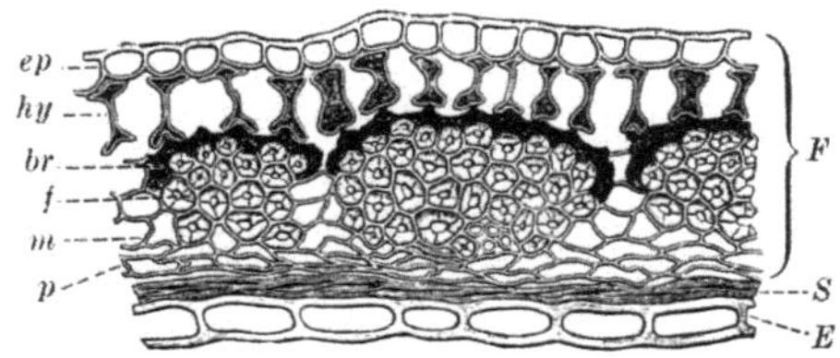

Abb. 76. Querschnitt des „Nigersamens" (A.L. WINTON). F Fruchtschale mit der Oberhaut ep, dem Hypoderm hy, der Phytomelanschicht br, den Faserbündeln f, dem Zwischenparenchym m, dem kollabierten Parenchym p, S Samenschale, E Nährgewebe

Die Preßkuchen der Ölmadie (Abb. 74) unterscheiden sich durch die unregelmäßig mehr oder weniger gestreckten oder abgerundeten, porösen Zellen der Samenschale von den übrigen Ölfrüchten der Kompositen.

Nigersaat von *Guizotia abyssinica* (L.f.) CASS. wird in Indien und Abessinien angebaut. Die Früchte gleichen den Früchten der Ölmadie, sind aber nur bis etwa 5 mm lang, 1 mm breit und stets schwarz (Abb. 75).

Die Epidermiszellen sind länger als bei der Ölmadie und nicht getüpfelt. Die Gestalt der Hypodermiszellen erinnert an die Trägerzellen der Leguminosen, sie enthalten einen braunen Inhalt, der — neben der Phytomelanschicht — die dunkle

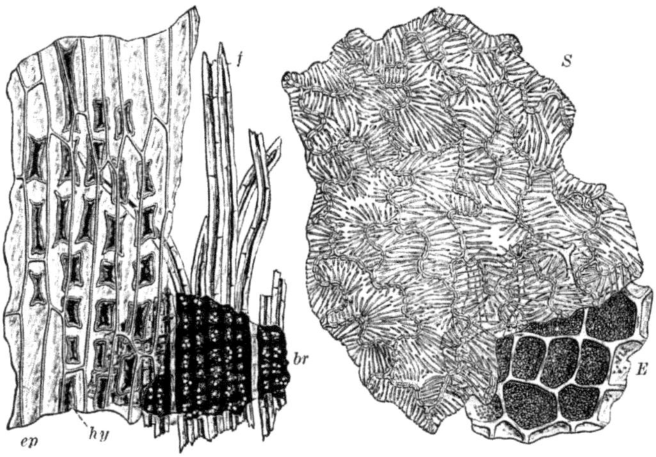

Abb. 77. Gewebe des „Nigersamens" in der Flächenansicht (A. L. WINTON). Die Buchstaben haben dieselbe Bedeutung wie in Abb. 76

Farbe der Samen bedingt. Auf die Phytomelanschicht folgen *Faserbündel*, die durch Parenchym getrennt und kleiner als die Faserbündel der Ölmadie sind (Abb. 76).

Die äußere Schicht der Samenschale besteht aus einer Schicht von *welligen* Zellen mit *zarten, leistenförmigen Verdickungen* (Abb. 77).

5. Samen, die andere charakteristische Zellschichten der Samenschale aufweisen

Erdnuß. *Arachis hypogaea* L., Fam. Papilionaceae. Wahrscheinlich stammt die Erdnuß aus Zentralbrasilien. Verwandte Wildarten sind *Arachis prostrata* BENTH. und A. *sylvestris* A. CHEV., die in Brasilien vorkommen. Die Erdnuß wird in den Tropen und Subtropen, vor allem in Afrika (besonders Westafrika), Indien, China, in den Vereinigten Staaten und Mexiko kultiviert.

Die gelblichen, netzig-runzeligen, zwischen den Samen eingeschnürten Hülsen der Erdnuß enthalten 1—3 eirunde, braune Samen, die je nach der Varietät ca. 1—2,5 cm lang, oben zugespitzt, unten abgerundet oder abgestutzt sind (Abb. 78).

Die Wand der Hülse besteht größtenteils aus Fasern, die dickwandig, deutlich getüpfelt und ganz unregelmäßig gestaltet sind. Vor allem sind sie oft an den Enden gegabelt oder bilden seitliche Fortsätze und Äste (Abb. 79). Das Rippennetz wird besonders von Fasern mit einseitig oder zweiseitig rechtwinklig abgehenden Fortsätzen gebildet. Das Parenchym der Fruchtwand ist teilweise intercellularenreich und schwammig, die Wände des inneren Parenchyms sind dick und weisen zahlreiche große Tüpfel auf (Abb. 79 rechts).

Der Bau der Samenschale weicht stark von dem gewöhnlichen Bau der Samenschale von Leguminosen ab (z. B. der Sojabohne Abb. 15). Die Epidermis besteht aus isodiametrischen, geradwandigen Zellen, deren Außen- und Seitenwände verdickt und von weiten Tüpfelkanälen durchsetzt sind (Abb. 80 aep).

So sieht die Zellwand in der Aufsicht sägezahnartig aus (Abb. 81). Auf diese charakteristische Epidermis folgt dünnwandiges Parenchym, das nach innen in intercellularenreiches Gewebe aus mehr und mehr sternförmigen Zellen übergeht.

Die großen Keimblätter enthalten neben Aleuronkörnern (ca. 5 μ) auch Stärke (5—15 μ).

Abb. 78. Frucht und Samen der Erdnuß, natürliche Größe (Phot. C. GRIEBEL)

Sesam. *Sesamum indicum* L., Fam. Pedaliaceae ist eine alte Kulturpflanze aus dem tropischen Afrika, wo andere Sesamarten (*S. radiatum* SCHUM., *S. alatum* THONN.) wild und angebaut vorkommen. Sesam wird in den Tropen und Subtropen, besonders in Westafrika, Ägypten und in Asien, von der Türkei bis Japan kultiviert.

Die Samen sind flach, eiförmig, 2—3 mm lang, gelbbraun-schwarz, an den Seiten undeutlich gerippt (Abb. 82).

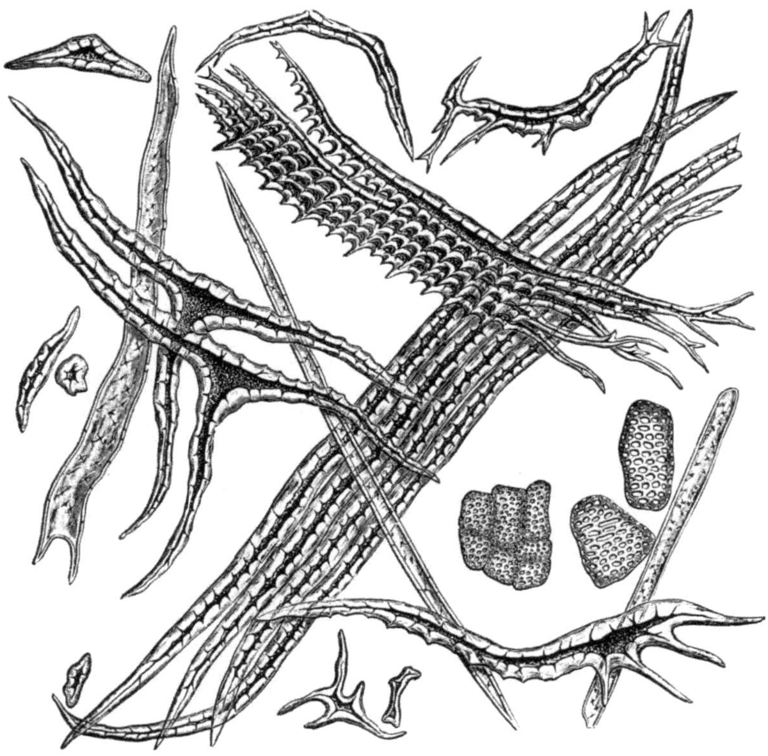

Abb. 79. Durch Maceration isolierte Elemente der Erdnußschale (A.L. WINTON)

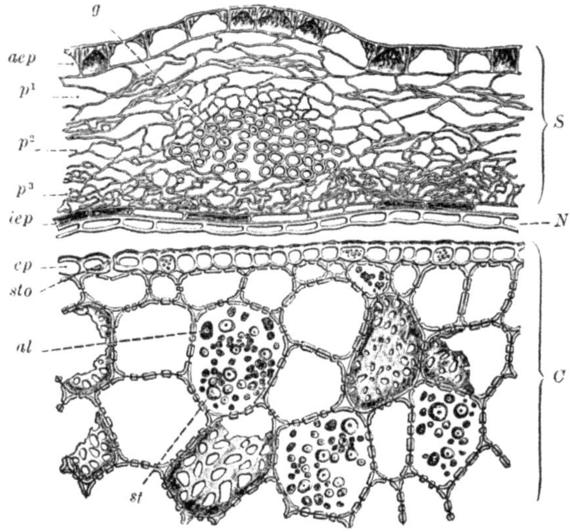

Abb. 80. Querschnitt des Erdnußsamens (A. L. WINTON). S Samenschale mit der beiderseitigen Oberhaut aep und iep, dem Parenchym p¹, p², p³ und dem Leitbündel g. N Nährgewebe, C Keimblatt mit der Oberhaut ep, einer Spaltöffnung sto, Aleuronkörnern al, Stärke st

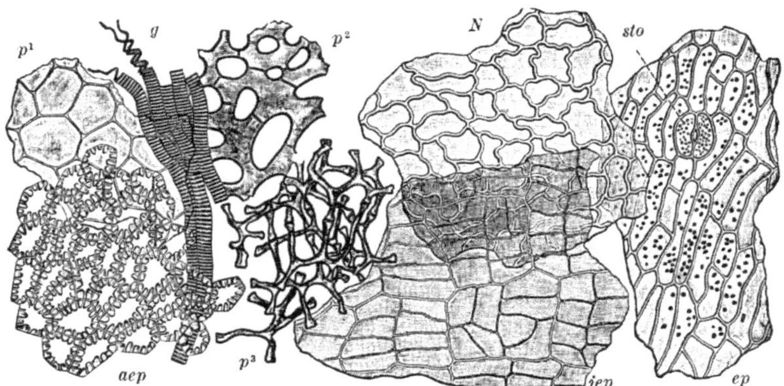

Abb. 81. Samengewebe der Erdnuß in der Flächenansicht (A. L. WINTON). Die Buchstaben haben dieselbe Bedeutung wie in Abb. 80

Abb. 82. Helle und schwarze Samen von *Sesamum indicum* L., 5fach vergrößert (Phot. C. GRIEBEL)

Besonders charakteristisch ist die Epidermis der Samenschale, die aus aufrechten, *palisadenförmigen, dünnwandigen Zellen* besteht, die am äußeren Ende je eine große, sphärische *Calciumoxalatdruse* enthalten. An den Rippen sind die Epidermiszellen größer und frei von Calciumoxalat (Abb. 83).

Auf die Epidermis folgen 2 flache, zusammengedrückte Zellschichten, von denen die innere gelblich gefärbt ist. Mit der Samenschale ist das Endosperm verwachsen, das aus 2—5 Zellagen besteht, die äußeren haben stark verdickte Wände. Die Aleuronkörner des Endosperms sind 2—6 μ groß. Der große Keimling hat bis 10 μ große Aleuronkörner, die ein Kristalloid oder Globoid enthalten.

Im Preßkuchenpulver sieht man gewöhnlich die Epidermis von oben, die Calciumoxalatsphärite also nebeneinander in den Epidermiszellen (Abb. 84). Samen von Sesamum radiatum lassen sich an Schalenstückchen dadurch nachweisen, daß sich hier die Oxalatsphärite auf der Innenseite der Epidermiszellen befinden.

Pistazie, *Pistacia vera* L., Fam. Anacardiaceae. Ihre Heimat ist Vorderasien, dort und im ganzen Mittelmeergebiet, besonders im östlichen, wird sie viel gepflanzt. Die grünen Samen, Pistazien, Pistazien-Mandeln, syrische Nüsse oder Aleppoнüsse werden besonders im Orient gern, auch gesalzen, gegessen. Sie kommen in den halb aufgesprungenen, gelbbraunen, glatten Steinschalen in Verkehr. In der Konditorei werden sie ähnlich den Mandeln verwendet.

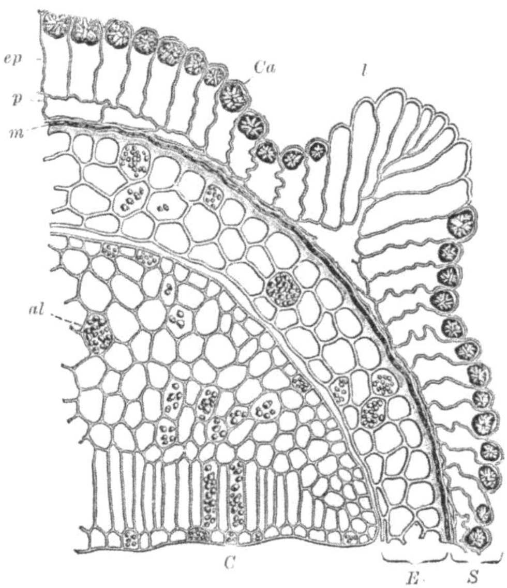

Abb. 85. Pistazien, natürliche Größe (Phot. C. GRIEBEL)

Abb. 83. Sesam im Querschnitt (A. L. WINTON). S Samenschale mit Calciumoxalatsphäriten Ca, E Nährgewebe, C Keimling. Die Erklärung der anderen Buchstaben vgl. im Text

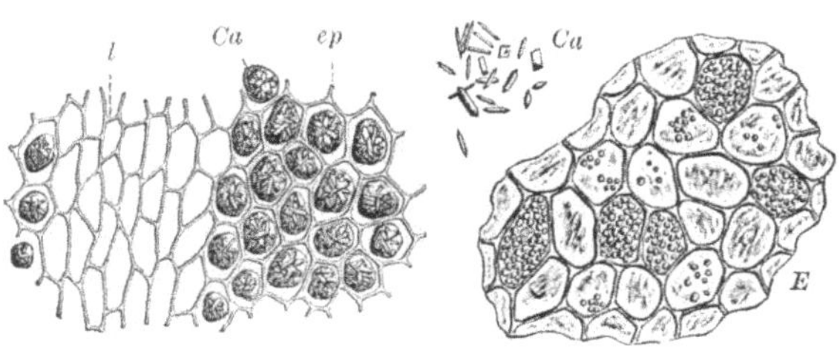

Abb. 84. Sesamgewebe in der Flächenansicht (A. L. WINTON). Ca Calciumoxalatsphärite

Die Samen sind ca. 1,8—2 cm lang, ca. 1 cm dick, auf dem Rücken gekielt und dunkelrot (Abb. 85).

Die Samenschale ist auf der gewölbten Rückenseite viel stärker ausgebildet als auf der Bauchseite. Unter der polygonalen Epidermis befindet sich auf der Rückenseite ein zartwandiges Parenchym, das von Gefäßen durchzogen wird und einen wasserlöslichen roten Farbstoff enthält, der sich mit Alkalien grün färbt. Die Innenschichten sind zusammengefallen, mit der 1—2reihigen Aleuronschicht des Endosperms verwachsen.

Auf der Bauchseite ist die Samenschale sehr dünn. Die innere Epidermis derselben besteht hier aus sehr *kleinen Zellen* (Durchmesser 7—15 μ), deren *Wände* dicht und regelmäßig getüpfelt sind und deshalb *perlschnurförmig aussehen*. Diese Zellschicht ist besonders charakteristisch (Abb. 86).

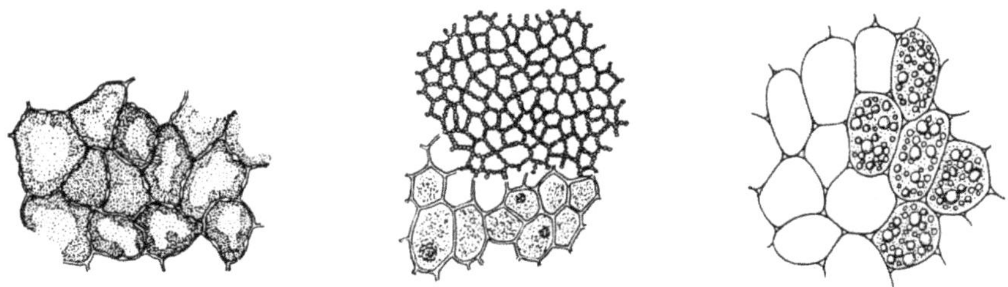

a b c

Abb. 86. *Pistacia vera* L. a äußere Epidermis der Samenschale, b innere Samenschalenelemente der Nabelseite, c Kotyledonarzellen mit Aleuron. Vergr. 1:200. (Aus G. GASSNER: Mikroskopische Untersuchung pflanzlicher Nahrungs- und Genußmittel)

Die großen Keimblätter sind an der Peripherie grünlich, sie enthalten meist kleine Aleuronkörner (3—5 μ), vereinzelt größere (8—12 μ), manchmal auch spärlich kleinkörnige Stärke.

Werden Pistazien durch grüngefärbte Mandeln ersetzt, so erkennt man diese an den zahlreichen, winzigen, rosettenförmigen Calciumoxalatdrusen, die im Keimblattgewebe der Mandeln vorkommen. Sie sind Einschlüsse der Aleuronkörner und werden im entfetteten Gewebe nach kurzem Aufkochen des Präparats in Chloralhydratlösung sichtbar.

II. Fruchtwand und Samenschale fehlen oder sind wenig charakteristisch, daher Unterscheidung auf Grund der Speichergewebe von Endosperm oder Embryo

1. Hauptsächlich derbwandiges Endosperm vorhanden

Mächtiges Endosperm und kleiner Keimling sind für die Samen der Palmen und anderer Monokotyledonen charakteristisch.

Als Ölfrüchte bzw. Ölsamen werden die Samen der Cocospalme, die Früchte und Samen der Ölpalme und die Samen der Babassúpalme verwendet.

Die **Cocospalme,** *Cocos nucifera* L., ist wahrscheinlich in Indonesien oder Polynesien zuhause und wird dort und vielfach auch sonst in den Tropen gepflanzt.

Die Frucht ist eine Steinfrucht mit wasserdichtem, glatten Exokarp, faserigem Mesokarp und einer dicken Steinschale als Endokarp, das einen 10—12 cm großen Samen enthält (Abb. 87). Dieser besteht fast nur aus Endosperm. Es kommt geschnitten als Kopra in den Handel, aus der das Cocosfett gewonnen wird. Geraspelte Cocoskerne finden in der Konditorei Verwendung (Cocosmakronen).

Der Same ist von einer dünnen, braunen Schale bedeckt, die einerseits den Endokarp, andererseits dem Samenkern angewachsen und von Gefäßsträngen durchzogen ist. Das Endosperm bildet einen weißen ca. 1—2 cm dicken, festen

Hohlkörper, der in unreifen Früchten eine milchige Flüssigkeit (Cocosmilch, Cocoswasser) enthält, die während der Reifung des Samens allmählich verschwindet. Aus der Cocosmilch, in der viele Endospermzellen und Endospermkerne suspendiert sind, bildet sich vom oberen Pol abwärts fortschreitend das feste Endosperm.

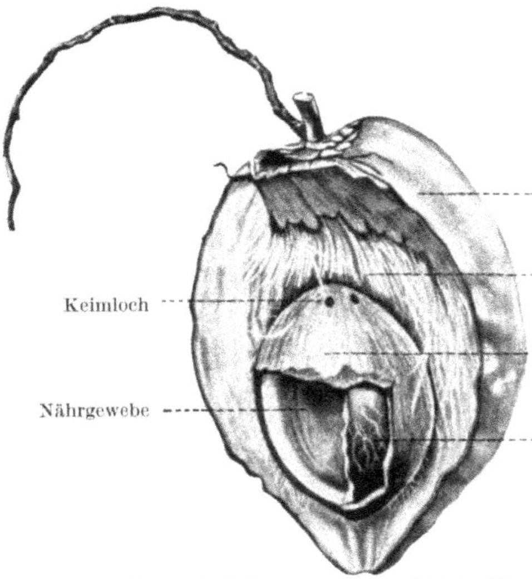

Abb. 87. Aufgebrochene Cocosnuß (A. L. WINTON)

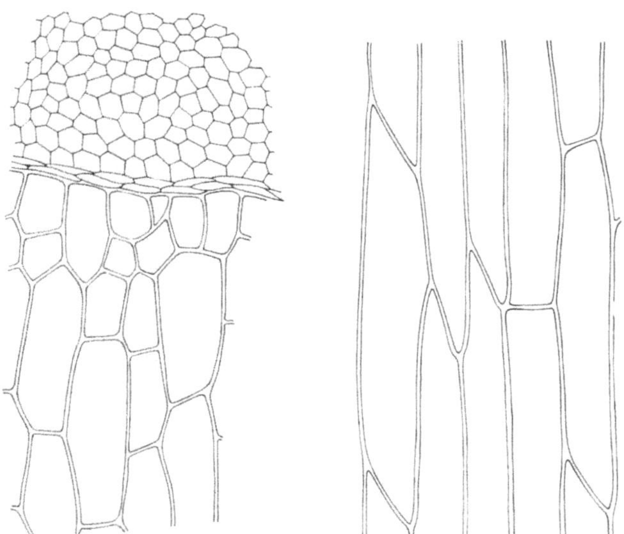

Abb. 88. Kopra, quer. Links: Samenschale und äußere Schichten des Endosperms. Rechts: Innere Schichten des Endosperms, Zellen radial gestreckt. Vergr. 215 ×, *Orig.* K. STAESCHE

Die braune Samenschale besteht aus parenchymatischen Zellen, die teilweise etwas gestreckt und deutlich getüpfelt sind.

Die Endospermzellen sind in den äußeren Lagen etwa isodiametrisch, ca. 50 μ groß, in den inneren Lagen sind sie *stark radial gestreckt* bis ca. 300 μ lang (Abb. 88).

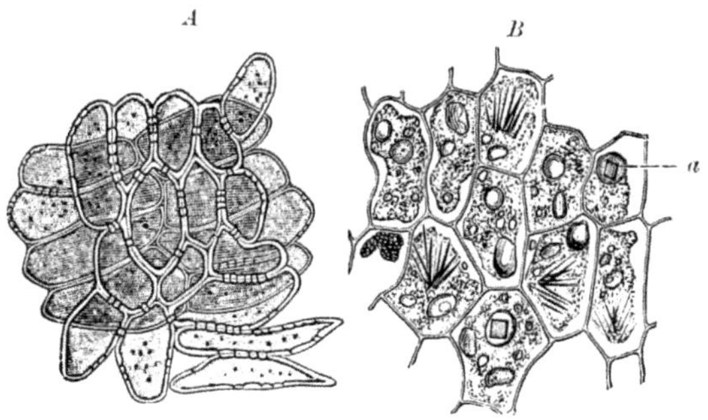

Abb. 89. Nährgewebe mit Fett und Aleuron (a)

Abb. 90. Früchte der Ölpalme, natürliche Größe (Phot. C. GRIEBEL)

Abb. 91. Samen der Ölpalme, natürliche Größe (Phot. C. GRIEBEL)

Abb. 93. Samen der Babassúpalme (*Orbignya martiana Barb. Rodr.*), natürliche Größe (Phot. C. GRIEBEL)

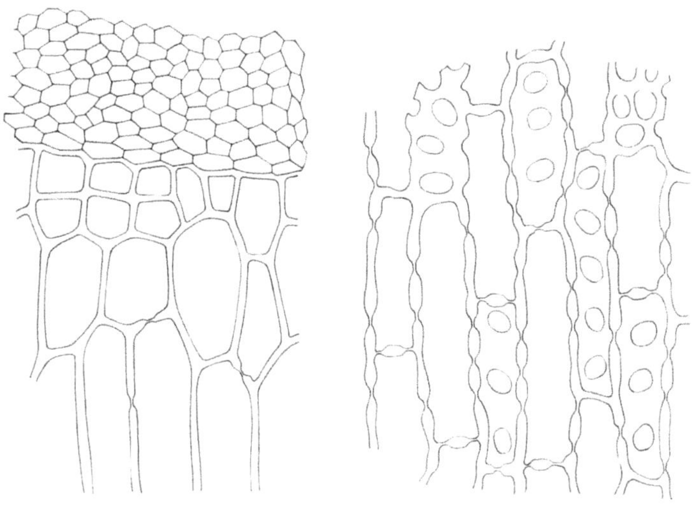

Abb. 92. Palmkern, quer. Links: Samenschale und äußere Schichten des Endosperms. Rechts: Innere Schichten des Endosperms, Zellen radial gestreckt, Wände mit großen Tüpfeln. Vergr. 215 ×, *Orig.* K. STAESCHE

Die Wände sind ca. 3 μ dick und weisen *selten Tüpfel* auf. Die großen Aleuronkörner enthalten je 1—25 μ großes Kristalloid (Abb. 89).

Die **Ölpalme,** *Elaeis guinensis* JACQUIN, stammt aus dem westlichen tropischen Afrika und wird heute zunehmend in den altweltlichen Tropen, besonders in Afrika, angepflanzt. Sie hat eiförmige, etwas abgeflachte, nur ca. 2.5 cm große Früchte (Abb. 90), deren Mesokarp aus zähfaserigem, ölhaltigem Fruchtfleisch besteht. Das Endokarp ist auch hier ein Steinkern, der den ölreichen Samen einschließt (Abb. 91). Das aus dem Fruchtfleisch gewonnene Öl heißt Palmöl, das Fett des Samens wird als Palmkernöl bezeichnet.

Die Samenschale besteht aus mehreren sich kreuzenden Lagen dünnwandiger brauner Zellen, denen außen noch Steinzellen des Endokarps anhaften können.

Das Endosperm besteht aus Zellen, deren *Wände* wesentlich *dicker* als die der Kopra und besonders innen *deutlich getüpfelt oder knotig verdickt* sind (Abb. 92).

Die **Babassúpalme,** *Orbignya martiana* BARB. RODR. und andere Orbignya-Arten. Sie ist im östlichen Brasilien weit und oft in dichten Beständen verbreitet. Bisher wird sie nicht angebaut. Die Frucht ist eine 8—15 cm lange, 5—7 cm breite, elliptische Steinfrucht, deren dicke Steinschale mehrere Samen umschließt (Abb. 93).

Das Endosperm der Babassúsamen weist in den inneren Schichten zahlreiche große Tüpfel auf (Abb. 94).

2. Reichlich, meist fast ausschließlich, zartwandiges Keimlingsgewebe vorhanden

Haselnüsse. Haselnüsse sind die Früchte (Nüsse) von *Corylus avellana* L., Fam. *Betalaceae*. Der Haselstrauch ist in Europa und im Kaukasus verbreitet und wird besonders in Süd- und Süd-Ost-Europa angepflanzt. In Süd-Ost-Europa und Kleinasien kommen türkische Hasel, Baumhasel, *Corylus colurna* L., und die Lambertsnuß, *Corylus maxima* MILL., vor. Sie werden in der Türkei angepflanzt. Die Nüsse dieser Arten sind ziemlich groß, die von C. colurna breit (17—20 mm lang, 12—18 mm breit), die von C. maxima verlängert (20—24 mm lang, 14—15 mm breit).

Die Fruchtwand der Haselnuß besteht im wesentlichen aus Steinzellen. Die Epidermis trägt dickwandige, einzellige Haare (Abb. 95), die Innenschichten der Fruchtwand bestehen aus parenchymatischen, vielfach gefalteten Zellen (Abb. 96). Diese Schichten haften teilweise der Samenschale an und bewirken die schilfrige Beschaffenheit ihrer Oberfläche. Die käuflichen Haselnußkerne sind die *Samen* der Haselnuß (Abb. 97), sie bestehen im wesentlichen aus der Samenschale und den großen Keimblättern des Embryos.

Die *Samenschale* besteht aus braunem, dünnwandigen Parenchym, das in den inneren Lagen zusammengedrückt ist. Zwischen dem lockeren Parenchym und den zusammengedrückten Schichten verlaufen die zahlreichen, bis ca. 25 μ breiten Gefäße, die meist Spiralgefäße, vereinzelt Tüpfelgefäße sind (Abb. 98).

Das *Endosperm* besteht nur aus einer Aleuronschicht, aus 1—2 Zellagen. Die *zartwandigen Zellen* des großen *Embryos* enthalten kleinere (5—10 μ) und größere Aleuronkörner (15—25 μ, zuweilen 30 μ) mit Globoiden. Die größeren enthalten meist je eine kleine Oxalatdruse (im entfetteten Material nach kurzem Aufkochen des Präparates in Chloralhydratlösung sichtbar, Abb. 98).

Die Haselnußkerne sind meist stärkefrei, manchmal enthalten sie aber auch geringere oder größere Mengen kleinkörniger (bis 7 μ großer), runder Stärke. Die Stärke kann so ungleich in den Keimblättern verteilt sein, daß große Bereiche derselben stärkefrei sind.

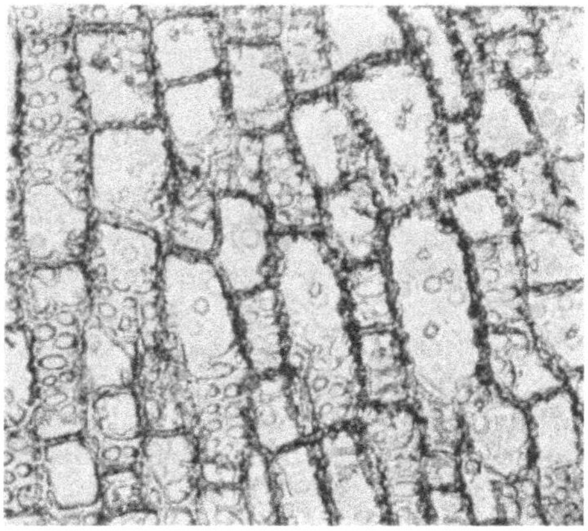

Abb. 94

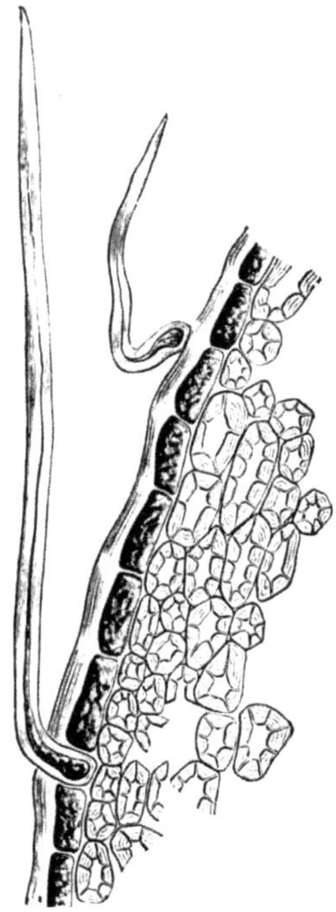

Abb. 95

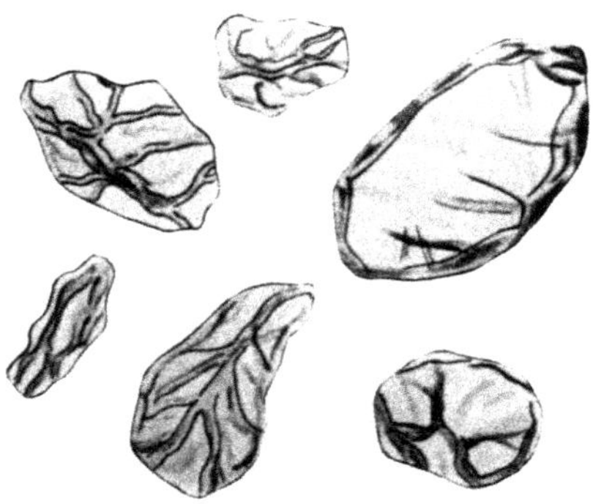

Abb. 96

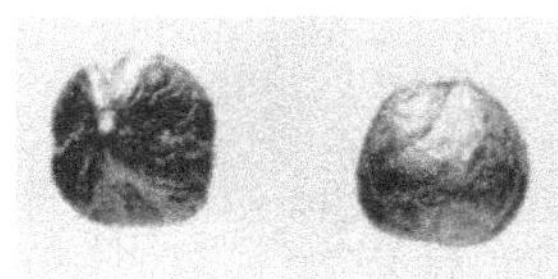

Abb. 97

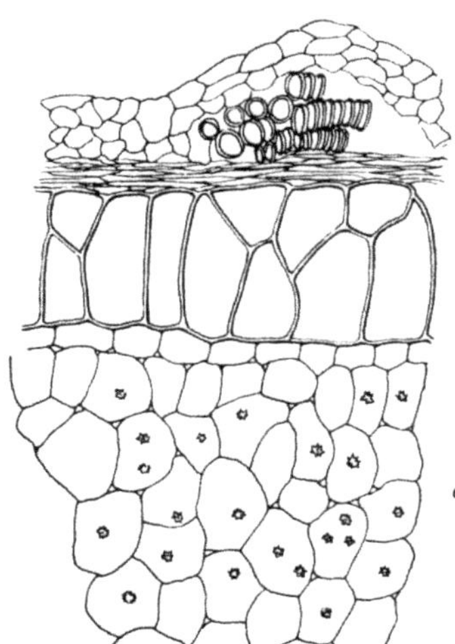

Abb. 98

Abb. 94. Babassúkern, Querschnitt durch das innere Endosperm. Vergr. 1:110 (Phot. C. GRIEBEL)

Abb. 95. Steinschale der Haselnuß im Querschnitt (nach MALFATTI)

Abb. 96. Zellen aus den inneren Fruchtwandschichten der Haselnuß. Vergr. 1:200. (Aus G. GASSNER: Mikroskopische Untersuchung pflanzlicher Nahrungs- und Genußmittel)

Abb. 97. Haselnußsamen, natürliche Größe (Phot. C. GRIEBEL)

Abb. 98. Querschnitt durch die Randpartie des Haselnußsamens nach Einwirkung von Chloralhydrat (C. GRIEBEL). t Samenschale mit Gefäßbündel, al Aleuronschicht, cot Kotyledonargewebe mit kleinen Oxalatdrusen. Vergr. 1:240

Kleingeschnittene Haselnußkerne dienen zur Herstellung verschiedener Konditorwaren. Man prüft die isolierten Teilchen, die außer von Haselnüssen besonders von entschälten Anacardiensamen (Kernel) oder von Erdnußkernen herrühren könnten, indem man Jodjodkaliumlösung zusetzt. Charakteristisch ist vor allem das Größenverhältnis der blauschwarzen Stärkekörner und der gelbbraunen Aleuronkörner:

Bei Haselnüssen fehlt entweder die Stärke oder die Stärkekörner sind viel kleiner als die großen Aleuronkörner. In der Erdnuß sind umgekehrt die Stärkekörner wesentlich größer als die Aleuronkörner, und in den Anacardiensamen (Cashewkernen, Kernel) sind Stärkekörner und Aleuronkörner ungefähr gleich groß (Abb. 99).

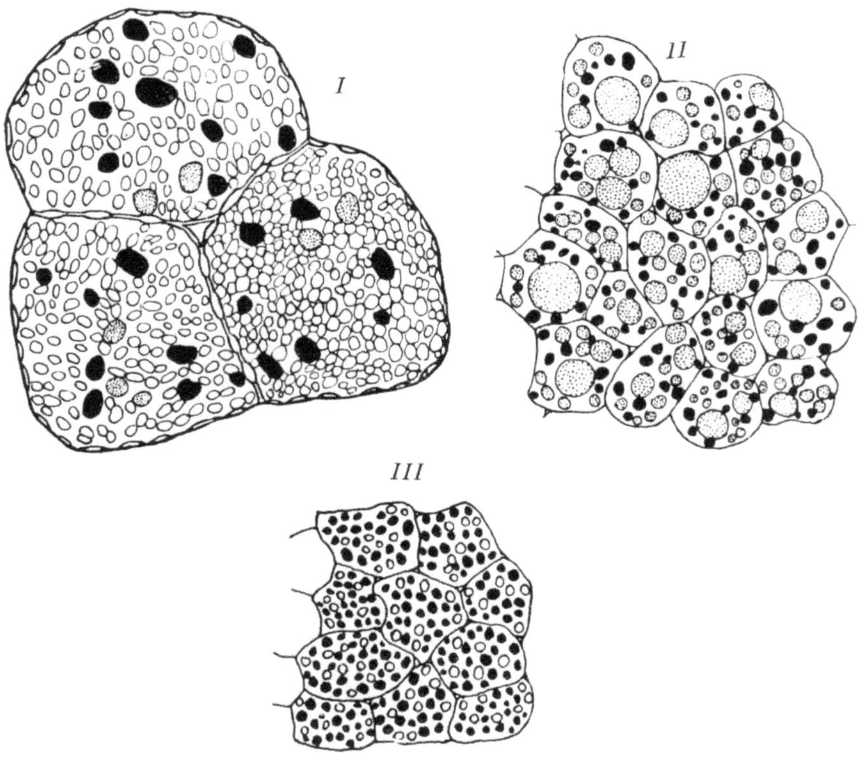

Abb. 99. Keimblattgewebe der Erdnuß (I), einer stärkereichen Haselnuß (II) und des Cashewkernes (III) nach Entfettung und Behandlung mit Jod; Stärkekörner schwarz, Aleuronkörner hell gezeichnet. Vergr. 1:300 (Phot. C. GRIEBEL)

Walnüsse. Der Walnußbaum, *Juglans regia* L., Fam. *Juglandaceae*, ist von Süd-Ost-Europa bis zu den Gebirgen von Indien und Birma heimisch und wird in milderen Lagen auch in Mitteleuropa gepflanzt.

Die Frucht ist eine Steinfrucht, deren Exokarp und Mesokarp, die Haut und das grüne Fruchtfleisch, entfernt werden. Die Walnüsse des Handels bestehen also im Gegensatz zu den Haselnüssen nur aus dem Endokarp, das von Steinzellen gebildet wird, und dem eingeschlossenen Samen.

Der Same hat eine hellbraune, häutige Samenschale, die sich leicht abziehen läßt.

Die Epidermis derselben besteht aus polygonalen Zellen, die eisenbläuenden Gerbstoff enthalten. Zwischen den Epidermiszellen befinden sich *Spaltöffnungen* mit breiten Schließzellen (Abb. 100).

Die Samenschale umschließt den großen Keimling, dessen zartwandige Zellen sehr viel fettes Öl und Aleuronkörner enthalten, von denen nur die größten etwa $10\,\mu$ ⌀ erreichen. *Stärke fehlt* oder kommt nur *in Spuren* vor. Zerkleinerte Walnußkerne werden zur Herstellung verschiedener Süßwaren wie Nougat und Krokant verwendet. Man erkennt sie vor allem an den bräunlichen Samenhautteilchen mit Spaltöffnungen.

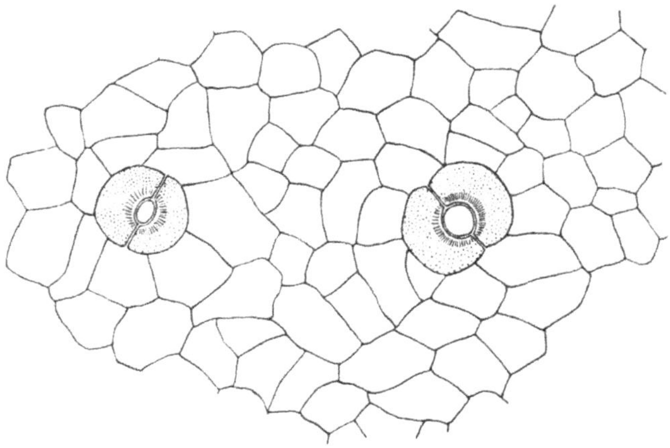

Abb. 100. Epidermis der Samenschale der Walnuß. Vergr. 1:240 (Phot. C. GRIEBEL)

In Nordamerika kommen auch die Früchte anderer *Juglans*-Arten (*J. nigra* L., *J. cinerea* L.), sowie die Früchte anderer Juglandaceen in den Handel, wie die Hickorynuß von *Carya ovata* (MILL.) K. KOCH (= *Carya alba* NUTT.) mit 6 deutlichen Rippen und die Pekannuß von *Carya illinoinensis*, K. KOCH (= C. olivaeformis NUTT.) mit vierkantiger Schale. Pekannüsse enthalten kleinkörnige Stärke (Abb. 101).

a b

Abb. 101. a Pecannuß. b aufgebrochen, natürliche Größe (Phot. C. GRIEBEL)

Pinienkerne. Pineolen, Pigneoli, Piniennüßchen oder Pinienkerne sind die *Samen* der in Südeuropa verbreiteten Pinie, *Pinus pinea* L. Die Samen sind dunkelbraun, keilförmig, dick, ca. 1,5—2 cm lang. Sie haben eine sehr dicke und harte Samenschale, die einen ca. 12—15 mm langen Kern einschließt (Abb. 102). In der Handelsware ist die steinharte Samenschale und ein anschließendes Häutchen entfernt. Die Pinienkerne des Handels sind weiß oder nach längerem Lagern gelblich und schmecken mandelartig. Sie bestehen aus den zartwandigen Geweben des Endosperms und des Keimlings, der gewöhnlich 12 fadenförmige Keimblätter besitzt (Abb. 103).

Die Aleuronkörner sind meist klein (3—5 μ), nur vereinzelt 10—12 μ groß. Stärke findet sich in der Regel nur in den innersten Schichten des Nährgewebes, doch hier reichlich. Selten kommt Stärke auch in den äußersten Schichten des Nährgewebes vor.

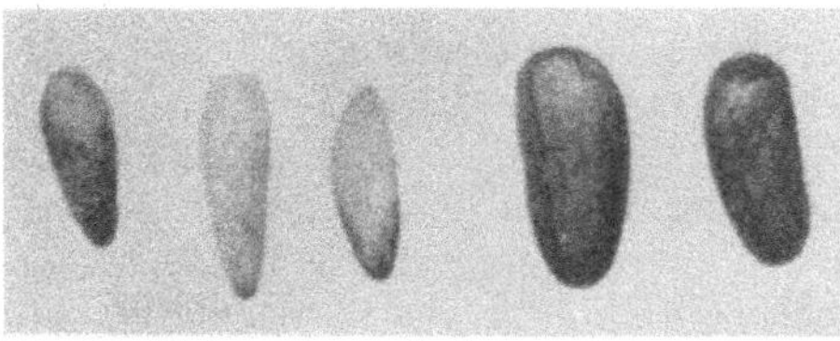

Abb. 102. Piniennuß. a reife Samen; b Samenkern von der holzigen Schale befreit; c Kerne nach Entfernung der dünnen Samenhaut, natürliche Größe (Phot. C. GRIEBEL)

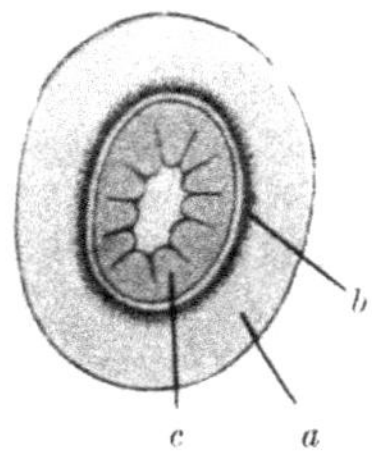

Abb. 103. Piniensamenkern im Querschnitt. a Nährgewebe, b stärkereiche Zone des Nährgewebes nach Jodeinwirkung, c Kotyledonen. Vergr. 1:8 (Phot. C. GRIEBEL)

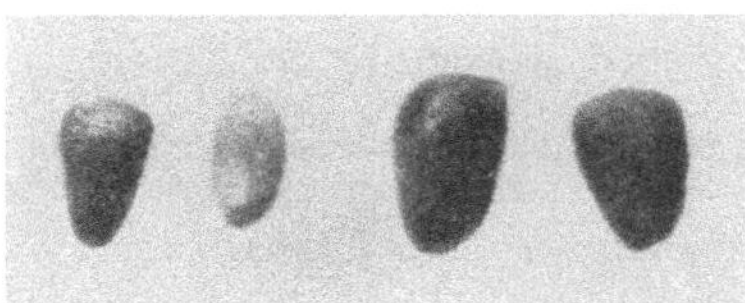

Abb. 104. Zirbelnuß. a reife Samen, b Samenkern von der holzigen Schale befreit, c Kern nach Entfernung der dünnen Samenhaut, natürliche Größe (Phot. C. GRIEBEL)

Abb. 105. Anakardiensame, rechts Keimling, natürliche Größe (Phot. C. GRIEBEL)

Zirbelnüsse. Die Samen der Zirbelkiefer oder Arve, *Pinus cembra* L., sind den Pinienkernen ähnlich, aber wenig mehr als halb so groß (Abb. 104). Der Keimling ist oft verkümmert, das mächtig entwickelte Endosperm ist durchweg sehr reich an kleinkörniger Stärke, die gewöhnlich nicht über 5 μ, vereinzelt bis 12 μ groß ist. Auch die Aleuronkörner sind nur ca. 5 μ groß, z. T. enthalten sie Kristalloide.

Anacardiensamen. *Anacardium occidentale* L., der Kaschu- oder Acajoubaum, ist eine in Brasilien heimische *Anacardium*art (Fam. *Anacardiaceae*), deren Steinfrüchte als „Westindische Elefantenläuse" bezeichnet werden, weil diese Steinfrüchte dem fleischigen, birnenförmigen Fruchtstiel aufsitzen, der als Obst gegessen wird. „Westindisch" heißen sie im Gegensatz zu den Früchten der altweltlichen Art *Semecarpus anacardium* L. FIL.

Die Fruchtwand muß bei der Gewinnung der Samen vollständig beseitigt werden, weil sie zahlreiche Exkretbehälter mit einem sehr giftigen, blasenerzeugenden, brennend scharfen Exkret enthält, das an der Luft schwarz wird.

Die Früchte werden daher leicht geröstet, dabei werden Fruchtwand und Samenschale brüchig und lösen sich leicht vom Keimling ab. Der Keimling (Abb. 105) ist ca. 18 mm lang, nierenförmig gekrümmt. Reste der braunen Samenschale haften ihm gelegentlich an, sie sind aber diagnostisch ohne Bedeutung, da sie aus braunem, größtenteils zusammengedrückten Parenchym besteht, das keine besonderen Merkmale aufweist.

Das Gewebe der Keimblätter besteht aus zartwandigen Zellen, die reichlich kleinkörnige Stärke (ca. 5 μ) und Aleuronkörner von ähnlicher Größe enthalten (Abb. 99). Nur die Epidermis der Keimblätter ist stärkefrei.

Kakaosamen. *Theobroma cacao* L., Fam. *Sterculiaceae*, ist im tropischen Südamerika heimisch und dort, vor allem aber heute in Westafrika, angebaut. Die großen hartschaligen Früchte enthalten zahlreiche in ein Fruchtmus eingebettete Samen, die aus einer derben Samenschale, dem hier den Endopermrest darstellenden „Silberhäutchen" und dem großen Keimling bestehen, dessen Fett medizinisch verwendet wird. Die Keimblätter enthalten nadelförmige Fettkristalle, kleine Aleuronkörner und etwas kleinkörnige Stärke (2—16 μ). Charakteristisch sind violette oder rote Pigmentzellen, welche zwischen die Zellen mit farblosem Inhalt eingestreut sind. (Genauere Beschreibung vgl. im Kapitel Genußmittel.)

Zur Bestimmung von Ölsamen, bei welchen charakteristische Zellschichten der Samenschale fehlen, zieht man besonders Stärke- und Aleuronkörner heran. Der folgende Bestimmungsschlüssel legt diese zugrunde. Er ist auch zur Bestimmung von Ölsamen zu benützen, wenn deren charakteristische Samenschale in der Handelsware fehlt (z. B. bei der Paranuß).

Schlüssel zur Bestimmung von Ölsamen, hauptsächlich auf Grund der Aleuron- und Stärkekörner (nach Griebel)

I. Das Gewebe enthält keine Stärke oder nur in wenigen Zellreihen wesentliche Mengen (Pineolen).
- 1. Neben kleinen Aleuronkörnern sind große vorhanden (bis 30 μ und darüber).
  - a) Meist mit großen Kristalloiden.
    - α) Zellen in radialer Richtung gestreckt, z. T. mit breiten, nicht leicht sichtbaren Poren: *Cocosnuß*.
    - β) Zellen rundlich, wenig gestreckt, ohne Poren oder mit rundlichen Poren: *Paranuß*.
  - b) Aleuronkörner nur mit Globoiden. Die größeren enthalten je eine kleine Oxalatdruse: *Haselnuß*.
- 2. Größere Aleuronkörner nur bis 15 μ.
  Sie enthalten Kristalloide, z. T. kleine, rosettenförmige Oxalatdrusen: *Mandeln*, *Pfirsichkerne*, *Aprikosenkerne*.
- 3. Aleuronkörner 2—5 μ, einzelne bis 10 (12) μ.
  - a) Schalenbestandteile vorhanden.
    Samenschale mit dünnwandigen, polygonalen Epidermiszellen und großen Spaltöffnungen; Aleuron z. T. mit Kristalloiden: *Walnuß*.
  - b) Schalenbestandteile fehlen.
    - α) Aleuron z. T. mit Kristalloiden: *Pineolen*.
    - β) Aleuron ohne Kristalloide, Gewebeteilchen grünlich: *Pistazien*.

II. Das Gewebe enthält Stärke.
- 1. Stärkekörner bis 12 μ, einzelne bis 15 μ.
  Aleuronkörner meist 5 μ, nur einzelne erreichen die Größe der Stärkekörner; Zellwand sehr derb, meist von großen, runden Poren durchsetzt: *Erdnuß*.
- 2. Stärkekörner nicht über 7 μ.
  - a) Neben kleinen sind große Aleuronkörner (bis 30 μ) vorhanden.
    - α) Aleuronkörner mit Globoiden, die großen enthalten je eine Oxalatdruse: *Haselnuß* (oft auch stärkefrei).
    - β) Aleuron mit Globoiden und vielen Kristalloiden, ohne Oxalat: *Sapucajanuß*.
  - b) Aleuronkörner 2—5 μ (bei der Zirbelnuß einzelne bis 10 μ).
    - α) Schalenbestandteile vorhanden.
      Samenschale mit dünnwandigen, polygonalen Epidermiszellen und großen Spaltöffnungen: *Pecannuß*.
    - β) Schalenbestandteile fehlen; Gewebe durchweg sehr stärkereich.
      - α_1) Aleuron- und Stärkekörner etwa gleich groß (bis gegen 5 μ): *Anacardiensamen*.
      - α_2) Einzelne Aleuronkörner größer (bis 10 μ): *Zirbelnuß*.

Bibliographie

GASSNER, G.: Mikroskopische Untersuchung der Nahrungs- und Genußmittel. 3. Aufl. Stuttgart: G. Fischer 1955.

GISTL, R.: Obstverwertungen. Erkennung der Zusammensetzung, Güte und des Frischzustandes. Berlin: Duncker & Humblot 1950.

KANE, J. K.: Einige seltenere fette Öle Indiens. I. Welt-Fett-Kongreß Hamburg 1964. Inhaltsangabe der Vorträge hrsg. von der Internationalen Society of Fat Research, S. 65.

MOELLER, J., u. C. GRIEBEL: Mikroskopie der Nahrungs- und Genußmittel aus dem Pflanzenreich. 3. Aufl. Berlin: J. Springer 1928.

MANSFELD, R.: Vorläufiges Verzeichnis landwirtschaftlich oder gärtnerisch kultivierter Pflanzenarten (mit Ausschluß von Zierpflanzen). Die Kulturpflanze, Berichte und Mitteilungen aus dem Institut für Kulturpflanzenforschung der deutschen Akademie der Wissenschaften zu Berlin in Gaterleben. Beiheft 2. Berlin: Akademie-Verlag 1959.

SPRECHER V. BERNEGG, A.: Tropische und subtropische Weltwirtschaftspflanzen. II. Ölpflanzen. 2. Aufl. Hrsg. von W. BALLY. Stuttgart: F. Enke 1962.

Zeitschriftenliteratur

HANSSEN, E., u. G. OTTO: Mikroskopische Beobachtungen an Marzipan, Persipan, Nugat und deren pflanzlichen Ausgangsprodukten. Mikroskopie. Z. mikroskop. Forsch. u. Methodik **17**, 1—16 (1962).

Analyse der Fette und Fettbegleitstoffe

Von

Dr. H. PARDUN, Kleve

Mit 164 Abbildungen

Einführung

Seit dem Erscheinen der ersten Auflage dieses Handbuches vor 25 Jahren sind in der Analyse der Fette und Fettbegleitstoffe so erhebliche Fortschritte erzielt worden, daß man von einer völligen Neuorientierung des Gebietes sprechen kann. Zwar läßt sich die klassische Gliederung der analytischen Operationen in

a) Charakterisierung und Identifizierung der Fette mit Hilfe von physikalischen und chemischen Kennzahlen,

b) Ermittlung der Fettsäurezusammensetzung und

c) Bestimmung der Glyceridstruktur und Glyceridverteilung auch heute noch aufrecht erhalten; es ist aber nicht zu übersehen, daß sich der Schwerpunkt der Untersuchungsmethoden in die Richtung aufwendiger und minutiöser Verfahren verschoben hat.

Das besagt nicht, daß die *physikalischen und chemischen Kennzahlen* ihre Bedeutung verloren haben. Infolge des geringen Zeit- und Apparateaufwandes, den ihre Bestimmung erfordert, sind sie für die analytische Kontrolle von Fetten in wissenschaftlichen und technischen Laboratorien auch heute noch von hohem Wert. Es ist daher zu verstehen, daß sich — wie auf vielen anderen Gebieten — zahlreiche Organisationen im Interesse einer Vereinheitlichung der Arbeitsvorschriften und der Erzielung besser reproduzierbarer Ergebnisse um eine Normung der Methoden bemüht haben. Da dieser üblicherweise eine experimentelle Nachprüfung der Vorschriften in zahlreichen Laboratorien vorausgeht, besitzt die standardisierte Form der Beschreibung gegenüber der häufig unzulänglichen Darstellung des ursprünglichen Autors für den in der Praxis stehenden Analytiker erhebliche Vorzüge. Daher wurde auch in diesem Kapitel bei der Wiedergabe der Analysenvorschriften zur Bestimmung der physikalischen und chemischen Kennzahlen, wenn eben möglich, auf genormte Methoden zurückgegriffen, die mit freundlicher Genehmigung der Herausgeber auszugsweise den Vorschriftensammlungen folgender Gesellschaften und Organisationen entnommen wurden:

(Verlage und Bezugsmöglichkeiten vgl. auch das Literaturverzeichnis):

American Oil Chemists' Society (AOCS). Diese Vorschriftensammlung ist nach dem Lose-Blatt-System geordnet. Jährlich erscheinende revidierte Ausgaben älterer Methoden und neue Vorschriften können unschwer eingeordnet werden.

Association of Official Analytical Chemists (AOAC); früher: Association of Official Agricultural Chemists. Diese Methodensammlung wird in Buchform herausgegeben. Letzte (= 10.) Auflage 1965.

American Society for Testing and Materials (ASTM)[1]. Auch diese Methoden erscheinen in Buchform.

[1] Kopien der Standardvorschriften können durch den Deutschen Normenausschuß, 1 Berlin 30, Burggrafenstraße 4—7, bezogen werden.

British Standards Institution (B. S. I.)[1]. Die Öle und Fette betreffenden Methoden sind im Sammelband B.S. 684 zusammengefaßt (vgl. Literaturverzeichnis), der zur Zeit überarbeitet wird.

Deutsche Gesellschaft für Fettwissenschaft (DGF). Die Vorschriftensammlung erscheint in Ringbuchform. Sie wird durch in der Fachgruppe III der DGF vereinigte Spezialisten auf dem Fettgebiet laufend revidiert und durch Aufnahme neuer Methoden ergänzt.

Deutscher Normenausschuß (DNA = DIN-Normen). Die Normen werden als Einzelblätter ausgegeben, die ebenfalls fortlaufend auf den neuesten Stand gebracht werden. Maßgebend ist die jeweils neueste Ausgabe des Normblattes im Normformat A 4, das bei der Beuth-Vertrieb G.m.b.H., 1 Berlin 30, und 5 Köln, erhältlich ist.

International Union of Pure and Applied Chemistry (IUPAC); Standard Methods of the Oils and Fats Section. Diese Methodensammlung ist als Ringbuch geordnet. Sie wird laufend durch Aufnahme neuer Methoden ergänzt.

Bei der Nacharbeitung der auszugsweise wiedergegebenen standardisierten Methoden ist die Beschaffung der Originalvorschriften anzuraten, da diese zahlreiche experimentelle Einzelheiten enthalten, auf deren Wiedergabe hier aus Raumgründen verzichtet werden muß.

Darüber hinaus wird aber auch auf zahlreiche nicht standardisierte Vorschriften verwiesen. insbesondere dann, wenn es dem Verfasser angebracht erschien, die Aufmerksamkeit der Fachgenossen auf wertvolle, aber aus unbekannten Gründen bisher übersehene Arbeiten zu lenken und zur Nacharbeitung anzuregen.

Unter den neuen Methoden nimmt die Beschreibung der Verfahren zur *Trennung der Fettsäuren und der Strukturaufklärung der Glyceride* einen besonders großen Raum ein, da der quantitativen Bestimmung der Fettbestandteile in Zukunft ohne Zweifel auch auf dem Gebiet der Lebensmittelanalyse die gleiche Bedeutung zukommen wird wie heute bereits in wissenschaftlichen, insbesondere biochemischen Arbeiten. Hier ist nun die Entwicklung noch in vollem Fluß. Genormte Arbeitsvorschriften sind daher nur in Ausnahmefällen anzutreffen. Um so wichtiger erschien es dem Verfasser, in zahlreichen Beispielen die Entwicklungsmöglichkeiten dieser neuen Methoden aufzuzeigen, um dem Leser die Entscheidung über den voraussichtlichen Nutzen einer Einarbeitung in die nicht immer einfache experimentelle Technik zu erleichtern.

Auch die Analyse der meistens nur in Bruchteilen eines Prozentes in den natürlichen Fetten anwesenden *Begleitstoffe* findet die gebührende Berücksichtigung. Die genaue Kenntnis dieser Körper — es handelt sich vorzugsweise um die Bestandteile des Unverseifbaren, die Phosphatide sowie um vermeidbare und unvermeidbare Verunreinigungen — ermöglicht in vielen Fällen eine sicherere Identifizierung der zu untersuchenden Fette als die Bestimmung von Kennzahlen und Zusammensetzung.

Die Auswahl und die Anordnung des Stoffes erfolgte nach rein *methodischen Gesichtspunkten*. Um den Umfang des Kapitels in den vorgesehenen Grenzen zu halten, mußte auf eine encyclopädische Darstellung, wie sie in vielen älteren Handbüchern der Fettanalyse üblich war, verzichtet werden. Der an der methodischen Entwicklung des Gebietes interessierte Leser sei auf die entsprechenden von A. Bömer u. J. Grossfeld (1939) verfaßten Kapitel in Bd. IV der 1. Auflage dieses Handbuches und vor allem auf die umfassende Darstellung der Fettanalyse durch H. P. Kaufmann (1958) verwiesen. Die Beschränkung auf das Methodische schließt den Verzicht auf Exkurse in die Chemie und Technologie der Fette ein; auf die Wiedergabe wichtiger Konstitutionsformeln und Reaktionsgleichungen glaubte der Autor indessen nicht verzichten zu sollen, wenn sie in unmittelbarem Zusammenhang zu den beschriebenen Methoden stehen. Das Schrifttum wurde durchweg bis Ende 1964 in Einzelfällen bis Ende 1967 berücksichtigt.

[1] Kopien der Standardvorschriften können durch den Deutschen Normenausschuß, 1 Berlin 30, Burggrafenstraße 4—7, bezogen werden.

Bei der Abfassung dieser Arbeit erfreute sich der Autor der Unterstützung zahlreicher Fachgenossen durch Überlassung von Sonderdrucken und des Entgegenkommens vieler wissenschaftlicher Institutionen, Verlage und Zeitschriften hinsichtlich der Erlaubnis zur Wiedergabe von Abbildungen. Herzlich gedankt sei, außer den bereits genannten Organisationen, den wissenschaftlichen Gesellschaften:

American Chemical Society, Washington, Associazione Nazionale dell' Industria Olearia, dei Grasse, Saponi e Affini, Rom, Institut des Corps Gras, Paris, Society for Analytical Chemistry, London, Society of Chemical Industry, London; den Verlagen: *Akademie-Verlag, Berlin, Elsevier Publishing Company, Amsterdam, Interscience Publishers, Inc., New York, Pergamon Press Limited, Oxford, Preston, Technical Abstracts Company, Evanston, Ill., Urban & Schwarzenberg, München 15, Verlag Chemie GmbH, Weinheim,* und den Herausgebern der Zeitschriften: *Fette, Seifen, Anstrichmittel, Münster, Journal of the American Oil Chemists' Society, Chicago, Journal of Lipid Research, New York, Nederlands Melk- en Zuiveltijdschrift, Wageningen, Recueil des Traveaux Chimiques des Pays-Bas, 's-Gravenhage,* und *The Biochemical Journal, London.*

Genauer Quellennachweis durch Bildunterschrift und Literaturverzeichnis.

Schließlich dankt der Verfasser der *Margarine-Union GmbH* für die großzügige Förderung dieser Arbeit und seinen Mitarbeiterinnen, Frau E. KROLL und Fräulein L. ROGMANN, für ihre unermüdliche Hilfe bei der Sichtung der Literatur und der Abfassung des Manuskriptes.

A. Allgemeiner Teil

I. Bestimmung des Trockenverlustes und des Fettgehaltes von Fettrohstoffen und fetthaltigen Lebensmitteln

1. Probenahme und Vorbereitung der Proben

Es wird bei der Beurteilung von Analysendaten häufig übersehen, daß neben dem Streubereich der angewandten Untersuchungsmethode auch die Exaktheit der Probenahme für die Richtigkeit und den repräsentativen Charakter des Ergebnisses verantwortlich ist.

Da die für den Lebensmittelchemiker wichtigen Methoden der Probenahme von H. WERNER in Bd. II/1 dieses Handbuches ausführlich behandelt werden, möge hier eine kurze Erläuterung der Begriffe und ein Hinweis auf die bestehenden Normvorschriften für die Probenahme von Ölfrüchten, Schroten, Kuchen, flüssigen und festen Fetten genügen.

a) Begriffe (vgl. auch DIN 51594)

Zweck der *Probenahme* ist das Erlangen einer Probe, die dem Durchschnitt des betreffenden Stoffes oder dem Durchschnitt eines bestimmten Anteils eines bestimmten Stoffes genau entspricht und es ermöglicht, die Kenndaten der Gesamtmenge oder eines repräsentativen Anteils der Gesamtmenge genau zu ermitteln.

Probenehmer ist die Person, welche die Probe entnimmt. Sie muß über den Zweck ihres Auftrags unterrichtet werden, damit die Probe sinngemäß gezogen wird.

Probegerät ist das Gerät, mit dem die Probe entnommen wird. Die Probegeräte sind ihrem Verwendungszweck angepaßt. Für Saaten benutzt man Schaufeln, für die verschiedenen Ölfrüchte genormte Probestecher (vgl. die auf S. 405 zitierten Vorschriften der AOCS). Für Öle und Fette sind Stechheber und Schöpfkellen geeignet. Zur Entnahme von Proben aus verschiedenen Höhen eines Behälters bedient man sich des sogenannten Tankprobegerätes (DGF-Methode C – I 2 (53)).

Bei den Proben wiederum bezeichnet man als *Einzelproben* solche, die beim Vorliegen von Kleinpackungen nach genau festgelegten statistischen Regeln und aus Großbehältern in verschiedenen Höhen gezogen werden. Durch Vereinigung der Einzelproben erhält man die sogenannten *Sammel-* oder *Mischproben*, die *Durchschnittsproben* sind, wenn die Vereinigung der Einzelproben im Sinne eines repräsentativen Querschnitts durch die ganze Partie erfolgte.

Aus der Durchschnittsprobe werden die *Endproben* in der durch Kontrakte oder gesetzliche Bestimmungen vorgeschriebenen Menge genommen. Bei Ölsaaten, Preßkuchen und Extraktionsschroten soll die Endprobe mindestens 2 kg, bei Ölen und Fetten ca. 250 g betragen. Die Aufbewahrung und Lagerung soll unter solchen Bedingungen erfolgen, daß keine Veränderung der Probe stattfinden kann.

b) Standardvorschriften zur Probenahme auf dem Öl- und Fettgebiet

Eine sehr detaillierte Vorschrift zur Probenahme wurde von einer Kommission der AOCS ausgearbeitet, die zu zahlreichen Normen führte. Diese sind in der Methodensammlung der AOCS zusammengestellt.

In Europa existieren englische, deutsche, italienische und niederländische Vorschriften, um deren Vereinheitlichung sich u. a. die ISO (H. B. TOLKMITT 1963) bemüht. Eine Zusammenstellung der wichtigsten dieser Vorschriften gibt Tab. 1.

Tabelle 1. *Standardvorschriften zur Probenahme*

Methode		Probenahme von
AOCS	Aa 1-38	Kottonsaat
AOCS	Af 1-54	Leinsaat
AOCS	Ab 1-49	Erdnüsse
AOCS	Ac 1-45	Sojabohnen
AOCS	Ba 1-68	Kuchen, Schrote, Schnitzel
AOCS	C 1-47	Fette und Öle
B. S.	627 : 1953	Fette und Öle
DGF	B-I 1 (52)	Ölsaaten
DGF	C-I 1 (53)	Fette und Öle
bis	C-I 5 (57)	
DIN 51594		salbenartige und feste Fette

Die im internationalen Saathandel üblichen Methoden zur Probenahme sind in einem vom Transport Sub-Committee der IASC 1962 herausgegebenen Buch zusammengefaßt.

c) Vorbereitung zur Analyse

In vielen Fällen können die Proben nicht so, wie sie anfallen, untersucht werden. Bei Ölsaaten und dergleichen sind nach der DGF-Vorschrift B – I 2 (52) stets mindestens 2 kg zu zerkleinern oder zu mischen. Zur Zerkleinerung bedient man sich bei Kopra, Babassu- und Erdnußkernen einer Raspelmühle, bei Palmkernen, Sojabohnen und Sonnenblumenkernen einer Zahnscheibenmühle. Palmkerne werden zweckmäßig mit einem Brecher vorzerkleinert. Bei kleinkernigen Saaten, wie Raps, Lein, Mohn oder Sesam, erfolgt die Zerkleinerung erst im Gang der Wasser- und Fettbestimmung.

Zur Vorbereitung von Öl- und Fettproben verfährt man am besten nach der IUPAC-Vorschrift II. A 1:

Wenn die Probe flüssig und vollständig klar ist, genügt es, den Inhalt des Behälters gut durchzumischen. Wenn die flüssige Probe dagegen trübe ist oder einen Niederschlag aufweist, schüttelt man sie für die Bestimmung der Verunreinigungen, des Flüchtigen und des Unverseifbaren gut durch. Für alle anderen Bestimmungen dagegen setzt man die Probe in einen

Wärmeschrank von 50°C. Sobald das Muster diese Temperatur erreicht hat, schüttelt man heftig, läßt absitzen und dekantiert. Das Abgegossene wird bei 50°C durch Filterpapier filtriert. Das Filtrat muß völlig klar sein.

2. Bestimmung von Wasser und Flüchtigem (Trockenverlust)

Da es üblich und richtig ist, den bei der Untersuchung von Fettrohstoffen und fetthaltigen Lebensmitteln bestimmten Fettgehalt auf die Trockensubstanz zu beziehen, sollen hier die wichtigsten Methoden zur Bestimmung des Wassergehaltes und des Flüchtigen in Ölsaaten, Ölextraktionsschroten und Lebensmitteln behandelt werden. Nicht berücksichtigt werden die Methoden zur Wasserbestimmung in Ölen und Fetten, Phosphatiden und Fettemulsionen, wie Margarine, Mayonnaise und Salatsoßen, die in späteren Abschnitten beschrieben werden.

a) Trockenschrank-Methode

Am weitesten verbreitet ist die Bestimmung des Flüchtigen durch Trocknung der fein zerkleinerten bzw. nicht zerkleinerten Probe im Trockenschrank unter normalem oder vermindertem Druck bei Temperaturen zwischen 60 und 130°C bis zur Gewichtskonstanz. Man sollte aber bei der Betrachtung des so bestimmten „Trockenverlustes" stets bedenken, daß dieser nicht immer mit dem freien und gebundenen Wasser identisch ist. Namentlich bei Gegenwart von Eiweiß und Zucker kommt es infolge der sog. Maillard-Reaktion häufig zu einer intermolekularen Wasserabspaltung, wodurch ein zu hoher Wassergehalt vorgetäuscht wird. Bestimmt man beispielsweise das Flüchtige von Ölsaaten und Ölschroten nach dieser Methode, so erhält man für jede Temperatur nach einer gewissen Zeit konstante Grenzwerte, die untereinander aber nicht immer übereinstimmen. Das wurde von A. C. BECKEL u. F. R. EARLE (1941) bei Untersuchungen über die Bestimmung des Wassergehaltes von Sojabohnen nachgewiesen und von H. PARDUN (1950)[1] für eine Reihe von Roh- und Endprodukten der Ölmühlenindustrie bestätigt (vgl. Tab. 2).

Tabelle 2. *Abhängigkeit des Trockenverlustes von Ölsaaten und Schroten von den Trocknungsbedingungen* (nach H. PARDUN 1950, unveröffentlichte Versuche)

Probe	% Trockenverlust (Grenzwert) bei Trocknung						
	unter normalem Druck		im Vakuum				
	105°C	130°C	60°C	80°C	100°C	120°C	140°C
Sojabohnen	11,31	12,07	10,00	10,10	10,10	11,00	11,29
Erdnüsse	5,15	5,63	4,70	4,98	4,96	5,20	5,11
Palmkerne	5,77	6,40	5,70	5,77	5,86	5,90	5,93
Kopra	4,16	4,81	4,12	4,37	4,50	4,48	4,58
Sojaschrot	11,15	12,12	9,98	10,00	10,11	10,39	10,74
Erdnußschrot	11,85	12,83	11,03	11,68	12,00	11,99	11,80
Palmkernschrot	11,44	11,85	10,37	10,56	11,39	11,40	11,87
Cocosschrot	10,20	10,67	10,15	10,30	10,51	10,52	10,51

Diese Zahlen veranschaulichen, eine wie konventionelle Größe der Trockenverlust und wie wichtig die genaue Einhaltung der vorgeschriebenen Arbeitsbedingungen ist. Für Fettrohstoffe sind die Bestimmungsmethoden von der AOCS, der AOAC, der DGF, der Deutschen Landwirtschaftlichen Gesellschaft und der IUPAC standardisiert. In vielen Fällen, namentlich bei der Verwendung von Ölsaatrückständen als Futtermittel, sind gesetzliche Vorschriften zu beachten.

[1] Unveröffentlichte Versuche.

α) Bestimmung der flüchtigen Bestandteile von Ölsaaten nach IUPAC-Methode I. B. 1

Vorbemerkung:

Die Analyse wird bei allen Saaten nach vorhergegangener Mahlung ausgeführt, ausgenommen solche feinkörnigen Saaten, die ein trocknendes oder halbtrocknendes Öl enthalten, wie Raps- und Leinsaat. Bei diesen wird die Bestimmung mit der ganzen Saat ausgeführt.

Geräte:

Metallschalen mit flachem Boden (vorzugsweise Aluminium), 7 cm ⌀, 3—4 cm tief.
Trockenschrank, eingestellt auf 103 ± 2°C.

Verfahren:

5 g ± 0,5 g werden auf 1 mg genau in eine tarierte Schale eingewogen. Man erhitzt im Trockenschrank 3 Std auf 103 ± 2°C, läßt in einem Exsiccator abkühlen und wägt. Dann erhitzt man im Trockenschrank eine weitere Stunde und bestimmt nach dem Abkühlen das Gewicht von neuem. Wenn die Differenz zwischen zwei Wägungen weniger als 5 mg beträgt, hört man mit dem Trocknen auf. Andernfalls wird es in der gleichen Weise fortgesetzt, bis diese Differenz unterschritten wird.

Berechnung:

$$\% \text{ Flüchtiges} = \frac{100 \cdot a}{E}$$

a = Gewichtsverlust in g
E = Einwaage in g.

Anmerkung des Verfassers:

Bei Gegenwart trocknender Öle trocknet man besser nach der DGF-Methode B – I 4 (57) im Vakuumschrank bei 60—70°C, bis der Gewichtsverlust nach nochmaliger $^1/_4$-stündiger Trocknung höchstens 5 mg beträgt.

β) Bestimmung von Wasser und flüchtigen Bestandteilen in Schroten und Ölkuchen nach DGF-Methode B – II 3 (52)

5 g des Schrotes oder gut zerkleinerten Ölkuchens werden in einem verschließbaren Wägegläschen auf ± 0,05 g genau abgewogen und 3 Std bei 105°C getrocknet. Hierauf schließt man das Wägegläschen, stellt zum Abkühlen in einen Exsiccator und wägt nach dem Erkalten. Der unter diesen Bedingungen ermittelte Gewichtsverlust gilt als Wassergehalt.

γ) Bestimmung des Flüchtigen in Lebensmitteln (UNILEVER-Methode)

Reagentien:

Aceton, trocken
Sand, Kieselgur oder Bimssteinpulver, säuregewaschen, geglüht.

Geräte:

Trockenschrank, 100—102°C bzw. Vakuum-Trockenschrank 70°C.

Trockenschalen aus Nickel, rostfreiem Stahl, Aluminium, Porzellan oder Glas, vorzugsweise mit dichtschließendem Deckel. Metallschalen sollen nicht verwendet werden, wenn die zu trocknende Substanz korrodierende Eigenschaften besitzt.

Exsiccator, mit Phosphorpentoxid, Calciumchlorid oder Silicagel als Trocknungsmittel versehen.

Verfahren:

Für pulverförmige und zerreibbare Stoffe. In eine tarierte Trockenschale werden 5 g der gut durchgemischten Probe auf 1 mg genau eingewogen und bei 100—102°C 5 Std, bei Gegenwart von Stoffen, die nicht zersetzlich sind, auch 16 Std über Nacht getrocknet. Nach dem Abkühlen wird zurückgewogen.

Bei Verwendung eines Vakuumschrankes wird bei 70°C ebenfalls 5 Std getrocknet. Wenn sehr viel Wasser anwesend ist, empfiehlt es sich, während des Trocknens einen schwachen Stickstoffstrom durch den Vakuumschrank zu leiten.

Für Flüssigkeiten und feuchte Stoffe (ausgenommen Milchprodukte). In eine offene Schale bringt man 5 g säuregewaschenen und geglühten Sand bzw. gepulverten Bimsstein und einen kurzen Glasstab, trocknet 30 min, kühlt und wägt das Ganze. Dann wägt man 5 g der gut gemischten Probe hinzu und mischt sorgfältig mit dem Sand. Manchmal ist es zweckmäßig, zur Erleichterung des Mischens 5 ml Wasser hinzuzugeben. Wird die Masse hierdurch zu feucht, so trocknet man zunächst auf dem Dampfbad, rührt von Zeit zu Zeit durch, um Hautbildung zu vermeiden, und trocknet dann unter normalem Druck oder im Vakuum wie auf S. 407 beschrieben. Nicht bedeckte Schalen müssen schnell gewogen werden, um Fehler durch Wasseraufnahme oder -abgabe zu vermeiden.

Für Milch, Magermilch, Molke und Sahne (vgl. auch Bd. III dieses Handbuches). In eine gewogene und tarierte Metallschale werden 2,5 ml der Probe pipettiert oder mit einem Spatel eingefüllt und sofort gewogen. Man gibt 1 ml Aceton hinzu und mischt sorgfältig unter Drehen der Schale. Man erwärmt die Schale vorsichtig auf dem Wasserbad, bis der größte Teil der Flüssigkeit verdampft ist, trocknet bei 100° C genau 2 Std, kühlt im Exsiccator und wägt. Die Temperatur von 100° C darf nicht überschritten werden.

Berechnung:

Wie S. 407.

b) Infrarot-Methode

Der hohe Zeitbedarf der Trockenschrank-Methode hat dazu geführt, nach schnelleren Methoden zur Bestimmung von Wasser und Flüchtigem zu suchen. Eine wenn auch noch nicht ideale Lösung des Problems bietet die Infrarot-Methode. Hierbei wird das zu analysierende Gut in dünner Schicht in geringem Abstand mit einem der üblichen Infrarot-Hellstrahler von 250—500 Watt[1] bestrahlt. Die IR-Strahlung dringt infolge ihrer langen Wellenlänge von 0,5—4,0 μ in das zu trocknende Gut ein und bringt das Wasser zum Verdampfen. Diese Methode wurde vornehmlich von russischen Forschern geprüft und weiterentwickelt (vgl. F. SCHIERBAUM 1957 und 1958). Ein brauchbarer Apparat läßt sich auch mit Laboratoriums-Hilfsmitteln leicht improvisieren. In der Praxis haben sich im Handel erhältliche halbautomatische Geräte, wie das in Abb. 1 wiedergegebene[2], bewährt.

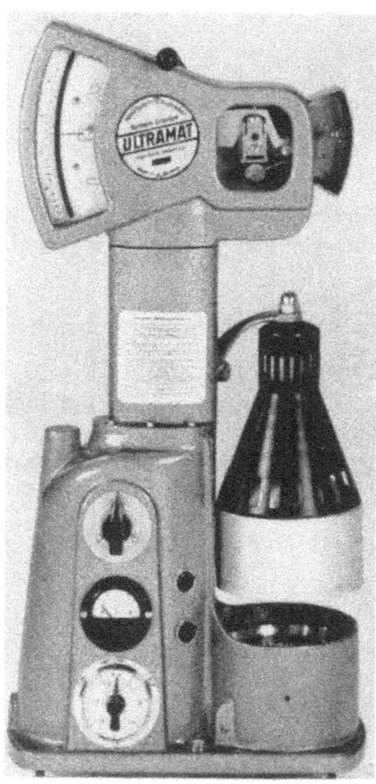

Abb. 1. Feuchtigkeitsmesser ULTRAMAT[2]

Es enthält ein Potentiometer zur Regelung der Strahlungstemperatur, eine Schaltuhr zur genauen Einstellung der Bestrahlungszeit und eine Trockenschale zur Aufnahme des zu trocknenden Gutes, die mit einer empfindlichen einarmigen Waage verbunden ist, welche das Ergebnis der Bestimmung unmittelbar in Prozent abzulesen gestattet.

Bei der Anwendung der IR-Methode besteht aber stets die Gefahr, daß nach Beendigung der Wasseraustreibung eine Zersetzung der zu trocknenden Substanz eintritt. F. SCHIERBAUM (1958) empfiehlt daher, bei unbekanntem Verhalten zunächst eine vollständige Entwässerungskurve aufzunehmen und die Abnahme des Gewichtes in Abhängigkeit von der Zeit zu beobachten. Sollte nach Beendigung der Entwässerung kein scharfer Knick in der Entwässerungskurve wahrzunehmen sein, ist die Methode nicht anwendbar. Meistens benutzt man die IR-Methode bei Reihenuntersuchungen gleichartiger Stoffe, nachdem man zuvor festgestellt hat, welche Bestrahlungsbedingungen Trockenverluste ergeben, die mit den nach der Trockenschrank-Methode erhaltenen übereinstimmen. So gelingt es häufig, die Bestimmungszeit auf $^1/_{10}$ der normalerweise erforderlichen herabzusetzen. Hierzu einige Beispiele in Tab. 3.

[1] Hersteller: z. B. Deutsche Philips G.m.b.H., 2 Hamburg 63.
[2] Hersteller: A. Gronert, 4914 Kachtenhausen.

Tabelle 3. *Wasserbestimmung in Produkten der Fettindustrie nach der Trockenschrank- und IR-Methode*
(S. J. BODJACHINA u. G. W. SAREMBO 1955)

Produkt	Trockenschrank-Methode % H_2O	IR-Methode % H_2O	IR-Methode Zeit min
Baumwollsamen-Schrot	5,84	5,92	2—4
Sojaschrot	11,35	11,58	2—4
Sonnenblumenkerne	6,74	6,65	2—4
Sonnenblumen-Schrot	6,42	6,46	2—4
Leinsaat-Preßkuchen	6,40	5,87	2—4
Schokoladenhartfett	9,25	9,37	2—4
Handelsmargarine	14,24	14,75	2—4

Bei der Trockenschrank-Methode betrug die Trockenzeit 1,5—6 Std bei 105°C. Die Einwaage für die IR-Methode lag zwischen 2,7 und 3,3 g. Verwendet wurden IR-Strahler von 250—500 Watt in Abständen von 15—17 cm.

Die Übereinstimmung der nach beiden Methoden erhaltenen Ergebnisse ist in den meisten Fällen recht gut, in einigen (Leinsaat-Preßkuchen und Margarine) aber schlechter, als es für eine Schnellmethode vertretbar ist. Nach Erfahrungen des Verfassers ist die IR-Methode nur auf Produkte mit sehr gleichmäßiger Struktur anwendbar.

c) Maßanalytische Methode nach K. FISCHER

Eine der genauesten Methoden zur Wasserbestimmung wurde von K. FISCHER (1935) angegeben. Sie beruht auf der Reaktionsgleichung

$$SO_2 + J_2 + 2H_2O \rightarrow 2HJ + H_2SO_4.$$

Durch diese Umsetzung, die in Pyridinlösung quantitativ vor sich geht, läßt sich auch von festen Stoffen der Wassergehalt mit sehr großer Genauigkeit bestimmen. Einzelheiten der Methodik vgl. S. 768.

Zweckmäßig arbeitet man so, daß man die fetthaltigen Rohstoffe oder Lebensmittel in fein zerkleinertem Zustand zunächst einige Zeit mit wasserfreiem Methanol unter Rückfluß kocht, dann absitzen läßt, einen aliquoten Teil des Extraktes in eingestellte Karl-Fischer-Lösung pipettiert und den Überschuß mit wasserhaltigem Methanol bekannten Titers zurücktitriert. In dieser Weise bestimmten M.-TH. FRANCOIS u. A. SERGENT (1950) den Wassergehalt von Sojabohnen und Erdnüssen.

Nach F. SIETZ (1964) zerkleinert man Ölsaaten zunächst auf einer Raspel- oder Zahnscheibenmühle und anschließend auf einer Mikrokugelmühle, z. B. nach DANGOUMAU (vgl. S. 413), 0,5—2 min. In ein mit magnetischem Rührer und Dead-Stop-Anzeige ausgerüstetes Titriergefäß bringt man 25 ml Methanol und titriert diese mit Karl-Fischer-Lösung auf den Neutralpunkt. Dann gibt man aus einem Wägegläschen 300—500 mg der fein gemahlenen Saat hinzu und titriert unter magnetischem Rühren das in das Methanol übergehende Wasser. Die Bestimmung gilt als beendet, wenn der Umschlagspunkt 10 min bestehen bleibt.

Während nun die Karl-Fischer-Titration bei stärkehaltigen Erzeugnissen (vgl. E. EBERIUS 1958) Resultate gibt, die mit den durch Vakuum-Trocknung erhaltenen gut übereinstimmen, beobachtete man bei Ölsaaten und Ölschroten (vgl. Bericht des AOCS Seed and Meal Committee 1947 und FRANCOIS u. SERGENT 1950) bei Benutzung der Karl-Fischer-Methode bis zu 2% höhere Werte als bei den üblichen Verfahren. Ähnliche Feststellungen machte F. SIETZ (1964), wie aus Tab. 4 hervorgeht.

Tabelle 4. *Wassergehalt von Ölsaaten und Schroten* (nach F. Sietz 1964)

	% Wasser		
	K. Fischer	Trocknung bei	
		105 °C bis Gewichts-konstanz	130 °C 1 1/2 Std
Kopra	3,95	4,03	4,45
Palmkerne	6,40	6,38	6,65
Baumwollsaat . . .	7,23	7,38	7,73
Raps	9,32	8,72	9,05
Sojabohnen	12,13	11,29	11,69
Leinsaat	6,78	6,58	6,85
Erdnußkerne	4,59	4,53	4,75
Kopra-Schrot . . .	12,18	12,22	12,95
Palmkern-Schrot . .	12,10	12,20	12,73
Raps-Schrot	12,23	11,91	12,67
Soja-Schrot	20,07	19,60	19,93

Es sind also in erster Linie Raps und Sojabohnen und deren Extraktionsrückstände, bei denen die Karl-Fischer-Methode höhere Werte als die übliche Trocknungsmethode gibt.

3. Bestimmung des Fettgehaltes pflanzlicher Rohstoffe

a) Ölsaaten, Ölkuchen und Schrote

Die Bestimmung des Ölgehaltes in den Rohstoffen und Rückständen der Ölindustrie erfolgt im Prinzip sehr einfach durch Extraktion der zerkleinerten Probe mit einem passenden Fettlösungsmittel und Bestimmung der vom Lösungsmittel aufgenommenen Fettmenge auf gravimetrischem, refraktometrischem, dielektrometrischem oder densimetrischem Wege. Ohne vorhergehende Zerkleinerung und Extraktion läßt sich der Fettgehalt mit Hilfe der kernmagnetischen Resonanz (S. 543) bestimmen.

Jede Methode gibt an sich recht gut reproduzierbare Werte. Bei Benutzung verschiedener Methoden können die Resultate aber sehr differieren. Die Ursachen hierfür liegen hauptsächlich in folgenden Teiloperationen:

Zerkleinerung

Großer Wert ist auf eine gute Zerkleinerung des Substrates zu legen. Im allgemeinen wird man die Saaten und Schrote in einer Laboratoriumsmühle zunächst vorzerkleinern, dann einige Stunden extrahieren, anschließend das Material in Gegenwart von Seesand noch weiter zerkleinern und schließlich nachextrahieren (K. Matejka u. H. Kurtenacker 1941). Einen besonders raschen Aufschluß erhält man, wenn man das ölhaltige Substrat in Gegenwart von Lösungsmitteln mahlt. Hierfür später einige Beispiele.

Vortrocknung

Im allgemeinen ist ein Trocknen des Substrats vor der Extraktion nicht nur entbehrlich, sondern sogar schädlich. H.P. Kaufmann u. M.C. Keller (1941) machten die Beobachtung, daß Raps mit 10% Wasser schneller extrahiert wird als getrockneter Raps. Diese Feststellung gilt auch für andere Saaten, so daß nur dann ein Vortrocknen auf ca. 10% Wasser angebracht ist, wenn es sich um eine ausgesprochen nasse Saat handelt.

Wahl des Lösungsmittels

Die Ölsaaten enthalten nicht nur Fette, sondern auch Fettsäuren, Sterine und Phosphatide, die mit den üblichen Lösungsmitteln mehr oder weniger extrahiert werden. Äther löst beispielsweise, wie eine Gemeinschaftsarbeit der I.C. im Jahre 1938/39 ergab (H.P. KAUFMANN 1941a), bis zu 2% mehr Fett aus Ölsaaten als Petroläther. Da Petroläther aber nicht einheitlich zusammengesetzt ist, bestimmen nicht nur die Siedegrenzen, sondern auch die in ihm enthaltenen individuellen

Tabelle 5. *Einfluß des Extraktionsmittels auf die Zusammensetzung des extrahierten Sojaöls*

Extraktionsmittel	Siedegrenzen bzw. Siedepunkt °C	Sojaöl		
		Ausbeute %	% ffa im Öl	% Phosphatide im Öl
Pentan, techn.	32— 43	18,62	0,72	2,16
Hexan, techn.	53— 76	19,38	1,14	5,17
Heptan, techn.	95—101	19,42	1,10	5,03
Extraktionsbenzin I . . .	63— 83	19,15	1,06	3,96
Extraktionsbenzin II . . .	65— 72	19,26	1,15	4,23
Benzol, rein	80	19,57	1,40	5,67
Cyclohexan, rein	81	19,25	1,20	4,92

Kohlenwasserstoffe den Extraktionseffekt. Die Ausbeutedifferenz wird in erster Linie durch den Gehalt des Rohfettes an Phosphatiden bestimmt, wie der Verfasser mit K.H. MILTENBERGER (1962) in Extraktionsversuchen mit Sojabohnen zeigen konnte (vgl. Tab. 5).

Das zur Extraktion verwendete Lösungsmittel sollte daher so genau wie möglich definiert werden.

Wahl der Extraktionsmethode

Bei den Extraktionsverfahren ist sowohl die Methode der Perkolation mit einer unbestimmten Menge des reinen, warmen Lösungsmittels als auch die Methode der Maceration mit einem konstanten Lösungsmittelvolumen im Gebrauch. Zur Perkolationsextraktion ist der bekannte Apparat von SOXHLET (vgl. S. 420) weniger geeignet als die sog. Durchtropfextraktoren, z. B. nach A. A. BESSON (1915) (vgl. auch A. PALENI 1942) und H. TWISSELMANN (1923), die zweckmäßig mit einem Einhängekühler aus Glas oder Metall betrieben werden (vgl. Abb. 2).

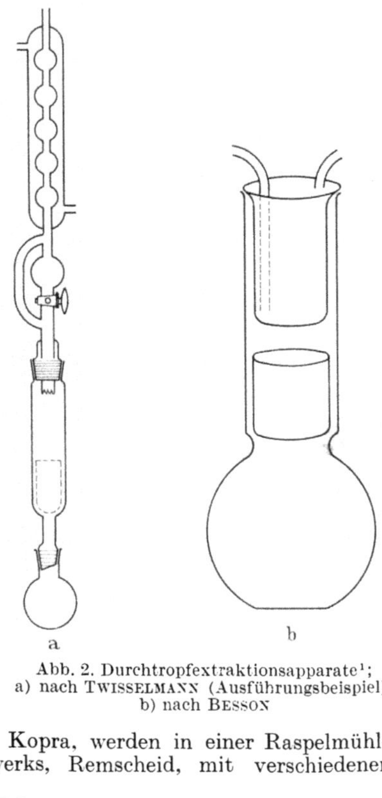

Abb. 2. Durchtropfextraktionsapparate[1]; a) nach TWISSELMANN (Ausführungsbeispiel); b) nach BESSON

α) Gravimetrische Methode für Ölsaaten

Vorbehandlung der Saaten für die Extraktion

Zur Erreichung eines guten Durchschnitts sollen mindestens 1000 g, bei Kopra 2—3 kg Saat zerkleinert werden. *Weiche Saaten*, wie Erdnüsse und Kopra, werden in einer Raspelmühle (z. B. Universal-Küchenmaschine des Alexanderwerks, Remscheid, mit verschiedenen

[1] Hersteller z. B. A. Dargatz, 2 Hamburg 28; R. Schoeps, 41 Duisburg-Beeck.

Raspeleinsätzen (vgl. Abb. 7 S. 426) unter Verwendung von Raspelscheiben oder Raspelzylindern auf 3 mm Rohdurchmesser zerkleinert, *harte Saaten*, wie Palmkerne oder Sojabohnen, in einer Zahnscheibenmühle (z. B. Zahnscheibenmühle Alexanderwerk, Remscheid, Kolloplex-Mühle der Alpine AG, Augsburg, Beco-Scheibenmühle der Fa. Bette & Co., Delbrück/Westf.) auf 1 mm Korngröße gemahlen. *Feine Saaten*, wie Raps, Mohn oder Sesam, werden nicht gemahlen, sondern unter Zusatz von 25 g Seesand auf 5 g Saat im Mörser zerquetscht.

Vortrocknung des in die Extraktionshülse gebrachten Gutes ist nur erforderlich, wenn der Wassergehalt mehr als 10% beträgt.

Perkolationsextraktion nach IUPAC-Vorschrift I. B. 2

Diese aus den Arbeiten der I.C. hervorgegangene Methode (H.P. KAUFMANN 1941a) stimmt bis auf geringe Abweichungen mit der DGF-Methode B – I 5 (52) überein.

Vorbemerkung:

Der Ölgehalt wird auf die Saat wie empfangen, d. h. einschließlich der Verunreinigungen, des sog. Besatzes, bezogen. Falls der Fettgehalt auf die *reine* Saat bezogen wird, ist das im Attest ausdrücklich zu vermerken.

Geräte:

Trockenschrank, auf 103 $\pm$ 2 °C eingestellt,
Extraktor: Durchtropfapparat mit Heiz- und Destilliervorrichtung,
Fettfreie Filterpapierhülsen, zum Extraktionsapparat passend, z. B. Sch. & Sch. Nr. 603,
Mörser oder Mikro-Pulverisiergerät.

Reagentien:

n-Pentan oder n-Hexan, ersatzweise Petroläther mit Siedegrenzen zwischen 40 und 60 °C, rückstandsfrei, mit einer Bromzahl < 1.

Gekörnter Bimsstein, 3—4 mm Korngröße, vorher getrocknet.

Gewaschener und geglühter trockener Seesand; nicht erforderlich, wenn ein Mikro-Pulverisiergerät zur Verfügung steht.

Verfahren:

Zwei trockene Extraktionskolben A und B, die je 2—3 Körner Bimsstein enthalten, werden auf 1 mg genau gewogen. Nach dem Mahlen werden so schnell wie möglich 10 g des Mahlgutes auf 10 mg genau in eine Hülse eingewogen, die in einen Extraktor gebracht wird. Dann gibt man 150 ml Lösungsmittel in den Kolben A und verbindet ihn mit dem Extraktor. Man reguliert die Wärmezufuhr so, daß das Lösungsmittel langsam siedet und extrahiert 4 Std. Dann unterbricht man die Extraktion, entfernt die Hülse, läßt die Hauptmenge des Lösungsmittels verdunsten und entleert den Inhalt in einen Mörser oder ein Pulverisiergerät. Man zerkleinert nun so fein wie möglich mit 10 g Sand. Bei Verwendung des Pulverisiergerätes ist der Sand entbehrlich. Dann bringt man das Pulver in die Hülse zurück, stellt sie in den Extraktor, verbindet mit dem Kolben A und extrahiert 2 weitere Std (2. Extraktion). Darauf mahlt man Mehl und Sand nach dem Abdunsten des Lösungsmittels nochmals, bringt das Gemenge in den Extraktor zurück und extrahiert unter Verwendung von Kolben B wiederum 2 Std (3. Extraktion).

Man destilliert die Hauptmenge des Lösungsmittels aus A und B ab und entfernt die letzten Spuren Lösungsmittel im Trockenschrank bei 103 $\pm$ 2 °C in 20 min. Nach dem Abkühlen im Exsiccator wird auf 1 mg genau gewogen. Dann bringt man den Kolben nochmals für 10 min in den Trockenschrank, kühlt und wägt. Die Differenz zwischen diesen beiden Wägungen darf nicht größer als 10 mg sein. Andernfalls wird nochmals 10 min im Trockenschrank getrocknet. Das Endgewicht von Kolben A wird notiert. Wenn das Gewicht des Öls im Kolben B nicht größer als 10 mg ist, ist die Extraktion vollständig. Wenn nicht, wird das Mehl noch einmal gemahlen und unter Verwendung von Kolben B nochmals 2 Std extrahiert, bis das Gewicht des Öls aus der letzten Extraktion nicht höher als 10 mg ist. Das Endgewicht des Kolbens B wird notiert.

Das extrahierte Öl muß klar sein.

Berechnung:

$$\%\ \text{Fett} = \frac{a \cdot 100}{E}$$

a = Summe der Gewichte des Öls der Kolben A und B in g
E = Einwaage in g.

Anmerkung:

Die Bestimmung des Öls im Besatz wird in gleicher Weise vorgenommen.

Für viele Saaten existieren Spezialvorschriften, die aus der nachstehenden Tabelle zu ersehen sind.

Saat	Methode
Raps	DGF B-I 5a (59)
Kottonsaat . .	AOCS Aa 4-38
Leinsaat . . .	AOCS Af 3-54
Erdnüsse . . .	AOCS Ab 3-49
Sojabohnen . .	AOCS Ac 3-44

Da der gefundene Ölgehalt immer in gewissen Grenzen von der Bestimmungsmethode abhängt, ist im Zweifelsfall eine Vereinbarung über die anzuwendende Arbeitsweise zu treffen.

Macerationsmethoden

Da die Standardmethode für Massenuntersuchungen und für eilige Betriebskontrollen vielzuviel Zeit erfordert, hat man sich mit Erfolg um die Entwicklung von Schnellmethoden bemüht. Neben den später zu behandelnden erfreuen sich solche gravimetrischen Methoden, die eine Maceration mit einer Feinmahlung verbinden, wegen ihrer hohen Genauigkeit großer Beliebtheit.

A. F. Pinto u. J. D. Enas (1949) mahlen vorzerkleinerte Kopra im Starmix unter Rückflußkühlung 10 min mit Petroläther 35/60°C oder Äther, filtrieren, waschen mit Lösungsmittel nach und bestimmen das Öl als Rückstand des eingedampften Extraktes. Eine elegante Methode für die Ölbestimmung in Raps wurde von S. Troeng (1955a) angegeben:

Vorgetrocknete 5-g-Proben werden in Stahlampullen von 30×120 mm zusammen mit 4 Stahlkugeln von 17,32 mm ∅ und 40 ml Petroläther gegeben. Die Ampullen werden mit benzinfesten Gummistopfen verschlossen und 1 Std in Längsrichtung heftig geschüttelt. Das Öl löst sich dabei vollständig im Petroläther. Man trennt das Gelöste und den Rückstand entweder durch Extraktion im Twisselmann-Extraktor oder durch Filtration mit Hilfe eines Jenaer Filtertiegels 11 G 4, wäscht nach und dampft die klare Lösung ein. Wie L. Å. Appelqvist (1967) berichtete, ist die Übereinstimmung der nach dieser Methode und nach der Standardmethode erhaltenen Ergebnisse nach 7jährigen Erfahrungen in vier schwedischen Laboratorien bei Raps, Rübsen und weißem Senf recht gut. Der Variationskoeffizient ist mit ca. 0,5% wesentlich niedriger als bei der offiziellen Methode (ca. 1,0—1,6%).

Nach einem anderen Vorschlag von S. Troeng (1955b) maceriert man in einem Zentrifugenröhrchen aus Stahl mit Benzin 96/100°C, klärt durch Zentrifugieren und bestimmt den Ölgehalt durch Eindampfen eines aliquoten Teils.

In den UNILEVER Ölmühlen-Laboratorien bewährte sich folgende Schnellmethode, die auf der Macerierung der Ölsaaten in einer Schwingmühle, Modell Dangoumau[1], beruht.

Ein mit dem Substrat, Stahlkugeln und Lösungsmittel gefülltes Gefäß aus Edelstahl von 65 ml Inhalt nach Abb. 3 wird in einem elektrisch angetriebenen Exzenter in 700 schockfreie Schwingungen pro Minute versetzt. Dadurch wird das Mahlgut in wenigen Minuten vollständig zerkleinert. Lösungsmittelverluste sind infolge des dichten Sitzes der Packung nicht zu befürchten.

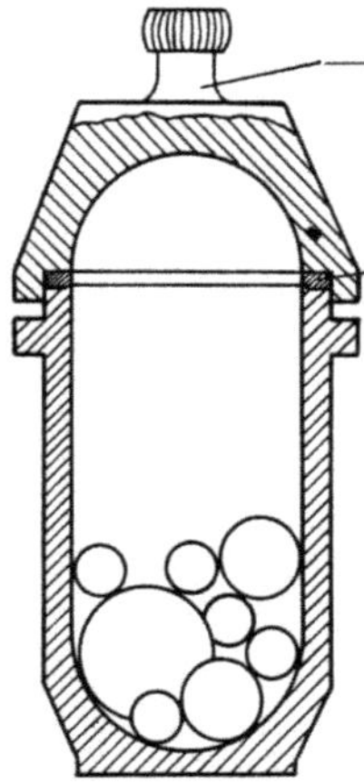

Abb. 3. Schwinggefäß der Dangoumau-Mühle

Verfahren:

In das Schwinggefäß der Dangoumau-Mühle bringt man 5 g der vorzerkleinerten Grobsaat bzw. ungemahlenen Feinsaat, gibt eine Kugel von 20 mm, vier Kugeln von 12 mm und zwölf Kugeln von 8 mm ∅ und 20 ml Petroläther von 40/60°C hinzu

[1] Lieferfirma: PROLABO, 12, Rue Pelée, Paris XI.

und zerkleinert 10 min. Dann bringt man Extrakt und Mahlgut mit Hilfe eines Trichters, der ein Stück Metallgaze zum Zurückhalten der Kugeln enthält, in eine Hülse mit verstärktem Boden (Sch. & Sch. Nr. 603, 35×70 mm), setzt diese in einen Extraktionsapparat und extrahiert 2 Std nach. Dann wird der Extrakt eingedampft und der Rückstand 2,5 Std bei 105°C unter normalem Druck oder 0,5 Std bei 105°C und 10 Torr getrocknet.

Die Übereinstimmung der nach dieser Methode erhaltenen Resultate mit den Ergebnissen der Standardmethode ist durchweg recht gut, wie aus Tab. 6 hervorgeht.

Tabelle 6. *Ölgehalt von Ölsaaten, durch Extraktion bestimmt**

Saat	Anzahl Proben	% Öl, Durchschnittswerte Standard-methode **	mit Dangoumau-Mühle
Kopra	17	65,64	66,04
Soja	12	18,75	19,18
Palmkerne . .	13	49,49	49,63
Erdnüsse . . .	19	46,78	46,73
Raps	14	41,66	43,40

* Privatmitteilung R. ESSL, Ölwerke Spyck.
** mit Besson-Apparat.

Größere Unterschiede ergeben sich bei phosphatidreichen Saaten, wie Soja und Raps. Das mit Hilfe der Dangoumau-Mühle erhaltene Öl hat einen höheren Phosphatidgehalt als das im Besson-Apparat extrahierte.

β) Gravimetrische Methode für Ölkuchen und Ölschrote

Der Fettgehalt läßt sich in diesen Substanzen nach den gleichen gravimetrischen Methoden bestimmen wie in Saaten. Bei der Verwendung dieser Rückstände als Futtermittel ist aber das Gesetz über den Verkehr mit Futtermitteln zu beachten, welches die Art der Fettbestimmung vorschreibt. Diese Vorschriften sind in der nachstehenden DGF-Methode berücksichtigt.

Verfahren nach DGF-Methode B – II 4 (52)

5 g der auf 1 mm fein gemahlenen Probe werden auf ± 0,05 g genau abgewogen und im Durchtropfextraktionsapparat 5—6 Std mit Äther extrahiert. Aus dem auf 1 mg genau gewogenen Kolben entfernt man den größten Teil des Lösungsmittels durch Destillation auf dem Wasserbad und beseitigt die letzten Reste durch Trocknen im Trockenschrank bei einer 105°C nicht übersteigenden Temperatur. Durch zeitweises Einblasen von Luft wird die Entfernung des Lösungsmittels beschleunigt, so daß man nicht länger als 20 min zu erwärmen braucht. Man läßt sodann im Exsiccator erkalten und wägt.

γ) Refraktometrische Methode

Wesentlich schneller auszuführen als die gravimetrische Methode, aber auch ungenauer, ist die refraktometrische. Das ölhaltige Produkt wird mit Lösungsmitteln, wie Äther, Petroläther, Benzin, Chlor- oder Bromnaphthalin unter Zerreiben maceriert, die erhaltene Suspension durch Zentrifugieren oder Filtrieren vom Ungelösten befreit und vom klaren Extrakt der Brechungsindex bestimmt. Die Erhöhung oder Erniedrigung der Refraktion im Vergleich zu der des reinen Lösungsmittels ist ein Maß für den Fettgehalt des Substrats. Eine genaue Beschreibung der Entwicklung dieser Methode mit vielen Literaturhinweisen findet sich bei F. LÖWE (1939). Das Verfahren wurde von W. LEITHE u. Mitarb. (1936 bis 1941) wesentlich verbessert. Es erwies sich als sehr vielseitig anwendbar, so zur Fettbestimmung in Milch, Käse, Kakao, Schokolade, Ölsaaten, Schroten und Kuchen sowie zur Bestimmung des Fettgehaltes in Seifen und Waschmitteln. Für die Fettbestimmung in Ölsaaten und Schroten wurden zwei Verfahren ausgearbeitet: das Benzinverfahren und das Bromnaphthalin-Verfahren.

Benzinverfahren (W. LEITHE u. H. LAMEL 1937)

2 g der gegebenenfalls gemahlenen Saat werden mit 4 g Seesand und 1 g wasserfreiem Natriumsulfat in einer Porzellan-Reibschale zerrieben. Man füllt in ein Zentrifugenglas von etwa 20 ml Inhalt, gibt 5 ml Benzin (Siedegrenzen 90—100° C, n_D 17,5 = 1,396—1,404) hinzu, verschließt mit einem benzindichten Stopfen, schüttelt 2 min und zentrifugiert. Von der erhaltenen klaren überstehenden Lösung wird mit Hilfe des Zeiss-Eintauchrefraktometers, Prisma 3, der Brechungsindex bestimmt. Der Fettgehalt ist der sog. „Refraktometerdifferenz" $\Delta R = R_{Fettlösung} - R_{Benzin}$ proportional. Man entnimmt ihn am besten einer Eichkurve, die mit Hilfe von Öl-Benzin-Lösungen verschiedener Konzentration aufgestellt wurde. Der Fettgehalt läßt sich auch nach der Mischungsregel berechnen, jedoch ist dieses Verfahren weniger genau. W. LEITHE u. H. LAMEL (1937) fanden nach ihrer Methode ca. 0,2—0,4% niedrigere Werte als bei dreimal 4-stündiger Extraktion im Twisselmann-Apparat mit Petroläther.

Bromnaphthalin-Verfahren (W. LEITHE 1936)

2 g des gegebenenfalls zerkleinerten Durchschnittsmusters werden in einer Porzellan-Reibschale mit 4 g Seesand 2 min sorgfältig verrieben. Hierauf fügt man genau 3 ml α-Bromnaphthalin (z. B. *Merck* Nr. 6210) mit einer nachgeeichten Vollpipette zu und verreibt weitere 2 min. Sodann wird an einer Nutsche abgesaugt. Von einigen Tropfen des klaren Filtrats wird der Brechungsindex im Abbe-Refraktometer bestimmt. Die Berechnung des Fettgehaltes erfolgt auch hier wieder am besten mit Hilfe der Refraktometerdifferenz und einer Eichkurve.

Die Ursachen der Unterschiede in den Ergebnissen der LEITHE'schen und gravimetrischen Analysenmethode konnten von K. SCHARRER u. H. LAMEL (1938) aufgeklärt werden. Sie fanden in durch 3-stündige Extraktion von Sojabohnen mit Petroläther von 45—55° C erhaltenen Fetten die zehnfache Phosphatidmenge und eine wesentlich größere Menge Sitosterine als in den durch Maceration nach LEITHE gewonnenen.

Eine für die Fettbestimmung in Zuchtmaterial geeignete Massenmethode wurde von P. SCHWARZE 1941 und 1942 beschrieben. Das geschrotete Material wird zunächst in einer Steilbrustflasche mit 0,1n-HCl, Pepsin und Benzin geschüttelt. Dann wird zentrifugiert, von der Benzinlösung der Brechungsindex bestimmt und der Ölgehalt einer Eichkurve entnommen. Nach dieser Methode erhält man bis zu 1% höhere Werte als nach der Bromnaphthalin-Methode von LEITHE.

δ) Dielektrometrische Methode

Eine Methode zur Fettbestimmung durch Zerkleinerung der Ölsaaten in Gegenwart eines Fettlösungsmittels und anschließende Bestimmung der Dielektrizitätskonstante der Lösung wurde von W.H. HUNT u. Mitarb. (1952) entwickelt. Wesentlicher Bestandteil der verwendeten Apparatur ist eine Stein-Laboratoriumsmühle[1]. Diese völlig flüssigkeitsdicht gebaute Mühle arbeitet nach dem Prinzip des Starmix mit einer Umdrehungszahl der Messerwelle von 15000 U/min. Der Motor befindet sich jedoch oberhalb des Mahlbehälters, so daß eine Beschädigung desselben durch überlaufendes oder durchtretendes Lösungsmittel mit Sicherheit vermieden wird. 100 g Sojabohnen können in Gegenwart von 100 ml Lösungsmittel so fein gemahlen werden, daß die resultierende Suspension ein Sieb von 0,35 mm Maschenweite passiert.

Zur Ausführung des Verfahrens wägt man soviel Sojabohnen oder anderes unzerkleinertes Saatgut in die Mühle, wie 100 g Trockensubstanz entspricht, und mahlt zunächst trocken 1/2 min. Dann schiebt man das an Deckel und Seiten befindliche Mahlgut mit einem Spatel zusammen, gibt 100 ml Orthodichlorbenzol, dessen Dielektrizitätskonstante vorher bestimmt wurde, hinzu und zerkleinert weitere 4 min. Die erhaltene Suspension wird unter Vakuum durch einen 15-cm-Büchner-Trichter filtriert. Vom klaren Filtrat bestimmt man die Dielektrizitätskonstante bei der gleichen Temperatur, bei der sie auch für das reine Lösungsmittel ermittelt wurde, und entnimmt den Ölgehalt einer Eichkurve.

[1] Hersteller: Fred Stein Laboratories, Atchison, Kansas, USA.

Die Dauer einer Bestimmung beträgt 20 min. Die Methode ist so einfach auszuführen, daß sie auch für nicht fachlich ausgebildetes Personal geeignet ist. Die Standardabweichung der Bestimmung wurde bei Sojabohnen zu ± 0,27, bei Leinsaat zu ± 0,35, bei Saflor zu ± 0,27 und bei Sonnenblumenkernen zu ± 0,34 Ölprozenten gefunden.

ε) Densimetrische Methode

Ähnlich arbeitet auch die densimetrische Methode, die, ebenso wie die im vorigen Abschnitt beschriebene, auch für den Nichtchemiker geeignet ist. Eine praktische Ausführungsform dieser Methode wurde von der CNTA — Comptoir National Technique Agricole, Paris — entwickelt und von R. LECOIN (1956) beschrieben.

Wichtigster Bestandteil der benötigten Apparatur ist wiederum eine lösungsmitteldichte Spezialmühle mit Obenantrieb, nämlich der mit Messerwelle (17400 U/min) und zwei Mahlgefäßen von 450 bzw. 750 ml Inhalt ausgestattete Broyeur-Mixer B 17[1].

Zur Ausführung des Verfahrens werden 50 g Saat eingewogen, mit 100 ml Orthodichlorbenzol übergossen und je nach der Art der Saat 2—4 min (Erdnüsse und Raps beispielsweise $2^1/_2$ min) zerkleinert. Das Mahlgut wird unter Verwendung eines Büchner-Trichters unter Vakuum schnell filtriert. Vom klaren Filtrat bestimmt man die Dichte mit Hilfe einer Spezialspindel auf 4 Stellen nach dem Komma genau und mißt die Temperatur. Den Ölgehalt entnimmt man den Eichkurven, die zum Gerät geliefert werden.

Eine Bestimmung erfordert 10—15 min. Die Abweichung der Ergebnisse gegenüber den durch 8- bis 10-stündige Extraktion der Saat im Soxhlet-Apparat erhaltenen ist nicht höher als 0,30%.

ζ) Mit Hilfe der kernmagnetischen Resonanz

Die Fettbestimmung mit Hilfe der kernmagnetischen Resonanz (KMR) ist das kürzeste und einfachste, aber auch das kostspieligste Verfahren zur Ermittlung des Ölgehaltes. Eine Bestimmung dauert nur 5 min und besitzt eine Reproduzierbarkeit von 0,05%, während die offizielle Methode bei einer Reproduzierbarkeit von 0,1% einen Zeitaufwand von ca. 8 Std erfordert. Der größte Vorzug der KMR-Methode liegt aber darin, daß die Saatproben vor der Untersuchung nicht zerkleinert und getrocknet zu werden brauchen. Diese Methode, die auf S. 543ff. eingehender behandelt wird, liefert nämlich Meßwerte, die mit sehr hoher Korrelation ($r = 0{,}999$) dem Wasserstoffgehalt des Öls proportional sind und von den in anderer Bindungsform vorliegenden Wasserstoffatomen (Wasser, Protein, Kohlehydrate) nicht beeinflußt werden. Einer allgemeinen Anwendung der Methode steht nur der hohe Preis der Apparatur (ca. DM 150000—200000) entgegen.

T.F. CONWAY u. Mitarb. (1963) studierten diese Methode eingehend. Sie benutzten ein Schlumberger Gerät, Modell 104, das in der Lage ist, den gesamten Wasserstoffgehalt der Probe zu erfassen und zwischen den Wasserstoffsignalen des Öls und denen des nicht am Öl gebundenen Wasserstoffs zu unterscheiden. Die Probengröße lag zwischen 2,2 und 29,3 g. Im Vergleich zu einer 6stündigen Petroläther-Extraktion erhielten die Autoren z. B. folgende Resultate.

Ölsaat	Senf	Lein	Sojabohnen	Mais
% *Öl nach*				
KMR-Methode	42,3	42,5	20,9	5,4
Petroläther-Extraktion	41,8	40,4	20,1	4,8

η) Mikromethoden

Die von W. LEITHE (1934) ausgearbeitete refraktometrische Methode zur Bestimmung des Ölgehaltes von Saaten und Schroten hat bereits Halbmikrocharakter, da in einer speziellen Ausführungsform des Verfahrens zur Fettbestimmung nur 0,1—0,2 g Saat erforderlich sind.

[1] Hersteller: CNTA 12, Avenue V. Paris.

Bei noch geringeren Mengen empfiehlt sich das Macerationsverfahren nicht mehr. Zweckmäßig ist dann eine Mikroperkolations-Extraktion, wie sie beispielsweise nach G. GORBACH (1942) mit Hilfe der von ihm entwickelten Mikroapparatur (vgl. S. 694) ausgeführt werden kann:

10 mg der frisch bereiteten und zerkleinerten Probe werden in ein Spitzröhrchen gebracht. Darauf wird ein Filterstäbchen gesenkt und Äther hinzugegeben. Die diffundierte Lösung wird mittels einer Thermometercapillare in ein gewogenes Aluminiumschälchen von 15 mm ⌀ und 4 mm Höhe gebracht, wo sie verdampft. Diese Schälchen werden im Vakuum bei 60°C 15 min getrocknet und dann gewogen

In 2—3 Std lassen sich leicht 24 Bestimmungen ausführen. Die Streuung der Werte betrug nach G. GORBACH in Parallelbestimmungen, unabhängig vom Fettgehalt, 0,6—0,7%.

b) Ölfrüchte

Die Fettbestimmung im Fruchtfleisch von Ölfrüchten, wie Oliven, Palmfrüchten, Avocadobirnen usw., läßt sich im Prinzip in der gleichen Weise wie bei ölhaltigen Samen ausführen. Da diese Rohstoffe aber meistens verhältnismäßig viel Wasser enthalten, ist eine Vortrocknung im zerkleinerten Zustand bei 105°C im Vakuum zu empfehlen. Tiefere Temperaturen sollten vermieden werden, da infolge der Anwesenheit lipolytischer Enzyme die Gefahr der Fettspaltung besteht. Dann verreibt man mit säuregewaschenem geglühtem Sand und extrahiert wie auf S. 411 beschrieben mit Petroläther im Twisselmann- oder Besson-Apparat.

Auch das Macerationsverfahren in Verbindung mit der refraktometrischen, dielektrischen oder densimetrischen Fettbestimmung läßt sich anwenden. Gegenüber den Extraktionsverfahren werden jedoch etwas abweichende Ergebnisse erhalten, die ihre Ursache in der unvollständigen Extraktion und im natürlichen Streubereich der sog. Fettkonstanten haben, die zur Berechnung des Resultats benötigt werden.

4. Bestimmung des Fettgehaltes von tierischen Geweben

In tierischen Geweben ist das Fett im allgemeinen fester gebunden als in pflanzlichen. Es findet sich dort im Plasma in Form einer durch kolloide Eiweißsubstanzen stabilisierten wäßrigen Emulsion und kann daher nicht unter den gleichen Bedingungen wie aus pflanzlichen Zellen extrahiert werden.

Bei der Fettbestimmung in tierischen Geweben sind vor der Extraktion vor allem drei Operationen erforderlich.

Öffnung der Zellen durch Zerreißen des Gewebes in einem Fleischwolf oder in einem schnell laufenden Schneidmischer vom Typ des Starmix[1] oder durch Zerreiben des Substrats mit geglühtem scharfkantigem Sand oder Bimsstein.

Entfernung des anwesenden Wassers durch Trocknen im Vakuum bei 100°C, durch Behandlung mit Alkohol, Methanol, Aceton, durch azeotropische Destillation mit Hilfe von Lösungsmittelgemischen, wie Alkohol-Benzol, oder mit Hilfe von wasserfreiem Natriumsulfat, falls bei der Extraktion die Temperatur von 34°C nicht überschritten wird.

Denaturierung oder Lösung des Eiweißes durch Erhitzung auf 100°C, Behandeln mit Alkohol oder durch Einwirkung von Säuren oder Alkalien.

Aus diesen Grundoperationen ergeben sich im wesentlichen drei Bestimmungsmethoden.

a) Extraktion mit Äther, analog AOAC-Methode 23.005 (1965)

3—4 g der im Fleischwolf zerkleinerten Substanz werden in eine Extraktionshülse, die etwas Sand oder Asbest enthält, eingewogen. Man mischt mit einem kurzen Glasstab, bringt Hülse und Stab in ein 50-ml-Becherglas und trocknet im Trockenschrank 6 Std bei 100—102°C (oder $1^1/_2$ Std bei 125°C). Dann extrahiert man mit trockenem peroxidfreiem Äther 5 Std im

[1] Hersteller: Electrostar GmbH, 7313 Reichenbach (Fils).

Soxhlet (vgl. S. 420) oder im Durchtropfextraktor, verdampft den Extrakt, trocknet den Rückstand bei 100°C, kühlt und wägt. Durch eine zweite Extraktion des zwischendurch verriebenen Materials überzeugt man sich von der Vollständigkeit des Fettentzugs.

b) Extraktion mit Alkohol und Chloroform bzw. Chloroform und Methanol

α) Extraktion mit Alkohol und Chloroform nach G. ROSENFELD (1900)

5—20 g des getrockneten feinen Pulvers kocht man in einer zugebundenen Extraktionshülse $^1/_4$ Std mit Alkohol, der sich in einem Becherglas befindet. Dann nimmt man die Patrone heraus, läßt abtropfen und extrahiert 6 Std mit Chloroform. Das Auskochen mit Alkohol und die Extraktion mit Chloroform werden nochmals wiederholt. Dann dampft man sowohl den Alkohol- als auch den Chloroformextrakt zur Trockne ein, nimmt den Rückstand in absolutem Äther auf, filtriert in ein gewogenes Kölbchen, destilliert den Äther ab und wägt den Rückstand nach dem Trocknen.

β) Extraktion mit Chloroform-Methanol nach E. WINTER (1963)

1—50 g der Probe, deren Menge so bemessen wird, daß 0,2—1 g Fett vorhanden sind, werden in einem Schneidmischer, z. B. Starmix mit 1,5-Liter-Becher und Deckel, mit 80 ml Chloroform und 80 ml Methanol sowie 0,5 ml 1 n-Magnesiumchlorid-Lösung 5 min zerkleinert. Dann fügt man weitere 80 ml Chloroform hinzu, zerkleinert wiederum 2 min, gibt Z ml Wasser hinzu und zerkleinert nochmals $^1/_2$ min. Die Menge des Zusatzwassers Z berechnet sich nach der Formel

$$Z = 60 - (P \cdot W/100) \text{ ml}$$

P = Einwaage der Probe in g
W = Wassergehalt in %.

Man bringt das Gemisch in einen Filtertrichter, verrührt je nach Probemenge mit 5—10 g gereinigter und geglühter Kieselgur, nutscht durch ein fettfreies Papierfilter von 7—9 cm ∅ ab und wäscht zweimal mit je 25 ml Chloroform aus. Das Filtrat bringt man in einen Scheidetrichter, läßt nach 60—120 min Stehen die untere Schicht in einen Meßzylinder laufen und liest das Volumen (s ml) ab. Den Rest läßt man 15 Std oder länger im verschlossenen Scheidetrichter stehen, mißt dann das Volumen der in einen kleinen Meßzylinder abgelassenen Unterschicht (r ml) und verwirft beide Schichten dieses Restes. Den erhaltenen Chloroformauszug filtriert man durch ein fettfreies Papierfilter von etwa 15 cm ∅, wobei man die ersten Filtratanteile verwirft. Man entnimmt einen aliquoten Teil (e ml), verdampft das Lösungsmittel und wägt nach dem Trocknen bei 105°C bis zur Gewichtskonstanz (a g Auswaage).

Die Menge an Gesamtfett G berechnet sich:

$$\% \, G = 100 \cdot a\,(s + r)/\,e$$

γ) Extraktion und Aufschluß mit Säuren

Hier sind vor allem die Verfahren von WEIBULL-STOLDT u. GROSSFELD (1925) zu nennen. Nach diesen Methoden erhält man den Fettgehalt sehr genau in einem Bruchteil der für die Extraktion im Soxhlet-Apparat aufzuwendenden Zeit. Es ist aber hierbei zu beachten, daß etwa anwesende Phosphatide durch die Säurebehandlung aufgespalten werden, wodurch die Fettausbeute herabgesetzt werden kann.

Nähere Angaben über die Säureaufschluß-Methoden auf S. 423ff.

c) Sonstige Methoden

Von weiteren Methoden seien zwei Schnellmethoden zur Fettbestimmung erwähnt, und zwar in Fleischprodukten nach S. RUDISCHER (1965) und im Frischfisch nach H. NÖSEL (1965).

Zur Analyse von Fleischprodukten werden 5 g der zerkleinerten Probe mit Säuren, z. B. 70%iger $HClO_4$ + 100%iger H_3PO_4 (1 : 1), oder 30%iger KOH-Lösung heiß aufgeschlossen. Das Fett wird mit 1-Chlornaphthalin oder 1-Bromnaphthalin extrahiert und der Brechungsindex des Extraktes bei +50°C bestimmt. Da die Brechungszahlen der Wurstfette nur sehr gering streuen, ist es möglich, den Fettgehalt mit einem Standardwert von $n_D^{50} = 1{,}4558$ zu berechnen. Dauer einer Bestimmung 15—20 min. Die Abweichung der erhaltenen Werte von den Ergebnissen der Äther-Extraktionsmethode beträgt bei einem Streubereich von —0,6 bis +0,4% im Durchschnitt ca. —0,3%.

Zur Fettbestimmung in Frischfisch werden 20 g entgrätete Rückenstücke in den geschlossenen Zerkleinerungsaufsatz eines Schneidmischers gefüllt. Man gibt 40 ml einer Mischung aus gleichen Teilen Nitrobenzol und Tetrabromäthan ($D = 2{,}1$, ε $20° = 21{,}35$) hinzu, verschließt den Aufsatz und mixt 20—30 sec. Dann filtriert man den spezifisch schwereren Extrakt durch ein doppeltes Faltenfilter ab, bis 15 ml eines klaren Filtrats vorliegen, und mißt die Dielektrizitätskonstante bei +20° C mit Hilfe eines Dekameters, Type DKO3[1]. Der Fettgehalt wird einer Eichkurve entnommen. Dauer einer Bestimmung ca. 10 min. Abweichung von den Ergebnissen der gravimetrischen Petroläthermethode im Durchschnitt +0,15% bei einem Streubereich von —0,7 bis +0,8%.

5. Bestimmung des Fettgehaltes von Lebensmitteln

Alle zur Bestimmung des Fettes in Lebensmitteln üblichen Methoden basieren auf der Extraktion der zu untersuchenden Substanz mit einem Lösungsmittel, wie Äther, Petroläther, Chloroform usw. Da diese Lösungsmittel aber nicht nur die Triglyceride, sondern auch Fettbegleitstoffe, wie Fettsäuren, Phosphatide, Sterine und Kohlenwasserstoffe, aus den Substraten herauslösen, spricht man bei der Angabe der Ergebnisse besser nicht vom Fettgehalt, sondern vom Äther-, Petroläther- usw. -extrakt.

Die Methoden zur Bestimmung des Fettgehaltes von Lebensmitteln kann man in folgende Gruppen einteilen:

a) Extraktion mit einer unbestimmten Menge eines frischen Lösungsmittels.
b) Extraktion mit einer bestimmten Lösungsmittelmenge.
c) Extraktion mit einer unbestimmten oder bestimmten Menge Lösungsmittel nach Aufschluß des Substrats mit Säuren, Alkalien oder oberflächenaktiven Substanzen.

a) Fettbestimmung mit unbestimmten Mengen frischer Lösungsmittel

Dieses klassische Verfahren wurde von Fr. Soxhlet (1879) angegeben. Als Extraktionsapparat dient die in Abb. 4 wiedergegebene Anordnung.

5—10 g der gemahlenen und gepulverten Substanz werden in eine Papierhülse, z. B. Sch. & Sch. Nr. 603, gebracht und mit entfetteter Watte bedeckt. Die so beschickte Hülse wird 2—3 Std bei 95—100° C getrocknet. Man bringt sie in das Mittelstück des Apparates, schließt den Extraktionskolben, der einige Bimssteinstückchen enthält, nach Zugabe des Lösungsmittels an und setzt den Rückflußkühler auf, zweckmäßig einen Dimroth-Kühler, um eine Kondensation von Wasser zu vermeiden. Das Lösungsmittel wird nun auf dem Wasserbad zu lebhaftem Sieden gebracht. Der Dampf kondensiert im Rückflußkühler, das Kondensat durchdringt die Hülse und sammelt sich im Mittelstück, welches periodisch durch Heberwirkung entleert wird. Nach 4- bis 5-stündiger Extraktion wird das Lösungsmittel abgedampft, der Rückstand bei 105° C getrocknet und gewogen.

Nachteilig ist beim Soxhlet-Apparat, daß das Substrat mit *kaltem* Lösungsmittel ausgezogen wird. Das hat eine verhältnismäßig lange Extraktionsdauer zur Folge. Diesen Nachteil vermeiden die auf S. 411 beschriebenen Extraktionsapparate von A.A. Besson (1923) und H. Th. Twisselmann (1923), bei denen der *heiße* Lösungsmitteldampf das Extraktionsgut umspült. Der zur Extraktion benutzte Äther muß wasserfrei sein und darf, um Explosionen bei zu hoher Erhitzung des Trockenrückstandes zu verhüten, keine Peroxide enthalten. Ähnlich wie bei der Extraktion von Ölsaaten beeinflußt die Art des Lösungsmittels die Menge des Extrakts, ganz besonders dann, wenn ein Teil des „Rohfettes" aus Phosphatiden besteht. Die Extraktion der Lipoide ist um so vollständiger, je polarer das Lösungsmittel ist. Vollständige Gewinnung der Phosphatide gelingt nach B. Rewald (1930) und J. Grossfeld (1940a) durch Extrahieren mit einem siedenden Gemisch von Alkohol und Benzol 1:1. Da mit diesem Lösungsmittel jedoch auch Zuckerstoffe entfernt werden, ist es nach Rewald empfehlenswert,

[1] Hersteller: Wissenschaftlich-Technische Werkstätten GmbH, 812 Weilheim/Obb.

den Alkohol-Benzol-Extrakt nach dem Eindampfen in absolutem Äther aufzunehmen, wobei die Zuckerstoffe ungelöst bleiben. Diese Methode leistet besonders gute Dienste bei der Fettbestimmung in Brot, Backwaren, Teigwaren und Eipulver. Das von H. HADORN u. R. JUNGKUNZ (1951) angegebene Bestimmungsverfahren ermöglicht vollständige Extraktion des Rohfettes aus Eikonserven und ist auch auf eihaltige Lebensmittel anwendbar:

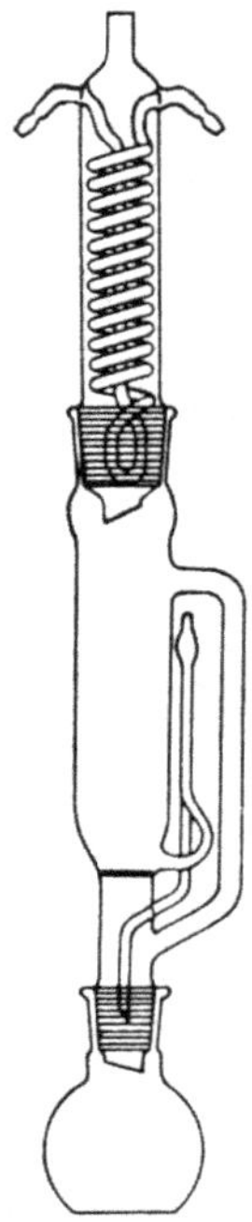

Abb. 4. Extraktionsapparat nach Soxhlet

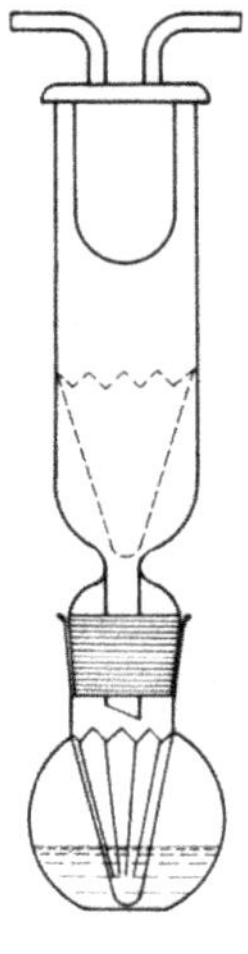

Abb. 5. Extraktion von Eipulver nach HADORN u. JUNGKUNZ (1951)

1—2 g Eipulver werden in ein Faltenfilter von 15 cm ∅ gebracht und unter Verwendung der in Abb. 5 dargestellten Apparatur zunächst im 150 ml fassenden Kölbchen mit 40—50 ml einer Mischung aus gleichen Teilen 95%igen Alkohols und Benzols ausgekocht. Dann wird der Aufsatz abgenommen, das Faltenfilter nach dem Abtropfen in das Mittelstück gebracht und nochmals 1 Std extrahiert. Nach dem Abdestillieren des Lösungsmittels wird der Rückstand getrocknet und gewogen. Er soll in Äther vollständig löslich sein. Andernfalls wird die ätherische Lösung durch ein Asbestfilter filtriert und wieder eingedampft. Sie hinterläßt das Fett, das getrocknet und endgültig gewogen wird.

Die Fettextraktion im Soxhlet-Apparat wird durch Verreiben der Substanz mit Sand erleichtert. Auch wenn der Fettgehalt von Flüssigkeiten bestimmt werden soll, werden diese in Gegenwart von Sand eingedampft. Bei Proben, die mäßige Wassermengen enthalten, wie Fleisch, wird, um das umständliche Trocknen vor der Extraktion zu vermeiden, häufig empfohlen, sie außer mit Sand auch mit wasserfreiem Natriumsulfat zu verreiben. Das hat aber nur dann Sinn, wenn Äther zur Extraktion verwendet wird, da dann die Extraktionstemperatur unterhalb 34,1 °C, dem Umwandlungspunkt des Heptahydrats $Na_2SO_4 \cdot 7H_2O$ liegt.

b) Fettbestimmung durch Extraktion mit einem bestimmten Lösungsmittelvolumen

Diese Methode, die wesentlich schneller zum Ziele führt als die oben beschriebene, geht auf eine Arbeit von M. MONHAUPT (1911) zurück und wurde von J. GROSSFELD (1922) erheblich verbessert.

Schüttelt man eine fetthaltige Probe mit einem konstanten Lösungsmittelvolumen, so geht das Fett in das Lösungsmittel über, dessen Volumen um das Volumen des Fettes vermehrt wird.

$$V_L = V + \frac{F}{d}$$

V = Volumen des Lösungsmittels
V_L = Volumen der Lösung
F = Gewicht des extrahierten Fetts
d = Dichte des Fetts

Man kann nun die Dichte oder den Brechungsindex von Lösung und Lösungsmittel bestimmen und aus der Differenz den Fettgehalt von Lösung und Probe berechnen. Nach J. GROSSFELD (1922) verdampft man aber besser einen aliquoten Teil der Fettlösung, wägt den erhaltenen Rückstand nach dem Trocknen und berechnet dann den Fettgehalt der Probe nach der Gleichung

$$x = \frac{a \cdot v}{p - \frac{a}{d}}$$

x = gesuchte Fettmenge in g
v = Gesamtvolumen des Lösungsmittels in ml
p = aliquoter Teil der Fettlösung in ml
a = Gewicht des aus dem aliquoten Teil der Fettlösung erhaltenen Fetts in g
d = Dichte des extrahierten Fetts.

Für d setzt man nach J. GROSSFELD (1927a) die nach J. LUND (1922) errechnete Dichte im flüssigen Zustand nach folgender Tabelle ein:

Cocosfett	0,92	Leinöl	0,93
Palmkernfett	0,92	Rinderfett	0,91
Palmöl	0,91	Schweinefett	0,91
Kakaofett	0,91	Pferdefett	0,91
Olivenöl	0,92	Tran	0,92
Erdnußöl	0,92	Butterfett	0,92
Sesamöl	0,92	Margarine	0,92
Rüböl	0,91		

Dieses Fettbestimmungsverfahren wurde von GROSSFELD bis zum Jahre 1952 zu einer universell anwandbaren Methode weiterentwickelt, deren wichtigsten Varianten das Trichloräthylen-Verfahren, das Benzin-Verfahren und die Kombination seiner Methode mit einem Säureaufschluß sind.

α) Trichloräthylen-Extraktion nach J. GROSSFELD (1922)

5—10 g Substanz werden in einem weit- und kurzhalsigen Kolben mit genau 100 ml Trichloräthylen von Zimmertemperatur versetzt. Nach Zusatz von etwas Bimssteinpulver wird ein gut wirkender Kühler angeschlossen und die Suspension 5—10 min in lebhaftem Sieden gehalten. Dann läßt man erkalten, gießt die Kochflüssigkeit in einen Scheidetrichter und filtriert die Trichloräthylen-Lösung unter Vermeidung von Verdunstungsverlusten durch ein trockenes Filter. 25 ml dieses Filtrats werden sodann in ein gewogenes Glasschälchen gebracht und auf dem Wasserbad eingedunstet. Das zurückbleibende Fett wird 1 Std bei 100°C getrocknet und nach dem Erkalten gewogen (= a). Die Menge x des in der Einwaage anwesenden Fettes (Dichte = d) errechnet sich nach der Formel

$$x = \frac{100 \cdot a}{25 - \frac{a}{d}}$$

Die Methode ist anwendbar auf alle Lebensmittel, bei denen das Fett nicht in Zellen eingeschlossen ist, z. B. Butter, Margarine, Kakaopulver, Mehl, Marzipan usw.

Zur Erleichterung der Berechnung hat J. GROSSFELD im Jahre 1923 eine umfangreiche Tabelle ausgearbeitet, die außer in Bd. IV der älteren Ausgabe dieses

Handbuches auch im Laboratoriumsbuch für den Lebensmittelchemiker von BEYTHIEN-DIEMAIR (1963) wiedergegeben ist.

β) Benzin-Extraktion nach J. GROSSFELD (1941b)

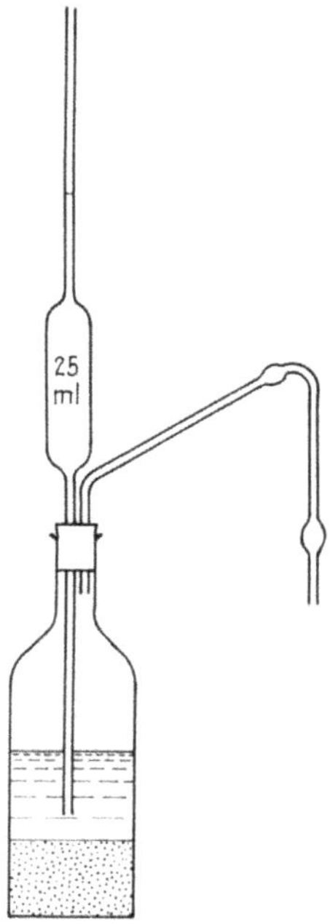

Abb. 6. Druckpipettierung nach GROSSFELD (1941 b)

Wie J. GROSSFELD (1941 b) zeigte, ist das von ihm entwickelte Verfahren nicht an die Verwendung von Trichloräthylen gebunden. Vor anderen Lösungsmitteln hat Benzin mit den Siedegrenzen 60—70°C den Vorzug einer geringeren Dichte, so daß sich die unlöslichen Bestandteile der Fettlösung zu Boden setzen und ein Abpipettieren der überstehenden klaren Lösung möglich wird. Hierzu bedient man sich zweckmäßig der Druckpipettierung nach Abb. 6.

Das zur Extraktion verwendete Kölbchen wird mit einem doppeltdurchbohrten Stopfen verschlossen, durch eine Bohrung wird der Stiel einer 25-ml-Pipette und durch die andere ein Glasrohr geführt. Durch Einblasen kann die Lösung ohne Verdampfungsverluste in die Pipette überführt werden. Im übrigen verfährt man wie folgt:

5 g der gepulverten Substanz werden in einer 100-ml-Steilbrustflasche aus thermoresistentem Glas mit 50 ml Benzin 50 min unter Rückfluß gekocht. Dann läßt man auf Zimmertemperatur abkühlen, bringt durch Druckpipettierung 25 ml der Fettlösung in ein gewogenes Kölbchen, destilliert ab, wägt den Rückstand und berechnet den Fettgehalt mit Hilfe der für die Vorschrift *a*) angegebenen Formel (vgl. S. 421).

Diese Methode eignet sich, ebenso wie die Trichloräthylen-Methode, zur Bestimmung des freien Fettes. Sie liefert Ergebnisse, die mit den durch vollständigeÄther-Extraktion im Soxhlet erhaltenen gut übereinstimmen (vgl. Tab. 7).

Tabelle 7. *Fettgehalt verschiedener Lebensmittel durch Benzin-Extraktion nach* GROSSFELD *(a) bzw. vollständige Extraktion mit Äther (b) bestimmt* (J. GROSSFELD 1941)

Lebensmittel	% Fett	
	Methode a	Methode b
Sojabohnenmehl	20,1	20,3
Eier-Makkaroni	2,4	2,4
Marzipan	14,8	14,9
Suppe nach Ochsenschwanzart	18,9	19,0
Eiersatzmittel	17,1	17,2

c) Fettbestimmung nach Aufschluß mit Säuren oder Alkalien

Die Extraktion des trockenen Lebensmittels mit Fettlösungsmitteln gibt nur dann brauchbare Ergebnisse, wenn das Fett nicht von Eiweißkolloiden umhüllt und dadurch für das Extraktionsmittel unzugänglich ist. Der störende Einfluß der Eiweißkolloide wurde zuerst bei der Analyse von Milch und Milchprodukten erkannt und führte zur Entwicklung der Säureaufschlußmethoden von SCHMID, BONDZYNSKI, RATZLAFF und GERBER sowie der ammoniakalischen Aufschlußmethode nach RÖSE-GOTTLIEB (vgl. F.E. NOTTBOHM u. O. BAUMANN 1931). Diese Spezialmethoden sind in Bd. III dieses Handbuches beschrieben.

α) Varianten der Großfeld'schen Fettbestimmungsmethoden

Einige der allgemein anwendbaren Methoden, die hier gestreift werden sollen, sind Varianten der Großfeld'schen Trichloräthylen- und Benzin-Methode. Zur Bestimmung des Fettgehaltes von Fleisch und Wurstwaren ist beispielsweise folgendes Verfahren von J. GROSSFELD (1925) geeignet:

20 g Fleisch oder Wurst werden in einem Kolben, wie er zur Bestimmung der Reichert-Meißl-Zahl (vgl. S. 594) benutzt wird, mit 20 ml 34%iger Salzsäure bis zur völligen Lösung erhitzt. Nach dem Abkühlen gibt man 100 ml Trichloräthylen hinzu, kocht 5 min an einem gut wirksamen Rückflußkühler und läßt erkalten. Danach gießt man die Kochflüssigkeit in einen Scheidetrichter, filtriert die Trichloräthylenlösung und dampft 25 ml des klaren Filtrats ein.

Berechnung wie auf S. 421. Die erhaltenen Werte stimmen mit den durch vollständige Extraktion im Soxhlet-Apparat ermittelten auf 0,1% überein.

Für die Fettbestimmung in Milchpulver, Molkenpulver, Volleipulver usw. empfehlen A. SCHLOEMER u. K. RAUCH (1942) folgende Arbeitsweise:

Ungefähr 2 g Substanz werden in eine 100-ml-Steilbrustflasche genau eingewogen und mit genau 10 ml Tetrachlorkohlenstoff, 10 ml Salzsäure (D = 1,124) und etwas Bimsstein am Rückflußkühler bei sehr kleiner Flamme solange im Sieden gehalten, bis das im Anfang starke Schäumen fast ganz nachgelassen hat (ca. 30 min). Dann gibt man 10 ml 96%igen Alkohol durch den Kühler hinzu, erhitzt 5 min weiter, läßt abkühlen, spült den Kühler mit 2 ml Alkohol nach, setzt 40 ml Benzin von 60—70° C hinzu und schüttelt etwa 15 sec kräftig durch, nachdem man den Glasstopfen aufgesetzt hat. Dann läßt man stehen, entnimmt durch Druckpipettierung genau 25 ml der Fettphase, gibt diese in einen gewogenen Erlenmeyerkolben, destilliert das Fettlösungsmittel auf dem Wasserbad ab und trocknet den Rückstand bis zur Gewichtskonstanz.

Berechnung des Fettgehaltes nach der Formel von GROSSFELD.

β) Weibull-Stoldt-Methode

M. WEIBULL hatte 1892 und 1894 gezeigt, daß die Fettbestimmung in Milch und Milchprodukten mittels Extraktion durch eine vorherige Behandlung mit Salzsäure sehr erleichtert wird. Diese Methode wurde von W. STOLDT (1938—1952) zu einer allgemein anerkannten Fettbestimmungsmethode ausgebaut, die auf praktisch alle Lebensmittel anwendbar ist und eine ausgezeichnete Reproduzierbarkeit besitzt.

Das zu untersuchende Lebensmittel wird mit Wasser und Salzsäure aufgeschlossen, der Säureaufschluß filtriert, der Filterrückstand getrocknet und im Soxhlet-Apparat mit Äther extrahiert. Durch Eindampfen des ätherischen Extrakts erhält man quantitativ das anwesende Fett. Durch Behandlung mit Salzsäure werden etwa vorhandene Phosphatide hydrolysiert. Buttersäurehaltige Triglyceride bleiben aber unverändert, so daß vom Fettextrakt der Butterfettgehalt, z. B. durch Bestimmung der Buttersäurezahl nach GROSSFELD (vgl. S. 596), mit großer Genauigkeit bestimmt werden kann.

Verfahren zur Bestimmung des Fettgehaltes nach WEIBULL-STOLDT *(1949)*

Geräte:

Becherglas, 600 ml Inhalt, mit Uhrglas,

Faltenfilter Sch. & Sch. Nr. 588 bzw. 2124a $^1/_2$ oder 2125a $^1/_2$,

Soxhlet-Apparat, bestehend aus einem Stehkolben von 150—200 ml Inhalt, einem Zwischenstück (innerer Durchmesser 38—40 mm, Überlauf 90—100 mm, Inhalt des Extraktionsraums 100—120 ml) und einem Rückflußkühler, alle Teile durch Schliffe verbunden.

Wasserbad,

Watte, Bimsstein, gekörnt, beides fettfrei.

Reagentien:

Salzsäure (D = 1,19),

Äther, peroxidfrei, getrocknet.

Verfahren:

Das Material wird nach dem Verrühren mit 100 ml Wasser (bei stark wasserhaltigen Lebensmitteln, wie Milch, wird entsprechend weniger oder gar kein Wasser zugegeben) und mit 60 ml rauchender Salzsäure nach Zugabe von einigen Bimssteinstückchen im Becherglas kurze Zeit auf dem Wasserbad erwärmt. Dann wird bei aufgesetztem Uhrglas zum Sieden erhitzt und die vorgeschriebene Zeit (vgl. Tab. unten) im Kochen erhalten. Noch heiß wird die Flüssigkeit mit heißem Wasser versetzt und durch ein angefeuchtetes Faltenfilter filtriert. Nach gründlichem Auswaschen des Becherglases und des Filters mit heißem Wasser und Abtropfen des Waschwassers wird das Filter zusammengefaltet und im Trockenschrank bei 105° C getrocknet. Die Dauer des Trocknens beträgt je nach dem Material 2—4 Std. Nun wird das Filter ohne Hülse in einen Soxhlet-Apparat mit tariertem und mit Bimssteinstückchen versehenem Kolben gegeben und das zum Trocknen des Filters benutzte Uhrglas mit Äther nachgespült. Falls Fett beim Trocknen durch das Filter gedrungen ist, nimmt man dies zunächst mit Watte auf und bringt es vor dem Nachspülen mit Äther in den Soxhlet-Apparat. Man extrahiert nun mit guter Durchlaufgeschwindigkeit mit Äther (vgl. nachstehende Tabelle), dampft das Lösungsmittel ab und trocknet den Rückstand bei waagerechter Kolbenstellung $^1/_2$ Std bei 105° C im Trockenschrank. Bei Ausbeuten von über 2 g Fett wird nochmals $^1/_2$ Std unter den gleichen Bedingungen getrocknet.

Die Menge des Ausgangsmaterials, die Kochzeit und die Extraktionsdauer sind je nach der Art des Lebensmittels verschieden und folgender Tabelle zu entnehmen:

Lebensmittel	Einwaage g	Kochzeit min	Extraktion Std
Eipulver, Fisch- und Fleischwaren	10	30	1
Käse	5*	30	1
Voll-, Mager-, Buttermilch	100	30	1
Ölsaaten, Ölkuchen	10	30	2
Backemulsion, Kakao, Kuvertüre, Sahnepulver	10	20	3
Butter, Margarine, Mayonnaise	5*	20	1
Mehl, Teigwaren, Backwaren, Schokolade, Vollmilch-, Magermilchpulver, Marzipan, Persipan	20	20	3
Eingedickte Milch, Kaffeesahne	20	20	1
Gezuckerte Kondensmilch	20	20	2

* auf Zellophan eingewogen.

Berechnung:

$$\% \text{ Fett} = \frac{a \cdot 100}{E}$$

a = Trockensubstanz des Ätherextrakts in g
E = Einwaage in g.

Reproduzierbarkeit der Methode; Vergleich der Resultate mit den durch direkte Extraktion erhaltenen; Einfluß der Phosphatide

Nach den von W. STOLDT veröffentlichten Analysenergebnissen beträgt die Differenz von Doppelbestimmungen im Durchschnitt 0,04 %. Gegenüber der Fettbestimmung im Soxhlet-Apparat werden durchweg etwas höhere Werte gefunden, wie aus der Zusammenstellung in Tab. 8 zu ersehen ist.

Tabelle 8. *Fettbestimmung durch Soxhlet-Extraktion und nach* WEIBULL-STOLDT (W. STOLDT 1947 und 1951)

Lebensmittel	Anzahl Bestimmungen	% Fett im Durchschnitt	
		Soxhlet-Extraktion	WEIBULL-STOLDT
Weizenmehl	6	2,12	2,40
Maismehl	9	3,57	3,82
Maiskeime	12	13,45	16,20
Kakao	9	19,50	19,62
Schokolade	6	30,70	31,07

Da die Phosphatide bei dieser wie bei allen acidolytischen Methoden gespalten werden, erhält man gegenüber der Rewald-Großfeld'schen Extraktion mit Benzol und Alkohol 1:1 dann niedrigere Werte, wenn große Mengen Phosphatide anwesend sind, wie z. B. bei Eipulver. Bei hohem Gehalt an Phosphatiden und wenn die Weiteruntersuchung der Begleitstoffe beabsichtigt ist, wird man daher dem Extraktionsverfahren ohne Säureaufschluß den Vorzug geben. Gute Ergebnisse erhält man bei der Fettbestimmung in phosphatidreichem Material auch nach der von J. TERRIER (1941) angegebenen Arbeitsweise (vgl. H. HADORN u. R. JUNGKUNZ 1951):

0,5 g Substanz werden in einem Zentrifugenrohr (mit eingeschliffenem Stopfen) mit 10—12 cm³ 96 vol.-%igem Alkohol versetzt und im Wasserbad 6 min zum leichten Sieden erhitzt, wobei die Masse mit einem Glasstab umgerührt wird, um Stoßen zu vermeiden. Nach dem Abkühlen in kaltem Wasser, wobei sich die Lösung trübt, wird zentrifugiert und die überstehende alkoholische Lösung in ein 50 cm³ Erlenmeyerkölbchen abgegossen. Der Rückstand im Zentrifugenrohr wird ein zweites Mal in gleicher Weise mit 10—12 cm³ Alkohol 6 min gekocht, dann zentrifugiert und die alkoholische Lösung ins gleiche Kölbchen abgegossen. Dann wird der Alkohol auf dem Wasserbad abdestilliert. Der Rückstand im Zentrifugenrohr wird hierauf mit 10—12 cm³ Äther kräftig geschüttelt und abzentrifugiert. Die überstehende klare Lösung wird in das Erlenmeyerkölbchen mit dem Rückstand der Alkoholextrakte gegossen und nach Zusatz eines kleinen Stückes Filterpapier vom Lösungsmittel befreit. Diese Operation dient dazu, den Alkohol aus dem Fett zu vertreiben. Der Rückstand wird erneut mit 10—12 cm³ Äther geschüttelt und zentrifugiert. Die überstehende ätherische Lösung wird wieder in das Erlenmeyerkölbchen gegossen und, nachdem sich das Fett gelöst hat, wird in ein gewogenes Kölbchen filtriert, um die evtl. aus dem Untersuchungsmaterial stammenden Nichtfett-Stoffe (Zucker) zu entfernen. Das Ausschütteln und Zentrifugieren mit Äther wird noch zweimal wiederholt und mit den hierbei erhaltenen Lösungen werden Erlenmeyerkölbchen und Filter nachgewaschen. (Es sind somit 2 Auskochungen mit Alkohol und 4 Ausschüttelungen mit Äther erforderlich.) Nach dem Abdestillieren des Äthers wird das „Fett" getrocknet und gewogen.

Eine Vorbehandlung des Substrats mit wäßriger Zephirol-Lösung ermöglicht nach F. KIERMEIER u. A. PATSCHKY (1950) die Bestimmung gebundenen Fetts durch Extraktion mit Äther ohne vorherigen Säureaufschluß. Auch durch diese Methode werden die Phosphatide geschont. Schließlich vermeidet auch das von E. WINTER (1963) (S. 418) angegebene Verfahren, das eine Behandlung des Lebensmittels mit Methanol-Chloroform in Gegenwart von Wasser und Magnesiumchlorid unter gleichzeitiger intensiver Zerkleinerung im Starmix vorsieht, die Nachteile eines Salzsäureaufschlusses.

d) Spezielle Arbeitsvorschriften

Spezielle Arbeitsvorschriften zur Fettbestimmung in Lebensmitteln finden sich an anderer Stelle dieses Handbuches,

z. B.
für Mehl, Gebäck, Brot in Bd. V,
für Milch und Milcherzeugnisse in Bd. III,
für Kakao, Schokolade, Süßwaren in Bd. VI,
für Margarine, Mayonnaise in diesem Band S. 992, 1006.

II. Darstellung größerer Fettmengen für die Untersuchung

1. Gewinnung des Fettes

Die bei der Fettbestimmung erhaltenen Fettmengen sind meistens für eine umfassende Untersuchung zu gering. Vielfach weisen sie auch eine gegenüber dem ursprünglichen Fettgehalt veränderte Zusammensetzung auf, vornehmlich dann, wenn der Extraktion des Fettes eine Vorbehandlung des Substrats mit Säuren oder Alkalien vorausging. Für eine eingehende Untersuchung unbekannter Fette ergibt sich daher die Aufgabe, größere Mengen dieser Produkte zu gewinnen. Die Lösung des Problems bereitet keine Schwierigkeiten, wenn man auch hier die

Bedingungen einhält, die bei der Fettbestimmung zur Erzielung richtiger Ergebnisse beachtet werden müssen. Wie diese läßt sich die Darstellung größerer Fettmengen in folgende Teiloperationen zerlegen.

a) Zerkleinerung

Zur Zerkleinerung des zu verarbeitenden Gutes sind die im Handel erhältlichen Küchenmaschinen mit Zusatzgeräten besonders geeignet. Von diesen bewährte sich im Laboratorium des Verfassers vor allem die Universal-Küchenmaschine des Alexanderwerks, Remscheid (vgl. Abb. 7).

Abb. 7. Universal-Küchenmotor-Anlage des Alexanderwerks, Remscheid

Diese Küchenmaschine kann mit Ansätzen zum Raspeln und Zerkleinern, einem Fleischwolf und anderen für die Zerkleinerung von Saaten und weichem faserigen Gut geeigneten Geräten ausgestattet werden. Bei der Verarbeitung von sehr weichem Material, wie Brot, Gebäck usw., ist es zweckmäßig, vor der Mahlung zu trocknen.

Die Zerkleinerung soll in allen Fällen nur soweit getrieben werden, daß das Extraktionsmittel ungehindert Zutritt findet.

b) Vortrocknung

Bei wasserreichen Stoffen, wie manchen Ölfrüchten, Fleisch, Fisch usw., sollte sich an die Zerkleinerung eine Vortrocknung des Gutes anschließen, die am besten bei 80—100°C in einem Vakuum-Trockenschrank unter gleichzeitiger Durchleitung eines schwachen Stickstoffstroms bei einem Druck von 10—50 Torr vorgenommen wird. Es genügt vollends, auf einen Restwassergehalt von 5—10% zu trocknen, da sich bei Unterschreitung dieser Grenze eine Masse mit hornartiger Oberfläche bildet, die nur schwer vom Lösungsmittel zu durchdringen ist. Bei nicht oxydationsempfindlichen Materialien kann die Trocknung auch in einem Warmluft-Trockenschrank mit Luftumwälzung vorgenommen werden, die zu einer sehr raschen Herabsetzung des Wassergehaltes führt.

Man kann die Trocknung umgehen, wenn man das zerkleinerte Gut vor der eigentlichen Extraktion mit Aceton oder Alkohol behandelt. Diese Lösungsmittel bewirken neben dem Wasserentzug gleichzeitig eine Coagulation der Eiweißstoffe. Sie entziehen dem Substrat allerdings auch erhebliche Mengen Fett, so daß der

Aceton- bzw. Alkoholextrakt zur Trockne eingedampft und der Rückstand nochmals mit einem spezifischen Fettlösungsmittel, wie Petroläther oder wasserfreiem Äther, extrahiert werden muß.

c) Entölungsverfahren

Das zerkleinerte und vorgetrocknete Material kann nach prinzipiell den gleichen Methoden, wie sie auch in der Technik benutzt werden, entölt werden: Ölsaaten und Ölfrüchte beispielsweise durch Auspressen oder Extraktion mit Lösungsmitteln, tierisches Fettgewebe durch trockenes Erhitzen oder Ausschmelzen mit Dampf oder ebenfalls durch Extraktion. Für Lebensmittel schließlich kommt nur das Extraktionsverfahren in Betracht.

α) Preßmethode

Bei der Entölung von Ölsaaten und Ölfrüchten bringt man das auf 100°C angewärmte Gut in eine Umhüllung aus fest gewebter Baumwolle oder Wolle und preßt in einer Laboratoriums-Spindelpresse aus. Dieses Verfahren ist aber recht umständlich und für die Verarbeitung größerer Mengen nicht geeignet.

Für das kontinuierliche Auspressen von Ölsaaten und Ölfrüchten ist die Komet-Expellerpresse[1] nach Abb. 8 zu empfehlen, die eine Verarbeitung von 10 kg Saat pro Stunde erlaubt.

Abb. 8. Laboratoriums-Expellerpresse

Durch Auspressen erhält man sehr reine Öle, die nur einen geringen Phosphatidgehalt aufweisen. Der Nachteil gegenüber dem Extraktionsverfahren liegt aber in der geringeren Ausbeute, da der Rückstand noch 10—20% Öl enthält.

β) Extraktionsmethode

Hinsichtlich der Auswahl der *Lösungsmittel* gilt das für die Fettbestimmung in Ölsaaten auf S. 411 Gesagte. Je unpolarer das Extraktionsmittel ist, desto weniger Nichtfette und Fettbegleitstoffe, wie Sterine, Phosphatide usw., werden neben den

[1] Hersteller: Fa. Monforts & Reiners, 407 Rheydt.

Triglyceriden und freien Fettsäuren aus dem Substrat gelöst. Verwendet man Lösungsmittel von großer Lösungsbreite, wie z. B. das zuerst von B. REWALD (1930) vorgeschlagene Benzol-Alkohol-Gemisch 1:1, so ist es zu empfehlen, das erhaltene Rohfett durch Umlösen in wasserfreiem Äther oder rückstandsfreiem Benzin (Siedegrenzen 60—70°C) von den Nichtfetten zu trennen. Einen Überblick über die Abhängigkeit der Extraktionsausbeute vom Lösungsmittel bei der Aufarbeitung größerer Mengen Vollsojamehls gibt Tab. 9 nach Versuchen im Laboratorium des Verfassers.

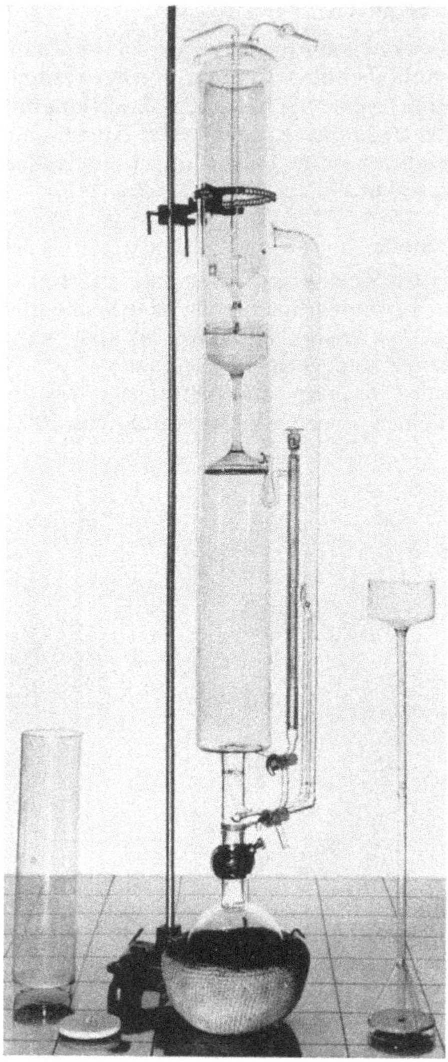

Abb. 9. Universal-Extraktor (Schott & Gen., 65 Mainz)

Tabelle 9. *Extraktion von Vollsojamehl mit verschiedenen Lösungsmitteln*

Lösungsmittel	% Extrakt
Petroläther 35/55	19,0
Hexan 63/73	20,0
Benzol	21,1
Benzol-Alkohol 1:1	22,0
Hexan-Aceton 4:1	21,3
Chloroform	21,3
Chloroform-Methanol-Wasser 65:25:4	24,0
zum Vergleich: % Fett nach DGF-Methode B-I 5 (52) unter Verwendung von Äthyläther	21,72

Die Wahl der *Extraktionsapparatur* wird in erster Linie durch die Menge des zu behandelnden Gutes bestimmt. Für Mengen von ca. 100—3000 g Substrat sind gläserne Extraktionsgeräte im Handel, die nach dem Abheberungs- und Durchtropfprinzip arbeiten[1]. Sehr praktisch ist der in Abb. 9 wiedergegebene Extraktor, eine Weiterentwicklung des Apparates von W. SCHÖBEL (1930), dessen Extraktionsraum einen Inhalt von 4000 ml besitzt.

Bei der Verarbeitung noch größerer Mengen benutzt man aus Sicherheitsgründen besser Metallgeräte. Für Filtrations-Extraktionen sind beispielsweise die Seitz-Filter (Seitz-Werke, 655 Bad Kreuznach) geeignet, die in Größen bis zu mehreren hundert Litern hergestellt werden.

d) Spezialverfahren

Einige Lebensmittel, insbesondere solche, die im Verhältnis zum Fett sehr viel Stärke enthalten, geben nur nach Behandlung mit Salzsäure das von Stärke-

[1] Hersteller: z. B. Schott & Gen., 65 Mainz; Normschliff KG, 698 Wertheim (Main); Normag, 6238 Hofheim (Taunus); Quickfit, 6202 Wiesbaden-Biebrich.

teilchen umschlossene Fett ab. Für die Fettgewinnung aus fettarmem Backwerk empfiehlt sich die von J. GROSSFELD (1937a) vorgeschlagene Arbeitsweise:

Das auf Horden getrocknete Material wird in einer Zahnscheibenmühle gemahlen und durch ein 2-mm-Sieb gesiebt, wobei Fruchtbestandteile, Marmeladen usw. auf dem Sieb zurückbleiben. 100 g der zerkleinerten Substanz gibt man in einen 1-l-Kolben aus Jenaer Glas, fügt ca. 500 ml Wasser und 50 ml 25%ige Salzsäure hinzu, erhitzt vorsichtig zum Sieden und kocht noch 10—15 min weiter.

Nach dem Erkalten fügt man soviel wäßrige Kongorot-Lösung hinzu, daß die Flüssigkeit stark blau gefärbt wird, stumpft das Übermaß an Salzsäure mit 10%iger Natronlauge bis zum Auftreten einer violetten Zwischenfarbe ab, gibt zur Klärung 5 ml Kalium-ferrocyanid-Lösung nach CARREZ (150 g/l) zu, schüttelt kräftig um und fügt 5 ml Zinkacetat-Lösung (300 g/l) hinzu. Dann filtriert man auf folgende Weise:

In einen Glastrichter von 12—15 cm ⌀ legt man ein Rundfilter von 24 cm ⌀ gut an und beschickt den Boden des Filters mit 10—20 g Bimssteingrieß. Darauf filtriert man das Aufschlußgemisch und wäscht einige Male mit Wasser nach. Nach dem Abtropfen trocknet man das Filter bei ca. 120°C, zerreibt den Rückstand mit Bimsstein und extrahiert mit Äther im Durchtropfextraktor. Der erhaltene Extrakt wird eingedampft, getrocknet und gewogen.

Man erhält nach dieser Methode das Fett quantitativ. Infolge Spaltung der Phosphatide ist aber der Gehalt des Extraktfettes an freien Fettsäuren größer als beim ursprünglichen Fett.

2. Aufbewahrung der Fette für die Analyse

Vielfach vergehen zwischen der Isolierung des für die Analyse benötigten Fettes und seiner Untersuchung Wochen, wenn nicht sogar Monate. In solchen Fällen ist es notwendig, besondere Schutzmaßnahmen zu ergreifen, um die Fette vor der Zersetzung durch Licht, Luft und Feuchtigkeit zu schützen. Bei kurzer Lagerungszeit sind hierfür verhältnismäßig einfache Mittel geeignet. Es genügt, die Proben in randvoll gefüllten Flaschen aus dunklem Glas bei Kühlschranktemperatur von ca. +5°C aufzubewahren. Auch relativ ungesättigte Öle, wie Sonnenblumen- und Sojaöl, sind dabei ca. 1/2 Jahr ohne erheblichen Anstieg des Gehaltes an freien Fettsäuren und der Peroxidzahl haltbar. Bei längerer Lagerung hochungesättigter Fette müssen indessen auch Spuren von gelöstem Luftsauerstoff und Wasser entfernt werden, um die Probe im ursprünglichen Zustand zu erhalten.

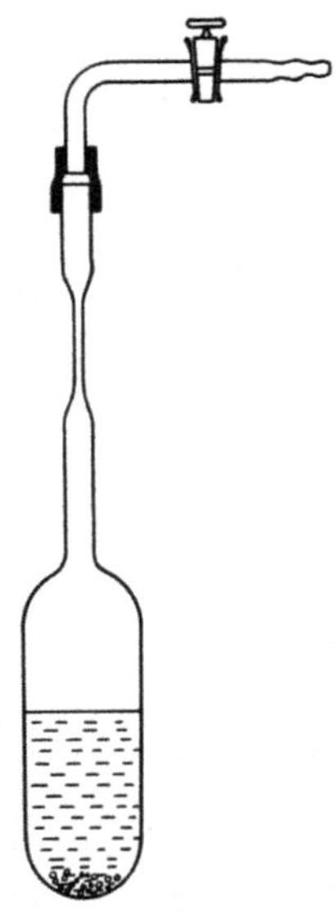
Abb. 10. Einschmelzung von Ölproben

Der Verfasser bedient sich hierzu mit Erfolg folgenden Verfahrens:

In eine Ampulle von ca. 100 ml Inhalt nach Abb. 10 bringt man 1—2 g staubfreien Bimsstein von ca. 1—3 mm Korngröße und ca. 50 g des aufzubewahrenden Öls, ohne den Hals der Ampulle zu benetzen. Man zieht dann den Ampullenhals auf ca. 3 mm inneren Durchmesser aus, erwärmt das Öl im Wasserbad auf ca. 80°C und evakuiert vorsichtig. Dabei entweicht die in den Poren des Bimssteins enthaltene Luft und reißt die im Öl gelöste Luft sowie das gelöste Wasser mit. In demselben Maße, in dem die Entwicklung von Blasen aufhört, erniedrigt man den Druck allmählich auf 1 Torr. Sobald die Gasentwicklung bei diesem Druck zur Ruhe gekommen ist, schmilzt man die Ampullen an der Einschnürung zu und bewahrt das Präparat vor Licht geschützt auf.

III. Qualitative Prüfungen und Nachweise

Bei der Untersuchung einer Fettprobe unbekannter Herkunft ist es zweckmäßig, sich zunächst durch einfache qualitative Prüfungen ein Bild von der äußeren Beschaffenheit, der Reinheit und der wahrscheinlichen Identität der Probe zu machen. Dazu dienen die im folgenden beschriebenen Methoden.

Im Gegensatz zu den unzähligen qualitativen Nachweisen, die in den früheren Lehr- und Handbüchern der Fettchemie ausführlich beschrieben sind, hielt es der Autor für ratsam, nur solche Merkmale und Reaktionen zu zitieren, die auch heute noch angesichts der zahlreichen modernen quantitativen Bestimmungsmethoden die Arbeit des Analytikers erleichtern können. Viele dieser Methoden wurden vom Verfasser gemeinsam mit E. Rimpl (1963[1]) nachgearbeitet und auf ihre Zuverlässigkeit und Empfindlichkeit geprüft.

1. Physiologische und physikalische Prüfungen

a) Äußere Beschaffenheit

Nach der Definition der DGF-Einheitsmethode C-II 1 (53) versteht man unter äußerer Beschaffenheit alle Merkmale, die allein durch die Sinne, ohne wesentliche physikalische oder chemische Behandlung der Untersuchungsprobe, wahrnehmbar sind. Es sind dies:

Die *Konsistenz*, z. B. dünn- oder dickflüssig, schmalz-, talg- oder wachsartig.

Der *Geruch*, der die Gegenwart von Lösungsmitteln und anderen flüchtigen Beimengen sowie die Verdorbenheit erkennen läßt.

Der *Geschmack*, ein sehr wichtiges Qualitätsmerkmal, das neben den später zu behandelnden Verdorbenheitsreaktionen häufig das einzige Mittel ist, die Genußtauglichkeit eines Fettes zu beurteilen.

Die *Farbe*, die *Transparenz* und *grobe sichtbare Verunreinigungen*.

Zur äußeren Beschaffenheit gehören im weiteren Sinne auch die Eindrücke, die man bei der mikroskopischen Betrachtung der Fette hat. Schon mit Hilfe eines einfachen Mikroskops mit einer 50—250-fachen Vergrößerung, das mit einem Okular-Gitternetz ausgestattet ist, lassen sich nach C. W. Hoerr (1955) viele aufschlußreiche Erkenntnisse gewinnen, nämlich über

die Größe der Öltröpfchen in Öl/Wasser-Emulsionen, z. B. Mayonnaise,
die Größe der Wassertröpfchen in Wasser/Öl-Emulsionen, z. B. Margarine,
die Kristallstruktur von Fetten,
die Verteilung der Luftbläschen in plastischen Fetten und anderes mehr.

b) Geschmacks- und Geruchsprüfung

Die Prüfung von Ölen und Fetten auf Geruch und Geschmack — weiterhin Geschmacksprüfung genannt — ist ein wertvolles Hilfsmittel:

1. zur Feststellung der Identität von rohen Ölen und Fetten, z. B. Olivenöl, Erdnußöl, Schmalz und gehärteten Fetten,
2. zum Nachweis von Vermischungs- und Verarbeitungsfehlern,
3. zur Erlangung erster Hinweise auf eine analytisch noch nicht nachweisbare Verdorbenheit, z. B. ranziger, talgiger, ketoniger und fischiger Geschmack.

Die Geschmacksprüfung ist im letzten Jahrzehnt, namentlich in den Vereinigten Staaten, durch die wissenschaftliche Arbeit zahlreicher Forscher von störenden subjektiven Einflüssen befreit worden. Wenn man sich an die nachstehend aufgeführten Regeln hält, ist sie dem Analytiker ein unentbehrliches Hilfsmittel zur Qualitätsbeurteilung. Im Rahmen dieses Abschnittes ist es leider nicht möglich, das gesamte umfangreiche Schrifttum zu zitieren. Der interessierte Leser sei vor allem auf die zusammenfassenden Darstellungen von G. Jellinek (1956—1964) und M. A. Amerine u. Mitarb. (1965), die Arbeiten von Helen A. Moser u. Mitarb. (1950) und C. D. Evans u. Mitarb. (1955) sowie das entsprechende Kapital von G. Jellinek in Bd. II/2 dieses Handbuches hingewiesen.

[1] Unveröffentlichte Versuche.

Charakteristisch für die wissenschaftliche Methode ist vor allem, daß die Beurteilung des organoleptischen Eindrucks nicht von einem Einzelnen, sondern von einer ausgewählten Prüfergruppe — englisch: taste panel — vorgenommen wird.

Die *Größe der Gruppe* steht zur Aussagesicherheit in enger Beziehung, wie Tab. 10 veranschaulicht.

Tabelle 10. *Größe der Prüfgruppe und Aussagesicherheit beim Triangel-Test* (nach E.B. Rössler u. Mitarb. 1948)

Zahl der Prüfer oder Prüfungen	Anzahl richtiger Antworten, die notwendig sind für eine Aussagesicherheit von		
	95 % *	99 % **	99,9 % ***
10	7	8	9
20	11	13	14
30	16	17	19
50	24	26	28
100	43	46	49

* = signifikant
** = hoch signifikant
*** = sehr hoch signifikant

Im allgemeinen soll eine Prüfgruppe 10—20 Personen umfassen. Diese brauchen nicht notwendigerweise Chemiker zu sein oder zum Personal des Laboratoriums gehören. Entscheidend ist vielmehr, daß sie die erforderliche physiologische Eignung besitzen und ihrer Aufgabe Interesse entgegenbringen.

Die *Auswahl der Prüfer* erfolgt zweckmäßig unter Benutzung von Testproben, die einen für den geschulten Prüfer deutlich wahrnehmbaren Unterschied in Geruch und Geschmack besitzen. Als Prüfverfahren ist vor allem der sog. Triangel-Test geeignet.

Von den bekannten *Prüfverfahren* kommen für das Öl- und Fettgebiet vor allem folgende in Betracht:

α) Der Triangel-Test

Die Prüflinge erhalten drei Proben, die im Dreieck angeordnet sind. Zwei der Proben sind identisch, eine weicht ab. Anzugeben ist, welche Probe abweicht und welche die bessere ist.

β) Der Reihentest

Dieses Verfahren, das schon eine größere Erfahrung in Geschmacksprüfungen voraussetzt, ist vor allem für die laufende Qualitätskontrolle in den Produktionsbetrieben üblich. Das Öl und Fett wird gekostet und entsprechend seinem Geschmack z. B. wie folgt eingestuft (Unilever-Skala):

1 = unbrauchbar	6 = genügend
2 = sehr schlecht	7 = völlig genügend
3 = schlecht	8 = gut
4 = ungenügend	9 = sehr gut
5 = gerade genügend	10 = ausgezeichnet

Weitere Geschmacksskalen vgl. S. 862.

γ) Der Verdünnungstest

Hierbei werden steigende Mengen des zu untersuchenden Fetts einem frischen Fett zugegeben. Organoleptisch wird dann ermittelt, bei welcher Verdünnung das zu untersuchende Produkt herausgeschmeckt werden kann (D.J. Tilgner 1962).

Vor der Prüfung sollen die Prüfer mit der Eigenart der auftretenden Geschmacksstoffe vertraut gemacht werden. Es bedarf also einer gewissen *Unterrichtszeit*, bevor die Prüfgruppe ihre Arbeit aufnehmen kann.

Die *Temperatur* der Proben soll bei Ölen ca. 20° C und bei Fetten ca. 35—40° C betragen. Die Vorgeschichte der Proben soll den Prüfern nicht bekannt sein.

Ideal sind eigene gut ventilierte *Prüfräume* mit guten Lichtverhältnissen, die absolut geruchfrei sind. Zweckmäßig erhält jeder Prüfer in diesem Raum eine eigene Zelle, um die gegenseitige Beeinflussung auszuschalten. Die beste *Prüfzeit* liegt in den frühen Morgen- und den ersten Nachmittagsstunden.

Die *Zahl der Proben* sollte bei geübten Prüfern 5 Unterscheidungsprüfungen bzw. 12 Rangordnungsprüfungen nicht überschreiten. Bei den Reihenprüfungen beginnt man am besten mit dem Produkt vom geringsten Eigengeschmack.

Das Prüfergebnis wird von jedem Prüfer auf einem Formblatt niedergelegt. Nach Beendigung der Prüfung werden die Einzelergebnisse zusammengestellt und verglichen. Der Leiter der Prüfgruppe sollte anschließend mit den Prüfern die Art der vorliegenden Problemstellung diskutieren, um das Interesse wachzuhalten und die Schmeckfähigkeit weiter zu entwickeln.

Schließlich ist es notwendig, von Zeit zu Zeit eine *Leistungskontrolle* vorzunehmen, da selbst die besten Prüfer im Laufe der Zeit in ihren Leistungen nachlassen können. Vielfach wird deshalb auch empfohlen, von Zeit zu Zeit eine Prüfgruppe gegen eine andere auszutauschen.

c) Löslichkeit

Fast alle Fette lösen sich leicht in Äther, Benzin, Benzol, Schwefelkohlenstoff, Chloroform, Tetrachlorkohlenstoff und Trichloräthylen. Sie sind mit diesen Lösungsmitteln praktisch in jedem Verhältnis mischbar.

Für die Qualitätsprüfung von Fetten sind indessen selektive Lösungsmittel interessanter, in denen sich gewisse Fette lösen, andere jedoch nicht.

In *Alkohol* sind z. B. Speiseöle bei Zimmertemperatur nur wenig löslich, während Rizinusöl gut löslich ist. Bei höherer Temperatur sind normale Fette in absolutem Alkohol gut löslich. Beim Abkühlen scheidet sich bei einer bestimmten Temperatur, der sog. kritischen Lösungstemperatur, ein Teil des Gelösten wieder aus. Die Lösung wird trübe. Die Trübungstemperatur wurde von L. CRISMER (1895) als analytisches Unterscheidungsmerkmal (Crismer-Zahl) angeführt (vgl. A. BÖMER u. J. GROSSFELD 1939).

Ein ähnlich schlechtes Lösungsvermögen besitzt nach E. VALENTA (1884) 100 %iger *Eisessig*. Je nach dem Verhalten der Fette und Öle beim Vermischen mit dem gleichen Volumen Eisessig teilt VALENTA diese in folgende drei Klassen ein:

Klasse I: Das Öl ist bei gewöhnlicher Temperatur (14—20° C) vollständig in Eisessig löslich: Rizinusöl.

Klasse II: Das Öl ist vollständig oder beinahe vollständig löslich bei Temperaturen von 23° C bis zum Siedepunkt des Eisessigs: Kottonöl, Sesamöl, Erdnußöl, Olivenöl, Palmöl, Cocosfett, Rindertalg usw.

Klasse III: Die Öle sind selbst bei der Siedetemperatur des Eisessigs nicht darin löslich: Öle der Rübölgruppe.

Sehr erhebliche Unterschiede zeigen auch die kritischen Lösungstemperaturen in *Anilin*. Hiervon wird bei der Bestimmung des sog. Anilinpunktes Gebrauch gemacht (vgl. S. 468).

d) Verhalten beim Erhitzen

Diese Probe dient der Unterscheidung der Fette von solchen Stoffen, die ihnen in ihrer äußeren Beschaffenheit ähnlich sind, z. B. Mineralöle und Weichmacher.

Ca. 5 ml Fett werden im Reagengslas über offener Flamme erhitzt. Die Temperatur wird dabei mittels eines eingehängten Thermometers gemessen.

Bei 100—120° C entweicht etwa suspendiertes Wasser, bei 200° C ist meistens eine Aufhellung der Farbe zu beobachten, und bei ca. 300° C entwickeln sich dichte Dämpfe mit dem typischen Geruch von Acrolein. Das Fett zersetzt sich, ist aber im Gegensatz zu Mineralöl und vielen Weichmachern nicht flüchtig.

Auch zum Nachweis kleinster Schleimmengen in Sojaöl, Leinöl usw. dient die Erhitzungsprobe:

50—100 g Öl werden in Gegenwart von 3 Tropfen Salzsäure (D = 1,19) in einem Rundkolben, der ein Thermometer trägt, über freier Flamme so rasch bis auf 290° C erhitzt, daß pro Minute ein Temperaturanstieg von 75—80° C erreicht wird. Dann wird die Flamme entfernt und die Probe auf 25° C gekühlt. Etwa vorhandene Schleimstoffe scheiden sich in Form von Flocken ab.

Zur quantitativen Bestimmung des Schleims nach diesem Prinzip ist die Methode von GARDNER geeignet.

(Modified GARDNER Breaktest: AOCS-Methode Ca 10—40.)

2. Chemische Prüfungen und Nachweise

a) Verseifungsprobe zum Nachweis von Mineralöl

Mit Hilfe dieser Probe läßt sich nachweisen, ob ein annähernd reines Fett oder eine Mischung desselben mit Mineralöl vorliegt. Die Verseifungsprobe ist schon lange bekannt. Besonders zweckmäßig erscheint die Ausführungsform nach Methode 26.085 (1965) der AOAC:

1 ml Öl oder geschmolzenes Fett wird in einen Erlenmeyerkolben gegeben. Man fügt 1 ml einer wäßrigen 60%igen Kalilauge und 25 ml 95%igen Alkohol hinzu und kocht unter Rückfluß am Luftkühler unter gelegentlichem Schütteln, bis die Verseifung vollständig ist. Das dauert gewöhnlich 5 min. Dann gibt man 25 ml Wasser hinzu und mischt gut durch. Eine Trübung deutet auf Gegenwart von Mineralöl hin. Nachweisgrenze 0,5%.

Diese Methode wurde im Laboratorium des Verfassers an Mischungen von Walöl und Sojaöl einerseits und Dieselöl, schwerem Heizöl sowie Schmieröl andererseits geprüft. Die Nachweisgrenze betrug, unabhängig vom anwesenden Fett, für schweres Heizöl 0,5%, für Schmieröl 1% und für Dieselöl 10%.

b) Prüfung auf Mineralsäuren und freie Fettsäuren

α) Prüfung auf Mineralsäuren

Fette werden häufig zur Klärung und Entschleimung mit Mineralsäuren, wie Schwefelsäure, Salzsäure oder Phosphorsäure, behandelt. Bei ungenügendem Auswaschen können Säurereste im Fett zurückbleiben. Raffinationsfettsäuren, die bei der Raffination von Fetten durch Spaltung des Soapstocks mit Schwefelsäure anfallen, können aus dem gleichen Grunde Mineralsäuren enthalten.

Verfahren:

10 g Fett werden in einem 50-ml-Schütteltrichter dreimal mit je 10 ml heißem dest. Wasser ausgewaschen. Die abgetrennten Unterschichten werden vereinigt und zur Klärung durch ein angefeuchtetes Filter filtriert. Nach Zusatz von einigen Tropfen Methylorange-Lösung färbt sich das Filtrat bei Gegenwart von Mineralsäure gelbrot bis rot. Zur Identifizierung prüft man mit den üblichen Reagentien auf Schwefelsäure, Salzsäure usw.

Empfindlichkeit des Nachweises: 0,1% Schwefelsäure, 0,2% Salzsäure.

Niedermolekulare organische Säuren können den Nachweis stören.

β) Prüfung auf freie Fettsäuren

Die Probe dient zur Unterscheidung von raffinierten und nicht raffinierten Fetten.

Zur Prüfung auf freie Fettsäuren wird das mit Wasser gewaschene Fett zuvor durch ein hydrophobiertes Filter, z. B. Macharey, Nagel & Co. Nr. 616 WA filtriert.

In ein Reagensglas gibt man 10 ml Alkohol, 1 Tropfen einer 1%igen Phenolphthalein-Lösung und aus einer Pipette 0,1 ml 0,5 n-Natronlauge. Dann fügt man 0,5 ml Öl hinzu und schüttelt um. Verschwinden der Rotfärbung zeigt die Gegenwart von mehr als 0,2% freie Fettsäuren an.

c) Prüfung auf Seifen

Gegenwart von Seifen in Fetten deutet auf unvollständige Auswaschung des Alkalis im Raffinationsprozeß oder, z. B. bei Schmalz und Talg, die nach dem Gesetz nicht raffiniert werden dürfen, auf eine unerlaubte Behandlung mit Alkalien hin.

Nachstehende Methode, die sich zum Nachweis und zur halbquantitativen Bestimmung von Seife in raffinierten Ölen eignet, soweit sie keinen höheren Gehalt an freien Fettsäuren als 0,1% besitzen, ist in den Unilever-Laboratorien üblich.

Geräte:

Reagensgläser aus alkalibeständigem Glas, Länge 200 mm, Durchmesser 15 mm, mit Schliffstopfen und Ringmarken bei 5, 10 und 15 ml,

Vorratsflaschen, 1 l, aus alkalibeständigem Glas mit Schliffstopfen.

Reagentien:

Petroläther, Siedegrenzen 40/60° C,
0,1 n-Schwefelsäure,
Verdünnte Schwefelsäure mit 16 ml 0,1 n-Säure/l.

Methylorange-Lösung. 4 mg Methylorange und 1,0 ml 0,1 n-Schwefelsäure werden mit dest. Wasser zum Liter gelöst. Der Säurezusatz wird so bemessen, daß 5 ml Methylorange-Lösung bei Zugabe von 0,1 ml verdünnter Schwefelsäure deutlich roter werden bzw. gelber bei Zusatz der äquivalenten Laugemenge.

Verfahren:

In zwei Reagensgläser bringt man zunächst 5 ml Methylorange-Lösung und schüttelt $^1/_2$ min. Wenn die Farbe der Lösung sich ändert, entleert man die Röhrchen und wäscht mit dest. Wasser. Diese Operation wird solange wiederholt, bis die Farbe der Lösung in den Reagensgläsern unverändert bleibt. Jetzt gibt man je 5 ml Petroläther hinzu und schüttelt wieder $^1/_2$ min. Die Farbe darf sich auch in diesem Fall nicht ändern. Sollte dies aber eintreten, enthält der Petroläther Säure oder Alkali und muß gereinigt werden. Sind alle diese Bedingungen erfüllt, beginnt die eigentliche Prüfung. Ein mit 5 ml Methylorange-Lösung und 5 ml Petroläther gefülltes Reagensglas dient als Blindprobe.

Man gibt zu der in einem der beiden Reagensgläser befindlichen Mischung 5 ml Öl und schüttelt (nicht sehr heftig) 1 min, wobei man das Rohr waagerecht hält. Dann läßt man die Schichten sich trennen und beobachtet die untere. Ist ihre Farbe gelber als die der Blindprobe, ist Seife anwesend.

Zur quantitativen Seifenbestimmung vgl. S. 839.

d) Nachweis von Lösungsmitteln

Lösungsmittelreste finden sich vorzugsweise in nicht raffinierten Ölen. Ihre Anwesenheit ist ein Zeichen für nicht ausreichende Entfernung des Extraktionsmittels bei der Ölgewinnung. Zu prüfen ist auf Benzinkohlenwasserstoffe und chlorierte Kohlenwasserstoffe, beispielsweise Trichloräthylen.

α) Benzinkohlenwasserstoffe

Größere Mengen von Benzinresten können unschwer durch den Geruchsinn erkannt werden. Zum Nachweis geringer Benzinmengen wurde im Laboratorium des Verfassers eine Methode ausgearbeitet, die sich der bekannten Dräger-Prüfröhrchen für Gase und Dämpfe bedient (vgl. K. GROSSKOPF 1951).

Prinzip:

Das Benzin wird bei Zimmertemperatur aus dem zu untersuchenden Öl durch einen Luftstrom ausgetrieben und durch ein Prüfröhrchen CH 254 geleitet, das auf einem gekörnten Träger eine Mischung von Oleum und Selendioxid enthält, die sich in Gegenwart von Benzin gelb bis braun färbt.

Geräte:

Reagensglas, 30×150 mm, mit doppelt durchbohrtem Gummistopfen und Einleitungs- und Austrittsrohr,
U-Rohr, 16×160 mm, mit Kaliumhydroxid in Plätzchen gefüllt,
Prüfröhrchen CH 254[1]
Membran-Luftpumpe für Aquarien.
Die Anordnung geht aus Abb. 11 hervor.

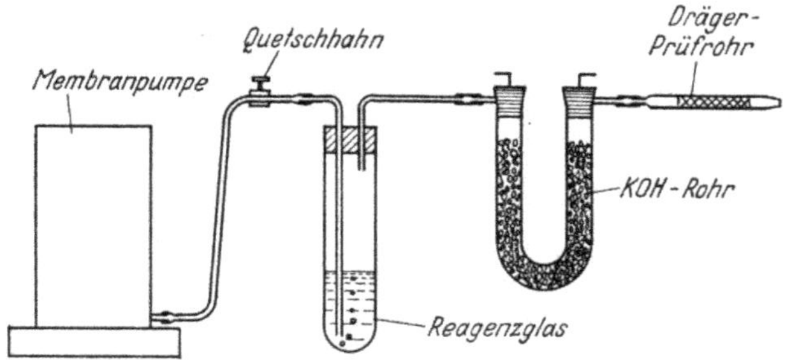

Abb. 11. Apparatur zum Nachweis von Benzin in Öl

Verfahren:

In das Reagensglas gibt man 20 ml des zu untersuchenden Öls und 1 Tropfen Wasser. Dann schließt man das Kaliumhydroxidrohr und das Prüfröhrchen an und leitet 5 min lang einen Luftstrom von 5—10 Blasen pro Sekunde durch das Öl. Je nach dem Benzingehalt beobachtet man folgende Farbänderungen:

Farbe	ca. % Benzin im Öl
braunschwarz .	0,1
braun	0,05
gelbbraun . . .	0,01

Anmerkung:

Die Probe erlaubt die Unterscheidung von Expeller- und Extraktionsöl.

Quantitative Benzinbestimmung vgl. S. 770.

β) Chlorierte Kohlenwasserstoffe

Der Nachweis gelingt unschwer mittels der Beilstein-Probe, die in der sehr empfindlichen Variante von E.M. SALLEE (1952) beschrieben sei.

Zur Ausführung der Probe werden Streifen aus Kupfergaze (7×50 mm, 15 Maschen/cm) in der Mitte unter Zuhilfenahme eines Glasstabes mit dem zu untersuchenden Öl so bestrichen, daß die Enden des Streifens vom Öl nicht benetzt werden. Man hält den Streifen mit der Tiegelzange in die farblose Flamme eines Bunsenbrenners. Grünfärbung der Flamme zeigt die Gegenwart chlorierter Kohlenwasserstoffe an.

Diese Nachweismethode spricht bereits bei Anwesenheit von 0,01 Trichloräthylen an.

e) Nachweis von Metallen

Zum qualitativen Nachweis von Metallen extrahiert man diese zunächst aus der Fettphase mit Hilfe von Salzsäure:

In einen 100 ml-Langhals-Rundkolben gibt man ca. 30 ml der zu untersuchenden Fettprobe und 30 ml 25%ige Salzsäure (eisenfrei, z. B. Merck Suprapur No. 318 bzw. Salzsäure

[1] Lieferant: Drägerwerk Heinrich und Bernhard Dräger, 24 Lübeck.

z. A.), erwärmt auf dem Dampfbad auf ca. 90—100°C und schüttelt 10 min unter Benutzung einer Schüttelmaschine. Die erhaltene Emulsion läßt man zur Schichtentrennung in der Wärme stehen oder zerlegt sie mit Hilfe einer Zentrifuge. Die untere Schicht wird zur Klärung durch ein angefeuchtetes Filter filtriert. Das mit 1,5 ml konzentrierter Salpetersäure versetzte Filtrat dampft man zu gleichen Teilen in drei Porzellanschälchen fast bis zur Trockne ein.

α) Nachweis von Eisen

Der Trockenrückstand wird in der Schale in 1 ml 10%iger Salzsäure aufgenommen und mit 1 ml einer 50%igen Kaliumrhodanid-Lösung versetzt. Bei Gegenwart von Eisen ist eine Rotfärbung zu beobachten.

β) Nachweis von Kupfer

Die Lösung der Trockensubstanz in verdünnter Salzsäure wird mit einigen Tropfen Ammoniaklösung alkalisch gemacht. Blaufärbung zeigt Kupfer an.

γ) Nachweis von Nickel

Die Trockensubstanz wird in 1 ml Wasser aufgenommen, bis zur alkalischen Reaktion tropfenweise mit Ammoniak und dann mit 1 ml einer 1%igen alkoholischen Dimethylglyoxim-Lösung versetzt. Rotfärbung bei Gegenwart von Nickel.

δ) Empfindlichkeit des Nachweises

Nach Versuchen im Laboratorium des Verfassers, bei denen Öle mit bekanntem Metallstearatgehalt untersucht wurden, ergaben sich folgende Nachweisgrenzen:

Eisen	ca. 0,1 mg/kg
Kupfer	10 mg/kg
Nickel	0,5 mg/kg

Anmerkung:

Da nicht ionogen gebundene Metalle durch Behandlung mit Säure möglicherweise nicht extrahiert werden, sind die Resultate dieser Probe nur bei positivem Ausfall zu werten.

f) Prüfung auf Fettsäuren mit besonderen strukturellen Eigenschaften

α) Ungesättigte Fettsäuren

Ungesättigte Fettsäuren lassen sich neben gesättigten leicht aufgrund ihrer Fähigkeit, Halogene zu addieren, nachweisen. Das nachstehende Verfahren schließt sich an die Arbeitsweise von H. JASPERSON (1942) an:

Ca. 1 g des zu untersuchenden Fetts wird in 20 ml Tetrachlorkohlenstoff gelöst. Man fügt 20 ml einer 2,5%igen Lösung von Mercuriacetat in Eisessig hinzu und läßt dann tropfenweise unter Umschwenken eine 0,5%ige Lösung von Brom in Eisessig aus einer Bürette bis zur bleibenden Gelbfärbung zulaufen. Wird hierzu mehr Bromlösung verbraucht als für einen unter gleichen Bedingungen ausgeführten Blindversuch, sind ungesättigte Fettsäuren anwesend. Nachweisgrenze 0,1%.

F. ČŮTA u. V. STANĚK (1965) gaben eine sehr empfindliche Tüpfelreaktion zum Nachweis von ungesättigten Fettsäuren an:

Ein Tropfen der zu untersuchenden Lösung des Fetts in wasserfreiem Benzol, die einige Minuten mit Palladium(II)-chlorid geschüttelt wurde, wird auf Filtrierpapier aufgetragen. Nach dem Eintrocknen wird eine gesättigte Lösung von p-Dimethylamino-benzylidenrhodanin (Merck) in Chlorbenzol zugetropft. Ein roter Fleck zeigt die Gegenwart einer ungesättigten Säure an. Die Reaktion ist, ähnlich wie bei der obengenannten, nicht spezifisch, da sie von sämtlichen ungesättigten Verbindungen hervorgerufen wird.

β) Polyenfettsäuren

Polyenfettsäuren lassen sich aufgrund der geringen Löslichkeit ihrer durch Umsetzung mit Brom gebildeten Polybromide in Benzol nachweisen. Das nachstehend beschriebene Verfahren gibt auszugsweise eine Arbeitsvorschrift der DGF wieder. Eine ähnliche Methode, die jedoch speziell auf den Nachweis von Fischöl oder Seetierölen in Standölen abgestellt ist, wird in der britischen Standardvorschrift B.S.684: 1958 mitgeteilt.

Verfahren der DFG-Einheitsmethode: C-II 11 (53)

Ca. 10 g Gesamtfettsäuren werden mit 200 ml Bromreagens (28 Volumteile Eisessig, 4 Volumteile Nitrobenzol und 1 Volumteil Brom) in einem Schüttelzylinder bei Zimmertemperatur gut durchgeschüttelt. Entsteht nach einstündiger Einwirkung der Bromlösung kein Niederschlag, so ist die Probe praktisch frei von linolensäurehaltigen Ölen und Tranen.

Ein etwa gebildeter gelber Niederschlag wird durch Zentrifugieren unter mehrmaligem Waschen mit Äther abgetrennt. Der nun rein weiße Niederschlag wird zunächst bei Zimmertemperatur, darauf im Trockenschrank bei 105° C getrocknet und anschließend gepulvert. Das Pulver wird 1/2 Std lang am Rückflußkühler mit Benzol (100 ml auf 2 g) gekocht und der ungelöst bleibende Rückstand in der Hitze abfiltriert.

Auswertung:

Reine Hexabromide (aus Linolensäure) lösen sich völlig in Benzol. Der Schmelzpunkt des Benzolextraktes liegt bei 176° C. Schmilzt der unlösliche Anteil oberhalb 190° C und erhöht sich der Schmelzpunkt durch weitere Extraktion des Rückstandes mit Benzol, so *kann* Tran anwesend sein. Beweiskräftig ist dieser Befund jedoch erst bei einer Menge von mehr als 1% Polybromid, da auch bei Knochenölen, Schmalzölen usw., die geringe Mengen Clupanodonsäure enthalten, die Polybromidprobe schwach positiv ausfallen kann.

γ) Konjuenfettsäuren

Konjugierte Fettsäuren, wie sie z. B. im Holzöl und Oiticicaöl vorliegen, reagieren mit Polynitrobenzolen unter Bildung gefärbter Addukte, die allerdings sehr unbeständig sind. (E. Eigenberger 1940). Diese Nachteile besitzt die von H. P. Kaufmann (1942) beschriebene Reaktion mit Tetranitromethan nicht. Konjugiert ungesättigte Fette geben gelbe bis rote Farbtöne, je nach dem Grad der Ungesättigtheit. Zweckmäßig führt man die Reaktion nach Vorschrift der DGF-Einheitsmethode C–II 12 (53) aus:

Etwa 1 g Fett oder Fettsäure wird in dem doppelten Volumen wasserfreien Chloroforms gelöst und mit 0,5 ml Tetranitromethan[1] versetzt. Fette mit starker Eigenfarbe sind vorher in schonender Weise zu entfärben. Die Gegenwart von Konjuenfettsäuren oder ihrer Glyceride ist an der Rotfärbung zu erkennen. Bei geringen Gehalten wird eine Rosafärbung beobachtet.

Nach Versuchen im Laboratorium des Verfassers können mit dieser Methode noch 0,5% Holzöl in raffiniertem Sojaöl bzw. Erdnußöl nachgewiesen werden.

Achtung!

Es wird davor gewarnt, das Tetranitromethan zu destillieren. Bei Berührung mit Alkalihydroxid, Alkoholaten und anderen Stoffen können heftige Explosionen auftreten. Tetranitromethan reizt die Augen und Nasenschleimhäute und soll daher nicht eingeatmet werden.

Eine Mischung mit anderen als den angegebenen Lösungsmitteln ist unzulässig. Die zu untersuchenden Proben müssen frei von organischen Lösungsmitteln sein.

δ) Oxydierte Fettsäuren

Unter dem Einfluß des Luftsauerstoffs bilden sich in Fetten oxydierte Fettsäuren, die häufig fälschlich Oxysäuren genannt werden, obwohl der Sauerstoff nicht nur in Form von Hydroxylgruppen, sondern auch in anderer Bindung vorliegt. Oxydierte Fettsäuren finden sich in besonders starker Konzentration in Fetten, die lange Zeit an der Luft erhitzt oder unter ungünstigen Bedingungen gelagert wurden. Verständlicherweise sind oxydierte Fettsäuren in ungesättigten Fetten häufiger anzutreffen als in gesättigten.

Der Nachweis dieser Säuren beruht auf der Bildung dunkelgefärbter Produkte bei der Verseifung. Im Laboratorium der *Oelwerke Germania, Emmerich,* ist beispielsweise folgende Methode im Gebrauch:

Gleiche Volumteile Fett, Alkohol von 95 Vol.-% und 50%ige wäßrige Kalilauge werden, wenn nötig unter gelindem Erwärmen, in einem weiten Reagensglas geschüttelt. Innerhalb von 3 min bildet sich eine klare Seifenlösung. Bei Gegenwart von oxydierten Säuren ist eine mehr oder weniger starke Braunfärbung zu beobachten.

Diese Methode läßt sich in abgewandelter Form auch zur halbquantitativen Bestimmung des Oxydationsgrades erhitzter Fette verwenden (vgl. Verseifungsfarbzahl S. 869).

[1] Lieferant: Fa. Müller KG., 5902 Weidenau (Sieg).

ε) Polymerisierte Fettsäuren

Beim Erhitzen von ungesättigten pflanzlichen und tierischen Fetten auf Temperaturen oberhalb 230°C bilden sich polymerisierte Glyceride, die dimere und polymere Fettsäuren enthalten.

Die Gegenwart solcher Verbindungen kann leicht aufgrund ihrer Unlöslichkeit in 1-Propanol nachgewiesen werden, wie FINN JAKOBSEN (1944) und E. HUGEL (1953) zeigten. Man kann dieses physikalische Verhalten auch zu einer rohen Schätzung des ungefähren Gehalts an Polymeren benutzen, wenn man nach einer Unilever-Variante der Hugel-Jakobsen-Methode aus dem Jahre 1959[1] wie folgt arbeitet:

Gerät:

Schüttelzylinder, 25 ml Inhalt, 18 × 135 mm mit Glasstopfen.

Reagens:

1-Propanol, Reinheitsgrad 99—100%, D = 0,804.

Verfahren:

In den Schüttelzylinder werden 1 ml Öl und 19 ml 1-Propanol gebracht. Man schüttelt gut durch und läßt bei 20 ± 1°C (flüssige Öle) bzw. bei 30 ± 1°C (Weichhartfette, Palmöl) einige Minuten stehen. Wenn eine klare Lösung erhalten wird, sind keine Polymeren anwesend. Wenn die Lösung aber trübe ist, kann der Polymerengehalt nach folgender Tabelle geschätzt werden:

Polymerengehalt %	Trübung
0,05	Geringe Trübung bei Durchsicht in Achsenrichtung des Zylinders
0,1—0,2	Schwache Trübung bei Durchsicht quer zur Achsenrichtung
0,5	Starke Trübung, quer zur Achse sichtbar
1—2	Abscheidung einer zweiten flüssigen Phase.

g) Nachweis individueller Fette

α) Sesamöl

Der Nachweis von Sesamöl in tierischen und pflanzlichen Fetten kann mit Hilfe der sog. Baudouin'schen Reaktion erfolgen, einer Rotfärbung bei Behandlung mit Furfurol und Salzsäure. Besonders zweckmäßig ist die Ausführungsform der Reaktion nach V. VILLAVECCHIA u. G. FABRIS (1893). Vgl. hierzu die Übersicht über die Farbreaktionen des Sesamöls von H. SPRINKMEYER u. H. WAGNER (1905). In dieser modifizierten Form ist die Probe in die Vorschriftensammlungen der AOAC, der AOCS und der DGF übernommen worden, während die britische Standardvorschrift an der ursprünglichen Arbeitsweise von BAUDOUIN festhält.

Baudouin-Reaktion nach B. S. 684: 1958

5 ml Öl werden in einem Kölbchen mit 5 ml einer Mischung von 9 Volumenteilen 90 vol.-%igem Alkohol und 1 Teil Ammoniak (D = 0,880) geschüttelt. Die Mischung wird auf einem Wasserbad erhitzt, bis sie frei von Äthanol und Ammoniak ist. 2 ml des so behandelten Öls werden mit 1 ml einer 1 gew.-%igen Lösung von Rohrzucker in Salzsäure (D = 1,18) geschüttelt und dann 5 min stehen gelassen. Bei Anwesenheit von rohem Sesamöl nimmt die Mischung eine tiefrosa Farbe an.

Villavecchia-Reaktion nach AOCS Methode Cb 2-40

10 g der flüssigen Probe werden in einem Reagensglas (25×200 mm) mit dem gleichen Volumen Salzsäure (D = 1,19) gemischt. Hierzu gibt man 0,1 ml einer 2%igen Lösung von Furfurol in 95%igem Alkohol, schüttelt 15 sec kräftig durch und läßt stehen, bis die Emulsion bricht. Falls keine rosa oder karminrote Färbung auftritt, ist der Test negativ. Wenn aber eine Färbung beobachtet wird, fügt man 10 ml dest. Wasser hinzu, schüttelt und beobachtet, ob die Farbe nach der Schichtentrennung bestehen bleibt. Nur wenn keine Aufhellung stattfindet, ist Sesamöl anwesend, sonst nicht.

---

[1] D. SZABO u. J.M. VAN SCHAIK, nicht veröffentlicht.

Die Farbtiefe ist in roher Annäherung der Sesamölkonzentration proportional. Der Test ist auf unhydriertes wie auf hydriertes Sesamöl anwendbar. Durch die Hydrierung wie durch die Raffination wird indessen die Intensität der Farbreaktion geschwächt.

Nach den Untersuchungsergebnissen eines AOCS Komitees können nach dieser Methode noch 0,5% Sesamöl, mitunter sogar noch 0,25%, nachgewiesen werden.

β) Baumwollsamenöl

Zum Nachweis von Baumwollsamenöl dient die Halphen-Reaktion, Rotfärbung beim Erhitzen mit einer Lösung von Schwefel in Schwefelkohlenstoff in Gegenwart eines höhersiedenden Lösungsmittels. Diese Probe ist nicht ganz eindeutig, da auch andere Öle z. B. solche aus Samen der Malvaceen, Tiliaceen und Bombaceen eine Rotfärbung geben. Die Halphen'sche Reaktion ist im Laufe der letzten Jahrzehnte mehrfach variiert worden. Heute findet sie sich in den üblichen Vorschriftensammlungen zur Fettanalyse in fast identischer Form.

Verfahren nach DGF-Einheitsmethode C – II 14 (53)

Reagens:

1%ige Lösung von Schwefel in Schwefelkohlenstoff, die mit dem gleichen Volumen Amylalkohol versetzt ist.

Verfahren:

10 ml des flüssigen Fettes werden in einem Kolben mit dem gleichen Volumen des Reagens vermischt und unter Rückflußkühlung in heißem Wasser bei 70—80°C unter geringem Schütteln erwärmt, bis der Schwefelkohlenstoff unter Schäumen des Gemisches zu sieden beginnt. Darauf wird in einem Ölbad von 110—115°C 1—2 Std lang weiter erwärmt. Eine während dieser Zeit auftretende Rotfärbung zeigt die Gegenwart von Baumwollsamenöl an.

Die intensivste Färbung geben rohe und vorraffinierte Baumwollsamenöle. Es folgen dann in der Intensität entsäuerte, gebleichte und desodorisierte Öle. Hochhydrierte Kottonöle geben diese Rotfärbung nicht, da der Träger der Reaktion, die Malvaliasäure (vgl. S. 831), während der Hydrierung abgesättigt wird. Zur Veranschaulichung der Farbintensität dient folgende Tab. 11 nach Versuchsergebnissen aus dem Laboratorium des Verfassers:

Tabelle 11. *Intensität der Farbreaktion* (nach HALPHEN)

Substrat	$E_{1\,cm}^{0,1\,\%}$ bei 505 mμ
Kottonöl, vorentsäuert	1,4
Kottonöl, nachentsäuert, gebleicht	0,309
Kottonöl, nachentsäuert, gebleicht, desodorisiert	0,247
Kottonöl, gehärtet, roh, Smp 35°C	0

γ) Teesamenöl

Teesamenöl wird wegen seiner großen Ähnlichkeit in der chemischen Zusammensetzung mit Olivenöl häufig zur Verfälschung des letzteren benutzt. J. FITELSON (1936) fand in einem modifizierten Liebermann-Burchard-Test eine Probe, die es erlaubt, noch 10% Teesamenöl in Olivenöl nachzuweisen. Diese Methode wurde in der folgenden Zeit von zahlreichen Autoren geprüft und verbessert.

Fitelson-Probe nach AOCS Methode Cb 3-39

In ein Reagensglas von 19×154 mm werden genau 0,8 ml Essigsäureanhydrid, 1,5 ml Chloroform und 0,2 ml Schwefelsäure (D = 1,84) eingemessen. Man mischt und kühlt in Eiswasser auf 5°C, gibt 7 Tropfen des zu prüfenden Öls (= 0,22 g) aus einem Glasrohr von 4 mm äußerem und 2 mm innerem Durchmesser direkt in das Reagens, mischt und kühlt wieder. Sollte die Lösung des Öls nach dem Mischen und Kühlen trübe sein, gibt man tropfenweise weiteres Anhydrid hinzu, wobei man jedesmal umschüttelt, bis die Lösung klar ist. Nach 5 min fügt man 10 ml absoluten Äther von 5°C mittels eines Meßzylinders hinzu, verschließt das Reagensglas und mischt durch einmaliges Umschwenken. Man stellt das Glas in Eiswasser ab und beobachtet die Farbe. Reines Teesamenöl gibt in 1 min eine intensive Rotfärbung, die allmählich wieder schwächer wird. Reines Olivenöl gibt nach Zusatz des Äthers zuerst eine grüne Färbung, die allmählich einer graubraunen weicht, wobei zartrosa Übergangstöne auftreten können. Die Empfindlichkeit der Reaktion liegt bei 10% Teesamenöl in Olivenöl.

Nach H. HADORN u. R. JUNGKUNZ (1947) kann man die Empfindlichkeit der Methode auf 5% erhöhen, wenn man das Unverseifbare von 10 g Öl in 1 ml Chloroform löst. Von dieser Lösung werden 5 Tropfen für die Fitelson-Reaktion benutzt. Dieses Verfahren ist auch dann angebracht, wenn die Olivenöle stark dunkel gefärbt sind.

δ) Erdnußöl

Spezifische Farbreaktionen zum Nachweis von Erdnußölen sind nicht bekannt geworden. Alle Verfahren zur Erkennung dieses Öles in Mischungen, beispielsweise mit Olivenölen, beruhen auf dem Nachweis der im Erdnußöl enthaltenen Lignocerinsäure und Arachinsäure, die aufgrund ihrer geringen Löslichkeit in Alkohol erkannt werden können. Hierbei ist aber zu berücksichtigen, daß gehärtete Seetieröle und gewisse Pflanzenöle, wie Sonnenblumenöl, ebenfalls höhermolekulare alkoholunlösliche Fettsäuren enthalten.

Ein auf der Bestimmung der Trübungstemperatur der Erdnußölfettsäure in Alkohol beruhender Nachweis (Bellier-Zahl oder Bellier-Index) ist daher nur auf Mischungen mit flüssigen Ölen anwendbar.

Ausführliche Arbeitsvorschriften sind in den Methoden B.S. 684:1958 sowie AOAC Nr. 26.078 (1965) mitgeteilt. Letztere, die auf eine Arbeit von N. EVERS (1937) zurückgeht, gibt recht befriedigende Ergebnisse.

Verfahren nach AOAC: Vorschrift Nr. 26.078 (1965)

Reagentien:

1,5 n-alkoholische Kaliumhydroxidlösung: 10 g KOH werden in gereinigtem Alkohol gelöst und mit Alkohol auf 100 ml verdünnt.

Verdünnte Salzsäure: 83 ml konz. Salzsäure (D = 1,19) werden mit Wasser auf 100 ml verdünnt.

Alkohol von 70 Vol.-%: 700 ml Alkohol werden mit Wasser auf 950 ml verdünnt. Die Konzentration wird mittels Spindel oder Refraktometer kontrolliert.

Verfahren:

0,92 g oder 1 ml Öl werden in einen 125-ml-Erlenmeyerkolben mit Schliff gegeben. Man fügt 5 ml der alkoholischen Kalilauge hinzu, setzt ein Glasrohr, das als Luftkühler dient, auf und erhitzt 5 min auf dem Dampfbad. Während der Verseifung wird der Kolben ein- oder zweimal umgeschwenkt.

Dann gibt man 50 ml 70%igen Alkohol und 0,8 ml Salzsäure hinzu und erwärmt, wenn nötig, bis sich ein etwaiger Niederschlag gelöst hat. Darauf bringt man ein Thermometer in die Flüssigkeit und kühlt unter kontinuierlichem Rühren, so daß die Temperatur ca. 1°C pro Minute fällt. Man stellt die Temperater fest, bei der zuerst eine Trübung zu sehen ist. Falls diese Temperatur über Zimmertemperatur liegt, genügt Luftkühlung, andernfalls kühlt man mit Wasser, dessen Temperatur nicht mehr als 5°C unter der der Lösung liegen soll. Der Erlenmeyerkolben darf hierbei, um Unterkühlung zu vermeiden, nicht unter das Niveau der Lösung eingetaucht werden. Wenn eine Trübung beobachtet wird, bevor die Temperatur 9°C (Olivenöl) oder 13°C (Kotton-, Mais- oder Sojaöl) erreicht hat, ist Erdnußöl anwesend.

Zur Ermittlung der Beziehung zwischen Erdnußölgehalt und Trübungstemperatur wurden im Laboratorium des Verfassers von E. RIMPL (1963) die Bellier-Zahlen von zahlreichen Gemischen raffinierter Öle bestimmt. Die Trübungstemperatur wurde mit der auf S. 458 wiedergegebenen Apparatur ermittelt. In diesen Versuchen wurden die in Tab. 12 wiedergegebenen Werte erhalten.

Tabelle 12. *Bellier-Zahlen von Mischungen pflanzlicher Öle mit Erdnußöl*

Gew.-% Erdnußöl im Gemisch	Trübungstemperatur °C bei Gegenwart von Sojaöl	Sonnenblumenöl (entwachst)	Rüböl	Olivenöl Ia
100	34,5	34,5	34,5	34,5
80	33,6	34,0	32,5	34,5
60	32,5	31,0	31,5	33,6
40	28,2	28,4	27,0	26,2
20	24,5	26,0	22,7	20,7
10	19,7	21,5	16,0	15,0
5	16,6	19,2	15,0	10,5
0	13,0	17,0	13,2	9,0

Bei Parallelbestimmungen lag die durchschnittliche Abweichung der Resultate vom Mittelwert bei 0,3°C, die maximale bei 0,5°C.

ε) Sulfur-Olivenöl

Die nachstehende Probe eignet sich zum Nachweis von Schwefel in Sulfur-Olivenöl, einem Olivenöl minderer Qualität, das durch Extraktion von Preßrückständen mit Schwefelkohlenstoff gewonnen wird. Sie ist in der AOCS-Methodensammlung unter Nr. Ca 8b–35 aufgeführt.

Reagentien:

Silberbenzoat: Eine Lösung von Silbernitrat wird mit der äquivalenten Menge Natriumbenzoat-Lösung gefällt. Der Niederschlag wird filtriert, mit dest. Wasser gewaschen und im Trockenschrank bei 60—70°C getrocknet. Alle diese Operationen müssen unter Ausschluß des Lichtes erfolgen. Das Präparat wird in dunklen Flaschen aufbewahrt und vor Gebrauch gepulvert.

Verfahren:

Von dem zu untersuchenden Öl gibt man je 5 ml in zwei Reagensgläser. Diese werden in einem Ölbad so erhitzt, daß eine Temperatur von ca. 150°C in 5 min erreicht wird. Man nimmt nun die Proben aus dem Bad und gibt zu der einen eine Prise Silberbenzoat, die man unter Schütteln in Lösung bringt. Die Gegenwart von reaktionsfähigem Schwefel ist an einer Dunkelfärbung zu erkennen.

Diese Methode wurde vom Verfasser mit E. Rimpl (1963) auf Gemische von Olivenöl und Sulfurolivenöl angewendet. Dabei wurden folgende Beobachtungen gemacht:

Tabelle 13. *Empfindlichkeit der Silberbenzoat-Reaktion nach AOCS-Methode Ca 8b–35*

Ölmischung Vol.-%	Vol.-%	Farbe des Reaktionsgemisches
100 Sulfurolivenöl	0 Olivenöl Ia	dunkelbraun
30 Sulfurolivenöl	70 Olivenöl Ia	schwach hellbraun
20 Sulfurolivenöl	80 Olivenöl Ia	schwach hellbraun
10 Sulfurolivenöl	90 Olivenöl Ia	keine Braunfärbung

Versuche, nach dieser Methode andere schwefelhaltige Öle, wie Rüböl, in rohen Samenölen, wie Erdnußöl, Sonnenblumenöl oder Sojaöl, nachzuweisen, führten zu keinem Erfolg, da letztere auch in unvermischter Form mit Silberbenzoat unter Braunfärbung bzw. unter Abscheidung eines dunklen Silberspiegels reagieren.

ζ) Seetieröle

Seetieröle sind unvermischt leicht an ihrem charakteristischen Trangeruch zu erkennen, der indessen bei Gemischen von Seetierölen und vegetabilischen Ölen nicht immer wahrzunehmen ist. Hinweise auf die Gegenwart von Seetieröl erhält man in diesen Fällen durch die Farbreaktion nach TORTELLI und JAFFE sowie die Reaktion mit Brom (vgl. auch S. 436), die zur Bildung unlöslicher Polybromide führt.

Reaktion nach M. TORTELLI *und* E. JAFFE *(1915)*

In einen graduierten Mischzylinder von 15 mm ⌀ und 15 ml Inhalt bringt man 1 ml des zu prüfenden wasserfreien Fettes, 6 ml Chloroform und 1 ml Eisessig, mischt gut durch, gibt 40 Tropfen einer frisch bereiteten 10%igen Lösung von Brom in Chloroform hinzu, mischt schwach durch und stellt den Zylinder auf eine weiße Unterlage. Bei Gegenwart von Tranen, auch polymerisierten und teilweise hydrierten, tritt eine Rosafärbung auf, die bald in eine ca. 1 Std lang anhaltende Grünfärbung umschlägt. Leider ist die Reaktion nicht streng spezifisch, da auch hochungesättigte Pflanzenöle mitunter positiv reagieren.

Spezifisch ist die Polybromidreaktion, die entweder in der auf S. 436 wiedergegebenen Form, oder aber nach folgender Vorschrift der AOAC ausgeführt werden kann.

Reaktion mit Brom nach AOAC Nr. 26.084 (1965)

In einem Reagensglas werden ca. 6 g der Probe in 12 ml einer Mischung von gleichen Teilen Chloroform und Essigsäure gelöst. Man fügt tropfenweise Brom hinzu, bis ein leichter Überschuß durch den Farbton angezeigt wird, läßt die Lösung zunächst 15 min bei 20°C stehen und bringt das Reagensglas dann in kochendes Wasser. Wenn nur vegetabilische Fette anwesend sind, bleibt die Lösung vollkommen klar. In Gegenwart von Fischöl ist infolge der Bildung unlöslicher Bromide eine Trübung zu beobachten. Nachweisgrenze ca. 1% Fisch- oder Walöl in pflanzlichen Ölen.

h) Nachweis nicht genußfähiger Fette

α) Rizinusöl

Der Nachweis von Rizinusöl beruht auf der Bildung von sekundärem Octylalkohol und Sebacinsäure bei der Kalischmelze der in diesem Öl zu 85% enthaltenen Rizinolsäure:

$$CH_3—(CH_2)_5—CH\ (OH) — CH_2—CH{=}CH—(CH_2)_7—COOH.$$

Nach der DGF-Einheitsmethode C - II 17 (53) verfährt man hierbei wie folgt:

Ca. 5 ml Fett werden mit einem erbsengroßen Stück Kaliumhydroxid in einem Nickeltiegel allmählich erwärmt und gut durchgeschmolzen (Kalischmelze). Ein dabei auftretender charakteristischer Geruch läßt schon Rizinusöl vermuten. Die Kalischmelze wird nun in Wasser gelöst und die Lösung mit überschüssiger Magnesiumchloridlösung zwecks Fällung versetzt. Nach Abtrennung der Magnesiumseife scheidet sich aus dem Filtrat beim Ansäuern mit verdünnter Salzsäure die für Rizinusöl charakteristische Sebacinsäure fein kristallinisch aus.

Mit dieser Methode lassen sich nach Erfahrungen im Laboratorium des Verfassers noch 5—10% Rizinusöl in pflanzlichen Ölen nachweisen.

Noch 2% Rizinusöl in pflanzlichen Ölen können mit einer von R. KUMAR (1963) angegebenen Methode erfaßt werden:

1 ml des filtrierten Öls wird in 10 ml einer Reagenslösung, bestehend aus 98 Vol.-% Petroläther und 2 Vol.-% konzentrierter Salzsäure gelöst. Man gibt 1 Tropfen einer Lösung von 1,25 g Ammoniummolybdat in 100 ml konzentrierter Schwefelsäure zur Öllösung. Bei Anwesenheit von Rizinusöl tritt sofort eine Trübung auf. Die visuelle Beurteilung muß direkt erfolgen, da Schwefelsäure bei längerer Einwirkung das Öl ankohlt.

Dünnschichtchromatographisch läßt sich nach G. LAKSHMINARAYANA u. V.V.S. MANI (1964) noch 1% Rizinusöl erkennen, wenn man die auf eine Silicagel schicht aufgetragene Probe mit Petroläther/Äther/Essigsäure (60:40:2) 1—2 Std entwickelt und mit Joddampf den durch Triricinolein (R_f = 44—47) hervorgerufenen Fleck sichtbar macht.

β) Holzöl

Holzöl, ein aus den Samen von Aleurites-Arten erhaltenes Öl, wird für technische Zwecke vielfach verwendet und ist ungenießbar. Es hat einen Gehalt von ca. 80 % Eläostearinsäure, eine Δ 9, 11, 13-Octadecatriensäure, welche die Ursache charakteristischer Reaktionen ist.

Verhalten beim Erhitzen

Wird das Öl rasch auf ca. 250—260 °C erhitzt, so bilden sich über 230 °C zunächst Dämpfe, bis in der Nähe von 250—260 °C das Öl zu einer gelatinösen bernsteingelben Masse erstarrt. In Gegenwart anderer Öle polymerisiert Holzöl zu einer mehr oder weniger viscosen Flüssigkeit.

Nachweis mit Schwefelsäure

Nach E. W. Thymian (1949) läßt sich Holzöl bis zu einem Gehalt von 10 % in Speiseölen, wie Mohnöl, Rüböl und Leinöl, durch die Reaktion mit Schwefelsäure nach Heydenreich nachweisen. Läßt man auf 10 Tropfen Holzöl, die sich in einer Porzellanschale befinden, einen Tropfen Schwefelsäure (D = 1,84) auftropfen, so kommt es zu einer Schwarzfärbung an der Eintropfstelle unter Bildung einer festen schwarzen Masse mit aufgewölbtem Rand.

Bei Gegenwart von 10 % Holzöl in Speiseölen bildet sich nach Beobachtungen im Laboratorium des Verfassers nur eine dunkelbraune Gallerte, ohne daß eine Aufwölbung zu erkennen ist.

γ) Chaulmugraöl

Chaulmugraöl, ein aus den Samen von Taractogenes Kurzii gewonnenes Öl, enthält als hauptsächlichen Bestandteil eine Cyclopentenyl-tridecansäure (vgl. S. 831). Es ist gesundheitsschädlich, wenn es genossen wird, und hat schon öfters zu Vergiftungen Anlaß gegeben.

Wie I. Lifschütz (1921) fand, läßt es sich durch folgende Reaktion nachweisen:

1 Tropfen des zu untersuchenden Öls löst man in 0,5 ml Chloroform, fügt dann nacheinander 1,5 ml Eisessig und 4—5 Tropfen konzentrierte Schwefelsäure hinzu und mischt gut durch. Die Lösung nimmt allmählich eine grasgrüne Farbe an, die im durchfallenden Licht rötlich erscheint. Frische Öle geben nur dann eine positive Reaktion, wenn man zuvor in das Öl einen Kristall von Benzoylperoxid gibt und die Mischung gut schüttelt.

Nach Erfahrungen im Laboratorium des Verfassers ermöglicht diese Reaktion den Nachweis von 10—20 % Chaulmugraöl in Speiseölen, wenn reines Chaulmugraöl zu Vergleichszwecken zur Verfügung steht.

δ) Harzöle

Diese Öle, die durch Destillation von Nadelholzharz oder durch fraktionierte Kristallisation von Tallöl gewonnen werden, unterscheiden sich von Speiseölen durch ihre hohe Dichte von 0,96—0,99, ihre starke Rechtsdrehung und den hohen Brechungsindex von 1,535—1,549 bei 18 °C. Sie lassen sich leicht durch die Reaktion von Liebermann-Storch-Morawski (vgl. A. Grün 1925) nachweisen:

Man schüttelt 1—2 ml Öl unter schwachem Erwärmen mit 1 ml Essigsäureanhydrid und versetzt die Mischung nach dem Abkühlen mit 1 Tropfen Schwefelsäure D = 1,53. Bei Gegenwart von Harzöl tritt eine Rotviolettfärbung ein, die nur kurze Zeit beständig ist.

Ein sehr guter Nachweis beruht auch auf der Messung der optischen Drehung, z. B. nach Methode Nr. 26.075 (1965) der AOAC:

Das reine Öl oder eine Lösung desselben in Petroläther von bekanntem Gehalt wird unter Verwendung eines 200-mm-Rohres im Polarimeter (vgl. S. 542) gemessen. Harzöl hat eine optische Rotation von +30 bis +40°, während die normalen Öle Werte zwischen +1° und —1° besitzen.

Es ist allerdings zu beachten, daß auch natürliche cyclische Fettsäuren die Ebene des polarisierten Lichtes stark drehen (vgl. S. 831).

IV. Physikalische Untersuchungsmethoden[1]

1. Genauigkeit und Reproduzierbarkeit von Untersuchungsmethoden

Physikalische Untersuchungen und chemische Analysen haben die Aufgabe

a) Stoffe unbekannter Zusammensetzung zu identifizieren,

[1] Vgl. hierzu auch Bd. II/1 dieses Handbuches, in dem die physikalischen und physikalisch-chemischen Untersuchungsmethoden für Lebensmittel allgemein behandelt werden.

b) unbekannte Stoffe so zu charakterisieren, daß sie auch ohne völlige Kenntnis ihrer Zusammensetzung bekannten Gruppen zugeordnet werden können, und

c) den Gehalt von bekannten Stoffen an erwünschten und unerwünschten Beimengungen festzustellen.

Diesen Zweck erfüllen die Methoden aber nur dann, wenn die Zuverlässigkeit ihrer Ergebnisse statistisch gesichert ist. Es ist daher in den letzten Jahrzehnten üblich geworden, Methodenbeschreibungen Angaben über *die Genauigkeit bzw. Reproduzierbarkeit* der mit ihnen erhaltenen Ergebnisse beizufügen, so daß der Benutzer die Grenzen ihrer Aussagesicherheit beurteilen kann. Von diesem Gedanken ließ sich der Autor auch bei der Abfassung der folgenden Abschnitte leiten. Um die Übereinstimmung der Auffassung von Autor und Leser zu sichern, seien die Grundbegriffe im folgenden kurz erläutert. Zum eingehenden Studium des hier nur andeutungsweise Wiedergegebenen sei auf die Publikationen bzw. Werke von K. DOERFFEL in Bd. II/2 dieses Handbuches, K. DOERFFEL (1962), G. GOTTSCHALK (1962), H. KIENITZ (1955b), und auf die hier vorzugsweise benutzte DIN-Schrift 51849 ,,Prüffehler und Toleranz" hingewiesen.

Die nach einer bestimmten Untersuchungsmethode erhaltenen Ergebnisse müssen vornehmlich unter zwei Aspekten betrachtet werden:

a) unter dem der *Genauigkeit* oder besser *Richtigkeit*, worunter der Grad der Übereinstimmung des gefundenen Wertes mit dem wahren Wert zu verstehen ist, und

b) unter dem der *Reproduzierbarkeit*, besser *Schärfe oder Präzision* genannt. Hierunter versteht man die Übereinstimmung der experimentellen Werte untereinander.

Der Unterschied zwischen beobachtetem und wahrem Wert heißt *Fehler*.

Die Genauigkeit einer Methode wird durch *systematische*, die Reproduzierbarkeit durch *zufällige* Fehler eingeschränkt. Die Eliminierung systematischer Fehler erfolgt am besten dadurch, daß man die gewünschten Aussagen durch mehrere voneinander unabhängige Methoden zu erhalten sucht. Die Höhe des zufälligen Fehlers läßt sich durch die nachstehend beschriebenen einfachen mathematischen Definitionen eindeutig festlegen.

Wenn man zur Sicherung des Untersuchungsergebnisses mehrere Parallelbestimmungen ausführt und hierbei die Einzelergebnisse x_1, $x_2 \ldots x_n$ erhält, so ist der Mittelwert

$$\bar{x} = \frac{x_1 + x_2 + \ldots . x_n}{n}$$

vom wahren Mittelwert μ verschieden, der erst bei einer unendlich großen Zahl von Messungen erhalten wird. Ein Maß für diese Schwankungen ist die sog. *Standardabweichung*, mit dem Buchstaben σ bezeichnet, wenn die zufälligen Schwankungen aller möglichen Einzelmeßwerte um den wahren Mittelwert μ dargestellt werden sollen, bei einer begrenzten Zahl n von Meßwerten mit dem Mittelwert $\bar{x}$ jedoch durch den Buchstaben s charakterisiert.

$$s = \sqrt{\frac{(x_1 - \bar{x})^2 + (x_2 - \bar{x})^2 \ldots . (x_n - \bar{x})^2}{n - 1}}$$

Sie wird auch ,,Mittlere quadratische Abweichung" und ,,Mittlerer Fehler des Einzelwerts" genannt.

s^2 heißt *Streuung* oder *Varianz*

$\frac{s}{\bar{x}} \cdot 100$ ist die *prozentuale Standardabweichung*, auch *Variationskoeffizient* genannt

n ist die Zahl der Einzelwerte

n — 1 ist die Zahl der Freiheitsgrade.

Bei zufälliger Fehlerverteilung entsprechend der *Gauss'schen Normalverteilung* und einer großen Zahl von Einzelmessungen gelten folgende Beziehungen zwischen dem *Streubereich* (= Bereich innerhalb der Streuungsgrenzen $\pm\ \lambda \cdot \sigma$) und der *statistischen Sicherheit* P (= prozentualer Anteil der Einzelwerte, die innerhalb des Streubereichs liegen):

Streubereich $\lambda \cdot \sigma$	Statistische Sicherheit P, %
$\pm$ 1,00 σ	68,26
$\pm$ 1,96 σ	95,00
$\pm$ 2,00 σ	95,44
$\pm$ 2,58 σ	99,0
$\pm$ 3,00 σ	99,73
$\pm$ 4,00 σ	99,994

Meistens gibt man den Streubereich für eine statistische Sicherheit von 95 bzw. 99,73% an.

Der Streubereich kann nicht nur für die Ergebnisse einer Messung, sondern auch für eine Meß*methode* angegeben werden. Dazu ist es erforderlich, die wahre Standardabweichung σ aus mindestens 100 Meßwerten zu berechnen. Sie gibt die Streuung um den wahren Mittelwert μ an.

Nach DIN 51849 bezeichnet man als *Wiederholstreubereich* $\pm$ 3 σ_W (englisch: repeatability) den aus einer sehr großen Zahl von Meßwerten eines Beobachters an der gleichen Probe, mit dem gleichen Verfahren und mit dem gleichen Meßgerät erhaltenen Streubereich.

Vergleichstreubereich $\pm$ 3 σ_V (englisch: reproducibility, auch accuracy) ist der aus den Ergebnissen verschiedener Beobachter mit verschiedenen Meßgeräten bei Anwendung der gleichen Meßmethode erhaltene Streubereich.

Wenn der Streubereich aus einer begrenzten Zahl von Einzelmeßwerten n berechnet werden soll, so ist die Standardabweichung mit den Faktoren t zu multiplizieren, die sich um so mehr dem Faktor λ des Streubereichs $\lambda\ .\ \sigma$ nähern, je größer die Anzahl Messungen ist.

n	2	3	4	5	6	7	8	9	10	25
t (P = 95%)	12,71	4,30	3,18	2,78	2,57	2,45	2,37	2,31	2,26	2,06
t (P = 99%)	63,66	9,92	5,84	4,60	4,03	3,71	3,50	3,36	3,25	2,79
t (P = 99,73%) . . .	235	19,2	9,22	6,62	5,51	4,90	4,53	4,27	4,09	3,34

Aus dieser Tabelle ergibt sich, daß es statistisch ungünstig ist, Doppelbestimmungen auszuführen und daraus den Mittelwert anzugeben. Es sollten mindestens drei Parallelbestimmungen gemacht werden.

Der Mittelwert $\bar{x}$ ist stets mit einer gewissen Unsicherheit behaftet, die um so größer ist, je geringer die Zahl der Einzelmessungen ist. Hierfür ist der *Vertrauensbereich* q (englisch: confidence interval) ein Maß. Der Vertrauensbereich bestimmt die *Vertrauensgrenzen* (englisch: confidence limits) zu beiden Seiten des Mittelwertes, innerhalb derer der wahre Mittelwert μ zu erwarten ist.

Der Vertrauensbereich läßt sich aus dem bekannten Vergleichstreubereich $\pm$ 3 σ_V für P = 99,73% und der Anzahl Messungen n nach der Formel berechnen:

$$q = \bar{x} \pm \frac{3\,\sigma_V}{\sqrt{n}}$$

Für P = 95% gilt dementsprechend:

$$q_1 = \bar{x} \pm \frac{1{,}96\,\sigma_V}{\sqrt{n}}$$

Diese Formeln erinnern an die häufig verwendete Darstellung des Ergebnisses:

$$E_m = \bar{x} \pm \frac{s}{\sqrt{n}}$$

worin $\frac{s}{\sqrt{n}}$ als mittlerer Fehler des Mittelwertes bezeichnet wird (KÜSTER-THIEL-FISCHBECK 1958).

Nicht verwendbar sind diese Formeln für den Vertrauensbereich, wenn die wahre Standardabweichung $\pm\,\sigma$ nicht bekannt ist. Nach DIN 51 849 gilt für diesen Fall:

$$q = \pm\, t \cdot \frac{s}{\sqrt{n}} = \pm \frac{t}{\sqrt{n}} \cdot s$$

s wird, wie auf S. 444 angegeben, aus den Einzelwerten berechnet. Die Werte für $\frac{t}{\sqrt{n}}$ sind für drei statistische Sicherheiten, P = 95%, P = 99% und P = 99,73%, nachstehender Tabelle zu entnehmen.

n	2	3	4	5	6	7	8	9	10	25
$\frac{t}{\sqrt{n}}$ (P = 95%)	9,0	2,48	1,59	1,24	1,05	0,92	0,84	0,77	0,71	0,41
$\frac{t}{\sqrt{n}}$ (P = 99%)	45,02	5,73	2,92	2,05	1,64	1,40	1,24	1,12	1,03	0,56
$\frac{t}{\sqrt{n}}$ (P = 99,73%). . .	166	11,1	4,61	2,96	2,25	1,85	1,60	1,42	1,29	0,67

Das Ergebnis einer Meßreihe wird also exakt angegeben nach:

$$E = \bar{x} \pm q \text{ (für P = 95, 99 bzw. 99,7\%)}$$

Bezüglich weiterer Größen, wie Behandlung von *Ausreißern*, *Korrelation*, *Signifikanz* usw., die ebenfalls bei der Beurteilung von Untersuchungsmethoden und Untersuchungsergebnissen eine wichtige Rolle spielen, sei auf die zitierte Literatur verwiesen.

2. Dichte und Volumgewicht[1]

a) Begriffe

Die *Dichte* ρ ist der Quotient aus der Masse m und dem Volumen v.

$$\rho = m/v\ [g \cdot ml^{-1}]$$

Da die Dichte von der Temperatur abhängig ist, muß diese immer mit angegeben werden. Zur Umrechnung der Dichte von der Temperatur t_1 auf eine andere t_2 dient die Formel

$$\rho t_2 = \rho t_1\,[1 + a\,(t_1 - t_2)]$$

a ist der kubische Ausdehnungskoeffizient, für Öle und flüssige Fette im Mittel 0,0007 pro 1°C Temperaturdifferenz.

An Stelle der Dichte wird auch häufig die *relative Dichte* d, auch *Dichtezahl* oder *spezifisches Gewicht* genannt, angegeben. Man versteht darunter das Verhältnis der Dichte des Stoffes zur Dichte des Wassers von 4°C bei 760 Torr (= 1,000000) und schreibt

$$d_{t/4} = \frac{(\rho \text{ Substanz})_t}{(\rho \text{ Wasser})_4} \text{ (dimensionslos).}$$

Die relative Dichte $d_{t/4}$ und die Dichte ρt sind zahlenmäßig gleich.

[1] Vgl. auch A. MAHLING in Bd. II/1 dieses Handbuches.

Statt mit diesen Begriffen rechnet man auch mit dem *Dichteverhältnis*. Man versteht darunter den Quotienten aus der Dichte eines Stoffes zur Dichte des Wassers bei derselben Temperatur.

$$d_{t/t} = \frac{(\rho\ \text{Substanz})_t}{(\rho\ \text{Wasser})_t}\ \text{(dimensionslos)}.$$

Erläuterung dieser Grundbegriffe in den DIN-Normen 1306 und 51 757 sowie bei H. KIENITZ (1955a).

Das sog. *Tauchgewichtsverhältnis* τ (G. ROEDER 1958) wird fälschlicherweise auch als „spezifisches Gewicht" bezeichnet. Man versteht darunter das Verhältnis der in Luft bestimmten Gewichte gleicher Volumina des Stoffes und des Wassers.

$$\tau = p/p_0\ \text{(dimensionslos)}.$$

Im englischen Sprachraum begegnet man folgenden Begriffen, deren Kenntnis wichtig ist, um falsche Interpretation von Literaturdaten zu vermeiden:

Dichte	= Density (ASTM D 941—55)
Relative Dichte und Dichteverhältnis	= Specific Gravity (I.P. 59/55) bzw. Absolute Specific Gravity (ASTM E 12—27)
Tauchverhältnis	= Specific Gravity in Air (I.P. 59/55) bzw. Specific Gravity in den AOCS-Methoden Cc 10a—25 und Cc 10b—25. Schließlich auch Apparent Specific Gravity in AOAC 26.003 (1965).

Während diese Größen zur Feststellung der Reinheit und Identität von Ölen und Fetten gebraucht werden, bedient man sich zur Berechnung von Tankinhalten des sog. *Volumgewichtes* (englisch: weight by volume oder nach B. S. 684: 1958: apparent density).

Man versteht darunter das Gewicht eines Milliliter Öls, bei t°C mit Messinggewichten im lufterfüllten Raum bestimmt. Neben der Dichte ist dies die bei der Untersuchung von Rohölen am meisten benutzte Größe.

Der reciproke Wert der Dichte heißt *spezifisches Volumen*

$$v_s = 1/\rho$$

Die Dichte von Ölmischungen läßt sich aufgrund der Additivität der spezifischen Volumina nach der Formel berechnen:

$$\frac{p_1}{\rho_1} + \frac{p_2}{\rho_2} = \frac{p_1 + p_2}{\rho_3}$$

Darin sind: p_1, p_2, ρ_1, ρ_2 die Gewichte bzw. Dichten der Komponenten, ρ_3 die Dichte der Mischung.

Für volumetrische Mischungen gilt sinngemäß:

$$v_1 \cdot \rho_1 + v_2 \cdot \rho_2 = (v_1 + v_2)\,\rho_3$$

b) Bestimmung der Dichte und des Volumgewichtes von Ölen und Fetten

In den Normensammlungen zur Fettanalyse sind nur wenige Methoden zur Bestimmung der Dichte und der ihr verwandten Größen angegeben.

Methode	Es wird bestimmt
AOAC 26.003 (1965)	Tauchgewichtsverhältnis bei 25/25°C
AOCS Cc 10a—25	Tauchgewichtsverhältnis bei 25/25°C
AOCS Cc 10b—25	Tauchgewichtsverhältnis bei 25/25°C
DGF C-IV 2b (52)	Dichte bei 20, 40 oder 60°C
B. S. 684: 1958	Tauchgewichtsverhältnis bei 15,5/15,5°C und Volumgewicht

Zur Bestimmung der Dichte und verwandter Größen können folgende Methoden angewendet werden.

1. Wägung eines bekannten Volumens, z. B. Pyknometer-Methode.
2. Volumbestimmung bei bekanntem Gewicht, z. B. Dilatometer-Methode.
3. Bestimmung des Auftriebs, z. B. hydrostatische Waage, Spindeln, Alkohol-Schwimm-Methode.

Von diesen sollen die Pyknometer-Methode, die Bestimmung mittels Spindeln und die Alkohol-Schwimm-Methode näher beschrieben werden. Bezüglich der übrigen sei auf die Veröffentlichung von H. KIENITZ (1955a) verwiesen.

α) Bestimmung von Dichte und Volumgewicht mit dem Pyknometer

Sehr präzise Vorschriften zur Bestimmung der Dichte wurden vom Fachausschuß Mineralöl- und Brennstoffnormung FAM des Fachnormenausschusses Materialprüfung (FNM) ausgearbeitet (DIN 51757). Diese und Angaben der DGF-Methode C—IV 2 (52) sowie einige von H. KIENITZ (1955a) mitgeteilten Vereinfachungen der Berechnung sind nachstehenden Verfahren zugrunde gelegt.

Einfaches Verfahren

Vorbemerkung:

Die Dichte wird von der getrockneten und filtrierten Probe bei 20°C bestimmt. Befindet sich die Probe bei dieser Temperatur in einem schlecht definierten Zustand, so wird die Bestimmung bei 40°C, 60°C oder einer höheren Temperatur vorgenommen. Die genaue Ermittlung der Temperatur ist wichtig, da die Dichte der Fette um ca. 0,0007 pro Grad variiert.

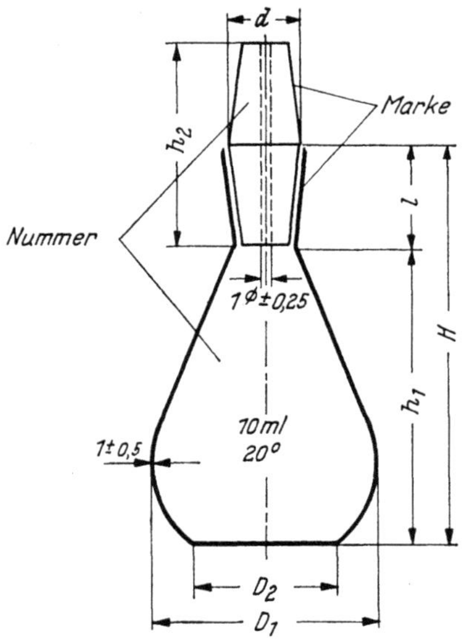

Abb. 12. Pyknometer mit Inhaltsbezeichnung nach DIN 12796 (vgl. S. 403)

Geräte:

Pyknometer von ca. 5 ml Inhalt, z. B. nach DIN 12 796 (vgl. Abb. 12), geeicht nach der Vorschrift in DIN 12 795,

Thermometer, geeicht, in 0,1°C eingeteilt,

Thermostatisch geregeltes Wasserbad.

Verfahren:

Das sorgfältig gereinigte und getrocknete Pyknometer wird auf 1 mg genau gewogen. Dann wird es mit dem zu untersuchenden Öl oder geschmolzenen Fett gefüllt, wobei darauf zu achten ist, daß keine Luftblase zurückbleibt. Die Temperatur der Probe soll angenähert gleich der Prüftemperatur sein. Bei Pyknometern mit Ringmarke ist darauf zu achten, daß keine Flüssigkeit an der Wand des Rohransatzes hängen bleibt.

Dann wird das Pyknometer in ein Wasserbad gestellt, dessen Temperatur auf ± 0,03°C genau geregelt wird. Nach 20—30 min hat sich die Temperatur angeglichen. Bei Pyknometern mit Ringmarke wird auf die vorgeschriebene Füllhöhe durch Entfernen des Überschusses eingestellt. Darauf wird das Pyknometer aus dem Bad entfernt, außen mit einem Lederlappen getrocknet und gewogen.

Berechnung:

Die Dichte ρt in g/ml bei der Prüftemperatur t ist:

$$\rho t = \frac{G - G_0}{V_t} + \lambda$$

G = Gewicht des gefüllten Pyknometers, mit Messinggewichten in Luft bestimmt
G_0 = Gewicht des leeren Pyknometers
V_t = Volumen des Pyknometers bei t°C
λ = Dichte der Luft; Mittelwert 0,0012 g/ml.

Prüffehler nach DIN 51 849
Wiederhol-Streubereich: ± 0,0004 g/ml
Vergleich-Streubereich: ± 0,0007 g/ml

Weicht die Meßtemperatur von 20° C, bei der das Volumen des Pyknometers üblicherweise justiert wird, ab, so ist das Volumen V_t unter Berücksichtigung des kubischen Ausdehnungskoeffizienten des Glases nach der Formel zu korrigieren:

$$V_t = V_{20} \cdot [1 + 3\beta\,(t - 20)]$$

Für Geräteglas 16^{III} Schott & Gen. ist $3\beta = 0{,}000024$.

Genaues Verfahren

Geräte:

Pyknometer von mindestens 25 ml Inhalt nach DIN 12 796 oder mit eingebautem Thermometer nach Abb. 13,

Thermometer und Thermostat wie oben.

Verfahren:

Das sorgfältig gereinigte und getrocknete Pyknometer wird auf 0,1 mg genau gewogen. Dann wird das Pyknometer gefüllt und in ein Bad gestellt, das die Prüftemperatur auf ca. 0,02° C genau einhält. Nach 30—45 min ist der Temperaturausgleich erreicht. Dann wird noch im Bad bei Pyknometern mit Ringmarke die überschüssige Flüssigkeit entfernt und der Flüssigkeitsspiegel auf die Marke eingestellt. Anschließend wird das Pyknometer aus dem Bad genommen, mit einem angefeuchteten Ledertuch abgetrocknet und nach einer Wartezeit von ca. 30 min, auf oder neben der Waage, auf 0,1 mg genau gewogen. In gleicher Weise wird das Pyknometer nach sorgfältigem Reinigen mit luftfreiem dest. Wasser gefüllt, temperiert und gewogen.

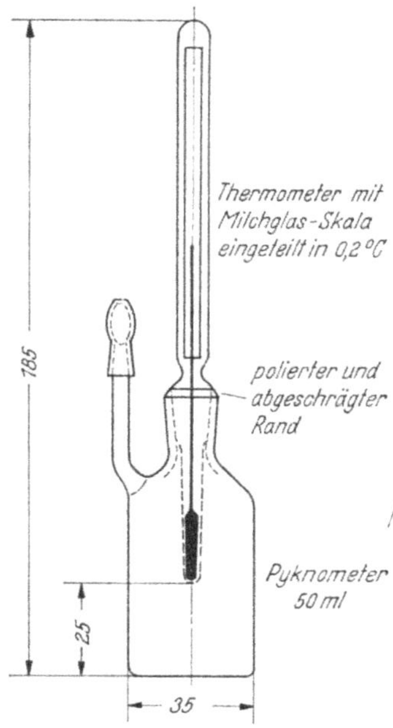

Abb. 13. Pyknometer zur genauen Dichtebestimmung, nicht genormt

Berechnung:

$$\rho_t = \frac{G - G_0}{G_{H_2O} - G_0}\left[(\rho_{H_2O})_t - (\rho_{Luft})_{t,p}\right] + (\rho_{Luft})_{t,p}$$

Darin ist:

G, G_0, G_{H_2O} = Gewicht des mit der Probe gefüllten, des leeren und des mit Wasser gefüllten Pyknometers, mit Messinggewichten in Luft bestimmt.

$(\rho_{H_2O})_t$ = Dichte des Wassers bei der Meßtemperatur t, zu entnehmen der Tabelle in DIN 51 757 oder den gebräuchlichen Tabellensammlungen.

$(\rho_{Luft})_{t,p}$ = Dichte der Luft in Abhängigkeit von der Meßtemperatur t und dem Luftdruck p bei 50% relativer Feuchtigkeit nach DIN 51 757.

Prüffehler nach DIN 51 849:
Wiederhol-Streubereich: ± 0,0001 g/ml
Vergleich-Streubereich: ± 0,0002 g/ml.

Bestimmung des Volumgewichtes

Die Bestimmung des Volumgewichtes (englisch: apparent density) soll stets bei der Temperatur erfolgen, die das Öl bei der Ausmessung im Lagerbehälter hatte. Zur Erzielung der erforderlichen Genauigkeit bedient man sich hier eines käuflichen, amtlich geeichten Pyknometers von ca. 50 ml Inhalt nach Abb. 13 mit bekanntem Volumen bei 20° C oder eines ungeeichten Instruments derselben Größe, das nach DIN 12 795 selbst geeicht wurde. Die Arbeitsweise entspricht der für das genaue Pyknometerverfahren angegebenen.

Berechnung:

$$\text{Volumgewicht } t = \frac{G - G_0}{V_{20} \cdot f}$$

G, G_0 = Gewicht des mit Öl gefüllten bzw. leeren Pyknometers, mit Messinggewichten bei der Meßtemperatur t in Luft gewogen

V_{20} = Volumen des Pyknometers bei 20° C

f = Faktor zur Umrechnung des Pyknometervolumens auf die Meßtemperatur t $f = 1 + 0{,}000025 \cdot (t - 20)$.

Für den Fall, daß das Volumen des Pyknometers bei 20°C nicht bekannt ist, kann man auch, wie auf S. 449 beschrieben, verfahren und rechnet dann

$$\text{Volumgewicht t} = \frac{G - G_0}{G_{H_2O} - G_0} \cdot \rho_{H_2O,t}$$

Bedeutung der Formelzeichen vgl. S. 449.

Zur Umrechnung des Volumgewichtes von der Temperatur t_1 auf die Temperatur t_2 bedient man sich der Formel:

$$\text{Volumgewicht } t_2 = \text{Volumgewicht } t_1 \cdot [1 + \gamma \cdot (t - 20)]$$

Der Ausdehnungskoeffizient γ variiert etwas je nach der Ölsorte. Nach Erfahrungen in Unilever-Laboratorien rechnet man zweckmäßig mit folgenden Werten:

Cocosöl und gehärtetes Cocosöl	0,00071
Palmkernöl und gehärtetes Palmkernöl . .	0,00070
Rüböl und gehärtetes Rüböl	0,00066
Alle anderen Öle und Fette	0,00068.

β) Bestimmung der Dichte mit Spindeln

Zur ungefähren Bestimmung der Dichte von bei Zimmertemperatur flüssigen Ölen sind Spindeln (Aräometer) geeignet. Am besten verwendet man den nach DIN 12 791 genormten Spindelsatz für analytische Zwecke, der mit 6 Spindeln den hier interessierenden Meßbereich von 0,630—1,000 erfaßt (vgl. Abb. 14).

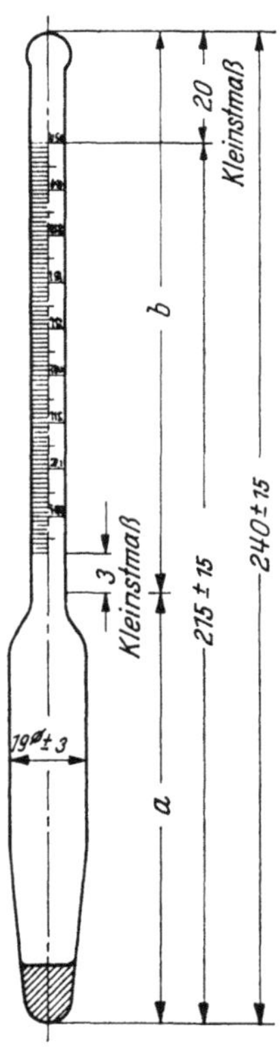

Abb. 14. Laboratoriumsspindel nach DIN 12791 (vgl. S. 403)

Erläuterungen zur Benutzung sind in DIN 12 790 gegeben. Hier wird auch auf wichtige Fehlerquellen aufmerksam gemacht, die beim Gebrauch von Spindeln viel zu wenig beachtet werden. Vor allem ist zu berücksichtigen, daß eine Spindel, genau genommen, nur in derjenigen Flüssigkeit die Dichte anzeigt, für die sie justiert ist. Der Grund dafür ist die Oberflächenspannung, die ein verschieden hohes Emporziehen eines Flüssigkeitswulstes am Stengel der Spindel zur Folge hat und ein unterschiedliches Einsinken der Spindel bewirkt. Es wird daher in dem genannten Normblatt zu Recht empfohlen, die Anzeigen des Aräometers nicht auf Dichten umzurechnen, sondern, so wie sie gemessen werden, nach Umrechnung auf 20°C als „Spindelwerte nach DIN 12791" anzugeben.

Verfahren (vgl. auch DIN 51 757):

In einen Standzylinder von 50 mm ∅ bringt man das zu untersuchende Öl. Man stellt den Zylinder in ein Temperierbad von 15—25°C, dessen Temperatur auf ± 0,1°C konstant gehalten wird. Von Zeit zu Zeit prüft man unter Umrühren mit einem Thermometer die Temperatur und liest nach Erzielung genügender Konstanz bei durchsichtigen Ölen in der Höhe des Flüssigkeitsspiegels, bei undurchsichtigen am oberen Wulstrand ab. Im letzteren Fall ist der am Stengel sich ausbildende Wulst von ca. 2 mm Höhe dadurch zu berücksichtigen, daß zum abgelesenen Wert soviel Skalenteile hinzugezählt werden, wie 2 mm auf der Skala ausmachen. Die Umrechnung des abgelesenen Wertes S_t auf den Spindelwert S_{20} erfolgt nach der Formel:

$$S_{20} = S_t \cdot [1 + 0{,}00068\,(t - 20)]$$

Prüffehler nach DIN 51 849:

Wiederhol-Streubereich: ± 0,001 g/ml
Vergleich-Streubereich: ± 0,002 g/ml.
Die Dichte unterscheidet sich von dem Spindelwert um ca. 0,002 Einheiten.

γ) Bestimmung der Dichte fester Fette

Zur Bestimmung der Dichte fester Fette eignet sich besonders die Alkohol-Schwimmethode, die einen Vergleich-Streubereich von nur ± 0,0002 g/ml besitzt.

Verfahren:

Da die Dichte fester Fette von ihrem Modifikationszustand abhängt, ist dafür Sorge zu tragen, daß die für die Untersuchung benutzten Fettproben vor der Ausführung der Bestimmung in der stabilen Modifikation vorliegen (vgl. S. 452). Man bereitet mehrere Mischungen aus Alkohol und Wasser, deren Dichte mit der des zu untersuchenden Fetts ungefähr übereinstimmt, bringt einige Proben in Form von Perlen oder Tabletten unter Luftausschluß in die mit Hilfe eines Thermostaten temperierten Mischungen. Diejenige Mischung, in welcher die Probe gerade vom Boden des Gefäßes frei kommt, wird durch Zugabe von verdünntem Alkohol so eingestellt, daß die Probe völlig frei schwebt. Dann bestimmt man die Dichte der Flüssigkeit nach einem der genannten Verfahren. Sie ist mit derjenigen der Probe identisch.

c) Auswertung

Die Dichte der festen Fette liegt bei 15°C zwischen 0,90 und 0,95, die der fetten Öle zwischen 0,91 und 0,93. Hierzu zahlreiche Beispiele in Tab. C auf S. 1012. Mineralöle haben eine Dichte von 0,85—0,92, Harzöle eine solche zwischen 0,96 und 1,00. Die Dichte des Rizinusöls ist mit 0,95—0,97 etwas höher als die der Speisefette.

Die Dichtebestimmung ist ein recht gutes Mittel zur Feststellung der Identität von Fettproben, weniger dagegen zur Identifizierung unbekannter Öle und Fette.

Untersuchungen in neuerer Zeit brachten reichliches Zahlenmaterial über die Änderung der Dichte in homologen Serien von Fettsäuren, Fettsäuremethyl- und äthylestern und anderen Verbindungsgruppen. Eine kritische Zusammenstellung der verstreuten Daten findet der Leser bei K.S. Markley (1960—1964).

3. Schmelzen und Erstarren

Unter dem Schmelzpunkt einer chemisch einheitlichen Substanz versteht man die Temperatur, bei der die flüssige und die feste Phase unter einem Druck von 760 Torr im Gleichgewicht sind. Der Erstarrungspunkt ist bei diesen Stoffen mit dem Schmelzpunkt identisch. Natürliche Fette bestehen aus einer Vielfalt von Glyceriden, die ihrerseits wieder in verschiedenen polymorphen Modifikationen existieren können. Sie schmelzen daher unscharf. Wie aus dem auf S. 472 wiedergegebenen Schmelzdiagramm hervorgeht, erstreckt sich der Schmelzvorgang über einen weiten Temperaturbereich, in dem das Fett zunächst weich, dann flüssig und schließlich klar wird. Umgekehrt beobachtet man beim Abkühlen zunächst eine Trübung, dann verstärkte Kristallabscheidung und schließlich völliges Erstarren.

Die für das Schmelzen und Erstarren charakteristischen Temperaturen werden schon seit langem zur Identifizierung und Reinheitsprüfung von Fetten benutzt. Seit Einführung der Härtung und Umesterung in die Technologie der Nahrungsfette haben sie an Bedeutung gewonnen, da sie in sehr einfacher und für die Praxis vielfach völlig ausreichender Weise die Plastizität von Fetten und Fettgemischen abzuschätzen gestatten.

Alle Methoden zur Bestimmung der das Schmelzverhalten kennzeichnenden Temperaturen haben empirischen Charakter. Daher müssen die vorgeschriebenen Prüfbedingungen genau eingehalten und die benutzten Methoden im Attest angegeben werden.

Bei der Bestimmung des Schmelz-, Erweichungs- und Tropfpunktes ist die Vorgeschichte des Fettes von wesentlichem Einfluß auf die Höhe des Ergebnisses. Das hat seine Ursache im Auftreten polymorpher Modifikationen. Wie im wesentlichen seit den Untersuchungen von

T. MALKIN u. Mitarb. (1939) feststeht, existieren die gesättigten Glyceride in vier festen Formen, einer glasigen γ-Form, den kristallinen monotropen α- und β'-Formen und der stabilen β-Form, die sich in ihren Schmelzpunkten erheblich unterscheiden (vgl. Tab. 14).

Tabelle 14. *Schmelzpunkte von polymorphen Modifikationen der Triglyceride* (nach T. MALKIN 1954)

	Schmelzpunkt °C			
	glasig	α	β'	β
Tristearin	54,5	65,0	70,0	72,0
Tripalmitin	45,0	56,0	63,5	65,5
2-Stearodipalmitin	49	59	65	68
1-Stearodipalmitin	46,5	55	59,5	62,5
2-Palmitodistearin	50	56	64	68
1-Palmitodistearin	50	57	61	65

Auch in natürlichen technisch bearbeiteten Fetten finden sich verschiedene Modifikationen. Die Neigung zur Ausbildung instabiler Phasen ist bei ihnen um so größer, je weniger individuelle Glyceride sie enthalten. Beim schnellen Abkühlen bildet sich zunächst eine instabile Modifikation mit niedrigem Schmelzpunkt, die erst nach längerem Temperieren in die stabile übergeht. Da die Geschwindigkeit des Übergangs um so größer ist, je höher die Temperatur ist, erhält man den höchsten Schmelzpunkt, wenn man die zu untersuchenden Proben bei einer Temperatur aufbewahrt, die dem Schmelzpunkt der stabilen Form des Fettes möglichst nahe kommt.

a) Schmelzpunkt

Man unterscheidet:

1. Den *Steigschmelzpunkt*, das ist die Temperatur, bei der eine in einer beiderseits offenen Capillare befindliche und im Wasserbad erwärmte Probe in die Höhe steigt (DAB VI; DGF; B.S. = Slip point; AOCS = Softening point).

2. Den *Fließschmelzpunkt*, das ist die Temperatur, bei der eine in einem U-Rohr befindliche Fettprobe beim Erwärmen gerade zu fließen beginnt (DGF).

3. Den *Klarschmelzpunkt*, das ist die Temperatur, bei der die im U-Rohr befindliche Fettprobe (DGF) oder die in einseitig geschlossener Capillare (AOCS und AOAC) befindliche Probe beim Erwärmen völlig klar wird.

4. Den *Schmelzpunkt nach* WILEY. Nach dieser in den Vereinigten Staaten viel benutzten Methode (AOCS Cc 2-38) werden kleine Scheiben des gekühlten Fettes in einem Bad aus wasserhaltigem Äthanol, welches dasselbe spezifische Gewicht wie das zu untersuchende Fett hat, allmählich erwärmt, bis die Scheiben Kugelgestalt annehmen (vgl. auch R.A. MARMOR u. R.L. FERM 1958).

Auch mit Hilfe von photoelektrischen Methoden (K.A. WILLIAMS 1941) und unter dem Mikroskop (H.P. KAUFMANN u. M. LUND 1940) läßt sich der Schmelzpunkt von Fetten recht genau bestimmen.

α) Steigschmelzpunkt

Bestimmung des Steigschmelzpunktes, modifiziertes Verfahren entsprechend DGF-Methode C-IV 3a (52)

Geräte:

Geeichtes Thermometer 0—60°C, eingeteilt in 0,5°C oder abgekürztes Thermometer nach Anschütz, eingeteilt in 0,2°C,

Schmelzpunktcapillaren aus Glas, 50—80 mm lang mit 1,0—1,2 mm lichter Weite (mit kalibrierten Drähten prüfen!), Wandstärke 0,15—0,20 mm[1],

Heizvorrichtung, z. B. Becherglas von 500 ml Inhalt mit mechanischem Rührer, gasbeheizt und vor Zugluft geschützt aufgestellt.

[1] Lieferant: z. B. A. Dargatz, 2 Hamburg 28; R. Schoeps, 41 Duisburg-Beeck.

Vorbereitung der Proben:

1. Zur Messung des Schmelzpunktes der instabilen Form. 4 Schmelzpunktröhrchen werden 10 mm hoch mit dem flüssigen — und, wenn nötig, über Natriumsulfat entwässerten und filtrierten — Fett gefüllt und vor der Bestimmung des Schmelzpunktes 1 Std auf Eis gelegt.

2. Zur Bestimmung des Schmelzpunktes der stabilen Form. Die Schmelzpunktröhrchen werden 10 mm hoch mit dem flüssigen Fett gefüllt und 24 Std in einem kühlen Raum (Temperatur 10—15°C) aufbewahrt.

3. Bei schwierig zu stabilisierenden Fetten. Fette, die den normalen Erstarrungszustand nicht sicher erreichen, wie Kakaobutter, bringt man flüssig in einem Schälchen unter Kühlen und Rühren zum Erstarren. Das so erstarrte Fett wird 24 Std (Kakaobutter 48 Std) bei 10°C aufbewahrt und durch Abstechen in die Capillarröhrchen gefüllt.

Verfahren:

Die 4 Röhrchen werden mittels eines Gummirings so am Thermometer befestigt, daß die Fettsäulen sich in der Höhe der Quecksilberkugel befinden. Das Thermometer wird so in das Wasserbad gehängt, daß das untere Ende der Fettsäulen 4 cm unter der Wasseroberfläche ist. Die Anfangstemperatur des Wassers soll ca. 10°C betragen. Man erhitzt nun unter ständigem Rühren derart, daß die Temperatur um 2°C pro Minute ansteigt. Als Steigschmelzpunkt wird die mittlere Temperatur angegeben, bei der die Fettsäulen vom Wasser in die Höhe geschoben werden. Eine Korrektur für den herausragenden Faden wird nicht gemacht. Die Art der Vorbehandlung des Fettes ist im Analysenattest anzugeben.

Die entsprechenden Parallelmethoden der B.S. und AOCS unterscheiden sich von dieser Arbeitsweise in einigen Punkten:

Die B.S.-Methode 684: 1958 verwendet Glasröhrchen von 1,1—1,3 mm innerem und 1,4 bis 1,7 mm äußerem Durchmesser. Der Inhalt der Röhrchen wird mindestens 16 Std auf 15—17°C gehalten. Das Thermometer wird so in das Wasserbad gehängt, daß sich das untere Ende der Fettsäulchen 3 cm unter der Oberfläche des Wassers befindet.

Nach AOCS-Methode Cc 3—25 benutzt man Glasröhrchen von 1 mm innerem und 3 mm äußerem Durchmesser. Die mit flüssigem Fett gefüllten Röhrchen werden zunächst zur Verfestigung des Fettes auf Eis gelegt und dann 16 Std bei 4—10°C aufbewahrt. Das untere Ende des Fettsäulchens soll 3 cm unter dem Wasserniveau sein, die Anfangstemperatur des Wassers 8—10°C unterhalb des Schmelzpunktes liegen und der Temperaturanstieg 0,5—1°C pro Minute betragen.

β) Fließschmelzpunkt und Klarschmelzpunkt

Zur Prüfung der Reinheit und Identität von Fetten sind diese Kennzahlen, deren Bestimmung zuerst von POLENSKE (1912) vorgeschlagen wurde, besser als der Steigschmelzpunkt geeignet.

Bestimmung des Fließschmelzpunktes und des Klarschmelzpunktes nach DGF-Einheitsmethode C-IV 3a (52)

Geräte:

Schmelzpunktröhrchen: U-förmige Glasröhrchen von 1,4—1,5 mm gleichmäßiger lichter Weite und 0,15—0,20 mm Wandstärke[1].

Die genaue Einhaltung des Durchmessers ist mit Drahtstiften von entsprechendem Durchmesser zu prüfen. Der eine Schenkel des Röhrchens soll ca. 60 mm und der andere ca. 80 mm lang sein. Der Abstand zwischen den beiden Schenkeln soll 5 mm betragen.

Thermometer: Einschlußthermometer 0—60°C, eingeteilt in 0,5°C, oder Anschütz-Thermometer.

Heizbad: Zwei ineinandergehängte Bechergläser, die je mit einem Ringrührer versehen und mit luftfreiem Wasser gefüllt sind.

Vorbereitung der Proben:

Der längere Schenkel des Glasröhrchens wird so mit dem flüssigen oder erstarrten Fett beschickt, daß das Röhrchen ca. 1 cm oberhalb der Biegung eine ungefähr 1 cm lange Fettsäule enthält. Zur Einfüllung fester Fette sticht man das Röhrchen an verschiedenen Stellen der Probe ein, bis eine genügend lange Fettsäule entstanden ist, und schiebt diese dann mit Hilfe eines Metallstiftes an die vorgesehene Stelle.

Verfahren:

Je 2 Röhrchen werden mittels eines Gummirings so am Thermometer befestigt, daß die U-Bogen mit dem unteren Ende der Quecksilberkugel abschneiden. Dann wird das Thermo-

[1] Lieferfirma: z. B. A. Dargatz, 2 Hamburg 28; R. Schoeps, 41 Duisburg-Beeck.

meter in das Heizbad gesenkt, dessen Temperatur zunächst um 2°C pro Minute, bei Annäherung an den Schmelzpunkt jedoch nur um 1°C pro Minute erhöht wird.

Als *Fließschmelzpunkt* wird diejenige Temperatur angesehen, bei der sich die Fettsäule in dem Glasröhrchen so abwärts bewegt, daß die Bewegung mit dem bloßen Auge deutlich wahrgenommen werden kann.

Als *Klarschmelzpunkt* gilt die Temperatur, bei der das hell beleuchtete und gegen einen dunklen Hintergrund mit der Lupe beobachtete Fett eine Trübung nicht mehr erkennen läßt.

Etwas einfacher ist die Bestimmung des Klarschmelzpunktes nach der AOCS-Methode.

Bestimmung des Klarschmelzpunktes nach der AOCS-Methode Cc 1–25

Geräte:

Schmelzpunktröhrchen: Capillaren, innerer Durchmesser 1 mm, äußerer Durchmesser maximal 2 mm, Länge 50—80 mm.

Thermometer: —2 bis +68°C oder —2 bis +80°C, eingeteilt in $^1/_5$°C, nach AOCS Standard Specification H 6—40 bzw. H 7—45.

Becherglas: 600 ml Inhalt, zur Hälfte mit dest. Wasser gefüllt, elektrisch oder mit Gas geheizt.

Verfahren:

3 saubere Capillaren werden 10 mm hoch mit dem geschmolzenen Fett gefüllt und dann an einem Ende (wo sich das Fett befindet) in einer kleinen Flamme, ohne das Fett zu verbrennen, zugeschmolzen. Die Röhrchen werden dann 16 Std bei +4 bis +10°C gelagert und danach mit einem Gummiring so am Thermometer befestigt, daß das untere Ende der Capillaren mit der Kuppe der Quecksilberkugel abschneidet. Dann wird das Thermometer 3 cm tief in das mit Wasser gefüllte Becherglas gehängt. Die Wassertemperatur soll 8—10°C unter dem erwarteten Schmelzpunkt liegen. Man rührt das Wasserbad und erwärmt so, daß die Temperatur 0,5°C pro Minute ansteigt.

Der Klarschmelzpunkt ist die mittlere Temperatur, bei der das Fett nach Durchlaufen eines opaken Zwischenzustandes völlig klar wird.

γ) Reproduzierbarkeit der Schmelzpunktbestimmung

Die hier beschriebenen Schmelzpunktbestimmungen sind auf 0,5—1°C reproduzierbar. Voraussetzung ist allerdings, daß die Temperierung der Proben genau, wie in der Arbeitsvorschrift angegeben, durchgeführt wird.

Bei der Bestimmung des Schmelzpunktes von gehärtetem Cocosöl wurden beispielsweise je nach der Vorbehandlung des Fettes im Laboratorium des Verfassers folgende Streuungen beobachtet (vgl. Tab. 15).

Tabelle 15. *Einfluß der Vorbehandlung auf den Steigschmelzpunkt von gehärtetem Cocosöl*

Nr.	Vorbehandlung der Proben	Schmelzpunkt °C		
		Streubereich bei 10 Bestimmungen	Mittel	Standardabweichung ±
1.	An der Luft bei 15°C 10 min erstarrt, dann 10 min auf Eis gelegt	33,5—37,2	36,4	1,11
2.	An der Luft bei 13,5°C 5 min erstarrt	36,0—37,2	36,8	0,40
3.	5 min auf Eis gelegt	27,2—29,0	27,9	0,62
4.	5 min in Eis-Kochsalz-Mischung bei —13°C erstarrt	28,8—31,7	30,0	1,18

Auch der Fließschmelzpunkt und der Klarschmelzpunkt sind nach zahlreichen, sehr sorgfältigen Untersuchungen von H. FINCKE (1929) innerhalb weniger Zehntelgrade reproduzierbar.

b) Erweichungspunkt

Während Steig- und Klarschmelzpunkt dem Teil des Schmelzdiagramms entsprechen, bei dem die festen Anteile nahezu oder vollständig flüssig sind, bezeichnet der Erweichungspunkt die Temperatur, bei der ein Fett gerade flüssig zu werden beginnt. Der Erweichungspunkt ist bei plastischen Fetten, Margarine, Butter usw., weitaus charakteristischer für das technologische Verhalten als der Steigschmelzpunkt.

Zur Bestimmung des Erweichungspunktes bedient man sich vorzugsweise solcher Verfahren und Geräte, die in der Mineralölindustrie schon seit Jahren bekannt sind. Hierzu gehört z. B. die Bestimmungsmethode nach KRÄMER-SARNOW (1904). Noch besser geeignet ist die sog. Ring-Kugel-Methode, bei der streichfähige Fette auch ohne vorheriges Aufschmelzen gemessen werden können. Hier wird die Temperatur bestimmt, bei der eine Fettprobe von genau festgelegten Abmessungen durch das Gewicht einer Stahlkugel durch eine Öffnung hindurchgedrückt wird. Die Arbeitsweise ist in den Normen ASTM D 36—26, ASTM E 28—51T, I.P.58/56 sowie DIN 1995 U 4 genau festgelegt. Unsere Beschreibung folgt der DIN-Vorschrift mit einigen geringfügigen Änderungen, die sich bei der Anwendung der Methode auf Speisefette als zweckmäßig erwiesen haben.

Bestimmung des Erweichungspunktes nach DIN 1995 U 4

Geräte:

Ring- und Kugel-Apparatur[1] nach Abb. 15, bestehend aus einem Becherglas von 600 ml, ohne Ausguß, nach DIN 12 332, einem Einsatz mit 2 Ringen zur Aufnahme der Fettprobe, Stahlkugeln von 9,5 mm ∅ und 3,50 ± 0,05 g Gewicht und einem Quecksilberstabthermometer von —2 bis +80° C, eingeteilt in 0,2° C, entsprechend der Spezifikation in DIN 1995 U 4.

Verfahren:

1. Für plastische Fette und Fettprodukte. Die Fett- bzw. Margarine- und Butterproben werden unter Verwendung eines flachen Spatels luftfrei in die Ringe gefüllt, die sich hierbei auf einer horizontalen Unterlage befinden. Man bringt die Ringe, Kugelführungen und Thermometer in den Bestimmungsapparat, füllt das Bad bis 5 cm oberhalb der Ringoberfläche mit luftfreiem dest. Wasser von 5° C und hält das Bad 15 min auf dieser Temperatur. Mit Hilfe einer Zange bringt man die vorher auf 5° C gekühlten Kugeln in die Kugelführungen und heizt dann das Bad gleichmäßig an, so daß die Temperatur des Wassers um 5° C pro Minute ansteigt. Nach den ersten 3 min darf der Temperaturanstieg nur noch höchstens um ± 0,5° C von der vorgeschriebenen Temperatursteigerung abweichen. Die Temperatur, bei der die Kugel durch die erweichte Probe fällt, ist der Erweichungspunkt.

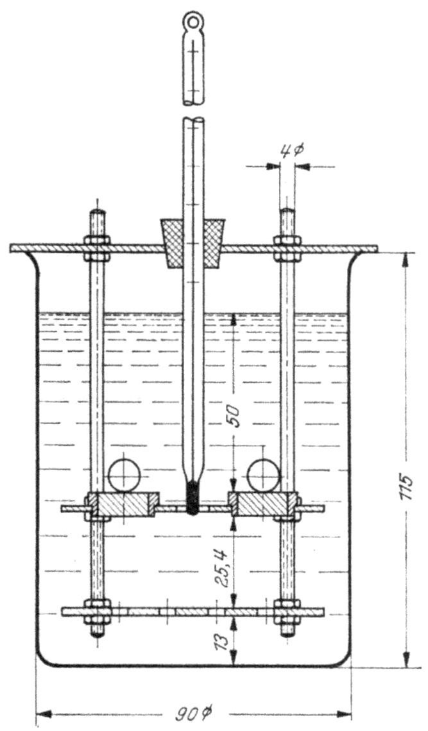

Abb. 15. Ring-Kugel-Apparatur nach DIN 1995 U 4 (vgl. S. 403)

2. Für feste nicht plastische Fette. Das zu untersuchende Fett wird geschmolzen, auf 50° C oberhalb des zu erwartenden Erweichungspunktes erhitzt und, wenn nötig, filtriert. Die Ringe werden auf einer Metall- oder Glasplatte mit Glycerin-Dextrin festgekittet, auf die Temperatur des geschmolzenen Fettes erhitzt und dann soweit gefüllt, daß das Fett übersteht. Man läßt 30 min an der Luft abkühlen und schneidet das überstehende Fett mit dem Messer ab. Dann temperiert man, bis sich die stabile Kristallmodifikation ausgebildet hat (bei Kakaobutter z. B. 24 Std auf 26—28° C, sonst 16 Std auf 15—20° C) und verfährt weiter, wie unter 1. angegeben.

[1] Fa. Sommer & Runge KG, 1 Berlin-Friedenau.

Auswertung:

Nach diesem Verfahren wurden im Laboratorium des Verfassers von E. RIMPL (1964) zahlreiche Bestimmungen ausgeführt (vgl. Tab. 16).

Tabelle 16. *Erweichungspunkte von Fetten und Fettprodukten*

Probe	Steig-Schmelz-punkt °C	Erweichungspunkt °C 1	2
Schmalz	33,0	24,2	24,6
Rindertalg	47,0	39,0	40,2
Kakaobutter, stabil	34,5	34,2	34,8
Gehärtetes Speisefett	30,0	29,6	29,8
Margarine, III. Sorte	35,0	34,6	35,1
Margarine, II. Sorte	31,0	27,2	27,8
Margarine, I. Sorte	29,0	27,8	28,4
Reformmargarine	27,0	26,9	27,2
Butter	33,5	30,9	31,3

c) Fließ- und Tropfpunkt

Bei plastischen Fetten, insbesondere solchen, die sich beim Schmelzen entmischen, bestimmt man häufig an Stelle des Schmelzpunktes den Fließ- und Tropfpunkt.

Fließpunkt ist die Temperatur, bei der das zu untersuchende Fett unter den Bedingungen des unten beschriebenen Prüfverfahrens eine deutliche halbkugelförmige Kuppe am unteren Ende des Metallnippels bildet, in dem es sich befindet.

Tropfpunkt ist die Temperatur, bei welcher der erste Tropfen des schmelzenden Fettes von dem Metallnippel abfällt.

Zur Bestimmung dieser Größen benutzt man heute ausschließlich das von L. UBBELOHDE (1904) angegebene Verfahren, das ursprünglich zur Kontrolle des Schmelzverhaltens von Schmierfetten und Vaseline ausgearbeitet wurde und hierzu heute noch benutzt wird (DIN 51 801). Es wird aber auch zur Charakterisierung pflanzlicher und tierischer Fette verwendet (DGF-Einheitsmethode C–IV 3b (57), B.S. 684: 1958).

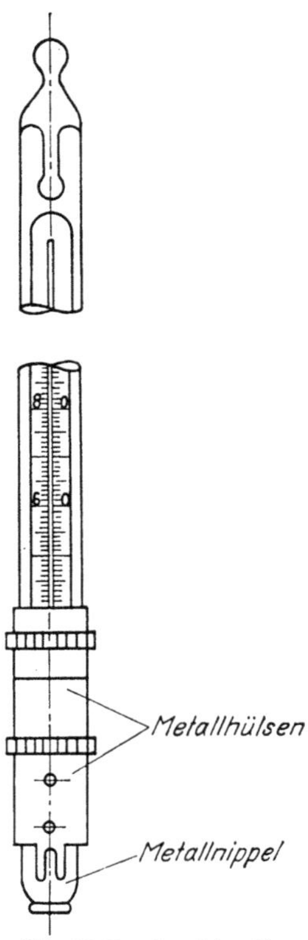

Abb. 16. Tropfpunktgerät nach UBBELOHDE (vgl. DIN 51801)

Bestimmung des Fließ- und Tropfpunktes nach DIN 51 801

Geräte:

Tropfpunktgerät nach UBBELOHDE (vgl. Abb. 16)[1]

Auf den unteren Teil eines Einschlußthermometers ist eine zylindrische Metallhülse gekittet, auf die eine zweite Metallhülse aufgeschraubt werden kann. Diese zweite Metallhülse hat seitlich kleine Öffnungen zum Druckausgleich und im unteren Teil 3 Sperrstifte. In die Hülse kann ein zylindrischer, sich unten verjüngender Nippel so eingesetzt werden, daß das Quecksilbergefäß des Thermometers überall gleich weit von den Wandungen des Nippels entfernt ist. Genaue Einhaltung aller in der DIN-Vorschrift angegebenen Abmessungen ist erforderlich.

Spezialthermometer 0—110°C mit der Aufschrift „Thermometer für das Tropfpunktgerät nach UBBELOHDE", Becherglas, hohe Form, 1000 ml nach DIN 12 331,

Reagensglas, 40 mm ⌀, 200 mm lang nach DIN 12 395.

[1] Lieferant für die komplette normgerechte Apparatur: Fa. Sommer und Runge KG, 1 Berlin-Friedenau.

Verfahren:

Das zu prüfende Fett wird mit einem flachen Spatel in den Metallnippel gefüllt und angedrückt, wobei Einschluß von Luftblasen zu vermeiden ist. Der gefüllte Nippel wird in Richtung seiner Achse in die Metallhülse bis zu den Sperrstiften eingeführt und das unten hervorquellende Fett abgestrichen. Die Druckausgleichsöffnungen dürfen nicht verstopft werden. Das Thermometer mit dem Metallnippel wird durch einen in der Mitte durchbohrten und an der Seite mit einer Einkerbung versehenen Stopfen in der Mitte des Reagensglases so befestigt, daß der Abstand zwischen Unterkante Nippel und Reagensglasboden 25 mm beträgt. Das Reagensglas wird bis zu zwei Drittel seiner Länge senkrecht in das mit Wasser gefüllte Becherglas gehängt. Dann wird das Gerät so erwärmt, daß von ca. 10° C unter dem vermuteten Fließpunkt ab die Temperatur um 1° C in der Minute steigt. Man beobachtet, bei welcher Temperatur das Fett in einer deutlich halbkugelförmigen Kuppe aus dem Nippel hervortritt (Fließpunkt) und weiter, bei welcher Temperatur der erste Tropfen des schmelzenden Fettes vom Nippel abfällt (Tropfpunkt).

Prüffehler nach DIN 51 849 (vgl. S. 445)

Wiederhol-Streubereich: ± 2° C
Vergleich-Streubereich: ± 4° C

Auswertung:

H. P. KAUFMANN u. B. GROTHUES (1960) zeigten in zahlreichen Versuchen, daß man die Umesterung von Fetten und Fettgemischen durch eine Tropfpunktbestimmung besser verfolgen kann als durch Bestimmung des Schmelzpunktes. Einige der von ihnen erhaltenen Resultate sind in Tab. 17 wiedergegeben. Vor der Bestimmung des Tropfpunktes wurden die Fette 12 Std bei —20° C aufbewahrt.

Tabelle 17. *Tropfpunkt von umgeesterten Fetten*
(nach H. P. KAUFMANN u. B. GROTHUES 1960)

Fett bzw. Fettgemisch	Tropfpunkt °C	
	vor der Umesterung	nach der Umesterung
Rindertalg	48,2	46,2
Cocosfett	24,9	27,0
Kakaobutter	32,0	26,7
Kottonöl	8,5	16,6
Erdnußöl	8,5	13,8
Sojaöl	—0,4	7,8
Sonnenblumenöl	<—20	—10
50% Talg + 50% Cocosfett	41,4	34,5
50% Talg + 50% Kottonöl	43,0	30,0
50% Talg + 50% Rüböl	43,6	27,5
50% Talg + 50% Erdnußöl	43,1	37,3

Bei umgeesterten Fetten wird, denselben Autoren zufolge, die Korrelation zwischen dem Gehalt an höheren, gesättigten Fettsäuren mit 14 und mehr C-Atomen und dem Tropfpunkt durch folgende Näherungsgleichung dargestellt:

Tropfpunkt = 0,93 · (Gew.-% höhere, gesättigte Fettsäuren)—7.

d) Trübungspunkt

Unter Trübungspunkt versteht man die Temperatur, bei der sich das Öl oder geschmolzene Fett während des Abkühlens zu trüben beginnt. Die Höhe des Trübungspunktes ist dem Gehalt des Fettes an vollgesättigten Triglyceriden proportional.

Der Trübungspunkt hängt in hohem Maße von der Vorgeschichte des zu untersuchenden Fettes ab. Seit den Arbeiten von P. OTHMER (1915) ist es bekannt, daß Kristallkeime, deren Anwesenheit für das Einsetzen der Kristallisation erforderlich ist, auch weit oberhalb des Schmelzpunktes der Glyceride beständig sind. Man wird daher die Probe eine gewisse Mindestzeit oberhalb ihres Schmelzpunktes erhitzen müssen, um reproduzierbare Resultate zu erhalten. Ferner sind die Abmessungen der Apparatur, die Abkühlungsgeschwindigkeit und der Temperaturgradient zwischen abkühlendem Fett und Kühlflüssigkeit von Einfluß. Selbstverständlich muß das Substrat völlig frei von Wasser und Staubteilchen sein.

Die in den britischen und amerikanischen Standardvorschriften wiedergegebenen Methoden zur Bestimmung des Trübungs- und Fließpunktes (Cloud and Pour Point) basieren auf den entsprechenden Methoden des I.P. 15/55 bzw. ASTM D 97—47. Beide Methoden sind aber im Verhältnis zu ihrer Aussagekraft zu kompliziert. Den theoretischen Voraussetzungen besser gerecht wird die AOCS-Methode Cc 6–25, die überdies auch noch einfacher auszuführen ist als die erstgenannten.

Bestimmung des Trübungspunktes (AOCS-Methode Cc 6–25)

Geräte:

Ölprobeflasche, 115 ml,

Thermometer, —2 bis +68° C, in 0,2° C eingeteilt nach AOCS-Spezifikation H 6–40,

Kühlbad aus Wasser, gestoßenem Eis, Salz, usw., je nach der erforderlichen Kühltemperatur, die nicht weniger als 2° C und nicht mehr als 5° C unter dem Trübungspunkt liegen soll.

Verfahren:

Die Probe muß vor der Ausführung der Bestimmung vollkommen trocken sein. 60—75 g Fett werden unmittelbar vor der Bestimmung auf 130° C erhitzt und 45 ml davon in eine Ölprobenflasche gebracht. Man kühlt die Flasche in einem Wasserbad und rührt mit einem Thermometer, um die Temperatur gleichmäßig zu halten. Sobald die Temperatur 10° C oberhalb des Trübungspunktes ist, rührt man ständig schnell in drehender Bewegung, um Unterkühlung und Ansatz von Fettkristallen an der Seite oder dem Boden der Flasche zu verhindern. Von diesem Zeitpunkt an darf das Thermometer nicht mehr aus der Probe entfernt werden, da sonst die Gefahr des Einrührens von Luftblasen besteht. Die Probeflasche wird so gehalten, daß die Fettprobe in der Flasche und die Kühlflüssigkeit sich auf gleichem Niveau befinden. Von Zeit zu Zeit wird die Flasche aus dem Bad genommen und der Inhalt beobachtet. Der Trübungspunkt ist die Temperatur, bei der die Quecksilberkugel des Thermometers bei horizontalem Durchblick nicht mehr sichtbar ist.

Auch die auf S. 463 beschriebene Apparatur zur Aufnahme der Erstarrungskurve nach JENSEN läßt sich für die Bestimmung des Trübungspunktes verwenden.

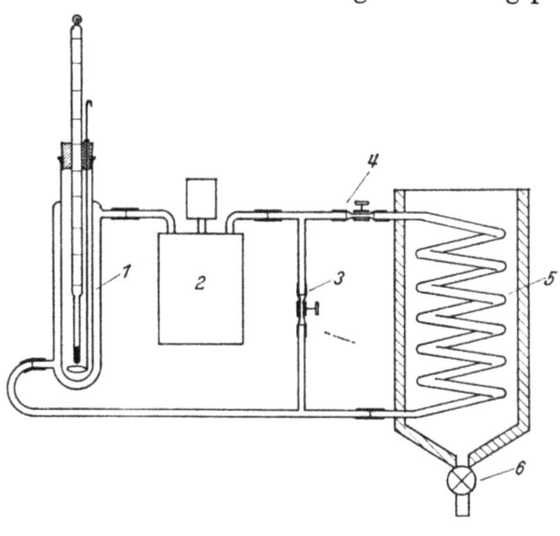

Abb. 17. Apparatur zur Bestimmung des Trübungspunktes

Im Laboratorium des Verfassers bewährt sich seit Jahren die in Abb. 17 wiedergegebene Anordnung, die aus folgenden Einzelteilen besteht:

Einem Reagensglas 1 mit den Abmessungen 25×190 mm, das mit einem Kühlmantel, einem Thermometer von —10 bis +60°C, eingeteilt in 0,2°C, und einem Drahtrührer ausgestattet ist, der mit 60 Hüben/min über eine Rührstrecke von 70 mm bewegt wird. Das Thermometer ist so angebracht, daß die Quecksilberkugel gleich weit von den Wandungen des Reagensglases entfernt ist.

Einem Thermostat 2, z. B. Typ FSe der Firma Gebr. Haake KG, Berlin, mit einem Inhalt von 1,5 l.

Einem mit einer Kupferschlange versehenen Kühlgefäß 5, das über die Hähne 3 und 4 mit dem Thermostatensystem verbunden wird. Als Kühlmittel dient für Temperaturen von +50 bis +12°C Eiswasser, für Temperaturen bis —10°C Eis-Kochsalz und für Temperaturen unterhalb dieser Grenze eine Mischung aus Eis und Calciumchloridhydrat.

Arbeitsweise:

Die gegebenenfalls vom Wasser befreite und filtrierte Fettprobe wird $^{1}/_{2}$ Std auf 100°C erhitzt. Dann füllt man ca. 40 ml in das Reagensglas und temperiert mit Hilfe des Thermostaten auf eine Temperatur, die 10—20°C über dem zu erwartenden Trübungspunkt liegt. Dann wird der Hubrührer in Tätigkeit gesetzt und das Fett mit einem Temperaturabfall von ca. 1°C/min gekühlt, wobei die Temperatur der Kühlflüssigkeit 2—3°C tiefer liegt als die des Fettes. Als Trübungspunkt gilt die Temperatur, bei der die erste Trübung sichtbar wird.

Unter Verwendung dieser Apparatur wurden bei raffinierten Ölen folgende Trübungspunkte beobachtet (vgl. Tab. 18).

Tabelle 18. *Trübungspunkte von raffinierten Ölen*

Ölsorte	Trübungspunkt °C 1	2
Cocosöl	18,0	17,7
Palmöl	24,5	24,3
Erdnußöl	3,4	2,8
Kottonöl, winterisiert	2,4	3,0
Sojaöl	—6,7	—6,9
Sonnenblumenöl, entwachst	—7,9	—8,2
gehärtetes Erdnußöl 32°C	24,7	24,6

Ein niedriger Trübungspunkt ist bei Salatölen kein Kriterium für das Klarbleiben des Öls während längeren Aufbewahrens bei Kühlschranktemperatur, da in Gegenwart geringer Mengen gesättigter Glyceride die Kristallisationszeit sehr lang ist. Hierfür einige Beispiele in Tab. 20 auf S. 465.

e) Erstarrungspunkt, Erstarrungskurven

Einen definierten Erstarrungspunkt, das ist die Temperatur, bei der die flüssige und feste Phase im Gleichgewicht sind, haben nur chemisch einheitliche Fettsäuren und Glyceride. Natürliche Fette und die aus ihnen abgeschiedenen Fettsäuren dagegen erstarren nicht auf einmal, sondern stufenweise. Zuerst tritt infolge Auskristallisation der höchstschmelzenden Glyceride eine Trübung auf, die allmählich stärker wird, bis die ganze Masse fest geworden ist. Während des Erstarrens wird die Schmelzwärme frei, die je nach Substrat und Arbeitsbedingungen zu einer merklichen Verzögerung der Abkühlung oder sogar zu einem Wiederanstieg der Temperatur führt.

Man definiert daher als *Erstarrungspunkt* entweder die Temperatur, die geschmolzene Fette und Fettsäuren bei langsamer Abkühlung eine Zeitlang beibehalten, oder die Höchsttemperatur, die die wieder ansteigende Quecksilbersäule des Thermometers anzeigt.

Da die Wärmeabgabe des abkühlenden Fettes auf die Höhe dieser Temperatur einen entscheidenden Einfluß ausübt, ist der Erstarrungspunkt keine absolute Größe, sondern von dem verwendeten Gerät und der Arbeitsweise abhängig.

Zuverlässiger als von Fetten ist der Erstarrungspunkt von Fettsäuren, der sog. Titer, zu bestimmen. Man verwendet daher vorzugsweise letzteren zur Identifizierung. Zur genauen Charakterisierung von Fetten, insbesondere solchen mit steiler Dilatationskurve, eignet sich die vollständige Abkühlungs- oder Erstarrungskurve, deren Aufnahme daher auch in diesem Abschnitt beschrieben werden soll.

α) Bestimmung des Erstarrungspunktes von Fettsäuren

Diese erfolgt im allgemeinen nach den Methoden von H.H. SHUKOFF (1899) und DALICAN (1894). Beide Methoden sind von der DGF und der IUPAC standardisiert, während sich B.S., AOCS und AOAC auf die letztgenannte beschränken. Die Ausführung der Dalican-Methode unterscheidet sich in den verschiedenen Standardvorschriften sehr. Die nach den einzelnen Varianten erhaltenen Ergebnisse stimmen daher wahrscheinlich nicht genau überein.

Gewinnung der wasserunlöslichen Fettsäuren zur Bestimmung des Titers (IUPAC-Methode II A. 2, vgl. auch H. P. KAUFMANN 1939*)*

Geräte:

Abdampfschale von ca. 1500 ml Inhalt.

Reagentien:

Alkoholische Kaliumhydroxid-Lösung: 18 g KOH werden in 20 ml dest. Wasser gelöst. Die Lösung wird mit 50 ml Alkohol von 95 Vol.-% verdünnt.

Verdünnte Schwefelsäure: 1 Vol. konzentrierte Säure und 4 Vol. Wasser.

Natriumchlorid-Lösung: 10 g NaCl/100 ml.

Verfahren:

Man wägt ungefähr 50 g Fett in die Abdampfschale ein, erwärmt allmählich auf 115—118°C und gibt zur Verseifung in einem Mal die alkoholische Lauge hinzu. Dabei wird kräftig mit dem Spatel gerührt. Unter fortwährendem vorsichtigem Erwärmen wird die Seife solange gerührt und geschabt, bis sie Bruchstücke bildet, die bei leichtem Druck nicht mehr am Spatel anhaften. Auf die Seife gießt man dann 1 l kochendes Wasser und läßt 45 min sieden, um den Alkohol zu vertreiben und eine klare Seifenlösung zu erhalten. Dann wird die Heizquelle entfernt, das verdampfte Wasser ersetzt und die Seife vorsichtig mit 70 ml verdünnter Schwefelsäure gespalten, wobei man darauf achtet, daß keine unzersetzten Seifenteile an den Wänden der Schale zurückbleiben. Der Inhalt der Schale wird zum Kochen gebracht und solange im Sieden gehalten, bis die freien Fettsäuren in einer klaren Schicht obenauf schwimmen. Die Fettsäuren werden nun zweimal mit je 500 ml kochender wäßriger NaCl-Lösung gewaschen, wobei man jedesmal die wäßrige Schicht so vollständig wie möglich abzieht. Dann trocknet man die Fettsäuren über wasserfreiem Natriumsulfat und filtriert durch ein trockenes Filterpapier. Für die Titerbestimmung werden die Fettsäuren anschließend noch 24 Std in einem Exsiccator getrocknet.

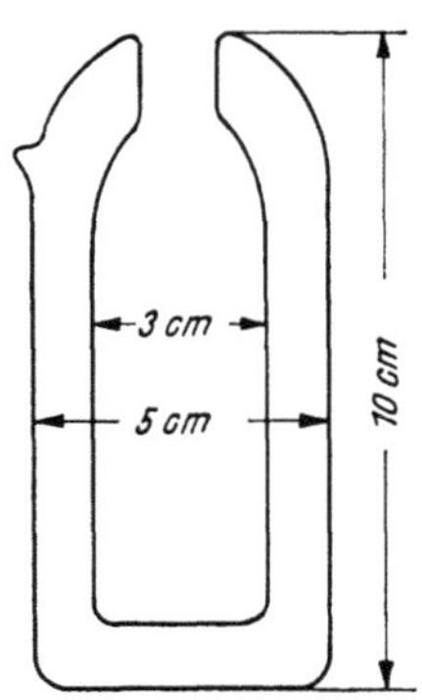

Abb. 18. Shukoff-Kölbchen

Bestimmung des Erstarrungspunktes nach SHUKOFF *(DGF-Methode C-IV 3c (57) bzw. IUPAC II. B. 3)*

Geräte:

Shukoff-Kölbchen[1] nach Abb. 18. Die Kölbchen werden mit Vakuum-Mantel in Größen von 10—50 ml hergestellt. Die Größe ist ohne Einfluß auf das Ergebnis (vgl. jedoch Anmerkung des Verfassers).

Thermometer, 0—50°C, eingeteilt in $^1/_5$ oder $^1/_{10}$°C, bzw. Anschütz-Thermometer.

Verfahren:

Die Fette oder die Fettsäuren werden bei einer Temperatur, die nicht mehr als 10°C über ihrem Schmelzpunkt liegt, geschmolzen und in das Shukoff-Kölbchen filtriert bis dieses fast gefüllt ist. Dann wird das Thermometer mit Hilfe eines Korkens so befestigt, daß sich die Kugel genau in der Mitte des Fettes befindet. Sobald sich die erste Trübung zeigt, schüttelt man einige Male, setzt das Gefäß ab und mißt das sofort beginnende Ansteigen der Temperatur. Das gewöhnlich einige Minuten anhaltende Maximum des Temperaturanstiegs ist der Erstarrungspunkt.

Anmerkung des Verfassers:

Nach Untersuchungen von H. J. VOS (1965) sind die Größe des Kölbchens, das im Doppelmantel vorhandene Vakuum und die Länge und Größe der Quecksilberkugel des Thermometers doch von Einfluß auf die Höhe des Erstarrungspunktes.

[1] Lieferant: z. B. A. Dargatz, 2 Hamburg 28; R. Schoeps, 41 Duisburg-Beeck.

I. WILTON u. G. WODE (1963) verwenden ein Shukoff-Kölbchen von 30 ml Inhalt, dessen Vakuum-Mantel einen Restdruck von 10^{-2} Torr aufweist. Das Thermometer hat einen Meßbereich von 0—50° C und ist in 0,1° C eingeteilt. Seine Länge beträgt 40 mm und die Quecksilberkugel von 6 mm ⌀ und 12 mm Länge befindet sich genau in der Mitte des Gefäßes. Zur Prüfung des Kölbchens empfehlen die Autoren folgenden Abkühlungstest: Die Temperatur eines mit 40° C eingefüllten Öls soll in dem Shukoff-Kölbchen, das in Eiswasser gestellt wird, in 20 min auf 18,5 ± 0,3° C fallen.

Bestimmung des Erstarrungspunktes (Titer) nach DALICAN *(IUPAC II. B. 3)*

Geräte:

Reagensglas, Länge 12 cm, innerer Durchmesser 2,75 cm,

Weithalsflasche, Höhe 13 cm, äußerer Durchmesser 10 cm, verschlossen mit einer flachen Korkscheibe, die eine zentrale Bohrung zur Aufnahme des Reagensglases aufweist,

Thermometer, 0—70°C, eingeteilt in $^1/_{10}$ oder $^2/_{10}$°C, die Quecksilberkugel ist 20 mm lang und 6 mm dick,

Temperierbad.

Verfahren:

Durch Einstellen in das passend temperierte Bad wird die Temperatur im Innern der Glasflasche auf 20—25°C unterhalb des erwarteten Titers gebracht. Dann werden die Fettsäuren bei einer Temperatur, die höchstens 10°C oberhalb ihres Schmelzpunktes liegen darf, geschmolzen und ca. 5,5 cm hoch in das Reagensglas gefüllt. Man bringt das Rohr so in die Korkscheibe, daß es noch 3 cm darüber hinausragt und hängt das Thermometer sorgfältig in die Mitte des Rohrs, so daß die untere Wölbung der Quecksilberkugel 1 cm vom Boden entfernt ist. Während des Abkühlens fällt die Quecksilbersäule zunächst schnell und dann langsam. Dabei kristallisieren die Fettsäuren aus, besonders am Boden des Rohrs, und bedecken allmählich den unteren Teil der Thermometerkugel.

Wenn die Quecksilbersäule nicht mehr fällt, macht man in Abständen von 5 sec vier Ablesungen. Danach rührt man die Fettsäuren mit einer schnellen kreisenden Bewegung des Thermometers dreimal nach rechts und dreimal nach links, wodurch der gebildete Kristallkuchen aufgebrochen wird. Man bringt das Thermometer wieder in das Innere des Rohres und liest nochmals ab. Die Quecksilbersäule, die während des Rührens rasch fiel, steigt nun und bildet ein Maximum, bevor sie wieder fällt. Dieses Maximum ist der Titer.

Die Bestimmung wird wiederholt und das Mittel aus beiden Ergebnissen, die nicht mehr als 0,2°C voneinander abweichen dürfen, angegeben.

Genauigkeit der Methoden; Auswertung:

Die nach DALICAN und SHUKOFF bestimmten Fettsäuretiter stimmen nach Vergleichsanalysen, die im Rahmen der I.C. ausgeführt wurden, völlig überein (H. P. KAUFMANN 1937).

Tabelle 19. *Erstarrungspunkte von Fetten und den entsprechenden Fettsäuren* (nach D. HOLDE 1933)

Art des Fettes	Erstarrungspunkt °C des Fettes	Erstarrungspunkt °C der Fettsäure
Cocosfett	14 bis 25	16 bis 25
Palmkernfett	19 bis 24	20 bis 26
Kakaobutter	21 bis 27	45 bis 51
Palmöl	31 bis 41	44 bis 50
Olivenöl	0 bis –9	21 bis 27
Erdnußöl	–2 bis +3	22 bis 32,5
Rüböl	0	12 bis 19
Sonnenblumenöl	–16 bis –18	17 bis 20
Sojaöl	–8 bis –18	14 bis 25
Kottonöl	–6 bis –1	28 bis 40
Leinöl	–18 bis –27	12 bis 20
Rindertalg	30 bis 38	41 bis 47
Schweineschmalz	22 bis 32	34 bis 42

Die DGF-Methode läßt die Bestimmung des Erstarrungspunktes auch für *Fette* zu, während die übrigen Standardvorschriften sich auf die Bestimmung des Titers der *Fettsäuren* beschränken. Nach älteren deutschen amtlichen Methoden, z.B. der von FINKENER (1889) und POLENSKE (1912), die dem Verfahren von DALICAN gleichen, wird allerdings auch der Erstarrungspunkt der Fette bestimmt. Die Erstarrungspunkte der Fette und ihrer Fettsäuren können sich erheblich voneinander unterscheiden, wie Tab. 19 veranschaulicht.

β) Erstarrungskurven

Erstarrungskurven, auch Abkühlungskurven genannt, sind besonders zur Reinheitsprüfung von solchen Fetten geeignet, die nur aus wenigen Glyceriden bestehen und starker Unterkühlung fähig sind, z. B. Kakaobutter. Im Prinzip verfährt man hierbei so, daß man das geschmolzene Fett bei genau definiertem Wärmeübergang langsam abkühlen läßt und die Temperatur des Fettes gegen die Zeit in ein Koordinatennetz einträgt.

Aufnahme der Erstarrungskurve nach H. R. JENSEN 1931

Diese Methode wird von den führenden britischen Schokoladeherstellern zur Prüfung von Kakaobutter und zum Nachweis von Kakaobutter-Ersatzfetten benutzt. Die nachstehende Beschreibung berücksichtigt Erfahrungen, die mit dieser Methode im Unilever Research Department Port Sunlight gemacht wurden.

Geräte:

Apparatur zur Aufnahme der Erstarrungskurve nach Abb. 19, bestehend aus:

Reagensglas von 38 mm ⌀ 1, mit Korkstopfen 2, Thermometer 3: 0—70° C, $^1/_{10}$°-Einteilung und Glasrührer 4,

Glasflasche 5, 113 mm ⌀, mit Korkstopfen 6 und Quecksilber- oder Bleiballast 7,

Wasserbad 9 von 175 mm ⌀ und 200 mm Höhe.

Der senkrechte Abstand vom Korkstopfen 6 bis zum Boden des Reagensglases beträgt 200 mm. Die Temperatur des Wassermantels kann mit Thermometer 10, das eine Teilung von 0—100° C hat, abgelesen werden.

Verfahren für Kakaobutter-Ersatzfette

Die Fettprobe wird geschmolzen und auf 100° C erwärmt. 75 g der Schmelze bringt man in das Reagensglas und läßt ohne Rühren an der Luft auf 40° C abkühlen. Das Rohr wird dann, wie in Abb. 19 gezeigt, in die Apparatur gebracht und das Wasserbad während der ganzen Bestimmung auf 17° C gehalten. Sobald die Temperatur des Fettes auf 35° C gefallen ist, rührt man alle 15 sec mit einer ruhigen Auf- und Abbewegung des Glasrührers, ohne die Oberfläche der Probe zu durchbrechen. Von 32° C an liest man die Temperatur jede Minute ab. Das Fett unterkühlt zunächst, und dann steigt die Temperatur wieder. Man fährt mit dem Rühren fort, bis der Temperaturanstieg weniger als 1° C/min beträgt und liest die Temperatur solange ab, bis sie wieder zu fallen beginnt. Die erhaltenen Daten werden mit der Temperatur als Ordinate in ein Koordinatennetz eingetragen.

Der Erstarrungskurve lassen sich folgende Daten entnehmen, die für die Charakterisierung von Kakaobutter und ähnlichen Fetten geeignet sind:

1. Die Minimumtemperatur (für Kakaobutter 23,5—24,5° C),
2. Der Temperaturanstieg nach der Unterkühlung (bei Kakaobutter 6—7° C),
3. Die sog. Standardzeit, d. h. die Zeit, die vom Beginn der Registrierung (32° C) bis zur Verringerung des Temperaturanstiegs nach der Unterkühlung auf weniger als 0,1° C vergeht (bei Kakaobutter 50—55 min).

Die nach diesem Verfahren erhaltenen Resultate sind bei Verwendung eines einzigen Apparates gut zu reproduzieren. Sollen verschiedene Geräte nebeneinander gebraucht werden, empfiehlt es sich, für jeden Apparat mit erstklassiger Kakaobutter eine „Standardkurve" aufzustellen, auf die man die mit anderen Fetten erhaltenen Erstarrungskurven beziehen kann.

Typische Erstarrungskurven, die nach dieser Methode von R. L. Best (1955, unveröffentlichte Versuche) erhalten wurden, gibt Abb. 20 wieder.

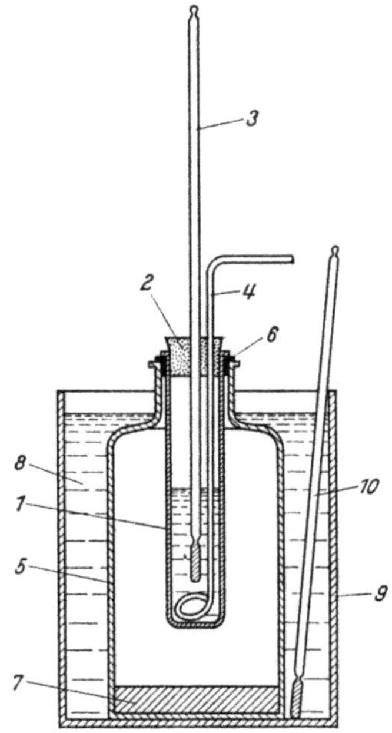

Abb. 19. Apparatur nach Jensen (1931)

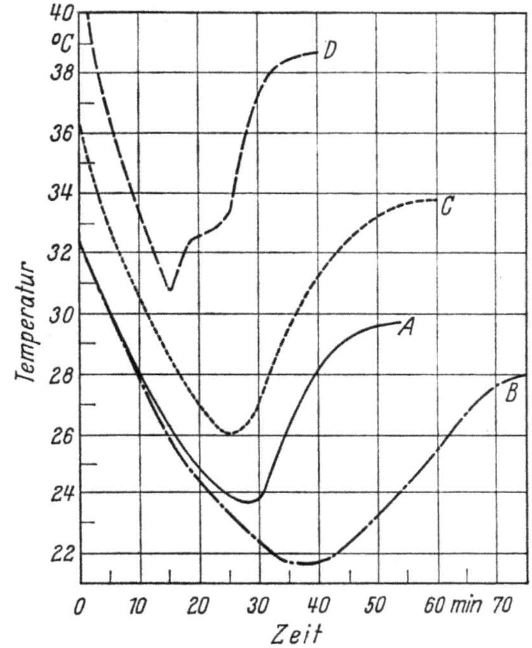

Abb. 20. Erstarrungskurven nach der Methode von Jensen (R. L. Best 1955)
A = Kakaobutter B, C, D = Kakaobuttersatzfette

γ) Beziehungen zwischen Schmelzkennzahlen und Schmelzcharakteristik

In diesem Zusammenhang interessiert auch, welche Beziehungen zwischen den im vorigen Abschnitt behandelten Kennzahlen für das Schmelzen und Erstarren und der Schmelzcharakteristik existieren, worunter die Summe der Veränderungen beim Schmelzen in Volum- oder Enthalpieeinheiten zu verstehen ist (vgl. S. 470).

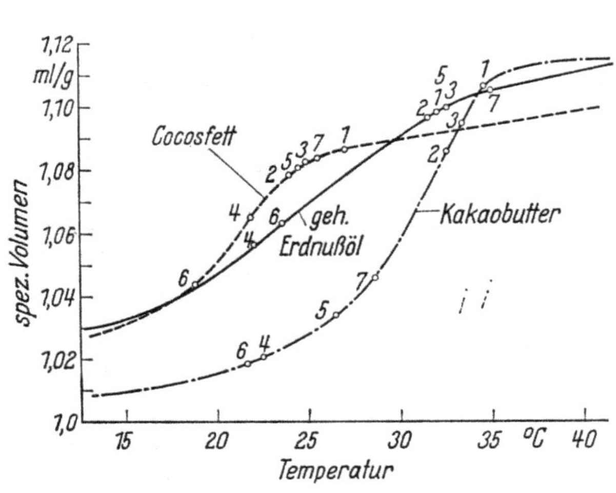

Abb. 21. Schmelzcharakteristik und Schmelzkennzahlen verschiedener Fette

Im Laboratorium des Verfassers wurde von drei Fetten mit unterschiedlicher Dilatation (Definition S. 472), nämlich Kakaobutter, Cocosfett und auf 32° C gehärtetem Erdnußweichfett, die Ausdehnungskurve aufgenommen. Außerdem wurden nach vollständiger Stabilisierung folgende Kennzahlen bestimmt:

Erweichungspunkt nach Ring-Kugel-Methode 1
Fließpunkt nach UBBELOHDE 2
Tropfpunkt nach UBBELOHDE 3
Erstarrungspunkt im Shukoff-Kölbchen 4
Steigschmelzpunkt 5
Trübungspunkt 6
Klarschmelzpunkt nach AOCS 7

Die erhaltenen Werte wurden in die Schmelzcharakteristik eingetragen (vgl. Abb. 21).

Aus der Abbildung geht deutlich hervor, daß es nicht möglich ist, den Verlauf der Schmelzkurve bei allen Fetten durch dieselben konventionellen Schmelzkennzahlen genügend zu kennzeichnen. Hierzu bedarf es vielmehr der Messung der Dilatation oder der Schmelzwärme im interessierenden Temperaturbereich.

f) Kältebeständigkeit

Salatöle, wie Sojaöl, entwachstes Sonnenblumenöl und winterisiertes, d. h. durch Kristallisation und Filtration von festen Anteilen befreites Baumwollsaatöl sollen bei Kühlschranktemperatur von 0 bis +5° C klar bleiben. Auch für die Herstellung von Mayonnaise bestimmte Öle sollen bei dieser Temperatur keine Kristalle ausscheiden, da sonst die Emulsion zerstört wird.

Zur Prüfung der Kältebeständigkeit wurde in den USA ein empirischer Test entwickelt (AOCS-Methode Cc 11–53), der eine genügend sichere Beurteilung der genannten Öle erlaubt. Die Methode wurde auch von den DGF-Einheitsmethoden übernommen (C–IV 3d (52)).

Die nachstehende Beschreibung stützt sich auf die genannten offiziellen Methoden, berücksichtigt aber die im Laboratorium des Verfassers gesammelten Erfahrungen.

Bestimmung der Kältebeständigkeit

Geräte:

Ölmusterflaschen, ca. 115 ml Inhalt, absolut sauber und trocken, mit dicht schließendem Gummistopfen oder Schraubkappe,

Eis-Wasserbad von 0° C zur Aufnahme mehrerer Flaschen.

Verfahren:

Ca. 200 g des zu untersuchenden Öls werden mit einigen Gramm trockenem Natriumsulfat geschüttelt, filtriert und in eine Flasche gefüllt, die mit Stopfen oder Schraubkappe dicht verschlossen wird. Dann bringt man die Flasche in ein Bad aus Wasser und gestoßenem Eis, so daß sie vollständig bedeckt ist. Von Zeit zu Zeit wird das Schmelzwasser durch Eis ersetzt.

Nach $5^1/_2$ Std wird die Probe herausgenommen und begutachtet. Nur wenn das Öl klar und blank ist, darf es als kältebeständig bezeichnet werden.

Anmerkung:

Es ist wichtig, das zu untersuchende Öl vor der Ausführung des Testes zu trocknen, da Feuchtigkeit im Öl beim Abkühlen leicht eine Trübung verursacht.

Auswertung:

Mangelnde Kältebeständigkeit ist vielfach ein Zeichen dafür, daß Vermischungen mit festen Fetten, z. B. gehärteten Fetten, stattgefunden haben (vgl. Tab. 20 nach Versuchen des Verfassers).

Tabelle 20. *Kältebeständigkeit von Sojaöl bei 0° C mit einem Zusatz von gehärteten Fetten*

Gehärtetes Fett	Steigschmelzpunkt °C	Trübung nach Stunden bei Zusatz von 1%	2%	4%	6%	10%
Wal-Weichfett	34	24	8	1	1	1
Kotton-Weichfett	34,5	24	8	1	1	1
Palm-Hartfett	43	8	1	1	1	1

Nach F. G. SIETZ (1961a) kann aber beim Sojaöl eine Kältetrübung auch durch die Gegenwart von trans-Fettsäuren bedingt sein, die bei Anwendung hoher Dämpftemperaturen entstehen.

g) Viertemperaturentest

G. B. MARTINENGHI u. G. BALESTRINI machten 1956 den Vorschlag, zur Kontrolle des Verhaltens raffinierter Öle und flüssiger Fettsäuren bei der Abkühlung anstelle des häufig unzuverlässigen AOCS-Kältetestes folgende Kennzahlen zu bestimmen: Den Trübungspunkt, den Stockpunkt, den Fließpunkt und den Klarpunkt. Die Methode wurde von MARTINENGHI in den Jahren 1957—1960 verbessert und stellt in ihrer jetzigen Form, wie H. HELLER (1960) bestätigen konnte, eine brauchbare Methode, besonders zur Charakterisierung von raffinierten Ölen, aber auch von festen Fetten, hydrierten Ölen, Fettsäuren und Fettsäure-Estern dar.

Geräte:

Apparatur nach Abb. 22 bestehend aus:
- Becherglas, 400 ml Inhalt,
- Reagensglas, 12—14 mm innerer Durchmesser,
- Thermometer von —20 bis +50° C, eingeteilt in $^1/_5$ ° C,
- Stativ.

Reagentien:
- Äthanol oder Aceton,
- festes Kohlendioxid.

Vorbehandlung:

Die besten Voraussetzungen für die Reproduzierbarkeit des Viertemperaturentestes sind durch nachstehende Vorbehandlung gegeben, die nach den Beobachtungen des Autors ungefähr einer Entstearinierung des Öls bei +8° C entspricht. Sie besteht darin, daß man die Lösung von 20 g des zu untersuchenden Öls in 100 ml Petroläther bei —25° C stehen läßt und bei der gleichen Temperatur das etwa ausgeschiedene feste Fett abfiltriert. Aus dem Filtrat wird das Öl durch Destillation unter Vakuum vom Lösungsmittel befreit und dann dem folgenden Verfahren unterworfen.

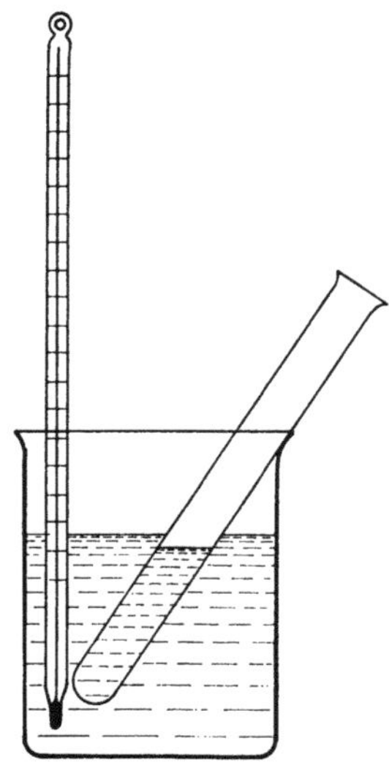

Abb. 22. Apparatur zum Viertemperaturentest nach MARTINENGHI

Verfahren:

Das Becherglas wird bis zu ca. $^2/_3$ seiner Höhe mit Alkohol oder Aceton gefüllt. Dann bringt man das klare und gegebenenfalls von Feuchtigkeit befreite Öl in das Reagensglas, welches so in das Becherglas eingehängt wird, daß es eine schräge Lage hat und weder Boden noch Wand des Gefäßes berührt. Das Niveau des Öles soll ca. 0,5 cm unterhalb dem der Kühlflüssigkeit liegen. Das Thermometer hängt man freischwebend in die Kühlflüssigkeit, die Kugel ist ca. 2 cm vom Boden entfernt. Es dient auch zum gelegentlichen Rühren. Abgelesen werden ganze Grade.

Bestimmung des Trübungspunktes. Durch Einwerfen von Kohlendioxid in die Kühlflüssigkeit erniedrigt man die Temperatur zunächst bis auf 5° C oberhalb des Trübungspunktes und dann allmählich um 1° C/min. Nach jeder Kühlung um 1° C wartet man 2 min, nimmt das Reagensglas rasch aus dem Topf heraus und beobachtet den Inhalt. Die Temperatur, bei der eine Trübung eben sichtbar ist, wird als Trübungspunkt bezeichnet.

Bestimmung des Stockpunktes. Man fährt nun mit dem Abkühlen in der beschriebenen Weise fort und stellt die Temperatur fest, bei der sich die Oberfläche des Öls im herausgenommenen und senkrecht gehaltenen Reagensglas innerhalb von 2—3 sec nicht mehr bewegt. Das ist bei der Schräglage des Meniskus leicht zu sehen. Diese Temperatur ist der Stockpunkt.

Bestimmung des Fließpunktes. Nun kühlt man die Probe bis auf 5° C unterhalb des Stockpunktes ab, nach 2 min Stehen wird das Bad innerhalb von 5 min wieder bis zum Stockpunkt erwärmt (am einfachsten mit den Händen) und dann mit Pausen von 2 min pro Grad Temperaturerhöhung bis zu der Temperatur, bei der sich die Oberfläche innerhalb von 2—4 sec eben merklich bewegt. Das ist der Fließpunkt.

Bestimmung des Klarpunktes. Läßt man nun die Temperatur weiter um 1° C/min steigen mit Haltepausen von 2 min pro Grad, so gelangt man schließlich zu einer Temperatur, bei der das Öl völlig klar wird = Klarpunkt.

Infolge Kondensation von Luftfeuchtigkeit kann sich die Innenwand des Reagensglases und die Öloberfläche mit einem leichten Schleier bedecken. Dieser Gefahr begegnet man durch Verschließen des Glases mit einem Korkstopfen.

Auswertung:

G. B. MARTINENGHI gab 1958 folgende nach seiner Methode gefundenen Kennzahlen bekannt, die die Brauchbarkeit des Verfahrens veranschaulichen (Tab. 21).

Tabelle 21. *Charakterisierung von raffinierten Ölen durch den Viertemperaturentest* (nach G. B. MARTINENGHI 1958)

Ölsorte	Trübungspunkt °C	Stockpunkt °C	Fließpunkt °C	Klarpunkt °C
Kottonöl	— 4	— 6	— 3	+6
Erdnußöl	— 4	— 6	— 2	+8
Leinöl	— 9	—13	—11	+0
Maisöl	—10	—12	— 8	—5
Olivenöl	—11	—13	— 7	+8
Rüböl	— 6	— 7	— 6	+6
Sojaöl	— 9	—10	— 8	—3
Sonnenblumenöl	— 6	— 9	— 7	+5

Man wird allerdings, wie H. HELLER (1960) zu Recht betont, je nach der Provenienz der Öle gewisse Streuungen in den Kennzahlen erwarten dürfen.

4. Kritische Lösungs- und Entmischungstemperatur

Die gebräuchlichen Lösungsmittel, wie Äther, Petroläther, Benzin, Benzol, Schwefelkohlenstoff, Chloroform, Tetrachlorkohlenstoff und Trichloräthylen, lösen praktisch alle Öle und geschmolzenen Fette. Ein selektives Lösungsvermögen zeigen dagegen u. a. wasserhaltiger Alkohol, Eisessig, Aceton, Anilin, verflüssigtes Propan usw., so daß man die Löslichkeit der Fette in diesen Medien zu ihrer Charakterisierung benutzen kann.

In der analytischen Praxis haben sich für diesen Zweck hauptsächlich wasserhaltiger Alkohol (CRISMER), Eisessig (VALENTA), Aceton (HUGEL) und Anilin (MEERBURG) als geeignet erwiesen. Als analytische Kennzahl bestimmt man bei Verwendung dieser Lösungsmittel nicht die umständliche zu ermittelnde Löslichkeit, sondern die verhältnismäßig einfach zu beobachtende kritische Lösungs- oder Entmischungstemperatur. Die kritische Lösungstemperatur ist die Temperatur, bei der ein trübes Zweikomponenten-System beim Erwärmen gerade klar wird. Unter Entmischungstemperatur versteht man die Temperatur, bei der eine homogene Lösung beim Abkühlen inhomogen, d.h. trübe, wird. Beispiele für die zweite Verfahrensweise sind die Crismer-Zahl und der Anilinpunkt, die als einfache Identifizierungsmittel für Öle und Fette auch heute noch in der fettchemischen Literatur ihren Platz behaupten.

a) Crismer-Zahl

Die Crismer-Zahl, von dem belgischen Chemiker L. CRISMER (1895) vorgeschlagen, bezeichnete ursprünglich die Temperatur, bei der eine Lösung von Öl in dem doppelten Volumen 90 %igen Alkohols beim Abkühlen inhomogen wurde. P. J. FRYER u. F. E. WESTON (1918) machten später den Vorschlag, als Lösungsmittel gleiche Teile 90 %igen Äthylalkohols und Amylalkohols zu verwenden. Nach zahlreichen Verbesserungen durch ein Komitee der American Oil Chemists' Society, die sich insbesondere auf die Eliminierung des Einflusses der freien Fettsäuren auf die Crismer-Zahl bezogen, wurde die Methode von der AOCS standardisiert.

Bestimmung der Crismer-Zahl nach AOCS-Methode Cb 4–35

Geräte:

Thermometer: Geeichtes Thermometer, —2 bis +80° C, eingeteilt in 0,2° C nach ASTM E 1-56, 15C - 39,

Reagensgläser, 13×127 mm, mit Eichstrichen bei 2 und 4 ml Inhalt,

Korkstopfen mit Zentralbohrung für das Thermometer und einer seitlichen Einkerbung für einen Hubrührer,

Hubrührer aus dünnem Glasstab oder Kupferdraht mit horizontaler Schleife am unteren Ende,

Becherglas, 400 ml Inhalt.

Reagentien:

Süßes Mandelöl USP
Alkohol, z.A.
Amylalkohol, z.A.
Natriumsulfat, wasserfrei, z.A.

Verfahren:

Einstellen des Lösungsmittels. Gleiche Teile Äthyl- und Amylalkohol werden gemischt. Von der Mischung bestimmt man die Entmischungstemperatur, wie im nächsten Absatz angegeben, unter Verwendung von Mandelöl und unter Berücksichtigung der Korrektur für den Fettsäuregehalt. Wenn nötig, gibt man soviel Wasser zum Alkohol, daß die Mandelöl-Lösung bei 70° C trübe wird.

Bestimmung der Entmischungstemperatur. Das zu untersuchende Öl wird mit Natriumsulfat getrocknet, filtriert, in einem Reagensglas 5 min in kochendes Wasser gestellt und dann bis zur 2-ml-Marke in das kalibrierte Reagensglas gefüllt. Man fügt nun bis zur 4-ml-Marke Äthyl-Amyl-Alkohol hinzu und bringt das Reagensglas in das zur Hälfte mit Wasser gefüllte Becherglas. Das Thermometer wird so in die Mischung eingeführt, daß die Thermometerkugel von der Flüssigkeit bedeckt und von den Wänden und dem Boden des Glases gleich weit entfernt ist. Dann erwärmt man das Wasser und rührt die zu prüfende Mischung, bis sie völlig klar ist und erwärmt noch 5° C über die Lösungstemperatur hinaus.

Nachdem man den Rührer aus der Mischung gehoben hat, ohne den Korken zu entfernen, läßt man abkühlen und beobachtet die Temperatur, bei der eine erste Trübung auftritt. Die Bestimmung wird mit frischem Öl und Lösungsmittel wiederholt. Die bei der Wiederholung bestimmte Trübungstemperatur darf nicht mehr als 0,5° C von der zuerst ermittelten abweichen. Schließlich wird die Acidität des Öls bestimmt und auf % Ölsäure berechnet.

Berechnung:

Crismer-Zahl = Trübungstemperatur (°C) + (% Acidität · F). F ist ein Korrekturfaktor, der folgender Tabelle zu entnehmen ist:

Ölklasse	Typische Öle	Korrekturfaktor für je 1% Acidität
Seetieröle	Walöl	1,95
Trocknende Öle	Lein-, Sonnenblumen-, Sojaöl	2,05
Halbtrocknende Öle	Kotton-, Sesam-, Maisöl	2,03
	Rapsöl	1,61
Nichttrocknende Öle	Mandel-, Oliven-, Erdnußöl	2,07
	Cocos-, Palmkernöl	2,01
	Palmöl	1,72
	Butterfett	1,54
	Schmalz	2,13

Auswertung:

V.C. MEHLENBACHER (1961) zitiert folgende Beispiele für Crismer-Zahlen nach F.J. FRYER u. F.E. WESTON (1918) (Tab. 22).

Tabelle 22. *Crismer-Zahlen verschiedener Fette* (nach FRYER u. WESTON 1918)

Ölsorte	% ffa	Korrigierte Crismer-Zahl	Ölsorte	% ffa	Korrigierte Crismer-Zahl
Cocosöl	0,0	34,0	Olivenöl	0,7	69,2
Palmkernöl	0,0	40,0	Erdnußöl	1,1	74,3
Butterfett	1,9	46,0	Rapsöl	0,6	83,3
Schmalz	0,9	72,7	Kottonöl	0,1	65,2
Talg	0,1	72,7	Sonnenblumenöl	2,2	64,0
Palmöl	0,2	68,2	Sojaöl	1,2	67,0
Kakaobutter	2,9	76,0	Leinöl	2,0	62,4

Die Höhe der Crismer-Zahl wird hiernach stärker durch die Kettenlänge der in den Fetten vorhandenen Fettsäuren als durch ihre Ungesättigtheit beeinflußt.

b) Anilinpunkt

Von der Bestimmung der Entmischungstemperatur in Anilin macht die Erdölindustrie schon seit Jahrzehnten zur Bestimmung des Naphthengehaltes von Kohlenwasserstoff-Fraktionen Gebrauch (vgl. ASTM: D 611–55 T; DIN 51775). In der analytischen Chemie der Fette hat diese Methode, die eine leichte Identifizierung natürlicher Öle und Fette erlaubt, erst vereinzelt Eingang gefunden. Sie ist daher auch noch nicht standardisiert worden.

F. TH. VAN VOORST (1950) berichtete über Erfahrungen mit dieser Methode, die ihm besonders zur Kontrolle der Reinheit von Kakaobutter und Schokoladenfetten geeignet erschien. H.P. KAUFMANN u. J.G. THIEME (1956) untersuchten systematisch die Faktoren, welche die Höhe des Anilinpunktes beeinflussen können. Sie fanden, daß er mit wachsendem Molekulargewicht ansteigt, durch die Gegenwart von freien Fettsäuren, Autoxydationsprodukten und hydroxylhaltigen Fetten aber erniedrigt wird.

Bestimmung des Anilinpunktes

Geräte:

Reagensglas mit Korkstopfen und Thermometer wie beim Crismer-Test (vgl. Anmerkung).

Reagens:

Anilin, rein: Anilin z.A. wird über Kaliumhydroxid getrocknet, dekantiert und am Verwendungstag frisch destilliert, wobei die ersten und die letzten 10% verworfen werden.

Verfahren:

In das Reagensglas werden ca. 1 g Öl und die genau vierfache Menge Anilin eingewogen. Man erwärmt im Wasserbad, bis die Flüssigkeit ganz klar geworden ist. Danach läßt man unter ständigem Umrühren abkühlen, wobei das in einem Stativ befestigte Reagensglas in einem Becherglas mit Wasser steht, dessen Temperatur etwas unterhalb der zu erwartenden Entmischungstemperatur liegt. Auf diese Weise kann der Anilinpunkt bis auf 0,1° C genau bestimmt werden.

Anmerkung des Verfassers:

Zur Ausführung der Bestimmung wird das im DIN-Blatt 51775 beschriebene Gerät[1] empfohlen.

Korrektur der Ergebnisse; Auswertung:

Da die Höhe des Anilinpunktes vom ffa-Gehalt und Autoxydationsgrad der Fette abhängig ist, empfiehlt J. WURZIGER (1957), in Auswertung der Ergebnisse

[1] Hersteller: Sommer & Runge K.G., 1 Berlin-Friedenau.

von F. TH. VAN VOORST (1951) sowie H. P. KAUFMANN u. J. G. THIEME (1956) den gefundenen Anilinpunkt (AP) zu korrigieren.

Korrigierter AP in °C = (AP + 0,32 · SZ + 0,06 · Lea-Zahl).

F. TH. VAN VOORST (1950) gibt für die wichtigsten Öle und Fette folgende Anilinpunkte an (Tab. 23).

Tabelle 23. *Anilinpunkte einiger Öle und Fette* (nach F. TH. VAN VOORST 1950)

Ölsorte	AP (°C)	Ölsorte	AP (°C)
Leinöl	—6	Erdnußöl	26
Cocosfett	0	Olivenöl	26
Palmkernfett	5,5	Schmalz	33,5
Sojaöl	10	Rinderfett	40
Baumwollsaatöl	19	Kakaobutter	43

Nach dem gleichen Autor gilt für Fette mit Verseifungszahlen zwischen 190 und 200 folgende Beziehung zwischen Anilinpunkt und Jodzahl:

$$3{,}12\ AP + JZ = 167{,}5.$$

c) Mikromethode nach R. FISCHER (1965)

Zur Bestimmung der kritischen Lösungstemperatur wurde von R. FISCHER (1965) ein Mikroverfahren angegeben, das eine Analyse in kürzester Zeit mit Bruchteilen von μl bis herab zu 10 nl ohne Wägung und großen apparativen Aufwand ermöglicht.

Probe und Testflüssigkeit — beide sind bei Zimmertemperatur nicht miteinander mischbar — werden in eine Capillare von 0,1—0,6 mm ⌀ eingeschmolzen und auf dem Mikroskop-Heiztisch nach KOFLER erhitzt. Man bestimmt die Temperatur, bei der der Meniskus zwischen beiden Flüssigkeiten verschwindet. Als Testflüssigkeiten sind besonders Nitromethan und Acetonitril geeignet. Mit Hilfe von drei Testflüssigkeiten (Nitromethan, Äthylenchlorhydrin, Acetonitril) und dem Brechungsindex ließen sich 28 Fette und Wachse charakterisieren. Die Methode ist besonders in Verbindung mit Dünnschicht- und Gaschromatographie von Wert. Vgl. auch H. H. O. SCHMID u. Mitarb. (1965).

5. Bestimmung der festen und flüssigen Glyceride

Plastische Fette, wie Schmalz, Back- und Ziehfette, Butter und Margarine, enthalten bei normaler Temperatur sowohl feste als auch flüssige Glyceride. Die Konsistenz dieser Fette wird nicht nur durch die Größe und die Verteilung der Fettkristalle, sondern im wesentlichen durch den Prozentsatz an festen Glyceriden bestimmt. Es hat daher nicht an Versuchen gefehlt, diese Größe so genau wie möglich experimentell zu bestimmen. Die wichtigsten Methoden, nämlich die Bestimmung aus der Schmelzwärme, der Dilatation und durch Differential-Thermoanalyse, sollen im folgenden ausführlich behandelt, einige weitere im Methodischen kurz gestreift werden.

a) Aus der Schmelzwärme

Unter *Schmelzwärme* — auch Schmelzenthalpie genannt — versteht man die Wärmemenge in cal/g, die erforderlich ist, um einen Körper, ohne dessen Temperatur zu erhöhen, aus dem festen in den flüssigen Zustand zu überführen. Bei Gemischen von flüssigen und festen Stoffen ist die Höhe der experimentell bestimmten Schmelzwärme ein Maß für den Anteil an fester Substanz.

Grundlegende Arbeiten zur Bestimmung der Schmelzenthalpie von Ölen und Fetten verdanken wir A. E. BAILEY (1950) und L. RIEDEL (1955).

Zur Bestimmung der Schmelzwärme sind zahlreiche Verfahren entwickelt worden. Eine Übersicht hierüber geben F. BECKER u. A. MAGNUS (1955). Zur Untersuchung von Fettproben eignet sich besonders die Aufnahme der Enthalpie-Temperaturkurve (vgl. Abb. 23).

Das zu Beginn des Versuchs völlig erstarrte Fett nimmt bei allmählicher Temperaturerhöhung anfänglich nur soviel Wärme auf, wie seiner spezifischen Wärme entspricht. Während der Verflüssigung aber, die sich über einen größeren Temperaturbereich erstreckt, da das Fett Glyceride von sehr unterschiedlichen Schmelzpunkten enthält, ist eine kräftige Zunahme der Enthalpie zu beobachten. Nach Beendigung des Schmelzvorganges fällt die Wärmeaufnahme auf den Betrag zurück, der durch die Höhe der spezifischen Wärme des flüssigen Fettes bedingt ist.

Zur Bestimmung des festen Glyceridanteils im Schmelzbereich verlängert man die Kurvenzüge für den festen und flüssigen Zustand in den Schmelzbereich hinein und erhält damit für beliebige Temperaturen die Enthalpien h_2 und h_1 des flüssigen und festen Fettes, deren Differenz $h_2—h_1$ gleich der Schmelzwärme ist. Aus der für eine Temperatur innerhalb des Schmelzintervalls gemessenen Enthalpie h errechnet sich der Anteil an festen Glyceriden nach der Formel:

$$\% \text{ feste Glyceride} = \frac{h_2 - h}{h_2 - h_1} \cdot 100.$$

Arbeitsvorschrift:

Es ist im Rahmen dieses Handbuches nicht möglich, das Verfahren zur Bestimmung der Schmelzwärme in allen Einzelheiten zu beschreiben. Bezüglich dieser sei daher auf das Studium der Originalliteratur verwiesen.

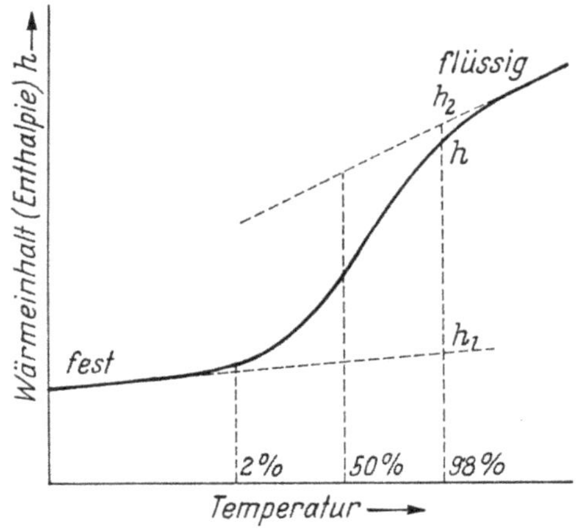

Abb. 23. Temperatur-Enthalpie-Diagramm eines plastischen Fettes nach Riedel (1955)

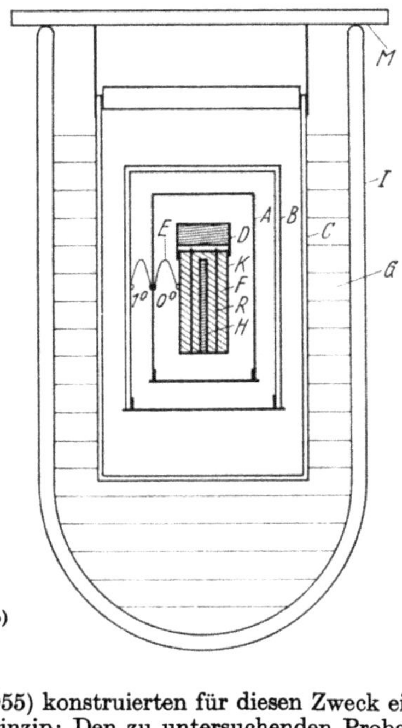

Abb. 24. Adiabatisches Kalorimeter nach Riedel (1955) (Vgl. Text)

A. E. Bailey u. Mitarb. (1944) und L. Riedel (1955) konstruierten für diesen Zweck ein *adiabatisches* Kalorimeter nach dem Euken-Nernst-Prinzip: Den zu untersuchenden Proben werden mittels eines elektrischen Heizdrahtes unter adiabatischen Bedingungen definierte Wärmemengen zugeführt (1 Kalorie = 4,185 Joule) und die dabei eintretende Temperaturerhöhung gemessen.

Apparatur:

Das von L. Riedel (1955) für seine Messungen benutzte Kalorimeter ist in Abb. 24 dargestellt.

Das kupferne Kalorimetergefäß K, das durch ein Kupferrohr R in zwei Schichten von 3 mm Dicke getrennt ist, faßt ca. 7 g Fett. Die Wärme wird in einer Heizwicklung H aus dünnem Konstantandraht erzeugt. Die Temperatur läßt sich auf 0,002° C genau mittels eines Platin-Widerstandthermometers messen, welches auf dem Schraubdeckel D aufgewickelt ist.

A ist ein dünnwandiger Mantel aus Kupfer, dessen Temperatur automatisch der jeweiligen Temperatur von K nachgeführt wird. B ist ein wesentlich massiverer Kupferzylinder, dessen Temperatur ca. 1° C unter der Temperatur von A liegt. C stellt einen Messingzylinder dar, der das System gegen das Dewar-Gefäß G abschließt, das für die Untersuchung von Fetten zumeist mit Trockeneis und Alkohol auf —78° C gekühlt wird. Bei dieser Art der Anordnung bleibt die Temperaturdifferenz zwischen K und A innerhalb von ± 0,01° C. Die Meßgenauigkeit der Anordnung beträgt ca. ± 1% und ist damit von der gleichen Größenordnung wie die des Kalorimeters von BAILEY u. Mitarb. (1944).

Verfahren:

Das Kalorimeter wird mit dem zu untersuchenden geschmolzenen Fett gefüllt. Um Verfälschung der Ergebnisse durch Bildung instabiler Phasen zu vermeiden, werden die Proben vor Beginn der Messung nach L. RIEDEL (1955) 90 Std mit Alkohol und Trockeneis auf ca. —78° C gekühlt und dabei, um etwaige Umwandlungen zu beschleunigen, dreimal je 10 Std auf eine Temperatur etwas unterhalb des Schmelzbeginns erwärmt.

Während der Aufnahme der Enthalpie-Kurve wird die Stromstärke so reguliert, daß pro Minute ca. 1,5 Kalorien zugeführt werden, so daß die Probe in ca. 6—8 Std aufgeschmolzen ist.

In gleicher Weise wird ein Leerversuch zur Ermittlung der Wärmekapazität der Kalorimeterbüchse ausgeführt.

Aufgrund der Versuchsdaten wird nach Vornahme zahlreicher Korrekturen, welche in den zitierten Originalarbeiten ausführlich beschrieben sind, das Enthalpie-Temperatur-Diagramm aufgestellt, aus dem nach der angegebenen Beziehung für jede gewünschte Temperatur der Anteil des untersuchten Fettes an festen und flüssigen Glyceriden zu entnehmen ist.

Interpretation der Ergebnisse; Literaturwerte:

Da diese Methode, wie aus der Verfahrensbeschreibung hervorgeht, sehr zeitraubend ist, wurde sie bisher verhältnismäßig wenig angewandt, brachte aber für die Analytik der Fette wichtige Erkenntnisse. A. E. BAILEY u. Mitarb. (1944—1945) sowie W. S. SINGLETON u. Mitarb. (1944—1950) bestimmten die kalorischen Daten von normalem und hydriertem Kottonöl und Erdnußöl (vgl. Tab. 24).

Tabelle 24. *Schmelzwärme von normalem und hydriertem Kottonöl und Erdnußöl* (nach A.E. BAILEY u. Mitarb., sowie W.S. SINGLETON u. Mitarb.)

Ölsorte	JZ	Schmelzintervall °C	Schmelzwärme cal/g	Beobachter
Kottonöl	108	—74,8 bis +33,4	20,6	G.D. OLIVER u.
Hydr. Kottonöl	59	—38,1 bis +45,4	27,4	Mitarb. (1944)
Hydr. Kottonöl	0,85	—15 bis +64,4	44,3*	G.D. OLIVER u.
Hydr. Kottonöl	0,85	—26 bis +62,8	41,9**	A.E. BAILEY (1945)
Erdnußöl	94	—40,0 bis +18,2	21,7	T.H. WARD u.
Hydr. Erdnußöl	62	—26,86 bis +38,89	24,7	W.S. SINGLETON (1950)

* β-Form; ** Mischung polymorpher Formen.

Die Höhe der Schmelzwärme der Glyceride wird außer durch den Sättigungsgrad auch durch die Länge der Fettsäurekette beeinflußt, wie G. H. CHARBONNET u. W. S. SINGLETON (1947) bei der Untersuchung synthetischer Triglyceride fanden (vgl. Tab. 25).

Tabelle 25. *Schmelzwärme synthetischer Triglyceride* (nach G.H. CHARBONNET u. W.S. SINGLETON 1947)

Substanz	α-Form Smp °C	α-Form Schmelzwärme cal/g	β-Form Smp °C	β-Form Schmelzwärme cal/g
Trilaurin	—	—	46,3	46,2
Trimyristin	32,3	34,6	57,0	50,3
Tripalmitin	44,7	37,4	65,7	53,1
Tristearin	54,0	38,9	72,5	54,5

Aus der Schmelzwärme läßt sich unter Benutzung des auf S. 470 beschriebenen Rahmenschemas für jede Temperatur der Gehalt an festen und flüssigen Glyceriden bestimmen. Die Berechnung ist aber nicht sehr genau, da sie voraussetzt, worauf schon A. E. BAILEY u. G. D. OLIVER (1944) hinweisen, daß die Schmelzwärme der gesättigten, ungesättigten und partiell ungesättigten Glyceride nur unwesentliche Differenzen zeigt. Das ist aber keineswegs der Fall, wie die in der Tab. 25 gebrachten Beispiele veranschaulichen.

Die Berechnung des Anteils fester Glyceride aus der Schmelzwärme führt daher nur zu angenäherten Ergebnissen, ähnlich wie die Bestimmung des „Solid Content Index" aus der Dilatation (vgl. S. 475).

Der Gehalt eines Fettes an flüssigen Glyceriden ist im übrigen nach den Untersuchungen von A. E. BAILEY u. G. D. OLIVER (1944), sowie T. L. WARD u. W. S. SINGLETON (1950) innerhalb gewisser Grenzen der mit dem Apparat von R. O. FEUGE u. A. E. BAILEY (1944) bestimmten Mikropenetration proportional. Näheres hierüber im Kapitel Konsistenz auf S. 487.

b) Aus der Dilatation

Unter der Dilatation oder, genauer gesagt, der isothermen Schmelzausdehnung eines Fettes versteht man die Volumzunahme, die es beim Übergang aus dem festen in den flüssigen Zustand bei gleichbleibender Temperatur erfährt. Zur Erläuterung des Begriffs diene die schematische Zeichnung in Abb. 25, deren Ähnlichkeit mit dem Enthalpie-Temperaturdiagramm auf S. 470 nicht zu übersehen ist.

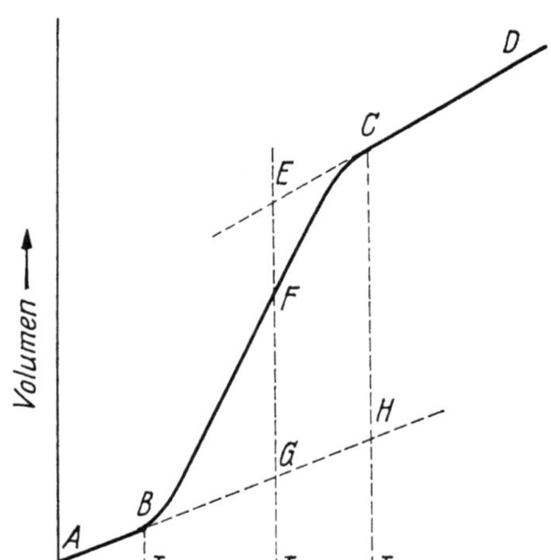

Abb. 25. Schematische Darstellung des Schmelzvorganges von Fetten

Beim Erwärmen eines festen Fettes ist zunächst eine geringe Volumzunahme entsprechend dem Kurvenabschnitt A—B zu beobachten. Sobald die Triglyceride zu schmelzen beginnen, findet längs des Abschnittes B—C eine stärkere Volumzunahme statt, die solange anhält, bis alle festen Anteile geschmolzen sind. In der flüssigen Phase C—D schließlich ist die Volumzunahme pro Temperatureinheit wieder geringer. Sie entspricht dem Ausdehnungskoeffizienten des flüssigen Fettes. Die Volumdifferenz gegenüber der durch die thermische Expansion bedingten erreicht ihr Maximum im Punkt C, dessen Abszissenwert T_L mit dem wahren Schmelzpunkt des Fettes identisch ist. Im plastischen Bereich B—C wird mit steigender Temperatur nur jeweils ein Teil der festen Glyceride verflüssigt, da die im Fett enthaltenen gesättigten und teilweise gesättigten Triglyceride unterschiedliche Schmelzpunkte besitzen. Die Dilatation wird nun beispielsweise im Punkt F der Schmelzkurve durch den Abschnitt E—F dargestellt.

Das ist die Differenz des Volumens, das das Fett im flüssigen unterkühlten Zustand bei der Temperatur T_M haben würde und dem im Punkt F gemessenen. Das Gewichtsverhältnis der festen zu den flüssigen Glyceriden läßt sich für diese Temperatur annähernd bestimmen, wenn man in der Volumen-Temperaturkurve die Strecken A—B und C—D in den Schmelzbereich extrapoliert und durch T_M eine Parallele zur Ordinate zieht, welche die extrapolierten Geraden in den Punkten E und G schneidet. Es ist dann:

$$\% \text{ feste Glyceride} = \frac{EF}{EG} \cdot 100.$$

Über ein einfacheres Verfahren, bei dem auf die schwierige Bestimmung der Volumenzunahme im Solidusteil der Kurve verzichtet wird, wird im Abschnitt β) berichtet.

Die Bestimmung der Dilatation wurde Anfang der zwanziger Jahre in deutschen und holländischen Margarinefabriken als wichtigstes Hilfsmittel zur Charakterisierung von Fettmischungen für den Margarine-Ansatz und zur Kontrolle der Selektivität der Fetthärtung eingeführt. Erstmalig berichtete hierüber W. Normann (1931). Eine ausgezeichnete Übersicht über alle mit der Dilatation zusammenhängenden Fragen vermitteln die Arbeiten von A. E. Bailey (1950) und B. M. Craig (1957).

α) Bestimmung der Dilatation

Methoden zur Bestimmung der Dilatation sind in den Arbeiten von A. E. Bailey u. E. A. Kraemer (1944), N. D. Fulton u. Mitarb. (1954), B. F. Teasdale u. R. Svardal (1956) sowie in den Methodensammlungen der DGF und AOCS angegeben. Wir folgen hier einer in den UNILEVER-Laboratorien erprobten Arbeitsvorschrift.

Prinzip:

Die Dilatation wird ausgedrückt in Mikrolitern (μl) pro 25 g Fett. Sie stellt die Differenz dar zwischen dem Volumen des festen Fettes und dem Volumen des unterkühlten flüssigen Fettes bei der gleichen Temperatur.

Das Volumen des flüssigen Fettes wird bei niedrigschmelzenden Fetten bei 40° C, bei hochschmelzenden bei 60° C bestimmt. Aus den erhaltenen Werten wird mit Hilfe des bekannten Ausdehnungskoeffizienten für flüssige Fette von 0,00084 ml/g · °C das Volumen des unterkühlten Fettes bei der Bezugstemperatur berechnet.

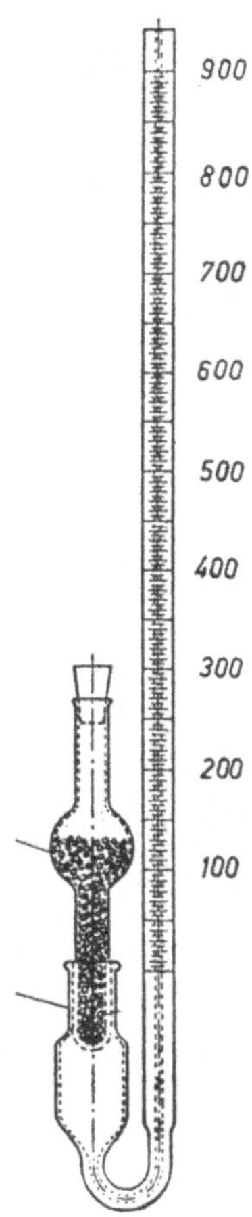

Abb. 26. Dilatometer

Apparatur:

Dilatometer[1]*:* Das nach dem volumetrischen Prinzip arbeitende Gerät ist in Abb. 26 dargestellt. Das Dilatometergefäß soll ein Volumen von 6,5—7,5 ml, das Capillarrohr ein Volumen von 900 μl bei einer Länge von 22—30 cm besitzen.

Die Genauigkeit der Capillare wird zweckmäßig durch Auswägen mit Quecksilber geprüft.

Wasserbad: Das Wasserbad soll mit Rührer und thermostatisch gesteuerter Heizung versehen sein. Temperaturkonstanz 0,05° C. Zweckmäßig werden Haltevorrichtungen für 10 Dilatometer angebracht.

Thermometer: Kalibriert in 0,1° C, mit einem geeichten Instrument verglichen.

Rundkolben: 100-ml-Langhalskolben mit Stopfen und Hahn.

Verfahren für Fette, die bei 40° C völlig flüssig sind

Das zu untersuchende Fett wird aufgeschmolzen, wenn nötig filtriert und in den 100-ml-Kolben gegeben. Man fügt einige Siedesteine hinzu, bringt das Kölbchen in ein Wasserbad von 100° C, evakuiert auf 2—10 Torr und schüttelt das Fett solange, bis keine Luftblasen mehr entweichen. Man läßt das Fett im aufgeschmolzenen Zustand und unter Vakuum bis zur Einführung in das Dilatometer stehen.

---

[1] Zu beziehen durch: z. B. A. Dargatz, 2 Hamburg 28; R. Schoeps, 41 Duisburg-Beeck, Quickfit Glastechnik, 62 Wiesbaden-Schierstein.

Dann pipettiert man 1 ml ausgekochtes und wieder abgekühltes Wasser, das mit Kongorot gefärbt wurde, in das Dilatometer, setzt den mit Schrot beschwerten Stopfen ein und wägt auf 10 mg genau.

Man bringt nun soviel des auf 50° C abgekühlten Fettes unter Vermeidung der Bildung von Luftblasen in das Dilatometer, daß das Wasser beim Einsetzen des Stopfens bis zur 500-μl-Marke aufsteigt. Überschüssiges Wasser wird mit Hilfe einer in die Capillare eingeführten Injektionsnadel, die mit einer 1-ml-Spritze verbunden ist, entfernt. Das überlaufende Fett wird sorgfältig abgewischt und das Dilatometer nach dem Abkühlen zur Ermittlung des Fettgewichtes gewogen.

Das Dilatometer wird nun in das auf +40° C temperierte Wasserbad gestellt und die Stellung des Meniskus nach erreichter Volumkonstanz abgelesen. Darauf wird das Dilatometer $1^1/_2$ Std in schmelzendes Eis gebracht und anschließend in ein Bad der gewünschten Bestimmungstemperatur, z.B. 20° C, worin es bis zur Volumkonstanz, höchstens aber 40 min, verweilen soll. In gleicher Weise wird das Volumen bei 25, 30 usw. °C ermittelt.

Abschließend wird das Dilatometer zur Kontrolle nochmals auf 40° C erwärmt. Hierbei soll dieselbe Einstellung wie vor Beginn der Messung beobachtet werden. Andernfalls ist die Bestimmung zu wiederholen.

Berechnung:

Es sei:

Das Gewicht des Fettes (in g) . . . . w
Die Ablesung bei t° C . . . . A_t
Die Ablesung bei 40° C . . . . A_{40}
Die Volumdifferenz von 25 g des geschmolzenen Fettes zwischen 40°C und t°C (in μl) . . . . $V_{40,t}$

dann ist die

$$\text{Dilatation bei t° C } (D_t) = \frac{25}{w}(A_{40} - A_t) - V_{40,t}.$$

Der Ausdruck $A_{40} - A_t$ ist mit dem Korrekturfaktor der Skala (= Inhalt eines Skalenteils in μl) zu multiplizieren.

Den Wert für $V_{40,t}$ entnimmt man folgender Tabelle:

t, (° C)	10	15	20	25	30	35	40
$V_{40,t}$ (μl)	630	525	420	315	210	105	0

Anmerkungen:

1. Die Ergebnisse sind von der Vorbehandlung des Fettes abhängig. Man erhält beispielsweise für 20° C unterschiedliche Dilatationen, wenn man das Fett nach dem Abkühlen in Eis sofort auf 20° C erwärmt oder aber zuvor noch die Dilatation bei 10 und 15° C bestimmt.

2. Bei bestimmten Fetten, wie z.B. Sheafett, Kakaobutter (vgl. S. 957) erhält man nach dieser Methode zu niedrige Werte, da sie eine sehr lange Kristallisationszeit von nahezu 24 Std besitzen.

3. Die Dilatationen von Fetten, deren Schmelzpunkt oberhalb 40° C liegt, können nach dieser Methode nicht bestimmt werden.

Reproduzierbarkeit der Methode, Beispiele

Die Reproduzierbarkeit der Methode wurde im Laboratorium des Verfassers, wie in Tab. 26 angegeben, gefunden.

Tabelle 26. *Reproduzierbarkeit der Dilatationsbestimmung*
(Substrat: gehärtetes Erdnußöl, Schmelzpunkt 31,5° C, JZ 72)

Temperatur °C	Anzahl Bestimmungen	Mittelwert	Standard-abweichung ±
20	10	1198	15
25	10	808	11
30	10	173	13

Einige Beispiele für die Höhe der Dilatation verschiedener Fette aus eigenen Beobachtungen bringt Tab. 27.

Tabelle 27. *Dilatation verschiedener Fette*

Fettsorte	Steigschmelzpunkt (°C)	Dilatation bei 10° C	20° C	30° C
Cocosöl	25,5	1265	830	15
Palmöl	37,0	950	570	235
Schmalz aus Flomen	47,5	1300	1185	800
Gehärtete Fette aus:				
Sonnenblumenöl	32,0	1465	1175	340
Erdnußöl	30,5	1615	1245	290
Kottonöl	35,0	1460	1250	570
Walöl	33,0	1440	1100	385

Weitere Zahlenwerte über Dilatationen plastischer Fette finden sich bei A. J. C. ANDERSEN u. P. N. WILLIAMS 1965.

β) Näherungsverfahren zur Bestimmung der festen und flüssigen Glyceride; der „Solid Content Index"

Zur genauen Beurteilung der Mengenanteile fester und flüssiger Glyceride in einem plastischen Fett aus der Volumen/Temperaturkurve (vgl. Abb. 25) müssen folgende Daten bekannt sein:

1. der Ausdehnungskoeffizient der festen Phase,
2. der Ausdehnungskoeffizient der flüssigen Phase,
3. die Natur der bei der Untersuchungstemperatur anwesenden festen Glyceride und ihre Schmelzausdehnung.

Alle diese Größen sind je nach der Natur des Triglyceridmoleküls sehr verschieden, wie folgende nach Ergebnissen von B. N. CRAIG u. Mitarb. (1952) aufgestellte Tab. 28 erläutert.

Tabelle 28. *Schmelzausdehnung und Ausdehnungskoeffizient verschiedener Triglyceride* (nach B.N. CRAIG u. Mitarb. 1952)

Triglycerid	Schmelzpunkt °C	Schmelzausdehnung ml/g	Ausdehnungskoeffizient ml/g/°C fest	ml/g/°C flüssig
Triolein	4,8	0,0665	0,00100	0,00099
Stearodiolein	23,5	0,0905	0,00118	0,00105
Oleodistearin	42,5	0,0925	0,00060	0,00092
Oleodipalmitin	35,5	0,0965	0,00053	0,00091
Palmitodistearin	67,7	0,1406	0,00037	0,00093
Stearodipalmitin	67,7	0,1460	0,00040	0,00097
Tristearin	72,0	0,1516	0,00039	0,00095
Tripalmitin	65,2	0,1621	0,00037	0,00097

Aus diesen Zahlen ist zu ersehen, daß der Quotient EF : EG in Abb. 25 nur in sehr grober Annäherung mit dem Prozentsatz an festen Glyceriden identisch sein kann.

A. E. BAILEY (1950) sowie N. D. FULTON u. Mitarb. (1954) machten nun zur Berechnung des festen Glyceridanteils die vereinfachende Annahme, daß die Neigung der Solidus- und Liquidus-Geraden im Gebiet von 10—50° C gleich ist, daß der Ausdehnungskoeffizient für beide Phasen 0,00085 ml/g/° C beträgt und daß die Schmelzausdehnung für alle Triglyceride 0,1 ml/g ist. Unter diesen Voraussetzungen kann man aus den Dilatationen den angenäherten Prozentsatz an festen Glyceriden berechnen:

Da einer Schmelzausdehnung von 0,1 ml/g nach der auf S. 473 mitgeteilten Analysenvorschrift ein Dilatationswert von 2500μl/25 g entspricht, gilt die Formel:

$$\% \text{ feste Glyceride} = \frac{\text{Dilatation}}{2500} \cdot 100.$$

In der amerikanischen Literatur wird dieser approximativ berechnete Wert als „Solid Content Index" bezeichnet. Die Bestimmung erfolgt nach der AOCS Tentative Method Cd 10—57 (1960) mit Hilfe eines volumetrischen Dilatometers ähnlich der hier beschriebenen Methode.

Da beide Methoden zwar im Prinzip übereinstimmen, in den Abkühlungs- und Temperierzeiten aber differieren, sind die nach der hier beschriebenen Methode erhaltenen Dilatationen (μl/25 g) auch nach der Umrechnung auf die amerikanische Maßeinheit (ml/kg) nicht identisch mit den nach der AOCS-Methode bestimmten Werten. Jede Methode liefert nur relative Zahlen, die indessen für die Beurteilung plastischer Fette große praktische Bedeutung erlangt haben.

c) Durch Differential-Thermoanalyse

Die Differential-Thermoanalyse (DTA) ist eine in der anorganischen Chemie schon lange bekannte Methodik, die es erlaubt, Modifikationsänderungen und Schmelzvorgänge quantitativ zu erfassen. Eine gute Übersicht über die Anwendungsmöglichkeiten dieser Arbeitsweise gaben R. C. MACKENZIE u. B. D. MITCHELL (1962).

Auf Probleme der Fettchemie wurde die DTA zunächst von A. J. HAIGHTON u. J. HANNEWIJK (1958) und später von H. LAVERY (1958) sowie H. P. KAUFMANN u. H. SCHNURBUSCH (1959) angewendet. Der DTA liegt folgendes Prinzip zugrunde: Bringt man eine Probe des zu untersuchenden Stoffes in einen Metallblock, der mit einem konstanten Temperaturgradienten geheizt wird, so ist eine Differenz zwischen der Temperatur des Blocks und der Temperatur der Probe zu beoabchten, wenn wärmeabsorbierende (z. B. Schmelzen oder Verdampfen) und wärmeerzeugende (z. B. Modifikationsänderungen) Vorgänge in der Stoffprobe stattfinden.

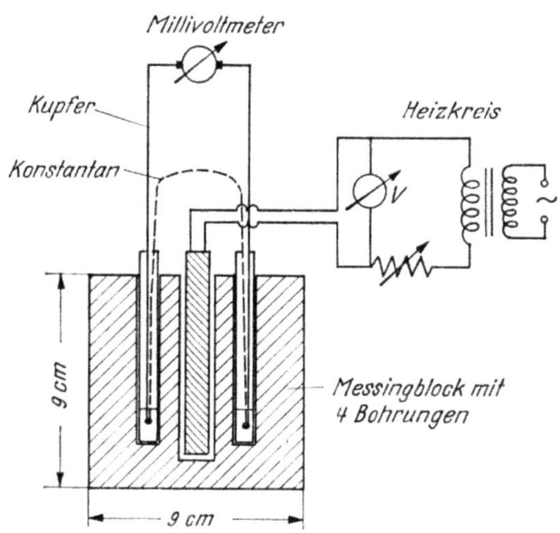

Abb. 27. Differential-Kalorimeter nach KAUFMANN u. SCHNURBUSCH (1959a)

Apparatur:

Eine verhältnismäßig einfache Apparatur wurde von H. P. KAUFMANN u. H. SCHNURBUSCH (1959a) angegeben (vgl. Abb. 27).

Ein zylindrischer Messingblock von 9 × 9 cm enthält vier Bohrungen, von denen die mittlere (2×8 cm) den elektrischen Heizwiderstand aufnimmt. Die übrigen Bohrungen (0,8×5 cm) sind symmetrisch zur Heizquelle angeordnet. Zwei dieser Bohrungen sind mit kleinen Bechern versehen, welche gleiche Mengen der zu untersuchenden Fettprobe und eine Vergleichsflüssigkeit enthalten, die im ganzen Meßbereich flüssig bleibt, z. B. Dioctylphthalat oder Dioctyladipat. Die vierte Bohrung schließlich, die sich zwischen den beiden Bohrungen für Fettprobe und Vergleichssubstanz befindet, enthält ein Thermometer zur Messung der Blocktemperatur.

In die Probebecher tauchen Thermoelemente aus Kupfer-Konstantan, die so miteinander verbunden sind, daß nur das Differenzpotential einem Meßinstrument, beispielsweise dem Multiplexgalvanometer MGF 2 der Firma B. LANGE, Berlin, oder aber, wie bei A. J. HAIGHTON u. J. HANNEWIJK (1958), einer Kombination aus Verstärker und Schreiber zugeführt wird.

Der Heizstrom, zweckmäßig mit Hilfe von Konstant-Transformator und Drehwiderstand geregelt, wird so bemessen, daß während des Versuchs ein Temperaturanstieg von 1—2° C pro Minute stattfindet.

Zur Vermeidung unerwünschter Wärmeabstrahlung plaziert man den Messingblock am besten in einem Dewar-Gefäß.

Verfahren:

Zur Messung werden 2 g des zu untersuchenden Fettes in den Probebecher eingewogen. Zur Erzielung eines guten Kontaktes wird das Thermoelement in das geschmolzene Fett getaucht. In den Vergleichsbecher wird die gleiche Menge Dioctyladipat eingewogen und das zweite Thermoelement in gleicher Höhe angebracht.

Nun wird der Block in einer Aceton/Kohlensäure-Mischung auf —60° C abgekühlt, bei dieser Temperatur ca. 30 min belassen und dann an die Luft oder in ein abgekühltes Dewar-Gefäß (HAIGHTON u. HANNEWIJK) gebracht. Die Heizung wird so reguliert, daß ein Temperaturanstieg von 1—2° C pro Minute stattfindet.

Zu Beginn der Messung stellt man den Zeiger des Galvanometers auf die Mitte der Skala ein und liest dann von Grad zu Grad den Ausschlag des Meßinstrumentes ab oder reguliert das Schreibinstrument so ein, daß die Ausschläge in einem vernünftigen Maßstab registriert werden. Einer Temperaturdifferenz von 1° C entspricht im Bereich von —60 bis +60° C beim Kupfer-Konstantan-Thermoelement eine Thermospannung von 0,034—0,043 mV. Wenn man die Spannungsangaben in Temperaturgrade umrechnen will, muß man die Temperaturabhängigkeit der Thermospannung berücksichtigen.

Von großem Einfluß auf das Ergebnis ist, wie J. HANNEWIJK u. A. J. HAIGHTON (1958) ausführlich darlegten, die Vorbehandlung der Fettproben. Gut reproduzierbare DTA-Kurven erhält man nur dann, wenn die Fette vor der Analyse so vorsichtig abgekühlt werden, daß die Glyceride nur in der stabilen β-Modifikation vorliegen. Die Autoren empfehlen hierfür die „gleitende Stabilisierung", bei der die Temperatur des flüssigen Fettes unter standardisierten Bedingungen im Laufe von 2 Tagen allmählich auf —70° C erniedrigt wird. Kurven, die nach einer solchen Vorbereitung der Probe aufgenommen werden, eignen sich auch für die Identifizierung unbekannter Öle und Fette.

Auswertung der Ergebnisse; Anwendungsmöglichkeiten der Methode

Abb. 28 zeigt zwei charakteristische DTA-Kurven. Ähnlich wie bei der Bestimmung der Schmelzwärme und der Dilatation sind auch hier Schmelzbeginn und

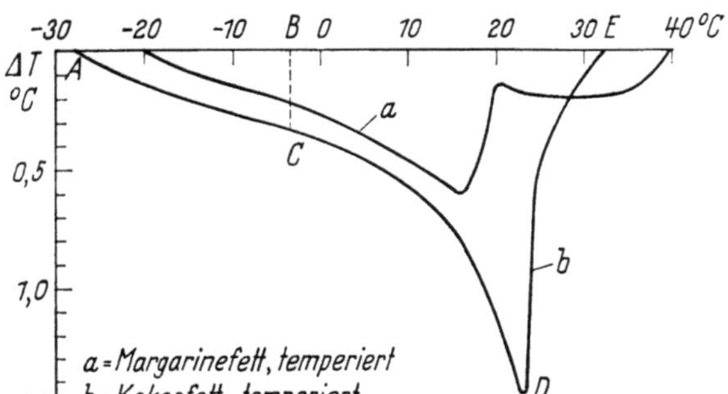

Abb. 28. DTA-Kurven nach HANNEWIJK u. HAIGHTON (1958)

Schmelzende viel genauer zu erfassen als mit den üblichen Methoden. Darüber hinaus bietet die Thermoanalyse die Möglichkeit, zumindest bei reinen Triglyceriden die Schmelzwärme zu berechnen, da diese der von der Differenzkurve und der X-Achse eingeschlossenen Fläche proportional ist. Auch das Verhältnis fest : flüssig läßt sich mit ähnlich angenäherter Genauigkeit wie bei den bereits besprochenen Methoden bestimmen. Beispielsweise ist dieser Prozentsatz beim Cocosfett für eine Temperatur von —3° C gleich dem Flächenverhältnis $\frac{\text{B C D E}}{\text{A E D A}} \cdot 100$.

Ein großer Vorzug der Methode liegt darin, daß man plastische Fette auch ohne Aufschmelzen untersuchen kann. Dadurch ist eine wirklichkeitsnahe Beurteilung des Fettes möglich.

Da die DTA alle Eigenschaften von Fetten registriert, die mit der Glyceridverteilung zusammenhängen, eröffnet sie dem Analytiker die Möglichkeit, auch zwischen solchen Ölen zu unterscheiden, die in ihren Kennzahlen sehr ähnlich sind, z. B. Olivenöl und Teesamenöl.

Analog zur Schmelzkurve kann man auch Abkühlungskurven aufnehmen, indem man die Proben zunächst erwärmt und dann abkühlen läßt. Ein sehr einfaches Verfahren, das sich generell zur Bestimmung dreifach gesättigter Triglyceride (G_3) eignet, beschreiben G. H. JACOBSON u. Mitarb. (1961).

Je 1 Reagensglas in den Abmessungen 15 × 125 mm wird 6 cm hoch mit dem zu untersuchenden Fett bzw. der Bezugsflüssigkeit gefüllt. Zwei in Differenzschaltung miteinander verbundene Thermoelemente werden in die Rohrmitte, 30 mm vom Boden entfernt, eingeführt. Die Rohre werden 10 min in siedendes Wasser getaucht und anschließend in Eiswasser gebracht. Die freien Enden der Thermoelemente werden mit einem Schreibinstrument verbunden, das die Abkühlungskurve aufnimmt. Sind G_3-Glyceride vorhanden, so erhält man nach 3-minutiger Abkühlung ein Maximum in der Abkühlungskurve, dessen Höhe der G_3-Konzentration proportional ist. Die erhaltenen Resultate stehen in guter Korrelation zu den mit Hilfe der Kristallisation aus Aceton (vgl. S. 678) erhaltenen Werten.

d) Sonstige Methoden

Einige weitere Methoden zur Ermittlung des Anteils fester Glyceride in Fetten seien nur kurz gestreift. N. N. HELLMAN u. Mitarb. versuchten 1955 plastische Fette mittels einer *Ultra-Zentrifuge* bei 59780 U/min, entsprechend 259700 g, in einen festen und flüssigen Anteil zu trennen. Eine gewisse Sedimentation war hierbei zu beobachten, jedoch konnten völlig ölfreie feste Glyceride nicht gewonnen werden. Etwas bessere Ergebnisse wurden erhalten, wenn dem plastischen Fett wäßriger Alkohol von solcher Konzentration zugesetzt wurde, daß seine Dichte zwischen der der flüssigen und der der festen Fettphase lag. Aber auch diese Variation führte zu keinem befriedigenden Resultat.

Tabelle 29. *Gehalt verschiedener Fette an festen Glyceriden bei 25° C* (nach H. F. ZOBEL u. Mitarb. 1955)

Produkt	% feste Anteile nach Methode	
	Farbverdünnung	Dilatometrie
Butter	11,4	11,6
Margarine	17,3	17,6
Schmalz	15,6	22,1
Shortening	15,9	18,5
Global Spread*	17,6	19,0

* enthielt 17,0% Monoglycerid.

Erfolgreicher waren H. F. ZOBEL u. Mitarb. (1955) mit der sog. *Farbverdünnungs-Methode.* Bei dieser Methode wird eine bekannte Menge eines öllöslichen

Farbstoffs (z. B. 1,4- bis -methyl-Aminoanthrachinon oder 1,4- bis -isopropyl-Aminoanthrachinon) zum plastischen Fett gegeben und kräftig durchgemischt, um eine gleichmäßige Verteilung der Farbe in der Ölphase zu erreichen. Dann wird das Fett in einer Ultra-Zentrifuge bei 25°C und 85000 g 15—60 min geschleudert. Im abgeschiedenen Öl wird die Konzentration des Farbstoffs gemessen und daraus der prozentuale Anteil der Ölphase berechnet. Die Übereinstimmung mit den auf dilatometrischem Wege erhaltenen Zahlen ist recht gut, wie Tab. 29 auf S. 478 veranschaulicht.

In den letzten Jahren schließlich erregte ein Verfahren zur Bestimmung der festen Glyceride durch Messung der *kernmagnetischen Resonanz (KMR)* Aufmerksamkeit. Vor den thermischen Methoden hat dieses Verfahren den Vorteil, daß die Fette, so wie sie sind, verwendet werden können, d. h. ohne eine Veränderung der Struktur durch Schmelzen und Kristallisation. Die Resultate sind unabhängig von der Vorgeschichte des Fettes, der Art und dem polymorphen Zustand. Einzelheiten und Ergebnisse dieser leider apparativ sehr aufwendigen Methode bei D. Chapman u. Mitarb. (1960) (vgl. auch S. 543).

W.D. Pohle u. R.L. Gregory (1967) arbeiteten genaue Arbeitsbedingungen zur Erzielung optimaler Resultate bei der Bestimmung des festen Glyceridanteils mit Hilfe der KMR aus. Die Eichung des Instruments (Model PA—7 Process Analyzer der Varian Associates, California USA) erfolgt mit flüssigen Ölen bei Temperaturen zwischen 0 und 60°C. Da nur flüssige Öle einen Ausschlag des KMR-Gerätes geben, völlig feste aber keinen und die Ausschläge von flüssig-festen Gemischen dem flüssigen Anteil derselben linear proportional sind, erhält man für jede Temperatur völlig lineare Eichkurven mit dem gemessenen Wert für das flüssige Öl und dem Wert 0 für ein festes Fett als Meßpunkte.

Um gut reproduzierbare Resultate zu erhalten, ist es notwendig, die Proben vor der Messung zu temperieren. Die Fette werden zunächst auf +70°C erwärmt, dann 10 min auf —60°C abgekühlt und schließlich 30 min bei der vorgesehenen Meßtemperatur, z. B. 10 oder 20°C, temperiert. Bei dieser Art der Vorbehandlung erhält man die gleichen Werte wie nach 16stündiger Temperierung. Die Reproduzierbarkeit der Methode beträgt ca. ± 1,0%, der 95% Vertrauensbereich für einen Einzelwert (Durchschnitt aus zwei Bestimmungen) ist ca. ± 2,0%.

Die Methode eignet sich besonders gut zur fortlaufenden Verfolgung des fest-flüssig Verhältnisses bei technischen Hydrierungen, Umesterungen, Winterisierungsprozessen usw.

6. Rauch-, Flamm- und Brennpunkt

Rauch-, Flamm- und Brennpunkt sind ein Maß für die thermische Stabilität von Ölen und Fetten.

Unter *Rauchpunkt* versteht man die Temperatur, bei der sich ein Fett unter Rauchbildung zersetzt, wenn es in Berührung mit der Atmosphäre erhitzt wird.

Der *Flammpunkt* ist die Temperatur, bei der sich die Zersetzungsprodukte des Öls in Berührung mit einer Flamme entzünden, das Öl jedoch nicht brennt.

Der *Brennpunkt* ist schließlich die Temperatur, bei der die thermischen Zersetzungsprodukte in so reicher Menge gebildet werden, daß nach erfolgter Zündung eine kontinuierliche Verbrennung stattfindet.

Diese Kennzahlen sind keine physikalischen Konstanten, da ihre Höhe von der verwendeten Apparatur und den Arbeitsbedingungen abhängig ist. Um reproduzierbare Ergebnisse zu erhalten, bedarf es daher einer genauen Einhaltung der Arbeitsvorschriften.

Die thermische Stabilität von Ölen ist bei solchen Anwendungsarten von Bedeutung, bei denen die Öle auf hohe Temperaturen erhitzt werden, beispielsweise beim „Schwimmend-Ausbacken“ und bei der Herstellung von Standölen, Lacken und ähnlichen Produkten. Zur quantitativen Erfassung des Gehaltes an flüchtigen Stoffen sind diese Methoden weniger gut geeignet.

Zur Bestimmung dieser Kennzahlen bedient man sich zahlreicher Apparate, die ursprünglich für die Untersuchung von Erdölprodukten konstruiert wurden und hierzu heute noch vielfach benutzt werden. Man unterscheidet beispielsweise folgende Flammpunkt-Prüfgeräte:

a) *Offene Geräte*, z. B. das Cleveland-Gerät nach ASTM D 92-56 und das in Deutschland meistens benutzte Gerät von Marcusson und dessen Abwandlungen, bei denen die Luft während des Erhitzens ungehindert Zutritt zu dem in einem Tiegel erhitzten Öl hat.

b) *Geschlossene Geräte*, z. B. nach Pensky u. Martens (ASTM D 93-52), bei denen das Öl in einem geschlossenen Tiegel erhitzt und dessen Deckel nur für die Zündprobe kurz gelüftet wird. Mit diesen Geräten erhält man niedrigere Flammpunkte als mit solchen der Gruppe a).

In der Speiseölindustrie werden zur Bestimmung der thermischen Stabilität vorzugsweise offene Prüfgeräte verwendet, beispielsweise nach AOCS-Methode Cc 9a-48, nach der britischen Methode B.S. 684 : 1958 und nach der DGF-Methode C–IV 8 (52). Für die Bestimmung des Flammpunktes wird in den beiden erstgenannten Methodensammlungen auch der Pensky-Martens-Apparat empfohlen, der indessen nur dann verläßliche Ergebnisse gibt, wenn der Flammpunkt durch die Gegenwart niedrigsiedender Kohlenwasserstoffe stark herabgesetzt ist.

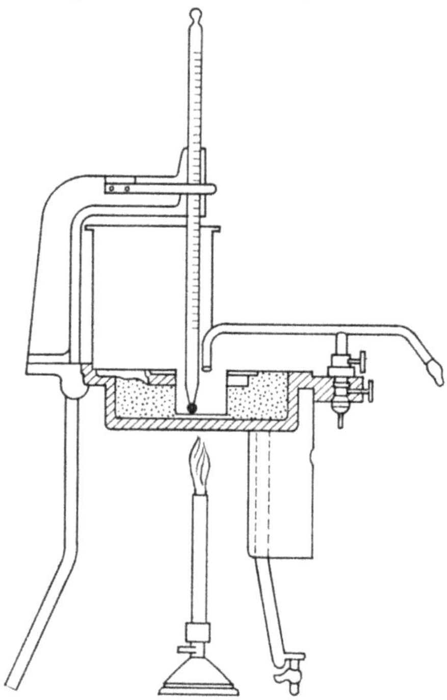

Abb. 29. Flammpunkt-Prüfgerät ähnlich DIN 51584 (vgl. S. 403)

Die nachstehende Beschreibung stützt sich hinsichtlich der Apparatur auf die DIN-Vorschrift 51584 zur Bestimmung des Flammpunktes von Schmierstoffen nach Marcusson und hinsichtlich der Arbeitsweise auf die zitierte AOCS-Methode.

Methode zur Bestimmung des Rauch-, Flamm- und Brennpunktes

Geräte:

Flammpunkt-Prüfgerät nach DIN 51584[1] entsprechend Abb. 29.

Zwei Thermometer, die folgenden Bedingungen genügen müssen. Die Skala muß den Bereich von 40—260°C bzw. 190—410°C umfassen. Das Quecksilbergefäß muß kugelförmig sein und 9 mm ± 0,5 mm ⌀ haben. Das zylindrische Thermometerrohr muß einen Durchmesser von 10 mm ± 0,5 mm besitzen. Die Skalenplatte beginnt bei 30 mm ± 5 mm vom unteren Ende der Kugel an gerechnet. Beide Thermometerrohre sind in ganze Grade geteilt. Die Teilung beginnt bei 80 mm ± 5 mm. Sie endet bei 256 mm ± 5 mm und ist so bemessen, daß die Entfernung von Grad zu Grad 0,8 mm ± 0,05 mm beträgt. Die Thermometer sollen bei einer Eintauchtiefe von 30 mm justiert werden. Vgl. hierzu das genannte DIN-Blatt.

Heizvorrichtung: Einflammiger Bunsenbrenner oder regelbare elektrische Heizvorrichtung.

Verfahren:

a) Rauchpunkt. Man füllt den Tiegel bis zur unteren Marke mit dem zu untersuchenden Öl, drückt ihn in das Sandbad, setzt das Thermometer nach Vorschrift ein und beleuchtet die Oberfläche des Öls mit einem scharf fokussierten Lichtstrahl, z. B. aus einer Mikroskopierlam-

[1] Hersteller: Fa. Sommer und Runge KG, 1 Berlin-Friedenau.

pe. Man erhitzt die Probe zunächst rasch bis ca. 42°C unterhalb des zu erwartenden Rauchpunktes. Danach reguliert man den Temperaturanstieg auf 5—6°C/min. Der Rauchpunkt ist die Temperatur, bei welcher ein dünner kontinuierlicher Strom blauen Rauchs von der Probe abgegeben wird.

b) Flammpunkt. Die Bestimmung soll in einem zugfreien abgedunkelten Raum erfolgen. Man vermeide es, auf die Öloberfläche zu atmen. Die Probe wird zunächst mit einem Temperaturanstieg von höchstens 17°C/min bis 55°C unterhalb des zu erwartenden Flammpunktes erhitzt. Danach reguliert man den Brenner auf einen Temperaturanstieg von 5—6°C/min. Nach jedem Temperaturanstieg um 3°C führt man die 10 mm lange Zündflamme in der Ebene des Tiegelrandes innerhalb 1 sec über das Öl hin und zurück, ohne hierbei aber am Tiegelrand zu verweilen. Der Flammpunkt ist diejenige Temperatur, bei der eine Flamme an irgendeiner Stelle der Oberfläche der Probe aufleuchtet.

c) Brennpunkt. Man erhitzt die Ölprobe nach der Bestimmung des Flammpunktes wie beschrieben weiter, bis der Brennpunkt erreicht ist. Darunter ist die Temperatur zu verstehen, bei der die Öldämpfe nach Annäherung der Zündflamme mindestens 5 sec brennen.

Reproduzierbarkeit der Bestimmung; Auswertung

Nach Versuchen von E. RIMPL (1963) im Laboratorium des Verfassers wurde bei Bestimmung dieser Kennzahlen an raffiniertem Erdnußöl folgende Reproduzierbarkeit in Parallelbestimmungen erzielt.

Kennzahl	Anzahl Bestimmungen	Mittel	Standardabweichung ±
Rauchpunkt . . .	5	207,4	1,95
Flammpunkt . . .	5	314,6	1,52
Brennpunkt	5	341,6	1,84

Eine Übersicht über die thermischen Kennzahlen einiger vollraffinierter Öle gibt Tab. 30.

Tabelle 30. *Rauch-, Flamm- und Brennpunkt raffinierter Speiseöle und -fette*

Ölsorte	% ffa	Rauchpunkt °C	Flammpunkt °C	Brennpunkt °C	Autor
Rüböl	0,08	218	317	344	1
Erdnußöl	0,09	207	315	342	1
Erdnußöl	0,11	198	333	363	2
Kottonöl	0,04	223	322	342	1
Kottonöl	0,18	185	318	357	2
Sojaöl	0,04	213	317	342	1
Sojaöl	—	242	330	360	3
Sonnenblumenöl.	0,1	209	316	341	1
Cocosöl	0,2	194	288	329	1
Palmöl.	0,06	223	314	341	1
Geh. Erdnußöl 32/34	0,04	226	314	340	1
Geh. Sojaöl 42/44	0,04	223	318	342	1

Autor 1: E. RIMPL (1963).
Autor 2: D.A. MORGAN (1942).
Autor 3: S.B. DETWILER jr. u. K.S. MARKLEY (1940).

S. B. DETWILER jr., u. K. S. MARKLEY (1940) beobachteten, daß die thermische Stabilität roher vegetabilischer Öle geringer als die von raffinierten ist. D. A. MORGAN (1942) konnte zeigen, daß die thermischen Kennzahlen um so niedrigere Werte besitzen, je höher der ffa-Gehalt der untersuchten Öle ist. A. E. BAILEY (1951) konstruierte aufgrund dieser und eigener Resultate ein Diagramm, das diese Abhängigkeit verdeutlicht (vgl. Abb. 30; die ursprüngliche Fahrenheit-Skala wurde vom Verfasser in Celsius-Grade umgerechnet).

M. E. ZABIK (1962) gab für die Korrelation zwischen dem Fettsäuregehalt und dem Rauchpunkt plastischer Shortenings folgende Gleichung an:

$$y = 0{,}0445 - 0{,}00174 \cdot x \pm 0{,}018$$

y = % freie Fettsäuren
x = Rauchpunkt in °C.

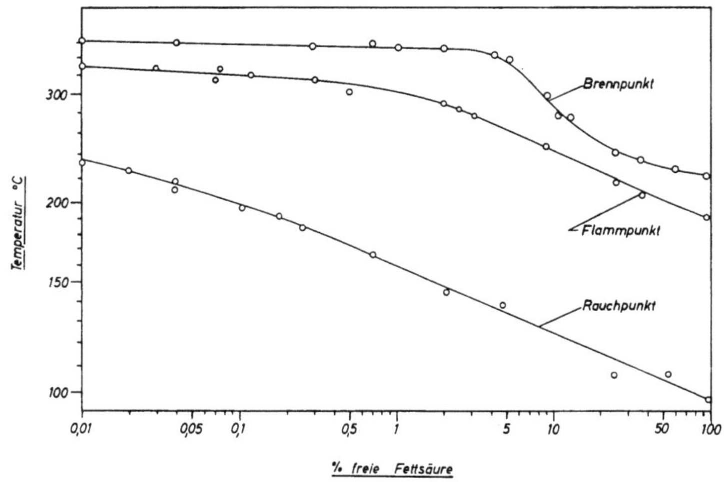

Abb. 30. Rauch-, Flamm- und Brennpunkt verschiedener roher und raffinierter Öle nach BAILEY (1951)

Auch Mono- und Diglyceride, wie sie in gewissen Backfetten vorhanden sind, erniedrigen die thermische Stabilität. Mit Monoglyceriden angereicherte Fette sind daher zum Schwimmend-Ausbacken nicht geeignet.

7. Viscosität

Unter Viscosität (Zähigkeit) versteht man die Eigenschaft einer Flüssigkeit, der gegenseitigen Verschiebung zweier benachbarter Schichten einen Widerstand entgegenzusetzen. Bei laminarer Strömung ist der Fließwiderstand η eines Stoffes nach NEWTON durch den Quotienten aus Schubspannung τ und Schergeschwindigkeit, auch Geschwindigkeitsgradient genannt, dv/dn gegeben:

$$\eta = \frac{-\tau}{dv/dn}$$

v ist die Fließgeschwindigkeit einer Schicht n, deren Ordinate senkrecht zur Richtung der Fließgeschwindigkeit steht.

Flüssigkeiten mit konstantem Fließwiderstand werden als Newton'sche oder normalviscose Flüssigkeiten bezeichnet. Hierzu gehören Öle und geschmolzene Fette.

Flüssigkeiten, deren Fließwiderstand von der Schubspannung abhängt, heißen Nicht-Newton'sche Flüssigkeiten. Beispiele für diese Gruppe sind feste Speise- und Backfette, Butter und Margarine, überhaupt alle im gewöhnlichen Sprachgebrauch als „fest" bezeichneten Fette und Fettprodukte, deren Struktur durch ein Gerüst von Fettkristallen oder andere stabilisierende Elemente gekennzeichnet ist.

Als absolutes Maß für die Viscosität dient die Kraft, welche eine Flüssigkeitsschicht von 1 cm² Oberfläche über eine gleich große 1 cm entfernte Schicht mit der Geschwindigkeit von 1 cm/sec verschieben kann.

Dies ist die *dynamische Viscosität* η mit der Dimension $cm^{-1} \cdot g \cdot sec^{-1}$, deren Einheit nach dem französischem Forscher POISEUILLE mit 1 Poise = 1 P bezeichnet wird. Vielfach rechnet man mit der Untereinheit Centipoise (cP) = 0,01 P (vgl. DIN 51550). Der reziproke Wert $\frac{1}{\eta}$ heißt *Fluidität.*

Der Quotient dynamische Viscosität : Dichte = ν wird *kinematische Viscosität* genannt. Gebräuchliche Einheiten sind Stokes (St) bzw. Centistokes (cSt) = 0,01 St.

In der Technik, besonders in der Erdölindustrie, rechnet man häufig mit konventionellen Maßen, wie Engler-Graden, Saybolt-, Redwood-Sekunden usw., die von der benutzten Apparatur abgeleitet sind. Da sie völlig empirischen Charakter haben, sollten sie nur für betriebliche Vergleichszwecke, nicht aber zur physikalischen Charakterisierung von Stoffen verwendet werden.

Einen guten Überblick über die Viscosimetrie der Öle, insbesondere Mineralöle, geben die Werke von D. HOLDE (1933) und L. UBBELOHDE (1965). Neue Anschauungen und Meßgeräte sind in den Veröffentlichungen von S. PETER (1960), E. HELMES (1961) und J. R. Van WAZER u. Mitarb. (1963) beschrieben. Dort finden sich auch zahlreiche Hinweise auf Buchliteratur.

Die Viscosität nimmt bei allen Flüssigkeiten mit steigender Temperatur je nach Art der Flüssigkeit mehr oder weniger stark ab. Zur Berechnung der Viscosität von Speiseölen über einen größeren Temperaturbereich kann man nach den Untersuchungen von H. P. KAUFMANN u. S. FUNKE (1938) die von C. WALTHER (1931) ursprünglich für Mineralöle aufgestellte empirische Formel:

$$\log \log (\nu + 0{,}8) = m \cdot (\log T_1 - \log T) + \log \log (\nu_1 + 0{,}8)$$

verwenden, die im Gebiet von 20—80°C recht gute Übereinstimmung mit den Ergebnissen der Messung zeigt. Bequemer als durch Rechnung findet man die gewünschte Viscosität mit Hilfe des von UBBELOHDE entworfenen Viscositäts-Temperatur-Blatts (vgl. UBBELOHDE 1965) oder der käuflichen Viscositäts-Temperatur-Diagrammpapiere, z. B. nach ASTM D 341–43. Vielfach kann man Viscositäts-Temperatur-Kurven in ausreichendem Maße strecken, wenn man ein Papier benutzt, dessen Ordinate logarithmisch und dessen Abszisse linear geteilt ist.

Wegen der starken Temperaturabhängigkeit der Viscosität muß die Temperatur bei exakter Messung auf mindestens 0,1°C konstant gehalten werden.

a) Geräte zur Messung der Viscosität

Die heute in den Industrie-Laboratorien üblichen Viscosimeter lassen sich wie folgt einteilen:

Auslaufviscosimeter

Bei diesen Geräten (z. B. nach ENGLER, SAYBOLT, REDWOOD) wird die Zeit gemessen, die zum Auslaufen einer bestimmten Flüssigkeitsmenge aus einem Gefäß mit genau vorgeschriebenen Abmessungen und genormter Auslauföffnung bei definierter Temperatur erforderlich ist.

Die Meßergebnisse können in CGS-Einheiten umgerechnet werden. Tabellen bei D. HOLDE (1933), J. D'ANS, E. LAX (1967), u. a. sowie in DIN 51560.

Capillarviscosimeter

Hier wird die Zeit gemessen, die zum Durchfluß einer genau definierten Flüssigkeitsmenge bei konstanter Temperatut durch eine Capillare erforderlich ist. In diese Gruppe gehören die Geräte von OSTWALD, UBBELOHDE und das in der Mineralölindustrie wegen seiner Handlichkeit viel benutzte Viscosimeter nach VOGEL-OSSAG.

Kugelfallviscosimeter

Bestimmung der Fallzeit einer Kugel in einer Flüssigkeit zwischen zwei Marken (HÖPPLER).

Rotationsviskosimeter

Bestimmung des Drehmoments, das von einem sich drehenden Körper durch die zu untersuchende Flüssigkeit auf einen ruhenden übertragen wird (Prinzip von COUETTE). Bekannt sind die Konstruktionen von McMICHAEL, FERRANTI, BROOKFIELD, EPPRECHT (J. KLEINERT 1954) und Gebr. HAAKE, Berlin.

Blasenviscosimeter

In diesen Geräten (z. B. nach GARDNER-HOLDT, AOCS Tq 1a–64) wird die Steigzeit einer Luftblase in einem mit der zu untersuchenden Flüssigkeit gefüllten Glasrohr gemessen. Die wichtigsten Einzelheiten über Konstruktion und Anwendungsbereich bei D. HOLDE (1933), S. PETER (1960) und E. HELMES (1961).

Die Gerätekonstanten aller Viscosimeter werden mit Hilfe von Normalflüssigkeiten bestimmt, deren Viscosität von der des Wassers abgeleitet wird.

Reines Wasser hat nach DIN 51550 bei 20°C die dynamische Viscosität $\eta = 1{,}002$ cP sowie die kinetische Viscosität $\nu = 1{,}0038$ cSt.

Für die Untersuchung von Speiseölen und Fetten bedient man sich in erster Linie des Capillarviscosimeters nach UBBELOHDE und des Kugelfallviscosimeters nach HÖPPLER. Für die Untersuchung fetthaltiger Emulsionen eignen sich die Rotationsviscosimeter, z. B. das Rotovisko der Firma Gebr. HAAKE, Berlin (vgl. W. HEINZ 1956).

b) Bestimmung der Viscosität mit dem Capillarviscosimeter nach L. UBBELOHDE

Das Capillarviscosimeter nach UBBELOHDE ist eine Weiterentwicklung des Viscosimeters von OSTWALD und hat vor diesem den Vorzug, daß der Einfluß der Oberflächenspannung auf das Meßergebnis durch den freien Ablauf der Flüssigkeit am unteren Ende der Capillare eliminiert wird. Die Viscositätsmessung durch Bestimmung der Durchflußzeit des Substrats durch eine Capillare beruht auf dem Gesetz von HAGEN-POISEUILLE:

$$\frac{V}{t} = \frac{\pi \cdot r^4 \cdot \Delta P}{8\eta \cdot L}$$

V = das in der Zeit t durch die Capillare hindurchfließende Volumen
r = Radius der Capillare
L = Länge der Capillare
ΔP = Druckdifferenz zwischen den Enden der Capillare.

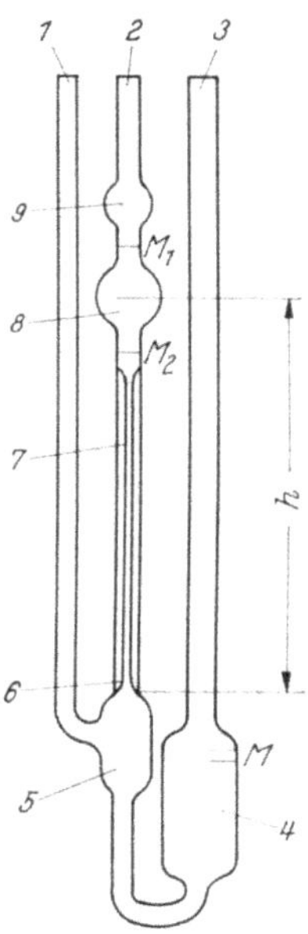

Abb. 31. Ubbelohde-Viscosimeter nach DIN 51562 (vgl. S. 403)

Das Gesetz gilt nur für die laminare Strömung in Newton'schen Flüssigkeiten. Für Capillarviscosimeter, die gewöhnlich mit verschiedenen Capillardurchmessern hergestellt werden, bedeutet dieses, daß eine gewisse Durchlaufzeit nicht unterschritten werden darf.

Die Messung der Viscosität mit dem Ubbelohde-Viscosimeter ist in der DIN-Vorschrift 51562 genormt und wird hier auszugsweise wiedergegeben.

Geräte:

Ubbelohde-Viscosimeter mit hängendem Kugelniveau nach Abb. 31[1]. Es besteht im wesentlichen aus den drei Rohrteilen 1, 2 und 3, dem Vorratsgefäß 4, der Capillare 7 mit dem Meßgefäß 8, der Vorlaufkugel 9 und dem Niveaugefäß 5. Vor und hinter dem Gefäß 8 sind auf dem Rohr 2 die Ringmarken M_1 und M_2 eingeätzt. Durch diese Marken sind sowohl das Meßvolumen der Prüfflüssigkeit als auch die mittlere Druckhöhe festgelegt. Die Capillare endet in dem als Kugelkalotte ausgebildeten oberen Teil des Niveaugefäßes 5. Über die Kugelkalotte 6 läuft die Versuchsflüssigkeit aus der Capillare in Form eines dünnen Films ab.

Zur Überdeckung des Meßbereiches von 1—2000 cSt. benötigt man 4 Geräte mit Capillaren von 0,6—3,5 mm ⌀.
Thermometer in $^1/_{10}$°C geteilt
Stoppuhr bis auf 0,1 sec ablesbar
Thermostat mit einer Regelgenauigkeit von ± 0,05°C.

[1] Hersteller: z. B. Schott & Gen., 65 Mainz.

Verfahren:

Von der gereinigten Prüfflüssigkeit werden ca. 12 ml durch das weite Rohr 3 in das Vorratsgefäß 4 gefüllt, bis die Oberfläche der Flüssigkeit zwischen den Marken bei M liegt. Nach dem Temperieren der Flüssigkeit wird 1 mit dem Finger verschlossen und an 2 mit der Wasserstrahlpumpe gesaugt, bis sich die Flüssigkeit in 9 befindet. Dann wird das Saugen unterbrochen, 1 freigegeben und die Zeit t gemessen, in welcher der Meniskus der Flüssigkeit von M_1 nach M_2 absinkt.

Berechnung:

$$Vk = \nu = k \cdot t \text{ (in Centistokes)}$$

k = Apparatekonstante

Zur Frage der Fehlerquellen und Korrekturen vgl. DIN 53012.

Prüffehler nach DIN 51849:

Wiederhol-Streubereich: ± 0,5%

Vergleich-Streubereich: ± 0,8%.

c) Bestimmung der Viscosität mit dem Kugelfallviscosimeter nach F. HÖPPLER

Mit diesem Gerät erhält man die Viscositätsangaben direkt in Centipoise.

Für den Zusammenhang zwischen der Viscosität η und der Fallgeschwindigkeit v im geneigten Fallrohr gilt nach F. HÖPPLER (1933) die Gleichung

$$\eta = k \cdot t\,(\rho_1 - \rho_2)$$

ρ_1 = Dichte der Kugel
ρ_2 = Dichte der Versuchsflüssigkeit in g/ml
t = Kugelfallzeit in Sekunden
k = Apparatekonstante.

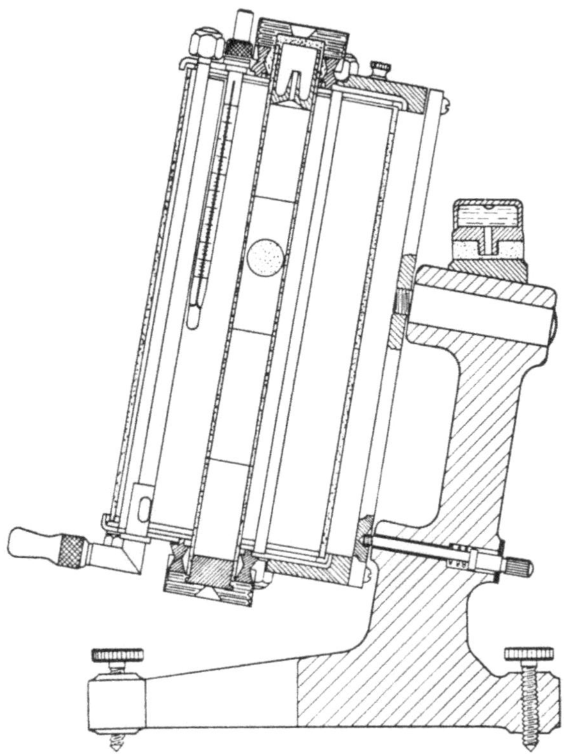

Abb. 32. Kugelfallviscosimeter nach HÖPPLER (vgl. auch DIN 53015)

Die Abmessungen der wesentlichen Teile dieses Geräts und die Arbeitsweise sind durch DIN 53015 genormt. Die DGF-Vorschrift C-IV 7 (52) empfiehlt diese Methode zur Messung der Viscosität von Ölen und flüssigen Fetten.

Geräte:

Kugelfallviscosimeter nach Abb. 32[1].

Das Gerät besteht aus einem Fallrohr, das ein thermisch gealtertes, kalibriertes Glasrohr von 15,94 mm i. D. sein soll, welches in einen thermostatisch regelbaren Wassermantel eingebaut ist, und aus 6 Kugeln von 15,81—11,0 mm ∅ für einen Meßbereich von 0,5—80000 cP.
Thermometer in $^1/_{10}$ °C eingeteilt
Stoppuhr 0,2 sec Meßgenauigkeit
Thermostat auf ± 0,1 °C regulierbar.

Verfahren:

Die zu prüfende Flüssigkeit wird zusammen mit einer passenden Kugel blasenfrei in das Meßrohr gefüllt. Dann wird das Rohr mit der Verschlußcapillare verschlossen und die Flüssigkeit mindestens 15 min lang auf der Meßtemperatur gehalten. Man mischt darauf den Rohrinhalt einmal mit der Kugel durch, indem man das Meßrohr um 180° schwenkt und mißt anschließend die Zeit, die die Kugel benötigt, um die durch zwei Ringmarken begrenzte Fallzone zu durchlaufen.

Berechnung:

Diese erfolgt nach der Formel von HÖPPLER, S. 485

$$\eta = k \cdot (\rho_1 - \rho_2) \cdot t$$

Die Werte von k und ρ_1 werden von der Lieferfirma für jede Kugel der Gebrauchsanweisung beigelegt.

Prüffehler nach DIN 51849:

Wiederhol-Streubereich: ± 0,5 bis ± 1,5%
Vergleich-Streubereich: ± 1 bis ± 3%.
Bei Verwendung der Präzisionsausführung dieses Geräts und Einhaltung einer Temperaturkonstanz von 0,002 °C läßt sich die Genauigkeit der Messung bis auf 0,1% steigern.

d) Viscosimetrische Messungen an Fettsäuren, Fettsäurealkylestern und Ölen

Nur wenige Veröffentlichungen betreffen Viscositätsmessungen an Fetten und verwandten Lipoiden. Eine Übersicht über den Einfluß der charakteristischen Gruppen auf die Viscosität von Fettsäuren und ihrer Alkylester geben H. M. TEETER u. J. C. COWAN (1956), während H. A. BOEKENOOGEN (1935) und H. P. KAUFMANN u. S. FUNKE (1938) über die Viscosität von Ölen und Fetten berichten.

A. T. GROS u. R. O. FEUGE (1952) messen die Viscosität der gesättigten Fettsäuren sowie ihrer Methyl- und Äthylester in Abhängigkeit von der Kohlenstoffatom-Zahl der Fettsäuren (vgl. Tab. 31).

Tabelle 31. *Viscosität der Fettsäuren und ihrer Methyl- und Äthylester* (nach A. T. GROS u. R. O. FEUGE 1952)

C-Atomzahl der Fettsäure	Viscosität in cP Fettsäure	Viscosität in cP Methylester	Viscosität in cP Äthylester
2	0,622	—	0,269
4	0,728	0,328	0,363
6	1,279	0,407	0,537
8	1,855	—	0,716
10	2,563	0,985	0,999
12	3,836	1,131	1,230
14	5,060	1,528	1,643
16	7,082	—	2,003
18	9,040	2,360	2,590

[1] Hersteller: Gebr. Haake KG, 1 Berlin 46; Colora Meßtechnik GmbH., 7073 Lorch/Württ.

Die Viscositäten der Ester benachbarter Fettsäuren liegen nahe beieinander; die Viscosität der freien Fettsäuren ist wesentlich höher als die der Ester, was auf die Neigung der Carboxylgruppen zur Assoziation unter Bildung von Dimeren zurückzuführen ist. T.H. GOUW u. Mitarb. (1966) konnten zeigen, daß die Temperaturabhängigkeit der dynamischen Viscosität η der gesättigten Fettsäuremethylester von der Essigsäure bis zur Nonadekansäure im Temperaturbereich von +20 bis +70 °C der Formel gehorcht:

$$\log(1{,}200 + \log \eta) = A - 0{,}95\,(1 + t/135)$$

worin A eine Konstante und t die Temperatur in °C ist.

Wie schon H.P. KAUFMANN u. S. FUNKE (1938) zum Ausdruck brachten, nimmt die Viscosität bei konstanter C-Atomzahl mit der Zunahme der isolierten Doppelbindungen ab. Hierzu Beispiele nach W. TREIBS (1942) in Tab. 32.

Tabelle 32. *Viscosität ungesättigter Fettsäuren* (nach W. TREIBS 1942)

Fettsäure	η*
Linolensäure	5,0
Linolsäure	6,9
Ölsäure	10,2
Ricinolsäure	13,5
Iso-eläostearinsäure	15,8
Eläostearinsäure	20,8

* $H_2O = 1$

Diese Tabelle zeigt auch den Einfluß von Hydroxylgruppen und konjugierten Doppelbindungen auf die Höhe der Viscosität. Auch die Einführung von Keto- und Peroxidgruppen, wie sie beispielsweise bei der Oxydation von Fetten stattfindet, sowie die Polymerisation führen zu einer Viscositätserhöhung.

Die Viscosität natürlicher Öle ist im wesentlichen von der Kettenlänge der Fettsäuren abhängig. Tab. 33 gibt eine Übersicht über die Viscositätsdaten der wichtigsten Öle und Fette.

Tabelle 33. *Viscosität einiger Öle und Fette*

Ölsorte	Viscosität in cP 20° C	50° C	Autor
Rizinusöl	950,0	123,0	1
Rüböl	90,9	28,0	1
Palmöl	—	25,3	1
Kottonöl	82,6	25,3	1
Erdnußöl	74,7	23,4	1
Sonnenblumenöl	63,7	21,5	1
Sojaöl	60,7	20,5	1
Leinöl	47,7	17,5	1
Palmkernöl	—	17,4—18,0	2
Cocosöl	—	16,8—17,3	2

Autor 1: H.A. BOEKENOOGEN (1935).
Autor 2: H.P. KAUFMANN u. S. FUNKE (1938).

8. Konsistenz und Plastizität

Das mechanische Verhalten fester Fette und Fettprodukte wird am umfassendsten durch die Begriffe Konsistenz, Plastizität, Elastizität und Härte beschrieben. Die wichtigsten von diesen sind Konsistenz und Plastizität. Unter *Konsistenz* versteht man nach einer Definition der American Society for Testing and Materials „die Eigenschaft eines Körpers, die ihn befähigt, einer Formveränderung Widerstand zu leisten" und unter *Plastizität* „die Eigenschaft eines Körpers, die ihn befähigt, eine Formveränderung auch dann beizubehalten, wenn die Kraft, die sie herbeiführte, aufhört" (nach V.C. MEHLENBACHER 1960).

Nach A.E. BAILEY (1950) werden die Eigenschaften plastischer Fette, wie Butter, Margarine und Backfette (Shortenings), durch die Größe und die Zahl der festen Fettkristalle, die Festigkeit des Kristallgerüstes, die relativen Anteile an festen und flüssigen Bestandteilen und die Viscosität des flüssigen Fettanteils bestimmt.

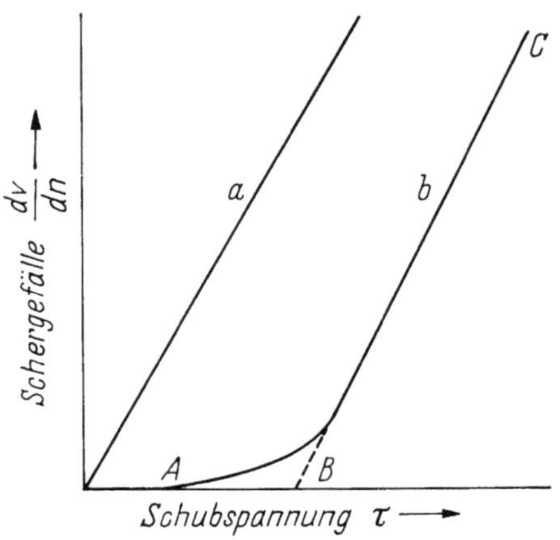

Abb. 33. Viscositätskurven; a = Newton'sche Flüssigkeit; b = plastischer Körper

Plastische Fette sind Nicht-Newton'sche Flüssigkeiten, wie Abb. 33 erläutert.

Das Rheogramm eines idealen plastischen Körpers wird durch den Kurvenzug B-C dargestellt. Bei geringer Schubspannung erleidet er überhaupt keine Formveränderung. Sobald jene aber in B die Fließgrenze, englisch yield value, einen gewissen Grenzwert erreicht hat, verhält sich der plastische Körper bei weiterer Erhöhung der Schubspannung wie eine Newton'sche Flüssigkeit. Reale plastische Körper, wie Fette und Fettprodukte, zeigen ein etwas anderes Verhalten, das dem Kurvenzug A-C entspricht. Bevor der Zustand der reinviscosen Flüssigkeit erzielt wird, wird das Ausmaß der Formveränderung nicht so sehr durch die innere Reibung der Fette wie durch die Reibung zwischen Fett und Ausflußöffnung bestimmt.

Zur reproduzierbaren Kennzeichnung des plastischen Verhaltens von Fetten bedarf es der Aufstellung eines Rheogramms, ähnlich der Abb. 33. In der Praxis begnügt man sich meistens mit der Messung der Verformung, die ein plastisches Fett bei der Einwirkung einer definierten Kraft erleidet, oder mit der Bestimmung der Kraft, die zur Erzielung einer definierten Verformung erforderlich ist.

Zur ersten Gruppe gehören Konsistenzmessungen mit dem *Penetrometer*, das von der Erdölindustrie schon seit langem zum gleichen Zweck verwendet wird (A.D. RICH 1942). In die Oberfläche des zu untersuchenden Fetts läßt man einen Metallkonus von definierten Abmessungen und definiertem Gewicht genau 5 sec eindringen und bestimmt die Eindringtiefe in $^1/_{10}$ mm, die als *Penetration* bezeichnet wird. Die verwendeten Geräte beruhen auf dem von RICHARDSON angegebenen Prinzip. Bei weichen Fetten benutzt man z. B. Konuspenetrometer nach ASTM D 217–52 T bzw. DIN 51804, bei Hartfetten oder Wachsen das Nadelpenetrometer nach ASTM D 1321–55 T. Sehr genaue Ausführungen dieser Geräte arbeiten mit elektrischer Ein- und Abschaltung der wirkenden Kraft auf 0,2 sec genau (E. SCHILTKNECHT 1949). Die Verwendung eines Penetrometers zur Konsistenzmessung von Fetten wird in der DGF-Vorschrift C–IV 10 (53) und der AOCS Tentative Method Cc 16–60 empfohlen. Hierhin gehören auch die Vorschläge, die Eindrucktiefe einer fallenden Kugel (T. LEXOW 1940) oder die Eindringtiefe einer auf das Fett mit konstanter Kraft einwirkenden Kugel (R.O. FEUGE u. W.A. GUICE 1959; N.V. LOVEGREN u. Mitarb. 1958) als Maß für die Konsistenz anzusehen.

Zahlreicher sind die Geräte der zweiten Gruppe. Hierzu gehört z. B. das Haake-Konsistometer (W. HEINZ 1956), bei dem die Kraft gemessen wird, die erforderlich ist, die zu untersuchende Substanz durch eine Capillaröffnung zu treiben, ferner das Konsistometer von C.I. KRUISHEER u. P.C. DEN HERDER (1938) sowie das Gerät von L. CLARDY u. Mitarb. (1952), Instrumente, die besonders zur Messung der Konsistenz von in Gebinden befindlichen Fetten geeignet sind. Auch der Brabender-Plastograph, der die Scherkraft beim Durchkneten einer Fettprobe zu messen gestattet, ist für die Messung des Verformungswiderstands geeignet (M.E. SCHULZ u. G. SYDOW 1957). Schließlich ist auch das von W. MOHR u. Mitarb. (1951) entwickelte Gerät zur Bestimmung der Schnittfestigkeit von Butter und Margarine hierzu zu rechnen, bei dem die Kraft gemessen wird, die erforderlich ist, einen Draht von 0,3 mm ⌀ mit einer Geschwindigkeit von 0,01 cm/sec durch einen Butterwürfel von 2,5 cm Kantenlänge zu treiben.

Von diesen Geräten sollen die vielseitig verwendbaren, nämlich das Haake-Konsistometer und das Richardson-Penetrometer, näher beschrieben werden.

a) Messung der Konsistenz mit dem Haake-Konsistometer

Gerät:

Dieses Instrument[1], das im Schnitt in Abb. 34 wiedergegeben ist, ist ein Vielzweckmeßgerät zur Messung verschiedener Stoffeigenschaften, insbesondere der Viscosität, Strukturviscosität, Plastizität, Fließgrenze, Elastizität, Viscoelastizität u. a.

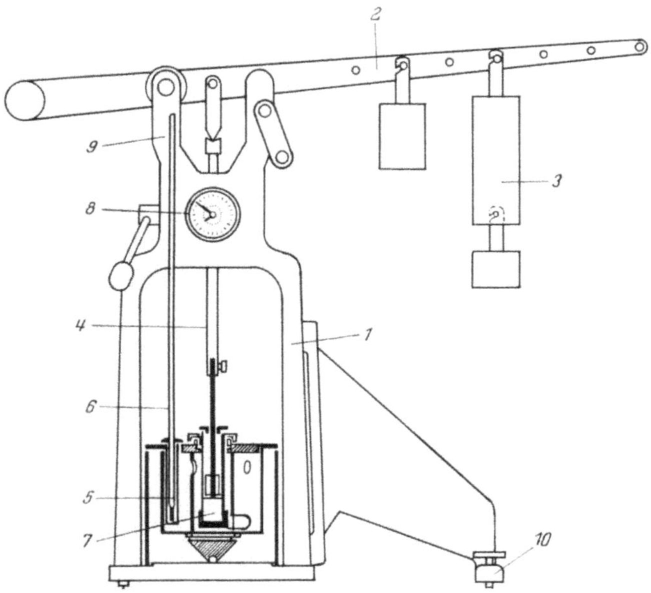

Abb. 34. Haake-Konsistometer

Es besteht aus dem Gußständer 1, dem Hebelarm 2, den Gewichten 3, der Schubstange 4, dem Temperiergefäß 5, dem Kontrollthermometer 6, den austauschbaren Meßeinrichtungen 7, der Meßuhr 8, dem Ständerkopf 9 und den Nivellierschrauben 10. Der Arbeitsbereich des Gerätes liegt zwischen —60 und +350°C. Zur Temperierung der Probe verwendet man einen passenden Thermostaten. Das Gerät besitzt eine große Variationsbreite der Meßbereiche:

Meßbereich für die Viscosität	10^4 bis 10^{13} [cP]
Meßbereich für die Schubspannung .	$1{,}4 \cdot 10^3$ bis $7{,}5 \cdot 10^6$ [dyn · cm^{-2}]
Meßbereich für das Schergefälle . . .	$5 \cdot 10^{-4}$ bis 40 [sec^{-1}]
Meßstrecke	30 mm
Belastungsbereich	0,250 bis 300 [Kp]
Genauigkeit	ca. 10%
Reproduzierbarkeit	ca. ± 3%

[1] Hersteller: Gebrüder Haake KG, 1 Berlin 46, Siemensstr. 27 und 75 Karlsruhe.

Verfahren:

Die zu untersuchende Substanz wird in den Meßzylinder gegeben und bei der gewünschten Temperatur temperiert (bei Fetten 24 Std und mehr, vgl. S. 451). Man setzt den Meßkörper auf, belastet, löst die Arretierung der Meßuhr und mißt die Zeit, in der die vorgegebene Wegstrecke zurückgelegt wird. Weitere Angaben sind der Gebrauchsanweisung des Herstellers zu entnehmen.

b) Messung der Konsistenz mit dem Penetrometer

Unter Penetration versteht man die Eindringtiefe in $^1/_{10}$ mm eines unter konstanter Belastung stehenden Prüfkegels oder einer Prüfnadel in die zu untersuchende plastische Probe während einer genau definierten Eindringzeit (Beschreibung von Geräten und Verfahren in: ASTM D 217–52 T, D 937–49 T, D 1321–55 T sowie DIN 51804 und DIN-Entwurf 51579). Man unterscheidet die *Ruhpenetration*, d. h. die Penetration einer in der Struktur unveränderten Fettprobe, und die *Walkpenetration* (englisch: worked penetration), d. h. die infolge der Zerstörung des Strukturgerüstes nach dem Durchkneten der Probe in einem Fettkneter verminderte Penetration (vgl. DIN 51804).

Geräte:

Ein modernes Penetrometer mit elektrischer Auslösung und Arretierung des Prüfkörpers[1] ist in Abb. 35 wiedergegeben.

Abb. 35. Penetrometer

Es besteht aus einer Grundplatte, einem Meßbecher, der mit dem zu untersuchenden Fett gefüllt wird und der gegebenenfalls mit Hilfe eines Temperierbades auf konstante Temperatur gehalten werden kann, einem Fallstab, der den Eindringkonus hält, einer Meßskala und einer Schaltuhr mit elektrischer Auslöse- und Arretiervorrichtung. Das Gewicht des Prüfkegels soll nach den genannten Normen 102,5 ± 0,05 g und das der Kegelführungsstange 47,5 ± 0,05 g betragen.

Verfahren:

Zur Bestimmung der *Ruhpenetration* wird die Oberfläche der zu untersuchenden Probe mit einem Spatel unter einem Streichwinkel von 45° glatt gestrichen. Dann legt man die Probe

[1] Hersteller: Sommer & Runge KG, 1 Berlin-Friedenau.

auf den Penetrometertisch und senkt den Prüfkegel langsam, bis die Spitze die Fettoberfläche gerade berührt. Die Einstellung wird erleichert, wenn die Kegelspitze schräg von oben mit einer Mikroskopierlampe beleuchtet und mit der Spitze des Schattenbildes in Berührung gebracht wird. Dann stellt man die Meßskala auf 0 und betätigt den Auslöseknopf der auf 5 sec eingestellten Schaltuhr. Nach Ablauf dieser Zeit wird die Führungsstange automatisch arretiert. Man liest die Eindringtiefe an der Meßskala ab und führt anschließend noch zwei weitere Messungen in angemessener Entfernung vom ersten Meßpunkt aus. Nach jeder Messung wird der Kegel mit einem weichen Tuch abgewischt.

Zur Bestimmung der *Walkpenetration* vgl. DIN 51804.

Prüffehler nach DIN 51849:

Wiederhol-Streubereich: ± 6 Zehntelmillimeter
Vergleich-Streubereich: ± 10 Zehntelmillimeter.

c) Spezielle Vorschriften zur Bestimmung der Penetration von Butter, Margarine, Backfetten (Shortenings); Berechnung der Fließgrenze

Die DGF-Methode C–IV 10 (53) empfiehlt für die Bestimmung der Konsistenz von harten Fetten die Benutzung der Penetrationsnadel nach ASTM D 1321–55 T mit einer Gesamtlast von 100 g, für Weichfette dagegen den Normalfettkonus nach ASTM D 217–52 T mit einer Gesamtlast von 150 g und in jedem Fall eine Eindringdauer von 5 sec.

Detailliertere Vorschriften gibt die AOCS Tentative Method Cc 16–60. Als Prüfkörper dient ein Aluminiumkonus von 10° Konuswinkel und 45 g Gewicht. Der Fallstab entspricht der ASTM-Vorschrift D 5 und wiegt 47,5 g. Die Eindringdauer beträgt auch hier 5 sec. Wichtig ist die Vorbehandlung der Fette. Frisch hergestellte Backfette und andere plastische Fette müssen eine gewisse Zeit temperiert werden, damit sich das Kristallgerüst entwickeln und ein Gleichgewicht zwischen fester und flüssiger Phase ausbilden kann. Ausreichend ist für Backfette eine 48-stündige Lagerung bei 30° C und für Margarine eine solche bei 10° C.

Kleine Packungen werden nach Glättung der Oberfläche direkt unter das Penetrometer gebracht. Aus großen Behältern müssen die Proben in Form von Zylindern, Würfeln oder Kugeln so ausgeschnitten werden, daß keine Änderung der Struktur eintritt.

Die Messung der Penetration erfolgt am besten bei der Konditionierungstemperatur. Fettproben und Penetrometer werden daher zweckmäßig in temperierten Räumen aufbewahrt.

Wichtige Folgerungen aus den Penetrationsmessungen hat A. J. Haighton (1959 und 1963) gezogen. C. I. Kruisheer u. C. P. den Herder (1938) hatten gezeigt, daß die Fließgrenze von Butterproben ihrer Härte vollkommen parallel geht. A. J. Haighton (1959) konnte nun nachweisen, daß sich die Fließgrenze auch aus der Eindringtiefe eines Penetrometerkonus berechnen läßt. Dazu dient die Formel:

$$C = \frac{K \cdot W}{p^n}$$

C = Fließgrenze in g/cm^2
W = Gewicht von Konus und Fallstab in g
n = 1,6 für Butter, Margarine und Backfette
p = Penetration in 0,1 mm
K = Faktor, der vom Konuswinkel entsprechend folgender Tabelle abhängt:

Konuswinkel a (Grade):	20	30	40	50	60	70	80	90
K-Werte:	19000	9670	5840	3900	2815	2000	1425	1040

Zur Ausführung von Messungen an Margarine und Backfetten genügt meistens ein Konus mit einem Winkel von 40° und einem Gesamtgewicht, einschließlich Fallstab, von 80 g. Zur Entnahme von Proben ohne Strukturzerstörung empfiehlt der Autor[1] Ringe aus Edelstahl, Nickel usw. von 50 mm innerem Durchmesser und 35 mm Höhe. Temperieren der Proben vor der Messung ist hier unerläßlich (16 Std bei 0° C, dann 24 Std bei 5° C, 10° C bzw. einer anderen Meßtemperatur).

Ein im Verhältnis zu dem hier beschriebenen ASTM-Penetrometer relativ einfaches Mikropenetrometer wurde von R. O. FEUGE u. A. E. BAILEY (1944) angegeben. Bei diesem Instrument läßt man eine Stahlnadel von 1,06 mm ∅, 73,6 mm Länge und 0,500 g Gewicht durch eine Glascapillare von 1,5—1,75 mm Bohrung aus einer Entfernung von 330 mm auf die Fettprobe fallen und mißt die Eindringtiefe in $^1/_{10}$ mm.

Nach den Erfahrungen des Verfassers sind Mikropenetrometer oder ähnliche Konstruktionen nur zur Messung der Konsistenz sehr homogener Fette geeignet. Von Fetten mit Gerüststruktur erhält man Mikropenetrationen mit sehr großer Streubreite.

d) Auswertung von Penetrationsmessungen

Nach A. E. BAILEY u. G. D. OLIVER (1944) sowie T. T. WARD u. W. S. SINGLETON (1950) sind die Penetrationen dem Gehalt der Fette an festen Glyceriden, also auch der Dilatation und dem „Solid Content Index" (vgl. S. 475) umgekehrt proportional. Zu anschaulicheren Vergleichen kommt man indessen, wenn man die nach A. J. HAIGHTON (1963) aus der Penetration errechneten Fließgrenzen zu den mechanischen Eigenschaften in Beziehung setzt (vgl. Tab. 34).

Tabelle 34. *Fließgrenze* (g/cm^2) *einiger niederländischer Proben* (nach A. J. HAIGHTON 1963)

	10° C	15° C	20° C	25° C
Winterbutter	3000	1480	585	150
Sommerbutter	965	330	110	< 50
Wintermargarine	1200	450	120	< 50
Sommermargarine	—	1320	725	220
Hartes Schmalz	—	1050	875	460
Weiches Schmalz	1000	465	305	220
Shortening	960	640	380	100

Qualitativ hat die Fließgrenze folgende Bedeutung:

<100 g/cm² = sehr weich, nicht standfest
100— 800 g/cm² = standfest, leicht schmierbar
800—1500 g/cm² = hart, aber noch schmierfähig
>1500 g/cm² = zu hart

Wird eine Fettprobe stark geknetet, so zerbricht das Kristallnetzwerk und die Probe wird weicher, Bei längerem Stehen kann eine partielle Rekristallisation, auch Aufsteifung genannt, erfolgen, ein Vorgang, der bei Butter und Margarine zwar ähnlich aber doch größenordnungsmäßig verschieden ist (vgl. Tab. 35).

Tabelle 35. *Aufsteifung von Butter und Margarine* (nach A. J. HAIGHTON 1963)

	Fließgrenze	
	Butter	Margarine
Vor dem Kneten	750	1130
Sofort nach dem Kneten	237	172
168 Std nach dem Kneten	642	598

[1] Privatmitteilung 1962.

9. Oberflächen- und Grenzflächenspannung

Bei Flüssigkeiten unterscheidet man

a) die *Oberflächenspannung*, d. h. die Arbeit, die erforderlich ist, eine Flüssigkeitsoberfläche gegen Luft, andere Gase bzw. gegen ihren eigenen Dampf zu bilden.

b) Die *Grenzflächenspannung*, d. h. die Arbeit, die zur Bildung einer Grenzfläche zwischen zwei nicht mischbaren Flüssigkeiten, z. B. Öl und Wasser, erforderlich ist.

Die zur Bildung von Oberflächen oder Grenzflächen erforderliche Arbeit e ist proportional der Fläche ω und einem Faktor γ, der Oberflächenspannung, dessen Größe von der Natur des Stoffes und der Temperatur abhängig ist.

Es ist also

$$e = \gamma \cdot \omega \text{ oder } \gamma = \frac{e}{\omega}$$

Die Oberflächenspannung wird heute durchweg in dyn/cm, in älteren Arbeiten auch in mg/cm angegeben. Sie nimmt annähernd proportional mit der Temperaturerhöhung ab. Ihre Größe hängt in hohem Maße von der Molekularstruktur ab.

Zwischen dem Molekulargewicht einer Flüssigkeit M, der Oberflächenspannung γ (dyn/cm) und der Dichte D in flüssigem und d in gasförmigem Zustand bei gleicher Temperatur besteht nach S. SUGDEN (1924) folgende Beziehung:

$$P = \frac{M}{D - d} \cdot \gamma^{1/4}$$

oder, da d in den meisten Fällen gegen D sehr klein ist:

$$P = \frac{M}{D} \cdot \gamma^{1/4} = V \cdot \gamma^{1/4} \text{ (V = Molvolumen)}$$

Die Größe P — auch Parachor genannt — ist unabhängig von der Temperatur und läßt sich für anorganische und organische Flüssigkeiten additiv aus den Parachorwerten der beim Aufbau beteiligten Atome, Atomgruppen und Bindungen berechnen (vgl. hierzu A. SIPPEL 1929). Zur Berechnung der Parachorwerte von Fettsäuren und ihren Abkömmlingen sind die von F.W. GIBLING (1941) angegebenen Gruppenparachore besonders geeignet.

Jede Flüssigkeit hat das Bestreben, ihre Oberfläche mit einem möglichst geringen Arbeitsaufwand aufzubauen. Stoffe, welche die Oberflächen- oder Grenzflächenspannung herabsetzen, werden daher in der Grenzschicht angereichert. Man nennt sie oberflächen- oder grenzflächenaktiv. Sie sind in der Technologie der Fette von besonderer Bedeutung.

Messung der Oberflächenspannung

Zur Messung der Oberflächenspannung von Ölen und Fetten eigenen sich zahlreiche Verfahren, von denen nur die wichtigsten hier erwähnt werden sollen. Eine ausführliche Beschreibung findet sich bei K.L. WOLF u. R. WOLFF (1955).

Es sind das:

a) Steighöhenmethode

Benetzende Flüssigkeiten steigen in Capillaren hoch. Im Gleichgewichtszustand ist

$$\gamma = {}^1/_2 \cdot r \cdot h \cdot g \text{ (dyn/cm)}$$

r = Radius
h = Steighöhe der Flüssigkeit
g = Erdbeschleunigung.

b) Tropfengewichtsmethode

Unter Verwendung des Stalagmometers von TRAUBE, einer Pipette mit angeschmolzener Capillare, läßt man zunächst 20 Tropfen Wasser in ein Wägeglas fließen und bestimmt das Gewicht p. Anschließend, nach sorgfältiger Reinigung, läßt man 20 Tropfen der zu untersuchenden Substanz zufließen und bestimmt das Gewicht p_1. Es ist dann

$$\gamma = \frac{\gamma_{H_2O} \cdot p_1}{p}$$

Diese Methode ist nur für Relativmessungen brauchbar.

c) Blasendruckmethode

Unter Benutzung einer Capillare wird ein Luftstrom so langsam in eine Flüssigkeit geleitet, daß gut ausgebildete Blasen in die Höhe steigen. Es ist dann

$$\gamma = \frac{r}{2} \cdot g\,(h \cdot \rho - h' \cdot \rho')$$

r = Radius der Capillare
g = Erdbeschleunigung
h = Druckdifferenz im Manometer
ρ = Dichte der Manometerflüssigkeit
h' = Eintauchtiefe der Capillaren in die zu untersuchende Flüssigkeit
ρ' = Dichte der zu untersuchenden Flüssigkeit.

Einzelheiten über diese sehr genaue Methode bei K. L. WOLF u. R. WOLFF (1955).

Abb. 36. Interfacialtensiometer nach LECOMTE DU NOÜY[1]

d) Ringabreißmethode

Wird ein in eine Flüssigkeit eintauchender Platinring vom Umfang U gehoben, so ist die zum Zerreißen der anhaftenden Flüssigkeit erforderliche Kraft p der Oberflächenspannung proportional:

$$p = 2 \cdot U \cdot \gamma$$

$$\gamma = \frac{m \cdot g}{2 \cdot U} \text{ (dyn/cm)}$$

m = Gewicht
g = Erdbeschleunigung.

Diese Methode liefert absolute Werte und wird bei der Untersuchung von Fettstoffen fast ausschließlich verwendet.

Die unter b) bis d) beschriebenen Verfahren können auch zur Bestimmung der Grenzflächenspannung Öl/Wasser benutzt werden.

Bestimmung der Oberflächen- und Grenzflächenspannung nach der Ringabreißmethode

Diese Methode wurde von P. LECOMTE DU NOÜY dadurch erheblich verbessert, daß er die Torsion eines Drahtes zur Messung der Abreißkraft benutzte. Sein Instrument erlaubt die Messung von Oberflächenspannungen mit einer Genauigkeit von ca. 0,1 dyn/cm. Eine zweckmäßige, von F. SEELICH (1941) verbesserte Form des Gerätes ist in Abb. 36 wiedergegeben.

Es können sowohl Oberflächen- als auch Grenzflächenspannungen Öl/Wasser bestimmt werden. Die Meßtemperatur ist durch eine Temperiervorrichtung kon-

[1] Hersteller: Fa. A. Krüss, 2 Hamburg 39.

stant zu halten. Zur Erzielung genauer Resultate ist es notwendig, die Arbeitsvorschrift des Herstellers genau zu beachten.

Zur Messung der *Oberflächenspannung* wird die zu untersuchende Flüssigkeit in eine absolut saubere und chemisch reine Glasschale (Anmerkung 1) gegossen und in das Thermostatgefäß des Instrumentes eingesetzt. Der Behälter wird soweit angehoben, daß der nach Vorschrift befestigte Platin-Iridium-Ring in die Flüssigkeit eintaucht, und dann wieder gesenkt, bis sich der Ring an der Oberfläche befindet und der Lichtzeiger in Nullstellung ist. Jetzt beginnt die eigentliche Messung. Durch Drehen des Torsionsdrahtes wird ein Zug auf den Ring ausgeübt. Dabei verschiebt sich der Lichtzeiger von der Nullstellung nach oben. Diese Lagenänderung wird durch Senken des Meßgefäßes ausgeglichen und der Lichtzeiger in die Nullstellung zurückgebracht. Man wiederholt dieses abwechselnde vorsichtige Erhöhen des Zuges und das darauf folgende Senken des Meßgefäßes solange, bis der „Film" bricht. In diesem Augenblick liest man an der Skala die Zugkraft in dyn/cm ab.

Bei der Messung der *Grenzflächenspannung* einer wäßrigen Flüssigkeit A gegenüber einer öligen Flüssigkeit B mit geringerem spezifischem Gewicht wird für den Fall, daß die Messung unter Emporziehen des Ringes erfolgen soll, der Ring zuerst in A eingetaucht und dann mit B überschichtet. Dann wird, wie oben beschrieben, verfahren, bis bei Erreichen des Wertes der Grenzflächenspannung der Lichtzeiger durch das erwähnte langsame Heben des Gefäßes nicht mehr in die Ausgangsstellung zurückgebracht werden kann.

Manchmal ist es notwendig, die Grenzflächenspannung durch Eindrücken des Ringes zu messen. Man verfährt dann in umgekehrtem Sinne.

Anmerkungen:

1. Der Platin-Iridium-Ring ist vor jeder Messung mit der Bunsenflamme auszuglühen. Das Meßgefäß wird mit Chromschwefelsäure gereinigt, mit dest. Wasser ausgespült und vor der Verwendung mit dest. Wasser ausgekocht.
2. Die Ringfläche muß parallel zur Oberfläche liegen. Der Apparat ist daher zu nivellieren und die Stellung des Ringes an seinem Spiegelbild zu kontrollieren. Der Ring soll nach allen Seiten gleichen Abstand von der Gefäßwand haben.
3. Die richtige Einstellung des Gerätes ist durch Messung der Oberflächenspannung von Wasser, die bei 18°C 72,9 dyn/cm beträgt, zu prüfen. Bei Abweichungen rechnet man mit Korrekturfaktoren.

Weitere Hinweise für die richtige Anwendung des Instruments finden sich in der zitierten Arbeit von F. SEELICH (1941), bei W.D. HARKINS u. H.F. JORDANS (1930) und C. FÜHRER u. E. KILB (1963).

Auswertung:

Oberflächen- und Grenzflächenspannung von Fettsäuren und ihren Methyl- und Äthylestern sind über einen weiten Temperaturbereich genau bekannt (vgl. D.G.

Tabelle 36. *Oberflächenspannung von Fettsäuren und ihren Estern*

	Oberflächenspannung (dyn/cm)		
	Fettsäuren	Methylester	Triglyceride
Autor	1	1	2
Methode	DU NOÜY	DU NOÜY	Mod. FERGUSON[1]
Temperatur °C	75	75	80
Capronsäure	23,0	21,0	22,84
Caprylsäure	24,2	22,1	21,95
Caprinsäure	25,1	23,3	—
Laurinsäure	25,9	24,3	—
Myristinsäure	26,8	25,0	—
Palmitinsäure	27,3	25,7	23,85
Stearinsäure	27,7	26,1	25,54

Autor 1: A.T. GROS u. R.O. FEUGE (1952).
Autor 2: R.R. BENEVITO u. Mitarb. (1954).

[1] Vgl. C.S. NEVIN u. Mitarb. (1951).

DERVICHIAN 1954). Die Oberflächenspannungen von Fettsäuren und ihren Methyl- und Triglyceridestern unterscheiden sich nicht wesentlich. Ihre Höhe wird vornehmlich durch die Kettenlänge der Fettsäuren bestimmt (vgl. Tab. 36).

Angesichts dieser Kongruenz ist es nicht verwunderlich, daß auch die Oberflächenspannung natürlicher Öle und Fette keine großen Unterschiede aufweist. Hierzu einige Beispiele nach H. P. KAUFMANN u. P. KIRSCH (1940a) in Tab. 37.

Tabelle 37. *Oberflächenspannung roher und raffinierter Öle* (nach H. P. KAUFMANN u. P. KIRSCH 1940a)

Ölsorte	Oberflächenspannung (mg/cm) roh	raffiniert
Meßtemperatur 20° C		
Sojaöl	34,1	35,8
Leinöl	34,6	36,4
Erdnußöl	31,6	34,6
Rüböl	34,5	35,8
Kottonöl	33,2	35,5
Meßtemperatur 25° C		
Palmkernfett	32,4	33,5
Cocosfett	21,4	33,6

Der Temperaturkoeffizient der Oberflächenspannung natürlicher Öle liegt nach A. HALPERN (1949) im Temperaturbereich von 20—130° C zwischen —0,05 und —0,08.

Die *Grenzflächenspannung* der Fettsäuren gegen Wasser liegt ca. 10—20, die der Methylester und Triglyceride ca. 5—10 Einheiten niedriger als die entsprechende Oberflächenspannung. Von analytischem Interesse ist besonders die Erniedrigung der Grenzflächenspannung von Ölen in Gegenwart von oberflächenaktiven Lipoiden, wie freien Fettsäuren, Monoglyceriden, Phosphatiden und Sterinen. Hierzu einige Beispiele in Tab. 38.

Tabelle 38. *Erniedrigung der Grenzflächenspannung von Ölen durch oberflächenaktive Lipoide*

Ölsäure in raff. Sojaöl[1] % Ölsäure	γ (dyn/cm) 20° C	Monostearin in Kottonöl[2] % Monostearin	γ (dyn/cm) 70° C	Sojaphosphatide in Sojaöl[1] % Phosphatid	γ (dyn/cm) 20° C
0	29	0	27,2	0	25
0,1	18	0,5	20,4	0,001	19,7
0,2	12,5	1	16,6	0,002	2,5
0,5	10,2	1,5	13,2	0,005	1,8
1	9,7	2	10,1	0,01	1,5
2	9,3	3	6,6	0,05	1,5
5	9,1	4	4,3	0,1	1,5
—	—	5	2,9	0,2	1,5

[1] H. KLINKE, unveröffentlichte Versuche 1964.
[2] A. T. GROS u. R. O. FEUGE (1951).

10. Molekulargewicht

Häufig läßt sich das Molekulargewicht von Fettstoffen aus den Kennzahlen bestimmen. So gilt für Fettsäuren und deren Ester die Formel:

$$M = \frac{56104}{VZ} \cdot n$$

M = Molekulargewicht
n = Anzahl Fettsäurereste im Molekül.

In vielen Fällen ist es aber notwendig, das Molekulargewicht mit den üblichen physikalischen Methoden zu ermitteln, insbesondere dann, wenn die Gegenwart von dimeren oder polymeren Fettsäuren bzw. Glyceriden nachgewiesen werden soll (vgl. hierzu auch S. 827).

Zur Bestimmung des Molekulargewichtes von Fetten eignet sich die Messung der Gefrierpunkterniedrigung, der Siedepunkterhöhung und die direkte Bestimmung des osmotischen Drucks. Bei sehr hohen Molekulargewichten, wie sie bei Standölen anzutreffen sind, hat die Berechnung aus der Sedimentationsgeschwindigkeit gute Dienste geleistet. Umfassende Darstellungen der physikalischen Grundlagen dieser Methoden wurden von K. RAST (1955) sowie G. V. SCHULZ u. Mitarb. (1954) veröffentlicht.

Für die kryoskopischen und ebullioskopischen Methoden gilt das Gesetz von F.M. RAOULT (1886):

$$M = \frac{e}{l} \cdot \frac{K}{\Delta} \cdot 100$$

e = Menge der gelösten Substanz in g oder mg
l = Menge des Lösungsmittels in g oder mg
Δ = beobachtete Gefrierpunkterniedrigung oder Siedepunkterhöhung in °C
K = kryoskopische oder ebullioskopische Konstante in Mol/kg Lösungsmittel.

Einen Überblick über die zu erwartende Depression des Gefrierpunktes bei der kryoskopischen Bestimmung des Molekulargewichtes von Fettsäuren und Fetten gibt nachstehende Tabelle:

Lösungsmittel	Schmelzpunkt °C	K	Berechnete Depression in °C einer 10%igen Lösung von Ölsäure M.G. 282	dimerer Ölsäure M.G. ~564	Triolein M.G. 885	dimerem Triolein M.G. ~1770
Benzol . .	5,4	5.07	1,80	0,90	0,57	0,29
Essigsäure .	17	3,90	1,38	0,69	0,44	0,22
d-Campher	178,4	40,00	14,2	7,1	4,5	2,25

Angesichts der geringen Gefrierpunktdepressionen bei Verwendung von Benzol oder Eisessig als Lösungsmittel empfiehlt sich das von K. RAST (1922) angegebene Verfahren zur Bestimmung des Molekulargewichtes aus der Schmelzpunkterniedrigung des Camphers.

Mikromethode zur Bestimmung des Molekulargewichtes nach K. RAST (1922)

Geräte:

Proberöhrchen, dünnwandig, 5 mm innerer Durchmesser, 40 mm Länge

Schmelzpunktröhrchen, 40 mm lang, am zugeschmolzenen Ende 2 mm, am offenen Ende 3 mm innerer Durchmesser. Die Röhrchen sollen keinen spitzen, sondern einen schwach gerundeten Boden besitzen, was am besten durch Zusammenlaufenlassen des Glases in der äußersten Flammenzone erreicht wird.

Thermometer bis 200°C, in $^1/_1$° geteilt

Schmelzpunktbestimmungsapparat.

Verfahren:

In das Proberöhrchen wägt man 20—40 mg Substanz, gibt die zehnfache Menge Campher, genau gewogen, hinzu, verschließt mit einem Korkstopfen, taucht in heiße Schwefelsäure oder Paraffin ein und läßt nach dem Durchschmelzen wieder erstarren. Das erstarrte Gemisch bringt man in ein Reibschälchen, mischt und gibt soviel von der Substanz in das Schmelzpunktröhrchen, daß nach dem Zusammendrücken mit einem Glasfaden die Höhe der Probe 1 mm beträgt. Man zieht nun das Röhrchen 20 mm oberhalb der Probe zu einem Faden aus, bringt es dann in einen Schmelzpunktapparat, beispielsweise nach THIELE, und erwärmt vorsichtig mit entleuchteter kleiner Flamme. Der Schmelzpunkt ist die Temperatur, bei der sich die letzten Campherkristalle in der Schmelze lösen.

In gleicher Weise wird der Schmelzpunkt des reinen Camphers bestimmt. Die Differenz beider Werte ist die Schmelzpunktdepression, aus der nach der Formel von RAOULT das Molekulargewicht berechnet wird. Genauigkeit ± 5%.

Die Methode läßt sich auch mit 0,2—0,5 mg Substanz ausführen, wenn man die Mischung mit Campher im Schmelzpunktröhrchen selbst herstellt. Anstelle des relativ hochschmelzenden Camphers können auch viele niedrigschmelzende Lösungsmittel, wie Camphen (FP 49°C, K = 31,08) und Dihydro-α-dicyclopentadien (FP 50°C, K = 45,4), verwendet werden (vgl. J. PIRSCH 1938).

Die Empfindlichkeit der *ebullioskopischen* Methode wurde in den letzten Jahren gegenüber der älteren Arbeitsweise von BECKMANN dadurch verzehnfacht, daß anstelle der Quecksilberthermometer Widerstandsthermometer — auch Thermistoren genannt — zur Messung der Temperaturerhöhung benutzt wurden.

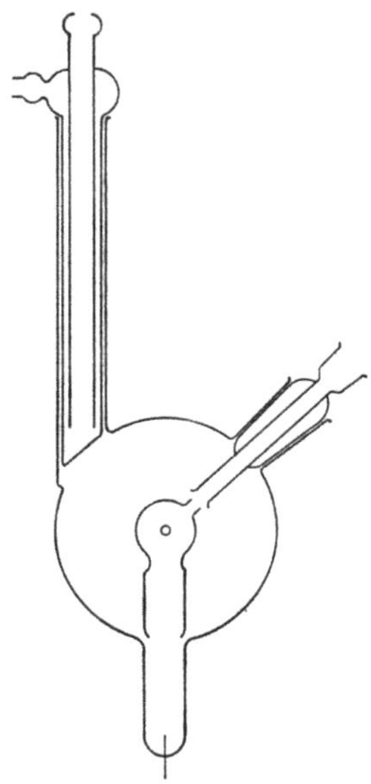

Abb. 37. Ebulliometer nach HEITLER (1958)

Ein nach diesem Prinzip arbeitendes Gerät wurde von C. HEITLER (1958) beschrieben. Das in Abb. 37 wiedergegebene Ebulliometer[1] bedient sich zur Umwälzung der Flüssigkeit einer modifizierten Cottrell-Pumpe und zur Temperaturmessung eines Thermistors, der Temperaturmessungen auf ± 0,001° C genau erlaubt. Bei Einwaagen von 50—200 mg und Verwendung von Benzol oder Aceton als Lösungsmittel konnten Molekulargewichte zwischen 100 und 314 innerhalb 3 min mit einer Genauigkeit von 0,8—2,1% bestimmt werden. Die Bestimmungsgrenze liegt bei Molekulargewichten von ca. 2000.

Noch höhere Molekulargewichte bis ca. 20000 können mit einem *Osmometer* gemessen werden, bei dem die Bestimmung aufgrund der VAN HOFF'schen Gleichung erfolgt:

$$M = \frac{R \cdot T \cdot c}{p}$$

R = Gaskonstante in Liter Atmosphären/Grad
T = Temperatur
c = Konzentration in g/l
p = Druck in Atmosphären.

Beim thermoelektrischen Osmometer[2] wird eine Probe der Lösung in einen temperaturgeregelten Raum gebracht, der mit Lösungsmitteldampf gesättigt ist. Da der Dampfdruck der Lösung niedriger als der des Lösungsmittels ist, kondensieren sich die Lösungsmitteldämpfe in der Lösung und verursachen dort eine Temperaturerhöhung. Im Idealfall gehorcht der Temperaturanstieg der Gleichung von CLAUSIUS und CLAPEYRON:

$$\Delta = \frac{R \cdot T^2 \cdot m}{\lambda \cdot 1000}$$

m = Molarität der Lösung
λ = Verdampfungswärme pro Gramm Lösungsmittel.

Da die Temperaturerhöhung mittels eines Thermistors auf 0,0001° C genau gemessen werden kann, ermöglicht es diese Methode, das Molekulargewicht hochmolekularer Stoffe bis auf 1% genau zu bestimmen (R. PASTERNAK u. Mitarb. 1961, J. VAN DAM 1964).

Schließlich läßt sich auch aus dem *Sedimentationsgleichgewicht* in der Ultra-Zentrifuge das Molekulargewicht von hitze-polymerisierten Ölen ermitteln, wie H. LÜCK u. Mitarb. (1962) darlegten.

[1] Hersteller: A. Gallenkamp & Co. Ltd., London E.C.2; deutsche Vertretung: Amroh-Kauderer K. G., 404 Neuß am Rhein.

[2] Lieferant: z. B. P.J. Kipp & Zonen, Bergisch-Gladbach; Dr.-Ing. H. Knauer, 1 Berlin 33.

11. Farbmessungen

Reine Fette und Fettsäuren sind farblos, rohe natürliche Fette weisen stets gelbe, braune oder grüne Farbtöne auf, die auf die Gegenwart natürlicher Pigmente, wie Xanthophylle, Carotin und Chlorophyll, zurückzuführen sind. Diese Farbnuancen sind dem Verbraucher meistens unerwünscht, ausgenommen beim Olivenöl, bei dem eine gelbgrüne Farbe als Zeichen der Echtheit angesehen wird. Die Ölmühlen sind bestrebt, durch Raffination mit Lauge und Bleichung mit aktiven Erden die natürlichen Farbstoffe soweit wie möglich zu entfernen, da helle Öle einen höheren Preis erzielen als dunkle. Eine genaue Farbmessung ist daher eine der wichtigsten physikalischen Untersuchungen überhaupt. Zahlreiche Methoden wurden hierzu im Laufe der letzten 100 Jahre entwickelt, die sich wie folgt unterteilen lassen:

Farbvergleich mit Standardlösungen. Die Farbe des zu untersuchenden Öls wird mit den Färbungen von Jod-, Kaliumdichromat-, Nickel(II)-sulfat- oder Eisen(III)-chloridlösungen abgestufter Konzentration verglichen und einer Stufe dieser Farbskalen zugeordnet.

Farbvergleich mit Standardgläsern. Auch mit rot, gelb und blau gefärbten Gläsern von gestufter Farbtiefe läßt sich der Farbvergleich durchführen (Lovibond-Verfahren).

Aufnahme der Spektral-Absorptionskurve bzw. Bestimmung der Absorption bei ausgesuchten Spektrallinien. Diese Methode ist im Gegensatz zu den beiden erstgenannten objektiver. Wegen der Unanschaulichkeit der Ergebnisse eignet sie sich indessen mehr zur Feststellung der Farbidentität als zur Vermittlung eines Farbeindrucks.

Bestimmung der trichromatischen Farbkoordinaten. Diese Methode ist die objektivste und anschaulichste zugleich. Jeder Farbe wird ein genau definierter Platz im CIE-Farbmodell zugeteilt, der durch den Farbton, die Farbsättigung und die Helligkeit gekennzeichnet ist. Sie erlaubt, eine Farbe durch wenige Zahlen für alle Zeiten genau festzulegen und mit Hilfe des CIE-Farbdreiecks eine ausreichende Vorstellung über den Farbeindruck zu vermitteln.

Diese Methoden sind Gegenstand der folgenden Darlegungen:

a) Farbvergleich mit der Dichromatfarbskala

Die Farbe von hellen Naturölen, raffinierten Ölen und destillierten technischen Fettsäuren läßt sich gut durch stark verdünnte Lösungen von Kaliumdichromat $K_2Cr_2O_7$ wiedergeben, da diese im Farbton mit den Ölen gut übereinstimmen. Die Methode ist innerhalb der Unilever-Laboratorien vereinheitlicht; in den bekannten Standardsammlungen wird sie dagegen nicht aufgeführt.

Bestimmung der Dichromatfarbzahl (Unilever-Methode)

Geräte:

Farbvergleichsröhren: Reagensgläser mit Schliffstopfen, innerer Durchmesser 25,0 ± 0,5 mm, Länge 160 mm, hergestellt aus farblosem, alkaliresistentem Glas,

Meßzylinder

Bechergläser, 600 ml Jenaer Glas mit einem Durchmesser von ca. 80 mm

Mattierte Glasscheibe.

Reagentien:

Kaliumdichromat z. A.

Verfahren:

Herstellung der Standardlösung. 0,736 g Kaliumdichromat werden in 1 l dest. Wasser gelöst. Die Farbe dieser 0,0025 m Lösung 1 ist 20; 50 ml dieser Lösung werden mit dest. Wasser auf 500 ml verdünnt (Lösung 2 mit Farbe 2). Durch Verdünnung dieser Lösungen mit Wasser werden folgende Farblösungen hergestellt.

Ausgangs-Lösung	Dichromatfarbe											
Lösung 1	20	18	16	15	14	13	12	11	10	9	8	7
	6	5,5	5	4,5	4	3,5	3	2,5				
Lösung 2	2	1,5	1	0,75	0,5							

Zweckmäßig bereitet man von jeder Lösung 100 ml. Die Zusammensetzung wird nach der Mischungsregel errechnet:

$$a = \frac{b \cdot c}{d}$$

a = ml Farblösung mit bekannter Farbe d
b = ml Farblösung mit gesuchter Farbe c.

Die Farbstandards sind in Schliffreagensgläsern im Dunkeln 6 Wochen haltbar.

Farbmessung:

Ein Reagensglas in den gleichen Abmessungen wie die Farbröhren wird zu drei Viertel mit Öl oder geschmolzenem Fett gefüllt. Man vergleicht die Farbe mit der Standardlösung in der Durchsicht vor einer mattierten Glasscheibe bei diffusem Licht oder dem Licht einer Tageslichtleuchte. Es wird die Farbe der Standardlösung angegeben, die der Farbe des Öls am nächsten kommt, da häufig keine genaue Übereinstimmung des Farbtons beobachtet wird. Die Rohre können auch in der Aufsicht vor einem weißen Hintergrund (Filtrierpapier) verglichen werden.

Sehr helle Öle werden im Becherglas verglichen. Man berechnet die wahre Farbe aus der beobachteten nach der Formel:

$$\text{Dichromatfarbe} = \text{beobachtete Farbe} \cdot \frac{\text{Durchmesser des Vergleichsfarbglases}}{\text{Durchmesser des Becherglases}}$$

Auswertung und Erfahrung:

Raffinierte Speiseöle haben durchweg Dichromatfarbzahlen zwischen 0,5 und 2,5, Rohöle, soweit ihre Farbe überhaupt nach der Dichromatfarbskala gemessen werden kann, solche von 8—20 (Erdnuß-, Sonnenblumenöl) oder 4—10 (Rindertalg bzw. Premier- und Secunda Jus).

Nach im Laboratorium des Verfassers gesammelten Erfahrungen sind die Dichromatfarbstandards bis zu 1 Jahr unverändert haltbar, wenn sie in Gläser aus alkaliresistentem Glas eingeschmolzen werden.

b) Farbvergleich mit der Jodfarbskala

Der Farbvergleich mit Hilfe von Jodlösungen ist besonders geeignet für gelb bis rotbraun gefärbte Öle, beispielsweise rohe Pflanzenöle, lecithinhaltige Öle und ähnliche. Mit der Dichromat- und Jodfarbskala zusammen kann man fast alle Farbnuancen der in der Praxis bedeutsamen Öle und Fette mit ausreichender Genauigkeit wiedergeben, ausgenommen chlorophyllhaltige Öle, wie Olivenöl, und sehr helle Destillatfettsäuren, die häufig einen grünlichen Farbstich besitzen.

Die *Jodfarbzahl* (DGF-Methode C–IV 4a (52)) gibt an, wieviel Milligramm freies Jod in 100 ml einer wäßrigen Jod-Jodkalium-Lösung von gleicher Farbtiefe wie die zu prüfende Ölprobe enthalten sind, wenn bei einer Schichtdicke von 25 mm gemessen wird. Nachfolgende Beschreibung hält sich hinsichtlich der Konzentration der Jod-Jodkalium-Lösung und deren Abstufungen an die DGF-Vorschrift, berücksichtigt aber auch Verbesserungen, die, ohne am Prinzip der Vorschrift etwas zu ändern, von F. Kurz im Laboratorium des Verfassers vorgenommen wurden.

Bestimmung der Jodfarbzahl

Geräte:

Jodfarbröhren aus farblosem, alkaliresistentem Glas, innerer Durchmesser 25,0 ± 0,5 mm, Länge 150 mm, die an einem Ende zugeschmolzen und am anderen Ende mit einem Ansatzrohr zum Zuschmelzen von 70 mm Länge und 4 mm innerem Durchmesser versehen sind.

Vor dem Einfüllen der Jodlösung werden die Gläser wie folgt gereinigt:

24 Std in warme Chromschwefelsäure legen, zweimal mit Leitungswasser und zweimal mit dest. Wasser ausspülen. Dann einige Stunden dest. Wasser darin stehen lassen. Nach dem Ausgießen des letzten Spülwassers nicht trocknen, sondern auf Filtrierpapier austropfen lassen.

Vergleichsgläser: Reagensgläser, farblos, innerer Durchmesser 25 ± 0,5 mm, Länge 150 mm.

Reagentien:

Kaliumjodid z. A.
Jod, doppelt sublimiert.

Verfahren:

Herstellung der Jodlösungen. 10,0 g Jod und 20,0 g Kaliumjodid werden in einem 1-l-Meßkolben zunächst in einigen Millilitern dest. Wasser gelöst. Nachdem alles in Lösung gegangen ist, füllt man mit dest. Wasser bis zur Marke auf und mischt gut durch (= Lösung 1, Jodfarbe 1000). Durch Verdünnung dieser Stammlösung im Verhältnis 1:10 bzw. 1:100 stellt man Lösung 2 (Jodfarbe 100) und Lösung 3 (Jodfarbe 10) her.

Unter Verwendung der Lösungen 1, 2 und 3 stellt man nun die Standardlösungen für die Farbgläser in Mengen von je 100 ml her, so daß folgende Jodfarbzahlen erhalten werden:

Lösung	Farbstandards										
Lösung 1	1000	800	700	600	550	500	450	400	350		
	300	250	200	180	160	140	120				
Lösung 2	100	80	70	60	55	50	45	40	38	36	34
	32	30	28	26	24	22	20	18	16	14	12
Lösung 3	9,0	8,0	7,0	6,0	5,5	5,0	4,8	4,6	4,4		
	4,2	4,0	3,8	3,6	3,4	3,2	3,0	2,8	2,6		
	2,4	2,2	2,0	1,8	1,6	1,4	1,2	1,0			

Zur Berechnung der erforderlichen Menge Lösung 1, 2 bzw. 3 kann die bei der Dichromatfarbskala angegebene Formel benutzt werden.

Die Jodfarblösungen werden in die vorbereiteten Gläser gefüllt. die danach sofort zugeschmolzen und im Dunkeln aufbewahrt werden.

Farbmessung:

Ein Vergleichsrohr wird zu $^3/_4$ mit dem zu prüfenden Öl oder geschmolzenen Fett gefüllt. Bei Jodfarben zwischen 1 und 20 führt man den Vergleich zwischen Probe und Farbstandard in der Aufsicht vor einem weißen Hintergrund aus. Bei Farben über 20 beurteilt man in der Durchsicht. Jodfarbzahl ist die Farbe der Standardlösung, die der Farbe des Öls am nächsten kommt.

Anmerkung:

Die Jodfarbskala soll in Abständen von $^1/_2$ Jahr mit Hilfe einiger frisch angesetzter Standards kontrolliert werden. Meistens sind einige Lösungen mit Farbzahlen $<$ 100 zu erneuern.

Auswertung; DIN-Vorschrift; Mikromethode

Einige Beispiele für die Höhe der Jodfarbzahlen von nicht raffinierten Ölen bringt Tab. 39.

Tabelle 39. *Jodfarbzahlen nicht raffinierter Öle*

Erdnußöl	3— 20
Sojaöl	20— 40
Sonnenblumenöl	9— 14
Kottonöl	250—1000
Walöl	10— 25
Heringsöl	20— 60

Der Farbton der Jodfarblösungen wird insbesondere bei niedrigen Farbwerten nicht durch die anwesende Menge des freien Jods, sondern auch durch das Mengenverhältnis Kaliumjodid:Jod bestimmt. Je mehr Kaliumjodid anwesend ist, desto heller erscheint die Farbe. Wegen des vier- bis fünfmal so hohen KJ:J-Verhältnisses sind daher die nach DIN 6162 bestimmten Farbzahlen im Bereich von 0 bis 20 nicht mit den nach dieser DGF-Vorschrift ermittelten identisch. In der neuesten revidierten DGF-Methode C–IV 4a (68) ist das Gewichtsverhältnis KJ:J auf 10:1 erhöht. Dadurch wird die Diskrepanz zwischen den nach beiden Methoden bestimmten Farbzahlen eliminiert.

Messung der Jodfarbe nach DIN 6162

Diese Jodfarbskala, die vornehmlich zur Kennzeichnung der Farbe von Lacken und Harzlösungen verwendet wird, besteht, bei gleicher Definition des Farbbegriffs wie bei der DGF-Methode, aus Jod-Jodkalium-Lösungen mit folgenden Jodkonzentrationen (mg/l)
1 2 3 4 5 7 10 15 20 30 40 60 80 100 130 160 200 250 300 400 500 700 900 1100.

Die Menge des Jodkaliums in der Jod-Jodkalium-Löung soll ca. das acht- bis 10fache der Jodmenge betragen. Die Lösungen befinden sich in Glasrohren von in der Regel 10 mm lichter Weite, die zur Vermeidung von Lufteinflüssen zugeschmolzen sind. Sie sollen mindestens einmal jährlich im Vergleich mit frischen Lösungen geprüft werden. Nach E. ROSENBAUM[1] sind Jodfarblösungen mit sehr hohem Kaliumjodid:Jod-Verhältnis praktisch unbegrenzt haltbar.

Stehen nur wenige Milliliter Öl zur Verfügung, läßt sich die Jodfarbzahl auch mit guter Genauigkeit nach folgender *Mikro-Methode* bestimmen:

Man bringt das zu prüfende Öl in die 2 ml fassende Küvette eines Kolorimeters, z. B. Lange-Kolorimeter, und bestimmt die Extinktion unter Benutzung eines Blaufilters. Dann ersetzt man die Küvette durch eine zweite von gleicher Schichtdicke, legt 2 ml dest. Wasser vor und fügt unter Umrühren aus einer Bürette soviel Jodfarblösung der Farbe 10, 100 oder 1000 hinzu, daß dieselbe Extinktion wieder erreicht wird. Dann ist

$$\text{Jodfarbzahl} = \frac{a \cdot b}{2 + a}$$

a = ml Jodlösung aus der Bürette zugegeben
b = Jodfarbzahl der Jodlösung.

Die beim Verseifen von Fetten mit alkoholischer Kalilauge beobachtete gelbe oder braune Färbung, in Jodfarbzahlen ausgedrückt (= Verseifungsfarbzahl), ist ein Maß für den Oxydationsgrad des Fettes (vgl. S. 869).

c) Gardner-Farbzahl

Von H.A. GARDNER wurde 1933 eine Methode zur Farbmessung von Ölen, Lacken und Harzen angegeben, die auf einem Vergleich mit Lösungen von Eisen(III)-chlorid, Kobalt(II)-chlorid und deren Gemische beruhte. Diese Skala erwies sich später als unzulänglich für die Beurteilung hell gefärbter Produkte und wurde daher durch Aufnahme von 8 Lösungen von Kaliumchloroplatinat verschiedener Konzentration erweitert, so daß sie heute 18 Lösungen mit Farbtönungen vom zarten blaßgelb bis zum kräftigen rotbraun umfaßt[2].

Die Gardner-Farbskala erfreut sich in den USA großer Beliebtheit und wurde sowohl von den AOCS (Methode Td 1a–64 T) als auch von dem ASTM-Committee (ASTM D 1544–58 T) übernommen. Zur Charakterisierung der Standardlösungen wurde für jede Lösung auch der Farbton in den x, y trichromatischen Koordinaten des CIE-Systems (vgl. S. 513) angegeben, jedoch ist diese Definition nach den Angaben des Herstellers nicht ausreichend (vgl. Tab. 40).

Farbmessung:

Zur Farbmessung wird das Öl in standardisierte Reagensgläser von 10,75 ± 0,03 mm innerem, 12,3 mm äußerem Durchmesser und 112 mm Länge eingefüllt und bei Temperaturen zwischen 20 und 30°C mit den Standardlösungen verglichen, die sich in einem Komparatorblock befinden, der auf der Rückseite eine Milchglasscheibe und oberhalb der Röhrchen einen Metalldeckel besitzt. Die Farbe wird in ganzen Zahlen der Gardner-Farbskala angegeben und für den Fall, daß die Farbe der Probe zwischen zwei Standardlösungen liegt, mit (+) oder (—) einer Farbzahl zugeordnet.

---

[1] Privatmitteilung 1963.

[2] Zu beziehen durch: Gardner Laboratory, Inc., Bethesda 14, Maryland, P.O. Box 5728. Gardner-Komparatoren mit entsprechend der Gardner-Skala gefärbten Standardgläsern liefern auch die Firmen F. Hellige & Co., 78 Freiburg im Breisgau, und die Tintometer Ltd., Salisbury, England. Deutsches Büro: 46 Dortmund, Semerteichstraße 27.

Tabelle 40. *Standardfarblösungen* (nach H. A. GARDNER 1958) (ASTM D 1544–58 T)

Gardner-Farbstandard Nr.	CIE Normfarbwerte[1] x	y	Kaliumchloroplatinat g/l 0,1 n-HCl	Eisen(III)-chlorid-Lösung ml (1)	Kobalt(II)-chlorid-Lösung ml (2)	Salzsäure ml (3)
1	0,3190	0,3271	0,550	—	—	—
2	0,3241	0,3344	0,865	—	—	—
3	0,3315	0,3456	1,330	—	—	—
4	0,3433	0,3632	2,080	—	—	—
5	0,3578	0,3820	3,035	—	—	—
6	0,3750	0,4047	4,225	—	—	—
7	0,4022	0,4360	6,400	—	—	—
8	0,4179	0,4535	7,900	—	—	—
9	0,4338	0,4648	—	3,8	3,0	93,2
10	0,4490	0,4775	—	5,1	3,6	91,3
11	0,4836	0,4805	—	7,5	5,3	87,2
12	0,5084	0,4639	—	10,8	7,6	81,6
13	0,5395	0,4451	—	16,6	10,0	73,4
14	0,5654	0,4295	—	22,2	13,3	64,5
15	0,5870	0,4112	—	29.4	17,6	53,0
16	0,6060	0,3933	—	37,8	22,8	39,4
17	0,6275	0,3725	—	51,3	25,6	23,1
18	0,6475	0,3525	—	100,0	0,0	0,0

[1] bestimmt in 1 cm Schicht nach ASTM D 307.

(1) *Eisen(III)-chlorid-Lösung:* 6 Gewichtsteile $FeCl_3 \cdot 6H_2O$ + 1,2 Gewichtsteile 2%ige wäßrige Salzsäure.

(2) *Kobalt(II)-chlorid-Lösung:* 1 Gewichtsteil $CoCl_2 \cdot 6H_2O$ + 3 Gewichtsteile 2%ige wäßrige Salzsäure.

(3) *2%ige wäßrige Salzsäure:* 1 Volumteil Salzsäure (D = 1,19) wird mit 17 Volumteilen dest. Wasser gemischt.

d) FAC-Farbzahl

Die FAC-Farbzahl, die besonders zur Messung der Farbe von tierischen Fetten, wie Talg und Schweinefett, und von solchen Fetten, die für die Lovibond-Methode zu dunkel sind, geeignet ist, wurde anfangs der zwanziger Jahre im Laboratorium der Firma Swift & Co., Chicago, entwickelt und später vom Fat Analysis Committee, einem gemeinsamen Komitee der AOCS und ACS als Standardskala zur Farbmessung technischer Fette anerkannt.

Ursprünglich bestanden die Farbvergleichslösungen aus Lösungen verschiedener organischer Farbstoffe in 80%igem Glycerin, die aber nicht sehr beständig waren. J. E. DOHERTY u. J. F. AHEARN (1934) ersetzten die üblichen Kompositionen durch Lösungen von anorganischen Salzen, wie Eisen(III)-chlorid, Kobalt(II)-chlorid, Nickel(II)-chlorid usw. in dest. Wasser. Diese Farblösungen liegen den FAC-Standards nach der AOCS-Methode Cc 13a–43 zugrunde. Zur Kontrolle der Farblösungen sind die Absorptionsspektren geeignet, die von W. M. URBAIN u. H. L. ROSCHEN (1939) im Bereich von 500—600 mμ aufgenommen wurden.

Der FAC-Farbsatz[1] besteht aus 26 zugeschmolzenen Röhrchen von 10,5 ± 0,25 mm innerem, 12,25 ± 0,25 mm äußerem Durchmesser und 100 mm Länge, die mit den ungeraden

[1] Zu beziehen durch: Swift & Co., Research Laboratories, Chicago/USA. Handliche Komparatoren mit entsprechend der FAC-Skala gefärbten Standardgläsern liefern auch die Tintometer Ltd., Salisbury/England, Deutsches Büro: 46 Dortmund, Semerteichstr. 27, und die Firma Hellige & Co. GmbH, 78 Freiburg (Breisgau).

Ziffern von 1—45 numeriert sind. Sie sind nach dem Anwendungsbereich in 5 Gruppen eingeteilt:

Hellgefärbte Fette	Vorwiegend gelbe Fette	Dunkle Fette (rotstichig)	Sehr dunkle Fette, vorwiegend grün	Sehr dunkle Fette, vorwiegend rot
1	11	13	21	31
3	11 A	15	23	33
5	11 B	17	25	35
7	11 C	19	27	37
9	—	—	29	39
—	—	—	—	41
—	—	—	—	43
—	—	—	—	45

Der Farbvergleich wird, wie bei der Gardner Farbzahl, mit Hilfe eines Komparatorblocks (vgl. AOCS-Vorschrift Cc 13a–43) im Licht des Nordhimmels oder einer Fluorescenz-Tageslichtleuchte vorgenommen.

Die Resultate werden nach folgendem Schema angegeben:

»nicht dunkler als FAC-Standard Nr. ....«

e) Vergleich der Farbskalen

Häufig wird es möglich sein, die Farbe von Fetten durch mehrere Farbskalen auszudrücken, insbesondere, wenn es sich um sehr hellgefärbte Produkte handelt. Den Farbvergleich erleichtert die nachstehende Tab. 41, in der die Farbtöne der FAC- und Gardner-Skala, der Dichromat- bzw. Jodfarbskala gegenübergestellt sind.

Tabelle 41. *Beziehungen zwischen verschiedenen Farbskalen*

Serie 1									
Gardner-Skala	1	2	3	4	5	6	7	8	9
Jodfarb-Skala	2,4	3,8	5,0	7,0	9,0	12	18	22	26
Gardner-Skala	10	11	12	13	14	15	16	17	18
Jodfarb-Skala	36	55	80	120	150	180	230	280	330
Serie 2									
FAC-Skala	1	3	5	7	9	11	11 A	11 B	11 C
Dichromat-Farbskala . . .	2	6	10	15	20	—	—	—	—
Jodfarb-Skala	4,4	9	13	17	21	25	38	75	100

Andere, vornehmlich amerikanische Farbskalen, wurden von P. THOMSON (1953) miteinander verglichen. Einen genauen Begriff über den Farbort dieser Farbskalen können diese Vergleichstabellen allerdings nicht geben. Das ist nur durch Einordnen in das Normalfarbsystem des CIE möglich, wie es in Abb. 41 auf S. 513 geschehen ist.

Die Farbwertanteile x, y für die Gardner-Skala wurden den Angaben von V.C. MEHLENBACHER (1960), die der FAC-Farbskala einer Veröffentlichung von H. ZIMMERMANN (1957) entnommen. Für die Dichromat- und Jodfarbskalen wurden die Farbvalenzen durch Messung im Laboratorium des Verfassers ermittelt.

Allerdings gibt die Schwarz-Weiß-Abb. 41 nur eine Vorstellung von der Farbart, nicht aber vom Farbton und der Farbsättigung. Ein ungefähres Bild vom Farbverlauf bei den genannten Skalen kann man sich machen, wenn man die Kurven aus Abb. 41 in eine bunte Ausführung der Normfarbtafel[1] überträgt.

f) Lovibond-Tintometer-Methode

Nach dieser in England, Kanada und im Welthandel mit Ölen meistens benutzten Methode wird die Farbe der Fette durch Vergleich mit Gläsern roter, gelber und blauer Farbtönung nach dem Prinzip der subtraktiven Farbmischung be-

[1] Lieferer: Druckerei H. Osterwald, 3 Hannover 1, Postfach 4660.

stimmt. Die Farbgläser sind proportional ihrer Extinktion numeriert. Ein Farbglas mit der Bezeichnung 10 gelb besitzt also die gleiche Extinktion wie zwei Gläser mit der Bezeichnung 5. Einheitliche Vorschriften zur Bestimmung der Farbe von Ölen mit Lovibondgläsern existieren nicht, wohl aber einige Handelsusancen, die beim Kauf und Verkauf von Sojaöl, Kottonöl und Walöl beachtet werden. Die nachstehende Beschreibung der Meßmethodik schließt sich eng an die in den Unilever-Laboratorien übliche an.

Geräte:

Lovibond-Tintometer[1] nach Abb. 38, bestehend aus einem Kunststoffgehäuse, in das zwei Lichtquellen, ein Reflexionskörper aus Magnesia, je ein Satz roter, gelber und blauer Farbgläser, eine Vorrichtung zur Aufnahme der Meßküvette und ein Okular zum Farbvergleich eingebaut sind. Rechteckige Küvetten: 1/4″, 1″, 2″, 5 1/4″.

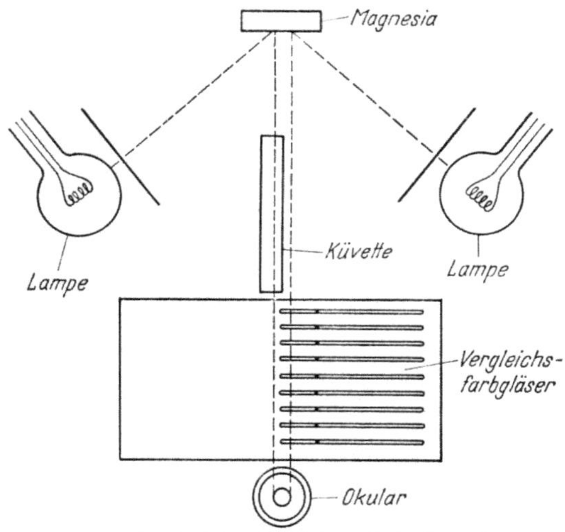

Abb. 38. Lovibond-Tintometer (Schematische Darstellung)

Farbgläser:

rot:	0,1 0,2 0,3 0,4 0,5 0,6 0,7 0,8 0,9 1,0 2,0 3,0 4,0 5,0 6,0 7,0 8,0 9,0 10,0 20,0 30,0 50,0
gelb:	1,0 2,0 3,0 4,0 5,0 6,0 7,0 8,0 9,0 10,0 20,0 30,0 35,0 40,0 50,0 60,0 70,0 80,0 90,0
blau:	0,1 0,2 0,3 0,4 0,5 0,6 0,7 0,8 0,9 1,0 2,0 3,0 4,0 5,0 6,0 7,0 8,0 9,0

Vorbehandlung der Probe:

Die Öle sollen klar sein. Trübungen, Verunreinigungen und Wasser werden mittels Filtrieren durch Filterpapier, z. B. Sch. & Sch. BF 1/2, entfernt. Wenn nötig, wird das Fett hierzu auf 10° C oberhalb seines Schmelzpunktes erwärmt. Die Farbmessung erfolgt bei 20° C oder, wenn nötig, bei einer Temperatur, die nicht mehr als 10° C oberhalb des Klarschmelzpunktes liegt.

Für Walöl gilt nach B. S. 836:1950 folgende Regelung:

Man läßt das Öl bei der niedrigsten Temperatur stehen, bei der es noch gerade flüssig ist. Etwa anwesendes Wasser sinkt zu Boden. Das überstehende Öl wird dekantiert und filtriert. Die Temperatur, bei der das Öl gerade flüssig ist, soll nicht überschritten werden. Im allgemeinen kann man 30° C als höchstzulässige Temperatur ansehen.

Wahl der Meßküvetten:

Die Meßküvetten sollen nach folgendem Schema ausgewählt werden:

Küvette	Art des Öls
1/4″	Raffinationsfettsäuren
1″	alle pflanzlichen Öle mit Ausnahme von Cocosöl, Palmkernöl und Erdnußöl
2″	Erdnußöl, Walöl, Spermwalöl, Sardinenöl
5 1/4″	rohes Cocos- und Palmkernöl und alle teilweise oder vollständig raffinierten Öle

[1] Hersteller: The Tintometer Ltd., Salisbury/England; Deutsches Büro: 46 Dortmund, Semerteichstr. 27.

Messung der Farbe:

Farbgläser und Küvetten dürfen nicht verkratzt und mit Staub bedeckt sein. Die mit Öl gefüllte Küvette wird in die hierfür vorgesehene Halterung eingesetzt. In den zweiten Strahlengang werden nun nacheinander soviel rote und gelbe Farbgläser gebracht, daß der Farbton mit dem des Öls übereinstimmt. Das Verhältnis gelb : rot soll annähernd 10 : 1 betragen. Von dieser Regel darf nur dann abgewichen werden, wenn auf diese Weise keine Übereinstimmung der Farbwerte zu erzielen ist. Blaue Farbgläser werden nur dann gebraucht, wenn das Öl einen grünlichen Farbton besitzt, wie es bei Leinöl, Sojaöl und Fettsäuren minderer Qualität vorkommen kann.

Als Resultat der Messung werden angegeben:

Die Nummern der verwendeten roten, gelben und evtl. blauen Farbgläser und die Schichtdicke (in Zoll) der benutzten Küvette.

Für die Farbmessung von Walöl schreibt die genannte britische Standard Specification folgendes vor:

Man legt 35 gelb vor und bestimmt die Anzahl Farbeinheiten in rot, die bis zur Erzielung der Farbgleichheit zugelegt werden müssen.

Im übrigen ist es zweckmäßig, die Empfehlung der entsprechenden US-Methode (vgl. unten) auch hier zu befolgen, die für raffinierte Öle folgende Verhältniszahlen vorschreibt:

Kotton-, Erdnuß- und Maisöl	10 gelb für 1 bis 3,5 rot
	35 gelb für 3,5 rot und höher
Cocos- und Palmkernöl	6 gelb für 1 bis 3,9 rot
	10 gelb für 3,9 rot und höher
Sojaöl	10 gelb für 1 bis 3,5 rot
	70 gelb für 3,5 rot und höher
Talge, technische Fette und Fettsäuren . .	10 gelb für 1 bis 3,5 rot
	35 gelb für 3,5 bis 5 rot einschl.
	70 gelb für 5,0 rot und höher

Von der hier beschriebenen europäischen Lovibond-Methode weicht die entsprechende amerikanische Arbeitsweise AOCS Official Method Cc 13b–45) etwas ab. Sie unterscheidet sich von ihr vor allem:

1. Durch Verwendung eines anderen Kolorimeters.
2. Durch Verwendung von Lovibondgläsern, die mit dem „N"-Standard des Bureau of Standard verglichen wurden.
3. Durch Verwendung von *zylindrischen* Meßgläsern mit zwei Marken für 1 bzw. $5^1/_4$".

Um Verwechslungen zu vermeiden, sollte daher die benutzte Methode genau gekennzeichnet werden. Weitere Einzelheiten hierzu bei V.C. MEHLENBACHER (1960).

Die Farbe der meisten Öle und Fette kann mit der Lovibond-Methode gut reproduzierbar wiedergegeben werden. Sie hat allerdings gegenüber der Einfarbenmethode den Nachteil, daß sie weniger anschaulich ist.

Die Farbwerte der Lovibond-Standardfarben können durch Tristimulus-Kolorimetrie in Einheiten des CIE-Systems genau festgelegt werden. Es ist also andererseits möglich, — wenn auch nicht gerade einfach — mit Hilfe eines Tristimulus-Kolorimeters die Farbe von Ölen und Fetten zu messen und in Lovibondeinheiten auszudrücken. Genaue Angaben über diese Methode bei G. BRONELL (1949).

g) Spektralphotometrische Methode

Alle Methoden zur Farbmessung von Ölen und Fetten, die auf einem Farbvergleich mit standardisierten Lösungen gefärbter Stoffe bzw. gefärbten Gläsern beruhen, haben den Nachteil, daß ihre Ergebnisse von der Sehtüchtigkeit des Beobachters abhängen und daß bei Anwesenheit nicht konkordanter Farbnuancen, z. B. Grünstichigkeit, häufig überhaupt keine zutreffende Vergleichsfarbe gefunden werden kann.

Diese Nachteile vermeidet die spektralphotometrische Methode, bei der die Lichtschwächung im Bereich des sichtbaren Lichtes von ca. 3700—7800 Å zur Charakterisierung der Farbe von Ölen benutzt wird. Man hat dabei die Wahl, entweder die Lichtschwächung bei einigen charakteristischen Wellenlängen des Lichtes zu verfolgen oder aber für den gesamten Wellenbereich des sichtbaren Lichtes eine Lichtschwächungskurve aufzuzeichnen. Die erste Methodik führt zu anschaulicheren Ergebnissen, d. h. zu solchen, bei denen der Beobachter eine ziemlich klare Vorstellung von der Farbe erhält, die zweite zu weniger anschaulichen, aber sehr genauen Resultaten.

Als Maß für die Lichtschwächung benutzt man bei der spektralphotometrischen Farbmessung durchweg die Begriffe:

$$\text{Absorption A} = I_a/I_0$$

$$\text{Durchlässigkeit oder Transmission T} = I/I_0$$

$$\text{Extinktion E} = \log \frac{I_0}{I}$$

worin

I_0 die Intensität des eingehenden Lichtstrahls

I_a die absorbierte Intensität und

I die durchgelassene Intensität

bedeuten.

Absorption und Transmission werden meistens in Prozent angegeben. Die Extinktionswerte bewegen sich zwischen 0 und ∞.

Für Farbvergleiche und Farbmessungen ist die Extinktion von besonderer Wichtigkeit, da sie nach dem Lambert-Beer'schen Gesetz sowohl der Schichtdicke als auch der Konzentration des färbenden Bestandteils proportional ist (vgl. auch Bd. II/1):

$$\log \frac{I_0}{I} = \varepsilon \cdot c \cdot d = E$$

ε = Extinktionskoeffizient

c = Konzentration

d = Schichtdicke

Da die Farbtiefe eines Öls der Konzentration c der färbenden Begleitstoffe mit dem Extinktionskoeffizienten ε proportional ist, ergibt sich:

$$\text{Farbtiefe} = c = \frac{E}{\varepsilon \cdot d}$$

Für jede Wellenlänge des sichtbaren Lichtes ist also die Farbe des Öls der im Spektralphotometer gemessenen Extinktion E proportional. Trägt man die Extinktionen für alle Wellenlängen des sichtbaren Lichtes in ein Koordinatennetz ein, so erhält man die Extinktionskurve, die genaueste Beschreibung von Farbtiefe und Farbton eines Öls.

Anstelle der Extinktionskurven findet man im Schrifttum häufig auch Wiedergaben der Absorptions- bzw. Transmissionskurven. Diese Art der Darstellung hat den Nachteil, daß das chromatische Absorptionsverhalten sehr heller und sehr dunkler Öle nur sehr unvollkommen wiedergegeben wird.

Extinktionskurven einiger roher entschleimter Pflanzenöle, die im Laboratorium des Verfassers aufgenommen wurden, sind in Abb. 39 aufgeführt.

Die Gestalt dieser Kurven läßt im Hinblick auf die Farbmessung folgende Schlüsse zu:

1. Zur Charakterisierung von Ölen mit einer einzigen dominierenden Farbkomponente (z. B. Palmöl) genügt die Messung der Extinktion einer Wellenlänge, die in das Gebiet der Hauptabsorption fällt. Diese Extinktion ist dem visuellen Farbeindruck proprotional.

2. Öle mit mehreren Absorptionsmaxima (z. B. Soja-, Oliven- oder Kürbiskernöl) bedürfen zur Charakterisierung mindestens zweier Extinktionsmessungen. Die erhaltenen Zahlen vermitteln einen Eindruck von Farbtiefe und Farbton.

3. Die Integration der Extinktionen über den gesamten Wellenbereich vermittelt eine genaue Vorstellung über den Gesamtgehalt an absorbierenden, d. h. die Farbe hervorrufenden Substanzen, gibt aber den zu erwartenden Farbton nur sehr ungenau wieder.

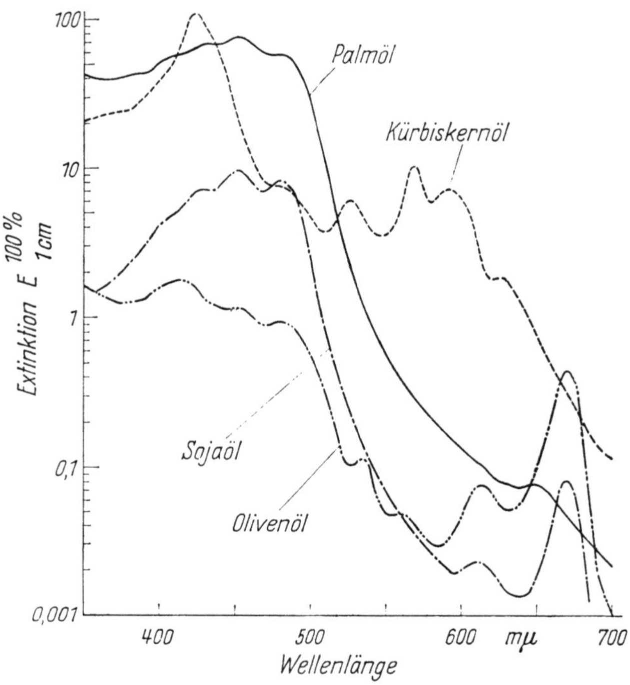

Abb. 39. Extinktionskurven von Pflanzenölen

In der analytischen Praxis haben alle drei Möglichkeiten der Anwendung der Extinktionsmessungen Beachtung gefunden, was im folgenden näher erläutert werden soll.

α) Beziehungen zwischen der Farbe von Ölen und der Extinktion bei einer Wellenlänge

Große Verdienste um den Ersatz der subjektiven Farbmessung mit Vergleichslösungen bzw. Farbgläsern durch eine objektive photoelektrische Bestimmung der Farbe hat sich das *Color Committee* der AOCS in den Jahren 1948—1955 erworben. Dieses machte 1948 den Vorschlag, die Bestimmung des Lovibond-Farbwertes durch Messung der Extinktion der Öle bei 550 mμ unter Verwendung von 25-mm-Küvetten mit einem inneren Durchmesser von ca. 21,3 ± 0,1 mm zu ersetzen (G. W. AGEE 1948). Zur Ausführung der Bestimmung genügt ein einfaches Spektralphotometer, z. B. Coleman, Modell 6 A jr, mit einer Bandbreite von 35 mμ. Die Lovibond-Rotwerte können nach der Gleichung errechnet werden:

$$\text{Lovibond-Rot} = \frac{E_{550} \cdot 100}{1,3}$$

Trägt man die auf visuellem Wege erhaltenen Lovibondwerte und die spektralphotometrisch bestimmten in ein Koordinatennetz ein, so erhält man eine gerade Regressionslinie mit dem Korrelationskoeffizienten r = 0,95.

Bei der weiteren Entwicklung der Methode erwies es sich als nützlich, diese Arbeitsweise in verschiedenen Laboratorien zu prüfen und die optischen Eigenschaften der dort gebrauchten Spektralphotometer durch Messung der Durchlässigkeit einer Nickelsulfat-Lösung bei verschiedenen Wellenlängen zu vergleichen (P. Thomson u. R. C. Stillman 1949). Dabei wurden Differenzen bis zu 2% der Durchlässigkeit beobachtet. Wenig später wurde vom Color Committee empfohlen, die Messung der Extinktion bei 525 mμ vorzunehmen (G. W. Agee 1949). Diese Methode wurde dann aber zu Gunsten einer Messung bei vier Wellenlängen verlassen (G. W. Agee 1950).

β) Beziehungen zwischen der Farbe von Ölen und der Extinktion bei mehreren Wellenlängen

Bei der Überprüfung des Methodenvorschlags zur Bestimmung der Lovibond-Rot-Farbe aus der Extinktion bei 525 mμ in neun Laboratorien, wobei von 120 Ölen mehr als 30000 spektralphotometrische, Lovibond- und visuelle Messungen gemacht und zur statistischen Auswertung der Resultate benutzt wurden, ergab sich die beste Korrelation zwischen der Lovibond-Rot-Farbe und der photometrisch bestimmten Farbintensität ($r = 0{,}993$), wenn letztere nicht bei einer einzigen, sondern bei vier Wellenlängen ermittelt wurde:

$$\text{Photometrische Farbe} = 1{,}29 \cdot E_{460} + 69{,}70 \cdot E_{550} + 41{,}2 \cdot E_{620} - 56{,}4 \cdot E_{670}$$

Die Methode wurde unter der Bezeichnung Cc 13c–50 als Versuchsmethode in die AOCS-Analysensammlung aufgenommen. In großen Zügen umfaßt sie folgende Arbeitsgänge.

β 1. Eichung des Spektralphotometers

Unter Verwendung einer wäßrigen Lösung, die 200 g $NiSO_4 \cdot 6H_2O$ z. A. und 10 ml konzentrierte Salzsäure im Liter enthält, wird die Durchlässigkeit des Gerätes bei Verwendung von Küvetten von 21,8 mm innerem und 24,5 mm äußerem Durchmesser im Bereich von 400—700 mμ geprüft. Sie muß dabei den in der Vorschrift angegebenen Bedingungen genügen.

β 2. Messung der Extinktion der Öle

Die zur Untersuchung bestimmten raffinierten Öle werden zuvor mit Kieselgur bei Zimmertemperatur verrührt und filtriert. Vom Filtrat bestimmt man in den gleichen Küvetten wie bei der Eichung des Spektralphotometers benutzt die Extinktionen auf 0,001 genau bei 460, 550, 620 und 720 mμ. Die Berechnung der photometrischen Farbe erfolgt nach der oben angegebenen Formel.

Bei der weiteren Bearbeitung dieses Problems zeigte sich allerdings, daß man bei grünstichigen Ölen nach dieser Methode ebensowenig wie nach der Lovibond-Methode Ergebnisse erhält, die mit dem visuellen Eindruck übereinstimmen. Besonders störend war dieses Verhalten, wenn die Wirkung von aktiver Bleicherde auf chlorophyllhaltige Öle geprüft werden sollte. Zur Behebung dieses Mißstandes wurde von R. C. Stillman (1953) empfohlen, neue Formeln zu verwenden, und zwar für alle Arten von Ölen:

$$\text{Farbe} = 70{,}6 \cdot E_{550} - 10{,}7 \cdot E_{670}.$$

und für gebleichte Öle, die kein Chlorophyll mehr enthalten:

$$\text{Farbe} = 4{,}6 \cdot E_{460} + 34 \cdot E_{550}$$

Auch hier wird die Extinktion in Küvetten von 21,8 mm innerem Durchmesser gemessen.

Die Hauptschwierigkeit bei der photometrischen Bestimmung der Farbe scheint weniger die Eliminierung des Grün-Farbtons zu sein als die mangelnde Übereinstimmung in den Ergebnissen verschiedener Laboratorien, die trotz der vorhergegangenen Standardisierung der Geräte mit Nickelsulfat-Lösung immer wieder beobachtet wurde (R. C. Stillman 1955).

γ) Beurteilung der Farbe aufgrund der ganzen Extinktionskurve

Bei der Beurteilung von Raffinations- und Entsäuerungsverfahren steht der Analytiker häufig vor der Aufgabe zu entscheiden, mit welchen Mitteln eine optimale Farbaufhellung erzielt werden kann. Da auch der Verbraucher vielfach bei der Beurteilung von Speiseölen die fast farblos gebleichten Erzeugnisse den Ölen mit Naturfarbstoff vorzieht, ist es in vielen Fällen wichtiger zu ermitteln, welchen Grad der Aufhellung ein Substrat erfahren hat, als welche Restfarbe es besitzt.

Hier sind nun solche Methoden angebracht, die es erlauben, den gesamten Farbstoffgehalt des Öls durch eine einzige Zahl zu kennzeichnen. Dies ist am einfachsten dadurch möglich, wie G. JACINI u. C. CAROLA (1958) zunächst für Olivenöl zeigten, daß man die von der Extinktionskurve im sichtbaren Licht abgegrenzte Fläche des E-λ-Diagramms als Maß für die relative Chromogenkonzentration der nicht näher zu identifizierenden Pigmente in Ölen und Fetten benutzt. Die Summe

$$\sum_{\lambda_1}^{\lambda_2} \left(\log \frac{I}{I_0}\right)$$

worin λ_1 die untere und λ_2 die obere Wellenlänge des zur Extinktionsmessung herangezogenen Spektralbereichs ist, wurde von W. A. PONS jr. u. Mitarb. (1960) als Farbindex bezeichnet und mit Erfolg zur Messung der Aufhellung von Kottonölen durch Raffination und Bleichung verwendet.

Bestimmung des Farbindexes nach W. A. PONS *jr. u. Mitarb. (1960)*

Geräte:

Spektralphotometer für den sichtbaren Teil des Spektrums, z. B. BECKMAN Modell B, BAUSCH & LOMB Spectronic 20 u. a.,

10-ml-Küvetten aus Glas.

Reagentien:

Bezugs- und Verdünnungsmittel, z. B. Cyclohexan oder Tetrachlorkohlenstoff.

Verfahren:

Die zur Untersuchung gelangenden Öle werden zunächst durch feinporiges Filtrierpapier filtriert. Etwaige Trübungsstoffe werden durch Zugabe von etwas Kieselgur vor dem Filtrieren entfernt.

Man bestimmt nun in dem gewünschten Bereich, für chlorophyllfreie Öle beispielsweise zwischen 400 und 500 mμ, für chlorophyllhaltige zwischen 400 und 700 mμ, die Extinktion in Abständenvon je 10 mμ.

Berechnung:

Der Farbindex ist die Summe aller gemessenen Extinktionen multipliziert mit 10.

Da das Verfahren nicht standardisiert ist, bleibt es dem Analytiker für seine Untersuchungen überlassen, für welchen Meßbereich er den Farbindex bestimmen will. Bei Vergleichsanalysen in mehreren Laboratorien sollte der Meßbereich genau festgelegt und nach Möglichkeit das gleiche Spektralphotometer benutzt werden, wenngleich bei diesem Verfahren die Art des Gerätes nicht so von Einfluß ist wie bei der AOCS-Methode.

W. A. PONS jr. u. Mitarb. verglichen die Reproduzierbarkeit ihrer Methode mit derjenigen von anderen Farbbestimmungsmethoden und fanden bei der Auswertung von je zwölf Beobachtungen an entsäuertem sowie entsäuertem und gebleichtem Kottonöl folgende Variationskoeffizienten:

Methode	Variationskoeffizient entsäuertes Kottonöl	Variationskoeffizient entsäuertes und gebleichtes Kottonöl
Farbindex	0,7%	2,4%
AOCS, photometrische Farbe	12,4%	10,6%
Lovibond-Rot	10,0%	11,1%

Im Laboratorium des Verfassers wurde die Brauchbarkeit der Pons'schen Methode durch Farbmessungen an Kottonölen bestätigt. Die Bestimmung des Farbindexes erfolgte für den Wellenlängen-Bereich von 400—550 mμ. Die erhaltenen Zahlen wurden den Jod- bzw. Dichromatfarbzahlen gegenübergestellt (vgl. Tab. 42).

Tabelle 42. *Farbzahlen von Kottonölen*

Nr.	Vorbehandlung	Farb-index	Jod- bzw. Dichromat-farbe
1	Kottonöl, roh	3580	> 1000 J
2	Kottonöl, vorentsäuert	275	34 J
3	Kottonöl, nachentsäuert	200	28 J
4	Kottonöl, entsäuert und mit 2% Tonsil AC gebleicht	33	5,5 J
5	Kottonöl, entsäuert und mit 5% Tonsil AC gebleicht	14	2,25 Di
6	Kottonöl, entsäuert und mit 10% Tonsil AC gebleicht	9,5	1,25 Di
7	Kottonöl, entsäuert und mit 15% Tonsil AC gebleicht	9,0	1,00 Di

Auch diese Zusammenstellung zeigt, daß der Farbindex die erreichte Aufhellung viel klarer zum Ausdruck bringt als die Farbvergleichszahlen.

δ) Anmerkungen zur photometrischen Farbmessung

Dieser Abschnitt sei mit einigen Hinweisen geschlossen, die bei der photometrischen Farbmessung beobachtet werden sollten und vornehmlich die Meßtechnik mit dem Spektralphotometer betreffen (vgl. auch M. PESTEMER 1964).

Die im Handel erhältlichen Instrumente unterscheiden sich durch Preis und Leistung. Je teurer ein Instrument, desto genauer ist die Wellenlängenskala justiert

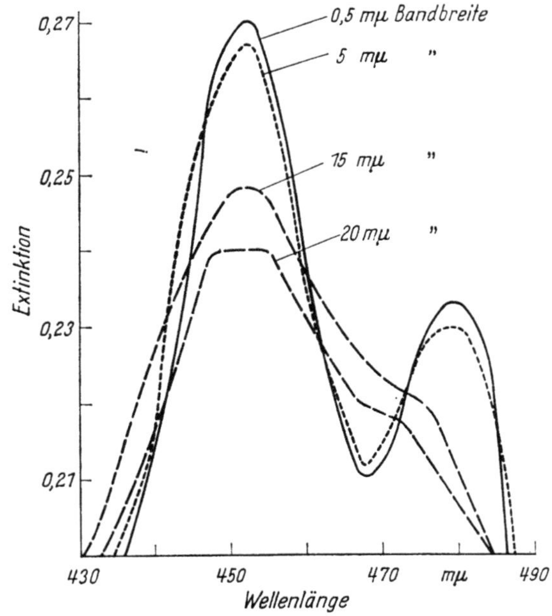

Abb. 40. Extinktionskurven einer Carotinlösung bei unterschiedlicher Bandbreite

und desto geringer ist die Bandbreite des Spektrums, mit der gemessen werden kann. Geringe Bandbreiten erlauben aber eine strenge Selektion der für die Messung benutzten Wellenlängen. Die Bandbreite beeinflußt die Gestalt der Spektralkurve erheblich, wie Abb. 40 veranschaulicht.

Da nun die Höhe des auf eine bestimmte Wellenlänge eingestellten Maximums von der Bandbreite abhängt, erhält man bei Benutzung verschiedener Geräte mit unterschiedlicher Schärfe völlig abweichende Resultate, wenn der Berechnung des Ergebnisses die absoluten Extinktionen zugrundegelegt werden. Sobald man aber Eichsubstanzen benutzt, deren Extinktion im gleichen Apparat gemessen wird, ist dieser Unterschied belanglos.

Bei Vergleichsversuchen in verschiedenen Laboratorien wird man zunächst prüfen, ob die Wellenlängeneinteilung stimmt. Das geschieht am einfachsten mit Hilfe einer Quecksilberlampe, die immer eingebaut ist, wenn das Gerät gleichzeitig für die UV-Messung gebraucht wird. Ohne Zwischenschaltung von Küvetten sollte das Instrument Maxima bei 404,7; 435,8; 546,1 und 579,1 mμ (AOCS Tentative Method Cc 13d – 55) aufweisen.

Auch bei ausreichender Übereinstimmung der Wellenlängenskalen wird man aber, wie am Beispiel der Carotinlösungen gezeigt wurde, bei Absolutmessungen übereinstimmende Extinktionen nur dann erwarten dürfen, wenn die Bandbreite der Geräte ungefähr gleich groß ist. Um dies zu kontrollieren, bedient man sich Lösungen von genau bekannter Absorptionskraft, beispielsweise verwendet man nach der IUPAC-Vorschrift II. B. 4 Eichlösungen, die 4,7 g $NiSO_4 \cdot 7\,H_2O$ z.A. (= 982 mg Ni), 3,1 g $CoSO_4 \cdot 7\,H_2O$ z.A. (= 650 mg Co) und 11,5 ml n-HCl in 100 ml enthalten. Die Transmissionsskala des Gerätes soll bei richtiger Einstellung der Spaltbreite und Vorlage dieser Lösungen in einer 1-cm-Küvette folgende Transmissionen aufweisen:

$$\lambda = 439\ \text{m}\mu \qquad T = 51{,}4 \pm 0{,}3$$
$$\lambda = 512\ \text{m}\mu \qquad T = 26{,}9 \pm 0{,}5$$
$$\lambda = 581\ \text{m}\mu \qquad T = 75{,}3 \pm 0{,}3$$

Schließlich sollen auch die verwendeten Küvetten völlig übereinstimmen und bei 400—550 mμ keinen größeren Unterschied in der Transmission zeigen als 0,5%.

Bei der Auswertung der Messungen soll stets die Extinktion des reinen Öls angegeben werden. Vielfach sind wegen der zu hohen Farbstoffkonzentration direkte Messungen nicht möglich. In solchen Fällen verdünnt man die Probe mit Tetrachlorkohlenstoff soweit, daß die Extinktionen in den optimal ablesbaren Extinktionsbereich von ca. 0,1—0,8 fallen. Da die Lösungen von Ölen und Fetten in Tetrachlorkohlenstoff dem Lambert-Beer'schen Gesetz gehorchen, gilt:

$$E = E' \cdot v$$

worin E' die Extinktion der verwendeten Lösung und v die Verdünnung ist.

h) Trichromatische Methode zur Messung der Farbe von flüssigen und festen Fetten sowie von Fettprodukten[1]

Die spektralphotometrische Methode von G. JACINI (1955) und W. A. PONS jr. (1960) gibt einen sehr genauen Maßstab zur Bestimmung des Farbstoffgehaltes von Ölen und Fetten. Sie hat indessen den Nachteil, keine Aussage darüber zu machen, welche Farbe das zu untersuchende Fett besitzt. Diese Eigenschaft ist nach dem Color-Index-System nicht in Zahlen auszudrücken, da sie mit der spektralen Empfindlichkeit des Auges zusammenhängt.

Eine Maßzahl für den Farbeindruck erhält man hingegen bei der trichromatischen Farbmessung, deren Wesen in einigen Worten dargelegt werden soll.

Die in das Auge gelangende Lichtstrahlung wird entsprechend der Eigentümlichkeit des menschlichen Auges nach drei voneinander unabhängigen verschiedenen spektralen Empfindlichkeitsfunktionen bewertet. Die dabei erzielten Wirkungen setzen sich zu einer einheitlichen Wirkung zusammen, die als *Farbvalenz* bezeichnet wird. Diese Farbvalenz wird dann vom Sehorgan zur Farbempfindung verarbeitet, die aber je nach den verschiedenen Nebenbedingungen beim Sehen recht unterschiedlich ausfallen kann. Eine eindeutige Zuordnung zum *Farbreiz* (Strahlung) ist deshalb nur für die Farbvalenz möglich. Nach einem sehr genauen

---

[1] Durchgesehen von Professor Dr. M. RICHTER, Berlin.

Studium der spektralen Empfindlichkeit des durchschnittlichen normalen Auges hat die Internationale Beleuchtungskommission (CIE = Commission Internationale d'Eclairage) im Jahre 1931 ein Farbmaßsystem eingeführt, mit dem die Farbvalenzen als Punkte in einem dreidimensionalen Raum, dem *Farbenraum*, dargestellt werden. Bei Berücksichtigung der Lichtart — denn die Farbe eines Körpers wird auch durch die spektrale Verteilung des auf ihn fallenden Lichtes beeinflußt — kann man die Farbvalenz eines Körpers genau festlegen. Auf diese Weise erhält man beispielsweise die Maßzahlen X, Y, Z einer Farbvalenz für die Normlichtarten A (Glühlampenlicht) und C (Tageslicht). Diese Werte werden als *Normfarbwerte* bezeichnet. Das CIE-System wurde als Normvalenz-System in die deutschen Normen übernommen (DIN 5033).

Für die Zwecke der praktischen Anwendung dieses Systems bedient man sich gern der sog. *Normfarbwertanteile*

$$x = \frac{X}{X + Y + Z} \qquad y = \frac{Y}{X + Y + Z}$$

Diese Normfarbwertanteile können als Koordinaten in der „Normfarbtafel", d. h. einer Ebene durch den Farbkörper, dienen und erlauben dann, die Farbe nach *Farbton* und *Farbsättigung*, also nach *Farbart*, zu kennzeichnen. Der Hellbezugswert A, der mit dem Normfarbwert Y identisch ist, muß also zusätzlich angegeben werden. Eine solche Normfarbtafel ist in Abb. 41 dargestellt.

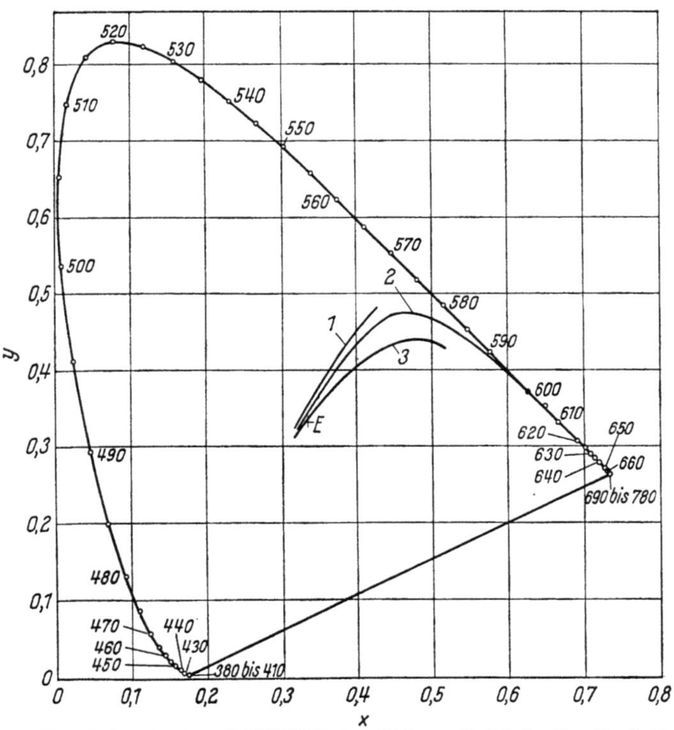

Abb. 41. Normfarbtafel vgl. auch DIN 5033; 1 = Dichromatfarbskala; 2 = Gardner- und Jodfarbskala; 3 = FAC-Farbskala

Alle real vorkommenden Farbwerte liegen innerhalb des Zuges der Spektralfarben, für die die Wellenlängen an den entsprechenden Punkten aufgezeichnet sind. In der Mitte der Tafel, bei x = y = 0,333 liegt das definierte Unbunt. Die eingezeichneten Linien beziehen sich auf die Farbörter von bekannten Vergleichsfarbskalen (vgl. S. 504).

Für ein eingehendes Studium aller mit der Farbverteilung zusammenhängender Fragen sei auf die Werke von H. ARENS (1957) und W. SCHULTZE (1966) sowie die Aufsätze von M. RICHTER (1956), G. SCHRICKER (1957), W. ZIMMERMANN (1957) und TH. GRÜNEWALD (1959) verwiesen. Die Anwendung der trichromatischen Methode auf die Farbkennzeichnung von Ölen und Fetten beginnt gerade erst, allgemeines Interesse zu erregen. Es ist aber nicht daran zu zweifeln, daß die Farbmetrik mit der Zeit alle übrigen Methoden verdrängen wird, da sie als einzige genaue Aussagen über die Farbe zu machen gestattet.

α) Farbmessung von Ölen und Fetten

Zur Farbmessung sind von den prinzipiell drei möglichen zwei Verfahren besonders geeignet: das Spektralverfahren und das Dreibereichs-Verfahren.

Beim *Spektralverfahren* bestimmt man die Transmissionsgrade $\tau(\lambda)$ des zu untersuchenden Öls im Bereich des sichtbaren Lichtes in Abständen von 5 oder 10 mμ und berechnet dann nach Formeln, die sowohl die Empfindlichkeit des Auges für die jeweilige Wellenlänge als auch die spektrale Lichtverteilung und die Beleuchtungskonstante berücksichtigen, die Normfarbwerte X, Y, Z. Näheres hierüber in DIN 5033, ferner z.B. bei TH. GRÜNEWALD (1959). Diese Methode ist zeitraubend und umständlich. Eine oft ausreichende Vereinfachung ist A.K. PRESNELL (1949) und vor allem M. NAUDET, E. SAMBUC u. Mitarb. (1955—1962) zu danken, die fanden, daß man sich auch mit der Messung des Transmissionsgrades $\tau(\lambda)$ bei wenigen Wellenlängen begnügen kann, um die Normfarbwerte annähernd zu berechnen. Nach M. NAUDET u. Mitarb. werden die Normfarbwerte nach den Formeln berechnet:

$$X = 0{,}19\,\tau_{444} + 0{,}33\,\tau_{552} + 0{,}46\,\tau_{624}$$
$$Y = 0{,}17\,\tau_{495} + 0{,}63\,\tau_{552} + 0{,}20\,\tau_{624}$$
$$Z = 0{,}94\,\tau_{444} + 0{,}24\,\tau_{495}$$

Zur Ausführung der Bestimmung werden die Transmissionsgrade der Öle und geschmolzenen Fette in einer 1-cm-Küvette gegen Tetrachlorkohlenstoff oder ein anderes Lösungsmittel von gleichem Brechungsindex wie das zu untersuchende Fett, z.B. Benzol-Cyclohexan 1:1, gemessen. Wenn $\tau < 0{,}20$ ist, verdünnt man mit Tetrachlorkohlenstoff oder einem anderen Lösungsmittel, so daß die Transmissionsgrade Werte zwischen 0,20 und 0,80 annehmen. Den Transmissionsgrad des unverdünnten Öls berechnet man dann über die Extinktionsgleichung. Die Umrechnung wird erleichtert, wenn man sich der in der IUPAC-Methode II. B. 4 wiedergegebenen Tabellen bedient. Liegt τ über 0,80, verwendet man Küvetten von 2 oder 5 cm Schichtdicke und rechnet auf eine Schichtdicke von 1 cm zurück. An das Auflösungsvermögen des Spektralphotometers werden keine großen Anforderungen gestellt. Sogar mit einem einfachen, mit Interferenzfiltern ausgestattetem Kolorimeter kann man recht befriedigende Resultate erhalten. Die Temperatur des Öls oder geschmolzenen Fettes ist im Bereich von 20—60° C ohne Einfluß auf das Ergebnis.

Ebenso leicht wie das eben beschriebene vereinfachte Spektralverfahren ist das *Dreibereichsverfahren* auszuführen.

In den Strahlengang eines Photometers werden nacheinander drei Filter gebracht (rot, grün und blau), die so berechnet sind, daß die resultierende Empfindlichkeit der Photozelle möglichst genau den Spektralempfindlichkeiten des Auges angeglichen wird. Diese Filter heißen *Farbwert-Meßfilter*. Man bringt die zu untersuchende Ölprobe in den Strahlengang und erhält drei Meßwerte R, G, B, die nach einer kurzen Umrechnung direkt die Normfarbwerte X, Y, Z ergeben. Ein Gerät dieser Art ist beispielsweise der Weißgradmesser nach K. HOFFMANN[1], der in erster Linie zur Messung der Remission konstruiert wurde, in Verbindung mit einer Flüssigkeitsküvette aber auch zur Messung des Transmissionsgrades verwendet werden kann.

β) Farbmessung fester Fette und Fettprodukte

Die Farbe fester Fette und Fettprodukte wie Butter und Margarine kann nach demselben Prinzip gemessen werden wie die der Öle. In diesem Fall werden an Stelle des Transmissionsgrades die spektralen Remissionsgrade $\beta(\lambda)$ des Fettes gemessen,

[1] Hersteller: Fa. Spindler & Hoyer K.G., 34 Göttingen.

wobei man ebenfalls entweder das vereinfachte Spektralverfahren mit ausgewählten Wellenlängen oder das Dreibereichsverfahren benutzen kann. Im ersten Fall bedient man sich zweckmäßig eines Remissionsansatzes, z. B. zum Zeiss Spektralphotometer PMQII, im zweiten Fall eines geeigneten Gerätes für das Dreibereichsverfahren (oft ,,Filterphotometer" genannt), wie z. B. des ,,Elrepho" (C. Zeiss, Oberkochen) oder des schon genannten Weißgradmessers nach K. HOFFMANN, dessen Wirkungsweise von G. ENGELKING (1951) beschrieben wurde. Eine Prinzipskizze des ,,Elrepho" ist in Abb. 42 wiedergegeben.

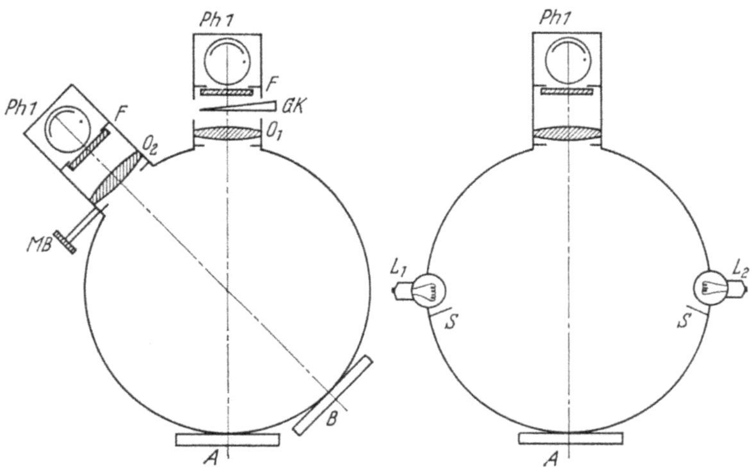

Abb. 42. Prinzipskizze des ,,Elrepho"

Den prinzipiellen Aufbau des Gerätes zeigt Abb. 42 in zwei zueinander senkrechten Schnitten. Die zu messende Probe wird (bei A) von unten an die Öffnung (⌀ = 35 mm) einer Ulbrichtschen Kugel angelegt und wird durch zwei Glühlampen (L_1 und L_2) indirekt über die Kugel vollkommen diffus beleuchtet. An eine zweite Öffnung der Kugel (bei B) ist eine Weißplatte angelegt. Die beleuchtete Fläche der Probe wird durch ein Objektiv (O_1) auf die Kathode der Photozelle (Ph_1) abgebildet, so daß diese Photozelle nur das von der Probe reflektierte Licht empfängt. In analoger Weise erhält die Vergleichsphotozelle (Ph_2) nur Licht von der Vergleichsplatte (B). Vor den Zellen sind Farbfilter (F) angeordnet, die gemeinsam für beide Zellen durch einen Revolver gewechselt werden können. Die verstellbare Meßblende (MB) im Strahlengang der Vergleichszelle ist das eigentliche Meßorgan. Ihre an einer Teilung ablesbare Stellung ergibt den Meßwert. Zum Abgleich der Photoströme bei vorgegebener Blendenstellung dient ein Graukeil (GK) im Strahlengang der Photozelle (Ph_1).

Die Photozellen sind elektrisch in einer Differenzschaltung miteinander verbunden. Der Differenzstrom wird nach Verstärkung durch eine im Gerät eingebaute Verstärkerröhre an einem Nullinstrument zur Anzeige gebracht. Verstärker und Anzeigeinstrument dienen also nur als Null-Indicator für die Gleichheit der Photoströme.

γ) Reproduzierbarkeit und Genauigkeit der Methode; Anwendungsbeispiele

Die Reproduzierbarkeit der spektralen Transmissions- und Remissionsmessungen liegt bei guten Geräten und sorgfältigem Arbeiten in der Größenordnung von 0,2—0,5%. Die Absolut-Genauigkeit solcher Messungen und der Bestimmung der Farbwerte hängt u. a. von der Präzision ab, mit der sich der Weißstandard herstellen läßt. Dies dürfte selten genauer als auf ± 0,5% möglich sein. Manche Dreibereichs-Geräte sind den auf der Basis der spektralen Verteilung arbeitenden Geräten oft wegen zu wenig genauer Spektralanpassung unterlegen. Man wird sie daher besser für Differenzmessungen benutzen, bei denen die Unterschiede der Farbwerte gegenüber geeigneten kalibrierten Farbstandards gemessen wird.

Abschließend sei die Brauchbarkeit der trichromatischen Farbmessung an einigen Beispielen aus dem Laboratorium des Verfassers demonstriert. Tab. 43 gibt die Normfarbwertanteile x, y und den Hellbezugswert A (= Y) einiger Rohöle, nach verschiedenen Methoden gemessen, wieder.

Tabelle 43. *Farbwerte verschiedener Rohöle*

Ölsorte	Methode NAUDET*			Weißgradmesser nach HOFFMANN		
	x	y	A	x	y	A
Cocosöl	0,356	0,377	85,5	0,368	0,383	88,2
Sojaöl	0,497	0,502	73,2	0,506	0,474	71,3
Olivenöl	0,447	0,483	75,9	0,481	0,506	77,0
Palmöl	0,602	0,398	28,8	0,602	0,382	31,1

* Im Zeiss M4 Q-Spektralphotometer gemessen

Auf S. 511 wurde die fortschreitende Entfärbung von Kottonöl bei der Entsäuerung und Bleichung durch die Bestimmung des Farbindexes gekennzeichnet. Tab. 44 veranschaulicht nun, daß die trichromatische Messung darüber hinaus auch die Änderung des Farbtons angibt. Als Maß für die Helligkeit oder „Brillanz" des Öls ist auch hier der Normfarbwert Y = A errechnet. Alle Werte wurden aus den im Weißgradmesser nach HOFFMANN gemessenen Transmissionen berechnet.

Tabelle 44. *Verlauf der Bleichung von Kottonöl, dargestellt durch die Farbwerte für Normlichtart C*

Nr.	Farbindex nach PONS	Normfarbwertanteile x	y	Hellbezugswert A
1	3580	0,544	0,335	3,2
2	275	0,496	0,472	66,0
3	200	0,474	0,474	75,2
4	33	0,350	0,367	95,9
5	14	0,329	0,347	98,9
6	9,5	0,322	0,335	100,2
7	9,0	0,314	0,324	100,0

Ganz besonders geeignet ist die Remissionsmessung zur Bestimmung der Farbe von Fetten und Fettprodukten im handelsüblichen Zustand. Die Farbe dieser Erzeugnisse hängt, im Gegensatz zu der von Ölen, sehr von der Temperatur ab. Da bei tiefen Temperaturen die Menge der festen Anteile zunimmt, nimmt die Transparenz ab, und die Probe erscheint heller. Auch die Aufhellung von gelblich gefärbten Fetten durch fein verteilte Gase kann mit Hilfe der Remissionsmessung unschwer erkannt werden. Farbmessungen sind schließlich das beste Mittel, über lange Zeiträume hinaus etwaige Farbänderungen von Butter und Margarine zu verfolgen und dokumentarisch zu belegen.

Einige Beispiele für Remissionsmessungen dieser Art mit dem Weißgradmesser nach HOFFMANN, die von O. WERBER (1958) im Laboratorium des Verfassers ausgeführt wurden, bringt Tab. 45.

Tabelle 45. *Farbmessungen an festen Fetten*

Nr.	Fett bzw. Fettprodukt	x	y	A
1	Margarine, bei 19° C aufbewahrt	0,372	0,367	76,6
2	Margarine, bei 10° C aufbewahrt	0,372	0,364	76,8
3	Erdnußweichfett, F.P. 34° C (0,9% N_2)	0,327	0,335	76,5
4	Erdnußweichfett, F.P. 34° C (14% N_2)	0,227	0,333	86,2

12. Spektralphotometrische Analysen

Das Absorptionsspektrum eines Stoffes kann nicht nur, wie wir im vorigen Kapitel gesehen haben, zur Charakterisierung der Farbe, sondern auch zur Bestimmung der Konzentration des absorbierenden Stoffes benutzt werden, vorausgesetzt, daß seine Extinktion bekannt ist oder daß er in reiner Form für Vergleichsmessungen zur Verfügung steht. Für praktische Zwecke pflegt man das Spektrum des Lichtes in folgende Gebiete zu unterteilen:

1. die Region des fernen Ultraviolett unter 200 mμ
2. die Region des nahen Ultraviolett von 200—350 mμ
3, die Region des Sichtbaren von 350—750 mμ
4. die Region des Infrarot von 750 mμ bis 25μ

In allen Bereichen sind Absorptionsbanden zu beobachten, die für gewisse Fettsäuren und Fettbegleitstoffe charakteristisch sind. Beispiele hierfür bringt Tab. 46.

Tabelle 46. *Absorptionsmaxima von Fettsäuren und Fettbegleitstoffen*

Absorbens	Absorptionsmaximum
	UV-Gebiet
Öl-, Linol-, Linolensäure	180—195 mμ
C_{18}-Diensäuren	231—234 mμ
C_{18}-Triensäuren	260—280 mμ
C_{18}-Tetraensäuren	290—320 mμ
Vitamin A	290—325 mμ
Tokopherole	280—300 mμ
	Sichtbares
Carotine	450 mμ
Chlorophyll	640—660 mμ
	IR-Gebiet
—OH Gruppen	2,7— 2,9 μ
=CO Gruppen	5,7— 6,0 μ
trans-Konfiguration	10,0—10,35 μ

Die Spezifität der Absorptionsmaxima bietet in vielen Fällen die Möglichkeit, Zusammensetzung und etwaige Änderungen von Fettinhaltsstoffen genau zu verfolgen. Die spektralphotometrische Methode hat sich daher als ein unentbehrliches Hilfsmittel in den Laboratorien erwiesen. Vgl. hierzu die Arbeiten von R. T. O'Connor u. Mitarb. (1949) sowie N. H. E. Ahlers u. L. A. O'Neill (1954); N. H. E. Ahlers (1956).

Neben der qualitativen Deutung ermöglichen die Spektren aber auch die quantitative Bestimmung der Inhaltsstoffe, wenn man die Schwächung des eingestrahlten Lichtes im Absorptionsmaximum mit Hilfe des Lambert-Beer'schen Gesetzes auswertet.

$$I = I_0 \cdot 10^{-k \cdot c \cdot l}$$

Darin ist:

I_0 = Intensität der einfallenden Strahlung bei der Wellenlänge λ
I = Intensität der durchgelassenen Strahlung
c = Konzentration in g/l
k = spezifischer Extinktionskoeffizient
l = Länge des Lichtwegs in cm

oder umgeformt:

$$E = k \cdot c \cdot l$$

E ist die im Spektralphotometer gemessene Extinktion (englisch: absorbance, optical density) = log I_0/I

Zur Bestimmung der Konzentration der in der Tab. 46 genannten Stoffe in Ölen und Fetten mißt man daher die Extinktion der Öle in einem geeigneten Lösungsmittel und errechnet die spezifische Extinktion (absorgtivity) k', d. h. die Extinktion einer 1%igen Lösung bei einer Schichtdicke von 1 cm. In einem Vergleichsversuch wird die spezifische Extinktion k des reinen Stoffes bestimmt. Die gesuchte Konzentration x ist dann:

$$x = \frac{k'}{k} \cdot 100$$

Bei Lösungen, die dem Gesetz von LAMBERT-BEER gehorchen — das trifft für alle in diesem Abschnitt behandelten absorbierenden Lösungen zu — genügt es, einmal die Größe k zu bestimmen. Bei bestehender Abhängigkeit des Extinktionskoeffizienten k von der Konzentration ist ebenfalls eine spektralphotometrische Bestimmung der Konzentration möglich, aber nur in Verbindung mit einer vorher aufgestellten Eichkurve. Beim Vergleich von Literaturangaben ist zu beachten, daß k sowohl in g/l als auch in g/100 ml ausgedrückt wird (Abkürzungen nicht ganz korrekt: $E^{0,1\%}_{1\,cm}$ bzw. $E^{1\%}_{1\,cm}$).

Im folgenden werden nun die wichtigsten fettchemischen Anwendungen der spektralphotometrischen Analyse im UV- und IR-Gebiet, nämlich die Bestimmung von Isolen-, Konjuen- und trans-Fettsäuren beschrieben.

Zahlreiche Beispiele für die Spektralphotometrie im Sichtbaren finden sich in Abschnitt VIII.

a) Ultraviolett-Spektralphotometrie

Die Ultraviolett-Spektralphotometrie hat sich in den letzten 20 Jahren dank der intensiven Arbeit vornehmlich angelsächsischer Forscher zu einem exakten Hilfsmittel in der analytischen Fettchemie entwickelt. Sie ermöglicht nicht nur die genaue Bestimmung von konjugiert-ungesättigten Fettsäuren, auch Konjuenfettsäuren genannt, die zahlreiche sehr charakteristische Maxima im Ultravioletten aufweisen, sondern auch der Fettsäuren mit isoliert-ungesättigten Doppelbindungen, der Isolenfettsäuren, nachdem man Mittel und Wege gefunden hatte, letztere, die relativ unspezifisch im fernen Ultraviolett absorbieren, in die entsprechenden Konjuenfettsäuren mit charakteristischen Absorptionsmaxima zu überführen. Die Darstellung dieses Gebiets muß sich naturgemäß auf die wichtigsten Phänomene beschränken. Zu weiterem Studium und zur experimentellen Einarbeitung seien vor allem die übersichtlichen Darstellungen von G. A. J. PITT u. R. A. MORTON (1957) sowie D. CHAPMAN (1965) und das Buch von M. PESTEMER (1964) empfohlen.

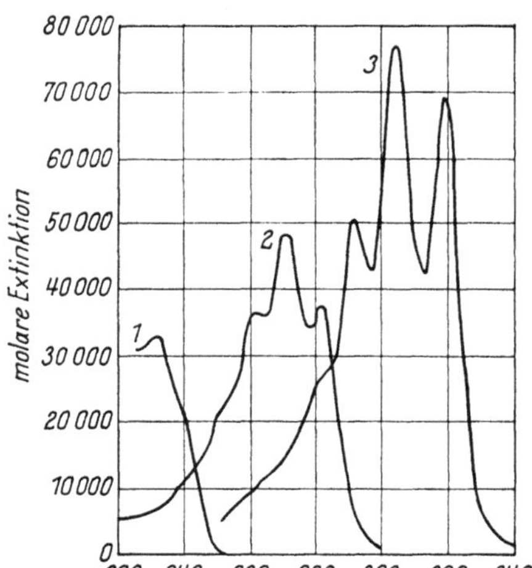

Abb. 43. Absorptionsspektren von Konjuenfettsäuren nach O'CONNOR (1947) sowie H. P. KAUFMANN u. Mitarb. (1950); 1 = 9,11-Linolsäure; 2 = α-Elaeostearinsäure; 3 = α-Parinarsäure

α) Bestimmung von Konjuenfettsäuren

In der Natur kommen zahlreiche Konjuenfettsäuren vor, vornehmlich in trocknenden Ölen, z. B. α-Elaeostearinsäure und Parinarsäure. Andere entstehen durch industrielle Prozesse, z. B. isomere Linolsäure durch Dehydratation von Rizinusöl oder Isomerisierung von Sojaöl und Leinöl. Einige charakteristische Spektren sind in Abb. 43 wiedergegeben.

Wie diese Abbildung erkennen läßt, haben die Konjuenfettsäuren scharf ausgeprägte Maxima, die sich mit zunehmender Zahl der Doppelbindungen immer mehr zum sichtbaren Teil des Spektrums hin verschieben. Wenn die spezifische Extinktion bekannt ist, bereitet es daher auch keine Schwierigkeiten, den Gehalt von Fetten an diesen Verbindungen zu bestimmen. Die Extinktionen aller bekannt gewordenen konjugiert-ungesättigten Fettsäuren sind in der zitierten Veröffentlichung von PITT u. MORTON (1957) zusammengestellt. Die wichtigsten von ihnen haben nach Beobachtungen von H. P. KAUFMANN u. Mitarb. (1950) folgende Größe (vgl. Tab. 47).

Tabelle 47. *Extinktionskoeffizienten von Konjuensäuren* (nach H.P. KAUFMANN u. Mitarb. 1950) Vgl. auch DGF-Einheitsmethode C–IV 6 (57)

Fettsäure	λ max. mμ	$E^{1\%}_{1\,cm}$
9,11-trans-trans-Linolsäure	231,5	1091
α-Elaeostearinsäure	272	1710
β-Elaeostearinsäure	268	2130
α-Licansäure	272	1710
β-Licansäure	268	1920
α-Parinarsäure	306	2850
β-Parinarsäure	301	3200

Wenn aber mehrere Konjuensäuren zugleich anwesend sind, deren Extinktionskurven sich überschneiden, bedarf es häufig einer Korrekturrechnung, die den Anteil der begleitenden Säuren an der Extinktion der zu betimmenden berücksichtigt. In vielen Fällen wird es zweckmäßig sein, zur Auswertung ein nicht überlagertes Nebenmaximum heranzuziehen.

Die nachstehende DGF-Methode berücksichtigt diese Korrekturrechnung.

Bestimmung der Konjuenfettsäuren nach DGF-Methode C–IV 6a (57) (mit Ergänzungen des Verfassers)

Vorbereitung der Proben:

Für die exakte Bestimmung müssen die Gesamtfettsäuren durch Verseifung auf kaltem Wege hergestellt werden, wobei der Einfluß von direktem Licht und Luftsauerstoff sorgfältig zu vermeiden ist.

Lösungsmittel:

Als Lösungsmittel kommen reine Kohlenwasserstoffe, wie Hexan, Cyclohexan oder Isooctan, in Betracht, die frei von Aromaten sein müssen. Besonders geeignet ist das für die Extraktion von Ölsaaten verwendete technische Hexan[1], das mit Siedegrenzen von 63—70° C und einem Benzolgehalt von weniger als 1% im Handel ist.

Reinigung des Lösungsmittels:

Ein Glasrohr von 140 cm Länge und 4—5 cm ⌀ wird an seinem unteren ausgezogenen Ende mit einem Pfropfen aus Glaswolle versehen und bis zu einer Höhe von 130 cm mit Silicagel[2], das über Nacht im Trockenschrank bei 150° C getrocknet wurde, gefüllt. Auf das Silicagel bringt man einen Wattebausch, setzt einen Tropftrichter auf und läßt das Hexan mit einer Durchflußgeschwindigkeit von 20—30 ml/min durch die Säule strömen. Die ersten 100 ml werden verworfen, die nachfolgenden in Fraktionen zu je 200 ml gesammelt. Diejenigen Fraktionen werden vereinigt, deren Extinktion, in einer Quarzküvette von 1 cm Länge gegen dest. Wasser gemessen, folgende Werte nicht überschreitet:

$$257\ m\mu = 0{,}01$$
$$232\ m\mu = 0{,}07$$

[1] Hersteller: z.B. Shell AG, Esso AG, Johann Haltermann, alle in Hamburg.

[2] Geeignet ist z.B. Kieselgel Ee 0,5—1 mm der Fa. Gebr. Herrmann, 5 Köln-Ehrenfeld.

Mit 1000 g Gel erhält man auf diese Weise ca. 800 ml optisch leeres Hexan. Das gebrauchte Silicagel kann noch drei- bis fünfmal zur Reinigung verwendet werden, wenn man es wie folgt regeneriert: Man läßt das Gel nach Gebrauch an der Luft liegen, bis das anhaftende Benzin verflogen ist und erhitzt es über Nacht im Trockenschrank auf 150° C. Bei höherem Aromatengehalt des Hexans empfiehlt es sich, dieses vor der Silicagelbehandlung zu fraktionieren, wobei die ersten 10% verworfen werden; die dann übergehende Mittelfraktion von 40% wird adsorptiv gereinigt.

Verfahren:

0,1 g der filtrierten Probe wird auf 0,5 mg genau in einem 100-ml-Meßkolben abgewogen und in reinem Hexan gelöst.

Die Extinktionskurve wird unter Verwendung eines lichtelektrischen Spektralphotometers mit Quarzoptik, z.B. Zeiss PMQ II oder Beckman DU, aufgenommen, wobei die Hexanlösung in Küvetten von 1 bzw. 2 cm Weglänge vorgelegt wird. Als Vergleich dient eine Quarzküvette von genau der gleichen Schichtdicke, die mit dem reinen Lösungsmittel gefüllt ist. Verdünnung und Schichtdicke sind so zu bemessen, daß alle beobachteten Extinktionen zwischen 0,2 und 0,8 liegen. Zweckmäßig durchmustert man zunächst das ganze Absorptionsgebiet von 220—370 mμ, indem man die Extinktionen normalerweise in Abständen von 5 mμ, im Gebiet der selektiven Absorption aber in Abständen von 2 mμ notiert. Werden Maxima gefunden, so bestimmt man den Schwerpunkt derselben zu beiden Seiten des auf S. 519 angegebenen Wertes in Abständen von 0,5 mμ und wählt für die Berechnung den höchsten gefundenen Wert.

Berechnung:

Die im Maximum der Extinktionskurve gemessene Extinktion wird auf die spezifische Extinktion k′ umgerechnet.

$$k' \lambda_{\max} = \frac{E}{c \cdot d}$$

E = gemessene Extinktion
c = Konzentration der gemessenen Lösung in g/100 ml
d = Schichtdicke in cm.

Der Prozentsatz an Konjuenfettsäuren errechnet sich dann nach der angegebenen Formel:

$$\% \text{ Konjuenfettsäure} = \frac{k' \lambda_{\max} \cdot 100}{E^{1\,\%}_{1\,\text{cm}}}$$

$E^{1\,\%}_{1\,\text{cm}}$ ist die spezifische Extinktion der Dien-, Trien- bzw. Tetraenfettsäure aus Tab. 47.

Korrektur:

Bei Proben, in denen die höherkonjugierte Fettsäure in größerer Konzentration vorliegt als die niedrigkonjugierte, muß bei der Berechnung der letzteren eine Korrektur angebracht werden, die der Überlagerung der Spektren Rechnung trägt. Nähere Angaben hierüber in der Original-DGF-Vorschrift.

β) Bestimmung von Isolenfettsäuren

Da die Isolenfettsäuren nur eine wenig spezifische Extinktion im fernen Ultraviolett besitzen (I. I. RUSOFF u. Mitarb. 1945), ist eine Bestimmung dieser Säuren in der für die Konjuenfettsäuren beschriebenen Weise nur dann möglich, wenn nur eine einzige Isolenfettsäure bzw. deren Ester anwesend ist (E. SCHAUENSTEIN u. G. BENEDIKT 1960). Einen Ausweg in dieser Situation bietet die Isomerisierung der Isolensäuren mit Alkalien zu Konjuensäuren, die bekanntlich charakteristische Absorptionsmaxima im Ultraviolett besitzen. T. MOORE beobachtete 1937, daß Linol- und Linolensäure beim Kochen mit alkoholischer Kalilauge zu den entsprechenden Konjuensäuren isomerisiert werden. J. P. KASS u. Mitarb. (1939) zeigten, daß diese Umlagerung bei höherer Temperatur viel schneller eintritt, und schlugen die Verwendung einer Lösung von Kaliumhydroxid in Äthylenglykol bei 180°C vor. J. H. MITCHELL u. Mitarb. (1943) schließlich gaben eine Methode an, die es ermöglicht, aus der Jodzahl und der Extinktion der isomerisierten Fettsäuren bei 234 und 268 mμ den Gehalt des Fettes an gesättigten und bis zu dreifach ungesättigten Fettsäuren zu bestimmen. Die von ihnen vorgeschlagene Arbeitsweise ist sehr einfach:

In einem Reagensglas wird eine Lösung von 7,5 g Kaliumhydroxid in 1 l wasserfreiem Glykol auf 180° C erhitzt. Sobald die Temperatur erreicht ist, bringt man 0,1 g des zu untersuchenden Fettes mittels eines Miniaturbecherglases in diese Mischung und erhitzt genau 25 min weiter. Dann kühlt man ab, löst die Mischung in 99%igem Äthanol und bestimmt die Extinktion bei 234 und 268 mμ. Die Berechnung erfolgt unter Benutzung der spezifischen Extinktionskoeffizienten, die nach derselben Methode an reiner Linol- bzw. Linolensäure ermittelt wurden.

Der Einfluß der Isomerisierung ist in Abb. 44 deutlich zu sehen, die der Arbeit von B. W. BEADLE (1946) entnommen wurde.

In der Folgezeit wurde die Methode durch zahlreiche Forscher, insbesondere aber durch die Arbeit des AOCS-Spectroscopy Committee 1947—1958, so verbessert, daß sie heute zu den gesichertsten Methoden zur Bestimmung isoliert ungesättigter Fettsäuren gehört. Der Erfolg dieser Bemühungen darf aber nicht übersehen lassen, daß die Methode in hohem Maße empirisch ist, also nur dann brauchbare Ergebnisse liefert, wenn die standardisierten Arbeitsvorschriften, z. B. AOCS-Methode Cd 7–58 bzw. DGF-Methode C–IV 6b (57) genauestens eingehalten werden. Die experimentell bestimmten spezifischen Extinktionskoeffizienten für isomerisierte Linol-, Linolen, Arachidonsäure usw. sind nämlich keine Naturkonstanten wie die entsprechenden Koeffizienten rein dargestellter Konjuensäuren, sondern von den Reaktionsbedingungen abhängig, wie aus zahlreichen Beispielen in der bereits zitierten Arbeit von G. A. J. PITT u. R. A. MORTON (1957) sowie einer kritischen Betrachtung der Methodik durch CL. FRANZKE (1959) hervorgeht.

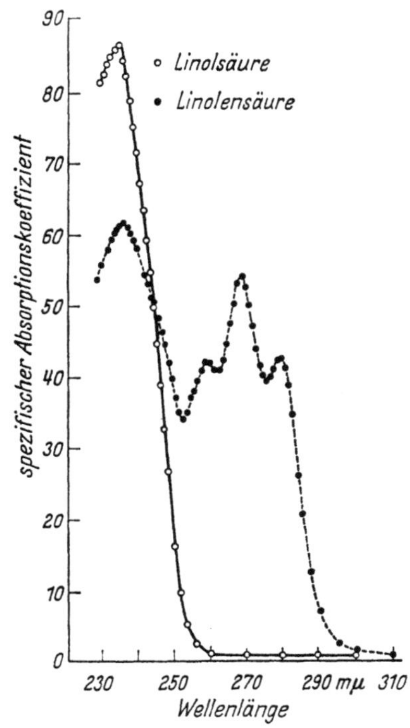

Abb. 44. UV-Spektren von alkaliisomerisierter Linol- und Linolensäure nach BEADLE (1946)

Die Alkaliisomerisierung führt nämlich in den seltensten Fällen zu einer vollständigen, sondern meistens nur zu einer teilweisen Konjugierung. Die Höhe des Extinktionskoeffizienten ist abhängig von der

— Alkalikonzentration
— Isomerisierungstemperatur
— Einwirkungsdauer
— Art des verwendeten Alkohols und
— Anzahl und Konfiguration der Doppelbindungen.

Unter gewissen Isomerisierungsbedingungen nimmt beispielsweise die Extinktion der Linolensäure bei fortschreitendem Erhitzen des Reaktionsgemisches bereits wieder ab, während die Linolsäure ihr Maximum noch lange nicht errreicht hat, wie aus Versuchen von B. A. BRICE u. Mitarb. (1952) hervorgeht (vgl. Abb. 45). Die trans-Verbindungen reagieren so langsam, daß nach Versuchen von J. E. JACKSON u. Mitarb. (1952) die trans-trans-Linolsäure erst nach 350 min den gleichen Isomerisierungsgrad erreicht wie die cis-cis-Linolsäure in 30 min.

Bei der Isomerisierung von Docosahexaensäuremethylester wird nach E. G. HAMMOND u. W. O. LUNDBERG (1953) durch Erhitzen mit 21%iger KOH-Lösung auf 180° C bereits nach 5 min ein Maximum der Extinktion erreicht, das jedoch nach weiteren 5 min bereits auf die Hälfte zurückgegangen ist. Diese Beispiele genügen, um die Bedeutung der Arbeitsbedingungen für die Höhe der spezifischen Extinktion zu demonstrieren. Ein wesentlich geringerer Abfall der Extinktion bei der Isomerisierung von Polyensäuren wird bei der Verwendung von Kalium-t-Butylat als Katalysator beobachtet, so daß dieser Isomerisierungskatalysator für die Bestimmung des Linol- und Linolensäuregehaltes besser als Kaliumglykolat geeignet erscheint (CL. FRANZKE 1959).

Es ist daher auch wenig sinnvoll, die von den verschiedenen Autoren angegebenen spezifischen Extinktionen für isomerisierte Konjuensäuren anzuführen, da ihre Höhe je nach den angewendeten Arbeitsbedingungen ganz verschieden ist.

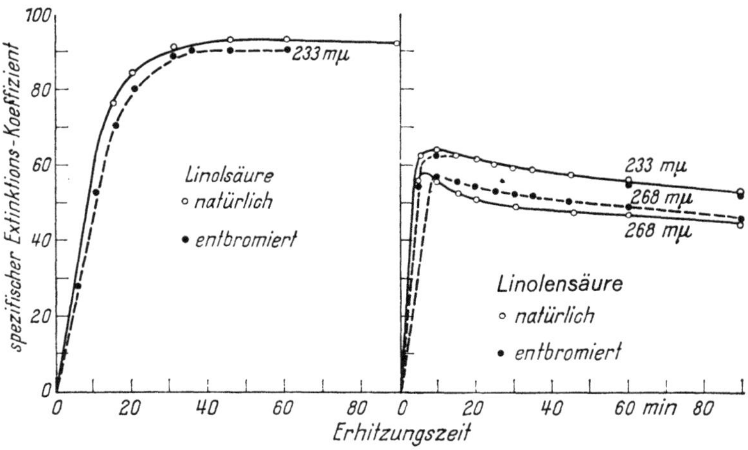

Abb. 45. Isomerisierung von Linol- und Linolensäure nach BRICE u. Mitarb. (1952)

Nachstehend wird die Bestimmungsmethode der DGF wiedergegeben, die weitgehend mit der entsprechenden AOCS-Methode übereinstimmt, aber weniger explizit ist.

Bestimmung der Isolenfettsäuren nach DGF-Methode C-IV 6b (57), mit Ergänzungen des Verfassers

Vorbemerkung:

Diese Methode ist nur geeignet zur Bestimmung von mehrfach ungesättigten Fettsäuren mit 2—5 Doppelbindungen in der cis-Konfiguration, die keine Pigmente oder andere Stoffe enthalten, die mit dem Alkali während der Isomerisierung in Reaktion treten können. Auf Isolenfettsäuren mit trans-Konfiguration, wie sie z.B. in gehärteten Fetten vorkommen, ist die Methode nicht anwendbar.

Geräte:

UV-Spektrophotometer mit Quarz-Optik,
Reagensgläser aus Pyrexglas mit rundem Boden, von 15 cm Länge und ca. 2,5 cm ∅,
Mikrobechergläser aus alkaliresistentem Glas,
Ölbad mit Rührer und automatischer Temperaturregulierung (180,0 ± 0,5° C), unter Verwendung einer Haushaltsfriteuse leicht herzustellen, oder heizbarer Metallblock, z.B. nach H.J. LIPS u. H. TESSIER (1949).
Vorrichtung zum Begasen der Röhrchen während der Isomerisierung mit sauerstofffreiem Stickstoff, z.B. nach AOCS-Methode Cd 7-58.

Reagentien:

Methanol: Die Extinktion soll bei 1 cm Schichtdicke, gegen Wasser gemessen, bei 220 mμ nicht über 0,4 liegen und die Absorptionskurve im Gebiet von 260—225 mμ flach verlaufen. Synthetisches Methanol z.A. erfüllt im allgemeinen diese Bedingungen. Andernfalls muß es mit 5 g KOH z.A. und 12 g Zinkstaub/l 3 Std unter Rückfluß erhitzt und anschließend destilliert werden.

Äthylenglykol-KOH: a) 6,5%ige KOH-Lösung: 750 g Äthylenglykol werden in einem 1-l-Kolben unter Durchleiten von sauerstofffreiem Stickstoff im Ölbad 10 min auf 190° C erhitzt. Nach dem Abkühlen auf 150° C setzt man 60 g KOH, 85%ig z.A., hinzu und schwenkt unter Durchleiten von 50—100 ml Stickstoff pro Minute um, bis sich alles gelöst hat.

b) 21%ige KOH-Lösung: Herstellung wie unter a), jedoch unter Verwendung von 210 g KOH.

Die Konzentration wird durch Titration kontrolliert. Sie soll bei a) zwischen 6,5 und 6,6 % liegen und bei b) 21 ± 0,1% betragen.

Verfahren:

Methode 1: 6,5%ige Äthylenglykol-KOH-Lösung; Isomerisierungsdauer 25 min.

Man bringt je 11 g der KOH-Glykol-Lösung in die Pyrexgläser und setzt diese in das auf 180° C erhitzte Ölbad, wobei man die Oberfläche der Glykol-Lösung ständig mit sauerstofffreiem Stickstoff bespült. Nach 20 min werden die in Mikrobechergläser eingewogenen Proben (100 mg auf 0,2 mg genau) zugegeben und dabei die Gläschen kurz aus dem Bad genommen und einige Sekunden kräftig geschüttelt. Das Schütteln wird, falls die Lösung nicht klar ist, in Abständen von je 1 min wiederholt. Nach jedem Schütteln sind die Gläschen wieder in das Ölbad einzutauchen.

Genau 25 min nach der Zugabe der Proben werden die Gläser aus dem Bad entfernt und unter der Wasserleitung schnell gekühlt. Die alkalische Lösung wird mit Methanol verdünnt und unter wiederholtem Nachspülen mit Methanol quantitativ in ein geeichtes 100-ml-Kölbchen gebracht und bis zur Marke aufgefüllt. Gegenbenenfalls muß bei der Messung entsprechend der optischen Dichte weiter verdünnt werden.

Die Messung erfolgt, wie auf S. 520 angegeben. Es wird gegen einen Blindversuch mit Glykol-KOH gemessen, der, wie bei der Isomerisierung beschrieben, behandelt wurde.

Berechnung:

Man berechnet aus den abgelesenen Extinktionen bei den Wellenlängen 232, 262, 268, 274, 308, 315 und 322 mμ die k'-Werte. Aus den k'-Werten berechnet man die Prozentgehalte an Polyensäuren nach folgenden Formeln:

% Arachidonsäure $= 0{,}469 \cdot k'_{315}$
% Linolensäure $= 0{,}198 \cdot k'_{268} - 0{,}492 \cdot k'_{315}$
% Linolsäure $= 0{,}1086 \cdot k'_{232} - 0{,}1324 \cdot k'_{268} + 0{,}040 \cdot k'_{315}$

Enthält die Probe bereits größere Mengen natürlicher Konjuensäuren, dann müssen diese von den bei der Isomerisierung gefundenen Prozent-Gehalten abgezogen werden.

Methode 2: 21%ige Äthylenglykol-KOH-Lösung; Isomerisierungsdauer 15 min.

Die Durchführung des Verfahrens erfolgt wie bei Methode 1, jedoch werden die Gläser genau 15 min nach der Substanzzugabe herausgenommen und gekühlt.

In die der Berechnung zugrunde liegenden $E^{1\%}_{1cm}$-Werte geht die Kettenlänge ein. Die angegebenen Konstanten beziehen sich wie bei der Methode 1 auf C_{18}-Säuren, nur bei der Pentaen-Säure auf ein äquimolekulares Gemisch von C_{20}- und C_{22}-Säuren.

Berechnung:

% Pentaen-Säure $= 0{,}145 \cdot k'_{346}$
% Tetraen-Säure $= 0{,}165 \cdot k'_{315} - 0{,}167 \cdot k'_{346}$
% Trien-Säure $= 0{,}110 \cdot k'_{268} - 0{,}088 \cdot k'_{315} + 0{,}019 \cdot k'_{346}$
% Dien-Säure $= 0{,}109 \cdot k'_{232} - 0{,}057 \cdot k'_{268} - 0{,}026 \cdot k'_{315} - 0{,}003 \cdot k'_{346}$

Anmerkung:

Spuren von konjugierten Trien- bzw. Tetraen-Säuren können bei der Alkali-Isomerisierung aus oxydierter Linol- bzw. Linolensäure entstehen. Zur Sicherstellung, ob es sich dabei um diese Sekundär-Produkte oder um ursprünglich vorhandene Linolen- bzw. Arachidonsäure handelt, werden die Proben in Äthylenglykol ohne KOH unter den Isomerisierungsbedingungen erhitzt. Treten in diesem Falle im wesentlichen gleiche Mengen konjugierter Systeme auf, dann handelt es sich um aus Oxydationsprodukten entstandene Konjuene. Eine Verschiebung der Doppelbindungen von Polyisolen-Säuren tritt beim Erhitzen ohne Zusatz von KOH nicht auf.

Reproduzierbarkeit und Genauigkeit der spektralphotometrischen Methode

Die *Reproduzierbarkeit* der spektralphotometrischen Methode ist, wie zahlreiche Ergebnisse mit der entsprechenden AOCS-Methode zeigten, einigermaßen zu-

Tabelle 48. *Streubereich bei der spektralphotometrischen Bestimmung der Zusammensetzung von Sojaöl* (nach AOCS Spectroscopy Committee 1947)

Fettsäure	Streubereich %	Mittel %	Standardabweichung ±
Gesättigte	20,0—14,1	17,1	1,8
Ölsäure	24,9—14,7	18,7	3,5
Linolsäure	57,2—52,6	56,0	1,6
Linolensäure	8,29—7,30	8,02	0,33

friedenstellend. In einer Gemeinschaftsarbeit wurden von dem AOCS Spectroscopy Committee 1947, beispielsweise bei Sojaöl, folgende Streuungen bei Parallelbestimmungen durch neun Laboratorien mitgeteilt (vgl. Tab. 48).

Die *Genauigkeit* der Methode wurde bereits von J.H. MITCHELL u. Mitarb. (1943) an Gemischen von Linol- und Linolensäure geprüft und für sehr gut befunden (vgl. Tab. 49).

Tabelle 49. *Genauigkeit der spektralphotometrischen Methode zur Bestimmung der Linol- und Linolensäure* (nach J.H. MITCHELL u. Mitarb. 1943)

% Linolsäure		% Linolensäure	
gefunden	berechnet	gefunden	berechnet
13,8	13,4	87,4	86,6
27,6	28,0	71,4	72,0
51,0	51,1	48,4	48,9
59,2	58,3	40,2	41,7
81,9	81,5	18,0	18,5

Auch die gute Übereinstimmung zwischen den Ergebnissen der Bestimmung der Zusammensetzung verschiedener Öle nach der Rhodan- und spektralphotometrischen Methode spricht für die Brauchbarkeit der letzteren. Dasselbe gilt für Vergleiche mit der gaschromatographischen Methode (Y. PETTERSSON 1963).

Verfahren mit Kalium-t-Butylat als Isomerisierungskatalysator; Mikromethode

In neuerer Zeit sind mehrere Isomerisierungsverfahren bekannt geworden, die sich einer Lösung von Kalium in tertiärem Butylalkohol als Isomerisierungskatalysator bedienen. Dieser Katalysator scheint weniger zu Nebenreaktionen als Kaliumglykolat zu führen. Allerdings ist die Reaktionszeit wesentlich länger.

B. SREENIVASAN u. J.B. BROWN (1956b) isomerisieren mit einer 5 %igen Kalium-t-Butylat-Lösung 4 Std bei 90° C. Im Jahre 1958 empfehlen dieselben Autoren 2stündiges Erhitzen der Fettprobe mit dem gleichen Reagens im zugeschmolzenen Rohr auf 140° C. H.B. WHITE jr. u. F.W. QUACKENBUSH (1959) empfehlen eine 20stündige Erhitzung mit einer Lösung von 15,5 % Kalium in t-Butanol. Alle Autoren beobachteten eine gute Übereinstimmung ihrer Resultate mit den nach der offiziellen AOCS-Methode erhaltenen.

D. KORVER u. Mitarb. (1967) beobachteten, daß die Isomerisierung mit Kalium-t-butylat sehr viel schneller vor sich geht, wenn man sie in Gegenwart von Äthylenglykoldimethyläther vornimmt. Die erreichten Maximumwerte bleiben über einen längeren Zeitraum konstant, so daß der im Abfall des Extinktionsmaximums der Linolensäure (S. 521) begründete Fehler hier nicht auftritt.

Herstellung der Reagenslösung

Eine 1,1 m-Lösung von Kalium-t-butylat wird durch Lösen von Kalium in trockenem t-Butanol hergestellt. Dann gibt man das gleiche Volumen Äthylenglykol-dimethyläther hinzu. Die Alkalikonzentration ist jetzt etwa 0,57 molar.

Arbeitsweise:

Etwa 100 mg Öl werden genau in ein 1-ml-Becherglas eingewogen. Der Inhalt des Bechers wird dann zu 10 ml Isomerisierungsreagens gegeben, das sich in einem 60-ml-Langhalskolben befindet. Man erhitzt 110 min auf 70°C und stoppt dann die Reaktion durch Verdünnung mit 20 ml Methanol und Zugabe von 10 ml 6m-HCl. Die Mischung wird in einen 100-ml-Meßkolben gegeben und mit Methanol auf 100 ml verdünnt.

Von dieser Lösung werden die Extinktionen bei 233 und 268 mμ gemessen und auf $E^{0,1\%}_{1\,cm}$ umgerechnet.

Berechnung:

% Linolsäure $= 1{,}151\, a_{233} - 1{,}493\, a_{268}$

% Linolensäure $= 2{,}132\, a_{268}$

a = Extinktion einer Lösung von 100 mg in 100 ml, gemessen in der 1-cm-Küvette.

Anmerkung:

Längere Reaktionszeiten (bis zu 200 min), Schwankungen der Temperatur zwischen 50 und 75°C und Änderungen der Alkalikonzentration zwischen 0,15 und 0,80 molar haben keinen Einfluß auf die Höhe der spezifischen Extinktion.

Eine *Mikromethode*, die zur Bestimmung der Isolensäuren nur 1—10 mg Substanz benötigt, aber im übrigen nach dem Prinzip der Makromethode mit einer 21%igen Lösung von KOH in Äthylenglykol arbeitet, wurde von S.F. Herb u. R.W. Riemenschneider (1953) angegeben.

b) Infrarot-Spektralphotometrie

Der infrarote Teil des elektromagnetischen Spektrums umfaßt die Wellenlängen von 0,75—1000 μ. Innerhalb dieses Bereichs unterscheidet man zwischen dem nahen Infrarot von 0,75—2,50 μ, dem mittleren Infrarot von 2,5—25 μ und dem fernen Infrarot von 25—1000 μ. Während der ultraviolette und sichtbare Teil des Spektrums den Schwingungen der Elektronen in den äußeren Schichten der Atome entspricht, verdankt das IR-Spektrum seine charakteristischen Absorptionsbanden den Schwingungen der Atome und Atomgruppen (nahes IR) und der Rotation der Moleküle (fernes IR). Für analytische Untersuchungen auf dem Fettgebiet kommen insbesondere Absorptionsmessungen im nahen und mittleren Infrarot in Betracht. Eingehend behandelt wird diese Anwendungsmöglichkeit von D.H. Wheeler (1954), R.T. O'Connor (1955, 1956 und 1961a, b, c) sowie von H.P. Kaufmann u. Mitarb. (1959) und schließlich von D. Chapman (1965 und 1965a). Im Vergleich zu den im vorigen Abschnitt diskutierten UV-Spektren sind die IR-Spektren infolge Überlagerung mannigfaltiger Einflüsse wesentlich komplizierter. Es gibt aber im nahen und mittleren IR zahlreiche Banden, die so spezifisch sind, daß gewisse Struktureigentümlichkeiten des Fettmoleküls mit großer Genauigkeit gemessen werden können. Einen Überblick hierüber gibt Tab. 50.

Tabelle 50. *Analytisch wichtige Absorptionsbanden im nahen und mittleren Infrarot* (nach R.T. O'Connor 1955, 1956 und 1961c)

Wellenlänge μ	Charakteristisch für	Wellenlänge μ	Charakteristisch für
Nahes Infrarot		Mittleres Infrarot	
1,430	1- und 2-Monoglyceride	5,75	Ester-Carbonylgruppe
1,46, 2,07	Hydroperoxide	5,83	Keto-Carbonylgruppe
2,143	cis-Isolenfettsäuren	10,06—10,36	trans-ungesättigte Fettsäuren
2,92	Hydroperoxide		
3,20	Hydroxy-Fettsäuren		

Detaillierte Arbeitsvorschriften bestehen indessen nur für wenige Funktionen. Daher werden weiter unten nur die Bestimmungsmethoden für trans-Isolenfettsäuren und cis-Isolenfettsäuren besprochen. Zuvor aber noch einige Hinweise bezüglich Apparatur und Arbeitsweise. Eine gute Übersicht über die notwendige experimentelle Ausrüstung geben H. Hoyer (1955), W. Brügel (1962) und A.E. Martin (1966). Die Beziehungen zwischen IR-Spektrum und chemischer Konstitution behandelt L.J. Bellamy (1966).

Für Messungen im nahen Infrarot genügt ein einfaches Gerät mit einer bis 2,5 μ durchlässigen Quarzoptik, z. B. Zeiss PMQ II, Perkin-Elmer: Spectracord und Beckman DK. Für Messungen im Bereich bis 15 μ kommt nur ein mit Steinsalzprisma und Registrierautomatik ausgestattetes Doppelstrahlgerät in Betracht, z. B. Leitz IR-Spektrometer, Perkin-Elmer Modell 21, Beckman IR 4, Hilger & Watts 800, Unicam usw.

Die Proben werden entweder unverdünnt flüssig oder in geeigneten Lösungsmitteln, wie Schwefelkohlenstoff und Tetrachlorkohlenstoff, gelöst in Küvetten mit

Steinsalzfenstern von 0,2—2 mm Schichtdicke in den Strahlengang gebracht. Bei der Untersuchung fester Körper macht man gern von der bekannten Kaliumbromid-Preßtechnik Gebrauch.

Zur quantitativen Auswertung der Spektren sind im Gegensatz zur UV-Spektralphotometrie vornehmlich zwei Verfahren üblich (H. P. KAUFMANN u. Mitarb. 1959):

Extinktionsmethode

Voraussetzung hierfür ist, daß das Lambert-Beersche Gesetz Gültigkeit hat, daß die spezifische Extinktion der reinen Substanz genau bekannt ist und daß die Untergrundabsorption eliminiert werden kann.

Basislinien-Methode, auch Tangentenverfahren genannt

Man zieht durch die dem Absorptionsmaximum benachbarten Minima eine Tangente und durch das Absorptionsmaximum eine Gerade parallel zur Ordinate (vgl. Abb. 47 auf S. 528), welche die Tangente in einem Punkt schneidet. Die Entfernung vom Maximum bis zu diesem Schnittpunkt ist proportional der Konzentration der gesuchten Verbindung. Der Berechnungsfaktor wird durch Aufnahme einer Eichkurve ermittelt. Anstelle der Tangente wird häufig auch eine durch zwei Wellenlängen definierte Gerade als Bezugslinie gewählt, da dieses Verfahren, wenn auch weniger genau, bei der Ausführung von IR-Analysen durch mehrere Laboratorien eine bessere Übereinstimmung der Ergebnisse bringt.

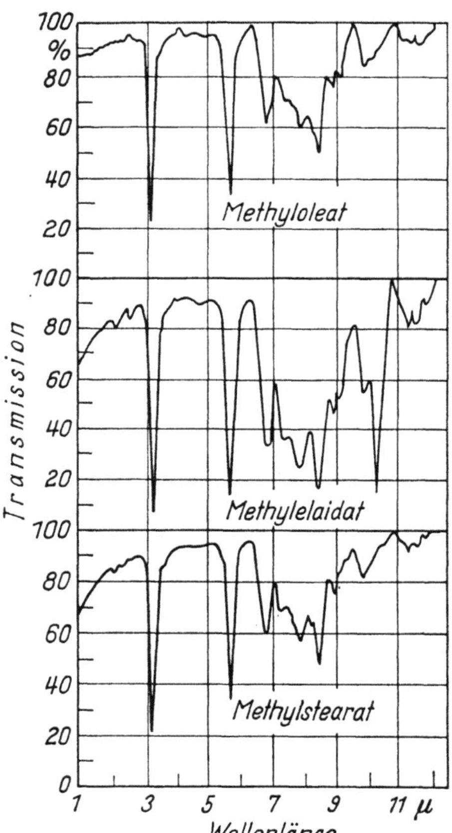

Abb. 46. Infrarot-Spektren von Methyloleat, Methylelaidinat und Methylstearat nach O'CONNOR (1955)

α) Bestimmung von trans-Isolenfettsäuren

O. O. SHREVE u. M. R. HEETHER (1950) sowie D. SWERN u. Mitarb. (1950) machten als erste den Vorschlag, den trans-Gehalt von Fettsäuren oder Fetten durch Messung der Extinktion bei 10,36 μ unter Berücksichtigung der Untergrundabsorption zu berechnen. Dieses Verfahren wurde von N. H. E. AHLERS u. Mitarb. (1953) auf konjugierte Fette angewendet. Das Verfahren von O. O. SHREVE (1950) erwies sich bei der Prüfung durch das AOCS Spectroscopy Committee als recht verläßlich, so daß durch R. T. O'CONNOR (1961a) eine vereinheitlichte Arbeitsvorschrift veröffentlicht werden konnte. Isolierte trans-Doppelbindungen zeichnen sich durch ein charakteristisches Extinktionsmaximum aus, wie Abb. 46 zeigt.

Es ist allerdings nicht möglich, die beispielsweise in hydrierten Fetten vorkommenden *konjugierten* trans-Doppelbindungen nach dieser Methode zu erfassen, da durch die Konjugation eine Verschiebung der Maxima eintritt (vgl. Tab. 51).

Bei der Auswertung der Spektren ist eine wesentliche Fehlerquelle der trans-Bestimmung lange Zeit übersehen worden. H. P. KAUFMANN u. Mitarb. (1959) machten beim Vergleich der IR-Spektren verschiedener Triglyceride mit denen der

Tabelle 51. *IR-Absorptionsmaxima von trans-Fettsäuren* (nach R. T. O'CONNOR 1955)

Absorptions-maximum μ	Fettsäure
10,36	trans-isoliert
10,17	cis, trans-konjugiert
10,12	trans,trans-konjugiert
10,11	cis,cis,trans-konjugiert
10,09	cis,trans,trans-konjugiert
10,06	trans,trans,trans-konjugiert

entsprechenden Methylester die Beobachtung, daß durch Einflüsse der Glyceridstruktur in einem Fett oder Öl trans-Bindungen vorgetäuscht werden können. Es ist daher bei niedrigem trans-Gehalt notwendig, die Glyceride vor der IR-Untersuchung mit Methanol umzuestern. Diese Erkenntnis wird auch in nachstehender Vorschrift berücksichtigt.

Bestimmung der trans-Isolenfettsäuren durch Infrarot-Spektralphotometrie (AOCS-Methode Cd 14-61, R. T. O'CONNOR 1959)

Anwendungsbereich:

Diese Methode ist nur anwendbar auf die Bestimmung isolierter trans-Bindungen in natürlichen oder künstlichen Estern langkettiger Fettsäuren und Triglyceride. Nicht anwendbar ist sie auf langkettige Fettsäuren selbst, auf Fette mit mehr als 5% konjugiert ungesättigten Verbindungen, Ricinol- oder Ricinelaidinsäure und auf gemischte Glyceride, die sehr kurze und lange Säuren im Molekül enthalten, wie beispielsweise Diacetostearin.

Geräte:

Infrarot-Spektralphotometer für den Spektralbereich von 9—11 μ, mit einer Wellenskala, die auf 0,01 μ genau einstellbar ist. Das Gerät wird mit der unten angegebenen Eichsubstanz geeicht. Die Eichwerte gelten nur für das geeichte Gerät, nicht aber für andere Geräte derselben Klasse.

Küvetten mit NaCl- oder KBr-Fenster und einer lichten Weite von 0,2—2,0 mm. Es werden von jeder Schichtdicke zwei Küvetten benötigt, die in ihrer lichten Weite auf 0,01 μ genau übereinstimmen.

Injektionsspritze mit abgestumpfter Nadel zum Füllen der Küvetten.

Diagrammpapier, x-Achse = lineare Wellenlängen oder Wellenzahleinteilung; y-Achse = in Transmissions- oder Extinktionseinheiten eingeteilt.

Reagentien:

Schwefelkohlenstoff, trocken, z.A.

Eichsubstanzen: Methylelaidinat und Trielaidin von höchster Reinheit (> 99%), da hiervon die Genauigkeit der Methode abhängt. Es ist zweckmäßig, mit diesen Substanzen Sekundär-Eichproben mit bekanntem trans-Gehalt zu eichen, die zur Kontrolle des IR-Spektrophotometers benutzt werden.

Herstellung der Proben und Eichlösungen

0,2000 g ± 0,0002 g Eichsubstanz oder Probe werden in einen 10-ml-Meßkolben eingewogen und in Schwefelkohlenstoff gelöst. Die Konzentrationen werden so gewählt, daß die abgelesene Transmission Werte zwischen 20 und 70% aufweist. Feste Fette werden vor dem Lösen geschmolzen und, wenn nötig, mit Na_2SO_4 getrocknet und filtriert.

Verfahren:

Absorptions- und Vergleichsküvette werden unter Benutzung der Injektionsspritze luftblasenfrei mit der zu untersuchenden Lösung bzw. dem Lösungsmittel gefüllt. Die Zellen werden dann in das IR-Spektralphotometer eingesetzt. Es wird nun die Transmission oder Extinktion im Bereich von 9—11 μ gemessen und registriert, wobei die dem Spektralphotometer beigegebene Gebrauchsanweisung genau zu beachten ist.

Es ist zu empfehlen, von Zeit zu Zeit eine Eichkurve mit der Standardsubstanz aufzunehmen, besonders dann, wenn irgendeine Neueinstellung am Gerät vorgenommen wurde oder wesentliche Teile, wie Glühstrahler oder Detektor, ersetzt wurden. Die Transmissionskurve wird für jede Probe in gleicher Weise wie für die Eichkurve aufgenommen. Wenn Ester analysiert werden, benötigt man die Vergleichskurven von Methylelaidinat, bei der Analyse von Glyceriden die Vergleichskurven des Trielaidins.

Man liest nun für jede Probe und Vergleichssubstanz die Transmission bei dem Maximum von 10,36 μ ab, rechnet diese Zahl in die Extinktion um oder liest direkt die gemessene Extinktion ab und berechnet daraus die spezifische Extinktion. Man zieht auf dem Diagramm eine Gerade durch die Absorptionsmaxima von 10,02—10,59 μ für Methylester oder von 10,05—10,67 μ für Triglyceride. Dann mißt man die Entfernung von der Null-Linie des Diagrammstreifens bis zum Absorptionsmaximum (a b in Abb. 47).

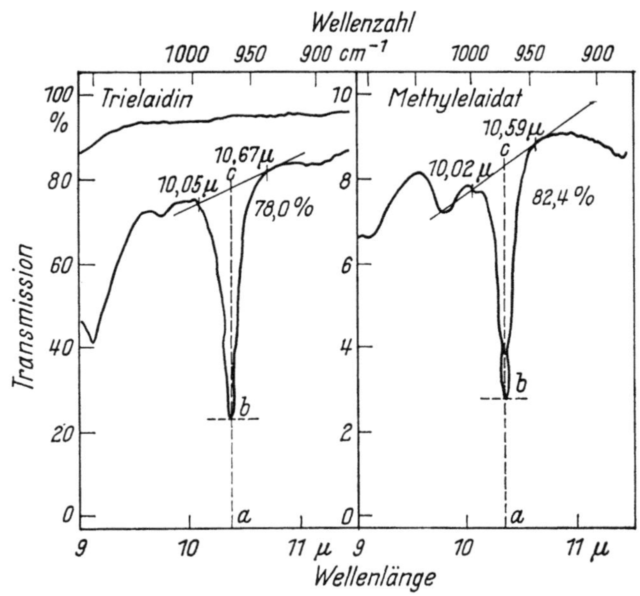

Abb. 47. Untergrundkorrektur bei der trans-Bestimmung (O'CONNOR 1959)

Man berechnet jetzt die Teiltransmission bc = ab : ac, rechnet sie auf die Extinktion um und berechnet daraus die „untergrundkorrigierte spezifische Extinktion" k' bzw. k.

Berechnung:

$$\begin{array}{l}\%\ \text{trans-Verbindungen}\\ \text{(als Methylelaidinat}\\ \text{oder Trielaidin)}\end{array} = \frac{\text{k' (Probe, untergrundkorrigiert)}}{\text{k (Eichsubstanz, untergrundkorr.)}} \cdot 100$$

k', k = spezifische Extinktion
k = E/l · c
E = gemessene Extinktion = log 1/T
l = Schichtdicke in cm
c = Konzentration der Lösung in g/l
T = Transmission.

Reproduzierbarkeit und Genauigkeit der Methode:

Die Reproduzierbarkeit der Methode ist recht gut, wie in Vergleichsuntersuchungen des AOCS Spectroscopy Committee in zehn Laboratorien festgestellt wurde (vgl. Tab. 52).

Tabelle 52. *Reproduzierbarkeit der trans-Bestimmung* (nach R. T. O'CONNOR 1959)

Substrat	Anzahl Bestimmungen	% trans höchster Wert	niedrigster Wert	Mittel	Standardabweichung ±
Hydr. Methyloleat	16	25,2	20,1	23,3	1,10
Hydr. Methyloleat	16	43,2	38,9	41,4	1,20
Vegetabil. Öl	16	45,0	40,4	41,8	1,19
Fettsäuren	16	42,1	30,8	37,3	2,83
Methylester	16	36,7	34,2	35,0	0,72
Hydr. Sojaöl	16	13,4	11,6	12,4	0,43
Hydr. Sojaöl	16	45,7	42,3	43,5	1,77
Hydr. vegetabil. Öl	16	27,4	25,1	26,0	0,70

Auch die Genauigkeit dieser Infrarot-Methode erfüllt nach den Untersuchungen von F. L. JACKSON u. J. E. CALLEN (1951) alle berechtigten Erwartungen (vgl. Tab. 53).

Tabelle 53. *Infrarot-Analyse von Gemischen mit bekanntem trans-Gehalt* (nach F. L. JACKSON u. J. E. CALLEN 1951)

Gemisch-Komponenten	trans-Gehalt % berechnet	gefunden
Methylelaidinat + Kottonfettsäure . . .	5,1	5,0
	15,1	14,8
	25,1	24,6
Elaidinsäure + gehärtete Kottonfettsäure	27,8	27,8
mit 20,9% trans-Fettsäuren	30,8	32,2
	35,3	35,7
	40,7	39,8
	47,2	48,2

Bei Gegenwart langkettiger Fettsäuren kann der trans-Gehalt auf dem hier beschriebenen Wege nur ermittelt werden, wenn er höher als 15% ist, da eine starke COOH-Bande bei 10,6 μ interferiert.

Andernfalls ist vor der Messung eine Veresterung der Fettsäuren mit Methanol erforderlich.

D. FIRESTONE u. P. LaBOULIERE (1965) machten diese AOCS-Methode zum Gegenstand einer genauen Überprüfung. Die Messung der in Schwefelkohlenstoff gelösten Testsubstanzen und Proben im Bereich von 9—11 μ ergab für Triglyceride mit geringem trans-Gehalt 2—3% zu hohe und nach Überführung in die entsprechenden Methylester 1,5—3% zu tiefe Werte. Eine exakte Analyse ist möglich, wenn Korrekturfaktoren benutzt werden bzw. wenn man die für Triglyceride und ihre entsprechenden Methylester erhaltenen Werte mittelt. Es gelten folgende Korrekturen:

1. Für Fette und Öle mit langkettigen Fettsäuren:

Triglyceride: % trans (korr.) = [% trans (gemessen) — 2,5]/0,975
Methylester: % trans (korr.) = [% trans (gemessen) + 1,5]/1,015

2. Für Fette und Öle mit kurz- und mittelkettigen Fettsäuren:

Triglyceride: % trans (korr.) = [% trans (gemessen) — 3,0]/0,970
Methylester: % trans (korr.) = [% trans (gemessen) + 3,0]/1,030

β) Bestimmung von cis-Isolenfettsäuren

R. T. HOLMAN u. Mitarb. (1959) gaben eine Methode zur Bestimmung von cis-ungesättigten Fettsäuren in Fetten und hydrierten Ölen durch spektralphotometrische Messungen im nahen Infrarot an. Sie bestimmten die Extinktion der 2,15 μ-Bande und errechneten aus dieser, der Jodzahl und dem bei 10,36 μ bestimmten trans-Gehalt die Konzentration der cis-Doppelbindungen in hydrierten Ölen mit einer Genauigkeit von ca. 6%.

A. J. FENTON jr. u. R. O. CRISLER (1959) entwickelten diese Methode weiter. Sie benutzten zur Bestimmung des cis-Gehaltes die Absorptionsbande bei 2,14 μ. Da diese Bande aber von einer starken C—H-Grundschwingung überlagert wird, bringen die Autoren zum Ausgleich in die zweite Küvette des Doppelstrahl-IR-Spektralphotometers die Lösung eines Palmitinsäurederivats. Der cis-Gehalt wird in Jodzahl-Einheiten ausgedrückt. Die Berechnung beruht auf der Beobachtung, daß

1. der Inhalt der von der Maximumkurve und der Basislinie eingeschlossenen Fläche bei ungehärteten Ölen dem cis-Gehalt proportional ist.

2. bei gehärteten Fetten eine Proportionalität zwischen dem cis-Gehalt und der Differenz der Extinktionen bei 2,143 und 2,157 μ besteht (vgl. Abb. 48).

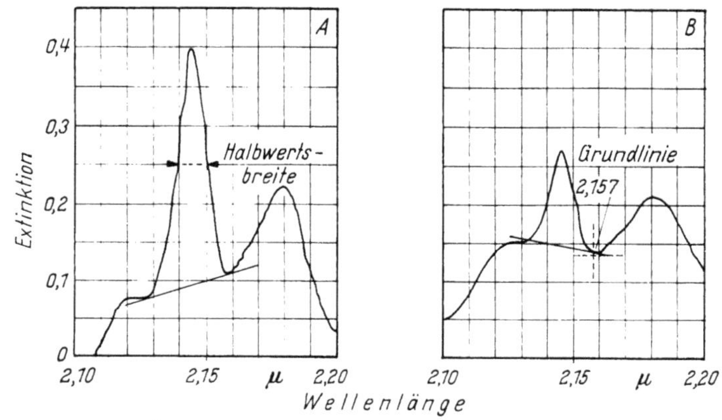

Abb. 48. Spektren von Ölen im nahen Infrarot nach FENTON u. CRISLER (1959); A = raffiniertes Sojaöl; B = hydriertes Sojaöl

Verfahren für rohe und nicht hydrierte Öle (IR trans-Gehalt < 10%)

Reagentien:

Triolein, reinst
Tripalmitin oder Trimyristin, reinst
Tetrachlorkohlenstoff z. A.

Herstellung der Eichkurve

Es werden fünf Eichlösungen hergestellt, indem man je 2,5 g einer Mischung von Triolein und Tripalmitin in unterschiedlichen Mengenverhältnissen in je 50 ml Tetrachlorkohlenstoff löst. Diese Lösungen werden im Spektralbereich von 2,1—2,2 μ unter Verwendung einer Bezugslösung, die 2,5 g Tripalmitin oder Trimyristin, in 50 ml Tetrachlorkohlenstoff gelöst, enthält, gemessen. Man zieht nun auf dem Spektrogramm als Grundlinie die Tangente zwischen den Minima bei 2,16 und 2,13 μ (vgl. Abb. 48, A) und berechnet die dem Maximum entsprechende Fläche durch Multiplikation der Halbwertsbreiten mit der Differenz:

Extinktion im Maximum — Basislinienkorrektur.

Die so berechnete Fläche wird gegen die sog. cis-Jodzahl in ein Koordinatennetz eingetragen. Die cis-Jodzahl wird nach der Gleichung berechnet

$$\text{cis-JZ} = \frac{\text{g Triolein} \cdot \text{JZ Triolein}}{2,5}$$

Die Eichkurve wird extrapoliert, um auch Fette mit einer Jodzahl oberhalb der des Trioleins (= 86,0) untersuchen zu können.

Untersuchung unbehandelter Fette

2,5 g des zu untersuchenden Öls werden in einen 50-ml-Meßkolben eingewogen und in Tetrachlorkohlenstoff gelöst. Man mißt wie bei den Eichlösungen die Extinktion im Gebiet von 2,1—2,2 μ, ermittelt den Inhalt der dem Maximum zugeordneten Fläche und entnimmt den gesuchten cis-Gehalt (in JZ-Einheiten) der Eichkurve.

Verfahren für gehärtete Öle und Shortenings; Aufstellung der Eichkurve

Je 2,5 g gehärtetes Kottonöl von annähernd der nachstehenden Zusammensetzung werden in 50 ml Tetrachlorkohlenstoff gelöst. Von jeder dieser Proben bestimmt man die Jodzahl und den trans-Gehalt.

Probe	JZ	% IR trans
1	95—105	10 ± 3
2	85— 95	20 ± 3
3	80— 85	30 ± 3
4	75— 80	40 ± 3
5	70— 75	50 ± 3

Der cis-Gehalt in Jodzahl-Einheiten wird für jedes Öl wie folgt berechnet:

$$\text{cis (JZ) des Öls} = \text{JZ der Probe} - 0{,}86\ (\%\ \text{IR trans}).$$

Die Konstante 0,86 ist der Faktor, mit dem der IR-spektralphotometrisch bestimmte trans-Gehalt (vgl. S. 527) multipliziert werden muß, um den trans-Gehalt in Jodzahl-Einheiten zu erhalten.

Die Lösungen werden im Bereich von 2,10—2,20 μ in einer 10-cm-Küvette gegen Tripalmitin oder Trimyristin als Vergleichssubstanz gemessen. Es wird nun die Extinktion im Maximum der Bande bei 2,143 μ bestimmt und durch Subtraktion der Extinktion bei 2,157 μ korrigiert (vgl. Abb. 48, B). Die erhaltenen korrigierten Extinktionen werden gegen die cis-Jodzahlen zur Aufstellung einer Eichkurve in ein Koordinatennetz eingetragen.

Untersuchung unbekannter Fette

2,5 g des unbekannten Öls werden in 50 ml Tetrachlorkohlenstoff gelöst. Die Lösung wird in einer 10-cm-Küvette zwischen 2,2 und 2,1 μ durchgemessen und die korrigierte Extinktion beim Maximum 2,143 μ bestimmt. Den gesuchten cis-Gehalt in Jodzahl-Einheiten entnimmt man der Eichkurve.

Genauigkeit der Methode

Die Methode gibt recht genaue Ergebnisse, wie die Gegenüberstellung in Tab. 54 veranschaulicht.

Tabelle 54. *Gegenüberstellung des nach verschiedenen Methoden ermittelten cis-Gehaltes hydrierter Fette* (nach A. J. FENTON jr. u. R. O. CRISLER 1959)

Fettsorte	cis-Gehalt (JZ-Einheiten) berechnet aus: % IR trans und JZ	gemessen: IR cis
Gehärtetes Sojaöl	78,8	79,1
	38,9	37,8
	26,2	26,5
Gehärtetes Kottonöl . . .	99,6	100,7
	59,1	58,7
	34,7	34,9
Shortenings	98,7	98,6
	78,3	79,8
	47,6	48,2

13. Fluorescenz

Viele Stoffe haben die Fähigkeit, im sichtbaren oder ultravioletten Licht zu leuchten. Diese Erscheinung wird als *Luminescenz* bezeichnet. Wenn die Lichtemission beim Ausschalten der erregenden Strahlung wieder verschwindet, spricht man von *Fluorescenz*, ist dagegen ein Nachleuchten zu beobachten, von *Phosphorescenz*. Nach dem Gesetz von STOKES ist die Wellenlänge des induzierten Lichtes höchstens gleich, meistens größer aber niemals kleiner als die des erregenden Lichtes. Die Intensität des Fluorescenzlichtes verteilt sich über ein ausgedehntes Spektralgebiet. Sie kann mit geeigneten Geräten quantitativ bestimmt werden *(Fluorometrie)*.

Einen Überblick über Theorie und Anwendung der Fluorescenz geben die allgemeine Darstellung von J. EISENBRAND in Bd. II/1 dieses Handbuches und die Monographien von P.W. DANCKWORTT u. J. EISENBRAND (1956/1964) und J. EISENBRAND (1966).

In die Fettanalytik hat bisher vornehmlich die Methode der qualitativen Deutung von Fluorescenzerscheinungen Eingang gefunden, während fluorometrische Messungen nur vereinzelt angewendet werden.

a) Visuelle Untersuchung von Fetten im filtrierten ultravioletten Licht

Zur visuellen Prüfung von Fetten hat sich die Analysenquarzlampe, z. B. von der Firma Heraeus, Hanau, bewährt. Sie enthält in einem Gehäuse einen Quecksilber-Hochdruckbrenner und an der Austrittsstelle des Lichtes ein Schwarzfilter, das wohl die UV-Strahlen, nicht aber sichtbares Licht durchläßt. Daher sind auch sehr schwache Fluorescenzerscheinungen deutlich wahrzunehmen. Die Erregung der Fluorescenz erfolgt bei Verwendung von Glasgefäßen durch die bei 365 mμ emittierte Quecksilberlinie, bei direkter Bestrahlung der Oberfläche durch die 313 mμ-Linie.

Die zu untersuchenden Fette werden zweckmäßig in Porzellanschalen mit nicht fluorescierender Glasur oder auf Filtrierpapierstreifen in den Strahlengang gebracht. Nach L. JUNG u. P. MORAND (1964) entsteht die Fluorescenz eines Pflanzenöls durch Überlagerung der gelb-orange Fluorescenz der Carotinoide zwischen 470 und 580 mμ, der roten Fluorescenz des Chlorophylls mit einem einzigen Gipfel bei 680 mμ, der blauen Fluorescenz des Benz-1,2-pyrens mit 6 Gipfeln zwischen 388 und 496,5 mμ und des Benz-3,4-pyrens mit 5 Gipfeln zwischen 395 und 486 mμ sowie der grünen Fluorescenz des Pyrens mit den Gipfeln zwischen 468 und 480 mμ. Die beobachteten Farberscheinungen sind aber nur in den seltensten Fällen eindeutig, da sie durch den Verarbeitungsprozeß der Fette starke Veränderungen erfahren können. Dagegen sind Verunreinigungen von Fetten mit stark fluorescierenden Stoffen, wie Holzöl, Mineralölen und polycyclischen Kohlenwasserstoffen (vgl. S. 842), mit ziemlicher Sicherheit festzustellen, besonders wenn ein Muster des verunreinigenden Stoffes zum Vergleich des Farbtons zur Verfügung steht. Daher sind die in der Literatur gegebenen Hinweise mit großer Vorsicht aufzunehmen.

So soll beispielsweise nach M. HAITINGER u. Mitarb. (1928) sowie H. P. STADLER (1928) Butter eine kanariengelbe, Margarine dagegen eine blaue Fluorescenz aufweisen. Nach Beobachtungen im Laboratorium des Verfassers trifft das für die beste Markenmargarine nicht zu. Diese zeigte ebenfalls eine rein gelbe, wenn auch nicht so starke Fluorescenzfarbe wie Butter. Billigste Margarinesorten hatten dagegen tatsächlich eine bläuliche Fluorescenz.

Umstritten sind auch die Prüfung von Schweineschmalz auf Frische und die Unterscheidung von Kakaopreßbutter und Extraktionsfett mittels der Fluorescenzprobe (Literatur: DANCKWORTT u. EISENBRAND 1956).

Eindeutig scheint die Unterscheidung von Jungfern-Olivenöl und raffiniertem Olivenöl durch die Fluorescenz möglich zu sein. Jungfernöle zeigen eine rote Fluorescenz mit einem Maximum bei 669 mμ, während raffinierte Öle grünblau fluorescieren. Die rote Fluorescenz ist nur dem nativen Chlorophyll des schonend gewonnenen Olivenöls eigen und kann nicht durch den Zusatz von Handelschlorophyll erzeugt werden (G. LUNDE u. F. STIEBEL 1933). Weiteres hierüber im Abschnitt Olivenöl auf S. 960).

b) Messung der Fluorescenzintensität

Diese kann erfolgen:

1. *Mit einfachen Fluorescenzphotometern*, die zwar nach dem Prinzip des Kolorimeters gebaut sind, bei denen aber die Intensität der abgelenkten Strahlung gemessen wird. Die zu untersuchende Substanz wird mit dem durch Filter ausgewählten Bereich des Quecksilberlichtes bestrahlt und die Intensität der gesamten Fluorescenz im Vergleich zu der Fluorescenzintensität einer Standardlösung, z. B. Chininsulfat, gemessen. Hersteller von solchen Geräten sind z. B. die Firmen Dr. B. Lange, Berlin, und Netheler & Hinz, Hamburg.

2. *Mit Fluorescenz-Spektralphotometern*, welche die Aufnahme des vollständigen Fluorescenzspektrums gestatten. Diese Geräte lassen sich durch Zuschaltung eines Fluorescenzzusatzes zu einem üblichen Spektralphotometer, z. B. Zeiss PMQ II, leicht aufbauen. Sie ermöglichen Messungen sowohl unter spektraler Zerlegung des Fluorescenzlichtes als auch unter spektraler Zerlegung der anregenden Strahlung. Bei Verwendung eines Spektralphotometers mit zwei Monochromatoren ist die Möglichkeit gegeben, gleichzeitig die Wellenlänge der erregenden Strahlung als auch die der Fluorescenzstrahlung stetig zu ändern.

Bei quantitativen Bestimmungen ist zu beachten, daß bei Überschreitung einer bestimmten Konzentration der fluorescierenden Stoffe die Intensität der Fluorescenz wieder abnimmt (Konzentrationslöschung). Fluorescenzmessungen sollen daher möglichst an verdünnten Lösungen vorgenommen werden.

Bestimmungen der Fluorescenzintensität wurden auf dem Fettgebiet vornehmlich zur Unterscheidung von Jungfern-Olivenöl und Olivenöl, raffiniert, ausgeführt. G. Lunde u. F. Stiebel (1933) konnten durch photometrische Auswertung des Fluorescenzmaximums bei 669 mμ mit dem Pulfrich-Photometer noch 10 % Sulfurolivenöl in Handelsolivenöl nachweisen. Eine noch sicherere Auswertung ist nach F. de Francesco (1959) möglich, wenn man sich eines Spektralfluorometers bedient. Das Jungfernöl besitzt zwei Fluorescenzmaxima bei 530 und 690 mμ. Durch Zusatz von rektifizierten Ölen tritt ein drittes Maximum bei kleinerer Wellenlänge auf. Außerdem fällt bei Jungfernölen die Fluorescenzkurve im Gebiet von 400—500 mμ ab, während sie bei raffinierten in diesem Gebiet stark ansteigt. Auf diese Weise konnte de Francesco noch 5 % Raffinat in Verschnitten nachweisen. Nach C.R. Scholfield u. H.J. Dutton (1955) eignet sich die Fluorescenzmessung auch zur Bestimmung der braun gefärbten Substanzen in Sojalecithin.

14. Röntgenbeugung

Im elektromagnetischen Spektrum schließen sich an das Ultraviolett in Richtung kürzerer Wellenlängen die *weichen Röntgenstrahlen* mit Wellenlängen von 1—20 Å und darüber hinaus die *harten Röntgenstrahlen* mit Wellenlängen unter 1 Å an. Die Röntgenspektroskopie kann, ähnlich wie die Ultraviolett-Spektroskopie, in Emissions-, Absorptions- und Fluorescenz-Spektroskopie eingeteilt werden. Wichtiger als diese ist aber für die Strukturaufklärung von Fetten die *Röntgenbeugung* geworden. Bei der Röntgenbeugung wird die Streuung, die ein monochromatischer Röntgenstrahl von 0,7—2 Å an einem Kristall erfährt, dazu benutzt, die Struktur dieses Kristalls zu bestimmen.

Es ist hier nicht möglich, Theorie und Praxis der Messung der Röntgenbeugung eingehend zu behandeln. Der interessierte Leser sei auf die zusammenfassenden Darstellungen von W. Kast (1955) und W. Hoppe (1961) verwiesen. Die Anwendung der Röntgenbeugung auf das Fettgebiet wird von D. Chapman (1965) eingehend beschrieben.

Der Röntgenbeugungs-Methode sind auf dem Gebiet der Öle und Fette vor allem unsere heutigen Kenntnisse über die polymorphen Formen von Fettsäuren und Glyceriden zu verdanken. Sie erlaubt vor allem eine Aussage darüber, ob Fettsäuren oder Fette nach der Nomenklatur von T. Malkin in der α-, β'- oder β-Form vorliegen. Zur Erläuterung dieser Anwendung sei der kristallographische Aufbau der Stearinsäure, der in ähnlicher Form auch für andere Fettsäuren zutrifft, erörtert, wie er sich aus den Arbeiten von A. MÜLLER (1927) ergibt.

Die Elementarzelle der Stearinsäure ist in Abb. 49 wiedergegeben.

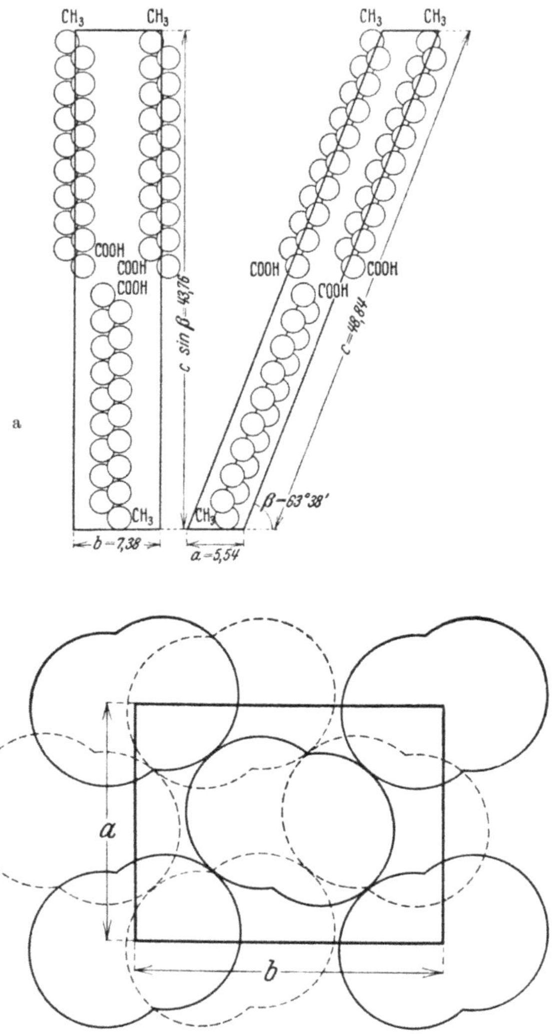

Abb. 49. Elementarzelle der Stearinsäure: a) Aufriß; b) Querschnitt, senkrecht zur Kohlenwasserstoffkette, nach PIPER (1936)

Wie aus dem Querschnitt besser als aus dem Aufriß zu ersehen ist, befindet sich in der oberen Hälfte in jeder Ecke und in der Mitte der Zelle je ein Stearinsäuremolekül. Das gleiche Bild findet man in der unteren Hälfte, nur mit dem Unterschied, daß die ganze Anordnung gegenüber der oberen Hälfte versetzt ist. Die Ursache hierfür ist, daß je zwei Stearinsäuremoleküle an die Carboxylgruppen durch Covalenzen gebunden sind. Da nun jedes Eckmolekül gleichzeitig zu drei und jedes Seitenmolekül gleichzeitig zu zwei Elementarkörpern gehört, besteht die Elementarzelle aus vier Molekülen.

Die Anordnung der Elementarzellen im Raumgitter geht aus Abb. 50 hervor.

Die Größe der Achse des Elementarkörpers ist in Abb. 49 eingetragen. Da die Zellen in einem Winkel von 63° 38' zur Netzebene angeordnet sind, ist der Netzebenenabstand (englisch: long spacing) wesentlich kleiner als die Längsachse des Elementarkörpers. Die seitlichen Abstände der parallelen Ketten in der Größenordnung von 2—5 Å heißen Seitenabstände (englisch: short spacing).

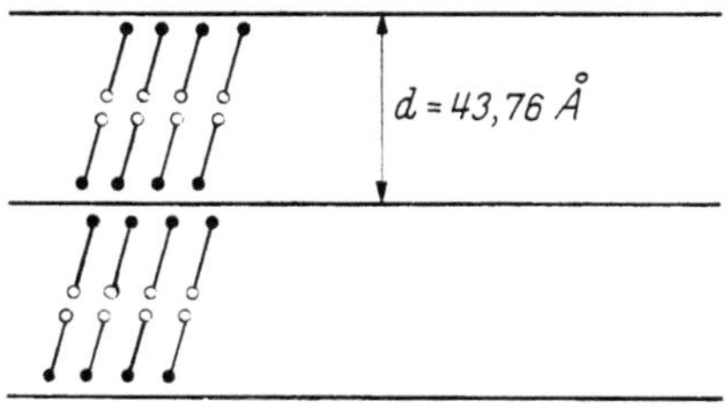

Abb. 50. Anordnung der Elementarzellen der Stearinsäure im Raumgitter

Diese beiden Größen lassen sich durch Ausmessen von Röntgendiagrammen leicht bestimmen und werden daher in der angelsächsischen Literatur zur Charakterisierung polymorpher Modifikationen angegeben. Die wichtigsten Aussagen solcher röntgenographischer Untersuchungen sind folgende:

a) Fettsäuren

Nach den Arbeiten von S. H. Piper, T. Malkin u. a. (vgl. A. E. Bailey 1950; T. Malkin 1952) existieren für gesättigte Fettsäuren mit einer geraden Anzahl von Kohlenstoffatomen drei verschiedene Gruppen von Netzebenenabständen, A, B, C genannt, bei Fettsäuren mit ungerader C-Atomzahl sogar vier = A′, B′, C′, D′. Sie nehmen in jeder Gruppe mit steigender Kettenlänge um durchschnittlich 4,6 Å pro zwei C-Atome zu. Dagegen sind die Seitenabstände mit 3,8—4 Å nahezu konstant. Es ist daher möglich, aus röntgenographischen Untersuchungen die Kohlenstoffatom-Zahl gesättigter Fettsäuren zu bestimmen.

b) Individuelle Triglyceride

Während bei Fettsäuren infolge der unveränderten Seitenabstände das Auftreten von polymorphen Modifikationen durch unterschiedliche Assoziationen der Carboxylgruppen zu erklären ist, die Änderungen des Neigungswinkels der Elementarzelle zur Netzebene zur Folge haben, wirkt sich die polymorphe Struktur der Triglyceride in einer Änderung der Seitenabstände aus (vgl. hierzu A. E. Bailey 1950; T. Malkin 1954). Die Netzebenenabstände der verschiedenen Formen einsäuriger Triglyceride nehmen linear mit der Anzahl der Kohlenstoffatome der in ihnen enthaltenen Fettsäuren zu. Die Abstände sind aber zu groß, um in Beziehung zur Kettenlänge der Fettsäuren gesetzt werden zu können. Das führte Malkin u. Mitarb. dazu, für die Triglyceride die bekannte Stimmgabelstruktur vorzuschlagen. Manche Unregelmäßigkeiten, wie z. B., daß 1-Myristodipalmitin einen größeren Netzebenenabstand als Tripalmitin besitzt, können dadurch erklärt werden, daß der Neigungswinkel des Elementarkörpers zur Netzebene nicht konstant ist.

Polymorphe Formen von Triglyceriden lassen sich an den für die Seitenabstände charakteristischen Linien für die Röntgenbeugung erkennen. Gesättigte einsäurige Triglyceride, die aus Fettsäuren mit 11—18 C-Atomen bestehen, haben nach Malkin u. Mitarb. folgende Seitenabstände:

α-Form = 4,2 Å
β-Form = 3,8—4,4 Å
β'-Form = 3,6—5,3 Å

Von ähnlicher Größenordnung sind die Seitenabstände bei zweisäurigen gesättigten Triglyceriden.

c) Fette

Auch bei vielen technischen Prozessen, bei denen es darauf ankommt, Speise- oder Backfetten bestimmte technologische Eigenschaften zu verleihen, ist das Studium der Polymorphie mit den Methoden der Röntgenbeugung von Interesse. Polymorphe Veränderungen führen bei Margarine und Shortenings zur Strukturveränderung, bei Kakaobutter zur Ausbildung von Fettreif und zu anderen Fehlern, welche die Verkäuflichkeit dieser Erzeugnisse herabsetzen (vgl. W. S. SINGLETON 1955).

15. Massenspektrometrie

Die *Massenspektrometrie* ist eine Untergruppe der Massenspektroskopie, einer verhältnismäßig jungen, physikalischen Arbeitstechnik, die auf Studien von F. W. ASTON (1926) zum Nachweis der Isotopenzusammensetzung der Elemente zurückgeht.

Die *Massenspektroskopie* ist ein analytisches Trennverfahren, in dem anorganische oder organische Moleküle bei hohem Vakuum durch Beschuß mit Elektronen ionisiert, die entstandenen Spaltstücke in einem Potentialfeld beschleunigt und entweder aufgrund ihrer Geschwindigkeit oder ihrer magnetischen Ablenkbarkeit nach Massen getrennt werden.

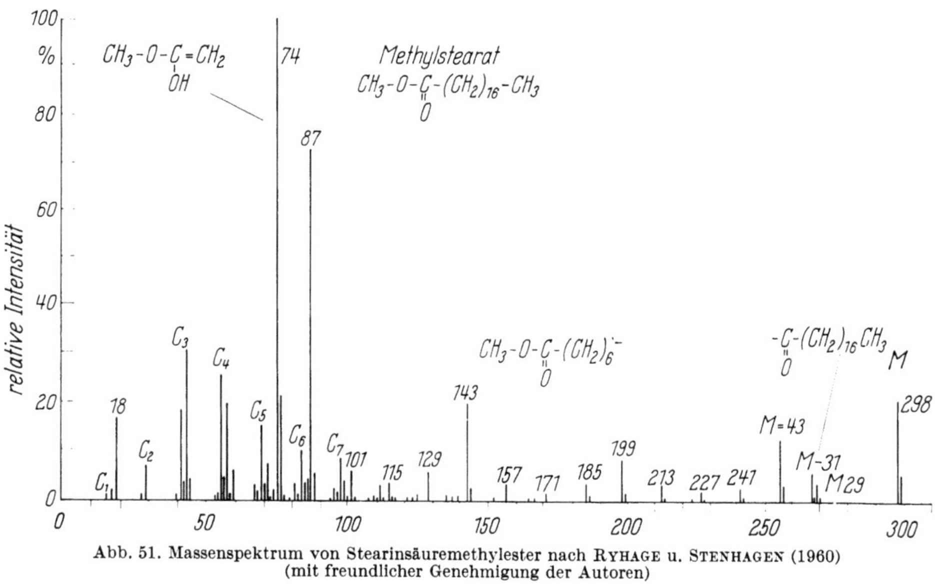

Abb. 51. Massenspektrum von Stearinsäuremethylester nach RYHAGE u. STENHAGEN (1960) (mit freundlicher Genehmigung der Autoren)

Eine eingehende Darlegung der theoretischen Grundlagen und der praktischen Anwendung dieser neuen Methodik findet der Leser in den Darstellungen von L. JENCKEL u. E. DÖRNENBURG (1955) sowie H. KIENITZ (1961). Besondere Berücksichtigung des Fettgebiets bei D. CHAPMAN (1965).

Die *Massenspektroskopie* gliedert sich in zwei Untergruppen: die *Massenspektrographie*, deren Aufgabe in einer möglichst genauen Massenbestimmung liegt, und die *Massenspektrometrie*, die sich die exakte Ermittlung der Häufigkeit von Ionenbruchstücken zum Ziel gesetzt hat.

Für massenspektrometrische Messungen steht heute eine Reihe kompendiöser Apparate bereit (Hersteller in Deutschland: Fried. Krupp, Meß- und Analysentechnik, 28 Bremen), die sich wegen der Möglichkeit, in extrem kurzer Zeit genaue Analysenwerte zu liefern, vor allem in den Laboratorien der Erdölindustrie zur Betriebskontrolle einen festen Platz erobert haben.

Seit wenigen Jahren haben sich skandinavische und amerikanische Forscher mit gutem Erfolg massenspektrometrischer Methoden in der Lipoidforschung bedient. Einen Überblick über die wichtigsten Ergebnisse bringen die zusammenfassenden Darstellungen von R. RYHAGE u. E. STENHAGEN (1960) sowie H.J. DUTTON (1961). Massenspektrophotometrisch lassen sich nicht nur Fettsäuren in kürzester Zeit identifizieren (vgl. Abb. 51), sondern auch Fettbegleitstoffe, wie Kohlenwasserstoffe, Alkohole, Sterine usw.

Zur Strukturaufklärung leistet die Methode gute Dienste. Bei verzweigten Fettsäuren kann die Stelle der Verzweigung, bei ungesättigten die Lage der Doppelbindung ermittelt werden. Auch das Problem der vollständigen Analyse der bei der Hydrierung ungesättigter Fette erhaltenen Isomeren dürfte sich hiermit lösen lassen. In Verbindung mit einem Gaschromatographen eignen sich die Massenspektrometer, insbesondere solche vom Typ der Flugzeitregistrierung, ausgezeichnet zur Identifizierung der durch die Peaks angezeigten minimalen Substanzmengen (R.S. GOHLKE 1959).

Gebrauchsfertige Kombinationen von Gaschromatograph, Massenspektrometer und Analogie-Rechner sind im Handel erhältlich (Hersteller z. B. Fried. Krupp, Meß- und Analysentechnik, Bremen).

16. Refraktometrie

Refraktometrie ist die Lehre von der Messung der Lichtbrechung. Dringt ein Lichtstrahl aus einem Medium in ein anderes von unterschiedlicher Dichte, so erleidet er als Folge einer Veränderung der Lichtgeschwindigkeit eine Ablenkung, die durch das Gesetz von SNELLIUS (1615)

$$n = \frac{\sin \alpha}{\sin \beta}$$

bestimmt wird.

n ist der Brechungsexponent, auch Brechungsindex oder Refraktion genannt, der sowohl von der Wellenlänge des Lichtes als auch von der Temperatur abhängig ist. Bei der Wiedergabe von Brechungsindizes sind daher beide Bezugsgrößen anzugeben. n_D^{20} bedeutet beispielsweise den bei 20° C und der Wellenlänge der mittleren D-Linie des Natriumlichtes = 589,3 mμ gemessenen Brechungsindex.

Der Brechungsindex nimmt mit steigender Temperatur ab, und zwar so, daß die spezifische Refraktion $R = \frac{n^2 - 1}{n^2 + 2} \cdot \frac{1}{d}$ (LORENZ-LORENTZ) konstant bleibt. Das Produkt aus spezifischer Refraktion und dem Molekulargewicht M, die Molekularrefraktion, kann additiv aus den Refraktionsäquivalenten für die einzelnen Atome (Atomrefraktion) und den Äquivalenten für die Doppel- oder Dreifachbindungen (Inkremente) berechnet werden (vgl. E. ASMUS 1955).

Viele Forscher arbeiten allerdings auch mit den sog. Gruppenrefraktionen, z. B. für die CH_3-, die CH_2-Gruppe usw.

Verbindungen mit konjugierten Doppelbindungen zeigen gegenüber den durch Addition der Atomrefraktion und Inkremente berechneten Mol-Refraktionen eine Erhöhung, die sog. Exaltation, die Rückschlüsse auf ihre Konstitution erlaubt.

Der Brechungsindex kann mit zunehmender Wellenlänge abnehmen (normale Dispersion) oder auch zunehmen (anomale Dispersion). Als *mittlere Dispersion* bezeichnet man die Differenz der Brechungsindizes für die Wasserstofflinien 486,1 und 656,3 mμ. Sie kann mit dem Abbe-Refraktometer direkt gemessen werden. Die molare Dispersion ist dementsprechend die Differenz der für verschiedene Wellenlängen bestimmten Molekularrefraktionen.

In der Analyse von Ölen und Fetten wird die Bestimmung des Brechungsindexes benutzt

a) zur Ermittlung des Fettgehaltes von Lösungen (vgl. S. 414),

b) zur Identifizierung von Fetten,

c) zur näherungsweisen Bestimmung von Jodzahlen.

Die Höhe des Brechungsindexes von Fetten und Fettsäuren wird durch konstitutionelle Faktoren beeinflußt. Nach A. E. BAILEY (1951) sind es hauptsächlich folgende:

a) Die Brechungsindizes steigen mit zunehmender Zahl der Kohlenstoffatome und Doppelbindungen im Molekül an.

b) Einsäurige Glyceride haben einen beträchtlich höheren Index als die entsprechenden Fettsäuren.

c) Die Brechungsindizes gemischtsäuriger Glyceride sind denjenigen der entsprechenden Mischungen einsäuriger Glyceride ungefähr gleich.

d) Die Brechungsindizes der Mono- und Diglyceride sind wesentlich höher als die der entsprechenden einsäurigen Triglyceride.

Einführung von Keto- und Oxy-Gruppen in die Kohlenwasserstoffkette erhöht ebenfalls den Brechungsindex.

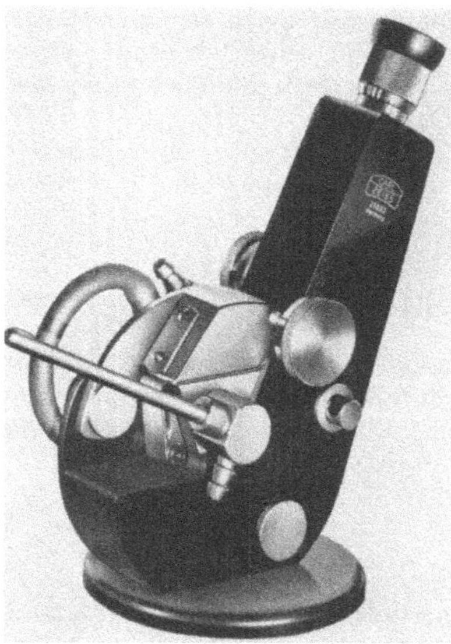

Abb. 52. Abbe-Refraktometer (Zeiss, Oberkochen)

a) Bestimmung des Brechungsindexes

Geräte:

Zur Bestimmung des Brechungsindexes von Ölen und Fetten sind folgende Geräte üblich:

Das *Abbe-Refraktometer* mit heizbarem Meßprisma nach Abb. 52, für den Meßbereich von n = 1,30—1,70 und für unmittelbare Ablesung der Indizes eingerichtet.

Es ermöglicht die Bestimmung des Brechungsindexes von durchsichtigen Proben im durchfallenden Licht und von undurchsichtigen durch Messung des Grenzwinkels der Totalreflexion. Da es außerdem noch eine Kompensationsvorrichtung für den bei der Lichtbrechung auftretenden Farbsaum besitzt, kann es bei normalem Licht benutzt werden.

Das *Butterrefraktometer*. Dieses in vielen Laboratorien noch anzutreffende einfache Instrument unterscheidet sich von dem Abbe-Refraktometer durch das Fehlen der Kompensationsvorrichtung und den geringeren Meßbereich von 1,42—1,49. Da das Gerät hauptsächlich für die Kontrolle der Reinheit von Butterfett bestimmt ist, sind die Prismen so berechnet, daß die Grenzlinie bei der Messung dieses Fettes farblos erscheint. Das Butter-Refraktometer besitzt eine empirische 100-teilige Okularskala. Zur Umrechnung der Skalenteile auf Brechungsindizes kann die Tab. 55 benutzt werden.

Das *Eintauch-Refraktometer*, z. B. von Zeiss, Oberkochen, das mit zehn auswechselbaren Prismen den Meßbereich von 1,325—1,647 umfaßt und bei sorgfältiger Arbeitsweise eine Genauigkeit von zwei Einheiten der 5. Dezimale besitzt.

Zur Erzielung ausreichender Temperaturkonstanz soll ein Umwälzthermostat, z. B. Modell HÖPPLER, mit einer Temperiergenauigkeit von 0,1 °C vorhanden sein. Eine Natriumdampflampe erleichert die Ablesung vornehmlich bei den beiden letztgenannten Geräten.

Tabelle 55. *Umrechnung der Skalenteile des Butterrefraktometers in Brechungsindizes*

Sk.-T.	n_D	Sk.-T.	n_D	Sk.-T.	n_D	Sk.-T.	n_D	Sk.-T.	n_D
0	1,4220	21	1,4385	42	1,4538	63	1,4679	84	1,4807
1	1,4228	22	1,4392	43	1,4545	64	1,4685	85	1,4812
2	1,4236	23	1,4400	44	1,4552	65	1,4691	86	1,4818
3	1,4244	24	1,4408	45	1,4559	66	1,4698	87	1,4824
4	1,4252	25	1,4415	46	1,4566	67	1,4704	88	1,4829
5	1,4260	26	1,4423	47	1,4573	68	1,4710	89	1,4835
6	1,4268	27	1,4430	48	1,4580	69	1,4717	90	1,4840
7	1,4276	28	1,4438	49	1,4587	70	1,4723	91	1,4846
8	1,4284	29	1,4445	50	1,4593	71	1,4729	92	1,4851
9	1,4292	30	1,4452	51	1,4600	72	1,4736	93	1,4857
10	1,4300	31	1,4460	52	1,4607	73	1,4742	94	1,4862
11	1,4308	32	1,4467	53	1,4613	74	1,4748	95	1,4868
12	1,4316	33	1,4474	54	1,4620	75	1,4754	96	1,4873
13	1,4324	34	1,4481	55	1,4626	76	1,4760	97	1,4879
14	1,4331	35	1,4488	56	1,4633	77	1,4766	98	1,4884
15	1,4339	36	1,4495	57	1,4640	78	1,4772	99	1,4890
16	1,4347	37	1,4502	58	1,4646	79	1,4778	100	1,4895
17	1,4354	38	1,4510	59	1,4653	80	1,4783	101	1,4901
18	1,4362	39	1,4517	60	1,4659	81	1,4789	102	1,4906
19	1,4370	40	1,4524	61	1,4666	82	1,4795	103	1,4912
20	1,4377	41	1,4531	62	1,4672	83	1,4801	104	1,4917

Alle Refraktometer sollten von Zeit zu Zeit auf richtige Eichung kontrolliert werden. Beim Abbe-Refraktometer ist das am einfachsten durch Verwendung des beigelegten gläsernen Eichplättchens nach Vorschrift des Herstellers möglich. Sonst bedient man sich einer Eichflüssigkeit, z. B.

	n_D^{20}
Wasser	1,3330
Methylcyclohexan . .	1,4231
Äthyllaurat*	1,4315

* nach J.W. Shigley u. Mitarb. (1955).

Auch das Thermometer sollte mit einem geeichten Instrument verglichen werden. Schließlich ist bei Messungen oberhalb 40° C zu beachten, daß die Temperatur der Prismenoberfläche niedriger als die des Anzeigethermometers sein kann. Die wahre Temperatur stellt man am besten mit Hilfe von Eichsubstanzen fest, bei denen die Abhängigkeit des Brechungsindexes von der Temperatur bekannt ist.

Reagentien:

Toluol oder ein anderes Fettlösungsmittel zum Reinigen der Prismen.

Verfahren:

Die Probe wird, wenn nötig, geschmolzen und filtriert, um Verunreinigungen und die letzten Spuren Feuchtigkeit zu entfernen. Dann legt man einen Tropfen des Fettes auf das untere Prisma des Refraktometers, nachdem dieses auf die vorgeschriebene Bezugstemperatur temperiert wurde, und schließt das Instrument. Sobald die Probe die Prismentemperatur angenommen hat, was meistens nach 1—2 min der Fall ist, wird der Brechungsindex abgelesen. Falls das Instrument nicht mit einem Thermostaten temperiert wird, kann man den Brechungsindex auch bei einer Temperatur messen, die von der Bezugstemperatur höchstens $\pm$ 5° C entfernt ist und auf die Bezugstemperatur umrechnen.

Bezugstemperaturen; Temperatur-Korrekturfaktoren:

Die Standardvorschriften machen hinsichtlich der Bezugstemperaturen unterschiedliche Angaben.

Die DGF-Methode C–IV 5 (52) und die IUPAC-Methode II. B. 2 schreiben vor:

Bezugstemperatur t = 20° C für Fette, welche bei dieser Temperatur flüssig sind.

Bezugstemperatur t = 40, 60, 80° C oder höher für die Fette, welche bei 20° C fest sind.

Wenn die Meßtemperatur t_1 von t verschieden ist, gilt nach derselben IUPAC-Vorschrift:

$n^t = n^{t_1} + (t_1 - t) \cdot F$, wenn $t_1 > t$
$n^t = n^{t_1} - (t - t_1) \cdot F$, wenn $t_1 < t$
F = 0,00035 für Temperaturen um 20° C
F = 0,00036 für 40° C und höher.

Auswertung:

Da der Brechungsindex mit hoher Genauigkeit zu bestimmen ist, eignet er sich für die Kennzeichnung von Fetten und Fettgemischen. Nicht verwendbar ist er aber für die Identifizierung unbekannter Fette, da seine Streuungsbreite und sein Überlappungsbereich sehr groß sind. Hierzu Beispiele in Tab. C auf S. 1012.

Der Brechungsindex von Fettmischungen läßt sich aus den Indizes der Komponenten nach der Mischungsregel berechnen.

Zwischen der Refraktion und der Jodzahl von Fetten und Fettsäuren besteht eine enge Korrelation. F. A. VANDENHEUVEL u. E. H. FARMER (1951) fanden zwischen Hydrierjodzahl und Brechungsindex ungesättigter Fettsäuren natürlichen Ursprungs folgende Beziehung:

$$n_D^{20} = 1{,}44163 + \mathrm{HJZ} \cdot 0{,}0145$$

Nach W. H. HUNT u. Mitarb. (1951) besteht zwischen der Jodzahl und dem Brechungsindex von Leinöl und Sojaöl folgende Korrelation:

$$\mathrm{JZ\ (Wijs)} = 8574{,}97\ n_D^{25} - 12513{,}83$$

Diese Gleichung ermöglichte die Konstruktion eines einfachen, in Jodzahleinheiten geeichten Handrefraktometers zur Bestimmung der Jodzahl von Sojaöl durch den Pflanzer.

Bei Anwendung dieser Methode ist aber zu beachten, daß bei der Bestimmung einer großen Anzahl von Kennzahlen wohl eine gute Durchschnittsgenauigkeit erreicht wird, im einzelnen jedoch Abweichungen von 2—5 Jodzahleinheiten gegenüber der Berechnung beobachtet werden können (K. R. MAJORS u. R. T. MILNER 1939). Gute Dienste dürfte diese Methode jedoch leisten, wenn es sich darum handelt, etwa zur Festlegung der Einwaage für die Jodzahlbestimmung die ungefähre Höhe der Jodzahl zu schätzen (H. LAGONI u. E. SAMHAMMER 1956). Weniger zuverlässig sind solche Korrelationsgleichungen bei sehr schwach gehärteten Fetten, die unter Umständen konjugierte Doppelbindungen besitzen können.

Im Laboratorium von WATERMAN erzielten A. TELS u. Mitarb. (1958) Fortschritte in der Berechnung der wahren Molekular-Refraktion von Fettsäureestern mit Hilfe von Atom- und Gruppenrefraktionen, die aus Meßserien mit sehr reinen Kohlenwasserstoffen erhalten wurden und die die bis dahin gebräuchlichen von W. A. ROTH u. Mitarb. (1952) an Genauigkeit übertreffen. Unter Benutzung dieser Werte wurde ein Diagramm für die graphisch-statistische Analyse von Glyceriden und nicht konjugierten und nicht polymerisierten geradkettigen Fettsäuren entwickelt.

b) Schmelzrefraktometrie

Eine spezielle Art der Refraktometrie, die von J. G. THIEME (1954) bzw. H. P. KAUFMANN u. J. G. THIEME (1954f) beschriebene *Schmelzrefraktometrie*, ist ein einfaches Mittel zur Charakterisierung des fest-flüssig Zustandes plastischer Fette. Diese Autoren fanden, daß bei der Bestimmung der Lichtbrechung von einem gemischt-phasigen System, wie plastische Fette es darstellen, weder der Brechungsindex der flüssigen noch der festen Phase erhalten wird, sondern das geometrische Mittel von beiden.

Zur Bestimmung der Schmelzrefraktion bringt man eine Probe des zu untersuchenden Fettes auf das Prisma eines Abbe-Refraktometers, temperiert zweckmäßig bis auf eine Temperatur von ca. 15° C und bestimmt im reflektierten Licht den Brechungsindex als Mittel von ca. 10 Einzelbestimmungen. Bei Anwesenheit polymorpher Modifikationen beobachtet man nicht eine, sondern zwei oder mehr Brechungslinien von unterschiedlicher Schärfe. Die erhaltenen Brechungsindizes werden auf eine konstante Bezugstemperatur, z.B. 40° C, umgerechnet, wozu man sich des Temperaturkoeffizienten von 0,0036 pro Grad bedient. Dann erhöht man die Temperatur um 2° C, liest wieder den Brechungsindex ab und verfährt weiter in der gleichen Weise, bis sich der auf 40° C umgerechnete Brechungsindex nicht mehr ändert. Trägt man die Ergebnisse nun in ein Koordinatennetz ein, so erhält man Kurvenscharen wie die in Abb. 53 wiedergegebenen, deren Ähnlichkeit mit Dilatationskurven (vgl. S. 976) nicht zu verkennen ist.

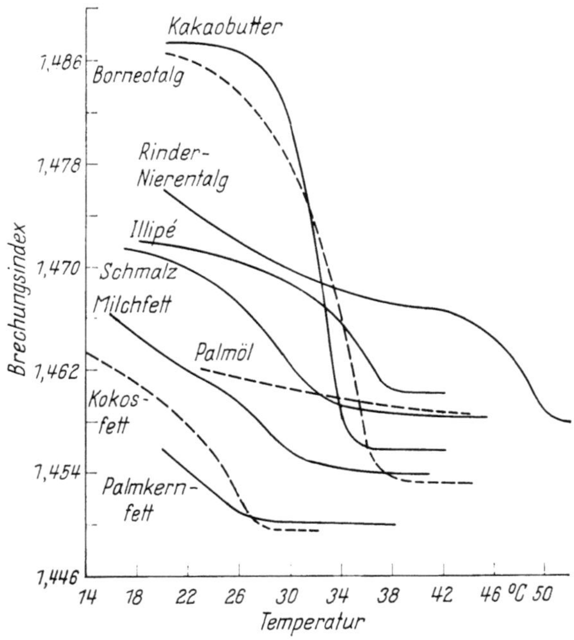

Abb. 53. Schmelzrefraktionen natürlicher Fette nach KAUFMANN u. THIEME (1954f)

Man kann daher auch aus den Schmelzrefraktionen das Verhältnis fest:flüssig abschätzen und hat deshalb in dieser Methodik ein wertvolles Hilfsmittel zur Hand, die Reinheit von Fetten, wie Kakaobutter, Butter, Schweineschmalz, nachzuprüfen oder aber die durch technologisch übliche Bearbeitungsmethoden, wie Hydrierung, Umesterung usw., eingetretene Verschiebung des Mengenverhältnisses fester:flüssiger Glyceride zahlenmäßig zu belegen.

c) Mikromethode nach L. KOFLER

Zur Bestimmung des Brechungsindexes sehr kleiner Ölmengen unter dem Mikroskop ist eine von L. KOFLER entwickelte Mikromethode bestens geeignet (vgl. L. u. A. KOFLER 1945). Sie beruht im Prinzip darauf, daß der Brechungsindex fester Stoffe weniger temperaturabhängig ist, als der von Flüssigkeiten.

Auf einen Objektträger bringt man einen Tropfen des zu untersuchenden Öls und einen Splitter eines Glases, das einen etwas niedrigeren Brechungsindex als jenes besitzt. Ein Satz von Glaspulvern mit Brechungsindizes zwischen 1,34 und 1,67 wird von den Jeaner Glaswerken Schott & Gen. in Mainz hergestellt. Nun erwärmt man den Objektträger auf einem Mikroskop-Heiztisch nach KOFLER, bis die Trennungslinie zwischen Flüssigkeit und Glassplitter, die sog. Beckesche Linie, verschwindet. Bei dieser Temperatur sind die Indizes von Glas und Flüssigkeit gleich. Die Umrechnung auf die übliche Bezugstemperatur von 20 bzw. 40° C erfolgt mit Hilfe der auf S. 540 angegebenen Temperatur-Korrekturfaktoren.

17. Optische Rotation

Unter optischer Rotation versteht man die Eigenschaft gewisser Stoffe, die Ebene von linear polarisiertem Licht zu drehen, und zwar kann die Drehung im Sinne des Uhrzeigers (+) oder im entgegengesetzten Sinne (—) erfolgen. Substanzen, die die Polarisationsebene drehen, heißen optisch aktiv. Unter den organischen Verbindungen sind es vornehmlich solche mit asymmetrischen Kohlenstoffatomen.

Als Maß für das Drehungsvermögen, das von der Schichtdicke l, der Temperatur t° und der Wellenlänge λ abhängig ist, benutzt man die *spezifische Drehung* $[a]$, die verschieden definiert ist, je nachdem ob Kristalle, homogene Flüssigkeiten oder Lösungen vorliegen (vgl. H. MOHLER 1951).

Bei *homogenen Flüssigkeiten* bezieht man die spezifische Drehung auf eine Schicht von 1 dm Länge, die in 1 ml 1 g aktive Substanz enthält:

$$[a]_{t^\circ}^{\lambda} = \frac{a \cdot 100}{l \cdot d}$$

a = beobachteter Drehwinkel; d = Dichte der Flüssigkeit

Für Lösungen wird die spezifische Drehung in analoger Weise angegeben:

$$[a]_{t^\circ}^{\lambda} = \frac{a \cdot 100}{l \cdot c}$$

c = Konzentration in g/100 ml

Anstelle der „spezifischen Drehung" werden in der Literatur vielfach auch nur die Kreisgrade im 200-mm-Rohr des Polarisationsapparates für die unverdünnte Substanz angeführt.

Die spezifische Drehung wird für Öle und Fette und ihre Lösungen meist für Natriumlicht bei 20° C bestimmt. Bei genauen Messungen sollte die Meßtemperatur nicht mehr als ± 1° C von der Bezugstemperatur abweichen.

Bestimmung der optischen Rotation:

Zur Messung der optischen Rotation werden zumeist die sog. Kreispolarimeter benutzt (vgl. Bd. II/1). Öle, die gemessen werden sollen, werden zunächst durch Filtration von Trübstoffen befreit; feste Fette werden in einem Lösungsmittel, wie Chloroform, Benzol oder Trichloräthylen, gelöst. Bei der Auswertung ist indessen zu beachten, daß die Größe der Lichtdrehung häufig von der Art des Lösungsmittels abhängig ist. Es ist daher notwendig, im Analysenattest das benutzte Lösungsmittel zu erwähnen (F. STRAUS, H. HEINZE u. L. SALZMANN 1933).

Auswertung:

Die üblichen natürlichen Speiseöle und Speisefette weisen nur eine Lichtdrehung von einigen Zehntelgraden auf. Höhere Werte hingegen werden beim Rizinusöl, bei Ölen der Gruppe der Flacourtiaceen und bei Harzölen beobachtet, so daß die Gegenwart dieser Öle mit Hilfe der Polarisation leicht erkannt werden kann (vgl. Tab. 56).

Tabelle 56. *Optische Rotation einiger ungenießbarer Öle* (nach A. BÖMER u. J. GROSSFELD 1939)

Ölsorte	a_D Kreisgrade im 200-mm-Rohr
Rizinusöl	+ 5,4 bis 9,7
Chaulmugraöl	+ 52,0
Hydnocarpusöl	+ 57,7
Harzöl	+ 60 bis + 80

Cholesterin und die Phytosterine natürlicher Fette zeigen eine starke negative Lichtdrehung von —20 bis —50°. Für das sterinfreie Unverseifbare zahlreicher pflanzlicher und tierischer Fette fanden P. BERG u. J. ANGERHAUSEN (1914) im allgemeinen Werte zwischen —10 und +10°, nur das Unverseifbare des Sesamöls nimmt mit +98,6° und das von Mowrah- und Sheafett mit +35,5° bzw. +38,7° eine Sonderstellung ein.

18. Kernmagnetische Resonanz

Die Erscheinungen der kernmagnetischen Resonanz (KMR) wurden von E.M. PURCELL u. F. BLOCH (1946) aufgefunden, die dafür den Nobelpreis des Jahres 1952 erhielten. Die Methode hat seit 1953 in der organischen Chemie zur Lösung der verschiedensten Probleme Anwendung gefunden. Zur Theorie und Arbeitstechnik sei auf die Bücher von H. STREHLOW (1962), H. SUHR (1965) und H. SILLESCU (1966) und die zusammenfassenden Darstellungen von K.H. HAUSSER (1956 und 1961), C.Y. HOPKINS (1965) und D. CHAPMAN (1965) verwiesen.

Die kernmagnetische Resonanz basiert auf der Tatsache, daß die Kerne mancher Atome eine Drehbewegung (englisch: spin) aufweisen, die zur Folge hat, daß sie sich wie kleine Magnete verhalten. Infolgedessen werden sie auch durch ein magnetisches Feld beeinflußt. Wenn darüber hinaus noch ein hochfrequentes elektromagnetisches Feld mit einer Frequenz aus dem Radiowellengebiet anwesend ist, kommt es bei bestimmten Schwingungszahlen zu Resonanzerscheinungen. Das Atom absorbiert etwas von der hochfrequenten Energie. Die dadurch hervorgerufenen Veränderungen des Hochfrequenzfeldes können elektrisch verstärkt und registriert werden.

Die Meßeinheiten der kernmagnetischen Resonanz sind andere als die der normalen Spektren. Nach der sehr klaren Darstellung von C.Y. HOPKINS (1961), der die Anwendung dieser Methode auf die Fettanalyse beschreibt, wird die KMR durch zwei Parameter, die chemische Verschiebung und die Kopplungskonstante definiert. Unter chemischer Verschiebung versteht man die Stellung der Maxima im Spektrum. Die Kopplungskonstante ist der Abstand zweier Maxima, die von einem einzelnen Proton oder einer Gruppe von eng gekoppelten Protonen herrühren. Da es unmöglich ist, diese Parameter in absoluten Werten auszudrücken, gibt man sie gewöhnlich in Millionte1 des ganzen magnetischen Feldes, in Gauß oder Milligauß von einem Punkt des Spektrums gerechnet, an. Die Kopplungskonstante wird oft als Frequenz in Hertz angegeben. Dieser Wert kann aus der Beziehung $C = S \cdot F$ berechnet werden, worin C = Kopplungskonstante, S = Abstand der Maxima in p.p.m. und F = Frequenz des angelegten Feldes in Megahertz ist.

Als Eichsubstanz nimmt man meistens Tetramethylsilan $Si(CH_3)_4$, dessen Wasserstoffatome praktisch äquivalent sind, so daß man ein KMR-Spektrum mit einem einzigen Maximum erhält. Die Stellung dieses Maximums wird willkürlich mit 10 p.p.m. angesetzt.

Die Apparatur zur Aufnahme der kernmagnetischen Resonanz-Spektren ist sehr umfangreich und kostspielig (ca. DM 200000.—). Sie besteht aus einem kräftigen permanenten oder Elektromagneten mit einer Feldstärke von ca. 3—15 Gauß, einem Hochfrequenz-Generator für einen Frequenzbereich von 12—100 MHz, einem Detektor mit Verstärkungssystem und einem Schreiber. Man kann entweder das Magnetfeld konstant halten, die Frequenz variieren und die dabei erhaltenen Signale verstärken und registrieren oder aber — was man in der Praxis vorzieht — bei konstanter Frequenz die Magnetfeldstärke variieren. Hergestellt werden solche Geräte u. a. von Varian Associates, California, USA und Trüb, Täuber & Co. A.G., Zürich.

Die zu untersuchenden Proben werden in Glasrohre von 5 mm ∅ gegeben, die zwischen den Polschuhen des Magnetes durch einen Luftstrom in ständiger Drehung gehalten werden. Auch in Lösungen können die Spektren bestimmt werden, wenn man solche Lösungsmittel verwendet, die keine starke Eigenresonanz aufweisen. Geeignet sind Tetrachlorkohlenstoff, Chloroform, Benzol, Toluol und Wasser.

Mit Hilfe der KMR-Spektralanalyse lassen sich zahlreiche Aufgaben der Fettanalytik lösen. Abb. 54 zeigt ein KMR-Spektrum, das den Einfluß der Anzahl und Art der Doppelbindungen auf die Protonenresonanz deutlich erkennen läßt.

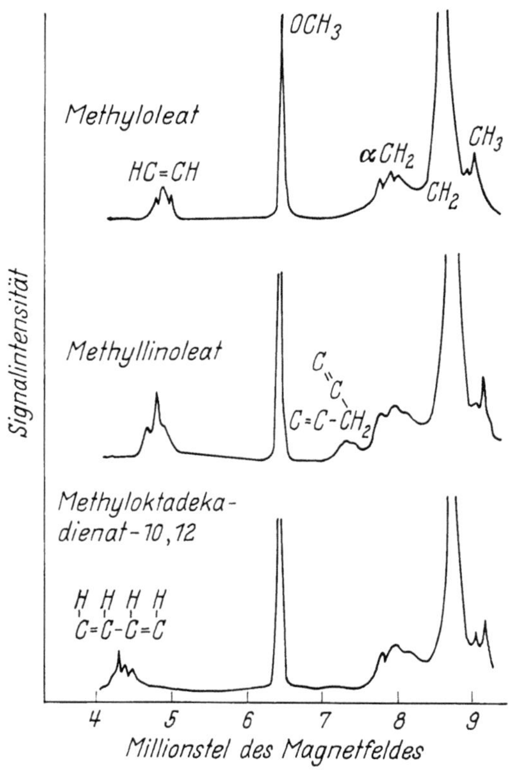

Abb. 54. KMR-Spektren verschiedener Methylester nach Hopkins (1961) (Oszillatorfrequenz 40 MHz)

L. F. Johnson u. J. N. Shoolery (1962) berechneten aus der Anzahl olefinischer Protonen und der Gesamtzahl der Wasserstoffatome Molekulargewicht und Jodzahl von Fetten. Letztere stimmte bei allen Ölen, mit Ausnahme von Holzöl, ausgezeichnet mit der nach Wijs direkt bestimmten Jodzahl überein.

Man kann mit dieser Methodik auch die α-, β-ungesättigten und konjugiert-ungesättigten Fettsäuren von mittelständig isoliert ungesättigten unterscheiden. Auch die Epoxygruppe und der Cyclopropenring sind durch charakteristische Banden gekennzeichnet.

Die Eignung der KMR zur schnellen Messung des Gehaltes von Margarine und Shortenings an festen Glyceriden nach D. Chapman u. Mitarb. (1960) u. a. wurde auf S. 479, das Verfahren von T. F. Conway u. Mitarb. (1963) zur schnellen Bestimmung des Ölgehalts von Ölsaaten mit Hilfe der KMR auf S. 416 besprochen.

19. Elektrochemische Analysenverfahren

Elektrochemische Analysenverfahren erfreuen sich zunehmender Beliebtheit, da sie sich leicht automatisieren lassen, ein Vorteil, der besonders bei einer großen Zahl gleichartiger Analysen ins Gewicht fällt. Sie sind unentbehrlich zur Endpunktbestimmung bei der Titration dunkelgefärbter Lösungen. Schließlich erlauben sie auch in sehr kurzer Zeit Aussagen über die Identität gewisser funktioneller Gruppen. Von den elektrochemischen Analysenverfahren sind die wichtigsten:

a) Konduktometrie
b) Potentiometrie
c) Polarographie
d) Ampèrometrie
e) Hochfrequenztitration
f) Coulometrie.

Viele dieser Methoden haben Anwendung auf dem Gebiet der Fettanalyse gefunden. Neben einer kurzen Beschreibung sollen daher auch die wichtigsten Ergebnisse gebracht werden.

Eine umfassende Darstellung des Gebietes findet der Leser in HOUBEN-WEYL Bd. III/2 (1955) und ULLMANN Bd. II/1 (1961). Gedrängte Übersichten geben K. CRUSE (1953) und K. J. VETTER (1961).

a) Konduktometrie

Unter Konduktometrie versteht man ein maßanalytisches Verfahren, bei dem die Veränderung der Leitfähigkeit der Meßlösung zur Erkennung des Äquivalenzpunktes benutzt wird.

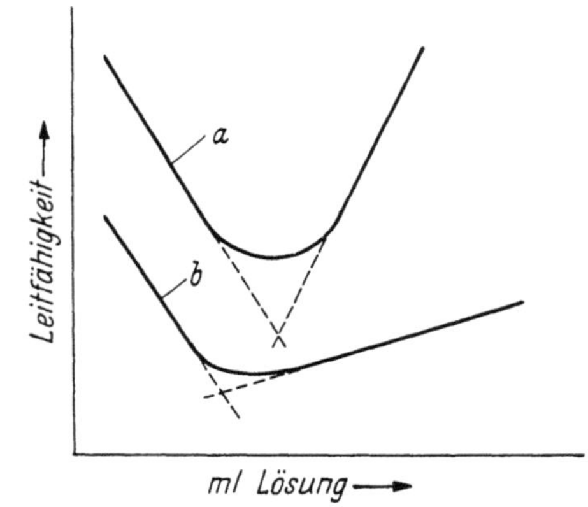

Abb. 55. Endpunktbestimmung bei konduktometrischer Titration; a) starke Säure und starke Base; b) starke Säure und schwache Base

Zur Bestimmung der Leitfähigkeit wird die zu titrierende Flüssigkeit in eine mit zwei platinierten Platinelektroden ausgestattete Meßzelle gegeben, die durch einen Thermostaten auf $\pm 0{,}005°$ C genau temperiert werden kann. Die Leitfähigkeit wird mit einer Wheatstoneschen Brückenschaltung gemessen, die mit Wechselstrom von 50 Hz bis 3 kHz betrieben wird. Solche Anordnungen sind im Handel erhältlich[1]. Sie erlauben Messungen über einen Bereich von 8 Zehnerpotenzen der Leitfähigkeit. Zur Endpunktbestimmung mißt man während der Titration verschiedentlich die Leitfähigkeit und trägt die erhaltenen Werte in Abhängigkeit von den zugegebenen Millilitern Meßlösung in ein Koordinatennetz ein (vgl. Abb. 55). Der Schnittpunkt der beiden Kurvenäste ist der Äquivalenzpunkt.

In der Fettchemie wurden die konduktometrischen Methoden bisher nur selten angewendet. G. JANDER u. K. WEITERDORF (1932) titrierten auf diese Weise Fettsäuren mit alkoholischer Lauge. Die Methode verspricht aber auch bei der Bestimmung der *Hydroxyl- und Carbonylzahl* (vgl. S. 563 und 567) Vorteile, wenn dunkelgefärbte Substanzen vorliegen, bei denen die Erkennung des Indicatorumschlags Schwierigkeiten bereitet. Weitere Hinweise über Methodik und Anwendungsbereich bei E. ABRAHAMZIK (1955).

b) Potentiometrie

Bei der potentiometrischen Titration wird das Potential einer Elektrode, die in die Analysenlösung eintaucht, in Abhängigkeit von der zugesetzten Reagens-

[1] Hersteller: z.B. Wissenschaftlich-Technische Werkstätten, 812 Weilheim/Obb.

menge verfolgt. Die Potentiometrie wird meistens zur Erkennung des Endpunktes bei der Säure-Basen-Titration angewendet. Als Elektroden dienen in diesem Fall Glaselektroden in Verbindung mit einer Kalomel-Elektrode als Bezugselektrode.

Die Messung des Potentials erfolgt meistens mit einem Röhrenvoltmeter passender Konstruktion, das Ablesungen in Millivolt und pH-Einheiten erlaubt[1]. Trägt man die erhaltenen Potentiale in Abhängigkeit von den Millilitern Titrierflüssigkeit in ein Koordinatennetz ein, so erhält man eine charakteristische Kurve (vgl. S. 555), deren Wendepunkt mit dem Äquivalenzpunkt identisch ist. Dieser Punkt ist noch leichter aufzufinden, wenn man die erste Ableitung der Kurve konstruiert. Einige Geräte des Handels mit Registriereinrichtung bieten diese Möglichkeit bereits bei der Aufnahme der Titrationskurve (z.B. der Titrierautomat der Fa. Metrohm, vgl. K. HÄDICKE 1960). Dadurch werden Erkennung und Auswertung des Maximums erleichtert.

In der Fettanalyse wird die potentiometrische Endpunktbestimmung zur Ermittlung der *Säurezahl und Verseifungszahl* von dunklen Fetten und Fettsäuren benutzt (Einzelheiten der Methode vgl. S. 554).

In Weiterführung der Arbeiten von P. EKWALL u. G. JUUP (1944) und O. HARVA u. P. EKWALL (1948) gelang es CH. SASS (1959), gesättigte Fettsäuren nach Überführung in ihre Kaliumsalze durch potentiometrische Titration mit 0,1 n-Silbernitrat-Lösung recht genau zu bestimmen. Als Indicatorelektrode diente ein Silberdraht, als Bezugselektrode eine gesättigte Kalomel-Elektrode. Auch Gemische von bis zu sieben Fettsäuren konnten in einem einzigen Arbeitsgang mit einer Genauigkeit von 2—3% analysiert werden (vgl. auch S. 674).

c) Polarographie

Die polarographische Analysenmethode wurde von J. HEYROVSKY (1922) eingeführt. Sie beruht auf der Elektrolyse sehr verdünnter Lösungen an einer tropfenden Quecksilber-Elektrode bei kontinuierlich zunehmender Elektrolysenspannung. Die Quecksilber-Elektrode kann auch durch eine rotierende Platin-Elektrode ersetzt werden.

Das Untersuchungsergebnis wird vom Meßinstrument in Form einer polarographischen Stromspannungskurve, des sog. Polarogramms, geliefert (vgl. Abb. 56). Zu Beginn der Elektrolyse fließt nur ein schwacher Strom AB, auch *Grundstrom* genannt, der auf der Abscheidung von Verunreinigungen beruht und zum Teil durch die Kapazität der fallenden Quecksilber-

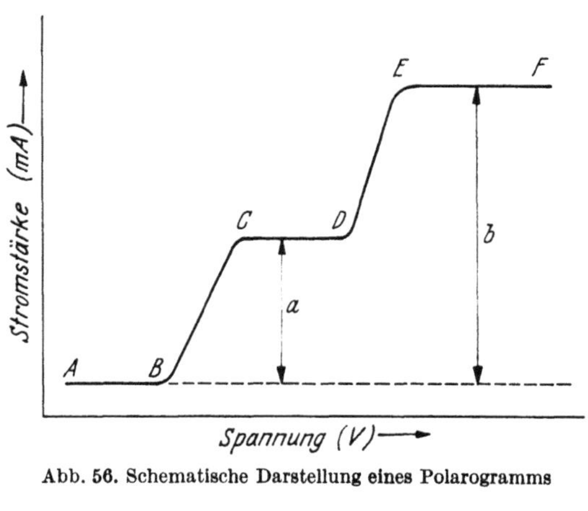

Abb. 56. Schematische Darstellung eines Polarogramms

tropfen bedingt ist. Beim Erreichen der Zersetzungsspannung, die für jedes Ion eine charakteristische Größe hat, beginnt mit der Reduktion des gelösten Stoffes an der Kathode ein Strom zu fließen, der mit zunehmender Spannung ansteigt, bis er schließlich im *Diffusions-*

[1] Hersteller: z.B. Metrohm, Herisau (Schweiz), Radiometer AS, Kopenhagen.

grenzstrom CD nahezu konstant wird. Die Stärke des Diffusionsstroms wird nur durch die Geschwindigkeit bestimmt, mit der die Ionen oder reduzierbaren Moleküle (= *Depolarisatoren*) an die Kathode diffundieren. Bei weiterem Anstieg der Spannung kommt es zur Reduktion eines zweiten Stoffes mit erneutem Anstieg der Stromstärke und der Ausbildung eines weiteren Diffusionsstrom-Plateaus EF. Die Entfernung des Plateaus vom Grund- und Diffusionsstrom wird als Stufe oder Welle bezeichnet. Zur qualitativen Bestimmung der reduzierenden Substanz ist die Zersetzungsspannung weniger geeignet als das sog. *Halbstufenpotential*, d.h. das Potential, das der Hälfte der Stromstärkendifferenz zwischen Grund- und Grenzstrom entspricht. Während das Halbstufenpotential für die Art des reduzierbaren Stoffes charakteristisch ist, kann die Stärke des Diffusionsstroms als ein Maß für die Konzentration des Depolarisators angesehen werden.

Die Abhängigkeit der Diffusionsstromstärke von den Arbeitsbedingungen wird durch die Gleichung von D. ILKOVIČ (1934) zum Ausdruck gebracht:

$$i_D = 60{,}7 \cdot n \cdot D^{1/2} \cdot C \cdot m^{2/3} \cdot t^{1/6}$$

i_D = Diffusionsstromstärke in Amp.
n = Wertigkeit
C = Konzentration in Äqu./l
D = Diffusionskonstante
m = Fließgeschwindigkeit des Quecksilbers in der Capillare in g/sec
t = Tropfzeit der Capillare.

Polarographisch lassen sich alle Ionen oder Moleküle bestimmen, die sich an einer Elektrode unter Elektronenaufnahme bzw. -abgabe reduzieren oder oxydieren lassen. Es ist daher verständlich, daß die Anwendungen dieser Methodik nahezu unüberschaubar geworden sind. Die Bestimmungsgrenze liegt im Durchschnitt bei Konzentrationen von 10^{-5} bis 10^{-6} Mol/l. Die Genauigkeit beträgt 2—5%. Für die meisten polarographischen Untersuchungen werden wäßrige Lösungen verwendet. Für die Analyse organischer Stoffe sind häufig auch Lösungen in organischen Lösungsmitteln geeignet (Zusammenstellung bei V. GUTMANN u. G. SCHÖBER 1958).

Eine gute Übersicht über die theoretischen Grundlagen der Polarographie und die erforderliche apparative Ausrüstung geben die zusammenfassenden Darstellungen von W. DIEMAIR u. K. PFEILSTICKER in Bd. II dieses Handbuches, die Monographie von J. HEYROVSKÝ u. J. KŮTA (1965), ferner die Veröffentlichungen von M. VON STACKELBERG (1955) und M. HERRMANN (1962). Dort auch weitere Literaturhinweise und Angaben über die im Handel erhältlichen Polarographen. Polarographische Methoden sind in der Fettanalyse vielseitig anwendbar. Nach H. P. KAUFMANN u. J. BALTES (1953) lassen sich nicht nur die meisten Spurenmetalle bestimmen, sondern auch Autoxydations- und -trocknungsvorgänge quantitativ verfolgen. Ebenso geeignet ist die Methode zum Nachweis von natürlichen und synthetischen Antioxydantien. Von J. BALTES (1954) wurden die Bedingungen angegeben, unter denen man die wichtigsten Antioxydantien polarographisch bestimmen kann. J. BALTES u. A. HILLER (1954) gelangten über die Bestimmung der Diffusionsstromstärke von Bromlösungen nach KAUFMANN (vgl. S. 576) zu einer polarographischen Mikromethode zur Jodzahlbestimmung. W. R. LEWIS u. F. W. QUACKENBUSH (1949) konnten polarographisch die Existenz von mindestens drei verschiedenen Peroxidstrukturen in autoxydierten Fetten beweisen. C. O. WILLITS u. Mitarb. (1953) bestimmten polarographisch in Autoxydationsprodukten Hydroperoxide und Peroxide nebeneinander (vgl. auch S. 866). Weitere Beispiele finden sich in späteren Abschnitten dieses Kapitels.

d) Ampèrometrie und Dead-Stop-Methode

Der Polarographie verwandt ist die Ampèrometrie, eine ebenfalls von J. HEYROVSKY vorgeschlagene Analysenmethode (vgl. M. VON STACKELBERG 1955; K. J. VETTER 1961). Das Prinzip der Ampèrometrie ist folgendes:

Legt man an zwei polarographische Elektroden, die sich in einer Elektrolysierzelle befinden, eine solche Potentialdifferenz an, daß der Diffusionsstrom ein Maximum erreicht, so ist die Stromstärke eine eindeutige Funktion der Konzentration des betreffenden Depolarisators. Wird nun die Lösung eines reduzierbaren Stoffes mit einer Lösung einer solchen Verbindung titriert, die den Depolarisator zum Verschwinden bringt, so ist der Endpunkt der Titration dann erreicht, wenn die Stromstärke auf Null abgesunken ist.

Eine Umkehrung der Ampèrometrie ist die von C. W. FOULK u. A. T. BAWDEN (1926) eingeführte *Dead-Stop-Methode* zur Endpunktbestimmung bei der Titration, die sich bei jodometrischen Bestimmungen besonders bewährt hat. Das Prinzip geht aus Abb. 57 hervor.

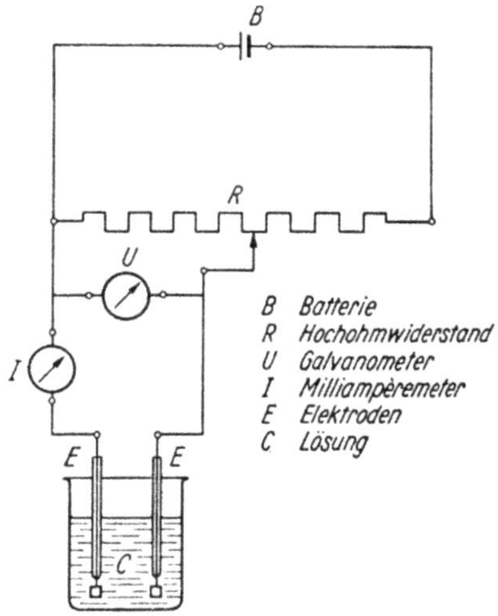

Abb. 57. Schematische Darstellung der Dead-Stop-Schaltung (nach EBERIUS 1958)

Als Elektroden dienen zwei kleine Platindrahtspitzen, die durch eine schwache Gleichstromspannung von 10—20 mV polarisiert sind, so daß noch kein Strom fließen kann. Enthält nun die vorgelegte Lösung einen mit Jod titrierbaren Stoff, so wird schon durch den geringsten Jodüberschuß, wie er beispielsweise beim Erreichen des Äquivalenzpunktes auftritt, die Polarisation aufgehoben. Das Milliampèremeter schlägt kräftig aus. Diese Methode wird hauptsächlich zur Erkennung des Äquivalenzpunktes bei der Wasserbestimmung nach K. FISCHER (vgl. S. 768) benutzt.

Sowohl die Ampèrometrie als auch die Dead-Stop-Methode haben in der Fettanalytik Anwendung gefunden. J. BALTES u. A. HILLER (1954) geben eine ampèrometrische Mikromethode zur Bestimmung der Jodzahl an, die auch zur zeitlichen Verfolgung der Bromaddition ungesättigter Verbindungen geeignet ist.

J. A. DUKE u. J. A. MASELLI (1952) bedienten sich bei der Jodzahlbestimmung nach HANUŠ, WIJS und BENHAM-KLEE der Dead-Stop-Methode. Die Ergebnisse stimmten auf 0,2% genau mit den bei der Endpunktbestimmung mit Stärke erhaltenen überein.

e) Hochfrequenztitration

Diese Methode ist relativ neu und hat bisher noch keine Anwendung auf dem Fettgebiet gefunden. Der Vollständigkeit halber soll sie aber doch im Rahmen dieser Übersicht erwähnt werden, wobei auf die Veröffentlichungen von K. CRUSE u. R. HUBER (1954 und 1957) und K. CRUSE (1961) hingewiesen sei.

Im Prinzip beruht die Methode auf der Messung des Wechselstromwiderstandes der zu untersuchenden Probe, die in einer nach dem Kapazitäts- oder Induktivitätsprinzip geschalteten Zelle enthalten ist. Man beobachtet die Abhängigkeit der Impedanz von der zugegebenen Menge Titrierflüssigkeit. Im Äquivalenzpunkt weist die aus diesen Daten erhaltene Kurve einen deutlichen Knick auf.

Ein besonderer Vorzug dieser Methode ist die „elektrodenlose" Messung. Es entfallen daher solche Fehler, die auf eine Polarisation oder Vergiftung der Elektroden zurückzuführen sind. Nach den Angaben von K. CRUSE u. K. SLEVOGT konstruierte Meßgeräte werden von den Wissenschaftlich-Technischen Werkstätten in Weilheim/Obb. hergestellt.

Die Hochfrequenztitration eignet sich zur Bestimmung des Äquivalenzpunktes der Maßanalyse, zur Messung von Reaktionsabläufen und zur Verfolgung von Phasenumwandlungen.

f) Coulometrie

Die Coulometrie ist eine elektrochemische Form der Maßanalyse, der das Gesetz von FARADAY zugrunde liegt, welches aussagt, daß zur Abscheidung oder zur chemischen Umsetzung eines Grammäquivalents 96494 Coulomb erforderlich sind.

Zur quantitativen Bestimmung von Säuren, Basen, funktionellen Gruppen usw. erzeugt man mittels einer geeigneten Anordnung — Coulometer[1] genannt — durch Elektrolyse genau die Menge Reagens, die zur quantitativen Umsetzung erforderlich ist. So lassen sich z. B. Säuren, Basen, Oxydations- und Reduktionsmittel sowie Halogene erzeugen. Zur Endpunktbestimmung dienen potentiometrische, polarimetrische, konduktiometrische oder kolorimetrische Methoden. Zur Frage der Fehlermöglichkeiten vgl. K. ABRESCH u. I. CLAASSEN (1961) und K.J. VETTER (1961).

R. O. CRISLER u. R. D. CONLON (1962) beschreiben eine Methode zur coulometrischen Bestimmung organischer Säuren, insbesondere Fettsäuren.

Ca. 0,1 Milliäquivalent Fettsäure (2,8 mg bei Ölsäure) wird in 100 ml Benzol-Methanol, das 0,75 n-Lithiumchlorid enthält, gelöst. Die Elektrolyse des Lithiumchlorids erfolgt an einem Ag-Pt-Elektrodenpaar. Es bilden sich Silberchlorid und freies Lithium, das mit der Fettsäure reagiert. Der Endpunkt der Titration wird mit Hilfe eines Antimon-Glaselektrodenpaares bestimmt. Die Berechnung erfolgt nach der Formel:

$$\%\ \text{ffa} = \frac{J \cdot t \cdot A}{96493 \cdot E} \cdot 100$$

J = Stromstärke in Milliampère
t = Zeit in Sekunden
A = Äquivalentgewicht der Fettsäure
E = Einwaage in mg.

Die coulometrische Fettsäuretitration ist im Bereich von 0,01—0,02 Milliäquivalenten auf 0,003 Milliäquivalente reproduzierbar. Ihr Vorzug vor den üblichen titrimetrischen Methoden liegt darin, daß keine Standardlösungen benötigt werden und der Substanzbedarf so gering ist, daß auch Fraktionen aus papierchromatographischen und gaschromatographischen Trennungen mit hoher Genauigkeit titriert werden können.

Auch die Jodzahl (vgl. S. 569) läßt sich coulometrisch bestimmen.

W. WALISCH u. M.R.F. ASHWORTH (1959) bedienen sich hierzu einer „Titrovit"-Apparatur, bei welcher der Endpunkt der Titration nach dem Prinzip der Polarovoltrie erkannt wird. In das Reaktionsgefäß werden zunächst 50 ml einer 0,2 m-Lösung von Natriumbromid in Methanol gegeben. Dann wird die zu untersuchende Probe hinzugefügt. Man elektrolysiert mit konstanter Stromstärke. Die Abschaltung des Stroms erfolgt automatisch bei Erreichung einer vorher eingestellten Bromkonzentration. Die Reproduzierbarkeit ist besser als $\pm$ 0,3%. Die Anordnung ermöglicht es, auf einfache Weise zu beurteilen, ob die Addition des Halogens vollständig ist und ob der Titrationswert nicht durch Nebenreaktionen verfälscht wird.

20. Dielektrizitätskonstante

Die elektrostatische Kapazität eines Kondensators ist abhängig von den geometrischen Abmessungen der sich gegenüber befindlichen Metallplatten und der Natur des sich zwischen ihnen befindenden Dielektrikums. Diese wird definiert durch die Dielektrizitätskonstante (DK). Die Dielektrizitätskonstante ε ist ein Faktor, der angibt, um wieviel sich die Vakuumkapazität C_0 eines Kondensators beim Einbringen eines Dielektrikums erhöht.

$$\varepsilon = \frac{C}{C_0}$$

Die relative Dk des Vakuums wird gleich 1 gesetzt.

Die Erhöhung der Kapazität beruht auf Polarisationserscheinungen der Moleküle des Dielektrikums. Da die Bestimmung der Kapazität, die der DK-Messung

[1] Hersteller: z.B. Metrohm AG, Herisau (Schweiz).

zugrunde liegt, meistens mit Hilfe elktromagnetischer Schwingungen erfolgt, ist zu beachten, daß die Polarisation mit zunehmender Frequenz immer mehr hinter dem Feld zurückbleibt und abnimmt, wobei ein Teil der schwingenden Energie verloren geht. Bei der Auswertung von Dielektrizitätskonstanten wird daher immer zu unterscheiden sein, ob im quasi konstanten Gebiet, im Gebiet der anomalen Dispersion oder im quasi optischen Gebiet gemessen wurde.

Weitere Einzelheiten über Theorie und Praxis der Messung der Dielektrizitätskonstanten bei F. OEHME (1958a/1961).

Hersteller von DK-Meßgeräten sind z.B.: Wissenschaftlich-Technische Werkstätten GmbH, 812 Weilheim/Obb. (Dekameter); Haardt & Co., 5 Köln-Bayenthal (Dielkometer); Hartmann & Braun AG, 6 Frankfurt.

Da die DK anorganischer und organischer Stoffe um so höher ist, je ausgeprägteren polaren Charakter sie besitzen, überrascht es nicht, daß Fette und Fettsäuren relativ niedrige Dielektrizitätskonstanten besitzen, die, ähnlich den Brechungsindizes, nur wenig voneinander verschieden sind. Für gesättigte Fettsäuren führt W. S. SINGLETON (1960) die in Tab. 57 angegebenen Werte an.

Tabelle 57. *Dielektrizitätskonstanten einiger Fettsäuren* (nach W.S. SINGLETON 1960)

Säure	Temperatur °C	DK
Ameisensäure	2	19,0
Essigsäure	19	6,29
Propionsäure	17	3,15
n-Buttersäure	17	2,70
n-Valeriansäure	20	2,67
n-Capronsäure	71	2,632
Heptansäure	71	2,587
Caprylsäure	71	2,544
Palmitinsäure	71	2,348
Stearinsäure	71	2,318

Die Dielektrizitätskonstante von normalen Ölen und Fetten liegt zwischen 2,8 und 3,1, von Rizinusöl bei 4,6 (D. HOLDE 1933).

Die Dielektrizitätskonstanten von Mono- und Diglyceriden sind höher als die der entsprechenden Triglyceride, wie R. W. CROWE u. C. P. SMYTH (1950) zeigen konnten (vgl. Tab. 58).

Tabelle 58. *Dielektrizitätskonstanten von Mono-, Di- und Triglyceriden im flüssigen Zustand bei 5 kHz* (nach R.W. CROWE und C.P. SMYTH 1950)

Glycerid	Temperatur °C	DK
1-Monopalmitin	80,1	5,09
1-Monostearin	89,1	4,73
1,3-Dipalmitin	76,0	3,49
1,3-Distearin	82,0	3,29
Tripalmitin	70,0	2,895
Tristearin	80,0	2,751

Einen Überblick über Anwendungen der DK in der Fettanalyse gibt F. OEHME (1958b). Die wichtigsten sind: schnelle Wasserbestimmung und Ermittlung des Fettgehaltes von Ölsaaten (vgl. auch W. H. HUNT u. Mitarb. 1952). Vgl. S. 415.

V. Chemische Kennzahlen

1. Bedeutung des Kennzahlensystems für die Fettanalytik

Der verwickelte Aufbau der gebräuchlichen Speisefette — sie bestehen meistens aus gemischtsäurigen Triglyceriden — erschwerte es lange Zeit sehr, ihre genaue Zusammensetzung durch die üblichen Methoden der organischen Chemie zu bestimmen. In dieser Lage fand zunächst der Begründer der neuzeitlichen Fettchemie M.E. CHEVREUL (1815) den Ausweg, an Stelle der nicht quantitativ bestimmbaren Inhaltsstoffe die äquivalente Menge solcher ausgewählter Reagentien anzugeben, die mit den funktionellen Gruppen der Fette in Reaktion treten können. Damit war die Grundlage für ein Kennzahlensystem geschaffen, das in der 2. Hälfte des 19. Jahrhunderts vornehmlich durch österreichische Chemiker, wie HEHNER, KÖTTSTORFER, REICHERT, MEISSL, HÜBL, HANUŠ und HAZURA aufgebaut und von BENEDIKT zu einem wertvollen Hilfsmittel des Analytikers ausgestaltet wurde (vgl. A. GRÜN 1925).

Während das Verdienst der älteren Arbeiten darin liegt, Methoden zur Gruppenanalyse von Fettbestandteilen entwickelt zu haben (Verseifungszahl, Jodzahl, Hehner-Zahl usw.), leiteten die Arbeiten von H.P. KAUFMANN (1926b) mit der Rhodanzahl eine Periode der Ausarbeitung spezieller Kennzahlen ein, mit denen auch einzelne Fettsäuren mit einem hohen Grad von Genauigkeit bestimmt werden können (KAUFMANN: Rhodanzahl, Dienzahl; GROSSFELD: Buttersäurezahl). Mit der Entwicklung neuzeitlicher Fraktioniermethoden, wie sie die fraktionierte Destillation und Kristallisation sowie die Säulen-, Papier- und Gaschromatographie darstellen, ist ein Traum der älteren Fettchemiker Wirklichkeit geworden, Öle und Fette bis in die Feinstruktur der Begleitstoffe hinein genau analysieren zu können. Trotzdem haben die chemischen Kennzahlen ihre Bedeutung nicht verloren, da sie mit sehr geringem experimentellem Aufwand die Identität von Fettproben und die Unversehrtheit des Fettmoleküls festzustellen ermöglichen.

Zur Einteilung der Kennzahlen empfiehlt H.P. KAUFMANN (1950) die Unterscheidung zwischen

acidimetrischen Zahlen: Säurezahl, Verseifungszahl, Reichert-Meißl-Zahl, Polenske-Zahl usw.

enometrischen Zahlen: Jodzahl, Hydrierjodzahl, Dienzahl usw.

oxydimetrischen Zahlen: Hydroxylzahl, Lactonzahl, Peroxidzahl usw.

Wir werden in den folgenden Abschnitten diese Unterteilung mit der Abweichung beibehalten, daß wir den zur Bestimmung flüchtiger wasserlöslicher und wasserunlöslicher Fettsäuren dienenden Kennzahlen eine besondere Gruppe zuweisen, da sie ihre stellvertretende Funktion weniger genau erfüllen als die übrigen acidimetrischen Kennzahlen.

Hinsichtlich der *Meßgrößen* besteht, durch die historische Entwicklung bedingt, die denkbar größte Uneinheitlichkeit. Säurezahl, Verseifungszahl und Hydroxylzahl werden in mg KOH/g Fett, Jodzahl, Rhodanzahl und Dienzahl in g Jod/100 g Fett angegeben, während die Peroxidzahl in ml 0,002 n-Thiosulfat-Lösung/g oder in Milliäquivalenten Sauerstoff/kg ausgedrückt wird.

Tabelle 59. *Kennzahlen einer Mischung von Fettalkohol und Fettsäure* (nach J.S. SHOWELL 1959)

Kennzahl	konventionell	Millimole/g
Jodzahl	63,2	1,49
Hydroxylzahl	83,6	1,49
Säurezahl	118	2,11

Es hat daher nicht an Vorschlägen gefehlt, die verschiedenen Dimensionen der Kennzahlen zu vereinheitlichen. P. BAMBERGER (1927) regte an, alle Kennzahlen in Millimolen

Reagens pro Gramm Fett anzugeben. Dieser Gedanke wurde in neuester Zeit von J. S. SHOWELL (1959) wieder aufgegriffen. Er zeigte u. a. an folgendem Beispiel, welche Vorteile die Umstellung des Meßsystems mit sich bringen würde (vgl. Tab. 59).

Die neue Methode läßt im Gegensatz zur alten für dieses Beispiel klar erkennen, daß

a) Doppelbindungen und Hydroxylgruppe im selben Molekül vorhanden sind;

b) die Fettsäure gesättigt ist.

Ohne eine internationale Übereinkunft dürfte es allerdings nicht möglich sein, diesem Gedanken zur allgemeinen Anerkennung zu verhelfen. Vgl. hierzu auch R. KAISER (1966).

Im folgenden werden nun die wichtigsten Methoden zur Bestimmung von Kennzahlen ausführlich beschrieben. Mitunter wird es notwendig sein, auch mehrere Methoden zur Bestimmung derselben Kennzahl aufzuführen, in erster Linie dann, wenn es sich um empirische Verfahren handelt, deren Benutzung in Gesetzestexten oder internationalen Vereinbarungen vorgeschrieben wird.

Neben den Makromethoden werden zahlreiche Mikromethoden erwähnt, die sich mit einigen Milligramm Probensubstanz begnügen.

Hinweise auf die in den verschiedenen Ländern genormten Vorschriften sollen dem Analytiker die Beurteilung etwaiger Differenzen erleichtern.

2. Kurzbezeichnungen

Zur Vereinheitlichung der Schreibweise der Kennzahlen führten H. P. KAUFMANN u. H. FIEDLER (1937) folgende Regeln ein:

Kennzahlen sollen grundsätzlich in einem Wort geschrieben werden, wenn es sich um die Wiedergabe eines chemischen Vorgangs handelt (Säurezahl, Jodzahl), dagegen mit Bindestrich, wenn der Name eines Autors oder eine indifferente Bezeichnung die Kennzahl charakterisiert (Polenske-Zahl, A-Zahl).

Das gleiche gilt für die Kurzbezeichnungen, die in der von H. P. KAUFMANN u. H. FIEDLER vorgeschlagenen Form auch in den DGF-Einheitsmethoden benutzt werden.

a) Acidimetrische Kennzahlen

Säurezahl	SZ	Esterzahl	EZ
Verseifungszahl	VZ		

b) Oxydimetrische Kennzahlen

Hydroxylzahl	OHZ	Carbonylzahl	COZ

c) Enometrische Kennzahlen

Jodzahl	JZ	Dienzahl	DZ
Hydrierjodzahl	HJZ	Polybromidzahl	Br_xZ
Rhodanzahl	RhZ		

d) Kennzahlen zur Bestimmung wasserlöslicher und wasserunlöslicher Fettsäuren

Reichert-Meißl-Zahl	R-M-Z	Gesamtzahl	GZ
Polenske-Zahl	Po-Z	Buttersäurezahl	BsZ
Kirschner-Zahl	Ki-Z	Restzahl	RZ

Die übrigen weniger gebräuchlichen Kennzahlen werden zweckmäßig nicht abgekürzt, sondern nach den eingangs gegebenen Regeln voll ausgeschrieben.

3. Acidimetrische Kennzahlen

a) Säurezahl

Die *Säurezahl* (SZ) gibt an, wieviel Milligramm Kaliumhydroxid zur Neutralisation der in 1 g Fett vorhandenen freien organischen Säuren erforderlich sind.

Diese Definition ist international gültig. In Deutschland rechnet man bei amtlichen Bestimmungen vielfach noch mit dem *Säuregrad* (SG) nach KÖTTSTORFER. Man versteht darunter die Anzahl Milliliter 1 n-Alkalilauge, die zur Neutralisation der freien Fettsäuren in 100 g Fett nötig ist.

$$SG = SZ \cdot 0{,}5616$$

Die Bestimmung der Säurezahl kann alkalimetrisch, jodometrisch und potentiometrisch erfolgen. Bei der Untersuchung dunkler Öle sowie geringer Substanzmengen sind besondere Vorkehrungen zu treffen.

α) Alkalimetrische Methode

Diese Methode ist im Prinzip sehr einfach. Das Fett wird in einem geeigneten Lösungsmittel (Äthanol, Isopropanol oder Gemischen dieser Alkohole mit Äther oder Benzol) gelöst und in Gegenwart von im pH-Bereich 8—11 umschlagender Indicatoren mit wäßriger oder alkoholischer Lauge titriert. Folgende Vorschrift hat sich in den UNILEVER-Laboratorien bewährt.

Reagentien:

Lösungsmittel: Gleiche Teile 96%iges Äthanol und Äther bzw. Äthanol und Benzol. Das Lösungsmittel wird kurz vor Gebrauch mit 0,1 n-Natronlauge nach Zusatz von einigen Tropfen Phenolphthalein-Lösung neutralisiert.

Natronlauge: 0,1 n und 0,5 n wäßrige Lösung.

Phenolphthalein-Indicator: 1%ige Lösung in 96%igem Äthanol.

Verfahren: Je nach der Art des zu untersuchenden Öls werden folgende Einwaagen und Laugekonzentrationen gewählt:

	Einwaage g	Normalität der Lauge
Raffinierte Öle	20	0,1
Rohöle	10	0,1
Fettsäuren	4	0,5

Die Fettprobe wird, wenn nötig, unter leichtem Erwärmen in mindestens 50 ml Lösungsmittel gelöst und unter Umschwenken bis zur bleibenden Rotfärbung titriert.

Berechnung:

$$SZ = \frac{56{,}1 \cdot a \cdot N}{E}$$

a = verbrauchte ml Natronlauge
N = Normalität der Natronlauge
E = Einwaage in g.

Bei der Titration hochschmelzender Fettsäuren, wie Palmitin- und Stearinsäure, erhält man nach dieser Methode leicht zu niedrige Werte, da die ausfallende Seife einen Teil der Fettsäuren einschließt. In solchen Fällen arbeitet man, nach den Erfahrungen des Verfassers, besser wie folgt:

Ca. 100 mg der zu untersuchenden Fettsäure werden in 50 ml eines neutralisierten Alkohol-Benzol-Gemisches 1:1 gelöst und mit 0,1 n alkoholischer Kalilauge in Gegenwart von Phenolphthalein bis zur bleibenden Rotfärbung titriert. Zur Säurezahlbestimmung von festen Fetten empfiehlt M.M. FORNEY (1965) als Lösungsmittel ein Gemisch von 5 Volumteilen Methylenchlorid und 1 Volumteil Äthanol von 95 Vol.-%. 5—10 g Fett werden in 50 ml dieses Lösungsmittels gelöst und mit 0,5 n oder 0,1 n alkoholischer Kalilauge in Gegenwart von Phenolphthalein titriert.

β) Jodometrische Methode

Von H. P. KAUFMANN u. F. GRANDEL (1931) wurde eine jodometrische Methode zur Bestimmung der Säurezahl angegeben.

Prinzip:

Diesem Verfahren liegt die bekannte jodometrische Reaktion der Jodate

$$JO_3^- + 5\,J^- + 6\,H^+ \rightarrow 3\,J_2 + 3\,H_2O$$

zugrunde, deren Umsetzung im vorliegenden besonderen Falle unter Herausnahme des gebildeten Jods aus dem Reaktionsgleichgewicht durch Zusatz eines bekannten Thiosulfatüberschusses beschleunigt wird.

Verfahren (nach H.P. KAUFMANN u. M. LUND 1939 bzw. H. SCHMALFUSS u. U. STADIE 1942):

Man wägt 2—10 g Fett in einen 250-ml-Rundkolben ein, fügt 50 ml Isopropylalkohol hinzu und erwärmt unter dauerndem Umschwenken im Wasserbad auf 55° C, bis alles klar gelöst ist. Dazu gibt man 25 ml einer Mischung aus gleichen Teilen wäßriger 10%iger Kaliumjodidlösung und 5%iger Kaliumjodatlösung, ferner aus einer Bürette 25 ml 0,1 n-Thiosulfatlösung und schließlich 0,4 g Kaliumjodidpulver. Nun schüttelt man 15 sec um und stellt den Kolben 2 Std in ein Wasserbad von 55—60° C, so daß die Flüssigkeit im Kolben in das heiße Wasser taucht aber nicht siedet. Dann schwenkt man nochmals 15 sec um, kühlt auf Zimmertemperatur ab, gibt 25 ml einer 0,1 n-Jodlösung in Kaliumjodidlösung hinzu, verdünnt mit 100 ml dest. Wasser und titriert mit 0,1 n-Thiosulfatlösung auf farblos (3 ml 1%ige Stärkelösung als Indicator). Nur diese Menge Thiosulfatlösung dient der Berechnung. In gleicher Weise wird ein Blindversuch angesetzt.

Berechnung:

$$SZ = \frac{(a - b) \cdot 5{,}61 \cdot F}{E}$$

a = verbrauchte ml 0,1 n-Thiosulfatlösung im Hauptversuch
b = verbrauchte ml 0,1 n-Thiosulfatlösung im Blindversuch
F = Faktor der 0,1 n-Thiosulfatlösung
E = Einwaage in g.

γ) Potentiometrische Methode

Auch auf potentiometrischem Wege läßt sich die Säurezahl bestimmen. Besonders zweckmäßig ist diese Methode, wenn sehr dunkle Öle und Fettsäuren vorliegen. Vgl. hierzu Absatz δ.

Im Prinzip verfährt man hierbei so, daß die zu untersuchende Probe in einem alkoholhaltigen Lösungsmittel gelöst und mit alkoholischer Kalilauge titriert wird, wobei die Änderung des scheinbaren pH-Wertes elektrometrisch gemessen wird. Der Titrationsverlauf wird graphisch in Form einer Kurve dargestellt, deren Wendepunkt mit dem Äquivalenzpunkt identisch ist (vgl. Abb. 58).

Diese Methode ist in den ASTM Standards 1956 unter der Bezeichnung ASTM Official Method D 664–54 genau beschrieben. ST.R. AMES u. S.B. LIKATA (1948) zeigten, daß mit der Vorläuferin dieser Methode, nämlich ASTM D 664–46 T bei der Untersuchung von Soja- und Fischölen, Vitaminkonzentraten und trocknenden Ölen die gleichen Säurezahlen wie bei der Benutzung einer kolorimetrischen Methode erhalten werden. Die DGF hat die potentiometrische Methode in ihrer Vorschrift D–IV 2a (61) für die Säurezahlbestimmung von sehr dunklen Fettsäuren empfohlen. Ein Gerät zur automatischen potentiometrischen Titration, das die Titrationskurve sowohl in normaler als auch differenzierter Form aufzeichnet, beschreibt K. HÄDICKE (1960). Die nachstehende Darstellung beschränkt sich auf das Wesentliche der Methodik. Einzelheiten sind der DGF-Vorschrift zu entnehmen.

Geräte:

Direkt anzeigendes pH-Meter,
Glaselektrode für den pH-Bereich bis 13,
Gesättigte Kalomel-Elektrode,
250-ml-Titrierkolben mit Magnetrührer,
Bürette von 50 ml Inhalt.

Reagentien:

Lösungsmittel: Äthanol 95%ig + Äthyläther 1:1 oder 49,5% Isopropanol + 50% Benzol + 0,5% Wasser,

Titriermittel: 0,5 n alkoholische Kalilauge.

Verfahren:

In den Titrierkolben werden 2—10 g Öl bzw. 1—3 g Fettsäure eingewogen und in 100 ml des vorher neutralisierten Lösungsmittels gelöst. Dann wird die Glaselektrode eingesetzt, welche zuvor in dest. Wasser aufbewahrt und kurz vor dem Einsetzen mit Filtrierpapier abgetupft wurde. Ebenso wird die gesättigte Kalomel-Elektrode eingesetzt, worauf man die Elektroden mit dem pH-Gerät verbindet. Man läßt zunächst unter Rühren portionsweise 1—2 ml

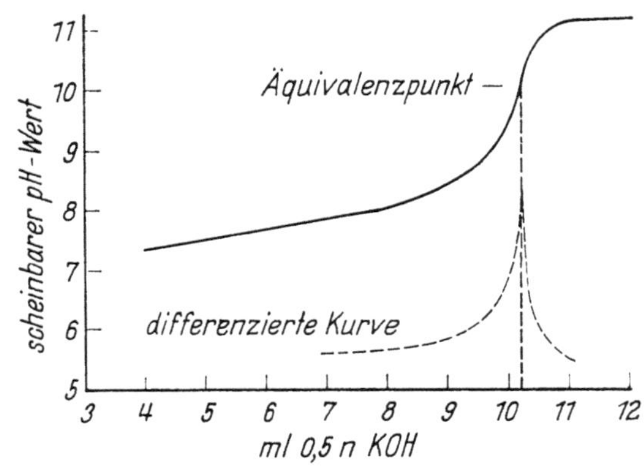

Abb. 58. Potentiometrische Titration von 5 g Kottonfettsäure mit alkoholischer 0,1 n-Kalilauge

Kalilauge zulaufen, stellt die Rührvorrichtung ab, mißt den scheinbaren pH-Wert und fährt mit der Zugabe der Lauge fort, bis der pH-Wert 9 erreicht wird. Im Umschlagsintervall von pH 9—12 gibt man die Lauge in Portionen von 0,2 ml zu und mißt jedesmal den pH-Wert.

Nach beendeter Titration trägt man das Titrationsergebnis, wie in Abb. 58 veranschaulicht, in ein Koordinatennetz ein und bestimmt die Anzahl Milliliter 0,5 n-KOH, die dem Wendepunkt der Kurve entspricht. Diese Laugemenge wird der Berechnung der Säurezahl zugrunde gelegt.

Berechnung:

Wie auf S. 553.

δ) Titration dunkler Öle und Fettsäuren

Bei der alkalimetrischen Säurezahlbestimmung von dunklen Ölen ist der Farbumschlag von Phenolphthalein nur recht ungenau wahrzunehmen. In solchen Fällen verfährt man besser wie folgt:

1. Man verwendet Indicatoren, deren Farbumschlag auch in Gegenwart dunkler Öle gut zu erkennen ist, z. B.:

Indicator	pH-Bereich	Farbumschlag
Mischindicator[1]	8,2— 9,8	blau-violett
Thymolphthalein	9,3—10,5	farblos-blau
Alkaliblau 6 B	9,4—14,0	blau-rot
α-Naphtholbenzein[2]	9 —11	gelbrot-grün

[1] 99 ml 1%ige Phenolphthaleinlösung + 1 ml 0,1%ige Methylenblaulösung nach B.S. 684: 1958.

[2] Nach ASTM D 974–55 T.

2. Man verwendet Fluorescenz-Indicatoren, wie 3,6-Dihydroxyphthalonitril oder Umbelliferon.

3. Man bestimmt die SZ durch Emulsionstitration, z. B. nach der DGF-Einheitsmethode D-IV 2b (1962). Das Öl wird in 95%igem Alkohol gelöst und mit wäßriger Kalilauge titriert. Die Alkoholmenge wird so bemessen, daß sich während der Titration eine Emulsion bildet,

welche die Mischung soweit aufhellt, daß der Umschlagpunkt des Indicators gut zu erkennen ist. Die Konzentration des Alkohols darf während der Titration nicht unter 80% sinken.

4. Man bestimmt die SZ durch potentiometrische Titration nach Absatz γ). Nach dieser Methode erhält man auch dann noch zuverlässige Resultate, wenn die Methoden 1 bis 3 zu keinem Ergebnis führen.

Die Reproduzierbarkeit der Methoden wurde im Laboratorium des Verfassers von H. HOFFMANN an Kotton-Raffinationsfettsäuren geprüft (vgl. Tab. 60).

Tabelle 60. *Bestimmung der Säurezahl von dunklen Kotton-Fettsäuren*

Fett-säure Nr.	Indicator	Ein-waage g	Lauge	SZ, Mittel aus 10 Bestimmungen	Standard-abweichung ±
Normalmethode					
1.	Phenolphthalein. . . .	5	1 n-NaOH	159,0	0,46
	Mischindicator	5	1 n-NaOH	159,6	0,69
	Thymolphthalein . . .	5	1 n-NaOH	161,2	0,44
	Alkaliblau 6 B	5	1 n-NaOH	160,6	0,37
	α-Naphtholbenzein . .	5	1 n-NaOH	159,0	0,29
Emulsionsmethode					
2.	Phenolphthalein. . . .	2	0,5 n-KOH	118,2	0,50
	Thymolphthalein . . .	2	0,5 n-KOH	119,4	0,55
	Alkaliblau 6 B	2	0,5 n-KOH	116,4	0,36
Zum Vergleich					
2.	Potentiometrische Titration	2	0,5 n-KOH	114,8	—

Als Indicatoren für die Titration dunkler Fette eignen sich nach diesen Ergebnissen besonders Alkaliblau 6B und α-Naphtholbenzein.

ε) Mikromethoden

In vielen Fällen, z. B. bei der Untersuchung einzelner Ölsamen, ist es notwendig, sich für die Bestimmung der Säurezahl einer Mikromethode zu bedienen.

Zunächst sei hier die auf den Arbeiten von G. GORBACH (1940) aufbauende Methode von H. LACKNER u. H. FLASCHKA (1950) beschrieben.

Reagentien:

0,025 n wäßrige Natronlauge,
Benzol-Alkohol 1:1, über Natrium oder Calcium destilliert,
1%ige Lösung von Alkaliblau 6 B in 95%igem Alkohol.

Geräte:

Mikroausrüstung nach G. GORBACH[1]
Torsionswaage
Mikrobürette, 200 μl Inhalt
Platinösen
Spitzröhrchen usw.

Verfahren:

2—10 mg Substanz werden unter Benutzung einer Platinöse abgewogen. In ein Spitzröhrchen bringt man ca. 1 ml Lösungsmittel, einen Mikrotropfen Indicator und mittels eines Glasrührstäbchens soviel Lauge, daß der Indicator gerade nach Hellrot umschlägt. Dann wirft man das Häkchen mit der Einwaage in die Lösung und titriert bis zum Farbumschlag. Während der ganzen Operation achte man darauf, daß die Atemluft nicht über das Spitzröhrchen und die Bürettenspitze streicht.

Berechnung:

Wie auf S. 553.

[1] Zu beziehen durch Firma Paul Haack, Wien IX, Gatelligasse 4; und Firma W. Pabisch, 8 München 2, Sendlinger Str. 55.

Im Mesobereich lassen sich nach den Erfahrungen des Verfassers leicht Säurezahlbestimmungen unter Verwendung eines 5-ml-Kölbchens, eines Magnetrührwerks und einer Kolbenbürette ausführen.

Eine Methode zur Ultra-Mikrotitration von Fettsäuren in Chloroform oder Benzol unter Verwendung eines Ultra-Mikrotitrationsgerätes (BECKMAN), das direkte Ablesungen von 0,01 μl und Schätzungen bis 0,001 μl gestattet, beschreiben C. PRIES u. C.J.F. BÖTTCHER (1964).

Reagentien:

Lösungsmittel: Chloroform, stabilisiert mit 1% Methanol

Titriermittel: etwa 0,1 n-Lösung von Kaliummethylat. Zu ihrer Herstellung werden 4 g frisch geschnittenes Kalium in 1 l absolutem Methanol gelöst.

Indicator: 0,2%ige Lösung von Nilblau (GEIGY) in Methanol.

Verfahren:

Die Fettsäure wird zu etwa 0,01 n in 100 μl Chloroform oder Benzol gelöst und mit 5 μl Indicator versetzt. Unter Rühren mit einem Vibrator wird nun mit der 0,1 n-Kaliummethylatlösung nicht schneller als 1 μl/5 sec bis zum Äquivalenzpunkt titriert. In analoger Weise wird ein Blindversuch ausgeführt.

Berechnung:

Wie auf S. 553.

Reproduzierbarkeit:

Bei der Titration von Lösungen, die 1 μmol Stearin-, Elaidin- bzw. Linolsäure in 100 μl Lösungsmittel enthielten und je etwa 12 μl Methylatlösung verbrauchten, wurde von den Autoren eine Reproduzierbarkeit von 0,02—0,05 μl beobachtet.

ζ) Reproduzierbarkeit der Methode; Auswertung

Die Reproduzierbarkeit der Säurezahlbestimmung (Makromethode) ist recht gut. Wir fanden für die alkalimetrische Methode folgende Zahlen:

Substrat	Anzahl Bestim-mungen	SZ Mittel-wert	Standard-abweichung ±
Raffiniertes Sojaöl	10	0,13	0,0026
Rohes Sojaöl	10	0,96	0,0042
Cocos-Raffinationsfettsäure	10	220,8	0,64

Die Säurezahl kann nicht für die Identifizierung von Ölen und Fetten benutzt werden, da sie vom Alter, von der Lagerungszeit und der Vorbehandlung der Substrate abhängt.

Rohe Öle und Fette haben im allgemeinen Säurezahlen bis zu 10, raffinierte dagegen meistens solche unterhalb 0,2.

Ist das mittlere Molekulargewicht der titrierten Fettsäuren bekannt, läßt sich der Gehalt des Fettes an freien Fettsäuren aus der Säurezahl nach der Formel berechnen:

$$\%\ \text{freie Fettsäuren} = \frac{\text{SZ} \cdot \text{Mittleres Molekulargewicht}}{561}$$

Weiteres hierüber auf S. 736.

b) Verseifungszahl

Im Gegensatz zur Säurezahl ist die Verseifungszahl eine für viele Fette charakteristische Größe, da sie zu ihrem Molekulargewicht in direkter Beziehung steht.

Die Verseifungszahl (VZ) gibt die Milligramm Kaliumhydroxid an, die zur Verseifung von 1 mg Fett erforderlich sind.

Zur Bestimmung wird das Fett mit einer gemessenen Menge eingestellter Kalilauge verseift und das nicht gebundene Alkali durch Rücktitration mit Säuren von bekannter Konzentration ermittelt. Die Feststellung des Äquivalenzpunktes kann, ähnlich wie bei der Säurezahlbestimmung, sowohl alkalimetrisch als auch potentiometrisch erfolgen.

α) Alkalimetrische Bestimmung

Die heute gebräuchlichen alkalimetrischen Methoden zur Bestimmung der Verseifungszahl gehen auf eine von J. KÖTTSTORFER (1879) ausgearbeitete Vorschrift zurück. Diese hat in der heutigen Form zahlreiche Variationen erfahren, die sich vornehmlich auf die Höhe der Einwaage, die Laugenmenge und die Verseifungsdauer beziehen. Der Verfasser gibt den Arbeitsvorschriften der AOCS Cd 3–25 (revidiert 1955) bzw. AOAC 26.028 (1965) den Vorzug, da hier bei einer Einwaage von 4—5 g der Titrierfehler mit 0,6 VZ-Einheiten nur halb so groß ist wie bei den Methoden der DGF, der B.S.I. bzw. der IUPAC, die eine Einwaage von 2 g vorschreiben.

Arbeitsvorschrift (AOCS-Methode Cd 3–25, modifiziert)

Geräte:

Stehkolben 250 ml Inhalt mit Normalschliff NS 29 aus alkalibeständigem Glas,

Rückflußkühler mit Normalschliff oder gläsernem Zwischenstück mit Einhängekühler aus vernickeltem Messing ähnlich Abb. 5 auf S. 420,

Heizplatte mit variabler Temperatureinstellung für Serienbestimmungen, z. B. Fabrikat Heraeus P 5,

50-ml-Pipette.

Reagentien:

0,5 n alkoholische Kalilauge: Um eine Dunkelfärbung der Lauge bei längerer Aufbewahrung zu vermeiden, reinigt man den zu ihrer Herstellung verwendeten Alkohol wie folgt: Man kocht 1,2 l Alkohol von 95 Vol.-% mit 10 g Kaliumhydroxid und 6 g granuliertem Aluminium $^1/_2$ Std unter Rückfluß und destilliert, wobei 50 ml Vorlauf verworfen und 1 l gereinigter Alkohol aufgefangen werden. Zur Herstellung der 0,5 n-Kalilauge löst man 35—40 g Kaliumhydroxid in Plätzchen in 20 ml Wasser und mischt diese Lösung mit 1 l gereinigtem Alkohol. Nach ein- bis zweitägigem Stehen wird die klare überstehende Lösung in eine dunkle Flasche dekantiert. Die so bereitete Lauge soll vor Luftzutritt geschützt aufbewahrt werden.

0,5 n-Salzsäure

Phenolphthalein-Indicator: 1%ige Lösung in 95%igem Alkohol.

Verfahren:

4 g des filtrierten Fettes werden in den Erlenmeyerkolben eingewogen. Mittels einer Pipette werden genau 50 ml 0,5 n alkoholische Kalilauge zugegeben, worauf man die Pipette, an die innere Kolbenwand gelehnt, 15 sec auslaufen läßt. Sodann gibt man in den Kolben einige Siedesteinchen[1], verbindet mit dem Rückflußkühler und erhitzt zum Sieden. Von Zeit zu Zeit wird der Kolben vorsichtig umgeschwenkt, bis sich das Fett völlig gelöst hat. Anschließend hält man den Ansatz noch $^1/_2$ Std in leichtem Sieden. Dann gibt man 1 ml Phenolphthalein-Lösung hinzu und titriert die heiße Lösung mit 0,5 n-Salzsäure zurück. In gleicher Weise wird ein Blindversuch ausgeführt.

Berechnung:

$$VZ = \frac{(b - a) \cdot 28{,}05}{E}$$

a = ml 0,5 n-Salzsäure im Hauptversuch
b = ml 0,5 n-Salzsäure im Blindversuch
E = Einwaage in g.

β) Potentiometrische Bestimmung

Auf potentiometrischem Wege läßt sich die Verseifungszahl in analoger Weise zur potentiometrischen Säurezahlbestimmung ermitteln.

Eine eingehende Beschreibung der bei der potentiometrischen Äquivalenzbestimmung erforderlichen Geräte und Vorsichtsmaßnahmen bringt die ASTM-Vorschrift D 939–54. Ein Verfahren zur elektrometrischen Bestimmung der Verseifungszahl von Fettsäuren findet sich in der DGF-Methode D–IV 3a (61).

---

[1] Gesiebter Bimsstein von ca. 2 mm Korngröße, Lieferant: Firma Theodor Haan GmbH, 68 Mannheim 1.

γ) Verseifungszahl dunkler Fette und Fettprodukte

Falls die zu untersuchenden Proben eine so dunkle Eigenfarbe besitzen, daß der Farbumschlag des Phenolphthaleins nicht genau beobachtet werden kann, bestimmt man den Äquivalenzpunkt wie bei der Säurezahl beschrieben,

1. unter Verwendung von Indicatoren, deren Farbumschlag besonders gut zu erkennen ist, beispielsweise Alkaliblau 6 B, α-Naphtholbenzein oder Fluorescenzindicatoren,
2. durch Emulsionsverseifung z. B. nach der DGF-Einheitsmethode D–IV 3b (61) oder
3. auf potentiometrischem Wege z. B. nach der DGF-Einheitsmethode D–IV 3a (61).

δ) Mikromethoden

Zahlreiche Veröffentlichungen haben die Bestimmung der Verseifungszahl im Meso- und Mikromaßstab zum Gegenstand. K. Marcali u. W. Rieman III (1946), beschreiben Methoden zur Bestimmung der Verseifungszahl von 500, 50 und 5 mg Proben. M. Furter (1938) geht von 10—30 mg Ester aus, während G. Gorbach (1940) mit 0,3—1 mg Substanz ausgezeichnete Ergebnisse erhält.

Nach G. Gorbach gestaltet sich die Arbeitsweise wie folgt:

Geräte:

Mikrogeräte nach G. Gorbach (vgl. S. 694): Platinöse, Mikrobecher, Rückflußkühler, Trockenblock.

Reagentien:

0,1 n alkoholische Kalilauge,
0,1 n-Salzsäure,
1%ige Lösung von Phenolphthalein in 95%igem Alkohol.

Verfahren:

0,3—1 mg Fett werden in eine Platinöse eingewogen. Es wird dann zusammen mit der Öse in den Mikrobecher gelegt und mit 200 μl 0,1 n alkoholischer Kalilauge bei einer Blocktemperatur von 100°C 10 min verseift. Dann wird nach Zugabe von Phenolphthalein mit 0,1 n-Salzsäure zurücktitriert.

Berechnung:

Wie bei der Makromethode.

ε) Reproduzierbarkeit der Methode, Fehlerquellen, Auswertung der Säure- und Verseifungszahl

Bei der Untersuchung normaler Öle und Fette erhält man nach der beschriebenen Makromethode bis auf ± 0,5—1% *reproduzierbare Werte.* Hierzu einige Beispiele aus dem Laboratorium des Verfassers (vgl. Tab. 61).

Tabelle 61. *Reproduzierbarkeit der Makromethode zur VZ-Bestimmung*

Substrat	Indicator	Anzahl Bestimmungen	VZ Mittelwert	Standardabweichung $\pm \sigma$
Cocosfett, raffiniert	Phenolphthalein	10	253,9	0,22
Sojaöl, raffiniert	Phenolphthalein	10	192,6	0,10
Dunkle Kottonraffinationsfettsäure	α-Naphtholbenzein	10	195,9	0,97

Auch die Übereinstimmung zwischen Makro- und Mikromethode ist nach Beleganalysen von G. Gorbach (1940) gut.

Substrat	VZ Makromethode	VZ Mikromethode
Olivenöl	193,3	194; 193; 194
Kürbiskernöl	190,5	189; 190; 192

Die angegebene Laugenkonzentration und Verseifungsdauer reichen für die Bestimmung der Verseifungszahlen von Fettalkoholen, wie sie beispielsweise im Wollfett, Spermwalöl und Naturwachsen vorkommen, nicht aus. Zweckmäßig erhöht man in diesen Fällen die Alkalikonzentration auf 1 n bis 2 n und die Verseifungsdauer auf 2 Std. Sollte auch diese Maßnahme nicht zum Ziel führen, z. B. bei gewissen Harzestern, so empfiehlt es sich, die Verseifung mit Lösungen von Kaliumhydroxid in n-Butanol, Amylalkohol, Glykolmonoäthyläther (Cellosolve) oder anderen höhersiedenden Lösungsmitteln auszuführen. Es können dann allerdings, wie W. SANDERMANN u. H. KLEIM (1952) nachwiesen, erhebliche Fehler durch den Angriff der heißen Lauge auf das Glas der Verseifungskolben hervorgerufen werden. Die Autoren empfehlen für solche Extremfälle die Verwendung von Schliffkolben aus rhodiniertem Kupferblech.

E. ANDRÉ u. J. HENRY (1963) weisen darauf hin, daß die übliche Verseifung mit alkoholischer Kalilauge nicht ganz quantitativ verläuft, da es zum Schluß des Prozesses zu einer Gleichgewichtseinstellung kommt. Sie empfehlen daher die Verwendung von methanolischer Barytlauge als Verseifungsmittel. Hierzu einige Beispiele.

Ölsorte	VZ bestimmt mit		
	methanolischer Kalilauge	äthanolischer Kalilauge	methanolischer Barytlauge
Palmöl	198,6	201,1	205,0
Erdnußöl	191,1	198,4	194,9
Rizinusöl	182,3	183,6	185,6
Cocosöl	260,0	262,0	262,0

Die Verseifungszahl steht zu dem *Mittleren Molekulargewicht* reiner Fettsäuren und deren Glycerinester in folgender Beziehung:

$$\text{Molekulargewicht} = \frac{56\,100 \cdot n}{VZ}$$

n = 1 für Fettsäuren und Monoglyceride
= 2 für Diglyceride
= 3 für Triglyceride.

Diese Formel ist auch auf natürliche Fette anwendbar. Sie gilt jedoch exakt nur für solche, die frei von größeren Mengen Unverseifbarem und freien Fettsäuren sind und weder Mono- und Diglyceride noch Phosphatide enthalten. Für Fette mit freien Fettsäuren gelten nach der DGF-Vorschrift C–V 5 (57) weiterhin folgende Gleichungen:

$$\%\ \text{freie Fettsäuren} = \frac{SZ \cdot 100}{VZ_s}$$

$$\%\ \text{Gesamtfettsäuren} = \frac{VZ \cdot 100}{VZ_s}$$

$$\%\ \text{Triglyceride} = 100 - \frac{SZ \cdot 100}{VZ_s}$$

VZ_s = Verseifungszahl der Gesamtfettsäuren.

Zur Berechnung der Säurezahl der Gesamtfettsäuren aus der Verseifungszahl des Neutralfettes ist die von J. LUND (1922) angegebene Näherungsformel geeignet.

$$SZ_s = VZ_F + 0{,}000236\,(VZ_F)^2$$

SZ_s = Säurezahl der Gesamtfettsäuren
VZ_F = Verseifungszahl des Neutralfettes.

Die *Höhe der Verseifungszahl* natürlicher Fette wird durch die Kettenlänge der in ihr enthaltenen Fettsäuren bestimmt. Sie ist daher in vielen Fällen zur Identifizierung unbekannter Fette geeignet. Einige Beispiele hierzu bringt Tab. 62. Weitere Zahlenwerte sind der Übersichtstabelle C (S. 1012ff) zu entnehmen.

Tabelle 62. *Verseifungszahl häufig vorkommender Fette*

Fettsäure	Verseifungszahl
1. Laurinsäurereiche Fette	
Cocosöl	250—264
Palmkernöl	245—255
Babassufett	247—253
2. Palmitinsäurereiche Fette	
Palmöl	195—206
Kottonöl	190—200
Schweineschmalz	193—202
3. Öl- und linolsäurereiche Fette	
Olivenöl	185—196
Sonnenblumenöl	186—194
4. Erucasäurereiche Fette	
Rüböl	168—180
Schwarzsenföl	173—184

Bei *Fettgemischen* sagt die Verseifungszahl über die Identität derselben naturgemäß nichts aus. Man wird in solchen Fällen noch 1—2 weitere Kennzahlen bestimmen oder aber sich der auf S. 603ff. beschriebenen speziellen Methoden zur Fettanalyse bedienen.

c) Esterzahl; Spaltgrad

Die *Esterzahl* gibt an, wieviel Milligramm Kaliumhydroxid zur Verseifung der in 1 g Fett enthaltenen Ester notwendig sind.

Sie wird im allgemeinen nicht besonders bestimmt, sondern als Differenz von Verseifungszahl und Säurezahl berechnet.

$$\mathrm{EZ} = \mathrm{VZ} - \mathrm{SZ}$$

Bei Fetten, die außer freien Fettsäuren keine wesentlichen Mengen an Unverseifbarem, Mono- und Diglyceriden sowie Phosphatiden enthalten, läßt sich aus der Esterzahl der Gehalt an Neutralfetten berechnen.

$$\%\ \text{Neutralfett} = \frac{\mathrm{EZ}}{\mathrm{VZ_F}} \cdot 100$$

$\mathrm{VZ_F}$ = Verseifungszahl des anwesenden Neutralfettes.

Aus der Esterzahl ergibt sich auch die Menge des gebundenen Glycerins nach der Gleichung:

$$\%\ \text{Glycerin} = 0{,}0547 \cdot \mathrm{EZ}.$$

Der *Spaltgrad* ist eine Größe, die in der Speiseöl-Industrie häufig zur Charakterisierung des Gehaltes der Raffinationsfettsäuren an freien Fettsäuren benutzt wird. Man versteht darunter das prozentuale Verhältnis der vorhandenen, zur theoretisch erreichbaren Glyceridspaltung entsprechend der Formel:

$$\text{Spaltgrad}\ \% = \frac{\mathrm{SZ} \cdot 100}{\mathrm{SZ_s}} \quad (1)$$

SZ = Säurezahl der Probe
$\mathrm{SZ_s}$ = Säurezahl der Gesamtfettsäuren.

In der Praxis rechnet man meist weniger genau mit der Formel

$$\text{Spaltgrad}\,\% = \frac{\text{SZ} \cdot 100}{\text{VZ}} \quad (2)$$

und bestimmt diese Größe in einem einzigen Analysengang.

Verfahren:

Eine nichtgewogene Menge Fett von ca. 4 g wird in einen Verseifungskolben gegeben und in 50 ml 95%igem Äthanol, wenn nötig unter Erwärmen, gelöst. Man gibt einige Tropfen Phenolphthalein-Indicator hinzu und titriert die freie Fettsäure mit 0,5 n alkoholischer Kalilauge. Dann gibt man 50 ml 0,5 n-Kalilauge hinzu, verseift $^1/_2$ Std unter gelindem Sieden und titriert den Überschuß an Lauge mit 0,5 n-Salzsäure zurück.

Berechnung:

$$\text{Spaltgrad}\,\% = \frac{a \cdot 100}{a + (50 - b)}$$

a = 0,5 n-Kalilauge zur Neutralisierung der freien Fettsäure
b = 0,5 n-Salzsäure zur Rücktitration.

Nach dieser Methode erhält man etwa 0,5—1% höhere Werte als bei der exakten Bestimmung entsprechend Formel (1).

d) Anhydridzahl

Fettsäureanhydride kommen in der Natur nicht vor. Sie sind den Glyceriden äußerlich ähnlich und ernährungsphysiologisch vollwertig, so daß man sie auch für Genußzwecke vorgeschlagen hat (vgl. D. HOLDE 1933). Da sich die Anhydride der flüssigen Fettsäuren unter dem Einfluß von Wasser oder Wasserdampf leicht zersetzen, sind sie meistens von freien Fettsäuren begleitet.

Ein Maß für den Anhydridgehalt ist die Anhydridzahl (AHZ). Man versteht darunter die Milligramm Kaliumhydroxid, die zur Spaltung der in 1 g Fett enthaltenen Anhydride erforderlich sind.

Zur Bestimmung des Anhydridgehaltes kann man nach J.D. VON MIKUSCH (1955)[1] von der Tatsache Gebrauch machen, daß 1 Mol Fettsäureanhydrid bei der Titration mit *alkoholischer Lauge* unter Bildung von 1 Mol Ester und 1 Mol Alkalisalz, bei der Titration mit *wäßriger Lauge,* ebenso wie beim Kochen mit alkoholischer Lauge, dagegen unter Bildung von 2 Molen Alkalisalz reagiert.

$$R \cdot CO \cdot O \cdot OC \cdot R + C_2H_5OK \rightarrow R \cdot COOC_2H_5 + R \cdot COOK$$
$$R \cdot CO \cdot O \cdot OC \cdot R + 2KOH \rightarrow 2R \cdot COOK + H_2O$$

α) Verfahren für Mischungen von Anhydriden und Fettsäuren

Ca. 2 g des zu untersuchenden Anhydrids werden in 100 ml einer neutralisierten Mischung aus gleichen Teilen Alkohol und Benzol gelöst und nach Zugabe von einigen Tropfen einer 1%igen alkoholischen Phenolphthalein-Lösung mit alkoholischer 0,5 n-Kalilauge bis zum Farbumschlag titriert. Aus dem Laugeverbrauch wird die Säurezahl berechnet.

Eine zweite Anhydridprobe dient zur Bestimmung der Verseifungszahl, beispielsweise nach S. 557.

Anhydridzahl = Verseifungszahl — Säurezahl.

Nach J.B. JOHNSON u. G.L. FUNK (1955) kann man das Anhydrid auch direkt durch Umsetzung mit Morpholin, entsprechend folgender Gleichung bestimmen:

$$R \cdot CO \cdot O \cdot OC \cdot R + C_4H_8O_2 \cdot NH \rightarrow C_4H_8O_2 \cdot N \cdot OOC \cdot R + R \cdot COOH$$

[1] VON MIKUSCH, J.D.: Privatmitteilung 1955.

β) Anhydridbestimmung in Gegenwart von Neutralöl mit Morpholin[1]

Reagentien:

0,5 n methanolische Salzsäure-Lösung,
0,5 n methanolische Morpholin-Lösung (44 ml redestilliertes Morpholin im Liter),
Indicator: 1 g Dimethylgelb und 0,1 g Methylenblau in 125 ml Methanol.

Verfahren:

1 g Substanz wird in einen 250-ml-Erlenmeyerkolben mit Schliffstopfen eingewogen und in Benzol gelöst. Dann gibt man 25 ml Morpholin-Lösung zu, schüttelt gut durch und läßt 30 min bei Raumtemperatur stehen. Nach Zugabe von 4—5 Tropfen des Indicators titriert man mit der Salzsäure-Lösung bis zum Verschwinden der grünen Farbe. In gleicher Weise wird ein Blindversuch ausgeführt.

Berechnung:

$$\text{Anhydridzahl} = \frac{(b - a) \cdot N \cdot 56{,}10}{E}$$

a = ml methanolische Salzsäure im Hauptversuch
b = ml methanolische Salzsäure im Blindversuch
N = Normalität der Salzsäure
E = Einwaage in g.

4. Oxidimetrische Kennzahlen

a) Hydroxylzahl

Fette enthalten häufig höhermolekulare Alkohole, Hydroxyfettsäuren, Mono-Diglyceride und freies Glycerin. Alle diese Stoffe werden durch die Hydroxylzahl erfaßt, die ein Maß für den Gehalt an freien alkoholischen Hydroxylgruppen ist.

Die Hydroxylzahl (OHZ) gibt die Milligramm Kaliumhydroxid an, die der von 1 g Fett bei der Acetylierung verbrauchten Essigsäure äquivalent sind.

Zur Bestimmung der *Hydroxylzahl* sind zahlreiche Methoden entwickelt worden (vgl. H. P. KAUFMANN 1958), von denen die wichtigsten die Reaktion der Hydroxylgruppen mit Essigsäureanhydrid und Pyridin (A. VERLEY u. F. BÖLSING 1901; W. NORMANN u. E. SCHILTKNECHT 1933), die Umsetzung mit Acetylchlorid und Pyridin (H. P. KAUFMANN u. S. FUNKE 1937b; H. P. KAUFMANN u. E. SCHMÜLLING 1962) und die Reaktion mit Stearinsäureanhydrid (B. D. SULLY 1962) benutzen. Die entsprechenden Reaktionsgleichungen sind folgende:

$$ROH + CH_3 \cdot CO \cdot O \cdot OC \cdot CH_3 \rightarrow R\,OOC \cdot CH_3 + CH_3 \cdot COOH$$
$$ROH + CH_3 \cdot COCl \rightarrow R\,OOC \cdot CH_3 + HCl$$

Die Essigsäureanhydrid-Pyridin-Methode hat zahlreiche Variationen erfahren (vgl. V. C. MEHLENBACHER 1960). Sie erwies sich als die vielseitigst verwendbare und wurde infolgedessen in die DGF-Einheitsmethoden und die IUPAC-Methodensammlung aufgenommen. Unsere Beschreibung folgt diesen Methoden, wobei die in den UNILEVER-Laboratorien gesammelten Erfahrungen Berücksichtigung fanden.

α) Makromethode

Reagentien:

Pyridin: Zur Trocknung läßt man Pyridin, reinst, einige Tage über Bariumoxid stehen und destilliert dann ab.

Acetylierungsgemisch: Man bringt 25 g trockenes Essigsäureanhydrid in einen 100-ml-Meßkolben, füllt mit trockenem Pyridin bis zur Marke auf und mischt. Die Lösung wird, vor Feuchtigkeit und Kohlendioxid geschützt, in braunen Flaschen mit Glasstopfen aufbewahrt.

Äthanol: 95 vol.-%ig, gegen Phenolphthalein neutralisiert mit 0,5 n-Kalilauge in 95%igem Äthanol.

Indicator: Für helle Fette eine 1%ige Phenolphthaleinlösung, für dunkle eine 2%ige Alkaliblau-6 B-Lösung, beide in 95%igem Äthanol.

[1] Ausführungsform nach J.D. VON MIKUSCH. Privatmitteilung 1956.

Geräte:

Rundkolben mit flachem Boden, 150—200 ml, mit eingeschliffenem Luftkühlrohr von 100 cm Länge.

Thermostatisch reguliertes Öl- oder Glycerinbad.

Verfahren:

Je nach der erwarteten Hydroxylzahl werden 0,75—2 g des filtrierten Fettes in einen Acetylierungskolben eingewogen (vgl. Tabelle):

Erwartete OHZ	Fett-einwaage ca. g	Acetyl-lierungs-gemisch ml
10—100	2,0	5
100—150	1,5	5
150—200	1,0	5
200—250	0,75	5
250—300	1,2	10
300—330	1,0	10

Dann wird der Luftkühler aufgesetzt und das sorgfältig abgemessene Acetylierungsgemisch durch den Luftkühler hinzugegeben. Der Inhalt des Kolbens wird gemischt und letzterer in das auf 95—100°C erhitzte Ölbad gestellt. Er darf nicht tiefer als 1 cm eintauchen. Nach 1 Std nimmt man ihn aus dem Bad, kühlt ab, gibt 1 ml Wasser durch den Luftkühler hinzu und schüttelt um. Dann wird das Gemisch nochmals für 10 min in das Bad gebracht, um das überschüssige Essigsäureanhydrid sowie die etwa gebildeten Fettsäureanhydride zu zersetzen. Man kühlt den Kolben wieder auf Zimmertemperatur ab, gibt 5 ml 95%iges Äthanol hinzu, wobei man den Kühler und den Flaschenhals abspült und titriert mit 0,5 n alkoholischer Kalilauge unter Zusatz eines der genannten Indicatoren. In gleicher Weise wird ein Blindversuch ausgeführt.

Berechnung:

$$\text{OHZ} = \frac{(b - a) \cdot 28{,}05}{E} + \text{SZ}$$

a = ml 0,5 n-Kalilauge im Hauptversuch
b = ml 0,5 n-Kalilauge im Blindversuch
E = Einwaage in g
SZ = die nach S. 552 bestimmte Säurezahl des Fettes.

β) Mikromethode

Eine Mikromethode zur Bestimmung der Hydroxylzahl wurde von G. GORBACH (1940) mitgeteilt. Er benutzt ebenfalls die Reaktion der Hydroxylgruppen mit Essigsäureanhydrid und Pyridin.

Reagens:

10 g Essigsäureanhydrid, mit trockenem Pyridin auf 100 ml aufgefüllt.

Geräte:

Mikroausrüstung nach G. GORBACH (vgl. S. 694).

Verfahren:

In eine Platinöse werden 2—3 mg Fett eingewogen, im Mikrobecher mit 30 µl Acetylierungsreagens versetzt und im Trockenblock unter Benutzung des Überfang-Rückflußkühlers bei 95—100°C 60 min acetyliert. Nach dem Erkalten werden 15 µl dest. Wasser zugefügt, umgerührt und erneut 10 min auf 95—100°C unter Rückfluß erhitzt. Nach dem Abkühlen wird die Kühlerspitze mit Äthanol in den Becher abgespült und der Inhalt mit 0,5 n alkoholischer Kalilauge gegen Phenolphthalein titriert. In gleicher Weise wird ein Blindversuch ausgeführt.

Berechnung:

Wie bei der Makromethode.

Genauigkeit der Methoden; Anwendung

Die Genauigkeit der beschriebenen Makromethode liegt nach den Erfahrungen des Verfassers in der Größenordnung einer OHZ-Einheit (vgl. Tab. 63):

Tabelle 63. *Genauigkeit der Hydroxylzahl-Bestimmung*

Substrat	OHZ berechnet	OHZ gefunden	
Rizinus- + Sojaöl	84,4	83,4	83,6
	44,2	43,5	45,8
	24,0	21,3	22,7
Sojaöl + 9,10-Dioxystearinsäure . .	19,8	19,7	
	13,8	13,4	
	8,9	7,4	

Die Mikromethode liefert nach Beleganalysen von G. GORBACH (1940) die gleichen Hydroxylzahlen wie die Makromethode. Die Hydroxylzahlbestimmung ist auf alle Arten von Oxygruppen in Fetten anwendbar, vorausgesetzt, daß sie völlig wasserfrei sind, da sonst ein Teil des Acetylierungsgemisches vorzeitig verbraucht wird.

b) Acetylzahl

Eine ältere Kennzahl zur Bestimmung der in Fetten anwesenden Hydroxylgruppen ist die Acetylzahl. Sie wird heute noch in den USA und England häufig verwendet und dort als André-Cook-Zahl bezeichnet.

Die Definition der Acetylzahl ist nicht identisch mit derjenigen der Hydroxylzahl. Sie gibt die Milligramm Kaliumhydroxid an, die der von 1 g *acetyliertem* Fett gebundenen Essigsäuremenge äquivalent sind.

Das nachstehend beschriebene Verfahren geht auf BENEDIKT u. ULZER zurück und wurde von LEWKOWITSCH modifiziert (vgl. A. GRÜN 1925). Es ist mit den in den Methoden AOCS Cd 4–40, B.S. 684: 1958 und AOAC 26.016 (1965) wiedergegebenen Vorschriften identisch.

α) Makromethode

Acetylierung:

10 g Öl werden zusammen mit 20 ml Essigsäureanhydrid in einem 200-ml-Rundkolben mit eingeschliffenem Rückflußrohr auf einer Asbestplatte mit einer Öffnung von 4 cm ⌀ über freier Flamme 2 Std gekocht. Die Flamme soll nicht höher als 25 mm sein und den Boden des Kolbens nicht berühren. Dann wird abgekühlt und der Kolbeninhalt in ein 1-l-Becherglas gebracht, das mit 600 ml kochendem dest. Wasser gefüllt ist, und weitere 30 min auf einer Heizplatte oder einem Sandbad gekocht, wobei man zur Vermeidung des Stoßens 0,2 g pulverisierten Bimsstein zugibt. Nach dem Abkühlen bringt man das Produkt in einen Scheidetrichter und entfernt die untere Schicht. Das acetylierte Produkt wird mit drei oder mehr Portionen von je 50 ml warmer gesättigter Natriumchloridlösung gewaschen, bis die Waschflüssigkeit gegen Lackmus neutral reagiert. Schließlich wird das Öl nach dem Ablassen der Kochsalzlösung nochmals mit 20 ml warmem Wasser gewaschen und das Waschwasser so vollständig wie möglich abgetrennt. Das acetylierte Öl wird mit 1 g wasserfreiem Na_2SO_4 getrocknet und durch ein trockenes Faltenfilter filtriert.

Verseifung:

Vom Ausgangsfett und vom acetylierten Fett werden die Verseifungszahlen nach S. 557 bestimmt.

Berechnung:

$$\text{Acetylzahl} = \frac{1335 \cdot (B - A)}{1335 - A}$$

A = Verseifungszahl der Fettprobe
B = Verseifungszahl der acetylierten Probe.

β) Mikromethode

Ein einfaches Verfahren, bei dem auf die doppelte Verseifung verzichtet wird, wurde von G. CESAIRE (1949) angegeben:

40—50 mg Substanz werden mit 0,25 ml Essigsäureanhydrid und 1 ml Xylol 1 Std lang auf 100° C erhitzt. Bei 150° C Badtemperatur wird dann das nicht umgesetzte Anhydrid abdestilliert und die Destillation nach jeweiligem Zusatz von 1 ml Xylol zweimal wiederholt. Schließlich wird das in der überdestillierten Xylolfraktion enthaltene Essigsäureanhydrid durch Verseifen mit alkoholischer Kalilauge und Rücktitration mit 0,1 n-Schwefelsäure bestimmt.

γ) Genauigkeit; Umrechnung von Acetylzahlen auf Hydroxylzahlen

Die Genauigkeit der hier wiedergegebenen Makromethode wurde von J. P. RILEY (1951) mit reinem Methylricinoleat geprüft. Sie betrug ± 1%. Zur Umrechnung von Acetylzahlen (AZ) auf Hydroxylzahlen (OHZ) und umgekehrt gelten nach E. HANDSCHUHMAKER (1955) folgende Gleichungen:

$$\mathrm{AZ} = \frac{\mathrm{OHZ}}{1 + 0{,}00075\ \mathrm{OHZ}}$$

$$\mathrm{OHZ} = \frac{\mathrm{AZ}}{1 - 0{,}00075\ \mathrm{AZ}}$$

c) Lactonzahl

Lactone, innere Anhydride der Fettsäuren, finden sich in natürlich vorkommenden Fetten nicht. Dagegen werden sie nach C. STIEPEL (1926) bei der Spaltung der Fette mit Schwefelsäure (z. B. Stearolacton), bei der Oxydation der Paraffinkohlenwasserstoffe zu Fettsäuren (G. WIETZEL 1938) und bei der Autoxydation der Fette gebildet. Bei Zimmertemperatur verhalten sich Lactone Alkalien gegenüber wie Ester, werden also nicht verseift.

Ein Maß für den Lactongehalt ist die Lactonzahl. Man versteht darunter die Milligramm Kaliumhydroxid, die zur Verseifung der in 1 g Fett oder Fettsäure enthaltenen Lactone erforderlich sind.

Die Lactonzahl kann von Fettsäuren direkt, von Fetten jedoch nur nach Isolierung der Fettsäuren bestimmt werden, da etwa anwesende Glycerinester die Bestimmung stören.

Verfahren:

Zur Bestimmung der Lactonzahl von *Fettsäuren* bestimmt man die Säurezahl wie auf S. 552 und die Verseifungszahl nach S. 557.

Dann ist

$$\text{Lactonzahl} = \mathrm{VZ} - \mathrm{SZ}.$$

Bei Anwesenheit von *Neutralfett* verseift man 5 g der Probe zunächst mit alkoholischer Kalilauge, isoliert die Gesamtfettsäuren wie auf S. 718 angegeben und trocknet diese bis zur Gewichtskonstanz bei 110° C. Dann verfahrt man weiter wie bei den Fettsäuren.

Berechnung des Lactongehaltes:

Wenn das Mittlere Molekulargewicht der im Gemisch vorliegenden Fettsäuren und Lactone gleich ist, läßt sich der Lactongehalt nach der Formel berechnen:

$$\%\ \text{Lactone} = \frac{\text{Lactonzahl} \cdot 100}{\mathrm{VZ}}$$

Da das aber nur selten zutrifft, bestimmt man den Lactongehalt genauer dadurch, daß man aus der Fettprobe zunächst die Gesamtfettsäuren isoliert und diese dann nach S. 737 in freie Fettsäuren und Lactone zerlegt und wägt.

d) Carbonylzahl

Als Maß für den Gehalt von Fetten und Fettsäuren an Carbonylgruppen dient die Carbonylzahl. In der Natur kommen nur wenige Carbonylfettsäuren vor, deren wichtigste, die Licansäure, eine 4-Ketoelaeostearinsäure, sich im Oiticicaöl findet. Ketofettsäuren bilden sich bei der Oxydation von Paraffinkohlenwasserstoffen zu Fettsäuren sowie bei der Autoxydation von Fetten.

Methoden zur Bestimmung der Carbonylzahl verdanken wir u. a. W. LEITHE (1938), der auf eine Arbeitsweise von R.C. STILLMAN u. R.M. REED (1932) zurückgeht, ferner H.P. KAUFMANN u. Mitarb. (1938) und H.B. KNIGHT u. D. SWERN (1949). Allen Methoden gemeinsam ist die Umsetzung der Carbonylgruppe mit Hydroxylamin in alkoholischer Lauge zum Oxim:

$$R \cdot R' \cdot CO + NH_2OH \rightarrow R \cdot R' \cdot C = NOH + H_2O$$

Leider ist die Definition der Carbonylzahl nicht einheitlich. LEITHE versteht darunter die Milligramm Kaliumhydroxid, die der von 1 g Fett gebundenen Menge Hydroxylamin äquivalent sind, KAUFMANN die Anzahl Milligramm CO pro Gramm Fett. KNIGHT und SWERN definieren sie als die Anzahl Milligramm Carbonylsauerstoff pro Gramm Substanz. Darauf ist beim Studium einschlägiger Arbeiten besonders zu achten.

Die Umrechnung der Meßgrößen für die Carbonylzahl erleichtert Tab. 64.

Tabelle 64. *Umrechnungsfaktoren für Carbonylzahlen*

Einheit		
mg KOH/g	mg CO/g	mg O/g
1	0,50	0,284
2,0	1	0,572
3,5	1,75	1

Für alle Bestimmungen darf nur Äthylalkohol (auch mit Methylalkohol oder Benzin vergällt) verwendet werden, der frei von Aldehyden ist. Man reinigt ihn zweckmäßig nach KNIGHT u. SWERN (1949) wie folgt:

1 l 95%iger Äthylalkohol wird 30 min mit 10 g Kaliumhydroxid und 6 g granuliertem metallischem Aluminium unter Rückfluß gekocht. Anschließend wird destilliert, wobei die ersten und letzten 50 ml verworfen werden.

α) Verfahren nach W. LEITHE (1938) für hellgefärbte Proben

Reagentien:

Hydroxylaminlösung: 40 g Hydroxylaminchlorhydrat werden in 80 ml Wasser gelöst und mit 800 ml 95%igem Äthylalkohol verdünnt. Man fügt 600 ml 0,5 n alkoholische Kalilauge, die aus aldehydfreiem Alkohol bereitet wurde, hinzu und filtriert den Niederschlag ab.

0,5 n-Salzsäure.

Indicator: 0,1%ige Lösung von Methylorange in Wasser.

Verfahren:

0,5—2 g der Probe werden mit 20 ml Hydroxylaminlösung in einem Erlenmeyerkölbchen 2—3 min zum gelinden Sieden erhitzt und nach Zusatz von wenig Methylorange heiß mit 0,5 n-Salzsäure bis zum rötlichgelben Farbumschlag zurücktitriert. In gleicher Weise wird ein Blindversuch ausgeführt.

Berechnung:

$$COZ = \frac{(b - a) \cdot 28{,}05}{E}$$

a = ml 0,5 n-Salzsäure im Hauptversuch
b = ml 0,5 n-Salzsäure im Blindversuch
E = Einwaage in g.

Das Verfahren läßt sich auch auf dunkelgefärbte Fette anwenden, wenn die Rücktitration des nicht umgesetzten Hydroxylamins unter potentiometrischer Endpunktskontrolle, ähnlich S. 554, vorgenommen wird. Vgl. hierzu auch V.R. BHALERAO u. Mitarb. (1961) auf S. 879.

β) Verfahren nach H. P. KAUFMANN u. Mitarb. (1938)

Das Verfahren ist identisch mit der DGF-Methode C–V 18 (53) und auch für dunkle Fette geeignet.

Reagentien:

Hydroxylaminchlorhydratlösung: Man löst 35 g Hydroxylaminchlorhydrat (reinst, säurefrei) in 160 ml Wasser und füllt mit 96%igem Alkohol zu 1 l auf.

Pyridin- und Indicatorlösung: 20 g Pyridin, reinst, und 0,25 ml 4%ige alkoholische Bromphenolblau-Lösung werden mit 95%igem Äthanol auf 1 l verdünnt. An Stelle des Äthanols kann auch Amylalkohol verwendet werden.

0,5 n-Natriumhydroxidlösung in aldehydfreiem Äthanol oder Methanol.

0,5 n-Salzsäure.

Verfahren:

In ein Miniatur-Becherglas wird soviel Fett eingewogen, daß nach beendeter Reaktion ein Überschuß an Hydroxylamin von mindestens 100% vorhanden ist. Man gibt 30 ml Hydroxylaminlösung in einen 250-ml-Erlenmeyerkolben, fügt 100 ml Pyridinlösung hinzu, bringt die Fettprobe ein und erhitzt den Kolben im Wasserbad unter Rückfluß. Die Erhitzungsdauer muß erprobt werden (1—3 Std). Nach Beendigung des Erhitzens läßt man auf Zimmertemperatur abkühlen und titriert nach $1^1/_2$ Std mit der alkoholischen Natronlauge bis zum Farbumschlag, wobei der Kolben nur umgeschwenkt werden darf. In gleicher Weise wird ein Blindversuch ausgeführt.

Die Acidität der vorhandenen Fettsäuren muß berücksichtigt werden und wird wie folgt bestimmt:

3—5 g Fettsäure werden in 100 ml Pyridinlösung gelöst. Dann gibt man 30 ml 0,5 n-Salzsäure hinzu und titriert mit 0,5 n-Natronlauge bis zum Farbton des Blindversuchs der Carbonylzahl-Bestimmung zurück. In gleicher Weise wird ein Blindversuch ohne Fettsäure angesetzt.

Die bei der Fettsäuretitration verbrauchte Menge 0,5 n-Lauge wird in Carbonyleinheiten nach untenstehender Formel für Neutralöle umgerechnet.

Berechnung:

Für Neutralöle:

$$\mathrm{COZ} = \frac{(b - a) \cdot 14}{E}$$

a = ml 0,5 n-Natronlauge im Hauptversuch
b = ml 0,5 n-Natronlauge im Blindversuch
E = Einwaage in g.

Für fettsäurehaltige Öle:

$$\mathrm{COZ} = \mathrm{COZ}\ (\text{Hauptversuch}) - \mathrm{COZ}\ (\text{Acidität}).$$

γ) Mikromethode

Eine Mikromethode wurde von J. G. GORBACH (1950) angegeben, die auf dem Verfahren von LEITHE, STILLMAN u. REED aufgebaut ist.

Apparatur:

Mikroausrüstung nach J. G. GORBACH (1944a) (vgl. auch S. 694).

Verfahren:

0,5—2 mg der Probe werden in ein Spitzröhrchen eingewogen und mit 400 μl Hydroxylaminlösung nach LEITHE 3 min unter Rückfluß erhitzt. Dann gibt man aus einer Glascapillare 1—2 Mikrotropfen Methylorange zu und titriert noch heiß unter Umrühren mit 0,5 n-Salzsäure aus der Mikrobürette bis zum Farbumschlag nach Rötlichgelb. In gleicher Weise wird ein Blindversuch ausgeführt.

Berechnung:

Wie bei LEITHE.

δ) Genauigkeit der Methoden; Anwendung

Die Reproduzierbarkeit dieser Methoden liegt bei 1—2 Einheiten. Ihre Genauigkeit ist recht befriedigend, wie aus den in Tab. 65 angeführten Ergebnissen der Autoren hervorgeht.

Nach H. P. KAUFMANN u. FU-YING LIU (1940), D. M. SMITH u. J. MITCHELL jr. (1950) u. a. stören anwesende Peroxide bei der Bestimmung der Carbonylzahl, da sie mit Hydroxylamin in Reaktion treten. Die hier genannten Bestimmungsmethoden sind daher für peroxidhaltige ranzige Fette nicht zu empfehlen. Zum Nachweis von Carbonylgruppen in autoxydierten Fetten sind andere Methoden üblich (vgl. S. 878).

Tabelle 65. *Genauigkeit der Carbonylzahl-Bestimmung*

Methode	Substrat	COZ berechnet	COZ gefunden	Anz. Best.
LEITHE	Methylnonylketon	322	330	1
LEITHE	Acetophenon	460	467	1
KAUFMANN u. Mitarb.	9-Oxy-10-Ketostearinsäure	89,2	88,1; 89,8	2
KAUFMANN u. Mitarb.	Licansäure	95,2	95,7; 96,4	2
GORBACH	Acetophenon	233,23	232,7—233,6	10
GORBACH	Acetessigester	233	233,0—233,9	10

5. Enometrische Kennzahlen

a) Jodzahl

Die Jodzahl (JZ) gibt an, wieviel Gramm Halogen, auf Jod berechnet, von 100 g Fett oder Fettsäure gebunden werden. Da die Halogenaddition nur bei ungesättigten Fetten und Fettsäuren möglich ist, ist die Höhe der Jodzahl ein Maß für den Gehalt der Proben an Ölsäure, Linolsäure, Linolensäure u. a. ungesättigten Fettsäuren.

Bei chemischen Individuen, z. B. ungesättigten Fettsäuren, läßt sich die Jodzahl aus dem Molekulargewicht (M) und der Anzahl der Doppelbindungen (n) nach folgender Formel berechnen:

$$JZ = \frac{2 \cdot 126{,}9 \cdot n \cdot 100}{M} = 25382 \cdot \frac{n}{M}$$

Bei Gemischen verschiedener Stoffe läßt sich die mittlere Jodzahl nach der Mischungsregel errechnen.

Die Beziehung zwischen der Jodzahl eines Fettes J_g, der des Gemisches seiner Fettsäuren J_f und der Verseifungszahl des Fettes V wird nach J. LUND (1922) durch folgende Formel ausgedrückt:

$$J_f - J_g = 0{,}000236 \cdot V \cdot J_g$$

Klassifizierung der Fette aufgrund der Jodzahl

Die wichtigsten ungesättigten Fettsäuren haben folgende theoretische Jodzahlen:

	Molekular-gewicht	Jod-zahl
Ölsäure	282,46	89,86
Linolsäure.	280,44	181,01
Linolensäure.	278,42	273,49

Entsprechend ihrem Gehalt an diesen Säuren teilt man die pflanzlichen Öle ein in:

nicht trocknende Öle mit Jodzahlen unter 100,
schwach trocknende Öle mit Jodzahlen von 100—140,
trocknende Öle mit Jodzahlen höher als 140.

Prinzip der Bestimmung:

Im Prinzip ist die Bestimmung der Jodzahl sehr einfach: 0,1—1 g des zu untersuchenden Fettes werden in einen mit Schliffstopfen versehenen Erlenmeyerkolben eingewogen und in Chloroform oder Tetrachlorkohlenstoff gelöst. Man gibt die Lösung eines Halogens oder eines

Halogenäquivalents hinzu, verschließt den Kolben und läßt die Mischung mindestens 30 min stehen. Dann fügt man, falls keine Jodlösung verwendet wurde, eine wäßrige Lösung von Kaliumjodid hinzu, welche unter Freisetzung von Jod mit dem nicht umgesetzten Halogen reagiert. Das Jod wird mit eingestellter Natriumthiosulfat-Lösung titriert, wobei kurz vor dem Erreichen des Äquivalenzpunktes etwas Stärkelösung als Indicator zugesetzt wird. In gleicher Weise wird ein Blindversuch ausgeführt.

Berechnung:

$$\mathrm{JZ} = \frac{(\mathrm{b} - \mathrm{a}) \cdot \mathrm{N} \cdot 12{,}691}{\mathrm{E}}$$

a = ml Thiosulfatlösung im Hauptversuch
b = ml Thiosulfatlösung im Blindversuch
N = Normalität der Thiosulfatlösung
E = Einwaage in g.

Varianten der Methode:

Seit der Einführung der Jodzahlbestimmung in die Fettchemie durch A. VON HÜBL im Jahre 1884 wurden zahlreiche Varianten dieser Methode ausgearbeitet, mit dem Ziel, bei der Halogenaddition Nebenreaktionen möglichst weitgehend auszuschalten. Als Addenden wurden verwendet: Jod, Brom, Chlorjod, Bromjod, unterchlorige Säure und n-Bromsuccinimid. Die Endpunktbestimmung wurde verfeinert durch Verwendung von Polyvinylalkohol als Indicator nach S. A. MILLER u. A. BRACKEN (1933), oder noch eleganter durch Anwendung der Dead-Stop-Methode (FOULK u. BAWDEN 1926) nach J. A. DUKE u. J. A. MASELLI (1952). Auch auf polarographischem und ampèrometrischem Wege (A. BLAŽED 1951; J. BALTES u. A. HILLER 1954) und insbesondere mit Hilfe von auf coulometrischem Wege erzeugtem Jod oder Brom (J. BAUDISCH u. Mitarb. (1967) läßt sich die Jodzahlbestimmung vornehmen.

Fehlerquellen:

Die Bestimmung der Jodzahl gibt nur bei kritischer Anwendung zuverlässige Resultate. Die wichtigsten Fehlermöglichkeiten sind folgende:

1. Unvollständige Halogenaddition. Die Schwierigkeit, eine vollständige Addition des Halogens zu erreichen, hängt nicht nur von der Wahl eines geeigneten Halogens, sondern auch vom Lösungsmittel, von der Temperatur und insbesondere von der Konstitution der ungesättigten Fettsäuren ab. Die Addition des Halogens an ungesättigte Bindungen ist um so vollständiger, je weiter diese von der Carboxyl-Gruppe entfernt sind. β und γ ungesättigte Fettsäuren lassen sich nur bei stark verlängerter Einwirkungsdauer halogenieren. Sicherer arbeitet man in solchen Fällen nach dem auf S. 580 angegebenen Hydrierverfahren. Bei Fettsäuren mit zwei konjugierten Doppelbindungen wird nur die erste, bei Fettsäuren mit drei konjugierten Doppelbindungen werden nur die erste und dritte schnell abgesättigt. Fettsäuren mit dreifacher Doppelbindung lagern nur 1 Mol Halogen pro Dreifachbindung an. Konjugierte Fettsäuren erfaßt man daher nur mit speziellen Jodzahl-Bestimmungsmethoden oder aber spezifisch durch Bestimmung der Dienzahl nach S. 587.

2. Substitution. Häufig findet auch gleichzeitig mit der Halogenaddition eine Substitution statt, erkennbar an der Bildung von Halogenwasserstoff. Diese Nebenreaktion wird durch die Art des zugesetzten Halogens, die Temperatur und vor allem durch die Lichteinwirkung beeinflußt. Aber auch konstitutionelle Einflüsse machen sich hier bemerkbar. Nach A. GRÜN u. J. JANKO (1919) erfolgt Substitution besonders leicht bei Verbindungen mit tertiär gebundenen Wasserstoffatomen, also namentlich bei cyclischen Verbindungen.

3. Einfluß der Konfiguration. Trans-ungesättigte Fettsäuren lagern nach J. P. K. VAN DER STEUR (1928) Jod sehr viel langsamer an als cis-Fettsäuren.

Dieser kurze Überblick erläutert, wie wichtig es ist, bei den Jodzahlbestimmungen die gegebenen Vorschriften genau zu befolgen. Im Analysenattest ist die benutzte Methode stets anzugeben.

α) Jodzahlbestimmung von Fetten mit nicht konjugierten Doppelbindungen

Diese Gruppe von Arbeitsvorschriften erfaßt die meisten der in den letzten 80 Jahren bekannt gewordenen Analysenmethoden. Eine allgemeine Übersicht, zusammengestellt hauptsächlich aufgrund der Angaben von A. GRÜN (1925) sowie A. BÖMER u. J. GROSSFELD (1939), findet sich in Tab. 66.

Tabelle 66. *Zusammenstellung der wichtigsten Jodzahl-Bestimmungsmethoden*

Reagens	Normalität	Einwirkungsdauer	Vor- bzw. Nachteile	Autor
$HgCl_2$ und J_2 in Alkohol. Wirksam ist JCl	0,2	18 Std	Titer der Lösung geht rasch zurück. Daher mit Vorsicht verwendbar	A. v. HÜBL (1884)
JCl in Eisessig, aus JCl_3 + J	0,2	0,5—1 Std	Lösung sofort verwendbar und monatelang haltbar	J.J.A. WIJS (1898)
JBr in Eisessig	0,2	15 min	Lösung leichter herstellbar als die von WIJS. Kürzere Reaktionszeit	J. HANUŠ (1901)
$KBrO_3$, KBr, HCl und Wasser	0,1	2—4 Std	Weniger genau als die Methoden von WIJS u. HANUŠ	L.W. WINKLER (1909)
JCl in Tetrachlorkohlenstoff	0,2	2 Std	Spezialmethode zur Bestimmung der Substitution	W. MEIGEN u. A. WINOGRADOFF (1914)
Bromdampf	—	30 min	Einfach und billig, insbesondere für trocknende Öle	P. BECKER (1923)
Pyridinsulfatdibromid in Eisessig	0,1 oder 0,2	5 min	Schnellmethode	K.W. ROSENMUND u. W. KUHNHENN (1923)
Alkoholische Jodlösung in Gegenwart von Wasser. Wirksam ist HOJ	0,2	3—5 min	Sehr billige Schnellmethode	B.M. MARGOSCHES u. Mitarb. (1924)
Br in NaBr-gesättigtem Methanol	ca. 0,1	0,5—2 Std	Sehr beständige Lösung. Keine Substitution	H.P. KAUFMANN (1926a)
HOCl in Wasser und Eisessig	0,1	5 min bis 1 Std	Schnellmethode, auf trocknende und nicht trocknende Öle anwendbar	S. MUKHERJEE (1955)
Lösung von N-Bromsuccinimid in Eisessig	0,2	1 Std	Keine Substitution	A. JOVTSCHEFF (1959)

Nur einige dieser Methoden sind, z. T. nach sorgfältiger Überarbeitung, in die Reihe der Standard-Analysenvorschriften aufgenommen worden. Es sind das:

Methodensammlung	Methode			
	HANUŠ	KAUFMANN	VON HÜBL	WIJS
AOAC	+			+
AOCS				+
B.S.I.	+			+
DGF	+	+		+
IUPAC	+		+	+

Im folgenden werden nun diejenigen Methoden aus Tab. 66 wiedergegeben, die auch heute noch für die Bestimmung des Grades der Ungesättigtheit von Bedeutung sind.

Methode von A. VON HÜBL (1884) *(IUPAC II. D. 7. 5)*

Geräte:

Miniaturbechergläser, 2—3 ml Inhalt
Weithalsflaschen mit Schliffstopfen, ca. 300 ml Inhalt.

Reagentien:

0,1 n-wäßrige Natriumthiosulfat-Lösung
reines Jod
Quecksilber(II)-chlorid
Kaliumjodid-Lösung: 30 g in 100 ml Wasser, frei von Jod und Jodaten
Tetrachlorkohlenstoff, frei von oxydierbarer Substanz (vgl. Anmerkung).

Herstellung des Reagens nach VON HÜBL:

25 g Jod werden in 500 ml Alkohol von 95 Vol.-% gelöst. In einem anderen Gefäß werden 20 g Quecksilber(II)-chlorid in 500 ml Alkohol von 95 Vol.-% gelöst. Diese Lösung wird 24 Std vor Gebrauch filtriert. Für die Bestimmung werden gleiche Volumina beider Lösungen gemischt.

Die Mischung ist nicht länger als 48 Std. haltbar.

Verfahren:

Die Einwaage richtet sich nach der erwarteten Jodzahl:

Erwartete Jodzahl	Einwaage g
<5	3,00
5— 20	1,00
21— 50	0,60
51—100	0,30
101—150	0,20
151—200	0,15

Das Fett wird in ein Miniaturbecherglas eingewogen und in den Kolben gebracht. Man löst in 25 ml Tetrachlorkohlenstoff und gibt genau 25 ml Reagens hinzu. Dann wird der Stopfen aufgesetzt, der Inhalt vorsichtig geschwenkt und der Kolben im Dunkeln eine bestimmte Zeit stehen gelassen. Diese beträgt für Öle mit einer Jodzahl unter 150 12 Std, für Öle mit einer Jodzahl höher als 150 und für polymerisierte und oxydierte Öle 24 Std. Danach gibt man 20 ml der Kaliumjodid-Lösung hinzu und, falls sich hierbei ein Niederschlag von Quecksilber(II)-chorid bilden sollte, soviel mehr, als zur Auflösung des Niederschlags gerade erforderlich ist. Nach Zugabe von 300 ml dest. Wasser titriert man mit 0,1 n wäßriger Natriumthiosulfat-Lösung unter Verwendung von Stärkelösung als Indicator, bis die blaue Farbe der Lösung beim Schütteln gerade verschwindet. Unter denselben Bedingungen, jedoch ohne Fett, wird ein Blindversuch angesetzt.

Berechnung:

Vgl. S. 570.

Anmerkung:

Zur Prüfung auf oxydierbare Substanzen werden 10 ml Tetrachlorkohlenstoff mit 1 ml gesättigter wäßriger Kaliumdichromat-Lösung und 2 ml konzentrierter Schwefelsäure geschüttelt. Es darf keine Grünfärbung auftreten.

Methode von J. J. A. WIJS (1898) *(IUPAC II. D. 7. 3)*

Geräte:

Vgl. Methode von VON HÜBL.

Reagentien:

Kaliumjodid-Lösung: 10 g in 100 ml Wasser, frei von Jod und Jodat
0,1 n wäßrige Natriumthiosulfat-Lösung
Eisessig, rein, Tetrachlorkohlenstoff, rein, beide frei von Alkohol und oxydierbaren Substanzen (Prüfung wie bei Methode von VON HÜBL)
reines Jod, resublimiert
Jodtrichlorid JCl_3 oder Jodmonochlorid JCl.

Wijs-Lösung mit JCl_3: 9 g Jodtrichlorid werden in eine braune Glasflasche eingewogen und in 1000 ml einer Mischung von 700 ml Eisessig und 300 ml Tetrachlorkohlenstoff gelöst. Dann wird der Halogengehalt nach folgender Methode bestimmt:

5 ml der Lösung werden mit 5 ml Kaliumjodid-Lösung und 30 ml Wasser versetzt. Man titriert mit 0,1 n-Thiosulfat-Lösung in Gegenwart von Stärkelösung. Dann gibt man 10 g gepulvertes Jod zu der Hauptmenge des Reagens und löst unter Schütteln. Wiederum wird der Halogengehalt wie oben bestimmt. Der Halogengehalt sollte jetzt $1^1/_2$-mal so hoch wie bei der ersten Bestimmung sein. Wenn das nicht der Fall ist, gibt man nochmals etwas Jod hinzu, bis

der Gehalt die $1^1/_2$-fache Menge etwas übersteigt. Es ist wichtig, daß keine Spur von Jodtrichlorid zurückbleibt, da sonst Nebenreaktionen stattfinden können. Man läßt die Lösung stehen und dekantiert die klare Flüssigkeit in eine braune Flasche. Wohl verschlossen und vor Licht geschützt aufbewahrt, kann die Lösung mehrere Monate benutzt werden.

Wijs-Lösung mit JCl: 19 g Jodmonochlorid werden in 1 l einer Mischung aus 700 ml Essigsäure und 300 ml Tetrachlorkohlenstoff gelöst. Nach Zugabe von einigen Milligramm reinem Jod bestimmt man den Gehalt an freiem Halogen wie oben angegeben. Die Lösung wird, wenn nötig, mit dem angegebenen Lösungsmittelgemisch soweit verdünnt, bis 5 ml Lösung 10 ml 0,1 n-Thiosulfat-Lösung äquivalent sind.

Wichtig ist, daß das Molverhältnis J:Cl etwa 1,1 beträgt. Eine einfache Methode zur Kontrolle der Zusammensetzung der Wijs'schen Lösung wurde von A.J. GRAUPNER u. V.A. ALUISE (1966) angegeben.

Verfahren:

Die Fetteinwaage wird, wie bei der von Hübl-Methode angegeben, bemessen und die Probe auf 1 mg genau in das Bechergläschen eingewogen. Dieses bringt man in den 300-ml-Kolben und gibt, um das Fett zu lösen, 15 ml Tetrachlorkohlenstoff hinzu. Dann fügt man 25 ml Reagens hinzu, setzt den Stopfen auf, schwenkt vorsichtig um und stellt den Kolben im Dunklen ab. Für Fette mit einer Jodzahl unter 150 beträgt die Einwirkungszeit 1 Std, für solche mit einer Jodzahl oberhalb 150 sowie für polymerisierte und oxydierte Fette 2 Std.

Danach gibt man 20 ml Kaliumjodid-Lösung und 150 ml Wasser zum Kolbeninhalt und titriert mit 0,1 n-Thiosulfat-Lösung, unter Verwendung von Stärke als Indicator, bis die Blaufärbung nach kräftigem Schütteln gerade verschwindet. In analoger Weise wird ein Blindversuch ausgeführt.

Berechnung vgl. S. 570.

Genauigkeit und Reproduzierbarkeit der Methode:

Die Stabilität des Wijs-Reagens wurde von F.A. NORRIS u. R.J. BUSWELL (1944) über einen Zeitraum von 505 Tagen geprüft. Sie fanden keinen Unterschied in den Ergebnissen, wenn die Lösung 1 Jahr oder länger in 250 ml fassenden dunklen Flaschen aufbewahrt wurde, die nach Bedarf geöffnet wurden.

Unter Verwendung von hoch gereinigtem Methyloleat und -linoleat konnten R.W. RIEMENSCHNEIDER u. D.H. WHEELER (1939) zeigen, daß die Methode von WIJS recht genaue Resultate liefert.

Substrat	*Jodzahl nach* WIJS $^1/_2$ Std	1 Std	berechnet
Methyloleat	85,8	86,0	85,7
Methyllinoleat . . .	172,7	172,7	172,5

Auch die Reproduzierbarkeit in Parallelbestimmungen erwies sich bei Untersuchungen im Laboratorium des Verfassers als recht zufriedenstellend (vgl. Tab. 67):

Tabelle 67. *Reproduzierbarkeit der Jodzahlbestimmung nach* WIJS

Ölsorte	Jodzahlen			
	Einzelwerte			Mittel
Cocosöl	9,09	9,06	9,14	9,10
Palmkernöl . . .	19,69	19,70	19,78	19,72
Palmöl	52,9	52,1	51,9	52,3
Erdnußöl	103,2	104,1	104,2	103,8
Kottonöl . . .	106,4	106,2	107,2	106,6
Walöl	127,2	127,0	127,0	127,1
Heringsöl . . .	170,0	167,3	170,2	169,2

Methode von J. HANUŠ *(IUPAC II. D. 7. 4)*

Reagentien:

Jodmonobromid, rein
Eisessig, rein, frei von Alkohol
Tetrachlorkohlenstoff, rein.

Diese beiden Lösungsmittel müssen frei von oxydierbaren Stoffen sein (Prüfung wie bei Methode von VON HÜBL).

Kaliumjodid-Lösung: 10 g in 100 ml Wasser, frei von Jod und Jodat.

Herstellung des Hanuš-Reagens: 10 g Jodmonobromid werden in eine braune Flasche eingewogen und in 500 ml Eisessig gelöst.

Verfahren:

Die Einwaage (in g) wird aus dem Quotienten 25:J berechnet, worin J die erwartete Jodzahl bedeutet. Die entsprechende Menge wird auf 1 mg genau in ein Miniaturbecherglas eingewogen, in einen 300-ml-Kolben gebracht und dann in 10 ml Tetrachlorkohlenstoff gelöst. Dann fügt man 25 ml des Reagens hinzu, schwenkt vorsichtig um und läßt 1 Std im Dunkeln stehen. Nach Zugabe von 20 ml Kaliumjodid-Lösung und 100 ml dest. Wasser titriert man das nicht umgesetzte Halogen mit 0,1 n-Natriumthiosulfat-Lösung, unter Beifügung von Stärkelösung als Indicator, zurück. In gleicher Weise wird ein Blindversuch ausgeführt.

Berechnung:

Vgl. S. 570.

Nach Versuchen von R.W. RIEMENSCHNEIDER u. D.H. WHEELER (1939) mit hochgereinigtem Methyloleat und Methyllinoleat gibt die Methode von HANUŠ etwas niedrigere Jodzahlen als die von WIJS.

Methode von WINKLER (1909)

Diese Methode ist weniger elegant als die Verfahren von WIJS, HANUŠ u. KAUFMANN. Da sie aber in vielen gesetzlichen Verordnungen und im DAB VI vorgeschrieben ist, wird sie hier in der von W. AWE u. Mitarb. (1948) vereinfachten Form, deren Resultate mit denen nach der Originalmethode gut übereinstimmen, wiedergegeben.

Geräte:

200-ml-Erlenmeyerkolben mit Kragen (Inhalt 20—25 ml), eingeschliffenem Hohlstopfen (Inhalt ca. 5 ml) und Lichtschutz (Abbildung im Original).

Reagentien:

0,5 n-Kaliumbromat-Lösung (13,9185 g $KBrO_3$ z. A. in 1 l)

0,1 n-Kaliumbromat-Lösung (2,7837 g $KBrO_3$ z. A. in 1 l)

Ca. 0,5 n-Natriumarsenit-Lösung: Nach L.W. WINKLER (1925) werden 4,95 g Arsentrioxid nach Zusatz von 2,5 g Natriumhydroxid unter gelindem Erwärmen in 50 ml Wasser gelöst. Nach dem Erkalten verdünnt man auf 150 ml, säuert mit 2,5 ml konzentrierter Schwefelsäure an, filtriert nach dem Stehen über Nacht etwa abgeschiedenes Arsen(III)-sulfid durch einen Wattebausch ab und verdünnt das Filtrat auf 200 ml.

Kaliumbromid, grob gepulvert

Salzsäure, 25%ig

Tetrachlorkohlenstoff, rein

Indigocarmin-Lösung: 0,2 g in 100 ml Wasser gelöst, gegebenenfalls unter Zusatz von etwas Alkali.

Verfahren:

Die Höhe der Einwaage richtet sich nach der erwarteten Jodzahl:

erwartete Jodzahl	Einwaage g
20	1 —2
20— 50	0,6 —1,0
50—100	0,3 —0,6
100—150	0,2 —0,3
150—200	0,15—0,2

Eine entsprechende Menge des Öls wird, ohne den Schliffrand des Kolbens zu benetzen, eingewogen. Man löst das Öl in ca. 2 ml Tetrachlorkohlenstoff, gibt ca. 1 g Kaliumbromid und 10 ml 0,5 n-Kaliumbromat-Lösung hinzu, fettet den Glasstopfen gut mit Vaseline ein, streift den Lichtschutz über, füllt den Hohlstopfen mit ca. 5 ml 25%iger Salzsäure und setzt den Stopfen rasch auf den Kolben, wobei man den Stopfen gegen Überdrück absichert und läßt die Säure zum Inhalt des Kolbens fließen.

Unter öfterem kräftigem Schütteln läßt man das Reaktionsgemisch bei Jodzahlen unter 50: 5 min, bei Jodzahlen zwischen 50 und 100: 10 min, bei höheren Jodzahlen 15 min stehen. Dann wird das Gefäß in Eiswasser gekühlt und unter gelindem Lüften des Stopfens 10 ml 0,5 n-Natriumarsenit-Lösung, dann zweimal 5 ml 25%ige Salzsäure eingesaugt und die Halskrause mit Wasser gut ausgespült. Man schüttelt vorsichtig bis zur Entfärbung, gibt zwei Tropfen Indigocarmin-Lösung hinzu und titriert mit 0,1 n-Kaliumbromat-Lösung bis zur völligen Entfärbung.

In gleicher Weise wird ein Blindversuch mit 5 ml 0,5 n-Kaliumbromat-Lösung und den übrigen Reagentien, jedoch ohne Fett, ausgeführt.

Berechnung:

Analog S. 570.

Methode von K.W. ROSENMUND u. W. KUHNHENN (1923)

Das Verfahren beruht auf der mild wirkenden Bromierungsreaktion mit Pyridinsulfatdibromid $C_6H_5 \cdot N \cdot H_2SO_4 \cdot Br_2$ in Eisessig. Ähnlich wie bei dem Verfahren von WINKLER kann zur Rücktitration statt einer Kaliumjodid- und Thiosulfat-Lösung auch eine Natriumarsenit-Lösung verwendet werden.

Reagentien:

Pyridinsulfatdibromid-Lösung: 8 g Pyridin und 10 g konzentrierte Schwefelsäure werden zunächst gesondert unter Kühlung in je 20 ml Eisessig gelöst und diese Lösungen vorsichtig zusammengegeben. Zu der Mischung fügt man 8 g Brom in 20 ml Eisessig und füllt auf 1 l auf. Die Lösung ist ca. 0,1 n.

Eisessig, rein
Chloroform, rein
Kaliumjodid-Lösung, 10%ig
0,1 n-Natriumthiosulfat-Lösung.

Verfahren:

0,1—0,2 g Öl, bei festen Fetten 0,6—0,8 g, werden in einen Jodzahlkolben von 200 ml Inhalt mit eingeschliffenem Stopfen eingewogen und in 10 ml Chloroform gelöst. Dann fügt man 20—25 ml 0,1 n-Pyridinsulfatdibromid und, falls die Mischung beim Umschwenken trübe wird, soviel Eisessig hinzu, bis die Lösung klar wird. Nach 5 min ist die Reaktion beendet. Man versetzt mit 6,5 ml Kaliumjodid-Lösung, schwenkt gut um und titriert mit Thiosulfat-Lösung, unter Verwendung von Stärke als Indicator, das in Freiheit gesetzte Jod zurück, In gleicher Weise wird ein Blindversuch ausgeführt.

Berechnung:

Wie auf S. 570.

Die Methode von ROSENMUND u. KUHNHENN wurde von G.H. BENHAM u. L. KLEE (1950) nachgeprüft. Sie fanden, daß die Methode bei Jodzahlen über 100 niedrigere Werte gibt als die Methoden von WIJS bzw. HANUŠ. Diese Nachteile

Tabelle 68. *Vergleich der nach verschiedenen Methoden erhaltenen Jodzahlen* (nach G.H. BENHAM u. L. KLEE 1950)

Öl	Jodzahlen nach			
	HANUŠ	WIJS	ROSENMUND u. KUHNHENN	BENHAM u. KLEE*
Cocosöl	10,5	10,4	10,4	10,6
Olivenöl	84,7	85,0	84,0	84,8
Mandelöl	102,1	102,5	102,0	102,3
Kottonöl	113,0	116,0	109,1	111,8
Sojaöl	130,1	133,2	127,3	128,6
Leinöl	178,7	184,3	177,0	177,5
Oiticicaöl	195,2	144,8	139,4	195,4
Holzöl	216,3	162,4	156,7	229,4

* modifizierte Rosenmund-Kuhnhenn-Methode.

konnten von den Autoren durch Zugabe von Quecksilber(II)-acetat behoben werden, wodurch gleichzeitig eine weitere Verkürzung der Einwirkungszeit erzielt wurde:

Zu den in 5 ml Tetrachlorkohlenstoff gelösten Ölproben gibt man genau 50 ml des Rosenmund-Kuhnhenn-Reagens und unmittelbar darauf eine Lösung von 0,5% Quecksilber(II)-acetat in Eisessig. Man läßt den Kolben 1 min bei Zimmertemperatur stehen, fügt 20 ml einer 15%igen Kaliumjodid-Lösung und 20 ml Wasser hinzu und titriert nach einer weiteren Minute mit 0,1 n-Natriumthiosulfat-Lösung zurück.

Die so erhaltenen Jodzahlen stimmen gut mit denen nach Wijs u. Hanuš überein, wie Tab. 68 zeigt.

Vgl. hierzu die Bemerkung auf S. 570.

Methode von H. P. Kaufmann *(1926) (DGF-Methode C–V 11b (53))*

Auch bei dieser Methode kann, wie bei allen anderen bromometrischen Jodzahlbestimmungen, die Rücktitration des überschüssigen Halogens statt mit Kaliumjodid und Thiosulfat-Lösung, wie hier beschrieben, auch mit 0,1 n-Natriumarsenit-Lösung erfolgen. Genauere Angaben bei H. P. Kaufmann (1940a).

Reagentien:

Bromlösung: In 100 Teilen wasserfreiem Methanol werden 12 bis 15 Teile Natriumbromid, das bei 130°C getrocknet wurde, gelöst. Zur Herstellung der Bromlösung gießt man 1 l der Natriumbromid-Lösung ab und läßt dazu aus einer kleinen Bürette mit Glasstopfen 5,2 ml Brom z. A. fließen.

0,1 n-Natriumthiosulfat-Lösung,
Kaliumjodid-Lösung, 10%ig,
Chloroform, rein.

Verfahren:

Die Größe der Einwaage ist folgender Aufstellung zu entnehmen:

Errechnete Jodzahl	Einwaage, g
0—20	0,5—1,0
20—60	0,3—0,5
60—120	0,2
120 und mehr	0,10—0,12

Das Fett wird in einem Miniaturbecherglas abgewogen, mit diesem in einen Jodzahlkolben gebracht und in 10 ml Chloroform gelöst. Dann läßt man 25 ml der Bromlösung zufließen, wobei ein Teil des Natriumbromids ausfällt. Hierauf läßt man 30 min, bzw. bei Fetten mit hoher Jodzahl 2 Std, im Dunkeln stehen. Nach Hinzufügung von 15 ml Kaliumjodid-Lösung titriert man mit 0,1 n-Natriumthiosulfat-Lösung und Stärkelösung als Indicator zurück. In gleicher Weise wird ein Blindversuch ausgeführt.

Berechnung:

Wie auf S. 570.

Erfahrungen mit der Jodzahlbestimmung nach Kaufmann

Die Kaufmann'sche Methode wurde von vielen Autoren nachgeprüft und für sehr zuverlässig befunden. F. R. Earle u. R. T. Milner (1930) fanden beim Vergleich verschiedener Bestimmungsmethoden nur geringe Unterschiede in den Ergebnissen nach Wijs, Hanuš u. Kaufmann, während bei Jodzahlen > 100 nach Rosenmund u. Kuhnhenn wesentlich niedrigere Werte erhalten wurden. Auch T. Watenabe (1951) beobachtete, daß nach Kaufmann die gleichen Werte wie nach Wijs erhalten werden. Dabei hat die Methode nach Kaufmann den Vorteil der leichteren Herstellung des Reagens. A. Seher u. W. Arends (1957) wiesen darauf hin, daß nach der Kaufmann'schen Methode Ergebnisse erhalten werden, die mit der Hydrierjodzahl gut übereinstimmen. Durch Verlängerung der Einwirkungszeit werden bei allen bekannten Methoden die Jodzahlen erhöht; am geringsten ist die Zunahme bei der Methode nach Kaufmann.

R. E. Byrne jr. u. J. B. Johnson (1956) modifizierten das Kaufmann-Reagens (2,5 ml Brom, 300 ml Wasser, 100 g Kaliumbromid, 10 ml konzentrierte Salzsäure, mit Methanol zum Liter aufgefüllt) und erreichten damit eine noch stärkere Herabsetzung der Substitutionsneigung.

Methode von S. Mukherjee *(1955)*

Dieser Autor zeigte, daß unterchlorige Säure, die durch Eisessig aus einer Lösung von Natriumhypochlorit in Freiheit gesetzt wird, bereits in wenigen Minuten quantitativ an die Doppelbindung angelagert wird. Die umständliche Bereitung des Reagens vermeidet R. B. R. Choudhury (1960) durch Verdünnung einer technischen Hypochlorit-Lösung auf die erforderliche Normalität.

Reagentien:

Hypochlorit-Lösung, auf 0,1 n verdünnt,
Kaliumjodid-Lösung, 15%ig,
0,1 n-Natriumthiosulfat-Lösung,
Stärkelösung, 1%ig.

Verfahren:

In einen 500-ml-Kolben mit Glasstopfen werden 0,1—1 g Öl eingewogen und mit 10 ml Eisessig versetzt. Durch Schütteln löst oder verteilt man das Öl im Eisessig und gibt dann 25 ml der 0,1 n-Hypochlorit-Lösung hinzu. Man schüttelt gut um und läßt 10 min bei Zimmertemperatur im Dunkeln stehen. Dann fügt man 20 ml Kaliumjodid-Lösung hinzu und titriert nach 1 min das fein verteilte Jod mit 0,1 n-Thiosulfat-Lösung zurück. In gleicher Weise wird ein Blindversuch ausgeführt.

Berechnung:

Wie auf S. 570.

Beim Vergleich dieser Methode mit der nach Wijs erhielt R. B. R. Choudhury (1960) die in Tab. 69 wiedergegebenen Zahlen.

Tabelle 69. *Jodzahlen einiger Öle nach* Choudhury u. Wijs (R. B. R. Choudhury 1960)

Ölsorte	Jodzahlen Wijs	Jodzahlen Choudhury HOCl, rein	Jodzahlen Choudhury techn. Hypochlorit-Lösung
Kottonöl	108,8	108,5	108,7
Sojaöl	129,5	129,2	129,3
Erdnußöl	93,2	92,8	93,0
Sesamöl	110,9	111,2	110,9
Maisöl	120,7	120,8	120,5
Leinöl	180,5	181,0	180,5
Rindertalg	42,8	43,0	43,0
Schmalz	65,2	65,1	65,2

β) Jodzahlbestimmung von Fetten mit konjugierten Doppelbindungen

Jodzahlbestimmungs-Methoden, wie die von Wijs, Hanuš u. Kaufmann, die bei Gegenwart von Fetten mit nicht konjugierten Doppelbindungen verläßliche Resultate geben, versagen bei Fetten mit konjugierten Doppelbindungen, die zur Gruppe der trocknenden Öle gehören, wie Holzöl, Oiticicaöl, Standöl, konjugiertes Leinöl und dehydratisiertes Rizinusöl.

Es gibt nun heute eine Reihe von speziellen Methoden, die bei der Bestimmung der konjugierten Doppelbindungen ausgezeichnete Dienste leisten, wie beispielsweise die Hydrierjodzahl, die Dien- und Pandienzahl sowie die Messung der Absorption im ultravioletten Licht, daneben aber auch besondere Ausführungen normaler Jodzahl-Bestimmungsmethoden, die es ebenfalls erlauben, konjugierte Doppelbindungen vollständig zu erfassen.

Es sind dies:

1. Erhöhung des Reagensüberschusses und der Jodbromkonzentration bei der Methode von HANUŠ durch J.D. VON MIKUSCH u. C. FRAZIER (1941) (= Woburn-Methode).

2. Aktivierung des Rosenmund-Kuhnhenn-Reagens durch Zugabe von Quecksilber(II)-acetat als Katalysator nach L. KLEE u. G.H. BENHAM (1950), besonders in der verbesserten Form von R.W. PLANCK u. Mitarb. (1953).

3. Anwendung der Hypochlorit-Methode von MUKHERJEE u. CHOWDHURY (1955) bei verlängerter Einwirkungszeit des Reagens.

Methode von J.D. VON MIKUSCH *u.* C. FRAZIER *(1941)*

60—160 mg Öl oder Fettsäure werden in einem trockenen 250-ml-Kolben mit Schliffstopfen in 10 ml Chloroform gelöst. Die Einwaage ist dabei so zu bemessen, daß am Schluß der Bestimmung der unverbrauchte Teil der Halogen-Lösung den verbrauchten um mindestens das Fünffache übersteigt. Dann gibt man genau 25 ml 0,32 n-JBr-Lösung in Eisessig (Herstellung vgl. J.D. VON MIKUSCH 1950) hinzu und läßt 1 Std im Dunkeln bei 20 ± 1°C stehen. Nach Zugabe von 20 ml 15%iger KJ-Lösung titriert man mit 0,17 n-Natriumthiosulfat-Lösung in Gegenwart von Stärke zurück. Ein Blindversuch wird wie üblich ausgeführt.

Berechnung:

Wie auf S. 570.

Methode von L. KLEE *u.* G.H. BENHAM *(1950)*

Die Verfasser hatten in der ersten Veröffentlichung (G.H. BENHAM u. L. KLEE 1950) mitgeteilt, daß sich die Reaktionszeit bei der Jodzahl-Methode nach ROSENMUND u. KUHNHENN auf 1 min herabsetzen lasse, wenn man nach Zugabe des Pyridinsulfatdibromid-Reagens eine Lösung von Quecksilber(II)-acetat in Eisessig als Katalysator zusetzt (Arbeitsvorschrift vgl. S. 575).

In einer zweiten Veröffentlichung aus demselben Jahr zeigen nun die Autoren, daß man nach dieser Methode auch bei Holzöl, Oiticicaöl und dehydratisiertem Rizinusöl recht befriedigende Ergebnisse erhält, wenn man die Einwirkungszeit der Reagenslösung von 1 min auf 30—120 min erhöht.

Methode von R.W. PLANCK *u. Mitarb. (1953)*

Eine weitere Variante der Rosenmund-Kuhnhenn-Methode, die noch präzisere Resultate als diejenige von KLEE u. BENHAM (1950) liefert, wurde von PLANCK u. Mitarb. veröffentlicht. Sie unterscheidet sich von der letzteren nur dadurch, daß die Quecksilber(II)-acetat-Lösung *vor* der Zugabe der Pyridinsulfatdibromid-Lösung zugesetzt wird und die Proben in der Zeit von der Zugabe des Reagens bis zur Rücktitration völlig im Dunkeln gehalten werden.

Methode von R.B.R. CHOWDHURY *u.* S. MUKHERJEE *(1955)*

Auch durch Anlagerung von unterchloriger Säure (vgl. S. 577) lassen sich konjugierte Doppelbindungen quantitativ bestimmen, wenn man durch Zusatz von Quecksilber(II)-acetat die Doppelbindungen aktiviert, die Konzentration der Hypochlorit-Lösung auf 0,3 n erhöht und die Einwirkungszeit des Reagens auf 1 Std verlängert (R.B.R. CHOUDHURY 1960):

0,1—0,2 g Öl oder Fett werden in einen 500-ml-Schliffkolben eingewogen und in 10 ml einer 2,5%igen Lösung von Quecksilber(II)-acetat in Eisessig gelöst oder dispergiert. Man gibt 25 ml 0,3 n-Natriumhypochlorit-Lösung hinzu und schüttelt gut durch. Nach 1-stündigem Stehen bei 20°C fügt man Kaliumjodid hinzu und titriert in üblicher Weise mit 0,1 n-Natriumthiosulfat-Lösung zurück.

Genauigkeit der Jodzahlbestimmung von konjugierten Fetten

Wie R.B.R. CHOUDHURY (1960) in einer vergleichenden Untersuchung zeigen konnte, geben die meisten der hier besprochenen Methoden den Grad der Ungesättigtheit von konjugierten Fetten und Fettsäuren sehr genau wieder (vgl. Tab. 70):

Tabelle 70. *Jodzahlen konjugierter ungesättigter Fette und Fettsäuren nach verschiedenen Methoden* (nach R. B. R. CHOUDHURY 1960)

Methode	Jodzahlen von		
	Holzöl	β-Elaeostearinsäure	Δ 9,11-Linolsäure
WIJS	162,0	—	—
WOBURN	239,8	—	—
BENHAM u. KLEE	249,3	—	—
PLANCK, PACK, GOLDBLATT	241,8	—	—
MUKHERJEE u. CHOWDHURY	242,1	273,7	181,3
dto. techn. Hypochlorid-Lösung	241,9	273,5	181,6
Katalytische Hydrierung	241,6	272,3	181,6
Theoretischer Wert	—	273,8	181,03

γ) Schnellmethoden

Für viele Zwecke, z. B. die laufende Betriebskontrolle, erfordert die normale Jodzahlbestimmung zu viel Zeit. Es hat daher nicht an Versuchen gefehlt, die Einwirkungszeit der Halogen-Lösung herabzusetzen, mit dem Erfolg, daß heute eine Reihe brauchbarer Schnellmethoden existiert. Diese Schnellmethoden sind indessen nur auf Fette mit nicht konjugierten Doppelbindungen anwendbar.

Die meisten Methoden gehen auf eine Beobachtung von L. W. WINKLER (1925) bzw. G. SCOTTI (1938) zurück, die zeigen konnten, daß in Gegenwart von Quecksilbersalzen Brom in Eisessig bzw. Jod in benzolischer Lösung bereits nach einer Einwirkungszeit von wenigen Minuten praktisch vollständig angelagert sind.

In der Folgezeit brachten H. D. HOFFMAN u. C. E. GREEN (1939) den Nachweis, daß auch die Reaktionszeit der Wijs-Lösung durch Zugabe von Quecksilber(II)-acetat auf 3 min herabgesetzt werden kann. Eine ähnliche Beschleunigung der Reaktion fanden F. A. NORRIS u. R. J. BUSWELL (1943) für die Methode von HANUŠ, G. H. BENHAM u. L. KLEE (1950) für die Methode von ROSENMUND u. KUHNHENN und W. AWE u. B. GROTE (1957) für die Methoden von VON HÜBL, HANUŠ, WIJS u. H. P. KAUFMANN. Auch die Methoden von B. M. MARGOSCHES u. Mitarb. (1924) (vgl. S. 728) und von S. MUKHERJEE (1955) (vgl. S. 577) haben, da die Reaktion nur wenige Minuten benötigt, den Charakter von Schnellmethoden, obwohl kein Quecksilbersalz dem Reagens zugesetzt wird. Von diesen Schnellmethoden sei die nach HOFFMAN u. GREEN näher beschrieben.

Schnellmethode nach H. D. HOFFMAN *u.* C. E. GREEN *(1939)*

Die Jodzahlbestimmung wird im Prinzip nach der Methode von WIJS (vgl. S. 572) ausgeführt, mit folgenden Abänderungen: Sofort nach der Zugabe der Wijs-Lösung werden 10 ml einer 2,5%igen Lösung von Quecksilber(II)-acetat in Eisessig dem Reaktionsgemisch zugesetzt. Man läßt 3 min stehen und titriert dann nach Zugabe der Kaliumjodid-Lösung wie bei WIJS mit 0,1 n-Natriumthiosulfat-Lösung zurück.

Vergleich der Standardmethode mit der Schnellmethode

H. D. HOFFMAN u. C. E. GREEN (1939) bringen in ihrer Veröffentlichung zahlreiche Beispiele für die gute Übereinstimmung der Ergebnisse nach der Original-Methode von WIJS und ihrer Schnellmethode bei der Untersuchung von Fetten mit nicht konjugierten Doppelbindungen.

Diese Ergebnisse konnte der Verfasser in einer eingehenden nicht veröffentlichten Untersuchung bestätigen (vgl. Tab. 71):

Hiernach scheint die Schnellmethode durchweg um einige Zehntel niedrigere Jodzahlen zu ergeben, was ihre Anwendbarkeit aber nur in den seltensten Fällen beeinträchtigt. Für die Bestimmung der wahren Jodzahl konjugierter und polymerisierter Fette reicht indessen die kurze Reaktionszeit nicht aus.

Tabelle 71. *Jodzahl verschiedener Fette nach der Methode von* J. J. A. Wijs *bzw.* H. D. Hoffman u. C. E. Green

Ölsorte	Jodzahl nach Wijs	Jodzahl nach Hoffman u. Green
Cocosöl	9,1	8,8
Palmkernöl	19,7	19,5
Palmöl	52,3	51,6
Erdnußöl	103,8	103,5
Kottonöl	106,6	106,1
Walöl	127,1	126,5
Heringsöl	169,2	168,7

Da zwischen der Jodzahl und dem *Brechungsindex* eines Fettes meistens eine lineare Beziehung besteht, ist es häufig auch möglich, aus der Lichtbrechung mit ausreichender Genauigkeit die Jodzahl zu berechnen. Diese Methode erfordert zur Ausführung ebenfalls nur wenige Minuten (vgl. hierzu S. 540).

δ) Mikromethoden

Mit einem Überblick über einige Meso- und Mikromethoden zur Jodzahlbestimmung sei dieser Abschnitt abgeschlossen.

Methode für 10—15 mg Fett von H. P. Kaufmann *u.* L. Hartweg *(1937)*

10—15 mg Fett werden unter Verwendung eines Wägegläschens in einem 150-ml-Jodzahlkolben in 2 ml Chloroform gelöst. Dann gibt man aus einer *Derona*-Bürette 5 ml 0,1 n-Bromlösung nach Kaufmann hinzu, läßt bei Jodzahlen unter 110 1 min, bei höheren 3 bis 15 min stehen und titriert das Jod mit 0,05 n-Natriumthiosulfat-Lösung zurück.

Diese Methode wurde von W. Trappe (1938) für Fettmengen bis 0,2 mg herab abgeändert.

Methode für 0,3—2 mg Fett von G. Gorbach *(1940)*

Apparatur:

Vgl. S. 694.

Arbeitsweise:

Einwaage für Fette mittlerer und kleinerer Jodzahl 1—2 mg, sonst bis zu 0,3 mg herunter.

Das in eine Glasöse eingewogene Fett wird im Mikrobecher in 500 μl Chloroform gelöst. Dann werden 200 μl Bromlösung nach Kaufmann zugefügt.

Einwirkungszeit für niedrige Jodzahlen 10 min, für hohe 20 min.

Dann versetzt man mit 120 μl 10%iger Kaliumjodid-Lösung und titriert das freigesetzte Jod mit 0,1 n-Natriumthiosulfat-Lösung zurück.

Mit noch geringeren Substanzmengen begnügen sich die Methoden von N. Kretchmer u. Mitarb. (1946) (10—100 μg Fett; Rosenmund-Kuhnhenn-Reagens) und B. W. Grunbaum u. P. L. Kirk (1952) (1 μg Fett; Hanuš-Reagens).

b) Hydrierjodzahl

Der Grad der Ungesättigtheit von Fetten und Fettsäuren läßt sich mit Hilfe der im vorigen Abschnitt beschriebenen Jodzahl-Bestimmungsmethoden gar nicht oder nur unter Anwendung spezieller Kunstgriffe feststellen, wenn Doppelbindungen in α, β-Stellung oder konjugierte oder dreifach ungesättigte Bindungen vorliegen, wie beispielsweise bei der Crotonsäure, der Elaeostearinsäure oder der Stearolsäure.

Solche Verbindungen lassen sich aber immer katalytisch völlig hydrieren, so daß die addierte Wasserstoffmenge häufig als Kriterium für die Brauchbarkeit einer Halogen-Additionsmethode bei der Untersuchung ungesättigter Fette herangezogen wird.

Die katalytische Hydrierung wurde von E. ERDMANN u. F. BEDFORD (1909) als Mittel zur Konstitutionsbestimmung ungesättigter organischer Verbindungen zu einer quantitativen Methode ausgebildet. Zur Bestimmung der Ungesättigtheit von *Fetten und Fettsäuren* wurde diese Methode zunächst von A. GRÜN u. W. HALDEN (1924) verwendet. Ihre Arbeitsweise, die in der Folgezeit von zahlreichen Autoren abgeändert und verbessert wurde, bedient sich folgenden Prinzips:

Man bringt die unverdünnte oder in einem geeigneten hochsiedenden Verdünnungsmittel, wie Paraffinöl oder Äthyllaurat, gelöste Substanz und den Katalysator getrennt in ein mit Quecksilberverschluß versehenes Rührgefäß, verbindet mit einer Gasbürette, entfernt den Sauerstoff und füllt die Apparatur mit Wasserstoff. Dann wird der Katalysator zugegeben und solange hydriert, bis keine Volumabnahme mehr erfolgt. Die Differenz der Bürettenablesungen vor und nach der Hydrierung ergibt die Menge des verbrauchten Wasserstoffs.

A. GRÜN u. W. HALDEN verstanden unter „*Hydrierzahl*" die Gewichtsprozente Wasserstoff, die von der Substanz bei der quantitativen Hydrierung aufgenommen werden, multipliziert mit 100. Praktischer ist es indessen, die verbrauchte Menge Wasserstoff durch die äquivalente Menge Jod auszudrücken, wie es heute allgemein geschieht.

Die so definierte *Hydrierjodzahl* gibt also an, wieviel Teile Wasserstoff, berechnet als die äquivalente Menge Jod, von 100 Teilen eines Fettes gebunden werden.

H. P. KAUFMANN u. J. BALTES (1937a) ersetzten die etwas umständlich zu handhabende Apparatur von GRÜN durch die bequemere Schüttelapparatur von WARBURG u. BARCROFT (vgl. DGF-Einheitsmethode C-V 12 (53)).

Noch einfachere Anordnungen, die sich nach dem Vorbild von V. WEYGAND u. A. WERNER (1937) eines Magnetrührers bedienen, wurden von amerikanischen Forschern, wie C. L. OGG u. F. J. COOPER (1949), F. A. VANDENHEUVEL (1952), F. C. PACK u. R. W. PLANCK (1953) u. a., vorgeschlagen.

Methode nach H. P. KAUFMANN *u.* J. BALTES *(1937) bzw. DGF-Einheitsmethode C-V 12 (53)*

Geräte:

Hydriervorrichtung[1] nach Abb. 59, bestehend aus dem Hydriergefäß (H), der Wasserstoffbürette (W) und dem Niveaugefäß (N). Das Hydriergefäß hat die Ausmaße $50 \times 25 \times 15$ mm und trägt, an einer oberen Querkante angeschmolzen, einen Ansatz, der in einen Normal-Kernschliff (S) endigt und mit einem seitlichen Ansatz zur Aufnahme des Röhrchens mit der zu hydrierenden Substanz versehen ist. Auf dem Schliff sitzt die Schliffhaube, die mit Hilfe zweier Capillaren über einen Dreiwegehahn (Dw) mit der Außenluft bzw. der Vakuumpumpe und der Bürette verbunden werden kann. Diese hat einen Inhalt von 10 ml. Sie besteht aus dem unteren kugelförmigen Teil von 5 ml Fassungsvermögen und der eigentlichen Meßbürette, die ebenfalls 5 ml faßt und in 1/50 ml geteilt ist. Mit Hilfe eines Capillarschlauches verbindet man die Bürette mit dem Niveaugefäß, das mit einem aufgelegten Rand versehen ist. Die ganze Anordnung ist auf einem mit einem Spiegel versehenen Brett befestigt und kann in eine Schüttelvorrichtung eingesetzt werden.

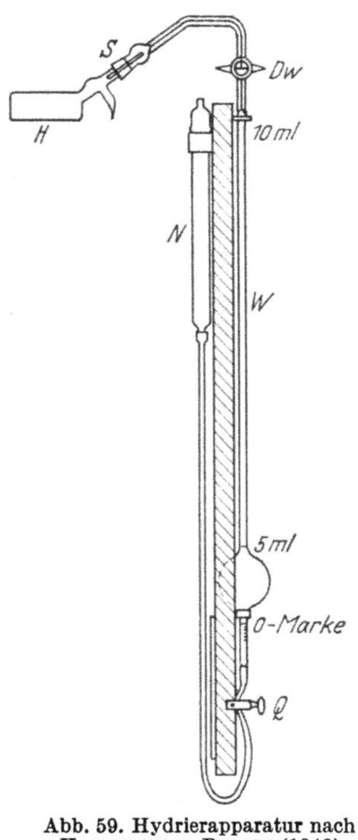

Abb. 59. Hydrierapparatur nach KAUFMANN u. BALTES (1949)

[1] Hersteller: Firma B. Braun, 3508 Melsungen.

Reagentien:

Elektrolytwasserstoff in Stahlflaschen

Eisessig zur Analyse

Katalysator (5% Palladium auf Bariumsulfat): 1,7 g Palladium(II)-chlorid werden in einer Mischung von 100 ml dest. Wasser und 1 ml konzentrierter Salzsäure warm gelöst. Sodann suspendiert man 20 g frisch gefälltes Bariumsulfat in 300 ml dest. Wasser, das 1 ml 40%ige wäßrige Formaldehyd-Lösung enthält. Man erwärmt auf 80°C und fügt die Palladium(II)-chlorid-Lösung unter Umschütteln hinzu. Dann wird mit 1 n-Natronlauge im Verlauf von 15—30 min unter Rühren neutralisiert (Lackmuspapier). Man hält noch 20 min unter Rühren bei 80°C, läßt sodann den Niederschlag absetzen und wäscht ihn durch Dekantieren chloridfrei. Schließlich filtriert man den Katalysator ab und trocknet über wasserfreiem Calciumchlorid im Exsiccator. Der Katalysator wird zweckmäßig portionsweise in kleinen zugeschmolzenen Ampullen aufbewahrt.

Verfahren:

Vor Beginn der Bestimmung ist das genaue Volumen des Reaktionsgefäßes, einschließlich Bürette und Capillare, durch Erwärmen mit Quecksilber zu ermitteln. Auf den Boden des Hydriergefäßes bringt man mit Hilfe eines Einfülltrichters 10—20 mg des Katalysators und läßt aus einer Meßpipette mit lang ausgezogener Spitze genau 5 ml Eisessig zulaufen, ohne daß die Wandungen des Ansatzstückes benetzt werden. In kleine einseitig zugeschmolzene Glasröhren von 8 mm Länge und 2,5—3,5 mm Weite wägt man nun das Fett ein, wobei je nach dem vermuteten Sättigungsgrad folgende Mengen zu wählen sind:

25—20 mg bei Fetten mit einer HJZ von 250—300
30—25 mg bei Fetten mit einer HJZ von 200—250
40—30 mg bei Fetten mit einer HJZ von 150—200
30—20 mg bei Fetten mit einer HJZ von 100—150
40—30 mg bei Fetten mit einer HJZ unter 100

Das Röhrchen mit der Substanz läßt man nun in den seitlichen Ansatz gleiten. Damit dies und auch das spätere Herausfallenlassen bei der Hydrierung reibungslos vonstatten geht, muß darauf geachtet werden, daß die Übergänge in diesem Teil des Gefäßes richtig geblasen sind. Sodann fettet man den unteren Teil des Schliffes mit Apiezonfett[1], Sorte N, ein, setzt das Gefäß in die Schliffhaube, ohne daß die Substanz in das Lösungsmittel fällt, und befestigt es mit zwei Gummibändchen. Der Dreiwegehahn wird ebenfalls mit Apiezonfett eingefettet, ohne daß dieses in die Bohrung dringt. Nun füllt man die Bürette und die Verbindungscapillare bis in die durchgehende Bohrung des Hahnes mit Quecksilber, worauf man durch Drehung des Hahnes die Verbindung der Außenluft mit dem Hydriergefäß herstellt. Die Bürette ist jetzt abgeschlossen. Das Niveaugefäß wird in die rückseitige Klammer gehängt. Auf den Ansatz des Hahnes schiebt man den Druckschlauch der Wasserstoff-Zuleitung und füllt nun das Hydriergefäß durch abwechselndes Evakuieren auf ca. 20 mm Hg und Einströmenlassen von Wasserstoff mit letzterem, was durch Drehen des Zweiwegehahnes zu bewerkstelligen ist. Hin und wieder schüttelt man kräftig mit der Hand, um alle gelöste und adsorbierte Luft zu entfernen.

Nach 6- bis 7maliger Wiederholung der beiden Operationen ist das Gefäß praktisch luftfrei. Durch Drehung des Dreiwegehahnes und langsames Senken des Niveaugefäßes füllt man nun die Bürette mit Wasserstoff, bei einer voraussichtlichen Hydrierjodzahl über 150 bis ca. 1 cm unter die 0-Marke, unter 150 bis ca. 1 cm unter die 5-ml-Marke, wobei für einen Überdruck von ca. 20 mm Hg gesorgt wird. Dann stellt man die Verbindung zwischen Hydriergefäß und Bürette her und quetscht den Capillarschlauch ab. Die Apparatur ist jetzt gegen die Außenluft abgeschlossen. Man bringt sie auf die Schüttelvorrichtung, hängt das Niveaugefäß in eine Halteklammer des Bügels und sättigt durch Schütteln bei 20—30 mm Überdruck das Lösungsmittel und den Katalysator mit Wasserstoff. Dazu braucht man meist $^1/_2$ Std. Nun stellt man den Meniskus der Sperrflüssigkeit genau auf die 0- bzw. 5-ml-Marke ein, quetscht den Schlauch wieder ab und stellt Zimmertemperatur und Barometerstand fest. Mit Hilfe des Dreiwegehahnes führt man den Druckausgleich mit der Außenluft herbei und dreht das Hydriergefäß um 180°, wobei das Röhrchen mit dem Fett in das Lösungsmittel fällt. Darauf bringt man das Gefäß in die Ausgangslage zurück. Eine im Wägeröhrchen etwa vorhandene Gasblase wird durch leichtes Klopfen entfernt. Bei einem Überdruck von ca. 30 mm wird durch Einschalten des Motors kräftig geschüttelt (ungefähr eine Hin- und Herbewegung pro Sekunde), bis kein Wasserstoff mehr aufgenommen wird. Schroffe Temperaturwechsel sind während dieser Zeit zu vermeiden. Nach Beendigung des Versuches werden Temperatur- und Barometerstand wieder ermittelt.

---

[1] Hersteller: Firma E. Leybold's Nachf., 5 Köln.

Berechnung:

Die unter diesen Versuchsbedingungen verbrauchte Menge Wasserstoff wird auf Normalbedingungen reduziert und auf die äquivalente Menge Jod bezogen.

$$HJZ = \frac{0{,}01132\,(V_{Ao} - V_{Eo}) \cdot 100}{E}$$

$$V_{Ao} = \frac{V_A \cdot B_A}{(1 + 0{,}00366 \cdot t_A) \cdot 760}$$

$$V_{Eo} = \frac{V_E \cdot B_E}{(1 + 0{,}00366 \cdot t_E) \cdot 760}$$

V_A, V_E = Volumen des Wasserstoffs zu Beginn bzw. am Ende der Hydrierung
V_{Ao}, V_{Eo} = V_A, V_E reduziert auf 0°C und 760 mm
B_A, B_E = Barometerstand zu Beginn bzw. am Ende der Hydrierung
t_A, t_E = Temperatur zu Beginn bzw. am Ende der Hydrierung
E = Einwaage in g
V_A = Gesamtvolumen der Apparatur — Lösungsmittelmenge
V_E = V_A — verbrauchter Wasserstoff.

Die Barometerstände B_A und B_E müssen zweifach korrigiert werden:
1. Durch Reduktion auf 0°C, z. B. nach den Rechentafeln von KÜSTER-THIEL.
2. Durch Subtraktion der Dampfspannung des Eisessigs entsprechend folgender Tabelle:

Temperatur °C	Druck Torr	Temperatur °C	Druck Torr
15	8,6	21	12,2
16	9,1	22	12,9
17	9,6	23	13,7
18	10,2	24	14,5
19	10,8	25	15,3
20	11,5	26	16,2

Weitere Dampfdrucke in der genannten DGF-Vorschrift.

Genauigkeit der Methode

Bei chemisch einheitlichen Verbindungen stimmt die gefundene Hydrierjodzahl so gut mit der berechneten überein, daß die HJZ als exaktestes Maß für die Ungesättigtheit einer Substanz angesehen wird. Hierzu einige Beispiele von C.L. OGG u. F.J. COOPER (1949) (vgl. Tab. 72).

Tabelle 72. *Hydrierjodzahlen einiger ungesättigter Säuren und Ester* (nach C.L. OGG u. F.J. COOPER 1949)

Präparat	Hydrierjodzahl gefunden	berechnet
Maleinsäure	115,9	116,1
Methyloleat	298,7	296,5
Methyllinoleat	146,9	147,2
9,11-Linolsäure	140,8	140,2
10,12-Linolsäure	140,0	140,2

Falls laufend eine große Anzahl von Hydrierjodzahlbestimmungen gemacht werden muß, bietet ein von H.C. BROWN u. Mitarb. (1963) angegebenes und von T.K. MIWA u. Mitarb. (1966) weiterentwickeltes Verfahren vor dem hier beschriebenen erhebliche Vorzüge. Die Autoren bedienen sich eines Katalysators, der *in situ* durch Behandlung von Platinsalzen mit Natriumborhydrid hergestellt wird. Der zur Hydrierung benötigte Wasserstoff wird durch Zersetzung von Natriumborhydrid bereitet, das in Lösung aus einer Spezialbürette mit Quecksilberventil solange zuläuft, wie Wasserstoff vom Reaktionsgemisch aufgenommen wird.

Geräte: (vgl. T.K. MIWA u. Mitarb. 1966)

Die Apparatur besteht aus einem 250- oder 500-ml-Reaktionskolben mit einem mit Teflon beschichteten Rührstab, einem 250-ml-Vorratsbehälter mit Tropftrichter für die Reagenslösung und einer 5-ml-Bürette mit Quecksilberverschluß, der beim Auftreten eines Überdrucks den Zulauf der Reagenslösung unterbricht. Der Reaktionskolben trägt einen Seitenarm mit Gummikappe zum Einspritzen von Reagentien und Substrat. Zum Ableiten überschüssigen Wasserstoffs ist der Kolben mit einem Quecksilber-Überdruckgefäß verbunden, dessen Einleitungsrohr als Manometer ausgebildet ist, so daß der im Reaktionsraum vorhandene Druck leicht konstant gehalten werden kann.

Verfahren:

In den Reaktionskolben werden nacheinander 1,0 g Darco-K-B-Aktivkohle, 10 ml Diäthylenglykol-dimethyläther (DGD) und 2 ml einer 0,5 m-Platinchlorwasserstoffsäure (10,36 g $H_2PtCl_6 \cdot 6H_2O$ in 40 ml wasserfreiem destilliertem Isopropanol) gebracht. Dann werden 0,76 g $NaBH_4$ in 20 ml DGD gelöst und diese Lösung wird tropfenweise unter Rühren in den Reaktionskolben gegeben. Nachdem zweimal mit je 10 ml DGD nachgespült wurde, fügt man noch 5 ml Isopropanol hinzu und rührt das Gemisch 5 min. Unter weiterem Rühren werden noch 5 ml Eisessig, anfangs tropfenweise, hinzugegeben. Zur Hydrierung dient eine 0,05 m-$NaBH_4$-Lösung (0,832 g werden in 40 ml DGD gelöst und mit 360 ml Isopropanol verdünnt), die nach 24stündigem Stehen filtriert und dann durch den Tropftrichter zugegeben wird. Zulaufgeschwindigkeit 5 ml/min. Die Standardisierung des Geräts erfolgt, nachdem zuvor 500 μl eines ungesättigten Öls mit einer Jodzahl von ca. 100 hydriert wurden, mit 100 μl Octen-1.

Zur Bestimmung der Hydrierjodzahl werden 100 μl des zu untersuchenden Öls mit Hilfe einer Glasspritze durch die Gummimembran eingespritzt. Unter ständigem Rühren läßt man nun bei einer Temperatur von 25°C soviel $NaBH_4$-Lösung zulaufen, daß sich im Quecksilber-Überdruckgefäß derselbe Enddruck einstellt wie im Eichversuch. Mit einer Katalysatorfüllung können bis zu 50 Hydrierungen hintereinander ausgeführt werden. Die Dauer jeder Bestimmung beträgt 2—3 min.

Genauigkeit:

Die Genauigkeit der Methode geht aus folgenden Vergleichswerten von I.A. WOLFF u. T.K. MIWA (1965) hervor.

Ölsorte	HJZ	Standard-abweichung bei 36 Bestimmungen	JZ nach WIJS (AOCS-Methode Cd 1—25)
Crambe abyssinica	87	± 0,7	90
Sojaöl	131	± 0,7	132
Leinöl	182	± 0,7	180
Methyl-10-Undecenat (ber. JZ: 128)	131	± 0,7	124

Mikromethoden:

Durch sinngemäße Verkleinerung der angegebenen Apparaturen lassen sich die beschriebenen Verfahren auch auf den Mikromaßstab reduzieren. Eine sehr präzise Methode zur Hydrierung von 3—5 mg Substanz wird z. B. von A.F. COLSON (1954) angegeben.

Mit Hilfe eines nach dem Differenzdruckprinzip arbeitenden, registrierenden Mikrohydriergerätes der Firma B. Braun, 3508 Melsungen, läßt sich bereits von 1 mg Substrat die HJZ mit ausreichender Genauigkeit bestimmen (A. REUTER 1967).

c) Rhodanzahl

Im Jahre 1923 fanden H.P. KAUFMANN u. J. LIEPE, daß in geeigneten Lösungsmitteln gelöstes Rhodan sich an aliphatische und aromatische Doppelbindungen anlagert. Analoge Versuche auf dem Fettgebiet führten zu der überraschenden Erkenntnis, daß Rhodan bei

Ölsäure	1 Doppelbindung
Linolsäure	von 2 Doppelbindungen nur 1
Linolensäure	von 3 Doppelbindungen nur 2
Eläostearinsäure	von 3 Doppelbindungen nur 1

absättigt (H. P. KAUFMANN 1926). Fettsäuren mit dreifacher Kohlenstoffbindung reagieren überhaupt nicht mit Rhodan.

Die folgerichtige Anwendung des Kaufmann'schen Rhodanreagens in der Fettanalyse — später Rhodanometrie genannt — eröffnete erstmalig die Möglichkeit, Fettsäuren mit unterschiedlichen Doppelbindungen nebeneinander zu erfassen. Sie hat auch, nachdem wesentlich elegantere Bestimmungsmethoden bekannt geworden sind, ihre Bedeutung nicht verloren, da die Rhodanometrie im Gegensatz zu den neueren Methoden nur geringen apparativen Aufwand erfordert.

Die Bestimmung läßt sich prinzipiell genau so wie eine Jodzahlbestimmung durchführen; die *Rhodanzahl* (RhZ) gibt die Teile Rhodan, auf die äquivalente Menge Jod umgerechnet, an, die von 100 Teilen Fett unter den Bedingungen der Methode gebunden werden.

Die Rhodanometrie wurde von H. P. KAUFMANN u. Mitarb. in den Jahren 1926—1938 systematisch weiter entwickelt (vgl. H. P. KAUFMANN 1958). Auch in den USA beschäftigten sich zahlreiche Forscher mit dieser Methode. R. W. RIEMENSCHNEIDER u. D. H. WHEELER (1939), J. P. KASS u. Mitarb. (1940) sowie N. L. MATTHEWS u. Mitarb. (1941a) konnten zeigen, daß die partielle Rhodananlagerung nur angenähert stöchiometrisch erfolgt. Unter optimalen Reaktionsbedingungen erhält man bei linolsäurehaltigen Fetten etwas höhere, bei linolensäurehaltigen Fetten dagegen etwas niedrigere Rhodanzahlen als der Theorie von H. P. KAUFMANN entspricht. Der Wert der Rhodanmethode wird durch diese Einschränkung nicht geschmälert. Die Tatsache aber, daß man hier mit empirischen Faktoren arbeitet, zwingt zu peinlichst genauer Beachtung der Analysenvorschriften.

Die Rhodananlagerungsmethode ist von allen Vorschriftensammlungen der Fettanalyse übernommen worden. Die Arbeitsweisen unterscheiden sich im einzelnen nicht unerheblich, wie aus folgender Zusammenstellung hervorgeht.

Methode	Normalität der Rhodanlösung	Überschuß %	Reaktionszeit Std
AOAC	0,2	150—200	24
AOCS	0,2	150—200	24
B.S.I.	0,1	150—200	15—16
DGF	0,1	100—150	24
IUPAC	0,2	150—200	24

Infolgedessen sind die in den Methoden genannten empirischen Rhodanzahlen für reine ungesättigte Fettsäuren nicht identisch, nämlich

Methode	Rhodanzahlen		
	Ölsäure	Linolsäure	Linolensäure
AOCS	89,3	96,7	167,1
B.S.I.	89,4	93,9	162,5
DGF	89,9	93,9	163,0

Diese Unterschiede sind von Bedeutung, wenn aufgrund der Jod- und Rhodanzahlen die Fettsäurezusammensetzung berechnet werden soll (vgl. S. 601).

Als Beispiel für die Bestimmung der Rhodanzahl sei die Vorschrift der DGF — unwesentlich gekürzt — wiedergegeben.

Bestimmung der Rhodanzahl nach DGF-Einheitsmethode C–V 13 (57)

Reagentien:

Eisessig, analysenrein, wird über 1% Chromsäureanhydrid 2 Std am Rückflußkühler zum Sieden erhitzt und darauf mit Hilfe einer Widmer-Kolonne fraktioniert destilliert. Die zwischen 118 und 120°C übergehende Fraktion wird für die Herstellung der Rhodanlösung benutzt.

Essigsäureanhydrid, durch 2- bis 3-malige Destillation zu reinigen, bis der Rückstand nicht mehr braun gefärbt ist.

Tetrachlorkohlenstoff wird mehrere Male mit verdünnter Schwefelsäure und darauf einmal mit verdünnter wäßriger Kalilauge ausgeschüttelt. Nach dem Trocknen über festem Ätzkali fraktioniert man unter Zusatz von 10% Phosphorpentoxid mit Hilfe einer Widmer-Kolonne. Die zwischen 76 und 78°C übergehende Fraktion wird gesondert aufgefangen und zur Herstellung der Rhodan-Lösung benutzt.

Bleirhodanid zur Rhodanzahlbestimmung liefert E. Merck. Vorschrift zur Selbstherstellung vgl. Original-DGF-Methode.

Brom z. A.

Kaliumjodid-Lösung, 10%ig

0,1 n-Natriumthiosulfat-Lösung.

Herstellung der Rhodan-Lösung (ca. 0,1 n)

6 Volumteile gereinigter Eisessig werden mit 1 Volumteil frisch destilliertem Essigsäureanhydrid und 3 Volumteilen Tetrachlorkohlenstoff versetzt. Vor der ersten Benutzung bleibt dieses Gemisch mindestens 14 Tage stehen. In eine bei 100°C getrocknete Flasche aus Jenaer Glas von 250 ml Inhalt mit eingeschliffenem Stopfen gibt man 200 ml dieses Gemisches und fügt 6 g Bleirhodanid hinzu. Dazu läßt man 0,6 ml Brom aus der Bürette fließen und schüttelt bis zur Entfärbung. Nach dem Filtrieren durch einen Trichter mit einem Doppelfilter, das vorher bei 100°C getrocknet wurde, ist die Lösung, welche farblos sein muß, gebrauchsfertig.

Verfahren:

Die Höhe der Einwaage und die zuzusetzende Menge Rhodan-Lösung ist folgender Aufstellung zu entnehmen:

Erwartete RhZ	Einwaage in g	ml Rhodan-Lösung
0— 30	0,5	25
30— 50	0,3	25
50—100	0,15	25
100—150	0,2	50
> 150	0,15	50

Das Fett wird in ein Miniaturbecherglas auf ± 0,5% der Einwaage genau eingewogen und mit diesem in einen Jodzahlkolben gebracht. Dazu läßt man genau 25 bzw. 50 ml Rhodan-Lösung fließen, schwenkt nach Verschließen des Kolbens um und läßt 24 Std im Dunkeln stehen. Darauf gießt man in einem Guß 10%ige Kaliumjodid-Lösung hinzu, deren Menge ungefähr gleich der Menge der angewendeten Rhodan-Lösung sein soll. Nach kräftigem Umschütteln wird mit der gleichen Menge Wasser verdünnt und mit 0,1 n-Thiosulfat-Lösung und Stärke als Indicator titriert. In gleicher Weise wird ein Blindversuch angesetzt.

Berechnung:

$$\mathrm{RhZ} = \frac{(b - a) \cdot 1{,}269}{E}$$

a = verbrauchte ml 0,1 n-Thiosulfat-Lösung im Hauptversuch

b = verbrauchte ml 0,1 n-Thiosulfat-Lösung im Blindversuch

E = Einwaage in g.

Anmerkung:

Sämtliche bei der Bestimmung der Rhodanzahl benutzten Geräte müssen absolut trocken sein und sind daher vor Gebrauch mehrere Stunden bei 100°C im Trockenschrank zu trocknen. Die Haltbarkeit der Rhodan-Lösung ist auf das Ergebnis von wesentlichem Einfluß. Daher ist außerdem eine Titration der frisch bereiteten Rhodan-Lösung erforderlich. Lösungen, bei denen ein Titerrückgang von mehr als 0,3% der verbrauchten ml 0,1 n-Thiosulfat-Lösung in 24 Std festgestellt wird, sind nicht brauchbar.

Reproduzierbarkeit und Genauigkeit der Methode

Die Reproduzierbarkeit der Methode ist bei sorgfältiger Arbeitsweise sehr gut. M.G. LAMBOU u. F.G. DOLLEAR (1945) fanden bei der Nachprüfung einer etwas modifizierten AOCS-Methode bei Doppelbestimmungen an 16 Proben mit Rhodanzahlen zwischen 72 und 87 eine mittlere Abweichung vom Durchschnittswert von ± 0,13 Einheiten, bei 16 Doppelbestimmungen im Bereich von 28—65 eine solche von nur ± 0,07 Einheiten.

Ebenfalls unter Verwendung der AOCS-Methode konnten N.L. MATTHEWS u. Mitarb. (1941a) bei der Analyse von Testgemischen aus reinster Öl-, Linol- und Linolensäure und Rückrechnung der Zusammensetzung eine befriedigende Genauigkeit beobachten (vgl. Tab. 73).

Tabelle 73. *Bestimmung der Zusammensetzung von Fettsäuregemischen mit Hilfe der Jod- und Rhodanzahl* (nach N.L. MATTHEWS u. Mitarb. 1941a)

	Mischung I Zusammensetzung ber. %	gef. %	*Mischung II* Zusammensetzung ber. %	gef. %	*Mischung III* Zusammensetzung ber. %	gef. %
Palmitinsäure	29,9	29,7	—	—	—	—
Ölsäure	29,9	30,9	0,0	1,7	29,4	30,4
Linolsäure	40,2	39,4	39,8	46,5	29,4	29,1
Linolensäure	—	—	60,2	55,2	41,2	40,5
Jodzahl (WIJS)	99,3	—	235,6	—	191,1	—
Rhodanzahl	65,9	—	135,9	—	122,8	—

Mikromethoden

Eine Mesomethode zur Bestimmung der Rhodanzahl wurde von H.P. KAUFMANN u. L. HARTWEG (1938) angegeben (vgl. auch DGF-Versuchsmethode C–V 13a (53)).

10—30 mg Fett werden in ein Miniaturbecherglas genau eingewogen und in einem Jodzahlkolben von 150 ml Inhalt mit 10—20 ml 0,1 n-Rhodan-Lösung versetzt. Man läßt 5—12 Std im Dunkeln stehen und titriert nach Zugabe von 20 ml 20%iger Kaliumjodid-Lösung mit 0,05 n-Natriumthiosulfat-Lösung zurück.

Eine Mikromethode zur Rhodanzahlbestimmung beschreibt G. GORBACH (1940). Hierzu bedient er sich des von ihm entwickelten Mikroinstrumentariums (vgl. S. 694).

1—3 mg Fett werden in einer Öse abgewogen und in einen 2—3 ml fassenden Jodzahlkolben gebracht. Man fügt 200 μl Rhodan-Lösung hinzu, deren Titer kurz vorher bestimmt wurde und setzt gleichzeitig zwei Blindversuche an. Nach 12—24 Std. gibt man 400 μl 10%ige Kaliumjodid-Lösung hinzu und titriert das freigesetzte Jod mit 0,1 n-Natriumthiosulfat-Lösung zurück.

Sowohl die Meso- als auch die Mikromethode geben nach den Ergebnissen ihrer Autoren Rhodanzahlen, die mit den nach der Makromethode erhaltenen innerhalb einiger Zehnteleinheiten gut übereinstimmen.

d) Dien- und Pandienzahl

Die von O. DIELS u. K. ALDER (1928) aufgefundene Diensynthese wurde zuerst von H.P. KAUFMANN u. J. BALTES (1936) zur quantitativen Bestimmung konjugiert-ungesättigter Fette und Fettsäuren benutzt. Die Diensynthese besteht in der Addition sog. philodiener Partner, beispielsweise α, β-ungesättigter Carbonylverbindungen, wie Maleinsäureanhydrid, an Diene, d.h. Stoffe mit konjugierten Doppelbindungen.

Beispielsweise führt die Anlagerung von Maleinsäureanhydrid an Δ 9,11-Octadecadiensäure zu einem Cyclohexenderivat gemäß folgender Gleichung:

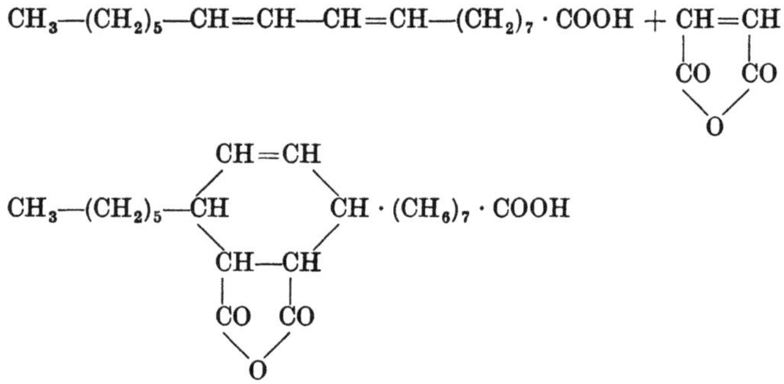

Bei Gegenwart von drei konjugierten Doppelbindungen, wie sie etwa in der Eläostearinsäure, einer Δ 9,11,13-Octadecatriensäure, vorliegen, sind zwei Addukte möglich, wobei jeweils zwei benachbarte Doppelbindungen unter Ringbildung mit Maleinsäureanhydrid reagieren. H.P. KAUFMANN u. J. BALTES (1936) konnten nun an definierten Modellsubstanzen zeigen, daß die Anlagerung von Maleinsäureanhydrid an konjugierte Doppelbindungen der theoretischen Erwartung entsprechend verläuft, wenn man die zu untersuchenden Fette und Fettsäuren, in Aceton gelöst, mit einer Lösung von 0,1 n- oder 0,2 n-Maleinsäureanhydrid in Aceton 20 Std in geschlossener Ampulle auf 100° C erhitzt und nach beendeter Reaktion das überschüssige Anhydrid alkalimetrisch oder nach H.P. KAUFMANN u. Mitarb. (1937) jodometrisch zurücktitriert.

Diese Autoren schufen den Begriff „Dienzahl" (DZ). Nachdem sich gezeigt hat, daß diese Kennzahl auch mit anderen philodienen Verbindungen, z. B. mit p-Benzochinon nach M. LORA-TAMAYO (1952), bestimmt werden kann, wird sie heute wie folgt definiert:

Die *Dienzahl* (DZ) gibt diejenige Jodmenge in g an, welche der von 100 g des zu untersuchenden Fettes unter den Bedingungen der Bestimmungsmethode gebundenen Menge eines philodienen Stoffes äquivalent ist.

Wenig später veröffentlichten B.A. ELLIS u. R.A. JONES (1936) eine ähnliche Methode, die sie Maleinsäureanhydridzahl nannten. Sie kochen 3 g Fett mit einer 6%igen Lösung von Maleinsäureanhydrid in Toluol 3 Std unter Rückfluß, waschen das nicht umgesetzte Anhydrid mit Wasser aus und titrieren die entstandene wäßrige Maleinsäure-Lösung mit 1 n-Natronlauge zurück. Diese Methode wurde von der AOCS für trocknende Öle standardisiert. Beide Arbeitsweisen liefern gut übereinstimmende Werte, sind aber einigen Fehlerquellen ausgesetzt, die bei der Anwendung der Dienzahlbestimmung beachtet werden müssen.

K.A. PELIKAN u. J.D. VON MIKUSCH (1937) fanden bei der Nachprüfung der Methode von ELLIS und JONES (1936), daß bei hydroxylierten Ölen zu hohe Dienzahlen erhalten werden. W.G. BICKFORD u. Mitarb. (1938) beobachteten ebenfalls, daß nach beiden Methoden zu hohe Dienzahlen gefunden werden, wenn Hydroxylgruppen und Oxydationsprodukte der Fette anwesend sind. Durch vorhergehende Acetylierung konnte dieser Fehler in vielen Fällen, aber nicht in allen, korrigiert werden. Auch S. SABETAY u. Y.R. NAVES (1937) wiesen darauf hin, daß durch Umsetzung von Maleinsäureanhydrid mit Alkoholen zu hohe Dienzahlen vorgetäuscht werden können. Daher haben auch solche Öle, die keine Diene, aber Mono-Diglyceride sowie Autoxydationsprodukte enthalten, wie Sonnenblumenöl, Sojaöl, Leinöl, usw., Dienzahlen bis zu 10.

Auf wesentlich bedeutendere Fehlermöglichkeiten machte J.D. VON MIKUSCH (1950) aufmerksam. Er konnte nachweisen, daß die Anlagerung des Maleinsäureanhydrids an konjugierte Doppelbindungen nur dann rasch erfolgt, wenn diese in trans-trans-Stellung vorliegen. Bei cis-trans und trans-cis-Doppelbindungen ist die Addition verlangsamt; bei cis-cis-Bindungen ist sie aus sterischen Gründen völlig unmöglich, es sei denn, daß man sie vorher in die trans-trans-Stellung umlagert. Diese Umlagerung ist nach VON MIKUSCH durch Zugabe einer Spur Jod zum Reaktionsgemisch von KAUFMANN u. BALTES möglich. Die so modifizierte, alle Arten von konjugierten Verbindungen umfassende Dienzahl wird von VON MIKUSCH „Pandienzahl" genannt. Die Pandienzahl ermöglicht auch die genaue

Bestimmung der Konjugation von alkaliisomerisierter Linolsäure, die durch einen hohen Gehalt an cis-cis-Doppelbindungen gekennzeichnet ist (vgl. Tab. 74).

Tabelle 74. *Dien- und Pandienzahl verschiedener Öle* (nach J.D. VON MIKUSCH 1950)

Muster	Dienzahl	Pandienzahl
9, 11-Octadecadiensäure FP 54°C	89,1	88,4 ± 0,3
Chinesisches Holzöl	66,4	66,3 ± 0,2
Oiticicaöl	45,4	46,0 ± 0,5
Rizinenöl (katal.)	12,3	30,0 ± 0,6
Linolsäure, alkaliisomerisiert	12,7	81,6 ± 0
Sonnenblumenöl	10,6	10,8
Safloröl	0	6,6 ± 0,2
Sojaöl	5,5	8,9
Leinöl	2,7	9,3 ± 0,2

Getrennte Bestimmung von Dien- und Pandienzahl gibt also einen Hinweis auf die Gegenwart von technisch hergestellten Ölen mit konjugierten Doppelbindungen.

Die Dienzahlbestimmung nach KAUFMANN u. BALTES wurde von den DGF-Einheitsmethoden übernommen mit der Abänderung, daß die ursprüngliche Methode durch Berücksichtigung der Vorschläge von VON MIKUSCH den Charakter einer Pandienzahlbestimmung erhielt.

Bestimmung der Dienzahl nach DGF-Einheitsmethode C–V 14 (53), korrigiert

Geräte:

Wägeröhrchen, Jenaer Glas, ca. 12 cm lang, 6,5 mm äußerer Durchmesser,

Ampullen aus Jenaer Glas, 20 ml Inhalt, Länge des Ampullenhalses 10 cm, innerer Durchmesser des Halses 8 mm,

Glycerinbad, thermostatisch auf 100 ± 1°C regelbar.

Reagentien:

Maleinsäureanhydrid-Lösung: 9,8 g Maleinsäureanhydrid, zweimal im Vakuum destilliert, werden in 1 l Benzol, Toluol oder Xylol z. A., wasserfrei, gelöst.

Jodlösung, 0,1%ig in Benzol

Kaliumjodat-Lösung, 4%ig

Kaliumjodid-Lösung, 24%ig

0,1 n-Jodlösung

0,1 n-Natriumthiosulfat-Lösung.

Verfahren:

In ein Wägeröhrchen werden 0,1—0,15 g Fett, bei Stoffen mit voraussichtlich niedriger Dienzahl eine entsprechend größere Menge, auf ± 0,2 mg genau eingewogen. Dann bringt man die Röhrchen in eine Ampulle und gibt mit Hilfe einer Vollpipette 10 ml Maleinsäureanhydrid-Lösung sowie 1 ml der 0,1%igen Jodlösung in die Ampulle, schmilzt zu und erhitzt sie im Glycerinbad 20 Std auf 100 ± 1°C. Nach dem Abkühlen öffnet man und spült den Inhalt mit 20 ml Benzol und 20—30 ml dest. Wasser in einen Jodzahlkolben von 250 ml Inhalt mit eingeschliffenem Stopfen. Dazu gibt man je 15 ml Kaliumjodid- und Kaliumjodat-Lösung und 25 ml 0,1 n-Natriumthiosulfat-Lösung. Unter häufigem Umschütteln läßt man 2 Std stehen, fügt sodann 25 ml 0,1 n-Jodlösung hinzu und titriert den Jodüberschuß mit 0,1 n-Natriumthiosulfat-Lösung und Stärke-Lösung als Indicator zurück. In gleicher Weise wird ein Blindversuch angesetzt.

Berechnung:

$$DZ = \frac{(b - a) \cdot 1{,}269}{E}$$

a = verbrauchte ml 0,1 n-Thiosulfat-Lösung im Hauptversuch

b = verbrauchte ml 0,1 n-Thiosulfat-Lösung im Blindversuch

E = Einwaage in g.

Halbmikromethode:

H. P. KAUFMANN u. L. HARTWEG (1937) gaben auch eine Halbmikromethode zur Bestimmung der Dienzahl an, die ebenfalls in die DGF-Einheitsmethoden unter Nr. C–V 14a (53) als Versuchsmethode aufgenommen wurde.

10—20 mg Fett werden in eine Ampulle von 10 ml Inhalt gebracht, mit 5 ml 0,2 n-Maleinsäureanhydrid-Lösung und 0,5 ml einer 0,1 %igen Lösung von Jod in Toluol versetzt und nach dem Zuschmelzen der Ampulle 2 Std auf 130 ± 2° C erhitzt. Die weitere Behandlung erfolgt wie bei der Makromethode.

e) Polybromidzahl

Ungesättigte Fettsäuren lagern Brom unter Bildung von Bromderivaten an. So entsteht aus Ölsäure Dibromstearinsäure, aus Linolsäure Tetrabromstearinsäure und aus Linolensäure Hexabromstearinsäure. Die Additionsprodukte unterscheiden sich voneinander durch ihren Schmelzpunkt und ihre Löslichkeit in Lösungsmitteln, so daß im Prinzip die schwer löslichen Polybromide mit mehr als 4 Bromatomen im Molekül durch fraktionierte Kristallisation von den leichter löslichen Dibromiden getrennt werden können.

Auf diesem Verhalten beruhen zahlreiche Methoden zur Bestimmung von Linolensäure in trocknenden und halbtrocknenden Ölen. O. HEHNER u. C. A. MITCHELL (1898) u. a. definierten die Hexabromidzahl als eine Kennzahl, die angibt, wieviel Prozent Hexabromstearinsäure bei der Bromierung der Fettsäuren erhalten werden.

Durch Multiplikation mit dem Faktor 0,367 erhält man aus dieser Zahl den Prozentsatz an Linolensäure.

Bei den Bemühungen, durch gravimetrische Bestimmung der Bromaddukte eine verläßliche Kennzahl zu erhalten, wurde in der Folgezeit aber erkannt, daß die Größe der Hexabromidzahl durch zahlreiche Fehlerquellen beeinflußt wird. Dies sind insbesondere folgende:

1. Anwesenheit von Fettsäuren, die mehr als drei Doppelbindungen enthalten. Die Bromaddukte dieser Säuren werden mit den Hexabromiden zugleich ausgefällt, können aber an ihrer Unlöslichkeit in Benzol erkannt werden (vgl. S. 436).

2. Unvollständigkeit der Fällung. Bei der Bestimmung der Linolensäure durch Fällung mit Brom wird die bei der Wägung erfaßte Δ 9, 12, 15-Hexabromstearinsäure vom Schmelzpunkt 179—180° C nur zu ca. 30% der Theorie gebildet. Die übrigen Isomeren fallen in flüssiger löslicher Form an.

3. Einflüsse der Konfiguration. J. B. BROWN u. Mitarb. konnten in den Jahren 1938—1949 (z. B. G. Y. SHINOWARA u. J. B. BROWN (1938), N. L. MATTHEWS u. Mitarb. (1941b) und M. F. WHITE u. J. B. BROWN 1949) zeigen, daß durch Debromierung gewonnene und anschließend durch fraktionierte Kristallisation in verschiedene Isomeren zerlegte Linolensäuren teilweise nur Hexabromidzahlen zwischen 75 und 96 aufweisen.

4. Einfluß der Verdünnung. Dieselben Autoren beobachteten auch, daß man mit fortschreitender Verdünnung der Linolensäure durch andere Fettsäuren immer niedrigere Hexabromidzahlen als erwartet erhält, so daß Rückschlüsse auf den Linolensäuregehalt der Probe nur dann möglich sind, wenn man für jede Konzentration einen Umrechnungsfaktor für die Berechnung des Linolensäuregehaltes besitzt.

Die Hexabromidzahl oder Polybromidzahl, wie sie heute richtiger genannt wird, ist daher ihrem Wesen nach eine relativ unzuverlässige Konstante, die nur dazu verwendet werden sollte, die Identität von Fetten festzustellen, nicht aber zur Berechnung ihres Gehaltes an mehrfach ungesättigten Fettsäuren. Dafür sind die Rhodanzahl, die Messung der Extinktion nach vorhergegangener Konjugation und die auf S. 603ff. beschriebenen neuzeitlichen Trennungsmethoden wesentlich besser geeignet.

Die Polybromidzahlbestimmung ist in genormter Form in die Vorschriftensammlung der British Standards, der DGF und der IUPAC aufgenommen worden. Die einzelnen Verfahren unterscheiden sich nur unwesentlich voneinander. Wegen des empirischen Charakters der Bestimmung ist genaue Einhaltung der Arbeitsvorschrift erforderlich.

Methode zur Bestimmung der Polybromidzahl nach Vorschrift der DGF (Methode C–V 16 (57)) bzw. IUPAC (Methode II. D. 11)

Geräte:

150-ml-Kolben mit Rückflußkühler
300- bis 400-ml-Scheidetrichter
Glasfiltertiegel, Porosität G 3, mit einem inneren Durchmesser von 35 mm
Erlenmeyerkolben, 100 und 200 ml mit Schliffstopfen.

Reagentien:

Brom, trocken, chemisch rein
Diäthyläther, trocken, rein
Fein gemahlenes Polybromid aus dem zu untersuchenden oder einem ähnlichen Öl
Polybromid-Lösung, 0,06 g in 100 ml Diäthyläther
Kochsalz-Lösung, 10%ige wäßrige Lösung
1 n-alkoholische Kaliumhydroxid-Lösung
1 n-wäßrige Salzsäure-Lösung.

Verfahren:

Herstellung der Fettsäuren. 5 g Fett werden auf 0,01 g genau in den 150-ml-Kolben eingewogen. Man gibt 25 ml der alkoholischen Kaliumhydroxid-Lösung hinzu, setzt den Rückflußkühler auf und kocht vorsichtig 30 min. Um eine Überhitzung des Fettes zu vermeiden, empfiehlt es sich, den Kolben zu Beginn des Erwärmens umzuschwenken, bis der Inhalt homogen erscheint. Dann entfernt man den Kühler, gibt in den Kolben 50 ml dest. Wasser und überführt die Mischung quantitativ in einen Scheidetrichter, wobei man den Kolben mehrmals mit Wasser (insgesamt 80 ml) nachspült. In den Scheidetrichter gibt man danach 50 ml Diäthyläther, einige Tropfen Methylorange-Lösung und genügend 1 n-Salzsäure, um die Seife zu zersetzen und den Farbumschlag des Indicators herbeizuführen. Man schüttelt den Trichter heftig, um die in Freiheit gesetzten Säuren zu lösen. Anschließend läßt man bis zur völligen Schichtentrennung stehen. Die alkoholische Unterschicht wird in einen anderen Trichter überführt und nochmals mit 50 ml Diäthyläther extrahiert. Die vereinigten ätherischen Extrakte werden dreimal mit je 50 ml Kochsalz-Lösung unter intensivem Schütteln gewaschen. Nach dem letzten Waschen bringt man die ätherische Lösung quantitativ in den 100-ml-Meßkolben und füllt mit Diäthyläther bis zur Marke auf. Nach Zugabe von 1—2 g wasserfreiem Natriumsulfat zum Trocknen verschließt man den Meßkolben und schüttelt. Wenn die Bromierung nicht sofort ausgeführt werden kann, ersetzt man die Luft im Kolbenhals durch Kohlendioxid, verschließt wieder und bewahrt im Dunkeln auf.

Bromierung. 100 g trockener Diäthyläther werden in einen vorher getrockneten und mit Schliffstopfen versehenen Erlenmeyerkolben gebracht und in schmelzendem Eis auf ca. 0°C gekühlt. Unter ständigem Schütteln läßt man dann 4 ml reines, trockenes, auf 0°C gekühltes Brom an den Wänden des Kolbens herabfließen, verschließt dann den Kolben und stellt ihn in schmelzendes Eis. Anschließend trocknet man einen 100-ml-Erlenmeyerkolben und wägt nach dem Erkalten ca. 0,1 g Polybromid auf 1 mg genau ein. Hierzu gibt man genau 20 ml der ätherischen Fettsäure-Lösung, schüttelt, um das Polybromid zu suspendieren, verschließt den Kolben, bringt ihn für ca. 15 min in ein Bad aus schmelzendem Eis und schüttelt hin und wieder, um die Lösung mit dem Polybromid zu sättigen. Dann fügt man allmählich in kleinen Portionen 20 ml der ätherischen Brom-Lösung hinzu, wobei man, besonders im Anfang, schüttelt und den Kolben in schmelzendem Eis schwenkt. so daß die Temperatur der Mischung + 2°C nicht übersteigt. Sobald zwei Drittel der Bromlösung zugegeben sind, kann man den Rest der Lösung schnell an der Kolbenwand herablaufen lassen. Man setzt den Stopfen auf und läßt 3 Std im Eisbad stehen.

In analoger Weise wird ein Blindversuch ausgeführt unter Verwendung eines Kolbens von ähnlichen Abmessungen, der die gleiche Menge Polybromid enthält. Der Kolben mit dem Polybromid wird gewogen. Dann fügt man 40 ml Diäthyläther hinzu, stellt den Kolben in Eiswasser und schüttelt genügend, um den Äther mit dem Polybromid zu sättigen. Danach läßt man den Kolben 3 Std stehen.

Filtrieren und Waschen. Nach Ablauf dieser Zeit wird die Lösung der Fettsäure durch einen gewogenen Filtertiegel filtriert, der von schmelzendem Eis umgeben ist. Zweckmäßig arbeitet man bei geringem Unterdruck, den man überdies vor dem Ende einer jeden Waschung aufhebt, um das Sintern des Polybromidkuchens zu vermeiden. Es wird viermal mit einer auf 0°C abgekühlten Lösung von 0,06 g Polybromid in 100 ml Diäthyläther gewaschen. Von der Lösung werden gebraucht:

20 ml für die 1. Waschung
20 ml für die 2. Waschung
10 ml für die 3. Waschung
10 ml für die 4. Waschung

Jede Portion der Waschflüssigkeit wird zunächst in den Erlenmeyerkolben mit der auf 0°C gehaltenen Polybromidsuspension gebracht. Man schüttelt heftig, um die an den Seiten des Kolbens haftenden Polybromide zu lösen, und bringt dann alles in den Filtertiegel.

In gleicher Weise wird der Blindversuch aufgearbeitet. Wenn man Öle untersucht, die nur eine geringe Menge an Polybromiden ergeben, kann die Anzahl der Waschungen auf drei reduziert werden, wobei man jedesmal 10 ml Waschflüssigkeit verwendet.

Trocknen und Wägen. Tiegel und Erlenmeyerkolben, die im Haupt- und Blindversuch benutzt wurden, bringt man in einen Trockenschrank, dessen Temperatur allmählich auf 95—100°C erhöht wird. Man läßt sie 30 min bei dieser Temperatur, kühlt in einem Exsiccator und wägt.

Berechnung:

$$\text{Polybromidzahl} = \frac{(a + b) \cdot 100}{E}$$

a = g Gewichtszunahme von Tiegel und Erlenmeyerkolben im Hauptversuch
b = g Gewichtsabnahme von Tiegel und Erlenmeyerkolben im Blindversuch
E = Öleinwaage in g.

6. Kennzahlen zur Bestimmung flüchtiger, wasserlöslicher und wasserunlöslicher Fettsäuren

Nur wenige, aber besonders häufig verwendete Fette enthalten Glyceride der niedrigmolekularen Fettsäuren, worunter man gewöhnlich die gesättigten Fettsäuren mit 4—10 Kohlenstoffatomen versteht. Es sind dies insbesondere das Butterfett und Fette der Cocosfettgruppe, wie Tab. 75 erläutert.

Tabelle 75. *Gehalt einiger Speisefette an gesättigten niedermolekularen Fettsäuren und Laurinsäure*

Fett	% der Gesamtfettsäuren				
	C_4	C_6	C_8	C_{10}	C_{12}
Butterfett	2,6—3,7	1,4—2,8	0,5—1,7	1,6—4,3	2,5— 4,5
Cocosfett	—	0 —0,3	7,3—8,1	7,5—9,7	45,0—50,0
Palmkernfett	—	0	2,7—4,3	3,0—7,0	46,9—52,0
Babassufett	—	0 —0,2	4,1—4,8	6,6—7,6	44,1—45,1

Es ist also im Prinzip möglich, in butter- und cocosfetthaltigen Fettgemischen das Butterfett durch Bestimmung des Buttersäuregehaltes und das Cocosfett durch Bestimmung der Capron-, Capryl- und Caprinsäure quantitativ zu erfassen, wenn es gelingt, diese Fettsäuren von den höhermolekularen abzutrennen. Die niedermolekularen Fettsäuren unterscheiden sich von den höhermolekularen vor allem durch ihre Flüchtigkeit und ihre Löslichkeit in Wasser (vgl. Tab. 76).

Tabelle 76. *Flüchtigkeit und Löslichkeit gesättigter niedrigmolekularer Fettsäuren*

Fettsäure	Dampfdruck* bei 100°C Torr	Flüchtigkeit** mit Wasserdampf g/100 ml Destillat	Löslichkeit in Wasser*** bei		
			0°C	20°C	30°C
			g/100 g Wasser		
Buttersäure	72	—	∞	∞	∞
Capronsäure	10,8	7,647	0,864	0,968	1,019
Caprylsäure	2,3	2,134	0,044	0,068	0,079
Caprinsäure	0,48	0,4873	0,0095	0,015	0,018
Laurinsäure	0,12	0,0961	0,0037	0,0055	0,0063

* E. JANTZEN u. W. ERDMANN (1952).
** S. H. BERTRAM (1928a).
*** A. W. RALSTON u. C. W. HOERR (1942).

Eine ausreichende Trennung dieser Fettsäuren durch eine einfache Wasserdampfdestillation oder aufgrund ihrer Löslichkeit in Wasser ist leider nur unvollkommen möglich, da bei diesen Trennungsoperationen merkliche Mengen Laurinsäure in die niedermolekulare Phase übergehen. Auch wird die Flüchtigkeit der niedermolekularen Säuren durch die immer anwesenden höhermolekularen Fettsäuren beeinträchtigt.

Man kann nun die flüchtigen Fettsäuren weitaus vollkommener aus Fettsäuregemischen isolieren, wenn man vor der Wasserdampfdestillation die höhermolekularen Säuren durch Zugabe von Magnesiumsulfat aussalzt. Hierauf beruht die Bestimmung der „*Gesamtzahl*" der niederen Fettsäuren nach J. GROSSFELD (1932a):

Das Fett wird verseift, die Seife in Wasser gelöst und mit Magnesiumsulfat-Lösung versetzt. Die Magnesiumseife wird filtriert und das Filtrat nach dem Ansäuern mit Phosphorsäure destilliert. Die mit dem Wasserdampf übergehenden Säuren werden in ihrer Gesamtheit durch Titration mit Alkali bestimmt.

Nach J. GROSSFELD u. F. WISSEMANN (1927) kann man aber auch das nach dem Ansäuern der Seife erhaltene Fettsäuregemisch durch Versetzen mit konzentrierter Kaliumsulfat-Lösung aussalzen. In der unteren Schicht befinden sich dann nur die Buttersäure und etwas Capronsäure, während die höhermolekularen Fettsäuren in der oberen verbleiben. Die der abgetrennten Buttersäure äquivalente Menge Alkali wird als *Buttersäurezahl* bezeichnet.

Die *Restzahl* = Gesamtzahl — Buttersäurezahl (J. GROSSFELD 1932a) ist ein Maß für die anwesende Capryl- und Capronsäure, also für etwa anwesendes Cocosfett charakteristisch.

Einer weniger exakten Trennung bedienen sich die klassischen Verfahren zur Bestimmung von Butterfett bzw. Cocosfett in Fettmischungen von REICHERT-MEISSL, POLENSKE u. KIRSCHNER. Über die Entwicklung dieser Methoden vgl. A. GRÜN (1925).

Bei der Bestimmung der *Reichert-Meißl-Zahl* wird das aus dem zu untersuchenden Fett erhaltene Fettsäuregemisch mit Wasser destilliert. Das Destillat wird nach dem Abkühlen auf 15° C filtriert, wobei die wasserunlöslichen Fettsäuren auf dem Filter zurückbleiben. Durch Titration des Filtrats mit Alkali erhält man den Äquivalenzwert für die *flüchtigen wasserlöslichen* Fettsäuren (Reichert-Meißl-Zahl).

Die auf dem Filter zurückgebliebenen wasserunlöslichen Fettsäuren werden in Alkohol gelöst und ebenfalls mit Alkali titriert. Der Laugeverbrauch entspricht der Menge der *flüchtigen wasserunlöslichen* Fettsäuren (Polenske-Zahl).

Titriert man nun nach KIRSCHNER das Filtrat der R-M-Z-Destillation mit Barytlauge und behandelt dann die neutrale Flüssigkeit mit Silbersulfat, so bleibt die Buttersäure in Lösung und kann durch eine Destillation und Titration erfaßt werden. Die Kirschner-Zahl ist also ebenfalls ein Maß für das vorhandene Butterfett.

Schließlich sei auf ein von S.H. BERTRAM, H.G. BOS u. S. VERHAGEN (1923) angegebenes Verfahren hingewiesen, das sich zur Gruppentrennung der niederen Fettsäuren der Beobachtung bedient, daß Capron-, Capryl- und Caprinsäure wasserlösliche Magnesiumsalze und wasserunlösliche Silbersalze bilden (A-Zahl), die Magnesium- und Silbersalze der Buttersäuren dagegen in Wasser löslich sind (B-Zahl).

Alle hier erwähnten Kennzahlen sind empirischer Natur und geben nur bei genauer Einhaltung der Arbeitsvorschrift verläßliche Resultate. Sie können heute zum größten Teil durch moderne chromatographische Methoden, die mit einem weit höheren Grad an Genauigkeit arbeiten, ersetzt werden.

Zur Bestimmung des Butterfetts wird man in vielen Fällen auf die chromatographische Abtrennung der Buttersäure nach AOAC Nr. 26.034 (1965) (vgl. S. 721), zur Bestimmung des Cocosfettanteils auf die gaschromatographische Bestimmung der Laurinsäure zurückgreifen. Trotzdem haben diese einfachen Methoden ihre Bedeutung nicht verloren, da sie nur geringe Anforderungen an die apparative Ausstattung des Laboratoriums und an die Geschicklichkeit der Ausführenden stellen. In den bekannten Sammlungen genormter Vorschriften sind beispielsweise folgende Kennzahlen dieser Serie standardisiert:

	Normvorschrift				
	AOAC	AOCS	B.S.I.	DGF	IUPAC
Reichert-Meißl-Zahl	+	+	+	+	+
Polenske-Zahl	+	+	+	+	+
Kirschner-Zahl		+	+	+	
A-Zahl					+
B-Zahl					+
Gesamtzahl				+	
Buttersäurezahl				+	
Restzahl				+	

Von diesen werden die Reichert-Meißl-, Polenske-, Kirschner- und Buttersäure-Zahl im folgenden genau beschrieben.

a) Reichert-Meißl-Zahl

Aus den angeführten Gründen bedarf es der genauesten Beachtung aller Details der Methode, wenn reproduzierbare Resultate erhalten werden sollen. Die hier wiedergegebene DGF-Vorschrift bedient sich der von E. POLENSKE (1904) angegebenen international üblichen Apparatur und einer Arbeitsweise, die von der Internationalen Kommission zum Studium der Fettstoffe vereinheitlicht wurde (vgl. H. P. KAUFMANN 1941 b). Sie unterscheidet sich daher nur geringfügig von der später publizierten IUPAC-Methode II. D. 9.

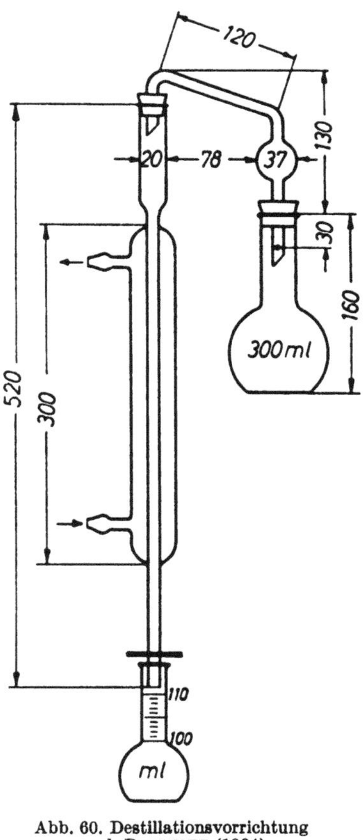

Abb. 60. Destillationsvorrichtung nach POLENSKE (1904)

Bestimmung der Reichert-Meißl-Zahl (DGF-Methoden C-V 7 (57) und C-V 7a (57) mit Ergänzungen des Verfassers)

Definition:

Die Reichert-Meißl-Zahl (R-M-Z) gibt die Anzahl Milliliter 0,1 n-Alkalilauge an, die zum Neutralisieren der aus 5 g Fett bei bestimmter Versuchsanordnung mit Wasserdampf flüchtigen wasserlöslichen Fettsäuren erforderlich ist.

Geräte:

Destillations-Apparatur[1] nach Abb. 60. Der Kolben steht auf einem flachen Asbestteller mit 6,5 cm breitem Ausschnitt.

Reagentien:

Kalilauge, 35 gew.-%ig, kohlensäurefrei, durch Verdünnung von 50 gew.-%iger Lauge herzustellen

Glycerin, D = 1,26

Bimssteinpulver, Kieselgur

Verdünnte Schwefelsäure, 25 ml konzentrierte H_2SO_4 in 1 l Wasser

Phenolphthalein-Lösung, 1%ig in Alkohol, neutralisiert mit 0,1 n-Alkalilauge.

[1] Lieferant: z. B. R. Schoeps, 41 Duisburg-Beeck; A. Dargatz, 2 Hamburg 28.

Verfahren:

5 g Fett werden in einem Stehkolben aus Jenaer Glas von 300 ml Inhalt auf ± 0,01 g genau eingewogen und mit 5 ml 35%iger Kalilauge sowie 4 ml Glycerin unter ständigem Umschwenken über kleiner Flamme verseift, bis die Flüssigkeit klar geworden ist. Die Verseifung soll in längstens 15 min beendet sein. Nach Abkühlung auf ca. 80°C setzt man 90 ml frisch ausgekochtes Wasser von etwa gleicher Temperatur zu. Die klare wäßrige Seifenlösung muß farblos oder darf nur schwach hellgelb gefärbt sein. Die Lösung wird hierauf mit 0,6—0,7 g Bimssteinpulver und 50 ml verdünnter Schwefelsäure versetzt, der Kolben sofort in die vorgeschriebene Apparatur eingesetzt und mit der wenig abgestumpften Spitze der voll brennenden freien Flamme erhitzt, so daß in 19—20 min 110 ml Destillat übergehen. Sobald genau 110 ml überdestilliert sind, wird die Flamme entfernt und die Vorlage durch ein anderes Gefäß ersetzt. Diese Vorlage wird 10 min so tief wie möglich in Wasser von 15°C getaucht. Unter Vermeidung starken Schüttelns wird durch 4- bis 5-maliges Umkehren des geschlossenen Kolbens das Destillat gemischt und hierauf durch ein trockenes gehärtetes Filter (7 cm ⌀) filtriert. Eine Trübung des Filtrats durch Emulgierung fester Säuren läßt sich durch Schütteln mit wenig Kieselgur entfernen. 100 ml des Filtrats werden nach Zusatz von 3—4 Tropfen Phenolphthalein-Lösung mit 0,1 n-Alkalilauge titriert. In gleicher Weise wird ein Blindversuch ausgeführt.

Berechnung:

$$\text{R-M-Z} = (a - b) \cdot 1{,}1$$

a = ml 0,1 n-Alkalilauge im Hauptversuch
b = ml 0,1 n-Alkalilauge im Blindversuch.

b) Polenske-Zahl (DGF-Methode C—V 7b (53))

Definition:

Die Polenske-Zahl (Po-Z) gibt die Anzahl Milliliter 0,1 n-Alkalilauge an, die zur Neutralisation der aus 5 g Fett bei bestimmter Versuchsanordnung mit Wasserdampf flüchtigen wasserunlöslichen Fettsäuren erforderlich ist.

Verfahren:

Die bei der Bestimmung der Reichert-Meißl-Zahl abgetrennten wasserunlöslichen flüchtigen Säuren, die sich auf dem Filter befinden, werden dreimal mit je 15 ml Wasser ausgewaschen, mit dem man jeweils auch Kühlrohr und Vorlage nachspült. Die letzten 10 ml des Waschwassers dürfen nicht mehr als 1 Tropfen 0,1 n-Alkalilauge (Phenolphthalein) verbrauchen. Die wasserunlöslichen Säuren bringt man mit dreimal 15 ml neutralem Alkohol (90%ig) in Lösung, indem man in gleicher Weise wie beim Auswaschen mit Wasser verfährt, und titriert die vereinigten alkoholischen Filtrate nach Zusatz von Phenolphthalein-Lösung mit 0,1 n-Alkalilauge.

Berechnung:

$$\text{Po-Z} = \text{verbrauchte ml 0,1 n-Alkalilauge}$$

Anmerkung:

Die Abweichungen zwischen zwei Parallelbestimmungen sollen für Po-Z bis 2 nicht mehr als 10%, für Po-Z 2—5 höchstens 8% und für Po-Z über 10 höchstens 4% betragen. Eine Kontrollanalyse mit reinem Schweinefett muß Po-Z 0,2 bis höchstens 0,5 ergeben.

c) Kirschner-Zahl (DGF-Methode C—V 8 (53))

Definition:

Die Kirschner-Zahl (Ki-Z) gibt die Anzahl ml 0,1 n-Alkalilauge an, die notwendig ist, um die aus 5 g Fett unter bestimmten Bedingungen erhältlichen flüchtigen wasserlöslichen Fettsäuren zu neutralisieren, deren Silbersalze in neutralen Flüssigkeiten löslich sind.

Verfahren:

Das titrierte Destillat der R-M-Z-Bestimmung wird auf 130 ml aufgefüllt, mit 0,5 g feingepulvertem Silbersulfat versetzt und unter zeitweiligem Umschwenken wenigstens 1 Std stehen gelassen. 120 ml der filtrierten Flüssigkeit werden in einen Kolben von 300 ml Inhalt gegeben. Nach Zusatz von 25 ml verdünnter Schwefelsäure (25 ml konzentrierte Schwefelsäure in 1 l) und etwas Bimssteingrieß werden 110 ml abdestilliert, die man wie bei der R-M-Z-Bestimmung titriert.

Berechnung:

$$\text{Ki-Z} = a \cdot 1{,}19$$

a = verbrauchte ml 0,1 n-Alkalilauge.

Reproduzierbarkeit von R-M-Z und Po-Z, Auswertung, Halb-Mikromethode

Die Reproduzierbarkeit der R-M-Z und Po-Z wurde im Rahmen der Arbeiten der IC an einer Mischung von Butter- und Cocosfett durch Ringanalysen 1938/39 in acht Ländern geprüft. H. P. KAUFMANN (1941b) (Tab. 77) berichtete über die Ergebnisse.

Tabelle 77. *Reproduzierbarkeit der R-M-Z und Po-Z nach Ringanalysen der IC*

Kennzahl	Anzahl Bestimmungen	tiefster/höchster Wert		Mittel	Standardabweichung ±
R-M-Z . . .	19	14,8	17,4	15,8	0,8
Po-Z	11	8,8	13,8	11,6	1,3

Nach A. BÖMER u. J. GROSSFELD (1939) besitzen Butterfett und die Fette der Cocosgruppe folgende Kennzahlen (vgl. Tab. 78).

Tabelle 78. *Kennzahlen von Butter- und Pflanzenfetten* (nach A. BÖHMER u. J. GROSSFELD 1939)

Fettsorte	R-M-Z	Po-Z	Ki-Z
Butterfett	21—36	1,3— 3,5	20—26
Cocosfett	4— 7	8,5—11	~1
Palmkernfett	4— 7	8,5—11	~1
Babassufett	5— 7	10 —13	—

V. C. MEHLENBACHER (1960) gibt für die USA ähnliche Grenzwerte an, zweifelt aber daran, daß die breite Streuung von R-M-Z und Po-Z für Butterfett dem wirklichen Streubereich der flüchtigen Fettsäuren entspricht, vor allem deshalb, weil die Ergebnisse der chromatographischen Untersuchung für einen sehr viel engeren Streubereich des Buttersäuregehaltes der Butter sprechen. Offenbar ist die Kirschner-Zahl wesentlich besser zur genauen Ermittlung des Butterfettgehaltes geeignet als die R-M-Z.

Zwei sehr praktische Diagramme zur Auswertung von R-M-Z, Po-Z und Ki-Z, insbesondere zur Berechnung des Butter- und Cocosfettgehaltes von Margarine, wurden von K. A. WILLIAMS (1949a) veröffentlicht.

Eine Halbmikromethode zur Bestimmung dieser Kennzahlen wurde von B. DYER u. Mitarb. (1941) angegeben.

d) Buttersäurezahl

Die Nachteile einer zu breiten Streuung der Bezugswerte bei der Bestimmung des Butterfettgehaltes von Fettgemischen durch die R-M-Z bzw. Ki-Z vermeidet die von J. KUHLMANN u. J. GROSSFELD (1926) vorgeschlagene und von J. GROSSFELD (1926 und 1927a) verbesserte Buttersäurezahl.

Die *Buttersäurezahl* gibt an, wieviel Milliliter 0,1 n-Alkalilauge zur Neutralisation der aus 5 g Fett erhaltenen, in mit Kaliumsulfat und Caprylsäure gesättigter, schwefelsaurer Lösung löslichen, flüchtigen Fettsäuren erforderlich sind.

Bei der Ausführung der Bestimmung werden die flüchtigen Säuren durch Destillation des mit Kaliumsulfat und Caprylsäure angereicherten Fettsäurefiltrats ausgetrieben. Dadurch ist eine bessere Korrelation zum Buttersäuregehalt gewährleistet als beispielsweise bei der Bestimmung der flüchtigen löslichen Fettsäuren nach REICHERT-MEISSL. Die Korrelation der Buttersäure*zahl* zum Buttersäure*gehalt* ist daher nach J. GROSSFELD u. F. BATTAY (1931) recht gut.

Der Korrelationskoeffizient ist

$$r = -0,89 \pm 0,025.$$

Die Buttersäurezahl wird daher auch heute noch als ein verläßliches Mittel zur Berechnung des Butterfettgehaltes angesehen und hat sich auch neben den noch genaueren chromatographischen Methoden behaupten können (vgl. S. 721).

Für die Ausführung der Großfeld'schen Buttersäurezahlbestimmung existieren zwei im Laufe der Zeit immer wieder verbesserte Arbeitsvorschriften. Eine Makromethode für 5 g Fetteinwaage ist in den zitierten Veröffentlichungen beschrieben und auch in der DGF-Einheitsmethode C–V 9 (57) wiedergegeben. J. Grossfeld u. F. Wissemann (1927) sowie J. Grossfeld (1932a und 1935) und J. Grossfeld u. Mitarb. (1938) veröffentlichten aber auch eine Halbmikromethode für 500 mg Fetteinwaage, die wegen ihres geringen Substanzbedarfs den Bedürfnissen der Praxis besser entspricht. H. Hadorn u. H. Suter (1957) prüften diese Methode in neuerer Zeit eingehend auf etwaige Fehlerquellen und gaben eine standardisierte Arbeitsvorschrift an, die im übrigen an der Großfeld'schen Methodik keine prinzipielle Änderung vornimmt. Die Vorzüge der Hadorn'schen Arbeitsweise wurden von Eg. Hanssen (1958) und A. Fincke (1958a) bestätigt. Hanssen erhielt allerdings nach Hadorn u. Suter etwa um 0,5 Einheiten höhere Resultate als nach der ursprünglichen Arbeitsweise.

Halbmikromethode zur Bestimmung der Buttersäurezahl nach J. Grossfeld *in der standardisierten Ausführung nach* H. Hadorn *u.* H. Suter (1957)

Geräte:

Destillationsapparatur mit Auffangröhrchen nach Beckel (vgl. Abb. 61)
Faltenfilter, 10 cm ⌀, z. B. Sch. & Sch. Nr. 588.

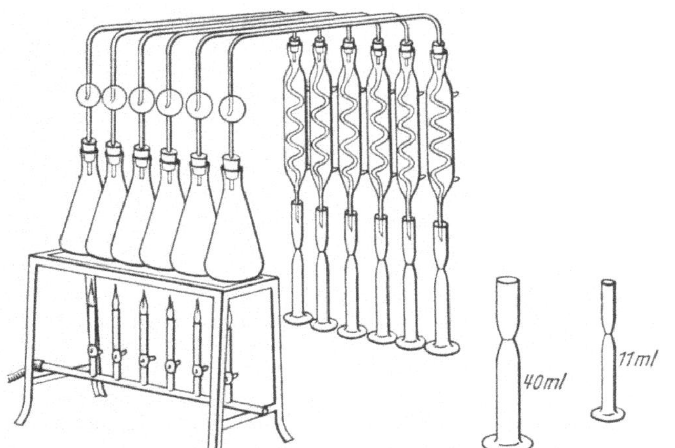

Abb. 61. Destillationsapparatur nach Grossfeld mit Auffangröhrchen nach Beckel

Reagentien:

Alkoholische Kalilauge: 40 ml Kalilauge der Dichte 1,5 (48 Gew.-% KOH) werden mit 40 ml Wasser vermischt und das Gemisch mit 95—96%igem Alkohol auf 1 l aufgefüllt. Die Alkoholkonzentration der fertigen Lauge soll nicht mehr als 90 Vol.-% betragen. Bei der Titration gegen Phenolphthalein sollen 5 ml dieser Lauge 25—27 ml 0,1 n-Salzsäure verbrauchen. Ist die Lauge zu schwach, wird eine entsprechende Menge Kalilauge der Dichte 1,5 zugegeben.

Glycerin: D = 1,23 (ca. 87%ig)

Schwefelsäure: 25 Vol.-% (1 Vol. konzentrierte H_2SO_4 + 3 Vol. H_2O)

Bei 20°C gesättigte, wäßrige Kaliumsulfat-Lösung (ca. 10%ig D = 1,08)

Cocos-Seifenlösung: 50 g Cocosnußfett werden mit 50 g Glycerin, 15 g KOH und 20 ml Wasser in einem 1-Liter-Kolben über freier Flamme verseift. Nach dem Abkühlen unter 100° C wird vorsichtig auf 500 ml verdünnt.

Wäßrige 0,01 n-Natronlauge.

Verfahren:

Verseifung. 500—520 mg Fett werden auf der Analysenwaage in ein 50-ml-Stehkölbchen eingewogen, wobei man zweckmäßig das geschmolzene Fett mittels kleiner, ungeeichter Pipetten zutropft (ca. 20 Tropfen). Aus einer Meßpipette gibt man 5 ml alkoholische Kalilauge zu, dann einige Körnchen Bimsstein und setzt mittels eines durchbohrten Gummistopfens ein ca. 50 cm langes Steigrohr auf. Nun wird auf einem siedenden Wasserbad verseift und, nachdem die Lösung vollständig klar erscheint, noch während 3—5 min mit aufgesetztem Steigrohr in leichtem Sieden gehalten. Dann gibt man aus einer Pipette mit weiter Ausflußöffnung (abgebrochene Spitze) 1 ml Glycerin (Dichte 1,23) zu und kocht nach Entfernung des Steigrohrs weiter auf dem Wasserbad, bis der Alkohol größtenteils verdampft ist, was man an dem stärkeren Schäumen der Lösung erkennt. Zur Beseitigung der letzten Alkoholreste bringt man die Kölbchen in einen Trockenschrank von 100—105° C und läßt sie darin 1 Std in liegender Stellung.

Zersetzung der Seife. Sofort nach dem Herausnehmen der Kölbchen aus dem Trockenschrank gibt man aus einer Pipette 15 ml gesättigte Kaliumsulfat-Lösung zu, verschließt mit einem Korkstopfen und schwenkt das Kölbchen um, bis sich die Seife gleichmäßig verteilt hat. Gewisse Fette bilden ziemlich zähe Seifen, die sich nur schwierig in der Kaliumsulfat-Lösung auflösen. In diesen Fällen empfiehlt es sich, das verschlossene Kölbchen nochmals kurze Zeit im Trockenschrank zu erwärmen. Nachdem eine homogene Lösung erreicht ist, läßt man auf Zimmertemperatur abkühlen und stellt anschließend die Kölbchen während 10 min in ein Wasserbad von genau 20° C. Dann gibt man der Reihe nach unter Umschütteln 0,5 ml Schwefelsäure, 1 ml Cocos-Seifenlösung und 0,1 g gereinigte Kieselgur hinzu und stellt das Kölbchen nochmals während ca. 5 min in das Wasserbad von 20° C. Dann wird kräftig geschüttelt und durch ein trockenes Faltenfilter von 10 cm ⌀ in das Röhrchen von BECKEL filtriert, bis das Filtrat die Marke von 12,5 ml erreicht hat. Gelegentlich ist es erforderlich, den Rückstand auf dem Filter mit einem Reagensglas etwas zusammenzudrücken, um genügend Filtrat zu erhalten.

Destillation. Das Filtrat gießt man in ein 50-ml-Stehkölbchen und spült das Röhrchen mit 5 ml frisch ausgekochtem dest. Wasser nach. Nun gibt man etwas Bimssteingrieß in das Destillationskölbchen und destilliert 11,0 ml in die Vorlage (11-ml-Beckel-Röhrchen). Die Form der Destillationsapparatur ist nach GROSSFELD ohne Einfluß auf das Resultat. Die Abmessungen sollten jedoch möglichst klein sein, damit nicht zuviel Flüssigkeit im Kühlerrohr verbleibt (Länge des Kühlmantels bis ca. 8 cm).

Titration. Das Destillat gießt man in ein 50-ml-Enghals-Erlenmeyerkölbchen, setzt einen Tropfen 1%ige Phenolphthalein-Lösung zu und titriert mit 0,01 n-Natronlauge auf deutliche Rotfärbung. Das 11-ml-Beckel-Röhrchen wird nun mit der etwas übertitrierten Lösung ausgespült, worauf diese normalerweise wieder entfärbt wird. Man titriert nun vorsichtig auf ganz schwache Rosafärbung, welche während 30 sec bestehen bleiben soll.

Blindversuch. In gleicher Weise wie der Hauptversuch wird mit 500 mg Kakaofett ein Blindversuch durchgeführt. Blindversuche mit den Reagentien ohne Kakaofett geben zu hohe Werte, weil nach der Zersetzung der Seife zu wenig wasserunlösliche Fettsäuren vorhanden sind. Die wäßrige Phase nimmt sodann etwas mehr Capron- und Caprylsäure auf.

Berechnung. Vom Titrationswert des Hauptversuchs wird zunächst der Alkaliverbrauch beim Blindversuch abgezogen (0,5—1 ml). Die Differenz, multipliziert mit 1,4, ergibt die Halbmikrobuttersäurezahl, wenn die Einwaage genau 500 mg betrug.

Der Titer der 0,01 n-Natronlauge ist täglich neu zu bestimmen.

$$\text{HBsZ} = \frac{(a - b) \cdot 1{,}4 \cdot 500}{E}$$

a = ml 0,01 n-NaOH im Hauptversuch
b = ml 0,01 n-NaOH im Blindversuch
E = Einwaage in mg.

Reproduzierbarkeit der Halbmikromethode; Übereinstimmung zwischen Makro- und Halbmikromethode

H. HADORN u. H. SUTER (1957) konnten die gute Reproduzierbarkeit der mit ihrer Methode erhaltenen Ergebnisse an Parallelbestimmungen demonstrieren, die innerhalb eines Vierteljahres von fünf Analytikern an Cocosfett und Butterfett ausgeführt wurden:

Substrat	Anzahl Analysen	Resultate				
		höchster Wert	niedrigster Wert	Mittel	Standardabweichung ±	Variationskoeffizient %
Cocosfett	12	1,14	0,91	1,05	0,066	6,3
Reines Butterfett	15	20,4	19,1	19,9	0,35	1,8

Auch die Übereinstimmung zwischen den nach der Großfeld'schen Makro- und Halbmikromethode erhaltenen Daten ist recht gut, wie Tab. 79 ausweist.

Tabelle 79. *Makro- und Halbmikro-BsZ von Butterfett und Fettgemischen* (nach J. GROSSFELD u. F. WISSEMANN 1927)

Art des Fettes	Makro-BsZ	Halbmikro BsZ
Fett aus Landbutter	22,7	22,1
	21,3	21,7
	25,7	25,8
Butter + Cocosfett	13,3	13,1
Fett aus Margarinegebäck	0,8	0,6
	0,2	0,3

Auswertung:

Die *Höhe der Buttersäurezahl* beträgt nach den Untersuchungen von J. GROSSFELD bei Butterfett 20, bei Cocosfett ca. 0,9 und bei sonstigen festen Speisefetten ohne niedere Fettsäuren 0. Bei pflanzlichen Ölen und bei Seetierölen wurden schwach negative Werte von —0,1 bis —0,8 gefunden. Die BsZ ist bei butterfetthaltigen Mischungen dem Butterfettgehalt proportional. Nach J. GROSSFELD u. Mitarb. (1938) ist die Buttersäurezahl der Butter von der Provenienz weitgehend unabhängig, wie sie bei der Untersuchung von 245 Butterproben, die anläßlich der milchwirtschaftlichen Ausstellung in Berlin 1937 gezogen wurden, zeigen konnten. Hierzu einige Beispiele in Tab. 80.

Tabelle 80. *Halbmikro-Buttersäurezahl von Butterfett verschiedener Provenienz* (nach J. GROSSFELD u. Mitarb. 1938)

Land	Anzahl Proben	BsZ Mittelwert	Standardabweichung ±
Amerika	33	19,8	1,6
Belgien	14	20,1	1,1
Finnland	16	20,2	1,1
Frankreich	17	20,3	0,8
Niederlande	20	20,9	1,2
Österreich	20	20,3	0,8
Polen	16	19,2	0,9
Tschechoslowakei .	20	19,8	1,3

E. HOFFMANN (1954) kam aufgrund der Untersuchung von 23 Proben deutscher Markenbutter und 8 Proben Auslandsbutter zu dem Ergebnis, daß der von GROSSFELD angegebene Mittelwert von ca. 20 nicht mehr zutrifft, sondern wahrscheinlich bei 22 liegt. Dagegen erbrachte E. HANSSEN (1958) anläßlich der Auswertung von 500 Butteruntersuchungen den Beweis, daß das Jahresmittel der Buttersäurezahl auch heute noch bei 20,3 liegt. Indessen ist der jahreszeitliche Einfluß auf diesen Wert erheblich. Nach HANSSEN haben im Frühjahr, Sommer und Winter 95% aller Proben eine Buttersäurezahl von ca. 18, im Herbst können 16% der Butterproben einen Buttersäurewert unter 18 aufweisen. Der niedrigste Einzelwert (im Oktober) betrug 15,4, der höchste Wert (im Januar) 24,5.

Die *Korrelation zwischen Buttersäurezahl und Reichert-Meißl-Zahl* wurde von A. SCHLOEMER (1940) untersucht. Er fand einen Korrelationskoeffizienten von 0,88 mit einem wahrscheinlichen Fehler von ± 0,02.

7. Beispiele für die Identifizierung von Fetten; Formeln für die Errechnung der Zusammensetzung von Fettgemischen mit Hilfe der Kennzahlen

Die chemischen Kennzahlen, insbesondere die enometrischen, leisten bei der Identifizierung von Fetten und bei der Aufklärung der Zusammensetzung von Fettgemischen wertvolle Dienste. Dies sei an einigen Beispielen erläutert.

Die zur Identifizierung geeigneten Analysendaten der wichtigsten pflanzlichen und tierischen Fette sind in nachstehender Tab. 81 wiedergegeben, wobei wir uns der von A. E. BAILEY (1951) angewendeten Einteilung bedienen.

Tabelle 81. *Zur Identifizierung geeignete Analysendaten der wichtigsten pflanzlichen und tierischen Fette*

Fettart	VZ	JZ	Charakteristische Fettsäuren in % der Gesamtfettsäuren
Butterfett	210—240	25—47	3,2% Buttersäure BsZ = 18—22, Ki-Z = 20—26
Laurinsäurehaltige Fette			
Cocosfett	250—264	7—10	48% La, 6% Ö, 1,8% L
Palmkernfett	245—255	14—22	49% La, 14% Ö, 1,2% L
Pflanzenbutter			
Kakaobutter	190—200	34—40	57% G, 41% Ö, 2% L
Tierische Fette			
Schweineschmalz	193—202	46—70	40% G, 46% Ö, 8% L
Rindertalg	190—202	32—48	58% G, 38% Ö, 2% L
Erucasäurehaltige Fette			
Rüböl	168—180	94—106	52% Er, 6% Le
Linol- und linolensäurehaltige Fette			
Sonnenblumenöl	186—194	113—143	10% G, 24% Ö, 64% L
Sojaöl	189—195	117—141	10% G, 26% Ö, 55% L, 7% Le
Leinöl	188—196	168—204	8% G, 20% Ö, 27% L, 42% Le
Fette mit konj. Fettsäuren			
Holzöl	188—197	242	82% E, DZ = 70
Seetieröle			
Blauwalöl	183—198	110—150	unges. Fetts. C_{20}—C_{24} = 20%
Sardinenöl	186—196	160—190	unges. Fetts. C_{20}—C_{24} = 45%
Fette mit Hydroxylgruppen			
Rizinusöl	176—187	81—90	90% R, OHZ = 160

B = Buttersäure, La = Laurinsäure, G = gesättigte Fettsäuren, Er = Eruca-, E = Elaeostearin-, Ö = Öl-, L = Linol-, Le = Linolen-, R = Rizinolsäure.

a) Identifizierung mit Hilfe von VZ und JZ

Die Identifizierung individueller Fette mit Hilfe von Verseifungszahl und Jodzahl ist nur in wenigen Fällen möglich, da diese Kennzahlen für viele Fette von gleicher Größenordnung sind. Lediglich Cocos- und Palmkernfett sowie Rüböl machen eine Ausnahme.

b) Identifizierung mit Hilfe von VZ, JZ und einer dritten Kennzahl

Durch Hinzuziehung einer weiteren spezifischen Kennzahl lassen sich weitere Fette identifizieren. Dazu gehören Butterfett, halbtrocknende und trocknende Öle, Seetieröle und Rizinusöl.

c) Identifizierung durch Ermittlung der Fettsäurezusammensetzung

Sicher zu identifizieren ist die Gruppe der linol- und linolensäurehaltigen Fette, wenn man ihre Fettsäurezusammensetzung aus der Jod- und Rhodanzahl errechnet. Diese Berechnungsmethode geht auf H. P. KAUFMANN u. J. BALTES (1937b) zurück und findet sich in überarbeiteter Form in den DGF-Einheitsmethoden. Nomogramme zur Berechnung der Fettsäurezusammensetzung aus Jod- und Rhodanzahl wurden von S. A. HUSSAIN u. F. G. DOLLEAR (1950) sowie K. A. NARAYAN u. B. S. KULKARNI (1954) veröffentlicht.

Die Berechnungsmethode von H. P. KAUFMANN u. J. BALTES (1937) gibt den Fettsäuregehalt der *Fette* wieder. Beim Vergleich der erhaltenen Ergebnisse mit den üblichen Tabellenwerten, z. B. im Anhang C, ist zu berücksichtigen, daß in diesen der Gehalt an individuellen Fettsäuren auf die Summe der Gesamtfettsäuren = 100 bezogen wird.

Die Kaufmann'schen Formeln enthalten daher alle einen Betrag für den Glycerinrest (Gl) (4,3% bei EZ 190; 4,5% bei EZ 200). Die Gleichungen können auch auf Fettsäuregemische angewendet werden, wenn die Glieder für Unverseifbares und Glycerin in Fortfall kommen. Die Anwendbarkeit der Formeln ist in vielen Fällen an die Voraussetzung geknüpft, daß auch die gesättigten Fettsäuren bestimmt werden. Dies kann nach der auf S. 739 mitgeteilten Methode erfolgen.

Ausführung der Berechnung nach H. P. KAUFMANN *u.* J. BALTES *bzw. DGF-Einheitsmethode C–V 15 (57)*

Folgende Kennzahlen der reinen Fettsäuren liegen den Gleichungen zugrunde:

	JZ	RhZ
Ölsäure (Ö)	89,9	89,9
Linolsäure (L)	181,0	93,9
Linolensäure (Le) . . .	273,5	163,0

Berechnung:

1. Fette, die Linolsäure, Ölsäure und gesättigte Fettsäuren enthalten. Es werden bestimmt: JZ (KAUFMANN oder HANUŠ), RhZ, Unv., dann ist:

$$L + Ö + G + Unv. + Gl = 100$$

$$\frac{93,9}{100} \cdot L + \frac{89,9}{100} \cdot Ö = RhZ$$

$$\frac{181,0}{100} \cdot L + \frac{89,9}{100} \cdot Ö = JZ$$

Nach Umformung erhält man:

$$Ö = 2,3115\ RhZ - 1,1992\ JZ$$
$$L = 1,1481\ (JZ - RhZ)$$
$$G = 100 - Ö - L - Unv. - Gl.$$

2. Fette, die Linolensäure, Linolsäure, Ölsäure und gesättigte Fettsäuren enthalten. Es werden bestimmt: JZ, RhZ, G, Unv. Nach Umformung der analog zu 1. aufgestellten Grundgleichung erhält man:

$$\text{Ö} = 1{,}5611\ \text{RhZ} - 1{,}1662\ \text{JZ} - 0{,}645\ (\text{G} + \text{Unv} + \text{Gl}) + 64{,}5$$
$$\text{L} = 1{,}2337\ \text{JZ} - 3{,}0986\ \text{RhZ} - 1{,}6765\ (\text{G} + \text{Unv} + \text{Gl}) + 167{,}65$$
$$\text{Le} = 1{,}5375\ \text{RhZ} - 0{,}0675\ \text{JZ} + 1{,}3215\ (\text{G} + \text{Unv} + \text{Gl}) - 132{,}15$$

Weitere Formeln zur Berechnung des Anteils von konjugierten Fettsäuren aus der Dienzahl in der genannten DGF-Vorschrift.

Mit Hilfe dieser Gleichungen läßt sich die Zusammensetzung von Fetten aus dieser Gruppe meistens soweit aufklären, daß unter Zuhilfenahme von Tabelle C eine Identifizierung möglich ist.

Bei Gegenwart von Rüböl und Seetierölen erhält man mit dieser Methode keine richtigen Resultate. Man wird sich daher im ersten Falle des auf S. 759 beschriebenen Verfahrens zur Bestimmung der Erucasäure bedienen, im zweiten Fall dagegen die Aufklärung der Fettsäurezusammensetzung auf destillativem oder chromatographischem Wege vornehmen müssen, um weitere Aufschlüsse zu erhalten.

Hinreichend genaue Ergebnisse wird man bei Benutzung der hier genannten Formeln immer dann erwarten dürfen, wenn sie auf Fette angewendet werden, die ausschließlich Fettsäuren der C_{18}-Reihe enthalten.

d) Errechnung der Zusammensetzung von Fettgemischen aus den Kennzahlen

Verhältnismäßig einfach ist die Zusammensetzung solcher Fettgemische zu bestimmen, die aus zwei Komponenten bestehen, deren jede charakteristische Kennzahlen besitzt. Hierzu gehören beispielsweise Gemische aus Butterfett und Schmalz, Cocosfett und Schmalz, Rüböl und Sojaöl sowie Gemische mit ungenießbaren Ölen, wie Holzöl und Rizinusöl. Um bei der Interpretation des Ergebnisses sicher zu gehen, sollte man bei allen derartigen Untersuchungen mindestens zwei Kennzahlen zur Bestimmung des Mischungsverhältnisses heranziehen.

Beispiel:

Bei der Untersuchung eines Gemisches von Cocosfett (VZ = 257, JZ = 9) und Sonnenblumenöl (VZ = 190, JZ = 131) wurden folgende Kennzahlen gefunden:

$$\text{VZ} = 210$$
$$\text{JZ} = 94$$

Der Cocosfettanteil berechnet sich nach der Mischungsregel:

$$x \cdot 257 + (100 - x) \cdot 190 = 100 \cdot 210$$
$$x = 30{,}5\,\%$$

Der Sonnenblumenölanteil ergibt sich aus folgender Gleichung:

$$y \cdot 131 + (100 - y) \cdot 9 = 100 \cdot 94$$
$$y = 69{,}5\,\%$$

Auf ähnliche Weise läßt sich beispielsweise auch der Rübölgehalt einer Rüböl-Sojaöl-Mischung aus Verseifungszahl und Jodzahl berechnen.

Solche Berechnungen führen aber nur dann zu einem angenähert richtigen Ergebnis, wenn die Kennzahlen der reinen Öle, die bekanntlich in weiten Grenzen schwanken können, genau bekannt sind. Da diese Voraussetzung aber nur in seltenen Fällen zutrifft, wird man zur generellen Bestimmung der Fettsäurezusammensetzung den chromatographischen Methoden den Vorzug geben und die Zusammensetzung des Gemisches aus dem Mengenanteil charakteristischer Fettsäuren, wie Laurinsäure, Erucasäure, Linolensäure, Arachinsäure usw. zu berechnen suchen.

Leider haben auch diese Methoden ihre Grenzen, da es Fette gibt, die bei fast übereinstimmender Fettsäurezusammensetzung im Glyceridaufbau völlig verschieden sind, z. B. Olivenöl und Teesamenöl. Noch größer wird die Unsicherheit, wenn Gemische mit mehr als zwei Komponenten analysiert werden sollen.

Wahrscheinlich wird es in nicht allzu langer Zukunft möglich sein, dieses Problem durch Vereinfachung der heute noch relativ komplizierten Methoden zur Glyceridtrennung zu lösen. Vielversprechende experimentelle Erfolge weisen auf diesen Weg hin (H.P. Kaufmann u. H. Wessels 1964b).

VI. Spezielle Methoden zur Fettanalyse

In den letzten 20 Jahren wurden zahlreiche sehr subtile Methoden zur Fettanalyse ausgearbeitet, die sich nicht mehr mit der Erfassung der physikalischen Konstanten und der chemischen Äquivalenz begnügen, sondern eine direkte Bestimmung der in den Fetten enthaltenen Fettsäuren gestatten und die Art der Verknüpfung derselben zu Triglyceriden aufzuklären ermöglichen. Die Fettanalyse hat damit ein Stadium der Exaktheit erreicht, das bei der Untersuchung anorganischer Gemische und Verbindungen schon immer als selbstverständlich galt. Diese neuen Methoden haben darüber hinaus den Vorteil, daß sie zumeist Mikromethoden sind, die in einem Arbeitsgang nicht mehr als einige μg und im höchsten Falle nicht mehr als einige Zehn Milligramm Substanz benötigen. Verständlicherweise haben sie daher besonders auf biologischem Gebiet vielfache Anwendung gefunden.

Auch in der Lebensmittelchemie beginnen sie, sich immer mehr durchzusetzen. Diese Methoden, zu denen außer den zahlreichen Arten der Chromatographie auch die fraktionierte Kristallisation, die fraktionierte Destillation und die fraktionierte Verteilung zu zählen sind, haben allerdings den Nachteil, daß zu ihrer Erlernung wesentlich mehr Zeit und zu ihrer Durchführung ein wesentlich größerer Apparateaufwand erforderlich ist als bei den bisher behandelten indirekten Analysenmethoden. Es ist daher auch unmöglich, im Rahmen dieses Handbuchkapitels alle Operationen so eingehend zu schildern, wie es z. B. bei den physikalischen und chemischen Kennzahlen gehalten wurde. In diesem Abschnitt werden vielmehr die Arbeitsgänge nur soweit beschrieben, wie es zum Verständnis und zur Beurteilung der betreffenden Vorschrift erforderlich ist. Zur Einarbeitung sei der Leser auf die allgemeinen Methodenbeschreibungen in Bd. II/1 dieses Handbuches und die jeder Methode vorangestellte Spezialliteratur verwiesen.

1. Zerlegung von Fettsäuregemischen und Bestimmung der individuellen Bestandteile

Die wichtigsten Untergruppen dieses Abschnitts behandeln die Zerlegung von Fettsäuregemischen, wie sie durch Verseifung natürlicher Fette und Ansäuern der erhaltenen Seifen gewonnen werden, da die Fettsäurezusammensetzung in gewissen Grenzen ein untrügliches Merkmal der Reinheit und der Identität eines Fettes ist. Die Kenntnis der Fettsäurezusammensetzung macht zwar die Bestimmung der üblichen Kennzahlen nicht entbehrlich, hilft aber, zwischen den in den Kennzahlen gleichen, in ihren sonstigen Eigenschaften aber abweichenden Fetten zu unterscheiden. Die Fettsäurezusammensetzung gibt an, wieviel gesättigte und ungesättigte Fettsäuren, getrennt nach Individuen, im Bereich von ca. C_4—C_{24} in einem Fett anwesend sind. Sie wird — darauf ist bei Literaturangaben besonders zu achten — meistens in Prozenten der Summe aller Fettsäuren angegeben, das anwesende Glycerin wird also nicht berücksichtigt. Zu ihrer Bestimmung werden neben den oben erwähnten klassischen vornehmlich die chromatographischen Methoden benutzt, die daher hier besonders ausführlich besprochen werden.

a) Herstellung und Reinheitskontrolle der Vergleichssubstanzen

Da, namentlich bei den chromatographischen Methoden, nur Fettsäuremengen von einigen μg eingesetzt werden, ist leider eine Identifizierung der erhaltenen Fraktionen mit den üblichen Mitteln, z. B. durch Bestimmung des Schmelzpunktes, des Brechungsindexes, der Säurezahl und der Jodzahl, unmöglich. Es ist daher notwendig, sich mit Hilfe von Vergleichssubstanzen von der Zuverlässigkeit der Ergebnisse zu überzeugen. Für exakte Analysen benötigt man infolgedessen einen Satz der wichtigsten gesättigten und ungesättigten Fettsäuren in höchster Reinheit in einer Auswahl, wie sie in den üblichen Fetten vorkommen.

Am einfachsten ist es, diese Präparate bei Firmen zu kaufen, die solche Bezugssubstanzen in höchster Reinheit liefern, z. B. EGA-Chemie, 7924 Steinheim bei Heidenheim/Brenz; Carl Roth OHG, 75 Karlsruhe, Herrenstraße; Serva Entwicklungslabor, 69 Heidelberg, Römerstraße 118; Theodor Schuchardt, 8 München, Ainmillerstraße 25 u. a.

Die Reinheit der Präparate kontrolliere man in jedem Fall nicht nur durch Bestimmung der oben erwähnten Kennzahlen, sondern am besten durch eines der chromatographischen Verfahren, wie sie ab S. 627 beschrieben werden. Besonders eignen sich hierzu die Dünnschicht- und Gaschromatographie. Namentlich mit Hilfe der letzteren sind Verunreinigungen einer Fettsäure mit 1—2% der nächsten Homologen unschwer zu erkennen.

In größeren Laboratorien ist auch heute noch die Selbstherstellung vieler Säuren lohnend, die gar nicht so schwierig ist, wenn man von geeigneten Vorprodukten des Handels ausgeht. Kleinere Mengen lassen sich auch auf dünnschichtchromatographischem (H. HALPAAP 1963) bzw. gaschromatographischem Wege (R.S. HENLY 1965) gewinnen.

α) Darstellung geradzahliger gesättigter Fettsäuren

Die Darstellung der meisten geradzahligen, unverzweigten, gesättigten Fettsäuren der Kettenlänge C_{10}—C_{22} ist verhältnismäßig einfach, wenn man sich der fraktionierten Kristallisation bedient, wie folgende Vorschriften aus dem Laboratorium des Verfassers erkennen lassen[1].

Darstellung der gesättigten Säuren C_{10}—C_{22}

Als Ausgangsstoffe für die Herstellung der reinen Säuren C_{10}—C_{22} dienten:
Caprinsäure, rein, mindestens 99,5%ig, Schuchardt, München,
Laurinsäure, ca. 95%ig, Schuchardt, München,
Myristinsäure, ca. 94%ig, Schuchardt, München,
Palmitinsäure, ca. 99%ig, Schuchardt, München,
Stearinsäure, reinst, E. Merck, Darmstadt.

Diese Ausgangsprodukte wurden aus Aceton z. A. und für Chromatographie (E. Merck) mehrfach umkristallisiert, bis die Kennzahlen konstant waren und eine chromatographische Analyse, die nach der auf S. 636 beschriebenen Methode von W. KAPITEL ausgeführt wurde, keine Nebenmaxima mehr erkennen ließ. Aus den Titrationsergebnissen wurde die Reinheit des chromatographierten Produktes berechnet. Die Schmelzpunkte wurden nach der Methode von WIELAND, die Brechungsindices mit einem Abbe-Refraktometer bei sorgfältiger Temperaturkorrektur (vgl. S. 538) und die Säurezahlen nach einer speziell für hochmolekulare gesättigte Fettsäuren ausgearbeiteten Methode (vgl. S. 553) durch Titration mit 0,05 n-alkoholischer Kalilauge unter Verwendung von reinster Benzoesäure als Urtitersubstanz bestimmt. Die zum Vergleich herangezogenen Literaturwerte wurden dem Werk von K.S. MARKLEY (1960/64) entnommen. Die Ergebnisse dieser präparativen Darstellung sind in Tab. 82 zusammengestellt.

---

[1] Nach Versuchen von K.H. MILTENBERGER u. H. KARRENBERG (1961).

Tabelle 82. *Gewinnung reiner gesättigter Fettsäuren C_{10}—C_{18} durch Umkristallisation handelsüblicher Säuren aus Aceton*

Fett-säure	g Aceton/ g Fetts.	Krist. Temp. °C	Anzahl Krist.	Ausbeuten %
C_{10}	1,5—2	— 7	3	21,1
C_{12}	2,5—3	— 7	5	30,5
C_{14}	5	— 7	4	41,2
C_{16}	3	± 0	3	63,0
C_{18}	5	+20	5	90,3

Fett-säure	Schmelzpunkt °C gef.	Schmelzpunkt °C Lit.	n_D^{70} gef.	n_D^{70} Lit.	SZ gef.	SZ ber.	Rein-heits-grad %*
C_{10}	32,0	31,6	1,4170	1,4169	327,3	325,5	97,3
C_{12}	44,4	44,2	1,4229	1,4230	279,7	280,1	98,7
C_{14}	54,7	53,9	1,4271	1,4273	246,0	245,7	98,1
C_{16}	63,3	63,1	1,4305	1,4309	218,8	218,8	97,7
C_{18}	69,7	69,6	1,4337	1,4337	197,3	197,2	99,2

* säulenchromatographisch bestimmt.

Die auf diese Weise erhaltenen Bezugssubstanzen sind für chromatographische Zwecke rein genug. Für eine weitere Reinigung empfiehlt sich vor allem die Methode des Zonenschmelzens (W. G. PFANN (1958), H. SCHILDKNECHT (1964)).

Arachinsäure und Behensäure

Arachinsäure kann auf diese einfache Weise nicht gewonnen werden, da es kein handelsübliches Vorprodukt gibt, in dem diese Säure in genügender Konzentration vorhanden ist. Sie wird daher gewöhnlich synthetisch durch Aufbau aus der Stearinsäure, zweckmäßig nach dem Prinzip der Malonester-Synthese, hergestellt. Genaue Vorschrift bei D. HOLDE (1933). Ein käufliches synthetisches Produkt (Firma Carl Roth, Karlsruhe) hatte nach einer gaschromatographischen Untersuchung im Laboratorium des Verfassers eine Reinheit von 99%.

Die Behensäure erhält man leicht durch Hydrieren von Erucasäure, die ohne große Schwierigkeiten in großer Reinheit aus Rüböl gewonnen werden kann (vgl. S. 608). Nach E. LAHMANN (1955)[1] verfährt man dabei z. B. wie folgt:

120 g Erucasäure werden mit 0,36 g nicht pyrophorem Nickel-Kieselgur-Katalysator in einen in einem Ölbad befindlichen Glasfrittenzylinder eingetragen und unter Durchleiten von Elektrolytwasserstoff auf 180°C erwärmt. Man setzt bei derselben Temperatur das Durchleiten des Wasserstoffs noch 8 Std fort und filtriert dann nach dem Abkühlen auf 110°C im Trockenschrank den Katalysator ab. Eine einmalige Umkristallisation der so erhaltenen Behensäure aus der 80-fachen Menge wasserfreien Acetons genügt meistens, um ein Produkt von ausreichender Reinheit zu erhalten. Ein nach diesem Verfahren im Laboratorium des Verfassers hergestelltes Präparat hatte die Kennzahlen:

gefunden: F.P.: 80,7 n_D^{100}: 1,4270 SZ: 164,2

Literaturwerte: F.P.: 79,9 n_D^{100}: 1,4270 SZ: 164,8

β) Darstellung geradzahliger ungesättigter Fettsäuren

Die Reindarstellung der geradzahligen unverzweigten ungesättigten Fettsäuren ist schwieriger als die der gesättigten Fettsäuren, insbesondere dann, wenn man, um die ursprüngliche Konfiguration zu erhalten, auf Bromierungs- und Debromierungsreaktionen zur Isolierung verzichten will. Da diese Säuren leicht

[1] Nicht veröffentlichte Versuche.

vom Luftsauerstoff angegriffen und dann als Vergleichssubstanzen wertlos werden, ist es unbedingt erforderlich, die fertigen Präparate sofort nach der Herstellung in evakuierte Ampullen einzuschmelzen oder sie aber in die Harnstoff-Einschlußverbindungen (vgl. S. 614) zu überführen, in denen sie, wie H. SCHLENK u. R.T. HOLMAN (1950) zeigen konnten, nicht vom Luftsauerstoff angegriffen werden.

Ölsäure und Linolsäure

Zur Reindarstellung dieser Fettsäuren wurden zahlreiche Methoden ausgearbeitet. J.B. BROWN u. G.Y. SHINOWARA (1937) erhielten eine Ölsäure von 99,5% Reinheit durch mehrfache Kristallisation von Olivenölfettsäuren aus Aceton: Zunächst werden die gesättigten Säuren durch eine Kristallisation bei —20°C entfernt; anschließend werden die ungesättigten Säuren viermal aus Aceton bei —60°C umkristallisiert. Schließlich wird noch eine geringe Beimengung von Palmitinsäure durch eine Kristallisation bei —35°C abgetrennt. Den Nachteil des Arbeitens bei tiefen Temperaturen vermeidet man, wenn man nach D. SWERN u. W.E. PARKER (1952) mit der Konzentrierung durch Kristallisation und fraktionierte Destillation eine Reinigung über die Harnstoff-Einschlußverbindungen verbindet. Die Autoren erhielten auf diese Weise Ölsäure aus Olivenölfettsäuren in einer Ausbeute von 60—70% bei einem Reinheitsgrad von 97—99%. Ein sehr einfaches Verfahren wurde von L.J. RUBIN u. W. PAISLEY (1960) mitgeteilt: Durch zweimalige Fraktionierung von Olivenölfettsäuren über die Harnstoff-Komplexe bei Zimmertemperatur werden die gesättigten Fettsäuren bis auf weniger als 1% abgetrennt. Dann werden die zurückbleibenden Fettsäuren in Form ihrer sauren Seifen dreimal aus Methanol umkristallisiert. Dadurch werden die mehrfach ungesättigten Fettsäuren und die restliche Palmitinsäure entfernt. Die in einer Ausbeute von 36—43% erhaltene Ölsäure besitzt eine Reinheit von 99—100% und ist frei von trans-Isomeren.

Ähnliche Methoden lassen sich auch für die Reindarstellung von Linolsäure benutzen, wenn man von linolsäurereichen Fetten, wie Saflor- oder Tabaksaatöl, ausgeht. J.S. FRANKEL u. Mitarb. (1943) erhielten eine native Linolsäure mit einem Reinheitsgrad von 99—100% durch mehrfache Kristallisation linolsäurereicher Fettsäuregemische aus Aceton bzw. Petroläther bei Temperaturen zwischen —20 und —70°C. Verbessert und einer kritischen Betrachtung unterzogen wurde dieses Verfahren von B. SREENIVASAN u. Mitarb. (1962). Da die Kristallisation der Linolsäure bei sehr tiefen Temperaturen zu erfolgen hat, ist die Reinigung über die Harnstoffaddukte hier noch vorteilhafter, als bei der Darstellung der Ölsäure (D. SWERN u. W.E. PARKER 1953). Schließlich werden sehr reine Linolsäurepräparate auch über die Quecksilberaddukte (E.M. STEARNS jr. u. Mitarb. 1962; H.B. WHITE jr. u. F.W. QUACKENBUSH 1962b), durch fraktionierte Verteilung (C.R. SCHOLFIELD u. Mitarb. 1960) und durch Adsorptionschromatographie der Methylester (R.W. RIEMENSCHNEIDER u. Mitarb. 1949) gewonnen.

Für die Darstellung dieser Fettsäuren in einem mit normalen Hilfsmitteln ausgestatteten Laboratorium ist besonders das von J.G. KEPPLER u. Mitarb. (1959) ausgearbeitete Verfahren der fraktionierten Fällung von Ölsäure- bzw. Methyllinoleatkonzentrat mit Harnstoff geeignet, dessen Brauchbarkeit von A.R. JOHNSON u. G.M. ALI (1961) sowie vom Verfasser bestätigt werden konnte.

Darstellung von Öl- und Linolsäure nach J.G. KEPPLER *u. Mitarb. (1959)*

Ölsäure:

2 kg frisch destillierte Olivenölfettsäuren werden mit 2 kg Harnstoff unter gelindem Erwärmen in 20 l Methanol gelöst. Man kühlt die Lösung allmählich auf —5°C ab, saugt den Niederschlag ab, wäscht mit 1 l Methanol von —5°C nach, löst im Filtrat unter Erwärmen 4 kg Harnstoff, kühlt die Lösung auf —5°C ab und saugt das Addukt, welches die Ölsäure

enthält, bei —5°C ab. Der mit 2,5 l Methanol von der gleichen Temperatur gewaschene Niederschlag wird unter Erwärmen in 20 l Methanol gelöst. Die Lösung wird auf +20°C gekühlt, die sich hierbei ausscheidenden Addukte der gesättigten Fettsäuren werden abfiltriert und mit 2,5 l Methanol von —5°C gewaschen.

Im Filtrat werden weitere 2,5 kg Harnstoff gelöst. Dann wird wieder auf —5°C abgekühlt, das ausgeschiedene Ölsäureaddukt abgesaugt und mit 2,5 l Methanol von —5°C gewaschen. Die aus dem Addukt mit 1%iger Salzsäure erhaltene Ölsäure wird mit Wasser säurefrei gewaschen und destilliert. Um die Linolsäure zu entfernen, wird 1 kg des Konzentrats in 1 l Dekalin gelöst und pro mMol Linolsäure mit 2 mMolen Maleinsäureanhydrid versetzt. Man erhitzt auf 120°C und gibt in kleinen Anteilen soviel einer gesättigten Lösung von Jod in Dekalin hinzu, daß die Färbung eben rosa bleibt (ca. 1 g Jod in 6 Std.). Dann kühlt man das Gemisch, versetzt es mit ca. 10 g Zinkstaub und 10 ml Wasser, erhitzt 45 min lang unter Umrühren auf 90°C, filtriert den Niederschlag und destilliert das Lösungsmittel zusammen mit dem überschüssigen Maleinsäureanhydrid ab. Schließlich wird die gereinigte Ölsäure im Hochvakuum destilliert. Ausbeute: 23%; Reinheitsgrad: besser als 99%.

Linolsäuremethylester:

6 kg raffiniertes Safloröl werden unter Erwärmen mit 1,3 l absolutem Methanol, in dem 18 g metallisches Natrium gelöst sind, 2 Std unter Rückfluß erhitzt. Das erhaltene Methylestergemisch wird mit heißem Wasser glycerinfrei gewaschen und dann im Vakuum getrocknet.

3 kg Estergemisch werden in 15 l Methanol gelöst und nach Zugabe von 2 kg Harnstoff erhitzt, bis der Harnstoff gelöst ist. Man läßt über Nacht bei —5°C stehen, filtriert die Addukte der gesättigten und einfach ungesättigten Ester ab und wäscht mit Methanol von —5°C nach. Die sich im Filtrat ausscheidenden Ester werden durch Dekantieren abgetrennt. Anschließend werden im Filtrat unter Erwärmen 1,65 kg Harnstoff gelöst. Nach dem Aufbewahren über Nacht bei —5°C wird wieder der Niederschlag abfiltriert und mit 1 l kaltem Methanol gewaschen. Filtrat und Waschmethanol werden vereinigt. Mit dieser Lösung wird nach Zugabe von 0,9 kg Harnstoff die oben beschriebene Behandlung wiederholt.

Man erhält bei den drei Fällungen der Fettsäureester 17,5 l Filtrat mit ca. 1 kg Methyllinoleat von einem Reinheitsgrad höher als 99%. Um das Linoleat als Harnstoffaddukt auszufällen, gibt man zu dem Filtrat noch 2,5 kg Harnstoff, läßt die Lösung über Nacht bei —5°C stehen, filtriert das Addukt und wäscht es mit 2 l auf —5°C vorgekühltem Methanol nach.

Linolensäure:

Auch reine Linolensäure läßt sich im Prinzip nach den bereits besprochenen Methoden gewinnen. G.Y. Shinowara u. J.B. Brown (1938b) erhielten durch mehrfache Kristallisation der Fettsäuren aus Leinöl und Perillaöl bei Temperaturen von —17 bis —65°C Linolensäurekonzentrate von maximal 88%, die im Gegensatz zu den durch Bromierungs- und Debromierungsreaktionen gewonnenen keine trans-Fettsäuren mehr enthielten.

W.E. Parker u. D. Swern (1957) gewannen durch eine einzige Harnstoffaddukt-Fällung aus Leinölfettsäuren bzw. deren Methylestern Präparate mit einem Linolensäuregehalt von 80—85%. Eine Linolensäure von einem höheren Reinheitsgrad als 95% erhielten R.E. Beal u. Mitarb. (1961) durch Gegenstromextraktion mit einem Gemisch von feuchtem Furfurol und Hexan in einem Podbielniak'schen Gegenstrom-Extraktor. Dieses für die technische Herstellung von Linolensäurekonzentraten ausgearbeitete Verfahren dürfte auch im Laboratoriumsmaßstab gute Resultate liefern. Eine Vorschrift schließlich zur Darstellung einer mindestens 99%igen Linolensäure wurde von H.B. White jr. u. F.W. Quackenbush (1962b) angegeben. Leinölfettsäuremethylester werden in die Quecksilberaddukte (vgl. S. 747) überführt und dann in ätherischer Lösung kontinuierlich mit einer 10%igen wäßrigen Methanollösung extrahiert:

Zunächst wird das als Ausgangsstoff verwendete Leinöl nach der Methode von H. Kurz (1937) durch Behandlung mit Methanol und Alkali in der Kälte in das betreffende Methylestergemisch überführt. Dann wird die Zusammensetzung des Gemisches auf gaschromatographischem Wege bestimmt und eine abgewogene Menge des Esters mit einer zur Adduktbildung ausreichenden Menge Quecksilber(II)-acetat, welches in gereinigtem Methanol im Verhältnis 1:1 bis 1:2 gelöst ist, zuzüglich eines Überschusses von 20% 30 min unter Rückfluß gekocht. Nach dem Abkühlen auf Zimmertemperatur gibt man die 2,6-fache Menge des angewandten

Methanols hinzu, filtriert die Lösung zur Entfernung der Hauptmenge des nicht in Reaktion getretenen Acetats durch Glaswolle und verdampft das Lösungsmittel. Das Gemisch der Quecksilberaddukte mit den nicht in Reaktion getretenen Esteranteilen bleibt als viscose Flüssigkeit zurück (zur Darstellung der Addukte: Y. INOUE u. Mitarb. 1955).

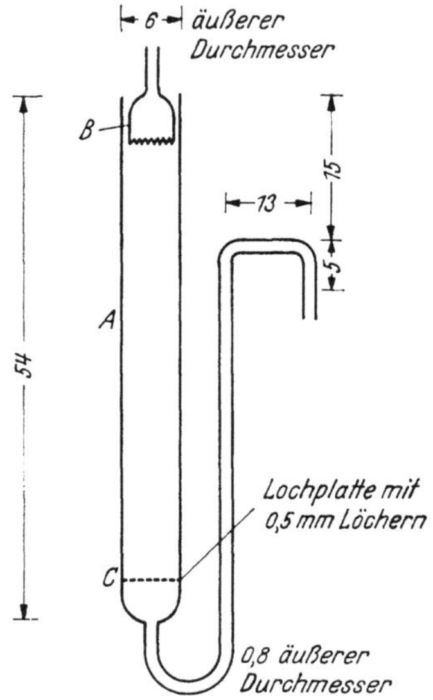

Abb. 62. Extraktionsapparatur nach WHITE jr. u. QUACKENBUSH (1962b); A = Extraktionsrohr, B und C = Verteiler (Alle Maße in cm)

Eine 50 g Methylester entsprechende Menge Addukt wird nun in 400 ml Äther gelöst, etwa ausgefallenes Quecksilberacetat wiederum durch Glaswolle abfiltriert und die ätherische Lösung über eine Verteilerplatte in ein mit Heber versehenes Extraktionsrohr (vgl. Abb. 62) geleitet, welches 400 ml Wasser enthält. Die Ätherschicht wird dann mit einer 10%igen Lösung von Methanol in dest. Wasser, die zuvor mit Äther äquilibriert wurde, unter Benutzung derselben Verteilungsvorrichtung mit einer Geschwindigkeit von 50—75 ml/min extrahiert. Bei höherer Geschwindigkeit bilden sich leicht störende Emulsionen. Die durch das Überstromrohr ausfließende wäßrige Methanollösung wird in einem 6-l-Erlenmeyerkolben aufgefangen, der 750 ml konzentrierte Salzsäure enthält und ständig von Stickstoff durchspült wird. Von Zeit zu Zeit wird der Kolbeninhalt umgeschwenkt. Nach dem Auffangen von 5 l Lösung wird der Kolben durch einen anderen ausgetauscht.

Der Kolbeninhalt wird nun in einen Schütteltrichter überführt, mit Hexan extrahiert und der Hexanextrakt anschließend bis zur Säurefreiheit gewaschen. Falls eine Prüfung auf Quecksilber mit Hilfe von Diphenylcarbazon negativ verläuft, wird das Lösungsmittel eingedampft und die erhaltene Linolensäure im Vakuum eingeschmolzen oder aber in die Harnstoffaddukte überführt. (vgl. S. 614). Bei Gegenwart von Quecksilber muß die Behandlung mit konzentrierter Salzsäure wiederholt werden. Die Reinheit des erhaltenen Präparats wird am besten gaschromatographisch geprüft. WHITE u. QUACKENBUSH (1962b) erhielten nach diesem Verfahren aus ca. 50 g Estergemisch 15,8 g eines mehr als 99%igen Methyllinolenats.

Trans-Isomere wurden bei der IR-spektrophotometrischen Untersuchung nicht gefunden.

Erucasäure:

Diese Säure kann verhältnismäßig leicht aus Rüböl, in dem sie zu mehr als 50% vorkommt, isoliert werden. Von E. LAHMANN (1955)[1] wurde im Laboratorium des Verfassers folgende Vorschrift ausgearbeitet:

Das aus Rüböl in üblicher Weise erhaltene Fettsäuregemisch wird im Verhältnis 100 g : 550 ml unter gelindem Erwärmen in Aceton gelöst. Die Lösung bleibt 24 Std bei +2°C stehen und wird dann bei der gleichen Temperatur filtriert. Auf dem Filter bleiben gesättigte Fettsäuren und etwas Erucasäure. Das Filtrat wird nun 24 Std auf —7°C gehalten. Dabei fällt in einer Ausbeute von 15—25% der Rohfettsäuren eine schon recht reine Erucasäure aus, die zur weiteren Reinigung in siedendem Aceton (100 g + 165 ml) gelöst und dann zur Kristallisation bei +2°C aufbewahrt wird. Nach einer zweiten Umkristallisation erhält man in einer Ausbeute von ca. 75%, bezogen auf die ungereinigte Erucasäure, ein Produkt mit einer Reinheit von ca. 99%.

Elaidinierte Fettsäuren

Zur Herstellung von Elaidinsäure und anderen elaidinierten ungesättigten Fettsäuren ist folgendes von D. HOLDE u. K. RIETZ (1924) ausgearbeitete Verfahren geeignet:

Ca. 20 ml 30%ige Salpetersäure werden mit 25 g *reinster* Ölsäure überschichtet; in die auf 30—35°C gehaltene Flüssigkeit wirft man solange Kriställchen von $NaNO_2$ bis die Ölschicht erstarrt. Das Rohprodukt wird mit warmem Wasser gewaschen und aus Alkohol, evtl. unter Zusatz von aktiver Kohle, bis zum konstanten Schmelzpunkt von 44,4°C (korrigiert) umkristallisiert. Analog wird Brassidinsäure aus Erucasäure bei ca. 50°C hergestellt.

[1] unveröffentlichte Versuche.

Auch durch Einleiten von Stickoxiden läßt sich die Elaidinierungsreaktion in Gang bringen (H.N. GRIFFITH u. T.P. HILDITCH 1932).

b) Fraktionierte Kristallisation

Die fraktionierte Kristallisation aus Lösungsmitteln wurde zuerst von J.B. BROWN u. Mitarb. (1937) als ein einfaches Hilfsmittel zur Fettsäuretrennung in die Fettanalytik eingeführt. Ihr Hauptvorteil liegt in den geringen Anforderungen an die apparative Ausrüstung. Nur die Möglichkeit des Arbeitens bei tiefen Temperaturen, insbesondere im Gebiet von —20 bis —70 °C muß gegeben sein. Kühlräume sind bequem, aber nicht unbedingt erforderlich. Da keine anderen Reagentien als einige Lösungsmittel erforderlich sind, bleiben die Fettsäuren von Oxydationsreaktionen verschont. Eine eingehende Übersicht über das Gebiet geben der zusammenfassende Bericht von J.B. BROWN u. D.K. KOLB (1955) und zahlreiche Aufsätze der Brown'schen Schule. Die Anwendung der Kristallisationstechnik auf die Bestimmung der Fettsäurezusammensetzung zahlreicher Öle und Fette wird von T.P. HILDITCH (1956) bzw. T.P. HILDITCH u. P.N. WILLIAMS (1964) ausführlich behandelt.

Die wichtigste Vorbedingung für die Anwendung der Kristallisation aus Lösungsmitteln ist die Kenntnis der Löslichkeitsdifferenzen für die verschiedenen Fettsäuren bzw. ihre Ester in den verschiedenen Lösungsmitteln. Zahlreiche Löslichkeitsdaten sind in dem Bericht von BROWN u. KOLB (1955) übersichtlich zusammengestellt. Obwohl sich viele Lösungsmittel für die Tieftemperatur-Kristallisation eignen, werden in der Praxis meistens nur Aceton, Methanol und Petroläther benutzt und unter diesen besonders das Aceton. Die Löslichkeit der wichtigsten Fettsäuren in Abhängigkeit von der Temperatur ist in Tab. 83 nach Messungen von H.D. FOREMAN u. J.B. BROWN (1944) wiedergegeben.

Tabelle 83. *Löslichkeit gesättigter und ungesättigter Fettsäuren in Aceton* (nach H.D. FOREMAN u. J.B. BROWN 1944)

Temp. des Lösungsm. °C	Löslichkeit g/1000 g Lösung									
	C_{12}	C_{14}	C_{16}	C_{18}	C_{20}	C_{22}	$C_{18:1}$	$C_{18:2}$	$C_{18:3}$	$C_{22:1}$
10	—	—	17,7	4,69	1,83	0,51	—	—	—	—
0	—	22,7	7,15	2,19	0,75	0,10	—	—	—	—
—10	—	10,7	2,80	0,38	—	—	—	—	—	—
—20	17,4	4,33	1,34	—	—	—	—	—	—	3,52
—30	12,3	1,74	0,48	—	—	—	14,2	—	—	—
—40	—	—	—	—	—	—	5,16	—	—	—
—50	0,25	—	—	—	—	—	1,89	48,2	—	—
—60	—	—	—	—	—	—	0,61	14,2	—	—
—62	—	—	—	—	—	—	—	—	43,2	—
—70	—	—	—	—	—	—	0,40	5,19	—	—

Wenn die Lösungsverhältnisse der individuellen Fettsäuren in Mischung die gleichen wären wie im ungemischten Zustand, ließen sich hervorragende Trennoperationen durchführen. Leider ist das nicht der Fall. W.S. SINGLETON (1948) beobachtete, daß geringe Mengen Ölsäure zusammen mit der Stearinsäure selbst bei Temperaturen, bei denen sie in Lösung bleiben sollten, ausfallen und daß die Ölsäure andererseits die Löslichkeit von Palmitin- und Stearinsäure heraufsetzt. Daß gekühlte Lösungen von Fettsäuren bei tiefen Temperaturen sehr langsam kristallisieren, wurde schon von H.D. FOREMAN u. J.B. BROWN (1944) vermerkt. Assoziationen in Lösung können vermieden werden, wenn man statt von den Fettsäuren von ihren Estern ausgeht. Durch die Veresterung steigt aber andererseits die Löslichkeit, wodurch tiefere Kristallisationstemperaturen erforderlich werden.

Die besten Trennungserfolge erzielt man mit der fraktionierten Kristallisation aus Lösungsmitteln bei der Trennung gesättigter Fettsäuren voneinander und gesättigter von ungesättigten Fettsäuren, obwohl im letzteren Falle Störungen auftreten können, wenn die gesättigte Fettsäure eine zu geringe Kettenlänge besitzt (vgl. Tab. 83). Unvollkommen ist die Trennung mehrfach ungesättigter Fettsäuren, so daß man heute hierfür zumeist andere Methoden heranzieht. In Verbindung mit der fraktionierten Destillation (vgl. S. 615) ist die fraktionierte Kristallisation das wichtigste Mittel zur Anreicherung seltener Bestandteile eines komplizierten Fettsäuregemisches.

α) Apparative Ausrüstung

Die zur Ausführung der Tieftemperatur-Kristallisation erforderliche Apparatur ist recht einfach.

Eine von J.B. BROWN (1955) benutzte Anordnung besteht aus einem Filtrierstutzen von 15 cm ⌀ und 30 cm Höhe, der bequem 4,5 l Lösung aufnehmen kann. Er ist mit vier Bleibarren beschwert, um ein Umkippen während der Filtration zu verhindern. Der Stutzen befindet sich in einem zylindrischen Kupfergefäß, das mit Glaswolle isoliert und zum Teil mit gebrauchtem Lösungsmittel gefüllt ist, welches mit Trockeneis gekühlt wird. Die zu kristallisierende Lösung wird unter Rühren mit einem Paddelrührer aus Monel-Metall allmählich auf die Kristallisiertemperatur gebracht. Gewöhnlich hält man die Lösung 1 Std. auf der gewünschten Temperatur. Dann läßt man die Kristalle sich absetzen und saugt die überstehende Flüssigkeit mit einer Eintauchnutsche von 13,5 cm ⌀, die mit 5-mm-Löchern versehen und mit Filterpapier bedeckt ist, ab. Die Nutsche wird während der Filtration allmählich in die Flüssigkeit gesenkt, so daß die meisten Kristalle unter ihr bleiben und zum Schluß mit der Nutsche zusammengepreßt werden können. Das Filtrat wird in einer 4-l-Saugflasche gesammelt.

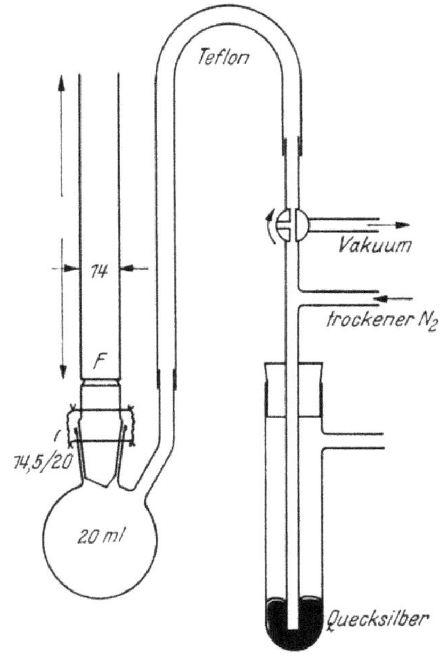

Abb. 63. Kristallisierapparatur für kleine Mengen nach SCHLENK (1961)

Diese Anordnung ist zur Kristallisation von 50—100 g Fettsäuren geeignet. Für Mengen von nur 10—100 mg empfiehlt H. SCHLENK (1961) die in Abb. 63 wiedergegebene Apparatur.

Sie besteht aus einem Glasrohr von 14 mm ⌀ und 100 mm Höhe, das eine Glassinterplatte F mittlerer Porosität enthält und mittels einer Klammer S mit einem Schliffkolben verbunden ist. Der N_2-Druck wird so eingestellt, daß die im Rohr befindliche Flüssigkeit nicht durch die Sinterplatte dringt. Rohr und Kolben werden in einem Dewar-Gefäß gekühlt.

Nach T. P. HILDITCH (1956) ist es zweckmäßig, zunächst langsam zu kühlen, bis sich einige Kristallkeime gebildet haben. Dann kann schneller gekühlt werden. Auf diese Weise bilden sich große Kristalle, welche leicht filtriert werden können. Statt des mechanischen Rührens ist es besser, von Zeit zu Zeit von Hand mit einem Glasstab zu rühren. Wichtig ist es, die Mischung solange wie möglich auf der Kristallisations-Temperatur zu belassen, mindestens 4—5 Std, wenn möglich aber länger.

β) Arbeitsregeln und Beispiele

T. P. HILDITCH (1956) stellte für das Arbeiten mit dieser Methode einige Grundregeln auf:

1. Um den Effekt der wechselseitigen Löslichkeit möglichst klein zu halten, ist es zweckmäßig, mit der Kristallisation bei der niedrigsten in Frage kommenden Temperatur zu beginnen. Bei dieser Arbeitsweise bleibt in der am meisten löslichen Fraktion ein Minimum an weniger löslichen ungesättigten Säuren zurück; der Niederschlag enthält indessen eine gewisse Menge dieser Fettsäuren.

Nicht zu empfehlen ist diese Arbeitsweise, wenn 40% der Fettsäuren oder mehr aus Palmitin- oder Stearinsäure bestehen. Dann entfernt man besser diese Säuren zuvor durch eine Kristallisation aus Methanol bei —20°C nach F.D. Gunstone u. R.P. Paton (1953).

2. Drei- und mehrfach ungesättigte Fettsäuren bleiben in Aceton bei oder unter —50°C in Lösung; zweifach ungesättigte, wie die Linolsäure, bleiben bei —40°C gelöst.

3. Die bei —40 bzw. —50°C aus Aceton abgetrennten Säuren bestehen zum größten Teil aus einfach ungesättigten und gesättigten Säuren. Sie können durch eine weitere Kristallisation aus Äther bei —30 oder —40°C in eine unlösliche Fraktion mit der Jodzahl 10—20 und eine lösliche mit einer Jodzahl zwischen 80 und 100 zerlegt werden.

Einige Beispiele aus der Schule von F.J. Brown mögen die Anwendung der Tieftemperatur-Kristallisation erläutern:

Trennung von gesättigten und ungesättigten Fettsäuren

Bei normalen Fetten erzielt man eine nahezu vollständige Trennung der gesättigten und ungesättigten Fettsäuren bereits durch eine einzige Kristallisation. Eine 5%ige Lösung der Gesamtfettsäuren in Aceton, Methanol oder Petroläther wird auf —20°C gekühlt; die abgeschiedenen Kristalle werden ein- oder zweimal mit dem auf —35 bis —40°C gekühlten Lösungsmittel gewaschen. Die gesättigte Fraktion hat meistens eine Jodzahl unter 10 oder sogar unter 5. D.S. Anthony u. Mitarb. (1943) trennten die gesättigten Fettsäuren aus zahlreichen Fettsäuregemischen, die außer gesättigten Fettsäuren auch Öl- und Linolsäure enthielten, durch Kristallisation aus Aceton bei —40°C mit einer an Modellgemischen bewiesenen Genauigkeit von ± 1,5% ab und bestimmten in der ungesättigten Fraktion die Öl- und Linolsäure rhodanometrisch mit einer Genauigkeit von ± 2%. Ähnlich arbeiteten F.R. Earle u. R.T. Milner (1940), wie auf S. 741 beschrieben. Richtige Ergebnisse wird man immer dann erwarten dürfen, wenn keine gesättigten Fettsäuren mit einem geringeren Molekulargewicht als Palmitinsäure anwesend sind. Infolge Löslichkeitsüberschneidung ist eine vollständige Abtrennung der gesättigten Fettsäuren aus Cocos- bzw. Butterfettsäuren nach diesem Verfahren nicht möglich.

Darstellung einfach ungesättigter Fettsäuren

Ein Beispiel für die Herstellung einer sehr reinen Ölsäure aus Olivenölfettsäuren gibt D.K. Kolb (1953). Die Olivenölfettsäuren werden zunächst durch Methylierung in die entsprechenden Ester überführt und dann fraktioniert destilliert. Die C_{18}-Fraktion der Ester wird nun durch eine sechsstufige Kristallisation aus Aceton bei Temperaturen von —65 bis —35°C zerlegt:

Aus 250 g Olivenölfettsäuren werden 144,2 g des reinen Ölsäuremethylesters (JZ = 85,5) erhalten.

Isolierung von Linolsäure

Mit Hilfe der von J.S. Frankel u. J.B. Brown (1941) angegebenen Kristallisationstechnik gelingt auch unschwer die Isolierung reiner Linolsäure aus zahlreichen vegetabilischen Ölen, die mehr als 50% dieser Fettsäure enthalten, z. B. Tabaksaatöl, Mohnöl, Safloröl usw. Diese Methode wurde von J.S. Frankel u. Mitarb. (1943) weiter verbessert und auf zahlreiche Öle angewendet. Man erhält beispielsweise in einer Ausbeute von 20% der Theorie aus Saflorfettsäuren eine sehr reine Linolsäure, wenn man sich an folgendes Arbeitsschema hält (J.B. Brown u. D.K. Kolb 1955):

1. Die Gesamtfettsäuren des Öls werden in Aceton gelöst (75 g pro Liter Lösungsmittel) und auf —20 bis —25°C gekühlt. Die Kristallfraktion wird durch Saugfiltration entfernt.
2. Das Filtrat aus 1 wird auf —50°C unter langsamem Rühren gekühlt und nach dem Kristallisieren wie oben filtriert.
3. Das Filtrat aus 2 wird auf —70°C gekühlt. Die Kristallfraktion ist ca. 90%ige Linolsäure.
4. Die Kristallfraktion aus 3 wird in Petroläther 30/60°C (65 g/l) gelöst und auf —48°C gekühlt. Die bei dieser Temperatur erhaltenen Kristalle sind gewöhnlich 95%ige Linolsäure.
5. Die 95%ige Säure wird in Petroläther im Verhältnis 6,25 g pro Liter gelöst und die Lösung auf —60 bis —62°C gekühlt. Die hierbei erhaltene Linolsäure ist praktisch rein.

Isolierung drei- und mehrfach ungesättigter Fettsäuren

Die Darstellung reiner Fettsäuren dieser Gruppen ist mit den Mitteln der Tieftemperatur-Kristallisation nicht möglich, da diese auch bei den tiefsten Temperaturen noch eine viel zu hohe Löslichkeit besitzen und — wahrscheinlich — mit den in der Konstitution verwandten Säuren eutektische Gemische bilden. Immerhin erhielten G. Y. SHINOWARA u. J. B. BROWN (1938b) nach dieser Methode aus Leinöl bzw. Perillaöl 75—88%ige Linolensäurepräparate. Zur Reindarstellung von Linolensäure zieht man daher, wie auf S. 607 dargelegt wurde, andere spezifischere Methoden vor.

γ) Verbindung der Tieftemperatur-Kristallisation mit anderen Methoden zur Bestimmung der Zusammensetzung komplizierter Fettsäuregemische

Auch zur Bestimmung der vollständigen Fettsäurezusammensetzung von Ölen und Fetten läßt sich die Kristallisationstechnik in Verbindung mit anderen Methoden benutzen. Zahlreiche Beispiele hierzu liefern die Veröffentlichungen und das Handbuch von T. P. HILDITCH (1956) bzw. T. P. HILDITCH u. P. N. WILLIAMS (1964).

Bei Fetten, die vorzugsweise Öl- und Linolsäure enthalten, zerlegen T. P. HILDITCH u. J. B. RILEY (1945) die gemischten Fettsäuren zunächst mit Hilfe der Brown'schen Arbeitstechnik in eine Reihe von Fraktionen. Diese werden nun durch Esterfraktionierung in Fettsäuregemische einheitlicher Kettenlänge getrennt, in denen schließlich nach der Isomerisierungsmethode der Gehalt an gesättigten und ein- und zweifach ungesättigten Fettsäuren bestimmt wird.

Bei Fetten, die neben Öl- und Linol- auch Linolensäure enthalten, verfahren F. D. GUNSTONE u. T. P. HILDITCH (1946) im Prinzip ähnlich. Nach ihren Erfahrungen erhält man indessen nur dann verläßliche Resultate, wenn man das Fettsäuregemisch bei der Tieftemperatur-Kristallisation in solche Fraktionen zerlegt, die entweder reich an Ölsäure und/oder gesättigten Säuren sind, bei nur geringem Gehalt an Linol- und Linolensäure, oder aber viel Linol- und/oder Linolensäure enthalten, bei nur relativ geringem Gehalt an Ölsäure und gesättigten Säuren.

c) Trennung über die Harnstoff-Einschlußverbindungen

M. F. BENGEN machte 1940 die Beobachtung, daß Harnstoff mit gewissen organischen Verbindungen, wie Alkoholen, Fettsäuren, Estern und Kohlenwasserstoffen, Additionsverbindungen bildet. Dabei stellte er fest, daß die Struktur des Addenden von wesentlichem Einfluß auf das Zustandekommen dieser Addukte ist: Es zeigte sich nämlich, daß wohl n-Octan nicht aber iso-Octan mit Harnstoff reagiert (M. F. BENGEN 1951). BENGEN erkannte, daß dieses Verhalten für die Trennung von geradkettigen und verzweigten Kohlenwasserstoffen von Bedeutung sein könnte und faßte seine Erkenntnisse in einer Patentanmeldung zusammen, die er der zur damaligen I. G. Farbenindustrie gehörenden Badischen Anilin- und Sodafabrik in Ludwigshafen zur Auswertung übertrug. Dort wurde dieses neue Verfahren von W. SCHLENK jr. eingehend wissenschaftlich bearbeitet und in Zusammenarbeit mit C. HERMANN der dem Zustandekommen dieser Additionsverbindungen zugrunde liegende Reaktionsmechanismus aufgeklärt (W. SCHLENK jr. 1949 und 1950).

Das wichtigste Ergebnis dieser Arbeit war die Feststellung, daß die chemische Natur der Addenden für den Eintritt der Addition nur eine untergeordnete Rolle spielt. Das ausschlaggebende Moment ist vielmehr die molekulare Gestalt der Addenden: zur Addition befähigt sind geradkettige Verbindungen, nicht oder nur in Ausnahmefällen dagegen Körper mit verzweigter oder cyclischer Struktur. Bei Addukten homologer Reihen steigt die Beständigkeit mit zunehmender Kettenlänge der addierten Moleküle. Das Molverhältnis der Komponenten in den Additionsverbindungen ist, unabhängig von einer etwaigen Wertigkeit der Komponenten, in erster Annäherung eine lineare Funktion der Kettenlänge der addierten Moleküle. Z. B. binden Produkte mit einer Kette von 4 C-Atomen ca. 4, solche mit einer Kettenlänge von 10 C-Atomen ca. 8 Moleküle Harnstoff pro Molekül. Für die Zusammensetzung der Addukte gilt das Gesetz der konstanten Proportionen, das Molverhältnis ist jedoch bei diesen Additionsverbindungen in der Regel nicht ganzzahlig.

Eine Erklärung für dieses Verhalten wurde durch die röntgenographischen Untersuchungen von C. HERMANN (zitiert bei W. SCHLENK jr. 1949) gefunden: Harnstoff kristallisiert aus Lösungsmitteln normalerweise im tetragonalen System. Bei Anwesenheit von geradkettigen organischen Verbindungen mit mehr als 4—6 C-Atomen bildet Harnstoff eine hexagonale Struktur aus, bei der die Moleküle lose gepackt sind. Die Fremdmoleküle werden nun in die „Kanäle" dieser hexagonalen Kristalle eingelagert. Obwohl der Harnstoff die Kristallstruktur bestimmt, existiert er in hexagonaler Form nur dann, wenn die Hohlzone mit passenden Molekülen gefüllt ist. Die Dimensionen des Elementarkörpers sind, wie aus Abb. 64 hervorgeht (unterer Teil) nicht variabel. Er wird aus sechs Harnstoffmolekülen gebildet und hat eine Länge von 11,1 Å und einen Durchmesser von 8,2 Å. Der für „Gastmoleküle" normalerweise verfügbare Durchmesser liegt zwischen ca. 4,5—5,5 Å. Daher ist es verständlich, daß 3-Methylheptan mit einem Querschnittsdurchmesser von 5,5 Å gerade noch ein Addukt bildet, während Trimethylpentan und Benzol mit einem Durchmesser von je 6 Å dazu nicht mehr in der Lage sind.

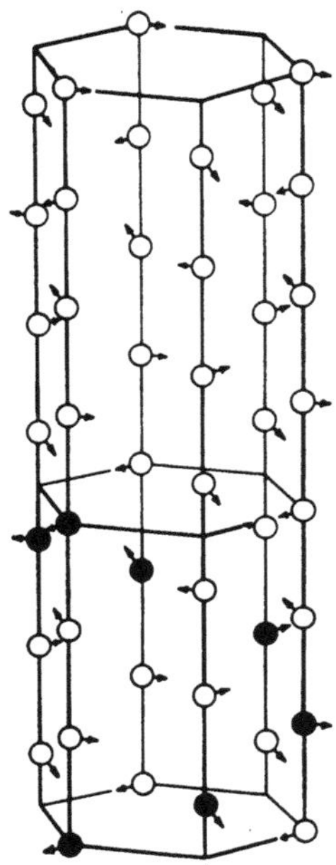

Abb. 64. Hexagonale Struktur von Harnstoff (W. SCHLENK jr., 1949)

Diese Harnstoff-Einschlußverbindungen haben sehr zur Lösung zahlreicher wissenschaftlicher Fragen der Kohlenwasserstoff- und Fettchemie beigetragen, während sie in technischen Prozessen vorläufig keine größere Anwendung gefunden haben.

Eine gute Übersicht über die Verwendung der Harnstoffaddukte zur Isolierung, Reindarstellung und Trennung von Fettsäuren geben Veröffentlichungen von H. SCHLENK (1954 und 1961), die zu eingehenderem Studium der Materie empfohlen seien.

α) Gesetzmäßigkeiten der Reaktion von Fettsäuren mit Harnstoff

Praktisch alle natürlich vorkommenden Fettsäuren reagieren mit Harnstoff unter Adduktbildung. Die Neigung zur Adduktbildung ist um so größer, je größer die Kettenlänge des Moleküls ist. Gesättigte Fettsäuren lassen sich leichter in Addukte überführen als ungesättigte. Unter den letzteren sind die Monoene wieder leichter in Reaktion zu bringen als die Di- und Triene, während Fettsäuren mit 5—6 Doppelbindungen nach A.M. ABU-NASR u. Mitarb. (1954) überhaupt nicht reagieren. Schließlich sind die Addukte mit cis-Verbindungen weniger stabil als solche mit trans-konfigurierten. Dimere und verzweigte Fettsäuren bilden mit Harnstoff keine Addukte, so daß diese Verbindungen über die Reaktion mit Harnstoff leicht angereichert werden können (vgl. S. 828). In Gemischen mit Triglyceriden lassen sich Fettsäuren über die Harnstoffaddukte abtrennen. Die Ausarbeitung eines technischen Verfahrens zur schonenden Entsäuerung von Naturfetten mit Hilfe von Harnstoff liegt daher durchaus im Bereich des Möglichen (H. RIGAMONTI u. V. RICCIO 1952). Auch Monoglyceride können als Harnstoffaddukte aus Gemischen mit Di- und Triglyceriden isoliert werden. Monopalmitat, Monostearat und Monooleat bilden aber leichter Komplexe als die entsprechenden Verbindungen der Linol- und Linolensäure (J.S. HECKLES u. L.H. DUNLAP 1955).

Fettsäure-Harnstoffaddukte werden normalerweise durch Abkühlung einer Fettsäure-Lösung in mit Harnstoff gesättigtem Methanol erhalten. Sie lassen sich durch Umkristallisation derart reinigen, daß sich bei weiterer Umkristallisation das Verhältnis Harnstoff : Fettsäure nicht mehr ändert. Hierzu Beispiele in Tab. 84.

Tabelle 84. *Zusammensetzung von Harnstoff-Einschlußverbindungen* (nach W. SCHLENK jr. 1949)

Säure	Mole Harnstoff pro Mol Fettsäure	Säure	Mole Harnstoff pro Mol Fettsäure
Buttersäure	4,0	Laurinsäure	10,0
Capronsäure	5,5	Myristinsäure	11,6
Caprylsäure	6,7	Palmitinsäure	12,8
Caprinsäure	8,2	Stearinsäure	14,0

Fettsäuren, die nur schwer Anlagerungsverbindungen bilden, kann man nach A.M. ABU-NASR u. Mitarb. (1954) zur Adduktbildung bringen, wenn man sie zuvor mit Alkoholen verestert. Hierfür einige Beispiele in Tab. 85.

Tabelle 85. *Erhöhung der Komplex-Ausbeute durch Veresterung* (nach A.M. ABU-NASR u. Mitarb. 1954)

Substanz	Temperatur °C	g Komplex / g Substanz	Substanz	Temperatur °C	g Komplex / g Substanz
Linolsäure	25	1,45	Laurinsäure	30	1,63
Methyllinoleat	25	2,44	Äthyllaurat	30	2,65
Linolensäure	21	1,72	Caprinsäure	30	0,65
Methyllinolenat	21	2,84	Äthylcaprinat	30	2,14
Myristinsäure	30	2,49	Caprylsäure	30	0,00
Methylmyristat	30	3,71	Äthylcaprylat	30	1,21

Da das Verhältnis von Harnstoff : Fettsäure bei gereinigten Einschlußverbindungen konstant ist, ist auch die Dissoziationstemperatur, d. h. die Temperatur, bei der ein Harnstoffaddukt aus dem klar durchsichtigen in einen opaken Zustand übergeht, sehr gut reproduzierbar, so daß sie zur Identifizierung der eingeschlossenen Fettsäuren benutzt werden kann. Die von H.B. KNIGHT u. Mitarb. (1952) mit Hilfe der Kofler'schen Arbeitstechnik unter dem Mikroskop beobachteten Dissoziationstemperaturen zahlreicher Fettsäuren und ihrer Methylester sind in Tab. 86 wiedergegeben.

Tabelle 86. *Dissoziationstemperaturen einiger Harnstoff-Komplexe von Fettsäuren und ihren Methylestern* (nach H.B. KNIGHT u. Mitarb. 1952)

Säure	Dissoziationstemperatur °C		Säure	Dissoziationstemperatur °C	
	der Fettsäure-Harnstoff-Addukte	der Methylester-Harnstoff-Addukte		der Fettsäure Harnstoff-Addukte	der Methylester-Harnstoff-Addukte
Capronsäure	64	—	Palmitinsäure	114	118
Caprylsäure	73	55	Stearinsäure	126	132
Caprinsäure	85	67	Ölsäure	110	110
Laurinsäure	92,5	77,5	Elaidinsäure	116	125
Myristinsäure	103	96			

β) Anwendung der Harnstoffaddukte zur Reindarstellung und Trennung von Fettsäuren

Darstellung reiner Harnstoffaddukte

H. SCHLENK u. R.T. HOLMAN (1950) machten die wichtige Entdeckung, daß ungesättigte Fettsäuren, wenn sie in die Form der Einschlußverbindungen gebracht werden, nicht durch den Luftsauerstoff oxydiert werden. Da die Fettsäureoxydation eine Kettenreaktion ist, bei der stets mehrere Moleküle als Donor und Acceptor auftreten, wird der für die Fortführung der Reaktion notwendige Kontakt offenbar durch die honigwabenartige Struktur der Einschlußverbindungen unterbunden.

Von dieser Eigenschaft macht man bei der Aufbewahrung reiner Linol- und Linolensäure Gebrauch.

Generell geht man bei der Darstellung der Addukte so vor, daß man 1 g Fettsäure oder Ester in 30 ml heißem Methanol löst, welches ca. 5 g Harnstoff enthält, eine Menge, die zur Sättigung des Methanols bei Zimmertemperatur genügt. Wenn nötig, gibt man tropfenweise etwas Chloroform hinzu, bis sich das Fettprodukt völlig gelöst hat. Beim Abkühlen auf Zimmertemperatur fällt das Addukt aus. Zur Umkristallisation verwendet man nach H. B. KNIGHT u. Mitarb. (1952) Methanol oder Isopropanol, die zur Hälfte bis zu zwei Dritteln mit Harnstoff gesättigt sind. Die Gegenwart von Harnstoff beeinträchtigt nicht die Bestimmung von Säure- und Jodzahl der Fettsäuren. Nur bei der Bestimmung der Verseifungszahl muß ein geringer Eigenverbrauch des Harnstoffs berücksichtigt werden.

Fraktionierung von Fettsäuregemischen

Die Harnstoffaddukte sind ihrer Natur nach weniger zur Fraktionierung der Fettsäuren nach der Kettenlänge als nach dem Grade der Ungesättigtheit geeignet. Durch portionsweises Versetzen mit Harnstoff ist es möglich, aus einem Fettsäuregemisch zunächst die gesättigten, dann die einfach ungesättigten und schließlich die mehrfach ungesättigten Fettsäuren bzw. ihre Ester in angereicherter Form zu gewinnen. Vor der Tieftemperatur-Kristallisation hat diese Methode dabei den Vorzug, daß nur Temperaturen um 0°C zur Anwendung kommen. Die Reindarstellung von Öl- und Linolsäure nach diesem Prinzip (J. G. KEPPLER u. Mitarb. 1959) wurde auf S. 606 beschrieben.

Beispiele für die Fraktionierung komplizierter Fettsäuregemische aus Seetierölen mit Harnstoff geben C. DOMART u. Mitarb. (1955). Bei Einhaltung eines Molverhältnisses Harnstoff: Fettsäure von 12 : 1 bis 13 : 1 und einer Temperatur von 1°C gelingt die Zerlegung von Menhaden-Fettsäuren in einen gesättigten Teil mit Jodzahlen zwischen 20 und 50 und einen ungesättigten mit Jodzahlen über 300. In einer anderen Versuchsserie erhalten die Autoren mit einem Molverhältnis von 9,2 : 1 bei 25 und 1°C die Komplexe der gesättigten und einfach ungesättigten Fettsäuren als Niederschlag. Erst wenn die Temperatur auf —30°C gesenkt wird, erscheinen zweifach ungesättigte Fettsäuren im Präzipitat.

Anreicherung von verzweigten und dimeren Fettsäuren

Da verzweigte und dimere Fettsäuren keine Addukte bilden, können sie angereichert werden, indem man Fettsäuregemische, in denen sie vorkommen, zunächst in die Harnstoffaddukte überführt und die erhaltenen Addukte noch einmal umkristallisiert. Die Nicht-Adduktbildner finden sich dann im Filtrat.

Während die addukt-inhibierende Wirkung der Verzweigung nach R. P. LINSTEAD u. M. WHALLEY (1950) sowie E. V. TRUTER (1951) durch eine Verlängerung der Kohlenstoffkette wieder ausgeglichen werden kann, werden dimere Fettsäuren unter keinen Umständen eingelagert. Die Harnstoffaddukte sind daher vorzüglich zur Trennung der Monomeren von den Di- und Polymeren in thermisch polymerisierten und oxydierten Fetten geeignet. Die nach diesem Prinzip arbeitenden Methoden von H. E. ROST (1962) bzw. M. R. SAHASRABUDHE u. V. R. BHALERAO (1963) sind auf S. 828 bzw. 902 wiedergegeben.

d) Fraktionierte Destillation

Die fraktionierte Destillation ist unter den klassischen Methoden die wirkungsvollste Arbeitsweise zur Trennung homologer Fettsäuren. Vor den später zu behandelnden chromatographischen Methoden besitzt sie nach K.E. MURRAY (1955) folgende Vorzüge:

1. Der Trenneffekt hängt nur von den Eigenschaften der zu trennenden Moleküle ab.
2. Der Verlauf einer fraktionierten Destillation läßt sich durch Bestimmung des Siedepunktes, der gleichzeitig der Identifizierung der Fraktionen dient, verfolgen.

3. Fettsäuren mit bis zu 30 C-Atomen können isoliert werden.
4. Nach prinzipiell dem gleichen Verfahren können Gemische von einigen Zehntelgramm bis zu Hunderten von Kilogramm zerlegt werden.

Der apparative Aufwand und der Zeitbedarf zur Einarbeitung in die Destillationstechnik sind indessen nicht unerheblich. Im Gegensatz zur fraktionierten Kristallisation und fraktionierten Verteilung trennt die Destillationsmethode die Fettsäuren in ihren Gemischen vorzugsweise nach der Kettenlänge und nicht nach dem Grade der Ungesättigtheit. Kombinationen von Destillation und Kristallisation sind daher auch die klassischen Methoden zur Bestimmung der Fettsäurezusammensetzung natürlicher Fette.

Man unterscheidet zwischen der *einfachen* Destillation, bei der das Flüchtige durch Anwendung von Wärme als Ganzes abgetrennt wird, und der *fraktionierten* Destillation, bei der das Kondensat nach steigenden Siedegrenzen in Fraktionen unterteilt wird. Die einfache Destillation wird namentlich in der Spezialausführung einer Destillation bei sehr niedrigen Drucken und Dampfwegen in der Größenordnung der Weglänge der Moleküle — *der Molekulardestillation* — in der Fettanalytik zur Trennung flüchtiger und nicht flüchtiger Fettsäuren, z. B. mono- und polymerer Säuren, benutzt. Zur Trennung von Fettsäuren verschiedener Kettenlänge ist dagegen eine fraktionierte Destillation angebracht, besonders in der Form der *Kolonnendestillation*, bei der die aus dem Destillationskolben aufsteigenden Dämpfe in einem geeigneten Kühleraufsatz kondensiert werden und ein Teil des Kondensats über Austauschelemente den aufsteigenden Dämpfen entgegengeführt wird. In speziellen Fällen kann man den Trenneffekt durch Zugabe einer dritten Substanz verbessern. Man nennt diese ebenfalls zur Trennung von Fettsäuregemischen angewandte Arbeitstechnik *Füllstoff-* (englisch: amplified) Destillation. Einen guten Überblick über Theorie und Praxis der Destillation, insbesondere der Laboratoriumsdestillation, bringen u. a. die Bücher von C. S. ROBINSON u. E. R. GILLILAND (1950), E. KIRSCHBAUM (1960) und die Veröffentlichungen von GG. R. SCHULTZE u. H. STAGE (1944), F. STAGE (1947) und A. BITTEL (1961a). Speziell mit dem Problem der Trennung von Fettsäuren und ihrer Ester beschäftigen sich die Arbeiten von K. E. MURRAY (1955) und H. STAGE (1953).

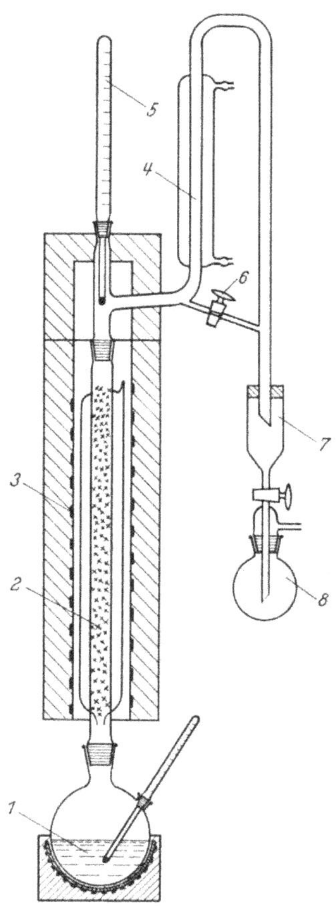

Abb. 65. Schema einer Destillierkolonne

α) Trennung von Fettsäuregemischen durch Kolonnendestillation

Das Prinzipschema einer für die Trennung von Fettsäuren oder ihrer Methylester geeigneten Destillationsanordnung ist in Abb. 65 wiedergegeben.

Die Vorrichtung besteht aus einem Rundkolben 1 von 100—1000 ml Inhalt und der ca. 1 m langen Kolonne 2 mit einem Durchmesser zwischen 5 und 25 mm. Die Kolonne ist mit Füllkörpern gefüllt. Bewährt haben sich Raschig-Ringe, Wilson-Spiralen, kegelförmige Füllkörper aus Drahtgewebe nach STEDMAN und die nach den Erfahrungen des Verfassers besonders wirksamen „Braunschweiger Wendeln" (Hersteller: A. Pfeiffer, 633 Wetzlar). Eine vollständige Aufstellung der wichtigsten Säulentypen, Füllkörperarten, Regler-Einrichtungen usw. bei F. STAGE (1947). Um die Kolonne vor Wärmeverlusten zu schützen, ist sie mit einem evakuierten, innen verkupferten Glasmantel und außerdem mit einem elektrisch geheizten Mantel 3 versehen. Die Dämpfe der destillierenden Flüssigkeit gelangen in einen kleinen Rückflußkühler 4 — auch *Dephlegmator* genannt — und fließen in einem durch das *Rücklaufverhältnis* bestimmten Betrag teils in die Kolonne zurück und teils über das Zwischenstück 7 in die Vorlage 8. Die Temperatur des übergehenden Produkts kann am Thermometer 5 abgelesen werden.

Die Wirksamkeit einer Kolonne wird durch die *Zahl der theoretischen Böden*, ein aus dem Dampf-Flüssigkeits-Gleichgewicht abgeleiteter Begriff, bzw. den *Bodenwert*, das ist das Höhenäquivalent des theoretischen Bodens, gekennzeichnet. Je inniger die Berührung des aufsteigenden Dampfes mit dem rücklaufenden Kondensat ist, desto größer ist die Zahl der theoretischen Böden. Die praktische Zahl der Böden, die beim Betrieb einer Säule gemessen wird, hängt, außer von der Belastung der Säule, auch vom Rücklaufverhältnis ab.

Wegen des hohen Siedepunkts der Fettsäuren arbeitet man im allgemeinen bei sehr niedrigen Drucken. Damit diese auch im Siedekolben wirksam sind, soll die Kolonne einen geringen Druckverlust aufweisen. Andererseits darf das allmähliche Erwärmen des Destilliergutes nur so vorsichtig erfolgen, daß die Kolonne nicht durch übermäßig zurückfließendes Kondensat zum „Ersaufen“ gebracht wird. Wichtig ist auch der sog. *Betriebsinhalt* der Säule. Das ist die Menge Flüssigkeit, die während des Betriebs der Säule von ihr und den Füllkörpern festgehalten wird. Durch den Betriebsinhalt wird die Mindestmenge Destilliergut bestimmt, die zur Durchführung einer Destillation erforderlich ist.

Von den Produkteigenschaften bestimmt insbesondere die *relative Flüchtigkeit* $a = \frac{P_1}{P_2}$, also das Verhältnis der Dampfdrucke beider Stoffe bei der Destillationstemperatur, die Trennbarkeit. Stoffe, die von der idealen Form des Dampf-Flüssigkeits-Gleichgewichts stark abweichen, z. B. azeotropische Gemische bilden, können meistens durch eine Destillation nicht getrennt werden.

Für die Fettsäuredestillation im analytischen und präparativen Maßstab wurden zahlreiche Kolonnen und Anordnungen entwickelt. Besonders wirksam sind Füllkörperkolonnen von H. STAGE (1950) (Hersteller: Fa. Destillationstechnik Dr. H. Stage, 5 Köln-Niehl), eine Spiralkolonne von E. JANTZEN (1932) und Drehbandkolonnen nach H. KOCH u. Mitarb. (1941) (Hersteller; Fa. E. Haage, 433 Mülheim-Ruhr) bzw. nach H. ABEGG (1948) (Hersteller: Fa. Destillationstechnik Dr. H. Stage, 5 Köln-Niehl). Die käuflichen Kolonnen sind weitgehend mit Regelelementen ausgestattet, so daß sie leicht bedient werden können. Alle Säulen haben Wirkungsgrade von 20—30 theoretischen Böden. Nach H. STAGE (1953) sind aber folgende Werte ausreichend:

Gemische aus:	Bödenzahl	Rücklaufverhältnis
aufeinanderfolgenden n-Carbonsäuren mit gerader C-Zahl	12 — 7,5	7,5—5
Methylestern aufeinanderfolgender n-Carbonsäuren mit gerader C-Zahl	9,5— 6,5	6 —4
n-Carbonsäuren mit aufeinanderfolgenden C-Zahlen	25 —14	16 —9
Methylestern von n-Carbonsäuren mit aufeinanderfolgenden C-Zahlen	18 —10	12 —6,5

Die Methylester sind also etwas leichter zu trennen als die entsprechenden Fettsäuren. Da ihr Siedepunkt außerdem ca. 30°C niedriger liegt als derjenige der Säuren, geht man bei der destillativen Trennung im allgemeinen von den Estern aus. Einen Überblick über die Siedetemperaturen der wichtigsten Ester gibt Tab. 87.

Weitere Siededaten der Methylester bei H. STAGE (1953) sowie H. STAGE u. Mitarb. (1962). Eine graphische Darstellung der Siedepunkte der geradkettigen unverzweigten aufeinanderfolgenden n-Carbonsäuren von C_1 bis C_{30} im Sinne der Dühring'schen Regel veröffentlichten E. JANTZEN u. W. ERDMANN (1952).

Aus Tab. 87 erhellt auch, daß ungesättigte Fettsäuren, wie Öl-, Linol- und Linolensäure, nur mit Kolonnen von ca. 50—100 theoretischen Böden zu trennen sind, beispielsweise der Ringspaltsäule von E. JANTZEN u. O. WIECKHORST (1954) (Hersteller: Fa. Destillationstechnik Dr. H. Stage, 5 Köln-Niehl).

Tabelle 87. *Siedetemperaturen von Fettsäuremethylestern* (nach H. STAGE 1953 bzw. nach T.A. SCOTT jr. u. Mitarb. 1952)

C-Atome d. Fetts.	Siedetemperatur (°C) bei einem Druck von						
	0,1	1,0	2,0	4,0	6,0	10,0	100,0 Torr
Ester gesättigter Fettsäuren (STAGE)							
6	—20,1	6,4	17,0	27,8	34,1	42,1	91,0
8	8,0	37,5	48,0	59,5	66,6	76,0	128,0
10	35,0	66,0	77,0	89,4	96,2	106,6	161,4
12	60,0	92,3	103,7	115,9	121,6	134,0	191,7
14	83,0	114,8	127,0	140,0	148,8	160,8	222,0
16	102,1	137,0	148,9	162,9	172,0	183,8	—
18	122,0	158,0	171,4	185,3	194,3	206,0	—
Ester ungesättigter Fettsäuren (SCOTT)							
18:1	118,2	154,4	167,4	181,7	190,8	—	—
18:2	117,0	154,0	167,1	181,3	190,2	—	—
18:3	118,4	155,0	168,0	182,2	191,1	—	—

Einige Beispiele mögen das mit der Destillationsmethode Erreichbare erläutern:

A.W. WEITKAMP u. L. C. BRUNSTRUM (1941) destillierten ein aus gehärtetem Sardinenöl erhaltenes Methylestergemisch unter Verwendung einer 120 cm langen und 25 mm weiten Glaskolonne, die mit STEDMAN-Füllkörpern gefüllt war und bei einem Druck von 2 Torr betrieben wurde. Die ganze Anordnung war gut isoliert, die Kolonne selbst wurde, ähnlich wie in Abb. 65 angegeben, zum Schutz gegen Wärmeverluste elektrisch geheizt. In den Destillierkolben wurden

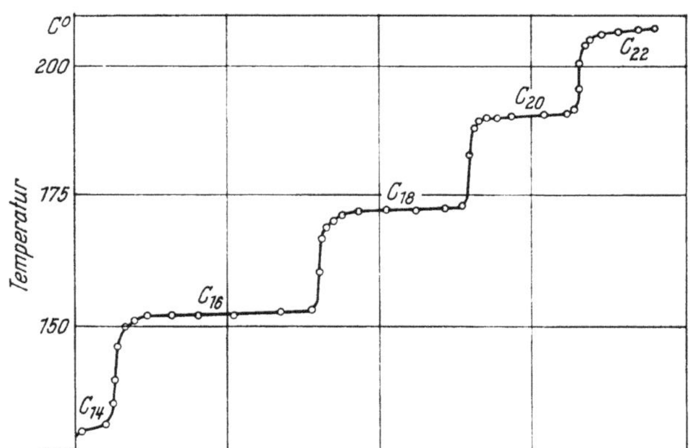

Abb. 66. Fraktionierung eines Methylestergemisches aus vollhydriertem Sardinenöl nach WEITKAMP u. BRUNSTRUM (1941)

200 g Ester gefüllt und dann Säule und Kolben unter Vakuum vorsichtig angeheizt, bis ein gleichmäßiger Rückfluß einsetzte. Dann wurde unter Beobachtung der Kopftemperatur fortlaufend Destillat entnommen. Die Kopftemperatur blieb während des Überganges eines definierten Esters konstant, stieg dann an und stellte sich während der Destillation des nächsthöheren Esters auf ein neues Niveau ein. Nach ca. 8 Std war die Destillation beendet. Das Ergebnis, charakteristisch für eine Säule von einer Trennwirkung von ca. 50 theoretischen Böden, ist in Abb. 66 dargestellt.

Abb. 66 veranschaulicht auch die Auswertung einer solchen Fraktionierung: Die Summe des Destillatgewichtes wird gegen die beobachtete Destillationstemperatur in ein Koordinatennetz eingetragen. Man erhält eine treppenförmige Kurve, deren horizontale Abschnitte dem Übergang eines reinen Methylesters entsprechen. Das im senkrechten Teil des Kurvenzugs Übergehende besteht etwa zur Hälfte aus der niedriger siedenden und zur Hälfte aus der höher siedenden Esterfraktion und wird daher nach der Young'schen Regel zu gleichen Teilen den beiden benachbarten Fraktionen zugerechnet.

E. JANTZEN u. Mitarb. (1938) trennten ein durch Oxydation von Paraffingatsch erhaltenes Fettsäuregemisch nach der Überführung in die Methylester unter Verwendung der 800 mm langen Spiralrohrsäule von 25 theoretischen Böden nach E. JANTZEN (1932) bei einem Druck von 10 Torr soweit auf, daß die in dem Gemisch anwesenden Ester der geradzahligen und ungeradzahligen Fettsäuren voneinander getrennt und identifiziert werden konnten.

L.J. WILLIAMSON (1951) benutzte zur Trennung der höhermolekularen Fettsäuremethylester eine von ihm selbst konstruierte Drehbandkolonne, die mit einem

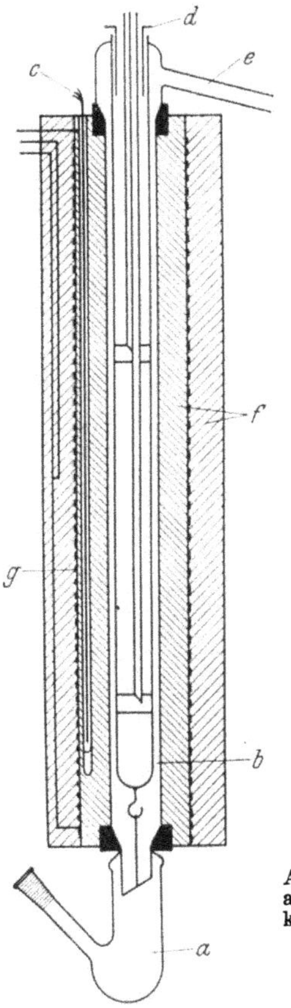

Abb. 67. Ringspaltsäule nach JANTZEN u. WIECKHORST (1954); a = Siedekolben, b = Ringspalt, c = Thermoelement, d = Kupferkühler, e = Luftkühler, f = Korkschrot, g = Heizwicklung

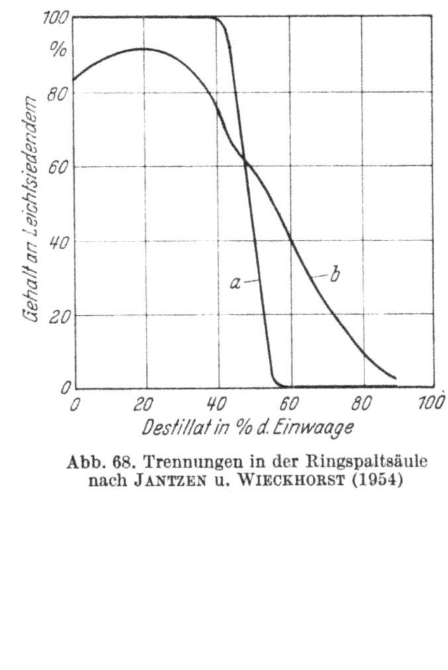

Abb. 68. Trennungen in der Ringspaltsäule nach JANTZEN u. WIECKHORST (1954)

rotierenden (1400—1800 U/min) Stahlband von 82×1,6 cm ausgestattet war und bei einem Druck von 2 Torr einen Wirkungsgrad von 14 theoretischen Böden besaß. Bei einem Rücklaufverhältnis von ca. 100:1 wurden Gemische der Methylester der C_{12}, C_{14}, C_{16} und C_{18}-Fettsäuren mit ausreichender Schärfe getrennt.

Zur destillativen Trennung der Methylester ungesättigter Fettsäuren sind Säulen von wesentlich höherer Bodenzahl erforderlich. Als Beispiel für viele sei hier die Ringspaltkolonne von E. JANTZEN u. O. WIECKHORST (1954) (Abb. 67), die in verbesserter Form von der Firma Destillationstechnik Dr. H. Stage, 5 Köln-Niehl, hergestellt wird, angeführt.

Die Autoren geben mehrere Ausführungen an, die sich durch die Höhe und den Ringdurchmesser unterscheiden. Für die Trennung ungesättigter Fettsäureester eignet sich besonders Säule III, die bei einer Länge von 50 cm Ringabmessungen von $1{,}70 \times 2{,}33$ cm besitzt. Die Einwaage beträgt 5—20 g, der Betriebsinhalt 1—2 g. Abb. 68 veranschaulicht einige mit dieser Säule erhaltene Trennergebnisse. Kurve a gibt die Trennung einer Mischung von Ölsäuremethylester und Stearinsäuremethylester wieder (0,26 Torr im Kolben, 0,04 Torr im Kondensator, $\Delta Kp_{0,2}$ 3,3°; 5,05 + 5,04 g, Destillierdauer 78 Std), Kurve b die Trennung von Ölsäuremethylester und Elaidinsäuremethylester (Drucke wie bei a, $\Delta Kp_{0,2} < 1°$, 5,21 + 4,89 g, Destillierdauer 135 Std).

β) Füllstoff-Destillation

Ist die Menge der zu trennenden Fettsäuren oder ihrer Ester klein im Verhältnis zum Betriebsinhalt der Säule, so verwendet man mit Vorteil die sog. Füllstoffdestillation (englisch: amplified distillation). Der Füllstoff wird so ausgewählt, daß seine Siedetemperatur innerhalb der Siedegrenzen der Komponenten der Mischung liegt und er nach der Destillation leicht wieder abgetrennt werden kann. Für die Füllstoff-Destillation der Methylester oder der freien Fettsäuren kommen Gemische von Kohlenwasserstoffen in Betracht, die mit passenden Siedegrenzen leicht erhältlich sind. Nach diesem Prinzip wurden zuerst Mischun-

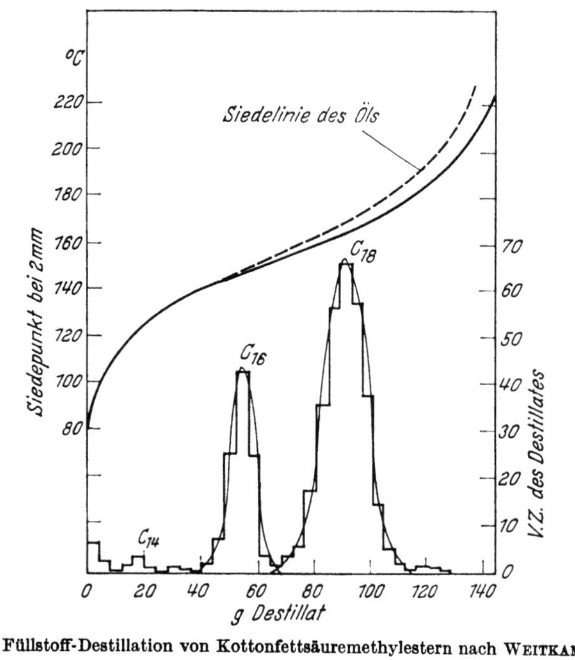

Abb. 69. Füllstoff-Destillation von Kottonfettsäuremethylestern nach WEITKAMP (1947)

gen von Propion- und Buttersäure bzw. Buttersäure und Isovaleriansäure von W. N. AXE u. A. C. BRATTON (1937) getrennt. Auf die Trennung höhermolekularer Fettsäuren wurde dieses Prinzip von A. W. WEITKAMP angewandt. Es gelang ihm (A. W. WEITKAMP 1945), die Methylester der normalen Fettsäuren des Wollfetts von den nur 3—4° C niedriger siedenden Estern der iso-Fettsäuren zu trennen. An zahlreichen Beispielen zeigte A. W. WEITKAMP (1947), daß diese Destillationstechnik generell auf die Trennung der Methylester höhermolekularer Fettsäuren anwendbar ist.

So erhielt der Autor durch Destillation von 10 g Kottonfettsäuremethylestern mit 140 g eines speziellen Paraffinöls in einer Kolonne von ca. 50 theoretischen Böden und anschließende Bestimmung der Verseifungszahl der Fraktionen recht gute Ergebnisse (vgl. Abb. 69).

Diese Technik ist besonders geeignet zur Bestimmung solcher Fettsäuren, die nur in geringer Konzentration neben anderen vorkommen.

γ) Molekulardestillation

Während bei den bisher besprochenen Arten der Destillation Dampf und Flüssigkeit miteinander im Gleichgewicht stehen — man nennt sie daher auch Gleichgewichtsdestillation — ist das bei der Molekulardestillation nicht der Fall. Man macht bei ihr von der Tatsache Gebrauch, daß die freie Weglänge der Dampfmoleküle mehrere Zentimeter groß werden kann, wenn der Dampfdruck im Destillierraum auf 10^{-3} Torr erniedrigt wird. Bringt man innerhalb dieser Entfernung eine gekühlte Fläche an, so schlagen sich die heißen Moleküle auf ihr nieder; es findet eine Fraktionierung statt. Die nach diesem Prinzip gebauten Apparate zur Molekulardestillation lassen sich in drei Gruppen teilen:

1. Kolbenapparate mit Kühlfinger (vgl. S. 898). Das zu destillierende Gut befindet sich in einem Kolben mit abgeflachtem Boden. In geringer Entfernung ist ein „Kühlfinger" angebracht, der mit Aceton-Kohlendioxid, flüssiger Luft oder einem anderen Kühlmittel gefüllt ist. Man destilliert bei Drucken von 10^{-2} bis 10^{-4} Torr. Das am Kühler angefrorene Kondensat wird abgeschabt oder mit Lösungsmitteln gelöst.

2. Apparate nach dem Prinzip des fallenden Films

Diese gehen auf Arbeiten von K. C. D. HICKMAN (1944) zurück. Sie bestehen im einfachsten Falle aus zwei ineinander gesteckten Rohren, von denen das eine beheizt und das andere gekühlt wird. Die zu destillierende Flüssigkeit wird im Hochvakuum in dünner Schicht über die Oberfläche des geheizten Rohres geleitet. Das Destillat scheidet sich am gekühlten Rohr ab. Hersteller derartiger Apparate ist z. B. die Firma E. Leybold's Nachf., 5 Köln-Bayenthal. Mit nur leichter Neigung arbeitet die Kurzweg-Destillationsapparatur nach G. E. UTZINGER (1954) (Hersteller: Schott & Gen., 65 Mainz), die auch die Abnahme mehrerer Fraktionen erlaubt.

3. Apparate zur Zentrifugal-Molekulardestillation

Hier wird die zu destillierende Flüssigkeit auf die Mitte einer rasch rotierenden Scheibe gebracht, die als Verdampfer dient. Durch die Zentrifugalkraft entsteht ein dünner Film, der nur für den Bruchteil einer Sekunde der erhöhten Temperatur ausgesetzt ist. Der Heizscheibe gegenüber befindet sich in geringem Abstand der Kondensator.

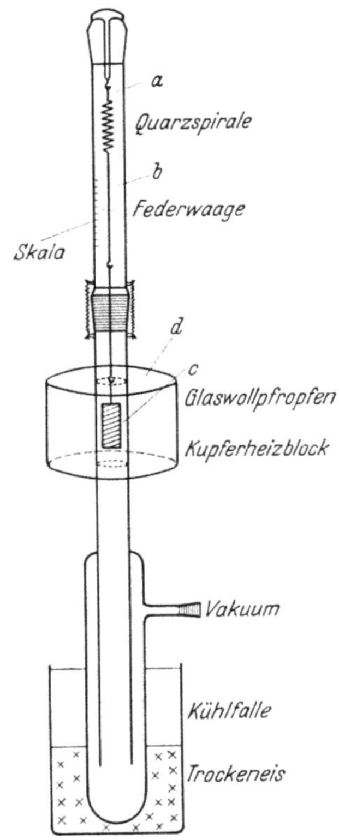

Abb. 70. Mikromolekular-Destillationsapparatur nach PASCHKE u. Mitarb. (1954) (Schematische Zeichnung)

Zusammenfassend berichten über die apparative Gestaltung der Molekulardestillation R. JAECKEL u. G. W. OETJEN (1949), L. W. MASCH (1950) und E. KEUNECKE (1961), die Anwendungsgebiete behandelt D. KUTSCHE (1963).

Da die Trennschärfe der Molekulardestillation etwa die eines theoretischen Bodens ist, können nur Mischungskomponenten mit sehr unterschiedlichem Siedepunkt getrennt werden. Ihr Hauptanwendungsgebiet hat daher diese Arbeitstechnik bei der Abtrennung von freien Fettsäuren, Sterinen, Vitaminen und Monoglyceriden aus ihren Gemischen mit Triglyceriden gefunden. Bei der Fettsäureanalyse ist sie nahezu das einzige Mittel, in einem Arbeitsgang monomere von dimeren und polymeren Fettsäuren zu trennen. T. F. BRADLEY u. W. B. JOHNSTON (1941) zerlegten z. B. ein polymerisiertes Methyllinoleat durch Molekulardestillation in einer Apparatur nach dem Prinzip des fallenden Films in mono-, di- und trimere

Fraktionen. Zunächst wurde bei einem Druck von 1 Torr die monomere Fraktion entfernt und dann bei $2 \cdot 10^{-3}$ Torr und einer Temperatur von 160—290°C die dimere abdestilliert.

Eine für den gleichen Zweck eingerichtete Mikromolekular-Destillationsapparatur nach R. F. PASCHKE u. Mitarb. (1954) ist in Abb. 70 dargestellt.

Sie besteht aus einem 2—3 cm weiten Glasrohr a, das eine aus einer Quarzspirale und einer Skala bestehende Federwaage b enthält, an der sich ein mit dem zu untersuchenden Gemisch getränkter Glaswollpfropfen c befindet. Geheizt wird mit einem elektrisch heizbaren Kupferblock d. Das Kondensat kann in auswechselbaren Ampullen aufgefangen werden. Vor die Vakuumpumpe ist eine mit Trockeneis beschickte Kühlfalle geschaltet.

Vor Beginn einer Bestimmung wird zunächst die Nullstellung der Waage abgelesen (Ablesung 0). Dann werden 0,5 g des zu untersuchenden polymerisierten Methylestergemisches auf die Glaswolle gebracht (Ablesung F). Es wird zunächst eine Ölpumpe, dann eine Diffusionspumpe eingeschaltet. Sobald ein Druck von $8 \cdot 10^{-3}$ Torr oder weniger erreicht ist, wird die Heizung auf 150°C reguliert. Nach 30 min sind die Monomeren abdestilliert (Ablesung M). Dann wird zur Entfernung der Dimeren auf 250°C geheizt und nach 30 min nochmals abgelesen (Ablesung D). Es ist dann:

$$\%\ \text{Monomere} = \frac{M - F}{O - F} \cdot 100$$

$$\%\ \text{Dimere} = \frac{D - M}{O - F} \cdot 100$$

$$\%\ \text{Trimere (Rückstand)} = \frac{O - D}{O - F} \cdot 100$$

Die von den Autoren erhaltenen Resultate stimmten erstaunlich gut mit den nach anderen Methoden erhaltenen überein.

δ) Mikro-Destillationsmethoden

Von den vielen Mikro-Fraktioniermethoden sei hier die von E. JANTZEN u. H. WITGERT (1939) erwähnt, die bei einer sehr einfachen Konstruktion Mengen zwischen 1 und 100 mg zu zerlegen erlaubt. Der von der Firma Destillationstechnik Dr. H. Stage, Köln-Niehl, hergestellte Apparat — ein Horizontal-Destillator — ist in Abb. 71 wiedergegeben.

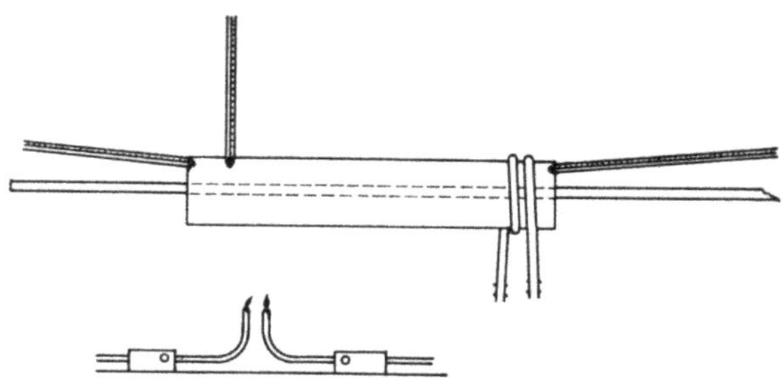

Abb. 71. Horizontal-Destillator nach JANTZEN u. WITGERT (1939)

Sein wichtigster Teil ist ein auf einem Wagen verschiebbarer massiver Aluminiumzylinder von ca. 200 mm Länge und 40 mm ⌀. Am linken Ende wird er mit einem Gasbrenner geheizt, am rechten mit einer Kupferschlange gekühlt. Der Block besitzt eine zentrale Bohrung von 6 mm zur Durchführung der Destillationscapillare von ca. 1200 mm Länge und 5,5—5,7 mm ⌀. Zur Ausführung einer Destillation werden ca. 20 mg Substanz so in das linke Ende des Rohres gefüllt, daß der Tropfen ca. 6 cm vom Rohrende entfernt liegt. Dann wird auf 0,1 Torr und weniger ausgepumpt und ein Wasserstoffstrom von 20 Blasen/min eingestellt. Den Aluminiumblock schiebt man so über die Substanz, daß das beheizte Ende 3 cm links vom Flüssigkeitstropfen liegt. Es wird geheizt, bis die Substanz zu destillieren beginnt. Dabei soll das Wärmegefälle im Block ca. 30°C betragen. Unter dem Einfluß dieses Gefälles wandern die leichtsiedenden Teilchen weiter als die schwersiedenden. Ist nach einiger Zeit der Tropfen verdampft, rückt man mit dem Schlitten 2—3 cm weiter, heizt von neuem auf und so fort. Hierbei werden hauptsächlich die Tröpfchen des Schwersiedenden mehrfach ausdestilliert. Allmählich läßt man die Anteile des Schwersiedenden zurück, indem man den Heizblock darüber hinwegschiebt. Man bricht die Destillation ab, wenn man mit dem Block am Ende des Rohres angelangt ist. Dann schneidet man das Rohr in Stücke, so daß jeder Teil eine Fraktion enthält und charakterisiert letztere durch den Schmelzpunkt oder andere Mikromethoden.

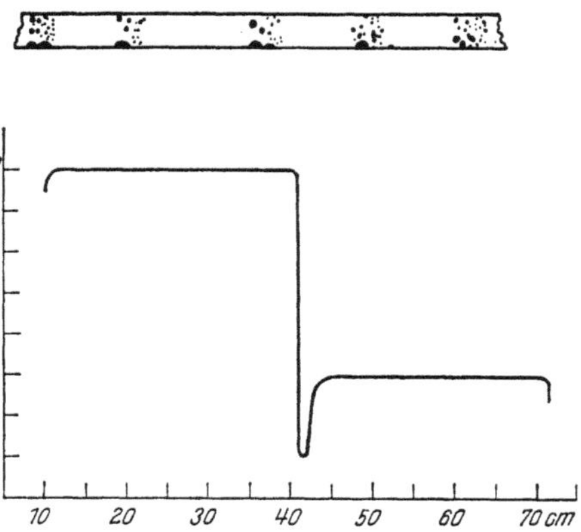

Abb. 72. Trennung von Dodecansäure (Fp. 44,0° C) und Tetradecansäure (Fp. 54,1° C) durch Mikro-Horizontal-Destillation nach JANTZEN u. WITGERT (1939)

Die Trennung von Dodecan- und Tetradecansäure nach diesem Verfahren (Abb. 72) veranschaulicht die große Trennschärfe des Verfahrens.

e) Multiplikative Verteilung

Die Trennung von Fettsäuren durch fraktionierte Verteilung, insbesondere die multiplikative Verteilung, ist, ähnlich wie die fraktionierte Destillation und Kristallisation, gegenüber den weniger aufwendigen und schneller zum Ziel führenden chromatographischen Methoden in den letzten Jahren etwas in den Hintergrund getreten. Sie verdient aber trotzdem eine kritische Behandlung, da sie nicht nur im analytischen und präparativen Bereich die Trennung von homologen und isologen Fettsäuregemischen gestattet, sondern darüber hinaus auch ein unentbehrliches Hilfsmittel zur Zerlegung komplizierter Lipoidgemische geworden ist.

Die Grundlagen dieser Methodik werden in den Werken von H. M. RAUEN u. W. STAMM (1953), E. HECKER (1955) und A. BITTEL (1961b) ausführlich behandelt, so daß der Verfasser sich hier mit einer kurzen Einführung in das Gebiet begnügen kann.

Wird eine Substanz mit zwei nicht oder nur begrenzt mischbaren Lösungsmitteln in Berührung gebracht, so geht sie sowohl in die leichtere „Oberphase" als auch in die schwerere „Unterphase" über. Es stellt sich ein Gleichgewicht der Konzentrationen C_1 und C_2 ein, für das nach BERTHELOT u. NERNST die Beziehung gilt:

$$\frac{C_1}{C_2} = K$$

K wird als *Verteilungskoeffizient* bezeichnet. Die Größe von K hängt nur von der Temperatur und vom Druck, nicht aber von der Konzentration der gelösten Substanz ab. Die Angabe eines Verteilungskoeffizienten ist nur dann sinnvoll, wenn gleichzeitig die Temperatur und das Lösungsmittelsystem, für das er gemessen wurde, angegeben wird.

Stoffe mit unterschiedlichem Verteilungskoeffizienten können durch Verteilungsverfahren voneinander getrennt werden. Das einfachste dieser Verfahren, die Ausschüttelung mit Schüttelzylindern, liefert nur dann brauchbare Ergebnisse, wenn die *Verteilungszahl G*, ein von E. HECKER eingeführter Begriff, sehr groß ist.

$$G_{(T,\,V,\,\text{System})} = \frac{p}{q}$$

$$p = \frac{\text{Substanzmenge in der Oberphase}}{\text{Gesamtsubstanzmenge}}$$

$$q = \frac{\text{Substanzmenge in der Unterphase}}{\text{Gesamtsubstanzmenge}}$$

Es ist auch $G = K \cdot V$, wo $V = \frac{V_1}{V_2}$ das Volumverhältnis der beiden Phasen ist.

Von der Verteilungszahl G leiten sich zwei weitere wichtige Größen ab, nämlich der *Trennfaktor* β, ein Maß für die Selektivität des Phasenpaares, und der Volumenfaktor a, der das zur Trennung zweier Substanzen am besten geeignete Volumenverhältnis bestimmt.

Es sind:

$$\beta = \frac{G_A}{G_B} = \frac{K_A}{K_B} > 1 \text{ und } a = G_A \cdot G_B$$

Die Trennung zweier Substanzen ist um so einfacher, je größer β ist, bei $\beta = 1$ ist eine Trennung unmöglich.

Wenn sich zwei Substanzen in ihren Verteilungskoeffizienten nicht stark unterscheiden, erzielt man mit Hilfe einfacher Ausschütteloperationen nur geringe Anreicherungswirkungen. Man bedient sich dann besser der sog. *multiplikativen* Verteilungsverfahren, bei denen einfache Phasenmischoperationen in sinnvoller Weise miteinander verbunden werden. Nach E. HECKER u. K. ALLEMANN (1954) sind unter den möglichen Arten der multiplikativen Verteilung folgende Verfahren die wichtigsten.

Verfahren mit schubweise bewegten Phasen

Eine bewegte und eine stationäre Phase (Craig-Verteilung).
Zwei gegeneinander bewegte Phasen (O'Keefe- und Watanabe-Verteilung).

Verfahren mit gleichförmig bewegten Phasen

Eine bewegte und eine stationäre Phase (Martin-Synge-Verteilung).
Zwei gegeneinander bewegte Phasen (Cornish-, van Dyck- und Jantzen-Verteilung).

Zur Ausführung dieser Verteilungsverfahren sind zahlreiche Apparate im Handel, die in den genannten Werken von RAUEN/STAMM, HECKER, BITTEL und KEIL ausführlich beschrieben sind. Wertvolle Hinweise für die apparative Ausführung dieser Trennoperationen im größeren Maßstab gibt eine Veröffentlichung von H. STAGE u. L. GEMMEKER (1964).

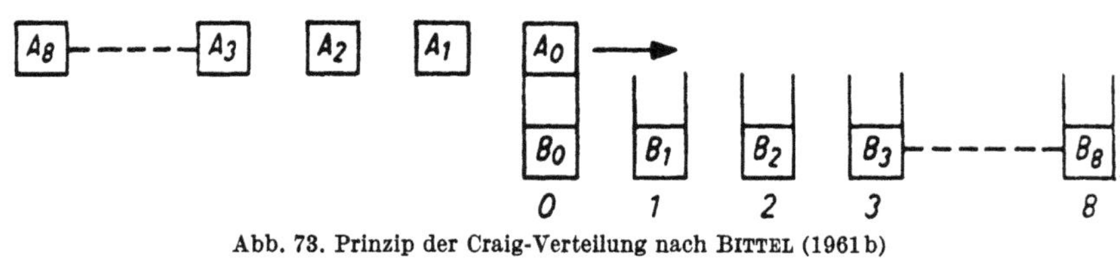

Abb. 73. Prinzip der Craig-Verteilung nach BITTEL (1961 b)

In der Fettanalytik wurde zur Trennung von Fettsäuren, Glyceriden, Phosphatiden u. a. Lipiden bisher nur die nach ihrem Urheber benannte Craig-Verteilung in größerem Umfang angewendet (L. C. CRAIG 1944), in den Vereinigten Staaten auch „Countercurrent distribution" genannt. Das Prinzip der Arbeitsweise sei an einem Gedankenexperiment (nach A. BITTEL 1961 b) erläutert (vgl. Abb. 73).

α) Prinzip der Craig-Verteilung

Gegeben seien z. B. neun Verteilungselemente, die mit gleichen Mengen Unterphase gefüllt sind. Zum Element 0 gebe man 1 g der zu verteilenden Substanz sowie eine bestimmte Menge an Oberphase A_0, schüttele die Zelle bis zum Gleichgewicht und überführe die Oberphase in Pfeilrichtung in die nächste Zelle, so daß die Phase A_0 über B_1 und die frische Oberphase A_1 über B_0 kommt. Das Volumenverhältnis von Ober-und Unterphase in jedem Element sei konstant und die Verteilungszahl gleich 1. Unter diesen Voraussetzungen befinden sich nach dem 1. Verteilungsschritt je 0,5 g Substanz in den Elementen 0 und 1. Schüttelt man die Elemente 0 und 1 bis zum Gleichgewicht und überführt die Oberphase wieder in das nächste Element, so gelangt die Phase A_0 zu B_2, A_1 zu B_1 und die frische Phase A_2 zu B_0. Nun sind in dem Element 0:0,25; im Element 1:0,50 g und im Element 3:0,25 g Substanz.

Führt man die Verteilung in der beschriebenen Weise weiter, so haben sich nach acht Verteilungsschritten in den Elementen folgende Substanzmengen angesammelt.

Element Nr.	0	1	2	3	4	5	6	7	8
g Substanz	0,004	0,031	0,109	0,219	0,274	0,219	0,109	0,031	0,004

Das Maximum wird um so mehr in Richtung der ansteigenden Zellennummern verschoben, je mehr Verteilungsschritte erfolgen. Es liegt allgemein in der Zelle:

$$z_{max} = \frac{n \cdot G}{G + 1}$$

Die relative Substanzmenge für die Zelle z ergibt sich nach der Formel

$$T_{n,z} = \frac{n!}{z!\,(n - z)!} \cdot \frac{G!_n}{(G + 1)}$$

z = Zellennummer
n = Anzahl der Verteilungsschritte
G = Verteilungszahl.

Man erkennt, daß bei der Verteilung von Substanzen mit unterschiedlichen Verteilungszahlen mehrere Maxima auftreten müssen.

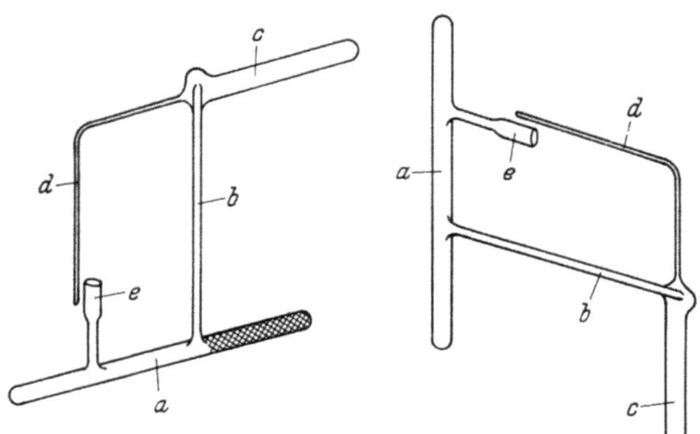

a b

Abb. 74. Verteilungszelle der Craig-Apparatur nach BITTEL (1961 b)

Eine Verteilungszelle, wie sie in den Craig'schen Apparaten zu mehreren Hundert vereinigt sind, ist in Abb. 74 wiedergegeben. Ausführliche Beschreibungen der Craig'schen Apparaturen finden sich bei L.C. CRAIG (1950), L.C. CRAIG u. Mitarb. (1951) und in der genannten Übersichtsliteratur.

β) Fettsäuretrennung mit Hilfe der Craig-Verteilung

Übersichten über die Anwendung der Craig-Verteilung zur Trennung von Fettsäuren geben der zusammenfassende Bericht von H.J. DUTTON (1954) und die Veröffentlichungen von H.J. DUTTON (1955) und C.R. SCHOLFIELD (1961).

Vorbedingung für eine genügend scharfe Trennung ist die Auswahl solcher Lösungsmittelsysteme, in denen die Fettsäuren homologer oder isologer Reihen deutlich unterschiedene Verteilungskoeffizienten besitzen. E. H. AHRENS u. L. C. CRAIG (1952) fanden in den Lösungsmittelgemischen Formamid/Methanol/Essigsäure — n-Heptan 1:1:1:3 sowie Acetonitril/Methanol/Essigsäure — n-Heptan 1:1:1:4 zwei Lösungsmittelsysteme, die diesen Bedingungen genügen, wie Tab. 88 ausweist.

Tabelle 88. *Verteilungskoeffizienten höhermolekularer Fettsäuren* (nach E. H. AHRENS u. L. C. CRAIG 1952)

Fettsäure	Lösungsmittelgemisch a	b
Stearinsäure	8,9	3,1
Elaidinsäure	5,5	—
Ölsäure	4,9	1,9
Palmitinsäure	4,4	1,9
Linolsäure	2,9	0,9
Myristinsäure	2,0	1,2
Linolensäure	1,6	0,6
Laurinsäure	0,9	0,8

a) = Formamid/Methanol/Essigsäure – n-Heptan 1:1:1:3
b) = Acetonitril/Methanol/Essigsäure – n-Heptan 1:1:1:4

Unter Verwendung einer mit 220 Verteilungszellen ausgestatteten Apparatur erreichten die Autoren eine ausgezeichnete Trennung künstlicher Gemische aus den gesättigten Fettsäuren C_{12} bis C_{18} bzw. den ungesättigten $C_{18:1}$, $C_{18:2}$ und $C_{18:3}$ (vgl. Abb. 75).

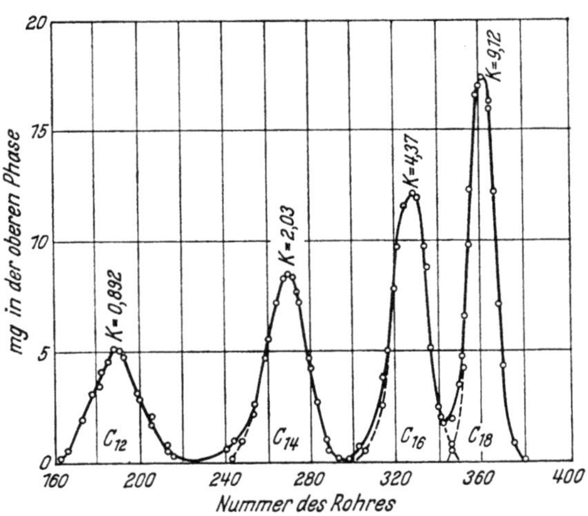

Abb. 75. Craig-Verteilung einer Serie homologer gesättigter Fettsäuren nach AHRENS u. CRAIG (1952)

Da die normale Verteilungsapparatur nicht ausreichte, wurde die 219. Zelle wieder mit der ersten verbunden und die Verteilung fortgesetzt, bis 400 Schritte vollendet waren.

Zur Trennung der ungesättigten Fettsäuren mit Hilfe des gleichen Lösungsmittelsystems erwies sich eine zweifache Rückführung als notwendig. Nur so wurden die Fraktionen deutlich voneinander geschieden (vgl. Abb. 76).

Ein anderes Lösungsmittelsystem, nämlich eine Mischung von Petroläther und Dimethylsulfoxid-1-Octanol wurde von F. WILL (1961) für die Fettsäuretrennung vorgeschlagen.

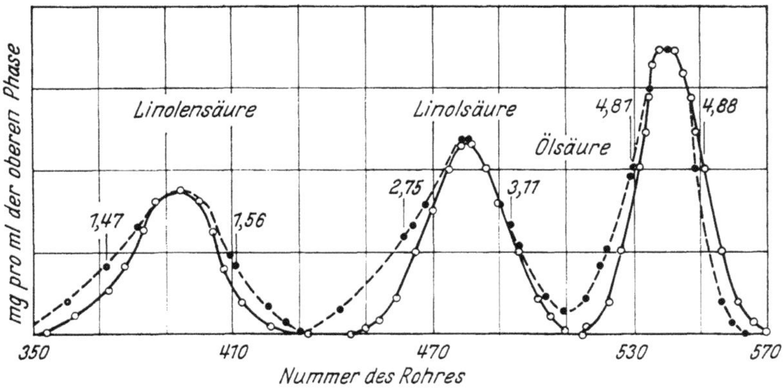

Abb. 76. Gegenstromverteilung ungesättigter C_{18}-Fettsäuren nach AHRENS u. CRAIG (1952)

Die Trennung der Methylester erfordert andere Systeme, da sie eine geringere Polarität als Fettsäuren besitzen. J.A. CANNON u. Mitarb. (1952) empfehlen hierfür ein Gemisch aus 20% Nitromethan und 80% Nitroäthan mit Pentan-Hexan, das von H.J. DUTTON u. Mitarb. (1950) bereits für die Fraktionierung von Sojaglyceriden benutzt wurde. Die Verteilungskoeffizienten liegen für dieses System wie folgt:

Methylester	C_{12}	C_{14}	C_{16}	C_{18}	$C_{18:1}$	$C_{18:2}$	$C_{18:3}$
K	1,3	1,5	1,9	2,3	1,8	1,2	0,94

C.R. SCHOLFIELD u. Mitarb. (1960) ziehen allerdings für die Trennung und Reindarstellung ungesättigter Fettsäuremethylester ein Lösungsmittelgemisch, bestehend aus Acetonitril, das im Hinblick auf die Ungesättigtheit sehr selektiv ist, und Petroläther vor. Diesen Autoren gelang durch wiederholte Craig-Verteilung mit mehreren hundert Verteilungsschritten die Gewinnung eines fast 100%-igen Linolensäuremethylesters aus Leinöl, eines ebenso reinen Linolsäuremethylesters aus Safloröl und eines 90%igen Arachidonsäuremethylesters aus Schweineleberfett.

P.L. NICHOLS jr. (1952) verteilt die Methylester der Öl- und Elaidinsäure zwischen mit Silbernitrat gesättigtem Methanol und iso-Octan. Es gelingt ihm auf diese Weise, die cis- und trans-Verbindung voneinander zu trennen. W.N. SUMERWELL (1957) erreicht das gleiche, indem er eine Mischung von Öl- und Elaidinsäure in nur 12 Schritten in mit Harnstoff gesättigtem Methanol verteilt. Die erhaltenen Säuren sind von hoher Reinheit.

f) Säulenchromatographie

Unter den chromatographischen Methoden ist die Säulenchromatographie (M. TSWETT 1903, vgl. G. HESSE, H. WEIL 1954) das erste physikalische Verfahren gewesen, das mit sehr geringem apparativem Aufwand eine Trennung von in Molekülgröße und Struktur nahe verwandten Fettsäuren ermöglichte. Alle speziellen Ausführungsformen der unter diesem Begriff zusammengefaßten Methodik, wie die Elutionsanalyse (T. REICHSTEIN 1938), die Frontal- und Verdrängungsanalyse (A. TISELIUS 1938—1952) und die Verteilungschromatographie (A.J.P.

MARTIN u. R. L. M. SYNGE 1941), sind mit einigen, die besonderen Eigenschaften des Substrats berücksichtigenden Änderungen zur Trennung von Fettsäuren benutzt worden. Eine gute Übersicht über die erzielten Fortschritte geben die Veröffentlichungen von R. T. HOLMAN (1952), H. SCHLENK u. J. L. GELLERMAN (1961) und R. A. STEIN u. V. SLAWSON (1966). Theorie und Praxis der Chromatographie allgemein werden in Bd. II/1 dieses Handbuches behandelt.

α) Elutionsanalyse

Die Elutionsanalyse ist die klassische Form der chromatographischen Analyse. Man bringt eine kleine Menge der zu untersuchenden Substanz in unverdünnter Form oder in Lösung auf die mit einem Adsorbens gefüllte Kolonne und wäscht mit einem mäßig polaren Lösungsmittel nach. Die Komponenten der zu analysierenden Substanz trennen sich in verschiedene Zonen, die nacheinander im Eluat erscheinen.

Als Adsorptionsmittel für die Trennung von Fettsäuren sind Aluminiumoxid, Silicagel und Aktivkohle neben anderen geeignet. Das Elutionsmittel wählt man zweckmäßig nach der „eluotropen Reihe" von W. TRAPPE (1940) aus, in der jedes nachfolgende Lösungsmittel einen stärker polaren Charakter als das vorhergehende besitzt: Petroläther, Cyclohexan, Tetrachlorkohlenstoff, Trichloräthylen, Toluol, Benzol, Dichlormethan, Chloroform, Äther, Äthylacetat, Aceton, n-Propanol, Äthanol und Methanol.

Durch Elutionsanalyse unter Verwendung von Aluminiumoxid nach BROCKMANN gelang es H. P. KAUFMANN (1939a) aus einer Lösung von Stearinsäure und Myristinsäure (1:1) in der zehnfachen Menge Benzol die Komponenten in reiner Form abzutrennen. Bei der Chromatographie von Gemischen gesättigter und ungesättigter Fettsäuren beobachtete er eine Anreicherung der ungesättigten, bei der Behandlung von Gemischen verschieden ungesättigter Säuren eine Anreicherung der stärker ungesättigten im Filtrat.

H. P. KAUFMANN u. O. SCHMIDT (1940) brachten den Nachweis, daß Gemische von Neutralölen und höhermolekularen Fettsäuren durch Perkolieren der benzolischen Lösung durch Aluminiumoxid bzw. der Lösung in Trichloräthylen durch Silicagel entsäuert werden können. Die Fettsäuren bleiben wegen ihres stärker polaren Charakters auf dem Adsorbens zurück.

C. MANUNTA (1939) gelang eine nahezu vollständige Trennung einer Lösung von Palmitin-, Stearin- und Ölsäure (1:1:1) in Petroläther bei der Perkolation durch eine mit getrocknetem $MgSO_4 \cdot {}^1/_2H_2O$ gefüllten Säule. Ähnliche Resultate wurden bei Verwendung von Frankonit als Adsorptionsmittel erhalten.

Die Schwierigkeiten, die sich bei der Erkennung der eluierten Fettsäuren gegenüber der Chromatographie von gefärbten Substanzen ergeben, überwanden H. J. DUTTON (1944) durch Verwendung eines hochempfindlichen Differentialrefraktometers und M. GRAFF u. E. L. SKAU (1943) durch Benutzung eines mit einem Indicator imprägnierten Magnesiumoxids, das die Ausschabung der Fettsäurezonen in der üblichen Weise ermöglicht.

H. J. DUTTON u. C. L. REINBOLD (1948) konnten binäre Gemische, die sich durch fraktionierte Destillation nicht mehr trennen ließen, wie Äthyloleat-Äthylstearat, Äthyllinoleat-Äthyllinolenat u. a., durch Adsorption an Aluminiumoxid und Elution mit einer Lösung von 1,75% Äther in Petroläther soweit zerlegen, daß die Zusammensetzung der Gemische ermittelt werden konnte. Die zunächst eluierte Komponente wurde mit einer Reinheit zwischen 68 und 83%, die zweite mit einer Reinheit zwischen 61 und 76% erhalten.

Die Trennschärfe der normalen Elutionsanalyse ist nicht sehr groß. Eine vollständige Trennung gesättigter Fettsäuren ist nur dann möglich, wenn sie sich in der Kettenlänge um mehr als 4 CH_2-Gruppen unterscheiden. Leichter gelingt die Trennung gesättigter Fettsäuren von ungesättigten mit der gleichen Zahl der Kohlenstoffatome. Ein unbestrittener Vorteil ist dagegen, daß mit verhältnismäßig einfachen Anordnungen Fettsäuremengen bis zu 50 g fraktioniert werden können. Die Methode ist daher zur Vortrennung komplizierter Gemische oder auch zur Reindarstellung von Fettsäuren, z. B. von Linol- und Linolensäure nach R. W. RIEMENSCHNEIDER u. Mitarb. (1949), zu empfehlen.

Eine scharfe Trennung ungesättigter und gesättigter Fettsäuren bzw. ihrer Methylester ist möglich, wenn man, wie B. DE VRIES (1963) zeigen konnte, als Adsorbens eine mit Silbernitrat beladene Kieselsäure verwendet (Arbeitsvorschrift S. 639) und zur Elution Mischungen von Benzol und Petroläther mit steigendem Benzolgehalt bzw. Chloroform und Äther mit steigendem Äthergehalt (H. WAGNER u. Mitarb. 1963) benutzt.

Auch salzsäuregewaschenes und mit Silbernitrat imprägniertes Florisil besitzt nach R. L. ANDERSON u. E. J. HOLLENBACH (1965) ausgezeichnete Trenneigenschaften.

β) Frontal- und Verdrängungsanalyse

A. TISELIUS, ST. CLAESSON u. Mitarb. entwickelten in den Jahren 1940—1950 (Literaturzusammenstellung bei E. u. M. LEDERER (1954)) eine Modifikation der Adsorptionschromatographie, die sie *Frontalanalyse* nannten.

Eine Lösung der zu untersuchenden Substanzen wird kontinuierlich durch eine mit dem Adsorbens gefüllte Säule geschickt und die Konzentration des Perkolats kontinuierlich, z. B. interferometrisch, gemessen. Zunächst fließt reines Lösungsmittel aus, dann beobachtet man ein stufenförmiges Ansteigen der Konzentration, wobei jeder Stufe oder „Front" eine Komponente entspricht, vorausgesetzt, daß die Substanzen verschieden stark adsorbiert werden. Rein kann man nach dieser Methode nur die zuerst erscheinende, also die am wenigsten adsorbierte Mischungskomponente erhalten. Die Methode ist daher nur zum Studium der Adsorptionsisothermen benutzt worden, deren Lage darüber entscheidet, ob z. B. zwei benachbarte Fettsäuren durch ein Adsorptionsverfahren getrennt werden können. Solche Bestimmungen wurden von H. CASSIDY (1940) an höhermolekularen Fettsäuren und von F. H. M. NESTLER u. H. G. CASSIDY (1950) an wäßrigen Lösungen von Essig-, Propion- und Buttersäure ausgeführt.

Der Grad der Adsorbierbarkeit wird bei solchen Studien häufig durch den Begriff „Spezifisches Retentionsvolumen" ausgedrückt, das ist das Volumen pro Gramm Adsorbens der Flüssigkeit, welche die Kolonne passiert, bis die zu untersuchende Substanz in maximaler Konzentration im Eluat erscheint.

Eine bessere Trennung erzielt man durch die *Verdrängungsanalyse*, die ebenfalls auf Arbeiten von A. TISELIUS (vgl. E. u. M. LEDERER 1954) zurückgeht.

Hierbei setzt man der zu trennenden Lösung eine Substanz zu, die stärker adsorbiert wird als die gelösten Stoffe. In demselben Maße, in dem der „Verdränger" in die Säulenfüllung eindringt, ordnen sich die Bestandteile der Mischung, nach ihren Adsorptionskoeffizienten getrennt, nach unten, derart, daß die am schwächsten adsorbierten zuerst austreten. Bei der graphischen Darstellung der Meßwerte erhält man eine stufenförmige Kurve. Die Höhe der Stufen ist charakteristisch für die Art der austretenden Substanz; die Fläche unterhalb der Stufe ist proportional ihrer Menge.

Da die Zonen häufig nicht sehr scharf voneinander getrennt sind, hat das Verfahren keine große Anwendung gefunden. R. T. HOLMAN u. W. T. WILLIAMS (1951) führten mit gutem Erfolg Trennungen an binären und ternären Fettsäuregemischen aus.

Sie bedienten sich hierzu einer von R. T. HOLMAN u. L. HAGDAHL (1951) nach dem Prinzip von TISELIUS-CLAESSON konstruierten Apparatur, die es ermöglicht, neben der Bestimmung des Brechungsindexes auch zahlreiche andere Untersuchungen am Eluat vorzunehmen. Als Adsorbens wurde eine Mischung von 1 Teil Aktivkohle DARCO G 60 mit 2 Teilen HYFLO SUPER CEL verwendet. Als Verdränger dienten Lösungen von Fettsäuren in wasserhaltigem Alkohol. Gute Ergebnisse wurden u. a. bei der Trennung von binären und ternären Gemischen unter folgenden Bedingungen erhalten:

Gemisch	Verdränger
46 mg Buttersäure + 79 mg Crotonsäure in Wasser	0,8%ige Capronsäure-Lösung
97 mg Palmitoleinsäure + 100 mg Palmitinsäure in 95%igem Äthanol	1%ige Stearinsäure-Lösung
90 mg Linolsäure + 140 mg Stearinsäure + 120 mg 10,12-Octadecadiensäure in absolutem Äthanol	0,9%ige Arachinsäure-Lösung

Generell konnte beobachtet werden, daß bei gleicher Kettenlänge die Adsorption an DARCO G 60 mit zunehmender Anzahl der Doppelbindungen abnimmt, vorausgesetzt, daß die Doppelbindungen nicht konjugiert sind. Konjugiert ungesättigte Fettsäuren werden dagegen stärker adsorbiert als nicht konjugierte. Für ein anderes Adsorbens (Kieselsäure, gefällt, E. Merck), das 15 min auf 800° C erhitzt wurde, hatte ST. CLAESSON (1946) gefunden, daß unverzweigte gesättigte Fettsäuren unabhängig von der Kettenlänge gleich stark adsorbiert werden und daß die Adsorption mit steigender Zahl der Doppelbindungen zu-, mit der Zahl der Verzweigungen dagegen abnimmt. Das gleiche gilt für die Methylester der Fettsäuren. Die Verdrängungsanalyse erweist sich daher in dieser Form als ein Mittel zur Vortrennung von Fettsäuregemischen in Untergruppen.

Die leistungsfähigste unter den Adsorptionsmethoden ist die *Träger-Verdrängungschromatographie*. Bei dieser von A. TISELIUS u. L. HAGDAHL (1950) für die Trennung von Aminosäuren ausgearbeiteten Methode vermeidet man den Nach-

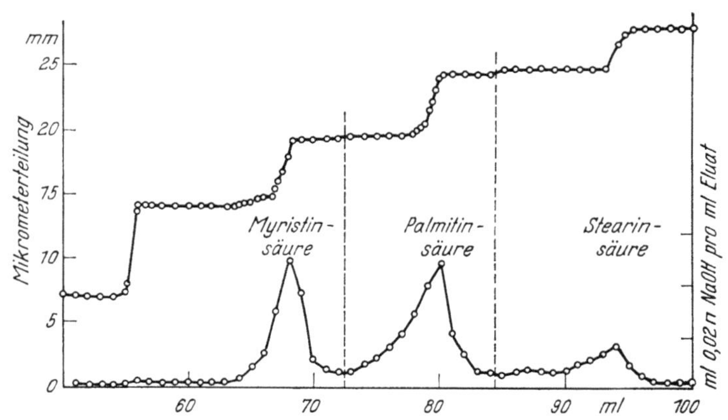

Abb. 77. Träger-Verdrängungschromatographie von Myristin-, Palmitin- und Stearinsäure nach HOLMAN (1951a) (mit freundlicher Genehmigung der Amer. Chem. Soc.)

teil der normalen Verdrängungschromatographie, daß die Zonen zu sehr ineinander übergehen, dadurch, daß man Substanzen mitchromatographiert, deren Adsorptionsaffinität zwischen den Affinitäten der zu trennenden Substanzen liegt (vgl. hierzu auch L. HAGDAHL u. Mitarb. (1952)). Diese Arbeitstechnik läßt sich im Prinzip mit der von A. W. WEITKAMP (1947) (vgl. S. 620) für die Abtrennung verzweigter Fettsäuren benutzten „Füllstoff-Destillation" vergleichen. Sie wurde von R. T. HOLMAN erfolgreich für die Trennung von Fettsäuregemischen eingesetzt. Er fand, daß die Methylester der geraden und ungeraden höheren Fettsäuren allen Anforderungen genügen, die an eine Trägersubstanz zu stellen sind. Hierzu ein Beispiel nach R. T. HOLMAN (1951a) in Abb. 77.

Als Adsorbens diente auch hier eine Mischung von 1 Teil Aktivkohle DARCO G 60 mit 2 Teilen HYFLO SUPER CEL, die zuvor mit 0,05% Methylstearat beladen war. Es wurde in eine Filtersäule von 40 ml Inhalt gefüllt. Aufgegeben wurden 10 mg Myristin-, 15 mg Palmitin- und 10 mg Stearinsäure. Dem als Lösungsmittel verwendeten 95%igen Alkohol wurden als Träger 50 mg Methyllaurat, 80 mg Methylmyristat und 120 mg Methylpalmitat zugegeben. Als Verdränger diente eine 1%ige Lösung von Methylstearat.

Wie aus der Gegenüberstellung von Refraktions- und Titrationskurve zu sehen ist, ist die Trennwirkung durchaus befriedigend. Die Eignung der Methode zur Trennung von ungesättigten Fettsäuren konnte R.T. HOLMAN (1951b) an Versuchen mit Gemischen von Linol- und 10,12-Octadecadiensäure zeigen.

Die Verdrängungschromatographie ist in ihrer zuletzt beschriebenen speziellen Form sehr vielseitig anwendbar, außer zur Trennung von Fettsäuren auch zur Scheidung von Glyceriden, Sterinen usw. Gegenüber der Elutionschromatographie hat sie den Vorteil der weitaus größeren Trennschärfe, aber den Nachteil, daß nur einige Zehntelgramm Substanz eingesetzt werden können. Einer Anwendung auf unbekannte Substanzen steht entgegen, daß für eine wirksame Auflösung zunächst ein passendes Trägersystem gefunden werden muß.

γ) Verteilungschromatographie

Wenn die Lösung eines Stoffes mit einem mit ihr nicht mischbaren Lösungsmittel geschüttelt wird, verteilt sich der gelöste Stoff derart zwischen beiden Phasen, daß das Konzentrationsverhältnis (= Verteilungskoeffizient) konstant ist. Dieses Gesetz ist die Grundlage der fraktionierten Verteilung (vgl. S. 623). A.J.P. MARTIN u. R.L.M. SYNGE (1941) übertrugen diese Methode auf die Chromatographie, indem sie die Säule mit einem mit Wasser oder einem anderen polaren Lösungsmittel getränkten Silicagel füllten, die zu untersuchende Substanz in Lösung auf die Kolonne brachten und dann mit einem wasserunlöslichen Lösungsmittel, z. B. Chloroform, entwickelten. MARTIN u. SYNGE trennten nach dieser Methode, die sie Verteilungschromatographie nannten, Gemische von Aminosäuren. Später wurde erkannt, daß auch die Trennung von Fettsäuregemischen nach dieser Methode möglich ist.

Aufbauend auf Ergebnissen von E. LESTER SMITH (1942) entwickelten L.L. RAMSEY u. W.I. PATTERSON (1945) ein verteilungschromatographisches Verfahren zur Trennung von Essig-, Propion- und Buttersäure. Als stationäre Phase dient MALLINCKRODT AR-Kieselsäure, die mit Bromkresolgrün und einer 0,1 n-Ammoniaklösung gemischt ist. 1—2 ml einer 0,1 n-Lösung der niederen Fettsäuren in Chloroform-Butanol 99:1 werden auf die Säule gegeben. Es bilden sich drei Zonen der Säuren, die mit einer 1%igen bzw. einer 10%igen Lösung von Butanol in Chloroform eluiert werden. Die Eluate werden mit einer 0,05 n alkoholischen Kalilauge titriert. Die Arbeitsvorschrift ist auf S. 723 genau wiedergegeben.

M.H. PETERSON u. M.J. JOHNSON (1948) verwenden als stationäre Phase zur Trennung der gesättigten Fettsäuren eine 27—35 n-Schwefelsäure auf Kieselgur. Elutionsmittel sind Benzol und Chloroform, die mit wechselnden Mengen Butanol versetzt sind. Die Reproduzierbarkeit bei der Untersuchung von Modellgemischen ist besser als 8%.

Schwierigkeiten bei der Analyse wäßriger Lösungen niederer Fettsäuren behebt W.S. WISE (1951) dadurch, daß er soviel Analysenlösung in 5—10% des zur Säulenfüllung verwendeten Silicagels löst, daß dieses noch pulvrig bleibt, und dann das Pulver oben auf die Säule bringt.

Eine verteilungschromatographische Methode, die im Bereich von C_1 bis C_{10} alle gesättigten Fettsäuren zu trennen und zu bestimmen erlaubt, die sich nur durch eine CH_2-Gruppe unterscheiden, wurde von G.B. CORCORAN (1956) veröffentlicht.

Als Träger für die immobile Phase dient eine durch Behandlung mit 1 n-Salzsäure von allen Alkalispuren befreite MALLINCKRODT Kieselsäure, die bis zur Säurefreiheit mit Wasser gewaschen, mit Methanol und Äther getrocknet und über P_2O_5 von Feuchtigkeitsspuren befreit wurde. Die immobile Phase besteht aus einer 2m-Glycin-Lösung, die mit 0,5 n-Salzsäure je nach der Art der zu trennenden Säuren auf verschiedene pH-Werte eingestellt wird, und zwar für

C_1 bis C_3 auf pH 2
C_3 bis C_6 auf pH 8,4
C_7 bis C_{10} auf pH 10

Als mobile Phase dienen Butanol-Chloroform-Mischungen mit 1, 10 bzw. 25% Butanol. Titriert werden die Fraktionen mit einer Lösung von 0,03 n-Natriumhydroxid in Methanol unter Verwendung einer 1%igen Lösung von m-Kresolpurpur in 25%igem Methanol. Die Genauigkeit der Methode ist ca. 1%, bezogen auf jede Fettsäure in der Mischung. Die Trennschärfe des Verfahrens veranschaulicht Abb. 78.

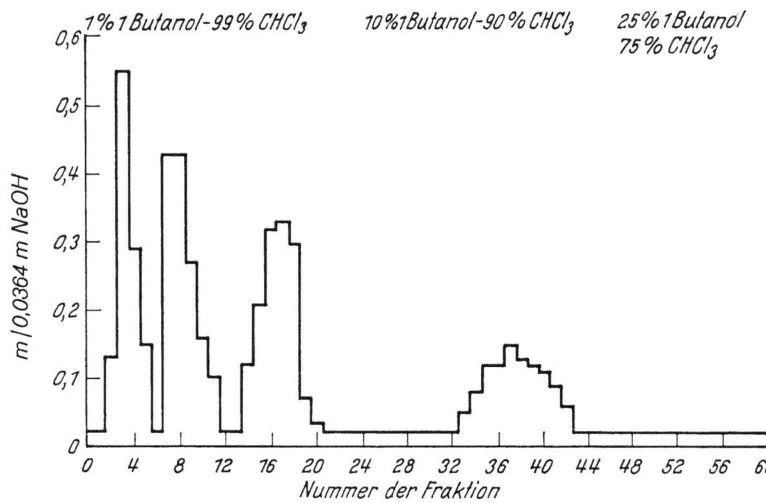

Abb. 78. Analyse eines Monocarbonsäuregemisches C_1—C_6 mit Glycinlösung (pH-Wert = 6,5) als immobiler Phase nach CORCORAN (1956) (mit freundlicher Genehmigung der Amer. Chem. Soc.)

Die Methode von RAMSAY u. PATTERSON (1945) konnte H.J. NIJKAMP (1951) auf die Bestimmung der flüchtigen Säuren C_4 bis C_{10} dadurch erweitern, daß er Methanol als immobile und Isooctan als mobile Phase benutzte. Später gelang H.J. NIJKAMP (1954) auch die Trennung und Bestimmung der geradkettigen Fettsäuren C_{10} bis C_{24}. Als Träger dient dann ein aus Wasserglas hergestelltes säuregewaschenes Silicagel bestimmter Struktur, als immobile Phase ammoniakalisches Methanol, dem Bromthymolblau als Indicator zugesetzt wird, und als mobile Phase Isooctan. Das Eluat wird in Portionen von 2—3 ml aufgefangen und unter CO_2-Ausschluß mit einer 0,005 n-Natriumäthylat-Lösung unter Verwendung von Phenolphthalein als Indicator titriert. Die Genauigkeit der Methode wurde an Testgemischen zu 2—5% gefunden.

Die hier beschriebenen verteilungschromatographischen Methoden haben aber den Nachteil, daß die höhermolekularen Fettsäuren infolge des polaren Charakters der stationären Phase die Säule verhältnismäßig rasch durchwandern, so daß eine exakte Trennung nicht immer möglich ist. Einige von H.J. NIJKAMP (1954) mitgeteilten Retentionsvolumina erläutern dies (vgl. Tab. 89).

Wesentlich erleichtert wird die Trennung der höhermolekularen Fettsäuren, wenn man als stationäre Phase eine nicht polare Flüssigkeit und als mobile Phase eine stark polare wählt. Dieses Verfahren, auch *Umkehrphasen-Chromatographie* genannt, geht auf Arbeiten von J. BOLDINGH (1950) sowie G.A. HOWARD u. A.J.P. MARTIN (1950) zurück. BOLDINGH verwendet als immobile Phase Kautschukpulver, das mit Benzol getränkt ist. HOWARD und MARTIN hydrophobieren Kieselgur durch Behandlung mit Dichlorsilan, so daß sie von nicht polaren Flüssigkeiten leicht benetzt wird, und lassen sie Paraffinöl aufsaugen. Als mobile Phase benutzen

Tabelle 89. *Retentionsvolumina von Fettsäuren bei Verwendung von 0,25 n methanolischer Ammoniaklösung als immobile Phase (1,0 ml auf 400 mg Silicagel)* (nach H.J. NIJKAMP 1954)

Säure	Retentions-volumen* ml	Säure	Retentions-volumen* ml
Lignocerinsäure	3,7	Palmitinsäure	16
Behensäure	4,5	Myristinsäure	28
Arachinsäure	6,5	Laurinsäure	50
Stearinsäure	9,8	Caprinsäure	77

* Bei Verwendung von Isooctan als mobile Phase.

die Autoren Gemische von Methanol-Aceton bzw. Aceton mit Wasser. Beide Methoden haben im Laufe der letzten Jahre zahlreiche Modifikationen und Verbesserungen erfahren, ohne daß das Wesentliche der Arbeitsweisen dadurch geändert wurde.

Trennung und Bestimmung normaler, gesättigter, geradzahliger Fettsäuren von C_4 bis C_{20} nach J. BOLDINGH (1950)

Geräte:

Chromatographierrohr 12 × 300 mm, am unteren Ende ausgezogen und mit einem 5 cm langen Kautschukschlauch mit Schraubklemme verschlossen
Tropftrichter, 250, 500, 1000 ml Inhalt
Reagensgläser, klein, mit Eichstrich bei 5 ml und normale mit Eichstrich bei 10 und 20 ml
Mikrobürette, eingeteilt in 0,01 ml
Titrationskolben zur Titration unter CO_2-Ausschluß
Sieb mit 400 Maschen pro cm^2
Mörser, 20 cm ⌀
Kreisrunde Scheiben aus Platinnetz, 11,5 mm ⌀, Maschenweite 0,25 mm
Glasstab, 40 cm lang, an einem Ende zu einer runden Scheibe von 11 mm ⌀ abgeflacht
Glaskugeln, Glaswolle.

Reagentien:

Aceton, destilliert
Methanol, über KOH destilliert
Wasser, destilliert
Petroläther (40/60° C), destilliert
Benzol, mit Schwefelsäure und Alkali gereinigt, gewaschen und getrocknet
Mealorub (= Kautschukpulver, Lieferer: „Rubberstichting", Delft/Holland) (vgl. auch S. 635)
0,05 n-Natriumhydroxid-Lösung in Wasser
Äthylalkohol, gegen Phenolphthalein neutralisiert.

Vorbereitung des Kautschukpulvers:

Das Mealorub wird mit Aceton im Soxhlet 24 Std extrahiert und dann unter Zusatz von Petroläther im Mörser gemahlen. Das Mahlgut wird in Petroläther durch ein Sieb von 400 Maschen gesiebt. Die oben bleibenden Anteile werden nochmals gemahlen, bis alles das Sieb passiert. Der gesiebte Kautschuk wird mit Methanol gewaschen und im gleichen Lösungsmittel bis zur Verwendung aufbewahrt.

Quellen und Äquilibrieren des Kautschuks:

2,5 g gesiebter Kautschuk — genug für eine Säulenfüllung von 18 cm — werden mit 50 ml der benzolfreien mobilen Phase gewaschen, dann in 750 ml der gleichen aber mit Benzol gesättigten Phase gebracht und nach Zugabe von 6 ml Benzol 3 min heftig geschüttelt. Man läßt absitzen, zieht die überstehende klare Flüssigkeit ab und bewahrt beides in gut verschlossenen Flaschen auf.

Füllung der Säule:

In die Säule gibt man einige Glaskugeln und darüber etwas Glaswolle, bringt den Gummischlauch an und verschließt ihn mit der Schraubklemme. Dann füllt man die Säule luftfrei zu einem Drittel mit der mobilen Phase. Man gießt die Kautschuksuspension in kleinen Portionen in die Säule, wobei man durch kurze abrupte Drehungen der Säule für ein gleichmäßiges Absitzen Sorge trägt. Sobald das Kautschukpulver eine Höhe von 20 cm erreicht hat, drückt man die Säule auf ca. 18 cm Höhe zusammen, saugt den größten Teil der überstehenden Flüssigkeit ab und bedeckt das Pulver mit dem Platinnetz. Die Füllung muß absolut luftfrei sein und das Aussehen einer Silicagelsäule haben.

Verfahren:

Das zu untersuchende Fettsäuregemisch bringt man, in 0,3—0,5 ml Benzol gelöst, mit Hilfe einer Capillarpipette auf das fast trockene Netz. Von einzelnen Säuren genügen 2—10 mg, von Gemischen nimmt man bis zu 40 mg. Man läßt die Lösung in die Säule eindringen, spült mit etwas mobiler Phase nach, füllt schließlich damit die Säule bis 3 cm unter die Oberkante und gibt oben auf die Lösung einige Tropfen Benzol, durch die die aus einem Tropftrichter kontinuierlich zutropfende mobile Phase mit Benzol gesättigt wird.

Zur Entwicklung der Säule, die bei Temperaturen von 20—22° C vor sich gehen soll, werden folgende mit Benzol gesättigte Lösungsmittel nacheinander eingesetzt:

Fettsäure	Lösungsmittel
C_6	40 ml einer Mischung von 40 Vol.-% Methanol/Aceton 3:1 + 60 Vol.-% Wasser = M40
C_8, C_{10}, C_{12}	M60
C_{14}	M65
C_{16}	M70
C_{18}	M74

Es werden Fraktionen von je 10 ml aufgefangen und nach Zugabe von 5 ml CO_2-freiem neutralisiertem Alkohol unter CO_2-Ausschluß mit 0,05 n-Natronlauge titriert.

Sobald der Alkaliverbrauch auf den Blindwert zurückgegangen ist, wird das Elutionsmittel gewechselt.

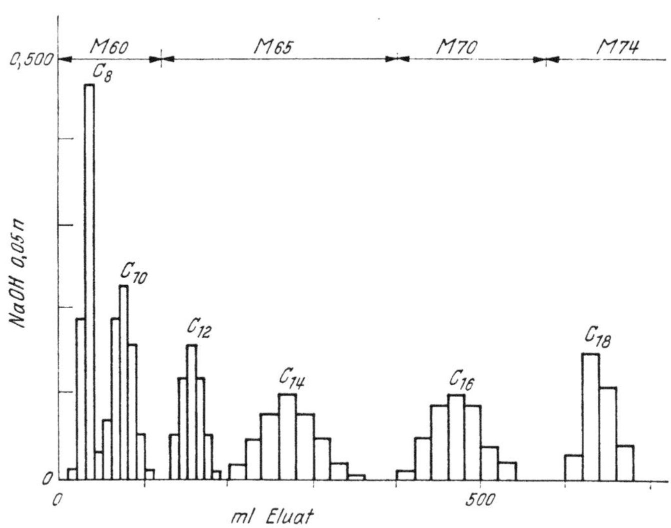

Abb. 79. Trennung eines Gemisches der gesättigten Fettsäuren C_8—C_{18} durch Umkehrphasenchromatographie nach BOLDINGH (1950)

Berechnung der Ergebnisse:

Trägt man die Titrationsergebnisse in ein Koordinatennetz ein, so erhält man ein Diagramm wie das in Abb. 79 dargestellte.

Zur Berechnung der jedem Maximum entsprechenden Säuremenge bedient man sich folgender Formel:

$$\text{g Fettsäure} = \frac{(\sum_a - \sum_b)\, M \cdot N}{1000}$$

$\sum_a$ = Summe der zur Titration der Fraktion verbrauchten ml Lauge
$\sum_b$ = Summe der Blindverbräuche für die entsprechende mobile Phase
M = Molekulargewicht der Fettsäure
N = Normalität der Natronlauge.

Man kann auch die zu einer Säure gehörenden Fraktionen sammeln, mit Salzsäure ansäuern, mit Benzol extrahieren und den mit Wasser mineralsäurefrei gewaschenen Extrakt nochmals titrieren. Im allgemeinen genügt aber das einfachere Verfahren.

Nach dieser Methode konnte J. BOLDINGH in Gemischen bekannter Zusammensetzung die eingesetzten Säuren in einer Ausbeute zwischen 96 und 101% wiedererhalten.

Die Retentionsvolumina erwiesen sich für eine bestimmte Säulenfüllung als streng reproduzierbar. Sie hatten z. B. in dem Abb. 79 entsprechenden Versuch folgende Werte:

Fettsäure	C_8	C_{10}	C_{12}	C_{14}	C_{16}	C_{18}
Retentionsvolumen (ml)	40	80	160	280	480	620

Später verbesserte J. BOLDINGH[1] seine Methode nicht unwesentlich. Als immobile Phase wird jetzt über Al_2O_3 entsäuertes Erdnußöl verwendet, das den Vorzug hat, in der mobilen Phase unlöslich zu sein.

2,7—3,0 g des gesiebten Kautschuks werden mit Aceton gespült, dreimal dekantiert und mit Aceton zu einem Gesamtvolumen von 30 ml aufgefüllt. Man fügt 4 ml neutrales Erdnußöl und unter Schütteln tropfenweise 15 ml Wasser hinzu. Nach dem Stehen über Nacht haben die Kautschukpartikel des Öl fast vollständig aufgenommen. Der so präparierte Kautschuk wird wieder in die Säule gefüllt.

Als mobile Phase dienen Gemische aus Aceton und Wasser mit abnehmendem Wassergehalt:

für C_8	140 ml Aceton/Wasser 30:70 = A30
C_{10}	140 ml A45
C_{12}	140 ml A55
C_{14}	140 ml A60
C_{16}	140 ml A65
C_{18}	140 ml A70
C_{20}	140 ml A74
C_{22}	140 ml A77

Die mobilen Phasen brauchen nicht mit Öl gesättigt zu werden, da es in ihnen praktisch unlöslich ist. Pro Fettsäure werden mindestens sieben Fraktionen zu je 20 ml aufgefangen und mit 0,02—0,03 n-Natronlauge titriert.

M. BURNET u. P. DESNUELLE (1956) benutzten die Boldingh'sche Arbeitsweise zur Trennung oxydierter Fettsäuren von den nicht oxydierten. Für die feste Phase wurde mit Gasolin imprägnierter Kautschuk, für die bewegliche wäßriges Aceton verwendet. In einem solchen System wandern die oxydierten Säuren schneller als die nicht oxydierten (vgl. auch S. 731). M. NAUDET u. Mitarb. (1960) fanden, daß sich das schwer zu beschaffende „Mealorub"-Pulver auch durch gepulvertes Polyäthylen von hohem Molekulargewicht ersetzen läßt (Lieferer: Prolabo, 12 Rue Pelée, Paris X). P.I. BREWER (1961) verwandte mit gutem Erfolg an Stelle des Kautschukpulvers medizinische Gummifingerlinge, die so fein geschnitten waren, daß sie ein Sieb von 8 mesh B. S. (= 2,380 mm Sieböffnung) passierten und in Toluol gequollen wurden. Zur Trennung von Triglyceridgemischen füllten J.R. TROWBRIDGE u. Mitarb. (1964) eine nach dem Umkehrphasenprinzip arbeitende Säule mit einem Kautschukpulver, das durch Mahlen eines in

[1] Privatmitteilung 1953.

Methanol-Trockeneis abgekühlten Schlauchs aus medizinischem Gummi von $^1/_2''$ ⌀ erhalten wurde. Der gemahlene Gummi wurde 24 Std mit Methanol in einem Soxhlet-Apparat extrahiert, dann in Äther aufgeschwemmt und durch ein U.S. Standard Sieb Nr. 20 (= 0,840 mm Sieböffnung) gesiebt. Das so erhaltene Pulver wurde ohne Quellung als stationäre Phase verwendet, während Methanol und Aceton als mobile Phase dienten.

G. A. HOWARD u. A. J. P. MARTIN (1950) wählen als stationäre Phase Kieselgur, die mit den Dämpfen von Dichlordimethylsilan hydrophobiert und mit n-Octan bzw. Paraffinöl von pharmazeutischer Reinheit beladen wird. Als mobile Phase verwenden sie wasserhaltiges Methanol oder wasserhaltiges Aceton, deren Wassergehalt mit zunehmender Kettenlänge der zu trennenden Fettsäuren herabgesetzt wird. Die Säule hat einen Innendurchmesser von 12 mm und wird thermostatisch auf 35° C geheizt. Sie ist am unteren Ende mit einem Syphon von 2 ml Inhalt verbunden, der das Eluat absatzweise in eine Titriervorrichtung fließen läßt, in der es unter Ausschluß von CO_2 und unter Verwendung einer Mikrobürette von 2 ml Inhalt mit 0,01 n methanolischer KOH in Gegenwart von Bromthymolblau bis zum Farbumschlag titriert wird. Die Berechnung der Ergebnisse erfolgt in gleicher Weise wie bei J. BOLDINGH (1950). In Modellversuchen konnten die Autoren Gemische der geradzahligen Fettsäuren C_{12} bis C_{18} mit ausgezeichnetem Wirkungsgrad trennen. Die eingesetzten Fettsäuren wurden zu 95—100% wiedergefunden.

Diese Arbeitsweise wurde von zahlreichen Forschern modifiziert und verfeinert. M. H. SILK u. H. H. HAHN (1954) erweiterten sie auf den Bereich der geradzahligen Fettsäuren von C_{16} bis C_{24}. Eluiert werden die C_{16}-Säuren mit 70%igem, die C_{18}- mit 75%igem, die C_{20}- mit 80%igem und die C_{22}-Säuren mit 90%igem Aceton-Wasser-Gemisch. Die Gewichts- und Molverhältnisse der Säuren lassen sich auf ± 10% genau bestimmen. F. A. VANDENHEUVEL u. D. R. VATCHER (1956) konstruierten eine halbautomatisch arbeitende Apparatur mit Silicagel als Träger, Isooctan als stationäre und Methanol/Wasser als mobile Phase. Titriert wird mit einer 0,01 n-Natriumhydroxid-Lösung in 95%igem Äthanol, wobei der Endpunkt durch elektrometrische Messung bestimmt wird. Zur Trennung und Bestimmung der normalen geradzahligen Fettsäuren C_{12} bis C_{24} sind insgesamt 50 mg der gemischten Säuren erforderlich. Eine Bestimmung dauert ca. 5 Std. Komponenten, die in höherer Konzentration als 10% anwesend sind, können mit einer Genauigkeit von mindestens 2,5% bestimmt werden. Eine mit einfachsten Hilfsmitteln zusammengestellte Apparatur und ein für die Routinepraxis geeignetes Verfahren wurden von W. KAPITEL (1956) angegeben. Diese Arbeitsweise wurde im Laboratorium des Verfassers nachgeprüft und etwas modifiziert.

Trennung und Bestimmung der normalen gesättigten geradzahligen Fettsäuren C_6 bis C_{22} nach HOWARD u. MARTIN in der Arbeitsweise von W. KAPITEL (1956)

Geräte:

Chromatographierapparatur nach Abb. 80, bestehend aus Tropftrichter, ca. 100 ml Inhalt
Chromatographiersäule, 12 × 300 mm, thermostatisch heizbar
Syphon, 2 ml Inhalt
Titriervorlage mit N_2-Einleitung und Absaugevorrichtung.
Kolbenbürette, 10 ml Inhalt (Deutsche Metrohm GmbH u. Co., 7024 Bernhausen/Stuttgart
Vibromischer nach Dr. H. Müller (Sartorius-Membranfilter GmbH, 34 Göttingen)
Waschflaschen, Bechergläser, Abdampfschalen, Exsiccatoren usw.

Reagentien:

Kieselgur „Hyflo Super Cel“ (Lehmann & Voss & Co., 2 Hamburg 36)
Dichlordimethylsilan (Fa. Carl Roth, 75 Karlsruhe)

Aceton, Merck Nr. 15
Paraffinöl DAB VI, Merck Nr. 7160
Bromthymolblau, Merck Nr. 3026

0,01 n wäßrige Natronlauge, durch Verdünnen einer 0,1 n-Lösung mit carbonatfreiem Wasser hergestellt. Einstellung mit reinster Palmitinsäure, die im Lösungsmittel A70 (vgl. unten) gelöst ist, in Gegenwart von Bromthymolblau als Indicator.

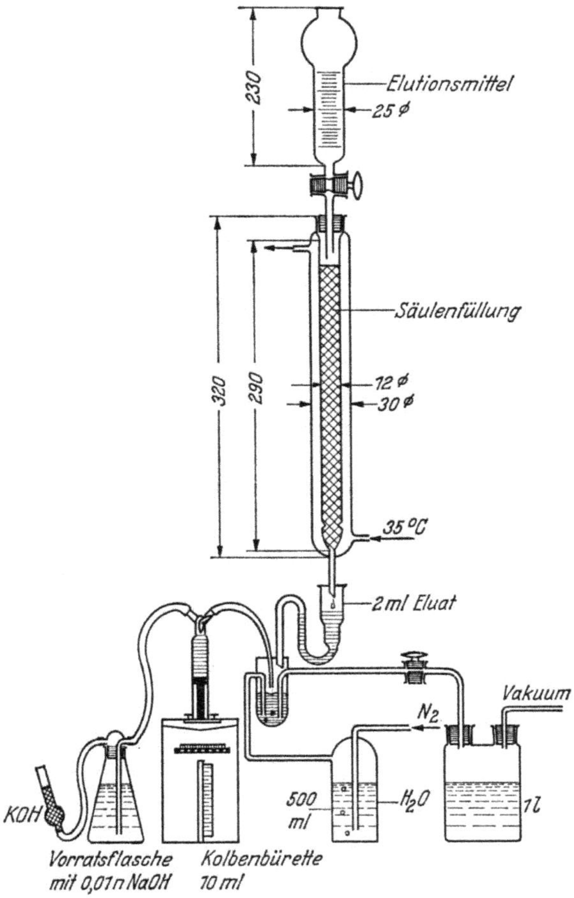

Abb. 80. Apparatur zur chromatographischen Trennung von Fettsäuren nach KAPITEL (1956), modifiziert vom Verfasser

Herstellung der Trägersubstanz:

Die Kieselgur wird bei 110° C getrocknet und anschließend im Exsiccator solange über Dichlordimethylsilan aufbewahrt, bis eine Probe der Gur nicht mehr vom Wasser benetzt wird. Man wäscht die anhaftende Salzsäure vollständig mit Methanol aus und trocknet solange bei 105° C, bis kein Geruch nach Methanol mehr wahrgenommen wird.

Elutionsmittel:

Zur Elution der Fettsäuren dienen Aceton-Wasser-Gemische, die je nach dem Acetongehalt (in Vol.-%) mit A20, A30 usw. bezeichnet werden. Für den Bereich der gesättigten Säuren von C_6 bis C_{22} kommen folgende Mischungen in Betracht:

C_6	C_8	C_{10}	C_{12}	C_{14}	C_{16}	C_{18}	C_{20}	C_{22}
A20	A40	A50	A56	A63	A70	A75	A80	A85

Je 500 ml dieser Elutionsmittel werden mit 2 ml Paraffinöl 1 Std bei Zimmertemperatur verrührt. Man filtriert durch ein Faltenfilter und verwendet das auf dem Filter zurückbleibende mit Wasser und Aceton gesättigte Paraffinöl zum späteren Anteigen der Kieselgur. Zu 500 ml Elutionsmittel gibt man 2,5 ml einer 0,5%igen Lösung von Bromthymolblau in A56.

Vorbereitung der Chromatographiersäule:

In einem 100 ml-Becherglas werden 9 g der hydrophobierten Kieselgur mit 8 ml aceton/wasser-gesättigtem Paraffinöl angeteigt. Zur Mischung gibt man 50 ml Anfangseluiermittel in kleinen Anteilen und rührt, bis ein homogener Brei entstanden ist. Dieser wird auf dem Wasserbad erwärmt, um die eingerührte Luft auszutreiben.

In die Säule bringt man einige Glaskugeln und etwas Glaswolle, heizt mit dem Thermostaten auf 35° C und versetzt sie mit Hilfe eines über ein T-Stück unten an die Säule angeschlossenen Vibrators in Schwingungen mit einer Amplitude von 0,5 mm. Man füllt den Kieselgurbrei von oben in Portionen ein und läßt zwischendurch die überstehende Flüssigkeit soweit ablaufen, daß über der Kieselgur noch 2—3 cm Flüssigkeit stehen bleiben. Nachdem die Kieselgurschicht eine Höhe von 24 cm erreicht hat, läßt man den Vibrator noch 10 min laufen und stellt dann ab.

Verfahren:

Die Fettsäureeinwaage soll bei Gemischen von C_6 bis C_{12} 60—63 mg, bei Gemischen von C_{14} bis C_{22} 70—73 mg betragen. Diese Menge wird in einen 100-ml-Meßkolben eingewogen und mit 50 ml des Anfangselutionsmittels versetzt. Man erwärmt auf 60—70° C, kühlt dann auf 35° C ab und füllt, falls keine Fettsäure ausfällt, mit dem Elutionsmittel auf 100 ml auf. Wenn sich aber Fettsäure ausscheidet, gibt man soviel Aceton hinzu, daß die Zusammensetzung das nächsthöhere Eluens erreicht und wiederholt den Erwärmungs- und Abkühlungsprozeß. Diese Operation wird so oft vorgenommen, bis das richtige Elutionsmittel gefunden ist.

Von der Fettsäure-Lösung gibt man 5 ml auf die Kieselgurschicht, läßt die einsickern und spült zweimal mit je 2 ml Eluens nach. Dann setzt man den Tropftrichter auf und wäscht die Säule mit dem Anfangselutionsmittel mit einer Geschwindigkeit von 1,5—2 ml pro Minute bei 35° C aus. Die Eluate werden in 2-ml-Portionen mit 0,01 n-Natronlauge titriert. Sobald der Laugeverbrauch das Maximum überschritten hat, tauscht man das Eluens gegen das nächsthöhere aus.

Nach Beendigung der Elution bestimmt man die Blindwerte, indem man die benutzten Elutionsmittel durch die fettsäurefreie Säule laufen läßt und den Laugeverbrauch für je 2 ml Eluat mißt.

Auswertung und Berechnung der Ergebnisse:

Diese erfolgen wie bei der Methode von BOLDINGH (S. 635). Bei der prozentualen Berechnung empfiehlt es sich, die gefundenen Mengen einmal auf die Summe der gefundenen Fettsäuren und zum anderen auf das Ausgangsgewicht zu beziehen.

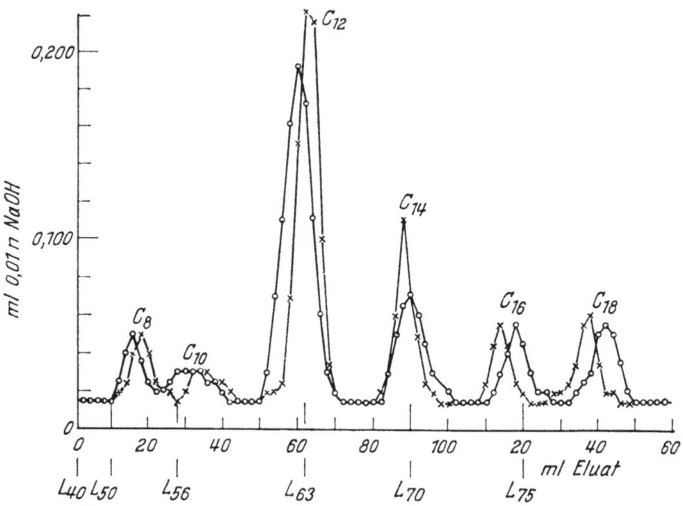

Abb. 81. Palmkernfettsäure-Chromatogramm nach KAPITEL (1956)

Diese Methode wurde im Laboratorium des Verfassers von H. KARRENBERG an reinen gesättigten geradzahligen Fettsäuren C_{10} bis C_{22} und ihren Gemischen geprüft. Dabei ergab sich, daß Fettsäuren in Gemischen dann zuverlässig bestimmt werden können, wenn mindestens 10% jeder Komponente anwesend sind. Es wurden in diesen Fällen mindestens 95% der eingebrachten Fettsäuren wiedergefunden. Ein Beispiel für die gute Reproduzierbarkeit der Resultate bringt Abb. 81 mit der Wiedergabe des Chromatogramms einer Zerlegung von Palmkernfettsäure.

δ) Trennung von gesättigten und ungesättigten Fettsäuren durch Verteilungschromatographie; Unterscheidung zwischen cis- und trans-Formen

Ungesättigte Fettsäuren können nach den Verfahren von BOLDINGH bzw. HOWARD u. MARTIN getrennt werden, wenn sie nicht von gesättigten begleitet sind. Da die Gegenwart einer Doppelbindung denselben Effekt ausübt wie die Verkürzung der Fettsäurekette um 2 C-Atome, existieren untrennbare Gemische, die von H. P. KAUFMANN „kritische Paare" genannt werden. So besitzen z. B. Ölsäure und Palmitinsäure, Linolsäure und Myristinsäure sowie Linolensäure und Laurinsäure nahezu das gleiche Retentionsvolumen. Es ist also unmöglich, diese Säuren in einem einzigen Arbeitsgang nebeneinander zu bestimmen. Nach J. BOLDINGH (1950) umgeht man diese Schwierigkeit am einfachsten dadurch, daß man das zu untersuchende Gemisch völlig hydriert und dann einmal im hydrierten und einmal im unhydrierten Zustand chromatographiert.

Ein anderer Weg führt über die Oxydation der ungesättigten Fettsäuren. P. SAVARY u. P. DESNUELLE (1953) oxydieren das Fettsäuregemisch nach der Verseifung bei Temperaturen zwischen 0 und 5°C mit Kaliumpermanganat und erhalten nach einer Aufarbeitung wie bei der Methode von BERTRAM (vgl. S. 742) eine Mischung der Di-, Tetra- oder Hexahydroxysäuren mit den gesättigten Fettsäuren. Bei der Zerlegung des Gemisches nach der Methode von HOWARD u. MARTIN werden die Hydroxysäuren vor den gesättigten eluiert. Eines ähnlichen Verfahrens bedienen sich W. M. L. CROMBIE u. Mitarb. (1955). Sie oxydieren das Fettsäuregemisch nach der Verseifung mit alkoholischer Kalilauge 16—18 Std mit Kaliumpermanganat bei Zimmertemperatur. Dadurch werden die ungesättigten Fettsäuren völlig zerstört. Im Chromatogramm des Rückstandes erscheinen nur die gesättigten Fettsäuren.

Eine weitere Möglichkeit besteht darin, daß man die ungesättigten Fettsäuren über die Quecksilberaddukte nach dem Grade der Ungesättigtheit in Fraktionen trennt, z. B. nach dem auf S. 753 beschriebenen Verfahren von D. F. KUEMMEL (1962), und die Fraktionen nach einem der verteilungschromatographischen Verfahren weiter untersucht.

Die Trennung von cis- und trans-ungesättigten Fettsäuren ist mit den beschriebenen Methoden der Verteilungschromatographie ebenfalls nicht möglich. Zweckmäßig führt man in solchen Fällen zunächst eine Vortrennung nach B. DE VRIES (1962/1963) aus, der ein auf der selektiven Adsorption von cis- und trans-Verbindungen an silberbeladene Kieselsäure beruhendes säulenchromatographisches Verfahren zur Trennung derartiger Gemische ausarbeitete. Es ist allerdings notwendig, die Fettsäuren für diese Trennung vorher nach einem der bekannten Verfahren (vgl. S. 666) in die Methylester umzuwandeln.

Verfahren nach B. DE VRIES (1963)

Herstellung des Adsorbens:

100 g Kieselsäure (MALLINCKRODT 100 mesh A. R.) werden in 200 ml einer 50%igen wäßrigen Lösung von Silbernitrat suspendiert. Die Mischung wird 30 min auf 100°C erhitzt und nach dem Abkühlen durch einen Büchner-Trichter filtriert. Das Adsorbens wird 16 Std bei 120°C getrocknet und in einer Kugelmühle gemahlen.

Vorbereitung der Säulen:

Zwei Säulen mit Wassermantel von 8 bzw. 10 mm ⌀ werden verwendet. 10 g Adsorbens werden mit 5 g Celite 535 (Johns-Manville Co.) gemischt und mit 50 ml Petroläther 40/60°C angeschlämmt. Die Suspension wird 5 min gekocht, abgekühlt und in die Säulen gebracht, von denen die größere 10 g, die kleinere 2 g Adsorbens faßt. Nach der Vorbereitung werden die Säulen bei 15°C vor Licht geschützt aufbewahrt.

Chromatographie:

Man löst das zu untersuchende Estergemisch in Petroläther und bringt von der Lösung soviel auf die Säule, daß von jedem Fettsäureester ca. 10 mg vorliegen, und eluiert mit Lösungen von Benzol in Petroläther, die 0, 10, 15, 20, 30 und mehr Vol.-% Benzol enthalten. Das Eluat wird in Fraktionen von 3 oder 5 ml unterteilt, deren Methylestergehalt nach dem Vertreiben des Lösungsmittels im Stickstoffstrom durch Wägen festgestellt wird. Fraktionen, die zum selben chromatographischen Peak gehören, werden vereinigt und weiter untersucht.

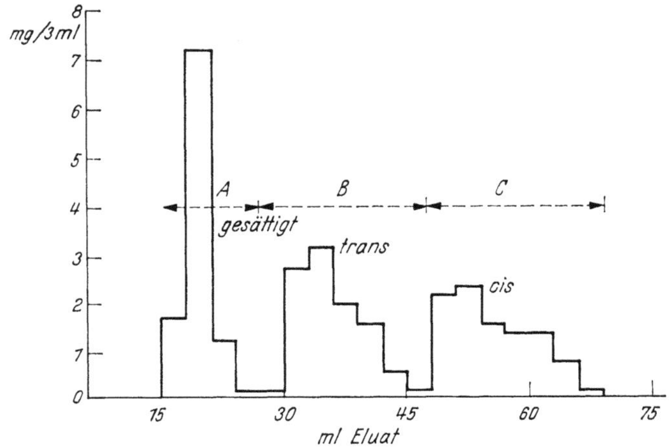

Abb. 82. Chromatographie einer Mischung von Methylstearat, -elaidinat und -oleat nach DE VRIES (1963)

Abb. 82 bringt ein Beispiel für die Trennung von je 10 mg Methylstearat, -elaidinat und -oleat unter Verwendung von Benzol-Petrolätherrnischungen als Eluens. Die Ausbeuten betrugen 10,2, 9,9 bzw. 9,3 mg.

Nach derselben Methode lassen sich auch die Ester ungesättigter Fettsäuren nach dem Grade der Ungesättigtheit trennen.

g) Papierchromatographie

Die Papierchromatographie, nach Auffassung der meisten Forscher eine ein- oder zweidimensionale Form der Säulenchromatographie, hat sich dank ihres geringen Substanzbedarfs von 1—10 μg und ihrer großen Trennschärfe einen geachteten Platz in der Analytik der Fette erobern können. Einen allgemeinen Überblick über diese Methodik, die auf R. CONSDEN u. Mitarb. (1944) zurückgeht, findet der Leser in Bd. II/1 dieses Handbuches sowie in den Werken von F. CRAMER (1962), I.M. HAIS u. K. MACEK (1960—1963), A. GRÜNE (1950—1960), R. BLOCK u. Mitarb. (1955) und E. MERCK (1959). Speziell mit der papierchromatographischen Trennung von Fettsäuren, Glyceriden u. a. Lipoiden befassen sich Übersichtsberichte von H.P. KAUFMANN (1950), H.P. KAUFMANN u. E. MOHR (1958) und J.G. HAMILTON (1966).

Zur Trennung der Fettsäuren werden beide Hauptgruppen der Papierchromatographie benutzt. Es erwies sich, daß zur Trennung der nieder- und mittelmolekularen Fettsäuren bzw. ihrer Derivate die *stationär-polare*, zur Scheidung der mittel- und höhermolekularen dagegen die *Umkehrphasen-Chromatographie* besonders geeignet ist. Bei Anwendung dieser Arbeitsrichtungen kann das ganze Spektrum der in natürlichen Fetten vorkommenden geradkettigen Fettsäuren C_1 bis C_{30} in seine Bestandteile zerlegt werden.

α) Trennung und Bestimmung der niedermolekularen Fettsäuren

Eine ausgezeichnete Übersicht über die bisher bekannt gewordenen Methoden zur Trennung und Identifizierung der niedermolekularen Fettsäuren C_1 bis C_6 auf dem Papier gibt J. Churáček (1962).

Unter Anwendung stationär-polarer Systeme gelingt die Auftrennung besonders leicht, wenn man nicht von den freien Fettsäuren, sondern von ihren Natrium-, Ammonium- bzw. Äthylaminsalzen, den Hydroxamsäuren, den 2,4-Dinitrobenzylestern oder den Aniliden ausgeht. Hierzu einige Beispiele:

Die niedermolekularen Fettsäuren werden wegen ihrer Flüchtigkeit meistens in Form ihrer Salze auf das Papier gebracht.

F. Brown (1950) trennt die Natriumsalze der flüchtigen Fettsäuren unter Verwendung von mit einer 1,5 n-Ammoniumhydroxid-Lösung gesättigtem Butanol als mobile Phase. Nach der Entwicklung wird das Papier mit einer Lösung von Bromkresolgrün (40 mg in 100 ml Wasser oder Alkohol, Zusatz von Natronlauge bis zur Blaufärbung) besprüht. Die Anionen sind als gelbe, die Kationen als tiefblaue Flecke auf hellblauem Untergrund sichtbar.

Eine schärfere Trennung der Natriumsalze von Essig-, Propion-, Butter- und Valeriansäure gelang J.A. Young u. Mitarb. (1965) durch Wahl eines selektiveren Lösungsmittelgemisches.

20 g der säurehaltigen Probe werden einer Wasserdampfdestillation unterworfen. Das Destillat, das 200 ml betragen soll, wird sofort mit 0,1 n-Natronlauge gegen Kresolrot neutralisiert. Man dampft zur Trockne ein, nimmt den Rückstand mit 0,5 ml Wasser auf, trägt je Startpunkt 1 μl auf Papier Whatman Nr. 1 auf und trocknet das Chromatogramm. Als Chromatographierflüssigkeit dient ein frisch hergestelltes Gemisch von Aceton, tertiärem Butanol, n-Butanol und konz. wäßrigem Ammoniak (2:1:1:1), von dem 50 ml im aufsteigenden Verfahren verwendet werden. Zur Sichtbarmachung wird das lufttrockene Chromatogramm mit nachstehender Reagenslösung bespritzt und dann Ammoniakdämpfen ausgesetzt.

Reagenslösung: Zu einer Mischung von 100 ml Formalin und 400 ml Alkohol werden je 200 mg Methylrot und Bromthymolblau gegeben. Dann wird der pH-Wert mit 0,1 n-Natronlauge auf 5,2 eingestellt.

Die Identifizierung der Chromatogrammflecken erfolgt mit Standardlösungen, die 1 ml der jeweiligen Säure in 100 ml wäßriger Lösung enthalten. Je 1 ml dieser Lösungen wird, wie oben, mit Lauge neutralisiert, eingedampft und dann in 0,5 ml Wasser aufgenommen.

R.L. Reid u. M. Lederer (1951) chromatographieren die mit Wasserdampf flüchtigen Säuren C_1 bis C_9 als Ammonsalze mit n-Butanol, das ebenfalls mit 1,5 n-Ammoniak-Lösung gesättigt ist. Der Nachweis der Säuren wird indessen durch Besprühen mit einer formaldehydhaltigen Lösung von Bromkresolpurpur geführt. Die Säuren erscheinen als gelbe Flecken auf purpurfarbigem Untergrund. Die einzelnen Säuren können durch Planimetrierung der Fleckengröße bestimmt werden, da diese dem Logarithmus der Säuremenge proportional ist. Die R_f-Werte (vgl. Tab. 90) liegen allerdings z. T. sehr eng beieinander, so daß nicht alle Säuren der homologen Reihe getrennt werden können. Ein ähnliches Verfahren beschreiben R.E.B. Duncan u. J.W. Porteus (1953). Der Nachweis auf dem Papier erfolgt hier nach der Trocknung durch Besprühen mit Methylrot und Bromthymolblau. Nach Ammoniakbehandlung erhält man orange Flecken auf grünem Grund.

R.M. Manganelli u. F.R. Brofazi (1957) trennen die Fettsäuren von C_2 bis C_6 nach Überführung in die Äthylaminsalze. Als mobile Phase wird ein Butanol-Wasser-Äthylamin-Gemisch und als Papier Whatman Nr. 1 verwendet. Die Chromatogramme werden mit einer 0,2%igen Lösung von Chlorphenolrot in Äthanol angefärbt. Die Säuren bilden rote Flecken auf gelbem Untergrund. Die quantitative Auswertung erfolgt wie bei der Methode von R.L. Reid u. M. Lederer (1951). Eine ähnliche Methode, bei der die niederen Fettsäuren durch horizontale Papierchromatographie der Äthylaminsalze bei 50—60°C unter Entwicklung mit wäßrigem Butanol sehr scharf getrennt werden, wurde von H.R. ROBERTS u. W. BUCEK (1957) angegeben. Die Entwicklung dauert nur 1—2 Std. Nach dem Besprühen mit einer 0,2%igen Lösung von Chorphenolrot in Äthanol werden die Säuren als scharf begrenzte rote Flecken auf gelbem Grund sichtbar.

Weitere Verfahren zur Trennung der Fettsäuren als Ammoniumsalze (E.P. KENNEDY u. H.A. BARKER 1951; H. MUKERJEE 1959) werden auf S. 724 besprochen. Die Trennschärfe einiger Methoden ist aus den in Tab. 90 wiedergegebenen R_f-Werten zu ersehen.

Tabelle 90. *R_f-Werte niedermolekularer Fettsäuren*

Säure	n-Butanol ges. mit 1,5 n wäßrig. NH_3. (Autor 1)	n-Butanol ges. mit 1,5 n wäßrig. NH_3. (Autor 2)	n-Butanol ges. mit H_2O, Gegenwart von Äthylamin, T = 50°C (Autor 3)
Ameisensäure	0,09	0,10	0,20
Essigsäure	0,10	0,11	0,23
Propionsäure	0,19	0,19	0,35
Buttersäure	0,33	0,29	0,45
Valeriansäure	0,45	0,41	0,57
Capronsäure	0,61	0,53	0,70
Önanthsäure	—	0,62	0,75
Caprylsäure	0,74	0,65	0,79
Pelargonsäure	—	0,67	0,81

Autor 1: BROWN (1950).
Autor 2: REID u. LEDERER (1951).
Autor 3: ROBERTS u. BUCEK (1957).

Ameisen- und Essigsäure können bei Verwendung dieser Systeme nicht getrennt werden. Nach H. MUKERJEE (1959) trennt Methanol/NH_3 Ameisen- und Essigsäure, während Aceton/Methanol/NH_3 alle Säuren von C_1 bis C_4 trennt.

Eine schärfere Trennung als mit den hier beschriebenen Methoden erzielt man durch die Papierchromatographie der Hydroxylaminderivate, die auf Arbeiten von K. FINK u. R.M. FINK (1949) sowie von Y. INOUE u. M. NODA (1950) zurückgeht. Die Hydroxamsäuren werden durch Umsetzung der Fettsäureester mit Hydroxylamin gewonnen und sind durch eine intensive Farbreaktion mit $FeCl_3$ charakterisiert.

Darstellung nach E. MERCK (1959)

150 mg der Säure oder des wasserfreien Salzes werden mit 4 ml absolutem Methanol versetzt. Der Lösung oder Mischung werden vorsichtig unter Umschwenken 1,5 ml konzentrierte Schwefelsäure zugefügt. Das Gemisch wird langsam erhitzt, der überdestillierende Ester aufgefangen und mit 20 ml Hydroxylamin-Lösung versetzt (Hydroxylamin-Lösung: 7 g $NH_2OH \cdot HCl$ z. A. werden in 100 ml Methanol z. A. gelöst. Nach Zugabe von 200 ml 1 n-alkoholischer KOH wird 10 min kräftig geschüttelt und danach das ausgefallene Kaliumchlorid abfiltriert). Das Reaktionsgemisch wird auf dem Wasserbad unter Rückfluß zum Sieden erhitzt und nach dem Abkühlen im Meßkölbchen auf ein Volumen von 25 ml gebracht.

5—20 mm^3 der Lösung werden nach E. MERCK (1959) auf ungewaschenes Filtrierpapier Sch. & Sch. 2043 mgl aufgetragen und mit Propanol-Ammoniumcarbonat (2:1) entwickelt. (Die Ammoniumcarbonat-Lösung besteht aus 2 Teilen 10%iger wäßriger Ammoniumcarbonat-Lösung und 1 Teil 5 n-Ammoniak-Lösung.) Die Anfärbung erfolgt durch Besprühen mit 4 ml Eisen(III)-chlorid-Lösung in 35 ml Wasser, wobei purpurrote Flecken entstehen. Andere Steigflüssigkeiten sind z. B. Amylalkohol/Essigsäure/Wasser 4:1:5, Benzol/Ameisensäure/Wasser 75:75:75 (A.R. THOMPSON 1951) und Butanol/Dimethylformaldehyd/Wasser 4,5:0,5:5,0 bzw. Butanol/Essigsäure/Wasser 4:1:5 (E. BAYER u. K.H. REUTHER 1956).

Einige mit verschiedenen Lösungsmitteln erhaltene R_f-Werte sind in Tab. 91 zusammengestellt.

Tabelle 91. *R_f-Werte der Hydroxamate von Fettsäuren*

Säure	Propanol/ Ammonium-carbonat 2:1 (Autor 1)	Amylalkohol/ Essigsäure/ Wasser 4:1:5 (Autor 2)	Butanol/ Dimethyl-formamid/ Wasser 4,5:0,5:5,0 (Autor 3)
Ameisensäure	0,28	0,26	0,43
Essigsäure	0,50	0,34	0,52
Propionsäure	0,66	0,51	0,67
Buttersäure	0,78	0,67	0,78
Capronsäure	0,92	0,86	0,91
Caprylsäure	—	0,89	—
Caprinsäure	—	0,90	0,94

Autor 1: MERCK (1959).
Autor 2: THOMPSON (1950).
Autor 3: BAYER u. REUTHER (1956).

Diesen Werten zufolge sind die Hydroxamsäuren besonders zur Auftrennung von Gemischen im Bereich von C_1 bis C_6 geeignet. Darüber hinaus bieten sie den Vorteil, daß sich die farbstarken Eisen-Hydroxamate sehr gut zur quantitativen Bestimmung der niederen Fettsäuren heranziehen lassen. Nach BAYER und THOMPSON (1956) werden die nach dem Entwickeln und Trocknen erhaltenen Eisen(III)-hydroxamsäure-Flecke zur quantitativen Bestimmung ausgeschnitten und in einem Meßkölbchen mit 9,8 ml Methanol unter gelegentlichem Schütteln 30 min eluiert. Dann setzt man 0,2 ml einer 2%igen methanolischen Eisen(III)-chlorid-Lösung zu und mißt die Extinktion bei 530 mμ in einer 1-cm-Küvette gegen eine Vergleichslösung, die in analoger Weise durch Elution eines gleichgroßen Stückes einer Zone hydroxamsäurefreien Papieres erhalten wurde.

Zehnmal empfindlicher und dreimal schneller durchzuführen ist die von M. JUREČEK u. Mitarb. (1960) mitgeteilte und von J. CHURÁČEK (1961 und 1962) auf den Bereich von C_1 bis C_{14} erweiterte Methode der papierchromatographischen Trennung der 2,4-Dinitrobenzylester von Fettsäuren. Die Darstellung dieser Derivate ist nach J. CHURÁČEK (1962) sehr einfach:

Äquimolare Mengen der fettsauren Natriumsalze und 2,4-Dinitrobenzylbromid werden in einem Gemisch von Alkohol-Benzol-Wasser 9:16:2 gelöst und im zugeschmolzenen Reagensglas 1 Std im siedenden Wasserbad erhitzt. Nach Erkalten wird das Röhrchen geöffnet und die Lösung der entstandenen Ester direkt auf das Chromatographierpapier aufgetragen.

Verwendet wird Whatman-Nr. 1-Papier. Zur Trennung der Fettsäuren C_1 bis C_6 wird es mit 25%igem Formamid getränkt, als mobile Phase dient Cyclohexan-Benzol 25:1. Für den Bereich von C_4 bis C_{14} wählt man als stationäre Phase 70%iges Dimethylformamid, als mobile Phase Cyclohexan-Petroleum 199/220°C 35:1. Ein Beispiel für die Trennung der erstgenannten Gruppe bringt Abb. 83.

Da die 2,4-Dinitrobenzoylderivate der Fettsäuren gefärbt sind, läßt sich die Trennung der Fettsäuren schon während der Entwicklung des Chromatogramms visuell verfolgen.

Diesen Vorteil besitzt auch eine weitere Methode, die ebenfalls von J. CHURÁČEK u. Mitarb. (1965) ausgearbeitet wurde, in erhöhtem Maße. Natriumsalze der Fettsäuren C_1 bis C_{16} werden durch Reaktion mit N,N-Dimethyl-p-aminobenzolazophenacylchlorid in die entsprechenden Ester übergeführt, die chromatographisch auf einem mit Dimethylformamid getränktem Papier getrennt werden. Für niedere Fettsäuren (C_1 bis C_8) wird ein Gemisch von Benzin und Toluol, für höhere

(C_9 bis C_{16}) ein Gemisch von leichtem und schwerem Benzin als Laufmittel verwendet. Der Propionsäureester wird durch Chromatographieren mit umgekehrten Phasen (1-Bromnaphthalin/80%ige Essigsäure) identifiziert, da sich die Flecken

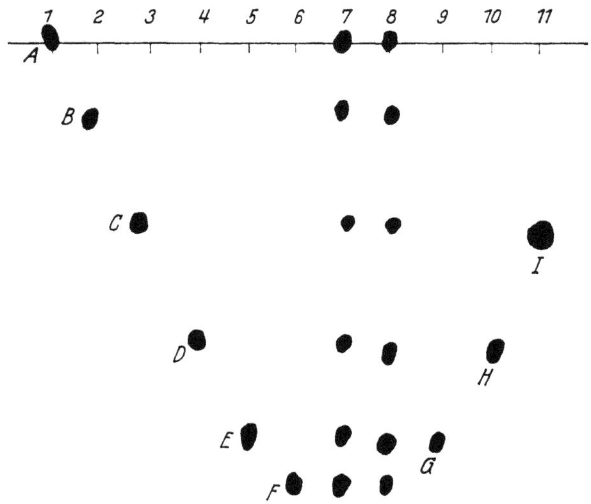

Abb. 83. Chromatogramm der 2,4-Dinitrobenzylester der niederen Fettsäuren nach CHURÁČEK (1962); A = Ameisen-, B = Essig-, C = Propion-, D = Butter-, E = Valerian-, F = Capronsäureester

des Esters und des überschüssigen Reagenses in dem erstgenannten Lösungsmittel überdecken. Man kann nach diesem Verfahren weniger als 1 μg Buttersäure nachweisen.

β) Trennung und Nachweis der mittel- und hochmolekularen Fettsäuren

Zur Trennung mittel- und höhermolekularer Fettsäuren sind vor allem solche papierchromatographischen Verfahren geeignet, die nach dem sog. *Umkehrphasensystem* arbeiten. Im Gegensatz zu den bisher beschriebenen Methoden hat die stationäre Phase hier einen nicht polaren Charakter, während die mobile Phase aus einem polaren Lösungsmittel besteht. Damit das seiner Natur nach polare Papier die nicht polare immobile Phase bindet, muß es durch eine Hydrophobierung seines polaren Charakters beraubt werden.

J. BOLDINGH (1948) tränkte Filterpapier Sch. & Sch. Nr. 595 mit verdünntem vulkanisiertem Kautschuklatex, trocknete es dann an der Luft und wusch es mit Alkohol und Aceton aus. Wenn der Imprägnierungsgrad niedrig war, blieb die Capillarstruktur des auf diese Weise hydrophobierten Papiers soweit erhalten, daß die mobile Phase in normaler Weise in die Höhe steigen konnte. Versuche mit den Äthylestern der C_{12}- bis C_{18}-Fettsäuren zeigten, daß die R_f-Werte eine für die Trennung entsprechender Gemische ausreichende Differenz aufwiesen.

Y. INOUE u. M. NODA (1952) verwenden zur Trennung der höheren gesättigten Fettsäuren ein mit einem Kohlenwasserstoffgemisch (Siedepunkt 140/170° C) imprägniertes Filtrierpapier. Als Lösungsmittel dienen Methanol/Aceton/Petroleum-Gemische, als Sprühreagens gelangt eine mit KOH bis zur Blaufärbung versetzte 0,2%ige Bromkresolgrün-Lösung zur Anwendung.

F. MICHEEL u. H. SCHWEPPE (1954) trennen gesättigte geradkettige Fettsäuren von C_5 bis C_{18} an Celluloseacetatpapier mit 22—26% Acetylgehalt (Hersteller: Schleicher & Schüll, 3354 Dassel, Macherey, Nagel & Co., 516 Düren) als Hydroxamsäuren der Methylester. Die Fettsäuren werden, ähnlich wie auf S. 642 beschrieben, Glyceride werden nach folgendem Verfahren direkt in die Hydroxamsäuren umgewandelt:

100 mg des wasserfreien Fettes werden mit einer Mischung von 1 cm^3 1 m-Hydroxylamin-Hydrochlorid und 2 ml 0,1 n-Kaliumhydroxid in Methanol 2—3 min auf dem Wasserbad gekocht, bzw. erwärmt, bis die Lösung homogen ist. Es wird vom Kaliumchlorid abgesaugt und mit Tetrahydrofuran/Eisessig 4:1 neutralisiert. Von dieser Lösung werden solche Mengen auf die Startlinie des acetylierten Papiers aufgetragen, daß von jeder darin erwarteten Fettsäure 20—50 μg vorhanden sind.

Entwickelt wird mit dem Lösungsmittelgemisch Essigsäureäthylester/Tetrahydrofuran/Wasser 0,6:3,5:4,7 oder besser nach E. PIETSCHMANN (1959) im Mengenverhältnis 1:8:8. Bei aufsteigender Chromatographie ist nach 5—6 Std eine Strecke von 30—35 cm erreicht. Das Papier wird 5 min bei 90°C getrocknet und sodann mit einer Lösung von 2% Eisen(III)-chlorid in Äthanol/n-Butanol 1:4 besprüht. Man erhält purpurrote bis rotbraune Flecken. Tab. 92 gibt die nach dieser Methode erhaltenen R_f-Werte wieder.

Tabelle 92. *R_f-Werte der Hydroxamsäuren höhermolekularer Fettsäuremethylester* (nach F. MICHEEL u. H. SCHWEPPE 1954)

Valeriansäure	0,84	Laurinsäure	0,38
Capronsäure	0,72	Myristinsäure	0,34
Önanthsäure	0,64	Palmitinsäure	0,30
Caprylsäure	0,57	Ölsäure	0,30
Pelargonsäure	0,51	Stearinsäure	0,24
Caprinsäure	0,46	Erucasäure	0,22
Undecylsäure	0,40		

Palmitinsäure und Ölsäure können nicht getrennt werden, da sie als kritische Paare denselben R_f-Wert besitzen. Auch reicht die Trennschärfe für die Unterscheidung von Undecyl- und Laurinsäure nicht aus. Da die natürlich vorkommenden Fettsäuren aber stets geradzahlig sind, ist die Methode für die Analyse natürlicher gesättigter Fettsäuregemische recht gut brauchbar.

Universeller anwendbar als die Hydroxamsäure-Methode erwies sich die Umkehrphasen-Chromatographie unter Verwendung von hochsiedenden Kohlenwasserstoffen als immobile und Eisessig von 55—100% bzw. Eisessig/Acetonitril als mobile Phase. Die erste Methode dieser Art wurde von H.P. KAUFMANN u. W.H. NITSCH (1954) angegeben und in den darauffolgenden Jahren von H.P. KAUFMANN u. Mitarb. immer wieder verbessert (H.P. KAUFMANN u. W.H. NITSCH 1955 und 1956; H.P. KAUFMANN u. E. MOHR 1958; H.P. KAUFMANN u. Z. MAKUS 1960).

Methode von H.P. KAUFMANN u. W.H. NITSCH (1954)

Auf hydrophobiertem Papier Sch. & Sch. Nr. 2043b hy von 8—16 cm Breite und 30—40 cm Länge werden die Startpunkte markiert. Man legt diesen Streifen ca. 30 sec in eine mit technischem Undecan (Hersteller: Fa. J. Haltermann, 2 Hamburg 1, Ferdinandstr. 55—57 bzw. E. Merck) gefüllte Schale. Nach dem Abtropfen wird das Papier zwischen sauberem Filtrierpapier und zwei Glasplatten unter Beschwerung mit einem Gewicht von 4 kg abgepreßt. Man läßt es dann auf jeder Seite noch 5 min auf Filterpapier liegen und trägt die in Toluol gelösten Fettsäuren, pro Säure ca. 30—40 μg, auf die Startpunkte auf.

Das so vorbereitete Papier wird in einen Chromatographiertrog gehängt und mit dem Elutionsmittel entwickelt, das für Fettsäuren C_{10} bis C_{18} aus 90%iger Essigsäure besteht, die mit der stationären Phase in folgender Weise gesättigt wird: 500 ml Essigsäure werden mit 25 ml Undecan im Schütteltrichter 15 min geschüttelt. Man läßt absitzen, trennt die polare Phase ab und mischt sie mit 20 ml eines Essigsäure/Wasser-Gemisches gleicher Konzentration. Dauer der Entwicklung ca. 20 Std.

Nach beendeter Entwicklung werden die Streifen zunächst 2 Std im Trockenschrank auf 120°C erhitzt und dann 45 min in Kupferacetat-Lösung (10 ml gesättigte Kupferacetat-Lösung + 240 ml Wasser) gelegt, um die Kupferseifen der Fettsäuren zu bilden. Das überschüssige

Kupferacetat wird durch 15 min langes Waschen in fließendem Wasser entfernt und das Papier dann in eine verdünnte wäßrige Lösung von Kaliumhexacyanoferrat (II) (50 ml 7,5%ige wäßrige Lösung von $K_4[Fe(CN)_6]$ + 250 ml Wasser) gebracht. Es bilden sich dunkelbraune Flecken von Kupferferrocyanid auf hellgelbem bis hellbraunem Untergrund. In ähnlicher Weise können auch die Silber- und Bleiseifen hergestellt und mit Schwefelwasserstoff markiert werden.

Über den Einfluß der Arbeitsbedingungen auf die Trennschärfe der Methodik und die Variationsbreite des Verfahrens berichten H. P. KAUFMANN u. E. MOHR (1958).

Um runde geschlossene Fettsäureflecke zu erhalten, muß das Lösungsmittel der Fettsäure vor der Entwicklung restlos verdampft sein. Auftragen zu großer Substanzmengen und mangelnde Sättigung der mobilen Phase mit Undecan führen zur Schweifbildung. Zu starke Imprägnierung (Optimum 0,28 g pro g Papier) gibt geringere R_f-Werte, wodurch die Trennung erschwert wird.

Durch Zusatz von Aceton zur Essigsäure wird die Versuchsdauer gegenüber der Standard-Methode wesentlich abgekürzt, die Differenz der R_f-Werte größer, die trennbare Substanzmenge von 40 auf 80 μg pro Fettsäure erhöht und die Temperaturempfindlichkeit der Trennung im Bereich von +10 bis +40° C eliminiert. Bei Verwendung von Aceton/Essigsäure/Wasser 8:1:2 als Steigflüssigkeit und einem Imprägnierungsgrad von 0,20 beträgt die Entwicklungszeit 5 Std, bei einem Imprägnierungsgrad von 0,17 nur 1,5 Std.

Abb. 84. Trennung der gesättigten unverzweigten gerad- und ungeradzahligen Fettsäuren C_{10} bis C_{20} nach KAUFMANN u. MAKUS (1960a); 1 = C_{10}, 2 = C_{11}, 3 = C_{12}, 4 = C_{13}, 5 = C_{14}, 6 = C_{15}, 7 = C_{16}, 8 = C_{17}, 9 = C_{18}, 10 = C_{20}, 11 = C_{22}, 12 = C_{24}

Bei Anwendung erhöhter Temperatur ist mit dieser Steigflüssigkeit eine Trennung von Fettsäuren bis zu 26 C-Atomen möglich. Mit Aceton/Propionsäure/Wasser 40:30:5 lassen sich bei —30° C die ungesättigten Fettsäuren von den gesättigten scheiden. Durch Übergang auf das System Undecan/Essigsäure/Acetonitril nach H. P. KAUFMANN u. H. SCHNURBUSCH ist bei gleichzeitiger Verkürzung der Steigzeit gegenüber dem Normalverfahren eine Erhöhung der auftropfbaren Fettsäuremenge auf über 80 μg möglich, wodurch günstige Voraussetzungen für eine quantitative Auswertung erhalten werden.

Weitere Fortschritte erzielten H. P. KAUFMANN u. Z. MAKUS (1960) durch Anfärbung der Kupferseifen mit Rubeanwasserstoff nach H. P. KAUFMANN (1950):

Die getrockneten Chromatogramme werden 30 min in eine 0,2%ige wäßrige Lösung von Kupferacetat getaucht, anschließend 1 Std in strömendem Leitungswasser, dann dreimal mit dest. Wasser gewaschen und danach 25 min bei 100° C getrocknet. Die getrockneten Chromatogramme werden mit 0,3%iger äthanolischer Rubeanwasserstoffsäure-Lösung besprüht, wobei dunkelgrüne Flecke auf weißem Untergrund entstehen.

Die Anfärbung ist ungefähr fünfmal empfindlicher als die mit Kaliumhexacyanoferrat(II). Es lassen sich daher bereits Mengen von nur 1 µg Fettsäure nachweisen. Diese Anfärbungsmethode ermöglicht im System Undecan/95%ige Essigsäure die Trennung der geradzahligen von den ungeradzahligen Fettsäuren (vgl. Abb. 84).

Eine Übersicht über die von H. P. KAUFMANN u. Mitarb. in Gegenwart verschiedener Steigflüssigkeiten beobachteten R_f-Werte gibt Tab. 93.

Tabelle 93. *R_f-Werte gesättigter und ungesättigter Fettsäuren bei der papierchromatographischen Trennung* (nach H. P. KAUFMANN u. Mitarb. 1954—1960)

Imprägnierungsgrad des Papiers	0,28	0,20	0,25	0,20	0,35
Steigflüssigkeit*	Essigsäure/ Wasser 9:1 +20° C	Aceton/ Essigsäure/ Wasser 8:1:2 +20° C	Aceton/ Essigsäure/ Wasser 8:1:1,5 +45° C	Aceton/ Propionsäure/ Wasser 40:30:5 —30° C	Acetonitril/ Essigsäure 1:3 +20° C
Caprinsäure	0,62	0,90	—	—	0,78
Laurinsäure	0,50	0,80	—	—	0,60
Myristinsäure	0,36	0,62	0,85	—	0,45
Palmitinsäure	0,24	0,44	0,76	—	0,35
Stearinsäure	0,15	0,30	0,62	—	0,25
Arachinsäure	—	0,20	0,48	—	0,17
Behensäure	—	—	0,35	—	—
Lignocerinsäure	—	—	0,24	—	—
Cerotinsäure	—	—	0,16	—	—
Ölsäure	0,23	0,46	—	0,33	0,41
Linolsäure	0,36	0,60	—	0,48	0,52
Linolensäure	0,45	0,76	—	0,66	0,63
Erucasäure	0,13	0,19	—	0,16	—

* mit Undecan gesättigt; immobile Phase: Technisches Undecan 190/220° C; Papier: durchweg Sch. & Sch. 2040b mgl, nur in der ersten Spalte Sch. & Sch. 2043b.

Schwieriger in der Anwendung ist das von F. FRANKS (1956) mitgeteilte papierchromatographische Verfahren, bei dem die Konzentration des Elutionsmittels durch eine sinnreiche Vorrichtung fortlaufend geändert wird. Die Papiere werden zunächst mit einer 10%igen Lösung von Paraffinöl in Benzin imprägniert und, nach dem Auftragen des Fettsäuregemisches, in eine horizontale Eluiervorrichtung eingespannt. Man eluiert mit 50%igem Eisessig, dem laufend 100%ige Essigsäure zugesetzt wird. Dadurch erhält das Elutionsmittel in jeder Stufe der Trennung die optimale Zusammensetzung, wodurch größere Differenzen zwischen den R_f-Werten erhalten werden.

Die Trennung gesättigter und ungesättigter Säuren ist nach diesen Methoden nur möglich, wenn sie nicht dieselbe *pc-Wertzahl* besitzen. H. P. KAUFMANN u. Z. MAKUS (1960) verstehen darunter den Ausdruck:

$$\mathrm{pcW} = \mathrm{n} - 2\mathrm{m}$$

wobei n die Anzahl der Kohlenstoffatome und m die Anzahl der Doppelbindungen der Fettsäuren ist. Dieselbe pc-Wertzahl besitzen bei normaler Temperatur im System Undecan/Eisessig z. B. die Fettsäurepaare: Ölsäure + Palmitinsäure, Linolsäure + Myristinsäure, Linolensäure + Laurinsäure.

Am sichersten bestimmt man die zu kritischen Paaren gehörenden Fettsäuren dadurch, daß man das zu untersuchende Gemisch einmal so wie es ist und einmal nach erfolgter Hydrierung chromatographiert. Die Hydrierung wird nach H.P. KAUFMANN u. A.A. KARABATUR (1958) in sehr einfacher Weise wie folgt ausgeführt:

1 g der Gesamtfettsäuren wird in 50 ml Äthanol gelöst und nach Zugabe von 0,4 g Pd/$BaSO_4$-Katalysator (5% Pd) in einer Schüttelente bei Zimmertemperatur auf der Schüttelmaschine oder in einer mit Magnetrührer ausgestatteten Apparatur hydriert. Nach 3—4 Std ist die Hydrierung vollständig. Der Katalysator wird abfiltriert bzw. zentrifugiert. Die erhaltene 2%ige Fettsäurelösung kann direkt zum Auftropfen verwendet werden.

Wenn nicht so große Fettsäuremengen zur Verfügung stehen, kann die Hydrierung nach H.P. KAUFMANN u. D.K. CHOWDHURY (1958) auch auf dem Papier vorgenommen werden.

Man imprägniert das Papier in Höhe der Startlinie mit 15—20 μg feinverteiltem Palladium, tropft, gegebenenfalls nach der Hydrophobierung, die Lösung der zu analysierenden Fettsäuren auf, läßt das Lösungsmittel verdunsten und bringt den Streifen in einen mit Wasserstoff gefüllten Exsiccator. Dann entwickelt man mit 90—95%iger Essigsäure und läßt zum Vergleich eine nicht hydrierte Probe mitlaufen.

Aus der Differenz der mit und ohne Hydrierung erhaltenen Fettsäuremengen läßt sich der Gehalt an ungesättigten Fettsäuren in den kritischen Paaren berechnen.

Über die Bromderivate sind kritische Paare nicht zu trennen, da die bromsubstituierten Fettsäuren den gleichen R_f-Wert besitzen wie die zugehörigen gesättigten Fettsäuren. Wohl eignen sich hierzu die Brom-Methoxyverbindungen, die nach A. JOVTSCHEFF u. Mitarb. (1963) durch Einwirkung von N-Bromsuccinimid in methanolischer Lösung leicht zu erhalten sind:

Ca. 0,2 g Fettsäuren werden in 10 ml Methanol (über Calciumoxid destilliert) gelöst und zur so hergestellten Lösung, je nach Jodzahl, 0,4—0,7 g N-Bromsuccinimid hinzugefügt. Nach Schütteln bis zum vollständigen Auflösen des Imids (ungefähr 5 min) wird die Lösung bei Raumtemperatur 1 Std stehen gelassen. Dann entnimmt man zur Chromatographie soviel, daß pro Fettsäure 20—50 μg aufgetragen werden. Trennung im System Undecan/90%ige Essigsäure nach KAUFMANN u. NITSCH (1954).

Bei diesem Verfahren ist aber zu beachten, worauf G. RANKOFF u. D. RANKOFF (1964) besonders hinweisen, daß die brom-methoxylierten Fettsäuren je einen Fleck bilden und die diastereomeren brom-methoxylierten Monoenfettsäuren, deren Bildung hier zu erwarten ist, praktisch gleiche R_f-Werte aufweisen. Bei den brom-methoxylierten Derivaten der Linol- und Linolensäure ergeben sich dagegen je zwei Flecke mit wesentlichen Unterschieden in ihren R_f-Werten.

„Kritische Paare“ lassen sich, wie dieselben Autoren zeigen konnten, auch dann auflösen, wenn man das Fettsäuregemisch zuvor nach der Jodzahl-Bestimmungsmethode von MARGOSCHES (vgl. S. 728) behandelt. Man erhält allerdings hier für jede der gebildeten diastereomeren Jod-hydroxyverbindungen zwei Flecke, wodurch die Interpretation des Chromatogramms bei Anwesenheit mehrfach ungesättigter Fettsäuren erschwert wird. In solchen Fällen ist eine Vorbehandlung nach dem Verfahren von TWITCHELL (vgl. S. 725) angebracht (G. RANKOFF u. Mitarb. 1965).

Von den Halogenen eignen sich auch die Rhodan-Verbindungen ungesättigter Fettsäuren zur Auflösung kritischer Paare (H.P. KAUFMANN u. M. ARENS 1958; W. AWE u. B. GROTE 1958). Dem speziellen Nachweis der Rhodanfettsäuren dient die Eisen-Rhodan-Reaktion. Die Chromatogramme werden nach AWE u. GROTE 15 min in einer Atmosphäre über 25%igem Ammoniak aufbewahrt, dann getrocknet und mit einer Lösung von 1 g Eisen(III)-chlorid in 50 ml Aceton + 50 ml Wasser + 4 ml 25%iger Salzsäure besprüht. Rotorange Flecke.

Auch die Quecksilberaddukte sind zum Nachweis von ungesättigten neben gesättigten Fettsäuren geeignet. H.P. KAUFMANN u. H. SCHNURBUSCH (1958) gehen bei einem von ihnen ausgearbeiteten Verfahren von der Überlegung aus, daß gesättigte Fettsäuren pro Mol nur mit $^1/_2$ Mol Quecksilberacetat reagieren, während ungesättigte pro Doppelbindung ein weiteres Mol Quecksilberacetat aufnehmen. Zum Nachweis und zur quantitativen Bestimmung der gesättigten und ungesättigten Fettsäuren nebeneinander fertigen sie von der zu untersuchenden Probe zwei Chromatogramme an. Das eine wird mit Kupferacetat/Kaliumhexacyanoferrat(II) angefärbt, das zweite mit Quecksilberacetat/H_2S. Durch photometrische Auswertung der nach jedem Verfahren erhaltenen Schwärzungsgrade läßt sich die Zusammensetzung der kritischen Paare bestimmen.

Schließlich eignen sich nach A.G. VERESHCHAGIN (1965) auch die von den ungesättigten Fettsäuren mit Silberionen gebildeten π-Komplexe zur Trennung kritischer Paare.

500—5000 μg der durch Methanolyse von Leinöl, Kottonöl usw. erhaltenen Methylester werden auf die Basislinie von Papierstreifen aufgetragen. Die Chromatogramme werden im Laufe von 12—48 Std mit 70—90%igem wäßrigem Methanol entwickelt, das bei Zimmertemperatur mit Dodecan und Silbernitrat gesättigt wurde. Die entwickelten Chromatogramme werden mit 5%iger wäßriger Salpetersäure und Wasser gewaschen und zur Entfernung des Dodecans 5—10 min in einem Heißluftstrom getrocknet. Die Flecke werden mit Sudanschwarz B sichtbar gemacht, mit n-Hexan extrahiert und gaschromatographisch auf ihre Reinheit (durchweg 99%) untersucht.

Die ausgezeichnete Trennung der Methylester geht aus folgender Tabelle hervor, welche die R_2-Werte (= R_f-Werte relativ zu Butyl-hexabromstearat) zur Konstitution in Beziehung setzt.

Methylester[1] . .		16:0	18:0	18:1	18:2	18:3		
R_2-Wert		0	0	1,01	4,66	6,24		

Methylester . . .	20:0	20:1	20:2	22:0	22:1	22:2	24:0	24:1
R_2-Wert	0	0,85	1,66	0	0,32	1,41	0	0,22

Bei dem hier gewählten Lösungsmittelsystem bleiben die gesättigten Methylester auf der Basislinie.

γ) Quantitative Bestimmung der höheren Fettsäuren

Trotz der geringen Substanzmengen, die bei der papierchromatographischen Analyse eingesetzt werden können, eignet sich diese Methodik gut zur quantitativen Bestimmung der getrennten Fettsäuren. Eine Übersicht über die hier anzuwendenden Arbeitsweisen, von denen nur die wichtigsten behandelt werden können, gibt H.P. KAUFMANN (1956).

Durch eine einfache *Planimetrierung* der Chromatogrammflecken lassen sich die höheren Fettsäuren wegen der durch die Ungleichmäßigkeit des Papiers bedingten Konzentrationsschwankungen nur mit einer Genauigkeit von ca. 10% bestimmen. Je nach der Arbeitsweise ist die Fleckengröße entweder der Substanzmenge oder dem Logarithmus der Konzentration proportional.

Wesentlich genauere Resultate erhält man durch *photometrische Auswertung* der Farbintensität der nach der Anfärbung der Chromatogramme erhaltenen Farbflecke. Bei dieser Arbeitsweise, die von A. SEHER (1956 und 1959b) eingehend geprüft und auf ihre Fehlerquellen untersucht wurde, zieht man das entwickelte und angefärbte Chromatogramm durch ein mit einer Lichtquelle, einem mechanischen in Millimetern eingeteilten Vorschub und einer Vorrichtung zur Messung der Lichtintensität ausgestattetes photoelektrisches Densimeter, z. B. das Lumetron (Photovolt Corp., New York), den Extinktionsschreiber (Fa. C. Zeiss, Oberkochen) oder das Chromatometer (B. Lange, Berlin-Zehlendorf). Zuverlässige und reproduzierbare Werte erhält man nach A. SEHER (1959b) indessen nur dann, wenn man die Fettsäure

[1] Hier und weiterhin wird die von DOLE u. AHRENS (vgl. A.T. JAMES 1959) eingeführte Kurzbezeichnung von Fettsäuren benutzt. Danach ist 18:0 z. B. Stearinsäure, cis $18:1^9$ Ölsäure, trans $18:1^9$ Elaidinsäure, cis $18:2^{9,12}$ Linolsäure usw.

mit Hilfe solcher Reaktionen entfärbt, bei denen die Umsetzung quantitativ erfolgt, als Lichtquelle eine Leuchtstoffröhre benutzt und sich eines Papiers von besonderer Homogenität bedient (z. B. Sch. & Sch. 2043a und 2043b „für die quantitative Papier-Chromatographie"). Unter solchen Bedingungen beobachtete A. SEHER für Fettsäurebestimmungen eine Standardabweichung (3s) von nur 3%, bezogen auf die Summe der Fettsäuren.

Arbeitsweise nach A. SEHER (1956/1959b)

Das auf Papier 2043a der Firma Sch. & Sch. nach H.P. KAUFMANN u. E. MOHR (1958) hergestellte Chromatogramm wird 45 min in eine Mischung von 10 ml kalt gesättigter Kupferacetat-Lösung und 990 ml Wasser gelegt. Anschließend wird der Kupferüberschuß durch $1^1/_2$-stündiges Waschen in fließendem Wasser entfernt. Die nassen Chromatogramme werden 30 min in eine 0,1%ige alkoholische Lösung von Rubeanwasserstoff mit 0,5% Ammoniak getaucht, danach nochmals 30 min in fließendem Wasser gewaschen und an der Luft getrocknet. Nunmehr werden die Streifen im Photometer ausgemessen, wobei die Absorption als Ordinate und die Entfernung vom Startpunkt als Abszisse aufgetragen werden. Der erhaltene Kurvenzug (vgl. Abb. 85) umschließt Flächen, die am besten mit einem Planimeter ausgemessen werden. Jede Fläche multipliziert man mit dem Molgewicht der zugehörigen Fettsäure und addiert die erhaltenen Zahlenwerte. Ihr prozentualer Anteil an der Summe entspricht der prozentualen Menge der zugehörigen Fettsäure im Gemisch.

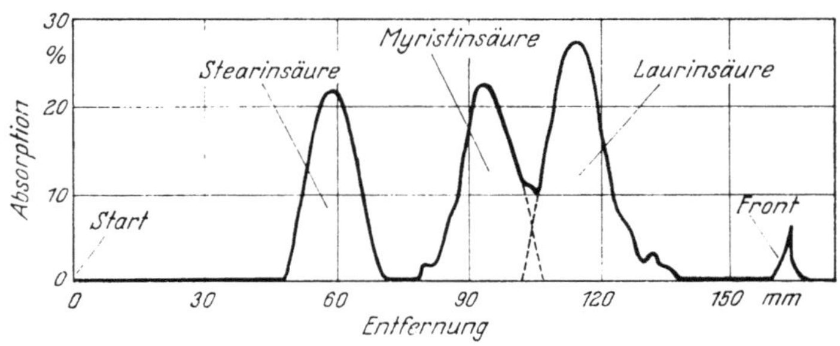

Abb. 85. Photogramm einer Fettsäuremischung nach SEHER (1956)

Eines ähnlichen Verfahrens bedienen sich H. WAGNER u. Mitarb. (1955). Die nach KAUFMANN u. NITSCH (1954) getrennten Fettsäuren werden mit Kupferacetat und Kaliumhexacyanoferrat(II) angefärbt und dann photometrisch bestimmt. Gemessen wird die Extinktion bei 490 mμ, indem der Streifen um je 5 mm verschoben, dann die Extinktion gemessen und der erhaltene Wert ähnlich wie bei SEHER in ein Koordinatennetz eingetragen wird. Aus der Extinktionskurve läßt sich dann der Gehalt an den Einzelkomponenten berechnen.

Zur quantitativen Bestimmung der ungesättigten Fettsäuren überführt G. SCHMIDT (1958) diese zunächst, z. B. mit Diazomethan, in die Methylester und lagert dann nach Y. INOUE u. Mitarb. (1955) Quecksilber(II)-acetat an. Hierzu wird 1 Gewichtsteil Fettsäure mit 5 Gewichtsteilen Quecksilber(II)-acetat in 10 Volumteilen absolutem Methanol 2 Std am Rückflußkühler gekocht, das Methanol vollständig abdestilliert und der Rückstand in ca. 50 Volumteilen Petroläther aufgenommen. Das überschüssige Quecksilberacetat wird abfiltriert und die Petroläther-Lösung dann zum Auftropfen verwendet. Zur Chromatographie wird Papier von Macherey & Nagel, Düren, Nr. 214 verwendet, das mit Tetralin imprägniert und mit 70%igem Methanol/Eisessig 30:20 bei 21°C 10—12 Std entwickelt wird. Nach dem Trocknen bei 80°C hängt man die Papiere zunächst 6 Std in eine trockene Salzsäure-Atmosphäre und dann 12 Std in eine Schwefelwasserstoff-Atmosphäre. Für die wichtigsten ungesättigten Fettsäuren beobachtete G. SCHMIDT (1958) folgende R_f-Werte: Ölsäure 0,19, Palmitoleinsäure 0,32, Linolsäure 0,68, Linolensäure 0,95. Die quantitative Auswertung der sehr beständigen Quecksilbersulfidflecke erfolgt wie bei der Methode von SEHER.

Schließlich kann eine quantitative Bestimmung auch durch *Extraktion* der nach dem Anfärben mit den Fettsäuren verbundenen Metalle und *colorimetrische Erfassung* letzterer erfolgen.

H.P. KAUFMANN u. M.M. DESHPANDE (1958a) bringen auf Papier Sch. & Sch. 2040b, säuregewaschen, das durch Striche in drei senkrechte Felder geteilt ist, nach dem Imprägnieren mit Undecan an drei Auftropfstellen je 150—300 μg Fettsäuren auf die Startlinie, entwickeln mit 95%igem Eisessig, der mit Undecan gesättigt ist, und überführen die getrennten Fettsäuren in die Kupferseifen. Die beiden äußeren Felder werden mit Kaliumhexacyanoferrat(II) angefärbt und die dadurch markierten Zonen des inneren Feldes ausgeschnitten und jede für sich durch 6 min währendes Erwärmen mit 6 ml 0,1 n-Schwefelsäure quantitativ extrahiert. Der Extrakt wird in ein 10-ml-Meßkölbchen überführt. Man spült mit 0,1 n-Schwefelsäure nach und füllt bis zur Marke auf. Die Bestimmung des Kupfergehaltes, aus dem die Fettsäure menge berechnet werden kann, erfolgt polarographisch, z. B. mit dem Polarographen PO 3h der Radiometer A.S., Kopenhagen. Falls die Kupferkonzentration genügend hoch ist, kann die Kupferbestimmung auch colorimetrisch, z. B. mit Diäthyldithiocarbamat (W. G. DUNCOMBE 1963) oder Tetraäthylthiuramdisulfid (M. NOVÁK u. V. HROMÁDKOVÁ 1959) erfolgen.

Die ungesättigten Fettsäuren lassen sich nach C.V. VISWANATHAN u. B. MERRA BAI (1961 und 1962) auch mit Hilfe der Rundfilter-Papierchromatographie trennen und bestimmen. 24 cm Rundfilter (Whatman Nr. 3) werden mit 10% Paraffinöl getränkt. Die mit 90%igem Eisessig entwickelten Fettsäuren werden mit Quecksilber(II)-acetat und Diphenylcarbazid behandelt. Die erhaltenen Farbkomplexe werden mit Methanol/Toluol (1:1) extrahiert und im Colorimeter bei 540 mμ gemessen. Das Verfahren besitzt nur eine Laufzeit von $2^1/_2$ Std und eignet sich auch zur Trennung und Isolierung größerer Fettsäuremengen.

Über Fehlerquellen bei der quantitativen Auswertung von Papierchromatogrammen vgl. H.P. KAUFMANN u. A.K.S. AHMAD (1964c) sowie A. SEHER (1965a).

h) Dünnschichtchromatographie

Unter den chromatographischen Techniken nimmt die Dünnschichtchromatographie in der von E. STAHL (1958) verbesserten Form eine hervorragende Stelle ein. Diese in Bd. II/1 näher beschriebene Methode hat gegenüber der Papierchromatographie den Vorzug der geringeren Entwicklungsdauer, des größeren Anwendungsbereichs von 0,1 μg bis 100 g (H. HALPAAP 1963) und der Möglichkeit, auch aggressive Reagentien zur Sichtbarmachung und Identifizierung der getrennten Körper anwenden zu können. Eine umfassende Darstellung der Arbeitstechnik und Anwendungsmöglichkeiten finden sich außer in dem genannten Handbuchkapitel in den Werken von E. STAHL (1967) und K. RANDERATH (1962). Speziell mit Trennungen auf dem Fettgebiet befassen sich die Übersichten von H.P. KAUFMANN u. Z. MAKUS (1960), M.M. LOURY (1964), D.C. MALINS (1966) und H.K. MANGOLD (1967).

α) Trennung der Lipide in Klassen

H.K. MANGOLD u. D.C. MALINS (1960) zeigten, daß komplexe Lipide durch Adsorptions-Chromatographie an Dünnschicht-Platten, die mit Kieselgel G (E. Merck) beschickt sind, in Klassen mit gleichen funktionellen Gruppen getrennt werden können. Es wurden Mengen zwischen 5 und 500 μg aufgetragen und die Chromatogramme nach der aufsteigenden Technik mit Mischungen aus Petroläther, Diäthyläther und Essigsäure in 40 min bei Zimmertemperatur entwickelt. Ungesättigte Verbindungen konnten mit Joddampf, gesättigte und ungesättigte im UV-Licht nach dem Besprühen mit einer 0,2%igen Lösung von 2′,7′-Dichlorfluorescein sichtbar gemacht werden. Auf diese Weise konnten in zahlreichen Fetten als Gruppen nachgewiesen werden: Kohlenwasserstoffe, Fettalkohole, Sterine und ihre Ester, Vitamin A, Triglyceride, Fettsäuren, Hydroxyfettsäuren u. a. Verbindungen. H.P. KAUFMANN u. Z. MAKUS (1960) trennten in analoger Weise Gemische aus Mono-, Di- und Triglyceriden, Ketosäuren, Epoxysäuren, Fettaldehyden u. a. Bestandteilen natürlicher Fette in Klassen mit gleichen funktionellen Gruppen. Als Fließmittel verwandten sie Äthyläther, Isopropyläther, Essigsäure und ihre Mischungen. Zum Nachweis der Flecke wurde die Platte mit einer 0,05%igen wäßrigen Lösung von Rhodamin B besprüht: Helle Fluorescenz im UV-Licht. Auch Besprühung mit einer 10%igen Lösung von Phosphormolybdänsäure und anschließendes Erhitzen auf 120°C im Trockenschrank ließ die Flecke deutlich sichtbar werden.

So wichtig die Adsorptionstechnik für die Trennung der Lipide in Gruppen geworden ist, so sind doch Trennungen von Gemischen homologer Verbindungen, z. B. von Fettsäuren, nach dieser einfachen Methode nicht möglich.

β) Trennung von Fettsäuregemischen

1. Trennung und Identifizierung der niedermolekularen und mittelmolekularen Fettsäuren

Die dünnschichtchromatographische Trennung geradkettiger Carbonsäuren C_1 bis C_9 gelingt nach A. LYNES (1964) gut, wenn man sie in Form ihrer Ammoniumsalze mit einer gealterten Entwicklungsflüssigkeit behandelt.

Die Säuren werden auf mit neutralem Silicagel beschichtete Platten aufgetragen und mit einer Mischung von Methylacetat und 2,5%igem Ammoniak (95:5) entwickelt, die vor der Anwendung 24 Std im geschlossenen Gefäß aufbewahrt wurde. Anschließend wird 2—3 min auf 105°C erhitzt. Nach dem Trocknen besprüht man mit einer alkalischen Lösung von Methylrot und erhitzt auf 105°C bis die Säuren als dunkelrote Flecke auf orangefarbenem Untergrund erscheinen. Die R_f-Werte liegen zwischen 0,03 für Ameisensäure und 0,45 für Pelargonsäure. Nachweisgrenze bei 5 μg.

Auch durch Überführung in die Hydroxamsäureester wird die dünnschichtchromatrographische Trennung nieder- und mittelmolekularer Fettsäuren ermöglicht. Nach E. KNAPPE u. K.G. YEKUNDI (1964) sind mit Polyester beladene Kieselgurschichten hierfür besonders geeignet.

Herstellung der Schichten: 30 g Kieselgur G werden mit einer aus 12 g Polyesterlösung (80—82% Adipinsäurediäthylen- bzw. -triäthylenglykolpolyester in Methylglykol) 60 ml Aceton und 0,05 g Natriumdiäthyldithiocarbamidat bestehenden Mischung sorgfältig verrührt und mittels Streichgerät auf fünf Platten von 20×20 cm aufgetragen.

Entwicklung: Die Fettsäurehydroxamate (Herstellung z. B. nach S. 642) werden auf die bei 105°C getrocknete Platte aufgetragen und mit einem Gemisch von Diisopropyläther-Petroläther 50/70-Tetrachlorkohlenstoff-Ameisensäure (98—100%ig)-Wasser (50:20:20:8:1), das mit 2 g Polyester gesättigt wurde, bis zu einer Steighöhe von 10—13 cm entwickelt und an der Luft getrocknet.

Anfärbereagens: 16,7 g $FeCl_3 \cdot 6H_2O$ + 10 ml konzentrierte HCl (D = 1,19) z. A. mit Methanol auf 1 l aufgefüllt.

Es zeigen sich violette Flecke auf gelblichem Untergrund, deren R_f-Werte, besonders bei Verwendung des Triäthylenglykolpolyesters sehr gleichmäßige Abstände aufweisen.

n-Säure	C_2	C_3	C_4	C_5	C_6	C_7	C_8	C_9	C_{10}	C_{11}	C_{12}
R_f-Wert	0,09	0,13	0,19	0,26	0,33	0,43	0,53	0,63	0,76	0,87	0,96

Gut lassen sich nach H. BAYZER (1967) die geradkettigen Fettsäuren C_1 bis C_5 als Hydroxamsäureester auf Celluloseschichten trennen. Glasplatten werden mit Cellulose MN 300 der Firma Macherey, Nagel & Co., 516 Düren, beschichtet und die Hydroxamate mit dem Fließmittel (1): n-Propanol-5 n-NH_4OH-10% $(NH_4)_2CO_3$ (6:1:2) bzw. (2): n-Butanol-Eisessig-Wasser (4:1:5, obere Phase) entwickelt. Nach dem Trocknen werden die Chromatogramme mit einer Eisen-(III)-chloridlösung (5,4 g $FeCl_3 \cdot 6H_2O$ + 4,8 ml konzentrierte HCl + Äthanol ad 100 m) besprüht. Das Verfahren ermöglicht eine besonders gute Trennung von Ameisensäure und Essigsäure:

n-Säure	C_1	C_2	C_3	C_4	C_5
R_f rel.					
Fließmittel (1)	0,61	1,00	1,32	1,54	1,75
Fließmittel (2)	0,85	1,00	1,32	1,48	1,58

Die Nachweisgrenze liegt bei 2 μg.

2. Trennung der höhermolekularen Fettsäuren

Hierzu bedarf es, wie H. P. KAUFMANN u. Z. MAKUS (1960) zeigen konnten, eines *Umkehrphasensystems*, ähnlich dem von H. P. KAUFMANN u. W. H. NITSCH (1954) für die pc-Analyse angegebenen, oder der Anwendung spezieller z. B. mit Silbersalzen imprägnierter Schichten.

Beim Umkehrphasensystem wird die trockene, mit Kieselgel G beschichtete Platte zur Imprägnierung vorsichtig durch eine 15%ige Lösung von technischem Undecan (J. Haltermann, Hamburg) in Petroläther vom Siedepunkt 40/60°C gezogen. Bei zu schnellem Eintauchen kann die Schicht mechanisch beschädigt werden. Anschließend tropft man die zu trennenden Fettsäuren (pro Fettsäure 1—3 μg) auf, läßt die Platte zur Entfernung des Undecan-Überschusses 1 Std bei Zimmertemperatur stehen und entwickelt anschließend in aufsteigender Arbeitsweise Als Fließmittel, das mit der stationären Phase gesättigt werden muß, dienen 96%ige Essigsäure oder Essigsäure-Acetonitril/1:1. Nach dem Entwickeln — die Laufstrecke beträgt jeweils 12 cm — werden die Platten 45 min bei 120°C getrocknet und, wie oben angegeben, mit Phosphorphormolybdänsäure angefärbt.

Nach diesem Verfahren konnten die gesättigten Fettsäuren C_{12} bis C_{18} sowie die ungesättigten der C_{18}-Reihe einwandfrei getrennt werden. Fettsäuren mit gleicher pc-Wertzahl (vgl. S. 647) bildeten allerdings auch hier kritische Paare, so daß zur Trennung ihrer Gemische spezielle Operationen erforderlich sind.

Dieses dünnschichtchromatographische Verfahren schließt leider zahlreiche Nachweis- und Umwandlungsreaktionen aus, die sich bei der Papierchromatographie als sehr wertvoll erwiesen haben, z. B. Überführung in die Metallseifen, da bei der hier notwendigen Zwischenwässerung die Dünnschicht zerstört wird. H. P. KAUFMANN u. Mitarb. (1961a) überwanden diese Schwierigkeit durch eine Hydrophobierung der Schicht:

Die an der Luft abgekühlten, das Chromatogramm enthaltenden Platten werden in einen Vakuum-Exsiccator gestellt, in dem sich in einer Glasschale 3—5 ml Dichlordimethylsilan befinden. Nach dem Evakuieren auf 300 Torr läßt man die Platten 15 min im Exsiccator und anschließend 30 min an der Luft stehen.

Die so behandelten Platten können mit Kupferacetat-Rubeanwasserstoffsäure (H. P. KAUFMANN 1950) oder Quecksilberacetat-Diphenylcarbazon (Y. INOUE u. Mitarb. 1955) angefärbt werden:

Die Platten werden 30 min in eine wäßrige Kupferacetat-Lösung (20 ml gesättigte Kupferacetat-Lösung in 1000 ml Wasser) getaucht und anschließend 1 Std mit fließendem Wasser und dann drei- bis viermal mit dest. Wasser gewaschen. Dann taucht man sie $^1/_2$ Std in eine 0,1%ige wäßrige Lösung von Rubeanwasserstoff und wäscht sie anschließend 5 min mit dest. Wasser. Grüne Flecke auf weißem Untergrund. Nachweisgrenze 0,5 μg Fettsäure.

Violette Flecke auf hellrosa Untergrund erhält man durch 1-stündiges Eintauchen in eine wäßrige 2%ige Quecksilberacetat-Lösung (enthaltend 1% Essigsäure), Entfernen des Acetatüberschusses durch 3-stündiges Waschen in fließendem Wasser, Trocknen an der Luft und Besprühen mit einer 0,1%igen Diphenylcarbazon-Lösung.

Diese Reaktionen bilden, wie auf S. 649 am Beispiel einer papierchromatographischen Trennung gezeigt wurde, die Grundlage einer quantitativen Bestimmung.

Die Hydrophobierung der Platten nach der hier beschriebenen Methode hat allerdings den Nachteil, daß die Platten bei der Reinigung sehr schwierig vom Dichlordimethylsilan zu befreien sind. Auch kann eine zu weitgehende Hydrophobierung die Reaktionen auf der Platte stören.

H. P. KAUFMANN u. T. H. KHOE (1962) fanden nun, daß man auch Gips allein zur Beschichtung nehmen kann. Man erhält ohne Fixierung mit Dichlordimethylsilan nicht abwaschbare Schichten, die die Vornahme zahlreicher Reaktionen ermöglichen. Zur Herstellung der Platten verfährt man wie folgt:

Auf Mattglasscheiben von 200 × 200 mm trägt man mit Hilfe des Streichgeräts nach E. STAHL eine dünnflüssige Masse von 25 g Gips (Alabastergips, $CaSO_4 \cdot {}^1/_2\, H_2O$, E. Merck) in 35 ml Wasser, ausreichend für drei Platten, auf. Die Schichten werden 15 min bei Zimmertemperatur getrocknet, dann anschließend 1 Std in einem Trockenschrank auf 80—90° C erhitzt und im Exsiccator über P_2O_5 abgekühlt.

Zur Hydrophobierung werden die Platten in eine Lösung von 10% Undecan in Petroläther 35/45° C getaucht. Nach dem Verdunsten des Petroläthers bewahrt man sie 10 min an der Luft auf, tropft die zu untersuchende Lösung auf, läßt nochmals 10 min stehen, entwickelt aufsteigend mit Eisessig-Acetonitril/1:1 und trocknet dann 1 Std bei 80—90° C im Trockenschrank, um das Fließmittel zu entfernen. Die Anfärbung erfolgt, wie auf S. 650 beschrieben, am besten mit Kupferacetat und Rubeanwasserstoff.

Zur Auflösung kritischer Paare eignen sich nach H. P. KAUFMANN u. Mitarb. (1962 a) vornehmlich die Hydrierung auf der Platte, die analog der Methode von H. P. KAUFMANN u. D. K. CHOWDHURY (1958) vorgenommen wird, oder die Bromierung. Im Gegensatz zu dem Verhalten bei der Papierchromatographie laufen die bromierten Fettsäuren im System Undecan/Eisessig-Acetonitril schneller als ihre gesättigten kritischen Partner, so daß eine Trennung der Komponenten möglich ist.

Zweckmäßig arbeitet man hierbei zweidimensional. Zunächst wird das auf die mit Undecan präparierte Platte gebrachte Gemisch in einer Richtung mit einem Gemisch von Eisessig-Acetonitril/1:1 entwickelt. Danach bringt man die Platte in einen Vakuum-Exsiccator und evakuiert zur Entfernung des Fließmittels 20 min. Die Platte wird nun oberhalb des Startpunktes mit Palladium imprägniert und dann in einen mit Wasserstoff gefüllten Exsiccator gebracht. Nach beendeter Hydrierung wird das überschüssige Palladium mit 5%iger HCl und Wasser ausgewaschen, die Platte getrocknet, von neuem mit Undecan imprägniert und senk-

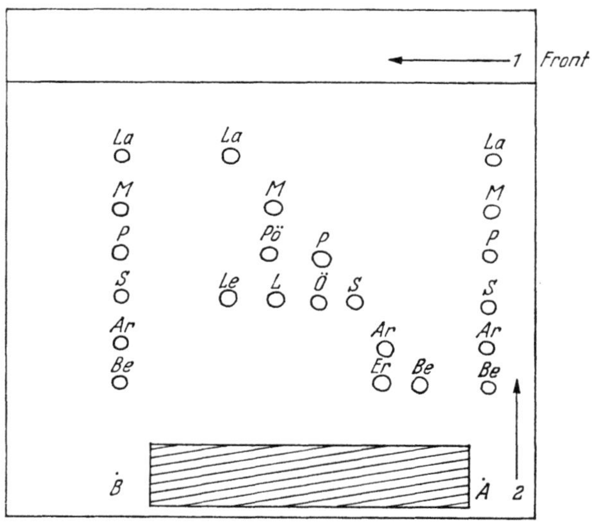

Abb. 86. Kombination von zweidimensionaler Arbeitsweise und katalytischer Hydrierung nach KAUFMANN u. KHOE (1962)

recht zur ersten Fließrichtung mit Eisessig-Acetonitril/1:1 entwickelt. Falls die kritischen Paare durch Bromierung getrennt werden sollen, entwickelt man, nachdem das Fließmittel aus der ersten Entwicklung durch Evakuieren im Exsiccator entfernt wurde, senkrecht zur ersten Entwicklungsrichtung mit Eisessig-Acetonitril/1:1, dem 0,5 Vol.-% Brom zugesetzt wurden.

In beiden Fällen entfernt man nach der zweidimensionalen Entwicklung das Undecan durch Erhitzen der Platte auf 80—90° C und färbt wie oben mit Kupfer-Rubeanwasserstoff.

Die Identifizierung erfolgt am einfachsten dadurch, daß man entsprechende Fettsäuregemische bekannter Zusammensetzung zum Vergleich mitlaufen läßt. Ein Beispiel für eine derartige Trennung bringt Abb. 86.

γ) Trennung und Bestimmung der Methylester

Manche Schwierigkeiten bei der Trennung und Bestimmung der Fettsäuren lassen sich umgehen, wenn man die Fettsäuren nach bekannten Methoden (vgl. S. 666) zuvor in die Methylester überführt.

S. RUGGIERI (1962) trennt das Methylestergemisch an einer Silicagelplatte in mehrere parallele Zonen unter Verwendung eines Fließmittels, bestehend aus Hexan, Äther und Essigsäure (85:15:1). Ein Streifen der Platte wird mit Dichlorfluorescein zur Identifizierung im UV-Licht besprüht. Dann werden die entsprechenden Zonen des Silicagels von der Platte gekratzt und mit Methanol extrahiert. Die so erhaltenen Fraktionen werden nun zur weiteren Identifizierung gaschromatographisch untersucht.

Eines anderen Verfahrens bedienen sich E. VIOQUE u. R.T. HOLMAN (1962) zur Bestimmung der chromatographisch getrennten Methylester. Eine nach E. STAHL mit Kieselgel G (E. Merck) beschichtete Platte wird in drei gleiche Abschnitte geteilt. Längs der Startlinie trägt man in Abständen von 0,5 cm die zu untersuchende Substanz auf, so daß von jedem Ester ca. 1—3 Mikroäquivalente anwesend sind. Entwickelt wird mit Mischungen von 10—30 % Diäthyläther in Hexan. Nach der Entwicklung läßt man das Fließmittel verdunsten, besprüht dann die äußeren Zonen mit Dichlorfluorescein und umreißt darauf im UV-Licht die Zonen der getrennten Methylester mit einer Nadel.

Die Zonen aus dem mittleren nicht gefärbten Abschnitt werden abgeschabt und mit insgesamt ca. 20 ml Äther extrahiert. Die in Reagensgläsern befindlichen Extrakte werden nun mit je 0,1 ml einer 2,5%igen Lösung von Natriumhydroxid bzw. Hydroxylaminhydrochlorid in 95%igem Äthanol versetzt, wobei sich Kochsalz ausscheidet. Die Lösungen werden im Wasserbad von 65—70° C zur Trockne eingedampft und die letzten Spuren Lösungsmittel mit Stickstoff entfernt. Man kühlt die Rohre unter fließendem Wasser, versetzt mit 5 ml einer Eisen(III)-perchlorat-Lösung und mißt die Extinktion nach 30 min bei 520 mμ und einer Spaltbreite von 0,02 mm. Die Methylesterkonzentration wird den in analoger Weise erhaltenen Eichkurven entnommen. Zur Bereitung der Eisen(III)-perchlorat-Lösung wird zunächst eine Vorratslösung hergestellt: 5,0 g farbloses Eisen(III)-perchlorat werden in 10 ml 70%iger Perchlorsäure und 10 ml dest. Wasser gelöst und mit kaltem absolutem Alkohol auf 100 ml verdünnt. 4 ml dieser Lösung und 3 ml Perchlorsäure werden täglich frisch mit gekühltem absolutem Äthanol auf 100 ml aufgefüllt. Alle Lösungen sind im Kühlschrank aufzubewahren.

Nach dem Umkehrphasenprinzip lassen sich auch die Methylester der höhermolekularen Fettsäuren trennen.

T.W. HAMMONDS u. G. SHONE (1964) imprägnieren Kieselgur G mit einer 10%igen Lösung von Paraffinöl in Petroläther und entwickeln mit einem Gemisch von Nitromethan-Acetonitril-Essigsäure (75:10:10). Eine Trennung der kritischen Paare ist hierbei nur in beschränktem Umfang möglich. M.W. ROOMI u. Mitarb. (1965) benutzen Schichten aus Kieselgel G, die mit einer 5%igen Lösung von Siliconöl (Dow Corning silicone fluid, 200) imprägniert sind. Als Fließmittel dient ein Gemisch von Acetonitril-Essigsäure-Wasser (7:1:2). Auch hier können nur Ester gleicher Kettenlänge aber unterschiedlichen Sättigungsgrades oder aber Ester ungleicher Kettenlänge und gleichen Sättigungsgrades gut getrennt werden.

Auch über die Quecksilberaddukte lassen sich gesättigte und ungesättigte Fettsäuremethylester trennen und quantitativ bestimmen (H.K. MANGOLD u. R. KAMMERECK 1961).

Die Autoren trennen zunächst die Methylester gesättigter Fettsäuren von den Addukten ungesättigter Fettsäuren mit Mercuriacetat an einer mit Silicagel beschichteten Platte. Als Entwicklungsflüssigkeit dient Petroläther-Äther (4:1). Die Steighöhe beträgt 15—18 cm. Dabei wandern die gesättigten Ester nahezu mit der Lösungsmittelfront (R_f = 0,9), während die Hg-Addukte in der Nähe des Startpunktes bleiben. Danach werden in gleicher Richtung unter Verwendung von n-Propanol-Essigsäure (100:1) als Entwickler die ungesättigten Fettsäuren nach dem Grade der Ungesättigtheit getrennt. Die R_f-Werte betragen für ein-, zwei-, drei-, vier- bzw. mehrfach ungesättigte Säuren: 0,85, 0,55, 0,45, 0,15 0,0. Anfärbung mit 0,1% symmetrischem Diphenylcarbazon in 95%igem Alkohol: pupurfarbene Flecke. Zur Identifizierung werden die Flecke aus der Schicht herausgelöst, die Hg-Addukte mit verdünnten Säuren zerlegt und die regenerierten Methylester gaschromatographisch (vgl. S. 670) getrennt.

Diese Methode wurde von H. WAGNER u. P. POHL (1964) modifiziert: Die Autoren tragen die Mercuriacetataddukte der Methylester auf mit Kieselgel-Kieselgur (3:7) beschichtete

Platten auf und entwickeln mit Isobutanol-Ameisensäure-Wasser (100:0,5:15,7). Anfärbung und Ablösung der Addukte ähnlich MANGOLD u. KAMMERECK (1961). Identifizierung der ungesättigten Ester der Fettsäuren C_{16} bis C_{22} mit 1—6 Doppelbindungen aus den R_f-Werten von Testsubstanzen und durch Alkaliisomerisierung der getrennten Methylester in Glykol (vgl. S. 522).

Bei Gegenwart von hochungesättigten Fettsäuren mit mehr als vier Doppelbindungen erfolgt nach H. B. WHITE, jr. (1966) die dünnschichtchromatographische Trennung leichter, wenn statt der stärker polaren Mercuriacetataddukte die Methoxybromquecksilberaddukte auf Silicagel G mit Heptan-Dioxan (60:40) entwickelt werden.

Die beste und einfachste Trennung der ungesättigten Fettsäureester, einschließlich ihrer cis- und trans-Isomeren, erreicht man nach L. J. MORRIS (1962) durch Verwendung von mit Silbernitrat imprägnierten Platten.

In üblicher Weise werden mit Kieselgel G (E. Merck) beschichtete Glasplatten hergestellt. Auch käufliche, fertig beschichtete Platten, z. B. der Firmen E. Merck, 61 Darmstadt, und Schleicher & Schüll, 3354 Dassel, sind geeignet. Diese werden durch Besprühen mit einer gesättigten wäßrigen Lösung von Silbernitrat imprägniert und dann 1 Std bei 110 °C im Trockenschrank getrocknet. Die Menge des Silbernitrats ist oberhalb eines gewissen Minimums nicht kritisch.

Entwickelt wird mit Mischungen aus Diäthyläther und Hexan. Die Sichtbarmachung der Flecke erfolgt mit Dichlorfluorescein. Ein Beispiel für die vorzügliche Trennwirkung dieser Arbeitsweise gibt Abb. 87.

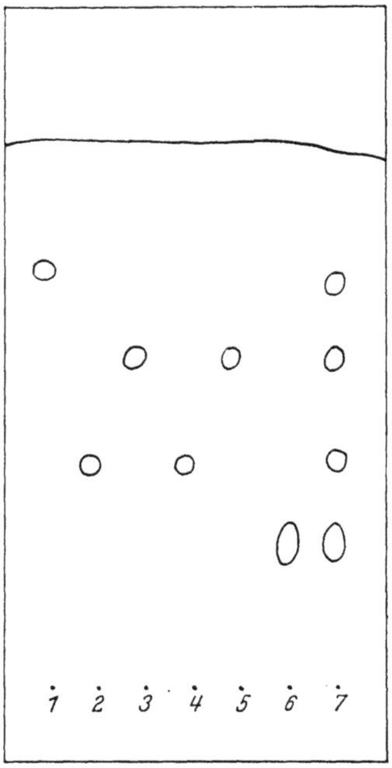

Abb. 87. Dünnschicht-Chromatogramm von Methylestern auf Kieselgel-Silbernitrat-Platten nach MORRIS 1962; 1 = Stearin-, 2 = Olein-, 3 = Elaidin-, 4 = Petroselin-, 5 = Petroselaidin-, 6 = Linolsäuremethylester, 7 = Mischungen von 1, 2, 3 und 6

Die Fettsäureester werden ähnlich wie bei der Quecksilber-Addukt-Methode getrennt, so daß beispielsweise Gemische wie Stearinsäure-Palmitinsäureester, Ölsäure-Petroselinsäureester nicht zerlegt werden können. Bessere Resultate erreicht man daher, wenn man, z. B. nach L. D. BERGELSON u. Mitarb. (1964), zweidimensional entwickelt.

Zur Trennung der Methylester nach der Kettenlänge wird das Silicagel mit Dodecan imprägniert und mit Acetonitril-Aceton entwickelt. Dann wird die Platte um 90 ° gedreht, mit $AgNO_3$ imprägniert und mit Dipropyläther-Hexan entwickelt.

Ester verschiedener Kettenlänge, aber mit dem gleichen Abstand der Doppelbindung von der Carboxylgruppe haben fast den gleichen R_f-Wert. Je weiter die Doppelbindung von der Carboxylgruppe entfernt ist, desto höher ist der R_f-Wert. Trans-isomere Ester wandern schneller als cis-isomere.

In einigen Fällen gelingt die Auflösung kritischer Paare nach der DC-Methode von M. M. PAULOSE (1966), die besonders einfach auszuführen ist.

Glasplatten von 20 × 20 cm werden mit einer 250 mμ dicken Schicht von Silicagel bedeckt und aufsteigend mit einer 5%igen Lösung von Siliconöl (Dow Corning, silicone fluid, 200) bei 60—80 °C in einer Entwicklungskammer imprägniert. Dann werden die Platten mit einer 10%igen Lösung von Silbernitrat in 50%igem wäßrigem Äthanol besprüht und 15 min bei 105 °C getrocknet. 3—5 μg Methylester werden auf die Startlinie aufgetragen und 2 Std. mit 95 vol.-%igem wäßrigem Methanol, das mit Siliconöl und Silbernitrat gesättigt ist, entwickelt. Zur Anfärbung werden die Platten mit einer 20%igen alkoholischen Lösung von Phosphormolybdänsäure besprüht und auf 200 °C erhitzt. Blaue Flecke auf gelbem Grund. Folgende R_f-Werte wurden beobachtet:

Ester der Säure . . .	$C_{12:0}$	$C_{14:0}$	$C_{16:0}$	$C_{18:0}$	$C_{20:0}$	$C_{22:0}$
R_f-Wert	53	47	41	34	28	21
Ester der Säure . . .	$C_{18:1}$ Öl-	$C_{18:1}$ Petro-selin-	$C_{18:1}$ Elaidin-	$C_{18:2}$	$C_{18:3}$	$C_{22:1}$
R_f-Wert	53	53	47	61	70	41

Zur *quantitativen Bestimmung* der getrennten Methylester sind im Prinzip die gleichen Methoden anwendbar, die bei der papierchromatographischen (vgl. S. 649) gebräuchlich sind. Darüber hinaus bietet die mit Kieselgur oder Kieselgel beschichtete Platte die Möglichkeit, daß sie mit stark dehydratisierenden Flüssigkeiten, wie konzentrierter Schwefelsäure oder Chromschwefelsäure, besprüht werden kann, wodurch die getrennten Säuren oder Ester als schwarze Flecke erscheinen, die densitometrisch ausgewertet werden können (z. B. mit dem „Chromoscan" Modell 64/7 CSC der Firma Joyce, Loebl & Co., Gateshead on Tyne (England), oder dem Photovolt Densitometer der Firma Photovolt Corp. 1115 Broadway, New York, N.Y. (USA), vgl. auch E. STAHL 1967). H.P. KAUFMANN u. K.D. MUKHERJEE (1965) sowie F. OSMAN u. Mitarb. (1967) erreichten nach dieser Arbeitsweise recht genaue Resultate.

Zur Verkohlung der DC-Flecke auf Mikroplatten von 75 × 25 mm empfehlen D. JONES u. Mitarb. (1966), die entwickelten Platten in einem geschlossenen Glasgefäß den Dämpfen von 1 ml Sulfurylchlorid auszusetzen, derart, daß die Flüssigkeit die Platten nicht berührt. Nach 2 min werden die Platten 30 sec über ein dampfendes Wasserbad gehalten und dann auf eine Heizplatte von 200° C gelegt. Die Lipidflecke verkohlen nach wenigen Sekunden sehr gleichmäßig.

Für die zukünftige Entwicklung dieser Arbeitstechnik wird ein auf Anregung von E. STAHL von der Firma C. Zeiss, Oberkochen, entwickeltes Zusatzgerät zum Zeiss-Spektrophotometer PMQII von Bedeutung sein, das von den auf DC-Platten getrennten Substanzen nach dem Reflexionsprinzip Absorptions- und Fluorescenzspektren bis in den UV-Bereich hinein aufzunehmen gestattet (H. JORK 1966).

i) Gaschromatographie

Die Gas-Verteilungschromatographie ist seit ihrer Einführung durch A.T. JAMES u. A.J.P. MARTIN (1952) ein wichtiges Hilfsmittel für den auf organisch-chemischem Gebiet tätigen Analytiker geworden. Sie ist eine Form der Verteilungschromatographie, bei der die stationäre Phase ein flüssiger Film ist, der sich auf einer festen Unterlage befindet, und die mobile Phase durch ein Gas gebildet wird, das in genau definiertem Durchsatz über die Oberfläche des flüssigen Films fließt. Sie wird meistens auch schlechthin als Gaschromatographie bezeichnet, was nicht korrekt ist, da man neben der Verteilungs- auch noch eine Adsorptions-Gaschromatographie kennt, bei der die stationäre Phase aus einer oberflächenaktiven Substanz, wie Aluminiumoxid, aktiver Kohle, Kieselgel oder ähnlichem, besteht. Die theoretischen Grundlagen und praktischen Hilfsmittel dieser neuen Arbeitstechnik sind in Bd. II/1 dieses Handbuches von F. DRAWERT ausführlich dargestellt. Weiteres Material findet der Leser in den Büchern von C. PHILLIPS (1956), A.I.M. KEULEMANS (1959), R. KAISER (1960—1966), E. BAYER (1962), A.B. LITTLE-WOOD (1962), ST. DAL NOGARE (1962), E. LEIBNITZ u. H.G. STAUPPE (1967) u. a. Mit der Anwendung der Gaschromatographie auf Fette und Lipoide befassen sich die Arbeiten von H.P. KAUFMANN u. Mitarb. (1961 c), E.C. HORNING u. Mitarb. (1964 u. 1964 a) sowie H.P. KAUFMANN und K. LEHMANN (1965).

Die den Praktiker interessierenden Angaben über Apparatetypen, Säulenfüllungen, Detektoren sowie Tabellen über Retentionswerte und stoffspezifische Korrekturfaktoren für quantitative Analysen finden sich in reicher Fülle vor allem bei R. KAISER (1960—1966).

Die Leistungsfähigkeit der Gaschromatographie ist groß. Sie ermöglicht Trennungen, die erst mit Fraktioniersäulen von einigen Tausend theoretischen Böden zu erreichen wären. Dabei bewältigt sie mühelos Substanzmengen zwischen Bruchteilen eines μg bis zu 10 g, so daß sie nicht nur für ultramikroanalytische Bestimmungen, sondern auch für präparative Trennungen brauchbar ist. Auf die Analyse von Fettsäuregemischen angewandt, bedeutet das, daß man nach prinzipiell der gleichen Methodik nicht nur die Analyse ausführen, sondern auch die hier unentbehrlichen Bezugssubstanzen (vgl. S. 604) gewinnen kann. Die Erlernung der speziellen Arbeitstechnik ist nicht einfach und sollte zweckmäßig unter Anleitung durch einen erfahrenen Fachmann erfolgen, da die Zahl der Fehlerquellen und damit die Möglichkeit zu Fehlinterpretationen sehr groß ist. Im folgenden seien nun einige speziell für die Fettsäureanalyse brauchbare Hinweise gegeben.

α) Hinweise zur Arbeits- und Auswertungstechnik

1. Begriffe

Einige gaschromatographisch wichtige Begriffe seien an dem in Abb. 88 wiedergegebenen Fettsäurechromatogramm erläutert:

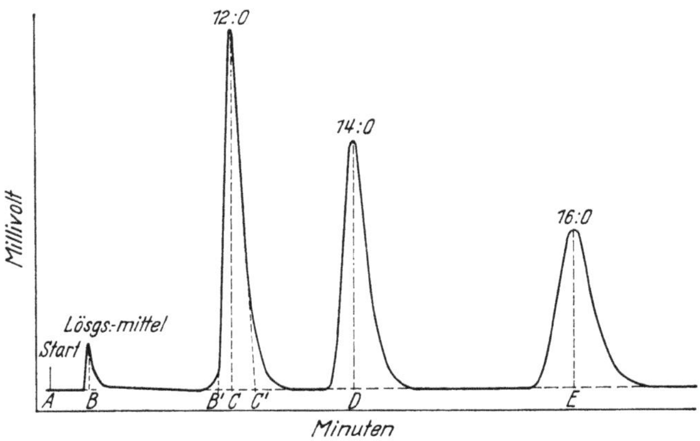

Abb. 88. Gaschromatographische Trennung von Laurin-, Myristin- und Palmitinsäuremethylestern

A ist die Stelle im Zeit-Millivolt-Diagramm, bei der die zu untersuchende Substanz eingeführt wurde, B stellt das Maximum der Bande der Luft bzw. des Lösungsmittels dar, C, D und E sind die Maxima der Banden oder Peaks der Methylester der Laurin-, Myristin- und Palmitinsäure.

Es sind:

AB	die *Durchbruchszeit*
AC, AD bzw. AE	die *Gesamtretentionszeit*
BC, BD bzw. BE	die *Retentionszeit*, eine für die zu trennende Substanz charakteristische Größe.

Multipliziert man diese Zeiten mit dem Gasmengenstrom in ml/min, so erhält man die analogen Größen:

Durchbruchsvolumen, *Gesamtretentionsvolumen* und *Retentionsvolumen*.

Man kann das Retentionsvolumen noch um den Druckabfall längs der Säule korrigieren und erhält dann das *korrigierte Retentionsvolumen* V_N. Das *spezifische Retentionsvolumen* V_g erhält man, wenn man V_N auf das Gewicht (in g) der in der Säule befindlichen Trennflüssigkeit bezieht und es dann auf 0° C umrechnet. In der analytischen Praxis hat sich die Bestimmung der *relativen* auf eine Standardsubstanz bezogenen *Retentionsvolumina* bzw. Retentionszeiten bewährt. Näheres hierüber besonders bei R. KAISER (1960—1966) und E. BAYER (1962), denen wir hier in der Nomenklatur folgen.

Ein Vorzug der Gaschromatographie ist, daß sie neben dem qualitativen Nachweis auch die Möglichkeit der quantitativen Bestimmung liefert. Die Menge des abgetrennten Mischungsbestandteils ist der von der Elutionskurve und der *Bandenbreite*, z. B. B'C', eingeschlossenen Fläche annähernd proportional. Die Bandenbreite bestimmt auch die theoretische Bodenzahl n einer Kolonne nach der Formel:

$$n = 16 \cdot \left(\frac{v}{b}\right)^2$$

v = Gesamtretentionsvolumen
b = Bandenbreite

und damit die Trennschärfe der ganzen Vorrichtung. Im allgemeinen sind für Trennungen von Fettsäuren und ihrer Methylester Säulen mit 3000—5000 theoretischen Böden vollauf ausreichend.

2. Wahl der Säulenart und des Detektorsystems

Diese theoretische Bodenzahl wird im allgemeinen schon bei Anwendung von 1,2 m langen Säulen mit einem Durchmesser von 4—5 mm (A.T. James u. A.J.P. Martin 1956) oder mit Capillarsäulen von 30 m (F.L. Kauffman u. G.D. Lee 1960) bzw. 60 m Capillarsäulen (S.R. Lipsky u. Mitarb. 1959) mit Leichtigkeit erreicht bzw. im Falle der Capillarsäulen sogar erheblich überschritten. Die notwendige Trennstufenzahl richtet sich nach der Zusammensetzung des zu trennenden Gemisches. Die Trennung von Konfigurationsisomeren erfordert einen viel größeren Aufwand als die Trennung von nur durch die Zahl und Position der Doppelbindungen unterschiedenen ungesättigten Fettsäuren.

Auch hinsichtlich des Detektorsystems bestehen keine Einschränkungen. Wärmeleitfähigkeits-, Flammenionisations- und Argonionisationsdetektoren sind in den ihnen entsprechenden Systemen gleich gut geeignet.

3. Die stationäre Phase

Die stationäre Phase beeinflußt entscheidend die Zuverlässigkeit und Reproduzierbarkeit der gaschromatographischen Trennungen. Die auf Kieselgur oder Schamottemehl aufgebrachten Trennflüssigkeiten müssen einen so geringen Dampfdruck besitzen, daß sie bei den für die Fettanalyse erforderlichen Temperaturen von 200—250° C nicht merklich verdampfen. Man verwendet unpolare Stoffe, wie Siliconöle und Apiezonfette, neben polaren, wie Polyester aus Bernsteinsäure und Diäthylenglykol und andere Kondensationsprodukte zweiwertiger Alkohole mit Dicarbonsäuren, die unter bestimmten Markenbezeichnungen in den Handel gebracht werden (vgl. R. Kaiser Bd. III 1962). Durch Vorbehandlung des Trägerstoffes mit Salzsäure und Alkalien oder Zusatz von „Oberflächengiften", wie Stearinsäure, zur Trennflüssigkeit (A.T. James u. A.J.P. Martin 1952) werden zweckmäßig alle oberflächenaktiven Stellen des Materials desaktiviert, damit keine asymmetrischen Banden auftreten. Dieses ist in erster Linie bei der Verwendung unpolarer stationärer Phasen erforderlich. Die Polyester hingegen enthalten häufig störende leichtflüchtige Komponenten, die am besten durch Durchblasen von Stickstoff bei 220° C während mehrerer Tage beseitigt werden (vgl. auch T. Gerson 1961).

Zur Trennung von Fettsäuremethylestern werden meistens sowohl polare als auch unpolare Phasen benötigt. Nach A.T. James (1959) sind die zwischenmolekularen Bindungskräfte zwischen Fettsäureestern und den Molekülen einer unpolaren Trennflüssigkeit dem nicht polaren London-Typ zuzurechnen. Diese Kräfte nehmen mit dem Molekulargewicht, der Verzweigung und dem Grad der Ungesättigtheit der Kohlenwasserstoffkette ab. Infolgedessen bewegen sich die Ester der ungesättigten Fettsäuren schneller als die der gesättigten, allerdings werden die zwei-, drei- und mehrfach ungesättigten auch nicht mehr getrennt. Zwischen den Estergruppen der polaren Trennflüssigkeiten und den polarisierbaren Doppelbindungen ungesättigter Fettsäureester dagegen existieren spezifische intermolekulare Anziehungskräfte, die mit der Anzahl der Doppelbindungen zunehmen. Die ungesättigten Fettsäuren erscheinen daher nach den gesättigten. Die Position der Doppelbindungen und ihre sterische Konfiguration haben hierbei keinen Einfluß auf das Retentionsvolumen der Monoensäuren, so daß solche Isomeren nicht getrennt werden. Da nun diese polaren Trennflüssigkeiten nicht nur nach dem Grade der Ungesättigtheit, sondern auch nach der Kettenlänge trennen, sind sie für den Normalfall der Fettsäuretrennung am besten geeignet.

4. Säulentemperatur und Temperaturprogrammierung

Für die Trennung flüchtiger Fettsäuren bis zu 6 C-Atomen genügen Säulentemperaturen von 100—140° C (A.T. James u. A.J.P. Martin 1952). Höhere Fettsäuren bis zu 22 C-Atomen erfordern Temperaturen zwischen 250 und 300° C. Wandelt man die höheren Fettsäuren, wie es heute meistens üblich ist, zuvor in die Methylester um, so genügen Temperaturen zwischen 180 und 220° C.

Da die Retentionszeit und alle anderen von ihr abgeleiteten Größen in hohem Maße von der Temperatur der Säulenfüllung abhängig sind, wird die Säulentemperatur bei den modernen Geräten thermostatisch geregelt. Das geschieht meistens nach dem Luftumwälzverfahren. Bei niedrigen Temperaturen ist aber die Benutzung normaler Flüssigkeitsthermostaten genauso zweckmäßig.

Die isotherme Arbeitsweise hat indessen einen Nachteil. Befinden sich in dem zu trennenden Estergemisch Stoffe von sehr unterschiedlichen Siedepunkten, was z.B. für ein aus Butterfett erhaltenes Methylestergemisch zutrifft, so sind je nach der angewandten Temperatur entweder nur die Banden der niederen oder nur die der höheren Ester so ausgebildet, daß sie mit optimaler Genauigkeit ausgewertet werden können. In einem solchen Falle ist die Benutzung einer temperaturprogrammierten Säule, bei der die Temperatur durch entsprechende mechanisch-elektrische Schaltelemente nach einem festen Programm in reproduzierbarer Form allmählich erhöht wird, vorzuziehen (K. Derge 1963; G. Schmidt u. K. Beringer 1966). Solche Säulen bringen neben erhöhter Genauigkeit auch einen erheblichen Zeitgewinn.

5. *Auswertung der Chromatogramme*

Nachweismethoden:

Charakteristisch für die chemische Zusammensetzung der gaschromatographisch getrennten Substanz ist die Retentionszeit oder das daraus abgeleitete Retentionsvolumen. Diese Größen sind von der Säulentemperatur, der Art der Trennflüssigkeit und dem Alter der Säulenfüllung abhängig. Unabhängig von Art und Alter der Säulenfüllung ist das *relative Retentionsvolumen*, das man dadurch erhält, daß man die gemessenen Retentionsvolumina auf das Retentionsvolumen einer Bezugssubstanz — in der Fettanalyse häufig Myristinsäuremethylester — bezieht. Die Abhängigkeit von der Polarität der Säulenfüllung bleibt allerdings erhalten. Trägt man die Logarithmen der relativen Retentionsvolumina gegen die Kettenlänge der Methylester gesättigter Fettsäuren in ein Koordinatennetz ein, so erhält man eine Gerade, mit deren Hilfe sich die Kettenlänge unbekannter gesättigter Methylester bequem interpolieren läßt (vgl. Abb. 89 nach A.T. James 1959).

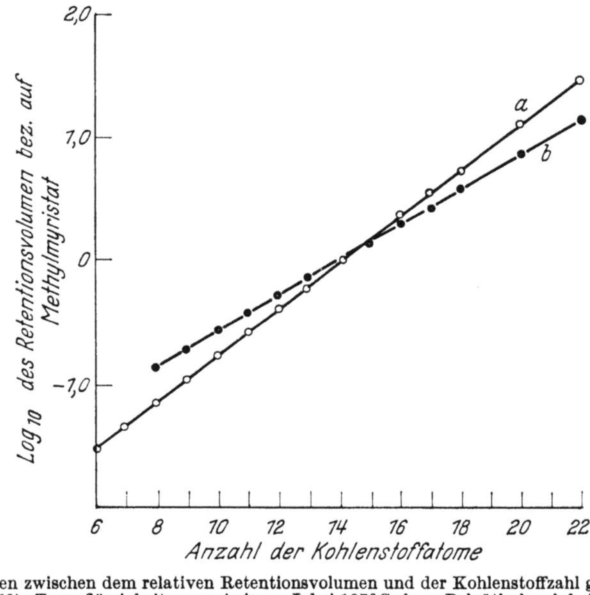

Abb. 89. Beziehungen zwischen dem relativen Retentionsvolumen und der Kohlenstoffzahl gesättigter Fettsäuren nach James (1959); Trennflüssigkeit: a = Apiezon L bei 197°C; b = Polyäthylenglykol-adipat bei 180°C

Ungesättigte Fettsäureester erscheinen in diesem Diagramm zwischen den Kohlenstoffzahlen der gesättigten Fettsäuren. Dieses Verhalten kann man nach F.P. Woodford u. C.M. van Gent (1960) bzw. Th. K. Miwa u. Mitarb. (1960) sowie T.K. Miwa (1963) zur Charakterisierung von ungesättigten, verzweigten, hydroxylierten und anderen Fettsäuren benutzen. Dabei verfährt man im Prinzip wie folgt:

Es wird zunächst ein Gemisch von vier Methylestern gesättigter Fettsäuren, z. B. C_{10}, C_{14} C_{18}, C_{22}, durch die Säule geschickt und das Retentionsvolumen jeden Esters bestimmt. Diese Volumina werden gegen die Anzahl Kohlenstoffatome, die „Kohlenstoffzahl", wie in Abb. 89 in ein einfach-logarithmisches Koordinatennetz eingetragen. Dann werden die Ester der ungesättigten, verzweigten usw. Fettsäuren chromatographiert und von diesen ebenfalls die Retentionsvolumina bestimmt. Trägt man diese Werte nun in das Koordinatennetz ein, so erhält man Zahlen, die zwischen denen der gesättigten Fettsäuren liegen. Diese „Kohlenstoffzahlen", auch „äquivalente Kettenlängen" genannt, sind nun unabhängig von den Betriebsdaten der Säulen und nur von der chemischen Natur der Fettsäure und der benutzten Trennflüssigkeit abhängig. Eine solche Darstellungsweise ermöglicht es, die Ergebnisse mehrerer Autoren miteinander zu vergleichen. Beispiele für nach dieser Methode erhaltene Kohlenstoffzahlen bringt Tab. 94.

Unter Benutzung der mit zwei verschiedenen Trennflüssigkeiten erhaltenen Kohlenstoffzahlen lassen sich unbekannte Fettsäuren mit großer Sicherheit identifizieren. In vielen Fällen genügt es allerdings auch, daß man der zu untersuchenden Probe eine geringe Menge des vermuteten Esters als „inneren Standard" zufügt und nun prüft, ob die Intensität der fraglichen Bande verstärkt wird.

Tabelle 94. *Kohlenstoffzahlen gesättigter und ungesättigter Fettsäuremethylester* (nach F.P. WOODFORD u. C.M. VAN GENT 1960 sowie TH.K. MIWA u. Mitarb. 1960)

Methylester der Fettsäure	Kohlenstoffzahl bei Trennung über Apiezon L a	Apiezon L b	Resoflex 446 b
Palmitinsäure	16	16	16
Palmitoleinsäure	15,75	15,7	16,4
Stearinsäure	18	18	18
Ölsäure	17,65	17,7	18,4
Linolsäure	17,5	17,6	19,0
Linolensäure	17,55	17,6	19,8
Arachidonsäure	18,95	19,2	21,6
Erucasäure	21,6	21,7	22,4

a = WOODFORT u. VAN GENT
b = MIWA u. Mitarb.

H.H. HOFSTETTER u. Mitarb. (1965) bestimmten die äquivalente Kettenlänge (ECL) von 79 Methyl- und 7 Äthylestern ungesättigter Fettsäuren unter Verwendung von Äthylenglykolsuccinat (EGS), Diäthylenglykolsuccinat, β-Cyclodextrinacetat und Apiezon L als flüssige Phase. Für Methylester von Monoen- und Polyensäuren betragen die Differenzen der ECL von EGS und Apiezon annähernd 0,84 pro Doppelbindung. Bei Stellungsisomeren sind die ECL-Werte von beiden Verteilungsflüssigkeiten um so größer, je weiter die Doppelbindung von der Carboxylgruppe entfernt ist. Einer Dreifachbindung entspricht die gleiche ECL wie 3 Doppelbindungen.

Bestimmungsmethoden:

Als Basis für die quantitative Auswertung der Chromatogramme dient die Fläche unter der Schreiberkurve. Die quantitative Beziehung zwischen Substanzmenge und Bandenfläche wird allerdings von der Art der Meßeinrichtung, insbesondere dem Detektor und dem Trägergas, so beeinflußt, daß die durch eine reine Flächenmessung erhaltenen Resultate nicht immer als zuverlässig angesehen werden können.

H.P. KAUFMANN u. Mitarb. (1962b), die diese Fehlermöglichkeiten eingehend untersucht haben, empfehlen folgende Arbeitsweise:

Nach internationaler Festsetzung errechnet man zunächst für eine Eichmischung, die neben den Estern der zu bestimmenden Säuren immer Myristyl- oder Palmitylmethylat enthalten sollte, die Flächenprozente für die einzelnen Komponenten nach der Formel:

$$\text{Flächen-}\%_1 = \frac{100 \cdot F_1}{\sum F_1 + F_2 \ldots\ldots + F_n}$$

Die Flächen können auf verschiedene Weise bestimmt werden, z. B. mit Hilfe eines Planimeters, durch Wägen der ausgeschnittenen Fläche oder durch Multiplikation der Bandenhöhe mit der Breite in halber Höhe, mit einem elektronischen Integrator usw. Die Ergebnisse unterscheiden sich durch ihre Genauigkeit. Der Variationskoeffizient beträgt für verschiedene Methoden nach J. JANAK (1960):

Methode	Variationskoeffizient 0—50 mm² %	301—1000 mm² %
Planimetrieren	40	5,8
Wägen	17,5	2,5
Höhe mal Halbwertsbreite	19,2	2,4
Elektronischer Integrator	2,2	1,3

Die genaue Flächenausmessung ist also besonders bei geringer Bandenfläche wichtig. Anschließend werden die bekannten Gewichtsprozente durch die Flächenprozente dividiert. Man erhält dann die Eichfaktoren nach der Formel:

$$f = \frac{\text{Gewichts-}\%}{\text{Flächen-}\%}$$

Mit diesen Faktoren werden die bei der Untersuchung unbekannter Fettsäuregemische erhaltenen Flächenprozente multipliziert, um die prozentuale Zusammensetzung des Estergemisches zu erhalten. Zum besseren Vergleich verschiedener Untersuchungsreihen kann man die erhaltenen Eichfaktoren auf Myristinsäuremethylester bzw. Palmitinsäuremethylester = 1,000 umrechenn.

Häufige Kontrolle der Eichfaktoren — unerläßlich nach dem Wechsel der Säulenfüllung — ist die wichtigste Voraussetzung für die Erzielung genauer und reproduzierbarer Analysenergebnisse. Hierzu zahlreiche Beispiele bei H. P. KAUFMANN u. Mitarb. (1962).

Über die Reproduzierbarkeit und Genauigkeit der gaschromatographischen Bestimmung von Fettsäurezusammensetzungen liegen — hauptsächlich für das Gebiet der höhermolekularen Säuren — zahlreiche Angaben vor. E.C. HORNING u. Mitarb. (1964) beobachteten z. B. bei Vergleichsanalysen in 13 Laboratorien für gesättigte Ester der Säuren $C_{14:0}$ bis $C_{25:0}$ bei Konzentrationen von 1—15% einen maximalen relativen Fehler von etwa 10%, bei Konzentrationen oberhalb 10% einen maximalen Fehler von etwa 5%. Eingehende Untersuchungen über die Zuverlässigkeit der Ergebnisse führte A. SEHER (1966) aus. In Abhängigkeit von der Konzentration der Verbindungen im Gemisch fand er folgende Vergleichsstreubereiche (definiert nach DIN 51 849, n = 50, P = 95%):

% im Gemisch	100	50	20	10	5	2
Relativer Fehler, %	0,7	1,2	2,4	4,3	6,2	10—15

Der gleiche Autor weist auch auf die großen Verluste bei der Trennung der ungesättigten C_{18}-Ester in der Säule hin. Diese wirken sich besonders verfälschend auf das Ergebnis aus, wenn es nur aus der Peak-Fläche und nicht mit Hilfe der Eichfaktoren berechnet wird.

β) Trennung und Bestimmung der niederen Fettsäuren

Niedere Fettsäuren mit bis zu sechs Kohlenstoffatomen werden am zweckmäßigsten als freie Säuren getrennt. Da sie aber einen stark polaren Charakter besitzen, der sich in einer Dimerisierung beim Durchgang durch die Säule und einer damit verbundenen Schwanzbildung im Chromatogramm äußert, müssen Trennflüssigkeiten gewählt werden, die dieser Neigung entgegenwirken. Wegen ihrer Flüchtigkeit besteht die Gefahr, daß sie nicht vollständig erfaßt werden. Man macht sie daher unter schonenden Bedingungen entweder aus den Natriumsalzen frei oder überführt sie in die Methyl- oder andere Ester. Am universellsten anwendbar sind allerdings solche Methoden, bei denen die Genauigkeit durch Anwesenheit von Wasser nicht beeinträchtigt wird, so daß wäßrige Lösungen dieser Säuren direkt in den Gaschromatographen eingespritzt werden können.

Die erste Methode zur Bestimmung der flüchtigen Fettsäuren wurde von A.T. JAMES u. A.J.P. MARTIN (1952) veröffentlicht.

Als Trennsäule verwenden sie ein 120 cm langes Glasrohr von 5 mm Weite (Abbildung bei A.T. JAMES 1955 und 1957), das durch siedendes Wasser bzw. Xylol auf eine gleichbleibende Temperatur von 100 bzw. 137°C geheizt werden kann. Als stationäre Phase dient Kieselgur, die im Verhältnis 1:0,5 mit einer Trennflüssigkeit, bestehend aus 90% Siliconöl 550 (Dow Corning) und 10% Stearinsäure, beladen ist. Mit diesem Trennmittel können nur völlig wasserfreie Säuren getrennt werden. Das Ausgangsgemisch mit ca. 1 mg jeder Säure wird daher in Form einer Lösung der Natriumsalze in eine Mikropipette gesaugt, darin mit 60%iger Orthophosphorsäure angesäuert und dann in eine Mikroverteilungssäule gebracht, die im unteren Teil mit wasserfreiem Natriumsulfat und im oberem mit Kieselgur (Celite 545) gefüllt ist. Mit wasserfreiem Äther werden nun die freien Säuren ausgespült. Die Lösung wird in die kalte Säule gebracht, der Äther mit Luft vertrieben und dann nach dem Anheizen auf 100°C mit Stickstoff eluiert. Die Säuren treten, mit der Ameisensäure beginnend, aus und werden mit einem automatischen Titriergerät, das mit einem Schreiber verbunden ist, unter Benutzung einer 0,04 n-Natronlauge titriert. Die Trennung erfolgt so scharf, daß noch 0,3 µg Äquivalent jeder Säure bestimmt werden können. Ein Vorzug dieser Methode ist es, daß die Kurven in integraler Form erhalten werden, wodurch die Auswertung erleichtert wird (vgl. Abb. 90).

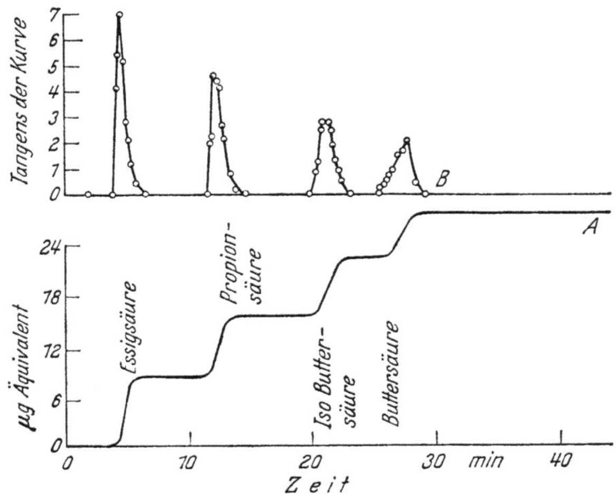

Abb. 90. Trennung niedermolekularer Säuren nach JAMES u. MARTIN (1952); A = Integral- B = Differentialkurve

In verbesserter Form wird diese Methode neuerdings von H. THIELEMANN u. Mitarb. (1961) außer auf Fettsäuren und Amine auch auf Neutralstoffe angewandt.

Auch A. G. MC INNES (1957) und J. M. A. TILLEY u. Mitarb. (1964) beschreiben verbesserte Ausführungen des Verfahrens von JAMES u. MARTIN (1952), die sich auf die Benutzung einer automatischen Titrationseinrichtung, die Herstellung der Fettsäurelösung und die Einführung der Säurelösung in die Kolonne beziehen.

R. N. SHELLEY u. Mitarb. (1963) gelingt die gaschromatographische Trennung der niedermolekularen Fettsäuren von der Ameisensäure bis zur Buttersäure in unveresterter Form in folgender Weise:

Das nach der AOAC-Methode 18.016 bis 18.020 (1965) erhaltene Wasserdampfdestillat der flüchtigen Säuren wird mit 0,01 n-Natronlauge gegen Phenolphthalein neutralisiert und bei pH 10—12 eingedampft. Die trockenen Salze werden in einen 5- bzw. 10-ml-Meßkolben gebracht und mit der der Natronlauge äquivalenten Menge 0,5 n-Dichloressigsäure und mehreren 0,5-ml-Portionen Aceton versetzt. Man löst die Salze unter Umschütteln, setzt als inneren Standard Oenanthsäuremethylester zu und füllt auf. 3 µl der klaren Lösung injiziert man bei 200°C in eine Kolonne, die mit Anakron ABS gefüllt ist, welches mit 10,5% Äthylenglykoladipat und 1,75% Phosphorsäure beladen ist, und trennt die Säuren im Argonstrom unter Verwendung eines Argon-Ionisationsdetektors.

Diese Methode wurde in einer Gemeinschaftsuntersuchung (H. SALWIN 1965) mit der verteilungschromatographischen AOAC-Methode (S. 721) verglichen und als genau und zuverlässig befunden.

Methoden, die es erlauben, niedermolekulare Fettsäuren auch ohne vorherige Entfernung des Wassers zu trennen, wurden von mehreren Autoren angegeben. I. HUNTER u. Mitarb. (1960) benutzen eine zu einer Wendel aufgewickelte gläserne Säule von 2,40 m Länge und 4 mm innerem Durchmesser, die sich in einem gläsernen Mantel befindet und mit einer konstant siedenden Flüssigkeit geheizt werden kann. Als Träger dient C-22 Firebrick von 0,36—0,42 mm Teilchendurchmesser, das mit 15% Diäthylenglykol-adipinsäure-polyester beladen ist. In die auf 125°C geheizte Kolonne werden für jede Säure 0,2 mg eingespritzt. Eluiert wird mit Helium. Das austretende Gasgemisch wird durch ein Verbrennungsrohr von 6 mm Innendurchmesser und 15 cm Länge, das mit Kupferoxid gefüllt ist und elektrisch geheizt wird, und anschließend durch ein mit Magnesiumperchlorat gefülltes U-Rohr geschickt. Das auf diese Weise erhaltene Gemisch von Helium und Kohlendioxid schließlich wird durch einen Wärmeleitfähigkeitsdetektor gesandt. Die Ergebnisse sind recht befriedigend, wie Abb. 91 veranschaulicht.

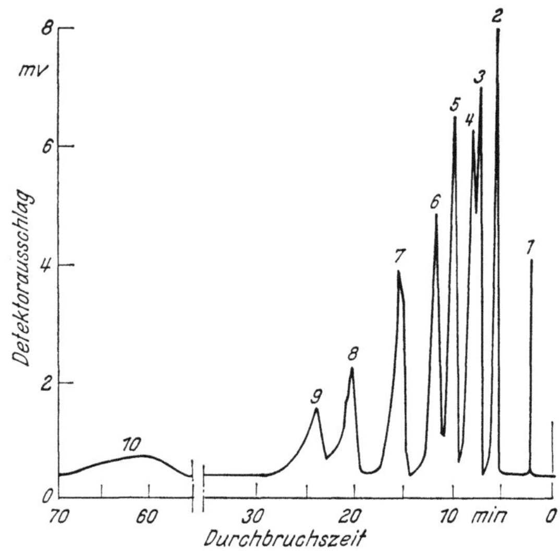

Abb. 91. Chromatogramm einer wäßrigen Lösung organischer Säuren C_2 bis C_8 nach HUNTER u. Mitarb. (1960)

L.G. ACKMAN u. R.D. BURGER (1963) lösen das Problem der Bestimmung wasserhaltiger niedermolekularer Fettsäuren durch Benutzung von Siliconöl DC 550 mit 5% Stearinsäure, TWEEN (Polyoxyäthylen-sorbitan-monooleat) bzw. NPGA (Neopentyl-glykol-adipat) als Trennflüssigkeit, durch Verwendung eines Flammenionisationsdetektors, der auf Wasserdampf nicht anspricht, und durch Zusatz von Ameisensäure zu dem als Trägergas verwendeten Helium, die das Auftreten von „Geisterbanden" verhindert. Auch Capillarsäulen nach GOLAY sind für die Trennung wasserhaltiger niedermolekularer Fettsäuren geeignet, wenn man sie nach W. AVERILL (1963) mit einer Lösung, die 10% „Trimer acid", eine C_{34}-tribasische Säure mit einem Gehalt von 10% einer C_{36}-dibasischen Säure (Hersteller: Emery Ind. Inc., Cincinnati/USA) und 0,4% Dinonylnaphthalindisulfosäure enthält, auskleidet und sie in Verbindung mit einem Flammenionisationsdetektor betreibt.

Vollständige Trennung eines Gemisches von vier Säuren erfolgt, wie Abb. 92 zeigt, bereits in 5 min. Verwendet wurde ein Perkin-Elmer Gaschromatograph, Modell 226. Die Temperatur des Injektionsblocks betrug 280°C, die der mit der oben beschriebenen Trennflüssigkeit beschickten Säule 140°C.

A.K. LOUGH u. Mitarb. (1967) verglichen die beiden gaschromatographischen Methoden zur Bestimmung flüchtiger Fettsäuren miteinander, und zwar die Titrationsmethode mit der Detektormethode. Dabei erwies sich die letztgenannte als die zuverlässigere und schnellere.

Auch nach Umwandlung in die Ester einwertiger Alkohole lassen sich die niederen Fettsäuren gaschromatographisch trennen. A.T. JAMES u. A.J.P. MARTIN (1956) empfahlen die Umwandlung der Fettsäuren in die Methylester. Da diese aber sehr flüchtig und z. T. wasserlöslich sind, gab man später der Veresterung mit höhermolekularen Alkoholen den Vorzug.

K. Oette u. E.H. Ahrens (1961) stellen 2-Chloräthanolester nach folgender Vorschrift dar:

10—25 mg der fettsauren Salze werden mit 1 ml einer 5%igen Lösung von Salzsäuregas in 2-Chloräthanol in eine Ampulle eingeschmolzen und 1—2 Std im siedenden Wasserbad erhitzt. Dann bringt man das Reaktionsgemisch in einen kleinen Schütteltrichter mit 5 ml Wasser. Man schüttelt vier- bis fünfmal mit je 1,5 ml Pentan aus, wäscht die Extrakte ein- oder zweimal mit je 2 ml Wasser, trocknet über Natriumsulfat und dampft das Pentan bei —50° C und 5 Torr 1 Std ab. Man erhält einen klaren öligen Esterrückstand.

Als Trennflüssigkeiten für die chromatographische Zerlegung eignen sich z. B. Polyäthylen-glykol-adipat oder Polyäthylen-glykol-succinat bzw. Apiezon-M, jeweils auf Celite aufgebracht. Trägergas: 30—60 ml Argon/min, Temperatur: 118—185° C. Die Trennung ist, wie an Modellgemischen bewiesen wurde, ausgezeichnet. Die Autoren erhielten bei Verwendung von Apiezon-M folgende relativen Retentionsvolumina:

Ameisensäure	0,10
Essigsäure	0,15
Propionsäure	0,29
Buttersäure	0,52
Valeriansäure	1,00
Capronsäure	1,82

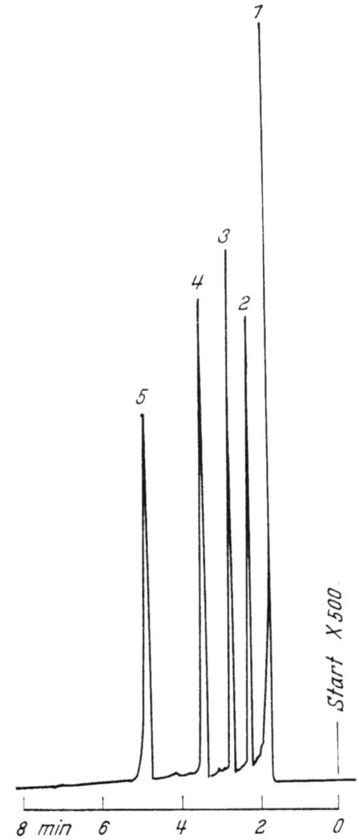

Abb. 92. Trennung einer wäßrigen Fettsäurelösung an einer Golay-Säule nach Averill (1963); 1 = org. Substanz, 2 = Essig-, 3 = Propion-, 4 = Butter- und 5 = Valeriansäure

B.M. Craig u. Mitarb. (1963) studierten das Verhalten der Butyl-, Phenacyl- und Decylester bezüglich ihrer Eignung zur verlustfreien Veresterung der kurzkettigen Fettsäuren und gaben den Decylestern den Vorzug.

Zur Bereitung derselben werden 5—100 mg der auf dem Dampfbad getrockneten Kaliumsalze 1 Std mit einer Lösung von 10% trockenem Salzsäuregas in 1 ml Decylalkohol und 4 ml Petroläther (60/80° C) geschüttelt. Das Reaktionsgemisch wird zur Entfernung der Salzsäure mehrere Male mit Wasser ausgeschüttelt und vom überschüssigen Decylalkohol durch Filtration über Aluminiumoxid (alkalisch, Aktivitätsstufe I, Woelm), das in Äthyläther aufgeschwemmt wurde, befreit. Die Ester werden mit Äther eluiert. Die ersten 300 ml des Eluats werden im Rotationsverdampfer bei Temperaturen nicht über 45° C eingedampft und zum Schluß bei 10 Torr vom restlichen Lösungsmittel befreit. Das Estergemisch wird unter Benutzung einer Kupferkolonne von 2,40 m Länge und 5 mm äußerem Durchmesser, die mit Siliconöl auf Celite gefüllt ist, bei 185—200° C quantitativ getrennt. Bei der Untersuchung von Modellmischungen mit den gesättigten Säuren C_3 bis C_9 wurden diese in einer Ausbeute zwischen 95 und 105% der berechneten Menge wiedererhalten.

Noch einfacher ist das von H.J. Langner (1965) angegebene Verfahren, zu dessen Ausführung allerdings die freien Säuren gegeben sein müssen.

100 mg der Säuren werden in einen 10-ml-Meßkolben mit Normschliff eingewogen, mit 3 ml Äthyläther, 0,1 ml Bortrifluorid und der den Säuren äquivalenten oder einer etwas größeren Menge n-Pentanol versetzt und nach Anschluß an einen Dimroth-Kühler solange im Luftbad erhitzt, bis die ersten weißen Bortrifluorid-Dämpfe auftreten. Die Lösung der Ester wird mit Äther bis zur Marke aufgefüllt und mit wasserfreiem Na_2SO_4 und $NaHCO_3$ versetzt. Diese Lösung kann direkt chromatographiert werden.

Zur Fraktionierung benutzte der Autor eine 50-m-Capillarbandsäule, die mit Apiezonfett L belegt war, in Verbindung mit einem Flammenionisationsdetektor. Die gesättigten Fettsäuren C_1 bis C_5 wurden scharf getrennt. Überschüssiger Amylalkohol stört nicht, da er als unsymmetrische Bande zwischen der Essig- und Propionsäure auftritt. Der mittlere Analysenfehler betrug bei sechs Essigsäureanalysen $\pm$ 2,5% relativ.

γ) Trennung und Bestimmung der höheren Fettsäuren

Im Gegensatz zu den niederen Fettsäuren werden die höheren Fettsäuren von C_8 bis C_{30} vorzugsweise vor der gaschromatographischen Trennung in die Methylester überführt. Zwar sind auch Verfahren zur direkten Trennung der Fettsäuren bekannt geworden, jedoch haben diese sich noch nicht allgemein durchsetzen können.

1. Darstellung der Methylester

Zur Darstellung der Methylester kann man entweder das zu untersuchende Fett zunächst verseifen, die Seifen vom Unverseifbaren befreien, die Gesamtfettsäuren in Freiheit setzen und diese mit Methanol verestern, oder aber die Methylester direkt durch Umesterung der Glyceride gewinnen. Die erste Methode hat den Nachteil, daß sie zeitraubender ist und daß nieder- und mittelmolekulare Fettsäuren nicht quantitativ erfaßt werden, die zweite den, daß Neutralfett und Unverseifbares im Estergemisch anwesend sind, die den ordnungsgemäßen Verlauf der Trennung stören können.

Einen guten Überblick über die bisher bekanntgewordenen Methoden und den Reaktionsmechanismus der Veresterung bei der Alkoholyse geben die Arbeiten von A. PREVOT u. C. BARBATI (1966) sowie von M. LOURY (1967).

Isolierung der Gesamtfettsäuren:

Im Prinzip können auch hier die auf S. 717ff. beschriebenen Methoden verwendet werden. Die nachstehende, die sich auf die Methode der B.S. 684: 1958 und zusätzliche Informationen von B.J.F. HUDSON[1] stützt, berücksichtigt die bei geringen Fetteinwaagen zu beachtenden Vorsichtsmaßnahmen.

200 mg Fett werden mit 3 ml 0,5 n methanolischer Kaliumhydroxid-Lösung 1 Std unter Rückfluß im Stickstoffstrom verseift. Man spült die Seifenlösung mit 25 ml Wasser in einen 100-ml-Scheidetrichter, extrahiert dreimal mit je 15 ml Petroläther (40/60° C) und wäscht den Extrakt zweimal mit Wasser. Die wäßrigen Extrakte werden in einem anderen 100-ml-Schütteltrichter gesammelt, mit einigen Tropfen Phenolphthalein-Lösung versetzt und dann tropfenweise mit 1 n-Schwefelsäure, bis die rosa Farbe gerade verschwindet. Dann gibt man noch 5 ml Säure hinzu und extrahiert nacheinander mit 20 und zweimal mit je 10 ml Petroläther. Die vereinigten Extrakte werden solange mit Portionen von 25 ml dest. Wasser gewaschen, bis das Waschwasser neutral gegen Methylorange ist. Man trocknet über wasserfreiem Magnesiumsulfat und destilliert den Petroläther auf dem Dampfbad in einem Stickstoffstrom ab.

Darstellung der Methylester:

Mit Methanol/Schwefelsäure analog T.P. HILDITCH (1956): 200 mg Fettsäuren werden mit 3 ml trockenem Methanol, das 1 Gew.-% konzentrierte Schwefelsäure enthält, 2 Std auf dem Wasserbad unter Rückfluß erhitzt. Man spült das Reaktionsgemisch mit 15 ml Wasser in einen 100-ml-Scheidetrichter, gibt 5 ml gesättigte Natriumbicarbonat-Lösung hinzu und extrahiert zweimal mit je 15 ml Petroläther. Die vereinigten Petrolätherextrakte werden mit wasserfreiem Magnesiumsulfat getrocknet, filtriert und im Stickstoffstrom eingedampft. Letzte Lösungsmittelreste werden im Vakuum bei Temperaturen nicht über 60° C entfernt.

Der säurekatalysierten Veresterung bedient sich auch die AOCS Tentative Method Ce 1—62, revised 27. VII. 1965: 2 g Fettsäure werden in 60 ml Methanol-Schwefelsäure-Lösung, die 2 ml konzentrierte Schwefelsäure in 230 ml wasserfreiem Methanol enthält, 1 Std unter Rückfluß gekocht. Die Mischung wird mit 100 ml Wasser verdünnt und zweimal mit je 50 ml Petroläther 30/60 extrahiert. Der Extrakt wird mit 20-ml-Portionen Wasser gewaschen, bis er vollständig säurefrei ist, über Natriumsulfat getrocknet und dann unter Stickstoff eingedampft. Diese Vorschrift gibt nach Erfahrungen des Verfassers ausgezeichnete Resultate bei langkettigen Fettsäuren.

---

[1] Privatmitteilung

Mit Methanol/Salzsäure nach W. STOFFEL u. Mitarb. (1959): 1—10 mg Fettsäuren werden in 4 ml 5%iger methanolischer Salzsäure, die absolut wasserfrei sein muß, gelöst und nach Zugabe von 5 ml Benzol 2 Std unter Verwendung eines Ölbades unter Rückfluß erhitzt. Nach dem Abkühlen gibt man 8 ml Wasser hinzu, extrahiert dreimal mit je 3 ml Petroläther, trocknet die Extrakte über einer Mischung von wasserfreiem Natriumsulfat und Natriumbicarbonat und dampft wie oben ein.

Mit Diazomethan: Zu 100—150 mg Fettsäuren gibt man soviel Diazomethan-Lösung, daß die Lösung deutlich gelb bleibt und läßt sie dann 10 min stehen. Überschüssiges Diazomethan und der Äther werden durch Überblasen von sauerstofffreiem Stickstoff entfernt. Zur Herstellung und Behandlung der Diazomethan-Lösung siehe die Lehrbücher der präparativen organischen Chemie.

Mit Methanol/Bortrifluorid nach L. D. METCALFE u. A. A. SCHMITZ (1961): Zur Herstellung des Veresterungsreagenses wird in 1 l eisgekühltes Methanol solange Bortrifluorid geleitet, bis 125 g des Gases aufgenommen sind. 100—200 mg Fettsäure werden mit 3 ml Bortrifluorid-Reagens versetzt und 2 min im Dampfbad zum Sieden erhitzt. Die erhaltene Lösung wird im Scheidetrichter mit 30 ml Petroläther (40/60°C) und 20 ml Wasser geschüttelt, die Petrolätherschicht abgetrennt, durch ein trockenes Filter in ein 50-ml-Becherglas filtriert und bei 60°C auf dem Wasserbad eingedampft.

In einer verbesserten Ausführungsform (L. D. METCALFE u. Mitarb. 1966; D. VAN WIJNGARDEN 1967), bei der das Fett zunächst verseift und anschließend ohne Isolierung der Fettsäuren verestert wird, ist diese Methode ein für alle Lipide, insbesondere Fettsäuren, Glyceride, Phosphatide, Cholesterinester usw., anwendbares Veresterungsverfahren, das bereits innerhalb von 30 min chromatographierbare Lösungen liefert. Nach Erfahrungen, die im Unilever Research Laboratorium Vlaardingen gemacht wurden, wird die Methode am besten wie folgt ausgeführt:

Reagentien:

Methanol z. A., z. B. Merck Nr. 6009
0,5 n-methanolische Natronlauge
BF_3-Methylätherat, etwa 15%ig in Methanol, herzustellen durch Verdünnen von 60%igem BF_3-Methylätherat (FLUKA Nr. 15800) mit Methanol
Pentan z. A., z. B. Merck Nr. 7177
gesättigte Kochsalz-Lösung
Natriumsulfat, wasserfrei.

Verfahren:

Ca. 150 mg Fett bzw. Lipid werden in einen 25-ml-Rundkolben eingewogen und mit 2 ml 0,5 n methanolischer Natronlauge versetzt. Man erhitzt im Sandbad unter Rückfluß, bis das Fett gelöst ist (ca. 5 min). Man gibt die BF_3-Methanollösung durch den Kühler hinzu und erhitzt weitere 2 min. Nach Zugabe von 3 ml Pentan setzt man das Sieden noch 2 min. fort. Dann gibt man soviel einer gesättigten Kochsalz-Lösung hinzu, daß die Flüssigkeit in den Hals des Kolbens steigt. Man nimmt 2 ml der Pentanschicht in ein kleines Reagensglas ab und trocknet mit wenig Natriumsulfat. Die getrocknete Lösung gießt man in ein zweites Reagensglas und verdampft das Pentan im Ölbad bei 30°C in einem schwachen Stickstoffstrom (ca. 15 min). Wegen der Flüchtigkeit niedermolekularer Ester diese Operation auf ein Mindestmaß beschränken! Das hierbei resultierende Estergemisch kann direkt in eine geeignete Kolonne eingespritzt werden.

Mit Methanol/2,2-Dimethoxypropan (DMP) nach N.S. RADIN u. Mitarb. (1960): Dieses Verfahren vermeidet die umständliche Herstellung der wasserfreien methanolischen Salzsäure durch Verwendung von DMP, das durch Wasser in Methanol und Aceton gespalten wird: 1 g Fettsäure wird in einen 25-ml-Erlenmeyerkolben gegeben und mit 2 ml Methanol, 0,2 ml konzentrierter wäßriger Salzsäure und 5 ml DMP versetzt. Man schüttelt nach jeder Zugabe gut um, verschließt den Kolben, nachdem alle Reagentien zugegeben wurden, und läßt ihn 1 Std stehen. Dann ist die Veresterung vollständig. Die Aufarbeitung des Gemisches wird wie bei der Methanol/Salzsäure-Methode vorgenommen (vgl. auch S. 668).

2. *Darstellung der Methylester durch Umesterung*

Die Umesterung kann entweder im sauren oder alkalischen Milieu erfolgen. Bei der alkalischen Umesterung erzielt man indessen nur dann eine vollständige Umsetzung, wenn die Ausgangsfette keine freien Fettsäuren mehr enthalten. Zur schonenden Entsäuerung empfiehlt sich die Perkolation einer petrolätherischen Lösung durch Aluminiumoxid nach DGF-Methode D–IV 6a (61) (vgl. S. 739).

Saure Umesterung nach W. STOFFEL u. Mitarb. (1959): Das Verfahren ist identisch mit dem auf S. 667 beschriebenem bis auf den Unterschied, daß statt der Fettsäuren 1—10 mg Neutralfett in dem Gemisch von Methanol/Salzsäure und Benzol gelöst werden.

Eine säurekatalysierte Umesterung beschreibt auch die erwähnte AOCS Tentative Method Ce 1—62:

1 g Fett wird in 60 ml einer Reagenslösung gelöst, die aus ca. 3 Volumteilen Methanol und 1 Volumteil Benzol besteht und auf 230 ml 2,0 ml konzentrierte Schwefelsäure enthält, und 2,5 Std unter Rückfluß gekocht. Weiterbehandlung wie bei der säurekatalysierten Umesterung.

Alkalische Umesterung nach F.E. LUDDY u. Mitarb. (1960): 10—50 mg des Fettes werden in einen 25-ml-Rundkolben gebracht, der mit einem Rückflußkühler versehen ist, und in 5 ml Petroläther (40/55°C) gelöst. Man gibt 10 ml einer 0,1 n-Kalium- oder Natriummethoxid-Lösung in Methanol, die durch Auflösen der entsprechenden Metallmenge in wasserfreiem Methanol hergestellt wurde, hinzu und erhitzt unter Einleiten sauerstofffreien Stickstoffs 1,5 Std unter Rückfluß. Zur noch warmen Lösung gibt man durch den Kühler etwas mehr als die berechnete Menge 0,5 n methanolische Schwefelsäure und bringt das Ganze nach dem Abkühlen mit zweimal je 15 ml Petroläther in einen 100-ml-Scheidetrichter. Man schüttelt mit 20 ml Wasser durch, extrahiert die abgezogene Wasserschicht mit 20 ml Petroläther in einen zweiten Scheidetrichter und wäscht die vereinigten Petrolätherextrakte solange mit je 15 ml Wasser, bis die Waschflüssigkeit gegen Kongopapier neutral ist. Dann dampft man die Hauptmenge des Petroläthers auf dem Wasserbad ab und entfernt die letzten Spuren durch Einleiten von Stickstoff bei Temperaturen von 70°C in 15—20 min.

Mit 2,2-Dimethoxypropan (DMP) und Methanol nach M.E. MASON *u.* G.R. WALLER *1964:* Etwa 200 mg Fett werden mit 14 ml trockenem Benzol, 1 ml DMP und 5 ml 10%iger methanolischer Salzsäure versetzt. Die Mischung läßt man über Nacht bei 22°C stehen und fügt dann 2 g Neutralisationsgemisch zu ($NaHCO_3$, Na_2CO_3, Na_2SO_4, wasserfrei, im Gewichtsverhältnis 2:1:2 gemischt und über Nacht bei 110°C getrocknet). Nach 30 min sind die Proben fertig zur Injektion. Die Umesterung verläuft nach dieser Methode fast vollständig. Aus Glycerin und DMP entsteht allerdings Isopropylidenglycerin, das als Bezugssubstanz für die Retentionszeiten dienen kann. Durch Selbstkondensation von DMP werden gelbliche Substanzen gebildet, die zu unerwünschten Peaks im Chromatogramm der Ester Anlaß geben.

Die so bereiteten Ester enthalten noch geringe Mengen Unverseifbares und Neutralöl. Der einfachste Weg zur Reindarstellung der Ester ist nach W. STOFFEL u. Mitarb. (1959) die Mikrosublimation in einem mit einem „Kühlfinger“ ausgestatteten Mikrosublimationsapparat bei einem Vakuum von 0,2—0,15 Torr durch 60 min lange Erhitzung auf 60 ± 2°C. Die sublimierten Methylester werden mit Petroläther in das Aufbewahrungsgefäß abgespült.

3. Beurteilung der Methylierungsmethoden; Veresterung bei Gegenwart niedermolekularer Fettsäuren

M.L. VORBECK u. Mitarb.(1961) haben zahlreiche der hier besprochenen Veresterungsmethoden einer kritischen Nachprüfung unterzogen. Beim Vergleich der Analysenergebnisse von Methylestergemischen der gesättigten Fettsäuren mit 8—18 und der ein- und mehrfach ungesättigten mit 16—20 C-Atomen konnten keine ins Gewicht fallenden Differenzen beobachtet werden, wenn die Veresterung nach der Diazomethan-, der Methanol/HCl- bzw. Methanol/BF_3-Methode erfolgte. Fettsäuregemische dagegen, die bekannte Mengen Butter-, Valerian- und Capronsäure enthielten, wurden nur dann richtig analysiert, wenn nach der Diazomethanmethode verestert wurde.

H.P. KAUFMANN u. G. MANKEL (1963a) erhielten bei der Bestimmung der Fettsäurezusammensetzung von Oliven-, Mais-, Sesam- und Leinöl ausgezeichnet übereinstimmende Resultate, unabhängig davon, ob die freien Fettsäuren mit Methanol in Gegenwart von HCl oder BF_3 oder mit Diazomethan verestert oder ob die Fette mit Methanol in Gegenwart von Natriummethylat oder 2% Schwefelsäure umgeestert wurden. Nur bei Gegenwart von Fetten, die niedermolekulare Fettsäuren, wie Butter- oder Capronsäure enthielten, wurden erhebliche Verluste beobachtet, die teils durch die Löslichkeit der Buttersäure in den Waschwässern, teils durch die Flüchtigkeit der niederen Methylester bedingt waren. Dieses Verhalten erschwert vor allem die Bestimmung der Zusammensetzung des Milchfettes (H.P. KAUFMANN u. G. MANKEL 1963a). Richtige Ergebnisse erhielten die Autoren durch folgenden Kunstgriff:

In zwei Versuchen wird je 1 g der Glyceridmischung mit 10 ml Methanol und Natriummethylat als Katalysator umgeestert, in je einen Scheidetrichter überführt und mit 2 ml gesättigter Kaliumbisulfat-Lösung und 5 ml Wasser versetzt. In dem einen Trichter werden die Methylester mit Petroläther, der mit Docosan gesättigt ist, und in dem anderen nur mit Petroläther extrahiert, filtriert und dann sofort chromatographiert. Das Fraktogramm der ersten Lösung ergibt richtige Werte für Butter- und Capronsäure-, aber infolge Überlagerung des Docosans einen zu hohen Wert für den Palmitinsäureester, das zweite Fraktogramm zu niedrige Banden für die niedermolekularen Ester aber den richtigen Wert für den Palmitinsäureester. Durch Kombination beider Ergebnisse läßt sich die richtige Zusammensetzung des Milchfettes berechnen.

R.C. Glass u. H.A. Troolin (1966) beheben die Schwierigkeiten bei der Herstellung der Ester der Milchfettsäuren durch Verwendung von Dialkylcarbonaten als Veresterungs- und Umesterungshilfsmittel. Im alkalischen Milieu katalysieren die Stoffe nur die Umesterung der gebundenen Fettsäuren (Glyceride, Phosphatide, Sterine), während in Gegenwart von Säuren auch die freien Fettsäuren verestert werden. Die Methode ermöglicht also, freie und gebundene Fettsäuren getrennt zu analysieren.

Vorschrift zur Herstellung der Methylester der freien und gebundenen Fettsäuren

Reagentien:

Extraktionsmittel: 3 Volumteile Methanol + 2 Teile Dimethylcarbonat + 2 Teile Benzol. Man setzt als internen Standard 80 μl Methyltridecanat oder -undecanat zu und außerdem 30 mg Phenolphthalein auf 100 ml.

2 n methanolische Salzsäure

0,5 n-Natriummethylat-Lösung.

Verfahren:

In ein Reagensglas von 10×75 mm gibt man 0,5 ml Milch und 1,5 ml Extraktionsmittel, verschließt, schüttelt 1 min und zentrifugiert. Mit Hilfe einer Mikrospritze entnimmt man 100 μl der klaren Oberschicht und bringt sie in ein Reagensglas von 6×50 mm. Unter Mischen werden 30 μl der Natriummethylat-Lösung hinzugegeben. Unmittelbar darauf entnimmt man 20 μl und injiziert sie in den Gaschromatographen (vgl. Anmerkung 1). Man erhält ein Fraktogramm der gebundenen Fettsäuren.

Zum Rest des Reaktionsgemisches gibt man nach 90 sec 22 μl methanolische Salzsäure und dispergiert das entstehende Gel mit der Spritzennadel, wobei der Farbumschlag des Phenolphthaleins die Vollständigkeit des Mischens anzeigt. Nach 15 min ist die Veresterung vollständig. Man injiziert 24 μl der Suspension in den Gaschromatographen und erhält ein Fraktogramm der Gesamtfettsäuren.

Anmerkungen:

1. Die Autoren verwandten einen F & M Scientic Corp. Gaschromatographen, Modell 609, dessen Säule mit 10% Diäthylenglycolsuccinat auf Diaport W gefüllt war, und der einen Flammenionisationsdetektor besaß. Injektionstemperatur 220°C. Säulentemperatur 60 bis 195°C. Programmierte Temperatursteigerung 13°C/min.

2. Die beste Trennung der Säuren $C_{6:0}$ bis $C_{18:2}$ erfolgt bei Verwendung der Methylester. Methylbutyrat dagegen tritt zusammen mit dem Lösungsmittel aus und kann daher so nicht bestimmt werden, wohl aber, wenn man nach analogem Verfahren die Äthylester herstellt und chromatographiert.

Die Reproduzierbarkeit der Methode ist recht gut. Die relativen Fehler liegen innerhalb der von A. Seher (1966) für die höhermolekularen Fettsäuren angegebenen Grenzen.

Ch. W. Gehrke u. D.F. Goerlitz (1963) stellen die Methylester von Milchfetten, um Verluste zu vermeiden, durch Umsetzung der fettsauren Silbersalze mit Methyljodid dar.

500 mg Fettsäuren oder ihre durch Verseifung erhaltenen Kaliumsalze werden in einen 100-ml-Rundkolben gebracht, der 25 ml dest. Wasser enthält. Die Säuren werden mit wäßriger Kalilauge bis zum Phenolphthalein-Endpunkt titriert und mit einem Überschuß bis zum pH 10 versetzt. Man erwärmt auf dem Dampfbad und gibt zur Lösung der Seife einige Milliliter Äthanol. Unter Umschwenken läßt man nun die zweifache theoretische Menge wäßriger Silbernitrat-Lösung zulaufen und verdampft anschließend das Wasser in einem rotierenden Verdampfer. Die letzten Wasserspuren werden im Vakuum bei 40°C entfernt. Dann gibt man 0,5 g sauberen Sand, ein magnetisches Rührstäbchen und eine Lösung von 0,5 ml CH_3I in 5 ml n-Pentan hinzu, verschließt den Kolben dicht und rührt 30 min. Nach 8-stündigem Stehen kann die Lösung der Methylester in den Chromatographen eingeführt werden.

Die nach dieser Methode erzielte Genauigkeit ist sehr groß, wie aus folgender Analyse eines Modellgemisches durch die Autoren zu ersehen ist.

Fettsäure	4:0	6:0	8:0	12:0	14:0	16:0	18:0
gefunden . . . . . %	10,4	7,9	11,6	16,1	19,4	14,8	20,0
berechnet . . . . . %	11,6	8,1	11,9	15,6	18,8	14,0	19,9

4. Beispiele für die Trennung von Methylestern

Um die Identität der meisten vegetabilischen Öle bestimmen zu können, genügt es, die daraus abgetrennten Fettsäuren auf ihren Gehalt an gesättigten Fettsäuren im Bereich von 8—22 Kohlenstoffatomen und an ungesättigten Säuren 16:1, 18:1, 18:2, 18:3 und 22:1 zu analysieren. Diese Aufgabe ist erst vor wenigen Jahren gelöst worden. F.R. CROPPER u. A. HEYWOOD (1953) gelang zwar bereits die Trennung der gesättigten Methylester der C_{12} bis C_{22} Fettsäuren unter Verwendung einer zu einer Spirale aufgewickelten 90 cm langen Säule, die mit einer Mischung von Kieselgur (Celite, Johns Manville Co.) und Hochvakuum-Siliconfett (Dow-Corning) im Verhältnis 1:1 gefüllt war, bei 230°C, jedoch war es ihnen nicht gelungen, die Ester der Öl- und Stearinsäure voneinander zu trennen. Auch G. DIJKSTRA u. Mitarb. (1955), die als Trennflüssigkeit neben Siliconfett auch Paraffinwachs benutzten, konnten die ungesättigten Ester neben den gesättigten nicht vollständig bestimmen. R.K. BEERTHUIS u. J.G. KEPPLER (1957)

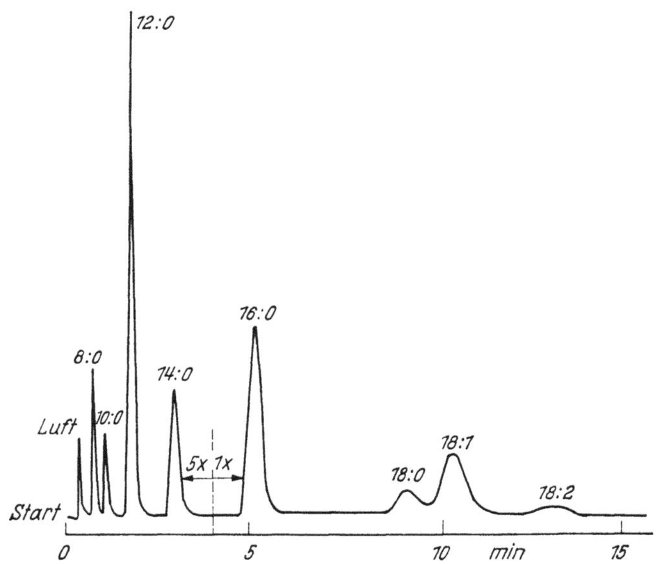

Abb. 93. Chromatogramm der Methylester aus Cocosfett

erweiterten die Methodik auf die Analyse der gesättigten Methylester von Fettsäuren mit 12—26 C-Atomen, die an Apiezonöl L, Siliconöl (Dow-Corning) u. a. Trennflüssigkeiten innerhalb 90 min getrennt werden können. M.A. KHAN u. B.T. WHITAM (1958) trennten mit den gleichen unpolaren Flüssigkeiten Methylester der Fettsäuren bis zu 34 Kohlenstoffatomen, aber auch nur dann vollständig, wenn sie gesättigt waren. Durch Verwendung einer polaren Trennflüssigkeit, des Diäthylenglykol-adipinsäure-polyesters (REOPLEX 400, Geigy), gelang schließlich C.H. ORR u. J.E. CALLEN (1958) die vollständige Trennung der ungesättigten

Fettsäuren 16:1, 18:1, 18:2 ,18:3 und 22:1 von den benachbarten gesättigten in Form ihrer Methylester. Noch wirksamer als dieser Ester erwies sich in der Folgezeit der weniger flüchtige Diäthylenglykol-succinat-polyester (DEGS), mit dem S. R. LIPSKY u. Mitarb. (1959) in Golay-Capillarsäulen ausgezeichnete Trennergebnisse an praktisch allen vorkommenden gesättigten und ungesättigten Fettsäureestern erhielten.

Zwei mit Hilfe dieser Trennflüssigkeit im Laboratorium des Verfassers von H. KLINKE erhaltene Chromatogramme der aus Cocosfett bzw. Sojaöl erhaltenen Methylester sind in den Abb. 93 und 94 wiedergegeben.

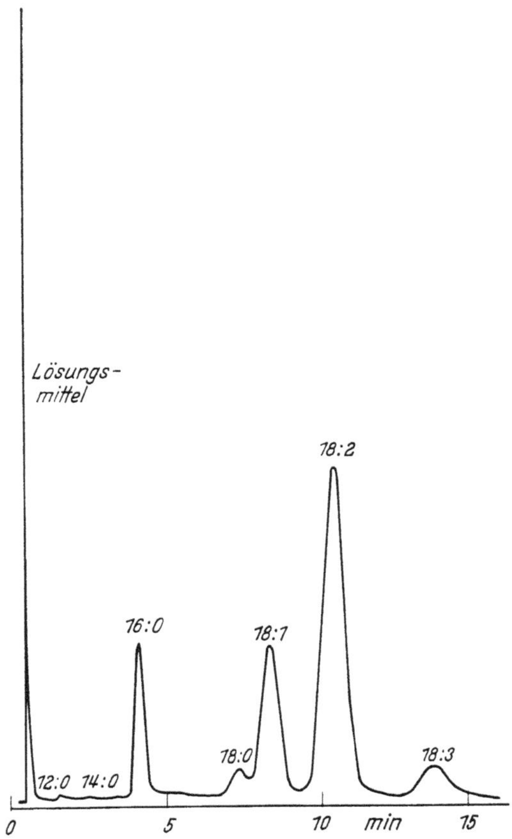

Abb. 94. Chromatogramm der Methylester aus Sojaöl

Verwendet wurde für diese Analysen ein Beckmann Gas-Chromatograph GC 2 mit Wärmeleitfähigkeitszelle. Die Säulenlänge betrug 1,80 m bei einem inneren Durchmesser von 4 mm. Als Trennflüssigkeit diente DEGS, 30% auf Firebrick von 0,2—0,3 mm, als Trägergas Wasserstoff, der mit 25 ml/min bei einem Überdruck von 1,8 at durch die Säule geleitet wurde. Die Säulentemperatur lag genau bei 193°C.

Nach der Füllung wurden die DEGS-Säulen 24 Std bei 200°C mit 40 ml Wasserstoff pro Minute gespült, um sie von flüchtigen Substanzen zu befreien. Anschließend führte man einige „Blindanalysen" aus, um Aktivitätsunterschiede im Säulenmaterial auszugleichen. Danach konnten mit einer Füllung mehrere hundert Methylestertrennungen ausgeführt werden, ohne daß die Charakteristiken der Säule sich wesentlich änderten.

Die Genauigkeit dieser gaschromatographischen Analysen ist im Vergleich zu derjenigen anderer Methoden recht gut. H. KLINKE fand unter den oben angegebenen Arbeitsbedingungen folgende Werte (vgl. Tab. 95):

Tabelle 95. *Genauigkeit der gaschromatographischen Analyse von Modell-Methylestergemischen*

Fettsäure	ber. %	gef. %	Fettsäure	ber. %	gef. %
14:0	10,9	10,3	18:1	23,0	23,2
16:0	10,9	10,2	18:2	30,0	29,9
18:0	11,2	11,6	18:3	14,0	14,8

Im allgemeinen rechnet man mit einer *Reproduzierbarkeit* von 2—3% für jede Komponente, die mehr als 30% des Gemisches und von 10—15% für jede, die weniger als 10% des Estergemisches ausmacht. Individuelle Komponenten werden mit einer *Genauigkeit* von 5—20%, je nach ihrer Konzentration, bestimmt (vgl. auch S. 662).

Auch B.M. CRAIG u. N.L. MURTY (1959) berichten über ausgezeichnete Erfahrungen bei der Trennung isologer Methylesterreihen an DEGS bzw. Diäthylenglykol-adipinsäure-polyester. Sie bestimmten die Fettsäurezusammensetzung von Mais-, Sonnenblumen-, Soja- und Leinöl, fanden aber hierbei durchweg andere Werte als nach den Standardmethoden der AOCS. Die Erfassungsgrenze für die nur in geringer Konzentration in Naturfetten vorkommenden Fettsäuren läßt sich erweitern, wenn man die erhaltenen Methylester vor der gaschromatographischen Trennung über eine flüssig-flüssig-Verteilungssäule vorfraktioniert.

P. MAGIDMAN u. Mitarb. (1963) überführten z. B. Schmalz zur genauen Bestimmung seiner Fettsäurezusammensetzung zunächst in das entsprechende Methylestergemisch. Zur Vortrennung wurden in eine übliche chromatographische Säule von 12 × 250 mm 3,5 g einer Mischung von 80% Kieselsäure und 20% Filterhilfsmittel mit Hexan eingetragen. Danach wurden 30—40 mg Methylester auf die Säule gebracht und eluiert. Drei Fraktionen wurden erhalten durch Elution mit je 50 ml Hexan und eine vierte durch Elution mit 100 ml einer Mischung von gleichen Teilen Hexan und Äthyläther. Die Fraktionen wurden mit einem Gaschromatographen üblicher Bauart zerlegt, unter Verwendung einer 2,40 m langen Säule von 3 mm innerem Durchmesser, die mit säure- und basegewaschenem Chromosorb „W" gefüllt war, das mit 25% Äthylenglykol-succinat-polyester (LAC-3R-728, Cambridge Ind.) imprägniert wurde. Mit Hilfe dieser Methodik konnten die Autoren zahlreiche im Schmalz bislang nicht aufgefundene Fettsäuren identifizieren.

Auch J.L. IVERSON u. Mitarb. (1965) kommen in einer ausführlichen Arbeit über die Identifizierung von Ölen und Fetten mit Hilfe der Gaschromatographie zu dem Schluß, daß die Auffindung von Fettsäuren in Spurenkonzentrationen nur dann Aussicht auf Erfolg hat, wenn der Gaschromatographie eine Vortrennung der Fettsäureester voraufgegangen ist.

Zur Auftrennung positionsisomerer Ester sind nach R.A. LANDOWNE u. S.R. LIPSKY (1961) Capillarsäulen geeignet, die mit Äthylenglykol-glutarsäure-polyester ausgekleidet sind. Den Autoren gelang hiermit eine vollständige Zerlegung von Gemischen, welche nebeneinander die Δ 8,11-, Δ 9,12-, Δ 10,13- und Δ 11,14-Methyloctadecadiensäure enthielten.

Geometrische Isomere können allerdings auch mit unpolaren Trennflüssigkeiten getrennt werden, wie F.L. KAUFFMAN u. G.D. LEE (1960) zeigen konnten. Sie zerlegten die aus einem gehärteten Pflanzenöl erhaltenen Methylester unter Benutzung einer 30 m langen und 0,25 mm weiten Capillarsäule, die im Innern mit Apiezon ausgekleidet war. Bei 180°C Säulentemperatur wurden Methyloleat und Methylelaidinat gut voneinander getrennt. Die durch Ausmessung der Bandenfläche gefundene trans-Zahl stimmte mit der auf IR-spektrophotometrischem Wege (vgl. S. 526) gefundenen gut überein. Mit Hilfe einer 60 m langen Capillarsäule, die mit Apiezon L imprägniert war, konnten C. LITCHFIELD u. Mitarb. (1962) aus einem Gemisch der vier geometrischen Isomeren des Linolsäuremethylesters die cis-cis-, die cis-trans- und ein Gemisch aus trans-cis- und trans-trans-Estern abtrennen. Mit der gleichen aber mit DEGS imprägnierten Säule erhielten sie die trans-trans-, die trans-cis- und ein Gemisch der cis-cis- und cis-trans-Verbindungen. Durch Kombination der beiden Säulen lassen sich also alle vier Isomeren quantitativ bestimmen.

Es hat nicht an Versuchen gefehlt, die Methoden zur gaschromatographischen Trennung von Fettsäuremethylestern zu standardisieren. Diese Ansätze beschränken sich jedoch, wegen der nahezu unübersehbaren Vielfalt des Angebots an brauchbaren Geräten, auf allgemeine Hinweise, z. B. Herstellung der Methylester, Wahl des Säulenmaterials und der Bezugssubstanzen und Auswertung der Fraktogramme (AOCS Tentative Method Ce 1—62, revised 1966; P. Capella u. G. Jacini 1963).

5. Trennung der freien höhermolekularen und niedermolekularen Fettsäuren

Die polare Struktur der freien Fettsäuren bereitet bei der gaschromatographischen Trennung gewisse Schwierigkeiten. Infolge Assoziation über Wasserstoffbrücken kommt es zu einem Gleichgewicht zwischen mono- und dimeren Fettsäuren. Man erhält keine symmetrischen Banden, wie bei der Chromatographie der Methylester, sondern geschweifte, die keine genaue Auswertung zulassen.

Ausgehend von den Untersuchungen von D. Szabo (1956) über die Assoziation der Stearinsäure u. a. Fettsäuren fand W. Stuve (1961), daß eine Trennung höhermolekularer Fettsäuren bei Verwendung von Diäthylenglykol-adipinsäure-polyester (Reoplex 400, Geigy) möglich ist, wenn man die Säulentemperatur gegenüber dem Normalverfahren erhöht. Auch eine Verringerung der Belegungsdichte, d. h. Anwendung geringerer Mengen Fettsäuren, bezogen auf die angewandte Menge Trennflüssigkeit, führt häufig zum Ziel.

Bessere Ergebnisse erhielt indessen L. D. Metcalfe (1963) durch Verwendung von DEGS bzw. Diäthylenglykoladipinat, das mit 3% Phosphorsäure versetzt war. Bei Anwendung einer Kolonne von ca. 1,5 m Länge wurden bei einer Temperatur von 220°C ausgezeichnet getrennte symmetrische Banden beobachtet. Eine ähnlich gute Wirkung erzielten R. G. Ackman u. Mitarb. (1963) mit einer Äthylenglykol-bernsteinsäure-polyester-Säule von 1,80 m Länge, wenn dem Trägergas (He) Ameisensäure zugesetzt wurde. Besonders vorteilhaft erwies sich hierbei die Benutzung eines Flammenionisationsdetektors, der auf Ameisensäure nicht anspricht.

J. G. Nikelly (1964) konnte homologe freie Fettsäuren und deren Isomere mit 2—18 C-Atomen am besten an Mikroglasperlen von 0,2 mm ⌀ trennen, die mit 0,25% Carbowax 20 M und 0,4% Isophthalsäure imprägniert waren, bei gleichzeitiger Anwendung einer Temperaturprogrammierung (90—180°C). H. Frauendorf (1966) erzielte mit einer käuflichen Säulenfüllung von Carbowax auf imprägniertem Chromosorb G im Gebiet von C_2 bis C_{22} bei temperaturprogrammierter Gaschromatographie recht gute Trennergebnisse.

δ) Kombination der Gaschromatographie mit anderen Verfahren

Die gaschromatographische Methode liefert im allgemeinen eindeutige und zuverlässige Ergebnisse, wenn mit Hilfe vorhandener wohl definierter Vergleichssubstanzen die Peaks der Fraktogramme identifiziert werden können. Aber auch dann ist die Möglichkeit nicht auszuschließen, daß der in Frage stehende Gemischbestandteil durch eine oder mehrere Verbindungen von gleicher Retentionszeit verunreinigt ist. In solchen Fällen ist es zweckmäßig, die gaschromatographische Analyse mit einer zweiten Methode zu kombinieren.

So empfehlen F. A. J. M. Leemans u. J. A. McCloskey (1967), die aus dem Gaschromatographen austretende Fraktion durch ein angeschlossenes Massenspektrophotometer zu senden, um aus den hierbei erhaltenen Molekülbruchstücken weitere Informationen über die Identität der gaschromatographisch zerlegten Lipide zu erhalten. Entsprechende Gerätekombinationen sind auch in Deutschland erhältlich (Fried. Krupp, Meß- und Analysentechnik, 28 Bremen 10).

R. KAISER (1964) hält die Kombination Gaschromatographie — Dünnschichtchromatographie für besser und beschreibt ein Verfahren, bei dem die aus der Trennkolonne des Gaschromatographen austretenden Eluate auf einer durch Motorantrieb langsam fortbewegten Dünnschichtplatte aufgefangen werden. Im Anschluß daran wird von diesen Strichdosierungen ein Dünnschichtchromatogramm angefertigt, das eine zusätzliche Auftrennung evtl. überlagerter Substanzen ermöglicht.

Für die Analyse natürlich vorkommender Fettsäuregemische ist es allerdings einfacher, nach einem Vorschlag von H. B. WHITE, jr. (1966) die Fettsäuremethylester zunächst als Methoxy-Mercuriacetoxy-Derivate dünnschicht-chromatographisch aufzutrennen (vgl. S. 656) und dann die regenerierten Ester gaschromatographisch zu zerlegen:

20 mg Ester werden 1 Std. bei 80°C in Methanol mit 20 Mol.-% Überschuß an Quecksilber(II)-acetat (0,25 m methanolische Lösung) am Rückfluß erhitzt; dann werden 10 ml Chloroform und 5%ige NaBr-Lösung in Methanol (10%iger Überschuß) zugegeben. Anschließend wird 30 min mit einem Vortex-Mixer gerührt. Dann gibt man die doppelte Menge des angewendeten Methanols an Wasser hinzu und rührt die Mischung wieder. Nach der Schichtentrennung (5 min) wird die $CHCl_3$-Phase solange mit Wasser extrahiert, bis sie klar ist und dann bis zur Verwendung bei 5°C im Dunkeln aufgehoben. Die Lösung wird auf eine mit Kieselgel G beschichtete DC-Platte aufgetragen und mit Hexan-Dioxan-Eisessig (60:40:5) entwickelt. Die Auftrennung erfolgt nach dem Sättigungsgrad. Die gesättigten Addukte sind an der Front. Die abgekratzten Zonen werden im Reagensglas mit 5 ml Salzsäure-Methanol (2:4 v/v) versetzt und im Vortex-Mixer durchgewirbelt, dann 5 min stehengelassen und 5 ml Pentan und 10 ml Wasser zugegeben. Nach sorgfältigem Rühren wird die Unterphase entfernt. Die Oberphase wird mit Wasser, dann dreimal mit 1%iger wäßriger KOH und dann zweimal mit Wasser gewaschen. Anschließend wird mit Na_2SO_4 getrocknet und bei 0°C im N_2-Strom das Lösungsmittel entfernt. Proben von 5—20 μg werden im Gaschromatographen analysiert (75 ml/min He, 5% Polydiäthylenglykolsuccinat LAC-728 auf 80—100 mesh Diatoport S, Temperatur 100—210°C mit 3°C/min programmiert).

j) Potentiometrische Titration

P. EKWALL u. G. JUUP (1944) fanden, daß höhermolekulare Fettsäuren durch Fällung ihrer Natriumsalze mit Silbernitrat in wäßriger Lösung potentiometrisch bestimmt werden können. Der Fehler bei der quantitativen Bestimmung einzelner höherer Fettsäuren war hierbei nicht größer als 5%. Die Autoren berechneten aus den Titrationswerten die Löslichkeitsprodukte der Silbersalze verschiedener Fettsäuren und fanden, daß sie sich z. T. um mehrere Zehnerpotenzen unterscheiden (vgl. Tab. 96).

Tabelle 96. *Löslichkeitsprodukte der Silbersalze höhermolekularer Fettsäuren bei 70° C* (nach P. EKWALL u. G. JUUP 1944)

Silbersalz	Löslichkeitsprodukt
Silberlaurat	$2{,}7 \cdot 10^{-5}$
Silbermyristat	$4{,}0 \cdot 10^{-9}$
Silberpalmitat	$5{,}3 \cdot 10^{-10}$
Silberstearat	$6{,}9 \cdot 10^{-11}$
Silberoleat	$6{,}0 \cdot 10^{-10}$

Sie bestimmten nach dieser Methode auch die Fettsäuren in zahlreichen binären Mischungen. Brauchbare Ergebnisse wurden indessen nur erhalten, wenn die Kettenlänge der Komponenten um mehr als zwei CH_2-Gruppen differierte.

O. HARVA u. P. EKWALL (1948) erweiterten die Methode auf die Titration benachbarter geradzahliger Fettsäuren wie Laurin- und Myristinsäure und Myristin- und Palmitinsäure. Der Titrationsfehler betrug hierbei aber bis zu 10%. Die Fettsäuren in ternären Gemischen konnten nur dann bestimmt werden, wenn keine aufeinanderfolgenden geradzahligen Säuren anwesend waren.

Eine entscheidende Verbesserung des Verfahrens gelang CH. SASS (1959) dadurch, daß sie die Fettsäuren zur Titration in 1,4-Dioxan löste und als Potentiometer ein direkt anzeigendes Millivoltmeter mit einer Anzeigegenauigkeit von 1 mV verwandte. Es gelang ihr auf diese Weise die Bestimmung homologer Reihen gesättigter Fettsäuren im Bereich von C_8 bis C_{18} bei einem Fehler von nur $\pm$ 2 bis 3%. Die Methode führt sehr viel schneller als die bekannten chromatographischen zum Ziel, hat aber den Nachteil, daß ungesättigte Fettsäuren auf diese Weise nicht zu bestimmen sind.

Methode von CH. SASS (1959)

Geräte:

Potentiometer mit einer Ablesegenauigkeit von 1 mV, z. B. Titriskop E 366 (Hersteller: Deutsche Metrohm GmbH & Co., 7024 Bernhausen/Stuttgart) evtl. mit Schreibgerät.

Gesättigte Kalomelelektrode, die durch einen mit gesättigter Kaliumnitrat-Lösung gefüllten Heber mit der Indicator-Elektrode, einem Silberdraht, verbunden ist.

Magnetrührer mit thermostatisch gesteuerter Heizung, z. B. Cenco, 5657 Haan (Rhld).

Reagentien:

0,1 n wäßrige Silbernitrat-Lösung
0,5 n alkoholische Kalilauge
1,4-Dioxan, reinst.

Verfahren:

Je nach dem vorliegenden Fettsäuregemisch werden 0,12—0,25 g Fettsäuren in ca. 5 ml Dioxan gelöst und mit 0,5 n alkoholischer KOH gegen Phenolphthalein auf deutlich rot titriert. Die Lösung wird, um die Fettsäuren vollständig in Seifen zu überführen, etwas erwärmt und mit dest. Wasser auf 250 ml aufgefüllt. Ein geringer Überschuß an Lauge ist notwendig, um durch Hydrolyse eintretende Fehler auszuschalten. Die als Seifen vorliegenden Fettsäuren

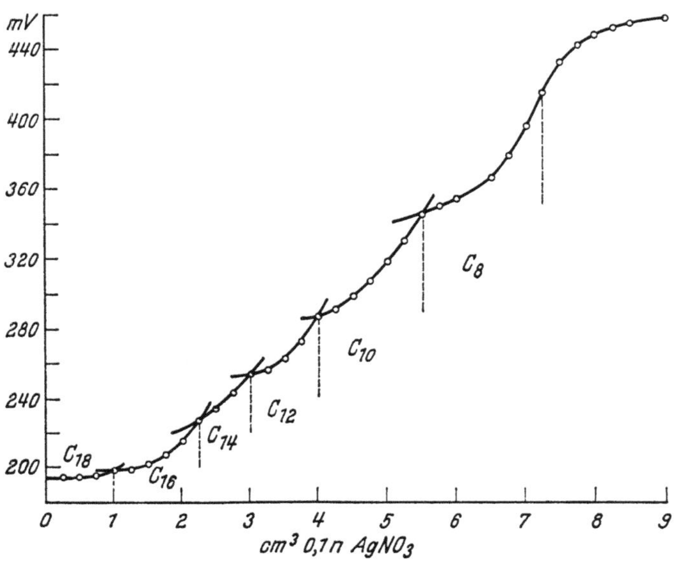

Abb. 95. Titrationskurve der in Tab. 97 angegebenen Fettsäuremischung nach SASS (1959)

werden nun unter Rühren mit dem Magnetrührer mit 0,1 n-Silbernitrat-Lösung 0,25-ml-weise titriert. Damit keine Kaliseifen durch den Silbersalz-Niederschlag eingeschlossen werden, muß die Titrierflüssigkeit tropfenweise zugegeben werden. Die Temperatur der Seifenlösung, bei der titriert werden muß, richtet sich nach der zu bestimmenden Fettsäure. Für Stearinsäure ist 70—80°C, für Laurinsäure ca. 20°C und für Capryl- und Caprinsäure 0°C angebracht.

Die Meßergebnisse werden in ein lineares Koordinatennetz eingetragen oder automatisch registriert. Die Abszisse gibt die verbrauchten ml 0,1 n-Silbernitrat-Lösung, die Ordinate die mV-Werte an. Man erhält dann bei Gemischen Kurvenzüge, wie in Abb. 95 dargestellt. Die

Schnittpunkte der Kurvenzüge der einzelnen Fettsäuren werden mit dem Endpunkt für die jeweilige Säure identifiziert. Der Wendepunkt gibt den Endpunkt der gesamten Titration an.

Um festzustellen, welche Fettsäuren in den Kurvenzügen vorliegen, führt man zwei Titrationen aus und setzt bei der zweiten gewisse Mengen reiner bekannter Fettsäuren zu.

Reine Fettsäuren wurden nach dieser Methode mit einer Genauigkeit von unter ± 1% bestimmt, während bei Fettsäuregemischen mit bis zu sieben Komponenten Fehler von ± 2—3% beobachtet wurden. Die Genauigkeit der Methode geht aus der in Tab. 97 wiedergegebenen Analyse eines Modellgemisches hervor, die zugehörige Titrationskurve zeigt Abb. 95.

Tabelle 97. *Potentiometrische Analyse einer Fettsäuremischung* (nach CH. SASS 1959)

Fettsäure	eingesetzt %	gefunden % a	gefunden % b	Fettsäure	eingesetzt %	gefunden % a	gefunden % b
Ölsäure	17,8	17,7*	17,7*	Laurinsäure . .	12,4	11,5	10,1
Stearinsäure	14,8	12,8	14,0	Caprinsäure . .	19,1	19,5	16,9
Palmitinsäure	15,2	14,1	15,8	Caprylsäure . .	13,2	14,4	12,5
Myristinsäure	8,5	8,6	8,4				

* aus der Jodzahl berechnet.

2. Trennung von Triglyceridgemischen; Identifizierung der Komponenten

In vielen Fällen genügt die Kenntnis der Fettsäurezusammensetzung nicht zur Identifizierung eines Fettes. Da die Fette zum größten Teil aus den gemischten Triglyceriden der C_{18}-Fettsäuren bestehen, ist es verständlich, daß es zahlreiche Naturprodukte dieser Art gibt, die zwar annähernd dieselbe Fettsäurezusammensetzung besitzen, sich aber durch ihren Glyceridaufbau und damit auch durch ihre physikalischen Eigenschaften unterscheiden. Solche aufgrund ihrer Fettsäurezusammensetzung nicht unterscheidbaren Fette sind z. B.

Olivenöl — Teesamenöl; Kakaobutter — Hammeltalg; Schmalz — Rindertalg.

Es kann daher für den Nachweis mitunter angebracht sein, sich mit Hilfe geeigneter Methoden über das Mengenverhältnis der in dem zu untersuchenden Fett anwesenden Glyceridklassen zu orientieren, die im folgenden abgekürzt als G_3, G_2U, GU_2 und U_3 (G = gesättigt, U = ungesättigt) bzw. GGG, GUG, GUU usw. bezeichnet werden sollen. In Einzelfällen sind definierte gemischte Triglyceride in so großer Konzentration vorhanden, daß sie mit Erfolg zur Identifizierung und zum Nachweis von Fetten herangezogen werden können. Das gilt z. B. für Kakaobutter mit ca. 50% 2-Oleo-palmitostearin und Schweineschmalz mit ca. 35% 2-Palmito-diolein. Das Vorkommen definierter gemischter Glyceride in hohen Konzentrationen gehört allerdings zu den Ausnahmen. Normalerweise folgt die Fettsäureverteilung in den Glyceriden anderen Gesetzen. Die Methoden zur Bestimmung der Glyceridstruktur sollen wegen ihrer Bedeutung für die Fettanalyse im folgenden kurz besprochen werden. Zur eingehenden Unterrichtung sei auf die Fortschrittsberichte von R. J. VANDER WAL (1955 und 1963), H. J. DUTTON u. C. R. SCHOLFIELD (1963) sowie die Zusammenstellung von H. P. KAUFMANN u. H. WESSELS (1964a) verwiesen.

a) Glyceridstruktur von Ölen und Fetten

Aufgrund seiner umfangreichen Studien über die Fettsäurezusammensetzung natürlicher Öle und Fette kam T. P. HILDITCH bereits Anfang der dreißiger Jahre zu der Vorstellung, daß die Natur danach strebe, alle Fettsäuren möglichst gleichmäßig auf alle Glyceridmoleküle zu verteilen (vgl. T. P. HILDITCH 1956). Nach diesem *Gesetz der Gleichverteilung* (englisch: even distribution) vollzieht sich der Aufbau der Glyceride gemäß folgenden Regeln:

1. Wenn eine gegebene Fettsäure A in einer Konzentration von ca. 35 Mol% oder höher, bezogen auf die Gesamtfettsäuren (A + X), in einem Fett anwesend ist, kommt sie in jedem Triglycerid wenigstens einmal und zwar als AX_2 vor.
2. Steigt die Fettsäurekonzentration von 35 auf 65%, so kommt es zur Bildung von A_2X-Glyceriden.
3. Erst wenn die Fettsäurekonzentration über 70% hinausgeht, entstehen auch Triglyceride entsprechend der Formel A_3.

HILDITCH erkannte selbst, daß diese Verteilungsregel nur in großen Zügen den wahren Sachverhalt wiedergibt und nicht auf die Zusammensetzung solcher tierischer Körperfette anwendbar ist, die reich an Stearinsäure sind, beispielsweise Schaf- und Rinderfette.

Für tierische Fette nahmen H.E. LONGENECKER (1941) und F.A. NORRIS u. K.F. MATTIL (1947) an, daß die Verteilung der Fettsäuren in den Glyceriden eine rein statistische ist, also den Gesetzen des Zufalls gehorcht. Bei dieser *Zufallsverteilung* (random distribution) läßt sich die Zahl der möglichen Isomeren leicht berechnen. Die Anzahl der Positionsisomeren (x) z. B. steht zu der Zahl der Fettsäurearten (n) in folgender Beziehung:

$$x = \frac{n^3 + n^2}{2} \quad \text{(B.F. DAUBERT 1949)}$$

Dieses Gesetz gilt aber, wie man heute weiß, nicht streng für alle tierischen Fette, wohl aber für Fette, die durch nicht enzymatische Veresterung von Fettsäuren mit Glycerin oder aber durch Umesterung natürlicher Fette gewonnen werden.

In vielen Fetten entspricht die Verteilung der Fettsäuren weder dem Gesetz der Gleichverteilung noch dem der Zufallsverteilung, läßt sich aber durch die unter der Bezeichnung *eingeschränkte Zufallsverteilung* (restricted random distribution) bekannt gewordene Regel von A.R.S. KARTHA (1953) mit befriedigender Genauigkeit beschreiben.

Nach Ansicht dieses Autors werden die gesättigten Fettsäuren in allen natürlichen Fetten zunächst auf die Triglyceridmoleküle statistisch verteilt, bis die Menge der auf diese Weise gebildeten G_3-Glyceride größer ist als diejenige, die in der lebenden Pflanze oder im lebenden Tier flüssig bleiben könnte. Von diesem Augenblick an wird der Überschuß an gesättigten Fettsäuren statistisch auf die Glyceridtypen G_2U, GU_2 und U_3 verteilt. Bei dieser Theorie wird angenommen, daß die Acylgruppen alle gleich reaktiv sind und bei allen flüssigen Glyceriden im dynamischen Gleichgewicht stehen. Auch wird vorausgesetzt, daß die Positionen in den Triglyceridmolekülen äquivalent sind.

Das letztere trifft aber, wie Forschungsergebnisse auf biochemischem Gebiet gezeigt haben, nicht zu. F.H. MATTSON u. L.W. BECK (1956) sowie P. SAVARY u. P. DESNUELLE (1956) haben gefunden, daß Triglyceride durch Pankreaslipase in ganz spezifischer Weise hydrolytisch gespalten werden. In Gegenwart dieses Enzyms werden nämlich die in 1- und 3-Stellung befindlichen Fettsäuren schneller in Freiheit gesetzt als die in 2-Stellung gebundenen. Durch eine derartige Hydrolyse mit anschließender Bestimmung der Fettsäurezusammensetzung der Spaltstücke ist es möglich geworden, sehr detaillierte Kenntnisse über die Besetzung der Positionen im Triglyceridmolekül zu erhalten und daraus Regeln für die Verteilung der Fettsäuren abzuleiten.

F.H. MATTSON u. E.S. LUTTON (1958) beobachteten bei natürlich vorkommenden Triglyceriden eine sehr spezifische Fettsäureverteilung. In den pflanzlichen Fetten sind die gesättigten Fettsäuren vorzugsweise mit den in 1- und 3-Stellung befindlichen Hydroxylgruppen des Glycerins verestert, so daß sich die ungesättigten Säuren hauptsächlich in 2-Stellung befinden. Bei tierischen Fetten sind die

Verhältnisse verwickelter. Rinder-, Pferde- und Schaffett ähneln in der Besetzung der 1- und 3-Positionen mit gesättigten Fettsäuren den vegetabilischen Fetten. Schmalz ist das einzige von allen tierischen Fetten, bei dem sich gesättigte Fettsäuren in 2-Stellung befinden. Eine reine Zufallsverteilung wird bei Anwendung der enzymatischen Methode weder bei pflanzlichen noch bei tierischen Fetten angetroffen. An 18 pflanzlichen Ölen fanden F.H. MATTSON u. R.A. VOLPENHEIM (1961), daß Fettsäuren mit einer Kettenlänge von mehr als 18 C-Atomen, gleichgültig ob gesättigt oder ungesättigt, nur in 1- oder 3-Stellung des Glyceridmoleküls vorkommen, daß Palmitin- und Stearinsäure meistens in 1- oder 3-Stellung gebunden und infolgedessen Öl-, Linol- und Linolensäure bevorzugt mit der sekundären Hydroxylgruppe verknüpft sind.

Aus diesen und anderen Beobachtungen zieht F.D. GUNSTONE (1962) den durch sorgfältige Berechnungen gestützten Schluß, daß beim Aufbau der Fette die sekundäre Hydroxylgruppe hauptsächlich mit ungesättigten und die beiden primären Gruppen mit gesättigten Fettsäuren acyliert werden, wobei die Verteilung der Fettsäuren in jeder Stellung statistisch erfolgt.

Fette mit großen Anteilen an ungesättigten C_{18}-Fettsäuren scheinen nach dieser Theorie in Übereinstimmung mit der Wirklichkeit einer statistischen Verteilung zu unterliegen, in anderen Fällen ähneln die nach seiner Methode ermittelten Verteilungen der Gleichverteilung von HILDITCH oder der eingeschränkten Zufallsverteilung von KARTHA. Gleichungen zur Berechnung der *statistischen Verteilung* der Fettsäuren in 1,3- und 2-Stellung wurden von R.J. VANDER WAL (1963) angegeben.

b) Methoden zur Bestimmung der Glyceridklassen

Zur Bestimmung der in natürlichen Fetten anwesenden Glyceridklassen sind zahlreiche Methoden entwickelt worden. Zu den klassischen gehört *die Kristallisation des Fettes* aus geeigneten Lösungsmitteln, wie Äther, Alkohol, Benzol, Chloroform, Aceton usw., eine Methode, die bereits von A. BÖMER u. Mitarb. (1907 bzw. 1909) zur Abtrennung von schwerlöslichen Glyceriden aus tierischen Fetten benutzt und von T.P. HILDITCH und seiner Schule zu hoher Vollkommenheit weiterentwickelt wurde (T.P. HILDITCH 1956). Da die Trennung niedrigmolekularer gesättigter Glyceride nach diesem Verfahren aber auf Schwierigkeiten stieß, erarbeiteten T.P. HILDITCH u. C.H. LEA (1927) eine neue Methode, die sich sowohl bei der Bestimmung der vollgesättigten als auch der partiell gesättigten und ungesättigten Glyceride als recht fruchtbar erwies. Das zu untersuchende Glyceridgemisch wird in acetoniger Lösung mit *Kaliumpermanganat oxydiert* und anschließend mit wäßriger Kaliumcarbonatlösung gewaschen, um die aus den ungesättigten Glyceriden G_2U, GU_2 und U_3 gebildeten Derivate der Azelainsäure zu entfernen. A.R.S. KARTHA (1953a) zeigte, daß man die Hydrolyse dieser Glyceride während der Oxydation durch Zugabe von Eisessig verhindern kann und eröffnete damit einen erfolgreichen Weg zur Bestimmung der partiell gesättigten Glyceride. Die *Kombination der Permanganatoxydation* mit der *chromatographischen Fraktionierung* und der *enzymatischen Hydrolyse* durch C.G. YOUNGS (1961) führte zu der besten und genauesten Methode zur Bestimmung der Glyceridklassen, die bis jetzt bekannt geworden ist.

α) Bestimmung der dreifach gesättigten Glyceride

Die Bestimmung der G_3-Glyceride ist verhältnismäßig einfach, wenn es sich um Fette handelt, die nur höhermolekulare Fettsäuren enthalten, z. B. tierische Fette und gehärtete Pflanzenfette. Es genügt dann ein Kristallisationsverfahren, wie es u. a. von F. E. LUDDY u. R. W. RIEMENSCHNEIDER (1946) für Schmalz, gehärtetes Schmalz und Talg angegeben wurde:

25—50 g Schmalz oder Talg werden im Verhältnis 40 ml : 1 g in trockenem redestilliertem Aceton gelöst. Die Größe der Fetteinwaage richtet sich nach der erwarteten Menge an vollgesättigten Glyceriden; sie soll so groß sein, daß von dem erhaltenen Präzipitat noch Jod- und Verseifungszahl bestimmt werden können. Die acetonige Lösung des Fetts wird nun im Thermostaten oder in einem temperierten Raum 30 Std bei + 15 ± 0,3° C aufbewahrt. Der Niederschlag wird unter mäßigem Vakuum durch einen gewogenen kleinen Büchner-Trichter filtriert, zusammengepreßt, zweimal mit je 10 ml Aceton von + 15° C gewaschen und 5 min abgesaugt. Der Niederschlag wird gewogen, unter Nachspülen mit warmem Aceton in einen Erlenmeyerkolben überführt und in 60 ml Aceton pro Gramm Niederschlag unter gelindem Erwärmen gelöst. Man läßt dann 24 Std bei + 15° C zur Kristallisation stehen, filtriert, wäscht wie oben mit Aceton, bringt den Niederschlag mit Hilfe von warmem Aceton in einen 100-ml-Rundkolben, verdampft das Lösungsmittel und wägt den lösungsmittelfreien Rückstand.

Vom Rückstand, der neben den G_3-Glyceriden auch noch kleine Mengen der G_2U-Klasse enthält, bestimmt man nun die Jodzahl und die Verseifungszahl. Hieraus berechnet man den Gehalt des Kristallisationsrückstandes an G_2U. Durch Subtrahieren erhält man dann den gesuchten G_3-Gehalt.

Ein ähnliches Verfahren wurde von A. R. S. KARTHA (1953) angegeben:

Die Fettprobe wird in 3 ml trockenem Aceton pro g Fett gelöst und die Lösung 3 Tage bei +25 bis +26° C aufbewahrt. Der Niederschlag wird filtriert und mit wenig Aceton von derselben Temperatur gewaschen. Der Rückstand wird im Vakuum trocken gesaugt und unter denselben Bedingungen nochmals kristallisiert. Der Rückstand der zweiten Kristallisation wird filtriert, gewaschen, getrocknet und gewogen. Aus Jodzahl und Verseifungszahl wird der Gehalt an G_2U berechnet und G_3 aus der Differenz gefunden. Auch diese Methode ist auf Glyceride beschränkt, die keine Fettsäuren mit weniger als 16 C-Atomen enthalten.

Universeller anwendbar ist die von T. P. HILDITCH u. C. H. LEA (1927) angegebene Oxydationsmethode. Behandelt man ein Gemisch verschiedener Glyceride, wie sie in natürlichen Fetten vorkommen, unter sehr energischen Bedingungen mit Kaliumpermanganat, so werden die ungesättigten Acylreste an der Stelle ihrer Doppelbindungen gespalten. Es entstehen Mono-, Di- und Triazelaoglyceride, die durch Behandlung mit Alkalien von den nicht angegriffenen G_3-Glyceriden getrennt werden können. Das Verfahren hat im Laufe der Zeit zahlreiche Verbesserungen erfahren und wird nach T. P. HILDITCH (1956) am besten wie folgt ausgeführt:

Je nach der erwarteten Menge G_3-Glyceride werden 25—100 g Fett im zehnfachen Volumen wasserfreien Acetons gelöst und mit fein gepulvertem Kaliumpermanganat in solcher Menge portionsweise versetzt, daß die Mischung in gelindem Sieden bleibt. Wenn die zugegebene Permanganatmenge viermal so groß wie die des Fettes ist, erhitzt man einige Stunden unter Rückfluß. Die Hauptmenge des Acetons wird dann durch Destillation entfernt und der feste Rückstand mit der gewichtsgleichen Menge Natriumhydrogensulfit gepulvert. Das Gemisch gibt man allmählich in verdünnte Schwefelsäure und erwärmt, um die Entfärbung der Manganoxide zu vervollständigen. Die organischen Verbindungen werden in Äther aufgenommen, die ätherische Lösung wird wiederholt mit Kaliumcarbonat-Lösung (T. P. HILDITCH 1947) und dann mit Wasser gewaschen, um alle sauren Oxydationsprodukte zu entfernen.

Um eine Hydrolyse der Ester während der Oxydation durch aus dem Kaliumpermanganat gebildetes Kaliumhydroxid zu verhindern, ist es nach einem Vorschlag von A. R. S. KARTHA (1953a) zu empfehlen, nach Zugabe von je 16 g Kaliumpermanganat zur Neutralisierung des Alkalis 6 ml Essigsäure zuzusetzen.

Die Entfernung der sauren Spaltprodukte durch Waschen mit Alkali ist besonders gegen Ende der Operation wegen der unvermeidlichen Emulsionsbildung sehr mühselig und zeitraubend. Schneller kommt man zum Ziel, wenn man die ätherische Lösung der Oxydationsprodukte nur einmal mit Kaliumbicarbonat-Lösung oder verdünntem Ammoniak wäscht, dann trocknet und nach einem Vorschlag von H. A. SCHUETTE u. ST. DAL NOGARE (1951) durch eine nach der Methode von N. D. SYLVESTER u. Mitarb. (1945) mit Bromthymolblau gefärbte Aluminiumoxidsäule perkolieren läßt. Alle sauren Komponenten werden von der

Säulenfüllung adsorbiert, deren Menge so bemessen sein soll, daß die sauren Verbindungen vollständig in der oberen Hälfte der Säule zurückbleiben. Die Säule wird dann mehrere Male mit Äther oder Chloroform gewaschen. Die vereinigten Eluate werden eingedampft. Der Rückstand besteht aus den vollständig gesättigten Glyceriden, wenn seine Jodzahl unter 1 liegt. Andernfalls ist der Oxydationsprozeß zu wiederholen.

Die Ergebnisse der Kristallisations- und Oxydationsmethode wurden von zahlreichen Autoren verglichen. F.E. LUDDY u. R.W. RIEMENSCHNEIDER (1946) erhielten nach dem von ihnen vorgeschlagenen Verfahren praktisch die gleichen Resultate wie nach der Permanganat-Oxydationsmethode von HILDITCH u. LEA (1927).

Auch J.S. CAMA u. Mitarb. (1953) konnten in einer ausgedehnten Untersuchungsreihe eine ausgezeichnete Übereinstimmung zwischen den Ergebnissen beider Methoden beobachten (vgl. Tab. 98).

Tabelle 98. *Vollgesättigte Glyceride in verschiedenen Fetten* (nach J.S. CAMA u. Mitarb. 1953)

Fettart	Mol.-% G_3 Oxydationsmethode	Mol.-% G_3 Kristallisationsmethode
Cocosfett	84	82
Palmkernfett	66	62
Kakaobutter	3	2
Palmöl, Kamerun	8	8
Palmöl, Belg. Kongo	6	6
Schaffett	27	28
Schweine-Nierenfett	11	9
Schweine-Rückenfett	7	5

Die hier besprochenen Kristallisationsmethoden können nicht auf Fette, die Fettsäuren sehr unterschiedlicher Kettenlänge enthalten, wie Butterfett, angewendet werden. In solchen Fällen gelingt die Bestimmung der G_3-Glyceride nach L.R. ESHELMAN u. Mitarb. (1960) durch Umsetzung des Fettes mit Mercaptoessigsäure. Die aus den ungesättigten Glyceriden gebildeten Mercapto-aceto-Glyceride werden von den vollgesättigten Glyceriden durch Extraktion mit verdünntem Ammoniak und Behandlung mit Ionenaustauschern getrennt. Die Ergebnisse sind gut reproduzierbar, stimmen aber für Butter und Cocosfett nicht mit den nach anderen Methoden erhaltenen überein.

E. KERKHOVEN u. J.M. DEMAN (1966) verbesserten das Verfahren von L.R. ESHELMAN u. Mitarb. (1960) durch Trennung der Quecksilberacetat-Addukte auf säulenchromatographischem Wege.

700—800 mg der Fettprobe werden im 50-ml-Erlenmeyerkolben mit 3 g Quecksilberacetat und 12 ml Methanol versetzt und nach Zugabe von Siedesteinchen am Rückfluß 30 min erhitzt. Dann gibt man das Gemisch in einen 500-ml-Scheidetrichter, der 200 ml Wasser enthält, spült einige Male mit insgesamt 75 ml Chloroform in den Scheidetrichter nach und wäscht nach Entfernung der organischen Schicht die wäßrige Phase viermal mit 50 ml Chloroform aus. Die vereinigten Extraktlösungen werden abgedampft und der Rückstand mit 10 ml einer Mischung von Hexan/Diäthyläther (8:2) aufgenommen. Zur Chromatographie werden 20×400 mm-Pyrex-Rohre mit 30 g Florisil, das mit 14% dest. Wasser desaktiviert und in der Hexan-Diäthyläther-Mischung aufgeschwämmt wurde, gefüllt. Zur Eluierung der dreifach gesättigten Glyceride kommen 500 ml des obigen Lösungsmittelgemisches zur Anwendung. Der Triglyceridextrakt wird abgedampft und gewogen.

Erleichtert wird die Bestimmung der G_3-Glyceride durch Anwendung der Isotopen-Verdünnungstechnik in Verbindung mit der Kristallisation. R. REISER u. J.W. DIECKERT (1954) versetzen 10 g Fett mit 100 mg radioaktivem Tripalmitin, lösen die Mischung in 100 ml trockenem Aceton und bewahren die Lösung 8 Std bei + 8°C auf. Der erhaltene Niederschlag wird im fünffachen Volumen

Aceton gelöst und 2 Std auf + 25° C gehalten. Die Kristallisation bei +25° C wird noch dreimal wiederholt. Das letzte Kristallisat wird vom Aceton befreit und dann die Aktivität des Rückstandes gemessen, aus der sich der Gehalt an G_3 berechnen läßt. Die Methode bewährte sich bei Untersuchungen über den Einfluß des Nahrungsfettes auf die Struktur tierischer Fette.

β) Bestimmung der übrigen Glyceridklassen

Zur Bestimmung der übrigen Glyceridklassen wurde von HILDITCH u. Mitarb. mit gutem Erfolg die *fraktionierte Kristallisation* herangezogen. Das Fett oder Öl wird zunächst durch Kristallisation aus Aceton in eine Reihe von Fraktionen zerlegt. Je nach dem Schmelzpunkt des Fettes arbeitet man bei Temperaturen zwischen —60 und +20° C und erhält hierbei drei bis sechs Fraktionen, von denen jede im wesentlichen nur zwei Glyceridklassen enthält, z. B. $G_3 + G_2U$, $G_2U + GU_2$, $GU_2 + U_3$. Vom ursprünglichen Fett und von jeder Fraktion werden nun die Fettsäurezusammensetzung, die Jodzahl und die Verseifungszahl bestimmt. Wenn die Fraktionen groß sind, ist eine Zerlegung der Fettsäuren durch Esterfraktionierung angebracht, ergänzt durch Bestimmung der gesättigten und ungesättigten Fettsäuren. Aus der Fettsäurezusammensetzung der erhaltenen Fraktionen werden nun die molaren Anteile der gesättigten und ungesättigten Fettsäuren an jeder der vier Glyceridklassen berechnet unter der Annahme, daß jede Fraktion nur zwei Glyceridtypen enthält.

Es ist verständlich, daß diese Arbeitsweise je nach der Natur des zu untersuchenden Fettes zu sehr verschiedenen Einzelvorschriften führt, deren Wiedergabe den Rahmen dieses Handbuches überschreitet. Zahlreiche detaillierte Beispiele für die Strukturaufklärung pflanzlicher und tierischer Fette nach dieser Methode findet der Leser vor allem in der zweiten Auflage des Handbuchs von T. P. HILDITCH (1947).

A. R. S. KARTHA (1953a) modifizierte die von T. P. HILDITCH u. C. H. LEA (1927) angegebene *Oxydationsmethode* zur Bestimmung der G_3-Glyceride derart, daß sie auch zur Bestimmung aller vier Glyceridklassen benutzt werden kann. Er fand, daß durch Zugabe von Eisessig zur Aceton-Permanganat-Mischung die während der Oxydation der ungesättigten Glyceride sonst eintretende Hydrolyse der Azelaoglyceride vermieden werden kann. Ferner wies er nach, daß man durch Behandlung des Oxydationsproduktes mit Magnesiumsulfat zwei Fraktionen erhält, und zwar einen Niederschlag, der aus den Klassen G_3, G_2A und einem Teil von GA_2 besteht (A = Azelainsäure), und ein Filtrat, das nur GA_2 und A_3 enthält. Nach einer im Jahre 1953 mitgeteilten Arbeitsvorschrift verfährt man hierbei in großen Umrissen wie folgt:

Methode von A. R. S. KARTHA (1953a)

5 g Fett werden in 200 ml Aceton gelöst. Zur Lösung gibt man 12 ml Eisessig und oxydiert wie von HILDITCH (vgl. S. 679) angegeben, mit der Abweichung, daß nach Zugabe von je 16 g Permanganat 6 ml Essigsäure zugefügt werden. Wenn die Reaktion langsamer wird, erhitzt man unter Rückfluß auf dem siedenden Wasserbad. Die Oxydation ist beendet, wenn die Permanganat-Farbe auf Zusatz von 1 g $KMnO_4$ 45 min bestehen bleibt. Die Entfernung des Acetons und des überschüssigen Kaliumpermanganats sowie die Extraktion der oxydierten Glyceride erfolgt wie bei der Bestimmung der vollgesättigten Glyceride (vgl. S. 679).

Das aus 5 g Fett erhaltene Oxydationsprodukt suspendiert man in 200 ml Wasser von 30° C, gibt einige Tropfen Phenolphthalein hinzu und soviel einer 5%igen Natriumcarbonat-Lösung, daß die Lösung gerade alkalisch reagiert. Die Lösung wird mit Wasser auf 500 ml aufgefüllt, mit 30 ml einer 10%igen Ammoniumchlorid-Lösung versetzt, gut durchgemischt und dann solange mit 15%iger wäßriger Magnesiumsulfat-Lösung verrührt, bis keine weitere Ausfällung mehr stattfindet. Man läßt den Niederschlag 5—10 min absitzen, filtriert durch ein Faltenfilter und wäscht viermal mit je 30—40 ml Wasser. Er wird dann quantitativ in einen Kolben überführt und auf dem Wasserbad mit verdünnter Schwefelsäure erwärmt, bis alle

Magnesiumsalze zersetzt sind und sich eine klare ölige Schicht abscheidet. Die Mischung wird dann gekühlt, mit Äther extrahiert und die ätherische Lösung mineralsäurefrei gewaschen. Der Äther wird verdampft, der Rückstand im Vakuum getrocknet und gewogen.

Das Produkt wird mit alkoholischer Kalilauge hydrolysiert; die erhaltenen Säuren werden zur Bestimmung der gesättigten Fettsäuren wie bei der Bertram-Methode (vgl. S. 742) zweimal der Magnesiumsalzfällung unterworfen. Von den abgeschiedenen Säuren werden Gewicht, Jodzahl, Verseifungszahl und Schmelzpunkt bestimmt.

Das bei der Fällung des Oxydationsproduktes mit Magnesiumsulfat erhaltene Filtrat wird angesäuert; die sauren Fraktionen werden mit Äther extrahiert, der durch Verdampfen wieder aus dem Extrakt entfernt wird. Den Rückstand hydrolysiert man wiederum mit alkoholischer Kalilauge und trennt die höheren Fettsäuren nach der Bertram-Methode. Von diesen werden Gewicht, Schmelzpunkt und Verseifungszahl bestimmt.

Die Berechnung der Glyceridzusammensetzung aus diesen Daten geschieht nach A.R.S. KARTHA (1953a) nach folgenden Regeln:

1. Alle G_2A-Glyceride werden quantitativ als Magnesiumsalze gefällt. Der Niederschlag ist mit Magnesiumsalzen von GA_2 verunreinigt und enthält alle G_3-Glyceride sowie die nicht oxydierten G_2U-Glyceride. Die G_3-Glyceride werden nach S. 678 direkt bestimmt; der Gehalt an G_2U-Glyceriden wird aus dem mittleren Molekulargewicht der gesättigten Säuren und ihrer Jodzahl berechnet. Subtrahiert man diese Gewichte vom Gewicht des Niederschlags, so erhält man das Gesamtgewicht von G_2A und GA_2 in der ersten Fraktion. Aus dem Gehalt an gesättigten Fettsäuren und dem mittleren Molekulargewicht derselben läßt sich der prozentuale Anteil beider Glyceridklassen an der ersten Fraktion berechnen.

2. Die zweite lösliche Fraktion enthält den Rest an GA_2-Glyceriden und alles A_3. Durch Bestimmung der gesättigten Fettsäuren und ihres Molekulargewichtes in dieser Fraktion läßt sich daher die Zusammensetzung ohne weiteres berechnen.

3. Man nimmt an, daß die ungesättigten Fettsäuren als Ölsäure vorliegen und berechnet aus G_2A und GA_2 die entsprechenden prozentualen Mengen G_2U und GU_2. Da G_3 bekannt ist, kann U_3 aus der Differenz berechnet werden:

$$U_3 = 100 - (\% \, G_3 + \% \, G_2U + \% \, GU_2)$$

Nach dieser Methode wurde von A.R.S. KARTHA (1953b und 1954) die Glyceridstruktur zahlreicher Fette neu berechnet. Die Ergebnisse veranlaßten ihn zur Aufstellung der nach ihm benannten Verteilungsregel (vgl. S. 677).

Die Methode von KARTHA ist Gegenstand zahlreicher Diskussionen und Kritiken gewesen (T.P. HILDITCH 1954 und 1955; R.J. VANDER WAL 1955; L.R. ESHELMAN u. E.G. HAMMOND 1958; G. LAKSHMINARAYANA u. D. REBELLO 1960; A.R.S. KARTHA 1962). F.E. LUDDY u. Mitarb. (1954) bestimmten die Glyceridverteilung einer Serie von Fetten sowohl mit der Kristallisationsmethode als auch mit der Oxydationsmethode von KARTHA. Sie erhielten dabei die in Tab. 99 wiedergegebenen Werte.

Tabelle 99. *Glyceridstruktur verschiedener Fette* (nach F.E. LUDDY u. Mitarb. 1954)

Glyceridtyp	Schmalz (Mol.-%)		Hühnerfett (Mol.-%)		Palmöl (Mol.-%)		Kottonöl (Mol.-%)	
	Oxyd.	Krist.	Oxyd.	Krist.	Oxyd.	Krist.	Oxyd.	Krist.
G_3*	(2,8)	2,8	(2,3)	2,3	(9,4)	9,4	(0,0)	0,0
G_2U	24,6	27,4	18,3	17,9	47,4	48,1	13,0	14,5
GU_2	58,9	54,8	44,2	49,2	30,5	39,3	47,7	51,0
U_3	13,7	15,0	35,2	30,6	12,7	3,2	39,3	34,5
GF**	38,8	39,4	29,2	30,4	51,2	54,6	24,6	26,7

* Nur durch Kristallisation bestimmt.
** Mol.-% gesättigte Säuren als Glyceride.

Angesichts der Komplexität der untersuchten Fette und der Schwierigkeiten beider Methoden kann die Übereinstimmung der Ergebnisse bei allen Fetten, mit Ausnahme des Palmöls, als zufriedenstellend bezeichnet werden. Nach R.W. RIEMENSCHNEIDER (1955) ist die Zuverlässigkeit der nach der Oxydationsmethode erhaltenen Ergebnisse an die Voraussetzung geknüpft, daß die Doppelbindungen der ungesättigten Fettsäuren mindestens 9 C-Atome von der Carboxylgruppe entfernt sind, daß keine Hydrolyse während der Oxydation und der nachgeschalteten

Verarbeitungsstufen stattfindet, daß die G_2A-Glyceride vollständig als Magnesiumsalze niedergeschlagen werden und schließlich, daß keine gesättigten Fettsäuren mit weniger als 16 Kohlenstoffatomen anwesend sind, da sonst die Trennung nach BERTRAM zu niedrige Resultate gibt.

Zwei Methoden zur Verbesserung der Trennung der bei der Permanganatoxydation anfallenden Glyceridklassen wurden von A.J. HAIGHTON u. Mitarb. (1962) mitgeteilt. Nach der ersten erhält man durch Gegenstromverteilung des Oxydats in einem Gemisch von Isooctan und Methanol 1:1 zwei Fraktionen: G_3, G_2A und eine Fraktion, die GA_2, A_3 und niedere Monocarbonsäuren enthält. Die zweite Methode bedient sich der Verteilungschromatographie in einer nach J. BOLDINGH (1950) mit Kautschukpulver gefüllten Säule. Durch Elution mit wasserhaltigem Aceton von steigendem Wassergehalt werden Fraktionen erhalten, die fast völlig den vier Glyceridklassen entsprechen.

Zu einer sehr exakten Bestimmungsmethode wurde das *Oxydationsverfahren von* C.G. YOUNGS (1961) weiterentwickelt. Seine Methode erlaubt die Bestimmung der sechs Glyceridtypen: GGG, GGU, GUG, GUU, UGU und UUU. Das zu untersuchende Fett wird zunächst nach E. VON RUDLOFF (1956) oxydiert. Das oxydierte Fett, das an Stelle der ungesättigten Fettsäuren nun die Derivate der Azelainsäure enthält, wird durch eine flüssig-flüssig Verteilungssäule in zwei Fraktionen zerlegt, von denen die erste aus den G_3- und G_2A-, die zweite aus den GA_2- und A_3-Glyceriden besteht. Die Analyse dieser Fraktionen durch Gaschromatographie und lipasekatalysierte Hydrolyse ermöglicht die Berechnung der obengenannten Glyceridfraktionen.

Methode von C. G. YOUNGS (1961)

Oxydation des Fettes

Als Oxydationsmittel dient eine Lösung von 21 g Natriumperjodat im Liter, die 25 ml einer 0,1 m-Kaliumpermanganat-Lösung enthält. 250 mg Fett werden in 25 ml tertiärem Butanol gelöst und zu einer Mischung von 67 ml der Oxydations-Lösung, 83 mg Kaliumcarbonat und 75 ml tertiärem Butanol gegeben. Man kocht die Reaktionsmischung 1 Std unter Rückfluß und reduziert dann den Überschuß des Oxydationsmittels durch Einleiten von Äthylengas, das solange fortgesetzt wird, bis das Kaliumpermanganat zum Mangandioxid reduziert ist. Dann entfernt man das tertiäre Butanol auf dem siedenden Wasserbad durch Einleiten eines Luftstroms, säuert mit 3,1 ml 10%iger Schwefelsäure an und entfernt das oxydierte Fett durch dreimalige Extraktion mit Äther. Der Äther wird durch einen Luftstrom abgetrieben, die im Rückstand befindlichen kurzkettigen Monocarbonsäuren werden durch Aufbewahren des Oxydats bei 85° C im Vakuumschrank über Nacht eliminiert. Diese Vorschrift gilt für Fette mit einer Jodzahl bis zu 100. Bei stärker ungesättigten Fetten ist die Menge des Oxydationsmittels entsprechend zu erhöhen.

Fraktionierung des Oxydats

Das oxydierte Fett wird mit Hilfe einer flüssig-flüssig Verteilungssäule in zwei Fraktionen zerlegt, von denen die erste die G_3- und G_2U-, die zweite die GU_2- und U_3-Glyceride enthält. Zur Herstellung der Säulenfüllung werden 60 g Kieselsäure „Mallinckrodt, 100 mesh" mit 40 ml 90 vol.-%igem Alkohol in einem Becherglas mit einem Spatel solange verrührt, bis ein scheinbar trockenes Pulver erhalten wird. Dieses Pulver wird mit technischem Hexan (58—69° C), das mit 90 vol.-%igem Alkohol gesättigt wurde, angeschlämmt und in eine Säule von 25 mm ∅ gefüllt, so daß eine Schicht von 300 mm Höhe erhalten wird.

Ungefähr 200 mg oxydiertes Fett werden in einer Mischung von 1 ml Hexan und 1 ml 90%igem Alkohol gelöst. Man erhält zwei Phasen, die beide oben auf die Säulenfüllung pipettiert werden. Man spült mit je 1 ml von jeder Phase nach und eluiert die erste Fraktion mit Hexan, das mit 90%igem Alkohol gesättigt ist. Das Eluat wird in Portionen zu je 10 ml aufgefangen, die eingedampft und deren Rückstände gewogen werden. Zur vollständigen Auswaschung der ersten Fraktion sind 70—90 ml Hexan erforderlich. Anschließend eluiert man mit Äther die zweite Fraktion.

Hydrolyse mit Lipase

Die Mengenverhältnisse der Positionsisomeren in den Fraktionen werden durch eine spezifische Hydrolyse der in der 1- und 3-Stellung befindlichen Säuren durch Pankreaslipase nach dem im Prinzip gleichzeitig von F. H. MATTSON u. L. W. BECK (1956) und P. SAVARY u.

P. DESNUELLE (1956) angegebenen Verfahren bestimmt. Das hierzu verwendete handelsübliche Steapsin-Präparat wird vor der Verwendung 6 Std mit Petroläther (35—58° C) extrahiert. 10—20 mg Fett bzw. oxydiertes Fett, das zuvor mit Diazomethan methyliert wurde, bringt man in den Rührbehälter eines Homogenisators mit obenliegendem Rührwerk und gibt 3 ml 0,5 m-K_2HPO_4-Lösung, die durch Zusatz von 0,5 m-NaH_2PO_4 auf den pH-Wert 8 gepuffert wurde, und 5 mg gallensaures Natrium hinzu. Wenn nötig wird das Gefäß erwärmt und das Gemisch mit hoher Rührgeschwindigkeit homogenisiert. Dann setzt man 40% des Fettgewichtes an Lipase zu und hydrolysiert 30 min bei geringer Rührgeschwindigkeit. Danach gibt man die Reaktionsmischung in 3 ml 1 n-HCl, sättigt die resultierende Lösung mit Kochsalz und isoliert die Lipide durch viermalige Extraktion mit Äther. Der Äther wird im Luftstrom verdampft und der Rückstand mit einer ätherischen Diazomethan-Lösung behandelt. Dann werden der Äther und das überschüssige Diazomethan verdampft. Vom erhaltenen Rückstand wird ein Teil direkt in die unter den unten aufgeführten Bedingungen betriebene gaschromatographische Kolonne eingeführt. Dabei passieren nur die durch die Behandlung mit Diazomethan in ihre Methylester umgewandelten hydrolysierten Fett- und Dicarbonsäuren die Säule, während die Mono-, Di- und Triglyceride zurückbleiben.

Gaschromatographie

Alle gaschromatographischen Analysen werden mit einem normalen Chromatographen ausgeführt, der mit einem Wärmeleitfähigkeitsdetektor und einer 2,5 m langen Säule aus $^3/_{16}$'' Kupferrohr ausgestattet ist. Als Säulenfüllung dient Butandiol-succinat-polyester, nach B.M. CRAIG u. N.L. MURTY (1959) hergestellt und im Verhältnis 1:6 auf säuregewaschenes C22 Firebrick 60—80 mesh aufgetragen. Die Säulentemperatur beträgt 205° C, die Strömungsgeschwindigkeit des Heliums 40 ml/min, am Säulenausgang gemessen.

Zur Bestimmung der Fettsäurezusammensetzung des Ausgangsfettes wird dieses zunächst in die Methylester umgewandelt: 20 mg Fett werden mit 10 ml Methanol, das 0,5% wasserfreie Salzsäure enthält, $^1/_2$ Std unter Rückfluß erhitzt. Methanol und Salzsäure werden dann im Rotationsverdampfer entfernt und der Rückstand in den Gaschromatographen eingespritzt. Die Umwandlung der bei der lipatischen Hydrolyse gebildeten Monocarbonsäuren in die Methylester mit Diazomethan wurde bereits besprochen.

Aus den Ergebnissen dieser Einzeloperationen läßt sich die Glyceridstruktur des untersuchten Fettes mit hoher Genauigkeit berechnen. C.G. YOUNGS (1961) beobachtete bei einer dreifachen Bestimmung der Glyceridverteilung von Schmalz keine größeren Abweichungen als 2 Mol.-%. Die von C.G. YOUNGS nach dieser Methode bestimmten Glyceridstrukturen (vgl. Tab. 100) gehorchen der von R.J. VANDER WAL (1960) aufgestellten Verteilungsregel.

Tabelle 100. *Glyceridverteilung (Mol.-%) einiger Fette* (nach C.G. YOUNGS 1961)

Fettsorte	GGG	GGU	GUG	GUU	UGU	UUU
Schmalz	8	29	0	15	36	12
Hühnerfett	3	9	10	38	12	28
Leinöl	0	0	0	22	4	74
Kakaobutter	5	7	66	20	3	1

Diese elegante Methode wurde von C.G. YOUNGS u. M.R. SUBBARAM (1964) vereinfacht.

Das zu untersuchende Fett wird zunächst wie bei der eben beschriebenen Methode nach VON RUDLOFF (1956) mit Perjodat-Permanganat oxydiert und das erhaltene Gemisch von gesättigten Glyceriden und Azelaoglyceriden zur Methylierung der freien Carboxylgruppen mit Diazomethan behandelt. Das Reaktionsgemisch wird in Anlehnung an eine von A. KUKSIS u. M.J. MC CARTHY (1962) angegebene Arbeitsweise mit Hilfe eines temperaturprogrammierten Gaschromatographen getrennt. Als Füllung dient Anakrome ABS, eine mit Säuren und Basen gewaschene, mit Silicon behandelte, calcinierte Diatomeenerde, die mit 2% Silicongummi SE 30 imprägniert ist. Die Temperatur der Injektionsstelle und des Flammenionisationsdetektorblocks beträgt 385 bzw. 355° C. Die oxydierten Glyceride von 20 mg Fett werden mit Chloroform zu 0,2 ml gelöst. Von dieser Lösung werden 1—3 μl eingespritzt. Die Temperatur der Säule wird zunächst von 260 auf 325° C mit einer Geschwindigkeit von 3° C/min erhöht; dann bleibt sie bis zur vollständigen Eluierung der Glyceride konstant.

Die Durchführung einer Glyceridanalyse von 20 mg Fett dauert nur 4 Std. Die sehr genaue Methode ermöglicht die Bestimmung der Glyceridklassen, nicht aber die Unterscheidung der Positionsisomeren.

Auch durch *Gegenstromverteilung* läßt sich, wie DUTTON, SCHOLFIELD u. Mitarb. (1950—1961) gezeigt haben, die Glyceridverteilung von Fetten bestimmen. Diese Autoren bedienten sich durchweg der von L.C. CRAIG u. Mitarb. (1951) angegebenen 200-stufigen Verteilungsapparatur und benutzten für ihre Trennungen als zweiphasiges Lösungsmittel eine Mischung von Pentan-Hexan mit Furfurol-Nitroäthan. Sie bestimmten nach diesem Verfahren u. a. die Glyceridzusammensetzung von Sojaöl, Maisöl, Safloröl, Kakaobutter und Leinöl. Ihre Ergebnisse stimmten mit den nach anderen Methoden erhaltenen durchweg gut überein. Eine gute Übersicht gibt der Fortschrittsbericht von H.J. DUTTON u. C.R. SCHOLFIELD (1963).

Schließlich verdient noch die Methode der *thermischen Gradientenfraktionierung* der Erwähnung. Bei diesem Verfahren, das auf eine Arbeitsweise von C.A. BAKER u. R.J.P. WILLIAMS (1956) zurückgeht, wird eine Lösung oder Mischung automatisch wiederholter Lösung und Kristallisation unterzogen. G.V. JONES u. E.G. HAMMOND (1961) bestimmten nach dieser Methode die Glyceridverteilung in Kakaobutter. M. VAN DEN TEMPEL u. Mitarb. (1962) benutzten ein verbessertes Verfahren dieser Art zur Untersuchung zahlreicher synthetischer und natürlicher Triglyceridgemische.

Ein großer Vorzug der beiden zuletzt genannten Methoden vor den oxydativen besteht darin, daß intakte Glyceridfraktionen erhalten werden, die sich für eine weitergehende Untersuchung eignen. Die noch in der Entwicklung befindliche Gradientenfraktionierung bedarf im Gegensatz zur Verteilungschromatographie darüber hinaus nur eines geringen apparativen Aufwandes.

γ) Bemerkungen zur Positionsbestimmung mit Lipasepräparaten

Bei der Bestimmung der Positionsisomeren durch enzymatische Spaltung sind prinzipiell zwei Wege gangbar. C.G. YOUNGS (1961) verestert die aus der 1- und 3-Stellung freigesetzten Fettsäuren mit Hilfe von Diazomethan und trennt sie in einer gaschromatographischen Kolonne von den nicht flüchtigen Azelaoglyceriden. H.J. AST u. R.J. VANDER WAL (1961) verestern das mit Pankreaslipase aus Glyceriden erhaltene Gemisch von Fettsäuren und Glyceriden ebenfalls mit Hilfe von Diazomethan, treiben dann die aus den Fettsäuren gebildeten Methylester bei 240° C und 13 mm Hg mit einem Kohlensäurestrom in eine mit Trockeneis gekühlte Falle über und erhalten so ein unter normalen gaschromatographischen Bedingungen trennbares Präparat. Der andere Weg führt über die in Form der 2-Monoglyceride gebundenen Fettsäuren. Nach den Untersuchungen von M.H. COLEMAN u. Mitarb. (1961) ist dieses Verfahren genauer. Sie konnten nämlich nachweisen, daß die bei der enzymatischen Hydrolyse frei werdenden Fettsäuren auch solche aus der 2-Stellung enthalten können. M.H. COLEMAN (1961) machte daher den Vorschlag, die Zusammensetzung der 1,3-Fettsäuren aus den Gesamtfettsäuren und den aus den 2-Monoglyceriden abgespaltenen Fettsäuren zu berechnen. Überdies konnte er den Nachweis erbringen, daß die Zusammensetzung der Monoglyceridfettsäuren weitgehend von der Hydrolysendauer unabhängig ist (M.H. COLEMAN 1963).

Hydrolysevorschrift von M.H. COLEMAN (1961)

Ca. 1 g des Triglyceridgemisches wird in 10 ml einer Pufferlösung, bestehend aus einer 1,2 m-NH_4Cl/NH_4OH-Lösung vom pH-Wert 8,5, dispergiert. Dann gibt man 2,0 ml einer 22%igen Lösung von $CaCl_2 \cdot 6H_2O$, 0,1 ml einer 25%igen Lösung von gallensaurem Natrium und 50 mg eines reinsten Schweinepankreas-Lipasepräparates hinzu. Man hydrolysiert bei 37,5° C und hält während der ganzen Operation den pH-Wert auf 8,5, indem man fortlaufend etwas Ammoniak, spezifisches Gewicht 0,880, mit einer „Agla"-Mikrobürette zufügt. Wenn zwei Drittel der anwesenden Fettsäuren in Freiheit gesetzt sind, wird der pH-Wert durch Zugabe von 4 n-Salzsäure auf 1,0 gesenkt und die Mischung mit fünfmal 30 ml Äther extrahiert.

Die freien Fettsäuren werden durch Perkolation des Extraktes durch eine mit 30 g „Amberlite IR 400" beschickte Säule abgetrennt und die neutralen Glyceride durch Abdampfen des ätherischen Eluats erhalten. Diese werden nach dem auf S. 709 beschriebenen Verfahren von P. QUINLIN u. H. J. WEISER jr. (1958) in Mono-, Di- und Triglyceride zerlegt. Die Monoglyceride werden verseift und die aus der Seife erhaltenen Fettsäuren gaschromatographisch auf ihre Zusammensetzung untersucht.

Dieses Verfahren wurde in etwas modifizierter Form von H. P. KAUFMANN u. Mitarb. (1962d) zur Bestimmung der Positionsisomeren in Kakaobutter benutzt. Das Verfahren zur Trennung der Glyceride wurde von H. P. KAUFMANN u. H. WESSELS (1964b) wie folgt verbessert:

20 g Silicagel (Kieselgel 0,2—0,5 mm für Chromatographie, E. Merck), durch Zugabe von Wasser auf einen Feuchtigkeitsgehalt von 5% eingestellt, werden mit Petroläther derart blasenfrei eingeschlämmt, daß das Säulenrohr bis ca. 1 cm oberhalb des Silicagels mit Petroläther gefüllt bleibt. Dann wird das in 10 ml Chloroform gelöste Glyceridgemisch (1 g) auf die Säule gegeben. Zunächst werden die Di- und Triglyceride sowie die freien Fettsäuren mit 250 ml eines Benzol-Äther-Essigsäure-Gemisches (90:10:1) und anschließend die Monoglyceride mit 200 ml peroxidfreiem Äther eluiert. Zur Prüfung der erhaltenen Fraktionen auf Reinheit eignen sich vor allem dünnschichtchromatographische Methoden, z. B. nach H. P. KAUFMANN u. Z. MAKUS (1960b).

Eine Halbmikromethode zur Strukturaufklärung von Triglyceriden mittels Lipasehydrolyse beschreiben F. E. LUDDY u. Mitarb. (1964). Sie besteht in einer Isolierung der Hydrolyseprodukte durch Dünnschichtchromatographie, ihrer Überführung in Methylester und deren gaschromatographische Analyse. Für eine Bestimmung sind nur wenige Milligramm Fett erforderlich. Diesen Autoren zufolge ist die spezifische Wirkung der Lipase auf die 1,3-Stellung nahezu absolut, so daß die nach dieser Methode erhaltenen Ergebnisse als Kriterien für die Reinheit von zwei- und dreisäurigen Glyceriden angesehen werden können.

c) Trennung und Bestimmung individueller Glyceride

Zur Identifizierung unbekannter Fette ist die Bestimmung der Glyceridklassen nur in den Fällen ausreichend, in denen das Substrat lediglich aus wenigen charakteristischen Glyceriden besteht. Der Bestimmung *aller* individuellen Glyceride stehen aber schon von der Theorie her große Hemmnisse entgegen.

Bei völliger Zufallsverteilung der Fettsäuren, wie sie bei umgeesterten Fetten und vielen tierischen Fetten zu erwarten ist, sind nach B. F. DAUBERT (1949) $^1/_2 \cdot (n^3 + n^2)$ Isomeren möglich, bei einem Fett, das nur drei verschiedene Fettsäuren ($n = 3$) enthält, also bereits 18, bei fünf Fettsäuren, z. B. im Sonnenblumenöl, 75. Die Anforderung an die Trennleistung der hier anzuwendenden Methoden ist also ganz erheblich. Bei chromatographischen Verfahren, die als einzige für eine erfolgversprechende Lösung des Trennproblems in Betracht kommen, spielt das Auftreten von sog. „kritischen Paaren" eine besonders erschwerende Rolle (H. P. KAUFMANN u. Z. MAKUS 1959). Diese von der Trennung der Fettsäuren her bekannte Erscheinung bedeutet, daß der Einfluß der Kettenlänge auf den R_f-Wert durch anwesende Doppelbindungen kompensiert wird. Palmitinsäure und Ölsäure besitzen daher denselben R_f-Wert, können also durch ein einfaches chromatographisches Verfahren nicht getrennt werden. Bei Triglyceriden liegen die Verhältnisse analog, nur sind die Möglichkeiten zur Bildung „kritischer Paare" viel größer, da ein Triglycerid-Molekül drei Fettsäurereste enthält. Für papierchromatographische Trennungen erwies sich nach H. P. KAUFMANN u. Z. MAKUS (1961) die Berechnung der „papierchromatographischen Wertzahl" (pcW) als recht nützlich. Sie steht zur Zahl der C-Atome der Fettsäuren n und der Anzahl der Doppelbindungen m in folgender Beziehung:

$$\text{pcW} = n - 2m$$

Triglyceride mit gleicher pcW-Zahl können nicht getrennt werden. Das trifft z. B. auf folgende Gemische zu:

OOO + PPP (pcW = 48)
MMM + LaLaS (pcW = 42)

(O = Ölsäure, P = Palmitinsäure, M = Myristinsäure, S = Stearinsäure, La = Laurinsäure).

Es ist daher verständlich, daß die Aufgabe, derart komplizierte und homogene Gemische, wie sie die Glyceride natürlicher Fette darstellen, zu trennen und die individuellen Glyceride quantitativ zu bestimmen, noch nicht vollständig gelöst ist. Immerhin wurden in den letzten Jahren so gute Fortschritte erzielt, daß auch im Rahmen dieses Handbuches eine kurze Darstellung des Erreichten gerechtfertigt erscheint.

Zur Zerlegung von Glyceridgemischen sind vornehmlich chromatographische Methoden geeignet, weniger gut die säulenchromatographischen und — bis jetzt — die gaschromatographischen, besser die papier- und dünnschichtchromatographischen. Mit Hilfe der Gaschromatographie lassen sich niedermolekulare Triglyceridgemische nach dem Molekulargewicht gut trennen, während bei den übrigen Methoden, je nach der Spezifität des Adsorbens oder des Umkehrphasensystems, die Glyceride sowohl nach dem Molekulargewicht als auch nach dem Grade der Ungesättigtheit geschieden werden können.

α) Säulenchromatographie

Obwohl H.P. KAUFMANN (1940b) bereits auf die Möglichkeit einer Trennung von Triglyceriden durch Adsorptionschromatographie hingewiesen hatte, wurden wirkliche Fortschritte auf dem Gebiet der säulenchromatographischen Glyceridtrennung wegen der vorstehend geschilderten Schwierigkeiten und der geringen Trennfähigkeit der Säulen erst verhältnismäßig spät erzielt. J.G. HAMILTON u. R.T. HOLMAN (1954) trennten zahlreiche Glyceridgemische, z. B. Trilaurin, Trimyristin und Tripalmitin, nach der Adsorption an eine Mischung von „Darco-G-60“ Tierkohle und „Hyflo-Supercel“ nach dem Prinzip der Verdrängungsanalyse mit Mischungen von Äthanol und Benzol. B.C. BLACK u. E.G. HAMMOND (1963) bedienten sich eines verteilungschromatographischen Verfahrens unter Verwendung eines mit Silan behandelten Celite als stationäre Phase und einer zweiphasigen Mischung aus Aceton-Heptan und Wasser als Verteilungsmittel. Nach Versuchen mit bekannten Gemischen aus Trilaurin und Trimyristin bestimmten sie mit befriedigendem Erfolg die Zusammensetzung von Kakaobutter. Selbst unter den besten Bedingungen wurden indessen Glyceride, die sich durch 2 C-Atome oder eine Doppelbindung unterschieden, nicht mehr vollständig getrennt. Erst Differenzen von vier und mehr C-Atomen bzw. zwei Doppelbindungen führten zu einem befriedigenden Ergebnis. Durch Verteilung der Glyceride an Faktis und Elution mit wäßrigem Aceton gelang J. HIRSCH (1963) in einfachen Fällen eine Trennung. Einen wesentlichen Fortschritt brachte erst ein von B. DE VRIES (1962) veröffentlichtes und später verbessertes Verfahren, der die von ihm zur Trennung ungesättigter Fettsäuren benutzte Komplexbildung mit Silbernitrat (B. DE VRIES 1962/1963) mit gutem Erfolg zur Trennung so nahe verwandter Glyceride, wie Dipalmitoelaidin und Dipalmito-olein bzw. Dipalmito-olein und Dipalmito-linolein einsetzen konnte.

Methode von B. DE VRIES (1964)

Reagentien:

Adsorbens: 100 g Kieselsäure (Mallinckrodt, 100 mesh A.R.) werden in 200 ml einer 50%igen Silbernitrat-Lösung aufgeschwemmt. Die Mischung wird 30 min auf 100° C erhitzt und nach dem Abkühlen durch einen Büchner-Trichter filtriert. Das Adsorbens wird bei 120° C 16 Std getrocknet und vor Gebrauch in einer Kugelmühle gemahlen.

Lösungsmittel: Benzol z.A., Äthyläther, vor Gebrauch destilliert. Aromatenfreier Petroläther (Herstellung vgl. S. 519), Siedepunkt 40—60° C.

Verfahren:

Zur Ausführung der Trennung wird eine Säule von 11 mm ⌀ und einer effektiven Länge von 40 cm benutzt, die mit einem Kühlmantel und einem Teflon-Hahn mit Capillare versehen ist und 10 g Adsorbens enthält. Das Elutionsmittel befindet sich in einem 250-ml-Reservoir, das über einen Schliff mit dem Rohr verbunden ist. Die Säulentemperatur beträgt 15° C.

20—100 mg Triglyceride werden in 10 ml Petroläther oder, wenn viel gesättigte Triglyceride anwesend sind, in einer Mischung von Benzol und Petroläther 20:80 gelöst und auf die Kolonne gebracht. Es wird zunächst mit Mischungen von 40, 60 bzw. 80 Vol.-% Benzol in Petroläther, dann mit einer Lösung von 20% Äther in Petroläther und schließlich mit reinem Äther bei einem Überdruck von 10—15 cm Wassersäule und einer Fließgeschwindigkeit von 30 ml/Std eluiert. Das Eluat wird in Fraktionen von je 10 ml aufgefangen, die im Stickstoffstrom bei 50° C abgedampft werden. Der Rückstand wird gewogen, Fraktionen, die zum selben Peak gehören, werden vereinigt und numeriert. Schließlich wird von allen Fraktionen gaschromatographisch die Fettsäurezusammensetzung bestimmt.

Die Zusammensetzung der Elutionsgemische richtet sich nach der Art des zu trennenden Glyceridgemenges. Es ist zu empfehlen, in Vorversuchen die zweckmäßigste Sequenz zu ermitteln. Nach dieser Methode können sechs und vielleicht noch mehr individuelle Glyceride getrennt und bestimmt werden, wie DE VRIES am Beispiel des Palmöls zeigte. Die Resultate stimmen gut mit den nach anderen Verfahren ermittelten überein. Ein Vorzug der Methode ist, daß die Glyceridfraktionen im natürlichen Zustand erhalten werden, so daß ergänzende Bestimmungen, z. B. durch Permanganatoxydation oder enzymatische Spaltung, unschwer vorgenommen werden können. Es ist allerdings zu beachten, daß die Methode vorzugsweise nach dem Grad der Ungesättigtheit trennt, so daß Glyceride mit der gleichen Anzahl Doppelbindungen aber unterschiedlicher Kettenlänge in demselben Eluat erscheinen.

β) Papierchromatographie

Um die Entwicklung der papierchromatographischen Methode haben sich insbesondere H.P. KAUFMANN u. Mitarb. in den Jahren 1951—1963 bemüht. Dabei zeigte es sich allerdings, daß größere Substanzmengen nicht in einem Arbeitsgang verarbeitet werden können, so daß Parallelbestimmungen oder andere Operationen erforderlich sind, während die später zu besprechende Dünnschichtchromatographie in einer einzigen Trennoperation ausreichende Mengen an Fraktionen für eine detaillierte Untersuchung zur Verfügung stellt. Trotzdem leistet auch die Papierchromatographie (pc) bei der raschen Identifizierung unbekannter Glyceride gute Dienste.

Die optimalen Bedingungen zur Trennung der Triglyceride werden von H.P. KAUFMANN u. H. SCHNURBUSCH (1959b), H.P. KAUFMANN u. Z. MAKUS (1959) sowie H.P. KAUFMANN u. Z. MAKUS (1961) ausführlich beschrieben.

Eine Trennung der Glyceride in Flecke oder Zonen gleicher pc-Wertzahl erreicht man mit Hilfe der sog. Umkehrphasen-Chromatographie, bei der das Papier entweder mit hochsiedenden Kohlenwasserstoffen, wie Undecan oder Tetradecan, „temporär" oder aber mit nicht flüchtigen Verbindungen, wie Siliconöl, festem Paraffin oder Paraffinöl, „permanent" hydrophobiert wird. Die flüchtigen Kohlenwasserstoffe verdienen im allgemeinen den Vorzug, weil sie sich nach der Entwicklung des Chromatogramms leicht entfernen lassen, so daß sich Anfärbungen sowie andere Methoden zur Identifizierung der getrennten Glyceride besser anwenden lassen als bei Gegenwart von permanenten Hydrophobierungsmitteln. Die Anfärbung der Flecke kann bei Glyceriden, die ungesättigte Fettsäuren enthalten, mit Halogenen, wie Jod oder Brom, ferner mit Osmiumtetroxid, mit Quecksilberacetat und Diphenylcarbazon und mit Molybdänphosphorsäure erfolgen. Die Identifizierung gesättigter Glyceride ist sehr viel schwieriger. Man kann sie entweder mit organischen fettlöslichen Farbstoffen anfärben oder verseift sie nach H.P. KAUFMANN u. H. SCHNURBUSCH (1959) auf dem Papier mit 20%iger Kalilauge, setzt die Fettsäuren in Freiheit und bildet die Kupferseifen, die mit Kaliumhexacyanoferrat(II) leicht sichtbar gemacht werden können. Als Fließmittel bewährten sich bei Verwendung von

Undecan als stationäre Phase 99—100%ige Essigsäure bzw. eine Mischung von Aceton-Acetonitril/8:2. Das für die Operation verwendete Papier — Sch. & Sch. 2040b bzw. 2043b mgl — wird für die Trennung natürlicher Glyceride zweckmäßig nach der Methode von W. MATTHIAS (1954) in Form von Keilstreifen zugeschnitten.

Zum genauen Studium der Analysenmethodik ist vor allem die Beschreibung bei H.P. KAUFMANN u. Z. MAKUS (1961) geeignet, die hier auszugsweise wiedergegeben wird:

Trennung natürlicher Glyceride (nach H.P. KAUFMANN u. Z. MAKUS 1961)

Reagentien:

Aceton z.A., über K_2CO_3 getrocknet
Acetonitril, purum, Fa. Fluka, Buchs/Schweiz, über P_2O_5 getrocknet
Undecan, standardisiert, Fa. Haltermann, Hamburg-Wilhelmsburg.

Fließmittel: 72 ml Aceton und 18 ml Acetonitril werden im Scheidetrichter mit Undecan gesättigt. Man läßt absitzen, zieht die untere Schicht ab und gibt dazu noch 10 ml der Mischung Aceton-Acetonitril/8:2.

Papiersorte: Sch. & Sch. 2040b ausgew. oder 2043b mgl., in Bogen oder Keilstreifen Größe III. Vor der Verwendung wird das Papier 20 min bei 100° C getrocknet, mit Benzol ausgewaschen, bei 90° C getrocknet und im Exsiccator über $CaCl_2$ aufbewahrt.

Verfahren:

Imprägnierung: Das trockene Papier wird durch eine mit Undecan gefüllte Schale gezogen, zunächst zwischen Filtrierpapier mit der Hand und dann zwischen zwei Lagen sauberem trockenem Filtrierpapier zwischen zwei Glasplatten unter Beschwerung mit einem 4-kg-Gewicht abgepreßt. Dann entfernt man den Überschuß an Undecan durch Hängenlassen an der Luft. Der Imprägnierungsgrad soll für normale Chromatogramme 0,10—0,20, bei Zonen-Chromatogrammen 0,05—0,13 g Undecan/g Papier betragen, was durch Wägen des Papiers zu kontrollieren ist.

Herstellung des Chromatogramms: Man tropft die zu untersuchende Substanz als 1%ige Lösung in Benzol oder Chloroform auf. Die Substanzmenge beträgt bei natürlichen Fetten ca. 100 µg, für Mischungen synthetischer Triglyceride pro Glycerid ca. 10 µg. Dann entwickelt man in der üblichen Weise durch Einhängen in die mit dem Fließmittel beschickten Chromatographier-Gefäße bei 20 ± 1° C. Nach Erreichen einer Steighöhe von ca. 25 cm werden Fließ- und Imprägnierungsmittel im Trockenschrank bei 95° C vollständig entfernt.

Zur Anfärbung werden die Chromatogramme 3 Std in eine 0,015%ige Lösung von Sudanschwarz B (E. Merck) gelegt. Nach dreimaligem Auswaschen des überschüssigen Farbstoffs mit 50%igem Alkohol während 20 min erscheinen die Triglyceridflecke in dunkelblauer Farbe auf hellem Untergrund. Ungesättigte Glyceride können auch mit Hilfe von Joddampf sichtbar gemacht werden.

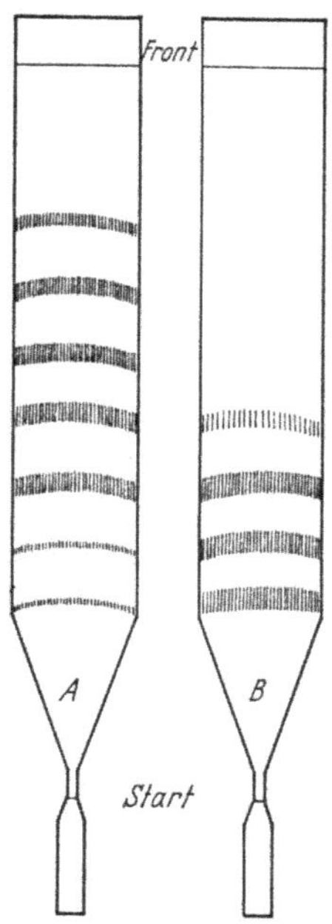

Abb. 96. pc-Chromatogramme von Leinöl (A) und Maisöl (B); nach KAUFMANN u. MAKUS (1961)

Nach dieser Methode von H.P. KAUFMANN u. Z. MAKUS (1961) bei einem Imprägnierungsgrad von 0,07 und einer Laufzeit von 12 Std erhaltene Chromatogramme von Leinöl und Maisöl sind in Abb. 96 wiedergegeben. Die Glyceride werden nach diesem Verfahren gemäß ihren pc-Wertzahlen getrennt. Zur Charakterisierung dient die sog. Fleckzahl, die in vielen Fällen schon zur Identifizierung von Fetten genügt. So konnten H.P. KAUFMANN u. M. APARICIO (1959) mit dieser Methode Zusätze von 10—5% Fremdfett im Olivenöl nachweisen. Weitere Beispiele bei H.P. KAUFMANN u. Z. MAKUS (1961).

Die hier geschilderte pc-Methode hat leider den Nachteil, daß sie wegen der geringen Glyceridkonzentration in jedem Fleck zu wenig Material für weitergehende Untersuchungen liefert. Man kann sich in solchen Fällen durch Herstellung von Parallelchromatogrammen helfen. Zweckmäßiger arbeitet man aber nach einem von H. P. KAUFMANN u. Mitarb. (1962c) angegebenen Rundfilter-Verfahren, das die pc-Trennung von Mengen bis zu 40 mg ermöglicht.

Am besten sind für diese präparative Trennung große Rundfilter von 28 cm ⌀ geeignet, die mit einer 10%igen Lösung von Paraffin (flüssig zur IR-Spektroskopie, Merck) in Petroläther getränkt werden und dadurch nach dem Verdunsten des Lösungsmittels permanent imprägniert sind. Die Filter werden im Mittelpunkt sehr sauber ausgebohrt und zwischen Glasplatten von 60×60 cm, die durch einen Korkring getrennt sind und in der Mitte ein 0,8 cm breites Loch haben, ausgelegt. Die Zuführung des zu trennenden Materials — bei flüssigen Glyceriden ohne Lösungsmittel — sowie die des Fließmittels, Aceton-Acetonitril/8:2 oder Eisessig 99—100%ig, erfolgt mit Hilfe eines Dochtes, der in ein Becherglas eintaucht. Um die Trennschärfe zu verbessern, wird mehrmals mit dem gleichen Fließmittel entwickelt und zwischendurch bei 30° C getrocknet. Die Flecke werden mit Joddampf angefärbt und mit Aceton extrahiert, wobei nur wenig Paraffin mitgelöst wird. Die erhaltenen Glyceridgruppen werden, gegebenenfalls in Verbindung mit oxydativen und enzymatischen Methoden, auf ihre Fettsäurezusammensetzung untersucht.

γ) Dünnschichtchromatographie

Die dünnschichtchromatographische (DC)-Methode besitzt vor der papierchromatographischen den Vorzug einer wesentlich kürzeren Entwicklungszeit, einer spezifischeren Trennung und der Möglichkeit, durch Anwendung größerer Schichtdicken und der Strichauftragsmethode auch Trennungen im präparativen Maßstab vornehmen zu können. Von Bedeutung ist ferner die Möglichkeit, durch Anwendung von mit Silbernitrat imprägnierten Kieselgelplatten (C. B. BARRETT u. Mitarb. 1962) die Triglyceride nicht nur nach der Molekülgröße, sondern auch nach dem Grad der Ungesättigtheit trennen zu können, wobei infolge der unterschiedlichen Stabilität der Silberkomplexe sogar eine Unterscheidung zwischen cis- und trans-konfigurierten Glyceriden möglich ist. Das Problem der „kritischen Paare" bleibt allerdings, wenn auch in abgewandelter Form, bestehen.

H. P. KAUFMANN u. Mitarb. (1961b) trennten zahlreiche Glyceride auf der Dünnschichtplatte, nachdem diese durch Eintauchen in eine petrolätherische Lösung von technischem Tetradecan, welches hier besser als das bei der pc-Analyse verwendete Undecan ist, oder auch durch Imprägnierung mit flüssigem Paraffin bzw. Siliconöl hydrophobiert wurde. Die DC-Trennung ist im allgemeinen schärfer als die pc-Analyse der Triglyceride. Da die Triglyceride mit einer Doppelbindung etwas höhere R_f-Werte erreichen, als nach der pc-Wertzahl zu erwarten wäre, gelingt mitunter die Trennung von „kritischen Paaren". Gefördert wird diese Zerlegung durch mehrfache Entwicklung mit dem gleichen Fließmittel, wie H. P. KAUFMANN u. B. DAS (1962) an zahlreichen Beispielen zeigen konnten.

Arbeitsvorschrift von H. P. KAUFMANN u. Mitarb. (1961b)

Unter Verwendung der dünnschichtchromatographischen Ausrüstung der Firma C. Desaga, Heidelberg, werden die Glasplatten mit Kieselgur G (für DC-Analyse, E. Merck) beschichtet und nach dem Trocknen über P_2O_5 im Exsiccator aufbewahrt.

Die trockene Dünnschichtplatte wird vorsichtig in eine 5%ige Lösung von Tetradecan standardisiert (Fa. J. Haltermann, Hamburg-Wilhelmsburg) in Petroläther (Siedepunkt 40—60° C) getaucht. Man tropft die zu untersuchenden Glyceride in Form einer 0,2%igen benzolischen Lösung auf, läßt 20 min an der Luft stehen und entwickelt mit Aceton-Acetonitril/8:2 (vgl. S. 689). Nach dem Entwickeln des Chromatogramms — die Steighöhe soll ca. 12 cm betragen — werden Fließ- und Imprägnierungsmittel im Trockenschrank bei 200° C vollständig entfernt.

Die gesättigten wie auch die ungesättigten Triglyceride können mit Joddampf bzw. durch Besprühen mit wäßriger 0,05%iger Rhodamin-B-Lösung gut sichtbar gemacht werden. Die Anfärbung mit Hilfe von Phosphormolybdänsäure ist gut für ungesättigte, weniger gut für gesättigte Triglyceride geeignet.

Die Trennschärfe der Methode und die Größe der R_f-Werte hängt vom Imprägnierungsgrad der Kieselgur ab. Zur Bestimmung desselben werden gleich große Flächen des imprägnierten und nicht imprägnierten Teils der Platte abgeschabt und die erhaltenen Mengen des Adsorbens gewogen. Die Differenz ergibt dann das Gewicht des Imprägnierungsmittels, aus dem der Imprägnierungsgrad (= g Imprägnierung/g Adsorbens) berechnet werden kann.

Eine bessere Auftrennung der kritischen Paare, als sie durch Mehrfachentwicklung möglich ist, erzielen H. P. KAUFMANN u. Mitarb. (1962) durch Bromierung der Flecke auf der Platte und eine zweite Entwicklung senkrecht zur ersten Laufrichtung.

Als besonders fruchtbar erwies sich der Gedanke von C. B. BARRETT u. Mitarb. (1962/1963), das von B. DE VRIES (1962) angegebene Verfahren der säulenchromatographischen Trennung von Glyceriden mit Hilfe von silbernitratimprägniertem Silicagel auf die Platte zu übertragen. Die Autoren erreichten eine recht gute Trennung der Glyceride in Klassen nach dem Grade der Ungesättigtheit.

Methode von C. B. BARRETT u. Mitarb. (1963)

Herstellung der Platten für die qualitative Analyse

Glasplatten von 20 × 20 cm werden mit einer Aufschwemmung von 30 g Silicagel G, Merck, in 60 ml einer 12,5 %igen wäßrigen Silbernitrat-Lösung bestrichen, geschüttelt, um Unregelmäßigkeiten in der Schicht zu beseitigen, und 60 min bei 110° C getrocknet. Die Dicke der Kieselgelschicht soll 325 μ betragen.

Entwicklung der Platten

1—3 μl einer 0,5 %igen Lösung der Glyceridmischung werden auf eine Basislinie, die 2,5 cm von der unteren Kante der Platte entfernt ist, aufgetragen. Man entwickelt nach der aufsteigenden Methode in einem geschlossenen Behälter 80 min bei 20—24° C mit einer Mischung von 60 Vol.-% Tetrachlorkohlenstoff, 40 Vol.-% Chloroform und 0,5 % Essigsäure, der je nach der Art der zu trennenden Glyceride geringe variable Mengen von Alkohol zugegeben werden. Nach der Entwicklung wird die Platte an der Luft getrocknet und mit einer 0,2 %igen alkoholischen Lösung von Dibrom-R-Fluorescein besprüht. Im UV-Licht erscheinen die Glyceride als hellgelbe Flecke.

Quantitative Bestimmung der Glyceride

Hierzu werden dünnwandige Platten von 20 × 20 × 0,2 cm benutzt, die mit Wasser und Carborundum-Pulver aufgerauht und wie bei der qualitativen Analyse beschichtet werden. 2 μl einer 0,5 %igen Lösung der Glyceride in $CHCl_3$ werden in Abständen von 2,5 cm auf die Basislinie aufgetragen. Man entwickelt wie oben, trocknet und zerschneidet die Platte in 2,2 cm breite Streifen, besprüht diese mit soviel 50 %iger Phosphorsäure, daß sie gerade feucht sind, trocknet sie 2 min oberhalb eines auf 340° C geheizten Aluminiumblocks und legt sie schließlich 5 min direkt auf den Block. Dabei verkohlen die Flecke.

Die Dichte der Schwarzfärbung wird mit einem Photodensimeter (z. B. Chromoscan der Fa. Joyce, Loebl & Co., Gateshead/England) gemessen. Aus der Densimeterkurve läßt sich die Glyceridmenge in jedem Fleck bestimmen, wobei für die Schichtdicke und die Glyceridart Korrekturen anzubringen sind. Zur genauen Identifizierung und Bestimmung empfehlen die Autoren, definierte Glyceride im Chromatogramm mitlaufen zu lassen.

Die Trennschärfe der Methode ist ausgezeichnet, soweit keine „Kritischen Paare“ vorliegen. Ein Beispiel für eine nach diesem Verfahren ausgeführte Trennung natürlicher und synthetischer Glyceride bringt Abb. 97.

Weitere Beispiele zu dieser Methode bringen B. DE VRIES u. G. JURRIENS (1963). Nach ihren Ergebnissen lassen sich auf mit Silbernitrat imprägnierten Platten sogar solche Triglyceride nahezu vollständig trennen, die sich nur in der cis- und trans-Konfiguration einer Doppelbindung unterscheiden, wie Dipalmitoolein und Dipalmitoelaidin. Als Adsorbens verwenden die Autoren ein im Verhältnis 30:70 mit Silbernitrat imprägniertes Kieselgel G, als Fließmittel Benzol-Petroläther (40/60° C) 7:3 und als Sprühreagens eine 0,2 %ige Lösung von 2,7-Dichlorfluorescein in Äthanol.

Durch Verbindung der Glyceridtrennung auf Silbernitratplatten mit einer Trennung im Umkehrphasensystem konnten H. P. KAUFMANN u. H. WESSELS

(1964b) im Sonnenblumenöl mehr als 16 und im Rüböl mehr als 50 Triglyceride nachweisen.

Einen originellen Weg zur Triglyceridtrennung beschritten O.S. PRIVETT u. M.L. BLANK (1963).

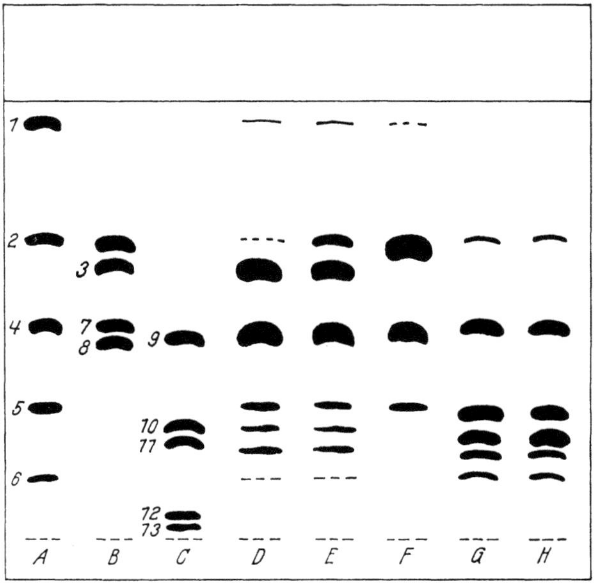

Abb. 97. Dünnschichtchromatographie von Glyceriden und natürlichen Fetten nach BARRETT u. Mitarb. (1963); (A, B, C = synthetische Glyceride, D = Schmalz, E = umgeestertes Schmalz, F = Kakaobutter, G = Kottonöl, H = Erdnußöl); 1 = Tristearin, 2 = 2-Oleodistearin, 3 = 1-Oleodistearin, 4 = 1-Stearodiolein, 5 = Triolein, 6 = Trilinolein, 7 = 2-Linoleodistearin, 8 = 1-Linoleodistearin, 9 = 1,3-Distearin, 10 = 1,2-Diolein, 11 = 1,3-Diolein, 12 = Monostearin, 13 = Monoolein

2—5 mg der zu untersuchenden Fettprobe werden nach O.S. PRIVETT u. E.C. NICKELL (1962) in n-Pentan bei —60 bis —70° C ozonisiert. Die Ozonide werden mittels Dünnschichtchromatographie auf Silicagel G unter Verwendung eines Fließmittels, bestehend aus Diäthyläther und Petroläther (35/60° C), in Klassen getrennt, die sich durch die Zahl der Ozonidgruppen unterscheiden. Die Flecke werden durch Verkohlen mit einer gesättigten Lösung von $K_2Cr_2O_7$ in 80%iger Schwefelsäure sichtbar gemacht und densimetrisch ausgemessen. Die Menge einer jeden Verbindung wird durch das Produkt aus maximaler optischer Dichte und Durchmesser des Flecks repräsentiert. Bei der Berechnung des Triglyceridgehalts muß indessen berücksichtigt werden, daß die Ozonide bei der Behandlung mit Chromschwefelsäure gespalten werden. Zur Verkohlung trägt nur der „Aldehydkern“ bei, der einen um so geringeren Teil des entsprechenden Triglycerids repräsentiert, je ungesättigter dieses war. Die Bestimmung kann ergänzt werden durch eine gaschromatographische Analyse der nach der Ozonisierung unverändert gebliebenen gesättigten Säuren im Glyceridverband und ist dann ein ausgezeichnetes Hilfsmittel zur Bestimmung der Glyceridzusammensetzung von Fetten.

δ) Gaschromatographie

Gaschromatographische Methoden zur Trennung von Glyceridgemischen sind erst vereinzelt bekannt geworden. Auch bei Anwendung dieser Methoden ist a priori eine vollständige Trennung der Gemischbestandteile nicht zu erwarten.

Da die Trennung von der Zahl der C-Atome abhängt, werden Gemische wie MPS + PPP bzw. POS + POO nicht in ihre Bestandteile zerlegt. Auch die Zersetzlichkeit der Glyceride bereitet Schwierigkeiten. Da wegen ihrer geringen Flüchtigkeit sehr hohe Säulentemperaturen gewählt werden müssen, dürfen Verweilzeit und Durchsatzmenge nur sehr klein sein, was wiederum die Benutzung hochempfindlicher Detektoren zur Voraussetzung hat. Der große Unterschied in der Kohlenstoffatomzahl der Glyceride (Tributyrin = 15, Tristearin = 57) macht es auch unmöglich, die Kolonne, wie bei der Trennung von Fettsäuren, isotherm zu betreiben, da die Peaks der niedrigmolekularen Glyceride bei der dann anzuwendenden hohen Temperatur ineinander übergehen. Die Benutzung einer temperaturprogrammierten Säule ist daher unbedingt erforderlich. Schließlich muß das Imprägnierungsmittel für das Säulenfüllmaterial einen so hohen Siedepunkt besitzen, daß es nicht mit oder vor den Glyceriden eluiert wird.

V. R. HUEBNER (1961) konnte diese Schwierigkeiten durch Verwendung einer Säulenfüllung beheben, die mit Silicongummi imprägniert und bei 400°C konditioniert war. Mit diesem Material wurde eine Säule von 75 cm Länge und 6 mm äußerem Durchmesser aus nicht rostendem Stahl gefüllt, deren Temperatur während der Analyse innerhalb 30 min von 200 auf ca. 400°C erhöht wurde.

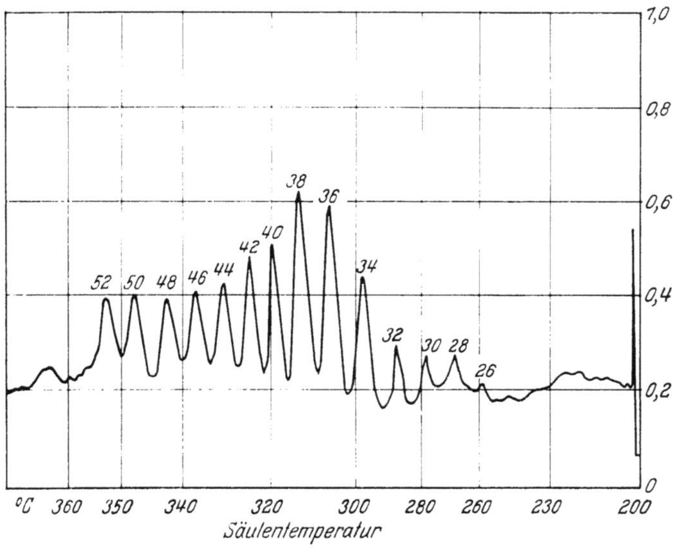

Abb. 98. Gaschromatogramm von Butteröl nach HUEBNER (1961)

Auf diese Weise wurde das in Abb. 98 wiedergegebene Chromatogramm von Butteröl erhalten (Glyceridmenge: 2,0 μl, Dauer der Analyse: 24 min).

Das Hauptproblem bei der Zerlegung von Glyceridgemischen besteht nach F.H. FRYER u. Mitarb. (1960) darin, das Öl ohne thermische Zersetzung zu verdampfen. Für Triglyceride bis zum Trimyristin genügt es, die Temperatur des Injektionsblocks entsprechend zu erhöhen. Bei höhermolekularen Glyceriden muß die Temperaturerhöhung stets von einer Verringerung der Verweilzeit begleitet sein.

Mit den Fehlerquellen bei der gaschromatographischen Analyse von Triglyceridgemischen beschäftigt sich eingehend eine Arbeit von C. LITCHFIELD u. Mitarb. (1965). Ihre Untersuchungen zeigten, daß unter optimalen Bedingungen Triglyceride bis zum Molekulargewicht des Trierucins einwandfrei analysiert werden können. Genaue Eichung der Apparatur mit Modellsubstanzen ist unentbehrlich, da die Eichfaktoren von den Arbeitsbedingungen, der Kohlenstoffzahl der Triglyceride und der Konstruktion des Chromatographen abhängen.

Die sichersten Informationen über die Zusammensetzung unbekannter Triglyceridgemische sind z. Z. noch auf dem Wege über eine dünnschichtchromatographische oder säulenchromatographische Zerlegung nach dem Grade der Ungesättigtheit mit anschließender Identifizierung der Fraktionen mit den

Methoden der Oxydation, der enzymatischen Hydrolyse und der gaschromatographischen Ermittlung der Fettsäurezusammensetzung zu erhalten (M. R. SUBBARAM u. C. G. YOUNGS 1964).

3. Mikrochemische Arbeitstechnik

Die Entwicklung der modernen fettchemischen Arbeitsmethoden, über die in diesem Abschnitt berichtet wird, hat es mit sich gebracht, daß bei der Untersuchung von Fetten und Fettbegleitstoffen nicht nur hinsichtlich der Spezifität, der Erfassungsgrenze und der Grenzkonzentration erhebliche Fortschritte zu verzeichnen waren, sondern daß die meisten dieser Methoden auch den Charakter von Mikromethoden besitzen. Es genügen also schon Mengen von 20—50 mg zur vollständigen Trennung eines Lipidextraktes in die einzelnen Lipidklassen und darüber hinaus in chemische Individuen. Obgleich diese Methoden allen berechtigten Wünschen zu genügen scheinen, ergibt sich in vielen Fällen die Notwendigkeit, auch klassische Operationen, wie z. B. die Bestimmung des Unverseifbaren, der Kennzahlen und der Fettbegleitstoffe, im Mikromaßstab auszuführen. Hierzu wurden vor allem von G. GORBACH u. Mitarb. in den Jahren 1932—1956 zahlreiche Verfahren ausgearbeitet, die an vielen Stellen dieses Kapitels besprochen werden. Es sind das:

Methode	Seite	Autor
Mikroextraktion von Ölsaaten	417	G. GORBACH (1942)
Säurezahl	556	H. LACKNER u. H. FLASCHKA (1950)
Verseifungszahl	559	G. GORBACH (1940)
Hydroxylzahl	564	G. GORBACH (1940)
Carbonylzahl	568	G. GORBACH (1950)
Jodzahl	580	G. GORBACH (1940)
Rhodanzahl	587	G. GORBACH (1940)
Unverseifbares	716	G. GORBACH (1940)
Höhere gesättigte Fettsäuren . . nach BERTRAM	744	G. GORBACH u. A. JURINKA (1944b)
Phosphatide (kolorimetr. Methode)	839	G. GORBACH (1944b)

Die von G. GORBACH zur Ausführung dieser Bestimmungen entwickelte Arbeitstechnik ist zweckmäßig und dabei einfach und vielseitig anwendbar. Zusammenfassende Darstellungen bei G. GORBACH (1944a, 1951, 1954 und 1956). Zum Studium der Arbeitstechnik eignen sich besonders die beiden zuletzt genannten Veröffentlichungen. Die nachstehende Beschreibung beschränkt sich auf die wichtigsten Operationen.

a) Zerkleinern

Bei der Bestimmung des Fettgehaltes von Ölsaaten u. a. fetthaltigem Material im Mikromaßstab kommt der Herstellung einer repräsentativen Analysensubstanz entscheidende Bedeutung zu. Ein genügend großes Muster des vorzerkleinerten Ausgangsmaterials muß daher äußerst fein gemahlen werden. G. GORBACH (1954) empfiehlt hierfür die Bloch-Rosetti-Mühle, eine exzentrisch angetriebene kleine Kugelmühle, die bei hohen Umdrehungszahlen (bis 500 U/min) Korngrößen bis zu 1/1000 mm erzielt (Hersteller: Fa. L. Hormuth, Inh. W. E. Vetter, Heidelberg). Auch die auf S. 413 beschriebene Schwingmühle nach DANGOUMAU dürfte hierfür gut geeignet sein.

b) Wägen

Für gravimetrische Operationen, die sich in der Größenordnung von 10—100 mg abspielen, genügt eine normale Analysenwaage, die noch 0,1 mg abzulesen gestattet. Beispiele hierfür sind die Fettbestimmung durch Extraktion nach G. GORBACH (1940) und die Meso-Jodzahlbestimmung nach H. P. KAUFMANN u. L. HARTWEG (1937). Für geringere Belastungen erwiesen sich Torsionsfederwaagen als besonders geeignet.

Vorteilhaft ist bei diesem System das Fehlen von Pfannen, Schneiden und Reitern sowie die hohe Konstanz des Nullpunktes. Von Nachteil ist der im Vergleich zu einer Mikrowaage klassischer Konstruktion geringere Meßbereich. G. GORBACH (1954) konstruierte eine Torsionswaage von besonderer Stabilität, die bei einer Belastbarkeit von 2 g eine Skala mit einem Gewichtswert von 50 mg besitzt, die in 2500 Teile geteilt ist. Die Genauigkeit einer Wägung beträgt $\pm$ 10 μg (Hersteller: Sartorius-Werke A.G., Göttingen). Die weitgehende Temperatur- und Erschütterungsunempfindlichkeit dieser Waage bietet den Vorteil, daß man auf ein eigenes Wägezimmer verzichten und die Waage in der Nähe des Laboratoriumstisches aufstellen kann.

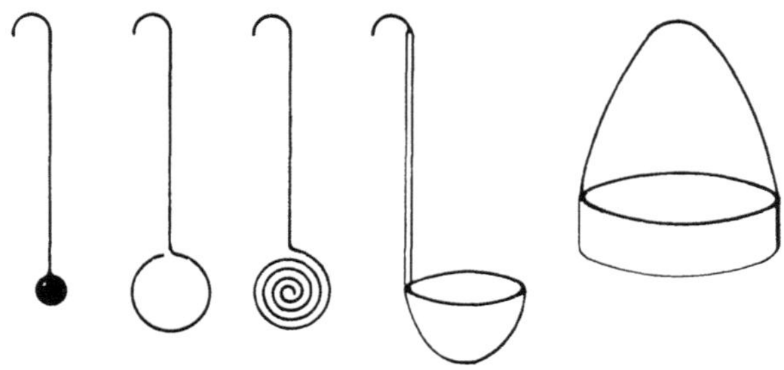

Abb. 99. Einwägebehelfe nach GORBACH (1956)

Um die Empfindlichkeit dieser Waage richtig ausnutzen zu können, konstruierte G. GORBACH zweckmäßige Einwägebehelfe. Es sind dies Ösen aus Glas, Platin oder Edelstahl (vgl. Abb. 99) oder aber kleine Löffelchen oder Schälchen aus indifferentem Material. Sie fassen bis zu 30 mg Substanz und sind selbst kaum viel schwerer. Die Ösen eignen sich für flüssige und pastenförmige, die Schälchen für pulvrige Substanzen.

c) Extrahieren

Zur Extraktion *fester* fetthaltiger Substanzen wurden von GORBACH zwei Apparaturen angegeben. Für Einwaagen von 20—200 mg ist der in Abb. 100 wiedergegebene Extraktionsapparat geeignet (G. GORBACH 1940). Er besteht aus einem Rückflußkühler, an den mit einer Schliffverbindung ein weites Reagensglas angeschlossen ist. Das Ende des Kühlerrohrs trägt ein Gestell aus Nickeldraht, welches aus einem Ring zur Aufnahme eines Papier-Filtertrichterchens und einer Bodenfläche für das den Fettextrakt aufnehmende Glaskölbchen (Inhalt ca. 3 ml) besteht. In das Kühlerrohrende ist eine Metallhülse eingeschoben, die in vier Spitzen ausläuft. Zur Extraktion werden in das Reagensglas ca. 3 ml Lösungsmittel gefüllt und mit Hilfe eines elektrischen Heizgerätes vorsichtig zum Sieden erhitzt. Die Extraktion ist bereits nach 2 Std vollständig, der im Glaskölbchen angesammelte Extrakt wird unter Verwendung des von G. GORBACH (1956) beschriebenen Universalheizgerätes vorsichtig eingedampft. Für Mengen von ca. 10 mg Substanz gibt die in Abb. 101 dargestellte Anordnung hinreichend genaue Resultate. Sie besteht aus einem 30 mm langen, innen 8 mm weiten, an der Bodenfläche bis auf 5 mm verengten Spitzröhrchen und dem Diffusionsfilterstäbchen, einem Glasrohr von 30 mm Länge und 2,7 mm innerem und 4 mm äußerem Durchmesser, das am unteren Ende verengt ist und ein 6 mm langes Filterpapierröllchen trägt. In das

Filterstäbchen führt eine mehrfach gebogene Capillare, die den Fettextrakt zu einem 15 mm breiten und 4 mm hohen Aluminiumschälchen führt, in dem das Lösungsmittel (Äther oder niedrigsiedender Petroläther) verdampft. Zur Ausführung einer Extraktion gibt man das zu untersuchende Material in das Spitzröhr-

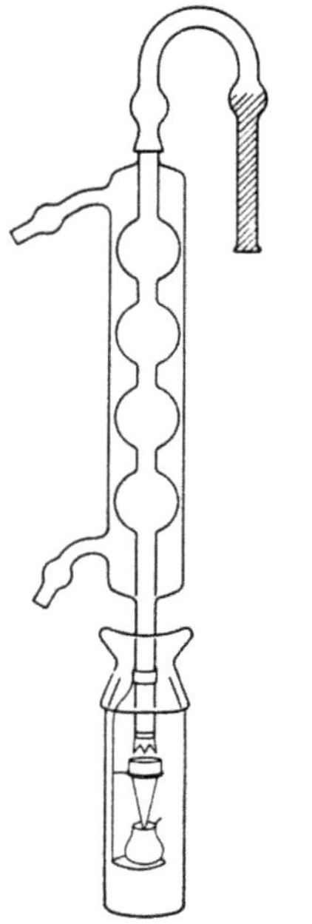

Abb. 100. Extraktionsapparat nach GORBACH (1940)

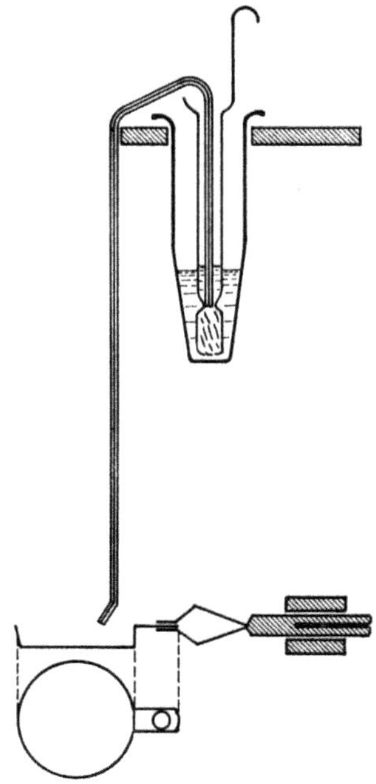

Abb. 101. Extraktionsapparat nach GORBACH (1942)

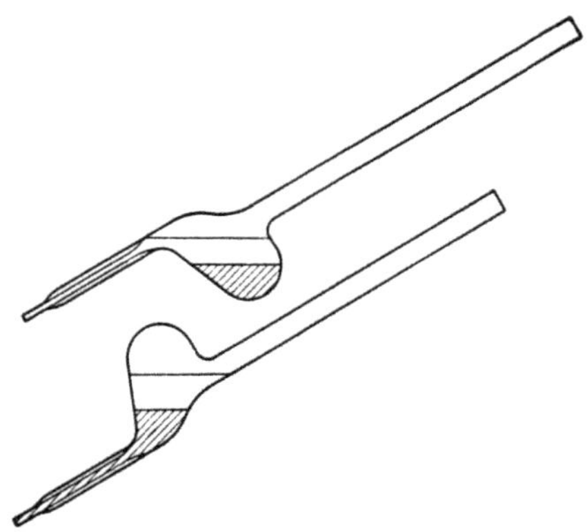

Abb. 102. „Storchenschnabel“ nach GORBACH (1944a)

chen, setzt das Diffusionsstäbchen ein, füllt Lösungsmittel in das Spitzröhrchen und, um den Capillarheber in Aktion zu setzen, auch etwas Lösungsmittel in den erweiterten Teil des Diffusionsstäbchens und läßt durch passende Wahl des Capillardurchmessers die Auswaschung des Fettes so langsam vor sich gehen, daß das Lösungsmittel fast vollständig verdampft. Der Rest wird durch Trocknen im Vakuum bei 60° C entfernt.

Für flüssig-flüssig Extraktion empfiehlt G. Gorbach (1944a) den sog. „Storchenschnabel", eine Pipette von 5—20 ml Inhalt nach Abb. 102. Die zu extrahierende Flüssigkeit wird im Spitzröhrchen mit dem Lösungsmittel versetzt. Nach dem Aufsaugen des Gemisches schüttelt man die Pipette kräftig in waagerechter Haltung, wobei das eine Ende der Pipette mit der Fingerkuppe verschlossen wird. Zur Trennung der Schichten stellt man die Pipette mit der Ausbauchung nach unten in ein geeignetes Gestell. Nach der Schichtentrennung hat man es durch entsprechende Haltung der Pipette, wie Abb. 102 zeigt, in der Hand, entweder die schwerere oder die leichtere Schicht ablaufen zu lassen.

d) Maßanalytische Operationen

Als universell verwendbare Titrationsgefäße eignen sich die von Gorbach angegebenen Spitzbecher und Mikrobecher. Wenn das Verdunsten von Reagentien vermieden werden soll, empfiehlt es sich, Spitzbecher mit Schiffstopfen zu verwenden (vgl. Abb. 103).

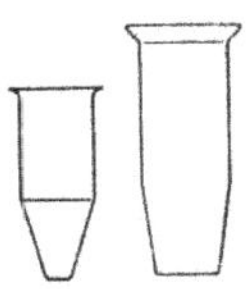

Abb. 103. Spitzbecher und Mikrobecher nach Gorbach (1956) (Originalgröße)

Abb. 104. Verseifungskölbchen nach Gorbach (1956) (Originalgröße)

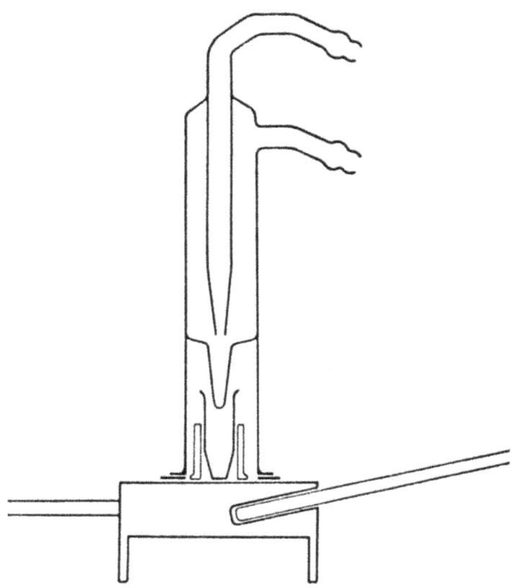

Abb. 105. Anordnung zum Erhitzen unter Rückfluß nach Gorbach (1944a)

Diese Gefäße werden in folgenden Abmessungen hergestellt:

Große Spitzbecher: Durchmesser des Bodens 12 mm, Höhe 5 cm, Fassungsvermögen 7 ml, Gewicht ca. 5 g.

Kleine Spitzbecher: Höhe 3 cm, Fassungsvermögen 3 ml, Gewicht ca. 0,9 g.

Mikrobecher: Höhe 5 cm, Durchmesser 2 cm, Fassungsvermögen 15 ml.

Gerührt wird von Hand mit einem gläsernen Rührstäbchen von 7—10 cm Länge und einem Durchmesser von 2—2,5 mm, dessen Enden rund abgeschmolzen sind, oder mit einem elektromagnetischen Rührgerät mit teflonumkleidetem Rührstäbchen (Hersteller: z. B. Fa. Retsch, Haan/Rhld.).

Soll unter Rückfluß erhitzt werden, wie z. B. bei der Bestimmung der Verseifungszahl, wägt man in einen Verseifungskolben nach Abb. 104 ein, eine kleinere Ausführung des Extraktionskölbchens mit einem Inhalt von ca. 1 ml, oder aber in einen der erwähnten Spitzbecher und bringt den Ansatz unter einen Mikro-Haubenrückflußkühler nach Abb. 105. Dieser wird zusammen mit dem Verseifungskölbchen auf einen Heizblock nach Gorbach oder eine thermostatisch regulierbare Heizplatte gestellt. Zur Abdichtung wird zwischen Heizkörper und plangeschliffenem Kühler ein Asbestring gelegt. Mit dieser Vorrichtung können noch Flüssigkeitsmengen bis zu 0,3 ml abwärts unter Rückfluß erhitzt werden.

Die Zugabe konstanter Mengen maßanalytischer Lösungen erfolgt mit Hilfe der bekannten Präzisionspipetten mit automatischem Nullpunkt nach F. PREGL, mit Präzisionsauswaschpipitten nach F. PREGL oder — weniger genau — mit graduierten Capillarpipetten. Auch die bei den chromatographischen Methoden erwähnten Hamilton- oder Agla-Spritzen sind hier gut verwendbar.

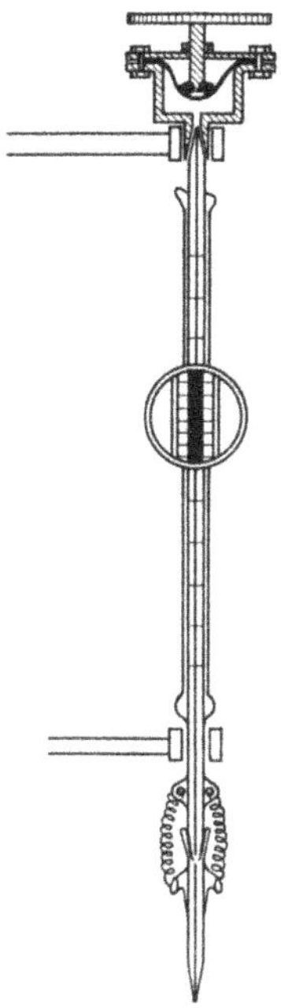

Abb. 106. Membran-Mikrobürette nach GORBACH (1944a)

Die Titration kann mit Hilfe einer normalen Kolbenbürette (Hersteller: Deutsche Metrohm GmbH & Co., 7024 Bernhausen/Stuttgart) erfolgen, wenn eine Genauigkeit von ca. 5 μl ausreicht. Sonst empfiehlt sich die Verwendung einer Membran-Mikrobürette nach G. GORBACH (1944a) (vgl. Abb. 106), die bei einem Fassungsvermögen von 200 μl noch 1 μl abzulesen erlaubt. Mit Hilfe einer verschiebbaren Zweifachlupe kann man leicht die Zehntelmikroliter abschätzen.

Weitere Vorrichtungen, insbesondere zur Trennung von Niederschlägen durch Filtration oder Zentrifugieren, und zur Mikrodestillation sind in den zusammenfassenden Darstellungen von G. GORBACH (1954 und 1956) beschrieben.

Alle Geräte nach GORBACH sind von der Firma P. HAACK, Wien IX, Gatellilgasse 4, zu beziehen. Auslieferung in der Bundesrepublik Deutschland durch die Firma W. PABISCH, München 2.

VII. Bestimmung der Hauptbestandteile

Zu den Hauptbestandteilen der Fette rechnet man das Glycerin, das Unverseifbare und die Fettsäuren. Letztere werden entweder nach dem Grad der Wasserlöslichkeit und der Flüchtigkeit, nach dem Molekulargewicht, dem Aggregatzustand oder aber nach dem Sättigungsgrad unterteilt.

In den folgenden Abschnitten werden die Methoden beschrieben, die zur Abtrennung und Bestimmung dieser Bestandteile entwickelt wurden, wobei, der Zielsetzung dieses Handbuches entsprechend, nur solche Methoden ausführlich wiedergegeben werden, die ohne komplizierte Spezialausrüstung angewendet werden können. Für detaillierte Untersuchungen wird der Leser auf die Spezialvorschriften in den Abschnitten VI (Spezielle Methoden zur Fettanalyse) und VIII (Bestimmung der Nebenbestandteile und Verunreinigungen) verwiesen.

1. Glycerin und Glycerinester

Da Öle und Fette definitionsgemäß die Glycerinester geradzahliger unverzweigter Monocarbonsäuren mit 4—22 Kohlenstoffatomen sind, ist die Bestimmung des Glyceringehaltes der Fette ein sicheres Mittel, die Anwesenheit anderer nieder- und höhermolekularer Alkohole in Esterbindung, wie sie in Wachsen und zahlreichen Kunstprodukten vorkommen, auszuschließen.

Das Glycerin findet sich in natürlichen Fetten meistens in Form von Triglyceriden, Verbindungen, bei denen die drei Hydroxylgruppen des Glycerins mit Fettsäuren verestert sind. Durch hydrolytische Spaltung in pflanzlichen und tierischen Geweben können aus Triglyceriden freie Fettsäuren, Glycerin sowie Mono- und

Diglyceride entstehen. Diese Stoffe sind auch in den durch Veresterung von Fettsäuren mit überschüssigem Glycerin hergestellten technischen Mono-Diglyceriden anwesend. Da die partiellen Glycerinester in den letzten Jahren in steigendem Maße als Emulgatoren Verwendung gefunden haben, ist ihre Bestimmung in Fetten eine wichtige analytische Aufgabe geworden.

a) Nachweis des Glycerins

Der einfachste Nachweis des Glycerins bedient sich der auf S. 433 beschriebenen Erhitzungsprobe. Erhitzt man Fette auf 300° C, so entweichen weiße Dämpfe mit dem typischen Geruch des aus dem Glycerinrest entstehenden Acroleins $CH_2 = CH \cdot CHO$. Nicht verestertes Glycerin siedet bei 290°C fast unzersetzt. Fügt man aber wasserentziehende Substanzen, wie Phosphorpentoxid, Borsäure oder Kaliumhydrogensulfat bei der Destillation hinzu, so wird auch aus nicht gebundenem Glycerin Acrolein in Freiheit gesetzt.

Nach K. Täufel u. H. Thaler (1933) lassen sich sehr geringe Glycerinmengen dadurch nachweisen, daß man die zu prüfende Substanz mit kristallisierter Phosphorsäure destilliert, das im Destillat anwesende Acrolein mit Wasserstoffsuperoxid zum Epihydrinaldehyd oxydiert und diesen mit Phloroglucin umsetzt, wobei schon bei sehr geringen Konzentrationen eine rotviolette Färbung zu beobachten ist.

b) Bestimmung des Glycerins

α) Berechnung des gebundenen Glycerins aus Verseifungszahl und Esterzahl

Der Glyceringehalt reiner Triglyceride läßt sich aus der Verseifungszahl nach der Formel berechnen:

$$\%\ \text{Glycerin} = 0{,}0547 \cdot \text{VZ} \qquad (1)$$

Liegen Gemische von Fettsäuren und Glyceriden vor, so gilt folgende Formel:

$$\%\ \text{Glycerin} = 0{,}0547 \cdot \text{EZ} \qquad (2)$$

EZ = Esterzahl

Beide Formeln sind aber nicht anwendbar, wenn Ester der Fettsäuren mit anderen Alkoholen als Glycerin vorliegen oder Monoglyceride, Diglyceride, Lactone bzw. Estolide anwesend sind. In solchen Fällen trennt man das Glycerin nach den in den nächsten Abschnitten beschriebenen Methoden ab und bestimmt es durch Wägung oder chemische Umsetzung.

β) Bestimmung durch Abtrennung und Wägung

Dieses von A. A. Shukoff u. P. J. Schestakoff (1905) angegebene Verfahren beruht auf der Löslichkeit des Glycerins in wasserfreiem Aceton.

Man verseift ca. 10 g Fett mit Kalilauge und Methylalkohol, verjagt letzteren, löst die Seife in Wasser, zersetzt sie mit verdünnter Schwefelsäure und hebt die Fettsäuren mit Hilfe von Paraffin ab. Anhaftendes Glycerinwasser wird durch mehrfaches Umschmelzen der Fettsäuren auf Wasser abgetrennt. Die vereinigten Wässer werden filtriert, mit Pottasche schwach alkalisch gemacht und bei höchstens 80° C bis zur Sirupdicke eingedampft. Dieser Rückstand wird mit 20 g geglühtem Natriumsulfat innig vermischt und das erhaltene Pulver im Soxhlet-Apparat 4 Std mit getrocknetem Aceton extrahiert. Der Extrakt wird eingedampft und bei 75—80° C getrocknet.

Ein besonderer Vorzug des Verfahrens besteht darin, daß ein nahezu salzfreies Glycerin erhalten wird, und daß auch solche Stoffe in den Extrakt übergehen, die häufig als Ersatz für Glycerin verwendet werden, wie Äthylenglykol, Propylenglykol, Butylenglykol u. a., deren Nachweis durch die vorhergehende Isolierung erleichtert wird.

γ) Bestimmung durch Abtrennung und Veresterung mit Essigsäureanhydrid (Acetinmethode)

Das von R. BENEDIKT u. M. CANTOR (1888) eingeführte Verfahren beruht auf der Umsetzung des Glycerins mit Essigsäureanhydrid zu Triacetin und Bestimmung des Triacetins durch Verseifung mit Alkalilauge entsprechend folgenden Gleichungen:

$$2C_3H_5(OH)_3 + 3\,(CH_3 \cdot CO)_2 \cdot O = 2C_2H_5(O \cdot CH_3 \cdot CO)_3 + 3H_2O$$
$$2C_3H_5(O \cdot CH_3 \cdot CO)_3 + 6NaOH = 2C_3H_5(OH)_3 + 6CH_3 \cdot COONa$$

Diese Methode gilt, ebenso wie die im nächsten Abschnitt beschriebene *Dichromatmethode*, auch heute noch als Standardmethode zur Bestimmung des Glyceringehaltes in Spaltwässern und Unterlaugen. Sie ist nicht spezifisch, sondern spricht auch auf andere hydroxylhaltige Stoffe, wie Glykole usw., an.

Bei der Anwendung dieser Methode auf die Glycerinbestimmung in Fetten stellt man das für die Bestimmung benötigte Rohglycerin zweckmäßig nach J. LEWKOWITSCH (1889) her:

20 g Fett werden in der üblichen Weise mit alkoholischer Kalilauge verseift. Man verdampft den Alkohol auf dem Wasserbad und zersetzt die Seife mit verdünnter Schwefelsäure. Die abgeschiedene Fettsäure wird abfiltriert, das Filtrat mit einem Überschuß an Bariumcarbonat neutralisiert und auf dem Wasserbad eingedunstet, bis das Wasser fast ganz verjagt ist. Der Rückstand wird mehrmals mit Äthylalkohol (1:3) ausgewaschen, das Lösungsmittel verdampft und der Rückstand (= Rohglycerin) im Exsiccator getrocknet und gewogen.

Die Acetylierung und Titration des Triacetins erfolgt am besten nach der standardisierten Vorschrift der DGF-Einheitsmethode E – III 3d (55).

δ) Bestimmung durch Abtrennung und Oxydation mit Kaliumdichromat

Glycerin wird in saurer Lösung durch Kaliumdichromat zu Kohlensäure und Wasser oxydiert. Auch dieses von O. HEHNER (1889) eingeführte Verfahren ist nicht spezifisch, da unter den Reaktionsbedingungen auch Glykole, Oxysäuren und stickstoffhaltige Basen Dichromat verbrauchen. Technische Glycerinlösungen werden daher vor der Titration mit Silbercarbonat und Bleiacetat gereinigt. Einzelheiten dieser Methode, die auch heute noch für die Seifenindustrie von Bedeutung ist, in der entsprechenden DGF-Vorschrift E – III 3e (55).

ε) Bestimmung durch Abtrennung und Oxydation mit Perjodsäure

Die wichtigsten Methoden zur Glycerinbestimmung beruhen auf der von L. MALAPRADE (1928) aufgefundenen Reaktion mit Perjodsäure. Diese verläuft nach der Gleichung:

$$C_3H_5(OH)_3 + 2HJO_4 = 2CH_2O + HCOOH + 2HJO_3 + H_2O$$

Die Reaktion ist spezifisch für Glycerin u. a. Polyalkohole, die drei oder mehr vicinale OH-Gruppen besitzen, wenn die bei der Umsetzung gebildete Ameisensäure analytisch bestimmt wird. Mit a, β-Glykolen entstehen Aldehyde, während Glykole, bei denen die Hydroxylgruppen durch eine Methylgruppe getrennt sind, wie bei 1,3-Propandiol, nicht oxydiert werden. Wird dagegen der Verbrauch an Perjodsäure jodometrisch erfaßt, so erhält man bei Anwesenheit von a, β-Glykolen zu hohe Werte. Auf Glycerinlösungen, die Stärke enthalten, ist die Methode nicht anwendbar.

P. BRADFORD u. Mitarb. (1942) gaben die erste Arbeitsvorschrift zur Bestimmung des Glycerins nach diesem Verfahren bekannt. Die Methode wurde in den folgenden Jahren durch verschiedene analytische Komitees verbessert und standardisiert, da sie zuverlässiger als die Acetin- und Dichromat-Methode ist. Die aus dieser Arbeit resultierenden Vorschriften der AOCS Ea 6 – 51 bzw. DGF E – III

3a (55) und IUPAC III. A. 1 unterscheiden sich nur wenig. Da sie in erster Linie für den Seifenfachmann interessant sind, genüge dieser Hinweis. Speziell für die Bestimmung von freiem und gebundenem Glycerin in Fetten ist die nachstehende, auf der Arbeit von W.D. POHLE u. V.C. MEHLENBACHER (1950) fußende AOCS-Methode geeignet.

Bestimmung des gesamten freien und gebundenen Glycerins in Ölen und Fetten (AOCS Official Method Ca 14 - 56)

Geräte:

Büretten, 50 und 100 ml, auf 0,01 ml ablesbar
Variable elektrische Rührvorrichtung mit Glasrührer
Erlenmeyerkolben, Bechergläser, Meßkolben, Pipetten usw.

Reagentien:

Perjodsäure-Lösung: 5,4 g Perjodsäure z.A. werden in 100 ml dest. Wasser gelöst. Dann gibt man 1900 ml Eisessig z.A. hinzu, rührt gut durch und bewahrt in einer Flasche mit Glasstopfen im Dunkeln auf.

Natriumthiosulfat-Lösung, 0,1 n
Kaliumjodid-Lösung, 150 g/l
Stärke-Indicatorlösung, 1%ig

Alkoholische Kalilauge: 40 g Kaliumhydroxid werden in 1 l 95 vol.-%igem Alkohol gelöst. Man läßt absitzen und dekantiert gegebenenfalls vom Ungelösten.

Chloroform DAB 6 oder z.A.: Blindversuche mit und ohne Chloroform müssen innerhalb 0,5 ml Natriumthiosulfat-Lösung übereinstimmen.

Eisessig z.A.

Verfahren für die Bestimmung des Gesamtglycerins

Die Höhe der Einwaage und die benötigten Mengen an Reagenslösungen ergeben sich aus folgender Tabelle:

Gesamt-glycerin %	Einwaage g	alkoholische Kalilauge ml	$CHCl_3$ ml
10—40	2 ± 0,001	50	99 ± 0,2
5—20	4 ± 0,003	50	96 ± 0,2
2— 8	10 ± 0,01	100	91 ± 0,2

Man gibt die entsprechend der Tabelle abgewogene Menge des Substrats in einen Verseifungskolben, fügt alkoholische Kalilauge hinzu und erhitzt gelinde 30 min unter Rückfluß. In einen 1-l-Meßkolben gibt man die angegebene Menge Chloroform und dazu 25 ml Eisessig. Den Inhalt des Verseifungskolbens bringt man in diesen Meßkolben und wäscht dreimal mit je 25 ml Wasser nach. Dann fügt man 500 ml dest. Wasser hinzu, verschließt den Kolben und schüttelt heftig 30—60 sec. Man füllt bis zur Marke mit Wasser auf, schwenkt um und läßt bis zur Schichtentrennung stehen.

In eine Serie von 400-ml-Bechergläsern pipettiert man nun je 50 ml Perjodsäure-Lösung. Zu zwei, die als Blindversuch dienen, fügt man je 50 ml dest. Wasser. Dann gibt man in die übrigen je 50 ml der wäßrigen Glycerin-Lösung, bedeckt mit einem Uhrglas und läßt 30 min (aber nicht länger als 1,5 Std) stehen. Sollte die wäßrige Lösung suspendierte Teilchen enthalten, so wird sie vor dem Abpipettieren filtriert. Jetzt gibt man 20 ml Kaliumjodid-Lösung hinzu, mischt unter Umschwenken, läßt mindestens 1 min, aber nicht länger als 5 min stehen, verdünnt mit dest. Wasser auf nahezu 200 ml und titriert mit 0,1 n-Natriumthiosulfat-Lösung, wobei man mit dem elektrischen Rührer rührt. Sobald die Jodfarbe zu verschwinden beginnt, gibt man 2 ml Stärkelösung hinzu und fährt mit der Titration bis zum Verschwinden der blauen Jod-Stärkefarbe fort. In gleicher Weise werden die Blindversuche behandelt.

Wenn bei der Titration der Versuchslösung weniger als 80% der für die Titration des Blindversuchs benötigten Thiosulfat-Lösung verbraucht werden, wiederholt man die Bestimmung unter Verwendung von 25, 10 bzw. 5 ml der wäßrigen Lösung, bis der Thiosulfatverbrauch 80% desjenigen des Blindversuchs überschreitet. Wenn nach diesen Versuchen weniger als 10 ml der wäßrigen Lösung erforderlich sind, um die Grenze von 80% zu überschreiten, wiederholt man die Bestimmung mit einer kleineren Einwaage. Ist die Differenz zwischen dem Titrationsergebnis von Haupt- und Blindversuch kleiner als 4 ml, so wiederholt man den Versuch unter Verwendung von 100 ml der wäßrigen Glycerin-Lösung. Wenn das nicht ausreicht, beginnt man mit der Bestimmung von neuem unter Verdoppelung der Einwaage, die aber in keinem Fall 10 g überschreiten soll.

Verfahren zur Bestimmung des freien Glycerins

10 g der Probe werden auf 0,01 g genau in ein Wägeglas eingewogen. Man schmilzt unter Erwärmen auf einer Heizplatte und spült die Substanz mit 90 ml Chloroform, die aus einer Bürette auf 0,2 ml genau zugegeben werden, in einen 1-l-Meßkolben. Dann gibt man ca. 500 ml dest. Wasser hinzu, verschließt den Kolben und schüttelt heftig 30—60 sec. Nun füllt man mit Wasser bis zur Marke auf, verschließt, mischt durch Umschwenken gut durch und läßt stehen, bis sich beide Schichten getrennt haben. In eine Reihe von 400-ml-Bechergläsern pipettiert man je 50 ml Perjodsäure-Lösung. Zu zwei, die als Blindveruch dienen, gibt man je 100 ml dest. Wasser. In die übrigen gibt man je 100 ml der wäßrigen Glycerin-Lösung, schüttelt um, bedeckt mit einem Uhrglas und läßt mindestens 30 min, aber nicht länger als 1,5 Std stehen. Wenn nötig, wird die wäßrige Glycerin-Lösung vor dem Pipettieren filtriert. Dann gibt man 20 ml Kaliumjodid-Lösung hinzu, mischt durch Umschwenken und läßt vor dem Titrieren mindestens 1 min, aber nicht länger als 5 min stehen. Die Lösung soll vor direktem Sonnenlicht geschützt werden. Man verdünnt mit ca. 200 ml dest. Wasser und titriert unter Verwendung des elektrischen Rührers mit 0,1 n-Natriumthiosulfat-Lösung bis zum Verschwinden der Jodfarbe, fügt dann 2 ml Stärkeindicator hinzu und titriert auf farblos. In gleicher Weise führt man einen Blindversuch aus. Wenn die im Hauptversuch verbrauchte Thiosulfatmenge weniger als 80% des Verbrauchs im Blindversuch beträgt, wiederholt man die Bestimmung unter Verwendung von kleineren Mengen.

Berechnung:

$$\%\ \text{Gesamtglycerin} = \frac{(b - a) \cdot N \cdot 2{,}302}{E_a}$$

b = ml Thiosulfat-Lösung im Blindversuch
a = ml Thiosulfat-Lösung im Hauptversuch
N = Normalität der Thiosulfat-Lösung
E_a = aliquoter Teil der Einwaage in g.

Das freie Glycerin wird in der gleichen Weise wie das Gesamtglycerin berechnet.
% gebundenes Glycerin = % Gesamtglycerin — % freies Glycerin.

Reproduzierbarkeit der Methode

	Zulässige Abweichungen: Gesamtes und gebundenes Glycerin bei einem Gehalt von (%)		*Zulässige Abweichungen:* Freies Glycerin bei einem Gehalt von (%)	
	10,0	0,2	0,5	0,05
1. Doppelbestimmungen durch einen Analytiker	0,10	0,10	0,01	0,01
2. Einzelbestimmungen in zwei verschiedenen Laboratorien	0,30	0,17	0,17	0,03
3. Doppelbestimmungen in zwei verschiedenen Laboratorien	0,28	0,14	0,17	0,03

Einen ausgezeichneten Überblick über die Varianten der Perjodsäure-Methode sowie eine kritische Gegenüberstellung der nach der Perjodsäure-Methode erhaltenen Resultate und den nach der Acetin- bzw. Dichromat-Methode gefundenen gibt A. HINTERMAIER (1955).

Gut mit den nach der etwas umständlicheren Standardmethode ermittelten Resultaten übereinstimmende Werte erhält man nach einer von L. HARTMANN (1953) angegebenen Schnellmethode, die in nur wenig modifizierter Form in die DGF-Einheitsmethoden aufgenommen wurde (E – III 3b (57)).

Bei Abwesenheit von α, β-Glykolen gibt auch die Schnellmethode von J. G. RESNIKOW u. E. L. FARBER (1953), bei der die überschüssige Perjodsäure mit Kaliumjodid- und Natriumthiosulfat-Lösung zurücktitriert wird, zuverlässige Ergebnisse. Auch diese Schnellmethode wurde in die DGF-Einheitsmethoden aufgenommen (E – III 3b (57)).

A. HINTERMAIER (1955) erhielt bei der Untersuchung von DAB 6-Glycerin, Rohglycerin und Glycerinwässern mit Glyceringehalten zwischen 10,9 und 99,5% nach der Methode von RESNIKOW u. FARBER (1953) Resultate, die sich nur um einige Zehntelprozent von den nach der Acetin- bzw. Dichromat-Methode gefundenen unterschieden.

ζ) Sonstige Methoden

Eine wesentliche Vereinfachung gegenüber diesen Methoden bringen zwei neue Verfahren.

J.T. Mc Aloren u. G.F. Reynolds (1965) benutzen die Komplexbildung von Glycerin und Kupfer(II) zur photometrischen Bestimmung des Glycerins:

Zu 5 ml Probelösung (0,5—40 mg Glycerin) gibt man 7,5 ml 10 m-Natronlauge und 50 ml Äthanol. Man fügt portionsweise kleine Volumina 1 m-Kupfer(II)-chloridlösung zu und schüttelt nach jeder Zugabe 1 min gut durch. Die Zugabe wird solange fortgeführt, bis ein bleibender Niederschlag von Kupferhydroxid entsteht. Dann fügt man 10 ml Äthanol zu, schüttelt 1 min und fügt, falls der Niederschlag sich auflöst, noch einmal Kupferchloridlösung zu. Der Niederschlag wird abfiltriert, mit drei 5-ml-Portionen 0,75 m-Natronlauge in Äthanol gewaschen (die Waschlösung darf nicht mehr als 10% Wasser enthalten) und die mit dem Filtrat vereinigte Waschlösung mit Äthanol auf 100 ml verdünnt. Die Absorption wird bei 635 mμ gegen eine entsprechend behandelte Blindlösung gemessen und der Glyceringehalt einer Eichkurve entnommen. Störungen durch andere Polyhydroxyverbindungen konnten nicht festgestellt werden. Äthylenglykol und Polyäthylenglykol bilden ebenfalls lösliche Kupferkomplexe, jedoch ist die Absorption bei 635 mμ im Vergleich zu dem Kupfer-Glycerinkomplex sehr gering.

Gleichzeitige Bestimmung von Glycerin und Fettsäuren in Fetten und Ölen ermöglicht eine von M.E. Mason u. Mitarb. (1964) angegebene Arbeitsweise. Durch Umesterung von Fetten mit Methanol in Gegenwart von 2,2-Dimethoxypropan (DMP) wird das Glycerin quantitativ in Isopropyliden-Glycerin überführt, das neben den gleichzeitig gebildeten Fettsäuremethylestern gaschromatographisch getrennt und bestimmt werden kann.

200 mg der Fett- oder Ölprobe werden in einem 25-ml-Erlenmeyerkolben nacheinander mit 10 ml Benzol, 4 ml DMP, 5 ml Methanol und 1 ml 2 n-Natriummethoxidlösung versetzt, umgeschüttelt, 5 min bei Raumtemperatur belassen und methanolische Salzsäure in solcher Menge zugeführt, daß Salzsäure im Überschuß von 0,3 mMol vorhanden ist. Man schüttelt abermals, läßt 50 min stehen und fügt dann 1,5 g eines festen Neutralisationsgemisches ($NaHCO_3$—Na_2CO_3—Na_2SO_4/2:1:2) zu. Man schüttelt in bestimmten Abständen während 30 min, läßt absitzen und dekantiert die überstehende Lösung in ein 25-ml-Meßkölbchen. Der Rückstand wird zweimal mit je 2 ml Methanol ausgewaschen und die Waschflüssigkeit in den Meßkolben gegeben. Man ergänzt mit Methanol zur Marke und verwendet aliquote Mengen von 50 μl zur Gas-Flüssigkeits-Chromatographie, die unter Verwendung von Aluminiumsäulen mit 14,5% Äthylenglykolsuccinat auf Anakrom (110—100 mesh) und Helium als Trägergas (80 ml/min) durchgeführt wird.

c) Bestimmung von Monoglyceriden

Mono- und Diglyceride entstehen bei der Hydrolyse von Fetten und finden sich daher vornehmlich in Fetten, die aus beschädigten Saaten gewonnen wurden. Sie bilden sich auch bei der fermentativen Fettspaltung im tierischen Organismus und werden synthetisch durch Veresterung von Fettsäuren mit Glycerin oder durch Glycerolyse von Fetten erzeugt. Mit Backfetten, denen technisch hergestellte Monoglycerid-Präparate zugesetzt werden, den sog. „superglycerinated shortenings“, schließlich gelangen sie in zahlreiche Lebensmittel. Bei Fetten, die frei von nicht gebundenem Glycerin und nicht veresterten Fettsäuren sind, kann der Mono- und Diglyceridgehalt in einer ziemlich langwierigen Operation aus der Hydroxylzahl, der Verseifungszahl und der Verseifungszahl der Gesamtfettsäuren berechnet werden. Das Verfahren liefert aber nur bei hohem Gehalt an Mono- und Diglyceriden brauchbare Resultate und wird daher nur selten angewendet.

α) Bestimmung von 1-Monoglyceriden durch Oxydation mit Perjodsäure

Aufbauend auf den Erfahrungen von P. Fleury u. R. Paris (1933), die zeigten, daß 1-Glycerinphosphorsäure durch Perjodsäure in wenigen Minuten bei normaler Temperatur oxydiert wird, entwickelten W.D. Pohle u. Mitarb. (1945) ein Verfahren zur direkten Bestimmung von 1-Monoglyceriden in Fetten und Ölen. Sie brachten den Nachweis, daß diese Verbindungen nach folgender Reaktionsgleichung mit Perjodsäure reagieren:

$$R \cdot COOCH_2 \cdot CHOH \cdot CH_2OH + H_5JO_6 = HCHO + R \cdot COOCH_2 \cdot CHO + HJO_3 + 3H_2O$$

Der Überschuß an Perjodsäure läßt sich in gepufferter Lösung nach Zugabe von Kaliumjodid mit Natriumthiosulfat zurücktitrieren. Di- und Triglyceride reagieren nicht. Die Arbeitsweise ist sehr einfach:

0,1—10 g Substanz werden mit 25 ml einer 0,5%igen Lösung von Perjodsäure in 80%igem Eisessig versetzt. Man läßt, gegebenenfalls nach vorherigem Schmelzen der Probe, 30 min bei 34°C stehen, gibt 10 ml einer 20%igen Kaliumjodid-Lösung hinzu und titriert das ausgeschiedene Jod mit 0,1 n-Natriumthiosulfat-Lösung. In gleicher Weise wird ein Blindversuch angesetzt und aus der Differenz der Titrationswerte der Monoglyceridgehalt berechnet. Etwa anwesendes Glycerin muß vor der Untersuchung ausgewaschen werden.

Infolge der Notwendigkeit, höhere Temperaturen zu verwenden, besteht bei dieser Methode die Gefahr von Nebenreaktionen. E. HANDSCHUMAKER u. L. LINTERIS (1947) eliminierten diese, indem sie das Substrat in einer Mischung von Eisessig und Chloroform 2:1 lösten und die Perjodsäure unter mechanischem Schütteln bei Zimmertemperatur einwirken ließen. W. D. POHLE u. V. C. MEHLENBACHER (1950) griffen diesen Gedanken auf und verbesserten ihre Methode noch dadurch, daß sie die Entfernung des Glycerins erleichterten und mit der Monoglycerid-Bestimmung die Bestimmung des meistens anwesenden freien Glycerins verbanden:

Das Produkt wird in Chloroform gelöst und das freie Glycerin durch viermalige Extraktion mit Wasser (= „Extraktionsverfahren") entfernt. Ein aliquoter Teil der wäßrigen Lösung dient zur Bestimmung des Glycerins, ein aliquoter Teil der

Tabelle 101. *Vergleich der Reproduzierbarkeit dreier Monoglycerid-Bestimmungsmethoden* (FAC Monoglyceride-Subcommittee 1956)

	Mittel	Standard-abweichung ±	Variations-koeffizient
Probe 1			
KRUTY u. Mitarb.	2,45	0,12	4,9
Extraktionsmethode	2,80	0,17	6,1
Verteilungsmethode	2,80	0,18	6,4
Probe 2			
KRUTY u. Mitarb.	38,5	0,62	1,6
Extraktionsmethode	38,4	0,41	1,1
Verteilungsmethode	38,8	0,41	1,1
Probe 3			
KRUTY u. Mitarb.	91,9	1,36	1,5
Extraktionsmethode	91,5	1,15	1,3
Verteilungsmethode	92,2	1,12	1,2

Chloroform-Lösung zur Bestimmung der Monoglyceride. Um die Nachteile der Bildung eines zweiphasigen Systems bei der Zugabe von Perjodsäure-Lösung zu vermeiden, wird die Säure in 95%igem Eisessig gelöst.

Eine andere Variante der Perjodsäure-Oxydation wurde von M. KRUTY u. Mitarb. (1954) vorgeschlagen. Diese Autoren vermeiden die Extraktion der Probe mit Wasser und reduzieren den hohen Kaliumjodidverbrauch im Blindversuch der Extraktionsmethode, indem sie die Rücktitration in Gegenwart von Natriumbicarbonat vornehmen. Die Probe wird in Dimethylformamid und Perjodsäure in 95%igem Methanol gelöst. E. BECKER u. L. KRULL (1958b) beurteilten diese Methode besser als die von POHLE u. MEHLENBACHER (1950). Die Kruty-Methode wurde unter Nr. C–VI 5 (61) in die DGF-Einheitsmethoden aufgenommen.

Die Extraktionsmethode von POHLE u. MEHLENBACHER (1950) und die Methode von KRUTY u. Mitarb. (1954) wurden vom FAC Monoglyceride-Subcommittee (1956) mit einer Varianten der ersten Methode, der sog. Verteilungsmethode, bei der die Monoglycerid-Chloroform-Lösung mit einer bestimmten Wassermenge behandelt wird, in zahlreichen Versuchen verglichen. Dabei wurden die in Tab. 101 wiedergegebenen Zahlen erhalten.

Aufgrund dieser Ergebnisse empfahl das FAC-Committee die Verteilungsmethode, da sie einfacher als die Extraktionsmethode und genauer als die Methode von KRUTY u. Mitarb. ist.

Die Verteilungsmethode liegt den AOCS-Methoden Ca 14 – 56 (freies und gebundenes Glycerin) und Cd 11 – 57 (α-Monoglyceride) zugrunde.

Bestimmung von 1-Monoglyceriden nach AOCS Official Method Cd 11 – 57

Die Methode ist anwendbar auf Fette, Öle, Monoglyceride und Gemische dieser Stoffe. Sie ist nicht anwendbar, wenn die Probe außer den Monoglyceriden chloroformlösliche Stoffe mit zwei oder mehreren vicinalen Hydroxylgruppen enthält.

Geräte:

Wie zur Glycerinbestimmung S. 701.

Reagentien:

Wie zur Glycerinbestimmung S. 701.

Qualitätsprüfung der Perjodsäure: Man löst 0,5—0,6 g reines Glycerin in 50 ml dest. Wasser und gibt 50 ml Perjodsäure-Lösung mit einer Pipette zu. In gleicher Weise bereitet man einen Blindversuch vor, der nur 50 ml dest. Wasser enthält. Man läßt 30 min stehen und titriert wie beim Verfahren beschrieben. Der Quotient aus dem Thiosulfatverbrauch der Glycerinlösung und dem Verbrauch im Blindversuch soll zwischen 0,75 und 0,76 liegen, wenn die Perjodsäure genügend rein ist.

Verfahren:

Vorbereitung der Proben: Feste Proben in Flockenform werden, ohne aufzuschmelzen, gemischt. Feste Proben, die nicht in Flockenform vorliegen, werden bei einer Temperatur geschmolzen, die nicht mehr als 10 °C über dem Schmelzpunkt liegt. Man mischt gut durch und nimmt einen Teil für die Analyse. Proben, die soviel freies Glycerin enthalten, daß es sich beim Festwerden der Schmelze ausscheidet, sollen nicht untersucht werden. Halbflüssige und flüssige Proben werden in gleicher Weise geschmolzen und für die Analyse geteilt. Auch hier sollen Proben, die zuviel freies Glycerin enthalten, nicht untersucht werden.

Arbeitsweise: In ein Wägeglas werden je nach dem erwarteten Monoglyceridgehalt folgende Mengen eingewogen:

% Monoglycerid	g Einwaage	± mg	% Monoglycerid	g Einwaage	± mg	% Monoglycerid	g Einwaage	± mg
100	0,30	0,2	40	0,70	0,5	10	3,00	2
75	0,40	0,2	30	1,00	1	5	6,00	4
50	0,60	0,3	20	1,50	1	≦3	10,00	10

Die Probe wird in Chloroform gelöst und ohne Verluste in einen 100-ml-Meßkolben gebracht, der mit Chloroform bis zur Marke aufgefüllt wird. Den Inhalt des Meßkolbens bringt man in einen 500-ml-Erlenmeyerkolben mit Glasstopfen. Man fügt 100 ml Wasser mit einer graduierten Pipette hinzu. Wenn sich bei der Weiterverarbeitung schwer trennbare Emulsionen bilden, verwendet man 100 ml einer 5%igen Essigsäure anstelle von 100 ml Wasser. Der Kolben wird verschlossen, 1 min kräftig geschüttelt und beiseitegestellt, bis sich die wäßrige Phase und die Chloroformschicht getrennt haben und die Chloroformschicht klar oder nur schwach getrübt ist. Das erfordert normalerweise 1—3 Std. In eine Reihe von 400-ml-Bechergläsern gibt man je 50 ml Perjodsäure-Lösung. Drei dieser Bechergläser werden für Blindversuche benötigt. In zwei gibt man je 50 ml Chloroform und in das dritte 50 ml Wasser. Die Blindproben werden genauso behandelt wie die Hauptproben. Die Titrationsergebnisse der Wasser- und Chloroform-Blindproben dienen zur Prüfung des Chloroforms (vgl. Bestimmung des Glycerins, S. 701). 50 ml der Monoglycerid-Lösung werden in ein 400-ml-Becherglas pipettiert, das 50 ml Perjodsäure-Lösung enthält, und unter Schütteln gut durchgemischt. Man bedeckt mit einem Uhrglas und läßt 30 min stehen. Die Temperatur darf 35 °C nicht übersteigen. Danach gibt man 20 ml Kaliumjodid-Lösung hinzu, mischt gut durch, läßt 1 min stehen (aber nicht im Sonnenlicht), gibt 100 ml dest. Wasser hinzu und titriert mit 0,1 n-Natriumthiosulfat-Lösung unter ständigem Rühren mit dem elektrischen Rührer. Man titriert bis zum fast vollständigen Verschwinden der Jodfarbe, gibt 2 ml Stärkelösung hinzu und titriert unter heftigem Rühren, bis die blaue Jod-Stärke-Farbe völlig verschwunden ist. Der Stand der Pipette wird auf $^1/_{100}$ ml abgelesen. Die Blindproben werden genauso behandelt wie die Hauptprobe. Wenn zur Titration der Hauptprobe weniger als 80% der zur Titration des Blindversuchs benötigten Lösung verbraucht werden, wird die Bestimmung mit 25, 10 oder 5 ml wiederholt, bis dieser Grenzwert erreicht wird. Wenn 10 ml oder weniger erforderlich sind, um diesen Grenzwert zu erreichen, wird die Bestimmung von Anfang an mit einer größeren Einwaage wiederholt. Ist die Differenz zwischen der Titration der Hauptprobe und der Titration der Blindprobe weniger als 4 ml, so wird die Bestimmung im Interesse einer größeren Genauigkeit mit der doppelten Einwaage, aber nicht mit mehr als 10 g, wiederholt.

Berechnung:

$$\% \text{ Monoglyceride} = \frac{(b - a) \cdot N \cdot M}{20 \cdot E_a}$$

b = ml Thiosulfat-Lösung im Blindversuch
a = ml Thiosulfat-Lösung im Hauptversuch
N = Normalität der Thiosulfat-Lösung
M = Molekulargewicht des Monoglycerids
E_a = aliquoter Teil der Einwaage in g.

Anmerkung:

Im allgemeinen wird man für M das Molekulargewicht des Monostearins (= 358,54) einsetzen. Für sehr genaue Bestimmungen isoliert man aus dem zu untersuchenden Monoglyceridgemisch die Fettsäuren nach S. 718 und bestimmt ihre Säurezahl. Dann ist

1. das mittlere Molekulargewicht der Fettsäuren $M_F = \frac{56104}{SZ}$
2. das Molekulargewicht des Monoglycerids = $(M_F + 92{,}09) - 18{,}02$

Reproduzierbarkeit der Methode

Die Reproduzierbarkeit der Methode ist recht gut. Sie beträgt bei

	1-Monoglyceridgehalt 3%	40%	90%
Doppelbestimmungen durch einen Analytiker	0,1	0,5	1,2
Einzelbestimmungen in zwei verschiedenen Laboratorien	0,5	1,2	3,2
Doppelbestimmungen in zwei verschiedenen Laboratorien	0,5	1,1	3,1

Die ausgezeichnete Reproduzierbarkeit der Methode und die Richtigkeit der mit ihr erhaltenen Ergebnisse konnte der Verfasser durch Untersuchung von Modellgemischen, die 0,1—95% 1-Monoglyceride enthielten, bestätigen. Bei geringen Konzentrationen sind die nach dieser Methode erhaltenen Resultate mit Vorsicht aufzunehmen, da, wie F. A. KUMMEROW u. B. F. DAUBERT (1950) nachwiesen, Dihydroxy- und Ketofettsäuren, die in geringer Menge in natürlichen Fetten anwesend sind, einen nicht realen Monoglyceridgehalt vortäuschen. Die Autoren empfehlen daher, in solchen Fällen die Fettsäuren zu isolieren und auch diese der Perjodsäure-Oxydation zu unterziehen. Nach C. S. MARTIN PAREZ u. M. T. SANTOS MOLERO (1955) stören auch etwa anwesende Vitamine und Reaktionsprodukte von Sauerstoff mit ungesättigten Fettsäuren die Monoglyceridbestimmung. C. M. DOWSE u. J. A. SAUNDERS (1956) konnten die Beobachtung von KUMMEROW u. DAUBERT (1950) bestätigen. Sie entwickelten ein Alternativverfahren zur Bestimmung der 1-Monoglyceride, das auf der Tatsache beruht, daß wohl bei der Oxydation von Monoglyceriden, nicht aber bei der Oxydation von Doppelbindungen Formaldehyd entsteht, der durch Kondensation mit Chromotropsäure, einer 4,5-Dihydroxy-2,7-Naphthalindisulfosäure, leicht nachgewiesen werden kann. Das Verfahren ist im Prinzip sehr einfach:

Eine Lösung von 0,2—0,7 mg Monoglycerid in 3 ml Chloroform wird mit einer Lösung von Perjodsäure in Propionsäure 30 min oxydiert. Man unterbricht die Einwirkung der Perjodsäure durch Zugabe einer wäßrigen Zinn(II)-chlorid-Lösung, vertreibt das Chloroform durch Hindurchsaugen von Luft und destilliert dann den gebildeten Formaldehyd mit Wasserdampf über. Ein aliquoter Teil des Formaldehyddestillats wird mit Chromotropsäure umgesetzt und die Intensität der auftretenden Rotfärbung im Kolorimeter gemessen.

Mit Hilfe dieser Methode ermittelten die Autoren bei natürlichen Fetten und Ölen nur Monoglyceridgehalte von 0—0,17% gegenüber den nach der Methode von POHLE u. MEHLENBACHER (1950) gefundenen 1,6—3,9%. R. G. JENSEN u. M. E. MORGAN (1959) benutzten die Formaldehyd-Chromotrop-Reaktion zur Bestimmung geringer Monoglyceridmengen im Milchfett, verzichteten aber auf die Destillation des Formaldehyds, da dieser beim Ausschütteln der Chloroform-Lösung mit Wasser vollständig in die wäßrige Phase übergeht. Ähnlich arbeitete H. E. SCHMIDT (1963) bei der Bestimmung geringer Mengen von 1-Monoglyceriden in Eiscreme.

Zur Bestimmung sehr geringer Mengen 1-Monoglyceride in Fetten eignet sich auch eine von C. SZONYI u. K. SPARROW (1964) mitgeteilte Methode.

Die monoglyceridhaltige Fettmischung wird, wie bei der beschriebenen AOCS-Methode, mit Perjodsäure oxydiert, wobei indessen an Stelle von Chloroform carbonylfreies Benzol als Lösungsmittel benutzt wird. Der Überschuß an Perjodsäure wird mit Kaliumjodid und Natriumthiosulfat entfernt und der während der Oxydation gebildete Fettsäureester des Glykolaldehyds mit Benzol extrahiert, dann in das entsprechende 2,4-Dinitrophenylhydrazid überführt und colorimetrisch gemessen. Die Gegenwart von Glycerin beeinträchtigt die Genauigkeit der Methode nicht.

β) Bestimmung der 2-Monoglyceride

Perjodsäure reagiert nur mit 1-Monoglyceriden, nicht aber mit 2-Monoglyceriden. Nach den Untersuchungen von J. B. MARTIN (1953) enthalten technische Monoglyceride ca. 10% 2-Monoglyceride, die bei der Bestimmung des Monoglyceridgehaltes nach POHLE u. MEHLENBACHER (1950) nicht erfaßt werden. G. Y. BROKAW u. Mitarb. (1955) fanden in einem frisch destillierten technischen Monoglycerid 88% 1-Monoglyceride, deren Konzentration nach 24- bis 48-stündiger Lagerzeit auf 94% anstieg. L. HARTMAN (1960) ermittelte in vielen technischen Monoglyceriden, die bis 5 Jahre alt waren, 2-Monoglyceridgehalte zwischen 5 und 9% des gesamten. Bei genauer Bestimmung des Monoglyceridgehaltes wird man daher auch die 2-Isomeren berücksichtigen müssen.

J. B. MARTIN (1953) machte den Vorschlag, zur Bestimmung des Gesamtmonoglyceridgehaltes die Monoglyceride in Chloroform zu lösen, dann mit einer 56%igen Lösung von Perchlorsäure als Katalysator die 2-Isomeren bis zur Einstellung eines Gleichgewichtszustandes von 90—92% 1-Monoverbindungen zu isomerisieren und den anschließend nach POHLE u. MEHLENBACHER (1950) bestimmten Monoglyceridgehalt mit dem Faktor 1,15 zu multiplizieren. Durch Subtraktion des ohne Isomerisierung bestimmten Monoglyceridgehaltes erhält man den Gehalt an 2-Monoglyceriden. Die Methode wurde u. a. von L. HARTMAN (1960) kritisch nachgeprüft und verbessert. Unter Berücksichtigung der Vorschläge von HARTMAN arbeitet man zweckmäßig in folgender Weise:

Reagentien:

Perchlorsäure-Lösung: 56—57%ige Lösung, hergestellt durch Verdünnen der 60—70%igen Lösung des reinen Reagens mit Wasser.

Chloroform: Technisches oder reines Chloroform muß wie folgt gereinigt werden, da die Isomerisierung sonst unvollständig ist:

Das Chloroform wird zunächst mit einem Viertel seines Volumens an konzentrierter Schwefelsäure gewaschen und dann mit Wasser, bis es vollständig klar ist. Anschließend wird destilliert, wobei die ersten und die letzten 10% des Destillats verworfen werden. Die Mittelfraktion wird mit $^1/_{20}$ ihres Gewichtes an wasserfreiem Natriumsulfat getrocknet, dann in eine dunkle Flasche filtriert und mit 0,5 Vol.-% Alkohol versetzt. Die Reinheit prüft man durch Isomerisierung eines 2-Monoglyceridmusters bekannter Zusammensetzung.

Verfahren:

Die nach S. 705 erhaltene Monoglycerid-Lösung wird, wie bei der Bestimmung der Monoglyceride, mit Wasser oder 5%iger Essigsäure gewaschen. Die Chloroformschicht wird durch Schütteln mit 5 g/100 ml wasserfreiem Natriumsulfat getrocknet und dann dekantiert. Zu 50 ml der getrockneten Chloroform-Lösung gibt man 0,21 ml 56%ige Perchlorsäure-Lösung, gemischt mit 20 ml Eisessig. Man schüttelt die Mischung 1 min und läßt dann 9 min stehen. Zur Inaktivierung des Katalysators gibt man dann 4 ml Wasser hinzu und anschließend 5 ml Perjodsäure, worauf die Bestimmung wie bei der Bestimmung der 1-Monoglyceride auf S. 705 zu Ende geführt wird. In analoger Weise werden die 1-Monoglyceride bestimmt.

Berechnung:

% 2-Monoglyceride = % Gesamtmonoglyceride — % 1-Monoglyceride.

Auch auf dünnschichtchromatographischem Wege lassen sich nach A.E. THOMAS u. Mitarb. (1965) die beiden Isomeren trennen und bestimmen, wenn man als Trennmedium mit Borsäure imprägniertes Silicagel verwendet:

25 g Silicagel GF „Merck" werden mit 50 ml einer 0,4 m wäßrigen Lösung von H_3Bo_3 angerührt. Mit dieser Mischung werden Glasplatten von 20×20 cm 0,3 mm dick bestrichen. Die imprägnierten Platten werden bei Raumtemperatur getrocknet und 2 Std bei 110°C im Trockenschrank aktiviert. 2—10 μg der zu untersuchenden Probe werden, in Chloroform gelöst, auf die Startlinie gebracht. Entwickelt wird mit Chloroform-Aceton 96:4. Zur Sichtbarmachung wird die Platte mit einer 70%igen CrO_3-Lösung in wäßriger Schwefelsäure besprüht und anschließend 25 min auf 200°C erhitzt. Zur quantitativen Bestimmung werden die erhaltenen schwarzen Flecke densitometrisch ausgewertet.

Nach dieser Methode werden nicht nur die 1- und 2-Monoglyceride einwandfrei getrennt, sondern auf dem Chromatogramm erscheinen außer diesen etwa anwesende freie Fettsäuren, 1,2-Diglyceride, 1,3-Diglyceride und Triglyceride als scharf umrissene separate Flecke.

Eine Isomerisierung der Monoglyceride findet auf Silicagel-Borsäure-Schichten, im Gegensatz zu reinen Silicagel-Schichten, nicht statt.

d) Bestimmung der Mono-, Di- und Triglyceride nebeneinander

Zur Trennung und Bestimmung der Mono-, Di- und Triglyceride sind zahlreiche Methoden ausgearbeitet worden. Präparativ lassen sich Monoglyceride aus ihren Gemischen mit Triglyceriden durch Extraktion mit verdünntem Methanol und durch fraktionierte Verteilung abtrennen (N.H. KUHRT u. Mitarb. 1952). Alle Gemische von Glycerinestern lassen sich durch Molekulardestillation zerlegen (O.S. PRIVETT u. Mitarb. 1961). Die wichtigsten Methoden sind aber die chromatographischen, da sie sich mit relativ einfachen Hilfsmitteln ausführen lassen.

α) Durch Säulenchromatographie

H. P. KAUFMANN (1940) trennte Gemische von Mono-, Di- und Tristearin durch Adsorption an Aluminiumoxid und Elution mit siedendem Alkohol. P. SAVARY u. P. DESNUELLE (1954) entfernten aus Glycerinestergemischen, die freie Fettsäuren enthielten, zunächst letztere, indem sie das Gemisch über einen Ionenaustauscher „Amberlit IRA 400" leiteten und zerlegten dann das verbleibende Gemisch neutraler Glyceride durch Verteilungschromatographie an einer mit Silicon beladenen Kieselgursäule (Lösungsmittel: Cyclohexan, Alkohol und Wasser) mit gutem Erfolg. L.J. RAVIN u. Mitarb. (1957) adsorbierten das Glyceridgemisch, das außer den Estern noch Mineralöl enthielt, an Silicagel und desorbierten mit Lösungsmittelgemischen steigender Polarität. Eines ähnlichen Verfahrens bedienten sich P. QUINLIN u. H.J. WEISER jr. (1958) u. G.J. PAPARIELLO u. Mitarb. (1960), denen nach derselben Methode auch die Trennung der Mono- und Diester von Äthylenglykol und Polyäthylenglykol gelang.

Trennung und Bestimmung von Mono-, Di- und Triglyceriden nach P. QUINLIN u. H. J. WEISER jr. (1958)

Geräte:

Chromatographierapparatur nach Abb. 107
Schütteltrichter, 250 ml mit Schliffstopfen

Reagentien:

Petroläther 40/60° C, Benzol, Chloroform, Äthyläther, alles z. A.
Silicagel: Davison 923, 100—200 mesh (entsprechend Prüfgewebe 0,07 — 0,125 nach DIN 4188) mit 5% Wasser.

Verfahren:

Vorbereitung der Probe: Genau 1,0 g der Probe wird in ein 50-ml-Becherglas eingewogen. Man löst in 50 ml Chloroform, erwärmt, wenn nötig, einige Minuten auf dem Dampfbad und kühlt auf Zimmertemperatur ab.

Füllung der Säule: 30 g des hydratisierten Silicagels werden in einem 150-ml-Becherglas mit Petroläther überschichtet. Die Mischung wird mit einem Glasstab, um Luftblasen zu entfernen, gerührt und dann in die Säule gegeben. Man spült das Silicagel mit Petroläther nach und wäscht die Seiten der Säule mit dem gleichen Lösungsmittel.

Wenn nach dem Ablaufen des Petroläthers der Spiegel des Lösungsmittels sich noch 2 cm oberhalb des Silicagels befindet, gibt man die Probe langsam hinzu, so daß sich keine Kanäle bilden können. Man spült dann das Becherglas mit 5 ml Chloroform nach und gibt dies wieder auf die Säule, wenn das Niveau des Lösungsmittels bis auf 2 cm oberhalb des Adsorbens gefallen ist. Die Säule darf während der ganzen Operation nicht trocken laufen. Der Hahn am Boden der Säule wird so eingestellt, daß 1,5—2 ml Flüssigkeit pro Minute austreten. Diese Geschwindigkeit wird während des ganzen Verfahrens beibehalten.

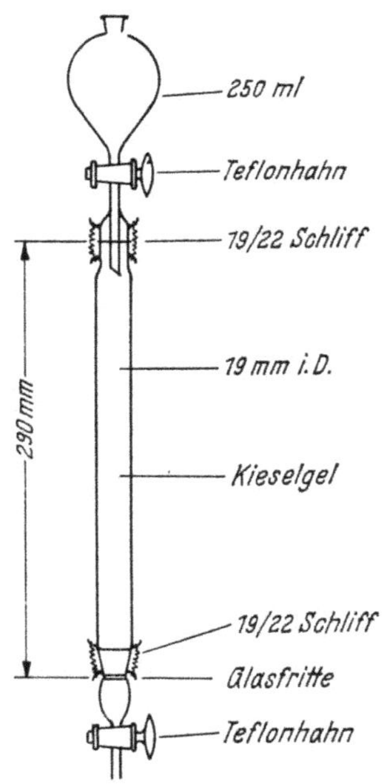

Abb. 107. Chromatographierrohr nach QUINLIN u. WEISER (1958)

Elution der Tri-, Di- und Monoglyceride: Man befestigt nun den Tropftrichter oben auf der Säule und gibt 200 ml Benzol hinzu. Zunächst sammelt man das Eluat in einem 250 ml tarierten Soxhlet-Kolben. Nachdem alles Benzol zugegeben ist und das Lösungsmittel noch 2 cm oberhalb des Adsorbens steht, fügt man 200 ml einer 10 vol.-%igen Lösung von Äthyläther in Benzol hinzu. Man wechselt die Vorlage und stellt einen anderen tarierten 250-ml-Kolben zum Auffangen der Diglyceride unter die Säule. Wenn dieses Lösungsmittel vollständig zugegeben ist und sich der Rest des Lösungsmittels wieder 2 cm oberhalb der Silicagelschicht befindet, gibt man 200 ml Äthyläther zur Elution der Monoglyceride. Nach Zugabe des Äthers kann die Kolonne trocken laufen, wenn der Druck in der Säule nicht aufgehoben wird. Dieser Gefahr begegnet man dadurch, daß man die Verbindung am oberen Ende der Säule öffnet und das Lösungsmittel drucklos aus dem Trichter zufließen läßt. Man wechselt die Vorlagen und sammelt das Monoglycerid in einem weiteren tarierten 250-ml-Kolben.

Gravimetrische Bestimmung der abgetrennten Glyceride: Die Eluate werden auf dem Wasserbad in einem Strom von Stickstoff oder trockener sauberer Luft verdampft. Man trocknet anschließend im Stickstoffstrom bei höherer Temperatur, bis die Gewichtsänderung zwischen zwei aufeindanerfolgenden Trocknungen von je 5 min nicht mehr als 0,002 g beträgt.

Berechnung:

$$\%\ \text{Glycerinester} = \frac{(a - b) \cdot 100}{E}$$

a = Gewicht des Kolbens einschließlich Mono-, Di- bzw. Triglyceride in g
b = Gewicht des leeren Kolbens in g
E = Einwaage in g.

Genauigkeit und Reproduzierbarkeit der Methode

Die Genauigkeit der Methode ist ausgezeichnet. QUINLIN u. WEISER fanden in Modellversuchen:

Komponente	berechnet %	%	gefunden %	%	Mittel
Tripalmitin	15,1	14,4	14,7	14,9	14,7
Distearin	45,1	45,2	45,2	45,5	45,3
Monopalmitin	37,8	37,5	37,4	36,7	37,2
Glycerin	2,0	—	—	—	—

Die Reproduzierbarkeit der Methode ist nach Ergebnissen der gleichen Autoren mit einem Gemisch ähnlicher Zusammensetzung für jeden Bestandteil besser als 0,3%. In Unilever-Laboratorien konnte die Zuverlässigkeit der Methode bestätigt werden. S. FAZAKERLEY u. D. WEST (1963)[1] ziehen indessen als Elutionsmittel das System Petroläther/Diäthyläther von J. HIRSCH u. E.H. AHRENS jr. (1958) vor, da es zu einer schärferen Trennung der Glyceride führt als das Benzol-Chloroform-Äther-System.

Auch E. DISTLER u. F.J. BAUR (1965) konnten in einem Ringversuch, an dem sich 9 Analytiker beteiligten, die Zuverlässigkeit der Methode von QUINLIN u. WEISER bestätigen: Jede Analyse dauert 8 Std. Es können aber 8 Parallelbestimmungen gemacht werden. Die durchschnittliche Standardabweichung wurde zu 0,6—1,0% absolut und der Wiedergewinnungsgrad für Mono-, Di- und Triglyceride zu 96, 100,3 bzw. 102% gefunden.

β) Mit Hilfe der Papier-, Dünnschicht- und Gaschromatographie

J.W. DIECKERT u. R. REISER (1956a) beschrieben ein *papierchromatographisches* Verfahren zur Trennung von Mono-, Di- und Triglyceriden sowie Cholesterin und Cholesterinestern. Als Chromatographiermedium dient ein mit Kieselsäure imprägniertes Glasfaserpapier und als Lösungsmittel Äthyläther-Isooctangemische unterschiedlicher Polarität. Zur Sichtbarmachung und zur Unterscheidung von Glycerinestern und cholesterinhaltigen Lipoiden werden die Chromatogramme mit verdünnter Schwefelsäure 1:1 besprüht.

Auch *dünnschichtchromatographisch* gelingt die Zerlegung gut, wie O.S. PRIVETT u. Mitarb. (1961) zeigen konnten. Die Platten werden mit Silicagel beschickt. Zur Entwicklung, die in 10—20 min vor sich geht, werden verschiedene Mischungen von Äther und Petroläther benutzt. Nach dem Verdunsten des Lösungsmittels werden die Platten zur Verkohlung des organischen Materials mit einer 80%igen Lösung von Kaliumdichromat in Schwefelsäure besprüht und auf 180°C erhitzt. Durch photoelektrische Messung der Extinktion der Flecken kann man die getrennten Glycerinester quantitativ bestimmen. Die Genauigkeit der Methode ist sehr gut. Es kann noch 0,1% einer Komponente erfaßt werden.

Nach CL. FRANZKE u. A. JANTZ (1964) sind dünne Gipsschichten besonders gut zur dünnschichtchromatographischen Trennung von Mono-, Di- und Triglyceriden geeignet. Einwandfreie Trennungen werden durch Anwendung von Dichloräthan sowie Äther/Petroläther (3:7) und (1:1) als mobile Phase erreicht.

Das Verfahren eignet sich nach CL. FRANZKE u. Mitarb. (1967) auch zur quantitativen Bestimmung: Die dünnschichtchromatographisch getrennten Glyceridfraktionen werden abgeschabt, mit Äther eluiert und verseift. Das freigesetzte Glycerin wird mit Perjodsäure zu Formaldehyd oxydiert und dieses mittels Chromotropsäure bestimmt. Maximaler Fehler: ± 5%.

Auch *gaschromatographisch* können Mono- und Diglyceride getrennt und bestimmt werden. V.R. HUEBNER (1959) trennt Mono- und Diglyceride nach der Veresterung mit Essigsäure an einer mit Celite 545 gefüllten Säule, die mit 23,9%

[1] Unveröffentlichte Versuche.

Hochvakuumsiliconfett imprägniert ist, bei 300°C. A.G. McInnes u. Mitarb. (1960) überführen die Monoester durch Umsetzung mit Methansulfonylchlorid in Gegenwart von Pyridin in die Mesylester und reduzieren letztere mit Natriumjodid in Aceton zu den Allylestern. Die Trennung wird bei 240°C an einer Säule vorgenommen, die mit Celite 545 gefüllt ist, welches mit 25% Apiezon M imprägniert wurde. Die Methode ermöglicht auch die Bestimmung von 1- und 2-Monoglyceriden nebeneinander. Oxydiert man das Substrat vor der Herstellung der Allylester mit Perjodsäure, so werden nur die 1-Monoglyceride oxydiert. Die 2-Monoglyceride bleiben unverändert und können in die Allylester überführt und gaschromatographisch bestimmt werden.

R.D. Wood u. Mitarb. (1965b) überführen die Monoglyceride vor der gaschromatographischen Trennung in ihre Trimethylsilylätherderivate. Diese werden schnell und quantitativ bei Zimmertemperatur ohne Isomerisierung gebildet. Die Trimethylsilylätherderivate von 1- und 2-Monoglyceriden können an Polyestersäuren getrennt werden, wie sie zur Analyse von Methylestern verwendet werden.

Einen Überblick über die Methoden zur direkten gaschromatographischen Bestimmung von Mono-, Di- und Triglyceriden im analytischen Maßstab gibt A. Kuksis (1965). Insbesondere werden die hierfür geeigneten Temperatur- und Kolonnenbedingungen aufgeführt, so daß Zersetzungserscheinungen weitgehend vermieden werden können.

2. Unverseifbares

Nach einer Definition der IUPAC versteht man unter dem Unverseifbaren solche Stoffe, die im Fett löslich sind, nach der Verseifung des Fetts wasserunlöslich bleiben und mit Lösungsmitteln extrahiert werden können. Zum Unverseifbaren zählen Lipoide natürlichen Ursprungs, wie Sterine, Alkohole, Kohlenwasserstoffe und Vitamine, aber auch fremde organische Stoffe, wie Mineralöle, die bei 100°C nicht flüchtig sind.

Die Menge des Unverseifbaren liegt im Durchschnitt zwischen 0,2 und 1,5%. Es gibt indessen auch Öle, die bis zu 90% Unverseifbares enthalten können. Eine Übersicht gibt Tab. 102, die nach den Angaben zahlreicher Autoren zusammengestellt wurde.

Tabelle 102. *Gehalt natürlicher Fette an unverseifbaren Bestandteilen*

Fettart	% Unverseifbares	Fettart	% Unverseifbares
1. Feste Pflanzenfette		Maisöl	0,8— 1,2
Cocosfett	0,1— 0,8	Sonnenblumenöl	0,3— 1,2
Palmkernfett	0,2— 0,6	Sojaöl	0,6— 1,0
Babassufett	0,4	Leinöl	0,5— 1,2
Kakaobutter	0,2— 0,3		
Sheabutter	3,6—10,0	*3. Fette von Landtieren*	
Palmöl	0,3— 0,9	Schweineschmalz	0,1— 0,2
		Rindertalg	0,1— 0,2
2. Flüssige Pflanzenfette			
Olivenöl	0,4— 1,1	*4. Fette von Meerestieren*	
Erdnußöl	0,2— 0,4	Walöl, je nach Sorte	0,4— 2,0
Rapsöl	0,7— 1,1	Spermwalöl	35 —44
Sesamöl	0,8— 1,4	Haileberöl	0,7—90
Kottonöl	0,6— 2,0	Heringsöl	1,2— 2,3

Zur Bestimmung des Unverseifbaren eignen sich, außer der Extraktion des trockenen oder in Wasser gelösten verseiften Fettes, auch Spezialmethoden, wie Molekulardestillation, Adsorptions- und Verteilungschromatographie, Ionenaustauschverfahren usw. Für analytische Zwecke bedient man sich fast ausschließlich der Extraktion der Seifenlösung mit Lösungsmitteln, wie Petroläther und Äthyläther. Die Petroläther-Methode geht in ihrer heutigen Form auf die Arbeit von M. HÖNIG u. H. SPITZ (1891), die Extraktion mit Äther auf die Verfahren von A. BÖMER (1898) bzw. W. FAHRION (1920) zurück.

So einfach diese Methoden im Prinzip sind — das Fett wird mit alkoholischer Lauge verseift, die Seife mit dem Lösungsmittel mehrmals extrahiert und der gewaschene Extrakt zur Trockene eingedampft — so wenig übereinstimmend sind die Ergebnisse, wenn nicht gewisse *Fehlerquellen* beachtet und ausgeschaltet werden. Die wichtigsten sind folgende:

1. *Unvollständige Extraktion des Unverseifbaren.* Höhermolekulare Alkohole, wie sie im Fett von Seetieren vorkommen, lösen sich nur unvollständig in Petroläther. Bei der Untersuchung von Seetierölen erhält man daher nur mit Äthyläther richtige Werte.

2. *Extraktion saurer Seifen,* die dann anwesend sind, wenn ein zu geringer Überschuß an Lauge zur Verseifung gewählt oder bei ausreichender Alkalimenge nicht genügend Alkohol zugegeben wird, um die Hydrolyse der Seife zu unterbinden.

3. *Ein ungünstiger Verteilungskoeffizient,* wie er in Gegenwart von zuviel Alkohol zu beobachten ist. Es löst sich in diesem Fall ein großer Teil des Extraktionsmittels in der Alkohol-Seifen-Lösung. Dadurch wird der Übergang des Unverseifbaren in die Äther- oder Petroläther-Lösung erschwert. Die Zahl der Extraktionsstufen muß dann über das normale Maß hinaus vermehrt werden.

Hieraus erhellt, wie wichtig eine genaue Festlegung der Arbeitsbedingungen für die Bestimmung des Unverseifbaren ist. Besondere Verdienste um die Standardisierung der Methoden erwarb sich die DGF mit den von ihr organisierten Gemeinschaftsarbeiten in den Jahren 1936—1939, in denen die von der IC — Vorläuferin der IUPAC — gewählte Methodik in allen Einzelheiten festgelegt wurde (vgl. H. FIEDLER 1937; H.P. KAUFMANN 1939b). Diese Vorarbeiten führten zu den Vorschriften der DGF und der IUPAC, von denen die letztere ausführlich wiedergegeben werden soll.

Aber auch außerhalb dieses Gremiums wurden die Methoden zur Bestimmung des Unverseifbaren standardisiert, so daß heute eine Reihe von genormten Vorschriften existiert, die sich im einzelnen nicht unwesentlich unterscheiden (vgl. Tab. 103).

Tabelle 103. *Überblick über genormte Methoden zur Bestimmung des Unverseifbaren*

Vorschrift	Fetteinwaage g	Alkohol. Kalilauge ml	Konz.	Extraktionsmittel ml	Art
AOAC 26.071 (1965)	2 —2,5	25	~0,8 n	3—4×50	Äther
AOCS Ca 6a-40	5,0	30	~2 n	7×50	Petroläther
AOCS Ca 6b-53	2 —2,5	25	~0,8 n	3×50	Äther
B.S. 684: 1958	2,0—2,2	25	0,5 n	3×50	Äther
DGF C-III 1a (53)	5,0	50	1 n	3×100	Äther
DGF C-III 1b (53)	5,0	50	2 n	3×50	Petroläther
IUPAC II. D. 5.2.	5,0	50	2 n	3×50	Petroläther
IUPAC II. D. 5.3.	5,0	50	2 n	3×100	Äther

Die Extraktion mit Petroläther ist einfacher, da sie weniger zur Emulsionsbildung führt. Alle Vorschriften lassen dieses Lösungsmittel indessen nur zu, wenn es sich um normale pflanzliche oder tierische Fette mit geringem Gehalt an Unverseifbarem handelt. Sonst, namentlich bei Seetierölen, Wollfett usw., ist die Äther-Methode vorgeschrieben. Infolge der unterschiedlichen Lauge- und Alkohol-Konzentration führen die verschiedenen Methoden nicht immer zu gleichen Ergebnissen. Dafür später noch Beispiele.

a) Bestimmung des Unverseifbaren durch Extraktion mit Petroläther (IUPAC-Methode II. D. 5. 2.)

Geräte:

150-ml-Kolben mit Rückflußkühler
500-ml-Scheidetrichter
Trockenschrank, reguliert auf 103 °C (± 2 °C).

Reagentien:

Alkoholische Kalilauge, ca. 2 n, nicht dunkler als strohgelb, sonst ist der Alkohol nach S. 567 zu reinigen. Petroläther, Siedegrenzen 40/60 °C, rückstandsfrei, Bromzahl < 1.

Verfahren:

Ca. 5 g Fett werden auf 0,01 g genau in den Kolben eingewogen. Man setzt 50 ml 2 n alkoholische Kalilauge zu, schließt den Kühler an und kocht gelinde ca. 1 Std. Dann entfernt man die Heizquelle, gibt durch den Kühler 50 ml dest. Wasser hinzu und schüttelt. Nach dem Abkühlen bringt man die Seifenlösung in einen Scheidetrichter und spült den Kolben mehrere Male mit insgesamt 50 ml Petroläther nach. Der Inhalt wird kräftig 1 min geschüttelt. Dann läßt man bis zur vollständigen Trennung beider Phasen stehen und zieht die Seifenlösung in einen zweiten Scheidetrichter ab. Etwaige Emulsionen können durch Zugabe von etwas Alkohol oder konzentrierter Kaliumhydroxid-Lösung gebrochen werden. Die Seifenlösung wird noch zweimal mit je 50 ml Petroläther extrahiert.

Die drei Petrolätherextrakte werden in einem Scheidetrichter vereinigt und dreimal mit je 50 ml 50 %igem Alkohol gewaschen. Der Petrolätherextrakt wird quantitativ, wenn nötig absatzweise, durch den Hals des Trichters in einen tarierten 250-ml-Kolben gegeben, wobei man mit kleinen Mengen Petroläther nachspült, Das Lösungsmittel wird nun durch Destillation auf dem siedenden Wasserbad verdampft und der Rückstand im Trockenschrank bei 103 °C 15 min getrocknet, wobei man den Kolben in eine horizontale Lage bringt, und nach dem Abkühlen im Exsiccator gewogen. Das Trocknen wird in aufeinanderfolgenden Perioden von je 15 min wiederholt, bis der Gewichtsverlust zwischen zwei Wägungen weniger als 0,1 % beträgt. Sollte nach drei Operationen dieser Art kein konstantes Gewicht erreicht werden, ist das Unverseifbare wahrscheinlich verunreinigt. Will man ermitteln, ob das Unverseifbare frei von Seife ist, verascht man das Unverseifbare und titriert die Asche mit einer wäßrigen Lösung von 0,1 n-Salzsäure in Gegenwart von Methylorange.

Berechnung:

$$\%\ \text{Unverseifbares} = \frac{100 \cdot a}{E} \qquad (1)$$

a = Gewicht des Rückstandes in g
E = Einwaage in g
bzw. für den Fall, daß das Unverseifbare verascht und die Asche titriert wurde:

$$\%\ \text{Unverseifbares} = \frac{100 \cdot (a - 0{,}32 \cdot N \cdot b)}{E} \qquad (2)$$

a = Gewicht des Rückstandes in g
b = Anzahl verbrauchte ml 0,1 n-Salzsäure
N = Normalität der wäßrigen Salzsäure
E = Einwaage in g.

b) Bestimmung des Unverseifbaren durch Extraktion mit Äthyläther (IUPAC-Methode II. D. 5. 3.)

Geräte:

Wie bei der Petroläthermethode.

Reagentien:

0,5 n wäßrige Kalilauge
Alkoholische Kalilauge, nahezu 0,2 n
Äthyläther, rückstands- und peroxidfrei.

Verfahren:

5 g Fett werden, wie bei der Petroläthermethode angegeben, verseift. Nach dem Abkühlen bringt man den Inhalt des Verseifungskolbens unter Nachspülen mit insgesamt 100 ml Wasser in einen Scheidetrichter. Man spült Kolben und Kühler mit 100 ml Diäthyläther nach und

bringt diesen ebenfalls in den Scheidetrichter, der nach dem Verschließen kräftig geschüttelt wird, solange der Inhalt noch etwas warm ist. Dann hält man den Trichter senkrecht, bis eine klare Trennung der zwei Schichten eingetreten ist.

Wenn sich infolge Anwesenheit überschüssigen Alkalis eine Emulsion gebildet hat, beseitigt man diese durch Zugabe von wenigen Tropfen 1 n-Salzsäure.

Dann wird die wäßrige alkoholische Schicht in den Verseifungskolben abgelassen und der äthyläthersche Extrakt durch den Hals des Trichters in einen anderen Scheidetrichter gegossen, der 40 ml Wasser enthält. Man extrahiert die wäßrige alkoholische Seifenlösung noch zweimal in derselben Weise mit je 100 ml Äther und vereinigt die Ätherauszüge in dem zweiten Scheidetrichter. Wenn diese Ätherlösung noch suspendierte Stoffe enthält, filtriert man sie sorgfältig und wäscht Rückstand und Filter mit wenig Äther aus, um alles Ätherlösliche zu entfernen. Darauf wird der Scheidetrichter, der die vereinigten Extrakte und die 40 ml Wasser enthält, ohne heftig zu schütteln, in leichte Rotation versetzt und nach dem Absitzen der Schichten das Waschwasser abgelassen.

Man wäscht die Ätherlösung zweimal mit 40 ml Wasser, dann nacheinander mit 40 ml 0,5 n wäßriger Kaliumhydroxid-Lösung, 40 ml Wasser und wieder mit 40 ml 0,5 n wäßriger Kaliumhydroxid-Lösung und dann schließlich noch zweimal mit 40 ml Wasser. Das Waschen mit Wasser wird solange fortgesetzt, bis das Waschwasser nach Zugabe von Phenolphthalein keine rosa Färbung mehr gibt.

Die ätherische Lösung wird nun absatzweise aus dem Scheidetrichter unter Nachwaschen mit dem Lösungsmittel in einen 200 ml fassenden tarierten Kolben gebracht und auf ein kleines Volumen eingedampft. Man gibt 6 ml Aceton hinzu und vertreibt das Lösungsmittel vollständig in einem langsamen Luftstrom, wobei man den schräg eingespannten Kolben fast ganz in ein kochendes Wasserbad eintaucht. Dann trocknet man im Trockenschrank bei 103° C zu Ende, wie für die Petroläthermethode angegeben, und wägt.

Der Rückstand wird in 20 ml 95 vol.-%igem frisch destilliertem und neutralisiertem Alkohol gelöst und mit 0,1 n alkoholischer Kalilauge in Gegenwart von Phenolphthalein titriert. Wenn das Volumen der Kalilauge 0,2 ml überschreitet, muß die Bestimmung wiederholt werden.

Berechnung:

$$\% \text{ Unverseifbares} = \frac{100 \cdot a}{E}$$

a = Gewicht des Rückstandes in g
E = Einwaage in g.

Anmerkung:

Die hier wiedergegebenen IUPAC-Methoden sind bis auf unwesentliche Abweichungen mit den im Jahre 1939 veröffentlichten entsprechenden Methoden der IC (H. P. KAUFMANN (1939b)), und den DGF-Methoden C – III 1a (53) bzw C – III 1b (53) identisch.

Die bei der Äthermethode nicht zu übersehende Gefahr, daß Fettsäuren in das Unverseifbare übergehen (H. W. WEEDON 1939) läßt sich nach N. D. SYLVESTER u. Mitarb. (1945) dadurch beheben, daß man die ätherische Lösung des Unverseifbaren vor dem Eindampfen durch eine 10 cm hohe Schicht von aktiviertem Aluminiumoxid filtriert, welche die freien Fettsäuren vollständig zurückhält.

c) Reproduzierbarkeit und Genauigkeit der Methoden; Mikromethode

Einen guten Begriff von der *Reproduzierbarkeit* dieser Methoden geben Vergleichsanalysen, die 1937 auf Veranlassung der DGF in Laboratorien verschiedener Länder ausgeführt und deren Ergebnisse zur Diskussion der hier wiedergegebenen IC- bzw. IUPAC-Methoden ausgewertet wurden (H. FIEDLER (1937), vgl. Tab. 104).

Man muß also bei der Bestimmung des Unverseifbaren mit wesentlich größeren Streuungsbreiten als bei der Bestimmung anderer Kennzahlen rechnen.

Auch bezüglich der *Genauigkeit* darf man an diese Methode nicht zu große Anforderungen stellen. E. ANDRÉ u. M. MAILLE (1957) stellten in ihren Untersuchungen über das Unverseifbare der Cruciferen-Öle fest, daß auch die bei der Extraktion mit Äther gefundenen Werte zu niedrig sind. Sie fanden, daß man

Tabelle 104. *Reproduzierbarkeit der Methoden zur Bestimmung des Unverseifbaren* (nach H. FIEDLER 1937)

Substrat	Gealtertes Rüböl		Haitran	Haitran
Methode	Petroläther	Äther	Petroläther	Äther
% Unverseifbares, gefunden durch	Mittelwerte:		Mittelwerte:	
Gruppe 1	3,5	4,1	6,9	17,7
2	4,1	4,4	6,9	14,3
3	3,3	4,4	8,5	16,5
4	4,5	5,6	6,3	16,3
5	1,9	2,7	8,9	17,8
Mittel	3,46	4,24	7,50	16,40
Standardabweichung ±	0,99	1,03	1,01	1,42
Variationskoeffizient	28,6	24,3	13,5	8,67

weitere Mengen Unverseifbares erhält, wenn man an die Extraktion mit Äther eine Extraktion der Bariumsalze mit Aceton anschließt. Einige Beispiele hierfür in Tab. 105.

Tabelle 105. *Bestimmung des Unverseifbaren durch dreifache Extraktion* (nach E. ANDRÉ u. M. MAILLE 1957)

Ölsorte	% Unverseifbares durch Extraktion mit			
	Petroläther	Äther	Aceton	Summe
Rapsöl, gepreßt	0,57	0,43	0,37	1,37
Winterrüböl, gepreßt	0,55	0,52	0,57	1,65
Maisöl	2,5	0,9	0,27	3,7
Leinöl	1,0	0,55	0,36	1,9
Olivenöl	0,62	0,28	0,33	1,2
Sojaöl	0,51	0,30	0,28	1,1
Palmöl	0,65	0,26	0,10	1,0

Zu ähnlichen Endzahlen gelangten die Autoren, wenn sie die Seifenlösung, statt wie üblich dreimal, achtmal mit Äther extrahierten.

Angesichts dieser Ergebnisse wird man Literaturangaben über den Gehalt der Fette an Unverseifbarem mit großer Vorsicht beurteilen müssen.

Nach M. WALBECQ (1964) führt bei der Petroläther-Methode das Auswaschen der Petrolätherlösung mit 50%igem Alkohol in Gegenwart polarer Substanzen zu beträchtlichen Verlusten. Besser wäscht man daher mit 10%igem Alkohol aus.

Zur Bestimmung des Unverseifbaren im *Halbmikro-* oder *Mikromaßstab* sind die Methoden zur Extraktion von Seifenlösungen weniger gut geeignet. J. H. BENEDICT (1960) verwandte mit Erfolg eine Ionenaustauschersäule zur Abtrennung des Unverseifbaren aus 200 mg Fett:

200 mg Fett werden mit 2,0 ml 1 n alkoholischer Kalilauge verseift. Die Seifenlösung wird durch Eindampfen vom Alkohol befreit, der Rückstand in warmem Wasser aufgenommen, die erhaltene Lösung mit 2,4 ml 1 n wäßriger Salzsäure angesäuert und im Perforator ausgeäthert. Die ätherische Lösung wird eingedampft und der Rückstand gewogen.

Der Trockenrückstand von der Bestimmung der Gesamtfettsäuren wird in 30 ml eines Lösungsmittels, bestehend aus 5 Teilen Aceton, 5 Teilen Äthyläther und 1 Teil dest. Wasser, gelöst und diese Lösung durch eine Säule geleitet, die ca. 20 ml des Anionenaustauschers Dowex 2-X8 in basischer Form enthält, wobei die Fettsäuren zurückbleiben. Das abfließende Lösungsmittel, welches das Unverseifbare enthält, wird eingedampft und der Rückstand nach dem Trocknen gewogen.

Die Genauigkeit der Methode ist sehr gut, wie folgende Beleganalysen zeigen:

Unverseifbares	mg Unverseifbares zugegeben	mg Unverseifbares gefunden
Cholesterin	1,06	1,16
Cholesterin	2,05	2,12
Gemischtes Unverseifbares	1,17	1,19
Gemischtes Unverseifbares	2,33	2,23

Einen anderen Weg beschreitet G. GORBACH (1940) zur Mikrobestimmung des Unverseifbaren (zur Apparatur vgl. S. 694):

2—4 mg Substanz werden in eine Platinöse eingewogen, in ein Glaskölbchen gebracht und mit 0,4—6 mm^3 eines Gemisches aus 2 Teilen normaler alkoholischer Natronlauge und 1 Teil Toluol verseift unter Benutzung der vom Autor angegebenen Rückflußvorrichtung. Dann entfernt man den Rückflußkühler, setzt 1 mm^3 einer kalt gesättigten Barytlösung, die 2% Bariumchlorid enthält, hinzu und dampft unter Rühren mit einem Mikroglasstab bis fast zur Trockne ein. Nach 1stündigem Trocknen schiebt man das Kölbchen auf die Filterfläche des Gorbach'schen Extraktionsapparates (vgl. S. 696) und extrahiert mit niedrig siedendem Petroläther 1—2 Std.

Die Brauchbarkeit der Methode wurde von GORBACH an vielen Fetten geprüft. Es wurde gute Übereinstimmung mit den nach dem Makroverfahren erhaltenen Werten festgestellt.

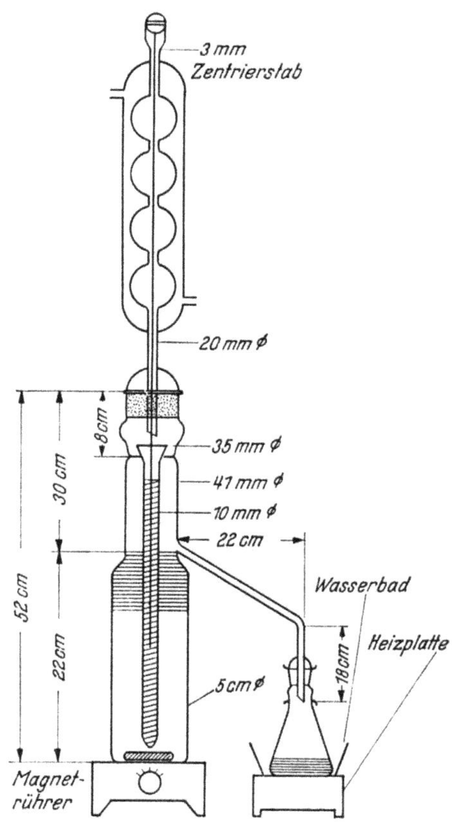

Abb. 108. Perforator nach BUERKI u. HOLT (1954)

d) Gewinnung größerer Mengen Unverseifbares für differenzierte Untersuchungen

Die nach den im vorhergehenden beschriebenen Verfahren erhaltenen Mengen an Unverseifbarem reichen im allgemeinen für differenzierte Untersuchungen, wie sie beispielsweise in Abschnitt VIII beschrieben werden, nicht aus. Es sind daher zahlreiche Verfahren für die Gewinnung des Unverseifbaren aus größeren Fettmengen ausgearbeitet worden, die sich indessen meistens ebenfalls des Extraktionsprinzips bedienen.

Eine Erweiterung der beschriebenen Normverfahren auf die Gewinnung des Unverseifbaren aus größeren Mengen Fett würde die Verwendung unhandlich großer Schütteltrichter erfordern und zu einem sehr hohen Lösungsmittelverbrauch führen. Für 100 g Fett wären beispielsweise 3 l Petroläther bzw. 6 l Äther notwendig. Man extrahiert daher nach einem Vorschlag von J. GROSSFELD (1940b) besser mit einem kleinen Lösungsmittelvolumen unter Verwendung von Perforatoren, die in verschiedenen Größen und Formen von namhaften Glaswerken (z. B. Schott & Gen., Mainz, Normag, Hofheim/Taunus, Normschliff, Wertheim und Quickfit, Wiesbaden-Biebrich) hergestellt werden. Besonders zweckmäßig erscheint dem Verfasser die in Abb. 108 wiedergegebene Anordnung von CH. R. BUERKI u. K. E. HOLT (1954), bei der nicht nur der Inhalt des Extraktionsgefäßes in weiten Grenzen variiert, sondern auch die Verteilung des Lösungsmittels durch Anwendung eines magnetischen Rührers beeinflußt werden kann.

Als Extraktionsmittel wählt man nach J. GROSSFELD (1940b) am besten rückstandsfreies Benzin mit den Siedegrenzen 60—70° C, das bei genügend langer Einwirkung auch die schwer extrahierbaren Sterine herauslöst und vor dem Äther den Vorzug besitzt, nur geringe Seifenmengen aufzunehmen. Wichtig ist, die Seifenlösung nicht zu konzentriert zu machen, da sie dann unverhältnismäßig viel Benzin löst, und die Alkoholkonzentration auf ca. 40% zu halten, da sonst leicht Emulsionen auftreten.

Nach J. GROSSFELD (1940b) arbeitet man zweckmäßig nach folgender Vorschrift, deren Mengenangaben für größere Ansätze entsprechend multipliziert werden können:

In einem 400-ml-Erlenmeyerkolben werden 40 g Fett mit 20 ml 47%iger Kalilauge und 80 ml Alkohol von 96 Vol.-% 15 min unter Rückfluß verseift. Die entstandene Seifenmischung löst man nach Erkalten auf Handwärme in 150 ml Benzin und fügt unter Schütteln 80 ml Wasser hinzu. Nach kurzer Zeit tritt Schichtentrennung ein, worauf man das Gemisch in einen 300 ml fassenden Perforierapparat bringt, mit der Vorsicht, daß keine Seifenlösung durch Überfließen in den mit ca. 100 ml Benzin und einigen Körnchen Bimsstein beschickten Extraktionskolben gelangt. Nun perforiert man 6 Std unter Erhitzen des Extraktionskolbens im siedenden Wasserbad.

Bei der Perforation werden vom Benzin kleine Mengen Seife aufgenommen. Man entfernt sie durch Ausschütteln mit 50%igem Alkohol, und zwar benötigt man für die erste Ausschüttelung 5 ml und für die weiteren 20 ml. Dann dampft man im Erlenmeyerkolben ein und trocknet bis zur Gewichtskonstanz.

Nach diesem Verfahren fand GROSSFELD vom zugesetzten Paraffin 100% und vom zugesetzten Cholesterin und Sitosterin 92 bzw. 93% wieder.

3. Gesamtfettsäuren

a) Berechnung aus Verseifungs- und Säurezahl

Der Fettsäuregehalt eines Neutralfettes läßt sich, wie auf S. 560 gezeigt wurde, nach der Gleichung berechnen:

$$\% \text{ Gesamtfettsäuren} = \frac{100 \cdot VZ}{VZ_S} \tag{1}$$

VZ = Verseifungszahl des Neutralfettes
VZ_S = Verseifungszahl der Gesamtfettsäuren.

Für Mischungen aus freien Fettsäuren und Neutralfett gilt unter der Voraussetzung, daß die freien und gebundenen Fettsäuren dasselbe Molekulargewicht besitzen:

$$\% \text{ Gesamtfettsäuren} = 100 \cdot \left(\frac{SZ}{VZ_S} + \frac{EZ}{VZ_S}\right) \tag{2}$$

Da aber meistens die Verseifungszahl der Gesamtfettsäuren nicht bekannt ist, berechnet man diese nach J. GROSSFELD (1928) über das mittlere Molekulargewicht M_S der Fettsäuren aus der Verseifungszahl der Triglyceride nach der Formel:

$$M_S = \frac{56104}{VZ} - 12{,}7; \qquad VZ_S = \frac{56104}{M_S}$$

Für die Berechnung des Fettsäuregehaltes von neutralen Glyceriden bedient man sich am einfachsten der von W. ARNOLD (1905) aufgestellten Formel:

$$\% \text{ Gesamtfettsäuren} = 100 - 0{,}02259 \cdot VZ \tag{3}$$

b) Bestimmung durch Abtrennung und Wägung

Wenn die Gesamtfettsäuren für weitere Untersuchungen, beispielsweise für Auftrennungen nach Abschnitt VI, verwendet werden sollen, müssen sie nach einem der folgenden Verfahren abgeschieden werden.

Die DGF-Methode C - III 2 (53) führt zu einem Gemisch von mittel- und höhermolekularen Fettsäuren mit etwa vorhandenen Hydroxyfettsäuren, oxydierten und polymerisierten Fettsäuren. Niedermolekulare Fettsäuren, wie Buttersäure oder Capronsäure, werden gar nicht oder nur unvollständig erfaßt. Es ist daher zu empfehlen, das Ergebnis der Abtrennung an Hand der Formeln (2) und (3) auf Zuverlässigkeit zu prüfen.

Bestimmung der Gesamtfettsäuren nach DGF-Methode C - III 2 (53)

Die nach der Abtrennung des Unverseifbaren mit Äthyläther (vgl. S. 713) erhaltenen alkoholischen Seifenlösungen und Waschwässer werden vereinigt und eingedampft, bis der Alkohol völlig verjagt ist. Die noch warme Seifenlösung überführt man in einen Scheidetrichter und zersetzt unter kräftigem Schütteln mit heißer, verdünnter Salzsäure. Nach dem Abkühlen wird mit 50—100 ml peroxidfreiem Äther erschöpfend ausgeschüttelt. Die vereinigten Ätherauszüge wäscht man mit 10%iger Kochsalzlösung neutral und trocknet $^1/_4$ Std lang mit einer ausreichenden Menge entwässerten Natriumsulfats, indem man letzteres in die Lösung gibt und von Zeit zu Zeit umschüttelt. Sodann wird in einen Kolben von 250 ml Inhalt filtriert, der samt einem Bimsstein-Stückchen vorher gewogen wurde. Das Entwässerungsmittel wäscht man mit trockenem, fettfreiem Äther nach, der mit der Fettsäurelösung vereinigt wird. Auf dem Wasserbad destilliert man die Hauptmenge des Äthers ab und entfernt die letzten Reste mittels eines Handgebläses. Nun wird kurzzeitig unter Beachtung nachstehender Regeln getrocknet, bis die Gewichtsänderung nach je $^1/_4$stündiger Trocknungsdauer nicht mehr als 0,005 g beträgt.

Die Trocknungstemperatur richtet sich nach der Art der vorliegenden Fettsäuren. Sie darf 60° C nicht übersteigen, wenn flüchtige Fettsäuren, wie Palmkern- und Cocosfettsäuren u. dgl., darin enthalten sind. Leicht oxydierbare Fettsäuren werden im Kohlendioxid-Strom bzw. im Vakuum getrocknet.

J. Grossfeld (1941a) untersuchte eingehend die Fehlerquellen bei der Bestimmung der Gesamtfettsäuren und fand, daß die hauptsächlichsten Verluste bei der Fettsäurebestimmung durch den Übergang der niederen Fettsäuren in die wäßrige alkoholische Schicht beim Ausschütteln hervorgerufen werden und daß demgegenüber die Verluste beim Abdestillieren des Lösungsmittels oder beim Trocknen im Trockenschrank verhältnismäßig klein sind. Bei Einhaltung der nachstehenden, vom Verfasser etwas modifizierten Arbeitsweise gelingt die quantitative Bestimmung der Gesamtfettsäuren auch bei Fetten mit hohem Gehalt an niedermolekularen Fettsäuren.

Bestimmung der Gesamtfettsäuren nach J. Grossfeld (1941a)

1. Verfahren für Fette der Laurinsäuregruppe und ihrer Gemische mit höhermolekularen Fetten. Ca. 5 g des zu prüfenden Fettes werden in einer 100-ml-Steilbrustflasche aus thermoresistentem Glas mit 2 ml Kalilauge (D = 1,5) und 10 ml Alkohol auf einer Heizplatte unter Zusatz von etwas Bimssteingrieß vorsichtig zum leichten Sieden erhitzt. Die entstandene Lösung wird im Sieden erhalten, bis die Hauptmenge des Alkohols verdampft ist. Dann bringt man die Flasche waagerecht in einen Trockenschrank und verdampft die letzten Alkoholreste. Nun fügt man zu der Seife 5 ml 25%ige Salzsäure, schüttelt, verschließt mit einem beschwerten Glasstopfen und hält die Flasche unter häufigem Umschütteln solange im Trockenschrank, bis die Fettsäuren als gleichmäßige, meist klare Schicht die Salzsäureschicht bedecken. Dann läßt man auf Zimmertemperatur erkalten und fügt genau 50 ml rückstandsfreies Extraktionsbenzin von den Siedegrenzen 60—70° C und einer Temperatur von 20° C hinzu, schüttelt gut durch und läßt bis zum Klarwerden der Benzinschicht stehen. Hierauf entnimmt man bei der gleichen Temperatur durch Druckpipettierung (vgl. S. 422) 25 ml der Fettlösung, gibt sie in einen tarierten, mit einigen Bimssteinkörnern beschickten 100-ml-Kolben, destilliert das Benzin ab, trocknet liegend 2 Std im Trockenschrank bei 105° C und wägt.

Berechnung:

$$\% \text{ Gesamtfettsäuren einschließlich Unverseifbares} = \frac{100 \cdot 50 \cdot a}{E \cdot (25 - a/d)}$$

a = Auswaage der Fettsäuren
d = Dichte der flüssigen Fettsäuren = 0,90
E = Einwaage in g.

2. Verfahren für oxysäurehaltige Fette. Man verfährt wie unter 1., nur mit dem Unterschied, daß statt Benzin ein mit Wasser gesättigtes Gemisch gleicher Raumteile Benzin und Äther verwendet wird.

3. Verfahren für Butterfett und butterfetthaltige Gemische. GROSSFELD schlägt für diese Fette eine Korrektur der Auswaage mit Hilfe der Buttersäurezahl vor.

Ist B die Buttersäurezahl des Fettes, so ist die Buttersäurezahl der darin enthaltenen Fettsäuren $B_1 = 1{,}05 \cdot B$. Ist ferner die Buttersäurezahl der ausgewogenen Fettsäuren B_2, so ist der Buttersäureverlust bei der Bestimmung $= 0{,}18 \cdot (B_1 - B_2)$.

Vollständig vermieden werden Verluste an flüchtigen niedermolekularen Fettsäuren, wenn man den nach 1. erhaltenen Benzinextrakt nach einer Neutralisierung, die man zweckmäßig analog zur DGF-Methode D - IV 6 (1961) vornimmt, verdampft:

25 ml der Benzinlösung werden durch Eindampfen von der Hauptmenge des Benzins befreit. Der Rückstand wird in 20 ml Äthanol aufgenommen, mit 0,5 n alkoholischer Kalilauge gegen Phenolphthalein neutralisiert und nach Zugabe von 10 ml derselben Lauge noch $^1/_2$ Std unter Rückfluß gekocht. Dann titriert man den Alkaliüberschuß mit 0,5 n-Salzsäure zurück, dampft die Lösung ein und trocknet im Trockenschrank bei 120°C.

Berechnung:

$$\text{g Fettsäure} = T - 0{,}019\,(b - c) - 0{,}037 \cdot c$$

T = Trockenrückstand in g
b = ml 0,5 n-Kalilauge
c = ml 0,5 n-Salzsäure.

Die so erhaltene Fettsäuremenge wird zur Berechnung des Prozentsatzes der Gesamtfettsäuren in die Gleichung nach Verfahren 1. eingesetzt.

c) Genauigkeit der Bestimmungsmethoden

Zur Demonstration der Genauigkeit dieser Verfahren wurde im Laboratorium des Verfassers von drei Fetten, nämlich Erdnußöl, Cocosfett und Butterfett, der Gesamtfettsäuregehalt sowohl aus der Verseifungszahl errechnet als auch nach der DGF-Methode und dem Verfahren von GROSSFELD bestimmt (vgl. Tab. 106).

Tabelle 106. *Bestimmung des Gesamtfettsäuregehaltes von Erdnußöl, Cocosfett und Butterfett*

Fettart	% Gesamtfettsäuren aus der VZ	% Gesamtfettsäuren nach DGF*	% Gesamtfettsäuren nach GROSSFELD ohne Neutralisierung	% Gesamtfettsäuren nach GROSSFELD mit Neutralisierung
		95,7	95,8	—
Erdnußöl	95,8	95,6	96,1	—
		95,6	95,9	—
		93,2	91,8	94,8
Cocosfett	94,8	93,1	91,8	94,6
		93,0	91,5	94,7
		93,7	94,1	94,5
Butterfett	94,2	93,7	93,9	94,7
		93,8	93,9	94,5

* Ohne Abtrennung des Unverseifbaren.

Der Einfluß der Flüchtigkeit der niederen Fettsäuren in Cocos- bzw. Butterfett ist deutlich zu sehen.

4. Wasserunlösliche Fettsäuren

Die Summe der aus einem Fett erhaltenen wasserunlöslichen Fettsäuren und des Unverseifbaren wurde früher als Hehner-Zahl bezeichnet. Aus den von A. W. RALSTON u. C. W. HOERR (1942) mitgeteilten Daten für die Löslichkeit der niederen Fettsäuren in Wasser von 20° C (vgl. S. 592) läßt sich der Schluß ziehen, daß man durch Ausschütteln des Fettsäuregemisches mit Wasser die Buttersäure vollständig und die Capronsäure zum größten Teil extrahieren kann, während die Capryl- und Caprinsäure mehr oder weniger in der Fettsäurephase zurückbleiben. Die Extraktionsmethode zur Bestimmung der wasserunlöslichen Fettsäuren führt daher nur zu relativen Ergebnissen, deren Reproduzierbarkeit von der genauen Einhaltung der vorgeschriebenen Arbeitsweise abhängt.

Obwohl die älteren Methoden angesichts der Vorzüge der in Abschnitt VI besprochenen chromatographischen Arbeitstechnik entbehrlich erscheinen, sollen zwei von ihnen hier wiedergegeben werden, da sie bei der Gewinnung von Fettsäureproben für differenzierte Untersuchungen von Wert sein können.

a) Verfahren von O. HEHNER, modifiziert von DALICAN

10 g Fett werden in einem 250-ml-Kolben mit einer Lösung von 6 g Ätznatron in 6—8 ml Wasser und 80 ml Alkohol $^1/_2$ Std verseift. Dann wird der Alkohol abdestilliert, der Rückstand in 150 ml Wasser gelöst und die Lösung mit verdünnter Salzsäure 1:4 versetzt. Man erhitzt noch $^1/_2$ Std auf dem Wasserbad, bis die Fettsäureschicht klar auf dem Wasser schwimmt, und läßt dann erkalten. Der erstarrte Fettsäurekuchen wird im Kolben zerkleinert und das Sauerwasser durch ein angefeuchtetes Filter abgegossen. Die Fettsäure wird nun mit zweimal 250 ml siedendem Wasser durchgeschüttelt, 40 min stehen gelassen, dann abgekühlt und nach dem Wiedererstarren der Fettsäuren durch ein Filter dekantiert. Man wiederholt dieses Auswaschen so oft, bis das Waschwasser gegen Lackmus neutral reagiert. Hierauf werden die Hauptmenge der Fettsäuren aus dem Kolben und die kleine auf dem Filter befindliche Menge in ein gewogenes Schälchen gebracht und zusammengeschmolzen. Wenn sich dabei noch einige Wassertröpfchen sammeln sollten, gießt man sie ab, setzt einige Tropfen Alkohol zu und trocknet bei 100° C unter CO_2 bis zur Gewichtskonstanz.

Nach Erfahrungen des Verfassers löst man die gewaschenen Fettsäuren besser in 100 ml Äther, trocknet die Ätherlösung über wasserfreiem Natriumsulfat, filtriert die entwässerte Lösung in einen mit Bimsstein beschickten tarierten 250-ml-Kolben, dampft den Äther ab und trocknet im Vakuumtrockenschrank bei 70° C bis zur Gewichtskonstanz.

b) Verfahren nach J. WEST-KNIGHTS (1886) (etwas modifiziert)

Ca. 3 g Fett werden mit 25 ml 2 n alkoholischer Kalilauge 1 Std unter Rückfluß verseift. Die Seifenlösung wird mit Wasser auf 300 ml verdünnt und kalt unter Rühren mit 5%iger Bariumchlorid-Lösung gefällt. Die erhaltene Bariumseife wird filtriert und auf dem Filter mit warmem Wasser bis zur Chloridfreiheit gewaschen. Filter und Rückstand bringt man in den Verseifungskolben zurück, zerlegt die Seife mit heißer 5%iger Salzsäure, erwärmt auf dem Wasserbad, spült die Fettsäure nach dem Erkalten mit Äther in einen 250-ml-Schütteltrichter, wäscht mit 10%iger Kochsalzlösung neutral und dampft nach dem Trocknen über Natriumsulfat ein.

c) Gewinnung größerer Mengen unlöslicher Fettsäuren zur Titerbestimmung

Zur Titerbestimmung ist es erforderlich, aus ca. 50 g Fett die wasserunlöslichen Fettsäuren in Freiheit zu setzen. Hierzu bedient man sich zweckmäßig der auf S. 460 beschriebenen IUPAC-Methode II. A. 2, die aus einem Vorschlag der IC hervorgegangen ist (vgl. H. P. KAUFMANN 1939b).

d) Auswertung und Reproduzierbarkeit

Die meisten Fette enthalten nur wenig wasserlösliche Säuren. Ihre Hehner-Zahlen liegen daher bei 95. Butter-, Cocos- und Palmkernfett besitzen Hehner-

Zahlen zwischen 80 und 90. Die Reproduzierbarkeit der hier beschriebenen Methoden ist aus den Ergebnissen von Parallelversuchen mit den gleichen Ölen, wie sie auch zur Aufstellung von Tab. 106 verwendet wurden, im Laboratorium des Verfassers zu ersehen (vgl. Tab. 107).

Tabelle 107. *Reproduzierbarkeit der Bestimmung der wasserunlöslichen Fettsäuren*

Ölsorte	% wasserunlösliche Fettsäuren nach HEHNER-DALICAN	WEST-KNIGHTS
Erdnußöl	95,9	94,7
	95,9	94,7
	95,7	94,2
Cocosfett	90,5	80,2
	90,4	80,5
	90,6	81,0
Butterfett	87,8	85,0
	87,6	85,5
	87,9	85,2

5. Wasserlösliche flüchtige Fettsäuren

Zu den wasserlöslichen flüchtigen Fettsäuren rechnet man die geradkettigen gesättigten Fettsäuren mit 2—5 Kohlenstoffatomen. Von Bedeutung sind unter diesen nur die Essigsäure, ein relativ selten anzutreffender Bestandteil natürlicher Fette, aber eine sehr wesentliche Komponente der sog. Acetofette (vgl. S. 990), und die Buttersäure als Bestandteil der Milchfette.

Diese Fettsäuren bleiben bei der Gewinnung der wasserunlöslichen Fettsäuren im Sauerwasser zurück und können daraus durch Destillation gemeinsam gewonnen werden. Sie durch eine Destillation aus wäßriger Lösung zu trennen, ist leider unmöglich, da ihre Dampfdruckkurven sehr nahe beieinander liegen und infolge der Bildung azeotropischer Mischungen die natürliche Reihenfolge des Übergangs gestört wird.

Aus diesen Gründen ist es auch nicht möglich, durch eine Wasserdampf-Destillation beispielsweise die Buttersäure allein quantitativ zu bestimmen. Die Kennzahlen, die nach diesem Prinzip ermittelt werden (Reichert-Meissl-Zahl, Buttersäurezahl, vgl. S. 592), haben daher auch nur den Charakter von Näherungswerten.

Bemerkenswert ist auch, daß die Bariumsalze niederer Fettsäuren, bis einschließlich Caprylsäure, in Wasser und wasserhaltigem Methanol, im Gegensatz zu den höheren Fettsäuren, leicht löslich sind. Auf dieser Basis entwickelten E. ANDRÉ u. J. HENRY (1964) eine Methode zur Bestimmung dieser Säuren in Ölen und Fetten. Sie definierten als *Barytzahl* die Anzahl Milligramm $Ba(OH)_2$, die in Form löslicher Ba-Salze anfallen, wenn 1 g Fett mit überschüssigem $Ba(OH)_2$ verseift wird.

Zur einwandfreien Trennung kommen vor allem chromatographische Methoden in Betracht, von denen einige als Beispiel für die Durchführung derartiger Bestimmungen hier besprochen werden.

a) Bestimmung der Buttersäure nach AOAC-Methode Nr. 26.034 (1965) (vgl. auch C. ANGLIN u. J. H. MAHON 1956)

Geräte:

Chromatographierohr nach Abb. 109.

Reagentien:

Kieselsäure: Mallinckrodt Nr. 2847, 18 Std bei 175°C getrocknet, im Exsiccator aufbewahrt.

Bromkresolgrün-Glykol-Lösung: 700 mg Bromkresolgrün werden unter Erwärmen auf dem Dampfbad in 700 ml Äthylenglykol gelöst. Nach dem Abkühlen gibt man 200 ml Wasser und 40 ml 0,1 n-NH_4OH-Lösung hinzu und füllt auf 1 l auf. In dicht verschlossener Flasche aufbewahren.

Säulenfüllung: 100 g Kieselsäure werden mit 75 ml der Bromkresolgrün-Lösung gemischt, bis ein olivgrünes Pulver erhalten wird. Dicht verschlossen hält sich die Mischung mehrere Monate.

Hexan-Butanol-Mischung: 1 Volumteil Butanol + 100 Teile technisches n-Hexan.

Isopropanol-KOH-Lösung: 25 g KOH in Plätzchen werden unter Erwärmen in 400 ml Isopropanol gelöst. Man dekantiert die überstehende alkoholische Lösung von dem wäßrigen Bodensatz, kühlt und dekantiert nochmals die Isopropanol-Kalilauge, welche ca. 50 mg KOH/ml enthält, und bewahrt sie im Kühlschrank auf.

Kaliumhydroxid-Lösung: Ca. 0,05 n. 60 ml der Isopropanol-Lösung werden mit 440 ml Isopropanol und 500 ml Methanol verdünnt. Die Mischung wird in rotbraunen Flaschen aufbewahrt.

Thymolblau-Lösung: 300 mg Thymolblau werden in 25 ml 0,05 n alkoholischer Kalilauge gelöst und mit 75 ml Isopropanol versetzt.

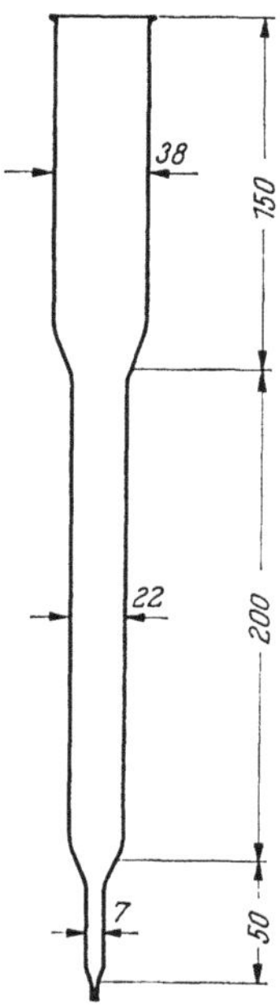

Abb. 109. Chromatographierohr zur Buttersäure-Bestimmung nach AOAC-Methode Nr. 26.034 (1965)

Verfahren:

Herstellung der Fettsäure-Lösung: 0,5—0,7 g des gut durchgemischten geschmolzenen Fetts werden in ein Reagensglas von 20 × 150 mm mit Ausguß gegeben und mit 5 ml Isopropanol-Kalilauge 20 min verseift. Auf dem Wasserbad wird das überschüssige Isopropanol abgedampft, so daß man eine feste Seife erhält.

Zur Ermittlung der für die Zerlegung der Seife erforderlichen Menge Schwefelsäure wird wie folgt verfahren:

5 ml Isopropanol-Kalilauge, 10 ml Wasser und zwei Tropfen Thymolblau-Lösung werden in einen kleinen Kolben gebracht. Man gibt nun tropfenweise Schwefelsäure (2:1) unter ständigem Rühren hinzu, bis die anfänglich blaue Farbe in gelborange und schließlich rot umschlägt. Die Tropfenmenge wird genau gezählt.

Nun gibt man zur Seife unter Kühlung des Rohres in kaltem Wasser die so ermittelte Anzahl Tropfen der gleichen Schwefelsäure. Klümpchen am Boden des Rohres werden mit einem Glasstab aufgebrochen. Nach vollständigem Durchmischen sollte eine gelbe Mischung von Fettsäuren, die einer viscosen wäßrigen Schicht von Kaliumsulfat anhaftet, erhalten werden. Man gibt 10 ml der Hexan-Butanol-Lösung hinzu und mischt mit dem Glasstab gut durch. Die mit einem weißen Niederschlag von Kaliumsulfat durchsetzte wäßrige Phase soll sich leicht durch Dekantieren von der Fettsäure-Lösung trennen lassen. Die Fettsäure-Lösung ist jetzt für die Chromatographie bereit.

Beschickung der Chromatographiersäule: 35 g der Säulenfüllung werden mit Hexan-Butanol im Mörser überschichtet und dann mit dem Pistill zu einer Aufschwemmung gemischt. Man bringt in das ausgezogene Ende der Säule einen Pfropfen aus Glaswolle und drückt diesen mit Hilfe eines Glasstabes vorsichtig fest. Dann hält man das untere Ende der Säule mit dem Finger zu und gibt Hexan-Butanol-Mischung hinzu, bis das Reservoir halbvoll ist. Mit einem Teelöffel bringt man nun die Aufschwemmung des Füllmaterials in das Lösungsmittel. Die Flocken des Materials werden mit dem Löffel von den Seiten der Kolonne gelöst, so daß es sich am Boden der Säule sammelt.

Nachdem nun alles Füllmaterial zugegeben ist, gibt man die Öffnung frei, läßt das Lösungsmittel auslaufen und das Füllmaterial sich absetzen. Um den Ausfluß des Lösungsmittels zu beschleunigen und die gleichmäßige Schichtung der Aufschwemmung zu erleichtern, setzt man die Säule unter einen Luftdruck von 0,3—0,6 kg/cm^2, hebt aber den Druck auf, kurz bevor der letzte Anteil des Lösungsmittels in die Säulenfüllung eindringt. Wenn die Säule gleichmäßig gepackt aussieht, ist sie verwendungsbereit. Andernfalls läßt man weitere Mengen Hexan-Butanol in der beschriebenen Weise durchlaufen. Die Säule soll ohne Anwendung von Überdruck eine Fließgeschwindigkeit von ca. 3,5 ml/min aufweisen. Sonst ist das Mischungsverhältnis Kieselsäure:Bromkresolgrün-Lösung zu ändern.

Chromatographie der Fettsäuren: Die Hexan-Butanol-Lösung der Fettsäuren wird auf die gefüllte Säule gegeben. Unmittelbar darauf beginnt man mit dem Auffangen des Eluats in einem 250-ml-Erlenmeyerkolben. Sobald die Fettsäure-Lösung in die Füllung eingedrungen ist, wäscht man Innenrohr und Reservoir mit drei 5-ml-Portionen der Hexan-Butanol-Mischung nach. Man läßt jede Portion Waschflüssigkeit in das Füllmaterial eindringen und füllt dann das Reservoir mit Hexan-Butanol-Lösung auf. Am oberen Ende der Säule beobachtet man eine gelbe Bande. Diese enthält anorganische Säuren (Schwefelsäure, saure Sulfate) und bewegt sich nicht von der Stelle.

Wenn eine Probe Butterfett enthält, erscheint eine zweite gelbe Bande, die durch die Buttersäure hervorgerufen wird und langsam durch die Kolonne wandert. Die langkettigen Fettsäuren, C_6 und höher, passieren die Kolonne und bilden keine gelben Banden. Zwischen der letzten Spur langkettiger Fettsäuren und der ersten Spur von Buttersäure liegen 20—30 ml Eluat. Wenn die untere Begrenzung der gelben Buttersäurezone noch 1 cm vom unteren Ende der Chromatographiersäule entfernt ist, wechselt man das Auffanggefäß. Die erste Fraktion enthält langkettige Säuren und beträgt gewöhnlich 100 $\pm$ 10 ml; die nächste 100-ml-Fraktion enthält die Buttersäure.

Titration der Fettsäurefraktion: Für je 10 ml des Eluats gibt man einen Tropfen Thymolblau-Lösung hinzu und titriert jede Fraktion bis zum Auftreten des purpurblauen Endpunktes unter Verwendung von 0,05 n-Isopropanol-Kalilauge, die für die erste Fraktion aus einer 50-ml-Bürette und für die zweite aus einer 5-ml-Bürette, eingeteilt in 0,01 ml, zugegeben wird.

Der Umschlagspunkt ist bei jeder Fraktion scharf zu erkennen, geht aber infolge CO_2-Absorption zurück. Der CO_2-Einfluß ist zu vernachlässigen, wenn schnell unter mäßigem Rühren titriert wird. Gut reproduzierbare Werte erhält man, wenn in einer kohlensäurefreien Atmosphäre titriert wird. (Man leitet Luft zunächst durch 20%ige Kalilauge, dann durch Wasser und schließlich in das Titrationsgefäß, oder aber man verwendet Stickstoff.)

Korrekturen für den Blindwert sind nicht erforderlich.

Berechnung:

Da Milchfett bekanntlich 10 Mol% Buttersäure enthält, berechnet man das Ergebnis zweckmäßig in Mol%.

$$\text{Mol\% Buttersäure} = \frac{b}{a} \cdot 100$$

a = ml 0,05 n-Kalilauge, verbraucht für die Fraktionen 1 und 2
b = ml 0,05 n-Kalilauge, verbraucht für Fraktion 2.

b) Bestimmung von Essig-, Propion- und Buttersäure nebeneinander

Das nachstehende von L.L. Ramsay u. W. I, Patterson (1945) beschriebene Verfahren ähnelt dem vorstehend wiedergegebenen und eignet sich sehr zur Trennung dieser Säuren im Milligramm-Maßstab (geringfügige Änderungen des Verfassers).

Geräte:

Chromatographierrohr von 0,9 cm ⌀ und 30 cm Länge, mit aufgesetztem Scheidetrichter für das Lösungsmittel.

Reagentien:

Füllmaterial: 5 g Mallinckrodt AR-Kieselsäure[1] werden in einem Mörser mit 1 ml Bromkresolgrün-Indicatorlösung (100 mg Farbstoff in 25 ml Wasser + 1,5 ml eines ca. 0,1 n-Ammoniakwassers) gemischt. Man gibt nun soviel 1 n-Ammoniakwasser (ca. 0,05—0,1 ml) hinzu, daß die Farbe nach blaugrau umschlägt. Ferner gibt man ca. 1,5 ml Wasser hinzu (die genaue Menge ist zu erproben), schließlich einige Milliliter einer 1%igen Butanol-Chloroform-Lösung, um eine leicht bewegliche Masse zu erhalten, dann 25—30 ml mehr, bis die Suspension leicht fließt.

Bei Verwendung von alkalisch reagierenden Kieselsäurepräparaten ist es notwendig, diese zuvor durch Behandlung mit einer 15%igen wäßrigen Lösung von Ammoniumhydrogensulfit anzusäuern.

1%ige Butanol-Chloroform-Lösung: Zu 1 l dreimal mit 500 ml Wasser gewaschenem Chloroform DAB 6 gibt man 10 ml säurefreies n-Butanol, schüttelt kräftig, fügt dann 25 ml Wasser hinzu, schüttelt wieder und läßt stehen, bis die Lösung völlig klar ist. Dann wird der Überschuß des Wassers entfernt.

10%ige Butanol-Chloroform-Lösung: Wie die 1%ige, jedoch unter Verwendung von 900 ml gewaschenem Chloroform, 100 ml n-Butanol und 25 ml Wasser bereitet.

Verfahren:

In die Kolonne bringt man etwas Watte, füllt die Säule mit der Aufschwemmung der präparierten Kieselsäure und preßt unter gelindem Überdruck das Lösungsmittel ab, ohne daß die Säule trockenläuft (vgl. auch S. 722). Dann gibt man 1—1,5 ml einer 0,1 n-Lösung der niederen Fettsäuren in 1%igem Butanol-Chloroform auf die Säule. Wenn der letzte Anteil in das Füllmaterial eingedrungen ist, spült man mit Lösungsmittel nach und füllt die Säule bzw. den Vorratsbehälter mit der 1%igen Butanol-Chloroform-Lösung und entwickelt unter gelindem Überdruck. Es bilden sich drei Zonen, die gut voneinander zu unterscheiden sind. So-

[1] Lieferfirma: Carl Roth, 75 Karlsruhe.

bald die unterste Zone (= Buttersäure) eluiert ist, wechselt man die Vorlage und ersetzt das Lösungsmittel durch die 10%ige Butanol-Chloroform-Lösung. Dadurch wird der Austritt der mittleren (Propionsäure) und der oberen Bande (Essigsäure) beschleunigt.

Jede Fraktion wird nun unter Ausschluß von Kohlendioxid mit 0,05 n alkoholischer Kalilauge aus einer Mikrobürette titriert.

Berechnung:

1 ml 0,05 n-KOH = 3,0 mg Essigsäure
3,7 mg Propionsäure
4,4 mg Buttersäure.

Genauigkeit des Verfahrens:

Diese Methode wurde 1964 im Laboratorium des Verfassers von E. RIMPL geprüft. Dabei wurden die in Tab. 108 zusammengestellten Werte erhalten.

Tabelle 108. *Quantitative Bestimmung von Essig-, Propion- und Buttersäure* nach L.L. RAMSAY u. W.I. PATTERSON 1945

mg aufgegeben			mg gefunden		
C_2	C_3	C_4	C_2	C_3	C_4
6,0	6,0	6,0	6,0	7,0	5,2
4,0	4,0	4,0	4,1	4,7	3,7
2,0	2,0	2,0	2,0	2,4	1,9

c) Weitere Methoden

Noch kleinere Mengen dieser Säuren können papierchromatographisch und gaschromatographisch identifiziert bzw. bestimmt werden. E.P. KENNEDY u. H.A. BARKER (1951) trennen 0,01 ml einer wäßrigen Lösung, die 0,5—1,5 Mikromole der Säuren C_1 bis C_8 enthält, auf einem mit 1% Oxalsäure-Lösung und dest. Wasser ausgiebig gewaschenem Whatman-Nr. 1-Papier. Sie arbeiten eindimensional nach der aufsteigenden Methode unter Verwendung eines Lösungsmittels, bestehend aus 100 ml 95%igem Äthanol und 1 ml konzentrierter Ammoniumhydroxid-Lösung. Einwirkungsdauer 6—8 Std.

Die entwickelten Chromatogramme werden 5 min bei 100°C getrocknet und mit einer Lösung besprüht, die in 100 ml dest. Wasser 50 mg Bromphenolblau und 200 mg Citronensäure enthält. Die Fettsäuren erscheinen als blaue Flecke auf gelbem Grund. Die Brauchbarkeit der Methode wurde von H. MUKERJEE (1959) bestätigt, der eine Reihe weiterer Entwicklungsflüssigkeiten mit kürzerer Entwicklungszeit angibt.

Gaschromatographisch lassen sich niedermolekulare Fettsäuren leicht identifizieren und bestimmen. Die Methode hat vor der hier beschriebenen säulenchromatographischen den Vorzug, daß bei Verwendung eines Flammenionisationsdetektors auch ohne vorherige Entfernung des Wassers verläßliche Resultate erhalten werden (W. DIEMAIR u. E. SCHAMS 1960; R.G. ACKMAN u. R.D. BURGHER 1963; I.R. HUNTER u. Mitarb. 1960).

Zu den chromatographischen Methoden vgl. auch die Ausführungen in Kapitel VI S. 641, 652 und 662.

6. Feste und flüssige Fettsäuren; Isoölsäuregehalt

Von den in natürlichen Fetten vorkommenden Fettsäuren sind bei Zimmertemperatur alle gesättigten Fettsäuren oberhalb der Caprinsäure fest, ferner auch einige höhermolekulare, einfach ungesättigte cis-Fettsäuren, wie die Petroselinsäure und die Erucasäure, und schließlich alle trans-Formen der einfach und mehrfach ungesättigten Fettsäuren. Flüssig dagegen sind die meisten einfach und mehrfach ungesättigten Fettsäuren mit cis-Konfiguration.

Die Trennung der Fettsäuren in feste und flüssige ist daher nicht identisch mit der Zerlegung in gesättigte und ungesättigte, über die im nächsten Abschnitt berichtet wird.

Beschränkt man sich bei der Zerlegung von Fettsäuregemischen auf solche, die ausschließlich Fettsäuren mit 16—18 C-Atomen enthalten, so bietet die Zerlegung in feste und flüssige Säuren, wie A. GRÜN (1923) zeigen konnte, ein Mittel, die Gegenwart von partiell hydrierten Fetten in Fettmischungen nachzuweisen.

Bei der Herstellung von sog. selektiv gehärteten Fetten durch schonende Anlagerung von Wasserstoff findet eine partielle Absättigung der Linol- und Linolensäure und eine Wanderung der Doppelbindungen statt, wobei ungesättigte Fettsäuren in trans-Konfiguration entstehen, deren Schmelzpunkte, wie aus Tab. 109 hervorgeht, weit über Zimmertemperatur liegen.

Tabelle 109
Schmelzpunkte cis-trans-isomerer Octadecensäuren
(zusammengestellt von H.P. KAUFMANN 1958)

Stellung der Doppelbindung	Schmelzpunkt °C cis-Form	Schmelzpunkt °C trans-Form
2	50,5—51	58,5—59
3	56 —57	—
4	41	59,5—60,5
5	—	47,5
6	30 (a)	53 (b)
7	11,8—13,1	43,5—44,5
8	22,7—23,8	50,5—53
9	13,4 (c)	43,7 (d)
10	22,2—22,8	52,0—52,6
11	10,5—14	43,5—44,5 (e)
12	26,8—27,6	52,0—53,0

a) Petroselinsäure
b) Petroselaidinsäure
c) Ölsäure
d) Elaidinsäure
e) Vaccensäure

Bei der Trennung der Gesamtfettsäuren in feste und flüssige gehen also die trans-Fettsäuren in die Fraktion der festen Fettsäuren über und können darin durch Ermittlung der Jodzahl bestimmt werden. Das Gemisch der festen trans-Säuren wird nicht ganz exakt als *Isoölsäure* bezeichnet.

Zur Trennung der beiden Fettsäuregruppen eignet sich die Kristallisation ihrer Salze aus Lösungsmitteln. Es sind zahlreiche Verfahren entwickelt worden, die auf der unterschiedlichen Löslichkeit der Kalium-, Ammonium-, Thallium- und Bleisalze in Lösungsmitteln beruhen. Am bekanntesten ist die Bleisalz-Alkohol-Methode von E. TWITCHELL (1921), die in überarbeiteter Form in die Standard-Methodensammlungen der AOCS und DGF übernommen wurde. Mit der nötigen Kritik angewendet, hat sie auch heute noch Bedeutung als einfaches Verfahren zum Nachweis von Hartfetten.

a) Bestimmung der festen und flüssigen Fettsäuren nach E. TWITCHELL (1921) Siehe auch AOCS-Methode Cd 6—38 und DGF-Methode C—III 5 (53)

Anwendungsbereich:

Die Methode ist für tierische und pflanzliche Fette geeignet, ausgenommen solche der Cocosölgruppe, Butterfett u. a., die niedermolekulare, gesättigte Fettsäuren enthalten. Nicht anwendbar ist die Methode ferner auf Öle mit einem Gehalt an hochmolekularen, einfach ungesättigten Fettsäuren, wie Rapsöl und Senföl.

Geräte:

Bechergläser, 250 und 600 ml Inhalt
Scheidetrichter, 500ml
Soxhlet-Kolben, 250 ml
Erlenmeyerkolben, 250 oder 300 ml
Büchner-Trichter, ca. 75 mm ⌀.

Reagentien:

Äthylalkohol, 95%ig
Äthyläther, z. A.
Essigsäure, z. A.
Bleiacetat, z. A., vor Gebrauch im Mörser fein zu pulvern
Salpetersäure, z. A., D = 1,42; 1 Volumenteil Säure wird mit drei Volumenteilen dest. Wasser verdünnt
Methylorange, 0,1%ige Lösung in dest. Wasser
Filterpapier: Whatman Nr. 40 bzw. Sch. & Sch. Nr. 589/2.

Verfahren:

Die Einwaage der Gesamtfettsäuren wird so bemessen, daß der Gehalt an festen Fettsäuren 0,9—1,5 g, aber keinesfalls mehr als 5 g beträgt. Man bringt die Fettsäuren in ein 250-ml-Becherglas und gibt in ein zweites Becherglas der gleichen Größe 1,5 g gepulvertes Bleiacetat. In jedes Becherglas gießt man 50 ml Alkohol, bedeckt mit einem Uhrglas und bringt beide Ansätze schnell zum Sieden. Unter fortwährendem Rühren fügt man nun die Bleiacetat-Lösung zur alkoholischen Lösung der Fettsäure, wobei man die Mischung auf Siedetemperatur hält. Dann kühlt man auf 20—25°C ab und läßt entweder 2 Std im Wasserbad von 15°C oder 16 Std im Kühlschrank bei derselben Temperatur stehen. Der Niederschlag wird auf einem Büchner-Trichter abgesaugt. Becherglas und Filterpapier werden mit vier Portionen Alkohol von je 50 ml und 15°C nachgewaschen. Die abgeschiedenen Bleisalze werden nun quantitativ vom Filter mit 100 ml warmem Alkohol von 50°C in das zur Fällung benutzte Becherglas zurückgebracht. Das Filtrat prüft man durch Zugabe von einigen Tropfen Schwefelsäure auf Anwesenheit eines Bleiacetatüberschusses. Wenn keine Trübung zu beobachten ist, muß die Bestimmung mit einer kleineren Einwaage wiederholt werden. Zur Suspension der Bleisalze gibt man 0,5 ml Eisessig und erwärmt auf dem Wasserbad, bis sich alle Seifen gelöst haben. Man kühlt zunächst auf 20—25°C, dann auf 15°C, wie oben angegeben, ab, filtriert und spült die Bleisalze mit 75 ml Äthyläther statt mit warmem Alkohol in das ursprünglich benutzte Becherglas. Zur Abtrennung der Fettsäuren gibt man 20 ml Salpetersäure 1:3 in das Becherglas, bringt den Inhalt in einen 500-ml-Scheidetrichter, wäscht das Becherglas mit 5 ml Salpetersäure und 100 ml Äther nach und bringt alles in den Scheidetrichter. Die ätherische Lösung wird portionsweise mit 50—100 ml dest. Wasser gewaschen, bis das Waschwasser gegen Methylorange nicht mehr sauer reagiert. Dann wird die ätherische Fettsäurelösung in einen 250-ml-Kolben überführt, eingedampft und der Rückstand 1 Std im normalen Trockenschrank oder im Vakuum-Trockenschrank bei 101 ± 1°C getrocknet. Nach dem Wägen wird unter den gleichen Bedingungen mehrmals je 1 Std getrocknet, bis das Gewicht auf 0,1% konstant ist. Schließlich bestimmt man die Jodzahl der gesättigten Fettsäuren nach WIJS, KAUFMANN, HANUŠ oder nach einer anderen zuverlässigen Methode.

Berechnung:

$$\%\ \text{feste Fettsäuren} = \frac{\text{Gewicht der festen Fettsäuren} \cdot 100}{\text{Einwaage}}$$

$$\%\ \text{Isoölsäure} = \frac{\%\ \text{feste Säuren} \cdot \text{JZ der festen Fettsäuren}}{89{,}9}$$

Auswertung; Genauigkeit der Methode:

Bei der *Auswertung* des nach diesem Verfahren bestimmten Isoölsäuregehalts ist folgendes zu beachten (vgl. D. HOLDE 1933):

Die Jodzahl der festen Fettsäuren beträgt bei natürlichen Fetten 1—5, bei gehärteten Fetten dagegen ca. 20, in manchen Fällen sogar 50 und darüber. Wenn also die festen Fettsäuren eines Fettgemisches eine Jodzahl größer als 5 zeigen, so sind gehärtete Fette beigemischt. Weil aber die Menge der in Hartfetten enthaltenen Isoölsäure je nach der Art der Härtung stark schwankt, geben die gefundenen Zahlen *keinen* Anhaltspunkt für die vorhandene *Menge* gehärteter Fette.

Da sich die Löslichkeit gesättigter und ungesättigter Fettsäuren überschneidet, ist die Twitchell-Methode nur mit den auf S. 725 genannten Einschränkungen anwendbar. Eine weitere Beeinträchtigung der Genauigkeit erfährt die Methode nach Untersuchungen von F.L. JACKSON u. J.E. CALLEN (1951) dadurch, daß einerseits die cis-C_{18}-Säuren unter den Analysenbedingungen nicht genügend löslich und andererseits die trans-C_{18}-Säuren zu löslich sind (vgl. Tab. 110).

Tabelle 110. *Löslichkeit von Isoölsäuren und gesättigten Säuren unter den Bedingungen des Twitchell-Verfahrens* (nach F.L. JACKSON u. J.E. CALLEN 1951)

Fettsäure	Löslichkeit g/100 ml	Ausbeute beim Twitchell-Verfahren %
Stearinsäure	0,008	99
Palmitinsäure	0,020	97
Elaidinsäure (9-trans)	0,030	95
Petroselaidinsäure (6-trans)	0,027	96
Petroselinsäure (6-cis)	0,222	73
Vaccensäure, synth. (11-trans)	0,034	95
„Vaccensäure“ aus Holzöl (trans 11- und 12)	0,118	84

D. SWERN u. Mitarb. (1950) sowie F.L. JACKSON u. J.E. CALLEN (1951) verglichen die Ergebnisse der Twitchell-Methode mit den durch Infrarot-Spektrophotometrie bestimmten trans-Gehalten (vgl. S. 527). Beide Autorengruppen fanden für einfache Gemische von individuellen Säuren eine gute Übereinstimmung. Bei der Untersuchung gehärteter Fette hingegen wurde auf spektrophotometrischem Wege ein 50—100% höherer Gehalt an Isoölsäure gefunden als nach der Twitchell-Methode. Im Zweifelsfall wird daher die IR-Methode immer vorzuziehen sein.

J. GROSSFELD u. A. SIMMER (1930) verbesserten das Twitchell-Verfahren dadurch, daß sie die Fällung der gesättigten Fettsäuren mit Bleiacetat in Gegenwart ziemlich großer Wassermengen vornahmen. Sie verzichteten ferner auf die Isolierung der freien Fettsäuren, führten vielmehr die Bleisalzfällung direkt mit dem Verseifungsansatz aus und erreichten dadurch eine bessere Trennung der festen und flüssigen Fettsäuren.

Eine Weiterentwicklung dieser Methode ist die von J. GROSSFELD u. J. PETER (1934) angegebene Halbmikromethode zur Bleisalztrennung, die einen besonders geringen Zeitaufwand erfordert.

b) Halbmikromethode nach J. GROSSFELD u. J. PETER (1934)

Charakteristisch für diese Methode ist, daß von dem aus alkoholischer Lösung erhaltenen Bleiniederschlag ohne Isolierung der Fettsäuren direkt die Jodzahl nach MARGOSCHES (vgl. S. 571) bestimmt wird. Die Autoren empfehlen ihr Verfahren besonders für den Nachweis von gehärteten Fetten in Speise- und Margarinefetten.

Geräte:

Erlenmeyerkolben, 50 ml, mit Rückflußkühler
Glasfiltertiegel, Schott & Gen. 10 G 3
Extraktionsapparatur nach Abb. 110, Weite des Extraktionsrohrs 38 mm, Höhe des Extraktionsraums 130 mm.

Reagentien:

Alkoholische Kalilauge: 40 ml Kalilauge (d = 1,5) werden mit 40 ml Wasser verdünnt und mit 95 vol.-%igem Alkohol auf 1 l aufgefüllt.

Bleiacetat-Lösung: 50 g kristallisiertes Bleiacetat und 5 ml 96%ige Essigsäure werden mit 80 vol.-%igem Alkohol auf 1 l gelöst.

Essigsäure, 96%ig
Alkohol, 70 vol.-%ig
Jodlösung nach MARGOSCHES, *ca. 0,2 n:* 25,4 g Jod werden mit 96%igem Alkohol auf 1 l gelöst.
Ca. 0,1 n-Thiosulfat-Lösung.

Verfahren:

Abtrennung der Bleisalze: 500—550 mg des zu untersuchenden Fettes werden in dem 50-ml-Erlenmeyerkolben abgewogen und mit 5 ml alkoholischer Kalilauge 10 min unter Rückfluß verseift. Die Seifenlösung wird mit 20 ml Bleiacetat-Lösung, 1 ml 96%iger Essigsäure und 3 ml Wasser versetzt und der entstandene Niederschlag durch Erhitzen am Rückflußkühler gelöst. Man läßt nun 2 Std bei 20°C stehen, saugt den wieder ausgeschiedenen Niederschlag durch den Glasfiltertiegel ab und wäscht unter Nachspülen des Erlenmeyerkolbens mit 10—12 ml 70 vol.-%igem Alkohol nach. Nun wird der Tiegel samt Niederschlag mit dem Boden nach oben in den Extraktionsapparat nach Abb. 110 geschoben. Auf den Filterboden werden 0,6 ml 96%ige Essigsäure gegeben. Unter Benutzung des verwendeten Erlenmeyerkolbens wird mit 20 ml Bleiacetat-Lösung extrahiert, bis der Niederschlag gelöst ist. Es empfiehlt sich, die Acetat-Lösung kräftig zu kochen, um die Lösung des Niederschlags zu erleichtern. Zur heißen Lösung fügt man 2 ml kaltes Wasser, löst einen etwa entstehenden Niederschlag durch Erhitzen am Rückflußkühler und läßt den Erlenmeyerkolben 2 Std bei 20°C stehen. Die ausgeschiedenen Bleisalze der festen Fettsäuren werden nun wieder durch den Glasfiltertiegel abgesaugt, mit 12 ml 70%igem Alkohol unter Nachspülen des Kölbchens ausgewaschen und schließlich nochmals scharf abgesaugt.

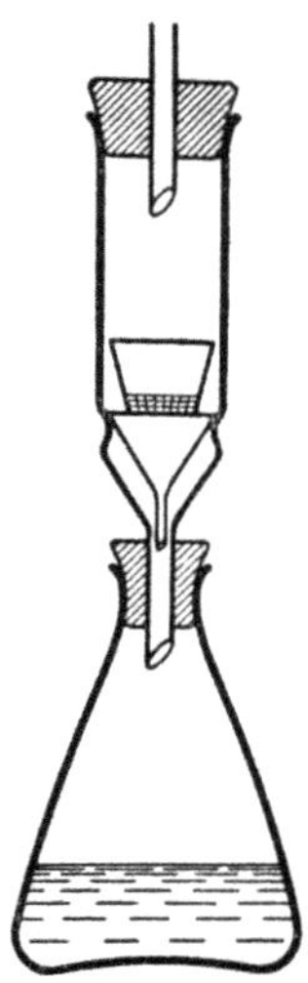

Abb. 110. Extraktionsapparat nach GROSSFELD (1929)

Bestimmung der Jodzahl: Die Bleisalze werden durch Auskochen im Extraktionsapparat in 20 ml einer Mischung gleicher Volumteile 95 vol.-%igen Alkohols und 96%iger Essigsäure gelöst. Die Lösung wird durch Nachspülen mit 10 ml der gleichen Mischung in einen 400-ml-Erlenmeyerkolben überführt und auf Zimmertemperatur abgekühlt. Hierzu gibt man 20 ml Jodlösung nach MARGOSCHES, vermischt durch Umschütteln, setzt 200 ml Wasser hinzu und schüttelt nochmals um. Nach einigen Minuten, spätestens nach 2 Std, titriert man den Jodüberschuß mit 0,1 n-Thiosulfat-Lösung zurück, wobei zum Schluß 1%ige Stärkelösung zugesetzt wird. Zur Feststellung des Blindwertes werden 30 ml einer Mischung aus gleichen Teilen 96%iger Essigsäure und 95%igem Alkohol wie oben mit Jodlösung nach MARGOSCHES behandelt.

Berechnung:

$$\% \text{ Isoölsäure} = \frac{(a - b) \cdot F \cdot 14{,}12 \cdot 100}{E}$$

a = verbrauchte ml 0,1 n-Thiosulfat-Lösung im Hauptversuch
b = verbrauchte ml 0,1 n-Thiosulfat-Lösung im Blindversuch
F = Faktor der Thiosulfat-Lösung
E = Fetteinwaage in mg.

Auswertung:

J. GROSSFELD u. J. PETER (1934) bestimmten nach dieser Methode den Isoölsäuregehalt zahlreicher Speisefette. Dabei zeigte es sich, daß sich hartfetthaltige Fette schon nach einmaliger Kristallisation deutlich von Naturfetten unterscheiden (vgl. Tab. 111).

Tabelle 111. *Isoölsäuregehalt verschiedener Speisefette* (nach J. GROSSFELD u. J. PETER 1934)

Fett	Zahl der Proben	Einmalige Kristallisation Streubereich	Mittel	Zweimalige Kristallisation Streubereich	Mittel
Hartfette	2	24,8—38,8	31,8	20,5—35,4	28,0
Margarinefett	9	9,3—17,0	13,1	4,1— 9,9	7,3
Butterfett	11	0,7— 2,1	1,6	0,6— 1,4	0,9
Schweinefett	6	1,5— 2,0	1,9	0,1— 0,4	0,3
Rinderfett	5	1,6— 2,5	2,2	0,5— 1,5	1,1
Hammelfett	3	2,8— 3,2	2,9	1,3— 1,6	1,5
Kakaofett	1	—	1,3	—	0,3

Bei einmaliger Kristallisation konnte bereits ein Hartfettzusatz zu Kakaobutter in Höhe von 10%, bei zweimaliger ein solcher von 5% erkannt werden.

Die Aussagesicherheit der Methode wird natürlich wesentlich erhöht, wenn die Natur des in der Fettmischung vermuteten gehärteten Fettes bekannt ist, da der Isoölsäuregehalt je nach den Härtungsbedingungen bei partiell hydrierten Fetten zwischen 10 und 50% schwankt und bei vollständig gehärteten = 0 ist.

Im übrigen gelten auch hier die für die Original-Twitchell-Methode gemachten Einschränkungen. Hochschmelzende ungesättigte Fettsäuren, wie Erucasäure und Vaccensäure, dürfen nicht anwesend sein.

7. Sauerstoffsubstituierte höhermolekulare Fettsäuren

Zu dieser Gruppe gehören folgende Fettsäuren:

a) Die *oxydierten Fettsäuren,* fälschlich auch Oxysäuren genannt, die aus nicht substituierten Fettsäuren durch Oxydation mit Luftsauerstoff entstehen und meistens in Petroläther unlöslich sind. Ihre genaue Konstitution ist nicht bekannt, doch weiß man, daß sie einzelne oder mehrere Hydroperoxid-, Hydroxy- und/oder Ketogruppen im Fettsäuremolekül aufweisen und teils monomeren, teils dimeren oder polymeren Charakter haben.

b) Die *Hydroxyfettsäuren,* die in der Natur vorkommen, wie z. B. die Ricinolsäure, oder bei der Oxydation von ungesättigten Fettsäuren mit Kaliumpermanganat, Wasserstoffsuperoxid oder anderen oxydierenden Agentien entstehen. Im Gegensatz zu den Säuren der Untergruppe a) haben diese Säuren eine wohl definierte Struktur.

c) Die *Ketofettsäuren,* die ebenfalls in der Natur vorkommen, wie z. B. die Licansäure, oder durch schonende Oxydation der Hydroxyfettsäuren bzw. Wasserabspaltung aus Hydroperoxiden erhalten werden.

a) Bestimmung der oxydierten Fettsäuren

α) Auf Grund der Unlöslichkeit in Petroläther

Die gebräuchlichste Bestimmungsmethode geht auf W. Fahrion (1891) zurück und beruht auf der Unlöslichkeit dieser Säuren in Petroläther. Die Methode erfuhr in der Folgezeit zahlreiche Verbesserungen und findet sich heute in standardisierter Form in den Analysenvorschriften der AOCS, B.S.I., DGF und IUPAC. Nachstehend ist die IUPAC-Methode wiedergegeben, die sich von der entsprechenden Neufassung der DGF-Methode C – III 3 (53) nur durch die Extraktion des Unverseifbaren mit Äther statt mit Petroläther unterscheidet (vgl. A. Seher 1963).

Bestimmung der oxydierten Fettsäuren nach IUPAC-Vorschrift II. D. 12

Geräte:

Wie für die Bestimmung des Unverseifbaren (Äther-Methode, S. 713)
zusätzlich:
Porzellantiegel, 45 mm hoch, 40 mm ⌀.

Reagentien:

Wie für die Bestimmung des Unverseifbaren,
zusätzlich:
Petroläther 40/60° C, Bromzahl < 1
1 n wäßrige Salzsäure-Lösung.

Verfahren:

Die nach der Extraktion des Unverseifbaren mit Äther erhaltene alkoholische Seifenlösung und die Waschwässer werden in eine 500-ml-Porzellanschale gegeben und bis zur vollständigen Vertreibung des gelösten Diäthyläthers und Äthanols gekocht.

Dann bringt man den Inhalt der Schale quantitativ in einen 500-ml-Scheidetrichter, spült mit kleinen Portionen Wasser nach, so daß man ein Gesamtvolumen von 150 ml erhält. Man gibt einen geringen Überschuß von 1 n-Salzsäure zu und schüttelt 2 min. Die Lösung muß sauer sein, andernfalls gibt man noch etwas 1 n-Salzsäure hinzu. Dann gießt man 100 ml Petroläther in den Scheidetrichter, schüttelt 1 min, wobei man den Hahn zwei- oder dreimal öffnet, um den Überdruck aufzuheben, und läßt 12 Std stehen. Die wäßrige Schicht wird abgelassen und die Petroläther-Lösung durch ein fettfreies Rundfilter von 90 mm ⌀ filtriert. Die oxydierten Fettsäuren haften meistens als rotbraune Masse an den Seiten des Scheidetrichters. Wenn ihre Menge sehr groß ist, gießt man die Petroläther-Lösung durch den Hals aus, um ein Verstopfen des Hahns zu vermeiden. Man spült den Scheidetrichter zweimal mit je 25 ml Petroläther nach und filtriert die Waschflüssigkeit durch das Filterpapier. Dann wäscht man mit 10 ml Petroläther das Rohr des Scheidetrichters und den Filtertrichter, mit 10 ml das Filter (auch den Rand gut auswaschen!) und den Stiel des Filtertrichters mit 5 ml. Schließlich wäscht man die Außenseiten der Stiele des Filtertrichters und des Scheidetrichters ab.

Die im Scheidetrichter und auf dem Filter befindlichen oxydierten Säuren werden nun in heißem Alkohol von 95 Vol.-% gelöst, wobei man zunächst 25 ml und dann 50 ml des warmen Alkohols gebraucht. Das Ablaßrohr, das Filter und der Stiel des Trichters werden mit je 5 ml heißem Alkohol ausgewaschen. Man filtriert alle diese heißen Lösungen durch das Filter und sammelt die vereinigten alkoholischen Lösungen in einem 400-ml-Becherglas.

Die alkoholische Lösung wird auf ein Volumen von einigen Millilitern eingedampft. Der Rückstand wird mit Hilfe von etwas Äther in einen tarierten Porzellantiegel gebracht. Dann wird das Lösungsmittel zunächst in einem Luftstrom und dann auf dem siedenden Wasserbad verdampft, der Tiegelinhalt in einem Trockenschrank bei 103 ± 2° C 30 min getrocknet und gewogen. Das Trocknen wird in halbstündigen Trockenperioden fortgesetzt, bis das Gewicht auf 1 mg konstant ist. Schließlich wird der Rückstand verascht und das Gewicht der Asche bestimmt.

Berechnung:

$$\%\ \text{oxydierte Fettsäuren} = \frac{100 \cdot (a - b)}{E}$$

a = Gewicht der oxydierten Säuren in g
b = Gewicht der Asche in g
E = Einwaage in g.

Die Reproduzierbarkeit dieser Methode, die auf einen Vorschlag von WOOG (1938) zurückgeht, ist angesichts der undefinierten Natur dieser Säuren zufriedenstellend. Eine im Rahmen der Gemeinschaftsarbeit der DGF 1938 durchgeführte vergleichende Bestimmung des Oxysäuregehaltes von geblasenem Rüböl in 10 Laboratorien brachte folgendes Ergebnis:

Streubereich:	9,1—10,5%
Mittel:	9,9%
Standardabweichung:	± 0,5

Einfacher auszuführen ist nachstehende Schnellmethode der DGF, die vom Verfasser vorgeschlagen wurde (vgl. A. SEHER 1963 und DGF-Methode C-III 3 (68)):

Das zu untersuchende Fett wird verseift und das Unverseifbare mit Äther oder Petroläther extrahiert. Aus den erhaltenen Seifenlösungen werden die Gesamtfettsäuren nach S. 717 abgeschieden und bestimmt. Die so gewonnenen Gesamtfettsäuren enthalten noch die oxydierten Säuren. Man versetzt das Ganze mit der 20-fachen Gewichtsmenge Petroläther und kocht in einem vorher gewogenen Rundkolben 30 min unter Rückfluß, wobei die oxydierten Fettsäuren zu einer harzigartigen Masse koagulieren. Man dekantiert nach dem Abkühlen die überstehende Lösung und kocht nochmals mit der gleichen Menge Petroläther aus. Dann wird der erhaltene unlösliche Rückstand bei 103—105° C getrocknet und gewogen.

β) Chromatographische Methode

Die größte Fehlerquelle der unter *α*) beschriebenen IUPAC- und DGF-Methode besteht darin, daß die oxydierten Fettsäuren nur z. T. vollständig petrolätherunlöslich sind. Dieser Fehlerursache widmeten M. BURNET u. P. DESNUELLE (1956) eine eingehende Untersuchung unter Verwendung definierter Modellsubstanzen. Dabei erhielten sie u. a. folgende Ergebnisse:

Nur ein Bruchteil des aus der Peroxidzahl oxydierter Fettsäuren berechneten Oxysäuregehaltes wird als Petrolätherunlösliches wiedergefunden.

Carbonylhaltige Säuren finden sich zu gleichen Teilen in der löslichen und in der unlöslichen Fraktion.

Epoxidhaltige Säuren gehen vollständig in den Petroläther über.

α-Dihydroxyfettsäuren reichern sich in der unlöslichen, Hydroxyfettsäuren in der petrolätherlöslichen Fraktion an.

Die Löslichkeit der oxydierten Säuren in Petroläther wird durch die Anwesenheit nicht oxydierter Säuren gefördert.

P. DESNUELLE u. M. BURNET (1956) konnten nun zeigen, daß man alle Fettsäuren mit sekundären Sauerstoff-Funktionen quantitativ bestimmen kann, wenn man sich des von J. BOLDINGH (1950) angegebenen verteilungschromatographischen Verfahrens (vgl. S. 633) bedient, bei dem als Träger ein niedrig vulkanisierter Kautschuk in Pulverform „Mealorub", als immobile Phase Benzin mit den Siedegrenzen 100—130°C und als mobile Phase Aceton-Wasser-Gemische wechselnden Acetongehaltes verwendet werden. Beschickt man nun eine solche Säule mit 0,5 ml einer Lösung von 100 mg Gesamtfettsäuren mit höchstens 10 mg oxydierten Fettsäuren in Dioxan, so gehen beim Auswaschen mit einer benzingesättigten Aceton-Wasser-Mischung von 55 Vol.-% Aceton (= A_{55}) alle oxydierten Fettsäuren in das Eluat über, bevor die nicht oxydierten Fettsäuren erscheinen. Die Bestimmung der Oxysäurekonzentration im Eluat geschieht entweder durch Titration mit Alkali und Berechnung des Oxysäuregehalts aus dem Alkaliverbrauch als Ricinolsäure oder aber auf gravimetrischem Wege durch Eindampfen des Eluats mit anschließender Trocknung und Wägung.

Das Verfahren besitzt eine relative Reproduzierbarkeit von ca. 5%. Vergleichszahlen, die den Unterschied der nach dieser Methode erhaltenen Werte mit den nach der IUPAC-Methode bestimmten veranschaulichen, sind in Tab. 112 aufgeführt.

Tabelle 112. *Bestimmung des Oxysäuregehaltes von Fettsäuren nach der IUPAC-Vorschrift und der chromatographischen Methode* (nach M. BURNET u. P. DESNUELLE 1956)

Fettsäuren aus	% oxydierte Fettsäuren			
	IUPAC-Methode	chromatographische Methode gravimetrisch	titrimetrisch a	titrimetrisch b
Rinderfett	0,06	0,9	1,0	1,0
Knochenfett	0,45	2,2	2,8	2,7
Abfallfett	3,95	10,8	13,2	11,7
Oliven-Tresteröl	14,4	26,2	30,3	26,3
Leinöl	1,8	6,5	7,8	7,7
Rapsöl	0,3	2,1	1,9	1,8

a) berechnet als Ricinolsäure.
b) berechnet aufgrund des wahren Molekulargewichts der oxydierten Fettsäuren.

Leider ist die Methode nur auf solche Fette anwendbar, die frei von Fettsäuren der Kettenlange C_4 bis C_{12} sind, da diese zugleich mit den oxydierten Fettsäuren eluiert werden. Wider Erwarten stört aber die Anwesenheit von Linolensäure nicht, da diese Säure unter den Arbeitsbedingungen der Methode später eluiert wird als Laurinsäure.

M. NAUDET gelang es, diese Methode in zwei wesentlichen Punkten zu verbessern. M. NAUDET u. Mitarb. (1960) vereinfachten die chromatographische Arbeitstechnik durch Ersatz des nicht leicht erhältlichen und schwer zu reinigenden „Mealorub" durch ein definiertes hochmolekulares Polyäthylenpulver. M. NAUDET u. M. LACHAMP (1962) erweiterten den Anwendungsbereich der Methode auf Oxysäurekonzentrationen zwischen 0,1 und 32% und schufen dadurch die Grundlage für eine exakte Beurteilung der Ölqualität aufgrund des Gehalts an oxydierten Fettsäuren.

Hier eine Beschreibung ihrer Arbeitsweise.

Chromatographische Methode zur Bestimmung der oxydierten Fettsäuren in Fetten nach M. NAUDET u. M. LACHAMP (1962)

Geräte:

Chromatographierrohr aus Glas: 600 mm Länge, innerer Durchmesser 11 mm, an einem Ende verjüngt zu einer Capillare von 3 mm innerem Durchmesser und 30 mm Länge, die mit einem acetonfesten Kautschukschlauch und einer Schlauchklemme verschlossen werden kann. Das obere Ende des Rohrs besitzt einen Schliff, der wahlweise mit einem T-Stück oder einem Glasreservoir für das Lösungsmittel verbunden werden kann.

Meßpipette, 1 ml, in $^1/_{100}$ ml eingeteilt

Automatische Bürette, eingeteilt in $^1/_{100}$ ml.

Reagentien:

Polyäthylen: hochmolekular zur Chromatographie[1]. Das Rohpulver wird gesiebt und die zwischen AFNOR 26 und 27 (0,3—0,4 mm nach DIN 4188) liegende Fraktion verwendet.

Benzin, vordestilliert, Siedegrenzen 100—130° C

Aceton, wasserfrei, über gelöschtem Kalk destilliert.

Aceton-Wasser-Mischungen: A_{30} = Mischung von 30 Volumteilen Aceton und 70 Volumteilen Wasser (d_{20} = 0,964), mit Benzin gesättigt.

A_{55} = 55 Volumteile Aceton + 45 Volumteile Wasser

(d_{20} = 0,992), mit Benzin gesättigt.

Dioxan, über Natrium destilliert.

Alkohol: 96 Vol.-%, enthaltend 0,5 Vol.-% einer wäßrigen 0,2%igen Lösung von Orthokresolsulfonphthalein. Die Lösung wird kurz vor dem Gebrauch mit Kalilauge bis zum Indicatorumschlag versetzt.

n/60 alkoholische Kalilauge, carbonatfrei

n/100-Schwefelsäure, genau eingestellt.

Verfahren:

Herstellung der freien Fettsäuren: 10 g Fett werden verseift und die Gesamtfettsäuren analog der Vorschrift auf S. 718 isoliert.

Vorbereitung der Chromatographiersäule: In die Säule gibt man eine Glaskugel und etwas Glaswolle. 15 g Polyäthylenpulver werden in 50 ml reines Aceton eingetragen und mit 9,5 ml Benzin versetzt. Man mischt gut durch und fügt allmählich, ohne das Rühren zu unterbrechen, 25 ml Wasser hinzu.

Diese Mischung gibt man in 3—4 Portionen in die Kolonne, wobei man jedesmal mit dem Glasstab die Masse leicht andrückt. Das Aceton fließt bei dieser Operation frei ab. Auf das Pulver legt man eine Rundsieb von 12 mm ⌀ aus rostfreiem Stahl. Das Niveau der Flüssigkeit soll stets oberhalb des Niveaus des Polyäthylens bleiben. Den Säulenkopf verbindet man nun mit dem T-Stück, das an einem Ende mit einem Vakuumaggregat verbunden und am anderen Ende mit Schlauch und Schlauchklemme verschlossen ist. Man evakuiert allmählich auf 250 Torr, wodurch die dem Polyäthylen anhaftende Luft entfernt wird. Ein wenig Benzin kann dabei an die Oberfläche der Säulenfüllung gelangen. Das Aceton darf aber nicht zum Sieden kommen. Wenn keine Luftblasen mehr entweichen, stellt man langsam den atmosphärischen Druck oberhalb der Kolonne wieder her, justiert das Rundsieb und läßt das oben schwimmende Benzin in die Säulenfüllung eindringen, indem man unten etwas Lösungsmittel ablaufen läßt. Die Höhe der Polyäthylenschicht beträgt jetzt 45 cm. Man wäscht die Säule mit 80 ml A_{30} nach. Dann ist sie fertig zum Gebrauch.

Chromatographische Trennung: 5 g Fettsäure werden in Dioxan gelöst und mit Dioxan auf 10 ml aufgefüllt. Mit Hilfe einer Präzisionspipette gibt man je nach der Konzentration der oyxdierten Säuren folgende Mengen auf die Säulenfüllung:

Bei Gegenwart von weniger als 1% oxydierten Säuren: 1,5 ml

Bei Gegenwart von 0,5—1,5% oxydierten Säuren: 1 ml

Bei Gegenwart von 1—3% oxydierten Säuren: 0,5 ml.

Man läßt die Lösung in die Säulenfüllung eindringen und spült zweimal mit 0,1 ml Aceton nach. Man gibt dann 20 ml A_{30} hinzu und regelt den Abfluß des Eluats so, daß 2 ml/min austreten. Wenn alles A_{30} in die Säule eingedrungen ist, unterbricht man die Elution, gibt auf die Kolonne 5 ml A_{55} und befestigt auf ihr den Vorratsbehälter mit 225—250 ml A_{55}. Man sammelt das Eluat in einem Kolben mit Eichstrich bei 100 ml und schließlich in einer Serie von mehreren Kolben mit Eichstrichen bei 20 ml.

Bestimmung:

Zu jeder Fraktion gibt man nun Alkohol-Indicator-Mischung, und zwar 5 ml auf je 20 ml Eluat. Man läßt nun durch jeden Kolben 3 min lang einen Strom von Stickstoff oder CO_2-freier Luft streichen und titriert ohne Abstellen des Gasstroms mit n/60-Kalilauge.

[1] Lieferfirma: Prolabo, 12, Rue Pelée, Paris XI.

In gleicher Weise wird ein Blindversuch ausgeführt, bei dem ebenfalls das Eluat laufend mit n/60-Kalilauge titriert wird.

Die Eluierung wird abgebrochen, wenn Haupt- und Blindversuch keinen wesentlichen Unterschied im Laugeverbrauch aufweisen.

Berechnung:

$$\text{\% Oxydierte Fettsäuren (als Ricinolsäure)} = \frac{298 \cdot (a - b) \cdot f \cdot 100}{E \cdot 60}$$

a = Summe des Alkaliverbrauchs im Hauptsversuch in ml
b = Summe des Alkaliverbrauchs im Blindversuch in ml
f = Faktor der n/60-Kalilauge
E = Einwaage in g.

Anmerkung:

Wenn der Oxysäuregehalt oberhalb 1% liegt, arbeitet man vorteilhaft mit folgenden Änderungen:

Zur Säulenfüllung werden 9,5 g Polyäthylenpulver in 60 ml wasserfreiem Aceton suspendiert. Dann gibt man nach und nach 6 ml Benzin und 15 ml Wasser hinzu. Höhe der Säulenfüllung 23 cm.

Die zu chromatographierende Lösung enthält 2,5 g Fettsäure in 10 ml. Davon werden auf die Säule gegeben:

1 ml bei einem Oxysäuregehalt von 1—3%
0,5 ml bei einem Oxysäuregehalt von 1,5—6%.

Weitere Verdünnungen auf $^1/_2$ oder $^1/_5$ dieser Konzentration erlauben bei Anwendung von je 5 ml Lösung die Erfassung von Oxysäuregehalten zwischen 3 und 12% bzw. 9 und 32%.

Das Eluat wird in einer Fraktion zu 100 ml und mehreren Fraktionen zu 20 ml aufgefangen.

Da die Bestimmung der Oxysäuren durch Titration wegen der unbekannten Größe des Molekulargewichts mit einer gewissen Unsicherheit behaftet ist, arbeiteten N. Naudet u. Mitarb. (1965) auch eine gravimetrische Bestimmungsmethode in Verbindung mit der chromatographischen Trennung aus. Durch Übergang auf Säulen von 570 mm Länge und 27 bzw. 55 mm innerem Durchmesser konnte die Fetteinwaage auf 10 bzw. 25 g erhöht werden:

Das Eluat A 55 (vgl. oben) wird zunächst mit 0,1 n-Natronlauge neutralisiert und dann durch Destillation im Ölbad auf ca. 250 ml konzentriert. Dadurch wird das Aceton abgetrieben. Man kühlt ab, bringt die acetonfreie Lösung in einen Schütteltrichter, säuert mit 3 n-Salzsäure an und extrahiert die freigesetzten Oxysäuren mit Äther. Die ätherische Lösung wird mineralsäurefrei gewaschen, eingedampft und der Rückstand bis zur Gewichtskonstanz getrocknet.

Auch unter Verwendung von mit Aluminiumoxid als Adsorbens gefüllten Säulen können nach J. Pokorný u. H. Zwain (1967) oxydierte Fette von nicht oxydierten getrennt werden. Letztere werden mit Benzol, die ersteren mit Äthanol-Diäthyläther/75:25 eluiert. Das Verfahren ist besonders für die Bewertung der fortgeschrittenen Oxydation der Fette geeignet (vgl. S. 901).

b) Hydroxyfettsäuren

Höhermolekulare Hydroxyfettsäuren kommen in der Natur verhältnismäßig selten vor. Man findet sie vornehmlich in Wachsen, als Bestandteile der Gehirnlipoide und in einigen Samenfetten. Die bekannteste ist die Ricinolsäure, eine 12-Hydroxy-Ölsäure. In normalen Ölen und Fetten sind als Autoxydationsprodukte Mono- und Polyhydroxy-Fettsäuren anzutreffen. Chemisch werden diese Verbindungen durch Umsetzung von halogenierten Fettsäuren mit Alkalien und durch Anlagerung von OH-Gruppen an Doppelbindungen erhalten. Die analytische Bestimmung dieser Säuren kann mit Hilfe von Kennzahlen und genauer auf chromatographischem Wege erfolgen.

α) Bestimmung mit Hilfe von Kennzahlen

Ein Maß für die Konzentration der Hydroxylgruppen sind die auf S. 563/565 beschriebene Hydroxylzahl und Acetylzahl. Wenn die Art der in einem *Fett* vorliegenden Hydroxysäuren einheitlich und bekannt ist, kann man ihre Menge aus der Hydroxylzahl berechnen. Es ist dann

$$\% \text{ Hydroxyfettsäuren} = \frac{\text{OHZ} \cdot \text{MG}}{561{,}1}$$

MG = Molekulargewicht der Hydroxyfettsäuren.

Liegt die Acetylzahl vor, so rechnet man diese zunächst nach der auf S. 566 angegebenen Gleichung in die OHZ um und rechnet dann weiter wie vorstehend.

Auch bei bekanntem Molekulargewicht führt die Rechnung nicht immer zum Ziele, da die Hydroxyfettsäuren je nach der Lage der OH-Gruppen im Molekül beim Erwärmen unter Wasserabspaltung in Lactone oder Estolide übergehen können, die durch die OHZ-Bestimmung nicht genau zu erfassen sind.

β) Chromatographische Bestimmung

Im Gegensatz hierzu ermöglichen die chromatographischen Methoden eine recht genaue Bestimmung der Hydroxyfettsäuren. Das auf S. 731 beschriebene Verfahren von P. DESNUELLE u. M. BURNET (1956) ist zur genauen Bestimmung geeignet, wenn man folgende Arbeitsbedingungen einhält:

1. Titrimetrisches Verfahren

7 g feuchtes, nach der Methode von J. BOLDINGH (1950) aufbereitetes Kautschukpulver „Mealorub" werden in einen Mischzylinder von 60 ml gebracht, worauf man mit reinem Aceton auf 30 ml auffüllt und 6 ml Benzin 100/130° C zufügt. Man schüttelt sorgfältig und fügt, ohne das Schütteln zu unterbrechen, tropfenweise 15 ml Wasser hinzu. Die Suspension wird in eine Kolonne von 30 × 1,1 cm gebracht und das Füllmaterial auf 21 cm komprimiert.

Auf die Säule gibt man 0,5 ml einer Lösung von 100 mg Gesamtfettsäuren in Dioxan, die nicht mehr als 10 mg Hydroxyfettsäuren enthalten sollen, und eluiert wie auf S. 732 angegeben mit A_{30} und A_{55}. Das Eluat wird mit n/60 alkoholischer Kalilauge titriert und aus dem Laugeverbrauch der Gehalt an Hydroxyfettsäuren berechnet, wobei vorausgesetzt werden muß, daß die Identität und das Molekulargewicht der betreffenden Säure bekannt sind.

2. Gravimetrische Methode

Diese ist bei Hydroxyfettsäuren unbekannten Molekulargewichts vorzuziehen. Als stationäre Phase verwendet man 50 g frisch aufbereitetes Mealorub, das mit 150 ml wasserfreiem Aceton, 40 ml Benzin und 170 ml Wasser behandelt wird. Das Material wird in einer Säule von 2,8 cm ⌀ auf 21 cm zusammengepreßt. Auf die Säulenfüllung gibt man 5 ml Dioxan-Lösung, die maximal 100 mg Hydroxyfettsäuren und 1 g Gesamtfettsäuren enthält. Eluiert wird mit 700 ml A_{55}. Das Eluat wird zunächst durch Abdampfen vom Aceton befreit, dann mit Salzsäure gegen Kongorot angesäuert und mit dreimal 100 ml Äther extrahiert. Der Extrakt wird dreimal mit je 50 ml Wasser gewaschen, eingedampft und bis zur Gewichtskonstanz getrocknet.

Beide Methoden geben sehr gute Ergebnisse, wie aus Tab. 113 hervorgeht.

Tabelle 113. *Chromatographische Bestimmung von Hydroxyfettsäuren* (nach P. DESNUELLE u. M. BURNET 1956)

Hydroxyfettsäure	aufgegeben (mg)	gefunden (mg) titrimetr.	gefunden (mg) gravimetr.
trans-19-Dihydroxystearinsäure	5,0	4,7	—
Ricinolsäure	10,0	10,5	—
Ricinolsäure	10,0	9,5	—
Ricinolsäure	9,6	9,3	—
Ricinolsäure	35,7	—	37,1
Ricinolsäure	50,3	—	48,0
Ricinolsäure	70,6	—	68,4
12-Hydroxystearinsäure	5,1	5,0	—

An Stelle des schwer zu standardisierenden Mealorub läßt sich nach M. NAUDET u. Mitarb. (1960) auch für die Bestimmung der Hydroxyfettsäuren das schon erwähnte hochmolekulare Polyäthylenpulver „Prolabo“ verwenden, so daß die auf S. 732 beschriebene Methode auch für die Bestimmung der Hydroxyfettsäuren benutzt werden kann.

E. N. FRANKEL u. Mitarb. (1962) erreichten mit Hilfe einer anderen verteilungschromatographischen Methode die Abtrennung der Hydroxyfettsäuren aus ihren Gemischen mit normalen Fettsäuren und ihrer Ester. Als Trägermaterial verwendeten sie 50 g Kieselsäure, wasserfrei, die in einem 250-ml-Erlenmeyerkolben mit Benzol angeschüttelt wurde.

Arbeitsvorschrift:

Unter Schütteln gibt man zu 50 g Kieselsäure „Mallinckrodt“ 100 mesh aus einer Bürette die stationäre Phase (20% Methanol in Benzol) und bringt das Ganze in eine Säule von 24 × 400 mm, die eine Glasfritte trägt und am oberen Ende mit einem 500-ml-Reservoir verbunden ist. Das zu untersuchende Fettsäuregemisch (0,1—0,2 g) wird in der mobilen Phase, einer 2%igen Lösung von Methanol in Benzol, gelöst, auf die Säule gebracht und mit dem gleichen Lösungsmittel eluiert. Die Säuren bzw. ihre Ester treten in der Reihenfolge Fettsäuren, Monohydroxysäuren, Dihydroxysäuren aus und werden titrimetrisch oder gravimetrisch bestimmt.

Die Methode lieferte bei der Trennung von Stearin-, 12-Hydroxystearin- und 9,10-Dihydroxystearinsäure und ihrer Ester recht zufriedenstellende Ergebnisse. Die Bestimmung des Ricinolsäuregehalts im Rizinusöl gelang mit einer Genauigkeit von ca. 1%.

Auch auf gaschromatographischem Wege lassen sich nach R. D. WOOD u. Mitarb. (1965a) Hydroxyfettsäuren schnell und genau bestimmen, wenn man sie zuvor in ihre Trimethylsilyl-ätherderivate überführt. Die Silierung dieser Fettsäuren gelingt innerhalb weniger Sekunden durch Umsetzung derselben in Pyridin mit Hexamethyldisilazan und Trimethylchlorsilan. Als Kolonnenfüllung sind Diäthylenglykol-succinatpolyester und Apiezon L geeignet. Anzeigegerät: Flammenionisationsdetektor.

Einen Überblick über moderne Analysenmethoden zur Bestimmung von Hydroxyfettsäuren geben die Arbeiten von T. M. APPLEWHITE (1965) und N. S. RADIN (1965).

c) Ketofettsäuren

Ketofettsäuren kommen in der Natur noch weniger vor als Hydroxyfettsäuren. Die wichtigste Verbindung dieser Gruppe ist die Licansäure, eine 4-Keto-9, 11,13-Octadekatriensäure, die wesentlicher Bestandteil des Oiticicaöls ist und in Mengen von 35—70% in den Samen vieler Parinarienarten gefunden wird. Ketofettsäuren entstehen auch durch Oxydation von Hydroxysäuren und sind daher stets in autoxydierten Fetten anzutreffen.

Wenn das Molekulargewicht (MG) der Ketofettsäuren bekannt ist, kann man ihre Konzentration aus der Carbonylzahl nach der Formel berechnen:

$$\%\ \text{Ketofettsäuren} = \frac{\text{COZ} \cdot \text{MG}}{561{,}1}$$

Die Formel gilt nur, wenn die COZ analog der SZ und OHZ definiert ist (vgl. S. 567). Bei unbekanntem Molekulargewicht erfolgt die Bestimmung am besten auf chromatographischem Wege.

Die von P. DESNUELLE u. M. BURNET (1956) entwickelte Methode (vgl. S. 731) führt mit einem Elutionsmittel, das aus 55 Vol.-% Aceton und 45 Vol.-% Wasser besteht, zu recht guten Ergebnissen, wie folgende Modellversuche der Autoren mit 12-Ketostearinsäure zeigen.

vorgelegt	(mg)	5,0	5,0	5,0
gefunden	(mg)	4,9	5,2	5,1

Auch die mit Polyäthylenpulver arbeitende Variante des Desnuelle'schen Verfahrens läßt sich hier verwenden (M. NAUDET u. Mitarb. 1960). Es ist allerdings zu beachten, daß bei beiden Methoden mit dem Lösungsmittel A_{55} auch Hydroxyfettsäuren eluiert werden. In Zweifelsfällen wird man daher die Identität der eluierten Säuren durch Bestimmung der Carbonyl- und Hydroxylzahl kontrollieren. Zur Identifizierung der Ketosäuren ist auch die Methode von A. MENDELOWITZ u. J.P. RILEY (1953) geeignet:

Ca. 100 mg der zu untersuchenden Substanz werden mit einer alkoholischen Lösung von 2,4-Dinitrophenylhydrazinhydrochlorid umgesetzt. Von der erhaltenen Hydrazon-Lösung wird die Extinktion bei 535 mμ gemessen.

12-Ketostearinsäure und Licansäure konnten auf diese Weise mit hoher Genauigkeit bestimmt werden.

d) Epoxyfettsäuren

Epoxyfettsäuren finden sich in einigen Naturfetten, z. B. solchen der Malven- und Hibiskusarten. Daneben werden sie während der Oxydation von Ölen aus unbeständigen Zwischenprodukten gebildet. Die Bestimmung dieser Fettsäuren kann, wenn ihre Identität bekannt ist, durch Ermittlung der Menge des Oxiran-Sauerstoffs (vgl. S. 895ff.) erfolgen. Andernfalls sind Trennungsoperationen erforderlich.

L.J. MORRIS u. D.M. WHARRY (1965) entwickelten ein dünnschichtchromatographisches Verfahren zur Trennung von isomeren hydroxy-, epoxy-, bromhydroxy- und dihydroxysubstituierten langkettigen Fettsäuren. Die Chromatographie erfolgt auf 250 μ dicken Silicagel-G-Schichten, die mit einer 2,5%igen Silbernitrat-Lösung imprägniert wurden. Es werden 1%ige Probelösungen in Chloroform aufgetragen. Entwickelt wird mit Äther-Hexan, sichtbar gemacht mit 50%iger Chlorsulfosäure, 10%iger Phosphormolybdänsäure bzw. durch Besprühen mit einer Lösung von 2',7'-Dichlorfluorescëin und Betrachten unter UV-Licht.

M.W. ROOMI u. Mitarb. (1966) gelang auf dünnschichtchromatographischem Wege die Trennung von cis- und trans-Epoxyfettsäuren. Sie verwendeten Silicagel G zur Beschichtung der Platten und entwickelten mit Äther-Petroläther/30:70. Die Umkehrphasenchromatographie erwies sich hierfür als nicht geeignet.

8. Freie Fettsäuren

Öle und Fette werden bei längerer Lagerung in Gegenwart von Wasser in freie Fettsäuren, Mono- und Diglyceride sowie Glycerin gespalten. Das Ausmaß der Spaltung hängt von der anwesenden Wassermenge, der Temperatur, etwa vorhandenen Katalysatoren, z. B. Fermenten, und der Zeitdauer der Einwirkung dieser Faktoren ab. Die Veränderungen sind sowohl bei den in pflanzlichen und tierischen Geweben befindlichen als auch bei den daraus gewonnenen rohen und raffinierten Fetten zu beobachten. Die hydrolytische Spaltung läßt sich am bequemsten am Anstieg des Gehaltes der Öle an freien Fettsäuren verfolgen. Diese Größe ist daher eins der wichtigsten Merkmale zur Beurteilung der Fettqualität.

Der Gehalt eines Fettes an freien Fettsäuren läßt sich sowohl maßanalytisch durch Titration mit Alkali als auch gravimetrisch durch Abtrennung und Wägung bestimmen.

a) Bestimmung durch Titration mit Alkali

Wenn die Säurezahl des Fettes (SZ) und die Säurezahl der Gesamtfettsäuren (SZ_s) bekannt sind, kann der Gehalt an freien Fettsäuren nach folgender Gleichung berechnet werden:

$$\%\ \text{freie Fettsäuren} = \frac{SZ \cdot 100}{SZ_s}$$

Zur Bestimmung der Säurezahl der Gesamtfettsäuren sind zuvor die Gesamtfettsäuren nach S. 718 abzuscheiden. Das ist eine umständliche Operation. Man begnügt sich daher zur Bestimmung des Gehaltes an freien Fettsäuren meistens mit Annäherungsdaten.

α) Methode der DGF: C — V 5 (57)

Zunächst wird die Säurezahl des Fettes nach S. 552 bestimmt und dann der Fettsäuregehalt nach der Gleichung errechnet:

$$\% \text{ freie Fettsäuren} = \frac{SZ \cdot MG_s \cdot 100}{56104}$$

MG_s = Mittleres Molekulargewicht der Fettsäuren.

Wenn die Art des untersuchten Fettes genau bekannt ist, setzt man für das Mittlere Molekulargewicht der Gesamtfettsäuren folgende Werte ein:

Baumwollsaatöl	282	Palmöl	269
Erdnußöl	281	Palmkernöl	217
Cocosöl	203	Rüböl	314
Olivenöl	283	Sojaöl	291

Auch wenn die Natur des Fettes bekannt ist, sind die so erhaltenen Resultate nur Näherungswerte, da zwischen den wahren Molekulargewichten und dem „Mittleren Molekulargewicht" häufig starke Diskrepanzen bestehen.

β) Methode der AOCS: Ca 5a — 40 bzw. B.S.: 684:1958

Die Fette werden in 95%igem Alkohol gelöst und bei 60—65° C bzw. bei Siedetemperatur wie bei der Säurezahlbestimmung mit 0,1 n wäßriger Natronlauge titriert. Aus dem Laugeverbrauch berechnet man den ffa-Gehalt für alle ölsäurereichen Fette als Ölsäure, für Cocos- und Palmkernöl als Laurinsäure, für Palmöl als Palmitinsäure und für Raps bzw. Rüböl als Erucasäure.

Berechnung:

$$\% \text{ freie Fettsäuren} = \frac{a \cdot N \cdot M}{E \cdot 10}$$

a = ml Natronlauge
N = Normalität der Natronlauge
M = Molekulargewicht der Bezugsfettsäure (Ölsäure = 286, Laurinsäure = 200, Palmitinsäure = 256, Erucasäure = 338)
E = Einwaage in g.

Bei dieser Art der Berechnung des Gehaltes an freien Fettsäuren können naturgemäß die Unterschiede gegenüber dem wahren Gehalt noch größer sein als bei der DGF-Methode.

b) Bestimmung durch Abtrennung und Wägung

Die Titrationsmethode gibt in solchen Fällen völlig unzureichende Resultate, in denen die freien Fettsäuren nicht dieselbe Zusammensetzung wie die Gesamtfettsäuren besitzen, beispielsweise bei Gemischen von Fettsäuren der Cocosfettgruppe mit Fetten der Öl- und Linolsäuregruppe. Dann wählt man besser den Weg der gravimetrischen Bestimmung.

α) Neutralisationsmethode

Die Isolierung der freien Fettsäuren erfolgt nach dieser Methode (vgl. A. Grün 1925) durch Neutralisation der in Petroläther oder Äther gelösten Fettprobe mit Alkali, Extraktion und Spaltung der Seifen, Abtrennung und Wägung der erhaltenen Fettsäuren. Das Verfahren ist besonders für die Untersuchung von Raffinationsfettsäuren geeignet. Um reproduzierbare Ergebnisse zu erhalten, ist eine genaue Einhaltung der Analysenvorschrift erforderlich.

Methode der DGF: D – IV 6 (61)

5 g technische Fettsäuren werden in ein 50-ml-Becherglas eingewogen und mit 50 ml Petroläther in einen 500-ml-Scheidetrichter übergeführt. Man neutralisiert mit 14%iger wäßriger Kalilauge gegen Phenolphthalein. Nach Zugabe von 40 ml 50%igem Alkohol läßt man die Schichten absitzen. Die Seifenschicht wird abgelassen und bis zur völligen Entfernung

des Neutralöls mit Petroläther extrahiert. Dann wird mit 200 ml Wasser verdünnt, mit Salzsäure angesäuert, worauf schließlich, wie auf S. 718 angegeben, die freien Fettsäuren isoliert und gewogen werden.

Falls flüchtige Fettsäuren vorliegen, bringt man diese besser nach DGF-Methode G – III 5c (61) in Form ihrer Kalisalze zur Wägung:

Die petrolätherische Fettsäurelösung wird durch Eindampfen von der Hauptmenge des Lösungsmittels befreit. Der Rückstand wird in 20 ml Äthanol aufgenommen, mit 0,5 n alkoholischer Kalilauge gegen Phenolphthalein neutralisiert und nach Zugabe von 10 ml derselben Lauge noch $^1/_2$ Std unter Rückfluß gekocht. Dann titriert man den Alkali-Überschuß mit 0,5 n-HCl zurück, dampft die Lösung ein und trocknet im Trockenschrank bei 120° C.

Berechnung:

$$\% \text{ freie Fettsäuren} = \frac{100 \cdot T - 1{,}96\,(a - b) - 3{,}73\,b}{E}$$

a = ml 0,5 n Kalilauge
b = ml 0,5 n-Salzsäure
E = Einwaage in g
T = Trocknungsrückstand in g.

Die Reproduzierbarkeit der DGF-Methode D – IV 6 (61) wurde im Rahmen der Arbeiten der Fachgruppe DGF-Einheitsmethoden an technischen raffinierten Fettsäuren in sechs Laboratorien geprüft. Dabei wurden die in Tab. 114 zusammengestellten Resultate erhalten.

Tabelle 114. *Reproduzierbarkeit der gravimetrischen Bestimmung des Gehalts an freien Fettsäuren*

Raffinationsfettsäure	% freie Fettsäuren		
	Streubereich	Mittel	Standardabweichung ±
Cocos	85,5—89,3	87,9	1,37
Soja	79,5—82,2	81,1	1,10
Kotton	70,4—73,7	71,6	1,19
Walöl	61,6—64,3	63,04	1,34

Methode der AOCS: G 5 – 40

Nach dieser Methode, die auf einen Vorschlag von D. WESSON (1926) zurückgeht, werden nicht die freien Fettsäuren, sondern das Neutralöl und das Unverseifbare in prinzipiell der gleichen Weise wie bei der genannten DGF-Methode abgetrennt und gewogen. Es ist dann:

$$\% \text{ freie Fettsäuren} = 100 - (\%\text{Neutralöl} + \%\text{Unverseifbares})$$

Diese Methode wird häufig zur Bestimmung der Raffinationsverluste pflanzlicher Öle verwendet. Ihre Genauigkeit wird nach H. PARDUN u. O. WERBER (1959) durch den Phosphatidgehalt der Öle entscheidend beeinflußt.

β) Chromatographische Methoden

H.P. KAUFMANN u. O. SCHMIDT (1940) fanden, daß bei der Säulenchromatographie von Lösungen fettsäurehaltiger Fette über Aluminiumoxid die freien Fettsäuren vollständig zurückgehalten werden. Hierauf aufbauend erarbeiteten N.D. SYLVESTER u. Mitarb. (1945) sowie L. LINTERIS u. E. HANDSCHUMAKER (1950) ein Verfahren zur Bestimmung der freien Fettsäuren in Fetten, dessen Grundzüge von der AOCS in Methode Ca 9f–57 und der DGF-Methode D – IV 6a (61) übernommen wurden. Das Verfahren ist sowohl für Rohöle als auch für Raffinationsfettsäuren geeignet.

Methode der DGF: D – IV 6a (61)

Geräte:

Chromatographierrohr, Länge 400 mm, innerer Durchmesser 20 mm mit Glasfritte G 3 und Ablaßhahn
Pulvertrichter
Vakuum-Exsiccator mit Kaliumhydroxid
Erlenmeyerkolben, 100 ml
Rundkolben, 250 ml.

Reagentien:

Lösungsmittel: Vor jeder Bestimmung durch Mischen von 10 ml absolutem Methanol mit 390 ml absolutem Äther bereitet.

Aluminiumoxid „Woelm", sauer, Aktivitätsstufe I, vor der Verwendung auf 150°C erhitzt und im Stickstoffstrom abgekühlt.

Verfahren:

Das Chromatographierrohr wird zu einem Drittel mit dem Methanol-Äther-Gemisch beschickt, wobei auch der Leerraum unterhalb der Fritte mit dem Lösungsmittel gefüllt wird. Dann werden 20 ± 1 g Aluminiumoxid mittels des Pulvertrichters in die Säule gegeben.

Je nach dem erwarteten Gehalt an freien Fettsäuren werden folgende Fettmengen in einen 100-ml-Erlenmeyerkolben eingewogen:

% ffa	0—10	10—25	25—50	50—100
g Einwaage	2—3	1—2	0,7—1	0,45—0,55

Man löst das Fett in 25 ml Lösungsmittel, läßt das überstehende Lösungsmittel aus der Säule bis auf 5 mm oberhalb des Adsorbens ablaufen und gibt dann die Fettlösung quantitativ auf das Aluminiumoxid. Man spült mit 4 × 25 ml Lösungsmittel nach, wobei jede Portion erst dann auf die Säule gegeben wird, wenn die vorhergehende bis auf 5 mm abgelaufen ist. Schließlich eluiert man mit 100 ml Lösungsmittel.

Die Eluate werden im 250-ml-Rundkolben aufgefangen und eingedampft. Der Rückstand wird im Trockenschrank bei 105°C bis zur Gewichtskonstanz getrocknet.

Berechnung:

$$\%\ \text{Neutralfett} = \frac{100 \cdot R}{E}$$

R = Rückstand in g
E = Einwaage in g

$$\%\ \text{freie Fettsäure} = 100 - \%\ \text{Neutralfett}$$

Die chromatographische Methode wurde im Jahre 1953 von P. Desnuelle u. M. Naudet einer eingehenden kritischen Nachprüfung unterzogen. Literaturnachweise bei H. Pardun u. O. Werber (1959).

c) Mikromethoden

Analog zur Säurezahlbestimmung nach H. Lackner u. H. Flaschka (1950) u. a. (vgl. S. 556).

Eine Ultramikrotitrationsmethode zur colorimetrischen Bestimmung kleinster Fettsäuremengen wurde von C. Pries u. C.J.F. Böttcher (1964) angegeben (vgl. S. 557).

9. Abtrennung und Bestimmung gesättigter Fettsäuren

Der Gehalt an gesättigten Fettsäuren ist für zahlreiche Fette eine charakteristische Größe, die ihre Identifizierung sehr erleichtert. Hierzu einige Beispiele in Tab. 115.

Weitere Angaben in den Tabellen von Abschnitt C. Die Bestimmung der gesättigten Fettsäuren setzt den Analytiker auch in den Stand, bei der Untersuchung hydrierter Fette den Grad der Selektivität zu bestimmen, da nicht selektiv hydrierte Fette bei gleichem Schmelzpunkt einen höheren Gehalt an gesättigten Fettsäuren aufweisen als selektiv gehärtete (vgl. S. 975ff.).

Vielfach unterscheidet man zwischen *niederen* (C_4 bis C_{10}), *mittleren* (C_{12} bis C_{14}) und *höheren* gesättigten Fettsäuren (C_{16} und höher). Diese Gliederung ist berechtigt, da von einigen Bestimmungsmethoden nur die höheren gesättigten Fettsäuren erfaßt werden.

Tabelle 115. *Gehalt natürlicher Öle und Fette an gesättigten Fettsäuren*

Öl oder Fett	JZ ca.	gesättigte Fettsäuren im Fett ca. %	Öl oder Fett	JZ ca.	gesättigte Fettsäuren im Fett ca. %
Cocosfett	9	85	Rüböl	100	8
Palmkernfett	14	79	Sesamöl	108	13
Kakaobutter	36	53	Kottonöl	110	23
Rindertalg	39	55	Walöl	121	24
Palmöl	54	46	Sojaöl	129	13
Schweineschmalz	56	40	Sonnenblumenöl	131	9
Olivenöl	82	15	Heringsöl	134	19
Erdnußöl	93	16	Leinöl	190	15

Der Gehalt an gesättigten Fettsäuren kann bei natürlichen Ölen und Fetten, die als ungesättigte Fettsäuren nur Ölsäure, Linolsäure und Linolensäure enthalten, aus der Jodzahl und Rhodanzahl oder aus der Jodzahl und dem nach der Isomerisierung spektrophotometrisch ermittelten Konjuengehalt berechnet werden. Dieses Verfahren versagt aber, wenn hydrierte Fette vorliegen.

Sicherer führen gravimetrische Methoden zum Ziel. Die von J.B. BROWN u. Mitarb. entwickelte Methode der fraktionierten Kristallisation (vgl. Abschnitt VI, S. 609) ermöglicht die quantitative Trennung gesättigter und ungesättigter Säuren. Einfacher wird die Abtrennung der gesättigten Säuren, wenn man die ungesättigten Fettsäuren durch Behandlung mit starken Oxydationsmitteln spaltet oder aber sie in schwer lösliche Derivate umwandelt, die durch Extraktion und Adsorption aus dem Oxydationsgemisch entfernt werden können. Schließlich können die gesättigten Säuren auch mit Hilfe der in Abschnitt VI beschriebenen chromatographischen Methoden getrennt und somit auch in ihrer Summe bestimmt werden.

Im folgenden werden nun verschiedene einfache Methoden beschrieben, die die Bestimmung bzw. Abtrennung der gesättigten Säuren aus ihren Gemischen ermöglichen. Für eine differenziertere Untersuchung sei auf die Methoden des Abschnitts VI verwiesen.

a) Bestimmung des Gehaltes an gesättigten Fettsäuren aus den Kennzahlen

Bei Fetten, die wenig Unverseifbares, im übrigen aber Linolsäure L, Ölsäure Ö und gesättigte Fettsäuren G mit 18 C-Atomen enthalten, kann man den Gehalt an gesättigten Fettsäuren nach DGF-Einheitsmethode C - V 15 (57) mit Hilfe folgender Formeln berechnen:

$$G = 100 - Ö - L - 4{,}3$$
$$Ö = 2{,}3115\ \text{RhZ} - 1{,}1992\ \text{JZ}$$
$$L = 1{,}1481\ (\text{JZ} - \text{RhZ}).$$

Ist außerdem noch Linolensäure anwesend, werden diese Formeln wesentlich komplizierter (vgl. S. 602).

b) Bestimmung der gesättigten Fettsäuren durch Kristallisation

F.R. EARLE u. R.T. MILNER (1940) gaben ein sehr einfaches Verfahren zur Bestimmung gesättigter Fettsäuren durch Kristallisation der Gesamtfettsäuren aus Aceton bei —40°C bekannt. Ursprünglich zur Untersuchung von Sojafettsäuren ausgearbeitet, zeigte es sich bei einer Nachprüfung der Methode durch die Analysenkommission der AOCS, daß sie sich auch mit gutem Erfolg auf zahlreiche andere Öle und Fette anwenden läßt. Genauer als das Bleisalz-Alkohol-Verfahren von TWITCHELL (vgl. S. 725), liefert sie nahezu die gleichen Ergebnisse wie die komplizierteren Methoden, die auf einem oxydativen Abbau der ungesättigten Fettsäuren beruhen.

Verfahren nach F. R. EARLE u. R. T. MILNER (1940)

Geräte:

Reagensgläser 38 × 200 mm
Eintauchnutsche mit Glasfritte, 30 mm ∅, Porosität G 3
Einmachglas, ca. 2 l Inhalt.

Reagentien:

Aceton, wasserfrei
Trockeneis.

Verfahren:

Ca. 5 g der nach dem auf S. 718 mitgeteilten Verfahren abgeschiedenen Gesamtfettsäuren werden in einem Reagensglas abgewogen und in 50 ml Aceton gelöst. Das so beschickte Rohr wird in ein Kältebad von Aceton und Trockeneis von —41° C gehängt und der Inhalt von Zeit zu Zeit mit einem Thermometer gerührt, bis die Temperatur auf —40° C gefallen ist. Die löslichen Säuren werden dann mit der vorher auf Badtemperatur gekühlten Eintauchnutsche abfiltriert. Den an Rohr und Nutsche haftenden festen Rückstand spült man mit 50 ml Aceton in das Rohr zurück und löst durch Erwärmen. Nach zwei weiteren Kristallisationen werden die erhaltenen festen Säuren in Aceton gelöst und in einen kleinen tarierten Kolben gebracht.

Das Lösungsmittel wird auf dem Dampfbad entfernt, der Rückstand $1^1/_2$ Std im Trockenschrank bei 105° C getrocknet und gewogen. Schließlich wird vom Rückstand die Jodzahl bestimmt. Unter der Annahme, daß die Ölsäure die einzige anwesende ungesättigte Säure ist, errechnet sich der Gehalt an gesättigten Säuren wie folgt.

Berechnung:

$$\%\ \text{gesättigte Säuren} = \frac{(a - a \cdot JZ/90) \cdot 100}{E}$$

a = Gewicht der isolierten Säuren in g
JZ = Jodzahl der isolierten Säuren
E = Einwaage in g.

c) Bestimmung der gesättigten Fettsäuren durch Oxydation mit Kaliumpermanganat

Diese Bestimmungsmethode, die auf eine Arbeit von S. H. BERTRAM (1928a) zurückgeht, beruht darauf, daß bei der Oxydation einer wäßrigen Lösung der Kaliseifen des Fettsäuregemisches mit Kaliumpermanganat nur die ungesättigten Fettsäuren in leicht abtrennbare Verbindungen, wie Dicarbonsäuren, Polyhydroxysäuren usw., überführt werden, während die gesättigten unverändert bleiben und durch Extraktion des angesäuerten Oxydationsgemisches mit Petroläther quantitativ gewonnen werden können. Mitgelöst wird allerdings die auch durch Oxydation der Ölsäure entstandene Nonylsäure, die BERTRAM als lösliches Magnesiumsalz entfernt.

Da jedoch nieder- und mittelmolekulare gesättigte Fettsäuren bis herauf zur Myristinsäure durch die Permanganatoxydation angegriffen werden (J. GROSSFELD 1932b; T. P. HILDITCH u. J. PRIESTMAN 1931), ist es zweckmäßig, die Bertram'sche Methode auf solche Fette zu beschränken, die gesättigte Fettsäuren mit mehr als 16 C-Atomen enthalten. Die in natürlichen Fetten vorkommenden ungesättigten Fettsäuren stören nicht, mit Ausnahme solcher niedrigungesättigter Fettsäuren, die bei der Oxydation gesättigte Fettsäuren mit mehr als elf Kohlenstoffatomen ergeben, z. B. Petroselinsäure.

Das Bertram'sche Verfahren wurde von vielen Autoren geprüft und innerhalb des genannten Anwendungsbereichs als recht genau befunden. Es ist in die DGF-

Methodensammlung unter C – III 7 (53) aufgenommen. Nachstehend wird diese Bestimmungsmethode in einer von K. A. PELIKAN u. J. D. VON MIKUSCH (1938) etwas modifizierten Form wiedergegeben.

Verfahren von BERTRAM in der Modifikation von K. A. PELIKAN u. J. D. VON MIKUSCH (1938)

Geräte:

Erlenmeyerkolben, 250 ml mit Rückflußkühler
Porzellanschale, 300 ml
Florentiner Flasche, 2 l
Extraktionskolben, 250 und 500 ml
Scheidetrichter, 250 ml.

Reagentien:

0,5 n alkoholische Kalilauge
50%ige Kalilauge
Kaliumpermanganat z. A.
50%ige Schwefelsäure
Konzentrierte Kaliumhydrogensulfit-Lösung
Petroläther 40/60° C
Ammoniakwasser
10%ige Ammoniumchlorid-Lösung
15%ige Magnesiumsulfat-Lösung.

Verfahren:

5 g der trockenen Probe werden mit 75 ml 0,5 n alkoholischer Kalilauge im 250-ml-Erlenmeyerkolben $^1/_2$ Std unter Rückfluß verseift. Man spült die Seifenlösung mit 50 ml Wasser in eine Porzellanschale und verdampft, bis die Seife fest wird. Dann gibt man weitere 100 ml Wasser hinzu und kocht, bis der Alkoholgeruch völlig verschwunden ist. Die Lösung wird mit 100 ml Wasser in eine Florentiner Flasche gespült und mit 5 ml 50%iger Kalilauge versetzt. Unter Umschwenken erwärmt man, bis die Lösung klar ist, kühlt dann mit kaltem Wasser, gibt unter Umschwenken eine Lösung von 35 g Kaliumpermanganat in $^3/_4$ l Wasser zu und läßt über Nacht stehen. Nach 12-stündigem Stehen fügt man solange 50%ige Schwefelsäure und konzentrierte Kaliumhydrogensulfit-Lösung in kleinen Portionen hinzu, bis alles Mangan reduziert und gelöst ist und extrahiert nach dem Abkühlen dreimal mit je 50 ml Petroläther. Die vereinigten Extrakte werden im Scheidetrichter dreimal mit je 50 ml Wasser gewaschen und mit Petroläther in einen 500-ml-Extraktionskolben gespült. Nach dem Abdestillieren des Petroläthers erwärmt man die verbliebenen Fettsäuren mit einigen Millilitern Ammoniak, fügt 200 ml dest. Wasser hinzu und, wenn alle Fettsäuren in Lösung gegangen sind, 30 ml der 10%igen Ammoniumchlorid-Lösung. Dann erhitzt man zum Sieden, gibt 20 ml der 15%igen Magnesiumsulfat-Lösung hinzu, erhitzt wieder zum Sieden, kühlt und filtriert unter Vakuum durch Watte, die sich in einem Büchner-Trichter befindet. Filter und Kolben werden ausgewaschen, Watte und Niederschlag werden in den Kolben zurückgebracht und unter mäßigem Erwärmen mit 50%iger Schwefelsäure zersetzt, so daß die Fettsäuren als klare Schicht auf der Lösung schwimmen. Dann kühlt man ab und wiederholt den Löse- und Fällungsprozeß in der gleichen Weise. Die erhaltenen Fettsäuren werden in einen Scheidetrichter überführt und zweimal mit Petroläther extrahiert. Man wäscht dreimal mit Wasser, filtriert die Petrolätherlösung quantitativ in einen 250-ml-Extraktionskolben, destilliert das Lösungsmittel auf dem Dampfbad ab und trocknet den Rückstand bei 105° C solange im Trockenschrank, bis sein Gewicht auf 2 mg konstant ist. Von den so isolierten gesättigten Säuren wird die Jodzahl nach HANUŠ oder WIJS bestimmt.

Berechnung:

Wie auf S. 741.

Viele Schwierigkeiten des Bertram'schen Analysenverfahrens vermeidet eine von D. F. KUEMMEL (1958) angegebene Oxydationsmethode. Die zu untersuchenden Fette werden in die Methylester überführt und als solche in acetonischer Lösung mit fein gepulvertem Kaliumpermanganat oxydiert. Das überschüssige Permanganat wird mit Natriumhydrogensulfit entfernt, das Oxydationsgemisch der Methylester in Chloroform aufgenommen und mit Natriumcarbonat-Lösung neutral gewaschen. Die gereinigte Lösung der Methylester der gesättigten Fettsäuren wird eingedampft und der Rückstand gewogen.

Diese Methode ist einfacher als die nach BERTRAM auszuführen. Aber auch sie ist nur für gesättigte Fettsäuren mit mehr als 16 C-Atomen geeignet. Reproduzierbarkeit und Genauigkeit sind gut. D. F. KUEMMEL beobachtete bei der Untersuchung von Gemischen bekannter Zusammensetzung, die 0,3—95% gesättigte Fettsäure enthielten, durchschnittliche Differenzen gegenüber dem berechneten Gehalt von nicht mehr als 0,8%.

d) Bestimmung der gesättigten Fettsäuren durch Oxydation und chromatographische Abtrennung der Oxydationsprodukte

Neuere Methoden vermeiden den Nachteil der Bertram'schen Arbeitsweise, daß auch niedermolekulare gesättigte Säuren durch die Behandlung mit Kaliumpermanganat gespalten werden, dadurch, daß sie milde Oxydationsmittel verwenden, die nur die Doppelbindungen angreifen. Das Reaktionsgemisch wird chromatographisch in ein Eluat, das nur die gesättigten Säuren enthält, und ein Adsorbat der sauerstoffsubstituierten Säuren zerlegt.

Diese Verfahren sind daher auch auf Fette der Cocosfettgruppe anwendbar. J. FITELSON (1950) behandelt beispielsweise das Fettsäuregemisch mit Perameisensäure. Dadurch entstehen aus ungesättigten Fettsäuren Hydroxy- bzw. Formoxyderivate, die bei der Chromatographie der petrolätherischen Lösung über Silicagel zurückbleiben. Capryl-, Caprin- und Laurinsäure stören nicht, jedoch erfordert die Anwesenheit von Eruca- und Petroselinsäure eine Spezialbehandlung.

α) Verfahren nach J. FITELSON (1950)

10 g Fett werden mit alkoholischer Kalilauge verseift, die Fettsäuren aus der Seife abgeschieden, in Petroläther aufgenommen und mineralsäurefrei gewaschen. Nach dem Abdampfen des Petroläthers werden 2,5 g Fettsäuren mit 25 ml eines Oxydationsgemisches, bestehend aus 10 ml 30%igem Wasserstoffsuperoxid, 10 ml 98—100%iger Ameisensäure und 40 ml Essigsäureanhydrid, 30 min bei 70—75°C behandelt. Die Oxydationsprodukte werden in Petroläther aufgenommen und mit Alkohol und Wasser ausgiebig gewaschen. Dann wird der Petroläther abgedampft, der Rückstand in Dichlormethan gelöst und mit demselben Lösungsmittel über eine Mischung von Silicagel und Kieselgur 1:1 chromatographiert. Das Eluat wird eingedampft und der Rückstand getrocknet und gewogen. Etwa vorhandene Ölsäure wird durch eine Jodzahlbestimmung erfaßt und bei der Berechnung des Ergebnisses wie bei der Methode von BERTRAM berücksichtigt. Einzelheiten der Methodik im Original.

Die Dauer einer Bestimmung beträgt ca. 6 Std. Der Arbeitsaufwand ist allerdings erheblich größer als bei der Bertram'schen Methode.

Eines im Prinzip ähnlichen aber einfacheren Verfahrens bedienen sich R. G. W. SPICKETT u. Mitarb. (1957). Sie verknüpfen die oxydative Spaltung der Methylester ungesättigter Fettsäuren nach A. R. S. KARTHA (1953a) mit einem chromatographischen Trennverfahren.

β) Verfahren nach R. G. W. SPICKETT u. Mitarb. (1957)

5 g der nach einem bekannten Verfahren (vgl. S. 666) hergestellten Methylester der Gesamtfettsäuren werden mit Kaliumpermanganat in Aceton unter Zusatz von Eisessig nach der Methode von A. R. S. KARTHA (1953a) oxydiert. Die Oxydationsprodukte werden in üblicher Weise isoliert und in einer minimalen Menge Petroläther (Siedegrenzen 40/60°C) gelöst. Die Lösung läßt man durch eine Säule von 30 cm Länge und 2 cm ⌀ perkolieren, die mit Aluminiumoxid nach BROCKMANN, Aktivitätsstufe 3, gefüllt ist. Das Perkolat wird gesammelt und eingedampft. Der bis zur Gewichtskonstanz getrocknete Rückstand ist mit den Methylestern der anwesenden gesättigten Fettsäuren identisch. Im allgemeinen genügen 500—600 ml Petroläther zur vollständigen Extraktion der gesättigten Ester.

Bekannte Mengen Methylmyristat, Palmitat und Stearat wurden von den Autoren nach dieser Methode zu 99,3—99,6% wiedergewonnen, Methyllaurat in einer Ausbeute von 97,1%. Wie die Methode von J. FITELSON (1950) ist auch diese zur Bestimmung der gesättigten Fettsäuren in cocosfetthaltigen Gemischen geeignet.

e) Reproduzierbarkeit und Genauigkeit der Methoden

Die Reproduzierbarkeit der Methoden der Bleisalz-Trennung nach TWITCHELL, der Oxydation nach BERTRAM sowie der Kristallisation nach EARLE u. MILNER wurde 1947 in Vergleichsversuchen von einem Komitee der AOCS geprüft. Die für die Untersuchung verwendeten Fettproben wurden zugleich von J. FITELSON (1950) nach seiner Methode in gesättigte und ungesättigte Fettsäuren zerlegt. Alle Resultate sind in Tab. 116 wiedergegeben.

Tabelle 116. *Vergleich der Resultate der Bestimmung der gesättigten Fettsäuren nach verschiedenen Methoden* (AOCS 1947, J. FITELSON 1950)

	% gesättigte Fettsäuren (Mittelwerte)			
	AOCS-Vergleichsversuche			Methode FITELSON
	Bleisalz-methode	Oxydation nach BERTRAM	Kristalli-sation	
Rinderfett	45,3	50,0	49,2	52,4
Schweineschmalz	33,2	36,5	35,7	36,1
Kottonöl	23,3	26,6	25,3	26,5
Sojaöl	11,7	14,2	14,1	14,3
Leinöl	7,0	9,4	8,9	8,8

Die Streubreite der Einzelresultate war bei der Bleisalz-Alkohol- und der Bertram'schen Methode am größten und bei der Fitelson-Methode am geringsten. In Modellversuchen mit Gemischen bekannter Zusammensetzung, die einerseits Öl-, Linol- und Linolensäure und andererseits die gesättigten Fettsäuren von C_6 bis C_{18} enthielten, konnte FITELSON die gesättigten Säuren fast völlig wiedergewinnen.

Auch SPICKETT u. Mitarb. (1957) belegten ihre Methode mit Analysenergebnissen, die die Brauchbarkeit des Verfahrens unterstreichen (vgl. Tab. 117).

Tabelle 117. *Genauigkeit der Bestimmungsmethode* (nach R. G. W. SPICKETT u. Mitarb. 1957)

Fett oder Öl	% gesättigte Fettsäuren		
	berechnet aus JZ und RhZ	nach BERTRAM	nach SPICKETT u. Mitarb.
Palmöl, Nigeria	46,8	47,8	48,3
Palmöl, Kongo	45,3	49,7	50,6
Sheabutter	43,9	46,8	48,0
Cocosöl	92,5	56,0	92,2

f) Mikromethoden

Die genaueste Methode zur Bestimmung der gesättigten Fettsäuren in sehr geringen Fettmengen ist ohne Zweifel die gaschromatographische. Neben dieser haben solche Methoden, die den verschiedenen Makroverfahren nachgebildet sind, heute nur noch zweitrangige Bedeutung.

G. GORBACH u. A. JURINKA (1944b) verseifen 10—20 mg Fett mit alkoholischer Kalilauge und oxydieren, wie BERTRAM, nach Vertreiben des Alkohols in wäßriger Lösung mit Kaliumpermanganat. Nach Entfernung des überschüssigen Permanganats mit Natriumhydrogensulfit-Lösung werden die festen Fettsäuren abfiltriert. Durch zweimaliges Fällen der Fettsäuren als Magnesiumseifen wird die Nonylsäure abgetrennt. Schließlich werden durch Ansäuern der Magnesiumseifen mit Essigsäure die reinen gesättigten Fettsäuren in Freiheit gesetzt, welche in Petroläther aufgenommen und nach Eindampfen der Petroläther-Lösung gewogen werden.

Die Methode ist nach Versuchen der Autoren auch für erucasäurehaltige Öle geeignet, da die bei der Oxydation gebildete Dioxystearinsäure infolge ihrer schweren Löslichkeit nicht vom Petroläther aufgenommen wird.

10. Nachweis, Abtrennung und Bestimmung ungesättigter Fettsäuren

Die auf S. 739 und folgenden beschriebenen Methoden zur Abtrennung und Bestimmung der *gesättigten* Fettsäuren geben naturgemäß auch Aufschluß über die Konzentration der ungesättigten Fettsäuren. In vielen Fällen können sie dazu dienen, auch die ungesättigten Fettsäuren in ihrer Gesamtheit für nachfolgende Untersuchungen zu isolieren. Bei solchen Methoden aber, die auf der oxydativen Spaltung der ungesättigten Anteile (z. B. nach BERTRAM, S. 742) beruhen, entfällt diese Möglichkeit. Es erscheint daher gerechtfertigt, die Analysenmethoden zur Bestimmung der ungesättigten Fettsäuren in einem besonderen Abschnitt zusammenfassend zu behandeln.

a) Nachweis und Bestimmung ungesättigter Fettsäuren ohne vorherige Abtrennung

Auch ohne vorherige Abtrennung ist es in vielen Fällen möglich, ungesättigte Fettsäuren nachzuweisen und mit großer Genauigkeit zu bestimmen. Das gilt besonders für die in der Natur am weitesten verbreitete Gruppe von Fetten, die fast ausschließlich Fettsäuren mit 18 C-Atomen enthalten und deren ungesättigte Säuren ein-, zwei- bzw. dreifach isolierte Doppelbindungen in cis-Konfiguration aufweisen. Hierzu gehören beispielsweise Sesam-, Sonnenblumen-, Soja-, Saflor-, Oliven- und Mohnöl. Bei diesen Ölen läßt sich der Gehalt an Öl-, Linol- und Linolensäure leicht aus der Jodzahl (S. 569), Rhodanzahl (S. 584) und Polybromidzahl (S. 590) oder aber aus der Jodzahl und der Höhe der nach der Alkaliisomerisierung im UV gemessenen Extinktionsmaxima (S. 520) mit Hilfe einfacher Formeln (S. 600) errechnen. Der Gehalt an Konjuensäuren, wie Isolinolsäure und Elaeostearinsäure, kann mit Hilfe der Dienzahl (S. 587) oder ebenfalls aus der Extinktion im UV-Spektrum bestimmt werden.

Diese Methoden sind aber nicht anwendbar, wenn ungesättigte Fettsäuren ungewöhnlicher Konstitution vorliegen, wie sie beispielsweise in Seetierölen vorkommen oder bei der partiellen Hydrierung mehrfach ungesättigter Öle gebildet werden.

In solchen Fällen ist es angebracht, zunächst die ungesättigten Fettsäuren von den gesättigten zu trennen und erstere durch ihr physikalisches Verhalten oder geeignete Sekundärreaktionen zu identifizieren. Eine sehr kritische Zusammenstellung über die Brauchbarkeit der verschiedenen Arbeitsmethoden brachten R. GUILLAUMIN u. N. DROUHIN (1962) sowie R.T. HOLMAN (1966).

b) Trennung der ungesättigten Fettsäuren von den gesättigten und untereinander

α) Ohne vorherige Absättigung der Doppelbindung

Zahlreiche Methoden zur Trennung ungesättigter Fettsäuren werden in Abschnitt VI dieses Kapitels behandelt, insbesondere die Methoden der fraktionierten Kristallisation, S. 609, der fraktionierten Verteilung, S. 623 und der Trennung durch die verschiedenen Formen der Chromatographie, wie Säulenchromatographie, S. 627, Papierchromatographie, S. 640, Dünnschichtchromatographie, S. 651, und Gaschromatographie, S. 670.

Die von J.B. BROWN u. Mitarb. seit 1937 weiter entwickelten Methoden der Tieftemperaturkristallisation haben sich als unentbehrliches Hilfsmittel zur Trennung der Fettsäuren nach dem Grad der Ungesättigtheit erwiesen, während die chromatographischen Methoden nicht nur Daten über die Anzahl der verschiedenen ungesättigten Fettsäuren vermitteln, sondern in Spezialfällen auch die geometrischen Isomeren mit guter Genauigkeit nebeneinander zu bestimmen gestatten.

Durch fraktionierte Destillation ist eine Trennung der ungesättigten und gesättigten Fettsäuren sowie der ungesättigten voneinander bei gleicher Kettenlänge nur schwer möglich (S. 616), da die Unterschiede in den Siedepunkten zu gering sind.

Zur Gewinnung größerer Mengen ungesättigter Säuren für weitere Untersuchungen eignet sich vor allem die Tieftemperaturkristallisation und die präparative Gaschromatographie.

β) Nach vorheriger Absättigung der Doppelbindung

Nachweis, Trennung und Identifizierung der ungesättigten Fettsäuren werden sehr erleichtert, wenn man nicht diese selbst, sondern ihre mit Halogenen, Quecksilbersalzen usw. gebildeten Additionsprodukte den üblichen Trennungsoperationen unterzieht.

Oxydation mit Kaliumpermanganat nach K. HAZURA (1887)

Eine der ältesten Methoden zum qualitativen Nachweis ungesättigter Fettsäuren ist die Permanganat-Oxydation nach K. HAZURA (1887). Aus ungesättigten Fettsäuren entstehen bei der Oxydation mit Kaliumpermanganat in alkalischer Lösung Hydroxyfettsäuren mit ebensoviel OH-Gruppen, wie ungesättigte Valenzen im Molekül vorhanden sind. Aus Ölsäure bildet sich Dioxystearinsäure, aus Linolsäure Tetraoxystearinsäure (Sativinsäure) und aus Linolensäure Hexaoxystearinsäure (Linusinsäure). Diese Hydroxysäuren werden aufgrund ihrer Löslichkeit in Wasser und Äther getrennt und durch ihren Schmelzpunkt charakterisiert. Hier die gekürzte Arbeitsvorschrift:

30 g flüssige Fettsäuren werden mit 35 ml Kalilauge — enthaltend 13,5 g Kaliumhydroxid — neutralisiert. Die Seife löst man in 2 l Wasser und läßt zu der Seifenlösung unter ständigem Rühren in einem dünnen Strahl 2 l 1,5%ige Kaliumpermanganat-Lösung fließen. Nach 10 min Stehen setzt man schweflige Säure zu, bis die Flüssigkeit sauer reagiert und das Mangandioxid sich vollständig gelöst hat. Dioxystearinsäure und Sativinsäure (A) scheiden aus, während die Linusinsäure in Lösung bleibt (B).

Die Säuren A werden abgesaugt, getrocknet und durch Waschen mit Petroläther von Nichtoxysäuren befreit. Der Rückstand wird mit Äther im Soxhlet-Apparat extrahiert. Die Dioxystearinsäure wird gelöst, durch Eindampfen des Extraktes gewonnen und durch Umkristallisieren aus 90%igem Alkohol gereinigt. Der Sativinsäurerückstand wird mit 1 l Wasser ausgekocht, die heiße Lösung filtirert und die nach dem Erkalten abgeschiedene Kristallmasse abfiltriert. Zur Gewinnung der Linusinsäure wird die Lösung B mit Kalilauge neutralisiert, auf ca. 300 ml eingedampft und mit Schwefelsäure angesäuert. Der sich ausscheidende Niederschlag wird zur Entfernung der Azelainsäure mehrmals mit Äther ausgezogen und ein auf Linusinsäure deutender Rückstand aus absolutem Alkohol umkristallisiert. Zur Charakterisierung der Oxydationsprodukte dienen Schmelzpunkt, Säurezahl und Hydroxylzahl nach folgender Tabelle. Zu beachten ist, daß die Hydroxysäuren in mehreren isomeren Formen auftreten können.

Hydroxysäure	Kristallform	Mol.-Gew.	Schmelzpunkt °C	SZ	OHZ
Dioxystearinsäure . . .	Rhomb. Tafeln	316,3	132,0—136,5	177,4	395
Isooxystearinsäure . . .	—	316,3	95	177,4	395
Sativinsäure	Nadeln	348,3	173 —174	161,1	790
Linusinsäure	Rhomben	380,3	203 —205	147,5	1186
Isolinusinsäure	Nadeln	380,3	173 —175	147,5	1186
Azelainsäure	—	188,1	106,2	596,5	0

Trennung der Bromaddukte

Relativ leicht lassen sich ungesättigte Fettsäuren voneinander und von gesättigten trennen, wenn sie zuvor in die Bromaddukte umgewandelt werden.

K. HAZURA (1887) bromiert die Fettsäuren in Petroläther mit elementarem Brom und isoliert die gebildeten Bromide, welche durch Schmelzpunkt und Löslichkeit charakterisiert werden können. Die aus Ölsäure erhaltene Dibromstearinsäure ist bei Zimmertemperatur flüssig und in Äther und Petroläther löslich. Die aus Linolsäure gewonnene Tetrabromstearinsäure mit dem Schmelzpunkt 114°C ist in Äther leicht, in Petroläther aber schwer löslich, während die bei 179°C schmelzende Hexabromstearinsäure sowohl in Äther als auch in Petroläther unlöslich ist. Detaillierte Angaben über die Löslichkeit der beschriebenen Bromfettsäuren bei H.P. KAUFMANN (1958).

Zur präparativen Trennung der Fettsäuren ist die Bromestermethode nach A. GRÜN u. J. JANKO (1921) geeignet. Diese Trennungsmethode beruht darauf, daß die Siedepunkte der Ester gesättigter Fettsäuren weit unter den Siedepunkten der Bromadditionsprodukte der Ölsäure-, Linolsäure- und Linolensäureester liegen. Durch Destillation lassen sich daher beide Verbindungsgruppen leicht trennen. Interferieren können lediglich die Bromadditionsprodukte ungesättigter Fettsäuren mit 10—14 C-Atomen. Letztere sind aber in Speisefetten meistens nicht anwesend.

Zur Bromierung werden 15—20 g der z. B. nach S. 666 dargestellten Ester in der fünffachen Menge Chloroform gelöst, durch Einstellen des Kolbens in Eiswasser gekühlt und bei 0°C tropfenweise mit der aus der Jodzahl berechneten Menge Brom versetzt. Man läßt noch $^1/_2$ Std in der Kälte stehen, destilliert das Lösungsmittel im CO_2-Strom ab, wäscht den Rückstand zunächst mit Bicarbonat-Lösung, dann mit Wasser und trocknet im Vakuum-Exsiccator. Bei der anschließenden Destillation der Ester ist zu beachten, daß sich die Bromadditionsverbindungen bei verhältnismäßig niedriger Temperatur zersetzen können. Man wird daher die Bromester-Destillation zweckmäßig unter sehr niedrigen Drucken und bei kurzen Verweilzeiten vornehmen. Aus den Bromadditionsprodukten können die ungesättigten Fettsäuren durch Behandlung mit alkoholischer Salzsäure regeneriert werden: Man erhitzt 10 g bromierte Ester mit 15 ml Alkohol und 10 g schaumigem Zink zum Sieden, läßt 15 ml 5 n-alkoholische Salzsäure innerhalb von 20 min zutropfen und erhitzt dann noch 20 min, höchstens aber 1 Std. Das Reaktionsprodukt gießt man in Wasser, äthert aus, trocknet die ätherische Lösung, dampft ein und wägt den Rückstand.

Bei der Anwendung dieser Methode darf allerdings nicht übersehen werden, daß die ungesättigten Fettsäuren nach der Regenerierung nicht in der ursprünglichen geometrischen Konfiguration wiedererhalten werden. Falls dies von Bedeutung ist, wird die Trennung besser über die Quecksilberaddukte (S. 753) vorgenommen.

Nach D.R. HOWTON (1955) können die Polybromderivate auch chromatographisch durch Adsorption an eine Aluminiumoxid-Säule und Elution mit Äther-Pentan-Gemischen ohne Schwierigkeiten getrennt werden.

Trennung der Quecksilberaddukte

Zur Trennung ungesättigter Fettsäuren sind nach den Untersuchungen von E. JANTZEN u. Mitarb. (1959) die Quecksilberaddukte und unter diesen die Methoxymercuriderivate besonders geeignet. Methoxymercurierte Ester der Ölsäure, Linolsäure und Linolensäure lassen sich durch Adsorption chromatographisch in einem Arbeitsgang fast vollständig voneinander trennen. Ein ganz besonderer Vorzug dieser Additionsverbindungen liegt darin, daß sich aus ihnen durch Behandlung mit methanolischer HCl die ursprünglichen ungesättigten Fettsäuren ohne Isomerisierung wiedergewinnen lassen. Einzelheiten über diese sehr interessante Arbeitsmethodik vgl. S. 753.

c) Bestimmung der Lage der Doppelbindungen

Bei der Identifizierung unbekannter ungesättigter Fettsäuren, die durch eine der im vorstehenden beschriebenen Methoden isoliert wurden, ergibt sich häufig die Frage, an welcher Stelle des Moleküls sich die Doppelbindung befindet. Wieder sind es die partiell hydrierten Fette, die, außer den in der Natur vorkommenden, auch zahlreiche Positionsisomeren einfach- und zweifach ungesättigter Fettsäuren enthalten.

Zur Lösung dieser Aufgabe sind in den letzten Jahrzehnten zahlreiche Methoden entwickelt worden, die im Rahmen dieses Buches nur gestreift werden können, da sie mehr zum Rüstzeug des Forschers als zur methodischen Arbeitsgrundlage des Lebensmittelchemikers gehören.

Das Prinzip aller Verfahren ist einfach: Die ungesättigten Fettsäuren werden am Ort der Doppelbindung mit Kaliumpermanganat, Perjodsäure, Ozon oder anderen sauerstoffabgebenden Agentien derart oxydiert, daß sie unter Bildung einer Mono- und einer oder mehrerer Dicarbonsäuren gespalten werden. Aus Ölsäure erhält man so z. B. theoretisch Pelargonsäure und Azelainsäure, aus Linolsäure Capronsäure, Malonsäure und Azelainsäure, aus Linolensäure Propionsäure, Malonsäure und Azelainsäure. Elaestearinsäure sollte 1 Mol Valeriansäure, 2 Mol Oxalsäure und 1 Mol Azelainsäure bilden.

Leider ist aber eine quantitative Spaltung im Sinne der Theorie nur selten zu beobachten, da die primär gebildeten Spaltprodukte häufig vollständig oxydiert oder hochmolekulare Fettsäuren zu niedermolekularen abgebaut werden. Die Monocarbonsäuren sind solchen Sekundärreaktionen stärker unterworfen als die Dicarbonsäuren. Einen kritischen Überblick über den Chemismus der bekannten Oxydationsmethoden gab D. SWERN (1961). Die gebräuchlichsten Methoden der Positionsbestimmung sind folgende:

α) Permanganat-Oxydation

E.F. ARMSTRONG u. T.P. HILDITCH (1925) fanden, daß bei der Oxydation ungesättigter Fettsäuremethyl- oder -äthylester mit Kaliumpermanganat in trockenem Aceton oder Eisessig keine sekundären Zersetzungsprodukte erhalten werden. P. HAVERKAMP-BEGEMANN u. Mitarb. (1950) prüften beide Methoden und gaben der Oxydation in Eisessig den Vorzug. Bei der Oxydation von reinem Methyloleat erhielten sie z. B. 87% der Theorie an Azelainsäure, die wohl geringe Mengen an Suberinsäure aber keine Pimelinsäure enthielt. Darüber hinaus gaben sie ein elegantes verteilungschromatographisches Verfahren zur Trennung und Identifizierung der entstandenen Dicarbonsäuren an, die besser als die Monocarbonsäuren zur Positionsbestimmung geeignet sind.

Verfahren nach P. HAVERKAMP-BEGEMANN u. Mitarb. (1950)

Oxydation

0,5—2 g Fettsäuremethylester werden in 4—16 g Eisessig gelöst. Unter leichtem Schwenken wird die Lösung bei Zimmertemperatur in kleinen Portionen mit 2—3 g feingepulvertem Kaliumpermanganat pro Gramm Ester versetzt. Die Temperatur soll hierbei 50°C nicht überschreiten. Unter gelegentlichem Schütteln bleibt die Mischung einige Stunden stehen. Dann wird der Eisessig im Vakuum abdestilliert, der Rückstand mit Natriumhydrogensulfit und verdünnter Schwefelsäure entfärbt, die erhaltene Mischung mit Äther geschüttelt und die ätherische Lösung mit 20%iger Natriumcarbonat-Lösung von 5°C extrahiert. Zur vollständigen Verseifung gibt man zum Sodaextrakt 2 g Natriumhydroxid pro Gramm Ester und erhitzt 1 Std auf dem Dampfbad. Dann säuert man mit verdünnter Schwefelsäure an, destilliert mit Dampf die Monocarbonsäuren ab, extrahiert den Rückstand mit Äther, trocknet die Ätherlösung über $CaCl_2$, dampft sie ein und extrahiert drei- bis viermal mit Petroläther. Zum Schluß dampft man die Petroläther-Lösung ein, nimmt in Äther auf, verdampft und wägt die so gereinigten Dicarbonsäuren.

Chromatographische Trennung der Dicarbonsäuren

10 g nach A.H. GORDON u. Mitarb. (1943) bereitetes Silicagel werden mit 12—14 ml der wäßrigen Phase eines binären Gemisches aus 3 Teilen Äthanol, 4 Teilen Methanol, 3 Teilen Wasser und 10 Teilen Benzol geschüttelt. Das noch pulverförmige Silicagel wird in der Benzolphase dispergiert, z. T. in ein Chromatographierrohr von 10 mm innerem Durchmesser über-

führt und etwas zusammengedrückt, damit man eine Säule der gewünschten Länge erhält. Um die Verdampfung der wäßrigen Phase aus der Mischung während der Fülloperation zu vermeiden, wird das Füllen der Säule in einem geschlossenen Gefäß vorgenommen. Für Dicarbonsäuren, C_8 bis C_{12} benötigt man eine Füllhöhe von 20—24 cm, für Brassylsäure (C_{13}) 34 cm.

2—5 ml einer Lösung von ca. 20 mg Dicarbonsäuren in der Benzolphase werden auf die Säulenfüllung gebracht. Diese wird zunächst zweimal mit 1 ml und dann kontinuierlich mit mehr Benzolphase gewaschen. Durch Verwendung eines Überdrucks von 12 cm Hg wird eine Perkolationsgeschwindigkeit von 7 ml in 10 min erreicht. Das Perkolat wird in Portionen von je 1 ml gesammelt und mit alkoholischer 0,05 n-Natriumhydroxid-Lösung unter Ausschluß von Kohlendioxid titriert.

Niedrige Homologe (C_8 bis C_6) werden besser erfaßt, wenn die wäßrige Phase wenig oder kein Methanol enthält.

Andere säulenchromatographische Methoden zur Trennung von Dicarbonsäuren wurden von T. Higuchi u. Mitarb. (1952) für die Homologen von C_4 bis C_{10}, von G. B. Corcoran (1956) für C_{11} bis C_{16} und von E. D. Smith (1960) für C_4 bis C_{12} angegeben. Auch durch Gaschromatographie ist die Trennung und Bestimmung der bei der Spaltung gebildeten Mono- und Dicarbonsäuren nach vorheriger Umwandlung in die Methylester möglich.

P. Haverkamp-Begemann u. Mitarb. prüften ihre Methodik durch Oxydation von Öl-, Elaidin- und Petroselinsäure. Sie konnten die bisher angenommene Lage der Doppelbindung in diesen Verbindungen bestätigen.

Die Kaliumpermanganat-Oxydation ist, vorausgesetzt, daß sie in Eisessig vorgenommen wird, zur Strukturaufklärung einfach ungesättigter Fettsäuren gut brauchbar, nicht aber für Fettsäuren mit zwei und mehr Doppelbindungen, da in letzterem Falle beträchtliche Mengen nicht saurer teerartiger Nebenprodukte entstehen (J. G. Keppler 1957).

β) Ozonspaltung

Diesen Nachteil vermeidet die Spaltung mit Ozon, wenn man unter besonderen Vorsichtsmaßnahmen arbeitet.

Die Ozonspaltung geht auf Arbeiten von C. Harries u. Mitarb. seit 1901 zurück. Sie wurde ursprünglich zur Strukturaufklärung ungesättigter Kohlenwasserstoffe benutzt, erfreut sich aber seit 2 Jahrzehnten auch bei Arbeiten zur Identifizierung ungesättigter Fettsäuren großer Beliebtheit. Eine ausführliche Übersicht über die Ozonolyse von Fettsäuren und ihrer Derivate gab R. G. Kadesch (1963), eine gedrängte Zusammenfassung des für die Positionsbestimmung mit Ozon Wichtigen R. H. Stein (1961). Eine Zusammenstellung älterer Arbeiten findet sich bei A. Rieche (1931).

Die Anlagerung von Ozon an ungesättigte Bindungen und die Spaltung der Ozonide geht nach folgendem Schema vor sich:

Ozon, das als elektrophiles Reagens wirkt, lagert sich an Olefine unter Bildung eines Primärozonids an, welches sich seinerseits in einen Aldehyd (oder Keton) und ein Zwitterion spaltet. Primäre Ozonide scheinen unterhalb —60° C stabil zu sein, zersetzen sich aber oberhalb dieser Temperatur.

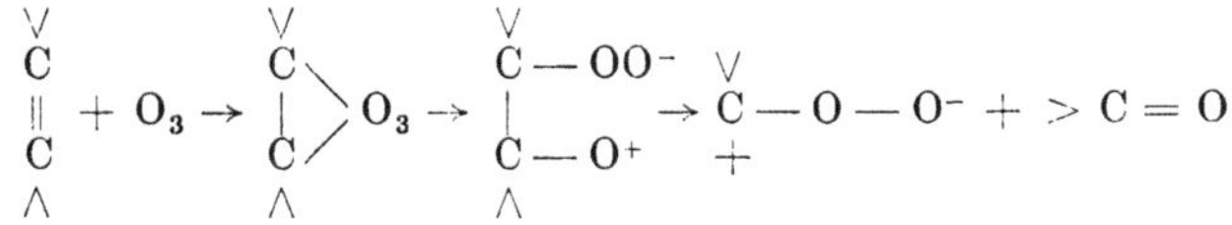

Primärozonid Zwitterion

Das Zwitterion kann sich polymerisieren, umlagern oder an Aldehyde und Ketone anlagern. Die Umlagerung tritt besonders dann ein, wenn Hydroxy-, Äther- oder Aminogruppen anwesend sind. Die Möglichkeit von Nebenreaktionen muß daher bei der Ozonspaltung hydroxylierter Fettsäuren beachtet werden (R. A. Stein 1961). Im übrigen erhält man durch Oxydation der Ozonolyseprodukte ungesättigter Fettsäureester Monocarbonsäure- und Dicarbonsäurehalbester in der erwarteten Kettenlänge. Bei der Reduktion unter milden Bedingungen entstehen Aldehyde und Aldehydester von Dicarbonsäuren.

Der für die Umsetzung benötigte ozonreiche Sauerstoff wird entweder mit Hilfe der nach dem Prinzip der stillen Entladung arbeitenden käuflichen Generatoren oder aber, wenn es auf die genaue Dosierung des Ozons ankommt, durch Elektrolyse verdünnter Schwefelsäure mit hoher Stromdichte und Überspannung, z. B. in der von H. BOER (1948) angegebenen Apparatur erzeugt. Zur Ozonolyse von zweifach ungesättigten Fettsäuren ist die von J. G. KEPPLER (1957) angegebene Methode geeignet. Nach Versuchen dieses Autors wird reines Methyllinoleat in $1^1/_2$ Std bei —15°C fast vollständig ozonisiert. Bei der Spaltung und Verseifung werden nur 3% polymere Produkte erhalten.

Methode nach J. G. KEPPLER (1957)

1,5 g Methylester werden in 150 ml Chloroform oder Petroläther gelöst und 40—45 min bei 20°C mit ozonhaltigem Sauerstoff behandelt. Die gebildeten Ozonide werden 30 min bei Zimmertemperatur aufbewahrt. Dann destilliert man unter mäßigem Vakuum bei 30°C das Lösungsmittel ab und gibt unter Erwärmen tropfenweise eine Suspension von 7 g Ag_2O, 75 ml H_2O und 12 ml 10% NaOH hinzu.

Man rührt die Mischung in einem mit Rückflußkühler versehenen Kolben und erwärmt 60 min auf 90—95°C, um die Ozonide zu zersetzen und die Säuren zu bilden. Nach dem Ansäuern mit Schwefelsäure werden die Monocarbonsäuren und die Halbester der Dicarbonsäuren in Aceton aufgenommen und abgetrennt. Ausbeute an Dicarbonsäuren ca. 85%.

Wie KEPPLER zeigen konnte, ist bei dieser Methode ein sekundärer Abbau der Dicarbonsäuren nicht zu befürchten. Die Monocarbonsäuren werden allerdings nur in Ausbeuten von nicht mehr als 60% erhalten und eignen sich daher weniger als die Dicarbonsäuren zur Positionsbestimmung. Bei dem Keppler'schen Verfahren werden Mono- und Dicarbonsäuren getrennt und letztere nach dem auf S. 748 beschriebenen chromatographischen Verfahren bestimmt. Einfacher ist eine von O. S. PRIVETT u. CH. NICKELL (1962) angegebene Methode, bei der die Ozonide durch Hydrierung in gaschromatographisch zu analysierende Spaltstücke zerlegt werden.

Methode von O. S. PRIVETT u. CH. NICKELL (1962)

Durch Einleiten von Sauerstoff, der 2—3% Ozon enthält, werden 10 ml Pentan bei —60°C bis —70°C während 5 min mit Ozon gesättigt. 1—50 mg Methylester der Fettsäuren werden in 2—3 ml gereinigtem Pentan gelöst. Die Lösung wird so tief gekühlt, daß gerade keine Kristallisation eintritt, und zur Ozon-Pentan-Lösung gegeben. Die Reaktion tritt unter diesen Bedingungen sofort ein. Dann wird der Überschuß an Sauerstoff und Ozon durch Verdampfen eines Teils des Lösungsmittels an der Wasserstrahlpumpe entfernt. Der ganze Vorgang dauert nicht länger als 1 min.

Zur Reduktion der Ozonide wird die Petroläther-Lösung bei 0°C im Vakuum völlig verdampft, der Rückstand in 2 ml Methylcaprylat aufgenommen und bei 0°C in Gegenwart von 25 mg bleivergiftetem Palladiumkatalysator nach H. LINDLAR (1952) innerhalb 15 min vollständig hydriert.

Zur Auftrennung des Aldehydgemisches eignet sich die Gaschromatographie unter Verwendung von mit Siliconfett oder Äthylenglykolsuccinatpolyester beladenem Chromosorb W als stationäre Phase.

Die von PRIVETT u. NICKELL (1962) angegebene Methode erlaubt, da sie völlig frei von Nebenreaktionen ist, auch die Strukturaufklärung drei- und vierfach ungesättigter Fettsäuren. Die Autoren fanden beispielsweise bei der Analyse von Linol-, Linolen- und Arachidonsäure die theoretisch zu erwartenden Fragmente:

Methylester	Fragmente
Linolsäure	Malondialdehyd, Hexylaldehyd, Azelainaldehydester
Linolensäure	Malondialdehyd, Propionaldehyd, Azelainaldehydester
Arachidonsäure	Malondialdehyd, Hexylaldehyd, Glutaraldehydester

Die Methode ist daher auch geeignet, solche Isomeren ungesättigter Fettsäuren nebeneinander zu bestimmen, die, wie Ölsäure und Petroselinsäure, gaschromatographisch nicht quantitativ getrennt werden können.

Die Ozonmethode wurde von E.C. NICKELL u. O.S. PRIVETT (1966) später dadurch vereinfacht, daß das in Pentan erhaltene Ozonidgemisch auf die Innenseite eines mit Lindlar-Katalysator ausgekleideten Pyrex-Röhrchens gebracht und dieses in die Eingangszone eines temperaturprogrammierten Packard-Gaschromatographen eingeführt wurde. Durch Erhitzen der Eingangszone im Argonstrom auf 225°C werden die Ozonide pyrolytisch unter Bildung von Aldehyden gespalten, die vom Argonstrom mitgenommen und in einer mit Siliconöl oder einer anderen Trennflüssigkeit gefüllten Säule in ihre Bestandteile zerlegt werden. Weitere Hinweise zur Methodik bei O.S. PRIVETT u. E.C. NICKELL (1966).

γ) Sonstige Methoden

Auf einer milden Permanganatoxydation beruht das von E. VON RUDLOFF (1956) angegebene Perjodat-Permanganat-Oxydationsverfahren. Dieser Autor verwendet als Oxydationsmittel eine verdünnte Lösung von Natriummetaperjodat, die etwas Kaliumpermanganat in katalytischer Konzentration enthält (0,1 mMol auf 4 mMole Perjodat). Bei einem pH-Wert von 6—9 und einer Temperatur von ca. 40°C eignet sich das Gemisch zur schonenden Aufspaltung von Doppelbindungen unter Bildung von Mono- und Dicarbonsäuren. Das zum Manganat reduzierte Permanganat wird durch das Perjodat wieder zum Permanganat aufoxydiert. Die Bestimmung der Dicarbonsäuren erfolgt nach dem von P. HAVERKAMP-BEGEMANN u. Mitarb. (1950) angegebenen (vgl. S. 748) und von E. VON RUDLOFF verbesserten säulenchromatographischen Verfahren, die Bestimmung der Monocarbonsäuren nach V. ZBINOVSKY (1955) ebenfalls auf säulenchromatographischem Wege. Ölsäure, Elaidinsäure, Eikosensäure, 10-Undecansäure und Linolsäure liefern die erwarteten Spaltprodukte in quantitativer Ausbeute. Ester können indessen wegen der geringen Löslichkeit im schwach alkalischen Medium nicht vollständig gespalten werden.

Die Brauchbarkeit der Methode wurde von E.P. JONES u. J.A. STOLP (1958) bestätigt. A.P. TULLOCH u. B.M. CRAIG (1954) erweiterten das Verfahren auf die Untersuchung der Methylester von Öl-, Linol- und Linolensäure und von Fetten, wie Oliven-, Sonnenblumen-, Lein- und Rapsöl und gehärtetem Rapsöl. Das relative Mengenverhältnis von Dicarbonsäuren zu Monocarbonsäuren wurde gaschromatographisch bestimmt. Eine sehr kritische Diskussion der von ihnen verbesserten von Rudloff-Methode durch E.P. JONES u. V.L. DAVISON (1965) gibt wertvolle Hinweise für die Nacharbeitung.

Sehr schonend ist auch ein von F.D. GUNSTONE u. P.J. SYKES (1962) mitgeteiltes oxydatives Spaltverfahren. Es besteht aus folgenden Stufen:

I. Hydroxylierung der ungesättigten Fettsäuren mit Perameisensäure zu den entsprechenden Hydroxysäuren.

II. Katalytische Hydrierung der verbleibenden Doppelbindungen.

III. Spaltung der Hydroxysäuren mit Kaliumperjodat und Kaliumpermanganat nach E. VON RUDLOFF zu einer Mischung von Mono- und Dicarbonsäuren.

IV. Identifizierung dieser Säuren durch gaschromatographische Trennung.

Nicht konjugierte Fettsäuren mit bis zu vier Doppelbindungen verhalten sich bei Anwendung dieser Methode befriedigend. Konjugierte Fettsäuren dagegen ergeben keine eindeutigen Spaltprodukte.

d) Bestimmung der cis- und trans-Konfiguration

Die meisten der in der Natur vorkommenden einfach und mehrfach ungesättigten Fettsäuren besitzen nur Doppelbindungen in cis-Konfiguration. Ausnahmen von dieser Regel sind vor allem die Vaccensäure, eine trans-11-Octadecensäure, die nach J. GROSSFELD u. A. SIMMER (1930) im Hammeltalg zu 1—2%, im Rinderfett zu 1—6%, im Schweinefett zu 0,2% und im Butterfett zu 1,0—4,7%

vertreten ist, und die konjugiert ungesättigten Fettsäuren, die sich in trocknenden Ölen befinden, z. B. die α-Elaeostearinsäure, eine cis-9-trans-11-trans-13-Octadecatriensäure.

Auch durch chemische Umwandlung ungesättigter Fettsäuren entstehen trans-Verbindungen, beispielsweise durch die Elaidinierungsreaktion, welche durch Stickstoffoxide, Schwefeldioxid, Selen usw. ausgelöst wird. Bei der Alkali-Isomerisierung entsteht aus Linolsäure eine cis-trans-Diensäure, durch Dehydratisierung aus Rizinusöl eine trans-trans-Diensäure.

Bei der Hydrierung pflanzlicher Öle mit nickelhaltigen Katalysatoren nach dem Verfahren von W. NORMANN entstehen gleichfalls Produkte, die einen erheblichen Prozentsatz an trans-Fettsäuren aufweisen können. Die Bestimmung des trans-Gehaltes ist daher ein zuverlässiges Mittel, gehärtete Fette in Mischungen mit anderen nachzuweisen (vgl. Tab. 118).

Tabelle 118. *Gehalt hydrierter Fette an cis- und trans-ungesättigten Fettsäuren (in %)* (nach D.F. KUEMMEL 1962)

Fettsorte	JZ	gesättigte Säuren	Monoensäuren cis	trans	Polyensäuren cis-cis	cis-trans
Partiell hydrierte Sojaöle . .	101	16,2	36,4	17,0	25,5	4,9
	93,7	16,0	41,9	19,1	17,4	5,6
	96,4	16,0	40,1	18,0	18,6	7,3
Handelsübliches Shortening	76,1	26,7	42,1	17,1	9,9	4,2

Zur Bestimmung des trans-Gehaltes eignen sich folgende Methoden:

1. Bestimmung der Jodgleichgewichtskonstanten. J.P.K. VAN DER STEUR (1931) fand, daß die Anlagerung des Jods an ungesättigte Verbindungen zu einem Gleichgewichtszustand führt, dessen Konstante

$$k = \frac{[\text{Jodadditionsverbindung}]}{[J_2] \cdot [\text{Doppelbindung}]}$$

unter anderem von der Konfiguration der Doppelbindung abhängt. Außerdem wird die Größe von k durch die Höhe der Einwaage, die Temperatur und die Position der Doppelbindung bestimmt. Für eine Temperatur von 19,5°C gelten beispielsweise folgende Werte:

Δ 9, 10-Ölsäure	26,0—26,6
Δ 9, 10-Elaidinsäure	2,0
Erucasäure	29,1
Brassidinsäure	1,8— 1,9

Wegen der Möglichkeit zahlreicher Überschneidungen ist die Anwendung der Methode auf binäre Gemische beschränkt.

Da die Anlagerungsgeschwindigkeit von Quecksilberacetat in methanolischer Lösung an Doppelbindungen ebenfalls durch die Konfiguration beeinflußt wird (G. F. WRIGHT 1935), lag es nahe, auch diese Reaktion zur Bestimmung der geometrischen Isomeren zu benutzen (T CONNOR u. G.F. WRIGHT 1946). Die Messung der Reaktionsgeschwindigkeit ermöglicht, wie E. JANTZEN u. H. ANDREAS (1959) bestätigen konnten, bei Einhaltung gewisser Vorsichtsmaßnahmen die Bestimmung von trans-ungesättigten Fettsäuren in binären Gemischen.

2. Partielle Umsetzung des Gemisches mit Quecksilber(II)-acetat in Methanal. Nach E. JANTZEN u. H. ANDREAS (1959) kann man cis- und trans-Säuren dadurch trennen, daß man das Methylestergemisch mit soviel Quecksilber(II)-acetat in methanolischer Lösung versetzt, daß vorzugsweise die cis-Verbindungen Additionsprodukte bilden und dann die trans-Verbindungen durch Gegenstromverteilung extrahiert. Auch dieses Verfahren gibt naturgemäß bei Anwesenheit weniger Komponenten die besten Resultate.

3. IR-spektrophotometrische Bestimmung des cis- und trans-Gehaltes. Diese Methode ist zwar kostspielig, aber experimentell sehr einfach auszuführen. Sie unterscheidet allerdings nicht zwischen trans-Monoen- und Polyensäuren.

4. Zerlegung des Fettsäuregemisches in gesättigte und ein- und mehrfach ungesättigte Fettsäuren und Bestimmung des cis- und trans-Gehaltes in jeder Fraktion durch IR-Spektrophotometrie (D. F. KUEMMEL 1962). Dieses Verfahren ist am universellsten anwendbar und wird weiter unten beschrieben.

α) Spektrophotometrische Bestimmung des cis- und trans-Gehaltes

Nach O.D. SHREVE u. Mitarb. (1950) läßt sich der trans-Gehalt von ungesättigten Fettsäuren durch Messung der Extinktion im Infrarot bei 10,36 μ bestimmen. Das Verfahren ist auf isolierte trans-Verbindungen beschränkt. Konjugierte trans-Fettsäuren, wie sie beispielsweise bei der Isomerisierung von Linolsäure gebildet werden, können also nicht erfaßt werden. Die auf S. 527 näher beschriebene Methode ermöglicht mit hoher Genauigkeit die Bestimmung der trans-ungesättigten Fettsäuren in partiell hydrierten Fetten. Die gefundenen Werte geben den äquivalenten Gehalt an Trielaidin bzw. Methylelaidinat an.

Für die summarische Bestimmung der cis-isoliert ungesättigten Fettsäuren ist nach A.J. FENTON jr. u. R.O. CRISLER (1959) die Messung der Extinktion bei 2,14 μ geeignet. Das Ergebnis wird in cis-Einheiten der Jodzahl ausgedrückt. Genaue Beschreibung der Methode auf S. 529.

β) Unterscheidung zwischen Monoen- und Dien-cis-trans-Fettsäuren

Einen Weg zur Trennung geometrisch verschiedener ungesättigter Fettsäuren eröffneten die Arbeiten von E. JANTZEN u. Mitarb. (1958—1961) über die Trennung der gesättigten Fettsäuren von den ungesättigten und der ungesättigten in Monoene und Diene mit Hilfe der Anlagerungsprodukte von Quecksilber(II)-acetat in methanolischer Lösung. Durch Kombination dieser Anlagerungsreaktion mit der IR-Spektroskopie erhielt D.F. KUEMMEL (1962) eine relativ einfache Analysenmethode, die eine getrennte Bestimmung der cis- und trans-ungesättigten Fettsäuren in partiell hydrierten Fetten ermöglicht. Diese sei im folgenden auszugsweise wiedergegeben.

Verfahren zur Bestimmung gesättigter und ungesättigter Fettsäuren
nach D.F. KUEMMEL (1962)

Geräte:

Chromatographierrohr 39 × 2 cm mit Reservoir, z. B. nach S. 709
Heizbares magnetisches Rühraggregat mit Schliffkolben und Rückflußkühler
IR-Spektrophotometer
Schütteltrichter, Bechergläser, Erlenmeyerkolben, Meßzylinder üblicher Bauart.

Reagentien:

Adsorbens: Aluminiumoxid WOELM (neutral, Aktivitätsstufe I, Feuchtigkeitsgehalt 0,5%, pH-Wert = 8,0) wird durch Zugabe von verdünnter Schwefelsäure (85 Teile Wasser und 25 Teile 8 n-Schwefelsäure) und Wasser unter kräftigem Rühren auf einen Feuchtigkeitsgehalt von 9,5 ± 0,2% und einen pH-Wert von 6,5 ± 0,3 eingestellt.
Quecksilber(II)-acetat, trocken
Methanol z. A., trocken
Methanol mit 2,5 mg NaOH/10 ml
Chloroform z. A.
Petroläther 30/35° C
Äther z. A.
1 n-Salzsäure
4%ige Kaliumcarbonat-Lösung
Salzsäure-Methanol 1:1.

Verfahren:

Herstellung der Methylester (nach D.F. KUEMMEL 1958): 0,71 ± 0,01 g des zu untersuchenden Öls werden in einen 50-ml-Schliffkolben eingewogen und mit 14 ml trockenem Methanol, das 2,5 mg Natriumhydroxid in 10 ml enthält, versetzt. Die Mischung wird unter magnetischem Rühren 2 Std am Rückflußkühler erhitzt, nach dem Abkühlen mit 1 n-Salzsäure gegen Methylorange neutralisiert und fünfmal mit je 30 ml Chloroform extrahiert. Die vereinigten Chloroformextrakte werden nacheinander mit je 40 ml Wasser, 4%iger Kaliumcarbonat-Lösung und nochmals mit Wasser gewaschen, über Natriumsulfat getrocknet, eingedampft und im Stickstoffstrom von Lösungsmittelresten befreit. Ausbeute: 98—99% der Theorie.

Darstellung der Quecksilberaddukte: Die Methylester werden in 15 ml Methanol gelöst und je nach der Jodzahl unter magnetischem Rühren mit folgenden Mengen Quecksilber(II)-acetat am Rückflußkühler 70 min erhitzt.

Jodzahl	120—135	96—119	83—95	70—82
g $Hg(Ac)_2$ auf 0,7 g Ester	1,80 ± 0,03	1,70	1,60	1,50

Nach dem Abkühlen gibt man 160 ml Wasser zu und extrahiert fünfmal mit je 35 ml Äther und zweimal mit je 30 ml Chloroform. Die Ätherextrakte werden dreimal mit je 50 ml Wasser gewaschen. Dann wird das Waschwasser mit den vereinigten Chloroformextrakten extrahiert. Die Äther- und Chloroformextrakte werden vereinigt, getrocknet und eingedampft. Ausbeute: 97—100% der Theorie. Darstellung und Extraktion der Hg-Addukte muß in einem Zug erfolgen, um unerwünschte Nebenreaktionen zu vermeiden.

Vorbereitung der Säule: Die Säule wird zu zwei Drittel mit Petroläther gefüllt. Dann gibt man allmählich das Aluminiumoxid hinzu, bis sich Lösungsmittel und Oxid ca. 1,5 cm innerhalb des oberen Schliffs befinden. Es kann nötig sein, etwas Lösungsmittel vor Zugabe der letzten Portion Aluminiumoxid abzulassen. Es soll aber nicht vibriert werden.

Chromatographische Trennung: Auf die Säule bringt man die Probe mit ca. 50 ml Petroläther und eluiert zunächst mit 350—400 ml Petroläther die Ester der gesättigten Fettsäuren, deren Menge durch Eindampfen des Lösungsmittels und Wägen des Rückstands bestimmt wird (Fraktion I).

Die Quecksilberaddukte der monoungesättigten Ester werden mit ca 350 ml eines Äther-Methanol-Gemisches eluiert. Die Zusammensetzung des Elutionsmittels hängt von der Menge der Polyensäuren ab.

% Polyensäuren	<40	% Polyensäuren	>40
Äther:Methanol	95:5	Äther:Methanol	99:1

Zur Regenerierung der Ester werden die nach dem Verdampfen erhaltenen Addukte mit 100 ml Salzsäure-Methanol (1:10) 45 min gerührt. Man bringt den Inhalt des Kolbens in einen Schütteltrichter, der 150 ml Wasser enthält, und extrahiert fünfmal mit je 35 ml Petroläther. Der petrolätherische Extrakt wird mit Wasser gewaschen, getrocknet und eingedampft (= Fraktion II).

Nach Sammlung der Fraktion I entnimmt man noch 5—6 Zwischenfraktionen zu je 50 ml, dampft sie ein und vereinigt die Rückstände nach der Regenerierung, je nachdem ob ihr Gewicht in der Reihenfolge der Elution abnimmt oder zunimmt, mit den Fraktionen II oder III.

Anschließend wird die Säule, die noch die polyungesättigten Ester in Form der Quecksilberaddukte enthält, mit 200 ml Salzsäure-Methanol 1:10 über Nacht eluiert, wobei die Quecksilberaddukte zerlegt werden.

Die Isolierung der Ester (= Fraktion III) aus dem Eluat erfolgt durch Extraktion mit Petroläther wie bei Fraktion II.

Untersuchung der Fraktionen: Die erhaltenen Fraktionen müssen sorgfältig vor Luftzutritt geschützt werden, um Oxydation zu vermeiden. Für die weitere Aufklärung der Konstitution und Konfiguration empfiehlt sich die Bestimmung der Jodzahl im Halbmikromaßstab (z. B. nach WIJS S. 572), des trans-Gehaltes durch IR-Spektrophotometrie (S. 527) und der Kettenlänge mittels Gaschromatographie (S. 670). Auf diese Weise erhält man in einem Analysengang eine vollständige Bilanz der gesättigten und ungesättigten Fettsäuren.

Die nach dieser Methode erhaltenen gesättigten Säuren haben normalerweise Jodzahlen von 0,5—1,5, die monoungesättigten solche von 84,5—85,5 und die polyungesättigten solche von 168—171. Ein Hauptvorzug dieses Verfahrens liegt

Tabelle 119. *Reproduzierbarkeit der chromatographischen Methode* (nach D.F. KUEMMEL 1962)

Fettsäuren	% Fettsäuren, gefunden		
	Mittel aus fünf Analysen	Streubreite %	Standardabweichung ±
Gesättigte	16,15	0,12	0,04
Gesamtmonoensäuren	53,40	0,42	0,18
cis-Monoensäuren	36,42	1,21	0,51
trans-Monoensäuren	16,98	0,96	0,37
Gesamtpolyensäuren	30,45	0,53	0,21
cis-cis-Polyensäuren	25,49	0,54	0,21
cis-trans-Polyensäuren	4,96	0,69	0,27

in der Vollständigkeit, mit der die ungesättigten Fettsäuren nach Chromatographie und Zerlegung der Addukte ohne Änderung ihrer Konfiguration wiedererhalten werden. Die Reproduzierbarkeit der Methode ist nach den Angaben von D. F. KUEMMEL (1962) ausgezeichnet (vgl. Tab. 119).

Auch die Genauigkeit der Methode ist nach den Ergebnissen zahlreicher von D. F. KUEMMEL durchgeführter Bestimmungen an Gemischen bekannter Zusammensetzung sehr hoch. Die Differenz zwischen berechneten und gefundenen Werten betrug für

gesättigte Fettsäuren	0,0—0,2
Ölsäure	0,2—1,7
Elaidinsäure	0,0—1,6
cis-cis-Linolsäure	0,0—0,9
cis-trans-Linolsäure	0,1—0,7

Die nach dieser Methode in gehärteten Fetten bestimmten Anteile an cis-cis-Polyensäuren stimmen mit den nach der enzymatischen Methode (vgl. S. 756) erhaltenen Resultaten recht gut überein.

γ) Chromatographische Methoden

In letzter Zeit wurde von verschiedenen Autoren mit Erfolg versucht, cis- und trans-konfigurierte ungesättigte Fettsäuren ausschließlich auf chromatographischem Wege nebeneinander zu bestimmen.

B. DE VRIES (1963) beschreibt ein *säulenchromatographisches* Verfahren zur Trennung der Methylester von Stearinsäure, Ölsäure, Elaidinsäure u. a. gesättigten und ungesättigten Fettsäuren. Als Substrat wird eine mit Silbernitrat beladene Kieselsäure verwendet, welche die Auftrennung geometrischer Isomeren ungesättigter Fettsäuren ermöglicht. Arbeitsvorschrift vgl. S. 639.

Die im Verhältnis zur Aufarbeitung der Quecksilberaddukte einfache Trennung führte in Modellversuchen zu recht befriedigenden Ergebnissen.

Noch universeller anwendbar erwies sich das Silber-Kieselsäure-Adsorbens nach B. DE VRIES u. G. JURRIENS (1963) bei *dünnschichtchromatographischen* Trennungen. Den Autoren gelang mit dieser Technik beispielsweise die Trennung so nahe verwandter Substanzen, wie trans-trans-trans-, cis-trans-trans-, cis-cis-trans- und cis-cis-cis- Δ 9, 12, 15-Linolensäuremethylester. Eine direkte Analyse eines komplizierten Öls ist nach dieser Methode allerdings nicht möglich, da die R_f-Werte nicht nur durch die cis- und trans-Konfiguration, sondern auch durch die Kettenlänge der Fettsäuren und die Lage der Doppelbindungen beeinflußt werden. Die Autoren empfehlen daher eine Vorfraktionierung auf papierchromatographischem oder gaschromatographischem Wege. Auch eine Vortrennung nach der Zahl der Doppelbindungen über die Quecksilberaddukte dürfte von Vorteil sein.

Geometrische Isomere von ungesättigten Fettsäureestern lassen sich nach C. R. SCHOLFIELD u. Mitarb. (1966) auch durch Gegenstromverteilung zwischen einer 0,2 n-Silbernitrat-Lösung in 90%igem Methanol und Hexan auftrennen. Von den acht möglichen Isomeren des Methyllinolenats konnten sechs durch diese Methodik soweit angereichert werden, daß ihre Identifizierung durch ergänzende Bestimmungen möglich war.

Schließlich ist es nach den Ergebnissen von C. LITCHFIELD u. Mitarb. (1962/1964) möglich, mit Hilfe der *Gaschromatographie* geometrische Isomere ungesättigter Fettsäuren voneinander zu trennen.

Die Autoren benutzten einen Gaschromatographen der Firma Barber-Coleman, Modell 20, der mit einem Argonionisationsdetektor und einem auf 275—300° C geheizten Vorverdampfer ausgestattet war. Die zu untersuchenden Proben wurden, in Petroläther gelöst, eingespritzt, so daß 0,001—0,010 μl Methylester zerlegt wurden.

Zur Trennung dienten Capillarsäulen aus Stahl von 30—60 m Länge und 0,254 mm innerem Durchmesser, die mit Apiecon L bzw. Diäthylenglykolsuccinatpolyester ausgekleidet waren. Die Säulen hatten eine theoretische Bodenzahl von 37000 bzw. 43000. Auch mit Silicon ausgekleidete Säulen zeigten eine gute Auflösungsfähigkeit. Die Kolonnentemperatur lag zwischen 165 und 200°C.

Mit diesen Säulen gelang die vollständige Trennung aller geometrischen Isomeren der ungesättigten Fettsäuren mit 18 C-Atomen und 1—3 Doppelbindungen.

e) Nachweis und Bestimmung einzelner ungesättigter Fettsäuren

α) Enzymatische Bestimmung von cis-Polyenfettsäuren

R. T. HOLMAN u. G. O. BURR (1945) sowie S. BERGSTRÖM u. R. T. HOLMAN (1948) machten die Beobachtung, daß Lipoxydase, ein in vielen Pflanzen, vornehmlich in Sojabohnen, vorkommendes Enzym, streng spezifisch die Oxydation von cis-cis-1,4-Dienstrukturen katalysiert. Hierauf aufbauend, entwickelten J. MAC GEE u. Mitarb. (1957) ein Verfahren zur Bestimmung von solchen cis-Polyenfettsäuren, deren Doppelbindungen durch eine Methylengruppe unterbrochen sind.

Zu dieser Gruppe gehören die sog. *essentiellen* Fettsäuren mit Vitamincharakter, die Linol-, Linolen- und Arachidonsäure, deren Bestimmung in Fettgemischen auf diese Weise sehr einfach geworden ist. Da die Methode überdies nur einen Substanzbedarf von einigen 100 mg hat, ist sie für medizinische Untersuchungen, beispielsweise zur Bestimmung der essentiellen Fettsäuren im Serum, besonders geeignet (K. JAHNKE 1962). Konjugiert ungesättigte Fettsäuren und trans-Polyensäuren reagieren in Gegenwart von Lipoxydasen nicht. Partiell hydrierte Fette können daher auch nach diesem Verfahren auf ihren Gehalt an essentiellen Fettsäuren untersucht werden.

Es gehört zum Prinzip der Lipoxydasewirkung, daß bei der Oxydation von mehrfach ungesättigten Fettsäuren jeweils nur eine Doppelbindung unter Ausbildung von Dienhydroperoxiden reagiert. Linolsäure reagiert z. B. nach folgendem Schema:

```
    14      13       12     11        10      9      8
—CH2 · CH=CH · CH2 · CH=CH · CH2—
Lipoxydase          |        + O2
                    ↓
    14      13       12     11        10      9      8
—CH2 · CH=CH · CH=CH · CH · CH2—
                                   |
                                  OOH
```

Δ 10, 12- 9-Hydroperoxid, oder

```
    14      13     12       11       10       9      8
—CH2 · CH · CH=CH · CH=CH · CH2—
           |
          OOH
```

Δ 9, 11- 13-Hydroperoxid

Die auf diese Weise gebildeten konjugierten Systeme haben eine charakteristische Absorption bei 234 mμ, die als Meßgrundlage dient.

Von der Alkaliisomerisation (S. 520) unterscheidet sich die Lipoxydasereaktion dadurch, daß nur *eine* Doppelbindung verschoben wird. Es können daher die cis-Polyensäuren nicht nach Verbindungsklassen getrennt, sondern nur in ihrer Gesamtheit bestimmt werden. Die unterschiedliche Wirkung beider Isomerisierungsmethoden veranschaulicht Abb. 111.

Nachstehende Beschreibung des Verfahrens stützt sich auf die Veröffentlichungen von J. MAC GEE (1959 und 1962) und ergänzende Hinweise von K. JAHNKE (1964)[1] (vgl. auch H. U. BERGMEYER 1962).

---

[1] Privatmitteilung 1964.

Geräte:

Meßkolben, 1000, 100, 10 und 3 ml
Vollpipetten 200, 20, 5, 2, 1 und 0,1 ml
Meßpipette 1 ml
Mikrowaage, Empfindlichkeit 0,005 mg, bzw. exakt dosierende Mikropipette
UV-Spektrophotometer, z. B. BECKMAN DU.

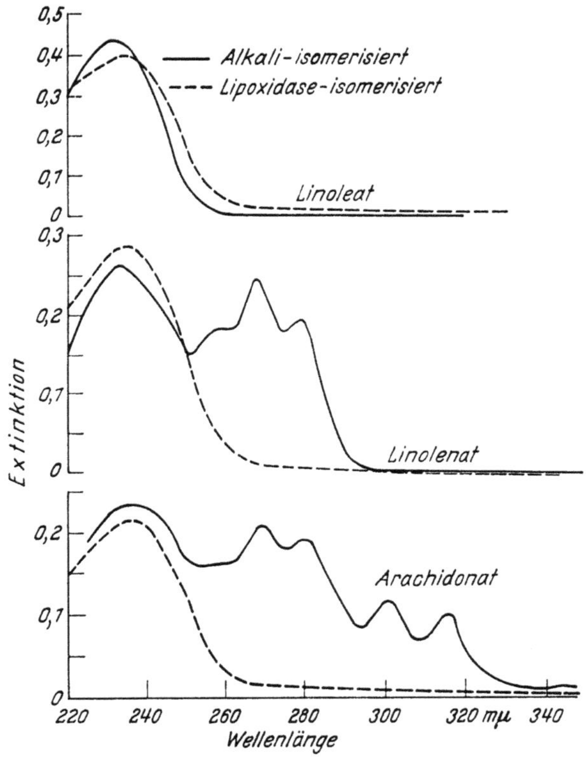

Abb. 111. Enzymatische und alkalische Isomerisierung von Doppelbindungen (MAC GEE 1959)

Reagentien:

Kaliumborat-Puffer (1,0 m, pH 9,0): 61,9 g Borsäure und 25,0 g Kaliumhydroxid werden unter Rühren und Erwärmen auf dem Wasserbad in ca. 800 ml dest. Wasser gelöst. Nach vollständiger Lösung kühlt man unter Rühren auf Zimmertemperatur ab und stellt den pH-Wert der Lösung durch Zugabe von 1 n-Kalilauge bzw. 1 n-Salzsäure auf 9,0 ein. Dann füllt man mit dest. Wasser auf 1 l auf.

Kaliumborat-Puffer (0,2 m, pH 9,0): 200 ml der 1 m-Pufferlösung werden mit dest. Wasser auf 1 l verdünnt.

Lipoxydase-Lösungen:

Vorratslösung: 10 mg Lipoxydase[1] werden in 100 ml eiskalter 0,2 m-Pufferlösung gelöst.

Verdünnte Lösung: 2 ml der Vorratslösung werden mit 8 ml eiskalter 0,2 m-Pufferlösung gemischt.

Gekochte verdünnte Lösung: 5 ml der verdünnten Lösung werden mit einer Pipette so in ein Reagensglas gebracht, daß dessen Wand oberhalb des Flüssigkeitsspiegels trocken bleibt. Dann hält man das Reagensglas 5 min derart in ein kochendes Wasserbad, daß es noch 1 cm ober-

[1] Lieferfirmen: Sigma Chemical Company, St. Louis Mo (USA), Worthington, Biochemicals Corporation, Freehold N.J. (USA), Nutritional Biochemical Corp. 21010 Miles Avenue, Cleveland 28, Ohio (USA), Th. Schuchardt, 8 München 13, Postfach 370.

halb der Enzym-Lösung erhitzt wird. Das Enzym wird unter diesen Bedingungen völlig inaktiviert. Zur Frage der Aktivitätsprüfung und Haltbarkeit der Enzymlösungen vgl. Anmerkungen 1 und 2.

0,5 n alkoholische Kalilauge

0,5 n-Salzsäure.

Verfahren:

Herstellung der Meßlösungen:

Freie Fettsäuren werden mit 0,6 ml 1 m-Borat-Pufferlösung gemischt und mit Wasser auf 3 ml aufgefüllt. Die Menge der zur Messung verwendeten Fettsäure-Lösung wird so bemessen, daß 5—25 μg freie polyungesättigte Fettsäuren anwesend sind.

Fettsäureester müssen verseift werden: Fettsäureester, Öle, Fette, hydrierte Pflanzenöle werden in einer Menge, die 0,5 mg Polyenfettsäuren entspricht, in einem 100-ml-Meßkolben mit 1 ml 0,5 n alkoholischer Kalilauge gemischt und im Dunkeln mindestens 4 Std stehen gelassen. Danach fügt man 20 ml 1 m-Pufferlösung und 1 ml 0,5 n-Salzsäure hinzu und füllt mit dest. Wasser auf 100 ml auf.

Ausführung der Messung: Zwei Reagensgläser werden mit je 3,0 ml Untersuchungsmaterial beschickt. In das erste Glas (Blindversuch) gibt man 0,10 ml gekochte verdünnte Enzym-Lösung, in das zweite (Hauptversuch) 0,10 ml verdünnte Enzym-Lösung, und mischt gut durch. Beide Ansätze läßt man 30 min unter Luftzutritt stehen und füllt sie dann in 1-cm-Quarzküvetten. Das Spektralphotometer wird mit der Blindküvette bei 234 mμ auf Null gestellt und dann die Extinktion der Versuchsküvette gemessen.

Berechnung:

$$\%\ \text{Polyenfettsäuren} = \frac{E \cdot 3964}{W}$$

E = gemessene Extinktion

W = μg Untersuchungsmaterial in 3,0 ml Lösung

Herkunft des Faktors 3964:

$$3964 = \frac{3{,}1}{3} \cdot \frac{1000}{78{,}2} \cdot 100 \cdot 3$$

$\frac{3{,}1}{3}$ = Verdünnungsfaktor (3 ml Probelösung + 0,1 ml Enzym-Lösung)

78,2 = Extinktionskoeffizient von 1 g Polyenfettsäure/l bei 1 cm Schichtdicke und 234 mμ

1000 = Umrechnungsfaktor von g/l auf μg/ml

100 = Umrechnungsfaktor auf %

3 = Probevolumen in ml

Anmerkungen:

1. Um die Enzym-Lösung auf Aktivität zu testen, stellt man, wie unter „Verfahren" beschrieben, eine Fettsäurelösung aus Kottonöl, Maisöl oder Sojaöl her. Zwei 1-cm-Quarzküvetten werden mit je 3 ml dieser Lösung gefüllt. Zur ersten Küvette gibt man 0,10 ml der gekochten verdünnten Enzym-Lösung, bringt die Küvette in den Lichtstrahl eines Spektralphotometers und stellt die Extinktion bei 234 mμ auf 0 ein. Zur zweiten Küvette gibt man 0,1 ml der verdünnten Enzym-Lösung, mischt durch und bringt die Lösung in den Lichtstrahl. Die Extinktion wird in Intervallen von je 1 min abgelesen. Sie soll in weniger als 5 min ihr Maximum erreichen. Ist dies nicht der Fall, müssen die verdünnten Enzym-Lösungen konzentrierter angesetzt oder aktivere Lipoxydase-Präparate verwendet werden.

2. Die Enzym-Lösungen können mehrere Monate gefroren aufbewahrt werden, ohne ihre Aktivität zu verlieren. Sie können durch Einstellen in Wasser von Raumtemperatur aufgetaut werden, sollten nach vollständigem Auftauen aber, gut gemischt, sofort in ein Eiswasserbad gestellt werden. Wiederholtes Einfrieren und Auftauen beeinträchtigt die Aktivität nicht.

3. Alle Lösungen, die Polyenfettsäuren enthalten, müssen unter Stickstoff aufbewahrt werden, außer während der enzymatischen Reaktion, für die Luftsauerstoff notwendig ist.

4. Organische Lösungsmittel, die beim Aufschluß des Untersuchungsmaterials verwendet wurden, müssen unter gelindem Erwärmen im Stickstoffstrom entfernt werden. Bis zu 3% Äthanol schaden nicht.

5. Genaue Arbeitsvorschriften für die Bestimmung von Polyenfettsäuren in Blutplasma, Mikroorganismen und Pflanzensamen finden sich bei J. Mac Gee (1959 und 1962).

Empfindlichkeit, Reproduzierbarkeit und Genauigkeit der Bestimmung; Auswertung:

Mit Hilfe dieser Methode können nach J. Mac Gee (1959) noch 0,5 g Polyenfettsäuren in Gemischen bestimmt werden. Derselbe Autor beobachtete bei 20 Bestimmungen des spezifischen Extinktionskoeffizienten von gereinigter Linolsäure einen Variationskoeffizienten von 1,8%. Nach K. JAHNKE (1962) beträgt der mittlere Fehler der Einzelbestimmung ± 3,6%.

Auch die Genauigkeit der Methode ist ausgezeichnet. J. MAC GEE (1959) fand bei der Untersuchung von Mischungen aus Äthyllinoleat und hydrierten Pflanzenölen folgende Werte (vgl. Tab. 120).

Tabelle 120. *Enzymatische Bestimmung des Linolsäuregehaltes in Testgemischen* (nach J. MAC GEE 1959)

vorgelegt (µg) Äthyl-linoleat	vorgelegt (µg) hydriertes Pflanzenöl	Polyenfett-säuren (µg) gefunden	Polyenfett-säuren (µg) berechnet
20,2	—	19,1	—
—	121,6	15,4	—
3,36	101,3	16,7	16,0
6,73	81,1	15,9	16,6
10,1	60,8	16,9	17,2
13,5	40,5	18,0	17,8
16,8	20,2	17,6	18,3

Besonders wertvoll erwies sich diese Methodik bei der Untersuchung von hydrierten Pflanzenölen, wie sie für die Herstellung von Margarine verwendet werden. Hierzu Beispiele nach J. MAC GEE (1958) in Tab. 121.

Tabelle 121. *Analyse von hydrierten Pflanzenölen** (nach J. MAC GEE 1958)

Jodzahl	trans-Gehalt %	Polyenfettsäuren %	
		Alkali-Isomerisation	enzymatisch
111	1	52	53
105	6	45	47
90	21	27	27
69	38	4	2
65	40	1	0

* hydriert mit Nickelkatalysator bei 190° C.

Diese Werte veranschaulichen die gute Übereinstimmung zwischen den Resultaten der chemischen und enzymatischen Methode. Sie zeigen, daß, wenn überhaupt, nur wenig trans-Polyenfettsäuren unter den Hydrierungsbedingungen gebildet werden. Die Hydrierung geht vielmehr bevorzugt unter Bildung von cis- und trans-Monoensäuren vor sich.

Da die durch enzymatische Oxydation erfaßten Fettsäuren mit den *essentiellen* Fettsäuren identisch sind, bietet die Methode eine einfache Möglichkeit zur Feststellung der biologischen Wirksamkeit von Fettmischungen, Margarine usw. Nach Untersuchungen von J.J. TRAVERS (1958)[1] stimmen die Resultate der enzymatischen Analyse mit denen des Rattenversuchs innerhalb des 95% Vertrauensbereichs überein.

β) Erucasäure

Die Erucasäure, eine Δ 13,14-Docosensäure, findet sich in Cruciferenölen, wie Rüböl und Senföl, in Mengen bis zu 50%. Verfälschungen anderer Speiseöle mit Rüböl sind daher durch den Erucasäuregehalt leicht nachzuweisen.

Am sichersten geschieht dieser Nachweis mit den in Abschnitt VI beschriebenen chromatographischen Methoden. Daneben existieren aber noch einige ein-

[1] Unveröffentlichte Versuche.

fache Analysenverfahren, die in diesem Zusammenhang erwähnenswert sind. D. HOLDE u. J. MARCUSSON (1910) trennten die Erucasäure aufgrund ihrer leichten Löslichkeit in Alkohol von den festen gesättigten Fettsäuren. J. GROSSFELD u. A. SIMMER (1930) bzw. J. GROSSFELD (1937b) bedienten sich zur Trennung einer modifizierten Bleisalz-Alkohol-Methode, ähnlich der von GROSSFELD modifizierten Isoölsäurebestimmung (S. 727). H.P. KAUFMANN u. H. FIEDLER (1938) oxydierten das erucasäurehaltige Fettsäuregemisch nach HAZURA mit einer sehr verdünnten Kaliumpermanganat-Lösung unter solchen Bedingungen, daß Ölsäure u. a. ungesättigte Fettsäuren vollständig abgebaut wurden, die Erucasäure aber in die leicht nachweisbare Dioxybehensäure überging. H. HADORN u. K.W. BIEFER (1956) gaben eine papierchromatographische Methode zum Erucasäurenachweis bekannt.

Abscheidung und Identifizierung der Erucasäure nach D. HOLDE u. J. MARCUSSON (1910)

20—25 g Fettsäure werden im doppelten Volumen 96%igen Alkohols gelöst und in einem weiten Reagensglas auf —20° C abgekühlt. Der Niederschlag von gesättigten Fettsäuren wird bei —20° C abgesaugt und mit Alkohol von —20° C ausgewaschen. Der Rückstand des eingedampften Filtrats wird mit dem vierfachen Volumen 75 vol.-%igen Alkohols aufgenommen und wiederum auf —20° C abgekühlt. Die bei geringem Rübölgehalt bisweilen erst im Verlauf von ca. 1 Std entstehende kristallinische Fällung ist nach dem Absaugen und Auswaschen mit auf —20° C gekühltem 75%igem Alkohol rein weiß und besteht hauptsächlich aus Erucasäure. Man löst sie mit warmem Benzol oder Äther vom Filter, dampft die Lösung ein und bestimmt das Molekulargewicht des Rückstands, das bei Gegenwart von Cruciferenölen über 300 liegt. Nachweisgrenze: 20%.

Bei hohem Gehalt an gesättigten Fettsäuren kühlt man zunächst auf 0° C ab und saugt die Hauptmenge der gesättigten Fettsäuren ab. Dann kühlt man auf —20° C und verfährt wie oben angegeben.

Abtrennung der Erucasäure als Bleisalz nach J. GROSSFELD u. A. SIMMER (1930) *bzw.* J. GROSSFELD (1937b)

Ca. 500 mg Speiseöl und 0,6 ml geschmolzene Laurinsäure werden in einem 100-ml-Erlenmeyerkolben mit 10 ml alkoholischer Kalilauge (40 ml Kalilauge, D = 1,5, und 40 ml Wasser mit 96 vol.-%igem Alkohol zu 1 l aufgefüllt) versetzt und nach Zusatz von etwas Bimssteingrieß 10 min am Rückflußkühler im leichten Sieden gehalten. Nach dem Erkalten gibt man 50 ml Bleiacetat-Lösung (50 g kristallinisches Bleiacetat + 5 ml 96%ige Essigsäure mit 80 vol.-%igem Alkohol zu 1 l gelöst), 2,5 ml 95%ige Essigsäure und 10 ml Wasser hinzu, erhitzt am Rückflußkühler bis zum Lösen des Niederschlags, läßt auf Zimmertemperatur abkühlen und nach Verschließen des Kolbens mit einem Korken unter öfterem Umschütteln 2—3 Tage bei 19—21° C in einem Brutschrank stehen. Dann filtriert man durch einen Glasfiltertiegel (Schott & Gen. 10 G 3), wäscht mit 10—15 ml 70 vol.-%igem Alkohol und saugt scharf ab. Der Tiegel wird mit dem Boden nach oben in eine 35 mm breite Extraktionsröhre (vgl. S. 728) gebracht und mit 20 ml einer Mischung gleicher Volumteile von 96%igem Alkohol und 96%iger Essigsäure unter Kochen ausgezogen. Die noch warme Lösung gießt man unter Nachspülen mit 10 ml der Alkohol-Säure-Mischung in einen 400-ml-Erlenmeyerkolben, gibt genau 20 ml alkoholische 0,2 n-Jodlösung (25,4 g Jod/l) hinzu, mischt und verdünnt mit 200 ml Wasser. Dann titriert man nach einigen Minuten mit 0,1 n Thiosulfat-Lösung zurück. Anschließend führt man einen Blindversuch mit 30 ml Alkohol-Essigsäure-Mischung nach Zusatz von 20 ml der Jodlösung aus. Die Differenz beider Titrationswerte ist die sog. Erucasäurezahl x, aus der sich der Gehalt an Erucasäure y nach folgender Gleichung errechnen läßt:

$$y = 52{,}1 \cdot x - 0{,}9 \cdot x^2 - 217{,}2$$

Nachweisgrenze: ca. 10% Rüböl in Speiseölen.

Oxydation der Erucasäure zu Dioxybehensäure nach H.P. KAUFMANN u. H. FIEDLER (1938)

Das ursprüngliche Verfahren wurde von H.P. KAUFMANN u. Mitarb. (1956) in verbesserter Form herausgebracht:

Das zu untersuchende Öl wird mit Kalilauge am Rückflußkühler verseift und die Seife in einer Porzellanschale durch Abdampfen vom Alkohol befreit. Man verdünnt mit Wasser, gibt

50%ige Kalilauge hinzu und oxydiert bei 20°C mit 5%iger Kaliumpermanganat-Lösung, die in 1 min zugegeben wird.

Die Höhe der Einwaage und die Menge der Reagentien richten sich nach dem erwarteten Erucasäuregehalt entsprechend folgender Tabelle:

Erucasäure-gehalt %	Einwaage g	Alkoholische Kalilauge ml	Konzen-tration	Verdünnungs-wasser ml	50%ige Kali-lauge ml
>20	2	20	2n	1000	5
20	5	20	5n	1500	10
10	10	30	5n	2500	20

Die Menge Permanganat-Lösung wird nach der Formel berechnet:

$$\text{ml Permanganat-Lösung} = 40 \cdot (2{,}49 \cdot \frac{JZ}{100} + 1) \cdot \text{Einwaage}$$

Man läßt 1 Std unter gelegentlichem Rühren stehen, säuert mit verdünnter Schwefelsäure an und entfärbt mit Natriumhydrogensulfit-Lösung. Der erhaltene Niederschlag wird durch ein Faltenfilter filtriert, mit Wasser neutral gewaschen und mit 96%igem Alkohol extrahiert. Der Extrakt wird auf 30 ml eingeengt und dann die Dioxybehensäure bei 0°C kristallisiert. Die Kristalle werden durch einen Glasfiltertiegel 1 G 3 abgesaugt, dreimal mit Petroläther (35—40°C) gewaschen und bei 70—80°C 1 Std getrocknet. Vom Rückstand wird die Säurezahl bestimmt, die für Dioxybehensäure den Wert 151,5 besitzt. Nachweisgrenze ca. 10%.

Papierchromatographische Methode zum Nachweis der Erucasäure

Das von H. Hadorn u. K.W. Biefer (1956) angegebene Verfahren bedient sich der von H.P. Kaufmann u. W.H. Nitsch (1954) (vgl. S. 645) ausgearbeiteten papierchromatographischen Methode zur Fettsäuretrennung.

Zur Imprägnierung des Papiers (Sch. & Sch. 2043b) dient eine technische Undecanfraktion (180—210°C[1]). Man zieht die Papierstreifen (14 × 36 cm) langsam durch die Flüssigkeit und läßt abtropfen. Das so getränkte Papier wird 20 min zwischen sauberem Filtrierpapier und zwei Holzplatten von 20 mm Dicke abgepreßt. Die obere Platte wird mit einem Gewicht von 6 kg beschwert. Die Fettsäuren werden in Benzol gelöst und je nach dem erwarteten Erucasäuregehalt in Mengen von 100—600 µg aufgetropft. Zweckmäßig trägt man Portionen von 100—200 µg auf und läßt zwischendurch das Lösungsmittel verdampfen.

Zur Herstellung der mobilen Phase wird 90%ige Essigsäure bei 20 ± 2°C mit der Undecanfraktion durch 15 min langes Schütteln gesättigt. Man läßt absitzen und versetzt die abgetrennte polare Phase auf 1 l mit 50 ml 90%iger Essigsäure. Laufzeit: bei ca. 20°C 18—20 Std, Steighöhe 240—280 mm. Nach dem Herausnehmen der Streifen wird die Lösungsmittelfront markiert, das Papier bei 120°C 1/2 Std getrocknet und in eine 0,5%ige Kupferacetat-Lösung gelegt. Nach 15 min erscheinen sehr blasse Flecken, die Kupfersalze der Fettsäuren. Nach gründlichem Auswaschen des überschüssigen Kupfers mit 0,01%iger Essigsäure werden die Flecken mit einer 3%igen Kaliumferrocyanid-Lösung fixiert, dann das überschüssige Fixiermittel ausgewaschen und die Streifen getrocknet. Die rotbraunen Flecken auf nahezu weißem Untergrund sind unbegrenzt haltbar. Die Identifizierung der Erucasäure erfolgt am besten mit Hilfe von Vergleichschromatogrammen von Fettsäuren, die bekannte Mengen Erucasäure enthalten.

Die Nachweisgrenze dieser Methode liegt bei 2,5% Erucasäure bzw. 5% Rapsöl.

Durch vorhergehende säulenchromatographische Anreicherung der Erucasäure gelang es H.P. Kaufmann u. Mitarb. (1956b), die Nachweisgrenze der papierchromatographischen Methode auf 1% Rüböl in Olivenöl zu erniedrigen.

Auf *gaschromatographischem Wege* können ohne Vortrennung noch 1—2% Rüböl in Speiseölen sicher erfaßt werden.

VIII. Nachweis und Bestimmung von Nebenbestandteilen und Verunreinigungen

Unter Nebenbestandteilen von Ölen und Fetten versteht man solche organischen Stoffe, die mit der Fettsynthese in pflanzlichen und tierischen Zellen in

[1] Lieferfirma: J. Haltermann, 2102 Hamburg-Wilhelmsburg.

genetischem Zusammenhang stehen, wie Sterine und Phosphatide, ferner solche Zellinhaltsstoffe, die bei der Gewinnung des Öls von diesem gelöst werden, wie Chlorophyll- und Xanthophyllfarbstoffe, und schließlich die durch Sekundärreaktion von Fetten und Fettsäuren gebildeten polymeren und cyclischen Fettsäuren.

Verunreinigungen sind alle Bestandteile, die von Natur aus in den Ölen und Fetten nicht vorkommen, sondern durch unsachgemäße Behandlung hineingelangt sind, wie Seifen, Mineralsäuren usw.

Nicht behandelt werden in diesem Abschnitt Methoden zur Auffindung künstlicher Antioxydantien und der Rückstände von Schädlingsbekämpfungsmitteln. Der Leser findet hierüber eine zusammenfassende Abhandlung in Bd. II/2 dieses Handbuches.

1. Gase

Die Löslichkeit von Gasen in Fetten ist nach Untersuchungen von L. B. PARSONS (1938) von der Fettzusammensetzung häufig unabhängig. Sie nimmt mit steigendem Molekulargewicht der Gase und mit steigender Temperatur zu. Für hydriertes und nicht hydriertes Schmalz und Kottonöl z. B. nach folgenden Gleichungen:

$$S_{H_2} = 0{,}0295 + 0{,}000497\ t$$
$$S_{N_2} = 0{,}0590 + 0{,}000400\ t$$
$$S_{O_2} = 0{,}1157 + 0{,}000443\ t$$

S = ml Gas gelöst bei 760 mm in 1 ml Öl.

In festen Fetten und Fettprodukten, wie Back- und Speisefetten, finden sich vielfach auch nicht gelöste, fein verteilte Gase, wie Luft und Stickstoff, deren Menge für die Beurteilung ihrer technologischen Eigenschaften von Bedeutung ist.

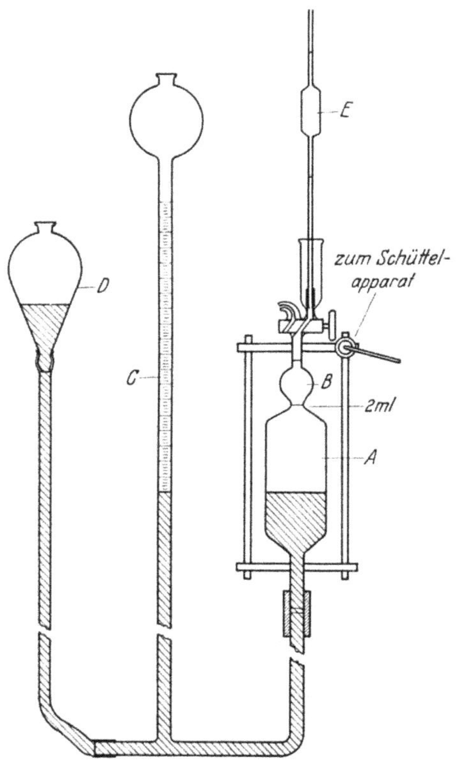

Abb. 112. Apparatur nach VAN SLYKE u. NEILL (1924)[1]

a) Gelöste Gase

Die Menge der gelösten Gase bestimmt man nach F. C. VIBRANS (1935) zweckmäßig in einer Apparatur nach D. D. VAN SLYKE u. J. M. NEILL (1924) (Abb. 112).

Diese besteht aus einem Reaktionsgefäß A mit 2 ml fassender Vorkammer B, einem kalibrierten Quecksilbermanometer C, das direkt mit dem Reaktionsgefäß verbunden ist, einem Quecksilber-Niveaugefäß D und den nötigen Hähnen. Reaktionsgefäß und Vorkammer können mechanisch geschüttelt werden.

Zur Ausführung einer Bestimmung werden 5 ml Öl mit Hilfe einer Ostwald-Pipette E, deren Spitze zur Abdichtung mit einem Stückchen Gummischlauch versehen ist, in die Reaktionskammer gesaugt. Durch Senken des Quecksilberniveaus wird Vakuum erzeugt. Dann

[1] Hersteller: A. Gallenkamp & Co. Ltd., Sun Street, London E.C. 2; Normschliff-Glasgeräte K.G., 698 Wertheim/Main.

wird das Öl etwa 5 min geschüttelt. Das in Freiheit gesetzte Gas wird gemessen, indem man den Druck abliest, bei dem das Gasvolumen 2 ml beträgt. Nach der Ablesung wird das Gas aus der Apparatur gedrängt, von neuem Vakuum erzeugt und die Operation wiederholt. Weitere Wiederholungen werden solange vorgenommen, bis bei zwei aufeinanderfolgenden Ablesungen keine Differenz mehr beobachtet wird. Aus den Ablesedaten wird nun die Menge des aus dem Öl in Freiheit gesetzten Gases berechnet.

Eine andere elegante Methode zur Bestimmung von Gasen in Ölen, außer CO_2, gibt D. HOLDE (1933) für Mineralöl an, die aber auch für Speisefette brauchbar erscheint.

Auf die Oberfläche der in einem Rundkolben befindlichen Ölprobe wird solange Kohlendioxid geleitet, bis die oberhalb derselben befindliche Luft verdrängt ist und das Gas in einem nachgeschalteten mit Kalilauge (D = 1,32) gefüllten Eudiometer völlig absorbiert wird. Dann taucht man das Einleitungsrohr in das Öl und fängt das freigesetzte Gas im Eudiometer auf.

Zur genauen Bestimmung des Sauerstoffgehaltes von Ölen und Fetten ist eine Methode von D.B. MORELL u. Mitarb. (1946) geeignet. Die Proben werden mit sauerstofffreiem Stickstoff durchgespült. Der in den Stickstoff übergegangene Sauerstoff wird nun mit ammoniakalischer Kupfer(I)-chlorid-Lösung in Reaktion gebracht. Dabei bildet sich die blaugefärbte Kupfer(II)-verbindung, deren Menge kolorimetrisch oder jodometrisch bestimmt wird.

Eine sehr elegante auf dem Verfahren nach TÖDT beruhende elektrochemische Methode, mit der noch 2×10^{-7} mg Sauerstoff im Milliliter Öl nachgewiesen werden können, wurde von K. TÄUFEL u. F. LINOW (1963) angegeben.

E. BECKER u. A. NIEDERSTEBRUCH (1966) bedienten sich der Clark'schen Zelle zur Entwicklung eines Verfahrens, das den Sauerstoffgehalt in Ölen, Fetten und Emulsionen kontinuierlich und registrierend auf 0,1 Vol.-% genau zu messen erlaubt.

Die Autoren fanden mit dieser Methode in luftgesättigten Ölen folgende Sauerstoff- und Stickstoffkonzentrationen:

Ölsorte	In 100 g Substanz	
	mg O_2	mg N_2
Erdnuß-Filteröl	3,85	7,05
Kotton-Filteröl	3,76	6,70
Sojaöl	4,13	7,74
Sonnenblumenöl	3,92	7,82

b) Nicht gelöste Gase

Auch zur Bestimmung fein dispergierter nicht gelöster Gase in festen Fetten — es sind dies zumeist Luft oder Stickstoff — existieren einige einfache Bestimmungsmethoden.

Nach C.A. COFFEY u. H.T. SPANNUTH (1939) bringt man 2-cm-Würfel des zu untersuchenden Fetts in ein hohes 100-ml-Becherglas, in dem sich 50 ml Alkohol von 95 Vol.-% und 20°C befinden. Man fügt nun unter vorsichtigem Schwenken aus der Bürette soviel Wasser von 20°C hinzu, daß der Würfel gerade schwebt. Dann gießt man die Schwebeflüssigkeit in einen passenden Zylinder und bestimmt ihre Dichte mittels einer Westphal'schen Waage. Es ist dann:

$$\text{Vol.-\% Luft bzw. Gas} = \frac{(D_1 - D_2) \cdot 100}{D_1}$$

D_1 = Dichte des luftfreien Fettes (meistens = 0,921)
D_2 = Dichte der Alkohol-Wasser-Mischung.

Auch durch gravimetrische Bestimmung der Dichte läßt sich der Gasgehalt von Fetten feststellen.

In einen beiderseits offenen dünnwandigen Zylinder aus rostfreiem Stahl von 4 cm Höhe und 5 cm ⌀ drückt man soviel des zu untersuchenden Fettes, daß es von beiden Seiten übersteht. Anschließend temperiert man 2 Std auf 20°C, schneidet das überschüssige Fett ab und wägt. Aus dem Gewicht und dem bekannten Rauminhalt des Zylinders berechnet man die Dichte und aus dieser nach der oben angeführten Formel den Gasgehalt.

Beide Methoden haben den Nachteil, daß die Dichte des luftfreien Fettes bekannt sein muß. Diesen Nachteil vermeidet folgende Arbeitsweise, bei der die Luft durch Lösen des Fettes in Freiheit gesetzt und volumetrisch gemessen wird. Sie wurde im Laboratorium der VAN DEN BERGH'S EN JURGENS FABRIEKEN, Rotterdam, entwickelt und ist seit mehr als einem Jahrzehnt im Laboratorium des Verfassers im Gebrauch.

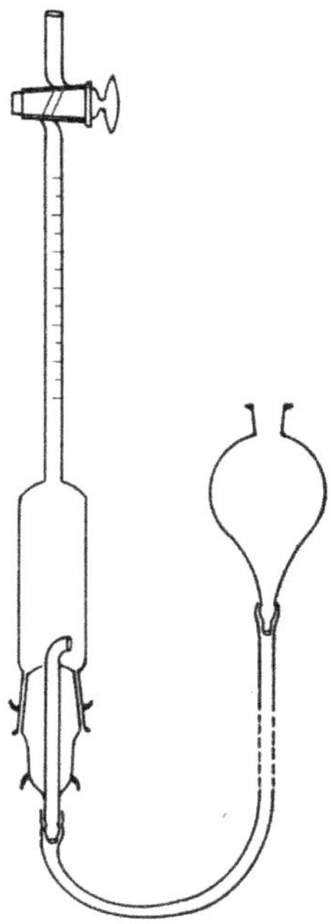

Abb. 113. Apparatur zur Bestimmung nicht gelöster Gase in Fetten

Geräte:

Spezialapparatur nach Abb. 113.
Korkbohrer, 18 mm ⌀, mit Auswerfer.

Reagentien:

Spezialbenzin, Siedegrenzen 115—135°C[1]
Fettfreies Schmiermittel für Schliffe, z. B. Alipon.

Verfahren:

Mit Hilfe des Korkbohrers entnimmt man dem von der Oberflächenschicht befreiten Fett oder Margarinemuster eine Probe von ca. 5—10 g und wägt sie zusammen mit dem Auswerfer. Dann bringt man die Probe in das Gefäß B, wägt das entleerte Gerät zurück, verschließt B und füllt in den Trichter A Benzin ein. Man läßt das Benzin an der Fettprobe vorbei in die Capillare C steigen, bringt, sobald es D erreicht hat, sein Niveau mit dem des Benzins im Trichter auf gleiche Höhe und schließt den Hahn. Innerhalb von 2—3 Std schüttelt man die Bürette mit dem Benzin und der Fettprobe öfters um. Dabei löst sich das Fett, und die Gasblasen sammeln sich im oberen Teil der Capillare. Man liest das Volumen ab, nachdem man die Benzinmenisken wieder auf gleiche Höhe gebracht hat.

Berechnung:

$$\text{Luft bzw. Gas (ml/100 g)} = \frac{a \cdot 100}{E}$$

a = ml Gasvolumen in der Capillare
E = Fetteinwaage in g.

Auswertung:

Es enthalten:
Back- und Speisefette bis 30 Vol.-% Luft oder Stickstoff
Butter 3—12 Vol.-% Luft
Margarine 1—6 Vol.-% Luft (Kirn-Trommel-Ware)
0,1—0,5 Vol.-% Luft (Rohrkühlerware).

2. Wasser und Flüchtiges

Unter „Wasser und Flüchtiges" versteht man in der fettchemischen Literatur alle in rohen und raffinierten Fetten vorhandenen Begleitstoffe, die bei Trockenschranktemperatur flüchtig sind. Neben Wasser sind das vornehmlich Lösungsmittelreste, wie Benzinkohlenwasserstoffe, Trichloräthylen und Schwefelkohlenstoff, in geringem Maße auch niedrig-molekulare Fettsäuren sowie durch Autoxydation entstandene Spaltprodukte von Aldehyd- oder Ketoncharakter.

Die Auswahl an Methoden zur quantitativen Erfassung des Flüchtigen ist groß. Ihre Anwendung richtet sich nach dem zu untersuchenden Substrat und den Anforderungen, die durch vertragliche Abmachungen, gesetzliche Bestimmungen

[1] Hersteller: Firma Johann Haltermann, Hamburg-Wilhelmsburg.

oder Reinheitsanforderungen gegeben sind. In der Praxis hat man es bei der Bestimmung von Wasser und Flüchtigem meistens mit folgenden Substraten zu tun:

a) wasserhaltige Abfallfette, Tank-Bodenschlämme:	5—70% Flüchtiges
b) Öl-in-Wasser-Emulsionen, Salben usw.:	20—80% Flüchtiges
c) Wasser-in-Öl-Emulsionen, Butter, Margarine:	17—20% Flüchtiges
d) Rohöle und -fette:	1— 2% Flüchtiges
e) raffinierte Öle und Fette:	< 0,1% Flüchtiges

a) Flüchtige Bestandteile einschließlich Wasser

α) Trockenschrank-Methode

Bei dieser Methode wird das Flüchtige durch Trocknung bei 105 °C im Trockenschrank bzw. im Vakuumschrank bei 50—60 °C entfernt und der Rückstand gewogen (DGF, AOCS, IUPAC). Die Anwendung von Vakuum ist bei leicht oxydierbaren Ölen angezeigt, um Gewichtsverluste infolge oxydativer Zersetzung zu vermeiden. Bei oxydierbaren Ölen kann man auch in der Weise arbeiten, daß man das Substrat in einem geeigneten Trockenrohr auf Asbest ausbreitet und bei 50 °C mit Stickstoff von den flüchtigen Bestandteilen befreit (B.S. 684: 1958).

Bestimmung des Flüchtigen nach der DGF-Einheitsmethode C – III 12 (53)

5 g Fett werden in einem verschließbaren Wägegläschen von 20 mm Höhe und 50 mm Durchmesser, das bei 105 °C bis zum konstanten Gewicht getrocknet wurde, auf ± 0,005 g genau abgewogen und bei 105 °C (bei oxydierbaren Fetten unter Kohlendioxid oder im Vakuum [20 mm Hg] bei 50—60 °C) getrocknet. Das sofort nach dem Herausnehmen aus dem Trockenschrank verschlossene Gläschen läßt man im Exsiccator erkalten und wägt. Das Gewicht ist als konstant anzusehen, wenn der Gewichtsverlust nach nochmaliger Trocknung von $^1/_4$ Std höchstens 0,005 g beträgt.

Berechnung:

$$\%\ \text{Flüchtiges} = \frac{a - b}{E} \cdot 100$$

a = Gewicht von Ölprobe + Wägeglas in g vor dem Trocknen
b = Gewicht von Trockenrückstand + Wägeglas in g nach dem Trocknen
E = Öleinwaage in g.

Nach den entsprechenden Methoden der AOCS: Ca 2c—25 und Ca 2d—25 sind zur Aufnahme des Öls auch Aluminiumschälchen von 20×50 mm mit dichtschließendem Deckel geeignet. Bei Anwendung der Vakuum-Methode soll die Temperatur 20—25 °C oberhalb der Siedegrenze des Wassers bei dem angewandten Druck liegen.

Die Trockenschrank-Methode ist hauptsächlich für Rohöle mit 1—2% Wasser und Flüchtigem geeignet. Bei höherem Wassergehalt setzt man zweckmäßig etwas Sand oder gekörnten Bimsstein hinzu, um ein Verspritzen des Fettes zu vermeiden. Zur Bestimmung des Wassergehaltes von Margarine verfährt man beispielsweise nach der sog. „amtlichen“ Methode (Anweisung des Preußischen Ministers für Landwirtschaft vom 20. 7. 1923, vgl. A. Bömer, J. Grossfeld 1939):

„5—10 g Margarine werden in einer — zweckmäßig mit grobkörnigem ausgeglühtem Quarzpulver oder mittels Salzsäure gereinigtem ausgeglühtem Seesand beschickten — flachen Schale möglichst gleichförmig verteilt und abgewogen. Die Schale wird in einem Trockenschrank auf 105 °C erwärmt. Nach einer $^1/_2$ Std wird das Gewicht festgestellt, ebenso nach je weiteren 10 min, bis keine Gewichtsabnahme mehr zu bemerken ist. Zu langes Trocknen ist zu vermeiden, da alsdann infolge von Oxydation des Fettes das Gewicht wieder zunimmt.“

Aus eigener Erfahrung ist hier zu bemerken:

Bei Verwendung der üblichen Schalen von 8—10 cm ⌀ nimmt man zweckmäßig eine Einwaage von 5—6 g Margarine und dazu 30 g Sand. Auch ist es praktisch, einen Glasstab mitzuwägen und die Masse mit diesem nach jeder Teiltrocknung umzurühren. Die Nachtrocknung dehnt man besser von 10 auf 20 min aus, da für die Wiedererwärmung der Schalen viel Zeit benötigt wird.

β) Trocknungsmethode mit dem Planwägeglas

W. HEIDBRINK berichtete 1951 über ein neues Gerät, das besonders zur Bestimmung von Wasser und Flüchtigem in O/W- und W/O-Emulsionen geeignet ist, das Planwägeglas[1] (vgl. Abb. 114).

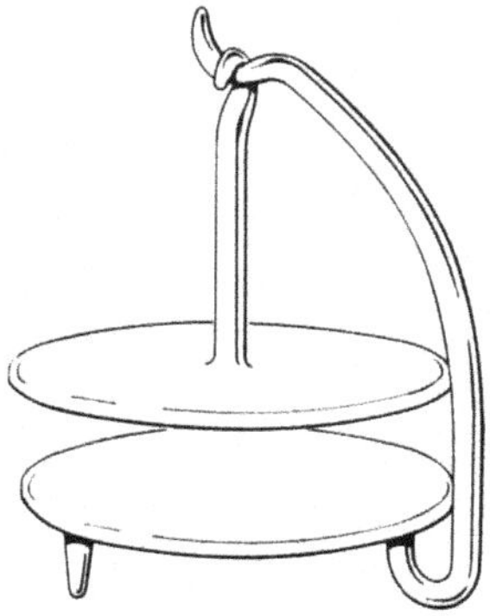

Abb. 114. Planwägeglas nach HEIDBRINK (1951)

Zunächst wägt man das Planwägeglas leer. Dann bringt man 0,1—0,5 g der zu untersuchenden Emulsion auf eine der Scheiben, setzt die beiden Scheiben wieder zusammen und wägt. Nach dem Einwägen verteilt man die Emulsion zu einem gleichmäßigen Film, hängt dann die obere Scheibe an den Glasgalgen, so daß der Abstand der Scheiben 1,5—2 cm beträgt. Dann setzt man das Planwägeglas in einen leeren Exsiccator über konzentrierte Schwefelsäure, verringert den Druck auf 8 Torr, trocknet und wägt und wiederholt diese Operationen bis zur Gewichtskonstanz.

Bei einer Einwaage von 0,1—0,2 g beträgt die Trocknungszeit nach H. SCHMALFUSS (1952) für O/W-Emulsionen ca. 1 Std, für W/O-Emulsionen ca. 3 Std.

A. PURR (1954) entwickelte für diese Methode ein Vakuum-Trockengerät, durch welches die Trocknungstemperatur auf 70°C erhöht und die Dauer einer Bestimmung auf 15—20 min herabgesetzt werden konnte.

C.B. STUFFINS (1958) führte den Gedanken von W. HEIDBRINK weiter. Zur Wasserbestimmung in Margarine, Ölen und Fetten benutzt dieser Autor kreisförmige Aluminiumscheiben von 7,6 cm ⌀. Die untere Platte hat einen kleinen Rand. Dadurch wird es möglich, etwas größere Einwaagen zu verwenden. Von Margarine, Ölen und Fetten werden 1,75—2,0 g Proben abgewogen, die nur 1 Std bei 70°C im Vakuum-Trockenschrank getrocknet werden.

γ) Schnellmethode

Für die betriebsmäßige Schnellbestimmung des Flüchtigen in wasserhaltigen Ölen, Margarine und Butter ist die folgende Methode geeignet, die auf eine Arbeit von L. MÜLLER (1908) zurückgeht.

Geräte[2]*:*

Schnellwaage zur direkten Ablesung des Wassers im Bereich von 0—25%, Einteilung $^1/_{10}$%.
Aluminiumbecher, 6,5 cm ⌀, 5,0 cm Höhe, mit passender Haltezange.
Schwarzgestrichene Blechtafel 50 × 70 cm auf Stativ.

Reagentien:

Bimsstein, Körnung 28, entsprechend Korndurchmesser 2 mm vor Gebrauch gesiebt[3].

Verfahren:

Ein trockner Aluminiumbecher wird auf der Schnellwaage mit 2—3 g Bimsstein tariert. Dann wägt man genau 10 g der Probe ein. Der Inhalt wird zunächst 3 min über kleiner Flamme auf dem Asbestdrahtnetz vorgetrocknet. Dann wird der Becher mit der Haltezange gefaßt und, vorsichtig kreisend über freier Flamme vor einer schwarzen Tafel geschwenkt. Es bildet sich ein dichter Schleier, der bei weiterem Erhitzen zurückgeht. Sobald ein feiner blauer Rauch anzeigt, daß sich das Fett zu zersetzen beginnt, wird der Becher durch Eintauchen in Eiswasser auf Zimmertemperatur abgekühlt, sorgfältig abgetrocknet und zurückgewogen. Bei Verwendung der angegebenen Spezialwaage kann der Wassergehalt direkt abgelesen werden. Die Dauer einer Bestimmung beträgt bei gleichzeitiger Ausführung mehrerer Untersuchungen ca. 5 min.

Eine im Prinzip ähnliche Arbeitsweise, bei der aber das Erhitzen auf einer elektrischen Heizplatte vorgenommen wird, ist in der AOCS-Methode Ca 2b – 38 beschrieben.

---

[1] Herstellerfirma: Dr. Dinkelacker & Co., 65 Mainz.
[2] Lieferfirmen: Paul Funke, 1 Berlin N, Genterstr.; H. Hauptner, 565 Solingen.
[3] Lieferfirma: Theodor Haan, 68 Mannheim 1.

δ) Genauigkeit der Methoden zur Bestimmung des Flüchtigen

Die Genauigkeit der Methoden ist in ihrem Anwendungsbereich recht gut, wie von vielen Autoren festgestellt wurde.

N. T. JOYNER u. S. J. RINI (1939) halten die Vakuum-Trockenschrank-Methode für die genaueste, ausgenommen für Cocosöl mit hohem Gehalt an freien Fettsäuren.

H. SCHMALFUSS (1952) fand bei der Prüfung der Planwägeglas-Methode mit Emulsionen, die 66 und 83% Wasser enthielten, einen durchschnittlichen Fehler von ± 0,3—0,1%.

Die hier beschriebene Schnellmethode zeigte im Laboratorium des Verfassers bei der Bestimmung des Wassergehaltes von Margarineproben im Vergleich zur „amtlichen" Trockenschrank-Methode nur Differenzen von ca. ± 0,05 %.

b) Wasser allein

In den letzten Jahrzehnten ist eine Reihe von Methoden bekannt geworden, mit denen der Wassergehalt von Ölen und Fetten allein, d. h. ohne etwa beigemengte sonstige flüchtige Stoffe, bestimmt werden kann. Hierzu gehören insbesondere die Destillationsmethode, die gasvolumetrische und die maßanalytische Methode.

α) Die Destillationsmethode

Die Destillationsmethode, auch Xylolmethode genannt, wurde nach D. HOLDE (1933) zuerst von MARCUSSON (1904) ausgearbeitet und später von DEAN u. STARK (1920) in die heute übliche Form gebracht. Sie ist in den meisten Vorschriftensammlungen zur Fettanalyse, z. B. der AOCS, B.S.I., DGF und IUPAC, in einer im Prinzip gleichen aber in der Ausführungsweise etwas unterschiedlichen Form anzutreffen.

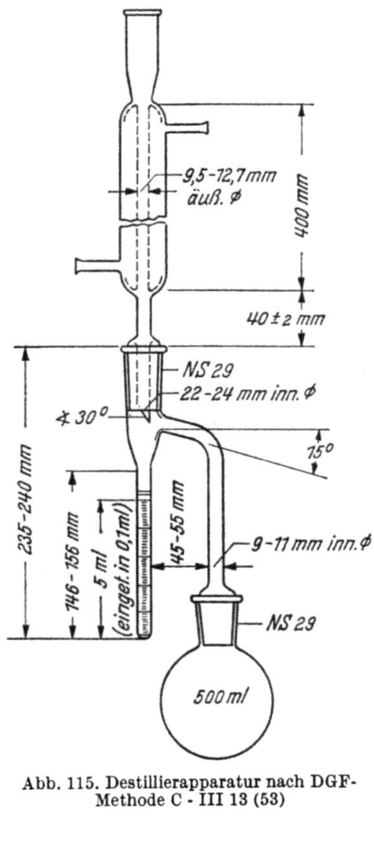

Abb. 115. Destillierapparatur nach DGF-Methode C - III 13 (53)

Geräte:

Eine Destillationsanordnung nach Abb. 115.

Diese gibt die von der AOCS-Methode Ca 2a – 45 und DGF-Methode C – III 13 (53) vorgeschriebenen Maße wieder. Es sei darauf hingewiesen, daß das Mittelstück des Apparates in der Ausführung nach DIN 51582 vom November 1958 10 ml Inhalt u. a. Abmessungen besitzt.

Reagentien:

Xylol, reinst.

Verfahren:

Es wird soviel Fett in den 500-ml-Kolben eingewogen, daß der Wassergehalt der Probe etwas weniger als 5 ml beträgt. Man fügt 100 ml Xylol und ca. 10—20 Bimssteinstückchen von 2 mm ø[1] hinzu. Nach dem Zusammensetzen der Apparatur erhitzt man das Gemisch zum Sieden, so daß 2—5 Tropfen pro Sekunde vom Kühler in das Auffanggefäß fallen und erhitzt solange — ca. $^1/_2$ Std — bis sich alles Wasser am Boden des Zwischenstücks gesammelt hat. Dann läßt man bis auf Zimmertemperatur abkühlen, bringt etwa im Kühler hängende Wassertropfen mit Hilfe einer Drahtspirale zum Fallen und liest die Wassermenge ab.

[1] Lieferfirma: Theodor Haan, 68 Mannheim 1.

Sollte die Flüssigkeit bei der Destillation zum Schäumen neigen, gibt man einige Tropfen eines Antischaummittels, z. B. Tegomuls O oder Silicon SH, hinzu. Das lästige Anhaften der Wassertropfen an der Wand des Kühlers und des Mittelstücks vermeidet man durch sorgfältige Reinigung dieser Teile mit Chromschwefelsäure.

β) Die volumetrische Methode

Im Jahre 1906 machte CHARITSCHOFF den Vorschlag, den Wassergehalt von Petroleum durch Umsetzung mit Calciumcarbid zu messen, das nach der Reaktionsgleichung

$$CaC_2 + 2\,H_2O \rightarrow Ca\,(OH)_2 + C_2H_2$$

mit 2 Molen Wasser 1 Mol Acetylen bildet. Dieses Verfahren wurde von A. DANGOUMAU u. Mitarb. (1953) in verfeinerter Form auf die Bestimmung des Wassers in Speiseölen angewandt.

Verfahren:

0,5 g des wasserhaltigen Fettes, z. B. Butter, werden mit 10 ml Spezialbenzin 210/220°C in einen Stahlzylinder von konstanter Temperatur gebracht, dessen Verschluß über einen Schlauch mit einem Quecksilber-Manometer verbunden ist. Man bringt eine Glaskugel, die mit feingepulvertem Calciumcarbid gefüllt ist, zusammen mit einer Stahlkugel in den Zylinder, verschließt diesen und schüttelt ihn dann auf einer Schüttelmaschine mit 700 Stößen pro Minute. Die Glaskugel wird zertrümmert und die Acetylenentwicklung kommt in Gang. Aus der Zunahme des Drucks läßt sich der Wassergehalt der Probe errechnen.

In ähnlicher Weise verfuhren G. GORBACH u. A. JURINKA (1944a) bei der Bestimmung des Wassergehaltes in Ölsaaten und Schroten. Die von diesen Verfassern angegebene Mikro-Apparatur kann auch für die Mikrobestimmung des Wassers in Fetten benutzt werden.

γ) Die maßanalytische Methode

Im Jahre 1935 wurden zwei maßanalytische Methoden zur Bestimmung des Wassers durch chemische Umsetzung veröffentlicht. Die erste von K. FISCHER ist inzwischen weltbekannt geworden. Sie beruht auf der Umsetzung einer Lösung von Schwefeldioxid und Jod in Pyridin mit Wasser nach der Gleichung

$$SO_2 + J_2 + 2\,H_2O \rightarrow 2\,HJ + H_2SO_4$$

Die zweite von D.M. SMITH u. W.M.D. BRYANT (1935) bedient sich der Reaktion des Wassers mit Acetylchlorid in Gegenwart von Pyridin nach der Gleichung

$$CH_3COCl + HOH \rightarrow CH_3COOH + HCl$$

Sie wurde von H.P. KAUFMANN u. S. FUNKE (1937a) wesentlich verbessert und in dieser Form in die DGF-Einheitsmethoden (C – III 13b (53)) aufgenommen. Wir beschränken uns hier auf die Wiedergabe der Karl-Fischer-Methode in einer Ausführungsform, die sich seit vielen Jahren im Laboratorium des Verfassers bewährte. Zu eingehendem Studium der Grundlagen der Methodik sei auf die Monographie von E. EBERIUS (1958) sowie auf die ausgezeichnete Beschreibung des Verfahrens in British Standard 2511: 1954 hingewiesen. Zur Wasserbestimmung in Ölen und Fetten nach K. FISCHER vgl. auch AOCS-Methode Ca 2e – 55.

Geräte:

Apparatur nach Abb. 116.
Apparatur zur Wasserbestimmung nach K. FISCHER bestehend aus:
500 ml Derona-Bürette mit P_2O_5-
oder KOH-Rohr,
100-ml-Erlenmeyerkolben mit einfach durchbohrtem Gummistopfen und Magnetrührstab,
Magnetischem Rührgerät,
Dead-Stopgerät (wahlweise),
Injektionsspritze 1 ml Inhalt, eingeteilt in $^1/_{10}$ ml, mit sehr feiner Nadel,
weitere Injektionsspritzen von ca. 2—10 ml Inhalt, Nadeldurchmesser 1—4 mm.

Reagentien:

Karl-Fischer-Lösung: Vor dem Gebrauch werden gleiche Raumteile einer Lösung von Schwefeldioxid in Pyridin, Merck Nr. 9246, und einer Jodlösung, Merck Nr. 9247, in einer trockenen mit Glasstopfen versehenen Flasche vermischt. Die Lösung ist vor Wasserdampf geschützt aufzubewahren.

Lösungsmittel: Aus zwei Volumenteilen Chloroform zur Analyse und einem Volumenteil Methanol zur Analyse. Jede Komponente soll nicht mehr als 400 mg Wasser pro Liter enthalten.

Verfahren:

1. Einstellung der Karl-Fischer-Lösung: In den Erlenmeyerkolben bringt man 30 ml Lösungsmittel, gibt Karl-Fischer-Lösung bis zur deutlichen Gelbfärbung hinzu und dann, genau eingewogen, aus der 1-ml-Injektionsspritze ca. 50—70 mg Wasser. Man titriert mit Karl-Fischer-Lösung bis zum Farbumschlag und berechnet den Faktor

$$F = \frac{\text{mg Wasser}}{\text{ml Karl-Fischer-Lösung}}$$

Die Karl-Fischer-Lösung ist vor jeder Analysenreihe neu einzustellen.

2. Bestimmung des Wassergehaltes von Ölen und Fetten: In den Erlenmeyerkolben gibt man 30 ml Lösungsmittel, stellt mit Karl-Fischer-Lösung auf den Neutralpunkt ein und fügt dann bei Rohölen 2 g, bei raffinierten Ölen 10 g Öl, genau gewogen, mittels einer Injektionsspritze hinzu. Unter Rühren mit dem Magnetrührer titriert man nun mit Karl-Fischer-Lösung bis zum Farbumschlag.

Berechnung:

$$\%\ \text{Wasser} = \frac{a \cdot F}{E \cdot 10}$$

a = ml Karl-Fischer-Lösung vom Öl verbraucht
F = Faktor der Karl-Fischer-Lösung
E = Öleinwaage in g.

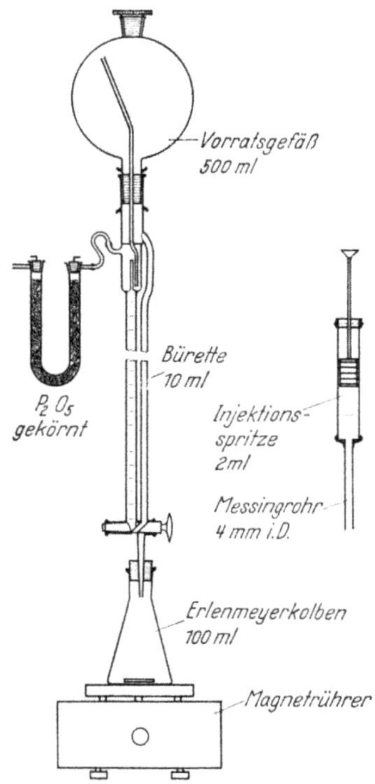

Abb. 116. Apparatur zur Wasserbestimmung nach KARL FISCHER

Die Titriergenauigkeit der Methode liegt bei 0,1 ml Karl-Fischer-Lösung, entsprechend 0,3 mg Wasser.

Bei dunklen Ölen ist es ratsam, den Farbumschlag der Titration mit Hilfe der sog. „Dead-Stop-Methode" zu bestimmen (vgl. S. 548).

δ) Genauigkeit der Wasserbestimmungs-Methoden

Die Destillationsmethode ist besonders für solche Proben geeignet, die mehr Wasser enthalten als normalerweise durch das Trockenschrankverfahren entfernt werden kann. Nach V. C. MEHLENBACHER (1960) liefert sie jedoch unbefriedigende Ergebnisse, wenn der Wassergehalt weniger als 0,5% beträgt.

Die Genauigkeit der gasvolumetrischen Methode ist sehr groß. A. DANGOUMAU u. Mitarb. (1953) fanden beispielsweise bei 119,7 mg aufgegebenem Wasser 120,9 mg wieder.

Die Karl-Fischer-Methode ist dagegen so genau, daß die damit erhaltenen Resultate allgemein als Standardwerte zur Prüfung anderer Wasserbestimmungsmethoden benutzt werden. Bei einer Wassermenge von 37—46 mg lag in Versuchen des Verfassers die durchschnittliche Abweichung vom Sollwert bei 0,4 mg. Mit Hilfe einer Spezialapparatur können nach KARL FISCHER noch Wassergehalte bis herunter auf wenige mg/kg bestimmt werden (E. E. ARCHER u. Mitarb. 1967).

In Gegenwart von organischen Peroxiden arbeitet die Karl-Fischer-Methode allerdings nicht einwandfrei, da, nach A. ZIMMERMANN (1939), Peroxide den bei der Wasserbestimmung gebildeten Jodwasserstoff wieder zu Jod oxydieren.

c) Lösungsmittel

Der größte Teil der für die menschliche Ernährung und für technische Zwecke verwendeten vegetabilischen Öle wird heute durch Extraktion der Rohstoffe mit Lösungsmitteln gewonnen.

Mit technischem *Hexan* beispielsweise: Soja-, Erdnuß-, Sonnenblumen- und Rapsöl.
Mit *Trichloräthylen:* Regeneratöle aus gebrauchten Bleicherden.
Mit *Schwefelkohlenstoff:* Sulfurolivenöl, ein aus den Rückständen der Olivenölpressung erhaltenes minderwertiges Olivenöl.

In den üblichen Rohölen sind daher meistens einige wenige Zehntelprozent dieser Extraktionsmittel enthalten. Unsere Beschreibung der Bestimmungsmethoden beschränkt sich auf die beiden ersten Gruppen.

α) Bestimmung von Lösungsmitteln nach der Differenzmethode

Ohne großen apparativen Aufwand läßt sich der Lösungsmittelgehalt von Ölen und Fetten nach der sog. Differenzmethode ermitteln.

Zunächst bestimmt man die Summe der flüchtigen Bestandteile nach einer der im vorherigen Abschnitt erwähnten Trockenschrankmethoden und dann das Wasser beispielsweise nach K. FISCHER (vgl. S. 768). Es ist dann:

$$\% \text{ Lösungsmittel} = \% \text{ Trockenverlust} - \% \text{ Wasser.}$$

Noch einfacher, aber etwas weniger genau, arbeitet man nach A. SCHRAMME (1963):

20—30 g Rohöl werden in einem Pulverglas mit Stopfen mit 10—15 g getrocknetem Glaubersalz unter gelegentlichem Umschütteln $^1/_4$ Std stehen gelassen. Dann werden 10 g des Öls in einem Becherglas 1 Std in einem auf 105° C geheizten Trockenschrank getrocknet. Der Gewichtsverlust ist nahezu identisch mit dem Lösungsmittelgehalt.

β) Bestimmung von Hexankohlenwasserstoffen

Technisches Hexan, auch Extraktionsbenzin genannt, ist eine zwischen 60 und 70° C siedende Fraktion aus paraffinbasischen Erdölen. Es besteht aus einem Gemisch verzweigter und unverzweigter aliphatischer sowie alicyclischer Kohlenwasserstoffe mit 5—7 Kohlenstoffatomen. Aromaten sind nur in Mengen von 1—2% anwesend. Beispiele für die Zusammensetzung technischer Hexane bringt Tab. 122 nach A.E. McGEE (1949), die auch für die noch heute üblichen technischen Hexane zutrifft.

Tabelle 122. *Chemische Zusammensetzung verschiedener handelsüblicher amerikanischer Benzine vom Hexan-Typus* (nach A.E. MC GEE 1949)

Kohlenwasserstoff	Sdp °C	Benzinsorte					
		A	B	C	D	E	F
n-Pentan	36,1	1,6	—	—	—	—	—
Cyclopentan	49,3	1,1	—	—	—	0,1	—
2,2-Dimethylbutan	49,7	3,8	—	—	—	3,2	—
2,3-Dimethylbutan	58,0	4,0	1,9	5,1	—	3,2	—
2-Methylpentan	60,3	14,4	25,5	23,2	—	35,6	—
3-Methylpentan	63,3	11,2	11,7	10,6	—	8,9	—
n-Hexan	68,7	41,7	40,9	47,4	92,0	36,3	76,0
Benzol	80,1	0,5	1,4	1,5	3,2	2,2	7,0
Methylcyclopentan	71,8	16,6	17,3	10,6	1,7	4,9	—
Cyclohexan	80,7	4,0	1,3	—	—	3,2	17,0
Heptane	—	—	—	—	—	2,4	—
Verschiedene	—	1,0	—	1,5	3,1	—	—

Die Bestimmung des Resthexangehaltes kann vornehmlich nach vier Methoden erfolgen, die sich durch den apparativen Aufwand und den Grad ihrer Spezifität voneinander unterscheiden, nämlich:

1. Durch Austreibung des Lösungsmittels mit Wasserdampf, Kondensation des Flüchtigen und Ablesung der abgetrennten Kohlenwasserstoffschicht in einem graduierten Rohr (Verfahren vgl. W. NORMANN u. E. HUGEL 1919). Nachweisgrenze ca. 0,1 %.

2. Durch Austreibung des Lösungsmittels mit Stickstoff bei 180 °C und Adsorption der Kohlenwasserstoffe an Aktivkohle nach H. PARDUN (1947).
Nachweisgrenze 0,01 %.

3. Durch Überführen des Hexans in ein gemessenes Luftvolumen und Messung der Konzentration mit Hilfe eines sog. Explosimeters (M. CAS 1954). Dieses Instrument (Hersteller: Mine Safety Appliance Co., Pittsburgh Pa, Vertrieb: Auergesellschaft A. G., Berlin N. 65), ursprünglich zur Anzeige von schlagenden Wettern konstruiert, besitzt einen Verbrennungsraum, in dem sich eine elektrisch geheizte Wendel befindet. Die brennbaren Teile des Gasgemisches werden an der Wendel verbrannt. Die Verbrennungswärme erhöht die Temperatur der Wendel und damit ihren elektrischen Widerstand, der über eine Brückenschaltung gemessen wird.

Eines ähnlichen Prinzips bedienen sich A. PURR u. A. HETTICH (1955). Die zu untersuchende Ölprobe wird mit Eisessig destilliert, das in den Eisessig übergegangene Benzin durch Verdünnen mit Wasser freigesetzt, an einen Luftstrom abgegeben und katalytisch im Kohlenwasserstoffschreiber nach PERLICK verbrannt.
Nachweisgrenze beider Verfahren 0,01 %.

4. Mittels Gaschromatographie. Diese Methode, die von A. PREVOT u. F. CABEZA (1960) veröffentlicht wurde, vereinigt in sich zahlreiche Vorzüge: Geringe Substanzmenge, höchste Empfindlichkeit und Spezifität und kurze Bestimmungsdauer. Leider ist die erforderliche Apparatur recht kostspielig.

Eine qualitative Methode wurde auf S. 434 angegeben. Von den hier genannten Methoden sollen die zweite und die vierte eingehend beschrieben werden.

Verfahren mit Aktivkohle

Geräte:

Apparatur nach Abb. 117.

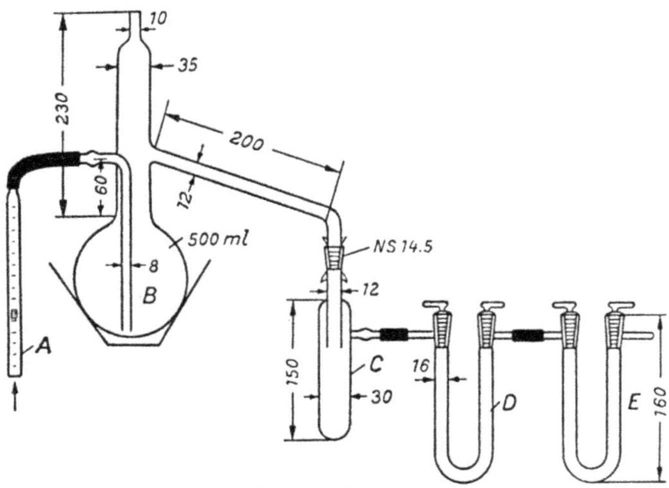

Abb. 117. Apparatur zur Bestimmung von Benzin in Öl nach PARDUN (1947) (vgl. PURR u. HETTICH 1955)

Reagentien:

Stickstoff in Stahlflaschen
Kaliumhydroxid in Plätzchen
Aktivkohle, 3—5 mm, z. B. Merck. Die Kohle wird über Nacht bei 105 °C getrocknet und im Exsiccator aufbewahrt.
Benzinunlösliches Schmiermittel, z. B. Alipon V[1]
Antischaummittel, z. B. Silicon SH der Wacker-Chemie A. G., München.

[1] Hersteller: Th. Geyer K. G., 7 Stuttgart, Postfach 465.

Verfahren:

In den Kolben B bringt man 300 g des zu untersuchenden Öls und setzt zur Verminderung des Schäumens einige Tropfen Silicon SH zu. Von den U-Rohren ist das erste mit 45 g Kaliumhydroxid und das zweite mit 12—15 g vorbehandelter Aktivkohle gefüllt (vgl. Anmerkung). Durch die Apparatur wird ein mit dem Rotamesser A gemessener Stickstoffstrom von 5 l/Std geleitet. Man heizt unter Verwendung des Baboblechs auf 180°C Öltemperatur an und setzt das Durchleiten des Stickstoffs, sobald diese Temperatur erreicht ist, noch $^3/_4$ Std fort. Dann schließt man die Adsorptionsrohre und wägt sie nach Temperaturangleichung.

Berechnung:

$$\% \text{ Benzin} = \frac{(b - a) \cdot 100}{E}$$

a = Gewicht des Kohlerohrs vor der Beladung in g
b = Gewicht des Kohlerohrs nach der Beladung in g
E = Öleinwaage in g.

Anmerkungen:

Durch das mit Aktivkohle gefüllte U-Rohr läßt man vor Versuchsbeginn 2 Std lang reinen Stickstoff mit einer Geschwindigkeit von 5 l/Std strömen, um die adsorbierte Luft zu entfernen.

Die Aktivkohle soll erneuert werden, nachdem sie 15% ihres Gewichts an Benzin aufgenommen hat.

Alle Schliffe und Hähne dürfen nur mit einem benzinunlöslichen Schmiermittel geschmiert werden.

Gaschromatographische Methode

Für die gaschromatographische Bestimmung sind alle handelsüblichen Chromatographen geeignet, vorausgesetzt, daß sie einen recht empfindlichen Detektor besitzen. Sonst genügt nach A. PREVOT u. F. CABEZA (1960), denen wir in unserer Beschreibung folgen, ein relativ einfaches Gerät. Vor den Gaschromatographen wird eine kurze Vorkolonne geschaltet, die auf eine um 20°C höhere Temperatur als die Säule geheizt wird. Die flüchtigen Anteile des Öls gehen in das Trägergas über und werden in der Kolonne wie üblich getrennt. Je nach der Länge der Säulenfüllung und der Spezifität des Adsorptionsmaterials bietet die Methode zwei Möglichkeiten zur Analyse.

1. Bei Verwendung einer 4 m langen Säule, die mit paraffinimprägniertem Silicagel gefüllt ist, erhält man in ca. 30 min ein Chromatogramm, das alle individuellen Kohlenwasserstoffe aufweist.

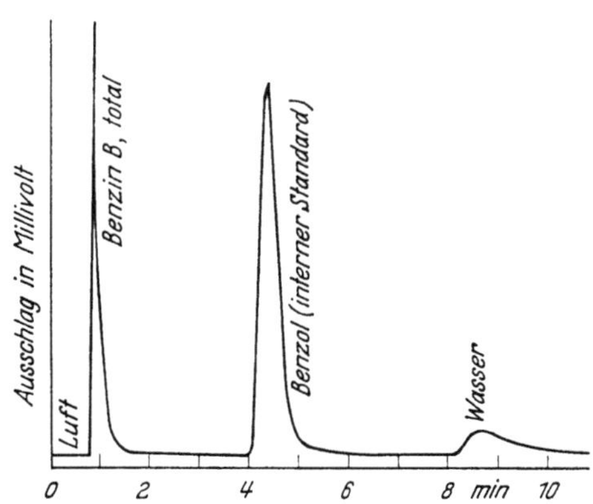

Abb. 118. Chromatogramm des Restbenzins im Extraktionsöl nach PREVOT u. CABEZA (1960)

2. Bei Verwendung einer 2 m langen Säule, die mit einem Trägermaterial gefüllt ist, das 20% Dioctylphthalat enthält, erhält man nur drei Banden, von denen die größte das n-Hexan repräsentiert. Dadurch wird die Aufnahme des Chromatogramms auf einige Minuten beschränkt (vgl. Abb. 118).

Die Auswertung der Kurven wird durch die Einführung eines inneren Standards erleichtert. Man versteht darunter die Beimischung einer bekannten Menge eines definierten Kohlenwasserstoffs zur Probe, der unmittelbar im Anschluß an die Kohlenwasserstoffe des Benzins eluiert wird und auf dem Diagramm als separate Bande erscheint.

Geräte:

Gaschromatograph üblicher Bauart mit Wärmeleitfähigkeitsmeßzelle.

Vorkolonne mit einer 20 mm langen Füllung aus Firebrick (vgl. Abb. 119).

Nach einigen zehn Bestimmungen reinigt man die Vorkolonne, indem man einige Milliliter Chloroform einspritzt und die Öl-Chloroform-Lösung durch den Hahn R abläßt.

Hamilton-Spritze, ca. 20 μl Inhalt[1]

Injektionsspritze, ca. 1 ml Inhalt.

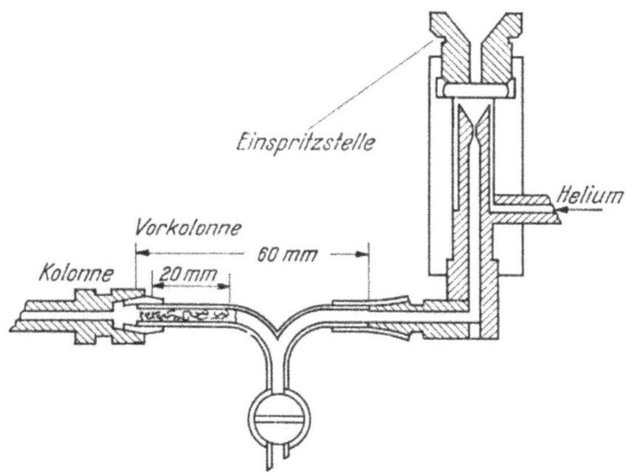

Abb. 119. Vorkolonne zur Austreibung des Benzins nach PREVOT u. CABEZA (1960)

Reagentien:

Säulenfüllung: Firebrick C 22, imprägniert mit 20% Dioctylphthalat

Helium

Isooctan, reinst, z. B. Merck Nr. 9689.

Arbeitsbedingungen für den Gaschromatographen

Abmessungen der Säule: 2 m lang, 3 mm ⌀

Temperatur der Vorkolonne: 140 °C

Temperatur der Kolonne: 120 °C

Heliumdurchsatz: 2 l/Std

Druck bei Eintritt in das System: 280 g/cm²

Detektorstrom: je nach Vorschrift des Herstellers

Meßbereich des Schreibinstruments: 2 mV/25 cm.

Verfahren:

Man prüft zunächst in einem Vorversuch, ob das zu untersuchende Öl keine Kohlenwasserstoffe enthält, die die gleiche oder eine längere Retentionszeit als Isooctan besitzen. Andernfalls muß ein noch höhersiedender Kohlenwasserstoff als interner Standard gewählt werden, dessen Retentionszeit nicht mit der des Benzins interferiert.

Dann gibt man mit der Injektionsspritze 50 mg Isooctan, genau gewogen, in 10,0 g des zu untersuchenden Öls und mischt gut durch. Man schaltet den Heliumstrom ein und spritzt, sobald Vorkolonne und Kolonne die vorgeschriebene Temperatur erreicht haben, mit Hilfe der Hamiltonspritze 20 μl des Öl-Isooctan-Gemisches ein.

Nach ca. 10 min liegt das fertige Diagramm vor, das für das anwesende Benzin drei Banden und eine vierte für das Isooctan aufweist.

---

[1] Lieferfirma: z. B. Dr. Virus K. G., 53 Bonn, Schließfach 21.

Berechnung:

$$\% \text{ Benzin} = \frac{\sum a_1, a_2, a_3 \ldots\ldots \cdot b \cdot 100}{c \cdot E}$$

$\sum a_1, a_2, a_3$ = Summe der Peakflächen der Benzinkohlenwasserstoffe
b = Mit der Probe eingespritze Menge Isooctan in μg
c = Peakfläche des Isooctans
E = Eingespritze Ölmenge in μg (= μl · 0,92).

Genauigkeit der Methode; Nachweisgrenze

PREVOT u. CABEZA prüften die Genauigkeit der Methode, indem sie verschiedenen Extraktionsölen 0,16—0,57% Benzin zusetzten. In allen Fällen wurden diese Mengen mit einem relativen Fehler zwischen 0 und 2% wiedergefunden.

Die Nachweisgrenze der Methode liegt bei 0,005% Benzin. Auch andere Lösungsmittel lassen sich gaschromatographisch bestimmen.

γ) Bestimmung von Trichloräthylen

Qualitativer Nachweis vgl. S. 435.

I. EISDORFER u. V.C. MEHLENBACHER (1951) gaben eine gut ausgearbeitete Methode zur Bestimmung von 0,001—0,5% Trichloräthylen in Pflanzenölen an, die sich der Reaktion nach K. FUJIWARA (1916) (Bildung eines Farbkomplexes mit Pyridin-Natriumhydroxid) bedient. Da das Trichloräthylen vor der Komplexbildung mit Xylol aus der Verbindung herausdestilliert wird, läßt sich das Trichloräthylen nach dieser Methode auch in dunklen Ölen nachweisen.

Geräte:

Destillierapparatur zur Wasserbestimmung in Ölen nach der Tetrachloräthan-Methode mit 12,5 ml Auffanggefäß
Spektralphotometer
Küvetten: z. B. Reagensglas-Küvette 19 mm innerer Durchmesser, 105 mm Länge
Reagensglas 22 × 150 mm mit Glasstopfen.

Reagentien:

Pyridin: Das reinste Pyridin des Handels wird mit 2—3% festem Natriumhydroxid 1 Std unter Rückfluß erhitzt, dann in ein trockenes, dunkles Glasgefäß destilliert, wobei je 5% Vorlauf und Nachlauf verworfen werden.
Xylol DAB 6
Trichloräthylen, reinst
Silicon-Antischaummittel
20%ige wäßrige Natriumhydroxid-Lösung.

Verfahren:

1. *Aufstellung der Eichkurve:* 5,00 ± 0,001 g Trichloräthylen werden in einen 100-ml-Meßkolben eingewogen. Man füllt mit Xylol bis zur Marke auf und mischt gut durch. 5,00 ml dieser Lösung werden wiederum mit Xylol auf 100 ml verdünnt. 1 ml dieser Lösung enthält 2,5 mg Trichloräthylen. Hiervon werden 1, 2, 3, 4 bzw. 5 ml in Meßkolben gefüllt und mit Xylol auf 100 ml aufgefüllt. Die Eichlösungen enthalten 0,025, 0,05, 0,075, 0,100 und 0,125 mg Trichloräthylen pro Milliliter.

Je 1 ml dieser Lösungen wird in ein Reagensglas gefüllt und mit 10 ml Pyridin und 5 ml der 20%igen Natriumhydroxid-Lösung versetzt, worauf die Reagensgläser verschlossen und 15 sec heftig geschüttelt werden. Dann lockert man die Stopfen und hängt die Röhrchen 4,5 ± 0,5 min lang in ein siedendes Wasserbad. Danach kühlt man ab, entfernt die untere Wasserschicht, filtriert die gefärbte Pyridinschicht durch ein Filter (Whatman Nr. 41 bzw. Schleicher & Schüll Nr. 589/1) und sammelt das Filtrat in der 19-mm-Küvette. Innerhalb 10 min nach der Filtration wird die Extinktion gegen dest. Wasser gemessen. Die erhaltenen Werte werden zu einer Eichkurve vereinigt.

2. *Bestimmung des Trichloräthylengehalts:* 10 + 0,05 g der Ölprobe werden in den Kochkolben des Destilliergerätes eingewogen. Man gibt 10,0 ml Xylol, 75 ml dest. Wasser, 15—20 Glasperlen und 10—20 mg Silicon-Entschäumer hinzu. Dann erhitzt man auf der Heizplatte und reguliert die Wärmezufuhr so, daß 20—30 Tropfen/min zurückfließen. Das Xylol destilliert in weniger als 30 min über. Nach 30 min spült man das Innere des Kühlers mit fünf Portionen dest. Wasser von je 1 ml durch.

Nach 90 min wird die Destillation abgebrochen und das Xylol-Destillat möglichst vollständig in ein trockenes Becherglas gebracht. Man gibt 0,5 g trockenes Natriumsulfat hinzu und schüttelt, bis die Lösung klar wird.

1,00 ml des Xylol-Destillats oder 1,00 ml der untenstehenden Verdünnungen bringt man in ein Reagensglas und versetzt mit Pyridin-Natriumhydroxid wie bei der Aufstellung der Eichkurve. In gleicher Weise wird auch ein Blindversuch mit reinem Xylol angesetzt.

Trichloräthylengehalt der Probe	2,00 ml Xyloldestillat werden mit Xylol verdünnt auf ml
0,012	keine
0,012—0,15	25
0,15 —0,3	50
0,3 —0,6	100

Berechnung:

$$\% \text{ Trichloräthylen} = \frac{D \cdot E\,(A - B)}{20 \cdot (C - B)}$$

A = Extinktion der Probelösung
B = Extinktion der Blindlösung
C = Extinktion der Eichlösung
D = mg Trichloräthylen/ml der Eichlösung
E = Volumen in ml, auf das 2 ml Destillat verdünnt werden
E = 2, falls keine Verdünnung vorgenommen wurde.

Genauigkeit und Empfindlichkeit der Methode

Die Genauigkeit und Empfindlichkeit der Methode wurde durch eine Ringanalyse in sechs Laboratorien durch ein Komitee der AOCS geprüft (vgl. V.C. MEHLENBACHER 1960). Dabei ergaben sich recht gute Übereinstimmungen (vgl. Tab. 123).

Tabelle 123. *Genauigkeit der Methode zur Bestimmung von Trichloräthylen in Ölen* (nach V.C. MEHLENBACHER 1960)

Trichloräthylen mg/kg	Labor Nr. 1	Labor Nr. 2	Labor Nr. 3	Labor Nr. 4	Labor Nr. 5	Labor Nr. 6	Durchschnitt
0	0	2	0	0	0	1	0
10	11	8	11	10	18	16	12
25	20	21	26	25	22	31	24
50	42	53	52	51	36	49	48
100	84	94	103	103	94	89	95
150	139	142	151	150	153	139	146

3. Unlösliche Verunreinigungen

Unter unlöslichen Verunreinigungen versteht man solche Begleitstoffe der Öle und Fette, die unter den Bedingungen der Bestimmungsmethode unlöslich sind. Zu ihrer Bestimmung löst man das Fett in einem der nachstehend genannten Lösungsmittel und filtriert vom Ungelösten ab, das getrocknet und gewogen wird. In den wichtigsten Analysenvorschriften werden folgende Lösungsmittel genannt:

AOCS: Kerosin mit dem Flammpunkt 23°C; Petroläther, Siedegrenze 35—60°C, Bromzahl < 1
B.S.I. Leichtpetroleum, Siedegrenzen 40—60°C bzw. 80—100°C
DGF: Äther, Petroläther, Siedegrenzen 35—55°C und Spezialbenzin 60—80°C
IUPAC: Äther, frisch destilliert, Leichtpetroleum, Siedegrenzen 40—60°C, Bromzahl <1, Schwefelkohlenstoff, frisch destilliert.

Verfahren nach IUPAC-Methode II. C. 2

20 g Fett werden auf 0,01 g genau in einen mit Glasstopfen versehenen Erlenmeyerkolben gegeben. Man fügt 200 ml des gewählten Lösungsmittels hinzu, verschließt und schüttelt. Bei Verwendung von Äther oder Petroläther läßt man 30 min bei 20°C stehen, bei Verwendung von Schwefelkohlenstoff 12 Std.

Die Lösung wird dann durch ein vorher getrocknetes und gewogenes Filter von 12 cm ⌀ filtriert. Das Filter wird anschließend mit kleinen Portionen des Lösungsmittels fettfrei gewaschen. Nach dem Verdunsten des Lösungsmittels wird bei 103 ± 2 °C getrocknet und schließlich gewogen.

Berechnung:

$$\% \text{ unlösliche Verunreinigungen} = \frac{100\,(b - a)}{E}$$

a = Gewicht des trockenen Filters in g
b = Gewicht von Filter und Verunreinigungen in g
E = Einwaage in g.

Varianten; Einfluß des Lösungsmittels

Die Vorschriften der übrigen Normensammlungen unterscheiden sich nur unwesentlich von der hier wiedergegebenen. Nach der AOCS-Methode verwendet man zweckmäßig den Rückstand der Bestimmung des Wassers und Flüchtigen für die Bestimmung des Unlöslichen. Diese Arbeitsweise ist unumgänglich bei der Untersuchung von wasser- und schlammreichen Ölen, z. B. Tankresten. Zur Sammlung des Unlöslichen eignet sich auch ein Glasfiltertiegel, z. B. Schott & Gen. 1G4, der mit einer dünnen Schicht von Kristallasbest beschickt ist.

Zu beachten ist, daß mit verschiedenen Lösungsmitteln nicht immer dieselben Ergebnisse erhalten werden. Hierauf ist insbesondere bei der Untersuchung von Raffinationsfettsäuren zu achten, da Äthyläther oxydierte Fettsäuren löst, Petroläther dagegen nicht.

4. Bestandteile des natürlichen Unverseifbaren

Alle natürlichen Fette enthalten in geringen Mengen unverseifbare Bestandteile, zu denen Sterine, Farbstoffe, Vitamine, Kohlenwasserstoffe und Fettalkohole gehören (Übersicht: R. LOMBARD 1951). Die Konzentration dieser Begleitstoffe ist selten höher als 1%, wie Tab. 102 auf S. 711 ausweist. Höhere Konzentrationen deuten auf Beimengung von Kohlenwasserstoffen oder Anwesenheit von Fetten mit besonders hohem Anteil an Unverseifbarem, wie Mowrah-, Sheafett, Spermwalöl, Haifischleberöl u. a.

Die Untersuchung des Unverseifbaren gibt häufig wertvolle Aufschlüsse über die Natur des vorliegenden Fetts. Die Methoden zur Bestimmung der Zusammensetzung desselben verdienen daher eingehende Beschreibung und Diskussion.

Zur Trennung des Unverseifbaren in verschiedene Gruppen wurden zahlreiche Verfahren, insbesondere von der Jacini'schen Schule, ausgearbeitet. P. CAPELLA u. Mitarb. (1960, 1961) beschreiben eine Methode zur Isolierung des Unverseifbaren von Fetten und Ölen und zur Aufteilung derselben in gesättigte Kohlenwasserstoffe, Squalen, Wachse, Alkohole, Triterpenalkohole, Sterine und Sterinester durch Elutionschromatographie an einer Kieselsäuresäule mit Lösungsmittelgemischen steigender Polarität.

a) Sterine

Der größte Anteil des Unverseifbaren wird durchweg von den Sterinen gestellt. Nach ihrem Vorkommen unterscheidet man Zoosterine (tierische Fette), Phytosterine (pflanzliche Fette), Mycosterine (Hefen- und Pilzfette) und marine Sterine (Meeresfrüchte).

Seit der klassischen Untersuchung von E. SALKOWSKI (1887) weiß man, daß in tierischen Fetten nur das Cholesterin vorkommt, in pflanzlichen dagegen eine Reihe von Phytosterinen, von denen die Sitosterine die verbreitetsten sind. Summenformeln vgl. S. 777. Nachdem A. BÖMER (1898) den Nachweis erbracht hatte, daß Cholesterin aus allen tierischen Fetten einen Schmelzpunkt von 148,4—150,8 °C besitzt, die pflanzlichen Phytosterine dagegen

Schmelzpunkte zwischen 138 und 143,8° C aufweisen, war im Prinzip ein Analysenweg zur Unterscheidung tierischer und pflanzlicher Fette geschaffen. Verfeinert wurde diese Analysenmethode von A. BÖMER (1901) durch Überführung der Sterine in die Acetate, die wesentlich größere Schmelzpunktdifferenzen aufweisen (Cholesterinacetat: 114,3—114,8° C, Phytosterinacetat: 125,6—137° C). Im Jahre 1908 fand A. WINDAUS, daß pflanzliche und tierische Sterine mit Digitonin Additionsverbindungen liefern, die es ermöglichen, die Sterine ohne vorherige Abtrennung des Unverseifbaren aus Fettsäuren bzw. Fetten abzuscheiden. Das Cholesterin reagiert z. B. nach folgender Gleichung (M. KLOSTERMANN 1913; J. MARCUSSON u. H. SCHILLING 1913):

$$\underset{\text{Digitonin}}{C_{56}H_{92}O_{29}} + \underset{\text{Cholesterin}}{C_{27}H_{46}O} \longrightarrow \underset{\text{Cholesterindigitonid}}{C_{56}H_{92}O_{29} \cdot C_{27}H_{46}O}$$

Es wird allerdings von vielen Forschern für zweckmäßiger gehalten, bei der Sterinbestimmung vom Unverseifbaren auszugehen.

Tabelle 124. *Steringehalt verschiedener Öle und Fette* (nach J.W. COPIUS PEEREBOOM 1963)

Öl oder Fett	% Sterine Gesamt	% Sterine freie	Öl oder Fett	% Sterine Gesamt	% Sterine freie
Pflanzenöle					
Ricinusöl	0,23	0,16	Erdnußöl	0,24	0,15
Kakaobutter	0,24	0,17	geh. Erdnußöl	~0,07	0,03
Cocosöl	0,10	0,06	Kürbiskernöl	0,38	0,22
Kottonöl	0,31	0,20	Rapsöl	0,62	0,27
Leinöl	0,43	—	Safloröl	0,31	0,22
Maisöl	0,85	0,25	Sesamöl	0,50	0,21
Olivenöl	0,11	0,06	Sojaöl	0,34	0,22
Palmöl	0,04	0,03	geh. Sojaöl	0,30	—
Palmkernöl	0,08	—	Sonnenblumenöl	0,35	0,16
Tierische Fette					
Butterfett	0,31	0,28	geh. Heringsöl	0,60	0,25
Schmalz	0,08	0,06	geh. Menhadenöl	0,40	0,32
Rindertalg	0,08	0,06	Eieröl (Huhn)	3,2	—
geh. Walöl	~0,22	0,16			

Tabelle 125. *Eigenschaften und Vorkommen der wichtigsten Zoo- und Phytosterine*

Trivialname	Formel	Smp °C	optische Rotation $[\alpha]_D^0$	Vorkommen in Fetten bzw. Fettrohstoffen
Zoosterine				
Cholesterin	$C_{27}H_{46}O$	149	— 39	tierische Fette
epi-Cholesterin	$C_{27}H_{46}O$	141	— 25	in mit Nickel hydrierten tierischen Fetten, mit Digitonin nicht fällbar
7-Dehydrocholesterin	$C_{27}H_{44}O$	147	—114	in kleinen Mengen im Cholesterin
Dihydrocholesterin (β-Cholestanol)	$C_{27}H_{48}O$	142	+ 24	in hydrierten tierischen Fetten
Phytosterine				
Stigmasterin	$C_{29}H_{48}O$	170	— 49	Calabar- und Sojabohnen
Brassicasterin	$C_{28}H_{46}O$	148	— 64	Rapsöl
Campesterin	$C_{28}H_{48}O$	158	— 33	Raps-, Soja-, Weizenkeimöl
β-Sitosterin	$C_{29}H_{50}O$	140	— 36	Kottonöl, Soja-, Weizenkeim-, Mais-, Reiskeimöl
γ-Sitosterin	$C_{29}H_{50}O$	148	— 43	Sojaöl
Mycosterine				
Ergosterin	$C_{28}H_{44}O$	165	—130	Hefe
Zymosterin	$C_{27}H_{44}O$	110	+ 49	Hefe
Episterin	$C_{28}H_{46}O$	151	— 50	Hefe

Die Sterine kommen in den Pflanzenölen in freier und veresterter Form, in tierischen fast ausschließlich in unveresterter Form vor. Nur die freien, nicht aber die veresterten Sterine geben mit Digitonin Additionsprodukte. Einen Überblick über den Steringehalt der wichtigsten Öle und Fette gibt Tab. 124.

Die wichtigsten Vertreter der Steringruppe und ihrer Abkömmlinge sind in Tab. 125 aufgeführt, die nach Angaben von W. BERGMANN (1952), L. F. FIESER u. M. FIESER (1961) sowie CH. W. SHOPPEE (1964) zusammengestellt wurde. Dort weitere Einzelheiten über Strukturformeln, IUPAC-Nomenklatur, Reaktionen usw.

α) Qualitativer Sterinnachweis

Viele Sterine reagieren in Abwesenheit von Wasser mit starken Säuren oder Brom unter Bildung charakteristischer Färbungen, welche oft zum Nachweis und zur Bestimmung dieser Verbindungen benutzt werden. Es muß aber hierbei beachtet werden, daß nur Sterine mit einer ungesättigten Bindung im aromatischen Kern diese Farbreaktion geben. Die wichtigsten dieser Farbreaktionen sind folgende:

Reaktion nach LIEBERMANN-BURCHARD (C. LIEBERMANN 1885; H. BURCHARD 1890)

Zu einer Lösung der Sterine in Chloroform gibt man zunächst einige Milliliter Essigsäureanhydrid und dann einige Tropfen konzentrierte Schwefelsäure. Es entsteht eine rosa Färbung, die allmählich über Purpur und Blau in Grün übergeht. Dieser Übergang ist am besten zu beobachten, wenn die Mischung kühl gehalten und die Schwefelsäure vorsichtig zugegeben wird.

Diese Reaktion ist die Grundlage der colorimetrischen Cholesterinbestimmung nach H. RIFFART u. H. KELLER (1934) bzw. R. SCHOENHEIMER u. W. M. SPERRY (1934).

Reaktion nach SALKOWSKI

Zu einer Lösung der Sterine oder ihrer Ester in Chloroform gibt man einige Tropfen konzentrierte Schwefelsäure. Je nach der Struktur der Sterine treten unterschiedliche Farbtöne in der unteren oder oberen Schicht auf.

Reaktion nach TORTELLI-JAFFE

Die auf S. 442 ausführlich wiedergegebene Reaktion mit Brom und Eisessig wird zum Nachweis von Seetierölen benutzt.

Reaktion nach ROSENHEIM

Zu einer Lösung der Sterine oder Ester in Chloroform gibt man einige Tropfen einer wäßrigen Lösung von Trichloressigsäure. Auftreten einer Rotfärbung, die in Hellblau übergeht, ist charakteristisch für Sterine mit einem System konjugierter Doppelbindungen in Ring B, z. B. Ergosterin.

Dünnschichtchromatographischer Nachweis

Ein empfindlicher und spezifischer DC-Nachweis ist nach E. RICHTER (1966) mit Hilfe des von ADAMS für histologische Zwecke entwickelten Perchlorsäure-Naphthochinon-Reagens möglich. Es gibt mit Cholesterin und den wichtigsten Phytosterinen eine Blaufärbung, die beim Aufbewahren der DC-Platte im Exsiccator einige Zeit stabil ist. Andere Lipide, z. B. Triglyceride, Lecithine und Kephaline, zeigen diese Färbung nicht. Die Nachweisgrenze liegt bei 0,03 μg.

Ausführung: Man chromatographiert das Substanzgemisch auf einer Kieselgel G-Platte 30 min mit Chloroform-Aceton/80:20, trocknet die Platte und besprüht sie mit einer Lösung von 100 mg 1,2-Naphthochinon-2-Sulfosäure in 100 ml eines Gemisches von Äthanol — 60%iger Perchlorsäure — 40%igen Formaldehyds und Wasser/2:1:0,1:0,9. Dann erhitzt man auf 70—80°C und beobachtet dabei die Farbentwicklung. Die Sterine erscheinen zuerst rosa, werden dann blaß und zuletzt tiefblau. Glyceride und Lecithine erscheinen gelb bis braun.

β) Abtrennung der Sterine als Digitonide; Unterscheidung zwischen Cholesterin und Phytosterin

Grundlage der meisten Nachweise und Bestimmungsmethoden ist die Abtrennung der Sterine als Digitonide nach A. WINDAUS (1908) in Verbindung mit der Sterinbestimmung bzw. Sterinacetatprobe von A. BÖMER (1898/1901). Die

Fällung der Sterine wird meistens in den durch Verseifung und Spaltung des Fetts erhaltenen Fettsäuren nach B. KÜHN u. Mitarb. (1915) vorgenommen. Diese Arbeitsweise wurde von den deutschen Einheitsmethoden (WIZÖFF) 1930 und der IUPAC für die qualitative Untersuchung übernommen, während für die quantitative Bestimmung von der IUPAC und der AOAC (Methode Nr. 26.061 (1965)) die Fällung mit Digitonin in der Seifenlösung nach P.C. DEN HERDER (1955) bevorzugt wird.

Sterinnachweis und Bestimmung nach IUPAC-Methode II. D. 6.

Qualitative Prüfung:

Darstellung der freien Fettsäuren. 50 g oder mehr des zu untersuchenden Fetts werden in einen 400- bis 500-ml-Kolben eingewogen. Nach Zugabe von 100 ml 3,6 n alkoholischer KOH verbindet man den Kolben mit einem Rückflußkühler und erhitzt 15 min auf dem Wasserbad zu gelindem Sieden. Sobald die Flüssigkeit homogen wird, ist die Verseifung beendet. Man fügt 150 ml dest. Wasser und 50 ml Salzsäure (d = 1,13) hinzu und läßt auf dem Wasserbad bis zur Bildung einer klaren Fettsäureschicht stehen. Die Mischung wird durch ein angefeuchtetes Filter filtriert. Sobald die wäßrige Lösung durchgelaufen ist, durchsticht man das Filter und filtriert die Fettsäure durch ein trockenes Faltenfilter in ein Becherglas. Bei der Untersuchung hochschmelzender Fette empfiehlt sich die Benutzung eines Heißwassertrichters.

Darstellung der Digitonide. Die Fettsäuren werden im Becherglas auf ca. 80°C erwärmt. Dann gibt man bei der gleichen Temperatur unter Rühren mit dem Glasstab auf je 20 g Fettsäure 10 ml einer 1%igen Lösung von Digitonin in 95 vol.-%igem Alkohol hinzu. Dabei bildet sich ein Digitonid-Niederschlag. Nach 30 min fügt man 20 ml Tetrachlorkohlenstoff von 60°C hinzu und filtriert im Büchner-Trichter unter Vakuum ab. Die Kristalle werden zweimal mit je 10 ml Tetrachlorkohlenstoff und einmal mit 10 ml Diäthyläther bei Zimmertemperatur gewaschen und dann trockengesaugt.

Darstellung der Acetate. Die Digitonide werden in einen trockenen 50-ml-Erlenmeyerkolben gebracht und mit 3 ml Essigsäureanhydrid 15 min unter Rückfluß erhitzt. Dann wird das Anhydrid auf dem kochenden Wasserbad im Vakuum abgedampft und der erhaltene Rückstand in 10 ml heißem Äthanol von 95 Vol.-% gelöst. Man filtriert und dampft die Lösung auf ca. 3 ml ein. Nach dem Abkühlen fallen die Sterinacetate aus, die in einem kleinen Büchner-Trichter abgesaugt und zwei- bis dreimal aus 2—3 ml Äthanol umkristallisiert werden. Nach der letzten Kristallisation sammelt man die Kristalle in einem kleinen Becherglas und trocknet sie auf dem Wasserbad. Anschließend wird der Schmelzpunkt bestimmt. Ist er 117°C oder höher, so ist Pflanzenfett anwesend.

Darstellung der Sterine. Die Acetate werden mit 3 ml 0,5 n alkoholischer KOH verseift. Man fügt 20 ml dest. Wasser hinzu, bringt die Lösung in einen kleinen Scheidetrichter und extrahiert die Sterine mit 20 ml Diäthyläther. Der Extrakt wird zweimal mit mindestens 10 ml dest. Wasser gewaschen und dann eingedampft. Man nimmt den Rückstand mit 1—2 ml 95 vol.-%igem Äthanol auf und läßt auf einem Objektträger kristallisieren. Unter einem Mikroskop beobachtet man die Gestalt der Kristalle und ihr Verhalten im polarisierten Licht. Phytosterinkristalle sind rechtwinklig, länger als breit, und zeigen im polarisierten Licht parallele Auslöschungslinien. Cholesterinkristalle dagegen sind breit und zeigen schräge Auslöschungslinien (vgl. Abb. 120).

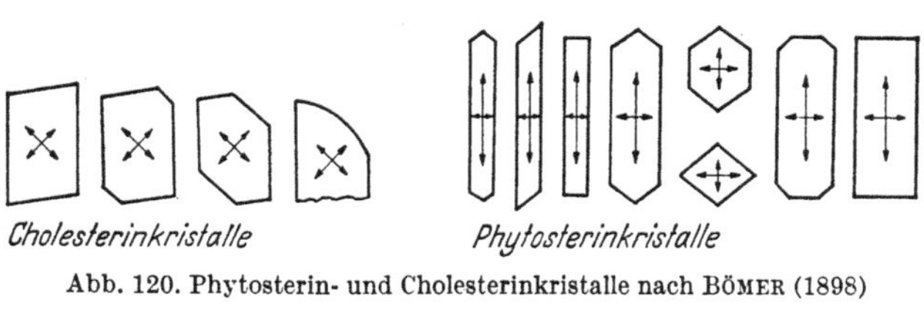

Abb. 120. Phytosterin- und Cholesterinkristalle nach BÖMER (1898)

Bestimmung der Sterine. Für die quantitative Untersuchung erfährt die Methode folgende Änderung:

Wenn „s“ der erwartete Steringehalt in Gew.-% ist, wägt man auf 0,1% genau ca. $\frac{5}{s}$ g Fett ein. Man gibt $\frac{3}{s}$ ml wäßrige Kaliumhydroxid-Lösung (40 g in 100 ml), dann $\frac{7}{s}$ ml 95 vol.-%igen Alkohol hinzu und verseift 15—20 min unter Rückfluß. Nach Zugabe von 60 ml dest. Wasser und 180 ml 95 vol.-%igem Alkohol erwärmt man auf 50°C und fügt 25—30 ml der 1%igen Digitonin-Lösung in Alkohol hinzu. Man läßt über Nacht absitzen und filtriert die Kristalle unter Vakuum durch einen gewogenen Glasfiltertiegel, Porosität G 4, wäscht einmal mit dest. Wasser, dann mehrmals mit Alkohol von 95 Vol.-% und schließlich mit wenigen Millilitern Diäthyläther nach. Dann wird bei 103 $\pm$ 2°C bis zum konstanten Gewicht getrocknet.

Berechnung:

$$\% \text{ Sterine} = \frac{25 \cdot a}{E}$$

a = Gewicht der Digitonide in g
E = Fetteinwaage in g.

Das Bömer-Windaus'sche Digitonid-Verfahren ist in zahlreichen Arbeiten auf methodische Schärfe und Anwendbarkeit geprüft worden. Nach dem Aussehen der Sterinkristalle lassen sich im allgemeinen 5—10%, in Ausnahmefällen sogar 2—5%, pflanzliche Fette in tierischen nachweisen, aber nicht umgekehrt. Der für die heutige Lebensmittelanalytik viel wichtigere Nachweis von tierischen in pflanzlichen Fetten ist weitaus schwieriger zu führen. Auf wichtige Ausnahmen von der Acetat-Schmelzpunktregel machte J.W. COPIUS PEEREBOOM (1963) aufmerksam:

Für die meisten vegetabilischen Öle hat das Schmelzpunktdiagramm Cholesterinacetat-Phytosterinacetat ein Maximum. Die Diagramme von Mischungen aus Cholesterinacetaten und den Phytosterinacetaten von Sheafett, Mowrahfett, Gurkensamenöl bzw. Kürbiskernöl haben dagegen ein ausgesprochenes Minimum, so daß der Nachweis dieser Fette in tierischen nach dieser Methode nicht möglich ist (vgl. hierzu P.C. DEN HERDER 1955). Nach vier Kristallisationen besaßen z. B. die Sterinacetate aus Mischungen von Butterfett mit Kürbiskernöl bzw. Sheafett folgende Schmelzpunkte:

mit 40 % Kürbiskernöl	114,0°C
mit 40% Sheafett	110,5°C.

A. SCHRAMME (1939) hält es für wichtiger, zur Bestimmung der Sterine nicht das Gemisch der Gesamtfettsäuren mit alkoholischer Digitonin-Lösung zu behandeln, sondern vom Unverseifbaren auszugehen. Auch H. HADORN u. R. JUNGKUNZ (1954) bevorzugen die Fällung des Unverseifbaren mit Digitonin. J.W. COPIUS PEEREBOOM u. J.B. ROOS (1960) halten diese Arbeitsweise nicht für zweckmäßig, da bei geringem Cholesteringehalt evtl. anwesende Tokopherole, Kohlenwasserstoffe usw. stören können und führen die Digitonidfällung in der Seifenlösung nach P.C. DEN HERDER (1955) aus. A. SCHRAMME (1939) empfiehlt, das Digitonid mit Aceton zu waschen und die Acetylierung in Gegenwart von Pyridin vorzunehmen. H. HADORN u. R. JUNGKUNZ (1954) kristallisieren aus Essigsäureanhydrid, weil auf diese Weise sehr viel rascher ein konstanter Schmelzpunkt erhalten wird. R. SCHOENHEIMER u. H. DAM (1933) zersetzen die Digitonide sehr schonend durch 16-stündige Einwirkung von wasserfreiem Pyridin bei Zimmertemperatur.

Mikro-Sterinacetatprobe

L. KOFLER u. E. SCHAPER (1935) gaben eine Mikromethode zur Identifizierung der Sterine aus dem Schmelzpunkt der Acetate an: 0,25—1 g Fett werden wie bei der Makromethode mit alkoholischer Kalilauge verseift. Aus der Seifenlösung werden die Fettsäuren in Freiheit gesetzt, aus denen durch Fällung mit alkoholischer Digitonin-Lösung die Digitonide erhalten werden. Dann wird mit Essigsäureanhydrid acetyliert. Das Acetylierungsprodukt wird umkristallisiert und der Schmelzpunkt des reinen Acetats unter dem Mikroskop bestimmt. Die nach diesem Verfahren bestimmten Schmelzpunkte sind in Tab. 126 angegeben. Zum Vergleich sind von P.C. DEN HERDER (1955) ermittelte Makro-Schmelzpunkte aufgeführt.

Tabelle 126. *Mikro-Schmelzpunkte von Sterinacetaten* (nach L. KOFLER u. E. SCHAPER 1935) *und Makro-Schmelzpunkte* (nach P.C. DEN HERDER 1955)

Öl bzw. Fett	Schmelzpunkt °C KOFLER	Schmelzpunkt °C DEN HERDER	Öl bzw. Fett	Schmelzpunkt °C KOFLER	Schmelzpunkt °C DEN HERDER
Butter	114	114,9	Sesamöl	127	127,8
Schweinefett . .	114,5	115,2	Erdnußöl . . .	128	—
Sonnenblumenöl	119,5	118,5	Rüböl	128	136,5
Olivenöl	125	116,2	Cocosfett	128,5	127,3
Baumwollsaatöl	125,5	122,2	Sojaöl	129	132,5
			Leinöl	131	127,3

γ) Bestimmung der freien und gebundenen Sterine

Nach M. KLOSTERMANN u. H. OPITZ (1914) lassen sich beide Sterinarten dadurch bestimmen, daß man die Digitonide vor und nach der Verseifung abscheidet:

20 g Fett oder Öl werden in einem 500 ml fassenden Erlenmeyerkolben in 200 ml einer Mischung aus gleichen Teilen Äther und Petroläther gelöst. Die Lösung wird mit 10 ml einer 1%igen Lösung von Digitonin in absolutem Alkohol versetzt. Zu der trüben Flüssigkeit gibt man zunächst einige Tropfen, später 2—3 ml Wasser und schüttelt kräftig um, worauf der Niederschlag kristallisiert und die überstehende Flüssigkeit völlig blank wird. Die Flüssigkeit wird durch ein Wattefilter dekantiert. Man wäscht den Digitonid-Niederschlag mit ca. 50 ml Äther/Petroläther fettfrei und erhitzt ihn unter Rückfluß in soviel heißem Alkohol, daß alles Digitonid gelöst wird. Dann gibt man, ohne das Sieden zu unterbrechen, soviel Wasser hinzu, daß eine 90%ige alkoholische Lösung entsteht, und läßt 2 Std zum Kristallisieren stehen, verdünnt den Alkohol auf 75—80%, filtriert, wäscht den Niederschlag mit 90%igem Alkohol, trocknet und wägt.

$$\% \text{ freie Sterine} = \frac{a \cdot 25}{E}$$

a = Digitonidgewicht in g
E = Fetteinwaage in g.

Die *Gesamtsterine* werden, wie auf S. 779 angegeben, bestimmt, die Differenz sind die *gebundenen* Sterine.

δ) Nachweis geringer Mengen Phytosterine neben großen Mengen Cholesterin (Pflanzenfett in tierischen Fetten)

Die von A. BÖMER entwickelte Phytosterinprobe ermöglicht im allgemeinen den Nachweis von 10% Pflanzenfett in tierischem, in günstigen Fällen von 2—5%.

P.C. DEN HERDER (1955) zeigte einen Weg, der es bei Ausnutzung aller in der Sterinmethode enthaltenen Möglichkeiten erlaubt, noch Mengen bis zu 1% pflanzlichem Fett in tierischem, z. B. Margarine in Butter, nachzuweisen.

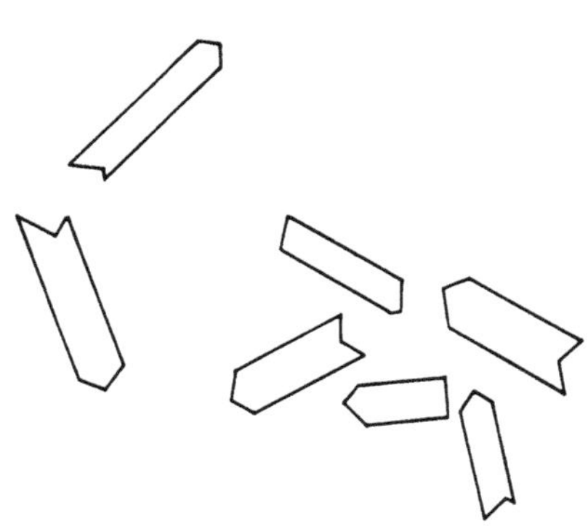

Abb. 121. Phytosterin-Cholesterin-Mischkristalle nach DEN HERDER (1955)

Der Autor macht dabei vor allen Dingen davon Gebrauch,

1. daß pflanzliche Fette einen größeren Gehalt an gebundenen Sterinen als tierische besitzen. Die Schärfe des Nachweises pflanzlicher Fette wird also wesentlich erhöht, wenn man bei der Sterinacetat-Probe nur die *gebundenen* Sterine vergleicht.

2. daß nach F. ZETZSCHE (1898) bei Anwesenheit von weniger als 8% Phytosterin die Mischung in der gleichen Form kristallisiert wie reines Cholesterin, bei Anwesenheit von mehr als 8% Phytosterin aber in der Sterinmischung Kristalle zu beobachten sind, die äußerlich den Phytosterinkristallen ähnlich sind, jedoch charakteristische schwalbenschwanzförmige Einschnitte an den Enden besitzen (vgl. Abb. 121).

Im einzelnen ist nach DEN HERDER wie folgt zu verfahren:

Isolierung der Digitonide der gebundenen Sterine

Man wägt 150 g Butterfett ab, fügt 400 ml einer 1 %igen Lösung von Digitonin in 96 %igem Äthylalkohol hinzu, ferner 200 ml Chloroform und soviel einer Mischung von 1 Volumteil Chloroform und 2 Volumteilen Äthylalkohol, wie zur Lösung des Butterfetts bei 30—40° C erforderlich ist. Die Lösung bleibt über Nacht im Kühlschrank bei +5° C stehen und wird dann durch einen Büchner-Trichter filtriert. Der Niederschlag auf dem Filter wird zunächst mit einer Mischung von 1 Teil Chloroform und 1 Teil Äthylalkohol und schließlich mit reinem Chloroform gewaschen. Filtrat und Waschwässer werden gesammelt und auf dem Wasserbad vom Lösungsmittel befreit.

Man verseift das zurückbleibende Fett $^1/_2$ Std mit 100 ml 40 %iger KOH-Lösung und 200 ml 96 %igem Äthylalkohol am Rückflußkühler auf dem siedenden Wasserbad, verdünnt mit 600 ml dest. Wasser, überführt das Gemisch in einen Schütteltrichter und extrahiert einmal mit 1000 ml und sechsmal mit je 100 ml Äthyläther. Die vereinigten ätherischen Extrakte werden mit dest. Wasser seifenfrei gewaschen und durch Eindampfen vom Äther befreit.

Der Rückstand wird in 10 ml Äthylalkohol von 96 Vol.-% gelöst und die Lösung mit 45 ml einer 1 %igen alkoholischen Digitonin-Lösung versetzt. Man läßt den Niederschlag sich einige Stunden absetzen und sammelt ihn auf einem kleinen Saugfilter.

Darstellung der Acetate

Die Digitonide werden in einem kleinen Reagensglas mit 2 ml Essigsäureanhydrid im Glycerinbad auf 145° C erhitzt. Nachdem alle Digitonide in Lösung gegangen sind, erhitzt man noch einige Minuten, kühlt etwas, fügt 4 ml 96 %igen Äthylalkohol hinzu und filtriert die noch warme Flüssigkeit durch ein kleines Filter. Das Filtrat erhitzt man zum beginnenden Sieden und gibt gerade soviel dest. Wasser hinzu, daß die Sterinacetate im kochenden verdünnten Alkohol in Lösung bleiben, aber auskristallisieren, wenn die Lösung gekühlt ist. Die Kristalle werden durch ein Mikrofilter von 12 mm ⌀ filtriert und mit 80 %igem Äthylalkohol gewaschen, noch zweimal aus je 1 ml 96 %igem Alkohol umkristallisiert und dann im Trockenschrank bei 40—100° C getrocknet.

Der Schmelzpunkt wird unter Verwendung eines Anschütz-Thermometers bestimmt. Als Schmelzpunkt gilt die Temperatur, bei der die letzten Kristalle gerade verschwinden. Ist sie höher als 117° C, kann die Gegenwart pflanzlicher Fette als bewiesen angesehen werden; liegt er zwischen 116 und 117° C, so ist die Butterprobe verdächtig. Im letzten Falle kristallisiert man die Sterinacetate noch viermal um und bestimmt danach den Schmelzpunkt von neuem.

Mikroskopische Prüfung der Sterine

Zur Bekräftigung des Befunds werden die Sterine aus den Acetaten in Freiheit gesetzt. Die Acetate werden nach der letzten Kristallisation in 2 ml 96 %igem Alkohol auf dem Wasserbad gelöst. Man erhitzt mit einigen Tropfen 40 %iger Kalilauge zum Sieden, gibt 10 ml dest. Wasser hinzu, bringt die Lösung in einen Schütteltrichter und schüttelt mit 50 ml Äthyläther aus. Der Ätherextrakt wird dreimal mit je 5 ml Wasser gewaschen und dann eingedampft. Der Rückstand wird in 96 %igem Alkohol gelöst. 1 Tropfen der Lösung wird auf einen Objektträger gebracht, mit dem Deckglas bedeckt und, nachdem die Kristallisation eingesetzt hat, unter dem Mikroskop mit 100- bis 200-facher Vergrößerung betrachtet. Bei Anwesenheit von Phytosterin sind die schwalbenschwanzartigen Einkerbungen nach Abb. 121 deutlich zu erkennen.

ε) Nachweis geringer Mengen Cholesterin neben großen Mengen Phytosterin (tierische Fette in pflanzlichen)

Im Zusammenhang mit der Frage der Ernährung mit cholesterinfreien Fetten ist es wichtig geworden, auch geringe Mengen tierischer Fette in pflanzlichen nachweisen zu können. Auf dem Wege über die Mikroskopie der Sterine und die Schmelzpunktbestimmung ihrer Acetate ist diese Aufgabe nicht zu lösen. Ein von A. WINDAUS (1906) vorgeschlagenes Sterintrennungsverfahren, das auf der geringen Löslichkeit von Cholesterindibromid in einem Gemisch von Äther und Eisessig beruht, gibt nur dann brauchbare Resultate, wenn die Fettmischung mindestens 20 % tierische Fette enthält.

H. P. HARKE u. P. VOGEL (1963) beschreiben eine neuartige Arbeitstechnik, die den Nachweis von ca. 5 % tierischer Fette in pflanzlichen aufgrund einer Sterintrennung ermöglicht. Das Verfahren ist eine Kombination einer nicht veröffentlichten papierchromatographischen Methode von K.W. BIEFER u. W. HOCHSTRASSER mit einer dünnschichtchromatographischen Abtrennung der Sterine. In Analogie zum Gedankengang von P.C. DEN HERDER (1955) ist es in diesem Fall günstig, nicht von der Gesamtheit der Sterine, sondern nur von den freien auszugehen, da hierdurch das Mengenverhältnis Cholesterin zu Phytosterin vergrößert wird. Dementsprechend geben HARKE u. VOGEL (1963) zwei Arbeitsvorschriften zur Abtrennung der Sterine aus dem Unverseifbaren bzw. dem nicht verseiften Fett an. Ihre Methode gliedert sich in folgende Teiloperationen.

Abtrennung der Sterine aus dem Unverseifbaren

Die nach der Vorschrift von E. STAHL (1958) mit Kieselgel G belegten Glasplatten von 20 × 20 cm werden zunächst durch aufsteigende Perkolation mit Hexan von den Siedegrenzen 60—80°C gereinigt. Dann läßt man das Lösungsmittel verdunsten und trägt an sechs Startpunkten je 20 μl einer Lösung von 0,1 g Unverseifbarem in 20 ml Benzol auf und entwickelt mit einer Mischung von $CHCl_3$ und CCl_4 (9:1). Die Entwicklung ist beendet, wenn die Lösungsmittelfront 5 cm vom oberen Rand entfernt ist. Man deckt nun alle Streifen des Chromatogramms mit Ausnahme der beiden äußeren ab, besprüht mit einer 10%igen Lösung von Phosphorwolframsäure in Äthanol und trocknet 15 min bei 80°C, wobei sich die Sterine rötlichviolett färben. Anschließend hebt man im nicht gefärbten Teil des Chromatogramms die Zone der Sterine ab, extrahiert mit Benzol, filtriert und dampft das Filtrat, das 200—300 μg Sterine enthält, auf 50 μl ein.

Abtrennung der freien Sterine aus Ölen und Fetten

Auf die wie oben vorbereitete Platte werden in Abständen 2 cm zehnmal je 5 μl Fett aufgetragen. Man eluiert mit Chloroform, besprüht die äußersten Chromatogramme mit Phosphormolybdänsäure, trocknet, hebt im nicht eingefärbten Teil die Zone der Sterine ab, extrahiert mit Äther, filtriert und dampft auf Tropfengröße ein.

Vorbereitung des Filtrierpapiers

Ein 38 × 38 cm großer Bogen Filtrierpapier 2043 bM, (Sch. & Sch.) wird nach der Technik von M. POTTERAT (1956) in acht Sektoren gefaltet. Ca. 2 cm von der Spitze entfernt schneidet man den gefalteten Bogen so ein, daß eine 2—3 mm breite Brücke zwischen den Sektoren gebildet wird. Das auseinandergefaltete Papier hat das in Abb. 122 wiedergegebene Aussehen.

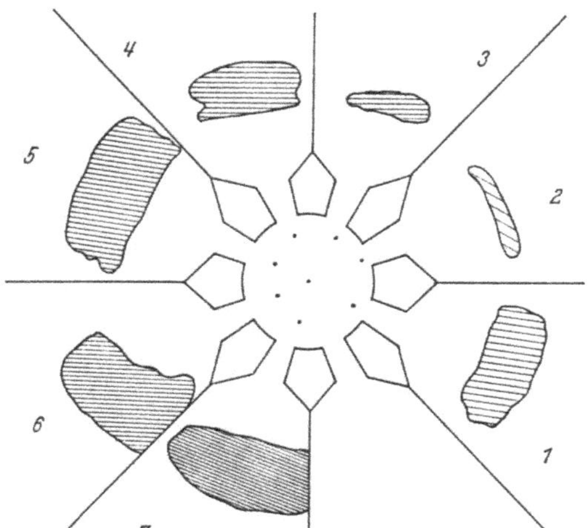

Abb. 122. Chromatographische Sterintrennung nach HARKE u. VOGEL (1963); 1 = Cholesterin + Sitosterin, 2 = Pflanzenfett, 3 = Pflanzenfett, 4 = Pflanzenfett + 5% Schmalz, 5 = Pflanzenfett + 10% Schmalz, 6 = Pflanzenfett + 20% Schmalz, 7 = Cholesterin + Sitosterin

Das fertig zugeschnittene Papier wird mit technischem Tetradecan[1] imprägniert, von dem man soviel verdunsten läßt, daß eine Imprägnierungsstärke von 16% erhalten wird. Dann tropft man dicht unterhalb der Stege je 40μg des zu untersuchenden Steringemisches und einige Vergleichsproben aus Cholesterin und dem betreffenden Phytosterin auf.

[1] Lieferfirma: J. Haltermann, 2102 Hamburg-Wilhelmsburg.

Chromatographische Trennung

Die *mobile* Phase erhält man durch Schütteln einer Mischung von 2 Teilen Essigester, 6 Teilen Eisessig und 2 Teilen Wasser mit Tetradecan und Entfernen des überschüssigen Tetradecans nach erfolgter Schichtentrennung. In die Mitte des vorbereiteten Bogens sticht man ein Loch und setzt in dieses einen aus einem Papierstreifen von 5 cm Länge gefertigten Docht von 2,5 cm Höhe. Docht und Bogen bringt man in einen Exsiccator passender Größe, der ein Schälchen mit Tetradecan und dicht unter dem Papier auf einem Dreifuß ein Schälchen mit der mobilen Phase enthält. Nach einer Äquilibrierungszeit von 16 Std steckt man den Docht in die mobile Phase und entwickelt 16—20 Std.

Das Papier wird nach beendeter Entwicklung zunächst bei Zimmertemperatur getrocknet. Dann verdampft man die stationäre Phase bei 80° C während 1 Std. Man besprüht mit 10%iger Phosphorwolframsäure-Lösung und trocknet 5 min bei 80°C im Trockenschrank. Sterine treten als rötlich gefärbte halbkreisförmige Banden (vgl. Abb. 122) auf.

Bei Anwesenheit geeigneter Vergleichssubstanzen sind auf diese Weise noch 5% tierische Fette in pflanzlichen nachzuweisen.

An Stelle der quadratischen Bögen lassen sich auch Rundfilterscheiben verwenden. Die Entwicklung wird in diesem Fall durch Anwendung der bekannten Hilfsmittel für die Rundfilter-Papierchromatographie erleichtert.

Auch durch Dünnschichtchromatographie ist die Trennung des Cholesterins von den Phytosterinen zu erreichen (P. VOGEL, unveröffentlichte Mitteilung 1967). Hierbei arbeitet man auf Kieselgur G-Platten, imprägniert diese mit Paraffinöl (10% in Petroläther), bereitet die Platten entsprechend der Keilstreifentechnik vor und verwendet als Laufmittel Essigsäure — H_2O/84:16, paraffinölgesättigt.

ζ) Mikromethoden zur Cholesterinbestimmung

Zahlreiche Methoden zum Nachweis von Eigelb in Lebensmitteln beruhen auf der Bestimmung des Cholesteringehaltes, der für Eiprodukte relativ hoch ist und nach den Untersuchungen von J. TILLMANS u. Mitarb. (1930) u. a. Forschern ohne Verseifung 240 mg, mit Verseifung 275 mg pro Ei beträgt. 1 mg freies Cholesterin entspricht also ca. 65 mg frischem Eigelb. Auch das mit Äther aus Eigelb extrahierte Eieröl hat folgerichtig einen relativ hohen Cholesteringehalt von 4—6%.

Von großer Bedeutung sind Mikromethoden zur Cholesterinbestimmung auch für die physiologische Chemie geworden, nachdem die statistische Korrelation zwischen dem Cholesteringehalt des Blutes und dem Auftreten atheroskleröser Veränderungen die Aufmerksamkeit zahlreicher Forscher erregt hat. Für die Bestimmung des Cholesterins im Mikromaßstab sind besonders eine unspezifische Oxydation und eine auf der Reaktion von LIEBERMANN-BURCHARD beruhende spezifische colorimetrische Methode geeignet.

1. Titrimetrische Cholesterinbestimmung

Zur Mikrobestimmung des Cholesterins in eigelbhaltigen Nahrungsmitteln eignet sich nach J. TILLMANS u. Mitarb. (1930) eine Methode, die auf der Extraktion des Cholesterins mit Äther, Isolierung der Sterine als Digitonide und Titration der letzteren mit Bichromat-Schwefelsäure nach A. VON SZENT-GYÖRGYI (1923) beruht. Die Methode wurde später von H. KLUGE (1935) vereinfacht und wird zweckmäßig in nachstehender Ausführungsform angewendet.

Geräte:

Soxhlet-Extraktionsapparat, vgl. S. 420
Elektrische Zentrifuge mit Zentrifugiergläsern 5 ml Inhalt, Marke bei 1,5 ml
Jodzahlkolben, Pipetten, Büretten usw.

Reagentien:

Digitonin, 2%ige Lösung in 80%igem Alkohol
Chromschwefelsäure: 10 g Kaliumdichromat werden in 1 l konzentrierter H_2SO_4 gelöst; der unlösliche Rückstand wird durch Dekantation entfernt.
Äther, Alkohol, Wasser, absolut rein
0,1 n-Natriumthiosulfat-Lösung
5%ige Kaliumjodid-Lösung
1%ige Stärkelösung.

Verfahren:

Extraktion des Cholesterins. Flüssiges Eigelb wird mit Seesand verrieben, mit wasserfreiem Natriumsulfat vermischt und auf dem Wasserbad vorsichtig getrocknet. Die Masse wird im Soxhlet-Apparat mit Äther erschöpfend extrahiert, der Äther abdestilliert, der Rückstand bei 100° C getrocknet, gewogen und in Aceton aufgenommen. Von *Mehl-* und *Teigwaren* werden 20 g mit Äther extrahiert. Die Extraktionsrückstände werden in soviel Aceton aufgenommen, daß die Cholesterinkonzentration nicht mehr als 1 mg/ml beträgt. Der Acetonauszug wird vor der Weiterbehandlung durch einen ausgeglühten Asbestfiltertiegel filtriert.

Cholesterinbestimmung. 2 ml der Acetonlösung werden im Zentrifugiergläschen mit 1 ml Digitonin-Lösung versetzt und $^1/_4$ Std vorsichtig auf dem Wasserbad erwärmt. Hierauf wird die Flüssigkeit mit dem Wasserstrahlgebläse bis zur Marke (1,5 ml) abgeblasen. Nachdem das Gläschen noch $^1/_4$ Std bei Zimmertemperatur stehen geblieben ist, wird der Niederschlag in einer Zentrifuge mit folgenden Flüssigkeiten von je 1,5 ml nachgewaschen: 7mal mit Äther, 1mal mit Aceton, 1mal mit kaltem Wasser und 8mal mit warmem Wasser.

Danach gibt man das Gläschen in einen trockenen Jodzahlkolben, fügt 10 ml bzw. 20 ml Chromschwefelsäure hinzu und läßt 1 Std stehen. Der Kolben wird dann $^1/_4$ Std auf offenem siedendem Wasserbad erhitzt. Nach dem Abkühlen auf Zimmertemperatur (mindestens 1 Std) werden auf je 10 ml Chromschwefelsäure 100 ml Wysser zugegeben. Man setzt 10 ml 5%ige Kaliumjodid-Lösung hinzu und titriert mit 0,1 n-Natriumthiosulfat-Lösung unter Verwendung von Stärke als Indicator (a ml). In analoger Weise wird ein Blindversuch mit 10 bzw. 20 ml Chromschwefelsäure ausgeführt (b ml).

$$\text{mg Cholesterin} = (b - a) \cdot 0{,}115$$

Bei Anwesenheit pflanzlicher Fette ist der mutmaßliche Phytosteringehalt des Extraktes zu berücksichtigen, da diese Sterine in analoger Weise wie das Cholesterin reagieren.

$$\text{mg Phytosterin} = (b - a) \cdot 0{,}127$$

Die Dichromatmethode wurde von F. KAYSER u. C. MATHIEU (1939) einer kritischen Prüfung unterzogen. Sie fanden, daß Cholesterindigitonid durch 0,5 n-Chromschwefelsäure bei 145° C nur zu 85% oxydiert wird, und empfehlen folgende Oxydationsmethode:

Ungefähr 1 mg Cholesterindigitonid wird mit 20 ml einer 0,05 n-Lösung von Kaliumdichromat (500 ml 0,1 n-$K_2Cr_2O_7$ + 500 ml H_2SO_4) und 0,2 ml 25%iger $AgNO_3$-Lösung im Ölbad 40 min zum Sieden erhitzt. Die Lösung wird nach dem Abkühlen in einen 200-ml-Meßkolben gegeben, mit 0,4 ml 5%iger NaCl-Lösung versetzt und mit Wasser bis zur Marke aufgefüllt. Dann entnimmt man 20 ml, filtriert, gibt 20 ml Wasser hinzu und titriert den Überschuß des Oxydationsmittels nach Zugabe eines KJ-Kristalls mit 0,02 n-Thiosulfatlösung zurück.

1 mg Cholesterin = 0,3938 ml 1 n-Kaliumdichromat-Lösung

1 mg Cholesterindigitonid = 0,254 ml 1 n-Dichromat-Lösung.

Eine für die Bestimmung des freien und gebundenen Cholesterins im Blut geeignete Mikromethode wurde von H. STAUB (1947) mitgeteilt.

Isolierung der Sterine. 10 ml Blut oder Serum werden tropfenweise in ein 100-ml-Meßkölbchen, welches zur Hälfte mit Alkohol-Aceton 1:1 gefüllt ist, pipettiert. Man erhitzt 1—2 min zum Sieden, kühlt auf Zimmertemperatur, füllt mit Alkohol-Aceton bis zur Marke auf und filtriert. Vom Filtrat werden 10-ml-Portionen in Erlenmeyerkolben von 100 ml abgefüllt, die Lösung auf dem Wasserbad verdampft und der Rückstand ca. 1 Std bei 60° C getrocknet.

Bestimmung des freien Cholesterins. Der getrocknete Rückstand wird im Erlenmeyerkolben dreimal mit je 5 ml Petroläther extrahiert. Die einzelnen Petroläther-Extrakte werden durch ein Glasfilter mit Asbestauflage in ein Schliff-Reagensglas filtriert. Hierauf wird der Petroläther abgedampft. Dann werden 3 ml siedendes Chloroform und 2 ml 1%ige heiße Digitonin-Lösung zugegeben. Anschließend wird kurz erhitzt. Nach 12-stündigem Stehen wird durch ein Glasfilter G 3, auf dem eine 1—2 mm dicke Schicht von ausgeglühtem Asbest liegt, in ein Schliff-Kölbchen abfiltriert. Fällungsröhrchen und Filter werden mit 100—200 ml heißem Wasser nachgewaschen. Das Cholesterindigitonid wird auf dem Filter fünfmal mit je 3 ml siedendem Eisessig übergossen und die Lösung vom Filter in ein Erlenmeyer-Schliffkölbchen abgesaugt. Die Eisessig-Digitonidlösung wird im Wasserbad abgedampft, 1 Std bei 60° C getrocknet und titriert.

Bestimmung des Gesamtcholesterins. Zu dem aus 10 ml Alkohol-Aceton-Lösung gewonnenen Petrolätherextrakt werden in einem Schliff-Reagensglas 10 ml einer Lösung von 0,46 g Kaliummetall in 100 ml absolutem Alkohol gegeben. Nach Zusatz von Siedesteinchen wird 3 Std am Rückflußkühler verseift. Man neutralisiert nach Zugabe von 1 Tropfen Methylorange-Lösung mit 2 n-HCl und erhitzt im Wasserbad. Dann gibt man 2 ml heiße Digitonid-Lösung hinzu, läßt 12—24 Std stehen, filtriert und behandelt weiter wie bei der Bestimmung des freien Cholesterins.

Titration und Berechnung. Zum abgetrennten Digitonid werden langsam 3 ml 1 n-Kaliumdichromat-Lösung gegeben. Danach fügt man 15 ml konzentrierte Schwefelsäure hinzu, läßt 30 min bei Zimmertemperatur stehen und mischt während dieser Zeit ein- bis zweimal durch drehende Bewegung des Kolbens. Die Flüssigkeit wird dann mit 300 ml Wasser quantitativ in einen 500-ml-Erlenmeyerkolben überführt und nach Zusatz von 10 ml 10%iger KJ-Lösung mit 0,1 n-Thiosulfat-Lösung titriert, (= a ml). In analoger Weise wird ein Blindversuch ausgeführt (b ml).

$$\text{mg Cholesterin} = (b - a) \cdot 0{,}137$$

Für Cholesterinstearat und -palmitat beträgt der Faktor 0,144, für das Oleat 0,153.

2. *Colorimetrische Cholesterinbestimmung*

Für die colorimetrische Bestimmung des Cholesterins in Eiern, Mehl und Teigwaren wurde von H. RIFFART u. H. KELLER (1934) eine auf der Reaktion von LIEBERMANN-BURCHARD basierende Methode angegeben, nachdem diese Reaktion bereits früher von anderen Autoren, jedoch unter Benutzung einer weniger gut geeigneten Apparatur, zur Cholesterinbestimmung in Lebensmitteln verwendet worden war.

Der eingedampfte Ätherextrakt mit nicht mehr als 4 mg Cholesterin wird unter genügendem Erwärmen in 10 ml Essigester gelöst und nach dem Filtrieren mit dem gleichen Lösungsmittel auf 20 ml aufgefüllt. Dann mischt man in einem mit Glasstopfen versehenen Reagensglas 9 ml Essigester mit 4 ml Essigsäureanhydrid, gibt o,8 ml konzentrierte Schwefelsäure aus einer Mikrobürette hinzu und kühlt nach dem Umschütteln 10 min durch Einstellen in ein Wasserbad von 20° C. Gleichzeitig werden in einem zweiten Glas 13 ml Essigester und 0,8 ml konzentrierte Schwefelsäure gemischt und ebenfalls gekühlt. In beide Gläser gibt man darauf 1 ml der Cholesterin-Lösung, schüttelt gut durch und kühlt wieder 5 min bei 20° C. Die Lösungen werden in Glasküvetten gefüllt, in den Strahlengang eines Pulfrich-Stufenphotometers geschaltet und die Lichtintensität bei Verwendung des Filters S 61 gemessen. Da die größte Farbstärke erst nach 15—60 min erreicht wird, ist die Extinktion in Abständen von 10 min zu bestimmen, bis der Höchstwert erreicht ist. Der Cholesteringehalt wird aus einer Eichkurve die mit Lösungen von 2,5—20 mg Cholesterin in 9 ml Essigester aufgestellt wurde, erhalten.

An Stelle eines Stufenphotometers läßt sich auch ein einfacher zu handhabendes photoelektrisches Colorimeter oder ein Spektralphotometer verwenden. Man bestimmt die Extinktion bei 625 mμ, was ungefähr dem Filter S 61 entspricht. Ein für die Cholesterinbestimmung in Blut und Serum bewährtes colorimetrisches Verfahren auf der Basis der Liebermann-Burchard-Reaktion wurde von R. SCHOENHEIMER u. W.M. SPERRY (1934) beschrieben.

Der in einem Zentrifugenrohr befindliche getrocknete Niederschlag von Cholesterindigitonid wird in 1 ml Essigsäure, wenn nötig unter Erwärmen auf 60° C, gelöst. Dann kühlt man auf 25° C ab, gibt 2 ml Essigsäureanhydrid hinzu und — am besten aus einer Mikrobürette — 0,1 ml konzentrierte Schwefelsäure. Die Lösung wird nun mit einem Glasstab kräftig umgerührt und das Rohr in ein Wasserbad von 25° C gestellt. Die Zeit zwischen der Zugabe der Reagentien und der Ablesung der Extinktion soll nicht weniger als 27 und nicht mehr als 37 min betragen. Nach Ablauf der vorgeschriebenen Standzeit wird die Farbintensität der Digitonid-Lösung in einem Zeiss-Pulfrich-Photometer oder einem anderen Colorimeter bei dem Maximum von 610—620 mμ gemessen. Als Vergleich dient eine Lösung von 1 ml Essigsäure, 2 ml Essigsäureanhydrid und 0,1 ml Schwefelsäure, die in die Bezugsküvette gefüllt wird. Der Cholesteringehalt wird aus der Extinktion unter Verwendung einer Eichkurve berechnet, die mit bekannten Mengen Digitonid, entsprechend 0,03—0,15 mg Cholesterin, aufgestellt wurde.

Nach W. KRUCKENBERG (1948) läßt sich Cholesterin von Phosphatiden und Cholesterinestern auch durch Adsorption an Aluminiumoxid nach BROCKMANN trennen, so daß auf die Digitonidfällung vor der Ausführung der colorimetrischen Bestimmung unter Umständen verzichtet werden kann:

Freies Cholesterin: Ca. 0,1 g des zu untersuchenden Fetts wird in 3—4 ml Tetrachlorkohlenstoff gelöst und auf eine Aluminiumoxidsäule gegeben, die 1,5 g Aluminiumoxid enthält. Die Fettsäuren werden mit 20 ml Tetrachlorkohlenstoff vollständig durch die Säule gewaschen.

Darauf wechselt man die Vorlage und gibt 20 ml Chloroform durch. Die Chloroform-Lösung enthält das gesamte freie Cholesterin.

Gesamtcholesterin: 0,1 g Fett wird in 5 ml 30%iger methylalkoholischer Kalilauge gelöst und 1 Std zum Sieden erhitzt. Darauf wird die Hauptmenge des Methanols abgedampft und 20%ige Schwefelsäure bis zur sauren Reaktion zugegeben. Die ausgeschiedenen Fettsäuren werden in möglichst wenig Chloroform unter gleichzeitiger Zugabe von ca. 20 ml Wasser aufgenommen. Die Chloroform-Lösung wird fünf- bis sechsmal mit einer gleichen schwachsauren Wassermenge zur Entfernung des restlichen Methanols und des Glycerins ausgeschüttelt. Anschließend wird sie mit wasserfreiem Natriumsulfat getrocknet und durch eine Aluminiumoxidsäule von der gleichen Größe wie oben gegeben. Darauf wird mit 10—15 ml Chloroform nachgewaschen. Die Chloroform-Lösung enthält das gesamte Cholesterin.

Pflanzliche Sterine verhalten sich völlig gleichartig, so daß eine Unterscheidung auf diesem Wege nicht möglich ist.

Mit den Fehlerquellen der colorimetrischen Cholesterinbestimmung nach LIEBERMANN-BURCHARD beschäftigte sich A. P. KENNY (1952). Er untersuchte die Abhängigkeit der Entstehung des Extinktionsmaximums von der Temperatur, der Zeit und der gewählten Wellenlänge und den Einfluß der Zusammensetzung der Reaktionsmischung.

KENNY gibt eine für klinische Laboratorien besonders geeignete Schnellmethode an, bei der die Intensität der gelben Farbkomponente des Reaktionsgemisches bei 430 mμ gemessen wird. Von Bedeutung ist seine Feststellung, daß Cholesterinester ein 13% höheres Farbäquivalent besitzen als freies Cholesterin. Dieser Befund wurde von anderen Forschern bestätigt. C. H. BRIESKORN u. H. HERRIG (1959) ziehen für die Untersuchung von Eiprodukten und eihaltigen Lebensmitteln daraus den Schluß, daß für die quantitative Bestimmung des Eigelbs aus dem Cholesteringehalt unbedingt die vorherige Verseifung der Ester erforderlich ist.

B. E. HAWTHORNE (1964) berichtet über die Ergebnisse einer in mehreren Laboratorien durchgeführten Untersuchung über die Bestimmung des Gesamtcholesterins in fünf Seren nach zehn verschiedenen Methoden. Dabei ergab sich vor allem, daß solche Verfahren, bei denen zunächst verseift und das Cholesterin durch Digitonin gefällt wird, niedrigere Werte geben als solche, bei denen das Cholesterin ohne diese Operation bestimmt wird.

η) Zerlegung von Steringemischen in ihre Bestandteile

In neuester Zeit ist es gelungen, mit Hilfe chromatographischer Verfahren die nach der Digitonidmethode erhaltenen Steringemische in ihre Bestandteile zu zerlegen. Dadurch eröffnen sich neue Wege zum Nachweis spezieller Öle in Gemischen mit pflanzlichen oder tierischen Fetten, beispielsweise des Rüböls aufgrund des Brassicasterin-, des Sojaöls aufgrund des γ-Sitosterin- oder Stigmasteringehalts. Es ist unmöglich, im Rahmen dieses Handbuchs dieses neue Gebiet vollständig zu behandeln. Der Leser sei daher vor allem auf die Monographie von C. W. COPIUS PEEREBOOM (1963) und die ausführliche Behandlung der chromatographischen Steroidanalyse durch I. E. BUSH (1961) hingewiesen.

Im Prinzip können solche Trennungen auf säulen-, papier-, dünnschicht- und gaschromatographischem Wege erfolgen. Die besten Ergebnisse werden indessen mit den drei letzten Methoden erhalten, für die im folgenden einige Beispiele gebracht werden.

1. Papierchromatographische Methode

Eine ausreichende Trennung der Sterine in verschiedene charakteristische Gruppen läßt sich am besten verteilungschromatographisch unter Verwendung des von H. SULSER u. O. HÖGL (1957) angegebenen Systems Paraffinöl/84%ige Essigsäure erzielen. Neben der vollständigen Trennung des Cholesterins von den Sitosterinen erreichten die Autoren auch eine Auftrennung der Sitosterinbande in zwei Einzelbanden. Es gelang ihnen, unter Benutzung der Radialtechnik (vgl.

S. 783) tierische und pflanzliche Fette in Gemischen deutlich voneinander zu unterscheiden. Eingehend untersucht wurde die papierchromatographische Methode von J.W. COPIUS PEEREBOOM u. J.B. ROOS (1960) sowie von J.W. COPIUS PEEREBOOM u. Mitarb. (1961). Diese Autoren bringen in ihren Veröffentlichungen eine ausführliche Literaturzusammenstellung und empfehlen als optimales Arbeitsverfahren die Kombination des Verfahrens von H. SULSER u. O. HÖGL (1957) mit der von W. MATTHIAS (1956) angegebenen papierchromatographischen Arbeitstechnik.

Verfahren von J.W. COPIUS PEEREBOOM u. Mitarb. (1960/61)

Abtrennung und Bestimmung der freien, gebundenen und Gesamtsterine als Digitonide

Diese Operationen können nach den bereits beschriebenen Methoden vorgenommen werden. Die Autoren geben der sehr gut ausgearbeiteten Arbeitsvorschrift von P.C. Den HERDER (1955) (vgl. S. 781) den Vorzug.

Zersetzung der Digitonide

Diese kann entweder nach der Pyridinmethode von R. SCHOENHEIMER u. H. DAM (1933) oder aber nach erfolgter Acetylierung nach P.C. DEN HERDER (1955) erfolgen.

Pyridinmethode: Ca. 15 mg Digitonid werden in 1 ml wasserfreiem Pyridin gelöst. Nach ca. 16 Std wird das Digitonid mit 50 ml peroxidfreiem Äther ausgefällt und abzentrifugiert. Der Lösung werden abermals 50 ml Äthyläther zugegeben, worauf wiederum zentrifugiert wird. Die ätherische Lösung der Sterine wird mit einer Natriumbicarbonat-Lösung gewaschen und über wasserfreiem Natriumsulfat getrocknet. Nach Abdestillieren des Äthers löst man den Rückstand in 4 ml Chloroform. Von dieser Lösung, die nur eine sehr geringe Haltbarkeit hat, werden 15 mm^3 auf den Startpunkt des Matthias-Chromatogramms getropft.

Acetylierungsmethode: Der Digitonidniederschlag wird, wie auf S. 782 beschrieben, acetyliert. Ca. 2,5 mg Acetat werden in 2 ml 96%igem Äthanol gelöst, mit einigen Tropfen 40 %iger KOH-Lösung versetzt und solange erwärmt, bis die Acetate in Lösung gegangen sind. Zur klaren Lösung gibt man 10 ml Wasser und extrahiert die Sterine zweimal mit je 10 ml Äthyläther. Die vereinigten Ätherextrakte werden drei- bis viermal mit Wasser gewaschen, über wasserfreiem Natriumsulfat getrocknet und filtriert. Nach dem Abdestillieren des Äthers wird der Rückstand in 2 ml Chloroform gelöst. Auch von dieser Lösung verwendet man 15 mm^3 für die Analyse.

Papierchromatographische Trennung der Sterine

1 Bogen Sch. & Sch. 2043 mgl wird durch Tauchen in eine 10%ige Lösung von Paraffinöl in Petroläther imprägniert. Der Bogen wird dreimal durch die Lösung gezogen und dann an der Luft getrocknet. Der Imprägnierungsgrad beträgt ca. 15%. Nach dem Ausstanzen der sechseckigen Löcher in der Mitte des Papierstreifens (vgl. Abb. 123) werden 15 μg des Steringemisches in Form einer 0,1%igen Lösung in Chloroform aufgebracht. Nach 16-stündigem Äquilibrieren wird das Chromatogramm aufsteigend mit 84%iger Essigsäure entwickelt. Entwicklungszeit 40—45 Std; Entwicklungstemperatur 22—24°C. In einem Behälter von 40×43 ×14 cm können gleichzeitig 15 Proben analysiert werden.

Zur Sichtbarmachung der Zonen wird nach 2- bis 3-stündigem Trocknen an der Luft das Chromatogramm ca. 20—30 min im Trockenschrank bei 75—85°C erwärmt. Man besprüht mit einer 10%igen Lösung von Phosphormolybdänsäure (Merck) und erwärmt solange im Trockenschrank bei 80°C, bis die blaue Farbe gegenüber dem dunklen Hintergrund ihre maximale Intensität erhalten hat. Die Flecke können durch Überziehen mit Herbopan konserviert werden. Es können noch 1,5 μg Cholesterin in 15 μg einer Mischung von Cholesterin und Phytosterin nachgewiesen werden.

Ergebnisse; Grenzen der Methode:

Tab. 127 gibt eine Auswahl der von den Autoren erhaltenen R_f- und R_S-Werte. Letztere sind auf Cholesterin = 1 bezogen.

Die für den Nachweis tierischer und pflanzlicher Fette wichtigen Sterine besitzen z. T. dieselben R_f-Werte und bilden daher die von der chromatographischen Analyse der Fettsäuren her bekannten „kritischen Paare". Einführung einer Doppelbindung verursacht die gleiche Zunahme des R_f-Wertes wie die Abspaltung einer CH_3-Gruppe. Ein nach der Methode von COPIUS PEEREBOOM u. Mitarb. erhaltenes Papierchromatogramm zeigt Abb. 123.

Tabelle 127. *R_f- und R_s-Werte von Sterinen* (nach J.W. COPIUS PEEREBOOM u. Mitarb. 1961)

Papier: Sch. & Sch. 2043b; Temperatur 22—24° C				
Verbindung	Formel	abgekürzte Strukturformel*	R_f	R_s
Cholesterin	$C_{27}H_{46}O$	F C 27	0,33	1,0
7-Dehydrocholesterin	$C_{27}H_{44}O$	2F C 27	0,40	1,22
Dihydrocholesterin	$C_{27}H_{48}O$	C 27	0,27	0,81
Epicholesterin	$C_{27}H_{46}O$	F C 27	0,26	0,79
β-Sitosterin	$C_{29}H_{50}O$	F C 29	0,25	0,75
Campesterin	$C_{28}H_{48}O$	F C 28	0,29	0,87
Stigmasterin	$C_{29}H_{48}O$	F C 29 F	0,27	0,83
Brassicasterin	$C_{28}H_{46}O$	F C 28 F	0,33	1,0
γ-Sitosterin	$C_{29}H_{48}O$	F C 28	0,29	0,88
Ergosterin	$C_{28}H_{44}O$	2F C 28 F	0,42	1,26
Zymosterin	$C_{27}H_{44}O$	F C 27 F	0,43	1,31

* F C 28 F bedeutet eine Sterinstruktur mit 28 C-Atomen, das F vor und nach C 28 bezeichnet die Anzahl Doppelbindungen im Sterinkern und der Seitenkette.

Ein solches Chromatogramm besteht mindestens aus vier Zonen. Die unterste enthält das β-Sitosterin, die zweite Campesterin und Stigmasterin, die dritte Cholesterin und Brassicasterin und die vierte 7-Dehydrocholesterin, Ergosterin und Zymosterin. Es ist daher nicht möglich, nach dieser Methode den Zusatz von Rüböl zu Butterfett oder anderen tierischen Fetten nachzuweisen.

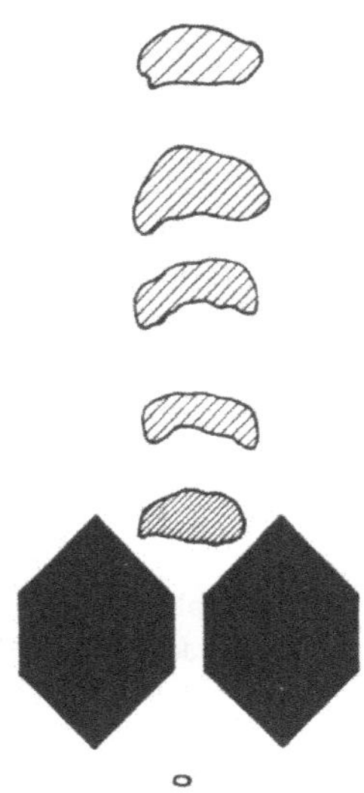

Abb. 123. Papierchromatogramm der Sterine nach COPIUS PEEREBOOM u. Mitarb. (1961)

2. *Dünnschichtchromatographische Methode*

Auch für die dünnschichtchromatographische Trennung wurde von J.W. COPIUS PEEREBOOM u. H. BEEKES (1962) eine Methode angegeben. Sie hat vor der papierchromatographischen den Vorzug einer geringeren Analysendauer und eines empfindlicheren Nachweises für Dihydrocholesterin.

Arbeitsvorschrift:

Glasplatten von 14 × 24 cm werden mit einer Mischung von Kieselgur (Merck) und Wasser 1:2 mit Hilfe der Arbeitstechnik von E. STAHL (1958) beschichtet. Nach $^1/_2$-stündigem Erhitzen auf 115°C wird die resultierende 0,22 mm dicke Schicht mit Undecan[1] imprägniert, indem man die Dünnschichtplatte sorgfältig in eine 10%ige Lösung von Undecan (K. P. 190—220°C) in Petroläther (40/60°C) taucht. Die Platte wird 1 min mit dem Boden nach oben gehalten und dann 1 Std bei Zimmertemperatur aufbewahrt, um den Petroläther zu verdampfen. 0,50—0,30 g Undecan bleiben auf der Platte. Dann wird wie bei der Matthias-Technik eine Anzahl paralleler hexagonaler Löcher angebracht. In die Mitte der 8 mm breiten „Brücken" gibt man 5 mm³ einer 0,1%igen ätherischen Lösung der Sterine oder ihrer Acetate. Die Platten werden mit einer Mischung von Essigsäure und Wasser 90:10 oder 92:8 nach der aufsteigenden Technik bei 23°C entwickelt. Die 10%ige Undecan-Lösung und die mobile Phase werden am Tage vorher miteinander gesättigt. Die gesättigte Essigsäure-Wasserschicht wird in ein Chromatographiergefäß von 19 × 7 × 30 cm gegeben, das zur Erzielung einer besseren Sättigung an den Seiten mit Filtrierpapier ausgekleidet ist. Nach 5—6 Std ist die Lösungsmittelfront 20 cm vorgedrungen. Die Entwicklung wird dann abgebrochen und die Platte 3 Std an der Luft und 45 min bei 90°C getrocknet. Nach dem Besprühen mit einer 20%igen alkoholischen Lösung von Phosphormolybdänsäure (Merck) wird die Platte 5—10 min auf 90°C erhitzt. Blaugrüne Banden erscheinen auf lichtgrünem Untergrund. Die nach dieser Methode erhaltenen R_s-Werte sind in Tab. 128 zusammengestellt.

[1] Lieferfirma: J. Haltermann, 2102 Hamburg-Wilhelmsburg.

Tabelle 128. *R_s-Werte bei der Dünnschichtchromatographie der Sterine* (nach J.W. COPIUS PEEREBOOM u. H. BEEKES 1962)

Verbindung	R_s-Werte A	B	Verbindung	R_s-Werte A	B
Cholesterin	1,0	1,0	Ergosterin	1,16	1,22
Stigmasterin	0,93	0,91	7-Dehydrocholesterin	1,12	1,26
β-Sitosterin	0,86	0,83	Dihydrocholesterin	0,90	0,89
Brassicasterin	1,00	1,00	Epicholesterin	0,90	1,16

A = Undecan / Essigsäure — Wasser (90:10)
B = Undecan / Essigsäure — Wasser (92:8)

Auch hier die schon erwähnten „kritischen Paare". Die Trennung von Cholesterin und Brassicasterin ist allerdings möglich, wenn man das Chromatogramm mit einer Mischung von Essigsäure-Acetonitril 25:75 entwickelt, dem 0,5% Brom zugesetzt werden (vgl. J.W. COPIUS PEEREBOOM 1963).

Das Brassicasterin erscheint dann allerdings gemeinsam mit anderen pflanzlichen Sterinen. Natürlich vorkommende Sterine können so in sechs Bänder getrennt werden, die jeweils noch aus 1—9 Individuen bestehen können.

Zur weiteren Zerlegung dieser Gruppen bedienen sich J.W. COPIUS PEEREBOOM u. H.W. BEEKES (1965) der DC-Trennung an mit Silbernitrat imprägnierten Silicagel G-Schichten. Hiermit ist eine weitere Trennung von Sterinen mit unterschiedlicher Doppelbindungszahl möglich.

Zur Trennung derartiger Sterine sind nach R. KAMMERECK u. Mitarb. (1967) auch DC-Schichten aus neutralem Aluminiumoxid geeignet, das mit Silbernitrat imprägniert ist.

Bemerkenswert gute Trennergebnisse bei Verwendung der DC-Methode erzielen A. SEHER u. E. HOMBERG (1968) auf MgO- Al_2O_3-$CaSO_4$-Platten. „Kritische Paare" treten hierbei nicht auf. Mit Hilfe dieser Arbeitsweise konnten die Autoren zeigen, daß Cholesterin auch in Pflanzenfetten vorkommt (vgl. S. 791).

3. *Gaschromatographische Methoden*

Eine weitaus schärfere Trennung der Sterine als mit der papier- und dünnschichtchromatographischen Arbeitstechnik erzielt man auf gaschromatographischem Wege. Eine Literaturübersicht und die Zusammenstellung eigener Ergebnisse bringen R.K. BEERTHUIS u. J.H. RECOURT (1960 und 1963).

Unter folgenden Arbeitsbedingungen:

Temperatur: ca. 235° C, Druck: ca. 60 cm Hg, Gasgeschwindigkeit: ca. 25 ml/min, Träger: Celite 150—178 μ oder 120—150 μ, feste Phase: 5% Siliconöl, molekular destilliert, verwendet wird der bei 8 μ Hg und 215° C erhaltene Rückstand, Säule: 120 × 0,4 cm, Argon-Ionisationsdetektor (Pye), beobachteten sie die in Tab. 129 wiedergegebenen Retentionswerte.

Tabelle 129. *Relative Retentionszeit von Sterinen, bezogen auf Cholesterin* (nach J.H. RECOURT u. R.K. BEERTHUIS 1963)

Sterin	R_s	Sterin	R_s
Cholesterin	1,0	Stigmasterin	1,46
7-Dehydrocholesterin	1,14	β-Sitosterin	1,67
Ergosterin	1,31	γ-Sitosterin	1,67

Aus den Versuchen der Autoren ergibt sich, daß Sterine mit unterschiedlicher Gesamtzahl der Kohlenstoffatome meistens trennbar sind, z. B. Cholesterin C_{27}, Ergosterin C_{28} und Stigmasterin C_{29}. Einführung von Doppelbindungen in das Sterinmolekül führt je nach der Eintrittsstelle zu einer Verkürzung oder Verlängerung der Retentionszeit.

Unter analogen Bedingungen wurden auch die mit Hilfe der Dünnschichtchromatographie nach E. STAHL (1958) isolierten Steringemische 14 verschiedener pflanzlicher und 9 tierischer Öle untersucht.

Dabei zeigte es sich, daß die untersuchten tierischen Fette ausschließlich Cholesterin enthielten und daß alle pflanzlichen Öle, mit einer Ausnahme, an der Cholesterinstelle kein Maximum aufwiesen. Diese Ausnahme bildet das Palmöl, das eine Komponente mit einer Retentionszeit enthält, die der des Cholesterins entspricht Im übrigen ist die Trennschärfe der gaschromatographischen Methode so groß, daß die Autoren in Modellversuchen das Cholesterin noch in Gemischen mit Stigmasterin und β-Sitosterin nachweisen konnten, wenn seine Konzentration $< 1\%$ war.

In Fettgemischen konnten auf dem Weg über die Sterine gaschromatographisch noch 2% Heringsöl, 2% Rinderfett oder 5% Schmalz nachgewiesen werden.

Weiter ausgebaut und verfeinert wurde die Sterinanalyse von A. KARLESKIND u. Mitarb. (1965/1966). Die Autoren isolieren zunächst das Unverseifbare, trennen die Sterinfraktion von den anderen Bestandteilen des Unverseifbaren durch Dünnschichtchromatographie und zerlegen schließlich das so erhaltene Steringemisch auf gaschromatographischem Wege.

Dünnschichtchromatographische Vortrennung

Es werden Glasplatten von 20×20 cm verwendet, die eine 0,25 mm dicke Schicht von Aluminiumoxid tragen, das durch einstündiges Erhitzen auf 130—140°C aktiviert wurde. Auf die im Exsiccator abgekühlte Platte bringt man 20—30 mg Unverseifbares, das nach einer genormten Methode (z. B. IUPAC II. D. 5. 3.) mit Äther erhalten wurde. Man entwickelt mit Hexan-Äther 80:20, bis sich die Lösungsmittelfront 1 cm unterhalb des oberen Plattenrandes befindet. Die Sterinflecke werden mit einer 0,2 %igen Lösung von Dichlorfluorescëin in Alkohol im UV sichtbar gemacht und anschließend mit Äthyläther in der Wärme extrahiert.

Gaschromatographische Analyse

Das erhaltene Steringemisch wird unter Einhaltung folgender Bedingungen direkt im Gaschromatographen zerlegt:

Die 1,5 m lange Kolonne aus rostfreiem Stahl ist mit säuregewaschenem Chromosorb W, 60—80 mesh, das mit 10% Silicon SE 30 beladen ist, gefüllt. Die Temperatur der Kolonne beträgt 265°C, die des Injektors 330°C und die des Detektors 210°C. Wichtig ist, daß die Kolonnenfüllung vor Ausführung der Analyse durch 250stündiges Erhitzen auf 265°C gealtert wurde, da insbesondere das Cholesterin durch eine aktive Kolonnenfüllung abgebaut und isomerisiert wird, wodurch das Analysenergebnis verfälscht werden kann.

A. KARLESKIND u. Mitarb. (1966) ermittelten nach dieser Methode die Zusammensetzung der Sterinfraktionen der wichtigsten Öle und Fette. In Übereinstimmung mit anderen Autoren (J.H. RECOURT u. R.K. BEERTHUIS 1963; M. WALBECQ 1965; A. SEHER u. E. HOMBERG 1968) fanden sie, daß auch in pflanzlichen Ölen neben Phytosterinen geringe Mengen Cholesterin vorkommen können, in tierischen Fetten dagegen nur Cholesterin aber keine Phytosterine. Eine Auswahl ihrer Ergebnisse bringt folgende Tabelle.

Ölsorte	Sterinzusammensetzung, %				
	Cholesterin	Brassicasterin	Campesterin	Stigmasterin	Sitosterin
Palmkernöl	1	—	12	13	74
Palmöl	4	—	21	12	63
Olivenöl	—	—	3	—	97
Erdnußöl	1	—	12	12	76
Rüböl	—	10	27	—	63
Kottonöl	—	1	8	—	91
Maisöl	—	—	20	6	74
Sojaöl	—	—	19	24	57
Sonnenblumenöl	—	—	11	8	62*
Leinöl	2	2	28	10	54*

* außerdem noch nicht identifizierte Anteile.

Die Sterinanalyse ist also in ihrer heutigen Gestalt ein wertvolles Hilfsmittel zur Identifizierung und zum Nachweis pflanzlicher Öle geworden (vgl. auch S. 853).

b) Fettalkohole und Kohlenwasserstoffe

Neben den Sterinen finden sich im Unverseifbaren auch gesättigte und ungesättigte Fettalkohole, Terpenalkohole, sowie gesättigte und ungesättigte Kohlenwasserstoffe.

Höhermolekulare Fettalkohole sind in Mengen bis zu 50% in Seetierölen enthalten, z. B. Cetylalkohol $C_{16}H_{34}O$ im Walrat, Oleinalkohol und Octadecylalkohol $C_{18}H_{36}O$ im Öl des Pottwals und in zahlreichen Haifisch- und Rochenleberölen. Pflanzenöle enthalten im allgemeinen nur verschwindend geringe Mengen dieser Verbindungen, meistens in Form von Wachsen, die aus den Schalen der Ölsaaten während der Extraktion in das Öl gelangt sind.

Die in den meisten Fetten in Konzentrationen von 0,1—0,2% anzutreffenden Kohlenwasserstoffe sind häufig für den charakteristischen Geruch der Rohöle verantwortlich. H. JASPERSON u. R. JONES (1947) fanden im Palmöl 0,025%, im Erdnußöl 0,019%, im Kottonöl 0,025% und im Sonnenblumenöl 0,0135% dieser Verbindungen.

Eingehende Untersuchungen über den Kohlenwasserstoffgehalt roher und raffinierter Öle machte A. KUKSIS (1964). Er fand folgende Werte:

Ölsorte	Kohlenwasserstoffe, %	
	im Unverseifbaren	im Öl
Maisöl, roh	5,0	0,1
Maisöl, raffiniert	2,5	0,03
Kottonöl, raffiniert	3,0	0,03
Olivenöl, raffiniert	10,5	0,5
Safloröl, raffiniert	2,0	0,01
Sonnenblumenöl, raffiniert	1,0	< 0,01
Sojaöl, raffiniert	5,0	0,5

Alle Öle enthalten gesättigte Kohlenwasserstoffe (C_{13} bis C_{35}) mit gerad- und ungeradzahliger Kohlenstoffzahl, einige auch iso- und Cyclohexyl-Derivate.

Besonders reich an Kohlenwasserstoffen sind wiederum die Haifischleberöle. Sie enthalten bis zu 80% des von M. TSUJIMOTO (1906) aufgefundenen Squalens $C_{30}H_{50}$, Molekulargewicht 410,1, eines sechsfach ungesättigten Kohlenwasserstoffs folgender Konstitutionsformel:

$$\begin{array}{l} \qquad\qquad\qquad\qquad\qquad\quad CH_3 \qquad\qquad\qquad\quad CH_3 \\ (CH_3)_2 \cdot C = CH \cdot CH_2 \cdot CH_2 \cdot C = CH \cdot CH_2 \cdot CH_2 \cdot C = CH \cdot CH_2 \\ (CH_3)_2 \cdot C = CH \cdot CH_2 \cdot CH_2 \cdot C = CH \cdot CH_2 \cdot CH_2 \cdot C = CH \cdot CH_2 \\ \qquad\qquad\qquad\qquad\qquad\quad CH_3 \qquad\qquad\qquad\quad CH_3 \end{array}$$

Hierhin gehören auch Pristan, Zamen, Gadusen u. a. unverseifbare Bestandteile von Seetierölen.

In der Sheabutter finden sich 2—10% eines kautschukähnlichen Kohlenwasserstoffs, Kariten $(C_5H_8)_{20}$, und zwar um so mehr, je unreifer die Nüsse waren, aus denen das Fett gewonnen wurde.

Von diesen Kohlenwasserstoffen hat das *Squalen* besondere analytische Bedeutung erhalten, da es sich im Olivenöl in relativ hoher Konzentration findet, so daß sich etwaige Verfälschungen dieses Öls durch Bestimmung des Squalengehalts nachweisen lassen.

In den letzten Jahren wurden auch polycyclische aromatische Kohlenwasserstoffe, und zwar hauptsächlich Pyren, Benzpyren, Phenanthren, Fluoranthen, Benzanthren, Chrysen und Perylen in Pflanzenölen nachgewiesen und quantitativ bestimmt. Der Polycyclengehalt wird durch die Art der Trocknung der Ölsaaten in hohem Maße beeinflußt, durch die Raffination der

Öle aber erheblich vermindert. Bei Behandlung der Öle mit Aktivkohle im Laufe des Raffinationsprozesses geht er nahezu auf 0 zurück (G. BIERNOTH u. H.E. ROST 1967). In der nachfolgenden Tabelle sind Angaben verschiedener Autoren zusammengestellt.

Ölsorte	Rohöle, µg/kg			Raffinierte Öle, µg/kg		
	gesamt	Benzo-[a]-pyren	Autor	gesamt	Benzo-[a]-pyren	Autor
Cocosöl, aus frischen Nüssen	24	0,9	3	—	—	—
Cocosöl, handelsüblich . . .	2872	29	3	13	0	3
Palmöl	34	1,2	2	—	—	—
Kakaobutter	39	0,9	2	—	—	—
Olivenöl	—	—	—	8,1	0,5	1
Erdnußöl	38	1,9	2	8,8	0,6	1
Rüböl	55	2,5	2	—	—	—
Kottonöl	41	1,4	2	1,4	0,4	1
Sojaöl	33	1,7	2	7,8	0,9	1
Sonnenblumenöl.	123	10,6	2	—	—	—
Maisöl	—	—	—	6,1	0,7	1

1 = J.W. HOWARD u. Mitarb. (1966).
2 = G. GRIMMER u. A. HILDEBRANDT (1967).
3 = G. BIERNOTH u. H.E. ROST (1967).

α) Nachweis und Bestimmung von Fettalkoholen

Der Verdacht auf die Anwesenheit von Fettalkoholen ist immer dann berechtigt, wenn die Menge des Unverseifbaren die üblichen Grenzen überschreitet und bei der Extraktion mit Äther wesentlich mehr Unverseifbares gewonnen wird als mit Petroläther.

Zum Nachweis isoliert man größere Mengen des Unverseifbaren, z. B. nach S. 716, und bestimmt die Hydroxylzahl. Aufgrund derselben läßt sich allerdings nicht entscheiden, ob Sterine oder Alkohole oder beide vorliegen. Die weitere Untersuchung erfolgt daher zweckmäßig auf chromatographischem Wege, z. B. nach S. 783.

Eine annähernde Trennung der aliphatischen Alkohole von den Sterinen ist durch eine Behandlung des Gemisches der Acetate mit heißem 95%igem Alkohol möglich, in dem die Sterinacetate wesentlich schwerer als die Alkoholacetate löslich sind. Nach A. GRÜN (1925) arbeitet man zweckmäßig wie folgt:

Essigsäureanhydridprobe auf Alkohole

Die Substanz wird mit dem gleichen Volumen Essigsäureanhydrid 2 Std am Rückflußkühler gekocht. Tritt völlige Auflösung ein und erfolgt auch nach dem Abkühlen keine Ausscheidung, so liegen niedere Fettalkohole, wie Cetylalkohol oder Oleinalkohol, vor.

Wenn das Unverseifbare in der Hitze löslich ist, beim Erkalten aber eine Ausscheidung hochschmelzender Verbindungen stattfindet, so sind auch Sterine oder hochschmelzende aliphatische Alkohole vorhanden. Ist das Unverseifbare auch in der Hitze nicht völlig löslich, so enthält es größere Mengen an Kohlenwasserstoffen. Erstarrt die auf der Flüssigkeit schwimmende ölige Schicht beim Erkalten, so sind die Kohlenwasserstoffe Paraffin und Ceresin. Die verbleibende Lösung wird mit Wasser gefällt, die Fällung gewaschen und mit heißem Alkohol behandelt. Sterinacetate lösen sich nur sehr schwer und kristallisieren beim Erkalten der Lösung aus. Aus dem Filtrat lassen sich etwa vorhandene aliphatische Alkohole mit Wasser fällen.

β) Bestimmung der Kohlenwasserstoffe, insbesondere des Squalens

Von den im Unverseifbaren anwesenden Kohlenwasserstoffen ist nur das Squalen von größerem Interesse, da es in einigen Ölen, z. B. Olivenöl (vgl. Tab. 130), in so hoher Konzentration vorkommt, daß es zum Nachweis derselben und zur Erkennung von Fälschungen dienen kann.

Zum Nachweis und zur Bestimmung des Squalens eignen sich folgende Methoden:

1. Umsetzung mit alkoholischer Salzsäure zu Squalenhexachlorid, das durch seinen Schmelzpunkt und seine Kristallstruktur identifiziert werden kann (M. TSUJIMOTO 1906).
2. Ermittlung der Jodzahl, die für das Squalen theoretisch 372 beträgt (J. GROSSFELD u. H. TIMM 1939).

Zur Ausführung der Bestimmung trennt man zunächst die Kohlenwasserstoffe von den anwesenden Sterinen. Das gelingt weniger vollständig durch eine Extraktion des verseiften Fettes mit einer unzureichenden Menge Petroläther, wobei die Sterine zum größten Teil ungelöst bleiben (J. GROSSFELD u. H. TIMM 1939), besser aber durch Chromatographie einer Lösung des Unverseifbaren über Aluminiumoxid (J. FITELSON 1943a; H. HADORN u. R. JUNGKUNZ 1949a). Vom sterinfreien Unverseifbaren wird dann die Jodzahl bestimmt oder aber das Squalen durch die Hexachloridreaktion nachgewiesen.

Bestimmung des „Rohsqualens" nach J. GROSSFELD u. H. TIMM (1939)

Diese Methode ist für eine orientierende Prüfung gut geeignet. Sie gibt unrichtige Werte, wenn das Unverseifbare außer Squalen noch andere ungesättigte Verbindungen enthält.

5 g Speiseöl werden in einer Apparatur nach S. 422 mit 3 ml 47%iger Kalilauge (d = 1,5) und 20 ml 95%igem Alkohol 15 min am Rückflußkühler verseift. Nach dem Erkalten gibt man zur Seifenlösung genau 50 ml Benzin mit den Siedegrenzen 60/70° C, verschließt den Kolben und schwenkt einige Male um, wobei eine klare Lösung entsteht. Dann gibt man 20 ml Wasser hinzu, verschließt wieder und schwenkt ca. 20 bis 30-mal um. Dabei trennen sich die Schichten. Man läßt zur Klärung über Nacht stehen, entnimmt durch Druckpipettierung 25 ml Fettlösung, destilliert das Lösungsmittel ab, trocknet und wägt.

$$\% \text{ Kohlenwasserstoffe} + \text{Sterine} = \text{Auswaage} \cdot 35{,}5$$

Der Rückstand wird in 2,5 ml absolutem Alkohol bei ca. 50° C im Wasserbad gelöst. Zur Lösung läßt man aus einer Pipette 5,0 ml der 0,2 n alkoholischen Jodlösung nach MARGOSCHES (vgl. 728) fließen und vermischt durch kurzes Schütteln, setzt sofort 50 ml Wasser hinzu, läßt 3 min einwirken und titriert mit 0,1 n-Thiosulfat-Lösung (= a ml). In gleicher Weise wird ein Blindversuch angesetzt und titriert (= b ml). Es ist dann:

$$\% \text{ Squalen} = (a - b) \cdot 0{,}120$$

Bei einem größeren Rückstand als 30 mg setzt man auf je 25 mg Rückstand 2,5 ml Alkohol, 5 ml Jodlösung und 50 ml Wasser zu.

GROSSFELD u. TIMM (1939) fanden nach dieser Methode in reinem Olivenöl 0,41—0,54%, in ranzigem Olivenöl 0,07% und in anderen Speiseölen 0,02—0,10% Squalen.

Bestimmung des Squalengehaltes nach H. HADORN u. R. JUNGKUNZ (1949a)

Dieses Verfahren vermeidet durch chromatographische Abtrennung der Sterine zwar den Fehler, daß durch Anwesenheit dieser Verbindungen ein zu hoher Squalengehalt vorgetäuscht wird, kann aber auch dann zu Fehlschlüssen führen, wenn dem Squalen ungesättigte aliphatische Kohlenwasserstoffe anderer Art beigemischt sind, da diese zusammen mit dem Squalen die Säule passieren. In Zweifelsfällen wird man das Eluat daher auch nach der Hexachloridmethode (vgl. S. 795) untersuchen. Eine Abwandlung dieser Methode eignet sich auch für die Bestimmung von Mineralölen in Fetten (vgl. S. 843).

Geräte:

Chromatographierrohr, 40 cm lang, 13 mm lichte Weite, unten verengt
Verseifungskolben, 250 ml mit Rückflußkühler
Scheidetrichter, Abdampfschalen usw.

Reagentien:

0,2 n-Jod-Brom-Lösung zur Jodzahlbestimmung nach HANUŠ (vgl. S. 573)
Aluminiumoxid, Aktivitätsstufe I, bzw. nach der Originalvorschrift mit Salpetersäure aktiviert
0,5 n alkoholische KOH

0,1 n-Thiosulfat-Lösung
Kaliumhydroxid z. A. in rotulis
Alkohol, 80%ig und 50%ig
Petroläther, Benzol, Chloroform.

Verfahren:

Erste Verseifung. Bei der Untersuchung von Olivenölen geht man von 20 g, sonst von 40 g aus. In letzterem Fall werden alle Reagentienmengen verdoppelt. 20 g Olivenöl werden in einem 250-ml-Stehkolben abgewogen, mit 6 g Kaliumhydroxid und 80 ml 96%igem Alkohol versetzt und 1 Std am Rückflußkühler gekocht. Die noch warme Seifenlösung wird in einen $^1/_2$ l fassenden Scheidetrichter überführt und der Verseifungskolben mit 200 ml Petroläther nachgespült. Der Inhalt des Scheidetrichters wird mit Wasser gekühlt und kräftig geschüttelt. Der homogenen Lösung setzt man 80 ml Wasser zu, schwenkt um, worauf Schichtentrennung erfolgt. Nach 2-stündigem Stehen wird die Seifenlösung abgelassen, der Petroläther abdestilliert und der Rückstand nochmals verseift.

Zweite Verseifung. Das Unverseifbare wird sodann mit 20 ml 0,5 n alkoholischer KOH 20—30 min am Rückflußkühler erhitzt, die alkoholische Lösung mit 100 ml Petroläther in einen Scheidetrichter gespült und mit 20 ml Wasser versetzt. Nach Schütteln und Trennung der Schichten wird die Petrolätherschicht mit 50%igem Alkohol alkalifrei gewaschen, mit wasserfreiem Natriumsulfat getrocknet, eingedampft und der Rückstand nach dem Trocknen bei 100°C gewogen. Dieses sog. sterinarme Unverseifbare enthält geringe Mengen Sterine und alle petrolätherlöslichen Kohlenwasserstoffe.

Chromatographische Trennung. Das Chromatographierrohr wird gleichmäßig mit 10 g Aluminiumoxid gefüllt und die Säulenfüllung unter schwachem Absaugen mit Benzol getränkt. Wenn das Benzol unten abläuft, wird das in 5—10 ml Benzol gelöste Unverseifbare durchfiltriert und mit 50—60 ml Benzol nachgewaschen. Die Vollständigkeit des Auswaschens läßt sich unter der Quarzlampe nachprüfen.

Das Eluat, welches farblos sein muß, wird in einen Jodzahlkolben überführt und das Benzol abgedampft. Der Rückstand wird getrocknet und gewogen. Er ist identisch mit den im Unverseifbaren enthaltenen Kohlenwasserstoffen.

Bestimmung der Squalenzahl. Zur Erhöhung der Genauigkeit bei der Jodzahlbestimmung teilt man den Rückstand in zwei Teile und bestimmt von jedem die Jodzahl nach Hanuš (vgl. S. 573). Für jedes Milligramm der in 5 ml Chloroform gelösten Kohlenwasserstoffe läßt man 0,3 ml Reagens zufließen. Man verschließt den Kolben mit einem Glasstopfen und läßt 15 min im Dunkeln stehen. Dann gibt man 5 ml 10%ige Kaliumjodid-Lösung und 50 ml Wasser zu und titriert den Jodüberschuß mit 0,1 n-Thiosulfat-Lösung zurück (= a ml). In analoger Weise wird ein Blindversuch ausgeführt (= b ml).

$$\frac{\text{Squalenzahl}}{\text{(mg/kg Squalen)}} = \frac{(b - a) \cdot 3{,}42 \cdot 1000}{\text{Einwaage}}$$

Das von J. Fitelson (1943a) angegebene chromatographische Verfahren unterscheidet sich von diesem dadurch, daß nur einmal verseift wird und die Bestimmung der Jodzahl nach Rosenmund u. Kuhnhenn (vgl. S. 575) erfolgt. Die Methode von Fitelson wurde in nur wenig abgeänderter Form unter Nr. 26.072 (1965) in die AOAC-Methodensammlung aufgenommen. Nach H. Hadorn u. R. Jungkunz (1950) erhält man nach der Methode von Fitelson (1943a) etwas höhere Squalenzahlen als nach der von ihnen ausgearbeiteten.

Da auch diese Methoden falsche Ergebnisse liefern können, beispielsweise wenn ungesättigte Kohlenwasserstoffe anderer Art vorhanden sind, empfiehlt es sich, in Zweifelsfällen die chromatographisch gereinigte Kohlenwasserstofffraktion nach M. Tsujimoto (1906) auf Bildung des Squalenhexachlorids zu prüfen. Hierzu ist das von J. Fitelson (1943b) vereinfachte Verfahren geeignet:

Das sterinfreie Unverseifbare wird mit 2 ml Äther in ein 15-ml-Zentrifugenrohr gespült. Man stellt das Rohr in ein Eisbad und leitet 1 Std trockenes HCl-Gas hindurch. Das Rohr wird dann aus dem Eisbad genommen und solange Salzsäuregas durch die ätherische Lösung geleitet, bis der Äther verdampft ist. Nach Zugabe von 1 ml Petroläther (35—60°C) erhitzt man zum Sieden, kühlt und stellt zur Kristallisation in einen Kühlschrank. Dann entfernt man das Lösungsmittel durch Zentrifugieren und Dekantieren, wäscht einmal mit kaltem Petroläther, löst in wenig heißem Aceton und läßt im Kühlschrank kristallisieren. Unter dem Mikroskop (100 ×) beobachtet man die typischen hexagonalen Kristalle von Squalenhexachlorid. Da zahlreiche stereoisomere Chloride nebeneinander gebildet werden, schmilzt das Hexachlorid nicht scharf, sondern zwischen 110—130°C.

Auswertung der Ergebnisse:

Tab. 130 gibt eine Übersicht über den Squalengehalt einiger Öle und Fette. Hieraus ist ersichtlich, daß Olivenöl aufgrund seines hohen Squalengehalts leicht in Mischungen mit anderen Pflanzenölen nachgewiesen werden kann.

Sonstige Methoden

Auch auf gaschromatographischem Wege lassen sich Sterine und Squalen trennen. So gelang H.J. O'NEILL u. L.L. GERSHBEIN (1961) die Trennung von Cholesterin und Squalen in einer mit Apiecon L beschickten Kolonne bei 330°C in 10 min.

Tabelle 130. *Squalengehalt einiger Öle und Fette*

Öl bzw. Fett	Squalengehalt, mg/kg	Autor
a) Haifischleberöle		
Rothai *(Centrophoris spez.)*	800000—850000	M. TSUJIMOTO
Riesenhai *(Cetorhinus max.)*	200000—260000	M. TSUJIMOTO
Heringshai	0	M. TSUJIMOTO
b) Pflanzenöle und -fette		
Hefefett	163000	K. TÄUFEL u. Mitarb. (1936)
Olivenöl	1360— 7080	J. FITELSON (1943b)
	1040— 4990	H. HADORN u. R. JUNGKUNZ (1950)
Kottonöl	40— 120	J. FITELSON (1943b)
	100	H. HADORN u. R. JUNGKUNZ (1950)
Maisöl	100— 360	J. FITELSON (1943b)
Erdnußöl	130— 490	J. FITELSON (1943b)
	310— 360	H. HADORN u. R. JUNGKUNZ (1950)
Sonnenblumenöl	80— 190	J. FITELSON (1943b)
	120	H. HADORN u. R. JUNGKUNZ (1950)
Sojaöl	70— 170	J. FITELSON (1943b)
	130	H. HADORN u. R. JUNGKUNZ (1950)
Teesamenöl	80— 160	J. FITELSON (1943b)
	150— 190	H. HADORN u. R. JUNGKUNZ (1950)
Rapsöl	280	J. FITELSON (1943b)
	60	H. HADORN u. R. JUNGKUNZ (1950)

γ) Bestimmung polycyclischer aromatischer Kohlenwasserstoffe

Die Bestimmung polycyclischer aromatischer Kohlenwasserstoffe gehört zu den schwierigsten Aufgaben des Fettchemikers, da es sich hier meist um Konzentrationen von wenigen μg/kg handelt (vgl. S. 793). Die exakte Bestimmung dieser Nebenbestandteile setzt daher eine langwierige Einarbeitung in die Methodik voraus.

Brauchbare Methoden wurden von G. GRIMMER u. A. HILDEBRANDT (1965) sowie von J.W. HOWARD u. Mitarb. (1966) angegeben. Die Howard'sche Methode ist so detailliert dargestellt, daß sie zur Nacharbeitung empfohlen werden kann. Sie besteht im wesentlichen aus folgenden Verfahrensschritten:

200 g Öl werden in 500 ml Isooctan gelöst und dreimal mit je 200 ml H_3PO_4 (85%ig) gewaschen, um Farbstoffe und emulgierende Substanzen zu entfernen. Die Öllösung wird mehrmals mit je 2 ml H_3PO_4 und 175 ml Dimethylsulfoxid (DMSO) extrahiert und die vereinigten DMSO-Extrakte werden wiederum mit Isooctan extrahiert. Die vereinigten Isooctanlösungen, welche die Polycyclen enthalten, werden durch Waschen mit 80%iger Natronlauge und Wasser vom gelösten DMSO befreit.

Die in mehreren Scheidetrichtern befindliche Isooctanlösung wird nun durch eine mit Florisil und Natriumsulfat gefüllte Säule filtriert. Die adsorbierten Kohlenwasserstoffe werden mit Benzol eluiert. Die benzolische Lösung wird unter Stickstoff auf 5—10 ml eingedampft.

Zur Zerlegung des so erhaltenen Kohlenwasserstoffgemisches wird eine Anzahl DC-Platten von 20×20 cm 0,5 mm hoch mit Cellulose beschichtet. Die Platten werden mit Isooctan gewaschen und mit dem gleichen Lösungsmittel äquilibriert. Man trägt nun die Kohlenwasserstoff-Lösung in 0,5 cm breiten Banden auf, imprägniert die Platte 0,5 cm von der Startlinie entfernt mit der immobilen Phase (Dimethylformamid-Äther/20:80) und entwickelt mit Isooctan. Zur Identifizierung der Flecke wird eine Testlösung mit bekannten polycyclischen Kohlenwasserstoffen in gleicher Weise behandelt.

Sobald die Entwicklung beendet ist, markiert man im UV-Licht die Zonen der individuellen Kohlenwasserstoffe, extrahiert diese mit heißem Methanol, engt die Extrakte auf 0,5 ml ein und tauscht den Methylalkohol durch Destillation gegen Benzol aus.

Die benzolische Lösung der Kohlenwasserstoffe wird nun auf DC-Platten, die ca. 1 mm hoch mit Celluloseacetat beschichtet sind, weiter gereinigt. Mobile Phase: Alkohol-Toluol-Wasser/17:4:4. Die aus den Flecken gewonnenen Extrakte werden separat unter Zusatz von je 1 g Hexadecan eingedampft. Von der Hexadecan-Lösung wird zur Identifizierung der polycyclischen aromatischen Kohlenwasserstoffe das Spektrum im UV-Bereich zwischen 250 und 400 mμ aufgenommen. Quantitative Auswertung nach der Basislinienmethode (vgl. S. 526). Mit dieser Arbeitsweise konnten die Autoren noch 2 μg/kg polycyclische aromatische Kohlenwasserstoffe bestimmen. Der Wiedergewinnungsgrad betrug in Modellversuchen, je nach der Kohlenwasserstoffart und der Ölsorte, 75—100%.

G. Grimmer u. A. Hildebrandt (1967) konnten nach ihrer Methode, die der von Howard u. Mitarb. (1966) im Prinzip ähnlich ist, in Modellversuchen mit 2—1200 μg Kohlenwasserstoffen Wiedergewinnungsgrade von 67—90% der zugesetzten Menge erzielen.

c) Carotin und Vitamin A

In zahlreichen Pflanzenölen sind als Begleitstoffe Carotinoide anwesend, z. B. in Sojaöl, Rapsöl, Olivenöl usw. Besonders reich an diesen Verbindungen ist das aus dem Fruchtfleisch der Früchte der Ölpalme gewonnene rohe Palmöl, das bis zu 1 g Carotinoide (α, β, γ-Carotin, Lycopin, Xanthophyll usw.) pro Kilogramm enthalten kann. Vorsichtig raffiniertes Palmöl wird daher gern zum Färben von fetthaltigen Lebensmitteln verwendet.

Unter den Carotinoiden kommt dem trans-β-Carotin die größte Bedeutung zu, da es im tierischen Organismus zum Vitamin A oxydiert werden kann, mit dem es strukturverwandt ist.

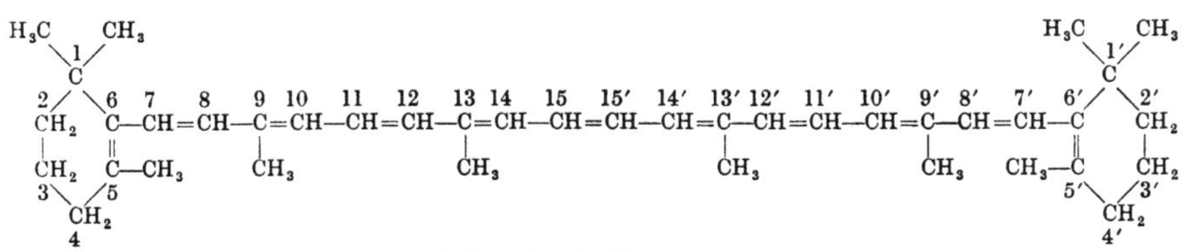

β-Carotin $C_{40}H_{56}$

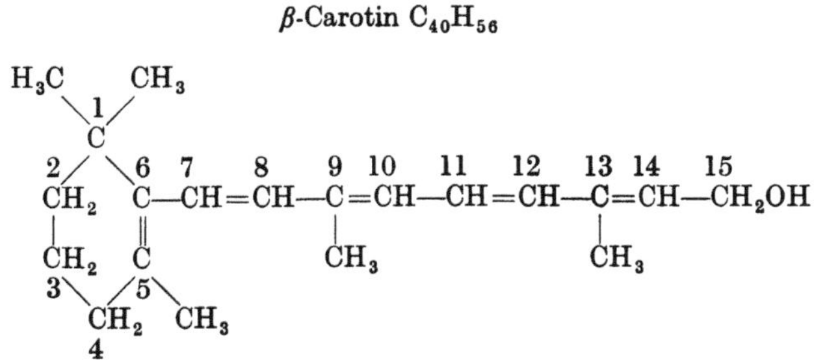

Vitamin A-Alkohol $C_{20}H_{30}O$

Vitamin A ist daher vor allem in der Leber und hier wiederum in besonders hoher Konzentration in Seefischleberölen anzutreffen. In Form synthetischer Präparate werden heute trans-β-Carotin und Vitamin A-Palmitat zur Färbung bzw. Vitaminierung von Margarine verwendet. Vitaminierung der Margarine ist in einigen Ländern, z. B. England und Holland, gesetzlich vorgeschrieben. In Deutschland ist sie unter der Bedingung erlaubt, daß eine gewisse Mindestkonzentration eingehalten und die Vitaminierung deklariert wird.

Von detaillierten Angaben über die Eigenschaften dieser Begleit- und Zusatzstoffe kann hier abgesehen werden, da sie zusammenfassend in Bd. II/2 behandelt werden. Eine ausführliche Übersicht über die Fortschritte auf dem Gebiet der Carotinoidchemie geben S. LIAAEN-JENSEN u. A. JENSEN (1965).

An dieser Stelle sollen nur einige einfache Methoden zum Nachweis von β-Carotin und Vitamin A in Margarine und Butter beschrieben werden. Eine Sammlung erprobter Analysenvorschriften findet der Leser auch in dem Buch von R. STROHECKER u. H.M. HENNING (1963) sowie in den von M. FREED (1966) herausgegebenen „Methods of Vitamin-Assay".

α) Bestimmung des Carotingehaltes von Margarine

Unter der Voraussetzung, daß die Margarine keine Teerfarbstoffe enthält, was durch eine Vorprobe leicht festzustellen ist, läßt sich der Carotingehalt durch Verseifung einer Probe, Extraktion des Unverseifbaren und Bestimmung der Extinktion bei 450 mμ bestimmen.

Die spezifische Extinktion $E^{1\%}_{1\,\text{cm}}$ des trans-β-Carotins ist von der Natur des Lösungsmittels abhängig. Sie beträgt in:

Benzol	bei 465 mμ = 2290	World Health Organisation (1950)
Cyclohexan	bei 455 mμ = 2440	World Health Organisation (1950)
Technischem Hexan 63/70° C	bei 453 mμ = 2500	Messungen des Verfassers
Petroläther 40/60° C	bei 453 mμ = 2610	J. BOLDINGH (Privatmitteilg. 1950)
FAM-Normalbenzin	bei 453 mμ = 2500	STROHECKER u. HENNING (1963)

Bei Gegenwart anderer Farbstoffe ist eine vorherige chromatographische Abtrennung erforderlich. Dieses Verfahren wird meistens in Verbindung mit der Vitamin A-Bestimmung benutzt (vgl. S. 803).

Nachstehende Methode, bei der die Verseifung nach der Vorschrift von J. BOLDINGH u. J.R. DROST (1951) erfolgt, hat sich im Laboratorium des Verfassers bewährt.

Geräte:

Verseifungskolben mit flachem Boden, 300 ml
Schütteltrichter, 500 ml
Meßkolben, 25 bzw. 50 ml
Küvette, 1 cm Schichtdicke
Spektralphotometer.

Reagentien:

Diäthyläther, frisch über Natriumhydroxidplätzchen destilliert
Alkohol oder Aceton, beide absolut
Techn. Hexan 63/70°C
Kaliumhydroxid-Lösung: 60 g Kaliumhydroxid in Plätzchen werden in dest. Wasser gelöst und auf 100 ml aufgefüllt.
Hydrochinon
Inertgas.

Verfahren:

10 g Margarine werden in einen 300-ml-Kolben eingewogen, mit 20 mg Hydrochinon, 40 ml absolutem Alkohol und 10 ml Kaliumhydroxid-Lösung versetzt und 20 min unter Rückfluß gekocht. Man spült die Seife mit zweimal 40 ml Wasser in einen 500-ml-Schütteltrichter und extrahiert einmal mit 100 ml und dreimal mit je 50 ml Diäthyläther. Die Ätherextrakte werden vereinigt und viermal mit je 50 ml dest. Wasser gewaschen. Die vereinigten ätherischen Lösungen werden im inerten Gasstrom bei Temperaturen unterhalb 50°C in einem Drehkolbenverdampfer, z. B. Rotavapor, eingedampft. Zur Entfernung der letzten Wasserreste gibt man 5 ml absoluten Alkohol oder wasserfreies Aceton hinzu und verdampft im Vakuum unter Einleiten von Inertgas, bis die letzten Spuren Lösungsmittel und Wasser entfernt sind. Der Rückstand wird in technischem Hexan gelöst, je nach Farbstärke in einem Meßkolben auf 25 bzw. 50 ml aufgefüllt und die Extinktion der Lösung in der 1-cm-Küvette bei 453 mμ gemessen.

Berechnung:

$$\mu g\ \beta\text{-Carotin/g} = \frac{E \cdot 100}{G}$$

E = gemessene Extinktion der auf 25 ml verdünnten Lösung
G = Gewicht der Margarine in g.

Anmerkung:

Wenn die Margarine sehr viel Milch enthält, bilden sich bei der Ausätherung der Seifenlösung häufig hartnäckige Emulsionen. In solchen Fällen ist es vorzuziehen, zunächst die Fettphase der Margarine durch Zentrifugieren bei 50°C oder durch Verdampfen des Wassers im Rotationsverdampfer abzutrennen und von dieser den Carotingehalt zu bestimmen.

Zur Umrechnung auf Internationale Provitamin A-Einheiten dient die von der World Health Organisation (1949) angegebene Gleichung:

$$1\ \text{I. E. Vitamin A} = 0{,}6\ \mu g\ \beta\text{-Cartoin}$$

Vgl. hierzu die kritischen Bemerkungen der IUPAC, Vitamin Assay Subdivision 1959.

Diese Definition gilt aber nur für ein all-trans-β-Carotin. Werden Palmölcarotinoide zur Vitaminierung bzw. zur Färbung von Margarine benutzt, so entsprechen nach den British Food Standards (Margarine), Oktober 1954 (J. DEVINE u. P.N. WILLIAMS 1961), 100 Teile Palmölcarotinoide hinsichtlich der Provitaminwirkung 53,5 Teilen β-Carotin.

β) Nachweis von Palmölcarotinoiden

Die Extinktionskurve des Gemisches der Palmölcarotinoide unterscheidet sich von der des reinen trans-β-Carotins durch Verschiebung des Hauptmaximums von ca. 453 mμ nach 450 mμ und das Auftreten eines schwachen Peaks bei 340 mμ (vgl. Abb. 124).

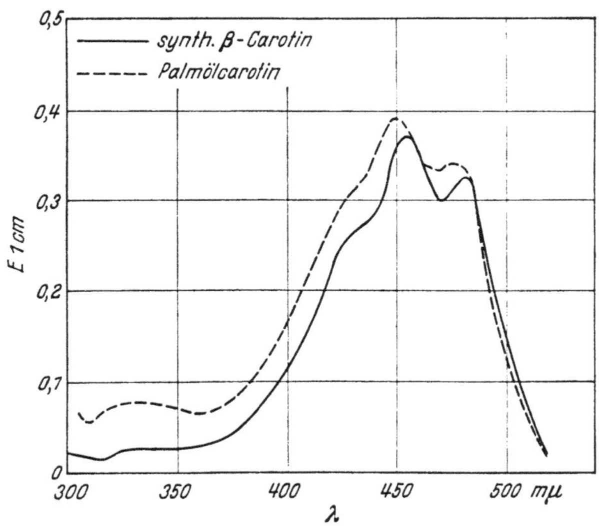

Abb. 124. Extinktionskurven von Palmölcarotin und reinem trans-β-Carotin (PARDUN 1963)

Die Beziehungen zwischen Konstitution und UV-Spektrum der Carotinoide werden von L. ZECHMEISTER (1962) eingehend beschrieben.

Noch einfacher ist die Unterscheidung der Palmölcarotinoide von reinem β-Carotin mit Hilfe dünnschichtchromatographischer Methoden. Nach E. STAHL

u. Mitarb. (1962 und 1963) gelingt die Trennung am besten mit Hilfe der sog. S-Kammer-Technik. Durch Anwendung verschiedener Sorptions-Lösungsmittel lassen sich Carotinoid-Gemische in Kohlenwasserstoffe, Aldehyde und Xanthophylle zerlegen und jede Gruppe in Individuen aufteilen. Explizite Arbeitsvorschriften bei H. R. BOLLIGER u. A. KÖNIG (1967).

γ) Sonstige Methoden zur Carotinbestimmung in Fetten

Die allgemeinen Prinzipien der Analytik von Carotin und Carotinoiden werden von G. BRUBACHER u. J. P. VUILLEUMIER (1963), papierchromatographische Methoden von A. JENSEN (1963) in gedrängter Übersicht besprochen. Neben der dünnschichtchromatographischen ist besonders die papierchromatographische Methode zur Auftrennung komplizierter Gemische geeignet.

Zur Frage des Nachweises von Carotinfarbstoffen neben Teerfarbstoffen vgl. S. 825.

δ) Bestimmung von Vitamin A

Vitamin A, auch Vitamin A_1 oder Vitamin A-Alkohol genannt, findet sich in erheblicher Konzentration in Fischleberölen. Es wird von zahlreichen Verbindungen ähnlicher Struktur begleitet, die gleichfalls Vitamincharakter besitzen. Die wichtigsten sind: das in der Leber von Süßwasserfischen vorkommende Vitamin A_2, ein 3,4-Dehydro-Vitamin A_1 und das in Seefischleberölen vorhandene Neovitamin A, ein 13-cis-Vitamin A.

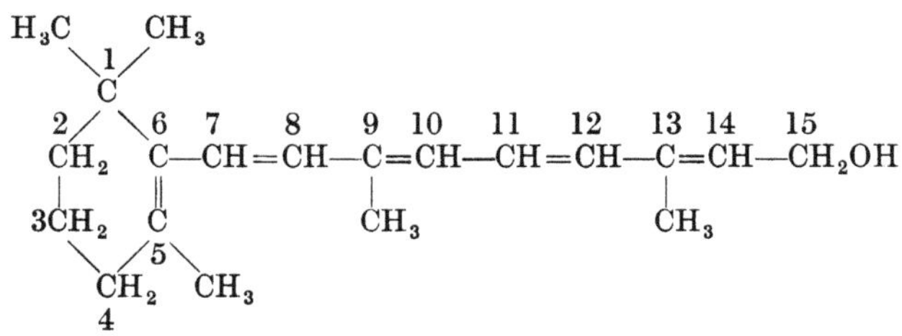

Vitamin A_1

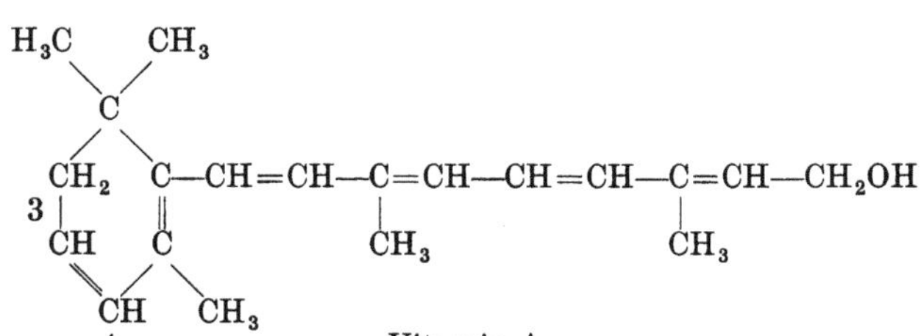

Vitamin A_2

Vitamin A wird heute in großen Mengen synthetisch hergestellt und kommt in drei Formen in den Handel: als Vitamin A-Alkohol, als -Acetat und als -Palmitat (O. ISLER 1956). Die aus natürlichen Rohstoffen, z. B. Leberölen, durch Molekulardestillation erhaltenen Konzentrate sind dagegen von untergeordneter Bedeutung.

In Deutschland wird die Margarine meistens mit Vitamin A versetzt. In einigen Ländern (England und Holland) ist die Vitaminierung sogar gesetzlich vorgeschrieben. Es besteht daher ein Interesse an verläßlichen Vitamin-Bestimmungsmethoden. In diesem Kapitel können nur die wichtigsten wiedergegeben werden. Zur eingehenden Information sei auf die Werke von R. STROHECKER u. H. M. HENNING (1963), F. GSTIRNER (1965) und M. FREED (1966), die zusammenfassenden Aufsätze von M. E. CHILCOTE u. Mitarb. (1949), H. VAN GENDEREN u. Mitarb. (1950) und W. WODSAK (1960) und die Abhandlung von O. WISS in Bd. II/2 dieses Handbuches hingewiesen.

Zur Bestimmung des Vitamin A kommen vor allem folgende Methoden in Betracht:

Der Nachweis mit Antimontrichlorid nach F. H. CARR u. E. A. PRICE (1926). Eine gesättigte Lösung von Antimontrichlorid in wasserfreiem Chloroform reagiert mit Vitamin A-Alkohol und seinen Estern unter Blaufärbung. Das Extinktionsmaximum liegt bei 618 mμ. Die Bestimmung wird zweckmäßig an dem Unverseifbaren vorgenommen. Interferierende Bestandteile des Unverseifbaren, wie z. B. Carotin, beeinflussen die Genauigkeit. Leider ist die Färbung sehr unbeständig, so daß die Intensität der Blaufärbung innerhalb von 5—10 sec gemessen werden muß.

Eine ähnliche, aber beständige Blaufärbung gibt *Trifluoressigsäure*. Dieses von R.E. DUGAN u. Mitarb. (1964) empfohlene Reagens ist wasserlöslich und bildet nicht wie $SbCl_3$ in Berührung mit Wasser unlösliche Häute und trübe Lösungen. Auch ist es länger haltbar als das Carr-Price-Reagens.

Nachweis mit Glycerindichlorhydrin nach A.E. SOBEL u. H. WERBIN (1947). Dieses Reagens ist weniger ätzend und gibt eine ca. 10 min beständige violette Färbung mit einem Extinktionsmaximum bei 455 mμ. Die Empfindlichkeit ist indessen nur $^1/_3$ so groß wie bei der Carr-Price-Reaktion.

Überführung des Vitamin A in Anhydrovitamin A nach P. BUDOWSKI u. A. BONDI (1957). Die Reaktion verläuft quantitativ mit p-Toluolsulfonsäure als Katalysator. Zur quantitativen Bestimmung werden die Extinktionsmaxima in Benzol bei 358, 377 und 399 mμ benutzt. Die Methode ist sehr spezifisch.

Mit der Anhydrisierung des Vitamin A-Alkohols geht eine Verschiebung des Absorptionsmaximums nach längeren Wellenlängen einher. Dadurch ergibt sich die Möglichkeit, mit Hilfe eines Blindversuchs Störungen durch solche Begleitstoffe auszuschalten, die, wie beispielsweise vierfach konjugierte ungesättigte Fettsäuren, im gleichen UV-Gebiet wie Vitamin A-Alkohol absorbieren.

Diese Methode wurde von H. THIES u. M. STEINIGEN (1967) soweit verbessert, daß sie sich für die Bestimmung des Vitamins A in Lebertran und anderen öligen Lösungen bestens eignet.

Methode von H. THIES u. M. STEINIGEN (1967)

Spezielle Reagentien:

Dichlormethan: 50 ml Dichlormethan werden mit je 250 ml Wasser viermal gewaschen. Man trocknet über K_2CO_3, filtriert und destilliert. Zu je 100 ml Hauptfraktion gibt man 0,5 ml absoluten Alkohol.

Dehydratisierungsreagens: 50,0 mg über P_2O_5 getrocknete Paratoluolsulfosäure werden in 100,0 ml äthanolhaltigem Dichlormethan gelöst.

Arbeitsweise:

1—2 g Untersuchungsmaterial werden mit 30 ml absolutem Alkohol, 0,1 g Butylhydroxyanisol und einer Lösung von 1 g KOH in 2 ml Wasser versetzt und 30 min am Rückfluß verseift. Nach schnellem Abkühlen wird das Gemisch mit 30 ml Wasser in einen Scheidetrichter überführt und viermal mit je 40 ml Pentan unter mäßigem Schütteln extrahiert. Man wäscht die vereinigten Auszüge zweimal mit je 100 ml 0,5 n-KOH-Lösung und zweimal mit je 100 ml Wasser. Nach Trocknen über Na_2SO_4 und Filtrieren durch Watte engt man im Vakuum-Rotationsverdampfer unter 35°C auf 3—5 ml ein und vertreibt den Rest des Lösungsmittels bei Zimmertemperatur durch Einleiten von Stickstoff. Der Rückstand wird sofort in Dichlormethan aufgenommen und auf eine Konzentration von höchstens 20 I.E. Vitamin A pro Milliliter verdünnt. 5,00 ml dieser Lösung werden bei 20°C mit 5,00 ml Dehydratisierungsreagens versetzt, genau $2^1/_2$ min stehen gelassen und 0,05 ml Diäthylamin zugegeben. Zur Herstellung der Blindprobe versetzt man 5,00 ml Dehydratisierungsreagens mit 0,05 ml Diäthylamin und gibt 5,00 ml Prüflösung hinzu. Darauf mißt man die Absorption der Hauptprobe bei 397 mμ gegen die Blindprobe in 1-cm-Küvetten und entnimmt den Gehalt einer vorher aufgestellten Eichkurve.

Messung der Extinktion des Vitamin A: Reines Vitamin A besitzt, in Isopropanol gelöst, ein Absorptionsmaximum bei 325 mμ. Vitamin A-Acetat, das als internationaler Vitamin A-Standard gilt, besitzt ein Maximum zwischen 326 und 328 mμ. Die Bestimmung des Vitamingehaltes durch direkte Messung der Extinktion ist nur bei solchen Vitaminpräparaten möglich, die keine interferierenden Substanzen enthalten. Diese Voraussetzung trifft nur für Lösungen synthetischer Präparate, nicht aber für Fischöle u. dgl. zu. Zur Ausschaltung der Untergrundabsorption schlagen R. A. MORTON u. A. L. STUBBS (1946) eine mathematische Korrektur vor, welche aber nicht immer zu befriedigenden Ergebnissen führt. Besser ist die chromatographische Vorreinigung des Vitaminextraktes über Aluminiumoxid nach J. GRIDGEMAN u. Mitarb. (1948). Eine Weiterführung dieser Methode von J. BOLDINGH u. J. A. DROST (1951) hat internationale Anerkennung gefunden (IUPAC 1959).

Die Resultate der Vitamin A-Bestimmung werden üblicherweise in Internationalen Einheiten (I. E.) angegeben, eine Menge die von der Welt-Gesundheits-Organisation (WHO) zu 0,3 μg Vitamin A-Alkohol festgesetzt wurde. Diese Menge entspricht:

0,345 μg Vitamin A-Acetat
0,55 μg Vitamin A-Palmitat.

Die übrigen Vitamine der A-Gruppe besitzen eine geringere Wirksamkeit.

$$1 \text{ I. E.} = 0{,}376\ \mu\text{g Neovitamin } A_1$$
$$= 0{,}75\ \mu\text{g Vitamin } A_2.$$

Bei der Vitaminbestimmung durch Messung der Extinktion im Ultravioletten errechnet man die Wirksamkeit in Internationalen Einheiten nach der Formel:

$$\text{I. E. Vitamin A/g} = \frac{E}{c \cdot d} \cdot F$$

E = bei 325 mμ gemessene Extinktion
c = Konzentration in g/100 ml
d = Schichtdicke in cm
F = Umrechnungsfaktor, der nach internationaler Festsetzung für Vitamin A-Alkohol 1830 und für Vitamin A-Ester 1900 beträgt (IUPAC 1959).

In den folgenden Einzelvorschriften wird die UV-spektrophotometrische Methode verwendet.

Vereinfachte Methode zur Bestimmung von Vitamin A
(*vgl.* R. STROHECKER u. H. M. HENNING 1963)

Diese Methode ist nur auf solche Vitaminpräparate anwendbar, deren Unverseifbares keine störende Absorption im Gebiet von 325 mμ aufweist. Die Methode ist nicht zur Bestimmung des Vitamingehaltes von Margarine und Leberölen geeignet.

Reagentien:

Äthanol, absolut, z. A.

Kaliumhydroxid-Lösung: 10 g Kaliumhydroxid z. A. werden in Wasser gelöst. Die Lösung ist stets frisch zu bereiten.

Diäthyläther z. A.
Petroläther, bis 40° C siedend
Indicator: 1%ige alkoholische Phenolphthalein-Lösung
Isopropanol für UV-Spektroskopie
Natriumsulfat, wasserfrei, z. A.
Ammoniak-Lösung (d = 0,960) DAB VI.

Verfahren:

Ca. 1 g des zu untersuchenden Materials wird in einen Verseifungskolben eingewogen und mit 30 ml Äthanol und 3 ml Kaliumhydroxid-Lösung im Stickstoffstrom 30 min auf dem Wasserbad unter Rückfluß erhitzt. Nach dem Abkühlen wird das Gemisch mit insgesamt 35 ml Wasser in einen Scheidetrichter überführt und viermal mit je 30 ml Äther bzw. Petroläther ausgeschüttelt. Die vereinigten Äther- bzw. Petroläther-Extrakte werden mit dest. Wasser gewaschen, bis die wäßrige Phase durch Phenolphthalein nicht mehr rosa gefärbt wird, und dann im 250-ml-Meßkolben bis zur Marke aufgefüllt. Ein aliquoter Teil dieser Lösung, z. B. 25 ml, wird auf dem Wasserbad vorsichtig verdampft, wobei die letzten 5 ml des betreffenden Lösungsmittels im Stickstoffstrom abdestilliert werden. Der Abdampfrückstand wird in soviel Isopropanol gelöst, daß in 1 ml der Isopropanol-Lösung 10—15 I. E. Vitamin A enthalten sind. Die Extinktion der Lösung wird im Spektralphotometer bei den Wellenlängen 310, 325 und 334 mμ in der 1-cm-Quarzküvette gegen Isopropanol gemessen.

Berechnung:

1. Ohne Korrektur der Untergrundabsorption

$$\text{I. E. Vitamin A/g} = \frac{E_{325}}{c \cdot d} \cdot 1830$$

E_{325} = bei 325 mμ gemessene Extinktion
c = Konzentration der Probe in der Meßlösung in g/100 ml
d = Schichtdicke in cm.

2. Mit Korrektur

$$E_{korr} = 6{,}815\ E_{325} - 2{,}555\ E_{310} - 4{,}260\ E_{334}$$

$$\text{I. E. Vitamin A/g} = \frac{E_{korr}}{c \cdot d} \cdot 1830$$

Genaues Verfahren für die Bestimmung von Vitamin A und Carotin in Margarine

Dieses von J. BOLDINGH u. J.R. DROST (1951) mitgeteilte Verfahren eliminiert die Untergrundabsorption der Vitaminlösung durch doppelte Chromatographie derselben über neutrales und alkalisches Aluminiumoxid. Die Methode ist durch

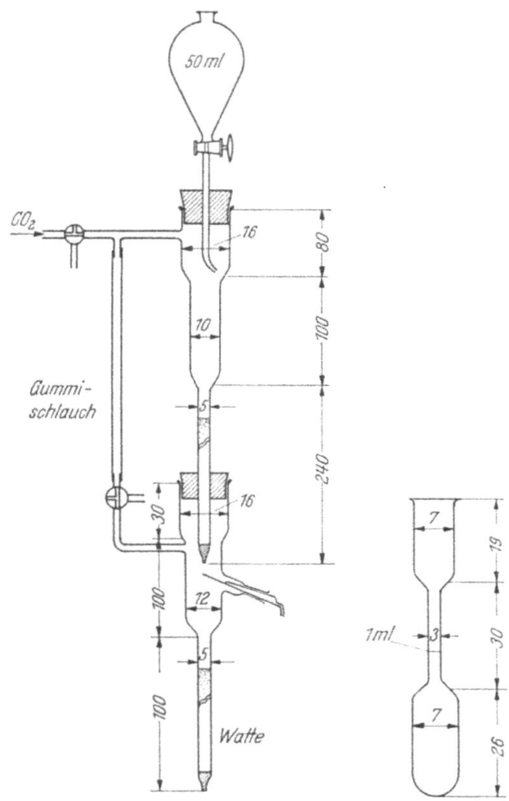

Abb. 125. Chromatographier-Apparatur zur Bestimmung von Vitamin A nach BOLDINGH u. DROST (1951)

die Food Standards (Margarine) Order 1954 für Großbritannien gesetzlich vorgeschrieben. Unsere Darstellung folgt der Wiedergabe dieser Vorschrift durch J. DEVINE u. P.N. WILLIAMS (1961) sowie der ursprünglichen Veröffentlichung von BOLDINGH u. DROST (1951).

Geräte:

Chromatographier-Apparatur nach Abb. 125.

Sie besteht aus einer unteren und einer oberen Säule. Die untere Säule ist mit einem Seitenarm versehen, der so eingestellt werden kann, daß das Eluat aus der oberen Kolonne entweder vorbeifließen oder aber durch die untere Kolonne geleitet werden kann. Die Anordnung ist mit Dreiwegehähnen versehen, durch die Inertgas entweder auf die obere Kolonne oder auf beide Teile geleitet werden kann. (Vgl. hierzu auch den Verbesserungsvorschlag von R. TURNER (1963)).

Graduierte Röhrchen, 1 ml Inhalt (vgl. Abb. 125)
Verseifungskolben, 300 ml
Schütteltrichter, 500 ml
Meßkolben, 10 und 50 ml
Pipette, 1 ml, mit capillar ausgezogener Spitze
Spektralphotometer mit 1-cm-Quarzküvette.

Reagentien:

Alle Reagentien müssen analysenrein sein.

Aluminiumoxid (Typ 1): Aluminiumoxidtrihydrat wird durch ein Sieb von 150 mesh (British Standard) = 0,1 mm Sieböffnung nach DIN 4188 gesiebt und die Fraktion, die das Sieb passiert hat, 7 Std auf 800°C erhitzt. Nach dem Abkühlen fügt man 2 g Wasser auf 98 g aktiviertes Aluminiumoxid hinzu, mischt gut durch und bewahrt in dicht schließender Flasche auf.

Aluminiumoxid (Typ 2): In einen 50-ml-Rundkolben bringt man 10 g aktiviertes Aluminiumoxid Typ 1, gibt 10 ml Natriumhydroxid-Lösung hinzu und mischt zu einer dünnen Paste. Man verbindet den Kolben mit einer Vakuumpumpe und evakuiert 30 min bei Raumtemperatur auf 20 mm Hg oder weniger. Ohne das Vakuum aufzuheben, bringt man den Kolben 30 min in ein Ölbad von 135°C. Man kühlt unter vermindertem Druck und schüttet das Gemisch in einen kleinen Mörser. Das an den Wänden Haftende wird vernachlässigt. Unter vorsichtigem Rühren mit dem Pistill gibt man allmählich 1,2 ml Wasser hinzu. Danach bringt man sofort das leichtfließende Pulver in eine kleine dicht verschließbare Flasche.

Carr-Price-Reagens: Eine gesättigte Lösung von Antimontrichlorid in wasserfreiem Chloroform.

Diäthyläther, frisch über Kaliumhydroxid in Plätzchen destilliert
Äthylalkohol, absolut
Petroläther 40/60°C, optisch leer.
Kaliumhydroxid-Lösung: 60 g KOH in Plätzchen werden mit Wasser zu 100 ml gelöst.
Natriumhydroxid-Lösung: 10 g NaOH in Plätzchen werden mit Wasser zu 100 ml gelöst.
Kohlendioxid oder Wasserstoff
Hydrochinon.

Verfahren:

Verseifung und Extraktion des Unverseifbaren. Die Verseifung von 10 g Margarine erfolgt wie bei der Carotinbestimmung auf S. 798 beschrieben, jedoch mit dem Unterschied, daß das Unverseifbare nach dem Abdampfen des Extraktionsmittels in 2—3 ml Petroläther aufgenommen und mit 5 ml Petroläther auf die Chromatographiersäule gegeben wird.

Chromatographisches Verfahren und Bestimmung der Extinktion. Man bringt in die untere Spitze jeder Kolonne einen kleinen Wattepfropfen. Dann füllt man die obere Kolonne bis zur Mitte des 10-mm-Rohres mit Petroläther und gibt genügend Aluminiumoxid (Typ 1) hinzu, um das 5-mm-Rohr zu füllen. In ähnlicher Weise wird die untere Kolonne vorbereitet, wobei man das 5-mm-Rohr zur Hälfte mit Aluminiumoxid (Typ 2) füllt. Die Spitze der unteren Kolonne wird mit einem Gummischlauch und einem kurzen Glasstab verschlossen und die untere Kolonne so mit der oberen verbunden, daß das Eluat aus dem Seitenarm ausfließt.

Dann setzt man das obere Rohr unter gelindem Überdruck. Wenn der Überschuß an Petroläther durch die Säule geschickt ist, hebt man den Druck auf und bringt die petrolätherische Lösung des Unverseifbaren quantitativ auf die Säulenfüllung. Man entwickelt unter Druck zunächst mit 5 ml Petroläther und dann nacheinander mit je 5 ml einer Mischung aus Petroläther und Diäthyläther, die 4, 8, 12, 16, 20, 24 bzw. 36% Diäthyläther enthält. Während dieser Operation darf der Flüssigkeitspiegels nicht unter die Oberfläche des Aluminiumoxids fallen.

Bestimmung des Carotins. Das Carotin passiert die obere Säule schnell, bevor das Gemisch mit 16% Diäthyläther zur Anwendung kommt. Das Eluat wird durch den Seitenarm in einem Kolben aufgefangen und sein Volumen, wenn nötig, durch Eindampfen im Stickstoffstrom reduziert; der Rückstand wird in einen 50-ml-Kolben gebracht und mit Petroläther bis zur Marke aufgefüllt.

Die Extinktion dieser Lösung wird in einer 1-cm-Quarzküvette gegen Petroläther im Bereich von 440—450 mμ in 2-mμ-Intervallen gemessen. Aus der Extinktion bei der Wellenlänge des Maximums wird die spezifische Extinktion $E^{1\%}_{1\,cm}$ berechnet. Es ist dann

$$\text{I. E. } \beta\text{-Carotin/g} = E \cdot 358$$

oder in äquivalenten Vitamin A-Einheiten:

$$\text{I. E. Provitamin A/g} = E \cdot 358 \cdot 0{,}8$$

Bei Anwesenheit von Palmölcarotin (vgl. S. 799) gilt:

$$\text{I. E. Provitamin A/g} = E \cdot 358 \cdot 0{,}8 \cdot 0{,}535.$$

Genauere Konversionsfaktoren vgl. C.D. USHER u. Mitarb. (1968) (S. 806).

Bestimmung des Vitamins A. Unmittelbar vor Zugabe der 16% Diäthyläther enthaltenden Entwicklungsflüssigkeit wird der Verschluß der unteren Säule entfernt und die seitliche Ableitung verschlossen. Mit Hilfe der Dreiwegehähne werden der Zufluß in die untere Säule und der Ausfluß reguliert, und dann wird das Eluat in den kalibrierten 1-ml-Röhrchen aufgefangen. Man mischt den Inhalt eines jeden Röhrchens durch Einblasen einiger Luftblasen mit der Pipette. Dann entnimmt man jedem Röhrchen ungefähr 0,3 ml Flüssigkeit und prüft mit Carr-Price-Reagens auf Vitamin (Blaufärbung). Von jeder Probe, für die der Test positiv verläuft, nimmt man genau 0,5 ml Lösung, vereinigt diese Lösungen in einem 10-ml-Meßkolben und füllt mit Petroläther auf. Es wird die Extinktion der Lösung in einer 1-cm-Quarzküvette gegen Petroläther über den Bereich von 290—340 mμ gemessen, und zwar bei folgenden Wellenlängen: 290, 307, 309, 311, 322, 324, 326, 328, 332, 334, 336, und 340 mμ.

Dann bringt man die Prüflösung in die Blindküvette und den Petroläther in die Prüfküvette, mißt nochmals die Extinktion bei der Wellenlänge des Maximums und berechnet den Mittelwert von $E^{1\%}_{1\,cm}$ bei λ_{max}

$$\text{I. E. Vitamin A/g} = E \cdot 1830.$$

Die gesamte Vitamin A-Potenz ergibt sich durch Addition der für Provitamin A und Vitamin A gefundenen Internationalen Einheiten. Zur Kontrolle der Bestimmung berechnet man die Quotienten:

$$\frac{^{E}(\lambda_{max} - 15\ m\mu)}{^{E}\lambda_{max}} \quad \text{und} \quad \frac{^{E}(\lambda_{max} + 10\ m\mu)}{^{E}\lambda_{max}}$$

Diese Werte sollen zwischen 0,84 und 0,88 liegen. Andernfalls ist die ganze Bestimmung zu wiederholen.

Genauigkeit der Methode

Die Genauigkeit der Methode ist recht gut. BOLDINGH u. DROST (1951) fanden mit der ursprünglichen, von der hier wiedergegebenen Arbeitsweise nur wenig abweichenden Methode von 18 I. E. zugegebenem Vitamin A-Acetat ca. 95 % wieder.

Ergänzung der Methodik; Umrechnung der Carotinkonzentration in Vitamin A-Einheiten

Die oben angegebenen Umrechnungsformeln für das gefundene Carotin in Vitamin A-Einheiten sind empirisch. Sie stammen aus der Zeit vor 1960, als nur wenig synthetisches β-Carotin zur Verfügung stand und vor allem in Großbritannien rotes Palmöl als färbendes Agens der Margarine zugesetzt wurde. Palmölcarotin ist eine Mischung aus α-, β- und inerten Carotinoiden. α-Carotin hat etwa die Hälfte der Provitamin A-Aktivität des β-Carotins.

C.D. USHER u. Mitarb. (1968) machen den Vorschlag, den empirischen Konversionsfaktor 358 durch den wahren zu ersetzen, der sich aus dem Mengenverhältnis für α- und β-Carotin (F = 334 bzw. 667) errechnet. Für die Bestimmung dieser beiden Carotinisomeren geben sie folgende ergänzende Vorschrift an:

Chromatographische Trennung von α- und β-Carotin

Die nach den oben mitgeteilten Vorschriften erhaltene Carotinfraktion wird auf dem Wasserbad bei 50°C unter Stickstoff eingedampft und in 2 ml Petroläther gelöst.

Man legt nun einen Wattepfropfen in den unteren Teil des oberen Chromatographierrohres, füllt dieses bis zur Hälfte des mittleren Abschnitts mit Petroläther und gibt 3 g Magnesia (2 Std auf 100°C erhitzen, dann vor Gebrauch 3—4 Tage in luftdichter Flasche aufbewahren) und anschließend den Extrakt von α- und β-Carotin unter Nachspülen mit 2 ml Petroläther hinzu. Man entwickelt das Chromatogramm mit Petroläther, der 4—12% Diäthyläther enthält. (Die genaue Menge hängt von der MgO-Sorte ab.) α- und β-Carotin werden vollkommen in scharfen Banden getrennt. Nach dem Auffangen der hellgelb gefärbten α-Carotin-Lösung eluiert man das tief orange gefärbte β-Carotin mit Äther-Petroläther/50:50. Beide Eluate werden unter Stickstoff bei 50° C zur Trockne eingedampft. Der Rückstand wird in Cyclohexan aufgenommen und mit dem gleichen Lösungsmittel auf 10—25 ml verdünnt. Dann wird die Exinktion in 2-mμ-Intervallen im Gebiet von 440—456 mμ gemessen und $E_{1\,cm}^{1\,\%}$ für das Maximum der Absorption berechnet.

Berechnung:

$$E_{1\,cm}^{1\,\%} = \frac{\text{gemessene Extinktion} \cdot \text{Volumen der Carotin-Lösung}}{10 \cdot 100}$$

$$\alpha\text{-Carotin-Aktivität} = E_{1\,cm}^{1\,\%} \cdot 334$$

$$\beta\text{-Carotin-Aktivität} = E_{1\,cm}^{1\,\%} \cdot 667$$

Gesamtaktivität (I.E./g) = ($E_{1\,cm}^{1\,\%}$ der β-Carotin-Lösung + $^1/_2$ $E_{1\,cm}^{1\,\%}$ der α-Carotin-Lösung) · 667

Gesamtaktivität des Carotins · 0,8 = Vitamin A-Äquivalent (I.E./g).

Dieses Vitamin A-Äquivalent muß zur gefundenen Vitamin A-Aktivität addiert werden, um die totale Vitamin A-Aktivität der Margarine zu erhalten.

Sonstige Methoden zur Vitamin A-Bestimmung

Eine gute Trennung der in Kabeljau-Leberölen vorkommenden Vitamine: all-trans-Vitamin A, Neovitamin A und Vitamin A_2, erreichten F. BRO-RASMUSSEN u. Mitarb. (1955) durch Chromatographie über eine 300—600 mm lange, mit Dicalciumphosphat gefüllte Säule. Das Unverseifbare der Öle wird, in Petroläther (K. P. unter 70° C) gelöst, auf die Säule gebracht. Dann wird mit Petroläther unter Zusatz steigender Mengen Äthyläther unter Druck eluiert. Die Fraktionen werden entweder direkt oder nach Vertreiben des Petroläthers, in Äthanol gelöst, gemessen.

Auch auf papierchromatographischem (J.A. BROWN 1953) und auf dünnschichtchromatographischem (H.R. BOLLIGER u. A. KÖNIG (1967)) Wege läßt sich Vitamin A bestimmen. Leider sind die auf dem Papier oder der Dünnschichtplatte erhaltenen Flecke sehr instabil, so daß diese Methoden mehr für den qualitativen Nachweis als für eine quantitative Bestimmung geeignet sind (vgl. auch R. STROHECKER u. H.M. HENNING 1963).

d) Vitamin D

Zur Vitamin D-Gruppe gehören die Vitamine D_2, D_3 und D_4. Vitamin D_2 findet sich in der Milch und in der Butter und wird synthetisch durch Bestrahlung von Ergosterin gewonnen. Es heißt wegen seiner Bedeutung für den Kalkhaushalt im Organismus auch Calciferol. Wirksamer als Vitamin D_2 ist das in Fischleberölen anwesende und synthetisch aus 7-Dehydrocholesterin gewonnene Vitamin D_3, auch Cholecalciferol genannt.

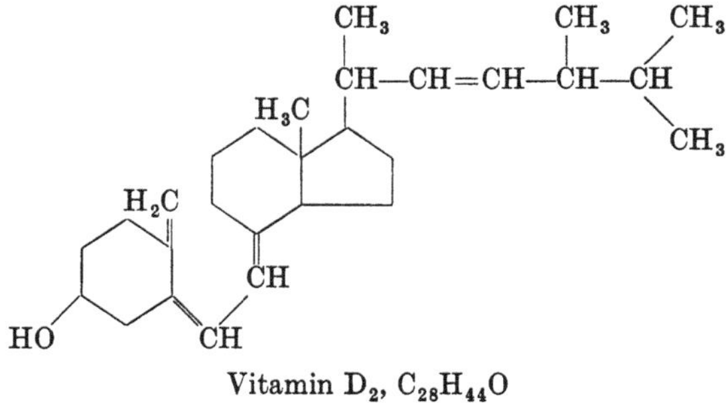

Vitamin D_2, $C_{28}H_{44}O$

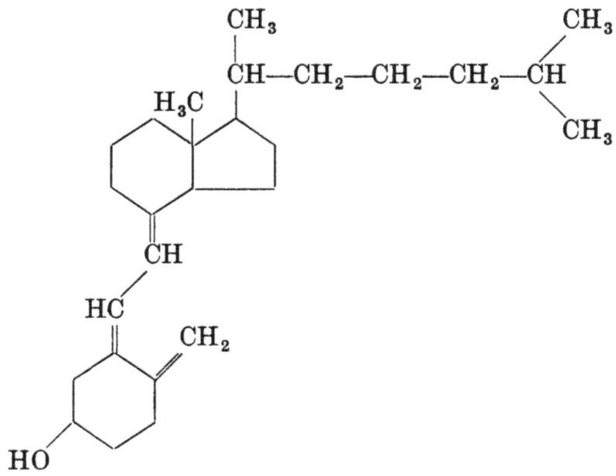

Vitamin D_3, $C_{27}H_{44}O$

Zur Synthese dieser Vitamine: H.H. INHOFFEN (1960).

Von der Weltgesundheitsorganisation wurde 1949 als Standard kristallisiertes Vitamin D_3 mit folgenden Konstanten vorgeschlagen:

F. P. = 87—89°C

$[\alpha]_D^{20}$ = +110°C in Äthanol

$E_{1\,cm}^{1\,\%}$ 265 mμ = 490 in Äthanol

1 I. E. = 0,025 μg (H. E. Cox 1950)

Das Vitamin D_2 besitzt bei 265 mμ eine spezifische Extinktion von ca. 460.

In vielen Ländern erhält die Margarine heute neben Vitamin A auch einen Zusatz von Vitamin D. Die bekannteste deutsche Margarine enthält z. B. im Gramm 20 I. E. Vitamin A, 5 I. E. Provitamin A und 1 I. E. Vitamin D_2.

Die analytische Bestimmung des Vitamin D ist im Vergleich zur Bestimmung von Vitamin A eine schwierige Aufgabe. Zahlreiche Methoden wurden vorgeschlagen, von denen jedoch nur wenige spezifisch sind. Störungen werden durch das meistens im größeren Mengenverhältnis als 10:1 vorliegende Vitamin A u. a. Bestandteile des Unverseifbaren hervorgerufen. Anreicherung von Vitamin D durch Verseifung und Extraktion bringt wiederum die Gefahr einer Isomerisierung mit sich.

Eine der ältesten Methoden ist die Reaktion mit dem Carr-Price-Reagens nach H. BROCKMANN u. Y.H. CHEN (1936), das mit Vitamin D eine rosa bis orange Färbung gibt, die aber nicht sehr stabil ist. C.H. NIELD u. Mitarb. (1940) verbesserten die Beständigkeit des Reagens durch Zugabe von Acetylchlorid. Das Maximum der Farbtiefe bei 500 mμ wird nach 4 min erreicht und bleibt dann 12 min konstant. Die hohe spezifische Extinktion ($E_{1\,cm}^{1\,\%}$ bei 500 mμ = 1880) macht die Methode viermal empfindlicher als die direkte Messung der Extinktion bei 265 mμ. Die Bildung von gefärbten Komplexen aus Vitamin D und verschiedenen Aldehyden wurde von H. SCHALTEGGER (1946) untersucht. Die Ergebnisse führten zu einer Bestimmungsmethode für D_2 und D_3 in einer Lösung mit Furfurol-Schwefelsäure durch D.H. LAUGHLAND u. W.E.J. PHILLIPS (1956). Man erhält für jedes Vitamin eine individuelle Extinktionskurve. Diejenige für D_2 besitzt ein Maximum bei 565 mμ mit $E_{1\,cm}^{1\,\%}$ = 950, die für D_3 ein Maximum bei 490 mμ mit einer spezifischen Extinktion von 1060. Weitere zur Bestimmung des Vitamin D-Komplexes geeignete Farbreaktionen wurden von A.E. SOBEL u. Mitarb. (1945) (Glycerindichlorhydrin), W. DIEMAIR u. G. MANDERSCHEID (1949) (Antimontrichlorid + Guajakol), J. GREEN (1951) (Jodtrichlorid), W.I. LYNESS u. F.W. QUACKENBUSH (1955) (Jodäthylendichlorid + Quecksilber(II)-p-chlorbenzoat) u. a. vorgeschlagen.

Zur Abtrennung des Vitamin A u. a. interferierender Substanzen, die zur genauen Bestimmung des Vitamin D unbedingt erforderlich ist, wurden zahlreiche Methoden ausgearbeitet. N.T. GRIDGEMAN u. Mitarb. (1948) trennen das Vitamin A chromatographisch über Aluminiumoxid ab. D.T. EWING u. Mitarb. (1954) entfernen mit aktiver Bleicherde Vitamin A,

Carotinoide, Pigmente und einige Sterine. In der zweiten Stufe werden über aktiviertem Aluminiumoxid gewisse Polyene und Rückstände aus dem Öl entfernt. Schließlich wird im Eluat das Vitamin D aufgrund seiner Extinktion bei 265 mμ bestimmt.

Eine elegante Methode zur Bestimmung von Vitamin D neben Vitamin A wurde von J.B. WILKIE u. Mitarb. (1958) angegeben: Durch Zusatz von Essigsäureanhydrid zum Antimontrichloridreagens gelingt es, die fluorescierenden Begleitstoffe des Vitamin D — wahrscheinlich Vitamin A-Zersetzungsprodukte — selektiv zur Farbreaktion zu bringen, während die Farbreaktion des Vitamin D verhindert wird (Inhibitor-Wirkung). Über Differenzmessungen läßt sich die das Ergebnis der Vitamin D-Bestimmung beeinflussende Störabsorption von Vitamin A-Zersetzungsprodukten hinreichend genau ausschalten.

Die genaueste Bestimmung von Vitamin D neben Vitamin A dürfte mit der verteilungschromatographischen Methode von J.G. THEIVAGT u. D.J. CAMPBELL (1959) möglich sein, die in die amerikanische Pharmakopoe USP XVI 1960 aufgenommen wurde. Die dünnschichtchromatographische Methode (H. JANECKE u. I. MAAS-GOEBELS 1960) schließlich ermöglicht die Trennung von Vitamin D_2 und D_3 voneinander und von Vitamin A und den Carotinoiden. Methodenbeschreibungen bei F. GSTIRNER (1951 und 1965), R. STROHECKER u. H.M. HENNING (1963), E. LUDWIG u. U. FREIMUTH (1964) und H.R. BOLLIGER u. A. KÖNIG (1967).

Neben diesen chemischen Methoden sind auch noch biologische im Gebrauch. Sie sind immer dann angebracht, wenn biologische Materialien, z. B. Milchpräparate und Trane, untersucht werden sollen, die Substanzen enthalten, welche eine chemische Bestimmung ausschließen (H. ACKERMANN 1958 und 1960).

Detaillierte Arbeitsvorschriften würden den Rahmen dieses Kapitels überschreiten. Interessierte Leser seien daher vor allem auf die ausführliche Methodenbeschreibung von R. STROHECKER u. H.M. HENNING (1963), F. GSTIRNER (1965) und M. FREED (1966) sowie die zusammenfassende Darstellung des Gebiets von O. WISS in Bd. II/2 dieses Handbuches verwiesen.

e) Vitamin E

In fast allen Ölen finden sich geringe Mengen phenolischer Chromanderivate, die Tokopherole, das sind Verbindungen, die unter dem Sammelbegriff Vitamin E bekannt geworden sind. Sie sind Derivate einer Stammsubstanz des Tocols, die sich voneinander durch Stellung und Anzahl der Methylgruppen unterscheiden.

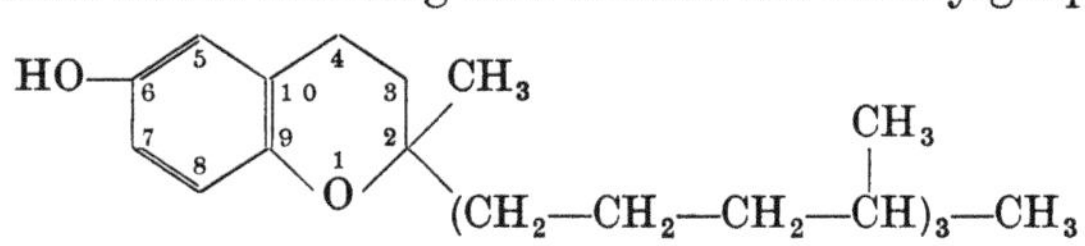

Tocol

Man kennt heute bereits acht Tokopherole. Die wichtigsten sind folgende:

α-Tokopherol = 5,7,8-Trimethyltocol
β-Tokopherol = 5,8-Dimethyltocol
γ-Tokopherol = 7,8-Dimethyltocol
δ-Tokopherol = 8-Methyltocol.

Diese Verbindungen haben sowohl den Charakter von Vitaminen (Antisterilitätsvitamin) als auch von Antioxydantien. Die Vitamin E-Aktivität des α-Tokopherols ist ca. 100-mal so groß wie die des δ-Tokopherols, während die oxydationsverzögernde Wirkung beim δ-Tokopherol ca. dreimal so groß wie bei der α-Verbindung gefunden wurde (M. H. STERN u. Mitarb. 1947). Internationale Einheit ist 1 mg DL α-Tokopherylacetat, das ist die mittlere Menge, die notwendig ist, um bei Vitamin E-Mangelratten die Resorption der Föten zu verhindern.

Die Tokopherole sind in pflanzlichen Ölen in höherer Konzentration als in tierischen anzutreffen. Besonders hoch ist der Gehalt in Getreidekeimölen, wie Tab. 131 ausweist. Die Tokopherolkonzentration geht allerdings unter der Einwirkung von Sauerstoff bei der Lagerung und beim Raffinieren zurück, so daß der Tokopherolgehalt von raffinierten Ölen als ein Maß für Frische und Qualität des Öls angesehen werden kann (vgl. S. 871).

Tabelle 131. *Tokopherolgehalt einiger pflanzlicher und tierischer nicht raffinierter Öle und Fette (maximale Werte)*

Art des Öls oder Fetts	Konzentration mg/kg					Lit.
	Gesamt	α	β	γ	δ	
Cocosöl	80	36	—	47 (incl. δ)	—	1
Maisöl	1020	126	—	894	—	1
	1020	120	0	880	0	2
Kottonöl	1100	760	—	340	—	1
	840	400	—	440	—	4
Olivenöl	200	—	—	—	—	1
Palmöl	460	150	—	240	70	4
Erdnußöl	520	300	—	200	—	1
Sesamöl	650	—	—	—	—	1
Sojaöl	1140	80	—	660	400	4
	965	65	—	630	270	4
Sonnenblumenöl	595	560	—	35	—	4
Weizenkeimöl	3800	—	—	—	—	1
	2620	640	270	0	0	2
Rinderfett	10	—	—	—	—	1
Schweinefett	27	—	—	—	—	1
Butter	30	—	—	—	—	1
	20—60	—	—	—	—	3

Autor 1: W. LANGE (1950). Autor 3: K. TÄUFEL u. R. SERZISKO (1962).
Autor 2: F. BROWN (1952). Autor 4: H. E. SCHMIDT (1968).

Eine umfassende Übersicht über die bisher gefundenen Tokopherolgehalte vegetabilischer Öle gibt M.W. DICKS (1965). Weitere Angaben bei D.C. HERTING u. E.J.E. DRURY (1963) und J. GRACIÁN u. G. ARÉVALO (1965).

Der Gesamttokopherolgehalt tierischer und pflanzlicher Fette ist mit einem hohen Korrelationsgrad (r = + 0,79) ihrem Linolsäuregehalt proportional (E. L. HOVE u. PH. L. HARRIS 1951).

Das Mengenverhältnis individueller Tokopherole ist häufig so charakteristisch für die einzelnen Öle, daß es zu ihrer Identifizierung benutzt werden kann. So enthält frisches, unverfälschtes Olivenöl ausschließlich α-Tokopherol, 130—309 mg/kg (GRACIÁN u. ARÉVALO 1965). Beim Sonnenblumen- und Safloröl bestehen 80—90% des Gesamttokopherolgemisches aus α-Tokopherol (HERTING u. DRURY 1963), während Sojaöl als einziges unter den bekannten Speiseölen 200—300 mg/kg δ-Tokopherol enthält (TÄUFEL u. SERZISKO 1962), woran es in Mischungen erkannt werden kann.

Zur Bestimmung des Tokopherolgehalts wurden zahlreiche Methoden ausgearbeitet, die auf der Oxydierbarkeit der phenolischen Hydroxylgruppen beruhen. Die grundlegende ist die von A. EMMERIE u. CH. ENGEL (1938): Mit Eisen(III)-chlorid wird das Tokopherol zum Tokochinon oxydiert. Dabei wird das Eisensalz zum Eisen(II)-chlorid reduziert, welches mit α, α'-Dipyridyl einen tiefrot gefärbten Komplex bildet, desssen Extinktion bei 520 mμ im Photometer gemessen wird. M. FURTER u. R.E. MEYER (1939) oxydieren das Tokopherol mit Salpetersäure zu einem dunkelrot gefärbten Orthochinon, dessen Extinktion ein Maximum bei 467 mμ besitzt. M. KOFLER (1947) oxydiert das Tokopherol mit Cer(IV)-sulfat, ein Verfahren, das im 3. Nachtrag zum DAB VI zur Untersuchung von reinem Tokopherylacetat vorgeschrieben ist.

Alle diese Verfahren sind unspezifisch. Interferierende Substanzen, wie Vitamin A, Carotinoide und sonstige reduzierende Bestandteile der Fette müssen daher in den meisten Fällen vorher entfernt werden. Hierzu ist nach A. EMMERIE u. CH. ENGEL (1939) eine Adsorption an Floridin S geeignet oder aber die Chromatographie über mit Zinn(II)-chlorid und Salzsäure aktivierte Bleicherde (K. TH. KJÖLHEDE 1942), über sekundäres Magnesiumphosphat (F. BRO-RASMUSSEN u. W. HJARDE 1957a) oder Aluminiumoxid von bestimmter Aktivitätsstufe (S. NOBILE u. H. MOOR 1953). Zur Bestimmung der einzelnen Tokopherole wurden säulenchromatographische (F. BRO-RASMUSSEN u. W. HJARDE 1957b), papierchromatographische (F. BROWN 1952; K. TÄUFEL u. R. SERZISKO 1962; J. GREEN u. S. MARCINKIEWICZ 1959), dünnschichtchromatographische (A. SEHER 1959a, 1960, 1961) und gaschromatographische Methoden

(P. W. WILSON u. Mitarb. 1962) ausgearbeitet. Für Routineuntersuchungen sind besonders die dünnschichtchromatographischen geeignet. Kritische Zusammenstellungen der wichtigsten Methoden finden sich bei R. STROHECKER u. H. M. HENNING (1963), F. GSTIRNER (1965), M. FREED (1966) sowie in Bd. II/2 dieses Handbuches, wertvolle Hinweise zur Arbeitstechnik in einem Report des britischen Analytical Methods Committee (1959).

α) Gehaltsbestimmung von α-Tokopherolacetat nach der Vorschrift des 3. Nachtrags zum DAB VI (1959)

Reagentien:

Äthanol absolut z. A.

Schwefelsäure z. A., 95—97%ig (d = 1,84).

Diphenylaminschwefelsäure: 1 g Diphenylamin z. A. wird in 100 ml Schwefelsäure z. A. gelöst.

0,01 n-Cer(IV)-sulfat-Lösung: 10 ml 0,1 n-Cer(IV)-sulfat-Lösung, z. B. Merck, werden mit 1 n-Schwefelsäure auf 100 ml verdünnt.

Bimsstein, getrocknet und geglüht.

Verfahren:

Ca. 0,05 g Substanz, genau gewogen, werden in 15 ml absolutem Äthanol gelöst. Nach Zusatz von 10 ml äthanolischer Schwefelsäure (frisch bereitete abgekühlte Mischung aus 44 ml absolutem Äthanol und 6 ml Schwefelsäure, d = 1,84) und einigen Bimssteinkörnchen wird am Rückflußkühler 2 Std zum Sieden erhitzt. Die abgekühlte Lösung wird mit absolutem Äthanol in einen 50-ml-Meßkolben übergespült und mit dem gleichen Lösungsmittel aufgefüllt. 10,0 ml dieser Lösung werden nach Zusatz von 1 Tropfen Diphenylaminschwefelsäure unter Benutzung einer Feinbürette mit 0,01 n-Cer(IV)-sulfat-Lösung bis zu einer ca. 10 sec anhaltenden Blaufärbung titriert. Um Verluste an Tokopherol durch Luftoxydation zu vermeiden, titriert man zweckmäßig im Stickstoffstrom.

Berechnung:

$$\%\ \alpha\text{-Tokopherolacetat}\ (C_{31}H_{52}O_3) = \frac{a \cdot 0{,}2364}{E}$$

a = ml 0,01 n-Cer(IV)-sulfat-Lösung
E = Einwaage in g.

Dieses Verfahren ist nur zur Gehaltskontrolle reinster α-Tokopherolacetat-Präparate geeignet. Zur Bestimmung des Tokopherolgehalts von Ölen dagegen ist es nicht brauchbar.

β) Säulenchromatographische Bestimmung des Gesamttokopherolgehalts

Dieses im Institut für Ernährung in Potsdam-Rehbrücke ausgearbeitete Verfahren (W. FELDHEIM (1958)) verknüpft die Tokopherolbestimmung nach EMMERIE u. ENGEL (1939) mit der Vorreinigung des zu untersuchenden Extrakts nach KJÖLHEDE (1942). Der nach dieser Methode bestimmte „Gesamttokopherolgehalt" ist nicht identisch mit der Summe der individuellen Tokopherole, da die spezifischen Extinktionen der Tokopherole nicht gleich sind. Als Maßzahl dürfte diese Größe aber in vielen Fällen genügen.

Nachstehende Beschreibung ist in einzelnen Punkten durch Hinweise aus der Arbeit von S. NOBILE u. H. MOOR (1953) ergänzt sowie durch detailliertere Angaben, die der Verfasser Herrn Dr. H. SCHMANDKE, Potsdam-Rehbrücke, verdankt.

Geräte:

Verseifungsapparatur, bestehend aus Schliffkolben und Rückflußkühler mit Vorrichtung zum Einleiten von Stickstoff

Chromatographierapparatur nach Abb. 126

Schütteltrichter

Glasbürette

Nutsche G3, 500 ml

Pulfrich-Photometer mit Filter S 50 bzw. photoelektrisches Colorimeter mit Filter 515 mμ oder Spektralphotometer

Meßkolben, Pipetten.

Reagentien:

2 n methanolische Kalilauge: 11,2 g Kaliumhydroxid z. A. in Plätzchen werden mit absolutem Methanol auf 100 ml aufgefüllt. Die Lösung ist 1 Tag haltbar.

0,4 n wäßrige Kalilauge

Äthylalkohol, absolut, z. A.

Methanol z. A.

Äthyläther, peroxidfrei

Benzol z. A.

Natriumsulfat z. A.: vor der Verwendung 8 Std auf 200°C erhitzt.

Floridinerde[1], *aktiviert:* 100 g Erde und 12,5 g Zinn(II)-chlorid werden mit 250 ml konzentrierter Salzsäure z. A. zum Sieden erhitzt und kurze Zeit gekocht. Anschließend wird die Salzsäure durch eine Glasfritte abgesaugt und der Rückstand dreimal mit je 100 ml absolutem Alkohol und fünfmal mit je 200 ml Benzol z. A. nachgewaschen. Beim Absaugen ist zu beachten, daß die Erde nicht trocken werden darf. In einer braunen Flasche mit Glasstopfen unter Benzol aufbewahrt, ist sie ohne Aktivitätsverlust 3—4 Wochen haltbar.

Eisen(III)-chlorid-Lösung: 0,2%ig in absolutem Alkohol, in brauner Flasche bis zu 4 Wochen haltbar.

a, a'-Dipyridyl-Lösung: 0,5%ig in absolutem Alkohol, in brauner Flasche bis zu 4 Wochen haltbar.

DL-a-Tokopherol, synthetisch, für die Aufstellung der Eichkurve.

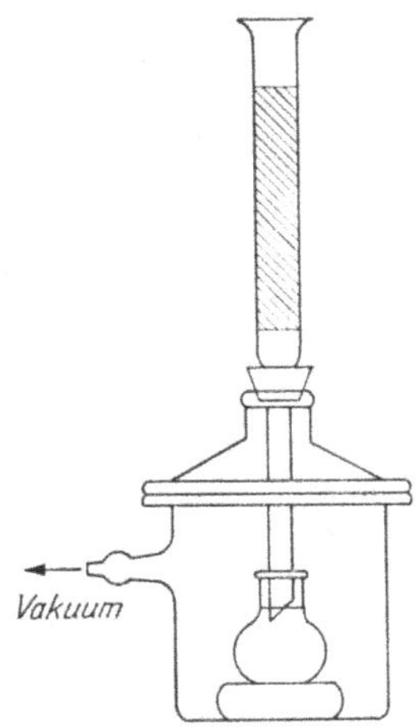

Abb. 126. Chromatographier-Apparatur nach FELDHEIM (1958)

Verfahren:

Aufstellung der Eichkurve: 100 mg a-Tokopherol, genau gewogen, werden im Meßkolben in absolutem Alkohol zu 100 ml gelöst. Die Lösung bleibt bei 4°C im Dunkeln 5—10 Tage unverändert. 5 ml dieser Lösung werden in einem zweiten 100-ml-Meßkolben mit absolutem Äthanol bis zur Marke verdünnt. Von dieser Lösung werden 0,5 ml (= 25 μg), 1,0 ml (= 50 μg), 1,5 ml (= 75 μg), 2,0 ml (= 100 μg), 2,5 ml (= 125 μg) und 3,0 ml (= 150 μg) in je einen 25-ml-Meßkolben gefüllt. Man gibt in jeden Kolben nacheinander 1 ml 0,2%ige alkoholische Eisenchlorid-Lösung und 1 ml 0,5%ige alkoholische a, a'-Dipyridyl-Lösung, läßt genau 3 min (bei Anwesenheit von a-Tokopherol) bzw. 10 min (bei Anwesenheit eines Tokopherolgemisches) stehen, füllt die Mischung in eine 1-cm-Küvette und liest die Extinktion bei 515 mμ ab. Die Extinktionswerte werden gegen die Anzahl μg a-Tokopherol pro 25 ml Lösung in ein Koordinatennetz eingetragen. Alle Lösungen müssen bis zur Messung dunkel aufbewahrt werden.

Verseifung und Extraktion. Die zu untersuchende Probe soll einen Gehalt von ca. 0,15—0,7 mg Tokopherol aufweisen. Bei Abänderung des Meßverfahrens kann bis zu einer Erfassungsgrenze von 0,03 mg Tokopherol gearbeitet werden (vgl. Anmerkung). Die Probe wird in einen Schliffkolben eingewogen und mit 20—40 ml 2 n methanolischer Kalilauge in Gegenwart von 5 ml peroxidfreiem Äther im Wasserbad von 70°C unter Stickstoff 20—60 min verseift. Das abgekühlte Gemisch wird nach Zugabe von 15 ml Methanol und 40 ml Wasser einmal mit 50 und dreimal mit je 40 ml Äther extrahiert. Die vereinigten Extrakte werden zunächst mit 15 ml 0,4 n-Kalilauge und dann mit dest. Wasser bis zur Neutralität gewaschen und über Natriumsulfat getrocknet. Die Lösung wird unter Stickstoff zur Trockne eingedampft und der gelbe Rückstand in 5 ml Benzol aufgenommen.

Chromatographische Reinigung des Extrakts. Die chromatographische Säule wird mit der Floridin-Benzol-Suspension so gefüllt, daß die Schichtdicke des Floridins 9 cm beträgt. Man läßt das Benzol fast ganz ablaufen, bringt den Extrakt mit Benzol auf die Säule und saugt die Lösung bei leichtem Unterdruck durch die Säule, wobei die Erde niemals trocken gesaugt werden darf. Man spült viermal mit je 5 ml Benzol nach und dampft das Eluat im Vakuum ein. Der farblose Rückstand wird in absolutem Alkohol aufgenommen.

Messung des Tokopherolgehalts. Die alkoholische Lösung wird in einen 25-ml-Meßkolben überspült und mit absolutem Alkohol auf ca. 20 ml aufgefüllt. Im abgedunkelten Raum werden nun 1 ml der 0,2%igen alkoholischen Eisen(III)-chlorid-Lösung und 1 ml einer 0,5%igen alkoholischen a, a'-Dipyridyl-Lösung zugesetzt. Danach wird der Kolben mit absolutem Alkohol auf 25 ml aufgefüllt. Genau nach 3 min (bei Gegenwart von a-Tokopherol allein) bzw.

[1] Lieferant: Riedel de Haen, 3016 Seelze bei Hannover.

nach 10 min (bei Gegenwart verschiedener Tokopherole) wird die Extinktion bei 515 mμ in einer 1-cm-Küvette gegen eine Bezugslösung gemessen, die aus 1 ml Eisen(III)-chlorid, 1 ml α, α'-Dipyridyl-Lösung und 23 ml Alkohol frisch hergestellt wurde (vgl. Anmerkung).

Berechnung:

$$\% \text{ Gesamttokopherol (berechnet als DL } \alpha\text{-Tokopherol)} = \frac{a}{E \cdot 10000}$$

a = Der Eichkurve entnommener Gehalt an Tokopherol in μg
E = Probeneinwaage in g.

Anmerkung:

Die Erfassungsgrenze dieser Methode liegt bei ca. 3 mg Tokopherol in 100 g Fett. Sie kann auf ca. 0,6 mg/100 g Fett herabgesetzt werden, wenn man den nach der chromatographischen Reinigung erhaltenen Rückstand in 4 ml absolutem Alkohol löst und mit 0,5 ml einer 0,08%igen Eisen(III)-chlorid-Lösung und 0,5 ml einer 0,2%igen α, α'-Dipyridyl-Lösung versetzt und die Extinktion gegen eine analog zusammengesetzte Blindlösung bestimmt.

Die gleichzeitige Durchführung eines Zusatzversuchs, in dem man soviel Vitamin E-Standardlösung hinzufügt wie die Vitamin E-Einwaage beträgt, ermöglicht es, die während der Analyse eintretenden Verluste festzustellen und zu berücksichtigen (S. NOBILE u. H. MOOR 1953). Die Berechnung des Ergebnisses erfolgt dann nach der Formel

$$\mu g \text{ Vitamin E/100 g} = \frac{100 \cdot d \cdot b}{(a - b) \cdot c}$$

a = μg Vitamin E im Analysenmaterial + Zusatz
b = μg Vitamin E im Analysenmaterial ohne Zusatz
c = Einwaage in g (d. h. die mit dem Zusatz d versetzte Menge Analysenmaterial)
d = zugesetzte μg Vitamin E der Standardlösung.

Anstelle des umständlich zu bereitenden Floridin-Adsorbens läßt sich auch Aluminiumoxid geringer Aktivität zur Beseitigung störender Begleitstoffe verwenden. Arbeitsvorschrift bei R. STROHECKER u. H.M. HENNING (1963).

Eine gute Auftrennung der individuellen Tokopherole in drei Gruppen (α, β + γ und δ) mit einem Wiedergewinnungsgrad von 90—100% erzielte M.W. DICKS-BUSHWELL (1967) durch chromatographische Trennung an Säulen, die mit *Florisil* (Hersteller: Floridin Co., Tallahassee, Florida) gefüllt waren, das zuvor auf einen Wassergehalt von 20% hydratisiert wurde. Als Elutionsmittel diente Shellysolve F-Äther/99,5:0,5.

γ) Dünnschichtchromatographische Trennung und Bestimmung der Tokopherole

Dünnschichtchromatographisch lassen sich die Tokopherole mit weitaus geringerem Zeitaufwand als mit irgendeiner anderen Methode nachweisen, trennen und bestimmen. Der im folgenden beschriebene Arbeitsgang stützt sich auf Angaben von A. SEHER (1959, 1960 und 1961), H.R. BOLLIGER (1962) und R. STROHECKER u. H.M. HENNING (1963). Er hat sich im Laboratorium des Verfasses bestens bewährt.

Geräte:

100 ml Verseifungskolben aus braunem Glas mit Rückflußkühler
500 ml Scheidetrichter
10 ml Meßkölbchen
5 ml Pipetten
N_2-Stahlflasche
Apparatur zur Beschichtung und Beschickung von Dünnschichtplatten, z. B. Desaga GmbH, Heidelberg
UV-Lampe, z. B. Camag, mit Wellenlängen-Maximum bei 254 mμ.

Reagentien:

Methanol, z. A.
Kaliumhydroxid, z. A.
Äthanol, 95 gew.-%ig

Äther, peroxidfrei
Chloroform, z. A.
$FeCl_3$-Reagens: 0,1 g $FeCl_3$ werden in 100 ml Äthanol gelöst (Anmerkung 1)
o-Phenanthrolinlösung: 0,25 g o-Phenanthrolin werden in 100 ml Alkohol gelöst
Kieselgel H, nach STAHL für Dünnschichtchromatographie, Merck Nr. 7736
Na-Fluorescëin, Merck-Nr. 3992
Pyrogallol, z. A.
Vergleichssubstanzen: DL-α-Tokopherol, Merck-Nr. 8283
DL-γ-Tokopherol, Merck.

Verfahren:

Verseifung und Abtrennung des Unverseifbaren. 5—10 g Öl werden mit 20 ml Methanol, 5 ml frisch bereiteter KOH (1:1) und einer Spatelspitze Pyrogallol versetzt und 30—45 min auf dem Wasserbad unter Durchleiten von Stickstoff am Rückflußkühler verseift. Man verwende Kölbchen aus braunem Glas und achte darauf, daß die Mischung lebhaft siedet. Nach raschem Abkühlen wird der Verseifungsansatz mit 100 ml Wasser und 15 ml Äthanol in einen Scheidetrichter gespült. Man schüttelt einmal mit 100 ml und zweimal mit 50 ml preoxidfreiem Äther aus und wäscht die vereinigten Ätherextrakte mit 50 ml H_2O unter leichtem Umschwenken.

Danach wird mit einer Lösung von 1,5 g KOH in 50 ml 30%igem Alkohol kräftig geschüttelt. Die wäßrig-alkoholische Phase wird abgelassen und die Ätherphase wiederholt mit Wasser gewaschen, anfangs unter leichtem Umschwenken, später unter kräftigem Schütteln, bis das Waschwasser nicht mehr alkalisch reagiert. Man filtriert über trockenes Natriumsulfat in einen 250-ml-Rundkolben und wäscht Scheidetrichter und Filter mit peroxidfreiem Äther nach. Der Äther wird auf dem Wasserbad unter Durchleiten von N_2 vorsichtig abdestilliert. Der Rückstand wird mit soviel Chloroform aufgenommen, daß 0,1—0,2 ml ca. 50—200 μg Tokopherol enthalten.

Chromatographie der Tokopherollösung. Auf eine bei 105°C aktivierte Kieselgel H-Platte (5 ppm Na-Fluorescëin werden dem Wasser der Streichmasse zugesetzt) mit einer Schichtdicke von 0,25—0,5 mm, je nach der Tokopherolmenge, die mindestens 24 Std an der Luft im Laboratorium gelagert hat (Anmerkung 2), werden mit Hilfe einer Spritze 0,1—0,4 ml der Lösung des Unverseifbaren in $CHCl_3$ strichförmig aufgetragen. Dies gelingt gut, wenn man die Präparierbox-Desaga verwendet und das Lösungsmittel mit N_2 verdunstet. Durch Verschieben der Schiene läßt man die Lösung auftropfen, ohne die Spritze auf die Platte aufzusetzen.

Auf eine gleich große Startbahn wird ein gleiches Volumen einer Vergleichslösung mit größenordnungsmäßig gleichem Gehalt an α- und γ-Tokopherol aufgetragen.

Sofort nach dem Auftragen der Lösungen wird die Platte in die Trennkammer an einen abgedunkelten Ort eingestellt: Steigmittel: Chloroform, Kammersättigung. Nach dem Entwickeln wird die Platte kurz an der Luft im Kaltluftstrom getrocknet. Unter der UV-Lampe bei 254 mμ werden die Flecke des α-Tokopherols und des γ-Tokopherols, das zusammen mit dem β-Tokopherol einen Fleck bildet, mit einer Nadel umrissen. Die entsprechenden Kieselgelschichten werden mit einem flachen Spatel über einen kleinen Trichter in 10-ml-Kölbchen abgekratzt und mit Äthanol aufgefüllt. Nach kräftigem Schütteln wird über ein trockenes Faltenfilter filtriert; 5 ml des Filtrats pipettiert man in ein weiteres 10-ml-Kölbchen, versetzt mit je 0,3 ml o-Phenanthrolin- und $FeCl_3$-Lösung und füllt mit Äthanol auf.

Man mißt die Extinktion des α-Tokopherols nach 2 min, des γ-Tokopherols nach 10 min im Filterphotometer Elko III, Filter S51E (Extinktionsmaximum bei 508 mμ), 1-cm-Küvette, gegen eine Blindlösung (Anmerkung 3). Die Kölbchen sind bis zur Messung im Dunkeln aufzubewahren.

Die gemessene Extinktion wird anhand einer Eichkurve auf den Tokopherolgehalt umgerechnet.

Weichen beim Vergleichsversuch die Ergebnisse des aus der Eichkurve abgelesenen und aus der Einwaage der Vergleichslösung berechneten Tokopherolgehaltes um mehr als 5% voneinander ab, so ist die Extinktion der Vergleichslösung als Berechnungsgrundlage für die Probelösung zu verwenden:

Berechnung:

$$A = \frac{E_1}{E_2} \cdot B$$

A = μg α- bzw. $\beta+\gamma$-Tokopherol im aufgetragenen Volumen der Probelösung
E_1 = gemessene Extinktion der Probelösung
E_2 = gemessene Extinktion der Vergleichslösung
B = μg Tokopherol in der Vergleichslösung.

Aufstellung der Eichkurve. 100 mg α-Tokopherol, genau gewogen, werden im Meßkolben mit 95%igem Äthanol zu 100 ml gelöst. 5 ml dieser Lösung werden in einem weiteren 100-ml-Meßkolben mit Äthanol zur Marke verdünnt. Von dieser Lösung werden 0,5 ml (= 25 μg), 1,0 ml (= 50 μg), 1,5 ml (= 75 μg), 2,0 ml (= 100 μg), 2,5 ml (= 125 μg), 3,0 ml (= 150 μg) aus einer Bürette in je ein 10-ml-Meßkölbchen gegeben. Dann werden je 0,3 ml o-Phenanthrolin- und $FeCl_3$-Lösung zugefügt und die Lösungen sofort mit Äthanol bis zur Marke verdünnt. Jeweils 2 min nach Zugabe der $FeCl_3$-Lösung werden die Lösungen gegen die Reagentien-Blindlösung in der 1-cm-Küvette im Filterphotometer Elko III mit Filter S51E gemessen. Die Extinktionswerte werden gegen die Anzahl μg α-Tokopherol pro 10 ml der gemessenen Lösung aufgetragen.

Alle Lösungen, einschließlich der Blindlösung, müssen bis zur Messung im Dunkeln aufbewahrt werden. Bei starker Lichteinstrahlung tritt nämlich auch bei der Blindlösung eine Rotfärbung auf.

Die Eichkurve für γ-Tokopherol wird in gleicher Weise aufgestellt. Man mißt die Extinktion jedoch 10 min nach Zugabe der $FeCl_3$-Lösung.

Anmerkungen:

1. Das Eisenchloridreagens muß alle 3 Wochen erneuert werden.

2. Die unter Zusatz von Natriumfluorescëin bereiteten Kieselgel H-Platten müssen im Dunkeln aufbewahrt werden, da sie andernfalls schon nach wenigen Tagen nicht mehr fluorescieren.

3. Zur Bereitung der Blindlösung wird von der fertig entwickelten Kieselgel-Platte eine entsprechend große Menge Kieselgel, das keine Substanz enthält, abgekratzt und wie die tokopherolhaltigen Flecken weiterbehandelt.

Bei einiger Einübung liefert diese Methode recht verläßliche Resultate, wie aus folgenden Messungen von E. RIMPL im Laboratorium des Verfassers hervorgeht.

Ölsorte	Anzahl Best.	α-Tokopherol mg/kg Mittel	mg/kg ± s	$\beta+\gamma$-Tokopherol mg/kg Mittel	mg/kg ± s
Weizenkeimöl, naturbelassen . . .	7	1247	18,9	754	28,2
Baumwollsaatöl, raffiniert	8	299	13,5	449	19,6
Erdnußöl, raffiniert	7	166	7,9	219	7,8
Maiskeimöl, naturbelassen	6	195	5,5	845	25,2

Eine Ausführliche Fassung dieser Methode wird von der DGF-Fachgruppe Einheitsmethoden vorbereitet (Methode F—II 4).

Nach der hier beschriebenen DC-Methode werden die Tokopherole in drei verschiedenen Banden erhalten, die aus α-, β- + γ- und δ-Tokopherol bestehen. Nach H.D. STOWE (1963) erhält man auch in Gegenwart von α- und δ-Tokopherol eine gute Trennung von β- und γ-Tokopherol, wenn man die Trennung auf einer mit Kieselgel G beschichteten Platte vornimmt und als mobile Phase eine Mischung aus Petroläther (60/80°C)—Isopropyläther—Aceton—Äthyläther-Eisessig/85:12:4:1:1 verwendet. Nach 70 min Entwicklungszeit werden die Platten getrocknet und mit einer alkoholischen Lösung von Phosphormolybdänsäure besprüht. β-Tokopherol zeigt eine rotbraune, γ-Tokopherol eine Blaufärbung.

Dieses Verfahren wurde von M.K.G. RAO u. Mitarb. (1965) mit Erfolg zur Trennung der Tokopherole von sieben pflanzlichen Ölen angewendet. Im Unverseifbaren konnten α-, β-, γ- und δ-Tokopherole einwandfrei getrennt und bestimmt werden. Der Wiedergewinnungsgrad zugesetzter Tokopherole lag zwischen 97 und 98%. Auch die Trennung der Tokopherole von den Sterinen war recht gut. Die von STOWE u. RAO angegebenen Methoden sind besonders gut geeignet, die Zusammensetzung der Tokopherolfraktion von Ölen zu studieren.

Zur Unterscheidung von *freien und gebundenen* Tokopherolen ist eine von M. JAKY (1967) mitgeteilte DC-Methode geeignet:

Eine 20%ige Lösung des zu untersuchenden Öls in Benzol wird auf eine mit Kieselgel G beschichtete Platte aufgetragen. Die Platte wird im Dunkeln mit Petroläther-Äther-Essigsäure/90:10:1 entwickelt. Die weitere Behandlung erfolgt wie auf S. 813.

Weitere experimentelle Einzelheiten zur DC-Bestimmung von Tokopherolen bringt H. E. SCHMIDT (1967/1968) in einer ausführlichen Arbeit. Besonders wertvoll für den Analytiker sind Hinweise bezüglich der Umrechnungsfaktoren und Eichkurven für die Photometrie von α-, γ- und δ-Tokopherol.

δ) Gaschromatographische und polarographische Methoden

Auch die *gaschromatographische* Methode ist nach den Erfahrungen von H. T. SLOVER u. Mitarb. (1967) zur Trennung und Bestimmung der individuellen α- bis δ-Tokopherole geeignet:

1 g Öl wird in Gegenwart von Stickstoff und unter Zusatz von Pyrogallol verseift und das Unverseifbare mit Pentan extrahiert. Die Lösung des Unverseifbaren wird zur Trennung der Tokopherole von den anderen Nebenbestandteilen des Öls einer DC-Behandlung auf Silicagel G, wie auf S. 812 beschrieben, unterworfen. Die Tokopherolbanden werden abgeschabt. Die isolierten Tokopherole werden mit Hexamethyldisilazan und Trimethylchlorsilan in Gegenwart von Pyridin in die entsprechenden Trimethylsilylverbindungen überführt, welche gaschromatographisch bei 235 °C unter Verwendung einer mit Apiezon L oder SE-30 auf Anakrom gefüllten Säule in ihre individuellen Bestandteile zerlegt werden.

Für Routineanalysen geeigneter sind *polarographische* Methoden: A. NIEDERSTEBRUCH u. I. HINSCH (1967) lösen das aus Ölen und Fetten erhaltene Unverseifbare in absolutem Alkohol und oxydieren die Tokopherole mit einem Überschuß frisch hergestellter Cer(IV)-sulfat-Lösung zu den entsprechenden Tokochinonen. Das resultierende Cer(III)-Cer(IV)-Gemisch wird durch Zugabe von ammoniakalischem Äthanol gefällt, der Niederschlag abfiltriert und mit Äthanol ausgewaschen. Die wasserfreie alkoholische Lösung wird bei pH 7,5 in Anwesenheit von Stickstoff mit Hilfe eines Derivativ-Polarographen (Modell PO 4 der Firma Radiometer, Kopenhagen) polarographiert.

Die Anwendung von Cer(IV)-sulfat als Oxydationsmittel hat den Vorteil, daß für α-, γ- und δ-Tokopherol nur eine einzige Eichkurve erforderlich ist, während bei der Oxydation mit Eisen(III)-Salzen für jedes Tokopherol eine eigene Eichkurve aufzustellen ist.

Auch die im Unverseifbaren bereits vorhandenen Tokochinone lassen sich polarographisch erfassen (vgl. hierzu K. WISSER u. Mitarb. 1967). Die während der Oxydation gebildeten Oxydationsprodukte von Steroiden und Carotinoiden haben keinen Einfluß auf das Ergebnis. Die untere Erfassungsgrenze der Methode liegt bei ca. 10 mg Tokopherol/kg Öl, die mittlere Reproduzierbarkeit bei $\pm$ 3,5%. Zugesetztes α-Tokopherol (ca. 400 mg/kg) wurde zu ca. 100% wiedergefunden.

Diese Methode wurde von K. WISSER u. Mitarb. (1967) verbessert und soweit vereinfacht, daß ein eingearbeiteter Analytiker je Arbeitstag 6—8 Bestimmungen ausführen kann.

f) Sesamin, Sesamolin und Sesamol

Das Samenöl von *Sesamum indicum*, gewöhnlich Sesamöl genannt, enthält zwei Begleitstoffe, das Sesamin und Sesamolin, die für die charakteristische Farbreaktion und die Beständigkeit des Öls gegen Autoxydation verantwortlich sind. Das Sesamolin wird unter gewissen Bedingungen zu Sesamol abgebaut, das ebenso wie das Sesamolin die bekannte Reaktion von BAUDOUIN bzw. VILLAVECCHIA (vgl. S. 438) gibt, während Sesamin unter den Bedingungen dieser qualitativen Prüfung nicht reagiert. Da diese Reaktionen leicht auszuführen sind, haben viele Regierungen den Zusatz von Sesamöl zur Margarine als Erkennungsmittel vorgeschrieben.

Die Struktur dieser Verbindungen läßt sich in verkürzter Schreibweise durch folgende Formeln wiedergeben:

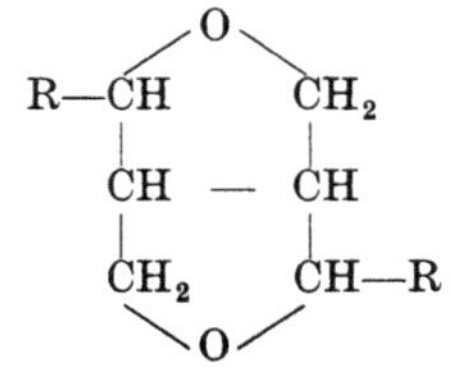

Sesamin

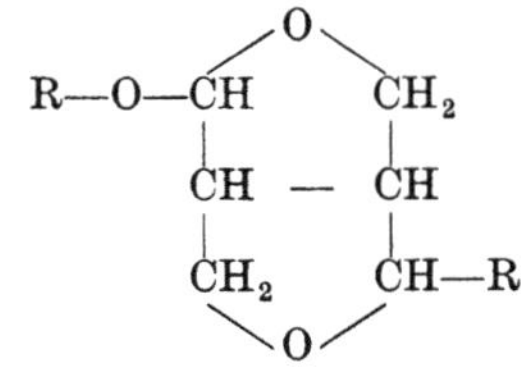

Sesamolin

R—OH

Sesamol

R =

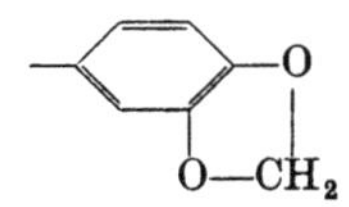

Alle besitzen charakteristische Absorptionsmaxima (vgl. Abb. 127).

Einen umfassenden Überblick über Vorkommen, Chemie, Analytik und Anwendung dieser Verbindungen geben Übersichtsreferate von P. BUDOWSKI u. K.J. MARKLEY (1951) sowie von P. BUDOWSKI (1964).

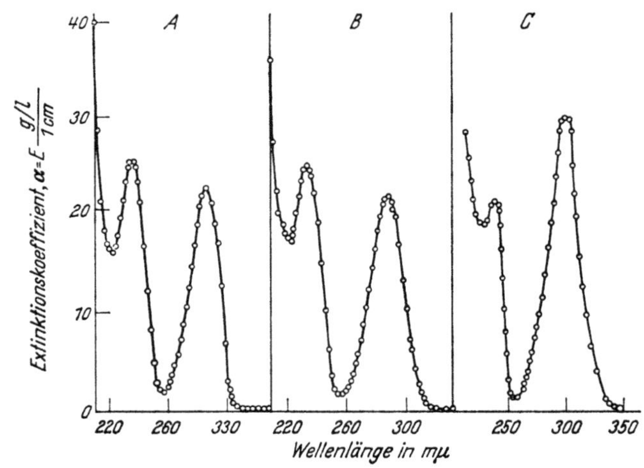

Abb. 127. Ultraviolett-Absorption von Sesamin (A), Sesamolin (B) und Sesamol (C) in Isooctan nach BUDOWSKI u. Mitarb. (1951)

M. BEROZA (1954) fand in acht Proben Sesamöl folgende Mengen dieser Begleitstoffe:

Sesamin:	0,094 —1,225%
Sesamolin:	0,0059 —0,436%
Sesamol:	0,00019—0,019%

Zum Nachweis und zur Bestimmung dieser Verbindungen eignen sich die charakteristische Absorption im Ultraviolett (P. BUDOWSKI u. Mitarb. 1951), die Villavecchia-Reaktion (C. SUAREZ 1952), die säulenchromatographische (M. BEROZA 1954) und die dünnschichtchromatographische Methode (M. BEROZA 1963).

Bestimmung von Sesamin, Sesamolin und Sesamol nach C. SUAREZ u. Mitarb. (1952)

1. Bestimmung des Sesamols

10,0 g Sesamöl werden in einen 100-ml-Meßkolben eingewogen, in einem Lösungsmittel, bestehend aus 1 Volumteil Chloroform und 1 Volumteil Isooctan, gelöst und damit bis zur Marke aufgefüllt. 50 ml der Lösung werden in einem 250-ml-Zentrifugenglas mit 10 ml einer Lösung von 10 g reinem KOH in 80 ml Wasser und 20 ml wasserfreiem Äthanol 3 min geschüttelt und dann 10 min mit 2000 U/min zentrifugiert. Das freie Sesamol befindet sich in der alkalischen Schicht und das Sesamolin in der Chloroformschicht.

0,6 ml des Alkaliextraktes werden zu einer Mischung von 50 ml Schwefelsäure (d = 1,37) und 1 ml Furfurolreagens (2 g frisch destilliertes Furfurol + 100 ml Äthylalkohol) gegeben, die sich in einem 50-ml-Meßkolben befindet. Man mischt gut durch, füllt mit der Lösung eine 1-ml-Küvette und bestimmt 50—75 min nach dem Mischen die Extinktion bei 518 mμ gegen einen Blindansatz, der an Stelle des Furfurolreagens 1 ml optisch leeren Äthylalkohol von 99% enthält.

$$\% \text{ freies Sesamol} = \frac{10{,}75 \cdot E_{518}}{C}$$

E_{518} = gemessene Extinktion bei 518 mμ
C = Konzentration der ursprünglichen Probe in g/l.

2. Bestimmung des Sesamolins

2 ml der erforderlichenfalls filtrierten Chloroform-Isooctan-Lösung werden zu einer Mischung von 50 ml Schwefelsäure (d_{15} = 1,37) und 1 ml Furfurol gegeben, die sich in einem 125-ml-Meßkolben befindet. Man verschließt, schüttelt 30 min in einem Schüttelapparat und bringt die Mischung nach dem Absitzen in einen 100-ml-Schütteltrichter. Die Säureschicht wird abgezogen und in eine 1-cm-Küvette gefüllt. 50—75 min nach Beginn des Schüttelns wird die Extinktion bei 518 mμ gegen einen Blindansatz gemessen, der an Stelle des Furfurolreagens 1 ml 99%igen optisch leeren Äthylalkohol enthält.

$$\% \text{ Sesamolin} = \frac{15{,}9375 \cdot E_{518}}{C}$$

Bedeutung der Abkürzungen wie oben.

3. Bestimmung des Sesamins

Hierzu wird die für die Bestimmung des Sesamolins benutzte Chloroform-Isooctan-Lösung verwendet, gegebenenfalls nach Verdünnung mit weiteren Mengen dieses Lösungsmittelgemisches. Die Lösung wird in eine 1-cm-Quarzküvette gefüllt und die Extinktion im Maximum bei 287—288 mμ und zur Untergrundkorrektur bei 255 und 320 mμ gemessen.

$$\% \text{ Sesamin} = 4{,}541 \cdot e_{288} - 0{,}953 \cdot C_1 - 2{,}271 \cdot (e_{255} + e_{320})$$

C_1 = % Sesamolin

e = Spezifische Extinktion bei der angegebenen Wellenlänge = $\frac{E}{c \cdot l}$

Chromatographische Trennung und Bestimmungsmethode nach M. BEROZA (1954)

M. BEROZA (1954) beschreibt eine säulenchromatographische Methode zur Trennung der Begleitstoffe des Sesamöls. Sesamin wird in reiner Form durch Chromatographie an Kieselsäure abgetrennt. Die Entwicklung erfolgt mit Lösungen von Äthylacetat in Isooctan unterschiedlicher Zusammensetzung. Das Sesamin wird im Eluat aufgrund seiner UV-Absorption nachgewiesen. Die Bestimmung des Sesamolins und Sesamols erfolgt nach der hier beschriebenen Methode von SUAREZ u. Mitarb. (1952), die indessen etwas modifiziert wurde. 1963 veröffentlichte M. BEROZA auch eine dünnschichtchromatographische Methode zurBestimmung von Sesamin und Sesamolin. Die Verbindungen werden auf Kieselsäureplatten getrennt und mit Furfurol-Schwefelsäure oder besser mit Chromotropsäure sichtbar gemacht. Farbton und R_f-Werte dienen zur Identifizierung der Flecken.

5. Öllösliche Pigmente außer Carotin

Zu den öllöslichen Pigmenten gehören die Carotinfarbstoffe, die Xanthophylle, das Chlorophyll, das Gossypol u. a. Die Carotinfarbstoffe wurden im Zusammenhang mit der Bestimmung des Vitamin A behandelt. Den Xanthophyllen kommt keine größere Bedeutung zu. Chlorophyll und Gossypol dagegen sind für einige Ölgruppen charakteristisch, so daß ihre Anwesenheit zum Nachweis derselben benutzt werden kann (vgl. auch J.A.G. BOX u. H.A. BOEKENOOGEN (1967)).

a) Chlorophyll

Der grüne Chlorophyllfarbstoff kommt in Blättern, Stengeln, Samen und Früchten in zwei Formen vor, als Chlorophyll A und Chlorophyll B:

$$C_{32}H_{30}ON_4Mg \begin{cases} COOCH_3 \\ COOC_{20}H_{39} \end{cases} \qquad C_{32}H_{28}ON_4Mg \begin{cases} COOCH_3 \\ COOC_{20}H_{39} \end{cases}$$

Chlorophyll A Chlorophyll B

Durch Alkalien erfolgt Verseifung zu den entsprechenden Chlorophyllinen A und B, Methylalkohol und Phytol. Bei der Behandlung mit Säuren entstehen aus Chlorophyll die magnesiumfreien sog. Phaeophytine A und B.

Rohes Lein-, Raps-, Soja-, Oliven-, Avocadoöl und viele andere Pflanzenöle enthalten Chlorophyll, und zwar hauptsächlich Chlorophyll A. Erdnußöl ist chlorophyllfrei. Chlorophyll und seine Abkömmlinge haben im langwelligen Teil des sichtbaren Lichtes eine charakteristische Absorption, die seit langem zum Nachweis und zur Bestimmung dieses Farbstoffs verwendet wird (F. P. ZSCHEILE u. C. L. COMAR 1941; C. L. COMAR 1942). Diesen Autoren zufolge hat Chlorophyll A ein Absorptionsmaximum bei 660 mμ, Chlorophyll B eines bei 642,5 mμ. In Ölen dagegen wird durchweg ein Maximum bei 670 μ gefunden. Nach R. T. O'CONNOR u. Mitarb. (1949) ist das darauf zurückzuführen, daß in den Ölen nicht Chlorophyll A, sondern in der Hauptsache Phaeophytin A anwesend ist. O'CONNOR fand in Sojaöl folgende Maxima und Minima:

	rohes Sojaöl	Phaeophytin A	Chlorophyll A
1. Im Gebiet 660—675 mμ	M 672	M 672	M 662
2. Im Gebiet 580—630 mμ	m 590	m 590	kein Maximum
	M 612	M 612	kein Maximum
	m 630	m 630	kein Maximum

M = Maximum, m = Minimum

Die in Öl gelösten Farbstoffe Chlorophyll und Phaeophytin werden durch die Entsäuerung allein nur wenig geschwächt, durch Bleichen mit aktiven Erden aber zum Verschwinden gebracht. Hierzu ein Beispiel aus dem Laboratorium des Verfassers in Abb. 128, die das Absinken des charakteristischen Maximums bei Sojaöl von 670 mμ in Abhängigkeit von den Raffinationsbedingungen illustriert.

R. C. STILLMAN (1954) baute auf den Ergebnissen von ZSCHEILE u. COMAR (1941) eine Bestimmungsmethode für Chlorophyll auf, die als Tentative Method Cc 13d – 55 in die AOCS-Sammlung aufgenommen wurde. Durch Messung der für die Untergrundabsorption korrigierten Extinktion bei 670 mμ wird, genau genommen, der Gehalt an Phaeophytin A bestimmt. Da es sich hier um Absolutmessungen handelt, ist die genaue Beachtung der Vorschriften zur Einstellung des Spektralphotometers wichtig.

Chlorophyllbestimmung nach R. C. STILLMAN (1954); *vgl. auch AOCS Tentative Method Cc 13d – 55*

Geräte:

Spektralphotometer: z. B. Beckman, Modell B, oder ein ähnliches mit geprüfter Wellenlängenskala (vgl. auch S. 511).

Küvetten: 50 mm Schichtdicke oder weniger. Meß- und Vergleichsküvetten dürfen, mit dest. Wasser gefüllt, bei 400 mμ keine größere Abweichung in der Transmission aufweisen als 0,5%.

Reagentien:

Tetrachlorkohlenstoff: Seine Transmission soll bei 400 mμ von der des dest. Wassers nicht mehr als 0,5% abweichen.

Verfahren:

Die mit Tetrachlorkohlenstoff gefüllte Vergleichsküvette wird in den Strahlengang gebracht und die Transmission bei einer Spaltbreite von 0,1 mm auf 100% eingestellt. Eine zweite Küvette wird mit dem zu untersuchenden Öl gefüllt, das völlig klar sein muß und dessen Temperatur 30 ± 2,5° C betragen soll. Dann wird die Extinktion des Öls bei 630 mμ und nach Zwischenjustierung bei 670 und 710 mμ abgelesen bzw. aus der Transmission die Extinktion nach der Gleichung berechnet:

$$\text{Extinktion} = 2 - \log\% \text{ Transmission}$$

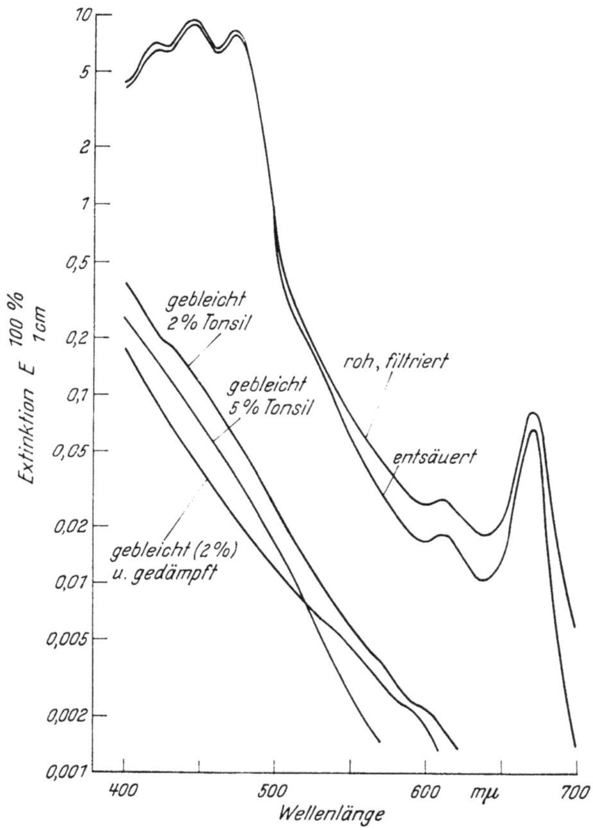

Abb. 128. Einfluß der Raffination auf die Extinktion von Sojaöl

Die gemessene Extinktion soll zwischen 0,3 und 0,8 liegen; andernfalls sind größere Küvetten oder höhere Konzentrationen zu wählen. Bei gebleichten Ölen wird die Extinktion auch bei Verwendung großer Küvetten stets kleiner als 0,3 sein.

Berechnung:

$$\text{Chlorophyll (mg/kg)} = \frac{E_{670} - \frac{(E_{630} + E_{710})}{2}}{f \cdot l}$$

E = gemessene Extinktion bei 630, 670 bzw. 710 mμ
l = Schichtdicke in cm
f = Faktor, der von der Art des Spektralphotometers abhängt, z. B. für
Beckman, Modell B = 0,0964
Beckman, Modell DU = 0,1016
Cary = 0,1086

Reproduzierbarkeit und Genauigkeit der Methode

Die *Reproduzierbarkeit* der Methode ist zufriedenstellend. R.C. Stillman errechnete aus den Untersuchungsergebnissen mehrerer Laboratorien bei Verwendung der Spektralphotometer BECKMAN B und BECKMAN DU folgende Standardabweichungen:

Ölsorte	Streubereich	Anzahl Proben	Anzahl Bestimmungen	s
Entsäuerte Öle	0,34 —1,43	11	134	0,060
Gebleichte Öle	0,007—0,063	9	110	0,0065

Die *Genauigkeit* der Methode hängt von vielen Faktoren ab, die nicht genau bekannt sind, z. B. dem Mengenverhältnis von Chlorophyll A zu Phaeophytin A im Öl, der Erfüllung der Voraussetzungen für die Eliminierung der Untergrundabsorption und der Zuverlässigkeit des von C.L. COMAR (1942) mit 102 angegebenen spezifischen Extinktionskoeffizienten des Chlorophylls, der von STILLMAN bei der Aufstellung seiner Berechnungsformel zugrunde gelegt wurde.

Trotz dieser Mängel ist diese Methode für Vergleichszwecke zu empfehlen.

Die Chlorophyllbestimmung ist zur Prüfung der Reinheit von Erdnußöl in unvermischtem Zustand geeignet und bei der Klassifizierung von Sojaölen von großem Nutzen. In den USA werden fast in jedem Jahr kleinere Partien der Sojabohnenernte durch Frost geschädigt und liefern dann ein mehr oder weniger grünes Öl von geringerer Qualität als das aus ausgereiften Bohnen gewonnene. Die Bestimmung des Chlorophyllgehaltes dieser Öle vor und nach der Entsäuerung und Bleichung ermöglicht eine genaue Klassifizierung. Eine brauchbare Vergleichsskala erhält man nach E.H. MELVIN u. Mitarb. (1953) dadurch, daß man die Extinktion des Sojaöls im Bereich der Absorption der Chlorophyllderivate unter genormten Bedingungen bestimmt. MELVIN teilt hiernach die Sojaöle in drei Klassen ein (vgl. Tab. 132).

Tabelle 132. *Spektralphotometrische Klassifizierung der Sojaöle* (nach E.H. MELVIN u. Mitarb. 1953)

Ölsorte	Meßbedingungen: Schichtdicke mm	Wellenlänge mμ	Größe von E für den Qualitätsgrad A	B	C
Rohöle	21,8	700	<0,5	0,5—0,7	>0,7
Entsäuerte Öle	21,8	690	<0,4	0,4—0,6	>0,6
Entsäuerte Öle	8,0	670	<0,4	0,4—0,6	>0,6
Entsäuerte und gebleichte Öle	21,8	670	<0,1	0,4—0,7	>0,7
Rohöle	4,0	670	<0,4	0,4—0,7	>0,7
15%ige Lösung von Rohöl in Tetrachlorkohlenstoff	21,8	670	<0,5	0,5—0,7	>0,7

b) Gossypol

Im Kottonöl und im Kapoköl findet sich in Konzentrationen von 0,1—1,5% ein gelblich opaker Farbstoff, das Gossypol, ein Polyphenol, das nach den Untersuchungen von R. ADAMS u. Mitarb. (1938) in drei tautomeren Formen vorkommt, von denen eine hier wiedergegeben sei.

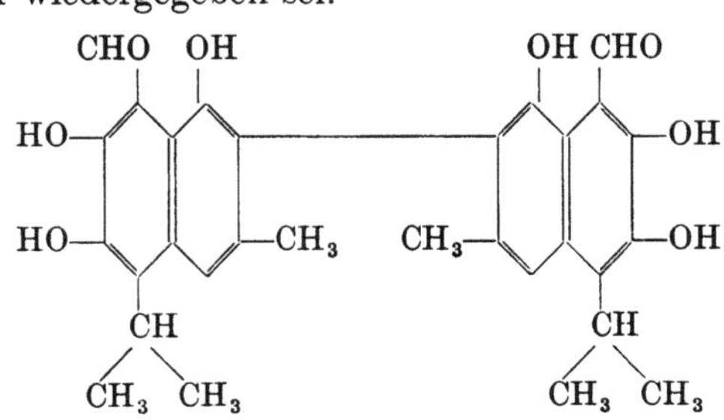

Gossypol

Infolge der Gegenwart zahlreicher funktioneller Gruppen ist die Verbindung sehr reaktionsfreudig. Als starke zweibasische Säure bildet sie Salze, als Polyphenol Ester und Äther und als Trägerin von Carbonylgruppen reagiert sie mit Aminogruppen, wie sie im Ammoniak, Anilin usw. anwesend sind. Gossypol ist ein wirksames Antioxydans. Seiner Verwendung in Speiseölen steht indessen seine Toxicität entgegen.

Begleitet wird das Gossypol von verwandten Pigmenten, wie dem rotgefärbten Gossypurpurin, dem blauen Gossycaerulein und dem orangefarbenen Gossyfulvin. Einzelheiten über Chemie, Technologie und Analyse der Kottonpigmente finden sich in einer ausführlichen Darstellung von CH. H. BOATNER (1948).

Gossypol und die ihm verwandten Farbstoffe kommen nur in rohen Kotton- und Kapokölen vor. Durch Raffination mit Alkalien werden sie entfernt. Die gebräuchlichen Bestimmungsmethoden sind also nur auf Rohöle anwendbar. Es sind das folgende:

1. Fällung des Gossypols mit Anilin und Pyridin als Dipyridyl-Dianilinogossypol, Entfernung des Pyridins durch Erhitzen auf 160°C und Wägung des zurückbleibenden Dianilinogossypols (H. D. ROYCE u. Mitarb. 1940).

2. Erhitzung von Lösungen des Öls in technischem Hexan mit Anilin und Messung der Extinktion des gebildeten Dianilinogossypols bei 450 mμ (F. H. SMITH 1946).

3. Umsetzung des Gossypols mit p-Anisidin und Messung der Extinktion des erhaltenen Di-p-Anisidingossypols bei 460 mμ (W. A. PONS jr. u. J. D. GUTHRIE 1949).

Die Methode erfaßt auch gossypolähnliche Pigmente, wie Gossypurpurin und Diaminogossypol (C. HALL POMINSKY u. P. VON DER HAAR 1951). Sie wurde in verbesserter Form (W. A. PONS jr. u. Mitarb. 1956) in die AOCS-Methodensammlung aufgenommen.

4. Extraktion des Gossypols mit einer Lösung von 3-Amino-1-Propanol in Dimethylformamid und colorimetrische Bestimmung der Dianilin-Verbindung (W. A. PONS jr. u. Mitarb. 1958).

5. Papierchromatographische Abtrennung des freien Gossypols und Färbung mit Phloroglucin (G. SCHRAMM u. J. H. BENEDICT 1958).

Bestimmung des Gossypols und der gossypolähnlichen Pigmente nach W. A. PONS u. Mitarb. (1956) *(vgl. auch AOCS Tentative Method Ca 13 – 56)*

Die hier wiedergegebene Beschreibung ist eine Kurzfassung der Methode. Einzelheiten sind der zitierten AOCS-Vorschrift zu entnehmen.

Reagentien:

Lösungsmittel: Eine Mischung von 600 ml Isopropanol und 400 ml techn. Hexan, Eisessig z. A.

p-Anisidin: 40 g des technisch reinen Präparats werden bei 75°C mit 2 g Natriumsulfit und 20 g Entfärbungskohle 5 min gerührt. Man filtriert unter Vakuum, kristallisiert bei 0°C aus, saugt die Kristalle ab und trocknet sie über H_2SO_4.

p-Anisidin-Lösung: 1 g p-Anisidin wird in 48 ml Isopropanol-Hexan gelöst und die Lösung mit 2 ml Eisessig versetzt.

Eisessig-Lösung: 2 ml Eisessig + 48 ml Isopropanol.

Gossypol-Eichlösung: 100 mg reines Gossypol[1] werden mit dem Lösungsmittel derart verdünnt, daß 1 ml 0,02 mg Gossypol enthält.

Verfahren:

Vorbereitung der Probe. Die Ölprobe wird bei 50°C filtriert und soll dann sofort untersucht werden. Andernfalls ist sie bei 0°C im Kühlschrank aufzubewahren.

Höhe der Einwaage. In einen 25—100 ml fassenden Meßkolben werden solche Mengen des zu untersuchenden Öls eingewogen und im Lösungsmittel gelöst, daß der für die Analyse verwendete aliquote Teil ca. 0,1 mg Gossypol enthält.

Messung des Gossypolgehaltes. In zwei 25-ml-Meßkolben pipettiert man soviel einer Lösung des zu untersuchenden Öls in Isopropanol-Hexan, daß jeder Kolben ca. 0,1 mg Gossypol enthält. Zu einer Probe (= Lösung A) pipettiert man 5 ml Essigsäure-Lösung, füllt mit Lösungsmittel auf und mischt. Zur zweiten (= Lösung B) pipettiert man 5 ml p-Anisidin-Lösung und mischt durch Umschwenken. Man bringt die Lösung B und einen Blindansatz, der 5 ml p-Anisidin-Lösung und 5 ml Lösungsmittel enthält, in ein Wasserbad von 75 ± 1°C und erhitzt mit aufgelegtem Stopfen 1 Std. Dann wird auf Zimmertemperatur abgekühlt, bis zur Marke mit Lösungsmittel aufgefüllt und gut gemischt.

---

[1] Bezugsquellen für reines Gossypol vermittelt auf Anfrage die Geschäftsleitung der AOCS 35 East Wacker Drive, Chicago 1/Ill. USA.

Es wird nun im Spektralphotometer bei 460 mμ oder in einem mit entsprechendem Filter ausgestatteten photoelektrischen Colorimeter bei 450—465 mμ unter Verwendung einer 1-cm-Küvette die Extinktion des Blindansatzes gegen das Lösungsmittel gemessen (E_1). Sie soll nicht höher als 0,022 sein. Sonst ist das p-Anisidin zu reinigen. Dann wird die Extinktion der Lösung B gegen A gemessen (E_2). Die korrigierte Extinktion E_2—E_1 ist proportional der Gossypolkonzentration, die einer in analoger Weise aufgestellten Eichkurve entnommen wird.

Aufstellen der Eichkurve. In zwei Serien von 25-ml-Meßkolben werden je 1, 2, 3, 4, 5, 6, 7, 8, 9 bzw. 10 ml der Gossypol-Eichlösung gegeben. Zu einer Serie (= Lösung C) gibt man je 5 ml Eisessig und füllt mit Lösungsmittel auf. Zur zweiten Serie (= Lösung D) und zu einem Blindansatz, der 5 ml Lösungsmittel enthält, gibt man 5 ml p-Anisidin-Lösung und erhitzt wie oben angegeben.

Dann bestimmt man die Extinktion des Blindansatzes gegen das Lösungsmittel (E_3) und die Extinktion der mit p-Anisidin in Reaktion getretenen Gossypol-Lösung D gegen die Extinktion von Lösung C (E_4).

Zur Aufstellung der Eichkurve wird für jede Gossypolkonzentration die korrigierte Extinktion E_4—E_3 in ein Koordinatennetz eingetragen.

Berechnung:

$$\%\ \text{Gossypol} = \frac{\frac{V}{A} \cdot G}{E \cdot 10}$$

V = Volumen der Probelösung vor der Analyse
A = Aliquoter Teil von V
G = mg Gossypol im aliquoten Teil
E = Einwaage in g.

Nach Untersuchungen der Autoren erhält man mit dieser Methode die gleichen Resultate wie mit der älteren Anisidin-Methode, jedoch in kürzerer Zeit. Nach M. F. STANSBURY u. Mitarb. (1957) ist die Methode auch für die Untersuchung von Kottonsoapstock geeignet, der bis zu 10% Gossypol enthalten kann.

Bestimmung des freien Gossypols nach G. SCHRAMM u. J.H. BENEDICT (1958)

Die von diesen Autoren angegebene Methode erlaubt den Nachweis von freiem Gossypol bis zu Konzentrationen von 10 mg/kg herab. Sie beruht auf einer Extraktion des Gossypols aus dem zu untersuchenden Fett mit einer wäßrigen Lösung von Dimethylformamid, der papierchromatographischen Trennung des Extraktes und Sichtbarmachung des freien Gossypols durch Umsetzung mit Phloroglucin.

Geräte:

Einrichtung zur aufsteigenden Papierchromatographie mit einem Behälter, der mit Papier ausgekleidet ist.

Chromatographierpapier 40 × 58 cm, Whatman 3 M M bzw. Sch. & Sch. 2316.

Reagentien:

Gossypol, chromatographisch rein (vgl. S. 821)
n-Heptan, Siedegrenzen 98/99° C
N, N-Dimethylformamid 152/154° C.
Lösungsmittel: 80 Teile Heptan, 20 Teile Chloroform und 5 Teile Essigsäure.
Phloroglucin-Sprühmittel: 2 g Phloroglucin (FP 217—218° C) werden in 10 ml 95%igem Alkohol + 5 ml konzentrierter Essigsäure gelöst. Täglich frisch zu bereiten.

Verfahren:

10 g der Probe werden in 100 ml Heptan gelöst und zweimal mit je 25 ml einer Mischung von Dimethylformamid und Wasser 2:1 extrahiert. Die unteren Schichten werden vereinigt und mit 150 ml dest. Wasser verdünnt. Der wäßrige Auszug wird dreimal mit je 50 ml Heptan-Chloroform 9:1 in der Zentrifuge extrahiert. Die vereinigten oberen Schichten werden bei kleinen Gossypolkonzentrationen auf 5 ml, sonst auf 10 ml konzentriert.

Gossypol-Standardmengen im Bereich von 0,5—10 μg und die zu untersuchende Probe werden 50 mm vom Rand entfernt auf das Papier aufgetragen. Von der Probelösung werden je nach der Konzentration 50—1 μl, entsprechend 10—10000 mg Gossypol pro kg, aufgetropft. Dann wird das Papier zusammengerollt, in den Zylinder gebracht und 1 $^1/_2$ Std mit dem angegebenen Lösungsmittel chromatographiert. Anschließend trocknet man und besprüht mit Phloroglucin-Lösung. Die entwickelte rote Färbung wird mit derjenigen der Standardproben verglichen.

Berechnung:

$$\text{mg/kg Gossypol} = \frac{2000 \cdot \text{m} \cdot \mu\text{g}}{\text{g} \cdot \mu\text{l}}$$

m = Endvolumen der konzentrierten Probe
g = Gramm der Probe
μg = Mikrogramm freies Gossypol, auf dem Chromatogramm bestimmt
μl = Mikroliter der auf das Chromatogrammpapier aufgebrachten konzentrierten Probe.

Die *Reproduzierbarkeit* der Methode ist nach Angaben der Autoren recht gut. Der Variationskoeffizient betrug bei Lösungen mit 40 mg/kg Gossypol 7,3%, für Fette mit 100 mg/kg Gossypol 1,6%. Zugegebenes Gossypol wurde bei Konzentrationen zwischen 10 und 100 mg/kg zu 86—116% wiedergefunden. Die Methode ist mit geringen Modifikationen auch für die Bestimmung des Gossypols in Kottonschroten geeignet. Sie erlaubt die Unterscheidung zwischen freiem Gossypol und Gossypolderivaten, wobei letztere an ihren abweichenden R_f-Werten und an ihrer unterschiedlichen Färbung mit Phloroglucin erkannt werden.

6. Natürliche und synthetische Farbstoffe

Die meisten pflanzlichen Öle enthalten von Natur aus Farbstoffe, die zur Gruppe der Chlorophyllfarbstoffe, der Carotinoide und der Xanthophylle gehören. Auch tierische Fette weisen mitunter Farbstoffe aus diesen Gruppen auf. Beispiele hierfür sind das Carotin im Pferdefett, das Lutein im Hühnerfett und Eieröl und das Fucoxanthin im japanischen Sardinenöl.

Eine eingehende Behandlung dieser Farbstoffe erübrigt sich an dieser Stelle, da sie in Bd. II/2 ausführlich beschrieben werden. Hier sollen nur einige Methoden besprochen werden, die die Entdeckung von Teerfarbstoffen neben den natürlichen ermöglichen und die Bestimmung solcher natürlich vorkommender Farbstoffe erleichtern, die, wie Carotin und Bixin, häufig zur Färbung von Fetten und fetthaltigen Zubereitungen verwendet werden. Bezüglich der Bestimmung von β-Carotin sei auf S. 797 und der von Chlorophyll auf S. 818 dieses Kapitels verwiesen.

Die Zahl der von den Gesetzen in den verschiedenen Ländern zugelassenen Teerfarbstoffe ist sehr begrenzt. In Deutschland ist nach der Farbstoffverordnung von 19. XII. 1959 die Verwendung dieser Farbstoffe zur Färbung von Margarine nicht mehr gestattet. Margarine darf nur mit Carotin oder mit Annatto unter Mitverwendung von Carotin gefärbt werden. Bei Annatto-Zusatz ist die Färbung durch den Aufdruck „mit Farbstoff" kenntlich zu machen. Nach Mitteilung 11 der Farbstoffkommission der Deutschen Forschungsgemeinschaft 1963 sind in die dritte Liste der unschädlichen Farbstoffe noch folgende fettlösliche Farbstoffe aufgenommen worden: Paprika-Extrakt, Lycopin, die Xanthophylle, ferner die als Provitamin A wirkenden Carotinoide: β-Apo-8'-Carotinal und β-Apo-8'-Carotinsäureäthylester. Diese Farbstoffe wurden auch in die EWG-Liste aufgenommen (H. Druckrey 1963).

Außerhalb des EWG-Raums ist noch mit der Verwendung folgender Azo-Farbstoffe zu rechnen: Yellow AB, Yellow OB, Sudan I, Sudan II, Ceres-Orange GN und Ceres-Rot G. Einzelheiten hierüber und viel Wissenswertes über die Synonyma, die Codifizierungsformeln und die Verträglichkeit dieser Farbstoffe findet sich in der umfassenden „Mitteilung 6" der Deutschen Forschungsgemeinschaft 1957. Das sog. „Buttergelb" ist schon seit Jahrzehnten in Deutschland zur Färbung nicht mehr zugelassen.

Zum Nachweis dieser Farbstoffe eignen sich vor allem chromatographische Methoden, von denen besonders die Dünnschichtchromatographie in kürzester Zeit die Identifizierung der hier erwähnten Farbstoffe gestattet.

a) Nachweis von Annatto in Speisefetten

Annatto, ein rotgelber Farbstoff, wird aus den Samen von Bixa orellana durch Extraktion mit Öl gewonnen (W. Diemair u. D. Heusser 1953). Er besteht aus mindestens drei Komponenten, von denen die wichtigste das rotgelbe, dem Carotin verwandte Bixin ist. Da Bixin eine freie Carboxylgruppe besitzt, gelingt die Abtrennung dieses Farbstoffs, wie H. Thaler (1937) zeigen konnte, durch Adsorption an basisches Aluminiumoxid (vgl. auch DGF-Methode C – VI 1 (53)). Eine verbesserte Form der ursprünglichen Methode wurde von H. THALER u. R. SCHELER (1951 a) mitgeteilt.

Geräte:

Chromatographierapparatur nach Abb. 129, bestehend aus einem Chromatographierrohr von 7 mm innerem Durchmesser und 250 mm Länge, einem Saugrohr und einem Erlenmeyerkolben zur Aufnahme der Fettlösung.

Reagentien:

Aluminiumoxid, standardisiert nach BROCKMANN
Petroläther DAB VI
Alkohol 96 %ig und absolut
Chloroform
Carr-Price-Reagens, aus 25 g $SbCl_3$ z. A. und 75 g Chloroform, alkoholfrei, herzustellen.

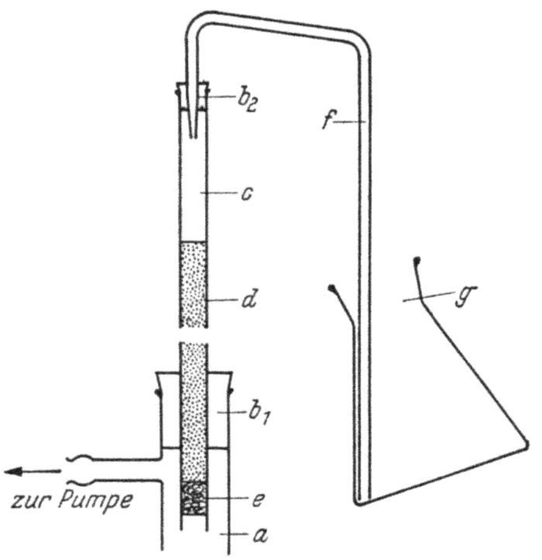

Abb. 129. Apparatur zum Nachweis von Fettfarbstoffen nach THALER u. SCHELER (1951 a)

Verfahren:

Vorbereitung der Säule. Das Chromatographierrohr wird am unteren Ende mit einem fest hineingestopften Wattebausch verschlossen, den man mit einem Glasstab ungefähr 1 cm weit in das Rohr hineinschiebt. Man füllt das Aluminiumoxid bis etwa zur halben Länge des Rohres ein, verbindet dieses mit einem Saugrohr und durchtränkt die Säule unter leichtem Ansaugen mit Petroläther. Hierauf wird das Rohr bis ca. 1 cm unter dem oberen Rand mit Petroläther gefüllt und an beiden Enden mit einem Gummistopfen verschlossen. Durch kräftiges Schütteln entfernt man die Luftblasen und schlämmt das Aluminiumoxid in Petroläther auf. Dann saugt man das überstehende Lösungsmittel bis auf eine Schicht von 5 mm ab. Die Säule darf nicht trocken laufen.

Bestimmung: 5 g des zu untersuchenden Fetts werden in 15 ml Petroläther gelöst. Die Lösung wird mit einer Geschwindigkeit von 30 Tropfen pro Minute durch die Säule gesaugt. Annattofarbstoff bleibt in Form einer orangefarbenen Zone unmittelbar an der Oberfläche des Oxids haften. Man wäscht zweimal mit je 10 ml Petroläther nach, saugt diesen in die Säule ein, bis er noch 1 cm über dem Oxid steht und füllt die Säule mit 96 %igem Alkohol. Teerfarbstoffe, wie Martiusgelb oder Sudan G, werden eluiert, während der Annattofarbstoff Bixin adsorbiert bleibt.

Zur Identifizierung eignet sich die Carr-Price-Reaktion (vgl. S. 801). Man spült das Rohr zweimal mit absolutem Alkohol und dreimal mit wasserfreiem Chloroform. Ist letzteres bis auf eine 5 mm hohe Schicht durchgesaugt, setzt man einige Milliliter Carr-Price-Reagens zu. Die Farbe der Bixin-Zone schlägt sofort von Orangerot nach Blaugrün um.

b) Nachweis von Annatto und Carotin in Margarine

Ein sehr einfaches dünnschichtchromatographisches Verfahren zur Bestimmung von Carotin und Bixin in Margarine wurde von A. MONTAG (1961/1962) angegeben.

Geräte:

Dünnschichtchromatographische Ausrüstung nach E. STAHL (1962).

Reagentien:

Kieselgel G (Merck)
Farbstofflösungen: Carotin, Annatto, fettlöslich, in Chloroform gelöst
Lösungsmittel: Äthylalkohol, absolut, Eisessig, Chloroforn, Petroläther
Methyläthylketon-Eisessig-Methanol (40:5:5; täglich neu anzusetzen)
0,5 n alkoholische Kalilauge
Aluminiumoxid nach BROCKMANN.

Verfahren:

Abtrennung des Annattofarbstoffs (Bixin). 3—5 g Margarine werden im Wasserbad von 40°C geschmolzen und in 30—50 ml Benzol gelöst. Zur Bindung des Wassers gibt man drei Spatelspitzen wasserfreies Natriumsulfat hinzu und filtriert durch einen Trichter mit Watte direkt auf ein kleines Adsorptionsröhrchen nach THALER (vgl. S. 824), in das 3 g Aluminiumoxid mit Benzol gespült wurden. Man wäscht mit 30 ml Benzol Carotin und Fett aus, eluiert das Bixin mit einer Lösung von 10 Teilen absolutem Alkohol und 1 Teil Eisessig, dampft das Eluat auf wenige Tropfen ein und nimmt es in einigen Tropfen Chloroform auf.

Abtrennung des Carotins. 3 g Margarine werden mit 30 ml methanolischer 0,5 n-KOH 20 min unter Rückfluß verseift. Man verdünnt mit 20 ml Wasser und schüttelt die alkalische Seifenlösung einmal mit 10—20 ml Petroläther aus. Der Petroläther-Extrakt wird mit Wasser gewaschen, über Natriumsulfat getrocknet, filtriert und eingeengt.

Chromatographie. Die mit Kieselgel G nach der Methode von E. STAHL (1958) bestrichenen Platten (20 × 20 cm) werden im Trockenschrank 30 min bei 120°C aktiviert und bis zur Verwenwendung im Exsiccator über Blaugel aufbewahrt. Die Trennkammer wird mit dem Lösungsmitteldampf gesättigt, indem man sie an der Breitseite mit Filtrierpapierstreifen belegt, die mit dem jeweiligen Elutionsmittel getränkt werden. Mit Hilfe einer Capillare werden die Farbstofflösungen und die Vergleichsfarbstoffe an den Startpunkten aufgetragen. Die Steighöhe wird vorher durch eine 1—2 mm breite Trennlinie markiert.

In die untere linke Ecke der Platte wird nun im Startpunkt der Farbextrakt aufgetragen, in die untere rechte Ecke eine Carotin-Vergleichslösung und in die obere linke Ecke eine Bixinlösung. Man entwickelt zunächst in reinem Benzol bis zu einer Höhe von 10 cm. Dabei wandert nur Carotin, während der Annattofarbstoff am Startpunkt verbleibt. Danach wird die Platte aus der Kammer genommen und an der Luft einige Minuten getrocknet. Carotin wird durch Vergleich der Steighöhe mit der des Vergleichsfarbstoffs und durch Tüpfeln mit 1 Tropfen des Carr-Price-Reagens (blaugrüne Färbung) identifiziert. Dieselbe Platte wird nun um 90° gedreht, sofort in eine neue Kammer gestellt und mit Methyläthylketon-Eisessig-Methanol bis zu einer Steighöhe von 10 cm entwickelt. Nach 30 min ist die vorgesehene Steighöhe des Bixins erreicht. Auch hier Identifizierung durch Steighöhenvergleich und durch Reaktion mit Carr-Price-Reagens, das mit Bixin eine ähnliche Farbreaktion wie mit Carotin ergibt.

c) Nachweis und Identifizierung von Teerfarbstoffen

α) Trennung von Annatto- und Teerfarbstoffen

H. THALER u. R. SCHELER (1952) beschrieben ein Verfahren zum Nachweis von Annatto- und zwölf Teerfarbstoffen, die in Speisefetten vorkommen können. Nach diesem Verfahren werden die Farbstoffe zunächst in verschiedene Gruppen getrennt und dann papierchromatographisch identifiziert.

Das zu untersuchende Fett wird, wie auf S. 824 beschrieben, in Petroläther gelöst und die Lösung über Aluminiumoxid nach BROCKMANN chromatographiert. Annatto, Martiusgelb, Chrysoidin R und Sudan G werden stark adsorbiert, während die übrigen Farbstoffe und etwa anwesendes Carotin mit Petroläther eluiert werden (= Filtrat I). Durch Elution mit 96%igem Alkohol werden alle Farbstoffe, mit Ausnahme des Annatto, gelöst. Man erhält

Gruppe I: Martiusgelb, Chrysoidin R und Sudan G.

Filtrat I wird eingedampft, der Rückstand in Benzol aufgenommen und an Floridin XXF[1] nach H. THALER u. R. SCHELER (1951a) chromatographiert. Auf der Säule bleibt

Gruppe II: Buttergelb.

Hindurch geht das Filtrat II.

Im Filtrat II sind möglicherweise acht Farbstoffe vorhanden. Das Benzol wird verdampft, der Rückstand mit alkoholischer KOH verseift und die Seifenlösung mit Petroläther extrahiert. Der Extrakt wird getrocknet und über Aluminiumoxid, standardisiert nach BROCKMANN, chromatographiert. Man erhält bei der Elution mit Alkohol drei Zonen: oben eine rote, darunter eine gelbe und unter dieser eine orangerote, von denen jede mehrere Farbstoffe enthalten kann.

Gruppe III (rote Zone): Sudan R, Fettponceau

Gruppe IV (gelbe Zone): Sudan-Gelb, Oil Yellow AB, Oil Yellow OB

Gruppe V (orange Zone): Ceres-Orange R, Orange SS, Oil Red XO.

Zur weiteren Zerlegung eluiert man die Farbstoffe jeder Zone mit Alkohol und trennt auf papierchromatographischem Wege weiter.

---

[1] Lieferfirma: Hermann Bensmann, 28 Bremen, Postfach 482.

β) Trennung und Identifizierung von Teerfarbstoffen mittels Papierchromatographie

Eine gute Trennung und Identifizierung fettlöslicher Teerfarbstoffe gelang W. LINDBERG (1956) durch Verteilungschromatographie auf dem Papier.

Am besten eignet sich hierfür Chromatographierpapier Whatman Nr. 1 oder Sch. & Sch. 2043b mgl, das durch Eintauchen in eine Mischung von 10 Teilen Paraffinum liquidum und 90 Teilen Benzin und anschließendes Abdunsten des Benzins imprägniert wurde. Als mobile Phase dient eine Mischung von Methanol/Eisessig/Wasser (80:5:15).

Die Abtrennung des Farbstoffs aus dem zu untersuchenden Fett erfolgt durch Extraktion mit Säuremischungen. Das farbstoffhaltige Fett wird in Petroläther gelöst und nacheinander mit Säurelösung A (20 ml konzentrierte HCl + 10 ml Wasser + Eisessig ad 100) und Säurelösung B (40 ml konzentrierte H_2SO_4 + 10 ml H_2O + 90 ml Eisessig) extrahiert. Die Farbstoffe werden in Äther aufgenommen, der Äther verjagt und der Rückstand verseift. Aus der Seifenlösung wird das Unverseifbare, das die Farbstoffe enthält, extrahiert und nach dem Verdampfen des Lösungsmittels in Essigester gelöst. Mit der Säurelösung A werden die in Tab. 133 unter Nr. 1—4 und mit Lösung B die unter Nr. 5—9 angeführten Farbstoffe extrahiert.

Zur Chromatographie bringt man je einen Flecken des Extraktes der Lösungen A und B sowie die jedem Fleck entsprechende Standardmischung auf das Papier. Jeder Fleck sollte 3—10 μg jedes Farbstoffs enthalten. Nach 4—5 Std hat die mobile Phase die Flüssigkeitsgrenze 20 cm oberhalb der Basislinie erreicht. Es werden die R_f-Werte errechnet und mit denen der Standardfarben verglichen.

Die von LINDBERG (1956) beobachteten R_f-Werte sind in Tab. 133 wiedergegeben. Zwischen den Farben 3, 4 und 5, die den gleichen R_f-Wert besitzen, wird durch die Art des Extraktionsmittels, besonders aber durch eine Tüpfelreaktion unterschieden. Nr. 3 gibt mit konzentrierter Schwefelsäure eine violette, Nr. 4 eine bräunliche Farbreaktion.

Tabelle 133. *R_f-Werte fettlöslicher Teerfarbstoffe* (nach W. LINDBERG 1956)

Nr.	Farbstoff	R_f-Werte[1] Mittel	R_f-Werte[1] Streubereich	Nr.	Farbstoff	R_f-Werte[1] Mittel	R_f-Werte[1] Streubereich
1	Ceres-Orange GN	0,83	0,85—0,81	5	Ceres-Rot G . .	0,55	0,58—0,53
2	Yellow AB . . .	0,67	0,70—0,65	6	Orange organol A	0,40	0,44—0,38
3	Yellow OB . . .	0,58	0,61—0,54	7	Orange SS . . .	0,30	0,35—0,28
4	Dimethyl Yellow	0,56	0,60—0,52	8	Oil Red XO. . .	0,23	0,28—0,21
				9	Rouge organol IV	0,06	0,08—0,05

[1] Stationäre Phase: Paraffinum liquidum.
Mobile Phase: 80% Methanol + 5% Essigsäure + 15% Wasser.
Papier: Sch. & Sch. 2043b mgl.

γ) Dünnschichtchromatographische Trennung und Bestimmung der Teerfarbstoffe

Durch Verbindung von dünnschichtchromatographischer Trennung mit Extraktion und Messung der Extinktion des Extraktes gelang J. DAVIDEK u. Mitarb. (1961/1962) die Trennung und Bestimmung zahlreicher Fettfarbstoffe.

Zur Gewinnung der Farbextrakte werden 25 g gefärbtes Fett mit 200 ml 50%iger alkoholischer Kalilauge 30 min verseift. Nach Zugabe von 160 ml Wasser wird dreimal mit je 50 ml Pentan extrahiert, der Extrakt gewaschen, getrocknet und eingedampft und der Rückstand in 2 ml Alkohol gelöst. Zur Herstellung der chromatographischen Platten wird auf Tafelglasscheiben von 60 × 350 mm Aluminiumoxid nach BROCKMANN, Aktivitätsstufe III, Korngröße 0,1—0,3 mm, in trockenem Zustand aufgetragen und mit Hilfe einer aus einem Glasstab und zwei Gummischläuchen hergestellten Walze eine Schicht von 1mm Dicke erzeugt. Dann werden 0,05 ml der alkoholischen Farbstofflösung aufgetragen und die Platten nach dem Austrocknen unter einem Winkel von 20—30° aufsteigend mit Petroläther-Tetrachlorkohlenstoff 1:1 entwickelt. Bei 20°C ist die Entwicklung in 35 min beendet. Das Chromatogramm wird getrocknet, der Farbfleck mit Aluminiumoxid in ein Röhrchen von 6 × 100 mm gebracht und mit 8 ml Alkohol eluiert. Die Lösung wird auf 10—25 ml aufgefüllt und die Konzentration des

Farbstoffs, dessen Identität sich aus den R_f-Werten ergibt, aus der Extinktion der Lösung beim Absorptionsmaximum berechnet. Eine Zusammenstellung der für die Analyse wichtigen Daten gibt Tab. 134.

Tabelle 134. *Optische Eigenschaften und R_f-Werte fettlöslicher Farbstoffe* (nach J. DAVIDEK u. Mitarb. 1961/1962)

Farbstoff	Absorptions-maximum mμ	Konzentration mg/100 ml	Extinktion in der 1-cm-Küvette	R_f-Wert[1]
Yellow OB	440	2,00	54,6	0,50
Yellow AB	442	2,00	61,0	0,43
Orange SS	480	0,62	65,4	0,58
Oil Red OS	518	0,69	41,2	0,45
Sudan I	472	1,22	64,7	0,47
Sudan II	485	0,67	58,6	0,54
Sudan III	498	0,56	59,5	0,25
Sudan IV	510	0,65	31,6	0,31
Sudan-Rot G	490	0,64	53,8	0,16
Sudan-Gelb 3G	396	1,13	81,1	0,40
Buttergelb	403	1,19	89,6	0,44
Sudan GN	396	3,00	49,0	0,04

[1] Tetrachlorkohlenstoff-Petroläther 1:1.

Die R_f-Werte werden durch die Alkoholmenge beeinflußt, weichen daher in Gemischen von diesen Zahlen ab. Ein besonderer Vorteil dieses Verfahrens liegt in der Variabilität der Schichtdicke, wodurch auch die Auftrennung größerer Farbstoffmengen möglich ist.

Auch die dünnschichtchromatographische Arbeitsmethodik von E. STAHL (1958) eignet sich zur Trennung fettlöslicher Teerfarbstoffe (A. MONTAG 1961/1962, J. DAVIDEK u. G. JANIČEK 1964).

Ein elegantes DC-Verfahren zur Isolierung und Bestimmung fettlöslicher Farbstoffe wurde von W. REINDERS (1967) mitgeteilt. Synthetische Fettfarbstoffe werden durch Adsorption an aktiviertes Eisenhydroxid vom Fett und den natürlichen Farbstoffen der Carotinoidgruppe getrennt und dann durch Lösen des Eisens in Salzsäure und Ausschütteln mit Äther in konzentrierter Form erhalten:

Spezialreagens: Eisenoxidhydrat „Riedel“ wird durch 7stündiges Erhitzen auf 200°C aktiviert und nach dem Abkühlen gut verschlossen aufbewahrt.

Isolierung der Farbstoffe: Ca. 5 g Fett werden mit ca. 1 g aktiviertem Eisenhydroxid versetzt und gut verrührt. Dann wird mit Petroläther angeschlämmt und auf einer dünnen Glasfilternutsche abgesaugt. Nach dem Auswaschen des Fetts und der natürlichen Farbstoffe mit Petroläther wird der Rückstand in 18%iger Salzsäure unter Erwärmen gelöst und die salzsaure Lösung nach dem Erkalten mit Äther ausgeschüttelt. Die Ätherphase wird zwei- bis dreimal zur Entfernung von Salzsäure und Eisenspuren mit Wasser gewaschen, mit Natriumsulfat getrocknet und eingeengt. Die resultierende Lösung wird direkt zur Chromatographie verwendet.

Abtrennung der Carotinoide: Das Filtrat der Eisenoxid-Behandlung wird mit wenig Fullererde „Merck“ geschüttelt, abgesaugt und mit Petroläther gewaschen. Dann werden die Carotinoide mit Aceton eluiert.

Chromatographie der synthetischen Farbstoffe: Kieselgur G wird mit 0,5 n-Oxalsäure im Verhältnis 1:2,5 angeschlämmt und in üblicher Weise auf Platten von 20×20 cm aufgetragen. Nach 30 min Trocknen bei 110°C sind die Platten gebrauchsfertig. Entwicklung mit Petroläther, Kp. 50—70°C oder Hexan bei Kammersättigung.

Identifizierung: durch R_f-Werte und Modellsubstanzen.

7. Polymere Fettsäuren

Hochungesättigte Fette, wie trocknende Öle und Seetieröle, werden beim Erhitzen auf Temperaturen oberhalb 200°C teilweise polymerisiert. Dabei entstehen dimere und polymere Glyceride, welche dimere und trimere Fettsäuren enthalten. Dimere und polymere Fettsäuren entstehen nach den Untersuchungen von L. WILLIAMSON (1953) und E.N. FRANKEL u. Mitarb. (1960) auch beim Erhitzen von Hydroperoxiden im inerten Gasstrom auf Temperaturen oberhalb 100°C. Die Bestimmung des Polymerenanteils setzt den Untersucher in den Stand, die Vorgeschichte eines Fettes unbekannter Herkunft aufzuklären.

Zur Bestimmung des Polymerengehalts sind vor allem folgende Methoden geeignet:

a) Der Propanol-Test von HUGEL-JAKOBSEN (vgl. S. 438).

b) Die Papierchromatographie der Glyceride nach H.P. KAUFMANN u. J. BUDWIG (1952) bzw. DGF-Einheitsmethode C - VI 3 (53).

c) Die Verteilungschromatographie nach E.N. FRANKEL u. Mitarb. (1961).

d) Die Harnstoff-Addukt-Methode, z. B. nach G.N. CATRAVAS u. G.M. KNAFO (1953).

e) Die Molekulardestillation, z. B. nach R.F. PASCHKE u. Mitarb. (1954) (vgl. S. 621).

Vor- und Nachteile dieser Methoden werden in den Veröffentlichungen von K. TÄUFEL u. Mitarb. (1958b) sowie D. FIRESTONE (1963) kritisch erörtert.

Eine sehr empfindliche Analysenmethode, die noch den Nachweis und die Bestimmung von 0,01% dimeren Säuren in Fetten erlaubt, wurde von H.E. ROST (1962/1963) mitgeteilt. Sie erfordert folgende Operationen:

a) Verseifung der Glyceride und Gewinnung der Gesamtfettsäuren.

b) Anreicherung der dimeren Säuren im Filtrat der Harnstoffaddukte der Gesamtfettsäuren.

c) Papierchromatographische Trennung der dimeren Säuren nach H.P. KAUFMANN u. J. BUDWIG (1952).

d) Quantitative Bestimmung der dimeren Säuren durch Überführung in die Kupferseifen und Erfassung des Kupfers als Kupferdiätyldithiocarbamatkomplex.

Diese Arbeitsweise sei im folgenden ausführlich wiedergegeben.

Verfahren nach H.E. ROST (1962)

Die nachfolgend beschriebene Methode eignet sich nur zur Bestimmung der sog. „thermischen Polymeren", nicht aber zur Erfassung der bei der Oxydation von Fetten entstehenden „oxydativen Polymeren". Alle polymeren Fettsäuren werden als dimere Fettsäuren in Gewichtsprozent bestimmt. Zur Erfassung der „oxydativen Polymeren" vgl. S. 901.

a) Gewinnung der Gesamtfettsäuren

200 g Fett werden mit 500 ml 12%iger alkoholischer Kalilauge unter Rückfluß verseift. Die Isolierung der Fettsäuren erfolgt wie auf S. 718 angegeben. Das Unverseifbare braucht im allgemeinen nicht abgetrennt zu werden. Eine Ausnahme bildet das Palmöl, dessen Carotinoide störende Flecken auf dem Papierchromatogramm geben können.

b) Anreicherung dimerer Säuren in Methanol

Diese Vorbehandlung ist zweckmäßig bei Ölen mit hohem Anteil an hochschmelzenden Säuren, wie Palmitinsäure, Stearinsäure, Erucasäure usw.

100 g Fettsäuren werden in 1 l Methanol, chemisch rein, evtl. unter Erwärmen gelöst. Man läßt über Nacht bei 0 bis —20°C stehen, filtriert dann durch eine gekühlte Nutsche ab und wäscht die Kristalle dreimal mit je 100 ml Methanol von 0 bis —20°C. Das Kristallisat wird auf dem Wasserbad geschmolzen, vom Methanol befreit und gewogen. Die dimeren Fettsäuren befinden sich mit den ungesättigten Fettsäuren im Filtrat.

c) Anreicherung dimerer Säuren nach dem Harnstoff-Verfahren

Prinzip:

Nur die monomeren Säuren bilden mit Harnstoff kristallisierte Addukte, nach deren Abtrennung die dimeren Säuren im Filtrat angereichert sind.

Reagentien:

Harnstoff, chemisch rein, in einer Reibschale feinst gepulvert
Methanol, chemisch rein, bei Zimmertemperatur mit Harnstoff gesättigt
Methanol, chemisch rein.

Arbeitsweise:

Bei Ölen mit geringen Anteilen höherschmelzender Säuren, z. B. Soja- und Erdnußöl, verfährt man wie folgt:

100 g Fettsäuren werden in einem Becherglas bei maximal 50° C in 400 g Methanol gelöst und mit 400 g Harnstoff in kleinen Anteilen unter ständigem kräftigem Rührem versetzt. Der Harnstoff-Ansatz bleibt über Nacht bei +10 bis +20° C stehen. Die gebildeten Addukte werden auf einer Nutsche abfiltriert und fünfmal mit mindestens je 150 ml harnstoffgesättigtem Methanol gewaschen. Aus dem Filtrat werden die nicht eingelagerten Fettsäuren nach Zugabe von wenig verdünnter Salzsäure und Verdünnen mit Wasser ausgeäthert. Man erhält 3—5 g primäres Nichtaddukt, das in analoger Weise nochmals mit Harnstoff zerlegt wird. Ausbeute an sekundärem Nichtaddukt ca. 1 g.

Bei der Anreicherung der Dimeren aus Fetten mit hochschmelzenden Fettsäuren geht man von dem in b) erhaltenen methanolischen Extrakt aus und dampft ihn soweit ein, daß man nach Zusatz von Harnstoff ein Mengenverhältnis Fettsäuren : Harnstoff : Methanol = 1:4:4 Gewichtsteilen erhält.

d) Papierchromatographischer Nachweis dimerer Säuren

Material und Reagentien:

Papier: Schleicher & Schüll Nr. 2043b M wird in eine Petroleumfraktion 190—220° C (= Undecan-Standard[1]) gelegt, zwischen Filtrierpapier abgepreßt und an der Luft getrocknet, bis die vom Papier aufgenommene Menge der Petroleumfraktion noch 10% des Papier-Trockengewichtes beträgt.

90%ige Essigsäure, die bei Zimmertemperatur mit der Petroleumfraktion gesättigt und nach der Abtrennung des Petroleums auf 100 ml mit 4 ml 90%iger Essigsäure versetzt wurde.

Kupferacetat, z. A., 0,2%ige wäßrige Lösung

Natriumdiäthyldithiocarbamat, z. A., 0,5%ige wäßrige Lösung (dunkel aufbewahren!).

Arbeitsweise:

Die Nichtaddukt-Fettsäuren werden in Äther gelöst und je nach dem Gehalt an dimeren Säuren, z. B. 400, 800, 1200, 1600 oder 2000 μg, auf das Papier getropft. Nachdem dieses Papier im Chromatographier-Zylinder zunächst 2 Std der Atmosphäre über der Essigsäure ausgesetzt war, wird es eingetaucht. Die Entwicklung erfolgt eindimensional aufsteigend über Nacht bei 20° C. Das Chromatogramm wird nun 2 Std bei 110° C getrocknet, 45 min in die Kupferacetat-Lösung gelegt, gründlich mit dest. Wasser gewaschen, dann 30 min mit der Natriumdiäthyldithiocarbamat-Lösung behandelt, wiederum gut ausgewaschen und schließlich an der Luft getrocknet. Die Fettsäure-Flecke erscheinen mehr oder weniger dunkelbraun auf hellbraunem Untergrund.

Am Startpunkt findet man evtl. trimere Säuren, darüber in aufsteigender Richtung dimere Säuren, Ölsäure, Linolsäure und Linolensäure. Im Zweifelsfalle lasse man ein Gemisch dieser Säuren parallel laufen.

Anmerkung des Verfassers:

Fast 95% dimere Fettsäuren enthält beispielsweise der Weichmacher Empol 1014[2].

e) Quantitative Bestimmung der dimeren Säuren

Aus dem Papierchromatogramm schneidet man die Flecke der dimeren Säuren aus und extrahiert das darin enthaltene Kupferdiäthyldithiocarbamat mit siedendem 95%igem Alkohol, überführt den Extrakt in einen Meßkolben und füllt mit reinem Lösungsmittel bis zur Marke auf (Hauptprobe). Parallel dazu werden Flecke freien Papiers von demselben Chromatogramm in genau derselben Größe in gleicher Weise extrahiert (Blindprobe).

Der Gehalt der Lösungen wird durch Extinktionsmessungen im Photometer bei 435 mμ gegen den als Lösungsmittel verwendeten Alkohol (Nullprobe) bestimmt. Die Differenz der Extinktionswerte von Haupt- und Blindproben gibt diejenige Menge Kupferdiäthyldithiocarbamat an, die den nachgewiesenen dimeren Säuren äquivalent ist. Die absoluten Mengen dimerer Säuren entnimmt man einer Eichkurve (vgl. H.E. Rost 1962).

---

[1] Hersteller: Firma Johann Haltermann, 2102 Hamburg-Wilhelmsburg.

[2] Hersteller: Unilever-Emery N.V., Gouda-Holland, P.O. Box 2, als trimere Bezugssubstanz empfiehlt W.L. Zielinski jr. (1964) das *Standard-Trimer Emery 3162 D.* Hersteller: Emery Industries Inc., Cincinnati, Ohio (USA).

Berechnung:

$$\% \text{ dimere Säuren} = 100 \cdot \frac{b \cdot d}{a \cdot c}$$

a = angewandte Menge Gesamtfettsäuren in g
b = Menge Nichtaddukt-Fettsäuren in g
c = zum Chromatographieren angewandte Menge Nichtaddukt-Fettsäuren in μg
d = gefundene Menge dimerer Säuren in μg.

Anmerkung:

Während des ganzen Analysenganges ist unter Luftausschluß zu arbeiten.

Nachweisgrenze und Genauigkeit der Bestimmung

Die polymeren Anteile eines Öles oder Fettes lassen sich nach ROST (1962) mit dieser Methode als dimere Säuren bis auf eine Konzentration von 0,01% der Gesamtfettsäuren nachweisen. Die relative Genauigkeit der Bestimmung beträgt 95 ± 5%.

f) Dünnschichtchromatographische Bestimmungsmethode

Ein Nachteil der Rost'schen Methode ist die relativ lange Dauer einer Bestimmung. G. BILLEK u. O. HEISZ (1968) arbeiteten unter Anwendung der DC-Chromatographie ein für Serienanalysen geeignetes schnelleres Verfahren aus, das, ebenso wie die Rost'sche Arbeitsweise, nur die apolaren dimeren Fettsäuren erfaßt. Die Methode besteht aus folgenden Einzelschritten:

Verseifung und Abtrennung des Unverseifbaren: 10 g Fett werden 1 Std mit 100 ml 2 n alkoholischer KOH unter Rückfluß verseift. Die heiße Lösung wird mit 50 ml dest. Wasser in einen Schütteltrichter überführt und dreimal mit je 100 ml Petroläther (40/60°C) extrahiert.

Abtrennung der oxydierten Fettsäuren: Die alkoholische Seifenlösung wird durch Eindampfen unter Stickstoff vom Alkohol befreit, der Rückstand in 200 ml Wasser aufgenommen und mit Salzsäure bis zur stark sauren Reaktion angesäuert. Nach dem Erkalten nimmt man die Fettsäuren in 100 ml Petroläther (40/60°C) auf und läßt das Gemisch über Nacht im Schütteltrichter stehen. Die wäßrige Phase wird verworfen und die petrolätherische Lösung durch ein Faltenfilter filtriert. Trichter und Filter werden mit 50 ml Petroläther nachgewaschen. Die Oxysäuren bleiben im Schütteltrichter und auf dem Filter zurück. Schließlich wird die petrolätherische, oxysäurefreie Fettsäurelösung eingedampft.

Gewinnung der Nichtaddukt-Fettsäuren: Die oxysäurefreien Fettsäuren werden pro Gewichtsteil in 4 Gewichtsteilen Methanol gelöst und in ein verschließbares Gefäß überführt. 4 Gewichtsteile fein gepulverter Harnstoff (z. A. Merck) werden in Portionen eingetragen und jeweils gut verrührt. Die weiteren Operationen wie bei ROST (vgl. S. 828), jedoch wird nur *einmal* mit Harnstoff behandelt.

Herstellung der Methylester: Die Nichtaddukt-Fettsäuren (NAF) werden mit der zehnfachen Menge 2 n methanolischer Salzsäure 3 Std unter Rückfluß erhitzt. Danach nimmt man in Petroläther auf, wäscht mit Salzsäure aus, trocknet mit Natriumsulfat und dampft die Lösung der NAF-Methylester ein.

Dünnschichtchromatographische Trennung: Verwendet werden Kieselgel G-Fertigplatten, 20×20 cm, 0,25 mm Schichtdicke, ohne Fluorescenzzusatz, die für die densitometrische Auswertung in Streifen von 2×20 cm geschnitten werden. Die NAF-Methylester werden in Benzol gelöst. Die Lösung wird in einem Meßkölbchen auf 5 bzw. 10 ml aufgefüllt. Je nach dem zu erwartenden Dimerengehalt werden 1—20 μl der Lösung auf die Platte aufgetragen. Die Menge wird so gewählt, daß bei der quantitativen Auswertung die Densitometeranzeige im linearen Bereich der Eichkurve liegt. Von der Eichsubstanz werden jeweils 10 und 30 μg auf derselben Platte mitchromatographiert.

Laufmittel: Benzol-Chloroform/1:1, ohne Kammersättigung. Laufzeit: ca. 2 Std. Sichtbarmachung der Flecke durch Sprühen mit 10%iger wäßriger Schwefelsäure bis zur vollständigen Durchtränkung der Sorptionsschicht und 45 min langes Erhitzen auf 120°C.

Densitometrische Auswertung: Durch Messung der Schwärzungsintensität mit einem der üblichen Densitometer (vgl. E. STAHL 1967). Als Testsubstanz geeignet sind z. B. dehydrodimere Fettsäuremethylester aus Linolsäure bzw. Sonnenblumenölfettsäuren, die nach der Vorschrift von S.A. HARRISON u. D.H. WHEELER (1954) erhalten werden können.

Mit Hilfe dieser Methode konnten die Autoren in Fetten noch 0,005% apolare dimere Fettsäuremethylester nachweisen. Der Wiedergewinnungsgrad für diese Ester wurde in Modellversuchen mit radioaktiven dimeren Fettsäuremethylestern zu ca. 90% gefunden.

8. Cyclische Fettsäuren

Einige selten vorkommende natürliche Fette enthalten cyclische Fettsäuren, z. B. die aus den Samen von Pflanzen der Gruppe der Flacourtiaceae gewonnenen, wie Chaulmugraöl (Taractogenus Kurzii), Hydnocarpusöl (Hydnocarpus Wightiana) und Gorliöl (Oncoba echinata). Diese Fettsäuren besitzen einen Cyclopentenring und haben folgende Struktur:

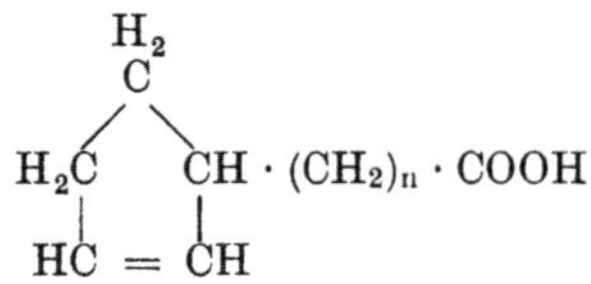

n = 10: Hydnocarpussäure
n = 12: Chaulmugrasäure

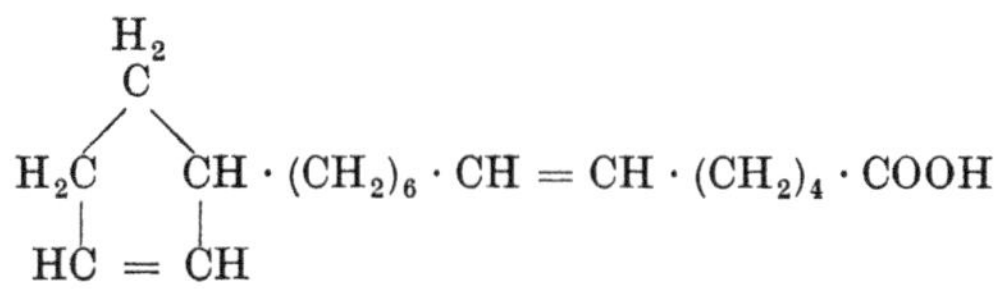

Gorlisäure

Einen Cyclopropenring besitzt die im Kernfett von Sterculia foetida (= Java-Olive) vorkommende Sterculsäure, auch Sterculiasäure genannt, der nach J.R. Nunn (1952) folgende Strukturformel zukommt:

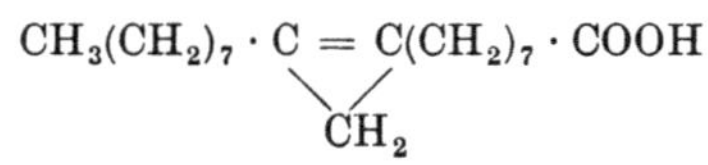

Auch die aus den Saaten von Malvaceen gewonnenen Öle enthalten eine Cyclopropencarbonsäure, die Malvaliasäure:

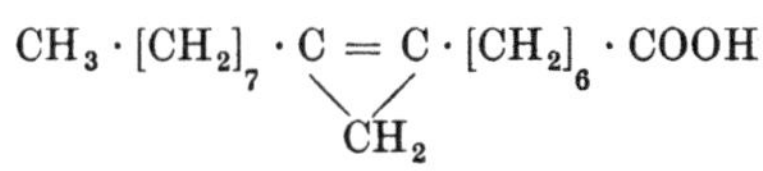

Diese Säure findet sich beispielsweise in rohem Baumwollsaatöl nach den Untersuchungen von A.V. Bailey u. Mitarb. (1966) in Konzentrationen zwischen 0,6 und 1,2%. Sie ist die Ursache des positiven Ausfalls des Halphen-Testes (S. 439), der auch auf die Sterculsäure anspricht und nach den Untersuchungen von J.R. Nunn (1952) und P.K. Faure u. J.C. Smith (1956) für den Cyclopropenring spezifisch zu sein scheint.

Alle diese Verbindungen sind gesundheitsschädlich, so daß ihr Nachweis mitunter von Bedeutung sein kann. Aber auch aus normalen, geradkettigen, ungesättigten Fettsäuren können sich cyclische Säuren bilden, z. B.

1. aus mehrfach ungesättigten, konjugierten Fettsäuren durch Erhitzen in Gegenwart von Verdünnungsmitteln auf Temperaturen oberhalb 250°C (R.F. Paschke u. D.H. Wheeler 1955).
2. aus mehrfach ungesättigten Fettsäuren bei Temperaturen zwischen 100 und 200°C in Gegenwart von Isomerisierungskatalysatoren, wie schwefelbeladenem Nickel (J.J.A. Blekkingh 1950) oder Alkali (G.R. Scholfield u. J.C. Cowan 1959).
3. aus mehrfach ungesättigten Ölen, z. B. Leinöl, durch Erhitzen auf Temperaturen, bei denen Isomerisierung eintritt (J.A. Macdonald 1956) bzw. während der Hydrierung (R.A. Eisenhauer u. Mitarb. 1966).

a) Nachweis und Bestimmung natürlich vorkommender cyclischer Fettsäuren

Die natürlich vorkommenden cyclischen Fettsäuren mit Cyclopentenring besitzen infolge der Gegenwart eines asymmetrischen Kohlenstoffatoms eine sehr hohe spezifische Drehung. Nach H.I. COLE u. H.T. CARDOSO (1939) hat sie beispielsweise für die hier genannten Fettsäuren folgenden Wert:

Säure	Smp °C	JZ	Spezifische Rotation $[\alpha]^{25}_D$
Chaulmugra	68,5	90,5	60,3
Hydrocarpus	60,5	100,7	69,3
Gorli	6,0	182,5	60,7

Der Nachweis und die Bestimmung natürlicher cyclischer Fettsäuren wird sich also in erster Linie auf die Methoden der fraktionierten Kristallisation und die Untersuchung der erhaltenen Fettsäurefraktionen auf Jodzahl und Rotation stützen. Auch mit Hilfe der Papierchromatographie lassen sich diese Säuren nachweisen, allerdings nur nach vorhergegangener Hydrierung, da sich nur dann die R_f-Werte genügend von denen der geradkettigen Begleiter unterscheiden (H.P. KAUFMANN u. M.M. DESHPANDE 1958b).

Zur Bestimmung der Sterculsäure entwickelten A.J. DEUTSCHMAN jr. u. I.S. KLAUS (1960) ein Verfahren, das auf der colorimetrischen Auswertung des Halphen-Tests beruht.

1 ml Öl wird in einen 50-ml-Erlenmeyerkolben eingewogen und mit je 5 ml schwefelgesättigtem Schwefelkohlenstoff und Pyridin versetzt. Die Mischung wird 1 Std im Wasserbad auf 48°C und weitere 45 min im Ölbad auf 108°C erhitzt. Der Rückstand wird mit Pyridin in einen Meßkolben gespült und auf 10 ml verdünnt. Man läßt 2 Std bei Zimmertemperatur stehen und mißt dann die Extinktion bei 505 mμ im Spektrophotometer gegen ein normales Öl. Der Gehalt an Sterculsäure wird einer Eichkurve entnommen, die unter Verwendung von nach NUNN (1952) bereiteter Sterculsäure aufgestellt wurde.

Ohne Bezugssubstanz, allerdings weniger genau, läßt sich der Cyclopropenfettsäuregehalt nach einer von A.V. BAILEY u. Mitarb. (1965a) angegebenen spektrophotometrischen Methode bestimmen, bei der die Höhe der Extinktion der durch das Halphen-Reagens (vgl. S. 439) hervorgerufenen Farbreaktion bei 495 mμ gemessen wird.

Eine andere einfache Methode wurde von F.C. MAGNE u. Mitarb. (1963) angegeben.

Das zu untersuchende Öl wird mit dem gleichen Volumen konzentrierter wäßriger Salzsäure (D = 1,18—1,19) innig gemischt, indem man es 1 Std unter Stickstoff mechanisch schüttelt und anschließend mit Hexan extrahiert. Der Hexanextrakt wird solange gewaschen, bis das Waschwasser frei von Mineralsäure ist, über wasserfreiem Natriumsulfat getrocknet und unter reduziertem Druck vom Lösungsmittel befreit. Der Rückstamd wird auf seinen Chlorgehalt nach einer der üblichen Mikromethoden untersucht. Der Gehalt an Cyclopropensäure läßt sich als Sterculsäure nach folgender Formel berechnen:

$$\%\ \text{Sterculsäure} = \frac{294{,}47 \cdot x}{35{,}47\ (100 - 1{,}028x)}$$

x = % Chlor (korrigiert)

In Gegenwart von Epoxiden ergibt diese Methode zu hohe Werte, da auch Epoxide durch Salzsäureanlagerung aufgespalten werden. In solchen Fällen addiert man besser nach J.A. HARRIS u. Mitarb. (1963—1966) schrittweise Bromwasserstoff, wodurch sich Cyclopropen- und Epoxyverbindungen nebeneinander bestimmen lassen.

Auch durch direkte Messung der IR-Absorption bei 9,9 μ läßt sich der Gehalt an Cyclopropenfettsäure bestimmen (A.V. BAILEY u. Mitarb. 1965b). Wegen ihrer geringen Genauigkeit ist diese Methode vorzugsweise für die Untersuchung cyclopropensäurereicher Öle, z. B. des Java-Olivenöls, geeignet. Genauer wird die Bestimmung, wenn man die Höhe der IR-Absorption der durch Behandlung mit wäßriger Salzsäure erhaltenen Anlagerungsverbindungen bei 11,5 μ mißt (F.C. MAGNE u. Mitarb. 1964).

Die Cyclopropenfettsäuren werden durch die Bromwasserstofftitration nur dann zu 100% erfaßt, wenn mit einer 0,1 n-Lösung dieses Reagens in Benzol bei 55°C titriert wird. Bromwasserstoff in Eisessig gibt dagegen zu niedrige Resultate (R.O. FEUGE u. Mitarb. 1967).

Schließlich ist auch die Gaschromatographie zur Bestimmung natürlicher cyclischer Fettsäuren geeignet. I. ZEMAN u. J. POKORNÝ (1963) trennten die Methylester der Fettsäuren des Chaulmougraöls an einer mit Apiezon M und einer mit Polyäthylenglykolsuccinat beladenen Kolonne. Cyclopropenfettsäuremethylester konnten auch T.W. HAMMONDS u. G.G. SHONE (1966) sowie P.K. RAJU u. R. REISER (1966) durch Gaschromatographie an polaren Säulen quantitativ bestimmen.

b) Nachweis und Bestimmung der aus geradkettigen Fettsäuren gebildeten cyclischen Säuren

Zur Zeit existieren noch keine einfachen Analysenvorschriften, die auch in der Hand von Ungeübten genaue Resultate geben. Nach PASCHKE u. WHEELER (1955) verfährt man am besten wie folgt:

α) Anreicherung des cyclischen Materials als Nicht-Harnstoffaddukt.
β) Trennung der Monomeren von den Polymeren durch Destillation.
γ) Aromatisierung des cyclischen Konzentrats durch Bromierung mit Bromsuccinimid und Debromierung mit 2, 4, 6-Collidin.
δ) Oxydierung des Dialkylbenzols zu Orthophthalsäure.
ε) Charakterisierung dieser Säure als Anhydrid oder Imid.

Eine Kombination von DC- und Gaschromatographie benutzten TH. WIESKE u. H. RINKE (1967) zur Trennung cycloaliphatischer und aromatischer Fettsäuremethylester, die durch Alkali-Isomerisierung von Fischölen bzw. durch cyclisierende Hydrierung von Peru-Fischöl und Baumwollsaatöl und anschließende Veresterung erhalten waren. In Dünnschichtchromatogrammen der mit Harnstoff keine Addukte bildenden Fraktionen ließen sich noch 0,4% der cyclischen Verbindungen als Substanzklassen nachweisen. Diese konnten gaschromatographisch in die individuellen Verbindungen zerlegt werden.

Auf die Zweckmäßigkeit einer Hydrierung der cyclisch monomeren Fettsäuremethylester vor ihrer gaschromatographischen Zerlegung wurde von L.T. BLACK u. R.A. EISENHAUER (1963) hingewiesen.

9. Harzsäuren

Die quantitative Bestimmung der Harzsäuren beruht auf einer Beobachtung von TWITCHELL, daß beim Kochen eines Gemisches von Fettsäuren und Harzsäuren mit mineralsäurehaltigem Äthanol oder Methanol die ersteren bevorzugt verestert werden. Auf diesem Verhalten basieren zahlreiche gravimetrische und titrimetrische Verfahren zur Bestimmung von Harzen und Harzsäuren neben Fettsäuren. Den titrimetrischen Methoden gibt man heute den Vorzug. Ihre Genauigkeit ist dadurch begrenzt, daß

a) das Molekulargewicht der Harze nicht genau bekannt ist. Man rechnet bei natürlichen Harzen mit Molekulargewichten zwischen 330 und 346, während bei Tallölpräparaten nach den Untersuchungen von W. CZERNY (1939) zweckmäßig 302, das Molekulargewicht der Abietinsäure, zugrunde gelegt wird.
b) die Veresterung der Fettsäuren nicht vollständig ist, so daß der gefundene Harzsäuregehalt um einen gewissen Korrekturbetrag erniedrigt werden muß.

Eine eingehende Erörterung aller mit der Bestimmung der Harzsäure zusammenhängender Fragen findet sich in einem Bericht von H.P. KAUFMANN (1941c) über die Arbeiten der Internationalen Kommission zum Studium der Fettstoffe. W. SANDERMANN u. Mitarb. (1944) empfehlen, bei der titrimetrischen Bestimmung nur den Gehalt an Harz*säuren* (Molekulargewicht 302) zu berechnen, um die mit der Bestimmung des *Harz*gehaltes einhergehende Unsicherheit in der Annahme eines mittleren Molekulargewichtes zu vermeiden.

Eine recht genaue Methode zur Bestimmung von 0—15% Harzsäuren in Fettsäuren nach dem Prinzip von TWITCHELL wurde von R. HERRLINGER u. G.M. COMPEAU (1952) veröffentlicht. Diese Analysenvorschrift wurde später von der AOCS mit kleinen Änderungen als Official Method TS 1a—64 akzeptiert.

Methode zur Bestimmung von Harzsäuren in Fettsäuren nach R. HERRLINGER u. G.M. COMPEAU (1952)

Reagentien:

Methanol, mindestens 99,5%ig
0,5 n bzw. 0,2 n alkoholische Kalilauge
Natriumsulfat-Lösung, 10 gew.-%ig
Äther z. A.
Schwefelsäure, konzentriert, d = 1,84
Phenolphthalein-Lösung: 1 g Phenolphthalien in 100 ml Methanol
Methylorange-Lösung: 0,1 g in 100 ml dest. Wasser
Äthanol, 95 vol.-%, neutral.

Verfahren:

40,0 ± 0,1 g der zu untersuchenden Fettsäureprobe werden in einen 300-ml-Kolben eingewogen und in 100 ml Methanol unter Schwenken gelöst. Man gibt einen Siedestein hinzu und unter heftigem Herumwirbeln 5 ml konzentrierte Schwefelsäure. Dann verbindet man den Kolben mit einem Rückflußkühler, erhitzt genau 10 min unter Rückfluß und kühlt mit kaltem Wasser auf Zimmertemperatur ab.

Das Veresterungsprodukt gibt man in 250 ml Natriumsulfat-Lösung, die sich in einem 500-ml-Scheidetrichter befindet, und spült den Kolbeninhalt mit 100 ml Äther quantitativ nach. Man schüttelt gut durch und zieht nach dem Absitzen die untere Schicht ab. Die obere Schicht wird noch zweimal mit je 250 ml Natriumsulfatlösung nachgewaschen. Die letzte Wasserportion sollte mit Methylorange-Lösung nur eine rosa Färbung ergeben.

Der Inhalt des Scheidetrichters wird nach Entfernung der letzten Anteile des Waschwassers in einen 500-ml-Erlenmeyerkolben gegeben, mit 20 ml Äthanol und mit 1 ml Phenolphthalein-Indicator versetzt und bei einem Gehalt von mehr als 5% Harzsäure mit 0,5 n alkoholischer Kalilauge, andernfalls mit 0,2 n-Lauge bis zum Farbumschlag nach Rosarot titriert.

Berechnung:

$$\% \text{ Harzsäuren bzw. Harz} = \frac{1{,}031 \cdot a \cdot N \cdot M}{10 \cdot E} - 0{,}74$$

a = ml Kalilauge, für die Titration der Probe verbraucht
N = Normalität der Lauge
M = Molekulargewicht der Harzsäure bzw. des Harzes (vgl. Anmerkung)
E = Einwaage in g.

Anmerkung des Verfassers:

Falls das Ergebnis in % Harzsäure ausgedrückt werden soll, setzt man für M den Wert 302, das Molekulargewicht der Abietinsäure, ein. Für europäische Harze ist M = 330, für amerikanische ist M = 346 (vgl. W. SANDERMANN u. Mitarb. 1944).

Genauigkeit der Methode:

Nach Angaben der Autoren liegt die Genauigkeit der Methode, ausgedrückt durch die Differenz des Mittels von vier Einzelbestimmungen vom Sollwert, in folgenden Grenzen:

% Harzsäure	0	1	3	6	10	15
Mittlere Abweichung des gefundenen Wertes ±	0,02	0,05	0,04	0,09	0,10	0,12

10. Nachweis der Umesterung

In den Raffinerien der Ölmühlenindustrie wird der Umesterungsprozeß heute im großen Maßstab angewandt, um gewissen Ölen und Fetten ein anderes Schmelzverhalten zu geben als ihnen von Natur aus zu eigen ist. Durch Umesterung einer Mischung von hochschmelzenden Fetten mit niedrigschmelzenden oder mit Ölen gelangt man zu Erzeugnissen, die, ähnlich wie hydrierte Fette, im Gebiet von 25—35 °C eine gewisse Plastizität besitzen und daher besonders als Rohstoffe für Kunstspeisefette oder Margarine-Fettkompositionen geeignet sind (J. BALTES 1961).

Bei der technischen Umesterung werden als Katalysatoren, neben metallischem Natrium, vorzugsweise Natriummethylat und Natriumäthylat in Mengen von 0,1—0,5% verwendet. Aus diesen Stoffen entstehen in einer Nebenreaktion geringe Mengen Fettsäuremethylester und -äthylester, die allerdings durch den Dämpfungsprozeß nahezu vollständig entfernt werden. Man kann daher wohl bei rohen, nicht aber bei raffinierten Fetten aus dem Methoxyl- bzw. Äthoxylgehalt auf einen etwa vorhergegangenen Umesterungsprozeß schließen. Nachweismethoden für umgeesterte raffinierte Fette S. 982.

a) Nachweis des Methanols mittels Chromotropsäure

R. R. ALLEN u. R. J. BUSWELL (1953) gründen ihre Bestimmungsmethode auf den Nachweis des Methanols, das bei der Verseifung der Fettsäuremethylester entsteht und nach der Oxydation mit Kaliumpermanganat zu Formaldehyd durch die sehr spezifische Reaktion mit Chromotropsäure (vgl. auch S. 707) nachgewiesen werden kann.

100 g Fett werden in einem 1-l-Rundkolben mit einer Mischung von 30 g KOH, 25 ml Wasser und 75 ml Diäthylglykol verseift. Man verbindet den Kolben mit einer Destillierkolonne von 15 cm Länge, die mit einem Tropftrichter und einem Kühler versehen ist, säuert mit einer Lösung von 18 ml konzentrierter Schwefelsäure in 50 ml Wasser an und destilliert 50 ml Flüssigkeit über. Zur Entfernung mitgerissener Fettsäuren und Aldehyde destilliert man nochmals aus einem kleinen Destillierkolben nach Zugabe von 0,5 g Kalk und 0,1 g Metaphenylendiaminhydrochlorid. Man dampft zur Trockne ein, gibt Wasser hinzu und destilliert wieder, bis sich 100 ml Destillat gesammelt haben.

Ein aliquoter Teil des Destillats, der weniger als 0,2 mg Methanol enthält, wird in einen 25-ml-Meßkolben pipettiert, auf ca. 10 ml verdünnt und mit 1 ml einer Kaliumpermanganat-Lösung oxydiert, die 6 g Kaliumpermanganat, 200 ml Wasser und 30 ml Phosphorsäure enthält. Nach 2 min wird das überschüssige Permanganat mit 5%iger Natriumbisulfit-Lösung reduziert. Dann gibt man 1 ml einer 10%igen Lösung von Chromotropsäure und unter Kühlen im Eiswasserbad 10 ml konzentrierte Schwefelsäure hinzu. Die Lösung wird $^1/_2$ Std im kochenden Wasserbad erhitzt, gekühlt und bis zur Marke verdünnt. Zur Herstellung einer Blindlösung wird ein anderer aliquoter Teil des Destillats in gleicher Weise behandelt, mit Ausnahme der Permanganatoxydation. Dann wird die Extinktion der Lösung bei 570 mμ im Spektralphotometer gemessen und die gesuchte Menge Methanol einer Eichkurve entnommen, die wie folgt aufgestellt wird:

In eine Serie von Kolben, welche je einen aliquoten Teil des Probedestillats enthalten, mißt man steigende Mengen Methanol ein. Man oxydiert, wie angegeben, führt die Reaktion mit Chromotropsäure aus und bestimmt die optische Dichte gegen einen in gleicher Weise behandelten aliquoten Destillatteil, der kein zusätzliches Methanol erhielt. Auf diese Weise kann die Wirkung interferierender Substanzen ausgeschaltet werden.

Die Methode arbeitet recht genau, wie aus den Ergebnissen der Autoren in Tab. 135 hervorgeht.

Tabelle 135. *Ergebnisse der Methoxylbestimmung* (nach R. R. ALLEN u. R. J. BUSWELL 1953)

Probe	Methoxyl, % zugegeben	Methoxyl, % gefunden
Schmalz	0	0
Schmalz + 0,01% Methanol	0,0011	0,0010
Schmalz + 0,01% Methanol	0,0011	0,0012
Schmalz + 0,01% Methanol	0,0011	0,0012
Umgeestertes Schmalz vor der Desodorisierung	0	0,21
Umgeestertes Schmalz nach der Desodorisierung	0	0,0006

b) Papierchromatographische Methode

Einfacher als diese Methode ist die von H. P. KAUFMANN u. B. GROTHUES (1962) angegebene papierchromatographische Arbeitsweise. In Verbindung mit einer einfachen Anreicherungsmethode können hiermit 0,01% Ölsäuremethylester erfaßt werden. Mit geringfügigen Änderungen in der papierchromatographischen Methodik erlaubt sie auch den Nachweis von Fettsäureäthylestern.

Anreicherung der flüchtigen Ester

50—100 g Fett werden in einem 500-ml-Schliffkolben mit Claisen-Aufsatz und Liebig-Kühler im Wasserstrahl-Vakuum auf 140°C erhitzt. Durch Einleiten von 100°C heißem Dampf treibt man in 1 Std ca. 100 ml Destillat über. Dieses wird mit Petroläther extrahiert, der Extrakt mit Wasser gewaschen, über Natriumsulfat getrocknet und eingedampft. Der Rückstand wird in 1 ml Benzol gelöst.

Papierchromatographische Trennung

Chromatographierpapier Sch. & Sch. 2043b mgl wird bei 110°C 1/2 Std im Trockenschrank getrocknet, mit Undecan[1] getränkt und danach bei einem Auflagedruck von 4 kg zwischen Filtrierpapier 1/2 Std abgepreßt. Anschließend bleibt das Papier noch 1/2 Std an der Luft liegen. Nach dem Auftragen der benzolischen Lösung wird mit einer Mischung von 87 Teilen Aceton (reinst) und 13 Teilen Wasser 12 Std entwickelt und dann 20 min im Trockenschrank bei 110°C getrocknet. Die Sichtbarmachung der Flecke erfolgt am besten mit Joddampf. Weniger als 1 μg Ölsäuremethylester können auf diese Weise nachgewiesen werden. Zur Charakterisierung der Flecken können Vergleichschromatogramme von Mischungen aus Erdnußöl und bekannten Mengen Methylester dienen. Bei dem hier angewandten Umkehrphasensystem wurden folgende R_f-Werte beobachtet:

Substanz	R_f-Werte	Substanz	R_f-Werte
Erdnußöl	0,17	Linolsäuremethylester	0,46
Ölsäuremethylester	0,35	Linolensäuremethylester . . .	0,58

Auch auf gaschromatographischem Wege lassen sich Spuren von Methyl- und Äthylestern nachweisen und bestimmen, wenn man die auf S. 897 beschriebene „Degassing"-Methode zur Anreicherung der flüchtigen Stoffe verwendet.

11. Phosphatide aus dem Phosphorgehalt

Viele rohe Samenöle, wie beispielsweise Soja-, Sonnenblumen-, Erdnuß- und Rapsöl, enthalten ca. 2—3%, entschleimte aber nicht entsäuerte 0,2—0,5% und entsäuerte und gebleichte Öle weniger als 0,01% Phosphatide. Die Phosphatidbestimmung ist daher, neben der Bestimmung des Gehaltes an freien Fettsäuren, ein Mittel, um zu entscheiden, ob raffinierte oder nicht raffinierte Öle vorliegen.

Zur Bestimmung der Phosphatide wurden zahlreiche Methoden vorgeschlagen, die auf der quantitativen Erfassung des Phosphors und Umrechnung desselben auf den Phosphatidgehalt beruhen. A. SCHRAMME (1939) schließt 5 g Öl mit Salpeter- und Schwefelsäure auf, fällt die gebildete Phosphorsäure mit Ammoniummolybdat und titriert den gewaschenen Niederschlag mit Natronlauge. H. THALER u. E. JUST (1944) veraschen 1—5 g Öl in Gegenwart von Magnesiumoxid im Quarztiegel, nehmen die Asche in Salpeter- und Schwefelsäure auf, fällen mit Ammoniummolybdat und wägen den gewaschenen und getrockneten Niederschlag.

Eleganter sind die auf der Molybdänblau-Reaktion beruhenden photometrischen Verfahren. H. THALER (1952) verascht in Gegenwart von Magnesiumoxid und setzt die schwefelsaure Lösung der Asche mit Ammoniummolybdat und Hydrazinsulfat um. Die Extinktion der erhaltenen blauen Lösung ist dem Phosphorghalt proportional.

W. D. HARRIS u. P. POPAT (1954) schließen nur 0,1 g Öl mit Perchlorsäure und Salpetersäure auf, geben Ammoniummolybdat und Metol hinzu und messen die auftretende Blaufärbung bei 820 mμ im Spektralphotometer. E. BECKER u. L. KRULL (1958a) verbinden die Aufschlußmethode von THALER u. JUST mit der colorimetrischen Phosphatidbestimmung von F. L. HAHN u. R. LUCKHAUS (1956). Die Methode von E. BECKER u. L. KRULL wurde in einer Gemeinschaftsarbeit der DGF geprüft und nach geringfügigen Änderungen in die Einheitsmethoden unter C - VI 4 (61) aufgenommen.

---

[1] Lieferfirma: J. Haltermann, 2102 Hamburg-Wilhelmsburg.

a) Makroverfahren nach E. BECKER u. L. KRULL (1958a) bzw. DGF-Methode C - VI 4 (61)

Geräte:

Quarz- oder Platinschale, Durchmesser 80 mm, Höhe 40 mm
Muffelofen
Colorimeter, z. B. Lange, Modell J. mit Küvetten von 5—100 ml Inhalt und Filter OG 2, bzw. Spektralphotometer.
Halbmikrobürette, 25 ml, eingeteilt in 0,05 ml, Bechergläser, Meßkolben, Meßzylinder, Pipetten.

Reagentien:

Natriummolybdat z. A., $Na_2MoO_4 \cdot 2H_2O$, z. B. Merck Nr. 6521
Hydrazinsulfat z. A., z. B. Merck Nr. 4603
Schwefelsäure, konz. z. A. für forensische Zwecke, z. B. Merck Nr. 731
2 n-Schwefelsäure
Kaliumdihydrogenphosphat nach Sörensen, z. B. Merck Nr. 4873
Magnesiumoxid z. A., frisch geglüht, z. B. Merck Nr. 5865

Molybdatlösung: 6,85 g Natriummolybdat und 400 mg Hydrazinsulfat werden in einem 1-l-Meßkolben in 100 ml dest. Wasser gelöst. Dann gibt man langsam unter Kühlen 100 ml konzentrierte Schwefelsäure hinzu. Sofort entsteht eine dunkelblaue Lösung, welche nach dem Abkühlen auf 20° C mit ca. 0,5 l Wasser verdünnt, wieder auf 20° C gekühlt und auf 1 l aufgefüllt wird. Die Lösung hat jetzt eine lichtbraune Farbe.

Verfahren:

1. Aufstellung der Eichkurven. Die Eichkurven sollen den Bereich von 0,07—3 μg P/ml umfassen, da sie nur innerhalb dieser Grenzen linear verlaufen.

0,4393 g des bei 105° C getrockneten KH_2PO_4 werden genau abgewogen, in einem 1000-ml-Meßkolben gelöst und bei 20° C bis zur Marke aufgefüllt. Diese Lösung enthält 100 μg P/ml = Lösung 1.

Von dieser Stammlösung werden 100 ml abpipettiert und bei 20° C auf 1000 ml verdünnt. Die so hergestellte Lösung 2 enthält in 1 ml 10 μg P und wird zur Aufstellung der Eichkurve verwendet.

Verschiedene Mengen dieser Standardlösung werden in je einen 100-ml-Meßkolben gebracht, und zwar:

1 1,5 2 5 7 10 15 20 25 ml.

Man gibt 20 ml Molybdatreagens hinzu und soviel Wasser, daß das Kölbchen beinahe bis zur Marke gefüllt ist. Die Mischung wird gut umgeschüttelt und das Kölbchen 1/2 Std in einem siedenden Wasserbad erhitzt. Nach dem Abkühlen wird die Lösung auf 20° C temperiert und mit dest. Wasser bis zum Eichstrich gefüllt.

Die Extinktion der entwickelten blauen Lösung kann unter Benutzung eines Spektralphotometers bei 830 mμ oder aber mit dem lichtelektrischen Colorimeter nach B. LANGE, Modell J, mit Orangefilter OG2 gemessen werden. Im ersten Fall verwendet man eine 1-cm-Küvette, im zweiten Fall für Konzentrationen von maximal:

0,9 μg P/ml die 100-ml-Küvette (Schichtdicke ca. 35 mm)
2,2 μg P/ml das 10-ml-NPG-Reagensglas (Schichtdicke ca. 18 mm)
3,3 μg P/ml das 5-ml-NPG-Reagensglas (Schichtdicke ca. 12 mm).

Als Vergleichsflüssigkeit dient eine Lösung, welche Wasser und das Molybdatreagens in der gleichen Zusammensetzung wie die Meßlösung enthält, jedoch phosphatfrei ist.

Die Meßergebnisse werden in ein lineares Koordinatennetz eingetragen. Verbindet man die einzelnen Punkte miteinander, so muß sich für jede Küvette eine Gerade ergeben, andernfalls sind experimentelle Fehler gemacht worden.

2. Bestimmung des Phosphatidgehaltes. Da die zu colorimetrierende Lösung nicht mehr als 3,3 μg P/ml enthalten darf, ist entweder die Einwaage so zu bemessen, daß diese Konzentration nicht überschritten wird, oder aber nur ein aliquoter Teil der Aschelösung mit dem Molybdatreagens zu behandeln.

Von Rohölen werden 0,2 g, von entschleimten Ölen 1,3 g der gut durchgemischten Probe in eine Quarz- oder Platinschale eingewogen, mit 0,75 g MgO bedeckt und ca. 10 min in einen Trockenschrank von 110° C gebracht, damit das Öl vollständig vom MgO absorbiert wird.

Nunmehr wird die Veraschung zunächst mit der offenen Flamme sorgfältig vorgenommen und schließlich die Asche im Muffelofen bei 800° C nachgeglüht, bis sie weiß ist. Die Dauer der Veraschung beträgt ca. 20 min. Nach dem Abkühlen wird der Rückstand in 30—40 ml Wasser und 20 ml 2n-H_2SO_4 aufgenommen und erwärmt, bis das MgO vollständig gelöst ist.

Danach wird die Lösung in ein 100-ml-Meßkölbchen gebracht, 20 ml Molybdatreagens und evtl. etwas Wasser hinzugegeben, 30 min in einem siedenden Wasserbad erhitzt, auf +20° C gekühlt und bis zum Eichstrich mit Wasser aufgefüllt.

Die Extinktion der Lösung wird im Spektralphotometer bzw. Colorimeter gegen eine Blindlösung gemessen, die in 100 ml 20 ml Molybdatlösung, dieselbe Schwefelsäuremenge wie im Hauptversuch und 0,75 g MgO enthält und in derselben Weise verdünnt ist wie im Hauptversuch. Aus der Eichkurve wird die Konzentration abgelesen.

Berechnung:

$$\% \text{ Phosphatid} = \frac{a \cdot 25{,}44}{100 \cdot E}$$

a = Phosphorkonzentration der Meßlösung in µg P/ml (der Eichkurve entnehmen)
E = Einwaage in g
25,44 = Umrechnungsfaktor zur Umrechnung des Phosphorgehaltes auf Stearo-Oleo-Lecithin (Mol.-Gew. 788).

Anmerkungen:

Bei der Verwendung von Quarzschalen für die Veraschung sind diese im Blindversuch auf ihre Brauchbarkeit zu prüfen. Quarzschalen, welche für Aschebestimmungen benutzt wurden, sind für Phosphatidbestimmungen nach vorstehendem Verfahren ungeeignet.

Für die Ausführung der Phosphatidbestimmung sollen nur solche Glasgeräte, wie Bechergläser, Meßkolben usw., verwendet werden, die nicht mit phosphathaltigen Waschmitteln gespült wurden, da man sonst leicht zu hohe Werte erhält. Selbstverständlich müssen auch alle anderen Hilfsmittel, wie Reagentien, Filter usw., phosphatfrei sein.

Auf Mängel der colorimetrischen Methode von HAHN u. LUCKHAUS macht Z. UHLÍŘ (1964) aufmerksam. Seiner Ansicht nach ist das Molybdänreagens von D.F. BOLTZ u. M.G. MELLON (1947) (Ammonmolybdat- und Hydrazinsulfat-Lösung werden erst kurz vor dem Gebrauch miteinander gemischt) stabiler als die einheitliche Reagens-Lösung von HAHN u. LUCKHAUS (vgl. auch R. GUILLAUMIN 1966).

b) Meso- und Mikroverfahren

Die hohe Empfindlichkeit der Molybdänblau-Reaktion hat zahlreiche Autoren veranlaßt, auf dem gleichen Prinzip auch Verfahren zur Meso- und Mikrobestimmung des Phosphatidgehaltes aufzubauen.

I. KORPÁCZY (1959) verascht 10—100 mg Öl wie bei der DGF-Einheitsmethode, löst die Asche in 2 n-Schwefelsäure und füllt die Lösung in einem 100-ml-Meßkolben mit Natriummolybdat-Lösung, gesättigter Natriumsulfat-Lösung und Hydrazinsulfat-Lösung auf. Nachdem durch Eintauchen des Gemisches in siedendes Wasser die Molybdänblaufärbung erzeugt wurde, wird die Lösung nacheinander mit 6, 3 und 2 ml Butanol ausgeschüttelt. Die vereinigten Butanolauszüge werden durch Zentrifugieren geklärt und dann im Pulfrich-Photometer in der 1-cm-Küvette unter Verwendung des Farbfilters S 75 gegen eine Blindlösung gemessen. Nach dieser Methode kann noch 1 µg Phosphor bestimmt werden.

Auch die Mesomethode von W.D. HARRIS u. P. POPAT (1954), insbesondere die Aufschluß-Methode, eignet sich für die Reduzierung auf den Mikromaßstab.

Reagentien:

Phosphatfreie Perchlorsäure 70—72%ig
Ammoniummolybdat-Lösung 5%ig
Reduktionslösung: 0,5 g p-Methylaminophenolsulfat (Metol), 12,5 g Natriumhydrogensulfit, 2,4 g Natriumsulfit, alles auf 100 ml gelöst. Kühl und dunkel aufbewahren. Bei Zimmertemperatur ist die Lösung höchstens 1 Woche haltbar.
Eichlösung: Wie bei der Makromethode S. 837.

Verfahren:

In den Aufschlußkolben wägt man 70—100 mg Öl ein, gibt 1 ml Perchlorsäure, einen Tropfen konzentrierte Salpetersäure und ein bis zwei Glaskügelchen hinein und heizt, bis die Reaktion einsetzt. Dann fügt man weitere zwei Tropfen Salpetersäure hinzu, bis der Aufschluß vollständig ist und weiße Perchlorsäuredämpfe entweichen. Nach dem Abkühlen spült man die Lösung mit wenig Wasser in einen 25-ml-Meßkolben, verdünnt mit Wasser, gibt 1,0 ml Molybdat-Lösung hinzu, mischt, gibt 2 ml Metol-Lösung hinzu und füllt auf 25 ml auf. Die Extinktion der erhaltenen blauen Lösung wird im Spektralphotometer bei 820 mµ gemessen gegen eine Blindlösung, die alle aufgeführten Reagentien enthält. Ferner wird eine Eichkurve für den Meßbereich von 1—5 µg/ml aufgestellt.

Berechnung:

Wie bei der Makromethode.

Die Nachweisgrenze dieser Methode liegt bei einer Einwaage von 100 mg bei 0,0025% P.

Von 2—5 mg Öl läßt sich der Phosphorgehalt bei Benutzung der Mikromethode von G. GORBACH (1944b) bestimmen. GORBACH schließt mit Schwefelsäure und Wasserstoffsuperoxid auf, erzeugt die Blaufärbung mit Molybdänschwefelsäure und Zinn(II)-chlorid und mißt die Farbtiefe im Lange-Colorimeter mit dem „Multiflex"-Spiegelgalvanometer als Anzeigeinstrument. Empfindlichkeit des Nachweises: 0,1 μg Phosphor.

Weitere Mikromethoden wurden u. a. von M. SALIMAN (1964) und R. GUILLAUMIN (1966) (in beiden Fällen Substanzbedarf 1—20 mg) und von T. SALVAGE u. J.P. DIXON (1965) (Einwaage 30—500 μg Substanz) angegeben.

c) Genauigkeit der Makromethode: Auswertung

Die Genauigkeit der Makromethode wurde im Laboratorium des Verfassers eingehend geprüft. Man bestimmte den Phosphatidgehalt von phosphorhaltigen Sojaölen sowohl nach der Methode von THALER u. JUST (1944) als auch nach dem Verfahren von BECKER u. KRULL (1958) und erhielt dabei die in Tab. 136 aufgeführten Ergebnisse.

Tabelle 136. *Vergleichsversuche zur Bestimmung des Phosphorgehaltes von Sojaölen*

Methode: BECKER u. KRULL % Phosphatide				Methode: THALER u. JUST % Phosphatide			
1.	2.	3.	Mittel	1.	2.	3.	Mittel
4,97	4,85	4,92	4,91	4,87	4,88	4,88	4,88
1,03	1,03	1,05	1,04	0,97	0,97	0,94	0,96
0,110	0,110	0,118	0,112	0,099	0,103	0,105	0,102

Die Reproduzierbarkeit jeder Methode ist gut. Die Differenzen der Ergebnisse sind als unerheblich zu bezeichnen.

An Stelle des Phosphorgehaltes wird bei pflanzlichen Ölen gern der durch Multiplikation mit 25,44 errechnete Lecithingehalt angegeben. Diese Umrechnung ist sicher nicht gerechtfertigt. Die Sojaölphosphatide beispielsweise enthalten nur 20—40% Cholin- und Kephalinphosphatide, für welche der Umrechnungsfaktor gilt, daneben aber auch noch Inosit- und Serinphosphatide, Lysophosphatide, Phosphatidsäuren u. a. Phosphorverbindungen mit einem von 25,44 völlig verschiedenen Umrechnungsfaktor.

Man sollte daher den Phosphorgehalt nur als solchen angeben oder aber den Gehalt an individuellen Phosphatiden, wie er sich beispielsweise aus den in Kapitel X beschriebenen Trennungsmethoden ergibt.

Die AOCS empfiehlt in ihrer Methode Ca 12-55, für die angenäherte Berechnung des Phosphatidgehaltes von Sojaöl den Umrechnungsfaktor 30 zu verwenden. Diese Zahl ist beim technischen Sojalecithin nahezu identisch mit dem Quotienten:

$$\% \text{ Acetonunlösliches} : \% \text{ P}$$

12. Seifen

Raffinierte Öle, die für den menschlichen Genuß verwendet werden sollen, dürfen keine Seifen enthalten, da schon durch Gegenwart geringer Mengen dieser Stoffe ihre Haltbarkeit beeinträchtigt wird. Bei den sog. naturbelassenen Ölen und Fetten, die nicht raffiniert werden dürfen, sowie bei Speiseschmalz und Talg, deutet ein Seifen- bzw. Alkaligehalt auf eine unerlaubte Vorbehandlung hin.

Raffinierte Öle lösen nach H. A. BOEKENOOGEN (1941) bis zu 0,025% Seife, ohne daß eine Trübung auftritt. Zur Bestimmung des Seifengehaltes von Ölen wurden zahlreiche Methoden vorgeschlagen, z. B. von L. DAVIDSON (1933), R. DURST (1935), E.H. HARVEY u. Mitarb. (1938), J.P. WOLFF (1948) (vgl. B. S. 684: 1958), H. GOFF jr. u. F.E. BLACHLY (1957) (vgl. AOCS: Cc 15–60) und S.M. EDMONDS u. M. MATTIKOW (1958).

Eine qualitative Methode zum Seifennachweis wurde auf S. 434 mitgeteilt.

a) Verfahren nach J. P. WOLFF (1948) bzw. B. S. 684: 1958

Geräte:

Reagensgläser aus alkaliresistentem Glas, ca. 150 × 40 mm mit Schliffstopfem und abgeflachtem Boden
Mikrobürette 5 ml.

Reagentien:

Destilliertes Aceton, enthaltend 2% Wasser
0,01 n-Salzsäure
Bromphenolblau-Indicator, 1%ige Lösung in 95 vol.-%igem Alkohol

Verfahren:

100 ml des wasserhaltigen Acetons werden mit 0,5 ml des Bromphenolblau-Indicators und soviel 0,01 n-Salzsäure versetzt, daß die Farbe gerade nach Gelb umschlägt. Dann wägt man 40 g Öl oder Fett in ein vorher mit dieser Lösung gespültes Reagensglas, gibt 1 ml Wasser hinzu, erwärmt auf dem Dampfbad und schüttelt kräftig. Darauf fügt man 50 ml des neutralisierten wäßrigen Acetons hinzu und schüttelt das Gefäß nach dem Erwärmen auf dem Wasserbad nochmals durch und läßt stehen, bis sich zwei Schichten gebildet haben. Wenn Seife anwesend ist, ist die obere Schicht grün oder blau gefärbt. Dann gibt man 0,01 n-Säure hinzu, bis die gelbe Farbe wieder auftritt. Es wird solange erwärmt, geschüttelt und titriert, bis die gelbe Farbe der oberen Schicht bestehen bleibt.

Berechnung:

$$\%\ \text{Natriumoleat} = \frac{0{,}304 \cdot a}{E}$$

a = ml 0,01 n-Salzsäure
E = Einwaage in g.

Anmerkung:

Die Methode ist für Konzentrationen bis maximal 0,05% Seife in Ölen geeignet. Bei höheren Konzentrationen ist es zweckmäßig, die Einwaage auf 4 g zu reduzieren.

Diese Methode wurde von E. RIMPL (1963) im Laboratorium des Verfassers geprüft unter Verwendung eines gedämpften Sojaöls mit 0,06% freier Fettsäure, dem soviel 0,01 n- bzw. 0,1 n-Natronlauge zugefügt wurde, daß der Seifengehalt einige Tausendstel bis einige Hundertstel Prozent betrug. Dabei erhielt man folgende Ergebnisse (vgl. Tab. 137):

Tabelle 137. *Genauigkeit der Seifenbestimmung nach* WOLFF *in raffinierten Ölen*

vorgelegter Seifengehalt %	gefundener Seifengehalt %
0,05	0,0505; 0,050
0,02	0,0193; 0,0182
0,01	0,0091; 0,0094
0,005	0,00502; 0,00495
0,002	0,0019; 0,00182

b) Verfahren nach R. DURST u. R. C. STILLMAN in der Ausführungsform von E. H. HARVEY u. Mitarb. (1939)

125 g des Öls bzw. des verflüssigten Fetts werden in einen 500-ml-Schütteltrichter eingewogen. Man gibt 25 ml konzentrierte Salzsäure hinzu und schüttelt 1 min heftig. Dann läßt man aus einer Pipette 100 ml auf 70°C erwärmtes dest. Wasser zufließen, schüttelt kräftig 2 min und läßt dann den Schütteltrichter 20 min stehen. 100 ml der wäßrigen Unterschicht werden in einem 250-ml-Becherglas auf der Heizplatte mit Asbestunterlage bis zur Trockne eingedampft. Nach dem Verdampfen der Lösung heizt man noch 3—4 min und läßt dann abkühlen. Man gibt 50 ml dest. Wasser hinzu, verdampft nochmals bis zur Trockne, heizt 3—4 min weiter und wiederholt diese Behandlung noch einmal. Der Rückstand wird schließlich in 10 ml dest. Wasser aufgenommen und mit 2 ml einer 10%igen Kaliumchromat-Lösung versetzt. Etwa vorhandenes Natriumchlorid wird mit 0,01 n-Silbernitrat-Lösung titriert. In gleicher Weise wird ein Blindversuch ausgeführt.

Berechnung:

$$\% \text{ Seife als Natriumoleat} = \frac{(a - b) \cdot 0{,}304}{E}$$

a = ml 0,01 n-Silbernitrat-Lösung im Hauptversuch
b = ml 0,01 n-Silbernitrat-Lösung im Blindversuch
E = Einwaage in g.

Die Methode von R. DURST u. R. C. STILLMAN wurde von H. A. SCHUETTE u. C. H. HINE (1939) unter Verwendung von Kottonölen mit bekanntem Seifengehalt auf ihre Genauigkeit geprüft. Dabei wurden folgende Resultate erhalten.

% Seife, berechnet	0,0062	0,0112	0,0212
% Seife, gefunden	0,0059	0,0110	0,0193

Die Genauigkeit auch dieser Methode ist also durchaus befriedigend.

13. Mineralsäuren

Die Anwesenheit von Mineralsäuren in Nahrungsfetten läßt meistens auf einen vorhergegangenen Entschleimungsprozeß mit Schwefelsäure schließen, der namentlich bei der Vorraffination von Rüböl auch heute noch angewendet wird. Ein qualitativer Nachweis wird auf S. 433 beschrieben. Die quantitative Bestimmung geschieht in analoger Weise. Nach der DGF-Methode C - III 14 (53) wird das Fett mit heißem Wasser ausgeschüttelt und die wäßrige Phase mit 0,01 n-Kalilauge in Gegenwart von Methylorange titriert. Die Britische Standardmethode löst das Fett in Petroläther und schüttelt mit kaltem Wasser aus. Da sie etwas weniger zur Emulsionsbildung Anlaß gibt als die deutsche Methode, sei sie hier beschrieben.

Verfahren nach B. S. 684 : 1958

Reagentien:

Petroläther, Siedegrenzen 40—60°C
0,01 n wäßrige Natron- oder Kalilauge
Methylorange-Indicator, 0,1%ige Lösung in Alkohol von 95 Vol.-%

Verfahren:

50 g Öl oder Fett werden in einen 500-ml-Scheidetrichter eingewogen. Dann gibt man 100 ml Petroläther und 50 ml kaltes dest. Wasser hinzu. Man schwenkt vorsichtig um, da sich bei heftigem Schütteln stabile Emulsionen bilden können. Nach dem Absitzen läßt man die Wasserschicht in einen zweiten Scheidetrichter ab. Das Auswaschen der petrolätherischen Lösung wird noch zweimal wiederholt. Alle Waschwässer werden in dem zweiten Scheidetrichter gesammelt. Die vereinigten Waschwässer werden mit der wäßrigen Alkalilösung unter Verwendung des Methylorange-Indicators titriert. Der Endpunkt der Titration ist erreicht, wenn nach Zusatz von einem Tropfen Alkali ein gerade sichtbarer Farbumschlag erfolgt und dieser mindestens 15 sec bestehen bleibt.

Berechnung:

Die B.S.-Specification definiert die Mineralsäureacidität als die Anzahl Milliliter 0,01 n-Säure in 100 g Fett.

$$\text{Mineralsäureacidität} = \frac{100 \cdot a}{E}$$

a = verbrauchte ml 0,01 n-Alkalilauge
E = Einwaage in g.

Nach der DGF-Vorschrift wird das Ergebnis auf die durch den qualitativen Nachweis identifizierte Mineralsäure, beim Vorliegen mehrerer Säuren auf die äquivalente Menge Kaliumhydroxid berechnet.

Bei der Erörterung des Mineralsäuregehaltes der Fette ist also zu beachten, ob die Mineralsäureacidität, der Mineralsäuregehalt in % oder das Mineralsäureäquivalent gemeint ist.

14. Mineralöl

Man darf nur dann aus dem Gehalt eines Fettes an unverseifbaren Bestandteilen auf eine Beimischung von Mineralöl schließen, wenn das Unverseifbare die natürlichen Grenzen erheblich überschreitet (vgl. Tab. 102 auf S. 711).

Als mineralölartige Beimengungen kommen, wenn man von offenkundigen Fälschungen absieht, im allgemeinen leichte und schwere Heizöle in Betracht, die aus ungenügend gereinigten Lager- oder Schiffstanks in das Speiseöl gelangen.

Die bekanntesten Verfahren zur Bestimmung von Mineralölen in Speiseölen beruhen

a) auf der Fluorescenz der Mineralöle
b) auf der Unlöslichkeit der mit dem Unverseifbaren abgetrennten Mineralöle in Essigsäureanhydrid
c) auf der Nicht-Adsorbierbarkeit der Mineralöle an Aluminiumhydroxid

Einen Hinweis auf die Anwesenheit von Mineralölen gibt die auf S. 433 beschriebene Verseifungsprobe.

a) Halbquantitative Bestimmung von Mineralöl in Walöl (Unilever-Methode)

Die Ölprobe wird in eine Schale aus nichtfluorescierendem Glas gegossen und im filtrierten Licht einer UV-Lampe betrachtet.

Die Fluorescenzfarbe von reinem Walöl schwankt zwischen Grüngelb und Himmelblau. Sie ist nicht nur an der Oberfläche, sondern auch in tieferen Schichten wahrzunehmen. In Gegenwart von schwerem Heizöl wird die Fluorescenzfarbe wesentlich intensiver. Sie zeigt grünliche und purpurne Töne, die sich, da sie von fein dispergierten Teilchen herrühren, vorzugsweise an der Oberfläche des Öls konzentrieren. Zum Nachweis von Mineralölen mischt man reines Walöl mit 0,01—0,5% Heizöl und vergleicht die Fluorescenz der Probe mit der dieses Standardsatzes. Bei positivem Ausfall der Probe verfährt man zur Kontrolle nach den Methoden b) oder c).

Bereits bei einer Konzentration von 0,02% an schwerem Heizöl ist eine Zunahme der Fluorescenz festzustellen, jedoch nur, wenn Proben reinen Walöls zum Vergleich vorhanden sind.

Leichtes Heizöl, Paraffinöl usw. fluorescieren im ultravioletten Licht schwach himmelblau. Sie können daher bei dieser Methode leicht übersehen werden.

b) Methode von E. R. BOLTON u. K. A. WILLIAMS (1938)

Ein anderes Verfahren, speziell für den Nachweis von Heizöl in Wal- und Fischölen, wurde von E.R. BOLTON u. K.A. WILLIAMS (1938) angegeben. Es beruht auf der Beobachtung, daß die Kohlenwasserstoffe des Heizöls in Essigsäureanhydrid unlöslich sind, während sich die Kohlenwasserstoffe von Wal- oder Fischölen darin lösen.

c) Chromatographische Methoden zur Abtrennung und Bestimmung

H. HADORN u. R. JUNGKUNZ (1949b) sowie K. A. WILLIAMS (1949b) zeigten, daß es möglich ist, durch chromatographische Adsorption des Unverseifbaren von Fetten und Ölen an Aluminiumoxid die in diesem vorkommenden natürlichen Kohlenwasserstoffe, wie Squalen usw., von den übrigen Bestandteilen des Unverseifbaren zu trennen. Farbstoffe, Sterine, Wachsalkohole u. a. sauerstoffhaltige Verbindungen werden adsorbiert, während die Kohlenwasserstoffe durchlaufen.

Säulenchromatographisches Verfahren nach H. HADORN u. R. JUNGKUNZ (1949b)

Geräte:

Chromatographierrohr, innerer Durchmesser 13 mm, Höhe 40 cm.

Reagentien:

Aluminiumoxid, Aktivitätsstufe I, nach BROCKMANN, z. B. Merck Nr. 1097
Benzol, reinst, z. B. Merck Nr. 1782.

Verfahren:

Aktivierung des Aluminiumoxids und Herrichtung der Chromatographiersäule: Vgl. S. 794.

Bestimmung:

25 g oder, bei geringen Verunreinigungen, 50 g Öl werden mit alkoholischer Kalilauge unter Rückfluß verseift. Die noch nicht ganz erkaltete Seifenlösung wird mit 200 ml Petroläther extrahiert. Das durch Eindampfen der petrolätherischen Lösung erhaltene sterinarme Unverseifbare wird nochmals mit alkoholischer Kalilauge verseift und mit Petroläther extrahiert. Die petrolätherische Lösung wird mit 50%igem Alkohol alkalifrei gewaschen, über wasserfreiem Natriumsulfat getrocknet und eingedampft. Der Rückstand enthält neben geringen Mengen an Sterinen alle petrolätherlöslichen unverseifbaren Bestandteile des Ausgangsmaterials.

Das sterinhaltige Unverseifbare wird in 5—10 ml Benzol gelöst und durch die Chromatographiersäule geschickt, worauf man mit 50 ml Benzol nachwäscht. Das Gemisch der Filtrate wird eingedampft und der Rückstand gewogen. Werte über 0,2% deuten auf die Anwesenheit von Olivenöl oder aber auf Verunreinigung durch Mineralöl hin.

Man bestimmt nun den Halogenverbrauch der Kohlenwasserstofffraktion nach HANUŠ (vgl. S. 573) und errechnet daraus den Squalengehalt (%) des Fettes analog S. 795.

Berechnung:

$$\text{Mineralölgehalt, } \% = \frac{a}{E} \cdot 100 - \%\ \text{Squalengehalt}$$

a = Gewicht der Kohlenwasserstofffraktion in g
E = Fetteinwaage in g.

Genauigkeit der Methode

Nach H. HADORN u. R. JUNGKUNZ (1949b) läßt sich mit Hilfe dieser Methode noch 0,1% Mineralöl nachweisen. Die Genauigkeit liegt bei ± 0,1%. Die gebräuchlichen Speiseöle enthalten nur 0,01—0,035% gesättigte Kohlenwasserstoffe. Hierzu einige Beispiele in Tab. 138.

Tabelle 138. *Gesättigte Kohlenwasserstoffe in Speiseölen* (nach H. HADORN u. R. JUNGKUNZ 1949b)

Ölsorte	gesättigte Kohlenwasserstoffe %	Ölsorte	gesättigte Kohlenwasserstoffe %
Olivenöl	0,032—0,094	Rapsöl	0,019
Kottonöl	0,022	Sojaöl	0,033
Erdnußöl	0,030	Sonnenblumenöl	0,002
Palmöl	0,032		

Bei Nachprüfung der Methode an bekannten Gemischen von Erdnußöl und Paraffinöl erhielt E. RIMPL (1964) im Laboratorium des Verfassers folgende Resultate (Tab. 139):

Tabelle 139. *Paraffinöl* (%)

zugesetzt	gefunden	
1,00	0,95	0,93
0,50	0,47	0,49
0,20	0,17	0,19
0,10	0,09	0,09

Dünnschichtchromatographische Methode von F. G. SIETZ *(1966)*

Wesentlich schneller führt die von F.G. SIETZ (1966) ausgearbeitete DC-Methode zum Ziel. Sie erlaubt, bei einer Auftragmenge von 5 mg Fett noch 0,01% Mineralöl nachzuweisen.

Arbeitsvorschrift: Auf die mit Kieselgel G belegte Platte werden das zu untersuchende Fett, ein unverdächtiges Fett der gleichen Sorte sowie Lösungen von Paraffinöl in Sojaöl im Konzentrationsbereich von 0,01—0,5%, alles als 10%ige Lösung, aufgetragen. Nach dem Auftragen der Probe wird mit Heptan als Fließmittel entwickelt und anschließend 30 min bei 130°C getrocknet. Nach dem Besprühen mit Phosphormolybdänsäure (10% in Alkohol) wird 20 bis 30 min auf 150°C erhitzt. Blaue Flecke auf weißem Grund.

15. Schwefel

Nennenswerte Mengen Schwefel enthalten von Natur aus nur die Cruciferen-Öle, wie Rüböl, Rapsöl und Senföl, in denen sich der Schwefel in Form von Thioglukosiden, Isothiocyanaten und Oxazolidinethionen befindet (J. GASSET 1967). Die Schwefelkonzentration hängt vom Zustand der zur Verarbeitung gelangenden Saat und vom Raffinationsgrad des Öls ab. Nach Z. KUCĚRA u. M. HEJTMÁNEK (1957) enthält rohes Rapsöl 0,04—0,05% Schwefel, dessen Konzentration durch Bleichung um 50%, durch Säurebehandlung um 10% und durch Desodorisierung um 15% herabgesetzt wird.

Für die Bestimmung des Schwefels in Ölen eignen sich Methoden, wie sie von der Mineralölindustrie zur Schwefelbestimmung in Gasolinen und Heizölen entwickelt wurden, z. B. die Bomben-Methode des *British Institute of Petroleum I. P. 61/53* und die Lampenmethode I. P. 107/53. Spezielle Analysenvorschriften für Speiseöle finden sich in den Methodensammlungen der Fettanalytik gar nicht und in der übrigen Literatur nur spärlich. Wir begnügen uns hier mit einem Hinweis auf die colorimetrische, halbquantitative Methode von KUCĚRA u. HEJTMÁNEK (1957) und die gravimetrische Methode von J. GROSSFELD u. A. WALTER (1934b) sowie der Wiedergabe einer titrimetrischen Methode von J. BALTES (1967).

a) Colorimetrische Methode zur Bestimmung des reduzierbaren Schwefels nach Z. KUCĚRA u. M. HEJTMÁNEK (1957)

Verfahren:

In einen mit Stopfen versehenen Erlenmeyerkolben bringt man einen Aluminiumstreifen, das zu untersuchende Öl und 2 n-Salzsäure. Der hierbei gebildete nascierende Wasserstoff reduziert die Schwefelverbindungen, beispielsweise des Rapsöls, zu Schwefelwasserstoff, dessen Gegenwart sich mittels eines im Kolbenhals befestigten Filterpapierstreifens, der mit Bleiacetat-Lösung getränkt ist, nachweisen läßt.

Die Braunfärbung des Streifens wird mit Teststreifen verglichen, die bei der Untersuchung von Ölen mit bekannten Schwefelkonzentrationen (Mischungen von Rübölen mit Sojaöl) erhalten werden.

Nach Angabe der Autoren kann nach dieser Methode noch 1 μg Schwefel mit einer Genauigkeit von $\pm$ 20% nachgewiesen werden.

b) Gravimetrische Methode zur Bestimmung des nicht flüchtigen Schwefels nach J. GROSSFELD u. D. WALTER (1934b)

Nach diesem klassischen Verfahren, das auf Öle mit hohem und niedrigem Schwefelgehalt anwendbar ist, wird das Fett mit Kaliumhydroxid, Kaliumnitrat und Wasser im Silbertiegel geschmolzen, bis eine helle, klare Schmelze entstanden ist. Diese wird in Wasser gelöst, mit Salzsäure versetzt und bis zur Vertreibung der salpetrigen Säure erhitzt. Man neutralisiert gegen Phenolphthalein, säuert an und fällt mit Bariumchlorid-Lösung. Das Bariumsulfat wird filtriert, gewaschen, getrocknet und gewogen.

$$\text{Schwefelgehalt, g} = \text{Bariumsulfat} \cdot 0{,}1373$$

c) Titrimetrische Methode zur Bestimmung des gebundenen Schwefels nach J. BALTES (1967)

Eine Methode, mit der noch 0,5—100 μg Schwefel im Gramm Fett quantitativ erfaßt werden können, wurde von J. BALTES (1967) veröffentlicht. Der gebundene Schwefel wird mittels Raney-Nickel und Salzsäure in Form von Schwefelwasserstoff in Freiheit gesetzt und sodann mit Quecksilber(II)-acetat-Lösung titriert. Diese Arbeitsweise wurde ursprünglich von L. GRANATELLI (1959) und R. H. REED (1963) zur Bestimmung des Schwefelgehaltes von Kohlenwasserstoffen benutzt.

Geräte:

Bestimmungsapparatur nach Abb. 130, bestehend aus dem 150-ml-Schliffkolben A, dem Einleitungsrohr B mit 1 mm Öffnung, dem Zulauftrichter D, den Zwischenstücken C und E und dem Absorptionsgefäß F. An das Einleitungsrohr in F ist eine Glasrohrspirale von 20—25 cm Länge angeschmolzen. Austrittsöffnung 1 mm ∅.

Reagentien:

Raney-Nickel-Legierung (50% Ni + 50% Al), pulv.

Quecksilberacetat-Lösung I: 0,4045 g HgO in 50 ml 2%iger wäßriger Essigsäure-Lösung lösen und mit dest. Wasser auf 2 Liter verdünnen. 1 ml entspricht 30 μg Schwefel.

Quecksilberacetat-Lösung II: 1,3 g HgO wie bei Lösung I lösen und auf 2 Liter verdünnen. 1 ml entspricht 100 μg Schwefel.

Die Titerstellung der Lösungen erfolgt mit einer Lösung von 100—1000 μg reinem Schwefel in schwefelfreiem Isooctan. Arbeitsweise wie im Hauptversuch.

Natronlauge, 2,5 n und 1 n

Wäßrige Salzsäure aus 1,5 Teilen konz. Salzsäure und 1 Teil dest. Wasser

Dithizon-Lösung: 0,1 g Dithizon in 100 ml Aceton.

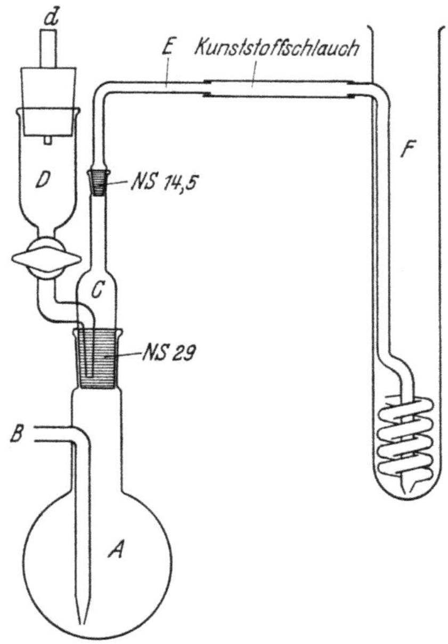

Abb. 130. Apparatur zur Schwefelbestimmung nach GRANATELLI (1959) bzw. BALTES (1967)

Verfahren:

In den Kolben A gibt man ca. 300 mg Raney-Nickel und 10 ml 2,5 n-Natronlauge und erhitzt 10 min auf 75—80° C. Dann gießt man die wäßrige Lösung ab, wäscht den Niederschlag mit 20 ml Wasser und 20 ml Isopropanol und überschichtet mit 10 ml Isopropanol.

In den so vorbereiteten Kolben mit Raney-Nickel wägt man 10—50 g Fett ein und setzt den Aufsatz C auf. In das Vorratsgefäß D gibt man 10 ml der verdünnten Salzsäure und setzt den Korkstopfen mit Glasrohr auf. Das Absorptionsgefäß wird mit 10 ml 1 n-Natronlauge und 10 ml Aceton beschickt.

Nun schließt man B an eine Wasserstoffleitung und das Einleitungsrohr von F getrennt an eine Reinstickstoffleitung an und leitet beide Gase mit einer Geschwindigkeit von 1 Blase pro Sekunde durch die Flüssigkeiten. Darauf erhitzt man den Inhalt von A 10—15 min zum Sieden, wobei der untere Teil von C als Rückflußkühler dient. Hierbei wird der Kolben A gelegentlich geschüttelt. Gesamtdauer des Erhitzens 30 min.

Danach löst man das Absorptionsgefäß F von der Gasquelle und verbindet es über den Kunststoffschlauch mit dem Glasrohr E des Aufsatzes. In den Absorber gibt man 2 Tropfen Dithizon-Lösung. Nun läßt man, ohne den Gasstrom zu unterbrechen, tropfenweise Salzsäure in den Kolben A fließen, gibt sogleich einen Tropfen Quecksilber-acetat-Lösung II aus einer Bürette in das Gefäß F, worin die Farbe der Lösung alsbald von Gelb nach Rosa umschlägt. Sobald die gesamte Salzsäure-Lösung in den Kolben A getropft ist, wird der Kolbeninhalt zu gleichmäßigem Sieden erhitzt. Die Farbe der Lösung in F schlägt, wenn Schwefel vorhanden ist, von Rosa nach Gelb um. Man titriert nun laufend mit der Quecksilberacetat-Lösung II, so daß die Farbe ständig rosa bleibt. Nach 35 min wird der Gasstrom unterbrochen und der Kolben A mit der Hand etwas abgekühlt, so daß etwa in der Glasspirale vorhandene Schwefelspuren noch von der Absorptionsflüssigkeit aufgenommen werden. Zum Schluß wird nochmals mit der Quecksilberacetat-Lösung auf Rosa titriert.

In analoger Weise wird in einem Blindversuch der Schwefelgehalt des Raney-Nickels und der Reagentien ermittelt. Hierbei wird mit der Quecksilberacetat-Lösung I titriert.

Berechnung:

$$\mu\text{g Schwefel/g Fett} = \frac{100 \cdot \text{ml Lösung II} - 30 \cdot \text{ml Lösung I}}{\text{Fetteinwaage in g}}$$

16. Asche

Unter Asche versteht man den anorganischen Rückstand, der nach dem Verbrennen des Fettes zurückbleibt. Speiseöle und Speisefette enthalten nur wenige mg/kg Asche. Sie besteht meistens aus den Oxiden von Calcium, Aluminium, Eisen, Kupfer, Zink, Mangan, Nickel usw., die aus der fettführenden Zellsubstanz oder durch den Verarbeitungsprozeß in das Substrat gelangt sind. Größere Aschemengen in Höhe von einigen Zehntelprozent bis zu 3% finden sich in phosphatidhaltigen Tankresten, Pflanzenölphosphatiden und trocknenden Ölen, soweit sie mit Metall-Katalysatoren versetzt sind.

Da die Veraschung meistens als vorbereitende Operation bei der Bestimmung des Schwermetallgehaltes von Ölen stattfindet, müssen in vielen Fällen bis zu 100 g des Substrates verbrannt werden. Die hierfür ausgearbeiteten Standardvorschriften gliedern sich in zwei Gruppen:

a) Solche, bei denen das Fett verbrannt und der Rückstand bei 550—650° C geglüht wird (AOCS; B. S. I.),

b) Solche, bei denen mit Rücksicht auf die Flüchtigkeit der Alkalien vor dem Weißglühen die Alkalisalze extrahiert werden (DGF; IUPAC).

a) Verfahren nach AOCS Ca 11-55

20—50 g Öl werden in eine tarierte Platinschale eingewogen und über offener Flamme vorsichtig erhitzt, bis die Probe an der Oberfläche entzündet werden kann. Dann reduziert man die Flammenhöhe soweit, daß das Öl gerade brennend erhalten wird. Nachdem genügend Öl verbrannt ist, fügt man gegebenenfalls eine zweite Portion zu, bis das Gesamtgewicht 75 g beträgt und verbrennt, bis ein kohliger Rückstand erhalten wird. Dieser wird 1 Std im Muffelofen bei 550—650° C weißgeglüht und zurückgewogen.

Berechnung:

$$\%\ \text{Asche} = \frac{a \cdot 100}{E}$$

a = Rückstand in g
E = Fetteinwaage in g.

Nach den Erfahrungen des Verfassers kann man auch sehr gut Quarzschalen von ca. 8 cm oberem Durchmesser und 80 ml Inhalt verwenden. Wenn diese der Metallbestimmung dienen, dürfen sie aber nicht gleichzeitig für die Phosphorbestimmung benutzt werden. Das Veraschen des Öls wird sehr erleichtert, wenn man nach einem Vorschlag von H. P. Kaufmann (1935) in die Mitte der Ölprobe einen Docht aus Filtrierpapier, z. B. Schleicher & Schüll 589[1] bringt, das aufsteigende Öl entzündet und ohne äußere Heizung ruhig abbrennen läßt.

b) Methode der IUPAC II. C. 3

10 g der auf 0,01 g genau abgewogenen Fettprobe werden in einen tarierten 50-ml-Tiegel eingewogen. Man erhitzt langsam bis zum Brennpunkt und läßt das Öl abbrennen. Dann glüht man vorsichtig weiter, bis aus dem kohlehaltigen Rückstand keine Dämpfe mehr entweichen. Der Rückstand wird in dest. Wasser aufgenommen und durch ein aschefreies Filter filtriert. Das Filtrat wird beiseite gestellt. Dann wird der Rückstand, einschließlich Filter, völlig verascht, wenn nötig mit Hilfe eines schwachen Sauerstoffstroms und unter Zusatz von einigen Tropfen H_2O_2. Man läßt dann den Tiegel abkühlen, fügt das Filtrat hinzu, dampft auf dem Wasserbad ein und calciniert einige Minuten bei ca. 400°C. Schließlich wird die Asche mit ammoniumcarbonat- oder kohlendioxidgesättigtem Wasser wieder auf den ursprünglichen Carbonatgehalt gebracht, getrocknet und gewogen.

Berechnung:

Wie bei Methode a).

c) Reproduzierbarkeit der AOCS-Methode

Nach V.C. Mehlenbacher (1960) wurde für die AOCS-Methode bei Ringversuchen in sechs Laboratorien folgende Reproduzierbarkeit gefunden (vgl. Tab. 140):

Tabelle 140. *Reproduzierbarkeit der Aschebestimmung nach AOCS Ca 11–55* (nach V.C. Mehlenbacher 1960)

Substrat	% Asche (Mittelwert aus sechs Ergebnissen)	Standardabweichung ±	Standardabweichung %
Rotöl	0,0185	0,00014	0,75
Sulfurolivenöl-Schlamm	0,1846	0,0041	2,2
Technisches Schweinefett	0,053	0,0025	4,7
Talg	0,0046	0,00014	3,1
Gehärtetes Fischöl	0,0116	0,0013	11,2
Cocosöl + Natronseife	0,0363	0,005	13,8

17. Schwermetalle

Die meisten Öle enthalten von Natur aus geringe Mengen Metalle, wie Eisen, Kupfer, Blei, Zink, Mangan und Nickel. Alle diese Metalle wirken, wenn ihre Konzentration eine gewisse Grenze überschreitet, nach N.W. Ziels u. W.H. Schmidt (1945) katalytisch pro-oxydativ. Nach K. Täufel u. K. Romminger (1956) sind in raffinierten Pflanzenölen noch 0,1—1 mg Eisen, 0,01—0,1 mg Kupfer, 0,01 bis 0,1 mg Mangan und weniger als 0,01 mg Nickel/kg anwesend. Bei rohen Ölen sind Gehalte von 10—20 mg Eisen und 0,5—1 mg Kupfer/kg keine Seltenheit. Da sich nach Untersuchungen von K. Täufel (1957b) der pro-oxydative Effekt der Schwermetalle bereits bei Konzentrationen von 0,01 mg Kupfer bzw. 1 mg Eisen, Nickel oder Mangan/kg bemerkbar macht, ist die Metallbestimmung ein wichtiges Mittel zur Beurteilung der Haltbarkeit von Ölen und Fetten. In den letzten Jahrzehnten sind zahlreiche Methoden zur Bestimmung der Metalle in Fetten ausgearbeitet worden. Sie gliedern sich durchweg in zwei Teiloperationen, nämlich die Gewinnung eines angereicherten Metallextraktes und die eigentliche Metallbestimmung.

Anreicherung der Metalle

Hierfür sind drei Methoden im Gebrauch: die Extraktion des Fettes mit Salzsäure oder Schwefelsäure, „die nasse Veraschung" mit Schwefelsäure, Schwefelsäure und 50%igem Wasserstoffperoxid, Salpetersäure oder Perchlorsäure und schließlich die trockene Veraschung durch Verbrennung des Fettes und Glühen des hierbei erhaltenen Rückstandes. Die Extraktion mit Säuren liefert bei Anwesenheit von ionogen gebundenen Schwermetallen zuverlässige Ergebnisse, bei nicht ionogener Bindung indessen gehen nach G. Gorbach u. A. Vioque-Pizarro (1954) die Metalle nicht in den Extrakt über. Der nasse Aufschluß erfordert große Mengen Mineralsäuren, die den Nachweis und die Bestimmung der Spurenmetalle durch die üblichen komplexbildenden Reaktionen stören. Außerdem ist der Umgang mit 50%igem Wasserstoffperoxid (ANALYTICAL METHODS COMMITTEE 1967) und Perchlorsäure nicht ungefährlich, wenn größere Mengen organischer Substanz zerstört werden sollen. Die trockene Veraschung bietet daher noch immer die größte Sicherheit gegen Fehlergebnisse, besonders wenn sie bei möglichst tiefer Temperatur und, nach R.T. O'CONNOR u. Mitarb. (1947), in Gegenwart einer alkoholischen Magnesiumnitrat-Lösung vorgenommen wird.

Bestimmungsmethoden

Empfindlich ist die emissionsspektrographische Methode, die man nach K. TÄUFEL u. K. BARTHEL (1958) auch ohne Veraschung des Öls ausführen kann. Ihre Empfindlichkeit liegt dann allerdings nur bei 0,5 mg Kupfer und 1 mg Eisen/kg Öl, während nach vorhergegangener Veraschung nach O'CONNOR u. Mitarb. (1948) sowie E.H. MELVIN u. J.E. HAWLEY (1951) sogar 0,001 mg Kupfer und 0,01 mg Eisen im Kilogramm Öl erfäßt werden können. Ca. 0,02 mg/kg Eisen und Kupfer kann man auch nach der ampèrometrischen Methode von T. D. PARKS u. L. LYKKEN (1950) bestimmen, während die polarographische Methode von J.M. LUPTON u. Mitarb. (1948) eine Zehnerpotenz unempfindlicher ist. Eine sehr elegante, halbquantitative Bestimmungsmethode von K. TÄUFEL u. K. ROMMINGER (1956) bedient sich der Papierchromatographie. Die Nachweisgrenze liegt bei 0,01 mg Metall/kg.

Für Metallbestimmungen, die in kürzester Zeit erfolgen müssen, sind Verfahren, die auf dem *Prinzip der Atomabsorption* beruhen, bestens geeignet. Es wird hierbei umgekehrt wie bei der Emissionsspektrographie verfahren.

Das zu untersuchende Öl wird, in Petroläther oder Aceton gelöst, in eine Flamme gespritzt, deren Temperatur so eingestellt ist, daß die zu bestimmenden Metalle wohl aus ihren chemischen Bindungen gelöst, aber nicht zur Emission einer eigenen Strahlung angeregt werden. Diese Flamme wird dann mit dem in einer Hohlkathode erzeugten Emissionsspektrum des zu bestimmenden Metalles bestrahlt und in einem nachgeschalteten Detektor die Schwächung der zur Messung benutzten Strahlung nach dem Durchgang durch die Flamme gemessen. Man beschränkt sich dabei wegen der höheren Selektivität auf eine für das zu bestimmende Metall charakteristische Spektrallinie, die mit Hilfe eines Monochromators aus der Gesamtstreuung herausfiltriert wird. Eine Bestimmung dauert nur ca. 5 min.

Bei Verwendung eines Doppelstrahlinstrumentes (Perkin-Elmer, Modell 303) lassen sich nach H. L. KAHN (1966) noch folgende Grenzkonzentrationen ermitteln:

Metall	Ca	Cu	Fe	Na	Pb	Ni	Zn
Grenzkonzentration, mg/kg	0,01	0,01	0,05	0,005	0,05	0,03	0,005

Zur Einarbeitung in die Theorie und Praxis der Atomabsorptions-Spektralphotometrie sei das Buch von W.T. ELWELL u. J.A.F. GIDLEY (1966) empfohlen.

Alle diese Methoden sind z. T. sehr aufwendig oder erfordern aber eine spezielle und nicht sehr schnell erlernbare Arbeitstechnik. Für gelegentliche Bestimmungen sind daher colorimetrische, auf der Bildung gefärbter Komplexverbindungen beruhende Methoden vorzuziehen, deren Genauigkeit, vorausgesetzt, daß eine entsprechende Menge Öl verascht wurde, der emissionsspektrographischen Methode nicht nachsteht. Im folgenden werden Methoden zur Bestimmung von Eisen, Kupfer und Nickel im Fett angegeben, wobei die in zahlreichen Unilever-Laboratorien gemachten Erfahrungen berücksichtigt werden konnten. Bezüglich der wissenschaftlichen Grundlagen dieser Bestimmungen sei auf die Monographien von E.B. SANDELL (1950) und B. LANGE (1956) verwiesen.

Der qualitative Nachweis von Eisen, Kupfer und Nickel wurde bereits auf S. 435/36 beschrieben.

a) Veraschung der Fette

Für alle Metallbestimmungen erwies sich die nachstehende, im Laboratorium des Verfassers aus den Erfahrungen von O'CONNOR u. Mitarb. (1947) entwickelte Veraschungstechnik gut geeignet.

Geräte:

Platin- oder Quarzschale, oberer Durchmesser ca. 80 mm, Fassungsvermögen ca. 80 ml
Wasserbad
Elektrische Heizplatte, 2000 Watt, 6 Stufen, bis zu 500°C
Muffelofen, 500—600°C.

Reagentien:

Magnesiumnitrat-Lösung: 125 g $Mg(NO_3)_2 \cdot 6H_2O$ z. A. werden in 500 ml Alkohol gelöst.
Salpetersäure, konz., z. A.
Salzsäure, 25%ig, eisenfrei.

Verfahren:

Je nach dem zu erwartenden Metallgehalt werden 1—100 g des zu untersuchenden Fettes in eine Platin- oder Quarzschale eingewogen. Die Hälfte eines aschefreien Rundfilters, Schleicher & Schüll Nr. 589[1] von 11 cm ⌀ wird zu einem Docht geformt, in das Öl gesetzt und nach dem Aufsaugen mit Hilfe eines brennenden Filterpapiers angezündet. Das Öl brennt in einigen Stunden ruhig ab. Sobald die Verbrennung beendet ist, gibt man 2 ml alkoholische Magnesiumnitrat-Lösung hinzu, dampft auf dem Wasserbad zur Trockne ein und erhitzt auf der Heizplatte langsam auf 360° C. Der Rückstand wird dann 1 Std im Muffelofen bei 550° C geglüht. Nach dem Abkühlen beträufelt man die Asche vorsichtig mit 0,5 ml konzentrierter Salpetersäure, erwärmt auf der Heizplatte bis keine braunen Dämpfe mehr entweichen und glüht nochmals $^1/_2$ Std. Der Rückstand wird in 2 ml 25%iger Salzsäure gelöst und auf dem Wasserbad bis zur Trockne eingedampft.

b) Bestimmung von Eisen, Kupfer und Nickel

α) Eisen als α, α'-Dipyridylkomplex

Bei Raffinaten wägt man 50 g, bei Rohölen 10 g ein und verascht wie unter a) angegeben. Die Asche wird wie folgt weiterbehandelt.

Geräte:

Spektralphotometer, z. B. Zeiss M4Q oder
Colorimeter, z. B. nach B. Lange mit Grünfilter VG 9, Durchlässigkeitsmaximum ca. 525 mμ.

Reagentien:

5 n-Salzsäure, hergestellt aus eisenfreier Salzsäure, 25%ig
Hydroxylamin-Lösung, 10%ig
Natriumacetat-Lösung, 2-molar
a, a'-Dipyridyl-Lösung, 1 g in 7 ml HCl gelöst und mit Wasser auf 100 ml aufgefüllt
Eisenammoniumalaun $FeNH_4(SO_4)_2 \cdot 12\ H_2O$ z. A.

Verfahren:

Der bei der Veraschung erhaltene Rückstand wird in 2 ml 5 n-Salzsäure gelöst und in einen 100-ml-Meßkolben überführt. Man gibt 1 ml Hydroxylamin-Lösung und 1 ml Dipyridyl-Lösung hinzu und stellt den pH-Wert der Lösung mit 6 ml 2-molarer Natriumacetat-Lösung auf 3,5 ein. Den Kolben läßt man 1 Std bei 20° C stehen und füllt dann mit dest. Wasser bis zur Marke auf. Die Extinktion wird nun im Spektralphotometer bei 522 mμ oder im Colorimeter mit Grünfilter gemessen. Im letzteren Fall soll die Eisenkonzentration 0,8 μg/ml nicht überschreiten, da die Extinktionskurve darüber hinaus nicht linear verläuft. Andernfalls muß die Lösung verdünnt werden. Die Extinktion wird gegen eine Blindlösung gemessen, die alle bei der Veraschung und der nachfolgenden Behandlung verwendeten Chemikalien enthält. Zur Berechnung des Eisengehaltes ist die Aufstellung einer Eichkurve erforderlich.

Hierzu löst man 0,8634 g Eisenammoniumalaun bei 20° C in dest. Wasser und verdünnt diese Lösung nach Zusatz von 2 ml konzentrierter Schwefelsäure auf 1000 ml. Diese Lösung enthält 100,0 μg Fe/ml. Durch zweimaliges Verdünnen dieser Lösung im Verhältnis 1:10 wird eine Lösung mit 1 μg Fe/ml bereitet. Durch weiteres Verdünnen erhält man hieraus Lösungen mit 0,1, 0,2 . . . . . 0,9 μg Fe/ml, deren Extinktionen als *a, a'*-Dipyridylkomplex gemessen werden. Die Meßergebnisse werden zu einer Eichkurve vereinigt.

Berechnung:

$$\text{Eisengehalt, mg/kg} = \frac{a \cdot b}{E}$$

a = Eisenkonzentration der Meßlösung in μg/ml
b = Volumen der Gesamtverdünnung in ml
E = Fetteinwaage in g.

β) Kupfer als Diäthyldithiocarbamat-Komplex

Da Kupfer auch in rohen Ölen stets in geringeren Mengen als Eisen vorkommt, empfiehlt es sich, 100 g zu veraschen.

Geräte:

Wie bei der Bestimmung des Eisens, zum Colorimeter jedoch Blaufilter BG 12 mit Maximum bei 415 mμ.

Reagentien:

Natriumdiäthyldithiocarbamat (NDDC), 0,1%ige Lösung in dest. Wasser, wenn nötig filtriert

Ammoniumcitrat, 20%ige wäßrige Lösung. Wenn die Lösung Kupfer enthält, gibt man einige Milliliter NDDC-Lösung hinzu und extrahiert den Kupferkomplex mit Tetrachlorkohlenstoff.

Ammoniak, konz., D = 0,880

Tetrachlorkohlenstoff

Natriumsulfat, wasserfrei

Standard-Kupferlösung: 3,927 g Kupfersulfat ($CuSO_4 \cdot 5H_2O$) werden unter Zusatz von 1 ml 10%iger Schwefelsäure in Wasser gelöst und die Lösung auf 1 l verdünnt. Diese Lösung enthält 1 mg Kupfer/ml.

Verfahren:

Die Asche wird in 2 ml 5 n-Salzsäure gelöst und diese Lösung mit ca. 10 ml Wasser in einen 125-ml-Scheidetrichter gespült. Man gibt 5 ml Ammoniumcitrat-Lösung, 2 ml Ammoniak und soviel Wasser hinzu, daß man ein Volumen von ca. 25 ml erhält. Hierzu gibt man 5 ml NDDC-Lösung und 5 ml Tetrachlorkohlenstoff, schüttelt kräftig 1 min, läßt absitzen und überführt die untere Schicht in einen trockenen 10-ml-Meßkolben. Die wäßrige Lösung wird nochmals mit 4 ml und 1 ml Tetrachlorkohlenstoff nacheinander ausgeschüttelt. Die Extrakte werden mit dem Hauptextrakt vereinigt. Falls die Lösungsmittelschicht hiernach nicht farblos ist, extrahiert man nochmals mit zwei 4-ml-Portionen Lösungsmittel und wählt einen 20-ml-Kolben zur Aufnahme des Extraktes.

Der Inhalt des Meßkolbens wird bis zur Marke aufgefüllt, in ein Reagensglas von 2,5 × 15 cm gebracht und mit Natriumsulfat getrocknet. Man bestimmt nun die Extinktion im Spektralphotometer bei 438 mμ bzw. im Colorimeter mit Blaufilter. Der Kupfergehalt dieser Lösung wird einer Eichkurve entnommen, die durch Messung der Extinktion entsprechend verdünnter Kupferlösungen erhalten wurde. Die Extinktion wird gegen eine Blindlösung gemessen, die alle im Laufe der Veraschung und der weiteren Behandlung verwendeten Chemikalien enthält.

Berechnung:

$$\text{Kupfer, mg/kg} = \frac{a \cdot b}{E}$$

a = Kupferkonzentration der Meßlösung in μg/ml
b = Volumen der Gesamtverdünnung in ml
E = Fetteinwaage in g.

γ) Nickel als Dimethylglyoxim-Komplex

Geräte:

Wie bei Eisen, zum Colorimeter jedoch Grünfilter VG 9 mit Maximum bei ca. 525 mμ verwenden.

Reagentien:

Bromwasser: gesättigte Lösung von Brom in Wasser

Dimethylglyoxim-Reagens: 250 ml dest. Wasser, 250 ml Ammoniak (D = 0,880), 0,5 g Dimethylglyoxim

Citronensäurelösung, 5 gew.-%ig.

Standard-Nickellösung, 0,00100 g/100 ml: 44,77 mg Nickel-II-Sulfat ($NiSO_4 \cdot 6H_2O$), reinst, zur Analyse, werden in 1 l Wasser gelöst. Diese Lösung enthält 10 mg Nickel/l.

Durch weiteres Verdünnen dieser Stammlösung werden Lösungen mit 0,2—2,5 μg Nickel/ml hergestellt.

Verfahren:

Die Asche aus der Verbrennung des Fettes wird in 2 ml 5 n-Salzsäure gelöst und mit 20 ml Wasser in einen 50-ml-Meßkolben überführt. Man gibt 1 ml Bromwasser, 5 ml Dimethylglyoxim-Reagens und 5 ml Citronensäure hinzu und füllt mit dest. Wasser bis zur Marke auf. Man bestimmt die Extinktion der erhaltenen Lösung bei 445 mμ im Spektralphotometer oder im Colorimeter mit Grünfilter gegen eine Blindlösung, die alle bei der Veraschung und der weiteren Behandlung verwendeten Chemikalien in gleicher Verdünnung enthält. Zur Bestimmung der Nickelkonzentration wird eine Eichkurve entsprechend den oben angegebenen Nickelverdünnungen aufgestellt.

Berechnung:

$$\text{Nickel, mg/kg} = \frac{a \cdot b}{E}$$

a = Nickelkonzentration der Meßlösung in μg/ml
b = Volumen der Gesamtverdünnung in ml
E = Fetteinwaage in g.

δ) Genauigkeit der Metallbestimmungsmethoden

Die Genauigkeit dieser Bestimmungsmethoden wurde vom Verfasser mit E. Rimpl (1963) an raffinierten Sonnenblumenölen bestimmt, die durch Zusatz von Eisen-, Kupfer- bzw. Nickelstearat auf eine genau definierte Metallkonzentration gebracht waren. Die Ergebnisse dieser Versuche sind in Tab. 141 zusammengestellt.

Tabelle 141. *Genauigkeit der colorimetrischen Metallbestimmung in Fetten*

Eisen, mg/kg vorgelegt	Eisen, mg/kg gefunden	Kupfer, mg/kg vorgelegt	Kupfer, mg/kg gefunden	Nickel, mg/kg vorgelegt	Nickel, mg/kg gefunden
40	40,7	10	9,62	10	9,61
20	19,3	5	4,4	5	4,47
10	9,6	2	1,71	2	2,01
5	4,5	1	0,86	1	1,0
2	1,75	0,5	0,45	0,5	0,5
1	0,88	0,2	0,15	0,2	0,193
0,5	0,46	0,1	0,086	0,1	0,093
0,2	0,092	0,05	0,04	0,05	0,027
0,1	0,058	0,02	0,035	0,02	0,025
		0,01	0,02	0,01	0,03

18. Nachweis von pflanzlichen Fetten in tierischen und von tierischen in pflanzlichen

Der Nachweis von geringen Mengen pflanzlicher Fette in tierischen ist für die Landwirtschaft von besonderem Interesse, da sie begreiflicherweise der Verfälschung von Butter mit pflanzlichen und tierischen Fetten, insbesondere aber mit Margarine, mit allen gesetzlichen Mitteln begegnen möchte. Von steigender Bedeutung ist aber im letzten Jahrzehnt auch der Nachweis geringer Mengen tierischer Fette in pflanzlichen geworden, da viele Menschen unter dem Eindruck moderner Ernährungstheorien pflanzliche Fette für bekömmlicher als tierische halten und daher bereit sind, für garantiert reine Pflanzenfette einen höheren Preis als für tierische zu zahlen.

Es sind nicht sehr viele Methoden vorhanden, die den Nachweis geringer Mengen der einen Fettsorte in der anderen erlauben. Sie sind zum größten Teil bereits in den vorhergehenden Abschnitten behandelt, so daß der Verfasser sich hier mit einigen Hinweisen begnügen kann. Bei der Diskussion der empfehlenswerten Verfahren muß immer bedacht werden, daß einzelne Fette mit hervorstechenden Eigenschaften, wie Rapsöl oder Heringsöl, in Gemischen viel genauer nachgewiesen werden können als die entsprechende Gruppe schlechthin.

Nachweis und Unterscheidung dieser Fettgruppen können sich im Prinzip auf die Ermittlung der Fettsäurezusammensetzung, des Aufbaues der Glyceride und der Art und Menge der Begleitstoffe stützen.

a) Nachweis tierischer Fette aufgrund der Fettsäurezusammensetzung

Tierische Fette enthalten Arachidonsäure, eine Δ 5,8,11,14-Eikosatetraensäure, die in pflanzlichen Ölen oder Fetten nur in Spuren oder nicht vorhanden ist. Man kann daher nach einem Vorschlag von J. W. COPIUS PEEREBOOM (1960) durch Bestimmung dieser Säure tierische Fette in pflanzlichen nachweisen. Tab. 142 gibt einen Überblick über den Arachidonsäuregehalt verschiedener Fette.

Tabelle 142. *Arachidonsäuregehalt tierischer und pflanzlicher Fette* (nach J. W. COPIUS PEEREBOOM 1960)

Art des Fettes	Arachidonsäuregehalt %	Art des Fettes	Arachidonsäuregehalt %
Butter	0,27—0,60	Cocosfett	0,00
Schweineschmalz	0,18—0,66	Leinöl	0,00
Rindertalg	0,08—0,22	Rapsöl	0,00—0,04
Hammeltalg	0,13—0,43	Olivenöl	0,00—0,01
Pferdefett	0,33—0,36	Maisöl	0,00—0,01
Hühnerfett	0,21—0,27	Baumwollsamenöl	0,00
Palmöl	0,00—0,02	Sojaöl	0,00—0,06
Palmkernöl	0,00	Erdnußöl	0,00
Sonnenblumenöl	0,00		

Die Bestimmung der Arachidonsäure erfolgt am besten durch Alkaliisomerisierung und Messung der Extinktion im ultravioletten Licht bei 315 mμ, z. B. nach der DGF-Methode C - IV 6b (57) (vgl. S. 520). Sehr zweckmäßig ist die Arbeitsweise nach I. GALLARDO u. I. SAMEH (1962):

Die Gesamtfettsäuren werden zunächst zur Entfernung der gesättigten Fettsäuren mit Harnstoff behandelt (vgl. S. 612). Dann werden die oxydierten Fettsäuren durch Behandlung mit Petroläther entfernt (vgl. S. 729). Schließlich werden die zurückbleibenden ungesättigten Fettsäuren der Alkaliisomerisierung unterworfen und spektralphotometrisch auf ihren Arachidonsäuregehalt untersucht. 5% tierische Fette können auf diese Weise in pflanzlichen nachgewiesen werden.

Viele Tierfette, insbesondere solche von Wiederkäuern, enthalten zum Unterschied von pflanzlichen Fetten auch verzweigte höhermolekulare Fettsäuren in Konzentrationen bis zu 1%. Zahlreiche dieser Verbindungen wurden von F. B. SHORLAND u. Mitarb. im Butterfett, Hammelfett und Rindernierenfett aufgefunden. Die Trennung dieser Säuren erfolgte durch Hydrierung, Abtrennung der geradkettigen gesättigten Fettsäuren über die Harnstoffeinschlußverbindungen und Zerlegung der zurückbleibenden verzweigten Säuren durch „amplified distillation" (vgl. S. 620) bzw. Gaschromatographie.

H. PETERS u. TH. WIESKE (1966) bedienen sich eines anderen Trennungsganges: Herstellung der Methylester, Abtrennung der geradkettigen gesättigten Fettsäuren über die Harnstoff-Adduktbildung, Oxydation des Nichtadduktes, Abtrennung der nicht oxydierten Anteile durch Säulenchromatographie und Gaschromatographie der im Eluat angereicherten verzweigten Fettsäuremethylester.

Einfache Nachweismethoden existieren noch nicht. Eine ausführliche Übersicht über das Gebiet geben S. ABRAHAMSON u. Mitarb. (1963).

b) Unterscheidung pflanzlicher und tierischer Fette aus dem Glyceridaufbau

Obgleich sich pflanzliche und tierische Fette durch den Glyceridaufbau unterscheiden — bei ersteren besteht vorzugsweise die Neigung zu einer gleichmäßigen („even"), bei letzteren zu einer zufallsbedingten („random") Verteilung der Fettsäuren (vgl. S. 676) — sind die Unterschiede doch nicht so ausgeprägt, daß man darauf ein Verfahren zur Unterscheidung beider Fettgruppen aufbauen könnte. Hinzu kommt, daß durch den Umesterungsprozeß, der heute zu den normalen Verfahren der Raffinationstechnik gehört, der natürliche Glyceridaufbau der Fette entscheidend verändert werden kann.

c) Unterscheidung pflanzlicher und tierischer Fette aufgrund der Begleitstoffe

Von den zahlreichen Begleitstoffen, die in den vorhergehenden Abschnitten behandelt wurden, eignen sich für die Unterscheidung pflanzlicher und tierischer Fette vor allem die Tokopherole und Sterine. Tokopherole kommen nur in pflanzlichen Fetten in größeren Mengen vor und sind verhältnismäßig leicht nachzuweisen (vgl. S. 808).

Leider werden sie bei längerer Lagerung der Rohöle oxydiert oder durch den Raffinationsprozeß eliminiert, so daß sie in den vollraffinierten Ölen des Handels häufig nicht anzutreffen sind. Anders verhält es sich mit den Sterinen. Tierische Fette enthalten nur Cholesterin, pflanzliche dagegen hauptsächlich Sterine anderer Konstitution, die unter dem Namen Phytosterine zusammengefaßt werden, in Ausnahmefällen, z. B. Palmöl, auch etwas Cholesterin. Cholesterin und Phytosterine unterscheiden sich, wie auf S. 776 und folgenden dargelegt wurde, durch charakteristische Reaktionen.

Die brauchbarsten Methoden zur Unterscheidung und zum Nachweis tierischer und pflanzlicher Fette sind daher diejenigen, die auf dem Nachweis bzw. der Identifizierung der begleitenden Sterine beruhen. So gelingt der Nachweis von ca. 2% Pflanzenfett in Butter bzw. 2% tierischem Fett in pflanzlichen Ölen. Methodische Einzelheiten vgl. S. 782 bzw. 787.

Besonders geeignet sind solche Methoden, bei denen einer Vortrennung des Unverseifbaren auf säulen- oder dünnschichtchromatographischem Wege die gaschromatographische Zerlegung des Steringemisches und die Identifizierung und Quantifizierung der einzelnen Sterine folgt (J. Eisner u. D. Firestone 1963; A. Karleskind u. Mitarb. 1965/1966 [vgl. S. 790] und Ch. L. Ettinger u. Mitarb. 1965).

IX. Nachweis und Bestimmung des Fettverderbens

1. Übersicht über die Arten des Fettverderbens

Gegenüber äußeren Einwirkungen, wie Licht, Luft, Wasser, dem Erhitzen sowie der Tätigkeit von Kleinlebewesen, wie Bakterien und Schimmelpilzen, sind Öle und Fette sehr empfindlich. Sie erleiden geschmacklich wahrnehmbare Veränderungen, die vom Geschmacksumschlag über die Ranzigkeit bis zur völligen Ungenießbarkeit führen. Als man begann, sich mit diesen Erscheinungen wissenschaftlich zu beschäftigen, charakterisierte man die Art des Verderbens durch die organoleptisch unterscheidbaren Geschmacks- oder Geruchsnuancen, wie Parfumranzigkeit, Talgigkeit, Seifigkeit, Fischigkeit und ähnliche Begriffe. Heute zieht man eine Einteilung vor, welche die Ursachen des Fettverderbens und die chemische Zusammensetzung der Umwandlungsprodukte gleichermaßen berücksichtigt.

Nach einem von K. Täufel (1938) gemachten und heute allgemein akzeptierten Vorschlag lassen sich die Erscheinungen des Fettverderbens wie folgt aufgliedern:

a) Chemische Ursachen des Verderbens

α) Hydrolyse der Glyceride: Bildung von freien Fettsäuren, Mono- und Diglyceriden und Glycerin.

β) Oxydative Vorgänge: Bildung von Peroxiden, Aldehyden, Ketonen, Ketosäuren, freien Fettsäuren, Oxysäuren, polymeren Fettsäuren, Glyceriden usw.

γ) Chemische Veränderungen von Begleitstoffen: Bildung von Trimethylaminoxid aus Phosphatiden.

b) Biologische Ursachen des Verderbens

α) Hydrolyse der Glyceride unter der Einwirkung von Lipasen.

β) Oxydative Vorgänge: Autoxydation unter der katalytischen Wirkung von Lipoxydasen in pflanzlichen ölhaltigen Zellen bzw. von Häminverbindungen in tierischem Fettgewebe.

γ) Dehydrierende Vorgänge: Ketonbildung in Fettemulsionen, hervorgerufen durch mikrobiell entstandene Dehydrasen und Decarboxylasen.

Die Fette sind diesen schädlichen Einflüssen um so mehr ausgesetzt, je höher ihr Gehalt an ungesättigten Fettsäuren (Öl-, Linol- und Linolensäure) ist und je mehr Doppelbindungen diese enthalten. Die Verdorbenheit von Fetten der Cocosfettgruppe wird besonders leicht wahrgenommen, da die in diesen freigemachten nieder- und mittelmolekularen Fettsäuren und ihre Abbauprodukte schon in sehr geringer Konzentration unangenehm seifig schmecken.

Es würde den Rahmen dieses Kapitels überschreiten, alle Reaktionen, die zum Fettverderben führen, soweit sie heute bekannt sind, ausführlich zu beschreiben. Das hier gezeichnete Bild des Fettverderbens beschränkt sich auf die Wiedergabe solcher Forschungsergebnisse, die zur Analytik des Fettverderbens in unmittelbarer Beziehung stehen. Zur eingehenden Unterrichtung sei auf die zusammenfassenden Darstellungen von R.T. HOLMAN (1954), W.O. LUNDBERG (1961) und H.W. SCHULTZ u. Mitarb. (1962) verwiesen.

a) Chemische Ursachen des Fettverderbens

α) Hydrolyse der Glyceride

Es ist schon lange bekannt, daß Fette durch Wasser im Überschuß bei höheren Temperaturen auch in Abwesenheit von Katalysatoren in Fettsäuren und Glycerin gespalten werden können. Hiervon macht man in der Technik Gebrauch. M. LONCIN (1953) beobachtete nun, daß auch in Gegenwart sehr geringer Wassermengen, wie sie beispielsweise in raffinierten Fetten stets vorhanden sind, eine Hydrolyse der Triglyceride stattfindet. Es lösen beispielsweise bei 60°C (M. LONCIN 1955):

Raffiniertes Cocosöl:	0,285% Wasser
Raffiniertes Palmöl:	0,23% Wasser
Raffiniertes Sojaöl:	0,19% Wasser.

Katalytisch wirken freie Fettsäuren, Phosphatide, Monoglyceride und Metallseifen. Die Spaltungsgeschwindigkeit wird pro 10°C Temperaturerhöhung verdoppelt. Da raffinierte Öle bei Zimmertemperatur maximal 0,10% Wasser enthalten, können bei genügend langer Lagerung mehr als 1% freie Fettsäuren gebildet werden, eine Menge, die zwar bei den Ölen der Öl- und Linolsäurereihe nur eine geringe Geschmacksverschlechterung hervorruft, aber genügt, um Fette der Cocosfettgruppe völlig ungenießbar zu machen.

β) Verderben der Fette durch Autoxydation

Unter Autoxydation versteht man die Reaktion eines Stoffes mit molekularem Sauerstoff. Wenn während dieser Umsetzung Körper entstehen, die den Prozeß beschleunigen, spricht man von autokatalytischer, andernfalls von nicht autokatalytischer Autoxydation. Fette, die dem Einfluß von Sauerstoff ausgesetzt werden, erleiden eine autokatalytische Autoxydation, deren Geschwindigkeit proportional der Menge der entstandenen Oxydationsprodukte zunimmt. Zu Beginn der Autoxydation bilden sich Hydroperoxide, die im weiteren Verlauf der Umsetzung zahlreiche Neben- und Folgereaktionen eingehen, wodurch eine große Zahl von Spaltprodukten entsteht, die durch ihren widerwärtigen Geschmack den Eindruck der Verdorbenheit des Fettes hervorrufen.

Die Autoxydationsreaktion wird durch Licht, ionisierende Strahlen, Metallkatalysatoren, wie Kupfer, Mangan, Kobalt und Eisen, u. a. Prooxydantien beschleunigt, durch natürliche oder künstliche Antioxydantien, meistens Verbindungen von phenolischem Charakter, gehemmt.

Fette unterliegen dem autoxydativen Verderben um so leichter, je ungesättigter sie sind. Einen Anhaltspunkt über den Grad dieser Abhängigkeit geben Versuche von F. D. GUNSTONE u. T. P. HILDITCH (1945), die bei der Autoxydation von Methyloleat, -linoleat und -linolenat bei 20°C relative Autoxydationsgeschwindigkeiten von 1:12:25 beobachteten.

1. Initialstufen der Autoxydation. Als erste Produkte der Autoxydation lassen sich analytisch Hydroperoxide nachweisen. Diese entstehen nach E. H. FARMER u. Mitarb. (1942) durch Anlagerung von molekularem Sauerstoff an in α-Stellung zur Doppelbindung gebildete Radikale. Der Mechanismus dieser Radikalbildung ist auch heute noch nicht ganz geklärt. Man nimmt an, daß sie unter der Einwirkung von Lichtstrahlen oder metallischen Katalysatoren erfolgt. Auch peroxydische Verbindungen wirken radikalbildend. Das erklärt auch die bekannte Tatsache, daß sehr geringe Mengen eines autoxydierten Fettes genügen, um große Mengen intakter Fette zu verderben. Durch die Nähe der Doppelbindungen werden die C-H-Bindungen so sehr aktiviert, daß eine Radikalbildung leichter als unter normalen Bedingungen erfolgt.

Die Primärreaktion läßt sich nach M. LOURY u. Mitarb. (1965) wie folgt formulieren:
Radikalbildung durch Absorption eines Photons:

$$RH + h \cdot \nu \rightarrow R^* + H^*$$

Auch durch Sauerstoff kann diese Aktivierung hervorgerufen werden:

$$RH + O_2 \rightarrow R^* + HOO^*$$

Das freie kurzkettige Fettsäureradikal reagiert sofort mit Sauerstoff unter Bildung eines Hydroperoxidradikals:

$$R^* + O_2 \rightarrow ROO^*$$

Das Peroxidradikal setzt eine Kettenreaktion in Gang nach folgendem Schema:

$$\begin{aligned} ROO^* + RH &\rightarrow ROOH + R^* \\ R^* \quad + O_2 &\rightarrow ROO^* \\ ROO^* + RH &\rightarrow ROOH + R^* \text{ usw.} \end{aligned}$$

Gemäß der Theorie von FARMER treten die Radikale in mehreren Resonanzformen auf. Demzufolge sind für jede ungesättigte Fettsäure eine Vielzahl von Hydroperoxiden möglich. Das Methyloleat z. B. bildet vier isomere Hydroperoxide, welche die Hydroperoxidgruppe in der 8, 9, 10- bzw. 11-Stellung besitzen. Das 8-Hydroperoxymethyloleat hat z. B. folgende Konstitution:

$$\begin{array}{c} \quad 11 \qquad 10 \qquad 9 \qquad 8 \\ R_1\text{—}CH_2\text{—}CH{=}CH\text{—}\underset{\displaystyle OOH}{\underset{|}{CH}}\text{—}R_2 \end{array}$$

Die Methyllinoleathydroperoxide bilden drei isomere Formen, die in der 9, 11- oder 13-Stellung substituiert sind. Zwei von diesen, nämlich die 9- und die 13-Hydroperoxidverbindung, besitzen eine konjugierte Doppelbindung. Hierfür ein Beipiel:

$$\begin{array}{c} \quad 13 \qquad 12 \qquad 11 \qquad 10 \qquad 9 \\ R_3\text{—}CH{=}CH\text{—}CH{=}CH\text{—}\underset{\displaystyle OOH}{\underset{|}{CH}}\text{—}R_4 \end{array}$$

Diese Art der Hydroperoxide hat daher ein Absorptionsmaximum in der Dienregion bei 230 mμ.

Aus Methyllinolenat können sechs isomere Hydroperoxide entstehen, die in der 9, 11, 12, 13, 14- bzw. 16-Stellung eine Hydroperoxidgruppe tragen. Vier von diesen Verbindungen besitzen wiederum konjugierte Doppelbindungen.

Die Existenz aller dieser Verbindungen konnte inzwischen experimentell bewiesen werden. Einzelheiten hierüber bei E. N. FRANKEL (1962).

Außer den Hydroperoxiden entstehen in der ersten Stufe der Autoxydation auch Dialkylperoxide (A. RIECHE 1958). Ferner hat es den Anschein, als ob bei höherer Temperatur der Sauerstoff direkt an die Doppelbindung unter Bildung von Epidioxiden (a) (STAUDINGER) bzw. Epoxyperoxiden (b) (PAQUOT) angelagert werden könnte. Vgl. auch R. FRANÇOIS u. M. LOURY (1964):

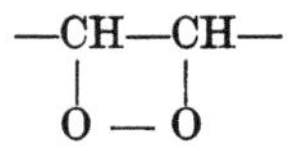

(a)

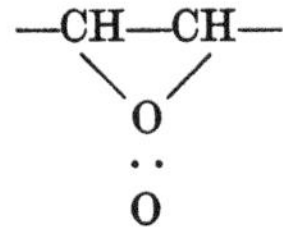

(b)

2. *Sekundärreaktionen.* Die in der ersten Stufe der Autoxydation gebildeten Hydroperoxide sind nicht beständig. Sie zerfallen unter Bildung von Radikalen, die ihrerseits die Autoxydation katalytisch beschleunigen.

Einige dieser radikalbildenden Reaktionen sind folgende (A. RIECHE 1958):

$$\begin{aligned} &ROOH + ROOH \rightarrow ROO^* + RO^* + H_2O \\ &ROO^* + RH \rightarrow ROOH + R^* \\ &RO^* + RH \rightarrow ROH + R^* \end{aligned}$$

Folgende Reaktionen führen nach E.H. FARMER (1942) zum Abbruch der Kettenreaktion:

$$\begin{aligned} &R^* + R^* \rightarrow R{-}R \\ &R^* + ROO^* \rightarrow R{-}O{-}O{-}R \\ &ROO^* + ROO^* \rightarrow R{-}O{-}O{-}R + O_2 \text{ und andere.} \end{aligned}$$

Durch Autoxydation können also auch polare und unpolare dimere Fettsäuren entstehen, eine Reaktion, die für die Untersuchung und Beurteilung erhitzter Fette von Bedeutung ist.

Für die analytische Bestimmung des Ausmaßes der Fettverdorbenheit sind solche Sekundärreaktionen der Hydroperoxide von besonderem Interesse, die zur Bildung der für die Verdorbenheit charakteristischen chemischen Verbindungen führen. Es sind das in erster Linie Carbonylverbindungen, namentlich Aldehyde, die als Träger der charakteristischen Geschmacksnuancen umgeschlagener und verdorbener Fette bekannt geworden sind. Durch Dismutation der Hydroperoxide können Aldehyde nach folgender Gleichung entstehen (H.T. BADINGS 1960):

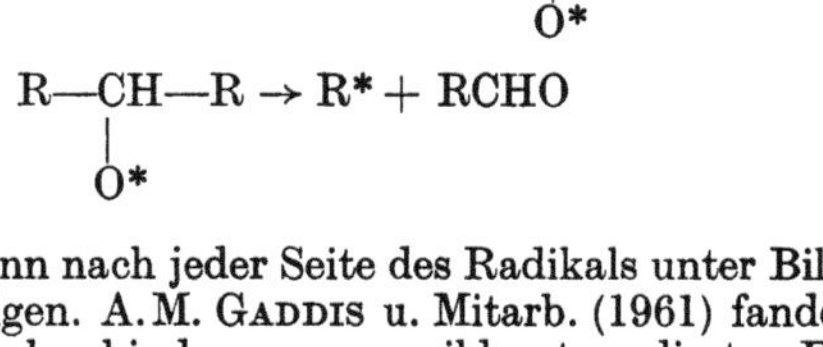

Die Kettenspaltung kann nach jeder Seite des Radikals unter Bildung eines Aldehyds und eines neuen Radikals erfolgen. A.M. GADDIS u. Mitarb. (1961) fanden bei der Untersuchung der flüchtigen Monocarbonylverbindungen aus mild autoxydierten Estern der Öl-, Linol- und Linolensäure sowie aus zahlreichen autoxydierten Fetten Aldehyde, von denen die meisten diesem Bildungsmechanismus entsprechen. Daß bei diesen Untersuchungen durchweg mehr Aldehyde als erwartet gefunden werden, erklärt G. HOFFMANN (1962) durch die Bildung stereomerer Produkte und die Verschiebung von Doppelbindungen.

Aber auch folgender von M. LOURY (1961) postulierter Reaktionsmechanismus erklärt die Bildung von Aldehyden:

Ähnlich wie durch eine Ketogruppe (vgl. S. 857) wird eine CH-Gruppe auch durch die Nachbarschaft eines Epidioxids aktiviert, so daß es mit Sauerstoff zur Bildung eines Diperoxids kommt:

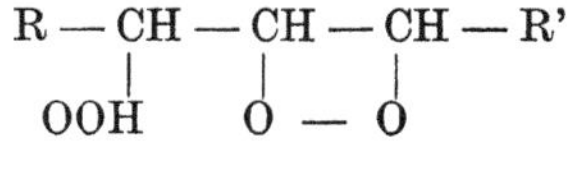

Durch die Anhäufung von Sauerstoff entsteht im Molekül eine Zone der Instabilität, die unter Bildung von Aldehyden und Ameisensäure gespalten wird:

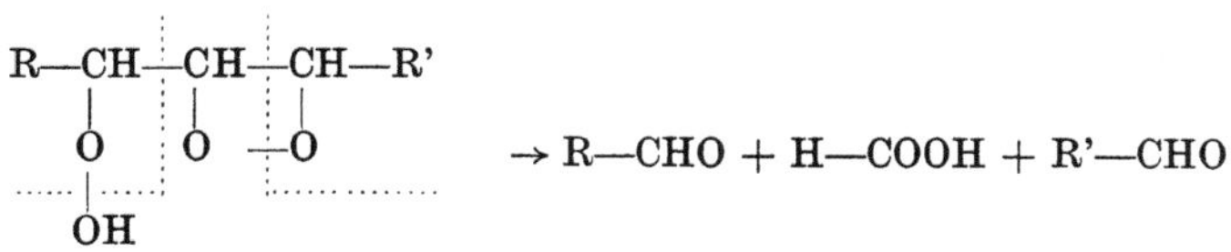

Einen Überblick über die Vielfalt der bei Autoxydationsvorgängen entstehenden Aldehyde gibt eine Arbeit von H. VON PEZOLD (1959). Der Autor fand in oxydiertem und revertiertem Sojaöl folgende Aldehyde:

Gesättigte Aldehyde:	C_2, C_3, C_4, C_5, C_6, C_7, C_8, C_9
Δ 2-Ungesättigte Aldehyde:	C_5, C_6, C_7, C_8, C_9
Δ 2, 4-Ungesättigte Aldehyde:	C_6, C_7, C_8, C_{10}, C_{11}
Δ 2, 4, 6-Ungesättigte Aldehyde:	C_{10}

Die zweifach ungesättigten Aldehyde rufen bereits in einer Verdünnung von $1:10^8$ den typischen Reversionsgeschmack des Sojaöls hervor.

Wichtig ist auch folgende Sekundärreaktion: Die bei der Dismutation der Hydroperoxide gebildeten Alkoxyradikale können mit einem zweiten Radikal unter Bildung von Ketoverbindungen reagieren:

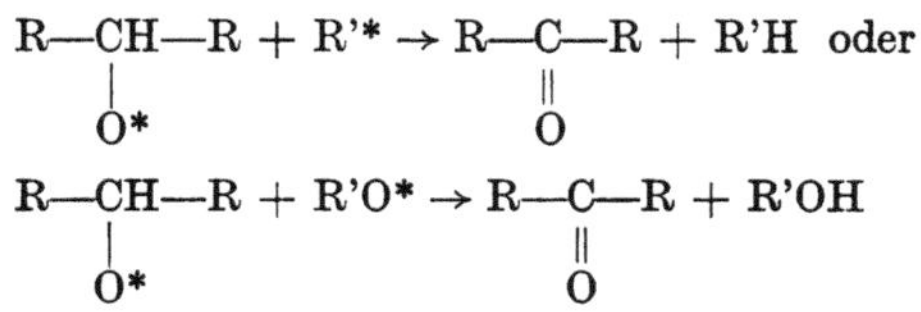

Aber auch durch Temperaturerhöhung oder in Anwesenheit von Alkalien können unter Wasserabspaltung aus Hydroperoxiden Ketone entstehen (H. HOCK u. H. KROPF 1957):

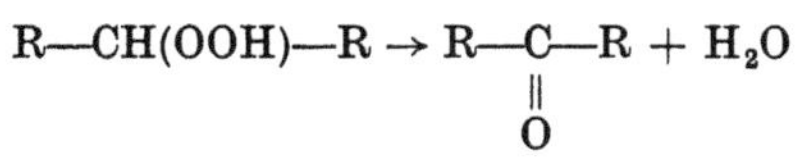

Die Bedeutung dieser — nicht flüchtigen — Ketoverbindungen, die durch den normalen Raffinationsgang nicht aus den Ölen und Fetten entfernt werden, liegt vor allem darin, daß die in der Nähe der Ketogruppen liegenden C—H—Bindungen, ähnlich wie durch Doppelbindungen, auch durch Carbonylgruppen aktiviert werden (W. KERN u. H. WILLERSINN 1955), wodurch es zur Entstehung von Ketohydroperoxiden kommt, die sich nach G.W. ELLIS (1950) sowie W. LANGENBECK u. W. PRITZKOW (1950) unter Bildung von Fettsäuren und Aldehyden zersetzen.

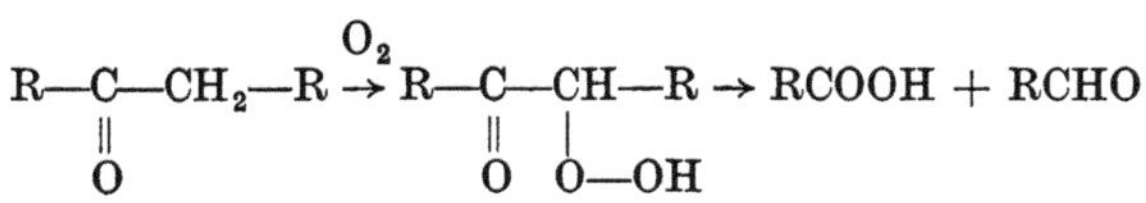

Die Umwandlung der Hydroperoxidgruppen in Ketogruppen beim Erhitzen führt zur Ausbildung konjugierter Doppelbindungen, bei der Ölsäure mit einer Dien-, bei der Linolsäure mit einer Trienstruktur. Aldehyde und Ketosäuren entstehen stets nebeneinander, so daß sich immer beide Arten von sekundären Oxydationsprodukten in autoxydierten Fetten nachweisen lassen.

Schließlich können nach E.H. FARMER u. Mitarb. (1942) durch Reaktion der Hydroperoxide mit Doppelbindungen auch Epoxide und Alkohole gebildet werden:

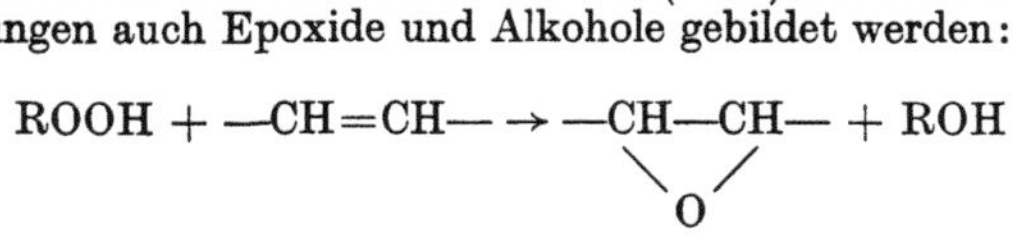

Bei der Autoxydation ungesättigter Fettsäuren entstehen also auch Epoxyfettsäuren und Hydroxyfettsäuren, deren Existenz in Oxydationsprodukten von H.B. KNIGHT u. Mitarb. (1951) bestätigt wurde.

Faßt man nun die durch die hohe Reaktionsfreudigkeit der Fetthydroperoxide gegebenen Umwandlungsmöglichkeiten zusammen, so gelangt man nach C. H. LEA (1962) zu folgenden beständigen Sekundärprodukten (vgl. Tab. 143):

Tabelle 143. *Umwandlungsprodukte von Fetthydroperoxiden* (nach C. H. LEA 1962)

Reaktion	Umwandlungsprodukte
Polymerisation	Dimere, Polymere
Oxydation	Diperoxide, Oxypolymere
Spaltung	Aldehyde, Semi-Aldehyde, Aldehydo-Glyceride, OH-Verbindungen → Säuren
Dehydratation	Keto-Glyceride
Oxydation der Doppelbindungen in anderen Molekülen	Epoxide, Hydroxy-Glyceride, Dihydroxy-Glyceride

γ) Fischigkeit emulgierter Fette

In diesem Zusammenhang verdient das Phänomen des Auftretens eines fischigen Geschmacks in Butter, Margarine, Mayonnaise u. a. emulgierten Fetten Erwähnung. Dieser Geschmacksfehler wird besonders häufig bei Kühlhausbutter und rübölhaltiger Margarine beobachtet. Er wird weder durch Fetthydrolyse noch durch eine reine Autoxydation des Fettes verursacht und entwickelt sich besonders stark bei hohem Salzgehalt und niedrigem pH-Wert in Gegenwart von Phosphatiden, die bekanntlich stets in der Butter und meistens auch in der Margarine anwesend sind. Während man ursprünglich glaubte, daß der fischige Geschmack auf die Abspaltung von Trimethylamin aus Phosphatiden zurückzuführen ist, haben es die Arbeiten von W. L. DAVIES u. E. GILL (1936) sowie von W. MOHR u. A. ARBES (1939) wahrscheinlich gemacht, daß nicht das Trimethylamin, sondern das durch Oxydation daraus entstandene Trimethylaminoxid der Träger des fischigen Geschmacks ist. Daß C. J. MARTIN u. Mitarb. (1948) auch im revertierten Sojaöl eine „fischige" Geschmackskomponente fanden, widerspricht dieser Ansicht nicht, da auch alkaliraffinierte Sojaöle noch geringe Spuren Phosphatide enthalten können. Das Fischigwerden wird nach W. RITTER u. M. CHRISTEN (1934/1936) durch Metallspuren beschleunigt. Schon 0,2 mg Kupfer und 1,5 mg Eisen pro Kilogramm Butter genügen, um Fischigkeit hervorzurufen. Die Bevorzugung salzarmer Butter und Margarine hat den Geschmacksfehler „Fischigkeit" in den letzten Jahren in den Hintergrund treten lassen. Literaturübersichten bei W. MOHR u. A. ARBES (1939) sowie bei F. D. TOLLENAAR (1953).

b) Biologische Ursachen des Verderbens

Obwohl die biologischen Ursachen des Fettverderbens in der analytischen Praxis eine weitaus geringere Rolle spielen als die chemischen, sollen doch die wichtigsten Erscheinungen dieser Gruppe kurz gestreift werden, um gegebenenfalls die Aufmerksamkeit des Untersuchers auf die Eigenart der damit verbundenen Veränderungen am Fettmolekül zu lenken.

α) Enzymatische Fetthydrolyse

In Ölfrüchten und den Samen von ölliefernden Pflanzen sind mitunter fettspaltende Enzyme anwesend, die Lipasen, die in Gegenwart von Wasser schon bei niedriger Temperatur die Triglyceridmoleküle in Glycerin und freie Fettsäuren aufzuspalten vermögen. Das bekannteste Enzym dieser Art, die Rizinuslipase, wurde lange Zeit industriell zur technischen Fettspaltung verwendet (E. SCHLENKER 1937). Der hohe ffa-Gehalt des früher mit primitiven Methoden gewonnenen Palmöls wird auf Einwirkung von Lipasen zurückgeführt. Auch im tierischen

Organismus sind z. B. in der Pankreaslipase hydrolytische Enzyme vorhanden. Während jene ihre höchste Aktivität im sauren Medium entfalten, sind diese im alkalischen Milieu am wirksamsten.

In raffinierten Ölen und Fetten sind diese Enzyme nicht mehr vorhanden. Bei fetthaltigen Lebensmitteln wird aber trotzdem häufig lipolytische Verdorbenheit angetroffen, wenn diese von lipasebildenden Schimmelpilzen, wie Penicillium- oder Aspergillusarten oder lipasereichen Bakterien befallen sind.

β) Lipoxydase- und hämatinkatalysierte Fettoxydation

Lipoxydase und Hämatinverbindungen sind zwei in pflanzlichen bzw. tierischen Gewebezellen vorkommende Biokatalysatoren der Fettautoxydation, die einen weitaus stärkeren oxydativen Abbau der Fette bewirken können, als die nicht katalysierte oder metallkatalysierte Autoxydation (vgl. Tab. 144).

Tabelle 144. *Oxydationsgeschwindigkeit von Linoleat in Anwesenheit verschiedener Katalysatoren* (nach A. L. TAPPEL 1961/1962)

Katalysator	Oxydationsgeschwindigkeit Mole Linoleat/Mole Katalysator Std bei 0° C
Lipoxydase	10^4
Hämatinverbindungen	10^2
Kupfer-Protein	1
Kupfer	10^{-1}
Autoxydations-Peroxide	10^{-2}

Lipoxydase wurde von E. ANDRÉ u. K. HOU (1932) in Sojamilch entdeckt und später in zahlreichen Leguminosen, Ölsamen und Gramineen nachgewiesen. Charakteristisch für dieses Enzym ist, daß es nur die Autoxydation mehrfach ungesättigter Fettsäuren mit cis-Doppelbindungen in 1,4-Stellung katalysiert. Die Oxydationsgeschwindigkeit hängt nicht, wie bei der chemischen Autoxydation, von der Zahl der Doppelbindungen ab, sondern ist für Linol-, Linolen- und Arachidonsäure gleich. Als Hauptprodukt der Lipoxydase-Oxydation entsteht ein optisch aktives cis-trans konjugiertes monomeres Hydroperoxid (O. S. PRIVETT u. Mitarb. 1955). Diese Reaktion wird einerseits zum Nachweis der Lipoxydase, andererseits aber auch zur Bestimmung von essentiellen Fettsäuren benutzt (vgl. S. 756). Zu eingehender Information sei auf die zusammenfassenden Darstellungen von W. FRANKE (1950), H. FREHSE u. W. FRANKE (1956) und A. L. TAPPEL (1961) hingewiesen. Ähnlich wie die Lipase kommt auch die Lipoxydase in reinen raffinierten Fetten nicht vor. In Lebensmitteln dagegen kann es durch Lipoxydase bildende Pilze und Bakterien zu einem biologisch-oxydativen Verderben anwesender Fette kommen.

Die Hämatinverbindungen sind die bedeutendsten Biokatalysatoren für die Oxydation von tierischen Lipoiden. Sie sind die Ursache für pathologische Fettoxydationen im lebenden Organismus. Hämoglobin, Myoglobin und Cytochrome in tierischen Geweben sind für die Entwicklung oxydativer Ranzigkeit in gefrorenem Fleisch, Geflügel und Fisch verantwortlich zu machen. Ungesättigte Fette, z. B. Schmalz, oxydieren im tierischen Gewebe schneller als außerhalb desselben. Im Gegensatz zur Lipoxydase katalysieren die Hämatin-Katalysatoren nicht spezifisch. Der Reaktionsmechanismus gleicht vielmehr der chemischen Autoxydation. Die Oxydationsgeschwindigkeit ist nicht nur der Katalysatorkonzentration, sondern auch der Konzentration der Doppelbindungen proportional. Zur Unterscheidung von Lipoxydase- und Hämatinwirkung eignet sich ein von A. L. TAPPEL (1952/1953) angegebenes Verfahren: Hämatinverbindungen katalysieren die Oxydation von Linolsäure nur dann, wenn sie im kolloiden Zustand ($pH < 7$) vorliegt, während die Lipoxydase Linolsäure sowohl im kolloiden als auch im homogenen Zustand ($pH = 9$) oxydiert. Eine eingehende Darstellung des Gebiets findet sich bei A. L. TAPPEL (1961).

γ) Ketonranzigkeit

A. HALLER u. A. LASSIEUR (1910) gelang es, in stark ranzigem Cocosfett neben freien Säuren Methylheptyl-, Methylnonyl- und Methylundecylketon nachzuweisen. Diese Stoffe machen Fette durch ihren aufdringlichen an Parfüm erinnernden Geruch — man spricht daher auch von Parfümranzigkeit — und durch ihren seifigen Geschmack ungenießbar. Später stellte man fest, daß die Ketonbildung auf wenige Fettsorten, wie Cocos-, Palmkern- und Butterfett, beschränkt und in den meisten Fällen auf die Lebenstätigkeit von Schimmelpilzen, die zur Penicillium-, Aspergillus- oder Citromyces-Gattung gehören, zurückzuführen ist. M. Stärkle (1924) machte die hiermit in guter Übereinstimmung stehende Beobachtung, daß Penicillium glaucum auf einem Nährboden, der neben Gelatine und Wasser freie Fettsäuren (Butter-, Capron-, Capryl-, Caprin-, Laurin-, Myristin-, Palmitin-, Stearin- und Ölsäure) enthält, nur die Caprin-, Laurin- und Myristinsäure unter Ketonbildung abzubauen vermag. Es wurde zwar später gefunden (H. Schmalfuss u. Mitarb. 1936b), daß das Phänomen der Ketonranzigkeit auch durch Einwirkung kurzwelligen Lichtes auf sauerstoffhaltige Fette hervorgerufen werden kann, jedoch ist diese Ursache gegenüber den biologischen von untergeordneter Bedeutung. Von Ketonranzigkeit werden daher vorzugsweise Fett/Öl-Emulsionen wie Margarine und Butter betroffen, in denen bei unrichtiger Herstellung Schimmelpilze einen ausgezeichneten Nährboden finden.

Die Ketonranzigkeit wurde Anfang der dreißiger Jahre namentlich in Deutschland von zahlreichen Forschern wissenschaftlich studiert (H. Schmalfuss, K. Täufel u. H. Thaler u. a.). H. Thaler u. Mitarb. (1939 und 1941) konnten es wahrscheinlich machen, daß sich die Ketonbildung nach der Art des Wieland'schen Dehydrierungsschemas vollzieht:

$$\begin{array}{l} R - CH_2 - CH_2 - COOH \\ \qquad \downarrow \quad - H_2 \\ R - CH = CH - COOH \\ \qquad \downarrow \quad + H_2O \\ R - CHOH - CH_2 - COOH \\ \qquad \downarrow \quad - H_2 \\ R - CO - CH_2 - COOH \\ \qquad \downarrow \quad - CO_2 \\ R - CO - CH_3 \end{array}$$

Dank verbesserter Fabrikationsverfahren wird Ketonranzigkeit bei Butter und Margarine heute verhältnismäßig selten angetroffen.

c) Folgerungen für die Analyse des Fettverderbens

Betrachtet man die hier nur kurz zitierten Vorgänge, die zum Verderben von Fetten und Fettprodukten führen können, so zeichnen sich für eine wissenschaftliche Erfassung des Verdorbenheitsgrades folgende Wege ab:

Der Analytiker bemüht sich zunächst, die durch die Einwirkung von Wasser, Sauerstoff oder Enzyme gebildeten Reaktionsprodukte durch geeignete chemische Operationen zu identifizieren und, wenn möglich, auch mengenmäßig zu bestimmen. Diese von K. Täufel u. R. Vogel (1955) als „statische Analyse" bezeichnete Methodik kann nur den augenblicklichen Zustand des Fettes beschreiben, aber nur wenig über denjenigen in der Zukunft aussagen. Die Autoren vertreten daher mit Recht den Standpunkt, daß diese Arbeitsweise durch eine „dynamische Analyse", d. h. durch einen im Laboratoriumsmaßstab ausgeführten Modell-Autoxydationsversuch zu ergänzen sei, der mit hinreichender Sicherheit vorauszusagen gestattet, wie lange ein Öl oder Fett unter den gegebenen Lagerungsbedingungen haltbar ist. Bei raffinierten Fetten ist die dynamische Analyse sogar nahezu die einzig brauchbare Methode, da durch die Behandlung der Fette mit Laugen, Bleicherde und überhitztem Dampf die für die Verdorbenheit charakteristischen Spaltprodukte und funktionellen Gruppen zum größten Teil eliminiert werden.

Was darf man nun von einer statischen Analyse verdorbener Fette erwarten? In Tab. 145 sind einige Angaben über die organoleptischen Wahrnehmungsgrenzen von flüchtigen Verderbnisprodukten einander gegenübergestellt.

Tabelle 145. *Organoleptische Wahrnehmungsgrenzen flüchtiger Autoxydationsprodukte*

Produkt	Schwellenwert in Paraffinöl mg/kg		
	Geruch [1]	Geschmack [1]	Geschmack [2]
n-Propanal	3,6	1,6	1,0
n-Butanal	0,15	0,024	0,7
n-Hexanal	0,32	0,15	0,6
n-Octanal	0,32	0,068	0,6
n-Decanal	6,7	1,0	0,7
n-Dodecanal	3,0	0,046	0,4
2-trans-Pentenal	2,3	0,32	—
2-trans-Heptenal	14,0	0,63	—
2-trans-Nonenal	3,2	0,1	0,4
2-trans-Undecenal	150,0	4,2	—
3-cis-Hexenal	0,11	0,11	—
2-trans, 4-trans-Hexadienal	0,27	0,36	—
2-trans, 4-trans-Octadienal	1,0	0,15	—
2-trans, 4-trans-Decadienal	2,15	0,28	—
2-trans, 4-cis-Heptadienal	3,6	0,055	—
2-trans, 6-cis-Nonadienal	0,01	0,002	—
2-trans, 6-trans-Nonadienal	0,21	0,018	—

1 P.W. Meijboom (1964).
2 C.H. Lea u. P.A.T. Swoboda (1958).

Hieraus ergibt sich mit aller Deutlichkeit, daß durch die organoleptische Beurteilung, trotz ihres subjektiven Charakters, bereits so geringe Mengen der durch die Autoxydation gebildeten Geschmacksstoffe erfaßt werden, wie sie der analytischen Bestimmung meistens nicht zugänglich sind.

Auch ist nicht zu übersehen, daß die bekannten chemischen Kennzahlen, wie SZ, OHZ und COZ, einer so hohen Konzentration unerwünschter Gruppen entsprechen, daß nur eine sehr weit fortgeschrittene Verdorbenheit damit bestimmt werden kann, wobei auch zu berücksichtigen ist, daß in Anwesenheit von Hydroperoxiden die üblichen Methoden zur Bestimmung der Säure-, Jod- und Hydroxylzahl völlig falsche Resultate geben (H.B. Knight u. D. Swern 1949).

Vor der Beschreibung der wichtigsten Analysenmethoden zur Bestimmung der Fettverdorbenheit sei noch auf die eingehendere Fachliteratur aufmerksam gemacht. C.H. Lea (1938) gibt einen ausführlichen kritischen Überblick über die älteren Methoden, während W.E. Link u. M.W. Formo (1961) die wichtigsten modernen Analysenverfahren beschreiben unter ganz besonderer Berücksichtigung des Problems der Aussagesicherheit „normaler" Kennzahlen bei der Untersuchung verdorbener Fette.

2. Statische Nachweis- und Bestimmungsmethoden

a) Unspezifische Nachweise

α) Organoleptische Prüfung

Wie ein Blick auf Tab. 145 zeigt, ist der organoleptische Schwellenwert, d.h. nach S. Patton u. D.V. Josephson (1957) die Substanzkonzentration, die von 50% der Prüfer eines taste panel durch den Geschmack bzw. Geruch noch einwandfrei feststellbar ist, für die meisten flüchtigen Verbindungen in verdorbenen Fetten viel kleiner als die analytische Erfassungsgrenze. Die Entscheidung darüber, ob ein Fett ranzig ist oder nicht, wird daher in den meisten Fällen nicht oder nicht ausschließlich durch eine chemische oder physikalische Analyse, sondern durch eine Geschmacks- und Geruchsprüfung zu treffen sein.

Die auf S. 430 und ff. wiedergegebenen allgemeinen Richtlinien zur Ausführung der organoleptischen Kontrolle gelten auch hier. Im Interesse einer möglichst objektiven Darstellung des Untersuchungsbefundes empfiehlt es sich, bei der Beurteilung der Verderbnisart und des Verdorbenheitsgrades die nachstehenden bewährten Regeln zu beachten.

Die *Art des Verderbens* sollte nach Vorschlägen von H. SCHMALFUSS (1936 u. 1951) sowie K. TÄUFEL (1938) durch die Angabe der beim Verderben entstehenden chemischen Verbindungen gekennzeichnet werden, beispielsweise durch Ausdrücke wie peroxydig, aldehydig, sauer (bei Gegenwart mittelmolekularer Fettsäuren: seifig), ketonig usw., wenngleich die Zuordnung der wahrgenommenen Geschmacksnote zu einem dieser Begriffe nicht immer möglich sein wird.

Auch zur Bezeichnung des *Grades der Verdorbenheit* sollte eine einheitliche Nomenklatur verwendet werden. Die in Tab. 146 wiedergegebenen Skalen dürften für die meisten Fälle ausreichen:

Tabelle 146. *Skalen zur Bezeichnung des Verdorbenheitsgrades von Fetten*

Allgemeine Skala*	Spezielle Skala für Speiseöle**	Zahlenwert
Gut, frische Qualität	frisches Öl, von neutralem oder schwachem Geruch und Geschmack der betreffenden Sorte	10
	Nicht ganz frisches Öl, ... sonst wie unter 10	9
an der Wahrnehmungsgrenze ranzig	gelagertes Öl, ohne Mängel	8
	Öl mit kaum erkennbarem kratzigem Beigeschmack	7
schwach ranzig, von einigen, aber nicht allen Prüfern erkennbar	Öl mit schwach kratzigem Beigeschmack .	6
	Öl mit kratzigem Beigeschmack, ranzelnd. .	5
ranzig, ungenießbar	Öl mit stark kratzigem Beigeschmack und sehr schwach ranzig	4
	schwach ranziges Öl	3
stark ranzig, widerwärtig	ranziges Öl	2
	stark bis sehr stark ranzig	1—0

* J.E.W. McCONNEL u. W.B. ESSELEN jr. (1946)
** B.A.J. SEDLÁČEK (1958).

Zur Objektivierung der Beurteilung trägt es bei, wenn die organoleptische Prüfung nicht von einem einzelnen, sondern von einer *Prüfergruppe* aus mindestens fünf Personen vorgenommen wird. Voraussetzung zur Erzielung reproduzierbarer Ergebnisse ist allerdings auch dann noch, daß nur Personen von ausreichender Sinnestüchtigkeit für diese Gruppe ausgewählt und daß sie mit Hilfe geeigneter Testlösungen (z. B. Caprylsäure, 2-Heptenal, 2,4-Heptadienal bzw. Methylheptylketon in neutralem Öl oder Fett) auf ihre Aufgabe vorbereitet wurden (vgl. auch K. TÄUFEL u. R. ZIMMERMANN 1960b).

Zur Beurteilung des Grades der Ranzigkeit ist neben dem sog. *Reihentest* auch der *Verdünnungstest* gut geeignet (vgl. S. 431).

β) Physikalische Methoden

Auch mit physikalischen Methoden läßt sich das Verderben der Fett über den weiten Bereich von den ersten organoleptisch kaum wahrnehmbaren Veränderungen bis zur völligen Ungenießbarkeit verfolgen. Obwohl sich die Veränderung der physikalischen Eigenschaften auf alle üblicherweise zur Reinheitsprüfung und zur Feststellung der Identität benutzten Methoden erstreckt, bedient man sich zur Feststellung des Grades der Verdorbenheit, insbesondere der Oxydation, vorzugsweise folgender Methoden:

Oxydationsgrad	Methoden
Beginnende Oxydation	UV- und IR-Spektrum, Polarographie, Oberflächenspannung
Mittlerer Oxydationsgrad . . .	Brechungsindex, Dielektrizitätskonstante, Farbmessung
Hoher Oxydationsgrad	Dichte, Viscosität, Konsistenz, Molekulargewicht

Für die wichtigsten dieser Methoden werden die Beziehungen zwischen Meßresultat und Oxydationsgrad nachstehend beschrieben.

1. Brechungsindex und Dielektrizitätskonstante. Da die Polarität der Triglyceridmoleküle durch Einführung von sauerstoffhaltigen Gruppen erhöht wird, steigt der Brechungsindex im Laufe des oxydativen Fettverderbens im gleichen Maße an, in dem die Jodzahl fällt. Tab. 147 bringt hierzu einige Beispiele aus dem Laboratorium des Verfassers.

Tabelle 147. *Veränderung von Jodzahl und Brechungsindex verschiedener Fette nach 100stündigem Erhitzen auf 180° C unter Luftzutritt*

Fettsorte	Jodzahl-abnahme	Zunahme des Brechungsindexes · 10^4
Rindertalg	9,3	36
Schweineschmalz	11,1	28
Geh. Erdnußöl 30/32	9,3	40
Palmöl	13,4	39
Erdnußöl	16,1	42
Sojaöl	18,5	54

Mit Hilfe der Bestimmung des Brechungsindexes wird man indessen nur sehr hohe Oxydationsgrade nachweisen können, da bekanntlich der Brechungsindex der nicht verdorbenen Öle schon in weiten Grenzen schwankt.

Da der Brechungsindex durch die Maxwell'sche Gleichung mit der Dielektrizitätskonstante verknüpft ist, kann man auch durch DK-Messung — allerdings genau so unspezifisch — den Oxydationsgrad von Fetten bestimmen.

2. Das UV-Spektrum. Unter den physikalischen Methoden zur Bestimmung der oxydativen Veränderungen von Ölen und Fetten verdienen die Methoden der Messung der UV-Absorption höchste Beachtung. Sie ermöglichen trotz ihres unspezifischen Charakters, zwischen schonend unter Fernhaltung von Sauerstoff und übermäßiger Erwärmung gewonnenen und vor oder während der Raffination durch Sauerstoffeinfluß geschädigten Fetten zu unterscheiden, und geben damit dem Untersucher ein Mittel zur Qualitätsbeurteilung an die Hand.

Grundlegende Arbeiten über den Einfluß der Sauerstoffeinwirkung auf das UV-Spektrum von Fettsäureestern und natürlichen Fetten wurden von R. T. Holman u. Mitarb. (1945) sowie W. O. Lundberg u. Mitarb. (1946) ausgeführt. Den Einfluß der Bleichung auf das spektrale Verhalten behandelt eine Veröffentlichung von J. H. Mitchell jr. u. H. R. Kraybill (1942), die Wirkung der industriellen Verarbeitung auf das Spektrum vegetabilischer Öle eine Abhandlung von R. T. O'Connor u. Mitarb. (1949). Eine ausgezeichnete Zusammenfassung des ganzen Gebietes bringt J. P. Wolff (1954).

Als wichtigste spektrale Veränderung der Fette im Zuge der Autoxydation ist die Erhöhung der Absorption im Diengebiet bei ca. 232 mμ und im Triengebiet bei ca. 270 mμ zu nennen. Die Absorption im Diengebiet ist, wie aufgrund der Autoxydationstheorie zu erwarten, auf die Konjugation der Doppelbindungen bei der Bildung des Linolsäure- bzw. Linolensäurehydroperoxides zurückzuführen. Die Erhöhung der Absorption im Triengebiet ist der Entstehung von Sekundärprodukten der Autoxydation, nach R. T. HOLMAN u. Mitarb. (1945) vornehmlich der Bildung von konjugiert ungesättigten Verbindungen, die Carbonylgruppen enthalten, oder konjugierten Polyenen, die durch Enolisierung von Carbonylverbindungen entstanden sind, zuzuschreiben.

Daß die Entstehung der Trienverbindungen genetisch mit der Peroxydation verknüpft ist, kann im Modellversuch leicht gezeigt werden: W. O. LUNDBERG u. J. R. CHIPAULT (1947) beobachteten, daß durch Autoxydation bei tiefen Temperaturen hauptsächlich die Extinktion bei 232 mμ ansteigt, während bei höheren Temperaturen ein Teil der Hydroperoxide in bei 270 mμ absorbierende Stoffe umgewandelt wird. R. T. HOLMAN u. Mitarb. (1945) berichteten, daß durch Zerstörung der Peroxide mit heißem Dampf die Konzentration des bei 270 mμ absorbierenden Materials erhöht wird.

Behandelt man autoxydierte Fette im Zuge der Raffination mit Bleicherden, so können durch Wasserabspaltung aus Hydroperoxiden oder den daraus entstandenen Hydroxy- oder Epoxyfettsäuren konjugierte Dien- und Trienfettsäuren gebildet werden (J. H. MITCHELL u. H. R. KRAYBILL 1942), die, falls man die am Schluß eines Raffinationsprozesses übliche Dämpfung bei Temperaturen oberhalb 200° C ausführt, z. T. polymerisieren und dadurch wiederum den Anstieg der Absorption bei 232 mμ veranlassen.

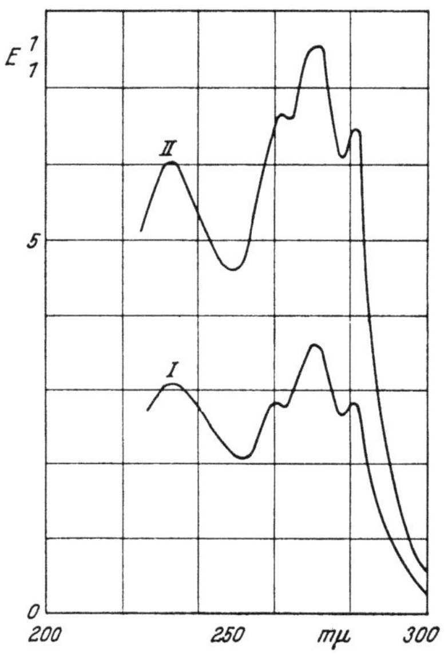

Abb. 131. UV-Absorptionsspektrum von Erdnußöl nach WOLFF (1954); I = ausgesuchte Kerne; II = nicht ausgesuchte Kerne

Aus dieser kurzen Zusammenstellung geht hervor, daß es unmöglich ist, einen Absorptionsanstieg in der Dien- bzw. Trienregion auf eine einzige Ursache zurückzuführen. Trotz dieses unspezifischen Charakters leistet die Methode aber häufig recht gute Dienste, wie an einigen Beispielen gezeigt werden soll:

Beurteilung von Rohölen. Hierfür gibt J. P. WOLFF (1954) zahlreiche Hinweise. Betrachtet man beispielsweise das Absorptionsspektrum von rohem Erdnußöl (vgl. Abb. 131), so bemerkt man deutlich ein Maximum bei 230 mμ und ein weiteres bei 270 mμ. Die Höhe der Maxima wird eindeutig durch die Qualität der Ölsaat bestimmt. Es ist also spektralanalytisch möglich, die Neigung unbekannter Rohöle zum Verderben durch Bestimmung der Extinktionen bei beiden Maxima zu kennzeichnen.

Diese Erkenntnis wurde von J. P. WOLFF (1954) und A. UZZAN (1956) zur Charakterisierung der Qualität von Olivenölen, von H. P. KAUFMANN u. Mitarb. (1957) zur Klassifizierung von Schweineschmalz benutzt. Tab. 148 gibt das von UZZAN aufgestellte Unterscheidungsschema für Olivenöle wieder.

Tabelle 148. *Spektroskopische Unterscheidung von Olivenölen* (nach A. UZZAN 1956)

Ölsorte	$E^{1\%}_{1\,cm}$ 270	$R = E_{232}/E_{270}$
Extra vierge	0,09—0,14	10 —13
Surfine vierge	0,10—0,16	10 —15
Fine vierge	> 0,18	max. 15
Bouchable vierge	0,20—0,22	max. 15
Lampante vierge < 4°	0,15—0,25	7 —13
Lampante vierge > 4°	0,15—0,31	6 —12
Raffinierte Öle	0,70—0,80	2,5— 3,5
Raffinierte Tresteröle	1,7 —2,6	1,9— 2,5

Das von H. P. KAUFMANN u. Mitarb. (1957) vorgeschlagene Klassenschema für Schweineschmalz ist in Tab. 149 aufgeführt.

Tabelle 149. *Klasseneinteilung von Schmalz* (nach H. P. KAUFMANN u. Mitarb. 1957)

Qualität	I	II	III	IV	V
$E_{1\,cm}^{1\,\%}$ (268 mμ)	<0,100	0,100—0,150	0,150—0,200	0,200—0,300	> 0,300

Unterscheidung naturbelassener und vollraffinierter Öle. Abb. 132 nach Versuchen im Laboratorium des Verfassers gibt die Veränderungen des UV-Spektrums von Sojaöl durch die verschiedenen Stufen des Raffinationsprozesses wieder (H. PARDUN 1966).

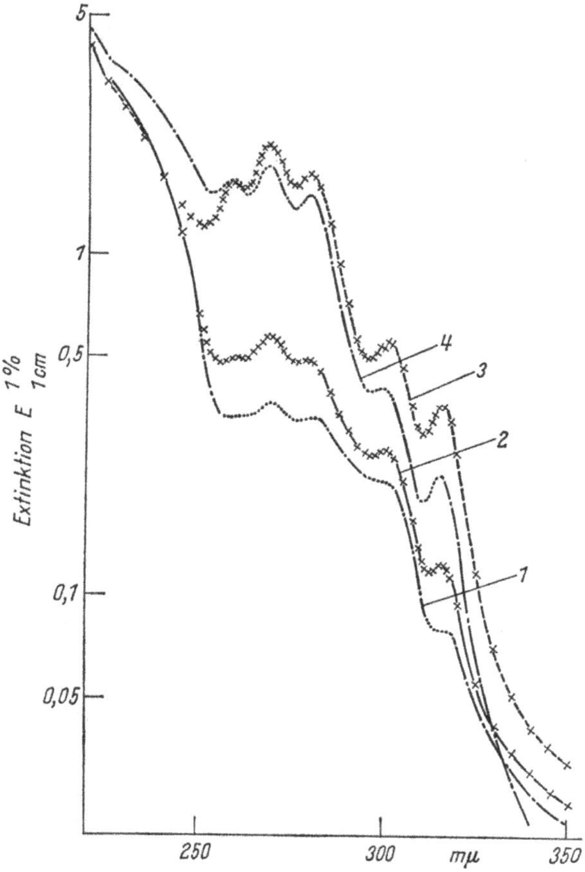

Abb. 132. Einfluß der Raffination auf das UV-Spektrum von Sojaöl nach PARDUN (1966); 1 = roh, 2 = entsäuert, 3 = gebleicht, 4 = gedämpft

Die Höhe der Extinktionsmaxima hängt vom Oxydationsgrad der Rohöle, von der Bleicherdemenge und der Dämpfungstemperatur ab. In jedem Fall ist nach der Bleichung eine erhebliche Erhöhung des Trienmaximums zu beobachten, die meistens — aber nicht immer — mit einem Absinken der Extinktion bei 232 mμ verbunden ist. Da nun bereits vollraffinierte Öle bei nochmaliger Bleichung keine weitere Erhöhung des Trienmaximums erfahren, läßt sich durch einen einfachen Bleichversuch in Verbindung mit der Bestimmung der Trienextinktion ermitteln, ob ein Speiseöl naturbelassen oder raffiniert ist (vgl. auch S. 953 und S. 955).

Eingehend wurden die Beziehungen zwischen Ranzigkeit und UV-Extinktion von B.A.J. SEDLÁČEK (1964b und 1968) untersucht. Von Ölen unterschiedlichen Reinheits- und Oxydationsgrades, z. B. Sonnenblumenöl, Olivenöl, Sojaöl, Kottonöl, Erdnußöl usw., wurde die UV-Absorption gemessen und eine Auswahl der für den Oxydationsgrad charakteristischen Kennzahlen bestimmt. Nur das erste Maximum der Extinktion bei 225—232 mμ (in Hexan) bzw. in der Zone um 246 mμ (in Chloroform z. A.) wies einen der Erhöhung des Ranzigkeitsgrades gleichlaufenden Anstieg auf. Noch brauchbare Fette hatten Extinktionen $E_{1\,cm}^{1\,\%}$ bis zu 2,5. Fette mit Extinktionen von ca. 20 waren als stark ranzig anzusprechen.

3. Das IR-Spektrum. Die durch das oxydative Verderben hervorgerufenen Veränderungen der Ölmoleküle beeinflussen auch das IR-Spektrum. Nach R.T. O'CONNOR (1955) deutet das Auftreten von Banden bei ca. 2,93 μ auf die Bildung von Hydroperoxiden. Erscheinung zusätzlicher Banden in der Nähe dieser Wellenlänge ist ein Zeichen für die Anwesenheit alkoholischer Hydroxylgruppen, die als sekundäre Zersetzungsprodukte während der Oxydation entstehen. Alkohol- und Hydroperoxidgruppen können dadurch unterschieden werden, daß man das IR-Spektrum vor und nach der Reduktion des Autoxydationsproduktes mit Kaliumjodid aufnimmt (H.T. SLOVER u. L.R. DUGAN jr. 1958).

Das Verschwinden der Bande bei 3,2 μ wird durch Ersatz eines an einer Doppelbindung befindlichen Wasserstoffatoms durch ein anderes Radikal verursacht und ist vornehmlich ein Zeichen für die Polymerisation. Andere charakteristische Absorptionsbanden finden sich im 5-μ-Bereich, so für gesättigte Aldehyde zwischen 5,75 und 5,80 μ, für α,β-ungesättigte Aldehyde zwischen 5,85 und 5,95 μ und für α,β-ungesättigte Ketone zwischen 6,00 und 6,05 μ. Weitere Hinweise in dem zitierten Aufsatz von O'CONNOR (1955).

Auch im nahen Infrarot befinden sich zahlreiche für oxydierte Fette charakteristische Banden (H.T. SLOVER u. L.R. DUGAN jr. 1958 sowie R.T. HOLMAN u. Mitarb. 1958). Eine Übersicht über die wichtigsten Absorptionen in diesem Bereich gibt Tab. 150.

Tabelle 150. *Absorptionsbanden autoxydierter Fette im nahen IR*

Charakteristische Gruppe	Wellenlänge μ	Charakteristische Gruppe	Wellenlänge μ
Hydroperoxide	1,46	Carboxyl-Hydroxylgruppe	2,830
	2,07	Ester-Carbonylgruppe	2,880
Hydroxylgruppen in sekundären Oxydationsprodukten	1,42	Aldehyd-Carbonylgruppe	2,895—2,900
	2,01	Keton-Carbonylgruppe	2,915—2,970
	2,77		
Autor: R.T. HOLMAN u. Mitarb. (1958)		Autor: H.T. SLOVER u. L.R. DUGAN (1958)	

Bemerkenswert ist in diesem Zusammenhang vor allem, daß die Banden bei 1,46 und 2,07 μ charakteristisch für Hydroperoxide sind und durch Dialkylperoxide nicht beeinflußt werden.

Die IR-Spektren wurden bislang fast ausschließlich zur Deutung des Trocknungsverlaufs von trocknenden Ölen herangezogen, während die Verfolgung des Verderbens von Nahrungsfetten seltener das Ziel der Untersuchungen war. Sollte die Beobachtung von A.S. HENICK (1951), daß bei der Autoxydation von Milchfett Änderungen des IR-Spektrums eher aufgefunden werden, als eine Verschlechterung des Geschmacks wahrgenommen werden kann, verallgemeinert werden können, dürfte das Studium des Infrarotspektrums gerade in dem schwer zu fassenden Primärstadium der Autoxydation zu wertvollen Erkenntnissen führen.

4. Die polarographische Methode. Die polarographische Methode (vgl. S. 546) eignet sich besonders zum Nachweis der ersten Stufe der Autoxydation. Bekanntlich entstehen zuerst Peroxide, die theoretisch in folgenden Formen auftreten können (II und IV sind hypothetisch):

I II III IV

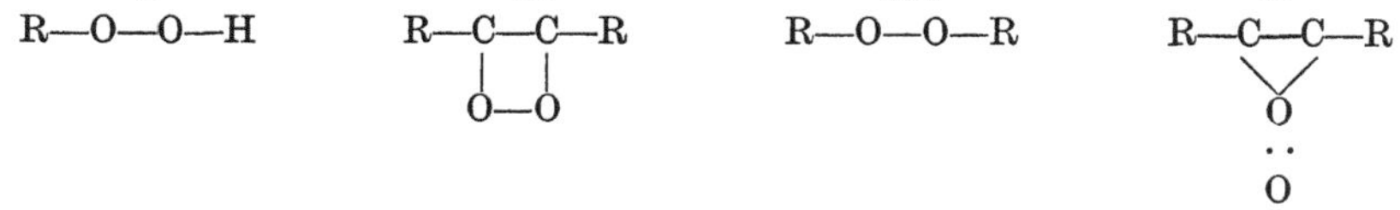

Mit den üblichen chemischen Methoden lassen sich diese Zwischenprodukte nicht differenzieren. W. R. Lewis, F. W. Quackenbush (1949) sowie W. R. Lewis u. Mitarb. (1949) konnten nun zeigen, daß sich bei der Polarographie autoxydierter Fette in nicht wäßriger Lösung drei verschiedene Peroxidtypen nachweisen lassen, die sich durch die Höhe des Halbwertpotentials deutlich unterscheiden.

Das zu untersuchende Fett wurde in einer Mischung aus gleichen Teilen Benzol und Methanol gelöst, die als Elektrolyt 0,3 Mole Lithiumchlorid enthielt. Unter Verwendung eines käuflichen Polarographen wurden die Stromspannungskurven aufgenommen und zur Darstellung des Ergebnisses die Halbstufenpotentiale und die Stärke des Diffusionsstroms angegeben. Alle Resultate wurden auf eine Konzentration von 1 g/100 ml umgerechnet.

Mit Hilfe dieser Methodik, die von den meisten Bearbeitern des Gebiets unverändert beibehalten wurde, fanden W. R. Lewis u. Mitarb. (1949) in bei 40° C bis zu einer POZ 48 autoxydiertem Schmalz 3 Knicke im Polarogramm entsprechend den Potentialen von —0,15, —0,30 und —1,50 Volt. Die Stärke des Diffusionsstroms ist für die beiden erstgenannten Potentiale der nach Wheeler bestimmten Peroxidzahl (vgl. S. 875) im Bereich der POZ von 0—800 proportional, für das dritte Potential gilt diese Relation nur bis zur POZ 300.

C. O. Willits u. Mitarb. (1952) studierten unter Verwendung der von W. R. Lewis u. Mitarb. (1949) angegebenen Arbeitstechnik das polarographische Verhalten einer großen Anzahl sauerstoffhaltiger organischer Verbindungen mit denselben funktionellen Gruppen, wie sie auch in oxydierten Fetten anzutreffen sind. Sie beobachteten, daß Acylperoxide im Gebiet zwischen 0 und —0,2 Volt, 2-Diketone und Hydroperoxide zwischen —0,6 und —1,0 Volt und die ungesättigten Aldehyde bei —1,5 Volt und höher charakteristische Wellen aufweisen. Reines Methyloleathydroperoxid besitzt ein Halbstufenpotential von —0,80 Volt (C. O. Willits u. Mitarb. 1953), während von den gleichen Autoren für ein Hydroperoxidgemisch aus reinem Methyllinoleat korrigierte Halbstufenpotentiale von —0,82, —0,80 und —0,79 Volt gefunden wurden. Vgl. hierzu auch E. J. Kuta u. F. W. Quackenbush (1966). C. Ricciuti u. Mitarb. (1954) bestätigten, daß sich mit Hilfe der polarographischen Methode die Hydroperoxide in oxydierten Fetten spezifisch und quantitativ bestimmen lassen. Nach A. Niederstebruch u. I. Hinsch (1967) ist die Methode so empfindlich, daß noch 10^{-6} Mol/l Hydroperoxide, entsprechend einer POZ von ca. 0,1, erfaßt werden können.

Durch Anwesenheit von Pro- und Antioxydantien wird der Charakter der Polarogramme nicht geändert. Prooxydantien machen die Kurven etwas steiler, Antioxydantien flachen sie ab. Die für autoxydiertes Schmalz gefundenen drei Stufen bleiben auch in Anwesenheit dieser Verbindungen erhalten (E. J. Kuta u. F. W. Quackenbush 1960).

Die polarographische Methode scheint, ähnlich wie die UV-spektrophotometrische, besonders zum Nachweis der ersten Stufen der Oxydation geeignet zu sein.

γ) Chemische Methoden

Reaktion mit Diphenylcarbazid

J. Stamm (1926) machte die Beobachtung, daß ranzige Fette mit einer Aufschwemmung von symmetrischem Diphenylcarbazid in Vaselinöl beim Erhitzen im kochenden Wasserbad eine Rotfärbung geben. Anscheinend wird das Diphenylcarbazid (DPC) bei dieser Reaktion durch Oxydation in Diphenylcarbazon überführt:

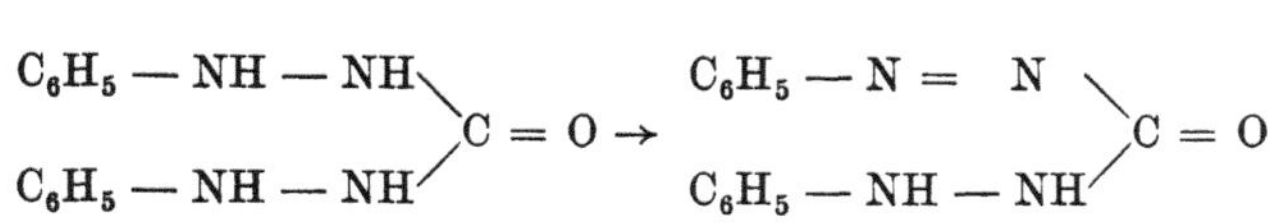

Diphenylcarbazid *Diphenylcarbazon*

Diese wegen ihrer Einfachheit zunächst bestechende Reaktion wurde von zahlreichen Forschern nachgeprüft. ST. KORPÁCZY (1934) verbesserte sie dadurch, daß er 1 ml Fett mit 1 ml einer Lösung von 0,5 g DPC in 100 ml Tetrachloräthan genau 3 min im kochenden Wasserbad erhitzte und die erhaltene Färbung mit einer Standard-Farbskala verglich. Während KORPÁCZY (1934) die von ihm verbesserte Reaktion als ein brauchbares Hilfsmittel zur schnellen Feststellung des Grades der Ranzigkeit ansah, wurde von E. GLIMM u. Mitarb. (1938) sowie von A. SCHRAMME u. R. NEU (1940) die Brauchbarkeit des Verfahrens verneint. In neuerer Zeit beschäftigten sich B.A.J. SEDLÁČEK u. R. RYBÍN (1959) mit der DPC-Reaktion. Sie fanden, daß man bei Verwendung von Tetrachlorkohlenstoff als Lösungsmittel reinere Farbtöne erhält als bei Benutzung von Tetrachloräthan und daß die Farblösungen nicht dem Tageslicht ausgesetzt werden dürfen, da die Extinktion sonst sehr stark ansteigt. Auch beobachteten sie eine gute Korrelation zwischen der Extinktion der Färbung und dem organoleptisch beobachteten Ranzigkeitsgrad. Nach Untersuchungen von B.A.J. SEDLÁČEK (1961) sind Zersetzungsprodukte der Ester von Fettsäuren, die freie Carboxylgruppen enthalten, Träger der Farbreaktion. Aldehydische, alkoholische und ketonische Gruppen nehmen nicht an dieser Farbreaktion teil. Nur ein höherer Gehalt an Peroxiden (POZ $>$ 100 mval/kg Fett) beeinflußt teilweise die Höhe der Extinktion. Vgl. hierzu auch D.L. HAMM u. Mitarb. (1965).

Diphenylcarbazid-Reaktion nach B. A. J. SEDLÁČEK u. R. RYBÍN (1959)

Geräte:

Spektrophotometer oder lichtelektrisches Colorimeter.

Runde Küvetten, 16 mm lichte Weite.

Numerierte Reagensgläser, 16×160 mm, markiert bei 5 und 10 ml; für Schweinefettproben mit einer zusätzlichen Marke bei 15 ml.

Filterpapier Sch. & Sch. Nr. 589/Schwarzband.

Reagentien:

DPC-Lösung: 0,5 g Diphenylcarbazid z.A. werden in 100 ml Tetrachlorkohlenstoff z.A. suspendiert.

Tetrachlorkohlenstoff z.A.

Verfahren:

1. Für Öle und niedrigschmelzende Fette. In ein Reagensglas werden 5 ml Fett und die gleiche Menge des DPC-Reagens bis zur 10-ml-Markierung gegeben. Es ist nötig, die Reagenslösung vor dem Zusetzen durchzuschütteln. Nach gründlicher Mischung mit dem Fett wird 4 min lang im Wasserbad, das bis zum beginnenden Sieden erhitzt wird, erwärmt. Nach der Abkühlung in kaltem Wasser wird der teilweise abgedampfte Tetrachlorkohlenstoff bis zur 10-ml-Marke wieder ergänzt und das Gemisch erneut durchgeschüttelt. Dann wird die Lösung in einem vor Tageslicht geschützten Raum filtriert und genau 15 min nach Beendigung der Erwärmung die Extinktion in der 16-mm-Küvette bei 550 mμ gemessen, wobei in die Vergleichsküvette das im gleichen Verhältnis mit reinem Tetrachlorkohlenstoff verdünnte Fett gegeben wird.

2. Für Schweinefett und Talg. 5 ml geschmolzenes Schweinefett oder Rinderfett werden in das Reagensglas gebracht und 5 ml DPC-Reagens zugesetzt. Der weitere Arbeitsgang ist wie oben angegeben. Nach dem Abkühlen wird das Gemisch bis zur 10-ml-Marke aufgefüllt und gut durchgemischt. Man gibt weitere 5 ml Tetrachlorkohlenstoff hinzu, filtriert und mißt die Extinktion bei 550 mμ. In die Vergleichsküvette gibt man eine Lösung von 5 ml Fett in 10 ml Tetrachlorkohlenstoff.

Als *Ergebnis der Bestimmung* wird die unter den Versuchsbedingungen gemessene Extinktion angegeben.

Auswertung:

SEDLÁČEK u. RYBÍN (1959) erläutern an zahlreichen Beispielen, daß die nach ihrer Methode gefundenen Extinktionswerte kein Maß für die Peroxidzahl oder

Tabelle 151. *Beziehungen zwischen Ranzigkeit und DPC-Zahl*
(nach B.A.J. SEDLÁČEK u. R. RYBÍN 1959, sowie B.A.J. SEDLÁČEK 1961)

Grad der Ranzigkeit	Extinktionen				
	Butter	Schweinefett	Erdnußöl	Rapsöl	Sonnenblumenöl
frisch	$<0,04$	$<0,04$	—	—	—
gelagert	$<0,08$	$<0,1$	0,166	0,09	0,16
schwach ranzig	0,2	$>0,4$	0,421	0,287	0,485
ranzig	0,3	$>0,7$	—	0,370	—
stark ranzig	$>0,6$	—	—	—	—

die Säurezahl des untersuchten Fettes sind. Wohl besteht aber eine gute Korrelation zur organoleptisch ermittelten Ranzigkeit, wie Tab. 151 veranschaulicht.

Verseifungsfarbzahl

Es ist schon lange bekannt, daß die oxydierten Öle und Fette bei der Verseifung mit Alkalien eine starke Farbvertiefung erleiden. Diese Farbvertiefung ist in erster Annäherung dem Oxydationsgrad der Fette proportional. Die Seifenindustrie pflegt daher die Brauchbarkeit von Fettrohstoffen für die Seifenherstellung nach dem Ausfall einer Verseifungsprobe zu beurteilen. Die Farbvertiefung kann dadurch gemessen werden, daß gleich starke Lösungen des verseiften und unverseiften Fettes mit Hilfe eines der üblichen Farbmeßverfahren, z. B. durch Bestimmung der Jodfarbzahl, miteinander verglichen werden.

L. O'DANIEL u. L. B. PARSONS (1943) wandten das Verfahren auf die Beurteilung des Oxydationsgrades von Nahrungsfetten an und gaben der Methode eine sehr einfache Form: 50 g Fett, 50 ml Alkohol und 20 ml einer 50%igen wäßrigen Kaliumhydroxid-Lösung werden unter ständigem Rühren auf 68° C erhitzt. Nachdem Verseifung eingetreten ist, wird die Farbe der klaren Lösung in der $5^1/_4''$-Zelle des Lovibond-Tintometers gemessen. Die Autoren glauben, daß die Farbvertiefung auf Stoffe p-chinoiden Charakters aus α-Dicarbonylen zurückzuführen ist, die bei der Autoxydation entstehen. Demgegenüber sind R. T. HOLMAN u. Mitarb. (1945b) der Ansicht, daß die bei der Verseifung entstandenen Farbstoffe auf der Kondensation ungesättigter Carbonylverbindungen beruhen, die in autoxydierten Fetten stets vorhanden sind.

F. PALLAUF (1950) machte den Vorschlag, zur Bestimmung der Verseifungsfarbzahl 1 ml des zu untersuchenden Öls mit der neunfachen Menge 0,5 n alkoholischer Kalilauge zu verseifen und sowohl die Farbe des Verseifungsproduktes (a) als auch die der in einem Blindversuch erhitzten Lauge (b) in Einheiten der Jodfarbskala zu bestimmen. Verseifungsfarbzahl ist dann:

$$\text{VSFZ} = 10 \cdot (\text{a} - \text{b})$$

J. WURZIGER u. E. LINDEMANN (1958) modifizierten die Pallauf'sche Methode insbesondere dadurch, daß sie die Farbtiefe der verseiften Fettlösung im lichtelektrischen Colorimeter unter Verwendung eines Filters mit einem Durchlässigkeitsmaximum bei 470 mμ maßen.

Die Methode von PALLAUF wurde im Laboratorium des Verfassers eingehend geprüft, insbesondere wurde der Einfluß der Vorreinigung des zur Bereitung der Kalilauge benötigten Alkohols, der Laugenstärke und der Verseifungsdauer untersucht. Dabei ergab sich, daß diese Methode bei genauer Einhaltung der als optimal erkannten Arbeitsbedingungen recht gut reproduzierbare Werte gibt und ganz besonders für eine schnelle Orientierung über den Oxydationszustand erhitzter Fette geeignet ist.

Bestimmung der Verseifungsfarbzahl nach F. PALLAUF (1950), modifiziert vom Verfasser

Geräte:

100-ml-Stehkölbchen mit Normschliff 29 und Rückflußkühler
1 Satz Jodfarbzahlgläser, vgl. S. 500
Reagensgläser von 25 mm lichter Weite
Büretten, Meßkolben, Pipetten.

Reagentien:

Aldehydfreier Alkohol: 96 vol.-%iger mit Petroläther vergällter Alkohol wird mit Aluminiumgrieß (6 g/l) und Kaliumhydroxid (10 g/l) 2 Std unter Rückfluß gekocht. Anschließend wird destilliert, wobei die ersten 5% des Destillats verworfen werden.

Kaliumhydroxid-Lösung: Zur Bereitung einer ca. 48%igen Kalilauge werden 110 g Kaliumhydroxid in Plätzchen in 90 ml dest. Wasser gelöst. Die wahre Konzentration wird mit ausreichender Genauigkeit durch Dichtemessung bestimmt.

1 n alkoholische Kalilauge: Man wägt die berechnete Menge der 48%igen Kalilauge (ca. 120 g) in einen 1-l-Meßkolben ein und füllt mit aldehydfreiem Alkohol bis zur Marke auf.

Verfahren:

45 ml alkoholische Kalilauge werden aus einer Bürette in ein Stehkölbchen gegeben. Unter Umschwenken pipettiert man nun 5 ml des auf ca. 50° C erwärmten Öls hinzu und erhitzt nach Zugabe einiger Siedesteinchen unter Rückfluß zum gelinden Sieden. Nach Ablauf von 20 min, die vom Siedebeginn an gerechnet werden, kühlt man bei aufgesetztem Rückflußkühler auf ca. 45—50° C ab, bringt die verseifte Lösung in ein Reagensglas von 25 mm lichter Weite und mißt die Jodfarbe nach S. 530. In analoger Weise wird ein Blindversuch angesetzt. Ferner wird die Jodfarbzahl des Ausgangsöls bestimmt.

Berechnung:

$$\text{Verseifungsfarbzahl} = 10 \cdot (a - b) - c$$

a = Jodfarbzahl der verseiften Lösung
b = Jodfarbzahl des Blindversuchs
c = Jodfarbzahl des Öls vor der Verseifung.

Anmerkung:

Bei sehr hell gefärbten Ölen läßt sich die Eigenfarbe häufig nicht in Einheiten der Jodfarbskala bestimmen. In diesen Fällen setzt man in die Formel diejenige Jodfarbzahl ein, die der Farbtönung des Öls am nächsten kommt.

Reproduzierbarkeit der Methode; Anwendung

Die Reproduzierbarkeit dieser Methode ist recht zufriedenstellend, wie in Parallelbestimmungen im Laboratorium des Verfassers beobachtet werden konnte (vgl. Tab. 152).

Tabelle 152. *Reproduzierbarkeit der modifizierten Pallauf-Methode zur Bestimmung der Verseifungsfarbzahl*

Ölsorte	Anzahl Bestimmungen	VSFZ Mittelwert	Standardabweichung ±	Variationskoeffizient %
Erdnußöl, chinesisch	10	52	3,33	6,41
Erdnußöl, nigerisch	10	44	2,42	5,56
Menhadenöl	10	1515	72,5	4,78

Der Variationskoeffizient ist also offenbar unabhängig von der absoluten Höhe der Verseifungsfarbzahl.

Die Verseifungsfarbzahl ist ein ausgezeichnetes Mittel zur schnellen Feststellung des Oxydationsgrades von Fetten, die zum Schwimmend-Ausbacken benutzt werden, den sog. Fritierfetten. Auch hierfür einige Beispiele aus dem Laboratorium des Verfassers in den Tab. 153 und 154.

Tabelle 153. *Veränderung der Kennzahlen von Rindertalg beim Erhitzen auf 180° C unter Luftzutritt*

Erhitzungsdauer (Std)	ffa %	JZ	VZ	n_D^{50}	POZ	Epoxidzahl	VSFZ
0	0,40	44,1	197	1,4538	3,2	0,21	21
5	0,42	43,1	198	1,4540	13,4	0,37	46
10	0,45	42,7	198	1,4542	18,8	0,96	51
20	0,51	41,5	199	1,4544	16,2	1,20	76
30	0,64	40,3	199	1,4547	17,2	2,12	111
40	0,75	39,3	199	1,4552	14,7	2,40	145
50	0,86	38,6	201	1,4557	10,7	3,06	164
60	0,98	37,6	201	1,4561	9,3	3,78	183
70	1,09	36,7	202	1,4564	8,8	4,20	222
80	1,18	36,1	202	1,4567	7,6	4,70	290
90	1,26	35,5	202	1,4571	6,6	4,86	349
100	1,35	34,8	203	1,4574	5,0	4,93	413

Die Verseifungsfarbzahl erhitzter Fette wird um so höher, je mehr Doppelbindungen sie enthalten. Bei verschiedenen tierischen und pflanzlichen Fetten wurden beispielsweise nach 100stündigem Erhitzen auf 180°C folgende Werte erhalten (vgl. Tab. 154a):

Tabelle 154a. *Verseifungsfarbzahl verschiedener Fette nach 100stündigem Erhitzen unter Luftzutritt*

Fettsorte	JZ des frischen Öls	Verseifungsfarbzahl nach 100 Std
Rindertalg	44,1	413
Schweineschmalz	55,0	455
Geh. Erdnußöl 30/32	72,0	463
Palmöl	53,5	1640
Erdnußöl	102,6	1113
Sojaöl	133,5	1544

Nach H.E. Rost (1965) ist die Höhe der VSFZ nicht immer dem Oxysäuregehalt der Fette proportional und zudem von der Art des Bratgutes abhängig. Die VSFZ sollte daher nicht unkritisch zur Beurteilung erhitzter Fette herangezogen werden.

Abnahme des Tokopherolgehaltes

Auch an der Abnahme des Tokopherolgehaltes (vgl. S. 809) kann — zwar unspezifisch, doch recht anschaulich — der Fortschritt der Oxydation bis zu einem gewissen Grad verfolgt werden. H.E. Schmidt (1968) beobachtete beim Erhitzen von Erdnußöl auf 70°C über einen längeren Zeitraum folgenden Abfall des Tokopherolgehaltes (Tab. 154b).

Tabelle 154b

Erhitzung auf 70°C Std	Tokopherolgehalt mg/kg	
	α	γ
0	100	70
25	98	68
50	102	73
75	92	62
100	78	26
125	58	0
150	15	0

b) Reaktionen auf funktionelle Gruppen

Da der Sauerstoff bei der Autoxydation von Fetten in charakteristischer Weise in das Triglyceridmolekül eingebaut wird, muß es theoretisch möglich sein, den Oxydationszustand des Fettes durch Messung der Konzentration des Carboxyl-, Ester-, Hydroxyl-, Carbonyl-, Oxiran-, Äther- und Peroxidsauerstoffs sowie der isolierten und konjugierten Doppelbindungen exakt zu beschreiben. Dieses systematische Verfahren führt aber im allgemeinen nicht zu brauchbaren Ergebnissen, da die erhaltenen Zahlenwerte zu der organoleptisch festgestellten Verdorbenheit nur selten in signifikanter Korrelation stehen. Es gilt auch heute noch das von C.H. Lea (1938) über den Wert chemischer Prüfmethoden gefällte Urteil:

„... da kein Test ausschließlich die besondere Mischung von sekundären Oxydationsprodukten, die für die Ranzigkeit verantwortlich ist, mißt — wobei diese notwendigerweise nicht in allen Fällen dieselbe zu sein braucht — ist es offenbar nicht möglich, für irgendeinen Test die Grenzen anzugeben, oberhalb deren alle Fette ranzig werden und unterhalb deren alle Fette einwandfrei sind. Dieses kann noch nicht einmal für Proben desselben Fettes geschehen, wenn sie sehr verschiedenen Lagerungsbedingungen unterworfen werden."

Dieser Einschränkung möge sich der Leser bei der Betrachtung der folgenden Methoden immer bewußt sein.

α) Bestimmung der normalen Kennzahlen

Unter gewissen Vorsichtsmaßnahmen kann man den Oxydationsgrad von Fetten auch mit Hilfe der im Abschnitt V mitgeteilten acidimetrischen und enometrischen Kennzahlen bestimmen. Sinnvoll ist dieses Verfahren allerdings nur dann, wenn der Oxydationsgrad verhältnismäßig hoch ist, da die subjektive Wahrnehmungsschwelle für das Fettverderben weit unter der Ansprechgrenze der normalen Kennzahlen liegt. Unglücklicherweise liefern viele der konventionellen Methoden in Gegenwart von Peroxiden und Oxiranverbindungen unrichtige Ergebnisse, wie H. B. KNIGHT u. D. SWERN (1949) in einer eingehenden Studie feststellten.

In Abwesenheit dieser Verbindungen ergibt die Bestimmung der Säurezahl, der Verseifungszahl, der Jodzahl nach WIJS, der Hydroxylzahl und der Carbonylzahl durchaus verläßliche Werte. In Gegenwart von Peroxiden dagegen werden ungewöhnlich hohe und variable Werte für die Carbonylzahl erhalten. Jodzahl und Verseifungszahl nehmen irreale Werte an. Die Bestimmung der Hydroxylzahl wird durch hohe Konzentrationen von Oxiranverbindungen, anscheinend aber nicht durch Peroxide, gestört. Säurezahl, Peroxidzahl und Oxiran-Wert werden durch die Gegenwart der anderen funktionellen Gruppen nicht beeinflußt.

Die Autoren empfehlen, vor der Bestimmung der „empfindlichen" Kennzahlen die störenden Gruppen zu eliminieren und geben dafür folgende Methoden an:

Reduktion der Peroxide nach H. B. KNIGHT *u.* D. SWERN *(1949)*

5 g der zu untersuchenden Probe werden in einem Erlenmeyerkolben in 100 ml Diäthyläther gelöst. Die Lösung wird in einem Eis-Wasser-Bad gekühlt. Dann gibt man langsam 30 ml einer 10%igen wäßrigen Lösung von Natriumhydrogensulfit hinzu und läßt die Mischung unter gelegentlichem Rühren 4 Std bei Zimmertemperatur stehen. Die wäßrige Schicht wird abgetrennt und verworfen, die ätherische einige Male mit Wasser gewaschen, über wasserfreiem Calciumsulfat getrocknet, filtriert und im Vakuum in einer Stickstoffatmosphäre eingedampft.

Bestimmung der Hydroxylzahl in Gegenwart von Oxiran-Sauerstoff

Wenn der Wert für Oxiran-Sauerstoff 1,5% überschreitet, können nach H. B. KNIGHT u. D. SWERN (1949) signifikante Fehler bei der Bestimmung des Hydroxyl-Sauerstoffs auftreten. Richtige Hydroxylzahlen erhält man, wenn man die Oxiran-Gruppe in einer gewogenen Probe nach D. SWERN (1948) in eine Chlorhydroxygruppe überführt und dann die Hydroxylzahl nach der Pyridin-Essigsäureanhydridmethode (empfohlen wird die Arbeitsweise nach C. L. OGG u. Mitarb. 1945) bestimmt. Da die Oxirangruppe quantitativ in die Chlorhydroxygruppe überführt wird und die Chlorhydroxy-Verbindung quantitativ isoliert werden kann, kann der wahre Hydroxylgehalt des Ausgangsmaterials durch Subtraktion des Oxiran-Sauerstoffs (%) vom Hydroxylsauerstoff (%) berechnet werden, der durch die Analyse der Chlorhydroxy-Verbindung bestimmt wird.

β) Nachweis und Bestimmung von Peroxiden

Die wichtigsten Primärprodukte der Fettautoxydation sind die Peroxide, die in Form von Hydroperoxiden, cyclischen Peroxiden und Epi-Peroxiden auftreten können. Da der in diesen Verbindungen anwesende „aktive" Sauerstoff sehr reaktionsfreudig ist, ist der Nachweis dieser Verbindungen verhältnismäßig einfach zu führen. Das bezieht sich jedoch nicht auf die bei stärker fortgeschrittener Oxydation gebildeten Aldehyd-Peroxide, Keto-Peroxide und Dialkyl-Peroxide. Bei der analytischen Bestimmung von Peroxiden und der Auswertung der erhaltenen Resultate darf auch nicht übersehen werden, daß Peroxide kein bleibender Bestandteil autoxydierter Fette sind, sondern bei erhöhter Temperatur und unter Einwirkung von Alkalien und Adsorbentien leicht in nicht peroxidische Verbindungen übergehen können.

Grundlage der meisten Nachweisreaktionen ist die Umsetzung mit Jodwasserstoff gemäß den Gleichungen:

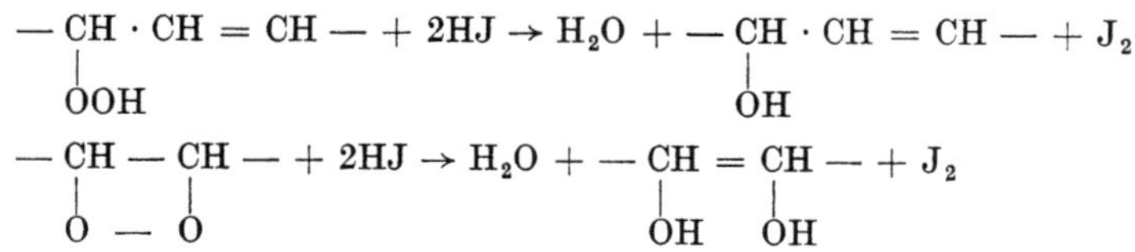

Die Jodabscheidung aus Kaliumjodid wurde schon von H. Ditz (1905) zum Nachweis der Peroxidigkeit ranziger Fette herangezogen. Zu einer quantitativen Peroxidbestimmung eignete sich jedoch erst ein Verfahren von A. Taffel u. C. Revis (1931). Diese Autoren fanden, daß bei der Einwirkung einer konzentrierten wäßrigen Kaliumjodid-Lösung auf Lösungen oxydierter Öle in Eisessig schon innerhalb 5 min eine dem Peroxidgehalt entsprechende Jodmenge in Freiheit gesetzt wird. Die Gegenwart von Kaliumjodid oder Bariumjodid verhindert die Rückaddition des Jods an die Doppelbindungen des Öls.

Anwesenheit von Sauerstoff beeinträchtigt die Zuverlässigkeit der Ergebnisse, da unter den Reaktionsbedingungen der Luftsauerstoff mit dem Jodwasserstoff unter Freisetzung von Jod reagiert. Die Fehler durch Rückaddition und Sauerstoffeinwirkung suchen die zahlreichen anderen Peroxidbestimmungsmethoden zu vermeiden. Nach einer von C.H. Lea (1931) angegebenen Methode löst man in einem Reagensglas von 15 mm ⌀ 1 g Fett in 20 ml eines Eisessig-Chloroform-Gemisches (2:1), gibt 1—2 g gepulvertes Kaliumjodid hinzu, erhitzt einige Sekunden lang zum Sieden, kühlt unter der Wasserleitung ab, gießt das Reaktionsgemisch in 150 ml einer 1%igen Kaliumjodid-Lösung und titriert das ausgeschiedene Jod in diffusem Tageslicht mit 0,002 n-Thiosulfat-Lösung. Das Ergebnis: die Anzahl Milliliter 0,002 n-Thiosulfat-Lösung pro Gramm Fett wird in der Folgezeit häufig als Lea-Zahl bezeichnet. Diese Maßeinheit ist identisch mit der Anzahl Millimole aktiven Sauerstoffs pro Kilogramm Fett und ist halb so groß wie eine andere häufig benutzte Einheit: die Anzahl Milliäquivalente (mval) aktiven Sauerstoffs pro Kilogramm Fett.

C.H. Lea (1946) hat seine Methode später wieder abgeändert und zwei Varianten der ursprünglichen Arbeitsweise veröffentlicht, die sog. „kalte" Methode (die Lösung des Fettes in Eisessig-Chloroform wird mit einer gesättigten Lösung von Kaliumjodid in Wasser unter Ausschluß von Licht und Luft 1 Std stehen gelassen und dann mit 0,002 bis 0,01 n-Natriumthiosulfat-Lösung titriert) und die „heiße" Methode, bei der der gleiche Ansatz 2 min auf 77° C erhitzt und dann zurücktitriert wird. Diese Methoden wurden in etwas abgeänderter Form in die Vorschriftensammlung B. S. 684: 1958 aufgenommen.

In den Vereinigten Staaten erfreut sich die von D.H. Wheeler (1932) veröffentlichte jodometrische Methode großer Beliebtheit, die sich von der ursprünglichen Lea-Methode durch die Verwendung einer gesättigten wäßrigen Kaliumjodid-Lösung, Einwirkung derselben in der Kälte und eine Verweilzeit von nur 1 min unterscheidet. R.F. Paschke u. D.H. Wheeler (1944) erzielten dadurch eine größere Unabhängigkeit der Ergebnisse von der Einwaage, daß sie die Bestimmung in Gegenwart von Kohlendioxid ausführten. Eine sehr einfache Variante der Wheeler'schen Methode, die besonders für Serienanalysen geeignet ist, veröffentlichten H. Hadorn u. Mitarb. (1956). Modifizierte Bestimmungsmethoden nach Wheeler wurden auch in die Methodensammlungen der AOCS (Official Method Cd 8–53) und der IUPAC (Methode II. D. 13) aufgenommen.

Eine sehr genaue Peroxidbestimmungsmethode verdanken wir B.D. Sully (1954). Das Essigsäure-Chloroform-Gemisch wird unter Verwendung eines 75 cm langen am oberen Ende gekühlten Rohres unter Rückfluß erhitzt. Die zur Bestimmung der POZ nötigen Substrate und Agentien werden nun, ohne das Sieden zu unterbrechen, durch den Kühler in den Siedekolben gegeben. Auf diese Weise gelingt es weitaus besser, die Luft fernzuhalten, als durch Einleiten eines indifferenten Gases. Diese Methode wurde von zahlreichen Autoren (H. Hadorn u. Mitarb. 1956; Cl. Franzke 1956; H. Schmidt 1957; A. Seher 1958) kritisch geprüft und z. T. verbessert. Alle bestätigen die ausgezeichnete Reproduzierbarkeit und große Genauigkeit der nach dieser Methode erhaltenen Resultate. Die von H. Schmidt (1957) modifizierte Sully-Methode wurde in die DGF-Methodensammlung (C–VI 6a (61)) aufgenommen.

Alle nach den hier beschriebenen Methoden erhaltenen Werte stimmen recht gut überein, solange eine Peroxidzahl von ca. 20—30 mval Sauerstoff/kg nicht überschritten wird. Darüber hinaus sind aber bei den verschiedenen Verfahren größere Differenzen zu beobachten, die durch die Unterschiede zu erklären sind, die hinsichtlich der Bindungsfestigkeit des aktiven Sauerstoffs bei den verschiedenen Peroxiden bestehen. R.D. Mair u. A.J. Graupner (1964) bringen hierzu sehr anschauliche Beispiele: Persäuren, Hydroperoxide und Diacylperoxide werden durch Kochen mit einer Lösung von Natriumjodid in Isopropylalkohol vollständig reduziert. Zur Reduktion der meisten Perester, Aldehydperoxide und Ketonperoxide müssen diese Verbindungen mit einer Lösung von Natriumjodid in 94%igem Eisessig erhitzt werden, während zur Reduktion von Aralkylperoxiden und Di- und tertiären Alkylperoxiden längeres Kochen mit einer Mischung von Natriumjodid, Eisessig und Salzsäure erforderlich ist. Dabei werden allerdings auch nicht peroxidische Verbindungen, die Oxido- oder Hydroxy-keto-Gruppen tragen, reduziert.

Diese Grenze der jodometrischen Methode ist für die Messung der beginnenden Verdorbenheit indessen ohne Belang.

Neben der jodometrischen gibt es noch zahlreiche andere Bestimmungsmethoden, die auf der oxydierenden Wirkung der Fettperoxide beruhen. Da sie für die Praxis aber nur eine geringe Bedeutung erlangt haben, sollen sie hier nur kurz gestreift werden.

C. A. YOUNG u. Mitarb. (1936) bestimmten die Peroxide in Petroleumkohlenwasserstoffen durch Oxydation von Eisen(II)-Ionen zu Eisen(III)-Ionen und Bestimmung letzterer als Thiocyanate. Diese Methode wurde später von A. LIPS u. Mitarb. (1943) auf Öle und Fette übertragen und von zahlreichen Autoren modifiziert. Wichtige Varianten dieser Arbeitsweise sind die von G. LOFTUS HILLS u. C. C. THIEL (1946), besonders in der etwas abgeänderten Form von R. A. CHAPMAN u. K. MACKAY (1949), von H. ERDMANN u. F. SEELISCH (1948), K. TÄUFEL (1957a) und die von M. G. DRIVER u. Mitarb. (1963) ausgearbeiteten Methoden. Die zuletzt genannten Autoren lösen die zu untersuchende Probe in einer Küvette in einem Gemisch von 80 Teilen Äthanol und 20 Teilen Benzol, versetzen nacheinander mit einem Tropfen Ammonrhodanid- und Ferrochlorid-Lösung und messen die Extinktion der rotgefärbten klaren Lösung bei 515 mμ.

Diese Methoden geben bei geringen Oxydationsgraden gut reproduzierbare Resultate. Verglichen mit den Ergebnissen der jodometrischen Methode, liegen die Peroxidwerte indessen zwei- bis dreimal so hoch (C. H. LEA 1952 u. a.). Ein Vorzug des Thiocyanat-Verfahrens ist seine einfache Anwendbarkeit, die es nach K. TÄUFEL u. R. SERZISKO (1957) besonders zur raschen Prüfung verdorbener Fette in Serienanalysen geeignet erscheinen läßt.

Auch die Fähigkeit der Peroxide zur Oxydation anderer anorganischer Ionen wird zu ihrer Bestimmung genutzt: D. BARNARD u. K. R. HARGRAVE (1951) setzen das in Eisessig gelöste Peroxid mit einer überschüssigen Lösung von Zinn(II)-chlorid um, reduzieren mit der nicht oxydierten Zinnverbindung eine Lösung von Eisenammoniumalaun und titrieren das gebildete Eisen(II)-sulfat in Gegenwart von Diphenylaminsulfonsäure als Indicator mit eingestellter Kaliumdichromat-Lösung. Aliphatische, alicyclische und aromatische Hydroperoxide konnten nach dieser Methode mit sehr hoher Genauigkeit bestimmt werden.

Auch die bekannte Titanreaktion auf Wasserstoffperoxid wurde mit Erfolg für die Bestimmung von Fettperoxiden angewendet. R. STROHECKER u. Mitarb. (1937) schütteln das peroxidische Öl mit einer 0,1%igen Lösung von Titansulfat in 2%iger Schwefelsäure und bestimmen die Extinktion der wäßrigen Phase im Stufenphotometer. G. JANÍČEK u. Mitarb. (1960 und 1961) lösen 0,2—2,0 g des Substrats in 20 ml Chloroform und setzen zuerst 1 ml Milchsäure und dann 5 ml einer 5%igen Lösung von Titan(IV)-chlorid in Propionsäure unter ständigem Rühren zu. Die Suspension wird mit 5—10%iger Salzsäure in einem Meßkolben bis zur Marke aufgefüllt. Von der oberen Schicht bestimmt man die Extinktion bei 430 mμ. Unter den Versuchsbedingungen liefert das Titan(IV)-chlorid eine gelbgefärbte Verbindung nur mit Wasserstoffperoxid und Alkylhydroperoxiden, nicht aber mit Persäuren, Dialkylperoxiden und cyclischen Peroxiden, so daß diese Methode, ähnlich wie die polarographische (vgl. S. 866), gut zur Differenzierung der Peroxidstrukturen geeignet ist.

Schließlich sind noch einige Methoden anzuführen, bei denen die Leukoverbindungen von Farbstoffen durch Peroxide zu gefärbten Verbindungen oxydiert werden. Eine sehr empfindliche, besonders für biologische Untersuchungen geeignete Arbeitsweise wurde von S. HARTMAN u. J. GLAVIND (1949) mitgeteilt. Das zu untersuchende Öl wird in Xylol, welches 5% Essigsäure enthält, 10 min bei 100° C mit einer 10%igen Lösung von 3,5-Dichlordihydroxyphenylendiamin, der Leukobase von 2,6-Dichlorphenol-Indophenol, erhitzt. Man mißt die Stärke der Absorption bei 520 mμ. Nach Untersuchungen von A. HAUTFENNE u. D. JACQMAIN (1962) ist diese Methode weniger anfällig gegenüber Nebenreaktionen als die üblichen jodometrischen Methoden. Ähnlich wie bei der Eisen(III)-thiocyanat-Methode erhält man aber auch hier wesentlich höhere Peroxidzahlen als nach der jodometrischen Methode (C. H. LEA 1952).

K. ÜBERREITER u. G. SORGE (1956) beschreiben zwei photometrische Methoden, bei denen die Leukoverbindung des Indamins in Eisessig bzw. die des Methylenblaus in Benzol zum Farbstoff oxydiert wird. Die zweite Reaktion wurde von M.I. EISS u. P. GIESECKE (1959) weiterentwickelt: Sie lassen Benzoyl-Leukomethylenblau in benzolischer Lösung in Gegenwart von Trichloressigsäure mit den Peroxiden reagieren, wobei die Reaktion durch Zirkonnaphthenat beschleunigt werden kann. Die entstehende Blaufärbung ist im Dunkeln mehrere Tage stabil.

Durch langsame Oxydation der Leukomethylenblau-Lösung nach ÜBERREITER u. SORGE werden die Blindwerte leicht so groß, daß die Peroxidbestimmung unzuverlässig wird. L. DULOG (1964) überwand diesen Nachteil durch Reduktion der Leukomethylenblau-Lösung unmittelbar vor dem Gebrauch mit Wasserstoff in Anwesenheit von Platinasbest als Katalysator.

Die Leukomethylenblau-Lösung befindet sich in einem 1-l-Rundkolben, der mit Gaseinleitungs- und -ableitungsrohr versehen ist und in der Mitte eine automatische Bürette für das Arbeiten unter Luftabschluß trägt. Der eintauchende Teil der Bürette wird mit Filterpapier umhüllt, um das Eindringen von Pt-Asbest in die Bürette zu verhindern. Vor Gebrauch wird 15 min ein gelinder Wasserstoffstrom durch die Vorratslösung geleitet, der zuvor durch eine mit Benzol gefüllte Waschflasche geführt und so mit Benzoldampf gesättigt wird. Die Leukomethylenblau-Lösung muß vor Licht gut geschützt aufbewahrt werden.

Arbeitsvorschrift: Etwa 10 ml einer Lösung von 10 g Trichloressigsäure in 1 l Benzol (z. A.), 1 ml der frisch reduzierten Lösung von 0,3 g Leukomethylenblau in 1 l Benzol (z. A.) und 2 ml einer 10^{-5} bis 10^{-4}m-Peroxidlösung werden in einem kleinen Erlenmeyerkolben 5—15 min erhitzt (Rückfluß). Dabei ist nach Möglichkeit direktes Licht zu vermeiden. Nach dem Abkühlen (im Dunkeln) wird die Lösung in einen 20-ml-Meßkolben überführt, der Erlenmeyerkolben mit Trichloressigsäure zwei- bis dreimal nachgespült und dann der Meßkolben genau zur Marke aufgefüllt. Man mißt in 10-mm-Küvetten gegen Benzol und berücksichtigt den Blindwert der Leukomethylenblau-Lösung.

Empfindlichkeit: 10^{-6}m-Peroxid entsprechend einer POZ von ca. 0,01.

Im folgenden werden nun einige der wichtigsten jodometrischen Methoden zur Bestimmung der Peroxide in Fetten beschrieben. Aus den angeführten Gründen müssen bei der Nacharbeitung die angegebenen Versuchsbedingungen sorgfältig eingehalten werden. Die Ergebnisse werden zweckmäßig durch Angabe der Maßeinheit und der Methode gekennzeichnet, um fruchtlose Diskussionen zu vermeiden.

Peroxidbestimmung nach D.H. WHEELER (1932)

3—10 g Öl werden in 50 ml eines Lösungsmittelgemisches (60% Eisessig, 40% Chloroform) gelöst. Dann wird 1 ml einer gesättigten Kaliumjodid-Lösung hinzugegeben und die Mischung gerührt, indem man dem Kolben eine rotierende Bewegung gibt. Genau 1 min nach Zugabe des Kaliumjodids werden 100 ml Wasser hinzugefügt; das in Freiheit gesetzte Jod wird, je nach der Menge, mit 0,1 n- oder 0,01 n-Thiosulfat-Lösung titriert. Zum Schluß gibt man etwas Stärke als Indicator hinzu. Um die letzten Jodspuren aus der Chloroformschicht zu entfernen, muß heftig geschüttelt werden.

Berechnung:

$$\text{Millimole Peroxide pro kg Öl} = \frac{500 \cdot a \cdot N}{E}$$

a = ml Thiosulfat-Lösung
N = Normalität der Thiosulfat-Lösung
E = Öleinwaage in g.

Peroxidbestimmung nach D.H. WHEELER (1932) *in der Modifikation von* H. HADORN, K.W BIEFER u. H. SUTER (1956)

Reagentien:

Eisessig-Chloroform-Mischung 3:2

frisch bereitete, kalt gesättigte Kaliumjodid-Lösung (14 g Kaliumjodid, gelöst in 10 ml frisch ausgekochtem Wasser)

0,01 n-Thiosulfat-Lösung

1%ige Stärkelösung.

Verfahren:

Ca. 1 g Fett oder Öl wird in einem 100-ml-Erlenmeyerkolben auf ± 5 mg genau abgewogen. Man gibt 10 ml Eisessig-Chloroform zu, schwenkt um und fügt, wenn das Fett oder Öl gleichmäßig gelöst ist, aus einer Bürette 0,2 ml Kaliumjodid-Lösung hinzu. Nun wird vonhand genau 1 min umgeschwenkt, dann mit 20 ml Wasser verdünnt, 0,5 ml Stärkelösung zugesetzt und sofort mit 0,01 n-Thiosulfat-Lösung titriert. In analoger Weise wird ein Blindversuch mit den Reagentien, aber ohne Öl, ausgeführt.

Berechnung:

$$\text{Peroxidzahl POZ (Millimole } O_2/\text{kg)} = \frac{(a - b) \cdot 5}{E}$$

a = ml 0,01 n-$Na_2S_2O_3$ im Hauptversuch
b = ml 0,01 n-$Na_2S_2O_3$ im Blindversuch
E = Einwaage in g.

Anmerkung:

Um eine allzu rasche Oxydation der Kaliumjodid-Lösung zu vermeiden, gibt man sie zweckmäßig nicht mit einer Pipette, sondern aus einer Bürette zu.

Peroxidbestimmung nach IUPAC-Vorschrift II. D. 13

Geräte:

Miniaturbecherglas, 3 ml, für die Fetteinwaage
Flaschen mit Glasstopfen, 250 ml, sorgfältig gereinigt, getrocknet und mit reinem Inertgas (CO_2, N_2) gefüllt.

Reagentien:

Reines Chloroform und reiner Eisessig, durch Einleiten von Inertgas von gelöstem Sauerstoff befreit.
Gesättigte wäßrige Lösung von reinem Kaliumjodid, frei von Jod und Jodat.
0,01 n oder 0,002 n wäßrige Natriumthiosulfat-Lösung.

Verfahren:

Auf 1 mg genau werden je nach der erwarteten Peroxidzahl folgende Fettmengen in das Bechergläschen eingewogen:

Peroxidzahl (μg/g)	0—150	150—250	250—400	400—700
Einwaage (g)	2—1,2	1,2—0,8	0,8—0,5	0,5—0,3

Dann wird eine der mit Inertgas gefüllten Flaschen geöffnet und das Bechergläschen eingeführt. Man gibt 10 ml Chloroform hinzu und löst das Fett schnell unter Umschütteln, fügt 15 ml Eisessig und schließlich 1 ml Kaliumjodid zu. Dann verschließt man schnell, schüttelt 1 min und läßt 5 min im Dunkeln stehen. Nach Zugabe von 75 ml dest. Wasser wird das in Freiheit gesetzte Jod unter heftigem Schütteln mit Thiosulfat-Lösung titriert, wobei Stärke als Indicator verwendet wird. Für Peroxidzahlen unter 100 benutzt man die 0,002 n-Lösung, für höhere die konzentriertere. Zugleich wird ein Blindversuch ohne Fett ausgeführt. Dabei darf auch nicht eine Spur Jod in Freiheit gesetzt werden.

Berechnung:

$$\text{Peroxidzahl (}\mu\text{g aktiver Sauerstoff/g Fett)} = \frac{8000 \cdot a \cdot N}{E}$$

a = ml Thiosulfatlösung im Hauptversuch
N = genaue Normalität dieser Lösung
E = Öleinwaage in g.

Wenn das Ergebnis in Millimolen Sauerstoff pro Kilogramm Fett ausgedrückt werden soll, wird das Ergebnis durch 16 geteilt. Soll es in Milliäquivalenten Sauerstoff pro Kilogramm Fett angegeben werden, ist es durch 8 zu teilen.

Anmerkung des Verfassers:

Üblicherweise wird die Peroxidzahl (POZ) in Millimolen Sauerstoff/kg (= Lea-Zahl) oder aber in Milliäquivalenten (= mval) Sauerstoff pro Kilogramm angegeben. Reproduzierbarere Werte erhält man bei den oben beschriebenen Methoden, wenn man die Reaktion in einem mit Magnetrührer ausgestatteten Erlenmeyerkolben ausführt, der mit einem dreifach durchbohrten Stopfen verschlossen ist, durch dessen eine Bohrung mittels eines gebogenen Glasrohres Kohlendioxid auf die Oberfläche der Mischung geleitet und durch dessen andere die Bürettenspitze geführt wird, während aus der dritten das überschüssige Kohlendioxid entweicht.

Peroxidbestimmung nach B. D. SULLY (1954) *in der Ausführungsform der DGF-Einheitsmethode C – VI 6a (61)*

Geräte:

Apparatur nach Abb. 133. Sie besteht aus einem 100-ml-Rundkolben, der durch einen Normalschliff (NS 29) mit einem ca. 25 cm langen Glasrohr von ca. 22 mm lichter Weite verbunden ist. Das Rohr wird oben durch einen Einhängekühler verschlossen. Der Rundkolben sitzt auf einer durchlochten Asbestplatte und wird mit kleiner Flamme (Sparflamme oder Flamme eines Mikrobrenners), die den Kolben nicht berühren soll, erhitzt.

Verfahren:

In den sorgfältig entfetteten und getrockneten Kolben gibt man 10 ml Essigsäure und 10 ml Chloroform und setzt dann das Glasrohr mit Kühler auf. Um die Lösungsmittelmischung zu entlüften, läßt man sie auf kleiner Flamme ca. 2 min sieden. Darauf wird unter kurzfristigem Herausheben des Kühlers eine frisch bereitete Lösung von 1 g Kaliumjodid in 1,3 ml Wasser durch das Rohr so langsam gegeben, daß das Sieden nicht unterbrochen wird. Färbt sich der Inhalt des Kolbens vor der Fettzugabe gelb, so ist der Ansatz zu verwerfen. Nach weiteren 2 min wird 1 g Fett auf ± 0,005 g genau eingewogen, im Mikrobechergläschen mit Hilfe eines dünnen Glasstabes, dessen Ende man zu einem senkrecht abgewinkelten Ring umgeschmolzen hat, so langsam durch das Rohr in den Kolben eingeführt, daß das Sieden nicht unterbrochen wird. Danach wird noch 3—4 min im Sieden gehalten. Sofort nach Abstellen der Heizung und Herausnehmen des Kühlers werden auf einmal 50 ml Wasser durch das Rohr zugegeben und der vom Rohr getrennte Kolben unter der Wasserleitung unter sanftem Umschwenken auf Zimmertemperatur abgekühlt. Nach Zugabe von 1 ml Stärkelösung wird mit 0,1 n- oder 0,01 n-Natriumthiosulfat-Lösung titriert, bis die wäßrige Schicht farblos ist. Während und besonders gegen Ende der Titration wird der Kolbeninhalt mehrmals umgeschwenkt, damit das in der unteren Schicht gelöste Jod von der wäßrigen Natriumthiosulfat-Lösung vollständig reduziert werden kann.

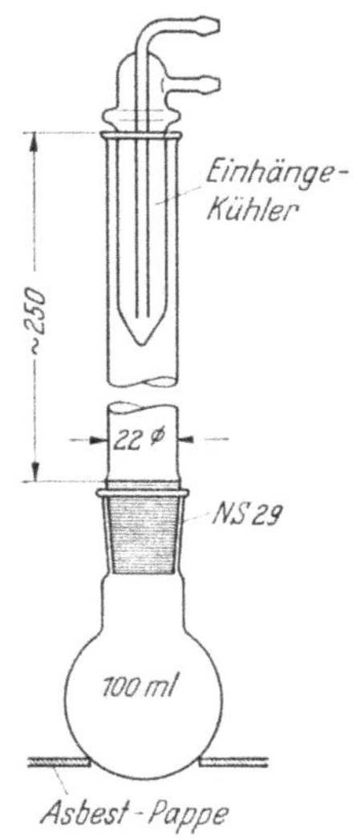

Abb. 133. Apparatur zur Bestimmung der Peroxidzahl nach SULLY (DGF-Methode C—VI 6a (61))

Berechnung:

Unter Berücksichtigung des Verbrauchs an Thiosulfat-Lösung, deren Normalität sowie der Einwaage errechnet sich die Peroxidzahl:

$$\text{POZ (Milliäquivalente Sauerstoff/kg)} = \frac{a \cdot N \cdot 1000}{E}$$

a = verbrauchte ml Thiosulfat-Lösung
N = Normalität der Thiosulfat-Lösung
E = Einwaage in g.

Anmerkung:

Alle Arbeiten sind im diffusen Tageslicht oder bei künstlichem Licht auszuführen. Direkte Sonnenbestrahlung ist zu vermeiden. Die benutzten Gefäße müssen frei von oxydierenden oder reduzierenden Substanzen sein.

Auswertung der Peroxidzahl

Die Höhe der Peroxidzahl ist nur bei naturbelassenen Ölen (vgl. S. 954) ein eindeutiges Qualitätsmerkmal, und hier auch nur dann, wenn die Öle bei Temperaturen unter 30°C gelagert wurden. Frische, unverdorbene Öle besitzen Peroxidzahlen unter 3, in der Regel von 0,5—1,5. Nach H. HADORN u. R. JUNGKUNZ (1953b) ist die POZ 5 (alles in Millimolen/kg) eine Warngrenze, die auf ein schnelles Verderben der Fette hindeutet. Eine generelle Beziehung zwischen der Höhe der POZ und der organoleptisch nachweisbaren Ranzigkeit von Fetten existiert nicht. Aus der Höhe der Peroxidzahl allein kann daher nicht auf die etwaige Genußuntauglichkeit eines Fettes geschlossen werden.

Einen zuverlässigeren Hinweis auf die Verdorbenheit oder Verderbnisbereitschaft eines Fettes erhält man durch Messung des *Anstiegs* der Peroxidzahl während eines Oxydationsversuchs (vgl. hierzu S. 903).

Mikromethoden

Von den zahlreichen Mikromethoden seien nur zwei erwähnt:

Die Methode von G. GORBACH (1940), bei der die Arbeitsweise von C.H. LEA (1931) in modifizierter Form zur Anwendung gelangt, und die Methode von F.W. HEATON u. N. URI (1958), bei der die Umsetzung der Peroxide unter sorgfältigem Luftausschluß wie bei der Wheeler'schen Methode mit gesättigter Kaliumjodid-Lösung erfolgt, die freigesetzte Jodmenge aber nicht titriert, sondern colorimetrisch durch Messung der Absorption im Gebiet von 370—500 mμ bestimmt wird.

Auch durch ampèrometrische Endpunktsbestimmung läßt sich die Empfindlichkeit der jodometrischen Methode derart erhöhen, daß bei einer Einwaage von ca. 10 mg noch Peroxidzahlen von ca. 1—40 bestimmt werden können (K. OETTE u. Mitarb. 1963).

In vielen Fällen wird es nützlich sein, z. B. in Autoxydationsversuchen, etwas über die Natur der gebildeten Peroxide zu erfahren. Dafür sind dünnschichtchromatographische und polarographische Methoden (vgl. S. 866) gut geeignet. A. POPOV u. Mitarb. (1967) empfehlen folgende Arbeitsweise:

Die Dünnschichtplatten werden 0,25 mm dick mit gipsgebundenem Silicagel belegt. Man trägt Proben des oxydierten Fettes auf und entwickelt mit Hexan-Äthyläther/2:1 bis zu einer Steighöhe von 12 cm. Die Flecke werden mit einer wäßrigen Lösung aus Ammoniumthiocyanat und Mohr'schem Salz (K. TÄUFEL 1957a) besprüht. Die Peroxide erscheinen als braune Flecke auf weißem Grund.

Bis zum Ende der Induktionsperiode ist nur ein Fleck sichtbar. Bei weiterer Oxydation erscheinen zwei zusätzliche Flecke.

γ) Nachweis und Bestimmung von Carbonylverbindungen

Da die bei der Autoxydation der Fette primär gebildeten Peroxide geschmacklos sind, darf man keine signifikante Korrelation zwischen der Peroxidzahl und der organoleptisch feststellbaren Verdorbenheit erwarten. Diese Beziehung besteht aber in erster Annäherung zwischen der Konzentration der Carbonylgruppen und den Geschmacksveränderungen. Der Bestimmung des Carbonylgehalts kommt daher bei der Untersuchung oxydierter Fette bei weitem die größere Bedeutung zu. Ein Maß für die Konzentration der Carbonylgruppen ist die auf S. 567 ff. beschriebene Carbonylzahl, die bei fortgeschrittener Oxydation und in Abwesenheit von Peroxiden recht zuverlässige Resultate gibt. Bei Gegenwart von Hydroperoxiden ist das Substrat vorher einer reduzierenden Behandlung, z. B. nach H.B. KNIGHT u. D. SWERN (1949) (vgl. S. 872) zu unterziehen.

Im folgenden werden nun die wichtigsten Methoden zur Bestimmung der Carbonylfunktion beschrieben. Die zuerst genannten geben nur einen ungefähren Überblick, während die abschließend erwähnten auf definierte, für die Verdorbenheit charakteristische Verbindungen ansprechen.

Mit Hydroxylamin bzw. mit 2,4-Dinitrophenylhydrazin

V.R. BHALERAO u. Mitarb. (1961) veröffentlichten eine Methode zur Bestimmung des Carbonylgehaltes thermisch oxydierter Fette mit Hydroxylamin.

Die Schwierigkeit der Erkennung des Umschlagpunktes bei dunkel gefärbten Fetten (vgl. S. 568) beheben die Autoren durch Anwendung der potentiometrischen Titration. Der Carbonylgehalt thermisch oxydierter Fette, wie sie z. B. in gebrauchten Fritierfetten vorliegen, ist relativ hoch, während Peroxide nur in zu vernachlässigender Menge anwesend sind. Auf die reduzierende Vorbehandlung kann daher hier verzichtet werden.

Bestimmung des Carbonylgehalts nach V. R. BHALERAO u. Mitarb. (1961)

Geräte:

Potentiometrisches pH-Meßgerät, z.B. Beckman H2 mit Standard-Glaselektrode und Standard-Calomelelektrode.

Reagentien:

Hydroxylaminhydrochlorid-Reagens: 35 g Hydroxylaminhydrochlorid z.A. werden in 160 ml dest. Wasser gelöst. Die erhaltene Lösung wird mit 95%igem carbonylfreiem Alkohol (Herstellung vgl. S. 567) auf 1 l aufgefüllt.

Ca. 0,5 n methanolische Natronlauge: 20 g Natriumhydroxid z.A. werden in wenig Wasser gelöst. Die Lösung wird mit absolutem Methanol auf 1 l aufgefüllt und gegen 0,5 n eingestellt.

Lösungsmittel: 5 ml Pyridin z.A. werden mit n-Octylalkohol auf 1 l aufgefüllt.

Verfahren:

1 g der zu untersuchenden Probe wird in einen mit Glasstopfen versehenen 250-ml-Erlenmeyerkolben eingewogen. 50 ml des Pyridin-Octylalkohol-Lösungsmittels werden hinzupipettiert und, wenn nötig, wird der Inhalt auf einer Heizplatte erwärmt, bis die Probe gelöst ist.

Dann gibt man mit Hilfe einer Pipette 15 ml Hydroxylamin-Reagens hinzu, verschließt den Kolben, mischt den Inhalt gut durch und läßt ihn 24 Std bei Zimmertemperatur im Dunkeln stehen. In analoger Weise wird ein Blindversuch angesetzt, bei dem die gleichen Mengen Lösungsmittel und Hydroxylamin-Reagens zusammengegeben werden. Nach Beendigung der Reaktionszeit wird der Inhalt der Kolben mit je 10 ml 95%igem carbonylfreiem Alkohol quantitativ in je ein 250-ml-Becherglas überführt. Dann wird der pH-Wert der Blindlösung bestimmt. Die das Fett enthaltende Reaktionsmischung wird potentiometrisch mit der 0,5 n-Natronlauge titriert, die sich in einer 10-ml-Mikrobürette befindet. Man gibt das Alkali unter Schütteln in Portionen von je 0,1 ml hinzu, bis der pH-Wert der Meßlösung mit dem pH-Wert des Blindversuchs fast übereinstimmt. Dann fügt man tropfenweise weitere Mengen Alkali hinzu, bis die pH-Werte von Meß- und Blindlösung gleich sind.

Berechnung:

$$\text{Carbonyl-Wert (Milliäquivalente/kg)} = \frac{V \cdot N \cdot 1000}{E}$$

V = bei der Titration verbrauchte Anzahl ml Natronlauge
N = genaue Normalität der Natronlauge
E = Fetteinwaage in g.

Diese Methode wurde von den Autoren eingehend auf Genauigkeit und Reproduzierbarkeit geprüft. Reine gesättigte und ungesättigte Aldehyde, Ketone und Ketosäuren wurden zu 98% wiedergewonnen. Auch in Mischungen mit Maisöl konnten n-Hexanal und 2-Heptanon im Konzentrationsgebiet zwischen 0 und 9% auf 1% genau bestimmt werden. Beispiele für nach dieser Methode gefundene Carbonylwerte thermisch oxydierter Fette bringt Tab. 155.

Tabelle 155. *Carbonylwerte thermisch oxydierter Öle* (nach V. R. BHALERAO u. Mitarb. 1961)

Erhitzungsdauer bei 200° C (Std)	Carbonylwerte (mval/kg)		
	Maisöl	Kottonöl	Cocosöl
0	0	0	0
4	86	77	132
8	174	179	160
12	238	234	184
24	320	296	244

Für die Bestimmung geringer Carbonylmengen, wie sie in den Anfangsstadien der Autoxydation auftreten, ist diese Methode weniger gut geeignet. Hier sind colorimetrische Verfahren, die auf der Umsetzung der Carbonylgruppe mit 2,4-Dinitrophenylhydrazin (= DNPH), Benzidin u. a. Stoffen beruhen, vorzuziehen.

M. F. POOL u. A. A. KLOSE (1951) beschrieben ein Verfahren, bei dem die in ranzigen Fetten anwesenden Monocarbonylverbindungen in benzolischer Lösung mit DNPH zu den entsprechenden Hydrazonen umgesetzt werden. Der Überschuß des Hydrazin-Reagens und die Hydrazone der Dicarbonylverbindungen werden durch Perkolation über Aluminiumoxid abgetrennt. Die verbleibenden Hydrazone der Monocarbonylverbindungen werden schließlich im alkalischen Medium durch Messung der Extinktion bei 435 mμ bestimmt.

Ein allgemein verwendbares einfacheres Verfahren wurde von G. E. LAPPIN u. L. C. CLARK (1951) angegeben. Die zu untersuchende Substanz wird in methanolischer Lösung mit DNPH kurze Zeit erhitzt. Nach Zugabe von Kaliumhydroxid-Lösung wird die Intensität der gebildeten weinroten Färbung bei 480 mμ gemessen. Bei Einhaltung der vorgeschriebenen Höchstkonzentration an Carbonylsubstanz ist eine Trübung des Ansatzes durch ausgeschiedenes Kaliumchlorid nicht zu befürchten.

Die Methode wurde von zahlreichen Forschern auf dem Fettgebiet übernommen und verbessert. Hervorzuheben ist besonders die Arbeitsweise von A. S. HENICK u. Mitarb. (1954), die speziell auf die Carbonylbestimmung in ranzigen Fetten abgestellt ist und die Bestimmung gesättigter und ungesättigter Carbonyle nebeneinander erlaubt.

Bestimmung der Carbonylverbindungen nach A. S. HENICK u. Mitarb. (1954)

Geräte:

Spektralphotometer, z. B. Beckman DU.

Reagentien:

Carbonylfreies Benzol: Benzol z. A. ist gewöhnlich genügend carbonylfrei. Falls der Blindansatz aber eine größere Extinktion gegen Wasser als 0,35 bei 430 mμ aufweist, kann das Benzol wie folgt gereinigt werden: 1 l Benzol wird nach Zugabe von 5 g DNPH und 1 g Trichloressigsäure 1 Std unter Rückfluß gekocht und dann durch eine kurze Vigreux-Kolonne destilliert.

Carbonylfreier Alkohol: 1 l Alkohol wird nach Zugabe von 5—10 g granuliertem Aluminium und 8—10 g KOH 1 Std unter Rückfluß gekocht. Dann wird destilliert, wobei die ersten 50 ml Destillat verworfen werden und die Destillation abgebrochen wird, bevor die letzten 50 ml übergehen.

0,05%ige DNPH-Lösung: 0,5 g DNPH, das durch zweimaliges Umkristallisieren aus carbonylfreiem Methanol (wie carbonylfreier Alkohol zu erhalten) gereinigt wurde, werden in 1 l carbonylfreiem Benzol gelöst. Diese Lösung ist mehrere Monate haltbar.

4,3%ige Trichloressigsäure-Lösung: 43 g Trichloressigsäure werden in carbonylfreiem Benzol gelöst und auf 1 l aufgefüllt.

4%ige Kaliumhydroxid-Lösung: 4 g Kaliumhydroxid werden in 100 ml absolutem carbonylfreiem Alkohol unter Schütteln und mäßigem Erhitzen gelöst. Die Lösung wird zur Klärung durch feine Glaswolle gesaugt. Sie ist täglich frisch zu bereiten.

Verfahren:

In einen 50-ml-Meßkolben werden 3 ml Trichloressigsäure-Lösung, 5 ml DNPH-Lösung und 5 ml Benzollösung pipettiert, die das zu analysierende Fett enthält. Diese Fettlösung soll in bezug auf den Carbonylgehalt nicht stärker als $250 \cdot 10^{-6}$ molar sein. Der Kolben wird verschlossen, 30 min in einem Wasserbad von 60° C erhitzt und dann wieder auf Zimmertemperatur abgekühlt. Diese Lösung ist mehrere Stunden lang stabil. Zur Entwicklung der Farbe fügt man 10 ml der KOH-Lösung hinzu, verdünnt mit carbonylfreiem Alkohol bis zur Marke und mischt.

Nach genau 10 min wird die Lösung in eine 1-cm-Zelle gefüllt und die Extinktion bei 430 und 460 mμ abgelesen. Als Vergleichsflüssigkeit dient eine in gleicher Weise behandelte Blindlösung, die anstelle der Fettlösung 5 ml carbonylfreies Benzol enthält.

Berechnung:

Die molare Extinktion beträgt nach den Untersuchungen der Autoren:

	430 mμ	460 mμ
Für gesättigte aliphatische Aldehyde	21000	16300
Für Crotonaldehyd	21350	28100

Bei Verwendung einer 1-cm-Küvette kann der Carbonylgehalt der Meßlösung nach folgender Gleichung berechnet werden:

$$\text{ungesättigte Carbonyle} = \frac{3{,}067 \cdot E_{460} - 2{,}381 \cdot E_{430}}{0{,}707}$$

$$\text{gesättigte Carbonyle} = 3{,}067 \cdot E_{460} - 1{,}724 \cdot \text{ungesättigte Carbonyle}$$

(beides in Mikromolen pro 50 ml Meßlösung)

Anmerkung:

Die zur Untersuchung bestimmten Fettlösungen sollen nicht dem diffusen Tageslicht ausgesetzt werden, da sonst die Gefahr einer Veränderung des Carbonylgehalts besteht.

Die Reproduzierbarkeit der Methode wurde von den Autoren als recht befriedigend befunden. An zwei Proben vegetabilischer Öle, die bei 97,8° C mit Luft oxydiert waren, konnten sie nachweisen, daß der ranzige Geschmack bei der gleichen Konzentration ungesättigter Carbonyle auftritt (vgl. Tab. 156).

Tabelle 156. *Peroxidzahlen und Carbonylgehalt oxydierter Pflanzenöle* (nach A.S. Henick u. Mitarb. 1954)

Pflanzenöl	Erhitzungsdauer bei 98,7° C Std	POZ m Aeq/kg	Carbonylgehalt m Mole/kg ges.	Carbonylgehalt m Mole/kg unges.	Geschmack
Maisöl	0	1,3	0,7	8,9	
	2	21,1	0,9	11,7	
	4	46,5	3,8	13,9	
	6	80,8	7,8	19,6	
	8	111,6	7,4	24,2	ranzig
Sojaöl	0	4,3	4,2	3,5	
	2	5,1	4,4	3,7	
	4	14,4	6,5	5,6	
	8	51,8	8,3	12,2	firnisartig
	10	81,0	9,8	18,2	firnisartig
	12	108,7	9,6	26,3	ranzig

Zur Erzielung genauer Carbonylwerte ist es bei Anwendung der Methode von A.S. Henick u. Mitarb. (1954) erforderlich, zuvor etwa anwesende Peroxide zu reduzieren. K. Täufel u. F. Linow (1964) schlugen hierfür die Reduktion der Peroxide mit Kaliumjodid ähnlich wie bei der Peroxidzahl-Bestimmung nach Sully vor:

Die zu untersuchende Probe wird in Eisessig gelöst und die Lösung in Gegenwart eines Überschusses an Kaliumjodid 4 min am Rückflußkühler erhitzt. Nach Abkühlung entfernt man das ausgeschiedene Jod durch Zugabe einer 0,1 n-Natriumthiosulfat-Lösung, wobei ein geringer Überschuß angezeigt ist. Anschließend erfolgt Verdünnung mit Wasser und Zusatz von 10 ml Benzol. Es wird 5 min kräftig geschüttelt und von der sich dann abscheidenden Benzolschicht, welche die Carbonylverbindungen enthält, 1 ml zur Carbonylbestimmung herangezogen. Der auf diese Weise ermittelte wahre Carbonylgehalt liegt wesentlich niedriger als der scheinbare (vgl. Tab. 157).

Tabelle 157. *Peroxidzahl und Carbonylgehalt von autoxydiertem Erdnußhartfett* (nach K. Täufel u. F. Linow 1964)

Aufbewahrung bei 60° C Std	POZ mval/kg	Gesamtcarbonylgehalt (mval/kg) vor der Reduktion	Gesamtcarbonylgehalt (mval/kg) nach der Reduktion
0	0	20,6	23,5
3	22	28,1	18,8
7	66	44,9	19,2
13	428	147,5	110,5
20	788	462,3	183,9
27	1150	664,8	255,1

Auf die vorherige Reduktion der Hydroperoxide kann man bei der Carbonylbestimmung verzichten, wenn man nach F. Linow u. Mitarb. (1966) im essigsauren Milieu arbeitet, da Hydroperoxide in Gegenwart dieser Säuren stabil sind.

Arbeitsvorschrift: Die gewogene Probe wird im 10-ml-Meßkölbchen in Benzol gelöst und zur Marke aufgefüllt. 1 ml dieser Lösung soll mindestens 0,2 und höchstens 2,0 μ Äquivalente an Carbonylen enthalten (linearer Bereich der Eichkurve). In ein 20-ml-Reagensglas mit Schliff werden nacheinander pipettiert: 0,5 ml einer 60%igen benzolischen Essigsäure-Lösung, 1 ml einer 0,05%igen Lösung von 2,4-Dinitrophenylhydrazin in Benzol und 1 ml der obigen Probelösung. Man läßt nach dem Vermischen mindestens 1 Std bei Zimmertemperatur stehen. Anschließend werden 7,5 ml einer 8%igen methanolischen Kaliumhydroxid-Lösung zugesetzt. Genau 10 min nach dem Alkalizusatz wird die Extinktion der entstandenen Färbung bei 430, 460 und 480 mμ gemessen.

Berechnung: Nach R.W. KEITH u. E.A. DAY (1963) getrennt für Alkanale, Alkenale und Alkadienale. Für Vergleichszwecke ist es einfacher, nur die spezifischen Extinktionen $E_{1\,cm}^{1\,\%}$ anzugeben. Fehlergrenze in Modellversuchen $\pm$ 6%.

Die universelle Brauchbarkeit der von A.S. HENICK u. Mitarb. (1954) angegebenen Berechnungsformeln wird nämlich von R.W. KEITH u. E.A. DAY (1963) in Zweifel gezogen. Sie konnten nachweisen, daß etwa anwesende a-Dicarbonylverbindungen das Ergebnis völlig verfälschen und empfehlen, diese Verbindungen durch Adsorption an Aluminiumoxid vor der Messung zu eliminieren und die Extinktionsmessungen der DNPH-Lösung bei 430, 460 und 480 mμ vorzunehmen. Mit Hilfe dreier Regressionsgleichungen kann dann der Gehalt an Alkanalen, Alk-2-enalen und Alk-2,4-dienalen berechnet werden.

Recht gute Ergebnisse mit der Methode von A.S. HENICK u. Mitarb. (1954) erhielten F. BIRDEN u. Mitarb. (1963) bei der Untersuchung von Schmalz und Speiseölen. Auch diese Autoren sehen in der Carbonylzahl ein zuverlässigeres Mittel zur Bestimmung der Verdorbenheit von Fetten als in der Peroxidzahl.

Zum Unterschied von A.S. HENICK u. Mitarb. (1954) verzichten sie auf die Unterscheidung zwischen gesättigten und ungesättigten Carbonylverbindungen und bestimmen unter sonst gleichen Bedingungen nur die Extinktion bei 440 mμ. Es ist dann

$$\text{Carbonylgehalt (mmol/kg)} = \frac{E_{440}}{0{,}42 \cdot p}$$

E_{440} = die bei 440 mμ gemessene Extinktion der Meßlösung
p = die in 5 ml Benzol enthaltene Fetteinwaage in g
0,42 = Konstante.

Bestimmung von a, β-ungesättigten Aldehyden mit Benzidin

Wie auf S. 857 gezeigt wurde, entstehen bei der Spaltung der Hydroperoxide flüchtige und nicht flüchtige Carbonylverbindungen. Die flüchtigen werden durch den üblichen Raffinationsprozeß entfernt, die nicht flüchtigen bleiben im Öl zurück. Diese Verbindungen besitzen zwar selbst keinen Eigengeschmack, werden aber bereits bei Zimmertemperatur durch Lufteinwirkung unter Bildung von Geschmacksstoffen weiter oxydiert, so daß Öle mit einem hohen Gehalt an nicht flüchtigen oxydierbaren Carbonylverbindungen besonders schlecht haltbar sind. Zur Erfassung und Bestimmung eines Teils dieser Carbonylverbindungen, insbesondere der a,β-ungesättigten Aldehyde, ist nach U. HOLM u. Mitarb. (1957) die Reaktion mit Benzidin geeignet, die hier in einer von der IUPAC standardisierten Form wiedergegeben wird.

Bestimmung der Benzidin-Zahl (IUPAC-Methode II. D. 15)

Vorbemerkung:

Die Benzidin-Zahl ist ein Maß für die in einem Fett anwesenden a, β-ungesättigten Aldehyde. Sie wird durch Messung der Extinktion bei 350 mμ des Produktes bestimmt, das durch Reaktion der ungesättigten Aldehyde mit Benzidin erhalten wird. Die Benzidinzahl wird definiert als der 100-fache Betrag der in einer 1-cm-Küvette bestimmten Extinktion einer Lösung, die durch Umsetzung einer 1 gew.-%igen Fettlösung mit Benzidin erhalten wird.

Geräte:

Spektralphotometer
Glasküvetten, 1 cm Schichtdicke
Meßkolben, 25 ml.

Reagentien:

Lösungsmittel: Eine Mischung aus je 50 Vol.-% Isooctan (2, 2, 4-Trimethylpentan) oder reinem Hexan und gereinigtem absolutem Alkohol. Der Alkohol wird durch Zugabe von 0,5 Gew.-% Benzidin und 1 Gew.-% Essigsäure gereinigt. Man läßt die Mischung über Nacht stehen und destilliert. Das Destillat wird durch eine weitere Destillation über festem Kaliumhydroxid rektifiziert.

Für Fette mit einem hohen Schmelzpunkt kann es notwendig sein, eine Mischung von 2 Volumina Isooctan oder reinem Hexan mit 1 Volumen gereinigtem absolutem Alkohol zu verwenden.

Benzidin-Reagens: Eine Lösung von 0,25 Gew.-% Benzidinacetat in einer Mischung von 50 Vol.-% Eisessig und absolutem, wie oben gereinigtem Alkohol (vgl. Anmerkung).

Verfahren:

1—1,5 g Fett (bei abnorm hohen Benzidin-Zahlen entsprechend weniger) werden auf 1 mg genau in den Meßkolben eingewogen. Man löst es in dem geeigneten Lösungsmittel und füllt bis zur Marke auf. Dann wird unter Verwendung einer 1-cm-Küvette die Extinktion bei 350 mμ im Spektralphotometer gemessen, wobei die Vergleichsküvette mit dem Lösungsmittel gefüllt wird. Anschließend pipettiert man genau 5 ml der Fettlösung in ein Reagensglas und genau 5 ml Lösungsmittel in ein zweites Reagensglas. Mit Hilfe einer automatischen Bürette bringt man genau 1 ml Benzidin-Reagens in jedes Rohr und schüttelt dann den Inhalt um. Nach genau 6 min wird die Extinktion des Inhalts des ersten Rohres bei 350 mμ in einer Küvette gemessen, wobei man den Inhalt des zweiten Rohres als Vergleichslösung benutzt.

Berechnung:

$$\text{Benzidin-Zahl} = \frac{25 \cdot (1{,}2\ E_a - E_b)}{p}$$

E_a = Extinktion der Fettlösung nach der Reaktion mit dem Benzidin-Reagens
E_b = Extinktion der Fettlösung
p = Fetteinwaage in g.

Anmerkung:

Benzidin ist toxisch; jede Berührung mit der Haut sollte daher vermieden werden. Es wird empfohlen, für die Abmessung der Benzidin-Lösung eine automatische Apparatur zu verwenden und nur Reagensgläser mit Glasstopfen zu benutzen.

Benzidin reagiert nicht nur mit α,β-ungesättigten Aldehyden, sondern auch mit gesättigten und mehrfach ungesättigten Verbindungen dieser Art. Die Farbintensität ist allerdings um so größer, je mehr Doppelbindungen in der Nähe der Aldehydgruppe anwesend sind (vgl. Tab. 158).

Tabelle 158. *Molare Extinktion einiger Reaktionsprodukte von Benzidin mit Aldehyden* (nach U. Holm u. Mitarb. 1957)

Aldehyd	Molare Extinktion bei 350 mμ	Aldehyd	Molare Extinktion bei 350 mμ
Heptanal	1370	2,4-Hexadienal	15500
2-Nonenal	8000	Zimtaldehyd	18000
Citral	16000		

Es ist daher auch nicht möglich, die ermittelten Extinktionen in Gramm oder Millimole Aldehyd umzurechnen, wenn die Natur des umgesetzten Aldehyds nicht bekannt ist. Da nun die ungesättigten Aldehyde nach Tab. 145 auf S. 861 einen viel intensiveren Geschmack besitzen als die gesättigten, ist es auch nicht möglich, die Benzidinzahl generell zum organoleptisch bestimmbaren Grad der Verdorbenheit in Beziehung zu setzen, wenngleich in einzelnen Fällen diese Korrelation durchaus signifikant sein kann.

Der besondere Wert der Benzidinzahl liegt vielmehr darin, daß bei raffinierten Ölen auch dann noch eine übermäßige Einwirkung des Sauerstoffs in irgendeinem Stadium der Verarbeitung nachgewiesen werden kann, wenn diese durch den Raffinationsprozeß völlig geschmacklos gemacht wurden und keine Peroxidzahl mehr besitzen (vgl. Tab. 159).

Tabelle 159. *Veränderung der Peroxidzahl und Benzidinzahl von Rohölen durch den Raffinationsprozeß* (nach U. HOLM 1957)

Ölsorte	Rohöl		entsäuert		gebleicht		gedämpft	
	Benz.Z.*	POZ	Benz.Z.	POZ	Benz.Z.	POZ	Benz.Z.	POZ
Rapsöl	1,4	2,0	3,2	2,5	8,6	0,4	5,4	0,1
Erdnußöl . . .	1,8	2,0	3,5	1,7	7,6	0,6	5,2	0,1
Kottonöl . . .	1,0**	10,0	2,0	9,5	22,2	0,4	12,4	0,1
Sojaöl	6,3	1,2	6,6	1,4	8,7	0,6	6,2	0,1

* Vom Verfasser aus der von den Autoren angegebenen „Aldehydzahl" berechnet.
** vorraffiniert.

Die von P. MÖLLER (1958) vorgeschlagene Bewertung roher und raffinierter Öle mit Hilfe von Peroxid- und Benzidinzahl erscheint daher durchaus diskutabel.

J. POKORNÝ u. G. JANIČEK (1966) schlagen ein anderes Lösungsmittel vor, in dem sich ranzige Fette leichter lösen:

Die Probe wird in 20 ml Chloroform gelöst. Dann gibt man 5 ml einer 0,5%igen Benzidin-Lösung in Essigsäure hinzu, läßt die Mischung 40 min bei 60°C stehen und mißt die Extinktion $E_{1\,cm}^{1\,\%}$ bei 430 mμ.

Weitere Methoden zur Bestimmung von Aldehyden

Die bei der Umsetzung von Fetthydroperoxiden gebildeten flüchtigen Aldehyde, insbesondere solche mit einer oder zwei Doppelbindungen, verleihen den ranzigen Fetten den ihnen eigenen Geruch und Geschmack. Es lag daher nahe, in der direkten Bestimmung der Aldehyde eine Möglichkeit zur quantitativen Beurteilung des Ausmaßes der Verdorbenheit zu suchen.

TH. VON FELLENBERG (1934) zeigte, daß die bekannte Reaktion mit fuchsinschwefliger Säure auch zur Bestimmung der Aldehydranzigkeit benutzt werden kann. Das von ihm vorgeschlagene Verfahren wurde von H. SCHMALFUSS u. Mitarb. (1935 und 1936a) verbessert und später in ähnlicher Form in die DGF-Methoden aufgenommen. Nach diesem Verfahren werden alle Aldehydgruppen erfaßt und als Hepthylaldehyd angegeben. Da nun die ebenfalls anwesenden nicht flüchtigen Aldehyde nur wenig zum ranzigen Geschmack beitragen, empfehlen K. TÄUFEL u. K. KLENTSCH (1939) sowie W. MANGOLD (1942), die flüchtigen Aldehyde vor der Bestimmung durch eine Wasserdampfdestillation zu trennen. K. TÄUFEL u. R. ZIMMERMANN (1960a) beobachteten, daß die bei der Destillation übergehenden gesättigten und ungesättigten Aldehyde auch mit dem bekannten Thiobarbitursäurereagens (vgl. S. 889) bei 452 mμ bestimmt werden können. Diese Methode scheint zu Werten zu führen, die zu der organoleptisch feststellbaren Verdorbenheit in recht guter Korrelation stehen. Außer diesen Reagentien wurden noch zahlreiche andere auf ihre Eignung zum Aldehydnachweis in ranzigen Fetten geprüft. Das wichtigste von ihnen, das 2, 4-Dinitrophenylhydrazin, wurde schon an anderer Stelle behandelt (vgl. S. 878).

Nachweis und Bestimmung von Aldehyden nach H. SCHMALFUSS u. Mitarb. (1935) *in der Ausführungsform der DGF-Methode C-VI 6b (53)*

Reagentien:

Diamantfuchsin I, DAB VI, große Kristalle
Kaliummetabisulfit
n-Heptanal
Aldehydfreier Petroläther
0,1 n-Salzsäure.

Verfahren:

Herstellung und Prüfung der Fuchsin-Lösung. 5,0 g feinst gepulvertes Fuchsin löst man in 800 ml heißem Wasser von 80° C auf, kühlt ab und gibt dazu eine Lösung von 5,40 g Kaliummetabisulfit in 20 g Wasser, ferner 100,0 ml 0,1 n-Salzsäure und füllt zum Liter auf. Unter öfterem Schütteln läßt man mindestens 2 Std im Dunkeln stehen, schüttelt die aufgehellte Lösung 1 min kräftig mit 3 g Tierkohle und filtriert. Wenn die Lösung noch nicht ganz entfärbt ist, wird die Tierkohlebehandlung noch einmal wiederholt. Die Lösung hält sich in Flaschen mit Glasstopfen, dunkel aufbewahrt, mehrere Wochen. Zur Prüfung werden 2 ml dieser Lösung bei 20° C mit 2 ml einer frischen 0,0005%igen Lösung von n-Heptanal in Petroläther (10 µg Heptanal) 2 min geschüttelt. Nach 1 min Absitzen soll in der Grenzschicht gerade eine Blaufärbung erkennbar sein. Ein gleichzeitig ausgeführter Blindversuch mit reinem Petroläther muß zu einer völlig farblosen Grenzschicht führen.

Bestimmung des Aldehydgehaltes. Ca. 5 g Fett werden auf ± 10 mg genau eingewogen und in wenig aldehydfreiem Petroläther gelöst. Man bringt die Lösung in einen Meßkolben von 10 ml Inhalt und füllt mit Petroläther auf. Bei einer Temperatur zwischen 20 und 25° C wird in Reagensglasversuchen festgestellt, welche geringste Menge dieser Lösung, mit Petroläther auf genau 2 ml aufgefüllt, mit genau 2 ml fuchsinschwefliger Säure nach 2 min langem Schütteln und nach 1 min langem Absitzen eben eine Blaufärbung verursacht. Unter den gleichen Bedingungen wird ein Blindversuch mit Wasser statt mit fuchsinschwefliger Säure ausgeführt und mit dem Hauptversuch verglichen. Die Versuche sind in Reagensgläsern von 16 cm Länge und 1,5 cm ⌀ anzusetzen.

Der Gehalt an freien Aldehyden wird in µg Heptanal je g Fett angegeben.

Das Verfahren läßt sich schnell und einfach durchführen. Die Erfassungsgrenze ist nach H. Schmalfuss (1948) für die einzelnen Aldehyde verschieden. Für n-Heptanal beträgt sie 10 µg. Leider wird sie durch Fett heraufgesetzt. So beträgt sie in Anwesenheit von Cocosfett:

g Cocosfett	0,001	0,01	0,1	1,0
µg Heptanal	25	80	150	300

Bestimmung flüchtiger Aldehyde nach K. Täufel u. R. Zimmermann *(1960a)*

Geräte:

Apparatur nach Abb. 134
Spektralphotometer.

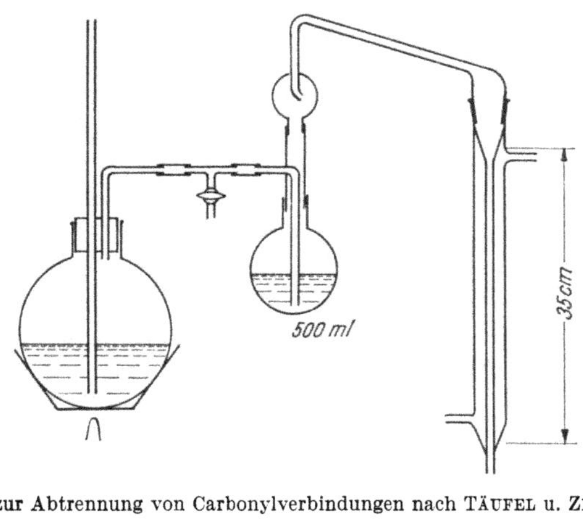

Abb. 134. Apparatur zur Abtrennung von Carbonylverbindungen nach Täufel u. Zimmermann (1960a)

Reagentien:

Eisessig: Eisessig z. A. wird mit 1% Kaliumdichromat mehrere Stunden zum schwachen Sieden erhitzt und anschließend fraktioniert destilliert.

3 n-Salzsäure: Konzentrierte Salzsäure (12 n) wird mit dest. Wasser 1:3 verdünnt.

Eisen(III)-nitrat-Lösung: 4,04 g $Fe(NO_3)_3 \cdot 9H_2O$ (0,01 Mole) werden in Wasser gelöst und im Meßkolben auf 1000 ml aufgefüllt.

Thiobarbitursäure-Reagens: 0,72 g 2-Thiobarbitursäure (0,065 Mole) werden in ca. 90 ml Eisessig durch kurzes Erwärmen auf dem Wasserbad gelöst. Nach dem Erkalten und der Zugabe von 2 ml Eisen(III)-nitrat-Lösung wird die Lösung in einen 100-ml-Meßkolben gebracht und mit Eisessig bis zur Marke aufgefüllt.

Verfahren:

5,0 g Fett werden in einem 500-ml-Rundkolben mit Normalschliff mit 75 ml dest. Wasser sowie 7 ml 3 n-Salzsäure versetzt. Die Wasserdampfdestillation wird so geleitet, daß sich in 10 min 50 ml Destillat in einem graduierten Zylinder sammeln. Vom gemischten Destillat werden 5 ml in einem Reagensglas (25 × 200 mm) mit 5 ml Thiobarbitursäure-Reagens versetzt. Nach dem Vermischen bringt man das Teströhrchen für genau 30 min in ein Wasserbad von 70° C; anschließend wird schnell auf Zimmertemperatur abgekühlt.

Die Lichtabsorption der Lösung wird gegen einen in der gleichen Weise bereiteten Blindversuchsansatz bei 452 mμ mit einem Spektralphotometer gemessen. Bei Extinktionen > 3,0 muß das Destillat vor der Verwendung verdünnt werden.

Berechnung:

$$E_{1\,cm}^{1\,g} = \frac{2 \cdot E \cdot f}{d}$$

E = gemessene Extinktion
f = Verdünnungsfaktor, für die unverdünnte Lösung = 1
d = Schichtdicke in cm.

K. TÄUFEL u. R. ZIMMERMANN (1960a) konnten mit dieser Methode den Anstieg des Aldehydgehalts in autoxydierten Fetten demonstrieren, der nach der Theorie bei der Zersetzung von Peroxiden durch Temperaturerhöhung oder Metalleinwirkung zu erwarten ist (vgl. Tab. 160).

Tabelle 160. *Peroxidzersetzung und Carbonylbildung bei autoxydiertem Sonnenblumenöl nach 1stündigem Erhitzen auf 100° C* (nach K. TÄUFEL u. R. ZIMMERMANN 1960a)

Substrat	Zusatz	POZ mmol O_2/kg	$E_{1\,cm}^{1\,g}$ 452 mμ
Sonnenblumenöl	—	1,4	0,073
Sonnenblumenöl	$CuCl_2$	0,5	0,250
Sonnenblumenöl	$FeCl_3$	0,7	0,918
Sonnenblumenöl, autoxydiert	—	5,9	0,091
Sonnenblumenöl, autoxydiert	$CuCl_2$	1,1	0,770
Sonnenblumenöl, autoxydiert	$FeCl_3$	1,0	2,00

Bestimmung von Methylketonen

Die bei dem biologischen Abbau von Fetten gebildeten Methylketone („Ketonranzigkeit") lassen sich nach einer von K. TÄUFEL u. H. THALER (1932) zuerst angegebenen Methode mit Hilfe von Salicylaldehyd nachweisen, mit dem sie rot gefärbte Kondensationsprodukte bilden. Die Reaktion ist sehr spezifisch, da aliphatische und aromatische Aldehyde sowie rein aromatische Ketone unter den gewählten Bedingungen nicht reagieren (vgl. hierzu K. TÄUFEL u. Mitarb. 1935). Die Rotfärbung ist spezifisch für die Atomanordnung — $CH_2 \cdot CO \cdot CH_2 \cdot$ —.

Nur durch Acetylmethylcarbinol, das in der Butter vorhanden ist, kann nach J. PRITZKER u. R. JUNGKUNZ (1933) Ketonigkeit vorgetäuscht werden. Sie empfehlen daher, in Zweifelsfällen, z. B. beim Methylketonnachweis in Butter und Margarine, das Methylcarbinol vorher mit Eisen(III)-chlorid in Diacetyl umzuwandeln.

Die Methode von TÄUFEL u. THALER wurde von H. SCHMALFUSS u. Mitarb. (1932) wesentlich verbessert und so verfeinert, daß noch 2 μg Methylnonylketon in 1 g Fett nachgewiesen werden können. Diese verbesserte Methode wurde in die DGF-Methodensammlung aufgenommen. K. TÄUFEL u. Mitarb. (1937) schließlich veröffentlichten eine Variante des Verfahrens, die eine stufenphotometrische Auswertung der Farbtiefe zur quantitativen Ketonbestimmung vorsieht.

Bestimmung der Methylketone nach H. SCHMALFUSS u. Mitarb. *(1932) bzw. DGF-Einheitsmethode C–VI 6d (53)*

Geräte:

Destillierapparatur nach Abb. 135
Reagensgläser 6 × 30 mm
Sämtliche Geräte sind mit Chromschwefelsäure zu reinigen und sodann mindestens achtmal mit dest. Wasser su spülen. Die gereinigten Geräte bewahrt man in einem ketonfreien Glasgefäß auf, das luftdicht verschlossen ist. Offen stehende Geräte sind schon nach einigen Tagen für die Prüfung nicht mehr geeignet.

Reagentien:

50%ige Eisen(III)-chlorid-Lösung: Sie wird am Gebrauchstag unter Ersetzen des verdampften Wassers 2 min gekocht, darauf abgekühlt und in einem verschlossenen Jodzahlkolben bei —20° C aufbewahrt.

Salicylaldehyd für den Ketonnachweis, vor Licht und Luft geschützt aufzubewahren.
Rauchende Salzsäure, eisenfrei
Methyl-n-nonylketon
Chloroform, ketonfrei.

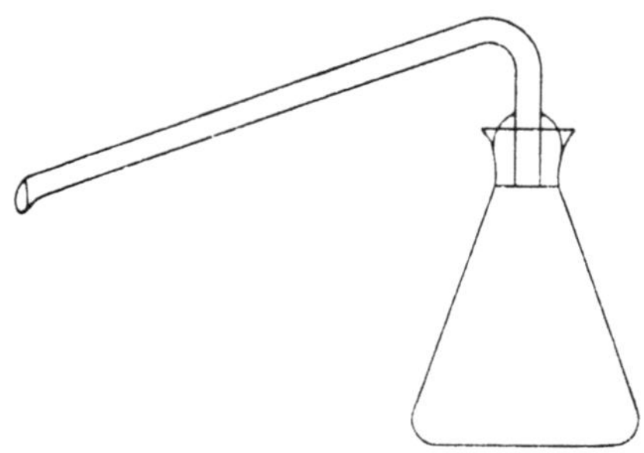

Abb. 135. Apparatur zur Destillation der Methylketone nach SCHMALFUSS u. Mitarb. (1932)

Verfahren:

Zunächst wird ein Blindversuch angesetzt, bei dem die Chloroformtropfen auf Zusatz von Salicylaldehyd und Salzsäure farblos bleiben müssen. Dann führt man den Hauptversuch aus:

In den 10-ml-Erlenmeyerkolben der Destillierapparatur gibt man ein ketonfreies Siedesteinchen, dann 1 ml Eisen(III)-chlorid-Lösung und schließlich ca. 1 g oder weniger der zu untersuchenden Fettprobe, auf ± 10 mg genau eingewogen. Nach dem Aufsetzen des Kühlrohres erhitzt man auf dem Drahtnetz zum schwachen Sieden und fängt 5 Tropfen des Destillats von je 0,03 ml einzeln in je einem Reagensglas auf. Jedes Reagensglas wird mit 0,01 ml reinem Salicylaldehyd und 0,07 ml Salzsäure versetzt, worauf man sie mit Hilfe eines Halters für 3 min ins kochende Wasserbad bringt. Man fügt je 0,01 ml Chloroform hinzu und spült damit den Farbstoff nach unten. Ein roter bis rötlicher Chloroformtropfen zeigt die Gegenwart von Keton an. Man beurteilt die Farbe am besten 2 min nach der Chloroformzugabe und stellt zwischendurch die Röhrchen für kurze Zeit in das Wasserbad, bis der Inhalt völlig klar ist. Eine gelbliche oder bräunliche Farbe gilt als negativer Befund. Um die Menge der anwesenden Methylketone abzuschätzen, führt man einen Vergleichsversuch mit 1 g eines Fettes aus, das 2 μg Methylnonylketon enthält, und andererseits eine Reihe von Hauptversuchen mit verringerter oder vergrößerter Fetteinwaage, bis die Farbtönung der im Haupt- und Vergleichsversuch erhaltenen Chloroformtropfen übereinstimmen.

Das Versuchsergebnis wird in μg Keton, berechnet als Methyl-n-nonylketon je g Fett angegeben.

So einfach dieses Verfahren für den qualitativen Nachweis von Methylketonen ist, so umständlich ist die genaue Bestimmung der Methylketonkonzentration. Es sei daher die Aufmerksamkeit auf das von K. TÄUFEL u. Mitarb. (1937) angegebene stufenphotometrische Verfahren gelenkt, daß sich bei Verwendung moderner Meßgeräte ohne Zweifel zu einem sehr eleganten Analysenverfahren ausbauen läßt.

Stufenphotometrische Methode von K. TÄUFEL *u. Mitarb. (1937)*

Als Destillationsapparatur findet die Makroausführung von H. SCHMALFUSS u. Mitarb. (1932) Verwendung, die gründlich zu reinigen ist. Vor Durchführung des Hauptversuchs wird ein Blindversuch angesetzt. Fällt dieser negativ aus, so werden in den 100-ml-Rundkolben 5 g Fett eingewogen. Hierzu gibt man 20 ml gesättigte Kochsalzlösung, 5 ml Eisen(III)-chlorid-Lösung (10%ig), noch etwas reines gepulvertes Natriumchlorid und einige Siedesteinchen. Nunmehr werden zweimal je 4 ml in Reagensgläser, die bei 4 ml eine Marke aufweisen, abdestilliert. Dem Destillat setzt man jeweils 0,2 ml Alkohol und 10 Tropfen Salicylaldehyd zu und kondensiert mit 2 ml Schwefelsäure. Nach $^1/_4$-stündigem Erwärmen im siedenden Wasserbad werden 5 ml Alkohol zugegeben. Man mißt nach $^1/_4$ Std im Stufenphotometer unter Vorschaltung des Filters S 53. Aus der gemessenen Durchlässigkeit und einer mit reinem Methyl-n-nonylketon aufgestellten Eichkurve läßt sich der Methylketongehalt der Fettprobe berechnen.

Kreis-Reaktion

Eine in ihrer Aussagefähigkeit umstrittene aber trotzdem noch häufig angewendete Reaktion auf ranzige Fette ist die von H. KREIS (1899) angegebene Umsetzung mit Phloroglucin-Salzsäure.

Diese wird nach der ursprünglichen Vorschrift wie folgt ausgeführt:

2 ml Öl oder geschmolzenes Fett werden in einem Reagensglas mit 2 ml Salzsäure von der Dichte 1,19 1 min kräftig geschüttelt und hierauf mit 2 ml einer 0,1 %igen Lösung von Phloroglucin in Äther versetzt. Je nach der Ranzigkeit des Fettes erhält man mehr oder weniger rote bis violette Färbungen. Vgl. auch B.S. 684: 1958.

Verantwortlich für diese Reaktion ist nach allgemeiner durch die Arbeiten von W.C. POWICK (1923) gestützten Ansicht der Epihydrinaldehyd, der als Sekundärprodukt im Laufe der Autoxydation der Fette gebildet wird. Nach den Untersuchungen von ST. PATTON u. Mitarb. (1951) tritt die Rotfärbung aber auch in Anwesenheit von Malondialdehyd (vgl. hierzu S. 890) und den Oxydationsprodukten von Trimethylenglykol und Acrolein auf.

G. B. PAYNE konnte vor kurzem nachweisen, daß ganz reiner Epihydrinaldehyd keine Kreis-Reaktion gibt.

Die Kreis-Reaktion wurde von zahlreichen Forschern nachgeprüft und verbessert. K. TÄUFEL u. P. SADLER (1934) gaben drei Varianten der Methode an, bei denen der Aldehyd vor Ausführung der Farbreaktion durch eine Wasserdampfdestillation von Fett oder fetthaltigen Lebensmitteln getrennt wird. W.P. WALTERS u. Mitarb. (1938) ersetzten die konzentrierte Salzsäure durch eine Lösung von Trichloressigsäure in Amylacetat und erhielten dadurch eine einphasige Reaktionslösung, die für die quantitative Auswertung besser geeignet ist als das ursprüngliche zweiphasige System. Weitere Verbesserungen erfuhr die Methode durch M.F. POOL u. A.N. PRATER (1945) sowie durch B.M. WATTS u. R. MAJOR (1946), die darüber hinaus den Anwendungsbereich der Kreis-Reaktion in gründlichen Untersuchungen bestimmten.

Quantitative Ausführung der Kreis-Reaktion nach M.F. POOL u. A.N. PRATER *(1945)*

Eine Probe des Fettes im Gewicht von 1,5 g oder weniger wird in ein Reagensglas von 18 × 250 mm gebracht und mit Chloroform auf 5,0 ml verdünnt. Zu dieser Mischung gibt man 5,0 ml einer Lösung von 150 g Trichloressigsäure in 500 ml Essigsäure (wasserfrei) und 1,0 ml einer Lösung von 1,0 g Phloroglucin in 100 ml Eisessig. Die erhaltene Mischung wird mit Hilfe eines Luftstroms 2 oder 3 sec gerührt und dann in ein Wasserbad von 45°C gebracht. Nach genau 15 min nimmt man das Rohr aus dem Bad und gibt 4 ml 95 %igen Alkohol hinzu. Innerhalb weniger Minuten wird die Transmission der Lösung im photoelektrischen Colorimeter unter Verwendung eines gelb-grünen Filters mit einem Transmissionsmaximum von ca. 545 mμ gemessen. Die Vergleichslösung wird in gleicher Weise wie die Prüflösung bereitet mit dem Unterschied, daß anstelle der Phloroglucin-Lösung 1 ml Eisessig zugesetzt wird.

POOL u. PRATER (1945) konnten an Hühnerfett, das durch Einleiten von Luft bei 100° C oxydiert wurde, zeigen, daß die Peroxidzahl und die nach ihrer Methode gefundene Transmission zueinander im reziproken Verhältnis stehen (vgl. Tab. 161).

Tabelle 161. *Vergleich von Peroxidzahl und Farbintensität der Kreis-Reaktion von oxydiertem Hühnerfett* (nach M.F. POOL u. A.N. PRATER 1945)

Belüftungszeit, Std	POZ mval/kg	% Transmission in drei Parallelversuchen		
0	0	87,8	87,8	88,0
1	1,5	77,6	77,0	77,5
3	2,5	69,5	69,3	69,0
6	6,0	59,0	59,4	59,6
12	67,0	5,8	5,7	5,8

Die Autoren beobachteten ferner, daß verschiedene Fette bei gleicher Peroxidzahl ganz unterschiedliche Farbintensitäten zeigen.

Das Verfahren von POOL u. PRATER wurde von B.M. WATTS u. R. MAJOR (1946) kritisch nachgeprüft und in wesentlichen Punkten weiter verbessert.

Ausführung der Kreis-Reaktion nach B.M. WATTS *u.* R. MAJOR *(1946)*

Geräte:

Photoelektrisches Colorimeter mit Filter maximaler Transmission bei 540 mμ oder Spektralphotometer.

Reagentien:

Lösung A: 30 g Trichloressigsäure, wasserfrei, werden in 100 ml Eisessig gelöst.
Lösung B: 1 g reinstes farbloses Phloroglucin wird in 100 ml Eisessig gelöst.
Beide Lösungen sind bei Aufbewahrung in dunklen Flaschen mindestens 7 Monate haltbar.

Verfahren:

Das zu untersuchende Fett wird in wasserfreiem Chloroform gelöst. Ein aliquoter Teil dieser Lösung mit einem Gehalt von 0,2 g Fett wird in ein Colorimeterrohr gefüllt und mit Chloroform auf 3 ml aufgefüllt. Man gibt 6 ml Reagens A und 1 ml Reagens B hinzu, schüttelt 10 sec. läßt genau 15 min bei 37° C stehen und kühlt 3 min. Dann bestimmt man die Extinktion gegen eine Blindlösung, die die gleiche Menge der Lösung des Fetts in Chloroform, keine Lösung B aber 7 ml der Lösung A enthält.

Berechnung:

$$\text{Farbwert der Kreis-Reaktion} = \frac{E}{0{,}02}$$

E = die bei 540 mμ gemessene Extinktion
0,02 = die Konzentration des Fettes in g/ml der Lösung im Colorimeterrohr.

Die Autorinnen benutzten ihr Verfahren, um die Beziehungen zwischen der Peroxidzahl und der Kreis-Farbe an zahlreichen Fetten zu prüfen, die durch Belüften bei 105° C einer künstlichen Alterung unterzogen waren.

Sie fanden in Übereinstimmung mit früheren Autoren, daß die Relation zwischen Kreis-Farbwert und Peroxidzahl mit der Art des Fettes variiert und konnten darüber hinaus zeigen, daß die Intensität der Rotfärbung dem Linolsäuregehalt der Fette proportional ist. Bei der Lagerung tierischer Fette (Butter, Hühner- und Schweinefett) erreicht der Kreis-Farbwert ein Maximum und fällt dann ab, während die Peroxidzahl noch weiter ansteigt.

In neuerer Zeit wurden die Verfahren zur Ausführung der Kreis-Reaktion von G. VALENTINIS (1962) nachgeprüft. Er zeigte, daß noch zuverlässigere Werte nach dem Verfahren von WATTS u. MAJOR erhalten werden, wenn man das Phloroglucin in Lösung B durch Resorcin ersetzt und die Extinktion bei 565 mμ mißt.

Beziehungen zwischen Kreis-Reaktion und Ranzigkeit

Diese Beziehungen sind Gegenstand zahlreicher Diskussionen. Da die Kreis-Reaktion auf die Anwesenheit von Epihydrinaldehyd und Malondialdehyd deutet, andere Verbindungen von weitaus stärkerer Geschmacksintensität wie die ungesättigten Aldehyde aber nicht angezeigt werden, ist die Kreis-Reaktion nach K. TÄUFEL u. P. SADLER (1934) wohl ein Ausdruck für das Fortschreiten der Autoxydation, nicht aber für eine organoleptisch wahrnehmbare Ranzigkeit. Sie gleicht darin der Peroxidzahl. So ist es zu verstehen, daß auch die Deutsche Fettanalysenkommission (WIZÖFF) der Kreis-Reaktion keine entscheidende Rolle bei der Beurteilung der Fettranzigkeit zuerkennen wollte (J. DAVIDSOHN 1930). Entgegen dieser allgemeinen Ansicht kamen aber G. VALENTINIS (1962) und andere Forscher zu dem Ergebnis, daß in zahlreichen Fällen diese Beziehung doch besteht.

Die Thiobarbitursäure-Reaktion

H.I. KOHN u. M. LIVERSEDGE (1944) machten die Beobachtung, daß verschiedene tierische Gewebe unter dem Einfluß des Luftsauerstoffs Verbindungen hervorbringen, die beim Erhitzen mit 2-Thiobarbitursäure (TBS) unter Rotfärbung reagieren. F. BERNHEIM u. Mitarb. (1947) konnten nachweisen, daß diese unbekannten Verbindungen Oxydationsprodukte der in den Geweben enthaltenen Fette sind. ST. PATTON u. G.W. KURTZ (1951) zeigten, daß Malondialdehyd mit TBS unter Bildung desselben Farbstoffs reagiert, der auch bei der Einwirkung von TBS auf oxydierte Fette erhalten wird. Es ist also anzunehmen, daß Malondialdehyd zumindest eine der durch autoxydativen Fettabbau entstandenen Verbindungen ist, die für die TBS-Reaktion verantwortlich sind.

R.O. SINNHUBER u. Mitarb. (1958) stellen die Kondensation zwischen Thiobarbitursäure und Malondialdehyd durch folgende Formel dar:

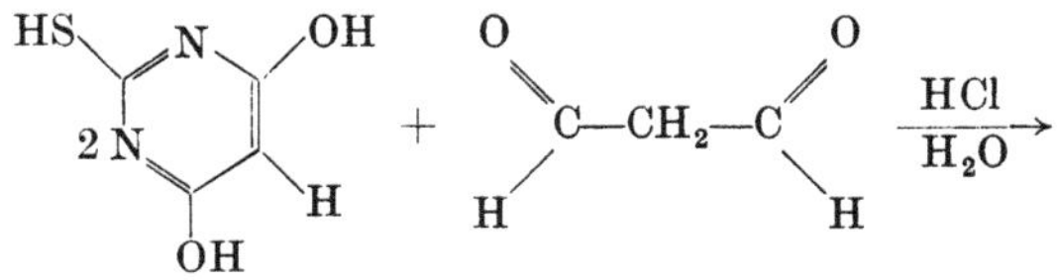

TBS Malonaldehyd

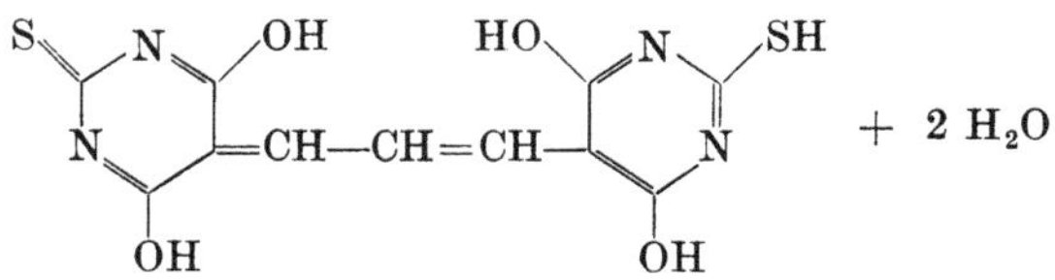

TBS-Farbstoff

Zu einer etwas anderen Strukturformel gelangt H. SCHMIDT (1959a und 1959b). Auf die strukturelle Verwandtschaft des im Kreis-Test durch Phloroglucinkondensation entstehenden Farbstoffs mit dem TBS-Farbstoff macht auch ST. PATTON (1960) aufmerksam. Das Absorptionsmaximum liegt bei 532 mμ. Nach früheren Ermittlungen (K. WILBUR u. Mitarb. 1949) reagieren die Autoxydationsprodukte der Linolensäure stärker mit TBS als die der Linolsäure, während oxydierte Arachin-, Öl- und Stearinsäure überhaupt keine Färbung geben. Demgegenüber konnten K. TÄUFEL u. R. ZIMMERMANN (1961) in einer sehr detaillierten Untersuchung zeigen, daß auch aus gesättigten und konjugierten Fettsäuren TBS-Farbstoffe entstehen.

Leider ist die TBS-Reaktion nicht sehr spezifisch. Versuchen von K. TÄUFEL u. R. ZIMMERMANN (1961) ist zu entnehmen, daß unter anderem auch Kohlehydrate, Dicarbonsäuren und Aminosäuren nach UV-Bestrahlung mit dem TBS-Reagens unter Farbstoffbildung reagieren. Andererseits hat die TBS-Reaktion den Vorzug einer 30- bis 80-mal größeren Empfindlichkeit gegenüber dem Anfangsstadium der Autoxydation als die Peroxidzahl und häufig den einer besseren Korrelation zur organoleptisch bestimmten Ranzigkeit als andere Verdorbenheitskennzahlen. Ein universal anwendbares Unterscheidungsmittel zwischen intakten und verdorbenen Fetten ist allerdings auch die Thiobarbitursäurereaktion nicht. Vgl. hierzu die kritischen Studien von B.G. TARLADGIS u. Mitarb. (1962), A. PURR (1964) und W.D. POHLE u. Mitarb. (1964).

Die bisher bekannt gewordenen auf der TBS-Reaktion beruhenden analytischen Verfahren lassen sich nach A. PURR (1964) wie folgt unterteilen:

Methode A: Das zu untersuchende Fett wird mit Mineralsäure und TBS auf 100°C erhitzt. Sodann wird das Fett von der rot gefärbten wäßrigen Lösung durch Zentrifugieren getrennt und von der Wasserphase die Extinktion bei 532 mμ bestimmt (C.G. SIDWELL u. Mitarb. 1954).

Methode B: Das Fett wird mit Mineralsäure und TBS auf 100°C erhitzt. Nach dem Zentrifugieren wird der gebildete rote Farbstoff mit geeigneten Lösungsmitteln, z. B. i-Amylalkohol-Pyridin, extrahiert und die Extinktion des Extraktes bei 532 mμ bestimmt (W.L. DUNKLEY u. W.G. JENNINGS 1951).

Methode C: Bei dieser auch für fetthaltige Lebensmittel geeigneten Methode wird der Malondialdehyd durch eine Wasserdampfdestillation beim pH-Wert 1,5 abgetrieben und dann in üblicher Weise durch Umsetzung des Destillats mit TBS bestimmt.

Besonderes Interesse verdient eine von K. TÄUFEL u. R. ZIMMERMANN (1960a und 1961) mitgeteilte Variante. Diese Autoren fanden, daß bei Ausführung der TBS-Reaktion bei 70° C in Gegenwart von Eisen(III)-chlorid alle gesättigten und ungesättigten Aldehyde ein scharf ausgeprägtes Extinktionsmaximum bei 452 mμ bilden. Nur Malondialdehyd, Succindialdehyd und 2,4-Heptadienal zeigen nach der Umsetzung mit TBS außerdem noch ein Maximum bei 530 mμ.

Alle Analysenvorschriften zur TBS-Reaktion haben stark empirischen Charakter, d.h. sie geben nur dann reproduzierbare Resultate, wenn Höhe und Dauer der Erhitzung, Konzentration der Reaktionspartner und andere Bedingungen genau eingehalten werden. Als Maßeinheit wird entweder die Extinktion der Meßlösung, die auf 1 g Fett und 1 cm Schichtdicke umgerechnete Extinktion oder aber die äquivalente Menge (Mole oder mg) Malondialdehyd angegeben.

Die Bezugnahme auf Malondialdehyd ist möglich geworden, nachdem R.O. SINNHUBER u. T.C. YU (1958) im 1,1,3,3-Tetraäthoxypropan einen definierten Stoff gefunden hatten, der bei der Hydrolyse unter den Bedingungen des TBS-Testes quantitativ in Malondialdehyd und Wasser gespalten wird, so daß mit seiner Hilfe eine Eichkurve zur spektralphotometrischen Auswertung aufgestellt werden kann (vgl. H. SCHMIDT 1959a).

Im folgenden werden nun einige Analysenvorschriften zur Ausführung der TBS-Reaktion gebracht, die besonders zur Analyse autoxydierter Fette und fetthaltiger Lebensmittel geeignet sind.

Direkte Methode von C.G. SIDWELL *u. Mitarb. (1954)*

Geräte:

Schüttelrohre mit Glastopfen
Schütteleinrichtung mit regulierbarer Frequenz
Spektralphotometer.

Reagentien:

Eisessig z. A.
2-Thiobarbitursäure, reinst: das Präparat soll aus weißen Kristallen bestehen,
Benzol, thiophenfrei oder Tetrachlorkohlenstoff z. A.

TBS-Lösung: 0,67 g Thiobarbitursäure werden in wenig Wasser unter Erhitzen auf dem Wasserbad gelöst. Man bringt die Lösung in einen 100-ml-Meßkolben, kühlt und füllt mit Wasser bis zur Marke auf.

TBS-Reagens: TBS-Lösung und Eisessig werden im Verhältnis 1:1 gemischt.

Verfahren:

3,00 g des geschmolzenen Fetts werden in ein Schüttelrohr gebracht und in 10 ml Benzol oder Tetrachlorkohlenstoff gelöst. Man läßt 10 ml des TBS-Reagens zufließen, verschließt das Rohr und schüttelt in horizontaler Stellung 4 min mit annähernd 125 Schwingungen pro Minute. Dann bringt man den Inhalt in einen Scheidetrichter und zieht die wäßrige Schicht in ein Reagensglas von 25 × 200 mm ab. Das Rohr wird 30 min in ein siedendes Wasserbad gebracht, anschließend sofort gekühlt und ein Teil des Inhalts in eine Küvette überführt. Man liest die Extinktion bei 530 mμ gegen dest. Wasser ab.

Die Autoren untersuchten nach dieser Methode pflanzliche und tierische Fette, wie Sojaöl, Kottonöl und Butterfett. Sie fanden, daß die TBS-Reaktion eine bessere Unterscheidung zwischen haltbaren und nicht haltbaren Fetten ermöglicht als die POZ. Beim Butterfett wurde sogar eine direkte Beziehung zwischen der Höhe des TBS-Wertes und der Intensität des Verdorbenheitsgeruchs und -geschmacks gefunden.

Direkte Methode zur Bestimmung der Thiobarbitursäurezahl (TBZ) nach H. SCHMIDT *(1959a)*

Geräte:

Apparatur zur Bestimmung der TBZ nach Abb. 136
Reagensglas 23 × 250 mm
Glafilternutsche 3 G 3
Colorimeter oder Spektralphotometer
Küvetten, 1 cm Schichtdicke.

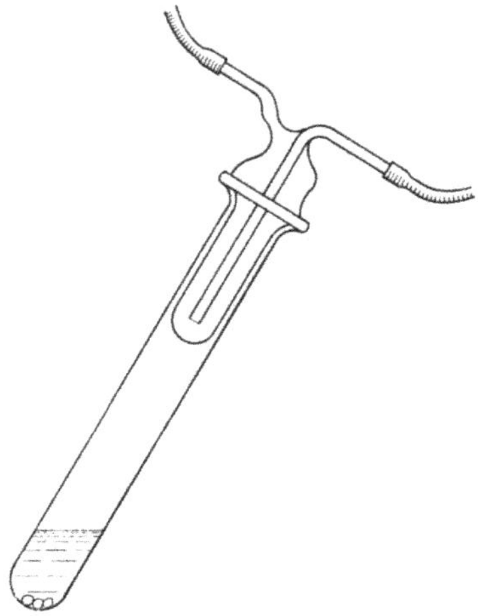

Abb. 136. Apparatur zur Bestimmung der Thiobarbitursäurezahl n. Schmidt (1959a)

Reagentien:

Wäßrige 2-Thiobarbitursäure-Lösung, 0,01 bzw. 0,02 molar
0,7 n-Salzsäure
20%ige Trichloressigsäure
1,1,3,3-Tetraäthoxypropan[1]
Alkohol, 40%ig.

Verfahren:

1 g Fett wird auf 5 mg genau in ein Reagensglas eingewogen. Dazu werden 10 ml 0,01 m wäßrige TBS-Lösung, 5 ml 0,7 n-Salzsäure und drei kleine Glasperlen gegeben. Das Reagensglas wird oben mit einem Einhängekühler verschlossen und in schwach geneigter Stellung (vgl. Abb. 135) mit einem Mikrobrenner, vom Beginn des Siedens an gerechnet, 30 min zum Sieden erhitzt. Das Sieden darf nicht unterbrochen werden. Dann wird das Glas möglichst schnell unter der Wasserleitung auf Zimmertemperatur abgekühlt. Darauf werden 5 ml verdünnte Trichloressigsäure zugegeben. Die Mischung wird so oft durch die Glasfilternutsche filtriert, bis sie völlig klar ist und dann in eine 1-cm-Küvette gegeben, wo die Extinktion bei 532 mμ gegen eine Blindprobe gemessen wird, die aus 10 ml 0,01 m-TBS-Lösung, 5 ml 0,7 n-Salzsäure und 5 ml 20%iger Trichloressigsäure besteht und nicht erhitzt wird.

Berechnung:

$$\begin{array}{c}\text{Thiobarbitursäurezahl (TBZ)} \\ \text{(mg Malondialdehyd/kg Fett)}\end{array} = \frac{e \cdot f}{d \cdot A}$$

e = am Gerät gemessene Extinktion
d = Schichtdicke in cm
A = Einwaage in g
f = aus der Eichkurve berechneter Faktor zur Umrechnung der Extinktion auf Thiobarbitursäurezahlen.

Aufstellung der Eichkurve:

Zur Aufstellung der Eichkurve werden 0,2, 0,4, 0,6, 0,8, 1,0, 1,2, 1,4 bzw. 1,6 ml einer 0,0001 molaren Lösung von Tetraäthoxypropan in 40%igem Alkohol in die Reagensgläser gegeben, dazu 4,8, 4,6, 4,4, 4,2, 4,0, 3,8, 3,6 bzw. 3,4 ml dest. Wasser und jeweils 5 ml 0,2 m-TBS-Lösung sowie 5 ml 0,7 n-Salzsäure und nach dem Abkühlen jeweils 5 ml 20%ige Trichloressigsäure. Die erhaltenen Extinktionswerte werden über den Konzentrationen in ein Koordinatennetz eingetragen. Aus der Eichgeraden wird schließlich der Faktor f berechnet. Dieser Faktor wurde von H. Schmidt für das Colorimeter Elko II mit Filter S 53 E zu 11,6 und für das Spektralphotometer Unicam SP 500 zu 9 gefunden.

H. Schmidt (1959a) fand bei kühl gelagertem Speck eine ausgezeichnete Korrelation zwischen TBZ und Geschmacksnote, nicht jedoch in allen Fällen bei Speck, der bei Zimmertemperatur gelagert wurde.

G. A. Jacobson u. Mitarb. (1964) berichten über eine direkte Methode, bei der in homogener Phase gearbeitet und eine Temperatur von 60° C nicht überschritten wird, um Zersetzung der Hydroperoxide und der TBS zu vermeiden:

In einen 125-ml-Jodzahlkolben mit festsitzendem Glasstopfen werden 0,1 g Fett, 10 ml Lösungsmittel (50 Teile Isooctan, 27 Teile n-Propanol und 3 Teile Wasser) und 10 mg kristalline TBS gebracht. Die Flasche wird verschlossen und dann bei abgehobenem Stopfen 10 sec mit 180 Schwingungen pro Minute geschüttelt. Dann verschließt man die Flasche, erhitzt 30 min in einem Sandbad von 60°C, kühlt unter fließendem Wasser und bestimmt die Extinktion bei 452 und 532 mμ.

Die Höhe der Extinktion bei 452 mμ erwies sich als ein brauchbarer Maßstab für die Geschmacksqualität von Rinderfett, Kottonöl und Bratfett, während die Extinktionen bei 532 mμ sich besser zur Beurteilung des Geschmacks von Sojaöl, Schweineschmalz und gebrauchtem Bratfett eigneten.

[1] Lieferfirma: Fluka AG, Chem. Fabrik, Buchs/SG (Schweiz)

Indirekte Methoden

Mit Hilfe der indirekten Methoden, bei denen die Aldehyde vor der Umsetzung mit TBS durch eine Wasserdampfdestillation abgetrennt wurden, läßt sich auch die Qualität des in Lebensmitteln enthaltenen Fettes beurteilen. Häufig werden diese Methoden aber auch für die Untersuchung von reinen Fetten verwendet (B. A. J. SEDLÁČEK 1958 und K. TÄUFEL u. R. ZIMMERMANN 1960a).

Destillationsmethode nach B. A. J. SEDLÁČEK *(1958)*

Reagentien:

TBS-Reagens: Lösung A: 1 g Thiobarbitursäure wird in 50 ml Wasser durch Zusatz von 2 ml 3 n-Natronlauge unter Erwärmen gelöst. Nach Abkühlung werden dieser Lösung 0,4 ml 3 n-HCl zugesetzt. Diese Lösung wird im Meßkolben mit dest. Wasser auf 100 ml aufgefüllt.

Lösung B: Konzentrierte Phosphorsäure (85%ig).

Verfahren:

5 g der Ölprobe werden in einen Rundkolben (500 ml Inhalt mit Schliff) eingewogen und mit 100 ml dest. Wasser und 5 ml 3 n-HCl versetzt. Nach dem Zusatz von einigen Glaskugeln wird der Kolben durch einen Destillieraufsatz mit Schliff mit einem 50 cm langen Liebig-Kühler, der in einer Allonge endet, verbunden. Der Kolben wird auf einem Asbest-Drahtnetz erwärmt und die destillierende Flüssigkeit in einem kalibrierten Meßzylinder aufgefangen. Die Destillation wird so gelenkt, daß in 6 min 30 ml Flüssigkeit übergehen. In ein Reagensglas von 20 × 200 mm pipettiert man 20 ml des Destillats und je 1 ml der Lösungen A und B. Nach gründlichem Durchmischen wird 35 min im kochenden Wasserbad erwärmt. Gleichzeitig muß ein Blindversuch ausgeführt werden. Die Intensität der rosa bis roten Färbung wird colorimetrisch bei 530 mμ oder unter Anwendung eines Grünfilters gemessen. Die Ergebnisse werden durch die Extinktion ausgedrückt.

Nach dieser Methode wurde von B. A. J. SEDLÁČEK die Beziehung zwischen organoleptischer Ranzigkeit und TBS-Extinktion an zahlreichen raffinierten Ölen geprüft. Die wichtigsten Daten sind in Tab. 162 zusammengefaßt.

Tabelle 162. *Korrelation zwischen organoleptischer Ranzigkeit und TBS-Extinktion bei pflanzlichen raffinierten Ölen* (nach B. A. J. SEDLÁČEK 1958)

Organoleptische Qualität*	TBS-Extinktion bei 530 mμ (Mittelwerte)			
	Erdnußöl	Sonnenblumenöl	Sojaöl	Rapsöl
10	0,012	0,030	—	—
9	0,041	0,042	—	0,094
8	0,056	—	0,029	—
7	—	0,062	0,208	0,220
6	—	—	0,185	0,153
4	—	0,810	0,777	0,757
3	—	0,637	0,659	0,717
2	—	1,097	1,071	—

* 10 = frisch; 5 = mit kratzigem Beigeschmack; 1 = stark ranzig.

Das Fortschreiten der Ranzigkeit ist bei jeder Ölsorte durch die TBS-Reaktion gut zu verfolgen. Es gilt allerdings auch hier die für zahlreiche andere chemische Prüfmethoden gültige Regel: Gleiche TBS-Werte bedeuten bei verschiedenen Ölen nicht den gleichen organoleptisch feststellbaren Grad der Verdorbenheit.

Destillationsmethode nach K. TÄUFEL *u.* R. ZIMMERMANN *(1960a)*

Die auf S. 885 wiedergegebene Methode dieser Autoren zur Bestimmung der gesättigten und ungesättigten Aldehyde kann auch zur gleichzeitigen Bestimmung des Malondialdehyds benutzt werden.

5 ml des bei der Wasserdampfdestillation von 5,0 g Fett erhaltenen Destillats werden mit 5 ml Thiobarbitursäure-Reagens, ohne Zusatz von Eisen(III)-nitral hergestellt, für 30 min in

ein siedendes Wasserbad gebracht. Man ermittelt die Extinktion bei 530 mμ in analoger Weise und berechnet das Ergebnis wie folgt:

$$E_{1\,cm}^{1\,g} = \frac{2 \cdot E}{d}$$

E = abgelesene Extinktion
d = Schichtdicke.

TÄUFEL u. ZIMMERMANN (1960a) betonen allerdings, daß die nach S. 885 bestimmte Extinktion des TBS-Farbstoffs bei 452 mμ dem organoleptisch beobachteten Grad der Verdorbenheit besser gerecht wird als die Extinktion bei 530 mμ.

Anwendung der Destillationsmethode auf Lebensmittel

Auch zur Untersuchung fetthaltiger Lebensmittel auf Verdorbenheit des Fettanteils ist die Destillationsmethode gut geeignet. Hierzu zwei Beispiele:

C. G. SIDWELL u. Mitarb. (1955) empfehlen die TBS-Methode als wirksames Mittel zur Bestimmung der Güte von Vollmilchpulver.

15,0 g Milchpulver werden in einen trockenen Kjeldahlkolben von 800 ml Inhalt eingewogen und mit 75 ml Wasser oder der zwei- bis dreifachen Menge versetzt und unter Umschwenken gleichmäßig befeuchtet. Man gibt 7,0 ml 3 n-HCl bzw. die zwei- bis dreifache Menge hinzu, mischt gut durch und leitet nach Zusatz von etwas Antischaummittel soviel Dampf hindurch, daß in einem nachgeschalteten graduierten Zylinder in 10 min 50 ml Kondensat aufgefangen werden. 20 ml des gemischten Destillats werden in ein Reagensrohr von 25 × 200 mm pipettiert und mit 2,0 ml TBS-Reagens (0,67 g TBS werden mit 75 ml Eisessig einige Minuten erwärmt. Dann gibt man 2 ml konzentrierte HCl hinzu, kühlt und füllt mit Eisessig auf 100 ml auf.) versetzt. Die Mischung wird 35 min im siedenden Wasserbad erhitzt. Nach dem Abkühlen wird die Extinktion bei 530 mμ bestimmt und um den in analoger Weise ermittelten Blindwert korrigiert. Die Resultate stimmen in Parallelversuchen auf 0,01 Extinktionseinheiten überein.

Die so erhaltenen TBS-Werte stehen in direkter Beziehung zur Lagerungszeit und -temperatur des Milchpulvers.

Eine ähnliche Methode für die Untersuchung von Fleischprodukten wurde von B. G. TARLADGIS u. Mitarb. (1960) mitgeteilt. Die Autoren vereinfachten das Verfahren von C. G. SIDWELL u. Mitarb. (1955) vor allem dadurch, daß sie auf das Einleiten von direktem Dampf verzichten. Dadurch wird die Ausführung von Parallelversuchen sehr erleichtert.

10 g Fleisch werden mit 50 ml dest. Wasser 2 min in einem Star-Mix zerkleinert. Die Mischung wird quantitativ in einen Kjeldahlkolben gebracht, wobei man mit 47,5 ml Wasser nachwäscht. Dann wird der Ansatz mit ca. 2,5 ml Salzsäure (1:2) auf den pH-Wert 1,5 eingestellt und nach Zugabe von etwas Antischaummittel und einigen Siedesteinen so rasch erhitzt, daß, vom Moment des Siedens an gerechnet, in 10 min 50 ml Destillat übergehen. 5 ml des gemischten Destillats werden in ein 50-ml-Glasrohr mit Glasstopfen gebracht und mit 5 ml einer 0,02 m-TBS-Lösung in 90%igem Eisessig versetzt. Man mischt gut durch und erhitzt 35 min in kochendem Wasser. Danach kühlt man 10 min unter Leitungswasser und bestimmt die Extinktion bei 538 mμ gegen eine Blindprobe aus dest. Wasser und dem TBS-Reagens. Unter Verwendung von Tetraäthoxypropan als Eichsubstanz kann, wie auf S. 892 beschrieben, eine Eickhurve aufgestellt werden, so daß die Ergebnisse auch in mg Malondialdehyd auf 1000 g Fleisch ausgedrückt werden können.

In Form der Destillationsmethode werden der TBS-Reaktion in Zukunft noch zahlreiche Anwendungsmöglichkeiten zur Kontrolle des Frischezustandes von tiefgekühlten fetthaltigen Lebensmitteln offenstehen. Gerade durch den Verzicht auf eine vorherige Extraktion des Fettes wird vermieden, daß der für das Verderben charakteristische Aldehydgehalt in nicht proportionaler Weise verringert wird. Es ist allerdings zu beachten, daß auch viele nicht aus dem Fettverderben stammende Aldehyde die TBS-Reaktion geben können (K. TÄUFEL u. R. ZIMMERMANN 1961).

Der Hexylresorcintest

Auch mit 4-Hexylresorcin reagiert der bei der Autoxydation von Fetten entstehende Malondialdehyd, und zwar unter Bildung eines tiefblauen Farbstoffs. So konnte H.E. SCHMIDT (1968) bei einem Erdnußöl, das weder eine POZ aufwies noch mit Thiobarbitursäure eine Rotfärbung gab, mit Hexylresorcin Blaufärbungen beobachten, deren Extinktionswerte in der 1-cm-Küvette zwischen 0,3 und 0,8 lagen. Derselbe Autor gibt folgende Arbeitsvorschrift:

In einem 10-ml-Meßkolben werden 1 g Öl und 0,4 ml 4-Hexylresorcin-Lösung (25 g 4-Hexylresorcin im 50-ml-Meßkolben in 96%igem Äthanol lösen und bis zur Marke auffüllen) gemischt. Nach Zugabe von 8 ml Trichloressigsäure-Lösung (25 g in 50 ml äthanolischer Lösung) wird der verschlossene Kolben 30 min im Wasserbad auf 45 ± 0,5° C erwärmt. Nach dem Abkühlen der Lösung auf 20° C wird der Kolben mit Trichloressigsäure-Lösung bis zur Marke aufgefüllt und die Extinktion der blauen Lösung bei 605 mμ gegen eine Blindprobe gemessen. Die auf genau 1 g Öl berechnete Extinktion wird als Maß für den Oxydationsgrad von Ölen angegeben.

Ähnlich wie bei der TBZ (vgl. S. 892) wird sich das Ergebnis, wahrscheinlich mit Hilfe einer Eichkurve, auf die äquivalente Menge Malondialdehyd umrechnen lassen.

δ) Bestimmung von Epoxidgruppen

Zur Bestimmung der bei der Autoxydation der Fette durch Sekundärreaktionen der Peroxide mit Doppelbindungen gebildeten Epoxidgruppen — auch Oxirangruppen genannt — ist nach D. SWERN u. Mitarb. (1947) prinzipiell die von B.H. NICOLET u. T.C. POULTER (1930) angegebene Umsetzung mit Halogenwasserstoffen geeignet, z.B.:

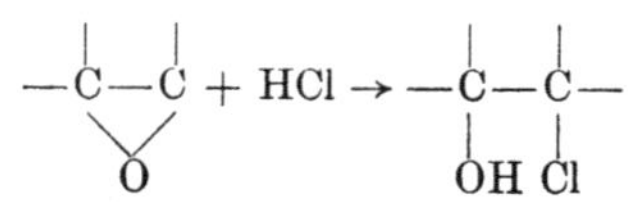

Diese Reaktion hat zahlreiche Abänderungen erfahren. D. SWERN u. Mitarb. (1947) setzen die Epoxide mit einer 0,2 n-Lösung von trockenem Salzsäuregas in absolutem Äther um und titrieren die nicht verbrauchte Salzsäure mit 0,1 n-Natronlauge in Gegenwart von Phenolphthalein zurück. G. KING (1949) vereinfachte das Verfahren dadurch, daß er zur Aufspaltung des Oxiranringes eine Lösung von 1—1,5 ml konzentrierter wäßriger Salzsäure in 100 ml Dioxan verwandte. Dieser Autor machte indessen ebenso wie SWERN darauf aufmerksam (G. KING 1951), daß sowohl α, β-ungesättigte Aldehyde als auch α-ungesättigte Ketone vom Typus R · CO · CH=CH · R' die Reaktion beeinflussen. A.J. DURBETAKI (1956a) zeigte, daß sich der Oxiran-Sauerstoff auch direkt titrieren läßt, wenn man mit einer Lösung von Salzsäuregas in Eisessig arbeitet und den Umschlagspunkt potentiometrisch ermittelt. Noch einfacher ist eine zweite ebenfalls von A.J. DURBETAKI (1956b) angegebene Methode, bei der die in Eisessig gelöste Epoxidverbindung mit einer Lösung von Bromwasserstoffgas in Eisessig, unter Verwendung von Kristallviolett als Indicator, titriert wird. Diese Methode ist aber ebenso wenig wie die von SWERN (1947) bzw. KING (1949) angegebene auf Autoxydationsprodukte anwendbar, die α- und β-ungesättigte Ketone u. a. interferierende Autoxydationsprodukte enthalten. Die Bromwasserstoff-Methode wurde als Tentative Method unter Nr. Cd 9 - 57 in die AOCS-Methodensammlung aufgenommen und ist für die Untersuchung von epoxydierten Fettsäuren und Epoxyverbindungen generell gut anwendbar. Da nun auch in der Natur zahlreiche Epoxyfettsäuren, besonders in Anthelminticis, vorkommen (vgl. C.R. SMITH u. Mitarb. 1960), zu deren Bestimmung diese Methode recht gut brauchbar ist, sei sie hier kurz beschrieben (vgl. auch S. 736):

Bestimmung des Oxiran-Sauerstoffs nach A.J. DURBETAKI *(1956b)*
(Vgl. auch AOCS-Methode Cd 9 — 57, rev. 1963)

Geräte:

Bürette mit Vorratsgefäß und Trockenröhren wie zur Karl-Fischer-Titration, vgl. S. 769
Gummistopfen mit einer großen Öffnung zur Aufnahme der Bürettenspitze und einer kleinen für die entweichende Luft
Magnetrührer mit teflonumkleidetem Rührstäbchen.

Reagentien:

Eisessig z. A.
Benzol z. A.
Chlorbenzol, reinst
Indicator-Lösung: 0,1% Kristallviolett in Eisessig.

0,1 n-Lösung von Bromwasserstoff in Eisessig, durch Lösen von Bromwasserstoffgas in Eisessig hergestellt. Die Einstellung erfolgt durch Titration von 0,1 g Natriumcarbonat z. A. in 5 ml Eisessig auf den blaugrünen Umschlagspunkt des Kristallvioletts.

Verfahren:

Eine Probe von 0,3—0,6 g wird in einen 50-ml-Erlenmeyerkolben eingewogen und in Benzol oder Chlorbenzol gelöst. Man gibt 5 Tropfen der 0,1 %igen Indicator-Lösung hinzu, verschließt mit dem Gummistopfen und bringt die Bürette in eine solche Lage, daß sich die Bürettenspitze gerade über der Lösung befindet. Dann titriert man unter langsamem Rühren mit dem Magnetrührer bis zum Umschlag nach Blaugrün.

Berechnung:

$$\text{Oxiran-Sauerstoff}\,\% = \frac{a \cdot N \cdot 1{,}60}{E}$$

a = ml 0,1 n-Bromwasserstoff-Lösung
N = Normalität der Bromwasserstoff-Lösung
E = Einwaage in g.

In Gegenwart von Cyclopropenfettsäuren gibt die Methode unrichtige Ergebnisse, da auch diese mit Halogenwasserstoff sehr rasch reagieren. Für diesen Fall empfiehlt sich eine Spezialmethode von C. R. SMITH u. Mitarb. (1960).

Ein für die Bestimmung von Epoxiden in autoxydierten Fetten geeignetes Verfahren wurde von L. KRULL (1959) veröffentlicht. Das zu untersuchende Fett wird in Isopropanol gelöst und mit Collidinhydrochlorid als Salzsäuredonator einige Zeit gekocht. Dann wird die nicht angelagerte Salzsäure argentometrisch zurücktitriert.

Bestimmung des Oxiran-Sauerstoffs nach L. KRULL *(1959)*

Geräte:

250-ml-Twisselmann-Kolben mit Rückflußkühler
Magnetrührer mit Rührstab.

Reagentien:

Isopropanol, DAB VI, Erg. B.
Dextrin, 2 %ige wäßrige Lösung
0,1 n-Silbernitrat-Lösung
2 n-Salpetersäure
Indicator: 0,2 %ige wäßrige Lösung von Kongorot.

2, 4, 6-Collidinhydrochlorid: In ein mit Eis gekühltes Gemisch aus 300 g getrocknetem Benzol und 290 g 2, 4, 6-Collidin wird 3—4 Std trockenes Salzsäuregas geleitet. Das ausgefallene kristalline Hydrochlorid wird abgenutscht und durch wiederholtes Aufschlämmen in absolutem Äther und erneutes Abnutschen von den Verunreinigungen befreit.

0,1 n-2, 4, 6-Collidinhydrochlorid-Lösung in Isopropanol (15,78 g/l).

Verfahren:

Die Höhe der Einwaage richtet sich nach der zu erwartenden Epoxidzahl.

Erwartete Epoxidzahl	0—10	10—100	über 100
Einwaage in g . . .	1—3	0,2—1	0,1—0,2

Die zu untersuchende Probe wird im 250-ml-Twisselmann-Kolben in 50 ml Isopropanol gelöst; bei in Isopropanol schwer löslichen Substanzen wird in 10 ml Chlorbenzol gelöst. Dann werden 25 ml der Collidinhydrochlorid-Lösung zugegeben. Es wird 1 Std unter Rückfluß gekocht. Nach dem Erkalten gibt man 50 ml Wasser hinzu und, falls eine Trübung auftritt, 10—20 ml Petroläther. Dann fügt man 10 ml der wäßrigen Dextrin-Lösung, 10 Tropfen Kongorot-Lösung und soviel 2 n-Salpetersäure hinzu, daß der pH-Wert zwischen 3 und 5 liegt. Die Lösung ist dann apfelsinenfarbig. Anschließend wird sofort mit 0,1 n-Silbernitrat-Lösung unter Verwendung des Magnetrührers bis zum Farbumschlag von Rosa nach Blaugrün titriert. In analoger Weise wird ein Blindversuch ausgeführt.

Berechnung:

$$\text{Oxiran-Sauerstoff}\,\% = \frac{(b - a) \cdot N \cdot 1{,}60}{E}$$
$$= \text{Epoxidzahl}$$

b = ml 0,1 n-Silbernitrat-Lösung im Blindversuch
a = ml 0,1 n-Silbernitrat-Lösung im Hauptversuch
N = Normalität der Silbernitrat-Lösung
E = Einwaage in g.

Diese Methode lieferte in zahlreichen Versuchen der Autorin recht gute Ergebnisse. Im Gegensatz zu der Methode von DURBETAKI stören α,β-ungesättigte Aldehyde und Ketone bei der Bestimmung nicht, wie folgende Tab. 163 erkennen läßt.

Tabelle 163. *Scheinbare Epoxidzahl aliphatischer Carbonylverbindungen* (nach L. KRULL 1959)

Carbonylverbindung	Epoxidzahl (mg KOH/g) nach KRULL	DURBETAKI
Acrolein $CH_2 = CH \cdot CHO$	< 0,5	480
Crotonaldehyd $CH_3 \cdot CH = CH \cdot CHO$	< 0,5	26
Methylvinylketon $CH_3 \cdot CO \cdot CH = CH_2$	< 0,5	500
Mesityloxid $(CH_3)_2 > C = CH \cdot CO \cdot CH_3$	< 0,5	17

Da außerdem weder Peroxide noch ungesättigte Fettsäuren, mehrwertige Alkohole sowie gesättigte Aldehyde und Ketone interferieren, erscheint die Methode zur Bestimmung des Oxiran-Sauerstoffs von oxydierten Fetten wohl geeignet.

Leider ist der Farbumschlag bei der Methode von L. KRULL (1959) häufig schleppend und schwer erkennbar, so daß nicht immer befriedigende Ergebnisse erhalten werden. Nach Erfahrungen von P. VOGEL (Privatmitteilung 1966) arbeitet man daher besser mit potentiometrischer Indikation. Man verfährt wie auf S. 896 angegeben, fügt aber keine Dextrin- und keine Kongorot-Lösung hinzu und stellt mit 2 n-HNO_3 den pH-Wert auf ca. 3 ein. Man titriert in Gegenwart eines massiven Silberstabes als Indicatorelektrode und einer Mercurosulfatelektrode als Bezugselektrode und ermittelt aus dem Wendepunkt der Potentialkurve den Äquivalenzpunkt.

E. KRÖLLER (1966) empfiehlt zur Rücktitration des nicht zur Chlorhydrinbildung verbrauchten Collidinhydrochlorids eine mercurimetrische Methode, die nicht nur eine scharfe Endpunkterkennung, sondern auch noch eine Vereinfachung des Verfahrens ermöglicht. Genaue Arbeitsvorschrift bei E. KRÖLLER (1966).

Auch die Farbreaktion von Epoxiden mit Pikrinsäure bietet nach Untersuchungen von J.A. FIORITI u. Mitarb. (1964/1966) eine Möglichkeit zu ihrer colorimetrischen Bestimmung. Da α,β-ungesättigte Carbonyle, konjugierte Dienale und Cyclopropene nicht interferieren, eignet sich diese Methode, ähnlich wie die von KRULL, KRÖLLER etc., auch zur Bestimmung des Oxirangehalts von oxydierten Fetten.

Arbeitsvorschrift: Eine Ölmenge, die 0,04—0,4 Milliäquivalenten Oxiransauerstoff entspricht, wird in einen 10-ml-Meßkolben gebracht und in etwa 5 ml Äther gelöst. Man gibt 2,0 ml einer 0,25 m-Pikrinsäure-Lösung in Äthanol hinzu, füllt die Lösung bis zur Marke auf und mischt. Man läßt den Kolben bei Zimmertemperatur stehen, bis sich das Maximum der Farbintensität gebildet hat (12—48 Std) und entnimmt aliquote Anteile von 1 ml, verdünnt mit basischem Äthanol (1% NaOH in 80%igem Äthanol) auf 50,0, 100,0 bzw. 200,0 ml und mißt die Extinktion bei 490 mμ innerhalb 1 Std nach Herstellung der verdünnten Lösungen. Analoge Verdünnungen werden mit Pikrinsäure allein angesetzt, von denen ebenfalls die Extinktion bei 490 mμ bestimmt wird. Diese wird als Blindwert vom Ergebnis des Hauptversuchs abgezogen. Aus den Extinktionswerten wird unter Verwendung einer mit definierten Epoxyverbindungen hergestellten Eichkurve der Oxirangehalt berechnet.

Die Brauchbarkeit und Zuverlässigkeit der Methode wurde von M.M. HASSAN u. C.H. LEA (1965) bestätigt.

c) Abtrennung und Identifizierung charakteristischer Autoxydationsprodukte

α) Abtrennung und Identifizierung flüchtiger Carbonylverbindungen

Durch Bestimmung der funktionellen Gruppen in autoxydierten Fetten erhält man zwar durchweg einen guten Überblick über das Fortschreiten der Autoxydation, aber nur in wenigen Fällen ist man in der Lage, aus der Höhe der „Oxydationskennzahlen“ verläßliche Schlüsse auf das Verhalten der Fette bei der organoleptischen Prüfung zu ziehen, da einige Autoxydationsprodukte, wie 2,4-Heptadienal und 2,4-Octadienal, schon in Konzentrationen von 10^{-8}, andere, wie das Methyl-n-Heptylketon, erst bei Konzentrationen von 10^{-5} den Eindruck der Verdorbenheit hervorrufen (vgl. auch Tab. 145 auf S. 861).

Es liegt daher nahe, die für die Geschmacksveränderungen wenig spezifischen Resultate einer funktionellen Analyse durch Bestimmung der für die jeweilige Fettsorte charakteristischen sekundären Oxydationsprodukte zu ergänzen. Hierzu wurden von zahlreichen Autoren geeignete Verfahren vorgeschlagen, die sich durch die Art der Austreibung der flüchtigen Carbonylverbindungen und die Analyse der abgetrennten Carbonyle unterscheiden.

S.S. CHANG u. F.A. KUMMEROW (1955) erhitzen 100 g des zu untersuchenden Öls unter Durchleiten von Stickstoff (84 ml/min) 2 Std auf 80 ± 0,2°C und trennen die mitgeführten flüchtigen Produkte durch Ausfrieren in einer mit CO_2 gekühlten Vorlage. Das Kondensat wird in 5 ml Methylalkohol aufgenommen und nach der Methode von G.R. LAPPIN u. L.C. CLARK (1951) auf seinen Carbonylindex untersucht.

Später benutzte S.S. CHANG (1961) eine wesentlich verbesserte Arbeitstechnik. Das durch einen Wärmeaustauscher auf 80 ± 2°C erwärmte Öl wird von oben durch eine mit 30 Böden ausgerüstete gläserne Oldershaw-Kolonne geleitet, wobei ihm von unten bei einem Druck von 0,1 Torr Dampf entgegenströmt. Der mit den flüchtigen Stoffen beladene Dampf passiert nacheinander drei Vorlagen, von denen die zweite mit Kohlendioxid und die dritte mit flüssigem Stickstoff gekühlt ist. Stündlich können auf diese Weise 150 g Öl mit 5 g Dampf behandelt werden. Das Kondensat in den Kühlfallen wird nach der Sättigung mit Natriumchlorid in einem Perforator erschöpfend mit Äther extrahiert und der Extrakt in einer kleineren mit 6 Böden versehenen Oldershaw-Kolonne vom Lösungsmittel befreit. Der lösungsmittelfreie Rückstand wird gaschromatographisch in seine Bestandteile zerlegt, die durch Aufnahme der IR-Spektren identifiziert werden.

S.S. CHANG (1961) erhielt nach dieser Methode aus 75 Litern umgeschlagenem aber nicht ranzigem Sojaöl 0,4 g einer viscosen Flüssigkeit, die im Verhältnis $1:10^5$ frischem Cocosfett zugesetzt, diesem den typischen Geschmack revertierten Sojaöls verlieh.

Infolge der niedrigen Arbeitstemperatur und der geringen Verweilzeit von nur 12 min wird das Öl nicht vollständig von den flüchtigen Geruchsstoffen befreit. Allerdings werden infolge der niedrigen Temperatur auch nur sehr geringe Peroxidmengen unter Bildung flüchtiger Verbindungen zersetzt. Während der Behandlung nahm die Peroxidzahl revertierter Sojaöle um weniger als ein Milliäquivalent pro Kilogramm ab.

Eine ausführliche Behandlung des Problems der quantitativen Entfernung flüchtiger Inhaltsstoffe aus oxydierten Ölen verdanken wir J. DE BRUYN u. J.C.M. SCHOGT (1961).

Diese Autoren verwenden drei Spezialapparate zur Molekulardestillation, in denen unter einem Druck von weniger als 10^{-6} mm und bei einer Temperatur von höchstens 60°C die flüchtigen Carbonylverbindungen ausgetrieben und an der Oberfläche von mit flüssigem Stickstoff gekühlten Vorlagen kondensiert werden. Sie unterscheiden zwischen einer U-Rohr-Apparatur, bei der ein Kolben mit flach gewölbtem Boden mit einem stickstoffgekühlten U-Rohr verbunden ist, einer Spiralcapillar-Apparatur, bei der ein Kolben mit einer tiefgekühlten Spiralcapillare in Verbindung steht, und einer Kühlfinger-Apparatur, bei der ein mit flüssigem Stickstoff gefüllter Kühler in den weiten Hals des Kolbens eintaucht. Die verlustlose Überführung der an die Kühlflächen adsorbierten Verbindungen in Glascapillaren, z. B. für eine spätere gaschromatographische Untersuchung, ist nach DE BRUYN u. SCHOGT (1961) ohne Lösungsmittel möglich, wenn man an die Apparatur eine einseitig geschlossene Capillare anschließt, evakuiert und dann die Capillare kühlt und die ursprüngliche Kondensationsflächen schwach erwärmt. Es gelang den Autoren in Modellversuchen, zugesetztes 2-Hexanon und 2-Undecanon mit der Kühlfinger-Apparatur quantitativ wiederzugewinnen.

Eine im Prinzip ähnliche Apparatur wurde von C.H. LEA u. P.A.T. SWOBODA (1962) angegeben (vgl. Abb. 137).

Sie besteht aus dem Destillationsgefäß A mit Magnetrührer und Einhängekühler, dem Zweiwegehahn B, der den Anschluß des Destilliergefäßes an das Vakuumsystem wahlweise über ein normales Glasrohr oder über eine Capillare C erlaubt, einer Vorlage D, einem Manometer vom MC LEOD-Typ und einer zweistufigen Ölkapselpumpe F. Bis zu 10 g Öl werden zusammen mit einem glasgekapselten Magnetrührstab in das Destillationsgefäß gegeben und durch Eintauchen in flüssigen Stickstoff eingefroren, bevor das Gefäß mit der Vakuumvorrichtung verbunden wird. Dann wird die Anordnung schnell evakuiert, solange die Probe noch gefroren ist, und das Destilliergefäß durch Schließen des Hahnes B von der übrigen Anlage isoliert. Man bringt flüssigen Stickstoff in den Einhängekühler und erwärmt das Fett mit Hilfe eines Warmluftgebläses. Sobald das Öl zu schmelzen beginnt, rührt man mit dem Magnetrührer, um ein Stoßen des Öls infolge des Entweichens gelöster Gase zu vermeiden. Dann wird

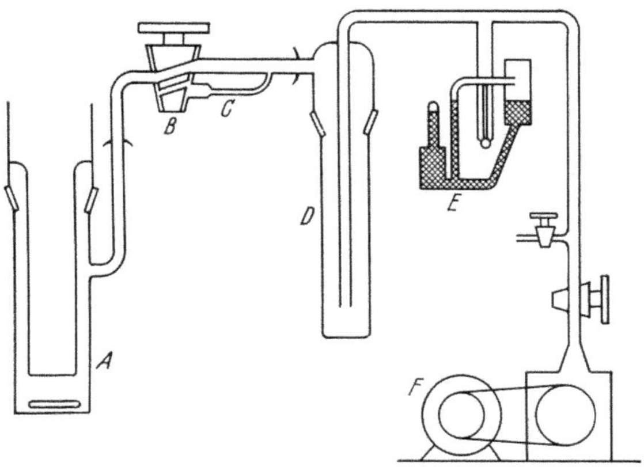

Abb. 137. Destillationsapparatur nach LEA u. SWOBODA (1962)

das Destilliergefäß in einem Wasserbad von 50°C erwärmt und die Destillation im geschlossenen System 10 min fortgesetzt. Anschließend erniedrigt man den Druck durch Öffnen des Hahns in Stellung C im Laufe von 30 min auf den Minimalwert von 0,01 Torr. Nach beendeter Destillation wird das Vakuum mit Stickstoff gebrochen und das am Einhängekühler befindliche Kondensat in 10 ml eines geeigneten Lösungsmittels, z. B. Benzol, gelöst. Die Autoren bestimmen dann den Gehalt an gesättigten und ungesättigten Carbonylverbindungen nach der Methode von A.S. HENICK u. Mitarb. (1954) und auf gaschromatographischem Wege.

In Modellversuchen konnten die Autoren gesättigte Aldehyde mit 6—14 C-Atomen, die in einer Konzentration von 2—4 μMol/g in desodoriertem Erdnußöl gelöst waren, bei einer Destillationstemperatur von 50° C in einer Ausbeute von 95—99% wiedergewinnen.

Daß die Menge der geschmacksbildenden Carbonyle, die bei der Autoxydation entstehen, nur gering ist, konnten C.H. LEA u. H.H.F. JACKSON (1964) zeigen: Aus Sonnenblumen- und Leinöl, die bei 37°C bis zu einer POZ von 200 oxydiert waren, erhielten sie durch Vakuumdestillation nach der Methode von LEA u. SWOBODA (1962) 15—22 μMole flüchtiger Carbonylverbindungen gegenüber 0.14—0,22 μMolen bei nicht oxydierten Ölen. Von den der POZ äquivalenten Carbonylverbindungen befindet sich nach C.H. LEA u. A. HOBSON-FROHOCK (1965) allerdings nur die Hälfte in den flüchtigen Anteilen des Autoxydationsproduktes. Durch eine kombinierte gaschromatographische und spektralphotometrische Methode konnten von P.A.T. SWOBODA u. C.H. LEA (1965) ca. 22 Produkte mit Kohlenstoffzahlen zwischen 1 und 22 identifiziert werden, darunter gesättigte und ungesättigte Kohlenwasserstoffe C_8, gesättigte Aldehyde C_5 bis C_9, einfach ungesättigte Aldehyde C_6 bis C_{12} und zweifach ungesättigte Aldehyde C_9 bis C_{10}.

Eine Kurzweg-Destillation bei Temperaturen von 50—60° C hat, wie LEA u. SWOBODA sowie DE BRUYN u. SCHOGT zeigen konnten, den nicht zu unterschätzenden Vorzug, daß bei dieser Temperatur nur eine geringe Zersetzung der Peroxide stattfindet, die Menge der flüchtigen Aldehyde durch diese Behandlung also nicht wesentlich vermehrt wird.

Diese Methoden zur Entfernung der flüchtigen Autoxydationsprodukte erhalten aber nur dann Bedeutung, wenn man sich nicht mit einer summarischen Bestimmung des Carbonylgehaltes begnügt, sondern das erhaltene Kondensat quantitativ in seine Bestandteile zerlegt.

Außer der gaschromatographischen Methode, über die im einzelnen S.S. CHANG u. Mitarb. (1961) sowie P.A.T. SWOBODA u. C.H. LEA (1965) berichten, eignet sich hierzu die verteilungschromatographische und dünnschichtchromatographische Trennung der 2,4-Diphenylhydrazone (DNPH).

P.J.K. KRAMER u. H. VAN DUIN (1954) bedienen sich der ersten Methode. Als immobile Phase wird mit Nitromethan gesättigtes Kieselgel und als mobile Phase Petroläther (Siedegrenzen 40—60°C), der mit Nitromethan gesättigt ist, benutzt. Mit Hilfe dieses Systems konnten die 2, 4-DNPH der n-aliphatischen Aldehyde oder Methylketone bei Einwaagen von ca. 0,5 mg Hydrazon getrennt werden. Die quantitative Bestimmung bereitet keine Schwierigkeiten, da die DNPH der Aldehyde ein Absorptionsmaximum bei 358 mμ und die der Ketone eines bei 364 mμ besitzen.

D.P. SCHWARTZ u. Mitarb. (1962) trennen die DNPH von Monocarbonylen durch aufeinanderfolgendes Eluieren mit folgenden Lösungsmittelgemischen:

15% Chloroform in n-Hexan
30% Chloroform in n-Hexan
60% Chloroform in n-Hexan
Reines Chloroform

in vier Gruppen, nämlich homologe Methylketone, gesättigte Aldehyde, einfach ungesättigte Aldehyde und zweifach ungesättigte Aldehyde. In Modellversuchen wurden von den Autoren 95—100% dieser Verbindungen wiedergewonnen. Die Konzentration der DNPH lag hierbei zwischen 0,1 und 0,4 μMol in 0,2 ml Lösungsmittel.

Ein anderes verteilungschromatographisches Verfahren wurde von E.A. CORBIN (1962) mitgeteilt. Mischungen von Acetonitril und Wasser dienen in drei Celite-Säulen als stationäre Phase. Als Elutionsmittel werden verwendet:

1. Methylcyclohexan, bei Zimmertemperatur mit Acetonitril gesättigt.
2. Eine Lösung von 2 Vol.-% Äthylacetat in Methylcyclohexan.
3. Eine Lösung von 6 Vol.-% Äthylacetat in Methylcyclohexan.

Das Verfahren wurde für die Trennung der bei der Oxydation von Vollmilchpulver entstandenen Carbonylverbindungen benutzt.

Eines dünnschichtchromatographischen Verfahrens zur Trennung der 2,4-DNPH der flüchtigen Carbonylverbindungen bedienten sich mit Erfolg M. LOURY u. Mitarb. (1965):

0,25 mm dick mit Kieselgur beschichtete Platten werden in einer Wanne mit einer 5%igen acetonischen Lösung von Phenoxyäthanol imprägniert und dann getrocknet. Man trägt eine 1%ige Lösung der 2,4-DNP-Hydrazone auf, so daß im Startpunkt 100—300 mg Substanz vorliegen. Nach dem Trocknen wird mit Hexan-Aceton/95:5 entwickelt. Identifizierung durch die R_f-Werte. Zweidimensionales Arbeiten ist vorteilhaft.

Die gleichen Autoren identifizieren die bei der Autoxydation gebildeten niedermolekularen Säuren C_1 bis C_4 durch die Papierchromatographie der Hydroxamate. Entwickler: Ammoniakalische Propanal-Lösung. Sichtbarmachung der Flecke durch eine 10%ige wäßrige Lösung von Eisen(II)-sulfat.

β) Bestimmung nicht flüchtiger Endprodukte der Autoxydation

Die Charakterisierung des Oxydationszustandes von Fetten und Ölen durch Bestimmung der flüchtigen Autoxydationsprodukte ist nur dann möglich, wenn es sich um Fette handelt, die weder einer physikalischen noch einer chemischen Raffination unterzogen wurden. Nun werden aber gerade durch langes Lagern verdorbene Fette durchweg raffiniert, um sie für den menschlichen Genuß wieder tauglich zu machen. Andererseits werden aber auch Fette beim Gebrauch, z.B. beim Schwimmend-Ausbacken, so hoch erhitzt, daß die flüchtigen Oxydationsprodukte entweichen, wodurch es dem Prüfer häufig unmöglich gemacht wird, allein durch den organoleptischen Befund über die Brauchbarkeit des Fettes zu entscheiden.

In diesen beiden Fällen ist es angebracht, sich durch Bestimmung gewisser nicht flüchtiger Endprodukte der Autoxydation ein Bild über den Zustand des Fettes zu machen. Diese Produkte sind hauptsächlich die Hydroxysäuren und die dimeren bzw. polymeren oxydierten Fettsäuren.

Bestimmung der Hydroxyfettsäuren

Die bei der Behandlung autoxydierter Fette mit Alkalien entstehenden Hydroxyfettsäuren lassen sich nach einer im Prinzip von P. DESNUELLE u. M. BURNET (1956) angegebenen und von M. NAUDET u. M. LACHAMP (1962) verbesserten Methode verteilungschromatographisch mit Hilfe einer mit Kautschuk- oder Polyäthylenpulver beschickten Säule unter Elution mit einem Lösungsmittelgemisch aus 55 Vol.-% Aceton und 45 Vol.-% Wasser recht genau bestimmen, so daß noch 0,1% Hydroxyfettsäuren in Ölen und Fetten nachgewiesen werden können. Diese Methode ist auf S. 732 genau beschrieben.

E.N. FRANKEL u. Mitarb. (1962) erzielten durch ein anderes verteilungschromatographisches Verfahren eine gute Abtrennung der Hydroxyfettsäuren von den nicht oxydierten Fettsäuren:

Sie verwenden als stationäre Phase Kieselsäure, die mit einer Lösung von 20% Methanol in Benzol getränkt ist, und als mobile Phase eine 2%ige Lösung von Methanol in Benzol. Die Säuren treten in der Reihenfolge Fettsäuren, Monohydroxysäuren, Dihydroxysäuren usw. aus und werden entweder gravimetrisch oder titrimetrisch bestimmt.

Die Bestimmung der „Oxysäuren" aufgrund ihrer Unlöslichkeit in Petroläther, wie sie vielen Standardmethoden (vgl. S. 729) zugrunde liegt, ist zur Feststellung geringer Oxydationsgrade raffinierter Öle ungeeignet, da diese Verbindungen in Anwesenheit großer Mengen Fettsäuren vom Petroläther gelöst werden. Hohe Konzentrationen an Oxysäuren können säulenchromatographisch, z. B. nach J. POKORNÝ u. H. ZWAIN (1967) (vgl. S. 733), bestimmt werden.

Bestimmung der dimeren und polymeren Oxydationsprodukte

Erhitzt man Hydroperoxide von Fettsäuren unter Ausschluß von Sauerstoff auf Temperaturen oberhalb 200° C, so bilden sich aus ihnen vorzugsweise dimere und polymere Fettsäuren, die durch eine —C—C-Bindung miteinander verknüpft sind. Solche Verbindungen wird man daher in technisch desodorierten Fetten antreffen. Ist dagegen Sauerstoff anwesend, wie bei der Verwendung von Fetten zum Fritieren, so werden die Fettsäurereste vorzugsweise über Sauerstoffbrücken verknüpft, wobei gleichzeitig eine Substituierung eines Teils des an Kohlenstoff gebundenen Wasserstoffs durch Hydroxyl- oder Carbonylgruppen stattfinden kann.

Auch bei der Zersetzung von Hydroperoxiden bei Temperaturen unter 100° C ist die Verbindung der Fettsäurereste über Sauerstoffbrücken zu beobachten.

E.N. FRANKEL u. Mitarb. (1960) erhielten so aus einem bei 60°C autoxydierten Sojaöl dimere Fettsäuren, die 1 Hydroxyl- und 0,5 Carbonylgruppen pro Mol enthielten, während E.G. PERKINS u. F.A. KUMMEROW (1959) gelegentlich der Oxydation von Maisöl bei 200°C in Gegenwart von Luft polymere Fettsäuren mit Molekulargewichten zwischen 692 und 1600 und einem Hydroxylgehalt bis zu 10% nachweisen konnten.

Nach den Untersuchungen von O.C. JOHNSON u. Mitarb. (1953) sowie S.S. CHANG u. F.A. KUMMEROW (1954) werden diese Oxypolymeren in Gegenwart von Sauerstoff schon bei relativ tiefer Temperatur zersetzt. S.S. CHANG u. F.A. KUMMEROW (1954) erhielten durch Spaltung einer polaren Polymerenfraktion, die aus bei 30°C oxydiertem Sojaöl gewonnen war, die gleichen Aldehyde, die als Bestandteile des revertierten Sojaöls bekannt geworden sind.

Nach E.N. FRANKEL u. Mitarb. (1961) bestehen signifikante Korrelationen zwischen der ursprünglichen Peroxidzahl, dem Dimerengehalt nach der Desodorierung und der Haltbarkeit des gedämpften Öls. Bei Sojaöl entsprechen beispielsweise 1% Dimere einer ursprünglichen Peroxidzahl von 43,5 mval/kg.

Zur Abtrennung der dimeren Fettsäuren aus dem oxydierten Material bedienen sich E.N. FRANKEL u. Mitarb. (1961) im Prinzip derselben Methode, die von ihnen auch zur Bestimmung der Hydroxyfettsäuren benutzt wurde (siehe oben). Die chromatographische Trennung wird durch kryoskopische Molekulargewichtsbestimmungen in feuchtem Benzol ergänzt. A.H. BERNARD u. H.E. ROST (1962) fanden allerdings hiernach bereits in aus ganzen frischen Bohnen gewonnenem

Sojaöl 1,7—2,2% Dimere, so daß ohne Zweifel die Gefahr besteht, daß nach E.N. Frankel u. Mitarb. (1961) auch andere Fettbegleitstoffe als „Dimere" erfaßt werden.

Sicherer verfährt man ohne Zweifel bei der Bestimmung der dimeren und polymeren Fettsäuren, wenn man vor der Identifizierung die normalen Fettsäuren über die Harnstoffverbindungen, mit denen sie Addukte bilden, entfernt. Das kann z.B. nach der Methode von H.E. Rost (1962 und 1963) geschehen, die auf S. 828 und folgende ausführlich wiedergegeben ist.

Eine ähnliche Methode, die einfacher auszuführen ist und besonders für die Untersuchung von Fritürenfetten geeignet erscheint, wurde von M.R. Sahasrabudhe u. V.R. Bhalerao (1963) veröffentlicht:

Verseifung: 25 g des zu untersuchenden Fettes werden 2 Std mit 125 ml einer 5%igen alkoholischen Kaliumhydroxid-Lösung unter Rückfluß verseift. Nach dem Abkühlen gibt man 100 ml Wasser hinzu und säuert die verseifte Mischung mit verdünnter Salzsäure 1:1 an. Die Fettsäuren werden zweimal mit je 100 ml Äther extrahiert, der Extrakt wird mit Wasser mineralsäurefrei gewaschen, über Natriumsulfat getrocknet und eingedampft.

Trennung der Fettsäuren über die Harnstoffverbindungen: 20 g Fettsäuren werden in einen 500-ml-Kolben eingewogen und in 200 ml Methanol gelöst, das 80 g Harnstoff enthält. Man erwärmt, bis die Lösung klar ist, und läßt über Nacht im Kühlschrank stehen.

Das Kristallisat wird durch einen Büchner-Trichter filtriert und mit 50-ml-Portionen kalten Äthyläthers gewaschen. Das Filtrat wird in einem Schnellverdampfer eingedampft. Man erhält so die Fraktion der Nicht-Adduktbildner. Der Filterrückstand wird mit 100 ml Wasser und 10 g Natriumchlorid versetzt. Die abgeschiedenen Fettsäuren werden durch Extraktion mit Äther isoliert und noch einmal mit Harnstoff und Methanol behandelt (5 g Harnstoff und 10 ml Methanol pro g Fettsäure) und in Addukt- und Nicht-Adduktbildner zerlegt.

Die Nicht-Adduktbildner werden gewogen und zur Kontrolle einer Molekulargewichtsbestimmung (vgl. S. 496) unterzogen.

Bei einem Maisöl und einem Shortening, die längere Zeit auf 200° C erhitzt waren, fanden die Autoren folgende Werte (vgl. Tab. 164):

Tabelle 164. *Analysendaten von Maisöl und einem pflanzlichen Shortening nach dem Erhitzen auf 200° C* (nach M.R. Sahasrabudhe u. V.R. Bhalerao 1963)

Fett	Erhitzung auf 200° C (Std)	JZ	Nicht adduktbildende Fettsäuren %	Mol.-Gew.
Maisöl	0	123,7	0,5	302
Maisöl	8	118,7	3,5	483
Maisöl	16	115,9	8,0	537
Maisöl	24	111,3	17,5	543
Shortening	0	74,7	0,5	294
Shortening	8	71,0	5,0	454
Shortening	16	68,1	12,0	502
Shortening	24	65,8	15,0	530

Weniger stark ist der Anstieg des Dimerengehaltes, wenn die Erhitzung nicht kontinuierlich, sondern intermittierend stattfindet.

In dem aus fritierten Kartoffelstäbchen extrahierten Fett fanden die Autoren maximal 2,5% Nicht-Adduktbildner.

Zu einer schnellen Beurteilung oxydierter Fette ist auch eine von J. Pokorný u. E. Davidková (1966) mitgeteilte einfache DC-Methode geeignet:

Die zu untersuchenden Öle werden auf Aluminiumoxid (Aktivitätsstufe III nach Brockmann) aufgetragen und mit Benzol entwickelt. Sichtbarmachung mit Phosphormolybdänsäure oder Joddämpfen. Stark oxydierte Fette werden in ihre Komponenten mit folgenden R_f-Werten getrennt: 0,88, 0,5, 0,24, 0,08 und 0,03. Zur Feststellung des Ranzigkeitsgrades genügt es, drei Fraktionen zu eluieren und mit spezifischen Methoden weiter zu untersuchen:

1. die ersten Flecke an der Front (nicht oxydierte oder gering oxydierte Glyceride),
2. die Flecke mit R_f-Werten zwischen 0,2 und 0,6 (mitteloxydierte Glyceride) und
3. die Flecke im Startpunkt (stark oxydierte Glyceride).

3. Dynamische Nachweismethoden

Alle dynamischen Methoden zur Bestimmung der Oxydationsneigung von Fetten sind im Prinzip gleich. Die Oxydation wird unter sorgfältig kontrollierten Bedingungen beschleunigt, wodurch die Zeit bis zum Auftreten der Erscheinungen der Verdorbenheit von Monaten oder Wochen auf Tage oder Stunden reduziert wird. Dieses erreicht man, indem man die Proben auf konstante Temperaturen zwischen 40 und 100° C in einer Atmosphäre von Luft oder Sauerstoff erhitzt. Den Fortgang der beschleunigten Oxydation verfolgt man durch Prüfung von Geruch oder Geschmack, durch Messung des absorbierten Sauerstoffs, durch Untersuchung physikalischer Veränderungen oder durch chemische Bestimmung der Reaktionsprodukte.

Einige Vorsichtsmaßnahmen müssen bei allen Methoden beachtet werden, um reproduzierbare Ergebnisse zu erhalten. Spuren von oxydiertem Fett beschleunigen merklich die Oxydation von frischen Proben. Glasapparate sollten daher nach der üblichen Reinigung in einer Lösung von Natronlauge gekocht, mit Chromschwefelsäure gespült und mit dest. Wasser gewaschen werden. Auch Vorreinigung mit Lösungen von Detergentien und Nachspülen mit dest. Wasser ist in vielen Fällen ausreichend. Bei allen durch Anwendung von Wärme beschleunigten Methoden ist genaue Temperaturkontrolle und Regelung notwendig, da eine Änderung von 1°C einen Fehler von ca. 10% in das Resultat bringt. Berührung der Fette mit Metallen oder starkem Tageslicht oder dem Licht von intensiven Leuchtröhren sollte vor oder während der Bestimmung vermieden werden.

a) Trockenschrank- oder Schaal-Test

Die Oxydationsneigung eines Fettes kann man in sehr einfacher Weise dadurch bestimmen, daß man eine größere Menge Fett in einem geeigneten Gefäß auf 60° C erhitzt und von Zeit zu Zeit organoleptisch das Verderben prüft.

Diese Prüfmethode, Trockenschrank- oder Schaal-Test genannt, wurde Anfang der zwanziger Jahre von der amerikanischen Biskuit-Industrie eingeführt, um die Tauglichkeit von Shortenings zu prüfen. Sie wurde dadurch in die Lage versetzt, diejenigen gehärteten Fette auszuwählen, die der Ranzigkeit am längsten widerstehen. Der Test hat den Vorzug, daß er mit einfachsten Mitteln ausgeführt werden kann, daß — jedenfalls in seiner ursprünglichen Form — keine chemischen Bestimmungen gemacht zu werden brauchen und daß seine Ergebnisse, nämlich die Anzahl Tage, die bis zum Auftreten der Ranzigkeit vergehen, in recht guter Korrelation zu der Haltbarkeit bei Zimmertemperatur stehen. Der Schaal-Test bietet darüber hinaus die Möglichkeit, die Ranzigkeit schon in ihrem ersten Stadium zu erkennen und die Art des auftretenden Nebengeschmacks oder -geruchs wahrzunehmen. Nachteilig ist die verhältnismäßig lange Inkubationszeit, die zwischen 2 und 40 Tagen liegt.

Methode nach N. T. Joyner *u.* J. E. Mc Intyre *(1938)*

Geräte:

Trockenschrank, auf 60,0 ± 0,2°C eingestellt.

Schränke ohne Luftumwälzung sind geeigneter als solche mit Luftumwälzung.

Griffin-Becher, 250 ml Inhalt, niedrige Form.

Die Reinigung erfolgt am besten mit Seife oder Detergentien und reichlich dest. Wasser. Die Gläser sollen nicht mit Tüchern getrocknet, sondern in einem Heißluftschrank von Wasserresten befreit werden.

Uhrgläser von 75 mm ⌀

Verfahren:

Der Trockenschrank wird in einem völlig geruchfreien Raum aufgestellt, in dem auch die organoleptische Prüfung stattfindet.

Eine Anzahl Griffin-Becher wird mit je 50 g des zu untersuchenden Fettes gefüllt, mit Uhrgläsern bedeckt, in den Trockenschrank gebracht und dort bei 60°C aufbewahrt. Jeden Tag wird ein Becher aus dem Schrank genommen und das darin enthaltene Fett mit dem Geruchsinn geprüft, wozu das Uhrglas kurz gelüftet wird. Gegen Ende der Induktionsperiode werden die Fettproben etwas dunkler, die Ranzigkeit wird dann auch durch den Geschmack leicht wahrgenommen. Die Anzahl Tage, die bis zum Auftreten des ranzigen Geruchs vergeht, ist ein Maß für die Haltbarkeit des untersuchten Fettes.

Parallel zu den Geruchsprüfungen läßt sich das Fortschreiten der Oxydation auch durch Bestimmung der Peroxidzahl verfolgen. Für jede Öl- oder Fettsorte existiert eine charakteristische Peroxidzahl, bei der die Ranzigkeit organoleptisch feststellbar wird.

C. H. LEA (1938) empfiehlt für die Ausführung dieser Bestimmung, je 10 g Fett in Kristallisierschalen von 5 cm ∅ im Trockenschrank bei 60° C aufzubewahren und neben der organoleptischen Kontrolle auch den Peroxidwert zu bestimmen. Auch in dieser Form gibt die einfache Methode recht gute Resultate.

In schweizerischen Laboratorien bedient man sich gern folgender Methode zur Feststellung der Lagerungsfähigkeit von Ölen, die auf einen Vorschlag von W. RITTER u. T. NUSSBAUMER (1938) zurückgeht:

10 ml des zu prüfenden Öls werden in eine Petrischale von 9—10 cm Innendurchmesser gefüllt, gleichmäßig auf dem Boden derselben verteilt und während 48 Std im Trockenschrank bei 50° C aufbewahrt. Danach wird die Peroxidzahl bestimmt, z. B. nach der von HADORN, BIEFER u. SUTER modifizierten Methode von WHEELER (vgl. S. 875).

Öle mit einer Peroxidzahl (Milliäqu. O_2/kg) von maximal 10 nach erfolgter Bebrütung gelten als gut haltbar, solche mit einer Peroxidzahl über 20 als bedingt lagerfähig (H. HADORN u. R. JUNGKUNZ 1953b). Vgl. auch H. HADORN u. K. ZÜRCHER (1966a).

b) Sauerstoff-Absorptionsmethode

Mißt man die Sauerstoffabsorption von Fetten in Abhängigkeit von der Zeit und trägt das Ergebnis in ein Koordinatennetz ein, so erhält man charakteristische Absorptionskurven, etwa wie die in Abb. 138 wiedergegebene.

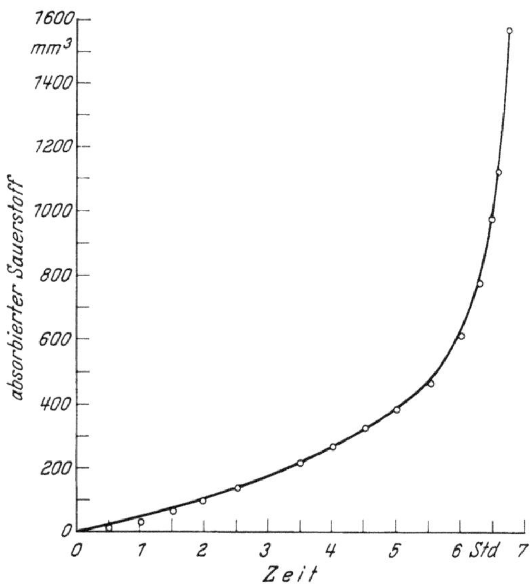

Abb. 138. Sauerstoffabsorption von Sesamöl bei 100° C nach JOHNSTON u. FREY (1941) (mit frdl. Genehmigung der American Chemical Society)

Zunächst verläuft die Oxydation verhältnismäßig langsam, um dann, nachdem eine bestimmte Menge Sauerstoff vom Fett aufgenommen wurde, plötzlich mit wesentlich erhöhter Geschwindigkeit weiterzugehen. Der mit geringem Sauerstoffumsatz verbundene Anfangsabschnitt der Oxydation wird als „Induktionsperiode" oder „Inkubationszeit" bezeichnet. Da erst am Ende dieser Periode die für das organoleptisch wahrnehmbare Verderben charakteristischen Oxydationsprodukte gebildet werden, ist man übereingekommen, in der unter genau festgesetzten Bedingungen gemessenen Länge der Induktionsperiode ein Maß für die Lagerungsfähigkeit eines Fettes bei normaler Temperatur zu sehen.

Die Oxydationsbereitschaft und Induktionsperiode eines Fettes stehen also nach allgemeiner Auffassung in enger Beziehung zueinander. Zur Messung der Länge dieser Periode sind vier Methoden im Gebrauch, die in den folgenden Abschnitten näher beschrieben werden sollen, nämlich die Messung der Sauerstoffabsorption bei normalem Druck, die Messung der Absorption bei erhöhtem Druck (vgl. S. 908), die Messung des Anstiegs der Peroxidzahl beim Durchleiten von Luft (vgl. S. 909) und die Messung der Zunahme der Peroxidigkeit bei der Oxydation des auf eine große Oberfläche verteilten Fettes (vgl. S. 913).

1. Oxydation bei normalem Druck. Zur Oxydation der Fette bei normalem Druck und bei Temperaturen zwischen 50 und 100° C erwies sich die von BARCROFT u. WARBURG für die Ausführung von Oxydationen in biologischen Medien entwickelte manometrische Apparatur als besonders geeignet (vgl. Abb. 139).

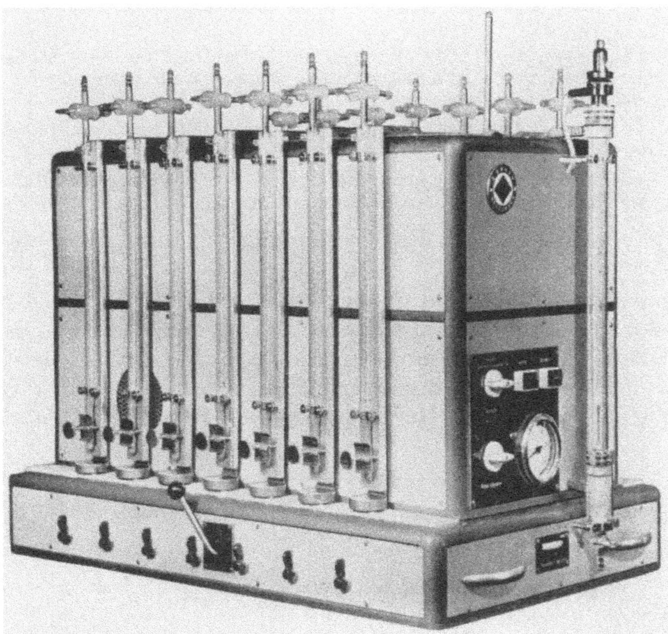

Abb. 139. Oxydationsapparatur nach BARCROFT-WARBURG (Hersteller: Fa. Braun, 3508 Melsungen)

Sie besteht aus einem kleinen Reaktionskölbchen von 10—50 ml Inhalt und einem damit dicht verbundenen Manometer, das mit Quecksilber oder einer anderen geeigneten Absperrflüssigkeit gefüllt ist. Ein besonderer Vorzug dieses einfachen Gerätes liegt darin, daß 12—24 Instrumente gemeinsam in einem Wasser- oder Glycerinbad temperiert und über eine Schüttelvorrichtung mit gleicher Frequenz (100—125 Hübe/min) und Amplitude (3—4 cm) geschüttelt werden können. Dadurch wird die Ausführung von Kontroll- und Vergleichsversuchen sehr erleichtert.

Eine nach diesem Prinzip arbeitende Apparatur wurde von W. R. JOHNSTON u. CH. N. FREY (1941) angegeben.

Das Reaktionsgefäß faßt 70 ml und enthält einen eingeschmolzenen kleinen Becher von 24 mm ∅, der zur Aufnahme des zu untersuchenden Öls dient, und eine zweite Capillare, um das Gefäß vor der Aufnahme der eigentlichen Messung mit Sauerstoff (aus Stahlflaschen ohne weitere Reinigung) spülen zu können.

Oxydiert wird bei 100 ± 0,05° C, bei einer Einwaage von 0,5 ml Öl, einer Schüttelfrequenz von 110/min und einer Amplitude von 3 cm. In Abständen von 5—30 min wird das Manometer abgelesen, bis insgesamt 1500 mm³ Sauerstoff verbraucht sind.

Die Ergebnisse werden wie in Abb. 140 in ein Koordinatennetz eingetragen. Die Zeit bis zum Erreichen des Wendepunktes ist die Induktionsperiode.

Reproduzierbare Resultate werden nur dann erhalten, wenn das Reaktionsgefäß peinlichst sauber ist. Die Autoren empfehlen, zunächst die Fettreste durch Spülen mit Tetrachlorkohlenstoff, Alkohol und heißem Wasser zu entfernen, dann das Gefäß für 5 Std in eine Reinigungslösung zu tauchen, mit heißem Wasser zu spülen, auszudämpfen und bei 110° C zu trocknen. Die Reproduzierbarkeit der Messungen beträgt nach den Angaben der Autoren 1—3%.

Eine ähnliche Apparatur wurde von R. GILMONT u. Mitarb. (1946) entwickelt. Sie arbeitet mit einer auf 2 ml erhöhten Substratmenge und ermöglicht dadurch die Messung der Oxydationsgeschwindigkeit bei 100, 90 bzw. 70° C. Die Autoren studierten alle Fehlerquellen der Methode:

Temperaturkontrolle. Schwankungen der Temperatur im Thermostaten von 0,2° C verändern die Oxydationsgeschwindigkeit um 1,5%. Eine Temperaturänderung der 10 ml fassenden Gasbürette um 10° C bewirkt bei vollständig gefüllter Bürette einen Fehler von ca. 0,3 ml. Diese Fehlermöglichkeit ist besonders zu beachten, da die Oxydationsversuche bis zu 50 Std dauern können.

Partialdruck des Sauerstoffs. Schwankungen im Partialdruck des Sauerstoffs sind, solange sie in den durch Änderung des Barometerstandes gegebenen Grenzen bleiben, ohne Einfluß auf die Oxydationsgeschwindigkeit.

Schüttelgeschwindigkeit. Oberhalb eines gewissen Minimums ist die Induktionsperiode unabhängig von der Schüttelgeschwindigkeit.

Größe der Probe. Bei Anwendung genügend kleiner Ölproben ist die Induktionsperiode unabhängig von der Einwaage. 2 ml Öl in einem 50-ml-Kolben sind auf keinen Fall zuviel.

Eine Fehlermöglichkeit bei der Bestimmung der Induktionsperiode verdient besondere Beachtung:

Wenn man sich, um den nicht unerheblichen Arbeitsaufwand bei der Ablesung der Manometer zu verringern, mit der Ablesung des Manometerstandes nach einer bestimmten Zeit oder der Messung der Zeit nach Absorption eines bestimmten Sauerstoffvolumens begnügt, können, namentlich bei Anwesenheit von Antioxydantien, völlig inkongruente Werte erhalten werden. Hierzu ein Beispiel in Abb. 140.

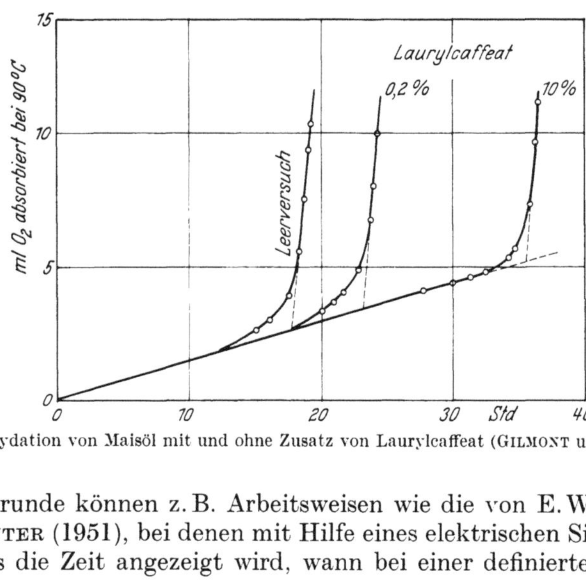

Abb. 140. Oxydation von Maisöl mit und ohne Zusatz von Laurylcaffeat (GILMONT u. Mitarb. 1946)

Aus diesem Grunde können z. B. Arbeitsweisen wie die von E. W. ECKEY (1946) und I. R. HUNTER (1951), bei denen mit Hilfe eines elektrischen Signals oder eines Schreibgerätes die Zeit angezeigt wird, wann bei einer definierten Fetteinwaage und konstanten Temperatur eine vorher festgesetzte Menge Sauerstoff absorbiert ist, häufig zu falschen Annahmen über die Stabilität eines Fettes führen.

Beachtenswert sind solche Anregungen zur Vereinfachung der Arbeitsweise, bei denen die ganze Absorptionskurve registriert wird.

N. D. SYLVESTER u. Mitarb. (1942) beschreiben beispielsweise ein Sauerstoffabsorptionsverfahren, bei dem sich im offenen Schenkel des Quecksilbermanometers ein Glasschwimmer befindet, dessen Sinkbewegung im Laufe der Oxydation auf eine Schreibtrommel übertragen wird. Auf diese einfache Weise können ohne Aufsicht Induktionsperioden beliebiger Länge aufgenommen werden. Dieser Apparat ist in zahlreichen britischen Laboratorien im Gebrauch (N. D. SYLVESTER u. A. N. AINSWORTH 1956).

E. B. LANCESTER u. Mitarb. (1956) erreichen das gleiche Ziel auf elektrischem Wege, indem sie die Widerstandsänderung eines Chromnickeldrahtes bzw. die Änderung der Induktanz eines Eisendrahtes, die sich im offenen Schenkel eines Quecksilbermanometers befinden, in elektrische Potentiale umsetzen, die von einem Schreibgerät registriert werden. Ein Beispiel für eine solche Schaltung in Abb. 141.

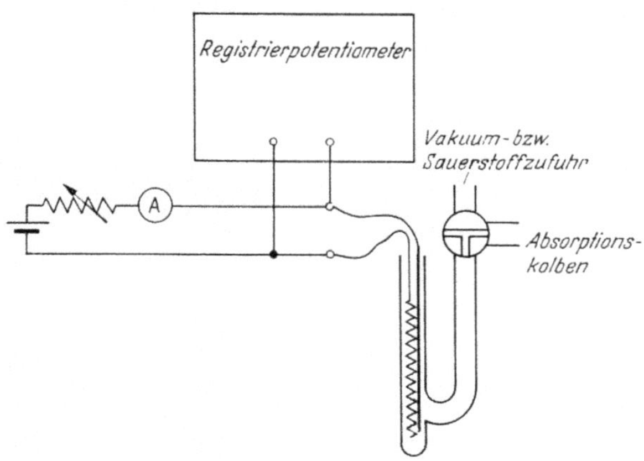

Abb. 141 Widerstandskreis nach LANCASTER u. Mitarb. (1956)

Eine Modifikation der Warburg-Apparatur mit elektrolytischer Sauerstoffentwicklung zur Untersuchung der Fettoxydation bei konstantem Sauerstoffverbrauch wurde von R. MARCUSE u. Mitarb. (1964) entwickelt und geprüft. Die modifizierte Apparatur ermöglicht Untersuchungen bei geringem Sauerstoffpartialdruck. Das Verfahren ist unabhängig vom Barometerstand, die sonst übliche Gefäßkalibrierung ist hier entbehrlich.

Der Wert der Absorptionsmethode wird unterschiedlich beurteilt. J. J. NAGY u. Mitarb. (1944) finden bei der Untersuchung von Schmalz mit und ohne Zusatz von Antioxydantien eine gute Übereinstimmung zwischen den Ergebnissen eines Lagerungstestes und der Sauerstoffabsorptions-Methode. Schlechter ist die Korrelation zwischen den Resultaten des Swift-Stabilitätstestes (vgl. S. 909) und den organoleptischen Veränderungen während der Lagerung. Zu ähnlichen Resultaten kommen W. D. POHLE u. Mitarb. (1962) bei der Untersuchung der Stabilität von Schmalz, vegetabilischen Ölen und hydrierten pflanzlichen Fetten.

Weniger gut wird das Verfahren von S. PAUL u. A. ROYLANCE (1962) beurteilt. Die Haltbarkeit von betriebsraffiniertem Erdnußöl ließ sich aus der Länge der Induktionsperiode nicht vorhersagen. Allerdings führten diese Autoren den Absorptionsversuch bei 140° C aus.

D. H. SAUNDERS u. Mitarb. (1955) verglichen die nach der Methode von W. R. JOHNSTON u. CH. N. FREY (1941) an Methyloleat bei 100, 80 und 60° C bestimmten Induktionsperioden mit der Peroxidzahl und dem Hydroperoxidgehalt des oxydierten Esters. Sie fanden für den Absorptionsbereich bis zu 15 Mol.% O_2 folgende Korrelationsgleichung:

$$y_c = 1{,}09 \cdot x^{0{,}936}$$

y_c = Chemisch bestimmte Peroxide in Mol · 10^3/Mol Me-oleat
x = Aufgenommener Sauerstoff in Mol · 10^3/Mol Me-oleat.

In diesem Bereich waren nach polarographischer Analyse 96—97% der chemisch bestimmten Peroxide Hydroperoxide.

2. Oxydation bei erhöhtem Druck. Die Mineralölindustrie unterzieht Vergaserkraftstoffe, um einen Hinweis auf ihre Lagerungsfähigkeit zu erhalten, häufig dem sog. Bombentest, bei dem eine Probe des zu untersuchenden Stoffes in einem Stahlgefäß, der ,,Bombe", das mit einer Gaszuleitung und einem Druckschreibegerät

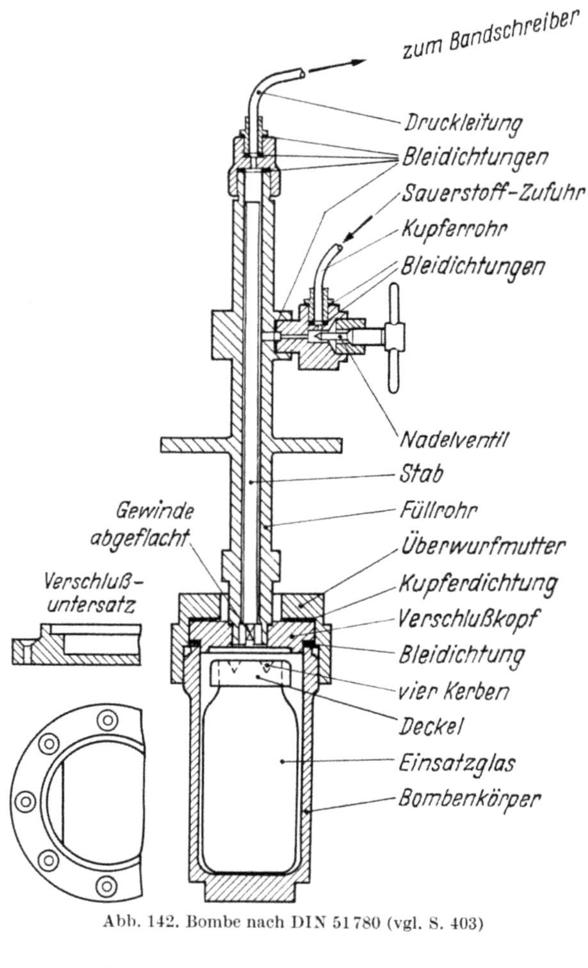

Abb. 142. Bombe nach DIN 51780 (vgl. S. 403)

verbunden ist, bei 100° C einem Sauerstoffdruck von 7 atü ausgesetzt und die Zeit gemessen wird, bis ein Druckabfall von 0,14 at in 15 min erfolgt. Dieser Zeitpunkt ist der sog. Brechpunkt. Die Methode ist als ASTM-Methode D 525 – 55 von der American Society for Testing and Materials standardisiert und in nur wenig veränderter Form in die DIN-Normen unter Nr. 51780 aufgenommen.

Eine Skizze der Bombe ist in Abb. 142 wiedergegeben. Bombenkörper, Verschlußkappe, Füllrohr u. a. Teile des Gerätes sind aus Edelstahl gefertigt[1]. Die Bombe wird in einem passenden elektrischen Heizbad (vgl. die DIN-Vorschrift) temperiert und ist mit einem Bandschreiber für 5—12 at, 120 mm Schreibbreite und 40 mm/h Vorschub verbunden. Zur Aufnahme der Probe dient ein Glasgefäß mit gekerbtem Deckel, das vor Durchführung des Versuchs sehr sorgfältig zu reinigen ist, um eine vorzeitige Beendigung der Induktionsperiode zu vermeiden.

W. M. GEARHART u. Mitarb. (1957) bedienten sich dieser Apparatur und dieses Verfahrens, um die Stabilität pflanzlicher und tierischer Fette sowie fetthaltiger Nahrungsmittel, wie "potato chips" und "crackers" zu prüfen:

15 g festes oder 30 g flüssiges Fett werden in den Glaseinsatz eingewogen. Nach dem Verschließen der Bombe wird das Schreibgerät — ein Kreisblattschreiber — angeschlossen und Sauerstoff aus einer Stahlflasche bis zu einem Überdruck von 7 at aufgepreßt. Bei der Untersuchung von pflanzlichen Ölen, die zur Herstellung von fritierten Kartoffelscheiben verwendet wurden, und bei Gegenwart von Fischölen kann es leicht zu einer schwachen Explosion kommen. Dann arbeitet man besser mit einem niedrigeren Überdruck, ca. 3,5 atü. Die so präparierte Bombe wird auf Dichtigkeit geprüft und in ein kochendes Wasserbad von 100°C gesenkt. Da das Ende der Induktionsperiode schlecht zu erkennen ist, wird es von den Autoren in Übereinstimmung mit der ASTM-Vorschrift als die Mitte der ersten Stunde definiert, in der ein Druckabfall von mindestens 0.14 at beobachtet wird, dem in der nächsten Stunde der gleiche oder ein stärkerer Druckabfall folgt.

Vorzüge dieser Methode sind die schnelle Erlernbarkeit und die Verkürzung der Reaktionszeit. Die Ergebnisse werden ca. doppelt so schnell wie bei dem im nächsten Abschnitt zu besprechenden Swift-Stabilitätstest und 40- bis 50mal so schnell wie bei einem bei 63° C ausgeführten Schaal-Test erhalten.

W. D. POHLE u. Mitarb. (1962) fanden eine signifikante Korrelation zwischen den Ergebnissen der drucklos und der unter Überdruck ausgeführten Bestimmung der Induktionsperiode, was zu erwarten war, da die Prinzipien beider Methoden sehr ähnlich sind.

Später untersuchten W. D. POHLE u. Mitarb. (1964) die Bombenmethode, den Swift-Test, die manometrische Methode nach E. W. ECKEY (1946) und den bei 60°C ausgeführten SCHAAL-Test auf ihre Eignung, die Haltbarkeit von Schmalz, mit und ohne Zusätzen, bei 29°C richtig wiederzugeben. Dabei ergab sich u. a., daß die verschiedenen Fette sich individuell verhalten, daß Vorhersagen über die voraussichtliche Haltbarkeit nur innerhalb einer Sorte Aussicht auf Erfolg haben und daß von allen untersuchten Methoden die beschriebene Bombenmethode am besten zur Beurteilung der Oxydationsstabilität von Schmalzsorten geeignet ist.

c) Swift-Stability-Test

Im Jahre 1932 beschrieb D. H. WHEELER eine neue Methode zur Messung der Haltbarkeit von Ölen und Fetten. Während man sich bis dahin im wesentlichen mit chemischen Kennzahlen begnügt hatte, verfolgte WHEELER den Peroxidzahl-Anstieg während der Belüftung bei 100° C. Diese Arbeitsweise wurde von A. E. KING, H. L. ROSCHEN u. W. H. IRWIN (1933) zu einer Standardmethode ausgearbeitet, die nach ihrer Entstehung in den Swift-Laboratorien Swift-Stability-Test, später auch AOM (= active oxygen method) genannt wurde. Es wurde hierbei wie folgt verfahren:

In einem Bad aus Mineralöl, das durch einen Mantel mit siedendem Wasser auf Temperaturen etwas unter 100°C gehalten wird, befindet sich eine Anzahl Rohre von gleichem Durchmesser und gleicher Höhe, die mit Zu- und Ableitungsrohren für Luft versehen sind. Jedes Rohr enthält 20 ml Fett. Mit Permanganat-Lösung gewaschene Luft wird mit konstanter Geschwindigkeit durch das Fett geleitet. Mit jeder zu untersuchenden Fettsorte werden drei Röhrchen beschickt, die im Abstand von 2—5 Std in das Heizbad eingetaucht und belüftet werden. Sobald der Inhalt des ersten Rohres ranzig geworden ist, wie am Geruch der Abgase zu bemerken ist, werden alle drei Röhrchen aus dem Bad entfernt und nach der Methode von

[1] Lieferer: Sommer & Runge, 1 Berlin-Friedenau; J. Peters, Berlin NW 21.

WHEELER (1932) auf ihren Peroxid-Gehalt untersucht. Die Inkubationszeit, ausgedrückt durch die Anzahl Stunden, die bis zum Auftreten einer bestimmten POZ (Milliäquivalente Sauerstoff pro kg Fett) (bei Schmalz POZ 20) vergehen, wird als Maß für die Stabilität des Fettes angesehen.

Man erkannte schon bald, daß dieser Test für die Bewertung von Schmalz und anderen Fetten, für die Prüfung von Antioxydantien usw. von hohem Wert sein konnte und studierte daher alle bei diesem Test vorgenommenen Einzeloperationen sehr genau.

L. B. KILGORE u. D. H. WHEELER (1935) zeigten, daß die genaue Dosierung des Luftstroms nur von untergeordneter Bedeutung ist. Selbst bei Vergrößerung der Luftgeschwindigkeit um 400% ändert sich die Inkubationszeit nur unwesentlich. Ähnliches gilt für den Durchmesser des Lufteinleitungsrohres. Dagegen ist nach E. FREYER (1935) die Konstanthaltung der Temperatur sehr wichtig, da eine Temperaturerhöhung um 10° C, genau wie bei anderen organischen Reaktionen, eine Verdoppelung der Reaktionsgeschwindigkeit zur Folge hat. Auf die Abwesenheit von Metallspuren ist nach den Untersuchungen von A. E. KING, H. L. ROSCHEN u. W. H. IRWIN (1933) unbedingt zu achten, da beispielsweise schon einige Milligramm Kupfer pro kg Fett genügen, die Inkubationsperiode auf $^1/_{10}$ des ursprünglichen Wertes herabzusetzen. Zur bequemeren Bestimmung des Endpunktes der Inkubationsperiode machen V. C. STEBNITZ u. H. H. SOMMER (1935) den Vorschlag, die Abgase aus den Belüftungsröhrchen durch mit Methylrot versetzte 0,01 n-Natronlauge zu schicken und die Röhrchen beim Auftreten eines Farbumschlags aus dem Bade zu entfernen. R. HUBATA (1941) empfiehlt für den gleichen Zweck die Verwendung von Bromkresolgrün oder Alizarinrot S in alkalischer Lösung, während L. D. CHIRGWIN jr. (1945) den Endpunkt beim Swift-Stability-Test durch Messung des Brechungsindexes, der der POZ parallel läuft, erfassen will.

V. C. MEHLENBACHER (1942) versuchte gegenüber der ursprünglichen Methode eine Beschleunigung des Swift-Testes dadurch zu erzielen, daß er dem Substrat eine sehr kleine Menge Kupferstearat vor der Oxydation zugab. Die damit erhaltenen Ergebnisse befriedigten aber nicht. Eine Beschleunigung des Verfahrens unter Wahrung der Übereinstimmung mit den ursprünglichen Werten konnte aber durch Erhöhung der Probentemperatur von 97,7° C auf 110° C erreicht werden. Die Beschleunigung betrug bei einer Vielzahl der verschiedensten Fette im Durchschnitt das 2,5-fache der ursprünglichen Reaktionsgeschwindigkeit.

Weitere Verbesserungen erstreckten sich in der Folgezeit auf die Konstruktion von Ganzglas-Belüftungsröhrchen durch R. W. RIEMENSCHNEIDER u. Mitarb. (1943), den Ersatz der bis dahin als Reinigungsmittel gebrauchten Chromschwefelsäure durch synthetische Detergentien (S. P. FORE u. Mitarb. 1951), die Verwendung eines thermostatisch geregelten Aluminiumblocks zum Heizen der Röhrchen anstelle des unbequemen Öl- und Dampfbades (W. F. SCHROEDER u. J. W. DRAPER 1956) und vieles andere mehr.

Da diese Methode sich in den Vereinigten Staaten größter Beliebtheit erfreut, wurde sie von einem Subcommittee des amerikanischen *Fat Analysis Committee* gründlich geprüft. Die Ergebnisse sind in einem 1957 erschienenen Abschlußbericht zusammengefaßt. Die Untersuchung offenbarte neben vielen Vorzügen auch die negativen Seiten des Verfahrens, auf die noch zurückzukommen sein wird. Da die Methode völlig empirisch ist, wurde eine ins einzelne gehende Methodenbeschreibung verfaßt, die später als Tentative Method in die AOCS-Methodensammlung unter Nr. Cd 12 – 57 (Revised 1959) aufgenommen wurde. Hier eine gekürzte Beschreibung.

Bestimmung der Fettstabilität nach AOCS Tentative Method Cd 12 – 57

Definition:

Als Maß für die Stabilität eines Fettes gilt die Zeit in Stunden, die ein Fett unter den Bedingungen des Verfahrens benötigt, um eine Peroxidzahl von 100 mval zu erreichen.

Anwendungsbereich:

Das Verfahren ist auf alle normalen pflanzlichen und tierischen Speisefette anwendbar, nicht aber auf Fettsäuren.

Geräte:

Apparatur nach Abb. 143 und 144 bestehend aus:

1. Konstanttemperaturbad oder thermostatisch geregeltem Aluminiumblock, womit alle Proben auf 97,8 ± 0,2° C gebracht werden können.

2. Luftverteilungsvorrichtung J mit kalibrierten Capillaren, so daß jedes Rohr mit 2,33 ml Luft/sec belüftet werden kann.

3. Luftreinigungsanlage, bestehend aus drei hintereinander geschalteten Glaszylindern B, C, D von 50 mm äußerem Durchmesser und 375 mm Höhe, B und D 25 cm hoch mit dest. Wasser und C 25 cm hoch mit einer 2%igen Lösung von $K_2Cr_2O_7$ in 1%iger Schwefelsäure gefüllt, einem 300 mm hohen 5-Kugelkühler, einer 1-l-Flasche mit Glaswolle F und zwei Überdruckgefäßen G und H von 50 mm ⌀ und 375 mm Höhe, die 20 cm hoch mit dest. Wasser gefüllt und mit einem Schlauchventil zur Druckregulierung ausgestattet sind.

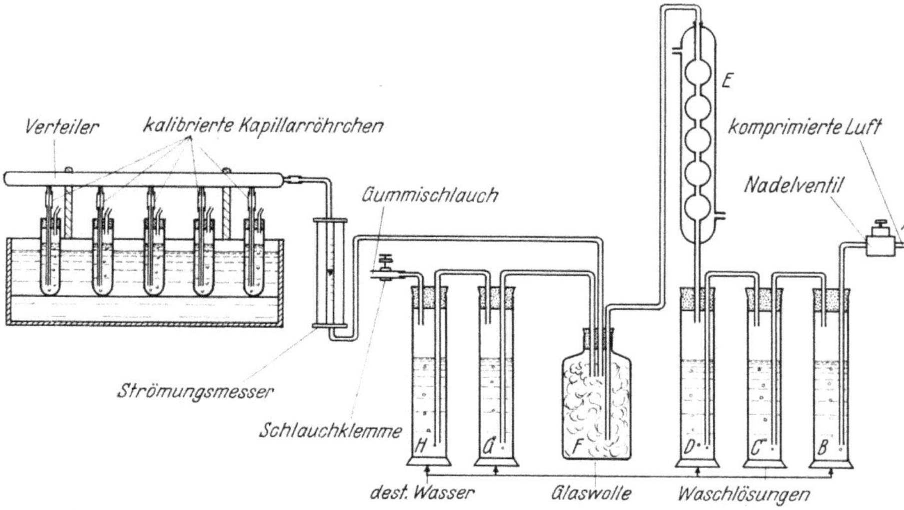

Abb. 143. Anordnung zur Bestimmung der Fettstabilität analog AOCS Tentative Method Cd 12 — 57

4. Luftkompressor, am besten eine Membranpumpe zur Erzeugung ölfreier Druckluft.
5. Belüftungsröhrchen, wie in Abb. 143 angegeben.
6. Thermometer mit einer Genauigkeit von ± 0,1°C im Bereich von 95—110°C.
7. Strömungsmesser, vorzugsweise nach dem Schwebekörper-Prinzip.

Reagentien:

Petroläther, 35/60°C

Aceton, rein

Detergens, zur Reinigung von Glasgeräten geeignet, ohne verunreinigenden Rückstand, z. B. 1%ige Lösung von Natriumlaurylsulfat.

Reinigung der Belüftungsröhrchen. Die Röhrchen werden mit Petroläther oder Aceton von der Hauptmenge des anhaftenden Fettes befreit und dann in einem heißen Detergentienbad mit einer Nylonbürste kräftig mechanisch gesäubert. Man kocht sie 1/2 Std in der gleichen Lösung, wäscht ausgiebig mit Leitungs- und dest. Wasser, läßt auf Filterpapier auslaufen und trocknet schließlich im Trockenschrank bei 100—105°C.

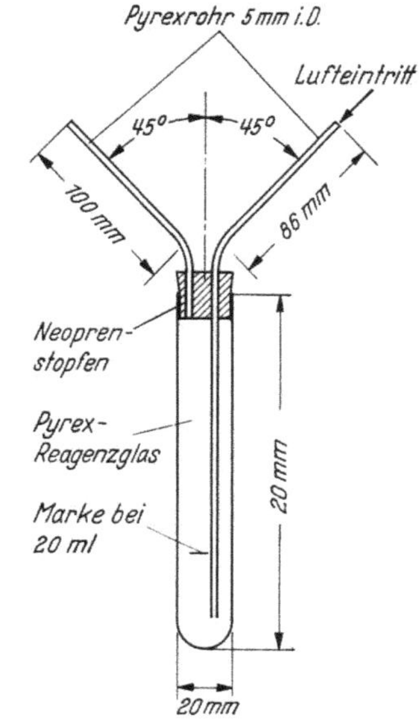

Abb. 144. Belüftungsrohr zum Swift-Test

Verfahren:

Die Prüfröhrchen werden mit 20 ml Öl oder geschmolzenem Fett, das nicht höher als 10°C über seinem Schmelzpunkt erhitzt werden darf, gefüllt. Für jede Probe nimmt man mindestens zwei Röhrchen. Die Röhrchen werden verschlossen, das Lufteinleitungsrohr endet 5 cm unterhalb der Öloberfläche.

Dann bringt man die gefüllten Röhrchen 5 min ein in kochendes Wasserbad, trocknet sie nach dem Herausnehmen ab und bringt sie in die Heizvorrichtung, deren Temperatur so eingestellt ist, daß die Proben während der Belüftung eine Temperatur von 97,8°C besitzen. Schließlich verbindet man die Belüftungsröhrchen mit den Capillaren, stellt den Luftstrom ein und notiert die Zeit.

Als AOM-Stabilitätswert wird die Zeit in ganzen Stunden bezeichnet, die die Probe belüftet werden muß, bis sie eine Peroxidzahl von 100 mval/kg angenommen hat. Dieser Wert soll an zwei Proben wie folgt bestimmt werden:

Kurze Zeit bevor der Endpunkt erreicht ist, was bei einiger Übung am Geruch der ausströmenden Gase zu erkennen ist, entnimmt man einem Rohr eine Probe von 1 g und bestimmt die Peroxidzahl nach WHEELER (vgl. S. 875). Wenn es sich zeigt, daß die POZ zwischen 75 und 175 mval liegt, wird unverzüglich eine zweite Bestimmung mit einer Einwaage von 5 g gemacht. Wenn die so erhaltene Peroxidzahl über 175 liegt, muß die Probe verworfen und die ganze Bestimmung wiederholt werden. Wenn die Probebestimmung aber eine Peroxidzahl unter 75 ergibt, wird geschätzt, wann eine POZ von 75 erreicht sein wird und zu diesem Zeitpunkt nochmals eine Peroxidbestimmung an einer 5-g-Probe gemacht. Genau 1 Std später wird demselben Röhrchen eine weitere 5-g-Probe entnommen und davon die POZ bestimmt.

Die beiden Werte werden zusammen mit der entsprechenden Zeit in ein rechtwinkliges Koordinatennetz eingetragen. Der AOM-Stabilitätswert wird durch graphische Interpolation bestimmt. Zur Kontrolle wird das zweite Röhrchen mit der gleichen Probe genau so wie das erste behandelt.

Reproduzierbarkeit der Methode:

Der Variationskoeffizient ist bei Ausführung der Methode genau nach Originalvorschrift in verschiedenen Laboratorien 13,4%.

Diese Methode kann für Vergleichszwecke innerhalb eines Laboratoriums weitgehend variiert werden, eine Möglichkeit, von der die meisten Bearbeiter des Gebiets auch Gebrauch machen. Für Forschungszwecke ist es z. B. vorzuziehen, statt der Bestimmung eines oder zweier Fixpunkte die ganze Induktionsperiode aufzunehmen, da dann der Wendepunkt der Kurve viel genauer ermittelt werden kann. Man kommt für jede Ölsorte mit einem Röhrchen aus, wenn man während der Belüftung in geeigneten Abständen 5—10 Proben von je 0,1 g entnimmt und diese nach einem Halbmikroverfahren auf ihre Peroxidzahl untersucht. Im Laboratorium des Verfassers bewährte sich hierfür folgende der Arbeitsweise von WHEELER (1932) angeglichene Methode (vgl. auch R. W. RIEMENSCHNEIDER u. Mitarb. 1943):

Geräte:

25-ml-Erlenmeyerkolben mit dreifach durchbohrtem Gummistopfen, Rührstäbchen und Stickstoff-Einleitungsrohr
Magnetrührer
Kolbenbürette, 10 ml, eingeteilt in 0,01 ml.

Reagentien:

Eisessig-Chloroform 60:40
gesättigte KJ-Lösung, jeden Tag frisch bereitet
0,002 n-Thiosulfat-Lösung
Stärkeindicator.

Verfahren:

100 mg Öl werden in 5 ml Lösungsmittel gelöst. Nach dem Spülen mit Stickstoff gibt man, ohne den Stickstoffstrom zu unterbrechen, 0,5 ml KJ-Lösung hinzu, läßt unter Umschwenken genau 1 min stehen, fügt dann 1,5 ml dest. Wasser und 2—3 Tropfen Stärkelösung hinzu und titriert unter Rühren mit der Thiosulfat-Lösung. Ein unter gleichen Bedingungen ausgeführter Blindversuch führt meistens zu keinem Thiosulfatverbrauch.

Berechnung:

Wie S. 875.

Einige nach dieser Methode bestimmten Induktionsperioden sind in Abb. 145 wiedergegeben.

Der Aussagewert des Swift-Testes ist umstritten. Gute Dienste scheint er beim Nachweis von Antioxydantien in Schmalz zu leisten (R. W. RIEMENSCHNEIDER u. Mitarb. 1945; M. LOURY 1960), weniger gute bei der Bestimmung der Lagerungsfähigkeit von Ölen (H. DEBRUYNE 1960). E. BECKER u. Mitarb. (1953) kamen nach einem gründlichen Studium des Swift-Testes zu dem Schluß, daß die Länge der Induktionsperiode und die Haltbarkeit bei der Lagerung wohl in einem gewissen Zusammenhang stehen, daß aber von einer direkten Proportionalität keine

Rede sein kann. Innerhalb einer Ölsorte ist die Induktionsperiode der Lagerungsfähigkeit nahezu proportional, der Proportionalitätsfaktor ist aber für jede Ölsorte verschieden.

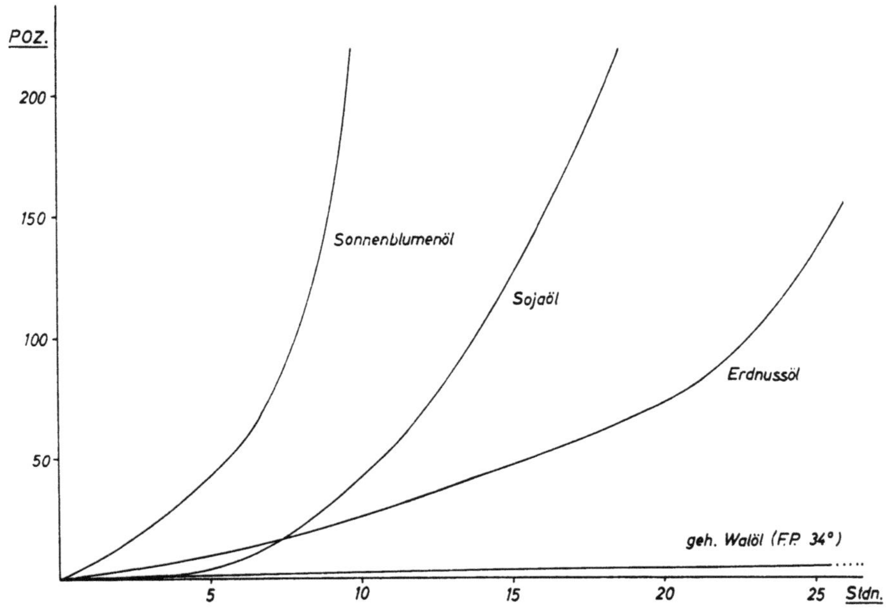

Abb. 145. Swift-Stabilitätskurven von raffinierten Ölen

So teilt auch diese Methode das Schicksal der bereits besprochenen dynamischen Verfahren zur Feststellung der Oxydationsbereitschaft von Fetten: Sie ist als Sortierungsmethode gut brauchbar, ihre Ergebnisse bedürfen aber der Bestätigung durch organoleptisch kontrollierte Lagerungsversuche.

d) Filterpapiertest

Die bisher besprochenen „dynamischen Methoden" zur Ermittlung der Oxydationsbereitschaft von Fetten haben den Nachteil, daß die Oxydation unter den Versuchsbedingungen bei einer viel höheren Temperatur vor sich geht, als sie normalerweise bei der Lagerung eingehalten wird. Es überrascht daher auch nicht, daß die Ergebnisse dieser Teste nicht immer in Übereinstimmung mit Lagerungsversuchen stehen. Viele Forscher waren deshalb bemüht, Bedingungen aufzufinden, unter denen eine Probeoxydation auch bei Zimmertemperatur genügend rasch abläuft.

P. Dubouloz u. J. Laurent (1948) beschleunigen die Oxydation dadurch, daß sie die zu untersuchenden Ölproben vor der Erwärmung auf 90—100° C von Filterpapier aufsaugen lassen. A. Purr (1953) überführt die auf Filterpapier ausgebreitete Ölprobe in das Reaktionsgefäß einer Barcroft-Warburg-Apparatur (vgl. S. 905), oxydiert bei 102° C und bestimmt das Fortschreiten der Oxydation entweder durch Beobachtung des Sauerstoffverbrauchs am Warburg-Manometer oder Ermittlung der POZ nach speziellen Halbmikromethoden. Aus der für 102° C gefundenen Inkubationszeit läßt sich die für 25° C zutreffende berechnen. K. Täufel u. R. Vogel (1955) oxydieren das auf chromatographischem Papier verteilte Fett bei Zimmertemperatur im zerstreuten Tageslicht, während O. K. Palladina u. K. Ss. Stepanowa (1956) durch gleichzeitige Bestrahlung mit ultraviolettem Licht eine erhebliche Herabsetzung der Reaktionszeit erzielen.

St. A. Ivanov (1961) oxydiert das vom Filterpapier aufgesaugte Öl bei 80° C im Trockenschrank, extrahiert das Fett mit Äther und bestimmt davon den Brechungsindex, der am

Ende der Induktionsperiode bei pflanzlichen Ölen um 0,002 Einheiten, bei tierischen um 0,001 Einheiten höher als beim Ausgangsöl liegt.

Alle diese Methoden haben den Nachteil, daß sie schlecht oder gar nicht standardisierbar sind. Da sie aber andererseits mit sehr geringem apparativem Aufwand auszuführen sind, sollen die wichtigsten von ihnen hier kurz wiedergegeben werden.

Methode nach A. PURR *(1953)*

In ein Warburg-Gefäß ohne Einbauten und Seitenarm wird ein Rundfilter (Sch. & Sch. Nr. 589/1, Durchmesser ca. 30 mm) gebracht, das vor dem Einbringen durch einen Scherenschnitt bis zur Hälfte zerteilt wird. Nun wird das Gefäß mit dem Papier 2 Std bei 110° C getrock-

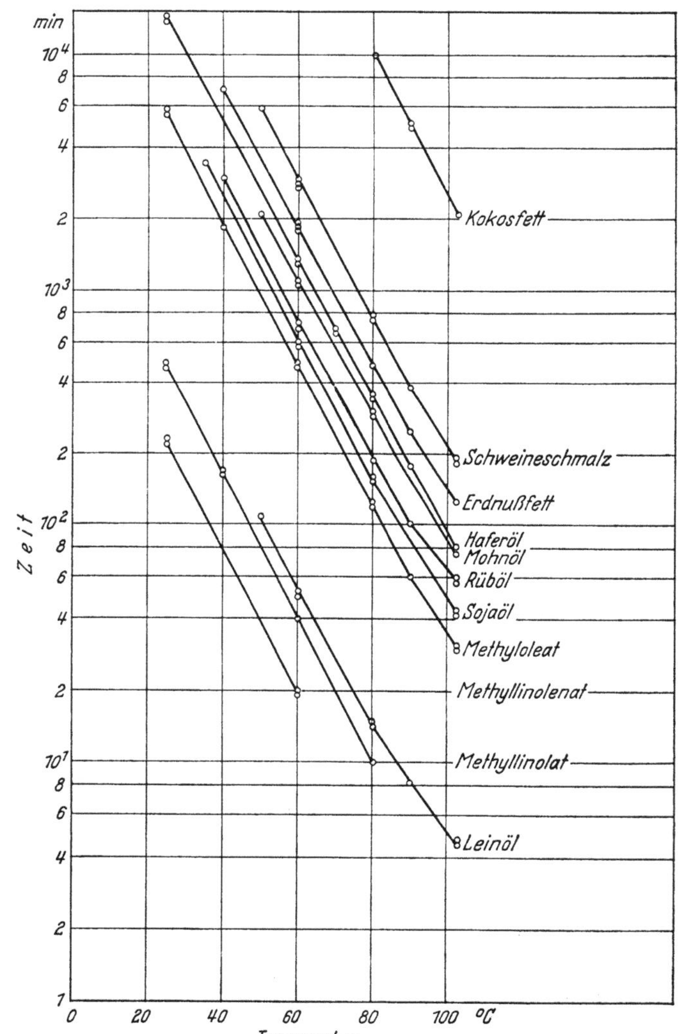

Abb. 146. Beziehungen zwischen Temperatur und Oxydationszeit (Grenzwert: POZ = 10) nach PURR (1953)

net und anschließend in einem mit P_2O_5 beschickten Exsiccator auf Zimmertemperatur gekühlt. Nach dem Abkühlen werden ca. 50 mg des wasserfreien Fettes mit Hilfe einer Glascapillare auf dem Rundfilter gleichmäßig verteilt, was am besten durch nachträgliche Benetzung mit Petroläther 30/50° C geschieht. Dann bringt man die Probe oder besser eine Serie von Proben desselben Öls in einen auf 102° C angeheizten Trockenschrank und läßt die Oxydation unter Ausschluß von Licht anlaufen. In bestimmten Zeitabständen entnimmt man dem Trockenschrank eine Probe, ersetzt die Luft durch ein indifferentes Gas, wie Kohlendioxid oder Stickstoff, verschließt das Warburg-Gefäß mit einem Schliffstopfen und kühlt es im Kühlschrank 5—10 min auf 0° C, wodurch ein Fortschreiten der Autoxydation mit Sicherheit unterbrochen wird.

Zur Bestimmung der Peroxidzahl gibt man, ohne das Papierblättchen zu entfernen, 2 ml eines Gemisches aus Eisessig und Chloroform 3:2 in das Warburg-Gefäß und entlüftet 30 sec durch Einleiten von CO_2. Dann versetzt man die Versuchsprobe mit ca. 100 mg feingepulvertem Kaliumjodid, setzt den Schliffstopfen locker auf und erhitzt 2 min unter Umschwenken in einem auf 70° C temperierten Thermostaten, kühlt danach bei eingedrehtem Stopfen $^1/_2$ min unter Leitungswasser, fügt 1 ml einer 1%igen Kaliumjodid- und 0,5 ml einer 1%igen Stärkelösung hinzu und titriert das ausgeschiedene Jod je nach der Stärke der Jodfarbe mit 0,1 n- oder 0,2 n-Thiosulfat-Lösung, die aus einer Bürette zugefügt wird. In analoger Weise wird ein Blindversuch nur mit dem Lösungsmittel und dem Filterpapier ausgeführt und der hier festgestellte Thiosulfatverbrauch bei der Berechnung der POZ (in mval) (vgl. S. 877) abgezogen.

Wenn an das Warburg-Gerät während der Autoxydation ein Manometer angeschlossen war und Sauerstoff verwendet wurde, kann die POZ auch nach der Formel berechnet werden:

$$\text{POZ (mval)/kg} = \frac{a \cdot 500}{E \cdot 11{,}2}$$

a = verbrauchtes Sauerstoff-Volumen in mm^3 bei 0° C und 760 mm
E = Einwaage in g.

A. Purr (1953) beurteilt die Verderbnisbereitschaft der nach dieser Methode untersuchten Fette nach der Zeit, die bis zum Erreichen der POZ 10 vergeht. Nach den Beobachtungen des Autors ist die POZ 3 ein Zeichen für die beginnende Oxydation, die POZ 10 ein Zeichen für die Genußuntauglichkeit eines Fettes.

Das wichtigste Ergebnis, das A. Purr (1953) mit seiner Methode erhielt, war die Feststellung, daß die Oxydation der auf einem Papierblättchen ausgebreiteten Fette im Temperaturgebiet von 25—120° C bis zu einer POZ 10 unabhängig von ihrer Zusammensetzung nach dem gleichen Reaktionsmechanismus vor sich geht (vgl. Abb. 146).

Ferner konnte er die schon von anderen Autoren gemachte Beobachtung bestätigen, daß die Oxydation des Methyllinolats 12- bis 13mal, die des Linolenats sogar 24- bis 26mal so schnell wie die des Methyloleats erfolgt.

Bestimmt man die Zeit, die bis zur Erreichung höherer Peroxidzahlen, z. B. 20, vergeht, bei verschiedenen Ölen, so ist die Übereinstimmung im Reaktionsverlauf nicht mehr zu beobachten.

Ausdrücklich macht der Autor darauf aufmerksam, daß die nach seiner Methode ermittelte „Verderbnisbereitschaft" kein Maß für die Entstehung der sog. Geschmacksreversion ist, die bekanntlich auch bei Gegenwart von unmeßbar kleinen Sauerstoffmengen auftreten kann.

Methode nach K. Täufel *u.* R. Vogel *(1955)*

Weniger genau, aber für eine Schnellprüfung der Fette auf ihre Verderbnisbereitschaft wohl geeignet, ist der von K. Täufel u. R. Vogel (1955) angegebene Filterpapiertest. Das zu untersuchende Fett wird in Aceton gelöst und von der acetonigen Lösung soviel auf ein Filterpapierblättchen gebracht, daß die aufgetragene Fettmenge ca. 1,25 mg beträgt. Man belüftet nun je nach der Fettsorte mehr oder weniger lang bei diffusem Tageslicht und bestimmt dann das Ausmaß der Peroxydierung visuell aus der Farbstärke der Flecke nach dem Besprühen mit einer Lösung von Ammoniumrhodanid und Eisen(II)-sulfat.

Geräte:

Chromatographierpapier Whatman Nr. 1 oder Sch. & Sch. 2043a oder 2043 b
Mikropipette 0,1 ml Inhalt
Meßkolben, Pipetten usw.

Reagentien:

Sprühreagens: In 50 ml einer 10 %igen wäßrigen Lösung von Ammoniumthodanid, die 0,5 ml reine konzentrierte Schwefelsäure enthält, löst man 5 g Eisen(II)-sulfat ($FeSO_4 \cdot 7H_2O$). Die auftretende Rotfärbung beseitigt man reduktiv, indem man ca. 0,3 g Eisenpulver zusetzt. In einer mit Bunsenventil versehenen Flasche hält sich die Lösung monatelang. Das Spühreagens bereitet man aus dieser Stammlösung täglich durch Pipettieren von 5 ml in 45 ml eines Gemisches aus gleichen Teilen ausgekochtem dest. Wasser und frisch dest. Aceton.

Aceton, rein, wasserfrei, über Pottasche aufbewahrt.

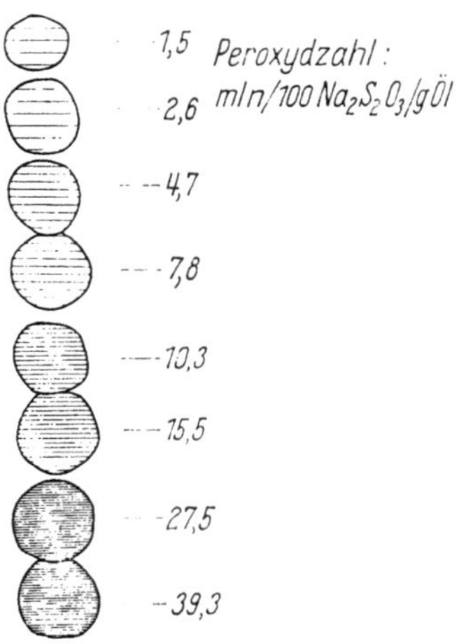

Abb. 147. Filterpapiertest nach Täufel u. Vogel (1955), ausgeführt an Mohnöl

Verfahren:

Ca. 0,5 g des zu untersuchenden Fettes werden in 10 ml Aceton gelöst. Mit einer Mikropipette träufelt man nun 0,025 ml dieser Lösung, entsprechend einer Fetteinwaage von ca. 1,25 mg, auf das Chromatographierpapier. (Für einen Einzelversuch nimmt man einen Streifen von ca. 3,5 × 5,0 cm; bei Serienversuchen trägt man die acetonige Lösung in entsprechenden seitlichen und vertikalen Abständen auf einen passenden großen Papierbogen auf.) Dabei bilden sich kreisrunde Benetzungsflächen von ca. 1 cm ∅.

Eine Serie solcher Papiere hängt man bei Zimmertemperatur im diffusen Tageslicht frei schwebend auf. Das Aceton verdampft und die Autoxydation läuft ab, deren Geschwindigkeit weitgehend von der Raumtemperatur und der Lichtintensität abhängt. In gewissen Zeitabständen entnimmt man nun eine Probe, besprüht sie mit dem Sprühreagens und vergleicht nach 5 min die Farbintensität mit der einer Probenreihe von definierter Peroxidzahl (Einheit = ml n/100 Thiosulfat pro g = 10 mval). Die Vergleichsfarbskala läßt sich photographisch festhalten; bei den hier gewählten großen Abständen der Peroxidstandards genügt es auch, die Vergleichsfarben mit Wasserfarben auf Zeichenpapier farbtongerecht aufzumalen[1]. Ein Abstufungsbeispiel bringt Abb. 147. Mit dieser recht einfachen Methode kann man die unterschiedliche Oxydationsbereitschaft pflanzlicher und tierischer Fette gut charakterisieren.

Hierzu ein Beispiel in Tab. 165a.

Tabelle 165a. *Peroxidbildung bei verschiedenen rohen und raffinierten Ölen, bestimmt mit Hilfe des Papiertestes* (nach K. Täufel u. R. Vogel 1955)

Einwirkungszeit des Tageslichtes, Std	Angenäherte POZ (mval/kg)			
	Erdnußöl, roh JZ 87	Rüböl, raffiniert JZ 87	Mohnöl, raffiniert JZ 128	Sojaöl, raff. JZ 138
1	0	0	80	0
2	0	0	100	0
3	0	0	120	0
4	0	20	150	0
5	0	20	180	0
6	0	20	200	20
7	0	30	200	30
8	20	50	>250	200
15	20	50	>250	250
20	30	80	>250	>250
25	50	100	>250	>250

Die Nachweisgrenze der Methode liegt bei einer POZ von 20 mval.

Für Fette, die aus vorwiegend gesättigten Fettsäuren bestehen, ist diese Methode zu unempfindlich. Für Butterfett, Margarinefett und Kakaobutter wurde die ursprüngliche Arbeitsweise von K. Täufel u. R. Serzisko (1957) derart abgeändert, daß zur Herstellung der Ausgangslösung 1,7 g des Fettes in 10 ml eines

[1] Nach einer Anregung von E. Lahmann.

Gemisches aus gleichen Teilen Chloroform und Eisessig gelöst und von dieser Lösung 0,025 ml entsprechend 4,3 mg Fett auf das Chromatographierpapier aufgetragen werden.

Methode von St. A. Ivanov *(1961)*

Die Methode hat den Vorzug, daß die Inkubation der Fettprobe bei erhöhter Temperatur unter Ausschaltung des Tageslichtes vor sich geht und daß das Ende der Inkubationsperiode auf physikalischem Wege ermittelt wird.

Arbeitsvorschrift: 1,000 g des zu untersuchenden Öls wird in 10 ml Chloroform z. A. gelöst. Die Lösung wird in eine Porzellanschale von 25 × 20 cm gegossen und dann ein Blatt Filterpapier (z. B. Whatman Nr. 1 oder Sch. & Sch. 2043a), das in sechs Streifen von 3 × 22 cm unterteilt ist, eingelegt. Nach 5—6 sec wird das Papier herausgenommen, zwischen zwei Filterpapierblättern ausgedrückt und einige Minuten im Dunkeln belassen, damit das Chloroform verdunstet. Die imprägnierten Streifen werden dann in einem auf 80 °C eingestellten Trockenschrank aufgehängt. In Zeitabständen von 30 min entnommene Proben werden in 0,4—0,5 cm schmale Streifen zerschnitten und in ein 25-ml-Becherglas gelegt. Das Öl wird mit 2—4 ml peroxidfreiem Äther durch Umrühren mit einem Glasstab extrahiert. Die ätherische Öllösung läßt man auf einem Uhrglas von 5 cm ⌀ auf einem Wasserbad verdunsten und bestimmt dann den Brechungsindex des zurückbleibenden Öltropfens im Abbe-Refraktometer oder besser im Zeiss-Eintauchrefraktometer. Aus dem Verlauf der n_D-Zeitkurve wird die Induktionsperiode ermittelt. Der Anstieg der POZ ist dem Anstieg des n_D proportional. Hierzu ein Zahlenbeispiel aus dem Laboratorium des Verfassers (vgl. Tab. 165b):

Tabelle 165b. *Beschleunigte Oxydation von Sonnenblumenöl auf Papier bei 80° C nach der Methode von* St. A. Ivanov (1961)

Std	POZ	n_D^{40}	Std	POZ	n_D^{40}
0,5	12,3	1,4680	3,5	33,0	1,4697
1	15,2	1,4680	4	75,2	1,4711
1,5	19,7	1,4680	4,5	111,6	1,47302
2	31,0	1,4681	5	239	1,4748
2,5	33,0	1,4681	5,5	480	1,4761
3	33,7	1,4682			

e) Licht-Test

Bekanntlich verderben Öle unter dem Einfluß des Lichtes wesentlich rascher als bei der Aufbewahrung im Dunkeln. Neben dem Tageslicht hat sich die in den letzten Jahren immer mehr gebräuchliche Beleuchtung der Läden mit Tageslicht-Röhrenleuchten als sehr schädlich erwiesen, die eine gerade für fetthaltige Lebensmittel viel zu starke Beleuchtungsintensität von 1000 Lux und mehr bewirken. Öle und Fette sind gegenüber Beleuchtungseinflüssen nicht alle gleich empfindlich. Im allgemeinen steigt die Oxydationsfähigkeit proportional der Jodzahl des Fettes und proportional der Sauerstoffkonzentration. Es genügt allerdings schon die im Öl gelöste Luft, um in Gegenwart von aktinischem Licht nach wenigen Stunden eine schnelle Geschmacksreversion hervorzurufen.

Eine Apparatur zur Messung der Stabilität von Speiseölen bei Belichtung wurde von H. A. Moser u. Mitarb. (1965) angegeben.

Sie besteht aus einem zylindrischen Gefäß von 45 cm innerem Durchmesser und 45 cm Höhe, an dessen Innenseite symmetrisch sechs 14 Watt Tageslicht-Fluorescenzröhrenleuchten von 40 cm Länge angeordnet sind. Das Gefäß ist innen weiß gestrichen und steht auf Füßen von 3 cm Höhe. Da es oben offen ist, kann die Außenluft zur Kühlung ungehindert einströmen.

Der Apparat wird in einem für geschmackliche Prüfungen vorgesehenen Raum von 25 °C aufgestellt. Die zu untersuchenden Ölproben (150 ml in verschlossenen Flaschen) werden auf den Boden des Gefäßes gebracht, 0,5—1 Std belichtet und dann organoleptisch geprüft.

Bei dieser Untersuchungsmethode wurde für die üblichen Speiseöle völlige Parallelität zwischen den Ergebnissen des Lichttestes und den Resultaten einer 4-tägigen Lagerung im Dunkeln bei + 60° C beobachtet.

X. Ausgewählte Analysenmethoden für Wachse und Phosphatide

Von den zahlreichen Nebenbestandteilen der Öle und Fette, die unter dem Begriff „*Lipoide*" zusammengefaßt werden, wurden im Abschnitt VIII dieser Methodensammlung die Kohlenwasserstoffe, höhermolekularen Alkohole, Sterine, Vitamine und Lipochrome ausführlich behandelt. In diesem Abschnitt sollen nun die zur Untersuchung der zur gleichen Gruppe gehörenden *Wachse* und *Phosphatide* ausgearbeiteten Analysenmethoden in einer Auswahl vorgelegt werden, wie sie den Bedürfnissen des praktisch tätigen Lebensmittelchemikers entspricht. Dem tieferen Eindringen in die nicht immer einfache Materie dienen zahlreiche Literaturzitate.

1. Wachse

a) Begriffe: Klassifizierung

Die Wachse definierte man früher als die Ester einbasischer, hochmolekularer Fettsäuren mit ein- oder zweiwertigen hochmolekularen Alkoholen, den sog. Wachsalkoholen. Als *flüssige Wachse* bezeichnete man die Ester ungesättigter Fettsäuren mit niedrigschmelzenden Alkoholen, als *feste Wachse* die Ester gesättigter Säuren mit hochschmelzenden Alkoholen. Später verstand man unter Wachs alle Körper, die in ihrem physikalischen Verhalten und in ihren technologischen Eigenschaften dem Bienenwachs ähnlich sind. Angesichts der Vielzahl der heute bekannten natürlichen und synthetischen Stoffe, die wohl die physikalischen Eigenschaften des Bienenwachses haben, aber eine chemische Struktur besitzen, die mit dem ursprünglichen Wachsbegriff nichts mehr zu tun hat, entschied sich die Fachgruppe IX (Wachse) der DGF für folgende technologische Definition (C. LÜDECKE u. F. GIESER 1954):

„Wachs ist eine technologische Sammelbezeichnung für eine Reihe natürlicher oder künstlich gewonnener Stoffe, welche in der Regel die folgenden Eigenschaften haben; bei 20°C knetbar fest bis brüchighart, grob- bis feinkristallin, durchscheinend bis opak, jedoch nicht glasartig, über 40°C ohne Zersetzung schmelzend, schon wenig oberhalb des Schmelzpunktes verhältnismäßig niedrigviscos und nicht fadenziehend, stark temperaturabhängige Konsistenz und Löslichkeit, unter leichtem Druck polierbar."

Eine allgemein akzeptierte, alle Eigenschaften der Wachse berücksichtigende Klassifikation ist bis heute noch nicht gefunden worden. Einen guten Überblick über die Bemühungen in dieser Hinsicht geben die Ausführungen von E. FINCK (1960). Für eine analytische Behandlung des Gebietes, die in erster Linie die chemische Konstitution der Wachse berücksichtigen muß, scheint die von L. IVANOVSZKY (1954) vorgeschlagene Einteilung der Wachse recht zweckmäßig (vgl. Tab. 166) zu sein.

Weitere Informationen über Gewinnung, Eigenschaften und Untersuchung der Wachse in den Werken von L. IVANOVSZKY (1954/1960), C. LÜDECKE (1958), E.V. TRUTER (1956), V. VČELAK (1959), A.H. WARTH (1956 und 1957).

Tabelle 166. *Klassifikation der Wachse* (nach L. IVANOVSZKY 1954)

1. Pflanzliche Wachse
Palmblätter-, Gräser- und Fruchtwachse

2. Tierische Wachse
Insekten- und Tierwachse

3. Mineralische Wachse
Braunkohlen- und Torfwachse (Montanwachs), Braunkohlen-Schwelwachse (Paraffine) geförderte Wachse (Ozokerite), Erdölwachse

4. Gereinigte Wachse
Von mineralischen Verunreinigungen befreite Wachse

Fortsetzung Tabelle 166.

5. Raffinierte Wachse
Natürliche, von färbenden und unerwünschten Beimengungen befreite Wachse, ohne Veränderung der Zusammensetzung (Bienenwachs)

6. Chemisch veränderte Wachse
Wachse mit wesentlich geänderter Zusammensetzung (gebleichtes Montanwachs, Carnaubawachs gebleicht), oxydierte Paraffine

7. Teilsynthetische Wachse
Wachse, die einem Prozeß der Synthese entstammen. Zusammensetzung der Ausgangsstoffe grundlegend geändert.
a) Montanwachs-Derivate, b) Erdölparaffine, oxydiert, und deren Derivate, c) Wachse aus Fettsäuren und Derivaten, d) TTH-Paraffine, e) Kohlenteer-Derivate

8. Vollsynthetische Wachse
a) Wachse der CO-Hydrierung, b) Polyäthylenwachse, c) Octadecyl-vinyläther

9. Ersatzwachse und Wachsmischungen
Mischungen natürlicher Wachse ohne und mit Zusätzen von Fettsäuren, Harzen und anorganischen Stoffen.

10. Wachs-Kompositionen

b) Analytisch wichtige Eigenschaften einiger Wachse

Es sind heute mehr als 300 Wachse bekannt, von denen aber nur einige wenige wirkliche technische Bedeutung erlangen konnten. Da eine vollständige Beschreibung aller Wachse den Rahmen dieses Buches überschreiten würde, sind in Tab. 167 nur die analytisch wichtigen Eigenschaften der bedeutendsten *natürlich vorkommenden* Wachse zusammengestellt. Detaillierte Angaben findet der interessierte Leser in der auf S. 918 angegebenen Buchliteratur.

Kennzahlen und Zusammensetzung der Wachse variieren mit der Herkunft und der Gewinnungsart. Durch Raffination und Bleichung werden sie vielfach in entscheidender Weise verändert, so daß es angebracht erschien, in vielen Fällen neben den Kennzahlen der Naturwachse auch die der raffinierten anzuführen. Die geringste Streubreite weisen die Daten der pflanzlichen Wachse auf, stärker streuen die Kennzahlen der tierischen Wachse, die größten Abweichungen finden sich bei den mineralischen Wachsen. Zur Beschreibung der Zusammensetzung der verschiedenen Wachse wurden die Trivialnamen der Wachsfettsäuren und der Wachsalkohole gebraucht. Nachweis der Identität dieser Verbindungen bei C. Lüdecke (1958) und W. Presting (1958). Die physikalischen Eigenschaften der Wachsalkohole und der Wachssäuren sind in dem zitierten Übersichtsbericht von A. H. Warth (1957) tabellarisch zusammenestellt.

c) Physikalische Untersuchungsmethoden

Zur Identifizierung von Wachsen sind neben den später zu besprechenden chemischen Methoden besonders die physikalischen geeignet, die sich vor allem durch ihren geringen Zeitbedarf auszeichnen. Wie im Hinblick auf die Zusammensetzung der Wachse nicht anders zu erwarten ist, unterscheiden sie sich von den im Abschnitt IV beschriebenen physikalischen Methoden zur Untersuchung von Ölen und Fetten ganz erheblich. Meistens aus empirischen Prüfungen entstanden, sind sie heute dank der Tätigkeit zahlreicher Normungsorganisationen (ASTM, IP, DIN, DGF) zum größten Teil in eine standardisierte Form gebracht. In Deutschland erwarb sich die Arbeitsgruppe IX (Wachse) der Deutschen Gesellschaft für Fettwissenschaft besondere Verdienste um die Vereinheitlichung der Methoden. Über die Ergebnisse der Gemeinschaftsarbeit berichteten W. Hessler (1954), G. von Rosenberg (1956), A. Seher u. G. von Rosenberg (1959 und 1961) und A. Seher u. J. Kaupp (1966). Der größte Teil der erarbeiteten Vorschläge wurde bereits in die Deutschen Einheitsmethoden der DGF (DGF-Einheitsmethoden 1950—1963) aufgenommen. Diese Verfahren werden daher im folgenden vor allem berücksichtigt.

Tabelle 167. *Kennzahlen und Zusammensetzung der wichtigsten Naturwachse* (nach W. PRESTING 1958, C. LÜDECKE 1956 u.a.)

1. Pflanzliche Wachse

Carnaubawachs

(von der brasilianischen Wachspalme: *Copernicia cerifera*)

d_{15}	0,990—0,996
Smp °C	81—86
Erst.-P. °C	80—81
n_D	1,4691—1,4720 (40°C)
SZ	4—8
VZ	80—95
Verh.-Z.	18—19
JZ	7—14
Ac.Z.	54,8—55,2
% Unv.	55

Zusammensetzung:

80—81% Wachsester, hauptsächlich Myricylcerotat, 1—1,5% freie Wachssäuren, 3—5% Laktone, >6% freie Wachsalkohole, 1—2% mehrwertige Alkohole, <1% Kohlenwasserstoffe, 3—4% Harze usw. Literatur: 1, 2, 3

Candelillawachs

(von der mittelamerikan. Euphorbiacee: *Padilanthus pavonis*)

d_{15}	0,982—1,00
Smp °C	67—71
n_D	1,4558 (70°C)
SZ	10—21
VZ	47—65
JZ	12—21
Ac.Z.	9—21
% Unv.	65—67

Zusammensetzung:

33—35% Ester einer einfach ungesättigten Dihydroxymyricinsäure C_{30}, 5—6% δ-Oxylaktonmyricinsäure, 4,2% Harzsäure, 50—53% n-Paraffine C_{29}, C_{31}, C_{33}

Ouricourywachs

(von der südamerikanischen Federpalme: *Attalia excelsa*, Martin)

d_{15}	1,068
Smp °C	83—84
Erst.-P. °C	72—73
SZ	15—22
VZ	78—92
JZ	6—10

Zusammensetzung:

60% Myricylcerotat, Cerotinsäure, n-Paraffine C_{24} bis C_{33}, 11—12% Neutralharze

Zuckerrohrwachs

(aus der Rinde des Zuckerrohres: *Saccharum officinarum* L; Die Kennzahlen beziehen sich auf ostindisches Wachs)

d_{15}	0,967—0,988
Smp °C	66—67
SZ	12—23
VZ	35—81
JZ	16—31
Ac.Z.	55—61
% Unv.	62—80

Zusammensetzung:

70—72% Wachsester, insbesondere Myricylpalmitat, 14% freie Fett- und Wachssäuren, 12—13% freie Alkohole (Myricylalkohol), 3—5% Kohlenwasserstoffe

Japantalg

(aus den Nüssen des japanischen Lackbaumes: *Rhus vernicifera*, kein Wachs im Sinne der chemischen Definition)

d_{15}	0,975—0,992
Smp °C	51—55
Erst.-P. °C	40—42
n_D	1,450 (60° C)
SZ	8—23
VZ	206—237
JZ	4,5—14
Ac.Z.	~30
% Unv.	0,7—1,6

Zusammensetzung:

87% Glycerinester der Fettsäuren 16:0, 18:0, 18:1, 18:2, 3—5% freie Fettsäuren, 1—3% höhermolekulare Alkohole, 5—7% zweibasische Fettsäuren.
Literatur: 4

2. Tierische Wachse

Bienenwachs

(aus den Waben der Honigbiene: *Apis mellifica*)

d_{15}	0,958—0,973
Smp °C	61—70
Erst.-P. °C	60—63
n_D	1,4451 (75° C)
SZ	16—24 (20)
VZ	80—103 (95)
Verh.Z.	2,8—4,7 (3,7)
JZ	7—15
OH.Z.	15
% Unv.	50,0

gebleicht: *Cera flava*, *Cera alba* (nach DAB VI)

SZ	16,8—22,1
VZ	82,7—104,2
Verh.Z.	3,0—4,3

Zusammensetzung:

72% Myricyl- und Laccerylester von Fett- und Wachssäuren, 0,8% Cholesterylester von Fettsäuren, 0,6% Laktone, 13,0—13,5% freie Wachssäuren, 1—2% n-Paraffinkohlenwasserstoffe

Chinesisches Insektenwachs

(Ausscheidungsprodukt der Wachsschildlaus: *Coccus ceriferus*)

d_{15}	0,950—0,970
Smp °C	80,5—83,0
Erst.-P. °C	80,5—81
n_D	1,4566 (40° C)
SZ	0,2—1,5
VZ	78—93
JZ	~1,4
% Unv.	48

Zusammensetzung:

95—97% Wachsester, hauptsächlich Cerylcerotat

Fortsetzung Tabelle 167.

Schellackwachs
(durch Stich der Schildlaus: *Tachardia lacca* auf Baumarten Ostindiens gebildetes Produkt)

d_{15}	0,970—0,982
Smp °C	74—80
SZ	12,5—16,0
VZ	100—126
Verh.Z.	7—8,6
JZ	8,8
% Unv.	72—76

Zusammensetzung:
60—62% Wachsester, hauptsächlich Lacceryllaccerat, 1% freie Wachssäuren, 33—35% freie Wachsalkohole, 2—6% n-Paraffine

Wollfett
(aus Schafwolle gewonnen: *Adeps lanae*)
roh (*kursiv = gereinigt*)

d_{15}	*0,940—0,970*
Smp °C	*36—41*
Erst.-P. °C	*30*
n_D	*1,4781—1,4822 (40°C)*
SZ	40—60
	0,5
VZ	160—180
	86—127
JZ	15—20
	15—47
Ac.Z.	*23,3*
% Unv.	37
	45—55

Zusammensetzung:
Gereinigtes Wollfett: 1% freie Fettsäuren, 52% Fettsäuren, iso- und anteiso-Fettsäuren verestert mit 20—25% Wollfettalkoholen (Diole, iso- und anteiso-Alkohole) und 20% Cholesterin usw. Je 1% Ketone, Laktone und Paraffine.
Literatur: 5, 6, 7, 8

Walrat
(festes Wachs aus dem Öl des Pottwals: *Physeter macrocephalus*)

d_{15}	0,942—0,948
Smp °C	42—52
n_D	1,4397 (75° C)
SZ	0,1—0,5
VZ	121—135
JZ	3,0—5,9
% Unv.	47—55

Zusammensetzung:
98—98,5% Wachsester, hauptsächlich Cetylpalmitat, 1—2% ungesättigte Fettsäuren, 0,4% Laurinsäure, 1—1,5% Alkohole (Cetyl-, Stearyl- und Oleylalkohol)

Spermöl
(flüssiges Öl aus den Schädelhöhlen des Pottwals)

d_{15}	0,875—0,890
Smp °C	19—22
n_D	1,4639—1,4655 (20°C)
SZ	1—13
VZ	123—133
JZ	83,2—97,3
% Unv.	33—44

Zusammensetzung:
Ca. 95% Wachsester, hauptsächlich Ester gesättigter Fettsäuren C_6 bis C_{18}, ungesättigter Fettsäuren C_{12} bis C_{20} mit gesättigten C_{14} bis C_{18} und ungesättigten C_{16} bis C_{20} Fettalkoholen. Ferner Äther höhermolekularer Fettalkohole mit Glycerin.
Literatur: 9

3. Mineralische Wachse

Montanwachs
(durch Extraktion von Braunkohle mit Lösungsmitteln gewonnen; Kennzahlen und Zusammensetzung beziehen sich auf mitteldeutsches Wachs)
roh (*kursiv = raffiniert*)

d_{15}	1,02—1,03 (20° C)
	0,92—0,94 (20° C)
Smp °C	82—90
Erst.-P. °C	70—84 (rot. Th.)
SZ	28—32
	24—30
VZ	62—70
	34—42
JZ	16—23
	8—10
% Unv.	25—30
	60—65

Zusammensetzung (roh):
75% Wachskörper (Wachssäuren, Alkohole, Ketone), 12,4% Montanharz, 12,3% Dunkelstoffe.
Literatur: 10

Zusammensetzung (raffiniert):
Je nach der Raffinationsmethode verschieden.

Ozokerit (Erdwachs)
(bergmännisch in Galizien, in den Karpathen usw. gewonnen)

roh:

d_{15}	0,930
Smp °C	80—100

raffiniert (Ceresin):

d_{15}	0,911—0,944
Smp °C	56—87

Zusammensetzung (roh):
Neben normalen auch isoparaffinische und ringförmige KW-Stoffe.

Zusammensetzung (raffiniert):
Häufig mit Paraffin verschnitten.

Literatur: 1. S.D. KOONCE u. J.B. BROWN (1944). — 2. K.E. MURRAY u. R. SCHOENFELD (1951). — 3. TH. W. FINDLEY u. J.B. BROWN (1953). — 4. B. FLASCHENTRÄGER u. F. HALLE (1930). — 5. A.W. WEITKAMP (1945). — 6. K.E. MURRAY u. R. SCHOENFELD (1952). — 7. J. TIEDT u. E.V. TRUTER (1952). — 8. H.W. KNOL u. Mitarb. (1954). — 9. T.P. HILDITCH u. S.A. LOVERN (1928). — 10. W. PRESTING u. K. STEINBACH (1955).

α) Dichte

Grundsätzliches zur Definition und Bestimmung der Dichte auf S. 446. Der Temperaturkoeffizient der Dichte ist nicht derselbe wie bei den Fetten, sondern etwas kleiner. Die Dichte von Wachsen nimmt unterhalb des Fließ- und Tropfpunktes bei genügender Entfernung vom Fließ- und Tropfpunkt bei steigender Temperatur in der Regel je °C ca. um 0,0005—6 ab. Bei Annäherung an den Fließ- und Tropfpunkt vergrößert sich die Differenz in einer für jedes Wachs charakteristischen Weise. Im Schmelzfluß verändert sich die Dichte in der Regel um ca. 0,007—8 je °C (vgl. DGF-Methode M-III 2 (57) und G. von ROSENBERG 1956).

Die Bestimmung kann nach den DGF-Methoden durch die Schwimm-Methode, mit Hilfe des Pyknometers und unter Benutzung der Mohr-Westphal'schen Waage erfolgen. Besonders einfach ist die Schwimm-Methode (DGF: M-III 2a (57), vgl. auch S. 451):

Zur Prüfung werden mehrere kleine Wachsstückchen in Tropfenform verwendet, hergestellt durch Auftropfen des verflüssigten Wachses auf eine polierte Metallplatte. Die zur Prüfung vorbereiteten Wachsteilchen werden in die auf 20 ± 1 °C temperierte Vergleichsflüssigkeit (Alkohol-Wasser- oder Kochsalz-Wasser-Mischungen) gebracht. Durch Zumischen der Komponenten verändert man die Prüfflüssigkeit solange, bis das Wachs schwebt. Danach wird die Dichte der Prüfflüssigkeit mit der Spindel, der Mohr-Westphal'schen Waage oder mit dem Pyknometer bestimmt.

Angabe des Ergebnisses in g/ml unter Nennung der Meßtemperatur.

β) Fließ- und Tropfpunkt

Wachse sind stets Gemische einer größeren Anzahl von chemischen Einzelverbindungen. Sie haben daher in der Regel keinen scharfen Schmelz- und Erstarrungspunkt. Man pflegt deshalb zur Charakterisierung des Verhaltens bei ansteigenden Temperaturen vor allem den Fließ- und Tropfpunkt nach der Methode von UBBELOHDE zu bestimmen. Wie für die Bestimmung dieser Kennzahlen bei Fetten (vgl. S. 456) wird auch hier ein Tropfpunktapparat nach DIN 51801 verwendet und im Prinzip wie früher verfahren, bis auf einige kleine Abänderungen, die mit der besonderen physikalischen Natur der Wachse zusammenhängen (vgl. auch DGF: M-III 3 (57)):

Man stellt den durch Auskochen mit Xylol gesäuberten und getrockneten Nippel mit der kleineren Öffnung nach unten auf eine auf ca. 20—30°C unter dem Erstarrungspunkt des zu prüfenden Wachses erwärmte Glasplatte. Das zu prüfende Wachs wird bei einer ca. 10°C über dem Tropfpunkt liegenden Temperatur unter Vermeidung von Überhitzung ausgeschmolzen und, sobald es homogen und blasenfrei ist, in den Nippel gegossen. Wenn nötig, schneidet man den Überschuß des Wachses, solange es noch weich ist, mit einem angewärmten Messer ab und drückt sofort das angewärmte Thermometer mit Hülse bis zum Anschlag in den Nippel. Darauf wird der Apparat bei 20—25°C 24 Std sich selbst überlassen und anschließend die Bestimmung von Tropf- und Fließpunkt wie auf S. 456 vorgenommen. Als Heizflüssigkeit dient zweckmäßig Vaselinöl oder Glycerin. Prüffehler wie bei Fetten.

Eine Apparatur zur automatischen Bestimmung des Fließ- und Tropfpunktes von je 12 Wachsproben wurde von D. ROEMER u. A. HOCHREITER (1967) entwickelt:

Ein Thermostat wird programmiert hochgeheizt. Ein Zwölfpunktdrucker zeichnet die Temperaturen der Wachsproben auf. Beim Fließbeginn wird durch die halbkugelförmige Kuppe eine Lichtschranke unterbrochen, der Schreibereingang wird kurzgeschlossen und damit der Fließpunkt angezeigt. Fällt nun der Wachstropfen, wird der Lichtweg wieder freigegeben, die Kontakte nehmen ihre Ausgangslage ein und die Tropftemperatur wird registriert.

γ) Erstarrungspunkt und Erstarrungshaltepunkt

Die Bestimmung des Erstarrungspunktes wird entweder in der Weise vorgenommen, daß man die Temperatur bestimmt, bei der ein an einem rotierenden Thermometer befindlicher Tropfen flüssigen Wachses erstarrt oder indem man den Haltepunkt einer unter definierten Bedingungen abgekühlten Wachsschmelze ermittelt. Die erste Methode eignet sich für Wachse mit niedriger Schmelzviscosität; dazu gehören die hier betrachteten Naturwachse.

Zur Bestimmung des *Erstarrungspunktes am rotierenden Thermometer* (genormt in den Methoden: DGF M - III 4a (63); DIN 51 556; ASTM D 938-60; IP 76/58) sind zwei in 0,5° C geteilte Thermometer erforderlich, von denen das eine für Erstarrungspunkte bis 80° C einen Meßbereich von 0—100° C und das andere für höhere Erstarrungspunkte einen Meßbereich von 50—150° C besitzt. Die Länge der Thermometer beträgt 300 ± 5 mm, ihr Durchmesser 6,5 ± 0,5 mm, der Durchmesser der Quecksilberkugel 5,5 ± 0,5 mm, ihre Länge 11 ± 1 mm. Über den unteren Teil des Thermometers kann eine einseitig geschlossene Schutzhülse aus Glas von 25 mm im Durchmesser und 55 mm Länge geschoben werden. Sie wird von einem durchbohrten Korkstopfen, der sich in entsprechender Höhe des Thermometers befindet, gehalten.

Die Probe wird auf eine Temperatur, die 20° C oberhalb ihres Erstarrungspunktes liegt, erwärmt. Die Schutzhülse wird so weit über den unteren Teil des Thermometers geschoben, daß das Ende der Quecksilberkugel 10—15 mm vom Boden entfernt ist, und nun durch Eintauchen in ein Wasserbad erwärmt, bis das Thermometer die gleiche Temperatur wie die geschmolzene Probe anzeigt. Dann entnimmt man mit dem Thermometer durch volles Eintauchen in die Probe einen Probetropfen und versieht das Thermometer sofort wieder mit der vorgewärmten Schutzhülle. Dabei wird das Thermometer waagrecht gehalten. Anschließend wird es mit 2 U/sec um seine Längsachse gedreht und das Verhalten des Tropfens beobachtet. Sobald dieser zu rotieren beginnt, wird die Temperatur abgelesen. Diese ist der Erstarrungspunkt am rotierenden Thermometer. Sie wird auf 0,5° C angegeben.

Die Bestimmung des *Erstarrungshaltpunktes* erfolgt nach der DGF-Vorschrift M - III 4b (57). Vgl. auch A. Seher u. J. Kaupp (1966).

Über eine mikroskopische Methode zur Bestimmung des Schmelz- und Erstarrungspunktes vegetabilischer Wachse berichtete R. D. Machado (1957).

Zur Untersuchung der Erstarrungs- und Schmelzvorgänge bei Wachsen setzten J. Lange u. H. Jochinke (1965) mit gutem Erfolg die *Differential-Thermoanalyse* (vgl. S. 476) ein. Sie fanden, daß mit dieser Methode natürliche und synthetische Wachse sowie Paraffine und andere wachsähnliche Produkte gut gekennzeichnet werden können.

δ) Farbmessung

Die Messung der Farbe von Wachsen kann prinzipiell nach den gleichen Methoden, wie für Fette auf S. 499 ff. beschrieben, vorgenommen werden. Zur Definition der Farbe im festen Zustand ist beispielsweise die trichromatische Methode wohl geeignet, wobei indessen zu beachten ist, daß die Farbe eines festen Wachses durch die Erstarrungsbedingungen wesentlich beeinflußt wird. Zweckmäßiger bestimmt man daher die Farbe im geschmolzenen Zustand, wobei die von H. Lindemann (1954) angegebenen Farbstandards die Farbnuancen raffinierter und halbraffinierter Wachse von weißgelber bis dunkelbrauner Farbe gut wiedergeben (vgl. Tab. 168).

Tabelle 168. *Bezeichnung und Zusammensetzung der Farblösungen* (nach H. Lindemann 1954)

Bezeichnung	% $FeCl_3 \cdot 6H_2O$	% $K_2Cr_2O_7$	% $CoCl_2 \cdot 6H_2O$
S 0,1/—/—	0,1	—	—
S 0,125/—/—	0,125	—	—
S 0,25/—/—	0,25	—	—
S 0,5/—/—	0,5	—	—
S 1/—/—	1,0	—	—
S 1,5/—/—	1,5	—	—
S 2,5/—/—	2,5	—	—
S 7/—/—	7,0	—	—
S 7/0,04/—	7,0	0,04	—
S 7/0,08/—	7,0	0,08	—
S 7/0,14/—	7,0	0,14	—
S 7/—/2,2	7,0	—	2,2
S 7/—/5	7,0	—	5,0
S 7,5/—/7,5	7,5	—	7,5
S 10/—/10	10,0	—	10,0
S 12,5/—/12,5	12,5	—	12,5

Die Auflösung der Salze erfolgt in dest. Wasser, dem ca. 1% konzentrierte Salzsäure zugesetzt wird. Zum Farbvergleich wird das geschmolzene Wachs in vorgewärmte Colorimetergläser vom gleichen Durchmesser wie die Gläser der Standardlösungen gegeben. Die Messung erfolgt visuell. Vgl. auch DGF-Methode M – III 6 (57).

ε) Brechungsindex

Die Messung des Brechungsindexes wird am filtrierten und entwässerten Wachs vorgenommen. Es sind dabei die auf S. 537 ff. gebrachten Grundregeln zu beachten. Als Bezugstemperaturen sind 60, 80, 90 und 100° C zugelassen. Zur Umrechnung auf andere Temperaturen gilt für Wachse der Korrekturfaktor K = 0,00036. Zur Ausführung der Messung sind die Refraktometer nach ABBE u. PULFRICH geeignet, deren Prismentemperatur mit Hilfe eines Umlaufthermostaten konstant gehalten wird. Weitere Einzelheiten in DGF-Methode M – III 7 (57).

Die Berechnung der Zusammensetzung von Gemischen pflanzlicher Wachse aus den Brechungsindices stößt häufig auf Schwierigkeiten, da diese nicht immer dem idealen Verhalten binärer Gemische entsprechen (M. C. WALLER u. A. SEIBERT 1955).

ζ) Konsistenz

Die Konsistenz von Wachsen ist besonders für die Beurteilung ihres technologischen Verhaltens wichtig. Sie kann prinzipiell nach den gleichen Methoden, wie bei den Fetten beschrieben (vgl. S. 487), gemessen werden, indem man die Formänderung bestimmt, die das Wachs bei Anwendung einer definierten Kraft erleidet.

Zur Messung der Konsistenz weicher Wachse bis etwa zur Härte des Bienenwachses bedient man sich des Penetrometers nach RICHARDSON (S. 490), das für diesen Zweck mit einer genormten Nadel ausgerüstet ist, die mit einem Gewicht von 100 g belastet wird. Die Meßdauer beträgt 5 sec, die Meßtemperatur 25° C. Um vergleichbare Ergebnisse zu erhalten, muß die Arbeitsweise genau standardisiert werden. Vgl. hierzu den Methodenvorschlag M – III 9b der DGF (vgl. A. SEHER und J. KAUPP 1966). Für harte Wachse verwendet man ein Kugeldruckgerät, das es erlaubt, die bleibende und die Gesamtverformung zu messen. Beispiele hierfür sind das unter Verwendung des Höppler-Konsistometers (vgl. S. 489) konstruierte Gerät von G. VON ROSENBERG (1954), dessen Anwendung in der DGF-Methode M – III 9 (57) genau beschrieben wird, und das Kugeldruckgerät von N. V. LOVEGREN u. Mitarb. (1958).

Weitere Beiträge zur Rheometrie der Wachse von W. BROTZ (1960), E. FINCK (1964) und G. SPENGLER u. M. WILDEROTTER (1964).

d) Chemische Kennzahlen

Die in Abschnitt V zur Bestimmung der Kennzahlen von Fetten erwähnten Methoden können nicht ohne weiteres auf Wachse übertragen werden, da letztere infolge ihres hohen Molekulargewichtes und ihres hohen Schmelzpunktes träger als die erstgenannten reagieren. Es sind daher für die Untersuchung von Wachsen zahlreiche Spezialmethoden entwickelt worden, die in Deutschland zum größten Teil durch die Arbeitsgruppe IX (Wachse) der Deutschen Gesellschaft für Fettwissenschaft in eine einheitliche Form gebracht wurden. Sie sind in der Abteilung M der DGF-Methoden veröffentlicht.

α) Säurezahl und Verseifungszahl (DGF-Methode M – IV 2 (57))

2 g Wachs, auf 2 mg genau eingewogen, werden im Erlenmeyerkolben mit 40 ml Xylol nach Zufügen einiger Siedesteine auf der Heizplatte unter kurzem Aufkochen gelöst. Dann gibt man 20 ml Äthanol, 96%ig, und 10 Tropfen einer 1%igen Phenolphthalein-Lösung hinzu und titriert möglichst heiß mit 0,5 n alkoholischer KOH. Der Endpunkt für die SZ ist erreicht, wenn die erste Rosafärbung 10 sec bestehen bleibt. Dann läßt man soviel 0,5 n-KOH zufließen, bis einschließlich der verbrauchten 20,00 ml vorgelegt sind und kocht 3 Std unter Rückfluß auf der Heizplatte. Nach erneuter Zugabe von 1 ml Phenolphthalein-Lösung titriert man heiß mit 0,5 n-HCl, bis die Rotfärbung eben verschwindet. Die Lösung wird nochmals aufgekocht. Wird sie danach wieder rosa, wird nachtitriert.

In analoger Weise werden Blindversuche ausgeführt. Aus den Titrationsergebnissen werden die SZ und VZ, wie bei den Fetten angegeben (vgl. S. 552), berechnet.

Esterzahl = VZ — SZ

Verhältniszahl nach VON HÜBL $= \frac{\mathrm{EZ}}{\mathrm{SZ}}$

Die Bestimmung von SZ und VZ dunkler Wachse nach dieser Methode bereitet Schwierigkeiten. W. HESSLER u. H. MARSEN (1961) überwinden diese durch Verwendung eines Fluorescenz-Indicators — Methylumbelliferon mit dem Strahlungsmaximum bei 453 mμ — dessen Umschlag mit Hilfe einer sehr einfachen photoelektrischen Apparatur beobachtet bzw. registriert wird. Sogar die SZ und VZ von dunklen Asphalten und Pechen konnten mit dieser Methode einwandfrei ermittelt werden. Auch durch potentiometrische Titration lassen sich nach A. SUNDGREN u. V.T. RAUHALA (1957) diese Kennzahlen mit hoher Genauigkeit ermitteln.

β) Hydroxylzahl

Die Bestimmung der Hydroxylzahl erfolgt zweckmäßig nach der auf A. VERLEY u. F. BÖLSING (1901) zurückgehenden Methode mit Essigsäureanhydrid und Pyridin. Die Reagentien und die Einwaagen sind praktisch die gleichen wie bei der Bestimmung der OHZ von Fetten (vgl. S. 563). Das Verfahren selbst wird in der DGF-Methode M-IV 6 (57) wie folgt beschrieben:

In einen Acetylierungskolben wird die der erwarteten OHZ entsprechende Menge Wachs genau eingewogen und mit 5 ml Xylol und 5 ml Acetylierungsgemisch (25 g Essigsäureanhydrid mit Pyridin reinst auf 100 ml aufgefüllt) versetzt. Nach Aufsetzen eines mindestens 75 cm langen Steigrohres erhitzt man 1 Std auf siedendem Wasserbad. Dann gibt man durch das Steigrohr 2 ml dest. Wasser hinzu und beläßt weitere 10 min auf dem Wasserbad. Nun werden durch das Steigrohr 40 ml Xylol zur Lösung gegeben, wobei das Wachs unter Umständen teilweise ausflockt. Den Niederschlag bringt man durch kurzes Erhitzen auf dem Wasserbad wieder in Lösung und spült dann Steigrohr und Schliff-Flächen mit 10 ml Alkohol nach. Darauf gibt man zum Kolbeninhalt einige Tropfen Phenolphthalein-Lösung und titriert heiß mit 0,5 n alkoholischer Kalilauge unter kräftigem Schütteln. Gleichzeitig und in derselben Weise wird ein Blindversuch ausgeführt. Ferner ist die SZ des Wachses zu bestimmen. Berechnung des Ergebnisses nach S. 564. Umrechnung der OHZ in die AcZ nach S. 566.

In ähnlicher Weise arbeiten TH. W. FINDLEY u. J.B. BROWN (1953) sowie A. SUNDGREN u. V.T. RAUHALA (1957).

γ) Carbonyl- und Lactonzahl

Die *Carbonylzahl* wird nach TH. W. FINDLEY u. J.B. BROWN (1953) durch Umsetzung einer Lösung des Wachses in Toluol mit einer 0,5 n alkoholischen Hydroxylaminhydrochlorid-Lösung in absolutem Alkohol auf der Heizplatte und Rücktitration der in Freiheit gesetzten Salzsäure bestimmt. Ähnlich arbeiten A. SUNDGREN u. V.T. RAUHALA (1957); sie bestimmen jedoch den Endpunkt potentiometrisch. Die DGF-Einheitsmethode M-IV 7 (63) wählt zur Bestimmung einen indirekten Weg: Die Ketogruppen werden nach A. GRÜN u. E. ULBRICH (1916/1917) durch Behandlung mit Natriummetall zu den Hydroxylgruppen reduziert, welche dann in der bereits beschriebenen Weise bestimmt werden.

Zur Ermittlung der *Lactonzahl* werden aus dem zu untersuchenden Wachs die Gesamtfettsäuren nach S. 926 isoliert. Hiervon bestimmt man wie oben die Esterzahl. Es ist dann:

$$\mathrm{LZ} = \frac{\mathrm{S} \cdot \mathrm{EZ_s}}{\mathrm{E}}$$

S = Gesamtfettsäuren
E = Einwaage
$\mathrm{EZ_s}$ = Esterzahl der isolierten Gesamtfettsäuren.

Vgl. auch DGF-Methode M-IV 8 (63).

δ) Jodzahl

Die Bestimmung der Jodzahl kann nach der auf S. 576 beschriebenen Methode von H. P. KAUFMANN vorgenommen werden. Reagentien und Einwaagen sind die gleichen wie bei der Bestimmung der JZ der Fette. Die Arbeitsweise ist indessen nach DGF: M – IV 5 (57) etwas verschieden:

Die in ein Miniaturbecherglas eingewogene Probe wird in einen Erlenmeyerkolben von 500 ml Inhalt mit eingeschliffenem Glasstopfen gebracht und mit 15 ml Tetrachlorkohlenstoff z. A. versetzt. Man erwärmt am Rückflußkühler, bis die Probe vollständig gelöst ist, und gibt mit Hilfe einer Vollpipette genau 25 ml Bromlösung in die heiße Lösung. Dabei kann sich das Wachs teilweise wieder ausscheiden. Man erwärmt deshalb bei aufgesetztem Glasstopfen vorsichtig nicht über 40° C und läßt 2 Std in Wasser von 40° C im Dunkeln stehen. Darauf werden 15 ml 10%ige Kaliumjodid-Lösung sowie 100 ml dest. Wasser hinzugefügt. Auf dem Wasserbad wird sodann erwärmt, bis alles gelöst ist, worauf man mit 0,1 n-Natriumthiosulfat-Lösung und Stärkelösung als Indicator titriert. Gleichzeitig wird in derselben Weise ein Blindversuch ausgeführt.

Weitere chemische Untersuchungen, wie die Prüfung auf Stickstoff, Chlor, Mineralstoffe, Mineralsäuren und Alkalien, in den DGF-Methoden, Abteilung M.

e) Bestimmung der Hauptbestandteile

Ähnlich wie bei der Analyse der Fette ist es auch bei den Wachsen nicht immer möglich, aus den Kennzahlen allein die Identität der zu untersuchenden Proben zu bestimmen. In diesen Fällen kann man durch Bestimmung und Zerlegung der Hauptbestandteile weitere Aufschlüsse über die Zusammensetzung erhalten. Nach der klassischen, auf die Arbeiten von SPITZ, HÖNIG u. LEYS zurückgehenden Methode trennt man zunächst durch Verseifung und Extraktion in Unverseifbares und Wachssäuren, nach neueren, insbesondere chromatographischen Verfahren gelingt es, den Wachskörper auch ohne vorhergehende Verseifung in charakteristische Fraktionen zu zerlegen.

α) Zerlegung in Unverseifbares und Wachssäuren

Nach der DGF-Einheitsmethode M – V 5 (57) führt man die Trennungsmethode nach SPITZ u. HÖNIG wie folgt aus:

5 g Wachs werden in einem Gemisch von 20 ml Benzol und 15 ml Xylol gelöst und mit 25 ml 0,5 n alkoholischer KOH 2 Std unter Rückfluß verseift. 25 ml Wasser werden zugegeben und nochmals aufgekocht. Nach dem Erkalten wird dreimal mit je 25 ml Benzol ausgeschüttelt. Die vereinigten Benzolauszüge werden dreimal mit je 15 ml Alkohol-Wasser-Gemisch 1:1 ausgeschüttelt. Die Alkohol-Wasser-Waschwässer werden einmal mit 10—15 ml Benzol ausgeschüttelt und dieses wird zu den Benzolauszügen gegeben. Diese werden eingedampft. Der getrocknete und gewogene Rückstand ist das *Unverseifbare.*

Die alkalische, alkoholische Lösung aus der Bestimmung des Unverseifbaren wird abgedampft, bis sie alkoholfrei geworden ist, mit Methylorange versetzt und mit Salzsäure angesäuert. Zum besseren Abscheiden der Wachssäuren wird erhitzt; die Wachssäuren werden nach dem Abkühlen in Benzol aufgenommen. Dann wird der Benzolauszug mit 10%iger Kochsalz-Lösung säurefrei gewaschen. Das Benzol wird abgedampft und der Rückstand getrocknet, der mit den *Wachssäuren* identisch ist.

β) Auftrennung des Unverseifbaren

Zur Trennung des Unverseifbaren in Kohlenwasserstoffe und Alkohole nach LEYS (DGF: M – V 5a (57)) wird das Unverseifbare mit der zehnfachen Gewichtsmenge einer Mischung aus gleichen Volumteilen konzentrierter HCl (d = 1,19) und Amylalkohol einige Minuten ausgekocht. Man läßt erkalten, hebt die Kohlenwasserstoffe als feste Wachsscheibe ab, befreit diese durch mehrfaches Auskochen mit Wasser von Alkoholen und Lösungsmitteln, trocknet und wägt.

Die vereinigten Flüssigkeiten werden abgekühlt. Dabei scheiden sich die Wachsalkohole als Kristallbrei ab, der abgesaugt, mit konzentrierter Salzsäure und dann mit dest. Wasser bis zur Säurefreiheit gewaschen und schließlich getrocknet und gewogen wird.

Zur weiteren *Auftrennung der Wachsalkohole* sind verschiedene Methoden vorgeschlagen worden. S.D. KOONCE u. J.B. BROWN (1944) destillierten die Alkohole mit 26—34 C-Atomen, die sie durch Verseifung aus Carnauba-Wachs erhalten hatten, unter Verwendung einer 51 cm hohen und 2,5 cm weiten Destillierkolonne bei Drucken von 0,3—1 Torr und erzielten eine befriedigende Trennung. K.E. MURRAY u. R. SCHOENFELD (1951) acetylierten die Carnauba-Alkohole zunächst und fraktionierten die erhaltene Mischung in einer Drehbandkolonne mit einem Rotor von 366 cm Länge bei einem Druck von 0,5 Torr. Auch die von A.W. WEITKAMP (1947) entwickelte sog. Füllstoffdestillation ist für die Trennung der Wachsalkohole wohl geeignet. Nach H.P. KAUFMANN u. H.G. KOHLMEYER (1955) lassen sich die n-Alkohole C_{10} bis C_{18} papierchromatographisch bei Verwendung von 85%iger Essigsäure als mobile Phase auf dem Chromatographier-Papier 2043b von Schleicher & Schüll, nachdem es nach H.P. KAUFMANN u. W.H. NITSCH (1954) mit technischem Undecan imprägniert wurde, vollständig trennen.

γ) Zerlegung der Wachssäuren

Auch für die Zerlegung der Wachssäuren eignen sich erprobte Methoden.

K.E. MURRAY u. R. SCHOENFELD (1953) trennen die normalen Säuren des Carnauba-Wachses nach der Überführung in die Methylester durch eine Füllstoffdestillation nach A.W. WEITKAMP (1947) und erfassen dadurch den Kettenlängenbereich von 18—30 C-Atomen. Eine ausgezeichnete Trennung der Wachssäuren von Bienenwachs und Carnauba-Wachs gelang H.P. KAUFMANN u. J. POLLERBERG (1957) pc-chromatographisch nach Veresterung der gesättigten Wachssäuren mit Allylalkohol und Anlagerung von Quecksilberacetat an den Allylrest. Als Fließmittel diente Undecan-Eisessig/Acetonitril/Undecan (15:5:1). Durch Photometrierung konnte die Methode auch zur quantitativen Bestimmung der Wachssäuren ausgebaut werden. Ohne Herstellung der Allylester gelingt die Trennung nach H.P. KAUFMANN u. B. DAS (1961), wenn man an Stelle des meistens verwendeten Undecans eine zwischen 230 und 240°C siedende Petroleumfraktion als Hydrophobierungsmittel benutzt und als Fließmittel ein Gemisch von Isopropanol (99,5%ig), Äthanol (96%ig), Essigsäure (99—100%ig) und Wasser (8:2,5:4:1,25) verwendet.

f) Neuere Methoden zur Auftrennung der Wachse

In neuester Zeit wurden zahlreiche Methoden zur Auftrennung von Wachsen ohne vorherige Zerlegung in Wachssäuren und Unverseifbares entwickelt.

W. PRESTING u. S. JÄNICKE (1960) trennen mit Hilfe von Ionenaustauschern die Wachssäurekomponente in natürlichen und synthetischen Wachsen ab. Durch Ionenaustausch lassen sich nicht nur die freien Wachssäuren genau erfassen, sondern nach vorhergegangener Verseifung auch die gesamten bzw. gebundenen Wachssäuren. G. SPENGLER u. E. WÖLLNER (1955) bedienen sich der Eigenschaft entwässerten Silicagels, Säuren, Alkohole, Ester, Lactone usw., aber nicht die Paraffine, zu adsorbieren, zur Bestimmung der letzteren. Die Entwässerung des Gels erfolgt durch 12-stündiges Erhitzen auf 250°C. Das Silicagel wird in eine Säule von 10 × 1,5 cm gegeben, 0,2—0,5 g der zu untersuchenden Probe werden, in heißem Schwefelkohlenstoff oder Hexan gelöst, auf das Adsorbens gebracht und mit 50 ml Lösungsmittel eluiert. Das Eluat wird abgedampft und der Rückstand (= Kohlenwasserstoffe) gewogen. Das Verfahren ist als DGF-Methode M - V 6 (57) genormt.

Zur Fraktionierung von Wachsen verwendet N. WIEDENHOF (1959) eine mit Al_2O_3 Woelm, pH 4, gefüllte Säule von 2—4 cm ⌀ und 20—40 cm Höhe und eluiert mit Lösungsmitteln steigender Polarität, z. B. Heptan, Heptan + 4% Äther, Heptan + 4% Propanol und Heptan + 4% Eisessig. Auch die Dünnschichtchromatographie kann auf dem Wachsgebiet mit Erfolg eingesetzt werden. H.P. KAUFMANN u. B. DAS (1963) trennen die in Wachsen vorkommenden langkettigen Komponenten an Kieselgel G mit Hilfe des Fließmittels Trichloräthylen-Chloroform (3:1). Mit Hilfe dieses Systems ist es möglich, Stoffklassen, wie Kohlenwasserstoffe, normale Ester, Hydroxyester, Lactone, Alkohole, Hydroxyalkohole, Sterine, Wachssäuren usw., auf einer Platte zu trennen. Kohlenwasserstoffe haben den größten, freie Fettsäuren den kleinsten R_f-Wert. Die freien Fettsäuren bleiben praktisch am Startpunkt. Bei Bienenwachs kann man bei Zimmertemperatur (ca. 22°C) arbeiten. Dagegen lassen sich Carnauba-, Schellack- und Wollwachs wegen ihrer geringeren Löslichkeit erst bei 42°C leicht trennen. Auch Gemische von Wachssäuren und Wachsalkoholen können auf der Platte zerlegt werden.

Über neue Ergebnisse in der systematischen Analyse von Wachsen und deren Gemische mit Hilfe der Ionenaustausch-, Säulen- und Dünnschichtchromatographie berichten W. HESSLER u. F. SAMMET (1965), TH. KARTNIG u. G.H. SCHOLZ (1965) sowie G.H. SCHOLZ (1967a u. b).

g) Untersuchungsmethoden für spezielle Wachse

Im allgemeinen lassen sich die bekannteren Wachse durch Bestimmung der in der Tab. 167 aufgeführten Kennzahlen mit genügender Sicherheit identifizieren. In einzelnen Fällen wird man sich aber durch spezifische Reaktionen einen schnelleren Überblick über Identität und Reinheit der zu untersuchenden Wachsprobe verschaffen können. Einige dieser Methoden werden in ihrer Anwendung auf lebensmittelchemisch wichtige Wachse im folgenden kurz behandelt. Zu eingehenderen Ermittlungen sei auf die zu Beginn dieses Abschnittes genannte Buchliteratur verwiesen.

α) Bienenwachs

Bienenwachs und die daraus hergestellten Erzeugnisse werden häufig mit den verschiedensten Stoffen verfälscht, am meisten mit Stearin, Paraffin, Ceresin, Walrat, Talg und Harzen sowie mit Beschwerungsmitteln, wie Sand, Schwefelpulver, Bleiweiß, Ocker und anderen. Der Gehalt an *Mineralstoffen* läßt sich durch Veraschen und Wägen des Rückstandes leicht bestimmen. *Organische unlösliche Beschwerungsmittel* erkennt man an ihrer Unlöslichkeit in Chloroform.

Einen ersten Hinweis auf die *Reinheit des Wachses* erhält man durch Bestimmung der wichtigsten Kennzahlen, wie der Dichte, des Schmelzpunktes, des Brechungsindexes, der Säurezahl, der Verseifungszahl, der Jodzahl sowie der durch Division der Esterzahl durch die Säurezahl erhaltenen sog. Verhältniszahl, die nach VON HÜBL für Bienenwachs unabhängig von der Höhe der SZ und der VZ den nahezu konstanten Wert von 3,7 besitzt.

Der Nachweis der *Stearinsäure* und anderer hochmolekularer Fettsäuren geschieht nach G. BUCHNER (1895) wie folgt:

5 g Wachs werden mit 100 ml Alkohol von 80 Vol.-% in ein Kölbchen gebracht. Nach Bestimmung des Gesamtgewichtes erwärmt man 5 min lang zum schwachen Sieden. Darauf kühlt man den Kolben in kaltem Wasser ab, läßt ihn unter öfterem Umschütteln 12 Std stehen, ergänzt mit Alkohol von 80 Vol.-% bis zum ursprünglichen Gewicht und filtriert durch ein trockenes Faltenfilter. 50 ml des Filtrats werden mit 0,1 n alkoholischer Kalilauge titriert. Da vom reinen Wachs bei dieser Operation nur wenig in Lösung geht, entsprechend einer Säurezahl von 3,6—4,1, kann man aus dem die SZ 3,8 übersteigenden Anteil der SZ den Gehalt an Stearinsäure berechnen.

Da reines Bienenwachs nicht mehr als 14,5% Kohlenwasserstoffe enthält, deutet ein höherer Gehalt auf den Zusatz von *Paraffin oder Ceresin.*

Zum qualitativen Nachweis werden nach S. WEINWURM (1897) 5 g Substanz mit 25 ml 0,5 n alkoholischer Kalilauge verseift, nach dem Vertreiben des Alkohols wird die Seife in 20 ml warmem Glycerin aufgenommen. Auf Zusatz von 100 ml kochendem Wasser entsteht bei reinem Bienenwachs eine klare bis durchscheinende Lösung, durch welche Druckschrift von normaler Größe gut lesbar ist. Bei Anwesenheit von 5% Paraffin oder Harz wird die Lösung trübe, bei mehr als 8% tritt eine Fällung ein. Auch Anwesenheit größerer Mengen Hartwachse führt zu Trübungen.

Eine sehr elegante Methode zum Nachweis von Paraffin, die auch auf andere Wachse anwendbar ist, wurde von W. HESSLER (1956) mitgeteilt.

In ein Metallröhrchen von 30 mm Höhe und 25 mm lichter Weite, das auf einer Glasplatte steht, gießt man die Wachsprobe ca. 10 mm hoch ein. Nach dem Erstarren stellt man das Röhrchen in einen Kühlschrank und kann dann nach 1 Std das erkaltete Wachsblöckchen ohne Schwierigkeiten entnehmen. Man legt es mit der blanken Seite nach oben, gibt 1 Tropfen konzentrierte Harnstoff-Lösung in die Mitte und läßt diesen bei einer Temperatur von 15—20°C unterhalb des Schmelzpunktes völlig eintrocknen. Während des Trocknens entstehen typische Auskreidungen, die mit Harnstoffkristallen vermischt sind. Diese werden mit Wasser vorsichtig ausgespült. Nach erneutem Trocknen bleiben die reinen Ausblühungen des Paraffins zurück. Nachweisgrenze 2% Paraffin.

Größere Zusätze von *Neutralfetten* können an der Erhöhung der Verseifungszahl erkannt werden. Der Nachweis kleiner Mengen stützt sich auf den Glycerinnachweis, der nach den auf S. 699ff. mitgeteilten Methoden vorgenommen werden kann.

Harzsäuren können mit Hilfe der auf S. 443 beschriebenen Reaktion nach LIEBERMANN-STORCH-MORAWSKI aufgefunden werden. Da aber Cholesterin eine ähnliche Reaktion gibt wie Harze, prüft man bei Anwesenheit von Wollfett besser die nach Abtrennung des Unverseifbaren erhaltenen Wachssäuren. Zur quantitativen Bestimmung der Harzsäuren neben Wachssäuren können die auf der unterschiedlichen Veresterungsgeschwindigkeit dieser Säuren beruhenden, auf S. 833ff. näher beschriebenen Methoden bzw. die auf Mc NICOLL (1921) zurückgehende DGF-Methode G-III 9b (50) verwendet werden. Den genauesten Einblick in die Zusammensetzung von Bienenwachspräparaten gibt die *Gruppenanalyse*, die nach W. FUCHS u. A. DE JONG (1954) am einfachsten auf chromatographischem Wege vorgenommen wird.

Als Adsorptionsmittel sind Aluminiumoxid nach BROCKMANN sowie basisches Kieselgel der Fa. Gebr. Hermanns, Köln-Ehrenfeld, Korngröße 0,3—0,15 mm, geeignet. Das Adsorptionsmittel wird in eine 120 cm hohe und 1,5 cm weite Adsorptionssäule gefüllt, die mit einem Aufgabetrichter und einem Fraktionssammler verbunden ist. 1—3 g Bienenwachs werden, in 50—100 ml Tetrachlorkohlenstoff gelöst, auf die Säule gegeben und nacheinander mit folgenden Eluiermitteln ausgewaschen: 200—250 ml Tetrachlorkohlenstoff, 200 ml Toluol, 400 ml Chloroform, 280 ml Chloroform/Äthanol (50:25) und 250 ml Chloroform/Äthanol/Essigsäure (50:25:1). Die Fraktionen werden in Mengen von je 15 ml aufgefangen und nach dem Abdampfen des Lösungsmittels zunächst auf Schmelzpunkt und Brechungsindex untersucht. Von durch Vereinigung der zusammengehörenden Fraktionen erhaltenen Gruppen werden SZ, EZ und JZ bestimmt. Auf diese Weise ist eine recht genaue Aufteilung des Bienenwachses möglich (vgl. Abb. 148).

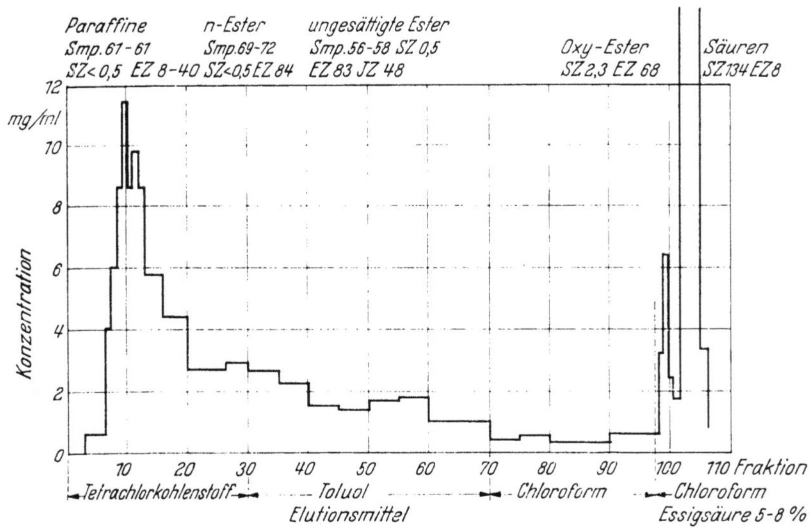

Abb. 148. Chromatographische Zerlegung von Bienenwachs an Aluminiumoxid nach FUCHS u. DE JONG (1954)

Graphische und rechnerische Methoden zur Bestimmung des Bienenwachsgehaltes in Paraffin-Stearin-Bienenwachs-Verschnitten, die sich auf die Ermittlung der SZ, EZ, VZ und des Gesamtparaffins bzw. der Dielektrizitätskonstanten und Viskosität stützen, wurden von G. SPENGLER u. A. WEBER (1960) veröffentlicht.

β) Wollfett

Zum Nachweis von Wollfett sind verschiedene Farbreaktionen angegeben worden, die alle auf der Gegenwart von Cholesterin, Isocholesterin oder Oxycholesterin beruhen. Eine von ihnen, die Liebermann-Burchard-Reaktion (vgl. S. 778), wird bei Wollfett wie folgt ausgeführt:

0,2 g Wollfett werden unter Zusatz von etwas Chloroform in 3 ml Acetanhydrid gelöst. Man filtriert und versetzt das kalte Filtrat mit einem Tropfen konzentrierter Schwefelsäure. Die anfängliche Rosa- bis Braunfärbung geht schnell in Dunkelgrün über.

Die Reaktion ist nicht sehr spezifisch, da eine schwache Färbung auch bei Gegenwart tierischer und pflanzlicher Fette zu beobachten ist. Charakteristischer ist nach I. LIFSCHÜTZ (1931) der Nachweis der hochschmelzenden Lanocerinsäure, die nur im Wollfett vorkommt:

Ca. 5 g Fett werden mit 50 ml 0,5 n alkoholischer KOH und etwas Benzin 3 Std unter Rückfluß gekocht. Die Seifenlösung wird mit Wasser bis auf ca. 65% Alkoholgehalt verdünnt und mit 100 ml Äther ausgeschüttelt.

Man zieht nach dem Abstehen die Unterlauge mit dem darin suspendierten lanocerinsauren Kalium ab, schüttelt die Ätherschicht nochmals mit 60%igem Alkohol aus, den man mit der Unterlauge vereinigt. Das darin suspendierte Kaliumlanocerat wird nach dem Erkalten abfiltriert und zuerst mit 60%igem Alkohol und dann mit Äther ausgewaschen. Die mit Wasser vom Filter abgeschwemmte Kristallmasse wird mit HCl angesäuert, die freien Säuren werden auf Ton abgepreßt und im Exsiccator getrocknet. Durch Umkristallisation aus Benzol erhält man schließlich eine rein weiße bei 102—104°C schmelzende Lanocerinsäure. Die Nachweisgrenze entspricht 5—10% Wollfett.

Charakteristisch für Wollfett sind schließlich die von A.W. WEITKAMP (1945) aufgefundenen verzweigten Fettsäuren und die von K.E. MURRAY u. R. SCHOENFELD (1952) identifizierten höhermolekularen verzweigten Alkohole.

γ) Walrat

Walrat ist verhältnismäßig leicht zu erkennen, da es zu ca. 90% aus Cetylpalmitat besteht, das bei der Verseifung nach S. 926 in Palmitinsäure und Palmitylalkohol zerlegt wird. Zur Reinheitsprüfung dient folgende Vorschrift des DAB VI:

Erwärmt man 1 g Walrat mit 10 g Ammoniakflüssigkeit, bis das Walrat geschmolzen ist, und schüttelt gut durch, so darf das Filtrat nicht milchig getrübt sein und nach Zusatz von Salzsäure nicht sofort eine flockige Ausscheidung geben (Stearinsäure). Werden 0,25 g Walrat 1 min mit 5 ml weingeistiger Kalilauge gekocht und wird die heiße Flüssigkeit mit 3 ml Wasser von ca. 15°C versetzt. so darf nicht sofort eine Trübung entstehen (Paraffine). Aus der heißen Lösung in absolutem Alkohol (1:49) kristallisiert Walrat beim Erkalten wieder aus; die von den Kristallen nach mehrstündigem Stehen abfiltrierte Flüssigkeit darf mit Wasser angefeuchtetes Lackmuspapier nicht verändern (Stearinsäure, Alkalien).

δ) Pflanzenwachse

Die Unterscheidung der Pflanzenwachse nur aufgrund ihrer Kennzahlen ist nicht sehr sicher. Größere Differenzen zeigen sich vor allem in der Zusammensetzung. Nach W. PRESTING (1958) sind die wichtigsten unter ihnen wie folgt zusammengesetzt:

	Wachsester %	Wachssäuren %	Kohlenwasserstoffe %
Carnauba-Wachs	80—81	1—1,5	1— 2
Candelilla-Wachs	33—35	4,2	50—53
Ouricoury-Wachs	ca. 60	—	11—12*

* einschließlich Harze.

Die Unterscheidung von Ouricoury- und Carnauba-Wachs kann nach einer von L. LÜDECKE u. M. DIENA (1948) angegebenen Reaktion erfolgen: 1 g Wachs wird mit 10 g 25%iger Kalilauge erhitzt. Bei Gegenwart von Ouricoury-Wachs bleibt die wäßrige Schicht farblos und das Wachs färbt sich rot, bei Carnauba-Wachs bleibt das Wachs farblos und die wäßrige Schicht färbt sich gelb.

Ein einfaches Verfahren zur Abtrennung der Paraffinkohlenwasserstoffe aus Candelilla-Wachs wird von H.A. SCHUETTE u. J.G. BALDINUS (1949) beschrieben. Eine Lösung des Wachses in Petroläther wird durch eine Säule von 36×5 cm geschickt, die mit aktiviertem Aluminiumoxid gefüllt ist. Durch Nachwaschen mit Petroläther werden die Paraffinkohlenwasserstoffe eluiert, während die übrigen Bestandteile adsorbiert bleiben. Durch Lösungsmittelfraktionierung in Verbindung mit Molekulardestillation und chromatographischer Adsorption gelingt H. SCHUETTE u. M. HANIF KHAN (1953) die Auftrennung der Kohlenwasserstoffe des Ouricoury-Wachses. Eine noch bessere Aufteilung des Ouricoury-Wachses erzielten L. J. N. COLE u. J. B. BROWN (1960) durch eine kombinierte chromatographische Zerlegung über Aluminiumoxid (M. Woelm, pH 4) und Silicagel. Sie fanden folgende angenäherte Zusammensetzung: 1,3% Kohlenwasserstoffe, 23,5% einfache Ester, 22,4% Hydroxy-Monoester, 17,2% Hydroxy-Diester, 5,4% Hydroxysäure-Polyester, 8,7% freie Säuren, 3,0% freie Alkohole, 14,8% Harze, 1,4% Feuchtigkeit und 0,4% Asche.

ε) Mineralische Wachse

Charakteristisch für das aus Braunkohlen gewonnene rohe und raffinierte *Montanwachs* ist der hohe Gehalt an höhermolekularen Ketonen, zu deren Bestimmung die auf S. 925 wiedergegebene Carbonyl-Bestimmungsmethode nach A. GRÜN u. E. ULBRICH (1916/1917) geeignet ist. Die aus Alkohol kristallisierenden Anteile des rohen Montanwachses haben nach P. WALDEN (1906) bei 50° C eine spezifische Drehung von $[\alpha]_D = +10°$, die in Benzol löslichen Teile des Unverseifbaren infolge ihres hohen Harzgehaltes eine solche von $[\alpha]_D = +56{,}5°$ (vgl. auch J. MARCUSSON u. H. SMELKUS 1922).

Einen exakten Arbeitsgang zur Auftrennung und Analyse des Rohmontanwachses geben W. PRESTING u. K. STEINBACH (1955) an.

Zunächst wird durch Extraktion mit Methanol oder Aceton (vgl. hierzu auch die DGF-Methode M - VI 1 (63)) der größte Teil des im Montanwachs enthaltenen Montanharzes entfernt. Durch eine Behandlung mit Isopropanol wird der Rückstand in einen „Dunkelstoff-Komplex" und einen „Wachskörper" zerlegt. Die weitere Auftrennung erfolgt bei beiden Gruppen durch Verseifung mit alkoholischer Kalilauge bei unterschiedlichen Temperaturen und Drucken. Aus dem Verseifungsprodukt wird durch Extraktion das Unverseifbare und durch Ansäuern der vom Alkohol befreiten Seifenlösung ein Gemisch von Wachs- und Harz- bzw. Oxyharzsäuren erhalten, die in üblicher Weise getrennt und bestimmt werden. Einzelheiten des Trennungsganges vgl. auch bei W. PRESTING (1958).

In der Gruppe der Mineralwachse sind die *Ozokerite*, im raffinierten Zustand auch *Ceresine* genannt, und die ihnen verwandten aus den Destillaten der Petroleumindustrie gewonnenen *Petroleumceresine* besonders interessant, da sie im Gegensatz zum *Paraffin* nicht nur aus geradkettigen Kohlenwasserstoffen bestehen, sondern auch solche mit verzweigter und ringförmiger Struktur enthalten. Ozokerit unterscheidet sich daher erheblich vom Paraffin durch sein Verhalten gegenüber Lösungsmitteln. Isoamylamin z. B. löst Ozokerit in der Hitze, scheidet es aber in der Kälte wieder aus, während Paraffin fast völlig gelöst bleibt. Gibt man ein Stück Paraffin in Benzin 80/110, so löst es sich relativ rasch auf, Ozokerit bildet mit dem Lösungsmittel eine gelartige Quellung (W. PRESTING 1958). Ozokerite und Ceresine werden häufig als Kaschierwachse zur Imprägnierung von Folien und Einwicklern benutzt. Da der Wert dieser Produkte mit dem Gehalt an geradkettigen Paraffinen abnimmt, empfiehlt sich zu ihrer Charakterisierung die Bestimmung dieser Verbindungen. Dafür ist z. B. die von W. HESSLER u. G. MEINHARD (1953) ausgearbeitete Methode, die auf der Fähigkeit der Paraffinkohlenwasserstoffe beruht, mit Harnstoff Einschlußverbindungen zu bilden, gut geeignet. Aber auch die Antimonpentachlorid-Methode, die auf die von A. SCHAARSCHMIDT u. M. MARDER (1933) gemachte Beobachtung zurückgeht, daß verzweigte Kohlenwasserstoffe im Gegensatz zu den n-Paraffinen in Tetrachlorkohlenstoff-Lösung mit $SbCl_5$ unter Bildung von unlöslichen Reaktionsprodukten reagieren, ist in ihrer durch W.

LEITHE (1951) verbesserten Form nach G. TITSCHACK (1959) gut zur Charakterisierung von Paraffinen und Ceresinen geeignet. Eine standardisierte Fassung der Methode findet sich in den DGF-Methoden unter Nr. M – V 8 (63).

2. Phosphatide

Die Phosphatide sind ein wesentlicher Bestandteil des Protoplasmas tierischer und pflanzlicher Zellen. Sie finden sich dort meistens in Form der Lipoproteine und als Lipoid-Kohlenhydrat-Komplexe. Da sie in fettführenden Geweben und Zellbestandteilen in besonders hohem Maße angetroffen werden, sind sie in fast allen Fetten nachzuweisen. Besonders reich an Phosphatiden sind Ölsamen, Getreidekeime, Eigelb und Gehirn. Von den Glyceriden unterscheiden sich die Phosphatide durch ihren polaren Aufbau aus charakteristischen Bausteinen, auf die noch zurückzukommen sein wird. In diesem Abschnitt soll die Analyse der Phosphatide in einem Rahmen behandelt werden, der durch die Erfordernisse der Lebensmittelchemie abgesteckt ist, wobei in erster Linie der Nachweis und die Identifizierung dieser Verbindungen in fetthaltigen Lebensmitteln berücksichtigt werden.

Näheres über Vorkommen, Chemie und Eigenschaften der Phosphatide findet der Leser in Bd. I dieses Handbuches. Zum eingehenden Studium seien die Monographien von P. DESNUELLE (1951), H. WITTCOFF (1951), H.J. DEUEL jr. (1951), E. KLENK (1955), D.J. HANAHAN u. Mitarb. (1960), G.B. ANSELL u. J.N. HAWTHORNE (1964) und R. PAOLETTI u. D. KRITCHEVSKY (1963/1965) empfohlen.

a) Einteilung und Zusammensetzung

Zur Klassifizierung der Phosphatide bedient man sich heute meistens eines auf W.R. BLOOR (1925/1926) (vgl. H.J. DEUEL jr. 1951) zurückgehenden Schemas, das sich auch für die analytische Behandlung dieser Verbindungen als nützlich erweist (vgl. Tab. 169).

Tabelle 169. *Einteilungsschema für Phosphatide*

A. Glycerinphosphatide
- I. Esterphosphatide
  - a) Lecithine (Phosphatidylcholine, alkohollöslich)
  - b) Kephaline (alkoholunlöslich)
    - α) Phosphatidyl-äthanolamine (Colamin-Kephalin)
    - β) Phosphatidyl-serine (Serin-Kephalin)
    - γ) Monophospho-inositide
    - δ) Phytoglykolipide
  - c) Polyglycerophosphatide (Cardiolipin)
  - d) Lysophosphatide
    - α) Lysophosphatidyl-choline
    - β) Lysophosphatidyl-äthanolamine
    - γ) Lysomonophospho-inositide
  - e) Phosphatidsäuren
- II. Acetalphosphatide (Plasmalogen)

B. Sphingomyeline
C. Bakterienphosphatide
D. Andere Phosphatide

Ein Vergleich der qualitativen Zusammensetzung pflanzlicher und tierischer Phosphatidextrakte zeigt nach H. WAGNER u. P. WOLFF (1964), daß in beiden übereinstimmend Lecithin, Colamin-Kephalin, Serin-Kephalin, Monophosphoinositid, Cardiolipin und Phosphatidsäuren gefunden werden. Hinsichtlich der quantitativen Verteilung existieren jedoch bemerkenswerte Unterschiede (vgl. Tab. 170).

Tabelle 170. *Prozentuale Phosphatid-Verteilung in pflanzlichen und tierischen Phosphatid-Extrakten* (nach H. WAGNER u. P. WOLFF 1964)

Phosphatid	Samen, Früchte %	Tierische Organe %	Phosphatid	Samen, Früchte %	Tierische Organe %
Lecithin	27 —45	45—53	Phosphatidsäuren	1 —3	0 —8
Colamin-Kephalin	5 —20	15—25	Phytoglykolipide*	2,5—8	—
Serin-Kephalin . . .	0,1— 1,0	4—13	Di- und Triphosphoinositide	—	0,2—0,9
Monophosphoinositid	15 —25	4—11			
Polyglycerophosphatid	1 — 4	2— 8			

* vgl. hierzu H.E. CARTER u. Mitarb. (1958).

Summiert man die Prozentgehalte der zu den Kephalinen gehörenden Verbindungen, so kommt man bei Samen und Früchten auf ca. 35—40% und erreicht damit die Höhe des Lecithin-Anteils bzw. übertrifft ihn noch. Nach H. WAGNER u. P. WOLFF (1964) kann man daher bei pflanzlichen Phosphatiden von einem Überwiegen der Gesamtkephaline und bei den tierischen von einem Überwiegen der Lecithine sprechen, eine Tatsache, die für die analytische Unterscheidung beider Phosphatidgruppen nach der Herkunft von Bedeutung ist. Besonders augenfällig wird dieses, wenn man die Zusammensetzung der wichtigsten in Lebensmitteln vorkommenden Phosphatide miteinander vergleicht (vgl. Tab. 171).

Tabelle 171. *Zusammensetzung wichtiger ölfreier Phosphatide*

Phosphatid	Eigelb Mol.-% (Autor 1)	Milch Mol.-% (Autor 2)	Sojaöl Gew.-% (Autor 3)
Phosphatidyl-cholin	73,0	33	30,6
Lysophosphatidyl-cholin	5,8	0	1,1
Phosphatidyl-äthanolamin.	15,0	29	19,9
Lysophosphatidyl-äthanolamin. . . .	2,1	0	0,9
Phosphatidyl-serin	0	10	3,0
Monophospho-inositid.	0,6	0	15,8
Lysomonophospho-inositid	0	0	1,7
Sphingomyelin.	2,5	19	0
Plasmalogen.	1,0	0	0
Phytoglykolipide.	0	0	14,8
Phosphatidsäuren	0	0	2,0
Unbekannte Phosphatide	0	0	10,2

Autor 1: D.N. RHODES u. C.H. LEA (1957).
Autor 2: D.N. RHODES u. C.H. LEA (1958).
Autor 3: H. WAGNER u. P. WOLFF (1964).

Die Eigelbphosphatide sind also durch ein hohes Verhältnis von Lecithin- zu Colaminphosphor, die Phosphatide der Milch durch einen hohen Gehalt an Serin-Kephalin und Sphingomyelin und die Sojaphosphatide durch hohe Konzentrationen an Monophosphoinositiden und Phytoglykolipiden charakterisiert. Dadurch wird ihre analytische Erkennung erleichtert.

Zum Nachweis, zur Identifizierung und zur Bestimmung von Phosphatiden in Lebensmitteln ist ein Arbeitsverfahren üblich, das sich in folgende Teiloperationen gliedert:

Isolierung der Phosphatide aus den phosphatidhaltigen Lebensmitteln;
Zerlegung der Phosphatidgemische in Fraktionen bzw. Verbindungen;
Identifizierung der individuellen Phosphatide.

b) Isolierung der Phosphatide aus Lebensmitteln

α) Extraktion

Da die Phosphatide in tierischen und pflanzlichen Geweben meistens an Proteine gebunden sind und häufig in komplexer Form auch Zucker, Alkohole und Sterine enthalten, führt eine Extraktion mit einfachen Fettlösungsmitteln, wie Äther und Petroläther, in vielen Fällen nicht zur vollständigen Abtrennung der Phosphatide. Man verwendet daher meistens zur Extraktion Gemische von polaren und nichtpolaren Lösungsmitteln, wie Äthanol und Benzol im Verhältnis 4:1 oder auch 1:4 bzw. 1:1 (B. REWALD 1930; J. GROSSFELD 1940a; H. HADORN u. R. JUNGKUNZ 1951; vgl. S. 420). Als besonders gute Extraktionsmittel erwiesen sich die von J. FOLCH u. Mitarb. (1957) empfohlenen Gemische von Chloroform und Methanol 2:1 bzw. 1:1. Die Extraktionsmittel kommen häufig zu besserer Wirkung, wenn die Substrate zuvor im Vakuumschrank bei Temperaturen um 50° C getrocknet werden, oder wenn man der Extraktion mit den genannten Lösungsmittelkombinationen eine Behandlung mit Aceton vorausgehen läßt. Letzteres Verfahren empfiehlt sich beispielsweise zur Entfernung des Wassers und des größten Teils des Öls aus flüssigem Eigelb nach M.C. PANGBORN (1951). Zahlreiche Varianten dieses Gewinnungsprinzips sind in dem Werk von H. WITTCOFF (1951) beschrieben.

Zur Extraktion der Phosphatide aus *Gerste, Weizen und Hafer* verfahren W. DIEMAIR u. B. BLEYER (1935) z. B. wie folgt:

Größere Mengen des grob gemahlenen Materials werden einen Tag lang bei 30—35° C vorgetrocknet und dann 2—3 Tage mit einem Gemisch von Aceton-Äther (4:1) unter ständigem Rühren vom Fett befreit, wozu ca. 7—8 l Lösungsmittel für 5 kg Mehl erforderlich sind. Hierauf wird wiederholt mit Aceton nachgewaschen, mehrere Stunden getrocknet und mit einem Alkohol-Benzol-Gemisch (1:4) unter ständigem Rühren 8 Std extrahiert. An diese Behandlung schließt sich eine ebensolche zweite an. Für 1 kg entfettetes Material sind ca. 4 kg Lösungsmittel erforderlich. Die phosphatidhaltige Lösung wird im Vakuum unter Stickstoff bei 25—30° C eingeengt.

Für die Extraktion von *Samenmaterial* eignen sich als Lösungsmittel besonders die erwähnten Gemische von Benzol und Alkohol. H. SCHMIDT (vgl. H. WAGNER u. P. WOLFF 1964) empfiehlt zweimalige Extraktion des nicht getrockneten Pulvers mit Aceton, dem etwas Magnesiumchlorid-Lösung zugesetzt wurde, anschließend zweimalige $^1/_2$-stündige Extraktion mit einem Chloroform-Methanol-Gemisch 1:1 bei 35° C und schließlich erneute zweimalige $^1/_2$-stündige Behandlung mit Methanol bei 35 bzw. 45° C. Die Aceton-Extrakte können verworfen werden.

Als Lösungsmittel für die Extraktion von *Phosphatiden aus Kakaoprodukten* ist nach W.O. WINKLER u. J.W. SALE (1931) eine Mischung von gleichen Teilen Petroläther und absolutem Alkohol, nach H. WAGNER u. P. WOLFF (1964) ein Gemisch aus Äthanol und Benzol 1:1 bestens geeignet.

Die Gewinnung von Fett und Phosphatiden aus *Eipulver* durch Extraktion mit einer Mischung von gleichen Teilen 95%igem Alkohol und Benzol nach H. HADORN u. R. JUNGKUNZ (1951) wurde bereits auf S. 420 beschrieben.

Es ist zu beachten, daß in jedem Falle die Phosphatide in Mischung mit Fetten, Zuckerstoffen und Eiweißkörpern erhalten werden, so daß eine Reinigung des Extraktes notwendig ist.

β) Reinigung des Extraktes

Zur Entfernung *wasserlöslicher Begleitstoffe*, insbesondere Zucker und freie Aminosäuren, wird nach J. FOLCH u. Mitarb. (1957) der mit Chloroform-Methanol (2:1) erhaltene Extrakt mit 0,2 Vol.-% Wasser oder einer entsprechenden Salzlösung (NaCl, KCl, $CaCl_2$, $MgCl_2$) innig vermischt. Die nach dem Absetzen erhaltene Oberphase enthält alle Nichtlipoide und die untere Phase alle Lipoide.

Lösungen pflanzlicher Phosphatide können nach C.R. SCHOLFIELD u. H.J. DUTTON (1951) auch durch Verrühren einer Lösung der Phosphatide in Hexan mit ca. 50%igen niedermolekularen Alkoholen von den begleitenden Zuckerstoffen befreit werden.

Das klassische Mittel zur Entfernung der *neutralen Lipide*, wie Glyceride, Sterine, Lipochrome usw., ist die Behandlung des phosphatidhaltigen Extraktes mit Aceton. Der vom Lösungsmittel befreite Extrakt wird in wenig Äther oder Hexan gelöst und die Lösung in die mindestens zehnfache Menge eisgekühlten Acetons gegossen. Es bildet sich ein feinflockiger Niederschlag, der nach dem Dekantieren und Filtrieren der Acetonlösung in etwas Hexan aufgenommen und nochmals mit Aceton gefällt wird. Dieses Verfahren wird auch in der AOCS-Methode Ja 4 – 46 zur Bestimmung des Phosphatidgehaltes von technischem Sojalecithin benutzt.

Es hat indessen, worauf schon A. GRÜN (1936) aufmerksam machte den großen Nachteil, daß die Fällung der Phosphatide in Gegenwart großer Mengen Neutralöl unvollständig ist. Rohe Öle, die normalerweise ca. 1% Phosphatide und 99% Glyceride und freie Fettsäuren enthalten, sind daher in Aceton völlig löslich.

Eine schärfere Trennung erzielt man, wenn man das Substrat, in Chloroform oder Diäthyläther gelöst, durch eine mit Silicagel gefüllte chromatographische Säule schickt und mit demselben Lösungsmittel nachwäscht. Im Eluat erscheinen nur die neutralen Lipide, während die Phosphatide adsorbiert bleiben. Diese können mit Methanol-Chloroform (9:1), reinem Methanol oder ähnlichen Lösungsmitteln eluiert werden (B. BORGSTRÖM 1952). Für die Trennung kleiner Mengen des eingedampften Phosphatidextraktes von Neutralfetten ist schließlich auch ein von J. BOLDINGH (1953) angegebenes Verfahren geeignet, das darauf beruht, daß wohl Neutralöle, nicht aber Phosphatide, in Petroläther 40/60° C gelöst, durch eine Kautschukmembran zu dialysieren vermögen. Genaue Beschreibung des Verfahrens bei G. J. VAN BEERS u. Mitarb. (1958).

In jedem Fall ist es angebracht, die Vollständigkeit der Trennung von Phosphatiden und neutralen Lipiden durch Phosphorbestimmungen vom Gelösten und Ungelösten, z.B. nach der auf S. 836ff. wiedergegebenen Methode, zu kontrollieren.

Bei den Anreicherungsoperationen für die in Lebensmitteln enthaltenen Phosphatide sind auch die *Zersetzungsreaktionen* zu beachten, denen die Phosphatide im Lebensmittel selbst und während der Extraktion und Anreicherung unterliegen können. C.H. LEA (1957) unterscheidet in einer eingehenden Untersuchung fünf Gruppen solcher Veränderungen:

1. Denaturierung von Lipoproteinen, die unter Freisetzung von Lipiden verläuft. Diese Reaktion ist nicht schädlich, da, wie im vorstehenden gezeigt wurde, die Bindung zwischen Protein und Phosphatid gelöst werden muß, um das Phosphatid mit Lösungsmitteln extrahieren zu können.

2. Hydrolytische Spaltung von Phosphatiden durch in den Geweben vorhandene oder bakterielle Enzyme. Solche Vorgänge wurden z.B. in Karotten, Kohl, Getreide usw. nachgewiesen. Auch der viel diskutierte Rückgang des Lecithingehaltes von Eierteigwaren bei der Lagerung gehört hierher.

3. Autoxydation der an die Phosphatide gebundenen mehrfach ungesättigten Fettsäuren, die zu Bräunungserscheinungen, Bildung von Bitterstoffen und Entwicklung eines fischigen Geschmacks führen kann. Kephalin nimmt besonders schnell Sauerstoff auf, während Lecithin nicht so rasch reagiert.

4. Bräunungsreaktionen vom Maillard-Typus, die auf der Reaktion von reduzierenden Zuckern mit den Aminogruppen des Phosphatidyl-äthanolamins bzw. Phosphatidyl-serins beruhen.

5. Copolymerisationsreaktionen oxydierter Lipide mit Proteinen, die im Organismus unter pathologischen Bedingungen zur Bildung von gelbbraunen Pigmenten führen.

Zur Vermeidung dieser Zersetzungsreaktionen sollten vor oder während der Phosphatidextraktion die Enzyme z.B. durch Behandlung mit Alkohol zerstört, die Extraktionen im inerten Gas vorgenommen und während der ganzen Operationen Temperaturen oberhalb 60° C unbedingt vermieden werden.

c) Zerlegung der Phosphatidgemische

α) Mit Lösungsmitteln

Obwohl sich definitionsgemäß die Lecithinphosphatide von den Kephalinphosphatiden durch ihre Löslichkeit in Alkohol unterscheiden, kann man mit diesem Lösungsmittel bei einmaliger Anwendung nur eine Anreicherung der Phosphatidylcholine in der Oberphase und der Phosphatidyläthanolamine bzw. -serine oder -inositide in der Unterphase erzielen. Bei wiederholter Anwendung des Alkohols läßt sich wohl das Lecithin, nicht aber das Gemisch der Kephaline rein erhalten. Die Anwendung des Alkoholextraktionsverfahrens ist daher auf die Herstellung technisch angereicherter Cholinlecithinpräparate, z.B. aus rohem Sojalecithin, beschränkt.

Wirkungsvoller ist die Verteilung von Phosphatidgemischen zwischen zwei Lösungsmitteln nach dem Prinzip der Craig-Verteilung (vgl. S. 623ff.). C.R. SCHOLFIELD u. Mitarb. (1948) gelang durch Verteilung der durch Behandlung mit absolutem Alkohol aus dem ölfreien Material erhaltenen Lecithin- und Kephalinfraktion zwischen Hexan und 90 bzw. 95%igem Methanol in einer 25-stufigen Craig-Apparatur eine zur Analyse ausreichende Anreicherung der Cholin-, Äthanolamin- und Inositphosphatide. In ähnlicher Weise zerlegten C.R. SCHOLFIELD u. Mitarb. (1950) die Phosphatide des Maisöls und T.A. MCGUIRE u. F.R. EARLE (1951) die Phosphatide des Leinöls. Unter den als selektive Lösungsmittel für die Zerlegung von Sojaphosphatiden verwendeten niedermolekularen Alkoholen hat der Isopropylalkohol den Vorzug, daß die Inositphosphatide darin praktisch unlöslich sind (T. WIK u. Mitarb. 1952).

β) Trennung mit Hilfe von Metallkomplexen

Eine schärfere Trennung erzielt man bei Verwendung von Lösungsmitteln in Verbindung mit Metallsalzen als Komplexbildner. Die wichtigste dieser Methoden basiert auf der Beobachtung von A. STRECKER (1868), daß Phosphatide aus ihren alkoholischen Lösungen durch Cadmiumchlorid und andere Metallsalze gefällt werden. Das Verfahren wurde später hauptsächlich zur Trennung des Eigelblecithins vom begleitenden Kephalin verwendet, z.B. nach der Methode von P.A. LEVENE u. I.P. ROLF (1927). Vervollkommnet wurde es insbesondere durch die Arbeiten von M.C. PANGBORN, die 1951 nachstehendes Verfahren zur Isolierung reinen Cholinlecithins aus Eigelb veröffentlichte:

Frisches Eigelb wird zunächst unter Verrühren im „Star-Mix" durch erschöpfende Extraktion mit Aceton von Wasser und Öl befreit. Das zurückbleibende Pulver wird mit 95%igem Alkohol extrahiert und der Extrakt mit 50%iger wäßriger $CdCl_2$-Lösung in geringem Überschuß gefällt. Den abgesaugten Niederschlag löst man in Chloroform, die erhaltene Lösung gießt man in die siebenfache Menge Alkohol, der 1,5% der 50%igen wäßrigen $CdCl_2$-Lösung enthält. Dabei fällt die Additionsverbindung aus, sie wird filtriert und noch zweimal in derselben Weise durch Lösen in Chloroform und Fällen mit cadmiumchloridhaltigem Alkohol gereinigt. Zur Entfernung der Nicht-Addukte wird das Cadmiumsalz in Petroläther suspendiert und mit 80%igem Alkohol, der 0,1% $CdCl_2$ enthält, mehrmals extrahiert. Die vereinigten alkoholischen Extrakte werden bei —5°C aufbewahrt, worauf sich die Addukte vollständig abscheiden. Zur Zersetzung des Doppelsalzes wird nun das Addukt in Chloroform gelöst und so oft mit 30%igem Alkohol ausgeschüttelt, daß im Extrakt kein Chlorid mehr nachzuweisen ist. Schließlich wird die Chloroformlösung im Vakuum eingedampft und das erhaltene Phosphatid durch Lösen in Äther und Fällen mit Aceton ein letztes Mal gereinigt.

Nach einem im Prinzip ähnlichen Verfahren erhielten M.H. THORNTON u. Mitarb. (1944) aus rohem Sojalecithin in einer Ausbeute von 20% der Theorie reines Cholinlecithin.

Einen Übergang zu den im nächsten Abschnitt zu beschreibenden chromatographischen Methoden stellt das Trennungsverfahren von A. TAUROG u. Mitarb. (1944) dar: Sie fanden, daß, wenn man eine Lösung von Rattenleberphosphatiden in Methanol mit MgO versetzt, die nicht cholinhaltigen Phosphatide vom Magnesiumoxid adsorbiert werden, während das Cholinlecithin in Lösung bleibt und in Ausbeuten von 90—99% rein erhalten werden kann.

γ) Chromatographische Methoden

Die chromatographischen Methoden übertreffen die bisher beschriebenen Verfahren in ihrer Trennfähigkeit erheblich. Insbesondere bei Benutzung papierchromatographischer und dünnschichtchromatographischer Arbeitstechniken ist es heute möglich, auch sehr komplizierte Phosphatidgemische in ihre Bestandteile zu zerlegen, diese zu identifizieren und in den meisten Fällen sogar quantitativ zu bestimmen.

Säulenchromatographie

D.J. HANAHAN u. Mitarb. (1951) trennten mit Erfolg die Phosphatide des Eigelbs durch Chromatographie über *Aluminiumoxid.*

Sie benutzten eine Säule von 12 mm ⌀ und 600—700 mm Höhe mit einem 200-ml-Reservoir am oberen Ende. Die Säule wurde mit Aluminiumoxid (Merck/USA, zur chromatographischen Analyse), aufgeschwemmt in 95%igem Äthanol, gefüllt. Auf eine Säule, die 120 g Aluminiumoxid enthielt, wurde eine 3%ige Lösung von Eiphosphatiden in 95%igem Alkohol gegeben und mit dem gleichen Lösungsmittel eluiert. Die ersten 300 ml Eluat waren phosphorfrei, in den nächsten Fraktionen von 400 und 700 ml fand sich die Hauptmenge der Cholinphosphatide, die in einer Ausbeute von 85—95% und in einer Reinheit von 99—100% gewonnen wurden. Nach D.J. HANAHAN u. Mitarb. (1960) soll das für diese Trennungen verwendete Aluminiumoxid basisch sein und einen pH-Wert zwischen 7,5 und 8 besitzen. Die Abtrennbarkeit der Cholinphosphatide beruht darauf, daß diese, da sie bei allen pH-Werten als Zwitterionen existieren, nicht mit dem Aluminiumoxid in Reaktion treten, während die Äthanolamin- und die Inositphosphatide durch Reaktion mit dem Adsorbens gebunden werden.

In nur wenig abgewandelter Form wird die Chromatographie über Al_2O_3 von E. KLENK u. Mitarb. (1957) zur Darstellung reinster Cholinphosphatide aus Sojalecithin benutzt. Nach C.H. LEA u. Mitarb. (1955) sowie O. RENKONEN (1962) können allerdings bei dieser Art der Trennung die Cholinlecithine teilweise unter Bildung von Lysolecithinen gespalten werden; auch ist es nicht möglich, die Kephaline unzersetzt von der Säule zu eluieren.

Beide Phosphatide erhält man indessen in 92—98%iger Ausbeute durch Chromatographie über Aluminiumoxid, wenn man nach D.N. RHODES u. C.H. LEA (1957) die gemischten Phosphatide, in Chloroform-Methanol (1:1) gelöst, auf die Säule bringt und zunächst mit demselben Lösungsmittel eluiert, wobei die cholinhaltige Fraktion sehr schnell erhalten wird. Anschließende Elution mit Äthanol-Chloroform-Wasser (5:2:2) liefert dann die nicht cholinhaltigen Phosphatide.

Auch *Kieselsäure* ist zur säulenchromatographischen Trennung von Phosphatiden geeignet. In den Versuchen von C.H. LEA u. Mitarb. (1955) erwies sich das Kieselsäurepräparat der Firma Mallinckrodt „zur chromatographischen Analyse nach RAMSEY u. PATTERSON, 100 mesh" (= 0,150 mm Korngröße) für die Trennung der Eiphosphatide geeignet. Die Autoren geben folgende Arbeitsvorschrift an:

Das als Elutionsmittel verwendete Chloroform z. A. wird durch Waschen mit Wasser vom Alkohol befreit, über Natriumsulfat getrocknet, destilliert und unmittelbar danach wieder durch Zusatz von 2 Vol.-% Methanol stabilisiert. 24 g Kieselsäure werden mit 50 ml der Methanol-Chloroformlösung zu einem dünnen Brei angerührt und in eine chromatographische Säule von 2,2 cm lichter Weite gefüllt. Geringer Stickstoffüberdruck von ca. 30 Torr erleichtert das Absetzen. Zunächst wäscht man die Säule mit 50 ml des Lösungsmittels und gibt dann, kurz bevor dieses die Oberfläche der Kieselsäure erreicht, eine Menge des Phosphatidgemisches, die ca. 30 mg P entspricht, als 10%ige Lösung in demselben Lösungsmittel auf die Säule und läßt sie eindringen. Die Wände der Säule werden vor der Elution mit 5 ml Lösungsmittel gewaschen. Dann eluiert man mit einer Geschwindigkeit von 1—2 ml pro Minute. Für die Trennung der Eiphosphatide ist eine Methanol-Chloroform-Mischung (1:4) bestens geeignet. Das Eluat wird mit einem Fraktionssammler portionsweise aufgefangen und untersucht. Zunächst erscheint das Äthanolaminphosphatid, danach das reine Lecithin. Zur Charakterisierung der Fraktionen vgl. S. 945 ff.

Mit einer einzigen Kieselsäuresäule gelang D. J. HANAHAN u. Mitarb. (1957) die Trennung der Phosphatidgemische aus Rattenleber, Rinderleber und Hefe. Durch Anwendung verschiedener Mischungen von Chloroform-Methanol im Verhältnis 4:1, 3:2 und 1:4 konnten sie die Phosphatidmischung in folgende fünf Bestandteile zerlegen: Phosphatidyläthanolamin, Phosphatidylserin, Phosphatidylinosit, Lecithin und Sphingomyelin. Die Ausbeute an Inositphosphatiden betrug 90—95%. Als Beispiel für die gute Trennwirkung dieser Methode diene Abb. 149.

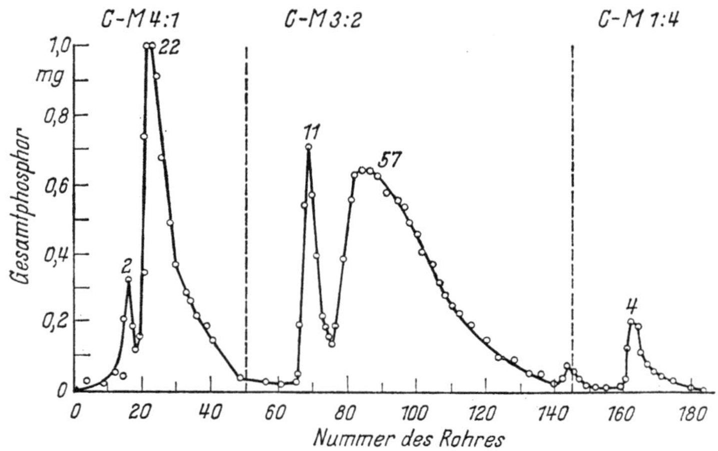

Abb. 149. Chromatographie von Rattenleber-Phosphatiden über Kieselsäure nach HANAHAN u. Mitarb. (1957)

Über Kieselsäure der Firma Mallinckrodt konnten G. ROUSER u. Mitarb. (1961) auch die beiden Kephalinkomponenten Phosphatidyläthanolamin und Phosphatidylserin aus Rinderhirn voneinander trennen.

Zunächst wurde mit Hilfe der Arbeitstechnik von C. H. LEA u. Mitarb. (1955) ein Gemisch dieser beiden Phosphatide erhalten. Zur Trennung derselben wurde in eine 20 cm hohe Säule Kieselsäure mit Chloroform-Methanol 4:1 eingeschwemmt und dann das Adsorbens mit einer Mischung von 70 ml Chloroform-Methanol-Ammoniak, die durch Zugabe von 10 ml konzentriertem Ammoniak zu 1 l Chloroform-Methanol 4:1 hergestellt war, ausgewaschen. Die Phosphatidmischung wurde dann, in 5 ml Chloroform-Methanol 4:1 gelöst, auf die Säule gebracht. Zuerst wurde mit Chloroform-Methanol 4:1 das Phosphatidyläthanolamin und dann mit absolutem Methanol das Phosphatidylserin in reiner Form erhalten.

Ähnlich wie Aluminiumoxid fördert nach den Beobachtungen von G. CAMEJO (1966) allerdings auch Kieselsäure die Hydrolyse von Lecithin unter Bildung von Lysolecithin.

Papierchromatographie

Die Papierchromatographie ermöglicht eine schärfere Trennung und Unterscheidung der Phosphatide als die Säulenchromatographie. Diese Art der Chromatographie kann auf normalem Filterpapier, auf formalinbehandeltem, auf acetyliertem, auf mit Tetralin beladenem und vor allem auf mit Kieselsäure imprägniertem Papier und auf mit Kieselsäure imprägniertem Glasfaserpapier ausgeführt werden. Eine umfassende Übersicht über diese Methoden bietet eine Arbeit von G. V. MARINETTI (1962).

G. ROUSER u. Mitarb. (1956) fanden, daß für die Chromatographie von Phospholipiden auf *nicht imprägniertem Papier* (Whatman Nr. 1) polare und ionogene Lösungsmittel besonders geeignet sind. Unter Verwendung der Lösungsmittelsysteme Chloroform-Lutidin-Essigsäure (4:4:1), Lutidin-Methanol-Essigsäure (16:4:1), 2-Octanol-Lutidin-Essigsäure (90:5:5) und 2-Octanol-Essigsäure (99:1) gelang ihnen die Trennung des Lecithins vom Sphingomyelin und Kephalin, des Kephalins vom Sphingomyelin und des Lysolecithins vom Lecithin. Noch schärfere Trennungen erzielten F. G. WITTER u. Mitarb. (1957/1958) mit Gemischen aus Ketonen und Essigsäure, z. B. 2-Pentanon-Essigsäure (30:2), 3-Methyl-2-butanon-Essigsäure (30:3) u. a. Diese Kombinationen erwiesen sich auch für die Trennung der Phosphatide durch Rundfilterchromatographie geeignet. Gute Trennungen wurden sowohl bei reinen Phosphatiden als auch bei Phospholipiden erzielt, die einigen Körperteilen von Ratten entnommen wurden. Ausreichende Differenzen zwischen den R_f-Werten der intakten und der Lysophosphatide sind Vorbedingung hierfür. U. BEISS u. O. ARMBRUSTER (1958) untersuchten verschiedene deutsche Papiere auf ihre Eignung zur Phosphatidtrennung. Die schärfste Differenzierung der Flecke wurde mit den Papieren Sch. & Sch. 2045b Gl und 2043b Mgl erhalten, während sich silikonierte und acetylierte Papiere derselben Firma als unbrauchbar erwiesen. Zur Entwicklung benutzten diese Autoren ebenfalls polare Lösungsmittelgemische, die auch bei der Analyse von Rohextrakten eine ausreichende Trennschärfe bewirkten (Tab. 172).

Tabelle 172. *R_f-Werte von Phosphatiden auf Papier 2045b Gl (Sch. & Sch.)* (nach U. BEISS u. O. ARMBRUSTER 1958)

Testsubstanz	R_f-Werte A	R_f-Werte B
Lysolecithin	0,33	0,12
Serinkephalin	0,43	0,21
Colaminkephalin	0,57	0,37
Sphingomyelin	0,63	0,27
Lecithin	0,70	0,32
Cholesterin, höhere Fettsäuren, Neutralfett	>0,90	>0,90

A = Diiosobutylketon-Methylisobutylketon-Methyläthylketon-Chloroform-Ameisensäure (98%)-Wasser (30:26:20:110:30:3).
B = Tetrahydrofuran-Diisobutylketon-Wasser (45:5:6).

Zur Unterscheidung der Flecken auf dem Papier dienen verschiedene Reaktionen (vgl. auch G. V. MARINETTI 1962 und G. B. ANSELL u. J. N. HAWTHORNE 1964).

Phospholipide und andere Lipide werden durch Eintauchen in eine 0,001%ige wäßrige Lösung von Rhodamin 6G und anschließendes Waschen mit dest. Wasser so gefärbt, daß die Flecke im UV-Licht bei 366 mμ in charakteristischen Fluorescenzfarben sichtbar werden. *Phosphatide mit freien Aminogruppen*, wie die Kephaline, erscheinen nach dem Besprühen mit einer 0,25%igen Lösung von Ninhydrin in Aceton-Lutidin (9:1) und mehrstündigem Stehen bei Raumtemperatur als purpurne Flecken. Zum Nachweis von *Cholinphosphatiden* werden die trockenen Chromatogramme 10 min mit dest. Wasser gewaschen und dann 10 min in eine 1%ige Lösung von Phosphormolybdänsäure getaucht. Die Papiere werden nun dreimal je 10 min in dest. Wasser gewaschen und dann in eine 1%ige Lösung von $SnCl_2$ in 3 n-HCl gelegt. Blaue Flecken deuten auf Cholin. Die Reaktion spricht auch auf ungesättigte Kephaline an. Diese reagieren aber nicht, wenn die Chromatogramme zuvor mit dem Ninhydrin-Reagens behandelt wurden. *Plasmalogene oder freie Aldehyde* werden erkannt, indem man das Papier zunächst 1 min in eine 0,005 m wäßrige Lösung von Quecksilber(II)-chlorid taucht und anschließend in eine 2%ige mit SO_2 entfärbte und über Tierkohle filtrierte wäßrige Lösung von Rosanilin: rote Flecke. *Lysophosphatide* werden durch Eintauchen des getrockneten Chromatogramms (5 min) in eine 0,05%ige Lösung von Malachitgrün, Auswaschen der überschüssigen Farbe und erneutem Trocknen identifiziert; weiße Flecke auf grünem Grund. Zum Nachweis von *phosphorsäurehaltigen* Flecken legt man das Papier kurze Zeit in eine Lösung aus 8 ml 12,5%iger Ammonmolybdat-Lösung, 3 ml 11 n-Salzsäure, 12 ml 12 n-Perchlorsäure und 86 ml Aceton, trocknet an der Luft und betrachtet im UV-Licht; blaue Flecke auf blauweißem Untergrund.

Die Auftrennung von durch Extraktion aus pflanzlichen oder tierischen Geweben erhaltenen Phosphatidgemischen wird nach L. HÖRHAMMER u. Mitarb. (1959) dadurch erleichtert, daß man das Chromatographierpapier Sch. & Sch. 2043b Gl zuvor mit *Formalin* imprägniert. Mit Butanol-Eisessig-Wasser (4:1:5) als Laufmittel erzielten die Autoren gute Ergebnisse.

Die vielseitigste Anwendung haben indessen mit *Kieselsäure imprägnierte Papiere* gefunden. Die Imprägnierung wird nach G. B. ANSELL u. J. N. HAWTHORNE (1964) am besten in folgender Weise vorgenommen:

Eine käufliche Wasserglaslösung wird mit der gleichen Menge Wasser, das 0,2% lösliche Stärke enthält, verdünnt. Whatman-Papier Nr. 1 oder 3 wird in Rechtecke von 35 × 20 cm geschnitten und mit einer Schmalseite an einen Glasstab geklebt. Das Papier wird jetzt bis auf

2 cm Entfernung vom Glasstab in die Wasserglaslösung getaucht und darin 5 min belassen. Man läßt dann 20 min die überschüssige Lösung ablaufen und entfernt die unten anhaftende Flüssigkeit mit einem Glasstab. Nun wird das Papier 30 min in 6 n-Salzsäure getaucht, in Leitungs- und dest. Wasser gewaschen und zum Trocknen aufgehängt. Nach 1-stündigem Trocknen bei 100° C sind die Papiere gebrauchsfertig.

Unter Verwendung eines solchen Papiers und mit Hilfe eines Fließmittels aus Methanol und Chloroform (1:4) konnten C.H. LEA u. Mitarb. (1955) Lysolecithin, Lysophosphatidyläthanolamin, Lecithin und Phosphatidyläthanolamin leicht trennen. Die Trennschärfe wurde erhöht, wenn dem Fließmittel noch 2,5 Vol.-% Wasser zugesetzt wurden. Die gute Trennschärfe der selbst hergestellten Kieselsäurepapiere wird allerdings häufig durch eine schlechte Reproduzierbarkeit der R_f-Werte erkauft, da eine ganz gleichmäßige Imprägnierung nur selten zu erzielen ist. Eine Verbesserung bringt nach O.W. THIEHLE u. W. WOBER (1961) ein von der Firma Schleicher & Schüll, Dassel, hergestelltes Spezialpapier, das 35—40 % Kieselgel enthält. Bei Verwendung der von U. BEISS u. O. ARMBRUSTER (1958) (S. 939) angegebenen Steigflüssigkeiten werden scharf begrenzte Substanzflecken erhalten.

Sehr gut reproduzierbare Werte erhielten J.W. DIECKERT u. R. REISER (1956b) auch durch Verwendung eines mit Kieselsäure imprägnierten Glasfaserpapiers, das in Verbindung mit einer Mischung von Methanol und Äther (1:1) als Fließmittel eine scharfe Trennung von Lysolecithin, Lecithin, Sphingomyelin und Colaminkephalin ermöglichte. Durch Besprühen mit Schwefelsäure-Wasser (1:1) und anschließendes Erhitzen konnten die Flecke empfindlicher als mit den üblichen Reagentien nachgewiesen werden. Zusammenhängendere Flecke mit geringerer Schwanzbildung erhalten M. BROWN u. Mitarb. (1957) mit der gleichen Arbeitsweise aber unter Verwendung eines Fließmittels, bestehend aus einer Lösung von 200 g Phenol in 400 ml Äthyläther, die mit 250 ml Aceton und 50 ml dest. Wasser verdünnt wird.

J.E. MULDREY u. Mitarb. (1959) verwenden ein mit schwach alkalisch reagierendem Natriumsilikat imprägniertes und anschließend auf 600° C erhitztes Glasfaserpapier der Firma H. Reeve & Angel, London E, C.4, mit gutem Erfolg unter Verwendung von Benzol-Pyridin-Wasser (100:100:10) als Fließmittel zum qualitativen Nachweis von Phosphatidylcholin, Sphingomyelin, Phosphatidyläthanolamin, Phosphatidylserin, Phosphatidylinosit und freien Fettsäuren.

Mit Hilfe der von J.W. DIECKERT u. R. REISER (1956) angegebenen Schwefelsäure-Sprühtechnik und durch anschließende densitometrische Auswertung gelingt auch die quantitative Bestimmung von Lecithin und Sphingomyelin. Scharf umrissene Flecke erhält man bei der Analyse natürlicher Phosphatidgemische, z.B. aus Eigelb, wenn man vor der chromatographischen Auftrennung der Phosphatide die neutralen Lipide durch Elution mit Benzol auswäscht. Vorwäsche und Entwicklung des Chromatogramms erfordern nur je 7 min.

Dünnschicht-Chromatographie

Sollen Phosphatide nicht nur qualitativ nachgewiesen, sondern getrennt und quantitativ bestimmt werden, hat die dünnschichtchromatographische Methode unbestrittene Vorzüge. Zusammenfassende Darstellung der Anwendungen auf dem Phosphatidgebiet bei H.K. MANGOLD (1961/1967).

H. JATZKEWITZ u. E. MEHL (1960) erzielten auf nach E. STAHL (1958) mit Kieselgel G beschichteten Platten unter Verwendung kombinierter Lösungsmittelsysteme, z.B. Äthylenchlorid-Methanol (98:2), gute Trennungen der Gehirnlipide, darunter einiger Phosphatide. H. WAGNER (1960) übertrug das Verfahren auf Esterphosphatidgemische und erreichte im System Chloroform-Methanol-Wasser (65:25:4) eine gute Auftrennung für Gemische, die Lecithin, Lysolecithin, Sphingomyelin, Colaminkephalin, Cerebroside und Cardiolipin enthielten (vgl. Abb. 150).

Zum Sichtbarmachen der Substanzen bewährte sich das aufeinanderfolgende Besprühen mit Rhodamin-B-Lösung und modifiziertem Dragendorff-Reagens.

Einzelheiten der Methodik werden von H. WAGNER u. Mitarb. (1961) mitgeteilt. Ihre Weiterentwicklung zu einer quantitativen Bestimmung der Phosphatide beschreibt H. WAGNER (1961). Diese Arbeitsweise erwies sich im Laboratorium des Verfassers als vorzüglich geeignet für den Nachweis und die Bestimmung von Phosphatiden in Lebensmitteln wie Margarine (S. 992) und Mayonnaise (S. 1006). Genaue Beschreibung der Wagner'schen Arbeitstechnik S. 942.

N. ZÖLLNER u. G. WOLFRAM (1962) benutzen bei der dünnschichtchromatographischen Trennung von Plasmalipiden als Fließmittel zunächst Petroleumbenzin (50/70° C)- Diisobutylketon-Eisessig (87:13:0,7). Die Phosphatide bleiben am Startpunkt. Cholesterin, freie Fettsäuren und Triglyceride wandern, gut voneinander getrennt, mit dem Fließmittel. Anschließend werden die Phosphatide mit dem Fließmittel nach H. WAGNER (1960) getrennt. Mit Petroleumbenzin-Methyläthylketon-Eisessig (84:15:1) konnten die Phosphatide von den Monoglyceriden und den Diglyceriden getrennt werden. Nach der Originalvorschrift von H. WAGNER (1960) lassen sich Colaminkephalin und Serinkephalin nicht trennen. V.P. SKIPSKI u. Mitarb. (1962/1964) erreichen dies durch Verwendung von Platten, die mit basischem Kieselgel G (zum Anrühren wird an Stelle von dest. Wasser eine 0,01 m wäßrige Lösung von Natriumcarbonat verwendet) beschickt sind, und Benutzung des Fließmittels Chloroform-Methanol-Essigsäure-Wasser (65:25:8:4 bzw. 25:15:4:2). W.D. SKIDMORE u. C. ENTENMAN (1962) erreichen eine bessere Auflösung durch zweidimensionale DC-Chromatographie. L. A. HORROCKS (1963) erzielt die besten Erfolge in der Trennung der Kephaline durch Verwendung basischer Lösungsmittelgemische, z. B. Chloroform, Methanol, Ammoniumhydroxid (65:25:4 bzw. 75:25:4) oder durch Imprägnierung des Kieselgels mit Natriumacetat oder -borat. H.P. KAUFMANN u. Mitarb. (1963) erweiterten die DC-Methode auf die Trennung homologer Lecithine und die Trennung der Hydrolyseprodukte. Die Homologentrennung erfolgte auf Dünnschichtplatten, die in Anlehnung an die Arbeitsweise von B. DE VRIES u. G. JURRIENS (1963) mit silbernitrathaltigem Kieselgel G beschickt waren. Als Fließmittel diente eine mit Silbernitrat gesättigte Mischung von Chloroform-Äther-Eisessig (97,0:2,3:0,5).

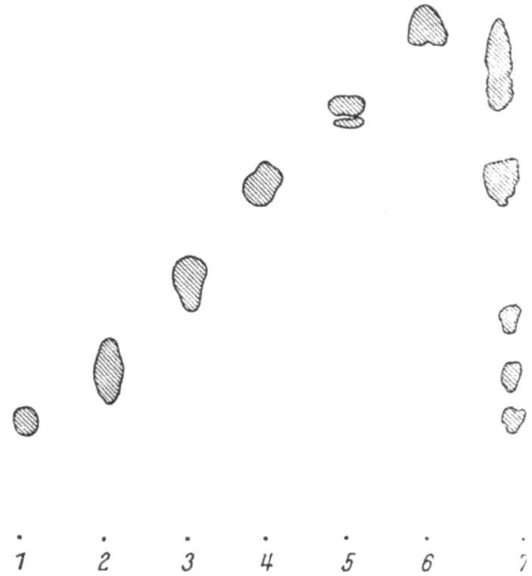

Abb. 150. Dünnschichtchromatographie polarer Lipide nach WAGNER (1960); 1 = Lysolecithin, 2 = Sphingomyelin, 3 = Lecithin, 4 = Colamin-Kephalin, 5 = Cerebroside, 6 = Cardiolipin, 7 = Testgemisch

Wenn man die Startflecke nach H.P. KAUFMANN u. Mitarb. (1967) mit methanolischer Kalilauge behandelt, so erhält man quantitativ die Methylester der an die Phosphatide gebundenen Fettsäuren. Durch Entwicklung mit Petroläther-Benzol/80:20 werden die Methylester nach dem Grad der Ungesättigtheit getrennt. Identifizierung durch Vergleichssubstanzen.

Zur Sichtbarmachung und Unterscheidung der Flecke stehen in der DC-Chromatographie der Phosphatide zahlreiche Sprühmittel zur Verfügung. Nach H. WAGNER u. Mitarb. (1961), W.D. SKIDMORE u. C. ENTENMAN (1962) und V.P. SKIPSKI u. Mitarb. (1962) sind u. a. folgende Reagentien geeignet.

Joddampf zum unspezifischen Nachweis von Lipiden. Die trockenen Platten werden ca. 1 min in einen Glasbehälter gelegt, der Joddämpfe enthält.

Ninhydrin zum Nachweis von Phosphatiden mit primären Aminogruppen. Die trockenen Platten werden mit einer Mischung von 0,3 g Ninhydrin in 5 ml Lutidin und 95 ml mit Wasser gesättigtem n-Butanol besprüht. Beim Trocknen bei Raumtemperatur erscheinen rot-violette Flecke auf weißem Untergrund.

Molybdänreagens zum Nachweis von Phosphatiden. Die trockenen Platten werden mit einer Lösung von 5 ml 60 gew.-%iger Perchlorsäure, 10 ml 1 n-HCl und 25 ml 4%iger Ammonmolybdat-Lösung besprüht. Blaue Flecke auf weißem Grund nach dem Trocknen bei Zimmertemperatur.

Ferrichlorid-Sulfosalicylsäure zur Erkennung von Phosphatgruppen. Die trockenen Platten werden mit einer Lösung von 7,0 g Sulfosalicylsäure und 0,1 g $FeCl_3 \cdot 6H_2O$ in 25 ml Wasser, mit 95%igem Äthanol auf 100 ml verdünnt, besprüht. Nach dem Trocknen bei Zimmertemperatur weiße fluorescierende Flecke auf purpurnem Grund.

Ammoniakalische Silbernitrat-Lösung zum Nachweis von Glycerin und Inosit. Die trockenen Platten werden mit einer Mischung gleicher Volumina von 0,1 n-$AgNO_3$ und 7 n-Ammoniumhydroxid-Lösung besprüht. Die Platten werden auf 110°C erhitzt, bis dunkelbraune Flecke auf weißem Grund erscheinen.

Dragendorff-Reagens zum Nachweis von Cholin. Die trockenen Platten werden mit einer Mischung von 4 ml Lösung I, 1 ml Lösung II und 20 ml dest. Wasser besprüht. Lösung I enthält 1,7 g $Bi(NO_3) \cdot 5H_2O$, auf 100 ml mit 20%iger Essigsäure verdünnt. Lösung II enthält 40 g KJ in 100 ml Wasser. Nach dem Trocknen bei Zimmertemperatur ruft freies Cholin purpurne, gebundenes orange Flecke hervor.

Phosphormolybdänsäure zum Nachweis aller reduzierenden Verbindungen. Die trockenen Platten werden mit einer 5%igen alkoholischen Lösung von Phosphormolybdänsäure besprüht. Nach 5 min Erwärmen auf 80—90°C blaue Flecke auf schwachblauem Untergrund.

Von universeller Anwenbarkeit für den Lebensmittelchemiker ist die von H. WAGNER (1960/1961) angegebene Methode, die sowohl für den qualitativen Nachweis als auch für die quantitative Bestimmung der Phosphatide geeignet ist. Sie wird im folgenden mit geringfügigen Änderungen, die sich im Laboratorium des Verfassers als zweckmäßig erwiesen, beschrieben.

Dünnschichtchromatographische Phosphatidtrennung nach H. WAGNER (1960/1961)

Geräte:

Ausrüstung zur Dünnschichtchromatographie nach E. STAHL (Fa. Desaga, Heidelberg) mit Beschichtungsgerät für 0,25 mm Schichtdicke.
Sprühgerät „Spray-Gun“, Desaga, Heidelberg
Mikropipetten 0,1 ml
Hamilton-Spritzen 50 μl, Dr. Virus KG, Meckenheim bei Bonn
Mikrobürette, 5 ml Inhalt, unterteilt in 0,01 ml
Aluminiumblock-Thermostat, regelbar bis 180 $\pm$ 0,5°C, vgl. Abb. 151
Trockenschränke, 37°C, 105°C
Haartrockner
Motorzentrifuge mit Zentrifugengläsern von 10 ml Inhalt
Rückflußbirnen für die Zentrifugengläser
Colorimeter, z. B. Lange, Modell J mit Filter OG2 oder Zeiss ELKO III mit Filter S72E
10 ml NPG-Glas bzw. 2-cm-Küvette
Meßkölbchen 10 ml
Meßpipetten 1 ml

Reagentien:

Kieselgel G nach STAHL für DC-Chromatographie (Merck Nr. 7731)
Methanol z.A., z.B. Merck Nr. 6009
Chloroform z.A., z.B. Merck Nr. 2445

Dragendorff's Reagens, modifiziert nach SCHUTE: Eine Lösung von 7 g KJ in 18 ml H_2O wird mit 3 ml 25%iger HCl versetzt. Es wird zum Sieden erhitzt und in die siedende Lösung 1,5 g $BiONO_3$ in kleinen Anteilen eingetragen. Dann wird mit Wasser auf die doppelte Menge verdünnt. 2 ml dieser Lösung werden mit 3 ml 25%iger HCl und 125 ml Wasser zur Sprühlösung verdünnt. Die Sprühlösung soll nicht älter als 2—3 Wochen sein. Die Stammlösung kann über Monate im Kühlschrank aufbewahrt werden.

Perchlorsäure, 70%ig, z. A., Merck Nr. 519
Ammoniummolybdat z. A., z.B. Riedel de Haen Nr. 31402
Ascorbinsäure z. A., z.B. Merck Nr. 50007
Benzol, reinst, z.B. Merck Nr. 1782
Aceton z. A., z.B. Merck Nr. 14

Phosphatstandardlösung: 0,4393 g zuvor bei 105°C getrocknetes KH_2PO_4 werden genau abgewogen, in einem 1000-ml-Meßkolben in dest. Wasser gelöst und bei 20°C bis zur Marke aufgefüllt. Diese Lösung enthält 100 μg P/ml (Stammlösung). Von dieser Stammlösung werden 50 ml abpipettiert und bei 20°C auf 1000 ml verdünnt (Phosphat-Standardlösung). Diese Lösung enthält 5 μg P/ml und wird zur quantitativen Auswertung des Chromatogramms benötigt.

Phosphormolybdänsäure, 5%ig in Äthanol, z.B. Merck Nr. 531.

Arbeitsweise:

Herstellung des Chromatogramms:

Je 5 Glasplatten von 20 × 20 cm werden unter Benutzung der von E. STAHL (1958) angegebenen Arbeitstechnik in einer Schichtdicke von 250 μ mit Kieselgel G bestrichen, 40 min in einem Trockenschrank bei 110°C getrocknet und im Exsiccator über Blaugel abgekühlt.

Dann werden im Abstand von 1,5 cm von der unteren Kante quer zur Streichrichtung vier Startpunkte markiert, auch die vorgesehene Laufstrecke wird 3 cm vom oberen Rand angezeichnet. Für diese Arbeiten ist die sog. Mehrzweckschablone ein recht gutes Hilfsmittel. An den Startpunkten trägt man 0,01 bzw. 0,025 ml einer 1%igen Lösung des zu untersuchenden Phosphatidgemisches in Chloroform auf, wobei man durch langsames Auslaufenlassen und gleichzeitige Trocknung mit einem Haartrockner dafür sorgt, daß die Flecken möglichst klein bleiben.

Oberhalb der Laufstrecke vermerkt man Nummer und aufgegebene Menge des Produktes. Bei Gemischen mit geringem Phosphatidgehalt kann es nötig sein, größere Substanzmengen, bei schlechten Trennungen kleinere Mengen aufzutragen.

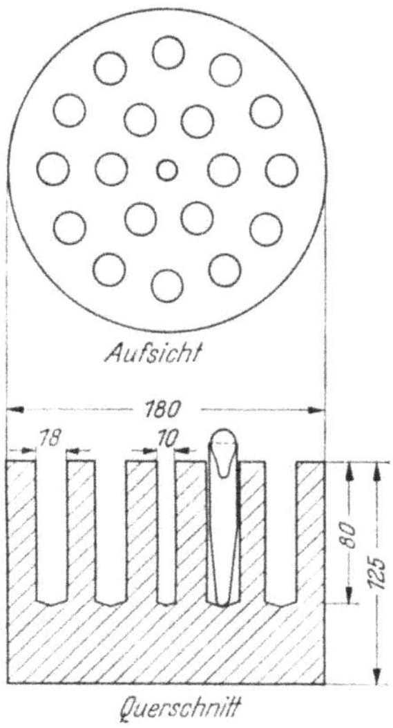

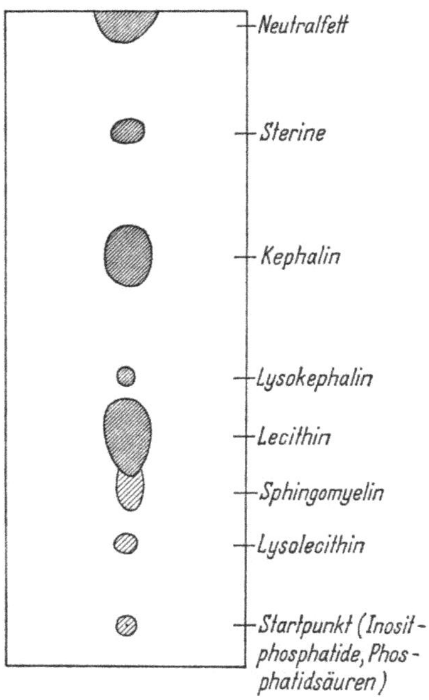

Abb. 152. Lage der Flecke bei der DC-Chromatographie von Phosphatiden nach WAGNER (1960/1961)

Um eine gleichmäßige Entwicklung des Chromatogramms zu erzielen, kleidet man die Breitseite des Chromatographier-Troges mit weichem Filterpapier aus. Dann entwickelt man mit einer Mischung von 65 ml Chloroform, 25 ml Methanol und 4 ml Wasser, wobei das Filterpapier gut zu durchfeuchten und der Deckel des Troges mit Vakuumfett abzudichten ist. Nach 45 min ist die Entwicklung beendet. Die Platte wird aus dem Trog genommen und unter Zuhilfenahme eines Heizlüfters getrocknet. Die weitere Behandlung ist verschieden, je nachdem ob ein qualitativer Nachweis oder eine quantitative Bestimmung der Phosphatide beabsichtigt ist.

Qualitativer Nachweis:

Hierzu wird die Platte mit einer Lösung von 5 g Phosphormolybdänsäure in 100 ml Alkohol besprüht. Nach 5 min Erwärmen auf 80—90°C werden dunkelblaue Flecke auf hellblauem Grund sichtbar, aus deren Lage auf die Natur des Phosphatids geschlossen werden kann. Vgl. Abb. 152 und die Chromatogramme von Eigelb- und Sojaphosphatiden auf S. 908. Falls man über die Identität eines Chromatogramms im Zweifel ist, läßt man ein bekanntes Phosphatidgemisch mitlaufen, z.B. nach C.H. LEA u. Mitarb. (1955) aus Eigelb hergestelltes Lecithin und Colamin-Kephalin. Auch die Anwendung der spezifischen Sprühreagentien nach S. 941 ist ratsam.

Quantitative Bestimmung:

Zur quantitativen Bestimmung eignen sich vor allem die gut ausgeprägten Lecithin- und Colamin-Kephalin-Flecke, deren Gewichtsquotient, wie aus Tab. 171 auf S. 933 hervorgeht, eine Unterscheidung zwischen Eigelb- und Pflanzenphosphatiden ermöglicht. Das Bestimmungsverfahren beruht auf der quantitativen Erfassung des in den Flecken anwesenden Phosphors.

Die entwickelten und wieder getrockneten Platten werden hierzu langsam in Schlangenlinien von oben nach unten und umgekehrt und von links nach rechts und umgekehrt mit Dragendorff-Reagens, modifiziert nach SCHUTE, besprüht, bis die Flecken sichtbar werden. Dann umrandet man die Flecken mit einem spitzen Bleistift nicht zu eng, um sicher zu gehen, daß man auch die ganzen Flecken erfaßt. Zur besseren Lokalisierung kann man auch die beiden inneren Bahnen einer Platte abdecken und die beiden äußeren mit Phosphormolybdänsäure wie oben behandeln.

Die umrandeten Lecithin- und Kephalinflecke werden mit einem feinen, zu einer kleinen Schaufel gebogenen Spatel von der Platte abgehoben und in Zentrifugengläser eingewogen, ebenso ein etwa gleich großer Kieselgelflecken, der keine Substanz enthält, wohl aber mit Dragendorff-Reagens besprüht wurde (*Blindfleck*). In ein oder zwei Zentrifugengläser werden außerdem mit der Mikrobürette je 1 ml der Standardphosphatlösung (= 5 μg P) gegeben. In jedes Zentrifugenglas gibt man nun 0,4 ml einer mit Ammoniummolybdat gesättigten Perchlorsäure (frisch bereitet). In ein anderes leeres Zentrifugenglas, das im weiteren Verlauf genau so behandelt wird wie die Proben, der Blindfleck und Phosphatstandard, werden nun ebenfalls 0,4 ml Ammoniummolybdat-Perchlorsäure gegeben *(Blindwert)*. Die Gläser werden mit dem Glasbirnchen verschlossen und in einen Aluminiumblock gestellt, der im Laufe von 2 Std auf 180 °C aufgeheizt und weiter 2 Std auf dieser Temperatur gehalten wird. Nach dieser Behandlung kühlt man auf Zimmertemperatur ab, gibt in jedes Zentrifugenglas 2 ml Wasser und schüttelt gut um. Die Zentrifugengläser werden in einem Reagensglasgestell aus Aluminium für 10 min in kochendes Wasser gestellt. Nach dem Abkühlen auf Zimmertemperatur im kalten Wasserbad setzt man je 0,3 ml einer 2,5%igen Ammonmolybdat-Lösung und je 0,3 ml einer frisch bereiteten AscorbinsäureLösung zu, schüttelt gut durch und gibt die Gläser für $1^3/_4$ Std in einen Trockenschrank von 37 °C. Danach wird zentrifugiert und die überstehende klare Lösung sorgfältig in ein 10-ml-Meßkölbchen überführt. Der Rückstand im Zentrifugenglas wird noch einmal mit 2 ml Wasser aufgenommen, erneut zentrifugiert und zu der ersten Lösung in das Meßkölbchen dekantiert. Es wird bis zur Marke aufgefüllt und gut umgeschüttelt. Die Extinktion wird nun in einen 10-ml-NPG-Glas mit dem Lange-Colorimeter unter Vorschaltung des OG2-Filters oder im Zeiss-ELKO III-Gerät bei 720 mμ in einer 2-cm-Küvette gemessen.

Berechnung:

Bei der Berechnung des Ergebnisses ist die Eigenextinktion des besprühten Kieselgels zu berücksichtigen. Man rechnet daher zunächst:

$$E_{\text{ber.}} = \frac{E_{\text{Bl}} \cdot mg_{\text{Ph}}}{mg_{\text{Bl}}}$$

$E_{\text{ber.}}$ = Extinktion, die durch das Kieselgel des Fleckens hervorgerufen wird
E_{Bl} = Extinktion des Blindfleckens
mg_{Ph} = Gewicht des Phosphatidfleckens in mg
mg_{Bl} = Gewicht des Blindfleckens in mg

Dann ist:

$$E_{\text{abs}} = E_{\text{gem}} - E_{\text{ber}}$$

E_{abs} = Extinktion, die vom Phosphorgehalt herrührt
E_{gem} = Gemessene Extinktion des Substanzfleckens

Es ist dann ferner:

$$\mu\text{g Phosphor} = \frac{E_{\text{abs}}}{\text{Ext. v. 1 } \mu\text{g Phosphor}}$$

$$\%\ \text{Lecithin} = \frac{25{,}8 \cdot \mu\text{g Phosphor} \cdot 100}{\text{Einwaage in } \mu\text{g}}$$

$$\%\ \text{Kephalin} = \frac{24{,}6 \cdot \mu\text{g Phosphor} \cdot 100}{\text{Einwaage in } \mu\text{g}}$$

Einwaage ist hier die auf die Platte gegebene Menge des Phosphatidgemisches.

Die Reproduzierbarkeit der Ergebnisse dieser Methode erwies sich im Laboratorium des Verfassers als recht zufriedenstellend. Bei der Untersuchung von Sojalecithinpräparaten, die ca. 20% Lecithin und ca. 5% Kephalin enthielten, wurde bei Parallelbestimmungen eine relative mittlere Abweichung vom Mittelwert zwischen 2 und 5% gefunden.

Äußerst niedrige Phosphorblindwerte des Adsorptionsmittels erhält man nach F. PARKER u. N.F. PETERSON (1965), wenn man das zur DC-Trennung benutzte Kieselgel vorher mit Chloroform-Methanol-Ameisensäure auswäscht:

Das Adsorptionsmittel — 250 g Silicagel H — wird in einen Büchner-Trichter gebracht, dessen Boden mit zwei Scheiben Filterpapier Whatman Nr. 2 bedeckt ist. Man setzt den Trichter auf eine 4-l-Saugflasche und läßt langsam 2 l Methanol-Chloroform-Ameisensäure/2:1:1 durchlaufen, wäscht mit 1 l dest. Wasser aus und saugt trocken. Das gewaschene Silicagel wird auf einer mit Aluminiumfolie ausgelegten Pyrexschale bei 110°C 48 Std getrocknet.

Unter Verwendung des Desaga-Applikators werden Glasplatten von 20×20 cm 0,2 mm dick mit gewaschenem Silicagel beschichtet. Die Lösung der Phosphatide wird bandförmig aufgetragen und unter Verwendung einer Übersättigungskammer mit Chloroform-Methanol-Essigsäure-Wasser/25:15:4:2 entwickelt. Die mit Joddämpfen sichtbar gemachten Phosphatidflecke werden ausgeschabt. Der Phosphor wird in üblicher Weise mineralisiert und als Molybdänblauverbindung bestimmt. In Modellversuchen mit Phosphatidyläthanolamin, -serin, -inositol, -cholin, -sphingomyelin und Lysophosphatidylcholin wurden 96—100% der aufgetragenen Phospholipide wiedergefunden.

Besonders wichtig ist es für die quantitative Bestimmung, insbesondere durch densitometrische Verfahren (vgl. E. STAHL 1967), daß man bei der Dünnschichtchromatographie völlig schwanzfreie Flecke erhält. Dies erreicht man durch ein von N.M. NESKOVIČ u. D.M. KOSTIC (1968) angegebenes zweistufiges Entwicklungsverfahren:

Die Chromatogramme werden zunächst in Chloroform-Methanol-30%igem wäßrigem Ammoniak-Wasser/140:50:7:3 entwickelt. Man läßt das Lösungsmittel bis 3 cm unterhalb der oberen Plattenkante steigen. Nach 30minutigem Trocknen im Luftstrom entwickelt man weiter mit einer Mischung von Chloroform-Methanol-Essigsäure-Wasser/160:20:4:1,5, bis das Lösungsmittel an der Oberkante der Platte angelangt ist. Die Sichtbarmachung der Flecke erfolgt mit den üblichen Reagentien (vgl. S. 941).

d) Identifizierung einzelner Phosphatide

Die bisher erwähnten Methoden genügen im allgemeinen für den Nachweis und die Identifizierung von Phosphatiden in Lebensmitteln. In manchen Fällen wird es notwendig sein, einzelne Phosphatide noch genauer auf ihre Zusammensetzung zu untersuchen. Mitunter wird man durch Bestimmung funktioneller Atome und Gruppen am intakten Phosphatid ausreichende Aufschlüsse erhalten, in anderen Fällen wird eine Hydrolyse der Phosphatide mit anschließender Untersuchung der Spaltstücke erforderlich sein.

α) Bestimmungen am intakten Phosphatid

Phosphorgehalt

Zur Bestimmung des Phosphorgehaltes sind die auf S. 836ff. wiedergegebenen Methoden, die auf der Mineralisierung des Phosphors durch Veraschen in Gegenwart von Magnesiumoxid oder der Oxydation mit Perchlorsäure und anschließender Bildung des Molybdänblaukomplexes beruhen, geeignet. Den höchsten Empfindlichkeitsgrad erreicht man, wenn die Reduktion des Molybdänkomplexes statt mit dem in der Lipidchemie häufig verwendeten Reagens von C.H. FISKE u. Y. SUBBAROW (1925) (vgl. auch G.R. BARTLETT 1959) bei 38°C nach O.H. LOWRY u. Mitarb. (1954) mit Ascorbinsäure vorgenommen wird. Diese Methode ist, wie am Beispiel der Arbeitsweise von H. WAGNER (1960/1961) gezeigt wurde, wegen ihrer großen Empfindlichkeit von besonderem Nutzen bei der quantitativen Auswertung von dünnschichtchromatographischen Trennungen.

Stickstoff

Die Bestimmung des Stickstoffgehaltes kann nach der üblichen Kjeldahl-Methode erfolgen, wobei sowohl Selen als auch Quecksilber als Katalysatoren während des Aufschlusses wirksam sind. Für den Aufschluß von Eigelb empfiehlt die AOAC-Vorschrift 2.041 (1965) z. B. folgende Arbeitsweise:

0,7—2,2 g der Probe werden in den Aufschlußkolben gebracht. Man fügt 0,7 g Quecksilberoxid oder 0,65 g metallisches Quecksilber, 15 g wasserfreies Kaliumsulfat und 25 ml Schwefelsäure hinzu, erwärmt zunächst vorsichtig bis zum Aufhören des Schäumens, erhitzt dann schärfer, bis die Lösung klar wird, und hält sie danach noch mindestens 30 min im Sieden. Die weitere Aufarbeitung wie üblich.

Dieses Verfahren kann auch im Mikro- oder Halbmikromaßstab, z. B. nach PARNASS-WAGNER (vgl. Bd. II/2) ausgeführt werden. Ein anderes Mikroverfahren, das auf dem Aufschluß mit selenhaltiger Schwefelsäure und direkter Colorimetrie des Aufschlusses mit Phenolhypochlorit beruht, wurde von C. J. F. BÖTTCHER u. Mitarb. (1961) beschrieben.

Amino- und Cholingruppen

Colamin- und Serin-Kephalin enthalten freie Aminogruppen, die nach neueren Untersuchungen auch ohne vorherige Hydrolyse des Moleküls bestimmt werden können. C. H. LEA u. D. N. RHODES (1955) konnten bei der Reaktion synthetischer und natürlicher Amino-Phosphatide mit Ninhydrin den Nachweis erbringen, daß bei den Ei-Phospholipiden ca. 89% der theoretischen Ausbeute an Diketohydrindylidendiketohydrindamin erhalten werden, wenn die Farbintensität bei 575 mμ gemessen wird. Andere natürliche und synthetische Phosphatide mit Aminogruppen gaben eine Farbausbeute von 86—91%.

L. W. WHEELDON u. F. D. COLLINS (1957) beschreiben eine spektralphotometrische Methode, bei der die freien Aminogruppen der Phospholipide in Gegenwart von Triäthylamin mit 1-Fluor-2, 4-dinitrobenzol quantitativ zu den Dinitrophenylgruppen umgesetzt werden. Der Überschuß des Reagens wird im hohen Vakuum verdampft und dann die Extinktion des Kondensationsproduktes in Petroläther bei 345 mμ ($\varepsilon = 16600$) oder 400 mμ ($\varepsilon = 6200$) gemessen. Pro Aminogruppe wird 1 Mol FDNB gebunden. Bei Anwesenheit von Lipiden, die in der genannten Region absorbieren, sind besondere Vorsichtsmaßregeln erforderlich.

Auch die für die Bestimmung der Aminogruppen in Eiweißstoffen übliche Methode von D. D. VAN SLYKE (1929) ist in einer von J. FOLCH (1942) angegebenen Ausführungsform für die Bestimmung von Aminophosphatiden brauchbar.

C. J. F. BÖTTCHER u. Mitarb. (1961) fanden, daß die von S. SASS u. Mitarb. (1958) angegebene Methode zur Bestimmung tertiärer Amine und quaternärer Ammoniumbasen mit cis-Aconitsäureanhydrid auch zur Bestimmung des *Cholingehalts* von hydrolysierten und nicht hyrdolysierten Cholinphosphatiden geeignet ist. Die Arbeitsvorschrift ist einfach:

Die Probe mit 0,3—0,5 μg quaternärem N, entsprechend 3—50 μg Cholin oder 20—300 μg Lecithin, wird in 2 ml Toluol-Essigsäureanhydrid (1:1) gelöst. Man gibt nun 1 ml Aconit-Reagens (250 mg cis-Aconitsäureanhydrid, frei von Aconitsäure (Carl Roth, Karlsruhe), werden in 40 ml Essigsäureanhydrid gelöst und mit Toluol auf 100 ml aufgefüllt; vor dem Gebrauch 24 Std stehen lassen) hinzu und erhitzt 12 min im Heizblock auf 120° C. Danach läßt man 15 min abkühlen, verdünnt mit 1 oder 5 ml der Toluol-Essigsäureanhydrid-Mischung, je nach dem gewünschten Meßbereich, und mißt nach weiteren 15 min die Extinktion bei 530 mμ. In gleicher Weise wird ein Vergleichsversuch mit reinstem Cholinhydrochlorid (Britisch Drug Houses Ltd.) oder Lecithin (Light and Co.) ausgeführt.

Schließlich erscheint eine Bestimmung der ionisierbaren Aminogruppen auch durch Titration im wasserfreien Medium möglich. J. E. GARVIN u. M. L. KARNOVSKI (1956) titrierten mit Erfolg zahlreiche Phosphatide in einem Lösungsmittelsystem aus 99% 2-Äthoxyäthanol und 1% Wasser.

P. SMITS u. J. KUIPER (1965) bestimmen alle Phosphatide, die eine Zwitterionstruktur besitzen, durch potentiometrische Titration in Essigsäure mit Perchlorsäure. Die meisten Phosphatide, die eine Aminogruppe enthalten, können in analoger Weise separat titriert werden, nachdem sie durch Behandlung mit Essigsäureanhydrid in die entsprechenden Amide überführt wurden. Durch Titration mit alkoholischer Kalilauge können schließlich in derselben Weise Phosphatide, die keinen Stickstoff enthalten und solche, die eine Aminogruppe besitzen, für sich erfaßt werden.

Fettsäureestergruppen

Bei der säulenchromatographischen Trennung der Esterphosphatide von den entsprechenden Lysoverbindungen wird die Einteilung der Fraktionen erleichtert, wenn man sich der einfachen von M. M. RAPPORT u. N. ALONZO (1955) angegebenen, auf der Umsetzung mit alkalischer Hydroxylamin-Lösung beruhenden Methode zur Bestimmung der Estergruppen bedient:

Zu der in einem Reagensglas von 20×90 mm befindlichen in 3 ml Äther gelösten Phosphatidprobe (mindestens 20 μg) gibt man 0,1 ml einer 3%igen Lösung von Hydroxylamin in 95%igem Äthanol, verdampft nach dem Durchmischen das Lösungsmittel im Wasserbad von 62—68°C und entfernt anschließend bei einem Vakuum unter 30 Torr die letzten Lösungsmittelreste. Dann werden 6 ml einer alkoholischen Eisen(III)-perchlorat-Lösung (0,5 g farbloses Eisen(III)-chlorid + 487 ml 95%iges Äthanol + 13 ml 70%ige Perchlorsäure) hinzugegeben. Nach 30 min wird die Extinktion bei 530 mμ gegen 95%igen Alkohol gemessen.

β) Bestimmungen nach Hydrolyse der Phosphatide

Der sicherste Weg zur Identifizierung individueller Phosphatide führt über die Spaltung derselben mit Säuren oder Alkalien und die anschließende Bestimmung der Spaltstücke. Leider gibt es keine universell anwendbare Hydrolysemethode, so daß zu jedem Verfahren auch die passende Hydrolysevorschrift angegeben werden muß.

Fettsäurezusammensetzung

Die Fettsäuren der Esterphosphatide unterscheiden sich in ihrer Zusammensetzung etwas von denen der zugehörigen Neutralfette. T. P. HILDITCH u. A. H. ZAKY (1942) verallgemeinern diese Unterschiede wie folgt:

1. Saatphosphatide enthalten, wenn auch in kleinen Mengen, charakteristische höhere gesättigte Fettsäuren C_{20} und C_{22}, die sich nicht in den entsprechenden Glyceriden finden.
2. Gesättigte Fettsäuren, insbesondere Palmitinsäure, sind in höherer Konzentration anwesend als in den Glyceriden.
3. Alle Fettsäuren, die sich in den Saatglyceriden finden, sind auch in den entsprechenden Saatphosphatiden vorhanden.
4. Linolsäure ist im großen und ganzen die charakteristischste Fettsäure der Saatphosphatide.

Auch bei tierischen Phosphatiden ist eine Anreicherung sowohl der gesättigten als auch der ungesättigten Fettsäuren C_{20} und C_{22} zu beobachten (für Eigelbphosphatide vgl. R. W. RIEMENSCHNEIDER u. Mitarb. (1938), für Phosphatide aus Leber, Niere u. a. Organen wilder Kaninchen vgl. J. H. FUTTER u. F. B. SHORLAND (1957); weitere Angaben bei T. P. HILDITCH u. P. N. WILLIAMS (1964)).

Zur Spaltung der Fettsäureesterbindungen genügt es, die Phosphatide 4—6 Std mit 2 n wäßriger Salzsäure oder 0,5 n-Kalilauge unter Rückfluß zu erhitzen. Schneller verläuft die Verseifung, wenn man die Phosphatide in Benzol löst und $^1/_2$ Std mit alkoholischer 0,5 n-Kalilauge unter Rückfluß kocht. Die weitere Aufarbeitung geschieht nach Abdestillation der organischen Lösungsmittel, wie bei der Bestimmung der Gesamtfettsäuren in Fetten S. 718ff. beschrieben. Die Auftrennung der erhaltenen Fettsäuren erfolgt zweckmäßig nach den in Abschnitt VI beschriebenen chromatographischen Methoden.

Falls die Trennung auf gaschromatographischem Wege erfolgen soll, ist es unnötig, zunächst die freien Fettsäuren zu isolieren. Vielmehr kann man nach S. Y. SHINOWARA u. J. B. BROWN (1938) die Methylester direkt aus den Phosphatiden erhalten, wenn man letztere mit absolutem Methanol erhitzt, der 5% HCl bzw. 7,5 oder 12,0% H_2SO_4 enthält.

Bei der papierchromatographischen Trennung der Phosphatidfettsäuren ist die vorherige Isolierung entbehrlich, wenn man nach H. P. KAUFMANN u. H. WESSELS (1960) die Verseifung des Phosphatids auf dem Papier vornimmt. Nach H.P. KAUFMANN u. Mitarb. (1966) lassen sich die Methylester der Fettsäuren auf der DC-Platte direkt durch alkalische Methanolyse erhalten.

Cholin

Zur Abspaltung des Cholins aus Phosphatiden ist sowohl die Hydrolyse im alkalischen wie auch im sauren Milieu geeignet. Während das Cholin aus Lecithin und Plasmalogen verhältnismäßig einfach in Freiheit zu setzen ist, ist zur Hydrolyse von Sphingomyelinen sehr langes Erhitzen erforderlich (vgl. z. B. A.J. DE KONING u. K.B. MCMULLAN (1965)).

Eine der bekanntesten Bestimmungsmethoden ist die nach W. ROMAN (1930). Sie beruht darauf, daß Cholin mit Jod als Enneajodid gefällt und der Jodüberschuß mit Natriumthiosulfat zurücktitriert wird. B.N. ERICKSON u. Mitarb. (1940) verbesserten das Verfahren dadurch, daß sie das Jodid durch Behandlung mit Brom zum Jodat oxydierten.

Viel benutzt wird auch das von J. KAPFHAMMER u. C. BISCHOFF (1930) veröffentlichte Verfahren, das auf der Fällung von Cholin mit Reinecke-Salz beruht. In einer von F.J.R. BEATTIE (1936) angegebenen Modifikation wird es wie folgt ausgeführt:

Eine ca. 2,5 mg Cholin enthaltende Menge Phosphatid wird in 10 ml Alkohol gelöst und mit 0,5 ml 2 n-Natronlauge 1 Std unter Rückfluß gekocht. Dann wird zur Trockne eingedampft und der Rückstand in 10,5 ml 0,1 n-Salzsäure aufgenommen. Man filtriert durch ein kleines Filter, wäscht mit ca. 3 ml 5%iger Natriumchlorid-Lösung nach und versetzt die Lösung mit 2 ml einer frisch gesättigten Ammonium-Reineckat-Lösung. Nach dem Stehen über Nacht bei —2 bis +4°C filtriert man durch ein Glasfilterröhrchen ab und wäscht mit 2 ml eiskaltem Wasser und 2 ml absolutem Alkohol nach. Schließlich löst man den Niederschlag in Aceton, bringt die Lösung in ein 10-ml-Meßkölbchen, füllt zur Marke auf und mißt die Extinktion in einer 1-cm-Küvette bei 500 mμ. Den Gehalt an Cholin entnimmt man einer Eichkurve, die unter Verwendung von reinem Cholin aufgestellt wurde.

Von den neueren Methoden seien die von L.W. WHEELDON u. F.D. COLLINS (1958) und die von C.J.F. BÖTTCHER u. Mitarb. (1961) erwähnt.

WHEELDON u. COLLINS hydrolysieren 4—24 mg der Fettprobe durch 18-stündiges Erhitzen mit einer Mischung von 2 ml 6 n-HCl und 2 ml Äthanol. Ein aliquoter Teil des Hydrolysats wird im Zentrifugenglas mit gesättigter wäßriger Phosphormolybdänsäure gefällt. Der Niederschlag wird mehrmals mit Isobutanol extrahiert, dann in Aceton gelöst, mit einer schwefelsauren $SnCl_2$-Lösung reduziert und in Äthanol aufgenommen. Die Extinktion der erhaltenen blaugefärbten Lösung wird bei 630 mμ gemessen.

Eine Mikroausführung dieser Methode, mit der noch die in 1 mg Phospholipid enthaltene Cholinmenge erfaßt werden kann, wurde von A.J. DE KONING (1963) angegeben.

Die Methode von C.J.F. BÖTTCHRR (1961), die auf der Bildung einer gefärbten Verbindung mit cis-Aconitsäureanhydrid beruht, wurde bereits auf S. 946 beschrieben. Zur Hydrolyse erhitzen die Autoren das Phosphatid 48 Std mit 6 n methanolischer HCl unter Rückfluß. Da die Bildung des Komplexes durch die Gegenwart von Methanol und HCl behindert wird, müssen diese Agentien durch Verdampfen entfernt werden, bevor das cholinhaltige Substrat in Toluol-Essigsäureanhydrid gelöst wird.

Äthanolamin und Serin

Äthanolamin und Serin sind die Basen der unter dem Sammelbegriff „Kephaline“ eingeordneten Phosphatide. Zu ihrer Bestimmung wurden erst in neuerer Zeit zuverlässige Methoden entwickelt.

Die von J. AXELROD u. Mitarb. (1953) veröffentlichte Arbeitsweise besteht im wesentlichen aus der Umsetzung des alkalischen Hydrolyseprodukts mit 1-Fluor-2, 4-Dinitrobenzol (FDNB), der Trennung der gebildeten N-Dinitrophenylderivate (DNP) aufgrund ihrer unterschiedlichen Löslichkeit in Lösungsmitteln und der Bestimmung der Extinktion bei 420 mμ. F. D. COLLINS u. L. W. WHEELDON (1958) verbessern das Verfahren dadurch, daß sie die Phosphatide direkt mit FDNB umsetzen, den Überschuß des Reagens entfernen, die DNP-Lipide hydrolisieren und die so erhaltene Mischung von DNP-Äthanolamin und DNP-Serin durch eine Differential-Farbreaktion ohne vorherige Trennung analysieren:

Die Dinitrophenylierung erfolgt nach der von L. W. WHEELDON u. F. D. COLLINS (1957) (S. 946) angegebenen Methode. Eine hierbei erhaltene DNP-Menge, die 0,1—1,5 μMolen Amino-N entspricht, wird in 5 ml 1 n alkoholischer HCl gelöst und durch 3-stündiges Erhitzen unter Rückfluß hydrolysiert. Das Hydrolysat wird im Vakuum zur Trockne verdampft. Man gibt 2 ml 1 n-HCl hinzu und läßt die Mischung wiederum 3 Std unter Rückfluß kochen. Nach Zusatz von 0,1 g Hyflo Supercel wird filtriert, das Filter mit 5 ml Wasser gewaschen und das Filtrat im Vakuum zur Trockne eingedampft. Der Rückstand wird in 10 ml einer Mischung von Dimethylformamid-Äthanol-n-Butylamin (4:1:0,04) gelöst. Nach Zugabe von 0,1 ml einer 25%igen Tetramethyl-ammoniumhydroxid-Lösung und guter Durchmischung werden die Extinktionen bei 393 und 500 mμ gemessen. Es ist dann nach F. D. COLLINS u. L. H. WHEELDON (1958)

$$e = 0{,}965\ E_2 - 0{,}157\ E_1$$
$$s = 1{,}05\ E_1 - 0{,}965\ E_2$$

e, s $=$ μMole DNP-Äthanolamin bzw. DNP-Serin in 10,1 ml Lösung
E_1, E_2 $=$ die bei **393** bzw. 500 mμ gemessenen Extinktionen.

Weniger empfindlich (Nachweisgrenze 150—250 μMole) ist die von J. C. DITTMER u. Mitarb. (1958) angegebene Analysenmethode:

Die in Chloroform gelöste Probe — entsprechend 2—3 mg Äthanolamin/Serin — wird eingedampft, in sehr wenig Äther aufgenommen und mit 10 ml 6 n-HCl 3 Std unter Rückfluß erhitzt. Die abgeschiedenen Fettsäuren werden durch Extraktion mit Äther entfernt, die Unterphase wird durch mehrmaliges Abdampfen mit Wasser von Salzsäure und Äther befreit, und auf 25 ml mit Natriumacetatpuffer vom pH 5 aufgefüllt. 3 ml dieses Hydrolysats werden auf eine Säule gegeben, die mit 3 ml des Kationen-Austauschers Dowex 50-X8, eingestellt auf pH 5, beschickt ist. Zunächst werden mit 20 ml der 0,2 mol. Natriumacetat-Pufferlösung vom pH-Wert 5 Serin, O-Phosphoserin, O-Phosphoäthanolamin u. ähnl. Substanzen eluiert, dann mit 20 ml einer 10%igen Natriumacetat-Lösung vom pH-Wert 7,2 Äthanolamin, Ammoniak u. ähnl. Amine. Jede Fraktion wird auf mit Perjodat reagierende Stickstoffverbindungen, freies Ammoniak und, solange die Trennschärfe der Säule noch nicht feststeht, auf Gesamtstickstoff untersucht.

G. HÜBSCHER u. Mitarb. (1960) entwickelten dieses Arbeitsprinzip weiter und erhielten durch Verbindung optimaler Hydrolysebedingungen mit der Ionenaustauscher-Chromatographie eine Methode zur Bestimmung der Cholin-, Äthanolamin-, Serin- und Inositphosphatide in einem Arbeitsgang. Vgl. auch A. J. DE KONING (1966).

Glycerin und myo-Inosit

Die Bestimmung des *Glyceringehalts* der Phosphatide ist schwierig, da die vollständige Entfernung der Phosphatgruppe durch Hydrolyse ohne partielle Zerstörung des Glycerins nahezu unmöglich ist und man auch während der anschließenden Operationen mit Glycerinverlusten rechnen muß. G. BLIX (1937) überführt das bei der Hydrolyse der Glycerophosphatide erhaltene Glycerin in Isopropyljodid, welches überdestilliert und bestimmt wird.

In das Destillationskölbchen der Apparatur nach Abb. 153 werden 10 mg Phosphatid eingewogen und in etwas Benzol gelöst, das im Luftstrom wieder verdampft wird. Man gibt 2 ml Jodwasserstoffsäure (d = 1,70) und einige Körnchen roten Phosphor hinzu. In die Vorlage gibt man 3 ml 10%iges Natriumacetat in Eisessig und 2—3 Tropfen Brom.

Man destilliert nun $3^1/_2$ Std im langsamen Stickstoffstrom durch Eintauchen in ein auf 120—125°C erhitztes Ölbad. Zur Titration spült man den Inhalt der Vorlage in einen 50-ml-Erlenmeyerkolben, in dem sich 0,7 g Natriumacetat, in möglichst wenig Wasser gelöst, befinden. Man setzt nun 4—5 Tropfen 80—100%ige Ameisensäure zu, schwenkt 1 min um und läßt 3 min stehen. Nach Entfernung des Broms setzt man 0,2 g KJ und 0,5 ml 10%ige Schwefelsäure zu und titriert das freigesetzte Jod mit 0,03 n-Natriumthiosulfat-Lösung. 1 ml 0,03 n-$Na_2S_2O_3$ = 0,514 mg Glycerin.

Auf der auf S. 700ff. behandelten Perjodatreaktion beruht ein Verfahren von O. RENKONEN (1962a).

Die 0,2—1,0 μMole Glycerin enthaltende Probe wird in einem zugeschmolzenen Rohr mit 5 ml 2 n-Salzsäure 48 Std auf 125 °C erhitzt. Das saure Hydrolysat wird mit 2 ml Chloroform geschüttelt. Nach dem Zentrifugieren werden zwei Proben zu je 2 ml der wäßrigen Schicht für die Glycerinbestimmung entnommen. Zur Oxydation gibt man 0,1 ml 10 n-H_2SO_4 und 0,5 ml 0,1 m-$NaJO_4$ hinzu und läßt die Mischung bei Zimmertemperatur 5 min stehen. Danach wird die Reaktion durch Zugabe von 0,5 ml einer 10%igen Natriumhydrogensulfitlösung gestoppt. Zur Bestimmung des gebildeten Formaldehyds werden 0,5 ml des Oxydationsgemisches in ein sauberes Rohr gebracht und mit 5 ml einer 0,18%igen Chromotropsäurelösung in 20 n-H_2SO_4 versetzt. Die Mischung wird 135 min im Trockenschrank auf 100 °C temperiert. Nach dem Abkühlen auf 25 °C wird die Extinktion bei 570 mμ gegen eine Reagentien-Blindlösung gemessen. Der Glyceringehalt wird Eichkurven entnommen, die unter Benutzung von reinem Glycerin und Glycerinphosphorsäure aufgestellt wurden.

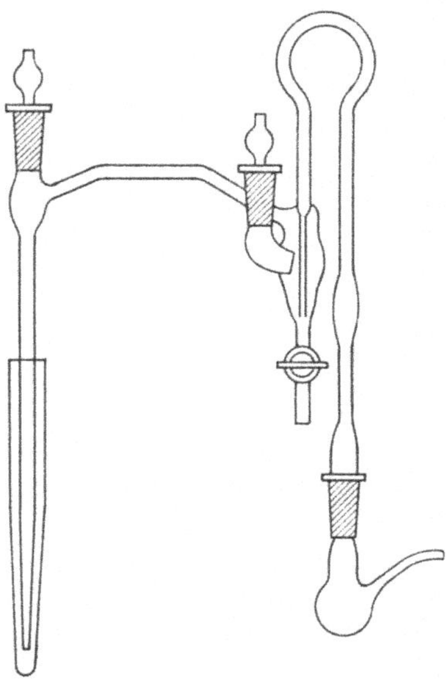

Abb. 153. Apparatur zur Glycerinbestimmung nach BLIX (1937)

Nur 2% Glycerin werden während der Hydrolyse zerstört. Die wasserlöslichen Nebenbestandteile, die bei der Hydrolyse entstehen, wie Cholin, Äthanolamin, Serin, m-Inosit, Glucose und Galaktose geben nur unbedeutende Mengen an „scheinbarem Glycerin".

Zur Unterscheidung zwischen dem an Phosphatide und an Triglyceride gebundenem Glycerin ist eine von J. HÖLZL (1967) mitgeteilte enzymatische Methode geeignet.

Diese Methode beruht auf der Phosphorylierung des Glycerins mit Adenosintriphosphorsäure (ATP) zu Glycerinphosphat. Die dabei gebildete Adenosindiphosphorsäure (ADP) setzt sich mit Phosphoenolpyruvat zu ATP und Pyruvat um. Die „Indicatorreaktion" reduziert das Pyruvat mit Codehydrase I (DPNH) + H^+ zu Lactat. Die DPNH-Abnahme ist ein Maß für das Glycerin. Die enzymatische Glycerinbestimmung hat den Vorteil, daß sie streng spezifisch ist. Dadurch erübrigt sich eine Abtrennung der Begleitsubstanzen.

Zur Abspaltung des Glycerins wird die Probe in Äther gelöst und mit methanolischer Natronlauge hydrolysiert. Die Hydrolysetemperatur darf dabei nicht über 37 °C gesteigert werden, da diese Temperatur zur alkalischen Spaltung der Fettsäureester ausreicht, andererseits aber eine merkliche Abspaltung des Phosphatidglycerins vermieden wird. Für eine Bestimmung sind nur 20—50 mg Substanz erforderlich. Genaue Arbeitsvorschrift vgl. Original.

Die Bestimmung des *myo-Inosits* ist noch schwieriger, da es an spezifischen Reaktionen für diesen Spaltprodukt fehlt. Übersichten über die Bestimmungsmethoden bei D.J. HANAHAN u. Mitarb. (1960), J.N. HAWTHORNE u. P. KEMP (1964) und G.B. ANSELL u. J.N. HAWTHORNE (1964). Der in den Inositphosphatiden enthaltene myo-Inosit wird durch 18- bis 40-stündige Hydrolyse mit 4 n- bis 6 n-Salzsäure im zugeschmolzenen Rohr bei 110 °C abgespalten.

Eine der empfindlichsten Nachweismethoden bedient sich der Beeinflussung des Wachstums gewisser Heferassen durch Inosit (D.W. WOOLLEY 1941). Eine chemische Bestimmungsmethode beruht auf der Oxydation des Inosits mit Perjodsäure. Um interferierende Substanzen wie Glycerin auszuschließen, trennt man zuvor das Hydrolysat nach einem Vorschlag von P. BÖHM u. G. RICHARZ (1954) papierchromatographisch unter Verwendung eines Gemisches aus n-Propanol, Essigsäure und Wasser (3:1:1) als Fließmittel. Markierungsflecke von Inosit können durch Besprühen mit Silbernitrat-Natronlauge sichtbar gemacht werden. Man extrahiert dann die entsprechenden nicht gefärbten Partien mit Wasser und setzt den Extrakt bei pH 8 mit Perjodat um. Nach beendeter Reaktion wird das überschüssige Perjodat mit Kaliumjodid versetzt und das ausgeschiedene Jod mit Thiosulfat-Lösung titriert. Eine Reihe von Standard-Inositproben sollte immer mitlaufen. Nach G. HÜBSCHER u. J.N. HAWTHORNE (1957) ist der Fehler dieser Methode $\pm$ 3%.

Zur Trennung des myo-Inosits von anderen Zuckern, wie sie bekanntlich auch in anderen Phosphatidpräparaten vorkommen, sind nach P. STUDER u. P. HAEFELFINGER (1968) besonders die Kieselgel-DC-Fertigplatten „Merck" geeignet. Bei der Entwicklung inosithaltiger Zuckerverbindungen mit Dioxan-Wasser 70:30 trennt sich der Inosit infolge einer R_f-Differenz von ca. 0,3 deutlich ab, so daß er durch Auskratzen gewonnen und durch Oxydation mit Perjodsäure bestimmt werden kann.

Auch gaschromatographisch läßt sich der myo-Inosit in den wasserlöslichen Anteilen des Phosphatidhydrolysats bestimmen, wenn man die im trockenen Extrakt enthaltenen Zucker nach D.R. FLINT u. Mitarb. (1965) in Dimethylsulfoxid als Lösungsmittel mit Hexamethyldisilazan und Trimethylchlorsilan zu den entsprechenden O-Trimethylsilyläthern umsetzt und das Äthergemisch in einer 6 Fuß langen Glassäule mit Ar-Ionisationsdetektor unter Verwendung von 3% SE 30 auf Chromosorb W als Trennflüssigkeit bei 145°C zerlegt.

γ) Mikromethoden zur Trennung der Spaltprodukte

Die Trennung der wasserlöslichen Spaltprodukte wird sehr erleichtert, wenn man sich papierchromatographischer oder dünnschichtchromatographischer Methoden bedient. Viele Nachweisschwierigkeiten entfallen, da bei Wahl geeigneter Fließmittel genügend voneinander abweichende R_f-Werte für die verschiedenen Stoffe erhalten werden, welche die Identifizierung vereinfachen.

C. LEVINE u. E. CHARGAFF (1951) bringen zur Bestimmung von Serin und Äthanolamin die sauren Hydrolysate in Mengen von je 0,1 ml so auf Papierstreifen von 15 cm Breite, daß fünf Bahnen von je 2,5 cm Breite entstehen, die 0,3 cm voneinander entfernt sind. Als Fließmittel dient eine Mischung von n-Butanol-Diäthylenglykol und Wasser (4:1:1). Der erste Streifen dient als Leerwert, der letzte zur Markierung der Lage der Flecke. Nach 18-stündiger Entwicklung wird der äußerste Streifen mit Ninhydrin-Reagens besprüht und der mittlere Teil des Bogens entsprechend der Lage der Flecke in Zonen geschnitten, die mit n-Propanol-Wasser (1:1) über Nacht bei Zimmertemperatur extrahiert werden. Die erhaltenen Lösungen werden mit Ninhydrin-Lösung gekocht und anschließend bei 540 mμ colorimetriert. Die R_f-Werte betragen für Serin 0,18, für Äthanolamin 0,35, für Cholin 0,43. Letzteres stört aber nicht, da es nicht mit Ninhydrin reagiert. Das Cholin wird in einem besonderen Ansatz bestimmt. Das Chromatogramm wird mit Phosphormolybdänsäure besprüht, es entsteht das gelbe Cholinsalz. Der Überschuß an Reagens wird mit Butanol und Wasser entfernt, dann die Molybdänsäure durch $SnCl_2$ zu Molybdänblau reduziert und die Fläche des blauen Fleckens planimetrisch gemessen.

H. SULSER (1954) beschreibt ein papierchromatographisches Verfahren zur Bestimmung von Inosit, Äthanolamin, Serin und Cholin. Das zu untersuchende Phosphatid wird mit wäßriger 6 n-Salzsäure 24 Std unter Rückfluß gekocht. Dann werden die Fettsäuren filtriert und im Filtrat Wasser und Salzsäure abgedampft. Der Rückstand wird in Wasser aufgenommen und zu allen Bestimmungen verwendet. Zur Entwicklung des *Inosits* wird als Fließmittel Äthylacetat-Eisessig-Wasser (3:1:3) benutzt. Zum Anfärben wird das Chromatogramm mit einer 2,5%igen Lösung von $AgNO_3$ in Methanol besprüht, getrocknet und dann Ammoniakdämpfen ausgesetzt. *Äthanolamin und Serin* werden mit n-Butanol-Äthanol-Wasser (80:25,5:60) entwickelt und getrennt. Sichtbarmachung mit einer 0,2%igen Lösung von Ninhydrin in Alkohol. Zur Entwicklung von *Cholin* schließlich wird tertiäres Butanol-Methanol-Wasser (4:5:1) benutzt. Die Flecken werden mit Phosphormolybdänsäure/$SnCl_2$ sichtbar gemacht.

L. W. WHEELDON u. Mitarb. (1962) spalten die Fettsäureester mit Salzsäure, die Phosphorsäureester mit Phosphatasen und trennen auf Whatman Papier Nr. 1 mit Isopropanol-Essigsäure-Wasser (40:10:5) in 16—18 Std Inosit (R_f = 0,07); Serin 0,20; Äthanolamin 0,55 und Glycerin 0,73. Die ausgeschnittenen Flecke werden (in gleicher Reihenfolge) mit 0,1 m-Natriumphosphat-Lösung (pH 6), 0,5 m-Natriumhydrogencarbonat-Lösung, 0,5 m-Natriumhydrogencarbonat-Lösung bzw. Wasser eluiert. In den Eluaten setzt man die Substanzen mit Perjodat um und bestimmt den entstehenden Formaldehyd mit Chromotropsäure (Serin, Äthanolamin, Glycerin) oder den Perjodatverbrauch spektrophotometrisch (Inosit).

H. P. KAUFMANN u. Mitarb. (1963) konnten auch bei der Chromatographie der salzsauren Hydrolyseprodukte von Phosphatiden auf einer mit Kieselgel beschickten Dünnschichtplatte bei Verwendung des Fließmittels Äthanol (96%ig)-wäßriges Ammoniak (7%ig) (1:2) eine gute Trennung von Cholin, Inosit und Äthanolamin erreichen.

e) Anwendung der Phosphatidanalyse auf die Untersuchung von Lebensmitteln

Obwohl die Kenntnis der Eigenschaften der Phosphatide und der Analysenmethoden, die zu ihrer Identifizierung ausgearbeitet wurden, ihre größte Bedeutung bei der Erforschung biochemischer Probleme besitzt, können diese Methoden auch bei der Untersuchung von Lebensmitteln wertvolle Dientes leisten.

Der Lebensmittelchemiker war bisher nur dann veranlaßt, sich mit dem Problem der Bestimmung und Erkennung von Phosphatiden zu beschäftigen, wenn es sich darum handelte, Eigelb in Lebensmitteln, wie Teigwaren, Margarine, Mayonnaise usw., oder handelsübliches Sojalecithin in Schokolade, Backfetten usw. nachzuweisen. Die hierzu üblicherweise benutzten Methoden beruhen beim *Eigelbnachweis* entweder auf der Bestimmung des im Eigelb in besonders hoher Konzentration anwesenden Cholesterins (J. TILLMANNS u. Mitarb. 1930), der Extraktion der alkohollöslichen Phosphorverbindungen („Lecithinphosphorsäure"), die lediglich auf ihren Phosphorgehalt analysiert wurden (J. GROSSFELD u. G. WALTER 1934) oder auf der Bestimmung des Cholingehaltes (F. E. NOTTBOHM u. F. MAYER 1933; H. HADORN u. R. JUNGKUNZ 1953a; K. SCHWARZ 1961). Die Unterscheidung zwischen Eigelb und handelsüblichen Sojaphosphatiden „(Sojalecithin") erfolgte durch Isolierung der anwesenden Sterine und ihre Identifizierung als Cholesterin bzw. Phytosterin (H. MATTHES u. G. BRAUSE 1927) bzw. Bestimmung des Verhältnisses Lecithin-P_2O_5: Cholesterin (H. KLUGE 1935).

Demgegenüber haben die modernen, in diesem Abschnitt geschilderten Abtrennungs- und Identifizierungsmethoden den Vorzug, die Erfassung der Bausteine der verschiedenen pflanzlichen und tierischen Phosphatide in verhältnismäßig einfachen Analysengängen zu ermöglichen, so daß dadurch nicht nur die genaue Identifizierung, sondern auch die quantitative Bestimmung und der Nachweis von Verfälschungen sehr erleichtert werden. Beispiele für diese Analysentechnik finden sich in diesem Bande bei der Besprechung der Methoden für die Bestimmung des Eigelbs in Mayonnaise (S. 992) und Margarine (S. 1006).

Die Analyse der Spaltstücke erlaubt auch in vielen Fällen eine *Bestimmung des Alters der Lebensmittel*, beispielsweise wenn, wie bei Eierteigwaren, das Lecithin während der Lagerung durch biochemische Ursachen gespalten wird (L. ACKER u. E. LÜCK 1958).

Schließlich dürfte sich die Phosphatidanalyse bei der Untersuchung *tierischer Lebensmittel* eine wichtige Stellung erobern, da gerade die tierischen Organe sich durch einen hohen Phosphatidgehalt und eine sehr differenzierte Zusammensetzung der Phosphatide je nach ihrer Herkunft auszeichnen. Hierzu ausführliches Tabellenmaterial in dem Werk von G. B. ANSELL u. J.N. HAWTHORNE (1964).

B. Spezieller Teil

I. Untersuchung und Identifizierung von Pflanzenfetten und -ölen

1. Allgemeine Untersuchungsmethoden

Die im Handel anzutreffenden festen und flüssigen Pflanzenfette unterscheiden sich durch die Qualität, den Raffinationsgrad (naturbelassen, halb- und vollraffiniert) und die Identität (Cocos-, Palmkernfett; Soja-, Erdnuß-, Kottonöl usw.). Eine Untersuchung unbekannter Fette hat daher die Bestimmung dieser Eigenschaften zum Ziel.

a) Bestimmung der Qualität

Unter Qualität ist die Summe aller Eigenschaften zu verstehen, die den Handels- und Gebrauchswert eines Fettes beeinflussen. Die Untersuchung beginnt daher zunächst mit der Ermittlung derjenigen Daten, aus denen man Schlüsse auf die Reinheit des Fettes ziehen kann. Hierzu gehören z. B.:

Farbe (S. 499), Wasser (S. 764), Lösungsmittel (S. 770), freie Fettsäuren (S. 736), Phosphatide (S. 836) sowie Eisen und Kupfer (S. 849).

In vielen Fällen wird es wichtig sein zu prüfen, ob Vermischungen mit tierischen Fetten vorliegen. Dazu ist die Untersuchung des Unverseifbaren auf Cholesterin unerläßlich, die, besonders bei Benutzung gaschromatographischer Methoden (S. 657), noch die Anwesenheit von 2—5% tierischem Fett nachzuweisen gestattet.

Ein wichtiges Qualitätsmerkmal ist auch der Oxydationsgrad des Fettes, der durch Bestimmung der üblichen Kennzahlen für die Oxydation, wie Peroxidzahl und Carbonylzahl, nicht immer zu erkennen ist, da insbesondere die Peroxidgruppen infolge Sekundärreaktionen verschwunden sein können und die Genauigkeit der Carbonylgruppenbestimmung durch die Gegenwart anderer reaktionsfähiger Gruppen beeinträchtigt wird (S. 878). Ein universell anwendbares Mittel zur Bestimmung des Oxydationsgrades ist die Messung der UV-Absorption im Gebiet zwischen 200 und 300 mμ, insbesondere bei den für konjugierte Dien- und Trienverbindungen charakteristischen Maxima von ca. 232 und ca. 268 mμ. Einzelheiten über diese Methode auf S. 864. Bemerkenswert ist, daß man nach der Höhe der bei diesen Wellenlängen gemessenen Extinktionen pflanzliche und tierische Fette in Güteklassen einteilen kann, wie es z. B. A. Uzzan (1956) für Olivenöl und H. P. Kaufmann u. Mitarb. (1957c) für Schweineschmalz getan haben (vgl. S. 864). Zahlreiche weitere Beispiele für die Beziehungen zwischen der Höhe der Extinktion und dem Oxydationsgrad bei Cl. Franzke (1958) und J. P. Wolff (1958/1963).

Einen noch besseren Einblick in die durch Oxydation hervorgerufenen Veränderungen der Öle erhält man, wenn man diese vor der Messung der Extinktionen im Ultraviolett in einem einfachen Laboratoriumsversuch entsäuert und anschließend mit 2% einer Bleicherde mit definierter Aktivität (z. B. Tonsil AC der Fa. Südchemie, München) bleicht (vgl. H. Pardun u. Mitarb. (1968)). Nach J. H. Mitchell jr. u. H. R. Kraybill (1942) werden durch diese Behandlung hydroxylierte Dienfettsäuren unter Wasserabspaltung in konjugierte Trienfettsäuren überführt, welche die Extinktion bei 268 mμ erhöhen. Die Zunahme der Extinktion ist dem Oxydationsgrad nahezu proportional. Dabei verfährt man am besten wie folgt (vgl. auch R. Guillaumin (1967)):

Proberaffination und Bleichung

50 g des gut durchmischten Öls werden auf 1 g genau in ein 100-ml-Becherglas eingewogen, auf 20—24° C temperiert und unter Rühren (250 U/min) mit 150% der auf die SZ berechneten Menge 5 n wäßriger Natronlauge versetzt. Man rührt bei der gleichen Temperatur noch $^1/_2$ Std weiter, erhöht die Temperatur nach Erniedrigung der Rührgeschwindigkeit auf 70 U/min durch Einstellen des Becherglases in ein Wasserbad von 70° C auf 63—67° C und rührt eine weitere $^1/_2$ Std. Dabei flockt die Seife aus. Der Ansatz wird nun 1 Std in einen Trockenschrank von 60—65° C gestellt, dann auf 25° C abgekühlt und durch ein hydrophobiertes Filter, z. B. 617 W der Fa. Macherey, Nagel & Co., Düren, filtriert.

Das filtrierte Öl wird mit 2% Bleicherde 20 min bei 110°C unter Einleiten von Kohlendioxid verrührt und die Mischung nach dem Abkühlen auf ca. 50°C durch ein doppeltes Faltenfilter filtriert. Vom Filtrat wird die Extinktion $E^{1\%}_{1cm}$ bei 232 und 268 mμ bestimmt. Ferner werden die Extinktionen des ungebleichten Öls bei den gleichen Wellenlängen gemessen. Als Lösungsmittel dient spektralreines technisches Hexan (Herstellung vgl. S. 519).

Nach dieser Methode wurden vom Verfasser gemeinsam mit O. WERBER (1959)[1] für Erdnußöle unterschiedlicher Qualität folgende Werte erhalten (vgl. Tab. 173).

Tabelle 173. *Beziehungen zwischen Qualität und UV-Extinktion von Erdnußölen*

Herkunft und Qualität des Öls	ffa %	Extinktion $E^{1\%}_{1\,cm}$ vor dem Bleichen 232 mμ	268 mμ	nach dem Bleichen 232 mμ	268 mμ
Dahomey/Qualität: sehr gut	2,42	2,16	0,12	1,57	0,67
Argentinien/Qualität: gut	2,10	3,88	0,64	2,23	2,72
Nigeria/Qualität: schlecht	4,74	11,7	1,00	4,81	15,2

Auch durch Messung der Absorption im infraroten Teil des Spektrums sind oxydative Veränderungen der Öle leicht zu erkennen (vgl. S. 866). Die Unterschiede eines oxydierten Öls gegenüber einem „normalen" Öl treten dann besonders hervor, wenn man nach der von J.C. BARTLET u. J.H. MAHON (1958) für die Erkennung von Fälschungen empfohlenen Methode der Differential-IR-Spektrophotometrie arbeitet. Vgl. auch die differential-UV-spektralphotometrische Methode von H. HADORN u. K. ZÜRCHER (1966).

b) Bestimmung des Raffinationsgrades

Während die in den Handel gebrachten festen Pflanzenfette — mit Ausnahme der Kakaobutter — voll raffiniert sind, unterscheidet man bei den Speiseölen zwischen den naturbelassenen, d. h. solchen schonend ausgepreßten Ölen guter Qualität, die nur durch Entschleimung mit Wasser und Filtration gereinigt und weder mit Lauge entsäuert noch mit Bleicherde behandelt wurden, den halbraffinierten, die wohl mit Lauge oder Sodalösung entsäuert und gedämpft aber nicht gebleicht wurden und schließlich den vollraffinierten, die sowohl entsäuert als auch gebleicht und gedämpft wurden.

Einfache Methoden zur Erkennung des Raffinationsgrades wurden von H.P. KAUFMANN u. P. KIRSCH (1940a und 1940b) mitgeteilt.

Eine dieser Methoden beruht auf der Beobachtung, daß bei lecithinreichen Ölen die Menge des an einen Platinring adsorbierten Fettes um so größer ist, je geringer der Raffinationsgrad ist. Zur Prüfung wird ein mit einem Stiel versehener Platinring von 0,3 mm Dicke und 16 mm ⌀ (Hersteller: Fa. C. Siebert, Hanau) auf der analytischen Waage gewogen und mit einer Pinzette derart in das Öl getaucht, daß die obere Seite des Meßringes rundherum gerade vom Öl benetzt wird. Die Ringebene muß genau parallel zur Flüssigkeitsebene stehen, damit der Ring überall gleich tief eintaucht. Er ist dann einige Sekunden in der Oberfläche zu belassen und langsam herauszuziehen. Nun wägt man den Ring mit dem anhaftenden Öl und errechnet aus 3—5 Proben den Mittelwert. Für Sojaöl erhielten die Autoren folgende Werte (Ringwert in mg):

Sojaöl, roh	12,4
Sojaöl, hydratisiert und entsäuert	5,8
Sojaöl, hydratisiert, entsäuert und gebleicht	2,2
Sojaöl, auf 300° C erhitzt	2,2

Nach der zweiten Methode leitet man Luft durch das in einem mit einer Glasfritte versehenen Zylinder befindliche Öl und mißt die Schaumhöhe und -beständigkeit. Die Schaumbeständigkeit ist bei lecithinhaltigen Ölen ein Maß für den Raffinationsgrad. Hochraffinierte Fette, also die reinen Triglyceride, schäumen nicht.

[1] Unveröffentlichte Versuche.

Genauer läßt sich der Raffinationsgrad aus einigen Kennzahlen und der Extinktion im UV vor und nach einer mit einer Bleichung verbundenen Proberaffination ableiten. Man prüft Geschmack und Farbe und bestimmt den Gehalt an freien Fettsäuren nach S. 736, den Phosphatidgehalt nach S. 836 und die spezifische Extinktion im UV bei 232 und 268 mμ. Die Beurteilung der Öle erfolgt nach den in Tab. 174 wiedergegebenen Kriterien (H. PARDUN 1966).

Tabelle 174. *Kriterien für den Raffinationsgrad von Speiseölen*

Raffinationsgrad	naturbelassen	halbraffiniert	vollraffiniert
Geschmack	roh	schwach roh	neutral
Farbe (Jod- bzw. Dichromatskala)	bis zu 20 J	bis zu 8 J	bis zu 2 Di
% ffa	0,2 bis 1,0	unter 0,1	unter 0,1
% Phosphatide	bis zu 0,2	bis zu 0,01	unter 0,01
Änderung der UV-Extinktion nach dem Behandeln mit 2% aktiver Bleicherde	Fall von E_{232} Anstieg von E_{268}	Fall von E_{232} Anstieg von E_{268}	E_{232} und E_{268} bleiben praktisch unverändert

Öle mit einem höheren Gehalt als 1% ffa und 0,3% Phosphatide sind als „Rohöle" zu bezeichnen.

Nach dieser Methode wurde im Jahre 1964 im Laboratorium des Verfassers der Raffinationsgrad zahlreicher dem Handel entnommener Speiseöle bestimmt. Eine Auswahl der Ergebnisse bringt Tab. 175.

Tabelle 175. *Kennzahlen und Raffinationsgrad von Speiseölen*

Ölsorte	ffa %	Phosphatide %	Extinktion $E_{1\,cm}^{1\,\%}$ vor dem Bleichen 232 mμ	268 mμ	nach dem Bleichen 232 mμ	268 mμ
Naturbelassen						
Sonnenblumenöl	0,71	0,12	6,60	0,63	3,40	5,00
Olivenöl, spanisches	0,83	0,01	2,58	0,29	2,20	0,90
Halbraffiniert						
Erdnußöl	0,08	0,02	5,62	1,13	4,00	5,97
Maiskeimöl	0,03	0,01	5,95	1,00	4,19	7,43
Kottonöl, wint.	0,03	0,01	6,22	1,91	5,45	2,61
Vollraffiniert						
Sojaöl	0,08	0,003	4,19	2,19	4,50	2,29
Erdnußöl	0,08	0,002	2,50	1,48	2,68	1,48
Rüböl	0,11	0,04	3,01	1,12	3,15	1,10
Sonnenblumenöl	0,08	0,003	3,97	3,92	4,51	3,92

Vgl. hierzu auch L. BRIXIUS u. E. BENK (1965).

c) Feststellung der Identität

Zur Feststellung der Identität werden die zu untersuchenden pflanzlichen Öle und Fette zweckmäßig zunächst nach der auf S. 953 wiedergegebenen Vorschrift entsäuert, dann zur Entfernung von Seifenresten mit inaktiver Erde, z. B. Floridin (Fa. Bensmann, Bremen) behandelt und filtriert.

Von den so vorgereinigten Ölen bestimmt man die JZ und VZ und prüft anhand der Zusammenstellung in Tab. C (S. 1012), welches Öl oder Fett diesen Daten entsprechen könnte. Wegen des natürlichen Streubereichs der Kennzahlen ist damit die zu untersuchende Probe noch nicht exakt definiert. Man wird eine der im Abschnitt A III genannten Reaktionen ausführen oder auf spezifische Bestandteile prüfen müssen, z. B. bei Rapsöl auf Erucasäure, bei Olivenöl auf Squalen usw. Charakteristische Farbstoffe können durch Aufnahme der Absorption im sichtbaren Teil des Lichts erkannt werden (vgl. S. 508), z. B. das Carotin im Palmöl, das Chlorophyll in Soja-, Raps-, Oliven- u. a. Ölen, das Gossypol im Baumwollsamenöl usw. Durch Bestimmung der Absorption im UV lassen sich ungenießbare Öle mit konjugierten Doppelbindungen, durch Messung der Lichtdrehung natürliche Öle mit cyclischen Fettsäuren erkennen.

Weitere Anregungen zu diesen qualitativen Prüfungen in dem von H. WISSEBACH verfaßten speziellen Teil dieses Bandes.

Für eine genaue Identifizierung und Bestimmung des Reinheitsgrades ist allerdings die Ermittlung der Fettsäurezusammensetzung unerläßlich. Sie kann mit einer der chromatographischen Methoden durchgeführt werden. Unter diesen hat die gaschromatographische ohne Zweifel den Vorzug der schnellen Ausführbarkeit und der hohen Genauigkeit. Um vor Fehlschlüssen gesichert zu sein, sollten allerdings die Lage der Banden und die Eichfaktoren vor jeder Auswertung mit Hilfe von Modellgemischen bekannter Zusammensetzung kontrolliert werden.

In vielen Fällen genügt aber auch die genaue Kenntnis der Fettsäurezusammensetzung nicht, um ein Fett zu identifizieren. Zahlreiche Fette besitzen bei gleicher Fettsäurezusammensetzung eine völlig verschiedene Struktur. Es sind das z. B. die Paare Olivenöl-Teesamenöl, Kakaobutter-Hammeltalg, Schmalz-Rindertalg usw. Diese Fette unterscheiden sich aber durch den Aufbau der Glyceride. Man wird dann nach den auf S. 676ff. beschriebenen Methoden die Glyceridgemische in die einzelnen Klassen oder sogar in die Individuen zerlegen müssen, um die Unterschiede genau zu erkennen. Diese Methoden haben sich bei der Unterscheidung des natürlichen Olivenöls von rückverestertem und der Kakaobutter von den aus Palmöl erhältlichen Substituten bewährt. Ein verläßliches Hilfsmittel bei der Auswertung von Fettsäure- und Glyceridanalysen ist die gemeinsam mit P. N. WILLIAMS besorgte 4. Aufl. des bekannten Standardswerks von T. P. HILDITCH (1964).

Schwieriger als die Identifizierung ist die Bestimmung des Reinheitsgrades, die nur dann möglich ist, wenn das verunreinigende Fett charakteristische Haupt- oder Nebenbestandteile besitzt. Bei den zahlreichen flüssigen Samenölen dagegen, die an gesättigten Fettsäuren nur Palmitin- und Stearinsäure, an ungesättigten nur Öl-, Linol- und vielleicht Linolensäure enthalten, ist eine Vermischung mit 10% eines verwandten Öls mit Sicherheit nicht nachzuweisen.

2. Spezialmethoden zur Untersuchung von festen Pflanzenfetten

Der von H. WISSEBACH verfaßte Teil dieses Bandes, in dem die Eigenschaften und die Zusammensetzung pflanzlicher und tierischer Fette ausführlich beschrieben sind, bietet bei sorgfältigem Studium zahlreiche Hinweise für die Analyse individueller Fette und Öle. Es sollen daher auf den folgenden Seiten nur solche Methoden erwähnt werden, die in diesem Teil noch nicht gebracht wurden, insbesondere solche neueren Verfahren, die der leichten Erkennung von Verfälschungen und Vermischungen dienen. Auch beschränkt sich die Darstellung auf solche Fette, die im täglichen Konsum eine gewisse Rolle spielen.

a) Laurin- und myristinsäurereiche Fette

In dieser Gruppe sind *Cocos-*, *Palmkern-* und *Babassufett* die wichtigsten. Cocosfett einerseits und Palmkern- und Babassufett andererseits unterscheiden sich durch die Jodzahl. Eine Differenzierung von Palmkern- und Babassufett ist aber nicht möglich, da bei gleicher Jod- und Verseifungszahl sogar die Fettsäure- *und* Glyceridzusammensetzung nahezu identisch sind (vgl. Tab. 176).

Tabelle 176. *Glyceridzusammensetzung von Cocos-, Palmkern- und Babassufett* (nach T.P. HILDITCH u. P.N. WILLIAMS 1964)

Glyceridklasse	Cocosfett %	Palmkernfett %	Babassufett %
Vollgesättigte	84	63	63
Mono-oleo-digesättigte	12	26	30
Dioleo-monogesättigte	4	11	7

b) Palmitin- und stearinsäurereiche Fette

Das wichtigste Fett dieser Gruppe ist ohne Zweifel die *Kakaobutter*, die wegen ihres hohen Preises, der etwa fünfmal so hoch wie der anderer Fette ist, am meisten von der Verfälschung durch Ersatzfette bedroht ist.

Ersatzfette, die bei der Herstellung von Gebäcküberzügen und Pralinen und im Ausland auch bei der Bereitung von Schokolade neben Kakaobutter verwendet werden, müssen vor allem folgenden Anforderungen genügen:

1. Sie sollen eine möglichst geringe Differenz zwischen Erweichungs- und Klarschmelzpunkt aufweisen und eine steile Dilatationskurve besitzen.
2. Sie sollen nicht unter 30°C und nicht über 37°C schmelzen.
3. Mit Kakaobutter gemischt, sollen sie keine Schmelzpunktsdepression erleiden.

Diese Bedingungen werden von den meisten bisher als Ersatzfette vorgeschlagenen Präparaten nur unvollkommen erfüllt. Es sind das z. B. die sog. Pflanzentalge, wie Illipé- und Borneotalg sowie Allanblackia-Fett, durch Kristallisation und Abpressung aus Cocos- bzw. Palmkernöl erhaltene „Stearine", vollgehärtetes Cocos- und Palmkernöl, gehärtetes Erdnuß- und Kottonöl, elaidinierte Fette sowie gehärtete und umgeesterte Fette mit Fettsäuren von 16—18 C-Atomen, die zusätzlich einer fraktionierten Kristallisation unterworfen wurden.

Durch Lösungsmittelkristallisation aus Palmöl erhaltene, an 2-Oleodipalmitin reiche Fraktionen sind in ihren physikalischen Eigenschaften der Kakaobutter ähnlicher als die obengenannten Ersatzfette.

Schließlich ist auch das aus den Rückständen der Kakaobutterpressung erhaltene Kakao-Extraktionsfett als Ersatzfett anzusehen, da es nach der deutschen Kakaoverordnung nicht an Stelle von Kakaobutter zur Schokoladenherstellung verwendet werden darf.

Zur Unterscheidung der Kakaobutter von ihren Ersatzfetten sind neben der Bestimmung der Kennzahlen viele unspezifische und spezifische Untersuchungsmethoden geeignet. Zur Charakterisierung der Ersatzfette genügt vielfach schon die Bestimmung einiger *Kennzahlen*, z.B. des Fließ- und Klarschmelzpunktes, der Jodzahl und der Verseifungszahl neben der Reichert-Meissl- und Polenske-Zahl (H. FINCKE u. Mitarb. 1958; A. KNAPP 1955). Unter diesen ist besonders der Schmelzpunkt ein scharfes Kriterium, der, da die Kakaobutter in vier polymorphen Modifikationen kristallisiert (S.V. VAECK 1951a), bei Kältevorbehandlung der Probe zwischen 24,5 und 25,0°C, bei Wärmevorbehandlung zwischen 28,5 und 33,5°C und sogar noch höher gefunden wird (E.H. STEINER 1954). Um den Schmelzpunkt als analytische Kennzahl verwenden zu können, empfiehlt E.H. STEINER (1957), die Kakaobutter zu schmelzen und das kristallisierte Fett 1—2 Tage bei +32°C zu lagern. Der Klarschmelzpunkt beträgt bei dieser Art der Vorbehandlung, nach der in der Schokoladenindustrie üblichen Quecksilbermethode gemessen, 35,0°C. H. FINCKE (1955) fand für eine längere Zeit auf +32°C gehaltene Kakaobutter Schmelzpunkte zwischen 35,5 und 36°C. Über die Ausführung von Schmelzpunktsbestimmungen vgl. S. 452.

Ein gutes Kriterium für die Reinheit von Kakaobutter bzw. für die Anwesenheit von Ersatzfetten bieten alle *unspezifischen Untersuchungsmethoden*, welche die

Bestimmung des fest-flüssig-Verhältnisses oder davon abgeleiteter Eigenschaften bei verschiedenen Temperaturen ermöglichen. Am einfachsten auszuführen ist die Bestimmung der Erstarrungskurve nach H. R. JENSEN (1931), wie auf S. 462 ff. beschrieben. Genauere Werte liefert die Aufnahme der Dilatationskurve (S. 472), die indessen, wie die anderen thermischen Verfahren, vor der Aufnahme der Messungen eine Temperierung des Fettes erfordert, damit es in der stabilen β-Modifikation vorliegt. Dazu wird das Dilatometer nach Erfahrungen des Verfassers am besten nach dem Füllen zunächst $1^1/_2$ Std in Eiswasser gekühlt und dann in einem Wasserbad 40 Std bei 26,0 $\pm$ 0,2°C temperiert. Dann erst wird die Schmelzausdehnung bei den gewünschten Temperaturen bestimmt (vgl. hierzu auch S. V. VAECK 1952 und W. DUCK 1961). Auch durch Bestimmung der Schmelzwärme (S. 469) erhält man brauchbare Aufschlüsse über die Reinheit der Kakaobutter. Diese Methode wurde vor allem von S. V. VAECK (1951b) und E. H. STEINER (1955) einer kritischen Bearbeitung unterzogen. E. H. STEINER (1955) gibt eine genaue Beschreibung eines adiabatischen Calorimeters, das recht gut reproduzierbare Ergebnisse liefert, wie an der in Abb. 154 wiedergegebenen fest-flüssig-Kurve einiger Proben reiner Kakaobutter zu erkennen ist.

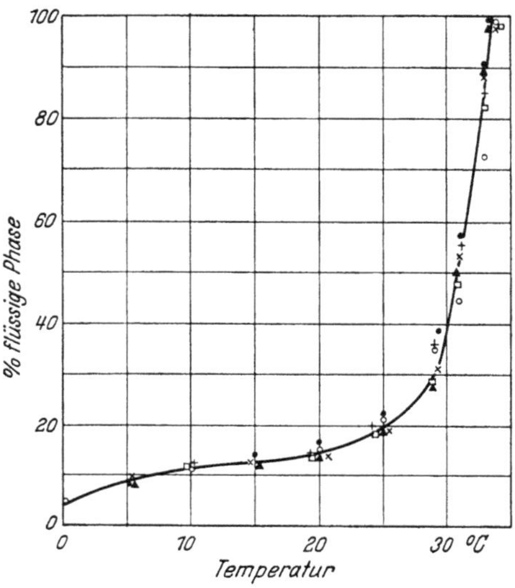

Abb. 154. Das fest-flüssig-Verhältnis von Kakaobutter, calorimetrisch nach STEINER (1955) bestimmt

Die Beeinflussung dieses Schmelzdiagramms durch Zusätze von Palmkernstearin bzw. Butter beschreibt E. H. STEINER (1956). Auch die Differential-Thermoanalyse (S. 476) erlaubt die Erkennung von Vermischungen. A. MATHIEU u. Mitarb. (1963) gelang es mit Hilfe dieser Methodik, bereits 12% Extraktionsfett in Kakaobutter nachzuweisen.

Zum Nachweis von Ersatzfetten in Kakaobuttergemischen sind auch zahlreiche *spezifische Methoden* entwickelt worden.

Kakaoextraktionsfett läßt sich durch Messung der Extinktion im UV-Bereich nachweisen und bestimmen. E. LAUBER (1961) macht die Beobachtung, daß Kakaopreßfette im Durchschnitt bei 270 mμ eine Extinktion $E^{1\%}_{1\,cm}$ von 0,23 besitzen, während die entsprechenden Zahlen für Extraktionsfette in der Regel höher als 1,0 liegen. W. HENNIG (1962) machte aber darauf aufmerksam, daß durch Anwesenheit von Kaffeeöl oder Coffein die Extinktionen für Preßfette auf 0,65 erhöht werden können. Auch die Gegenwart von Vanillin kann die Extinktion des Preßfettes heraufsetzen. A. FINCKE (1964) macht nun den Vorschlag, diese Begleitstoffe vor der Messung der Extinktion durch eine Waschung mit 4 n-Natronlauge zu entfernen und empfiehlt folgende Arbeitsweise:

2,0 g Kakaobutter werden in einem Becherglas durch leichtes Erwärmen geschmolzen und in 5 ml Petroläther z. A. gelöst. Die Fettlösung wird in einen 100-ml-Schütteltrichter mit kurzem Auslaufrohr gefüllt. Das Becherglas wird mit weiteren 5 ml Petroläther nachgewaschen und die Waschflüssigkeit ebenfalls in den Schütteltrichter gegeben. Zur Fettlösung im Schütteltrichter gießt man 3 ml 4 n-NaOH und mischt durch Umschwenken. Starkes Schütteln ist zu vermeiden, da sonst eine beständige Emulsion entsteht. Nach Absetzen und Ablassen der Lauge wird siebenmal mit je 3 ml Wasser ausgeschüttelt; die ausgewaschene Fettlösung wird mit 5 ml Petroläther verdünnt, in einem Erlenmeyerkolben mit wasserfreiem Natriumsulfat getrocknet, filtriert und auf dem Wasserbad eingedampft. Das lösungsmittelfreie Fett wird in 100 ml optisch leerem Hexan gelöst und die Extinktion gegen reines Hexan bei 270 mμ gemessen. Der erhaltene Wert wird auf $E_{1\,cm}^{1\,\%}$ umgerechnet.

Die Auswertung der an 50 Proben einwandfreier Kakaobutter gefundenen Meßergebnisse durch A. FINCKE (1964) ergab für $E_{1\,cm}^{1\,\%}$ 270 mμ der ausgewaschenen Kakaobutter einen mit 99,9% gesicherten oberen Wert von 0,133. Höhere Werte deuten daher auf eine unzulässige Beschaffenheit der Kakaobutter, insbesondere auf die Gegenwart von Extraktionsfett. Eine zusammenfassende Darstellung des Problems des Extraktionsfettnachweises gab J. KLEINERT (1964).

Zum Nachweis *hydrierter Fette* ist die Isoölsäuremethode, besonders in der von J. GROSSFELD u. J. PETER (1934) angegebenen verbesserten Form, bestens geeignet. Nach W. PELZ (1958) sind Isoölsäuregehalte von mehr als 0,3% ein sicheres Zeichen für die Anwesenheit von Hartfetten. A. FINCKE (1958b) fand bei der Untersuchung von 54 Kakaokern-Extraktionsfetten im Mittel 0,02% Isoölsäure und zeigte, daß mittels dieser Methode schon ein Zusatz von 2% hydrierter Fette sicher nachgewiesen werden kann. Auch aus dem mit Hilfe der IR-Spektrophotometrie bestimmten trans-Gehalt kann auf die Gegenwart hydrierter Fette geschlossen werden. Die Nachweisgrenze liegt aber mit ca. 5% etwas höher als bei der Anwendung der Isoölsäuremethode (J. POKORNÝ u. Mitarb. 1960).

Zum Nachweis der großen Gruppe der *cocos- bzw. palmkernölhaltigen* Ersatzfette sind vor allem die chromatographischen Methoden geeignet, unter denen die Arbeiten von A. PURR (1954—1959) einen bedeutenden Platz einnehmen. Ausgezeichnete Ergebnisse lassen sich nach H. LÜCK u. Mitarb. (1961) auf gaschromatographischem Wege erzielen, da die für diese Fette charakteristischen Fettsäuren mit 14 und weniger C-Atomen im Kakaofett nur in Spuren vorkommen. Die Nachweisgrenze wird wesentlich herabgesetzt, wenn man durch Fraktionierung aus wasserfreiem Aceton (1:10) bei —25°C die niedermolekularen Glyceride in der Lösung anreichert (A. PURR 1958).

Mit Hilfe der Umkehrverteilungschromatographie analog der auf S. 636 beschriebenen Methode von W. KAPITEL (1956) gelang es W. WACHS u. P. PETSCHA (1958) noch ca. 1% Fette der Laurinsäuregruppe zu erfassen. E. PIETSCHMANN (1959) beschreibt eine Methode zum papierchromatographischen Nachweis von Fremdfetten in Kakaobutter. Dünnschichtchromatographische Methoden, die zur Auftrennung der Glyceride der Kakaobutter dienen können, werden von H. P. KAUFMANN u. Mitarb. (1962a) angegeben. Diese Autoren wenden auch die enzymatische Hydrolyse mit Pankreas-Lipase (S. 685) auf die Analyse von Kakaobutter und deren Mischungen an. Da mit diesem Verfahren der Hauptbestandteil der Kakaobutter, das 2-Oleo-palmito-stearin identifiziert und bestimmt werden kann, kommt der Methode in Fällen schwierig zu analysierender Mischungen entscheidende Bedeutung zu.

Eine Übersicht über die neueren Analysenmethoden der Fremdfettbestimmung in Kakaobutter bei A. PURR (1959). Alle Fragen, die mit der Herstellung von Kakaoerzeugnissen, ihrer Untersuchung und lebensmittelrechtlichen Beurteilung zusammenhängen, behandelt H. FINCKE (1965). Bezüglich der älteren Methoden sei auf die Monographie von H. FINCKE (1929) verwiesen.

3. Spezialmethoden zur Untersuchung von flüssigen Pflanzenfetten

Auch von diesen Methoden sollen nur einige wenige, die für die Analytik besonders charakteristischer Fette von Bedeutung sind, herausgegriffen werden, soweit sie nicht schon früher behandelt wurden.

a) Fruchtfleischfette

Von diesen Fetten haben das *Palmöl*, das *Olivenöl* und in neuerer Zeit auch das *Avocado-Öl* besondere Bedeutung erlangt. Der Unterscheidung dienen die in Tab. C auf S. 1012 angegebenen Kennzahlen und die Zusammensetzung der Fettsäuren. Für das *Olivenöl*, das wegen seines hohen Preises häufig mit minderwertigen Fruchtfleisch- und Samenölen verfälscht wird, wurden zahlreiche Methoden zur Identifizierung und zum Nachweis von Fremdfetten ausgearbeitet.

Unterscheidung der Olivenölsorten

Die Einteilung der Olivenöle in Klassen wechselt je nach der Herkunft der Öle. Nach technologischen Prozessen unterscheidet man aber am besten zwischen Preßölen, mit Kohlenwasserstoffen extrahierten Ölen, mit Schwefelkohlenstoff aus den Preßrückständen gewonnenen „Sulfur-Olivenölen", raffinierten Ölen und den durch Rückveresterung von Olivenölfettsäuren gewonnenen Esterölen. Letztere werden häufig zum Verschneiden von hochwertigen Preßölen gebraucht (vgl. G. B. MARTINENGHI 1939).

Alle diese Öle unterscheiden sich von anderen Pflanzenölen durch ihren hohen Gehalt an Squalen von 0,136—0,708% (J. FITELSON 1945a). Bei alten ranzigen Olivenölen fällt indessen nach J. GROSSFELD u. H. TIMM (1939) der Squalengehalt auf den Wert zurück, wie ihn auch andere Pflanzenöle besitzen. Die Fitelson-Reaktion auf Squalen (S. 794) ist also zur Identifizierung der Sorten nur bedingt brauchbar.

Zur Erkennung von frischen *Preßölen*, auch Jungfernöle genannt, ist vor allem die spektralfluorometrische Methode geeignet.

Nach F. DE FRANCESCO (1959) (S. 533) besitzen Jungfernöle zwei Fluorescenzmaxima bei 530 und 690 mμ, während die Fluorescenzkurve bei raffinierten Ölen im Gebiet von 400—500 mμ ansteigt. DE FRANCESCO konnte unter Benutzung dieser Eigentümlichkeiten noch 5% Raffinat im Preßöl nachweisen. A. ARPINO u. Mitarb. (1957) studierten den Einfluß verschiedener Sekundärprodukte auf die Intensität der Fluorescenz. Behandlung mit Bleicherden zur Eliminierung des Chlorophylls und der Peroxide verstärkt die Fluorescenz der Preßöle. Sie nimmt ferner mit dem Grad der Ungesättigtheit der Fettsäuren zu, aber mit zunehmendem Gehalt an aktivem Sauerstoff ab.

Charakteristisch für gute Olivenpreßöle sind nach A. UZZAN (1956) niedrige Extinktionen im Ultravioletten bzw. hohe Werte für den Quotienten R = E 232/270 mμ. Hierfür Beispiele auf S. 864. Allerdings teilen Jungfernöle diese Eigenschaft mit Samenölen guter Qualität.

Nach A. UZZAN (1956/1959) soll $E^{1\%}_{1\,cm}$ (270 mμ) bei einem Öl von hervorragender Qualität kleiner als 0,16, R größer als 10 und der Säuregehalt kleiner als 1% sein. Für ein gutes Öl sind die Grenzwerte 0,20, 9 bzw. 2%. Auch nach J. SPITERI (1962) lassen sich die Extinktionen bei 270 mμ gut zur Klassifizierung von Olivenölen benutzen. Die $E^{1\%}_{1\,cm}$-Werte bei 270 mμ bewegen sich nach diesem Autor bei Jungfernölen, raffinierten Olivenölen und raffinierten Ölen aus Preßrückständen in folgenden Bereichen: 0,08—0,47; 0,4—1,5; 1,58—4,40. Zahlreiche italienische Autoren machen indessen darauf aufmerksam, daß durch sekundäre Oxydationsvorgänge die Extinktionen bei 270 mμ so sehr heraufgesetzt werden, daß unter Umständen auch bei frischen gepreßten Ölen eine falsche Eingruppierung erfolgen kann. B. DORO u. S. REMOLI (1962) empfehlen daher, vor der Messung der UV-Extinktion die in Cyclohexan gelösten Öle über Al_2O_3 nach BROCKMANN zu filtrieren. Ein Olivenöl soll dann nicht mehr als frisch gepreßt gelten, wenn es nach dieser Behandlung eine höhere Extinktion bei 270 mμ als 0,09 aufweist.

Nützlich für die richtige Auswertung der UV-Extinktionen sind auch die von B. DORO (1965) und L. LAPORTA (1966) mitgeteilten analytischen Befunde aus der Untersuchung von mehreren Hundert italienischen Olivenölen. A. M. LEONE (1965) weist darauf hin, daß die charakteristischen UV-Extinktionen raffinierter Olivenöle besonders im Diengebiet erheblich verringert werden können, wenn man die Öle 2 Std mit 0,1% Maleinsäureanhydrid bei 160°C behandelt. Weniger stark wird die Extinktion bei 268 mμ herabgesetzt, so daß diese damit ihren Wert als Unterscheidungsmerkmal zwischen jungfräulichen und raffinierten Ölen behält.

Schwieriger ist die Erkennung von *extrahierten Olivenölen*. Die aus den Olivenöltrestern durch Extraktion mit Schwefelkohlenstoff gewonnenen Sulfuröle sind nach der auf S. 441 beschriebenen Vorprobe mit Silberbenzoat zu identifizieren. Für eine genauere Unterscheidung verspricht eine von J. GRACIAN u. J. MARTEL (1960) mitgeteilte Methode, wertvolle Dienste zu leisten. Sie fanden, daß die Hydroxylzahl des Unverseifbaren bei Preßölen zwischen 30 und 50, bei lösungsmittelextrahierten dagegen oberhalb 65 liegt. Rückveresterte Öle aus destillierten Fettsäuren besitzen nach J. GRACIAN u. J. MARTEL (1961) unverseifbare Anteile mit abnorm niedrigen OH-Zahlen, so daß auch diese nach der gleichen Methode erkannt werden können.

Die Differenzierung der übrigen *raffinierten, rektifizierten*, d. h. mit Glycerin rückveresterten Öle und der aus den Destillationsfettsäuren durch Veresterung mit Glycerin erhaltenen *Esteröle* ist schwierig. Zur Technologie dieser Erzeugnisse F. WITTKA (1957) und G.B. MARTINENGHI (1966).

Nach F. PROVVEDI (1960) unterscheiden sich raffinierte und durch Veresterung mit Glycerin korrigierte Öle von Jungfernölen durch ihre Fluorescenz bei 360 mμ, einer Wellenlänge, bei der reine Jungfernöle nicht fluorescieren. Bei Verdacht auf Zusatz von Chlorophyll, der zur Erregung der Fluorescenz bei 670 mμ vorgenommen wird, filtriert man eine 25%ige Lösung der Probe in Benzol durch Aktivkohle, wodurch die Fluorescenz der Raffinate bei 360 mμ wieder erkennbar wird (vgl. auch L. JUNG u. P. MORAND (1964)).

Auch die bei den Preßölen bereits besprochene Methode der Bestimmung der Extinktion bei 232 bzw. 270 mμ läßt sich — wenn auch unspezifisch — zur Erkennung von raffinierten und rückveresterten Ölen verwenden (R. MATTEI u. G. VOLPI 1959; G. JACINI u. Mitarb. 1960).

Die deutsche Bundeszollbehörde verwendet diese Methode amtlich zur Kennzeichnung des Begriffs „raffinierte Olivenöle" (Bundeszollbl. 19, (33) 642 (1968):

„Als raffinierte Öle gelten Olivenöle mit einem Gehalt an freien Fettsäuren, berechnet als Ölsäure, von höchstens 5% und einem spezifischen Extinktionskoeffizienten K 268 [optische Dichte der Lösung von 1 g zu 100 ml in Isooctan (2,2,4-Trimethylpentan) bei einer Schichtdicke von 1 cm und einer Wellenlänge von 268 nm] von 0,25 oder mehr und mit einer Schwankung der spezifischen Extinktion im Bereich von 268 nm von mehr als 0,01.

Der Extinktionskoeffizient ist nach dem Gehalt an freien Fettsäuren nach folgender Formel zu berichtigen:

$$K'268 = K\ 268 - (0{,}023 \times \text{Prozentsatz an freien Fettsäuren}).$$

Die Schwankung ist definiert als:

$$K = K\ 268 - 0{,}5\ (K\ 262 + K\ 274)."$$

Da wohl esterifizierte, nicht aber unbehandelte Öle trans-ungesättigte Fettsäuren aufweisen, können Messungen der Extinktion im IR-Gebiet bei 10,36 μ, wenn auch nicht mit sehr großer Genauigkeit, Aufschluß über die Anwesenheit von Esterifikaten geben (A. ARPINO u. G.S. RICA 1959; U. PALLOTTA 1961; G.B. MARTINENGHI 1966). Ein einfaches Erkennungsmittel ist ferner der von G.B. MARTINENGHI u. G. BALESTRINI (1956) angegebene Viertemperaturentest (S. 465). In untrüglicher Weise kann man schließlich die Gegenwart veresterter Olivenfettsäuren nachweisen, wenn man nach F. MAZUELOS VELA (1962) und F. MAZUELOS VELA u. Mitarb. (1963/1968) die Glyceridstruktur der fraglichen Öle mit Hilfe der auf S. 683ff. beschriebenen enzymatischen Methode ermittelt. Da bei den Glyceriden des natürlichen Olivenöls die ungesättigten Fettsäuren hauptsächlich die 2-Stellung und die gesättigten die 1- und 3-Stellung innehaben, deutet eine Verschiebung in der Besetzung dieser Positionen auf die Gegenwart von rückveresterten Ölen. Vgl. auch H.P. KAUFMANN u. H. WESSELS (1966/1967).

Nachweis und Bestimmung von Fremdfetten

Zahlreiche Methoden zur Erkennung von Fremdfetten wurden bereits im methodischen Teil A besprochen, so z. B. der Nachweis von Sesamöl durch die Reaktion nach BAUDOUIN (S. 438), der Nachweis von Erdnußöl durch die Bellier-Methode (S. 440), die Erkennung von Teesamenöl durch die Reaktion nach FITELSON (S. 439), die Prüfung auf tierische Fette mittels des Cholesterinnachweises und andere mehr. Bei groben Verfälschungen gibt die Bestimmung der Fettsäurezusammensetzung, insbesondere mit Hilfe der auf S. 657 ff. beschriebenen gaschromatographischen

Methode, in den meisten Fällen genügend Aufschluß über die Art des zur Verfälschung benutzten Öls. Über die Anwendung dieser Methode speziell auf Olivenöle berichten P. G. GAROGLIO u. G. BODDI GIANNARDI (1961).

Bei Verfälschung des Olivenöls mit Fetten gleicher Fettsäurezusammensetzung bleibt zur Unterscheidung meistens nur die Wahl, die Glyceridzusammensetzung möglichst genau zu bestimmen. Über die Vorzüge der Pankreaslipase-Methode wurde schon auf S. 961 berichtet. H. P. KAUFMANN u. M. APARICIO (1959) gaben ein einfaches papierchromatographisches Verfahren bekannt, das noch den Nachweis von 10—5% Fremdfett im Olivenöl erlaubt. Auch die Beobachtung von J. GRACIÁN u. G. ARÉVALO (1965), daß Olivenöl ausschließlich α-Tokopherol enthält, kann in vielen Fällen der Aufklärung von Verfälschungen dienen. Bezüglich der Sicherheit der Identifizierung von Fremdfetten noch einige Hinweise:

BLANC (1948) machte darauf aufmerksam, daß bei der Anwendung der Bellier-Methode zum Nachweis von *Erdnußöl* auf einige aus Nordafrika stammende Olivenöle Niederschläge erhalten wurden, die zunächst die Anwesenheit von Arachinsäure vermuten ließen, bei der Nachprüfung aber als aus Palmitinsäure bestehend identifiziert wurden. Diese Öle besaßen einen höheren Palmitinsäuregehalt als die in den nördlichen Ländern des Mittelmeeres gewonnenen. Der Verfasser gibt eine Variante der Methode von BELLIER an, die auch in palmitinsäurereichen Ölen Erdnußöl nachzuweisen gestattet.

Die zur Erkennung von *Teesamenöl* benutzte Fitelson-Reaktion kann nach P. G. GAROGLIO u. C. STELLA (1961) mitunter trügerische Ergebnisse liefern, da die Autoren sowohl in den Blättern als auch in den Fruchtschalen der Oliven Substanzen feststellten, die diese Reaktion geben. Durch eine Abwandlung der Fitelson-Reaktion ließ sich diese Möglichkeit einer Fehldiagnose beheben. Auch A. ROMEO u. Mitarb. (1960) berichten über zahlreiche Fälle, in denen einwandfreie Jungfernöle eine zarte rosa Färbung bei der Fitelson-Reaktion gaben.

A. CHINDEMI u. Mitarb. (1963) wiederum halten die Fitelson-Reaktion für sehr zuverlässig und auch für die quantitative Bestimmung von Teesamenöl in Olivenöl geeignet, wenn man die von ihnen ausgearbeitete Arbeitsvorschrift genau anwendet.

Zum Nachweis von *Rüböl* in Olivenölen schlagen H. P. KAUFMANN u. Mitarb. (1956b) eine Kombination von Säulen- und Papierchromatographie vor. Dadurch läßt sich der Nachweis bei großer Zuverlässigkeit derart verfeinern, daß noch 1% Rüböl einwandfrei erfaßbar ist.

In neuerer Zeit wurden auch Verfälschungen von Olivenölen mit den *Methylestern höherer Fettsäuren* bekannt. Zum Nachweis wird das Öl verseift und nach der Spaltung der Seifenlösung die erhaltene Sauerwasser-Lösung wie beim Nachweis der Umesterung (S. 834) destilliert. Im Destillat wird der Methylalkohol nach der Oxydation zu Formaldehyd mit Chromotropsäure bestimmt. Nachweisgrenze 1,25% Methylester (L. LIPPARINI 1960).

b) Samenfette

Die Identifizierung dieser Gruppe von Fetten gelingt fast immer durch Bestimmung der Kennzahlen und einiger charakteristischer Fettsäuren, beispielsweise mit Hilfe der Rhodanzahl oder auf spektrophotometrischem Wege nach Konjugierung der mehrfach ungesättigten Fettsäuren. Hierfür finden sich zahlreiche Beispiele in Teil A. In Einzelfällen wird die Ermittlung der Fettsäurezusammensetzung und Auswertung der Befunde mit Hilfe der Tabelle in Teil C oder sogar die Aufklärung der Glyceridstruktur erforderlich sein. Die Sicherheit der Aussage wird allerdings häufig durch die große Streubreite der analytischen Daten beeinträchtigt. Eine kritische Betrachtung der Resultate unter Hinzuziehung der Sammelwerke von E. W. ECKEY (1954), T. P. HILDITCH u. P. N. WILLIAMS (1964) u. a. ist daher unerläßlich.

Die Gefahr von Verfälschungen, wie sie uns bei der Kakaobutter und dem Olivenöl häufig begegnen, ist hier nicht so groß, da die Preisunterschiede zwischen den zu dieser Gruppe gehörenden Fette nicht so erheblich sind wie bei jenen. Eine Ausnahme von dieser Regel bildet der Zusatz von Rüböl, das infolge der von vielen Staaten betriebenen Subventionspolitik in größeren Mengen zur Verfügung steht, als es unter normalen Marktbedingungen von der Wirtschaft aufgenommen würde. Daher wird es gern anderen Speiseölen zugesetzt. Gewinnung und Eigenschaften der Samenfette sind in dem Beitrag von H. WISSEBACH ausführlich beschrieben. Die nachstehenden Ergänzungen betreffen einige analytisch wichtige Befunde.

Von F.G. SIETZ (1961b) wurde darauf hingewiesen, daß das in Argentinien gewonnene *Erdnußöl* eine wesentlich höhere Jodzahl (= 106) als das afrikanische besitzt, was auf den höheren Linolsäuregehalt des südamerikanischen Öls zurückzuführen ist. Dies ist bei einem Verdacht auf Verfälschung zu beachten. Während man im allgemeinen einen Chlorophyllgehalt des rohen Öls (Bestimmung nach S. 818) als Zeichen für eine Vermischung mit Ölen aus oberirdisch reifenden Ölsamen ansieht, sind die argentinischen Kerne häufig mit soviel grünen Pflanzenteilen vermischt, aus denen das Chlorophyll bei der Extraktion in das Öl gelangt, daß dieser Schluß nach SIETZ nicht immer zulässig ist.

Angaben über Mindest- und Höchstgehalte von Erdnußölen unterschiedlicher Herkunft an gesättigten und ungesättigten Fettsäuren C_{12} bis C_{24} sowie über die Extinktionswerte im UV-Bereich von 232—300 mμ macht G.B. MARTINENGHI (1964). In sieben Erdnußölen aus US-Varietäten konnten R.E. WORTHINGTON u. K.T. HOLLEY (1967) in keinem Fall einen höheren Linolensäuregehalt als 0,04% feststellen.

Über Nachweis und Bestimmung des *Rüböls* in Mischungen mit anderen Ölen wird auf S. 759 ff. ausführlich berichtet. Hervorzuheben sind vor allem die Methoden von H. HADORN u. K.W. BIEFER (1956) sowie von H.P. KAUFMANN u. Mitarb. (1956b).

F.G. SIETZ (1967) behandelt in einer ausführlichen Zusammenstellung die Variationsbreite der Fettsäurezusammensetzung der Rohöle in Abhängigkeit von der Saatsorte und der Herkunft. Besonderes Interesse wird in den nächsten Jahren eine kanadische Raps-Neuzüchtung hervorrufen, die ein völlig erucasäurefreies Rüböl liefert (R.K. DOWNEY u. B.M. CRAIG 1964) (vgl. auch Tab. C auf S. 1012). Sehr genaue Angaben über die Glyceridzusammensetzung von Rüböl machen H. GRYNBERG u. Mitarb. (1966).

Auch die Identifizierung von *Kottonöl* mit Hilfe der Halphen-Reaktion (S. 439) oder durch Bestimmung des Gossypols (S. 820) wird an anderer Stelle beschrieben. Zu beachten ist, daß sich Gossypol nur in rohen Kottonölen findet, während die Halphen-Reaktion — in verminderter Stärke — auch bei raffinierten und desodorisierten Ölen zu beobachten ist. Bei Kottonöl streuen die Kennzahlen und die Fettsäurezusammensetzung je nach der Herkunft des Öls sehr. Nähere Angaben hierüber bei M.F. STANSBURY u. Mitarb. (1952 bzw. 1953).

Es darf nicht übersehen werden, daß die im Handel befindlichen Salatöle auf Kottonölbasis ausschließlich „winterisiert" sind, d. h. durch einen Kühlprozeß von den höherschmelzenden Anteilen befreit wurden. Beispiele für die dadurch eintretende Verschiebung der Kennzahlen in Tab. 177.

Tabelle 177. *Kennzahlen von Kottonöl, winterisiertem Kottonöl und Kottonstearin* (nach C.H. MACK u. Mitarb. 1952)

Sorte Louisiana	Original	Winterisiert	Stearin
JZ	105,9	109,7	83,8
RhZ	64,4	67,4	50,6
% Linolein	51,4	52,4	41,2
% Olein	19,6	22,0	14,6
% gesättigte Glyceride	27,4	25,0	42,3

Winterisierte Kottonöle trüben sich bei der Prüfung auf Kältebeständigkeit (vgl. S. 464) nicht.

Durch einen hohen Gehalt an Linolsäure bei gleichzeitiger Anwesenheit von Linolensäure ist das *Sojaöl* charakterisiert, das zu den preiswertesten Samenölen überhaupt gehört und daher bevorzugt als billiges Speiseöl bzw. Salatöl angeboten wird. Wie bei anderen Ölen hängen auch hier Kennzahlen und Fettsäurezusammensetzung eng mit der Lage des Anbaugebietes zusammen. Daher weite Streuungen in den Kennzahlen (F.I. COLLINS u. Mitarb. 1957 u. 1959).

Das weniger wertvolle Öl aus grünen bzw. frostgeschädigten Sojabohnen kann nach D. MACMILLAN u. E.H. MELVIN (1955) aufgrund seines höheren Chlorophyllgehaltes leicht erkannt werden (vgl. auch S. 820). Auch der Phosphorgehalt des raffinierten Öls ist nach R.E. BEAL u. Mitarb. (1956) ein Kriterium für seine Qualität. In Abwesenheit von Senfsamenöl ist nach K.W. BIEFER u. H. HADORN (1956) der δ-Tokopherolgehalt eines Öls ein Zeichen für die Anwesenheit von Sojaöl, da nur diese beiden Öle dieses Tokopherol enthalten (vgl. auch G. BIERNOTH (1967).

Das *Sonnenblumenöl* ist bei gleich hohem Gehalt an Linolsäure praktisch frei von Linolensäure und daher länger ohne Geschmacksreversion haltbar als Sojaöl. Es kommt neuerdings auch in sogenannter naturbelassener Form in den Handel (vgl. S. 955). Richtlinien für die Untersuchung und Beurteilung solcher Öle wurden von J. WURZIGER u. F. GÜNTHER (1961) angegeben. Sonnenblumenöl enthält einige Zehntelprozent Wachs, das einen Schmelzpunkt von 76—77 °C besitzt und nach den Untersuchungen von R. GUILLAUMIN u. N. DROUHIN (1966) im wesentlichen aus den Estern langkettiger Fettsäuren C_{14} bis C_{28}, aus Alkoholen C_{12} bis C_{32} und aus einer geringen Menge Kohlenwasserstoffe besteht. Das Wachs wird durch den normalen Raffinationsprozeß nicht entfernt. Trübungsfreie Sonnenblumenöle erhält man durch einen Winterisierungsprozeß. Zur Bestimmung des Wachsgehaltes raffinierter Sonnenblumenöle ist eine Methode von F. CRESPO u. I. GALLARDO DE KUCK (1965) geeignet:

Man vermischt 100 g des heiß gefilterten Öls mit 100 ml redestilliertem Hexan und läßt 20 Std bei 20 °C stehen. Dann filtriert man unter leichtem Unterdruck den Niederschlag durch ein Papierfilter (Sch. & Sch. Nr. 595), wäscht mit kaltem Hexan nach und trocknet bei 105 °C. Bei der Auswertung der Ergebnisse ist zu berücksichtigen, daß von 100 g Öl 12 mg Wachs und von 100 ml Hexan 3 mg Wachs gelöst werden.

Überbewertet wurden eine Zeitlang die Getreidekeimöle, besonders das *Maiskeimöl*, wegen ihres hohen Linolsäuregehaltes, der Abwesenheit von Linolensäure und des hohen Gehaltes an α-Tokopherol, insbesondere im Zusammenhang mit der „Cholesterintheorie“ der Atherosklerose. Über die Korrelation zwischen dem Ölgehalt der Keime und der Fettsäurezusammensetzung unterrichten zahlreiche Untersuchungen von H.B. LOFLAND u. Mitarb. (1954) sowie M.S. SNIEGOWSKI u. A.R. BALDWIN (1954).

Über die Streuungen in der Fettsäurezusammensetzung von Maisöl, die für US-Öle bemerkenswert gering ist, berichten J.B. BEADLE u. Mitarb. (1965). Die Glyceridzusammensetzung von Sonnenblumen- und Maisöl ist Gegenstand einer Arbeit von G. JURRIENS u. L. SCHOUTEN (1965).

Unter den seltener vorkommenden Samenölen verdient das in Österreich und Ungarn gewonnene *Kürbiskernöl* besondere Beachtung, das, in seiner Fettsäurezusammensetzung dem Sonnenblumenöl ähnlich, fast ausschließlich im rohen Zustand genossen wird und wegen seines hohen Preises leicht der Gefahr von Verfälschungen ausgesetzt ist. Über die Gewinnung berichtet G. GORBACH (1952). Nachweis von Verfälschungen ermöglicht die Test-Tube-Chromatographie nach G. GORBACH u. CHR. WEBER (1963) sowie die Gaschromatographie nach E. WOIDICH u. Mitarb. (1962).

In den letzten Jahren wird auch *Safloröl*, das früher hauptsächlich für technische Zwecke verwendet wurde, als diätetisches Speiseöl gehandelt, da es einen sehr hohen Linolsäuregehalt von ca. 80% der Gesamtfettsäuren besitzt (vgl. S. 1018). Dieses Öl ist allerdings aus diesem Grund nicht sehr oxydationsbeständig. In Australien und in den USA ist es gelungen, durch geeignete Selektionsmaßnahmen eine Saflorsaat zu gewinnen, deren Öl einen Ölsäuregehalt von ca. 80%, einen Linolsäuregehalt von ca. 15% und einen Palmitin- und Stearinsäuregehalt von ca. 5% in den Gesamtfettsäuren aufweist (T.H. APPLEWHITE 1966). Das Öl aus der neu gezüchteten Saat besitzt eine sehr hohe Oxydationsstabilität und ist daher, wie Olivenöl, dem es in seiner Zusammensetzung sehr ähnlich ist, hervorragend zum Schwimmend-Ausbacken geeignet (R.H. PURDY u. B.J. CAMPBELL 1967).

II. Untersuchung und Identifizierung von tierischen Fetten

Zur analytischen Unterscheidung tierischer Fette von pflanzlichen ist vor allem die Bestimmung der Sterine geeignet (S. 776ff.), da hauptsächlich nur die tierischen Cholesterin enthalten. Aber auch aufgrund der Fettsäurezusammensetzung können tierische Fette erkannt werden.

R.P. HANSEN u. F.B. SHORLAND (1950 und 1953) fanden im Butterfett und in den Depotfetten von Rindern und Schafen 0,5—1,0% verzweigte Fettsäuren mit 13—17 C-Atomen, R.P. HANSEN u. Mitarb. (1954) sowie F.B. SHORLAND u. Mitarb. (1955) in den gleichen Fetten 1,5—2,0% geradkettige, ungeradzahlige Fettsäuren mit 11—19 C-Atomen, die bei einer genauen gaschromatographischen Analyse Hinweise auf die Gegenwart dieser Fette geben können (vgl. S. ABRAHAMSON u. Mitarb. 1963). Nachdem schon S.H. BERTRAM (1928b) auf das Vorkommen einer trans-11-Octadecensäure in der Butter aufmerksam gemacht hatte und D. SWERN u. Mitarb. (1952) mit Hilfe der IR-Methode 5—10% einfach ungesättigte trans-Fettsäuren im Rinderfett fanden, zeigten L. HARTMAN u. Mitarb. (1955), daß im Körperfett aller Wiederkäuer 3—11% trans-Fettsäuren enthalten sind, während diese Fettsäuren in dem Fett von Nicht-Wiederkäuern und Vögeln nicht oder nur in Spuren vorkommen.

Die tierischen Fette werden in die Gruppen der *Landtierfette* und der *Seetieröle* getrennt, wobei man bei den ersteren wiederum zwischen den Milchfetten und den Depotfetten unterscheidet. Die Milchfette werden in Bd. III dieses Handbuches behandelt. Die Eigenschaften der übrigen tierischen Fette sind an anderer Stelle dieses Bandes beschrieben, so daß hier nur die wichtigsten analytischen Erkennungsmethoden zu berücksichtigen sind.

1. Methoden zur Untersuchung von Landtierfetten

Zur Identifizierung der Landtierfette ist vor allem die Gaschromatographie geeignet, die bei Anwendung geeigneter Apparate, wie J.P. WOLFF u. F. AUDIAU (1964) darlegten, auch die verzweigten Fettsäuren zu erfassen erlaubt und dadurch eine Möglichkeit zur Unterscheidung zwischen den Fetten von Kuh, Schaf und Ziege einerseits und Schwein, Pferd und Geflügel andererseits schafft.

Bei der Auswertung der Ergebnisse, z. B. in Teil C (S. 1012), ist indessen zu beachten, daß die durch die Art der Fütterung, das Alter und die Lebensumstände der Tiere bedingte Streubreite der Fettsäurezusammensetzung eine gewisse Unsicherheit mit sich bringt, die dadurch noch vermehrt wird, daß, von den anomalen Fettsäuren abgesehen, alle hier in Betracht kommenden Fette an gesättigten Fettsäuren nur die mit 14—18 C-Atomen und an ungesättigten neben der Myristolein- und Palmitoleinsäure nur die Öl-, Linol- und Linolensäure enthalten. Obwohl zahlreiche Angaben über die Zusammensetzung der Schlachttierfette vorliegen, z.B. von O. DAHL (1957a), wird man nach J.P. WOLFF u. F. AUDIAU (1964) bei der Auswertung der Gaschromatogramme von Fettgemischen dieser Gruppe die Gegenwart bestimmter Fette nur dann als gesichert annehmen dürfen, wenn diese in höheren Konzentrationen als 10—20% anwesend sind.

Weitere Aufschlüsse sind nur durch Bestimmung der Glyceridverteilung zu erhalten, die nicht immer, z. B. beim Schweineschmalz, der Regel von der Zufallsverteilung gehorcht.

a) Rindertalg

Die Identität des Rindertalges ist durch Ermittlung der Kennzahlen und gegebenenfalls der Fettsäurezusammensetzung verhältnismäßig leicht festzustellen. Da er sehr preiswert ist, wird man eine Verfälschung mit anderen Fetten im allgemeinen nicht zu befürchten haben, es sei denn mit Pferdefett, das aber aufgrund seines hohen Gehaltes an Linolensäure (S. 973) unschwer nachzuweisen ist. Als Vorprüfung kann auch die Bestimmung des Anilinpunktes dienen (S. 468).

Während Samenfette, wie Cocosfett, Kakaobutter usw., einen konstanten Anilinpunkt geben, ist das bei tierischen Fetten infolge der viel größeren Streuung in der Zusammensetzung nicht der Fall. Berechnet man aber nach H. BRUNINK (1952) den korrigierten Anilinpunkt A_K nach der Formel

$$A_K = A + 0{,}48 \cdot JZ + 0{,}43 \cdot SG$$

worin A der gefundene Anilinpunkt, JZ die Jodzahl und SG der Säuregrad des Fettes ist, so erhält man bei den Rindertalgen des Handels in 95% aller Fälle A_K-Werte zwischen 59,1 und 61,9.

Die Farbe der Rinderfette schwankt zwischen weiß und gelb. A. MIRNA (1959/1960) fand, daß der Farbstoff von gelbgefärbten Rinderfetten zu 65% aus β-Carotin besteht, das mit dem Futter aufgenommen wird. Gelbfärbung ist daher normalerweise kein Grund zur Beanstandung. Durch Umesterung mit pflanzlichen oder tierischen Ölen verliert Talg seinen klebrigen Charakter. Man erhält Fette von niedrigem Schmelzpunkt, die sich als Brat- und Backfette gut verwenden lassen. Durch intramolekulare Umesterung werden dagegen die Eigenschaften des Rindertalges kaum verändert. Die Glyceridzusammensetzung entspricht vorher und nachher der Zufallsverteilung. Nur die Abkühlungskurven zeigen geringe Unterschiede (F. E. LUDDY u. Mitarb. 1955).

b) Schweineschmalz[1]

Klassifizierung, Zusammensetzung und Eigenschaften sowie die klassischen Methoden zur Untersuchung von Schweineschmalz sind an anderer Stelle dieses Bandes behandelt. Nachfolgende Ergänzungen dienen dazu, die Aussagefähigkeit der analytischen Methoden zu beurteilen und die Anwendbarkeit neuerer Verfahren auf die Schmalzanalyse zu erläutern.

Einfluß der Fütterung auf die Zusammensetzung des Schmalzes

Wie bei allen tierischen Fetten wird der Wert einer Bestimmung der Fettsäurezusammensetzung sehr durch die Abhängigkeit der Zusammensetzung des Fettes vom Alter des Tieres und der Beschaffenheit des Futters beeinträchtigt. Das beste Beispiel für den Einfluß des Futtermittels auf die Fettsäurezusammensetzung des Schmalzes liefern die in Tab. 178 wiedergegebenen Ergebnisse von N. R. ELLIS u. H. S. ISBELL (1926).

Tabelle 178. *Einfluß der Fütterung auf die Fettsäurezusammensetzung von Schweineschmalz* (nach N. R. ELLIS u. H. S. ISBELL 1926)

Futtermittel	JZ	Gesättigte Fettsäuren %	Ölsäure %	Linolsäure %
Brauerreis + Protein	54,7	37,5	56,1	1,9
Mais + Protein	60,8	37,4	49,5	8,2
1 Teil Erdnußmehl + 2 Teile Maismehl	72,6	30,2	52,6	13,0
Sojabohnen + 2,5% Mais	78,3	30,8	44,1	20,0
Erdnüsse	89,6	19,5	55,0	20,3
Sojabohnen	93,2	26,0	39,1	30,6

Weitere Zahlen über die Abhängigkeit der Schmalzzusammensetzung vom Futter bei M. WITT (1957) und H. LÜCK u. Mitarb. (1963). Letztere beobachteten, daß bei der Verfütterung von Cocosfett Laurin- und Myristinsäure ins Schweinefett übergehen und bei Verabreichung von Holzöl der Gehalt desselben an konjugierten

[1] Mitbearbeitet von Dr. H. WISSEBACH.

Triensäuren erhöht wird, wodurch eine Raffination vorgetäuscht werden kann (vgl. S. 954). Auch fanden H. LÜCK u. Mitarb. (1964) durch IR-Spektrophotometrie, daß bei der Verfütterung von rindertalghaltigem Kraftfutter trans-Fettsäuren im Depotfett erscheinen, so daß ein trans-Fettsäuregehalt des Schweineschmalzes unter 1,5% nicht als Hinweis auf eine Verfälschung angesehen zu werden braucht. Nach N. SKOVGAARD (1960) kann es durch Verfütterung von hochungesättigten Fetten zu einer Gelbfärbung des Fettgewebes kommen, die auf die Ablagerung oxypolymerer Fettsäuren zurückzuführen ist.

Bestimmung der Frische

Die Frische des Schmalzes wird in erster Linie durch eine *Sinnenprüfung* ermittelt. Außer der Geschmacksprüfung, die nach S. 430 vorgenommen werden kann, wird durch eine allmähliche Erhitzung des Schmalzes im Becherglas auf 190° C ermittelt, ob abwegige Geruchsnuancen (sauer, ranzig, faulig usw.) vorliegen. Als weitere Kennzahlen empfehlen K. TÄUFEL u. K. BARTHEL (1956) die Bestimmung des Säuregehalts (nicht höher als 0,4%, berechnet als Ölsäure), des Eiweißgehalts (≦ 0,01%) und des Wassergehalts (≦ 0,3%). Die Peroxidzahl nach LEA soll höchstens 3 betragen, Aldehyde sollen mit fuchsinschwefliger Säure nicht nachweisbar sein. Die Erhitzungsprobe wird nach J. WURZIGER u. E. LINDEMANN (1954) am zweckmäßigsten in folgender Weise ausgeführt:

Ein Aluminiumbecher (evtl. auch Glas, Emaille, Porzellan u. ä.) von ca. 5—7 cm ⌀, ca. 6 cm Höhe und 140 180 ml Fassungsvermögen, wird mit ca. 20 g Schweineschmalz beschickt und bis zum Auftreten des ersten bläulichen Rauches (mindestens 160° C) langsam erhitzt. Während des Erhitzens wird das Schmalz von Zeit zu Zeit unter gleichzeitigem Umschütteln geruchlich geprüft. Geruchsabweichungen, die erst anläßlich der Rauchbildung entstehen, werden beim Erhitzungstest nicht beurteilt.

Ein Hilfsmittel zur Beurteilung der Frische ist die *Neutralrotprobe* von F. SCHÖNBERG (1943/1944).

Zu ihrer Ausführung stellt man eine wäßrige Lösung von Neutralrot in der Verdünnung 1:10000 her. Hierfür soll gewöhnliches Leitungswasser, das in der Regel einen pH-Wert von 7,0—7,2 hat, Verwendung finden. Saures dest. Wasser ist ungeeignet. Mit der jeweils frisch hergestellten Neutralrotlösung, die eine gelbrötliche Farbe hat, übergießt man eine haselnußgroße Probe des zu untersuchenden Schmalzes auf einer Tüpfelplatte und vermischt beides gut. Nach 3-minutiger Einwirkung gießt man die überschüssige Lösung fort und prüft die Farbe. Sie ist:

schwach grünlich-gelb bei einwandfreiem Schmalz
gelb-gelbbräunlich bei etwas älterem aber noch völlig genußtauglichem Fett
gelbbräunlich-rötlich bei Fett mit beginnender Ranzigkeit und
rot bis rotviolett bei stärker ranzigem Fett.

Noch schärfere Kontraste erhält man, wenn man die Farben im gefilterten UV-Licht betrachtet.

Positiv beurteilt wird dieser Test von PANTE (1944), der in mehr als 500 Fällen eine gute Korrelation zwischen den Ergebnissen der Neutralrotprobe und dem organoleptischen Befund beobachtete, von RAUTMANN u. TILGNER (1943), die hierin eine besonders für Massenuntersuchungen geeignete Methode sehen, und von J. WURZIGER u. E. LINDEMANN (1956). Letztere übergießen 1 g Schmalz auf der Tüpfelplatte mit 0,3 ml der Neutralrotlösung, verreiben, gießen nach 3 min den überschüssigen Farbstoff ab und betrachten die Reibeprobe sowohl im Tages- als auch im filtrierten UV-Licht. K. TÄUFEL u. R. SERZISKO (1956) messen dieser Probe indessen nur einen begrenzten Wert bei, da es sich um eine unspezifische Methode handelt, die auf den pH-Wert anspricht, der beispielsweise auch durch hydrolysierte Proteine, freie Fettsäuren und saure Antioxydantien erniedrigt werden kann.

Objektive Methoden zur Qualitätsbestimmung von Schmalz bedienen sich der Messung des Oxydationsgrades bzw. der Inkubationszeit bei der Belüftung unter definierten Bedingungen. H. P. KAUFMANN u. Mitarb. (1957) kommen aufgrund umfangreicher Untersuchungen über die Beziehungen zwischen Frische und UV-Absorption von Schmalz zu einer Klasseneinteilung, bei der eine Extinktion $E_{1\,cm}^{1\,\%}$ 268 mμ < 0,100 der besten und eine Extinktion > 0,300 der schlechtesten Qualität entspricht (vgl. Tab. 149 auf S. 865).

Auch M. LOURY u. M. FORNEY (1967) halten die Höhe der Extinktion von Schmalz im Triengebiet für ein brauchbares Mittel zur Qualitätsbeurteilung. Da diese direkt proportional der in Einheiten der Hazen-Skala (Platinchlorwasserstoffsäure) angegebenen Verseifungsfarbzahl ist, besitzt der Praktiker in der Bestimmung dieser Kennzahl ein einfaches Mittel zur Beurteilung der Güte von Schmalzerzeugnissen.

R. GRAU u. A. MIRNA (1958) empfehlen, neben der Extinktion bei 268 mμ die SZ, die POZ und die Verseifungsfarbzahl zu messen. Zur Bestimmung der letzteren geben sie folgende Methode an (vgl. auch S. 869):

5,00 g des klar filtrierten Schmalzes werden in einen 250-ml-Schliffkolben eingewogen und mit 25 ml 96%igem Alkohol und 5 ml 50%iger Kalilauge sowie einigen Glasperlen versetzt und genau 10 min unter Rückfluß zu gelindem Sieden erhitzt. In die noch heiße Seifenlösung werden durch den Kühler 20 ml Wasser pipettiert; bei aufgesetztem Kühler wird abgekühlt und 15 min nach beendeter Verseifung die entstandene Gelbfärbung bei 420 mμ gegen einen entsprechenden Leerwert gemessen. Im Befund wird die Extinktion für eine Schichtdicke von 1 cm angegeben.

Auch die Messung der Induktionsperiode, z. B. mit Hilfe des Swift-Testes (S. 909) oder des von K. TÄUFEL angegebenen Filtrierpapiertestes (S. 915), läßt objektive Rückschlüsse auf die Frische des Schmalzes zu, vorausgesetzt, daß keine unerlaubten Antioxydantien (vgl. Bd. II/2) oder Tokopherole zur Stabilisierung zugesetzt wurden. Auf letztere prüft man nach J. WURZIGER u. F. GÜNTHER (1960) wie folgt:

2 g Schmalz werden auf dem Wasserbad geschmolzen und nach Zugabe von 2 ml reinem Alkohol unter kräftigem Schütteln erneut erwärmt. Anschließend wird in Eiswasser gekühlt und filtriert. Zum Filtrat gibt man 2 Tropfen einer 0,05%igen frisch bereiteten Lösung von 2,6-Dichlorchinonchlorimid in Petroläther, 3 Tropfen einer 25%igen Ammoniaklösung und 3 Tropfen 0,1 n alkoholischer Kalilauge. Bei Anwesenheit von α-Tokopherol ist die schwach trübe Flüssigkeit blau bis blaugrün gefärbt. Nachweisgrenze 0,03% Tokopherol.

Nachweis der Raffination

Beim Nachweis der Raffination ist grundsätzlich zu unterscheiden zwischen der Behandlung mit Alkalien, der Behandlung mit aktiven Bleicherden und einer Vollraffination durch Entsäuerung, Bleichung und Desodorisierung, wie sie bei pflanzlichen Fetten üblich ist.

Zur Prüfung auf *Alkalibehandlung* sind zahlreiche Methoden vorgeschlagen worden (vgl. S. 839), die auf der Bestimmung von restlichem Alkali beruhen. Diese Verfahren führen naturgemäß zu keinem richtigen Ergebnis, wenn das Alkali durch Auswaschen vollständig entfernt wurde. In solchen Fällen, die daran zu erkennen sind, daß bei auffällig niedriger SZ und POZ eine relativ hohe Extinktion gefunden wird, läßt sich nach J. WURZIGER u. E. LINDEMANN (1958) die Alkaliraffination durch Bestimmung der Verseifungsfarbzahl feststellen. Eine durch 2-minutiges Erhitzen von 2 g Schmalz mit 10 ml 0,5 n alkoholischer KOH und anschließendes Verdünnen auf 25 ml erhaltene Lösung hat — auf das Schmalz bezogen — bei 470 mμ keine höhere Extinktion $E_{1\,cm}^{1\,\%}$ als 0,30, wenn das Schmalz unraffiniert war. Bei Raffinaten, z. B. „white grease" wurden Werte über 0,50 erhalten.

Die *Bleicherdebehandlung* läßt sich nach H. P. KAUFMANN u. Mitarb. (1956c) dadurch erkennen, daß man die Konzentration der bei der Bleichung gebildeten konjugierten Triene durch Messung der Extinktion im UV-Licht bei 268 mμ bestimmt. Man verfährt dabei am besten nach der DGF-Einheitsmethode C – VI 8 (61):

Die Schmalzprobe wird durch vorsichtiges Aufschmelzen auf dem Wasserbad homogenisiert. Von der Schmelze werden in der Regel ca. 0,2 g in einen Meßkolben von 25 ml Inhalt auf $\pm$ 0,0001 g genaue eingewogen, in optisch reinem Hexan (S. 519) gelöst und mit diesem bis zur Marke aufgefüllt. Die Höhe der Einwaage richtet sich nach der beobachteten Extinktion. Sie soll so gewählt werden, daß die am Gerät abgelesenen Extinktionswerte zwischen 0,2 und 0,6 liegen. Die Extinktion wird bei 264, 268 und 272 mμ mit einem geeichten Spektralphotometer gemessen. Alle gemessenen Extinktionen werden auf $E^{1\,\%}_{1\,cm}$ umgerechnet. Dann berechnet man:

$$E = E^{1\,\%}_{1\,cm}\ (268\ m\mu)$$

$$T = 100 \cdot \left[E^{1\,\%}_{1\,cm}\ (268\ m\mu) - E^{1\,\%}_{1\,cm}\ (\text{Mittelwert})\right]$$

$$E^{1\,\%}_{1\,cm}\ (\text{Mittelwert}) = \frac{E^{1\,\%}_{1\,cm}\ (264\ m\mu) + E^{1\,\%}_{1\,cm}\ (272\ m\mu)}{2}$$

$$Q = \frac{T}{E}$$

Der E-Wert von einwandfreiem, frischem Schmalz ist sehr niedrig (unter 0,1). Durch Raffination, längere Erhitzung oder Verderben während der Lagerung steigt er auf über 0,25. Der T-Wert von unbehandeltem Schmalz liegt unter 1,00. Er wird durch Raffination erhöht. Der Q-Wert beträgt bei unbehandeltem Schmalz ca. 3—4 und beim Raffinat 7—10. Raffination gilt als erwiesen, wenn T über 1,0 und Q über 7,0 liegt.

Auch durch Bestimmung von $R = E_{232}/E_{268}$ in Verbindung mit E_{268} läßt sich, wie beim Nachweis der Raffination von Olivenöl (S. 864), raffiniertes Schweinefett erkennen. Nach E. Pascucci u. F. Paolini (1962) liegt für reines Schweineschmalz die Extinktion $E^{1\,\%}_{1\,cm}$ bei 268 mμ unter 0,13 und das Verhältnis R immer höher als 25. Die entsprechenden Werte für raffiniertes Schweineschmalz sind $E_{268} > 0{,}4$, $R < 10$.

Nach W. Piorr u. L. Tóth (1966) zeigen mit Bleicherde behandelte Schweineschmalze typische Fluorescenzanregungsspektren, die auf Veränderungen der Linolsäure zurückzuführen sind. Auch diese Spektren liefern brauchbare Parameter zur Definition des Oxydationsgrades.

Vollraffiniertes Schweineschmalz läßt sich, ähnlich wie das gebleichte, an der Erhöhung der Extinktion im UV-Gebiet nachweisen in Verbindung mit einer Bestimmung der Säurezahl. Entsprechen die E-, T- und Q-Werte den von H.P. Kaufmann u. Mitarb. (1956a) angegebenen Kriterien und ist außerdem die Säurezahl kleiner als 0,2, so handelt es sich um ein vollraffiniertes Fett.

Nachweis der Umesterung

In den Vereinigten Staaten werden große Mengen Schmalz einer „gelenkten" Umesterung unterzogen, um Backfette mit einem größeren Plastizitätsbereich zu erhalten, als ihn das normale Schmalz besitzt. Solche Schmalze sind stets vollraffiniert, da freie Fettsäuren, Wasser, Eiweißstoffe usw. die Wirksamkeit des Umesterungskatalysators beeinträchtigen. Da die Glyceridstruktur des Schmalzes durch diese Behandlung völlig verändert wird, ist der Nachweis der Umesterung nach den auf S. 983ff. angegebenen Methoden leicht zu führen. Einzelheiten des Umesterungsverfahrens bei H.K. Hawley u. G.W. Holman (1956). Zusammenstellung der analytisch wichtigen Veränderungen bei F.E. Luddy u. Mitarb. (1955).

Nachweis von Fremdfetten

Der Nachweis von pflanzlichen Fetten und hydrierten Pflanzenölen in Schweineschmalz bereitet, wie auf S. 851 dargelegt wird, keine Schwierigkeiten. Er ist im allgemeinen durch Bestimmung des Phytosteringehalts und im besonderen durch Bestimmung von Leitfettsäuren bzw. des trans-Gehalts zu erbringen. Vermischungen mit pflanzlichen Fetten sind durchweg nicht zu befürchten, da Schweineschmalz schon seit Jahren zu den billigsten Fetten gehört. Für eine Verfälschung kommen daher in erster Linie tierische Fette in Betracht, neben Rindertalg auch Hammel- und Pferdefett.

Am wichtigsten ist der Nachweis von *Rindertalg* im Schweinefett, der normalerweise nach dem Schmelzpunktsdifferenzverfahren von A. Bömer u. Mitarb. (1913) geführt wird. Das Verfahren beruht darauf, daß die Differenz der Schmelzpunkte der gesättigten Glyceride des Schweinefetts und der daraus hergestellten Fettsäuren 3—5°C beträgt, während sich die Schmelzpunkte der gesättigten Glyceride von Rindertalg und der daraus erhaltenen Fettsäuren nur um ca. 0,1°C unterscheiden. Diese Methode findet sich in den DGF-Einheitsmethoden unter Nr. C - VI 7 (53) und in einer etwas abweichenden, auf die Arbeiten von R.H. Kerr (1920) zurückgehenden Form sowohl in den AOCS-Methoden unter Nr. Cb 5 - 40 als auch in den AOAC-Normen unter Nr. 26.083 (1965). F.D. Tollenaar u. Mitarb. (1962) verglichen die erste und die dritte dieser Methoden mit einer in der Rijkszuivelstation zu Leiden ausgearbeiteten Variante und fanden die letztere für holländisches Schmalz am besten geeignet.

Verfahren nach DGF-Einheitsmethode C - VI 7 (53)

Darstellung der Glyceride. 50 g des geschmolzenen und klar filtrierten Fettes werden in einem Becherglas (150 ml) in 50 ml Äther gelöst, mit einem Uhrglas bedeckt und unter wiederholtem Umrühren der Kristallisation überlassen. Nach 1 Std wird der Kristallbrei durch eine Wittsche-Saugplatte mit Filterscheibe G 2 (oder Glasfilter) scharf abgesaugt und durch Aufpressen mit einem glatten, breitgepreßten Glasstab möglichst von der Mutterlauge befreit. Die Kristallmasse wird wieder in 50 ml Äther gelöst und erneut der Kristallisation überlassen. Nach 1 Std wird wie das erste Mal filtriert und die Mutterlauge entfernt. Reine Schweinefette liefern Glyceride mit 63—64° Smp, talghaltige Schweinefette aber Glyceride mit darunter liegenden Schmelzpunkten.

Liegt der Smp unter 61°, so krist. man nochmals bzw. so lange aus Äther um, bis ein über 61° liegender Glyceridschmelzpunkt erhalten wird. In der Regel genügt ein zweimaliges Umkristallisieren.

Bei sehr weichen, oleinreichen Fetten, die unter den obigen Kristallisationsbedingungen keine oder nur eine sehr geringe Ausscheidung von Kristallen liefern, läßt man die ätherische Fettlösung $^1/_2$—1 Std länger bei tieferer Temperatur (5—10°) stehen oder verwendet eine Mischung aus 3—4 Teilen Äther und 1 Teil Alkohol bzw. wasserfreiem Aceton. Im letzteren Fall verwendet man zur zweiten Kristallisation Äther, um die oleinhaltigen Glyceride zu entfernen.

Darstellung der Fettsäuren. Die Fettsäuren werden aus den gleichen Glyceriden dargestellt, deren Smp bestimmt wurde. Man verreibt 0,1—0,2 g dieser Glyceride in einem kleinen Mörser zu einem gleichmäßigen Pulver und verseift die Hälfte davon in einem bedeckten kleinen Becherglas mit 10 ml farbloser alkoholischer 0,5 n-Kalilauge 5—10 min auf einer Heizplatte unter lebhaftem Sieden. Dann führt man die klare Seifenlösung mit 100 ml Wasser in einen Scheidetrichter über, zerlegt sie mit 2—3 ml 25%iger Salzsäure und schüttelt mit 25 ml Äther aus. Die ätherische Lösung wird zweimal mit je 25 ml Wasser gewaschen und filtriert. Nach dem Abdunsten des Äthers trocknet man den Rückstand $^1/_2$—1 Std bei 100° und verreibt ihn nach dem Erkalten und Festwerden zu einem feinen Pulver.

Bestimmung der Schmelzpunkte. Um zuverlässige Ergebnisse zu erhalten, ist notwendig, die Bestimmung des Schmelzpunktes der Glyceride und der Fettsäuren unter völlig gleichen Bedingungen vorzunehmen; man führt sie daher gleichzeitig nach DGF-Einheitsmethode C - IV 3a durch.

Man bringt Glyceride und Fettsäuren in 2 U-förmige Schmelzcapillaren von $^3/_4$ mm lichter Weite und gleicher Wandstärke mittels eines Platindrahtes durch die trichterförmige Erweiterung des einen Schenkels und schiebt sie $^1/_2$—1 cm vor der unteren Biegung zu einem festen Säulchen von 2—3 mm Länge zusammen. Mit dem anderen Schenkel befestigt man die Capillaren mit einem dünnen Gummiring so an einem geeichten Thermometer, daß die Substanz sich in beiden Röhrchen neben der Mitte des Quecksilbergefäßes befindet. Das Wärmebad rührt man ständig mit einem zweiten beweglich aufgehängten Thermometer. Die Temperatur soll von 50° an etwa $1^1/_2$—2° in der Minute steigen.

Als Schmelzpunkte sind die Temperaturen anzusehen, bei welchen die Fettsäulchen vollkommen klar geworden sind. Die Schmelzpunktbestimmungen müssen mit neuen Substanzmengen wiederholt werden. Das Mittel aus zwei gut übereinstimmenden Versuchen ist der Beurteilung der Fette zugrunde zu legen. Die Schwankungen dürften 0,2° nicht übersteigen, und die Schmelzpunktdifferenzen sollen innerhalb 0,1° und weniger übereinstimmen.

Beurteilung der Ergebnisse. Für die Reinheitsbeurteilung eines Schweinefettes eignen sich in erster Linie die mit den Smp 61—65° dargestellten Glyceride.

Ein Schweinefett ist als mit Talg (Rindstalg, Hammeltalg, Preßtalg) — oder anderen Fetten, die ähnliche Schmelzpunktdifferenzen wie die Talge aufweisen — vermischt zu bezeichnen, wenn die Differenz (d) zwischen dem Schmelzpunkt des Glycerids (Sg) und dem der daraus dargestellten Fettsäuren (Sf) unterhalb folgender Grenzwerte liegt:

Korrigierte Schmelzpunkte, °C

Glyceridschmelzpunkt (Sg)	Schmelzpunktdifferenz (d)	Glyceridschmelzpunkt (Sg)	Schmelzpunktdifferenz (d)	Glyceridschmelzpunkt (Sg)	Schmelzpunktdifferenz (d)	Glyceridschmelzpunkt (Sg)	Schmelzpunktdifferenz (d)
61,0	5,0	62,0	4,5	63,0	4,0	64,0	3,5
61,1	4,95	62,1	4,45	63,1	3,95	64,1	3,45
61,2	4,9	62,2	4,4	63,2	3,9	64,2	3,4
61,3	4,85	62,3	4,35	63,3	3,85	64,3	3,35
61,4	4,8	62,4	4,3	63,4	3,8	64,4	3,3
61,5	4,75	62,5	4,25	63,5	3,75	64,5	3,25
61,6	4,7	62,6	4,2	63,6	3,7	64,6	3,2
61,7	4,65	62,7	4,15	63,7	3,65	64,7	3,15
61,8	4,6	62,8	4,1	63,8	3,6	64,8	3,1
61,9	4,55	62,9	4,05	63,9	3,55	64,9	3,05

Da diese Zahlenreihen arithmetische Progressionen darstellen, von denen die eine (Sg) steigt, die andere (d) fällt, erhält man für die Summe Sg + 2 d von zusammengehörigen Werten Sg und d den gleichen Wert 71.

Bei der Anwendung des Verfahrens ist es zweckmäßig, den Wert Sg + 2 d zu berechnen — wobei d einschließlich Vorzeichen in Rechnung zu setzen ist — und danach zu entscheiden, ob ein reines Schweinefett vorliegt. In Untersuchungsberichten sollte der Schmelzpunkt der Glyceride *und* der Fettsäuren sowie die Schmelzpunktsdifferenz angegeben werden.

Für reine und mit Talg vermischte Schweinefette wurden folgende Werte für Sg + 2 d gefunden:

Fett	Sg + 2 d	Fett	Sg + 2 d 10%	Sg + 2 d 20%
Schweinefett (16 Proben)	73,4—78,1	Schweinefette mit Zusatz von		
Rindertalg (2 Proben). .	62,8—67,0	Rindstalg	67,7—75,4	65,3—73,9
Hammeltalg (1 Probe) .	63,9—66,0	Hammeltalg	67,9—70,1	64,0—66,0
Preßtalg (1 Probe) . . .	65,6—67,0	Preßtalg	64,4—66,0	63,9—66,2

Liegt der Wert für Sg + 2 d nur wenig über oder unter 71, so empfiehlt es sich, den Rest der Glyceride nochmals aus Äther umzukristallisieren und die erhaltenen Glyceride und die Fettsäuren erneut auf ihren Schmelzpunkt zu untersuchen. Der Zusatz von Talg oder einem ähnlich sich verhaltenden Fett ist als erwiesen anzusehen, wenn der Wert Sg + 2 d unter 71 gefunden wird.

J.B. Roos (1962) zeigte, daß das Auswaschen der in Äther unlöslichen Glyceride auf den Glyceridschmelzpunkt und auf die Empfindlichkeit des Nachweises von Talg oder gehärtetem Fett von Einfluß ist. Berechnet man die Bömer-Zahl mit Hilfe der Formel B = Sg + 1,28 d, so sollte der Grenzwert für niederländisches Schweineschmalz bei 70,1° liegen.

In den *Einheitsmethoden der AOAC* (1965 Nr. 26.083) wird eine Molekulargewichtsbestimmung der aus den unlöslichen Glyceriden erhaltenen Fettsäuren empfohlen. Ein höheres Mol.-Gew. als 275,1 für die Fettsäuren aus Palmitodistearin deutet auf die Anwesenheit von Tristearin (Mol.-Gew. der Fettsäuren 284,5) hin. Am einfachsten ist die Fettsäurezusammensetzung durch papier- oder gaschromatographische Verfahren zu ermitteln.

Die Anwendung der von H.P. KAUFMANN u. Mitarb. (1959) begründeten papierchromatographischen Glyceridanalyse auf die nach A. BÖHMER u. Mitarb. (1913) isolierten Glyceride (vgl. S. 970) kann ebenfalls wertvolle Hinweise liefern. G. JACINI u. Mitarb. (1963) konnten durch Kombination der Bömer-Zahl mit gaschromatographischen und dilatometrischen Bestimmungen noch 10% Talg in Schmalz nachweisen.

Zur Beurteilung der Reinheit eines Schweinefettes eignen sich die Glyceride vom Schmelzpunkt 61—65° (korr.) am besten. Bei Glyceriden, die zwischen 60 und 61° schmelzen, ist ein Talggehalt eindeutig festgestellt, wenn die Schmelzpunktdifferenz unter 5 und bei über 65—68,5° schmelzenden Glyceriden, wenn sie unter 3 liegt.

Kombination des Verfahrens mit der Phytosterinacetatprobe

Im Filtrat von der ersten Glyceridkristallisation ist außer dem größten Teil der oleinhaltigen Glyceride fast die Gesamtmenge der Sterine (Cholesterin und Phytosterine) vorhanden. Man kann es daher — allein oder auch mit dem zweiten Filtrat — zur Phytosterinacetatprobe nach der hierfür maßgebenden Vorschrift verwenden. Man destilliert das Lösungsmittel ab und verseift den Rückstand.

Hat die Untersuchung für Sg + 2 d einen Wert unter 71 ergeben, so kann dieses Ergebnis auch durch die Anwesenheit von gehärteten Pflanzenfetten, Seetierölen oder von gehärtetem Schmalz bedingt sein.

Erläuterungen zum Verfahren von A. BÖHMER *u. Mitarb. (1913)*

Die Fette müssen sich völlig klar im Lösungsmittel lösen (Äther, Aceton). Geringe Trübungen konzentrieren sich in den ausgeschiedenen festen Glyceriden und stören die Bestimmung des Schmelzpunktes.

Ist nach der ersten Kristallisation der Kristallbrei trocken und körnig, so genügt es zur Befreiung von anhaftender oleinhaltiger Mutterlauge, die Glyceride im Becherglas mit 50 ml Äther zu verteilen und nach 5—10 min wieder abzusaugen, und es bedarf keiner zweiten Kristallisation.

Die Bestimmung der Schmelzpunkte erfolgt sofort nach der Trocknung der Fettsäuren. Sie sind andernfalls vor Ammoniak geschützt aufzubewahren.

Nach dem Schmelzen der Hauptmenge der Fettsäuren müssen die mehr oder minder schwachen Trübungen völlig verschwunden sein. Kleine Luftbläschen können irrtümlich für Trübungen gehalten werden.

Glyceridschmelzpunkte dürfen nur mit den aus Lösungsmitteln kristallisierten Glyceriden bestimmt werden. Bereits geschmolzen gewesene Verbindungen können nicht zu neuen Bestimmungen verwendet werden.

Gehärtete Pflanzenöle und gehärtete Seetieröle weisen ähnliche Schmelzpunktdifferenzen auf wie die Talge.

Oberhalb 68,5° schmelzende Glyceride sind in Schweinefett nicht enthalten. Ein nach mehrfachem Umkristallisieren erhaltener Glyceridschmelzpunkt von über 69,5° oder über 64,5° für die Fettsäuren beweist, unabhängig von der Höhe der Schmelzpunktdifferenz, die Gegenwart von Talg. In beiden Fällen ist ein Sicherheitsabstand von 1,0 bzw. 1,3° von den beobachteten höchsten Werten für α-Palmitodistearin und dessen Fettsäuren gewählt worden.

Nach J.P. WOLFF (1961) ist die Bömer-Zahl zu unempfindlich und schlecht reproduzierbar. In vielen Fällen lassen sich Talgzusätze bis zu 20% nicht nachweisen. Einen genaueren und spezifischeren Nachweis kann man nach J.P. WOLFF (1963) führen, wenn man das zu untersuchende Fettgemisch in die Methylester überführt, die Mischung in einem mit einem Flammenionisationsdetektor ausgestatteten Gaschromatographen zerlegt und den Gehalt an Fettsäuren mit den Kettenlängen C_{14}, C_{15} und C_{16} bestimmt. Reines Schmalz liegt vor, wenn die Summe

$$S = \frac{100 \cdot (C_{14} \text{ ungesättigt} + C_{15} \text{ verzweigt})}{C_{14}} + \frac{100 \cdot (C_{14} \text{ gesamt} + C_{15} \text{ gesamt})}{C_{16}}$$

kleiner als 10 ist.

Mit einer relativen Genauigkeit von 10% können 5—50% Talg auf diese Weise nachgewiesen werden.

Über einen Nachweis von Rindertalg in Schweineschmalz mit Hilfe der Differential-Thermoanalyse berichtet E. MAREŠ (1965). Schmalz zeigt typische Schmelzzonen bei 32, 38,4 und 46,6°C. Die gesättigten Triglyceride, die im Talg in höherer Konzentration als im Schmalz vorkommen, beeinflussen die zweite und dritte Schmelzzone. Das Verhältnis der Höhen des zweiten und dritten Maximums ($R = \frac{a}{b}$) ist annähernd konstant. Setzt man einem Schmalz Rindertalg zu, dann verändert sich der $\frac{a}{b}$ Wert. Schon bei Zusätzen von 10% Talg steigt er im Mittel auf 1,48. Bei Zusätzen von 25—30% Talg werden nur zwei Schmelzzonen beobachtet.

Einfacher ist der Nachweis von *Pferdefett*, das nach den Untersuchungen von CL. FRANZKE (1953) mit 2,5—8,3% wesentlich mehr Linolensäure enthält als Schweine- und Rinderfett, deren Linolensäuregehalt durchweg unter 1% bleibt. Durch eine UV-spektrophotometrische Untersuchung ist der Gehalt an Pferdefett unschwer festzustellen, vorausgesetzt, daß keine anderen bei 268 mμ absorbierenden Substanzen anwesend sind. Weitere Bestimmungsmethoden, z. B. über die Polybromide, S. 590ff.

2. Methoden zur Untersuchung und zum Nachweis von Seetierölen

Vorkommen, Eigenschaften und die wichtigsten analytischen Nachweise und Bestimmungsmethoden für Seetieröle werden an anderer Stelle dieses Bandes behandelt. Die Identifizierung von Fischölen gehört zu den selteneren Aufgaben des Lebensmittelanalytikers, da diese Öle wegen ihres durchdringenden Geruchs fast nur in gehärteter Form in Lebensmitteln verwendet werden.

Nachweis *individueller* Seetieröle ist nur möglich, wenn sie in ungemischter Form vorliegen. Eine Bestimmung der Fettsäurezusammensetzung nach der Kettenlänge und dem Grade der Ungesättigtheit vermag nur dann Aufschluß über die Identität zu geben, wenn die betreffenden Öle durch charakteristische Gruppeneigenschaften ausgezeichnet sind, wie z. B. die Heringsöle durch ihren hohen Gehalt an Fettsäuren mit 20 und 22 C-Atomen, die Zahnwalöle durch ihren Gehalt an Fettalkoholen und die Haifischleberöle durch ihren hohen Squalengehalt. Eingehendes Studium der einschlägigen neuesten Literatur (L. A. SWAIN 1958; T. P. HILDITCH u. P. N. WILLIAMS 1964 usw.) kann daher nur dringend empfohlen werden. Wertvolle Dienste leistet dem Untersucher vor allem die ausführliche Zusammenstellung der Kennzahlen (VZ, JZ, Br_xZ und % Unverseifbares) der wichtigsten Öle von Fischen aus europäischen, amerikanischen und asiatischen Fanggebieten von H. P. KAUFMANN u. T. MIYAKAWA (1958). Die Aufklärung der Zusammensetzung von Fischöl*gemischen* wird aber nur in den seltensten Fällen möglich sein. Erschwert wird die Fischölanalyse zudem dadurch, daß die Zusammensetzung des Fischöls je nach den Fanggebieten und der Jahreszeit starken Schwankungen unterworfen ist.

Der Nachweis von *Fischölen in Pflanzenölen* stützt sich am besten auf die in ihnen vorhandenen vier- und fünffach ungesättigten höhermolekularen Fettsäuren, da sich die Farbreaktionen nicht immer als zuverlässig erwiesen haben. Spezifisch ist z. B. die auf S. 442 wiedergegebene Reaktion mit Brom nach einer Vorschrift der AOAC, mit der noch 1% Fisch- oder Walöl in pflanzlichen Ölen nachgewiesen werden kann. Zur Bestimmung eignet sich vor allem die Ausmessung der bei 315 mμ nach der Isomerisierung auftretenden Banden der vierfach ungesättigten Fettsäuren, die in Pflanzenölen nicht vorkommen (vgl. Abb. 155).

Unter der Voraussetzung, daß Fischöle, wie Sardinen- und Menhadenöl, einen Gehalt von 40% scheinbarer Arachidonsäure besitzen, berechnen R. S. LAMBERT u. J. T. R. ANDREWS (1948) den Fischölgehalt nach der Formel:

$$\% \text{ Fischöl} = 2{,}5 \cdot (\% \text{ scheinbare Arachidonsäure} - 0{,}5)$$

Ähnlich arbeitet CL. FRANZKE (1964).

Eingehend beschäftigen sich CL. FRANZKE u. Mitarb. (1965) mit der Zuverlässigkeit verschiedener Nachweismethoden für Seetieröle in Nahrungsfetten:

Das Verfahren von TORTELLI u. JAFFE (vgl. S. 442) ist nicht spezifisch, da einige tierische und pflanzliche Fette ähnliche Färbungen ergeben. Außerdem reagieren nicht alle Fischöle positiv.

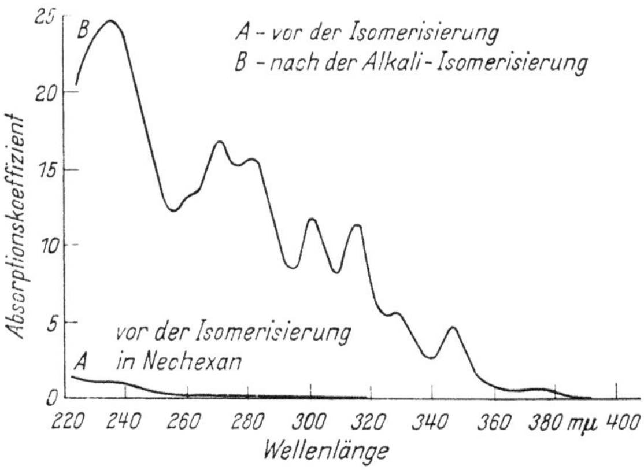

Abb. 155. UV-Spektrogramm von Sardinenöl vor und nach der Isomerisierung (LAMBERT u. ANDREWS 1948)

Spezifisch dagegen ist der Nachweis über die Bromadditionsprodukte (vgl. S. 442). Besonders einfach ist es, die Bromadditionsreaktion an den Glyceriden auszuführen; die Nachweisgrenze ist dagegen mit 5—20% relativ hoch.

Spezifisch und empfindlich (1—5%) ist das spektralanalytische Verfahren (CL. FRANZKE 1964), dagegen versagt die DC-Methode bei Gegenwart von Erdnuß-, Soja- und Rüböl.

Neue Analysendaten über die Fettsäurezusammensetzung von Herings- und Weißfischölen bei A. JART u. V. BITSCH (1965). Nach R.G. ACKMAN (1966) besteht zwischen der Wijs-Jodzahl des Öls und dem Gehalt der Fischölfettsäuren an Polyensäuren, die durch eine gaschromatographische Bestimmung gefunden werden, folgende Beziehung:

$$\% \text{ Polyenfettsäuren} = 10{,}7 + 0{,}337\ (\text{JZ} - 100).$$

III. Kunstspeisefette; Back-, Brat- und Fritierfette

Kunstspeisefette sind nach der Definition des Gesetzes vom 15. VI. 1897 solche, dem Schweineschmalz ähnlichen Zubereitungen, deren Fettgehalt nicht ausschließlich aus Schweinefett besteht. Ausgenommen sind unverfälschte Fette bestimmter Tier- und Pflanzenarten, welche unter den ihrem Ursprung entsprechenden Beziehungen in den Verkehr gebracht werden.

Als Kunstspeisefette kommen hauptsächlich in Betracht Mischungen aus Schweinefett mit Talg, Mischungen von Schweineschmalz mit Talg und pflanzlichen Fetten und Mischungen von Talg und pflanzlichen Ölen.

Zu dieser Gruppe gehören laut Erlaß der Preußischen Minister von 2. V. 1928 auch die gehärteten Speiseöle, die aus flüssigen Pflanzenölen oder Seetierölen durch Anlagerung von Wasserstoff in Gegenwart von Nickelkatalysatoren erhalten werden. Letztere dürfen nach einem Rundschreiben des BMdI vom 23. VII. 1952 auch als Speisefette bezeichnet werden, müssen aber als „gehärtet" gekennzeichnet sein.

Schließlich sind sinngemäß auch die durch eine Umesterung in ihrer Glyceridstruktur veränderten tierischen und pflanzlichen Fette in diese Gruppe einzuordnen. Zur Deklaration vgl. H. DILLER (1951).

Die größte Bedeutung erlangten unter den Kunstspeisefetten die gehärteten Fette. Man unterscheidet nach ihrer Zusammensetzung *reine gehärtete Fette*, die nur aus gehärteten pflanzlichen bzw. tierischen Ölen bestehen, und *Mischfette*, die sowohl gehärtete als auch ungehärtete Öle enthalten. Nach dem Verwendungszweck kann man zwischen *Universalfetten*, wie sie unter Phantasiebezeichnungen für die Verwendung im Haushalt angeboten werden, *Bratfetten*, *Back- und Zieh-*

fetten für Bäckereibetriebe und *Fritierfetten* unterscheiden. Den Backfetten werden häufig Emulgatoren, wie Monoglyceride höherer Fettsäuren und mit Milchsäure oder Weinsäure veresterte Monoglyceride, und Triebmittel, wie Weinsäure, zugesetzt.

1. Untersuchung gehärteter Fette und gehärtete Fette enthaltender Mischfette

Die wissenschaftlichen Grundlagen der Fetthärtung werden von W. WACHS in Bd. I und die technologischen Herstellungsbedingungen von K. F. GANDER in diesem Band besprochen. Eine neuzeitliche Darstellung des Gebietes bringen H. P. KAUFMANN u. F. WEGHORST (1958). Hier eine Zusammenfassung der für die Analyse von Hartfetten wichtigsten Befunde.

Bei der Anlagerung von Wasserstoff an die Doppelbindungen unterscheidet man zwischen *selektiver* und *nicht selektiver* Hydrierung. Während bei der ersteren die Bildung von gesättigten Produkten nicht auftritt, bevor die vollständige Überführung der mehrfach ungesättigten Fettsäuren in die einfach ungesättigten stattgefunden hat, werden bei der letzteren im Idealfall keine einfach ungesättigten Fettsäuren gefunden, da diese intermediär in die zugehörigen gesättigten Fettsäuren überführt werden. In der Praxis wird die selektive Hydrierung bevorzugt, da sie zu Fetten von größerer Plastizität und besserer Konsistenz führt. Die Anlagerung von Wasserstoff an Doppelbindungen hat zahlreiche Isomerisierungsreaktionen im Gefolge. Nach H. P. KAUFMANN u. F. WEGHORST (1958) lassen sie sich wie folgt gruppieren:

1. Absättigung von Doppelbindungen, die zu in der Natur nicht vorkommenden Fettsäuren führen. So fanden z. B. K. H. BAUER u. F. ERMANN (1930), daß von den drei Doppelbindungen der Linolensäure die erste und die dritte zuerst hydriert werden, so daß intermediär eine Δ 12, 13-Isoölsäure gebildet wird.
2. Wanderung der Doppelbindungen, verbunden mit
3. einer cis-trans-Umwandlung.

Hierzu ein Beispiel von R. R. ALLEN u. A. A. KIESS (1955), die bei der Hydrierung von Ölsäure folgende Verteilung der Doppelbindungen fanden:

Stellung der Doppelbindung	Δ11	Δ10	Δ9	Δ8	Δ7
% der gesamten Monoensäuren	7,0	15,7	54,5	15,8	7,0
% der Isomeren in trans-Form	67,2	62,5	24,6	62,0	67,2

Die Anwesenheit von trans-Verbindungen ist der wichtigste Hinweis auf die Gegenwart hydrierter Fette. Zur richtigen Interpretation ist allerdings die Kenntnis der trans-Zahlen und anderer Kennzahlen der üblichen gehärteten Fette von Bedeutung, die in gedrängter Übersicht in Tab. 179 zusammengestellt sind.

Tabelle 179. *Kennzahlen wichtiger hydrierter Fette*

	JZ	VZ	Smp °C	Dilatation bei 20° C	Dilatation bei 30° C	trans-Index
Weichfette aus:						
Erdnußöl	75—85	185—195	32/34	800—1000	300— 400	55,4
Sojaöl	60—70	190—195	34/36	1200—1400	500— 650	48,7
Sonnenblumenöl	75—80	190—200	32/34	1050—1200	480— 490	68,1
Kottonöl	70—80	190—200	34	1100—1200	495	63,5
Walöl	65—75	190—195	32/34	1000—1150	450— 500	62,5
Heringsöl	70—80	190—200	34	900—1050	400— 455	66,0
Hartfette aus:						
Sojaöl	56—61	190—195	42/44	1400—1600	1050—1250	52,9
Kottonöl	55,2	190—200	42/44	1500—1700	1350—1400	46,6
Palmöl	44—46	195—200	42	1700—1800	1300—1400	41,8
Walöl	45	190—195	42	1500—1600	1250—1350	35,5
Heringsöl	45—55	190—200	42	1400—1500	980—1080	46,2
Mischfett aus:						
64% Erdnußweichfett 36% Erdnußöl	59	191	31	580	90	37,9

Zur Untersuchung empfiehlt sich die Anwendung von physikalischen und chemischen Methoden, wobei die ersteren vornehmlich der Definition der mechanischen Eigenschaften, insbesondere der Bestimmung des fest-flüssig-Verhältnisses dienen, während letztere einen Einblick in die chemische Zusammensetzung geben.

Methoden zur Bestimmung des Aggregatzustandes

Zur Beschreibung des Aggregatzustandes bestimmt man den *Schmelzpunkt*, z. B. den Steigschmelzpunkt nach S. 452, den *Erweichungspunkt* (S. 454), den *Fließ- und Tropfpunkt* nach S. 456 oder aber die *Erstarrungskurve* nach JENSEN (S. 462). Letztere gestattet, sehr einfach die Identität eines Fettes zu beweisen.

Speisefette sind, auch wenn sie von fester Konsistenz sind, nur in sehr seltenen Fällen feste Körper im Sinne der physikalischen Definition des festen Aggregatzustandes. Sie sind in Wirklichkeit Gemische fester und flüssiger Triglyceride, bei denen sich das Verhältnis fest:flüssig mit der Temperatur ändert. Eine genauere Kennzeichnung des Aggregatzustandes fester Fette als durch den Schmelz- und Erstarrungspunkt erhält man daher, wenn man das fest-flüssig-Verhältnis über einen größeren Temperaturbereich bestimmt. Das geschieht am einfachsten durch Bestimmung der isothermen Schmelzausdehnung — der *Dilatation* —, die auf S. 472 ff. ausführlich beschrieben ist, sehr genau, aber etwas aufwendiger, mit Hilfe der *Differential-Thermoanalyse* (S. 476) und, ohne die Probe aufzuschmelzen, durch Anwendung von *kernmagnetischen Resonanzmethoden* (S. 543).

Den Unterschied zwischen den verschiedenen Typen gehärteter Fette läßt die Dilatation in ausreichender Weise erkennen, wenn man diese Größe im Temperaturgebiet von +5 bis +40° C von 5 zu 5 Grad bestimmt und die Resultate, ähnlich wie in Abb. 156, in ein Koordinatennetz einträgt.

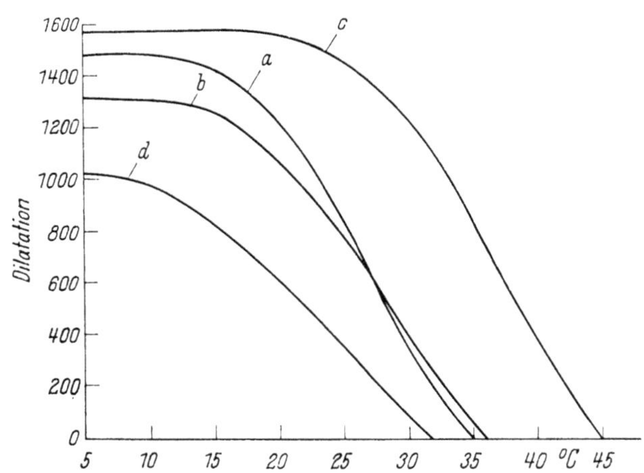

Abb. 156. Dilatationen verschiedener gehärteter Fette; a = Erdnußweichfett, F. P. 32° C; b = Walölweichfett, F. P. 34° C; c = Palmölhartfett, F. P. 44° C; d = Mischung aus 64% Erdnußweichfett und 36% Öl, F. P. 31° C

Man erkennt deutlich die Unterschiede im Schmelzverhalten eines schwach gehärteten Pflanzenfettes (a), eines schwach gehärteten tierischen Fettes (b), eines hochgehärteten Pflanzenfettes (c) und einer Mischung (d) aus Erdnußweichfett und Erdnußöl.

Aus der Dilatation läßt sich nach der auf S. 476 angeführten Formel mit ausreichender Genauigkeit der Gehalt an festen Glyceriden bei jeder Temperatur berechnen. Es ist aber nicht statthaft, aus der Höhe der Dilatation auf die *Konsistenz* der Speisefette zu schließen. Diese hängt, außer von dem Prozentsatz an festen

Glyceriden, von der Härte und der Größe der Kristallite ab. Letztere kann aber durch die Art der Herstellung, der Temperierung und der nachträglichen mechanischen Bearbeitung des Fettes beeinflußt werden.

Zur genauen Charakterisierung des physikalischen Verhaltens sollte daher auch die Konsistenz, z.B. mit dem Konsistometer nach HAAKE (S. 489) oder dem Penetrometer nach der Methode von A.J. HAIGHTON (1959) (S. 491) direkt bestimmt werden.

Häufig inkorporiert man in Kunstspeisefette fein verteilte *Luft oder Stickstoff*, um sie voluminöser zu machen und ihren Gebrauchswert zu verbessern. Nachweis entweder direkt nach der auf S. 764 mitgeteilten Methode oder indirekt durch Bestimmung der Dichte nach C.A. COFFEY u. H.T. SPANNUTH (1939) (S. 763).

Schließlich ist bei Bratfetten noch der Rauchpunkt nach S. 479 von Interesse, der zwar bei frischen Fetten nicht sehr von dem der Pflanzenöle abweicht, infolge der niedrigeren JZ aber nach häufigerem Gebrauch bei jenen nicht so stark erniedrigt wird wie bei diesen.

Methoden zur Bestimmung der Zusammensetzung

Infolge der zahlreichen Isomerisierungsmöglichkeiten, denen die Fette bei der Hydrierung unterworfen sind, haben die *normalen Kennzahlen*, insbesondere die Jodzahl, nur eine geringe Aussagekraft. Lediglich die Verseifungszahl gibt Hinweise darauf, ob hochmolekulare Fette (Rüböl) oder niedermolekulare (Cocos- oder Palmkernöl) Bestandteile des zu untersuchenden Fettes sind.

Um so wichtiger sind Untersuchungsmethoden, die auf die durch die Härtung nicht veränderten Eigenschaften der Fette ansprechen, und solche, die den Anteil der gehärteten Fette im Gemisch zu erkennen erlauben. Zu den unveränderlichen Eigenschaften der Fette gehört die *Verteilung der Kettenlänge* der entsprechenden Fettsäuren, die durch Verseifung einer Fettprobe, Isolierung der Fettsäuren und chromatographische Zerlegung der letzteren unschwer festzustellen ist. Von den chromatographischen Methoden sind wiederum die gaschromatographischen besonders geeignet, da sie infolge ihrer unvergleichlich hohen Trennschärfe Einschränkungen durch sog. „kritische Paare" nicht kennen und bei Verwendung von polaren Trennflüssigkeiten, wie Äthylenglycolsuccinat, die Fettsäuren sowohl nach ihrer Kettenlänge als auch nach dem Grad der Ungesättigtheit zu trennen vermögen. Positions- und cis-trans-Isomere werden, falls man nicht Capillarsäulen von extrem hoher Trennschärfe verwendet, nicht unterschieden, so daß außer diesen Isomeriemöglichkeiten keine andere Eigenschaft die Klarheit der Aussage beeinträchtigt. Die Charakterisierung von gehärteten Fetten durch Bestimmung der gesättigten und der einfach-, zweifach- und dreifach-ungesättigten Fettsäuren, wie bei A. JAKUBOWSKI u. Mitarb. (1962), ist also durchaus sinnvoll, wenn der Vorbehalt gemacht wird, daß es sich bei den gefundenen ungesättigten Säuren nur z. T. um die bekannten cis-Verbindungen, Ölsäure, Linolsäure und Linolensäure, handelt.

Da während der Hydrierung große Mengen trans-Fettsäuren gebildet werden, können diese als Maß für den Gehalt von Speisefetten an hydrierten Ölen angesehen werden. Die Bestimmung der trans-Fettsäuren erfolgt am einfachsten nach der auf S. 526 ff. wiedergegebenen IR-Methode. Die Messung liefert allerdings keinen genauen Wert, sondern eine relative Zahl, da die Extinktion des untersuchten Fetts auf den Extinktionswert von Trielaidin oder Methylelaidinat bezogen wird. Man spricht daher auch von der trans-Zahl oder dem trans-Index. Die Schwierigkeiten, die einer Berechnung des Gehaltes an hydrierten Fetten aus der trans-Zahl entgegenstehen, werden sofort klar, wenn man sich einige Gesetzmäßigkeiten bei der Bildung der trans-Fettsäuren vor Augen hält.

Bei einer selektiven Hydrierung beginnt sofort mit dem Einsetzen der Reduktion der Doppelbindungen die Bildung von trans-Fettsäuren, deren Konzentration mit zunehmender Wasserstoffanlagerung einen Höhepunkt durchläuft, um mit vollständiger Absättigung der Doppelbindungen gleich Null zu werden. So fanden R.J. SIMS u. L. HILFMAN (1953) bei der Hydrierung verschiedener Öle bei 200°C mit Wasserstoff von 2,1 at Druck in Gegenwart von 0,2% eines käuflichen 25%igen Nickelkatalysators folgende maximalen trans-Gehalte (vgl. Tab. 180).

Tabelle 180. *Maximaler Gehalt an trans-Isomeren in hydrierten Ölen* (nach R.J. SIMS u. L. HILFMAN 1953)

Ölsorte	% trans-Isomere		% trans-Isomere
Leinöl	68	Olivenöl	36
Sojaöl	42	Talg	24
Kottonöl	36	Schmalz	26

Die Höhe des trans-Gehaltes hängt von der Selektivität der Hydrierung ab, d.h. je langsamer diese verläuft, desto höher ist bei konstanter Jodzahl der trans-Gehalt der gehärteten Fette (vgl. Tab. 181).

Tabelle 181. *Einfluß der Hydrierungsbedingungen auf den trans-Gehalt von hydriertem Sojaöl* (nach R.J. SIMS u. L. HILFMAN 1953)

Hydriertemperatur: 200° C						
Überdruck kg/cm²	% Nickelkatalysator	Zeit min/sec	JZ	Linolsäure %	Linolensäure %	trans-Isomere %
0,7	1	240 min	78	1,28	0,00	54
16	0,05	38 min	76	5,37	0,13	44
50	0,05	3 min	79	12,30	0,64	30
71	0,05	30 sec	100	28,4	3,5	18
39	0,05	45 sec	100	27,8	3,2	19
16	0,05	80 sec	100	25,3	2,8	25
2,1	0,05	8 min	99	23,5	1,2	32
0	0,05	57 min	99	21,3	1,0	39

Weitere Beispiele bei D.V. STINGLEY u. R.J. WROBEL (1961), die den Vorschlag machen, das Mengenverhältnis der gebildeten trans-Isomeren zu der Jodzahlabnahme als *Hydrierindex* zu bezeichnen. Ohne Kenntnis dieser oder einer äquivalenten Größe ist es nicht möglich, aus dem spektralphotometrisch gemessenen trans-Gehalt den Anteil hydrierter Fette in Fettgemischen exakt zu berechnen.

Dagegen ist der trans-Gehalt nahezu identisch mit dem Prozentgehalt der trans-ungesättigten Fettsäuren, da, wie J. MAC GEE (1959) zeigen konnte, unter den üblichen Hydrierungsbedingungen Fettsäuren mit mehreren trans-Bindungen nur in verschwindender Menge entstehen.

Aus dem Ablauf des Hydrierungsmechanismus folgt für die Analyse ferner, daß es unmöglich ist, in solchen Kunstspeisefetten hydrierte Fette nachzuweisen, die durch Vermischung oder Umesterung von total hydrierten Ölen mit pflanzlichen oder tierischen Fetten erhalten wurden.

Schließlich ist bei dieser Gruppe von Fetten häufig die Bestimmung der cis-ungesättigten Fettsäuren, insbesondere der *essentiellen Fettsäuren* von Bedeutung. Der Gehalt an cis-Fettsäuren läßt sich aus der Jodzahl und dem IR-spektrophotometrisch bestimmten trans-Gehalt berechnen. Eine direkte Methode bedient sich der Absorption der cis-ungesättigten Fettsäuren im nahen Infrarot bei 2,15 μ (vgl. S. 529). Die essentiellen Fettsäuren werden am einfachsten nach der enzymatischen Methode von J. MAC GEE (1959) (vgl. S. 756) durch eine spezifische lipoxydase-katalysierte Oxydation bestimmt.

Das wurde durch Vergleichsbestimmungen von H. ZMACHINSKI u. Mitarb. (1966) bestätigt.

Die Untersuchung von ölhaltigen Mischfetten wird erleichtert, wenn man das zu untersuchende Gemisch z. B. nach den auf S. 609ff. beschriebenen Kristallisations-Methoden in verschiedene Fraktionen zerlegt und jede derselben auf ihre Fettsäurezusammensetzung prüft. Auch durch fraktionierte Kristallisation der aus den Fetten erhaltenen Fettsäuren und Untersuchung der Fettsäurefraktionen läßt sich ein recht guter Überblick über die Zusammensetzung solcher Fette erhalten (B. SREENIVASAN u. J. B. BROWN 1956a).

2. Untersuchung von Fetten mit speziellen Zusätzen, insbesondere Emulgatoren

Backfette enthalten häufig Zusätze von organischen Säuren, wie Weinsäure und Citronensäure, die als Triebmittel dienen. In den Vereinigten Staaten sehr verbreitet sind die sog. „superglycerinated shortenings" (A. E. BAILEY 1951), die einen Gehalt von 6—8% Mono-Diglyceriden aufweisen, durch die die Einarbeitung in Teige erleichtert wird. Dem gleichen Zweck dienen Zusätze von auf Fettbasis aufgebauten anderen Emulgatoren, wie den mit Weinsäure, Milchsäure und Citronensäure veresterten Monoglyceriden höherer Fettsäuren und den Zuckerestern. Zu dieser Gruppe von Fetten sind auch die „global spreads" zu rechnen, für die Armeeverpflegung bestimmte Streichfette, die sich durch einen sehr hohen Gehalt an Monoglyceriden auszeichnen und dadurch in einem weiten Temperaturbereich streichfähig sind (vgl. Tab. 182).

Tabelle 182. *Zusammensetzung eines „global spread"* (nach E. B. LANCASTER u. Mitarb. 1955)

Ingredientien	Teile	Ingredientien	Teile
Salatöl	83	Butter-Aromakonzentrat	0,04
Monostearat, destilliert	17	Propylgallat	0,01
Sojaphosphatide, ölfrei	0,2	Citronensäure	0,01
Salz	2,5	ferner Vitamin A und D	
Carotin	0,0035		

Zur Untersuchung dieser Produkte auf *freie niedermolekulare organische Säuren* löst man einige Gramm in einem geeigneten Lösungsmittel, wie Benzol oder Chloroform, und schüttelt mehrmals mit dest. Wasser aus. Etwaige Emulsionen werden durch Zentrifugieren zerstört. Man titriert den wäßrigen Extrakt mit 0,1 n-Natronlauge und bestimmt die Identität der Säuren nach den in Bd. II/2 angegebenen Methoden.

Monoglyceride bestimmt man in dem säurefrei gewaschenen Extrakt, falls eine Vorprobe auf Phosphatide die Abwesenheit dieser Verbindungen ergeben hat, mit Hilfe der Perjodatmethode (S. 705). Bei Anwesenheit von Phosphatiden sind die auf S. 708ff. beschriebenen chromatographischen Verfahren vorzuziehen.

Zum Nachweis und zur Bestimmung der mit niedermolekularen Hydroxysäuren veresterten Monoglyceride wurden zahlreiche Verfahren ausgearbeitet. *Milchsäure-Monoglyceride* können neben freier Milchsäure in Backfetten durch Titration mit Alkali bestimmt werden, wenn neben Milchsäure keine anderen niederen organischen Säuren anwesend sind. Die von W. D. POHLE u. Mitarb. (1963) angegebene Arbeitsvorschrift läßt sich unter gleichen Voraussetzungen auch auf Weinsäure- und Citronensäure-Monoglyceride anwenden. Wenn aber auch andere Säuren anwesend sein können, ist die von H. M. FETT (1961) mitgeteilte Bestimmungsmethode genauer:

Das zu untersuchende Backfett wird in Chloroform gelöst und die Chloroform-Lösung zur Entfernung der freien Säuren mit Wasser extrahiert. Das mit Wasser gewaschene und vom Lösungsmittel befreite Fett wird verseift und die verseifte Lösung angesäuert, wodurch die

Milchsäure in die wäßrige Phase gelangt. Durch Erhitzen mit konzentrierter Schwefelsäure wird sie zu Acetaldehyd abgebaut, der durch Reaktion mit p-Phenylphenol quantitativ bestimmt werden kann. Man erhält eine purpurfarbene Lösung mit dem Extinktionsmaximum bei 570 mμ.

Zum Nachweis von *Weinsäure*- und *Citronensäure*glyceriden wurden von E. KRÖLLER (1962b und 1964) papierchromatographische Verfahren ausgearbeitet. Der gleiche Autor berichtete 1963 auch über den spezifischen Nachweis von *Zuckerestern* in Margarine, ein Verfahren, das auch zur Untersuchung von Backfetten geeignet ist.

Ein papierchromatographisches Verfahren, mit dem noch 1—3% Zuckerester bestimmt und die Ester nach ihrem Veresterungsgrad sowie nach der Kettenlänge der zur Veresterung benutzten Fettsäuren getrennt werden können, beschreiben J. ZAJIČ u. M. BAREŠ (1967).

Zur Bestimmung von *Glucoseestern* von langkettigen Fettsäuren arbeiteten H. MIMA u. N. KITAMORI (1964) ein Verfahren aus, bei dem die Ester zunächst durch Dünnschichtchromatographie getrennt, dann extrahiert und schließlich colorimetrisch nach Zusatz von Anthronreagens bestimmt werden.

Polyglycerinester lassen sich nach A. SEHER (1964, 1965b) dünnschichtchromatographisch neben Glyceriden nachweisen. Das zu untersuchende Fett wird mit 2 n alkoholischer KOH verseift, die Seifenlösung mit verdünnter Salzsäure angesäuert und Fettsäure und Unverseifbares ausgeäthert. Die wäßrige Lösung wird zur Trockne eingedampft und mit absolutem Alkohol ausgezogen. Die alkoholische Lösung, die neben Glycerin etwa vorhandene Polyglycerine enthält, wird auf Kieselgurplatten aufgetragen und mit Essigester-Isopropanol-Wasser/65:22,7:12,3 entwickelt. Man trocknet, besprüht mit einer Lösung von Natriummetaperjodat und einige Minuten später mit einer salzsauren alkoholischen Benzidinlösung. Helle Flecke auf hellblauem Grund.

3. Fritierfette

Von den Zubereitungsmethoden für Nahrungsmittel hat das Fritieren, auch „Schwimmend-Ausbacken" genannt, wegen der damit verbundenen Arbeitsersparnis erheblich an Beliebtheit gewonnen. Fleisch, Fisch, Gebäck, Kartoffelscheiben usw. werden in auf 180°C erhitztes Öl oder Fett gebracht und sind nach einigen Minuten gar. Zur bequemen Anwendung dieser Methode hat die Industrie zahlreiche Geräte geschaffen, in denen einige Kilogramm bis zu mehr als 100 kg Fett auf die Fritiertemperatur erhitzt werden können. Als Fritierfette werden tierische Fette, wie Schweineschmalz und Rindertalg und ihre Gemische mit gehärteten Fetten, gehärtete Pflanzenfette und reine Pflanzenöle in den Handel gebracht.

Da bei der üblichen Betriebsweise — es wird täglich nur das verbrauchte Fett ersetzt — die Verweilzeit des Fettes bis zu 100 Std betragen kann, ist mit erheblichen Veränderungen der Fette durch Oxydation zu rechnen. Nach jeweils 100-stündiger intermittierender Betriebsweise wurden im Laboratorium des Verfassers z.B. die in Tab. 183 aufgeführten Analysendaten erhalten, aus denen das Ausmaß der Oxydation unschwer zu erkennen ist.

Die Kennzahlen der Fette verändern sich im Laufe des Erhitzens also sehr erheblich, und zwar sind die Fette um so mehr von den Veränderungen betroffen, je ungesättigter sie sind. Es bilden sich unter Ausnutzung der Reaktionsfähigkeit der Doppelbindungen Peroxide, Hydroxysäuren, Ketosäuren, Epoxidverbindungen und als Endprodukte der Oxydation Oxypolymere, die in der Analyse vornehmlich als Oxysäuren in Erscheinung treten. Vgl. auch P. RAMEL u. Mitarb. (1965/1966).

Die Untersuchung *ungebrauchter Fritierfette* kann sich auf die Bestimmung der Jodzahl, der Verseifungszahl und des Gehaltes an freien Fettsäuren beschränken, wobei die Jodzahl so niedrig sein soll, daß die Anwesenheit dreifach ungesättigter Fettsäuren ausgeschlossen und die Konzentration der zweifach ungesättigten möglichst gering ist.

Tabelle 183. *Veränderungen der Kennzahlen von Fritierfetten nach 100-stündiger Verweilzeit im Fritierapparat bei 180° C*

Fettsorte	Std	ffa %	JZ	VZ	VSFZ*	Oxys. %	$E^{1\,\%}_{1\,cm}$ 232 mμ	$E^{1\,\%}_{1\,cm}$ 268 mμ
Rindertalg. . .	0	0,40	44	197	21	0,12	7,55	0,70
	100	1,35	35	203	413	5,20	8,05	1,42
Schweine-	0	1,69	55	196	14	0,06	2,55	0,133
schmalz . . .	100	1,40	44	200	455	5,79	9,50	1,72
Geh. Erdnußöl	0	0,09	72	191	28	0	3,14	0,24
30/32° C . .	100	0,85	63	196	463	12,2	14,4	4,43
Palmöl	0	0,14	53	199	59	0	3,19	1,99
	100	0,77	42	203	1640	5,70	15,6	3,98
Erdnußöl . . .	0	0,09	103	191	45	0	2,03	1,78
	100	0,60	86	196	1113	20,20	38,6	7,35
Sojaöl.	0	0,09	133	194	44	0	3,15	1,50
	100	0,42	115	199	1544	31,29	61,5	10,0

* = Verseifungsfarbzahl (vgl. S. 869).

Auch sollen die Fette möglichst wenig freie Fettsäuren enthalten, da nach dem auf S. 482 wiedergegebenen Diagramm der Rauchpunkt der üblichen Fette die Temperatur von 180°C unterschreitet, sobald mehr als 0,5% freie Fettsäuren anwesend sind. Deshalb ist auch die Verwendung von Cocos- oder Palmkernfett — erkennbar an der hohen Verseifungszahl — nicht zu empfehlen, da diese Fette infolge Hydrolyse durch das aus dem Backgut in Freiheit gesetzte Wasser schneller einen hohen Fettsäuregehalt erreichen als höhermolekulare Fette. Zur Ergänzung kann dann noch der Gebrauchswert bestimmt werden durch Erhitzen einer Probe von 1—2 kg Fett in einem thermostatisch gesteuerten Haushalts-Fritierapparat bei 180°C über mehrere Tage hin, gegebenenfalls nach einem Vorschlag von E. Bekker u. H.E. Rost (1964) unter gleichzeitigem Ausbraten von Kartoffelscheiben. Man soll die Belastungen, denen das Fett in gewerblichen Bratereien ausgesetzt ist, nicht unterschätzen. In Deutschland ist eine Gebrauchsdauer von mehr als 100 Std nach Beobachtungen des Verfassers nicht selten.

Um so wichtiger ist die Untersuchung von *gebrauchten* und *im Gebrauch befindlichen Fritierfetten*, da nicht daran zu zweifeln ist, daß die durch Einwirkung des Luftsauerstoffs gebildeten monomeren und dimeren Oxydationsprodukte sowie die gleichzeitig gebildeten thermischen Polymeren gesundheitsschädlich sind. Die Veränderungen oxydierter Fette sind nicht durch eine einzige Zahl zu kennzeichnen. Die meisten Autoren, z. B. J. Wurziger u. H. Ostertag (1960), J. Wurziger (1963), E. Becker u. H.E. Rost (1964), H. Werner u. J. Wurziger (1966), B.A. J. Sedláček (1963—1967), bestimmen daher zahlreiche Kennzahlen nebeneinander. Folgende Analysendaten sollten nach diesen Veröffentlichungen ermittelt werden:

Der Gehalt an freien Fettsäuren. Dieser kann alkalimetrisch mit visueller (S. 736) oder potentiometrischer Äquivalenzpunktbestimmung (S. 554) ermittelt werden.

Jod- und Verseifungszahl (S. 569 bzw. S. 557). Da für die Beurteilung des Fettes nicht die absoluten Zahlen, sondern nur ihre Änderung maßgebend ist, ist die Bestimmung nur dann sinnvoll, wenn die entsprechenden Zahlen der frischen Fette bekannt sind.

Die Verseifungsfarbzahl nach den auf S. 869ff. beschriebenen Methoden. Die Intensität der Dunkelfärbung beim Erhitzen einer Probe mit alkoholischer Kalilauge ist ein Maß für die Konzentration an ungesättigten Carbonylverbindungen, aber nicht dem Gehalt an Polymeren proportional.

Mit der erforderlichen Kritik angewandt, ist die Verseifungsfarbzahl ein brauchbares Mittel zur schnellen Erkennung des Oxydationsgrades gebrauchter Fritierfette (vgl. auch J. WURZIGER 1963).

Die Extinktion $E_{1\,cm}^{1\,\%}$ bei 232 mμ in Hexan bzw. bei 246 mμ in Chloroform, eine Größe, die nach B.A.J. SEDLÁČEK (1963—1967) dem Polymerenanteil proportional ist.

Die Nicht-Adduktbildner, d. h. die nicht mit Harnstoff Addukte bildenden Anteile der Fettsäuren, die z.B. nach M.R. SAHASRABUDHE u. V.R. BHALERAO (1963) bestimmt werden können.

Von hohem Wert für die Beurteilung von Fritierfetten in der Praxis ist die Beobachtung von S.P. ROCK u. H. ROTH (1966), daß zwischen der Konzentration der Nicht-Adduktbildner und der Viscosität gebrauchter Fette eine hochsignifikante Korrelation besteht.

Den Oxysäuregehalt nach S. 729. Die Bestimmung ist relativ einfach und noch aufschlußreicher, nachdem E. BECKER u. H.E. ROST (1964) den Nachweis erbringen konnten, daß der Oxysäuregehalt von nahezu derselben Größe ist wie der Gehalt an Polymeren.

Weitere Methoden zur Bestimmung des Anteils an thermischen und oxydativen Polymeren bei D. FIRESTONE (1963).

Für eine rasche Übersichtsanalyse genügt die Bestimmung der freien Fettsäuren, der Verseifungsfarbzahl, der Extinktion bei 232 mμ und der Oxysäuren.

Die Frage, bei welchem Gehalt an oxypolymeren Fettsäuren ein Fritierfett für den menschlichen Genuß nicht mehr verwendet werden sollte, ist noch nicht entschieden. J. WURZIGER u. E. LINDEMANN (1961) sind der Ansicht, daß Schweineschmalz auch bei Benutzung moderner Fritiergeräte keinesfalls länger als 4 Std auf 180° C gehalten werden sollte, falls nicht unter Ausschluß von Luft gebacken wird. Für die in den Vereinigten Staaten unter Inertgas betriebene Herstellung von „potato chips" setzten D. MELNICK u. Mitarb. (1958) als Grenze eine Zunahme des ffa-Gehaltes auf höchstens 0,6% und eine Abnahme der Jodzahl um höchstens 3%, wobei als erwiesen erachtet wurde, daß unter diesen Bedingungen keine thermischen Polymeren entstehen.

IV. Umgeesterte und fraktionierte Fette

In den Jahren nach dem zweiten Weltkrieg hat die an sich schon lange bekannte *Umesterungsreaktion* in der fettverarbeitenden Industrie als ein Mittel zur Erzeugung plastischer Fette erhebliche praktische Bedeutung erhalten. Unter Umesterung versteht man eine Gruppe von Reaktionen, nämlich die *Alkoholyse*, die *Acidolyse* und die *Acylwanderungsreaktion*, auch „eigentliche" Umesterung (englisch: trans- oder interesterification) genannt.

Bei der *Alkoholyse* wird die alkoholische, bei der *Acidolyse* die Säure-Komponente durch einen anderen Alkohol bzw. eine andere Säure ersetzt. Beispiele für eine Alkoholyse sind die Gewinnung von Fettsäuremethyl- bzw. -äthylestern aus den Glyceriden, wie auf S. 666 beschrieben. Eine Alkoholyse ist auch die von A. GRÜN (1920) eingeführte Methode der Umesterung, derzufolge zuerst Neutralfette durch Umesterung mit Glycerin in ein Gemisch von Mono- und Diglyceriden überführt werden, worauf man diese wieder mit Fettsäuren zu Neutralfetten verestert. Nach dem Prinzip der Acidolyse verfuhr W. NORMANN (1920), als er Neutralfette mit Buttersäure umesterte, wobei die äquivalente Menge höherer Fettsäuren in Freiheit gesetzt wurde, die er im zweiten Schritt dann mit Glycerin rückveresterte. W. NORMANN (1920) bediente sich auch als erster der Acylwanderungsreaktion, indem er bei 250° C eine Mischung aus 10% Tristearin und 90% Sojaöl zu einem einheitlichen Fett umesterte.

Bei der *Acylwanderung* in Fetten findet sowohl eine intramolekulare als auch eine intermolekulare Wanderung der Fettsäurereste statt.

Die Umesterungsreaktion wird durch Metalle, insbesondere Alkalimetalle, katalysiert. Die wichtigsten Katalysatoren sind das von CH. VAN LOON (1924) aufgefundene Natriummethylat, metallisches Natrium und die bei Zimmertemperatur flüssigen Natrium/Kaliumlegierungen, die eine Ausführung der Umesterungsreaktion bereits im Temperaturgebiet zwischen 20 und 100° C erlauben.

Eingehend unterrichten über den Chemismus der Umesterung und ihre technologische Anwendung, außer dem Beitrag von K. F. GANDER in diesem Band, die Veröffentlichungen von A. E. BAILEY (1951), F. WITTKA (1958), M. W. FORMO (1954), H. P. KAUFMANN u. Mitarb. (1958) und J. BALTES (1960 und 1961). Mit dem Problem der Inkorporierung niedermolekularer Fettsäuren, wie Essig-, Propion- und Buttersäure in höhermolekulare Fette beschäftigen sich K. TÄUFEL u. Mitarb. (1958). Die Umesterung von Fetten unter Acyl-Austausch wird in der Technik in zwei Varianten ausgeführt, die man als *einphasige* und *zweiphasige* bzw. *gelenkte Umesterung* bezeichnet. Bei der einphasigen Umesterung findet die Umesterung in der flüssigen Phase statt, die Fettsäuren werden nach dem Gesetz der „statistischen Verteilung“ (S. 676) neu verteilt. Die Zusammensetzung der entstandenen Glyceride läßt sich in diesem Fall mit Hilfe einfacher Formeln berechnen. Ein Rechenbeispiel hierzu in A. E. BAILEY (1951) S. 834. Nach diesem Schema werden z. B. Margarinefette durch Umesterung von völlig gehärteten Fetten mit Ölen oder durch Umesterung eines Gemisches von Palm- und Cocosöl usw. hergestellt. Man erhält durch diese Behandlung Fette verbesserter plastischer Konsistenz. Verbindet man die *Fraktionierung* der Fette mit der Umesterung, so kann man, nach einem Wortbild von BAILEY, für jeden Zweck „Fette nach Maß“ erhalten. J. J. SPADARO u. Mitarb. (1961) gewannen z. B. kakaobutterähnliche Fette durch Umesterung einer Mischung von hydriertem Kottonöl und Triolein mit anschließender Kristallisation aus Aceton bei 20—28 bzw. 0° C.

Bei der gelenkten Umesterung dagegen arbeitet man in Gegenwart eines sehr aktiven Alkalimetall-Katalysators bei so tiefer Temperatur, daß die dreifach gesättigten Glyceride während der Operation ausfallen. Dadurch wird die Regel der statistischen Neuverteilung der Fettsäuren durchbrochen. Die Anreicherung der dreifach gesättigten Glyceride in der festen Phase ist von einer Vermehrung der dreifach ungesättigten in der flüssigen Phase begleitet. Dieses von E. W. ECKEY (1948) ausgearbeitete Verfahren hat in den Vereinigten Staaten Anwendung zur Herstellung eines Schweineschmalzes gefunden, das nicht mehr die weniger geschätzten Eigenschaften des Naturschmalzes, körnige Struktur und geringer plastischer Bereich, besitzt (H. K. HAWLEY u. G. W. HOLMAN 1956; CH. PLACEK u. G. W. HOLMAN 1957).

Die durch Umesterung erhaltenen plastischen Fette unterscheiden sich von den gehärteten dadurch, daß sie weder Positions- noch cis-trans-Isomere enthalten. Es ist daher verständlich, daß man sich in neuerer Zeit gerade dieses Verfahrens zur Herstellung von Kunstspeisefetten aller Art bedient.

Nachweis der Umesterung

Bei nicht raffinierten umgeesterten Fetten ist der Nachweis der Umesterung relativ leicht zu führen, wenn als Umesterungskatalysator Natriummethylat oder Natriumäthylat verwendet wurde. Die auf S. 834ff. beschriebene Methode stützt sich auf der Flüchtigkeit der in diesen Fällen gebildeten Fettsäuremethyl- bzw. -äthylester.

Schwieriger ist der Nachweis bei vollraffinierten Fetten, die keine flüchtigen Verbindungen mehr enthalten. Im allgemeinen wird man die erfolgte Umesterung sogar nur dann beweisen können, wenn die Natur des ursprünglichen Fettes bekannt ist. Solche Nachweismethoden wurden von zahlreichen Forschern mitgeteilt.

Da die Fettsäurezusammensetzung umgeesterter Fette die gleiche ist wie die der nicht umgeesterten, erübrigt sich die Bestimmung chemischer Kennzahlen und differenzierter Daten, die sich auf die Fettsäuren beziehen. Wohl ist es sinnvoll, die *Glyceridzusammensetzung* nach einer der auf S. 686ff. beschriebenen Methoden zu ermitteln, welche die aufgetretenen Veränderungen erkennen läßt, wenn das Ausgangsfett *keine* statistische Fettsäureverteilung besaß, wie die meisten Pflanzenfette und einige tierische Fette. Statt der komplizierten Trennmethode sind nach E. BECKER (1959) auch eine Zerlegung des Fettes durch fraktionierte Kristallisation aus Aceton bei +20, 0 und —20° C und Wägung der Fraktionen bzw. gaschromatographische Bestimmung der Fettsäurezusammensetzung der Fraktionen in vielen Fällen ausreichend.

Oder aber man bestimmt nach K. TÄUFEL u. Mitarb. (1958c) den Gehalt an G_3-*Glyceriden* nach einer einfachen Methode, z. B. nach folgender von E. W. ECKEY (1948) angegebenen und von K. TÄUFEL u. Mitarb. (1958c) etwas modifizierten Vorschrift:

10 g Fett werden in 100 ml Petroläther gelöst und in einem geschlossenen Kölbchen 12 Std bei +10°C aufbewahrt. Die dabei ausgeschiedenen Glycerid-Kristalle werden abgesaugt, mit 50 ml eisgekühltem Petroläther gewaschen und danach im Exsiccator getrocknet. Man wägt aus und bestimmt die JZ nach H.P. KAUFMANN, um den Grad der Ungesättigtheit zu erkennen. Weitere Methoden auf S. 678ff.

Auch die Bestimmung des *Steig- und Klarschmelzpunktes* kann von Wert sein, da diese im allgemeinen etwas erhöht oder erniedrigt werden. Wesentlich größer sind die Differenzen der *Tropfpunkte* von normalem und umgeestertem Fett, wie H.P. KAUFMANN u. B. GROTHUES (1960) (vgl. S. 456) an zahlreichen Beispielen zeigen konnten, so daß diese Methode besonders für die Kontrolle einer laufenden Umesterungsreaktion geeignet erscheint.

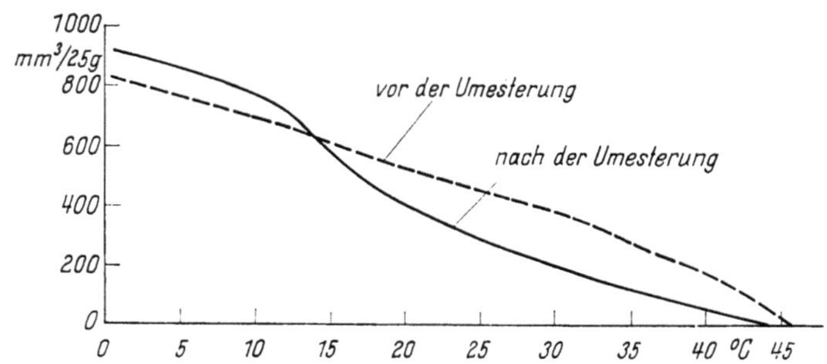

Abb. 157. Dilatationskurven von Rindertalg/Sojaöl vor und nach der Umesterung nach BALTES (1961)

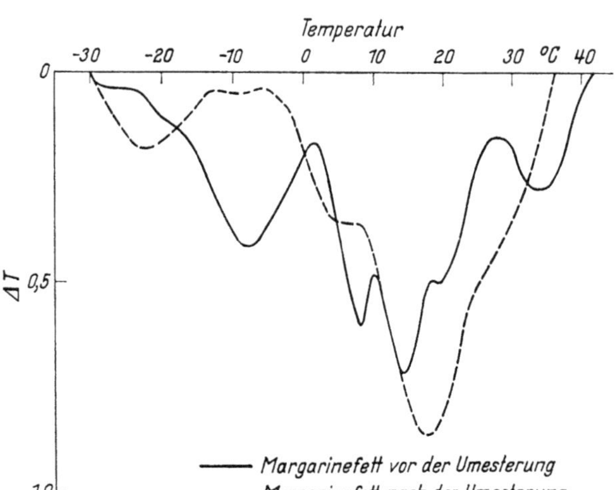

Abb. 158. Differential-Thermogramm von Margarinefetten vor und nach der Umesterung nach BECKER (1959)

Besonders augenfällig wird die durch die Umesterung erzielte Neuverteilung der Fettsäuren in den Glyceriden, wenn man das Mengenverhältnis von festen und flüssigen Glyceriden durch Aufnahme der *Dilatationskurve* (S.472) oder mit Hilfe der *Differential-Thermoanalyse* (S. 476) charakterisiert. Hierzu zwei Beispiele in den Abb. 157 und 158.

Einfache Mittel, um die durch die Umesterung eingetretenen Änderungen der Glyceridstruktur zu demonstrieren, sind auch die Aufnahme der *Abkühlungskurve*, z. B. nach der auf S. 462 beschriebenen Methode von JENSEN (vgl. auch F.E. LUDDY u. Mitarb. 1955) bzw. nach der Methode von G.H. JACOBSON u. Mitarb. (1961) (vgl. S. 478), die Bestimmung der *Konsistenz*, z. B. mit dem Haake-Konsistometer nach K. TÄUFEL u. Mitarb. (1958c), die *Schmelzrefraktometrie* (K. TÄUFEL u. Mitarb. 1961/1962) und die mikroskopische Betrachtung des *Kristallisationszustandes* (S.F. HERB u. Mitarb. 1956; E. BECKER 1959).

Eine Gegenüberstellung einiger Eigenschaften normaler und umgeesterter Fette nach K. TÄUFEL u. Mitarb. (1958c) bringt Tab. 184.

Tabelle 184. *Gegenüberstellung der Eigenschaften einiger normaler und umgeesterter Fette* (nach K. TÄUFEL u. Mitarb. 1958c)

Fettsorte	Steigsmp °C	G_3-Glyceride %	Dilatation 20° C	Konsistenz 20° C
Baumwollhartfett	37,0	3	1400	89
Baumwollhartfett, umgeestert	32,6	1,5	1080	61,2
Mohnhartfett	52,0	37	—	—
Mohnhartfett, umgeestert	50,6	35	—	—
Talg/Sojaöl	37,2	8,5	1480	51
Talg/Sojaöl, umgeestert	27,5	3,5	820	22,4

Alle Umosterungen wurden in hemogener Phase vorgonommen.

V. Polymerisierte Öle

Infolge des Mangels an vegetabilischen Ölen ging man während des letzten Krieges zuerst in Norwegen, später auch in Dänemark, Island und England dazu über, Wal- und Fischöle nicht nur im gehärteten Zustand, sondern auch in flüssiger Form zu verwenden, nachdem durch eine im Vakuum bei Temperaturen zwischen 270 und 280°C durchgeführte Teilpolymerisation der Tran- und Fischgeruch beseitigt war.

Tabelle 185. *Kennzahlen eines rohen und polymerisierten Dorschtrans* (nach E. HUGEL 1951)

	Rohtran	Polytran
Farbe	rötlich-gelb	hellgelb
Geruch	Trangeruch	geruchlos
Geschmack	Trangeschmack	geschmacklos
SZ	7,3	0,3
VZ	183,4	184,8
JZ (WIJS)	128,3	95,4
Unverseifbares (%)	0,5	0,4
D_{25}	0,9066	0,9215
Viscosität (cP 25° C)	72	138
Trübungspunkt (°C)	+15	+5

Diese als Polyöle bezeichneten Erzeugnisse wurden nach H. WERNER (1951) bis zu 20% der Margarine zugesetzt und im übrigen als Aufgußöle für Sardinen und Heringe und als Fettrohstoffe für die Bereitung von Mayonnaisen und Salatsoßen verwendet. Durch die Polymerisation gehen erhebliche Veränderungen am Fettmolekül, insbesondere an den ungesättigten Fettsäuren, vor sich, wie die Gegenüberstellung in Tab. 185 nach E. HUGEL (1951) erkennen läßt.

Um geruch- und geschmackfreie Erzeugnisse zu erhalten, muß die Polymerisationsreaktion bei Walöl solange fortgeführt werden, bis die JZ von ca. 125 auf 85 gefallen ist. Bei Sardinenöl ist eine JZ-Abnahme von ca. 175 auf 120 erforderlich. Untersuchungen an polymerisierten Seetierölen von F. JAKOBSEN u. Mitarb. (1941) zeigten, daß auch nach 8-monatiger Lagerung bei den mit diesem Öl bereiteten Fischkonserven nur eine geringe Ranzigkeit auftrat.

Durch den Polymerisationsprozeß entstehen auch unter den hier angewandten relativ milden Bedingungen zahlreiche Stoffe, die in unbehandelten Fetten nicht vorkommen: dimere und polymere Fettsäuren, inter- und intrapolymerisierte Glyceride (L. WISEBLATT u. Mitarb. 1953; J.C. COWAN 1954) und, bei hohen Temperaturen, auch cyclische Fettsäuren (R.F. PASCHKE u. D.H. WHEELER 1949; A.F. WELLS u. R. COMMON 1953).

Leider sind diese Verbindungen nicht harmlos. S. LASSEN u. Mitarb. (1949) beobachteten bei Sardinenöl, das bei 250°C polymerisiert wurde, eine mit steigendem Polymerisationsgrad abnehmende Verdaulichkeit. Auch E.W. CRAMPTON u. Mitarb. (1951) fanden erhebliche Schädigungen bei der Verabfolgung polymerisierter Öle pflanzlicher oder tierischer Herkunft an junge wachsende Ratten. H. FRAHM u. Mitarb. (1953) demonstrierten in zahlreichen Versuchsreihen an Mäusen und Meerschweinchen, daß bei der Verfütterung von polymerisiertem Walöl die Resorption im gesamten Darmtraktus gestört wird und es zu einer Schädigung des Darms und der Leber kommt.

Es ist daher verständlich, daß schon bald nach Bekanntwerden der ersten physiologischen Ergebnisse zur Vorsicht gegenüber diesen Ölen gemahnt (H. WERNER 1951; K. TÄUFEL 1952) und die Verwendung dieser Öle später in der Bundesrepublik verboten wurde.

Analyse polymerisierter Öle

Die üblichen physikalischen und chemischen Kennzahlen eignen sich nur bedingt zur Charakterisierung von Polyölen, da sie zu unspezifisch sind und meistens Öle untersucht werden müssen, deren Kennzahlen im frischen Zustand nicht bekannt sind. Der Einfluß der Polymerisation auf analytische Daten ist in Tab. 186 am Beispiel eines bei 250°C im Stickstoffstrom polymerisierten Leinöls nach Versuchen von K. TÄUFEL u. Mitarb. (1958b) zu sehen.

Tabelle 186. *Veränderung der Kennzahlen von hitzepolymerisiertem Leinöl* (nach K. TÄUFEL u. Mitarb. 1958b)

	0 Std	5 Std	10 Std	15 Std
Jodzahl	186	175	164	148
Dichte (25° C)	0,926	0,931	0,937	0,946
n_D^{20}	1,4700	1,4716	1,4732	1,4756
Mol.-Gew.	860	920	990	1120
Viscosität (cP)	40	70	119	230
$E_{1\,cm}^{1\,\%}$ bei 230 mμ	5	48	63	70

Von diesen Kennzahlen ist nach K. TÄUFEL u. Mitarb. (1958b) die Bestimmung des Molekulargewichtes als die beste Nachweismethode anzusehen, da schon der Absolutwert eine ungefähre Aussage über das Ausmaß der Reaktion gibt.

Da hierdurch aber nur die interpolymeren nicht aber die intrapolymeren Produkte erfaßt werden, wird sie zweckmäßig durch Bestimmung des Molekulargewichts der aus dem polymerisierten Öl abgetrennten Fettsäuren ergänzt. Bei hohen Zähigkeiten kann man auch aus der Viscosität auf den Gehalt an Polymeren schließen. Nach R.P.A. SIMS (1958) besteht eine lineare Beziehung zwischen dem Logarithmus der Viscosität und der Quadratwurzel des mittleren Molekulargewichts bis zu einem Molekulargewicht von 2500.

Exakter sind indessen die *spezifischen Nachweise*, die sich auf die besonderen Eigenschaften thermisch polymerisierter Glyceride bzw. der daraus erhaltenen Fettsäuren stützen. Dazu gehört beispielsweise die Trennung der mit Methanol umgeesterten Glyceride in Monomere, Dimere und Trimere durch Molekulardestillation nach S. 621, eine Methode, mit der noch einige Prozent Dimere bestimmt werden können.

E.N. FRANKEL u. Mitarb. (1961) trennen monomere und dimere Fettsäuren durch Verteilungschromatographie unter Benutzung einer mit 20% Methanol imprägnierten Kieselsäure als immobile Phase. Durch Elution mit 2% Methanol in Benzol erhalten sie nacheinander die Monomeren und die Dimeren, die durch Titration mit Alkali quantitativ bestimmt werden. Die Nachweisgrenze liegt bei ca. 1% Dimeren.

Aufgrund ihrer Unlöslichkeit in n-Propanol können nach der überaus einfachen Methode von HUGEL-JAKOBSEN (S. 438) noch 0,1% Polyöle nachgewiesen werden.

H.E. ROST (1962) trennt zunächst die monomeren und dimeren Fettsäuren, die durch Verseifung des polymerisierten Öls erhalten wurden, über die Harnstoffaddukte. Die in der Fraktion der Nicht-Adduktbildner angereicherten Di- und Trimeren werden papierchromatographisch nach der Methode von H.P. KAUFMANN u. W.H. NITSCH (1954) unter Verwendung von 90%iger Essigsäure als mobile Phase von den begleitenden Fettsäuren getrennt und über die Kupferseifen quantitativ bestimmt. Genaue Beschreibung der Methode auf S. 828ff. Nachweisgrenze 0,01% dimere Fettsäuren. Weitere Methoden bei D. FIRESTONE (1963).

VI. Esteröle, synthetische und modifizierte Fette

Als *Esteröle* werden die durch Veresterung von natürlichen Fettsäuregemischen mit Glycerin oder Äthylalkohol erhaltenen künstlichen Öle und Fette bezeichnet, die zeitweilig als Nahrungsfette verwendet wurden. *Synthetische Fette* sind die Triglyceridester synthetisch hergestellter Fettsäuren. Die durch Züchtung geeigneter Mikroorganismen gewonnenen Fette gehören nicht hierher, da sie sich in ihrer Zusammensetzung von anderen Naturfetten nicht unterscheiden. Vgl. hierzu H. WISSEBACH in diesem Band und M. ANGERMAIR (1950). Unter der Bezeichnung *modifizierte Fette* schließlich werden die für den menschlichen Genuß geeigneten, durch Umesterung natürlicher Fette mit Triacetin, Tripropionin, Tributyrin usw. erhaltenen Erzeugnisse zusammengefaßt, die sich wegen ihrer besonderen Eigenschaften als Streichfette, eßbare Überzugsmassen usw. eine gewisse Bedeutung verschaffen konnten.

1. Esteröle

Die bei der Raffination natürlicher Fette als Abfallprodukte anfallenden Raffinationsfettsäuren bestehen zum größten Teil aus freien Fettsäuren ähnlicher Zusammensetzung, wie sie das entsprechende Raffinat aufweist. Neben Neutralöl enthalten sie Oxysäuren, Farb- und Schleimstoffe u. a. unerwünschte Beimengungen. Normalerweise werden diese Fettsäuren nach einer Hochdruckspaltung mit Wasser, wodurch die Glyceride zerlegt werden, destilliert und dann technischen Verwendungszwecken zugeführt. In Zeiten großen Fettmangels hat man die gereinigten Fettsäuren wieder mit Glycerin verestert und die so erhaltenen Esteröle der menschlichen Ernährung zugeführt.

Chemie und Technik dieses Prozesses werden von F. WITTKA (1958) in allen Einzelheiten beschrieben. In großem Umfange werden diese Verfahren heute in olivenölerzeugenden Ländern betrieben, um aus den Rückständen der Olivenölgewinnung und den Olivenöl-Raffinationsfettsäuren wieder genußfähige Öle zu gewinnen (vgl. auch S. 961 und F. WITTKA 1957).

Die mit Glycerin erhaltenen Esteröle unterscheiden sich analytisch nur unwesentlich von den entsprechenden Naturfetten, was die Fettsäurezusammensetzung und die üblichen chemischen Kennzahlen anbetrifft. Sie sind etwas dunkler gefärbt, von weniger neutralem Geschmack, enthalten wesentlich größere Mengen an Mono- und Diglyceriden (0,5—2%) und bilden daher mit Wasser leichter Emulsionen als normale Öle. Die Glyceridstruktur wird, wie bei den durch Umesterung gewonnenen Fetten, durch das Gesetz der statistischen Verteilung (S. 676) bestimmt. Zur Unterscheidung von den entsprechenden Naturfetten sind daher vor allem solche Methoden geeignet, die zur Bestimmung der Abhängigkeit des fest-flüssig-Verhältnisses von der Temperatur benutzt werden, wie z. B. die Dilatometrie (S. 472), die Differential-Thermoanalyse (S. 476), die Schmelzrefraktometrie (S. 540) u. a. und natürlich auch die chemischen Methoden zur Aufklärung der Glyceridstruktur (S. 678ff.).

Als *Esteröle* bezeichnet man aber auch die für Nahrungszwecke zeitweise verwendeten Fettprodukte, die durch Veresterung destillierter Fettsäuregemische mit Äthylalkohol erhalten werden. Solche Öle wurden in den beiden Weltkriegen als Ersatzprodukte für Naturfette hergestellt und der Margarine in Mengen von 5—10% beigemischt. Sie sind physiologisch einwandfrei, neigen aber stärker zur Autoxydation als die entsprechenden Glyceride und sind daher nur begrenzt haltbar (H. H. FRANCK 1951 und H. PARDUN 1950).

Die Erkennung der Äthylesteröle bereitet keine Schwierigkeiten, da sie eine geringere Viscosität als normale Fette besitzen und zudem flüchtig sind.

2. Synthetische Fette

Während des zweiten Weltkrieges wurden durch Veresterung bestimmter Fraktionen der durch Oxydation von Fischer-Tropsch-Gatsch erhaltenen synthetischen Fettsäuren mit Glycerin synthetische Speisefette gewonnen, die in chemischer und physiologischer Hinsicht gegenüber den natürlichen Fetten erhebliche Unterschiede aufwiesen. Das Verfahren der Fettsäuresynthese ist von vielen Autoren eingehend beschrieben worden, z. B. von G. WIETZEL (1938), F. WITTKA (1940), so daß unsere Darstellung hier auf die zur Erkennung synthetischer Fettsäuren und Fette wichtigen Tatsachen beschränkt bleiben kann.

Als Ausgangsprodukt diente der bei der Fischer-Tropsch-Synthese als Nebenprodukt anfallende Paraffin-Gatsch, ein halbflüssiges Produkt von annähernd folgender Zusammensetzung (E. JANTZEN u. Mitarb. 1938):

Kohlenwasserstoffe	C_{16} bis C_{19}	27,4%
	C_{19} bis C_{22}	31,0%
	C_{22} bis C_{25}	23,7%
	C_{25} bis C_{27}	11,7%
	C_{28}	1,7%

Von Bedeutung ist hierbei, daß der Gatsch nach G. SCHILLER (1948) nicht nur aus geradkettigen Kohlenwasserstoffen besteht, sondern 30—40% Isoparaffine enthält.

Bei der Oxydation dieses Rohstoffs mit Luft bei 110°C in Gegenwart von Kaliumpermanganat als Katalysator wurde ein buntes Gemisch aller möglichen neutralen und sauren Oxydationsprodukte erhalten, neben Fettsäuren auch Dicarbonsäuren, Ketosäuren, Oxysäuren und Lactone. Durch fraktionierte Verseifung und Druckverseifung der Fettsäuren bei 300°C gelang es, diese von sauerstoffsubstituierten Säuren zu befreien. Bei der fraktionierten Destillation im Vakuum fielen drei Fraktionen gesättigter Fettsäuren an, von denen die erste die Fettsäuren C_4 bis C_9, die zweite diejenigen zwischen C_{10} und C_{20} und die dritte die höhermolekularen Fettsäuren umfaßte. Nach Untersuchungen von E. JANTZEN u. Mitarb. (1938) hatte die für die Herstellung von Speisefetten geeignete Mittelfraktion folgende Eigenschaften (vgl. Tab. 187).

Tabelle 187. *Eigenschaften der durch Paraffinoxydation erhaltenen Fettsäure-Mittelfraktion* (nach E. JANTZEN u. Mitarb. 1938)

Kennzahlen			
Erst.-Pkt. nach FINKENER (°C)	26,2	JZ nach KAUFMANN	4,86
Farbe	hellgelb	Hydroxylzahl	3,7
Geruch	indifferent	Oxysäuren	nicht nachweisbar
VZ	247,2		
SZ	244,2	Unverseifbares %	0,29

Fettsäurezusammensetzung

Gesättige Fettsäuren	C_8	C_9	C_{10}	C_{11}	C_{12}	C_{13}	C_{14}	C_{15}	C_{16}	C_{17}	C_{18}
Gew.-%	0,2	1,6	4,1	8,0	11,9	13,5	14,3	14,8	10,9	7,5	13,2

Nach G. SCHILLER enthielten die aus Fischer-Gatsch hergestellten synthetischen Fettsäuren noch ca. 10—12% verzweigte Fettsäuren, die z. T. für den unangenehmen Geruch dieser Produkte verantwortlich waren.

Durch Veresterung mit Glycerin wurde aus der mittleren Fettsäurefraktion ein *synthetisches* Fett erhalten, eine gelbliche Masse von schmalzartiger Konsistenz und kaum wahrnehmbarem Oxydationsgeschmack. Nach BRÜCK, SCHLEGEL u. STELLER (zitiert bei O. FLÖSSNER 1948) waren die Konstanten dieses Fettes über längere Zeiträume praktisch unverändert (vgl. Tab. 188).

Tabelle 188. *Kennzahlen des aus Paraffinfettsäuren erhaltenen synthetischen Fettes* (nach BRÜCK, SCHLEGEL u. STELLER)

Klarschmelzpunkt °C	33,0	Säurezahl	0,1—0,2
Erstarrungspunkt °C	24,6	R-M-Z	3,6
Refraktometerzahl bei 40° C	48,0	Po-Z	5,4
Verseifungszahl	228—234	JZ	11

Die physiologischen Eigenschaften dieser Fette wurden in zwei Arbeitskreisen geprüft, einem unter Leitung von O. FLÖSSNER stehenden im damaligen Reichsgesundheitsamt und einem, der aus Wissenschaftlern der BASF, Ludwigshafen, bestand und mit K. THOMAS, Leipzig, zusammenarbeitete. Zusammenfassende Darstellungen der Ergebnisse bei O. FLÖSSNER (1948), H. APPEL u. Mitarb. (1947) und K. THOMAS u. G. WEITZEL (1946).

Aus diesen Untersuchungen folgte die Erkenntnis, daß ungeradzahlige Fettsäuren vom Organismus genau so gut verwertet werden wie die normalen geradzahligen, daß aber verzweigte Fettsäuren Nebenwirkungen aufweisen, so daß nur solche synthetischen Fette physiologisch unbedenklich sind, deren Fettsäuren aus gesättigten unverzweigten Paraffinkohlenwasserstoffen erhalten wurden. Derartige Fette könnten auch in Zukunft noch von Bedeutung für die Ernährung sein.

Nachweis und *Bestimmung* synthetischer Fette dieser Art sind heute einfacher als z. Z. der Herstellung, da die Bestimmung der ungeradzahligen Fettsäuren durch die in Abschnitt VI beschriebenen modernen Analysenmethoden sehr erleichtert wird. Zum qualitativen Nachweis kann die von W. DIEMAIR u. K. H. SCHRÖDER (1948) mitgeteilte Farbreaktion dienen, die von K. TÄUFEL u. I. JACOB (1949) verbessert wurde:

4 g des zu untersuchenden Fettes werden mit 50 ml alkoholischer 0,5 n-Kalilauge verseift. Dann wird der Alkohol durch Eindampfen auf $^1/_4$ des Volumens vertrieben. Nach Zugabe von 100 ml warmem Wasser werden die schwerlöslichen Magnesiumseifen mit 10—15 ml gesättigter Magnesiumsulfat-Lösung ausgefällt. Man läßt erkalten und nutscht ab. Das Filtrat wird mit 1 n-Schwefelsäure unter Tüpfeln mit Kongopapier neutralisiert und noch mit 0,5 ml 1 n-Schwefelsäure versetzt. Dann wird einmal mit 50 ml und zweimal mit je 25 ml Petroläther ausgeschüttelt, mehrmals mit Wasser gewaschen und mit Natriumsulfat getrocknet. Nach dem Abdunsten wird zu 2—3 Tropfen des öligen Rückstandes im Reagensglas 1 ml HCl (d = 1,19) gegeben, das Reagensglas 2 min in ein 70° C warmes Wasserbad gestellt und der Inhalt mit 10 Tropfen 2%iger alkoholischer Furfurollösung versetzt. Bei Gegenwart von synthetischen Fettsäuren zeigt sich innerhalb von 5 min eine grünlich-blaue Färbung. Nachweisgrenze 3%. Verantwortlich für die Reaktion sind wahrscheinlich aus der Synthese stammende Begleitstoffe.

Sicherer ist der Nachweis über die Bestimmung der ungeradzahligen Fettsäuren, z. B. säulenchromatographisch nach den Methoden von BOLDINGH u. KAPITEL (S. 633) oder auf gaschromatographischem Wege. Es ist allerdings nicht zulässig, z. B. aus den in Tab. 187 mitgeteilten Konzentrationen der ungeradzahligen Fettsäuren auf die Menge der synthetischen Fettsäuren zu schließen, da die Fettsäurezusammensetzung von der Natur des Ausgangsstoffes und den Oxydationsbedingungen abhängig ist. Richtiger ist es, die Summe der ungeradzahligen Fettsäuren zu bestimmen und unter der Annahme, daß im Synthesefett die geradzahligen Fettsäuren in gleicher Konzentration und Verteilung wie die ungeradzahligen vorkommen, den Anteil synthetischer Fettsäuren im Gemisch nach der Formel zu berechnen:

$$\%\ \text{Synth. Fettsäuren} = \frac{2 \sum (C_9 + C_{11} + C_{13} \ldots) \cdot 100}{\sum C_9 + C_{10} + C_{11} + C_{12} + C_{13} \ldots}$$

Zur Bestimmung der verzweigten Fettsäuren in den Fraktionen synthetischer Fettsäuren mit 10—16 bzw. 17—20 C-Atomen wurde von N. K. MANKOVSKAYA u. Z. I. GETMANSKAYA (1962) folgende Methode empfohlen:

5 g Fettsäuren werden in 25 ml CCl_4 gelöst und mit einer Lösung von 20 g Harnstoff in 113 ml Alkohol gemischt. Man läßt 2 Std bei 23°C stehen, filtriert die gebildeten Addukte, wäscht sie mit CCl_4, trocknet sie und zersetzt sie anschließend durch 4 min währendes Erhitzen mit der vierfachen Menge heißen Wassers auf dem Wasserbad. Wenn die so abgetrennten unverzweigten Säuren fest sind, filtriert man sie ab, sonst extrahiert man sie mit Äthyläther, filtriert den Extrakt über Natriumsulfat, trocknet den nach dem Abdampfen des Lösungsmittels erhaltenen Rückstand bei 70°C und wägt. Die verzweigten Fettsäuren findet man als Differenz gegenüber der Einwaage.

3. Aceto- und Butyrofette

Seit dem Jahre 1952 sind die durch den Einbau niedermolekularer Fettsäuregruppen in das Glyceridmolekül erhältlichen Aceto- und Butyrofette Gegenstand zahlreicher Untersuchungen geworden. Die Acetofette werden durch Umsetzung von Monoglyceriden mit Essigsäureanhydrid oder durch Umesterung der Triglyceride mit Triacetin in Gegenwart von Natriumäthylat als Katalysator gewonnen. In analoger Weise erfolgt die Darstellung der Propiono- und Butyroglyceride (K. TÄUFEL u. Mitarb. 1958a). Für Nahrungszwecke am bedeutsamsten sind die Acetofette, weil sie am billigsten herzustellen sind und ihre Hydrolyseprodukte keinen unangenehmen Geruch aufweisen. Chemie und Technologie dieser interessanten Verbindungen werden von S. A. RIETHMAYER (1962) ausführlich besprochen; mit den physikalischen und physiologischen Eigenschaften der für Nahrungszwecke geeigneten Acetoglyceride befaßt sich eine Veröffentlichung von R. A. ALFIN-SLATER u. Mitarb. (1958).

Acetoderivate gesättigter Fettsäuren, z. B. von Stearinsäure, sind weiße durchscheinende nicht fettige Massen von einer unübertroffenen Plastizität, die sich über einen weiten Temperaturbereich erstreckt (R. O. FEUGE u. Mitarb. 1952). Sie lassen sich zu dünnen Filmen ausziehen, die als eßbare Überzüge für Nahrungsmittel verwendet werden können. Bei der Herstellung von Margarine oder Shortenings zugesetzt, erhöhen sie deren Streichfähigkeit derart, daß diese Gemische als Grundstoff der für die Armeeverpflegung benötigten „Global spreads“ bestens geeignet sind (A. T. GROS u. R. O. FEUGE 1954; H. W. LEMON u. Mitarb. 1959). Durch Umesterung von pflanzlichen Ölen mit Triacetin gewonnene Aceto-Oleine können als Weichmacher für Hartfette verwendet werden. Infolge ihrer niedrigen Jodzahl sind sie oxydationsbeständiger als die Öle, aus denen sie hergestellt werden. Der verhältnismäßig niedrige Rauchpunkt indessen (ca. 150°C für Diacetofette) verbietet ihren Einsatz als Fritierfett (R. O. FEUGE u. Mitarb. 1953; F. J. BAUR 1954).

In ihren physikalischen und chemischen Eigenschaften unterscheiden sich die Acetofette erheblich von den normalen Glyceriden. Durch Einführung der Aceto- oder Butyrogruppe werden der Schmelzpunkt und die Refraktion erniedrigt, während die Dichte erhöht wird (A. T. GROS u. R. O. FEUGE 1957). Vgl. Tab. 189.

Tabelle 189. *Einige physikalische Daten von Aceto- und Butyrofetten* (nach A.T. GROS u. R.O. FEUGE 1957)

Verbindung	Monoglycerid-gehalt %	Dichte bei 35° C	Brechungs-index n_D^{35}	Smp der stabilen Form °C
1,2-Diaceto-3-olein . . .	1,04	0,9623	1,45180	—17,5
1,2-Dibutyro-3-olein . . .	0,97	0,9438	1,45119	—29,0
1-Aceto-3-olein	1,38	0,9536	1,45801	+ 7,8
1-Butyro-3-olein	1,19	0,9416	1,45713	— 3,2
1,3-Diolein	0,48	0,9128	1,46419	+25,0
1-Mono-olein	98,6	0,9407	1,46384	+32,0

Einige physikalische Eigenschaften von Butyropalmitinen, Butyrostearinen und Acetopalmitinen bei R.O. FEUGE u. N.V. LOVEGREN (1956).

Physiologisch bestehen gegen die Verwendung von Acetofetten keine Bedenken (vgl. R.B. ALFIN-SLATER u. Mitarb. 1958), so daß sie in den Vereinigten Staaten seit 1960 als Bestandteile von Lebensmitteln zugelassen sind (A.A. NEWMAN 1962). Auch in der Bundesrepublik Deutschland werden keine Einwände gegen ihre Verwendung erhoben (Fremdstoff-Kommission, Mitt. 1 vom 14. IV. 1964).

Nachweis und Bestimmung dieser Verbindungen sind nicht schwierig. Bestimmung der Dichte und Refraktion und Prüfung der Konsistenz geben erste Anhaltspunkte. Ein weiterer Hinweis ist die Erhöhung der Verseifungszahl. Diese ist z. B. für

	Mol.-Gew.	VZ
Triolein	885	190
Aceto-diolein	662	254
Diaceto-olein	441	382

Qualitativ können diese Fette auch durch eine Verseifungsprobe erkannt werden. Das Fett wird mit konzentrierter Kalilauge ohne Anwendung von Alkohol in einem kleinen Tiegel unter Rühren verseift und die nach wenigen Minuten erhaltene Seife mit verdünnter Schwefelsäure erhitzt. Essig- und Buttersäure sind an ihrem Geruch unschwer zu erkennen.

Eleganter ist der Nachweis mit Hilfe der Papier- und Dünnschichtchromatographie. R.L. ORY (1961) erzielt gute Trennungen bei Verwendung von mit Kieselsäure imprägniertem Glasfaserpapier als Träger und Mischungen von Äther und Isooctan 2:98 bzw. 5:95 als Entwicklungsflüssigkeit:

Glasfaserpapier, Type 934-AH (H. Reeve & Angel, London E, C.4, Vertreter: Hormuth & Vetter, Heidelberg) wird in Streifen von 10 × 17,5 cm geschnitten und 1 Std im Muffelofen auf 600°C erhitzt, um das organische Bindemittel zu entfernen. Die Streifen werden nach der

Tabelle 190. *R_f-Werte von Aceto- und Butyrofetten* (nach R.L. ORY 1961)

Glycerid	Lösungsmittel: 2% Äther 98% Isooctan	Lösungsmittel: 5% Äther 95% Isooctan
1-Monostearin	0,05	0,14
1,3-Distearin	0,33	0,65
Tristearin	0,82	0,93
1,2-Diaceto-3-stearin.	0,58	0,85
2-Aceto-1,3-distearin.	0,76	0,94
1-Aceto-3-stearin	0,21	0,40
Stearinsäure	0,77	0,90
1-Butyro-3-stearin.	0,29	0,55

Weitere R_f-Werte im Original.

Methode von J.W. DIECKERT u. Mitarb. (1958) mit Kieselsäure imprägniert und in einem staubfreien Behälter bis zum Gebrauch aufbewahrt. Die Chromatogramme werden nach der Arbeitstechnik von J. W. DIECKERT u. R. REISER (1956b) hergestellt. Pro Flecken werden 5 μg Substanz in Form einer 0,05%igen Lösung in technischem Hexan (Skellysolve B) aufgebracht und mit einem der obengenannten Lösungsmittel entwickelt. Dauer der Entwicklung ca. 18 min. Die Glasfaserpapiere werden dann mit Schwefelsäure besprüht und erhitzt, bis die Chromatogramme verkohlt sind. Die verkohlten Flecke werden mit einem Bleistift umfahren und dann die R_f-Werte bestimmt (vgl. Tab. 190).

Ein dünnschichtchromatographisches Verfahren veröffentlichten E.H. GRUGER jr. u. Mitarb. (1960).

Nach dem Verfahren von E. STAHL (1958) werden Glasplatten mit Kieselsäure beschichtet und anschließend 1,5 Std bei 150°C getrocknet. Man bringt pro Glyceridklasse ca. 50 μg Substanz auf und entwickelt mit einem Lösungsmittel, bestehend aus 8 Volumteilen Äther und 92 Volumteilen Petroläther (Skellysolve F) bis zu einer Höhe von 10—15 cm. Acetoglyceridgemische werden hierbei in Mono- und Diacetoglyceride sowie Triglyceride getrennt. Die Flecken werden sichtbar gemacht, indem die man Platte Joddämpfen aussetzt.

Die *quantitative Bestimmung* erfolgt am besten auf der Grundlage einer Bestimmung der Essig- bzw. Buttersäure, die durch Verseifung des Fettes mit alkoholischer Kalilauge, Eindampfen der Seife und Ansäuern und Destillation des mit Wasser verdünnten Sauerwassers leicht in wäßriger Lösung zu erhalten sind. Genaue Arbeitsbedingungen bei O. FLOHSOVÁ-PROCHÁZKOVÁ u. J. POKORNÝ (1963). Die Bestimmung und Identifizierung erfolgt entweder nach der säulenchromatographischen Methode z. B. von L.L. RAMSEY u. W.I. PATTERSON (1945) (S. 723) bzw. G.B. CORCORAN (1956) (S. 631) oder gaschromatographisch, z. B. nach A.T. JAMES u. A.J.P. MARTIN (1952) (S. 662).

VII. Margarine

Margarine sind im Sinne des Margarinegesetzes vom 15. VII. 1897 „diejenigen, der Milchbutter oder dem Butterschmalz ähnlichen Zubereitungen, deren Fettgehalt nicht ausschließlich der Milch entstammt."

Die Herstellung der Margarine wird in diesem Band von K.F. GANDER beschrieben. Mit der Fabrikation, Zusammensetzung und Untersuchung von Margarine befassen sich ferner die Bücher von S. RUDISCHER (1959), A.J. C. ANDERSEN u. P.N. WILLIAMS (1965) sowie die Aufsätze von A. HEESCH (1963) und H. PARDUN (1963).

Wasser- und Fettgehalt der Margarine sind durch gesetzliche Verordnungen in den verschiedenen Ländern geregelt. In der Bundesrepublik Deutschland darf Margarine nicht weniger als 80% Fett enthalten (Verordnung vom 15. XII. 1965). Als — deklarationspflichtiges — Konservierungsmittel ist nur Sorbinsäure zugelassen. Maximaler Zusatz : 1,2 g/kg Margarine. Vitamine können, müssen aber nicht zugesetzt werden. Teerfarbstoffe dürfen nicht verwendet werden, dagegen sind Carotin und Annatto — letzteres nur in Verbindung mit Carotin — erlaubt. Die Zulassung sonstiger Ingredienzien ist durch die Allgemeine Fremdstoff-Verordnung vom 19. XII. 1959 geregelt. Über die gesetzlichen Vorschriften in anderen Ländern vgl. A.J.C. ANDERSEN u. P.N. WILLIAMS (1965).

Margarine kann mit teuren und billigen Fettmischungen mit und ohne Milch hergestellt werden, so daß sehr voneinander abweichende Produkte auf dem Markt zu beobachten sind. Der Handel unterscheidet im allgemeinen nur nach dem Preis zwischen Delikateß-, Tafel- und Konsum-Margarine.

Zutreffender ist eine Einteilung, die von der Zusammensetzung der Fettphase ausgeht und berücksichtigt, ob nur pflanzliche Öle oder auch gehärtete pflanzliche oder tierische Fette verwendet wurden.

Eine besondere Gruppe bilden die sog. *Reformmargarinen*, die nach ihrer Deklaration entweder einen hohen Gehalt an essentiellen Fettsäuren (20—25 %) aufweisen oder mit naturbelassenen Ölen (vgl. S. 954) hergestellt sind, cholesterinfrei sind usw. Zur Frage der Klassifizierung von Margarine vgl. auch R. Ristow (1967).

1. Physikalische Untersuchungsmethoden

Hier sollen nur diejenigen Methoden behandelt werden, die sich auf die ganze unzerlegte Margarine beziehen. Die Untersuchung der aus der Margarine abgetrennten Fettphase ist unter 3. auf S. 1002 beschrieben.

pH-Wert

Durch Einstellung des pH-Wertes der Margarine auf 4,2—4,5 läßt sich eine erhebliche Resistenz gegen das Wachstum von fett- und eiweißspaltenden Bakterien erzielen. Um dies zu erreichen und um der Margarine einen frischen Geschmack zu verleihen, setzt man ihr vielfach Milch-, Citronen- oder Weinsäure zu.

Zur Bestimmung des pH-Wertes beläßt man die Margarineprobe solange in einem Wasserbad von 60 °C, bis sich Wasser- und Fettphase getrennt haben. Dann entnimmt man der Wasserphase mit einer Pipette ca. 20 ml, filtriert diese durch ein Faltenfilter in ein kleines Becherglas, kühlt auf 20 °C ab und mißt den pH-Wert elektrometrisch mit Hilfe einer Glaselektrode, nachdem man das Anzeigegerät zuvor mit Standard-Acetat-Lösung nach Michaelis (Merck Nr. 7827) geeicht hat.

Wasserverteilung

Die Feinheit der Wasserverteilung ist maßgebend für die Widerstandsfähigkeit der Margarine gegen mikrobielle Infektionen. Zur Feststellung grober Wassereinschlüsse bedient man sich des sog. Wasserpapiers (Söncke-Knudsen u. A. Sörensen 1938).

Zur Herstellung dieses Papiers löst man 1 g Bromphenolblau und 1 g Bromkresolgrün in 1 l 96 %igem Alkohol und säuert die Lösung mit soviel 0,5 n-Salzsäure an, daß ein Stück Filterpapier, in die Lösung getaucht, praktisch keine blauen Ecken mehr zeigt. Dazu sind ca. 40 ml Säure erforderlich. Diese Lösung gibt man nun in eine Entwicklerschale und färbt Filterbögen Sch. & Sch. 587 E, 58 × 58 cm, durch Eintauchen gleichmäßig an. Die Bögen werden auf ein Drahtgestell gehängt und mit warmer Luft (Föhn) getrocknet. Nach dem Trocknen bestreicht man die Bögen mittels eines Pinsels mit feingepulvertem trockenem Natriumhydrogencarbonat. Das überschüssige Pulver wird durch Klopfen wieder entfernt. Dann wird das so präparierte Papier in kleine Stücke geschnitten und vor Licht und Feuchtigkeit geschützt aufbewahrt.

Bringt man nun ein Stück dieses Papiers mit der frisch geschnittenen Oberfläche eines Margarinewürfels in Berührung, so erkennt man „loses Wasser" an blauen Punkten auf dem Indicatorpapier.

Gegenüber diesem Papier hat das von der Fa. Bacto-Strip A.G., Zollikon/Zürich (Schweiz) herausgebrachte INDIPA-Indicatorpapier den Vorzug, daß die damit erhaltenen Befunde in einfacher Weise konserviert werden können. Das von der Butter- bzw. Margarinefläche abgenommene Papier wird von anhaftenden Fettresten befreit, bei 70—90 °C im Trockenschrank getrocknet und dann in eine vom Hersteller zu beziehende Heiß-Siegelfolie gelegt, so daß das Papier beidseitig von der Folie umschlossen ist. Man bringt die Folie zwischen Filterpapier und versiegelt mit einem heißen Bügeleisen (K. Koenen 1959).

Den Nachteil der Empfindlichkeit gegen Wasserdampf, den beide Papiere aufweisen, hat das von G. Stehle (1961) beschriebene WATOR-Papier (Hersteller: Atesmo Ltd., London W 1, 93. Harley Street) nicht. Es kann daher auch ohne Einsiegeln aufbewahrt werden.

Für wissenschaftlich exakte Vergleiche der Wasserverteilung ist selbstverständlich die mikroskopische Methode unentbehrlich.

Als Objektträger verwendet man zweckmäßig eine Leitz-Kulturkammer (Bezeichnung PHONG) von 0,01 mm Schichtdicke, in die ein passendes Teilchen Margarine gebracht, mit einem Deckglas von 0,2 mm bedeckt und mit einem Gewicht einige Zeit belastet wird. Unter Verwendung eines Okularmikrometers, das mit einem Objektmikrometer geeicht ist, zählt man zunächst bei 50- bis 100facher Vergrößerung die Wassertröpfchen, die größer als 12 μ sind, aus, dann mit einer 100- bis 200fachen Vergrößerung die Tröpfchen zwischen 12 und 6 μ und schließlich mit einer 250- bis 500fachen Vergrößerung die Tröpfchen zwischen 6 und 3 μ. Um eine Vergleichsgrundlage zu haben, berechnet man für jede Tropfengröße die Anzahl pro 0,01 mm^3 Margarine.

Über spezielle mikroskopische Methoden, mit denen nicht nur die Wasserverteilung, sondern auch die Stärke- und Proteinverteilung und die Fettkristallisation in Margarine und Butter sichtbar gemacht werden können, berichten N. KROG u. C. VRANG (1964).

Gehalt an nicht gelöster Luft

Nach dem Rohrkühler-Prinzip hergestellte Margarine enthält nur einige Zehntelmilliliter nicht gelöster Luft pro 100 g, die nach dem älteren Kirntrommel-Verfahren bereitete dagegen 5—10 ml. Die Bestimmung erfolgt entweder aus der Dichte oder aber volumetrisch nach den auf S. 764ff. beschriebenen Methoden.

Konsistenz

Zur Bestimmung der Konsistenz der Margarine sind im Prinzip die gleichen Geräte verwendbar, wie sie auch zur Bestimmung des Verformungswiderstandes von Butter entwickelt wurden, z. B. das Gerät von W. MOHR u. Mitarb. (1951), das Konsistometer von C.I. KRUISHEER u. P.C. DEN HERDER (1938) usw. Für eine wissenschaftliche Beschreibung der Konsistenz sind solche Instrumente geeignet, die die Aufstellung einer Viscositätskurve erlauben, wie das Haake-Konsistometer, oder aber die Fließgrenze zu bestimmen gestatten, wie das von A. HAIGHTON (1959) hierfür empfohlene Penetrometer. Genaue Beschreibung dieser Methoden auf S. 487ff. Zu beachten ist, daß man nur dann reproduzierbare Ergebnisse erhält, wenn die Margarineproben vor der Messung 24 Std bei der Meßtemperatur aufbewahrt wurden.

Bestimmung des Verhaltens beim Ausbraten

Margarine spritzt beim Ausbraten etwas stärker als Butter, da sie weniger nicht gelöste Luft enthält als diese. Durch geeignete Zusätze, insbesondere Lecithin, Lecithinfraktionen, Eigelb usw. kann man auch bei der Margarine die Neigung zum Spritzen unterdrücken. Die Bestimmung des Spritz- und Bratverhaltens gibt nur dann reproduzierbare Werte, wenn man die Arbeitsbedingungen standardisiert. Insbesondere sind Größe und Beschaffenheit der Oberfläche, die Anfangstemperatur und der Temperaturgradient der zum Ausbraten verwendeten Pfanne von großem Einfluß (H. PARDUN (1963). In den UNILEVER-Laboratorien verwendet man folgende Methode:

50 g Margarine werden in eine auf ca. 120° C vorgewärmte emaillierte Stahlpfanne für Elektroherde von 180 mm unterem Durchmesser gegeben und auf einer elektrischen Heizplatte mit drei Schaltstellungen, entsprechend 240, 960 und 1200 Watt, bei Temperaturen zwischen 110 und 180° C ausgebraten. Im Abstand von 220 mm ist ein Blatt Papier von 360 × 360 mm angebracht, das die verspritzten Fetteilchen auffängt. Das Ausbraten geschieht in folgendem Rhythmus:

Aufheizen der Pfanne

1. Die Pfanne wird auf die Heizplatte gebracht und der Strom in Stellung 3 eingeschaltet.
2. Nach 2,5 min bringt man 50 g Margarine in die Pfanne.
3. Nach 1 min wird die Heizplatte auf 1 geschaltet (die Margarine ist nahezu geschmolzen).
4. In Stellung 1 wird solange weitergebraten, bis die letzten Wasserspuren verdampft sind (4—6 min).
5. Dann schaltet man auf 0, läßt die Pfanne 1 min stehen, beobachtet die Bräunung und gießt den Inhalt der Pfanne in einen flachen Teller.

6. Man wischt die Pfanne schnell mit ungebleichtem Zellstoff aus, um die Rückstände zu entfernen, und

7. fährt unverzüglich mit den Versuchen fort, damit die Temperatur in den richtigen Grenzen bleibt.

Bratversuch

1. Die Pfanne wird wieder auf die Heizplatte gebracht und die Heizung in Stellung 3 eingeschaltet. Jetzt gibt man 50 g der zu untersuchenden Margarine in die Pfanne und ein Blatt Papier auf den Papierständer.

2. Man verfährt dann weiter wie unter „Aufheizen“ (vgl. Punkt 3. bis 7.) angegeben.

Auswertung

Die Spritzbilder werden, wie in Abb. 159 angegeben, bewertet.

Ferner werden beurteilt: Feinheit des Sediments, Bräunen und Geschmack und Geruch durch die Prädikate 1—10 (1 = unbrauchbar; 10 = ausgezeichnet); außerdem die Schaumentwicklung und der Ansatz des Sediments in der Pfanne.

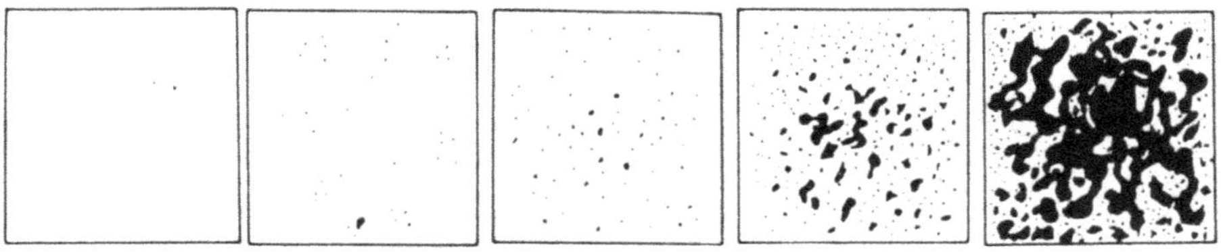

10 = ausgezeichnet 8 = gut 6 = genügend 4 = ungenügend 2 = sehr schlecht

Abb. 159. Bewertung der Spritzbilder nach der Unilever Methode

2. Chemische Untersuchungsmethoden

Die chemische Untersuchung der Margarine erstreckt sich auf die Hauptbestandteile: Wasser, Nichtfett und Fett, die Nebenbestandteile: Kochsalz, Eigelb, Lecithin, Emulgatoren, Farbstoffe, Vitamine, Konservierungs- und Erkennungsmittel und schließlich auf die angenäherte Bestimmung der Zusammensetzung des zur Margarine-Herstellung benutzten Fettgemisches.

a) Bestimmung der Hauptbestandteile

Margarine muß nach den gesetzlichen Bestimmungen mindestens 80% Fett enthalten. Hinsichtlich des Wasser- und Nichtfettgehaltes bestehen keine Vorschriften. Der Fettgehalt kann auf direktem Wege bestimmt werden; in der Praxis ist es jedoch meistens üblich, ihn aus der Differenz 100 — (% Wasser + % Nichtfett) zu ermitteln.

Wasser

Für schnelle und bei einiger Übung sehr genaue Bestimmungen kommt vor allem die von L. Müller (1908) angegebene Methode in Betracht, bei der 10 g Margarine in einem Aluminiumbecher unter Umschwenken solange auf offener Flamme erhitzt werden, bis ein aufsteigender blauer Rauch das Verschwinden des Wassers anzeigt. Dauer einer Bestimmung: ca. 5 min. Genaue Angabe der Arbeitsweise auf S. 766).

Für amtliche Untersuchungen wird hingegen nach einer vom Preußischen Minister für Landwirtschaft 1923 erfolgten Anweisung die Trockenschrankmethode bevorzugt, nach der 5—10 g Margarine auf Seesand in einer flachen Schale bei 105 °C bis zur Gewichtskonstanz getrocknet werden. Genaue Vorschrift S. 765.

Nach Erfahrungen des Verfassers betragen die Differenzen der Ergebnisse beider Bestimmungsmethoden höchstens 0,1%.

Nichtfett

Zur Bestimmung des Nichtfettes, d. h. aller nicht fettlöslichen Bestandteile, wie Milchprotein, Kochsalz, Stärke, Zucker usw., bringt man 5—10 g Margarine in ein 100-ml-Becherglas und verdampft das Wasser entweder durch Einstellen des Glases in einen Trockenschrank bei 105°C oder schneller, indem man das Becherglas auf eine auf 120°C erhitzte Heizplatte stellt und dann einen schwachen Kohlendioxidstrom mittels einer fein ausgezogenen Capillare durchleitet. In beiden Fällen erhält man eine Suspension des Nichtfettes, die durch einen bei 105°C getrockneten Glasfiltertiegel, z. B. Jena 1G3, filtriert und mit Äther fettfrei gewaschen wird.

Die Gewichtszunahme des Tiegels nach dem Trocknen bis zur Gewichtskonstanz ist identisch mit dem Nichtfett. Zur Bestimmung des Fettgehaltes wird das gesammelte ätherische Filtrat eingedampft und der Rückstand nach dem Trocknen bei 105°C gewogen.

Bei Gegenwart von Zucker, Glucose usw. ist die nachstehende im Laboratorium der Margarine-Union Kleve übliche Methode zuverlässiger:

In einen getrockneten Gooch-Filtertiegel „Rosenthal 175.3", der sich in einem Wägegläschen befindet und eine Extraktionshülse „Macherey & Nagel Nr. 645" enthält, werden 3—5 g Margarine eingewogen und mit einem mitgewogenen Wattebausch bedeckt. Sodann gibt man den Gooch-Tiegel ohne Wattebausch auf die Schliffföffnung eines 100-ml-Erlenmeyerkolbens und bringt beides für 2 Std in einen auf 105°C geheizten Trockenschrank. Hierbei schmilzt die Margarine und tropft z. T. in den Erlenmeyerkolben, wobei das in ihr enthaltene Wasser verdampft. Das in der Hülse verbleibende Nichtfett wird durch 2-stündige Extraktion in einem Extraktionsapparat nach TWISSELMANN (vgl. S. 411) mit Petroläther extrahiert. Bei dieser Operation ist die Hülse wieder mit dem Wattebausch verschlossen. Danach trocknet man den Tiegel mit Hülse und Wattebausch $1^1/_2$ Std im Trockenschrank bei 105°C und bestimmt nach dem Erkalten im Wägeglas und Exsiccator die Gewichtszunahme, die mit dem Nichtfett identisch ist.

Fett

Den Fettgehalt errechnet man, indem man die Summe von Wasser + Nichtfett von Hundert subtrahiert. Man kann ihn auch direkt bestimmen, indem man die bei der Bestimmung des Nichtfetts (siehe oben) erhaltene ätherische bzw. petrolätherische Lösung des Margarinefetts eindampft und den Rückstand bis zur Gewichtskonstanz trocknet. Die so erhaltenen Werte stimmen mit den auf indirektem Wege gewonnen auf ca. 0,1% überein.

Refraktometrische Methoden zur Bestimmung des Fettgehaltes von Margarine, die etwas schneller aber weniger genau als die gravimetrischen sind, wurden von G. MIETH (1966) und H. RUDISCHER (1967) mitgeteilt.

b) Bestimmung der Nebenbestandteile

Kochsalz

Ca. 3 g einer Margarineprobe werden in einen 200-ml-Weithals-Erlenmeyerkolben eingewogen und mit ca. 100 ml dest. Wasser versetzt. Man kocht kurz auf, rührt gut um und titriert nach Zugabe von 3—5 Tropfen 10%iger K_2CrO_4-Lösung mit 0,1 n-Silbernitrat-Lösung bis zum Farbumschlag von Gelb nach Bräunlich. Sodann kocht man nochmals kurz auf (hierbei verschwindet meist die bräunliche Farbe), schwenkt gut um und titriert wiederum bis zum Farbumschlag von Gelb nach Hellbraun.

$$\%\ \mathrm{NaCl} = \frac{0{,}5846 \cdot a}{b} - 0{,}02$$

a = verbrauchte ml 0,1 n-Silbernitrat-Lösung
b = Einwaage in g
0,02 = Korrektur für den Eigenverbrauch des Indicators.

Diese Methode gibt, wie P. VOGEL (1967) (unveröffentlichte Resultate) im Laboratorium des Verfassers gefunden hat, um ca. 20—25% zu hohe Werte, wenn der Salzgehalt, wie zur Zeit bei den meisten deutschen Margarinen, ca. 0,2% und weniger beträgt. Offenbar ist der Äquivalenzpunkt unter diesen Umständen nur schwer zu erkennen. In diesem Fall empfiehlt es sich, das Margarine-Wasser-Gemisch kurz aufzukochen, dann die wäßrige Phase durch ein Faltenfilter zu filtrieren und den Salzgehalt in einem aliquoten Teil des Filtrats potentiometrisch zu titrieren. Besonders wichtig ist diese Art der Bestimmung bei solchen Margarinen, bei denen die Salzfreiheit ausdrücklich deklariert wird.

Eine Methode zur Bestimmung des Salzgehaltes mit Quecksilber(II)-nitrat und Diphenylcarbazon wurde von E. BOHM u. Mitarb. (1943) angegeben.

Eigelb

Nachweis und Bestimmung des Eigelbs in Margarine, das häufig in Mengen von 0,1—1% zugesetzt wird, sind sehr schwierig, da sie an nicht immer gegebene Voraussetzungen geknüpft sind. Die bei Teigwaren bzw. Mayonnaise übliche Bestimmungsmethode auf der Basis des Cholesterin- bzw. Lecithinphosphorsäuregehalts scheidet hier aus, da durch gehärtete Fette tierischen Ursprungs nicht unbedeutende Mengen Cholesterin in die Margarine gelangen und etwa anwesendes Sojalecithin durch eine Phosphorsäurebestimmung allein nicht vom Eilecithin unterschieden werden kann.

Einen gewissen Anhalt gibt die von G. FENDLER (1903) eingeführte und von E. VOLLHASE u. Mitarb. (1929) verbesserte Prüfung auf den Eifarbstoff Lutein und das Eidotter-Protein Vitellin:

300 g Margarine werden 2—3 Std im Wasserbad auf 50° C erwärmt, darauf in einen erwärmten Scheidetrichter gegossen und nach Zusatz von 150 ml Kochsalzlösung (2%ig) und kräftigem Durchschütteln nochmals in das Wasserbad von 50° C gehängt. Die alsdann abgelassene wäßrige Flüssigkeit wird zur Abscheidung des suspendierten Fettes gut gekühlt und so oft durch ein feuchtes Filter filtriert, bis sie nahezu klar abläuft. 10 ml des Filtrats werden mit 1 ml 1%iger Schwefelsäure in einem Reagensglas aufgekocht und nach dem Abkühlen mit 2 ml Äther einige Minuten kräftig geschüttelt. Ist die nach einiger Zeit klar abgeschiedene oder durch einige Tropfen Alkohol geklärte Ätherschicht farblos, so ist die Anwesenheit von Eigelb sicher ausgeschlossen. Eine etwaige Gelbfärbung kann hingegen sowohl durch Eigelb als auch durch wasserlösliche Farbstoffe hervorgerufen sein. Zur Entscheidung dieser Frage bringt man 50 ml des oben erwähnten Filtrats, das hierfür völlig klar sein muß, in einen gut ausgewaschenen, noch feuchten Dialysierschlauch und hängt diesen in ein großes Gefäß mit dest. Wasser. Ist die Flüssigkeit nach 5—6 Std deutlich trübe und wird sie auf Zusatz von Kochsalz wieder klar, so ist Vitellin anwesend und damit die Gegenwart von Eigelb wahrscheinlich.

E. BECKER u. W. CLEMENS (1955) haben die Probe auf Lutein verfeinert:

100 g Margarine werden in eine 250-ml-Pulverflasche eingewogen, nach Zugabe von 100 ml 2%iger Kochsalzlösung bei 50° C geschmolzen und $^1/_4$ Std mittels Schüttelapparat geschüttelt. Die Emulsion bleibt dann $^1/_2$ Std bei +50° C und $^1/_2$ Std bei —20° C stehen. Die nach dem Aufschmelzen erhaltene wäßrige Phase wird durch ein Faltenfilter filtriert und mehrmals, insgesamt mit 50 ml Äther extrahiert. Die vereinigten Extrakte werden auf dem Wasserbad auf 1 ml eingeengt. Dann wird die Farbintensität durch Messung der Extinktion bei 480 mμ bestimmt. Wegen des stark schwankenden Luteingehalts des Eigelbs ist eine quantitative Auswertung des Befundes nicht möglich. Fettlösliche Farbstoffe wie Carotin stören den Nachweis nicht. Die Autoren machen mit Recht darauf aufmerksam, daß die Vitellinreaktion nach FENDLER, die sie durch Einführung einer Tüpfelprobe mit Ninhydrin verbessern und zu einer quantitativen Bestimmung erweitern, nur dann zu verlässig ist, wenn die Margarine keine Milch enthält.

Wie vom Verfasser und H. KLINKE (1964) (nicht veröffentlichte Versuche) gefunden wurde, läßt sich die von H. WAGNER (1961) mitgeteilte dünnschichtchromatographische Methode zur Analyse von Phosphatidgemischen auch zum Nachweis und zur halbquantitativen Bestimmung des Eigelbs in Margarine benutzen:

10 g Margarine werden in einen 100-ml-Rundkolben genau eingewogen und im Rotationsverdampfer entwässert. Der Rückstand wird dreimal mit je 10 ml Chloroform am Rückflußkühler 10 min gekocht und die Lösung durch ein Faltenfilter in einen 50-ml-Meßkolben filtriert. Dann wird mit Chloroform bis zur Marke aufgefüllt. Auf eine mit Kieselgel G in einer Dicke von 500 μ beschickten Platte werden nun in einem Abstand von 8 cm je 0,25 ml der Fett/Phosphatid-Lösung aufgetragen. Zweckmäßig arbeitet man mit einem Föhn, um die Auftragungszone möglichst klein zu halten (Durchmesser der inneren Phosphatidzone ca. 5—6 mm, Durchmesser der gesamten Zone ca. 20 mm). Die Platte wird dann in ein mit Benzol beschicktes Chromatographiergefäß gestellt. Steighöhe = oberer Plattenrand.

Sie wird anschließend kurz in einem kalten Luftstrom getrocknet und dann in eine mit Aceton-Benzol 80:20 gesättigte Kammer gegeben. Steighöhe = oberer Plattenrand.

Danach wird die Platte wiederum im kalten Luftstrom gut getrocknet (ca. 15 min) und anschließend mit einem Gemisch aus Chloroform-Methanol-Wasser 65:25:4 bis zur Steighöhe von 15 cm eluiert. Weiterbehandlung nach Vorschrift von H. WAGNER (1961) (vgl. S. 942).

Ein nach dieser Methode erhaltenes Chromatogramm ist in Abb. 160 wiedergegeben.

Bei der quantitativen Auswertung durch Bestimmung des Phosphorgehaltes der Lecithin- und Kephalinflecke wurden folgende Resultate erhalten:

	Margarine I	Margarine II
Eigelbgehalt %	0,32	0,4
gefunden %	0,3	0,5

Zur Umrechnung wurde das Cholinlecithin mit dem Faktor 20 multipliziert, eine Größe, die als Mittel für fünf Proben handelsüblichen Salzeigelbs mit 12% Salz gefunden wurde. Zur Unterscheidung von Sojalecithin kann man das Mengenverhältnis von Cholinphosphatid zum Äthanolphosphatid bestimmen (vgl. S. 933). Diese Größe liegt für Sojalecithin durchweg zwischen 1,2 und 1,6, während sie bei Eilecithin durchschnittlich den Wert 4—5, meistens nahe 4,5, besitzt. Leider schützt aber auch diese Methode nicht mehr vor Fehlschlüssen, seitdem cholinlecithinreiche Präparate aus Sojalecithin als Emulgiermittel für Margarine angeboten werden, die durch Fraktionierung des Rohphosphatidgemisches gewonnen werden und ein ähnliches Lecithin-Kephalin-Verhältnis besitzen wie die Eiphosphatide.

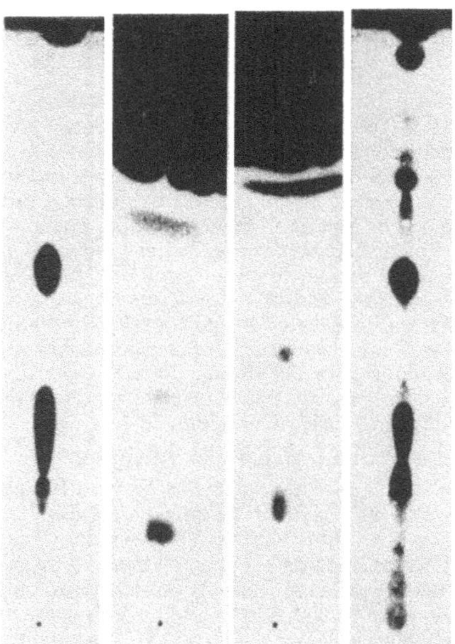

Abb. 160. Nachweis von Eigelb in Margarine mittels DC-Chromatographie; a) Eigelb, b) Margarine I, c) Margarine II, d) Sojaphosphatide

Lecithin

Als Emulgator und um das Spritzen der Margarine beim Ausbraten zu verhindern, werden der Margarine häufig 0,1—0,5% Sojalecithin zugesetzt. Der Nachweis des Sojalecithins neben Eigelb ist aus den vorstehend angeführten Gründen sehr schwierig. Zu empfehlen ist auch hier die auf den Arbeiten von H. WAGNER aufgebaute dünnschichtchromatographische Methode und die Bestimmung des Cholinlecithin-Kephalin-Verhältnisses.

Sonstige Emulgatoren

Allgemein werden als Emulgatoren bei der Margarineherstellung, außer Eigelb und Sojalecithin, Gemische von Mono- und Diglyceriden verwendet, die durch Umesterung von natürlichen Fetten mit Glycerin erhalten werden. Sie finden sich auch in natürlichen Fetten in Mengen von einigen Zehntelprozent. Üblicherweise setzt man 0,1—0,4% bei der Herstellung der Margarine zu.

Zur Bestimmung des Monoglyceridgehaltes erwärmt man ca. 100 g Margarine auf 50° C und zentrifugiert, bis eine Trennung in die Fett- und Wasserphase eingetreten ist. Sollten sehr hartnäckige Emulsionen vorliegen, erreicht man die Separierung der Schichten meistens dadurch, daß man die Margarine zunächst schmilzt, dann bei —10° C einfriert, wieder schmilzt und schließlich zentrifugiert. Etwa anwesendes Lecithin, das die Bestimmung stören könnte, sammelt sich in der Zwischenschicht und bleibt bei der anschließenden Filtration der Fettphase durch ein trockenes Filter auf dem Filter zurück. Die Bestimmung des Monoglyceridgehalts erfolgt dann in der Fettphase nach den auf S. 705/706 angegebenen Methoden. Von dem erhaltenen Resultat subtrahiert man 0,15, den durchschnittlichen Monoglyceridgehalt (%) vollraffinierter Fette.

Durch das neue Deutsche Lebensmittelgesetz (Allgemeine Fremdstoff-Verordnung vom 19. XII. 1959) ist die Zahl der für Margarine zulässigen sonstigen Emulgatoren sehr eingeschränkt. Das früher als Emulgiermittel sehr geschätzte Palsgaard-Emulsionsöl, ein bei 250°C oxydiertes Sojaöl (L. Erlandsen 1939), ist nicht mehr zugelassen, so daß als potentielle Emulgatoren für die Margarine praktisch, außer den bereits besprochenen, nur noch die durch Veresterung von Fettsäuremonoglyceriden mit Weinsäure, Acetylweinsäure, Citronensäure, Apfelsäure und Milchsäure erhaltenen Produkte bzw. die Zuckerester der Fettsäuren in Betracht kommen.

Eine Methode zur Abtrennung von Weinsäure- und Acetylweinsäureglyceriden aus Margarine wurde von E. Kröller (1962a) ausgearbeitet:

Die zu untersuchende Margarine wird zunächst durch Erwärmen und Abstehenlassen in zwei Phasen getrennt. Die wäßrige Phase wird abgelassen, das Fett nochmals mit heißem Wasser gewaschen und nach dem Abtrennen des Wassers mit Methanol bei 60° C ausgeschüttelt. Zu dem filtrierten Methanolextrakt gibt man eine methanolische Bleiacetat-Lösung, wobei sich der Emulgator als weiße Trübung ausscheidet. Zur Identifizierung wird er mit propanolischer Kalilauge verseift, abgekühlt und die Seifenlösung möglichst vollständig vom kristallinen Bodensatz abgegossen, der aus Kaliumtartrat besteht. Hieraus wird durch Umsetzung mit Kieselfluorwasserstoff die Weinsäure in Freiheit gesetzt, die papierchromatographisch nach Entwicklung mit Propanol/Ammoniak durch Vergleich mit einer Probe reiner Weinsäure identifiziert wird.

Eine andere papierchromatographische Methode zum Nachweis der ungespaltenen Weinsäureester arbeiteten J. Wurziger u. W. Gebauer (1961) aus.

Auch den Nachweis von Zuckerestern in Margarine beschreibt E. Kröller (1963): Die zu untersuchende Margarine wird zunächst in eine Wasser- und Fettphase getrennt. Die Fettphase wird mit Methanol extrahiert, der Extrakt mit der wäßrigen Phase vereinigt und dann eingedampft. Zum Entfernen etwa mitgerissenen Fettes wird der Rückstand mit Benzin ausgewaschen und dann in Chloroform gelöst. Die Identifizierung des Zuckeresters und etwa anwesenden freien Zuckers erfolgt papierchromatographisch unter Verwendung von Polyamidpapier (Sch. & Sch.) und eines Laufmittels aus n-Propanol/n-Butanol/Wasser 1:1:1. Zur Sichtbarmachung der Flecke wird eine Lösung von Harnstoff und Phosphorsäure in n-Butanol benutzt. Nach dem Besprühen und Trocknen bei 105° C färben sich die Flecke kräftig blaugrau. Vgl. auch S. 980.

Zucker

Zur Geschmacksverbesserung werden der Margarine vielfach 0,5—2% Rohrzucker, Milchzucker oder Glucose, letztere meistens in Form des Glucosesirups, zugesetzt. Zum Nachweis wird die Margarine in eine wäßrige und fetthaltige Phase getrennt und in ersterer der Zucker nach den in Bd. II/2 beschriebenen Methoden bestimmt.

Farbstoffe

Das Deutsche Lebensmittelgesetz erlaubt als Margarinefarbstoffe nur Carotin und Annatto, letzteres aber nur, wenn gleichzeitig Carotin mitverwendet wird. In ausländischer Margarine können außerdem auch noch Anilinfarben, insbesondere Yellow AB und Yellow OB, anwesend sein.

Als Vorprobe ist das von H.M. Espoy u. H.M. Barnett (1955) mitgeteilte Verfahren geeignet:

30—35 g des im Wasserbad ausgeschmolzenen und zentrifugierten Margarinefettes werden in 100 ml Hexan gelöst und mit konzentrierter Salzsäure geschüttelt. Rotfärbung der wäßrigen Phase deutet auf Teerfarbstoffe. Ein anderer Teil der Hexanlösung wird mit einer Lösung von ca. 5% Ammoniumhydroxid in 55%igem Alkohol ausgeschüttelt: Eine strohgelbe Wasserphase zeigt Annatto an. Wenn bei derartiger wiederholter Ausschüttelung die Hexanphase gelb bleibt, liegt wahrscheinlich Carotin vor.

Weitere Methoden zur Bestimmung und Identifizierung der Farbstoffe vgl. S. 797ff. und S. 823ff.

Vitamine A, D und E

In Deutschland ist der Zusatz von Vitaminen dem Hersteller überlassen; falls die Margarine aber als vitaminiert bezeichnet wird, muß ein gewisser Mindestgehalt an Vitaminen anwesend sein und der Vitamingehalt deklariert werden. In England und Holland ist die Vitaminierung der Margarine vom Gesetzgeber vorgeschrieben (A. J. C. ANDERSEN u. P.N. WILLIAMS 1965).

Führende deutsche Margarinemarken enthalten z. Z. 15 I.E. Vitamin A, 5 I.E. Provitamin A und 1 I.E. Vitamin D_2 pro Gramm. Reformmargarinen enthalten vielfach höhere Konzentrationen an Vitamin E (= α-Tokopherol) als in normalen raffinierten Ölen vorkommen.

Die Bestimmung des *Vitamin A-Gehaltes* erfolgt am sichersten nach der von J. BOLDINGH u. J.A. DROST (1951) veröffentlichten und in den *Food Standards (Margarine) Order 1954* für Großbritannien gesetzlich vorgeschriebenen chromatographischen Methode, die auf S. 803ff. in allen Einzelheiten beschrieben ist.

Vitamin D ist wegen der geringen Konzentration und der Anwesenheit von Vitamin A nur sehr schwer quantitativ zu bestimmen. Der interessierte Leser sei auf die Spezialmethoden in Bd. II/2 verwiesen.

Zur Bestimmung des α-Tokopherols ist vor allem die auf S. 812ff. beschriebene dünnschichtchromatographische Methode zu empfehlen, die besonders bei strichförmigem Auftragen der Ausgangslösung erstaunlich gut reproduzierbare und genaue Resultate gibt. Vgl. auch M. LOURY u. M. BLOCH (1964).

Konservierungsmittel

Die modernen Margarineherstellungsverfahren ermöglichen die Herstellung einer nahezu keimfreien Margarine. Die Verwendung von Konservierungsmitteln — die deklariert werden müssen — gehört daher zu den Ausnahmen. In Deutschland ist nur die Sorbinsäure, im Ausland auch noch die Benzoesäure als Konservierungsstoff zugelassen.

Zum qualitativen Nachweis von Sorbinsäure ist vor allem die Methode von H. SCHMIDT (1960) geeignet:

2 g Margarine werden in einem Reagensglas mit 2 ml einer Mischung aus gleichen Teilen 0,01 n-Kaliumdichromat-Lösung und 0,3 n-Schwefelsäure 5 min auf dem siedenden Wasserbad erhitzt. Darauf versetzt man mit 2 ml 0,5%iger Thiobarbitursäure-Lösung und beläßt das Reagensglas weitere 10 min im Wasserbad. Kräftige Rotfärbung deutet auf die Gegenwart von Sorbinsäure. Auf Fehlermöglichkeiten bei Anwendung dieser Methode weisen W. HANDSCHAK (1963) und L. PEKKARINEN u. E. PORKA (1964) hin.

Die quantitative Bestimmung von Benzoesäure und Sorbinsäure nebeneinander erlaubt nachstehende spektralanalytische Unilever-Methode, die auf Arbeiten von J.B. ROOS u. A. VERSNEL (1960) zurückgeht.

Reagentien

Gereinigtes Methanol: 2 l Methanol werden mit 10 g Kaliumhydroxid und 25 g gepulvertem Zink 3 Std unter Rückfluß gekocht. Man destilliert anschließend und verwirft die ersten und die letzten 250 ml des Destillats. In einer 1-cm-Küvette gegen dest. Wasser gemessen, soll das gereinigte Methanol zwischen 200 und 300 mμ keine Maxima aufweisen; zwischen 250 und 300 mμ soll die Extinktion nicht höher als 0,1 sein. Viele Methanolsorten des Handels genügen auch ohne Reinigung diesen Bedingungen.

4 n wäßrige Schwefelsäure.

Verfahren

5 ± 0,1 g Margarine werden in ein 100-ml-Becherglas eingewogen, auf dem Wasserbad vorsichtig geschmolzen und mit ca. 30 ml Methanol quantitativ in einen 100-ml-Meßkolben gespült. Man gibt 10 ml Wasser hinzu, säuert mit 0,5 ml Schwefelsäure an, erhitzt auf dem Wasserbad, bis das Fett vollständig geschmolzen ist und und schüttelt heftig 1 min. Man kühlt auf 20° C ab und füllt bis zur Marke mit gereinigtem Methanol auf. Dann wird der Kolben in Eiswasser gestellt, bis das Fett vollkommen erstarrt ist (ca. 30 min) und die methanolische Lösung durch ein Filter filtriert. Die ersten 20 ml des Filtrats werden verworfen und die dann folgenden Anteile für die Bestimmung benutzt. Unter Verwendung einer Quarzküvette, die einen solchen Durchmesser hat, daß die Extinktionen zwischen 0,2 und 0,8 liegen, wird nun die Extinktion bei 220, 228, 236, 252, 258 und 264 mμ bestimmt. Als Bezugslösung dient eine Mischung von 11 ml Wasser und 0,5 ml 4 n-Schwefelsäure, die mit Methanol auf 100 ml aufgefüllt wurde.

Berechnung

Wenn nur Benzoesäure anwesend ist:

$$\%\ \text{Benzoesäure} = \frac{2}{30}\left[\frac{e_{228} - {}^1/_2\,(e_{220} + e_{236})}{L}\right]$$

e_{220} usw. = bei 220 mμ usw. gemessene Extinktion.
L = Weglänge der gebrauchten Quarzküvette in cm.

Wenn nur Sorbinsäure anwesend ist:

$$\%\ \text{Sorbinsäure} = 0{,}1\left[\frac{e_{258} - {}^1/_2\,(e_{252} + e_{264})}{L}\right]$$

Wenn Benzoe- und Sorbinsäure anwesend sind:
Die auf 1 cm Küvettenlänge berechnete Extinktion bei 220 mμ usw. sei

$$= e'_{220}\ \text{usw.}\ \left(= \frac{e_{220}}{L}\right)$$

$$e'_{228} - {}^1/_2\,(e'_{220} + e'_{236})\ \ldots\ldots = d'_{228}$$
$$e'_{258} - {}^1/_2\,(e'_{252} + e'_{264})\ \ldots\ldots = d'_{258}$$

Es ist dann

$$\%\ \text{Benzoesäure} = \frac{2}{3}\left(\frac{d'_{228}}{10}\right) + {}^1/_2\left(\frac{d'_{258}}{10}\right)$$

$$\%\ \text{Sorbinsäure} = \frac{d'_{228}}{400} + \frac{d'_{258}}{10}$$

Weitere Methoden zum Nachweis und zur Bestimmung von Konservierungsmitteln in Bd. II/2.

Erkennungsmittel

Um die Unterscheidung der Margarine von der Butter zu erleichtern, hat der Gesetzgeber den Zusatz von Erkennungsmitteln angeordnet. Ursprünglich mußten in Deutschland 10% Sesamöl zugesetzt werden, das durch die Baudouin'sche Reaktion leicht nachgewiesen werden kann (vgl. S. 438). Seit dem ersten Weltkrieg sind auch 0,2—0,3% Kartoffelstärke zugelassen.

Zur Prüfung auf Stärke ist das folgende in einem Preußischen Ministerialerlaß vom 18. IX. 1915 (zitiert nach A. Bömer u. J. Grossfeld 1939) veröffentlichte Verfahren vorgeschrieben:

„In einem weiten Probierglas werden ca. 10 g Margarine oder Butter geschmolzen, mit 10 ccm Wasser aufgekocht und ca. 1 min im Kochen gehalten. Nach dem völligen Erkalten werden in die wäßrige Schicht — zweckmäßig durch ein in diese vorher eingeführtes Glasrohr — einige Tropfen einer Jodkalium-Lösung gegeben. Bei Anwesenheit von Stärkemehl nimmt die wäßrige Schicht eine blauschwarze Färbung an, aus der sich ein blauschwarzer Niederschlag absetzt, der auch dann noch deutlich auftritt, wenn verfälschte Butter vorliegt, die nur wenige Prozente Margarine mit dem vorgeschriebenen Stärkemehl enthält.“

Zur angenäherten Bestimmung des Stärkeanteils wird in derselben Vorschrift folgende Methode angegeben:

„20 g einer Durchschnittsprobe der Margarine werden in einem Zentrifugenrohr bei ca. 70° C geschmolzen. Man fügt (nach dem Erkalten) 10—15 ccm Äther hinzu, bringt das Fett durch Umschütteln zur Lösung und trennt durch kurzes Zentrifugieren die Fettlösung von den übrigen Bestandteilen. Nach vorsichtigem Abgießen der Fettlösung behandelt man den Rückstand nochmals in derselben Weise mit Äther, darauf einmal mit ca. 20 ccm Alkohol. Nach dem Abgießen des Alkohols gibt man zu dem Rückstand 15 ccm alkoholische Kalilauge (80 g Kaliumhydroxid in 1 l Alkohol von 90% gelöst) und kocht am Rückflußrohr im Wasserbade unter zeitweiligem Umschütteln ca. $^1/_2$ Std lang. Nach dem Erkalten wird zentrifugiert, die alkoholische Lösung vorsichtig von dem Rückstand abgegossen, letzterer mit 15% Alkohol von 90 Vol.-% umgeschüttelt und nochmals zentrifugiert. Nach dem Abgießen des Alkohols wird der Rückstand mit 10 ccm Alkohol von 50 Vol.-% aufgenommen und das Gemisch mit ca. 3 Tropfen konzentrierter Salzsäure angesäuert. Die zurückbleibende Stärke sammelt man in einem gewogenen Filtertiegel, wäscht mit 50%igem Alkohol, darauf mit absolutem Alkohol und schließlich mit Äther, trocknet zunächst bei ca. 40° C, dann bei 100° C bis zum gleichbleibenden Gewicht und wägt. Liegt das gefundene Gewicht der getrockneten Stärke zwischen 25 und 65 mg, so ist anzunehmen, daß die Margarine den vorgeschriebenen Gehalt von 0,2 bis 0,3% Kartoffelstärkemehl besitzt. Auf den wechselnden Wassergehalt des im Handel befindlichen Kartoffelstärkemehls und auf die Fehlerquellen des Untersuchungsverfahrens ist dabei Rücksicht genommen."

Wesentlich einfacher als diese ist eine von G. LINSTEDT (1956) veröffentlichte Methode, die gleichzeitig die Bestimmung von Wasser und Fett erlaubt:

1 g Margarine wird in dünner Schicht auf der Wand eines Zentrifugenglases von 40—50 ml verstrichen und genau ausgewogen. Der Wassergehalt wird durch Trocknung im Exsiccator über Silicagel bei Zimmertemperatur und 15—20 Torr und Rückwägung ermittelt. Das Fett wird durch wiederholte Extraktion mit Äther bestimmt. Zur Stärkebestimmung wird der Rückstand mit 3 ml verdünnter Perchlorsäure (70—72%ige Säure und Wasser 1:1) versetzt, gerührt, mit 25 ml Wasser verdünnt, in ein 100-ml-Kölbchen filtriert und bis zur Marke aufgefüllt. Zu 5 ml dieser Stärkelösung wird 1 ml 0,005 n-Jod-Jodkalium-Lösung gegeben. Aus der bei 680—700 mμ gemessenen Extinktion gegen ein Gemisch von 5 ml Wasser und 1 ml Jodlösung wird der Stärkegehalt mit Hilfe einer Eichkurve errechnet.

3. Untersuchung der Fettphase

Eine genaue Bestimmung der Zusammensetzung der Fettphase ist nur insoweit möglich, als es sich um die Ermittlung des Unverseifbaren und der individuellen Fettsäuren handelt. Dagegen ist es unmöglich, aus der Fettsäurezusammensetzung auf die Anwesenheit bestimmter Fette zu schließen, wenn diese nicht, wie z. B. Rüböl, durch charakteristische Fettsäuren ausgezeichnet sind. Der hier beschriebene Analysengang genügt jedoch zur Einordnung der untersuchten Margarine in eine der auf S. 992 genannten Gruppen.

Zur Gewinnung der Fettphase wird die Margarine auf 60° C erwärmt und zentrifugiert. Sollte hierbei keine ausreichende Trennung der Phasen eintreten, kühlt man die flüssige Emulsion auf —15° C ab, erwärmt wiederum auf 60° C und zentrifugiert dann von neuem. Die noch warme Fettphase wird durch ein Faltenfilter filtriert und ist dann zur Untersuchung fertig.

a) Physikalische Kennzahlen

Einen Anhaltspunkt für die Zusammensetzung der Fettphase gibt die Bestimmung des Steigschmelzpunktes nach S. 452. Er liegt bei Reform-Margarinen am tiefsten, höher bei hartfettfreien Margarinen und noch höher bei hartfetthaltigen. Genauere Aufschlüsse erhält man indessen durch Bestimmung der Dilatation nach S. 473 über den Bereich von +5 bis +35° C. Der Abfall der Dilatationskurve ist um so steiler, je mehr Cocos- oder Palmkernfett in der Margarine enthalten ist. Gegenwart von Hartfetten führt nach Messungen im Laboratorium des Verfassers zu flachen Dilatationskurven (vgl. Abb. 161).

Die Dilatationskurven oder noch besser die durch Differential-Thermoanalyse (vgl. S. 476) erhaltenen Kurven geben darüber hinaus auch Auskunft, ob die Zusammensetzung einer Margarine-Fettphase über einen längeren Zeitraum konstant bleibt.

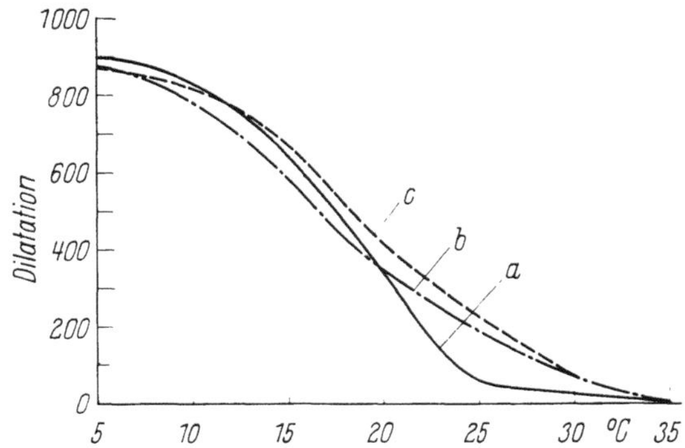

Abb. 161. Dilatationskurven der Fettphase von 3 Margarinesorten; a = Reform-Margarine, b = Delikateßmargarine, c = Konsummargarine

b) Chemische Kennzahlen

Von den chemischen Kennzahlen sind Jodzahl (S. 569) und Verseifungszahl (S. 557) besonders aufschlußreich. Da die Verseifungszahl der Fette der C_{18}-Gruppe um 190 liegt und die der Cocosfettgruppe bei 250, läßt sich aus der Höhe der Verseifungszahl der Gehalt an Cocos- bzw. Palmkernfett abschätzen. Einen Hinweis auf die Gegenwart von Hartfetten erhält man durch Bestimmung des Isoölsäuregehaltes (S. 725) nach Twitchell, eine Methode, die aber nur dann angewandt werden darf, wenn kein Rüböl anwesend ist. Man prüft daher zweckmäßig zuerst, z. B. nach Hadorn u. Biefer (1956) (S. 761), auf Erucasäure. Fällt dieser Nachweis positiv aus, kann ein etwaiger Hartfettgehalt nur durch Bestimmung des trans-Indexes (S. 526) bewiesen werden. Beispiele für diese Untersuchungsmethode bei A. F. Mabrouk u. J. B. Brown (1956).

Es kann allerdings weder aus der Höhe des Isoölsäuregehaltes noch aus der trans-Zahl auf die *Menge* der anwesenden Hartfette geschlossen werden, da der Gehalt der gehärteten Fette an iso- und trans-Verbindungen von den Härtungsbedingungen abhängt. Der trans-Index z. B. steigt mit zunehmender Härtung zunächst an, erreicht bei Fetten mit einem Schmelzpunkt von 32—40°C ein Maximum, um dann wieder zu sinken (vgl. S. 977).

c) Bestimmung der Fettsäurezusammensetzung

Diese erfolgt am genauesten und zuverlässigsten mit Hilfe der Gaschromatographie (S. 657), wobei zweckmäßig eine polare Trennflüssigkeit, z. B. Diäthylenglykolsuccinat-polyester (DEGS), verwendet wird. Die in ihre Methylester überführten Fettsäuren werden hierbei nicht nur nach ihrer Kettenlänge, sondern auch nach dem Grade der Ungesättigtheit zerlegt und dadurch der quantitativen Bestimmung zugänglich gemacht. Ein Beispiel für eine solche Zerlegung gibt Abb. 162.

Durch Vergleich der erhaltenen Daten mit der im Abschnitt C (S. 1012) angegebenen Fettsäurezusammensetzung der wichtigsten Öle und Fette ist in den meisten Fällen die Einordnung der Margarine in eine der auf S. 1002 erwähnten Klassen möglich.

Bei Abwesenheit von gehärteten Fetten kann man den gaschromatographischen Daten direkt den Gehalt an Linol- und Linolensäure entnehmen, was in all den Fällen von Bedeutung ist, in denen in der Werbung auf einen besonders hohen Gehalt an essentiellen Fettsäuren hingewiesen wird. Bei Gegenwart von Hartfetten bestimmt man diese Fettsäuren indessen genauer nach der enzymatischen Methode von J. Mac Gee (1959) (S. 756) oder IR-spektralphotometrisch nach S. 529.

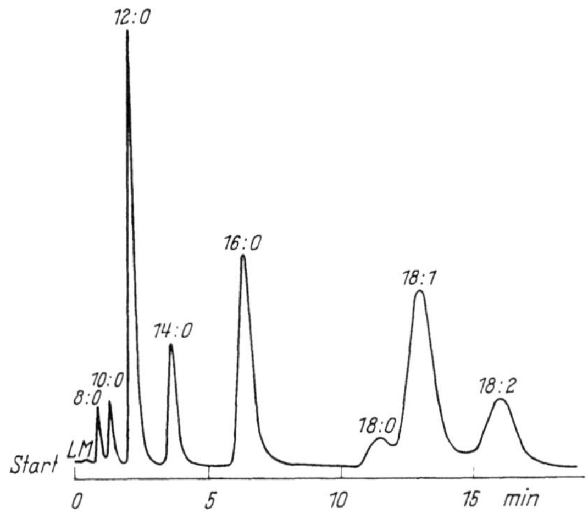

Abb. 162. Gaschromatographische Zerlegung einer Margarinefettmischung. Gaschromatograph Beckman GC2 mit Wärmeleitfähigkeitsdetektor, 30% DEGS auf Firebrick; T = 193°C, 20 ml H_2/min

H. P. Kaufmann (1955) fand in zehn Margarinesorten des Handels einen Gehalt an essentiellen Fettsäuren zwischen 3 und 14%. In Reform-Margarinen wurden im Laboratorium des Verfassers bis zu 30% dieser Verbindungen nachgewiesen.

Der Nachweis von Buttersäure, die durch Vermischung von Margarine mit Butter in das Fettgemisch gelangen kann, entzieht sich der gaschromatographischen Bestimmung, wenn nicht besondere Vorsichtsmaßnahmen getroffen werden (S. 668). Eine detaillierte gaschromatographische Methode zur Bestimmung des Butterfettgehaltes in Margarine wurde von D. F. Withington (1967) ausgearbeitet. Einfacher ist in vielen Fällen die Bestimmung der Buttersäurezahl nach S. 596, die mit genügender Sicherheit die Erkennung von Butterfett erlaubt.

Außer Butter, die in einigen Ländern auf staatliche Weisung der Margarine zugesetzt wird, kann das Margarinefett Schmalz, Rindertalg und gehärtete Seetieröle enthalten. Am sichersten ist der Nachweis tierischer Fette aufgrund ihres Cholesteringehaltes, der mit modernen chromatographischen Methoden so genau zu bestimmen ist (S. 787), daß noch 2% tierische Fette in pflanzlichen mit Sicherheit erkannt werden können.

d) Nachweis von Verfälschungen

Unter Verfälschung wird die Verwendung solcher Fette zur Margarineherstellung verstanden, die für die menschliche Ernährung nicht geeignet sind.

Eine Untersuchung hierauf beginnt mit der Bestimmung des *Unverseifbaren* als Petroläther- oder besser als Äthylätherextrakt nach S. 713. Ist die Menge des Unverseifbaren größer als 1%, liegt der Verdacht der Beimischung von Mineralöl oder solchen Fetten und Ölen nahe, die einen hohen Gehalt an Kohlenwasserstoffen (z. B. Sheafett aus unreifen Nüssen) oder Fettalkoholen (z. B. Spermwalöl) besitzen. Auf Mineralöle prüft man nach der von H. HADORN u. R. JUNGKUNZ (1949b) angegebenen säulenchromatographischen Methode (S. 843) bzw. der DC-Methode nach F.G. SIETZ (1966) (vgl. S. 844), auf Fettalkohole nach S. 793.

Öle mit *konjugierten Fettsäuren*, wie Holzöl und Oiticicaöl, sind durch Bestimmung der Extinktion im Ultravioletten leicht nachzuweisen, nachdem man die im Margarinefett enthaltenen färbenden Bestandteile durch eine Filtration über Floridin bzw. Aluminiumoxid, wie auf S. 824 angegeben, entfernt hat. Hierzu eignet sich die auf S. 519 beschriebene spektralanalytische Methode. Da die im Holzöl vorkommende α-Eläostearinsäure eine spezifische Extinktion $E_{1\,cm}^{1\,\%}$ bei 272 mμ von 2130 besitzt, würde ein Zusatz von 1% Holzöl zum Margarinefett die spezifische Extinktion desselben bei dieser Wellenlänge um ca. 20 Einheiten erhöhen. Die Extinktion $E_{1\,cm}^{1\,\%}$ von reinen Speiseölen und Speisefetten dagegen überschreitet im Diengebiet von ca. 230 mμ und im Triengebiet von ca. 270 mμ selten den Wert 5.

Natürliche Fette mit cyclischen Fettsäuren, wie Chaulmugra- und Hydnocarpusöl, können an ihrer optischen Aktivität erkannt werden. Diese Fette besitzen eine spezifische Drehung zwischen +55 und +65°. Vgl. hierzu auch S. 831.

4. Biologische Untersuchung

Obwohl die Margarine durch die modernen Herstellungsmethoden, die eine äußerst feine Wasserverteilung garantieren, und durch Einstellung eines ziemlich sauren pH-Wertes, der bei 4,2—4,5 liegt, auch ohne Zusatz von Konservierungsmitteln gegen biologische Verderbniserscheinungen weitgehend geschützt ist, sind bei unsachgemäßer Behandlung mitunter Zersetzungserscheinungen zu beobachten, die auf die Tätigkeit von Kleinlebewesen zurückzuführen sind.

Eine eingehende Beschreibung der für die bakteriologische Margarine-Untersuchung in Betracht kommenden Methoden würde den Rahmen dieses Abschnittes überschreiten. Es sind prinzipiell die gleichen, wie sie auch zur Untersuchung der Butter verwendet werden (vgl. Bd. III dieses Handbuches, sowie G. ROEDER 1954; W. MOHR u. K. KOENEN 1958). Die biologische Untersuchung der Margarine erstreckt sich hauptsächlich auf den Nachweis

der Bakterien (Nicht-Säurebildner),
der Hefen und Schimmelpilze und
der Fettspalter
und die Bestimmung des Colititers.

Über den Einfluß der verschiedenen Kleinlebewesen auf das Verderben von Margarine berichtete N. MALTSCHEWSKY (1956a und b). Ein zur Auswertung der mikrobiologischen Untersuchung geeignetes Bewertungsschema für Wasser- und Milchmargarine nach S. RUDISCHER (1959) gibt Tab. 191 wieder.

Tabelle 191. *Mikrobiologisches Bewertungsschema* (nach S. RUDISCHER 1959)

Margarineart	Punktzahl	Nichtsäurebildner Keime pro ml	Hefen Keime pro ml	Schimmel Keime pro ml	Colitest +/—	(Galle) in ml
Wasser-margarine	5	≦2500	≧100	0	—	1,0
	4	12500	250	≦1	+	1,0
	3	25000	500	2	+	1,0
	2	50000	1250	5	+	0,1
	1	75000	2500	10	+	0,1
	0	>75000	>2500	>10	+	0,01
Milch-margarine	5	≦5000	≦250	0	—	1,0
	4	25000	500	≦2	+	1,0
	3	50000	1000	5	+	1,0
	2	100000	2500	10	+	0,1
	1	150000	5000	20	+	0,1
	0	>150000	>5000	>20	+	0,01

Bei starker Zersetzung durch Schimmelpilze macht sich ein ketoniger Geruch bemerkbar — Parfümranzigkeit. Das Ausmaß der Verdorbenheit läßt sich in solchen Fällen leicht durch Bestimmung der Ketonigkeit nach H. SCHMALFUSS u. Mitarb. (1932) (S. 887) ermitteln.

Eingehend behandelt sind die mikrobiologischen Qualitätskontrollen von D.A.A. MOSSEL (1965/1966).

VIII. Mayonnaise und Salatsoßen

Mayonnaise ist eine Zubereitung aus Eigelb und Speiseöl, der Salz, Zucker, Essig, Gewürze u. a. Stoffe zugesetzt sind. Der für die Beurteilung von Mayonnaise maßgebende Runderlaß des Reichsministeriums des Innern vom 24. III. 1941 unterscheidet zwischen

„Mayonnaise", die mindestens 50% Öl

„Ia", „prima", „feinste" Mayonnaise, die mindestens 83% Öl und

„Salat-Mayonnaise" oder „Marinaden-Mayonnaise", die mindestens 20% Öl enthält.

Die hiervon abweichende Verkehrsanschauung geben die vom Bund für Lebensmittelrecht und Lebensmittelkunde herausgegebenen „Leitsätze für die Zusammensetzung von Mayonnaisen und Salaten" (Gutachten vom 29. XI. 1961) wieder. Es werden folgende Qualitäten unterschieden:

1. Ia, prima, feinste, feine oder gleichsinnig bezeichnete Mayonnaise mit mindestens 80% Fettgehalt,
2. Mayonnaise oder Salat-Mayonnaise oder Tafelmayonnaise ohne hervorhebende Qualitätsbezeichnung mit mindestens 50% Fettgehalt.

Vgl. auch die Neufassung der „Leitsätze" vom 15. XII. 1965 und H. STEGEN (1968).

Die unter 1. angeführte Mayonnaise enthält als Emulgator nur Eigelb und keinerlei Verdickungsmittel. Die unter 2. angeführte Mayonnaise kann auch Verdickungsmittel wie Weizenmehl, Speisestärken, Gelatine sowie die nach der Allgemeinen Fremdstoff-Verordnung vom 19. XII. 1959 zugelassenen Verdickungsmittel enthalten.

„Frisch-Ei"-Mayonnaise enthält an Eiinhaltsstoffen ausschließlich solche, die unmittelbar vor der Verarbeitung zu Mayonnaise durch Aufschlagen von frischen Hühnereiern gewonnen werden, und keine Verdickungsmittel, „Frisch-Eigelb"-Mayonnaise nur frisch ausgeschlagenes Eigelb und weder Hühnereiweiß noch Eiaustauschstoffe.

Mayonnaiseähnliche Erzeugnisse mit einem niedrigeren Fettgehalt als 50% sollen den „Leitsätzen" gemäß als Lebensmittel besonderer Art gekennzeichnet werden, z.B. als Salat-Cremes, Salat-Soßen, Salat-Dressings, Salat-Tunken usw.

Die Konservierung von Mayonnaise ist nach der Konservierungsstoff-Verordnung vom 19. XII. 1959 erlaubt, aber deklarationspflichtig. Es dürfen pro Kilogramm höchstens 2,5 g Sorbinsäure, 2,5 g Benzoesäure und 1,2 g p-Hydroxybenzoesäure-äthylester zugesetzt werden.

Weitere Angaben zu Fragen der Gesetzgebung und der Verkehrsanschauung auf dem Gebiet der Mayonnaisen und Salatsoßen bei A. HEESCH (1952), E. BENK (1958), F.W. SCHMIDT (1960) und R. GRAU (1964).

1. Physikalische Untersuchungsmethoden

pH-Wert

Da Mayonnaise eine Öl-in-Wasser-Emulsion ist, kann der pH-Wert ohne Verdünnung mit Wasser bestimmt werden:

In ein Becherglas gibt man den Inhalt einer Mayonnaisepackung, rührt gut um und bestimmt den pH-Wert elektrometrisch mit Hilfe einer Glaselektrode.

Vor der Messung wird die Meßeinrichtung mit Standard-Acetat-Lösung nach MICHAELIS, pH = 4,62, (Merck Nr. 7827) geeicht.

Je nach dem Säuregehalt und den Mengen anwesender Puffersubstanzen, wie Eiweiß und Eigelb, liegt der pH-Wert von Mayonnaisen und Salatsoßen zwischen 2,8 und 4,2. Beispiele S. 1011.

Emulsionsbeständigkeit

Die Beständigkeit der Emulsion wird am einfachsten nach einem von N.I. Kosin (1954) veröffentlichten Verfahren bestimmt:

Ein 10 ml fassendes Zentrifugiergläschen wird bis zur Marke mit Mayonnaise gefüllt, 3 min in Wasser von 100° C gestellt und schließlich 5 min lang mit 1500 U/min zentrifugiert. Dann wird das ausgeschiedene Öl gemessen und in Prozent umgerechnet.

Die bei niedrigprozentigen eigelbarmen Mayonnaisen und Salatsoßen häufig zu beobachtende Neigung zur *Synärese* kann nach dieser Methode nicht bestimmt werden.

Öltropfengröße

Zur Bestimmung der Größe der Öltröpfchen bringt man eine Probe der Mayonnaise in eine Blutzählkammer nach Thoma von 10 μ Schichtdicke und zählt bei einer 250- bis 500fachen Vergrößerung unter Verwendung eines geeichten Okularmikrometers aus.

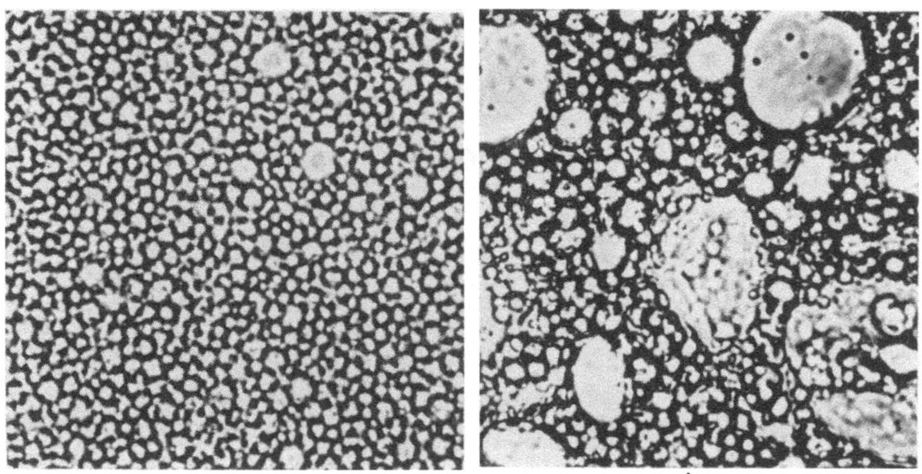

a b

Abb. 163. Mikrophotographien von hochprozentiger (a) und niedrigprozentiger (b) Mayonnaise (Vergrößerung 200 ×)

Mayonnaisen mit hohem Ei- und Fettgehalt sind mikroskopisch leicht von fettarmen, stärkehaltigen Produkten zu unterscheiden (vgl. Abb. 163).

Konsistenz

Mayonnaisen und Salatsoßen sind Nicht-Newton'sche Flüssigkeiten. Zur Kennzeichnung des rheologischen Verhaltens sind daher vor allem Rotationsviscosimeter (vgl. S. 487) geeignet. Zur Bestimmung der *Fließgrenze* allein genügt die Messung der Eindringtiefe eines passenden Konus mit Hilfe des Richardson-Penetrometers (Hersteller: Sommer & Runge K.G., Berlin-Friedenau). Nach P. Westdorp u. M.J. Hofstede (1961[1]) ist hierfür ein Plexiglas-Konus von 90°, z. B.

[1] Unveröffentlichte Versuche.

Typ 18/122 der Firma Sommer & Runge, Berlin-Friedenau, von 15 g Gewicht mit Fallstab von 10 g, besonders geeignet. Die Fließgrenze wird nach der von H. HAIGHTON (1959) aufgestellten Formel berechnet:

$$C = \frac{K \cdot W}{p^{1,6}}$$

C = Fließgrenze in g/cm²
K = Konstante, für den 90° Konus = 1040
W = Gewicht von Konus und Fallstab
p = Penetration in 0,1 mm nach 5 sec.

Die Fließgrenze hängt sowohl von der Zusammensetzung als auch vom Herstellungsverfahren ab. Für Mayonnaisen mit 83% Öl und 8% Eigelb liegt sie bei 20°C zwischen 8 und 16 g/cm².

2. Chemische Untersuchungsmethoden

Die nachstehend beschriebenen Methoden haben sich im Laboratorium der Margarine-Union in Kleve bewährt. Sie sind im wesentlichen aus Vorschriften von H. SUTER u. H. HADORN (1956) entstanden, berücksichtigen aber auch die Erfahrungen von W. DIEMAIR u. M. SALVISBERG (1959) und Hinweise der Official Methods of Analysis of the AOAC 10th Ed. 1965.

Wasser und Flüchtiges

Eine Porzellan-Abdampfschale (Rosenthal C 127, 90 mm ⌀) wird mit 20 g geglühtem Seesand und einem kurzen Glasstab beschickt, einige Stunden bei 105° C getrocknet und nach dem Abkühlen gewogen. Dann wägt man 2 g Mayonnaise ein, vermischt sie sorgfältig mit dem Sand und trocknet zunächst $1^1/_2$ Std bei 105° C und dann weiter je $^1/_2$ Std bis zur Gewichtskonstanz.

Öl

3—4 g Mayonnaise werden in eine Extraktionshülse (Sch. & Sch. Nr. 603, 27×80 mm), in der sich 5—10 g Sand befinden, eingewogen. Man durchsticht die Hülse 2 cm unterhalb des oberen Randes radial mit einer ca. 8 cm langen Nadel und hängt sie in ein 50-ml-Becherglas, dessen Boden mit etwas Sand bedeckt ist. Hülse und Becherglas stellt man 3 Std in einen auf 105° C geheizten Trockenschrank, bringt nach dem Abkühlen den im Becherglas befindlichen Sand in die Hülse und extrahiert das Fett, nachdem man das Becherglas mit Äther nachgespült hat, im Extraktionsapparat nach TWISSELMANN (vgl. S. 411) 4 Std mit über Calciumchlorid getrocknetem (wichtig!) Äthyläther. Dann destilliert man den Äther ab und trocknet das zurückbleibende Öl bei 105° C bis zur Gewichtskonstanz.

Aus dem Wasser- und Ölgehalt berechnet man den Nichtfettgehalt = 100 — (Wasser + Öl), der bei feinster Eigelbmayonnaise selten 5% übersteigt, bei gestreckter Mayonnaise dagegen Werte bis zu 15% erreichen kann (vgl. Tab. 192 auf S. 1011).

Eigelb

Die Bestimmung des Eigelbs ist von allen Methoden die problematischste. Die für andere eihaltige Nahrungsmittel als recht zuverlässig anzusehende Bestimmung aufgrund des Cholesteringehaltes (J. TERRIER 1937) scheidet hier aus, da den Produkten zu leicht auch Cholesterin zugesetzt werden kann. Die Heranziehung des Cholingehaltes zur Eigelbbestimmung (K. SCHWARZ 1961) hat zwar den Vorteil, daß Alterungserscheinungen den Eigelbwert nicht beeinträchtigen, kann aber bei senfhaltiger Mayonnaise zu falschen Resultaten führen, da aus dem Sinalbin des weißen Senfs ebenfalls Cholin abgespalten wird (C. G. DAUBNEY u. G. E. W. SEXTON 1950). Die nachstehend beschriebene Methode ist eine Variante der Lecithinphosphorsäure-Methode von H. HADORN u. R. JUNGKUNZ (1952), in Verbindung mit einer dünnschichtchromatographischen Bestimmung des Lecithin/Kephalin-Verhältnisses nach H. WAGNER (1961). Diese Kontrolle ist besonders wichtig wegen der Möglichkeit einer Verfälschung des Eigelbs durch Sojalecithin (L. ACKER u. Mitarb. 1963).

Bestimmung des Eigelbgehalts. 2 g Mayonnaise werden wie bei der Ölbestimmung in eine Extraktionshülse gebracht, die mit 5 g Sand gefüllt ist und sich in einem 50-ml-Becherglas befindet, dessen Boden ebenfalls mit Sand bedeckt ist. Man trocknet 2—3 Std bei 105° C, bringt die Hülse in das Mittelstück eines Twisselmann-Apparates, spült den Inhalt des Becherglases mit Alkohol-Benzol 1:1 in die Hülse, bedeckt diese mit einem Wattebausch und extrahiert mit 50—70 ml des gleichen Lösungsmittels 4 Std unter lebhaftem Sieden. Dann kühlt man ab, gibt den Extrakt in einen 100-ml-Meßkolben und füllt bei +20° C bis zur Marke auf.

10 ml dieser Lösung werden in eine phosphorfreie Quarzschale gebracht und vorsichtig auf dem Wasserbad eingedampft. Sobald nur noch ca. 1 ml Flüssigkeit vorhanden ist, fügt man 0,75 g Magnesiumoxid hinzu, dampft zur Trockne ein, verascht und bestimmt den Phosphorgehalt nach der auf S. 837 beschriebenen Molybdänblau-Methode.

$$\% \text{ Eigelb} = \% \text{ P} \cdot 246 = \% \text{ P}_2\text{O}_5 \cdot 107$$

Eine etwas schnellere Methode wurde von R. E. Fresenius (1967) vorgeschlagen:

Etwa 1 g Mayonnaise wird in ein 50-ml-Becherglas genau eingewogen und mit 15 ml eines Gemisches von Benzol und 96%igem Äthanol/1:1 versetzt und solange umgeschwenkt, bis sich das Fett der Mayonnaise gelöst hat. Anschließend überführt man die Lösung quantitativ in ein 25-ml-Meßkölbchen und füllt bei 20°C zur Marke auf. Man verschließt sorgfältig mit einem Glasstöpsel, schüttelt kräftig um und läßt das Kölbchen solange stehen, bis sich der stärke- bzw. eiweißhaltige Niederschlag abgesetzt hat und die flüssige Phase klar geworden ist. In eiligen Fällen kann auch zentrifugiert werden. 1,00 ml der klaren flüssigen Phase überführt man in einen Platintiegel, dampft ein, verascht in Gegenwart von 125 mg Magnesiumoxid und bestimmt den Phosphorgehalt nach der auf S. 837 wiedergegebenen Molybdänblaumethode.

Dünnschichtchromatographische Identifizierungsprobe. 10 g Mayonnaise werden in einen 100-ml-Rundkolben genau eingewogen und im Rotationsverdampfer entwässert. Der Rückstand wird drei mal mit je 20 ml Chloroform 10 min am Rückflußkühler gekocht und die Lösung durch ein Faltenfilter in einen 10-ml-Meßkolben filtriert. Dann wird mit Chloroform bis zur Marke aufgefüllt.

0,1—0,15 ml dieser Lösung werden nun auf eine 250 μ dick mit Kieselgel G (E. Merck) beschichtete Glasplatte von 20×20 cm in kleinen Portionen aufgebracht, wobei das Lösungsmittel mit Hilfe eines kalten Luftstroms fortlaufend verdampft wird, um einen möglichst kleinen Substanzfleck zu erhalten. Dann stellt man die Platte in eine an den senkrechten Wänden mit Filtrierpapier ausgekleidete Entwicklungskammer und eluiert das Fett mit Aceton-Benzol (80:20). Anschließend trocknet man die Platte wieder mit einem kalten Luftstrom und entwickelt mit Chloroform-Alkohol-Wasser (65:25:4). Zur Sichtbarmachung werden die Flecke mit Phosphor-Molybdänsäure angefärbt. Zur Bestimmung des Lecithin/Kephalin-Verhältnisses nach H. Wagner (1961) färbt man mit Dragendorff's Reagens, schabt das Kieselgel an den Stellen des Lecithin- bzw. Kephalinflecks ab, oxydiert die organische Substanz mit Perchlorsäure und bestimmt dann die Phosphorsäure nach der Molybdänblau-Methode. Durch Multiplikation mit den von H. Wagner angegebenen Faktoren (vgl. S. 944) wird die Cholinlecithin- bzw. Kephalinmenge bestimmt, deren Quotient nach Literaturangaben bei Anwendung der Cholinmethode bei 3 liegt (F. E. Nottbohm u. F. Mayer 1933), im Laboratorium des Verfassers nach der dünnschichtchromatographischen Methode aber zwischen 4 und 5 gefunden wurde.

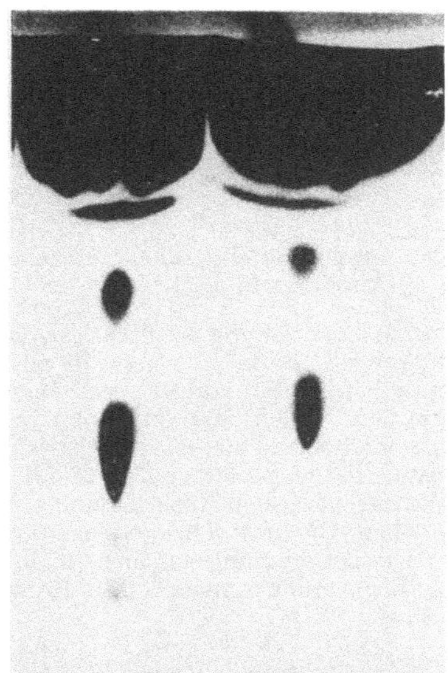

% Öl	80	78
% Eigelb	6,2	3,7

Abb. 164. Dünnschichtchromatographischer Nachweis von Eigelb in Mayonnaise

Beispiele:

Mayonnaise a: 0,43% Lecithin, 0,092% Kephalin,
L : K = 4,67

Mayonnaise b: 0,36% Lecithin, 0,079% Kephalin
L : K = 4,55

Ein für diese Identitätsprobe charakteristisches Chromatogramm ist in Abb. 164 wiedergegeben.

Über gravimetrische Verfahren zur Bestimmung des Eigelbgehaltes von Mayonnaisen und Salatsoßen, die im Rahmen der EWG-Harmonisierung von Mayonnaiseprodukten als beste Referenzmethoden bezeichnet wurden, berichtet R. Grau (1967). Leider sind sie aber sehr zeitraubend.

Protein

Nach den Erfahrungen des Verfassers wird der Kjeldahl-Aufschluß durch vorherige Entfernung des Öls erleichtert. Die nachstehende Vorschrift nach der AOAC-Methode Nr. 28.048 (1965) gibt daher sehr zuverlässige Resultate:

Ca. 15 g Mayonnaise werden in einem 500-ml-Kjeldahlkolben eingewogen, den man solange auf dem Dampfbad stehen läßt, bis das Eigelb vollständig geronnen ist und das Öl sich abscheidet. Man kühlt auf Zimmertemperatur ab und gibt ca. 50 ml Petroläther hinzu. Nach gutem Durchmischen wird die Petroläther-Lösung durch ein kleines Filter abgegossen. Diese Behandlung mit Petroläther wird noch zweimal wiederholt. Das Filter wird mit Petroläther fettfrei gewaschen und in den Aufschlußkolben gegeben. Anschließend wird mit 50 ml konzentrierter Schwefelsäure, 0,7 g HgO und 15 g K_2SO_4 aufgeschlossen und der Stickstoffgehalt wie üblich bestimmt.

$$\%\ \text{Protein} = \%\ \text{N} \cdot 6{,}25$$

Flüchtige und nicht flüchtige Säuren

Zur Bestimmung der *Gesamtsäuren* wägt man 5 g Mayonnaise in einen 250-ml-Erlenmeyerkolben mit Schliffstopfen ein, fügt 100 ml dest. Wasser hinzu, setzt den Stopfen auf und schüttelt, bis die Probe homogen im Wasser verteilt ist. Dann titriert man nach Zusatz von 2 Tropfen Phenolphthalein-Lösung (1%ig) mit 0,1 n-Natronlauge bis zur bleibenden schwachen Rotfärbung.

$$\%\ \text{Gesamtsäure, berechnet als Essigsäure} = \frac{a \cdot 0{,}6}{E}$$

a = ml verbrauchte 0,1 n-Natronlauge
E = Einwaage in g.

Zur Bestimmung der *flüchtigen Säure* werden ca. 10 g Mayonnaise in ein 100-ml-Becherglas eingewogen. Dann gibt man 25 ml ausgekochtes Wasser hinzu, mischt, füllt in einen mit Dampfzufuhr und Kühler versehenen 500-ml-Kjeldahlkolben, setzt 5 g Weinsäure zu und erhitzt zum Sieden. Man leitet nun einen kräftigen Dampfstrom ein, sammelt das Destillat in Portionen von je 200 ml und titriert mit 0,1 n-Natronlauge gegen Phenolphthalein. Mit dem Destillieren hört man erst dann auf, wenn nicht mehr als 0,15 ml Natronlauge pro Fraktion verbraucht werden. Aus der Summe der Laugenverbräuche berechnet man die flüchtige Säure wie oben. Die *nicht flüchtige Säure* ist die Differenz zwischen Gesamt- und flüchtiger Säure.

Die Bestimmung der nicht flüchtigen Säure ist von Interesse bei der Untersuchung von sog. Zitronenmayonnaisen. Das Ergebnis wird daher zweckmäßig auf % Citronensäure umgerechnet.

Zucker

Die Bestimmung des Zuckergehaltes ist sehr zeitraubend. Ca. 15 g Mayonnaise werden zunächst durch Extraktion mit Petroläther in der Zentrifuge quantitativ entfettet. Der Rückstand wird in Wasser gelöst und zur Fällung der Eiweißstoffe mit einer Lösung von Metaphosphorsäure oder mit einem anderen eiweißfällenden Reagens versetzt. Das eiweißfreie Filtrat erwärmt man zur Invertierung des Rohrzuckers mit Salzsäure auf 70° C und fällt mit Fehling'scher Lösung die der Zuckermenge äquivalente Menge Kupfer(I)-oxid, welches filtriert, gewaschen und jodometrisch bestimmt wird.

Einzelheiten der Methodik in Bd. II/2.

Stärke

Der qualitative Stärkenachweis erfolgt nach derselben Methode wie auf S. 1001 für Margarine angegeben. Zur quantitativen Bestimmung schlagen H. Suter u. H. Hadorn (1956) folgendes Verfahren vor:

Je nach dem Stärkegehalt werden 2—5 g Mayonnaise in ein dickwandiges Reagensglas (20×16 mm) eingewogen und mit 10 ml Äther geschüttelt. Dann wird zentrifugiert und die überstehende Lösung abgegossen. Diese Operation wird mit 10 ml Äther wiederholt. Zur Entfernung der Eiweißstoffe schüttelt man mit 10 ml 60 vol.-%igem Alkohol und zentrifugiert. Aus dem Rückstand wird die Stärke mit 5 ml kochender konzentrierter Calciumchlorid-Lösung nach H. HADORN u. K.W. BIEFER (1953) herausgelöst, die Lösung verdünnt und filtriert. In einem aliquoten Teil wird die Stärke als Jodstärke gefällt. Die daraus isolierte gereinigte Stärke wird nach Vorschrift von VON FELLENBERG (vgl. H. HADORN u. K.W. BIEFER 1953) mit Kaliumbichromat und konzentrierter Schwefelsäure oxydiert und der Stärkegehalt aus dem Bichromatverbrauch berechnet.

Dickungsmittel

Außer Stärke werden der Mayonnaise, wenn sie nicht mehr als 50% Fett enthält, häufig Agar-Agar, Guarmehl, Carrageenmoos oder Carrageenate, Alginate, Pektine, Traganth, Gummi arabicum, Johannisbrotmehl, Milcheiweiß, Magermilchpulver und Gelatine zugesetzt.

Zum Nachweis zahlreicher pflanzlicher Verdickungsmittel und von Polyphosphaten in Mayonnaise wurde von A. BLUMENTHAL (1959) ein papierchromatographisches Verfahren angegeben, das, ähnlich wie das früher von E. BECKER u. M. EDER (1956) veröffentlichte, auf der Identifizierung der aus Polysacchariden und Polyuronsäuren durch Hydrolyse erhältlichen Zuckern und Uronsäuren beruht. Die Anwesenheit von Eiweißstoffen gibt sich durch einen hohen Proteingehalt zu erkennen.

Untersuchung der Ölphase

Als Ölkomponente werden bei der industriellen Herstellung von Mayonnaisen ausschließlich vollraffinierte Öle verwendet, die kältebeständig sein müssen, da sonst bei tiefen Temperaturen das Gefüge der Mayonnaise zerstört wird. In erster Linie wird Sojaöl zugesetzt, aber auch Sonnenblumenöl, Erdnußöl, winterisiertes Kottonöl und rübölhaltige Gemische werden angetroffen. Die Identifizierung gelingt hier meistens schon durch Bestimmung von Jodzahl und Verseifungszahl und Vergleich der erhaltenen Resultate mit den Angaben der Tabelle in Abschnitt C (S. 1012). In Zweifelsfällen ist die gaschromatographische Methode zu benutzen.

3. Zusammensetzung von Handelspräparaten

In den Jahren 1963 und 1964 wurden im Laboratorium des Verfassers zahlreiche Mayonnaisen und Salatsoßen des Handels untersucht. Ein Teil der Ergebnisse, der für diese Gruppe von Feinkostartikeln charakteristisch ist, ist in Tab. 192 zusammengefaßt.

Tabelle 192. *Eigenschaften und Zusammensetzung deutscher Mayonnaisen und Salatsoßen im Jahre 1963/1964*

	Nr. 1	Nr. 2	Nr. 3	Nr. 4	Nr. 5	Nr. 6	Nr. 7
	Mayonnaisen			Salat-Mayonnaisen		Salatsoßen	
Deklaration							
Öl, %	80	78	75	65	50	—	—
Eigelb	—	Frisch-ei	—	—	—	—	—
Physikalische Daten							
pH-Wert	3,92	3,60	3,77	3,54	3,27	3,48	3,27
Öltropfengröße, μ	2—6	3—15	2—15	1—2	1—20	2,20	3—20
Emulsionsbeständigkeit: % Öl bei 100°C nach 5 min Zentrifugieren	4,4	24,5	5,2	0	0	0	0

Fortsetzung Tab. 192.

	Nr. 1	Nr. 2	Nr. 3	Nr. 4	Nr. 5	Nr. 6	Nr. 7
	Mayonnaisen			Salat-Mayonnaisen		Salatsoßen	
Chemische Analyse							
% Wasser	11,78	17,60	18,75	22,43	36,58	48,54	60,33
% Gesamtfett	82,02	78,60	76,87	72,03	51,69	33,81	25,19
% Nichtfett ohne Salz (ber.)	4,87	2,52	3,36	4,49	10,27	11,46	11,46
% Eigelb	7,12	3,21	4,84	5,55	2,17	3,60	2,47
% Protein (N · 6,25)	1,00	0,94	1,65	0,88	0,55	3,09	0,54
% Säure (als Essigsäure)	0,48	0,41	0,55	0,70	0,80	1,57	1,13
% Salz	1,33	1,28	1,02	1,05	1,46	2,19	3,02
% Zucker	2,50	0,74	0	3,20	4,95	9,81	7,24
Stärke, qualitativ	—	+	—	—	+	—	+
Identität des Öls	Soja-öl	Kotton-öl, wint.	80% Sojaöl, 20% Rüböl	Soja-öl	Soja-öl	Erd-nuß öl	Soja-öl

E. BENK u. L. BRIXIUS (1965) fanden unter 17 Mayonnaisen des Handels mit 50 % Fettgehalt 4 praktisch eigelbfreie, 6 mit 1—2,5% Eigelb, 3 mit 2,6—5,0% und 4 mit mehr als 5% Eigelb.

C. Tabellarische Übersicht über die Kennzahlen und die Zusammensetzung der wichtigsten pflanzlichen und tierischen Fette

In den nachstehenden Tabellen sind die für den Analytiker wichtigsten Daten der gebräuchlichen pflanzlichen und tierischen Fette zusammengestellt. Die Angaben stützen sich vornehmlich auf das in maßgebenden Handbüchern und zusammenfassenden Darstellungen kritisch ausgewählte Zahlenmaterial. In erster Linie wurden die in den Veröffentlichungen von E.W. ECKEY (1954), P.H. MENSIER (1957), T.P. HILDITCH u. P.N. WILLIAMS (1964), M.M. PISKUR (1938—1957) H.P. KAUFMANN u. J.G. THIEME (1954a—e/1955 a, b) und H.P. KAUFMANN u. T. MIYAKAWA (1958) genannten Werte der Kennzahlen und der Fettsäurezusammensetzung für diese Auswahl herangezogen. Daneben wurden zahlreiche neuere Einzelveröffentlichungen berücksichtigt. Für die kritische Durchsicht der Publikationen und die mühevolle Arbeit der Schätzung der wahrscheinlichen Streubreiten dankt der Verfasser seinem langjährigen Mitarbeiter, Herrn Dipl.-Chem. H. KLINKE.

Bei der Benutzung der Tabellen, die nach steigenden Jodzahlen geordnet sind, ist vor allem zu beachten, daß Kennzahlen und Zusammensetzung der Fette bei pflanzlichen Fetten in hohem Maße von der Varietät und der geographischen Breite des Anbaugebietes der Stammpflanzen, bei tierischen von der Art der Fütterung und der Weideregion der Land- und Seetiere abhängen. Wenn ein untersuchtes Fett daher in seinen Kennzahlen von den hier vorgelegten abweicht, sollte außer an eine etwaige Verfälschung stets an die Möglichkeit solcher Einflüsse gedacht werden.

I. Feste Samenfette

Mittlere Jodzahl	9	15	17	33
Bezeichnung	Cocosfett	Babassufett	Palmkernfett	Borneotalg
Botanischer Name der Stammpflanze	Cocos nucifera	Orbignya speciosa	Elaeis guinensis	Shorea stenoptera
	Eigenschaften der Fette (Grenzwerte)			
d (40° C)	0,907—0,913	0,906—0,909	0,898—0,912	0,890—0,896
n_D (40° C)	1,448—1,450	1,449—1,451	1,449—1,452	1,456—1,457
Smp ° C	20—28	22—26	23—30	28—37
Erstarrungspunkt °C	18—23	~22	20—24	22—30
VZ	250—264	247—253	245—255	189—200
JZ	7,5—10,5	13—17	14—22	29—38
Rh-Z	6—7	—	13—18	—
R-M-Z	6—8	5—7	4—7	0,1—0,5
Po-Z	15—18	10—12	9—12	0,3—0,4
% Unverseifbares	0,2—0,6	0,2—0,6	0,2—0,6	0,4—2,0
Titer der Fettsäuren, °C	20—24	21—24	20—28	51—53
	Zusammensetzung der Fettsäuren (%)			
6:0	0—0,3	0—0,2	—	—
8:0	7,3—8,1	4,1—4,8	2,7—4,3	—
10:0	7,5—9,7	6,6—7,6	3,0—7,0	—
12:0	45,0—50,0	44,1—45,1	46,9—52,0	—
14:0	17,4—18,9	15,4—16,5	14,1—17,5	~1,4
16:0	7,6—8,6	5,8—8,5	6,5—8,8	18—21,5
18:0	2,0—3,7	2,7—5,5	1,3—2,5	39—43,3
20:0	0—1,5	—	—	1,1
16:1	—	—	—	—
18:1	5,5—6,3	11,9—16,1	10,5—18,5	37,4—38,1
18:2	1,5—2,2	2,4—2,8	0,5—2,0	0—0,2

Mittlere Jodzahl	37	38	57	59
Bezeichnung	Kakaobutter	Allanblackiafett	Illipéfett	Sheafett (Karité-Butter)
Botanischer Name der Stammpflanze	Theobroma cacao	Allanblackia Stuhlmannii	Bassia malabarica	Butyrospermium Parkii
	Eigenschaften der Fette (Grenzwerte)			
d	0,894—0,902 (40° C)	0,920—0,930 (15° C)	0,901—0,902 (40° C)	0,901—0,902 (40° C)
n_D (40° C)	1,453—1,458	1,457	1,459—1,462	1,463—1,466
Smp °C	28—36	—	24—29	32—42
Erstarrungspunkt °C	21—27	—	17—22	17—27
VZ	190—200	186—201	186—203	178—196
JZ	34—40	37—42	50—64	50—66
Rh-Z	35—37	—	—	—
R-M-Z	0,2—1,8	1,2	0,6—3,6	1,2—2,6
Po-Z	0,5	—	0,3—0,6	0,4—0,8
% Unverseifbares	0,2—0,8	0,5—1,5	1,5—2,5	2—10
Titer der Fettsäuren, °C	45—51	57—61	36—45	49—54
	Zusammensetzung der Fettsäuren (%)			
14:0	—	~1,5	—	—
16:0	23—25	2,3—3,1	28,2	5,7—8,5
18:0	31—35,4	52,0—57,1	14,1	35,9—41,4
20:0	—	0,2—0,3	—	—
18:1	39—43	39—44	48,8—51	49—50
18:2	1,9—2,1	—	8,9—9	4,3—5,3

Fortsetzung: Feste Samenfette

Mittlere Jodzahl	60	71
Bezeichnung Bot. Name der Stammpflanze	Mowrhafett Bassia latifolia	Lorbeerfett (Kerne) Laurus nobilis
	Eigenschaften der Fette (Grenzwerte)	
d	0,904—0,909 (40° C)	0,936 (20° C)
n_D	1,458—1,461 (40° C)	1,466 (30° C)
Smp °C	23—31	33—34
Erstarrungspunkt °C	18—25	20—27
VZ	187—197	216—223
JZ	56—64	66—77
Rh-Z	—	42,5
R-M-Z	0,7—3,6	2,5
Po-Z	0,9	—
% Unverseifbares	0,8—3,0	0,7—5,0 (22,9)
Titer der Fettsäuren, °C	36—45	—
	Zusammensetzung der Fettsäuren (%)	
12:0	—	35—45
14:0	0—1	—
16:0	16—24	3,8—9,7
18:0	20—25	—
20:0	(3,3)	—
18:1	43—45	9—36
18:2	9—14	18—40

II. Flüssige und halbflüssige Fruchtfleischfette

Mittlere Jodzahl	51	82	85
Bezeichnung Bot. Name der Stammpflanze	Palmöl Elaeis guinensis	Avocadoöl Persea americana	Olivenöl Olea europaea
	Eigenschaften der Fette (Grenzwerte)		
d	0,897—0,900 (40°C)	0,910—0,921 (25°C)	0,914—0,919 (15°C)
n_D	1,453—1,456 (40°C)	1,466—1,468 (25°C)	1,467—1,470 (15°C)
Erstarrungspunkt °C	27—43	7—9	—5 bis —9
VZ	195—206	185—197	185—196
JZ	46—56	70—95	79—90
Rh-Z	44—48	71,8	75—83
R-M-Z	0,1—1,9	1,5—4	0,2—1
Po-Z	0,2—0,5	0,2—0,8	—
% Unverseifbares	0,2—0,5	0,8—1,6	0,4—1,1
Titer der Fettsäuren, °C	38—47	8—10	17—26
	Zusammensetzung der Fettsäuren (%)		
14:0	0,6—2,4	—	0,1—1,2
16:0	32—45	16,7—22,5	6,9—15,6
18:0	4,1—6,3	0,4—0,8	1,4—3,3
20:0	—	0—1	0,1—0,3
16:1	—	5,7—11	1,6—3,4
18:1	38—52	47—68	65—84
18:2	6,4—10,3	8,3—17,5	3,9—15,0
18:3	—	0—1,3	0,6—1,0

III. Flüssige Samenfette

Mittlere Jodzahl	84	84	84	85
Bezeichnung Botanischer Name der Stammpflanze	Teesamenöl Thea sinensis	Cashewnußöl Anacardium occidentale	Erdmandelöl Cyperus esculentus	Olivenkernöl Olea europaea
	Eigenschaften der Fette (Grenzwerte)			
d	0,899—0,903 (40° C)	0,899—0,902 (40° C)	0,914—0,916 (20° C)	0,902—0,903 (40° C)
n_D	1,460—1,464 (40° C)	1,462—1,464 (40° C)	1,460—1,470 (25° C)	1,462—1,464 (40° C)
Erstarrungspunkt °C	—5 bis —10	—	unterhalb 3°C	—
VZ	187—197	180—195	190—194	181—189
JZ	78—92	79—89	74—89	82—88
Rh-Z	76—77	—	74,6	—
R-M-Z	0,1—1,2	0,6—1,6	0,2	—
Po-Z	0,1—0,5	0,25—0,5	0,3	—
% Unverseifbares	0,2—2,2	0,4—1,5	0,4—0,7	—
Titer der Fettsäuren, °C	13—18	28—30	—	—
	Zusammensetzung der Fettsäuren (%)			
14:0	0,3—1,0	bis 0,2	Sp	—
16:0	4,9—9,9	4,1—11,5	~12	—
18:0	0,8—1,2	4,7—11,2	~ 5	10—10,9
20:0	0,6—0,8	0—4,6	Sp	2,8—3,2
16:1	—	—	—	—
18:1	70—86	60—75	67—73	66—68
18:2	6,8—16,5	7,7—21,7	6,0—15,2	18,4—19,8

Mittlere Jodzahl	87	90	105	95
Bezeichnung Botanischer Name der Stammpflanze	Haselnußöl Corylus avellana	Erdnußöl, afrik. Arachis hypogaea	Erdnußöl, argent. Arachis hypogaea	Kapoköl Ceiba pentandra
	Eigenschaften der Fette (Grenzwerte)			
d	0,899—0,904 (40° C)	0,912—0,915 (20° C)	0,915 (20° C)	0,904—0,917 (40° C)
n_D	1,456—1,463 (40° C)	1,470—1,471 (20° C)	1,472 (20° C)	1,460—1,466 (40° C)
Erstarrungspunkt °C	—18 bis —20	—3 bis 0	—	—
VZ	187—197	184—195	186—189	189—197
JZ	83—90	84—95	103,5—106,8	85—100
Rh-Z	80—82	69—70,6	70—71,7	71—75
R-M-Z	0,9—1,6	0,2—1,0	—	bis 0,5
Po-Z	~0,6	0,2—0,7	—	bis 0,5
% Unverseifbares	0,3—0,7	0,2—1,0	0,6	0,5—1,8
Titer der Fettsäuren, °C	19—22	26—32	—	27—32
	Zusammensetzung der Fettsäuren (%)			
14:0	Sp	0—0,5		—
16:0	3—10	6—11,4		9,8—15,9
18:0	1,0—1,6	3,0—6,3	} 17,1—19,0 (14:0 bis >20:0)	2,3—8,4
20:0	—	2,2—5,0		0,8—1,2
>20:0	—	3,6—7,5		bis 0,8
16:1	—	0,2—2,4	—	—
18:1	78—91	46—72	34,3—38,6	43,0—49,8
18:2	2,9—9,6	13—31	39,4—42,0	26,7—34,1

Fortsetzung: Flüssige Samenfette

Mittlere Jodzahl Bezeichnung Botanischer Name der Stammpflanze	100 Weiss-Senföl Sinapis alba	100 Mandelöl Prunus amygdalus	102 Rüböl Brassica campestris	 Rüböl Brassica napur*	103 Reisöl Oryza sativa
	Eigenschaften der Fette (Grenzwerte)				
d (40° C)	0,896—0,900	0,902—0,904	0,884—0,901		0,902—0,912
n_D (40° C)	1,463—1,466	1,462—1,464	1,464—1,468		1,466—1,469
Erstarrungspunkt °C	—15 bis —16	—9 bis —12	0 bis —2		25—26
VZ	170—184	183—197	168—180		183—194
JZ	94—122	92—106	94—106		92—109
Rh-Z	—	81,7	—		68—70
R-M-Z	—	0—0,4	0—0,4		0,5—1,7
Po-Z	—	0,2—0,8	—		bis 0,05
% Unverseifbares	0,7—1,5	0,3—1,0	0,5—1,5		3—5
Titer der Fettsäuren, °C	8—10	—	10—18		24—28
	Zusammensetzung der Fettsäuren (%)				
14:0	bis 0,4	1,2	0—1,5	—	0,4—1,0
16:0	0,5—2,0	3,1—4,5	1—4,7	4,8	11,7—18
18:0	Sp—0,4	—	1—3,5	1,2	1—3
20:0	0,5—1,0	—	0,6—2,4	0,8	0,4—0,6
22:0	2,0—3,8	—	0,5—2,1	—	—
24:0	~1	—	0,5—0,8	—	0,4—0,9
16:1	—	—	—	0,9	—
18:1	22—28	~77	12,9—37,8	63,1	40—50
18:2	14,2—19,5	17,0—19,9	9,6—22,4	20,0	26,4—42
18:3	1,0—6,8	—	1—9,9	8,2	0—1,7
20:1	7	—	4—11,5	1,0	—
22:1	41,5—52,5	—	40,9—64,1	0,0	—
24:1	—	—	Sp—2,3	—	—

* Kanadische Neuzüchtung (vgl. R.K. DOWNEY u. B.M. CRAIG [1964]).

Mittlere Jodzahl Bezeichnung Botanischer Name der Stammpflanze	107 Baumwollsaatöl Gossypium hirsutum	110 Schwarz-Senföl Brassica nigra	110 Bucheckernöl Fagus silvatica	112 Sesamöl Sesamum indicum
	Eigenschaften der Fette (Grenzwerte)			
d	0,922—0,930 (15° C)	0,901—0,906 (40° C)	0,906—0,907 (40° C)	0,918—0,926 (15° C)
n_D (40° C)	1,457—1,462	1,464—1,466	1,463—1,464	1,466—1,467
Erstarrungspunkt °C	0 bis —4	—15 bis —16	—17 bis —18	0 bis —6
VZ	190—200	173—184	187—196	187—193
JZ	99—117	96—124	101—120	104—118
Rh-Z	61—66	—	~79	75—76
R-M-Z	0,4—1	~1,0	0,3—0,6	0,1—0,2
Po-Z	bis 1	—	0,2—0,3	0,1—0,5
% Unverseifbares	0,5—1,5	0,7—1,5	0,5—1,0	0,8—2,0
Titer der Fettsäuren, °C	31—37	6—8	~17	20—24
	Zusammensetzung der Fettsäuren (%)			
14:0	0,2—2,9	0—0,5	—	—
16:0	15,8—28,2	0—2,0	~4,9	7,8—9,1
18:0	0,3—9,7	—	~3,5	3,6—4,7
20:0	0,1—1,9	0,5—1,0	—	0,4—0,8
22:0	—	0—3,8	—	—
24:0	—	1,1—2,0	—	—
16:1	0,4—2,8	—	—	0,0—0,5
18:1	11,9—25,5	24,5—32,3	50,5—81	37,5—49,4
18:2	43—57	18,1—19,5	9—34	37—47
18:3	—	2,0—2,7	0,3—3	(1,1)
20:1	—	—	—	—
22:1	—	41,5—50,5	—	—

Fortsetzung: Flüssige Samenfette

Mittlere Jodzahl	115	120	121	128
Bezeichnung	Petersiliensamenöl	Kürbiskernöl	Maiskeimöl	Sonnenblumenöl
Botanischer Name der Stammpflanze	Petroselinum sativum	Cucurbita pepo	Zea mays	Helianthus annuus
	Eigenschaften der Fette (Grenzwerte)			
d	0,924 (15° C)	0,903—0,909 (40° C)	0,924—0,926 (15° C)	0,905—0,910 (40° C)
n_D (40° C)	1,478—1,480	1,466—1,469	1,464—1,468	1,466—1,468
Erstarrungspunkt °C	—14 bis —15	—15 bis —16	—10 bis —12	—16 bis —18
VZ	130—177	185—198	188—199	186—194
JZ	109—121	113—130	109—133	113—143
Rh-Z	—	72,7—73,6	71—76	79,1
R-M-Z	—	0,2—0,3	—	0,25—0,27
Po-Z	—	—	—	0,25—0,50
% Unverseifbares	2—30	0,4—1,5	0,8—2,0	0,3—1,5
Titer der Fettsäuren, °C	—	~25	18—20	16—20
	Zusammensetzung der Fettsäuren (%)			
14:0	gesättigte 3,0—4,6 haupts. 16:0	Sp	0,1—2,5	Sp
16:0		6,2—12,4	9,5—18,7	5,0—5,5
18:0		5,2—7,5	0,1—3,2	4,0—4,3
20:0		0—0,3	0,1—2,1	0—0,6
22:0		Sp	—	Sp—1,1
16:1	—	—	0,1—3,5	0,1—0,2
18:1	9—15	25—35	25,6—45,5	22—26,2
18:2	70—76	40,4—55,6	35,1—56,8	62,6—64,8
18:3	6—18	Sp	—	Sp

Mittlere Jodzahl	130	130	132	135
Bezeichnung	Sojaöl	Traubenkernöl	Nigeröl	Mohnöl
Botanischer Name der Stammpflanze	Glycine hispida Max.	Vitis vinifera	Guizotia oleifera	Papaver somniferum
	Eigenschaften der Fette (Grenzwerte)			
d	0,906—0,912 (40° C)	0,896—0,920 (40° C)	0,908—0,911 (40° C)	0,922 (20° C)
n_D	1,465—1,469 (40° C)	1,464—1,471 (40° C)	1,467—1,469 (40° C)	1,476 (20° C)
Erstarrungspunkt °C	—8 bis —15	—	—6 bis —15	—17 bis —18
VZ	189—195	176—192	188—193	188—196
JZ	117—141	103—157	126—146	128—142
Rh-Z	77—85	70—80	—	77,5
R-M-Z	0,2—0,7	0,2—4	—	—
Po-Z	0,2—1	0—0,5	—	—
% Unverseifbares	0,5—1,6	0,5—0,8	0,5—1,2	0,4—1,2
Titer der Fettsäuren, °C	22—27	18—21	28—30	15—19
	Zusammensetzung der Fettsäuren (%)			
14:0	0,1—0,5	—	12:0 + 14:0 1,7—3,3	—
16:0	2,3—10,6	2,2—6,2	5—8,4	4,8—6,0
18:0	2,4—7,0	2,2—3,2	2—4,9	2,3—2,9
20:0	0,5—2,4	—	0,2—0,5 (auch 24:0)	—
22:0	—	—		—
16:1	—	—	—	—
18:1	23,5—30,8	16—31	31—39	20—30,1
18:2	49—60	43—69	51—55	62—72
18:3	3—11	—	(0,9)	—

Fortsetzung: Flüssige Samenfette

Mittlere Jodzahl	142	145	145		146
Bezeichnung	Tabaksamenöl	Leindotteröl	Safloröl		Walnußöl
Botanischer Name der Stammpflanze	Nicotiana tabacum	Camelina sativa	Carthamus tinctorius	US-Neuzüchtung*	Juglans regia
	Eigenschaften der Fette (Grenzwerte)				
d	0,923—0,926 (15° C)	0,903—0,911 (40° C)	0,913—0,917 (40° C)		0,909—0,911 (40° C)
n_D	1,476—1,477 (20° C)	1,468—1,469 (40° C)	1,468—1,469 (40° C)		1,469—1,475 (40° C)
Erstarrungspunkt °C	—14 bis —16	—17 bis —18	—13 bis —25		—12 bis —29
VZ	183—191	185—188	172—195		186—197
JZ	138—145	127—160	126—152		142—152
Rh-Z	78—84	—	82,5—86		86—88
R-M-Z	0,3	—	0,1—0,5		0,1
Po-Z	0,3	—	—		0,2
% Unverseifbares	1,5—2,0	~1	0,3—2,3		0,2—0,5
Titer der Fettsäuren, °C	18—19	—	15—18		—
	Zusammensetzung der Fettsäuren (%)				
14:0	bis 1,8	Sp	—	—	Sp—0,5
16:0	3,3—10,5	5,2—6,0	6,0—6,8	4—8	3,5—7,0
18:0	3,0—5,9	1,8—3,0	2,1—2,9	4—8	0,9—3,1
20:0	bis 0,4	1,2—2,0	0,3—0,4	—	Sp—0,5
22:0	—	0,6—1,0	—	—	1,1
16:1	—	bis 2,4	—	—	—
18:1	15—30,2	9,0—23,9	10—13	74—79	12—36
18:2	54,6—74,5	14,5—19	74—81	11—19	47—83
18:3	—	33,4—38	—	—	3,1—15,8
20:1	—	12,0—13,8	—	—	—
22:1	—	3—3,2	—	—	—
22:4	—	4	—	—	—

* T. H. APPLEWHITE (1966).

Mittlere Jodzahl	151	185
Bezeichnung	Candlenußöl	Leinöl
Botanischer Name der Stammpflanze	Aleurites moluccana	Linum usitatissimum
	Eigenschaften der Fette (Grenzwerte)	
d (40° C)	0,894—0,901	0,914—0,922
n_D (40° C)	1,463—1,465	1,472—1,475
Erstarrungspunkt °C	—15 bis —18	—20 bis —25
VZ	190—193	188—196
JZ	140—164	168—204
Rh-Z	97—103	96—122
R-M-Z	0,1—0,8	—
% Unverseifbares	0,3—1	0,7—1,7
Titer der Fettsäuren, °C	13—15	19—21
	Zusammensetzung der Fettsäuren (%)	
14:0	—	Sp
16:0	4,4—5,5	4,1—4,4
18:0	3,6—6,7	4,5—4,8
20:0	Sp	0,5—0,6
22:0	—	0,5
18:1	10,5—26,2	17,8—22
18:2	39,6—48,5	15,7—37,6
18:3	20,8—28,5	29,2—54,3

IV. Fette von Landtieren

Mittlere Jodzahl	35	40	40	51
Bezeichnung	Butterfett	Rindertalg	Hammeltalg	Knochenfett
Zoologischer Name der Tierart	Bos taurus	Bos taurus	Ovis aries	Bos taurus [Rind]
	Eigenschaften der Fette (Grenzwerte)			
d	0,908—0,928 (40° C)	0,898—0,908 (40° C)	0,896—0,898 (40° C)	0,914—0,924 (15° C)
n_D (40° C)	1,452—1,457	1,455—1,459	1,455—1,458	1,456—1,459
Smp °C	28—38	40—50	44—55	—
Erstarrungspunkt °C	15—25	30—38	32—45	32—34
VZ	210—240	190—202	192—198	184—198
JZ	25—47	32—48	31—47	43—62
Rh-Z	—	38,8—40,7	34,7—41,3	38,1—67,9
% Unverseifbares	0,4—0,5	0,1—0,8	0,1—0,2	0,1—2,0
Titer der Fettsäuren, °C	33—38	40—47	41—57	38—42
	Zusammensetzung der Fettsäuren (%)			
4:0	2,6—3,7	—	—	—
6:0	1,4—2,8	—	—	—
8:0	0,5—1,7	—	—	—
10:0	1,6—4,3	—	—	—
12:0	2,5—4,5	0,1—0,2	—	—
14:0	8,1—14,6	2,0—6,0	1,0—5,0	—
16:0	23,8—31,7	25—41	21—30	ca. 20
18:0	9,2—13,2	14—29	15—35	ca. 20
20:0	0,3—2,4	0—1,0	(1,5)	—
10:1	0,1—0,3	—	—	—
12:1	0,1—0,4	—	—	—
14:1	0,6—2,0	0,3—0,5	(0,3)	—
16:1	0,5—4,0	1,3—5,1	(2,7)	—
18:1	18,7—32,8	26—50	31—56	50—55
18:2	1,5—3,7	0,6—2,6	2,7—7,4	5—10
18:3	2,1—5,8	0—0,9	—	—
20:0 und höher	0,4—2,5	bis 0,5	0—0,6	—

Mittlere Jodzahl	56	69	78	78
Bezeichnung	Schweineschmalz	Gänsefett	Hühnerfett	Pferdefett
Zoologischer Name der Tierart	Sus domestica	Anser domesticus	Gallus domesticus	Equus caballus
	Eigenschaften der Fette (Grenzwerte)			
d (40° C)	0,896—0,906	0,907—0,914	0,905—0,908	0,898—0,910
n_D (40° C)	1,456—1,461	1,459—1,462	1,459—1,462	1,460—1,465
Smp °C	28—40	32—34	30—32	30—43
Erstarrungspunkt °C	22—32	18—20	21—27	22—37
VZ	193—202	191—198	193—205	195—204
JZ	46—70	66—73	58—80	71—86
Rh-Z	44,2—46,2	59	59,8—66,4	—
% Unverseifbares	0,1—1,0	0,1—0,4	—	0,4—0,7
Titer der Fettsäuren, °C	36—46	34—41	32—36	34—38
	Zusammensetzung der Fettsäuren (%)			
12:0	—	(12,3)	—	0,4—0,6
14:0	0—1	(8,2)	0—1	3—6
16:0	24—32	20,3—21,8	24—27	20—30
18:0	8—15	3,9—10,6	4—7	3—9
14:1 } 16:1 }	~3	2,5	6—8	3—10
18:1	39—52	41—74	37—43	31—55
18:2	4,5—13	6,6—19,3	18—23	7—25
18:3	0,3—1,2	—	—	2,5—8,5
höhere	0,2—2,5	bis 2,3	0—1	0,3—2

V. Fette von Seetieren

Mittlere Jodzahl Bezeichnung Zoologischer Name der Tierart	86 Pottwalöl Physeter macrocephalus	130 Walöl Balaena-Arten	135 Heringsöl (norw.) Clupea harengus	142 Seehundöl Phoca-Arten
Eigenschaften der Fette (Grenzwerte)				
d	0,858—0,867 (40° C)	0,919—0,920 (20° C)	0,913 (40° C)	0,929 (25° C)
n_D	1,457—1,458 (40° C)	1,463—1,471 (40° C)	1,469—1,475 (40° C)	1,481 (20° C)
VZ	112—132	183—198	179—192	185—196
JZ	71—93	110—150	105—160	122—165
% Unverseifbares	30—40	0,7—3,5	0,2—1,3	—
Titer der Fettsäuren, °C	—	22—24	27—32	—
Zusammensetzung der Fettsäuren (%)				
12:0	1,0	Sp—0,3	0—0,1	bis 0,1
14:0	5,0	4,9—9,3	5,8—8,3	3,7—5,1
16:0	6,5	13,6—19,6	8,0—16,7	10,1—10,7
18:0	—	0,5—2,3	0—2,8	1,3—2,1
20:0	—	0—0,3	0—0,3	0,5
14:1	4	1,4—5,2	0—1,4	1,6—3,2
16:1	26,5	11,4—14,4	4,6—18	10,5—19,8
18:1	} 37	24—33	} 16,3—31,8	30,6—39,6
18:2		9,0—16,4		
20 unterschiedlicher Sättigungsgrad	19	} 19—21	22—30	16,5—19
22 unterschiedlicher Sättigungsgrad	—		19,5—29,3	10,5—18
24 unterschiedlicher Sättigungsgrad	—		0,1	2,1

Mittlere Jodzahl Bezeichnung Zoologischer Name der Tierart	144 See-Elefantenöl Macrorhinus leoninus	166 Dorschleberöl Gadus-Arten	178 Thunfischöl Thynnus thynnus	180 Sardinenöl Clupea-Arten
Eigenschaften der Fette (Grenzwerte)				
d	—	—	0,917—0,929 (20° C)	0,928 (25° C)
n_D	—	1,470—1,473 (40° C)	1,480—1,486 (20° C)	1,485 (25° C)
VZ	189—192	179—193	158—183	186—196
JZ	124—192	155—178	160—195	160—190
% Unverseifbares	0,6	0,5—1,5	2,7—16,7	0,17
Titer der Fettsäuren, °C	—	—	—	—
Zusammensetzung der Fettsäuren (%)				
12:0	0—0,4	—	—	—
14:0	1,1—6,3	bis 6	2—4,5	6
16:0	8,2—14,0	6	18,6—26	10
18:0	2,1—4,6	8	3,5—12,5	2
20:0	0—0,7	—	—	—
14:1	0,6—2,3	—	—	—
16:1	8,2—17,8	20	3,3—6,2	13
18:1				
18:2	} 33—44	29	16,1—28	24
18:3				
20 unterschiedlicher Sättigungsgrad	18,8—20,6	25	10—23,5	26
22 unterschiedlicher Sättigungsgrad	} 5,9—14	10	18,0—26,2	19
24 unterschiedlicher Sättigungsgrad				

Bibliographie

ABRAHAMSON, S., ST. STÄLLBERG-STENHAGEN and E. STENHAGEN: The higher saturated branched chain fatty acids. In: Progress in the Chemistry of Fats and Other Lipids. Hrsg. von R.T. HOLMAN. Bd. 7, Teil I, S. 1—164. Oxford-London-New York-Paris: Pergamon Press 1963.

ABRAHAMZIK, E.: Potentiometrische und konduktometrische Titrationen. In: HOUBEN-WEYL: Methoden der organischen Chemie. Hrsg. E. MÜLLER. 4. Aufl., Bd. III/2, S. 135—206. Stuttgart: Thieme 1955.

ABRESCH, K., u. I. CLASSEN: Die coulometrische Analyse. Weinheim: Verlag Chemie 1961.

AMERINE, M.A., R.M. PANGBORN and E.B. ROESSLER: Principles of Sensory Evaluation of Foods. London-New York: Academic Press 1965.

ANDERSEN, A.J.C., and P.N. WILLIAMS: Margarine. 2. Aufl. London: Pergamon Press Ltd. 1965.

ANSELL, G.B., and J.N. HAWTHORNE: Phospholipids. Chemistry, Metabolism and Function. Amsterdam-London-New York: Elsevier Publ. Co. 1964.

ARENS, H.: Farbmetrik. Berlin: Akademie-Verlag 1957.

AOAC-Methods: Official Methods of Analysis of the Association of Official Agricultural Chemists, 10th Ed. Washington, D.C. 20044: Association of Official Agricultural Chemists 1965.

AOCS: Official and Tentative Methods of the American Oil Chemists' Society, 3rd Ed. Chicago/Ill. 60601: American Oil Chemists' Society, 35 East Wacker Drive 1945—1967.

ASMUS, E.: Refraktometrie. In: HOUBEN-WEYL: Methoden der organischen Chemie. Hrsg. E. MÜLLER. 4. Aufl., Bd. III/2, S. 407—424. Stuttgart: Thieme 1955.

ASTM: Standards on Petroleum Products and Lubricants. Philadelphia 3: American Society for Testing Materials 1956.

BAILEY, A.E. (Hrsg.): Cottonseed and Cottonseed Products. New York- London: Interscience Publishers 1948.

— Melting and Solidification of Fats. New York: Interscience Publishers Inc. 1950.

— Industrial Oil and Fat Products. 2. Aufl. New York-London: Interscience Publishers 1951.

BAYER, E.: Gas-Chromatographie. 2. Aufl. Berlin-Göttingen-Heidelberg: Springer 1962.

BECKER, F., u. A. MAGNUS: Calorimetrische Methoden. In: HOUBEN-WEYL: Methoden der organischen Chemie, Hrsg. E. MÜLLER. 4. Aufl., Bd. III/1, S. 481—544. Stuttgart: Thieme 1955.

VAN BEERS, G.J., H. DE JONGH and J. BOLDINGH: Isolation of Phospholipids by Dialysis through a Rubber Membrane. In: Essential Fatty Acids. Hrsg. von H.M. SINCLAIR. S. 43—47. London: Butterworths Scientific Publications 1958.

BELLAMY, L.J.: Ultrarot Spektrum und chemische Konstitution. 2. Aufl. Darmstadt: Steinkopff 1966.

BERGMANN, W.: Sterols. In: Progress in the Chemistry of Fats and Other Lipids. Hrsg. von R.T. HOLMAN, W.O. LUNDBERG u. T. MALKIN. Bd. 1, S. 18—69. London: Pergamon Press Ltd. 1952.

BERGMEYER, H.U. (Hrsg.): Methoden der enzymatischen Analyse. Weinheim: Verlag Chemie 1962.

BEYTHIEN-DIEMAIR: Laboratoriumsbuch für den Lebensmittelchemiker. 8. Aufl. Hrsg. von W. DIEMAIR. Dresden u. Leipzig: Theodor Steinkopff 1963.

BITTEL, A.: Feindestillation im Laboratorium. In: ULLMANN's Encyklopädie der technischen Chemie, Hrsg. von W. FOERST. Bd. 2/I, S. 50—72. München-Berlin: Urban & Schwarzenberg 1961a.

— Flüssig-Flüssig-Extraktion. In: ULLMANN's Encyklopädie der technischen Chemie. Hrsg. von W. FOERST. 3. Aufl., Bd. 2/I, S. 77—105. München-Berlin: Urban & Schwarzenberg 1961b.

BLOCK, R., E. DURRUM and G. ZWEIG: A Manual of Paper Chromatography and Paper Electrophoresis. 2. Aufl. New York: Academic Press 1958.

BOATNER, CH.H.: Pigments of Cottonseed. In: Cottonseed and Cottonseed Products. Hrsg. von A.E. BAILEY. S. 213—363. New York-London: Interscience Publishers 1948.

BOEKENOOGEN, H.A. (Hrsg.): Analysis and Characterization of Oils, Fats and Fat Products. Bd. 1. London-New York-Sidney: Interscience Publishers 1964, Bd. 2, ebenda (1968).

BÖMER, A., u. J. GROSSFELD: Allgemeine Untersuchungsmethoden für Speisefette. In: Handbuch der Lebensmittelchemie. Hrsg. von A. JUCKENACK, E. BAMES, B. BLEYER u. J. GROSSFELD. Bd. IV, S. 1—326. Berlin: Julius Springer 1939.

— — Vorkommen, Gewinnung und Eigenschaften der Speisefette. In: Handbuch der Lebensmittelchemie. Hrsg. von A. JUCKENACK, E. BAMES, B. BLEYER u. J. GROSSFELD. Bd. IV, S. 383—662. Berlin: Julius Springer 1939.

BOLLIGER, H.R., u. A. KÖNIG: Vitamine einschl. Carotinoide, Chlorophylle und biologisch aktive Chinone. In: Dünnschicht-Chromatographie. Hrsg. von E. STAHL. 2. Aufl. Berlin-Heidelberg-New York: Springer 1967.

B.S.: British Standard Specifications. Herausgeber: British Standards Institution, British Standards House, 2 Park St. London, W 1.
Brown, J.B., and D.K. Kolb: Application of low temperature crystallization in the separation of the fatty acids and their compounds. In: Progress in the Chemistry of Fats and Other Lipids. Hrsg. von R.T. Holman, W.O. Lundberg u. T. Malkin. Bd. 3, S. 57—94. London-New York: Pergamon Press 1955.
Brubacher, G., u. J.P. Vuilleumier: Allgemeine Prinzipien der Analytik von Carotinen und Carotinoiden. In: Carotine und Carotinoide. Hrsg. von K. Lang. S. 105—118. Darmstadt: Steinkopff 1963.
Brügel, W.: Einführung in die Ultrarotspektroskopie. 3. Aufl. Darmstadt: Steinkopff 1962.
Bund für Lebensmittelrecht und Lebensmittelkunde: Leitsätze für die Zusammensetzung von Mayonnaisen und Salaten. Hamburg-Berlin-Düsseldorf: B. Behrs Verlag 1962; vgl. auch Neufassung vom 15. XII. 1965.
Bush, I.E.: The Chromatography of Steroids. Oxford-London-New York-Paris: Pergamon Press 1961.
Chapman, D.: The Structure of Lipids by Spectroscopic and X-Ray Techniques. London: Methuen & Co. Ltd. 1965.
Copius Peereboom, J.W.: Chromatographic Sterol Analysis as Applied to the Investigation of Milk Fat and Other Oils and Fats. Leiden: Rijkszuivelstation 1963.
Craig, B.M.: Dilatometry. In: Progress in the Chemistry of Fats and Other Lipids. Hrsg. von R.T. Holman, W.O. Lundberg u. T. Malkin. Bd. 4, S. 197—226. London-New York-Paris: Pergamon Press 1957.
Cramer, F.: Papierchromatographie. 5. Aufl. Weinheim: Verlag Chemie 1962.
Cruse, K., u. R. Huber: Hochfrequenztitration. Weinheim: Verlag Chemie 1957.
— Hochfrequenztitration. In: Ullmanns Encyklopädie der technischen Chemie. Hrsg. von W. Foerst. 3. Aufl., Bd. 2/I, S. 606—617. München-Berlin: Urban & Schwarzenberg 1961.
Dal Nogare, St.: Gas-Liquid Chromatography. New York: John Wiley and Sons, Inc. 1962.
Dankworth, P.W., u. J. Eisenbrand: Lumineszenz-Analyse im filtrierten ultravioletten Licht. 6. Aufl. 1956; 7. Aufl. 1964. Leipzig: Akademische Verlagsgesellschaft Geest & Portig KG.
D'Ans-Lax: Taschenbuch für Chemiker und Physiker. Hrsg. von E. Lax u. C. Synowietz. 3. Aufl. Berlin-Heidelberg-New York: Springer 1967.
Dervichian, D.G.: The surface properties of fatty acids and allied substances. In: Progress in the Chemistry of Fats and Other Lipids. Hrsg. von R.T. Holman, W.O. Lundberg, T. Malkin. Bd. 2, S. 193—242. London: Pergamon Press Ltd. 1954.
Desnuelle, P.: Structure and properties of phosphatides. In: Progress in the Chemistry of Fats and Other Lipids. Hrsg. von R.T. Holman, W.O. Lundberg, T. Malkin. Bd. 1, S. 70—103. London: Pergamon Press Ltd. 1952.
Desty, D.H., and C.L.A. Harbourn (Hrsg.): Vapour Phase Chromatography. London: Butterworths Scientific Publications 1957.
Deuel jr., H.J.: The Lipids. Their Chemistry and Biochemistry. Bd. I—III. New York: Interscience Publishers, Inc. 1951—1957.
Deutsches Arzneibuch: 6. Ausgabe 1926. Berlin: R. v. Deckers Verlag 1926.
— 6. Ausgabe 1926, III. Nachtrag 1959. Hamburg-Berlin-Bonn: R. v. Deckers Verlag, G. Schenck G.m.b.H. 1959.
DGF-Einheitsmethoden: Deutsche Einheitsmethoden zur Untersuchung von Fetten, Fettprodukten und verwandten Stoffen. Stuttgart: Wiss. Verlagsgesellschaft m.b.H. 1950—1967.
Deutsche Forschungsgemeinschaft, Farbstoff-Kommission, Mitteilung 6: Toxikologische Daten von Farbstoffen und ihre Zulassung für Lebensmittel in verschiedenen Ländern. Hrsg. von G. Hecht. Wiesbaden: Steiner 1957.
— Farbstoff-Kommission, Mitteilung 11. Wiesbaden: Steiner 1963.
Devine, J., and P.N. Williams (Hrsg.): The Chemistry and Technology of Edible Oils and Fats. Oxford-London-New York-Paris: Pergamon Press Ltd. 1961.
Dicks, M.W.: Vitamin E Content of Foods and Feeds for Human and Animal Consumption. Bull. No. 435, Laramie, Agricultural Experiment Station, University of Wyoming 1965.
DIN: Normblätter, Herausgeber: Deutscher Normenausschuß (DNA). Zu beziehen durch: Beuth-Vertrieb G.m.b.H., 1 Berlin 15, Uhlandstraße 175 bzw. 5 Köln, Friesenplatz 16.
Doerffel, K.: Beurteilung von Analysenverfahren und Ergebnissen. Berlin-Göttingen-Heidelberg: Springer 1962.
Dutton, H.J.: Counter-current fractionation of lipids. In: Progress in the Chemistry of Fats and Other Lipids. Hrsg. von R.T. Holman, W.O. Lundberg, T. Malkin. Bd. 2, S. 292 bis 325. London: Pergamon Press Ltd. 1954.
—, and C.R. Scholfield: Recent developments in the glyceride structure of vegetable oils. In: Progress in the Chemistry of Fats and Other Lipids. Hrsg. von R.T. Holman, W.O. Lundberg, T. Malkin. Bd. 6, S. 313—339. Oxford-London-New York-Paris: Pergamon Press Ltd. 1963.

EBERIUS, E.: Wasserbestimmung mit Karl Fischer-Lösung. 2. Aufl. Weinheim: Verlag Chemie 1958.
ECKEY, E.W.: Vegetable Fats and Oils. New York: Reinhold Publ. Co. 1954.
EISENBRAND, J.: Fluorimetrie. Stuttgart: Wissenschaftliche Verlagsgesellschaft m.b.H. 1966.
ELWELL, W.T., and J.A.F. GIDLEY: Atomic Absorption Spectrophotometry. 2nd Ed. Oxford-London-New York-Paris: Pergamon Press 1966.
FIESER, L.F., u. M. FIESER: Steroide. Aus dem Amerikanischen übersetzt von H. GRÜNEWALD. Weinheim: Verlag Chemie 1961.
FINCKE, H.: Die Kakaobutter und ihre Verfälschungen. Stuttgart: Wiss. Verlagsgesellschaft m.b.H. 1929.
— (Hrsg.) Handbuch der Kakaoerzeugnisse, 2. Aufl., neubearbeitet von A. FINCKE, H. LANGE u. J. KLEINERT. Berlin-Heidelberg-New York: Springer 1965.
FLÖSSNER, O.: Synthetische Fette. Leipzig: Johann Ambrosius Barth 1948.
FRANCK, H.H.: Die Verwertung von synthetischen Fettsäureestern als Kunstspeisefette. Braunschweig: Vieweg & Sohn 1921.
FRANKEL, E.N.: Hydroperoxides. In: Lipids and their Oxidation. Hrsg. von H.W. SCHULTZ, E.A. DAY u. R.O. SINNHUBER. S. 51—78. Westport, Conn.: The Avi Publ. Co. Inc. 1962.
FREED, M. (Hrsg.): Methods of Vitamin Assay. 3. Aufl. New York-London-Sydney: Interscience Publishers 1966.
FRYER, P.J., and F.E. WESTON: Technical Handbook of Oils, Fats and Waxes. Bd. II, S. 76. Cambridge: Univ. Press 1918; zit. nach V.C. MEHLENBACHER, in: The Analysis of Fats and Oils, S. 236. Champaign. Ill.: The Garrard Press Publishers 1960.
GORBACH, G.: Mikrochemische Arbeitstechnik. Graz: Selbstverlag des Verfassers 1954.
— Mikrochemisches Praktikum. Berlin-Göttingen-Heidelberg: Springer 1956.
GOTTSCHALK, G.: Statistik in der quantitativen chemischen Analyse. Stuttgart: F. Enke 1962.
GRÜN, A.: Analyse der Fette und Wachse. Bd. I. Berlin: Julius Springer 1925.
— Phosphatide. In: Chemie und Technologie der Fette und Fettprodukte. Hrsg. von H. SCHÖNFELD. Bd. 1, S. 456—518. Wien: Julius Springer 1936
GRÜNE, A.: Literaturzusammenstellungen über Papierchromatographie. Firmenschriften der Firma Schleicher & Schüll, Dassel (Kr. Einbeck).
GSTIRNER, F.: Chemisch-physikalische Vitaminbestimmungsmethoden. 5. Aufl. Stuttgart: F. Enke 1965.
HAIS, I.M., u. K. MACEK: Handbuch der Papierchromatographie. Übersetzt aus dem Tschechischen. In 3 Bänden. Jena: VEB Gustav Fischer 1960—1963.
HAMILTON, J.G.: Paper Chromatography of Lipids. In: Progress in the Chemistry of Fats and Other Lipids. Hrsg. von R.T. HOLMAN. Bd. 8, Teil 3, S. 359—372. Oxford-London-New York-Paris: Pergamon Press Ltd. 1966.
HANAHAN, D.J., F.R.N. GURD and I. ZABIN: Lipide Chemistry. New York- London: John Wiley & Sons 1960.
HAUSSER, K.H.: Magnetische Elektronen- und Kernresonanz. In: ULLMANNS Encyklopädie der technischen Chemie. Hrsg. von W. FOERST. 3. Aufl., Bd. 2/I, S. 379—403. München-Berlin: Urban & Schwarzenberg 1961.
HAWTHORNE, J.N., and P. KEMP: The brain phosphoinositides. In: Advances in Lipid Research. Hrsg. von R. PAOLETTI u. D. KRITCHEVSKY. Bd. 2, S. 127—166. New York-London: Academic Press 1964.
HECKER, E.: Verteilungsverfahren im Laboratorium. Weinheim: Verlag Chemie 1955.
HELMES, E.: Viskosimetrie. In: ULLMANNS Encyklopädie der technischen Chemie. Hrsg. von W. FOERST. 3. Aufl., Bd. 2/I, S. 777—789. München-Berlin: Urban & Schwarzenberg 1961.
HERRMANN, M.: Polarographie. In: ULLMANNS Encyklopädie der technischen Chemie. Hrsg. von W. FOERST. 3. Aufl., Bd. 2/I, S. 620—638. München-Berlin: Urban & Schwarzenberg 1961.
HESSE, G., u. H. WEIL: Michael Tswett's erste chromatographische Schrift. Eschwege: M. Woelm 1954.
HEYROVSKÝ, J., u. J. KŮTA: Grundlagen der Polarographie. In deutscher Sprache herausgegeben von K. SCHWABE u. H.J. BÄR. Berlin: Akademie-Verlag 1965.
HILDITCH, T.P.: The Chemical Constitution of Natural Fats. 2. Aufl. New York: John Wiley & Sons Inc. 1947; 3. Aufl. London: Chapman & Hall Ltd. 1956.
—, and P.N. WILLIAMS: The Chemical Constitution of Natural Fats. 4. Aufl. London: Chapman & Hall Ltd. 1964.
HOFFMANN, G.: Vegetable oils. In: Lipids and their Oxidation. Hrsg. von H.W. SCHULTZ, E.A. DAY u. R.O. SINNHUBER. S. 215—229. Westport/Conn.: The Avi Publ. Co. Inc. 1962.
HOLDE, D. (Hrsg.): Kohlenwasserstofföle und Fette. 7. Aufl. Berlin: Julius Springer 1933.
HOLMAN, R.T.: Chromatography of fatty acids and related substances. In: Progress in the Chemistry of Fats and Other Lipids. Hrsg. von R.T. HOLMAN, W.O. LUNDBERG u. T. MALKIN. Bd. I, S. 104—126. London: Pergamon Press Ltd. 1952.

HOLMAN, R. T. (Hrsg.): Progress in the Chemistry of Fats and Other Lipids. Bd. IX, Teil 1. Poly-unsaturated Acids. Oxford-London-New York-Paris: Pergamon Press 1966.
—, W. O. LUNDBERG and T. MALKIN (Hrsg.): Progress in the Chemistry of Fats and Other Lipids. Bd. I—VIII/3. London-New York-Paris: Pergamon Press Ltd. 1952—1966.
— Autoxidation of fats and related substances. In: Progress in the Chemistry of Fats and Other Lipids. Hrsg. von R. T. HOLMAN, W. O. LUNDBERG u. T. MALKIN. Bd. II, S. 51—98. London: Pergamon Press Ltd. 1954.
HOPKINS, C. Y.: Nuclear Magnetic Resonance in Fatty Acids and Glycerides. In: Progress in the Chemistry of Fats and Other Lipids. Hrsg. von R. T. HOLMAN. Bd. VIII, Teil 2, S. 213—252. Oxford-London-New York-Paris: Pergamon Press Ltd. 1965.
HOPPE, W.: Röntgenbeugung. In: ULLMANNS Encyklopädie der technischen Chemie. Hrsg. von W. FOERST. III. Aufl., Bd. 2/I, S. 529—564. München-Berlin: Urban & Schwarzenberg 1961.
HORNING, E. C., A. KARMEN and G. C. SWEELEY: Gas chromatography of lipids. In: Progress in the Chemistry of Fats and Other Lipids. Hrsg. von R. T. HOLMAN. Bd. VII, Teil 2, S. 167—246. Oxford-London-New York-Paris: Pergamon Press Ltd. 1964.
HOUBEN-WEYL: Methoden der organischen Chemie. Hrsg. von E. MÜLLER. IV. Aufl., Bd. III/2. Stuttgart: Thieme 1955.
HOYER, H.: Infrarotspektroskopie. In: HOUBEN-WEYL: Methoden der organischen Chemie. Hrsg. E. MÜLLER. 4. Aufl., Bd. III/2, S. 795—900. Stuttgart: Thieme 1955.
IASC (International Association of Seed Crushers), Transport Sub-Committee: Methods of Sampling and Analysis of Oils, Fats and Oilseeds. Hrsg. von der International Association of Seed Crushers, 1, Watergate, London E.C. 4, Januar 1962.
I.P. (Institute of Petroleum): Standard Methods for Testing Petroleum and its Products. 15. Aufl. London W 1: The Institute of Petroleum 1956.
IUPAC (International Union of Pure and Applied Chemistry), Vitamin Assay Subdivision: The Vitamin A-Potency of Beta-Carotene. London: Butterworths Scientific Publications 1959.
— The Assay of Vitamin A Oils. London: Butterworths Scientific Publications 1959.
— Standard Methods of the Oils and Fats Division of the IUPAC. 5. Aufl. London: Butterworths 1964, I. Suppl., ebenda (1966).
IVANOVSZKY, L.: Wachs-Enzyklopädie. Bd. 1: Die Wachse und ihre wichtigsten Eigenschaften. Augsburg: Verlag für chemische Industrie H. Ziolkowsky KG 1954; Bd. 2, Teil 1: Untersuchung der Wachse und verwandter Warengruppen. Augsburg 1960.
JANTZEN, E.: Das fraktionierte Destillieren und das fraktionierte Verteilen als Methoden zur Trennung von Stoffgemischen. DECHEMA-Monographie Nr. 48. Berlin: Verlag Chemie 1932.
JENCKEL, L., u. E. DÖRNENBURG: Massenspektrometrische Methoden. In: HOUBEN-WEYL: Methoden der organischen Chemie. Hrsg. E. MÜLLER. 4. Aufl., Bd. III/1, S. 693—750. Stuttgart: Thieme 1955.
JENSEN, A.: Paper chromatography of carotene and carotenoids. In: Carotine und Carotinoide. Hrsg. von K. LANG. S. 119—128. Darmstadt: Steinkopff 1963.
JENSEN, H. R.: The Chemistry, Flavouring and Manufacture of Chocolate, Confectionary and Cocoa. London: J. & A. Churchill 1931.
JUCKENACK, A., E. BAMES, B. BLEYER u. J. GROSSFELD (Hrsg.): Handbuch der Lebensmittelchemie. Bd. IV. Fette und Öle. Berlin: Julius Springer 1939.
KADESCH, R. C.: Ozonolysis of fatty acids and their derivatives. In: Progress in the Chemistry of Fats and Other Lipids. Hrsg. von R. T. HOLMAN, W. O. LUNDBERG u. T. MALKIN. Bd. VI, S. 291—312. London-New York-Paris: Pergamon Press Ltd. 1963.
KAISER, R.: Chromatographie in der Gasphase. Bd. I—IV. Mannheim: Bibliographisches Institut 1960—1966.
— Quantitative Bestimmung organischer funktioneller Gruppen. Frankfurt/Main: Akademische Verlagsgesellschaft 1966.
KAST, W.: Röntgenographische Methoden. In: HOUBEN-WEYL: Methoden der organischen Chemie. Hrsg. E. MÜLLER. 4. Aufl., Bd. III/2, S. 541—592. Stuttgart: Thieme 1955.
KAUFMANN, H. P.: Studien auf dem Fettgebiet. Berlin: Verlag Chemie 1935.
— (Hrsg.): Analyse der Fette und Fettprodukte, Bd. I und II. Berlin-Göttingen-Heidelberg: Springer 1958.
—, u. K. LEHMANN: Die Anwendung der Gas-Chromatographie auf dem Fettgebiet mit besonderer Berücksichtigung der pharmazeutischen Analyse. Köln-Opladen: Westdeutscher Verlag 1965.
—, u. F. WEGHORST: Beiträge zur Chemie und Technologie der Fetthärtung I, Nr. 525 der Forschungsberichte des Wirtschafts- und Verkehrsministeriums Nordrhein-Westfalen. Köln-Opladen: Westdeutscher Verlag 1958.
KEULEMANS, A. I. M.: Gas Chromatography. 2. Aufl. New York: Reinhold Publishing Co. 1959. Deutsche Ausgabe, übersetzt von E. CREMER. Weinheim: Verlag Chemie 1959.

KEUNECKE, E.: Molekulardestillation. In: ULLMANNS Encyklopädie der technischen Chemie. Hrsg. von W. FOERST. 3. Aufl., Bd. 2/I, S. 72—76. München-Berlin: Urban & Schwarzenberg 1961.
KIENITZ, H.: Bestimmung der Dichte. In: HOUBEN-WEYL: Methoden der organischen Chemie. Hrsg. E. MÜLLER. 4. Aufl., Bd. III/1, S. 163—218. Stuttgart: Thieme 1955a.
— Fehlerbetrachtungen bei physikalischen Messungen. In: HOUBEN-WEYL: Methoden der organischen Chemie. Hrsg. E. MÜLLER. 4. Aufl., Bd. III/1, S. 573—594. Stuttgart: Thieme 1955b.
— Massenspektrometrie. In: ULLMANNS Encyklopädie der technischen Chemie. Hrsg. von W. FOERST. 3. Aufl., Bd. 2/I, S. 403—437. München-Berlin: Urban & Schwarzenberg 1961.
KIRSCHBAUM, E.: Destillier- und Rektifiziertechnik. 3. Aufl. Berlin-Göttingen-Heidelberg: Springer 1960.
KOFLER, L., u. A. KOFLER: Mikromethoden zur Kennzeichnung organischer Stoffe und Stoffgemische. Berlin: Verlag Chemie 1945.
KOSIN, N.I.: Nahrungsmittel-Emulsionen. Leipzig: Fachbuchverlag 1954.
KÜSTER, F.W., A. THIEL, K. FISCHBECK: Logarithmische Rechentafeln für Chemiker, Pharmazeuten, Mediziner und Physiker. Berlin: Walter de Gruyter & Co. 1958.
LANG, K. (Hrsg.): Carotine und Carotinoide. Wissenschaftliche Veröffentlichungen der Deutschen Gesellschaft für Ernährung. Darmstadt: Steinkopff 1963.
LANGE, B.: Kolorimetrische Analyse. 5. Aufl. Weinheim: Verlag Chemie 1956.
LEA, C.H.: Rancidity in Edible Fats. London: His Majesty's Stationary Office 1938.
— The oxidative deterioration of food lipids. In: Lipids and their Oxidation. Hrsg. von H.W. SCHULTZ, E.A. DAY, R.O. SINNHUBER. S. 3—28. Westport/Conn.: The Avi Publ. Co. Inc. 1962.
LEDERER, E., and M. LEDERER: Chromatography, Principles and Applications. 2. Aufl. Amsterdam-Housten-London-New York: Elsevier Publ. Co. 1957.
LEIBNITZ, E., u. H.G. STRUPPE (Hrsg.): Handbuch der Gas-Chromatographie. Weinheim (Bergstr.): Verlag Chemie G.m.b.H. 1967.
LIAAEN-JENSEN, S., and A. JENSEN: Recent Progress in Carotenoid Chemistry. In: Progress in the Chemistry of Fats and Other Lipids. Hrsg. von R.T. HOLMAN. Bd. VIII, Teil 2, S. 129—212. Oxford-London-New York-Paris: Pergamon Press 1965.
LINK, W.E., and M.W. FORMO: Analysis of autoxidation mixtures. In: Autoxidation and Antioxidants. Hrsg. von W.O. LUNDBERG. Bd. I, S. 367—416. New York-London: Interscience Publishers 1961/1962.
LITTLEWOOD, A.B.: Gas Chromatography. New York: Academic Press Inc. 1962.
LÖWE, F.: Optische Messungen des Chemikers und Mediziners. III. Aufl. Dresden-Leipzig: Steinkopff 1939.
LÜDECKE, C.: Taschenbuch für die Wachsindustrie. 4. Aufl. Stuttgart: Wiss. Verlagsgesellschaft m.b.H. 1958.
LUNDBERG, W.O. (Hrsg.): Autoxidation and Antioxidants. Bd. I und II. New York-London: Interscience Publishers 1961/1962.
MAC GEE, J., F.H. MATTSON and L.W. BECK: Applications of an enzymatic method for determining poly-unsaturated fatty acids. In: Essential Fatty Acids. Hrsg. von H.M. SINCLAIR. 4th International Conference on Biochemical Problems of Lipids. Oxford, July 15—18, 1957. S. 21—29. London: Butterworths Scientific Publications 1958.
— Polyungesättigte Fettsäuren. In: Methoden der enzymatischen Analyse. Hrsg. von H.U. BERGMEYER. S. 411—414. Weinheim: Verlag Chemie 1962.
MC INNES, A.G.: Practical notes on gas-liquid chromatography as applied to the estimation of volatile fatty acids. In: Vapour Phase Chromatography. Hrsg. von D.H. DESTY u. C.L.A. HARBOURN. S. 304—315. London: Butterworths Scientific Publications 1957.
MALINS, D.C.: Recent Developments in the Thin-Layer Chromatography of Lipids. In: Progress in the Chemistry of Fats and Other Lipids. Hrsg. von R.T. HOLMAN. Bd. VIII, Teil 3, S. 301—358. Oxford-London-New York-Paris: Pergamon Press 1966.
MALKIN, T.: The molecular structure and polymorphism of fatty acids and their derivatives. In: Progress in the Chemistry of Fats and Other Lipids. Hrsg. von R.T. HOLMAN, W.O. LUNDBERG u. T. MALKIN. Bd. I, S. 1—17. London: Pergamon Press Ltd. 1952.
— The polymorphism of glycerides. In: Progress in the Chemistry of Fats and Other Lipids. Hrsg. von R.T. HOLMAN, W.O. LUNDBERG u. T. MALKIN. Bd. II, S. 1—50. London: Pergamon Press Ltd. 1954.
MANGOLD, H.K.: Aliphatische Lipide. In: Dünnschicht-Chromatographie. Hrsg. von E. STAHL. 2. Aufl., S. 350—404. Berlin-New York-Heidelberg: Springer 1967.
MARKLEY, K.S. (Hrsg.): Fatty Acids, their Chemistry, Properties, Production and Uses. 2. Aufl., Teil I—III. New York: Interscience Publishers Inc. 1960—1964; 1. Aufl. ebenda 1947.

MARTIN, A.E.: Infrared Instrumentation and Techniques. Amsterdam-London: Elsevier Publ. Corp. 1966.
MARTINENGHI, G.B.: Tecnologia Chimica Industriale Degli Oli, Grassi e Derivati. 3. Aufl. Milano: Ulrico Hoepli 1963.
MEHLENBACHER, V.C.: The Analysis of Fats and Oils. Champaign, Ill./USA: The Garrard Press Publ. 1960.
MENSIER, P.H.: Dictionnaire des Huiles Végétales. Paris: Éditions Paul Lechevalier 1957.
MERCK, E.: Chromatographie unter besonderer Berücksichtigung der Papierchromatographie. II. Aufl. Darmstadt: E. Merck 1959.
MOHLER, W.: Chemische Optik. Aarau: H.R. Sauerländer & Co. 1951.
MOHR, W., u. K. KOENEN: Die Butter. Hildesheim: Milchwirtschaftl. Verlag Th. Mann KG 1958.
MURRAY, K.E.: Low pressure fractional distillation and its use in the investigation of lipids. In: Progress in the Chemistry of Fats and Other Lipids. Hrsg. von R.T. HOLMAN, W.O. LUNDBERG u. T. MALKIN. Bd. III, S. 243—273. London-New York: Pergamon Press Ltd. 1955.
OEHME, F.: Dielektrische Meßmethode zur quantitativen Analyse und für chemische Strukturbestimmungen. Weinheim: Verlag Chemie 1958a.
— Dielektrizitätskonstante. In: ULLMANNS Encyklopädie der technischen Chemie. Hrsg. von W. FOERST. 3. Aufl., Bd. 2/I, S. 455—463, 473—479. München-Berlin: Urban & Schwarzenberg 1961.
PAOLETTI, R., and D. KRITCHEVSKY (Hrsg.): Advances in Lipid Research. Bd. 1—3. New York-London: Academic Press 1963—1965.
PESTEMER, M.: Anleitung zum Messen von Absorptionsspektren im Ultraviolett und Sichtbaren. Stuttgart: Thieme 1964.
PFANN, W.G.: Zone Melting. New York-London: John Wiley & Sons Inc. 1958.
PHILLIPS, C.: Gas Chromatography. London: Butterworths Scientific Publications 1956.
PIPER, S.H.: Der molekulare Aufbau der Fettsäuren. In: Chemie und Technologie der Fette und Fettprodukte. Hrsg. von H. SCHÖNFELD. Bd. 1, S. 52—60. Wien: Julius Springer 1936.
PITT, G.A.J., and R.A. MORTON: Ultra-violet spectrophotometry of fatty acids. In: Progress in the Chemistry of Fats and Other Lipids. Hrsg. von R.T. HOLMAN, W.O. LUNDBERG u. T. MALKIN. Bd. IV, S. 227—278. London-New York-Paris: Pergamon Press Ltd. 1957.
PRESTING, W.: Laboratoriumsbuch für die Untersuchung technischer Wachs-, Harz- und Ölgemenge, begründet von E.J. FISCHER. 3. Aufl. Halle/Saale: VEB Wilhelm Knapp 1958.
RANDERATH, K.: Dünnschicht-Chromatographie. Weinheim: Verlag Chemie 1962.
RAST, K.: Bestimmung des Molekulargewichts von niedermolekularen Stoffen. In: HOUBEN-WEYL: Methoden der organischen Chemie. Hrsg. E. MÜLLER. 4. Aufl., Bd. III/1, S. 327—370. Stuttgart: Thieme 1955.
RAUEN, H.M., u. W. STAMM: Gegenstromverteilung. Berlin-Göttingen-Heidelberg: Springer 1953.
RIECHE, A.: Alkylperoxyde und Ozonide, Studien über peroxydischen Sauerstoff. Dresden: Steinkopff 1931.
ROBINSON, C.S., and E.R. GILLILAND: Elements of Fractional Distillation. 4. Aufl. New York-Toronto-London: Mc Graw-Hill Book Co. Inc. 1950.
ROEDER, G.: Grundzüge der Milchwirtschaft und des Molkereiwesens. Hamburg-Berlin: Verlag Paul Parey 1954.
RUDISCHER, S.: Fachbuch der Margarineindustrie. Leipzig: Fachbuchverlag 1959.
SANDELL, E.B.: Colorimetric Determination of Traces of Metals. 2. Aufl. London: Interscience Publ. Ltd. 1950.
SCHILDKNECHT, H.: Zonenschmelzen. Weinheim: Verlag Chemie 1964.
SCHLENK, H.: Urea inclusion compounds of fatty acids. In: Progress in the Chemistry of Fats and Other Lipids. Hrsg. von R.T. HOLMAN, W.O. LUNDBERG u. T. MALKIN. Bd. II, S. 243—267. London: Pergamon Press Ltd. 1954.
SCHLENKER, E.: Die Fettspaltung. In: Chemie und Technologie der Fette und Fettprodukte. Hrsg. von H. SCHÖNFELD. Bd. 2, S. 469—504. Wien: Julius Springer 1937.
SCHÖNFELD, H. (Hrsg.): Chemie und Technologie der Fette und Fettprodukte. Bd. 1 und 2. Wien: Julius Springer 1936/1937.
SCHULZ, G.V., H.J. CANTOW u. G. MEYERHOFF: Molekulargewichtsbestimmung an makromolekularen Stoffen. In: HOUBEN-WEYL: Methoden der organischen Chemie. Hrsg. E. MÜLLER. 4. Aufl., Bd. III/1, S. 371—448. Stuttgart: Thieme 1955.
SCHULTZ, H.W., E.A. DAY and R.O. SINNHUBER (Hrsg.): Symposium on Foods: Lipids and their Oxidation. Westport/Conn.: The Avi Publ. Co. Inc. 1962.
SCHULTZE, GG.R., u. H. STAGE: Die Kolonnendestillation im Laboratorium. VDI-Forschungsheft 424. Berlin: VDI-Verlag 1944.

SCHULTZE, W.: Farbenlehre und Farbenmessung. 2. Aufl. Berlin-Göttingen-Heidelberg: Springer 1966.
SHOPPEE, CH. W.: Chemistry of the Steroids. 2. Aufl. London: Butterworths Scientific Publications 1964.
SILLESCU, H.: Kernmagnetische Resonanz, Einführung in die theoretischen Grundlagen. Berlin-Heidelberg-New York: Springer 1966.
SINGLETON, W.S.: Solution Properties. In: Fatty Acids. Hrsg. von K.S. MARKLEY. 2. Aufl., Teil 1, S. 609—678. New York-London: Interscience Publishers Inc. 1960.
v. STACKELBERG, M.: Polarographie organischer Stoffe. In: HOUBEN-WEYL: Methoden der organischen Chemie, Hrsg. E. MÜLLER. 4. Aufl., Bd. III/2, S. 295—349. Stuttgart: Thieme 1955.
STAHL, E. (Hrsg.): Dünnschicht-Chromatographie. 2. Aufl. Ein Laboratoriumsbuch. Berlin-New York-Heidelberg: Springer 1967.
—, H.R. BOLLIGER u. L. LEHNERT: Dünnschicht-Chromatographie von Carotin- und Carotinoidgemischen. In: Carotine und Carotinoide. Hrsg. von K. LANG. S. 129—134. Darmstadt: Steinkopff 1963.
STEIN, R.A., and V. SLAWSON: Column Chromatography of Lipids. In: Progress in the Chemistry of Fats and Other Lipids. Hrsg. von R.T. HOLMAN. Bd. VIII, Teil 3, S. 373—420. Oxford-London-New York-Paris: Pergamon Press Ltd. 1966.
STREHLOW, H.: Magnetische Kernresonanz und chemische Struktur. Darmstadt: Steinkopff 1962.
STROHECKER, R., u. H.M. HENNING: Vitamin-Bestimmungen. Hrsg.: E. Merck AG, Darmstadt. Weinheim: Verlag Chemie 1963.
SUHR, H.: Anwendung der kernmagnetischen Resonanz in der organischen Chemie. Berlin-Heidelberg-New York: Springer 1965.
SWAIN, L.A.: The composition and properties of fish oils. In: Progress in the Chemistry of Fats and Other Lipids. Hrsg. von R.T. HOLMAN, W.O. LUNDBERG u. T. MALKIN. Bd. V, S. 117—138. London-New York-Paris-Los Angeles: Pergamon Press Ltd. 1958.
SWERN, D.: Chemical oxidation. In: Fatty Acids. Hrsg. von K.S. MARKLEY. 2. Aufl., Teil 2, S. 1307—1443. London: Interscience Publishers Ltd. 1961.
— (Hrsg.): BAILEY's Industrial Oil and Fat Products, 3. Aufl. New York-London-Sidney: Interscience Publishers. a Division of John Wiley & Sons 1964.
TAPPEL, A.L.: Biocatalysts: Lipoxidase and hematin compounds. In: Autoxidation and Antioxidants. Hrsg. von W.O. LUNDBERG. Bd. 1, S. 325—366. New York-London: Interscience Publishers Inc. 1961/1962.
TRUTER, E.V.: Wool-Wax. London: Cleaver-Hume Press Ltd. 1956.
UBBELOHDE, L.: Zur Viscosimetrie. 7. Aufl. Stuttgart: Hirzel 1965.
ULLMANN: Encyklopädie der technischen Chemie. Hrsg. von W. FOERST. III. Aufl., Bd. 2/I. München-Berlin: Urban & Schwarzenberg 1961.
VANDER WAL, R.J.: The triglyceride composition of natural fats. In: Progress in the Chemistry of Fats and Other Lipids. Hrsg. von R.T. HOLMAN, W.O. LUNDBERG u. T. MALKIN. Bd. III, S. 327—350. London-New York: Pergamon Press Ltd. 1955.
VČELÁK, V.: Chemie und Technologie des Montanwachses. Prag: Verlag der Tschechischen Akademie der Wissenschaften 1959.
VETTER, K.J.: Elektrochemische Methoden zur Endpunktsbestimmung. In: ULLMANNS Encyklopädie der technischen Chemie. Hrsg. von W. FOERST. III. Aufl., Bd. 2/I, S. 601—606. München-Berlin: Urban & Schwarzenberg 1961.
— Coulometrie. In: ULLMANNS Encyklopädie der technischen Chemie. Hrsg. von W. FOERST. III. Aufl., Bd. 2/I, S. 618—619. München-Berlin: Urban & Schwarzenberg 1961.
WARTH, A.H.: The Chemistry and Technology of Waxes. 2. Aufl. New York: Reinhold Publishing Corp. 1956.
— Lipid waxes. In: Progress in the Chemistry of Fats and Other Lipids. Hrsg. von R.T. HOLMAN, W.O. LUNDBERG u. T. MALKIN. Bd. IV, S. 79—96. London-New York-Paris: Pergamon Press Ltd. 1957.
VAN WAZER, J.R., J.W. LYONS, K.Y. KIM and R.E. COLWELL: Viscosity and Flow Measurement. A Laboratory Handbook of Rheology. New York-London: Interscience Publ. Div. John Wiley 1963.
WHEELER, D.H.: Infrared absorption spectroscopy in fats and oils. In: Progress in the Chemistry of Fats and Other Lipids. Hrsg. von R.T. HOLMAN, W.O. LUNDBERG u. T. MALKIN. Bd. II, S. 268—291. London: Pergamon Press Ltd. 1954.
WITTCOFF, H.: The Phosphatides. New York: Reinhold Publishing Corp. 1951.
WITTKA, F.: Gewinnung der höheren Fettsäuren durch Oxydation der Kohlenwasserstoffe. Leipzig: Johann Ambrosius Barth 1940.
— Die modernen Methoden zur Umformung der Fette. Leipzig: Johann Ambrosius Barth 1958.

WIZÖFF: Einheitliche Untersuchungsmethoden für die Fett- und Wachsindustrie. Stuttgart: Wissenschaftliche Verlagsgesellschaft m.b.H. 1930.

WOLF, K. L., u. R. WOLFF: Oberflächenspannung und Oberflächenaktivität. In: HOUBEN-WEYL: Methoden der organischen Chemie. Hrsg. E. MÜLLER. IV. Aufl., Bd. III/1, S. **449** bis 480. Stuttgart: Thieme 1955.

ZECHMEISTER, L.: Cis-trans Isomeric Carotenoids, Vitamins A and Arylpolyenes. Wien: Springer 1962.

Zeitschriftenliteratur

ABEGG, H.: Die Anwendung hochwirksamer Rektifizierkolonnen im Laboratorium. Chimia (Zürich) **2**, 133—141 (1948).

ABU-NASR, A.M., W.M. POTTS and R.T. HOLMAN: Highly unsaturated fatty acids. II. Fractionation by urea inclusion compounds. J. amer. Oil Chem. Soc. **31**, 16—20 (1954).

ACKER, L., H. GREVE u. H.O. BEUTLER: Über Verfälschungen von Trockeneigelb und die Möglichkeiten ihres Nachweises. Dtsch. Lebensmittel-Rdsch. **59**, 231—234 (1963).

—, u. E. LÜCK: Die biochemischen Ursachen des Lecithinrückgangs in Eierteigwaren. III. Mitt. Z. Lebensmittel-Untersuch. u. -Forsch. **107**, 143—152 (1958).

ACKERMANN, H.: Die biologische Vitamin D-Bestimmung. Nahrung **2**, 583—587 (1958); **4**, 164—169 (1960).

ACKMAN, R.G.: Empirical relationships between iodine value and polyunsaturated fatty acid content in marine oils and lipids. J. amer. Oil Chem. Soc. **43**, 385—389 (1966).

—, and R.D. BURGHER: Quantitative gas liquid chromatographic estimation of volatile fatty acids in aqueous media. Analytic. Chem. **35**, 647—652 (1963).

— — and J.C. SIPOS: Quantitative gas-liquid chromatography of the higher fatty acids. Nature (Lond.) **200**, 777—778 (1963).

ADAMS, R., R.C. MORRIS, T.A. GEISSMAN, D.J. BUTTERBAUGH and E.C. KIRKPATRICK: Structure of gossypol. XV. An interpretation of its reactions. J. amer. chem. Soc. **60**, 2193—2204 (1938).

AGEE, G.W. (Chairman): Report of the Color Committee; spectrophotometric color grading. J. amer. Oil Chem. Soc. **25**, 271—276 (1948); **26**, 312—316 (1949); **27**, 233—234 (1950).

AHLERS, N.H.E.: Spectrophotometry in analysis of oils and fats. Paint Technol. **20**, 237—241 (1956).

—, R.A. BRETT and N.G. MCTAGGART: An infrared study of the cis- and trans-isomers of some C_{18}-fatty acids. J. appl. Chem. **3**, 433—443 (1953).

—, and L.A. O'NEILL: The structure of oils and resins: spectroscopy. J. Oil Col. Chem. Ass. **37**, 533—559 (1954),

AHRENS, E.H., and L.C. CRAIG: Separation of higher fatty acids. J. biol. Chem. **195**, 299—310 (1952).

ALFIN-SLATER, R.B., R.D. COLEMAN, R.O. FEUGE and A.M. ALTSCHUL: The present status of acetoglycerides. J. amer. Oil Chem. Soc. **35**, 122—127 (1958).

ALLEN, R.R., and R.J. BUSWELL: Determination of the methoxyl content of fats. J. amer. Oil Chem. Soc. **30**, 123—124 (1953).

—, and A.A. KIESS: Isomerization during hydrogenation. I. Oleic acid. J. amer. Oil Chem. Soc. **32**, 400—405 (1955).

American Oil Chemists' Society: Report of the Seed and Meal Committee. J. amer. Oil Chem. Soc. **24**, 303—306 (1947).

— Report of the Committee on Analysis of Commercial Fats and Oils. J. amer. Oil Chem. Soc. **25**, 144—147 (1948).

— Spectroscopy Committee: Reports J. amer. Oil Chem. Soc. **25**, 14 (1948); **26** 399—404 (1949); **28**, 331—335 (1951); **30**, 352—355 (1953); **32**, 452—454 (1955); **35**, 593—596 (1958).

AMES, ST. R., and S.B. LICATA: Colorimetric and potentiometric determination of acid numbers of vegetable and marine oils. J. amer. Oil Chem. Soc. **25**, 203—206 (1948).

Analytical Methods Committee: The determination of tocopherols in oils, foods and feeding stuffs.. Analyst **84**, 356—372 (1959).

— The use of 50% hydrogen peroxide for the destruction of organic matter. Analyst **92**, 403—407 (1967).

ANDERSON, R.L., and E.J. HOLLENBACH: Large-scale separation of fatty acid methyl esters by column chromatography on acid-washed Florisil impregnated with silver nitrate. J. Lipid Res. **6**, 577—578 (1965).

ANDRÉ, E., et J. HENRY: Sur l'emploi de la solution méthylique d'hydroxyde de baryum ($Ba(OH)_2$) comme réactif saponifiant. Oléagineux **18**, 583—584 (1963).

— — Sur une méthode d'analyse permettant de déterminer la quantité d'acides gras à courte chaîne contenus dans les matières grasses. C.R. Acad. Sci. (Paris) **258**, 4051—4053 (1964).

André, E., et K. Kou: Su la présence d'une oxydase des lipides ou lipoxydase dans la graine de soja. C.R. Acad. Sci. (Paris) **194**, 645—647 (1932); **195**, 172—174 (1932).
—, et M. Maille: Contribution à l'étude des substances insaponifiables des huiles de graines de crucifères. Oléagineux **12**, 359—365 (1957).
Angermair, M.: Übersicht über biologische Fettsynthesen. Seifen, Öle, Fette, Wachse **76**, 24—25, 45—46, 68—69 (1950).
Anglin, C., and J.H. Mahon: Report on chromatographic procedures for foreign fats of the mole per cent of butyric acid in fat. J. Ass. off. agric. Chem. **39**, 365—371 (1956).
Anthony, D.S., F.W. Quackenbush and H. Steenbock: Crystallization at low temperatures as a technique in the analysis of oils. Oil and Soap **20**, 53—55 (1943).
Appel, H., H. Böhm, W. Keil u. G. Schiller: Zur Kenntnis der Fette aus Fettsäuren mit ungerader Kohlenstoffatomzahl. 7. Mitt. Hoppe-Seylers Z. physiol. Chem. **282**, 220—244 (1947); dort auch Hinweise auf frühere Veröffentlichungen.
Applewhite, T.H.: Analytical techniques for hydroxy acids in fats and oils. J. amer. Oil Chem. Soc. **42**, 321—325 (1965).
— The composition of safflower seed. J. amer. Oil Chem. Soc. **43**, 406—408 (1966).
Applequist, L.Å.: Further studies on a multisequential method for determination of oil content in oilseeds. J. amer. Oil Chem. Soc. **44**, 209—214 (1967).
Archer, E.E., H.W. Jeater and J. Martin: The determination of water in organic liquids. Analyst **92**, 524—528 (1967).
Armstrong, E.F., and T.P. Hilditch: The constitution of natural unsaturated fatty acids. Part I. A new method of ascertaining the position of the ethylenic linkage in acids of the oleic series. J. Soc. chem. Industr. (Lond.) **44**, 43—47 T (1925).
Arnold, W.: Beiträge zur Analyse der Speisefette. Z. Untersuch. Nahrungs- u. Genußmittel **10**, 201—239; 353 (1905).
Arpino, A., u. G.S. Ricca: Anwendung der IR-Spektrophotometrie auf die Analyse von Olivenoi. Olii miner. **36**, 483—498 (1959) [italienisch].
— — u. G. Jacini: Fluorometrie von Olivenölen. Olii miner. **34**, 475—479 (1957) [italienisch].
Ast, H.J., and R.J. Vander Wal: The structural components of milk triglycerides. J. amer. Oil Chem. Soc. **38**, 67—69 (1961).
Averill, W.: Gas chromatography of free fatty acids using Golay columns. J. Gas Chromatograph. **1**, 22 (1963).
Awe, W., u. B. Grote: Zur Bestimmung von Jodzahlen unter Zusatz von Quecksilber(2)-acetat zu den Reagentien. Fette, Seifen, Anstrichmittel **59**, 733—736 (1957).
— — Papierchromatographische Untersuchungen an Rhodanfettsäuren. Fette, Seifen, Anstrichmittel **60**, 806—809 (1958).
—, B. Skroch u. F. Demelius: Einige Vorschläge, um die Bestimmung der Jodzahl nach dem DAB 6 zu vereinfachen. Süddtsch. Apoth.-Ztg. **88**, 155—158 (1948).
Axe, W.N., and A.C. Bratton: Amplified distillation of binary aliphatic acid mixtures. J. amer. chem. Soc. **59**, 1424—1425 (1937).
Axelrod, J., J. Reichenthal and B.B. Brodie: The direct determination of phosphatidyl ethanolamine and phosphatidyl serine in plasma and red blood cell. J. biol. Chem. **204**, 903—911 (1953).
Badings, H.T.: Principles of autoxidation in lipids with special regard to the development of autoxidation off-flavors. Neth. Milk Dairy J. **14**, 215—242 (1960).
Bailey, A.E., and E.A. Kraemer: Dilatometric investigations of fats. I. Apparatus and techniques for fat dilatometry. Oil and Soap **21**, 251—253 (1944).
—, and G.D. Oliver: Thermal properties of fats and oils. III. Calorimetric estimation of solid and liquid glycerides in cottonseed oil and hydrogenated cottonseed oil. Oil and Soap **21**, 300—302 (1944).
—, S.S. Todd, W.S. Singleton and G.D. Oliver: Thermal properties of fats and oils. I. Apparatus and techniques for low temperature calorimetry. Oil and Soap **21**, 293—297 (1944).
Bailey, A.V., G.J. Boudreaux and E.L. Skau: Methods for the determination of cyclopropenoid fatty acids. VI. A direct infrared absorption method. J. amer. Oil Chem. Soc. **42**, 637—638 (1965b).
—, J.A. Harris, E.L. Skau and Th. Kerr: Cyclopropenoid fatty acid content and fatty acid composition of crude oils from twenty five varieties of cottonseed. J. amer. Oil Chem. Soc. **43**, 107—110 (1966).
—, R.A. Pittman, F.C. Magne and E.L. Skau: Methods for the determination of cyclopropenoid fatty acids. V. A spectrophotometric method for cottonseed oils based upon the Halphen-test reaction. J. amer. Oil Chem. Soc. **42**, 422—424 (1965a).
Baker, C.A., and R.J.P. Williams: A new chromatographic procedure and its application to high polymers. J. chem. Soc. **1956**, 2352—2362.

BALTES, J.: Polarographische Untersuchungen auf dem Fettgebiet. III. Polarographie von Antioxydantien. Fette, Seifen, Anstrichmittel **56**, 484—490 (1954).
— Reaktionsmechanismus und Kinetik der Umesterung von Fetten. Nahrung **4**, 1—16 (1960).
— Technologie und Analytik der Umesterung von Fetten. II. Umesterungsreaktionen. Nahrung **5**, 521—534 (1961).
— Zur Kenntnis schwefelhaltiger Fette und ihres Härtungsverhaltens. Fette, Seifen, Anstrichmittel **69**, 512—514 (1967).
—, u. A. HILLER: Polarographische Untersuchungen auf dem Fettgebiet. II. Die elektrometrische Bestimmung der Jodzahl. Fette, Seifen, Anstrichmittel **56**, 371—377 (1954).
BAMBERGER, PH.: Über eine rationelle Charakterisierung der Fette mittels Kennzahlen. Biochem. Z. **190**, 247—250 (1927).
BARNARD, D., and K.R. HARGRAVE: Analytical studies concerned with the reactions between organic peroxides and thioethers. I. Analysis of organic peroxides. Analyt. chim. Acta (Amsterdam) **5**, 476—488 (1951).
BARRETT, C.B., M.S.J. DALLAS and F.B. PADLEY: The Separation of glycerides by thin-layer chromatography on silica impregnated with silver nitrate. Chem. and Industr. **1962**, 1050—1051.
— — — The quantitative analysis of triglyceride mixtures by thin layer chromatography on silica, impregnated with silver nitrate. J. amer. Oil Chem. Soc. **40**, 580—584 (1963).
BARTLET, J.G., and J.H. MAHON: Identification of oils and the detection of oil adulteration by differential infrared spectroscopy. J. Ass. off. agric. Chem. **41**, 450—459 (1958).
BARTLETT, G.R.: Phosphorus assay in column chromatography. J. biol. Chem. **234**, 466—468 (1959).
BAUDISCH, J., G. BEILSTEIN u. E. RASCH: Automatisierte Bestimmung von Doppelbindungen. Z. analyt. Chem. **231**, 137—142 (1967).
BAUER, K.H., u. F. ERMANN: Über die partielle Hydrierung der Linolensäure. Chem. Umschau Fette, Öle **37**, 241—249 (1930).
BAUR, F.J.: Acetin fats. I. Products made from mixed acetin fats. J. amer. Oil Chem. Soc. **31**, 147—151 (1954).
BAYER, E., u. K.H. REUTHER: Papierchromatographische Analyse von Carbonsäure-Ester-Gemischen sowie deren Anwendung zur Untersuchung von Aromastoffen. 2. Mitteilung über Eisen(III)-Hydroxamsäure-Komplexe. Angew. Chem. **68**, 698—701 (1956).
BAYZER, H.: Die Trennung von gesättigten aliphatischen Monocarbonsäuren auf Celluloseschichten. J. Chromatograph. **27**, 104—108 (1967).
BEADLE, J.B., D.E. JUST, R.E. MORGAN and R.A. REINERS: Composition of corn oil. J. amer. Oil Chem. Soc. **42**, 90—95 (1965).
BEADLE, B.W.: Applied ultraviolet spectrophotometry of fats and oils. Oil and Soap **23**, 140—145 (1946).
BEAL, R.E., E.B. LANCASTER and O.L. BREKKE: The phosphorus content of refined soybean oil as a criterion of quality. J. amer. Oil Chem. Soc. **33**, 619—624 (1956).
—, V.E. SOHNS, R.A. EISENHAUER and E.L. GRIFFIN jr.: Production of linolenic acid from linseed oil. J. amer. Oil Chem. Soc. **39**, 524—527 (1961).
BEATTIE, F.J.R.: A colorimetric method for the determination of choline and acetyl-choline in small amounts. Biochem. J. **30**, 1554—1559 (1936).
BECKEL, A.C., and F.R. EARLE: A study of the moisture in soybeans. Industr. Engin. Chem. Anal. Ed. **13**, 40—43 (1941).
BECKER, E.: Der Einfluß der Umesterung auf das Kristallisationsverhalten von Fetten bzw. Fettmischungen. Fette, Seifen, Anstrichmittel **61**, 1040—1046 (1959).
—, u. W. CLEMENS: Versuche zur quantitativen Erfassung von Eigelb in Margarine. Z. Lebensmittel-Untersuch. u. -Forsch. **100**, 24—35 (1955).
—, u. M. EDER: Über die papierchromatographische Identifizierung einiger in Lebensmitteln vorkommender Quellstoffe. Z. Lebensmittel-Untersuch. u. -Forsch. **104**, 187—192 (1956).
—, u. L. KRULL: Kolorimetrische Halbmikromethode zur Phosphorbestimmung in Speiseölen. Fette, Seifen, Anstrichmittel **60**, 447—449 (1958a).
— — Beitrag zur Analyse von Monoglyceriden und freiem Glycerin. Fette, Seifen, Anstrichmittel **60**, 449—452 (1958b).
—, u. A. NIEDERSTEBRUCH: Bestimmung von Sauerstoff und Stickstoff sowie Erfassung primärer Oxydationsprodukte in Ölen, Fetten und Emulsionen auf physikalisch-chemischem Wege. Fette, Seifen, Anstrichmittel **68**, 135—139 (1966).
—, H. PARDUN u. H. VON PEZOLD: Prüfung der Stabilität von Ölen und Fetten mit Hilfe des Swift-Stability-Testes. Fette u. Seifen **55**, 880—886 (1953).
—, u. H.E. ROST: Untersuchungen an Fritürefetten. Fette, Seifen, Anstrichmittel **66**, 123 bis 132 (1964).

Becker, P.: Z. angew. Chem. **36**, 539 (1923); zit. nach D. Holde: Kohlenwasserstofföle und Fette, VII. Aufl. Berlin: Springer 1933.
Beerthuis, R.K., and J.H. Recourt: Sterol analysis by gas chromatography. Nature (Lond.) **186**, 372—374 (1960).
—, and J.G. Keppler: Gas-chromatographic analysis of higher fatty acids; up to and including cerotic acid. Nature (Lond.) **179**, 731—732 (1957).
Beiss, U., u. O. Armbruster: Die qualitative Bestimmung von Phosphatiden durch Papierchromatographie. Z. Naturforsch. **13**, 79—84 (1958).
Benedict, J.H.: Semimicro determination of total fatty acids and unsaponifiable matter. J. amer. Oil Chem. Soc. **37**, 415—418 (1960).
Benedikt, R., u. M. Cantor: Über die Bestimmung des Glyceringehalts von Rohglycerinen. Z. angew. Chem. **1888**, 440—462.
Benerito, R.R., W.S. Singleton and R.O. Feuge: Surface and interfacial tensions of synthetic glycerides of known composition and configuration. J. phys. Chem **58**, 831—834 (1954).
Bengen, M.F.: Mein Weg zu den neuen Harnstoff-Einschlußverbindungen. Angew. Chem. **63**, 207—208 (1951).
Benham, G.H., and L. Klee: An improved method for the determination of iodine numbers. J. amer. Oil Chem. Soc. **27**, 127—129 (1950).
Benk, E.: Zur Neufassung der Leitsätze für Mayonnaise. Dtsch. Lebensmittel-Rdsch. **54**, 139—141 (1958).
Berg, P., u. J. Angerhausen: Das optische Verhalten des sterinfreien Unverseifbaren. Z. Untersuch. Nahrungs- u. Genußmittel **28**, 145—149 (1914).
Bergelson, L.D., E.V. Dyatlovitzkaya and V.V. Voronkova: Complete structural analysis of fatty acid mixtures by thin-layer chromatography. J. Chromatograph. **15**, 191—199 (1964).
Bergström, S., and R.T. Holman: Lipoxidase and the autoxidation of unsaturated fatty acids. Advanc. Enzymol. **8**, 425—457 (1948).
Bernard, A.H., and H.E. Rost: Analysis of lipids and oxidation products by partition chromatography: Dimeric and polymeric products. J. amer. Oil Chem. Soc. **39**, 479 (1962).
Bernheim, F., M.L.C. Bernheim and K.M. Wilbur: The reaction between thiobarbituric acid and the oxidation products of certain lipids. J. biol. Chem. **174**, 257—264 (1947).
Beroza, M.: Determination of sesamin, sesamolin and sesamol. Analytic. Chem. **26**, 1173 bis 1176 (1954).
— Identification of 3,4-methylenedioxyphenyl synergists by thin-layer chromatography. J. agric. Food Chem. **11**, 51—54 (1963).
Bertram, S.H.: Bereitung und Untersuchung von Ölsäure. Diss. Delft 1928, ausführlich referiert in Z. Untersuch. Lebensmittel **55**, 179—187 (1928a) [holländisch].
— Die Vaccensäure. (Eine neue Fettsäure aus Rinder-, Schafs- und Butterfett.) Biochem. Z. **197**, 433—441 (1928b).
—, H.G. Bos u. F. Verhagen: Quantitative Bestimmung des Kokos- und Butterfettgehaltes von Margarine. Chem. Weekbl. **20**, 610—614 (1923). [holländisch).
Besson, A.A.: Extraktions-Apparat. Chemiker-Ztg. **39**, 860 (1915).
Bhalerao, V.R., J.G. Endres and F.A. Kummerow: A method for determining the carbonyl value in thermally oxidized fats. J. amer. Oil Chem. Soc. **38**, 689—691 (1961).
Bickford, W.G., F.G. Dollear and K.S. Markley: The effect of hydroxyl groups and acetylation on the apparent diene values of soybean and other vegetable oils. Oil and Soap **15**, 256—259 (1938).
Biefer, K.W., u. H. Hadorn: Nachweis von Sojabohnenöl auf Grund seines Gehaltes an δ-Tocopherol. Mitt. Lebensmitteluntersuch. Hyg. **47**, 445—455 (1956).
Biernoth, G.: Dünnschichtchromatographischer Nachweis von Sojaöl in Sonnenblumenöl. Fette, Seifen, Anstrichmittel **69**, 635—637 (1967).
—, and H.E. Rost: The occurence of polycyclic aromatic hydrocarbons in coconut oil and their removal. Chem. and Industr. **1967**, 2002—2003.
Billek, G., u. O. Heisz: Quantitative Bestimmung der apolaren dimeren Fettsäuren in Fetten und Ölen. Vortrag auf der I.S.F.-Tagung in Rotterdam Sept. 1968. Fette, Seifen, Anstrichmittel **71**, 189—195 (1969).
Birden, F., Y. Lauchard et M.M. Loury: Étude comparative de l'influence de certains facteurs physiques et chimiques sur l'indice de peroxyde et l'indice de carbonyle. Rev. Franç. Corps Gras **10**, 79—85 (1963).
Black, B.C., and E.G. Hammond: The separation of glycerides by liquid-liquid column partition chromatography. J. amer. Oil Chem. Soc. **40**, 575—579 (1963).
Black, L.T., and R.A. Eisenhauer: Determination of cyclic fatty acids by gas-liquid chromatography. J. amer. Oil Chem. Soc. **40**, 272—274 (1963).

BLANC: Essai sur la recherche de l'huile d'arachide dans l'huile d'olive. Ann. Falsif. Fraudes **41**, 362—367 (1948).
BLĂZED, A.: Polarimetrische Bestimmung einiger ungesättigter organischer Verbindungen. Sborník Medizinárod. Polaroy. Sjezdu Praze, 1st. Congr. 1951 Pt. III. Proc. 555—565; zit. nach J. amer. Oil Chem. Soc. **31**, 31 (1954) [tschechisch].
BLEKKINGH, J.J.A., zit. nach B. PENNEKAMP: Ringbildung bei der Polymerisation von Leinöl zu Standöl und Erfahrungen mit kontinuierlich arbeitenden Prüfapparaten. Chem. Weekbl. **46**, 358—362 (1950) [holländisch].
BLIX, G.: Mikrobestimmung von Glycerin in Fett und Phosphatiden. Mikrochim. Acta (Wien) **1**, 75—77 (1937).
BLUMENTHAL, A.: Der Nachweis von pflanzlichen Verdickungsmitteln und von Polyphosphaten, speziell in Mayonnaise. Mitt. Lebensmitteluntersuch. Hyg. **50**, 137—144 (1959).
BODJACHINA, S.J., u. G.W. SAREMBO: Preßöl- und Fettind. **20**, (1) 23 (1955) [russisch]; zit. nach F. SCHIERBAUM. Dtsch. Lebensmittel-Rdsch. **53**, 173—178 (1957).
BÖHM, P., u. G. RICHARZ: Zur quantitativen Bestimmung von Inosit in Phosphatiden. Hoppe-Seyler's Z. physiol. Chem. **298**, 110—120 (1954).
BOEKENOOGEN, H.A.: Die Viskosität der fetten Öle. Fettchem. Umsch. **42**, 177—180 (1935).
— The determination of soap in refined oils. Oil and Soap **18**, 8 (1941).
BÖMER, A.: Beiträge zur Analyse der Fette. I. Über Gewinnung und Krystallformen von Cholesterin und Phytosterin aus Fetten. Z. Untersuch. Nahrungs- u. Genußmittel **1**, 21—49 (1898).
— Beiträge zur Analyse der Fette. VII. Über den Nachweis von Pflanzenfetten in Thierfetten mittels der Phytosterinacetat-Probe. Z. Untersuch. Nahrungs- u. Genußmittel **4**, 1070—1095 (1901).
—, u. G. HEIMSOTH: Beiträge zur Kenntnis der Glyceride der Fette und Öle. II. Über gemischte Glyceride der Palmitin- und Stearinsäure aus Hammeltalg. Z. Untersuch. Nahrungs- u. Genußmittel **17**, 353—396 (1909).
—, R. LIMPRICH, R. KRÖNIG u. J. KUHLMANN: Beiträge zur Kenntnis der Glyceride der Fette und Öle. VII. Ein neues Verfahren zum Nachweise von Talg in Schweinefett. Z. Untersuch. Lebensmittel **26**, 559—618 (1913).
—, A. SCHEMM u. G. HEIMSOTH: Beiträge zur Kenntnis der Glyceride der Fette und Öle. I. Über den Gehalt des Rinds- und Hammeltalges an Tristearin. Z. Untersuch. Nahrungs- u. Genußmittel **14**, 90—117 (1907).
BOER, H.: The preparation of ozone by electrolysis. Recueil Trav. chim. Pays-Bas **67**, 217 bis 224 (1948).
BÖTTCHER, C.J.F., C. PRIES and C.M. VAN GENT: A rapid and sensitive colorimetric microdetermination of free and bound choline. Recueil Trav. chim. Pays-Bas **80**, 1169—1178 (1961).
—, C.M. VAN GENT, and C. PRIES: A direct determination of nitrogen in sulphuric acid digestion mixtures. Recueil trav. chim. Pays-Bas **80**, 1157—1168 (1961).
BOHM, E., O. STURZ u. ST. JONAS: Bestimmung von Kochsalz in Butter und Margarine. Z. Untersuch. Lebensmittel **85**, 334—337 (1943).
BOLDINGH, J.: Application of partition chromatography to mixtures insoluble in water. Experientia Vol. IV/7, 1948, Separatum, siehe auch Recueil Trav. chim. Pays-Bas **69**, 247—261 (1950).
— Fatty acid analysis by partition chromatography. Recueil Trav. chim. Pays.Bas **69**, 247—261 (1950).
—, and J.R. DROST: The determination of vitamin A in margarine. J. amer. Oil Chem. Soc. **28**, 480—483 (1951).
—, u. LEVER BROTHERS and UNILEVER N.V., Holl. P. 72.285 vom 15. V. 1953.
BOLTON, E.R., and K.A. WILLIAMS: The contamination of whale oil with fuel oil. Analyst **63**, 84—93 (1938).
BOLTZ, D.F., and M.G. MELLON: Determination of phosphorus, germanium, silicon, and arsenic by the heteropoly blue method. Analytic. Chem. **19**, 873—877 (1947).
BORGSTRÖM, B.: Lipide separation methods. Separation of phospholipides from neutral fat and fatty acids. Acta physiol. scand. **25**, 101—110 (1952).
BOX, J.A.G., u. H.A. BOEKENOOGEN: Die Farbstoffe der Pflanzenöle: Carotinoide und Phaeophytine im Soja-, Raps- und Leinöl. Fette, Seifen, Anstrichmittel **69**, 724—729 (1967).
BRADFORD, P., W.D. POHLE, J.K. GUNTHER and V.C. MEHLENBACHER: Determination of glycerol by oxidation with peroxidic acid. Oil and Soap **19**, 189—193 (1942).
BRADLEY, T.F., and W.B. JOHNSTON: Drying oils and resins. Purification of polymerized methyl linoleate by molecular distillation. Industr. Engin. Chem. **33**, 86—89 (1941).
BREWER, P.I.: Liquid chromatographic separations using rubber as the stationary phase. Nature (Lond.) **190**, 625—626 (1961).

BRICE, B.A., M.L. SWAIN, S.F. HERB, P.L. NICHOLS jr. and R. RIEMENSCHNEIDER: Standardization of spectrophotometric methods for determination of polyunsaturated fatty acids using pure natural acids. J. amer. Oil Chem. Soc. **29**, 279—287 (1952).
BRIESKORN, C.H., u. H. HERRIG: Einfluß der Esterbindung auf das Ergebnis der Cholesterin-Bestimmung nach RIFFART u. KELLER. Z. Lebensmittel-Untersuch. u. -Forsch. **110**, 15—18 (1959).
BRIXIUS, L., u. E. BENK: Über den Nachweis der Raffination bei Speiseölen, insbesondere Sonnenblumenölen. Dtsch. Lebensmittel-Rdsch. **61**, 335—337 (1965).
BROCKMANN, H., u. Y.H. CHEN: Über eine Methode zur quantitativen Bestimmung von Vitamin D. Hoppe-Seylers Z. physiol. Chem. **241**, 129—133 (1936).
BROKAW, G.Y., E.S. PERRY and W.C. LYMAN: 2-2-Monoglycerides. J. amer. Oil Chem. Soc. **32**, 194—197 (1955).
BRONELL, G.: Determination of lovibond color by tristimulus colorimetry. J. amer. Oil Chem. Soc. **26**, 427—430 (1949).
BRO-RASMUSSEN, F., and W. HJARDE: Determination of α-tocopherol by chromatography on secondary magnesium phosphate. Acta chem. scand. **11**, 34—43 (1957a).
— — Quantitative determination of the individual tocopherols by chromatography on secondary magnesium phosphate. Acta chem. scand. **11**, 44—52 (1957b).
— — and O. POROTNIKOFF: Chromatographic separation of vitamin A-active compounds in cod-liver oil. Analyst **80**, 418—428 (1955).
BROTZ, W.: Versuche zur Charakterisierung von Wachsen nach ihrem Fließverhalten. Fette, Seifen, Anstrichmittel **62**, 31—36 (1960).
BROWN, C.A., and H.C. BROWN: Catalytic hydrogenation. II. A new, convenient technique for laboratory hydrogenations. A simple, automatic device for atmospheric pressure hydrogenations. J. organ. Chem. **31**, 3989—3995 (1966).
—, S.C. SETHI and H.C. BROWN: A new convenient method for the rapid quantitative determination of unsaturation via hydrogenation. Analytic. Chem. **39**, 823—826 (1967).
BROWN, F.: Separation of the lower fatty acids as anions by paper-chromatography. Biochem. J. **47**, 598—600 (1950).
— The estimation of vitamin E. II. Quantitative analysis of tocopherol mixtures by paper chromatography. Biochem. J. **52**, 523—526 (1952).
BROWN, H.C., K. SIVASANKARAN and C.A. BROWN: A rapid, precise procedure for the quantitative determination of unsaturation in organic compounds via hydrogenation. J. organ. Chem. **28**, 214—215 (1963).
BROWN, J.A.: Determination of vitamins A and E by paper chromatography. Analytic. Chem. **25**, 774—777 (1953).
BROWN, J.B.: Fractional solvent crystallization. J. amer. Oil Chem. Soc. **32**, 646—652 (1955).
—, and G.Y. SHINOWARA: Studies on the chemistry of fatty acids. II. The preparation of pure oleic acid by simplified methods. J. amer. chem. Soc. **59**, 6—8 (1937).
—, u. Mitarb.: Veröffentlichungen zur Polybromidzahl, z. B. J. amer. chem. Soc. **63**, 1064—1067 (1941); J. amer. Oil Chem. Soc. **26**, 85—90, 133—135, 385—388 (1949).
BROWN, M., D.A. YEADON, L.A. GOLDBLATT and J.W. DIECKERT: Chromatography of phospholipides and related compounds on glass paper impregnated with silicic acid. Analytic. Chem. **29**, 30—31 (1957).
BRUNINK, H.: Die Entmischungstemperatur von Rinderfett mit Anilin. Chem. Weekbl. **48**, 97—99 (1952) [holländisch].
DE BRUYN, J., and J.C.M. SCHOGT: Isolation of volatile constituents from fats and oils by vacuum degassing. J. amer. Oil Chem. Soc. **38**, 40—44 (1961).
BUCHNER, G.: Methode zur schnellen quantitativen Bestimmung von Wachscompositionen mit normalen Zahlen (nach HÜBL) im Bienenwachs. Chemiker-Ztg. **19**, 1422 (1895).
BUDOWSKI, P., R.T. O'CONNOR and E.T. FIELD: Sesame oil. VI. Determination of sesamin. J. amer. Oil Chem. Soc. **28**, 51—54 (1951).
— — — Sesame oil. IV. Determination of free and bound sesamol. J. amer. Oil Chem. Soc. **27**, 307—310 (1950).
—, and K.S. MARKLEY: Chem. Rev. **48**, 125—151 (1951); zit. nach D. SWERN (1964).
—, and A. BONDI: Determination of vitamin A by conversion to anhydrovitamin A. Analyst **82**, 751—760 (1957).
— Recent research on sesamin, sesamolin and related compounds. J. amer. Oil Chem. Soc. **41**, 280 —285 (1964).
BUERKI, CH.R., and K.E. HOLT: A modified liquid-liquid extractor for routine oil analysis. J. amer. Oil Chem. Soc. **31**, 335—338 (1954).
BURCHARD, H.: Beiträge zur Kenntnis des Cholesterins. Diss. Rostock 1—26; zit. nach Chem. Zbl. **1890** I. 25—27.
BURNET, M., et P. DESNUELLE: Dosage chromatographique des acides oxydés dans les huiles. Rev. Franç. Corps Gras **3**, 325—333 (1956).

BYRNE, jr., R.E., and J.B. JOHNSON: Unsaturation determination by acid-catalyzed bromination. Analytic. Chem. **28**, 126—129 (1956).
CAMA, J.S., M.M. CHAKRABARTY, T.P. HILDITCH and M. MEARA: J. Sci. Food Agric. **4**, 321 (1953); zit. nach R.W. RIEMENSCHNEIDER (1955).
CAMEJO, G.: Transesterification of lecithin on silicic acid columns. J. Chromatograph. **21**, 6—12 (1966).
CANNON, J.A., K.T. ZILCH and H.J. DUTTON: Countercurrent distribution of methyl esters of higher fat acids. Analytic. Chem. **24**, 1530—1532 (1952).
CAPELLA, P., u. G. JACINI: Normung der gaschromatographischen Methoden; aktuelle Möglichkeiten und relative Schwierigkeiten. Riv. italian. Sost. Grasse **40**, 317—320 (1963) [italienisch].
—, G. DE ZOTTI, G.S. RICCA, A.F. VALENTINI and G. JACINI: Chromatography on silicic acid of the unsaponifiable matter of fats. J. amer. Oil Chem. Soc. **37**, 564—567 (1960), siehe auch: Riv. italian. Sost. Grasse **38**, 198—202 (1961).
CARR, F.H., and E.A. PRICE: Colour reactions attributed to vitamin A. Biochem. J. **20**, 497—501 (1926).
CARTER, H.E., W.D. CELMER, D.S. GALANOS, R.H. GIGG, W.E.M. LANDS, J.H. LAW, K.L. MUELLER, T. NAKAYAMA, H.H. TOMIZAWA and E. WEBER: Biochemistry of the sphingolipides. X. Phytoglycolipide, a complex phytosphingosine-containing lipide from plant seeds. J. amer. Oil Chem. Soc. **35**, 335—343 (1958).
CAS, M.: Méthode de dosage de faibles quantités d'hydrocarbures pétroliers dans les huiles et tourteaux. Oléagineux **9**, 7—12 (1954).
CASSIDY, H.G.: Adsorption analysis. II. The adsorption of higher fatty acids. J. amer. chem. Soc. **62**, 3073—3076 (1940).
— Adsorption analysis. III. Relation between adsorption isotherms and position on the adsorption column. J. amer. chem. Soc. **62**, 3076—3079 (1940).
CATRAVAS, G.N., et G.M. KNAFO: Étude sur la détermination des acides gras polymérisés. Oléagineux **8**, 139—140 (1953).
CESAIRE, G.: Sur la détermination de l'indice d'acétyle. Bull. Soc. chim. France **16**, 704—705 (1949).
CHANG, S.S.: A new technique for the isolation of flavor components from fats and oils. J. amer. Oil Chem. Soc. **38**, 669—671 (1961).
—, K.M. BROBST, H. TAI and C.E. IRELAND: Characterization of the reversion flavor of soybean oil. J. amer. Oil Chem. Soc. **38**, 671—674 (1961).
—, and F.A. KUMMEROW: The relationship between the oxidative polymers of soybean oil and flavor reversion. J. amer. Oil Chem. Soc. **31**, 324—327 (1954).
— — An instrumental method for measurement the degree of reversion and rancidity of edible oils. J. amer. Oil Chem. Soc. **32**, 341—344 (1955).
CHAPMAN, D.: Infrared spectroscopy of lipids. J. amer. Oil Chem. Soc. **42**, 353—371 (1965).
—, R.E., RICHARDS and R.W. YORKE: A nuclear magnetic resonance study of the liquid/solid content of margarine fat. J. amer. Oil Chem. Soc. **37**, 243—246 (1960).
CHAPMAN, R.A., and K. MACKAY: The estimation of peroxides in fats and oils by the ferric thiocyanate method. J. amer. Oil Chem. Soc. **26**, 360—363 (1949).
CHARBONNET, G.H., and W.S. SINGLETON: Thermal properties of fats and oils. VI. Heat capacity, heats of fusion and transition, and entropy of trilaurin, trimyristin, tripalmitin and tristearin. J. amer. Oil Chem. Soc. **24**, 140—142 (1947).
CHARITSCHOFF, 1906: siehe A. DANGOUMAU u. Mitarb. (1953).
CHILCOTE, M.E., N.B. GUERRANT and H.A. ELLENBERGER: Vitamin A in fish oils. Analytic. Chem. **21**, 1180—1188 (1949).
CHINDEMI, A., A. CULTRERA u. O. ZAMPA: Über die Fitelsonsche Reaktion. Riv. italian. Sost. Grasse **40**, 473—481 (1963) [italienisch].
CHIRGWIN, jr., L.D.: Stability test end-points by refractive index. Oil and Soap **22**, 254—257 (1945).
CHOUDHURY, R.B.R.: Estimation of unsaturation of fats and oils, using hypochlorous acid. J. amer. Oil Chem. Soc. **37**, 198—199 (1960).
CHOWDHURY, R.B., and S. MUKHERJEE: Determination of true iodine number of oils with conjugate unsaturation by use of hypochlorous acid reagent. J. amer. Oil Chem. Soc. **32**, 484—487 (1955).
CHURÁČEK, J.: Papierchromatographische Trennung und Identifizierung der Fettsäuren C_4—C_{14} als 2,4-Dinitrobenzylester II. Mikrochim. Acta (Wien) **1961**, 65—69.
— Bewertung der bisher bekannten Methoden der chromatographischen Trennung von niederen Fettsäuren. Fette, Seifen, Anstrichmittel **64**, 679—683 (1962).
—, F. KOPEČNÝ, M. KULHAVÝ u. M. JUREČEK: Papierchromatographie der Carbonsäuren. 5. Mitt. Papierchromatographische Trennung und Identifizierung der Fettsäuren C_1 bis C_{16} als N,N-Dimethyl-p-amino-benzolazophenacylester. Z. analyt. Chem. **208**, 102—116 (1965).

CLAESSON, ST.: A study on the adsorption of normal, branched and unsaturated fatty acids and related compounds by means of adsorption analysis. Recueil Trav. chim. Pays-Bas **65**, 571—575 (1946).
CLARDY, L., W.D. POHLE and V.C. MEHLENBACHER: A shortening consistometer. J. amer. Oil Chem. Soc. **29**, 591—593 (1952).
COFFEY, C.A., and H.T. SPANNUTH: Determination of air content in dry shortenings. Oil and Soap **16**, 158 (1939).
COLE, H.I., and H.T. CARDOSO: Analysis of chaulmoogra oils. J. amer. Chem. Soc. **61**, 2349 to 2351, 2351—2353, 3442—3445 (1939).
COLE, L.J.N., and J.B. BROWN: Chromatographic isolation of original constituents of natural waxes. The composition of ouricuri wax. J. amer. Oil Chem. Soc. **37**, 359—364 (1960).
COLEMAN, M.H.: Further studies on the pancreatic hydrolysis of some natural fats. J. amer. Oil Chem. Soc. **38**, 685—688 (1961).
— The pancreatic hydrolysis of natural fats. III. The influence of the extent of hydrolysis on monoglyceride composition. J. amer. Oil Chem. Soc. **40**, 568—571 (1963).
COLLINS, F.I., and R.W. HOWELL: Variability of linolenic and linoleic acids in soybean oil. J. amer. Oil Chem. Soc. **34**, 491—493 (1957).
—, and V.E. SEDGWICK: Fatty acid composition of several varieties of soybeans. J. amer. Oil Chem. Soc. **36**, 641—644 (1959).
COLLINS, F.D., and L.W. WHEELDON: Studies on phospholipids. 4. Determination of ethanolamine and serine. Biochem. J. **70**, 46—49 (1958).
COLSON, A.F.: An improved apparatus for the microdetermination of unsaturation in organic compounds by catalytic hydrogenation. Analyst **79**, 298—303 (1954).
COMAR, C.L.: Analysis of plant extracts for chlorophylls a and b using a commercial spectrophotometer. Industr. Engin. Chem. Anal. Ed. **14**, 877—879 (1942).
CONNOR, T., and G.F. WRIGHT: Determination of geometric isomer composition by methoxymercuration. Oleic and elaidic esters. J. amer. chem. Soc. **68**, 256—258 (1946).
CONSDEN, R., A.H. CORDON and A.J.P. MARTIN: Qualitative analysis of proteins: a partition chromatographic method using paper. Biochem. J. **38**, 224—232 (1944).
CONWAY, T.F., and F.R. EARLE: Nuclear magnetic resonance for determining oil content of seeds. J. amer. Oil Chem. Soc. **40**, 265—268 (1963).
COPIUS PEEREBOOM, J.W., and H.W. BEEKES: The analysis of mixtures of animal and vegetable fats. III. Separation of some sterols and sterol acetates by thin-layer chromatography. J. Chromatograph. **9**, 316—320 (1962).
— — The analysis of mixtures of animal and vegetable fats. V. Separation of sterol acetates by thin-layer chromatography in reversed-phase systems and on silica gel G-silver nitrate layers. J. Chromatograph. **17**, 99—113 (1965).
—, J.B. ROOS and H.W. BEEKES: The analysis of mixtures of animal and vegetable fats. II. The paper chromatography of some sterols, provitamins, vitamins and triterpenoid alcohols. J. Chromatograph. **5**, 500—514 (1961).
— — Die Chromatographie von Sterinen und ihre Anwendung für den Nachweis tierischer und pflanzlicher Fette nebeneinander. Fette, Seifen, Anstrichmittel **62**, 91—100 (1960).
CORBIN, E.A.: Separation of the 2,4-dinitrophenyl-hydrazones of dicarbonyl and other polar compounds by liquid-liquid partition chromatography. Analytic. Chem. **34**, 1244—1247 (1962).
CORCORAN, G.B.: Chromatographic separation and determination of straight chain saturated monocarboxylic acids C_1 through C_{10} and dicarboxylic acids C_{11} through C_{16}. Analytic. Chem. **28**, 168—171 (1956).
COWAN, J.C.: Polymerization, copolymerization and isomerization. J. amer. Oil Chem. Soc. **31**, 529—535 (1954).
COX, H.E.: Observations on the spectrophotometric estimation of vitamin D. Analyst **75**, 521—524 (1950).
CRAIG, B.M., W.O. LUNDBERG and W.F. GEDDES: Dilatometric studies of pure triglycerides and mixtures. J. amer. Oil Chem. Soc. **29**, 128—133 (1952).
—, and N.L. MURTY: Quantitative fatty acid analysis of vegetable oils by gas-liquid chromatography. J. amer. Oil Chem Soc. **36**, 549—552 (1949).
—, A.P. TULLOCH and N.L. MURTY: Quantitative analysis of short chain fatty acids using gas liquid chromatography. J. amer. Oil Chem. Soc. **40**, 61—63 (1963).
CRAIG, L.C.: Identification of small amounts of organic compounds by distribution studies. II. Separation by countercurrent distribution. J. biol. Chem. **155**, 519—534 (1944).
— Partition chromatography and countercurrent distribution. Analytic. Chem. **22**, 1346 to 1352 (1950).
—, W. HAUSMANN, E.H. AHRENS jr. and E.J. HARFENIST: Automatic countercurrent distribution equipment. Analytic. Chem. **23**, 1236—1244 (1951).

CRAMPTON, E.W., F.A. FARMER and F.M. BERRYHILL: The effect of heat treatment on the nutritional value of some vegetable oils. J. Nutr. **43**, 431—440 (1951).
CRESPO, F., u. I. GALLARDO DE KUCK: Methode zur Bestimmung der Wachse in Sonnenblumenöl. Rev. Argent. de Grasas y Aceites **6**, (1) 12—13 (1964) [spanisch].
CRISMER,: Bull. Ass. Belge Chim. **9**, 71, 143 (1895); **9**, 359 (1896); **10**, 312 (1897); zit. nach A BÖMER u. J. GROSSFELD, Handbuch der Lebensmittelchemie Bd. IV/1939.
CRISLER, R.O., and R.D. CONLON: Coulometric determination of organic acids. J. amer. Oil Chem. Soc. **39**, 470—473 (1962).
CROMBIE, W.M.L., R. COMBER and S.G. BOATMAN: The estimation of unsaturated fatty acids by reversed-phase partition chromatography. Biochem. J. **59**, 309—316 (1955).
CROPPER, F.R., and A. HEYWOOD: Analytical separation of the methylesters of the C_{12}—C_{22} fatty acids by vapour phase chromatography. Nature (Lond.) **172**, 1101—1102 (1953).
CROWE, R.W., and C.P. SMYTH: The dielectric and molecular behaviour of 1,3-dipalmitin, 1,3-distearin, tripalmitin, tristearin and tetradecyl palmitate. J. amer. chem. Soc. **72**, 4427—4432, 5281—5287 (1950).
CRUSE, K.: Elektrochemische Analysenverfahren. Angew. Chem. **65**, 232—240 (1953).
—, u. R. HUNER: Die Hochfrequenztitration. Angew. Chem. **66**, 625—633 (1954).
ČŮTA, F., u. V. STANĚK: Photometrischer Nachweis und photometrische Bestimmung niedriger Konzentrationen von höheren ungesättigten neben höheren gesättigten Fettsäuren. Photometrische Bestimmung der Jodzahl von Fetten. Coll. Czechoslov. Chem. Comm. **30**, 702—710 (1965).
CZERNY, W.: Aufarbeitung von Tallöl, G. SCHICHT A.G. 1939 nicht veröffentlicht.
DAHL, O.: Die Fettsäurezusammensetzung der Schlachttierfette. Z. Lebensmittel-Untersuch. u. -Forsch. **106**, 81—95 (1957a).
— Beziehungen zwischen Jodzahl und Fettsäurezusammensetzung von Schlachttierfetten sowie gegenseitige Beziehungen zwischen den Fettsäuren. Z. Lebensmittel-Untersuch. u. -Forsch. **106**, 349—360 (1957b).
DALICAN: zit. nach A. GRÜN: Analyse der Fette und Wachse. Bd. 1. Berlin: Springer 1925.
VAN DAM, J.: Determination of molecular weights by means of thermoelectric vapour phase osmometry. Recueil Trav. chim. Pays-Bas **83**, 129—140 (1964).
DANGOUMAU, A., A. LAVILLE et H. DEBRUYNE: Un appareil de mesure rapide des humidités. Oléagineux **8**, 211—216 (1953).
DAUBERT, B.F.: The composition of fats. J. amer. Oil Chem. Soc. **26**, 556—558 (1949).
DAUBNEY, C.G., and G.E.W. SEXTON: The determination of egg in salad cream, Part I. Analyst **75**, 305—309 (1950).
DAVÍDEK, J., and G. JANÍČEK: Chromatography of fat-soluble food dyes on thin starch layers with stationary non-polar phase. J. Chromatograph. **15**, 542—545 (1964).
—, J. POKORNÝ u. G. JANÍČEK: Nachweis und Bestimmung fettlöslicher Lebensmittelfarbstoffe mit Hilfe der Dünnschichtchromatographie auf Aluminiumoxyd. Z. Lebensmittel-Untersuch. u. -Forsch. **116**, 13—19 (1961/1962).
DAVIDSOHN, J.: Die Prüfung der Fette auf Ranzidität. Chem. Umschau Fette, Öle **37**, 193 bis 196 (1930).
— Die Bestimmung von Alkaliseife und Kalkseife in den Fetten. Seifensieder-Ztg. **60**, 219 (1933).
DAVIES, W.L., and E. GILL: Investigations on fishy flavour. J. Soc. chem. Industr. (Lond.) **55**, 141 T—146 T (1936).
DEBRUYNE, H.: Quelques résultats expérimentaux sur la conservation des huiles d'arachide. Rev. Franç. Corps Gras **7**, 3—21 (1960).
DERGE, K.: Die gas-chromatographische Analyse mit Hilfe der Temperaturprogrammierung. Fette, Seifen, Anstrichmittel **65**, 800—806, 936—939 (1963).
DESNUELLE, P., et M. BURNET: Comportement chromatographique des acides gras contenant une fonction oxygénée supplémentaire dans leur chain. Bull. Soc. chim. France **23**, 268—274 (1956).
DETWILER, jr., S.B., and K.S. MARKLEY: Smoke, flash and fire points of soybean and other vegetable oils. Oil and Soap **17**, 39—40 (1940).
Deutsche Forschungsgemeinschaft, Fremdstoff-Kommission: Mitt. 1 vom 14. IV. 1964. Z. Lebensmittel-Untersuch. u. -Forsch. **126**, 58—59 (1964).
DEUTSCHMAN, jr., A.J., and I.S. KLAUS: Spectrophotometric determination of sterculic acid. Analytic. Chem. **32**, 1809—1810 (1960).
DICKS-BUSHNELL, M.W.: Column chromatography in the determination of tocopherol: Florisil, silicic acid, and secondary magnesium phosphate. J. Chromatograph. **27**, 96—103 (1967).
DIECKERT, J.W., W.B. CARNEY, R.L. ORY and N.J. MORRIS: A simplified technique for the preparation of glass paper impregnated with silicic acid. Analytic. Chem. **30**, 1442 (1958).
—, and R. REISER: A paper chromatographic procedure for separating 1-mono-, 1,3-di- and triglycerides, cholesterol, and cholesteryl esters. J. amer. Oil Chem. Soc. **33**, 123—126 (1956a).

DIECKERT, J. W., W. B. CARNEY: Paper chromatography of phospholipides on silicic acid impregnated glass fiber filter paper. J. amer. Oil Chem. Soc. **33**, 535—537 (1956b).
DIELS, O., and K. ALDER: Synthesen in der hydroaromatischen Reihe; I. Mitt. Anlagerungen von „Di-en"-kohlenwasserstoffen. Liebigs Ann. Chem. **460**, 98—122 (1928).
DIEMAIR, W., u. B. BLEYER: Zur Kenntnis der pflanzlichen Phosphatide und Lecithine. III. Über ein Phosphatid des Weizenkeimlings. Biochem. Z. **275**, 242—247 (1935).
—, u. D. HEUSSER: Wissenswertes über Bixa orellana (Annattosamen). Z. Lebensmittel-Untersuch. u. -Forsch. **97**, 289—296 (1953).
—, u. G. MANDERSCHEID: Die quantitative chemische Bestimmung von Vitamin D. Z. analyt. Chem. **129**, 154—164 (1949).
—, u. M. SALVISBERG; Zur Fettbestimmung in Mayonnaise. Z. Lebensmittel-Untersuch. u. -Forsch. **110**, 366—371 (1959).
—, u. E. SCHAMS: Gaschromatographie in der Lebensmittelanalytik. 1. Mitt. Bestimmung der niederen flüchtigen Fettsäuren in Lebensmitteln. Z. Lebensmittel-Untersuch. u. -Forsch. **112**, 457—463 (1960).
—, u. K.H. SCHRÖDER: Zur Chemie des synthetischen Fettes. Ein neuer analytischer Nachweis. Dtsch. Lebensmittel-Rdsch. **44**, 23—26 (1948).
DIJKSTRA, G., J.G. KEPPLER and J.A. SCHOLS: Gas-liquid partition chromatography. Recueil Trav. chim. Pays-Bas **74**, 805—812 (1955).
DILLER, H.: Zur Deklaration von Speisefetten. Dtsch. Lebensmittel-Rdsch. **47**, 185—187 (1951).
DISTLER, E., and F.J. BAUR: The determination of mono-, di- and triglycerides in monoglyceride concentrates by column chromatography. J. Ass. off. agric. Chem. **48**, 444—448 (1965).
DITTMER, J.C., J.L. FEMINELLA and D.J. HANAHAN: A study of the quantitative estimation of ethanolamine and serine in phospholipides. J. biol. Chem. **233**, 862—867 (1958).
DITZ, H.: Über die oxydierende Wirkung des unreinen (superoxydhaltigen) Äthers und den Einfluß desselben bei der Durchführung der Kreis'schen Reaktion. Chemiker-Ztg. **29**, 705—710 (1905).
DOHERTY, J.E., and J.F. AHEARN: Permanent color standards for fats, oils and other colored liquids. Oil and Soap **11**, 46—52 (1934).
DOMART, C., D.T. MIYUCHI and W.N. SUMERWELL: The fractionation of marine oil fatty acids with urea. J. amer. Oil Chem. Soc. **32**, 481—483 (1955).
DORO, B.: Spektrophotometrische Grenzwerte im Ultravioletten bei Olivenölen. Boll. Lab. chim. provinciali **16**, 450—474 (1965) [italienisch].
—, u. S. REMOLI: Ultraviolettspektrophotometrische Untersuchung von frisch gepreßten Olivenölen. Boll. Lab. chim. provinciali **13**, 488—497 (1962) [italienisch].
DOWNEY, R.K., and B.M. CRAIG: Genetic control of fatty acid biosynthesis in rapeseed (*Brassica napus* L.). J. amer. Oil Chem. Soc. **41**, 475—478 (1964).
DOWSE, C.M., and J.A. SAUNDERS: The estimation of 1-monoglyceride. Biochem. J. **62**, 455—459 (1956).
DRIVER, M.G., R.B. KOCH and H. SALWIN: Modified procedure for the determination of peroxide value of fats by the ferric thiocyanate method. J. amer. Oil Chem. Soc. **40**, 504 to 505 (1963).
DRUCKREY, H.: Die toxikologische Beurteilung von Lebensmittelfarbstoffen. Z. Lebensmittel-Untersuch. u. -Forsch. **120**, 375—381 (1963).
DUBOULOZ, P., et J. LAURENT: Sur une méthode d'étude de la vitessa d'autoxydation des corps gras. Oléagineux **3**, 255—256 (1948).
DUCK, W.: A dilatometry study of chocolate fat. I. Zucker- u. Süßwaren-Wirtsch. **14**, 415 to 418, 468—470 (1961).
DUGAN, R.E., N.A. FRIGERIO and J. M. SIEBERT: Colorimetric determination of vitamin A and its derivatives with trifluoroacetic acid. Analytic. Chem. **36**, 114—117 (1964).
DUKE, J.A., and J.A. MASELLI: Iodine number determination by Dead Stop titrimetry. J. amer. Oil Chem. Soc. **29**, 126—128 (1952).
DULOG, L.: Bestimmung organischer Peroxide. Z. analyt. Chem. **202**, 192—194, 258—261 (1964).
DUNCAN, R.E.B., and J.W. PORTEOUS: The identification and determination of the lower straight-chain fatty acids by paper partition chromatography. Analyst **78**, 641—646 (1953).
DUNCOMBE, W.G.: The colorimetric micro-determination of long-chain fatty acids. Biochem. J. **88**, 7—10 (1963).
DUNKLEY, W.L., and W.G. JENNINGS: A procedure for application of the thiobarbituric acid test to milk. J. Dairy Sci. **34**, 1064—1069 (1951).
DURBETAKI, A.J.: Direct potentiometric titration of oxirane oxygen by hydrogen chloride-acetic acid. J. amer. Oil Chem. Soc. **33**, 221—223 (1956a).

DURBETAKI, A.J.: Direct titration of oxirane oxygen with hydrogen bromide in acetic acid. Analytic. Chem. **28**, 2000—2001 (1956b).
DURST, R.: The determination of soap in refined oils. Oil and Soap **12**, 271—273 (1935).
DUTTON, H.J.: Adsorption analysis of colorless compounds: Method and application to the resolution of stearic and oleic acid. J. phys. Chem. **48**, 179—186 (1944).
— The analysis of lipids by countercurrent distribution J. amer. Oil Chem. Soc. **32**, 652—659 (1955).
— Some applications of mass spectrometry to lipid research. J. amer. Oil Chem. Soc. **38**, 660—664 (1961).
—, C.R. LANCASTER and O.L. BREKKE: Fractionation and structure of soybean glycerides. J. amer. Oil Chem. Soc. **27**, 25—30 (1950).
—, and C.L. REINBOLD: Adsorption analysis of lipids. III. Synthetic mixtures of ethyl stearate, oleate, linoleate and linolenate. J. amer. Oil Chem. Soc. **25**, 120—124 (1948).
DYER, B., G. Taylor and J.H. HAMENCE: A semimicro modification for the determination of REICHERT, POLENSKE and KIRSCHNER values in butter fat. Analyst **66**, 355—358 (1941).
EARLE, F.R., and R.T. MILNER: Study of the Kaufmann method for determining iodine numbers. Oil and Soap **16**, 69—71 (1939).
— — A crystallization method for the determination of saturated fatty acids in soybean oil. Oil and Soap **17**, 106—108 (1940).
ECKEY, E.W.: An oxygen-absorption method for examination of fat. Oil and Soap **23**, 38—40 (1946).
— Directed interesterification in glycerides. Industr. Engin. Chem. 40, 1183—1190 (1948).
EDMONDS, S.M., and M. MATTIKOW: The determination of soap in refined vegetable oil using the flame photometer. J. amer. Oil Chem. Soc. **35**, 680—681 (1958).
EIGENBERGER, E.: Farbreaktion konjugiert ungesättigter Öle. Fette u. Seifen **47**, 577—578 (1940).
EISDORFER, I., and V.C. MEHLENBACHER: A colorimetric method for determining small amounts of trichloroethylene in vegetable oils. J. amer. Oil Chem. Soc. **28**, 307—310 (1951).
EISENHAUER, R.A., R.E. BEAL, L.T. BLACK and J.P. FRIEDRICH: Cyclic fatty acids: Removal of aromatic acids formed during hydrogenation. J. amer. Oil Chem. Soc. **43**, 515—518 (1966).
EISNER, J., and D. FIRESTONE: Gas chromatography of unsaponifiable matter. II. Identification of vegetable oils by their sterols. J. Ass. off. agric. Chem. **46**, 542—550 (1963).
EISS, M.I., and P. GIESECKE: Colorimetric determination of organic peroxides. Analytic. Chem. **31**, 1558—1560 (1959).
EKWALL, P., and G. JUUP: Potentiometric precipitation titration of highmolecular fatty acids with $AgNO_3$. The Svedberg Memorial **1944**, 104—112.
ELLIS, B.A., and R.A. JONES: The condensation of maleic anhydride with tung oil: A new „constant" for oils. Analyst **61**, 812—816 (1936).
ELLIS, G.W.: Autoxydation of the fatty acids. 3. The oily products from elaidic and oleic acids. Biochem. J. **46**, 129—141 (1950).
ELLIS, N.R., and H.S. ISBELL: Soft Pork Studies. II. The influence of the character of the ration upon the composition of the body fat of hogs. III. The effect of food fat upon body fat, as shown by the separation of the individual fatty acids of the body fat. J. biol. Chem. **69**, 219—238, 239—248 (1926).
EMMERIE, A., and CH. ENGEL: Colorimetric determination of a-tocopherol (vitamin E). Recueil Trav. chim. Pays-Bas **57**, 1351—1355 (1938).
— — Colorimetric determination of tocopherol (vitamin E). II. Adsorption experiments. Recueil Trav. chim. Pays-Bas **58**, 283—289 (1939).
ENGELKING, G.: Verfahren zur Messung von Lichtmengen mittels Photoelementen und Differentialgalvanometer, insbesondere Weißgradmessungen. Fette u. Seifen **53**, 704—706 (1951).
ERDMANN, E., u. F. BEDFORD: Über die im Leinöl enthaltene Linolensäure. Ber. dtsch. chem. Ges. **42**, 1324—1333 (1909).
ERDMANN, H., u. F. SEELICH: Colorimetrische Peroxyd-Bestimmung in Fetten und Ölen. Z. analyt. Chem. **128**, 303—312 (1948).
ERICKSON, B.N., I. AVRIN, D.M. TEAGUE and H.H. WILLIAMS: Micromethods for the determination of sphingomyelin and choline. J. biol. Chem. **135**, 671—684 (1940).
ERLANDSEN, L.: Emulsionsöle bei der technischen Margarineherstellung. Fette u. Seifen **46**, 147—150 (1939).
ESHELMAN, L.R., and E.G. HAMMOND: Observations on the permanganate oxidation of unsaturated esters. J. amer. Oil Chem. Soc. **35**, 230—233 (1958).
—, E.Y. MANZO, S.J. MARCUS, A.E. DECOTEAU and E.G. HAMMOND: Determination of trisaturated glycerides in fats with mercaptoacetic acid. Analytic. Chem. **32**, 844—847 (1960).

ESPOY, H.M., and H.M. BARNETT: The detection and quantitative determination of coloring materials in butter and margarine. Food Technol. **9**, 367—372 (1955).
ETTINGER, CH. L., A. J. MALANOSKI and H. KIRSCHENBAUM: Detection and estimation of animal fats in vegetable oils by gas chromatography. J. Ass. off. agric. Chem. **48**, 1186—1191 (1965).
EVANS, C.D.: Flavor evaluation of fats and oils. J. amer. Oil Chem. Soc. **32**, 596—604 (1955).
EVERS, N.: The detection of arachis oil in olive and almond oils. Analyst **62**, 96—101 (1937).
EWING, D.T., T.D. SCHLABACH, M.J. POWELL, J.W. VAITKUS and O.D. BIRD: Spectrophotometric determination of vitamins D in presence of vitamin A. Analytic. Chem. **26**, 1406 to 1409 (1954).
Fat Analysis Committee, Monoglyceride Subcommittee: Report 1956. J. amer. Oil Chem. Soc. **34**, 301—302 (1957).
— Report of the Fat Stability Subcommittee of the Fat Analysis Committee 1956: Active oxygen method for determining fat stability. J. amer. Oil Chem Coc. **34**, 394—398 (1957).
FAHRION, W.: Die Theorie des Sämischprocesses. Z. angew. Chem. **4**, 172—175 (1891).
— Über oxydirtes Cottonöl und eine allgemeine Methode zur Analyse oxydirter Öle. Z. angew. Chem **11**, 781—785 (1898).
— Zur Bestimmung des Unverseifbaren und zur Kenntnis des Döglingtrans. Chem. Umschau Fette, Öle **27**, 133—134, 146—147 (1920).
FARMER, E.H., G.F. BLOOMFIELD, A. SUNDRALINGAM and D.A. SUTTON: The course and mechanism of autoxidation reactions in olefinic and polyolefinic substances, including rubber. Trans. Faraday Soc. **38**, 348—356 (1942).
— —, D.A. SUTTON u. a.: siehe die Literaturübersicht in E.N. FRANKEL, Hydroperoxides, in: H.W. SCHULTZ, E.A. DAY, R.O. SINNHUBER 1962.
FAURE, P. K.: Sterculic acid and its Halphen reaction. Nature (Lond.) **178**, 372—373 (1956).
—, and J. C. SMITH: The structure of sterculic acid. J. chem. Soc. **1956**, 1818—1821.
FELDHEIM, W.: Die chemische Vitamin E-Bestimmung. Nahrung **2**, 615—621 (1958); **4**, 183 bis 185 (1960).
FELLENBERG, TH. v.: Über den Nachweis der Ranzigkeit von Fetten und Ölen. Mitt. Lebensmitteluntersuch. Hyg. **15**, 198—208 (1934).
FENDLER, G.: Über die Bestimmung von Eiweißstoffen, Milchzucker und Salzen in Butter und Margarine. Z. Untersuch. Nahrungs- u. Genußmittel **6**, 981—982 (1903).
FENTON, jr., A.J., and R.O. CRISLER: Determination of cis-unsaturation in oils by near infrared spectroscopy. J. amer. Oil Chem. Soc. **36**, 620—623 (1959).
FETT, H.M.: A method for the determination of the water-insoluble combined lactic acid content of shortenings containing lactylated emulsifiers. J. amer. Oil Chem. Soc. **38**, 447—450 (1961).
FEUGE, R.O., and A.E. BAILEY: Measurement of the consistency of plastic vegetable fats. A standard micropenetration technique. Oil and Soap **21**, 78—84 (1944).
—, A.T. GROS and E.J. VICKNAIR: Modification of vegetable oils. XIV. Properties of acetooleins. J. amer. Oil Chem. Soc. **30**, 320—325 (1953).
—, and W.A. GUICE: Effect of composition and polymorphic form on the hardness of fats. J. amer. Oil Chem. Soc. **36**, 531—534 (1959).
—, and N.V. LOVEGREN: Dilatometric properties of some butyropalmitins, butyrostearins and acetopalmitins. J. amer. Oil Chem. Soc. **33**, 367—371 (1956).
—, E.J. VICKNAIR and N.V. LOVEGREN: Modification of vegetable oils. XII. Plasticy of some aceto derivatives of monostearin. J. amer. Oil Chem. Soc. **29**, 11—14 (1952).
—, Z. ZARINS, J.L. WHITE and R.L. HOLMES: Improved titration of cyclopropenes. J. amer. Oil Chem. Soc. **44**, 548 (1967).
FIEDLER, H.: Gemeinschaftsarbeit der DGF. 7. Mitt. Zur Bestimmung des Unverseifbaren, der Polybromidzahl und der Hydroxylzahl. Fette u. Seifen **44**, 471—480 (1937).
FINCK, E.: Zur Klassifikation der Wachse. Fette, Seifen, Anstrichmittel **62**, 502—506 (1960).
— Neuere Untersuchungen über die Messung der Härte von Wachsen. Fette, Seifen, Anstrichmittel **66**, 27—34 (1964).
FINCKE, A.: Zur Methodik der Halbmikrobuttersäurezahl. Gordian **58**, H. 1381, 17—20 (1958a).
— Über den Nachweis hydrierter Fette in Kakaobutter mittels der Isoölsäurebestimmung. Gordian **58**, H. 1390, 17—21 (1958b).
— Zur UV-spektralphotometrischen Reinheitsprüfung der Kakaobutter. Dtsch. Lebensmittel-Rdsch. **60**, 175—178 (1964).
FINCKE, H.: Über den Schmelzpunkt der Kakaobutter. Zucker- u. Süßwaren-Wirtsch. **7**, 140—143 (1955).
—, R. BRÜCHNER u. E. ELBEN: Die Untersuchung von Kakaokernfett, Kakaopreßbutter, Kakaofett und Schokoladenfett. Fette, Seifen, Anstrichmittel **60**, 104—108 (1958).

FINDLEY, TH. W., and J.B. BROWN: The composition of some unhydrolyzed naturally occurring waxes, calculated using functional group analysis and fractionation by molecular distillation, with a note on the saponification of carnauba wax and the composition of the resulting fractions. J. amer. Oil Chem. Soc. **30**, 291—298 (1953).
FINK, K., and R.M. FINK: Application of filter paper chromatography to qualitative analysis of volatile and non volatile organic acids. Proc. Soc. Exp. Biol. Med. **70**, 654 (1949); zit. nach I.M. HAIS u. K. MACEK Bd. II, 1960.
FIORITI, J.A., A.P. BENTZ and R.J. SIMS: The reaction of picric acid with epoxides. I. A colorimetric method. II. The detection of epoxides in heated oils. J. amer. Oil Chem. Soc. **43**, 37—41, 487—490 (1966). Vgl. auch A.P. BENTZ u. J.A. FIORITI: Erster Welt-Fettkongreß Hamburg 1964, Abstract No. 118.
FIRESTONE, D.: The determination of polymers in fats and oils. J. amer. Oil Chem. Soc. **40**, 247—255 (1963).
—, and P. LA BOULIERE: Determination of isolated trans isomers by infrared spectrophotometry. J. Ass. off. agric. Chem. **48**, 437—443 (1965).
FISCHER, K.: Neues Verfahren zur maßanalytischen Bestimmung des Wassergehaltes von Flüssigkeiten und festen Körpern. Angew. Chem. **48**, 394—396 (1935).
FISCHER, R.: Die kritische Mischungstemperatur in der Fettanalyse. Fette, Seifen, Anstrichmittel **67**, 748—752 (1965).
FISKE, C.H., and Y. SUBBAROW: The colorimetric determination of phosphorus. J. biol. Chem. **66**, 375—400 (1925).
FITELSON, J.: A colorimetric method for the detection of tea seed oil in olive oil. J. Ass. off. agric. Chem. **19**, 493—497 (1936).
— Detection of olive oil in edible oil mixtures. J. Ass. off. agric. Chem. **26**, 499—506 (1943a).
— The occurrence of squalene in natural fats. J. Ass. off. agric. Chem. **26**, 506—511 (1943b).
— A new oxidation method for the determination of saturated fatty acids. J. amer. Oil Chem. Soc. **27**, 1—8 (1950).
FLASCHENTRÄGER, B., u. F. HALLE: Über die hochmolekularen Säuren des Japanwachses. Hoppe-Seylers Z. physiol. Chem. **190**, 120—140 (1930).
FLEURY, P., et R. PARIS: Action comparée de l'acide periodique sur les acides glycérophosphorique α et β. C.R. Acad. Sci. (Paris) **196**, 1416—1418 (1933).
FLINT, D.R., TEN-CHING LEE and C.G. HUGGINS: A simple and rapid method for the determination of myo-inositol by gas-liquid chromatography. J. amer. Oil Chem. Soc. **42**, 1001—1002 (1965).
FLOHSOVÁ-PROCHAZKOVÁ, O., and J. POROKNÝ: Determination of acetic acid in acetylated fats. Sci. Papers Inst. Chem. Tech. Prague Food Tech. **7**, Pt. 2, 199—203 (1963).
FOLCH, J.: Brain cephalin, a mixture of phosphatides. Separation from it of phosphatidyl serine, phosphatidyl ethanolamine, and a fraction containing an inositol phosphatide. J. biol. Chem. **146**, 35—43 (1942).
—, M. LEES and G.H. SLOANE-STANLEY: A simple method for the isolation and purification of total lipides from animal tissues. J. biol. Chem. **226**, 497—509 (1957).
FORE, S.P., R.N. MOORE and W.G. BICKFORD: Improved procedure for cleaning glassware used in determining the stability of fats and oils by the active oxygen method. J. amer. Oil Chem. Soc. **28**, 73—74 (1951).
FOREMAN, H.D., and J.B. BROWN: Solubilities of the fatty acids in organic solvents at low temperatures. Oil and Soap **21**, 183—187 (1944).
FORMO, M.W.: Ester reactions of fatty materials. J. amer. Oil Chem. Soc. **31**, 548—559 (1954).
FORNEY, M.M.: Proposition pour l'emploi d'un nouveau solvant dans l'analyse des graisses concrètes: Le dichlorométhane ou chlorure de méthylène. Rev. Franç. Corps Gras **12**, 535—537 (1965).
FOULK, C.W., and A.T. BAWDEN: A new type of endpoint in electrometric titration and its application to iodometry. J. amer. chem. Soc. **48**, 2045—2051 (1926).
FRAHM, H., A. LEMBKE, G. v. RAPPARD: Über die Verwendbarkeit polymerisierter Öle für die menschliche Ernährung. Kiel. Milchwirtsch. Forschungsber. **5**, 443—451 (1953).
DE FRANCESCO, F.: Fluorometrischer Nachweis der Reinheit von Jungfern-Olivenöl. Olearia **61**, 19—22 (1959) [italienisch].
FRANCOIS, R., et M. LOURY: Contribution à l'étude sur l'autoxydation des corps gras. Chim. et Industr. **91**, 650—653 (1964).
FRANCOIS, M.-TH., et A. SERGENT: Emploi de la méthode der FISCHER pour la détermination de l'eau contenue dans les graines oléagineuses. Bull. mens. ITERG **4**, 401—404 (1950).
FRANKE, W.: Lipoxydasen. Fette u. Seifen **52**, 11—19 (1950).
FRANKEL, E.N., C.D. EVANS and J.C. COWAN: Thermal dimerization of fatty ester hydroperoxides. J. amer. Oil Chem. Soc. **37**, 418—424 (1960).

FRANKEL, E.N., C.D. EVANS, H.A. MOSER, D.G. McCONNEL and J.C. COWAN: Analyses of lipids and oxidation products by partition chromatography. Dimeric and polymeric products. J. amer. Oil Chem. Soc. **38**, 130—134 (1961).

—, D.G. McCONNEL and C.D. EVANS: Analyses of lipids and oxidation products by partition chromatography: Hydroxy fatty acids and esters. J. amer. Oil Chem. Soc. **39**, 297—301 (1962).

FRANKEL, J., and J.B. BROWN: The isolation of pure linoleic acid by crystallization. J. amer. chem. Soc. **63**, 1483—1484 (1941).

—, W. STONEBURNER and J.B. BROWN: Studies on the chemistry of the fatty acids. XI. The isolation of linoleic acid from vegetable oils by low temperature crystallization. J. amer. chem. Soc. **65**, 259—262 (1943).

FRANKS, F.: Paper chromatography with continuous change in solvent composition. Pt. I. Separation of fatty acids. Analyst **81**, 384—390 (1956).

FRANZKE, CL.: Über den Linol- und Linolensäuregehalt des Pferdefettes als analytisches Charakteristikum gegenüber Rinder- und Schweinefett. Fette u. Seifen **55**, 837—839 (1953).

— Bemerkungen über die jodometrischen Verfahren zur Bestimmung der Peroxydzahl in Nahrungsfetten. Z. Lebensmittel-Untersuch. u.-Forsch. **103**, 108—112 (1956).

— Über die UV-Absorptionsspektren von natürlichen Pflanzenfetten. Nahrung **2**, 639—654 (1958).

— UV-spektroanalytische Studien über die quantitative Bestimmung von Linol- und Linolensäure durch Konjuenisierung. Nahrung **3**, 238—251 (1959).

— Zum Nachweis von Seetierölen in Speisefetten. Nahrung **8**, 249—251 (1964).

—, K.-O. HEIMS, W. SITZKI u. S. SPERNAU: Über den Nachweis von Seetierölen in Nahrungsfetten. Nahrung **9**, 691—700 (1965).

— — u. I. VOLLGRAF: Zur Analytik von Mono-, Di- und Triglyceridgemischen. 3. Mitt. Versuche zur dünnschichtchromatographischen Trennung und indirekten quantitativen Bestimmung mit Chromotropsäure. Nahrung **11**, 515—521 (1967).

—, u. A. JANTZ: Studien zur dünnschichtchromatographischen Trennung von Mono-, Di- und Triglyceriden neben Fettsäuren auf Gipsplatten. Nahrung **8**, 637—644 (1964).

FRAUENDORF, H.: Spurenanalyse von Fettprodukten mittels gaschromatographischer Bestimmung der freien Fettsäuren von C_2 bis C_{22}. Z. analyt. Chem. **221**, 305—312 (1966).

FREHSE, H., u. W. FRANKE: Fettoxydation durch pflanzliche Lipoxydase und Fettsäure-Dehydrasen. Fette, Seifen, Anstrichmittel **58**, 403—408 (1956).

FRESENIUS, R.E.: Schnellmethode zur Bestimmung des Eigehaltes in Mayonnaise und Salatmayonnaise. Z. analyt. Chem. **229**, 353—355 (1967).

FREYER, E.: A study of the physical factors involved in the SWIFT stability test for fats. Oil and Soap **12**, 139—146 (1935).

FRYER, F.H., W.L. ORMAND and G.B. CRUMP: Triglyceride Elution by gas chromatography. J. amer. Oil Chem. Soc. **37**, 589—590 (1960).

FUCHS, W., u. A. DE JONG: Chromatographische Zerlegung von Bienenwachs. Fette, Seifen, Anstrichmittel **56**, 218—220 (1954).

FÜHRER, C., u. E. KILB: Zur Meßtechnik der Ober- bzw. Grenzflächenspannung. Z. Instrumentenkunde **71**, (2) (1963), Sonderdruck.

FULTON, N.D., E.S. LUTTON and R.L. WILLE: A quick dilatometric method for control and study of plastic fats. J. amer. Oil Chem. Soc. **31**, 98—103 (1954).

FURTER, M.: Die Mikrobestimmung der Verseifungszahl. Helv. chim. Acta. **21**, 601—613 (1938).

—, u. R.E. MEYER: Eine quantitative photometrische Bestimmung von Vitamin E. Helv. chim. Acta **22**, 240—250 (1939).

FUTTER, J.H., and F.B. SHORLAND: Studies on the composition of lipids of the rabbit. Biochem. J. **65**, 689—693 (1957).

GADDIS, A.M., R. ELLIS and G.T. CURRIE: Carbonyls in oxidizing fat. V. The composition of neutral volatile monocarbonyl compounds from autoxidized oleate, linoleate, linolenate esters and fats. J. amer. Oil Chem. Soc. **38**, 371—375 (1961).

GALLARDO, I., and I. SAMEH: Nachweis von tierischem Fett in Pflanzenöl. Rev. Argentina, Grases y Aceitas **3**, (3) 105—108 (1962); zit. nach Analyt. Abstr. **10**, (4) No. 1591 (1963).

GAROGLIO, P.G., u. G. BODDI GIANNARDI: Methodik und Apparatur zur gaschromatographischen Analyse des Olivenöles — Theoretischer und experimenteller Beitrag. Olearia **15**, 189—197 (1961) [italienisch].

—, et C. STELLA: Modification è la réaction de FITELSON. Limites d'utilisation de cette réaction pour la recherche de l'huile de thé dans l'huile d'olive. Rev. Franç. Corps Gras **8**, 434—450 (1961).

GARVIN, J.E., and M.L. KARNOVSKY: The titration of some phosphatides and related compounds in a non-aqueous medium .J. biol. Chem. **221**, 211—222 (1956).
GASSET, J.: Les composés soufrés du tourteau de colza. Rev. Franç. Corps Gras **14**, 593—600, 649—657 (1967).
GEARHART, W.M., B.N. STUCKEY and J.J. AUSTIN: Comparison of methods for testing the stability of fats and oils and of foods containing them. J. amer. Oil Chem. Soc. **34**, 427—430 (1957).
GEHRKE, CH. W., and D.F. GOERLITZ: Quantitative preparation of methyl esters of fatty acids for gas chromatography. Analytic. Chem. **35**, 76—80 (1963).
VAN GENDEREN, H., K.L. VAN LIER u. J. DE BEUS: Die Bestimmung von Vitamin A in Tranen und Konzentraten. Die neue Internationale Standardisierungsvorschrift. Chem. Weekbl. **46**, 861—867 (1950) [holländisch].
GERSON, T.: Gas-liquid chromatography: The introduction of samples, the preconditioning of polyester liquid phases and the measurement of R_f-values in the analysis of fatty esters. J. Chromatograph. (Amsterdam) **6**, 178—181 (1961).
GIBLING, T.W.: Molecular volume and structure. Part I. and II. J. chem. Soc. (Lond.) **1941**, 299—309.
GILMONT, R., H.S. LEVENSON and L.W. ELDER: Constant pressure oxygen absorption fat stability test. Oil and Soap **23**, 248—252 (1946).
GLASS, R.L., and H.A. TROOLIN: Dialkyl carbonate-induced transesterification for analysis of fatty acids in milk. J. Dairy Sci. **49**, 1469—1472 (1966).
GLIMM, E., L. KLUDZINSKI u. H. FLEISCHHAUER: Ist Diphenylcarbazid zum Nachweis ranziger Fette geeignet? Fette u. Seifen **45**, 496—499 (1938).
GOFF, jr., H., and F.E. BLACHLY: A conductivity method for the determination of soap in refined vegetable oil. J. amer. Oil Chem. Soc. **34**, 320—323 (1957).
GOHLKE, R.S.: Time-of-flight mass spectrometry and gasliquid partition chromatography. Analytic. Chem. **31**, 535—541 (1959).
GORBACH, G.: Anwendung von Mikromethoden auf dem Fettgebiet. Fette u. Seifen **47**, 499—506 (1940); siehe auch G. GORBACH u. A. SABLATNÖG. Mikrochemie **14**, 256—262 (1933/1934).
— Anwendung von Mikromethoden auf dem Fettgebiet. III. Ein gravimetrisches Mikroschnellverfahren zur Bestimmung des Fettgehaltes von Ölsaaten. Fette u. Seifen **49**, 625—628 (1942).
— Anwendung von Mikromethoden auf dem Fettgebiet. IV. Neue mikrochemische Behelfe. Fette u. Seifen **51**, 6—10 (1944a).
— Anwendung von Mikromethoden auf dem Fettgebiet. VI. Eine Schnellmethode zur Phosphatidbestimmung. Fette u. Seifen **51**, 93—94 (1944b).
— Anwendung von Mikromethoden auf dem Fettgebiet. XIII. Die Carbonylzahl. Fette u. Seifen **52**, 405—406 (1950).
— Die Mikrochemie auf dem Fettgebiet. Fette u. Seifen **53**, 3—9 (1951).
— Neuere Forschungen über den steirischen Ölkürbis. Fette u. Seifen **54**, 65—68 (1952).
—, u. A. VIOQUE-PIZARRO: Spurenelemente in Speiseölen. Fette, Seifen, Anstrichmittel **56**, 177—180 (1954).
—, u. A. JURINKA: Anwendung von Mikromethoden auf dem Fettgebiet. VIII. Eine Mikroschnellmethode zur Bestimmung des Wassergehaltes. Fette u. Seifen **51**, 129—131 (1944a).
— — Anwendung von Mikromethoden auf dem Fettgebiet. IX. Bestimmung der höher gesättigten Fettsäuren nach BERTRAM. Fette u. Seifen **51**, 171—173 (1944b).
—, u. CH. WEBER: Die Test Tube-Chromatographie zum Nachweis von Verfälschungen des Kürbiskernöls. Fette, Seifen, Anstrichmittel **65**, 989—995 (1963).
GORDON, A.H., A.J.P. MARTIN and R.L.M. SYNGE: Partition chromatography in the study of protein constituents. Biochem. J. **37**, 79—86 (1943).
GOUW, T.H., J.C. VLUGTER and C.J.A. ROELANDS: Physical properties of fatty acid methyl esters. VI. Viscosity. J. amer. Oil Chem. Soc. **43**, 433—434 (1966).
GRACIÁN, J., u. G. ARÉVALO: Die Tocopherole in Pflanzenölen mit besonderer Berücksichtigung des Olivenöls. Grasas y Aceites (Seville, Spain) **16**, 278—291 (1965) [spanisch].
—, J., u. J. MARTEL: Ein neues Kriterium für die Charakterisierung des Unverseifbaren in Olivenöl. Grasas y Aceites (Seville, Spain) **11**, 59—66 (1960) [spanisch].
— — Die Hydroxylzahl des Unverseifbaren als Maßstab für die Anwesenheit rückveresterter Öle in Olivenöl. Grasas y Aceites (Sevilla, Spain) **12**, 123—125 (1961) [spanisch].
GRAFF, M.M., and E.L. SKAU: Colored chromatograms with higher fatty acids. Industr. Engin. Chem. Anal. Ed. **15**, 340—341 (1943).
GRANATELLI, L.: Determination of microgram quantities of sulfur by reduction with Raney nickel. Analytic. Chem. **31**, 434—436 (1959).
GRAU, R.: Zur Bestimmung von Eigelb in Mayonnaisen und mayonnaisehaltigen Erzeugnissen. Feinkostwirtsch. **4**, 104—108 (1967).

GRAU, R., u. A. MIRNA: Beitrag zur Untersuchung von Schweineschmalz. Fette, Seifen, Anstrichmittel **60**, 357—359 (1958).
— Über den Begriff Mayonnaise. Dtsch. Lebensmittel-Rdsch. **60**, 284—285 (1964).
GRAUPNER, A. J., and V. A. ALUISE: A new rapid titration method for determining the halogen ratio of Wijs solution and of iodine monochloride. J. amer. Oil Chem. Soc. **43**, 81—82 (1966).
GREEN, J.: Studies on the analysis of vitamins D. I. The reaction of vitamins D and related substances with iodine trichloride. Biochem. J. **49**, 36—45 (1951).
—, and S. MARCINKIEWICZ: The complete analysis of tocopherol mixtures. I. Introduction and an investigation into differential coupling reactions. Analyst **84**, 297—303 (1959); siehe auch S. MARCINKIEWICZ and J. GREEN. Analyst **84**, 304—312 (1959).
GRIDGEMAN, N.T., G.P. GIBSON and J.P. SAVAGE: Chromatographic estimation of vitamin A in whale-liver oil. Analyst **73**, 662—668 (1948).
GRIFFITH, H.N., and T.P. HILDITCH: The interconversion of cis- and trans-modifications of monoethylenic higher fatty acids by nitrogen trioxide (the „Elaidin" reaction). J. chem. Soc. (Lond.) **1932**, 2315—2324.
GRIMMER, G., u. A. HILDEBRANDT: Kohlenwasserstoffe in der Umgebung des Menschen. 1. Mitt. Eine Methode zur simultanen Bestimmung von dreizehn polycyclischen Kohlenwasserstoffen. J. Chromatograph. **20**, 89—99 (1965).
— — Content of polycyclic hydrocarbons in crude vegetable oils. Chem. and Industr. **1967**, 2000—2002.
GROS, A.T., and R.O. FEUGE: Modification of vegetable oils. X. Effect of monoglycerides on the interfacial tension of oil-water systems. J. amer. Oil Chem. Soc. 28, 1—4 (1951).
— — Surface and interfacial tensions, viscosities and other physical properties of some n-aliphatic acids and their methyl and ethyl esters. J. amer. Oil Chem. Soc. **29**, 313—317 (1952).
— — Consistency of fats plasticised with aeetoglyeerides. J. amer. Oil Chem. Soo. **31**, 377 to 383 (1954).
— — Physical properties of aceto- and butyro-oleins, mono-olein and diolein. J. amer. Oil Chem. Soc. **34**, 239—244 (1957).
GROSSFELD, J.: Die Bestimmung des Fettgehaltes in Nahrungsmitteln und Seife. Ein vereinfachtes Verfahren. Z. Untersuch. Nahrungs- u. Genußmittel **44**, 193—203 (1922); siehe auch ebenda: **45**, 147—152 (1923); **46**, 63—73 (1923); **49**, 286—289 (1925).
— Weitere Versuche zur Milchfettbestimmung in Fettgemischen. Z. Untersuch. Lebensmittel **51**, 203—213 (1926).
— Vereinfachte Vorschrift zur Bestimmung der Buttersäurezahl. Z. Untersuch. Lebensmittel **53**, 381—383 (1927a).
— Die Verwendung von Trichloräthylen als Lösungsmittel bei Fettbestimmungen. Chemiker-Ztg. **51**, 617—618 (1927b).
— Der Laurinsäuregehalt von Cocos- und Palmkernfett als Mittel zum Nachweis dieser Fette in Speisefettmischungen. Z. Untersuch. Lebensmittel **55**, 529—553 (1928).
— Ein neues Verfahren zur Molekulargewichtsbestimmung höherer gesättigter Fettsäuren und seine Anwendung zur Lignocerinsäurebestimmung in Erdnußhartfettgemischen. Z. Untersuch. Lebensmittel **58**, 209—261 (1929).
— Halbmikrokennzahlen für Butterfett und Cocosfett. Z. Untersuch. Lebensmittel **64**, 433—460 (1932a).
— Die Bestimmung der höheren gesättigten Fettsäuren in Speisefetten. Allg. Öl- u. Fett-Ztg. **29**, 25—30, 92—96, 161—168, 220—229 (1932b).
— Vereinfachung bei der Buttersäurezahlbestimmung. Z. Untersuch. Lebensmittel **70**, 459 bis 470 (1935).
— Erfahrungen bei der Untersuchung von fetthaltigen Backwaren. Z. Untersuch. Lebensmittel **74**, 284—291 (1937a).
— Versuche über Erkennung von Cruciferenölen in Speiseölen. Z. Untersuch. Lebensmittel **73**, 409—426 (1937b).
— Zur praktischen Untersuchung der Speisefette. Z. Untersuch. Lebensmittel **76**, 340—350 (1938).
— Bestimmung des Eierölgehaltes in Backwaren. Z. Untersuch. Lebensmittel **80**, 1—12 (1940a).
— Ein einfaches Verfahren zur Abscheidung des Unverseifbaren aus größeren Fettmengen. Z. Untersuch. Lebensmittel **80**, 434—439 (1940b).
— Über die Bestimmung von Fettsäuren in Fetten und Seifen. Z. Untersuch. Lebensmittel **81**, 1—21 (1941a).
— Neuere Methoden der Fettuntersuchung in der Lebensmittelkontrolle. Fette u. Seifen **48**, 355—359 (1941b); siehe auch J. GROSSFELD: Z. Untersuch. Lebensmittel **83**, 322—324 (1942).

GROSSFELD, J., u. F. BATTAY: Versuche über Nachweis, Bestimmung und Vorkommen der Buttersäure in Lebensmitteln. Z. Untersuch. Lebensmittel **61**, 129—161 (1931).

—, u. J. PETER: Nachweis von Margarine und gehärteten Ölen in Lebensmitteln. Z. Untersuch. Lebensmittel **68**, 345—358 (1934).

—, E. SCHWEIZER u. H. DAMM: Buttersäurezahl, Gesamtzahl und Restzahl des Butterfettes von Butterproben, die anläßlich des Milchwirtschaftlichen Weltkongresses in Berlin 1937 zur Prüfung eingesandt wurden. Z. Untersuch. Lebensmittel **76**, 123—127 (1938).

—, u. A. SIMMER: Über die Abscheidung und Bestimmung der festen Fettsäuren in Speisefetten. Z. Untersuch. Lebensmittel **59**, 237—258 (1930).

—, u. H. Timm: Eine neue Kennzahl für Olivenöl. Z. Untersuch. Lebensmittel **77**, 249—253 (1939).

—, u. G. WALTER: Bestimmung der Lecithinphosphorsäure in wasserhaltigen Lebensmitteln. Z. Untersuch. Lebensmittel **68**, 271—278 (1934a).

— — Beiträge zur Kenntnis des Phosphor-, Schwefel- und Alkaligehaltes der Hühnereier. Z. Untersuch. Lebensmittel **67**, 510—529 (1934b).

—, u. F. WISSEMANN: Über Milchfettbestimmungen in kleinen Fettmengen. Z. Untersuch. Lebensmittel **54**, 352—356 (1927).

GROSSKOPF, K.: Technische Untersuchung von Gasen und Flüssigkeiten durch chromometrische Gasanalyse. Angew. Chem. **63**, 306—311 (1951).

GRÜN, A.: Die Fettchemie und Fettindustrie in den Jahren 1919—1922. Chemiker-Ztg. **47**, 865—867 (1923).

—, u. W. HALDEN: Methode zur Bestimmung der „Wasserstoffzahl" ungesättigter Verbindungen: Die Hydrierzahl. Z. dtsch. Öl- u. Fettindustr. **44**, 2—5 (1924).

—, u. J. JANKO: Über die Jodzahl von Kolophonium. Chem. Umschau Fette, Öle **26**, 20—22, 35—38 (1919).

— — Z. dtsch. Öl- u. Fettindustr. **41**, 553, 572 (1921); zit. nach A. GRÜN: Analyse der Fette und Wachse. Bd. I. Berlin: Springer 1925.

—, u. G. SCHICHT A.G., Aussig: Brit. P. 160.840 vom 1. IV. 1920.

—, u. E. ULBRICH: Zur Kenntnis des Montanwachses. Chem. Umschau Fette, Öle **23**, 57—60 (1916); **24**, 45—48 (1917).

GRÜNEWALD, TH.: Über die Auswertung von Farbmessungen, insbesondere an Lebensmitteln. Fette, Seifen, Anstrichmittel **61**, 440—450 (1959).

GRUGER jr., E.H., D.C. MALINS and E.J. GAUGLITZ jr.: Glycerolysis of marine oils and the preparation of acetylated monoglycerides. J. amer. Oil Chem. Soc. **37**, 214—217 (1960).

GRUNBAUM, B.W., and P.L. KIRK: Determination of iodine number of microgram quantities of fat. Microchem. **39**, 268—276 (1952).

GRYNBERG, H., K. CEGLOWSKA, H. SZCZEPANSKA: Étude de la composition des glycérides de l'huile de colza. Rev. Franç. Corps Gras **13**, 595—602 (1966).

GUILLAUMIN, R.: Microdosage du phosphore dans les huiles et les matières grasses animales Rev. Franç. Corps Gras **13**, 277—279 (1966).

— Les modifications du spectre ultra-violet des huiles végétales et des corps gras animaux par l'emploi de terres décolorantes. Rev. Franç. Corps Gras **14**, 29—36 (1967).

—, et N. DROUHIN: Dosage des acides gras polyinsaturés dans les matières grasses. Rev. Franç. Corps Gras **9**, 415—436 (1962).

— — Composition des cires de l'huile de tournesol. Rev. Franç. Corps Gras **13**, 21—28 (1966).

GUNSTONE, F.D.: The distribution of fatty acids in natural glycerides of vegetable origin. Chem. and Industr. **1962**, 1214—1223.

—, and T.P. HILDITCH: The union of gaseous oxygen with methyl oleate, linoleate and linolenate. J. chem. Soc. (Lond.) **1945**, 836—841.

— — The use of low-temperature crystallisation in the determination of component acids of liquid fats. II. Fats which contain linolenic as well as linoleic and oleic acids. J. Soc. chem. Industr. (Lond.) **65**, 8—13 (1946).

—, and R.P. PATON: Animal fats. 1. The component acid of dear fat and of camel fat. Biochem. J. **54**, 617—621 (1953).

—, und P.J. SYKES: Partielle Oxydation der ungesättigten Säuren mit Perjodsäure und anderen Persäuren. Riv. Ital. Sostanze Grasse **39**, 561—567 (1962) [italienisch].

GUTMAN, V., u. G. SCHÖBER: Die Polarographie in nichtwäßrigen Lösungen. Angew. Chem. **70**, 98—104 (1958).

HADORN, H., u. K.W. BIEFER: Über polarimetrische und titrimetrische Stärkebestimmungen in Lebensmitteln. Mitt. Lebensmitteluntersuch. Hyg. **44**, 276—292 (1953).

— — Papierchromatographischer Nachweis von Rapsöl in Speiseöl. Mitt. Lebensmitteluntersuch. Hyg. **47**, 75—83 (1956).

— — u. H. SUTER: Bemerkungen über die jodometrischen Verfahren zur Bestimmung der Peroxidzahl in Speiseölen. Z. Lebensmittel-Untersuch. u. -Forsch. **104**, 316—323 (1956).

HADORN, H., u. R. JUNGKUNZ: Beitrag zum Nachweis des Teesamenöls mittels der Farbreaktion nach FITELSON. Mitt. Lebensmitteluntersuch. Hyg. **38**, 303—313 (1947).
— — Nachweis und annähernde Bestimmung des Olivenöls aufgrund seines Squalen-Gehaltes. Mitt. Lebensmitteluntersuch. Hyg. **40**, 61—95 (1949a).
— — Bestimmung geringer Mengen von Mineralöl in Speiseölen. Mitt. Lebensmitteluntersuch. Hyg. **40**, 96—104 (1949b).
— — Weitere Untersuchungen über die Squalenzahl. Mitt. Lebensmitteluntersuch. Hyg. **41**, 435—443 (1950).
— — Vergleichende Untersuchungen über die Fettbestimmungs-Methoden in Eikonserven. Z. Lebensmittel-Untersuch. u. -Forsch. **93**, 277—286 (1951).
— — Beitrag zur Bestimmung des Eigehaltes von Eierteigwaren. Mitt. Lebensmitteluntersuch. Hyg. **43**, 1—49 (1952).
— — Über die gravimetrische Cholinbestimmungsmethode sowie über den Gehalt an Lecithin, Sphingomyelin und Kephalin in Hühnereiern und Eipulvern. Mitt. Lebensmitteluntersuch. Hyg. **44**, 333—347 (1953a).
— — Beitrag zur Bestimmung der Peroxydzahl. Mitt. Lebensmitteluntersuch. Hyg. **44**, 495—500 (1953b).
— — Beitrag zum Nachweis von pflanzlichen Fetten und Ölen mittels der Phytosterinacetatprobe. Mitt. Lebensmitteluntersuch. Hyg. **45**, 389—396 (1954).
—, u. H. SUTER: Zur Methodik der Halbmikro-Buttersäurezahl. Über Fehlerquellen sowie ein Vorschlag zur Standardisierung der Arbeitsvorschrift. Mitt. Lebensmitteluntersuch. Hyg. **48**, 30—39 (1957).
—, u. K. ZÜRCHER: Beurteilung von Speiseölen auf Grund des UV-Differenz-Spektrums. Mitt. Lebensmitteluntersuch. Hyg. **57**, 27—42, 189—231 (1966).
— — Über Unstimmigkeiten und Fehlerquellen bei der Bestimmung der Peroxidzahl und der Oxydationsbereitschaft. Mitt. Lebensmitteluntersuch. Hyg. **57**, 127—141 (1966a).
HÄDICKE, K.: Ein Potentiograph — ein schreibendes automatisches Titriergerät. Fette, Seifen, Anstrichmittel **62**, 584—586 (1960).
HAGDAHL, L., R.J.P. WILLIAMS and A. TISELIUS: Elution and displacement analysis procedures with special reference to chromatography on carbon. Arkiv för Kemi **4**, (10) 193—219 (1952).
HAHN, F.L., u. R. LUCKHAUS: Ein vorzügliches Reagens zur colorimetrischen Bestimmung von Phosphat und Arsenat. Z. analyt. Chem. **149**, 172—177 (1956).
HAIGHTON, A.J., and J. HANNEWIJK: Differential thermal analysis of fats. I. Principle, apparatus and procedure. J. amer. Oil Chem. Soc. **35**, 344—347 (1958).
— The measurement of the hardness of margarine and fats with cone penetrometers. J. amer. Oil Chem. Soc. **36**, 345—348 (1959).
— Die Konsistenz von Margarine und Fetten. Fette, Seifen, Anstrichmittel **65**, 479—482 (1963).
—, G.J. VAN BEERS u. J. HANNEWIJK: Analyse von Triglyceridmischungen durch Permanganat-Oxydation in acetoniger Lösung. Riv. Ital. Sostanze Grasse **3**, 130—132 (1963) [italienisch].
HAITINGER, M., H. JÖRG u. V. REICH: Über das Verhalten von Fetten und Ölen im ultravioletten Licht. Z. angew. Chem. **41**, 815—819 (1928).
HALL POMINSKI, C., and P. VON DER HAAR: Reactions of some gossypol like pigments with aniline and p-anisidine. J. amer. Oil Chem. Soc. **28**, 444—446 (1951).
HALLER, A., et A. LASSIEUR, Étude des échappées du beurre de coco. Composition de l'essence de coco. C.R. Acad. Sci. (Paris) **150**, 1013—1019 (1910); **151**, 694—699 (1910).
HALPAAP, H.: Präparative Dünnschichtchromatographie. Chem.-Ing.-Techn. **35**, 488—493 (1963).
HALPERN, A.: The surface tension of oils. J. phys. Colloid Chem. **53**, 895—897 (1949).
HAMILTON, J.G., and R.T. HOLMAN: Displacement analysis of lipids. X. Model mixtures of glycerides. J. amer. chem. Soc. **76**, 4107—4109 (1954).
HAMM, D.L., E.G. HAMMOND, V. PARVANAH and H.E. SNYDER: The determination of peroxides by the STAMM method. J. amer. Oil Chem. Soc. **42**, 920—922 (1965).
HAMMOND, E.G., and W.O. LUNDBERG: The alkali isomerization of a methyl docosahexaenoate and the spectral properties of conjugated fatty acids. J. amer. Oil Chem. Soc. **30**, 433—438 (1953).
HAMMONDS, T.W., and G. SHONE: The separation of fatty acid methylesters by thin-layer partition chromatography. J. Chromatograph. **15**, 200—203 (1964).
— — The analysis of fats containing cyclopropenoid fatty acids. Analyst **91**, 455—458 (1966).
HANAHAN, D.J., M. BECKER TURNER and M.E. JAYKO: The isolation of egg phosphatidyl choline by an adsorption column technique. J. biol. Chem. **192**, 623—628 (1951).
—, J.C. DITTMER and E. WARASHINA: A column chromatographic separation of classes of phospholipides. J. biol. Chem. **228**, 685—700 (1957).

HANDSCHACK, W.: Zur quantitativen Bestimmung der Sorbinsäure mit dem Thiobarbitursäurereagenz. Nahrung 7, 155—157 (1963).
HANDSCHUMAKER, E.: The determination of free hydroxyl groups in fatty materials. J. amer. Oil Chem. Soc. 32, 675—677 (1955).
—, and L. LINTERIS: A modified method for the determination of monoglyceride in fats and oils by oxidation with periodic acid. J. amer. Oil Chem. Soc. 24, 143—145 (1947).
HANNEWIJK, J., and A.J. HAIGHTON: Differential thermal analysis. III. Melting curves of oils and fats. J. amer. Oil Chem. Soc. 35, 457—461 (1958).
HANSEN, R.P., and F.B. SHORLAND: The branched-chain fatty acids of butterfat. Biochem. J. 50, 207—210 (1950); siehe auch Biochem. J. 55, 662—663 (1953).
— — and N.J. COOKE: The occurrence of n-heptadecanoic acid (margaric acid) in hydrogenated mutton fat. Biochem. J. 58, 513—515 (1954); The occurrence of n-pentadecanoic acid in hydrogenated mutton fat. Biochem. J. 58, 516—517 (1954).
HANSSEN, E.: Über Buttersäurezahlen. Dtsch. Lebensmittel-Rdsch. 54, 252—254 (1958).
HANUŠ, J.: Die Anwendung von Jodmonobromid bei der Analyse von Fetten und Ölen. Z. Untersuch. Nahrungs- u. Genußmittel 4, 913—920 (1901).
HARKE, H.P., u. P. VOGEL: Beitrag zum Nachweis von tierischen Fetten in Pflanzenfetten. Fette, Seifen, Anstrichmittel 65, 806—809 (1963).
HARKINS, W.D., and H.F. JORDAN: A method for the determination of surface and interfacial tension from the maximum pull on a ring. J. amer. chem. Soc. 52, 1751—1772 (1930).
HARRIES, C.: Siehe A. RIECHE 1931).
HARRIS, J.A., F.C. MAGNE and E.L. SKAU: Methods for the determination of cyclopropenoid fatty acids. II. A stepwise hydrogen bromide titration method for cyclopropenoid and epoxy derivatives. J. amer. Oil Chem. Soc. 40, 718—720 (1963); siehe auch IV. ebenda 41, 309—311 (1964); 42, 332—336 (1965); 43, 519—524 (1966).
HARRIS, W.D., and P. Popat: Determination of the phosphorus content of lipids. J. amer. Oil Chem. Soc. 32, 124—127 (1954).
HARRISON, S.A., and D.H. WHEELER: The reaction of methyl linoleate and methyl linolelaidate with di-t-butyl peroxide. J. amer. chem. Soc. 76, 2379—2382 (1954).
HARTMAN, L.: Rapid determination of glycerol by potassium periodate method. J. appl. Chem. 3, 308—311 (1953).
— The β-monoester content of commercial monoglycerides after prolonged storage. J. Sci. Food Agric. 11, 191—194 (1960).
— Appraisal of methods of total monoester estimation in commercial monoglycerides. J. amer. Oil Chem. Soc. 39, 126—128 (1962).
—, F.B. SHORLAND and I.R.C. MCDONALD: The transunsaturated acid contents of fats of ruminants and nonruminants. Biochem. J. 61, 603—607 (1955).
HARTMAN, S., and J. GLAVIND: A new sensitive method for the determination of peroxides of fats and fatty acids. Acta chem. scand. 3, 954—958 (1949).
HARVA, O., and P. EKWALL: The potentiometric titration of fatty acids with silver nitrate. Acta chem. scand. 2, 713—726 (1948).
HARVEY, E.H., G.A. CRAPPLE, N.T. JOYNER, H.A. SCHUETTE, R.C. STILLMAN and W.L. TAYLOR: Report of the committee on soap in refined oils. Oil and Soap 15, 209—210 (1938); 16, 133 (1939).
HASSAN, M.M., and C.H. LEA: The determination of epoxy acids in oils and fats. Chem. and Industr. 1965, 1760.
HAUSSER, K.H.: Elektronen- und Kernresonanz als Methode der Molekelforschung. Angew. Chem. 68, 729—746 (1956).
HAUTFENNE, A., et D. JACQMAIN: Considérations sur le dosage des peroxydes de corps gras glycéridiques par la leucobase du 2,6-dichlorophénolindophénol. Rev. Fermentat. Industr. aliment. 17, 107—112 (1962).
HAVERKAMP-BEGEMANN, P., J.G. KEPPLER and H.A. BOEKENOOGEN: The determination of the position of the double bond in mono-ethenoid fatty acids. Recueil Trav. chim. Pays-Bas 69, 439—456 (1950).
HAWLEY, H.K., and G.W. HOLMAN: Directed interesterification as a new processing tool for lard. J. amer. Oil Chem. Soc. 33, 29—35 (1956).
HAZURA, K.: Monatshefte Chem. 147, 156, 260 (1887); 180, 198, 469, 941, 947 (1888); 190 (1889); zit. nach BÖHMER-GROSSFELD: Handbuch der Lebensmittelchemie, Bd. IV 1939.
— Monatshefte Chem. 8, 463, 472 (1887); zit. nach A. GRÜN: Analyse der Fette und Wachse, Bd. I 1925.
HEATON, F.W., and N. URI: Improved iodometric methods for the determination of lipid peroxides. J. Sci. Food Agric. 9, 781—786 (1958).
HECKER, E., u. K. ALLEMANN: Trennung von Substanzen durch Verteilung zwischen zwei flüssigen Phasen. Nomenklaturvorschläge. Angew. Chem. 66, 557—561 (1954).

HECKLES, J.S., and L.H. DUNLAP: Urea adducts of mono- and diesters of fatty acids. J. amer. Oil Chem. Soc. **32**, 224—229 (1955).

HEESCH, A.: Die Lebensmittel-Gesetzgebung auf dem Gebiet der Nahrungsfette. VII. Anforderungen an Mayonnaise. Fette u. Seifen **54**, 509—511 (1952).

— Neuzeitliche Margarineherstellung. Fette, Seifen, Anstrichmittel 65, 125—137, 205—214 (1963).

HEHNER, O.: J. Soc. chem. Industr. (Lond.) **8**, 4ff. (1889); zit. nach A. GRÜN: Analyse der Fette und Wachse, Bd. I 1925.

—, and C.A. MITCHELL: Contribution to the chemistry of drying oils; with a method for the examination of linseed oil. Analyst **23**, 310—318 (1898).

HEHNER-DALICAN: zit. nach A. GRÜN: Analyse der Fette und Wachse, Bd. I, 1925.

HEIDBRINK, W.: Das Planwägeglas — Einfaches Laboratoriumsgerät zur schnellen Bestimmung von Wasser und anderen flüchtigen Bestandteilen in Emulsionen und viskosen Lösungen und Gemischen. Fette u. Seifen **53**, 291 (1951).

HEINZ, W.: Ein neues Konsistometer und ein neuartiges Elektro-Rotations-Viskosimeter. Kolloid-Z. **145**, 119—125 (1956).

HEITLER, C.: An improved ebulliometer. Analyst **83**, 223—229 (1958).

HELLER, H.: Die Vier-Temperaturenprobe zur Identifizierung von Speiseölen. Seifen, Öle, Fette, Wachse **86**, 365—367 (1960).

HELLMAN, N.N., H.F. ZOBEL, G.E. BABCOCK and F.R. SENTI: Application of high-speed centrifugation to studies of plastic spreads. J. amer. Oil Chem. Soc. **32**, 73—77 (1955).

HENICK, A.S.: Detection of deterioration products of autoxidizing milk fat by infrared spectrophotometry. Food Technol. **5**, 145—147 (1951).

—, M.F. BENCA and J.H. MITCHELL jr.: Estimating carbonyl compounds in rancid fats and foods. J. amer. Oil Chem. Soc. **31**, 88—91, 447 (1954); **33**, 35 (1956).

HENLY, R.S.: Preparative gas-liquid chromatography of lipids. J. amer. Oil Chem. Soc. **42**, 673—681 (1965).

HENNIG, W.: Zum spektralphotometrischen Nachweis von Kakaoextraktionsfetten in Schokoladen. Dtsch. Lebensmittel-Rdsch. **58**, 251—255, 363 (1962).

HERB, S.F., M.C. AUDSLEY and R.W. RIEMENSCHNEIDER: Some observations on the microscopy of lard and rearranged lard. J. amer. Oil Chem. Soc. **33**, 189—192 (1956).

—, and R.W. RIEMENSCHNEIDER: Spectrophotometric micromethod for determining polyunsaturated fatty acids. Analytic. Chem. **25**, 953—955 (1953).

DEN HERDER, P.C.: Detection of adulteration of butter with foreign fats by examination of the sterols. Neth. Milk Dairy J. **9**, 261—274 (1955).

HERRLINGER, R., and G.M. COMPEAU: The determination of rosin in fatty acids. J. amer. Oil Chem. Soc. **29**, 342—344 (1952).

HERTING, D.C., and E.J.E. DRURY: Vitamin E content of vegetable oils and fats. J. Nutr. **81**, 335—342 (1963).

HESSLER, W.: Gemeinschaftsarbeiten der DGF. 30. Mitt. Neubearbeitung der „Einheitlichen Untersuchungsmethoden für die Fett- und Wachsindustrie" in XX. Analyse von Wachsen und Wachsprodukten I. Fette, Seifen, Anstrichmittel **56**, 857—860 (1954).

— Eine einfache Nachweismethode für Paraffin in Wachsgemischen. Fette, Seifen, Anstrichmittel **58**, 1—3, 602 (1956).

—, u. H. MARSEN: Die Bestimmung der Säure- und Verseifungszahl von Wachsen mit Hilfe von Fluoreszenz-Indikatoren II. Fette, Seifen, Anstrichmittel **63**, 924—927 (1961).

—, u. G. MEINHARDT: Über eine Methode zur Bestimmung der unverzweigten Kohlenwasserstoffe in Handelsparaffinen und -ceresinen mit Hilfe der Harnstoff-Einschlußverbindungen. Fette u. Seifen **55**, 441—444 (1953).

—, u. F. SAMMET: Die Dünnschicht-Chromatographie in der praktischen Wachs-Analyse. Fette, Seifen, Anstrichmittel **67**, 552—557 (1965).

HEYROVSKY, J.: Chem. Listy **16**, 256—264 (1922); zit. nach M. HERRMANN (1961).

HICKMAN, K.C.D.: High-vacuum short-path distillation — a review. Chem. Rev. **34**, 51—106 (1944).

HIGUCHI, T., N.C. HILL and G.B. CORCORAN: Chromatographic separation and determination of dicarboxylic acids, C_4 to C_{10}. Analytic. Chem. **24**, 491—493 (1952).

HILDITCH, T.P.: Letter to the editor. J. amer. Oil Chem. Soc. **31**, 433—434 (1954); **32**, 241 to 242 (1955).

—, and C.H. LEA: J. chem. Soc. **1927**, 3106; zit. nach T.P. HILDITCH, 2nd Ed. 1947.

—, and J.A. LOVERN: The head and blubber oils of the sperm whale. I. Quantitative determinations of the mixed fatty acids present. J. Soc. chem. Industr. (Lond.) **47**, 105 T—111 T (1928).

—, and J. PRIESTMAN: The rapid determination of solid saturated fatty acids. Analyst **56**, 354—367 (1931).

HILDITCH, T.P., and J.P. RILEY: The use of low-temperature crystallisation in the determination of component acids of liquid fats. I. Fats in which oleic and linoleic acids are major components. J. Soc. chem. Industr. (Lond.) **64**, 204—207 (1945).
—, and A.H. ZAKY: The component fatty acids of some vegetable seed phosphatides. Biochem. J. **36**, 815—821 (1942).
HINTERMAIER, A.: Verwendung der Perjodat-Methode in der Glycerin-Analyse. Fette, Seifen, Anstrichmittel **57**, 11—14 (1955).
HIRSCH, J.: Factice chromatography: An automatically monitored, liquid-gel system for the separation of nonpolar lipids. J. Lipid Res. **4**, 1—10 (1963).
—, and E. H. AHRENS jr.: The separation of complex lipide mixtures by the use of silicic acid chromatography. J. biol. Chem. **233**, 311—320 (1958).
HOCK, H., u. H. KROPF: Autoxydation von Kohlenwasserstoffen und die Cumol-Phenol-Synthese. Angew. Chem. **69**, 313—321 (1957).
HÖLZL, J.: Enzymatische Bestimmung des Triglyceridgehaltes in Phosphatidpräparaten. Fette, Seifen, Anstrichmittel **69**, 328—330 (1967).
HÖNIG, M., u. H. SPITZ: Zur Untersuchung von Gemengen an unverseifbarem und verseifbarem Fett. Z. angew. Chem. **1891**, 565—568.
HÖPPLER, F.: Der exzentrische Fall von Kugeln in Hohlzylindern mit Flüssigkeiten oder Gasen. Z. techn. Physik **14**, 165—173 (1933).
HÖRHAMMER, L., H. WAGNER u. G. RICHTER: Zur papierchromatographischen Auftrennung von Phosphatiden. Biochem. Z. **331**, 155—161 (1959).
HOERR, C.W.: Microscopy of fats and oils. J. amer. Oil Chem. Soc. **32**, 659—662 (1955).
HOFFMANN, E.: Zusammenstellung von in neuerer Zeit festgestellten Buttersäurezahlen. Dtsch. Lebensmittel-Rdsch. **50**, 313—314 (1954).
HOFFMANN, H.D., and C.E. GREEN: A rapid method for the determination of iodine number. Oil and Soap **16**, 236—238 (1939).
HOFSTETTER, H.H., N. SEN and R.T. HOLMAN: Characterization of unsaturated fatty acids by gas-liquid chromatography. J. amer. Oil Chem. Soc. **42**, 537—540 (1965).
HOLDE, D., u. J. MARCUSSON: Nachweis von Cruciferenölen in Ölgemischen. Z. angew. Chem. **23**, 1260 (1910).
—, u. K. RIETZ: Zur Kenntnis der Elaidinsäure und ihres Anhydrids (I.). Ber. dtsch. chem. Ges. **57**, 99—102 (1924).
HOLM, U., K. EKBOM and G. WODE: Determination of the extent of oxidation of fats. J. amer. Oil Chem. Soc. **34**, 606—609 (1957).
HOLMAN, R.T.: Displacement analysis of lipids. IV. Carrier displacement separation of saturated fatty acids. J. amer. chem. Soc. **73**, 1261—1263 (1951a).
— Displacement analysis of lipids. VII. Carrier separation of unsaturated fatty acids. J. amer. chem. Soc. **73**, 5289—5292 (1951b).
—, and G.O. BURR: Spectrophotometric studies of the oxidation of fats. IV. Ultraviolet absorption spectra of lipoxidase oxidized fats. Arch. Biochem. **7**, 47—54 (1945).
— S. ENER and P.R. EDMONDSON: Detection and measurement of cis-unsaturation in fatty acids. Arch. Biochem. Biophys. **80**, 72—79 (1959).
—, and L. HAGDAHL: Tiselius-Claesson interferometric adsorption analysis apparatus. Analytic. Chem. **23**, 794—797 (1951).
—, W.O. LUNDBERG and G.O. BURR: Spectrophotometric studies of the oxidation of fats. V. The color of oxidized fats in alcoholic alkali. J. amer. chem. Soc. **67**, 1669—1672 (1945b).
— —, W.M. LANER and G.O. BURR: Spectrophotometric studies of the oxidation of fats. J. amer. chem. Soc. **67**, 1285—1292, 1386—1390, 1390—1394 (1945a).
—, CHR. NICKELL, O.S. PRIVETT and P.R. EDMONDSON: Detection and measurement of hydroperoxides by near infrared spectrophotometry. J. amer. Oil Chem. Soc. **35**, 422—425 (1958).
—, and W.T. WILLIAMS: Displacement analysis of lipids. VI. Separation of unsaturated acids. J. amer. chem. Soc. **73**, 5285—5289 (1951).
HOPKINS, C.Y.: Nuclear magnetic resonance in lipid analysis. J. amer. Oil Chem. Soc. **38**, 664—668 (1961).
HORNING, E.C., E.H. AHRENS jr., S.R. LIPSKY, F.H. MATTSON, J.F. MEAD, D.A. TURNER and W.H. GOLDWATER: Quantitative analysis of fatty acids by gas-liquid chromatography. J. Lipid Res. **5**, 20—27 (1964).
HORROCKS, L.A.: Thin-layer chromatography of brain phospholipids. J. amer. Oil Chem. Soc. **40**, 235—236 (1963).
HOVE, E.L., and PH. L. HARRIS: Note on linoleic acid-tocopherol relationship in fats and oils. J. amer. Oil Chem. Soc. **28**, 405 (1951).
HOWARD, G.A., and A.J. P. MARTIN: The separation of the C_{12}—C_{18} fatty acids by reversed-phase partition chromatography. Biochem. J. **46**, 532—538 (1950).

HOWARD, J.W., E.W. TURICCHI, R.H. WHITE and TH. FAZIO: Extraction and estimation of polycyclic aromatic hydrocarbons in vegetable oils. J. Ass. off. analytic. Chem. **49**, 1236 bis 1244 (1966).
HOWTON, D.R.: Chromatographic separation of polybromo fatty esters. Science (Washington) **121**, 704—706 (1955).
HUBATA, R.: Use of indicators for showing the end point of the Swift fat stability test on lards. Oil and Soap **18**, **37** (1941).
v. HÜBL, A.: Dinglers polytechn. J. **253**, 281 (1884); zit. nach D. HOLDE: Kohlenwasserstofföle und Fette. VII. Aufl. Berlin: Springer 1933.
HUEBNER, V.R.: Preliminary studies on the analysis of mono- and diglycerides by GLPC. J. amer. Oil Chem. Soc. **36**, 262—263 (1959).
— The analysis of glycerides by high temperature gas-liquid partition chromatography. J. amer. Oil Chem. Soc. **38**, 628—631 (1961).
HÜBSCHER, G., and J.N. HAWTHORNE: The isolation of inositol monophosphate from liver. Biochem. J. **67**, 523—527 (1957).
— — and P. KEMP: The analysis of tissue phospholipids: Hydrolysis procedure and results with pig liver. J. Lipid Res. **1**, 433—438 (1960).
HUGEL, E.: Entwicklung der Transpolymerisation. Fette u. Seifen **53**, 246—266 (1951).
— Nachweis von Polytran. Fette u. Seifen **55**, 544—545 (1953).
HUNT, W.H., M.H. NEUSTADT, J.R. HART and L. ZELENY: A rapid dielectric method for determining the oil content of soybeans. J. amer. Oil Chem. Soc. **29**, 258—261 (1952); siehe auch J. amer. Oil Chem. Soc. **30**, 463—465 (1953); **33**, 314—316 (1956).
— —, A.A. SHURKUS and L. ZELENY: A simple iodine-number refractometer for testing flaxseed and soybeans. J. amer. Oil Chem. Soc. **28**, 5—8 (1951).
HUNTER, I.R.: Oxygen-absorption apparatus for measuring induction periods of fats. J. amer. Oil Chem. Soc. **28**, 160—161 (1951).
—, V.H. ORTEGREN and J.W. PENCE: Gas chromatographic separation of volatile organic acids in presence of water. Analytic. Chem. **32**, 682—684 (1960).
HUSSAIN, S.A., and F.G. DOLLEAR: Nomographs for calculating the fatty acid composition of oils and fats from iodine and thiocyanogen values. J. Amer. Oil Chem. Soc. **27**, 206—210 (1950).
ILKOVIČ, D.: Collection Czech. Chem. Commun. **6**, 498 (1934); zit. nach H.P. KAUFMANN u. J. BALTES: Fette u. Seifen **55**, 153—159 (1953).
INHOFFEN, H.H.: Aus der Chemie der antirachitischen Vitamine. Angew. Chem. **72**, 875—881 (1960).
INOUE, Y., u. M. NODA: Trennung und Identifizierung von Fettsäuren. IX. Papierverteilungschromatographie von Hydroxamsäuren. J. agric. chem. Soc. Japan **23**, 294 (1950); zit. nach Fette u. Seifen **53**, 106 (1951); siehe auch Fette u. Seifen **53**, 768 (1951); **54**, 366, 367 (1952).
— — Die Trennung und Identifizierung von Fettsäuren. XV. Die Papierchromatographie höherer gesättigter Fettsäuren. J. agric. chem. Soc. Japan **26**, 634 (1952); zit. nach Fette, Seifen, Anstrichmittel **58**, 559 (1956).
— — and O. HIRAYAMA: Paper chromatography of unsaturated fatty esters as their mercuric acetate addition compounds. J. amer. Oil Chem. Soc. **32**, 132—135 (1955).
ISLER, O.: Über das Vitamin A und die Carotinoide. Angew. Chem. **68**, 547—553 (1956).
IVANOV, ST.A.: Refraktometrisches Halbmikro-Schnellverfahren für die Stabilitätsbestimmung von Speiseölen und -fetten. C.R. Acad. bulg. Sci. **14**, 599—602 (1961).
IVANOVSZKY, L.: Wesen und Aufgaben der Klassifikation mit besonderer Berücksichtigung der Wachse. Fette, Seifen, Anstrichmittel **62**, 37—39 (1960).
IVERSON, J.L., D. FIRESTONE and J. EISNER: Evaluation of methods for identifying fatty acid esters separated by gas chromatography. J. Ass. off. agric. Chem. **48**, 482—489 (1965).
JACINI, G., P. CAPELLA, P. GALLAVRESI, E. TADINI u. E. FEDELI: Forschungsbeitrag über die Verfälschung von Schmalz. Riv. italian. Sost. Grasse **40**, 584—587 (1963) [italienisch].
—, u. C. CAROLA: Betrachtungen über die Kolorimetrie vegetabilischer Öle. Olii miner. **32**, 215—218 (1955) [italienisch]; siehe auch C. STELLA: Olearia **20**, 111—116 (1966).
—, G. DE ZOTTI, P. CAPELLA u. A. ARPINO: Methoden zur Unterscheidung von Olivenölen in Mischungen. Olii miner. **37**, 419—427 (1960) [italienisch].
JACKSON, F.L., and J.E. CALLEN: Evaluation of the Twitchell-iso oleic method: comparison with the infrared trans-iso oleic method. J. amer. Oil Chem. Soc. **28**, 61—65 (1951).
JACKSON, J.E., R.F. PASCHKE, W. TOLBERG, M.M. BODY and D. WHEELER: Isomers of linoleic acid. Infrared and ultraviolet properties of methyl esters. J. amer. Oil Chem. Soc. **29**, 229—234 (1952).
JACOBSON, G.A., J.A. KIRKPATRICK and H.E. GOFF jr.: A study of the applicability of a modified thiobarbituric acid test to flavor evaluation of fats and oils. J. amer. Oil Chem. Soc. **41**, 124—129 (1964).

JACOBSON, G.A., P.J. TIEMSTRA and W.D. POHLE: The differential cooling curve. A technique for measuring certain fat characteristics. J. amer. Oil Chem. Soc. **38**, 399—402 (1961).

JAECKEL, R., u. G.W. OETJEN: Molekulardestillation. Chem.-Ing.-Techn. **21**, 169—176 (1949).

JAHNKE, K.: Über den Polyensäuregehalt des Serums unter normalen und pathologischen Bedingungen. Dtsch. med. Wschr. **87**, 201—205 (1962).

JAKOBSEN, F., R. NERGAARD u. E. MATHIESEN: Untersuchung polymerisierter Fischöle. Tidsskr. Hermetikind. **27**, 255—266 (1941) [norwegisch]; zit. nach Chem. Abstr. **36**, 5909 (1942).

JAKUBOWSKI, A., I. SOBIERAJSKA et K. MODZELEWSKA: Sur la composition des acides gras de l'huile de colza hydrogénée. Rev. Franç. Corps Gras **9**, 678—680 (1962).

JÁKY, M.: Neue Tocopherol-Bestimmungs-Methoden und deren Anwendung bei Pflanzenölen. Fette, Seifen, Anstrichmittel **69**, 507—511 (1967); vgl. Nahrung **11**, 679—683 (1967).

JAMES, A.T.: Separation of volatile materials by gas-liquid chromatography. Manufacturing Chemist **1955**, Januarheft 5—10.

— Trennung und Identifizierung gesättigter und ungesättigter Fettsäuren von der Ameisen- bis zur Dodecansäure mit Hilfe der Gas-Chromatographie. Fette, Seifen, Anstrichmittel **59**, 73—77 (1957).

— Determination of the degree of unsaturation of long chain fatty acids by gas-liquid chromatography. J. Chromatograph. (Amsterdam) **2**, 552—561 (1959).

—, and A.J.P. MARTIN: Gas-liquid partition chromatography: the separation and micro-estimation of volatile fatty acids from formic acid to dodecanoic acid Biochem. J. **50**, 679—690 (1952).

— — Gas-liquid chromatography: The separation and identification of the methyl esters of saturated and unsaturated acids from formic acid to n-octadecanoic acid. Biochem. J. **63**, 144—152 (1956).

JANÁK, J.: J. Chromatograph. **3**, 308 (1960); zit. bei KAUFMANN, SEHER, MANKEL: Fette, Seifen, Anstrichmittel **64**, 501—509 (1962).

JANDER, G., u. K. WEITERDORF: Die Bestimmung kleiner Fettsäuremengen auf konduktometrischem Wege nach einer visuellen Methode. Angew. Chem. **45**, 705—707 (1932).

JANECKE, H., u. I. MAASS-GOEBELS: Beobachtungen bei Vitaminbestimmungen. I. Vitamin D. Z. analyt. Chem. **178**, 161—172 (1960).

JANÍČEK, G., u. J. POKORNÝ: Colorimetric determination of fat peroxides by means of titanium chloride. Papers of the Inst. of Chem. Tech. Prague **3**, 233—255 (1959).

— — u. V. PLIŠKA: Vergleich der colorimetrischen, jodometrischen und polarographischen Methode zur Bestimmung der Peroxydzahl. Nahrung **5**, 399—410 (1961).

JANTZEN, E., u. H. ANDREAS: Reaktion ungesättigter Fettsäuren mit Quecksilber(II)-acetat; Anwendung für präparative Trennungen, I. Chem. Ber. **92**, 1427—1437 (1959).

— —, K. MORGENSTERN u. W. ROTH: Über die Trennung ungesättigter Fettsäuren mit Hilfe von Quecksilber-Addukten ihrer Methylester. Fette, Seifen, Anstrichmittel **63**, 685—688 (1961).

—, u. W. ERDMANN: Siedepunkt der Fettsäuren. Fette u. Seifen **54**, 197—201 (1952).

—, W. RHEINHEIMER u. W. ASCHE: Die Zusammensetzung eines durch Oxydation von synthetischem Paraffin gewonnenen Fettsäuregemisches. Fette u. Seifen **45**, 388—393, 613—615 (1938).

—, u. O. WIECKHORST: Ringspaltsäulen für hochwirksame Destillation bei niedrigen Drucken. Chem.-Ing.-Techn. **26**, 392—396 (1954).

—, u. H. WITGERT: Der Nachweis geradzahliger und ungeradzahliger Fettsäuren bei der Analyse von Kokosöl. Fette u. Seifen **46**, 563—569 (1939).

JASPERSON, H.: A rapid method of measuring the unsaturation of hydrogenated fats. J. Soc. chem. Industr. (Lond.) **61**, 115—117 (1942).

—, and R. JONES: Some unsaponifiable constituents of the deodorisation distillates of vegetable oils. J. Soc. chem. Industr. (Lond.) **66**, 13—17 (1947).

JATZKEWITZ, H., u. E. MEHL: Zur Dünnschicht-Chromatographie der Gehirn-Lipoide, ihrer Um- und Abbauprodukte. Hoppe-Seylers Z. physiol. Chem. 320, 251—257 (1960).

JELLINEK, G.: Geschmacksprüfungen als Hilfsmittel in der Forschung. I. Methoden der Geschmacksprüfung. Fette, Seifen, Anstrichmittel **58**, 910—919 (1956); II. Praxis der Geschmacksprüfung, ebenda **58**, 1059—1063 (1956).

— Einführung in moderne Verfahren der Geruchs- und Geschmacksprüfung. Ernährungs-Umsch. **8**, 198—204, 237—238 (1961).

— Introduction to and critical review of modern methods of sensory analysis (odour, taste and flavour evaluation) with special emphasis on descriptive sensory analysis (flavour profile method). J. Nutr. and Dietetics **1**, 219—260 (1964).

JENSEN, R.G., and M.E. MORGAN: Estimation of the monoglyceride content of milk. J. Dairy Sci. **42**, 232—239 (1959).

JOHNSON, A.R., and G.M. ALI: The preparation of pure methyl linoleate. J. amer. Oil Chem. Soc. **38**, 453—454 (1961).
JOHNSON, J.B., and G.L. FUNK: Determination of carboxylic acid anhydrides by reaction with morpholine. Analytic. Chem. **27**, 1464—1465 (1955).
JOHNSON, L.F., and J.N. SHOOLERY: Determination of unsaturation and average molecular weight of natural fats by nuclear magnetic resonance. Analytic. Chem. **34**, 1136—1138 (1962).
JOHNSON, O.C., S.S. CHANG and F.A. KUMMEROW: Volatile decomposition products of the oxidative polymers of ethyl linolenate. J. amer. Oil Chem. Soc. **30**, 317—320 (1953).
JOHNSTON, W.R., and CH. N. FREY: Autoxidation measurements on fatty oils using BARCROFT-WARBURG apparatus. Industr. Engin. Chem. Anal. Ed. **13**, 479—481 (1941).
JONES, D., D.E. BOWYER, G.A. GRESHAM and A.N. HOWARD: An improved method for charring lipids on thin-layer chromatograms. J. Chromatograph. **24**, 226—227 (1966).
JONES, E.P., and V.L. DAVISON: Quantitative determination of double bond positions in unsaturated fatty acids after oxidative cleavage. J. amer. Oil Chem. Soc. **42**, 121—126 (1965).
—, and J.A. STOLP: Periodate-permanganate oxidations for determining location and amount of unsaturation in monounsaturated fatty acids. J. amer. Oil Chem. Soc. **35**, 71—76 (1958).
JONES, G.V., and E.G. HAMMOND: Analysis of the glyceride structure of cocoa butter by thermal gradient crystallization. J. amer. Oil Chem. Soc. **38**, 69—73 (1961).
JORK, H.: Direkte spektralphotometrische Auswertung von Dünnschicht-Chromatogrammen im UV-Bereich. Z. analyt. Chem. **221**, 17—32 (1966).
JOVTSCHEFF, A.: Bestimmung der Jodzahl von Fetten und Ölen mittels N-Bromsuccinimid. I. Monoenfettsäuren. Nahrung **3**, 153—160 (1959).
—, A. POPOFF, I. MICEV u. S. SPASSOW: Papierchromatographische Trennung kritischer Paare von Fettsäuren durch Brom-Methoxylierung. Fette, Seifen, Anstrichmittel **65**, 913—915 (1963).
JOYNER, N.T., and J.E. MCINTYRE: The oven test as an index of keeping quality. Oil and Soap **15**, 184—186 (1938).
—, and S.J. RINI: Some notes on the determination of moisture and volatile matter in fats and oils. Oil and Soap **16**, 233—236 (1939).
JUNG, L., et P. MORAND: Interpretation des spectres de fluorescence des huiles végétales. Ann. Falsif. Expert. chim. **57**, 17—25 (1964).
JUREČEK, M., J. CHURÁČEK u. V. ČERVINKA: Papierchromatographische Trennung und Identifizierung der Fettsäuren C_1 bis C_6 als 2,4-Dinitrobenzylester. Mikrochim. Acta (Wien) **1960**, 102—112.
JURRIENS, G., et L. SCHOUTEN: Analyse triglycéridique des huiles de mais, de tournesol et de navette. Rev. Franç. Corps Gras **12**, 506—510 (1965).
KAHN, H.L.: Instrumentation for atomic absorption. J. Chem. Educ. **43**, Nr. 1 Januar 1966, Nr. 2 Februar 1966, Sonderdruck.
KAISER, R.: Direkte und automatische Kopplung der Dünnschicht-Chromatographie an Gas-Chromatographen. Z. analyt. Chem. **205**, 284—298 (1964).
KAMMERECK, R., WHEN-HUI LEE, A. PALIOKAS and G.J. SCHROEPFER, jr.: Thin-layer chromatography of sterols on neutral alumina impregnated with silver nitrate. J. Lipid Res. **8**, 282—284 (1967).
KAPFHAMMER, J., u. C. BISCHOFF: Hoppe-Seylers Z. physiol. Chem. **191**, 179 (1930); zit. nach F.J. R. BEATTIE (1936).
KAPITEL, W.: Die säulenchromatographische Trennung von Fettsäuren für analytische Zwecke. Fette, Seifen, Anstrichmittel, **58**, 91—94 (1956).
KARLESKIND, A., F. AUDIAU et J.P. WOLFF: L'analyse des stérols et son application à l'étude de la composition des mélanges de corps gras. Rev. Franç. Corps Gras **13**, 165—173 (1966); siehe auch ebenda **12**, 399—403 (1965).
KARTHA, A.R.S.: The glyceride structure of natural fats. I. A technique for the quantitative determination of glyceride types in natural fats. J. amer. Oil Chem. Soc. **30**, 280—282 (1953a).
— The glyceride structure of natural fats. II. The rule of glyceride type distribution of natural fats. J. amer. Oil Chem. Soc. **30**, 326—329 (1953b).
— The glyceride structure of natural fats. III. Factors governing the content of fully saturated glycerides. J. amer. Oil Chem. Soc. **31**, 85—88 (1954).
— Some alleged errors in the azelaoglyceride technique. J. amer. Oil Chem. Soc. **39**, 478—479 (1962).
KARTNIG, TH., u. G.H. SCHOLZ: Die Trennung von Fett- und Wachssäuren von Wachsalkoholen mit Ionenaustauscher sowie deren Identifizierung mit Hilfe der Dünnschicht-Chromatographie. Fette, Seifen, Anstrichmittel **67**, 19—23 (1965).
KASS, J.P., and G.O. BURR: Pseudo-eleostearic acid. J. amer. chem. Soc. **61**, 3292—3294 (1939).

KASS, J.P., H.G. LOEB, F.A. NORRIS and G.O. BURR: The thiocyanogen value of linolenic acid. Oil and Soap **17**, 118—119 (1940).
—, W.O. LUNDBERG and G.O. BURR: The linoleic acid content of seed fats and the isomerism of linoleic acid. Oil and Soap **17**, 50—53 (1940).
KAUFFMAN, F.L., and G.D. LEE: A study of octadecenoic acids by gas-liquid partition chromatography and infrared spectrophotometry. J. amer. Oil Chem. Soc. **37**, 385—386 (1960).
KAUFMANN, H.P.: Weitere Versuche zur Bromometrie der Fette. Z. Untersuch. Lebensmittel **51**, 3—14 (1926a).
— Die Rhodanometrie von Fetten und Fettgemischen. Z. Untersuch. Lebensmittel **51**, 15—27 (1926b).
— Bericht über die 8. Versammlung der Internationalen Kommission zum Studium der Fettstoffe. Fette u. Seifen **44**, 480—482 (1937).
— Adsorptionstrennungen auf dem Fettgebiet. I. Untersuchung von Fettsäuregemischen. Fette u. Seifen **46**, 268—273 (1939a).
— International vereinheitlichte Methoden der Fettanalyse. Fette u. Seifen **46**, 499—517 (1939b).
— Die Jodzahlbestimmung ohne Jod. Fette u. Seifen **47**, 4—5 (1940a).
— Adsorptionstrennungen auf dem Fettgebiet. IV. Die Trennung von Glyceriden durch Adsorption. Fette u. Seifen **47**, 460—462 (1940b).
— Die Arbeiten der Internationalen Kommission zum Studium der Fettstoffe im Jahre 1938/39. 1. Mitt. Fettbestimmung in Ölsaaten, Ölkuchen und Schroten. Fette u. Seifen **48**, 114—122 (1941a).
— Die Arbeiten der Internationalen Kommission zum Studium der Fettstoffe im Jahre 1938/39. II. Mitt. Bestimmung der flüchtigen, löslichen und unlöslichen Fettsäuren in Speisefetten (Reichert-Meißl- und Pelonske-Zahl). Fette u. Seifen **48**, 190—193 (1941b).
— Die Arbeiten der Internationalen Kommission zum Studium der Fettstoffe im Jahre 1938/39. V. Mitt. Bestimmung von Harzsäuren in Seifen. Fette u. Seifen **48**, 753—758 (1941c).
— Die Umsetzung von Tetranitromethan mit Fettsäuren und Fetten. Ber. dtsch. chem. Ges. **75 B**, 1201—1214 (1942).
— Neue Wege der Fettanalyse. Fette u. Seifen **52**, 713—721 (1950); siehe auch KAUFMANN, H.P.: Analyse der Fette und Fettprodukte 1958, Bd. I, S. 524.
— Über den Gehalt von Handelsmargarinen an essentiellen Fettsäuren. Fette, Seifen, Anstrichmittel **57**, 405—407 (1955).
— Die Papier-Chromatographie auf dem Fettgebiet. XIX. Die quantitative papierchromatographische Bestimmung von geradkettigen Fettsäuren und ihren Gemischen. Fette, Seifen, Anstrichmittel **58**, 492—498 (1956).
—, u. A.K.S. AHMED: Die Papierchromatographie auf dem Fettgebiet. LII. Über Fehlerquellen der quantitativen Auswertung von pc-Chromatogrammen. Fette, Seifen, Anstrichmittel **66**, 757—762 (1964).
—, u. M. APARICIO: Die Papierchromatographie auf dem Fettgebiet. XXXV. Über den Nachweis von Fremdfetten in Olivenöl mit Hilfe der pc-Analyse. Fette, Seifen, Anstrichmittel **61**, 768—770 (1959).
—, u. M. ARENS: Die Papier-Chromatographie auf dem Fettgebiet. XXVIII. Die Trennung rhodanierter Fettsäuren. Fette, Seifen, Anstrichmittel **60**, 803—806 (1958).
—, u. J. BALTES: Diensynthesen auf dem Fettgebiet. I. Die Dienzahl der Fette. Fette u. Seifen **43**, 93—97 (1936).
— — Die Bestimmung der Hydrierjodzahl und ihre Anwendung bei der Analyse des Essangöls. Ber. dtsch. chem. Ges. **70**, 2537—2544 (1937a); siehe auch Fette u. Seifen **31**, 223—226 (1944).
— — Die Errechnung der Zusammensetzung von Fetten mit Hilfe ihrer Kennzahlen. Ber. dtsch. chem. Ges. **70**, 2545—2549 (1937b).
— — Polarographische Untersuchungen auf dem Fettgebiet. I. Grundlagen der Polarographie und ihre Anwendungsmöglichkeiten bei der Analyse von Fetten und verwandten Stoffen. Fette u. Seifen **55**, 153—159 (1953).
— — u. H. BÜTER: Diensynthese auf dem Fettgebiet. IV. Die Bestimmung der Dien-Zahl auf jodometrischem Wege. Dien-Zahlen verschiedener Fette und ihre Auswertung. Ber. dtsch. chem. Ges. **70**, 903—907 (1937).
— —, F. VOLBERT u. K. BROCKHAUSEN: Spektralanalytischer Nachweis von Konjuenfettsäure. Fette u. Seifen **52**, 210—215 (1950).
—, u. J. BUDWIG: Die Papier-Chromatographie auf dem Fettgebiet. XIV. Untersuchung von Polyölen. Fette u. Seifen **54**, 348—356 (1952).
—, u. D.K. CHOWDHURY: Die katalytische Hydrierung organischer Verbindungen auf Papier zur papierchromatographischen Analysen. Chem. Ber. **91**, 2117—2121 (1958).

Kaufmann, H. P., u. B. Das: Die Papier-Chromatographie auf dem Fettgebiet. XLVII. Mitt. Die qualitative und quantitative pc-Analyse der Wachssäuren. Fette, Seifen, Anstrichmittel **63**, 614—616 (1961).

— — Die Dünnschicht-Chromatographie auf dem Fettgebiet. VIII. Triglyceride und ihre kritischen Partner. Fette, Seifen, Anstrichmittel **64**, 214—217 (1962).

— — Die Dünnschicht-Chromatographie auf dem Fettgebiet. IX. Die Analyse der Esterwachse. Fette, Seifen, Anstrichmittel **65**, 398—402 (1963).

—, u. M. M. Deshpande: Die Papierchromatographie auf dem Fettgebiet. XXVI. Die quantitative papierchromatopolarographische Analyse der Fettsäuren. Fette, Seifen, Anstrichmittel **60**, 537—541 (1958a).

— — Die Papierchromatographie auf dem Fettgebiet. XXVII. Untersuchung cyclischer Fettsäuren. Fette, Seifen, Anstrichmittel **60**, 645—647 (1958b).

—, u. H. Fiedler: Über die selektive Oxydation ungesättigter Verbindungen. I. Der Nachweis von Erucasäure in Fettsäuregemischen. Fette u. Seifen **45**, 465—473 (1938).

— — Die Schreibweise und die Abkürzung von Kennzahlen. Fette u. Seifen **44**, 399—400 (1937); siehe auch A. Seher: Fette, Seifen, Anstrichmittel **65**, 1002—1008 (1963).

—, u. S. Funke: Die maßanalytische Bestimmung von Wasser in Fetten, Butter und Margarine, sowie einigen anderen Stoffen II. Fette u. Seifen **44**, 386—390 (1937a).

— — Die Bestimmung der Hydroxylzahl mit Acetylchlorid und Pyridin. Ber. dtsch. chem. Ges. **70**, 2549—2553 (1937b).

— — Zur Viskosimetrie der Fette. Fette u. Seifen 45, 255—262 (1938).

— — u. Fu-Ying Liu: Beitrag zur Bestimmung der Carbonylzahl mit besonderer Berücksichtigung ihrer Anwendung auf dem Fettgebiet. Fette u. Seifen **45**, 616—620 (1938).

—, u. Fu-Ying Liu: Über die Carbonylzahl oxydierter Fette. Fette u. Seifen **47**, 506—510 (1940).

—, u. F. Grandel: Über jodometrische Säuremessungen in der Fettanalyse, I und II. Allg. Öl- u. Fett-Ztg. **28**, 225—227, 248 (1931).

— — u. B. Grothues: Umesterungen auf dem Fettgebiet. I. Theoretische Grundlagen und Schrifttum. Hydrier-Umesterung. Fette, Seifen, Anstrichmittel **60**, 919—930 (1958).

—, u. B. Grothues: Umesterungen auf dem Fettgebiet. IV. Tropfpunktsänderungen bei der Ein- und Mehrfett-Umesterung. Fette, Seifen, Anstrichmittel **62**, 489—495 (1960).

— — Umesterungen auf dem Fettgebiet. V. Nachweis von gebundenem Methanol in Fetten nach einer Umesterung mit Natriummethylat. Fette, Seifen, Anstrichmittel **64**, 805—807 (1962).

—, u. L. Hartweg: Meso- und mikroanalytische Methoden auf dem Fettgebiet. I. Jodzahl und Dienzahl. Ber. dtsch. chem. Ges. **70**, 2554—2559 (1937).

— — Meso- und mikroanalytische Methoden auf dem Fettgebiet. II. Die Rhodanzahl. Fette u. Seifen **45**, 346—349 (1938).

—, u. A. A. Karabatur: eine neue Methode zur qualitativen und quantitativen Papier-Chromatographie „kritischer" Fettsäure-Partner. Nahrung **2**, 61—75 (1958).

—, u. M. C. Keller: Beiträge zur Ölsaaten-Analyse. I. Die Fettbestimmung. Fette u. Seifen **48**, 737—743 (1941).

—, u. T. H. Khoe: Die Dünnschicht-Chromatographie auf dem Fettgebiet. VII. Trennung von Fettsäuren und Triglyceriden auf Gips-Schichten. Fette, Seifen, Anstrichmittel **64**, 81—85 (1962).

—, u. P. Kirsch: Über einfache Verfahren zur Erkennung des Raffinationsgrades von Fetten. I. Oberflächenspannung und „Ringprobe". Fette u. Seifen **47**, 191—196 (1940a).

— — Über einfache Verfahren zur Erkennung des Raffinationsgrades der Fette. II. Die Schaumfähigkeit der Fette. Fette u. Seifen **47**, 196—201 (1940b).

—, u. H. G. Kohlmeyer: Die Papier-Chromatographie auf dem Wachsgebiet. I. Trennung der Wachsalkohole. Fette, Seifen, Anstrichmittel 57, 231—235 (1955).

—, u. J. Liepe: Additionsreaktion des Rhodans. Ber. dtsch. pharm. Ges. **33**, 139—148 (1923).

—, Th. Lüssling u. A. Karabatur: Über den Nachweis von Rüböl in Olivenöl und die quantitative Papierchromatographie des Rüböls. Fette, Seifen, Anstrichmittel **58**, 985—991 (1956b).

—, u. M. Lund: Die jodometrische Säuremessung bei verdorbenen Fetten. Fette u. Seifen **46**, 390—391 (1939).

— — Die Bestimmung des Schmelzpunktes und der Lichtbrechung von Fetten unter dem Mikroskop. Fette u. Seifen **47**, 570—575 (1940).

—, u. Z. Makus: Die Papier-Chromatographie auf dem Fettgebiet. XXXI. Die papierchromatographische Trennung von Gemischen synthetischer und natürlicher Triglyceride. Fette, Seifen, Anstrichmittel **61**, 631—636 (1959).

— — Die Papier-Chromatographie auf dem Fettgebiet. XL. Zur Systematik der Trennung von Fettsäure-Gemischen. Fette, Seifen, Anstrichmittel **62**, 153—160 (1960a).

KAUFMANN, H. P., u. Z. MAKUS: Die Dünnschicht-Chromatographie auf dem Fettgebiet. I. Trennung von Modell-Mischungen. Fette, Seifen, Anstrichmittel **62**, 1014—1020 (1960b).
— — Die Papierchromatographie auf dem Fettgebiet. XLIV. Mitt. Die pc-Analyse der Glyceride. Fette, Seifen, Anstrichmittel **63**, 125—132 (1961).
— — u. B. DAS: Dünnschicht-Chromatographie auf dem Fettgebiet. IV. Trennung der Triglyceride. Fette, Seifen, Anstrichmittel **63**, 807—811 (1961b).
— — u. T.H. KHOE: Die Dünnschicht-Chromatographie auf dem Fettgebiet. III. Über die Sichtbarmachung der zu analysierenden Stoffe auf der Platte. Fette, Seifen, Anstrichmittel **63**, 689—691 (1961a).
— — — Die Dünnschicht-Chromatographie auf dem Fettgebiet. VI. Die Hydrierung und Bromierung auf der Platte. Fette, Seifen, Anstrichmittel **64**, 1—5 (1962a).
—, u. G. MANKEL: Anwendung der Gas-Chromatographie auf dem Fettgebiet. III. Einfluß der Herstellungsverfahren der Fettsäuremethylester auf das quantitative Ergebnis. Fette, Seifen, Anstrichmittel **65**, 179—184 (1963a).
— — Die Zusammensetzung des Kuhmilchfettes in Abhängigkeit von der Fütterung. Fette, Seifen, Anstrichmittel **65**, 295—302 (1963b).
— — u. K. LEHMANN: Anwendung der Gas-Chromatographie auf dem Fettgebiet. I. Methodik und Schrifttum. Fette, Seifen, Anstrichmittel **63**, 1109—1119 (1961c).
—, u. T. MIYAKAWA: Über Seetier-Fette. I. Der Fett-Gehalt von Seetieren und die Kennzahlen der Fette. Fette, Seifen, Anstrichmittel **60**, 469—482 (1958).
—, u. E. MOHR: Die Papier-Chromatographie auf dem Fettgebiet. XXIV. Weitere Untersuchungen über die Papier-Chromatographie der Fettsäuren. Fette, Seifen, Anstrichmittel **60**, 165—177 (1958).
—, u. K.D. MUKHERJEE: Die Dünnschicht-Chromatographie auf dem Fettgebiet. XVIII. Weitere Versuche zur quantitativen Analyse mit Hilfe der Photodensitometrie. Fette, Seifen, Anstrichmittel **67**, 752—754 (1965).
—, u. W.H. NITSCH: Die Papierchromatographie auf dem Fettgebiet. XVI. Weitere Versuche zur Trennung von Fettsäuren. Fette, Seifen, Anstrichmittel **56**, 154—158 (1954).
— — Die Papierchromatographie auf dem Fettgebiet. XVII. Trennung ungesättigter Fettsäuren. Fette, Seifen, Anstrichmittel **57**, 473—474 (1955).
— — Die Papierchromatographie auf dem Fettgebiet. XVIII. Trennung von hydroxylierten und bromierten Fettsäuren. Fette, Seifen, Anstrichmittel **58**, 234—238 (1956).
—, u. J. POLLERBERG: Qualitative und quantitative Papier-Chromatographie der Wachssäuren nach einem neuen Verfahren („Allylester-Verfahren"). Fette, Seifen, Anstrichmittel **59**, 815—819 (1957).
—, S.S. RADWAN u. ABDEL KADER S. AHMAD: Die Dünnschicht-Chromatographie auf dem Fettgebiet. XIX. Mitt. Mikroanalytische Bestimmung von Phospholipiden und der darin enthaltenen Fettsäuren in biologischem Material. Fette, Seifen, Anstrichmittel **68**, 261—268 (1966).
—, u. O. SCHMIDT: Adsorptionstrennungen auf dem Fettgebiet. III. Die Trennung von Glyceriden und Fettsäuren und die „Adsorptionsentsäuerung" der Fette. Fette u. Seifen **47**, 294—296 (1940).
—, u. E. SCHMÜLLING: Die Bestimmung der Hydroxylzahl freier Fettsäuren. Fette, Seifen, Anstrichmittel **64**, 319—321 (1962).
—, u. H. SCHNURBUSCH: Die Papier-Chromatographie auf dem Fettgebiet. XXIX. Die pc-Analyse von Fettsäure-Gemischen mit Hilfe des Kupfer-Quecksilber-Verfahrens. Fette, Seifen, Anstrichmittel **60**, 1046—1050 (1958).
— — Umesterungen auf dem Fettgebiet. II. Die kalorimetrische Untersuchung der Umesterung mit Hilfe der Differential-Thermo-Analyse. Fette, Seifen, Anstrichmittel **61**, 177—181 (1959a).
— — Die Papierchromatographie auf dem Fettgebiet. XXX. Mitt. Die pc-Analyse der Glyceride. Fette, Seifen, Anstrichmittel **61**, 523—528 (1959b).
—, A. SEHER u. G. MANKEL: Anwendung der Gas-Chromatographie auf dem Fettgebiet. II. Quantitative Auswertung. Fette, Seifen, Anstrichmittel **64**, 501—509 (1962b).
—, u. J.G. THIEME: Neuzeitliche Technologie der Fette und Fettprodukte. III. Die Rohstoffquellen. Fette, Seifen, Anstrichmittel **56**, 543—548 (1954a).
— — Neuzeitliche Technologie der Fette und Fettprodukte. IV. Die Rohstoffquellen. Fette, Seifen, Anstrichmittel **56**, 621—631 (1954b).
— — Neuzeitliche Technologie der Fette und Fettprodukte. V. Die Rohstoffquellen. Fette, Seifen, Anstrichmittel **56**, 715—722 (1954c).
— — Neuzeitliche Technologie der Fette und Fettprodukte. VI. Die Rohstoffquellen. Fette, Seifen, Anstrichmittel **56**, 851—856 (1954d).
— — Neuzeitliche Technologie der Fette und Fettprodukte. VII. Die Rohstoffquellen. Fette, Seifen, Anstrichmittel **56**, 938—945 (1954e).

KAUFMANN, H. P., u. J. G. THIEME: Zur Refraktometrie der Fette. II. Das Prinzip der Mehrphasen-Refraktometrie. Fette, Seifen, Anstrichmittel **56**, 990—996 (1954f). Weitere Publikationen in Bd. **57** und **59** derselben Zeitschrift.
— — Neuzeitliche Technologie der Fette und Fettprodukte. IX. Die Rohstoffquellen. Fette, Seifen, Anstrichmittel **57**, 45—52 (1955a).
— — Neuzeitliche Technologie der Fette und Fettprodukte. X. Die Rohstoffquellen. Fette, Seifen, Anstrichmittel **57**, 132—137 (1955b).
— — Der Nachweis der Raffination von Schmeineschmalz. I. Der Anilinpunkt. Fette, Seifen, Anstrichmittel **58**, 585—592 (1956).
— — u. F. VOLBERT: Zum Nachweis von raffiniertem Schmalz. Fette, Seifen, Anstrichmittel **58**, 505—506 (1956a).
— — — Der Nachweis der Raffination von Schweineschmalz. II. Das UV-Absorptionsspektrum. Fette, Seifen, Anstrichmittel **58**, 995—996 (1956c).
— — — Qualitätsbeurteilung von Schmalz auf spektroskopischer Grundlage. Fette, Seifen, Anstrichmittel **59**, 1037—1048 (1957).
—, F. VOLBERT u. G. MANKEL: Die Anwendung der Infrarot-Spektrographie auf dem Fettgebiet. I. Das Schrifttum. Fette, Seifen, Anstrichmittel **61**, 547—559 (1959a).
— — — Anwendung der Infrarot-Spektrographie auf dem Fettgebiet. II. Quantitative Bestimmung trans-ungesättigter Fettsäuren in Gemischen mit cis-isomeren und gesättigten Verbindungen. Fette, Seifen, Anstrichmittel **61**, 643—651 (1959b).
— — — Die Anwendung der Infrarot-Spektrographie auf dem Fettgebiet. IV. Untersuchung der Fettsäureester mehrwertiger Alkohole. Fette, Seifen, Anstrichmittel **63**, 8—13 (1961d).
—, u. H. WESSELS: Die Papier-Chromatographie auf dem Fettgebiet. XLII. Mitt. Beitrag zur Analyse der Phosphatide. III. Die Verseifung und Hydrierung des Lecithins auf dem Papier zum Zweck der pc-Analyse der Fettsäuren. Fette, Seifen, Anstrichmittel **62**, 1020—1024 (1960).
— — Die Struktur der Triglyceride: Theorien und Bestimmungsmethoden. Fette, Seifen, Anstrichmittel **66**, 13—21 (1964a).
— — Die Dünnschichtchromatographie auf dem Fettgebiet. XIV. Die Trennung der Triglyceride durch Kombination der Adsorptions- und der Umkehrphasen-Chromatographie. Fette, Seifen, Anstrichmittel **66**, 81—86 (1964b).
— — Die Triglycerid-Strukturen des Olivenöls und des durch Veresterung von Olivenöl-Fettsäuren hergestellten Glycerid-Gemisches. Fette, Seifen, Anstrichmittel **68**, 249—255 (1966).
— — Nachweis der Glyceride veresterter Olivenöl-Fettsäuren. Fette, Seifen, Anstrichmittel **69**, 338—343 (1967).
— — u. C. BONDOPADHYAYA: Dünnschicht-Chromatographie auf dem Fettgebiet. XI. Die Analyse der Lecithine und der hydrolytischen Spaltprodukte der Phosphatide. Fette, Seifen, Anstrichmittel **65**, 543—547 (1963).
— — u. B. DAS: Über die Reinheitsprüfung der Kakaobutter. Fette, Seifen, Anstrichmittel **64**, 723—729 (1962d).
— — u. C. V. VISWANATHAN: Die Papierchromatographie auf dem Fettgebiet. LI. Mitt. Präparative Trennung von Triglyceriden mit Hilfe der Papier-Chromatographie. Fette, Seifen, Anstrichmittel **64**, 509—513 (1962c).
KAYSER, F., et C. MATHIEU: Technique du dosage du cholésterol par oxydation chromique. Bull. Soc. chim. Franç. Mém. **6**, 715—717 (1939).
KEITH, R. W., and E. A. DAY: Determination of the classes of free monocarbonyl compounds in oxidizing fats and oils. J. amer. Oil Chem. Soc. **40**, 121—124 (1963).
KENNEDY, E. P., and H. A. BARKER: Paper chromatography of volatile acids. Analytic. Chem. **23**, 1033—1034 (1951).
KENNY, A. P.: The determination of cholesterol by the LIEBERMANN-BURCHARD reaction. Biochem. J. **52**, 611—619 (1952).
KEPPLER, J. G.: Isomerisation of unsaturated fatty acid esters. Part II. Location of double bonds by oxidative degradation methods. Recueil Trav. chim. Pays-Bas **76**, 49—57 (1957).
—, S. SPARREBOOM, J. B. A. STROINK and J. D. VON MIKUSCH: A note on the preparation of pure oleic and linoleic acid. J. amer. Oil Chem. Soc. **36**, 308—309 (1959).
KERKHOVEN, E., and J. M. DEMAN: Determination of the trisaturated glyceride content of fats by column chromatography of the mercuric acetate adducts on Florisil. J. Chromatograph. **24**, 56—60 (1966).
KERN, W., u. H. WILLERSINN: Die Katalyse der Autoxydation ungesättigter Verbindungen. Angew. Chem. **67**, 573—581 (1955).
KERR, R. H.: Report on fats and oils. J. Ass. off. agric. Chem. **3**, 432—437 (1920); **4**, 195—201 (1920); mit Erg. **19**, 96—97 (1936); **20**, 276 (1937).

KHAN, M.A., and B.T. WHITHAM: Analytical separation of the methyl esters of the C_8—C_{34} straight-chain fatty acids and the detection of odd-carbon-number acids in commercial mixtures of fatty acids by gas chromatography. J. appl. Chem. **8**, 549—552 (1958).

KIERMEIER, F., u. A. PATSCHKY: Die Bestimmung des gebundenen Fettes in Lebensmitteln mit Hilfe von Cephirol. Z. Lebensmittel-Untersuch. u. -Forsch. **90**, 98—100 (1950).

KILGORE, L.B., and D.H. WHEELER, Note: Concerning the effect of varying the conditions of the air blowing accelerated test for oils and fats. Oil and Soap **12**, 178—180 (1935).

KING, A.E., H.L. ROSCHEN and W.H. IRWIN: An accelerated stability test using the peroxide value as an index. Oil and Soap **10**, 105—109, 204 (1933).

KING, G.: Estimation of epoxides. Nature (Lond.) **164**, 706—707 (1949).

— The determination of oxiran-oxygen, with special reference to its application to the study of autoxidation. J. chem. Soc. **1951**, 1980—1984.

KJÖLHEDE, K.TH.: The elimination of the „vitamin A and carotenoid error" in the chemical determination of tocopherol. Z. Vitaminforsch. **12**, 138—145 (1942).

KLEE, L., and G.H. BENHAM: The determination of the true iodine numbers of oils containing conjugated doublebond systems. J. amer. Oil Chem. Soc. **27**, 130—133 (1950).

KLEINERT, J.: Die Viskosität in der Schokoladen-Industrie und die Notwendigkeit von Mehrpunktsmessungen. Fette, Seifen, Anstrichmittel **56**, 809—814 (1954).

KLENK, E., H. EIKERMANN u. G. REUTER, übert. an A. NATTERMANN und Cie., Köln-Braunsfeld, Deutsche Auslegeschrift 1053299 vom 10. VII. 1957.

KLOSTERMANN, M.: Zum Nachweis von Pflanzenfetten in tierischen Fetten. Z. Untersuch. Nahrungs- u. Genußmittel **26**, 433—437 (1913).

—, u. H. OPITZ: Über das Cholesterin und seine Bestimmung in Fetten. Z. Untersuch. Nahrungs- u. Genußmittel **27**, 713—723 (1914).

KLUGE, H.: Zur Unterscheidung von Eidotter und Pflanzenlecithin in Teigwaren. Z. Untersuch. Lebensmittel **69**, 9—13 (1935).

KNAPP, A.: Die Kakaobutter-Kennzahlen und deren Bestimmungsmethoden. Int. Fachschr. Schokolade-Industr. **10**, 42—54 (1955).

KNAPPE, E., u. K.G. YEKUNDI: Imprägnierung chromatographischer Dünnschichten mit Polyestern. II. Trennung und Identifizierung von niederen und mittleren Fettsäuren über ihre Hydroxamsäuren. Z. analyt. Chem. **203**, 87—92 (1964).

KNIGHT, H.B., J.E. COLEMAN and D. SWERN: Reactions of fatty materials with oxygen. IX. Analytical study of the autoxydation of methyl oleate. J. amer. Oil Chem. Soc. **28**, 498—501 (1951).

—, and D. SWERN: Reactions of fatty materials with oxygen. IV. Quantitative determination of functional groups. J. amer. Oil Chem. Soc. **26**, 366—370 (1949).

—, L.P. WITNAUER, J.E. COLEMAN, W.R. NOBLE jr. and D. SWERN: Dissociation temperatures of urea complexes of long chain fatty acids, esters and alcohols. Analytic. Chem. **24**, 1331—1334 (1952).

KNOL, H.W.: The aliphatic woolwax alcohols. A review. J. amer. Oil Chem. Soc. **31**, 59—62 (1954).

KOCH, H., F. HILBERATH u. F. WEINROTTER: Eine Kolonne mit rotierendem Metallband zur fraktionierten Destillation kleiner Substanzmengen. Chem. Fabrik **14**, 387—390 (1941).

KOENEN, K.: Feststellung der Wasserverteilung in Butter mittels INDIPA-Indikatorpapier. Milchwiss. **14**, 371—374 (1959).

KÖTTSTORFER, J.: Z. analyt. Chem. **18**, 199 (1879); zit. nach A. BÖMER u. J. GROSSFELD (1939).

KOFLER, L., u. E. SCHAPER: Über eine Mikro-Phytosterinacetatprobe. Fettchem. Umsch. **42**, 21—26 (1935).

KOFLER, M.: Die getrennte Bestimmung der Tocopherole. Helv. chim. Acta **30**, 1053—1070 (1947).

KOHN, H.I., and M. LIVERSEDGE: On a new aerobic metabolite whose production by brain is inhibited by apomorphine, ergotamine, epinephrine, and menadione. J. Pharmacol. **82**, 292—300 (1944); zit. nach PATTON u. KURTZ (1951).

KOLB, D.K., Phil. D. thesis Ohio State Univ. 1953; zit. nach J.B. BROWN (1955).

DE KONING, A.J.: A sensitive method for the microdetermination of choline. Analyt. chim. Acta (Amsterdam) **29**, 510—516 (1963).

— The determination of ethanolamine and serine in phospholipids. Analyst **91**, 523—525 (1966).

—, and K.B. MC MULLAN: Hydrolysis of phospholipids with hydrochloric acid. Biochim. biophys. Acta **106**, 519—526 (1965).

KOONCE, S.D., and J.B. BROWN: A study of the alcohols of carnauba wax. Oil and Soap **21**, 231—234 (1944).

KORPÁCZY, I.: Eine Halbmikro-Methode zur kolorimetrischen Bestimmung des Phosphor-Gehaltes in Lipoiden. Fette, Seifen, Anstrichmittel **61**, 748—750 (1959).

KORPÁCZY, ST.: Bestimmung der Ranzigkeit von Fetten mittels der Reaktion nach STAMM. Z. Untersuch. Lebensmittel **67**, 75—79 (1934).
KORVER, O., E.T. ALDERLIESTE and C. BOELHOUWER: Analysis of linoleate and linolenate by isomerization with potassium *tertiary* butoxide in mixtures of *tertiary* butanol and ethylene glycol dimethyl ether. J. amer. Oil Chem. Soc. **44**, 484 (1967).
KRAMER, P.J.G., and H. VAN DUIN: The separation and identification of normal aliphatic aldehydes and methyl ketones. Recueil Trav. chim. Pays-Bas **73**, 63—67 (1954).
KREIS, H.: Über neue Farbenreactionen fetter Öle. Chemiker-Ztg. **23**, 802—803 (1899); **26**, 897, 1014 (1902); **28**, 956—957 (1904).
KRETCHMER, N., R.T. HOLMAN and G.O. BURR: A submicro method for the determination of iodine number of lipids. Arch. Biochem. **10**, 101—105 (1946).
KRÖLLER, E.: Untersuchungen zum Nachweis von Emulgatoren in Margarine. Fette, Seifen, Anstrichmittel **64**, 85—92 (1962a).
— Untersuchungen zum Nachweis von Emulgatoren in Lebensmitteln. 2. Mitt. Fette, Seifen, Anstrichmittel **64**, 602—605 (1962b).
— Untersuchungen zum Nachweis von Emulgatoren in Lebensmitteln. 3. Mitt. Fette, Seifen, Anstrichmittel **65**, 482—488 (1963).
— Untersuchungen zum Nachweis von Emulgatoren in Lebensmitteln. 4. Mitt. Fette, Seifen, Anstrichmittel **66**, 456—460 (1964).
— Zur Bestimmung der Epoxidzahl von Fetten und Ölen. Mitt.-Bl. GDCh., Fachgr. Lebensmittelchem. **20**, 173—175 (1966).
KROG, N., u. C. VRANG: Untersuchungen von Margarine und Butter mit Hilfe der Phasenkontrast-, Polarisations- und Fluoreszenz-Mikroskopie. Fette, Seifen, Anstrichmittel **66**, 279—283 (1964).
KRUCKENBERG, W.: Über eine Bestimmungsmethode von Cholesterin in Fetten. Hoppe-Seylers Z. physiol. Chem. **283**, 68—70 (1948); siehe auch Z. Lebensmittel-Untersuch. u. -Forsch. **91**, 370—371 (1950).
KRUISHEER, C.I., u. P.C. DEN HERDER: Untersuchungen über die Konsistenz von Butter. Chem. Weekbl. **35**, 719—732 (1938) [holländisch].
KRULL, L.: Bestimmung von Epoxyden in Ölen und Fetten. Fette, Seifen, Anstrichmittel **61**, 223—227 (1959).
KRUTY, M., J.B. SEGUR and C.S. MINER jr.: The determination of monoglycerides and glycerin in mixtures. J. amer. Oil Chem. Soc. **31**, 466—469 (1954).
KUČERA, Z., u. M. HEJTMÁNEK: Kolorimetrische Bestimmung des Schwefels in Rapsöl. Prumysl Potravin **8**, 199—200 (1957) [tschechisch].
KÜHN, B., F. BENGEN u. J. WEWERINKE: Über den Phytosterin-Nachweis in tierischen Fetten nach der Bömer'schen Acetatprobe mit Abscheidung der Sterine durch Digitonin-Fällung. Z. Untersuch. Nahrungs- u. Genußmittel **29**, 321—329 (1915).
KUEMMEL, D.F.: Direct determination of saturated fatty acids in fats, oils and methyl esters. J. amer. Oil Chem. Soc. **35**, 41—45 (1958).
— A mercury derivative-chromatographic method for the separation of unsaturated fatty acid esters. Analytic. Chem. **34**, 1003—1007 (1962).
KUHLMANN, J., u. J. GROSSFELD: Eine neue Kennzahl für Milchfett. Z. Untersuch. Lebensmittel **51**, 31—42 (1926).
KUHRT, N.H., E.A. WELCH, W.P. BLUM, E.S. PERRY and W.H. WEBER: The isolation of monoglycerides from lard and from bread. J. amer. Oil Chem. Soc. **29**, 261—270 (1952).
KUKSIS, A.: Hydrocarbon composition of some crude and refined edible seed oils. Biochemistry **3**, 1086—1093 (1964).
— Gas-liquid chromatography of glycerides. J. amer. Oil Chem. Soc. **42**, 269—275 (1965).
—, and M.J. MCCARTHY: Gas-liquid chromatographic fractionation of natural triglyceride mixtures by carbon number. Canad. J. Biochem. Physiol. **40**, 679—686 (1962).
KUMAR, R.: A quick method of detecting castor oil in vegetable oils. Oils, Oilseed J. (Bombay) **16**, 6 (1963).
KUMMEROW, F.A., and B.F. DAUBERT: Limitations of the periodate oxidation method for the determination of monoglycerides in fats and oils. J. amer. Oil Chem. Soc. **27**, 100—102 (1950).
KURZ, H.: Zur katalytischen Umesterung fetter Öle durch alkoholische Kalilauge. Fette u. Seifen **44**, 144—145 (1937).
KUTA, E.J., and F.W. QUACKENBUSH: The formation of polarographically reducible substances in autoxidizing lard. J. amer. Oil Chem. Soc. **37**, 148—151 (1960).
— — A polarographic study of organic peroxides. Analytic. Chem. **32**, 1069—1072 (1966).
KUTSCHE, D.: Arbeitsmethodik und Anwendungsbereich der Molekulardestillation. Chemiker-Ztg. **87**, 842—846 (1963).
LACKNER, H., u. H. FLASCHKA: Mikromethoden im Farben- und Lacklaboratorium. II. Mitt. Die Bestimmung der Säurezahl von Ölen. Fette u. Seifen **52**, 737—739 (1950).

LAGONI, H., u. E. SAMHAMMER: Ein Beitrag zur Bestimmung der Jodzahl in Nahrungsfetten. Milchwiss. **11**, 132—133 (1956).
LAKSHMINARAYANA, G., u. V.V.S. MANI: Nachweis von Verfälschungen durch Rizinusöl in anderen Pflanzenölen durch Dünnschichtchromatographie. Indian. J. Technol. **2**, 320 (1964); zit. nach Chem. Zbl. **137**, (35) Nr. 2038 (1966).
—, and D. REBELLO: A critical study of the oxidation methods for the determination of glyceride composition of fats. J. amer. Oil Chem. Soc. **37**, 274—281 (1960).
LAMBERT, R.S., and J.T.R. ANDREWS: Ultraviolet spectrophotometric characteristics of unhydrogenated fish oils. J. amer. Oil Chem. Soc. **25**, 414—416 (1948).
LAMBOU, M.G., and F.G. DOLLEAR: Modified thiocyanogen reagent and method. Oil and Soap **22**, 226—232 (1945).
LANCASTER, E.B., R.E. BEAL, E.P. JONES, H.J. DUTTON, C.D. EVANS and J.C. COWAN: Pilot-plant production, tempering and evaluation of global edible spreads from vegetable oils. J. amer. Oil Chem. Soc. **32**, 9—13 (1955).
—, E.D. BITNER and R.E. BEAL: Recording apparatus for measuring oxygen absorption. J. amer. Oil Chem. Soc. **33**, 36—38 (1956).
LANDOWNE, R.A., and S.R. LIPSKY: The use of capillary columns for the separation of some closely related positional isomers of methyl linoleate by gas chromatography. Biochim. biophys. Acta (Amsterdam) **46**, 1—6 (1961).
LANGE, J., u. H. JOCHINKE: Kennzeichnung von Wachsen durch Differential-Thermo-Analyse. Fette, Seifen, Anstrichmittel **67**, 89—94 (1965).
LANGE, W.: Cholesterol, phytosterol and tocopherol content of food products and animal tissues. J. amer. Oil Chem. Soc. **27**, 414—422 (1950).
LANGENBECK, W., u. W. PRITZKOW: Untersuchungen über den Mechanismus der Paraffinoxydation. 1. Teil. Fette u. Seifen **53**, 435—440 (1953); siehe auch Chem. Techn. **2**, 116 (1950).
LANGNER, H.J.: Gaschromatographische Trennung und Bestimmung der aliphatischen Monocarbonsäuren mit 1—5 C-Atomen. Angew. Chem. **77**, 95 (1965).
LAPPIN, G.R., and L.C. CLARK: Colorimetric method for determination of traces of carbonyl compounds. Analytic. Chem. 23, 541—542 (1951).
LAPORTA, L.: UV-Absorption italienischer Jungfernolivenöle in der Campagne 1965—1966. Riv. italian. Sost. Grasse **43**, 218—222 (1966) [italienisch].
LASSEN, S., E.K. BACON and H.J. DUNN: The digestibility of polymerized oils. Arch. Biochem. **23**, 1—7 (1949).
LAUBER, E.: Spektrophotometrische Unterscheidung von Kakaopreßbutter und Kakaoextraktionsfett. Mitt. Lebensmitteluntersuch. Hyg. **52**, 116—122 (1961).
LAUGHLAND, D.H., and W.E.J. PHILLIPS: Quantitative estimation of vitamins D_2 and D_3 in pure solution. Analytic. Chem. **28**, 817—819 (1956).
LAVERY, H.: Differential thermal analysis of fats. II. Melting behavior of some pure glycerides. J. amer. Oil Chem. Soc. **35**, 418—422 (1958).
LEA, C.H.: Einfluß des Lichtes auf die Oxydation der Fette. Proc. roy. Soc. (Lond.) **10**, 175—189 (1931); zit. nach Z. Untersuch. Lebensmittel **73**, 278 (1937).
— The determination of the peroxide values of edible fats and oils: the iodometric method. J. Soc. chem. Industr. (Lond.) **65**, 286—291 (1946).
— Methods for determining peroxide in lipids. J. Sci. Food. Agric. **3**, 586—594 (1952).
— Deteriorative reactions involving phospholipids and lipoproteins. J. Sci. Food. Agric. **8**, 1—13 (1957).
—, and A. HOBSON-FROHOCK: On the flavour volatiles of fats and fat-containing foods. I. Degradation of the peroxides of autoxidized sunflower and linseed oils. J. Sci. Food Agric. **16**, 18—27 (1965).
—, and H.A.F. JACKSON: Determination of the volatile or "free" carbonyl content of fats. Chem. and Industr. **1964**, 1429—1430.
—, and D.N. RHODES: The ninhydrin reaction of unhydrolysed phospholipids. Biochim. biophys. Acta (Amsterdam) **17**, 416—423 (1955).
— — and R.D. STOLL: Phospholipids. 3. On the chromatographic separation of glycerophospholipids. Biochem. J. **60**, 353—363 (1955).
—, and P.A.T. SWOBODA: The flavour of aliphatic aldehydes. Chem. and Industr. **1958**, 1289—1290.
— Simple vacuum distillation procedure for determination of the volatile carbonyl content of autoxidizing edible fats. J. Sci. Food Agric. **13**, 148—158 (1962).
LECOIN, R.: Methode rapide pour le dosage de l'huile dans les graines et fruits oléagineux. Oléagineux **11**, 456—457 (1956).
LEEMANS, F.A.J.M., and J.A. MCCLOSKEY: Combination gas chromatography — mass spectrometry. J. amer. Oil Chem. Soc. **44**, 11—17 (1967).

LEITHE, W.: Über eine refraktometrische Makro- und Mikro-Schnellmethode zur Fettbestimmung in Ölsamen. Angew. Chem. **47**, 734—736 (1934).

— Refraktometrische Fettbestimmungen in Ölsaaten mit Bromnaphthalin. Z. Untersuch. Lebensmittel **71**, 33—38 (1936).

— Die Carbonylzahl in der Fettanalyse. Fette u. Seifen **45**, 615—616 (1938).

— Die refraktometrischen Fettbestimmungsverfahren in der Praxis. Chemiker-Ztg. **65**, 209—211 (1941).

— Determination of n-paraffins in gasoline, oils, and paraffin waxes. Analytic. Chem. **23**, 493—495 (1951).

—, u. H. LAMEL: Die refraktometrische Fettbestimmung in Ölsaaten (Benzinverfahren). Fette u. Seifen **44**, 140—142 (1937).

LEMON, H.W., P. AVIS and J.W. HAYNES: A wide-plastic range spread for the Canadian Armed Forces. J. amer. Oil Chem. Soc. **36**, 45—49 (1959).

LEONE, A.M.: Die Bedeutung der UV-Spektrophotometrie für die Kontrolle der Qualität von Olivenölen. Olearia **19**, 215—219 (1965) [italienisch].

LESTER SMITH, E.: Comments on the partition chromatogram of MARTIN and SYNGE. Biochem. J. **36**, XXII. (1942).

LEVENE. P.A., and I.P. ROLF: The preparation and purification of lecithin. J. biol. Chem. **72**, 587—590 (1927).

LEVINE, C., and E. CHARGAFF: Procedures for the microestimation of nitrogenous phosphatide constituents. J. biol. Chem. **192**, 465—479 (1951).

LEWIS, W.R., and F.W. QUACKENBUSH: The use of the polarograph to distinguish between the peroxide structures in oxidized fats. J. amer. Oil Chem. Soc. **26**, 53—57 (1949).

— — and TH. DE VRIES: Polarographic studies of organic peroxides in nonaqueous solutions. Analytic. Chem. **21**, 762—765 (1949).

LEWKOWITSCH, J.: Zur Bestimmung des Glyceringehalts in Rohglycerinen. Chemiker-Ztg. **13**, 93, 191—192, 659 (1889).

LEXOW, T.: Die Konsistenz von Fett und Margarine. Fette u. Seifen **47**. 334—337 (1940).

LIEBERMANN, C.: Über das Oxychinoterpen. Ber. dtsch. chem. Ges. **18**, 1803—1809 (1885).

LIFSCHÜTZ, I.: Über eine Farb- und Spektralreaktion auf Gynocardia-Öl. Chemiker-Ztg. **45**, 1264—1265 (1921).

— Briefl. Mitt. vom 27. XI. 1931; zit. bei D. HOLDE: Kohlenwasserstofföle und Fette, VII. Aufl., S. 963. Berlin: Springer 1933.

LINDBERG, W.: Nachweis und Identifizierung fettlöslicher Teerfarbstoffe in Nahrungsmitteln durch Extraktion mit Säuremischungen und Chromatographie auf imprägniertem Papier. Z. Lebensmittel-Untersuch. u. -Forsch. **103**, 1—14 (1956).

LINDEMANN, H.: Farbstandard für Wachse. Fette, Seifen, Anstrichmittel **56**, 58—59 (1954).

LINDLAR, H.: Ein neuer Katalysator für selektive Hydrierungen. Helv. chim. Acta **35**, 446—450 (1952).

LINDSTEDT, G.: Über eine vereinfachte Methode zur Bestimmung von Wasser, Fett und Stärke in Margarine. Mitt. Lebensmitteluntersuch. Hyg. **47**, 506—511 (1956).

LINOW, F., M. ROLOFF u. K. TÄUFEL: Zur Analytik der Carbonyl-Verbindungen und Hydroperoxide bei der Autoxydation olefinischer Fette. 2. Mitt. Bestimmung von Carbonylen neben Hydroperoxiden in essigsaurem Milieu. Fette, Seifen, Anstrichmittel **68**, 866—869 (1966).

LINSTEAD, R.P., and M. WHALLEY: The formation of crystalline complexes between urea and esters, and their application to the separation of mixtures of esters. J. chem. Soc. **1950**, 2987—2989.

LINTERIS, L., and E. HANDSCHUMAKER: Investigation of methods for determining the refining efficiency of crude oils. J. amer. Oil Chem. Soc. **27**, 260—264 (1950).

LIPPARINI, L.: Die Identifizierung der Methylester von höheren Fettsäuren in Olivenölen. Rass. Chim. **12**, Nr. 5. 31—36 (1960) [italienisch]; zit. nach Chem. Zbl. **134**, 14521 (1963).

LIPS, A., R.A. CHAPMAN and W.D. MCFARLANE: The application of the ferric thiocyanate method to the determination of incipient rancidity in fats and oils. Oil and Soap **20**, 240—243 (1943).

LIPS, H.J., and H. TESSIER: A convenient heating apparatus for isomerization of oils for spectrophotometric analysis. J. amer. Oil Chem. Soc. **26**, 659—660 (1949).

LIPSKY, S.R., R.A. LANDOWNE and J.E. LOVELOCK: Separation of lipides by gas-liquid chromatography. Analytic. Chem. **31**, 852—856 (1959).

LITCHFIELD, C., R.D. HARLOW and R. REISER: Quantitative gas-liquid chromatography of triglycerides. J. amer. Oil Chem. Soc. **42**, 849—857 (1965).

—, A.F. ISBELL and R. REISER: Analysis of the geometric isomers of methyl linoleate by gas chromatography. J. amer. Oil Chem. Soc. **39**, 330—334 (1962); **40**, 302—309 (1963); **41**, 52—55 (1964).

LOFLAND, H.B., F.W. QUACKENBUSH and A.M. BRUNSON: Distribution of fatty acids in corn oil. J. amer. Oil Chem. Soc. **31**, 412—414 (1954).
LOFTUS HILLS, G., and C.C. THIEL: The ferric thiocyanate method of estimating peroxide in the fat of butter, milk and dried milk. J. Dairy Res. **14**, 340—353 (1946).
LOMBARD, R.: L'insaponifiable des corps gras. Oléagineux **6**, 195—202, 268—274, 395—401 (1951).
LONCIN, M.: Die spontane autokatalytische Spaltung der Triglyceride. Fette u. Seifen **55**, 7—9 (1953).
— Die Löslichkeit des Wassers in Fetten und Ölen und der Dampfdruck des gelösten Wassers. Fette, Seifen, Anstrichmittel **57**, 413—415 (1955).
LONGENECKER, H.E.: Composition and structural characteristics of glycerides in relation to classification and environment. Chem. Rev. **29**, 201—224 (1941).
VAN LOON, CH.: Katalytische Umesterung von Fetten. Chem. Weekbl. **47**, 494—496 (1951) [holländisch].
LORA-TAMAYO, M.: Dienometrische Bestimmungen mit p-Benzochinon. Fette u. Seifen **54**, 539—544 (1952).
LOUGH, A.K., R.S. REID, M. MURRAY and F.M. BLACK: Short-chain fatty acid analysis — a comparison between two gas-chromatography methods. J. Sci. Food Agric. **18**, 214—216 (1967).
LOURY, M.: Application du test de Swift modifié à la caractérisation des graisses antioxydées. Rev. Franç. Corps Gras **7**, 662—666 (1960).
— Sur un mécanisme possible de dégradation des chaînes grasses monoinsaturées par autoxydation. C.R. Acad. Sci. (Paris) **253**, 2717—2719 (1961).
— Applications de la chromatographie sur couche mince à l'étude des corps gras et lipides. Rev. Franç. Corps Gras **11**, 259—272 (1964).
— Une méthode générale permettant la transformation rapide des corps gras en esters méthyliques. Rev. Franç. Corps Gras **14**, 383—389 (1967).
—, et C. BLOCH: Le tocophérol comme révélateur des margarines. Rev. Franç. Corps Gras **11**, 591—598 (1964).
—, et M. FORNIER: Nouveau critères analytiques permettant de définir la qualité des suifs et des saindoux alimentaires. Rev. Franç. Corps Gras **14**, 81—90 (1967).
—, G. LECHARTIER et M. FORNEY: Identification des produits volatils résultant de l'autoxydation de l'acide oléique par chromatographie sur couche mince et sur papier. Rev. Franç. Corps Gras **12**, 253—262 (1965).
LOVEGREN, N.V., W.A. GUICE and R.O. FEUGE: An instrument for measuring the hardness of fats and waxes. J. amer. Oil Chem. Soc. **35**, 327—331 (1958).
LOWRY, O.H., N.R. ROBERTS, K.Y. LEINER, M.L. WU and A.L. FARR: The quantitative histochemistry of brain I. Chemical methods. J. biol. Chem. **207**, 1—17 (1954).
LUDDY, F.E., R.A. BARFORD, S.F. HERB, P. MAGIDMAN and R.W. RIEMENSCHNEIDER: Pancreatic lipase hydrolysis by a semimicro technique. J. amer. Oil Chem. Soc. **41**, 693—696 (1964).
— — and R.W. RIEMENSCHNEIDER: Direct conversion of lipid components to their fatty acid methyl esters. J. amer. Oil Chem. Soc. **37**, 447—451 (1960).
—, G.R. FERTSCH and R.W. RIEMENSCHNEIDER: Glyceride composition of fats and oils determined by oxidation and crystallization methods. J. amer. Oil Chem. Soc. **31**, 266—268 (1954).
—, S.G. MORRIS, P. MAGIDMAN and R.W. RIEMENSCHNEIDER: Effect of catalytic treatment with sodium methylate on glyceride composition and properties of lard and tallows. J. amer. Oil Chem. Soc. **32**, 522—525 (1955).
—, and R.W. RIEMENSCHNEIDER: Determination of tri-saturated glycerides in lard, hydrogenated lard, and tallow. Oil and Soap **23**, 385—389 (1946).
LUDWIG, E., u. U. FREIMUTH: Zur Anwendung der Dünnschichtchromatographie in der Lebensmittelchemie. 2. Mitt. Ein schneller Nachweis der fettlöslichen Vitamine A, D und E. Nahrung **8**, 563—565 (1964).
LÜCK, H., A. PURR u. R. KOHN: Beitrag zum Nachweis von Fremdfetten in Kakaobutter mit Hilfe dielektrischer, infrarotspektroskopischer und gas- und säulenchromatographischer Methoden. Int. Fachschr. Schokolade-Industr. **16**, 106—116 (1961).
—, R. KOHN u. W. SAUMWEBER: Veränderung der Zusammensetzung von Schweinefett nach Verfütterung von Kraftfutter mit kürzerkettigen Fettsäuren oder mit Konjuenfettsäuren. Z. Lebensmittel-Untersuch. u. -Forsch. **125**, 13—20 (1964).
—, E. RICKERL u. A. PAVLIK: Molekulargewichtsbestimmung von Fetten und Fett-Polymerisaten in der Ultrazentrifuge. I. Bestimmung des Molekulargewichts von Leinöl-Polymerisaten aus Messungen der Sedimentationsgeschwindigkeit. Fette, Seifen, Anstrichmittel **64**, 239—244 (1962).

LÜCK, H., W. SAUMWEBER u. R. KOHN: Trans-Fettsäuregehalt von Schweineschmalz nach Fütterung von Schweinen mit rindertalghaltigem Kraftfutter. Z. Lebensmittel-Untersuch. u. -Forsch. **120**, 286—295 (1963).
LÜDECKE, C., u. M. DIENA: Die Unterscheidung von Ouricoury- und Carnauba-Wachs. Industr. Vernice (Mailand) **2**, 52 (1948); zit. nach Fette u. Seifen **55**, 135 (1953).
—, u. F. GIESER: Wachs-Definition. Fette, Seifen, Anstrichmittel **56**, 153 (1954).
LUND, J.: Die Beziehungen zwischen den Fettkonstanten. Z. Untersuch. Nahrungs- u. Genußmittel **44**, 113—187 (1922).
LUNDBERG, W.O., and J.R. CHIPAULT: The oxidation of methyl linoleate at various temperatures. J. amer. chem. Soc. **69**, 833—836 (1947).
—, R.T. HOLMAN and G.O. BURR: Spectroscopic changes in fats during rancidification. Oil and Soap **23**, 10—14 (1946).
LUNDE, G., u. F. STIEBEL: Über Fluoreszenz von Olivenölen. Angew. Chem. **46**, 243—247 (1933).
LUPTON, J.M., J. MITCHELL jr., A.N. OEMLER and L.B. WOOLAVER: Ashing and analysis of lard — Polarographic determination of iron, copper and nickel. J. amer. Oil Chem. Soc. **25**, 216—218 (1948).
LYNES, A.: The analysis of straight-chain (n-C_1—C_9) carboxylic acids by a thin-layer chromatographic method. J. Chromatograph. **15**, 108—110 (1964).
LYNESS, W.I., and F.W. QUACKENBUSH: New color reaction for vitamins D. Analytic. Chem. **27**, 1978—1980 (1955).
MABROUK, A.F., and J.B. BROWN: The trans fatty acids of margarines and shortenings. J. amer. Oil Chem. Soc. **33**, 98—102 (1956).
MCALOREN, J.T., and G.F. REYNOLDS: The determination of glycerol. Teil II. Absorptiometric determination as the copper complex. Analyt. chim. Acta (Amsterdam) **32**, 227—234 (1965).
MCCONNEL, J.E.W., and W.B. ESSELEN jr.: Evaluation of tests for rancidity in edible packaged oils. Oil and Soap **23**, 369—374 (1946).
MACDONALD, J.A.: Evidence for cyclic monomers in heated linseed oil. J. amer. Oil Chem. Soc. **33**, 394—396 (1956).
MCGEE, A.E.: Some physical and chemical properties of extraction naphthas. J. amer. Oil Chem. Soc. **25**, 176—179 (1949).
MACGEE, J.: Enzymatic determination of polyunsaturated fatty acids. Analytic. Chem. **31**, 298—302 (1959).
MCGUIRE, T.A., and F.R. EARLE: Fractionation of linseed phosphatides. J. amer. Oil Chem. Soc. **28**, 328—331 (1951).
MACHADO, R.D.: Melting and crystallization of vegetable waxes. J. amer. Oil Chem. Soc. **34**, 388—393 (1957).
MCINNES, A.G., N.H. TATTRIE and M. KATES: Application of gas-liquid partition chromatography to the quantitative estimation of monoglycerides. J. amer. Oil Chem. Soc. **37**, 7—11 (1960).
MACK, C.H., R.N. MOORE and W.G. BICKFORD: Effect of winterization on the composition and stability of cottonseed oil. J. amer. Oil Chem. Soc. **29**, 14—16 (1952).
MACKENZIE, R.C., and B.D. MITCHELL: Differential thermal analysis; a review. Analyst. **87**, 420—434 (1962).
MACMILLIAN, D., and E.H. MELVIN: Color characteristics and chemical analyses of oil from frost- and weatherdamaged soybeans. J. amer. Oil Chem. Soc. **32**, 85—88 (1955).
MCNICOLL, D.: The estimation of resin acids in fatty mixtures. J. Soc. chem. Industr. (Lond.) **40**, 124 T (1921).
MAGIDMAN, P., S.F. HERB, F.E. LUDDY and R.W. RIEMENSCHNEIDER: Fatty acids of lard. B. Quantitative estimation by silicic acid and gas-liquid chromatography. J. amer. Oil Chem. Soc. **40**, 86—88 (1963).
MAGNE, F.C., A.V. BAILEY, E.R. MCCALL, S.H. MILES, E.L. SKAU: Methods for determination of cyclopropenoid fatty acids. Infrared absorption method. Analytic. Chem. **36**, 681—682 (1964).
—, J.A. HARRIS and E.L. SKAU: Methods for the determination of cyclopropenoid fatty acids. I. Aqueous hydrochloric acid method. J. amer. Oil Chem. Soc. **40**, 716—717 (1963).
MAIR, R.D., and A.J. GRAUPNER: Determination of organic peroxides by iodine liberation procedures. Analytic. Chem. **36**, 194—204 (1964).
MAJORS, K.R., and R.T. MILNER: Relation between the iodine number and refractive index of crude soybean oil. Oil and Soap **16**, 228—231 (1939).
MALAPRADE, L.: Oxydation de quelques polyalcools par l'acide periodique. Compt. Rend. **186**, 382—384 (1928).
MALTSCHEWSKY, N.: Über den mikrobiologischen Verderb von Margarine. Fette, Seifen, Anstrichmittel **58**, 331—335 (1956a).

MALTSCHEWSKY, N.: Der Einfluß der Lagerungstemperatur auf die Vermehrung der Bakterien in der Margarine. Fette, Seifen, Anstrichmittel **58**, 336—340 (1956b).

MANGANELLI, R.M., and F.R. BROFAZI: Quantitative Determination of volatile acids by paper chromatography for application to sewage sludge digestion. Analytic. Chem. **29**, 1441—1443 (1957).

MANGOLD, H.K.: Thin-layer chromatography of lipids. J. amer. Oil Chem. Soc. **41**, 762—773 (1964).

—, and R. KAMMERECK: Separation, identification and quantitative analysis of fatty acids by thin-layer chromatography and gas liquid chromatography. Chem. and Industr. **1961**, 1032—1034.

—, and D.C. MALINS: Fractionation of fats, oils and waxes on thin-layers of silicic acid. J. amer. Oil Chem. Soc. **37**, 383—385 (1960).

MANGOLD, W.: Nachweis des Freialdehyds in verdorbenen Fetten. II. Vorratspfl. u. Lebensmittelforsch. **5**, 292—303 (1942).

MANKOVSKAYA, N.K., u. Z.I. GETMANSKAYA: Bestimmung der Isosäuren in technischen Fraktionen synthetischer Fettsäuren C_{10} bis C_{16} und C_{17} bis C_{20}. Maslob. Zhir. Prom. **1962** (3) 29; zit. nach Analyt. Abstr. **10**, 4418 (1963).

MANUNTA, C.: Chromatographische Trennung einer Mischung von Palmitin-, Stearin- und Ölsäure. Helv. chim. Acta **22**, 1156—1160 (1939) [italienisch].

MARCALI, K., and W. RIEMAN III: Microdetermination of the saponification number of fats and oils. Decigram, centigram and milligram procedures. Industr. Engin. Chem. Anal. Ed. **18**, 144—145 (1946).

MARCINKIEWICZ, S., and J. GREEN: The complete analysis of tocopherol mixtures. II. The separation of nitrosotocopherols by paper chromatography and their determination. Analyst **84**, 304—312 (1959).

MARCUSE, R., K. REMI u. P.O. GÖTHE: Automatische Messung des Sauerstoffverbrauchs bei konstantem Sauerstoffdruck mit modifiziertem Warburg-Apparat. Fette, Seifen, Anstrichmittel **66**, 992—997 (1964).

MARCUSSON, J., u. H. SCHILLING: Unterscheidung von Tier- und Pflanzenölen. Chemiker-Ztg. **37**, 1001—1002 (1913).

MAREŠ, E.: Nachweis von Rindertalg im Schweineschmalz mit Hilfe der Differential-Thermoanalyse. Nahrung **9**, 881—887 (1965).

—, u. H. SMELKUS: Die färbenden Bestandteile des Montanwachses. Chemiker-Ztg. **46**, 701—702 (1922).

MARGOSCHES, B.M., W. HINNER u. L. FRIEDMANN: Über eine Schnellmethode zur Bestimmung der Jodzahl fetter Öle mit Jod und Alkohol. Z. angew. Chem. **37**, 334—337 (1924).

MARINETTI, G.V.: Chromatographic separation, identification and analysis of phosphatides. J. Lipid Res. **3**, 1—20 (1962).

MARMOR, R.A., and R.L. FERM: Apparatus for determination of the Wiley melting point. J. amer. Oil Chem. Soc. **35**, 109—110 (1958).

MARTIN, A.J.P., and R.L.M. SYNGE: A new form of chromatogram employing two liquid phases. Biochem. J. **35**, 1358—1368 (1941).

MARTIN, C.J., A.I. SCHEPARTZ and B.F. DAUBERT: Flavor reversion in soybean oil. IV. Isolation of reversion compounds in soybean oil. J. amer. Oil Chem. Soc. **25**, 113—117 (1948).

MARTIN, J.B.: The equilibrium between symmetrical and unsymmetrical monoglycerides and determination of total monoglycerides. J. amer. chem. Soc. **75**, 5483—5486 (1953).

MARTINENGHI, G.B.: Beitrag zur Analyse des Olivenöls. Fette u. Seifen **46**, 333—337 (1939).

— Prüfung von Ölen auf Echtheit mit Hilfe des Viertemperaturenrestes. 5. Mitt. Olearia **12**, 195—201 (1958) [italienisch].

— Analytische Methode zur Erkennung raffinierter Tresteröle, veresterter Öle und anderer fremder Öle neben Olivenöl. Olearia **14**, 5—13 (1960) [italienisch].

— Gaschromatographische und UV-spektrophotometrische Daten von Erdnußölen. Olearia **18**, 47—53 (1964) [italienisch].

— L'acide élaidique dans les huiles alimentaires. Oléagineux **21**, 21—23, 225—229, 607 (1966).

—, u. G. BALESTRINI: Eine neue Methode zur Kontrolle des Verhaltens raffinierter Öle und flüssiger Fettsäuren in der Kälte. I. Olearia **10**, 192—194 (1956) [italienisch].

MARTIN PAREZ, C.S., u. M.T. SANTOS MOLERO: Grenzen der Anwendung der Perjodsäure-Methode zur Bestimmung der Monoglyceride in Ölen. Grasas y Aceites (Seville, Spain) **6**, 135—140 (1955) [spanisch]; zit. nach J. amer. Oil Chem. Soc. **32**, 541 (1955).

MASCH, L.W.: Die Molekulardestillation im Laboratorium und in der Technik. Chem.-Ing.-Techn. **22**, 141—146 (1950).

MASON, M.E., M.E. EAGER and G.R. WALLER: A procedure for the simultaneous quantitative determination of glycerol and fatty acid contents of fats and oils. Analytic. Chem. **36**, 587—590 (1964).

MASON, M. E., and G. R. WALLER: Dimethoxypropane induced transesterification of fats and oils in preparation of methyl esters for gas chromatographic analysis. Analytic. Chem. **36**, 583—586 (1964).
MATEJKA, K., u. H. Kurtenacker: Der Einfluß der Mahlung auf die Ölbestimmung in Ölsaaten. Fette u. Seifen **48**, 744—745 (1941).
MATHIEU, A., H. CHAVERON, R. PERRON et C. PAQUOT: Applications de l'analyse thermique differentielle à l'étude des corps gras. III. Etude des beurres de cacao. Rev. Franç. Corps Gras **10**, 123—126 (1963).
MATTEI, R., u. G. VOLPI: Ultraviolett-spektrographische Eigenschaften italienischer Olivenöle. Nachweis von zugesetztem Raffinat und Fremdölen. Olearia **13**, 55 (1959) [italienisch].
MATTHES, H., u. C. BRAUSE: Über die Unterscheidung von tierischem und pflanzlichem Lecithin. Arch. Pharmaz. (Weinheim) **265**, 708—710 (1927).
MATTHEWS, N. L., W. R. BRODE and J. B. BROWN: The reaction of thiocyanogen with linoleic and linolenic acids. The application of the thiocyanogen reaction to the determination of these acids in fatty acids mixtures. Oil and Soap **18**, 182—187 (1941 a).
— — — Studies on the chemistry of fatty acids. VII. The multiple nature of the linoleic and linolenic acids prepared by the bromination-debromination procedure. The purification of these acids by repeated low-temperature crystallization. J. amer. chem. Soc. **63**, 1064 bis 1067 (1941 b).
MATTHIAS, W.: Über eine einfache Methode für papierchromatographische Untersuchungen (Keilstreifenverfahren). Naturwiss. **43**, 351—352 (1956); 1. Mitt. siehe Naturwiss. **41**, 17 (1954).
MATTSON, F. H., and L. W. BECK: The specificity of pancreatic lipase for the primary hydroxyl groups of glycerides. J. biol. Chem. **219**, 735—740 (1956).
—, and E. S. LUTTON: The specific distribution of fatty acids in the glycerides of animal and vegetable fats. J. biol. Chem. **233**, 868—871 (1958).
—, and R. A. VOLPENHEIN: The specific distribution of fatty acids in the glycerides of vegetable fats. J. biol. Chem. **236**, 1891—1894 (1961); vgl. auch J. Lipid Res. **4**, 392—396 (1963).
MAZUELOS VELA, F.: Wirkung der Pankreas-Lipase auf natürliche und synthetische Glyceride. Grasas y Aceites (Seville, Spain) **13**, 239—241 (1962) [spanisch].
—, A. VÁZQUEZ RONCERO, F. RAMOS AYERBE u. J. M. MARTINEZ MORENO: Wirkung der Pankreas-Lipase auf natürliche und synthetische Glyceride. Bestimmung der veresterten Öle und ihrer Gemische mit Olivenöl. Grasas y Aceites (Seville, Spain) **15**, Heft 1, 12—16 (1964) [spanisch]; vgl. auch: F. MAZUELOS VELA: Grasas y Aceites (Seville, Spain) **16**, 69—72 (1965); **19**, 13—16 (1968) [spanisch].
MEHLENBACHER, V. C.: A study of methods of accelerating the Swift stability test. Oil and Soap **19**, 137—139 (1942).
MEIGEN, M., u. A. WINOGRADOFF 1914; zit. nach D. HOLDE: Kohlenwasserstofföle und Fette. VII. Aufl. Berlin: Springer 1933.
MEIJBOOM, P. W.: Relationship between molecular structure and flavor perceptibility of aliphatic aldehydes. J. amer. Oil Chem. Soc. **41**, 326—328 (1964).
MELNICK, D., F. H. LUCKMANN and CH. M. GOODING: Composition and control of potato chip frying oils in continuing commercial use. J. amer. Oil Chem. Soc. **35**, 271—277 (1958).
MELVIN, E. H., and J. E. HAWLEY: Spectrochemical determination of iron and copper in commercial oils. J. amer. Oil Chem. Soc. **28**, 346—347 (1951).
—, D. MCMILLAN and F. R. SENTI: Suggested spectrophotometric method for grading green soybean oil. J. amer. Oil Chem. Soc. **30**, 255—259 (1953).
MENDELOWITZ, A., and J. P. RILEY: The spectrophotometric determination of long chain fatty acids containing ketonic groups. Analyst **78**, 704—709 (1953).
METCALFE, L. D.: The gas chromatography of fatty acids and related long chain compounds on phosphoric acid treated columns. J. Gas Chromatograph. **1**, 7—11 (1963).
—, and A. A. SCHMITZ: The rapid preparation of fatty acid esters for gas-chromatographic analysis. Analytic. Chem. **33**, 363—364 (1961).
— — and J. R. PELKA: Rapid preparation of fatty acid esters from lipids for gas chromatography. Analytic. Chem. **38**, 514—515 (1966).
MEYER, F. R., u. G. RONGE: Entfernen von Sauerstoff aus Gasen mittels aktiven Kupfers. Angew. Chem. **52**, 637—638 (1939).
MICHEEL, F., u. H. SCHWEPPE: Papierchromatographische Trennung höherer Fettsäuren mit Celluloseacetat-Papier. Angew. Chem. **66**, 136—137 (1954).
MIETH, G.: Refraktometrische Schnellbestimmung des Fettgehaltes von Margarine und Butter. Nahrung **10**, 225—226 (1966).
VON MIKUSCH, J. D.: Sterische Hinderung und cis-trans-Isomerie bei der Dienreaktion konjugiert-ungesättigter Fettsäuren. Die Pandienzahl. Angew. Chem. **62**, 475—480 (1950).
—, and C. FRAZIER: Woburn iodine absorption method. Industr. Engin. Chem. Anal. Ed. **13**, 782—789 (1941).

Miller, S.A., and A. Bracken: Polyvinyl alcohol as indicator in iodometry. J. chem. Soc. (Lond.) **1951**, 1933.
Mima, H., and N. Kitamori: Chromatographic analysis of sucrose esters of long chain fatty acids. J. amer. Oil Chem. Soc. **41**, 198—200 (1964).
Mirna, A.: Untersuchungen über den Carotin-, Vitamin A- und Vitamin E-Gehalt gelber Rinderfette. Z. Lebensmittel-Untersuch. u. -Forsch. **111**, 393—402 (1959/1960).
Mitchell, jr., J.H., and H.R. Kraybill: Formation of conjugated material during bleaching of vegetable oils. J. amer. chem. Soc. **64**, 988—994 (1942).
— — and F.P. Zscheile: Quantitative spectral analysis of fats. Industr. Engin. Chem. Anal. Ed. **15**, 1—3 (1943).
Miwa, T.K.: Identification of peaks in gas-liquid chromatography. J. amer. Oil Chem. Soc. **40**, 309—313 (1963).
—, W.F. Kwolek and I.A. Wolff: Quantitative determination of unsaturation in oils by using an automatic titration hydrogenator. Lipids **1**, 152—157 (1966).
—, K.L. Mikolajzak, F.R. Earle and I.A. Wolff: Identification constants for mono- and dicarboxylic methylesters. Analytic. Chem. **32**, 1739—1742 (1960).
Möller, P.: Das Verhalten von Fettoxydationsprodukten während der Erzeugung von Speisefetten. Fette, Seifen, Anstrichmittel **60**, 465—468 (1958).
Mohr, W., u. A. Arbes: Ist Trimethylamin die Ursache des Fischigwerdens einer Butter. Fette u. Seifen **46**, 678—682 (1939).
—, W. Kaufmann u. K. Koenen: Ein neues einfaches Gerät zur Bestimmung der Schnittfestigkeit und Druckdurchbiegung von Butter. Fette u. Seifen **53**, 129—131 (1951).
Monhaupt, M.: Zur Fettbestimmung in Futterstoffen und Saaten. Chemiker-Ztg. **35**, 1305 (1911).
Montag, A.: Dünnschichtchromatographischer Nachweis einiger fettlöslicher synthetischer und natürlicher Farbstoffe in Lebensmitteln. Z. Lebensmittel-Untersuch. u. -Forsch. **116**, 413—420 (1961/1962).
Moore, T.: Spectroscopic changes in fatty acids. Biochem. J. **31**, 138—154 (1937); siehe auch ebenda **33**, 1635—1638 (1939).
Morell, D.B., J. Conochie and G. Loftus Hills: Determination of the oxygen content of fats and oils. J. Council Scient. Industr. Res. **19**, 190—194 (1946).
Morgan, D.A.: Smoke, fire and flash points of cottonseed, peanut and other vegetable oils. Oil and Soap **19**, 193—198 (1942).
Morris, L.J.: Separation of higher fatty acids isomers and vinylogues by thin-layer chromatography. Chem. and Industr. **1962**, 1238—1240.
—, and D.M. Wharry: Chromatographic behaviour os isomeric long chain aliphatic compounds. 1. Thin-layer chromatography of some oxygenated fatty acid derivatives. J. Chromatograph. **20**, 27—37 (1965).
Morton, R.A., and A.L. Stubbs: Photoelectric spectrophotometry applied to the analysis of mixtures, and vitamin A oils. Analyst. **71**, 348—356 (1946).
Moser, H.A., H.J. Dutton, C.D. Evans and J.C. Cowan: Conducting a taste panel for the evaluation of edible oils. Food Technol. **4**, 105—109 (1950).
—, C.D. Evans, J.C. Cowan and W.F. Kwolek: A light test to measure stability of edible oils. J. amer. Oil Chem. Soc. **42**, 30—33 (1965).
Mossel, D.A.A.: Die mikrobiologische Qualitätskontrolle der Margarine. I.—III. Fette, Seifen, Anstrichmittel **67**, 901—906, 1015—1018 (1965); **68**, 487—491 (1966).
Müller, A.: Proc. roy. Soc. Ser. A (Lond.) **114**, 542—561 (1927); zit. nach A.E. Bailey: Melting and Solidification of Fats 1950, S. 15.
Müller, L.: Zur Wasserbestimmung in Butter und Margarine. Z. Untersuch. Nahrungs- u. Genußmittel **16**, 725—728 (1908).
Mukerjee, H.: Paper chromatography of volatile fatty acids. Analytic. Chem. **31**, 1284 (1959).
Mukherjee, S.: A rapid method for the estimation of unsaturation of oils by use of hypochlorous acid reagent. J. amer. Oil Chem. Soc. **32**, 351—353 (1955).
Muldrey, J.E., O.N. Miller and J.G. Hamilton: Quantitative glass paper chromatography: phosphatidyl choline and sphingomyelin. J. Lipid Res. **1**, 48—52 (1959).
Murray, K.E., and R. Schoenfeld: Studies of waxes. III. The alcohols of carnauba wax. J. amer. Oil Chem. Soc. **28**, 461—466 (1951).
— — The aliphatic alcohols of wool wax. V. Studies in waxes. J. amer. Oil Chem. Soc. **29**, 416—420 (1952).
— — Studies of waxes. VI. The n-acids of carnauba wax. J. amer. Oil Chem. Soc. **30**, 25—27 (1953).
Nagy, J.J., F.C. Vibrans and H.R. Kraybill: An application of the Barcroft-Warburg apparatus to the study of antioxidants in fats. Oil and Soap **21**, 349—352 (1944).

Narayan, K.A., and B.S. Kulkarni: Nomographs for calculating the fatty acid composition of oils and fats from iodine values and either extinction coefficients or thiocyanogen values. J. amer. Oil Chem. Soc. **31**, 137—142 (1954).
Naudet, M., A. Check el Kar, S. Biasini et J. Pasero: Dosage gravimétrique et séparation préparative de la fraction »Acides oxydés« dans les huiles d'arachide. Rev. Franç. Corps Gras **12**, 455—460 (1965).
—, M., et M. Lachamp: Sur la détermination de très petites quantités d'acides oxydés dans les huiles d'arachide. Rev. Franç. Corps Gras **9**, 546—551 (1962).
—, M.J. Perrot et P. Desnuelle: Sur un nouveau support de chromatographie de partage pour le partage des acides oxydés. Rev. Franç. Corps Gras **7**, 429—432 (1960).
—, et E. Sambuc: Sur la couleur des huiles. I. Considérations générales et diverses techniques d'estimation. Rev. Franç. Corps Gras **2**, 851—858 (1955); siehe auch ebenda **3**, 425—436 (1956); **3**, 838—851 (1956); **7**, 21—33 (1960); **8**, 28—29 (1961); **8**, 285—291 (1961); **9**, 202—212 (1962).
— — Eine neue Schnellmethode zur Farbmessung von Fetten und Ölen. Fette, Seifen, Anstrichmittel **64**, 441—444 (1962).
Neskovic, N.M., and D.M. Kostic: Quantitative analysis of rat liver phospholipids by a two-step thin-layer chromatographic procedure. J. Chromatograph. **35**, 297—300 (1968).
Nestler, F.H.M., and H.G. Cassidy: Adsorption of low molecular weight fatty acids by an activated charcoal. Use of chromatography to obtain adsorption isotherms. J. amer. chem. Soc. **72**, 681—689 (1950).
Nevin, C.S., P.M. Althouse and O. Triebold: Surface tension determination of some saturated fatty acid methyl esters. J. amer. Oil Chem. Soc. **28**, 325—328 (1951).
Newman, A.A.: The aceto-glycerides, a new food ingredient. Food Manufact **37**, 525—528 (1962).
Nichols, P.L.: Coordination of silver ion with methyl esters of oleic and elaidic acids. J. amer. chem. Soe. **74**, 1091—1092 (1952).
Nickell, E.C., and O.S. Privett: A simple, rapid micromethod for the determination of the structure of unsaturated fatty acids via ozonolysis. Lipids **1**, 166—170 (1966).
Nicolet, B.H., and T.C. Poulter: J. amer. chem. Soc. **52**, 1186 (1930); zit. nach D. Swern u. Mitarb. (1944).
Niederstebruch, A., u. I. Hinsch: Die polarographische Bestimmung von Tocopherolen und Tocopherylchinonen in Ölen und Fetten. Fette, Seifen, Anstrichmittel **69**, 559—563 (1967).
— — Polarographische Bestimmung von Hydroperoxiden in Öl. Fette, Seifen, Anstrichmittel **69**, 637—642 (1967).
Nield, C.H., W.C. Russel and A. Zimmerli: The spectrophotometric determination of vitamins D_2 and D_3. J. biol. Chem. **136**, 73—79 (1940); siehe auch ebenda **148**, 245—246 (1943).
Nijkamp, H.J.: On the chromatographic determination of the volatile fatty acids C_4 to C_{10}. Analyt. chim. Acta (Amsterdam) **5**, 325—331 (1951).
— A simple chromatographic method for the determination of the saturated straight-chain fatty acids C_{10} to C_{24}. Analyt. chim. Acta (Amsterdam) **10**, 448—458 (1954).
Nikelly, J.G.: Gas chromatography of free fatty acids. Analytic. Chem. **36**, 2244—2248 (1964).
Nobile, S., u. H. Moor: Analysenmethode zur Bestimmung des Vitamins E in Lebens- und Futtermitteln. Mitt. Lebensmitteluntersuch. Hyg. **44**, 396—402 (1953).
Nösel, H.: Ein dielektrisches Schnellverfahren zur Fettbestimmung im Frischfisch. Fette, Seifen, Anstrichmittel **67**, 195—198 (1965).
Normann, W.: Die Schmelzausdehnung der Fette. Chem. Umschau Fette, Öle **38**, 17—22 (1931).
—, u. Oelwerke Germania, Emmerich: D.R.P. 407.180 vom 25. IV. 1920 und D.R.P. 417.215 vom 26. VI. 1920.
—, u. E. Hugel: Zur Bestimmung von leichten Kohlenwasserstoffen in Fetten. Chem. Umschau Fette, Öle **26**, 19—20 (1919).
—, u. E. Schiltknecht: Zur Hydroxylzahlbestimmung. Fettchem. Umsch. **40**, 194—197 (1933).
Norris, F.A., and R.J. Buswell: Rapid iodine number determinations. Industr. Engin. Chem. Anal. Ed. **15**, 258—259 (1943).
— — Stability of Wijs solution for iodine number determinations. Industr. Engin. Chem. Anal. Ed. **16**, 417 (1944).
—, and K.F. Mattil: A new approach to the glyceride structure of natural fats. J. amer. Oil Chem. Soc. **24**, 274—275 (1947).
Nottbohm, F.E., u. O. Baumann: Welche Fettbestimmungsverfahren können für Dauermilch in Vorschlag gebracht werden. Z. Untersuch. Lebensmittel **62**, 164—169 (1931).
—, u. F. Mayer: Der Cholinfaktor von Eigelb und die Phosphatid-Lecithinzahl des Eierlecithins. Z. Untersuch. Lebensmittel **66**, 585—592 (1933).

NOVÁK, M., u. V. HROMADKÓVÁ: Eine Methode zur quantitativen papierchromatographischen Bestimmung der Fettsäuren mit Hilfe des Kupfer-Tetraäthylthiuramdisulfid-Komplexes. Nahrung **3**, 1060—1064 (1959).
NUNN, J.R.: The structure of sterculic acid. J. chem. Soc. **1952**, 313—318.
O'CONNOR, R.T.: Infrared absorption spectra. J. amer. Oil Chem. Soc. **32**, 624—633 (1955).
— Application of infrared spectrophotometry to fatty acid derivatives. J. amer. Oil Chem. Soc. **33**, 1—15 (1956).
— Report of the Spectroscopy Committee 1958—1959. J. amer. Oil Chem. Soc. **36**, 627—631 (1959).
— Report of the Spectroscopy Committee 1959—1960. J. amer. Oil Chem. Soc. **38**, 180—184 (1961a).
— Near-infrared absorption spectroscopy — a new tool for lipid analysis. J. amer. Oil Chem. Soc. **38**, 641—648 (1961b).
— Recent progress in the applications of infrared absorption spectroscopy to lipid chemistry. J. amer. Oil Chem. Soc. **38**, 648—659 (1961c).
—, E.T. FIELD, M.E. JEFFERSON and F.G. DOLLEAR: The influence of processing on the spectral properties of vegetable oils. J. amer. Oil Chem. Soc. **26**, 710—718 (1949).
—, and D.C. HEINZELMAN: The spectrophotometric determination of the a and β isomers of elaeostearic acid in tung oil. J. amer. Oil Chem. Soc. **24**, 212—216 (1947).
— — and M.E. JEFFERSON: Preparation of ash and spectrochemical determination of traces of metallic elements in oils, fats and related substances. J. amer. Oil Chem. Soc. **24**, 185 to 189 (1947).
— — — Application of the line-width method to the spectrochemical analysis of oils, fats, and related substances. J. amer. Oil Chem. Soc. **25**, 408—414 (1948).
O'DANIEL, L., and L.B. PARSONS: A rapid test for alpha dicarbonyls. Oil and Soap **20**, 72—74 (1943).
OEHME, F.: Dielektrische Untersuchungsmethoden auf dem Fettgebiet. Fette, Seifen, Anstrichmittel **60**, 997—1000 (1958b).
OETTE, K., and E.H. AHRENS jr.: Quantitative gas liquid chromatography of short-chain fatty acids as 2-chloro ethanol esters. Analytic. Chem. **33**, 1847—1851 (1961).
—, M.L. PETERSON and R.L. MCAULEY: A highly sensitive method for measurement of lipid hydroperoxides by iodimetry and amperometric endpoint. J. Lipid Res. **4**, 212—215 (1963).
OGG, C.L., and F.J. COOPER: Determination of unsaturation by microhydrogenation. Analytic. Chem. **21**, 1400—1401 (1949).
—, W.L. PORTER and C.O. WILLITS: Determining the hydroxyl content of certain organic compounds. Macro- and semimicromethods. Industr. Engin. Chem. **17**, 394—397 (1945).
OLIVER, G.D., and A.E. BAILEY: Thermal properties of fats and oils. V. The heat capacity and heat of fusion of highly hydrogenated cottonseed oil. Oil and Soap **22**, 39—41 (1945).
—, W.S. SINGLETON, S.S. TODD and A.E. BAILEY: Thermal properties of fats and oils. II. Heat capacity and latent heat of cottonseed oil. Oil and Soap **21**, 297—300 (1944).
O'NEILL, H.J., and L.L. GERSHBEIN: Determination of cholesterol and squalene by gas chromatography. Analytic. Chem. **33**, 182—185 (1961).
ORR, C.H., and J.E. CALLEN: Separation of polyunsaturated fatty acid methyl esters. by gas chromatography. J. amer. chem. Soc. **80**, 249 (1958).
ORY, R.L.: The separation of glycerides of mixed fatty acid chain length by glass paper chromatography. J. Chromatograph. **5**, 153—156 (1961).
OSMAN, F., M.R. SUBBARAM and K.T. ACHAYA: Quantitative micro thin-layer chromatography of fatty materials. J. Chromatograph. **26**, 286—289 (1967).
OTHMER, P.: Studie über das spontane Kristallisationsvermögen 2. Z. anorgan. Chem. **91**, 209—247 (1915).
PACK, F.C., and R.W. PLANCK: Improved apparatus and methods for quantitative hydrogenation. J. amer. Oil Chem. Soc. **30**, 461—463 (1953).
PALENI, A.: Zur Bestimmung des Fettgehaltes in Ölsaaten. Fette u. Seifen **49**, 275—278 (1942).
PALLADINA, O.K., u. K.SS. STEPANOWA: Eine Schnellmethode zur Bestimmung der Stabilität von Fetten und Ölen. Öl- u. Fett-Industr. **22**, 16 (1956) [russisch]; zit. nach Fette, Seifen, Anstrichmittel **61**, 65 (1959).
PALLAUF, F.: Zur Farbmessung von Fetten, Ölen und Harzen mit dem Hellige Kolorimeter. Fette u. Seifen **52**, 370—372 (1950).
PALLOTTA, U.: Verwendung der IR-Spektrophotometrie zur Identifizierung der trans-Isomeren in esterifizierten Olivenölen. Riv. Ital. Sostanze Grasse **9**, 387—400 (1961) [italienisch].
PANGBORN, M.C.: A simplified purification of lecithin. J. biol. Chem. **188**, 471—476 (1951).
PANTE: Beitrag zur „Neutralrot-Fettprüfung" nach SCHÖNBERG. Z. Fleisch- u. Milchhyg. **54**, 71—72 (1944).

PAPARIELLO, G.J., S. CHULKARATANA and TAKERU HIGUCHI: A general method for the chromatographic analysis of mono-, di-, and triglycerides and the mono- and diesters of ethylene glycol and polyethylene glycol. J. amer. Oil Chem. Soc. **37**, 396—399 (1960).
PAQUOT, C., et J. MERCIER: Résultats expérimentaux sur l'autoxydation des corps gras I. Autoxydation comparée d'esters purs. Rev. Franç. Corps Gras **9**, 275—282 (1962).
PARDUN, H.: Versuche zur Ermittlung der Benzinverluste in einem Extraktionsbetrieb der Ölmühlenindustrie. Seifensieder-Ztg. **73**, 121—124 (1947); siehe auch PURR, A., u. A. HETTICH (1955).
— Gewinnung von Fettsäureäthylestern. Seifen, Öle, Fette, Wachse **76**, 377—380, 397—400, 417—419, 440—443 (1950).
— Zusatzstoffe der Margarine. Fette, Seifen, Anstrichmittel **65**, 25—35 (1963).
— Zur Frage der Qualitätsbeurteilung vegetabilischer Öle. Dtsch. Lebensmittel-Rdsch. **62**, 6—13 (1966).
—, u. O. WERBER: Laboratoriumsmethoden zur Bestimmung des Raffinationsverlustes von Ölen und Fetten. Fette, Seifen, Anstrichmittel **61**, 1010—1017 (1959).
—, E. KROLL u. O. WERBER: Bestimmung der Aktivität von Bleicherden, insbesondere im Hinblick auf ihre Verwendung zur Qualitätsbeurteilung vegetabilischer Öle. Fette, Seifen, Anstrichmittel **70**, 531—536, 643—648 (1968).
PARKER, F., and N.F. PETERSON: Quantitative analysis of phospholipids fatty acids from silica gel thin-layer chromatograms. J. Lipid Res. **6**, 455—460 (1965).
PARKER, W.E., and D. SWERN: A note on improved isolation of concentrates of linolenic acid and ethyl linolenate from linseed oil. J. amer. Oil Chem. Soc. **34**, 43—44 (1957).
PARKS, T.D., and L. LYKKEN: Determination of copper and iron in oils by amperometric titration. Analytic. Chem. **22**, 1503—1505 (1950).
PARSONS, L.B.: (1938) Unveröffentlichte Messungen nach A.E. BAILEY: Industrial Oil and Fat Products, 2nd Ed. New York: Intersc. Publ. Onc. 1951.
PASCHKE, R.F., J.R. KERNS nad D.H. WHEELER: A micromolecular still. J. amer. Oil Chem. Soc. **31**, 5—7 (1954).
—, and D.H. WHEELER: Formation and decomposition of peroxides of unsaturated fat esters. Oil and Soap **21**, 52—57 (1944).
— — Thermal polymerization of unsaturated fatty esters, normal methyl linoleate. J. amer. Oil Chem. Soc. **26**, 278—283 (1949).
— — Cyclization of elaeo stearic acid. J. amer. Oil Chem. Soc. **32**, 473—478 (1955).
PASCUCCI, E., u. F. PAOLINI: Analytische Unterscheidung von Schmalz und raffiniertem Schweinefett. Riv. Ital. Sostanze Grasse **6**, 294—301 (1962) [italienisch].
PASTERNAK, R., P. BRADY and H. EHRMANTRAUT: An instrument for the fast and precise determination of molecular weights. ACHEMA-Vortrag Juni 1961, Sonderdruck.
PATTON, S., and D.V. JOSEPHSON: A method for determining significance of volatile flavor compounds in foods. Food Res. **23**, 316—318 (1957).
PATTON, ST.: Response of epihydrin aldehyde and glyceraldehyde in the thiobarbituric acid test for fat oxidation. Food. Res. **25**, 554—556 (1960).
—, M. KEENEY and G.W. KURTZ: Compounds producing the KREIS color reaction with particular reference to oxidized milk fat. J. amer. Oil Chem. Soc. **28**, 391—393 (1951).
—, and G.W. KURTZ: 2-Thiobarbituric acid as a reagent for detecting milk fat oxidation. J. Dairy Sci. **34**, 669—674 (1951).
PAUL, S., and A. ROYLANCE: Keeping properties of edible oils. Part. I. The use of accelerated tests for assessment of the keeping properties of oils and the value of antioxidants. J. amer. Oil Chem. Soc. **39**, 163—165 (1962).
PAULOSE, M.M.: The thin-layer chromatographic separation of fatty acid methyl esters according to both chain length and unsaturation. J. Chromatograph. **21**, 141—143 (1966).
PAYNE, G.B.: Reactions of hydrogen peroxide. V. Alkaline peroxidation of acrolein and methacrolein (in press); zit. nach ST. PATTON. Food Res. **25**, 554—556 (1960).
PEKKARINEN, L., u. E. PORKKA: Betrachtungen zur quantitativen Bestimmung der Sorbinsäure in Lebensmitteln mit der Thiobarbitursäure-Methode. Z. analyt. Chem. **201**, 423—428 (1964).
PELIKAN, K.A., and J.D. VON MIKUSCH: Comparison of two methods for the determination of conjugated double bonds. Oil and Soap **14**, 209—210 (1937).
— — Determination of total saturated fatty acids. Oil and Soap **15**, 149—150 (1938).
PELZ, W.: Beitrag zur Beurteilung des Isoölsäuregehaltes in Kakaobutter. Dtsch. Lebensmittel-Rdsch. **54**, 228—230 (1958).
PERKINS, E.G., and F.A. KUMMEROW: The isolation and characterization of the polymers formed during the thermal oxidation of corn oil. J. amer. Oil Chem. Soc. **36**, 371—375 (1959).
PETER, S.: Zur Methodik der Viskositätsmessung. Chem.-Ing.-Tech. **32**, 437—447 (1960).

PETERS, H., u. TH. WIESKE: Spurennachweis von mehrfach verzweigten Fettsäuren in Fetten. Fette, Seifen, Anstrichmittel **68**, 947—950 (1966).
PETERSON, M.H., and M.J. JOHNSON: The estimation of fatty acids of intermediate chain length by partition chromatography. J. biol. Chem. **174**, 775—789 (1948).
PETTERSSON, Y.: Fettsäurezusammensetzung vegetabilischer Öle unter besonderer Berücksichtigung der Polyensäuren. Z. Lebensmittel-Untersuch. u. -Forsch. **124**, 14—17 (1963).
VON PEZOLD, H.: Beitrag zum Problem der Geschmacksreversion des Sojaöls. Fette, Seifen, Anstrichmittel **61**, 1018—1024 (1959).
PIETSCHMANN, E.: Papierchromatographische Ermittlung geringer Fremdfett-Mengen der Cocosfett-Gruppe in Schokolade und deren Zubereitungen. Fette, Seifen, Anstrichmittel **61**, 682—686 (1959).
PINTO, A.F., and J.D. ENAS: Rapid method of copra analysis and its application to the various oil seeds. J. amer. Oil Chem. Soc. **26**, 723—730 (1949).
PIORR, W., u. L. TÓTH: Fluorescenzspektrophotometrische Untersuchungen an Fetten und Ölen. 1. Mitt. Fluorescenzen von mit Bleicherde behandeltem Schweineschmalz. Z. Lebensmittel-Untersuch. u. -Forsch. **132**, 69—75 (1966).
PIRSCH, J.: Mikro-Molekulargewichtsbestimmungen nach der Methode der molaren Schmelzpunkterniedrigung und ihre theoretischen Voraussetzungen. Angew. Chem. **51**, 73—77 (1938).
PISKUR, M.M.: Annual review of literature on fats, oils and soaps. Oil and Soap **15**, 152—155 (1938); **17**, 161—177 (1940); **18**, 159—167 (1941); **19**, 63—71 (1942); **20**, 58—71 (1943); **21**, 108—116 (1944); **22**, 84—92 (1945); **23**, 151 (1946); J. amer. Oil Chem. Soc.: **24**, 160 (1947); **25**, 168—186 (1948); **26**, 216—235 (1949); **27**, 211—233 (1950); **28**, 246—267 (1951); **29**, 180—197 (1952); **30**, 230—246 (1953); **31**, 236—253 (1954); **32**, 319—341 (1955); **33**, 240—263 (1956); **34**, 264—293 (1957).
PLACEK, CH., and G.W. HOLMAN: Directed interesterification of lard. Industr. Engin. Chem. **49**, 162—169 (1957).
PLANCK, R.W., F.C. PACK and L.A. GOLDBLETT: A halogenation method for the determination of the total unsaturation of tung-oils and of eleostearic acids. J. amer. Oil Chem. Soc. **30**, 417—419 (1953).
POHLE, W.D., R.L. GREGORY and B. VAN GIESSEN: The estimation of lactic acid in lactylated monoglycerides and shortenings containing lactylated monoglycerides. J. amer. Oil Chem. Soc. **40**, 549—551 (1963).
— — — Relationship of peroxide value and thiobarbituric acid value to development of undesirable flavor characteristics in fats. J. amer. Oil Chem. Soc. **41**, 649—650 (1964).
— — and J.R. TAYLOR: A comparison of several analytical techniques for prediction of relative stability of fats and oils to oxydation. J. amer. Oil Chem. Soc. **39**, 226—229 (1962).
— —, T.J. WEISS, B. VAN GIESSEN, J.R. TAYLOR and J.J. AHERN: A study of methods for evaluation of the stability of fats and shortenings. J. amer. Oil Chem. Soc. **41**, 795—798 (1964).
— — Standardization of nuclear magnetic resonance measurement of solids in fats and shortenings. J. amer. Oil Chem. Soc. **44**, 397—399 (1967).
—, and V.C. MEHLENBACHER: A modification of the periodic acid method for the determination of monoglycerides and free glycerol in fats and oils. J. amer. Oil Chem. Soc. **27**, 54—56 (1950).
— — and J.H. COOK: Determination of monoglyceride in fats and oils by oxidation with periodic acid. Oil and Soap **22**, 115—119 (1945).
POKORNÝ, J., u. E. DAVIDKOVÁ: Dünnschichtchromatographische Untersuchung oxydierter Fette und Öle. Fette, Seifen, Anstrichmittel **68**, 91—94 (1966).
—, and G. JANÍČEK: Modified determination of the benzidine value in rancid fats. Papers Inst. Chem. Tech. E — **9**, 81—84 (1966).
—, J. SMÍŠEK, B. KAKÁČ and G. JANÍČEK: The determination of the presence of hardened fats in cocoa butter. Papers of the Inst. of Chem. Tech. Prague **4**, II 313—324 (1960).
—, u. H. ZWAIN: Säulenchromatographische Bewertung der Oxydationsstufe von Fetten und Ölen. Fette, Seifen, Anstrichmittel **69**, 330—333 (1967).
POLENSKE, E.: Eine neue Methode zur Bestimmung des Kokosfetts in der Butter. Z. Untersuch. Nahrungs- u. Genußmittel **7**, 273—280 (1904).
— Eine neue Methode zur Bestimmung des Kokosnußfetts in der Butter. Arb. Kaiserl. Gesundheitsamt **20**, 545—558 (1904).
— vgl. Reichsgesundheitsamt, Entwürfe zu Festsetzungen über Lebensmittel, Heft 2, Berlin 1912; zit. nach D. HOLDE: Kohlenwasserstofföle und Fette. VII. Aufl. Berlin: Springer 1933.
PONS, jr., W.A., and J.D. GUTHRIE: Determination of free gossypol in cottonseed materials. J. amer. Oil Chem. Soc. **26**, 671—676 (1949).
—, J.C. KUCK and V.L. FRAMPTON: Color index for cottonseed oils. J. amer. Oil Chem. Soc. **37**, 671—673 (1960).

Pons, jr., W.A., D. Mitcham, R.T. O'Connor and M.F. Stansbury: Improved method for determining gossypol in crude cottonseed oils. J. amer. Oil Chem. Soc. **33**, 324—330 (1956).
—, R.A. Pittman and C.L. Hoffpauir: 3-Amino-1-propanol as a complexing agent in the determination of total gossypol. J. amer. Oil Chem. Soc. **35**, 93—97 (1958).
Pool, M.F., and A.A. Klose: Estimation of monocarbonyl compounds in rancid foods. J. amer. Oil Chem. Soc. **28**, 215—218 (1951).
—, and A.N. Prater: A modified Kreis test suitable for photocolorimetry. Oil and Soap **22**, 215—216 (1945).
Popov, A., I. Mizev et N. Yanishlieva: Influence de la lumière et de la température sur l'autoxydation de l'huile de tournesol. Rev. Franç. Corps Gras **14**, 75—80 (1967).
Potterat, M.: Une nouvelle technique de chromatographie sur papier. Mitt. Lebensmitteluntersuch. Hyg. **47**, 66—71 (1956).
Powick, W.C.: Compounds developed in rancid fats, with observations on the mechanism of their formation. J. agric. Res. **36**, 323 (1923); zit. nach St. Patton. Food. Res. **25**, 554 to 556 (1960).
Presnell, A.K.: A spectrophotometric method for the determination of color of glyceride oils. J. amer. Oil Chem. Soc. **26**, 13—16 (1949).
Presting, W., u. S. Jänicke: Zur Anwendung von Methoden des Ionenaustausches in der Wachs-Analyse. Fette, Seifen, Anstrichmittel **62**, 81—87 (1960).
—, u. K. Steinbach: Zur Zusammensetzung und Analyse des Rohmontanwachses. Fette, Seifen, Anstrichmittel **57**, 329—335 (1955).
Prevot, A., et C. Barbati: Modes opératoires d'estérification pour l'analyse des corps gras par chromatographie en phase gazeuse. Rev. Franç. Corps Gras **12**, 743—747 (1966).
—, et F. Cabeza: Dosage des traces d'essence dans les huiles d'exctraction par chromatographie en phase gazeuse. Rev. Franç. Corps. Gras **7**, 34—38 (1960).
Pries, C., and C.J.F. Böttcher: Ultramicro titration of fatty acids in non-aqueous single-phase systems. Analyt. chim. Acta (Amsterdam) **31**, 293—294 (1964).
Pritzker, J., u. R. Jungkunz: Zur Ketonranzigkeit nach Täufel und Thaler. Chemiker-Ztg. **57**, 895—896 (1933).
Privett, O.S., and M.L. Blank: Charring conditions for the quantitative analysis of mono-, di- and triglycerides by thin-layer chromatography. J. amer. Oil Chem. Soc. **39**, 520 (1962).
— — A method for the structural analysis of triglycerides and lecithins. J. amer. Oil Chem. Soc. **40**, 70—75 (1963).
— — and W.O. Lundberg: Determination of mono-, di- and triglycerides by molecular distillation and thinlayer chromatography. J. amer. Oil Chem. Soc. **38**, 312—316 (1961).
—, and Ch. Nickell: Determination of structure of unsaturated fatty acids via reductive ozonolysis. J. amer. Oil Chem. Soc. **39**, 414—419 (1962).
— — W.O. Lundberg and P.D. Boyer: Product of the lipoxidase-catalyzed oxidation of sodium linoleate. J. amer. Oil Chem. Soc. **32**, 505—511 (1955).
—, and E.C. Nickell: Recent advances in the determination of the structure of fatty acids via ozonolysis. J. amer. Oil Chem. Soc. **43**, 393—400 (1966).
Provvedi, F.: Spektrofluorimetrische Untersuchungen an Olivenöl. Boll. Lab. chim. provinciali **11**, 3—7 (1960) [italienisch].
Purcell, E.M., u. Mitarb.; Bloch, F. u. Mitarb. 1946; zit. nach K.H. Hausser: Elektronen- und Kernresonanz als Methode der Molekelforschung. Angew. Chem. **68**, 729—746 (1956).
Purdy, R.H., and B.J. Campbell: High oleic safflower oil. Food Technol. **21**, 31A—32A (1967).
Purr, A.: Über die oxydative Verderbsbereitschaft von Speisefetten und fetthaltigen Lebensmitteln und ihre Bedeutung für die Haltbarkeitsbeurteilung. I. Fette u. Seifen **55**, 239 bis 244 (1953); II. Fette u. Seifen **55**, 317—320 (1953).
— Über ein Schnellverfahren zur Wasserbestimmung in Emulsionen sowie in salben- und pastenförmigen oder sehr zähflüssigen Stoffgemischen mit Hilfe eines einfachen Vakuum-Trockengerätes und dem Planwägeglas. Fette u. Seifen **56**, 1006—1010 (1954).
— Über die Fremdfettbestimmung in Kakaoerzeugnissen. Süßwaren **2**, 461 —467 (1958).
— Über die Fremdfett-Bestimmung in Kakao-Erzeugnissen. XI. Wie gestaltet sich das Nachweis-Verfahren für handelsübliche Fremdfette in Kakaobutter und Schokolade beim heutigen Stand der Analytik. Fette, Seifen, Anstrichmittel **61**, 675—682 (1959); frühere Arbeiten ebenda: **56**, 823—832 (1954); **57**, 120—125 (1955); **57**, 173—178 (1955); **58**, 898—902 (1956); **59**, 615—624 (1957) und weitere a.a.O.
— Zur Bestimmung des Oxydationszustandes von Nahrungsfetten und von fetthaltigen Lebensmitteln mit Hilfe des Thiobarbitursäure-Testes. Dtsch. Lebensmittel-Rdsch. **60**, 269—277 (1965).
—, u. A. Hettich: Über die Bestimmung des Restbenzins in extrahierten Ölen und Extraktionsschroten. Fette, Seifen, Anstrichmittel **57**, 782—789 (1955).

QUINLIN, P., and H.J. WEISER jr.: Separation and determination of mono-, di- and triglycerides in monoglyceride concentrates. J. amer. Oil Chem. Soc. **35**, 325—327 (1958).
RADIN, N.S.: The hydroxy fatty acids: isolation, structure, determination, quantitation. J. amer. Oil Chem. Soc. **42**, 569—580 (1965).
—, A.K. HAJRA and Y. AKAHORI: Preparation of methylesters. J. Lipid. Res. **1**, 250—251 (1960).
RAJU, P.K., and R. REISER: Gas-liquid chromatographic analysis of cyclopropene fatty acids. Lipids **1**, 10—15 (1966).
RALSTON, A.W., and C.W. HOERR: The solubilities of the normal saturated fatty acids. J. organ. Chem. **7**, 546—555 (1942).
RAMEL, P., A.M. LE CLERC, J. DUMAIN et D. FAUCQUEMBERGUE: Étude du comportement de quelques huiles alimentaires, au cours d'opérations de friture et de surchauffé contrôlées. Rev. Franç. Corps Gras **12**, 153—165 (1965); vgl. auch LE CLERC u. Mitarb. ebenda **15**, 173—183 (1966).
RAMSAY, L.L., and W.I. PATTERSON: Separation and identification of the volatile saturated fatty acids (C_1 to C_4). J. Ass. off. agric. Chem. **28**, 644—656 (1945).
RANKOFF, G., D. RANKOFF u. B. IVANOVA: Über eine neue papierchromatographische Methode zur Bestimmung der qualitativen Fettsäure-Zusammensetzung pflanzlicher Öle. Fette, Seifen, Anstrichmittel **67**, 329—332 (1965).
— — Papierchromatographische Trennung „kritischer Paare" höherer Fettsäuren durch Produkte aus dem Schnellverfahren von MARGOSCHES zur Bestimmung der Jodzahl von Fetten. Fette, Seifen, Anstrichmittel **66**, 912—915 (1964).
RAO, M.K.G., S.V. RAO and K.T. ACHAYA: Separation and estimation of tocopherols in vegetable oils by thin-layer chromatography. J. Sci. Food Agric. **16**, 121—124 (1965).
RAPPORT, M.M., and N. ALONZO: Photometric determination of fatty acid ester groups in phospholipides. J. biol. Chem. **217**, 193—198 (1955).
RAST, K.: Mikro-Molekulargewichts-Bestimmung im Schmelzpunkts-Apparat. II. Arbeiten mit äußerst geringen Mengen. Ber. dtsch. chem. Ges. **55**, 3727—3728 (1922).
RAUTMANN u. TILGNER: Über Erfahrungen mit der Neutralrotprüfung nach SCHÖNBERG. Z. Fleisch- u. Milchhyg. **53**, 191—194 (1943).
RAVIN, L.J., R.J. MEYER and TAKERU HIGUCHI: Chromatographic analysis of mixtures of mono-, di- and tristearin containing mineral oil. J. amer. Oil Chem. Soc. **34**, 261—263 (1957).
RECOURT, J.H., u. R.K. BEERTHUIS: Der Nachweis von tierischen Fetten in pflanzlichen Ölen und Fetten mit Hilfe der Gaschromatographie. Fette, Seifen, Anstrichmittel **65**, 619—623 (1963).
REED, H.: The determination of sulphur in toluene by reduction with Raney nickel. Analyst **88**, 735—736 (1963).
REICHSTEIN, T.: Über Betsandteile der Nebennierenrinde. 21. Mitt. Die Konstitution der Substanzen R und S. Helv. chim. Acta **21**, 1490—1497 (1938).
REID, R.L., and M. LEDERER: Separation and estimation of saturated C_2 to C_7 fatty acids by paper partition chromatography. Biochem. J. **50**, 60—67 (1951).
REINERS, W.: Isolierung und Dünnschicht-Chromatographie fettlöslicher Farbstoffe. Z. analyt. Chem. **229**, 406—409 (1967).
REISER, R., and J.W. DIECKERT: The influence of dietary fat on the glyceride structure of animal fats. J. amer. Oil Chem. Soc. **31**, 625—628 (1954).
RENKONEN, O.: Determination of glycerol in phosphatides. Biochim. biophys. Acta (Amsterdam) **56**, 367—369 (1962a).
— Breakdown of lecithin on aluminium oxide columns. J. Lipid Res. **3**, 181 (1962b).
RESNIKOW, J.G., u. E.L. FARBER: Eine Schnellmethode zur Bestimmung von Glycerin mit Hilfe von Überjodsäure. Öl- u. Fett-Industr. **18**, Nr. 5. 13—16, Mai 1953 [russisch]; zit. nach Chem. Zbl. **125**, 8009 (1954).
REUTER, A.: Über den Nachweis olefinischer Doppelbindungen durch quantitative Mikrohydrierung. Z. analyt. Chem. **231**, 356—359 (1967).
REWALD, B.: Über den Phosphatidgehalt in unseren Brotsorten. Z. Untersuch. Lebensmittel **60**, 315—318 (1930).
RHODES, D.N., and C.H. LEA: Composition of hen's egg phospholipids. Biochem. J. **65**, 526—533 (1957).
— — The composition of the phospholipids of cow milk. J. Dairy Res. **25**, 60—69 (1958).
RICCIUTI, C., C.O. WILLITS, C.L. OGG, S.G. MORRIS and R.W. RIEMENSCHNEIDER: Formation of peroxides in fatty esters. II. Methyl linoleate: Application of the polarographic and direct oxygen method. J. amer. Oil Chem. Soc. **31**, 456—459 (1954).
RICH, A.D.: Methods employed in expressing the consistency of plasticized shortenings. Oil and Soap **19**, 54—57 (1942).

RICHTER, E.: Nachweis von Sterinen mit Perchlorsäure-Naphthochinon-Reagens auf Kieselgelschichten. J. Chromatograph. **18**, 164—167 (1965).
RICHTER, M.: Kennzeichnung von Farben oder Farbsystemen. VDI-Zeitschrift **98**, 761—770 (1956).
RIECHE, A.: Bedeutung der organischen Peroxyde für die Fettchemie. Fette, Seifen, Anstrichmittel **60**, 637—645 (1958).
RIEDEL, L.: Kalorimetrische Untersuchungen über das Schmelzverhalten von Fetten und Ölen. Fette, Seifen, Anstrichmittel **57**, 771—782 (1955).
RIEMENSCHNEIDER, R.W.: Determination of triglyceride composition of fats. J. amer. Oil Chem. Soc. **32**, 678—684 (1955).
—, N.R. ELLIS and H.W. TITUS: The fat acids in the lecithin and glyceride fraction of egg yolk. J. biol. Chem. **126**, 255—263 (1938).
—, S.F. HERB and P.L. NICHOLS jr.: Isolation of pure natural linoleic and linolenic acids as their methyl esters by adsorption fractionation on silicic acid. J. amer. Oil Chem. Soc. **26**, 371—374 (1949).
—, F.E. LUDDY, S.F. HERB and J. TURER: Stability values obtained by different rapid methods as a means of evaluating autoxidants for fats and oils. Oil and Soap **22**, 174 (1945).
—, and R.M. SPECK: Stability values of fats by the active oxygen method and by storage in glas vials. Oil and Soap **22**, 23—25 (1945).
—, J. TURER and R.M. SPECK: Modifications of the SWIFT stability test. Oil and Soap **20**, 169—171 (1943).
—, and D.H. WHEELER: Methods of analysis of mixtures of oleic, linoleic and saturated esters and their application to highly purified methyl oleate and methyl linoleate. Oil and Soap **16**, 219—221 (1939).
RIETHMAYER, S.A.: Die Acetine. Seifen, Öle, Fette, Wachse **88**, 597—602, 672—677, 736—738, 813—816 (1962).
RIFFART, H., u. H. KELLER: Colorimetrische Bestimmungen mit dem Stufenphotometer von Zeiss bei der Untersuchung von Lebensmitteln. Z. Untersuch. Lebensmittel **68**, 113—138 (1934).
RIGAMONTI, R., u. V. RICCIO: Trennung von Fettsäuren und Triglyceriden mit Hilfe der Harnstoff-Additionsverbindungen. Fette u. Seifen **54**, 193—197 (1952).
RILEY, J.P.: The determination of acetyl values for use in component fatty acids analyses of castor oils. Analyst **76**, 40—44 (1951).
RISTOW, R.: Untersuchungen zur Klassifizierung und Beurteilung von Margarine unter Berücksichtigung der lebensmittelrechtlichen Bestimmungen. Dtsch. Lebensmittel-Rdsch. **63**, 73—77, 115—117 (1967).
RITTER, W.: Schweiz. Milchztg. 1934 Nr. 101/105; zit. nach A. BÖHMER u. J. GROSSFELD (1939).
—, u. M. CHRISTEN: Schweiz. Milchztg. 1936 Nr. 5, Nr. 7, Nr. 12/13; zit. nach A. BÖHMER u. J. GROSSFELD (1939).
—, u. TH. NUSSBAUMER: Schweiz. Milchztg. **64**, 465, 525 (1938); zit. nach H. HADORN u. R. JUNGKUNZ: Beitrag zur Bestimmung der Peroxydzahl. Mitt. Lebensmitteluntersuch. Hyg. **44**, 495—500 (1953).
ROBERT, u. FRASER 1910, siehe A. DANGOUMAU u. Mitarb. (1953).
ROBERTS, H.R., and W. BUCEK: Rapid procedure for separating C_2 to C_6 volatile fatty acids by horizontal paper chromatography at elevated temperature. Analytic. Chem. **29**, 1447—1449 (1957).
ROCK, S.P., and H. ROTH: Properties of frying fat. I. The relationship of viscosity to the concentration of non-urea adducting fatty acids. J. amer. Oil Chem. Soc. **43**, 116—118 (1966).
ROEDER, G.: Beziehungen zwischen der Dichte und dem Tauchgewichtsverhältnis von Flüssigkeiten. Chemiker-Ztg. **82**, 140—143 (1958).
ROEMER, D., u. A. HOCHREITER: Eine Apparatur zur automatischen Bestimmung des Fließ-/Tropfpunktes von Wachsen nach UBBELOHDE. Fette, Seifen, Anstrichmittel **69**, 646—651 (1967).
ROESSLER, E.B., J. WARREN and J.F. GUYMON: Significance in triangular taste tests. Food Res. **13**, 503—505 (1948).
ROMAN, W.: Biochem. Z. **219**, 218 (1930); zit. nach Chem. Abstr. **24**, 3029 (1930).
ROMEO, A., R. CUZZOCREA u. E. FOTI: Das Verhalten von Oliven-Jungfernölen aus Calabrien bei der Fitelson-Reaktion zum Nachweis von Tee-Öl. Boll. Lab. chim. provinciali (Bologna) **11**, 357—361 (1960) [italienisch].
ROOMI, M.W., M.R. SUBBARAM and K.T. ACHAYA: Separation of fatty acetylenic, ethylenic and saturated compounds by thin-layer chromatography. J. Chromatograph. **16**, 106—110 (1964).

Roomi, M. W., M. R. Subbaram and K. T. Achaya: Separation of epoxy, hydroxy, halohydroxy and keto fatty acids and derivatives by thin-layer chromatography. J. Chromatograph. **24**, 93—98 (1968).
Roos, J. B.: Die statistische Auswertung der Bömer-Zahl von Schweineschmalz. Fette, Seifen, Anstrichmittel **64**, 6—12 (1962).
—, u. A. Versnel: Spektralphotometrische Schnellmethode zur simultanen Bestimmung von Benzoesäure und Sorbinsäure in Margarine und Butter. Dtsch. Lebensmittel-Rdsch. **56**, 128—133 (1960).
Rosenberg, G. von: Messung der Härte von Wachsen. Fette, Seifen, Anstrichmittel **56**, 214—218 (1954).
— Gemeinschaftsarbeit der DGF. 32. Mitt. Neubearbeitung der „Einheitlichen Untersuchungsmethoden für die Fett- und Wachsindustrie" XXII. Analyse von Wachsen und Wachsprodukten II. Fette, Seifen, Anstrichmittel **58**, 13—18 (1956).
XXIII. Analyse von Wachsen und Wachsprodukten III. Fette, Seifen, Anstrichmittel **58**, 598—601 (1956).
Rosenfeld, G.: Zbl. im Med. **21**, 833 (1900); **26**, Nr. 14 (1905); Biochem. Z. **200**, 280 (1928); zit. nach A. Bömer in Bömer-Juckenack-Tillmanns Handbuch der Lebensmittelchemie Bd. II/2. Berlin: Springer 1935.
Rosenheim, O.: A specific colour reaction for ergosterol. Biochem. J. **23**, 47—53 (1929).
Rosenmund, K. W., u. W. Kuhnhenn: Eine neue Methode zur Jodzahlbestimmung in Fetten und Ölen unter Verwendung von Pyridinsulfatdibromid. Z. Untersuch. Nahrungs- u. Genußmittel **46**, 154—159 (1923).
Rost, H. E.: Methode zur Bestimmung dimerer Säuren in Ölen und Fetten. Fette, Seifen, Anstrichmittel **64**, 427—433 (1962).
— Bestimmung geringer Mengen polymerer Anteile in thermisch behandelten Ölen. Fette, Seifen, Anstrichmittel **65**, 463—466 (1963).
— Zur Beurteilung des Oxydationszustandes erhitzter Fette. Fette, Seifen, Anstrichmittel **67**, 1025—1027 (1965).
Rouser, G., J. O'Brien and D. Heller: The separation of phosphatidyl ethanolamine and phosphatidyl serine by column chromatography. J. amer. Oil Chem. Soc. **38**, 14—19 (1961).
—, G. V. Marinetti, R. F. Witter, J. F. Berry and E. Stotz: Paper chromatography of phospholipides. J. biol. Chem. **223**, 485—497 (1956).
Royce, H. D., J. R. Harrison and P. D. Deans: Determination of gossypol in crude cottonseed oil. Industr. Engin. Chem. Anal. Ed. **12**, 741—744 (1940).
Rubin, L. J., and W. Paisley: Pure oleic acid from olive oil. J. amer. Oil Chem. Soc. **37**, 300—302 (1960).
Rudischer, S.: Methoden zur refraktometrischen Schnellbestimmung des Fettgehaltes in Lebensmitteln. II. Molkereiprodukte, Margarine und Mayonnaise. Milchwiss. **22**, 85—92 (1967).
— Schnellmethoden zur Analyse von Fleisch und Fleischprodukten. 1. Mitt. Neue refraktometrische Schnellmethode zur Fettbestimmung. Z. Lebensmittel-Untersuch. u. -Forsch. **128**, 1—15 (1965).
von Rudloff, E.: Periodate-permanganate oxidations. IV. Determination of the position of double bonds in unsaturated fatty acids and esters. J. amer. Oil Chem. Soc. **33**, 126—128 (1956).
Ruggieri, S.: Separation of the methyl esters of fatty acids by thin layer chromatography. Nature (Lond.) **193**, 1282—1283 (1962).
Rusoff, I. I., J. R. Platt, H. B. Klevens and G. O. Burr: Extreme ultraviolet absorption spectra of the fatty acids. J. amer. chem. Soc. **67**, 673—678 (1945).
Ryhage, R., and E. Stenhagen: Mass spectrometry in lipid research. J. Lipid Res. **1**, 361 to 390 (1960).
Sabetay, S., et Y. R. Naves: Note de laboratoire. Sur une cause d'erreur dans la détermination de l'indice diénique. Bull. Soc. chim. France (5) **4**, 2105—2107 (1937).
Sahasrabudhe, M. R., and V. R. Bhalerao: A method for the determination of the extent of polymerization in frying fats and in fats extracted from fried foods. J. amer. Oil Chem. Soc. **40**, 711—712 (1963).
Saliman, P. M.: A new digestion reagent for the determination of microgram quantities of phosphorus in organic compounds. Analytic. Chem. **36**, 112—114 (1964).
Salkowski, E.: Beiträge zu den Untersuchungsmethoden des Lebertrans und der Pflanzenöle. Z. analyt. Chem. **26**, 557 (1887).
— Physiologisch-chemische Notizen. I. Über die Isolierung des Cholesterins aus den Fetten etc. Hoppe-Seylers Z. physiol. Chem. **57**, 515—528 (1908).
Sallee, E. M.: Rapid test for trichlorethylene in vegetable oils. Modified Beilstein test. J. amer. Oil Chem. Soc. **29**, 197 (1952).

Salvage, T., and J.P. Dixon: The colorimetric determination of phosphorus in organic compounds on the microgram scale. Analyst **90**, 24—28 (1965).
Salwin, H.: Collaborative study on the quantitative determination of volatile fatty acids by gas chromatography and by column partition chromatography. J. Ass. off. agric. Chem. **48**, 628—634 (1965).
Sambuc, E., et M. Naudet: Sur la couleur des huiles. Rev. Franç. Corps Gras **12**, 585—594, 673—674 (1965).
Sandermann, W., u. H. Kleim: Über den Einfluß des Kolbenmaterials auf die Höhe der Verseifungszahl. Fette u. Seifen **54**, 269—270 (1952).
—, B. Walter u. R. Höhn: Studien über Harze. XII. Über die quantitative Bestimmung der Harzsäuren und Harze. Fette u. Seifen **51**, 173—177 (1944).
Sass, Ch.: Potentiometrische Bestimmung von hochmolekularen Fettsäuren und Fettsäure-Gemischen. Fette, Seifen, Anstrichmittel **61**, 93—95 (1959).
Sass, S., J.J. Kaufman, A.A. Cardenas and J.J. Martin: Colorimetric estimation of tertiary and quaternary amines. Analytic. Chem. **30**, 529—531 (1958).
Saunders, D.H., C. Ricciuti and D. Swern: Reactions of fatty materials with oxygen. XVI. Relation of hydroperoxide and chemical peroxide content to total oxygen absorbed in autoxidation of methyl oleate. J. amer. Oil Chem. Soc. **32**, 79—83 (1955).
Savary, P., et P. Desnuelle: Fractionnement quantitatif des acides gras saturés et insaturés par hydroxylation permanganique et chromatographie de partage en phases inversées. Bull. Soc. chim. France (5) **20**, 939—945 (1953).
— — Analyses chromatographiques des mélanges contenant des acides gras, des monoglycérides, des diglycérides et des triglycérides. Bull. Soc. chim. France **21**, 936—940 (1954).
— — Sur quelques éléments de spécificité pendant l'hydrolyse enzymatique des triglycérides. Biochim. biophys. Acta (Amsterdam) **21**, 349—360 (1956).
Schaarschmidt, A., u. M. Marder: Über die Reaktionsfähigkeit von aliphatischen und alicyclischen Kohlenwasserstoffen. Angew. Chem. **46**, 151—154 (1933).
Schaltegger, H.: Sterine als ionoide Systeme. I. Über eine Vitamin D-Bestimmungsmethode auf Carbeniumsalzbasis. Helv. chim. Acta. **29**, 285—302 (1946).
Scharrer, K., u. H. Lamel: Über die Ursachen der Analysenunterschiede zwischen der refraktometrischen und gravimetrischen Fettbestimmungsmethode. Fette u. Seifen **45**, 262—266 (1938).
Schauenstein, E., u. G. Benedikt: Über die UV-Absorption der Isolen-Fettsäuren. Fette, Seifen, Anstrichmittel **62**, 687—691 (1960).
Schierbaum, F.: Feuchtigkeitsbestimmung durch Infrarot in der Lebensmittelanalytik. Dtsch. Lebensmittel-Rdsch. **53**, 173—178 (1957).
— Infrarot-Methoden zur schnellen Bestimmung des Feuchtigkeitsgehaltes von Lebensmitteln. Ernährungsforsch. **3**, 554—566 (1958).
Schiller, G.: Synthetische Fette auf der Grundlage der Paraffinfettsäuren. Z. Lebensmittel-Untersuch. u. -Forsch. **88**, 174—190 (1948).
Schiltknecht, E.: Penetrometer und ihre Anwendung. Chimia (Zürich) **3**, 266—272 (1949).
Schlenk, H.: Crystallization of fatty acids. J. amer. Oil Chem. Soc. **38**, 728—736 (1961).
—, and J.L. Gellerman: Column chromatography of fatty acids. J. amer. Oil Chem. Soc. **38**, 555—562 (1961).
—, and R.T. Holman: Separation and stabilization of fatty acids by urea complexes. J. amer. chem. Soc. **72**, 5001—5004 (1950).
Schlenk, jr., W.: Die Harnstoff-Addition der aliphatischen Verbindungen. Liebigs Ann. Chem. **565**, 204—240 (1949).
— Die neuen Harnstoff-Additionsverbindungen. Angew. Chem. **62**, 299—301 (1950).
Schloemer, A.: Die Korrelation zwischen Buttersäurezahl und Reichert-Meißl-Zahl. Z. Untersuch. Lebensmittel **79**, 463—468 (1940).
—, u. K. Rauch: Neue Methoden der Fettbestimmung in Lebensmitteln. Z. Untersuch. Lebensmittel **83**, 289—305 (1942).
Schmalfuss, H.: Verfahren zur Bestimmung des Verdorbenheitsgrades von Fetten. Milchwiss. **3**, 225—233 (1948).
— Vorschlag zur einheitlichen Gestaltung der Kennzahlen für die Verdorbenheit von Fetten (Fettverdorbenheitszahlen). Fette u. Seifen **53**, 689—690 (1951).
— Über die Genauigkeit der Ergebnisse mit dem Planwägeglas. Fette u. Seifen **54**, 87—89 (1952).
—, u. U. Stadie: Vergleich der jodometrischen und alkalimetrischen Säurezahlbestimmung für Margarine. Fette u. Seifen **49**, 779—780 (1942).
—, H. Werner u. A. Gehrke: Ketonigwerden reinen Fettes. Margarine-Industr. **25**, 215—217, 242—243, 265—266 (1932).
— — — Zum Aldehydigwerden gereinigter Fette. II. Wärme und Aldehydigwerden. Margarine-Industr. **28**, 43—44 (1935).

SCHMALFUSS, H., H. WERNER u. A. GEHRKE: Zum Aldehydigwerden gereinigter Fette. IV. Margarine-Industrie. **29**, 31—32 (1936a).
— — — Das Verderben der Fette und Fettbausteine durch Wärme und Licht im Hinblick auf Wirtschaft und Leben. Fette u. Seifen **43**, 211—214, 243—247 (1936b).
SCHMIDT, F.W.: Leitsätze für Salate und Mayonnaisen. Dtsch. Lebensmittel-Rdsch. **56**, 82—84 (1960).
SCHMIDT, G.: Zur quantitativen Bestimmung ungesättigter Fettsäuren auf Filtrierpapier. Naturwiss. **45**, 41 (1958).
—, u. K. BERINGER: Gaschromatographische Trennungen mit modifizierten, linearen Temperaturprogrammen. Fette, Seifen, Anstrichmittel **68**, 245—249 (1966).
SCHMIDT, H.: Modifizierte Methode nach SULLY zur jodometrischen Bestimmung von Peroxydzahlen. Fette, Seifen, Anstrichmittel **59**, 837—840 (1957).
— Die Thiobarbitursäurezahl als Maß für den Oxydationsgrad von Nahrungsfetten. Fette, Seifen, Anstrichmittel **61**, 127—133 (1959a).
— Über Thiobarbitursäure-Methin-Farbstoffe. Fette, Seifen, Anstrichmittel **61**, 881—886 (1959b).
— Eine spezifische colorimetrische Methode zur Bestimmung der Sorbinsäure. Z. analyt. Chem. **178**, 173—184 (1960).
SCHMIDT, H.E.: Colorimetrische Methode zur Bestimmung von 1-Monoglyceriden in Eiskrem. Fette, Seifen, Anstrichmittel **65**, 488—492 (1963).
— Bestimmung von Tocopherolen in Ölen und Fetten: Einfluß des Tocopherol-Gehaltes von Erdnuß- und Sojaöl auf den Oxydationsverlauf dieser Öle beim Erhitzen. I.—III. Fette, Seifen, Anstrichmittel **69**, 913—916 (1967); **70**, 63—67, 159—161 (1968).
SCHMID, H.H.O., H.K. MANGOLD and W.O. LUNDBERG: Characterization and identification of lipids by their critical solution temperatures. J. amer. Oil Chem. Soc. **42**, 342—381 (1965).
SCHMIDT, P.: Die Bestimmung des Verformungswiderstandes, der Plastizität und Elastizität von Linoxin-Zementen und Linoleummassen mittels des Plastographen von Brabender. I. Fette u. Seifen **54**, 21—26 (1952).
SCHÖBEL, W.: Extraktionsapparate mit Glasfilterplatte. Pharmaz. Ztg. (Frankfurt) **75**, 56—58 (1930).
SCHÖNBERG, F.: Die Neutralrot-Fettprobe als Vorprüfung von Schmalz und Speck auf beginnende und fortgeschrittene Ranzigkeit. Z. Fleisch- u. Milchhyg. **53**, 61—62, 91—93 (1943); **54**, 221—222 (1944).
SCHOENHEIMER, R., u. H. DAM: Über die Spaltbarkeit und Löslichkeit von Sterindigitoniden. Hoppe-Seylers Z. physiol. Chem. **215**, 59—63 (1933).
—, and W.M. SPERRY: A micromethod for the determination of free and combined cholesterol. J. biol. Chem. **106**, 745—760 (1934).
SCHOLFIELD, C.R.: Countercurrent distribution. J. amer. Oil Chem. Soc. **38**, 562—565 (1961).
—, R.O. BUTTERFIELD and H.J. DUTTON: Fractionation of geometric isomers of methyl linolenate by argentation counter-current distribution. Analytic. Chem. **38**, 1694—1697 (1966).
—, and J.C. COWAN: Cyclization of linolenic acid by alkyli isomerization. J. amer. Oil Chem. Soc. **36**, 631—635 (1959).
—, and H.J. DUTTON: Ass. to U.S. Secretary of Agriculture. U.S.P. 2.727.046 vom 17. XII. 1951.
— — Fluorescence as a measure of brown substances in soybean lecithin. J. amer. Oil Chem. Soc. **32**, 169—170 (1955).
— —, F.W. TANNER jr. and J.C. COWAN: Components of „Soybean Lecithin". J. amer. Oil Chem. Soc. **25**, 368—372 (1948).
—, T.A. MCGUIRE and H.J. DUTTON: Comparative composition of soybean and corn phosphatides. J. amer. Oil Chem. Soc. **27**, 352—355 (1950).
—, J. NOWAKOWSKA and H.J. DUTTON: Preparation of pure fatty acid methyl esters by countercurrent distribution. J. amer. Oil Chem. Soc. **37**, 27—30 (1960).
SCHOLZ, G.H.: Die Dünnschicht-Chromatographie in der Wachsanalytik: Die Identifizierung der Wachsalkohole und -säuren. Fette, Seifen, Anstrichmittel **69**, 333—335 (1967a).
— Beiträge zur systematischen quantitativen Analyse natürlicher Wachse mit Hilfe der Ionenaustausch-, Säulen- und Dünnschicht-Chromatographie. I. und II. Fette, Seifen, Anstrichmittel **69**, 565—570, 651—655 (1967b).
SCHRAMM, G., and J.H. BENEDICT: Quantitative determination of traces of free gossypol in fats, oils and fatty acids by paper chromatography. J. amer. Oil Chem. Soc. **35**, 371—373 (1958).
SCHRAMME, A.: Zur Bestimmung der Sterine. Fette u. Seifen **46**, 443—444 (1939).
— Zur Bestimmung der Phosphatide. Fette u. Seifen **46**, 635—638 (1939).

SCHRAMME, A.: Schnellmethoden für die Betriebskontrolle in der Ölmühlenindustrie. Seifen, Öle, Fette, Wachse **89**, 268 (1963).
—, u. R. NEU: Diphenylcarbazid als Reagenz zur Beurteilung der Ranzigkeit von fetten Ölen. Fette u. Seifen **47**, 447—448 (1940).
SCHRICKER, G.: Farbkennzeichnung von Lebensmitteln durch objektive Farbmessung. Fette, Seifen, Anstrichmittel **59**, 98—106 (1957).
SCHROEDER, W.F., and J.W. DRAPER: An improved constant temperature bath for the active oxygen method fat stability apparatus. J. amer. Oil. Chem. Soc. **33**, 628—630 (1956).
SCHUETTE, H.A., and J.G. BALDINUS: Studies on candelillawax. II. Its n-paraffins. J. amer. Oil Chem. Soc. **26**, 651—652 (1949).
—, and ST. DAL NOGARE: An oxidation method for the analysis of methyl ester fractions. J. amer. Oil Chem. Soc. **28**, 229—231 (1951).
—, and M. HANIF KHAN: The hydrocarbons of ouricuri wax. J. amer. Oil Chem. Soc. **30**, 126—128 (1953).
—, and CH. H. HINE: Some observations on the determination of soap in refined oil. Oil and Soap **16**, 13—14 (1939).
SCHULZ, M.E., u. G. SYDOW: Die Anwendung des Brabender-Plastographen in der Butterreiforschung. Milchwiss. **12**, 78—84 (1957).
SCHWARTZ, D.P., O.W. PARKS and M. KEENEY: Separation of 2,4-dinitrophenylhydrazone derivatives of aliphatic monocarbonyls into classes on magnesia. Analytic. Chem. **34**, 669—671 (1962).
SCHWARZ, K.: Zur Bestimmung des Eigehaltes von Nahrungsmitteln auf Cholinbasis. Dtsch. Lebensmittel-Rdsch. **57**, 201—204 232—238 (1961).
SCHWARZE, P.: Ein neues Verfahren der refraktometrischen Fettbestimmung in Zuchtmaterial. Fette u. Seifen **48**, 602—605 (1941); siehe auch Fette u. Seifen **49**, 774—779 (1942).
SCOTT, jr., T.A., D. MACMILLAN and E.H. MELVIN: Vapor pressures and distillation of methyl esters of some fatty acids. Industr. Engin. Chem. **44**, 172—175 (1952).
SCOTTI, G.: Eine neue Jodzahl-Bestimmungsmethode für Öle und Fette. Olii Minerali, Grassi, Saponi, Colori e Vernici **18**, 96—100 (1938) [italienisch]; zit. nach Fette u. Seifen **47**, 79 (1940).
SEDLÁČEK, B.A.J.: Quantitative Methoden zur Bestimmung der Ranzigkeit von Pflanzenölen. Nahrung **2**, 655—659 (1958).
— Mechanismus der spektrophotometrischen Methode zur Bestimmung des Ranzigkeitsgrades von Fetten mit Diphenylcarbazid. Nahrung 5, 637—645 (1961).
— Studium der UV-Spektren der auf höhere Temperaturen erhitzten Öle. Nahrung **7**, 367 bis 374 (1963); **9**, 815—825 (1965); **10**, 581—592 (1966); **11**, 229—239 (1967).
— Untersuchungen über die Veränderungen der Eigenschaften einiger Fettarten im Verlauf der Erhitzung auf höhere Temperaturen. Nahrung **8**, 58—69 (1964a).
— Untersuchungen über das Ranzigwerden von Fetten mit Hilfe UV-spektrophotometrischer und anderer Methoden. Nahrung **8**, 176—187 (1964b).
— Studium der UV-Spektren oxydierter Fette. Fette, Seifen, Anstrichmittel **70**, 80—86 (1968).
—, u. R. RYBÍN: Die Bestimmung des Ranzigkeitsgrades der Fette durch die kolorimetrische Methode mit Diphenylcarbazid. Fette, Seifen, Anstrichmittel **61**, 134—138 (1959).
SEELICH, F.: Die Charakterisierung von Ölen durch Bestimmung der Grenzflächenspannung gegen Wasser und wäßrige Lösungen. Fette u. Seifen **48**, 15—20 (1941).
SEHER, A.: Quantitative Bestimmung papierchromatographisch getrennter langkettiger Carbonsäuren auf photometrischem Wege. Fette, Seifen, Anstrichmittel **58**, 498—504 (1956).
— Über die Bestimmung der Peroxyd-Zahl. Fette, Seifen, Anstrichmittel **60**, 264—267 (1958).
— Der analytische Nachweis synthetischer Antioxydantien in Speisefetten. II. Trennung und Identifizierung synthetischer Antioxydantien durch Dünnschicht-Chromatographie. Fette, Seifen, Anstrichmittel **61**, 345—351 (1959a).
— Quantitative Papier-Chromatographie der Fettsäuren. II. Fette, Seifen, Anstrichmittel **61**, 855—859 (1959b).
— Eine neue Methode zur qualitativen und quantitativen Analyse synthetischer Antioxydantien. Nahrung **4**, 466—478 (1960).
— Die Analyse von Tocopherolgemischen mit Hilfe der Dünnschichtchromatographie. Mikrochim. Acta (Wien) **1961**, 308—313 (1961).
— Gemeinschaftsarbeiten der DGF. 45. Mitt. Neubearbeitung der „Einheitlichen Untersuchungsmethoden für die Fett- und Wachsindustrie" XXXIII. Ergänzungen und Erweiterungen der DGF-Einheitsmethoden III. Fette, Seifen, Anstrichmittel **65**, 1002—1008 (1963).

SEHER, A.: Quantitative Papier-Chromatographie der Fettsäuren. III. Das photometrische Verfahren. Fette, Seifen, Anstrichmittel **67**, 255—257 (1965a).
— Die Analyse nicht ionogener grenzflächenaktiver Stoffe. II. Nachweis von Polyglycerinen mit Hilfe der Dünnschicht-Chromatographie. Fette, Seifen, Anstrichmittel **66**, 371—374 (1964); **67**, 24 (1965b).
— Die quantitative Auswertung von Gas-Chromatogrammen. V. Über die Zuverlässigkeit der Ergebnisse. Fette, Seifen, Anstrichmittel **68**, 255—261 (1966).
—, u. W. ARENDS: Über die Bestimmung der Jodzahl. Mitt. Lebensmitteluntersuch. Hyg. **48**, 1—4 (1957).
—, u. E. HOMBERG: Die Untersuchung von Steringemischen mit Hilfe der Dünnschicht-Chromatographie. Fette, Seifen, Anstrichmittel **70**, 481—485 (1968).
—, u. J. KAUPP: Gemeinschaftsarbeiten der DGF. 47. Mitt. Neubearbeitung der „Einheitlichen Untersuchungsmethoden für die Fett- und Wachsindustrie". XXXIV. Analyse von Wachsen und Wachsprodukten. VII. Fette, Seifen, Anstrichmittel **68**, 24—30 (1966).
—, u. G. VON ROSENBERG: Gemeinschaftsarbeiten der DGF. 38. Mitt. Neubearbeitung der „Einheitlichen Untersuchungsmethoden für die Fett- und Wachs-Industrie". XXVIII: Analyse von Wachsen und Wachsprodukten V. Fette, Seifen, Anstrichmittel **61**, 17—20 (1959); IV. Fette, Seifen, Anstrichmittel **63**, 712—714 (1961).
SHELLEY, R.N., H. SALWIN and W. HORWITZ: Quantitative determination of formic, acetic, propionic and butyric acids by gas chromatography. J. Ass. off. agric. Chem. **46**, 486—493 (1963).
SHIGLEY, J.W., C.W. BONHORST, C.C. LIANY, P.M. ALTHOUSE and M.O. TRIEBOLD: Physical characterization of a) a series of ethyl esters and b) a series of ethanoate esters. J. amer. Oil Chem. Soc. **32**, 213—215 (1955).
SHINOWARA, G.Y. and J.B. BROWN: The direct alcoholysis of suprarenal phosphatides. Oil and Soap **15**, 151—152 (1938a).
— — Studies on the chemistry of the fatty acids. IV. The purification of linolenic acid by fractional crystallization of the fatty acids of linseed and perilla oils, with observations on the properties of this acid prepared by crystallization and by debromination. J. amer. chem. Soc. **60**, 2734—2738 (1938b).
SHORLAND, F.B., T. GERSON and R.P. HANSEN: The branched-chain fatty acids of butterfat. Biochem. J. **59**, 350—352 (1955); **61**, 702—704 (1955).
SHOWELL, J.S.: A uniform basis for reporting analytical data on fatty materials J. amer. Oil Chem. Soc. **36**, 343—345 (1959)
SHREVE, O.D., M.R. HEETHER, H.B. KNIGHT and D. SWERN: Determination of trans-cotadecenoic acids, esters and alcohols in mixtures. Analytic. Chem. **22**, 1261—1264 (1950).
SHUKOFF, A.A.: Beiträge zur Einführung einer einheitlichen Bestimmung des Talgtiters. Chem. Rev. Fett- u. Harz-Industr. **6**, 5—11 (1899); referiert in Z. Untersuch. Nahrungs- u. Genußmittel **2**, 725 (1899).
—, u. P.J. SCHESTAKOFF: Über eine direkte Methode zur Glycerinbestimmung. Z. angew. Chem. **1905**, 294—295.
SIDWELL, C.G., H. SALWIN, M. BENCA and J.H. MITCHELL jr.: The use of thiobarbituric acid as a measure of fat oxidation. J. amer. Oil Chem. Soc. **31**, 603—606 (1954).
—, H. SWAIN and J.H. MITCHELL jr.: Measurement of oxidation in dried milk products with thiobarbituric acid. J. amer. Oil Chem. Soc. **32**, 13—16 (1955).
SIETZ, F.G.: Thermische trans-Isomerisierung als Ursache von Kältetrübungen des Sojaöls. Seifen, Öle, Fette, Wachse **87**, 519—522 (1961a).
— Die Kennzahlen des Erdnußöls. Fette, Seifen, Anstrichmittel **63**, 1063—1064 (1961b).
— Die Wasser-Bestimmung in Ölsaaten und Saat-Nebenprodukten nach der Karl-Fischer-Methode. Seifen, Öle, Fette, Wachse **90**, 586—587 (1964).
— Nachweis geringer Mengen von Mineralölen in Fetten. Fette, Seifen, Anstrichmittel **68**, 314—316 (1966).
— Über das Samenöl verschiedener Brassica-Arten. Fette, Seifen, Anstrichmittel **69**, 325—328 (1967).
SILK, M.H., and H.H. HAHN: The resolution of mixtures of C_{16} to C_{24} normal-chain fatty acids by reversed-phase partition chromatography. Biochem. J. **56**, 406—410 (1954).
SIMS, R.J., and L. HILFMAN: Formation of trans isomers during the hydrogenation of glyceride oils. J. amer. Oil Chem. Soc. **30**, 410—413 (1953).
SIMS, R.P. A.: Viscous behavior of polymerized vegetable oils. J. amer. Oil Chem. Soc. **35**, 257—261 (1958).
SINGLETON, W.S.: Phase investigations of fats. II. Systems containing oleic and stearic acid and an organic solvent. J. amer. Oil Chem. Soc. **25**, 15—20 (1948).
— X-ray spectroscopy. J. amer. Oil Chem. Soc. **32**, 612—615 (1955).

SINNHUBER, R.O., and T.C. YU: 2-Thiobarbituric acid method for the measurement of rancidity in fishery products. II. The quantitative determination of malonaldehyde. Food. Technol. **12**, 9—12 (1958).

— — and TE CHANG YU: Characterization of the red pigment formed in the 2-thiobarbituric acid determination of oxidative rancidity. Food Res. **23**, 626—634 (1958).

SIPPEL, A.: Über den Parachor, eine Anwendung der Oberflächenspannung zur Konstitutionserforschung chemischer Verbindungen. Z. angew. Chem. **42**, 849—852, 873—877 (1929).

SKIDMORE, W.D., and C. ENTENMAN: Two-dimensional thinlayer chromatography of rat liver phosphatides. J. Lipid Res. **3**, 471—475 (1962).

SKIPSKY, V.P., R.F. PETERSON and M. BARCLAY: Separation of phosphatidyl ethanolamine, phosphatidyl serine, and other phospholipids by thin-layer chromatography. J. Lipid Res. **3**, 467—470 (1962).

— — — Quantitative analysis of phospholipids by thin-layer chromatography. Biochem. J. **90**, 374—378 (1964).

SKOVGAARD, N.: Gelbes Fett in Schlachtschweinen. Nord. Veterinaermedicin. **12**, 405—416 (1960) [dänisch]; zit. nach Z. Lebensmittel-Untersuch. u. -Forsch. **114**, 154 (1961).

SLOVER, H.T., and L.R. DUGAN jr.: Application of near infrared spectrophotometry to the study of the autoxidation products of fats. J. amer. Oil Chem. Soc. **35**, 350—355 (1958).

—, L.M. SHELLEY and T.L. BURKS: Identification and estimation of tocopherols by gas-liquid chromatography. J. amer. Oil Chem. Soc. **44**, 161—166 (1967).

VAN SLYKE, D.D.: Manometric determination of primary amino nitrogen and its application to blood analysis. J. biol. Chem. **83**, 425—447 (1929).

—, and J.M. NEILL: The determination of gases in blood and other solutions by vacuum extraction and manometric measurement. I. J. biol. Chem. **61**, 523—573 (1924); vgl. auch HARRINGTON, C.R., and D.D. VAN SLYKE, J. biol. Chem. **61**, 575—583 (1924).

SMITH, jr., C.R., M.C. BURNETT, T.L. WILSON, R.L. LOHMAR and I.A. WOLFF: Differentiation of hydrogon bromidc-roactivc acids in seed oils. J. amer. Oil Chem. Soc. **37**, 320—323 (1960).

SMITH, D.M., and W.M.D. BRYANT: Titrimetric determination of water in organic liquids using acetyl chloride and pyridine. J. amer. chem. Soc. **57**, 841—845 (1935).

—, and J. MITCHELL jr.: Determination of carbonyl compounds in the presence of organic acids. Analytic. Chem. **22**, 750—755 (1950).

SMITH, E.D.: Simplified chromatographic separation and analysis of C_4 through C_{12} dibasic acids. Analytic. Chem. **32**, 1301—1304 (1960).

SMITH, F.H.: Spectrophotometric method for estimating gossypol in crude cottonseed oil. Industr. Engin. Chem. Anal. Ed. **18**, 41—43 (1946).

SMITS, P., and J. KUIPER: Analysis of phosphatides by means of potentiometric titration in non-aqueous medium. Proceedings of the SAC Conference, Nottingham 1965.

SNIEGOWSKI, M.S., and A.R. BALDWIN: Fatty acid composition of corn oils in relation to oil contents of the kernels. J. amer. Oil Chem. Soc. **31**, 414—416 (1954).

SOBEL, A.E., A.M. MAYER and B. KRAMER: New colorimetric reaction of vitamins D_2 and D_3 and their provitamins. Industr. Engin. Chem. Anal. Ed. **17**, 160—165 (1945).

—, and H. WERBIN: Determination of vitamin A in fish liver oils with activated glycerol dichlorohydrin. Analytic. Chem. **19**, 107—112 (1947).

SÖNCKE-KNUDSEN, u. A. SÖRENSEN: Über eine Methode zur Beurteilung der Größe der Wassertröpfchen in Butter. Fette u. Seifen **45**, 669—670 (1938).

SOXHLET, FR., u. SZOMBATY: Dingl. Polyt. J. **232**, 461 (1879); zit. nach A. GRÜN: Analyse der Fette und Wachse, Bd. I. Berlin 1925.

SPADARO, J.J., N.V. LOVEGREN, R.O. FEUGE and E.L. PATTON: Confectionary fats. I. Preparation by interesterification and fractionation on pilotplant scale. J. amer. Oil Chem. Soc. **38**, 461—465 (1961).

SPENGLER, G., u. A. WEBER: Bestimmung des Bienenwachsgehaltes in Wachs-Kompositionen aus Gesamtparaffin, Verseifungs-, Ester- und Säurezahl. Fette, Seifen, Anstrichmittel **62**, 918—923 (1960); vgl. auch ebenda **68**, 173—176 (1966).

—, u. M. WILDEROTTER: Zur Rheometrie von Wachsen und Paraffinen. I. Penetrationsmessungen und die Einordnung verschiedener Erweichungspunkte in das Penetrations-Temperaturverhalten. Fette, Seifen, Anstrichmittel **66**, 267—278 (1964); II. Ein Beitrag zum Viskositäts- und Fließverhalten wachsartiger Körper. Fette, Seifen, Anstrichmittel **66**, 778—786 (1964).

—, u. E. Wöllner: Eine neue Paraffin-Bestimmungsmethode von Wachsen und Wachsverschnitten. Fette, Seifen, Anstrichmittel **57**, 5—8 (1955).

SPICKETT, R.G.W., E.F.J. THORPE and J.B. WARD: The estimation of saturated acids in mixed fatty acids of natural fats. Chem. and Industr. **1957**, 734.

SPITERI, J.: Beitrag zur Erforschung evolutiver Veränderungen in Olivenölen unter dem Einfluß äußerer Faktoren. Dtsch. Lebensmittel-Rdsch. **58**, 155—157 (1962).

SPRINKMEYER, H., u. H. WAGNER: Beiträge zur Kenntnis des Sesamöls. Z. Untersuch. Nahrungs- u. Genußmittel **10**, 347—353 (1905).
SREENIVASAN, B., and J.B. BROWN: Octadecadienoic acids of shortenings and margarines. J. amer. Oil Chem. Soc. **33**, 341—344 (1956a).
— — Isomerization of linoleic, linolenic and other polyunsaturated acids with potassium tertiary butoxide and its application in the spectrophotometric estimation of these acids. J. amer. Oil Chem. Soc. **33**, 521—526 (1956b).
— — Further studies on the isomerization of polyunsaturated fatty acids by potassium tertiary butoxide. J. amer. Oil Chem. Soc. **35**, 89—93 (1958).
— —, E.P. JONES, V.L. DAVISON and J. NOWAKOWSKA: Preparation and purity of linoleic acid from commercial corn, sottonseed and safflower oils. J. amer. Oil Chem. Soc. **39**, 255—259 (1962).
STADLER, H.P.: Zum Nachweis von Margarine in Butter. Z. Untersuch. Lebensmittel **55**, 404—405 (1928).
STÄRKLE, M.: Die Methylketone im oxydativen Abbau einiger Triglyceride (bzw. Fettsäuren) durch Schimmelpilze unter Berücksichtigung der besonderen Ranzidität des Kokosfetts. Biochem. Z. **151**, 371—415 (1924).
STAGE, F.: Die Kolonnen zur Laboratoriumsdestillation. Angew. Chem. B. **19**, 175—183, 215—221, 247—253 (1947).
STAGE, H.: Neuzeitliche destillative Trennverfahren im Laboratorium und im Versuchsbetrieb unter Verwendung von Aufbauelementen. Erdöl u. Kohle **3**, 377—383 (1950).
— Die destillative Trennung natürlicher und synthetischer Fettsäure-Gemische. Fette u. Seifen **55**, 217—224, 284—290, 375—380 (1953).
—, u. L. GEMMEKER: Verfahren und Apparaturen zur Flüssig-Flüssig-Extraktion im Laboratorium. Chemiker-Ztg. **88**, 517—532 (1964).
—, E. MÜLLER u. L. GEMMEKER: Die destillative Trennung von natürlichen und synthetischen Fettsäure-Gemischen in Theorie und Praxis. Fette, Seifen, Anstrichmittel **64**, 27—40 (1962).
STAHL, E.: Dünnschicht-Chromatographie. II. Standardisierung, Sichtbarmachung, Dokumentation und Anwendung. Chemiker-Ztg. **82**, 323—329 (1958); I. Mitt. Pharmacie **11**, 633 (1956).
STAMM, J.: Über den Nachweis der Zersetzung fetter Öle und anderer Fette. Pharmacia 1926, 5, Separatum 4 S.; zit. nach Z. Lebensmittel-Untersuch. u. -Forsch. **62**, 413 (1931).
STANSBURY, M.F., V.O. CIRINO and H.P. PASTOR: Composition of acidulated cottonseed soapstocks as influenced by commercial methods of processing seed and oil. J. amer. Oil Chem. Soc. **34**, 539—544 (1957).
—, and C.L. HOFFPAUIR: Relation between fatty acid compositions and iodine value of cottonseed oil. J. amer. Oil Chem. Soc. **29**, 53—55 (1952).
— — and T.H. HOPPER: Influence of variety and environment on the iodine value of cottonseed oil. J. amer. Oil Chem. Soc. **30**, 120—123 (1953).
STAUB, H.: Titrimetrische klinische Cholesterinbestimmung. II. Mitteilung über Bestimmung von Lipoidsubstanzen. Schweiz. med. Wschr. **77**, 60—62 (1947); ausführlich referiert in Z. Lebensmittel-Untersuch. u. -Forsch. **89**, 201—202 (1949).
STEARNS, jr., E.M., H.B. WHITE jr. and F.W. QUACKENBUSH: Use of mercuric acetate addition to prepare unsaturated fatty ester concentrates. J. amer. Oil Chem. Soc. **39**, 61—62 (1962).
STEBNITZ, V.C., and H.H. SOMMER: An improvement on the SWIFT fat stability apparatus for approximating the end of induction period. Oil and Soap **12**, 201—202 (1935).
STEGEN, H.: Neue Leitsätze für Mayonnaisen und Salate. Feinkostwirtsch. **5**, 147—150 (1968).
STEHLE, G.: WATOR-Papier, ein neues Indikatorpapier zur Feststellung der Wasserverteilung in Butter. Milchwiss. **16**, 289—295 (1961).
STEIN, R.A.: Fatty acid structure determination by chemical means. J. amer. Oil Chem. Soc. **38**, 636—640 (1961).
STEINER, E.H.: Theoretical consideration on the melting point of cocoa butter. Int. Fachschr. Schokolade-Industr. **9**, 296—298 (1954).
— The crystallization of cocoa butter and alternative fats. I. An adiabatic calorimeter and its application to the thermal analysis of cocoa butter. J. Sci. Food. Agric. **6**, 777—790 (1955).
— The crystallization of cocoa butter and alternative fats. II. Palmkernel stearins and their mixtures with cocoa butter and butter fat. J. Sci. Food. Agric. **7**, 425—426 (1956).
— Stabilisierung der Kakaobutter zur Durchführung der Schmelzpunktbestimmung. Int. Fachschr. Schokolade-Industr. **12**, 235—237 (1957).
STERN, M.H., CH. D. ROBESON, L. WEISLER and J.G. BAXTER: δ-Tocopherol. I. Isolation from soybean oil and properties. J. amer. chem. Soc. **69**, 869—874 (1947).

van der Steur, J.P.K.: Jodgleichgewichtskonstanten von Fetten und Fettsäuren. Diss. Delft 1928; ausführlich referiert in: Z. Untersuch. Lebensmittel **61**, 446—452 (1931) [holländisch].
Stiepel, C.: Über die „Laktonzahl". Seifensieder-Ztg. **53**, 617—618 (1926).
Stillman, R.C.: The effect of chlorophyll on the color and value of vegetable oils. J. amer. Oil Chem. Soc. **30**, 159—162 (1953).
— The determination of chlorophyll in oil. J. amer. Oil Chem. Soc. **31**, 469—472 (1954).
— (Chairman): Report of the Color Committee, Oct. 1955. J. amer. Oil Chem. Soc. **32**, 704 to 706 (1955).
— and R.M. Reed: Die Hydroxylaminmethode zur Bestimmung von Aldehyden und Ketonen in ätherischen Ölen. Perf. ess. Oil Rec. **23**, 278—286 (1932) [englisch]; zit. nach Chem. Zbl. **1932** II, 2747.
Stingley, D.V., and R.J. Wrobel: The effect of transisomers on the physical properties of hydrogenated oils. J. amer. Oil Chem. Soc. **38**, 201—205 (1961).
Stoffel, W., F. Chu and E.H. Ahrens jr.: Analysis of long chain fatty acids by gas-liquid chromatography. Analytic. Chem. **31**, 307—308 (1959).
Stoldt, W.: Vergleichende Untersuchungen von Buttergebäck. Z. Untersuch. Lebensmittel **76**, 228—232 (1938).
— Fettbestimmung in Lebensmitteln. Dtsch. Lebensmittel-Rdsch. **45**, 41—46 (1949); **47**, 13—15 (1951); **47**, 35—36 (1951); **48**, 39—40 (1952); Milchwiss. **6**, 152—155 (1951); Fette u. Seifen **54**, 206—207 (1952).
Stowe, H.D.: Separation of β- and γ-tocopherol. Arch. Biochem. **103**, 42—44 (1963).
Straus, F., H. Heinze u. L. Salzmann: Über Ricinolsäure und 12-Oxy-stearinsäure. Ber. dtsch. chem. Ges. **66**, 631—639 (1933).
Strecker, A.: Über das Lecithin. Liebigs. Ann. Chem. **148**, 77—90 (1868).
Strohecker, R., R. Vaubel u. A. Tenner: Die Bestimmung des aktiven Sauerstoffs und die Anwendung dieser Methode bei der Untersuchung von Fetten. Fette u. Seifen **44**, 246—250 (1937).
Studer, P., u. P. Haefelfinger: Dünnschichtchromatographische Bestimmung von meso-Inosit auf Fertigplatten. J. Chromatograph. **33**, 385—390 (1968).
Stuffins, C.B.: The determination of water in glycerol, margarine, oils and fats. Analyst **83**, 312—314 (1958).
Stuve, W.: Gas-Chromatographie freier Fettsäuren. Die Analyse der gesättigten und ungesättigten Fettsäuren von der Capron- bis zur Arachinsäure. Fette, Seifen, Anstrichmittel **63**, 325—329 (1961).
Suarez, C., R.T. O'Connor, E.T. Field and W.G. Bickford: Determination of sesamol, sesamolin and sesamin in sesamin concentrates and oils. Analytic. Chem. **24**, 668—671 (1952).
Subbaram, M.R., and C.G. Youngs: Determination of the glyceride structure of fats: Distribution of individual saturated and unsaturated acids. J. amer. Oil Chem. Soc. **41**, 445—448 (1964).
Sugden, S.: A relation between surface tension, density and chemical composition. J. chem. Soc. (Lond.) **1924**, 1177—1189.
Sully, B.D.: A modified iodimetric determination of organic peroxides. Analyst. **79**, 86—90 (1954).
— A procedure for determining hydroxyl groups. Analyst. **87**, 940—943 (1962).
Sulser, H.: Die Mikrobestimmung der Phosphatidbestandteile Inosit, Äthanolamin, Serin und Cholin. 5. Mitt. Über Anwendung der Papierchromatographie auf lebensmittelchemische Probleme. Mitt. Lebensmitteluntersuch. Hyg. **45**, 251—294 (1954).
—, u. O. Högl: Die Unterscheidung von Tier- und Pflanzenfetten. Mitt. Lebensmitteluntersuch. Hyg. **48**, 248ff. (1957).
Sumerwell, W.N.: Liquid-solid countercurrent distribution of fatty acids with urea. J. amer. chem. Soc. **79**, 3411—3415 (1957).
Sundgren, A., and V.T. Rauhala: Methods of analysis for functional groups in earth (mineral) waxes. J. amer. Oil Chem. Soc. **34**, 7—9 (1957).
Suter, H., u. H. Hadorn: Die Untersuchung von Mayonnaise mit spezieller Berücksichtigung der Eibestandteile. Mitt. Lebensmitteluntersuch. Hyg. **47**, 205—215 (1956).
Swern, D.J.: Chemistry of epoxy compounds. VII. Stereochemical relationships between the 9,10-epoxy-, chlorohydroxy- and dihydroxystearic acids. J. amer. chem. Soc. **70**, 1235 to 1240 (1948).
—, Th. W. Findley, G.N. Billen and J.T. Scanlan: Determination of oxirane oxygen. Analytic. Chem. **19**, 414—415 (1947).
—, H.B. Knight and R.C. Eddy: Trans-octadecenoic acid content of beef fat. Isolation of elaidic acid from oleo-oil. J. amer. Oil Chem. Soc. **29**, 44—46 (1952).

Swern, D. J., H. B. Knight, O. D. Shreve and M. R. Heether: Comparison of infrared spectrophotometric and lead salt-alcohol methods for determination of trans-octadecenoic acids and esters. J. amer. Oil Chem. Soc. **27**, 17—21 (1950).

—, and W. E. Parker: Application of urea complexes in the purification of fatty acids, esters and alcohols. II. Oleic acid and methyl oleate from olive oil. J. amer. Oil Chem. Soc. **29**, 614—615 (1952).

— — Application of urea complexes in the purification of fatty acids, esters and alcohols. III. Concentrates of natural linoleic and linolenic acids. J. amer. Oil Chem. Soc. **30**, 5—7 (1953).

Swoboda, P. A. T., and C. H. Lea: The flavour volatiles of fats and fat-containing foods. II. A gas chromatographic investigation of volatile autoxidation products from sunflower oil. J. Sci. Food Agric. **16**, 680—689 (1965).

Sylvester, N. D., and A. N. Ainsworth: Letter to the Editor. J. amer. Oil Chem. Soc. **33**, 330 (1956).

— — and E. B. Hughes: The determination of fat in mixtures containing fatty acids and the determination of unsaponifiable matter in oils and fats. Analyst **70**, 295—298 (1945).

—, L. H. Lampitt and A. N. Ainsworth: Determination of the stability of oils and fats. J. Soc. chem. Industr. (Lond.) **61**, 165—169 (1942).

Szabo, D.: Assoziation und Dampfspannung von Stearinsäure und anderen Fettsäuren. Diss. Delft 1956, siehe auch D. Szabo Sarkadi u. J. H. de Boer: Recueil Trav. chim. Pays-Bas **76**, 628—646 (1957) [holländisch].

von Szent-Györgyi, A.: Die gravimetrische Mikrocholesterinbestimmung. Biochem. Z. **136**, 107—111 (1923).

Szonyi, C., and K. Sparrow: Spectrophotometric determination of small amounts of 1-monoglycerides in fats. J. amer. Oil Chem. Soc. **41**, 535—537 (1964).

Täufel, K.: Sinn und Grenzen der Verdorbensheitsnachweise für Fette. Fette u. Seifen **45**, 179—183 (1938).

— Gemeinschaftsarbeit der DGF. 14. Mitt. Begriffsbestimmungen auf dem Gebiete des Fettverderbens. Fette u. Seifen **47**, 398—399 (1940).

— Polymerisierte Seetieröle als Nahrungsöle. Fette u. Seifen **54**, 689 (1952).

— Der Peroxyd-Test bei der statischen und dynamischen Fettanalyse. Fette, Seifen, Anstrichmittel **59**, 87—90 (1957a).

— Über den emissionsspektrographischen Nachweis von Spurenmetallen in Fetten. Fette, Seifen, Anstrichmittel **59**, 925 (1957b).

—, M. Achtzehn u. Cl. Franzke: Über die Einesterung niederer Fettsäuren in natürliche Fette und Öle. Nahrung **2**, 178—192 (1958a).

—, u. K. Barthel: Vorschläge für die einheitliche Untersuchung und Beurteilung von Schweineschmalz mit besonderer Berücksichtigung seiner Lagerfähigkeit. Ernährungsforsch. **1**, 638—650 (1956).

— — Über den emissionsspektrographischen Nachweis von Spurenmetallen in Fetten. Fette, Seifen, Anstrichmittel **60**, 534—536 (1958).

—, Cl. Franzke u. M. Achtzehn: Über die Umesterung unter Acyl-Austausch bei natürlichen Fetten und gehärteten Fetten sowie bei Fettmischungen. Fette, Seifen, Anstrichmittel **60**, 456—461 (1958c).

— — u. H. Hoppe: Zur chemischen Physiologie und Analytik polymerisierter Fette. Dtsch. Lebensmittel-Rdsch. **54**, 245—252 (1958b)

—, u. I. Jakob: Beiträge zur Analytik synthetischer Fettsäuren und Fette. Dtsch. Lebensmittel-Rdsch. **45**, 143—145 (1949).

—, u. K. Klentsch: Zur Chemie der Verderbens der Fette. V. Die analytische Differenzierung der gebildeten Aldehyde. Fette u. Seifen **46**, 64—66 (1939).

—, u. F. Linow: Elektrochemische Sauerstoffbestimmung in olefinischen Fetten. Nahrung **7**, 41—49 (1963).

— — Carbonylverbindungen und Hydroperoxyde bei der Autoxydation olefinischer Fette. Vortrag auf dem ISF-Congress 12.—18. X. 1964 in Hamburg; siehe auch F. Linow, M. Roloff u. K. Täufel: Fette, Seifen, Anstrichmittel **66**, 1052—1055 (1964).

—, u. K. Romminger: Papierchromatographischer Nachweis und Wirkung von Spurenmetallen in Nahrungsfetten. Fette, Seifen, Anstrichmittel **58**, 104—112 (1956).

—, u. P. Sadler: Über das autoxydative Verderben der Fette. VI. Zur Ausführung und Auswertung der Kreis-Reaktion. Z. Untersuch. Lebensmittel **67**, 268—273 (1934).

—, I. Sehrt u. Cl. Franzke: Analytische Studien an umgeesterten Fetten. Z. Lebensmittel-Untersuch. u. -Forsch. **116**, 503—510 (1961/1962).

—, u. R. Serzisko: Die Neutralrotprobe bei der Beurteilung von Schweineschmalz. Dtsch. Lebensmittel-Rdsch. **52**, 255—258 (1956).

— — Zur Arbeitsweise bei der colorimetrischen Bestimmung der Peroxyde in autoxydierten Fetten. Fette, Seifen, Anstrichmittel **59**, 827—830 (1957).

Täufel, K., u. R. Serzisko: Zum Tocopherolgehalt einiger Fette und Öle. 2. Mitt. Verteilung der Tocopherole in ausgewählten Produkten. Nahrung **6**, 413—422 (1962).
—, u. H. Thaler: Zur Chemie der „Ketonranzigkeit" der Fette. I. Ein neuer analytischer Nachweis. Chemiker-Ztg. **56**, 265—266 (1932).
— — Über eine Farbreaktion auf Glycerin. Z. analyt. Chem. **95**, 235—239 (1933).
— — u. O. Bauer: Über den Mechamismus der Salicylaldehyd-Reaktionen zum Nachweis von Fuselölen und von Ketonen. Z. Untersuch. Lebensmittel **69**, 401—405 (1935).
— — u. H. Hohner: Über den qualitativen und quantitativen Nachweis von Methylketonen. Z. Untersuch. Lebensmittel **74**, 119—133 (1937).
— — u. H. Schreyegg: Zur Kenntnis des Fettes der Hefe. Z. Untersuch. Lebensmittel **72**, 394—404 (1936).
—, u. R. Vogel: Filtrierpapier-Test zum Nachweis peroxydischer Verbindungen. Fette, Seifen, Anstrichmittel **57**, 393—399 (1955).
—, u. R. Zimmermann: Peroxydzersetzung und Carbonylbildung bei autoxydierten Fetten. Ernährungsforsch. **5**, 104—109 (1960a).
— — Organoleptische Eigenschaften einiger in verdorbenen Nahrungsfetten auftretender Carbonylverbindungen. Nahrung **4**, 1010—1014 (1960b).
— — Über den Chemismus der Farbreaktion von 2-Thiobarbitursäure mit Carbonyl-Verbindungen. Fette, Seifen, Anstrichmittel **63**, 226—234 (1961).
Taffel, A., and C. Revis: J. Soc. chem. Industr. (Lond.) **1931**, 87—91 T; zit. nach D.H. Wheeler (1932).
Tappel, A.L.: Linoleate oxidation catalyzed by hog muscle and adipose tissue extracts. Food Res. **17**, 550—559 (1952).
— Linoleate oxidation catalysts occurring in animal tissues. Food. Res. **18**, 104—108 (1953).
Tarladgis, B.G., A.M. Pearson and L.R. Dugan: The chemistry of the 2-thiobarbituric acid test for the determination of oxidative rancidity in foods. I. Some important side reactions. J. amer. Oil Chem. Sos. **39**, 34—39 (1962).
—, B.M. Watts, M.T. Younathan and L. Dugan jr.: A distillation method for the quantitative determination of malonaldehyde in rancid foods. J. amer. Oil Chem. Soc. **37**, 44—48 (1960).
Taurog, A., C. Entenman, B.A. Fries and I.L. Chaikoff: An adsorption procedure for the separation of choline-containing from non-choline-containing phospholipids of liver. J. biol. Chem. **155**, 19—25 (1944).
Teasdale, B.F., and R. Svardal: A modified dilatometer for fast evaluation of "Solids Content" in fats. J. amer. Oil Chem. Soc. **33**, 78—80 (1956).
Teeter, H.M., and J.C. Cowan: Viscometric properties of higher fatty acids and their derivatives. J. amer. Oil Chem. Soc. **33**, 163—169 (1956).
Tels, M., A.J. Kruidenier, C. Boelhouwer and H.I. Waterman: The specific refraction of fatty oils. J. amer. Oil Chem. Soc. **35**, 163—166 (1958).
van den Tempel, M., P. de Bruyne and A.P.J. Mank: Crystallisation chromatography of glycerides. Recueil Trav. chim. Pays-Bas **81**, 1075—1086 (1962).
Terrier, J.: Contribution à la détermination de la teneur en oeufs dans les pâtes alimentaires aux oeufs. Etude du dosage de la cholestérine. Mitt. Lebensmitteluntersuch. Hyg. **28**, 184—197 (1937).
— Un nouveau procédé de dosage de la matière grasse dans les produits alimentaires en poudre. Mitt. Lebensmitteluntersuch. Hyg. **32**, 237—241 (1941).
Thaler, H.: Über die Verwendbarkeit der chromatographischen Analyse zum Nachweis der künstlichen Färbung von Fetten und Ölen. Fette u. Seifen **44**, 38—42 (1937).
— Die Bestimmung des Phosphors in phosphatidarmen Fetten. Fette u. Seifen **54**, 763—765 (1952).
—, u. W. Eisenlohr: Zur Chemie der Ketonranzigkeit. III. Über die Bildung von Methylketonen aus a, β-ungesättigten Fettsäuren durch Penicillium glaucum. Biochem. Z. **308**, 88—102 (1941).
—, u. G. Geist: Zur Chemie der Ketonranzigkeit. I. Über den Abbau gesättigter Fettsäuren durch Penicillium glaucum. Biochem. Z. **302**, 121—136 (1939).
—, u. E. Just: Zur Ermittlung des Phosphatidgehaltes von Fetten. Fette u. Seifen **51**, 55—59 (1944).
—, u. R. Scheler: Studien zur Farbstoffanalytik. I. Mitt. Der Nachweis von Annatto in Speisefetten. Z. Lebensmittel-Untersuch. u. -Forsch. **93**, 220—224 (1951a).
— — Studien zur Farbstoff-Analytik. II. Mitt. Der Nachweis von Buttergelb in Speisefetten. Z. Lebensmittel-Untersuch. u. -Forsch. **93**, 286—290 (1951b).
— — Studien zur Farbstoffanalytik. III. Mitt. Der Nachweis von Teerfarbstoffen in Speisefetten. Z. Lebensmittel-Untersuch. u. -Forsch. **95**, 1—9 (1952).
Theivagt, J.G., and D.J. Campbell: Determination of vitamin D in multivitamin mixtures after separation by partition chromatography. Analytic. Chem. **31**, 1375—1377 (1959).

THIELE, O.W., u. W. WOBER: Zur papierchromatographischen Trennung von Phosphatiden auf einem neuartigen Kieselgelpapier. Hoppe-Seylers Z. physiol. Chem. **326**, 89—93 (1961).
THIELEMANN, H., U. BEHRENS u. E. LEIBNITZ: Chem. Techn. **13**, 737—741 (1961); zit. nach Z. analyt. Chem. **192**, 414 (1963).
THIEME, J.G.: Zur Refraktometrie von Fetten. I. Untersuchungen in gemischt-phasigen Systemen. Fette, Seifen, Anstrichmittel **56**, 286—291 (1954).
THIES, H., u. M. STEINIGEN: Eine spezifische Methode zur Bestimmung von Vitamin A. Int. Z. Vitaminforsch. **37**, 73—81 (1967); vgl. auch Dtsch. Apoth.-Ztg. **106**, 1451—1454 (1966).
THOMAS, A.E. III, J.E. SCHAROUN and H. RALSTON: Quantitative estimation of isomeric monoglycerides by thin-layer chromatography. J. amer. Oil Chem. Soc. **42**, 789—792 (1965).
THOMAS, K., u. G. WEITZEL: Über die Eignung des Kunstfetts aus Kohle als Nahrungsmittel. Dtsch. med. Wschr. **71**, 18—21 (1946).
THOMPSON, A.R.: Separation of saturated mono-hydroxamic acids by partition chromatography on paper. Austral. J. Sci. Res. Biol. Sci. **4**, 180 (1950).
THOMSON, P.: Single number systems for the color of transparent objects. J. amer. Oil Chem. Soc. **30**, 259—262 (1953).
—, and R.C. STILLMAN: Report of the Oil Color Committee 1948. J. amer. Oil Chem. Soc. **26**, 45—51 (1949).
THORNTON, M.H., C.S. JOHNSON and M.A. EWAN: The component fatty acids of soybean lecithin. Oil and Soap **21**, 85—87 (1944).
THYMIAN, E.W.: Einfacher Nachweis von chinesischem Holzöl, auch Tungöl genannt. Pharmazie **4**, 140 (1949).
TIEDT, J., and E.V. TRUTER: The constitution of some wool wax esters. Chem. and Industr. **1952**, 403.
TIEWS, J.: Über Fortschritte bei der chemischen Vitamin D-Bestimmung. Nahrung **4**, 156 bis 163 (1960).
TILGNER, D.J.: Dilution tests for odor and flavor analysis. Food. Technol. **16**, (2) 26—29 (1962).
TILLEY, J.M.A., R.J. CANAWAY and R.A. TERRY: The estimation of volatile fatty acids by gas chromatography with automatic titration. Analyst **89**, 363—365 (1964).
TILLMANS, J., H. RIFFART u. A. KÜHN: Neue quantitative Bestimmung von Cholesterin und Lecithin und ihre Anwendung in der Lebensmittelchemie, insbesondere zur Beurteilung eihaltiger Erzeugnisse. Z. Untersuch. Lebensmittel **60**, 361—389 (1930).
TISELIUS, A.: Arbeiten zur Frontal- und Verdrängungsanalyse 1938—1952. Ausführliche Zusammenstellung bei E. und M. LEDERER 1957.
— Neuere Fortschritte auf dem Gebiete der Chromatographie. Endeavour **11**, 5—16 (1952).
—, and L. HAGDAHL: A note on "Carrier Displacement" chromatography. Acta chim. scand. **4**, 394—395 (1950).
TITSCHACK, G.: Bessere Kennzeichnung von Kohlenwasserstoff-Wachsen unter Anwendung der Antimonpentachlorid-Methode zur Bestimmung des n-Paraffin-Gehalts. Fette, Seifen, Anstrichmittel **61**, 23—30 (1959).
TOLKMITT, H.B.: Internationale Arbeiten über Probeentnahme- und Analysenmethoden. Ernährungswirtsch. **10**, 899—904 (1963).
TOLLENAAR, F.D.: Die Bekämpfung des Fischigwerdens von Butter, insbesondere mit Hilfe von Antioxydantien. Fette u. Seifen **55**, 3—7 (1953).
—, H. VAN GEND u. H. HOEKMAN: Einige Untersuchungen über die Bömer-Zahl unter besonderer Berücksichtigung des Vergleichs der Äther-Methode mit der Aceton-Methode. Fette, Seifen, Anstrichmittel **64**, 303—308 (1962).
TORTELLI, M., u. E. JAFFE: Eine spezifische Farbenreaktion für Trane von Seetieren und ihre Hydrierungsprodukte. Chemiker-Ztg. **39**, 14—15 (1915).
TRAPPE, W.: Modifikation der Jodzahlbestimmungsmethode nach H.P. KAUFMANN für kleine und kleinste Fettmengen. Biochem. Z. **296**, 180—185 (1938).
— Die Trennung von biologischen Fettstoffen aus ihren natürlichen Gemischen durch Anwendung von Adsorptionssäulen. I. Mitt. Die eluotrope Reihe der Lösungsmittel. Biochem. Z. **305**, 150—161 (1940).
TREIBS, W.: Zur Autoxydation sauerstoffaktiver Säuren. II. Mitt. Viscosimetrische Analyse der Anlagerung von Sauerstoff an die Methylester. Ber. dtsch. chem. Ges. **75** B, 331—335 (1942).
TROËNG, S.: Bestimmung des Ölgehaltes von Raps. II. Fette, Seifen, Anstrichmittel **57**, 411—413 (1955a).
— Oil determination of oilseed. Gravimetric routine method. J. amer. Oil Chem. Soc. **32**, 124—126 (1955b).
TROWBRIDGE, J.R., A.B. HERRICK and R.A. BAUMAN: Use of rubber columns for the chromatographic separation of triglycerides and other non-polar compounds. J. amer. Oil Chem. Soc. **41**, 306—308 (1964).

TRUTER, E. V.: Urea complexes of some branched-chain and cyclic esters. J. chem. Soc. **1951**, 2416—2419.
TSUJIMOTO, M.: J. Soc. Chem. Industr. Japan **9**, 953 (1906); **20**, 953, 1069 (1917); **21**, 1015 (1918); zit. nach A. BÖMER u. J. GROSSFELD: Handbuch der Lebensmittelchemie, Bd. IV 1939, S. 366, 598.
TSWETT, M.: Über eine neue Kategorie von Adsorptionserscheinungen und ihre Anwendung in der biochemischen Analyse. Vorläufige Mitteilung vom 21. III. 1903; zit. nach G. HESSE u. H. WEIL (1954).
TULLOCH, A.P., and B.M. CRAIG: Determination of double bond position in unsaturated triglycerides by analysis of the oxidation products by gas liquid chromatography. J. amer. Oil Chem. Soc. **41**, 322—326 (1964).
TURNER, R.: Modification to the two-column chromatographic apparatus used in the determination of vitamin A in edible fats. Analyst **88**, 895 (1963).
TWISSELMANN, H.: Ein neuer Extraktionsapparat mit Vorrichtung zur automatischen Wiedergewinnung des Lösungsmittels. Chemiker-Ztg. **47**, 506 (1923).
TWITCHELL, E.: The precipitation of solid fatty acids with lead acetate in alcoholic solution. Industr. Engin. Chem. **13**, 806—807 (1921).
UBBELOHDE, L.: Mitt. Mat.-Prüf. **1904**, 203; zit. nach A. GRÜN: Analyse der Fette und Wachse, Bd. I 1925.
UEBERREITER, K., u. G. SORGE: Zur quantitativen Bestimmung organischer Peroxyde. Teil I. Zwei kolorimetrische Methoden. Angew. Chem. **68**, 352—355 (1956).
UHLÍŘ, Z.: Kritische Bewertung zweier Verfahren der photometrischen Bestimmung des Phosphors. Chem. Zvesti **18**, 763—770 (1964) [tschechisch].
URBAIN, W.M., and H.L. ROSCHEN: The absorption spectra of the F.A.C. color standards. Oil and Soap **16**, 124—126 (1939).
USHER, C.D., D.J. FAVELL and H. LAVERY: A method for the determination of vitamin A, α- and β-carotene in margarine, including the results of a collaborative test. Analyst **93**, 107—110 (1968).
UTZINGER, G.E.: Kurzweg-Fraktionierung. Chem.-Ing.-Techn. **26**, 129—131 (1954).
UZZAN, A.: Étude spectrophotométrique dans l'ultraviolet des huiles d'olives. Son application pour l'appréciation de la qualité de l'huile et la recherche des mélanges avec des huiles raffinées. Rev. Franç. Corps Gras **3**, 9—17 (1956); siehe auch Olii miner. **36**, 307—311 (1959).
VAECK, S.V.: Die Polymorphie (Vielgestaltigkeit) einiger Naturfette. Int. Fachschr. Schokolade-Industr. **6**, 100—113 (1951 a).
— Die Polymorphie (Vielgestalt) einiger Naturfette. II. Kalorimetrische Studien an Kakaobutter. Int. Fachschr. Schokolade-Industr. **6**, 350—361 (1951 b).
— Die Polymorphie (Vielgestalt) einiger Naturfette. III. Dilatometrische Studien an Kakaobutter. Int. Fachschr. Schokolade-Industr. **7**, 323—330 (1952).
VALENTA: Dingl. Polytechn. J. **252**, 296; **253**, 418 (1884); zit. nach A. BÖMER u. J. GROSSFELD: Handbuch der Lebensmittelchemie, Bd. IV. 1939, S. 49.
VALENTINIS, G.: Vergleichende Untersuchung zur Bestimmung der Ranzidität mittels der chromatischen Skala. Direkte Anwendung des Kreis-Testes mit Resorcin für eine kolorimetrische Bewertung. Boll. Lab. chim. provinciali **13**, 336—342 (1962) [italienisch].
VALLANT, H.: Die mikrojodometrische Bestimmung der Säurezahl. Mikrochim. Acta (Wien) **1963**, 93—96.
VANDENHEUVEL, F.A.: Precision semimicro hydrogenation apparatus. Analytic. Chem. **24**, 847—851 (1952).
—, and E.H. FARMER: The hydrogen value — refractivity relationship of unsaturated fatty acids of natural origin. J. amer. Oil Chem. Soc. **28**, 512—513 (1951).
—, and D.R.VATCHER: Partition chromatography of aliphatic acids. Quantitative resolution of normal chain even acids from C_{12} to C_{24}. Analytic. Chem. **28**, 838—845 (1956).
VANDER WAL, R.J.: Letter to the editor. J. amer. Oil Chem. Soc. **32**, 240—241 (1955).
— Calculation of the distribution of the saturated and unsaturated acyl groups in fats, from pancreatic lipase hydrolysis data. J. amer. Oil Chem. Soc. **37**, 18—20 (1960).
— The determination of glyceride structure. J. amer. Oil Chem. Soc. **40**, 242—247 (1963).
VERESHCHAGIN, A.G.: The paper partition chromatography of unsaturated lipids as their π-complexes with silver ions. J. Chromatograph. **17**, 382—386 (1965).
VERLEY, A., u. F. BÖLSING: Über quantitative Esterbildung und Bestimmung von Alkoholen resp. Phenolen. Ber. dtsch. chem. Ges. **34**, 3354—3366 (1901).
VIBRANS, F.C.: The solubility of gases in edible fats and oils. Oil and Soap **12**, 14—15 (1935).
VILLAVECCIA, V., u. G. FABRIS: Über die Anwendung des Furfurols als Reagens zur Erkenntnis des Sesamöls in Ölmischungen. Z. angew. Chem. **1893**, 505—506.
VIOQUE, E., and R.T. HOLMAN: Quantitative estimation of esters by thin-layer chromatography. J. amer. Oil Chem. Soc. **39**, 63—66 (1962).

VISWANATHAN, C.V., and B. MEERA BAI: Identification, estimation and preparation of fatty acids by circular paper chromatography. J. Chromatograph. (Amsterdam) **6**, 264—268 (1961); siehe auch ebenda **7**, 507—515 (1962).
VOLLHASE, E., H.J. STEINBECK u. E. DANIELSEN: Über Eigelb-Margarine. Z. Untersuch. Lebensmittel **58**, 342—352 (1929).
VAN VOORST, F. TH: Über die Entmischungstemperatur von Fetten mit Anilin und die Anwendung auf die Reinheitskontrolle von Kakaofett. Chem. Weekbl. **46**, 150—151 (1950) [holländisch]; siehe auch ebenda **47**, 333—335 (1951); **47**, 595—596 (1951).
VORBECK, M.L., L.R. MATTICK, F.A. LEE and C.S. PEDERSON: Preparation of methyl esters of fatty acids for gas-liquid chromatography. Analytic. Chem. **33**, 1512—1514 (1961).
VOS, H.J.: Bestimmung der Erstarrungskurven von Fetten mit Hilfe des Shukoff-Apparates. Fette, Seifen, Anstrichmittel **67**, 69—72 (1965).
DE VRIES, B.: Quantitative separations of lipid materials by column chromatography on silica impregnated with silver nitrate. Chem. and Industr. **16**, 1049—1051 (1962).
— Quantitative separations of higher fatty acid methyl esters by adsorption chromatography on silica impregnated with silver nitrate. J. amer. Oil Chem. Soc. **40**, 184—186 (1963).
— Separation of triglycerides by column chromatography on silicia impregnated with silver nitrate. J. amer. Oil Chem. Soc. **41**, 403—406 (1964).
—, u. G. JURRIENS: Trennung von Lipiden mittels Dünnschicht-Chromatographie auf mit Silbernitrat imprägniertem Kieselgel. Fette, Seifen, Anstrichmittel **65**, 725—727 (1963).
WACHS, W., u. P. PETSCHA: Nachweis von Palmsamenfetten in Kakaobutter mit Hilfe der Verteilungschromatographie. Fette, Seifen, Anstrichmittel **60**, 655—660 (1958).
WAGNER, H.: Neuere Ergebnisse auf dem Gebiet der Isolierung und Analytik von Phosphatiden und Glykolipiden. Fette, Seifen, Anstrichmittel **62**, 1115—1123 (1960).
— Quantitative Bestimmung von Lecithin und Colaminkephalin in pharmazeutischen Präparaten mit Hilfe der Dünnschicht-Chromatographie. Fette, Seifen, Anstrichmittel **63**, 1119—1123 (1961).
—, L. ABISCH u. K. BERNHARD: Zur papierchromatographischen Analyse von Fettsäuregemischen aus gesättigten und ungesättigten Fettsäuren mit 12—22 C-Atomen. Helv. chim. Acta **38**, 1536—1541 (1955).
—, J.D. GOETSCHEL u. P. LESCH: Trennung komplizierter Fettsäuregemische durch Chromatographie an Silbernitrat-haltigem Silicagel. Helv. Chim. Acta **46**, 2986—2989 (1963).
—, L. HÖRHAMMER u. P. WOLFF: Dünnschicht-Chromatographie von Phosphatiden und Glykolipiden. Biochem. Z. **334**, 175—184 (1961).
—, u. P. POHL: Analytik von Polyenfettsäuren. 1. Mitt. Biochem. Z. **340**, 337—344 (1964).
—, u. P. WOLFF: Isolierung und Analytik pflanzlicher Phosphatide und Sphingolipide. Fette, Seifen, Anstrichmittel **66**, 425—429 (1964).
WALBECQ, M.: Notes sur l'étude de l'insaponifiable. I. Extraction de l'insaponifiable dans les corps gras alimentaires. Rev. Franç. Corps Gras **11**, 213—217, 465—468 (1964).
— Notes sur l'étude de l'insaponifiable de l'huile d'arachide. III. Separation par fractionnement chromatographique. Rev. Franç. Corps Gras **12**, 41—45 (1965).
WALDEN, P.: Optische Aktivität und Entstehung des Erdöls. II. Chemiker-Ztg. **30**, 1167 bis 1170 (1906).
WALISCH, W., and M.R.F. ASWORTH: Automatic coulometric microdetermination of unsaturation with kinetic proof of real equivalence-point. Mikrochim. Acta (Wien) **1959**, 497—505.
WALLER, M.C., and M.A. SEIBERT: Studies of the refractive indices of binary wax mixtures. J. amer. Oil Chem. Soc. **32**, 709—712 (1955).
WALTERS, W.P., M.M. MUERS and E.B. ANDERSON: An improved Kreis-test. J. Soc. chem. Industr. (Lond.) **57**, 53—56 (1938).
WALTHER, C.: Erdöl u. Teer **7**, 382 (1931); zit. nach D. HOLDE (1933), S. 11.
WARD, T.H., and W.S. SINGLETON: Thermal properties of fats and oils. VII. Hydrogenated and unhydrogenated peanut oils. J. amer. Oil Chem. Soc. **27**, 423—426 (1950).
WATENABE, T.: Über die Jodzahl-Bestimmung von Ölen nach der Methode von KAUFMANN. J. chem. Soc. Japan Industr. Chem. Sect. **54**, 322 (1951); zit. nach Fette und Seifen **54**, (43 (1952).
WATTS, B.M., and R. MAJOR: Comparison of a simplified quantitative Kreis test with peroxide values of oxidizing fats. Oil and Soap **23**, 222—225 (1946).
WEEDON, H.W.: Extraktion von Seifenlösungen mit Äthyläther. Fette u. Seifen **46**, 400—401 (1939).
WEIBULL, M.: Über Fettbestimmung im Brot. Z. angew. CHEM. **1892**, 450—451.
— Weitere Versuche zur Fettbestimmung im Brot. Z. angew. Chem. **1894**, 199—202.
WEINWURM, S.: Über die Untersuchung von Bienenwachs. Chemiker-Ztg. **21**, 518—519 (1897).

WEITKAMP, A.W.: The acidic constituents of degras. A new method of structure elucidation. J. amer. chem. Soc. **67**, 447—454 (1945).
— The amplified distillation of methyl esters of fatty acids. J. amer. Oil Chem. Soc. **24**, 236—238 (1947).
—, and L.C. BRUNSTRUM: Analysis of fatty acids by ester fractionation. Oil and Soap **18**, 47—50 (1941).
WELLS, A.F., and R.H. COMMON: Chemical aspects of thermal damage to the nutritive value of vegetable oils. II. The possible formation of cyclized or branched monomeric acyl radicals. J. Sci. Food Agric. **4**, 233—237 (1953).
WERNER, H.:. Zur Verwendung polymerisierter Seetieröle als Speiseöle. Fette u. Seifen **53**, 133—134 (1951).
—, H. SCHMALFUSS u. A. GEHRKE: Größere Umsatzneigung gesättigterer Fette gegenüber ungesättigteren. Margarine-Industr. **29**, 4—8 (1936).
—, u. H. WURZIGER: Veränderungen an Fetten bei hohen Temperaturen. Fette, Seifen, Anstrichmittel **68**, 441—446 (1966).
WESSON, D.: Crude oil analysis. J. Oil and Fat Industr. **3**, 297—305 (1926).
WEST-KNIGHTS, J.: Prüfung der Butter. Z. analyt. Chem. **20**, 466 (1881).
WEYGAND, C., u. A. WERNER: Vereinfachtes Verfahren zur quantitativen Hydrierung von Milligramm- und Centigramm-Mengen. J. prakt. Chem. N.F. **149**, 330—336 (1937).
WHEELDON, L.W., M. BRINLEY and D.A. TURNER: Simultaneous determination of glycerol, inositol, serine and ethanolamine in a phospholipid hydrolyzate. Analytic. Biochem. **4**, 433—443 (1962).
—, and F.D. COLLINS: Studies on phospholipids. I. The determination of amino nitrogen in unhydrolysed phospholipids. Biochem. J. **66**, 435—441 (1957).
— — Studies on phospholipids. 3. Determination of choline. Biochem. J. **70**, 43—45 (1958).
WHEELER, D.H.: Peroxide formation as a measure of autoxidative deterioration. Oil and Soap **9**, 89—97 (1932).
WHITE, jr., H.B.: A complementary thin layer and gas-liquid chromatographic procedure for fatty acid analysis. J. Chromatograph. **21**, 213—222 (1966).
—, and F.W. QUACKENBUSH: A simplified technique for analysis by alkali isomerization. J. amer. Oil Chem. Soc. **36**, 653—656 (1959).
— — Separation of fatty ester-mercuric acetate adducts of alumina. J. amer. Oil Chem. Soc. **39**, 511—513 (1962a).
— — Isolation of pure linolenate as its mercuric acetate adduct. J. amer. Oil Chem. Soc. **39**, 517—519 (1962b); siehe auch E.M. STEARNS u. Mitarb. (1962).
WHITE, M.F., and J.B. BROWN: A study of the hexabromide number and hexabromide yield of pure linolenic acid with a suggested interpolation method for its estimation. J. amer. Oil Chem. Soc. **26**, 133—135 (1949).
WIEDENHOF, N.: Analysis of plant waxes by means of chromatography and X-ray diffraction. J. amer. Oil Chem. Soc. **36**, 297—300 (1959).
WIETZEL, G.: Fettsäuresynthese durch Oxydation von Kohlenwasserstoffen. Angew. Chem. **51**, 531—537 (1938).
WIJNGAARDEN, VAN, D.: Modified rapid preparation of fatty acid esters from lipids for gas chromatographic analysis. Analytic. Chem. **39**, 848—849 (1967).
WIJS, J.J.A.: Ber. dtsch. chem. Ges. **31**, 750 (1898); zit. nach D. HOLDE: Kohlenwasserstofföle und Fette. VII. Aufl. Berlin: Springer 1933.
WIK, T., C.R. SCHOLFIELD and J.C. COWAN: Fractionation of soybean phosphatides with isopropyl alcohol. J. amer. Oil Chem. Soc. **29**, 345—347 (1952).
WILBUR, K.M., F. BERNHEIM and O.W. SHAPIRO: The thiobarbituric acid reagent as a test for the oxidation of unsaturated fatty acids by various agents. Arch. Biochem. **24**, 305—313 (1949).
WILKIE, J.B., S.B. JONES and O.L. KLINE: J. amer. pharm. Assoc. XLVII, 385 (1958); zit. nach J. TIEWS (1960).
WILL, F. III: New solvent system for separation of fatty acids C_{10} to C_{18} by countercurrent distribution. Analytic. Chem. **33**, 647—648 (1961).
WILLIAMS, K.A.: The melting range of fats. Analyst. **66**, 3—9 (1941).
— The determination of butter fat, coconut oil and palmkernel oil in margarines. Analyst **74**, 508—509 (1949a).
— Tne analysis of mixtures of fatty oils with hydrocarbons. J. Ass. off. agric. Chem. **32**, 668—672 (1949b).
WILLIAMSON, L.J.: A spinning-band column for vacuum fractionation of fatty-acid esters. J. appl. Chem. **1**, 33—40 (1951).
WILLIAMSON, L.: The thermal decomposition of methyl linoleate hydroperoxide. J. appl. Chem. **3**, 301—307 (1953).

Willits, C.O., C. Ricciuti, H.B. Knight and D. Swern: Polarographic studies of oxygen-containing organic compounds. Analytic. Chem. **24**, 785—790 (1952).
— —, C.L. Ogg, S.G. Morris and R.W. Riemenschneider: Formation of peroxides in fatty esters. I. Methyl oleate. Application of the polarographic and direct oxygen method. J. amer. Oil Chem. Soc. **30**, 420—423 (1953).
Wilson, P.W., E. Kodizek and V.H. Booth: Separation of tocopherols by gas-liquid chromatography. Biochem. J. **84**, 524—531 (1962).
Wilton, I., and G. Wode: Quick and simple methods. for studying crystallization behavior of fats. J. amer. Oil Chem. Soc. **40**, 707—711 (1963).
Windaus, A.: Über ein Verfahren zur Trennung von tierischem und pflanzlichem Cholesterin. Chemiker-Ztg. **30**, 1011 (1906).
— Über Cholesterin XI. Ber. dtsch. chem. Ges. **41**, 2558—2568 (1908).
Winkler, L.W.: Die Jodbromzahl der Fette. Pharmaz. Zentralh. **65**, 385—391 (1924); **66**, 17—20 (1925).
— Schnellverfahren zur Bestimmung der Jodbromzahl der Fette. Z. Untersuch. Nahrungs- u. Genußmittel **49**, 277—280 (1925).
Winkler W.O., and J.W. Sale: Detection of added lecithin in chocolate products. J. Ass. off. agric. Chem. **14**, 537—547 (1931).
Winter, E.: Über ein neues Verfahren zur Bestimmung und Untersuchung von Fetten in Lebensmitteln. Z. Lebensmittel-Untersuch. u. -Forsch. **123**, 205—210 (1963).
Wise, W.S.: The chromatographic estimation of aqueous solutions of acids. Analyst **76**, 316—317 (1951).
Wiseblatt, L., A.F. Wells and R.H. Common: Chemical aspects of thermal damage to the nutritive value of vegetable oils. I. Formation of intrapolymeric glycerides during heat polymerization of linseed and soya-bean oils. J. Sci. Food Agric. **4**, 227—233 (1953).
Wisser, K., W. Heimann u. Ch. Fritsche: Polarographische Bestimmung von Vitamin E. I. Mitt. Bestimmung der Gesamttocopherole. Z. analyt. Chem. **230**, 189—197 (1967).
Withington, D.F.: The determination of butter fat in margarine fat by transesterification and gas chromatography. Analyst **92**, 705—710 (1967).
Witt, M.: Speck- und Schmalz-Zusammensetzung in ihrer Abhängigkeit vom Futter. Fette, Seifen, Anstrichmittel **59**, 736—740 (1957).
Witter, R.F., G.V. Marinetti, L. Heicklin and M.A. Cottone: Circular chromatography of phospholipides. Analytic. Chem. **30**, 1624—1625 (1958).
— —, A. Morrison and L. Heicklin: Paper chromatography of phospholipides with solvent mixtures of ketones and acetic acid. Arch. Biochem. Biophys. **68**, 15—20 (1957).
Wittka, F.: Zur direkten Veresterung saurer Fette. Seifen, Öle, Fette, Wachse **83**, 1—3, 27—28, 53—54 (1957).
Wodsak, W.: Chemische Bestimmungsmethoden für Vitamin A und Carotine. Nahrung **4**, 170—182 (1960).
Woidich, H., E. Galinovsky u. H. Gnauer: Über Untersuchungen an Kürbiskernöl. Dtsch. Lebensmittel-Rdsch. **58**, 220—224 (1962).
Wolff, I.A., and T.K. Miwa: Effect of unusual acids on selected seed oil analysis. J. amer. Oil Chem. Soc. **42**, 208—215 (1965).
Wolff, J.P.: Recherches et dosage de petites quantités de savon dans les huiles raffinées. Oléagineux **3**, 197—198 (1948).
— Étude spectrophotométrique du rancissement des huiles. Rev. Franç. Corps Gras **1**, 214—226 (1954).
— Possibilités d'emploi des spectrophotomètres (visible et ultraviolet) dans les industries des corps gras et de leurs dérivés. Chim. analyt. **40**, 159—166 (1958); vgl. auch Oléagineux **18**, 563—570 (1963).
— Contrôle de la pureté des saindoux. Rev. Franç. Corps Gras **8**, 677—685 (1961).
— Analyse des saindoux par chromatographie en phase gazeuse. Rev. Franç. Corps. Gras **10**, 187—195 (1963).
—, et F. Audiau: Contrôle de l'origine des suifs par chromatographie en phase gazeuse. Rev. Franç. Corps. Gras **11**, 77—89 (1964).
Wood, R.D., P.K. Raju and R. Reiser: Gas liquid chromatographic analysis of hydroxy fatty acids, as their trimethylsilyl ether derivatives. J. amer. Oil Chem. Soc. **42**, 81—85 (1965a).
— — — Gas liquid chromatographic analysis of monoglycerides as their trimethylsilyl ether derivatives. J. amer. Oil Chem. Soc. **42**, 161—165 (1965b).
Woodford, F.P., and C.M. van Gent: Gas-liquid chromatography of fatty acid methyl esters: the „carbon-number" as a parameter for comparison of columns. J. Lipid Res. **1**, 188—190 (1960).

WOOG: Siehe Gemeinschaftsarbeit der DGF. 8 Mitt. Arbeitsprogramm der IX. Tagung der Internationalen Kommission zum Studium der Fettstoffe, Rom 1938. Fette u. Seifen **45**, 232—238 (1938).
WOOLLEY, D.W.: A method for the estimation of inositol. J. biol. Chem. **140**, 453—459 (1941).
World Health Organisation, techn. Rep. Ser. 1950 **3**, S. 6—7; zit. nach W. SCHUCHARDT. Fette, Seifen, Anstrichmittel **56**, 986—989 (1954).
WORTHINGTON, R.E., and K.T. HOLLEY: The linolenic acid content of peanut oil. J. amer. Oil Chem. Soc. **44**, 515—516 (1967).
WRIGHT, G.F.: The mercuration of ethylenes and reactions of the methoxy mercurials. J. amer. chem. Soc. **57**, 1993—2000 (1935).
WURZIGER, J.: Zum Nachweis von raffiniertem Schmalz und raffiniertem white grease. Fette, Seifen, Anstrichmittel **59**, 90—93 (1957).
— Zur Untersuchung und lebensmittelrechtlichen Beurteilung von Fritürefetten. Ernährungswirtsch. **10**, 981—986 (1963).
—, u. W. GEBAUER: Beiträge zur Untersuchung und lebensmittelrechtlichen Beurteilung von Emulgatoren. Fette, Seifen, Anstrichmittel **63**, 523—527 (1961); siehe auch E. BECKER u. H. HOFFMANN. Fette, Seifen, Anstrichmittel **64**, 244 (1962).
—, u. F. GÜNTHER: Ein schneller Nachweis von Tocopherol in Schweineschmalz. Fleischwirtsch. **12**, 650 (1960).
— — Zur Untersuchung und lebensmittelrechtlichen Beurteilung naturbelassener kaltgeschlagener Sonnenblumenöle. Fette, Seifen, Anstrichmittel, **63**, 519—523 (1961).
—, u. E. LINDEMANN: Erfahrungen mit Importschmalz. II. Über die Bedeutung von Erhitzungstest und Neutralrot-Probe für die Beurteilung von Schweineschmalz. Fette, Seifen, Anstrichmittel **56**, 786—790, 920—926 (1954).
— — Zur Untersuchung von Schweineschmalz. Fleischwirtsch. **8**, 675—679 (1956).
— — Beitrag zum Nachweis der Alkali-Raffination von verdorbenem Schweineschmalz. Fette, Seifen, Anstrichmittel **60**, 99—103 (1958).
— — Schweineschmalz als Siedefett. Brot u. Gebäck **15**, 69—74 (1961).
—, u. H. OSTERTAG: Chemische Veränderungen tierischer und pflanzlicher Fette bei der Hitzebehandlung und Betrachtungen zur Beurteilung der physiologischen Eigenschaften, Fette, Seifen, Anstrichmittel **62**, 895—903 (1960).
YOUNG, C.A., R.R. VOGT and J.A. NIEUWLAND: Industr. Engin. Chem. Anal. Ed. **8**, **198** (1938); zit. nach H. ERDMANN u. F. SEELICH (1948).
YOUNG, J.A., G. SCHWARTZMAN and A.L. MELTON: Separation and identification of sodium salts of acetic, propionic, butyric, and valeric acids by paper chromatography. J. Ass. off. agric. Chem. **48**, 622—624 (1965).
YOUNGS, C.G.: Determination of the glyceride structure of fats. J. amer. Oil Chem. Soc. **38**, 62—67 (1961).
—, and M.R. SUBBARAM: Determination of the glyceride structure of fats: Gas liquid chromatography of oxidized glycerides. J. amer. Oil Chem. Soc. **41**, 218—221 (1964).
ZABIK, M.E.: Correlation of smoke point to free fatty acid content in measuring fat deterioration from consecutive heatings. Food Technol. **16**, (8) 111 (1962).
ZAJÍC, J., and M. BAREŠ: Paper chromatography of higher esters of fatty acids with saccharose. J. Chromatograph. **28**, 484—488 (1967).
ZBINOVSKY, V.: New solvent system for separating mono carboxylic acids (C_2 to C_{16}) and dicarboxylic acids (C_2 to C_{22}). Analytic. Chem **27**, 764—768 (1955).
ZETZSCHE, F.: Beiträge zur Phytosterinprobe. Pharmaz. Centralh. **39**, 877—883 (1898).
ZIELINSKI, jr., W.L.: Evaluation of the internal standard method for the quantitative estimation of oil polymer content by gas chromatography. J. amer. Oil Chem. Soc. **41**, 249—251 (1964).
ZIELS, N.W., and W.H. SCHMIDT: Catalytic effect of metals and light on fats and oils. Oil and Soap **22**, 327—330 (1945).
ZIMMERMANN, A.: Beitrag zur titrimetrischen Wasserbestimmung nach KARL FISCHER. Fette u. Seifen **46**, 446—450 (1939).
ZIMMERMANN, W.: Beiträge zur Farbmessung an Roh- und Fertigprodukten der Öl- und Fettverarbeitung. Fette, Seifen, Anstrichmittel **59**, 338—340 (1957).
ZMACHINSKI, H., A. WALTKING and J.D. MILLER: Comparison of various analytical techniques for the determination of essential fatty acids in hardened fats. J. amer. Oil Chem. Soc. **49**, 425—428 (1966).
ZOBEL, H.F., N.N. HELLMAN and F.R. SENTI: A dye-dilution method for estimating colids content of plastic fats. J. amer. Oil Chem. Soc. **32**, 706—709 (1955).
ZÖLLNER, N., u. G. WOLFRAM: Dünnschichtchromatographische Systeme zur Trennung der Plasmalipoide. Klin. Wschr. **40**, 1101—1107 (1962).
ZSCHEILE, F.P., and C.L. COMAR: Botan. Gaz. **102**, 463—481 (1941); zit. nach C.L. COMAR (1942).

Hinweise für die lebensmittelrechtliche Beurteilung

Von

Prof. Dr. K. G. **Bergner**, Stuttgart

Für die Untersuchung und Beurteilung von Speisefetten, Speisefettzubereitungen und Fettemulgatoren (ausgenommen Milchfette — diese siehe Band III) durch den Chemiker sind in der Bundesrepublik Deutschland folgende rechtliche Grundlagen zu beachten:

1. Gesetz über den Verkehr mit Lebensmitteln und Bedarfsgegenständen vom 5. Juli 1927 in der Fassung vom 29. Juli 1964 (BGBl. I S. 560), vom 24. Mai 1968 (BGBl. I S. 503, 517) und vom 25. Juni 1969 (BGBl. I S. 645)

(Besonders §§ 3,4 für gesundheitsschädliche oder genußuntaugliche, verdorbene, verfälschte oder nachgemachte Erzeugnisse; § 4a Abs. 2 Abgrenzung von Fremdstoffen; § 4b Nr. 3 Regelung für technische Hilfsstoffe, § 4b Nr. 5 für Verpackungsmittel, Geräte usw.)

Aufgrund des Lebensmittelgesetzes wurden erlassen:

1a. Verordnung über die äußere Kennzeichnung von Lebensmitteln vom 8. Mai 1935 i. d. Fassung vom 9. September 1966 (BGBl. I S. 590) Vergleiche hierzu auch 8.

(Bestimmungen für die Kennzeichnung von Speiseölen und Speisefetten — auch in Mischungen —, die in Originalpackungen in den Verkehr gebracht werden, ausgenommen Butter, Margarine und Kunstspeisefette.)

1b. Verordnung über die Zulassung fremder Stoffe als Zusatz zu Lebensmitteln (Allgemeine Fremdstoff-Verordnung) vom 19. Dezember 1959 i. d. Fassung vom 12. November 1968 (BGBl. I S. 1170)

(Regelung für Lecithine, Antioxydantien, Acetylweinsäureester von Mono- und Diglyceriden sowie für Bienenwachs, Walrat, Carnaubawachs, Spermöl, Stearinsäure und Stearate als Trenn- und Überzugsmittel; Reinheitsanforderungen an einige dieser Stoffe.)

1c. Verordnung über konservierende Stoffe (Konservierungsstoff-Verordnung) vom 19. Dezember 1959 i. d. Fassung vom 14. März 1968 (BGBl. I S. 337) und vom 15. November 1968 (BGBl. I S. 1168)

(Regelung für Margarine, Mayonnaise, Trennemulsionen)

1d. Verordnung über färbende Stoffe (Farbstoff-Verordnung) vom 19. Dezember 1959 i. d. Fassung vom 12. November 1968 (BGBl. I S. 1179)

(Regelung für die Färbung von Margarine mit fremden Stoffen; zum Färben zugelassene nichtfremde Stoffe; Reinheitsanforderungen an färbende Stoffe.)

1e. Verordnung über diätetische Lebensmittel vom 20. Juni 1963 i. d. Fassung vom 22. Dezember 1965 (BGBl. I S. 2140)

(Regelung für Fette für diätetische Zwecke, für Lecithine, Antioxydantien sowie für Bienenwachs, Stearinsäure und Stearate als Trennmittel)

1f. Verordnung über vitaminisierte Lebensmittel vom 1. September 1942 (RGBl. I S. 538)

(Vergleiche ferner 7.)

Außerdem bestehen folgende rechtliche Grundlagen für einzelne Speisefette:

Tierische Fette

2. Gesetz über den Verkehr mit Vieh und Fleisch (Vieh- und Fleischgesetz) vom 25. April 1951 (BGBl. I S. 272) i. d. Fassung vom 8. Mai 1969 (BGBl. I S. 345)

(Auch Schlachtfette unterliegen diesem überwiegend marktregelnden Gesetz)

3. Fleischbeschaugesetz vom 29. Oktober 1940 i. d. Fassung vom 18. April 1968 (BGBl. I S. 305) und vom 24. Mai 1968 (BGBl. I S. 503, 531)

(Auch aus warmblütigen Tieren gewonnene Fette unterliegen, sofern sie sich zum Genuß für Menschen eignen, diesem Gesetz. Ausgelassenes Fett ist „zubereitetes Fleisch" im Sinne von § 12c — vgl. *Behandlungsverfahren-Verordnung* i. d. Fassung vom 10. März 1966 [BGBl. I S. 161])

Hierzu auch *Gesetz zur Durchführung der Richtlinie des Rates der EWG zur Regelung gesundheitlicher Fragen beim innergemeinschaftlichen Handelsverkehr mit frischem Fleisch* vom 28. Juni 1965 i. d. Fassung vom 18. April 1968 (BGBl. I S. 305) und vom 24. Mai 1968 (BGBl. S. 503, 531)

Aufgrund des Fleischbeschaugesetzes wurden erlassen:

3a. Verordnung über unzulässige Zusätze und Behandlungsverfahren bei Fleisch vom 12. April 1961 i. d. Fassung vom 21. April 1965 (BGBl. I S. 343)

(Regelung der Raffination tierischer Fette, Verbot der Färbung auch mit nichtfremden Stoffen.)

3b. Verordnung über die Untersuchung des in das Zollinland eingehenden Fleisches (Auslandsfleischbeschau-Verordnung — AFV) vom 8. März 1961 i. d. Fassung vom 10. Mai 1968 (BGBl. I S. 393)

(Vorschriften für die Probenahme und Abfertigung von tierischen Fetten in §§ 12, 27, für die chemische Untersuchung in Anlage 1)

4. Verordnung über Fleisch und Fleischerzeugnisse (Fleisch-Verordnung) vom 19. Dezember 1959 i. d. Fassung vom 16. Juli 1965 (BGBl. I S. 619)

(Regelung für Antioxydantien, emulgierten Talg und emulgiertes Knochenfett)

5. Verordnung über Knochenfett vom 8. Juli 1936 (RGBl. I S. 565)

Margarine, Kunstspeisefette

6. Gesetz betreffend den Verkehr mit Butter, Käse, Schmalz und deren Ersatzmitteln (Margarinegesetz) vom 15. Juni 1897 (RGBl. S. 475) i. d. Fassung vom 24. Mai 1968 (BGBl. S. 503)

(Begriffsbestimmungen, Verpackungs- und Kenntlichmachungsvorschriften für Margarine und „Kunstspeisefette" — im übrigen stark überholt, z. B. § 1 Abs. 1 und § 4 seit langem nicht mehr angewandt, vgl. Holthöfer-Juckenack-Nüse, Deutsches Lebensmittelrecht, 4. Aufl. Bd. II. S. 732 ff. [Berlin, Köln, München, Bonn 1963])

Dazu ergänzende Kennzeichnungs- und Kenntlichmachungsbestimmungen in:

Bestimmungen des Bundesrates zur Ausführung des Gesetzes über den Verkehr mit Butter, Käse, Schmalz und deren Ersatzmitteln vom 4. Juli 1897 i. d. Fassung vom 23. Oktober 1912 (RGBl. S. 526) und vom 1. Juli 1915 i. d. Fassung vom 29. August 1951 (BAnz. Nr. 178 vom 14. September 1951)

Bundesrats-VO über den Verkehr mit Margarine vom 9. September 1915 (RGBl. S. 555), 1921 aufgehoben, vgl. aber Holthöfer-Juckenack-Nüse, Deutsches Lebensmittelrecht, 4. Aufl. Bd. V S. 521 (Berlin, Köln, Bonn, München 1968)

VO des Reichspräsidenten zur Förderung der Verwendung inländischer tierischer Fette und inländischer Futtermittel vom 23. Dezember 1932 (RGBl. I S. 575)

(Nur noch § 9 in Kraft)

Bekanntmachung über fetthaltige Zubereitungen vom 26. Juni 1916 i. d. Fassung vom 10. Dezember 1965 (BAnz. Nr. 235) und vom 24. Mai 1968 (BGBl. I S. 503, 533)

Auf den *Vorschlag einer Verordnung (EWG) des Rates über die Herstellung und das Inverkehrbringen von Margarine* vom 28. November 1968 (Amtsbl. Europ. Gemeinsch. Nr. C 137/2 vom 20. Dezember 1968) sei hingewiesen.

7. Gesetz über den Verkehr mit Milch, Milcherzeugnissen und Fetten (Milch- und Fettgesetz) vom 10. Dezember 1952 i. d. Fassung vom 19. Juli 1967 (BGBl. I S. 713) und vom 24. Mai 1968 (BGBl. I S. 503, 533)

(Im 2. Teil vorwiegend marktregelnde Vorschriften für Fette)

Aufgrund des Milch- und Fettgesetzes wurden erlassen:

7a. Verordnung über den Fettgehalt der Margarine vom 10. Dezember 1965 (BAnz. Nr. 235 vom 15. Dezember 1965)

Durch das

Gesetz zur Durchführung der Verordnung Nr. 136/66 EWG (Durchführungsgesetz EWG Fette) vom 12. Juni 1967 (BGBl. I S. 593) wurde das *Gesetz über die Unterbringung von Rüböl aus inländischem Raps und Rübsen* vom 12. August 1966 (BGBl. I S. 497) außer Kraft gesetzt, wonach Hersteller von Margarine, Speiseöl oder Speisefetten verpflichtet waren, 10% Rübölraffinat inländischer Herkunft beizumischen oder anderen Zwecken zuzuführen. (Vergleiche auch *Entscheidung des Bundesverfassungsgerichts* vom 11. März 1968 [BGBl. I S. 252])

8. Kennzeichnung von Speiseölen und Speisefetten. RdSchr. des BMI vom 23. Juli 1952 (GMBl. S. 248)

(Empfehlungen zur Kenntlichmachung gehärteter Speisefette und zur Erleichterung der Kennzeichnung von „Kunstspeisefetten" i. S. von § 1 Abs. 4 des Margarinegesetzes; Begriff „naturrein".)

9. Margarine mit Zusatz von Ei, Ei-Bestandteilen und Ei-Erzeugnissen. RdSchr. des BMI vom 15. März 1954 — 4513 — 3152/54 — (unveröffentlicht — abgedruckt Juckenack-Holthöfer-Nüse, 4. Aufl. Bd. II S. 788 [Berlin, Köln, München, Bonn 1963])

(Empfehlungen zum Eigehalt)

Kakaofett

10. Verordnung über Kakao und Kakaoerzeugnisse vom 15. Juli 1933 i. d. Fassung vom 20. Januar 1966 (BGBl. I S. 74)

(Bestimmungen über Kakaobutter in §§ 2,5 bis 7 — vgl. auch Band VI, Kakao und Schokolade)

Olivenöl

11. Verordnung Nr. 166/66 EWG des Rates vom 27. Oktober 1966 über die Abschöpfungen auf raffiniertes Olivenöl und einige olivenölhaltige Erzeugnisse (ABl. Europ. Gemeinsch. Nr. 197 S. 3400/66)

(Anhang II: Merkmale der raffinierten Öle)

12. Verordnung Nr. 177/66 EWG der Kommission vom 7. November 1966 zur Unterscheidung der verschiedenen raffinierten Olivenöle (ABl. Europ. Gemeinsch. Nr. 203 S. 3491/66)

(Anlage: Analysenmethode)

Weitere Rechtsgrundlagen für einige in Band IV besprochenen Stoffe oder Erzeugnisse

13. Verordnung über die Gewährung von Beihilfen für Ölsaaten (Beihilfeverordnung Ölsaaten) vom 17. August 1967 (BAnz. Nr. 155 vom 19. August 1967)

(Anlage: Verfahren zur Bestimmung der Feuchtigkeit und des Gehalts an Fremdbestandteilen.)

13a. *Verordnung (EWG) Nr. 1470/68 der Kommission vom 23. September 1968 über die Entnahme und Verkleinerung von Proben sowie über die Bestimmung des Gehalts der Ölsaaten an Öl, Fremdbestandteilen und Feuchtigkeit.* (Amtsbl. Europ. Gemeinsch. Nr. L 239/12 vom 28. September 1968)

14. Verordnung über Essenzen und Grundstoffe (Essenzen-Verordnung) vom 19. Dezember 1959 i. d. Fassung vom 15. März 1961 (BGBl. I S. 227)

(§ 3 Abs. 1 und Anlage 3 lassen Glycerinester der Essigsäure als Trägerstoff zu)

15. Verordnung über den Zusatz fremder Stoffe bei der Behandlung von Früchten und Fruchterzeugnissen (Fruchtbehandlungsverordnung) vom 19. Dezember 1959 i. d. Fassung vom 28. November 1968 (BGBl. I S. 1311)

(Regelung für Bienenwachs, Walrat, Carnaubawachs, Ester bestimmter Montansäuren, Alkalisalze der Ölsäure, acetyliertes Monoglycerid aus natürlichen Fetten als Oberflächenbehandlungsmittel; Reinheitsanforderungen)

16. Verordnung über die Zulassung fremder Stoffe bei der Herstellung von Kaugummi (Kaugummi-Verordnung) vom 19. Dezember 1959 i. d. Fassung vom 21. August 1964 (BGBl. I S. 703)

(Regelung für Polyvinylester unverzweigter Fettsäuren C_2 bis C_{18}, Bienenwachs, Wollfett, Carnauba- und Candelillawachs, Glycerintriacetat, Lecithine, Antioxydantien, Stearinsäure, und Stearate; Reinheitsanforderungen)

17. Verordnung über Tabak und Tabakerzeugnisse (Tabak-Verordnung) vom 19. Dezember 1959 i. d. Fassung vom 11. März 1963 (BGBl. I S. 158)

(Zulassung von Glycerintriacetat als Bindemittel für Celluloseacetat)

18. Verordnung gegen die Verwendung von Mineralölen im Lebensmittelverkehr. Vom 22. Januar 1938 i. d. Fassung vom 19. Dezember 1959 (BGBl. I S. 730)

19. Verordnung über Pflanzenschutz-, Schädlingsbekämpfungs- und Vorratsschutzmittel in oder auf Lebensmitteln pflanzlicher Herkunft (Höchstmengen-VO-Pflanzenschutz) vom 30. November 1966 (BGBl. I S. 667)

(Verbot einiger Stoffe; Regelung u. a. für Kakaobohnen, Mandel- und Nußkerne)

Sonstige Beurteilungsgrundlagen

Leitsätze des Deutschen Lebensmittelbuchs für Ölsamen und daraus hergestellte Massen und Süßwaren vom 27. Januar 1965 (BAnz. Nr. 101 vom 2. Juni 1965; GMBl. S. 165)

(u. a. Beurteilungsmerkmale für bearbeitete Ölsamen, Mandeln, Nüsse, Aprikosenkerne, Kaschukerne, Erdnußkerne; für Haselnußmark, Erdnußmus)

Das *Deutsche Arzneibuch, 7. Ausgabe 1968* enthält Monographien u. a. über Bienenwachs, Cetyl-stearylalkohol (Gemisch), Erdnußöl, Hartfett, Heilbuttleberöl, Kakaobutter, Lebertran, Leinöl, Olivenöl, Rizinusöl, Schweineschmalz, Wachs (gelb und gebleicht), Walrat, Wollwachs, Wollwachsalkohole.

Richtlinien für Fleischerzeugnisse des Bundes für Lebensmittelrecht und Lebensmittelkunde in Zusammenarbeit mit dem Deutschen Fleischerverband und dem Verband der deutschen Fleischwaren- und Feinkostindustrie. Neufassung vom 3. April 1967 (Schriftenreihe des Bundes für Lebensmittelrecht und Lebensmittelkunde, Heft 60)

(Begriffe u. a. für „Speck", „Fettgewebe", „Fett" und „Schmalzfleisch")

Begriffsbestimmungen für Schweineschmalzsorten und Wurstfett der Industrie- und Handelskammer Berlin (Mitteilungen des Vereins deutscher Lebensmittelchemiker 1936, S. 42)

Leitsätze für die Zusammensetzung von Mayonnaise, Salaten und verwandten Erzeugnissen des Bundes für Lebensmittelrecht und Lebensmittelkunde in Zusammenarbeit mit dem Verband der deutschen Fleischwaren- und Feinkostindustrie. Neufassung vom 1. Oktober 1965 (Schriftenreihe des Bundes für Lebensmittelrecht und Lebensmittelkunde, Heft 54) (Neufassung in Diskussion)

„Vollsoja", *„entöltes Sojamehl"* RdErl. des RMdI vom 16. Juli 1940 (MiBliV. S. 1524).

(Begriffsfestlegung)

Soweit in den angeführten Rechtsvorschriften keine speziellen Regelungen getroffen sind, gelten die allgemeinen lebensmittelrechtlichen Bestimmungen z. B. hinsichtlich sonstiger Fremdstoffe oder der Bestrahlung. Eine Reihe von Hinweisen finden sich auch bei den einzelnen Fetten in den Abschnitten „Überwachung des Verkehrs". Gegebenenfalls sind im Einzelfall die befristeten, häufiger wechselnden Ausnahmegenehmigungen nach § 20a LMG (z. B. die wiederholt verlängerte Bek. des BMI vom 24. Oktober 1960 (GMBl. S. 480) — Margarine-Konserven für Sonderverpflegung) zu berücksichtigen, die im gemeinsamen Ministerialblatt (GMBl.) veröffentlicht werden.

Im Rahmen der Rechtsangleichung der EWG-Staaten ist mit weiteren Zulassungen z. B. von Antioxydantien und Emulgatoren, evtl. auch mit Änderungen der Bestimmungen für Kakaofette zu rechnen.

Sachverzeichnis

(Die wichtigste Verweisung ist durch *kursiv*-gedruckte Seitenzahl gekennzeichnet).

Abbe-Refraktometer 538
Abietinsäure 833, 834
Absorptionsmaxima von Fettbegleitstoffen, Fettsäuren 517
IR-Absorptionsmaxima von trans-Fettsäuren 527
Acajoubaum 399
Acajousamenöl 45, 46
Acetofette, Bestimmung, gesetzliche Vorschriften 991, 992
—, Darstellung, Eigenschaften R_f-Werte 990, 991
—, Essigsäuregehalt 721
Acetoglyceride 236, 283
Acetophenon, Carbonylzahl 560
Acethylmethylcarbinol 250, 886
Acetylzahl, Hydroxylzahl, Umrechnung 566
—, Makromethode 565
—, Mikromethode 566
Aceton 292
Acidolyse, Alkoholyse von Fetten 982
Ackersenf 362
Acrocomia sclerocarpia 15, 31
— *totai* 31
— *vinifera* 31
Acrodiclidium mahuba 32
Acrolein 699
Actinodaphne lookeri 32
Adansonia digitata 53
— *grandidieri* 45, 53
Adenanthera pavonina 78, 79
Aerodehydrasen 296
Äthanolamin 948, 949
Äthylenglykol 699
Äthylenglykoladipat 663
Äthylenglykol-bernsteinsäure-polyester 673
Äthylenglykolsuccinat 671, 977
Äthylesteröle 988
2-Äthyl-hexyl-sulfosuccinat 284
Agavaceae 71
Akarittom 96
Aldehyde 893, 894
—, Dinitrophenylhydrazone 900
—, Hexylresorcintest 894
— in Lebensmitteln 894
Aleppoнüsse 391
Aleuritis cordata 93, 371
Aleuritis fordii 93, 371
— *moluccana* 93, 370, 1018
— *montana* 93, 371
— *triloba* 93, 370
— *trisperma* 93
— *vernica* 93
Aleuronkörper, Größe 357
Algenfette 101
Allanblackia floribunda 34
— *parviflora* 34
— *stuhlmannii* 34, 1013
Allanblackiafett 34, 35, *43*, 1013
Allicin 340
Alliin 340
Allylsenföl 340
Alopias vulpes g. 138
Aminophenole, Antioxydantien 314
Ampèrometrie, Dead-Stop-Methode 548
—, Mikromethode, Jodzahlbestimmung 548
—, Prinzip 547
Amygdalin 376, 378
β-Amyrin 42
Anacardiaceae 45, 399
Anacardiensamen 357, 397, 399, 400
Anacardium occidentale 45, 379, 399, 1015
Analysenquarzlampe 532
Anchovis ringens 132, 133
Anethum graveolens 92
André-Cook-Zahl 565
Angelika sylvestris 92
Anhydridzahl 562
—, in Gegenwart von Morpholin 563
Anilinpunkt, Bestimmung 468
—, Fette, Öle 469
—, Kakaobutterprüfung 468
—, Mikromethode 469
Annatto 823
—, Carotine 824
—, Teerfarbstoffe 825
Annattofarbstoff 251
Anser domesticus 1019
Antabus, Antioxydans 322
Anthemis mysorensis 70
Anthriscus cerefolium 92
Antioxydantien 298, 313
—, Aminosäuren 322
—, Antibioticis 340
—, Anwendungsbereich 342
—, Ascorbinsäure 337
—, Benzoesäure 340
Antioxydantien, Benzoxalinon 340
—, Chlorogensäure 340
—, Eiweiß, Kephalin, Lecithin 322
—, Ferulasäure 340
—, Gewürze, Hafermehl, Melanoidin 318, 340
—, p-Hydroxybenzoesäure 340
—, Kaffeesäure 340
—, Konzentration, optimale 319
— für Lebensmittel 343, 344
—, Maltol 340
—, natürliche 314, 318
—, Nisin 340
—, phenolische 315
—, prooxydative Wirkung 318, 321
—, Pyrokohlensäureester 340
—, Radikalfänger 314
—, Reaktionsmechanismus 318
—, sekundäre, Metallfänger 314, 322
—, Sorbinsäure 340
—, synthetische 318
—, toxikologische Daten 344
—, Vanillinsäure 340
—, Wirkung bei Pflanzen-, Tierfetten 318
Aouarakernfett 31
Apfelsamenöl 66
Apfelsinensamenöl 66
Apium graveolens 92
Apiezon L 661, 670
Apiezon M 665
Aprikose 378, 380, 400
Aprikosenkernöl 60, 61, 65
Arachidonsäure 294, 296, 309, 523
—, Bestimmung 852
—, Methylester aus Schweineleberfett 627
Arachinsäure, in Fetten 82, 602
Arachinsäure, rein 605
Arachis hypogaea 78, 79, 388, 1015
— *prostrata* 388
— *sylvestris* 388
Araliaceae 92
Arganum sideroxylon 19
Argemone mexicana 61, 74
Asche, Metallbestimmung 848
—, —, Genauigkeit 851
Aschebestimmung 846, 847
Ascorbinsäure 321, 343

Astrosklereiden 358, 359
Aspergillus citromyces 101
— *nidulans* 101
— *niger* 100, 101
Astrocaryum 15
— *acculeatum vulg.* 31
— *jauari* 31
— *murumuru* 24, 31
— *paramaca* 31
— *segregatum* 31
— *tucuma* 31
Atropin 382
Attalea cohune 31
— *funifera* 24, 31
— *mariba* 31
— *spectabilis* 31
Aureomycin 144
Ausdehnungskoeffizient reiner Glyceride 475
Autoxydation 289, 294, 297, 313
—, IR-Absorptionsbanden 866
—, Aldehyde, Hydroperoxide 309, 856, 857
—, Arachidonsäure 309
—, Äthyloleat, -linolat, -linolenat, -arachidonat 302, 303, 305
—, Beschleunigung 300
—, Bitterstoffe 322
—, Dialkylperoxide 856
—, dimere Fettsäuren 856
— durch Eisenporphyrine 295
—, Eiweißverbindungen 322
—, Epoxy-, Hydroxyfettsäuren 856
—, Erdnuß-, Sojaöl, Tokopherolkonzentration 319, 320
—, Fette, Polarographie 867
—, —, spektrale Veränderungen 304
—, —, ungesättigte 299
—, Fettsäuren, gesättigte 301, 302
—, —, ungesättigte 309
—, Geschwindigkeit 304
—, Hämoglobinkatalyse 294
—, hemmen durch Lichtausschluß 341
—, —, Prooxydantien entfernen 342
—, —, Schutzgase 341
—, Induktionsperiode 319
—, Initialstufen 855
—, Linolensäure 301, 307
—, Linolsäure 301, 304, 306, 309
—, Linolsäuremethylester 300, 309
—, —, Mechanismus 305
—, Metallkatalyse 311
—, Methyloleat, -linolat, -linolenat 855
—, Nahrungsfette 301, 302
—, Ölsäure 301, 303
Autoxydation, Primärprodukte 301, 308
—, Pflanzensamen 297
—, RH-Schema 299
—, Reaktionsverlauf mit Antioxydantien 320
—, Rindertalg 320
—, Schweineschmalz 321
—, Sekundärprodukte 308, 324, 856
—, —, Zerfalls-Schema 308
—, Spaltprodukte, flüchtige 308, 309
—, —, nichtflüchtige 308
—, Stadien 323
—, Vorgang 299
Autoxydationsprodukte, flüchtige 897—900
—, —, Apparate zur Bestimmung 898, 899
—, Di-, Polymere 901, 902
—, —, —, Fritürefette, Shortenings 902
—, nichtflüchtige 900—902
—, Hydroxyfettsäuren 901
Avena sativa 45, 55
Avocadofett *22*, 23, 1014
Awarrakernfett 31
Azadirachta indica 34, 44

Babassufett 2, 24, *30*, 31, 246, 561, 592, 596, 957, 1013
Babassukern 27, 394—396
Babassupalme 30, 392, 395
Backfette, Bratfette, erhitzte 328, 329
—, —, —, Oxyfettsäuren, Viskosität 330
—, —, —, Peroxide 330, 331
—, —, —, Schaumbildung 331
—, Mono-, Diglyceridzusatz 979
—, Milchsäuremonoglyceride 979
—, Wein-, Zitronensäuremonoglyceride 979, 980
—, Zuckerestergehalt 979
Bacterium fluorescens l. 291
— *prodigiosum* 291
— *pyocyaneum* 291
Bärenklausamenfett 92
Bagasse 17
Balaenae 1020
Balaenoptera borealis l. 127
— *musculus* 126
— *physalus* 127
Bananensamenöl 77, 78
Banucatalg 93
Baobaböl 45, 46, 53
Basseol 42
Bassia latifolia 34, 375, 1014
— *longifolia* 34, 42, 375, 1014
— *malabarica* 1013
Batylalkohol 139
Baumwollsaatöl (Kottonöl) 2, 5, 10—12, 14, 15, 45, *46*, 83, 108, 181, 204, 209, 225, 226, 230, 233, 234, 247, 249, 311, 315, 439, 464, 469, 814
—, Fettsäurezusammensetzung, Kennzahlen 45, 49, 247, 1016
—, Halphen-Reaktion 50, 439
Baumwollsamen 365—367
Beerensamenöle 77, 78
Behensäure, rein 605
Behensäuretryptamid 39, 40
Beilstein-Probe 435
Bellier-Reaktion 23
Benzanthren in Pflanzenfetten 792
Benzidinzahl α- u. β-ungesättigter Aldehyde 882, 883
—, Peroxidzahl, Änderung bei der Ölraffination 884
Benzpyren in Pflanzenfetten 792, 793
Benzyl-Senföl 340
Berteroa incana 92
Bertholletia excelsa 45, 53, 371
— *nobilis* 45
Betakokken 250
Betulaceae 61, 395
Bibliographie 145, 146, 286, 287, 344, 345, 401, 1021 bis 1028
Bienenwachs, Chromatographie 929
—, Kennzahlen, Zusammensetzung 275, 920
—, Reinheitsprüfung, Ceresin, Paraffin 928
—, —, Harzsäuren 929
—, —, Neutralfett 928
—, —, Stearinsäure 928
Bilsenkraut 382, 383
— in Mohn 383
Birnenkernöl 66
Bixella orellana 823
Bixin 251, 823—825
Blauhaileberöl 138
Bohnenöl 87
Bolekoöl 95
Bombaceae 10, 46, 367
Bombax malabaricum 45, 52
Bonnetikerne 31
Bornetotalg 10, 34, 35, *43*, 44, 1013
Bos taurus 1019
Brasilnuß 371
Brasilnußfett 27
Brassica alba 88
— *campestris* 88, 89
— —, *var. sarson* 362
— *dichotoma* 361
— *glauca* 361, 362
— *napus* 88, 89, 359—361, 1016
— *nigra* 88, 91, 1016
— *rapa* 359—361

assicasterin 90, 274, 787, 789
assidinsäure, rein 608
atenschmalz 110
aunalgenfett 101
aunschweiger Wendel, Füllkörper 616
echungsindices von Fetten 538
Auswertung 540
Meßgeräte, Umrechnungstabelle 538, 539
ennpunkt von Fetten 479, 481
evoortia tyrannus 133
illanz von Ölen 516
ombeersamenöl 77
checkern 380, 381
checkernöl 60, 61, 63, 1016
ckelwalöl 127
ffelfett 104
tadien, Oxydation 299
tterfett 207, 239, 244, 262, 268, 291, 315, 421, 424, 456, 467—469, 478, 492, 514, 532, 592, 596, 599, 916
, Bestimmung 594
, Halbmikro-Buttersäurezahl 599
, Identifizierung 601, 602
ttergelb 823
tternuß 373, 374
tteröl, Gaschromatogramm 693
tter-Refraktometer 538
ttersäure, Bestimmung, chromatographisch 721–723
, Bildung beim Fettverderben 291, 292
, Halbmikromethode 597, 598
, Reproduzierbarkeit 598, 599
tylenglykol 699
, Flüchtigkeit, Löslichkeit 592
ttersäurezahl 593, 594, 596, 600
, Bestimmung 596, 597
tylhydroxyanisol 318, 343
tylhydroxytoluol 318
tyrofette 990, 991
tyrospermum parkii 34, 41, 373, 1013

festol 58
melina sativa 88, 364, 1018
mellia japonica 64
sasanqua 64
mpesterin 73, 90, 789
ndelillawachs 920, 930
ndida reukaufii 99
ndlenußöl 1018
nnabinaceae 368
nnabis sativa 74, 368
pronsäure 291, 292, 495, 592
prinsäure 291, 495, 592, 604, 724, 743

Caprylsäure 291, 495, 592, 596, 743
Capsella bursa pastoris 364
Carapa guanensis 94
Carapa procera 94
Carbonyle aus Leinöl, Sonnenblumenöl 899
Carbonylgehalt, Bestimmung 878, 879
—, Erdnußhartfett, oxydiert 882
—, Peroxidzahlen, Öle, oxydiert 881
Carbonylverbindungen, flüchtige 900
—, Identifizierung 897—902
— aus Vollmilchpulver 900
Carbonylwerte thermisch oxydierter Öle 879
Carbonylzahl, Bestimmung, Genauigkeit 568, 569
—, DGF-Methode 568
— dunkler Öle 567
—, Mikromethode 568
Carbowachs 20 M 673
Carcharhinus japonicum 137
Carica papaya 59
Carnaubawachs 920, 930
α-, *β*-Carotin 805
β-Carotin 797
—, Bestimmung in Margarine 798, 799
Carotinbestimmung 803
Carotinoide, Konstitution, UV-Spektrum 799
—, Palmöl, *β*-Carotin 799, 800
— in Pflanzenölen 797
—, S-Kammertechnik 800
β-Apo-8′-Carotinoid 823
β-Apo-8′-Carotinsäureäthylester 823
Carr-Price-Reagens 136, 807, 824
Carpotroche brasiliensis 97
Carthamus tinctorius 61, 70, 384, 1018
Carum carvi 92
Caruncula (Ricinussamen) 369
Carya alba 75
— *amara* 75
— *cordiformis* 75
— *illinoinensis* 398
— *olivaeformis* 75
— *ovata* 398
Caryocar nuciferum 372, 373
Caryocaraceae 372
Caryodendron orinocense 371
Cashewkerne 379
Catappaöl 45, 46, 53
Cayauöl 15, 31
Ceiba pentandra 62, 367, 1015
Centrophorus acus 137, 138
— *atromarginatus* 137
— *granulosus* 137
— *spec.* 137

Centrorhinus maximus 137, 138
Centroscyllium ritteri 137
Centroscymnus owstonii 137
Cephalotaxis drupaceae 76
Ceresin 921, 931
Cerolin 99
Cetylalkohol 792
Chaulmugraöl 10, 93, *97*, 443, 831
—, Farbreaktionen 443
Chaulmugrasäure 831
—, optische Drehung 832
Chiasaatöl 60, 62, 74
Chimylalkohol 139
Chinesisches Insektenwachs 920
Chinhydron 317
Chinon, Retarder-Wirkung 317
Chlamydoselachus anguineus 137
Chloralhydrat zur Mikroskopie 356, 357
Chlorella pyrenoidosa 101
Chlorophyll 817, 820
—, Bestimmung 818, 819
—, Fluorescenz 532
in Pflanzenölen 818
— in Sojaöl, Abnahme durch Raffination 819
Cholecalciferol 806
Cholesterin 776, 781, 789, 791
—, Bestimmung 786
—, —, Fehlerquellen 787
—, —, frei, gebunden, in Blut 784
—, — mit Kaliumdichromat 785
—, — in Pflanzen 790
—, —, Phosphatide 786
—, — neben Phytosterinen 782
—, Sitosterin 787
—, Verwendung 274
Cholingehalt, Bestimmung mit cis-Aconitsäureanhydrid 946, 948
—, —, Reinecke-Salz 948
Chroman-5,6-chinon 315
Chromotropsäure 706
Chrysen in Pflanzenölen 792
Cinnamomum camphera 32
— *japonica* 32
Cirrhigalus barbifer 137
Citromyces 100
Citronensäure, Synergist 321, 322, 343
Cladophoria sauteri 101
Cladosporium 100
Clayton-Soda-Ash-Verfahren 208
Clupanodon melanostica 133
Clupea harengus 133
Cocos butyraceae 24
— *nucifera* 24, 392, 1013
— *syagrus* 31

Cocosfett 2, 5, 9, 14, 20, *24*, 29, 30, 108, 181, 183, 204, 207, 233, 235, 239, 246, 249, 263, 291, 297, 315, 342, 421, 432, 457, 459, 461, 462, 467—469, 475, 477, 481, 487, 496, 505, 516, 559—561, 573, 575, 580, 592, 596, 599, 602, 977, 981, 1013
—, Bestimmung 594
—, Fettsäuremethylester, Chromatogramm 670
—, Fettsäurezusammensetzung 26, 246, 1013
—, gehärtet, Schmelzpunkt 454
—, Glyceride 26, 957
—, Identifizierung 602
—, Kennzahlen 24, 246, 596, 1013
Cocosmakronen 392
Cocosnuß 24, 25, 393, 394, 400
Cocospalme 24, 25, 392
Cohunefett 24, 32
Cokeritkernfett 31
Collidinhydrochlorid, Salzsäuredonator 896
Combretaceae 45
Compositae 61
Conidendrin 317
Coniferae 62
Copernica cerifera 31
Coriandrum sativum 92
Cornish-Verteilung 624
Corozo-Palmkernfett 31
Corylus avellana 61, 63, 395, 1015
— *maxima* 395
Cottonöl (Kottonöl) *46*
Coulometrie, Fettsäuretitration 549
Countercurrent distribution 624
Coyol 31
Craig-Verteilung, Fettsäuretrennung 624—626
—, Fettsäuremethylestertrennung 627
—, Lösungsmittelsysteme 626, 627
Crambe abyssinica 584
Creme-Margarine 261
Crismerzahl 467
Crismerzahl von Fetten 468
Croton tiglium 97
Crotonöl 97
Crotonsäure, Hydrierzahl 580
Cruciferae 357, 359, 362
Cucumis digitata 53
— *foetidissima* 53
— *melo* 53
— *palmata* 53
— *sativa* 53
Cucumum cyminum 92
Curcubita maxima 53
— *pepo* 53, 375, 1017
Cyclische Fettsäuren 831
— — aus geradkettigen 833
— —, optische Drehung 832
— —, polymere 762
β-Cyclodextrinacetat 661
Cyclohexen, Oxydation 301
Cyclopropensäure 49, 50, 52
—, Bestimmung 832
—, — neben Epoxyverbindungen 832, 833
—, Java-Olivenöl 832
—, Kapoköl 52
—, Kenafsamenöl 53
Cydonia vulgaris 61
Cyperus esculentus 59, 1015
Cytochrome 293, 313, 859

Dachsfett 122
Dalatius licha 137
Darco 960 629, 630
Daucus carota 92
Deania eglantina 137
2,4-Decadienal 85
Dehydrierungen 298
7-Dehydrocholesterin 789, 806
De Laval Short-Mix-Anlage 208
Delphinfett 131, 140
Delphinus phocaena 131
Dematium 100
Diacetyl 250
Diacetylweinsäureanhydrid 283
Diacetylweinsäureester von Monoglyceriden 252
Diäthylenglykoladipinat 673
Diäthylenglykol-adipinsäurepolyester 663, 670, 672, 673
Diäthylenglykolsuccinat 661
Diäthylenglykol-succinat-polyester 671, 1003
Diaminogossypol 821
Dicarbonsäuren, Chromatographie 748
Dichlordihydroxyphenylendiamin (Peroxide) 874
Dichlordimethylsilan (Hydrophobierung) 636
Dichte, Volumgewicht, Auswertung 451
—, —, Bestimmung 446
—, —, —, feste Fette 451
—, —, —, Fettsäuren, Ester 451
—, —, — mit Pyknometern 448
—, —, —, Spindeln 449
Dielektrizitätskonstante, Grundlagen 549
—, Fettsäuren, Mono-, Di-, Triglyceride 550
Dienzahl 577, 587—590
—, Fehlermöglichkeiten 588
Differential-Kalorimeter 476
Differential-Thermoanalyse 476
—, Identifizierung von Ölen 477, 478
Dihydrocholesterin 789
Dihydrokaffeesäure 317
Dikanußfett 10, 32, 33
Dilatation, Bestimmung 473
—, Definition 472
—, Fette 475
—, Reproduzierbarkeit 474
Dilatometer 473
Dimere Fettsäuren aus oxydierten Fetten 901
— —, Bestimmung, Harnstoffverfahren 828, 902
— —, —, papierchromatographisch 829
— —, —, quantitativ 829, 830
Dimerisierung von 9,11-, 9,12-Linolsäure 326
Dimerisierung, Ölsäure 327
2,4-Dinitrophenylhydrazin 879, 884
Dioctylphthalat 772
Dipalmito-olein, Dipalmitoelaidin, Chromatographie 687, 691
—, Dipalmitolinolein, Chromatographie 687
Diphenylcarbazid 867
Diphenylcarbazon 997
Dipterocarpaceae 34, 43,
Dodecansäure, Tetradecansäure, Mikro-Destillation 623
Döglingfett 130
Dornhaileberöl 138
Djavebutter 34, 35, 43, 44
Dispersion 537
Docosahexaensäuremethylester, Isomerisierung 521
Dorschleberöl 134, 136, 140, 207, 224, 315
Dorschlebertran, Autoxydation 294
—, polymerisiert, roh, Kennzahlen 985
Dracae neae 71
Dünnschichtchromatographie, Anwendung, Arbeitstechnik 651
—, Fettaldehyde, Epoxy-Ketosäuren 651
—, Hydroxamsäureester 652
—, kritische Paare 654, 656
—, Methylester 655, 657
—, Methylester-Quecksilberaddukte 655
Dünnschichtchromatographische Fettsäuretrennung, nieder-, mittelmolekulare 652
—, —, höhermolekulare 653
— auf silbernitratimprägnierten Platten 656
Dumoria 373
van Dyck-Verteilung 624

Ebulliometer 498
Efeusamenfett 92
Eichelöl 60, 61, 63
Eigelbphosphatide, Zusammensetzung 274
Eieröl 120, 121
Eintauchrefraktometer 538
Eisen, qualitativ 436
—, quantitativ 848, 849, 851
Eishaileberöl 137, 138
Elaeis dura 11
— *guineensis* 28, 395, 1014
— *melanococca* 11, 15, 28, 31
— *pipifera* 11
— *tenera* 11
α-Elaeostearinsäure 94—96, 487, 518, 519, 580
—, Bestimmung 745
—, Konfiguration 752
Elaidinsäure, Oxydation 749, 751
—, rein 608
Elrepho-Gerät, Farbmessung 515
Emulgatoren, Definition 269
—, HLB-Wert (Hydrophil-Lipophil Balanee) 269
—, — synthetischer Produkte 270
—, Lactoglyceride 277
—, —, Struktur, Verwendung 278
—, Monoglyceride 275
—, —, Eigenschaften, Zusammensetzung 276
—, —, Gewinnung 275
—, —, hochprozentige 276
—, —, technische Herstellung 276
—, —, Verwendung 277
—, natürliche, aus Pflanzenphosphatiden 270
—, natürliche, Fraktionierung 272
—, natürliche, Gewinnung 271
—, natürliche, Reinigung, Verwendung 272
— aus Sojalecithin 271
—, Sojalecithin, Zusammensetzung 273
Emulsionstitration, Säurezahl-Bestimmung 555
Endomyces vernalis 98
Endosperm, Palmsamen 358
Engkabangtalg 43
Entenwal 130
Enthalpie-Temperaturkurve von Fetten 470
Enzyme in Leguminosen 296
— Sojabohne 296
Epoxide, Farbreaktion mit Pikrinsäure 897
Epoxidzahl, Bestimmung 895, 897
Epoxidzahl, scheinbare, aliphatischer Carbonylverbindungen 897
Epoxyfettsäuren 70, 736
—, isomere 736
Equus caballus 1019
Erbsenöl 87
Erdbeersamenöl 77, 78
Erdmandelöl 59, 1015
Erdnuß 388, 400
—, Samenschale 389
—, Samen, Samengewebe 390
—, Stärke 357
Erdnußbutter 81
Erdnußkerne 379
Erdnußöl, 2, 5, 11, 16, 19—22, 78, 79, 82, 87, 139, 181, 204, 205, 207, 225, 233, 234, 247, 249, 271, 311, 315, 421, 430, 432, 437, 440, 457, 459, 461, 466—469, 471, 475, 481, 487, 496, 501, 505, 560, 573, 577, 580, 770, 814, 963, 1015
—, argentinisches 82, 963, 1015
—, Bellierzahlen in Mischung mit Pflanzenölen 441
—, chlorophyllhaltig 963
—, Fettsäurezusammensetzung, Kennzahlen 79, 82, 247, 1015
—, Qualität und UV-Extinktion 954
— als immobile Phase 635
—, Reinheitsprüfung 820, 963
—, Rufisque 82
—, UV-Spektrum 864
Ergosterin 789, 806
Eriodendron anfractuosum 45, 367
Erstarrungskurve Jensen 458, 462, 463, 958
Erstarrungspunkt, Bestimmung 459, 461
— nach Dalican 461
— Finkener 462
— Shukoff 460
Erweichungspunkt, Bestimmung 454—456
—, Ring-Kugel-Methode 455
Eruca sativa 88
Erucasäure 90, 724, 743
—, Abtrennung, Identifizierung 759, 760
—, Bestimmung durch Oxydation 760
—, —, gaschromatographisch 761
—, —, papierchromatographisch 759—761
—, rein 608
Essentielle Fettsäuren, Bestimmung 756, 759, 859
Essig-, Propion-, Buttersäure, Bestimmung 723, 724
Esteröle aus Olivenrückständen 988
Esteröle, Naturöle, Unterscheidung 22, 988
— aus Raffinationsfettsäuren 987
Esterzahl, Spaltgrad 561
Etmopterus frontimaculatus 137, 138
— lucifer 137
Eurotiopsis 100
Euterpe oleacea 31
Euphasia superba 126
Euphorbiaceae 10, 62, 76
—, Samen 369, 370
Extrakteur Bollmann 201
— Lurgi 202
— Rotocel-Apparat 202
— de Smet 202
Extraktionsanlage 200
Extraktionsbenzin, Restgehalt, Bestimmung mit Aktivkohle 771
—, —, — gaschromatographisch 771, 772
—, Zusammensetzung 770

Färberdistel 384
Fagaceae 61
Fagus silvatica 61, 63, 380, 1016
Farbindex 510
Farbmessung, CIE-System 513 (Commission Internationale d'Eclairage)
—, Dichromatskala 499
—, Dreibereichsverfahren 514
—, Elrepho-Gerät 515
—, FAC-Farbzahl 503, 504
— fester Fette 514, 516
—, Fette, Öle 499
—, Gardner-Skala 502
—, Jodfarben-Skala 500—502
—, —, Mikromethode 502
—, Lovibond-Tintometer 504—506
—, photoelektrisch 508
—, photometrisch 511
—, spektralphotometrisch 506—512
—, —, Extinktionskurven 507, 508
—, Spektralverfahren 514
—, —, Reproduzierbarkeit 515
Farbskalenvergleich 504
Farbstoffe in Fetten 762
—, fettlösliche, Eigenschaften, R_f-Werte 827
Feigensamenöl 78
Feintalg 105
Felchenfett 123
Feldkresse 362
Fenchelsamenöl 92
Fette, Analyse, Einführung 402—404
—, —, Probenahme 404
—, —, —, Vorschrift 405

Fette, Berechnung des Fettsäuregehalts 207
—, Erhitzungsprobe, Schleimgehalt 433
—, Geschmack, Geruch, Konsistenz 430
—, —, Reihen-, Triangel-, Verdünnungstest 431, 432
—, feste Glyceride, Bestimmung durch kernmagnetische Resonanzmessung 479
—, — —, —, Ultrazentrifuge 478
—, Glyceringehalt, Bestimmung 698—703
—, Identifizierung aus Kennzahlen 600—602
—, Löslichkeit 432
—, Mikroskopie 430
—, Tokopherolgehalt 315, 814
—, unverseifbare Bestandteile 711
—, Zusammensetzung, Berechnung 602
Fettabbau durch Mikroorganismen 290, 291
Fettaldehyde, Autoxydation 301
Fettalkohole in Seetierölen 792, 793
— für Trennemulsionen 274
Fettbehandlung, Desodorierung 214
—, —, Dampfbedarf 215
—, —, diskontinuierlich 216
—, —, halb-, vollkontinuierlich 217
—, Entlecithinieren 206
—, Entsäuern 206
—, — mit Alkalien 207
—, — vollkontinuierlich 208
—, —, Ausdestillieren der Fettsäuren 210
—, —, Harnstoff 212
—, —, Ionenaustauscher 212
—, —, Lösungsmittelextraktion 210
—, —, Verestern mit Glycerin 209
—, Entfärben mit Bleicherde 212
—, —, Bleichkohle 213
—, Entschleimen 205
—, Raffination 203
Fettbestimmung mit Äther 417
—, Chloroform/Alkohol, Methanol 418
— in Fleischprodukten 417, 418, 423
—, Frischfisch, Lebensmittel 418, 419, 425
— nach Säureaufschluß 418, 422, 423
Fettgewinnung zur Analyse 425
—, Extrahieren, Pressen 427
Fettgewinnung, Vortrocknen, Zerkleinern 426
Fetthärtung 227
—, chargenweise 232
—, Isomerisierung 229
—, kontinuierlich 232
—, Lenkung 235
— in Miscella 232
—. selektiv 227
—, technische Durchführung 231
—, Verlauf 228
—, Wasserstoffherstellung 231
—, Wasserstoffverbrauch 233
Fetthydroperoxide 295, 300
Fettlösungsmittel 770
—, Bestimmung 770
—, — von Hexanen 770
Fettoxydationskatalysatoren in biologischen Systemen 292
Fettperoxide 292
Fettproben aufbewahren 429
Fettsäuren, Chromatographie 633—639
—, —, Apparatur 637
—, —, halbautomatisch 636
—, —, kritische Paare 639, 645, 648
—, Craig-Verteilung 625—627
—, Dünnschichtchromatographie 651—657
—, fraktionierte Destillation 615—623
—, — — mit Füllstoffen 620
—, — —, Prinzipschema 616
—, Fraktionierung, potentiometrisch 675, 676
—, freie, Bestimmung, Titration 736
—, —, —, chromatographisch 738
—, —, —, gravimetrisch 737, 738
—, —, —, Mikromethoden 739
—, gesättigte, Bestimmung, chromatographisch 740
—, —, —, Genauigkeit, Reproduzierbarkeit 743, 744
—, —, —, gravimetrisch 740
—, —, — aus Kennzahlen 740
—, —, —, Kaliumpermanganat-Oxydation 741, 742
—, —, —, fraktionierte Kristallisation 740
—, —, —, Mikromethoden 744
—, —, —, Oxydation der Methylester 742, 743
—, —, — mit Perameisensäure 743
—, —, in Fetten, Ölen 739, 740
—, —, C_{10}—C_{18}, Kennzahlen, Reindarstellung 604, 605
—, —, Kohlenstoffzahl, relatives Retentionsvolumen 660, 661
Fettsäuren, Chromatographie, Siedepunkte 215
—, —, ungesättigte, Kristallisations-Trennung 611
—, —, —, Säulen-Chromatographie 639
—, Harnstoffaddukte 612
—, —, Struktur 612, 613
—, —, Dissoziations-Temperatur 614
—, höherungesättigte 612
—, —, Bromierung 436, 437
—, Kristallisation aus Lösungsmitteln 609
—, — bei Tieftemperatur 610, 611
—, Löslichkeit in Aceton 609
—, Löslichkeitsprodukte der Silbersalze 674
—, multiplikative Verteilung 623, 624
—, niedere, Flüchtigkeit, Löslichkeit 592
—, —, Gruppentrennung 593
—, oxydierte, nichtoxydierte Chromatographie 635
—, potentiometrische Titration 675, 676
—, Retentionsvolumina 633
— mit sekundären Sauerstoff-Funktionen 731—733
—, ungesättigte, Bestimmung aus Kennzahlen 740
—, —, Bromaddukte 747
—, —, Doppelbindung, Lage 747
—, —, enzymatische, alkalische Isomerisierung 756, 757
—, —, gesättigte, Bestimmung 745
—, —, Identifizierung, Oxydation mit Kaliumpermanganat 746, 748
—, —, Konstitution aus Ozonspaltung 749—751
—, —, Oxydation mit Perameisensäure 751
—, —, — mit Perjodat, Permanganat 751
—, cis-ungesättigte, Bestimmung, Lipase-Oxydation 756
—, —, —, IR-Spektrometrie 529—531
—, —, in hydrierten Fetten 531
—, cis-trans-ungesättigte, Bestimmung 751—756
—, —, Dünnschichtchromatographie 755
—, — in hydrierten Fetten 752
—, —, Gaschromatographie 755
—, —, Säulen-Chromatographie 639, 753—755
—, trans-ungesättigte, Bestimmung 526—529, 752

ttsäuren, wasserlösliche, Chromatographie 721
, wasserunlösliche, Bestimmung, Titer 720
ttsäure-Cyclus, enzymatischer Verlauf 291
ttsäuregemische, Zusammensetzung aus Jod-, Rhodanzahl 587
ttsäuremethylester, Chromatographie 670—672
, Fraktionierung 618, 619
, Herstellung mit Diazomethan 667
, — mit Dimethylcarbonat 669
, —, Methanol, Bortrifluorid 667
, —, —, 2,2-Dimethoxypropan 667, 668
, —, — / Salzsäure 667
, —, —, Schwefelsäure 666, 667
, —, Silbersalze, Methyljodid 669
, —, Umesterung 667, 668
, gesättigte, ungesättigte, Kohlenstoffzahlen 661
, Siedetemperatur 618
ttverderben, Aldehyde, Bestimmung 885
, —, flüchtige 885
durch Autoxydation 854
, —, Mechanismus 855
, Carbonylzahl 878
durch chemische Vorgänge 297
, Diphenylcarbazid-Reaktion 867, 868
, enzymatische Hydrolyse 858
, Fischigkeit 325, 858
durch Fremdgerüche 338
beim Gebrauch, Lagern 322
, Hauptwege 290
durch Hydrolyse 291, 854
, Hydroperoxide 299, 300, 854
, Hydroperoxide, Umwandlungsprodukte 300, 858
durch Lipoxydase, Hämatin 291, 859
, Jodzahl-, Refraktionsänderung 863
durch Metallkatalyse 333
in Milchprodukten, Phospholipiden 333
, organoleptische Prüfung 861
, Oxydationsprodukte, flüchtige 862
durch Schädlinge, Viehfutter 338
, IR-Spektroskopie autoxydierter Fette 866
Fettverderben, UV-Spektroskopie autoxydierterFette 863, 866
— verhindern durch Antioxydantien 342
— —, Entfernen von Metallspuren 342
— —, Kälte 341
— —, Lichtausschluß 341
— —, Phytoncide 340
— —, Prooxydantien hemmen 341
— — mit Schutzgasen 341
—, Ursachen, biologische 290, 854
—, —, chemische 289, 297, 835
Fichtensamenöl 60, 62, 76
Finnwal 127
Filterphotometer 515
Fischfett, Fischöl 2, 5, 19, 21, 22, 73, *132*, 144, 182, 222, 234, 249, 322, 324
—, autoxydiert, Carbonylverbindungen 337
—, —, Geschmackstoffe 337
—, gehärtet 235
Fischigkeitsgeschmack 322, 325, 858
Fischkonserven mit Natriumglutamat 337
Fischleberöl, Gewinnung mit Zentrifugen 224
—, Raffination, Solexolverfahren 224
Fischmehl 223
Fischprodukte, Fettoxydation hemmen 336, 337
—, Gefriertrocknung, Lagerung 337
—, Maillard-Reaktion 337
Flacourtiaceae 10, 97
Flammenionisationsdetektor 735
Flammpunkt, Fette, Öle 479, 481
Flammpunkt-Prüfgeräte 480
Fleischprodukte, Oxydation, hämkatalysiert 335
—, — hemmen 335
—, Ranzigwerden 333
—, Thiobarbitursäuretest 334
—, Verderben bei Kühllagerung 292
Fließpunkt, Bestimmung 453, 456
Fluoranthen in Pflanzenölen 792
1-Fluor-2,4-Dinitrobenzol 949
Fluorescenz, Fette, Meßmethoden 531
—, —, Intensität 533
—, Olivenöl 19, 533
Fluorescenz-Indikatoren zur Säurezahlbestimmung 555
Flußbarschfett 123
Foeniculum officinale 92
Fraktionierte Fette 240
— —, Eigenschaften 242
— —, Herstellung 241
— — aus Palmöl 242, 957
Fritier-, Fritürefette, gebrauchte 981, 982
—, Kennzahlen nach Erhitzen 332, 981
—, polymere Anteile 982
—, Schaumbildung beim Erhitzen hemmen 331
—, Untersuchung 265, 980, 981
Fruchtfleischfette, Samenfette, Unterscheidung 23
Fuchshaileberöl 138
Fucoxanthin 823
Fulwabutter 34, 35, 42
Fumarsäure 321

Gadus aeglefinus 134, 135
— *callarias* 134
— *macrocephalus* 136
— *morrhua* 134, 135
Gadusen 792
Gänsefett 120, 121
Galeocerdo tigrinus 137
Gallus domesticus 1019
Gallussäureester, Antioxydantien 318, 343
Gamalfett 34, 35
Garcinia indica 44
— *morella* 34
Garnelenöl 139
Gartenkerbelsamenöl 92
Gartenkresse 362
Gas, gelöst in Fett 762
—, nichtgelöst, Bestimmung 763, 764
Gaschromatographie, Arbeitsweise, Begriffe, Grundlagen 657—660
—, 2-Chloräthanolester von Fettsäuren 665
—, Chromatogramme, Auswertung 660, 661
—, Decylester von Fettsäuren 665
—, Detektorsysteme 659
—, Dünnschichtchromatographie, kombiniert 674
—, Fettsäuremethylester C_8—C_{30} 666, 670
—, —, gesättigte, ungesättigte 670, 672
—, —, positionsisomere 672
—, —, stereoisomere 672
—, freie Fettsäuren, C_1—C_6 662, 663
—, — —, höher-, niedermolekulare 673
—, — —, wasserhaltig 664
—, Laurin-, Myristin-, Palmitinfettsäuremethylester 658

Gaschromatographie, Massenspektrophotometrie, kombiniert 673
— Retentionsvolumen 658
—, Säulenart, Säulentemperatur 659
—, Wärmeleitfähigkeitsdetektor 664
Geblasene Öle, Emulgatoren 282
Gehärtete Fette, Aggregatzustand 976
— —, Eigenschaften, Kennzahlen 232, 975
— —, Dilatation 233, 976
— Pflanzenfette 234, 235
— Tierfette 235
Genopteros cap. 133
Gerstenöl 45, 46, 55, 57
Gesamtfettsäuren, Bestimmung durch Berechnen 717
—, —, Genauigkeit 719
—, — durch Verseifung 718
— aus Butterfett, Cocosfett, Erdnußöl 719
—, laurinsäurehaltige Fette 718
—, mittleres Molekulargewicht 737
— oxyfettsäurehaltiger Fette 719
Gesamtzahl niederer Fettsäuren 593
Geschmacktest, Speisefett, Extinktionsmessung 892
Geschmacksreversion, Sojaöl 324, 857
Ghee 259
global spreads 979
Glyceride, Bestimmung, dünnschichtchromatographisch 690—692
—, —, gaschromatographisch 692—694
—, —, papierchromatographisch 688—690
—, —, säulenchromatographisch 687, 688
—, feste, flüssige 469, 472, 478
—, feste, durch Oxydation mit Kaliumpermanganat 679, 681—683
—, —, Oxydation mit Natriumperjodat 683, 684
—, fraktionierte Kristallisation 681
—, trigesättigte, durch Kristallisation 678, 679
—, —, Isotopenverdünnungstechnik 680
—, —, in Fetten 680, 688
Glyceridstruktur, Bestimmung, Gegenstromverteilung 685
—, —, Gradientenfraktionierung, thermische 685
—, —, Lipasehydrolyse 686
Glyceridstruktur, Bestimmung, Positionsisomere 683, 685
— von Fetten 682
—, Fettsäureverteilung, gleichmäßig 676, 677
—, —, statistisch 678
—, —, zufällig 677
Glycerin, Bestimmung, Abtrennung, Wägen 699
—, —, Acetinmethode 700
—, — durch Berechnen 699
—, — nebst Fettsäuren 703
—, —, frei, gebunden 701, 702
—, —, Kaliumdichromat 700
—, —, Perjodsäure 700, 701
—, —, photometrisch, Cu-Komplex 703
—, —, Schnellmethode 702
—, —, Vergleich der Methoden 702
Glycine hispida 364
— *max* 364, 1017
— *ussuriensis* 84, 364
Gombosaatöl 45, 46
Gorliöl 97, 98, 831
Gorlisäure 831
—, optische Drehung 832
Gossycaerulein 821
Gossyfuloin 821
Gossypium arboreum 45, 47, 365
— *barbadense* 45, 46, 365
— *herbaceum* 45, 46, 365
— *hirsutum* 45, 46, 48, 365, 1016
— *indicum* 47
— *neglectum* 47
— *peruvianum* 47
— *vitifolium* 365
Gossypol 15, 49, 52, 817
—, Antioxydans 317
—, Bestimmung 821
—, — des freien 822
—, — in Kottonsoapstock 822
—, —, Kottonschrot 823
—, Inaktivierung 194
Gossypurpurin 821
Gramineae 10, 45
Grauwal 127
Grenzflächenspannung 493, 495
—, Fettsäuren/Wasser 496
—, Öle, Lipoideinfluß 496
Grönlandwal 127
Guizotia abyssinica 70, 388
— *oleifera* 61, 70, 1017
Guajakol, Antioxydans 317
Gurkensamenöl, in Tierfett 870
Guttiferae 10, 34

Hämatin 293, 313
Hämatinkatalyse der Oxydation 292
—, Mechanismus 294
Hämin 293, 295, 313
Hämoglobin 293, 295, 313, 342, 859
Haferöl 45, 46, 55, 57
Hagebuttensamenöl 77, 78
Haifischleberöl 137, 138, 140, 776
Halelurus torozame 138
Haltbarmachen, Fette 338, 339
Hammeltalg 104, *107*, 315, 676, 1019
Hanföl 10, 21, 60, 62, *74*
Hanfsamen 360
Harnstoffaddukte, Oxydationsschutz 614
—, Bestimmung polymerer Fettsäuren 615
Harzöl, Farbreaktion 443
—, optische Drehung 443
Harzsäuren 833, 834
Haselnuß 395—397, 400
Haselnußkerne 379
Haselnußöl 60, 61, *63*, 1015
Hechtfett 123
Hedera helix 92
Hederich 362
Hederichöl 87, 88, 91, 92
Hefefett 98
Hehnerzahl, Bestimmung 720
—, Butter-, Cocos-, Palmkernfett 720
—, Reproduzierbarkeit 720, 721
Heilbuttleberöl 135, 136
Helianthus annuus 61, 68, 384, 1017
— *lenticularis* 384
cis, trans-2,4-Heptadienal 85, 324, 898
Heptansäure 292
Heptranchias deani 137
Heracleum sphondylium 92
Heringsöl 123, *133*, 207, 233, 501, 573, 580, 791
Heringshaileberöl 138
Hevca brasiliensis 76
Hexabromidzahl 590
Hexamethyldisilazan 735
Hexanchus corinus 137
cis-3-Hexenal 85, 325
Hibiscus cannabinus 45, 52
— *esculentus* 45, 52
Hickorynuß 398
Hickorynußöl 60, 62, 75
Hicoria pecan 62, 75
Himbeersamenöl 77, 78
Hippoglossus vulgaris 135
Hirseöl 45, 46, 57
Hirtentäschel 364
Histidin 295
Hochfrequenztitration 548
Holundersamenöl 77, 78
Holzöl 2, *93*, 94, 181, 207, 326, 437, 442, 575, 577, 589
—, Erhitzungsprobe 94, 443
—, in Fetten 94, 532
—, Schwefelsäuretest 94, 443
Homodan, Emulsionsöl 282

ɔrdeum vulgare 45, 55
ühnereigelb 252
ühnerfett *120*, 121, 682, 684, 1019
ühnerfett, oxydiert 888
umulon 340
undefett 120
undshaileberöl 138
ydnocarpus wightiana 97, 831
ydnocarpusöl 97, 98, 831
ydnocarpussäure 98, 831
-, optische Drehung 832
ydrierjodzahl 577
-, Mikromethode 584
- ungesättigter Säuren 583
ydrierte Öle, trans-Fettsäuregehalt 978
ydrierung, Pflanzenfette 234
-, Seetieröle 235
-, Tierfette 235
ydrochinon, Semichinonradikale 317
ydrolyse, Fette mit Fettsäuren C_4—C_{10} 291
ydrolytische Vorgänge hemmen 341
ydroperoxide 302, 308, 854—857
-, Aktivierungsenergie, Kinetik 294
-, konjugierte 305, 307
ydroperoxy-Radikale 300
ydroxyfettsäuren, Bestimmung 729, 733, 734
-, —, chromatographisch 734, 735
-, — aus Kennzahlen 733
ydroxylinolate, Dehydratation 308
ydroxylzahl, Bestimmung 563
-, —, Genauigkeit 565
-, —, Makro-, Mikromethoden 563, 564
ydroxysäuren, isomere Formen 746
yflocel, Supercel 629, 630, 636, 687
yoscyamin 382
yperoodon rostratus 130
ypogaeen 82

lioblasten 359
gelfett 122
llipe longifolia 42
- *malabarica* 42
llipébutter 34, 35, *42*, 1013
llipen 41
llipésamen 375, 376
itisfett 122
ndamin, Peroxid-Test 875
nfrarot-Spektralphotometrie 525
-, Bestimmung trans-Isolenfettsäuren 526, 527
Infrarotspektren, Basislinien-, Extinktionsmethode 526
—, Genauigkeit, Reproduzierbarkeit 528
Inhibitoren 296, 298, 313
Interfacialtensiometer 494
Inucayaöl 77
Irvingia barteri 32, 33
— *gabonensis* 32, 33
Isanoöl 95
Iso-Elaeostearinsäure 487
Isolenfettsäuren, Bestimmung 520—525
durch Isomerisieren 520—525
—, —, —, mit Kalium-t-butylat 524, 525
Isomerisierung ungesättigter Fettsäuren beim Hydrieren 229
Isoölsäuregehalt, Bestimmung 725
—, Bleisalz-Alkohol-Methode 725
—, Halbmikromethode 727
—, Speisefette 728
Isoölsäuren, gesättigte Fettsäuren, Löslichkeit 727
Isophthalsäure 673
Isovaleriansäure 102, 131
Isuropsis glauca 138

Jacopever 135
Jambaöl 91
Jantzen-Verteilung 624
Jatropha cureas 370
Java-Olivenöl 832
Jodzahl, Bestimmung, Varianten 569—571
—, Brechungsindex, Beziehung 580
—, Klassifizierung der Fette 569
—, Konjuenfettsäuren 577—579
—, Meso-Mikromethoden 580
— nach Chowdhury, Mukherjee 578
— Hanuš 573
— Hoffmann, Green 579
— v. Hübl 571
— Kaufmann 576
— Klee, Benham 578
— v. Mikusch, Frazier 578
— Mukherjee 577
— Planck 578
— Wijs 572, 573
— Winkler 574
—, Schnellmethoden 579
—, Vergleich einiger Methoden 575
Johannisbeersamenöl 77
Juglandaceae 61
Juglans cinerea 398
— *nigra* 75, 398
— *regia* 61, 75, 397, 1018
Kabeljauleberöl 134
Kachiaöl 42
Känguruhfett 108
Kaffeeöl 45, 46, 58
Kahweol 58
Kakaoabfallfett 39
Kakaobutter 10, 20, *34*, 196, 315, 421, 453, 456, 457, 461, 462, 464, 468, 469, 532, 682, 916
—, Erstarrungskurve 958
—, Fettsäurezusammensetzung 37, 1013
—, Glyceride 36, 685, 687
—, —, Positionsisomere 686
—, Kennzahlen 38, 1013
—, polymorphe Formen 37, 38, 536
Kakaobutter-Ersatzfette 14, 44, 956, 957, 959
—, Erstarrungskurve 462
—, hydrierte Fette 727, 959
Kakaobutter-Extraktionsfett 958
Kakaokeimwürzelchenfett 40
Kakaosamen 400
Kakaoschalenfett 39
Kalbsfett 105, 109
Kalorimeter 470
Kandelnuß 370, 371
Kandelnußöl 93, 94, 1018
Kaninchenfett 120
Kanyabutter 34, 35
Kapoksaatöl 10, 45, 46, *51*, 1015
Kapoksamen 367
Karitéfett 41
Kariten 41, 792
Karnaubakernfett 31
Karpfenöl 133
Katiaufett 34, 35, 42
Katzenhaileberöl 137, 138
Kayaöl 76
Keimblattgewebe, Stärkegehalt 397
Keimlingsgewebe 358
Kekunaöl 93, 94
Kenafsamenöl 45, 46, 52
Kennzahlen, Einteilung, Meßgrößen, Meßmethoden 551
—, Kurzbezeichnungen 552
Kephaline, Dünnschichtchromatographie 940, 942
—, —, quantitativ 943—945
—, —, Reproduzierbarkeit 944
—, —, Sprühmittel 940, 941
—, Papierchromatographie 938
—, —, Rf-Werte 939
—, —, Sprühmittel 939
— in Rinderhirn 938
Kernel 379, 397
Kernmagnetische Resonanz, Apparatur 543
— —, Bestimmung fester Glyceride 544
β-Ketoacyl-Coenzym A 292

Ketofettsäuren 729
—, aus Carbonylzahl 735
—, chromatographische Bestimmung 735
Ketone, ungesättigte, Bildung 310
Ketonranzigkeit 859
—, Dehydrierungsschema 860
12-Ketostearinsäure 735,
Kiefernsamenöl 60, 62, 76
Kirschkernöl 60, 61, 66
Kirschnerzahl 593—596
Klarpunkt, Bestimmung 466
Klarschmelzpunkt 453, 454
Klauenöl 106
Knochenfett 105, 1019
Knochenöl 106
Kohlenwasserstoffe, gesättigte, in Speiseölen 843
Kohlenwasserstoffgehalt von Pflanzenfetten, Haileberöl 792
Kolonnendestillation, Apparatur 616
—, Bodenwert 617
—, Flüchtigkeit, relative 617
Kolonnendestillation, Rücklaufverhältnis 617
Kombinator, nach Schröder 258
Kompositenfrüchte 383
Konduktometrie, Bestimmung von Carbonyl-, Hydroxylzahl 545
Konjuenfettsäuren, Extinktionskoeffizienten 519
—, Tetranitromethan-Reaktion 94, 437
Konservierung, Fette, Fettprodukte 340
Konsistenz, Plastizität, Definition 487, 488
Konsistometer 489
Kopra 25, 392, 393
Korallenbaumsamenöl 78, 79
Koriandersamenfett 92
Kottonöl (Baumwollsamen-, Cottonöl) 432, 457, 459, 461, 466—468, 471, 475, 481, 487, 496, 501, 511, 516, 561, 573, 575, 577, 580, 682, 758, 762
—, Bleichung, Farbwertmessung 516
—, Farbzahlen 511
—, gehärtet, cis-Fettsäuren 531
—, Kennzahlen 963
Krähenhaileberöl 137, 138
Krebsöl 139
Kreispolarimeter 542
Kreis-Reaktion, Peroxidzahl, Vergleich 888
— ranziger Fette 888, 889
Kressenöl 91, 92
Kressesamen 363
Kritische Fettsäure-Paare 639, 645, 648, 649, 656
— Glycerid-Paare 690, 691
Kümmelsamenfett 92
Kürbiskernkuchen 377
Kürbiskernöl 53, 508, 559, 1017
—, Reinheitsprüfung 54, 964
— in Tierfetten 870
Kunstspeisefette, Aggregatzustand 976
—, Definition, Untersuchung 974
—, essentielle Fettsäuren 978
— mit gehärteten Fetten 977
—, ölhaltige 979
—, voluminöse 977
—, Zusammensetzung 977
Kupfer, qualitativ 436
—, quantitativ 849—851
Kusumöl 10, 32

Labiatae 62, 373
Lachsleberöl 136
Lactonzahl, Bestimmung 566
Lactyliertes Mono-diglycerid 270
Lallemantiaöl 60, 62, 73
Lallemantia iberica 62, 73
Laminaria digitata 101
Lambertsnuß 395
Lambert-Beersches Gesetz 517
Lamna cornubica 138
Lard 110, 111
Lauraceae 10
Laurinsäure 495, 592, 594, 602, 743
—, potentiometrische Bestimmung 674
—, rein 604
Laurus nobilis 32, 33, 1014
Laurylsulfat, Netzmittel 284
Lebensmittel, Fettgehalt, Bestimmung mit Benzin 422, 423
—, —, —, Apparate, Lösungsmittel 419—421
—, —, —, in phosphatidreichem Material 425
—, —, —, Reproduzierbarkeit 424
—, —, —, Vorbehandlung mit Zephirol 425
—, Flüchtiges, Bestimmung 407
Lebensmittelrechtliche Beurteilung, Hinweise 113, 1088—1092
—, —, Bedarfsgegenstände, Lebensmittel 1088, 1089
—, —, Farbstoffe, Fremdstoffe, Konservierungsstoffe 1088, 1091
—, —, Fleisch, tierische Fette 1089, 1091
—, —, Kakaofett 1090, 1092
Lebensmittelrechtliche Beurteilung, Kennzeichnung, Speisefette, Speiseöle 1088, 1090
—, —, Margarine, Kunstspeisefette 1089, 1090
—, —, Mayonnaise 1088, 1092
—, —, Mineralöle im Lebensmittelverkehr 1091
—, —, Ölsaaten, Ölsamen 1091
—, —, Olivenöl 1090
—, —, Pflanzenschutzmittel in Lebensmitteln 1091
—, —, Schweineschmalz 113, 1092
—, —, Sojamehl entölt, Vollsoja 1092
Leberöl, Knochenfische 134, 135
Lecithin, Antioxydans 322
—, Bestimmung 940
Lecythidaceae 45, 371
Leguminosae 10
Leguminosen 357
Leguminosenfette 78
Leindotter 362, 364
Leindotteröl 87, 88, 91, 1018
Lein 71, 382
Leinkuchenpulver 382
Leinöl 2, 5, 14, 19, 21, 60, 62, *71*, 181, 183, 207, 233, 234, 315, 324, 421, 433, 443, 461, 466—469, 487, 496, 519, 575, 577, 584, 589, 607, 684
—, Fettsäurezusammensetzung 62, 73, 672, 1018
—, Glyceride, Chromatogramm 689
—, hitzepolymerisiert, Kennzahlen 986
—, Kennzahlen 72, 1018
—, Oxydation 751
Leinsamen 383, 384
Lepidadenia wightiana 31
Lepidium campestre 362
— *sativum* 362, 363
Lepidorhinus kimbei 137
Lepraöle 97
Licania rigida 95
Licansäure 95, 519, 567, 735, 736
—, Carbonylzahl 569
Licht, Prooxydans 312
Licurykernfett 31
Lindera obtusifolia 32
Linolat, Hydrierung 305
—, oxydiert, UV-Spektrum 304
Linolatoxydation, hämoglobinkatalysiert 293
Linolensäure, Absorptionsmaxima 487
—, Alkali-Isomerisierung 521—523
—, Hexabromidzahl 590
—, Jodzahl 569
—, Oxydation 294, 296, 307, 309

Linolensäure, Ozonisation 750
—, rein 627
—, Rhodanzahl 585, 587
Linolensäuremethylester, rein 627
Linolsäure, Absorptionsmaxima 487
—, Alkali-Isomerisierung 521—523, 589, 752
—, Bestimmung, enzymatisch 759
—, Jodzahl 569
—, Oxydation 294, 296, 306, 309, 329
—, Oxydation, hämoglobinkatalysiert 293
—, oxydative Spaltung 751
—, rein 611, 618
—, reinst 606, 607, 615
—, Rhodanzahl 585, 587
—, Tetrabromid 590
—, Viskosität 487
Linolsäureäthylester, Autoxydation, UV-Spektrum 305
Linolsäuremethylester, rein 627
—, stereoisomere 672
Linolsäureoxydation, Reaktionsverlauf 306
Linsenöl 87
Linum angustifolium 382
— *usitatissimum* 71, 382, 1018
Linusinsäure 746
Lipasen 13, 289, 291, 292, 342
Lipase-Aktivität 291, 296
Lipolyse 291
Lipoxydasen 289, 292, 295, 859
—, tierische 112, 296, 313, 342
Lipoxyde-Katalyse 292
—, Mechanismus 297
Litsea citrata 32
— *sebifera* 32
— *zeylanica* 32
Lösungsmittelreste in Fetten 434, 435
Lösungsvermögen, Fettlösungsmittel 466
Lofotenlebertran 136
Lorbeerfett 10, 32, 33
Luffa aegyptica 53
Lumbangöl 93
Lumineszenz 531
Lupeol 42
Lupinenöl 87
Lupinus albus 87
— *luteus* 87
Lupulon 340
Lutein 823, 997
Luzernenöl 87
Lycopin 823
Lysoverbindungen, Eigelb 273, 274

Macropus major 108
Macrorhinus leoninus 130, 1020
Madhuca butyracea 34
— *indica* 375
— *latifolia* 34
— *longifolia* 34, 42, 375
— *mottleyana* 34, 42
Madia sativa 387
Madiafrucht 386, 387
Mahubafett 32
Maillard-Reaktion 935
Maiskeimöl, Maisöl 2, 10, 12, 14, 45, 46, *54*, 204, 225, 247, 311, 315, 466, 467, 577, 668, 672, 689, 758, 814, 964, 1017
Maisöl, erhitzt, Analysendaten 902
Makayaöl 31
Makrelenöl 139
Malabartalg 34, 35, 43
Maleinsäure 321
Maleinsäureanhydrid 587, 588
Malondialdehyd 890
Malukangbutter 33
Malvaceae 10, 45, 365, 367
Malvaliasäure 49, 439, 831
Mandeln 65, 376, 377, 380, 400
—, Prunusarten 379, 380
Mandelersatz 378
Mandelkleie 377, 378
Mandelöl 10, 60, 61, *65*, 207, 377, 467, 575
Mangalorebutter 32
Marattiöl 97
Margarine (Analytik) 992—1006
—, Acetylweinsäure-Weinsäureglyceride 999
—, Benzoesäure, Sorbinsäure 1000
—, biologische Untersuchung 1005
—, — —, Bewertungs-Schema 1005
—, Bratverhalten 994
—, Buttersäurenachweis 1004
—, Dilatationskurven 1002, 1003
—, Eigelb, Bestimmung 997
—, Emulgatoren, Lecithin 998, 999
—, essentielle Fettsäuren 1004
—, Farbstoffe, Anatto, Anilinfarben 999, 1000
—, Fettanteil, Kennzahlen 1002
—, Fett-, Nichtfett-, Wassergehalt 995, 996
—, Fettsäurezusammensetzung 1003
—, Hartfettgehalt 1003
—, Herstellung, Sorten, Zusammensetzung 992, 993
—, Kochsalzgehalt 996
—, Konservierungsmittel 1000
—, Konsistenz 994
—, Luftgehalt 994
Margarine, Monoglyceridgehalt 998
—, Stärke 1001, 1002
—, Unterscheidung von Butter 1000, 1001
—, Verfälschung 1004
—, —, Chaulmugra-, Holzöl, Sheafett 1004, 1005
—, Vitamine A, D, E, Bestimmung 1000
—, Wasserverteilung 993
—, pH-Wert 993
—, Zuckernachweis 999
Margarine (Technologie) 243—262
—, Antioxydantien 251
—, Aussehen 259
— zum Braten 260
—, β-Carotinzusatz 251
—, Diät-, Reformkost 260
—, Emulgatoren 251, 269
—, Fettkompositionen 249
—, Fettkristallisation 253
—, Geschichte 244
—, Geschmack 259
—, Herstellung 252
—, —, diskontinuierlich 253
—, —, halbkontinuierlich 255
—, —, vollkontinuierlich mit Votator 256
—, Konservierungsmittel 250
—, Konsistenz 259
—, Lecithinzugabe 251
—, Milchsäurebakterien 250
—, Rohstoffe, Anforderungen 245
—, —, Kennzahlen 247
—, Salzgehalt 250
—, Stabilisatoren 251
—, Stärkezusatz 252
—, Verpackungsmaschinen 258
—, Verpackungsmaterial 260
—, wäßrige Phase 254
—, Zutaten 249
—, —, Aromastoffe 250
—, —, Bixin 251
—, —, β-Carotin 251
—, —, Vitamine A, D 251
Margosafett 34, 35, 44
Marzipan 377, 378
Martin-Synge-Verteilung 624
Massenspektrometrie, Struktur hydrierter Fette 536, 537
Maulbeersamenöl 77
Mausfett 122
Maximiliana regia 31
Mayonnaise, Beurteilung, Qualitäten 1006
—, Dickungsmittel 1011
—, Eigelb-Bestimmung 1008, 1009
—, Emulsionsbeständigkeit 1007
—, flüchtige, nichtflüchtige Fettsäuren 1010

Mayonnaise, Gesetzgebung 1006
—, Handelspräparate, Eigenschaften, Zusammensetzung 1011, 1012
—, Konsistenz, Fließgrenze 1007, 1008
—, Lagerfähigkeit 268
—, — mit Antioxydantien 343
—, Ölgehalt 1011
—, Öltropfengröße 1007
—, Polyphosphate 1011
—, Protein 1010
—, Rohstoffe, Sorten, Zutaten 266, 267
—, Stärkegehalt 1010
—, Uronsäuren 1011
—, Wassergehalt 1008
—, pH-Wert 1006, 1007
—, Zuckerbestimmung 1010
Mealorub 731, 734
Medicago sativa 87
Meerschweinfett 131
Megaptera boops bonn. 127
Meliaceae 34
Membran-Mikrobürette 698
Menhadenöl, Autoxydation 294
—, ungesättigte Fettsäuren 336
Merluccus cap. 133
Metallgehalt von Fetten 311
Metallkatalyse, Theorie 312
Methämoglobin 313
Methanol, umgeesterte Fette 835, 836
Methyläthylketon 292
Methylbutylketon 292
Methylelaidinat 528
Methylenblau, Peroxidnachweis 875
Methylengruppe, Autoxydation 301
a-Methylenmechanismus, Hydroperoxidbildung 299
Methylheptylketon 859, 898
Methylketone, Bestimmung 886, 887
—, Bildung 26, 28, 291, 292, 302
Methylnonylketon 26, 28, 859
—, Carbonylzahl 569
Methyloleat, Oxydationsverlauf 907
Methyloleat, Methyllinolat, Methyllinolenat, Oxydationsverlauf 915
Methylpropylketon 292
Methylthiopentyl-Senföl 340
Methylumbelliferon, Indikator 925
Methylundecylketon 292, 859
Mikrodestillationsmethoden 622
Mikroglasperlen, Säulenmaterial 673
Mikromethoden, Fettanalytik 694—698
Mikromethoden, Fettanalytik, Extrahieren, Wägen, Zerkleinern 694—696
—, —, Maßanalyse 697, 698
Mikropenetrometer 492
Mikroskopische Untersuchung, Extraktionsschrot, Früchte, Samen 356
Milch, Milchpulver, Fettbestimmung 423
Milchfett, Gewinnung 221
Milchfettsäuren-Methylester, Herstellung 669
Mimosa djave 34, 44
Mimusops 373
Mineralöl in Fetten, Bestimmung 794, 842
— in Walöl 842
— — —, chromatographische Bestimmung 843, 844
Mineralölnachweis in Fetten 532
—, Verseifungsprobe 433
Mineralsäure in Fetten 431, 841, 842
Mittleres Molekulargewicht, Fettsäuren der Fette 207
Möhrensamenfett 92
Mohn 381
Mohnöl 14, 19, 21, 60, 61, 65, *74*, 87, 207, 315, 443, 1017
—, ungesättigte Fettsäuren 745
Molekulardestillation 616
—, Anwendung, Apparate 621
Molekulargewichtsbestimmung von Fetten 496, 497
—, ebullioskopische Methode 498
—, Mikroverfahren Rast 497
— mit Osmometer 498
— Ultrazentrifuge 498
Molekular-Refraktion, Glyceride 540
1-Monoglyceride, Bestimmung mit Perjodsäure 703—707
—, —, Extraktionsmethode 705
—, —, Fehlerquellen 706
—, —, Reproduzierbarkeit 704, 706
— in natürlichen Fetten 707
2-Monoglyceride 707, 708, 711
Montanwachs 921, 931
Moraceae 92
Mowrah 375
Mowrahbutter 34, 35, *42*, 780, 1014
—, Unverseifbares 43, 776
Muritipalmkernfett 31
Murumurufett 24, 32
Muskatbutter 10, 32, 33
Muskelfettsubstanzen, Fleisch, Ranzigwerden 334
Mykosterine 776
Myoglobin 293, 342, 859
Myristica officinalis 32, 33
— *otoba* 32
Myristicaceae 10
Myristinsäure, potentiometrische Bestimmung 674
—, rein 604

Naturbelassene Öle 225
— —, Unterscheidung von Vollraffinaten 865
a-Naphtholbenzein 555
Nebenbestandteile der Fette 761
Neemoil 44
Neolitsea involucrata 32
Néouöl 96
Nerzfett 122
Nickel, qualitativ 436
—, quantitativ 850, 851
Nicotiana tabacum 1018
Nigeröl 60, 61, *70*, 1017
Nigersaat 383, 387, 388
Nilpferdefett 122
Nisin 340
Nitella opaca 101
Norconidendrin 317
Nordihydroguajaretsäure 317
Nordkaper 127
Normfarbtafel 513
Normfarbwert 516
Nugat 377
Nußpiniensamenöl 60, 62

Oberflächenspannung, Blasendruckmethode 494
—, Fettsäuren, Ester 495
—, Meßmethoden 493, 495
—, Ringabreißmethode 494
—, Steighöhenmethode 494
—, Tropfengewichtsmethode 494
Obstsamenöle 66
trans-11-Octadecensäure 965
Octadensäuren, cis-trans-Isomere, Schmelzpunkte 725
Octadecylalkohol 792
cis,trans-2,4-Octadienal 324, 325, 898
Odobenus rosmarus 130
Öle, Kältebeständigkeit 464
—, Viertemperaturentest 465
—, —, Ölraffinate 466
Ölfrüchte, Fettgehalt, Bestimmung 417
—, Ölsaaten, Ernte 185, 186
—, —, Fettgehalt 183
—, —, Konditionierung 193
—, —, Vorzerkleinerung 191
—, Ölsamen, mikroskopische Untersuchung 358
Ölkuchen, Fettgehalt, gravimetrisch 414
—, —, refraktometrisch 414
—, —, Benzinverfahren 415

Ölkuchen, Fettgehalt, Bromnaphthalinverfahren 415
Ölmadie 383, 386, 387
Ölpalme 11, 12, 392, 394, 395
Ölsaaten (Analytik) 405—417
—, Fettbestimmung, densimetrisch 416
—, —, Dielektrizitätskonstante 415
—, —, Extraktion 414
—, —, kernmagnetische Resonanz 416
—, —, Spezialvorschriften 413
—, Fettgehalt 183
—, —, Macerationsmethode 413
—, —, Mikromethoden 416
—, —, Perkolationsverfahren 411, 412, 417
—, —, Schnellmethode 413
—, —, —, Vergleich 414
—, Feuchtigkeitsmesser 408
—, Flüchtiges, Wassergehalt 406, 407
—, —, —, Infrarotmethode 408
—, —, —, Trocknungsbedingungen 406
—, Schrote, Wassergehalt 410
—, Vorbereitung zur Analyse 405, 411
—, Zerkleinern 405
Ölsaaten (Technologie) 187—203
—, Absorptionskurve 188
—, Auspressen 191, 194
—, Extraktionsverfahren 191, 197, 199
—, —, diskontinuierliche 200
—, —, kontinuierliche 201
—, —, Lösungsmittel 198
—, —, —, Kennzahlen 199
—, —, —, Rückgewinnung 203
—, Lagerung 187, 189
—, Schädlinge, Bekämpfung 188, 189
Ölsamen, Bestimmung aus Aleuron-, Stärkekörnern 400
Ölsäure, Absorptionsmaxima 517
—, Autoxydation 309
—, Bestimmung neben Petroselinsäure 750
—, Jodzahl 569
—, Linol-, Linolensäure, Fraktionierung 618
—, Oxydation 741, 749, 750
—, rein, reinst 606, 607, 611, 615, 618
—, R_f-Wert 686
—, Viscosität 487
Ölsäuremethylester, oxydative Spaltung 751
Oidium lactis 100
Oiticicaöl *95*, 326, 437, 567, 575, 577, 589
Okraöl 51, 52
O'Keefe-Watanabe-Verteilung 624
Olea americana 15
— *europaea sativa* 10, 14, 15, 61, 358, 1015
— *oleaster* 15
Oleaceae 61, 358
Oleinalkohol 792
Oleo di Sapucainha 97
Oleodipalmitin 475
Oleodistearin 475
Oleomargarin 105
2-Oleopalmitostearin 676, 959
Olive 15, 16, 358, 359
Olivenöl 2, 11, 14, *15*, 20, 87, 181, 194, 197, 207, 225, 226, 246, 315, 421, 430, 432, 441, 461, 466—469, 478, 499, 500, 508, 516, 532, 559, 561, 575, 770
—, Extraktionsöl, Nachweis 961
—, Fettsäuren 18, 668, 1014
—, —, ungesättigte 745
—, Fremdöle 19—22, 689, 961, 962
—, Oxydation 751
—, Rückveresterung 22, 226, 956, 961, 962
—, Schwefelgehalt 19, 441
—, Sorten, Unterscheidung 17—19, 960, 961
—, UV-Spektrum 864
—, Teesamenöl, Unterscheidung 21, 64, 439, 478, 603, 676, 956, 962
Olivenkernöl 60, 61, *63*, 1015
Oncoba echinata 97, 831
Onkogea gore 95
Oospora lactis 100
Optische Rotation ungenießbarer Öle 542
— —, Sterine 543
— —, Unverseifbares, Mowrah-, Sheafett 41, 43, 543
Orbignia martiana 24, 30, 395
— *oleifera* 30
— *speciosa* 30, 1013
Orujoöl 17
Oryza sativa 45, 55
Osmometer 498
Otavia byroma blaim 130
Otobafett 32
Ouricourikernfett 24, 27, 31, 32
Ouricourywachs 920, 930, 931
Ovis aries 1019
— *platyura aegyptica* 107
Oxalatdrusen in Samen 378, 381, 391, 392, 400
Oxirangruppen in Fetten 895—897
—, Einfluß der Cyclopropensäuren 896
Oxiransauerstoff, Bestimmung 736
Oxydasen 296
Oxydation organischer Verbindungen, Mechanismus 297, 298
α-, β-, ω-Oxydation 302
Oxydationsgrad von Fetten, Kennzahlen 872
Oxydationsneigung von Fetten 903
—, Absorptionskurve 906, 907
—, Apparaturen 905—907
— unter erhöhtem Druck 908
— — normalem Druck 905—908
—, Filterpapierteste 913—917
—, —, Schnellprüfung 915, 916
—, —, Temperatur, Zeit 914
—, Induktionsperiode 906
—, Lichttest 917
—, Sauerstoff-Absorptionsmethode 904
—, Schaal-Test 903
—, Swift-Test 909—913
Oxydierte Fette, Beurteilung 902
— Fettsäuren 437, 729, 731
— —, Chromatographie 730—733
Oxygenierung 298
Oxypolymere 328, 900—902
Ozokerit 921, 931
Ozonspaltung, Arachidon-, Linolen-, Linolsäure 750

Pachira aquat. aubl. 53
Palaquium oblongifolium 34, 373
Palisadensklereiden 359
Palmae 10
Palmenfette, Verhältnis Endosperm, Testa 27
Palmensamen 392
Palmin 26, 263
Palmitinsäure, ungesättigte Fettsäuren, fraktionierte Kristallisation 611
—, Oberflächenspannung 495
—, potentiometrische Bestimmung 674
—, rein 604
—, R_f-Wert 686
2-Palmitodiolein 676
Palmitodistearin 116, 452, 475
Palmkern 11, 28, 394
Palmkernfett 2, 5, 11, 24, *28*, 108, 181, 207, 233, 235, 238, 239, 246, 249, 263, 291, 421, 461, 467—469, 487, 496, 505, 561, 573, 580, 592, 977, 981
—, Fettsäuren 24, 246, 638, 1013
—, Glyceride 29, 957
—, Verderben 291, 297

Palmöl 2, 5, *11*, 13, 14, 182, 204, 207, 214, 234, 238, 242, 243, 246, 249, 315, 459, 461, 467, 468, 475, 481, 487, 508, 516, 560, 561, 573, 580, 682
—, Fettsäuren 13, 246, 1014
—, Glyceride 13, 688
—, Kennzahlen 14, 246, 1014
Palmölcarotin, Zusammensetzung 805
Palmölcarotinoide, Extinktionskurve 799
Palsgaard-Emulsionsöl 282
Pampelmusenkernöl 66
Pankreas-Lipase, Struktur von Glyceriden 683, 685
Papaver rhoeas 75
— *setigerum* 381
— *somniferum* 61, 74, 381, 1017
Papaveraceae 61
Papayaöl 59
Papierchromatographie, Fettsäuretrennung 640
—, Fettsäuretrennung, Äthylamin-, Ammon-, Natriumsalze 641, 642
—, —, N.N-Dimethyl-p-aminobenzol-azophenacylester 643
—, —, 2,4-Dinitrobenzylester 643, 644
—, —, gesättigte, gerad-, ungeradzahlige 646, 647
—, —, gesättigte, ungesättigte 647
—, —, —, ungesättigte, Quecksilberaddukte 649
—, —, höhere, quantitativ 649—651
—, —, mittel-, höhermolekulare 644, 645
—, —, Trennschärfe, Variationsbreite 646
—, Rf-Werte, Fettsäuren, niedere 642
—, —, —, Hydroxymate 643
—, —, Fettsäuremethylester, höhere 645
Papilionaceae 388
Paprikaextrakt 823
Papuamuskatfett 32
Paraffin 931
Paraffinoxydation 301, 988—990
Paraguay-Palmkernfett 31
Paramacakernfett 31
Paranuß 371—373, 400
Paranußöl, 45, 46, 53
Parapalmfett 31
Parinarium laurinum 95
— *macrophyllum* 95
— *sherbroense* 95
Parinariumöle 95
Parinarsäure 95, 518, 519
Passionsfruchtkernöl 66
Pastinaca sativa 92
Pastinaksamenfett 92
Patente 180, 287, 288
Pedaliaceae 61
Pekanuß 398, 400
Pellerin-Verfahren, Ölraffination 208
Pelvetia aniculata 101
— *libera* 101
Penetration, Penetrometer 488—491
Penicillium jav. 100
— *soppii* 101
— *spinulosum* 101
Pentadesma butyracea 34
2-Pentylfuran 325
Perfektor, Margarineherstellung 258
Perilla frutescens 373, 374
— *nankinensis* 373
— *ocimoides* 62, 73, 373
Perilla 374
Perillaöl 60, 62, *73*, 207
Peroxide, Bildung 298, 916, 917
—, organische 297, 298, 342
—, Zerfall 308
Peroxidzahl, Auswertung 877
—, Bestimmungsarten 874, 875
— nach Lea 873
—, Mikromethode 878
— nach Sully 877
— Wheeler 875, 876
Peroxydase 297
Peroxygenierung 298, 299, 308
Persea americana 22, 1014
— *gratissima* 22
Perylen in Pflanzenfetten 792
Perzipan 377
Petersiliensamenöl 10, 92, 1017
Petroselinsäure 92, 724, 743, 749, 750
Petroselinum sativum 92, 1017
Pfennigkraut 362, 363
Pferdefett 104, 118, *119*, 421, 678, 1019
—, Glyceride 678
Pfirsichkerne 378, 380, 400
Pfirsichkernöl 65
Pflanzenfette, allgemeine Untersuchung 953
—, Biosynthese 182
—, Gewinnung 191
—, Glyceridaufbau 10, 183, 676, 957
—, Identifizierung, Spezialmethoden 955
—, Proberaffination, Bleichung 953, 954
—, Qualitätsbestimmung 953
—, Raffinationsgrad 954
—, Tanklagerung 190
—, Vorkommen 182, 184
Pflanzenteile, Bestimmung 357
Pflanzenwachse, Unterscheidung 930
Pflaume, Kerne 378, 380
Pflaumenkernöl 66
Phaeophytin 818, 820
Phaseolus vulg. albus 87
Phenanthren in Pflanzenfetten 792
Phoca vitulina 130, 1020
Phocaena communis less. 131
Phosphatide, acetylierte 284
—, Amino-, Cholingruppen 946
—, Alkylenoxid-Anlagerung 283
—, Bestimmung, Auswertung, Genauigkeit 839
—, —, Makroverfahren 837, 839
—, —, Meso-, Mikroverfahren 838
—, Chromatographie 937
—, Craig-Verteilung 624
— des Eigelbs 274
—, Extraktion aus Lebensmitteln 934
—, Extraktreinigung 934
—, Glycerin, Inosit, Bestimmung 949—951
—, Hydroxylierung 283
—, Klassifizierung 932
—, Lösungsmitteltrennung 936
—, Lösungsmittelverteilung der Metallkomplexe 936
—, natürliche 270
—, Phosphor-, Stickstoffgehalt 945
—, Spaltprodukte 951, 952
—, Verteilung in Extrakten 933
—, Zersetzungsreaktionen 935
—, Zusammensetzung 933
Phosphatidanalyse, Lebensmittel 952
Phosphorescenz 531
Phosphorsäure, Synergist 321
Photooxydation durch Carotin, Chlorophyll 312, 342
Photovolt, Densitometer 657
Physeter macrocephalus 129, 1020
Physeteridae 128
Phytol 818
Phytomelan 383—385
Phytoncide 340
Phytosterine 776
—, neben viel Cholesterin 781
Picea e∂celsa 76
Pilzfette 100
Pimpinella anisum 92
Pineolen 379, 398, 400
Pinienkerne 398, 399
Piniensamenöl 60, 62, 76
Pinolöl 31
Pinus cembra 76, 399
— *pinea* 398
— *sylvestris* 76
Piririmakernfett 31

Pistacia vera 45, 53, 391, 392
Pistaciennußöl 45, 46, 53
Pistazien 391, 392, 400
Pisum sativum 87
Plastische Fette, Eigenschaften 488
— —, Fließgrenzen, Aufsteifung 492
Polarographie, Bestimmung von Antioxydantien 547
—, — der Jodzahl 547
—, — von Spurenmetallen 547
—, Grundlagen 546
Polenske-Zahl 593—595
—, Auswertung, Reproduzierbarkeit 596
Polycyclische aromatische Kohlenwasserstoffe in Pflanzenfetten 792, 796, 797
Polyäthylen-glykol-adipat 665
Polyäthylen-glykol-succinat 665
Polybromidzahl, Bestimmung 590—592
Polyensäuregehalt hydrierter Pflanzenöle 759
Polygala butyraceae 33
Polyglycerinester 278, 980
Polymere Fettsäuren, Bestimmung 827
— —, —, Harnstoffverfahren 828
Polymerisation, Glyceride 327
—, thermisch 326
Polymerisationsprodukte, erhitzte Fette 323
Polymerisierte Fettsäuren, Propanol-Probe 438
— Öle, Analyse, Kennzahlen 985, 986
Polymorphe Modifikationen Schmelzpunkte 451, 452
Polyöle, Gehalt an cyclischen Fettsäuren 986
Polyöle, Polymere 987
—, Physiologie 986
— aus Sardinen-, Walöl 985, 986
Polyoxyäthylenester 270, 281
Polyoxyäthylenglykolester 281
Polyoxyäthylen-sorbitanfettsäureester 279
Polyoxyäthylen-sorbitanmonooleat 664
Polyprion americanus 133
— *oxygeneios* 135, 136
Pongamia glabra 94
Pongamöl 94
Potentiometrie, Säure-, Verseifungszahl 545, 546
Potentiometrie, Titration Fettsäuren 674
Pottwalöl 123, 124, 128
Po-Yoaköl 96
Preßkuchen, Wasserbestimmung 409
Preßtalg 105
Prionace glaucus 137
Pristan 137, 139, 792
Pristiophorus japonicus g. 138
Pristiurus pilosus 137
Prolabo, Füllmaterial 731, 735
Prooxydantien 310, 311
— entfernen 342
Propylenglykol 699
Propylgallat 293
Prunus amara 376
— *amygdalis* 61, 65, 376, 1016
— *armeniaca* 61, 65, 378
— *cerasus* 61
— *communis* 65
— *domestica* 378
— *persica* 65, 378
— *sativa* 376
Ptychotis ajowan 92
Pyren in Pflanzenfetten 792

Qualitätserhaltung, Fette 313
Quercetin 317
Quercus palustris 63
— *robur* 63
— *rubra* 63
Quittensamenöl 60, 61, 66

Radialtechnik, Pflanzen-, Tierfette, Unterscheidung 787
Radikalsysteme, ungesättigte, Resonanzenergie, Struktur 308
Raffinationsgrad, Speiseöle, Kennzahlen 955
Raffinationsverluste, Bestimmung 738
Raffinierte, rohe Fette, Unterscheidung, UV-Spektrum 864
Rajidae 136, 137
Rambutantalg 10
Ranzigkeit 311, 334
Raphanin 340
Raphanus raphanistrum 88, 92, 362, 363
— *sativus* 92
Raps 357, 359, 361
Rapsöl, siehe Rüböl
Rattenfett 120
Rauchpunkt, Fette, Öle 479—482
Raukenöl 87, 88, 91
Ravisonöl 87, 88
Redox-Prozeß, Hydroperoxide 300, 312
Rehtalg 108
Refraktometrie, Fettanalyse 537
Reichert-Meißl-Zahl 593, 594, 600
—, Auswertung 596
—, Polenske-, Kirschnerzahl, Butter, Pflanzenfette 596
Reiskeimwachs 57
Reisöl 14, 20, 45, 46, *56*, 315, 1016
Remissionsmessungen 515, 516
Rentierfett 104
Restzahl 593, 594
Reversion Sojaöl 85, 322, 324, 325
Rhamnetin 340
Rheogramm, Fette 498
Rheoplex 400, Füllmaterial 670, 673
Rhodanzahl 584—587
—, Mikromethode 587
—, Reproduzierbarkeit 587
Rhodotorula gracilis 99
Rhodymenia palmata 102
Richanectes glaucus cope 127
Ricin 369
Ricinolsäure, Viscosität 487
Ricinolsäuregehalt, Bestimmung 735
Ricinus communis 96, 369
Ricinusöl 2, 10, 93, *96*, 198, 207, 432, 442, 487, 518, 560, 565, 577
—, Dehydratisierung 96, 752
—, in Fettmischungen 601, 602
—, Kalischmelze 96, 442
Ricinussamen 369, 370
Riesenhaileberöl 137, 138
Rinderfett, Rindertalg 2, 7, 14, 16, 20, 84, 103, *104*, 117, 182, 207, 218—220, 239, 240, 243, 245, 248, 315, 421, 432, 456, 457, 461, 469, 577, 678, 791
—, Fettsäuren, Kennzahlen 104, 106, 1019
—, β-Carotingehalt 105, 966
—, erhitzt, Kennzahlen 870
—, Fritierfett 980
—, Gewinnung 104, 219
—, Glyceride 106, 678
—, Reinheitsprüfung 965, 966
Rinderherzmitochondrien, Polyengehalt 334
Ringspaltkolonne 618
Robbenöl 130, 140
Rochenleberöl 138
Roentgendiagramme, Fettsäuren, polymorphe Formen, Triglyceride 533—535
Roggenöl 45—47, 57
Rosaceae 61, 376
Rostbeef, Haltbarmachen 335
Rotfuchsfett 122
Rothaileberöl 137, 138
Rottannensamenöl 62
Rubiaceae 45
Rüböl 10, 12, 14, 19—21, 73, 83, 87, 88, *89*, 191, 205, 207, 225, 233, 234, 239, 248, 249, 271, 311, 315, 324, 331, 421, 432, 441, 443, 461, 466, 467, 468, 481, 487, 496, 561, 602, 605, 608, 770, 977

Rüböl, in Butterfett 789
—, in Fettgemischen 90, 602, 787
—, Glyceride 89, 692
—, Oxydation 751
—, Reinheitsprüfung 963
Rübsen **359**, 361
Ruhpenetration 490
Rundfilter-Papierchromatographie 651

Saccharomyces cerevisiae 99, 100
Saccharose-dipalmitat 270
Saccharose-monopalmitat 270
Sägefischleberöl 138
Säulenchromatographie, Elutionsanalyse 627, 628
—, Frontal-, Verdrängungsanalyse 629
—, Fettsäuren, Glyceride 628
—, Methodik 627
Säurezahl, Auswertung, Reproduzierbarkeit 557
—, Bestimmung, alkalimetrisch 553
—, —, dunkle Fette 555
—, —, jodometrisch 553, 554
—, —, Kottonfettsäuren 556
—, —, Mikromethoden 556, 557
—, —, potentiometrisch 554, 555
Saflor **383**, **384**, 386
Safloröl 14, 60, 61, *70*, 207, 315, 589, 1018
—, Fettsäuren, ungesättigte 745
Salatsoßen, Dickungsmittel 1011
—, Eigenschaften, Zusammensetzung 1011, 1012
—, Emulsionsbeständigkeit, Konsistenz, Öltröpfchengröße 1007
—, Öl, Eigelb 1008—1010
—, Protein, Stärke, Zucker 1010
—, Wasser, Flüchtiges 1008
—, pH-Wert 1007
Salattunken 269
—, Haltbarkeit erhöhen 343
Salvia hispanica 62
Samenfette, Reinheitsprüfung 961
Samenschale, Epidermis 357
Sanzaöl 17
Sapacanuß 371, 372, 400
Sapindaceae 10
Sapotaceae 10, 34, 373
Sarcina lutea 291
Sardinenöl 123, *133*, 505, 1020
—, Autoxydation 294
—, Isomerisierung, UV-Spektrogramm 974
Sardinopsus caerulea 133
Sarson, indischer 362
Sasanquaöl 64
Sativinsäure 746
Sauerstoffgehalt von Fetten 763
Schaaltest 903
Schalen, Fruchtwand, Ölfrüchte **357**
Schaffett, Glyceride 678
Scheelea insignis 31
Scheelea regia 31
Schellackwachs 921
Schildkrötenöl 139
Schleienöl 133
Schließmohn **381**
Schmalz, Fettsäuremethylester, Chromatogramm 672
—, Glyceride 684
— in Margarine 1004
—, Oxydationsgeschwindigkeit 292
Schmalzöl 110
Schmelzausdehnung reiner Glyceride 475
Schmelzcharakteristik, Schmelzkennzahlen, Fette 463, **464**
Schmelzenthalpie, Fette, Öle 469
Schmelzpunkt, Bestimmung, Reproduzierbarkeit 451
—, — nach Wiley 452
—, instabile, stabile Modificationen 453
Schmelzrefraktometrie 540
—, Mikromethode 541
—, Reinheitskontrolle, Butter, Kakaobutter, Schmalz 541
Schmelzvorgang, Fette 472
Schmelzwärme, hydriertes Erdnuß-, Kottonöl 471
— synthetischer Triglyceride 471
Schüttmohn 381
Schwarzbärfett 122
Schwarzhaileberöl 137
Schwarzsenföl 91, 561, 1016
Schwefel in Ölen, Bestimmung 844—846
Schweinefett, Schweineschmalz 2, 7, 14, 16, 17, 20, 21, 84, 103, 104, *109*, 182, 207, 218 bis 220, 234, 239, 240, 245, 248, 315, 421, 430, 456, 461, 467—469, 475, 478, 492, 532, 561, 577, 602, 678, 682, 684, 762, 791, 1019
Schweineschmalz, Antioxydantien, Bestimmung 968
—, Erhitzungsprobe 967
—, Frischebestimmung 967
—, Fritierfett 980
—, Fremdfette 115, 969
—, Gewinnung 110, 218, 219
—, Klassifizierung, UV-Spektrum 864, 865
—, Neutralrotprobe 967
Schweineschmalz, Raffination, Nachweis 114, 968, 969
—, Rindertalggehalt 117, 970—973
—, UV-Absorption 968
—, Umesterung 969
—, Vaccensäuregehalt 104, 751
—, Verseifungszahl 968
—, Zusammensetzung, Einfluß der Fütterung 111, 966
Scymnus licha 137, 138
Sebachtitys cap. 133, 135
Sebacinsäure 97, 442
Secale cereale 45, 55
See-Elefantenfett 131, 1020
Seehundfett 131
Seelöwenfett 131
Seetierfette, Gewinnung 132, 221, 222
Seetieröle, Tortelli-Jaffé-Reaktion 140, 442
— in Pflanzenölen 973
—, Polybromidprobe 442
Seifen, Bestimmung in Ölen **434**, 839—841
Seiwalöl 127
Selacholeinsäure 102, 137
Selachylalkohol 139
Selleriesamenfett 92
Semecarpus anacardium 399
Senföl 10, 87, 88, *91*, 1016
Serin, Bestimmung 948, 949
Sesam, Frucht, Preßkuchenpulver 389, 391
Sesamin 67, 815, 816, 817
Sesamöl 2, 11, 14, 15, 19, 21, 60, 61, *67*, 83, 87, 207, 246 315, 421, 432, 438, 467, 577, 1016
—, Farbreaktionen 68, 438
—, Fettsäuren 61, 668, 1016
—, Margarine-Kennzeichnung 815
Sesamol 67, 815, 816
—, Antioxydans 317
Sesamolin 67, 815—817
Sesamum alatum 389
— *indicum* 61, 67, 389, 390, 1016
— *orientale* 67
— *radiatum* 389
Sheabutter, Sheafett 10, 34, *41*, 196, 246, 780, 1013
Sheafett, Unverseifbares 41, 776
Sheanuß 373, 374
Shorea aptera 34
— *gysbertiana* 43
— *martiniana* 43
— *pinanga* 43
— *robusta* 34
— *seminis de vr.* 43
— *stenoptera* 34, 1013
Shortening für Backwaren 264
—, flüssig, pumpfähig 264

iaktalg 34, 35
iccative 300
iedefette, zum Backen 262
ilberfuchsfett 122
inalbin 90, 1008
inapin 90
inapis alba 91, 1016
inapis arvensis 362
itosterine 58, 63, 73, 77, 84, 86, 274, *776*, 787, 789, 791
olid Content Index 472, 475, 476, 492
oja hispida 79, 84
ojabohne 357, 364
ojaöl 2, 5, 12, 14, 16, 18, 19, 21—23, 79, 83, *84*, 87, 191, 204, 205, 207, 209, 225, 233, 234, 239, 247, 249, 267, 268, 271, 311, 315, 324, 336, 433, 437, 441, 457, 459, 461, 464, 466—469, 481, 487, 496, 501, 508, 516, 519, 559, 575, 577, 584, 589, 758, 770
—, autoxydiert, dimere Fettsäuren 901
—, Chlorophyllbestimmung, Klassifizierung 820
—, erhitzt, Kennzahlen 332
—, Fettsäuremethylester, Chromatogramm 671, 672
—, Fettsäuren 79, 247, 1017
—, —, spektralphotometrische Bestimmung 523
—, gehärtet, cis-Fettsäuren 531
—, —, trans-Fettsäuren 978
—, Kältebeständigkeit 465
—, Kennzahlen 86, 247, 1017
—, Oxydationszustand, Verseifungsfarbzahl 333
—, Raffination, UV-Spektrum 865
—, Reinheitsprüfung 963
—, Reversionsgeschmack 324, 857
—, revertiert, Geschmackstoffe 898
—, δ-Tocopherol-Test 964
—, Zusammensetzung, Einfluß des Extraktionsmittels 411
Sojamehl, Extraktion 428
Sojaschrot 365
Somali-Schaffett 108
Somniosus microcephalus bl. 138
Sonnenblume 383—386
Sonnenblumenöl 2, 11, 12, 14, 21, 22, 60, 61, *68*, 87, 181, 207, 225, 226, 233, 234, 247, 249, 311, 315, 341, 440, 441, 457, 459, 461, 464, 466—468, 475, 481, 487, 501, 561, 589, 770
—, autoxydiert, Carbonylbildung 886
—, Fettsäuren 61, 247, 672, 1017
Sonnenblumenöl, Glyceride 69, 686, 692
—, Kennzahlen 69, 247, 1017
—, Oxydation 751
—, Reinheitsprüfung 964
Sorbitanfettsäureester 270, 279
Sorghum vulgare 45
Sorghumöl 45, 46, 55
Spaltgrad 561
Span, Emulgator 279
Sphingomyelin, Bestimmung 940
Speisefette, Definition 262
—, Einteilung 9, 181
—, Fettsäuren, niedermolekulare 592
—, Herstellung 225, 263
—, synthetische 4, 988
—, —, physiologische Eigenschaften 989
—, Verbrauch 4
—, Weltproduktion 1, 2
Speiseöle, Arten, Verwendung 225
—, Eigenschaften, Kennzahlen 226
—, Entstearinicren, Ent wachsen, Polieren 226
—, Tafelöle 225
—, Verpacken 226
Spektrophotometrische Bestimmung, Linol-, Linolensäure 522, 524
— —, Streubereich 523
Spermwalöl 128—130, 505, 776, 921
—, Verseifungszahl 129, 560
Squalen 18, 20, 57, 90, 137, 139, *792*
—, Bestimmung 793—796
— in Fetten, Ölen 20, 796
—, Sterine, Gaschromatographie 796
Squalenzahl 795
Squalidae 136
Squalidae 136
Squalus acanthias 138
— *wakiyae* 137
Stachelbeersamenöl 77
Stabilität pflanzlicher, tierischer Fette 909
Stärke in Zellinhaltstoffen 357
Stearinsäure, Elementarzelle 534, 535
—, Oberflächenspannung 495
—, rein 604, 605
Stearodiolein 475
Stearodipalmitin 452, 475
Stearolsäure 580
Stearylmonoglyceridcitrat 283
Sterculia foetida 34
Sterculiaceae 34, 400
Sterculsäure 49, 831, 832
Steigschmelzpunkt 452, 453, 456
Sterine 274, 762, *776*, 778
—, Bestimmung als Digitonide 777—780
—, —, dünnschichtchromatographisch 778
—, —, gaschromatographisch 790, 791
—, —, Mikromethode 780
—, —, papierchromatographisch 787, 788
—, Eigenschaften, Nachweis, Vorkommen 777, 780
—, freie, gebundene 780—782
—, kritische Paare 788
—, Retentionszeit, Cholesterin 790
—, R_f-, R_s-Werte 789
—, R_s-Werte, Dünnschichtchromatographie 790
—, Zusammensetzung, Fette, Öle 791
Sterinacetate, Mikroschmelzpunkte 781
Steringehalt, Fette, Öle 777
Stigmasterin 49, 57, 73, 86, 274, 787, 789, 791
Steekpunkt, Bestimmung 465
Streptococcus cremoris 250
— *lactis* 250
Sulfurolivenöl in Olivenöl 17, 19, 441, 533
Sus domestica 1019
Swift-Test 907, 909—913
Syagrus coronata 24, 31
Synergisten 314, 318, 321
— als Wasserstoffdonatoren 321
Synthetische Fettsäuren, Eigenschaften, Kennzahlen 989
— —, Farbreaktion 989
— —, ungeradzahlige, verzweigte 990

Tabaksaatöl, Linolsäuregewinnung 611
Tabaksamenöl 77, 78, 1018
Talisayöl 53
Tangkallakfett 31
Taractogenos kurzii 97, 831
Taschennuß 372
Teesaatöl 60, 61, *64*, 1015
Teesamenöl, Fitelsonprobe 21, 64, 439, 478
—, Glyceride 603, 676
Teerfarbstoffe, Identifizierung 826, 827
Teglamfett 43
Terminalia catappa 45, 53
Testafette, Palmenarten 27
Tetraäthyldiuramdisulfid 322
Tetranitromethan, Konjuenfettsäuren 94, 437
1,1,3,3-Tetraoxypropan, Thiobarbitursäuretest 891

Thea sasanqua 61, 64
— *sinensis* 61, 64, 1015
Theaceae 61
Theobroma cacao 34, 400, 1013
Theragra chalcogramma 136
Thermische Stabilität, Fette, Öle 479, 481
Thermistoren 498
Thiobarbitursäure, Aldehydreagens 889—892
Thunnus thynnus 135, 136, 1020
Thyrsites atun 133
Tierfette, Ausschmelzen 218, 219
Thiodipropionsäure 322
Thlapsi arvense 362, 363
Thunfischleberöl 135, 136
Tierfette, Ausschmelzen, Naß-, Trockenverfahren 219
—, Gewinnung, Vorkommen 218
Tierische Fette, Arachidonsäuregehalt 851
— —, Farbreaktion 141
— —, Glyceridaufbau 852, 853
— —, Fettsäuren, ungeradzahlige, verzweigte 104, 965
— —, Identifizierung 965
— — in Mischungen 791
— — in pflanzlichen 851, 852
— Gewebe, Fettbestimmung 417, 418
— —, — nach Säureaufschluß 418
— —, —, Schnellmethode 418
Tigerfett 122
Tigerhaileberöl 138
Tintenfischleberöl 139
Tocochinone 815
Tokopherole 56, 251, 293, 315
—, Arten, Konstitution 808
—, Bestimmung 809
—, —, Dünnschichtchromatographie 812—815
—, —, Gaschromatographie 815
—, —, Polarographie 815
—, —, Säulenchromatographie 810—812
—, Fette, Öle 809
—, frei, gebunden 814
— im Organismus, Oxydation 315
—, Oxydationsverlauf von Fetten 319—321
—, Semichinonradikale 316, 317
—, Sterine, zur Identifizierung von Fetten 853
—, Struktur der Oxydationsprodukte 316
a-Tokopherolacetat 810
Tokopherolgehalt, Frische von Ölen 818
Tokopherolgehalt, Identifizierung von Ölen 809
— von Pflanzenfetten 204, 814
Tokopherolmangel im Organismus 298
Tokopherylchinon 315, 316
Tomatensamenöl 77, 78
Tomadidin 340
Torrega nucifera 76
Torula pulcherrima 98
Torula utilis 99
Torulopsis lipofera 99
Toxophoenix acculatissima 15
Träger-Verdrängungs-Chromatographie, verzweigte Fettsäuren 630, 631
Transmissionsmessungen 515
Traubenkernöl 60, 62, 1017
Trennfette, Trennemulsionen 265
— aus Bienenwachs 266
—, Spermöl 266
—, Walrat 266
Triacetin 987
Triakis scyllium 137
Tributyrin 987
Trichloräthylen, Bestimmung 774, 775
Trichloressigsäure 141, 880
Trielaidin 528
Triglyceride, Dünnschichtchromatographie 690—692
—, —, natürliche Fette 692
—, — nach Ozonisierung 692
—, —, Silberkomplexe 690, 691
—, —, cis-, trans-Struktur, Unterscheidung 690, 691
—, Gaschromatographie 692, 693
—, kritische Paare 690, 691
—, Papierchromatographie 688—690
—, papierchromatographische Wertzahl 686, 690
—, Säulenchromatographie 687, 688
—, —, Silberkomplexe 687
Triglyceridspaltung, Pankreaslipase 677
Trilaurin 471, 475, 530
—, Trimyristin, Tripalmitin, Chromatographie 687
Trilinolin in Pflanzenölen 11
Trimethylaminoxid aus Phosphatiden 853, 858
Trimethylchlorsilan 735
Trimyristin 471, 530
Triolein 475, 530
Tripalmitin 452, 471, 475, 530
Tripropionin 987
Tristearin 452, 471, 475
Triticum aestivum 55
— *vulgare* 45
Tritisterine 56, 57
Trockenbutter, Trockenfette 339
—, —, mit Gewürzen 340
Tropfpunkt, Bestimmung 456, 457
Trübungspunkt, Bestimmung 457, 459, 465
Truthahnfett 120
Tsubakiöl 64
Tuculunafett 94
Tucumöl 15, 24, 31, 32
Turrax-Homogenisiermaschine 255
Tween, Emulgator 279
— zur Chromatographie 664

Ucuhubafett 32, 33
Ulmensamenfett 33
Ulmus americana 33
— *campestris* 33
— *effusa* 33
— *pedunculata* 33
— *sabra* 33
Ultraviolett-Spektralphotometrie 518
Umbelliferae 10, 92
Umesterung von Fetten 235
—, Grundlagen 236
—, Katalysatoren 236
—, Kontrolle 238, 835, 983
Umesterung, Lenkung 283, 983
—, Verfahren 237
Umgeesterte Fette, Abkühlungskurve 985
— —, Dilationskurven 984
— —, Eigenschaften 238, 985
— —, Glyceride, gesättigte 984
— —, Herstellung 237, 982
— —, Vergleich mit normalen Fetten 985
Umkehrphasen-Chromatographie 632, 644, 645, 653, 654, 691
Unverseifbares, Bestandteile 776
—, Bestimmung, Definition 711
—, —, Äthyläther 713
—, —, —, Genauigkeit, Reproduzierbarkeit 714, 715
—, —, Halbmikro-, Mikromethoden 715, 716
—, —, mehrfache Extraktion mit Lösungsmitteln 715
—, —, Petroläther 711—713, 715
—, —, —, Fehlerquellen 712
—, größere Mengen, Gewinnung 716
Untersuchungsmethoden, physikalische, Genauigkeit, Reproduzierbarkeit 443
—, —, Standardabweichung 444
—, —, Streubereich 445

Vaccensäure in Tierfetten 104, 751
Valerianaceae 62
Valerianella oliteria 71
Valerianellöl 60, 62, 71
Valeriansäure 292
Vanaspati 259
Vateria indica 34
Verdorbenheitsgrad von Fetten, Skala 862
Verdrängungschromatographie 631
Verseifungsfarbzahl 502, 869
— erhitzter Fette 871
Verseifungszahl, Berechnung des mittleren Molekulargewichts 560
—, Bestimmung, alkalimetrisch 557, 558
—, —, methanolische Barytlauge 560
—, —, dunkle Fette 559
—, —, Meso-, Mikromethoden 559
—, —, potentiometrisch 558
—, —, Reproduzierbarkeit 559
— einiger Fette 561
Verteilungschromatographie 627, 631
—, Aminosäuren 631
—, Essig-, Propion-, Buttersäure 631
—, Fettsäuren, C_1—C_{10} 631
—, —, gesättigte, ungesättigte 639
—, —, Retentionsvolumen 633
—, Mealorub-, Polyäthylenpulver, feste Phase 635
—, mobile, immobile Phase 632
—, Umkehrphasen-Methode 632
Verteilungskoeffizient 623
— höherer Fettsäuren 626
Verunreinigungen, fettunlösliche, Bestimmung 775
Verzweigte Fettsäuren, Tierfette 852
Viscosität, Definition 482, 483
—, dynamische, kinematische 483
—, Fette, Öle 487
—, Fettsäuren, Alkylester 486, 487
—, Meßgeräte 483, 484
—, Messung mit Capillarviscosimeter 485
—, —, Kugelfallviscometer 485
Viscositätskurven 488
Virolafett 32
Virola guatemalensis 32
— *malabarica* 32
— *sebifera* 32
— *surinamenses* 32, 33
Vitaceae 62
Vitamin A 797
Vitamin A_1 Handelsformen 800
Vitamin A, Bestimmung 800
—, —, Anhydrovitamin 801
—, —, Antimontrichlorid 801
—, —, chromatographisch 803—805
—, —, Glycerindichlorhydrin 801
—, —, Trifluoressigsäure 801
—, —, UV-Extinktion 802
Vitamin A-Palmitat 797
Vitamin A_2 800
Vitamin A, Vitamin D, Chromatographie 807, 808
Vitamin D_2 806
—, spezifische Extinktion 807
Vitamin D_3 806, 807
Vitamin D_2, D_3, Bestimmung 807, 808
Vitamin D-Gruppe 806
Vitamin E in biologischen Systemen 295
Vitellin 897
Vitis vinifera 77, 1017
Votator 256—258

Wachse, Brechungsindex 924
—, Carbonyl-, Hydroxyl-, Lactonzahl 925
—, Dichtebestimmung 922
—, Eigenschaften, Kennzahlen, Zusammensetzung 920, 921
—, Erstarrungshaltepunkt 923
—, Erstarrungs-, Fließ-, Tropfpunkt 922
—, Farbmessung, Farbstandard 923
—, Hauptbestandteile 926, 927
—, Jodzahl 926
—, Klassifikation 918
—, Konsistenz 924
—, mineralische 921
—, pflanzliche 920
—, Säure-, Verseifungszahl 924, 925
—, tierische 921
—, Unverseifbares, Wachssäuren 926
—, —, Kohlenwasserstoffe, Alkohole 926, 927
—, Wachssäuren, Zerlegung 927
Waldangelica, Samenfett 92
Waldkrebschen 126
Walkpenetration 491
Walnuß 397, 398, 400
Walnußkerne 379
Walnußöl 60, 61, 75
Walöl 2, 5, *124—128*, 139, 182, 207, 221, 233, 234, 248, 249, 421, 433, 467, 475, 501, 505, 573, 580
Walrat, Reinheitsprüfung 930
Wasser, Bestimmung, Destillationsmethode 765
—, —, nach K. Fischer 409, 768, 769
—, —, Genauigkeit 769
—, —, maßanalytisch 768
—, —, Mikromethode 768
—, —, volumetrisch 768, 769
—, Flüchtiges, Bestimmung 764
—, —, —, Butter, Margarine 765
—, —, —, Infrarot-Methode 408
—, —, —, Planwägeglas 766
—, —, —, Schnellmethode 766, 767
—, —, —, Trockenschrankmethode 765
Wasserbestimmung in Produkten der Fettindustrie 409
Weinrautensamenöl 77, 78
Weinsäure, Synergist 343
Weinsäureester von Mono-, Diglyceriden 283
Weißgradmesser 516
Weizenöl 14, 45, 46, *55*, *56*, 315, 814
Westfalia-Separator 205
White Grease 111
Wilder Wein, Samenöl 77
Wollfett 108, 921
—, Farbreaktion 929
—, Fettsäuren 620
—, Kennzahlen 921
—, Verseifungszahl 560

Xanthophylle 14, 817, 823

Yellow grease disease 298

Zamen 137, 792
Zameus squamulosus 137
Zea mays 45, 54, 1017
Zeiss-Spektrophotometer 657
Zeitschriftenliteratur 146—180, 284—286, 345—355, 401, 1028—1087
Ziegentalg 104, 108
Ziehmargarine 261
Zirbelnuß 379, 399, 400
—, Stärke 357
Zirbelkieferöl 76
Zitronenkernöl 66
Zitronenmayonnaisen 1010
Zoosterine 776
Zuckerfettsäureester, Herstellung, Reinigung 280
—, Verwendung 281
Zygorhinchus 100
Zymosterin 789

GPSR Compliance
The European Union's (EU) General Product Safety Regulation (GPSR) is a set of rules that requires consumer products to be safe and our obligations to ensure this.

If you have any concerns about our products, you can contact us on

ProductSafety@springernature.com

In case Publisher is established outside the EU, the EU authorized representative is:

Springer Nature Customer Service Center GmbH
Europaplatz 3
69115 Heidelberg, Germany

www.ingramcontent.com/pod-product-compliance
Ingram Content Group UK Ltd.
Pitfield, Milton Keynes, MK11 3LW, UK
UKHW050022100926
475384UK00006B/237
* 9 7 8 3 6 4 2 4 6 1 9 0 3 *